Allen M. Schoen (Hrsg.)

Akupunktur in der Tiermedizin

Allen M. Schoen (Hrsg.)

Akupunktur in der Tiermedizin

Lehrbuch und Atlas für die Klein- und Großtierbehandlung

2. Auflage

Mit 280 Abbildungen

ELSEVIER
URBAN & FISCHER

URBAN & FISCHER
München • Jena

Zuschriften und Kritik an:
Elsevier GmbH, Urban & Fischer Verlag, Lektorat Veterinärmedizin, Karlstr. 45, 80333 München

Titel der Originalausgabe:
„Veterinary Acupuncture – Ancient Art to Modern Medicine"
2nd edition, MOSBY

Wichtiger Hinweis für den Benutzer
Die Erkenntnisse in der Medizin unterliegen laufendem Wandel durch Forschung und klinische Erfahrungen. Herausgeber und Autoren dieses Werkes haben große Sorgfalt darauf verwendet, dass die in diesem Werk gemachten therapeutischen Angaben (insbesondere hinsichtlich Indikation, Dosierung und unerwünschten Wirkungen) dem derzeitigen Wissensstand entsprechen. Das entbindet den Nutzer dieses Werkes aber nicht von der Verpflichtung, anhand der Beipackzettel zu verschreibender Präparate zu überprüfen, ob die dort gemachten Angaben von denen in diesem Buch abweichen und seine Verordnung in eigener Verantwortung zu treffen.

Bibliografische Information der Deutschen Nationalbibliothek
Die Deutsche Nationalbibliothek verzeichnet diese Publikation in der Deutschen Nationalbibliografie; detaillierte bibliografische Daten sind im Internet über http://dnb.d-nb.de abrufbar.

2. Auflage 2009

Der Urban & Fischer Verlag ist ein Imprint der Elsevier GmbH.

09 10 11 12 13 5 4 3 2 1

Um den Textfluss nicht zu stören, wurde bei Patienten und Berufsbezeichnungen die grammatikalisch maskuline Form gewählt. Selbstverständlich sind in diesen Fällen immer Frauen und Männer gemeint.

Planung und Lektorat: Dr. med. vet. Konstanze Knies, Neuching, Dipl.-Biol. Veronika Sonnleitner, München
Übersetzung: Dr. med. vet. Sabine Gajdoss, Odernheim, Renate Schilling, Oestrich-Winkel
Redaktion: Dr. med. vet. Sabine Gajdoss, Odernheim, Dr. med. Gabi Schmidt, München
Herstellung: Sibylle Hartl, Valley
Satz: abavo GmbH, Buchloe; TNQ, Chennai, Indien
Druck und Bindung: L.E.G.O., S.p.A., Lavis, Italien
Umschlaggestaltung: SpieszDesign, Neu-Ulm
Titelfotografie: Klaus Schmelzeisen, Altenbamberg

ISBN 978-3-437- 56461-1

Aktuelle Informationen finden Sie im Internet unter **www.elsevier.de** und **www.elsevier.com**

Autorenverzeichnis

Herausgeber

Allen M. Schoen, DVM, MS
Veterinary Institute for Therapeutic Alternatives
Sherman, Connecticut, USA
und
Affiliate Faculty, College of Veterinary Medicine
Colorado State University
Fort Collins, Colorado, USA

Autoren

Sheldon Altman, DVM, CVA
North Hollywood, California, USA

Ihor Basko, DVM, CVA
Kapaa, Hawaii, USA

Helen M. Berschneider, DVM
Department of Physiology
College of Veterinary Medicine
North Carolina State University
Raleigh, North Carolina, USA

Naomi Bierman, DVM, MAc
Seattle, Washington, USA

Elaine R. Caplan, DVM, Dipl ABVP
Department of Veterinary Clinical Medicine
University of Illinois, Urbana, Illinois, USA

Wing-Wah Chan, DVM, MS, DMV
Kowloon, Hong Kong, People's Republic of China

Chi-Hsien Chien, DVM, PhD
Department of Anatomy
College of Medicine
National Cheng-Kung University
Tainan, Taiwan, People's Republic of China

Stephen G. Dill, DVM, Dipl ACVIM
Barboursville, Virginia, USA

Terry E. Durkes, DVM
Western Avenue Animal Hospital
Marion, Indiana, USA

Monika Egerbacher, DVM
Institut für Histologie und Embryologie
Veterinärmedizinische Universität Wien
Wien, Österreich

Peggy Fleming, DVM, AP
Florida Acupuncture Center
Dade City, Florida, USA

James S. Gaynor, DVM, MS, CVA, Dipl ACVA
Department of Clinical Sciences
Colorado State University
Fort Collins, Colorado, USA

Maria H. Glinski, DVM, LAc
Center for Veterinary Acupuncture
Aiken, South Carolina, USA

Joyce C. Harman, DVM, MRCVS
Harmany Equine Clinic, Ltd
Washington, Virginia, USA

Kim Henneman, DVM
Park City, Utah, USA

Yann-Ching Hwang, DVM, PhD
Department of Biomedical Sciences
College of Veterinary Medicine
Tuskegee University
Tuskegee, Alabama, USA

David H. Jaggar, MRCVS, DC
Boulder, Colorado, USA

Luc A. A. Janssens, DVM, PhD
Antwerp, Belgium

Richard J. Joseph, DVM, Dipl ACVIM, Neurology
The Animal Medical Center
New York, New York, USA

Alan M. Klide, VMD, Dipl ACVA
Department of Anesthesiology
School of Veterinary Medicine
University of Pennsylvania
Philadelphia, Pennsylvania, USA

Karen L. Kline, DVM, Dipl ACVIM (Neurology)
Department of Neurology and Neurosurgery
College of Veterinary Medicine
Iowa State University
Ames, Iowa, USA

Oswald Kothbauer, DVM
Grieskirchen, Österreich

John B. Limehouse, DVM, CVA
Limehouse Veterinary Clinic of Holistic Medicine
Toluca Lake, California, USA

Jen-Hsou Lin, DVM, PhD
Department of Animal Science
National Taiwan University
Taipei, Taiwan, People's Republic of China

Hanru Liu, DVM, MS
Department of Veterinary Medicine
South China Agricultural University
Guang-zhou, Guangdong Province, People's Republic of China

Stelio P. L. Luna, MSci, PhD, Dipl ECVA
Botucatú, Brazil

Benson B. Martin, Jr., VMD, Dipl ACVS
Department of Sports Medicine
New Bolton Center
University of Pennsylvania
School of Veterinary Medicine
Kennett Square, Pennsylvania, USA

David McCluggage, DVM, CVA
Chaparral Animal Health Center
Veterinary Institute for Integrative Medicine
Longmont, Colorado, USA

Tchi-Chou Nam, DVM, PhD
College of Veterinary Medicine
Veterinary Medical Teaching Hospital
Seoul National University
Seoul, Republic of Korea

Narda G. Robinson, DO, DVM
College of Veterinary Medicine and Biomedical Sciences
Colorado State University
Fort Collins, Colorado, USA

Cheryl Schwartz, DVM
San Diego, California, USA

Francis W. K. Smith, Jr., DVM, Dipl ACVIM (Internal Medicine and Cardiology)
Tufts University, School of Veterinary Medicine
North Grafton, Massachusetts, USA

Janet E. Steiss, DVM, PhD
Scott-Ritchey Research Center
College of Veterinary Medicine
Auburn University
Auburn, Alabama, USA

Jan Still, DVM, PhD, MMed Vet (Anaesthesiology)
Johannesburg, South Africa

Priscilla A. Taylor-Limehouse, DVM, CVA
Limehouse Veterinary Clinic of Holistic Medicine
Toluca Lake, California, USA

Craig Thompson, DVM
Edmonds, Washington, USA

Are Thoresen, DVM
Sandefjord, Norway

Michelle Lynn Tilghman, DVM, CVA
Virginia-Maryland Regional College of Veterinary Medicine
Blacksburg, Virginia, USA

Gary D. VanEngelenburg, DVM, CVA
Iowa Veterinary Acupuncture Clinic
Des Moines, Iowa, USA

Leang-Shin Wu, PhD
Department of Animal Science
National Taiwan University
Taipei, Taiwan, People's Republic of China

Susan G. Wynn, DVM, CVA
Wynn Clinic for Therapeutic Alternatives
Marietta, Georgia, USA

Huisheng Xie, DVM, PhD
Reddick, Florida, USA

Chuan Yu, DVM
College of Veterinary Medicine
Beijing Agricultural University
Beijing, People's Republic of China

Vorwort zur 1. deutschen Auflage

Die Akupunktur hat innerhalb der Veterinärmedizin in letzter Zeit weltweit mehr und mehr Anerkennung gefunden. Sie wird zunehmend als Behandlungsoption gesehen, was zu vermehrter Forschung auf diesem Gebiet und einem verbesserten Verständnis ihrer Anwendungsgebiete und Wirkmechanismen geführt hat. Sie wird neben der konventionellen Veterinärmedizin immer mehr in die Behandlung von Pferden, Rindern und Haustieren integriert. Absicht dieses Buches ist es, Veterinärmediziner über den derzeitigen Status der Veterinärakupunktur, die wissenschaftliche Forschung, die traditionellen Theorien der chinesischen Medizin sowie die klinische Anwendung zu informieren.

Im Jahre 1996 erklärte die *American Veterinary Medical Association (AVMA):*

„Akupunktur und Akutherapie in der Veterinärmedizin umfassen die Untersuchung und Stimulation spezifischer Punkte am tierischen Körper unter Gebrauch von Akupunkturnadeln, Moxibustion, Injektionen, schwachen Laserstrahlen, Magnetstrahlen sowie einer Vielzahl weiterer Techniken zur Diagnose und Behandlung zahlreicher Erkrankungen bei Tieren.“

Weiterhin heißt es:

„Akupunktur und Akutherapie gelten inzwischen als integraler Bestandteil der Veterinärmedizin. Diese Techniken sollten als chirurgische und/oder medizinische Maßnahmen innerhalb der bundesstaatlichen Veterinärgesetze betrachtet werden. Es wird empfohlen, dass Veterinärmediziner bestimmte Ausbildungsprogramme absolvieren sollten, bevor sie Akupunktur praktizieren dürfen.“

Zahlreiche Bundesstaaten der USA, einige kanadische Provinzen sowie einige andere Länder, wie z. B. Australien, haben die AVMA-Richtlinien für Akupunktur übernommen.

In den sieben Jahren seit Veröffentlichung der ersten Auflage dieses Bandes wurde weltweit verstärkt im Bereich der Veterinärakupunktur geforscht und eine zunehmende Zahl von Veterinärmedizinern in der Akupunktur ausgebildet. Während der 90er Jahre wurden in vielen Ländern eigene Organisationen der Veterinärakupunktur gegrün-det oder erweitert, u. a. in Kanada, den USA, Australien, Deutschland, Belgien, Niederlanden, Frankreich, Großbritannien, Österreich, Italien, Norwegen, Dänemark, Schweden und Finnland. Einige Schulen für Veterinärmedizin haben Akupunktur als Wahlfach, Pflichtfach oder Zusatzausbildung in den Lehrplan aufgenommen. Außerdem werden Ausbildungsprogramme von privaten Organisationen wie z. B. dem *Chi Institute for Traditional Chinese Medicine* angeboten.

Dieses Buch ist nicht als umfassendes Ausbildungsprogramm in Veterinärakupunktur gedacht, sondern als Einführung sowohl in die wissenschaftlichen Grundlagen der Akupunktur wie auch in die Theorien der traditionellen chinesischen Medizin. Es gibt dem praktizierenden Veterinärmediziner eine Einführung in die Anwendungen der Akupunktur und zeigt, wie sie in eine konventionelle veterinärmedizinische Praxis integriert werden kann. Außerdem wird versucht, für den Praktiker die neuesten Entwicklungen in Forschung und Praxis in diesem schnell expandierenden Bereich zusammenzustellen. Die neuesten Forschungsergebnisse aus aller Welt im Bereich der Veterinärakupunktur finden Sie in Kapitel 4. Kapitel 5 stellt insbesondere Forschungsergebnisse vor, die bisher nicht in englischer und deutscher Sprache vorlagen. Das derzeit vorhandene Wissen wird kritisch gesichtet. Wenn auch noch weitere Forschung und klinische Studien notwendig sind, so beginnt doch jede Reise mit dem ersten Schritt. Die erste Auflage dieses Buches war nach 15 Jahren der erste Versuch außerhalb Chinas, das vorhandene Wissen der Veterinärakupunktur zusammenzustellen. Die zweite Auflage wurde gegenüber der ersten umfassend überarbeitet und aktualisiert. Sie stellt Wege vor, wie die Akupunktur in die konventionelle Veterinärmedizin integriert werden kann, und untersucht ihre Aussichten und Probleme. Ich habe versucht, Autoren auszuwählen, die umfassendes Wissen und gleichzeitig praktische Erfahrungen in ihrem speziellen Feld mitbringen. Einige der vorgestellten Theorien und Vorgehensweisen sind umfassender dokumentiert als andere. Immer noch gibt es vieles, was wir nicht verstehen. Doch auch Aspirin wurde jahrelang verwendet, bevor seine Wirkungsweise vollständig aufgeklärt war. Und selbst bei vielen der heute eingesetzten Medikamente ist die Wirksamkeit nur durch klinische Tests nachgewiesen. Daher sollten wir auch die Akupunktur akzeptieren, denn sie ist die am intensivsten klinisch getestete Technik, die der modernen Medizin bekannt ist. Im Verlauf weiterer Forschungen werden wir ihre Wirkungsweise immer besser verstehen. Ich hoffe, dass alle Praktiker durch dieses Buch ein besseres Verständnis für Akupunktur und ihre nutzbringende Anwendung in der klinischen Praxis gewinnen. Wie Dr. Jen-Hsou Lin feststellte:

„Es spielt keine Rolle, ob eine medizinische Technik alt oder neu ist, solange sie heilt. Es spielt keine Rolle, ob die Theorien östlichen oder westlichen Ursprungs sind, solange sie sich als wahr erweisen.“

Dieses Zitat spiegelt den großen Konflikt innerhalb der Akupunktur, die Kontroverse zwischen der wissenschaftlichen Akupunktur einerseits und der Akupunktur auf Basis der traditionellen chinesischen Medizintheorie andererseits. Immer noch ist umstritten, ob man nur die neurophysiologische Basis der Akupunktur beachten und die 3000 Jahre empirischer Forschung ignorieren sollte, oder ob man auch die Theorien der traditionellen chinesischen Medizin studieren sollte. Tatsächlich haben sich im Laufe der Jahrhunderte viele verschiedene Formen und Herangehensweisen der Akupunktur entwickelt, u. a. die chinesische, amerikanische, europäische, japanische und koreanische. Im vergangenen Jahrzehnt wurde es durch neue Erkenntnisse im Bereich von Neurophysiologie, Immunologie und Endokrinologie möglich, die physiologische Basis der Akupunktur noch besser zu verstehen und zu dokumentieren. Die traditionelle chinesische Medizintheorie war jedoch 3000 Jahre lang die Basis der Akupunktur und ohne sie wären wir heute nicht da, wo wir stehen. Es wäre nicht sinnvoll, diesen Reichtum an empirischer Erfahrung vollständig zu ignorieren. Außerdem beschreibt die traditionelle chinesische Medizin (TCM) Krankheitsmuster, die das Individuum als Ganzes betrachten, die Erkrankung als Erscheinung in allen Körpersystemen beschreiben und die verschiedenen Muster in Beziehung zur Umwelt setzen. Viele dieser Muster verbinden unterschiedliche Symptome und Anzeichen innerhalb eines Organismus, die in der westlichen Medizin bisher nicht korreliert waren. Die TCM neigt damit zu einer ganzheitlicheren Perspektive im Hinblick auf die einzelnen Krankheitssyndrome. Die Terminologie der TCM mag einem westlich ausgebildeten Veterinärmediziner fremd erscheinen. Doch trotz anfänglichen Widerstands haben viele Veterinäre die Einsichten, Erkenntnisse und praktischen Anwendungen der TCM schätzen gelernt.

Wo immer möglich, wird in diesem Buch auf die neurophysiologischen Wirkungen Bezug genommen. In einigen Kapiteln haben die einzelnen Autoren sich die Freiheit genommen, die Wirkungen auf Basis der TCM zu beschreiben. Das *Yin/Yang-Symbol* weist auf die Dualität allen Lebens hin, auf die innige Verbindung zwischen den Gegensätzen und ihre Verwandlung ineinander. Ich beziehe dies auch auf die Interaktion zwischen östlicher und westlicher Medizintheorie. Daher werden in diesem Buch beide vorgestellt und diskutiert. Ich habe Verständnis für die Skepsis westlich ausgebildeter Veterinärmediziner gegenüber den Theorien der traditionellen chinesischen Medizin, denn auch ich war anfangs skeptisch. Doch einer meiner Kollegen gab mir einmal einen guten Rat. Er sagte:

„Der Verstand ist wie ein Fallschirm: Er funktioniert am besten, wenn er offen ist!"

Daher wird die Akupunktur hier aus westlicher wie auch aus östlicher Sicht erläutert. Ich bin sicher, dass wir in den nächsten zehn Jahren die wissenschaftliche Basis der Akupunktur noch mehr erweitern werden.

Es ist sicherlich noch mehr wissenschaftliche Forschung im Bereich der Veterinärakupunktur notwendig. Wo Forschungsergebnisse vorliegen, sind entsprechende Literaturhinweise aufgeführt. Einige Kapitel basieren vorwiegend auf klinischen Erkenntnissen und die Ausführungen stützen sich auf jahrelange Erfahrungen klinischer Wirksamkeit. Das ist kein Ersatz für wissenschaftlich dokumentierte Forschungsergebnisse, doch sind solche klinischen Erfahrungen die Ausgangsbasis für zukünftige Forschung. Daher ist es meine Hoffnung, dass diese Kapitel entsprechende Forschungsvorhaben anregen.

Das chinesische Symbol kai bedeutet beginnen, sich vorwagen, sich entwickeln, neue Türen öffnen. Dieses Buch öffnet neue Türen für Veterinärmediziner. Es gibt Einblick in eine 3000 Jahre alte medizinische Tradition, die bis vor kurzer Zeit hier im Westen vollkommen unbekannt war. Ich lade alle Veterinärmediziner ein, diesen neuen Zugang zur Tiergesundheit kennen zu lernen!

Ziel dieses Buches ist es, Veterinärmedizinern und Studenten eine Einführung in die Veterinärakupunktur sowohl vom Standpunkt der TCM als auch der modernen Wissenschaft zu geben. Es finden sich außerdem einige Zusatzkapitel über alternative Therapieformen, die im Zusammenhang mit der Akupunktur gut wirksam sind und die zurzeit gerade auch in die Veterinärmedizin Eingang finden. Ich hoffe, dieses Buch wird helfen, Akupunktur in die konventionelle Tiermedizin zu integrieren. Möge das hier angebotene Wissen allen Wesen dienen.

Allen M. Schoen

Vorwort zur 2. deutschen Auflage

Nach dem großen Erfolg der ersten deutschen Auflage sind wir stolz, Ihnen die zweite vollständig durchgesehene Auflage präsentieren zu dürfen.

Das neue Layout bietet eine verbesserte Leserführung und enthält zahlreiche zweifarbige Abbildungen, die wichtige Sachverhalte übersichtlich darstellen. Im Anhang finden Sie praktische Akupunkturtafeln für Hund, Pferd und Rind, die bequem herausgetrennt werden können, damit das lästige Blättern während der Behandlung entfällt.

Auf www.elsevier.de stehen für Sie exklusive Zusatzinformationen zu ausgewählten Themen und vertiefendes Fachwissen bereit, die durch den Code im Buch freigeschaltet werden können.

Wir wünschen Ihnen viel Erfolg und Freude mit diesem Werk.

München, Sommer 2008
Lektorat Veterinärmedizin

Zum Gebrauch dieses Buches

Dieses Buch ist gedacht als begleitendes Lehrbuch für Veterinärmediziner und -studenten, die eine Akupunktur-Ausbildung absolvieren/absolviert haben. Im Jahre 1988 stellte die *American Veterinary Medical Association* fest, dass Akupunktur und Akutherapie wirksame Behandlungsmethoden darstellen, doch sie warnte auch vor potenziellem Missbrauch: „Diese Techniken sollten als chirurgische und/oder medizinische Maßnahmen innerhalb der bundesstaatlichen Veterinärgesetze betrachtet werden. Es wird empfohlen, dass Veterinärmediziner bestimmte Ausbildungsprogramme absolvieren sollten, bevor sie Akupunktur praktizieren dürfen.“ Das ist weniger zum Schutz des Berufsstandes gedacht, als vielmehr zum Schutz der zu behandelnden Tiere.

Auch wenn die Akupunktur, bei der Nadeln in bestimmte Punkte gesteckt werden, als relativ einfache Methode erscheinen mag, so ist damit doch eine umfassende Kunst wie auch Wissenschaft verbunden. Es gibt über 1000 Akupunkturpunkte, zahlreiche Regeln der Punktauswahl und viele Techniken der Punktstimulation. Die Bestimmung der richtigen Kombination von Punkten mit der richtigen Technik erfordert eine umfassende Ausbildung. In unterschiedlichen Kapiteln dieses Handbuchs sind zahlreiche Punkte für bestimmte Beschwerden zu finden. Das bedeutet nicht, dass alle diese Punkte auf einmal oder während jeder Behandlung einzusetzen sind. Die Verwendung allzu vieler Punkte ist in vielen Fällen sogar kontraindiziert.

In den meisten Ländern fällt die Anwendung der Akupunktur in der Tiermedizin unter das Medizingesetz und dessen Vorschriften sind zu beachten. Dieses Buch ist nicht als Ersatz für eine Ausbildung in Veterinärakupunktur gedacht. So wie es schwierig ist, chirurgische Techniken ohne angemessene Ausbildung zu erlernen, so gilt dies auch für die Akupunktur. Es handelt sich vielmehr um ein Nachschlagewerk als Ergänzung oder Begleitung zu einer entsprechenden Ausbildung. Es soll dazu dienen, das Verständnis für die wissenschaftliche Basis wie auch die Anwendung traditioneller chinesischer medizinischer Theorien zu erweitern. Es kann auch dabei unterstützen, die entsprechenden Punkte und Techniken für unterschiedliche Beschwerden zu finden. Interessierte Leser können sich an verschiedene Organisationen wenden, die entsprechende Trainings und Kurse in Akupunktur anbieten (Adressen ➤ Kapitel 1). Diese Empfehlungen entspringen unserem vordringlichen Interesse an einer möglichst optimalen tiermedizinischen Versorgung.

Die Kontroverse über die Wirksamkeit der Akupunktur

Allen M. Schoen

In China wird die Akupunktur schon seit tausenden von Jahren in der praktischen Tiermedizin eingesetzt. Im Westen wird sie seit einigen Jahrzehnten in Praxen und Kliniken praktiziert. Dennoch gibt es einige Streitpunkte, die hier angesprochen werden sollen. Wünschenswert wäre es, eine offene Diskussionsplattform zu pflegen, ohne eine kritische Haltung zu vernachlässigen. Maslow hat das Dilemma folgendermaßen zusammengefasst:

„Wenn es eine Hauptregel der Wissenschaft gibt, so die, dass die gesamte Realität anerkannt und beschrieben werden muss, alles, was existiert und auftritt. Die Wissenschaft muss sogar das akzeptieren, was nicht verstanden oder erklärt werden kann, wofür es keine Theorie gibt, was nicht gemessen, vorhergesagt, kontrolliert oder geordnet werden kann. Sie umfasst alle Ebenen und Formen des Wissens, einschließlich eines vorläufigen Wissens von geringer Zuverlässigkeit und subjektiver Erfahrung."

In der Untersuchung einer medizinischen Behandlungsform gilt es vor allem folgende zwei Fragen zu beantworten:

1. Ist sie sicher?
2. Ist sie wirksam?

Die Kontroverse in der Akupunkturforschung betrifft die Qualität der Daten und die Frage, ob klinische Wirksamkeitsnachweise gültig oder ausreichend sind. Viele der publizierten Forschungsberichte über Akupunktur weisen einen Mangel an Kontrollen und statistischer Analyse auf und können einer strengen wissenschaftlichen Auswertung nicht standhalten. Doch trotz dieser Begrenzung können viele der klinischen Berichte wertvolle Informationen bieten. Skeptiker neigen dazu, den Mangel an Doppelblindversuchen zu kritisieren. Diese Kritik soll hier näher betrachtet werden.

In einer idealen Welt wären Doppelblindversuche in vielen medizinischen Bereichen von Nutzen, unter anderem in der Chirurgie, der Arzneimittelkunde und der Akupunktur. Doch es handelt sich dabei nicht immer um eine sinnvolle Option. Es wäre zum Beispiel unsinnig, Patienten mit einer Placebo-Bypass-Operation zu behandeln, um die Wirksamkeit von Bypass-Operationen nachzuweisen. Wäre es also sinnvoll, Akupunkturbehandlungen erst einzuführen, wenn alle ihre Aspekte in Doppelblindversuchen erforscht sind, obwohl ihre Wirksamkeit durch die klinische Erfahrung von Jahrtausenden erwiesen ist? Ist es falsch, diese Ergebnisse in Lehrbüchern zu dokumentieren, auch wenn es noch nicht für alle Anwendungsmethoden kontrollierte Studien gibt? Die meisten Akupunktur-Lehrbücher, die ins Englische übersetzt wurden, basieren auf klinischen Wirksamkeitsstudien [1, 2, 3]. Ein großer Teil der Forschung im Bereich der Veterinärakupunktur wurde an Labortieren ausgeführt und konzentrierte sich vorwiegend auf die analgetische Wirkung der Akupunktur [3]. In China wurden Studien an Hunden, Rindern und Kaninchen durchgeführt [2]. Klinische Tierversuche aus dem China der 60er und 70er Jahre sollten wegen der damaligen politischen Situation mit Vorsicht betrachtet werden. Dr. White schreibt: „Während der sechziger und siebziger Jahre war es ratsam, den Bürokraten zu erzählen, was sie hören wollten. In vielen Bereichen wurden übertriebene Behauptungen aufgestellt, so auch hier. Zum Beispiel ist es höchst unwahrscheinlich, zumindest nach westlichen Wissenschaftsstandards, dass bei fast 2000 Fällen von Darmverschluss bei Pferden eine Erfolgsquote von 97,8 % erzielt wurde." [5] Auch andere Faktoren sollten bei der Beurteilung von chinesischen Studien in Betracht gezogen werden. Zum Beispiel sind die chinesischen Pferde kleine Tiere von Pony-Größe und die Kühe häufig noch kleiner als Jersey-Rinder [1]. Angaben zu Tiefe und Lokalisation von Akupunkturpunkten müssen also entsprechend diesen Größenverhältnissen interpretiert werden.

Ist es richtig, ein Buch wie dieses auf Übersetzungen traditioneller chinesischer Akupunkturtexte, der dreißigjährigen klinischen Erfahrung westlicher Veterinärmediziner sowie den verfügbaren Forschungsergebnissen an verschiedenen Arten, u. a. Labortieren, Haustieren und Menschen, aufzubauen? Als Herausgeber bin ich der Ansicht, dass es durchaus angemessen ist, all diese Informationen weiterzugeben und die neuesten verfügbaren Erkenntnisse im Bereich der Veterinärakupunktur gesammelt zur Verfügung zu stellen. Manche der dargestellten Informationen sind nicht ausreichend erforscht, um die Wirksamkeit definitiv nachweisen zu können. Doch die meisten Informationen sind von ausreichend klinischer Erfahrung gestützt, um hier aufgeführt zu werden. Möglicherweise wird sich irgendwann herausstellen, dass die wissenschaftliche Forschung die klinischen Ergebnisse bestätigt, doch dass die Wirkmechanismen anders sind als erwartet. Vielleicht wird die zukünftige Forschung auch einige Theorien und Ergebnisse widerlegen. Es ist gar keine Frage, dass mehr wissenschaftliche Forschung im Bereich der Veterinärakupunktur wünschenswert wäre. Leider wird jedoch ein großer Teil der Grundlagenforschung von pharmazeutischen Firmen finanziert, die an Akupunkturforschung nicht interessiert sind; dadurch sind die finanziellen Möglichkeiten in diesem Bereich häufig begrenzt.

Ein weiterer kontrovers diskutierter Punkt ist, ob Ergebnisse von einer Spezies auf eine andere übertragen werden dürfen. Ein großer Teil der Forschung basiert auf dieser Annahme, wobei zuerst Versuche mit Labortieren durchgeführt werden, um zu entscheiden, ob die Behandlung für Menschen oder Haustiere wirksam ist. Es ist durchaus möglich, von Wirksamkeitsstudien am Menschen auf Tiere zu schließen und umgekehrt, wenn die entsprechenden physiologischen Prinzipien identisch sind. Idealerweise sollten natürlich die Studien an der Art durchgeführt werden, für die die entsprechende Behandlung gedacht ist, doch ist dies nicht immer möglich. Auch gilt es die Frage des Tierschutzes und der angemessenen Behandlung von Labortieren zu berücksichtigen. Das Problem der Übertragbarkeit zwischen den Arten berührt außerdem die Frage der Verwendung des traditionellen oder des transpositionellen Akupunkturatlas.

Die traditionelle chinesische Methode beruht auf Akupunkturpunktkarten, die über Jahrtausende hinweg in China entwickelt wurden. Die transpositionellen Karten basieren auf der Übertragung menschlicher Akupunkturpunkte auf die Anatomie des Pferdes und drei Jahrzehnten klinischer Wirksamkeitsstudien im Westen. Beide Vorgehensweisen haben Befürworter, die die jeweiligen Punkte und Indikationen bevorzugen. Es gibt zahlreiche Unterschiede wie auch Gemeinsamkeiten. Diese Unterschiede und die entsprechenden Implikationen werden an anderer Stelle erläutert.

Außerdem existiert eine Kontroverse in der Human- wie auch in der Veterinärakupunktur, ob nur die wissenschaftliche Basis der Akupunktur gelehrt werden soll oder auch die traditionellen chinesischen Medizintheorien. Jede Fraktion betrachtet ihre jeweilige Perspektive als gültig. Akupunkteure, die die Forschung und Diskussion auf die neurophysiologischen Prinzipien begrenzen möchten, betrachten die Theorien der Traditionellen Chinesischen Medizin (TCM) als archaisch und nicht mehr diskussionswürdig. Sie sind der Ansicht, dass diese Theorien nicht ausreichend von wissenschaftlicher Forschung gestützt sind und von weiteren wissenschaftlichen Forschungen nur ablenken. Befürworter der TCM-Theorie der Akupunktur sind der Ansicht, dass die neurophysiologische Basis die verschiedenen Wirkungen der Akupunktur nicht ausreichend erklären kann. Für sie ist die TCM seit mehr als 3000 Jahren die Grundlage der Akupunktur, ohne die wir heute nicht da wären, wo wir sind. Es erscheint ihnen nicht angemessen, diesen Reichtum an empirischem Wissen zu ignorieren. Darüber hinaus beschreibt die TCM Krankheitsmuster, die das gesamte Individuum und alle Körpersysteme betreffen und verschiedene Muster auch mit der Umwelt in Beziehung setzen. Sie hat damit eine mehr ganzheitliche Perspektive in Bezug auf das jeweilige Krankheitsmuster. Ein westlich ausgebildeter Arzt hat in diesem Zusammenhang erklärt:

„Mir ist klar geworden, dass eine Betrachtung der Akupunktur aus dem Blickwinkel der westlichen Wissenschaft in etwa dem Versuch gleicht, ein fremdsprachiges Gedicht in Übersetzung zu lesen. Meist erhält man dabei nur ein blasses Abbild des Originals ohne die Seele oder zentrale Essenz. Bei der Akupunktur ist diese zentrale Essenz das Qi, das auf nichts weniger verweist als die vitale Lebenskraft.“ [5]

Es gibt viel Wertvolles in der TCM. Sie bietet eine andere Perspektive in Bezug auf Krankheitsmuster und Behandlung, die sonst nicht verfügbar wäre. Diese Zugangsweise hat Millionen von Menschen für tausende von Jahren gedient. Es wäre sehr ethnozentrisch von uns, dieses große Reservoir an Wissen zu ignorieren. Irgendwann werden wir vielleicht in der Lage sein, alle Wirkungen der Akupunktur auf Basis der Neurophysiologie zu erklären. Im Moment gilt das jedoch noch nicht. Darum trägt dieses Buch im Original den Untertitel *Ancient Art to Modern Medicine*. Der Übergang findet jetzt im Moment statt. In *Complementary and Alternative Veterinary Medicine* [5] wird die Kontroverse bezüglich der Akupunktur und anderer komplementärer Therapieformen ausführlicher erläutert.

Angesichts all dieser Kontroversen ist es Ziel dieses Buches, Veterinärmedizinern so viele Informationen wie möglich über den gegenwärtigen Stand der Veterinärakupunktur zu geben, basierend auf klinischer Erfahrung, klinischen Wirksamkeitsstudien und Forschungsergebnissen aus aller Welt. Wo immer möglich, wird die wissenschaftliche Basis der Akupunktur diskutiert. Daneben werden auch die Theorien der traditionellen chinesischen Medizin im Zusammenhang mit Veterinärmedizin erläutert. Irgendwann werden die heutigen Kontroversen sicher geklärt und mehr wissenschaftliche Dokumentationen über Veterinärakupunktur verfügbar sein.

LITERATUR

1. White S: Electroacupuncture in veterinary medicine, San Francisco, 1984, Chinese Materials Center.
2. Chuan Y: Handbook on Chinese veterinary acupuncture and moxibustion, Bangkok, 1990, FAO Regional Office for Asia and The Pacific.
3. Stux G, Pomeranz B: Acupuncture textbook and atlas, New York, 1987, Springer-Verlag.
4. Botello J: Lear's, Nov 1993, p 43.
5. Wynn SG, Schoen AM: Fundamentals of complementary and alternative veterinary medicine. In Schoen AM, Wynn SG: Complementary and Alternative Veterinary Medicine, St Louis, 1998, Mosby.

Inhaltsverzeichnis

I Grundlagen der Veterinärakupunktur

KAPITEL

1

David H. Jaggar und Narda G. Robinson

Die Geschichte der Akupunktur in der Tiermedizin

1.1 Warum die Geschichte der Akupunktur studieren?

Studenten wie auch Kritiker der Veterinärakupunktur wären verloren ohne ein Verständnis für die chinesische Geschichte. Die chinesische Medizin – im Unterschied zur westlichen Medizin[1] – muss im Zusammenhang mit dem soziopolitischen Milieu gesehen werden, das ihre Entwicklung beeinflusst hat, da die Medizin und ihr Fortschritt von den frühen intellektuellen, politischen und philosophischen Grundlagen der chinesischen Zivilisation geprägt wurden. Wer in westlicher Medizin ausgebildet ist, mag das Studium der sozialen Ideologien eines fremden Systems für überflüssig halten, oder zumindest für wenig bedeutsam, da die meisten human- und tiermedizinischen Schulen nur das neueste Wissen und die neueste Technologie betonen und oft wenig über die frühen Ursprünge erzählen. Doch wie Unschuld argumentiert [1]: „Die Akzeptanz oder Ablehnung von Krankheitskonzepten in einer Gesellschaft ist selten unabhängig von sozioökonomischen und soziopolitischen Determinanten, seien sie nun bewusst oder nicht. (…) Unterschiedliche Therapiesysteme gehen nicht nur unterschiedlich mit demselben Gesundheitsproblem um, sondern erkennen oder betonen häufig auch ganz unterschiedliche Probleme."

Nehmen wir zum Beispiel das uralte chinesische Konzept von *Yin* und *Yang*, das für die chinesische Medizin und speziell die Akupunktur so fundamental ist. Die *Yin-Yang*-Doktrin stellt die erste umfassende Systematisierung von Objekten, Wesen und Phänomenen der Welt dar und ermöglichte es den Chinesen, natürliche Prozesse zu verstehen, vorherzusagen und mit ihnen zu arbeiten. Indem sie alle Dinge in zwei Gruppen mit einigen auffallenden gemeinsamen Charakteristika einteilten, waren die frühen chinesischen Philosophen in der Lage, fundamentale Gesetze über diese beiden Gruppen abzuleiten und die Beziehungen zu bestimmen, die von Natur aus zwischen ihnen bestehen. *Yin* und *Yang* sind polare Gegensätze, doch sie sind auch komplementär und interdependent. Keines kann ohne das andere existieren, da beide zusammen das Ganze bilden. Beide enthalten Elemente des jeweils anderen in sich, so dass fast nichts vollkommen *Yin* oder vollkommen *Yang* ist, sondern eine Kombination von beidem, wobei jeweils ein Aspekt vorherrscht.

Der *Yin*-Aspekt wird als weiblich, schwach, passiv und dunkel beschrieben, während der *Yang*-Aspekt männlich, stark, aktiv und hell ist [2]. Dass der weibliche Aspekt schwächer und nachgiebiger ist, spiegelt die hierarchische Struktur von Chinas Sozialsystem und den niedrigeren Sozialstatus der Frauen zur damaligen Zeit wider [1]. Fairbank meint dazu [2]: „Während männlich und weiblich notwendig und komplementär sind, galt doch der eine Aspekt von Natur aus als passiv gegenüber dem anderen. Eine endlose Reihe von männlichen chinesischen Moralisten entwickelte auf der Grundlage dieser Ideologie das Verhaltensmuster von Gehorsam und Passivität, das von Frauen erwartet wurde. Dieses Muster stellte das Mädchen von Geburt an unter den Knaben, die Ehefrau unter den Ehemann und die Mutter unter ihren erwachsenen Sohn." Tatsächlich wurden bis ins 20. Jahrhundert hinein die Füße junger Mädchen gebunden, um ihre sexuelle Attraktivität für Männer zu erhöhen, und die Tötung weiblicher Neugeborener ist auch heute noch eine Methode der Geburtenkontrolle [2]. Die Frage der Geschlechterungleichheit soll hier nicht angeführt werden, um die chinesische Kultur anzugreifen oder die Bedeutung der *Yin-Yang*-Doktrin zu schmälern, sondern um den untrennbaren Zusammenhang von soziopolitischen Ideologien und den Grundlagen der chinesischen Medizin zu verdeutlichen.

Dennoch gilt, dass diese Disziplin, die die Bedeutung von Systemen für das Verständnis und den Umgang mit der Welt erkennt und erforscht, den modernen Paradigmenwechsel in Physik, Mathematik und Naturwissenschaft um fast zwei Jahrtausende vorweggenommen hat. Die chinesische Medizin hat traditionell einen umfassenderen Standpunkt vertreten, der insbesondere aus den Lehren von *Yin* und *Yang* sowie den fünf Wandlungsphasen herrührt, die in den letzten drei Jahrhunderten vor unserer Zeitrechnung entstanden, wobei genaue Daten nicht verfügbar sind. Die westliche Wissenschaft hat sich dagegen bis vor kurzem auf eine reduktionistische Analyse der Natur beschränkt und ihre Komponenten in getrennte Teile isoliert. Das ändert sich zurzeit; es gibt eine dramatische Verschiebung hin zu systemischem Denken, was zu revolutionären Veränderungen in den wissenschaftlichen Konzepten, Werten und Vorgehensweisen führt. Um den Physiker Fritjof Capra zu zitieren [3]: „Zum Ende dieses Jahrhunderts sind

---

[1] Die Bezeichnungen *westliche, konventionelle* und *wissenschaftliche* Medizin, die in diesem Kapitel auftauchen, beziehen sich auf die Form der Medizin, die seit 200 Jahren in den USA praktiziert wird, geprägt vom kartesianischen Einfluss, der die Trennung von Körper und Geist betont. Die Bezeichnungen *östliche, komplementäre* oder *alternative* Medizin beziehen sich auf die Medizin, die in asiatischen Ländern praktiziert wird, die Organismen als untrennbar mit ihrer Umgebung und Umwelt verbunden betrachtet und eher eine inklusive als eine exklusive Betrachtungsweise pflegt, wie sie für die westliche Medizin typisch ist. Die Autoren möchten sich für den Mangel an eindeutigen Begriffen für diese beiden Disziplinen entschuldigen, denn es entstehen dabei sofort einige Widersprüchlichkeiten. Zum Beispiel müsste man die wissenschaftlich exakten Beiträge asiatischer Forscher als wissenschaftlich, wenn auch nicht westlich bezeichnen. Auf der anderen Seite betreiben Ärzte und Wissenschaftler der amerikanischen Gesundheitsinstitute und anderer bekannter Forschungseinrichtungen bereits seit 25 Jahren Forschungen über Akupunktur, weshalb es nicht richtig wäre, Akupunktur als unwissenschaftlich zu bezeichnen.

Umweltbelange von höchster Wichtigkeit. Wir sehen uns einer ganzen Reihe globaler Probleme gegenüber, die die Biosphäre und das menschliche Leben in alarmierender Weise bedrohen und bald irreversibel werden könnten. (...) Je mehr wir die Hauptprobleme unserer Zeit untersuchen, desto mehr erkennen wir, dass sie nicht isoliert gesehen werden können. Es sind systemische Probleme, was bedeutet, dass sie miteinander verbunden und interdependent sind." Und weiter [3]: „Der große Schock für die Wissenschaft im 20. Jahrhundert war, dass Systeme nicht analytisch verstanden werden können. Die Eigenschaften ihrer Teile sind nicht intrinsisch gegeben, sondern können nur im Zusammenhang mit dem größeren Ganzen verstanden werden. Dadurch hat sich das Verhältnis zwischen den Teilen und dem Ganzen umgekehrt. In der systemischen Vorgehensweise können die Eigenschaften der Teile nur aus der Organisation des Ganzen verstanden werden. Dementsprechend konzentriert sich systemisches Denken nicht auf grundlegende Bausteine, sondern auf Grundprinzipien der Organisation. Systemisches Denken ist ‚kontextbezogen' und steht damit im Gegensatz zum analytischen Denken." Und schließlich [3]: „Die Erkenntnis, dass Systeme integrierte Ganze sind, die nicht analytisch verstanden werden können, war im Bereich der Physik sogar noch schockierender als in der Biologie."

Mit diesem neu erwachten Interesse an systemischem Denken entstand auch ein neuer Blick auf eine Medizin systematischer Korrespondenzen und ihre Weiterentwicklung. Auch wenn Akupunktur in der Human- und Tiermedizin getrennt gelehrt und praktiziert wird, so ist doch der theoretische Rahmen der Veterinärakupunktur auf den Prinzipien der Humanakupunktur aufgebaut [4]. Daher ist es wichtig, die Geschichte der Veterinärakupunktur im Zusammenhang mit der Humanakupunktur zu untersuchen. Die Entwicklungsschritte folgen dabei eher Zeitabschnitten und Dynastien als Jahrhunderten [2]. Wie Fairbank ausführte [2]: „Die chinesischen Dynastien waren politische Unternehmungen, vergleichbar mit amerikanischen Präsidentschaften, konkreter und leichter verständlich als die europäischen Jahrhunderte, die kaum mit irgendwelchen Bewegungen und Trends in Übereinstimmung zu bringen sind. Die Abfolge der Dynastien gehorchte dem inneren Impuls zu politischer Vereinigung, der während dynastischer Zwischenzeiten entstand. Die Einheit war ein starkes Ideal, da sie Stabilität, Frieden und Wohlstand versprach."

Beschreibungen der Geschichte der Veterinärakupunktur stützen sich meist auf undokumentierte Quellen, die häufig in Einführungskapiteln mit einem kurzen Überblick über die Geschichte der Veterinärakupunktur aufgeführt werden. Oft beziehen sie sich auf frühe Texte über Humanakupunktur und erst in späteren Jahrhunderten auf spezifisch veterinärmedizinische Texte. Haustiere wurden in der bäuerlichen Gesellschaft als Lasttiere eingesetzt und waren eine Quelle des Wohlstands. Es ist wohl anzunehmen, dass die traditionelle chinesische Tiermedizin (einschließlich Akupunktur) in erster Linie durch die Adaption von Humanakupunktur, Moxa-Therapie und chinesischer Arzneimitteltherapie auf Tiere entstand. Daraus erklären sich auch ihre Widersprüchlichkeiten, da sich die Akupunktur über weite Landstriche in China entwickelt hat. In einer Gesellschaft mit begrenzter Kommunikation entstanden in unterschiedlichen Regionen jeweils spezifische Besonderheiten und spezielle Anwendungen der Akupunktur. Diese wurden anschließend dokumentiert; erst später wurden dabei die regionalen Besonderheiten herausgestellt. Zu dem Mangel an Konsistenz trug außerdem die Tendenz zur Geheimhaltung bei, wobei die Informationen nur von Generation zu Generation oder an vertrauenswürdige Lehrlinge weitergegeben wurden.

1.2 Die Geschichte der Akupunktur in Human- und Veterinärmedizin

Die ersten Nachweise menschlicher Aktivität in China stammen aus dem Dorf *Chou K'ou Tien*, 26 Meilen südwestlich von *Beijing*, wo Archäologen Zähne, Schädel und andere Knochen des „Peking-Menschen" *(Homo erectus)* ausgegraben haben, der vermutlich vor 400 000 bis 200 000 Jahren während des Altpaläolithikums gelebt hat [2, 5]. Während des späteren Neolithikums (12 000 bis 2000 v. Chr.) begann die Domestikation von Tieren wie Hunden und Schweinen, die Seidenherstellung und die Verwendung von Steinwerkzeugen. Es gab besondere Steinwerkzeuge, *bian*, grobe, zugespitzte Instrumente, um die Haut zu ritzen und zu durchstechen. Sie waren möglicherweise die ersten Akupunkturnadeln, die später durch Instrumente aus Bambus, Knochen und Keramik ersetzt wurden [6]. Mehrere Texte verweisen auf *bian*, auch als *bian-shi* bezeichnet, die bei Toudaowa in der Inneren Mongolei ausgegraben wurden [4, 7–9]. Diese etwa 4,5 cm langen Steinsplitter besitzen eine scharfe Kante von 0,4 cm Breite am einen und eine scharfe Spitze am anderen Ende. Sie sollen für eine primitive Form der Akupunkturtherapie eingesetzt worden sein. Diese Hypothese ist jedoch sehr spekulativ und zweifelhaft. Unschuld nimmt an, dass *bian* ausschließlich dafür verwendet wurden, Abszesse zu öffnen, um den Eiter abfließen zu lassen – eine primitive Form von Chirurgie [1]. Nach Aussage von Klide und Kung gibt es „keine Beweise, dass sie für Akupunktur und Moxibustion verwendet wurden" [8].

Der Ackerbau entstand zwischen 8000 und 5000 v. Chr., doch die Techniken waren lange Zeit rudimentär, da der Pflanzen- und Tierreichtum im warmen, feuchten Klima des altsteinzeitlichen China die Menschen dort ausreichend ernährte [8]. In der späteren neolithischen Periode verwendeten die Bauern Tongefäße, um ihr Getreide zu lagern, und dekorierten die Krüge mit Fisch-, Tier- und Pflanzenmustern. Daher stammt die Bezeichnung *Yangshao Painted Pottery Period*, die auf 5000 bis 3000 v. Chr. datiert wird. Eine dünnere, glänzende schwarze Keramik gab der *Longshan Black Pottery Period* ihren Namen, die von 3000 bis 2200 v. Chr. dauerte. In den Dörfern der *Yangshao*- und *Longshan*-Kulturen wurden Hunde, Schweine und Rinder gezüchtet, jedoch keine Pferde [5].

Das Bronzezeitalter dauerte von 2200 bis 500 v. Chr. und umfasste drei Dynastien, *Xia*, *Shang* und *Zhou (Chou)* [2]. Nur die *Zhou*-Dynastie ist direkt aus schriftlichen Aufzeichnungen bekannt. Während der *Shang*-Dynastie wurde der Bronzeguss zu einer hoch entwickelten Technik. Die Herstellung von Metall hätte auch die Entwicklung der ersten Akupunkturnadeln ermöglicht, doch gibt es keinen stichhaltigen Beweis, dass während dieser Zeit Akupunktur praktiziert wurde. In einem Abschnitt mit dem Titel „Hinweise auf eine neue archäologische Ordnung" schreibt Fairbank [2], dass die Verwendung von Bronze und Pferdewagen im Mittleren Osten früher als in China begann. Außerdem setzten die Chinesen während der *Xia*- und der *Shang*-Dynastie weder Ackerbaugeräte aus Metall noch Zugtiere und Pflüge ein. Erst spät in der *Shang*-Periode wurde der Pferdewagen für die Aristokratie und die Kriegsführung verfügbar [2]. Westliche Historiker haben die These aufgestellt, dass Invasionen mit Pferdewagen vom Mittleren Osten ausgingen, was vielleicht erklären würde, wie Pferde nach China gelangten [2].

Im Jahre 1899 entdeckten Wissenschaftler, die die chinesische Geschichte studierten, dass chinesische Pharmazeuten zu medizinischen Zwecken so genannte *Dragon bones* verkauften, die mit archaischen Schriftzeichen versehen waren. Sie stammen vorwiegend von Rindern der *Shang*-Zeit, dienten als Orakel und wurden von Wahrsagern der *Shang*-Könige zur Divination verwendet. Diese Kunst wurde auch als Skapulamantie bezeichnet, wobei ein heißes, spitzes Objekt auf die Skapula eines (vermutlich toten) Tieres gepresst wurde, um Sprünge im Knochen hervorzurufen. Die entstandenen Risse wurden als Ratschläge der verstorbenen Ahnen gedeutet. Die Aristokratie der stark hierarchisch gegliederten *Shang*-Gesellschaft praktizierte die Jagd als Sport und zog in Pferdewagen in den Krieg. Sie sollen große Rinderherden gehalten haben, um Knochen für die Skapulamantie zu liefern, sowie für rituelle Opfer an die Ahnen [2]. Verärgerte Ahnen und böswillige Geister wurden als Ursache zahlreicher Krankheiten angesehen. Die Wiederherstellung der Gesundheit verlangte häufig das Vertreiben oder Versöhnen dieser Kräfte [9].

Prähistorische Kulturen in der ganzen Welt glaubten, dass Ahnengeister, Dämonen und andere Wesen in der Lage wären, Leben zu gefährden und möglicherweise zu zerstören. Entsprechender Aberglaube hält sich teilweise bis auf den heutigen Tag. So hatte auch die frühe chinesische Gesellschaft ihre Dämonentradition. Während der *Zhou (Chou)*-Dynastie (1027–221 v. Chr.) wurden böse Geister als Ursache von Krankheiten gesehen und mit natürlichen sowie speziell hergestellten Materialien bekämpft. Dazu zählten zum Beispiel aromatische Substanzen, Tierzubereitungen oder Tierteile, Kräuter und Menstruationsbinden [10]. Um das zweite bis erste Jahrhundert vor Chr. übte jedoch der Taoismus seinen Einfluss aus. Daraus entstand die Lehre vom *„Weg"*, mit einer Betonung auf Naturgesetzen statt dämonischen Einflüssen der einen oder anderen Art. Die Akupunktur wurde von *Zhou*-Ärzten möglicherweise eingesetzt, um böse Geister oder Dämonen zu vertreiben, doch es existieren keine schriftlichen Hinweise auf therapeutisches Nadeln [1]. Anzumerken ist, dass die Tiermedizin während der *Zhou*-Dynastie als ein getrennter Zweig der traditionellen chinesischen Medizin entstand. *Huisheng Xie* [4] erklärt, dass es zu dieser Zeit Vollzeit-Tierärzte gab, die sich um die Behandlung von Tierkrankheiten kümmerten und dabei Kräuter- und Mineralienpräparate, einige frühe chirurgische Techniken und Tierpflege einsetzten. Er verweist dabei auf die Bücher *Zhou Li Tian Guan* („Geschichte der Zhou-Dynastie") und *Zhou Li* („Die Riten der Zhou-Dynastie").

Zur *Zhou*-Dynastie zählen auch die Frühling-Herbst-Periode (677–476 v. Chr.) und die Periode Streitender Reiche (475–221 v. Chr.). Um 650 v. Chr., in der Frühling-Herbst-Periode, verfasste ein Militärgeneral namens Sun-Yang, auch bekannt als Bai-le, einen *„Kanon der Veterinärmedizin"* [4]. Es gibt Legenden über sein großes Geschick in der Akupunktur-Behandlung von Tieren, besonders von Pferden, weshalb er auch als „Vater" der chinesischen Tiermedizin gilt [4]. Pferden galt die größte Aufmerksamkeit der frühen Tiermediziner, da sie im Krieg wie auch in der Landwirtschaft eingesetzt wurden. Kein Historiker oder Sinologe hat bisher eine Geschichte der traditionellen chinesischen Tiermedizin in englischer Sprache verfasst. Alle Verweise stammen daher aus der Sekundärliteratur. Einiges davon ist jedoch wertvoll und verweist auf zusätzliches Quellenmaterial, wobei die Berichte von *Huisheng Xie* [4] und *Klide* und *Kung* [8] von besonderem Interesse sind.

Selbst die Frühgeschichte der Humanakupunktur ist vage. Verschiedene asiatische Nationen haben zu unterschiedlichen Zeiten behauptet, die Erfinder der Akupunktur zu sein. Es gibt Spekulationen darüber, ob sich die Akupunktur in Nordindien oder Tibet im Rahmen der ayurvedischen Medizin entwickelt hat und von dort nach China gelangte und zu dem System weiterentwickelt wurde, das wir heute als Akupunktur kennen [12]. Die Frühgeschichte der Veterinärakupunktur ist mindestens ebenso vage. Es gibt Spekulationen über die anfängliche Entwicklung der Akupunktur bei Tieren, die aber höchstwahrscheinlich nicht zutreffend sind. Eine Geschichte, die in Tiermedizinerkreisen in den USA zirkuliert, erzählt zum Beispiel, dass die Menschen entdeckten, dass Pferde, die im Krieg an gewissen Stellen von einem Pfeil getroffen wurden, von bestimmten Leiden schneller genasen. Sie sollen diese Beobachtung genauer erforscht haben, um später ihre Patienten auf etwas elegantere Art zu behandeln.

Als eine Zeit von Rivalitäten und Kriegen führte die „Periode Streitender Reiche" zu einer Sehnsucht nach Frieden und Ordnung [2]. Die Lehren von Konfuzius (551–479 v. Chr.) und seinem bedeutendsten Schüler Mencius (372–289 v. Chr.) waren die ideologische Reaktion der chinesischen Intellektuellen auf das Chaos dieser Zeit. Sie entwickelten einen Kodex des Verhaltens und der gesellschaftlichen Beziehungen, der eine neue soziale Ordnung ermöglichte [2]. Gemäß dem konfuzianischen Verhaltenskodex basiert eine angemessene Gesellschaftsordnung auf Über- und Unterordnung. Dieser Kodex schrieb vor, dass Kinder den Eltern unterstanden, Frauen ihren Ehemännern und Untertanen ihren Herrschern [2]. Die Rolle jedes einzelnen innerhalb dieser Gesellschaft war bestimmt durch seinen Platz innerhalb der Hierarchie, wobei „das dem Status angemessene Verhalten" betont wurde [2].

Die politische Doktrin des Konfuzianismus war auf die Organisation des sozialen Lebens gerichtet und verwendete die Theorien von *Yin* und *Yang* sowie der fünf Wandlungsphasen, um soziale und politische Veränderungen zu erklären [1]. *Tsou Yen*, der angebliche Urheber der Lehren von den fünf Wandlungsphasen, wandte diese Lehre auf den Aufstieg und Niedergang einzelner Dynastien an. Das individuelle Verhalten sowie die Auswirkungen der fünf Wandlungsphasen auf das Individuum hatten demnach Einfluss auf Dauer oder Abstieg von Dynastien [1].

Eine andere Denkschule war unter dem gemeinen Volk verbreitet und stand in schroffem Gegensatz zu den elitären Prinzipien des Konfuzianismus [2]. Dies war der Taoismus. *Tao* bedeutet „der Pfad" oder „der Weg" und steht für eine Lebensweise, die in Übereinstimmung ist mit den Gesetzen der Natur. Dies unterschied sich auf fundamentale Weise von der konfuzianischen Philosophie. Unschuld stellt fest [1]: „Während die Konfuzianisten der Ansicht waren, dass sich ein Verständnis des Menschen aus dem Studium des Menschen als höchstem Lebewesen selbst ableiten ließ, behaupteten die Taoisten, dass auch die Beobachtung der Natur Einsichten in den Menschen ermögliche, ein Wesen, das schließlich und endlich auch nicht besser sei als der geringste Wurm. Doch die Taoisten waren nicht so sehr an einem Verständnis des Menschen interessiert als vielmehr daran, wie der Mensch am besten in Übereinstimmung mit den Gesetzen der Natur leben kann." Der Taoismus hat die Philosophie und Praxis der Medizin von der damaligen Zeit bis heute stark beeinflusst.

Im ältesten existierenden Text über die Akupunktur, dem *Huangdi Neijing*, das während der *Han*-Dynastie verfasst wurde, lassen sich Ideen sowohl aus dem Taoismus wie aus dem Konfuzianismus finden [1]. *Chuang Chou* (369–286 v. Chr.) war ein früher taoistischer Philosoph, dessen Schriften in mehreren Kapiteln des *Huangdi Neijing*, dem „Inneren Klassiker des Gelben Kaisers", zitiert werden [1]. Selbst die äußere Form weist auf die taoistischen Inhalte hin, denn es handelt sich um einen allegorischen Dialog zwischen dem legendären Gelben Kaiser *Huangdi* und dem Arzt *Qi Bo* [1].

Nichtsdestotrotz entsprach die Heilmethode der systematischen Korrespondenzen stark der soziopolitischen Ordnung der konfuzianischen Ideologie. Die Gesundheit beruhte danach auf Wohlverhalten und damit auf einem Leben innerhalb fest definierter Verhaltensrichtlinien. Klimatische Faktoren wurden weniger aus einer dämonologischen Sicht gesehen („übler Wind"), sondern mehr als unbelebte Kräfte, die des rechten Maßes bedürfen [1].

Fortschritte in der Metallurgie machten es nun möglich, feine, dünne Akupunkturnadeln aus Stahl herzustellen [8].

Darauf folgte die Qin-Dynastie, die nur 14 Jahre dauerte (221–207 v. Chr.). Der König nahm den Titel „Erster Kaiser" an [8]. Schrift, Gewichte, Maße und Münzen wurden standardisiert [8]. Es war das Grab des Ersten Kaisers, in dem 1974 die 7500 lebensgroßen Soldatenfiguren aus Keramik entdeckt wurden.

Die Zeit der *Han*-Dynastie war eindeutig von herausragender Bedeutung in der Frühgeschichte der Akupunktur. Die systematischen Korrespondenzen, auch bekannt als korrelative Kosmologie, wurden in dieser Zeit weiterentwickelt [8]. Philosophen und andere Denker entdeckten immer mehr Korrespondenzen zwischen den mikro- und makrokosmischen Ebenen des Universums [8]. Diese korrelative Kosmologie lässt sich gut in einem Werk namens *Huainanzi* von ca. 139 v. Chr. nachvollziehen, das erklärt [8]: „... die Rundung des Kopfes entspricht dem Himmel und die rechteckige Form der Füße der Erde. Der Himmel hat vier Jahreszeiten, fünf Phasen, neun Abschnitte und 366 Tage. So hat auch der Mensch vier Gliedmaßen, fünf Eingeweideteile, neun Öffnungen und 366 Gelenke. Am Himmel gibt es Wind und Regen, Kälte und Hitze. So kennt auch der Mensch Nehmen und Geben, Freude und Zorn ... So entsprechen Augen und Ohren der Sonne und dem Mond; und Blut und Luft sind Wind und Regen." Die Vorliebe für Numerologie, besonders für die Zahl Fünf, kam in der Lehre von den fünf Wandlungsphasen am deutlichsten zum Ausdruck [8]. Kosmologen der *Han*-Dynastie verwendeten dieses System, um beinahe alles in dem ihnen bekannten Universum zu erklären: fünf Planeten, fünf Jahreszeiten, fünf Richtungen, fünf Farben, fünf Notenstufen, fünf weise Kaiser, fünf Eingeweideteile, fünf Körperöffnungen, fünf Tiere, fünf Getreidearten, fünf Berge, fünf Strafen usw. [8]. Selbst wenn sich einige Aspekte der sichtbaren Welt leichter mit vier Bestandteilen erklären ließen (wie die Kompassrichtungen und die Jahreszeiten), war es den chinesischen Philosophen wichtig, immer Gruppen von fünf zu bilden, selbst wenn sie dafür einen Bestandteil hinzufügen mussten [8].

Der älteste bekannte schriftliche Hinweis auf die Akupunktur findet sich im *Huangdi Neijing*, auch als *Huang Di Nei-jing* oder *Huan-ti nei-ching* bezeichnet. Dieses Werk umfasst eine Sammlung von 81 Abhandlungen, die zu zwei Büchern zusammengefasst sind, dem *Su Wen* („Grundlegende Fragen" – Fragen organischer und grundlegender Art) und dem *Ling Shu* („Göttlicher Angelpunkt" – der Akupunkturklassiker von mehr technischer Natur) [13]. Wenn vom *Neijing* gesprochen wird, ist häufig ausschließlich das *Su Wen* gemeint. Es enthält Dialoge des Gelben Kaisers mit den Gelehrten seines Hofes über Fragen der Physiologie, Morphologie, Pathologie, Diagnose und Krankheitsprävention [13]. Das *Ling Shu* beschreibt die klinischen Anwendungen von Akupunktur und Moxibustion (eine Methode zum Stimulieren von Akupunkturpunkten durch das Abbrennen eines getrockneten Krauts) [13]. Das *Ling Shu* beschäftigt sich außerdem mit der Lage der Akupunkturpunkte und der Meridiane [13].

Das *Huangdi Neijing* äußert sich verächtlich über den Dämonenglauben, wie an folgendem Zitat zu erkennen ist [13]: „Der Weg kennt weder Dämonen noch Geister, er entspringt aus sich selbst und vergeht aus sich selbst." Es geht von den Naturgesetzen aus und betrachtet die pathogenen Faktoren, die aus dem Körper entfernt werden müssen, als klimatische Faktoren (Kälte, Feuchtigkeit, Hitze, Trockenheit) oder äußere Agenzien (Parasiten).

Der Ursprung des *Huangdi Neijing* ist geheimnisvoll. Es wird Huangdi, dem Gelben Kaiser, zugeschrieben, der irgendwann im dritten Jahrtausend vor Christus geherrscht haben soll. Heute wird aber allgemein angenommen, dass es sich um eine Zusammenstellung von Schriften verschiedener Autoren handelt, die im Laufe der Zeit zusammengefasst und in der Frühzeit, möglicherweise im zweiten Jahrhundert v. Chr. oder spätestens während der *Han*-Periode, in China veröffentlicht wurden.

Die Abhandlung ist in Form eines Dialogs zwischen *Huangdi* und *Qi Bo*, einem seiner Minister, geschrieben. *Qi Bo* wird meist als mythologische Figur betrachtet, die in der chinesischen Medizingeschichte nicht zu identifizieren ist. Unschuld postuliert eine faszinierende, aber durchaus plausible Hypothese. Da sich die griechische Zivilisation in Europa ungefähr zwei Jahrhunderte vor dem taoistischen Einfluss entwickelte, wäre es möglich, dass es sich bei *Qi Bo*, dem Gesprächspartner des Gelben Kaisers, um Hippokrates handelte [13]. Auch wenn während des Mittelalters anscheinend wenig Kontakt zwischen den asiatischen und europäischen Kulturen bestand [14], heißt das nicht, dass es keinen Austausch von Ideen gab, der das Leben und Wohlergehen der Menschen dieser Zeit betraf.

Die Prinzipien der chinesischen Medizin, wie sie im *Huangdi Neijing* zu finden sind, bestimmen noch heute die Praktiken der Human- und Tiermedizin, auch wenn die Aussagen teilweise verwirrend und widersprüchlich sind [1]. Das folgende Zitat von Unschuld mag Anfänger trösten, die manche Aussagen möglicherweise schwer verständlich finden [1]: „Die Medizin der systematischen Korrespondenzen unterlag im Laufe der Zeit konzeptionellen Veränderungen und Abweichungen und repräsentierte zu keiner Zeit ein homogenes System. Schon die klassische Schrift, das *Huangdi Neijing*, ist eine Zusammenstellung heterogener, teilweise widersprüchlicher Texte. Es vermittelt dem Leser kein zusammenhängendes Konzept in Bezug auf Ursachen, Charakter, Behandlung und Prävention von Krankheiten aus der Perspektive systematischer Korrespondenzen, sondern eher einen Ausschnitt aus einem multilinearen Entwicklungsprozess von Ideen und Vorstellungen."

Im Gegensatz zu der Vorstellung, die von Befürwortern der traditionellen chinesischen Medizin (zumindest in den USA) in der Regel propagiert wird, betrachteten chinesische Heilkundige vor der *Han*-Periode (um 200 v. Chr.) Krankheiten durchaus als Zustände mit identischen Symptomen, unabhängig vom Erkrankten und der Zeit des Auftretens [15]. Die Chinesen wussten also, dass nicht alle Gesundheitsprobleme in einem dogmatisch ganzheitlichen Sinne vollkommen vom einzelnen Individuum abhängen. Unschuld [1] weist darauf hin, dass die chinesischen Krankheitsbezeichnungen vielerorts in den historischen Aufzeichnungen der späten *Zhou*-Periode (1122–255 v. Chr.) auftauchen. Er nennt vor allem einen Text, das *Wu Shi Er Bing Fang*, das eine Beschreibung von Krankheitssymptomen enthält, jeweils mit Ätiologie und entsprechenden therapeutischen Hinweisen. Dasselbe gilt für die chinesische Veterinärmedizin, wenn es auch für die moderne traditionelle chinesische Tiermedizin charakteristisch ist, das zugrunde liegende Muster einer Gesundheitsstörung in traditionellen theoretischen Begriffen zu identifizieren [4].

Im Gegensatz zu der im Westen verbreiteten Meinung entwickelten sich nach der *Han*-Dynastie (also nach 220 n. Chr.) zwei unterschiedliche medizinische Traditionen. Eine befasste sich mit Pharmakologie und Rezepturen analog dem westlichen Verständnis und hatte nur wenig Bezug zu den Theorien von *Qi*, *Yin* und *Yang*, den fünf Wandlungsphasen etc. Die andere umfasste die traditionellen Theorien der chinesischen Medizin, wie sie im Westen üblicherweise bekannt sind (*Yin/Yang*, Substanzenlehre, Theorie der fünf Wandlungsphasen/fünf Elemente usw.) [15].

So wichtig das *Huangdi Neijing* auch ist, so gibt es doch zwei weitere Werke, die Beachtung verdienen. Das eine wird als *Nan Jing* oder „Klassiker der Problematik" bezeichnet. Dieses Werk versöhnt und transzendiert die Gegensätze und die Heterogenität des *Huangdi Neijing*, einschließlich der widerstreitenden Argumente von Schulen, die das *Yin-Yang-* bzw. das Fünf-Elemente-Paradigma vertreten [15]. Das *Nan Jing* ist keine zusammengewürfelte Mischung von Ideen und Themen, sondern ein einheitliches und umfassendes Werk. Es stellt die Theorien von Punkten und Meridianen vor und kommentiert die Ätiologie und Diagnose von Krankheiten sowie die Therapie mit Nadeln [13].

Das andere Werk ist das *Shang Han Lun*, der „Systematische Klassiker der Akupunktur und Moxa-Therapie" von Zhang Zhongjing. Es enthält neben Akupunktur und Moxa-Therapie auch Hinweise auf die Kräuterheilkunde und wurde eines der klinischen Grundlagenwerke der Pharmakologie im Bereich der traditionellen chinesischen Medizin [13].

Etwa hundert Jahre später, nach dem Niedergang der Dynastie der Drei Königreiche (220–280 n. Chr.) und während der West-*Jin*-Dynastie (265–316 n. Chr.), schrieb *Huang-Fu Mi* das *Zhenjiu Jiayijing*, den „Klassiker der Akupunktur und Moxa-Therapie". Das Vorwort enthält das folgende Epigramm, das in Akupunkturkreisen häufig zitiert wird, da es die Betonung der chinesischen Medizin auf Vorbeugung illustriert. Der Autor schreibt [13]: „Ein guter Arzt behebt die Störung, bevor sich eine Erkrankung entwickelt hat, ein durchschnittlicher Arzt setzt Akupunktur ein, bevor die Krankheit ihren Höhepunkt erreicht hat, und ein schlechter Arzt behandelt den Patienten, wenn die Krankheit bereits am Abklingen ist."

Der nächste wichtige Zeitabschnitt ist die *Tang*-Dynastie, die von 618 bis 907 n. Chr. dauerte und auf die Ost-*Jin*- (317–420 n. Chr.), die Nord-/West- (420–581 n. Chr.) und die *Sui*-Dynastie (581–618 n. Chr.) folgte. Zur Zeit der *Tang*-Dynastie erreichte die offizielle Organisation der medizinischen Ausbildung einen bis dahin unerreichten Höhepunkt [13]. Im Jahre 618 n. Chr. wurde das Kaiserliche Medizinische Kolleg gegründet, später zahlreiche ähnliche Kollegien und Universitäten. Die buddhistische Missionstätigkeit erleichterte die Einführung der Akupunktur in asiatische Nachbarländer (Korea, Japan, Teile von Südostasien), da medizinische Texte über Akupunktur in diese Länder gebracht wurden. Noch vor der Jahrtausendwende hatte sich während der *Tang*-Dynastie eine ausgereifte tiermedizinische Betreuung entwickelt, die Chinareisende aus anderen Ländern, vornehmlich Japan, beeinflusste [7]. In dieser Zeit erschien *Si-mu An-ji Ji*, die „Sammlung von Pflege- und Behandlungsmethoden für Pferde" von *Li Shi*. Das Buch diskutiert die Pathophysiologie von Krankheiten in Begriffen jener Zeit in Bezug auf 72 Störungen, einschließlich Behandlungsmethoden mit Akupunktur und Kräuterheilkunde. Das Buch enthält Diagramme der Akupunkturpunkte und umfasst das *Bai-le Zhen Jing*, „Bai-les Kanon der Veterinärakupunktur", das angeblich während der *Zhou*-Periode um 659–621 v. Chr. von Sun-Yang alias Bai-le verfasst worden sein soll [7].

Nach den Fünf Dynastien (907–960 n. Chr.) und der *Liao*-Dynastie folgte die *Song*-Dynastie (960–1279 n. Chr.). Während dieser Periode wurde der Hofarzt *Wang Wei-Yi* beauftragt, die Informationen über Akupunkturpunkte und Meridiane zu überarbeiten und zu verifizieren [7]. Er beschrieb Indikationen und Nadeltiefe für jeden einzelnen Punkt und lokalisierte 359 Punkte entlang von 14 Meridianen [7]. Um die Kenntnisse und Fähigkeiten von Akupunkteuren während der Ausbildung zu überprüfen, entwarf er zwei lebensgroße Bronzefiguren, auf deren Oberfläche die Akupunkturpunkte und Meridiane aufgezeichnet waren [7]. Die Figuren waren mit Wasser oder Quecksilber gefüllt und mit Wachs überzogen; korrektes Nadeln konnte daran überprüft werden, ob die vorgesehenen Löcher genau getroffen waren und Flüssigkeit austrat [7]. Ebenfalls während der *Song*-Dynastie, im Jahre 1189 n. Chr., erschien das *Mai Jue*, „Unterweisung über den Puls", von Cui Jia-Yan. Bis zum 17. Jahrhundert war dieses Werk im Zuge der Ausdehnung der Akupunktur nach Westen in mehrere europäische Sprachen übersetzt worden [7].

Es folgten die *Jin*- und *Yuan*-Dynastien (1115–1368 n. Chr.) sowie die *Ming*-Dynastie (1368–1644 n. Chr.). In Bezug auf die *Ming*-Dynastie kommentierte Helms [13]: „Die Entwicklung der Akupunktur erreichte ihren Höhepunkt am Ende des 16. Jahrhunderts während der *Ming*-Dynastie. Forschung, Ausbildung, klinische Errungenschaften sowie die Bearbeitung und Kommentierung früherer Klassiker waren zu dieser Zeit voll entwickelt." Zwei wichtige Texte entstanden in dieser Zeit: *Zhenjiu Dacheng* („Kompendium der Akupunktur und Moxibustion", 1601 n. Chr.), eine Synthese aus zahlreichen klassischen Texten sowie unveröffentlichten Traditionen der Akupunktur [7], und *Yuan-Heng Liao-ma Ji* („Yuans und Hengs therapeutische Abhandlung über Pferde", 1608 n. Chr.), das eine entsprechende Synthese im Bereich der Tiermedizin entwickelte. Es handelt sich um das Werk zweier Brüder, *Yu Ben-yuan* und *Yu Ben-heng*, und ist eine umfassende Zusammenstellung der zur damaligen Zeit bekannten chinesischen

Tiermedizin. „Yuans und Hengs therapeutische Abhandlung über Pferde" erschien 1608 n. Chr. und erläutert die Anwendung von Akupunktur, Moxibustion und Kräuterheilkunde in der Behandlung zahlreicher medizinischer Störungen bei Pferden. Die *Yu*-Brüder schrieben außerdem noch zwei weitere Abhandlungen über Rinder und Kamele.

➢ Tab. 1.1 fasst die wichtigsten historischen Ereignisse und Schriften zusammen. Der überwiegende Teil der dort enthaltenen Informationen stammt aus dem *Handbook on Chinese Veterinary Acupuncture and Moxibustion* [7].

Gegen Ende der Ming- und zu Beginn der *Qing*-Dynastie (1644–1911 n. Chr.) veränderten sich die Rahmenbedingungen für die Erforschung und Anwendung der Akupunktur [13]. Unter der Kontrolle der semifeudalen und kolonialen Kräfte wurde die Entwicklung der traditionellen chinesischen Medizin (Human- wie Tiermedizin) im 19. Jahrhundert unterdrückt. Sie erlebte einen

Tab. 1.1 Historische Ereignisse und Dokumente

Daten	Chinesischer Titel	Deutsche Übersetzung	Besonderheit
16.–11. Jh. v. Chr. *Shang*-Periode			Domestikation von Nutztieren, Entwicklung von Bronzenadeln
947–928 v. Chr.			Aderlass an Pferden, entwickelt von Zhao Fu
659–621 v. Chr. *Chunqiu*-Periode	*Bai-le Zhen Jing*	Kanon der Veterinärakupunktur	Legendärer Bericht von *Sun-Yang* alias *Bai-le*
Möglicherweise 2. Jh. v. Chr.	*Huangdi Neijing*	Innerer Klassiker des Gelben Kaisers	Grundlagentext der Humanmedizin mit Einfluss auf Veterinärakupunktur und Moxa-Therapie
200 v. Chr.–220 n. Chr. *Qin*- und *Han*-Periode			Entwicklung von Eisen-, Gold- und Silbernadeln
265–316 n. Chr. Westliche *Jin*-Periode	*Lie Xian Zhuan*	Die Legende der Unsterblichen	Beschreibt tiermedizinische Behandlungen
	Zhen-jiu Jia-yi Jing	Abhandlung der klassischen Akupunktur und Moxa-Therapie	Einflussreicher Text der Humanmedizin in 12 Bänden
	Zhou-hou Bei-ji Fang	Handbuch der Notfalltherapien	Autor: Ge Hong; enthält Beschreibung des Aderlasses, *Wei-jian*-Punkt gegen Hitzschlag beim Pferd
6. Jh. n. Chr.	*Qi-min Yao Shu*	Grundlegende Techniken für Bauern	Auflistung zahlreicher Akupunkturbehandlungen für Tiere
581–618 n. Chr. *Sui*-Periode	*Ma Jing Kong-xiue Tu*	Atlas der Meridiane und Akupunkturpunkte beim Pferd	
618–907 n. Chr. *Tang*-Periode			Einführung eines umfassenden Ausbildungsprogramms in der Tiermedizin
	Si-mu An-ji Ji	Sammlung von Pflege- und Behandlungsmethoden für Pferde	Autor: *Li Shi*
960–1279 n. Chr. *Song*-Periode	*Fan-mu Cuan-yan Fang*	Erprobte Heilmittel der Nomaden	Autor: *Wang Yu*; enthält Anhang zur Veterinärakupunktur
	Ming-tang Jiu Mi jing	*Ming-tangs* Kanon der Moxa-Therapie bei Pferden	Autor: *Ming-tang*
1279–1368 n. Chr. *Yuan*-(mongolische) Periode	*Quian Ji Tong-xuan Lun*	Dissertation über die Behandlung kranker Pferde	Beschreibt die Behandlung von Pferden mit Akupunktur und Moxibustion
1594 n. Chr. während der *Ming*-Periode	*Ma Shu*	Das Buch der Pferde	Herausgeber: *Yang Shi*; mit einem Kapitel über Akupunktur
1601 n. Chr. während der *Ming*-Periode	*Zhenjiu Dacheng*	Kompendium der Akupunktur und Moxibustion	Autor: *Yang Ji-zhou*; humanmedizinischer Text mit Einfluss auf die Veterinärakupunktur
1608 n. Chr. während der *Ming*-Periode	*Yuan-Heng Liao-ma Ji*	Yuans und Hengs therapeutische Abhandlung über Pferde	Autoren: *Yu Ben-yuan* und *Yu Ben-heng*, die Yu-Brüder; wurde zum wichtigsten Werk der Veterinärakupunktur
1644–1840 n. Chr. während der *Qing*-Periode			Neuinterpretation und Kommentierung des *Yuan-Heng Liao-ma Ji*
	Yang Gen Ji	Anthologie der Tierproduktion und Agrarwissenschaft	Autor: Fu Shu-feng; enthält Details über Akupunktur und Moxibustion bei Rindern
	Niu-yi Jin Han	Goldener Führer für Rinderkrankheiten	Enthält 35 Akupunkturpunkte
	Da Wu Jing	Rinderklassiker	Enthält 36 Akupunkturpunkte
1840–1911 während der späten *Qing*-Periode			Kolonialisierung Chinas, beeinflusste nachhaltig die weitere Entwicklung

Tab. 1.1 Historische Ereignisse und Dokumente *(Forts.)*

Daten	Chinesischer Titel	Deutsche Übersetzung	Besonderheit
1873 n. Chr. *Qing*-Periode	*Huo-shou Ci-zhou*	Humane Tierpflege	Anonyme Publikation, enthält einen Abschnitt über Akupunktur, ansonsten vorwiegend Arzneimitteltherapie
1947 n. Chr. vor der Gründung der Republik			Gründung des *Agricultural College of the Northern University,* das auch traditionelle Tiermedizin lehrt
1949			Gründung der Volksrepublik China
Seit 1949			Zahlreiche Bücher (> 30) über traditionelle Tiermedizin und Akupunktur
1955	*Hsing Yue Ma Ching*	Neue Abhandlung über Pferde und Rinder	Autor: Kim Chung Tze; erstes chinesisches Buch über Tiermedizin mit moderner Terminologie
1956			Erster Nationaler Kongress zum Thema Volkstiermedizin in Beijing
		Chinese Journal of Veterinary Medicine, Herdsman and Veterinary Medicine	Erstmalige Publikation dieser beiden Zeitschriften
1958			Entwicklung der Akupunktur-Hypalgesie in China
1969			Akupunktur-Hypalgesie zum ersten Mal an Pferden und Eseln angewandt
1981			Nationale Konferenz der Veterinärakupunktur und -moxibustion in der Provinz *Sichuan*
1987			Internationale Konferenz der Veterinärakupunktur in *Beijing*

Niedergang, bis der Kaiser 1822 erklärte, dass Akupunktur nicht mehr am Kaiserlichen Medizinischen Kolleg gelehrt würde [13]. Jesuitische Missionare brachten bereits im 17. Jahrhundert die westliche Medizin nach China, doch die stärkste Verbreitung erlebte sie später im 19. Jahrhundert [13]. Zu diesem Zeitpunkt drangen zahlreiche westlich ausgebildete Ärzte und amerikanische Missionsärzte an den Vertragshäfen der Ostindischen Kompanie ins Land, während des Opiumkriegs (1839–1842 n. Chr.) auch britische Militärärzte [3]. Aufgrund der Erfolge der westlichen Medizin im Bereich von Chirurgie, Hygiene und Pharmakotherapie verschlechterte sich der Status der chinesischen Medizin immer mehr [13].

Die westliche Tiermedizin wurde zu Beginn des 20. Jahrhunderts in China eingeführt. Seit dieser Zeit existieren beide Systeme nebeneinander. Vor der Gründung der Volksrepublik China (VRC) im Jahre 1949 entstand das Landwirtschaftliche College der Northern University. Dieses wurde zum Pfeiler der traditionellen chinesischen Tiermedizin einschließlich Akupunktur und Moxa-Therapie im Bereich von Forschung und Lehre.

Im Jahre 1929 versuchte die Kuomintang-Regierung die chinesische Medizin zu verbieten, entsprechende Schulen wurden bedroht oder geschlossen [13]. Doch trotz der starken Opposition von Seiten der Nationalisten und Kommunisten in den 30er und 40er Jahren wurde die chinesische Medizin weiterhin angewandt. In den 40er Jahren wurde China von Japan besetzt. Infektiöse Epidemien und Unterernährung betrafen weite Teile der Bevölkerung Chinas und überforderten die Kapazitäten des westlich ausgebildeten medizinischen Personals [13]. Von 1949 bis in die 70er Jahre waren *Mao Tse-Tung* und die Kommunisten an der Macht und die chinesische Medizin kam wieder zur Geltung. Während 1941 der Marxist *T'an Chuang* die chinesische Medizin als „gesammelten Müll von Jahrtausenden" bezeichnet hatte, war *Mao Tse-Tung* anderer Ansicht [9]. Von ihm stammt die bekannte und häufig zitierte Aussage aus dem Jahr 1958: „Die chinesische Medizin ist eine immense Schatzkammer! Wir müssen alle nötigen Anstrengungen unternehmen, um sie wieder zu entdecken und ihren Standard anzuheben!" Um die damalige Krise des Gesundheitssystems zu beheben, wurden zahlreiche „Barfußärzte" ausgebildet, um die Massen mit traditioneller chinesischer Medizin (TCM) zu behandeln [13]. Die Barfußärzte waren Mitglieder der dörflichen Gemeinschaften, die eine grundlegende Ausbildung in chinesischer sowie ausreichend westlicher Medizin erhielten, um einfache Verletzungen, Erkrankungen und medizinische Notfälle versorgen zu können [13]. Gegen Ende der 60er Jahre wurden schätzungsweise 70–80% aller Erkrankungen in China von solchen Barfußärzten mit Akupunktur oder Kräutern behandelt [13]. Operationsanalgesie mit Akupunktur wurde in den 50er Jahren eingeführt und 1969 zum ersten Mal bei Pferden und Eseln eingesetzt.

1972 nahm der amerikanische Präsident Richard Nixon diplomatische Beziehungen zur Volksrepublik China auf und öffnete damit auch die Tore für einen Informationsaustausch im Bereich der Medizin. Das Interesse an Akupunktur und chinesischer Medizin nahm zu, nachdem der Journalist James Reston nach einer Notfall-Appendektomie gegen die postoperativen Schmerzen erfolgreich mit Akupunktur behandelt worden war [13]. Die amerikanischen Gesundheitsinstitute entsandten eine Gruppe von Medizinern, um die chinesische Medizin zu erforschen, und vergaben Stipendien für die Erforschung der Akupunktur, ihrer Wirkmechanismen und klinischen Wirksamkeit [13].

Das, was heute als traditionelle chinesische Medizin bekannt ist, entstand aus dem Interesse der Kommunisten an der Akupunktur. Es entspricht nicht der „alten chinesischen Medizin" – dem System, das sich über Jahrhunderte hinweg als chinesische Medizin in andere Länder verbreitete. Zwar werden diese beiden Begriffe häufig für austauschbar gehalten, doch in Wahrheit ist die TCM eine relativ junge Entwicklung. Akupunkteure im Westen tendieren dazu, die TCM unkritisch zu übernehmen und die daran beteiligten sozialen, politischen und ökonomischen Faktoren zu ignorieren, so als entspräche die TCM einer einheitlichen Praxis der klassischen chinesischen Medizin. Es gilt jedoch durchaus zwischen den unterschiedlichen Praktiken der klassischen chinesischen Medizin und der stärker systematisierten Variante der TCM zu unterscheiden. Wie Willmont schreibt [13]: „... die Akupunktur, wie wir sie heute kennen, ist größtenteils eine Neuerfindung der zweiten Hälfte des 20. Jahrhunderts. Sie hat sich nicht, wie früher angenommen, als ungebrochenes und kontinuierlich praktiziertes System aus der Vergangenheit entwickelt."

Das kommunistische System, das China im 20. Jahrhunderte regierte, wählte unter mehreren unterschiedlichen und manchmal widersprüchlichen Theorien und Praktiken das aus, was später als TCM bezeichnet wurde [16]. Seit der Befreiung Chinas im Jahr 1947 wurde die Anwendung der Akupunktur in Anpassung an die modernen Bedingungen modifiziert, um westliche Medizin in großem Umfang mit aufzunehmen. In den 50er Jahren erfolgte eine Auferstehung der chinesischen Medizin, nachdem sie zu Beginn des 20. Jahrhunderts praktisch verschwunden war [17], da sie in China und Japan zugunsten der westlichen Medizin verboten worden war. Zuvor war sie unter der *Qing*-Dynastie auf Gebot der herrschenden Manchu-Regierung bereits einmal fast verschwunden. *Mao Tse-Tung* belebte TCM und Akupunktur als reine Notmaßnahme angesichts der enormen Probleme, dem chinesischen Volk eine angemessene gesundheitliche Versorgung zukommen zu lassen. Das änderte sich jedoch, als die politischen Führer Chinas die Reaktion des Westens auf die Entwicklung der Akupunktur-Hypalgesie erlebten. Die Vorteile der TCM wurden erkannt und in diesem neuen Licht gesehen.

Heute werden Akupunktur und Kräuterheilkunde in ländlichen wie auch städtischen Gebieten eingesetzt. TCM steht den Chinesen neben oder anstelle von westlicher Gesundheitsversorgung zur Verfügung [13]. Das chinesische Gesundheitsministerium hat Lehre und Praxis der Akupunktur überarbeitet und standardisiert und unterhält mehrere Ausbildungszentren für TCM [13]. Medizinstudenten können sich auf ein Ausbildungsgebiet spezialisieren (also entweder TCM oder westliche Medizin), lernen aber auch die Grundlagen des jeweiligen anderen Systems [13]. Medizinische Zentren fördern Forschung und Publikationen im Bereich der TCM und öffnen ihre Türen für ausländische Studenten, die an einer formalen Ausbildung interessiert sind [13].

Der Lehrstuhl für Traditionelle Veterinärmedizin an der Landwirtschaftlichen Universität in *Beijing* unter Leitung von Professor *Yu Chuan* hat versucht, die Entwicklung der Veterinärmedizin und -chirurgie der letzten Jahre zu koordinieren. Seit dem ersten nationalen Kongress über Volkstierheilkunde in *Beijing* im Jahre 1956 gibt es die Bestrebung, die traditionelle und westliche Veterinärmedizin miteinander zu verbinden. Eine entsprechende Beschleunigung in Lehre und Forschung mit Hilfe moderner Technologien kam in Gang. Die Internationale Konferenz über Veterinärakupunktur in *Beijing* im Jahre 1987 förderte die internationale Kommunikation, sodass im Anschluss drei Bücher über Themenbereiche der traditionellen chinesischen Tiermedizin ins Englische übersetzt wurden.

Zwar könnte man annehmen, dass Entwicklungen in der TCM sich leicht nachvollziehen lassen, doch wird dies durch den starken Einfluss nationaler Politik erschwert [1, 15]. Trotz all ihrer Rhetorik, die die Vorteile der chinesischen Medizin anpreist (zweifellos mit starken finanziellen Interessen im Hintergrund), erkennt die Volksrepublik China (wie auch die Regierung von Taiwan) der traditionellen chinesischen Medizin tatsächlich nicht denselben Status zu wie der modernen westlichen Medizin. Es ist offensichtlich, dass die VRC von einem wissenschaftlich basierten Gesundheitssystem träumt, das nur jene Maßnahmen der TCM enthält, die sich in klinischen Studien als wirksam und kostensparend erwiesen haben.

Im Bereich der Veterinärmedizin hat die VRC derzeit die Tendenz, die traditionelle chinesische Tiermedizin und die westliche Veterinärmedizin zu integrieren, um die Vorteile beider zu nutzen und die jeweiligen Nachteile zu minimieren [4]. Noch ist unklar, wie sich dies entwickeln wird, wie Nigel Wiseman in seinem Vorwort zu *Chinese Medicine* [13] anmerkt, denn: „... ein medizinisches System entwickelt seine Theorien und die Akzeptanz in der Bevölkerung nicht auf der Basis klinischer Wirksamkeit, sondern weil seine grundlegenden Vorstellungen akzeptiert werden." Die grundlegende Theorie der traditionellen Medizin ist seit dem 17. Jahrhundert kontinuierlich im Niedergang. Die Politik der VRC hat diesen Prozess eher durch einen allmählichen Wandel als durch eine direkte Konfrontation beschleunigt [15]. Dies zeigt sich deutlich im Bereich der Humanmedizin in China.

Auf den ersten Blick erscheint es ironisch, dass die Popularität der traditionellen chinesischen Medizin gerade im Westen immer stärker zunimmt. Doch hier sind wiederum die ideologischen Grundlagen der westlichen allopathischen Medizin unter Beschuss und zahlreiche Menschen suchen nach Alternativen im Bereich der Gesundheitsfürsorge [18]. Dieses Phänomen wirkt sich entsprechend auch auf die Gesundheitsversorgung der Haustiere aus. 1993 berichtete die US Food and Drug Administration beispielsweise, dass 500 Millionen Dollar jährlich für Akupunkturbehandlungen ausgegeben wurden (bei 9–12 Millionen Konsultationen) [19]. Die *National Institutes of Health* (NIH) gaben 1997 eine Untersuchung zum Thema Akupunktur in Auftrag, in der die verfügbare Forschung im Bereich der Humanakupunktur kritisch gesichtet wurde. Das NIH-Gremium kam zu dem Schluss, dass die Studien zur Akupunktur bei Übelkeit und Erbrechen (postoperativ sowie bei Chemotherapie) sowie bei postoperativen Zahnschmerzen vielversprechende Ergebnisse zeigen [20]. Daneben habe die Akupunktur möglicherweise positive Wirkungen bei Suchterkrankungen, Kopfschmerzen, Menstruationsbeschwerden, Tennisarm, Fibromyalgien, myofaszialen Schmerzen, Osteoarthritis, Rückenschmerzen, Karpaltunnelsyndrom, Asthma und in der Rehabilitation von Schlaganfallpatienten [20]. Im Jahr 2002 begann mit den gerac-Studien (german acupuncture trials) die bislang größte weltweite prospektive und randomisierte Untersuchung zur Wirksamkeit von Akupunktur. Die Ergebnisse können unter www.gerac.de eingesehen werden.

1.3 Die Entwicklung der Veterinärakupunktur in anderen Teilen Asiens

Historiker gehen davon aus, dass die chinesische Medizin während der Periode der *Chou*-Dynastie (111–249 v. Chr.) in Korea Eingang fand. Das koreanische Werk „Neue integrierte Heilmittel für Krankheiten der Pferde und Rinder" scheint auf früherer chinesischer Veterinärliteratur zu beruhen [4].

Die Akupunktur sowie andere Aspekte der klassischen chinesischen Medizin gelangten um 531–571 n. Chr. nach Japan, etwa zur selben Zeit wie der Buddhismus. In Japan gibt es Hinweise darauf, dass Naka Taira im Jahr 804 n. Chr. nach China ging, um dort Tiermedizin zu studieren, und dass er nach seiner Rückkehr tiermedizinische Praktiken lehrte. Das japanische Werk *Jia Ming An Ji* („Sammlung von Pflege- und Behandlungsmethoden für Pferde") wurde im Jahr 1604 publiziert, beruhte aber auf chinesischen Quellen. 1978 wurde schließlich die *Veterinary Acupuncture and Moxibustion Research Society* in Japan gegründet [4]. Heute gibt es die *Japanese Society of Veterinary Acupuncture and Moxibustion*, die das *Bulletin of the Japanese Society of Veterinary Acupuncture and Moxibustion* herausgibt.

Das Werk *Yuan-Heng Liao-ma Ji* („Yuans und Hengs therapeutische Abhandlung über Pferde") von *Yu Ben-yuan* und *Yu Ben-heng* beeinflusste die Entwicklung der Tiermedizin in weiten Teilen Asiens, wobei die Informationen sich bis nach Japan, Korea, Vietnam und schließlich nach Europa und Nordamerika verbreiteten (➤ Tab.1.1).

1.4 Die Entwicklung der Veterinärakupunktur außerhalb Asiens

Bis in die 60er Jahre des 20. Jahrhunderts war wenig über Veterinärakupunktur außerhalb Asiens bekannt. Einer der ersten Artikel in der Veterinärliteratur erschien in *The Veterinarian*, dem Vorläufer von *The Veterinary Record*, der Zeitschrift der *British Veterinary Medical Association*. Nachfolgend ein Zitat aus diesem Artikel aus dem Jahre 1928:

„Einige Hinweise [auf die Akupunktur] tauchen gegen Ende des 17. Jahrhunderts in einer Reihe von medizinischen Zeitschriften auf, doch erst in jüngster Zeit wird sie auch von europäischen Medizinern angewandt. Die wundersamen Geschichten über ihre fast schon magischen Wirkungen in östlichen Gegenden haben sich nicht vollständig bewahrheitet, von einigen bedeutenden Medizinern wurde sie sogar mit den absurden Vorstellungen des animalischen Magnetismus gleichgesetzt. Die Erfahrung hat jedoch gezeigt, dass sie zur Linderung vieler schmerzhafter und hartnäckiger Nerven- und Muskelstörungen sehr wirksam ist. Ihre Theorie ist geheimnisvoll und ich werde hier nicht versuchen, sie zu erklären [sic].

Mir ist nichts davon bekannt, dass sie von englischen Tierärzten bisher eingesetzt wurde, abgesehen davon, dass ich sie einmal mit beträchtlichem Erfolg bei einem Fall von Chorea nach Staupe bei einer Hündin angewandt habe. Einige französische Tierärzte haben sie in großem Umfang getestet. An der Veterinärschule in Alfort wurde sie zum ersten Mal bei einer gelähmten Hündin eingesetzt, jedoch ohne Erfolg. Im Mai 1825 wurde sie von M. Chenel bei einem Fall von Chorea an einem Hund getestet ..." [21]

Drei europäischen Tierärzten ist die Renaissance der Veterinärakupunktur im Westen zu verdanken, nämlich Dr. med. vet. Oswald Kothbauer aus Österreich, Dr. med. vet. Erwin Westermayer aus Deutschland und Dr. Milin aus Frankreich. Alle drei begannen in den 50er und 60er Jahren unabhängig voneinander in diesem Feld zu arbeiten. Rogers führt an, dass die erste Dissertation im Bereich der Veterinärakupunktur 1954 von Bernard an der Veterinärschule von Alfort, Paris, publiziert wurde [22]. Dr. Kothbauers Interesse galt zunächst der Neuraltherapie, was es ihm gestattete, die überlappenden Mechanismen von Neuraltherapie und Akupunktur zu erkennen. Später experimentierte er mit der Injektion von Lugol-Lösung (Jodjodkalium), um die Reflexpunkte des weiblichen Reproduktionssystems zu lokalisieren (durch Messung des verringerten Hautwiderstandes mit einem elektrischen Punktsuchgerät). Er war der erste westliche Tierarzt, der an Tieren Operationen durchführte (Zitzenoperationen und Kaiserschnitte bei Kühen). Milin, ein Zeitgenosse Kothbauers, arbeitete mit Kleintieren und einer seiner wichtigsten Beiträge bestand darin, dass er die Transposition von Akupunkturpunkten (siehe weiter unten im Text) auf Hunde entwickelte. Dr. Westermayers Arbeit mit Akupunktur bezog sich im Wesentlichen auf Pferde. Mit Beginn der 70er Jahre wurden in der tiermedizinischen Literatur signifikante Forschungsergebnisse von Hwang, Janssens, Klide, Lin und Still veröffentlicht (ihre Ergebnisse sind an anderer Stelle in diesem Buch aufgeführt). Ihre Arbeiten bildeten eine Grundlage für die praktizierenden Tierärzte und begründeten die Akzeptanz der Akupunktur innerhalb der Tiermedizin sowie in der Öffentlichkeit.

Die erste formal organisierte Gruppe im Westen war die *National Association of Veterinary Acupuncture* (NAVA). Sie wurde 1974 von einer Gruppe von Tierärzten in Kalifornien gegründet, die vom kalifornischen *Veterinary Medical Board* unter Druck gesetzt worden waren, ihre Akupunktur-Anwendung zu legitimieren. Die Organisation hatte nur vier bis fünf Jahre Bestand.

Etwas später im selben Jahr organisierte sich die *International Veterinary Acupuncture Society* (IVAS) in Georgia. Marvin J. Cain, DVM, war zu Beginn des Jahres in die Volksrepublik China gereist und dort Richard Yennie, DC, begegnet. Dr. Yennie war Direktor der *Acupuncture Society of America*. Aus dieser Begegnung resultierte ein Wochenendseminar über Veterinärakupunktur in Kansas City, das von Dr. Yennie gesponsert wurde. Aufgrund seiner Kontakte war er in der Lage, zwei Tierärzte aus Japan einzuladen, die tiermedizinische Akupunkturverfahren vorstellten. Die versammelten Tierärzte waren zwar sehr interessiert, doch es war praktisch keine direkte Kommunikation mit den nur japanisch sprechenden Gästen möglich. Dr. Yennie selbst hielt einen Vortrag über die Grundlagen der Akupunktur aus der Perspektive der Fünf-Elemente-Theorie. Etwa 35 Tierärzte nahmen an dieser Veranstaltung teil.

Am Ende des Seminars trafen sich Grady H. Young, DVM, Marvin J. Cain, DVM, und David H. Jaggar, DC, und diskutierten die Gründung einer internationalen Nonprofit-Gesellschaft zur Weiterbildung von Tierärzten. So entstand die *International Veterinary Acupuncture Society*. Dr. Young übernahm die offizielle Gründung der Organisation in seinem Heimatstaat Georgia. Dr. Cain und Dr. Jaggar organisierten eine Veranstaltung im Frühjahr 1975 am *College of Medicine* an der Universität von Cincinnati, mit praktischen Demonstrationen auf Dr. Cains Farm in Nord-Kentucky, jenseits des Ohio.

73 Tiermediziner aus den USA und Kanada nahmen an diesem ersten Weiterbildungskurs teil, zusammen mit einem Humanmediziner aus Kanada und einem Human-Akupunkteur aus Kalifornien. Der letzte Teil dieses ersten Kurses wurde am *College of Veterinary Medicine* an der Auburn University von Georgia abgehalten. Er schloss mit einer Abschlussprüfung durch Dr. Edward C. Wong, einem Human-Akupunkteur, der zum Hauptausbilder in den IVAS-Kursen der frühen Jahre wurde. Der Dekan der tiermedizinischen Fakultät wurde eingeladen, die Zertifikate an die erfolgreichen Abschlussteilnehmer zu übergeben. Aus dieser Prüfung entwickelte sich im Laufe der Jahre der gegenwärtige Zertifizierungsprozess, der einen Mindeststandard an Kompetenz verbürgt. Er ist Teil einer Selbstverpflichtung, um das tiermedizinische Establishment wie auch die Öffentlichkeit von der Professionalität des IVAS im Hinblick auf diese neue adjunktive Therapiemethode zu überzeugen.

Von Anfang an war die Aufnahme der Veterinärakupunktur in das veterinärmedizinische Curriculum ein Ziel der IVAS. Die Mitglieder erkannten jedoch bald, dass dieses Ziel während der 70er und 80er Jahre unrealistisch war. Es wurden trotzdem alle Anstrengungen unternommen, um weiterhin Kurse an den tiermedizinischen Fakultäten abzuhalten. Die nächsten beiden Kurse wurden an der Purdue University gehalten, mit Unterstützung von Dr. Ed Page, dem Leiter der Großtierklinik. Er selbst startete einige Forschungsvorhaben, doch vor allem unterstützte er Dr. Yann-Ching Hwang aus Taiwan und Dr. Daniel Bossut, die als Doktoranden über Veterinärakupunktur promovierten (siehe ihre Artikel in der tiermedizinischen Literatur, die an anderen Stellen dieses Buches zitiert werden).

Seit ihrem Bestehen hat die *International Veterinary Acupuncture Society* jedes Jahr einen 120-Stunden-Kurs über die Grundlagen der Veterinärakupunktur durchgeführt. Die Mitgliederzahl der Organisation schwankte in den 70er und 80er Jahren, wobei trotz hoher Fluktuation ein allmähliches Ansteigen zu verzeichnen war. Zu Ende der 80er Jahre betrug die Zahl der Mitglieder in aller Welt 600, wobei die Mehrzahl – zwei Drittel bis drei Viertel – immer aus den USA stammten. Bis 1999 war die Internationalität der Organisation umstritten, dann erst wurden bei der jährlichen Mitgliederversammlung strukturelle Veränderungen eingeführt, die eine stärkere demokratische Repräsentanz anderer Länder erlauben. Daher gibt es trotz der Kontakte zu fast 40 Ländern nur in etwa 17 Ländern von IVAS zertifizierte Veterinärmediziner.

Bis 1997 war die Mitgliederzahl auf etwa 1400 angewachsen. Schon damals wurden die ersten internen organisatorischen Veränderungen vorgenommen und im Sommer 1999 begann die Reorganisation. Das Ausbildungsprogramm wurde jedoch fortgesetzt, mit jeweils 100 Abschlüssen in den vergangenen Jahren. Die Gesellschaft publiziert eine Mitgliederzeitschrift sowie das *International Journal of Veterinary Acupuncture.*

Die Entwicklung der Akupunktur in den USA und nachfolgend einigen anderen Ländern, die unter dem Einfluss von IVAS standen, folgte mehr dem Zufall als einem rationalen, systematischen oder akademischen System. Dr. Yennie war stark vom japanischen Akupunktursystem beeinflusst, das die Theorie der fünf Wandlungsphasen betont.[2] Dies bestimmte die frühe Entwicklung der IVAS und auch Dr. Wong lehrte aus dieser Perspektive. Anfangs hatte die IVAS wenig Zugang zu anderen Zweigen der klassischen chinesischen Medizin, wie zum Beispiel zur Kräutertierheilkunde, die damals in China weit verbreitet praktiziert wurde. Der nächste Einfluss kam durch einen zufälligen Kontakt mit einem koreanischen Tiermediziner, der allerdings wegen der beschränkten Kommunikationsmöglichkeiten nur sehr kurz war. Dieser machte die IVAS-Mitglieder mit Zink- und Kupfernadeln vertraut und eröffnete einen einzigartigen Zugang zur Akupunktur der acht außerordentlichen Gefäße. Einen weiteren Einfluss übte das Lehrpersonal des *California College of Acupuncture* aus (das heute nicht mehr besteht), das die theoretischen Grundlagen mit einer Konzentration auf *Zang-Fu*-Syndrome und die Acht Prinzipien (sowie Zungendiagnostik) erweiterte. Doch der Schwerpunkt lag nach wie vor auf TCM. Auf diese Weise, nämlich meist durch persönliche Kontakte und Einladungen an Gastdozenten aus einer Vielzahl von Akupunkturschulen, entwickelte sich ein eklektischer Zugang, der nicht auf eine einzelne Schule beschränkt ist.

Veterinärakupunkteure im Westen wurden – wenn auch nicht auf systematische oder direkte Weise – von den Trends und Entwicklungen der Humanakupunktur beeinflusst. Westliche Veterinärmediziner hatten bis vor kurzem wenig Kontakt zu ihren humanmedizinischen (und stärker wissenschaftlich orientierten) Kollegen. Die meisten wurden von Humanakupunkteuren ohne schulmedizinische Ausbildung beeinflusst. Die wichtigsten Richtungen, mit denen Veterinärakupunkteure in Kontakt kommen konnten, sind:

- TCM, wie sie von Ted Kaptchuk in den USA oder Giovanni Maciocia in Großbritannien gelehrt wird
- der Worsley-Stil, der von der japanischen Meridiantherapie und dem koreanischen Akupunkturstil beeinflusst ist, möglicherweise ein klassischerer Zugang als die TCM
- die französische Aurikulotherapie
- Kombinationen traditioneller und nichttraditioneller Stilarten wie deutsche Elektroakupunktur und japanisches Ryodoraku
- in jüngster Zeit auch die medizinische Akupunktur[3], wie sie in Großbritannien oder unter dem Einfluss französischer Akupunkturenergetik in den USA durch die *American Association of Medical Acupuncture* vertreten wird

---

[2] Es ist interessant zu verfolgen, wie sich hier zwei Konzepte gegenseitig befruchteten: das vitalistische Denken Europas in den 1950er Jahren, wie es beispielhaft in der Lebenskraft der Homöopathie zum Ausdruck kommt, und das gleichermaßen vitalistische Konzept von *Qi* und den fünf Wandlungsphasen, wie es unter japanischem Einfluss, insbesondere durch George Ohsawa, nach Europa gelangte [16]. Natürlich wäre es spannend, nachzuvollziehen, wer wen beeinflusst hat in der Förderung besonderer Trends (um nicht zu sagen Vorurteile) und Philosophien im Bereich der Akupunktur, doch wichtiger ist die rationale Auswertung, welche Aspekte der Akupunktur wertvoll und klinisch wirksam sind.

[3] Die medizinische Akupunktur betont die nachweisbaren klinischen Ergebnisse der Akupunkturtherapie, ob es sich nun um den Zugang von Joseph Helms in den USA oder den stärker wissenschaftlich ausgerichteten Stil handelt, den Chan Gunn in Nordamerika oder die *British Medical Acupuncture Society* vertreten.

Leser mit Interesse an Veterinär-TCM sollten die Gründung des *Chi Institute of Chinese Medicine* beachten, das Weiterbildungen in Veterinärakupunktur anbietet. Es handelt sich dabei um die authentischste Schule außerhalb Asiens, die dazu beitragen kann, die Abhängigkeit von der Human-TCM zu verringern.

Aufgrund dieser unterschiedlichen Einflüsse im kleinen internationalen Kreis der westlichen Veterinär-Akupunkteure besteht weniger Gefahr, dass die Integration chinesischer und westlicher Tiermedizin durch die rigiden und dogmatischen Strukturen einer einzigen TCM-Schule behindert wird, wie dies bei einer großen Zahl von Human-Akupunkteuren in Nordamerika der Fall ist.

Als Reaktion auf die zunehmende Nachfrage nach komplementärer und alternativer Tiermedizin (KATM) von Seiten ihrer Mitglieder hat die *American Veterinary Medical Association* (AVMA) 1996 überarbeitete Richtlinien für KATM veröffentlicht. Zum Thema Akupunktur heißt es dort: „Veterinärakupunktur und Akutherapie werden heute als integraler Bestandteil der Tiermedizin betrachtet. Diese Techniken sollten als chirurgische und/oder medizinische Verfahren innerhalb der bundesstaatlichen Veterinärgesetze betrachtet werden.“ Dies war ein wichtiger Schritt in der Entwicklung der Veterinärakupunktur im Westen und hat auch die Tiermedizin außerhalb der USA beeinflusst. Zum Zeitpunkt dieser Veröffentlichung bildete die AVMA ein drittes Komitee zu alternativen tiermedizinischen Therapien, um ihre Politik in Bezug auf all diese alternativen (adjunktiven) Therapien neu zu bewerten.

Im Herbst 1997 wurde an der tiermedizinischen Fakultät im norwegischen Oslo ein Lehrgang entsprechend den Kursen in den USA veranstaltet. Der erste US-amerikanische Kurs für post-graduierte Veterinärmediziner unter der Leitung einer veterinärmedizinischen Fakultät fand im Sommer 1998 am *Veterinary Teaching Hospital* der Colorado State University statt. Der Kurs an der Colorado State University bricht mit der IVAS-Tradition mit ihrer Betonung der traditionellen chinesischen Tiermedizin, da er einen stärker wissenschaftlichen Zugang zur Veterinärakupunktur entwickelt.

Beim jährlichen internationalen IVAS-Kongress der Veterinärakupunktur in Trömso, Norwegen, wurde ein Konsens erzielt, dass daran gearbeitet werden soll, die IVAS-Weiterbildungskurse zur Veterinärakupunktur in allen Ländern anzubieten, die dieses Ausbildungsprogramm verfolgen möchten. Bisher hat sich die IVAS-Abschlussprüfung allerdings auf traditionelle Aspekte konzentriert, daher hatten die Kurse diesen Schwerpunkt, auf Kosten der mehr kritischen und wissenschaftlichen Sichtweise. Dieser Faktor begrenzte den Erfolg des Ausbildungskonzeptes in Ländern außerhalb der USA, in denen Teilnehmer eine IVAS-Zertifizierung anstrebten. Im neuen Jahrtausend gibt es nun unter einer neuen Führung innerhalb der IVAS einen Trend zur Veränderung in diesem Bereich.

Im Anschluss an die Gründung der IVAS entstanden in einigen anderen Ländern nationale Veterinärakupunktur-Organisationen, teilweise in Verbindung mit anderen Behandlungsformen. Im Jahr 1980 wurde unter der Führung von Dr. Jukka Kuussaari in Finnland die Akupunktur als gültiges Behandlungsverfahren anerkannt. Dem schloss sich 1986 das *New South Wales Veterinary Board* in Australien an, gefolgt von Österreich und Deutschland in den folgenden zwei Jahren. Die *International Veterinary Acupuncture Society* hat Kurse in Australien, Norwegen, Belgien, Dänemark und Schweden, Großbritannien und Kanada unterstützt.

Interessierte Tierärzte können sich über die Kontaktadressen im Anhang über weitere Kurse und Treffen informieren oder tiermedizinische Fakultäten mit umfassendem Weiterbildungsprogramm in Veterinärakupunktur kontaktieren. Außerdem finden Sie dort die Kontaktadressen entsprechender Organisationen für Veterinärakupunktur.

1.5 Die derzeitige Praxis der Veterinärakupunktur

Heute lassen sich Veterinärmediziner bezüglich ihrer Einstellung zur Veterinärakupunktur in folgende drei Gruppen einteilen:

- Ein Teil akzeptiert nur die strengsten wissenschaftlichen und veterinärmedizinischen Kriterien und Standards. Für sie haben nur solche Behandlungsverfahren Gültigkeit, die im Vergleich zu den konventionellen Optionen nachweislich wirksam, effektiv und kostensparend sind.
- Eine zweite Gruppe ist der Ansicht, dass komplementäre Therapien wie die Veterinärakupunktur als individualisierte Energiemedizin mit westlichen wissenschaftlichen Methoden nicht angemessen erforscht werden können. Sie ignorieren daher die Forderungen nach rigorosen wissenschaftlichen Standards in der Tiermedizin und gründen ihre Behandlung ausschließlich auf die traditionellen chinesischen Medizintheorien, wie die Acht Prinzipien oder die Fünf-Elemente-Theorie, entsprechend der Human-TCM. Es gibt derzeit noch kaum Forschung über die Wirksamkeit dieser Vorgehensweise. Sie gründet sich ausschließlich auf anekdotische Berichte und klinische Erfahrungen.
- Zahlreiche praktizierende Veterinär-Akupunkteure vertreten eine gemäßigte Zwischenstellung zwischen diesen beiden Gruppen. Sie wissen die Forschung zu schätzen, die bisher einige Bereiche der Veterinärakupunktur bestätigt hat (vgl. z. B. die Forschung von Hwang, Janssens, Lin, Kothbauer und Still, die an anderer Stelle in diesem Buch zitiert wird) und in manchen Fällen auch gezeigt hat, dass die Methoden der Akutherapie ebenso wirksam sind wie pharmazeutische Verfahren, abgesehen von der Möglichkeit einer Bestandsbehandlung. Sie sind sich der Nachteile der westlichen Therapieoptionen bei bestimmten Störungen bewusst und sind aufgrund der Akupunktur-Theorien der Ansicht, dass eine rationale Basis zumindest für einen versuchsweisen Einsatz der Akupunktur besteht. Diese Gruppe würde auch eine Veterinärakupunktur unterstützen, die auf der traditionellen chinesischen Medizintheorie und empirischen Befunden beruht. Doch generell wartet sie auf weitere Forschung, die die Wirksamkeit der Veterinärakupunktur bestätigt.

1.6 Veterinärakupunktur in Deutschland, Österreich und der Schweiz

Deutschland

Die Akademie für tierärztliche Fortbildung e.V. (ATF) bietet seit über 20 Jahren Kurse in Veterinärakupunktur an. Diese Kurse setzen den Besuch der Grundkurse G1–G3 der *Deutschen Ärztegesellschaft für Akupunktur* (DÄGfA) oder vergleichbarer Kurse voraus. Die weitere Ausbildung über die ATF setzt sich aus einem Einführungsseminar und zwei Blockseminaren zu jeweils 3 Tagen zusammen. Neben dieser Grundausbildung werden Praxisseminare zu verschiedenen Themen angeboten. Inzwischen gibt es verschiedene andere Anbieter von Veterinärakupunkturkursen. Hervorzuheben sei hier lediglich der Kurs der deutschen Sektion der *International Veterinary Acupuncture Society* (IVAS), der *German Veterinary Acupuncture Society* (GerVAS), der sich am Grundkurs und dem Curriculum der IVAS orientiert. Die Vortragenden kommen aus den verschiedensten Ländern, die Kurssprache ist Englisch. Am Ende des gesamten Kurses steht eine theoretische und praktische Prüfung. Das IVAS-Zertifikat erhält, wer die Prüfung besteht und eine Falldokumentation erfolgreich einreicht.

Alle Landestierärztekammern Deutschlands führen inzwischen Prüfungen zur Zusatzbezeichnung „Akupunktur" durch. Die Sektion Naturheilverfahren der Bundestierärztekammer hat eine Empfehlung herausgegeben, die sich mit den Voraussetzungen für diese Zusatzbezeichnung beschäftigt. Leider haben sich nur wenige Landestierärztekammern daran orientiert. Jede der Landeskammern setzt bei der Weiterbildung andere Stundenzahlen voraus, wobei 80 Stunden das Minimum darstellen. Manche wollen Protokolle von Fällen sehen, die mit Akupunktur behandelt wurden. Andere führen eine Prüfung durch, während wieder andere Kammern eine Veröffentlichung oder einen Vortrag fordern. Etliche Kammern setzen zudem eine Dissertation voraus. Wer sich für die Zusatzbezeichnung interessiert, sollte sich also bei der zuständigen Landestierärztekammer nach den Voraussetzungen und dem Ablauf erkundigen. Es empfiehlt sich außerdem nachzufragen, welche Veterinärakupunkturausbildung von der jeweiligen Kammer akzeptiert wird. Die Kurse der ATF und die an das IVAS-Curriculum angelehnten Seminare werden eigentlich generell als Grundlage für die Zusatzbezeichnung anerkannt.

Österreich

In Österreich gibt es die Möglichkeit sich zum Fachtierarzt für Akupunktur und Neuraltherapie fortzubilden. Die Voraussetzungen, die Ausbildung und die Prüfung sind bundesweit einheitlich geregelt. Grundbedingungen für die Ausbildung sind fünf Jahre tierärztliche Tätigkeit, der erfolgreich absolvierte Basiskurs, der sich am IVAS-Curriculum orientiert, zwei Arbeiten zu dem Thema in einschlägigen Fachjournalen, wobei eine fachspezifische Dissertation als eine Publikation zählt, ein wissenschaftlicher Vortrag und dokumentierte Fallbeispiele.

Die Prüfung zum Fachtierarzt für Akupunktur und Neuraltherapie kann frühestens drei Jahre nach Beginn des Basiskurses abgelegt werden.

Schweiz

In der Schweiz erhalten Tierärzte einen Fähigkeitsausweis in der Fachrichtung Akupunktur.

Voraussetzung ist das Tierarztdiplom und eine Veterinärakupunkturausbildung, wie die IVAS-Ausbildung oder die ATF-Seminare in Deutschland. Es gibt auch die Möglichkeit als Tierarzt eine Humanakupunkturausbildung zu absolvieren und den Nachweis von 40 Stunden in Kursen der Veterinärakupunktur zu erbringen. Auch hier werden die ATF-Kurse anerkannt, wobei die Praxisseminare der ATF bevorzugt werden. Diese Kandidaten müssen zudem zwei Falldokumentationen abgeben und eine praktische Prüfung am Tier bestehen.

1.7 Zusammenfassung

Veterinärakupunktur wird heute globaler eingesetzt denn je zuvor und ist in manchen Ländern auch durch das veterinärmedizinische Establishment teilweise anerkannt. Unter den Tierhaltern gibt es eine zunehmende Nachfrage nach Therapieformen, die die westliche Veterinärmedizin und Chirurgie ergänzen, unter anderem auch nach Akupunktur. Bisher war diese Akzeptanz der Akupunktur (sowie anderer ergänzender Therapien) relativ unkritisch. Viele Menschen sind auf der Suche nach einer Alternative zu den invasiven Therapiemodalitäten der westlichen Schulmedizin sowie den Nebenwirkungen von Pharmazeutika. Jedoch sind auch so genannte natürliche Therapien nicht immer sicher oder wirksam.

Es gibt noch viel zu tun, um die klinische Wirksamkeit der Akupunktur und anderer Therapieformen durch randomisierte und kontrollierte klinische Tests nachzuweisen. Während es in der Literatur bereits zahlreiche Fallstudien gibt, die über die Wirksamkeit von Akupunktur berichten, ist nun eine kritischere Forschung erforderlich. Außerdem besteht Forschungsbedarf zur Klärung der Frage, welche therapeutischen Optionen kosteneffizient sind, wobei auch umweltmedizinische Aspekte zu berücksichtigen sind. Bis diese und andere Fragen schlüssig beantwortet werden können, wird sich die Veterinärakupunktur mit Kritik der wissenschaftlichen Gemeinde und anderer Skeptiker konfrontiert sehen. Diese Herausforderung sollte eigentlich für alle interessant sein, denn der Ausgang dieser Kontroverse lässt sich von niemandem vorhersagen. Aus den bisherigen Forschungsergebnissen lässt sich sicherlich ableiten, dass es einige Bereiche gibt, in denen sich die Akupunktur als wirksam erweist, und andere, in denen sie den angelegten Maßstäben nicht genügt. Wer sich als wissenschaftlich orientierter Mediziner betrachtet, sollte den Ausgang der Diskussion abwarten.

Spätere Kapitel in diesem Buch berichten von den Ergebnissen einiger professionell ausgeführter tiermedizinischer Forschungsvorhaben, doch sind diese noch zu spärlich und die Ergebnisse größtenteils noch nicht von anderen Forschern bestätigt. Die Geschichte der Veterinärakupunktur wird zu Beginn des neuen Jahrtausends immer noch auf einer täglichen Basis geschrieben. Die zukünftige Entwicklung ist jedoch vielversprechender denn je, mit mehr Ausbildungsmöglichkeiten an tiermedizinischen Fakultäten und zusätzlichen Finanzierungsmöglichkeiten für Akupunkturforschung.

LITERATUR

1. Unschuld PU: *Medicine in China: a history of ideas,* Berkeley, 1985, University of California Press.
2. Fairbank JK: *China: a new history,* Cambridge, Mass, 1992, Belknap Press of Harvard University Press.
3. Capra F: *The web of life,* New York, 1996, Anchor Books, Doubleday.
4. Xie H: *Traditional Chinese veterinary medicine,* Beijing, 1994, Beijing Agricultural University Press.
5. Watson W: *Early civilization in China,* London, 1966, Thames & Hudson.
6. O'Connor J, Bensky D, eds: *Acupuncture: a comprehensive text,* Seattle, 1981, Eastland Press.
7. Yu C, ed: *Handbook on Chinese veterinary acupuncture and moxibustion,* Bangkok, Thailand, 1990, Food and Agricultural Organization Regional Office for Asia and the Pacific.
8. Klide AM, Kung SH: *Veterinary acupuncture,* Philadelphia, 1977, University of Pennsylvania Press.
9. Yu C: Traditional Chinese veterinary acupuncture and moxibustion, Beijing, 1995, China Agricultural Press, p 1. As reported here, the author makes reference to another text, Shuo-wen Jie-zi, edited by Xushe, in which *bian* is said to mean „stones used to treat diseases".
10. Unschuld PU: Illness and healing in the Shang culture. In Unschuld PU: *Medicine in China: a history of ideas,* Berkeley, 1985, University of California Press.
11. Unschuld PU: The Chou period and demonic medicine. In Unschuld PU: *Medicine in China: a history of ideas,* Berkeley, 1985, University of California Press.
12. Ros F: *The lost secrets of ayurvedic acupuncture,* Twin Lakes, Wis, 1994, Lotus Press.
13. Helms JM: *Acupuncture energetics: a clinical approach for physicians,* Berkeley, 1995, Medical Acupuncture Publishers.
14. Fournet LH: *Diagrammatic chart of world history over the last 5000 years,* Fontenay-sou-Bois, France, 1998, Société Internationale de Diffusion et d'Éditions Scientifiques.
15. Unschuld PU: *Chinese medicine,* Brookline, MA, 1998, Paradigm Publications.
16. Willmont D: Traditional Oriental medicine: the need for a historical perspective, *Am J Acupunct* 26(2/3): 189–197, 1998.
17. Eckman P: In the footsteps of the Yellow Emperor: tracing the history of traditional acupuncture, San Francisco, 1996, Cypress Book Co.
18. Eisenberg DM et al: Trends in alternative medicine use in the United States, 1990–1997, *JAMA* 280:1569–1575, 1998.
19. National Institutes of Health: NIH news release: NIH panel issues consensus statement on acupuncture, available at http://www.nih.gov/news/pr/nov97/od-05.htm, Nov 5, 1997.
20. NIH Consensus Statement Online 1997 November 3–5; 15(5): available at http://odp.od.nih.gov/consensus/statements/cdc/. 107/107_stmt.html
21. On acupuncturation in veterinary practice, *Veterinarian* 1:203–205, 1928.
22. Rogers PAM: A brief history of acupuncture (AP) and the status of veterinary acupuncture outside of mainland China. I. Postgraduate course notes in veterinary AP, Sydney, 1991, at http://homepage.tinet.ie/~progers/rogpubco.htm. Update in progress as of mid 2000.
23. American Veterinary Medical Association: Guidelines on alternative and complementary therapies, Schaumburg, Ill, 1996, The Association.

KAPITEL

2

Yann-Ching Hwang und Monika Egerbacher

Anatomie und Klassifikation von Akupunkturpunkten

2.1 Was sind Akupunkturpunkte?

Yann-Ching Hwang

In der traditionellen chinesischen Veterinärakupunktur werden Akupunkturpunkte als *Shu Xue* bezeichnet. *Shu* bedeutet Durchgang oder Kommunikation und *Xue* steht für Loch oder Ausgang. Also ist die ursprüngliche Bedeutung von *Shu Xue* „ein Loch in der Haut, das über einen Meridian *(Jing)* oder ein Netzgefäß *(Luo)* mit einem oder mehreren inneren Organen kommuniziert".

Nach der Theorie der Traditionellen Chinesischen Medizin (TCM) kommuniziert jeder Akupunkturpunkt mit einem *Zang-* oder *Fu*-Organ des Körpers und spiegelt den Zustand dieses Organs wider. Weist ein Organ pathophysiologische Veränderungen auf, können einer oder mehrere der zugeordneten Akupunkturpunkte druckempfindlich sein oder sonstige Abweichungen, wie Farbveränderungen oder Verhärtung der Haut zeigen. Werden die Punkte mit Akupunktur behandelt, können die Wirkungen das damit kommunizierende Organ über den Meridian erreichen. Diese Sichtweise der Interaktion zwischen Akupunkturpunkten und den zugehörigen *Zang-Fu*-Organen ähnelt dem westlichen Konzept der viszerosomatischen und somatoviszeralen Reflexe sowie der Triggerpunktreaktion in Verbindung mit myofaszialen und viszeralen Schmerzen [1].

Nach Jahrhunderten der praktischen Anwendung und zahlreichen modernen wissenschaftlichen Studien ist es immer noch nicht möglich, die einfache Frage „Was sind Akupunkturpunkte?" angemessen zu beantworten. Bei den meisten morphologischen Studien haben die Forscher eine hohe Dichte an Nervenfasern, Nervenendigungen oder Gefäßen im subkutanen Gewebe an oder nahe bei den Akupunkturpunkten festgestellt [2–5]. Auch wurden eine hohe Dichte von Haarfollikeln, eine geringere Zahl von Zellkernen [6] oder eine erhöhte Zahl von Hautpapillen mit zahlreichen Kapillaren gefunden [7].

2.1.1 Verringerter Hautwiderstand

Das Phänomen eines verringerten elektrischen Hautwiderstands [*lower skin resistance* = LSR] wurde an vielen Akupunkturpunkten festgestellt [8, 9]. Stellen verringerten Hautwiderstands korrespondieren jedoch nicht vollständig mit Akupunkturpunkten. Beim Menschen beträgt die Korrelation schätzungsweise 50 % [10]. Bei Hunden fand Still [11] eine 79%-ige Korrelation. Andere Forscher konnten dagegen bei zehn Hunden keine Korrelation feststellen [10]. Sie konnten jedoch Zonen und schmale, Meridian-ähnliche Bänder verringerten Hautwiderstands entlang der Längsachse der Gliedmaßen beobachten. Diese Diskrepanzen könnten auf unterschiedliche Messtechniken und -instrumente der einzelnen Forschungsgruppen zurückzuführen sein. Becker [12] und seine Gruppe konnten zeigen, dass einige Akupunkturpunkte im Vergleich zu den benachbarten Hautflächen einen signifikant niedrigeren Hautwiderstand aufweisen, wobei sie streng darauf achteten, Veränderungen des Kontaktdrucks zu minimieren. Ishikawa [13] hat als Erster die Hypothese aufgestellt, dass der verringerte Hautwiderstand an Akupunkturpunkten durch eine lokale Erhöhung der Kapillarpermeabilität entsteht, verursacht durch pathologische Veränderungen in den korrespondierenden *Zang-Fu*-Organen. Andere vermuten, dass dem LSR-Phänomen ein sympathischer Reflex zugrunde liegt [14].

2.1.2 *De Qi*-Gefühl

Auch wenn die Haut über dem Akupunkturpunkt einen verringerten Hautwiderstand aufweist oder den Zustand des entsprechenden *Zang-Fu*-Organs spiegelt, so geht doch bei den meisten Akupunkturbehandlungen der Nadelstich tiefer und reicht bis in die subkutanen Strukturen von Hypodermis, Faszie, Muskel oder andere tiefe Gewebe. Wenn diese Strukturen durch eine Akupunkturnadel stimuliert werden, kann eine besondere Empfindung hervorgerufen werden, die als *De Qi*-Gefühl bezeichnet wird. Man geht heute davon aus, dass das *De Qi*-Gefühl (= „Erreichen der vitalen Energie *Qi*") für die therapeutische Wirkung der Akupunktur entscheidend ist.

Menschen nehmen das *De Qi* subjektiv als ein Gefühl von Schwere, Schwellung, Kribbeln oder Taubheit wahr, das in Richtung des Meridians ausstrahlen kann. Bei Tieren lässt sich *De Qi* durch Körperreaktionen wie Muskel- und Hautzucken, Abwehrverhalten oder Lautäußerung verfolgen. Wird das *De Qi*-Gefühl an einem Akupunkturpunkt über Muskulatur ausgelöst, so kann man – bei Menschen und Tieren – beobachten, dass die Nadel vom Muskel festgehalten wird. Diese Reaktion resultiert möglicherweise aus einem lokalen Streckungsreflex, der durch das Nadeln hervorgerufen wird. Die Injektion eines Lokalanästhetikums in den genadelten Muskel verhindert vollständig jedes *De Qi*-Gefühl [15]. Einige Studien identifizierten mittlere (Gruppe III, Aδ) und dicke (Gruppe II, Aβ) sensorische Fasern als afferente Komponenten des *De Qi*-Gefühls und der analgetischen Wirkung der Akupunktur [16, 17].

2.1.3 Strukturelle Grundlage der Akupunkturpunkte

Bei einer elektrophysiologischen Untersuchung der Akupunkturpunkte der *Yin*-Meridiane der menschlichen Hand wurde festgestellt, dass die *Jing*-Akupunkturpunkte an den Fingerspitzen, nämlich Lu 11 und Pe 9, freien Nervenendigungen der Berührungs- und Drucksensoren der Haut entsprechen. Als Rezeptor für Pe 7 im Bereich des Handgelenks fanden sich Sehnenspindeln. Bei den Punkten Lu 10 und Pe 6, die über Muskeln liegen, waren es größtenteils Muskelspindeln [18]. Unter allen identifizierten Rezeptoren sind jedoch freie Nervenendigungen der häufigste Typ von Akupunkturpunkt-Rezeptoren. Diese freien Nervenendigungen vereinigen sich unter Akupunkturpunkten oft zu Gefäß-Nervenbündeln.

Welche weiteren strukturellen Komponenten spielen neben diesen sensorischen Rezeptoren bei Akupunkturpunkten eine Rolle? Eine der einleuchtendsten Hypothesen stammt von Heine. Er postulierte eine besondere zylindrische Struktur, bestehend aus einem Gefäß-Nervenbündel, das von lockerem Bindegewebe umschlossen wird (➤ Abb. 2.1 und ➤ Abb. 2.2). Dieses Gefäß-Nervenbündel perforiert die oberflächliche Faszie und erreicht unterhalb des Akupunkturpunkts den subkutanen Bereich [19]. Die Hülle aus lockerem Bindegewebe kann Wasser binden und agiert als Ionenaustauscher, was für die Pathophysiologie von Akupunkturpunkten von Bedeutung sein könnte [20]. Eine ähnliche Bindegewebsstruktur wurde auch bei anderen Untersuchungen unterhalb von Akupunkturpunkten gefunden [21, 22]. Bei Haustieren konnte Egerbacher zylindrische Faszienperforationen an Rindern und Hunden nachweisen. Sie beschreibt außerdem eine Versorgung des Blasen-Meridian-Punktes durch Hautnerven (siehe auch 2. Teil dieses Kapitels).

Aderlass an Akupunkturpunkten ist eine gebräuchliche Behandlungsmethode der traditionellen Veterinärakupunktur. So wird beispielsweise ein Hitzschlag bei Pferden mit blutigem Nadeln des *Tai-Yang*-Punktes auf der V. transversa faciei kaudal des Auges behandelt. Bei Laminitis werden Punkte auf der V. cephalica oder V. saphena blutig genadelt [23]. Kothbauer und Meng nadelten bei Rindern Ma 18 zur Behandlung einer Mastitis und anderen Problemen des kranialen Euterviertels [24]. Dieser Punkt befindet sich am Rande des Milchnäpfchens, wo die V. epigastrica cranialis superficialis in den Thorax übergeht, um sich dort mit der V. thoracica interna zu vereinen. Es ist auffällig, dass Akupunkturrezeptoren so häufig auf oder in Blutgefäßen auftreten. Ein Forscher fand Blutgefäße, größtenteils Venen, unter 71 % der Akupunkturpunkte [25]. Ein anderer berichtet von ausgedehnten Kapillarschleifen mit einem Hüllgewebe aus sympathischen Nervenfasern unter Akupunkturpunkten [4]. Plummer entdeckte bei Menschen, Schweinen, Kühen und Hühnern perforierende oder kommunizierende Venen unter Akupunkturpunkten [26]. Er konnte beim Menschen mehrere Venen nachweisen, die regelmäßig genau an Akupunkturpunktstellen durch die Faszie treten, u. a. bei MP 6, MP 10 und MP 11. Der Punkt MP 10 beim Menschen korrespondiert möglicherweise mit dem traditionellen Punkt *Jiao Dang* (➤ Kap. 31, Punkt 140). Bei einer Untersuchung der Sensationen, die durch das Nadeln hervorgerufen werden, stellten Pan und Zhao eine ausgedehnte sensorische und sympathische Innervation der Blutgefäße fest [27]. Sie vermuteten, dass die vegetativen Nervenfasern der Blutgefäße möglicherweise an der Auslösung der Nadelungsreaktion beteiligt sind.

Das Phänomen des verringerten Hautwiderstands über Akupunkturpunkten und die anatomische Beobachtung, dass manche Akupunkturpunkte eine Bindegewebshülle mit einem Gefäß-Nervenbündel im dermalen und hypodermalen Bereich aufweisen, scheint das klassische Konzept zu stützen, dass es sich bei Akupunkturpunkten um ein Loch in der Haut und ein Tor zwischen dem Körperinneren und der äußeren Umgebung handelt. An den Akupunkturpunkten sind möglicherweise freie Nervenendigungen (sowie andere Rezeptoren) und in Bindegewebe gehüllte oder in Gefäßwänden vorliegende Nervenfasern die strukturelle Basis, die Nadel-Sensationen und therapeutische Wirkungen der Akupunktur hervorrufen. Doch trotz dieser morphologischen Befunde bleibt die definitive strukturelle Basis der Akupunkturpunkte unklar. Zweifellos werden Fortschritte in Neurologie, Molekularbiologie und Immunologie unser Wissen über die Anatomie und Physiologie der Akupunkturpunkte erweitern. Doch da Akupunktur und TCM einen ganzheitlichen und nicht analytischen Zugang zur Medizin darstellen, wird die Natur von Akupunkturpunkten in Begriffen der westlichen Medizin möglicherweise weiterhin schwierig zu klären sein.

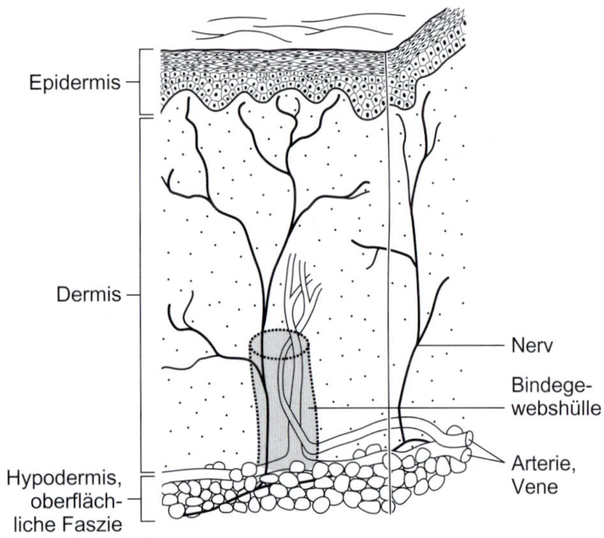

Abb. 2.1 Schematische Darstellung der Haut im Bereich eines Akupunkturpunkts: Gefäß-Nervenbündel umgeben von einer Hülle aus lockerem Bindegewebe.

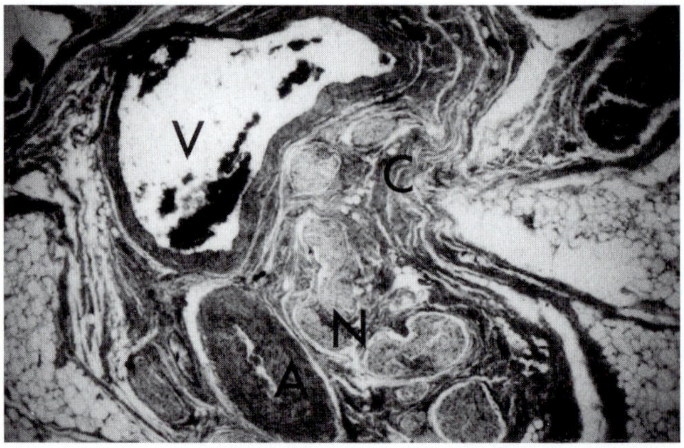

Abb. 2.2 Mikroskopisches Präparat eines neurovaskulären Bündels mit Bindegewebshülle (C) unter einem Akupunkturpunkt; A = Arterie, N = Nerv, V = Vene. (Quelle: Monika Egerbacher: Anatomische und histologische Untersuchungen zur Morphologie ausgewählter Akupunkturpunkte am Rumpf bei Rind und Hund, Dissertation, Wien 1991)

2.1.4 Westliche Klassifikation der Akupunkturpunkte

Im Bereich der westlichen Medizin ist das Konzept, das den Akupunkturpunkten am nächsten kommt, das der Triggerpunkte nach Travell und Rinzler [28]. Dabei handelt es sich um Hautpunkte, die bei Stimulation Schmerzen in einem benachbarten oder entfernten Bereich auslösen (➤ Kap. 15). Triggerpunkte entstehen durch lang anhaltende Muskelspannung, Krämpfe oder Entzündungsprozesse. Es wird angenommen, dass Blutgefäße und Nerven nahe der Hautoberfläche besonders dazu neigen, Triggerpunkte auszubilden [29]. Travell und Rinzler setzten zur Schmerzlinderung trockenes Nadeln von Triggerpunkten ohne zusätzliche Injektion irgendeiner Lösung ein. Die Charakteristika von Triggerpunkten ähneln denen von *Ashi*-Punkten in der Akupunktur. Dabei handelt es sich um druckempfindliche, nichtspezifische Akupunkturpunkte, die Schmerzen oder Störungen in einem Körperteil widerspiegeln. Das Nadeln von *Ashi*-Punkten kann Schmerzen lindern. Eine Untersuchung der Beziehung zwischen Triggerpunkten und Akupunkturpunkten zeigte eine hohe Korrelation (71 %) [1].

Motorpunkte, d. h. die Punkte, an denen ein Nerv den Zielmuskel betritt, sind bei bestimmten Schmerzstörungen ebenfalls hypersensibel. In einigen Untersuchungen wurde festgestellt, dass auch Motorpunkte mit Akupunkturpunkten korrespondieren [2, 3]. Interessanterweise entsprechen auch zahlreiche Triggerpunkte Motorpunkten [29]. Melzack [30] vermutet, dass Triggerpunkte, Motorpunkte und Akupunkturpunkte, die im Zusammenhang mit muskuloskeletalen Schmerzen auftreten, dasselbe Phänomen repräsentieren und über denselben neuralen Mechanismus verfügen.

Zum besseren Verständnis von Akupunkturpunkten untersuchten Gunn und seine Mitarbeiter [2, 31] 70 häufig verwendete Akupunkturpunkte und gruppierten sie entsprechend ihrer Beziehung zu bekannten neuralen Strukturen:

- **Typ-I-Akupunkturpunkte** sind Motorpunkte bestimmter Muskeln.
- **Typ-II-Akupunkturpunkte** sind Punkte, wo bilaterale oberflächliche Nerven überlappen. Zum Beispiel sind *Baihui*-Punkte bei Tieren entlang der dorsalen Medianlinie am lumbosakralen Übergang lokalisiert.
- **Typ-III-Akupunkturpunkte** liegen über oberflächlichen Nerven oder Plexus. Pe 6 über dem N. medianus ist ein Beispiel für einen Typ-III-Akupunkturpunkt.
- **Typ-IV-Akupunkturpunkte** liegen an Verbindungsstellen von Muskeln und Sehnen, wo viele Sehnenspindeln auftreten. Bl 57 an der Verbindungsstelle des muskulären und sehnigen Teils des M. gastrocnemius ist ein Beispiel für einen Typ-IV-Akupunkturpunkt.

Dung [32] dagegen vermeldet ein regelmäßiges Auftreten von Akupunkturpunkten an folgenden peripheren Nervenstrukturen (in der Reihenfolge abnehmender Bedeutung):
Akupunkturpunkte finden sich

- entlang des Verlaufs wichtiger peripherer Nerven, wie z.B. entlang des N. radialis, medianus und ulnaris
- auf oberflächlichen Ästen peripherer Nerven, wie z.B. Ästen des N. radialis, medianus und ulnaris
- an Stellen, an denen Hautnerven durch die tiefe Körperfaszie treten, z. B. an der Durchtrittstelle des Ramus superficialis nervi radialis auf dem Handrücken zwischen Daumen und Zeigefinger
- am Kopf an den Austrittsstellen der Nerven aus den knöchernen Foramina, wie z.B. dem Foramen supra- bzw. infraorbitale
- über Motorpunkten, z. B. über dem Eintritt des R. profundus nervi radialis in den M. extensor carpi radialis longus
- auf Begleitgefäßen von Motorpunkten, entlang eines Nervs mit wechselnder Nervenfaserstärke, an der Verzweigung peripherer Nerven, auf Sehnen oder Bändern und entlang von Hautnarben

2.1.5 Traditionelle Klassifikation der Akupunkturpunkte

Beim Palpieren der Körperoberfläche finden sich Akupunkturpunkte vornehmlich in Vertiefungen in Muskel-, Sehnen- oder Knochenspalten. Wie bereits erwähnt, kommunizieren Akupunkturpunkte über das Meridiansystem mit *Zang-Fu*-Organen. In der TCM werden die Meridiane als ein komplexes Netz von Hauptkanälen *(Jing)* und Netzgefäßen *(Luo)* gesehen. Die meisten Akupunkturpunkte befinden sich auf den Meridianen und werden als Meridianpunkte bezeichnet. Zusätzlich gibt es Punkte außerhalb der Meridiane, die nicht zu einem bestimmten Meridian gehören. *Ashi*-Punkte sind kurzfristig druckempfindliche Punkte. Ihre Lage kann mit bekannten Akupunkturpunkten übereinstimmen oder auch nicht.

Es gibt 12 paarig angelegte Hauptmeridiane, auf denen die Meridianpunkte liegen:

- Lungen(Lu)-Meridian der Hand *(Tai Yin)*
- Herz(He)-Meridian der Hand *(Shao Yin)*
- Perikard(Pe)-Meridian der Hand *(Jue Yin)*
- Dickdarm(Di)-Meridian der Hand *(Yang Ming)*
- Dünndarm(Dü)-Meridian der Hand *(Tai Yang)*
- Dreifacher Erwärmer-(3E)-Meridian der Hand *(Shao Yang)*
- Magen(Ma)-Meridian des Fußes *(Yang Ming)*
- Blasen(Bl)-Meridian des Fußes *(Tai Yang)*
- Gallenblasen(Gb)-Meridian des Fußes *(Shao Yang)*
- Milz(MP)-Meridian des Fußes *(Tai Yin)*
- Nieren(Ni)-Meridian des Fußes *(Shao Yin)*
- Leber(Le)-Meridian des Fußes *(Jue Yin)*

Daneben gibt es acht außerordentliche Gefäße, die nicht direkt mit *Zang-Fu*-Organen korrespondieren. Die bekanntesten sind das Konzeptionsgefäß (KG) und das Lenkergefäß (LG), die jeweils entlang der ventralen und dorsalen Mittellinie verlaufen. Zusammen mit den 12 Hauptmeridianen bilden KG und LG das System der 14 Meridiane, auf denen alle Meridianpunkte liegen.

Die meisten Akupunkturpunkte an Kopf, Hals, Rumpf und proximalen Bereichen der Extremitäten werden eingesetzt, um lokale Beschwerden zu behandeln. Punkte distal von Ellbogen- und Kniegelenk werden dagegen nicht nur als Lokalpunkte, sondern auch als Fernpunkte zur Behandlung entfernter Bereiche eingesetzt. Zum Beispiel dient der Punkt Ma 36 am Bein zur Behandlung von Beschwerden der hinteren Gliedmaßen, wie auch von Störungen im Bereich vom Abdomen bis zum Kopf.

In der TCM werden die Akupunkturpunkte nach Lokalisation oder Funktion eingeteilt. Es gibt **neun Hauptkategorien**:

- Fünf *Shu*-**Punkte**: Jeder Meridian hat fünf *Shu*-Punkte. Von distal nach proximal entsprechen sie *Jing* (Brunnen), *Ying*, *Shu*,

Jing, *He*. Jeder von ihnen korrespondiert mit einem der fünf Elemente. Alle fünf *Shu*-Punkte liegen distal von Ellbogen- und Kniegelenk.

- ***Yuan*-Quell-Punkte**: Es handelt sich um Stellen, wo sich das Ursprungs-*Qi* sammelt.
- ***Luo*-Passage-Punkte**: Der *Luo*-Punkt jedes Meridians ist mit dem *Yuan*-Punkt des korrespondierenden *Yin*- oder *Yang*-Meridians verbunden. Zum Beispiel ist der *Luo*-Punkt des Lungen-Meridians, Lu 7, mit dem *Yuan*-Punkte des Dickdarm-Meridians, Di 4, verbunden und der *Luo*-Punkt des Dickdarm-Meridians, Di 6, mit dem *Yuan*-Punkt des Lungen-Meridians, Lu 9.
- ***Xi*-Grenz-Punkte**: Sie sind in Vertiefungen von Muskeln, Sehnen oder Knochen zu finden und werden häufig bei akuten Störungen eingesetzt.
- **Kardinal- oder Meister-Punkte**: Sie verbinden die Meridiane mit den acht außerordentlichen Gefäßen.
- **Einflussreiche Punkte** der acht Gewebe: Energieverdichtungspunkte von *Yin*- und *Yang*-Organen, *Qi*, Blut, Knochen, Knochenmark, Muskeln und Blutgefäßen.
- ***Jiaohui*-Punkte** – auch als Kreuzungspunkte bezeichnet. Diese Punkte verbinden jeweils einen der 14 Hauptmeridiane mit einem anderen.
- **Zustimmungs-*Shu*-Punkte** – auch als Transport- oder Rücken-*Shu*-Punkte bezeichnet. Die 12 Punkte liegen entlang der Wirbelsäule und gehören zum Blasen-Meridian. Sie sind druckempfindlich bei Störungen der korrespondierenden Organe oder der lokalen Muskulatur. Diese Punkte sind ein gutes Beispiel für den viszerosomatischen Reflex, da sie segmental mit den korrespondierenden Organen in Beziehung stehen.
- **Alarm-*Mu*-Punkte**: Die 12 Alarm-Punkte liegen auf dem ventralen Bereich des Rumpfes. Im Gegensatz zu den Zustimmungs-Punkten gehören sie zu unterschiedlichen Meridianen, doch auch sie sind druckempfindlich bei Störungen korrespondierender Organe.

Zustimmungs- und Alarm-Punkte werden auch als diagnostische Punkte bezeichnet, da sie sowohl in der Diagnose wie auch in der Behandlung mit Akupunktur wichtig sind und häufig eingesetzt werden. In einer Untersuchung an 175 Kleintieren stellte Schwartz [33] eine starke Korrelation zwischen Druckempfindlichkeit an den diagnostischen Punkten und Auffälligkeiten bei Blutuntersuchungen fest.

2.1.6 Bezeichnung der Akupunkturpunkte

Jeder Akupunkturpunkt besitzt eine ursprüngliche chinesische Bezeichnung. Wegen der Schwierigkeit der chinesischen Sprache werden im Westen nur einige wenige Punkte mit dem chinesischen Namen bezeichnet. Stattdessen wurde ein Nummerierungssystem eingeführt. In diesem System besteht die Bezeichnung für einen Meridianpunkt aus dem Kürzel des jeweiligen Meridians und einer arabischen Zahl, die die sequenzielle Position des Punktes auf dem Meridian repräsentiert. So heißt zum Beispiel der vierte Punkt des Dickdarm-Meridians (im Chinesischen *He Gu*) Di 4.

Das Nummerierungssystem der Akupunkturpunkte wurde auch von der Weltgesundheitsorganisation (WHO) übernommen und ist in der Humanakupunktur weltweit anerkannt. Da jedoch der Meridian-Verlauf bei Tieren unsicher ist und zahlreiche anatomische Unterschiede zwischen Menschen und Tieren bestehen, gibt es Verwirrung in der Übertragung des Nummerierungssystems auf Tiere. Bei einer genauen Untersuchung von 21 wichtigen Akupunkturpunkten an 102 Hunden unter Verwendung mehrerer elektronischer Punktsuchgeräte konnte Janssens die Punkte Bl 60, MP 9, Ma 36, Gb 33, Gb 34, Bl 1, Bl 22 und Bl 23 durchgehend konsistent lokalisieren, fand jedoch Inkonsistenzen bei den anderen Punkten [34]. Still [11] dagegen berichtet von einer 79%igen Korrelation zwischen LSR-Punkten und Akupunkturpunkten bei Hunden. Nichtsdestotrotz wird das Nummerierungssystem von den meisten Veterinärakupunkteuren in Nordamerika, Europa und Ozeanien akzeptiert (➤ Tab. 2.1).

Tab. 2.1 Die IVAS-Nomenklatur der Meridian-Abkürzungen

Meridian	Abkürzung
Lunge	Lu
Dickdarm	Di
Magen	Ma
Milz/Pankreas	MP
Herz	He
Dünndarm	Dü
Blase	Bl
Niere	Ni
Perikard (Herzbeutel)	Pe
Dreifacher Erwärmer	3E
Gallenblase	Gb
Leber	Le
Lenkergefäß	LG
Konzeptionsgefäß	KG

2.2 Anatomie und Histologie ausgewählter Akupunkturpunkte bei Rindern und Hunden

Monika Egerbacher

In der Forschung über das Phänomen der Akupunktur war der morphologische Hintergrund der Akupunkturpunkte immer Gegenstand des Interesses. Schon 1961 vermutete Kothbauer [35] bei Rindern einen Zusammenhang zwischen Akupunkturpunkten und Durchtrittsstellen sensibler Hautnerven durch die Faszie. Andere Studien konnten diese Hypothese bei menschlichem Gewebe verifizieren [19, 36]. In der Folge soll eine Arbeit [37] beschrieben werden, die durch anatomische und histologische Untersuchungen das Vorhandensein von Faszienperforationen an Akupunkturpunkten bei Rindern und Hunden nachwies.

2.2.1 Material und Methoden

Bei drei Kühen wurden nach den Akupunkturtafeln von Kothbauer sowie mittels eines Punktsuchgeräts (SVESA 1025) spezifische Akupunkturpunkte entlang des Blasen- und Gallenblasen-Meridians lokalisiert [24]. Nach der Schlachtung der Tiere wurden die Punkte dauerhaft markiert und die entsprechenden segmentalen Hautnerven seziert. Außerdem wurden auch bei einigen Hunden Hautnerven untersucht. Für eine lichtmikroskopische Untersuchung wurden relevante Gewebeproben von diesen Tieren, vier weiteren Kühen sowie zwei Hunden entnommen. Die Proben (Faszienstücke, 1,5 × 1,5 cm, mit perforierenden Nerven und Gefäßen) wurden durch Eintauchen in Alkohol-Formalin nach Schaffer fixiert und in Paraffin eingebettet. Anschließend wurden die Präparate mit Hämatoxylin und Eosin oder Azan konventionell eingefärbt.

2.2.2 Ergebnisse

Die makroskopische Untersuchung zeigte, dass 19 von 27 untersuchten Punkten auf dem Blasen-Meridian der Kühe deutlich anatomisch definierten Perforationsstellen entsprachen, an denen Nerven- und Gefäßbündel durch die Fascia thoracolumbalis treten (➤ Abb. 2.3). Dies konnte an den Punkten Bl 15 bis Bl 17, Bl 26 bis Bl 31 sowie entlang des Verlaufs des äußeren Blasenmeridians (Punkte Bl 43 bis Bl 47) festgestellt werden.

Die restlichen acht Akupunkturpunkte (Bl 18 bis Bl 25) sind Stellen, an denen die medialen Hautäste der Spinalnerven in die Dermis des Tierrückens eintreten (➤ Abb. 2.4). An diesen Punkten fanden sich keine faszialen Durchtrittsstellen. Diese Befunde traten gleichermaßen bei Rindern und Hunden auf.

Eine Perforation der oberflächlichen Faszie durch Gefäß-Nervenbündel wurde bei allen fünf untersuchten Akupunkturpunkten des Gallenblasen-Meridians nachgewiesen.

Die histologische Untersuchung der die Faszie perforierenden Nerven und Gefäße erwies eine spezifische Struktur des Bindegewebes. Die Nerven waren von konzentrisch angeordneten Lamellen aus kollagenen Fasern umgeben, wobei die Zwischenräume zwischen den Lamellen sowie zwischen Nerven und Gefäßen mit lockerem, Fettzellen und Kapillargefäße enthaltendem Bindegewebe ausgefüllt waren (➤ Abb. 2.5). Im Bereich des Fasziendurchtritts hingegen waren Nerven und Gefäße von einer Hülle aus relativ kompaktem Bindegewebe umgeben (➤ Abb. 2.6). Entspre-

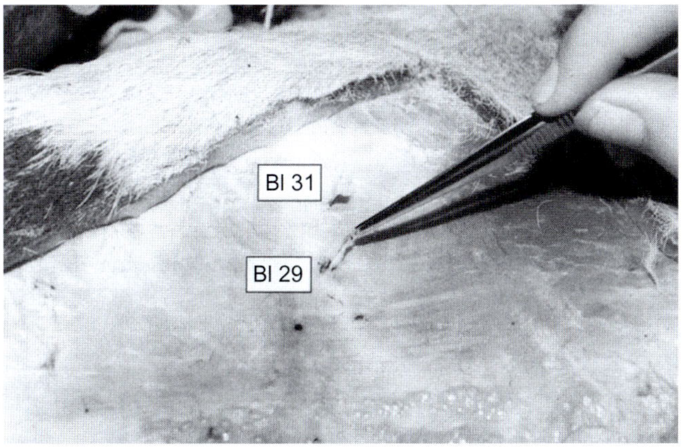

Abb. 2.3 Perforationen der Fascia thoracolumbalis durch Gefäß-Nervenbündel an den Akupunkturpunkten Bl 29 und Bl 31 bei der Kuh.

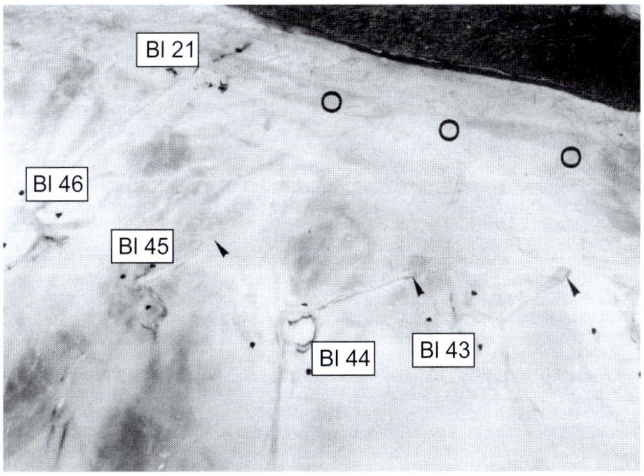

Abb. 2.4 Perforationen der Fascia thoracolumbalis durch Gefäß-Nervenbündel an den Akupunkturpunkten Bl 43, Bl 44, Bl 45 und Bl 46 bei der Kuh. Die Eintrittsstelle des Ramus cutaneus medialis (Th 12) entspricht dem Akupunkturpunkt Bl 21 (oben links). Die Akupunkturpunkte Bl 18, Bl 19 und Bl 20 sind mit Kreisen markiert (oben rechts). Die korrespondierenden Nerven (Th 9, Th 10, Th 11) wurden dicht an der Stelle der Faszienperforation durchtrennt (Pfeile).

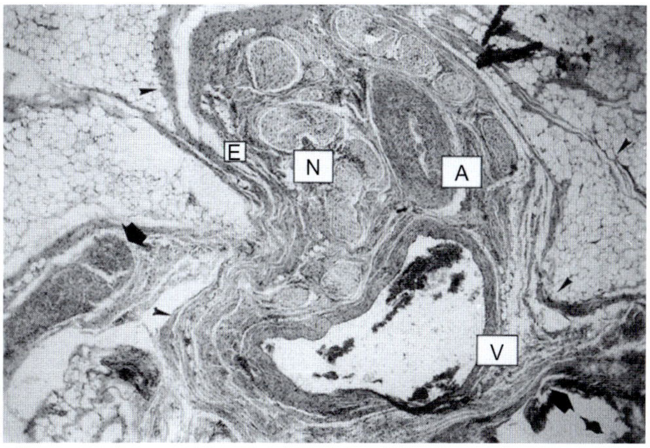

Abb. 2.5 Histologische Struktur der Gefäß-Nervenbündel, die an Akupunkturpunkten die Faszie perforieren; A = Arterie, E = Epineurium, N = Nerv, V = Vene.

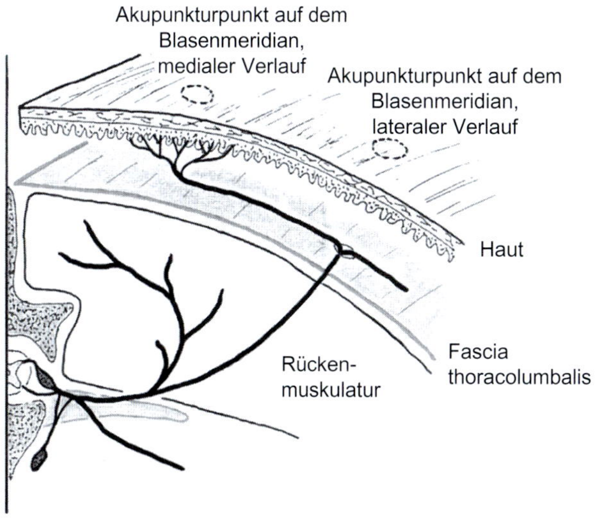

Abb. 2.6 Hautast eines Spinalnervs, der an einem Akupunkturpunkt des Blasen-Meridians in die Dermis eintritt.

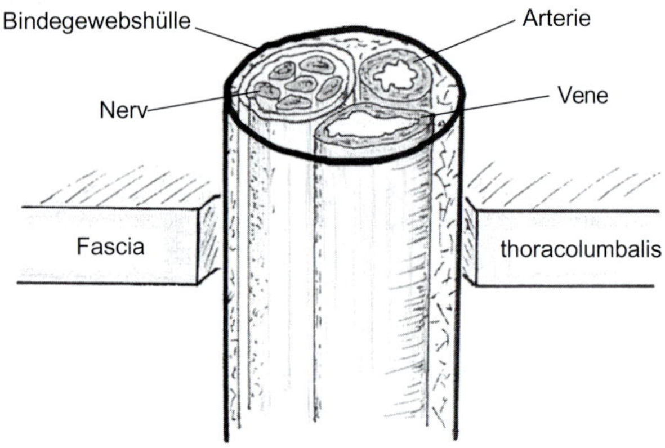

Abb. 2.7 Histologische Struktur eines die Faszie perforierenden Gefäß-Nervenbündels im Bereich eines Akupunkturpunkts. Schematische Darstellung der histologischen Struktur von ➤ Abb. 2.5.

chende Ergebnisse wurden auch bei den Gewebeproben von Hunden gefunden.

2.2.3 Diskussion der Ergebnisse

Unsere Ergebnisse bei Rindern und Hunden zeigen, dass Akupunkturpunkte zwei unterschiedliche Strukturen aufweisen können (➤ Abb. 2.6 und ➤ Abb. 2.7):

- Punkte an der Durchtrittsstelle von Nerven und Gefäßen durch die Faszie
- Punkte an Eintrittsstellen von Nerven in die Haut, medial zur Durchtrittsstelle durch die Faszie

Faszienperforationen an Akupunkturpunkten, wie in dieser Untersuchung beschrieben, bestätigen Resultate von Untersuchungen beim Menschen. Befunde wie bei Bl 18 bis Bl 25 sind bisher nicht beschrieben worden.

Diese Ergebnisse lassen vermuten, dass Gefäß-Nervenbündel einer gewissen Größe als morphologisches Substrat wie auch als Mittel des Informationstransfers von und zu Akupunkturpunkten dienen. Dies gilt unabhängig davon, ob ein Bündel die Faszie perforiert oder in die Haut eintritt. Bei der oberflächlichen Faszie handelt es sich nur um eine Struktur, die die Nerven- und Blutversorgung der Haut organisiert.

LITERATUR

1. Melzack R et al: Trigger points and acupuncture points for pain: correlation and implication, *Pain* 3:3–23, 1977.
2. Gunn CC: Acupuncture loci: a proposal for their classification according to their relationship to known neural structures, *Am J Chin Med* 4:183–195, 1976.
3. Liu YK et al: The correspondence between some motor points and acupuncture loci, *Am J Chin Med* 3:347–358, 1975.
4. Matusmoto T, Hayes MF: Acupuncture, electric phenomena of the skin, and postvagotomy gastrointestinal atony, Am J Surg 125:176–180, 1973.
5. Rabischong P et al: Bases experimentales de l'analgesie acupunctureale, *Nouv Presse Med* 28:2021–2026, 1975.
6. Monteiro-Riviere NA et al: Light microscopic morphology of low resistance skin points in the guinea pig, *Am J Chin Med* 9:155–163, 1981.
7. Croley TE, Carlson M: Histology of the acupuncture points, *Am J Acupunct* 19:247–253, 1991.
8. Brown M et al: Acupuncture loci: technique for location, *Am J Chin Med* 2:67–74, 1974.
9. Reichmanis M et al: Electric correlates of acupuncture points, *IEEE Trans Biomed Eng* 22:533–535, 1975.
10. Urano K, Ogasawara S: A fundamental study on acupuncture point phenomena of dog body, *Kitasato Arch Exp Med* 51:95–109, 1978.
11. Still J: Relationship between electrically active skin points and acupuncture meridian points in the dog, *Am J Acupunct* 16:55–71, 1988.
12. Becker RO et al: Electrophysiological correlates of acupuncture points and meridians, *Psychoenerget Sys* 1:105–112, 1976.
13. Ishikawa T: On the dermal electric points (in Japanese), *Kanazawa Juzen* 63:182, 1959.
14. Wooley-Heart A: A simple technique for measuring skin conductivity, *Med Biol Eng* 10:561–563, 1972.
15. Chiang CY et al: Peripheral afferent pathways for acupuncture analgesia, *Sci Sinica* 16:210–217, 1973.
16. Pomeranz B, Paley D: Electroacupuncture hypalgesia is mediated by afferent nerve impulses: an electrophysiological study in mice, *Exp Neurol* 66:398–402, 1979.
17. Lu GW: Characteristics of afferent nerve fiber innervation on point Zusanli, *Am J Physiol* 245:606–612, 1985.
18. Wang K, Liu J: Needling sensation receptor of an acupoint supplied by the median nerve: studies of their electrophysiological characteristics, *Am J Chin Med* 17:145–155, 1989.
19. Heine H: Anatomische Struktur der Akupunkturpunkte, *Dtsch Zschr Akup* 31:26–30, 1988.
20. Heine H: Akupunkturtherapie: Perforationen der oberflächlichen Körperfaszie durch kutane Gefäss-Nervenbündel, *Therapeutikon* 4:238–244, 1988.
21. Niboyet JEH: Les points d'acupuncture: notions electriques histologiques et leurs debouches en neurophysiologie, *Cahiers de Biotherapie* 67:5–9, 1980.
22. Omura Y et al: Imaging of the stomach, and localization of the stomach meridian and its acupuncture points in a human cadaver by the use of the indirect „bi-digital O-ring test imaging technique." *Acupunct Electrother Res* 13:153–164, 1988.
23. Hwang Y-C, Yu C: *Handbook on Chinese veterinary acupuncture and moxibustion,* Bangkok, 1990, UN Food and Agriculture Organization Regional Office.
24. Kothbauer O, Meng A: *Acupuncture chart of the cow,* Wels, Austria, 1983, Verlag Welsermühl.
25. Bossy J et al: Substratum macroscopique des points d'acupuncture, *Bull Assoc Anat* 49:357–362, 1975.
26. Plummer JP: Anatomical finding at acupuncture loci, *Am J Chin Med* 8:170–180, 1980.
27. Pan C, Zhao A: Sensations produced by needling different points. In Zhang X, ed: *Research on acupuncture, moxibustion, and acupuncture anesthesia,* New York, 1986, Springer-Verlag, pp 597–617.
28. Travell J, Rinzler SH: Myofascial genesis of pain, *Postgrad Med J* 11:425–434, 1952.
29. Kennard MA, Haugen FP: The relationship of subcutaneous focal sensitivity to referred pain of cardiac origin, *Anesthesiology* 16:297–311, 1955.
30. Melzack R: Acupuncture and related forms of folk medicine. In Wall PD, Melzack R, eds: *Textbook of pain,* Edinburgh, 1984, Churchill Livingstone, pp 691–700.
31. Gunn CC: Type IV acupuncture points, *Am J Acupunct* 5:51–52, 1977.
32. Dung HC: Anatomical features contributing to the formation of acupuncture points, *Am J Acupunct* 12:139–143, 1984.
33. Schwartz C: *Four paws five directions,* Berkeley, 1996, Celestial Arts, p 57.
34. Janssens LAA et al: Anatomical variability of some major acupuncture points in the dog, Personal communication, 1986.
35. Kothbauer O: Über die Druckpunktdiagnose und Neuraltherapie bei Tieren, *Wien tierärztl Mschr* 48:282–294, 1961.
36. Heine H: Zur Morphologie der Akupunkturpunkte, *Dtsch Zschr Akup* 30:75–79, 1987.
37. Egerbacher M: Anatomische und histologische Untersuchungen zur Morphologie ausgewählter Akupunkturpunkte bei Rind und Hund, doctoral dissertation, Vienna, 1991, Vet med University.

KAPITEL

3

Janet E. Steiss

Neurophysiologische Grundlagen der Akupunktur

Viele Kulturen haben Methoden entwickelt, um Schmerz mit Schmerz zu behandeln, wobei eine kurze schmerzhafte Stimulation eingesetzt wird, um starke chronische Schmerzen zu lindern [1]. Einige dieser Methoden waren wirksam genug, um tausende von Jahren zu überdauern.

Ziel dieses Kapitels ist es, einige Aspekte der Akupunktur innerhalb eines neurophysiologischen Modells peripherer Nervenstimulation neu zu definieren. Man geht davon aus, dass durch das Nadeln von Triggerpunkten und Akupunkturpunkten bzw. verwandte Techniken wie die transkutane elektrische Nervenstimulation (TENS) eine segmentale oder absteigende Schmerzhemmung ausgelöst wird.

Der überwiegende Teil der bisherigen Akupunkturforschung konzentriert sich auf die Schmerzkontrolle. Es wurden Untersuchungen an verschiedenen Labortieren, gesunden Menschen sowie Menschen und Tieren mit spontan aufgetretenen Krankheiten, in der Regel mit chronischen Schmerzen, durchgeführt. Dabei wurde eine Verbindung hergestellt zwischen dem System endogener opioider Peptide und den analgetischen Wirkungen der Elektroakupunktur [2]. Die experimentellen Ergebnisse zeigen, dass die Akupunkturanalgesie durchaus wirksamer ist als ein möglicher Placebo-Effekt [1, 3].

Heute gibt es überzeugende Modelle für die neurophysiologischen Mechanismen der Akupunktur. So lässt sich die Akupunktur auch auf wissenschaftlicher Basis als schmerzlindernde Methode in die konventionelle Medizin integrieren [4].

3.1 Schmerzleitung

3.1.1 Das periphere Nervensystem

Einteilung der Nervenfasern

Da nachgewiesen wurde, dass spezifische Nervenfasertypen innerhalb der peripheren Nerven die Wirkung der Akupunktur vermitteln, soll hier ein kurzer Überblick über die Terminologie gegeben werden. Es gibt zwei Klassifikationssysteme für Nervenfasern [5].

Die Klassifikation, die in der sensorischen Physiologie gebräuchlich ist, unterscheidet folgende Gruppen:

- **Gruppe Ia** (Fasern von annulospiralen Endigungen von Muskelspindeln)
- **Gruppe Ib** (Fasern von Golgi-Sehnenorganen)
- **Gruppe II** (Fasern von Berührungsrezeptoren der Haut und von sekundären Muskelspindelendigungen)
- **Gruppe III** (Fasern, die Temperatur, grobe Berührungsreize und stechende Schmerzen weiterleiten)
- **Gruppe IV** (nicht myelinisierte Fasern, die dumpfe und brennende Schmerzen, Juckreiz, Temperatur und grobe Berührungsreize weiterleiten)

Das allgemeine Klassifikationssystem umfasst sowohl sensorische wie auch motorische Nervenfasern:

- **A-alpha** (entspricht Gruppe I a und I b, größter Durchmesser, schnellste Leitfähigkeit)
- **A-beta** und **A-gamma** (entspricht Gruppe II)
- **A-delta** (entspricht Gruppe III, kleiner Durchmesser, dünn myelinisiert)
- **C** (entspricht Gruppe IV, nicht myelinisiert, langsamste Leitfähigkeit)

Schmerzrezeptoren

Alle Schmerzrezeptoren (Nozizeptoren) sind freie Nervenendigungen, die auf mechanische, thermische und chemische Stimuli im Zusammenhang mit drohender oder tatsächlicher Gewebeschädigung reagieren. Nozizeptoren reagieren auch auf endogene Substanzen wie Bradykinin, Serotonin (5-Hydroxytryptamin, 5-HT), Histamine, Kaliumionen, Acetylcholin und proteolytische Enzyme, die bei Gewebeschädigungen freigesetzt werden [5]. Prostaglandine und vermutlich auch Stickstoffmonoxid erhöhen die Sensibilität dieser Nervenenden [5, 6]. Einige freie Nervenendigungen sind polymodale Nozizeptoren. Diese liegen vorwiegend in den tieferen Schichten der Dermis und der meisten Gewebe im Körper. Polymodale Nozizeptoren reagieren auf schädliche Level mechanischer, thermischer und chemischer Stimulation.

Nozizeptoren sind mit afferenten Nervenfasern der Gruppe A-delta und C von kleinem Durchmesser assoziiert, die Nervenimpulse mit Geschwindigkeiten von 6 bis 30 m/Sek. bzw. 0,5 bis 2 m/Sek. zum Rückenmark leiten [5]. Hautnerven enthalten mehr als viermal so viele A-delta und C-Fasern wie dickere A-beta-Fasern [7]. Unterarten dieser afferenten Neuronen sind auch an der antidromen Vasodilatation, an neurogenen Entzündungen und am Axonreflex beteiligt.

3.1.2 Das Zentralnervensystem

Um die Theorien der Akupunkturanalgesie zu verstehen, benötigt man gewisse Kenntnisse der Schmerzleitung im Zentralnervensystem (ZNS). Der Weg der Schmerzverarbeitung lässt sich folgendermaßen zusammenfassen [5, 8, 9]:

- Somatosensorische Informationen aus dem Körper werden im Hinterhorn des Rückenmarks verarbeitet, solche aus dem Kopf im Nucleus spinalis des N. trigeminus. Nach einer Verletzung leiten die nozizeptiven A-delta- und C-Fasern innerhalb der peripheren Nerven den Schmerzreiz durch die dorsalen Wurzeln ins Rückenmark und ein bis drei Segmente im Tractus dorsolateralis (Lissauer-Randbündel, Hinterseitenstrang) hinauf oder hinab.

- Im Hinterhorn des Rückenmarks werden die sensorischen Neurone auf inhibitorische oder exzitatorische Interneurone verschaltet. Die graue Substanz des Hinterhorns ist in zehn Laminae unterteilt, die als Rexed-Laminae bezeichnet werden (➤ Abb. 3.1) [9].
- A-delta-Fasern leiten vornehmlich mechanisch und thermisch verursachten Schmerz und enden vorwiegend in Lamina I des Hinterhorns. Sie aktivieren dort Neuronen des Tractus spinothalamicus. Diese Neuronen besitzen lange Fortsätze, die sofort zur Gegenseite kreuzen und in der Vorderseitenstrangbahn zum Gehirn aufsteigen. Die meisten Axone enden im lateralen Thalamus. Von dort werden die Signale zu anderen Gebieten des Basalhirns und zum somatosensorischen Kortex geleitet.
- Im Gegensatz dazu leiten C-Fasern die Schmerzinformation in die Laminae II und III des Hinterhorns, die auch als Substantia gelatinosa bezeichnet werden. Diese ist vor allem für die Gate-Control-Theorie von Bedeutung. Die Signale werden über ein oder mehrere zwischengeschaltete, kurzfasrige Neuronen innerhalb des Hinterhorns geleitet und treten dann vorwiegend in Lamina V des Hinterhorns ein.
- Neuronen dieser Region haben lange Fortsätze, die sich mit Fasern aus dem schneller leitenden A-delta-Pfad verbinden. Einige dieser Fasern führen ipsilateral weiter zum Gehirn und enden größtenteils im Hirnstamm: weniger als die Hälfte erreicht den Thalamus, stattdessen enden die meisten Fasern in der Formatio reticularis von Medulla und Pons, im Tectum mesencephali und im periaquäduktalem Grau (PAG), das den Aquaeductus cerebri (Sylvii) umgibt.
- Aus der Formatio reticularis leiten kurzfasrigen Neuronen die Schmerzsignale an Thalamus, Hypothalamus und andere Bereiche des Basalhirns weiter. Die Schmerzlokalisation innerhalb dieses Systems ist nicht besonders gut.

Vermutlich können Schmerzimpulse, die in der Formatio reticularis, im Thalamus und in anderen basalen Zentren ankommen, bereits eine Schmerzwahrnehmung auslösen. Dezerebrierte Tiere, bei denen alle Gehirnteile oberhalb des Mittelhirns entfernt wurden, zeigen bei schmerzhafter Stimulation immer noch Schmerzreaktionen. Die Hirnrinde spielt vermutlich eher eine Rolle bei der Interpretation der Schmerzqualität, während die Schmerzwahrnehmung wohl eine Funktion unterer Zentren ist [5].

Das hier beschriebene System bezieht sich vorwiegend auf Primaten. Der Tractus spinothalamicus lateralis ist bei Primaten ausgeprägter als bei Haustieren [10]. Zwei Hauptunterschiede existieren bei der spinothalamokortikalen Bahn des Menschen im Vergleich zu Haustieren. Erstens ist die Verteilung der schmerzleitenden Fasern im Rückgrat von Haustieren diffus und bilateral. Bei Primaten verlaufen die Projektionsneuronen im kontralateralen Tractus spinothalamicus. Viele andere Arten weisen dagegen einen diffusen, bilateralen, multisynaptischen Schmerzleitungspfad auf [9, 10]. Beim Menschen sind lediglich die Fasern des viszeralen Schmerzes bilateral angelegt. Zweitens besteht das spinothalamische System bei Haustieren aus kürzeren Neuronen.

Weitere Informationen über die Schmerzleitungsbahnen sind bei Wall und Melzack [1] sowie Jenkins [9] zu finden.

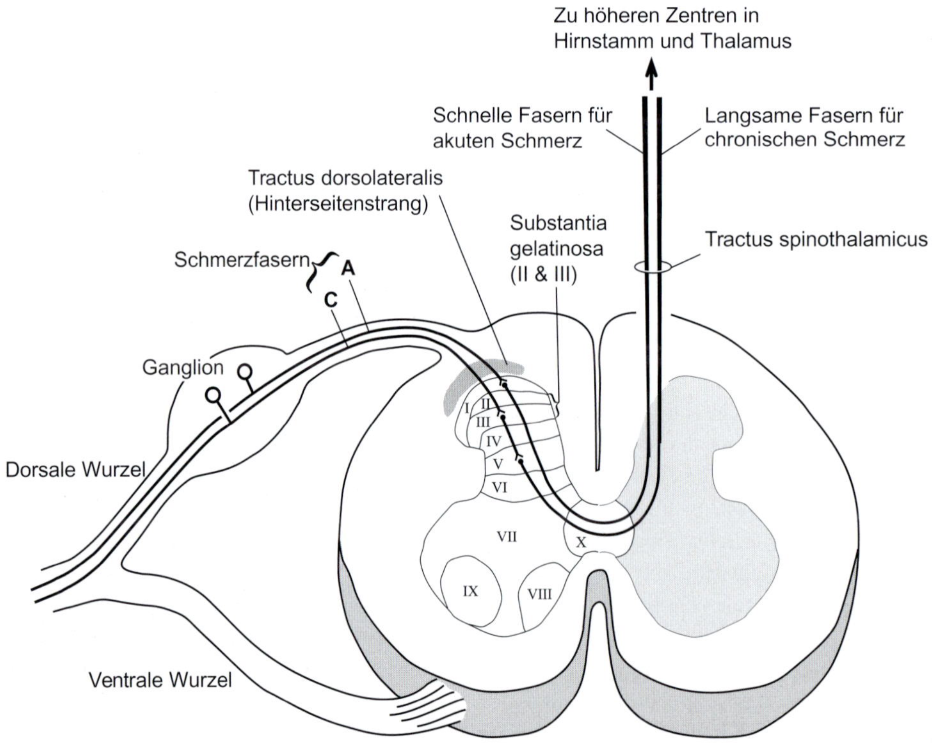

Abb. 3.1 Schmerzleitung im Rückenmark.

Schmerz ist jedoch viel komplexer als eben beschrieben. Es lassen sich verschiedene Schmerzarten unterscheiden:

- **Nozizeptiver Schmerz**: tritt bei intaktem Nervensystem auf. Er entsteht, indem schädliche Stimuli exzitatorische oder inhibitorische synaptische Reaktionen hervorrufen und zu endogener Schmerzmodulation führen.
- **Neuropathischer Schmerz**: tritt bei einer pathologischen Störung in irgendeinem Bereich des Nervensystems auf. Durch die Störung kommt es zu einer Modifikation der Reaktionen, wobei bereits nicht-schädliche sensorische Informationen Schmerz verursachen.
- **Idiopathischer Schmerz**: tritt auf, wenn die Schmerzverteilung oder -intensität nicht in Begriffen der Neuroanatomie oder Pathologie erklärt werden kann.
- **Psychogener Schmerz** [4]

3.1.3 Endogene Schmerzhemmung

Alle Ebenen des ZNS sind an der Schmerzmodulation beteiligt, doch die Rolle von Hirnstamm (insbesondere des periaquaeductalen Graus im Mittelhirn und des Nucleus raphe magnus in der Medulla oblongata) und Rückenmark ist am besten erforscht (➤ Abb. 3.2)[11, 12].

Frühe Ergebnisse bei Labortieren zeigten, dass elektrische Stimulation oder Mikroinjektion von Opiaten an spezifischen Stellen des Hirnstamms zu Analgesie führte, ohne die Reaktion auf niedrigschwellige Stimulation zu verändern. Spätere Experimente führten zur Entdeckung eines vom Hirnstamm zum Rückenmark absteigenden, schmerzhemmenden Systems, das die Impulse der nozizeptiven Afferenzen kontrollieren kann. Berichte über eine absteigende Hemmung viszeraler Schmerzimpulse kamen zu ähnlichen Schlussfolgerungen [13].

Das endogene schmerzhemmende System besteht hauptsächlich aus drei Komponenten [5]:

- Periaquaeductales Grau (PAG)
- Nucleus raphe magnus (NRM)
- Inhibitorische Areale im Hinterhorn des Rückenmarks

Das PAG sendet Axone zum Nucleus raphe magnus, von dem wiederum Fasern zu den inhibitorischen Arealen des Hinterhorns laufen. Dort können Schmerzen blockiert werden, bevor sie dem Gehirn übermittelt werden.

Was die Neurotransmitter betrifft, so sind vermutlich endorphinerge, noradrenerge und serotoninerge Mechanismen wirksam. Zahlreiche Nervenfasern aus dem Nucleus paraventricularis des Hypothalamus und des PAG sezernieren Enkephalin, das an ihren Synapsen im NRM freigesetzt wird. Fasern, die vom NRM ausgehen und im Hinterhorn des Rückenmarks enden, setzen Serotonin frei. Dies wirkt dann auf lokale Interneuronen, die Enkephaline freisetzen. So kommt es zu einer **präsynaptischen Hemmung** von A-delta- und C-Faserenden an den Synapsen im Hinterhorn.

Diese präsynaptische Hemmung ist vermutlich auf eine Blockade der Kalziumkanäle in den Membranen der sensorischen Nervenendigungen zurückzuführen. Kalziumionen werden für die Freisetzung von Neurotransmittern an der Synapse benötigt. Die Blockade scheint längerfristig anzuhalten [5].

Endorphinerge Zellen bilden auch direkte Synapsen mit den Neuronen des Tractus spinothalamicus (TST). TST-Zellen werden so durch **postsynaptische Hemmung** ausgeschaltet [3]. Jeder der beiden geschilderten Mechanismen führt zu einer Schmerzunterdrückung.

Hirnstamm

Innerhalb des Hirnstamms spielen **PAG** und **Raphe**-Kerne (Nucleus raphe magnus, Nucleus reticularis gigantocellularis, Nucleus reticularis magnocellularis und Nucleus raphe dorsalis) Schlüsselrollen in der Schmerzmodulation [10–12]. Die Fasern des Tractus spinothalamicus, die nozizeptive Informationen nach oben leiten, geben Ausläufer ab, die PAG-Neuronen aktivieren. Diese PAG-Zellen setzen Enkephalin frei, was schließlich zu einer Aktivierung des NRM führt. Fortsätze von Zellen in den Raphe-Kernen laufen im Tractus dorsolateralis nach unten und enden auf segmentalen Ebenen des Rückenmarks. An diesen Synapsen wird innerhalb des Rückenmarks Serotonin freigesetzt. Ausläufer des Nucleus reticu-

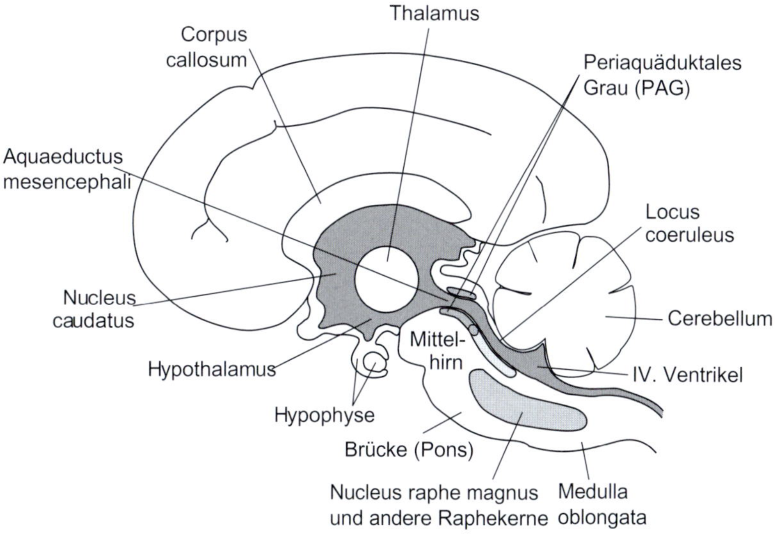

Abb. 3.2 Hirnareale, die an der Schmerzverarbeitung und/oder Schmerzhemmung durch Akupunktur beteiligt sind.

3

laris paragigantocellularis können Noradrenalin (NA) freisetzen. Im Rückenmark können Serotonin und NA synergistisch zusammenwirken und die Schmerzleitung blockieren [3].

Wahrscheinlich spielen sowohl PAG als auch Nucleus raphe dorsalis eine Rolle bei der Schmerzmodulation, doch das PAG wirkt vermutlich mehr bei der absteigenden Schmerzhemmung mit, der Nucleus raphe dorsalis dagegen sowohl bei der absteigenden wie auch bei der aufsteigenden Hemmung [10]. Mikroinjektion von Morphin oder elektrische Stimulation des PAG unterdrücken nozizeptive Verhaltensreaktionen bei Labortieren und hemmen die neuronalen Reaktionen auf schädliche Stimuli im Rückenmark [10].

Eine Karte der Hautbereiche, die durch elektrische Stimulation bestimmter Punkte des PAG betäubt werden, wurde erstellt; sie zeigt eine somatotopische Organisation, wobei das Gesicht dorsal repräsentiert ist, weiter kaudal liegende Körperteile ventral [14]. Bestimmte Körperbereiche werden auf kleine, umschriebene Bereiche des PAG projiziert. Diese Bereiche können wiederum Schmerzsignale aus bestimmten Körperteilen inhibieren. Diese Zusammenhänge könnten erklären, warum intensive Stimulation an einer Körperstelle zu Analgesie in demselben oder in entfernten Segmenten führen kann. Zellen in benachbarten Bereichen des PAG projizieren nach kranial und die Wirkungen lokalisierter Hirnstimulation können auch durch Strukturen im Vorderhirn ausgelöst werden [1].

Zwischenhirn

Im Dienzephalon ist das **periventrikuläre Grau** die kraniale Fortsetzung des PAG; hier konnten beim Menschen Elektroden zur Schmerzlinderung implantiert werden [10]. Andere an der Schmerzhemmung beteiligte Bereiche sind **bestimmte Thalamuskerne**, Nucleus paraventricularis im Hypothalamus, Nuclei habenulares und die prätektale Region. Innerhalb des **Hypothalamus** konnte durch Stimulation verschiedener Bereiche eine Analgesie erreicht werden, so z. B. durch Stimulation im lateralen und posterioren Hypothalamusbereich, im Nucleus dorsomedialis und ventromedialis, im Nucleus arcuatus und in der medialen Regio praeoptica [10]. Der laterale Hypothalamus scheint an der Schmerzwahrnehmung und Schmerzmodulation beteiligt zu sein, er hat absteigende Projektionen zum PAG und zur ventromedialen Medulla oblongata [10]. Bei der Schmerzintegration und -wahrnehmung auf der Ebene des Thalamus ist möglicherweise auch ein Opiatmechanismus beteiligt.

Endhirn

Der **präfrontale Kortex** ist die oberste Gehirnstruktur, die an der Antinozizeption beteiligt ist. Er empfängt reziproke Informationen aus dem PAG. Die antinozizeptiven Wirkungen bei Stimulation des präfrontalen Kortex werden vermutlich teilweise über diese Verbindung vermittelt. Da der präfrontale Kortex an limbischen wie auch viszeralen Funktionen beteiligt ist, stellt er möglicherweise die Verbindung zwischen verhaltensgesteuerten und autonomen Schmerzkomponenten her [10].

Ein weiterer an der Antinozizeption beteiligter Bereich des Vorderhirns ist die **Area septalis**. Durch elektrische Stimulation dieses Bereichs wird Analgesie hervorgerufen. Die Area septalis projiziert ebenfalls auf das PAG; Teile ihrer analgetischen Wirkung sind also möglicherweise auf Bahnen, die vom PAG ausgehen, zurückzuführen [10].

Auch **Nucleus caudatus** und **Corpus amygdaloideum** scheinen an der Antinozizeption beteiligt. Der Nucleus caudatus ist Teil des extrapyramidalen Systems. Seine Stimulation erhöht die Schmerzschwelle, vermindert die Schmerzreaktionen bei Labortieren und lindert unbehandelbaren Schmerz beim Menschen [10]. Der Nucleus caudatus besitzt keine signifikanten direkten Projektionen zu Hirnstammbereichen, die in die Schmerzhemmung involviert sind, hemmt aber möglicherweise nozizeptive Informationen innerhalb des Thalamus [10]. Es wird auch berichtet, dass seine Stimulation nozizeptive Neuronen im Rückenmark hemmt. Das Corpus amygdaloideum ist an den antinozizeptiven Wirkungen von Opioiden beteiligt. Es projiziert direkt auf das PAG. Eine weitergehende Diskussion der an der Schmerzhemmung beteiligten ZNS-Bereiche findet sich in den Literaturhinweisen [10] und [15].

Weitere Mechanismen zur Aktivierung der endogenen Schmerzhemmung

Es gibt weitere Prozesse, die wohl ebenfalls das endogene Schmerzhemmungssystem aktivieren und untereinander sowie mit der Akupunktur Gemeinsamkeiten aufweisen. Sie werden als **„diffuse noxious inhibitory control"** (DNIC), **Hyperstimulationsanalgesie** und **Stressanalgesie** bezeichnet:

- Die **DNIC** löst vermutlich ebenfalls Aktivitäten in den absteigenden Leitungsbahnen aus, die im NRM entspringen [2]. Dabei sind vermutlich Hirnstammstrukturen, spinoretikuläre Fasern, Endorphine und Serotonin beteiligt. Die Schmerzhemmung korreliert direkt mit der Stimulationsintensität und hält auch nach Ende der Stimulation noch an [2]. Die DNIC kommt vermutlich durch sehr starke Reize zustande, die eine große Zahl von A-delta- und C-Fasern überstimulieren. Sie ist nicht somatotopisch organisiert und wird von einem schädlichen Stimulus an einem beliebigen Körperteil ausgelöst [16]. Vagale Stimulation führt ebenfalls zu stark hemmenden Wirkungen auf Verhalten und Reaktion der spinalen Neuronen [1, 17]. Akupunkturanästhesie und starke Elektroakupunkturbehandlung lösen vermutlich Teile dieses Mechanismus aus [2, 3].
- **Hyperstimulationsanalgesie** wird folgendermaßen beschrieben:
  1. Moderate bis intensive sensorische Stimuli, die als schädlich bezeichnet werden könnten, können einen vorbestehenden Schmerzzustand lindern.
  2. Die Schmerzlinderung wird aktiviert, wenn der Stimulus an der Schmerzstelle oder an einer entfernten Stelle einwirkt.
  3. Eine kurze Stimulationsdauer (Sekunden bis zu 30 Minuten) kann Schmerzen für längere Zeit oder sogar dauerhaft lindern [4].

Hopwood, Lavesey und Mokone vergleichen dieses Phänomen mit der Terminologie der „Kontrairritation" von Melzack und Wall [4]. Der schädliche Stimulus aktiviert vermutlich Bereiche des Hirnstamms, die eine absteigende Hemmung auslösen.

- **Stressanalgesie** ist ein gut dokumentiertes Phänomen, das mindestens teilweise von β-Endorphinen der Hypophyse vermittelt wird [2, 3]. Pomeranz warnt, dass starke Stimulation an echten oder Pseudo-Akupunkturpunkten zu Stressanalgesie führen könnte. Daher ist es wichtig, bei wachen Labortieren nur leichte Stimulation einzusetzen, um eine Stressinduktion zu vermeiden [18].

3.1.4 Die „Gate-Control"-Theorie

Die erste Beschreibung eines spinalen Kontrollsystems zur Verarbeitung nozizeptiver Informationen von Melzack und Wall postulierte, dass somatische Stimulation zu einer Schmerzhemmung führen kann [19]. Die Gate-Control-Theorie machte bewusst, dass die Reaktion auf sensorische Informationen nicht festgeschrieben ist, sondern ganz unterschiedlich ausfallen kann [20]. Verschiedene Arten von afferenten Fasern können das Gleichgewicht zwischen Erregung und Hemmung im Hinterhorn des Rückenmarks beeinflussen. Die Theorie hatte großen Einfluss auf das Interesse an Elektroakupunktur, das dadurch neu angeregt wurde, so dass in den 1970er Jahren die ersten klinischen Berichte über die Anwendung transkutaner elektrischer Nervenstimulation (TENS) zur Schmerzlinderung erschienen.

Grundlage der Gate-Control-Theorie ist, dass **rasch leitende afferente Fasern** mit großem Durchmesser, die nicht-schmerzhafte Druck-, Berührungs- und Vibrationsempfindungen an die Substantia gelatinosa leiten, mit **inhibitorischen Interneuronen** Synapsen bilden. Wird über diese schnellen Fasern ein Impuls auf die inhibitorischen Interneurone weitergeleitet, so wird das „Tor" für aufsteigende Schmerzreize geschlossen, bevor Impulse von langsam leitenden nozizeptiven Fasern eintreffen. Dadurch wird verhindert, dass die Schmerzimpulse höhere Gehirnzentren erreichen und bewusst wahrgenommen werden. Diese Art von „Ausschluss" würde außerdem zu einer regionalen Analgesie führen, da sensorische Afferenzen kranial und kaudal bereits einige Rückenmarksegmente vor dem Eintritt in die graue Substanz des Hinterhorns verschaltet werden.

Spätere Untersuchungen konnten keine schmerzhemmende Wirkung durch selektive Stimulation von A-beta-Fasern nachweisen. Es ist wahrscheinlicher, dass das Kontrollschrankensystem durch A-delta-Fasern verschlossen wird. Auch wenn die Gate-Control-Theorie vermutlich für einige Akupunkturwirkungen verantwortlich ist, kann sie nicht das verzögerte Einsetzen der Analgesie erklären. Kritiker der Theorie führen an, dass sie schmerzhafte Zustände, bei denen vorwiegend afferente Fasern mit kleinem Durchmesser zerstört wurden, nicht erklären kann und die Rolle höherer Zentren in der Schmerzwahrnehmung nicht berücksichtigt [21]. 1968 modifizierten Melzack und Casey die Gate-Control-Theorie dahingehend, dass sie die Aktivierung höherer Zentren berücksichtigt [22]. Sie stellten die Theorie auf, dass möglicherweise ein zentraler Kontrolltrigger, der von Reizen in höheren Zentren aktiviert wird, die Aktivität im Hinterhorn über absteigende Systeme modulieren könnte. Damit würde also ein Mechanismus für die Schmerzkontrolle durch Meditation oder Entspannung vorliegen.

Auch wenn die Details der ursprünglichen Gate-Control-Theorie nicht belegt werden konnten, so gibt es doch Interaktionen zwischen schädlichen und nicht schädlichen afferenten Impulsen auf die Rückenmarksneuronen. Die äußere Zone von Lamina II empfängt Reize von C-Fasern, die mit thermischen Nozizeptoren verbunden sind, die innere Zone empfängt Reize von niedrigschwelligen A-delta-Mechanorezeptoren. Auch andere C- und A-delta-Fasern bilden in Lamina II Synapsen. Nozizeptive Reize erreichen auch Zellen in anderen Schichten des Hinterhorns (➤ Abb. 3.1). Eine Zellgruppe, die als „multikonvergente Zellen" bezeichnet wird, empfängt gleichzeitig Reize aus niedrigschwelligen und auch aus nozizeptiven Afferenzen. Diese Neuronen können durch schmerzhafte Stimuli in weiten Bereichen des Körpers sowie durch taktile Stimuli in Teilen dieser Bereiche aktiviert werden. Experimente haben gezeigt, dass das rezeptive Feld in der Größe variabel ist und auch die Inputmodalitäten sich verändern können, was zu einer Modulation der synaptischen Übertragung durch inhibitorische und exzitatorische Impulse führt.

3.2 Periphere Mechanismen der Akupunktur

Alles spricht dafür, dass die Akupunktur das endogene Schmerzhemmungssystem aktiviert, wodurch die Verarbeitung nozizeptiver Informationen auf verschiedenen Ebenen des ZNS verändert wird. Vom stimulierten Akupunkturpunkt gehen afferente Nervenimpulse zum Rückenmark und folgen ähnlichen Bahnen wie die Schmerzimpulse [23]. Die Bedeutung der afferenten Nervenfasern für Hypalgesie/Analgesie wurde durch die Beobachtung belegt, dass die Stimulation eines Akupunkturpunktes nicht zu einer Analgesie führt, wenn dieser vorab durch Injektion eines Lokalanästhetikums wie Procain betäubt wurde [3]. Außerdem führt auch Akupunktur auf den gelähmten Gliedmaßen von Patienten mit einer Paraplegie oder Hemiplegie nicht zu einer Analgesie.

Dabei sollte im Auge behalten werden, dass die meisten experimentellen Studien zur Elektroakupunktur-Analgesie sich mit akuten, experimentell verursachten Schmerzen beschäftigen. Eine Übertragung dieser Ergebnisse auf chronische Muskel- und Skelettschmerzen oder andere spontan auftretende Störungen ist rein spekulativer Natur [2]. Die Reaktion auf eine Akupunktur-Stimulation hängt vermutlich vom aktuellen Zustand des Schmerz modulierenden Netzwerks ab sowie von den Veränderungen dieses Netzwerks, die durch solch eine Stimulation ausgelöst werden [4].

Histologie der Akupunkturpunkte

Es lassen sich keine einzigartigen, besonderen Strukturen an Akupunkturpunkten finden. Viele Akupunkturpunkte liegen in Vertiefungen zwischen zwei Muskelbäuchen [2]. An Akupunkturpunkten liegt eine relativ hohe Dichte von freien Nervenendigungen, Nervenbündeln und -geflechten, Mastzellen, Lymphgefäßen, Kapillaren und Venen vor [24]. Gunn et al. untersuchten 70 Akupunkturpunkte und teilten sie nach ihrer Beziehung zu folgenden bekannten neuralen Strukturen ein: Motorpunkte der Muskeln, Nervenkreuzungen in der sagittalen Ebene, Nervenplexus oder oberflächliche Hautnerven [25]. Das wichtigste histologische Kor-

3

relat der Akupunkturpunkte stellen demnach **nervale Strukturen** dar, ob es sich nun um große periphere Gefäß-Nervenbündel handelt, Durchtrittsstellen von Gefäß-Nervenbündeln durch die oberflächlichen Faszien, Nerven, die aus der Tiefe kommend an die Oberfläche treten, Hautnerven, die aus den tieferen Faszien auftauchen, Nerven, die aus Knochenforamina austreten, Motorpunkte oder Aufzweigungen peripherer Nerven [3]. Pomeranz vermutet, dass Akupunkturpunkte häufig Stellen mit Typ-II- und -III-Nervenfasern entsprechen [3].

Andere Studien konzentrieren sich auf die **Bindegewebskomponenten** von Akupunkturpunkten, Lymphgefäße, Blutgefäße oder die Gesamtverteilung von Lymphgefäßen, Arteriolen und Venen [2]. Einige Autoren beschreiben dünnwandige, vaskuläre Strukturen, die in geschlossenen Schlingen organisiert und von einem Netzwerk nicht-myelinisierter, cholinerger Nervenfasern, die zum autonomen Nervensystem (ANS) zählen, und myelinisierter Nervenfasern umgeben sind [26]. Mit Hilfe der Elektronenmikroskopie wurden hohe Konzentrationen von Mikrovesikeln und perineuralen Zellen an der Kontaktzone zwischen sympathischen Nervenendigungen und großen Blutgefäßen nachgewiesen [27].

Auch die Rolle einer Gruppe von metabolischen Rezeptoren in der Skelettmuskulatur, die durch starke Muskelkontraktionen aktiviert werden und als **Ergorezeptoren** bezeichnet werden, wurde untersucht. Es gibt Hinweise darauf, dass Ergorezeptoren für die Schmerzlinderung durch niedrigfrequente Elektroakupunktur verantwortlich sind. Körperliche Bewegung mit repetitiven Muskelkontraktionen kann diese Rezeptoren eventuell auf ähnliche Weise aktivieren wie die Elektroakupunktur. Nach Akupunktur ebenso wie nach Muskeltraining ist die β-Endorphin-Konzentration im Gehirn von Tieren erhöht [4].

Neben der Korrelation mit **Triggerpunkten** (➤ Kap. 15) entsprechen viele Akupunkturpunkte auch **Motorpunkten**. Dabei handelt es sich um Eintrittspunkte motorischer Nerven in den Muskel. Motorpunkte besitzen einige Ähnlichkeiten mit Akupunkturpunkten, so haben sie zum Beispiel einen niedrigen Hautwiderstand [4] und lösen beim Palpieren oder Nadeln ein dumpfes Schmerzgefühl aus [2]. Sie gelten als optimale Ansatzstellen für die Applikation von Elektroden zur elektrischen Stimulation von Muskeln sowie für die akupunkturähnliche TENS, wenn Muskelkontraktionen erwünscht sind.

De-Qi-Gefühl

Die Stimulation von Akupunkturpunkten führt zu einem Gefühl, das die Chinesen als *De Qi* bezeichnen. Patienten berichten von einem Gefühl von Schwere, Spannung, Zuckung, Empfindlichkeit, Wärme, Taubheit und manchmal auch Schmerz. Akupunkteure spüren die lokale Muskelkontraktion als „Greifen" der Muskulatur nach der Nadel.

Über die Ursache von *De Qi* wurde vielfach spekuliert [28–30]. Voraussetzung für das Gefühl ist ein intaktes somatisches Nervensystem. Lokalanästhetika, die tief intramuskulär in das Gewebe unter dem Akupunkturpunkt injiziert werden, löschen das Gefühl aus und verhindern die Akupunkturanalgesie. Dies gilt jedoch nicht für subkutane Injektionen. Die analgetische Wirkung der Akupunktur korreliert mit der Intensität des *De-Qi*-Gefühls, wobei praxiserfahrene Therapeuten betonen, wie wichtig es ist, eine starke Muskelkontraktion auszulösen, um die Nadelsensation und Analgesie zu optimieren. Aus einer Analyse der vorhandenen Literatur schloss Pomeranz, dass afferente Fasern vom Typ II und III zu einem *De-Qi*-Gefühl führen und dass Akupunkturkarten wichtig sind für die Lokalisierung der Stellen, an denen *De Qi* optimal erzielt werden kann, also der Stellen mit vielen Typ-II- und Typ-III-Muskelafferenzen [3]. Andere Autoren verweisen auf Kombinationen von Typ-III-, Typ-IV- oder Typ-II-Nervenfasern [4, 23, 31].

Einige Autoren behaupten, dass die Nadelsensation an anderen als den traditionellen Akupunkturpunkten zu erzielen ist, andere bestehen darauf, dass *De Qi* nicht an Placebo-Akupunkturpunkten auftritt [4, 28]. Es gibt Berichte, dass Nadeln auf Nicht-Akupunkturpunkten bei Versuchspersonen ein ebenso starkes *De Qi* auslöst wie auf echten Akupunkturpunkten [32]. *Ma* spekuliert, dass die Nadelsensation auf den Einstich und die Manipulation bei der Akupunktur zurückzuführen ist, da die Manipulation mechanisch Ionenkanäle stimuliert, die durch Zug aktiviert werden [33]. Er wies darauf hin, dass Ergebnisse von Patch-clamp-Untersuchungen mit Saugwirkung diese Theorie unterstützen.

Elektrische Eigenschaften der Akupunkturpunkte

Es ist bemerkenswert, dass viele klassische Akupunkturpunkte objektiv im Vergleich zur umgebenden Haut einen niedrigeren Hautwiderstand aufweisen. Normale trockene menschliche Haut hat einen Widerstand in der Größenordnung von 200 000 bis 2 000 000 Ohm, der an Akupunkturpunkten auf etwa 50 000 Ohm reduziert ist [3]. Der tatsächliche Wert variiert je nach Versuchsperson und anatomischem Bereich. Schwitzen führt zwar ebenfalls zu einer Absenkung des Hautwiderstands, scheint jedoch nicht für die Veränderung verantwortlich zu sein [3]. Das Ohrläppchen enthält praktisch keine Schweißdrüsen, doch lassen sich auch dort Unterschiede im Hautwiderstand nachweisen [3]. Diese elektrischen Phänomene sind die Grundlage von Punktsuchgeräten, die den Hautwiderstand messen, sowie für bestimmte Therapieverfahren wie die japanische Elektroakupunktur nach Ryodoraku und die deutsche Methode nach Voll.

Echte und Placebo-Akupunkturpunkte

Zahlreiche Untersuchungen über akuten Schmerz bei Tieren und Menschen zeigen, dass die Akupunkturanalgesie beim Nadeln echter Akupunkturpunkte stärker ist als beim Nadeln von Placebopunkten [3]. Die Punktspezifität bei der Behandlung von chronischen Schmerzen ist jedoch noch nicht ausgiebig untersucht [3]. Pomeranz vermutet, dass der Placeboeffekt bei chronischem Schmerz recht hoch ist und bei 30–35 % liegt, wenn man die Reaktionsrate von 33–50 % beim Nadeln von Placebopunkten und 55–85 % beim Nadeln echter Punkte vergleicht [3]. Andere Autoren stimmen zu, dass Akupunktur zu signifikant stärkerer Analgesie führt als Placebo und dass eine Stimulation in der Nähe der Schmerzstelle wirksamer ist als eine Stimulation an entfernten Stellen [28, 34].

Es gibt kontroverse Meinungen dazu, ob Akupunkturpunkte für Analgesie so zielspezifisch sind, wie es in der TCM gelehrt wird [3]. Eine beeindruckende Zahl von Untersuchungen zeigt, dass die

Akupunkturstimulation nicht genau an den Punkten durchgeführt werden muss, die auf den Akupunkturkarten angegeben sind [1]. Bei der wirksam stimulierbaren Stelle muss es sich nicht notwendigerweise um einen scharf begrenzten Punkt handeln, es kann auch eine größere Fläche sein. Die Intensität der Stimulation ist hier entscheidend und die genaue Stimulationsstelle ist möglicherweise von geringerer Bedeutung [1].

Triggerpunkte

Etwa 70 % der Akupunkturpunkte korrespondieren mit Triggerpunkten [35]. Diese sind möglicherweise analog zu den von den Chinesen beschriebenen *Ah-Shi*-Punkten und den empfindlichen Punkten, die von dem chinesischen Arzt *Sun Ssu Mo* im 7. Jahrhundert genadelt wurden. Travell und Simons definierten Triggerpunkte als **umgrenzte hypersensible Bereiche in myofaszialen Strukturen**, die beim Palpieren zu einer **Schmerzübertragung in benachbarte oder entfernte Regionen** führen [36]. Triggerpunkte treten auch in der Haut, in Narbengewebe, Sehnen, Gelenkkapseln, Ligamenten und Periost auf.

Die genaue Ursache von Triggerpunkten ist ebenso wenig bekannt wie die genaue Natur der Sensibilität von Akupunkturpunkten [2]. Bei druckempfindlichen Akupunkturpunkten scheint es sich um Bereiche von Hyperalgesie zu handeln, die spontan durch lokale Irritationen oder durch Erregung somatischer oder viszeraler Strukturen in einem gewissen Abstand vom schmerzenden Punkt entstehen [2].

Triggerpunkte werden durch gezielten Einstich einer Nadel in den Punkt behandelt. Der Wirkungsmechanismus des klassischen Nadelns – Einstechen und Entfernen einer Nadel ohne Injektion irgendeiner Substanz – ist spekulativ. Das Nadeln wird manchmal als eine Form von Kontrairritation oder Hyperstimulationsanalgesie betrachtet [4]. Das Einstechen einer Nadel in den Triggerpunkt führt zu einem kurzen, intensiven Schmerzreiz. Die Nadel führt so möglicherweise zu einer mechanischen Unterbrechung eines Teufelskreises aus abnormal funktionierenden kontraktilen Elemente oder Nervenendigungen, der für die Aufrechterhaltung der Triggerpunktaktivität verantwortlich ist. Lokale Freisetzung von intrazellulärem Kalium aus Muskelfasern, die durch den Nadeleinstich verletzt wurden, könnte zur Depolarisation von Nervenfasern führen [4].

Einige Studien untersuchen die Frage, ob die Linderung myofaszialer Schmerzen durch Lokalanästhetika-Injektionen auf das Lokalanästhetikum selbst oder den Nadeleinstich zurückzuführen ist. Travell und Rinzler berichten, dass trockenes Nadeln von Triggerpunkten zur Schmerzlinderung bei myofaszialen Schmerzen führt [37]. Die Wirksamkeit der Behandlung war mit der Intensität des am Triggerpunkt produzierten Schmerzes korreliert sowie mit der Präzision, mit der die Stelle maximaler Empfindlichkeit durch die Nadel getroffen wurde [38]. Später wurde von Travell und Simons berichtet, dass trockenes Nadeln von Triggerpunkten der therapeutischen Wirksamkeit einer Injektion von Procain an Triggerpunkten nahe kommt, sie jedoch nicht vollständig erreicht [36]. Vergleiche von Mepivacain- vs. Natriumchlorid-Injektionen zeigten, dass Patienten, die eine Natriumchlorid-Injektion erhielten, eine stärkere und länger andauernde Linderung empfanden als die Patienten mit Lokalanästhetika-Injektion. Es wurde angenommen, dass die Kochsalzlösung wirksamer war, da sie zu einer Gewebereizung führte, während das Lokalanästhetikum diesen Effekt hemmt.

Sensationsfortleitung entlang der Meridiane

Der Meridianverlauf lässt sich ableiten aus dem Phänomen der Sensationsfortleitung entlang der Meridiane (*propagation of sensation along the channels*, PSAC). Manche Menschen erleben ein Gefühl von Taubheit, Schwere oder Wärme, das vom genadelten Punkt entlang des Meridians ausstrahlt [2]. Dieses Gefühl taucht i. d. R. häufiger bei Patienten auf, die bereits wiederholt Behandlungen erhielten. Bei Pferden wird, wenn auch selten, das Phänomen beobachtet, dass vorübergehend eine Linie mit aufgestelltem Haar entlang des Rückens erscheint; evtl. handelt es sich dabei um dasselbe Phänomen [39]. Diese Beobachtung wurde als Nachweis dafür angeführt, dass Meridiane unabhängig vom Nerven- oder Gefäßsystem existieren. Die Sensationsfortleitung entlang der Meridiane folgt nicht der somatosensorischen Verteilung von Nerven oder Dermatomen und erfolgt mit einer Geschwindigkeit von 1–10 cm/Sek., also deutlich langsamer als die Leitungsgeschwindigkeit in den am langsamsten leitenden C-Fasern [2].

Andere Untersuchungen deuten jedoch darauf hin, dass die Fortleitung über das Nervensystem vermittelt wird. Die Sensation kann durch Abkühlung, Lokalanästhetika und mechanischen Druck blockiert werden. Es scheint sich also um ein peripheres Phänomen zu handeln, möglicherweise um eine übersteigerte Form des *De Qi* [2]. Einige Untersuchungen deuten darauf hin, dass afferente A-delta- und C-Fasern oder Gruppe-II-Fasern (die die Muskelspindeln versorgen) für die Erscheinung verantwortlich sind. Möglicherweise wandern die Nervenimpulse vom Akupunkturpunkt zum Rückenmark und dann mithilfe von Interneuronen im Hinterhorn einige Rückenmarksegmente nach oben und unten [3]. Einige Forscher vermuten, dass die Sensationsfortleitung in den sensorischen Bereichen I und II des parietalen Kortex zustande kommt [40].

3.3 ZNS-Mechanismen der Akupunktur

3.3.1 Mechanismen der niedrigfrequenten Stimulation

Das Basismodell der Akupunkturanalgesie kann folgendermaßen zusammengefasst werden [2, 3, 24]:
- Niedrigfrequente Stimulation an den Akupunkturpunkten aktiviert Nervenfasern mit kleinem Durchmesser innerhalb der peripheren Nerven, die im Hinterhorn des Rückenmarks eine Synapse bilden und anschließend drei ZNS-Bereiche aktivieren: **Rückenmark, Hirnstamm** und **Hypothalamus/Hypophyse**. In diesen Bereichen werden daraufhin Neurotransmitter freigesetzt und Schmerzmeldungen blockiert.
- Die Axone der aufsteigenden Leitungsbahnen bilden Synapsen mit den Kernen der Formatio reticularis. Der Informationsinput dieser Kerne wird zum PAG und Thalamus weitergeleitet, Bereichen mit hohen Konzentrationen an endogenen Opiaten und/oder Opiatrezeptoren.

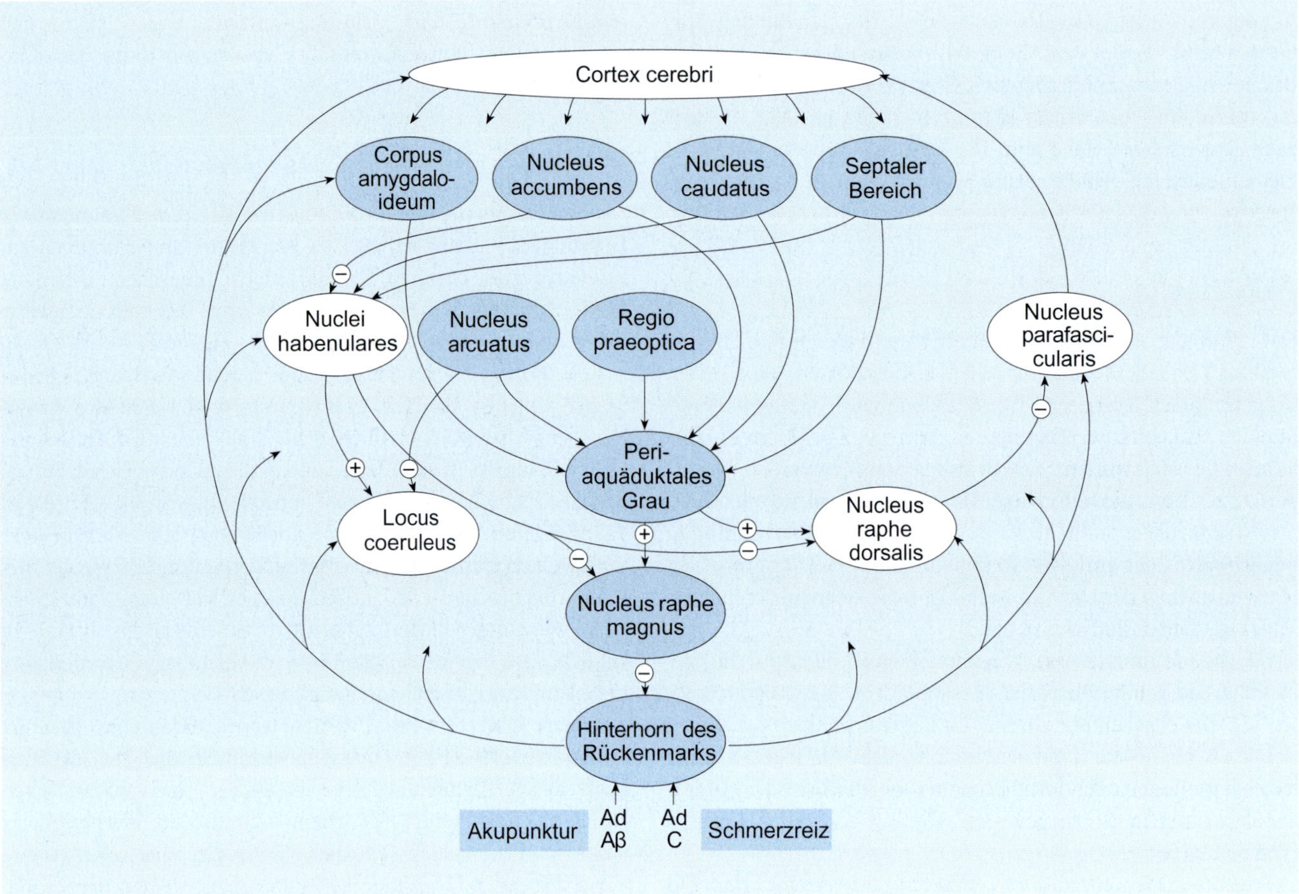

Abb. 3.3 Mögliche zentrale Kreisläufe, durch die das endogene opioide System die Akupunkturanalgesie vermittelt. (Aus: He, L.F.: Review article: Involvement of endogenous opioid peptides in acupuncture analgesia; Pain 31(1):99, 1987)

- In Nucleus raphe magnus und Nucleus reticularis gigantocellularis gibt es Synapsen zu efferenten Neuronen, deren Ausläufer im Rückenmark nach unten ziehen und die spinale Schmerzübertragung blockieren (absteigende Hemmung).

Den Endorphinen als Mediatoren der Akupunkturanalgesie wurde viel Aufmerksamkeit zuteil (➤ Abb. 3.3). Es sind jedoch auch andere Neurotransmitter beteiligt. Die Hypophyse setzt β-Endorphin in Blut und Liquor frei. Der Hypothalamus sendet Axone zum Mittelhirn und aktiviert über β-Endorphin das System der absteigenden Hemmung [3]. Dieses blockiert die Schmerzleitung im Rückenmark durch Freisetzung der Monoamine Serotonin und Noradrenalin [3].

Rückenmark

Innerhalb des Rückenmarks setzen segmentale Interneuronen Dynorphin und Enkephalin frei, die sich an Opiatrezeptoren der Schmerzafferenzen binden und dadurch die Weiterleitung der Schmerzreize präsynaptisch hemmen. Das unterdrückt möglicherweise die Freisetzung der Substanz P aus dem afferenten Schmerzaxon oder reduziert den Kalziumioneneinstrom. Substanz P, ein Neuropeptid, ist vermutlich ein Neurotransmitter für nozizeptive Nervenendigungen.

Hirnstamm

Innerhalb des Hirnstamms kommen afferente Impulse über den Vorderseitenstrang des Rückenmarks an, bilden Synapsen in der medullären Formatio reticularis und aktivieren den Nucleus raphe magnus oder andere Raphe-Kerne. Aktivierung des NRM stimuliert die absteigenden serotoninergen hemmenden Fasern. Aktivierung des Nucleus reticularis gigantocellularis stimuliert die absteigenden noradrenergen hemmenden Fasern. Diese verlaufen im dorsolateralen Trakt des Rückenmarks und bilden Synapsen zu Interneuronen des Hinterhorns. Dort lösen sie die Freisetzung von Enkephalin aus. Auch innerhalb des Hirnstamms werden enkephalinerge Neuronen im PAG stimuliert, die Impulse an die Raphe-Kerne senden, was schließlich ebenfalls zu der eben beschriebenen allgemeinen Schmerzbahn führt. Ein Teil des serotoninergen Effekts der Akupunkturanalgesie ist möglicherweise auf aufsteigende Fasern zurückzuführen, die von den Raphe-Kernen zum Vorderhirn verlaufen [3]. Einige der beteiligten höheren Zentren sind Nucleus accumbens, Corpus amygdaloideum, Habenula, Nucleus caudatus, Nucleus parafascicularis thalami und Nucleus centralis lateralis [3, 24]. Von Nucleus caudatus und Corpus amygdaloideum weiß man, dass sie reichlich Endorphine enthalten.

Hypophyse und Hypothalamus

Das dritte Zentrum, das möglicherweise an der Niedrigfrequenzanalgesie beteiligt ist, ist das Hypophysen-Hypothalamus-System [3]. Fasern von Hinterhornneuronen steigen in Tractus spinoreticularis und Tractus spinothalamicus auf und erreichen dann über die Formatio reticularis den Hypothalamus. Der Nucleus arcuatus des Hypothalamus und die Hypophyse enthalten zusammen alle β-Endorphin-Zellen des Gehirns. Verletzungen des Nucleus arcuatus verhindern Akupunkturanalgesie bei Ratten. Die Zellen des Nucleus arcuatus lösen möglicherweise durch ihre Verbindungen zum PAG eine Analgesie aus [3]. β-endorphinerge Fasern von Hypothalamus-Neuronen führen auch zum Nucleus paraventricularis des Thalamus, zum Nucleus accumbens des limbischen Systems und zum Corpus amygdaloideum. Dadurch wird vermutlich neben den Kontrollmechanismen von Raphe und Mittelhirn eine mesolimbische Rückkopplungsschlaufe aktiviert [3].

Der Hypothalamus löst die Freisetzung von β-Endorphin und adrenokortikotropem Hormon (ACTH) in der Hypophyse aus; ACTH stimuliert die Freisetzung von Kortison aus den Nebennieren. Es wurde nachgewiesen, dass Elektroakupunktur die Kortisonkonzentration im Blut bei Pferden und Menschen erhöht. Diese Kortisonfreisetzung ist vielleicht für die entzündungshemmende Wirkung der Akupunktur verantwortlich [3]. Endorphine der Hypophyse können das Gehirn möglicherweise über das portale Kapillarnetz zwischen Hypophyse und Hypothalamus erreichen (und damit die Blut-Hirn-Schranke umgehen)[3].

3.3.2 Mechanismen der hochfrequenten Stimulation

Die Wirkungen der hochfrequenten Stimulation unterscheiden sich von denen niedrigfrequenter Stimulation. Während niedrigfrequente TENS und EA zu Schmerzlinderung führen und die Schmerzschwelle erhöhen (was darauf hinweist, dass die Leitung von A-delta-Fasern gehemmt wurde), kann hochfrequente TENS zwar Schmerzen lindern, aber nicht die Schmerzschwelle erhöhen (möglicherweise durch selektive Hemmung von C-Fasern)[4]. Hochfrequente elektrische Stimulation aktiviert **Dynorphin-Synapsen im Rückenmark**, nicht jedoch die Enkephalin- oder β-Endorphin-Synapsen im Mittelhirn oder Hypothalamus [2].

Im Rückenmark wird die Hemmwirkung teilweise durch γ-Aminobuttersäure (GABA) vermittelt [2]. Im **Hirnstamm** erfolgt eine direkte Stimulation der serotoninergen und noradrenergen Fasern des Hinterseitenstrangs, die die absteigende Hemmung auslösen.

Zusammenfassend kann man sagen, dass sich die Schmerzkontrolle bei intensiver Stimulation durch Hirnstammmechanismen erklären lässt, die eine absteigende Hemmung der Übertragung von Schmerzreizen in Hinterhorn und auf höheren Ebenen der somatischen Projektionssysteme bewirken [34]. Intensive Stimulation aktiviert die Fasern kleinen Durchmessers, die zu Zellen im PAG projizieren. Diese aktivieren wiederum ein serotoninerges System, das die Reizübertragung im Hinterhorn moduliert.

Das ganze System umfasst eine typische Rückkopplungsschlaufe, bei der Input aus kleinen Fasern das absteigende Hemmungssystem aktiviert. Da das PAG ein wichtiger Ansatzpunkt für die Morphinwirkung ist und Endorphine sowie Endorphinrezeptoren enthält, wird die Beobachtung, dass Naloxon die Akupunkturanalgesie verhindert, als Beweis dafür angeführt, dass Akupunktur und verwandte Behandlungsformen über diesen Hirnstammmechanismus wirken. Möglicherweise sind jedoch weitere Mechanismen daran beteiligt.

3.3.3 Segmentale Akupunkturanalgesie

Die segmentale Akupunkturanalgesie sollte als ein getrenntes Phänomen betrachtet werden, das durch **hochfrequente Stimulation niedriger Intensität** ausgelöst wird. Es gibt reichlich Nachweise, dass Akupunktur auch zu segmentaler Analgesie führen kann. Segmentale Analgesie ist lokal, setzt rasch ein, verschwindet rasch beim Absetzen der Stimulation und ist nicht durch Naloxon reversibel. Dieser Mechanismus entspricht dem Phänomen, dass sich durch Reiben der Haut oder Massage des betroffenen Bereichs eine Schmerzlinderung erzielen lässt [4]. Diese Form der Analgesie ist segmental mit den peripheren Nerven verbunden, die die Impulse vom Akupunkturpunkt weiterleiten. Akupunkturpunkte mit hohem Anteil an A- und C-Fasern mit großem Durchmesser führen dabei zu den besten Ergebnissen [31]. Dickfasrige Afferenzen von niedrigschwelligen Mechanorezeptoren geben auf segmentaler Ebene Kollateralen ab. Die Endigungen dieser Kollateralen erregen Interneuronen, die die Impulsleitung in nozizeptiven Afferenzen hemmen. Bei einer Verletzung des Hinterseitenstrangs kranial des Stimulationsortes wird dieser Analgesietyp nur wenig beeinträchtigt, was darauf hinweist, dass höhere Hirnzentren nicht essenziell beteiligt sind.

3.3.4 Neuroendokrine Mechanismen

Die neuroendokrinen Wirkungen [41] würden dieses Kapitel sprengen. Es wurde jedoch gezeigt, dass Akupunktur die Freisetzung von Wachstumshormonen opioidvermittelt beeinflusst [42], dass sie die Freisetzung von Prolaktin, Oxytozin und luteinisierendem Hormon (LH) stimuliert und die Schilddrüsenfunktion moduliert [43, 44].

3.4 Neurotransmitter

Dass Neurotransmitter an der Akupunkturanalgesie beteiligt sind, wurde bei chinesischen Studien entdeckt, bei denen Liquor von Spender-Kaninchen nach der Akupunktur die Schmerzschwelle bei den Empfänger-Kaninchen erhöhte. Nachfolgende neuropharmakologische Studien bestätigten die Beteiligung [45].

Viele unterschiedliche Neurotransmitter wirken an der Schmerzleitung und -hemmung mit:

- Zu den **Peptiden** in den sensorischen Neuronen und ihren peripheren und zentralen Fortsätzen zählen Substanz P, Neurokinine, ein kalzitonin-ähnliches Peptid (CGRP), Somatostatin und vasoaktive intestinale Polypeptide (VIP)[5, 12]. Neuropeptide sind an antinozizeptiven Pfaden auf verschiedenen Ebenen

3

des ZNS beteiligt [10]. Exzitatorische Interneuronen setzen vermutlich Glutamat oder Substanz P frei, während wiederum hemmende Neuronen Endorphine enthalten.
- Exzitatorische **Aminosäuren** scheinen an vielen der absteigenden Projektionen aus höheren Hirnregionen zum Hirnstamm sowie an einigen der intrinsischen Hirnstammkreisläufe wie den Verbindungen zwischen PAG und Raphe-Kernen beteiligt zu sein [10].
- **Monoamine** scheinen eine Schlüsselrolle in den bulbospinalen Bahnen zu spielen [10].

3.4.1 Endorphine

Ein Meilenstein im Verständnis der Akupunkturanalgesie war die Entdeckung der endogenen Opioide und ihrer Rezeptoren [45–49].
Es gibt drei Typen von Endorphinen:
- **β-Endorphin**
- Enkephaline
- Dynorphine

Außerdem gibt es verschiedene Arten von Endorphin-Rezeptoren, die als ε, μ, δ **und** κ bezeichnet werden. Die Endorphine variieren in ihrer Affinität zu diesen Rezeptortypen. Die Wirkung von Naloxon, einem Morphinantagonist, variiert ebenfalls mit dem Rezeptortyp. Auf diese Tatsache sind möglicherweise einige der Inkonsistenzen bei Untersuchungen über die Blockade der Akupunkturanalgesie durch Naloxon zurückzuführen.

β-Endorphin

β-Endorphin ist ein Polypeptid, ein β-Lipoprotein-Segment mit 31 Aminosäuren. Es ist 10- bis 100-mal wirksamer als Morphin und zirkuliert mehrere Stunden im Blutkreislauf. Es liegt in höchster Konzentration in der **Pars intermedia der Hypophyse** vor, in geringerer Konzentration in der Adenohypophyse und überhaupt nicht in der Neurohypophyse.

β-Endorphin ist an der **Kontrolle von Schmerzempfinden, Blutdruck und Körpertemperatur** beteiligt. Auch wenn Opiate meist wegen ihrer analgetischen Eigenschaften Beachtung finden, haben sie doch auch andere systemische Wirkungen, die möglicherweise mit einigen systemischen Auswirkungen der Akupunktur korrelieren. Opiatrezeptoren sind zum Beispiel auch im Darm vorhanden und können die Motilität verändern. β-Endorphin-Rezeptoren liegen auch in Blutgefäßen vor und tragen eventuell zur Vasodilatation bei, die nach Akupunkturbehandlungen zu beobachten ist.

Man geht heute davon aus, dass Akupunkturanalgesie mit erhöhten β-Endorphin-Werten im Liquor verbunden ist, und dass Läsionen der Hypophyse die Akupunkturanalgesie unterdrücken. Es ist jedoch noch umstritten, wie β-Endorphine aus der Hypophyse ins Gehirn gelangen, um dort eine Analgesie zu bewirken [3]. β-Endorphin wird von zwei unterschiedlichen Systemen freigesetzt, die vermutlich unabhängig voneinander agieren, doch beide lassen sich durch afferente Nervenaktivität stimulieren.

Ein System umfasst den Hypothalamus und Projektionen in Mittelhirn und Hirnstamm-Kerne. Über diese Route könnte β-Endorphin die Schmerzempfindlichkeit und die autonomen Funktionen beeinflussen. Experimentelle und klinische Beobachtungen weisen darauf hin, dass die Akupunktur die Sympathikusaktivität über Mechanismen von Hypothalamus und Hirnstamm beeinflussen kann. Das β-Endorphin-System des Hypothalamus hat eine hemmende Wirkung auf das vasomotorische Zentrum.

Über ein zweites Transportsystem zirkuliert β-Endorphin im Blut. Nach muskulärer Aktivität und vermutlich auch nach Akupunktur werden aus Proopiomelanokortin equimolare Mengen von β-Endorphin und ACTH gebildet. Da die Blut-Hirn-Schranke für zirkulierende Peptide relativ undurchdringlich und die β-Endorphin-Konzentration im Blut niedrig ist, hat die β-Endorphinkonzentration im Plasma möglicherweise keine Auswirkung auf die Opioid-Rezeptoren im Hirn. Doch vielleicht ermöglicht das Kapillarnetz der Hypophysenpfortader einen retrograden Transport direkt ins Gehirn [3].

Enkephalin

Enkephalin ist ein Peptid mit fünf Aminosäuren, das in zwei Formen vorliegen kann: Methionin-Enkephalin **(Met-Enkephalin)** und Leucin-Enkephalin **(Leu-Enkephalin)**. Enkephaline besitzen nur 1 % der Wirksamkeit von Morphin und werden innerhalb von Sekunden bis Minuten abgebaut. Sie treten nicht in der Hypophyse auf, haben sonst aber eine **multifokale Verteilung** innerhalb des ZNS. Die höchste Konzentration tritt entlang der Schmerzbahnen auf, so auch in PAG, Raphe-Kernen und Substantia gelatinosa. Enkephalinerge Neuronen des Nucleus arcuatus senden Fortsätze ins Mittelhirn. Enkephalin aktiviert das absteigende Hemmungssystem der Raphe-Kerne. Im Rückenmark bewirkt Enkephalin zusammen mit Dynorphin eine Blockade der Schmerzweiterleitung.

Dynorphin

Dynorphine sind Peptide mit 17 Aminosäuren, die im Rückenmark auf eine hochfrequente elektrische Stimulation hin freigesetzt werden und eine segmentale Schmerzlinderung bewirken [2, 50]. Dynorphin ist ein extrem starkes Opiat mit einer etwa 200-fach größeren analgetischen Wirkung als Morphin.

Rolle der Endorphine

Zahlreiche Studien haben die Bedeutung der Opiate bei der Akupunkturanalgesie bestätigt. So wurde beispielsweise nachgewiesen, dass Naloxon (ein kompetitiver Morphin-Antagonist) Akupunkturanalgesie in vielen Experimenten vollständig oder teilweise rückgängig machen kann [3]. Dass dieser Effekt in einer kleineren Anzahl von Studien nicht nachgewiesen werden konnte, ist möglicherweise auf schlechtes Timing bei der Naloxon-Zufuhr zurückzuführen [3]. Andere Studien haben gezeigt, dass β-Endorphin und Enkephaline im PAG sowie Enkephaline und Dynorphin im Rückenmark für die Akupunkturanalgesie verantwortlich sind. Die Konzentration von Met- und Leu-Enkephalin ist nach Elektroakupunktur erhöht. Es kann sich eine Kreuztoleranz zwischen Akupunktur und Morphin entwickeln [3]. Auch bei längerer Akupunkturanalgesie entwickelt sich eine Toleranz [3]. Eine Übersicht über dieses Thema findet sich bei *He* [51].

Es sollte betont werden, dass die Rolle der Hypophyse noch umstritten ist [3]. Durch eine Hypophysektomie konnte die Akupunkturanalgesie verhindert werden. Gaben von Dexamethason reduzierten die β-Endorphin-Konzentrationen in der Hypophyse und verminderten gleichzeitig die Akupunkturanalgesie. Adrenalektomie erhöhte die β-Endorphin-Konzentration in der Hypophyse sowie die Analgesie. Andere Studien konnten keine Auswirkungen von Hypophysektomie und Adrenalektomie auf die Akupunkturanalgesie feststellen [52].

Einige Forscher sind der Ansicht, dass die für eine Analgesie notwendigen Plasmakonzentrationen an β-Endorphin unter physiologischen Bedingungen nicht erreicht werden. β-Endorphin-Konzentrationen in Plasma und Liquor verändern sich unabhängig voneinander nach Akupunktur [52]. Bei Pferden erhöhten sich die β-Endorphin- und Kortison-Werte während der Akupunktur, doch die Anstiege korrelierten nicht mit dem Ausmaß der Analgesie [54]. Eine weitere Studie stellte fest, dass durch Akupunktur die ACTH- und β-Endorphin-Konzentrationen erhöht wurden; gleichzeitig konnte jedoch eine Vorbehandlung mit Hydrokortison diese Konzentrationen signifikant absenken, ohne dass der analgetische Effekt dadurch vermindert war [55]. Eine Studie zeigte einen Abfall der β-Endorphin-Konzentration im Serum ohne Abfall der ACTH-Werte während der Akupunktur, was darauf hindeutet, dass durch die Akupunktur eher die periphere Aufnahme von β-Endorphin als die Ausschüttung durch die Hypophyse gesteigert ist [56]. Auch wenn eine β-Endorphin-Ausschüttung durch Akupunktur ausgelöst wird und vielleicht zur Analgesie beiträgt, ist sie nicht unbedingt der entscheidende Faktor bei der Akupunkturanalgesie. Einige Forscher sind zu dem Schluss gelangt, dass die Freisetzung von β-Endorphin aus der Hypophyse eher Folge einer Stressreaktion ist als eine Voraussetzung der Akupunkturanalgesie.

3.4.2 Monoamine

Serotonin

Es gibt starke Hinweise darauf, dass Serotonin (5-HT) bei der Akupunkturanalgesie eine Rolle spielt [1, 3, 10]. Eine wichtige Quelle von 5-HT ist der Nucleus raphe magnus, eine bedeutende Komponente der absteigenden Hemmung. Serotoninerge Neuronen innerhalb des NRM werden durch β-Endorphin und Enkephaline stimuliert. Dieser Effekt kann durch Naloxon blockiert werden. Serotonin ist möglicherweise auch an einer aufsteigenden Bahn vom NRM zum Vorderhirn beteiligt. Der Nucleus raphe dorsalis des Mittelhirns enthält serotoninerge Fasern, die zum medialen Thalamus führen und dort die Nozizeption unterdrücken.

Es gibt verschiedene Hinweise, die auf eine Beteiligung von 5-HT an der Akupunkturwirkung hindeuten [3]:

- Die 5-HT-Konzentration im Blut erhöht sich nach Akupunktur um 30–40 %.
- Durch Messung der Konzentration von 5-HT und einem Metaboliten in Gehirn und Rückenmark von Ratten konnte nach Akupunktur eine vermehrte Synthese und Nutzung von 5-HT nachgewiesen werden.
- Bei Patienten, die Serotonin-Re-uptake-Inhibitoren eingenommen haben, wurden ähnliche Veränderungen festgestellt.
- Medikamente, die 5-HT-Rezeptoren blockieren, verhindern auch die Akupunkturanalgesie.

Zwischen Endorphinen und 5-HT scheint eine wichtige Beziehung zu bestehen [3, 45]. Bei intraperitonealer Injektion eines Inhibitors der 5-HT-Synthese zeigten sich verringerte 5-HT- und erhöhte Endorphin-Konzentrationen im Gehirn. Umgekehrt hemmt die Gabe von Naloxon die Wirkungen der Endorphine und erhöht die 5-HT-Konzentration im Gehirn. Intraventrikuläre Injektion von ausreichend Naloxon, um die Akupunkturanalgesie um 50 % zu vermindern, hatte keine hemmende Wirkung bei Ratten, denen vorher Pargylin gegeben worden war, um die 5-HT-Konzentration zu erhöhen. Durch die Endorphin-vermittelte vermehrte 5-HT-Freisetzung werden im Hinterhorn inhibitorische Interneuronen aktiviert, die die Schmerzweiterleitung modulieren. Da Erhöhungen der 5-HT-Konzentration einen Mangel an Endorphinen kompensieren können, muss es noch andere Möglichkeiten geben, diese Hemmung zu induzieren.

Eine wichtige Beziehung besteht möglicherweise auch zwischen Noradrenalin und Serotonin [3]. Absteigende hemmende serotoninerge Fasern im Hinterseitenstrang bewirken möglicherweise synergistisch mit absteigenden noradrenergen Fasern eine Blockade der Schmerzweiterleitung im Rückenmark.

Katecholamine

Auch Katecholamine sind vermutlich als Neurotransmitter an der Akupunkturanalgesie beteiligt. Noradrenalin (NA) ist ein Monoamin mit ortsabhängigen Rollen bei der Akupunkturanalgesie [2]. In bestimmten Hirnregionen wirkt NA antagonistisch auf die Akupunkturanalgesie, im Rückenmark hingegen scheint es eine Voraussetzung für die Analgesie zu sein [2]. Noradrenerge Fasern steigen im dorsolateralen Trakt nach unten und bilden direkte Synapsen zu nozizeptiven Fasern im Hinterhorn, zu Gamma-Motorneuronen und zu präganglionären sympathischen Fasern. Noradrenalin übt eine hemmende Wirkung auf diese Neuronen aus, die nicht durch Naloxon umkehrbar ist [24].

Unter anderem weisen folgende Forschungsergebnisse auf NA als Vermittler von Akupunkturwirkungen hin [3, 45, 57]:

- α-Adrenozeptor-Agonisten verringern die Akupunkturanalgesie, während β-Adrenozeptoragonisten sie verstärken.
- Iontophoretische Applikation von NA auf nozizeptive Neuronen des Hinterhorns schaltet Schmerzimpulse aus.
- Intraventrikuläre und intraperitoneale Injektionen von Phentolamin (α-Adrenozeptor-Agonist) und Propanolol (β-Adrenozeptor-Antagonist) verringern die Akupunktur-Analgesie.
- Die NA-Konzentration in den Teilen des Gehirns, die vermutlich an der Analgesie beteiligt sind, war nach Elektroakupunktur erhöht.

Die Stimulation der adrenergen Neuronen bei der Akupunkturanalgesie wird möglicherweise zumindest teilweise durch Endorphine vermittelt. Opiatgaben führen zur Stimulation von Zellen in der Nachbarschaft des Nucleus reticularis lateralis, dessen Axone im dorsolateralen Trakt absteigen. Durch die Stimulation erhöht sich die Konzentration von NA-Metaboliten im Hinterhorn. Wie 5-HT moduliert möglicherweise auch NA die Schmerzwahrnehmung durch Interaktion mit Hirnstrukturen wie Habenula, PAG und Nucleus accumbens.

3.4.3 Weitere Neurotransmitter

Der Einfluss anderer Neurotransmitter/-modulatoren ist noch nicht so gut dokumentiert wie der der oben beschriebenen Substanzen [2, 3, 45].

Acetylcholin

Vermutlich ist auch Acetylcholin an der Akupunkturanalgesie beteiligt. Das Anticholinergikum Atropin vermindert die Akupunkturanalgesie, während Eserin (ein Parasympathikomimetikum) sie verstärkt. Akupunkturstimulation führt zu einer Freisetzung von Acetylcholin aus dem Hypothalamus, was für die Freisetzung von Endorphinen wichtig sein könnte. Über Axon-Kollateralen kann die Akupunkturstimulation cholinerge Nervenendigungen sympathischer Nervenfasern erregen, die die Blutgefäße der benachbarten Gewebe innervieren. Freisetzung von Acetylcholin könnte zu einer Erweiterung der Blutgefäße in spastischen oder ischämischen Muskeln führen [2].

GABA

γ-Aminobuttersäure (GABA) ist ein Neurotransmitter, der die Weiterleitung von Schmerzreizen im Rückenmark hemmt [1, 2, 10, 24]. Im Rückenmark wird GABA durch hochfrequente elektrische Stimulation aktiviert. GABA ist auch an einem Mechanismus beteiligt, über den stimulierende Efferenzen aus der Habenula die Raphe-Kerne hemmen; durch diesen Mechanismus wird die Akupunkturanalgesie verhindert [2].

Substanz P

Substanz P hat ortsabhängige Wirkungen in verschiedenen Teilen des Nervensystems [1, 3, 10, 24]. Es kommt vor allem in primären nozizeptiven Afferenzen des peripheren Systems vor, deren Zellkörper in den dorsalen Wurzelganglien liegen. Wird Substanz P von Nozizeptorendigungen freigesetzt, kann das zur peripheren Freisetzung von Histamin aus Mastzellen führen [1]. Im Rückenmark vermindert Substanz P die Akupunkturanalgesie. Im PAG dagegen hat sie einen stark analgetischen Effekt, vermutlich durch Freisetzung von Enkephalin [2].

Weitere Substanzen

Möglicherweise sind noch weitere Nicht-Opioid-Peptide involviert. Unter anderem wurde bei Kalzitonin, Neurotensin, VIP und CGRP von einem Einfluss auf die Schmerzempfindung berichtet [1, 10, 58]. Intrathekales Neurotensin verstärkt die Elektroakupunkturanalgesie bei Ratten [59]. Cholezystokinin hingegen, ein Peptid in afferenten Nervenendigungen, verändert die Akupunkturanalgesie vermutlich auf Rückenmarksebene, indem es wie Naloxon die Endorphin-vermittelte Analgesie blockiert; vielleicht spielt es auch eine Rolle in der Akupunkturanalgesie-Toleranz [2, 3, 60].

3.5 Akupunktur und autonomes Nervensystem

Verarbeitung viszeraler Reize

Die Verarbeitung afferenter Informationen im ZNS wurde in Bezug auf Hautreize ausführlich erforscht, weniger jedoch für tiefere und viszerale Reize. Generell besitzen die inneren Organe sensorische Rezeptoren nur für Schmerz. Viszerale Sensationen werden über zwei getrennte Bahnen geleitet, die echte viszerale Schmerzleitung sowie die parietale Schmerzleitung [5]:

- **Echter viszeraler Schmerz** wird über sympathische und parasympathische Fasern des autonomen Nervensystems weitergeleitet; die Schmerzen können dabei in Bereiche der Körperoberfläche ausstrahlen, die häufig weit vom schmerzenden Organ entfernt liegen.
- **Parietaler Schmerz** wird direkt von der Peritoneum-, Pleura- oder Perikardwand zu den lokalen Spinalnerven geleitet; die Schmerzen werden in der Regel direkt über dem betroffenen Bereich lokalisiert [5].

Die Einzelheiten der neuroanatomischen Bahnen der viszeralen afferenten Fasern innerhalb des ZNS können folgendermaßen zusammengefasst werden [1, 5, 24]:

Viszerale afferente Fasern begleiten kurz die sympathischen und parasympathischen Nerven und treten auf derselben Ebene wie die autonomen Efferenzen ins ZNS ein. Die spinalen Projektionen viszeraler Afferenzen sind großenteils auf Thorax-, obere Lumbal- und Sakralsegmente beschränkt. Einzelne viszerale Afferenzen haben vermutlich eine extensivere kraniokaudale Verteilung als kutane Afferenzen, was möglicherweise ihre relativ geringe Anzahl kompensiert. Innerhalb des Hinterhorns konzentrieren sich die Endigungen viszeraler Afferenzen in Laminae I und V und treten kaum in Lamina II (Substantia gelatinosa) auf, wo zahlreiche kutane Afferenzen mit kleinem Durchmesser enden. Vermutlich gibt es keine Gruppe spinaler Neuronen, die exklusiv viszerale Informationen verarbeiten. Stattdessen werden sie durch die Zellen zahlreicher aufsteigender Bahnen verschlüsselt, einschließlich Tractus spinothalamicus, spinoreticularis und spinomesencephalicus.

Ansatzpunkt der Akupunktur

Die Stimulation von Akupunkturpunkten kann einen Reflexbogen auslösen, der zu sympathisch-induzierten segmentalen oberflächlichen und viszeralen Wirkungen führt. Mann [61] behauptet, dass Akupunktur einen **somatoviszeralen Reflex** auslöst und dass dadurch die Stimulation eines somatischen Punkts innere Organe beeinflussen kann (➤ Abb. 3.4). Mann verwendet den Begriff **viszerokutaner Reflex**, um den generellen Mechanismus zu beschreiben, durch den erkrankte Organe Schmerz, Druckempfindlichkeit oder Muskelkontraktion an Akupunktur- oder Triggerpunkte weiterleiten können. Diese Reflexe sind segmental und manifestieren

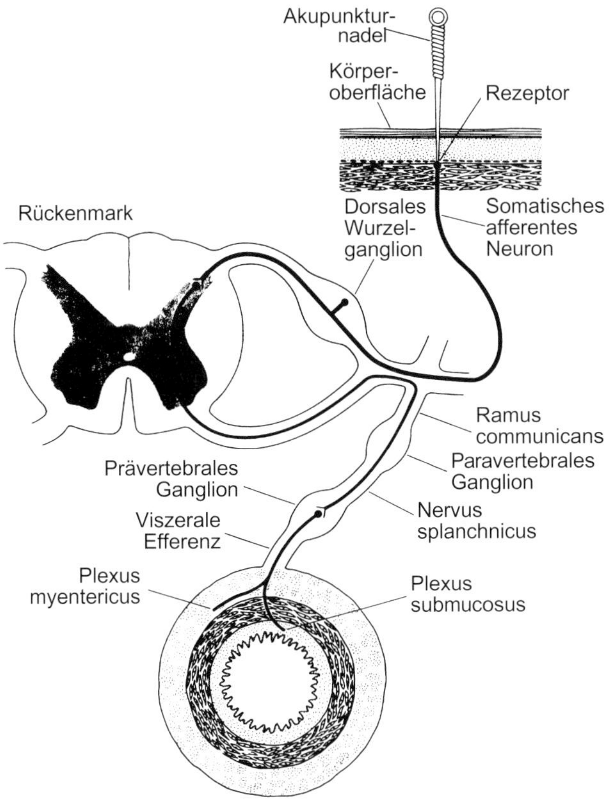

Abb. 3.4 Akupunkturstimulation führt zu einem somatoviszeralen Reflex, der die Organfunktion beeinflusst.
(Aus: Altman, S. in: Ettinger, S.J.: Textbook of veterinary internal medicine. 2. Aufl., WB Saunders, Philadelphia 1989)

sich in einer anatomisch entsprechenden Punktverteilung auf dem Rücken, parallel zur Wirbelsäule, sowie auf dem frontalen Aspekt des Rumpfes. Ein Beispiel, das auch in der westlichen Medizin bekannt ist, ist der McBurney-Punkt, eine Stelle auf dem rechten unteren Abdomen, die bei Appendizitis reaktiv ist.

Der autonome Tonus kann zentral durch Akupunktur moduliert werden. Absteigende Hemmung viszeraler Informationen gilt als einer der Mechanismen, die der Akupunkturstimulation zugrunde liegen [62, 63]. Untersuchungen an Ratten lassen vermuten, dass bestimmte Strukturen innerhalb des Gehirns, wie Locus coeruleus, NRM, Nucleus reticularis gigantocellularis, PAG und Nuclei habenulares, die Schlüsselkerne sind, die bei viszeralen Schmerzen Akupunkturanalgesie vermitteln [64]. Helms [2] beschrieb eine zentrale Leitungsbahn, die der Aktivierung des ANS durch Akupunktur (Nadeln) zugrunde liegen könnte. Der Einstich einer Nadel in einen paravertebralen Muskel auf der Ebene des Myotom-Segments stimuliert die somatischen Nervenendigungen im Muskel. Afferente Impulse dieser Nervenendigungen steigen zum kontralateralen anterioren Hypothalamus auf und aktivieren einen somato-autonomen Reflex, der schließlich die cholinergen vasodilatatorischen Nerven der spastischen Muskeln aktiviert. Dieser Kreislauf umfasst auch absteigende Fasern im Rückenmark und verstärkt die lokale Vasodilatationswirkung des Nadelns.

Schmerzausstrahlung

Die segmentale Natur der Konvergenz von somatischem und viszeralem Input unterstützt die **Konvergenz-Projektions-Theorie** des ausstrahlenden Schmerzes [65]. Die Aktivität in Neuronen des Rückenmarks, die Botschaften viszeraler Afferenzen empfangen, wird wegen der Konvergenz fälschlicherweise so interpretiert, als ob diese Botschaften aus dem korrespondierenden somatischen Bereich stammen. Viszerale und somatische Botschaften konvergieren im Tractus spinothalamicus und können auch eine gegenseitige antidrome Aktivierung bewirken [24]. Viszerale A-delta-Fasern bilden Reflexbögen, die zu Muskelkrämpfen nach viszeraler Entzündung führen. Ebenso können somatische Schmerzen viszerale Manifestationen hervorrufen. Diese Interaktionen sind möglicherweise für projizierten Schmerz und die Modulation des autonomen Nervensystems durch somatische Stimulation von A-delta- und C-Fasern verantwortlich.

Autonome Wirkungen der Akupunktur

LG 26 wird als **sympathomimetischer Punkt** betrachtet [66]. Anästhetisierte Hunde, die an LG 26 stimuliert werden, zeigen eine Erhöhung des Blutdrucks, der nicht durch Naloxon aufhebbar ist [3]. Bei Hunden mit hämorrhagischem Schock hilft die Stimulation dieses Punktes, den Blutdruck durch Erhöhung des Herzminutenvolumens wieder herzustellen [3]. Aufgrund dieser Wirkungen wird LG 26 als Wiederbelebungspunkt betrachtet [67, 68].

Ma 36 gilt als **parasympathomimetischer Punkt** [69]. Er liegt über einem Motorpunkt des N. peroneus. Die Stimulation von Ma 36 bei Hunden führte zu einer Senkung des Herzminutenvolumens, die durch Atropin blockiert werden konnte [70]. Dieser Punkt ist auch für seine Wirkungen auf den Gastrointestinaltrakt bekannt. Die Akupunkturpunkte Pe 6 und Ma 36 üben bekanntermaßen einen starken Einfluss auf Herz bzw. Magen aus. Untersuchungen haben gezeigt, dass die somatoviszeralen Afferenzen dieser Punkte und der entsprechenden Organe im Hinterhorn überlappen [24].

Zu den Akupunkturwirkungen, die über das autonome Nervensystem laufen, zählen Veränderungen der Katecholamin-Freisetzung aus dem Nebennierenmark, der Hauttemperatur und des Blutdrucks, Steigerung der kardiovaskulären Leistung und Linderung von Störungen wie Raynaud-Syndrom, Asthma und Übelkeit [3]. Akupunktur scheint die Vasodilatation zu fördern und die lokale Durchblutung zu verbessern [2]. Eine der beobachteten Wirkungen des Nadelns ist eine Erhöhung der Hauttemperatur. Thermographische Raster der Oberflächentemperatur des Körpers zeigten eine nichtsegmentale Erhöhung der Oberflächentemperatur sowohl auf der behandelten Seite wie auch in der kontralateralen symmetrischen Region [2]. Lee und Ernst [71] berichten von einer generellen sympathischen Hemmung durch niederfrequente Elektroakupunktur und einer segmentalen sympathischen Erregung bei hochfrequenter Elektroakupunktur. Knardahl und Kollegen [72] dagegen stellten fest, dass Elektroakupunktur, die zu einer Erhöhung der Schmerzschwelle führte, mit einer vorübergehenden Erhöhung der sympathischen Nervenaktivität in den Muskeln verbunden war. Dieser Befund widerspricht der Theorie, dass Akupunktur zur Hemmung sympathischer Nervenaktivität führt.

Helms [2] postuliert eine Korrelation zwischen der Wirksamkeit der Akupunktur zur Linderung chronischer Schmerzen und der Erhöhung der Körperoberflächentemperatur.

3.6 Akupunktur und Entzündung

Trotz der überzeugenden Beweise für eine Beteiligung des Nervensystems an den Akupunkturwirkungen könnten auch noch andere Mechanismen involviert sein. Jedes Nadeln bewirkt ein **Mikrotrauma.** Diese Gewebeverletzung führt zu **lokalen Entzündungsprozessen,** was zur Freisetzung des Hageman-Faktors (Faktor XII der Blutgerinnung) und Stimulation von Koagulationskaskade, Plasminogen, Kininen sowie des Komplementsystems führt [24]. Entzündungsmediatoren wie Bradykinin, Prostaglandine, Leukotriene, Thrombozyten-aktivierender Faktor (*platelet activating factor*, PAF), Protonen und freie Radikale werden freigesetzt [1, 5]. Das Nadeln von Bereichen mit Fibrose kann zu lokaler Hämorrhagie und zum Transport von Wachstumsfaktoren zur Verletzungsstelle führen [4]. Auch wenn diese lokalen Entzündungsprozesse nicht auf Akupunkturpunkte beschränkt sind, geht man dennoch davon aus, dass die hohe Konzentration von Nervenendigungen und die dichte Mikrovaskularisation an Akupunkturpunkten die Reaktion verstärkt.

Entzündungsmediatoren

Viele der Verbindungen, die als Reaktion auf das Mikrotrauma des Nadelns freigesetzt werden, sind Vasodilatatoren und/oder Neuromodulatoren. Einige dieser Substanzen aktivieren Nozizeptoren zu einer Schmerzreaktion, andere wirken sensibilisierend für natürliche Stimuli und führen zu Hyperalgesie [73]. Mastzellen setzen Histamin, Heparin und Kininprotease frei und fördern damit die Vasodilatation [24].

Die Rolle von **Histamin** in der Schmerzempfindung ist unklar, da die Applikation exogener Histamine auf der Haut zu Juckreiz, aber nicht zu Schmerz führt [74]. Histamin setzt **Stickstoffmonoxid (NO)** aus dem vaskulären Endothel frei und NO gilt als Faktor bei schmerzhaften Syndromen wie Migräne [75]. NO ist möglicherweise an einer Vielzahl physiologischer Reaktionen im Herz-Kreislauf-, Nerven-, Immun-, Verdauungs- und Reproduktionssystem beteiligt [76]. Im Herz-Kreislauf-System ist NO vermutlich an der Regulation des vaskulären Tonus, der Myokardkontraktilität und den Interaktionen von Thrombozyten und Gefäßwand beteiligt. Im ZNS ist NO im Bereich von Gedächtnis, neuronaler Plastizität, Neurotransmitterfreisetzung, Arzneimitteltoleranz, lokaler Regulation der zerebralen Blutversorgung, neuroendokriner Regulation, Ernährung und Sexualverhalten involviert. Nach Akupunkturtherapie erhöhte sich die Plasma-NO-Konzentration bei Mäusen mit künstlich beschleunigter Alterung auf ein normales Niveau, was die Forscher zu dem Schluss führte, dass Akupunktur möglicherweise über die Veränderung der NO-Konzentration Demenz positiv beeinflussen kann [75].

Mastzellen setzen außerdem einen Thrombozyten-aktivierenden Faktor frei, was zur Freisetzung von **Serotonin** aus den Thrombozyten führt. Serotonin verursacht Schmerz, wenn es auf Hautläsionen appliziert wird, und aktiviert die Nozizeptoren [1]. Es kann auch die Reaktion von Nozizeptoren auf Bradykinin verstärken [1]. **Bradykinin** ist ein starker Vasodilatator, der die lokale Gefäßpermeabilität erhöht und starke Schmerzen hervorruft [5]. Bradykinin sensibilisiert außerdem Nozizeptoren vorübergehend für Hitzestimuli [1]. Vasodilatation kann auch durch Substanz P und CGRP induziert werden [1]. Prostaglandine, Thromboxane und Leukotriene bilden eine große Gruppe von Arachidonsäure-Metaboliten, die auch als **Eicosanoide** bezeichnet werden. Sie tendieren dazu, Nozizeptoren für natürliche Stimuli und andere endogene Verbindungen zu sensibilisieren [1].

Wirkungen der Akupunktur

Die **vasoaktiven Wirkungen** von Akupunktur sind zeitabhängig. Drei Phasen laufen nacheinander ab:

- kurze vasokonstriktive Phase (15–30 s)
- quasi-kontrollierter Zustand (10 s bis 2 min)
- Vasodilatationsphase (2 min bis 2 Wochen) [24]

Die Gewebereaktion erfolgt in mehreren zeitabhängigen Phasen und umfasst Vasodilatation, nozizeptive Verstärkung, Chemotaxis, Solubilisierung, Gewebereparatur und Inaktivierung (➤ Tab. 3.1). Dies führt zu einem erhöhten lokalen Immunstatus, verbesserter lokaler Gewebedurchblutung und Entspannung von Muskeln und Gewebe. Der Schmerz wird durch die verbesserte Durchblutung und die Auflösung von Muskelspasmen, die durch lokale Effekte des Nadelns und somatoviszerale Reflexe ausgelöst wurden, gelindert. Die neurohumoralen und lokalen Wirkungen von Akupunktur sind in ➤ Tab. 3.1 und ➤ Abb. 3.5 zusammengefasst.

Der Einfluss der Akupunktur kann teilweise durch Immunmechanismen erklärt werden. Nachgewiesene **Wirkungen auf die Immunreaktion** sind:

- verbesserte humorale Immunität
- Erhöhung der Leukozytenzahl
- Steigerung der Phagozytenaktivität
- Steigerung der T-Zellen-Rosettenbildung
- Steigerung der Antikörper- und Interferon-Konzentration [3, 77–79]

Einige dieser Wirkungen werden möglicherweise durch Opiatrezeptoren auf Lymphozyten und Thrombozyten initiiert. β-Endorphin und Met-Enkephalin scheinen zwischen dem ZNS und dem Immunsystem zu vermitteln [80, 81].

3.7 Akupunktur und Bioelektrizität

In der Orthopädie haben Studien zur Frakturheilung die positiven Wirkungen der Anwendung elektrischer Felder bei der Knochenheilung bestätigt [82]. Generell hat der Bereich der Bioelektrizität in der westlichen Wissenschaft bisher jedoch wenig Aufmerksamkeit erfahren. Die Messung des elektromagnetischen Felds des Körpers ist technisch schwierig. Szent-Gyorgyi [83] spekulierte, dass bestimmte Zellen und Gewebe, wie Nervenfasern und Faszien, sich wie Halbleiter verhalten und Gleichstrom leiten können. Die kristallähnliche Struktur von Proteinen ermöglicht es, dass Elektronen sich frei durch ihr Gitter bewegen. Diese Halbleiter-Gewebe übertragen sehr kleine Stromstärken und auch die Span-

Tab. 3.1 Lokale Reaktion auf den Nadeleinstich. Die ersten vier Phasen treten zu Beginn der Akupunkturbehandlung auf, während die letzten beiden Phasen die Spätreaktion bestimmen. (nach: Kendall, D.E.: Part I and II. A model of acupuncture; Am. J. Acupunct. 17:251–268, 343–360, 1989)

Phase	Mediatoren	Wirkung
Vasodilatation	Histamine Leukotriene (LT C, D, E) Prostaglandin E_1, E_2 Bradykinin	Gesteigerte Vasopermeabilität; Freisetzung von Immunzellen, Antikörper-, Komplement- und Faktor-XIIA-abhängigen Mediatoren, Kontraktion glatter Muskulatur und Bronchospasmen
	Kininase	Verstärkung der vasoaktiven Phase
	Acetylcholin	Stimulation von cGMP, Freisetzung von Histamin, Heparin und SRS-A
Erregung der Nozizeptoren	Bradykinin	Erregt A-delta- und C-Fasern
	Substanz P	Antidrome Vasodilatation, Axonreflex
Chemotaxis	ECF-A, NCF-A Kallikrein Bradykinin LT B_4, PGD_2, PGI_2 C3, C4, C5	Eosinophile: Histaminfreisetzung Neutrophile: Freisetzung von lysosomalen Enzymen Monozyten: Phagozytose Lymphozyten: Antikörperproduktion Basophile: Verstärkung der vasoaktiven Phase
Permeabilitätsstörung	Plasmin	Aktivierung von C3, C1 und C5 sowie Fibrinolyse
	Heparin	Gerinnungshemmend
	Prostacyclin (PGI_2)	Disaggregation der Thrombozyten
	Lysosomale Enzyme, C9	Entfernt Detritus im Bereich der Nadelläsion
Gewebereparatur	Thrombozyten-aktivierender Faktor (PAF)	Bronchokonstriktion; Thrombozytenaggregation
	Adenosindiphosphat (ADP)	Thrombozytenaggregation
	Thromboxane (TX) A_2	Thrombozytenaggregation
	Serotonin (5-HT)	Vasokonstriktion
	Thrombin	Umbau von Fibrinogen in Fibrin, Bildung von Fibringerinnseln
Beendigung der Entzündungsreaktion	Plasmin	Abbau des Hageman-Faktors (XIIA)
	Arylsulfatase B	Inaktivierung von SRS-A (LT C, D, E)
	Histaminase	Abbau von Histamin
	Endoglucuronidase	Abbau von Heparin und Heparinsulfat
	Adrenalin, PGE	Stimuliert cAMP, das die Freisetzung von Histamin, Heparin und SRS-A hemmt
	Histamin	Stimuliert das Nebennierenmark zur Produktion von Adrenalin
	Kortikosteroide	Hemmen die Bildung von Arachidonsäure

nung, die aufgewendet werden muss, um einen Stromfluss zu induzieren, ist sehr klein.

Verletzungsstrom

Der Verletzungsstrom ist ein elektrischer Strom, der bei Verletzungen wie oberflächlichen Schnitten oder Nervendurchtrennung auftritt. Dieser minimale Stromfluss ist nicht stark genug, um Nervenimpulse auszulösen, und wird daher nicht wahrgenommen. Der Einstich von Akupunkturnadeln löst möglicherweise ebenfalls einen Verletzungsstrom aus, der das darunter liegende Gewebe beeinflussen und die Geweberegeneration verbessern könnte [3]. Helms [2] postuliert, dass nach dem Nadeln ein Verletzungsstrom von Akupunkturpunkten ausgeht und eine Zone negativer Ladung auf der Körperoberfläche bewirkt. Pomeranz [3] stellte fest, dass Nadeleinstichstellen einen Verletzungsstrom von bis zu 10 µA aufweisen, nachdem die Nadel entfernt wurde. Verletzungsströme sind möglicherweise wichtig für die Nervenregeneration. In zahlreichen Untersuchungen konnte gezeigt werden, dass schwacher elektrischer Strom das Nervenwachstum in vitro und die Nervenregeneration in vivo fördert [3].

Becker hat sich ausgiebig mit der möglichen Bedeutung des Verletzungsstroms beschäftigt. Becker und Selden [82] vermuten, dass Akupunkturmeridiane Verletzungspotenziale ins Gehirn weiterleiten, das wiederum ein Gleichstromsignal in die Körperregion sendet, um die Heilung anzuregen. Außerdem postulierten sie, dass Gleichstrom mit langsamer Geschwindigkeit durch das Perineurium geleitet wird, unabhängig von Nervenfasern, was erklären würde, warum die Akupunkturanalgesie eine bis zu 20-minütige Induktionsphase benötigen kann. In diesem System wirken die Akupunkturpunkte, die in regelmäßigen Abständen entlang der Meridiane auftreten, wie Verstärker, die in ein Leitungskabel eingebaut sind, um das elektrische Signal weiterzuleiten. Nach Becker könnte das perineurale System ein primitives Kommunikationssystem und Vorläufer des Nervensystems sein.

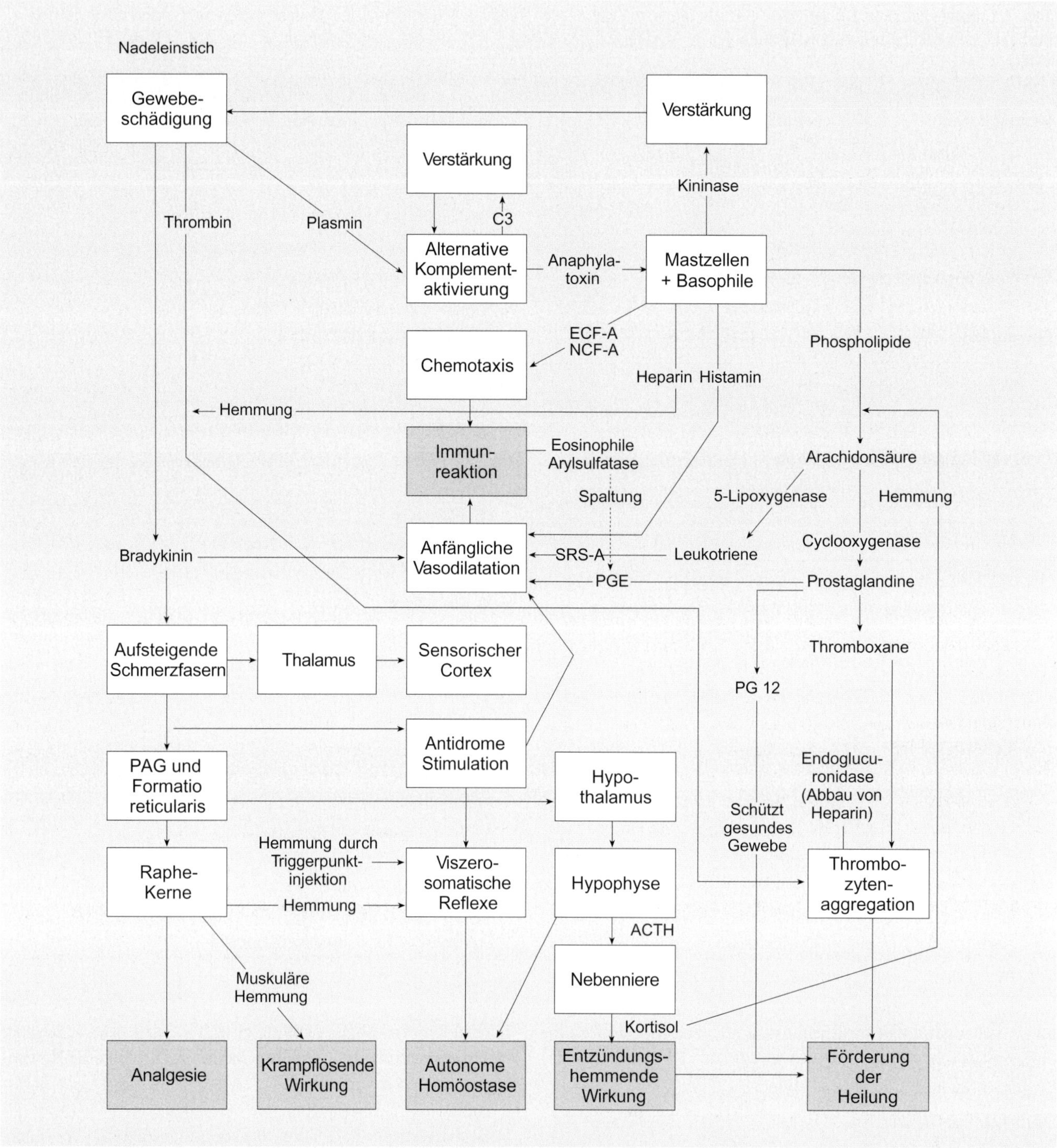

Abb. 3.5 Vereinfachte Darstellung der physiologischen Interaktionen, die zu der positiven Akupunkturwirkung beitragen. (Aus: Kendall, D.E.: Part II. A scientific model for acupuncture; Am. J. Acupunct. 17(4):343–360, 1989)

Elektromagnetische Felder

Akupunkturanalgesie und Heilwirkungen werden möglicherweise durch die Veränderung elektromagnetischer Felder im Körper ausgelöst. Es wurde bereits weiter oben angemerkt, dass viele Akupunkturpunkte im Vergleich zur umgebenden Haut abweichende elektrische Eigenschaften besitzen. Es ist noch umstritten, ob Meridiane ebenfalls im Vergleich zur umgebenden Haut einzigartige elektrische Eigenschaften, wie zum Beispiel niedrige Impedanz, aufweisen und damit den Fluss induzierter elektrischer Ströme vorzugsweise entlang der Meridiane ermöglichen [84].

Bei der Untersuchung der elektrischen Eigenschaften des Dickdarm- und Perikard-Meridians stellten Reichmanis et al. [85, 86] fest, dass die Hälfte der Akupunkturpunkte als Gleichstromquelle fungierte. Diese Punkte waren bei allen untersuchten Patienten vorhanden. Es wurde außerdem gezeigt, dass die Meridiane Ströme in Richtung auf das ZNS leiteten. Auch konnte demonstriert werden, dass Akupunkturpunkte im Vergleich zu ihrer Umgebung positiv aufgeladen sind und ein einzigartiges elektrisches Feld aufweisen. Die Feldstärke der Akupunkturpunkte variierte in einem 15-minütigen Zyklus, der den 24-stündigen Tagesrhythmus des Körpersystems überlagerte.

Natriumionen

Takase [87] verfolgte eine andere Richtung und schlug vor, dass Akupunkturmeridiane Natriumionen weiterleiten. Er postulierte, dass Schmerz sekundär auf Azidose und Hypoxie aufgrund schlechter Durchblutung folgt. Diese Veränderungen führen zu einer Hemmung des aktiven Transports und zur Aktivierung endogener Puffersysteme, was eine lokale Natriumunterversorgung auslöst. Er behauptete, dass die Injektion von Natriumhydroxid in extrem verdünnter Konzentration in Akupunkturpunkte zur Schmerzkontrolle wirksamer war als Nadeln. Weitere Untersuchungen sind notwendig, um diese Befunde zu bestätigen.

Für eine weitere Diskussion von Bioelektrizität wird der Leser auf die Literaturhinweise [2], [88] und [89] verwiesen.

3.8 Praktische Überlegungen zur Therapie

Die oben beschriebenen Mechanismen haben Auswirkungen auf die Akupunkturtherapie, was Faktoren wie Auswahl der Punkte, Intensität und Häufigkeit der Stimulierung angeht. Durch Veränderung der Stimulationsparameter können unterschiedliche Schmerzkontrollmechanismen aktiviert werden. Manche Effekte des Nadelns treten sehr schnell auf. Dazu zählen die direkten neuralen Interaktionen und die lokalen Entzündungsreaktionen. Auch die segmentale Analgesie wird rasch ausgelöst, während eine generelle opiatinduzierte Analgesie eine Induktionsperiode von 20 bis 30 Minuten benötigt. Längere Stimulation führt zu humoralen Reaktionen, die das Opiatsystem miteinbeziehen, und kann eine generelle Analgesie sowie entzündungshemmende Reaktionen auslösen.

3.8.1 Stimulationsort

Derselbe Stimulus, an verschiedenen anatomischen Stellen angesetzt, kann Analgesie durch zwei ganz unterschiedliche Mechanismen hervorrufen: durch segmentale Analgesie oder durch absteigende Hemmung.

Werden Akupunkturpunkte nach der Syndromen-Lehre der TCM zusammengestellt, so ergibt sich meist eine sinnvolle Mischung aus mehreren Punkten, die an oder nahe bei der Schmerzstelle liegen, sowie einigen weiter entfernten Punkten [34]. In der Regel werden bei der Behandlung lokale und distale Punkte genadelt [2–4]. Entfernte Punkte führen zur Analgesie durch Aktivierung der Opiatmechanismen in Mittelhirn und Hypothalamus/Hypophyse, die Analgesie ist daher reversibel durch Naloxon. Lokale Punkte wirken vorwiegend durch segmentale Mechanismen ohne Opiatbeteiligung. Lokales Nadeln führt in der Regel zu stärkerer Analgesie als distales, nonsegmentales Nadeln, da es alle drei Zentren nutzt [3]. Da beispielsweise an der Innervation eines Gelenks meist konfluierende Segmente auf Rückenmarksebene beteiligt sind, führen Nadeln im Bereich der Muskeln, die die Gelenkbewegung kontrollieren, zu segmentalen Wirkungen [4]. Schulterschmerzen lassen sich daher gut behandeln, indem man lokale Punkte auf dem M. deltoideus und distale Punkte an Vorderarm oder Hand nadelt, die von den gleichen oder benachbart liegenden spinalen Segmenten versorgt werden. Eine länger andauernde Schmerzlinderung lässt sich erreichen, wenn man zusätzlich auch extrasegmentale Punkte, also beispielsweise Punkte am Bein, in die Therapie mit einbezieht.

Unterschiede in der analgetischen Wirkung von Punkten im selben Segment oder auf demselben Meridian konnten ebenfalls nachgewiesen werden. Die analgetische Wirkung eines Akupunkturpunkts ist wahrscheinlich mit der Dichte von Nervenfasern in der Umgebung des Punktes korreliert. Eine Untersuchung zeigte, dass Gb 30 eine wirksame Analgesie hervorruft, Gb 2 auf demselben Meridian dagegen nicht [90]. Die Stärke der Analgesie, die durch Stimulation des N. suralis hervorgerufen werden konnte, war dabei äquivalent zu der durch Stimulation von Gb 30 ausgelösten Analgesie.

Das PAG verfügt über eine somatotopische Organisation der somatosensorischen Afferenzen [14]. Dass die Stimulation von Akupunkturpunkten nahe bei einem schmerzenden Bereich besonders wirksam ist, kann möglicherweise dadurch erklärt werden, dass sich die einzelnen Körperteile auf relativ scharf begrenzte Bereiche des PAG projizieren.

Es ist bei der Therapieplanung eine große Herausforderung, die passende Rückenmarksebene für die Stimulation herauszufinden. Helms entwarf ein theoretisches Model für die perkutane Nervenstimulation, das die gezielte Aktivierung von bestimmten Dermatomen, Myotomen, Sklerotomen und autonomen Nerven zur Schmerzbehandlung vorsieht [2]. Seine Aussagen über die Behandlung von Menschen lassen sich auch auf die Tiermedizin übertragen. Da er davon ausgeht, dass die Verteilung der Dermatome je nach Quelle variiert und dass die sympathische Innervation unscharf begrenzt und diffus ist, empfiehlt er, zur Kompensation dieser anatomischen Ungenauigkeit ein Band spinaler Segmente zu aktivieren, das breit genug ist, um die gesamte Innervation zu umfassen [2].

3.8.2 Stimulationsintensität

Niedrigfrequente Stimulation hoher Intensität wird auch als **„akupunkturähnliche TENS“** bezeichnet. Das traditionelle Modell der Akupunkturanalgesie geht von einem Stimulus mit niedriger Frequenz aus, dessen Intensität ausreicht, um Muskelkontraktionen auszulösen.

Charakteristisch für diese Art der Stimulation ist:

- Sie führt zu generalisierter Analgesie.
- Sie hat eine längere Induktionsperiode und Nachwirkung.
- Sie löst eine Endorphin-Ausschüttung aus.
- Sie wirkt kumulativ mit nachfolgenden Behandlungen [4].

Die niedrigfrequente Stimulation imitiert die manuelle Stimulation zur Erzielung der Operationsanalgesie [2].

Hochfrequente Stimulation mit niedriger Intensität wird auch als **„konventionelle TENS“** bezeichnet. Diese Art der Stimulation (über 70 Hz, unter 10 mA) [2] aktiviert Haut- und Muskel-

3

rezeptoren mit niedriger Reizschwelle. Die sensorischen A-beta-Fasern mit großem Durchmesser werden wirksam stimuliert, wenn eine Frequenz von 80–100 Hz mit einer Intensität verwendet wird, die ein angenehmes Kribbeln hervorruft [4].
Charakteristisch für diese Art der Stimulation ist:

- Sie führt zu einer schnell einsetzenden, segmentalen Analgesie, die auf die stimulierten Bereiche begrenzt ist.
- Die Analgesie hört auf, wenn die Stimulation beendet wird.
- Sie zeigt keine kumulative Wirkung.
- Sie ist nicht von Endorphinen abhängig, sondern scheint vielmehr durch die Monoamine Serotonin und Noradrenalin ausgelöst zu werden [91].

Abhängig von der Frequenz der Stimulation wird demnach eines von **zwei Systemen der Akupunkturanalgesie** aktiviert:

- ein Endorphin-abhängiges System, das durch eine niedrigfrequente Stimulation hoher Intensität aktiviert wird oder
- ein Monoamin-abhängiges System, das durch hochfrequente Stimulation niedriger Intensität aktiviert wird

Der Hintergrund für die unterschiedliche Wirkung der Frequenzen ist, dass die zentrale und periphere Freisetzung der verschiedenen Gruppen von Neurotransmittern, die an der Antinozizeption beteiligt sind, durch unterschiedliche Frequenzbereiche aktiviert wird [2]. Niedrigfrequente EA (ca. 2–4 Hz) stimuliert die Freisetzung von β-Endorphin im Hypothalamus und von Met-Enkephalin im Mittelhirn; mittlere Frequenzen (10–30 Hz) führen zur Freisetzung von Dynorphin B und Met-Enkephalin im Rückenmark und hochfrequente Stimulation (ca. 70 Hz und mehr) führt zur Freisetzung von Dynorphin A im Rückenmark.

In einer Studie wurde untersucht, welche Bereiche von Hirnstamm und Rückenmark bei der niedrig- und hochfrequenten Elektroakupunkturstimulation (4 und 100 Hz) an Ratten beeinflusst werden [92]. Dazu wurden immunzytochemische Techniken verwendet, die das c-fos primäre Protoonkogen FOS lokalisieren. Es stellte sich heraus, dass sowohl in der Gruppe mit niedrig- wie auch in der Gruppe mit hochfrequenter EA Neuronen im Hinterhorn des Rückenmarksegments, in Substantia nigra, Nucleus raphe pallidus, Nucleus raphe dorsalis, Locus coeruleus, Nucleus praetectalis und in gewissen Bereichen des PAG beteiligt waren. In der niedrigfrequenten Gruppe tauchten markierte Zellen zusätzlich in Nucleus cuneatus, anderen Bereichen des PAG, Nuclei habenulares, Nucleus arcuatus und in ventrolateralen und lateralen Hypothalamus-Kernen auf. Der einzige Hirnstammkern, der vermehrte Markierungen bei hoher, nicht aber bei niedriger Frequenz zeigte, war der Nucleus rostrolateroventralis der Medulla. Daraus wurde der Schluss gezogen, dass viele Hirnstammbereiche durch beide Frequenzbereiche gleichermaßen aktiviert werden, wobei niedrigfrequente EA selektiv zusätzliche Hirnstammbereiche aktiviert.

Neben der Frequenz ist auch die Intensität des Stimulus von Bedeutung. Eine Stimulation von Ma 36 mit 1,4 V/50 Hz löste keine Analgesie aus, während eine Stimulation mit mehr als 2 V/50 Hz zu guter Analgesie führte [2].

3.9 Zusammenfassung

Es gibt keine einzelne Theorie zu den physiologischen Grundlagen der Akupunktur, die alle ihre Wirkungen erklären kann. Die Akupunktur führt zu multiplen physiologischen Effekten, die die homöostatischen Regulationsmechanismen des Körpers zu aktivieren scheinen [2]. Neben der Schmerzhemmung wurden vor allem ihre Wirkungen auf die Kontrolle des kardiovaskulären und respiratorischen Systems sowie die neuroimmunologische Achse untersucht [4]. In dem Maße, in dem sich die histochemischen und elektrophysiologischen Methoden weiterentwickeln, werden wir weitere neurophysiologische Mechanismen entdecken und die gegenwärtigen Theorien bestätigen oder korrigieren können. Dadurch wird sich unser Verständnis der Schmerzwahrnehmung und -modulation immer weiter verbessern. Zurzeit liefert die funktionelle Kernspintomographie neue Informationen über den Zusammenhang zwischen Akupunkturpunkten und der Aktivierung spezifischer Hirnbereiche. Die zukünftige Forschung wird hoffentlich zu einem umfassenderen Verständnis der Wirkungen der Akupunktur führen.

LITERATUR

1. Wall PD, Melzack R: *Textbook of pain,* Edinburgh, 1994, Churchill Livingstone.
2. Helms JM: *Acupuncture energetics: a clinical approach for physicians,* Berkeley, Calif, 1995, Medical Acupuncture Publishers.
3. Pomeranz B: Scientific basis of acupuncture. In Stux G, Pomeranz B: *Basics of acupuncture,* ed 4, Berlin, 1998, Springer, pp 6–47.
4. Hopwood V, Lavesey M, Mokone S, eds: *Acupuncture and related techniques in physical therapy,* New York, 1997, Churchill Livingstone.
5. Guyton AC: *Textbook of medical physiology,* ed 8, Philadelphia, 1991, WB Saunders.
6. Anbar M, Gratt BM: Role of nitric oxide in the physiopathology of pain, *J Pain Symptom Manage* 14:225–254, 1997.
7. Ochoa J, Mair WGP: The normal sural nerve in man. I. Ultrastructure and numbers of fibres and cells, *Acta Neuropathol (Berl)* 132:197–216, 1969.
8. de Lahunta A: *Veterinary neuroanatomy and clinical neurology,* Philadelphia, 1977, WB Saunders.
9. Jenkins TW: *Functional mammalian neuroanatomy,* Philadelphia, 1978, Lea & Febiger.
10. Short CE, van Poznak A: *Animal pain,* New York, 1992, Churchill Livingstone.
11. Scherder EJ, Bouma A: Possible role of the nucleus raphe dorsalis in analgesia by peripheral stimulation: theoretical considerations, *Acupunct Electrother Res* 18:195–205, 1993.
12. Sandkuhler J: The organization and function of endogenous antinociceptive systems, *Prog Neurobiol* 50:49–81, 1996.
13. McMahon SB: Mechanisms of cutaneous, deep and visceral pain. In Wall PD, Melzack R: *Textbook of pain,* Edinburgh, 1994, Churchill Livingstone, pp 129–151.
14. Soper WY, Melzack R: Stimulation-produced analgesia: evidence for somatotopic organisation in the midbrain, *Brain Res* 251:301–311, 1982.
15. Fields HL, Basbaum AI: Central nervous system mechanisms of pain modulation. In Wall PD, Melzack R: *Textbook of pain,* Edinburgh, 1994, Churchill Livingstone, pp 243–257.
16. LeBars D et al: Diffuse noxious inhibitory controls. I. Effects on dorsal horn convergent neurones in the rat. II. Lack of effect on nonconvergent neurones, supraspinal involvement and theoretical implications, *Pain* 6:283–327, 1979.
17. Thies R, Foreman RD: Descending inhibition of spinal neurons in the cardiopulmonary region by electrical stimulation of vagal afferent nerves, *Br Res* 207:178–183, 1981.

18. Pomeranz B: Relation of stress-induced analgesia to acupuncture analgesia. In Kelly DD, ed: Stress-induced analgesia, *Ann NY Acad Sci* 467:444–447, 1985.
19. Melzack R, Wall PD: Pain mechanisms: a new theory, *Science* 150:971, 1965.
20. Melzack R, Katz J: Pain measurement in persons in pain. In Wall PD, Melzack R: *Textbook of pain,* Edinburgh, 1994, Churchill Livingstone, pp 337–351.
21. Pain modulation, *PT Magazine,* pp 75–76, July 1998.
22. Melzack R, Casey KL: Sensory, motivational and central control determinants of pain. In Kenshalo DR, ed: *The skin senses,* Springfield, Ill, 1968, Charles C Thomas Publisher, pp 423–443.
23. Li SC et al: The relationship between needling sensation and acupuncture effects, with special reference to their ascending pathway in the spinal cord, *Acupunct Electrother Res* 8:105–110, 1983.
24. Kendall DE: Parts I and II. A scientific model of acupuncture, *Am J Acupunct* 17:251–268, 343–360, 1989.
25. Gunn CC et al: Acupuncture loci: a proposal for their classification according to their relationship to known neural structures, *Am J Chin Med* 4: 183–195, 1976.
26. Auziech O: Étude histologique des points cutanes de moindre résistance électrique et analyse de leurs implications possible dans la mise en jeu des mécanismes acupuncturaux, Thése de médecine, Montpellier, 1984.
27. Senelar R, Auziech O: Histophysiologie du point d'acupuncture. Acupuncture et Médecine Traditionnelle Chinoise, Paris, 1989, Encyclopédie des Médicines Naturelles, IB-2C.
28. Baldry PE: *Acupuncture, trigger points and musculoskeletal pain,* Edinburgh, 1989, Churchill Livingstone.
29. Chang HT: Neurophysiological interpretation of acupuncture analgesia, *Endeavor* 4:92–96, 1980.
30. Chen GB et al: Clinical studies on neurophysiological and biochemical basis of acupuncture analgesia, *Am J Chin Med* 14:86–95, 1986.
31. Yang J et al: The characteristic distribution ratio of myelinated and nonmyelinated afferent nerve fibers in acuputure analgesic point Zusanli, *National Symposium of Acupuncture, Moxibustion and Acupuncture Anesthesia,* Beijing, 1979, pp 414–415.
32. Vincent CA et al: The significance of needle placement site in acupuncture, *J Psychosom Res* 33:489–496, 1989.
33. Ma Sheng-Xing: Do mechanosensitive (stretch-activated) ion channels play a role in mediating the response to acupuncture needling? *Am J Acupunct* 26:63–68, 1998.
34. Melzack R: Folk medicine and the sensory modulation of pain. In Wall PD, Melzack R: *Textbook of pain,* Edinburgh, 1994, Churchill Livingstone, pp 1209–1217.
35. Melzack R et al: Trigger points and acupuncture points for pain: correlations and implications, *Pain* 3:3–23, 1977.
36. Travell JG, Simons DG: *Myofascial pain and dysfunction: the trigger point manual,* vol 1, Philadelphia, 1983, Williams & Wilkins.
37. Travell J, Rinzler SH: The myofascial genesis of pain, *Postgrad Med* 11:425–434, 1952.
38. Lewit K: The needle effect in the relief of myofascial pain, *Pain* 6:83–90, 1979.
39. Hwang Y-C: Pilomotor reaction of equine bladder channel points following acupuncture treatment. *Proceedings of the 24th Annual International Congress on Veterinary Acupuncture,* Chitou, Taiwan, 1998, pp 106–109.
40. Xue CC: The phenomenon of propagated sensation along channels (PSAC) and the cerebral cortex. In Zhang X-T, ed: *Research on acupuncture, moxibustion, and acupuncture anesthesia,* Beijing: Science Press; Berlin: Springer-Verlag, 1986, pp 668–683. Cited in reference 2.
41. Xie QW: Endocrinological basis of acupuncture, *Am J Chin Med* 9:298–304, 1982.
42. Pullan PT et al: Endogenous opiates modulate release of growth hormone in response to electroacupuncture, *Life Sci* 32:1705–1709, 1983.
43. Smith FWK: The neurophysiological basis of acupuncture. In Schoen AM: *Veterinary acupuncture,* St Louis, 1994, Mosby, pp 33–53.
44. Bossut DFB et al: Electroacupuncture-induced analgesia in sheep: measurement of cutaneous pain thresholds and plasma concentrations of prolactin and β-endorphin immunoreactivity, *Am J Vet Res* 47:669–676, 1986.
45. Han JS, Terenius I: Neurochemical basis of acupuncture analgesia, *Ann Rev Pharmacol Toxicol* 22:193–220, 1982.
46. Adler MW: Minireview: opioid peptides, *Life Sci* 26:497–510, 1980.
47. Pert A: Mechanisms of opiate analgesia and role of endorphins in pain suppression, *Adv Neurol* 33:107–122, 1982.
48. Beaumont A, Hughes J: Biology of opioid peptides, *Ann Rev Pharmacol Toxicol* 19:245–267, 1979.
49. Han JS et al: Enkephalin and β-endorphin as mediators of electroacupuncture analgesia in rabbits: an antiserum microinjection study. In Costa E, Trabucchi M: *Regulatory peptides: from molecular biology to function,* New York, 1982, Raven Press.
50. Han JS, Xie GX: Dynorphin: important mediator for electroacupuncture analgesia in the spinal cord of the rabbit, *Pain* 18:367–376, 1984.
51. He LF: Involvement of endogenous opioid peptides in acupuncture analgesia, *Pain* 31:99–121, 1987.
52. Fu T-C et al: The effect of hypophysectomy on acupuncture analgesia in the mouse, *Br Res* 202:33–39, 1980.
53. Pian MCM: The effect of electroacupuncture on plasma and cerebrospinal fluid beta-endorphin levels in the rat, thesis, Cambridge, Mass, 1981, Harvard University.
54. Bossut DFB et al: Plasma cortisol and beta-endorphin in horses subjected to electroacupuncture for cutaneous analgesia, *Peptides* 4:501–507, 1983.
55. Masala A et al: Suppression of electroacupuncture (EA)-induced beta-endorphin and ACTH release by hydrocortisone in man: absence of effects on EA-induced anesthesia, *Acta Endocrinol* 103:469–472, 1983.
56. Szczudlik A, Lypka A: Plasma immunoreactive beta-endorphin and enkephalin concentration in healthy subjects before and after electroacupuncture, *Acupunct Electrother Res* 8:127–137, 1983.
57. Sun AY et al: Electroacupuncture alters catecholamines in brain regions of rats, *Neurochem Res* 10:251–258, 1984.
58. Braga PC: Calcitonin and its antinociceptive activity: animal and human investigations 1975–1992, *Agents Actions* 41:121–131, 1994.
59. Liu W et al: [The effect of intrathecal injection of neurotensin on acupuncture analgesia in rats] (in Chinese), *Chen Tzu Yen Chiu Acupunct Res* 20:13–17, 1995.
60. Han JS et al: Cholecystokinin octapeptide (CCK-8): antagonism on electroacupuncture analgesia and a possible role in electroacupuncture tolerance, *Pain* 27:101–115, 1986.
61. Mann F: *Acupuncture: the ancient Chinese art of healing and how it works scientifically,* rev ed, New York, 1971, Random House, pp 5–16.
62. Du H-J, Chao Y-F: Localization of central structures involved in descending inhibitory effect of acupuncture on viscero-somatic reflex discharges, *Sci Sin* 19:137–148, 1976.
63. Shen E et al: Supraspinal participation in the inhibitory effect of acupuncture on viscero-somatic reflex discharges, *Chin Med J* 1:431–440, 1975.
64. Shu J et al: The central effect of electro-acupuncture analgesia on visceral pain of rats: a study using the [3H] 2-deoxyglucose method, *Acupunct Electrother Res* 19:107–117, 1994.
65. McMahon SB: Mechanisms of cutaneous, deep and visceral pain. In Wall PD, Melzack R: *Textbook of pain,* Edinburgh, 1994, Churchill Livingstone, pp 129–151.
66. Lee DC et al: Modification of cardiovascular function in dogs by acupuncture: a review, *Am J Chin Med* 4:333–346, 1976.
67. Skarda RT: Anesthesia case of the month, *J Am Vet Med Assoc* 214:37–39, 1999.
68. Janssens L: Respiratory and cardiac arrest under general anesthesia: treatment by acupuncture of the nasal philtrum, *Vet Rec* 105:273–276, 1979.
69. Lee MO et al: Cardiovascular effects of acupuncture at Tsu San Li (St-36) in dogs, *J Surg Res* 18:51–63, 1975.

3

70. Clifford DH et al: Cardiovascular effects of atropine on acupuncture, needling with electrostimulation, at Tsu San Li (St-36) in dogs, *Am J Vet Res* 38:845–849, 1977.
71. Lee MHM, Ernst M: The sympatholytic effect of acupuncture as evidenced by thermography: a preliminary report, *Orthop Rev* 12:67–72, 1983.
72. Knardahl S et al: Sympathetic nerve activity after acupuncture in humans, *Pain* 75:19–25, 1998.
73. Levine J, Taiwo Y: Inflammatory pain. In Wall PD, Melzack R: *Textbook of pain,* Edinburgh, 1994, Churchill Livingstone, pp 45–56.
74. Simone DA et al: Psychophysical studies of the itch sensation and itchy skin („allokinesis") produced by intracutaneous injection of histamine, *Somat Mot Res* 8:271–279, 1991.
75. Thomsen LL, Olesen J. Nitric oxide theory of migraine, *Clin Neurosci* 5:28–33, 1998.
76. Xuemin S et al: Nobel prize discovery opens possibilities for exploring acupuncture mechanisms and dementia: the effects of needling on nitric oxide levels in plasma and myocardium, *Am J Acupunct* 26:255–258, 1998.
77. Chao WK, Loh JWP: The immunologic responses of acupuncture stimulation, *Acupunct Electrother Res* 12:282–283, 1987 (abstract).
78. Chin TF et al: Induction of circulating interferon in humans by acupuncture, *Am J Acupunct* 16:319–322, 1988.
79. Morgan EL: Regulation of human B lymphocyte activation by opioid peptide hormones: inhibition of IgG production by opioid receptor class (mu-, kappa-, and delta-) selective agonists, *J Neuroimmunol* 65:21–30, 1996.
80. Weigant DA, Blalock JE: Production of peptide hormones and neurotransmitters by the immune system, *Chem Immunol* 69:1–30, 1997.
81. Lundeberg T et al: Neuroimmunomodulatory effects of acupuncture in mice, *Neurosci Lett* 128:161–164, 1991.
82. Becker RO, Selden G: *The body electric,* New York, 1985, William Morrow.
83. Szent-Gyorgi A: A study of energy levels in biochemistry, *Nature* 148:157, 1941.
84. Reichmanis M et al: Laplace plane analysis of impedance on the H meridian, *Am J Chin Med* 7:188–193, 1979.
85. Reichmanis M et al: DC skin conductance variation at acupuncture loci, *Am J Chin Med* 4:69–72, 1976.
86. Reichmanis M et al: Electrical correlates of acupuncture points, *IEEE Trans Biomed Eng* 22:533–535, 1975.
87. Takase K: Revolutionary new pain theory and acupuncture treatment procedure based on new theory of acupuncture mechanism, *Am J Acupunct* 11:305–323, 1983.
88. Nordenstrom BEW: An additional circulatory system: vascular-interstitial closed electric circuits (VICC), *J Biol Phys* 15:43–55, 1987.
89. Nordenström BEW: An electrophysiologic view of acupuncture: role of capacitive and closed circuit currents and their clinical effects in the treatment of cancer and chronic pain, *Am J Acupunct* 17:105–117, 1989.
90. Li CY et al: Relative specificity of points of acupuncture analgesia, *J Tradit Chin Med* 7:29–34, 1987.
91. Andersson SA, Holmgren E: Analgesic effects of peripheral conditioning stimulation. III. Effect of high frequency stimulation: segmental mechanisms interacting with pain, *Acupunct Electrother Res* 3:23–36, 1976.
92. Lee JH, Beitz AJ: The distribution of brain-stem and spinal cord nuclei associated with different frequencies of electroacupuncture analgesia, *Pain* 52:11–28, 1993.
93. Cho ZH et al: New findings of the correlation between acupoints and corresponding brain cortices using functional MRI, *Proceedings of the National Academy of Sciences of the United States of America* 95:2670–2673, 1998.
94. Wu MT et al: Central nervous pathway for acupuncture stimulation: localization of processing with functional MR imaging of the brain-preliminary experience, *Radiology* 212:133–141, 1999.
95. Hui KK et al: Acupuncture modulates the limbic system and subcortical gray structures of the human brain: evidence from fMRI studies in normal subjects, *Hum Brain Map* 9:13–25, 2000.

KAPITEL

4

Helen M. Berschneider

Forschung zur Veterinärakupunktur

Während der Einsatz von Akupunktur bei Menschen und Tieren seit Jahrtausenden dokumentiert ist, ist die wissenschaftliche Erforschung ihrer Mechanismen und Wirkungen sehr viel jüngeren Datums. Wie bei allen medizinischen Behandlungsmethoden gibt es dazu sehr viel mehr Forschungsaktivitäten im humanmedizinischen als im veterinärmedizinischen Bereich. Häufig werden jedoch Tierversuche eingesetzt und oft sind die gewonnenen Informationen wenigstens teilweise auf die Tiermedizin übertragbar. Dabei handelt es sich in erster Linie um mechanistische Untersuchungen. Ein wissenschaftlicher Nachweis der Wirksamkeit bei spezifischen tiermedizinischen Erkrankungen fehlt bisher größtenteils. In der derzeitigen englischsprachigen Literatur ist tatsächlich so gut wie nichts dazu vorhanden.

Mithilfe verschiedener Methoden, einschließlich Suchmaschinen, Datenbanken und internationaler Kontakte, wurden Informationen über die wissenschaftliche Erforschung der Akupunktur gesucht. Medline, die Datenbank-Suchmaschine der *National Library of Medicine*, bietet sich als Ausgangspunkt und wertvolle Informationsquelle an. Auch die amerikanischen Gesundheitsämter *(National Institutes of Health)* haben eine Website, auf der eine Konsens-Aussage über die Verwendung der Akupunktur in der Medizin und eine Bibliographie der für die Aussage einbezogenen und zitierten Literatur enthalten ist.[1] Außerdem sei der Leser auf ein Buch über medizinische Akupunktur mit dem Titel *Medical Acupuncture: A Western Scientific Approach* hingewiesen, herausgegeben von Jaqueline Filshie und Adrian White und erschienen bei Churchill Livingstone. Es bietet einen auf den westlich ausgebildeten Mediziner zugeschnittenen Zugang zur Akupunktur und enthält einen ausgezeichneten Überblick über den Stand der Forschung.

Für die vorliegende Übersicht wurden die Veröffentlichungen im vollen Wortlaut, nicht nur in Form von Abstracts ausgewählt. Die Veröffentlichungen, die für dieses Kapitel ausgewählt wurden, stammen vornehmlich aus Zeitschriften mit Peer-Review und beziehen sich auf klinische Versuche oder mechanistische Untersuchungen mit Relevanz für die Veterinärakupunktur. Individuelle Fallbeispiele mögen zwar interessant sein und können wertvolle Informationen liefern, doch sie sind wissenschaftlich von untergeordneter Bedeutung. Weitere Auswahlkriterien, die sich allerdings mehr auf die Logistik als auf die Qualität oder Art der Studie beziehen, waren die Zugänglichkeit über eine der großen Datenbanken sowie die Publikation in englischer Sprache.

Gute wissenschaftliche Untersuchungen medizinischer Behandlungsmethoden sind nicht einfach in Entwurf und Ausführung. Wenn die Behandlungsmethode auf Philosophien und Theorien beruht, die den westlichen wissenschaftlichen Medizintheorien völlig fremd sind, wird diese Aufgabe praktisch unmöglich. McMillan zählt einige wichtige Kriterien für eine ideale klinische Untersuchung auf [1]. Dazu zählen ethische Unbedenklichkeit und Zustimmung der informierten Teilnehmer; Vergleich mit Standardtechniken; Placebo-Kontrollen; Randomisierung der Behandlung; tatsächliche klinische Fälle anstelle induzierter Modelle oder normaler Versuchspersonen; große Anzahl von Versuchspersonen mit möglichst geringen Unterschieden in den Ausgangsbedingungen oder aber gleichmäßig innerhalb der Gruppen verteilten Variablen; möglichst geringe Zahl von Beobachtern, die über die Behandlungsmodalitäten nicht informiert sind; spezifische Endpunkte und quantifizierbare Bewertungsfaktoren sowie vorab festgelegte Ausschlusskriterien.

Das Einzige, was in dieser Liste fehlt, ist eine Bewertung der Tatsache, wie gut die Studie mit den Theorien und Philosophien übereinstimmt, auf denen die Behandlung beruht. Akupunktur ist Teil der Traditionellen Chinesischen Medizin (TCM), eines medizinischen Systems, das einen ganz anderen Zugang zur Beurteilung und Diagnose von Patienten besitzt. Wird die Technik von der Philosophie getrennt, auf der sie beruht, so wird die Studie oder die Technik damit nicht notwendigerweise ungültig oder unbrauchbar. Jedoch wird dadurch möglicherweise verhindert, dass die Behandlungsmethode ihr maximales Potenzial erreicht. Die Tatsache, dass sich mit Akupunktur auch im Rahmen der westlichen Medizintheorien signifikante Ergebnisse erzielen lassen, spricht für das enorme Potenzial dieser Behandlungsmethode.

4.1 Grundlegende physiologische Mechanismen der Akupunktur

Ein Großteil der wissenschaftlichen Forschung im Bereich Akupunktur beschäftigt sich mit verschiedenen Aspekten der physiologischen Wirkmechanismen der Akupunktur. Diese Untersuchungen werden meist an normalen Versuchspersonen durchgeführt, bei denen die physiologischen Reaktionen auf die Behandlung mithilfe komplizierter Verfahren überprüft werden, wie z.B. funktionaler Magnetresonanztomographie (fMRI), computergestützter Doppler-Sonographie oder biochemischer Analysen. Teilweise werden auch künstlich pathologische Zustände induziert und spezifische Pfade blockiert, um zu untersuchen, ob Akupunktur-Wirkungen auf diese Weise unterbunden werden können. Obwohl zur Akupunktur bei Schmerzen bereits zahlreiche Untersuchungen durchgeführt wurden, taucht das Thema bei der Erforschung komplizierterer Wirkmechanismen immer noch häufig auf. Die gene-

[1] National Institutes of Health: http://nccam.nih.gov/health/acupuncture/

relle analgetische Wirkung der Akupunktur erfolgt offensichtlich über das Zentralnervensystem (ZNS). Takeshige et al. verwendeten Kaninchen, um zu zeigen, dass das aufsteigende Signal nach Stimulation eines distalen Akupunkturpunkts durch den Nucleus reticularis gigantocellularis und die dorsale periaquäduktale graue Substanz verläuft [2]. Von dort aus wurden mehrere Pfade vorgeschlagen oder nachgewiesen, wobei die Beteiligung von Thalamus, Hypothalamus, Hippocampus und Nucleus arcuatus klar erwiesen ist. Li, Gen-Cheng und Xiao-Ding stellten fest, dass sich mit Elektroakupunktur die Schmerzschwelle bei Ratten in unterschiedlichem Umfang erhöhen lässt [3]. Der Unterschied zwischen starker und schwacher Reaktion stand in Verbindung mit der Freisetzung von β-Endorphinen und Dynorphinen aus dem lateralen Nucleus reticularis paragigantocellularis. Pan, Castro-Lopes und Coimbra konnten zeigen, dass schädliche Stimuli an der hinteren Gliedmaße oder Elektroakupunktur auf Ma 36 die Bildung des Protoonkogens *c-fos* in der Hypophyse und in einigen Kerngebieten des Hypothalamus auslösen [4]. Stress, ebenfalls eine bekannte Ursache für die vermehrte Bildung von *c-fos*, führte zu unterschiedlichen Bildungsmustern bei anästhesierten Ratten im Vergleich zu Akupunktur-behandelten anästhesierten Ratten. Dies weist darauf hin, dass die Mechanismen und neuralen Pfade der Reaktion unterschiedlich sind, selbst wenn im Anschluss an unterschiedliche Stimulationen dieselben Überträgerstoffe ausgeschüttet werden. Eine Mischung von Peptidase-Inhibitoren verstärkte die Wirkung injizierter Opioide im intrathekalen und intrazerebroventrikulären Raum sowie dem periaquäduktalen Grau [5]. Doch diese Inhibitoren verstärkten die antinozizeptive Reaktion auf Elektroakupunktur nur dann, wenn sie in das periaquäduktale Grau injiziert wurden. Im Gegensatz dazu behindert Orphanin FQ, ein Peptid mit 17 Aminosäuren, die analgetische Wirkung der Elektroakupunktur, bei alleiniger Anwendung erhöht es sogar die Nozizeption [6]. Auch wenn man annehmen könnte, dass chronische Stimulation von Akupunkturpunkten die Schmerzschwelle erhöht und dadurch die Lernfähigkeit in Bezug auf die Vermeidung eines schmerzhaften Stimulus behindert, so wurde doch von Kazuo Toriizuka et al. das Gegenteil nachgewiesen [7]. In dieser Untersuchung erhöhte die kontinuierliche Stimulation von Bl 23 durch subkutane Nadeln bei Ratten mit Ovarektomie die Norepinephrin- und Dopamin-Konzentration in mehreren Gehirnbereichen und verbesserte die gedächtnisbasierte Lernfähigkeit bei passiven Vermeidungstests.

Durch fMRI wurde eine physische Korrelation zwischen Akupunkturpunkten und dem visuellen Kortex im Gehirn nachgewiesen [8]. Dieselbe Untersuchung lässt außerdem einen physiologischen Unterschied zwischen Versuchspersonen mit phänotypischer *Yin-* bzw. *Yang*-Betonung vermuten. Eine andere Untersuchung mit ähnlichen Methoden stellte fest, dass Akupunktur die Aktivität im limbischen System und in der subkortikalen grauen Substanz bei gesunden menschlichen Probanden beeinflussen kann [9]. Ein zusätzlicher Nachweis für die Spezifität der Akupunkturpunktstimulierung wurde von Litscher et al. Erbracht [10]. Sie untersuchten den Blutfluss in der A. supratrochlearis und der rechten A. cerebri media mithilfe computergestützter Doppler-Sonographie. Versuche, die biochemischen Mechanismen für die beobachtete vasodilatatorische Reaktion aufzuklären, erwiesen sich als weniger erfolgreich [11]. Das mag auf die unterschiedliche Sensibilität der Messungen zurückzuführen sein, da es sehr viel einfacher ist, eine signifikante physiologische Reaktion nachzuweisen, als einen chemischen Botenstoff zu identifizieren und zu messen, der im Blut oder in der zerebrospinalen Flüssigkeit verdünnt auftritt.

Einige Untersuchungen sind mehr deskriptiver Natur, wie z. B. die Studie von Ceccherelli et al. [12], die zeigt, dass Akupunktur auf Ma 36 und Gb 30 Capsaicin-induzierte Ödeme in der Pfote von Ratten verhindert. Die Reaktion war ähnlich wie bei intravenös gespritztem Morphium. Der Mechanismus dieser Reaktion wurde jedoch nicht untersucht. Nezhentsev und Aleksandrov konnten zeigen, dass Naloxon die antipyretische Wirkung der Akupunktur nach intravenöser Injektion eines standardisierten Pyrogens unterbinden kann [13]. Das deutet darauf hin, dass die Akupunktur über Opioid-Rezeptoren auf das Immunsystem wirkt. Es gibt vermehrt Hinweise darauf, dass Opioide die Immunzellaktivität in der Peripherie und im Zentralnervensystem beeinflussen. Petti et al. wiesen bei menschlichen Freiwilligen nach, dass sich nach Akupunktur auf *Zu San Li* (Ma 36) und *He Gu* (Di 4) nicht nur die β-Endorphin-Konzentration erhöhte, sondern auch eine signifikante Vermehrung von CD3- und CD4-Zellen innerhalb von 30 Minuten sowie von CD8-Zellen innerhalb von 24 Stunden auftrat [14]. Dabei war bei allen Versuchspersonen innerhalb von 24 Stunden nach der Akupunkturbehandlung nicht nur die Zahl der zirkulierenden Zellen, sondern auch die phagozytische Aktivität der Monozyten erhöht. Eine ähnliche Untersuchung bei Ratten ergab nach Akupunkturbehandlung eine Erhöhung der lytischen Aktivität natürlicher Killerzellen in der Milz [15]. Der Faktor, der diese Aktivität induziert, ließ sich über das Serum auf andere Ratten übertragen und blieb selbst nach Hitzeinaktivierung des Serums aktiv. Ratten nach einem Operationstrauma, mit bzw. ohne Akupunkturbehandlung, wurden auf Freisetzung von Interleukin-2 (IL-2) aus Milz-Lymphozyten untersucht [16]. Das Trauma führte zu einer Verringerung der IL-2-Produktion für bis zu zehn Tage. Stimulation von *Zu San Li* (Ma 36) mit Elektroakupunktur verringerte den Einfluss des traumatischen Stresses auf die IL-2-Produktion und führte dazu, dass sie schneller wieder normale Ausmaße erreichte. Diese Untersuchungen weisen nach, dass Akupunktur das Immunsystem beeinflusst, und geben erste Hinweise auf die dabei involvierten physiologischen Prozesse.

Elektrische Stimulation von Ma 36 führte zu einer durch spezifische Opiatrezeptoren vermittelten Antinozizeption [17]. Diese Untersuchung zeigte, dass die Frequenz der elektrischen Stimulation bestimmt, welche Opiatrezeptoren aktiviert werden. Bei 2 Hz wurden μ- und δ-Rezeptoren aktiviert, bei 30 Hz μ-, δ- und κ-Rezeptoren und bei 100 Hz κ-Rezeptoren. Das deutet darauf hin, dass bei Variation der Stimulationsintensität an einem Akupunkturpunkt möglicherweise verschiedene Botenstoffe freigesetzt werden. Solch eine Untersuchung könnte zunächst von rein akademischem Interesse erscheinen. Wenn man diese Ergebnisse jedoch im Zusammenhang mit immunologischen Daten betrachtet, die darauf hinweisen, dass κ-Opioide das Wachstum des HIV-Virus in Mikroglia-Zellen verhindern können, tun sich wichtige mechanische und therapeutische Möglichkeiten auf [18]. Da es extrem schwierig ist, Virusinfektionen des Zentralnervensystems oder andere gegen pharmakologische Behandlung resistente Infektionen zu behandeln, ist die Möglichkeit einer Stärkung der körpereigenen Abwehrkräfte durch Akupunktur eine wichtige therapeutische Option. Einen Hinweis auf das Potenzial der Akupunktur in der Behandlung von Infektionskrankheiten lieferten Sanchez-Araujo und Puchi mit einer klinischen Blindstudie an 25 Hunden [19]. Sie zeigten, dass Akupunktur die Wirksamkeit einer Standard-Antibiotika-Behandlung bei Otitis externa verbesserte und die Krankheitsdauer signifikant verkürzte.

4.2 Wirkungen der Akupunktur auf Organfunktionen

Während die analgetischen Wirkungen der Akupunktur, besonders auf das Muskel- und Skelettsystem, im Westen beträchtliche Aufmerksamkeit erhielten, wurden die Wirkungen auf tiefere Organe weniger untersucht. Eine der am besten dokumentierten Wirkungen ist die Prävention von postoperativer Übelkeit und Erbrechen. Al-Sadi, Newman und Julious veröffentlichten eine randomisierte klinische Doppelblindstudie, die die Akupunkturwirkung bei dieser Indikation bestätigt [20]. Sie stellten fest, dass Akupunktur auf Pe 6 das Auftreten postoperativer Übelkeit mit Erbrechen um etwa 50 % reduziert. Die Relevanz für die Tiermedizin mag gering erscheinen, doch möglicherweise gibt es eine Korrelation zum Reflux bei Pferden mit Kolik. Diese Anwendung gilt es allerdings noch zu erforschen.

Auch die Behandlung oder Prävention von Magengeschwüren ist eine potenzielle Anwendung der Akupunktur bei Pferden. Zwar waren Inhibition der Magensäuresekretion und Behandlung von Magengeschwüren Thema zahlreicher Veröffentlichungen in den vergangenen Jahren, doch die Bemühungen, in Tierversuchen die physiologischen Mechanismen zu erforschen, führten zu widersprüchlichen Ergebnissen. Jin et al. stellten fest, dass Elektroakupunktur die Magensaftsekretion nach einer einfachen Mahlzeit bei Hunden im Wachzustand hemmt [21]. Die Autoren kamen zu dem Schluss, dass diese Wirkung durch β-Endorphin und Somatostatin vermittelt wird. Die Elektroakupunktur führte zu einer erhöhten Konzentration von Somatostatin, β-Endorphin und VIP (vasoactive intestinal peptide), während die Gastrin-Konzentration im Serum zurückging. Durch Behandlung mit Naloxon ließ sich diese Wirkung blockieren. Im Gegensatz dazu stellte eine andere Studie mit nüchtern anästhesierten Ratten fest, dass nach Elektroakupunktur-Stimulation derselben Punkte die Magensäureproduktion sogar zunahm [22]. Diese Reaktion wurde durch eine Vagotomie ausgeschaltet, trat aber nach Sympathektomie verstärkt auf. Diese anscheinend widersprüchlichen Ergebnisse sind möglicherweise auf unterschiedliche Reaktionen bei verschiedenen Arten zurückzuführen, eventuell aber auch auf die unterschiedlichen Versuchsbedingungen. Wach im Gegensatz zu anästhesiert und gefüttert im Gegensatz zu nüchtern sind Variationen, die die physiologischen Reaktionen dramatisch beeinflussen könnten. Es gilt auch in Betracht zu ziehen, dass es bei diesen zwei Studien um einen mindestens zehnfachen Konzentrationsunterschied der Magensäure geht. Die historischen Daten weisen jedenfalls darauf hin, dass Akupunktur in der Behandlung von Magengeschwüren bei Säugetieren von Nutzen ist.

Eine Studie von *Lin*, *Yang* und *Tsai* nutzte experimentell induzierte Cholangitis und Verschlussikterus bei Ratten, um die Wirkung von Akupunktur bei Leberschäden zu untersuchen [23]. Die Versuchstiere erhielten Akupunkturbehandlungen vor, während und nach Injektion von α-Naphthylisothiocyanat (ANIT) zur Induktion eines Leberschadens. Die Serumkonzentrationen von Bilirubin, Aspartataminotransferase (ASAT bzw. GOT) und Alaninaminotransferase (ALAT bzw. GPT) waren zwar höher als normalerweise, doch bei den mit Akupunktur behandelten Ratten signifikant niedriger als bei der Kontrollgruppe. Das deutet darauf hin, dass Akupunktur bei Entzündungsprozessen möglicherweise eine protektive oder regenerative Wirkung auf die Leber hat. Betrachtet man die bisherigen Daten über die Wirkung der Akupunktur auf das Immunsystem, so ist dies nicht überraschend.

Die physiologischen und biochemischen Untersuchungen über die kardiovaskulären Wirkungen der Akupunktur basieren auf der früheren Forschung über die Akupunkturanalgesie; die Punkte wurden meist nach den traditionellen Indikationen ausgewählt. Andere Studien hingegen verwenden Punkte mit starker Wirkung auf multiple Systeme. Dadurch ist es eventuell schwierig, die allgemeinen physiologischen Effekte von spezifischen Wirkungen auf die kardiovaskulären Funktionen zu unterscheiden. *Lin*, *Ho* und *Lin* dokumentierten bei menschlichen Versuchspersonen eine Verlangsamung des Ruhepulses, eine Verringerung der CO_2-Produktion und in geringerem Umfang des O_2-Verbrauchs nach Akupunktur auf *Nei Kuan* (Pe 6) und *Zu San Li* (Ma 36) im Vergleich zu Kontrollgruppen und Gruppen mit Placebo-Akupunktur [24]. *Feng-Ming Ho* et al. untersuchten Versuchspersonen mit koronarer Herzerkrankung und verglichen sie mit Gesunden [25]. Mithilfe einer Radionuklid-Angiographie maßen sie die linksventrikuläre Ejektionsfraktion (LVEF) vor, während und nach der Akupunktur bzw. Placebo-Akupunktur. Im Gegensatz zu anderen Untersuchungen stellten sie keine Auswirkungen der Akupunktur auf die Herzfunktion der normalen Probanden fest. Doch bei den Patienten mit koronaren Herzerkrankungen und verringerter LVEF wurde diese durch die Akupunkturbehandlung signifikant erhöht. Die Steigerung war 15 Minuten nach Abschluss der Behandlung am stärksten. Obwohl die LVEF-Werte der behandelten Patienten eine Woche nach der Behandlung noch fast identisch waren, sprachen die Autoren von langfristig nicht signifikanten Ergebnissen.

Untersuchungen an Katzen mit experimentell induzierter Myokardischämie zeigten Mechanismen auf, wie Elektroakupunktur auf Pe 6 die Herzfunktion beeinflussen könnte [26]. Die Studie von Peng Li et al. verwendete physikalische und biochemische Methoden, um die myokardiale Durchblutung zu verringern und gleichzeitig den Sauerstoffbedarf des Herzens zu steigern. Durch direkte Stimulation des Nervus medianus wurde Elektroakupunktur simuliert. Es konnte gezeigt werden, dass die neurale Stimulation die regionale Myokardischämie, die durch eine erhöhte sympathische Stimulation in Verbindung mit einer Einschränkung der Koronardurchblutung ausgelöst worden war, signifikant verbesserte. Die verbesserte Funktion war dabei offensichtlich Ergebnis eines verringerten Sauerstoffbedarfs, nicht eines erhöhten Blutflusses. Eine andere Untersuchung dieser Forschergruppe charakterisierte die Wirkmechanismen der Elektroakupunktur weiter, indem sie zeigte, dass die Wirkungen der Elektroakupunktur auf die Herzfunktion mit Naloxon rückgängig gemacht werden können [27]. Sie konnten nachweisen, dass die Rolle des Zentralnervensystems bei der Elektroakupunktur-Reaktion auf Opioid-Rezeptoren in der rostralen ventrolateralen Medulla oblongata beruht.

Auch wenn diese Studien keinen direkten Nachweis über die Wirksamkeit der Akupunktur in der Behandlung klinischer Störungen erbringen, so bilden sie doch eine starke Basis, die die positive Wirkung der Akupunktur bestätigt und als Richtschnur für Entscheidungen bei potenziellen Indikationen dienen kann.

4.3 Wirksamkeit der Akupunktur bei klinischen Störungen

Auch wenn klinische Studien über die Wirksamkeit von Akupunktur bei realen Krankheitsprozessen äußerst wünschenswert wären, so sind sie doch schwierig zu entwerfen und durchzuführen. Westlich ausgebildete und wissenschaftlich orientierte Mediziner sind häufig frustriert vom Mangel an gut kontrollierten, prospektiven klinischen Studien. Selbst bei gut geplanten Studien erfordert die Variabilität der Patienten große Fallzahlen für eine statistische Signifikanz. Wie bereits erwähnt, kann eine sorgfältige Auswahl der Patienten die Erfolgsrate der Akupunkturbehandlung stark erhöhen. Solch eine Vorauswahl der Versuchspersonen steht jedoch im Konflikt mit der angeblich unvoreingenommenen, randomisierten, kontrollierten Doppelblindstudie, die als „Goldstandard" der westlichen Medizinforschung betrachtet wird. Dieser Unterschied in der grundlegenden Philosophie von Akupunktur und TCM einerseits und der westlichen medizinischen Wissenschaft andererseits ist wohl die größte Hürde für Forscher, die versuchen, sinnvolle Studien zur klinischen Akupunktur durchzuführen.

Der Forschungsbericht von *Hu Jinsheng* über 25 Patienten mit Asthma bronchiale ist ein gutes Beispiel für wichtige klinische Informationen, die nicht dem westlichen wissenschaftlichen Standard entsprechen [28]. *Jinsheng* berichtet, dass sich nach Akupunkturbehandlung bei 56 % der Patienten der Zustand so weit besserte, dass sie die pharmazeutische Behandlung absetzen konnten. Weitere 40 % konnten die Dosis reduzieren und nur bei 4 % trat keine Besserung ein. Auch wenn dies auf ein Potenzial der Akupunktur in der Behandlung von Asthmapatienten schließen lässt, so ist es für den westlichen Wissenschaftler wegen des Mangels an Kontrollen sowie der Variabilität der Punktauswahl und der Behandlungsdauer schwierig, diese Untersuchung als Beweis zu akzeptieren. Eine ähnliche Studie von Filshie et al. untersuchte die Wirksamkeit der Akupunktur zur Behandlung von Dyspnoe bei Krebspatienten [29]. 14 der 20 untersuchten Patienten zeigten eine signifikante Besserung im Anschluss an eine 10-minütige Akupunktur. Die Patienten wiesen neben der verringerten Respirationsrate auch signifikant weniger Schmerzen und Ängste auf. Diese zusätzlichen Wirkungen deuten darauf hin, dass die Akupunktur in der Behandlung von Krebspatienten möglicherweise günstiger ist als eine konventionelle Schmerztherapie.

Der Bereich der Reproduktion ist bei allen Arten von großer Bedeutung. Unfruchtbarkeit kann aus vielerlei physiologischen Störungen resultieren. Bei In-vitro-Fertilisation und Embryotransfer beim Menschen hat sich der Pulsationsindex der A. uteri als guter Indikator für die Empfängnisbereitschaft des Endometriums für eine fötale Implantation erwiesen. Stener-Victorin et al. bestimmten den Widerstand in der Uterusarterie, um den Pulsationsindex und die Wirksamkeit von Akupunktur zur Erhöhung der Endometrium-Rezeptivität bei unfruchtbaren Frauen zu untersuchen [30]. Bei Patientinnen, deren Pulsationsindex während der Vorbereitung für In-vitro-Fertilisation und Embryotransfer über einer vorab bestimmten Rate lag, wurde vier Wochen lang zweimal wöchentlich Elektroakupunktur eingesetzt. Die Punktauswahl erfolgte auf Basis der segmentalen Uterusinnervation, nicht auf strikter TCM-Basis. Nach der achten Behandlung war der Pulsationsindex signifikant verringert und blieb bei sieben von acht Frauen in der Studie mindestens zwei Wochen lang auf diesem Level.

Steißlage des Fötus stellt ein Risiko bei der Geburt dar. Eine randomisierte kontrollierte Studie von Cardin und Weixin bei Patientinnen mit Steißlage in der 33. Schwangerschaftswoche zeigte, dass tägliche Moxa-Behandlung auf Bl 67 ab der 33. Woche in 75 % der Fälle ohne sonstige äußere Manipulation zu Geburten mit normaler Kopflage führte [31]. In der Gruppe ohne Moxibustion hatten sich nur 47 % der Föten bis zur 35. Woche gedreht. Da diese Behandlung kein Nadeln erfordert, wurden die Patientinnen entsprechend unterwiesen, sodass sie die tägliche Behandlung selbst zu Hause ausführen konnten.

In der Vergangenheit stand im Westen die Wirksamkeit der Akupunktur in der Behandlung akuter und chronischer Schmerzen im Vordergrund. Die möglichen physiologischen Mechanismen dieser Wirkung wurden umfangreich erforscht. Seit kurzem gibt es stärker anwendungsorientierte Studien, die eventuell auch für die Tiermedizin relevant sind. Lin und Yang versuchten, die lindernde Wirkung der Akupunktur bei Muskelkater mit biochemischen Markern für Muskelschädigung zu korrelieren [32]. Obwohl die mit Akupunktur behandelten Versuchspersonen 72 Stunden nach der körperlichen Anstrengung über weniger Muskelkater klagten als die Kontrollgruppe, war keine signifikante Differenz in der Kreatinkinase-Aktivität im Serum festzustellen. Die Beziehung zwischen der Menge freigesetzter Kreatinkinase und dem Ausmaß der Muskelschädigung ist jedoch nicht klar. Daher können aus dieser Studie keine Rückschlüsse darauf gezogen werden, ob Akupunktur die Muskelregeneration beschleunigen kann. Es kann nur geschlossen werden, dass Versuchspersonen mit traumatisiertem Muskelgewebe, die mit Akupunktur behandelt wurden, bei der Muskelpalpation weniger Schmerz verspürten als die Kontrollgruppe ohne Akupunktur.

Akupunktur gegen Rückenschmerzen beim Menschen war Gegenstand zahlreicher Untersuchungen. Ernst und White überprüften 30 verschiedene klinische Studien, um daraus eine Meta-Analyse zu erstellen [33]. Nur 12 der 30 Studien wurden schließlich von ihnen akzeptiert und in die Analyse einbezogen. Insgesamt zeigte sich, dass Akupunktur zur Behandlung chronischer Rückenschmerzen nachweislich wirksamer war als verschiedene Kontrollbehandlungen. Jedoch konnte diese Analyse nicht nachweisen, dass eine Akupunkturbehandlung besser war als eine Placebobehandlung. Leider handelte es sich bei der Placebobehandlung in vielen Studien um Placebo-Akupunktur, die häufig eine signifikante schmerzlindernde Wirkung hat. Auch Takeda und Wessel berichten, dass zur Schmerzlinderung bei Osteoarthritis echte Akupunktur nicht wirksamer war als Placebo-Akupunktur [34]. Beide Behandlungsformen führten jedoch zu einer signifikanten Reduzierung von Schmerzen und Steifheit.

Starke chronische Schmerzen in Verbindung mit Tumorerkrankungen sind schwierig zu behandeln. Wen und Jiebin berichten, dass bei 81 % von 48 Patienten mit Schmerzen aufgrund eines Magenkarzinoms durch Akupunktur eine langfristig wirksame Analgesie erreicht werden konnte, die der Analgesie nach einer pharmazeutischen Behandlung entsprach [35]. Die kurzfristige Wirksamkeit war bei medikamentöser Behandlung besser, doch andere Faktoren, die die Lebensqualität beeinflussen, waren günstiger bei Akupunkturbehandlung. Eine Studie von Grabow über die analgetische Wirksamkeit von Akupunktur bei postoperativen Schmerzen fand keine statistisch signifikanten Wirkungen [36]. Doch wurde berichtet, dass einige Patienten mit der analgetischen Wirkung der Akupunktur ohne zusätzliche Analgetikagabe vollkommen zufrieden waren. Die Auswahl der Patienten ist also möglicherweise ein kritischer Faktor, der über den Erfolg einer analgetischen Behandlung mit Akupunktur entscheidet.

Eine Untersuchung über die Wirksamkeit von Akupunktur zur Schmerzlinderung bei Pferden wird von Hackett et al. Dokumentiert [37]. Dabei wurden bei einer kleinen Zahl von Pferden auf mechanischem Wege – durch Druck auf eine Hufsohle – Schmerzen und Lahmheit induziert. Als Schmerzindikator wurde die Herzschlagrate gemessen. Dabei konnte gezeigt werden, dass Akupunktur Schmerzen im unteren Teil der Extremitäten bei Pferden signifikant verringert. McCormick untersuchte die Verwendung von Akupunkturpunkten als diagnostische Indikatoren für spezifische Schmerzen beim Pferd [38]. Er stellte fest, dass die Korrelation zwischen den fünf diagnostischen Punkten des Vorderfußes und Lahmheit des Vorderfußes nur dann signifikant war, wenn der pathologische Prozess ein Gelenk betraf.

Wie sich zeigt, hat die Akupunktur möglicherweise neben der analgetischen Wirkung viele weitere Anwendungsgebiete. Eine Untersuchung von Chang et al. bei Ratten mit Diabetes lässt vermuten, dass Akupunktur auf KG 12 die Glukosekonzentration im Plasma signifikant senkt, vermutlich durch einen Mechanismus, der auf β-Endorphin- und Insulin-Ausschüttung beruht [39]. Weitere klinische Anwendungen liegen möglicherweise im Bereich neurologischer Störungen. Panzer und Chrisman berichten, dass drei von fünf Hunden mit nicht lokalisierbaren epileptischen Anfällen mit Ohrakupunktur wirksam behandelt werden konnten [40]. Eine langfristige Platzierung der Nadel zur Dauerstimulation ist in solchen Fällen möglicherweise der Schlüssel für eine wirksame Behandlung.

4.4 Zukünftige Forschungsfelder im Bereich der Veterinärakupunktur

Offensichtlich ist sehr viel mehr Forschung grundlegender wie klinischer Natur im Bereich der Veterinärakupunktur erforderlich. Es ist jedoch extrem schwierig, Studien zu entwerfen und durchzuführen, die eine vernünftige Einschätzung der Wirksamkeit von Akupunktur erbringen und gleichzeitig den strengen Anforderungen einer wissenschaftlich orientierten Medizin genügen. Ernst und White fassten einige der Probleme der Forschung im Bereich klinischer Akupunktur zusammen [41]. Es beginnt mit der Definition dessen, was mit Akupunktur gemeint ist. Angesichts der Vielzahl von Techniken, möglichen Punktkombinationen, Anwendungstheorien und spezifischen Punktlokalisierungen scheint diese Behandlungsmodalität zu chaotisch, um als wirkliches medizinisches System zu gelten. Tatsächlich wäre es vielleicht korrekter, bei der Akupunktur von einer Sammlung von Behandlungsmethoden mit ähnlichen Techniken und Theorien zu sprechen als von einer einzigen Behandlungsmethode. Neben der Schwierigkeit, die zu testende Behandlungstechnik zu definieren, ist es auch schwierig, ein angemessenes Placebo zu finden. Auch Pseudo-Akupunktur hat nachweislich signifikante physiologische Wirkungen und kann daher nicht als wirkliches Placebo betrachtet werden. Andere Techniken, die vorgeschlagen wurden, führen zu ähnlichen Schwierigkeiten. Vincent und Lewith sind der Meinung, dass es beim Entwurf klinischer Studien zur Akupunktur eine entscheidende Rolle spielt, angemessene Kontrollgruppen zu finden [42]. Die Beurteilung der Ergebnisse oder Wirkungen im Vergleich zu einer Standardbehandlung ist möglicherweise der einfachste und wirkungsvollste Ansatz. Einige Forscher neigen dazu, die Wirkungen der Akupunktur auseinander zu nehmen, so wie man die bioaktiven Komponenten einer Heilpflanze isoliert. Doch die Forschungsgelder sind möglicherweise besser eingesetzt, wenn klinische Forscher bereit sind, einen Schritt zurückzutreten und die Wirksamkeit der Akupunktur als geschlossenes Behandlungssystem zu bewerten, statt einzelne Akupunkturpunkte zu untersuchen.

LITERATUR

1. McMillan cm: Acupuncture for nausea and vomiting. In Filshie J, White A, eds: *Medical acupuncture: a western scientific approach,* New York, 1998, Churchill-Livingstone, pp 295–317.
2. Takeshige CK et al: The acupuncture point and its connecting central pathway for producing acupuncture analgesia, *Brain Res Bull* 30:53–67, 1993.
3. Li Z, Gen-Cheng W, Xiao-Ding C: Role of opioid peptides of rat's nucleus reticularis paragigantocellularis lateralis (RPGL) in acupuncture analgesia, *Acupunct Electrother Res* 20:89–100, 1995.
4. Pan B, Castro-Lopes JM, Coimbra A: C-*fos* expression in the hypothalamo-pituitary system induced by electroacupuncture or noxious stimulation, *Neuroreport* 5:1649–1652, 1994.
5. Kishioka S et al: Effects of a mixture of peptidase inhibitors (amastatin, captopril and phosphoramidon) on met-enkephalin-, β-endorphin-, dynorphin-(1–13)- and electroacupuncture-induced antinociception in rats, *Jpn J Pharmacol* 66:337–345, 1994.
6. Zhu C-B et al: Antagonistic action of orphanin FQ on acupuncture analgesia in rat brain. *Acupunct Electrother Res* 21:199–205, 1996.
7. Toriizuka K et al: Acupuncture inhibits the decrease in brain catecholamine contents and the impairment of passive avoidance task in ovariectomized mice, *Acupunct Electrother Res* 24:45–57, 1999.
8. Cho Z et al: New findings of the correlation between acupoints and corresponding brain cortices using functional MRI, *Proc Natl Acad Sci USA* 95:2670–2673, 1998.
9. Hui KKS et al: Acupuncture modulates the limbic system and subcortical gray structures of the human brain: evidence from fMRI studies in normal subjects, *Hum Brain Map* 9:13–25, 2000.
10. Litscher G et al: Computer-controlled acupuncture quantification and separation of specific effects, *Neurol Res* 21:530–534, 1999.
11. Wyon YM et al: Effects of physical activity and acupuncture on calcitonin gene-related peptide immunoreactivity in different parts of the rat brain and in cerebrospinal fluid, serum and urine, *Acta Physiol Scand* 162:517–522, 1998.
12. Ceccherelli F et al: The role of manual acupuncture and morphine administration on the modulation of capsaicin-induced edema in rat paw: a blind controlled study, *Acupunct Electrother Res* 21:7–14, 1996.
13. Nezhentsev M, Aleksandrov S: Effect of naloxone on the antipyretic action of acupuncture, *Pharmacology* 46:289–293, 1993.
14. Petti F et al: Effects of acupuncture on immune response related to opioid-like peptides, *J Transitional Chin Med* 18:55–63, 1998.

15. Sato T et al: Acupuncture stimulation enhances splenic natural killer cell cytotoxicity in rats, *Jpn J Physiol* 46:131–136, 1996.
16. Cheng X-D et al: Effect of continued electroacupuncture on induction of interleukin–2 production of spleen lymphocytes from injured rats, *Jpn J Physiol* 22:1–8, 1997.
17. Chen X-H, Geller EB, Adler MW: Electrical stimulation at traditional acupuncture sites in periphery produces brain opioid-receptor-mediated antinociception in rats, *J Pharmacol Exp Ther* 277:654–660, 1996.
18. Chao CC et al: κ-Opioid receptors in human microglia downregulate human immunodeficiency virus expression, *Proc Natl Acad Sci USA* 93:8051–8056, 1996.
19. Sanchez-Araujo M, Puchi A: Acupuncture enhances the efficacy of antibiotics treatment for canine otitis crises, *Jpn J Physiol* 22:191–206, 1997.
20. Al-Sadi M, Newman B, Julious SA: Acupuncture in the prevention of postoperative nausea and vomiting, *Anaesthesia* 52:658–661, 1997.
21. Jin HO et al: Inhibition of acid secretion by electrical acupuncture is mediated via β-endorphin and somatostatin, *Am J Physiol* 271:G524-G530, 1996.
22. Noguchi E, Hayashi H: Increases in gastric acidity in response to electroacupuncture stimulation of the hindlimb of anesthetized rats, *Jpn J Physiol* 46:53–58, 1996.
23. Lin J-G, Yang S-H, Tsai C-H: Acupuncture protection against experimental hyperbilirubinemia and cholangitis in rats, *Am J Chin Med* 23:131–137, 1995.
24. Lin J-G, Ho S-J, Lin J-C: Effect of acupuncture on cardiopulmonary function, *Chin Med J* 109:482–485, 1996.
25. Ho F-M et al: Effect of acupuncture at *nei-Kuan* on left ventricular function in patients with coronary artery disease, *Am J Chin Med* 27:149–156, 1999.
26. Li P et al: Reversal of reflex-induced myocardial ischemia by median nerve stimulation: a feline model of electroacupuncture, *Circulation* 97:1186–1194, 1998.
27. Chao DM et al: Naloxone reverses inhibitory effect of electroacupuncture on sympathetic cardiovascular reflex responses, *Am J Physiol* 276:H2127–H2134, 1999.
28. Jinsheng H: Clinical observation on 25 cases of hormone dependent bronchial asthma treated by acupuncture, *J Tradit Chin Med* 18:27–30, 1998.
29. Filshie J et al: Acupuncture for the relief of cancer-related breathlessness, *Palliat Med* 10:145–150, 1996.
30. Stener-Victorin E et al: Reduction of blood flow impedance in the uterine arteries of infertile women with electro-acupuncture, *Hum Reprod* 11:1314–1317, 1996.
31. Cardini F, Weixin H: Moxibustion for correction of breech presentation, *JAMA* 280:1580–1584, 1998.
32. Lin J-G, Yang S-H: Effects of acupuncture on exercise-induced muscle soreness and serum creatine kinase activity, *Am J Chin Med* 27:299–305, 1999.
33. Ernst E, White AR: Acupuncture for back pain: a meta-analysis of randomized controlled trials, *Arch Intern Med 1* 58:2235–2241, 1998.
34. Takeda W, Wessel J: Acupuncture for the treatment of pain of osteoarthritic knees, *Arthritis Care Res* 7:118–122, 1994.
35. Wen D, Jiebin Y: Clinical study on acupuncture treatment of stomach carcinoma pain, *J Tradit Chin Med* 18:31–38, 1998.
36. Grabow L: Controlled study of the analgetic effectivity of acupuncture, *Arzneim-Forsch/Drug Res* 44:554–558, 1994.
37. Hackett GE et al: Acupuncture: is it effective for alleviating pain in the horse? *Proc Am Assoc Equine Pract* 43:332–335, 1997.
38. McCormick WH: Oriental channel diagnosis in foot lameness of the equine forelimb, *Proc Am Assoc Equine Pract* 43:330–332, 1997.
39. Chang SI et al: An insulin-dependent hypoglycaemia induced by electroacupuncture at the Zhongwan (CV12) acupoint in diabetic rats, *Diabetologia* 42:250–255, 1999.
40. Panzer RB, Chrisman CL: An auricular acupuncture treatment for idiopathic canine epilepsy: a preliminary report, *Am J Chin Med* 22:11–17, 1994.
41. Ernst E, White AR: A review of problems in clinical acupuncture research, *Am J Chin Med* 25:3–11, 1997.
42. Vincent C, Lewith G: Placebo controls for acupuncture studies, *J Royal Soc Med* 88:199–202, 1995.

KAPITEL

5

Susan G. Wynn, Stelio P.L. Luna, Hanru Liu, Huisheng Xie, Tchi-Chou Nam und Chi-Hsien Chien

Akupunkturforschung weltweit: bisher nicht übersetzte Studien

Als uralte Behandlungsform aus dem Osten hat die Akupunktur in nicht englischsprachigen Ländern eine viel längere Geschichte klinischer Anwendung und Erforschung als in Europa oder den USA. Jahrzehntelang waren interessante wissenschaftliche Beweise für die Wirksamkeit der Akupunktur aufgrund der Sprachbarrieren für die westliche Wissenschaft nicht zugänglich.

In diesem Kapitel sind Abstracts solcher bisher nicht übersetzten Untersuchungen zusammengestellt. Die Informationen wurden ursprünglich beim 24. und 25. Kongress der *International Veterinary Acupuncture Society* präsentiert, wo die Autoren (mit Ausnahme von S.G. Wynn) Originalarbeiten aus ihren Heimatländern vorstellten. Um hier eine möglichst große Zahl von Forschungsberichten darstellen zu können, sind die Zusammenfassungen kurz gehalten und enthalten keine tiefer gehenden Kritiken der einzelnen Untersuchungen. Der Leser sollte berücksichtigen, dass Übersetzungen manchmal zu unabsichtlichen Bedeutungsverzerrungen führen können und dass dieses Kapitel nur einen ersten Anfang darstellt, wenn es darum geht, die vorhandenen Forschungsergebnisse im Bereich der Veterinärakupunktur zu sichten.

Bei vielen Berichten handelt es sich um ältere Studien, die zu einer Zeit durchgeführt wurden, als die Sensibilität für Fragen des Tierschutzes noch geringer war. Auch wenn einige der verwendeten Methoden heute nicht mehr akzeptabel wären, sollten wir doch die dabei erzielten Ergebnisse anerkennen.

5.1 Studien aus Brasilien

5.1.1 Akupunktur und Staupe

Akupunktur wurde erfolgreich zur Behandlung neurologischer Störungen bei Hundestaupe eingesetzt [1]. Bei dieser Erkrankung werden Tiere häufig eingeschläfert, besonders wenn Paralysen zu beobachten sind. In eine Studie wurden 52 Hunde mit Paralyse der hinteren Gliedmaßen infolge von Staupe eingeschlossen [2]. Nach einer vollständigen neurologischen Untersuchung, bei der Verhalten, Hirnnervenfunktion, Muskelreflexe, Gehfähigkeit, Auftreten von Krampfanfällen und Muskelatrophie mit Hilfe eines Punktsystems bewertet wurden, wurden die Hunde nach dem Zufallsprinzip in drei Gruppen eingeteilt: 17 Hunde wurden nach Bedarf mit Antibiotika, Kortikosteroiden, Vitaminkomplexen und anderen Medikamenten konventionell behandelt, 18 Hunde erhielten Akupunktur (ohne elektrische Stimulation) auf Bl 10, Bl 12, Bl 23, Gb 20, Gb 30, Gb 34 und Ma 36 und 17 Hunde blieben unbehandelt.

Die Behandlungen wurden einen Monat lang einmal wöchentlich durchgeführt. Nach der letzten Behandlung wurden die Hunde erneut untersucht und bewertet. Die Differenz der Punktwerte wurde statistisch ausgewertet, um die Wirkung der Behandlung bei den unterschiedlichen Gruppen zu vergleichen. Die Behandlung wurde als erfolgreich betrachtet, wenn die Hunde wieder laufen konnten und keine weiteren Komplikationen wie Blasen- oder Darminkontinenz zurückblieben. Neun der mit Akupunktur behandelten Hunde, einer der konventionell behandelten und keiner aus der (unbehandelten) Kontrollgruppe erholten sich und konnten zu einem normalen Leben zurückkehren. Alle der mit Akupunktur behandelten Hunde überlebten, drei der konventionell behandelten und fünf der unbehandelten Hunde starben nach einem Monat. Das weist darauf hin, dass die Akupunktur nach Lehrbuch zur erfolgreichen Behandlung von neurologischen Störungen bei Hundestaupe geeignet ist.

5.1.2 Akupunktur und Fruchtbarkeit

Der Einsatz von Moxibustion im Vergleich zu Antibiotikatherapie bei Endometritis von Kühen wurde untersucht [3]. Dreißig Kühe wurden in drei Gruppen von jeweils zehn Tieren aufgeteilt: eine Gruppe wurde mit Enrofloxacin (Baytril, Bayer) und Cloprostenol (Ciosin, Mallingckrodt Veterinary) behandelt, die zweite Gruppe erhielt drei Tage lang Moxibustion auf lumbalen und sakralen Akupunkturpunkten (Bl 25, Bl 26, Bl 27, Bl 28 und Bl 31) und zehn Kühe blieben unbehandelt.

Brunst und Trächtigkeit wurden bei 100 % bzw. 88 % der mit Enrofloxacin/Cloprostenol bzw. Moxibustion behandelten Kühe nachgewiesen. Ein Östrus wurde bei 25 % der unbehandelten Kühe beobachtet, doch keine von ihnen wurde trächtig. Die Akupunktur war nur geringfügig weniger wirksam als Enrofloxacin und kann als Alternative zu einer Antibiotikabehandlung bei Endometritis bei Kühen eingesetzt werden.

Injektion von 0,5 mg $PGF_{2\alpha}$ (ein Zehntel der niedrigsten empfohlenen Dosis) in den Punkt *Bai Hui* war bei Stuten ebenso wirksam zur Induktion einer Luteolyse und Reduktion der Progesteronkonzentration im Plasma wie die zehnfache Dosis $PGF_{2\alpha}$ in der Mitte der lutealen Phase intramuskulär injiziert (n = 10; ➤ Tab. 5.1 und ➤ Tab. 5.2).

Tab. 5.1 Ovulationsintervalle und Behandlungswirkung bei Stuten

Behandlung	Interovulationsintervall (in Tagen)	Dauer von Behandlung bis Ovulation (in Tagen)
$PGF_{2\alpha}$ (0,5 mg L4–L5)	15	9
$PGF_{2\alpha}$ (5 mg i.m. am Nacken)	15	9
$PGF_{2\alpha}$ (1,25 mg i.m. gluteal)	20	14
Destilliertes Wasser *(Bai Hui)*	21	15
$PGF_{2\alpha}$ (0,5 mg *Bai Hui)*	16	9
50 %ige Glucoselösung *(Bai Hui)*	24	18

i.m. = intramuskulär

Tab. 5.2 Durchschnittliche Progesteronkonzentration im Plasma (in ng/ml) vor und nach der Behandlung

Behandlung	0 h	24 h	48 h	96 h
$PGF_{2\alpha}$ (0,5 mg L4–L5)	9,2	3,1	1,0	1,8
$PGF_{2\alpha}$ (5 mg i.m. am Nacken)	7,5	1,0	0,7	0,3
$PGF_{2\alpha}$ (1,25 mg i.m. gluteal)	7,0	4,0	3,5	2,7
Destilliertes Wasser *(Bai Hui)*	4,0	5,5	4,4	2,7
$PGF_{2\alpha}$ *(Bai Hui)*	8,1	1,7	0,8	0,4

Luteolyseinduktion und Reduktion der Progesteronkonzentration wurden auch durch Injektion von 0,5 mg Prostaglandin $F_{2\alpha}$ ($PGF_{2\alpha}$) zwischen den Dornfortsätzen von LWK 4 und 5 bewirkt, was auf eine Wirkung entsprechend der traditionellen Meridianlehre hinweist [5]. Im Gegensatz dazu trat bei intramuskulärer Injektion von 1,25 mg $PGF_{2\alpha}$ (ein Viertel der empfohlenen Dosis) in den Glutealmuskel in der Nähe des Lumbosakralpunktes oder bei Injektion von destilliertem Wasser in *Bai Hui* keine Luteolyse auf [4, 5].

Eine ergänzende Studie zeigte, dass die Injektion von 50%iger Glucoselösung in *Bai Hui* und Bl 23 unter denselben Bedingungen keine Luteolyse induzierte. Damit konnte gezeigt werden, dass wenigstens eine geringe Dosis von $PGF_{2\alpha}$ notwendig ist, um bei Stuten mit Aquapunktur auf *Bai Hui* eine Luteolyse auszulösen (➤ Tab. 5.1 und ➤ Tab. 5.2) [6].

Eine Untersuchung bei Kühen zeigte, dass die Injektion eines Fünftels (5 mg) der konventionellen Dosis von $PGF_{2\alpha}$ in *Bai Hui* bei 70 % der Kühe ebenso rasch eine Luteolyse auslöste wie die intramuskulär injizierte konventionelle Dosis [7].

5.1.3 Akupunktur und Gewichtszunahme

Somatotropin wird allgemein eingesetzt, um die Gewichtszunahme bei Kälbern zu erhöhen. In einer Studie erhielten Kühe nach der künstlichen Befruchtung alle 15 Tage eine Injektion mit einem Zehntel (50 mg) der konventionellen Somatotropindosis (Lactotropin, Eli Lilly) in LG 1. Nach der Geburt wurden die Kälber im Alter von 30 bis 40 Tagen sowie noch einmal 57 Tage später gewogen und das Gewicht mit dem von Kälbern verglichen, deren Mütter die konventionelle Somatotropindosis erhalten hatten. Es konnte kein signifikanter Unterschied in der Gewichtszunahme der Kälber festgestellt werden (nach verringerter Dosis in LG 1: 48,07 + 6,5 kg; nach konventioneller Dosis intramuskulär: 51,30 + 4,5 kg) [8]. Diese Ergebnisse deuten darauf hin, dass Akupunktur als Ergänzung zur Hormontherapie die Dosis und damit die Kosten sowie potenziell negative Auswirkungen hoher Hormondosen und auch die Hormonbelastung für den Konsumenten reduzieren kann.

Tab. 5.3 Herzschlag und Atemfrequenz bei Welpen nach Kaiserschnitt unter Inhalationsanästhesie bzw. Elektroakupunktur

	Herzschlagrate (Schläge/Min.)	Atemfrequenz (Atemzüge/Min.)
Inhalationsanästhesie	80	9
Elektroakupunktur	120 (p = 0,001)	18 (p = 0,02)

5.1.4 Akupunktur und Analgesie

Elektroakupunktur wurde bereits bei verschiedenen operativen Eingriffen zum Erzielen von Hypalgesie bei Haustieren eingesetzt. Konventionelle Anästhesie führt zu neurologischer und kardiorespiratorischer Depression bei Muttertier und Fötus und damit zu einer hohen Neonatalsterblichkeit.

In der vorliegenden Studie wurden zwölf trächtige Hündinnen mit Methotrimeprazin (Neozin, Rhodia), Nalbuphin (Nubaim, Rhodia) und Midazolam (Dormonid, Roche) sediert. Die neurologische und kardiorespiratorische Depression bei den neugeborenen Welpen nach Kaiserschnitt mit entweder Elektroakupunktur oder Ketamin (Ketalar, Parke Davis) zur Induktion sowie Enfluran (Etrane, Abbott) zur Aufrechterhaltung der Anästhesie wurde verglichen [9]. Die Elektroakupunktur wurde auf Ma 36, Di 4, LG 1 und *Bai Hui* durchgeführt. Herzschlagrate und Atemfrequenz waren höher bei Welpen, die unter Elektroakupunktur-Analgesie geboren wurden (➤ Tab. 5.3). Bei diesen Welpen waren tendenziell auch Pedalreflex, Saugreflex, Anogenitalreflex, Magnumreflex und Beugereflex stärker ausgeprägt. Zwei von sechs mit Elektroakupunktur behandelte Hündinnen benötigten zusätzliche Anästhesie (1–2 mg/kg Ketamin), was darauf hinweist, dass individuelle Unterschiede in Betracht gezogen werden müssen und dass statt Analgesie auch Hypalgesie auftreten kann. Verringerte kardiorespiratorische und neurologische Depression bei Neugeborenen ist ein potenzieller Vorteil von Akupunktur im Vergleich zu konventioneller Anästhesie.

Die Rolle endogener Opioide bei Analgesie durch Elektroakupunktur wurde an Ponys untersucht. Dabei wurden mit Hilfe eines Katheters Liquorproben aus dem Subarachnoidalraum gewonnen. Gleichzeitig wurde mit Hilfe eines langen Katheters, der in die V. facialis eingeführt wurde, Blut aus dem Sinus cavernosus entnommen [10, 11]. Auf diese Weise kann die Hormonsekretion der Hypophyse in den Kreislauf direkt bestimmt werden. Die Möglichkeit Stress-induzierter Analgesie durch Elektroakupunktur wurde ebenfalls untersucht. Elektroakupunktur auf den Punkten Lu 1, Bl 23 und Ma 36 mit elektrischer Stimulation (30 Minuten mit 9 V/9 Hz sowie im Anschluss 20 Minuten mit 55 Hz) führte zu einer Verdopplung der Met-Enkephalin-Konzentration im Plasma; ACTH- und Kortisolspiegel blieben hingegen konstant. Die Hormon- und Peptidveränderungen in Hypophysenblut und Liquor waren nicht signifikant. Das deutet darauf hin, dass die Hypophyse bei der analgetischen Wirkung der Elektroakupunktur bei Ponies vermutlich keine Rolle spielt. Die Ergebnisse dieser Studie zeigen, dass Elektroakupunktur keine nachweisbaren endokrinen Stressreaktionen hervorruft; durch Akupunktur induzierte Analgesie scheint also nicht auf Stress zurückzuführen zu sein.

5.1.5 Akupunktur und Immunreaktion

In einer Studie wurden bei unbehandelten Hunden und bei Hunden mit Akupunktur auf Ma 36, Di 11 und LG 14 im Anschluss an eine Tollwutimpfung Antikörperkonzentration im Serum, Gesamtprotein, Albumin, Globulinen, Albumin-Globulin-Verhältnis, Differenzialblutbild und Anzahl der T- und B-Lymphozyten untersucht [12]. Der einzige signifikante Unterschied 21 Tage nach der Impfung war eine höhere absolute Lymphozytenzahl bei den mit Akupunktur behandelten Hunden (➤ Tab. 5.4).

Bei Hunden und Meerschweinchen wurde die Wirkung von Akupunktur und Moxibustion auf die Entzündungsreaktion nach einem Zeckenbiss (Rhipicephalus sanguineus) untersucht [13]. Bei Meerschweinchen verzögerte Moxibustion die Spätreaktion und verringerte die Zahl der eosinophilen Granulozyten an den Hypersensibilitätsteststellen im Vergleich zu unbehandelten Tieren. Bei Hunden verringerte Akupunktur das Ausmaß der Sofortreaktion auf Zeckenantigene im Vergleich zu unbehandelten Tieren. Das deutet darauf hin, dass Moxibustion und Akupunktur möglicherweise einen Einfluss auf Hypersensibilitätsreaktionen haben.

5.1.6 Akupunktur und Gastrointestinaltrakt

An Ratten wurde untersucht, ob Akupunktur Magenschleimhautläsionen durch Indomethazin verhindern kann [14]. 48 Ratten erhielten 24 Stunden lang keine Nahrung, wurden anschließend mit Indomethazin behandelt und dann in drei Gruppen aufgeteilt:

- 16 Ratten wurden mit Elektroakupunktur (30 Minuten mit 1 mV, 2 Hz) auf Ma 36, Ma 25 und KG 12 behandelt.
- 16 erhielten Placebo-Akupunktur.
- 16 erhielten keine Behandlung.

Sechs Stunden später wurden die Ratten getötet und der Magen entfernt. Blutungen, Geschwürbildungen und andere Läsionen der Magenschleimhaut waren bei den mit Placebo-Akupunktur und Elektroakupunktur behandelten Ratten gegenüber den unbehandelten Ratten um 35 % bzw. 61 % verringert, was darauf hinweist, dass Elektroakupunktur Magenschleimhautläsionen durch Indomethazin bei Ratten verhindern kann.

Tab. 5.4 Durchschnittliche Lymphozytenzahl (pro mm^3) bei Hunden vor und 21 Tage nach Tollwutimpfung

	Vor der Impfung	21 Tage nach der Impfung
Kontrolle	2940	3456
Akupunktur	2982	4634 ($p < 0,05$)

Medikamente zur Verbesserung der Darm-Motilität werden in der klinischen Praxis häufig eingesetzt, können aber zu unerwünschten Nebenwirkungen führen. Bei einer Studie zum Einsatz der Akupunktur als Alternative zu Medikamenten wurden fünf Hunde 30 Minuten lang mit Elektroakupunktur (4,5 V, 5 Hz) auf Ma 36, Di 4 und Bl 25 behandelt [15]. Dieselben Hunde wurden als Kontrollgruppe mit Placebo-Akupunktur auf Punkten neben den echten Akupunkturpunkten behandelt. Der Zeitabstand zwischen echter und Placebo-Akupunktur betrug eine Woche, wobei die Behandlungen willkürlich zugewiesen wurden. Die Tiere wurden zwischen sechs und acht Uhr abends im Hundestall behandelt, wobei Menge und Art der Nahrung sowie Haltungsbedingungen während der Studie nicht verändert wurden. zwei Stunden vor der Behandlung wurde Chromoxid in das Fressen gemischt und anschließend 60 Stunden lang im Kot gemessen. Die Häufigkeit der Defäkation sowie die Ausscheidungsrate des Chromoxids waren bei allen mit Elektroakupunktur behandelten Hunden höher ($p < 0,03$) als bei der Kontrollgruppe, was darauf hinweist, dass Elektroakupunktur die Darmmotilität bei Hunden erhöht (➤ Tab. 5.5).

Tab. 5.5 Chromoxidausscheidung und Zahl der Defäkationen bei Hunden nach Elektroakupunktur- und Placebo-Akupunkturbehandlung

Tier	Elektroakupunktur		Placebo-Elektroakupunktur (Kontrolle)	
	Chromoxid (%)	Fäzes	Chromoxid (%)	Fäzes
1	1,54	3	0,81	2
2	2,28	5	1,62	5
3	1,94	5	1,42	3
4	1,24	4	1,04	3
5	3,07	4	0,05	2

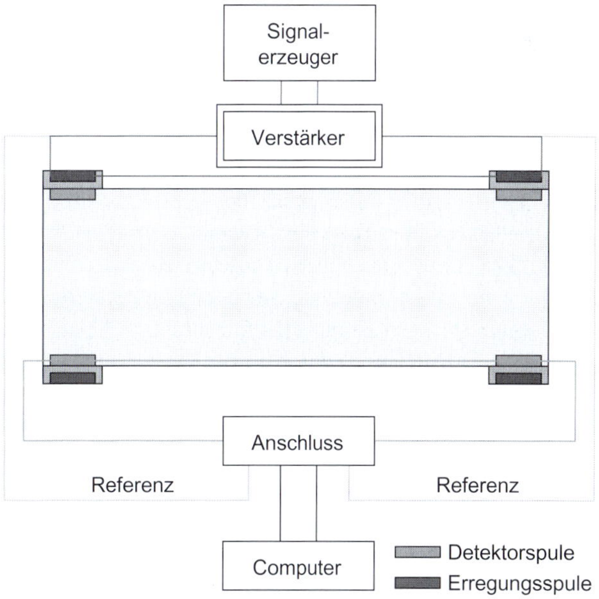

Abb. 5.1 Schematische Darstellung eines Biosusceptometers AC.

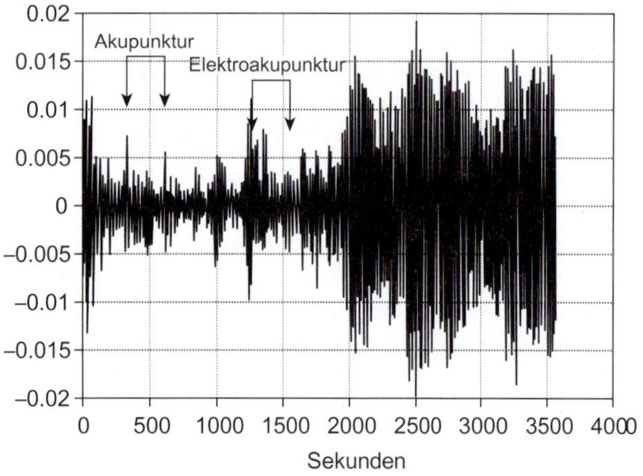

Abb. 5.2 Spektralanalyse (RSA) eines Hundes unter Akupunktur und Elektroakupunktur. Auffällig: die deutliche Zunahme der Magenmotilität 5 Minuten nach Elektroakupunktur.

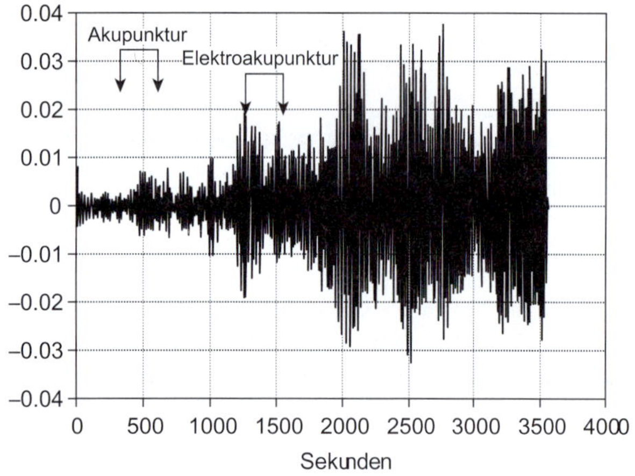

Abb. 5.3 Spektralanalyse (RSA) eines Hundes unter Akupunktur und Elektroakupunktur. Auffällig: die deutliche Zunahme des Mageninnendrucks 5 Minuten nach Elektroakupunktur.

Eine weitere Studie wurde durchgeführt, um diese Ergebnisse zu bestätigen [16, 17]. Dabei wurde bei sechs Hunden, die mit Pentobarbital betäubt wurden, ein Magentubus installiert und ein magnetischer Tracer (Manganferrit) gegeben. Die Magenkontraktion wurde im Epigastrium mit einem Empfindlichkeitsmesser (Biosusceptometer) gemessen, basierend auf einem Magnetflusstransformer mit Differenzialspule bei einer Versuchsfrequenz von 10 Hz. Das Magnetsignal wurde durch einen Lock-in-Verstärker mit einem zweipoligen, bi-direktionalen Butterworth-Pass-band-Filter (30–70 mHz) für die digitalen Signale aufgefangen. Ein Fast-Fourier-Transformer (FFT) und Spektralanalyse (RSA) wurden zur Auswertung der Signalamplituden vor und nach Akupunkturbehandlung verwendet (➤ Abb. 5.1). Der Magendruck wurde mithilfe eines aufblasbaren Magentubus in Verbindung mit einem Monitor gemessen. Im Anschluss an die manuelle Stimulation wurde Elektroakupunktur auf Ma 36 und Di 4 durchgeführt, um den Unterschied zwischen den beiden Methoden zu eruieren. Die Magenkontraktionshäufigkeit war nach Akupunktur und Elektroakupunktur im Vergleich zu den Ausgangswerten um das 23-fache erhöht, der Mageninnendruck um das 53-fache. Akupunktur wie auch Elektroakupunktur lassen sich also bei Hunden zur Steigerung der Peristaltik einsetzen (➤ Abb. 5.2 und ➤ Abb. 5.3).

Mit derselben Versuchsanordnung wurde eine ergänzende Studie zum Vergleich manueller und elektrischer Stimulation sowie zur Wirkung des Nadelns von Nicht-Akupunkturpunkten (Placebo-Akupunktur) durchgeführt. Zehn Minuten lang wurden die Ausgangswerte gemessen, die dabei aufgetretene durchschnittliche Spektralintensität wurde als 100 % gesetzt und mit den anschließenden Messungen verglichen. Die Nadeln wurden dicht neben tatsächlichen Akupunkturpunkten (Ma 36 und Di 4) gestochen und dieselbe manuelle Stimulation durchgeführt. Diese Placebo-Akupunktur führte zu keiner Veränderung von Magenkontraktion und Mageninnendruck, was zeigt, dass spezifische Akupunkturpunkte stimuliert werden müssen, um die Magenkontraktion zu steigern (➤ Tab. 5.6).

Tab. 5.6 Prozentuale Zunahme des Mageninnendrucks und Amplitude gastrischer Kontraktionen nach konventioneller und elektrischer Akupunktur (auf Ma 36 und Di 4)

	Erhöhung im Vergleich zur Kontrolle (%)	
	Mageninnendruck	Amplitude der Magenkontraktion
Konventionelle Akupunktur	100	325
Elektroakupunktur	200	400

5.2 Studien aus Korea

Akupunktur und östliche Medizin werden in Korea seit ältester Zeit verwendet. Obwohl Veterinärakupunktur und Moxibustion ursprünglich in China und Korea entstanden, wurde nie großer Wert auf die wissenschaftliche Erforschung gelegt und die Veterinärakupunktur ist in Korea auch nicht weit verbreitet [18].

In diesem Abschnitt wird eine Übersicht über wichtige Studien gegeben, die unter Führung der *Korean Society of Veterinary Acupuncture and Moxibustion*, die sich 1990 organisiert hat, durchgeführt wurden.

5.2.1 Akupunktur bei Pferden

Obwohl Akupunktur sogar von der *Korean Racing Association* eingesetzt wird, gibt es doch nur wenige Studien. Eine Studie berichtete über die Wirkung von Elektroakupunktur (EA) auf die gastrointestinale Motilität bei Pferden [19].

Eine bipolare Elektromyographie-(EMG)-Elektrode wurde operativ in die seromuskuläre Schicht der großen Magenkurvatur und zwischen das mediale und ventrale Zäkumband implantiert. Die Punkte *Guan Yuan Shu* (Bl 26), *Wei Shu* (Bl 21) und *Da Chang Shu* (Bl 25) wurden 20 Minuten lang mit unterschiedlicher Intensität stimuliert: 2 V/1 Hz, 2 V/5 Hz, 2 V/30 Hz, 4 V/1 Hz, 4 V/5 Hz und 4 V/30 Hz. Die myoelektrische Aktivität von Magen und Zäkum wurde dabei überwacht und die Konzentration von ACTH, β-Endorphin und Epinephrin im Plasma sowie die Gastrinkonzentration im Serum wurden analysiert. Die elektromyographischen Daten und die Blutkonzentrationen wurden vor EA sowie 0, 20 und 40 Minuten nach EA-Stimulation gemessen.

EA-Stimulation von *Wei Shu* erhöhte die Magenmotilität, Stimulation von *Da Chang Shu* die Zäkum-Motilität und Stimulation von *Guan Yuan Shu* erhöhte beide. Die Amplitude des Muskelsummenaktionspotenzials (MSAP) von Magen und Zäkum wurde durch Stimulation mit 2 V/1 Hz signifikant erhöht, doch die Frequenz des MSAP wurde durch Stimulation mit 2 V/30 Hz oder 4 V/30 Hz signifikant verringert. Die Dauer des MSAP in Magen und Zäkum wurde durch Stimulation mit 2 V/30 Hz bzw. 4 V/30 Hz signifikant erhöht.

Die Gastrinkonzentration im Serum wurde durch Stimulation mit 2 V/5 Hz auf *Wei Shu* signifikant erhöht. Die Konzentration von ACTH, β-Endorphin, Epinephrin und Norepinephrin im Plasma zeigte eine ausgeprägte Tendenz zur Erhöhung nach Stimulation mit 4 V/30 Hz. Veränderungen von gastrointestinaler Motilität und Hormonkonzentrationen durch EA-Stimulation scheinen eng korreliert zu sein.

Die Zäkum-Motilität war nach EA-Stimulation mit 2 V/1 Hz auf *Da Chang Shu* signifikant erhöht. Dieses Ergebnis sowie weitere aus dieser Untersuchung weisen darauf hin, dass EA-Stimulation bei der Behandlung von Koliken bei Pferden von Nutzen sein kann.

5.2.2 Akupunktur bei Wiederkäuern

Analgetische und antipyretische Wirkung

Die Wirkung der Akupunktur in der Behandlung fiebriger Erkrankungen bei Ziegen wurde untersucht. Eine Studie widmete sich den analgetischen und antipyretischen Wirkungen von Akupunktur bei Ziegen mit experimentell induziertem Fieber. Elektro- oder Laserakupunktur auf *Qiang Feng* (3E 13) und *Zu San Li* (Ma 36) wurde zur Schmerzlinderung eingesetzt, traditionelle Akupunktur auf *Shan Gen*, *Er Jian* und *Wei Jian* zur Fiebersenkung. Durch intraperitoneale Injektion von 0,7%iger Essigsäurelösung wurden Schmerzen induziert, der Schmerzpegel wurde durch Überwachung der Krümmungsreaktionen abgeschätzt. Zur Induktion eines biphasischen Fiebers wurden Lipopolysaccharide (LPS) intravenös gespritzt.

Die analgetische Wirkung der Elektroakupunktur war Aminopyrin und Dipyron überlegen, während Laserakupunktur die Zahl der Krümmungsreaktionen nicht wirksam verringern konnte. Das Fieber ließ im Anschluss an traditionelles Nadeln (Venensektion mit Nadel) mit zunehmender Zeit allmählich nach und zeigte eine Tendenz zur Normalisierung [20].

Bei Kühen war die Kombination von Antipyretika mit Akupunktur auf *Ren Zhong* (LG 26), *Er Jian* und *Wei Jian* bei neun Tieren mit Pyrexie wirksamer als eine ausschließlich medikamentöse Behandlung [21].

Die analgetischen und antipyretischen Wirkungen von Akupunktur wurden durch experimentelle Forschung wie auch durch klinische Untersuchungen nachgewiesen. Akupunktur ist bei hohem Fieber möglicherweise stärker wirksam. Eine Kombination von Akupunktur und Medikamenten scheint bei fiebrigen Erkrankungen am wirksamsten und sichersten zu sein.

Verdauungssystem

In einer Studie war die ruminale und abomasale Motilität bei Wiederkäuern nach Akupunktur erhöht. Veränderungen der ruminalen und abomasalen Motilität nach Elektroakupunktur sind möglicherweise auf das parasympathische Nervensystem zurückzuführen. Die ruminalen und abomasalen Reaktionen auf Elektroakupunktur wurden bei gesunden Ziegen sowie bei Ziegen mit induzierter Hypokalzämie untersucht. Es wurde eine 30-minütige Elektroakupunktur mit einer Intensität von 1 V/3 Hz auf *Tian Ping* (LG 5) und *Bai Hui* (LG 20) eingesetzt.

Elektroakupunktur-Stimulation führte bei gesunden Ziegen nur zu leicht erhöhten ruminalen und abomasalen Kontraktionsraten, doch die Kontraktionsamplitude war signifikant erhöht. Die Wirkung der Stimulation dauerte noch 30 Minuten nach Behandlungsende an. Die Amplitude der Rumenmotilität von Ziegen ließ sich ebenso durch Gaben von Bethanecholchlorid erhöhen. Nach Injektion von Atropinsulfat ließ sich die Rumenkontraktion durch Elektroakupunktur nicht beeinflussen. Bei Ziegen mit induzierter Hypokalzämie waren die ruminalen und abomasalen Kontraktionsraten nicht verändert, doch die Amplitude war verringert. Die Motilität von Rumen und Abomasum ließ sich hier durch Elektroakupunktur nicht erhöhen [22].

Eine andere Studie deutet darauf hin, dass Elektroakupunktur auf Punkten wie *Tian Ping* (LG 5), *Bai Hui* (LG 20), *Shi Zhang* (Bl 44) und *Guan Yuan Shu* (Bl 26) die Rumenmotilität erhöht und die Verdauung bei Rindern verbessert [23].

Eine weitere Studie verwendete Elektroakupunktur auf den Punkten *Guan Yuan Shu* (Bl 26), *Da Chang Shu* (Bl 25), *Wei Shu* (Bl 21), *Shi Zhang* (Bl 44) und *Pi Shu* (Bl 20), die mit der Verdauungsfunktion in Verbindung gebracht werden. Elektrische Stimulation von *Wei Shu* und *Pi Shu* erhöhte signifikant die ruminale Kontraktionsbewegung bei Rindern. Aufgrund der positiven Resultate dieser Voruntersuchung wurde die Wirkung von Elektroakupunktur auf ruminale Erkrankungen wie Atonie, Pansenüberladung und Tympanie klinisch untersucht.

Zur Behandlung von ruminaler Atonie und Tympanie war Elektroakupunktur wirksamer als die konventionelle Medikation (mit Neostigmin-Methylsulfat). Die wirksamste Linderung der Symptome zeigte sich bei Kombination von Medikamenten und Elektroakupunktur. Bei ruminaler Pansenüberladung ergaben sich keine Unterschiede für Elektroakupunktur, Medikation oder eine Kombination von beidem [24].

Die Wirkungen der Elektroakupunktur auf die abomasale Motilität bei Rindern wurden untersucht. Elektrische Stimulation von *Pi Shu* (Bl 18) zeigte eine stärkere Wirkung als alle anderen Punkte des Gastrointestinaltrakts [18]. Traditionelle Akupunktur auf *Pi Shu* (Bl 18), *Wei Shu* (Bl 21) und *Hou Hai* (LG 1) erhöhte die abomasale Motilität, während die Behandlung von *Da Chang Shu* (Bl 25) keine signifikanten Änderungen ergab [25]. In klinischen Versuchen wurde Elektroakupunktur auf *Pi Shu* (Bl 20), *Wei Shu* (Bl 21) und *Guan Yuan Shu* (Bl 26) eingesetzt, um eine Labmagen-Verlagerung bei Milchkühen zu beheben. Die Elektroakupunktur war wirksam bei linksseitiger Verlagerung, doch unbefriedigend bei rechtsseitiger Verlagerung [18].

Die Wirkungen von Akupunktur auf intestinale Motilität wurden ebenfalls untersucht. Durch 20-minütige Elektroakupunktur auf *Da Chang Shu* (Bl 25), *Wei Shu* (Bl 21) und *Pi Shu* (Bl 20) mit 2–10 V/5 Hz wurde die Zäkum-Motilität signifikant gesteigert. Die therapeutische Wirkung von Elektroakupunktur auf Zäkum-Tympanie war besser als eine ausschließlich medikamentöse Behandlung. Vier Fälle mit Zäkum-Tympanie erholten sich vollständig nach zweitägiger Elektroakupunkturbehandlung [18].

Akupunkturbehandlung ist sehr wirksam gegen Diarrhö bei Kälbern, besonders wenn sie unter zwei Wochen alt sind. Beim Einsatz traditioneller Akupunktur (auf *Hou Hai*, LG 1) für 20 Minuten erholten sich fünf von elf Kälbern vollständig am ersten Tag nach der Behandlung, zwei weitere Kälber am vierten Tag, zwei am sechsten Tag und zwei weitere am achten Tag [26].

Ein anderer Bericht zeigt, dass die ausschließlich medikamentöse Behandlung (mit Sulfisomidin plus Berberinchlorid) zur Behandlung von Diarrhö bei Kälbern in 74 % aller Fälle wirksam war, die Kombination mit Akupunktur (auf *Hou Hai*, LG 1) in 86 % der Fälle [27].

Die Ergebnisse dieser Studien zeigen, dass traditionelle oder Elektroakupunktur die gastrointestinale Motilität bei Wiederkäuern steigert. Wurde die Akupunktur in klinischen Situationen eingesetzt, so war der Rückgang der Symptome gut. Die Kombination von Medikamenten mit Akupunktur auf *Wei Shu*, *Pi Shu* und *Guan Yuan Shu* für ruminale und abomasale Motilität bzw. auf *Da Chang Shu* für intestinale Motilität war ebenfalls wirksam. Außerdem war traditionelle Akupunktur auf *Hou Hai* wirksam in der Behandlung von Kälberdurchfall, besonders bei Kolibazillose.

5

Atemwegssystem

Bronchopneumonien sind wichtige Erkrankungen bei Kälbern, die mit einer hohen Sterblichkeit verbunden sind. Auch bei der Behandlung von Atemwegserkrankungen kann sich Akupunktur als wirksam erweisen.

Die therapeutische Wirkung von Medikation (Orbifloxacin), Akupunktur sowie einer kombinierten Anwendung bei Kälbern mit Bronchopneumonie wurde untersucht. Die Kälber wurden 20 Minuten lang mit Akupunktur auf *San Tai* (LG 12), *Fei Shu* (Bl 16), *An Fu* (LG 7) und *Su Qi* (LG 8) behandelt, Punkten, die für Atemwegserkrankungen spezifisch sind. Die therapeutische Wirkung von Akupunktur, Medikation und der Kombination aus beidem wurde über 3 Tage hinweg verglichen. Die Mechanismen der Akupunkturwirkung wurden mit bakteriologischen, virologischen und immunologischen Tests (Durchfluss-Zytometrie) untersucht. Die Gesundungsrate betrug 59 % in der Gruppe mit Medikation, 83 % in der Gruppe mit Akupunktur auf *Su Qi* und 63 % in der Gruppe mit Akupunktur auf *San Tai*, *An Fu* und *Fei Shu* in Kombination. Die Gruppe mit Medikation und Akupunktur auf *Su Qi* wies eine Besserungsrate (geheilte/behandelte Fälle) von 83 % auf, die Gruppe mit Medikation und Akupunktur auf *San Tai*, *An Fu* und *Fei Shu* von 70 %. Die therapeutische Wirkung von Medikation mit Akupunktur war besser als die von ausschließlicher Medikation.

Die therapeutische Wirkung der Akupunktur scheint mit einer verbesserten Immunreaktion verbunden zu sein, wobei Lymphozyten aktiviert werden, die zur Bildung der Antigene des Haupthistokompatibilitätskomplex (MHC) führen (Klasse I, II, CD2, CD4 und CD 8)[28].

Traditionelle Akupunktur auf *Su Qi* war bei den angeführten Studien wirksamer gegen Bronchopneumonie bei Kälbern als ausschließliche Medikation. Es gibt also möglicherweise positive Anwendungsmöglichkeiten für eine kombinierte Therapie mit Medikation und Akupunktur bei Atemwegserkrankungen von Kälbern.

Reproduktionssystem

Unfruchtbarkeit bei Kühen wird mit Hormontherapie, Ernährungsumstellung, Eierstockmassage und anderen Methoden behandelt. Die folgenden Studien weisen darauf hin, dass auch Akupunktur in der Behandlung von Unfruchtbarkeit bei Rindern wirksam sein kann.

Akupunkturbehandlung auf *Hou Hai* (LG 1) führte bei Störungen der Eierstöcke fast zu denselben Empfängnisraten wie eine Hormonbehandlung. Akupunktur allein oder in Kombination mit Medikamenten (Hormonen) war wirksam in der Behandlung von umrindernden Kühen, die auf mehrere Phasen von Hormonbehandlungen nicht reagiert hatten [18].

48 Kühe mit Störungen wie Umrindern (11 Kühe), stillem Östrus (22 Kühe) und Ovarialzysten (15 Kühe) wurden mit traditioneller Akupunktur auf *Hou Hai* (LG 1) behandelt. Acht der elf umrindernden Kühe (73 %) wurden nach der Akupunkturbehandlung trächtig. Bei 15 der 22 Kühe mit stillem Östrus trat ein normaler Zyklus auf (68 %). Vier der 15 Kühe mit Ovarialzysten zeigten eine Gelbkörperbildung nach Akupunktur (27 %)[29].

Traditionelle Akupunktur auf *Hou Hai* war wirksam bei einigen Störungen des Reproduktionssystems, nicht jedoch zur Behandlung von Luteinzysten. Akupunktur allein oder in Kombination mit Hormonen ist möglicherweise eine wirksame Behandlungsmethode für Unfruchtbarkeit bei Rindern.

Sonstige Störungen

Elektroakupunktur auf den Punkten *Tian Ping* (LG 5), *Ming Men* (LG 4), *Bai Hui* (LG 20), *Wai Gen* (LG 2) zur Stimulation der Rückenmarksnerven und auf *Hou Hai* (LG 1) zur Stimulation peripherer Nerven wurde bei sechs Rindern mit Urolithiasis eingesetzt. Fünf der sechs Rinder erholten sich darauf, in einem Fall unmittelbar nach der Elektroakupunktur, in drei Fällen innerhalb des ersten Tages, bei einem weiteren Fall am zweiten Tag [30].

Ein Bericht beschreibt den Fall eines Bullen mit Urolithiasis, der sich nach 6 Tagen täglicher Elektroakupunktur auf *Tian Ping* (LG 5), *Bai Hui* (LG 20) und *Kai Feng* (zwischen dem 2. und 4. Foramen sacrale) vollständig erholte [31].

Elektroakupunktur hat sich bei festliegenden Kühen als nicht wirksam erwiesen. Acht festliegende Kühe wurden mit Medikamenten und Elektroakupunktur auf *Bai Hui* (LG 20), *Kai Feng* und *Shen Shu* (Bl 27) behandelt und nur drei Fälle zeigten eine Verbesserung (37 %) [32]. Akupunktur mag bei Festliegen aufgrund eines Traumas wirksam sein, nicht jedoch in anderen Fällen. Daher ist Akupunktur zur Behandlung dieser Störung nur als letzte Maßnahme angezeigt.

Bei einer anderen Studie wurden 13 festliegende Kühe, die nicht auf Kalziumgaben angesprochen hatten, mit Elektroakupunktur auf *Tian Ping* (LG 5) und *Bai Hui* (LG 20) behandelt. Von den 13 Kühen erholten sich neun (69 %), doch vier Kühe blieben dauerhaft festliegend [33].

Akupunktur ist möglicherweise wirksam in der Behandlung einer Urolithiasis und bei traumatisch bedingtem Festliegen bei Kühen.

5.2.3 Akupunktur bei Schweinen

Diarrhö ist eine wichtige Mortalitätsursache bei Ferkeln. Antidiarrhö-Medikamente wie Berberinchlorid sind eine Hauptstütze der Behandlung, doch die Akupunktur hat möglicherweise Potenzial als eine medikamentfreie Behandlungsform.

Bei 35 Ferkeln mit Diarrhö wurde zehn Minuten lang auf *Hou Hai* (LG 1) eine Nadel parallel zur Wirbelsäule 5–10 cm tief gestochen. 23 Ferkel erholten sich innerhalb eines Tages nach der Behandlung, acht Fälle am zweiten Tag. Die Erfolgsquote innerhalb von zwei Tagen nach der Behandlung lag bei 89 % [34].

Laserakupunktur auf *Hou Hai* (LG 1) war ebenfalls wirksam. Die therapeutische Wirkung von dreiminütiger Laserakupunktur auf *Hou Hai* wurde bei 173 Ferkeln mit Diarrhö mit der Wirkung von Antidiarrhö-Medikamenten wie Gentamicin, Berberin und Sulfisomidin verglichen. Die Medikamente waren bei 59 von 76 Ferkeln wirksam (78 %). Laserakupunktur auf *Hou Hai* war bei 88 von 97 Ferkeln wirksam (91 %)[35].

Die Technik der Laserakupunktur ist einfach, weshalb kurzzeitige Laserbehandlungen bei diesem wichtigen Gesundheitsproblem von Ferkeln durchaus eine mögliche Alternative darstellen.

5.2.4 Akupunktur bei Kleintieren

Abdominaltrakt

Es gibt Berichte darüber, dass Akupunktur und Laserakupunktur zur Behandlung abdominaler Erkrankungen bei Kleintieren wirksam sind. Zum Beispiel wurde die Wirkung der Akupunktur nach Induzierung einer akuten Leberstörung durch Carbontetrachlorid (CCl_4) bei Hunden untersucht. Carbontetrachlorid, 1:1 mit Mineralöl verdünnt, wurde bei 24 Mischlingshunden subkutan injiziert; sechs Hunde wurden anschließend mit Laserakupunktur behandelt, sechs mit Elektroakupunktur, sechs mit traditioneller Akupunktur und sechs blieben als Kontrollgruppe unbehandelt. Die Behandlung wurde vier Tage lang einmal täglich durchgeführt. Als Akupunkturpunkte wurden *Gan Shu* und *Ling Tai* (LG 10) gewählt. Die mit Laserakupunktur behandelte Gruppe erholte sich rascher als die übrigen Gruppen. Die mit EA und Akupunktur behandelten Gruppen erholten sich etwas rascher als die Kontrollgruppe [36].

Bei Hunden wurde experimentell durch eine Pankreasverletzung eine Pankreasstörung ausgelöst und anschließend vier Tage lang einmal täglich mit Akupunktur behandelt. Als Akupunkturpunkte wurden *Wei Shu* (Bl 21) und *Pi Shu* (Bl 20) verwendet. Laserakupunktur führte zu einer relativ raschen Erholung; die Erholungsrate (bestimmt aufgrund klinischer Symptome, hämatologischer Befunde und chemischer Blutwerte) war bei traditioneller Akupunktur besser als bei Elektroakupunktur und bei der nicht behandelten Kontrollgruppe [37].

Bei Hunden wurde experimentell eine Harnblasenentzündung ausgelöst, indem operativ nach einer Blaseninzision zwei Harnsteine mit Durchmessern von 1,1 bis 1,8 mm in die innere Harnröhrenmündung eingebracht wurden. Vier Tage lang wurde einmal täglich mit Akupunktur auf *Pang Guang Shu* (Bl 28) und *Shen Shu* (Bl 23) behandelt. Die Gruppen, die Laserakupunktur und traditionelle Akupunktur erhielten, erholten sich schneller als die Gruppe mit Elektroakupunktur sowie die Kontrollgruppe [37].

An Hunden wurde die Wirkung von Akupunktur nach Induktion einer akuten Nierenstörung durch Ethylenglykol untersucht. *Gan Shu* (Bl 18) und *Tai Xi* (Ni 3) wurden vier Tage lang einmal täglich behandelt. Die besten Ergebnisse erbrachte die traditionelle Akupunktur, gefolgt von Laserakupunktur. Beide führten zu positiven klinischen Resultaten im Vergleich zur Kontrollgruppe. Der Behandlungserfolg wurde anhand von Veränderungen der klinischen Symptome, Blutwerten, Elektrokardiogrammen und histopathologischen Befunden evaluiert [38].

Es hat sich gezeigt, dass Akupunktur bei verschiedenen Versuchsmodellen mit experimenteller Organschädigung eine positive Wirkung hat. Weitere Untersuchungen in klinischen Feldversuchen könnten die Möglichkeiten der Akupunktur zur Behandlung von Organschädigungen weiter klären.

Nervensystem

Die Akupunktur ist möglicherweise wirksam in der Behandlung von Lähmungen der hinteren Gliedmaßen aufgrund von Nervenschädigungen bei Kleintieren.

Durch Injektion von 70%igem Ethylalkohol wurde eine Demyelinisierung des Ischiasnervs induziert, anschließend die Genesung infolge Akupunktur untersucht. Es wurde 20-minütige Elektroakupunktur eingesetzt (2 V/20 Hz), wobei die positive Elektrode auf *Xuan Shu* (LG 5) und die negative auf *Zu San Li* (Ma 36) aufgesetzt wurde. Für die traditionelle Akupunktur wurden 5 cm lange dünne Stahlnadeln 1 cm tief senkrecht eingestochen, und zwar 20 Minuten lang auf *Bai Hui* (LG 20), *Huan Tiao* (Gb 30) und *Feng Shi* (Gb 32). Die Schädigung des Ischiasnervs führte zu Störungen des oberflächlichen Schmerzempfindens und der Propriozeption, Reflexveränderungen und verminderter Gewichtsbelastbarkeit auf der betroffenen Seite. Elektroakupunktur verbesserte die Reflexe in 27 % der Fälle und die Belastbarkeit in 55 % im Vergleich zur Kontrollgruppe [39].

Die Wirkungen von Elektroakupunktur bei Hunden mit traumabedingter Paralyse der hinteren Gliedmaßen wurden untersucht. Elektroakupunktur mit 2–4 V/25 Hz wurde 25 bis 30 Minuten täglich auf *Ji Zhong* (LG 6), *Bai Hui* (LG 20) und *San Yin Jiao* (MP 6) durchgeführt. Konnten die Hunde wieder stehen, wurde dies als Besserung gewertet, eine Fortdauer der Paralyse wurde als Misserfolg der Behandlung definiert. In 14 der 23 Fälle, die EA-Behandlung erhielten, wurde ein Erfolg erzielt (67 %) [40].

Neun Hunde mit fokalen Paroxysmen wurden mit Elektroakupunktur auf Yi Feng (3E 17), *Shang Guan* (Gb 3) und *Xia Guan*

(Ma 7) behandelt, wobei sechs Fälle innerhalb von sieben Tagen fast geheilt oder zumindest gelindert werden konnten. Nach der Behandlung traten keine Anfälle mehr auf. Bei der Behandlung von Paroxysmen war Elektroakupunktur der traditionellen Akupunktur überlegen [41].

Chronische Paralyse der Hintergliedmaßen, die auf eine ausschließlich medikamentöse Therapie nicht reagiert und nicht auf Frakturen oder Bandscheibenvorfall zurückzuführen ist, lässt sich möglicherweise mit zwei- bis vierwöchiger Elektroakupunktur behandeln. EA in Kombination mit Pharmazeutika (Kortikosteroiden) ist möglicherweise bei einer ganzen Reihe neurologischer Störungen erfolgversprechend.

5.2.5 Akupunkturanästhesie

Großtiere

Lokale oder regionale Anästhesie wird bei Rindern oft einer Vollnarkose vorgezogen. Bei acht koreanischen Rindern wurde Elektropunkturanalgesie an vier Akupunkturpunkten untersucht: *San Yang Luo* (3E 8), *Xi Men* (Pe 4), *Fu Yang* (Bl 59) und *San Yin Jiao* (MP 6). Die Wirksamkeit der Akupunktur zur Analgesieinduktion wurde nachgewiesen, doch ist die praktische Anwendung in klinischen Situationen noch nicht sehr verbreitet [42].

5

Regionale Elektroakupunkturanalgesie hat möglicherweise ein Anwendungspotenzial für Operationen am stehenden Rind. Operationen zur Korrektur einer Labmagenverlagerung lassen sich klinisch mit Elektroakupunktur auf den Punkten *Yao Pang* 1,2 und 4 durchführen [43]. Diese Akupunkturpunkte befinden sich auf dem vorderen Ende des Querfortsatzes von LWK 1 (*Yao Pang* 1), dem hinteren Ende des Querfortsatzes von LWK 2 (*Yao Pang* 2) und dem hinteren Ende des Querfortsatzes von LWK 4 (*Yao Pang* 4) [44]. Für Operationen im Abdominalbereich wurde an sieben von neun koreanischen Kühe erfolgreich eine regionale Anästhesie mit Elektroakupunktur (30 Hz/2,0–9,5 V) durchgeführt.

Manche Operationen im Stehen lassen sich leicht unter Verwendung von Elektroakupunkturanalgesie durchführen. Es wurde nachgewiesen, dass die Anästhesie mit Elektroakupunktur eine Induktionszeit von 15 bis 25 Minuten benötigt, doch die weiteren Parameter (Frequenz, Voltzahl, Polarität) sind noch zu untersuchen, bevor definitive Empfehlungen gegeben werden können.

Kleintiere

Bei Hunden lässt sich durch Elektroakupunktur erfolgreich eine Analgesie induzieren, doch Akupunkturanalgesie allein ist für schmerzhafte Operationen nicht ausreichend. Für manche Operationen ist möglicherweise eine Kombination mit Sedativa günstig.

Die Analgesie im Anschluss an Elektroakupunktur eines einzelnen oder mehrerer kombinierter Akupunkturpunkte sowie nach Elektroakupunktur mit vorausgegangener Medikation wurde untersucht. Schmerzreaktionen auf Nadelstiche im Bereich von Kopf/Hals, vorderen Gliedmaßen, Thorax, Lenden, Schwanzbereich und hinteren Gliedmaßen waren nach Elektroakupunkturstimulation von *Yi Feng* (3E 17) nicht unterdrückt, ebenso nach EA von *Tian Men* (LG 16), *Tian Ping* (LG 5) und *Shen Shu* (Bl 23), während sich nach EA auf *Tian Ping* (LG 5) und *Bai Hui* (LG 20) in allen überprüften Körperteilen Hypalgesie zeigte. Nach EA-Stimulation am Plexus brachialis und auf *Wai Guan* (3E 5) zeigten sich keine analgetischen Wirkungen, während nach EA-Stimulation von *San Yang Luo* (3E 8) die Schmerzreaktion im Bereich von Kopf/Hals, vorderen und hinteren Gliedmaßen unterdrückt war und Hypalgesie in den übrigen Körperteilen auftrat. EA-Stimulation von *Zu San Li* (Ma 36) führte zu verminderten Schmerzreaktionen in den hinteren Gliedmaßen. Bei Stimulation von *San Yin Jiao* (MP 6) wurde die Schmerzreaktion im Bereich von Kopf/Hals, vorderen und hinteren Gliedmaßen unterdrückt und im Abdomen zeigte sich Hypalgesie.

Elektroakupunktur auf *San Yang Luo Xi Men* und *San Yin Jiao Fu Yang* reduzierte die Schmerzreaktion im Kopf/Hals-Bereich innerhalb von fünf Minuten, während Analgesie in den vorderen und hinteren Gliedmaßen erst nach 20 bis 30 Minuten induziert wurde. Abdominale Analgesie war nach 50 Minuten zu beobachten. Je höher die Frequenz, desto kürzer war die Induktionszeit für die analgetische Wirkung. Die Analgesie im Anschluss an Elektroakupunktur auf *San Yang Luo Xi Men* und *San Yin Jiao Fu Yang* war nicht ausreichend für eine Laparotomie.

Es war nicht möglich, mit Acepromazin, Xylazin und Diazepam in Verbindung mit Elektroakupunktur eine Darmanastomose durchzuführen. Bei Elektroakupunktur in Verbindung mit Tiletamin und Zolazepam konnte die Operation jedoch ohne zusätzliche Anästhetika ausgeführt werden und die analgetische Wirkung war gut. Es gab keine Veränderungen von klinischem Status, hämatologischen und chemischen Blutwerten nach Verwendung dieser Kombination [45].

Um die Wirksamkeit der Akupunkturpunkte an den Extremitäten für Elektroakupunktur-Anästhesie bei Hunden aufzuklären, wurden insgesamt 140 Hunde in experimentelle Gruppen aufgeteilt, die Elektroakupunktur auf *Gong Sun* (MP 4), *San Yin Jiao* (MP 6), *Qiang Feng* (3E 13) oder auf einem Placebo-Akupunkturpunkt erhielten. Induktion, klinische Befunde und die Ergebnisse der Laparotomie unter Elektroakupunktur-Anästhesie wurden untersucht und mit der Kontrollgruppe verglichen. Die Induktionszeit für EA-Anästhesie betrug bei den Versuchsgruppen etwa eine Minute, Akupunktur des Placebo-Punktes in der Kontrollgruppe löste keine Anästhesie aus. Die Versuchstiere erlangten rasch wieder das Bewusstsein und erholten sich problemlos. Die Gruppe mit EA auf *Gong Sun* zeigte die stärkste Anästhesie (50/50, 100 %), gefolgt von *San Yin Jiao* (26/30, 87 %) und *Qiang Feng* (18/30, 60 %). Die Kombination von *Gong Sun* und *San Yang Luo* wird derzeit als beste Methode zur Induktion von EA-Anästhesie bei Hunden empfohlen [46].

Blutkoagulation und Wundheilung nach Akupunkturanästhesie auf *Yi Feng* (3E 17), *San Yin Jiao* (MP 6) und *Fu Yang* (Bl 59) wurden ebenfalls untersucht. Die Wundheilung wurde an 20 ausgewachsenen Hunden beobachtet, bei denen entweder konventionelle Anästhesie (Thiopental) oder Akupunkturanalgesie eingesetzt worden war. Die Wundheilung nach Akupunkturanalgesie war rascher, wenn die Kontraktionsraten verglichen wurden, und auch die histologischen Befunde (Kapillarbildung und Kollagenfaserablagerung) waren in der Akupunkturgruppe besser [47].

Bei zehn Mischlingshunden wurden Koagulationszeit, Blutungsdauer, Resorption der Blutkoagel und Thrombozytenzahl nach Elektroakupunktur-Anästhesie auf *San Yang Luo* (3E 8) und *San Yin Jiao* (MP 6) bzw. nach konventioneller Anästhesie (mit Thiopental) untersucht. Koagulationszeit und Blutungsdauer waren bei EA-Anästhesie kürzer als bei konventioneller Anästhesie, die Resorption des Blutkoagels war verbessert, die Thrombozytenzahl war im Vergleich zur konventionellen Anästhesie erhöht [48].

Elektroakupunktur ist nicht für schmerzintensive Operationen bei Kleintieren geeignet, doch die Kombination mit Sedativa kann in manchen klinischen Situationen günstig sein.

Erholung von der Anästhesie

Akupunkturstimulation kann die Aufwachzeit nach einer Anästhesie verkürzen und wird in manchen Kliniken regelmäßig eingesetzt. Das Abklingen der Anästhesie durch Elektroakupunktur auf *Ren Zhong* (LG 26) wurde bei Ziegen untersucht, wobei 30 Minuten nach einer Xylazin-induzierten Analgesie (0,1 mg/kg) Veränderungen im Elektroenzephalogramm (EEG) und Elektrokardiogramm (EKG) geprüft wurden. Wurde 30 Minuten nach der Xylazin-Applikation Elektroakupunktur eingesetzt, so waren die mittlere Aufwachzeit (MAT), mittlere Gehzeit (MWT) und EEG-Erholung deutlich kürzer als bei der Kontrollgruppe. In der Apex-Basis I des Apex-Kardiogramms waren die RR-Intervalle im Anschluss an EA 30 Minuten nach der Xylazingabe signifikant kürzer [49].

Durch Elektroakupunktur auf *Ren Zhong* lässt sich die Aufwachzeit nach Anästhesie bei Ziegen verkürzen. Berücksichtigt man die klinischen Berichte, so gilt dies möglicherweise auch für andere Arten. Stimulation dieses Akupunkturpunktes ist auch geeignet zur Behandlung von Herz- und Atmungsstillstand.

5.3 Studien aus China

In den vergangenen Jahrzehnten erlebte die Veterinärakupunktur in China durch die Entwicklung moderner wissenschaftlicher Methoden und die Unterstützung der chinesischen Regierung eine zunehmende Renaissance. Auf der Basis klinischer Erfahrung und wissenschaftlicher Forschung haben chinesische Veterinäre die traditionellen Informationen über Akupunkturpunkte bei Pferden, Eseln, Ochsen, Büffeln, Yaks, Kamelen, Schafen, Ziegen, Schweinen, Hühnern, Enten, Hunden, Katzen, Kaninchen und Rotwild gesammelt und erweitert. Neue Behandlungsmethoden, wie Elektroakupunktur, Aquapunktur, Laserakupunktur, Magnetakupunktur, Mikrowellenakupunktur, elektrische Nadelmanipulation und *Te Ding Dian Ci Pop Pu* (TDP) wurden entwickelt [50, 51].

Akupunktur wird in Veterinärkliniken bei vielen Störungen eingesetzt. ➤ Tab. 5.7 gibt eine Übersicht über die Ergebnisse von 48 Studien, die in den letzten Jahren veröffentlicht wurden. Von insgesamt 15469 Fällen bei Pferden, Kühen, Schafen und Schweinen konnte bei 13805 (89 %) nach der Akupunkturbehandlung eine Besserung festgestellt werden [52].

Wissenschaftliche Untersuchungen der Veterinärakupunktur in China werden in diesem Kapitel kritisch gesichtet und zusammengestellt. Die Studien beinhalten Forschung über Histologie und Anatomie von Akupunkturpunkten und Meridianen unter Verwendung biophysiologischer Methoden; sie bewerten unter anderem klinische Ergebnisse und Wirkmechanismen von Elektroakupunktur, Laserakupunktur und Aquapunktur.

Tab. 5.7 Studien zur klinischen Wirksamkeit von Akupunktur in der chinesischen Literatur

Art der Erkrankung	Gesamtzahl der Fälle	Fälle mit Besserung
Internistische Probleme, einschließlich gastrointestinale und respiratorische Störungen	10393	9557 (92 %)
Störungen des Bewegungsapparats, einschließlich Rücken, Hüfte und Gliedmaßen	2524	2278 (90 %)
Geburtshilfliche Probleme, einschließlich Infertilität	619	447 (72 %)
Infektionskrankheiten, einschließlich Grippe und weißer Ferkelruhr	1763	1405 (80 %)
Sonstige	170	118 (69 %)
Gesamtzahl	**15469**	**13805 (89 %)**

5.3.1 Forschung über Meridiane und Akupunkturpunkte

Die Meridiane (*Jing Luo*) sind angenommene energetische Bahnen, die gemäß der Theorie der TCM *Qi* (vitale Energie) und Blut transportieren, Signale weiterleiten, verschiedene Körperbereiche verbinden und koordinieren und die Funktion der verschiedenen Körperbereiche regulieren. Ein Akupunkturpunkt ist ein spezifischer Punkt auf der Körperoberfläche, wo *Qi* und Blut gesammelt und kanalisiert werden. Akupunkturpunkte transportieren *Qi* und Blut, reflektieren pathogene Läsionen und können der Krankheitsvorbeugung und -kontrolle dienen. Es sind die Punkte, die bei einer Akupunkturbehandlung stimuliert werden. Jüngste Untersuchungen zur Veterinärakupunktur in China deuten darauf hin, dass Meridiane und Akupunkturpunkte im Körper ein anatomisches Korrelat haben. Die Meridiane bilden ein eigenes Regulationssystem, das jedoch mit den bekannteren Systemen von Nerven, Blutgefäßen, Lymphe, Hormonen und Immunabwehr verbunden ist.

Histologie der Akupunkturpunkte

Auf der Grundlage einiger Studien nimmt man an, dass die Stimulation von Akupunkturpunkten auf Nervenrezeptoren, sensorische Nervenendigungen, autonome Nervenendigungen, Mastzellen, Lymphgefäße und Kapillaren einwirkt.

Nerven und Rezeptoren

Ausgehend von anatomischen Befunden liegen 323 von 324 Akupunkturpunkten (99 %) in der Nähe von peripheren Nerven; 304 Akupunkturpunkte (94 %) sind mit oberflächlichen (Haut-)Nerven verbunden und 170 Punkte (53 %) stehen mit tieferen Nerven in Verbindung [53]. Eine Untersuchung der fünf Transport-*Shu*-Punkte der drei *Yin*- und drei *Yang*-Meridiane der vorderen Gliedmaßen bestätigte, dass die oberflächlichen und tieferen Bereiche dieser Akupunkturpunkte mit zahlreichen Nerven- und Blutgefäßen ausgestattet sind. Die Untersuchung zeigte auch, dass die Meridiane mit Nerven- und Gefäßbündeln verbunden sind [54, 55]. Die meisten dieser Untersuchungen deuten darauf hin, dass die Akupunkturwirkungen auf Rezeptoren in den tieferen Schichten eines Akupunkturpunktes zurückzuführen sind, manchmal auch als Akupunkturpunktrezeptoren bezeichnet. Der Akupunkturpunktrezeptor umfasst Muskelspindeln, freie Nervenendigungen, Lamellenkörperchen und Gelenkkapseln [56].

Eine Untersuchung der Akupunkturpunkte *Tai Yang* und Ma 6 bei einer Katze wies darauf hin, dass Nervenfasern und periphere Blutgefäße unterschiedlicher Größe um diese Akupunkturpunkte verteilt auftraten [57]. Es fanden sich kleine myelinfreie Bündel zusammen mit Blutgefäßen in einem Bereich von 1,8 × 1,8 mm^2 um diese Punkte, außerdem ein peripherer Arterien- und ein Arteriolenplexus. Kleine Arterien in der Umgebung des Punktes waren von adrenergen und cholinergen Nerven und cholinesterasehaltigen kleinen Nervenbündeln (aus myelinfreien Nerven) begleitet. Diese kleinen Nervenbündel verzweigten sich, bildeten freie Endigungen rund um Arteriolen und endeten in einer Basis aus Bindegewebe, das sich an den Arteriolenplexus anschloss [58].

5

Mastzellen

1977 hatte Song [59] als Erster eine mögliche Beteiligung von Mastzellen an der Meridian- und Akupunkturwirkung beschrieben. Es wurde angenommen, dass bei einer Stimulation der Mastzellen rund um die Akupunkturpunkte aktive Mediatorsubstanzen, u. a. Histamine, freigesetzt werden. Veränderungen der Kapillarpermeabilität und der zellulären Spannung, Vasodilatation kleiner Blutgefäße und Kontraktion glatter Muskeln aktivieren der Reihe nach lokale *De-Qi*-Reaktionen. Akupunkturpunkte bei Kaninchen (u. a. Di 11) wurden untersucht, wobei Placebo-Punkte 2,5 cm seitlich der Punkte als Kontrollen verwendet wurden. Die Mastzellenkonzentration war im Bereich von Akupunkturpunkten signifikant höher als in Kontrollbereichen [59]. Eine hohe Mastzellenkonzentration war auch bei Akupunkturpunkten von Ratten zu beobachten. Bei Menschen und Mäusen ließ sich in den Hautbereichen der Meridianbahnen eine synapsenähnliche Struktur zwischen Nerven und Mastzellen nachweisen [60]. Eine Untersuchung zur Bestimmung der Morphologie und Verteilung von Mastzellen im Bereich von Ma 36 bei der Ratte ergab, dass variabel geformte Mastzellen im kutanen und subkutanen Gewebe von Ma 36 verteilt waren. Einige dieser Mastzellen waren von der Oberfläche bis in tiefere Bereiche des Akupunkturpunkts longitudinal entlang der multiplen Blutgefäßverzweigungen angeordnet. Diese Ergebnisse deuten darauf hin, dass die Akupunktur bei Mastzellen im Bereich des Akupunkturpunkts zur Freisetzung und Lyse von Granula mit Serotonin (5-HT), Histamin, Hydrolase und anderen biologisch aktiven Substanzen führen kann. Histamin erhöht die Gefäßpermeabilität und aus den Gefäßen ausgetretenes Plasmaprotein löst möglicherweise Phagozytose aus [57]. Eine andere Untersuchung zeigte, dass Elektroakupunktur auf Ma 36 zur Degranulation peritonealer Mastzellen bei Ratten führte, was darauf hindeutet, dass durch die Stimulation von Mastzellen und die darauf folgende Freisetzung ihrer Mediatorsubstanzen möglicherweise ein Regulationsmechanismus der Akupunktur aktiviert wird [61].

Lymphgefäße

Röntgenstrahlmikroskopie und elektrophoretische Untersuchungen von Akupunkturpunkten und Meridianen weisen darauf hin, dass Lymphgefäße möglicherweise eine wichtige strukturelle Komponente von Akupunkturpunkten sind [62]. Karbontinte wurde in die Punkte Di 1, Di 2 und Lu 11 injiziert, um die Verteilung in den lokalen Lymphgefäßen zu beobachten. Die Ergebnisse zeigten, dass die von Lu 11 ausgehende Lymphableitung dem Verlauf des Lungen-Meridians entspricht, die von Di 1 und Di 2 dem Verlauf des Dickdarm-Meridians. Wurde MP 6 bei Kaninchen durch Nadeln stimuliert, so erhöhte sich die Lymphozytenzahl signifikant. Im Gegensatz dazu war keine offensichtliche Veränderung der Lymphozytenzahl festzustellen, wenn Bereiche außerhalb der Akupunkturpunkte genadelt wurden. Die Stimulation peripherer Lymphgefäße rund um Ma 36 und die direkte Stimulation von Ma 36 führte zu ähnlichen Reaktionen in den Intestinalbewegungen von Kaninchen [63].

Kapillargefäße

Die histologische Untersuchung von Akupunkturpunkten bei Menschen und Tieren deutet darauf hin, dass rund um Akupunkturpunkte zahlreiche Blutgefäße in der Dermis vorhanden sind. Von 309 Akupunkturpunkten waren 262 (85 %) mit einem Arterien- oder Venenstamm assoziiert [53]. Eine andere Untersuchung zeigte, dass 23 Akupunkturpunkte, einschließlich Di 4, reichlich mit kleinen Blutgefäßen versorgt waren. Die höchste Anzahl von Gefäßen fand sich im Zentrum von sieben Akupunkturpunkten, u. a. Ma 36, bei Kaninchen, wobei die Blutgefäßdichte vom Zentrum der Punkte nach außen langsam abnahm [64]. Bei Schweinen wurde festgestellt, dass auch die mikrovaskuläre Versorgung der Akupunkturpunkte signifikant höher war als die entsprechender Kontrollbereiche. Die Mikrovaskularisation variierte signifikant zwischen verschiedenen Akupunkturpunkten bei ein und demselben Schwein, doch die Gefäßdichte an jedem Punkt war von Tier zu Tier nicht signifikant verschieden. Diese Ergebnisse deuten darauf hin, dass Gefäße, sensorische und motorische Nervenendigungen und Mastzellen notwendige anatomische Strukturen von Akupunkturpunkten und Meridianen sind und dass die Spezifität der Akupunkturwirkung auf der spezifischen Kontraktions- und Relaxationsfrequenz der Kapillargefäße im Akupunkturpunktbereich beruht [65].

Reizfortleitung entlang der Meridiane

Wird eine Nadel in einen Akupunkturpunkt gestochen, so kann es beim Patienten zu Gefühlen von Schmerz, Taubheit, Spannung oder Schwere kommen. Diese Empfindungen werden häufig als *De Qi* (Erreichen des *Qi*) bezeichnet. Bei menschlichen Patienten kann das Gefühl auftreten, dass die Sensation vom stimulierten

Akupunkturpunkt zu anderen Akupunkturpunkten auf demselben Meridian weiterläuft. Dieses Phänomen wird als *propagation of sensation along the channels* (PSAC) bezeichnet. Untersuchungen zeigten, dass bei ca. 1 % der Patienten ein starkes und bei 15 % ein leichtes Empfinden von PSAC auftritt. Die Mehrheit (82 %) reagiert negativ in Bezug auf PSAC [66]. Der Verlauf von PSAC entspricht im Großen und Ganzen den klassischen Meridianbahnen.

Bei Menschen, die kein PSAC wahrnehmen, kann eine Stimulation mit Elektrizität oder Druck zu Taubheit, Spannung oder Schweregefühl führen. Dieses Phänomen wird als *latent propagated sensation along the channel* (LPSC) bezeichnet und tritt bei über 98 % der Bevöl-kerung auf [66]. Der LPSC-Verlauf entspricht ebenfalls den klassischen Meridianbahnen. Diese Ergebnisse bestätigen die Realität von Akupunkturpunkten und Meridianen.

Elektrophysikalische Aspekte von Akupunkturpunkten

Akupunkturpunkte bei Menschen und Tieren weisen in der Regel niedrigen Hautwiderstand bzw. hohe Spannung auf. Konstant auftretende Stellen und Linien mit niedrigem Hautwiderstand konnten auf Extremitäten und Rumpf nachgewiesen werden und waren fast identisch mit den klassischen Akupunkturpunkten und Meridianen. In den letzten Jahren wurde bei zahlreichen Tieren, u. a. Pferden, Maultieren, Eseln, Lämmern, Rindern, Schweinen, Hunden, Ziegen, Schafen, Rehen, Kaninchen und Ratten, der Hautwiderstand an Akupunkturpunktstellen gemessen [67–70]. Die Ergebnisse zeigen, dass die Mehrzahl der Akupunkturpunkte einen offensichtlich verringerten Hautwiderstand mit bilateraler Symmetrie aufweist. Dies liefert einen weiteren Beweis für die Existenz von Akupunkturpunkten.

Klinische Studien zur Elektroakupunktur

Antipyretische Wirksamkeit

An Pferden wurde bei sechs Fällen von Grippe und Fieber eine klinische Untersuchung über die Wirksamkeit von Elektroakupunktur auf LG 14 durchgeführt. Die Elektroakupunktur erniedrigte signifikant ($P < 0{,}01$) die Körpertemperatur, und zwar um 0,3–2,4 °C (durchschnittlich 1,58 °C), unmittelbar nach Beendigung der Behandlung. Die Temperatur blieb 24 Stunden nach der Behandlung um 0,7–3,2 °C (durchschnittlich 2,17 °C) erniedrigt [71].

Die Wirkung verschiedener Akupunkturtechniken am Punkt Di 11 auf Fieber wurde untersucht. Endotoxin von *Escherichia coli* wurde injiziert, um bei Kaninchen experimentell Fieber zu induzieren. Verschiedene Akupunkturtechniken, u. a. Elektroakupunktur, sedierende Nadelungstechnik sowie eine Kombination von tonisierender und sedierender Nadelung, wurden untersucht. Die Ergebnisse zeigten, dass alle getesteten Akupunkturtechniken eine deutliche antifebrile Wirkung aufwiesen. Diese war direkt im Anschluss an die Behandlung besonders signifikant [72]. Eine andere Untersuchung ergab jedoch, dass EA nur bei weiblichen Kaninchen zu einer signifikanten Reduzierung des durch Endotoxin induzierten Fiebers führte, nicht aber bei männlichen Kaninchen [73].

Akupunktur auf *Zi Yang* und He 7 hatte eine signifikante antipyretische Wirkung bei Kaninchen mit durch endogene Pyrogene induziertem Fieber, während das Nadeln von Kontrolltieren auf Punkten lateral zu diesen beiden Akupunkturpunkten nicht zu einer Senkung der Körpertemperatur führte. Bei der Akupunkturgruppe war die Konzentration von zyklischem Adenosinmonophosphat (cAMP) im Liquor verringert und die von zyklischem Guanosinmonophosphat (cGMP) erhöht. In der Kontrollgruppe waren die cAMP- und cGMP-Konzentrationen nicht verändert [74]. Diese Ergebnisse deuten darauf hin, dass der Mechanismus der antipyretischen Wirksamkeit möglicherweise mit einer Verringerung der cAMP-Konzentration im Liquor in Verbindung steht und dass cAMP und cGMP eventuell mit *Yin* und *Yang* der TCM in Zusammenhang gebracht werden können. Ein ähnliches Resultat zeigte sich bei einer anderen Studie, bei der EA eingesetzt wurde. Hier verringerte EA die Konzentration von cAMP und Prostaglandin E_1 (PGE_1) im Liquor. Der antifebrile Mechanismus, der durch EA induziert wird, wirkt also möglicherweise hemmend auf die Synthese und Freisetzung von PGE_1 im Hypothalamus und senkend auf die cAMP-Konzentration, was zu einer Senkung der Körpertemperatur führt [75].

Ein weiteres Experiment wurde an 24 wachen Kaninchen durchgeführt, wobei EA auf LG 14 und Di 11 zu einer Absenkung der Körpertemperatur bei Hyperthermie und gleichzeitig zu einer Erhöhung der Calciumkonzentration im Liquor führte. Wurde der Chelatbildner Äthylendiamintetraessigsäure (EDTA) intraperitoneal injiziert, so waren Körpertemperatur und Kalziumkonzentration im Liquor nach EA nicht verändert. Diese Ergebnisse deuten darauf hin, dass die Kalziumkonzentration im Liquor möglicherweise bei der antipyretischen Wirksamkeit von EA eine wichtige Rolle spielt [76].

Immunreaktionen

In einer Studie führte EA auf *Bai Hui* und Dü 9 bei zehn Rindern zu einer Erhöhung der Zahl weißer Blutkörperchen sowie zu einer signifikanten Erhöhung der Neutrophilenzahl gegenüber den Ausgangswerten [77]. Eine andere Untersuchung deutete darauf hin, dass EA die Lymphozyten-Transformation sowie die absolute und prozentuale Menge von T-Lymphozyten bei zehn Kaninchen erhöhte und regulierte [78].

Bei Kaninchen führte EA auf Bl 21 und Bl 20 zu einer signifikanten Erhöhung des γ-Globulins im Serum im Vergleich zur Kontrollgruppe [79]. EA auf LG 14 und *Bai Hui* erhöhte beim Esel signifikant die γ-Globulinwerte und verringerte die α_2-Globulinwerte im Serum, ohne aber die Werte von Gesamtglobulin, Albumin und α_1-Globulin signifikant zu verändern. Dagegen führte EA auf Dü 9 und *Da Kua* (nahe bei Gb 28) beim Esel zu einer signifikanten Erhöhung von Serumalbumin und -globulin und einer Verringerung von γ-Globulin, veränderte aber nicht signifikant die Serumwerte von α_1- und α_2-Globulin im Vergleich zur Kontrollgruppe. Der Unterschied in der humoralen Immunreaktion ist möglicherweise auf die Spezifität der Akupunkturpunktwirkung zurückzuführen [80].

Kardiovaskuläre Wirkungen

Mehrere Studien wurden durchgeführt, um die Wirkungen der Elektroakupunktur auf Blutflussindizes, u. a. Viskosität, zu überprüfen. Bei Eseln verminderte EA auf LG 14 und LG 1 signifikant die Blutviskosität ($P < 0{,}05$), während es bei der Kontrollgruppe keine offensichtlichen Veränderungen gab. Die durch EA induzierte Verringerung hielt vier Stunden lang an [81].

Die Wirkung von EA auf die Blutviskosität bei Kühen wurde untersucht. Klinisch gesunde Kühe wurden nach dem Grad der Blutviskosität in drei Gruppen eingeteilt: Kühe mit hoher, mittlerer und niedriger Viskosität. Die Elektroakupunktur verringerte signifikant die Blutviskosität bei Kühen mit hoher Viskosität, führte zu keiner signifikanten Veränderung bei Kühen mit mittlerer Viskosität und erhöhte signifikant die Viskosität bei den Kühen mit niedrigen Werten [82]. Diese Ergebnisse bestätigen das TCM-Konzept der dualen Regulation, was bedeutet, dass EA nicht nur hohe Blutviskosität verringern und damit die Blutzirkulation verbessern kann (in TCM-Begriffen: Blutstase beseitigen), sondern bei Kühen mit abnormaler Blutzirkulation auch die Viskosität erhöhen kann (in TCM-Begriffen: Blutmangel beheben).

Eine weitere Studie untersuchte an zehn Eseln die Wirkung von EA bei der Regulierung von Blut-pH-Wert und Blutgasen. EA auf LG 14 und *Bai Hui* führte zu einer Erhöhung des Blut-pH-Werts, des Sauerstoffpartialdrucks (pO_2) sowie der Bicarbonatkonzentration und Sauerstoffsättigung (sO_2) im Vergleich zu den Ausgangswerten. Die beobachtete Erhöhung von pO_2 und sO_2 deutet darauf hin, dass EA die Anoxie-Toleranz erhöht. Eine gleichzeitig nachgewiesene Erhöhung der pH- und Bicarbonat-Werte weist darauf hin, dass EA die Fähigkeit zur Neutralisierung saurer Metaboliten verbessert. Die Erhöhung all dieser Werte weist möglicherweise darauf hin, dass EA die Sauerstoffutilisation beeinflusst [83].

Wirkungen auf das Gastrointestinalsystem

Bei einem klinisch gesunden Hund förderte EA auf Ma 36, Bl 21 und Pe 6 die Sekretion von $NaHCO_3^-$ und Na^+ und hemmte die Sekretion von Magensäure. EA auf LG 26 hemmte die gastrische Motilität und verringerte die Plasmakonzentration von 5-HT und Gastrin [84]. Akupunktur auf Ma 36 mit tonisierender oder sedierender Technik erhöhte die Plasmakonzentration von Gastrin bei klinisch gesunden Kaninchen wie auch bei Versuchstieren mit Milz/Pankreas-Mangel-Syndrom [85].

Elektroakupunktur oder Nadeln auf Ma 36 führte zur Normalisierung einer gestörten gastrointestinalen Aktivität [86]. EA auf Ma 36 besänftigte bei 35 Kaninchen nicht nur durch Pilocarpin ausgelöste gastrointestinale Hyperaktivität, sondern führte auch zur Reversion eines durch Atropingaben induzierten paralytischen Ileus [87]. Beide Wirkungen wurden durch den Punkt Ma 36 ausgelöst. Dies erklärt möglicherweise, warum Ma 36 zur Behandlung einer Vielzahl gastrointestinaler Störungen eingesetzt wird, u. a. auch bei Diarrhö und Obstipation. Das heißt also, dass die „tonisierende" und „sedierende" Wirkung der Akupunktur vom pathophysiologischen Zustand des Körpers zum Zeitpunkt der Behandlung abhängt.

Es gibt jedoch eine relative Spezifität bei verschiedenen Akupunkturpunkten. EA auf Bl 21 oder Ma 25 führte zu einer stärkeren gastrointestinalen Reaktion als EA auf Ma 36. EA auf Ma 36 wiederum führte zu einer stärkeren Reaktion als EA auf *Shan Gen* (bei LG 25) oder *Wai Chun Yin* (bei LG 26) [88]. EA auf Bl 21 und *Shi Zhang* (bei Le 13) erhöhte die ruminale Peristaltikstärke und -dauer bei Rindern. Diese Wirkung hielt etwa zwei Stunden an [89]. EA auf Ma 36 verlängerte ebenfalls die Dauer der Pansenkontraktionen und verbesserte die elektrische Aktivität des Pansens [90].

Gallensekretion

Elektroakupunktur auf Bl 20 und Bl 22 führte zu einer vermehrten Gallensekretion und einem erniedrigten pH-Wert der Galle bei Kaninchen [79]. EA auf Gb 24 erhöhte signifikant die Gallensekretion bei Hunden unter leichter Anästhesie, während sie bei starker Anästhesie unverändert blieb. Diese Ergebnisse deuten darauf hin, dass die Wirkungen der Akupunktur unter dem Einfluss des Nervensystems stehen [91]. Elektroakupunktur auf Bl 18 und Bl 19 führte zu einer Erhöhung des Säureanteils der Galle und zu einer Reduzierung von Bilirubin und Glucose. Diese Veränderungen mögen erklären, warum Elektroakupunktur traditionell zur Behandlung oder Prävention von Gallensteinen eingesetzt wird [92].

Wirkungen auf das Reproduktionssystem

Eine dual regulierende Wirkung auf die Aktivität der glatten Uterusmuskulatur wurde beim Einsatz von EA auf MP 6 bei Kaninchen [93] und auf Bl 32 bei Ratten [94] festgestellt. Elektroakupunktur auf *Yan Chi* (nahe bei Gb 26), LG 1 und *Bai Hui* wurde zur Behandlung von 167 Fällen von Unfruchtbarkeit bei Rindern und Stuten verwendet. Nach dreimaliger EA-Behandlung wiesen 155 Fälle (93 %) einen Östrus auf, 111 (67 %) wurden trächtig und 12 Fälle (7 %) verliefen ergebnislos [95]. Außerdem wurde festgestellt, dass EA die Freisetzung von Thyroxin, Cortisol und luteinisierendem Hormon (LH) bei unfruchtbaren Kühen erhöhte [96].

Klinische Studien zur Laserakupunktur

Laserakupunktur (LA) ist eine therapeutische Methode, bei der ein Laserstrahl zur Stimulation von Akupunkturpunkten eingesetzt wird. Seit Yu et al. [97] 1978 die LA zum ersten Mal im Bereich der Veterinärmedizin in China einsetzten, hat sich die Veterinär-LA rasch entwickelt. Die am häufigsten eingesetzten Laser sind Helium-Neon-(He-Ne)- und Kohlendioxid-(CO_2)-Laser. Ein niederenergetischer Laserstrahl wird auf den Akupunkturpunkt gerichtet. Wie bei der EA soll auch die LA das *Qi* des Meridians aktivieren, die Schmerzschwelle erhöhen und eine duale Regulationswirkung induzieren. Sie hat den Vorteil, dass sie schmerzlos ist und das Risiko gebrochener Nadeln entfällt. Sie wird häufig eingesetzt zur Behandlung von Verdauungsstörungen, Gastroenteritis, Obstipation, Diarrhö bei Jungtieren, *Bi*-Syndrom, Konjunktivitis, Nervenlähmung, Verletzungen, Unfruchtbarkeit und Mastitis.

Immunologische Wirkungen

Bei elf Schafen wurde Bl 20 mit einem He-Ne-Laser (5 mW) zehn Minuten lang stimuliert. Zwölf Stunden nach der Laserstimulation war die Zahl roter Blutkörperchen um 34 %, die Zahl weißer Blutkörperchen um 47 %, die Zahl der Lymphozyten um 12 %, die Zahl der T-Lymphozyten um 18 % und die Konzentration von γ-Globulin um 67 % im Vergleich zur Ausgangsbasis erhöht [98]. Helium-Neon-Laserstimulation auf Bl 20 erhöhte die Zahl der Erythrozyten, Leukozyten und T-Lymphozyten sowie die α- und γ-Globulin-Konzentration bei Pferden, Schweinen, Schafen und Kaninchen [99]. Diese Ergebnisse weisen darauf hin, dass LA möglicherweise die Immunreaktion verbessert.

Ein Helium-Neon-Laser (8 mW) wurde zur Stimulation von Bl 1 bei Hühnern eingesetzt. Die Behandlung erhöhte den spezifischen Antikörper-Titer gegen den Newcastle-Virus sowie die Verweildauer im Serum [100]. Eine andere Studie an sechs Schafen zeigte, dass die Stimulation mit einem He-Ne-Laser (6 mW) die absolute Zahl weißer Blutkörperchen erhöhte, wobei allerdings kein signifikanter Unterschied zwischen Akupunktur- und Placebo-Gruppen bestand [101].

Bei Kaninchen wurde LG 1 eine oder drei Sekunden lang mit einem niederenergetischen CO_2-Laser behandelt. *Escherichia-coli*-78-Antigen wurde subkutan im Bereich rund um den Abdomen injiziert. 7, 14, 21 und 28 Tage nach der LA-Behandlung war die Antikörper-Konzentration in der LG-1-Gruppe höher als in der Kontrollgruppe. Zwischen den Gruppen mit ein- und dreisekündiger Behandlung gab es keine signifikanten Unterschiede [102]. Niederenergetische CO_2-Laser-Stimulation von LG 1 und Ma 36 erhöhte die Plasmakonzentration von IgG, wobei die Erhöhung bei LG 1 stärker war als bei Ma 36 [103]. Eine andere Studie zeigte, dass LA mit CO_2-Laser auf LG 1 die phagozytische Aktivität der neutrophilen Granulozyten verstärkte und diese Wirkung drei Tage andauerte [104].

Wirkungen auf das Reproduktionssystem

Bei Kühen mit Unfruchtbarkeit infolge persistentem Corpus luteum (CL) oder Ovarialzysten wurde eine klinische Studie über He-Ne-LA auf LG 1, KG 1 und *Yin-ti* durchgeführt. Die Ergebnisse zeigen, dass die Fruchtbarkeit durch LA verbessert wurde, wobei LA auf LG 1 oder *Yin-ti* zu besseren Konzeptionsraten führte als LA auf KG 1. LA-Stimulation verringerte außerdem die Progesteron-Konzentration in der Mich bei Kühen mit persistentem CL und erhöhte sie bei Kühen mit Ovarialzysten [105, 106]. Diese Ergebnisse weisen darauf hin, dass LA-Stimulation möglicherweise zur Regulierung reproduktiver Funktionen eingesetzt werden kann.

Helium-Neon-LA auf LG 1 erhöhte die Endorphin-Konzentration im Plasma bei 34 Milchkühen mit Ovarialstörungen. Endorphin hemmt möglicherweise die Sekretion von LH und LHRH und führt damit zu Lyse und Abbau des CL mit nachfolgender Verbesserung der reproduktiven Funktionen [107]. Bei einer anderen Untersuchung wurde CO_2-LA eingesetzt, um LG 1 und *Wai Gen* 3–10 s lang zu stimulieren, was bei 18 Kühen mit Ovarialstörungen zu einem normalen Östrus-Zyklus führte [108]. CO_2-LA auf LG 1 wurde auch zur Behandlung eines Uterusprolaps bei zwölf Milchkühen eingesetzt, wobei eine Wirkungsrate von 83 % erzielt wurde [109].

Wirkungen auf das Gastrointestinalsystem

Die Ergebnisse zahlreicher Studien deuten darauf hin, dass LA möglicherweise regulierend auf die Gastrointestinalbewegung und die Verdauungsphysiologie wirkt. Helium-Neon-LA auf LG 1 förderte die Speichelsekretion und verstärkte die Rumenperistaltik bei zwölf Kühen mit relativer Rumenatonie, verringerte dagegen die Peristaltik bei hyperperistaltischem Rumen und hatte keine Auswirkungen bei Schafen mit normaler Peristaltik [110]. Drei Gruppen von Rindern wurden mit He-Ne-LA-Stimulation auf *Bai Hui* und Bl 21, *Bai Hui* und Bl 20 bzw. *Bai Hui* und Ma 36 behandelt. Zwar wiesen alle Gruppen eine verlängerte Dauer der Rumenperistaltik auf, doch LA auf *Bai Hui* und Ma 36 induzierte die längste Periode aktiver Peristaltik [111].

Helium-Neon-LA auf LG 1 verzögerte die Darmentleerung und verringerte die gastrointestinale Aktivität bei Peking-Enten [112]. CO_2-LA auf Bl 20 erhöhte die elektrische Spannung des dorsalen Zweigs des Vagusnervs und beschleunigte die intestinale Peristaltik [113].

Laut diversen klinischen Berichten wurde LA wirksam zur Behandlung von Diarrhö bei Ferkeln, Lämmern und Kälbern sowie bei klinischer und latenter Mastitis bei Kühen eingesetzt [114–118].

Eine klinische Studie mit 366 Fällen von Parvovirus-Enteritis bei Hunden setzte drei unterschiedliche Behandlungsmethoden ein: Laserakupunktur, Medikamente sowie eine Kombination von beidem. In der LA-Gruppe wurde über fünf Tage einmal täglich 15 Minuten lang He-Ne-Laserakupunktur auf LG 1 eingesetzt. Die Medikamenten-Gruppe erhielt fünf Tage lang zweimal täglich oral Levamisol (25 mg bei Welpen unter 8 Monaten, 50 mg darüber), außerdem zweimal täglich eine intramuskuläre Injektion von Ampicillin (0,25 mg unter 8 Monaten, 0,5 mg darüber). Die Kombinationsgruppe erhielt beide Behandlungen wie beschrieben. Die klinischen Ergebnisse sind in ➤ Tab. 5.8 zusammengefasst [119]. Sie deuten darauf hin, dass Laserakupunktur in der Behandlung von Parvovirus-Enteritis bei Hunden von Nutzen ist.

Tab. 5.8 Wirkung der Laserakupunktur auf Parvovirus-Enteritis bei Hunden

	Hunde unter 8 Monate			Hunde über 8 Monate		
Gruppe	Gesamt	Besserung	ohne Wirkung	Gesamt	Besserung	ohne Wirkung
Laser	53	6 (11 %)	47 (89 %)	51	11 (22 %)	40 (78 %)
Medikament	63	19 (30 %)	44 (70 %)	57	32 (56 %)	25 (44 %)
Kombination	66	32 (48 %)	34 (52 %)	76	60 (79 %)	16 (21 %)

Klinische Studien zur Aquapunktur

Bei der Aquapunktur handelt es sich um eine Behandlungsmethode, bei der eine Flüssigkeit an einem Akupunkturpunkt injiziert wird, wobei die Nadelstimulation mit einem pharmakologischen Agens kombiniert wird. Zu den in China verwendeten Injektionssubstanzen zählen Vitamine, Analgetika, Antiphlogistika, Antibiotika, Antitoxine und Kräuterheilmittel. Die injizierten Substanzen bleiben über einen gewissen Zeitraum am Akupunkturpunkt, wodurch die Stimulationsdauer verlängert wird. Die Dosierung bestimmter Medikamente (u. a. Antibiotika und Steroide) lässt sich durch den Einsatz von Aquapunktur um ein Drittel bis zur Hälfte reduzieren. Aquapunktur wird verbreitet zur Behandlung von *Bi*-Syndromen, akuten Verletzungen des Bewegungsapparats, Arthritis, Paralysen, Unfruchtbarkeit, Diarrhö und Tetanus eingesetzt. In den letzten Jahren wurden auch Impflösungen an bestimmten Akupunkturpunkten injiziert, wobei verbesserte Immunreaktionen festgestellt werden konnten.

Aquapunktur mit Elektrolytlösungen

Zur Behandlung von 52 Fällen von Obstipation bei Pferden wurde 10%ige Kaliumchloridlösung (5–10 ml pro Punkt) in LG 1 und *Jian Wei* injiziert (die absolute Dosis pro Pferd wurde nicht dokumentiert). Eine zweite Injektion wurde gegeben, wenn sich zwei Stunden nach der ersten Behandlung noch keine Resultate gezeigt hatten. Bei 47 Pferden (90 %) kam es nach der Behandlung zur Defäkation (bei 15 innerhalb einer Stunde, bei 10 nach 1–2 Stunden, bei 6 nach 2–3 Stunden, bei 8 nach 3–4 Stunden und bei weiteren 8 nach mehr als 4 Stunden) [120].

Aquapunktur auf LG 1 und Ma 36 mit 10%iger Natriumchloridlösung (0,2 ml/Punkt) verstärkte die Phagozytose abdominaler Makrophagen bei Mäusen. Die Phagozytose erreichte 6 und 48 Stunden nach der Behandlung jeweils einen Höhepunkt und nahm anschließend langsam wieder ab. Die Wirkung der Aquapunktur auf LG 1 war stärker als auf Ma 36 [121].

Aquapunktur mit Antibiotika

Bei 256 Ferkeln wurde zur Behandlung von Diarrhö 1%ige Berberinlösung (1,5–2 ml/Punkt) in LG 1 injiziert. Dabei erholten sich 223 Fälle (87 %) nach zwei Behandlungen[122]. Zur Behandlung von Mastitis bei Milchkühen wurde für einen Zeitraum von zwei bis vier Tagen einmal täglich Penicillin (3,2 Mio IE) und Streptomycin (2 Mio IE) in LG 1 injiziert. 38 der 42 Fälle erholten sich in durchschnittlich 2,78 Tagen nach der Behandlung (Kühe mit üblicher intramuskulärer Antibiotikainjektion erholten sich innerhalb von etwa 7 Tagen) [123].

Aquapunktur mit Analgetika

Fünf Tage lang wurden zur Behandlung von Schulterlahmheit einmal täglich 3–5 ml einer 0,25–2,0%igen Procainlösung in Dü 9 und gegen Hüftgelenkserkrankungen in den klassischen Akupunkturpunkt *Da Kua* (in der Nähe von Gb 28) injiziert. Von 63 Pferden und Rindern zeigten 58 (92 %) eine klinische Verbesserung nach der Aquapunkturbehandlung [124]. Dü 9 und *Da Kua* sind die klinischen Meisterpunkte zur Behandlung von Lahmheit bei Großtieren.

Aquapunktur mit chinesischen Heilkräutern

Die injizierbaren chinesischen Kräuterpräparate *Angelica (Dang Gui)* oder *Salvia (Dan Shen)* wurden zur Behandlung von Unfruchtbarkeit bei 47 Rindern in *Bai Hui* injiziert. Alle reagierten klinisch mit einem Östrus-Zyklus [125]. Eine andere klinische Studie wurde mit einer injizierbaren fruchtbarkeitsfördernden Rezeptur bei 198 Fällen von Milchkühen mit Ovarialinsuffizienz und persistentem Corpus luteum durchgeführt. Die Rezeptur enthält *Actinolitum (Yang Qi Shi)*, *Epimedium (Yin Yang Huo)*, *Cuscuta (Tu Si Zi)*, *Angelica (Dang Gui)*, *Astragalus (Huang Qi)* und *Leonurus (Yi Mu Cao)*. 20 ml des fertigen Extrakts wurden viermal im Abstand von jeweils zwei Tagen in *Bai Hui* und *Yan Chi* (bei Gb 26) injiziert. Nach der Behandlung zeigten 74 Fälle (69 %) einen Östrus und in 55 Fällen (51 %) fand eine Befruchtung statt [126].

Bei 15 Schweinen wurden 3 ml *Astragalus*-Lösung (*Huang Qi*) in Ma 36 injiziert. Es wurde festgestellt, dass die *Astragalus*-Injektion im Vergleich zur Kontrollgruppe die Lymphozytentransformation anregte, den Peak des Komplementsystems verlängerte und die T-Zell-Aktivierung förderte [127].

Immunologische Wirkungen

Impfstoffe können in Akupunkturpunkte injiziert werden. Dieser Vorgang wird als Immunisierung am Akupunkturpunkt (Immunisierung plus Akupunktur) bezeichnet. Dadurch lässt sich die übliche Impfstoffdosis um 30–50 % reduzieren. Human-IgG (2,54 g/l) wurde bei Mäusen in LG 1, *Bai Hui* und Placebopunkten injiziert. Die Ergebnisse zeigten, dass der Antikörper-Titer 15 Tage nach der Injektion bei der LG-1-Gruppe signifikant höher war als bei der Kontrollgruppe (➤ Tab. 5.9)[128].

Bei Hühnern wurde bivalenter Impfstoff gegen infektiöse Bursitis (IBD) in LG 1 und in Placebopunkte injiziert. Die Ergebnisse zeigten, dass die LG 1-Gruppe signifikant höhere IgG-Werte im Serum aufwies als die Kontrollgruppe [129]. Eine andere Studie deutete ebenfalls darauf hin, dass die Injektion von IBD-Impfstoff in LG 1 im Vergleich zur Kontrollgruppe zu höheren Peak-Titern und längerer Peak-Dauer führte [130].

Es wurde eine Studie durchgeführt, um die Wirkung von Akupunkturpunkt-Impfung auf die Abortprävention bei Schafen und Ziegen zu untersuchen (➤ Tab. 5.10). Vor der Fortpflanzungszeit wurde 1 ml inaktivierter Chlamydien-Impfstoff bei 8330 Schafen und 4690 Ziegen in LG 1 injiziert; 3 ml desselben Impfstoffs wurde bei 2526 Schafen und 1552 Ziegen in Placebo-Akupunkturpunkte injiziert. Eine unbehandelte Gruppe (1158 Schafe und 1993 Ziegen) erhielt keinen Impfstoff. Die Abortraten bei der Gruppe mit

Tab. 5.9 Wirkung von Akupunktur auf Anti-Human-IgG-Antikörper

	Anti-Human-IgG-Antikörper	
Gruppe	15 Tage	30 Tage
Kontrolle	1130,82 ± 65,01	1626,61 ± 282,42
LG 1	2031,54 ± 786,01	2920,41 ± 529,92
Bai Hui	1527,23 ± 520,13	8163,29 ± 2398,72

Tab. 5.10 Akupunkturpunkt-Impfung zur Abortprävention bei Schafen und Ziegen

Gruppe	Schafe und Ziegen	Ort der Impfung	Dosis des Chlamydien-Impfstoffs	Prozentsatz der Fälle mit Abort
Akupunktur	13020	LG 1	1 ml	1,64 %
Kontrolle	4078	subkutan	3 ml	1,96 %
ohne Impfung	3151	–	–	5,21 %

Akupunkturpunktimpfung, der Kontrollgruppe und der unbehandelten Gruppe waren 1,64 %, 1,96 % und 5,21 % [131]. Diese Ergebnisse deuten darauf hin, dass die Akupunkturpunktinjektion möglicherweise eine Reduzierung der Impfstoffdosis erlaubt.

Aus *Staphylococcus aureus*, *Streptococcus agalactiae* und *Streptococcus mastitidis* wurde ein polyvalenter inaktivierter Impfstoff hergestellt. Dieser wurde bei 1188 Milchkühen in LG 1 injiziert (Akupunkturpunkt-Gruppe); 1618 Kühe dienten als Kontrollgruppe. Bei einer weiteren Studie wurde der Impfstoff außerdem bei 1140 Milchkühen in den Musculus brachialis injiziert (Nicht-Akupunkturpunkt-Gruppe), wobei 2089 Kühe als Kontrollgruppe dienten. Das Auftreten von Mastitis wurde ab 21 Tage bis 4 Monate nach der ursprünglichen Impfung überprüft. Verglichen mit den nicht geimpften Kontrollgruppen, verringerte die konventionelle intramuskuläre Injektion des Impfstoffs (Nicht-Akupunkturpunkt-Gruppe) das Auftreten von Mastitis um 49 %, die Impfstoffinjektion in LG 1 um 64 % [132].

Klinische Beobachtungen deuten darauf hin, dass Akupunktur zur Behandlung von neurologischen und gastrointestinalen Beschwerden sowie von Störungen des Bewegungsapparates und des Reproduktionssystems wirksam sein kann. Die Akupunkturpunkte stehen in Verbindung mit peripheren und autonomen Nerven, Mastzellen, Lymphgefäßen und Kapillaren, was möglicherweise die Vielzahl von Wirkungen einer Akupunkturbehandlung erklärt. Studien mit Labortieren weisen darauf hin, dass Akupunktur antipyretisch und entzündungshemmend wirkt und regulierende Wirkungen auf die kardiovaskuläre und gastrointestinale Physiologie besitzt.

5.4 Studien aus Taiwan

Die Akupunktur gelangte zur gleichen Zeit nach Taiwan, in der das „Akupunkturfieber“ nach Nixons Chinabesuch auch die Vereinigten Staaten überschwemmte. Während der 70er Jahre wurden in China, Japan, Taiwan und USA zahlreiche klinische Studien durchgeführt. Der folgende Abschnitt enthält klinische Forschung wie auch Laborforschung aus Taiwan.

5.4.1 Akupunkturanalgesie und Schmerz

Mitte der 70er Jahre begann *Ha* [133–136] mit Pionierarbeiten im Bereich der Akupunkturanalgesie. Sein Team bestimmte die Schmerzschwelle bei wachen Affen durch elektrische Stimulation der Zahnpulpa-Afferenzen unter Verwendung des Kieferöffnungsreflexes, der ein wichtiger Schmerzindikator ist [133]. *Ha* et al. demonstrierten, dass bei den Affen die analgetische Wirkung der Akupunktur durch Naloxon und durch elektrische Stimulation von *Ho-Ku* (Di 4) rückgängig gemacht werden konnte [134]. Das Team stellte außerdem fest, dass die analgetische Wirkung auch durch Infiltration von Lokalanästhetika am Akupunkturpunkt, durch Unterbrechung des dorsalen Teils des Funiculus lateralis auf der oberen Zervikalebene (C2–C3) oder durch Entfernen des Gyrus postcentralis blockiert werden kann [133, 135, 136]. Diese Beobachtungen deuten darauf hin, dass der neurale Mechanismus der Akupunkturanalgesie verschiedene Ebenen des Nervensystems involviert (nämlich Rückenmark, Thalamus und Großhirnrinde).

Ha und *Tan* stellten außerdem fest, dass eine akupunkturähnliche Analgesie auch durch Fingerdruck auf bestimmten muskulären Akupunkturpunkten hervorgerufen werden kann [137]. Fingerdruck führte dabei typischerweise zu einer stärkeren Analgesie mit kürzerer Induktionszeit als Akupunktur mit der Nadel. Daher weisen sie darauf hin, dass diese Methode bei Operationen in der klinischen Praxis oder in Notfallsituationen eingesetzt werden kann.

Die Rolle der Hypophyse bei der Akupunkturanalgesie ist noch umstritten. *Fu* et al. zeigten, dass Elektroakupunktur auf *Zu San Li* (Ma 36) Analgesie induzierte und durch eine Hypophysektomie bei Mäusen nicht beeinflusst wurde, was darauf hindeutet, dass die Hypophyse bei der Akupunkturanalgesie keine bedeutende Rolle spielt [138], im Gegensatz zu den Befunden von Pomeranz et al. [139, 140].

Die quantitative (^{14}C)-2-Desoxy-Glucose-(2DG-)Methode wurde zur Untersuchung einiger zentraler Akupunkturwirkungen eingesetzt. *Hand, Sheu* und *Ha* untersuchten die Korrelation zwischen dem Nadeln von *Zu San Li* (Ma 36) und der Schmerzschwelle, wobei sie den Schwanzschlagreflex als Kriterium einsetzten [141]. Sie schlossen, dass negative Stimulation die 2DG-Markierungen in manchen Hirnstrukturen erhöht, während Akupunktur zentrale metabolische Reaktionen verhinderte. Huang und Hand [142] wiesen nach, dass die durch Elektroakupunktur induzierte Analgesiewirkung die folgenden neuralen Strukturen aktiviert:

- das **pro-opiomelanocortine System** (vordere Hypophyse, Nucleus arcuatus, lateraler Nucleus reticularis)
- das **proenkephaline System** (medialer Nucleus mamillaris, lateraler Nucleus reticularis und paraventricularer Thalamus-Nucleus)
- das **prodynorphine System** (medialer Nucleus mamillaris, anteroventraler und anteromedialer Thalamus-Nucleus, hinterer Gyrus cinguli und lateraler Nucleus habenularis)

Chang et al. untersuchten, wie Elektroakupunktur auf dem Notfallpunkt LG 26 (*Ren Zhong*) die zentralnervöse Depressionswirkung von Anästhetika bei Kaninchen beeinflusst [143]. Sie verwendeten einen pharmakologischen Zugang und stellten fest, dass die resuszitative Wirkung der Akupunktur auf diesem Punkt durch Naloxon nicht modifiziert wird, dass sie jedoch durch einen α-Adrenozeptorantagonisten blockiert werden kann. Ihre Ergebnisse deuten darauf hin, dass die EA-Stimulation von *Ren Zhong* die Wirksamkeit von Anästhetika durch Aktivierung einer zentralen noradrenergen Neurotransmission abschwächt.

Chang, Hsieh und *Cheng* verwendeten lokomotorische Aktivität als Indikator bei der Untersuchung, ob Akupunktur auf *Bai Hui* (LG 20) die Hirnaktivität bei Ratten stimuliert [144]. Die durch Anästhetika induzierte Schlafdauer war bei Ratten, die Akupunktur erhielten, deutlich reduziert; möglicherweise wird die zentrale Neurotransmission von Monoaminen aktiviert, was zu einer Erhöhung der spontanen lokomotorischen Aktivität führt. Die anästhetische Wirkung schien nicht mit Opioiden verbunden, da sie durch Naloxon nicht beeinflussbar war.

5.4.2 Akupunkturpunkt- und Nadelsensationen

Yang und Pan verwendeten sieben unterschiedliche nervenwirksame Medikamente bei Hunden, um die Verbindung zwischen Akupunkturpunkten und dem Nervensystem zu untersuchen [145]. An 42 Akupunkturpunkten in fünf Körperbereichen (Kopf, Rücken, Abdomen, vordere und hintere Gliedmaßen) wurde der Stromfluss in der Haut vor und nach der Akupunkturbehandlung gemessen. Die Forscher stellten fest, dass bei Medikamenten, die den zerebralen Cortex aktivieren oder Vasodilatation in der Haut verursachen, der Stromfluss an Akupunkturpunkten zunahm. Zentral wirkende Medikamente hatten eine ausgeprägtere Wirkung auf die Veränderung der Hautströme, gefolgt von sympathisch und parasympathisch wirksamen Medikamenten (➤ Tab. 5.11).

Es gibt noch keine definitiven Hinweise darauf, welche Arten von afferenten Fasern primär für die Übertragung von Signalen aus der Akupunkturbehandlung verantwortlich sind. *Fu* et al. nadelten *Zu San Li* (Ma 36) mit einer Stimulationsintensität, die dem Sechsfachen der Schwelle für minimale Muskelkontraktion entsprach, um Afferenzen der Gruppe II zu aktivieren [138]. Sie schlossen, dass es durchaus möglich ist, dass Akupunktur oder Elektroakupunktur Afferenzen der Gruppe II und möglicherweise auch der Gruppe III aktiviert, die Impulse zum Zentralnervensystem (ZNS) übertragen. Chan und Lu konnten diese Hypothese später bestätigen (➤ Tab. 5.12) [146, 147].

Ha et al. applizierten Meerrettich-Peroxidase (HRP) mittels der axonalen retrograden Transportmethode auf den Akupunkturpunkt *Zu San Li* (Ma 36) [148–150]. Markierte sensorische Neuronen wurden in korrespondierenden lumbalen Ganglien auf der behandelten Seite gefunden. Mittlere bis große HRP-positive Neuronen wurden im vierten und fünften lumbalen Ganglion entdeckt. Gleichzeitig wurden markierte Neuronen auch im ipsilateralen ventralen Horn derselben Rückenmarksegmente wie die markierten sensorischen Ganglien gefunden. Theoretisch deuten die Befunde der morphologischen [150, 151] und neurophysiologischen [138, 146, 147] Untersuchungen stark darauf hin, dass die Trans-

Tab 5.11 Veränderungen des Stromflusses in der Haut nach Injektion von sieben nervenwirksamen Medikamenten bei Hunden

	Kopf	Rücken	Abdomen	vordere Gliedmaßen	hintere Gliedmaßen
Koffein	++	+	++	++	++
Pentobarbital	–	–	–	–	–
Ethylalkohol	–	–	–	–	–
Epinephrin	++	–	–	+	++
Reserpin	–	+	–	–	++
Neostigmin	–	–	–	–	++
Atropin	–	–	–	–	–

++ signifikant erhöht; + erhöht; – weder erhöht noch erniedrigt

Tab. 5.12 Einteilung der somatischen afferenten Nervenfasern

	Durchmesser der Fasern (µm)	Leitungsgeschwindigkeit des Nervs (m/s)	Funktion/Rezeptor
Dicke myelinhaltige Fasern			
Ia (A-alpha)	12–20	60–100	Primäre Afferenzen von Muskelspindeln
Ib (A-alpha)	12–20	60–100	Sehnenspindeln, Berührungs- und Druckrezeptoren
II (A-beta)	6–12	40–80	Sekundäre Afferenzen von Muskelspindeln, Pacini-Körperchen, Rezeptoren für feine Berührung und Druck
Dünne myelinhaltige Fasern			
III (A-delta)	2–5	12–30	Rezeptoren für grobe Berührung, Druck, Schmerz (rasch) und Temperatur
Dünne myelinfreie Fasern			
IV (C)	0,4–1,2	0,5–2	Rezeptoren für Schmerz (langsam) und Temperatur

mission von Akupunktursignalen größtenteils auf den afferenten Fasern der Gruppe II und I mit weitem Durchmesser beruht.

Ha et al. untersuchten die Korrelation zwischen der Innervation von Akupunkturpunkten und der neuroanatomischen Basis der Nadelsensation *(De Qi)* [150, 152]. Sie beobachteten eine ausgeprägte Verstärkung der Muskelaktivität während des Nadelns auf *Zu San Li* bei einer Ratte. Der vordere Schienbeinmuskel wurde in einem Bereich, der mit dem Akupunkturpunkt korrespondiert, mit Goldchlorid eingefärbt; eine Anzahl von Muskelspindeln, die mit myelinhaltigen Nervenfasern mit weitem Durchmesser assoziiert sind, wurden beobachtet. Die Endplatten der äußeren Muskelfasern wurden ebenfalls beobachtet und die Ia-Fasern innerhalb des Nervenstamms wurden bis zu ihrem Anschluss an motorische Fasern verfolgt. Die Untersuchungen bestätigten frühere HRP-Studien in Bezug auf die Nähe von Muskelspindeln und motorischen Nervenendigungen in Muskeln [148, 149]. Die Beziehung zwischen spezifischen Muskelspindeln und motorischen Nervenendigungen deutet darauf hin, dass die Nadelsensation vermutlich als spinaler segmentaler Reflex abläuft.

Chan et al. untersuchten mithilfe eines Enzym-Immunoassays die Gewebekonzentration von Substanz P an Akupunkturpunkten und Nicht-Akupunkturpunkten bei Hunden [153]. Ihre Ergebnisse zeigen, dass sich nicht nur das neurochemische Profil von Akupunktur- und Nicht-Akupunkturpunkten unterscheidet, sondern die höchste Konzentration von Substanz P in der Haut und nicht im Muskelgewebe oder in der Subkutanschicht vorliegt. Der Zielort eines Akupunkturpunkts befindet sich also sowohl in der Haut wie auch in der tieferen muskulären Schicht darunter.

Beim Nadeln eines somatischen Akupunkturpunkts werden die Nadeln durch die Haut und das subkutane Gewebe in den darunter liegenden Muskel gestochen. Viele Forscher postulieren, dass der wirksame Punkt im tieferen Gewebe unter dem somatischen Akupunkturpunkt liegt. Andere haben nachgewiesen, dass transkutane Stimulation ebenfalls zu befriedigenden Akupunkturwirkungen führen kann. Chien et al. haben Unterschiede in der Innervation von Haut, subkutanem Gewebe und darunter liegendem Muskelgewebe an somatischen Akupunkturpunkten ausgewertet, um ihre Rolle bei der Auslösung der Akupunkturwirkung zu beurteilen [154]. Der Punkt *Shen Shu* (Bl 23) beim Hund wurde ausgewählt, um die sensorische Innervation eines spezifischen somatischen Punktes zu prüfen. Das Verhältnis von afferenten Nervenendigungen in der Subkutanschicht zu solchen in der darunter liegenden Muskelschicht liegt bei etwa 3 : 1. Die hauptsächliche sensorische Innervation der Subkutis und des Muskelgewebes unter *Shen Shu* wurde jeweils in den Segmenten T12 bis L1 und T13 bis L2 untersucht. Nadeln von Bl 23 führt in erster Linie zu einem afferenten Input in den Segmenten T12 bis L2. Dieser einzelne somatische Punkt zeigt ein vertikales und segmentales Verteilungsmuster, das die afferenten Akupunktursignale erweitert und verstärkt. Daher scheint das Nadeln eines einzelnen somatischen Akupunkturpunkts durch einen „Divergenz-Effekt" mindestens vier Rückenmarksegmente zu aktivieren.

5.4.3 Meridianforschung

Topographie von LSR-Punkten

Zu den biophysikalischen Charakteristika von Akupunkturpunkten zählt ein im Vergleich zu den benachbarten Hautbereichen niedriger Hautwiderstand (*low skin resistance*, LSR). Bei genauer Aufzeichnung stimmen diese LSR-Punkte weitgehend mit dem Meridiansystem überein.

Chiou und Kollegen entwickelten eine einzigartige Methode zur Bestimmung von Punkten mit niedrigem Hautwiderstand bei Ratten mithilfe eines Relaxationsoszillators mit Unijunction-Transistor (UJT) [155]. Es konnte gezeigt werden, dass alle LSR-Punkte in den dorsalen und ventralen Rumpfbereichen bilateral und symmetrisch verteilt sind. Die LSR-Punkte auf der dorsalen und ventralen Mittellinie wurden als Lenkergefäß-(LG)- und Konzeptionsgefäß-(KG)-Punkte bezeichnet, in Übereinstimmung mit der traditionellen Nomenklatur. Die Punktserien von LG 17 und KG 14 ergaben Werte im Bereich von 152,5 ± 32,2 Ohm bzw. 179,4 ± 41,2 Ohm. Dagegen wiesen die meisten Nicht-LSR-Punkte einen Hautwiderstand von über 420 Ohm auf. Außerdem erhöhte sich der Hautwiderstand bei den meisten LSR-Punkten innerhalb von 30 Minuten nach dem Tod des Tieres.

Untersuchung der Akupunkturpfade mit einem neurotropen Virus

Die Beziehung zwischen Akupunkturpunkten und inneren Organfunktionen ist noch nicht vollständig erforscht. Das Nadeln eines Akupunkturpunktes kann einen viszeralen Reflex hervorrufen, der als somatoviszeraler Reflex bekannt ist [156, 157]. Dieser Reflex besteht aus drei Komponenten:

- die Afferenzen des Akupunkturpunkts und die Übertragungsnuclei, die die zentralen Fortsätze der afferenten Neuronen empfangen
- die viszeralen Efferenzen zu den korrespondierenden Zielorganen
- die zentrale neuronale Verbindung zwischen den Übertragungsnuclei und den viszeralen efferenten Neuronen

Petras und Cummings untersuchten die autonomen Neuronen im Rückenmark bei Affen; ihre Befunde deuten darauf hin, dass die Pfade viszeraler Reflexe polysynaptisch sind [158]. Vinay und Kollegen zeigten, dass die Medulla-, Thorax- und Lumbalsegmente bei der Integration dieses Reflexes unbedingt nötig sind [159].

Physische Stimulation durch die Haut mithilfe von Akupunktur oder Moxibustion wurde im alten China routinemäßig zur Schmerzlinderung und zur Behandlung verschiedener Organe in der Veterinär- und Humanmedizin eingesetzt. Die neuere Rehabilitationsmedizin basiert auf den physiologischen Wirkungen somatischer Afferenzenstimulation auf autonome Funktionen. Daher hängen die Akupunkturwirkungen bei bestimmten Akupunkturpunkten möglicherweise in gewisser Weise von dem Gegenpunkt des somatoviszeralen Reflexes ab. Der genaue Pfad konnte jedoch mit den bisher üblichen Techniken noch nicht bestimmt werden. Die Verwendung des Alpha-Herpes-Virus als transneuraler Tracer, insbesondere der variablen Stämme des Pseudorabies-Virus (PrV, auch als Suid-Herpes-Virus Typ 1 bekannt), ermöglicht dagegen eine bessere Charakterisierung der neuronalen Schaltkreise [160–163].

Chien et al. verwendeten den Pingtung-Stamm des Pseudorabies-Virus (PrV-PT) [165, 166] als neuronalen Tra-cer [164, 167, 168]. Das PrV-PT wurde bei Welpen in die konkave Oberfläche der Ohrmuschel mikroinjiziert, um die neurologischen Verbindungen zwischen Ohrakupunkturpunkten und den sympathischen präganglionären und postganglionären Neuronen beim Hund zu untersuchen. Markierte Neuronen wurden im Ganglion trigeminale, geniculi und superius gefunden, im Subnucleus caudalis des Nucleus spinalis nervi trigemini, in der intermediolateralen Säule (IML) der Thorakolumbalsegmente und im sympathischen Grenzstrang. Die Ergebnisse deuten darauf hin, dass PrV-PT bei der Injektion in einen Ohrakupunkturpunkt retrograd zu den Nervenzellkörpern in den entsprechenden sensorischen Ganglien transportiert wird. Der Virus replizierte sich in den sensorischen Neuronen erster Ordnung und wurde transsynaptisch über die Hirnstamm-Nuclei zu Neuronen in sympathischen Nuclei und/oder Ganglien transportiert, die viszerale Aktivität vermitteln.

Die neuronale Verbindung zwischen dem Nierenpunkt am Ohr des Welpen und seinem Zielorgan wurde durch einen neurotropen Virus und HRP als Tracer aufgeklärt [164]. PrV-PT wurde bei anästhetisierten Welpen in den Nierenpunkt am Ohr mikroinjiziert. 24 Stunden vor der Virusinokulation wurde Meerrettich-Peroxidase (HRP) auf den ispsilateralen renalen Nerven der Tiere appliziert. Die Ergebnisse deuten darauf hin, dass viral infizierte Neuronen in den Ganglien weit verteilt waren. Bei einem Experiment mit doppelter Markierung wurden HRP-positive Neuronen zusammen mit PrV-PT-Viruspartikeln in den zuvor erwähnten prävertebralen und T12–L2-paravertebralen Ganglien gefunden. PrV-PT gelangte über das Ganglion trigeminale, geniculi und superius des N. vagus, den Subnucleus caudalis des Nucleus spinalis nervi trigemini und die sympathischen präganglionären Neuronen in der intermediolateralen Säule (IML) der Thorakolumbalganglien vom Nierenpunkt des Ohrs zur Niere. Diese somatoviszerale Verbindung ist möglicherweise ein morphologischer Hinweis auf einen Wirkpfad der Akupunktur (➤ Abb. 5.4).

Diese Ergebnisse weisen auf Folgendes hin: Ein Akupunkturpunkt und sein korrespondierendes Zielorgan sind möglicherweise durch Synapsen im neuronalen Netzwerk verbunden und spezifischere Untersuchungen deuten darauf hin, dass Stimulation des Nierenpunkts am Ohr die Nierenaktivität beeinflusst. Außerdem wird der afferente Zweig durch primäre afferente Fasern im Nervus trigeminus, facialis und vagus stimuliert. Diese Impulse werden im Nucleus caudalis des Nucleus spinalis nervi trigemini auf die intermediolaterale Säule übertragen, besonders im Bereich der Segmente T12 bis L2, und enden schließlich in den prä- und paravertebralen Ganglien, die sympathische postganglionäre Neuronen enthalten, die die Niere innervieren.

5.4.4 Die morphologische Basis der „Niere" in der TCM

Der anatomische Begriff „Niere" bezeichnet in der TCM eine Gruppe von funktional miteinander verwandten Organen, zu denen Nebenniere, Niere und Hoden oder Eierstöcke zählen. *Chien* et al. verwendeten die axonale retrograde Transportmethode und injizierten Meerrettich-Peroxidase (HRP) in diese Organe, um zu untersuchen, ob eine viszerale Efferenz zu diesen Organen existiert, und um die einzelnen Neuronen, die gleichzeitig Nebenniere, Niere und Hoden/Eierstöcke innervieren, weiter zu erforschen [168, 169]. HRP wurde in Nebenniere und Eierstöcke sowie in Nieren- und Hodennerven injiziert. Markierte Neuronen konnten vor allem in ipsilateralen paravertebralen und prävertebralen Ganglien lokalisiert werden (➤ Tab. 5.13 und ➤ Tab. 5.14); HRP-positive Neuronen, die Nebenniere, Niere, Hoden und Eierstöcke versorgen, waren in den linken paravertebralen Ganglien der Segmente T5 bis L3 (maximal bei T13), T10 bis L3 (maximal bei L1), T13 bis L5 (maximal bei L2) und T11 bis L4 (maximal bei L1) verteilt.

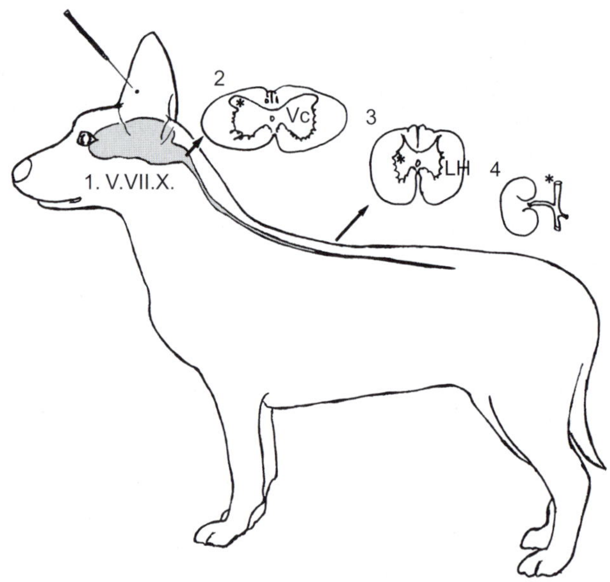

Abb. 5.4 Illustration des Akupunkturpfades beim Nadeln des aurikularen Nierenpunktes beim Hund.
Das Akupunktursignal wird vom Akupunkturpunkt zu den Ganglien von Nervus trigeminus, facialis und vagus weitergeleitet (1). Es steigt dann vom Subnucleus caudalis des Nucleus spinalis nervi trigemini (Vc, 2) in der Medulla ab zu den sympathischen präganglionären Neuronen des lateralen Horns (LH, 3) des thorakolumbalen Rückenmarks. Schließlich wird es an die sympathischen postganglionären Neuronen übermittelt und moduliert die Nierenfunktion (4). Der Stern (*) bei 2, 3 und 4 steht für Vc, LH bzw. die sympathischen postganglionären Neuronen. Der graue Bereich entspricht Gehirn und Rückenmark.

Tab. 5.13 Häufigkeitsverteilung von HRP-positiven Neuronen, die Nebenniere, Niere, Hoden und Eierstöcke innervieren, in den sympathischen paravertebralen Ganglien

	T9	T10	T11	T12	T13	L1	L2	L3	L4	L5
Nebenniere	+	+	+	+	++	+	+	+		
Niere		+	+	+	+	++	+	+		
Hoden					+	+	++	+	+	+
Eierstock			+	+	+	++	+	+	+	

++ Segment enthält maximale Anzahl markierter Neuronen; + HRP-markierte Neuronen sind anwesend.

Tab. 5.14 Häufigkeitsverteilung von HRP-positiven Neuronen, die Nebenniere, Niere, Hoden und Eierstöcke innervieren, in den sympathischen prävertebralen Ganglien

	Ganglion mesentericum superior	Ganglion splanchnicum	Ganglia aorticorenalia	Ganglia renalia	Ganglion testiculare	Ganglion mesentericum inferior	Ganglia pelvina
Nebenniere	+	++	+	+			
Niere	+	+	+	++	+		
Hoden					+	++	+
Eierstock			++		+	+	

++ Segment enthält maximale Anzahl markierter Neuronen; + HRP-markierte Neuronen sind anwesend.

Neuronen, die Nebenniere und Niere versorgen, wurden auch in den prävertebralen Ganglien in Höhe der Arteria mesenterica superior, im Nervus splanchnicus, um die Nierenarterien und im Plexus renalis gefunden. Einige Neuronen der Testis-Ganglien waren auch über Nervenfasern mit der Nebenniere verbunden. Die Hoden innervierenden Neuronen befanden sich in den Ganglien von Testes, Plexus mesentericus und Becken. Die Eierstöcke innervierenden Neuronen waren in den Ganglien um die Nierenarterien, im Bereich der Eierstöcke und im Plexus mesentericus inferior lokalisiert. Die meisten Neuronen zur Versorgung von Nebenniere, Niere und Hoden befanden sich in den Ganglien des Nervus splanchnicus, des Plexus renalis bzw. des Plexus mesentericus inferior. Diese Daten liefern nicht nur die morphologische Basis für die letzte Komponente des Akupunkturpfades, sondern weisen auch darauf hin, dass es sich bei dem somatoviszeralen Reflex um eine ziemlich diffuse Verbindung handelt (sodass die Stimulation eines bestimmten Punktes möglicherweise eine Reihe benachbarter Organe beeinflusst).

Bei Fluoreszenz-Untersuchungen an männlichen Hunden war die Abwesenheit dreifach markierter Zellen in den oben erwähnten Ganglien zu beobachten [167]. Zweifach markierte Neuronen, entweder mit Fast Blue (FB, an der Nebenniere appliziert) oder mit Diamidina Yellow (DY, an der Niere appliziert), fanden sich jedoch in den ipsilateralen paravertebralen Ganglien der Segmente T12 bis L1 sowie den prävertebralen Ganglien, was darauf hinweist, dass sie in die sympathische Co-Innervation spezifischer viszeraler Organe involviert sind. Dieser Befund deutet darauf hin, dass einzelne sympathische postganglionäre Neuronen nicht gleichzeitig Nebenniere, Niere und Hoden innervieren. Solch ein Neuron müsste in den sympathischen präganglionären Nuclei oder in supraspinalen Kernen lokalisiert sein. Es ist anzunehmen, dass viszerale Efferenzen zu Nebenniere, Niere und Hoden beim Hund in den prävertebralen oder paravertebralen Ganglien liegen. Einzelne Neuronen unter diesen Ganglien könnten Nebenniere und Niere innervieren, nicht jedoch alle Organe gleichzeitig. Es wurde postuliert, dass die neuronale Kontrolle dieser Organe supraspinal lokalisiert ist.

5.4.5 Klinische Studien

Das Interesse an der Akupunkturtherapie erwachte 1970, als Dr. *Chen* die Akupunkturbehandlung von Fertilitätsproblemen bei Großtieren einführte. Neun Kühe (sechs mit Eierstockzysten und drei ohne Östrus und ohne Reaktion auf Hormontherapie) wurden mit Elektroakupunktur behandelt [170]. Sieben der neun Kühe wurden nach vier Behandlungen trächtig, bei einer wurde ein Tumor in einem Uterushorn diagnostiziert und eine weitere ließ sich nicht behandeln. Bei einer anderen Studie wurden 19 Kühe mit Fruchtbarkeitsstörungen (14 mit Eierstockzysten, vier ohne Östrus und eine mit stillem Östrus) mit Elektroakupunktur behandelt. Alle Kühe wiesen anschließend Östrus auf, die Wiederherstellung der Eierstockfunktion lag bei 100 %. Die Trächtigkeitsrate nach Elektroakupunktur betrug 74 % [171]. Auch bei Pferden führte die Akupunkturbehandlung von Fruchtbarkeitsstörungen zu befriedigenden Ergebnissen [172].

Lin und Kollegen setzen Akupunktur ein, um bei Schweinen ohne Östrus einen Östrus zu induzieren [173]. Etwa 70 % der Schweine ohne Östrus waren nach Behandlung von *Bai Hui* (LG 20) und *Wai Gen* (LG 2) wieder fruchtbar. Die Forscher schlossen, dass verschiedene Akupunkturtechniken (nämlich manuelle Stimulation, Elektroakupunktur und Aquapunktur) bei Fruchtbarkeitsstörungen wirksam sind. Der Wirkmechanismus wird möglicherweise durch eine Veränderung der Sensibilität der Hypophyse für GnRH *(gonadotropin releasing hormone)* durch einen somatoviszeralen Reflex vermittelt, wie von *Lin* et al. Postuliert [174].

Chan et al. publizierten einen Übersichtsartikel zum Einsatz der Akupunkturtherapie bei Paralyse und Lahmheit bei Kleintieren [175]. Panzer et al. berichten von der erfolgreichen Akupunkturbehandlung einer idiopathischen Paralyse bei einem afrikanischen Löwen (im *Taipei Zoo Animal Medical Center*) im Jahre 1989 [176]. Manuelle Akupunktur, Elektroakupunktur, Aquapunktur, Moxa-Therapie und implantierte Dauernadeln wurden dabei eingesetzt.

Yang zeigte, dass Nadeln von *Zu San Li* (Ma 36) und *Yang Ling Quan* bei Hunden für die Analgesie während eines Kaiserschnitts ausreichend war [177]. Die Tiere erholten sich schneller im Vergleich zur Kontrollgruppe mit medikamentöser Analgesie.

Su et al. behandelten bilateral die Akupunkturpunkte *San Jiao Shu*, *Shen Shu*, *Chi Hai Shu* (Bl 22, Bl 23 und Bl 24) und *Zu San Li* (Ma 36) sowie einen Nicht-Akupunkturpunkt mit Elektroakupunktur, um die Funktion der Nebennierenrinde bei Hunden mit iatrogenem Cushing-Syndrom zu verbessern [178]. Die Kortikosteroidwerte im Serum wurden als Maßstab für die Nebennierenfunktion verwendet. Die Autoren kamen zu dem Schluss, dass Elektroakupunktur auf *Zu San Li* die Funktion der Nebennierenrinde bei Hunden mit iatrogenem Cushing-Syndrom wiederherstellen kann.

Tai und Kollegen führten bei Hühnern eine selbst entwickelte Federnadel in den Akupunkturpunkt *Pi Kao* (zwischen den Nasenlöchern) ein [179]. Sie blieb zwei Tage lang am Platz, um die Wirkung der Akupunktur zur Unterdrückung von Brutlust bei domestizierten Hennen zu untersuchen. Es zeigte sich, dass die Brutlust ein bis zwei Tage nach Behandlungsbeginn erfolgreich gehemmt wurde.

Außerdem wurde ein Feldversuch zum Einsatz von Akupunktur bei Ferkel-Diarrhö durchgeführt [180]. 0,2 ml 3 %iger Kochsalzlösung wurden täglich in *Chang Qiang* (LG 1) injiziert. Die Autoren stellten fest, dass die Akupunkturtherapie die Genesung beschleunigte.

LITERATUR

1. Inada T et al: Acupuncture and moxibustion as alternative therapy in dogs, *Arq Univ Fed Rur Rio de J* 13(1):55–61, 1990.
2. Cole EF: Evaluation of the therapeutic effects obtained with acupuncture and conventional treatment of neurological disturbances caused by distemper in dogs, master's dissertation, Recife, 1996, Universidade Federal Rural de Pernambuco.
3. Silva Junior FF, Paes Barreto MB, and Silva FF: Treatment of endometritis in cows: comparison between moxibustion and enrofloxacin. Paper presented at the II Brazilian Meeting of Animal Reproduction Biotechnology, Fortaleza, Ceara, 1997.
4. Alvarenga MA et al: Induction of luteolysis in mares utilizing a micro-dose of prostaglandin in the sacral lumbar space (Bai Hui Acupoint), *Equine Vet Sci* 18(3):167–168, 1998.
5. Alvarenga MA et al: Induction of luteolysis in mares utilizing a micro-dose of prostaglandin in the sacral lumbar space (Bai Hui Acupoint). *Proceedings of the Twenty-fourth Annual International Congress on Veterinary Acupuncture,* Chitou, Taiwan, 1998, pp 169–171.
6. Luna SPL et al: The role of Bai Hui accupoint for induction of luteolysis in mares. Paper presented at the Twenty-fifth Annual International Congress on Veterinary Acupuncture, Lexington, Ky, 1999.
7. Luna SPL, Alvarenga MA, and Joaquim JGF: Induction of luteolysis in cows utilizing a micro-dose of prostaglandin in the Bai Hui acupoint. Paper presented at the First International Congress of Veterinary Acupuncture, Sao Paulo, Brazil, 1999.
8. Silva CTL, Luna SPL: Use of micro-dose of somatotrophin to increase weight gain in calves. Paper presented at the First International Congress of Veterinary Acupuncture, Sao Paulo, Brazil, 1999.
9. Lopes MD et al: Clinical and neurological signs of newborn dogs after cesarean section using inhalation anesthesia or electroacupuncture. *Proceedings of the Twenty-fourth Annual International Congress on Veterinary Acupuncture,* Chitou, Taiwan,1998, pp 132–133.
10. Luna SPL, Taylor PM: Effect of electroacupuncture on endogenous opioids, AVP, ACTH, cortisol and catecholamine concentrations measured in the cerebrospinal fluid (CSF), peripheral and pituitary effluent plasma of ponies. *Proceedings of the Twenty-fourth Annual International Congress on Veterinary Acupuncture,* Chitou, Taiwan, 1998, pp 172–174.
11. Irvine CHG, Alexander SL: A novel technique for measuring hypothalamic and pituitary hormone secretion rates from collection of pituitary venous effluent in the normal horse, *J Endocrinol* 113:183–192, 1987.
12. Dias EMG: Anti-rabies antibody levels, plasma proteins, hematological parameters and T and B lymphocytes in dogs stimulated by acupuncture, master's dissertation, FMVZ, Unesp, Botucatu, Sao Paulo, Brazil, 1991.
13. Scognamillo-Szabo MVR: Effect of electroacupuncture on the inflammatory immune reaction induced by the tick *Rhipicephalus sanguineus,* master's dissertation, FCAVJ, Unesp, Jaboticabal, Sao Paulo, Brazil, 1999.
14. Novo F, Ferreira N: Effect of acupuncture points E-36 (Zusanli), E-25 (Tianshu) and VC-12 (Zhongwan) in acute injuries of the gastric mucosa produced by indomethacin in Wistar rats, *Rev Paul Acupunct* 3: 67–71, 1997.
15. Luna SPL, Joaquim JGF: Effect of electroacupuncture on intestinal motility in dogs. *Proceedings of the Twenty-fourth Annual International Congress on Veterinary Acupuncture,* Chitou, Taiwan, 1998, pp 134–136.
16. Luna SPL et al: Effect of acupuncture and electroacupuncture on gastric contraction activity measured by alternate current susceptometry and manometry in dogs. Paper presented at the First International Congress of Veterinary Acupuncture, Sao Paulo, Brazil, 1999.
17. Luna SPL: Electroacutherapy. Paper presented at the Twenty-fifth Annual Congress of the International Veterinary Acupuncture Society, Lexington, Ky, 1999
18. Nam TC: *Acupuncture therapy in food animals,* ed 2, Seoul, 1997, Kwangil Publishing Co, Ltd.
19. Kim BS: The effects of electroacupuncture on gastrointestinal motility and blood concentration of endocrine substances in horses, doctoral thesis, Seoul National Univ, 1997.
20. Nam TC et al: Analgesic and antipyretic effects of acupuncture in ruminants, *Korean J Vet Clin Med* 11:55–61, 1994.
21. Chang KJ, Lee DH: Antipyretic effects of acupuncture in ruminants, *J Korean Vet Acupunct Mox* 3:24–33, 1993.
22. Nam TC et al: Effects of electroacupuncture on motility of the rumen and abomasum of goats, *Korean J Vet Res* 27:127–135, 1987.
23. Nam TC et al: Studies on veterinary acupuncture in Korea, *Korean J Vet Clin Med* 9:23–39, 1992.
24. Nam TC et al: Therapeutic effects of electroacupuncture on rumen disease in cattle, *Korean J Vet Clin Med* 14:147–150, 1997.
25. Lee JM et al: Effect of traditional acupuncture on abomasal motility in Holstein cow, *Korean J Vet Clin Med* 15:151–155, 1998.
26. Choi HI et al: Acupuncture therapeutics for treatment of watery diarrhea in calves, *J Korean Vet Acupunct Mox* 3:34–46, 1993.
27. Chang KJ, Chang SK: Studies on acupuncture therapy for diarrhea in calves, *J Korean Vet Acupunct Mox* 4:23–33, 1994.
28. Nam TC et al: Therapeutic effects of acupuncture in calf respiratory diseases, *Int J Vet Acupunct* 7:8–12, 1996.
29. Chang KJ et al: Studies on the effects of acupuncture therapy on reproductive disorders, *Kun-Kuk Univ J Life Sci* 3:5–10, 1996.
30. Lee MY et al: Electroacupuncture therapy of urolithiasis in cattle, *J Korean Vet Acupunct Mox* 3:47–53, 1993.
31. Kim MC and Park KM: Electroacupuncture treatment of urethral calculi in a bull, *Int J Vet Acupunct* 7:6–7, 1996.
32. Kim SS et al: The treatment of downer cow by electroacupuncture, *J Korean Vet Acupunct Mox* 5:6–12, 1995.
33. Lim TW: Studies on drug application and electroacupuncture therapy for the downer cows, master's thesis, Kun-Kuk University, 1991.
34. Lee KK: Studies on the acupuncture of diarrhea treatment and induced estrous in pigs, *J Res Ins Anim, Sci* 11:103–106, 1995.
35. Yu JC et al: Effects of laser beam irradiation therapy for diarrheal piglets, *Korean J Vet Clin Med* 14:168–171, 1997.
36. Kim MC et al: The studies on treatment of liver diseases using laser and acupuncture in dogs, *Korean J Vet Clin Med* 15:319–324, 1998.
37. Kim MC et al: The studies on treatment of spleen, pancreas and urinary bladder diseases using laser and acupuncture in dogs, *Korean J Vet Clin Med* 15:331–338, 1998.
38. Kim MC et al: The studies on treatment of kidney disease using laser and acupuncture in dogs, *Korean J Vet Clin Med* 15:325–330, 1998.
39. Shin DS et al: Effects of acupuncture therapy on experimental sciatic nerve block in dogs, *Korean J Vet Clin Med* 12:137–143, 1995.
40. Chang KJ et al: Studies on electro-acupuncture therapy for dogs with paralysis of hindquarters, *J Anim Sci Tech* 17:71–77, 1992.
41. Cho HI: Studies on the electroacupuncture therapy for the dogs with myoclonus of forehead, master's thesis, Kun-Kuk University, 1992.
42. Suh DS: Experimental studies on electroacupuncture analgesia of cattle, *Bull Jpn Soc Vet Acupunct Mox* 14:14–20, 1990.
43. Lee MY et al: Surgical treatment of right abomasal displacement under electroacupuncture, *J Korean Vet Acupunct Mox* 2:21–23, 1992.
44. Nam TC et al: Electroacupuncture regional analgesia in cattle, *Korean J Vet Res* 38:419–422, 1998.

45. Nam TC and Seo KM: Induction of local and general analgesia by electroacupuncture in dogs, *Korean J Vet Clin Med* 14:244–253, 1997.
46. Kim DH et al: Studies on canine electroacupuncture anesthesia: investigation on the effect of acupuncture of the limbs, *Korean J Vet Clin Med* 15:404–409, 1998.
47. Jang W et al: Experimental studies on wound healing under medicament and acupuncture anesthesia in dogs, *Korean J Vet Res* 21:110–119, 1984.
48. Park HS, Suh DS: A study on blood coagulation and bleeding time under electroacupuncture anesthesia and medicament anesthesia in the dog, *Korean J Vet Res* 28:193–198, 1988.
49. Seo KM et al: Reverse effects of electroacupuncture on xylazine analgesia in goats, *Korean J Vet Res* 32:683–688, 1992.
50. Yang HD et al: *Chinese veterinary acupuncture,* Changsha, 1987, Hunan Science and Technology Press.
51. Chen LF: *China agriculture encyclopedia: traditional chinese veterinary medicine,* Beijing, 1991, China Agriculture Press.
52. Yu C, editor-in-chief: *Traditional chinese veterinary acupuncture and moxibustion,* Beijing, 1984, China Agriculture Press, p 7.
53. Zhao YS et al: *Veterinary acupuncture,* Beijing, 1993, China Agriculture Press, p 272.
54. Xu XQ et al: The anatomy of the Five Shu Acupoints in macaco: the first report, *J Tradit Chin Vet Sci* (4):1–3, 1996.
55. Xu XQ et al: The anatomy of the Five Shu Acupoints in macaco: the second report, *J Tradit Chin Vet Sci* (3):1–3, 1997.
56. Pan CC et al: *Proceedings of the National Congress of Veterinary Acupuncture and Acupuncture Analgesia.* I. Beijing, 1979, Beijing People's Press, p 235.
57. Mu X, Xie ZQ: Review on structure study of acupoint and conjecture on its nature, *Chin J Vet Med* 20(11):40–43, 1994.
58. Wu S et al: Preliminary observation on adrenergic nerve ending of low resistance line along meridian in rat, *Acupunct Res* (8):298, 1983.
59. Song JM: Preliminary observation on mast cells in acupoint structure, Liaolin *J Tradit Chin Med* (3):26–28, 1980.
60. Yang YM and Wang PP: Morphological observation on the effect of acupuncture on mast cells in ST-36, *Acupunct Res* (4):298–302, 1986.
61. Gao S, Ming CR: The morphological observation on rat's peritoneal mast cells under electro-acupuncture at point ST-36, *Acupunct Res* (1):19–22, 1984.
62. Gong CH: On the relation between the channel and lymphatic system, *Shanghai J Tradit Chin Med* (4): 35–40, 1979.
63. Gong QH et al: *Proceedings of the Second National Congress on Veterinary Acupuncture and Acupuncture Analgesia,* 1984, p 184.
64. Committee: Preliminary observation on histological structure of GV–1 and LI–4 acupoints, *Acta Academia Medicinae Sichuan* (1):12–15, 1977.
65. Mu X et al: Quantitative observation on micro-blood vessels of acupoint in the small-size pig, *Chin J Vet Med* 24(3): 40–42, 1998.
66. Zhu ZX and He JK: *Biophysics of meridian and acupuncture,* Beijing, 1989, Beijing Press, pp 171–188.
67. Zhang LS et al: Resistance measurement of meridian acupoint in healthy animals, *J Tradit Chin Vet Med* (1): 6–9, 1988.
68. Wu DF et al: Resistance measurement of acupoints and observation of meridian line of low resistance, *J Tradit Chin Vet Med* (2):8–10, 1983.
69. Xie HS et al: A study on location of acupoints in limbs in dog, *Chin J Vet Med* 20(11): 37–40, 1994.
70. Mu X et al: Low resistance measurement of acupoints in the small-size pig, *Chin J Vet Med* 24(4):45–47, 1998.
71. Sheng HQ , Zhao HY: The effect of EA of GV–14 on a decrease in body temperature in horse. *Proceedings of the International Veterinary Acupuncture Congress,* Beijing, 1987, pp 136–137.
72. Fang J et al: Influence of different needling methods on fever caused by *E. coli* injection in rabbit, *Acupunct Res* 21(3):50–54, 1996.
73. Du K et al: Preliminary study on relationship of sex with decreasing effect on fever-causing action by endotoxin, *J of N Bethune Univ Med Science* 12(5):378, 1986.
74. Meng FH et al: Influence of acupuncture on Zi-yang and HT-7 on fever-causing action by leukocyte in rabbit, *Chin J Vet Med* 17(6):40–42, 1991.
75. Yang YN et al: The relationship between change of cAMP and PGE1 and anti-febrile effect of EA in rabbit, *Chin J Vet Sci Tech* Suppl:190–191, 1988.
76. Yang RL: The effect of EA on a decrease in body temperature in rabbits, *Acupunct Res* (1):57–59, 1986.
77. Li JD et al: Preliminary study on effect of acupuncture on Bai-hui and SI-9 acupoints on physiological indicators in cattle, *J Tradit Chin Vet Med* (1):6–8, 1985.
78. Cheng HP: Study on acupuncture and moxibustion immunity and its regulation, *Acupunct Res* (3):167–178, 1988.
79. Zheng JF et al: Effect of EA on BL-21, BL-20 acupoints on digestive function in rabbit, *J Tradit Chin Vet Med* (2):11–14, 1984.
80. Shi FS et al: Influence of EA on different acupoints on serum protein and its ingredients in donkeys, *Chin J Vet Med* 24(12):31–33, 1998.
81. Liu ZJ et al: Effect of EA on hemorheological indicators in donkey, *Chin J Vet Med* 18(6):41–43, 1992.
82. Cheng W et al: Preliminary study on bilateral regulation of EA on blood viscosity in dairy cow, *Chin J Vet Med* 25(1):34 35, 1999.
83. Shi FS et al: Effect of EA on different acupoints on blood gas indicators in donkey, *Chin J Vet Med* 24(11):42–45, 1998.
84. Zhou L: The regulatory function of acupuncture on stomach, *Acupunct Res* 11(4):274–279, 1986.
85. He ML et al: Effect of different acupuncture manipulation on the content of serum motilin and gastrin in rabbit model, *J Guangzhou Coll TCM* (1):36–38, 1991.
86. Tang XP, Guo T: Studies on antagonism and ways of EA on inhibition of gastric peristalsis induced by alpha–2 adrenoreceptor agonists in rabbits, *Chin J Vet Med* 23(7):3–8, 1997.
87. Wen WY et al: The clinical effect of acupuncture at ST-36 and its relationship between gastro-electric activity and coli-electric activity, *Acta Vet et Zoot Sinica* 21(1):87–91, 1990.
88. Miao XZ et al: Effect of acupuncture on gastric-intestinal electric activities, *Chin J Vet Med* 11(7):44–47, 1985.
89. Zhu ZY, Hang CY: Influence of EA on Shi-zhang, BL - 21 acupoints on cud peristalsis in cattle, *J Tradit Chin Vet Med* (5):16–17, 1985.
90. Wang L et al: Effect of acupuncture on ST-36 on cud electric activity in sheep, *J Tradit Chin Vet Sci* (4):8–9, 1992.
91. Zhang JH et al: Effect of acupuncture on GB - 24 on bile secretion in dog, *Chin Acupunct* (3):31–32, 1995.
92. Wang YG et al: Effect of EA on the contents of bile acid, bilirubin in rabbit, *Chin Acupunct* (2):39–41, 1996.
93. Ding JP et al: Effect of EA on the electric activity of oviduct muscle in rabbit, *Chin J Vet Med* 17(4): 39–40, 1996.
94. Gao WJ and Weng CY: Analgesic mechanism of EA at BL -32 during uterine operations, *Acupunct Res* (4):340–344, 1988.
95. Shen J: The curative test of EA in the treatment of infertility in female animal. *Proceedings of the International Veterinary Acupuncture Congress,* Beijing, 1987, p 43.
96. Wu ZY et al: Effect of acupuncture on endocrine hormones in dairy cow. *Proceedings of the International Veterinary Acupuncture Congress,* Beijing, 1987, P80.
97. Yu C et al: Effect of laser irradiation on ST-36 on pain threshold in rabbit. *Proceedings of the National Agricultural Scientific Research Conference,* Beijing, 1978, China Agriculture Press, pp 290–291.
98. Zhao HY et al: Influence of laser irradiation on BL-20 on the blood physiological indicators in sheep, *Chin J Vet Med* (1):41–42, 1983.
99. Yan TF et al: Influence of laser irradiation on BL-20 acupoint on blood physiological indicators in healthy animal, *J Tradit Chin Vet Med* (1):9–12, 1983.
100. Wang LA et al: Effect of He-Ne laser irradiation on immune function in chicken, *Chin J Vet Med* 12(4):41, 1986.
101. Gu RT et al: Preliminary observation on effect of He-Ne laser irradiation in sheep, *J Vet Sci Tech* (11):9–13, 1981.
102. Chai SG,YU C: Effect of CO_2 laser acupoint irradiation on serum antibody content in sheep, *J Tradit Chin Vet Sci* (3):5–6, 1986.

103. Diao XP, Yu C: Effects of CO_2 laser irradiation on different acupoints on blood and immune function in rabbit, *Chin J Vet Med* 14(9):1988.
104. We ZL et al: Effect of CO_2 laser acupoint irradiation on phagocytic activity in piglet, *Chin J Vet Med* 15(12):40–41, 1989.
105. Shi ZS, Yu C: Effect of laser acupuncture on the disorders of ovarian function and the changes of progesterone level in the milk of dairy cow, *Acta Veterinaria et Zootechnica Sinica* 17(3):178–183, 1986.
106. Ding JC et al: Study on He-Ne laser irradiation on Yi-ti in the treatment of ovarian dysfunction in horse, *Chin J Vet Sci Tech* (7):11–13, 1987.
107. Zhong XH et al: Effects of laser irradiation on oestrus and contents of plasma beta-endorphin in dairy cows with uterine and ovarian disorders, *Acta Veterinaria et Zootechnica Sinica* 28(3):261–265, 1997.
108. Xu KW and Zhen DD: Observation on CO_2 laser irradiation in the treatment of dairy ovarian disorder, *Chin J Vet Med* 16(11):46–48, 1991.
109. Wan YH et al: Observation on CO_2 laser in the treatment of vaginal prolapse in dairy cow, *Chin J Vet Med* 13(4):40–41, 1987.
110. Yu C and Zhang KJ: Effect of laser and its application in animal science and veterinary medicine, *Chin J Vet Med* 17(4):41–44, 1991.
111. Liu XH et al: Physiological effects of He-Ne laser on yellow cattle and horse, *J Tradit Chin Vet Med,* (4):2–6, 1983.
112. Lu G et al: Influence of He-Ne laser acupuncture on gastrointestinal movement in duck, *J Tradit Chin Vet Sci* (2):8–9, 1988.
113. Wan SW: Clinical report on CO_2 laser in the treatment of the infectious lymph inflammation in 6 horses, *Bull Vet Coll PLA* 6(2):177, 1986.
114. Yan QD et al: A preliminary report on the treatment of piglet scours by He-Ne laser irradiation of acupuncture points, *J Huazhong Agr Uni* 5(4):383–386, 1986.
115. YU C et al: Observation on laser acupoint irradiation in the treatment of lamb scours, *Chin J Vet Med* 9(8):37–38, 1983.
116. Xu MJ et al: The clinical test of calf scours by He-Ne laser irradiation, *Chin J Vet Med* 11(1):32, 1985.
117. Wu ZL et al: The clinical test of laser irradiation in the treatment of dairy mastitis, *Chin J Vet Med* 11(6):37–40, 1985.
118. Wu BL et al: The clinical report of He-Ne laser irradiation in the treatment of subclinical mastitis in dairy cow, *Chin J Vet Med* 10(2):48–50, 1984.
119. Zhang SM, Zhu HR: The curative effect of He-Ne laser irradiation combined with usage of immune promoter on canine parvo-virus enteritis, *J Tradit Chin Vet Med* (2):1–2, 1989.
120. Jin CS et al: Clinical observation on acupoint injection of KCl solution for the treatment of constipation in horse, *Chin J Vet Med* 10(4):41–42, 1984.
121. Huang QZ et al: Influence of injecting 10% NaCl solution in GV - 1 on phagocytic activity of peritoneal phagocytes in mouse, *J Tradit Chin Vet Sci* (3):1–4, 1994.
122. Huang QZ: Review on acupuncture in the treatment of infectious disease, *J Tradit Chin Vet Med* (2):19–21, 1992.
123. Ou JD et al: The curative effect of GV–1 injection on mastitis in dairy cow, *J Tradit Chin Vet Med* (5):1–2, 1987.
124. Li YL: The curative effect of acupoint injection on shoulder and hip lameness of pig, *Chin J Vet Sci Tech* (5):37, 1998.
125. Gong HZ et al: Observation on injection in Bai-hui for the treatment of infertility in cattle, *J Tradit Chin Vet Med* (3):11–12, 1998.
126. Yang GL et al: The clinical test of ovarian infertility in dairy cow, *J Tradit Chin Vet Med,* (6):3–5, 1997.
127. Fan BT et al: Effect of Huang-Qi solution AA on immunological function in pig, *J Tradit Chin Vet Med* 9–12, 1991.
128. Cheng YT et al: Effect of IgG point injection on the antibody titer in mice, *Chin J Vet Sci Tech* 27(2):29–30, 1997.
129. Wang XM et al: The comparative tests of GV–1 and other vaccinating routes in chicken, *Chin J Vet Sci Tech* 25(2):21–22, 1995.
130. Diao XP, Wu YH: Effect of acupoint IBD vaccination on egg yolk antibody titer in layer, *Chin J Vet Med* 21(11):50, 1995.
131. Gao SD et al: Studies on immune effect of inactivated *Chlamydia* vaccine GV–1 injection in sheep and goat, *Chin J Vet Sci Tech* 25(1):7–8, 1995.
132. Zhang LH et al: Studies on injection of polyvalent vaccine in GV–1 for the prevention of mastitis in dairy cow, *J Tradit Chin Vet Med* (6):4–6, 1996.
133. Ha H et al: Measurement of pain threshold by electrical stimulation of tooth pulp afferents in the monkey, *Exp Neurol* 61: 260–269, 1978.
134. Ha H et al Naloxone reversal of acupuncture analgesia in the monkey, *Exp Neurol* 73: 298–303, 1981.
135. Ha H et al: Spinal pathways for mediating analgesic effect induced by acupuncture in the monkey, *Anat Rec* 196: 69A, 1980.
136. Ha H, Tan EC: Sensory representation of acupuncture site in the cortex of the monkey, *Anat Rec* 179: 103A, 1981.
137. Ha H, Tan EC: Effect of acupuncture on pain threshold measurement of tooth pulp in the monkey, *Am J Chin Med* 10: 92–100, 1982.
138. Fu TC et al: The effect of hypophysectomy on acupuncture analgesia in the mouse, *Brain Res* 202:33–39, 1980.
139. Pomeranz BH, Chiu D: Naloxone blocks acupuncture analgesia and causes hyperalgesia: endorphin is implicated, *Life Sci* 19:1757–1762, 1976.
140. Pomeranz BH et al: Acupuncture reduces electrophysiological and behavioral response to noxious stimuli: pituitary is implicated, *Exp Neurol* 54:172–178, 1977.
141. Hand PJ: Autoradiographic deoxyglucose study of some central effects of acupuncture. *Proceedings of the First Symposium on Veterinary Acupuncture,* Taipei, 1982, p 10.
142. Huang YH, Hand PJ: Metabolic changes in the rat CNS endogenous opioid systems associated with electroacupuncture-produced analgesia. In *Symposium on Recent Developments in Acupuncture Research and Clinical Applications,* Taichung, 1989, p 17.
143. Chang JT, et al: Decrease of anesthetics activity by electroacupuncture on Jen Chung point in rabbit, *Neurosci Lett* 202:93–96, 1995.
144. Chang JT, et al: Increase of locomotor activity by acupuncture on Bai Hui point in rats, *Neurosci Lett* 211:1212–124, 1996.
145. Yang CH and Pan MJ: Effect on skin electric current at acupuncture points by nervous-acting drugs, *J Chin Soc Vet Sci* 2:6–11, 1976.
146. Chan SHH: What is being stimulated in acupuncture: evaluation of existence of a specific substrate, *Neurosci Biobehav Rev* 8:25–33, 1984.
147. Lu GW: Characteristics of afferent fiber innervation on acupuncture point *Zusanli, Am J Physiol* 245:R606-R612, 1983.
148. Kao T et al: The neuroanatomic basis of „Teh Chi" during acupuncture: an experimental study with the use of horseradish peroxidase as a tracer, *China Med Coll Ann Bull* 10:1–10, 1979.
149. Ha H et al: Muscle sensory neurons in the spinal ganglia in the rat determined by the retrograde transport of horseradish peroxidase, *Exp Neurol* 70:438–445, 1980.
150. Ha H et al: Innervation of acupoint in the rat, *Anat Rec* 220:73A, 1982.
151. Ha H, Kao T: Neurological basis of „Teh Chi" during acupuncture, *Anat Rec* 214:47A, 1986.
152. Kao T, Ha H: Innervation of acupoint in the rat, *China Med Coll Ann Bull* 14:31–40, 1988.
153. Chan WW et al: Comparison of substance P concentration in acupuncture point in different tissues in dog, *Am J Chin Med* 26:13–18, 1998.
154. Chien CH et al: Sensory innervation to the various depth of canine somatic acupoint. National Cheng Kung University, Tainan, Taiwan, Unpublished, 1999.
155. Chiou SY et al: Topography of low skin resistance points (LSRP) in rats, *Am J Chin Med* 26:19–27, 1998.
156. Sato A, Schmidt RF: Muscle and cutaneous afferents evoking sympathetic reflex, *Brain Res* 2:399–401, 1966.
157. Sato A, Schmidt RF: Somatosympathetic reflexes: afferent reflexfibers, central pathways, discharge characteristics, *Physiol Rev* 53: 916–947, 1973.
158. Petras JM, Cummings JF: Autonomic neurons in the spinal cord of the rhesus monkey: a correlation of the findings of cytoarchitectonics and sympathectomy with fiber degeneration following dorsal rhizotomy, *J Comp Neurol* 146:189–218, 1972.
159. Vinay L et al: Evidence for the existence of a functional polysynaptic pathway for trigeminal afferents to lumbar motor neurons in the neonatal rat, *Eur J Neurosci* 7:143–151, 1995.

160. Strack AM et al: A general pattern of CNS innervation of the sympathetic outflow demonstrated by transneuronal pseudorabies viral infections, *Brain Res* 491:156–162, 1989.
161. Card P et al: Neurotropic properties of pseudorabies virus uptake and transneuronal passage in the rat central nervous system, *J Neurosci* 10:2974–2994, 1990.
162. Blessing DA et al: Transneuronal transport of herpes simplex virus from the cervical vagus to brain neurons with axonal inputs to central vagal sensory nuclei in the rat, *Neuroscience* 42:261–274, 1991.
163. Loewy AD et al: Beta-galactosidase expressing recombinant pseudorabies virus for light and electron microscopic study of transneuronally labeled CNS neurons, *Brain Res* 555:345–352, 1991.
164. Chien CH et al: Neuronal connections between the auricular skin and the sympathetic pre- and postganglionic neurons of the dog as studied by using pseudorabies virus, *Neurosci Res* 30:169–176, 1998.
165. Lin SC et al: An outbreak of pseudorabies in the swine in Pingtung, *Chin J Microbiol* 5:56–68, 1972.
166. Yang JPS et al: An epizootic of Aujeszky's disease in swine in Taiwan: virus isolation, identification and seroepidemiological studies, *Chin J Microbiol* 5:69–75, 1972.
167. Chien CH et al: The neuronal connection between auricular kidney point and kidney in dog. *Proceedings of the Twenty-fourth Annual International Congress on Veterinary Acupuncture,* Chitou, Taiwan, 1998, pp 179–183.
168. Chien CH et al: The ovarian innervation in the dog: a preliminary study for the base for electroacupuncture, *J Auton Nerv Syst* 35:185–192, 1991.
169. Chien CH: Morphological basis of somato-visceral link: a study of the neuronal connections of the canine auricular kidney point and kidney by neurotrophic virus, doctoral thesis, Taipei, 1998, National Taiwan University.
170. Chen TK et al: Therapeutic effects on the reproductive diseases in dairy cow, *J Chin Soc Vet Sci* 1:95–98, 1975.
171. Chen TK et al: Therapeutic effects on the reproductive diseases in dairy cow. *Proceedings of the First Symposi-um on Veterinary Acupuncture,* Republic of China, 1982, p 30.
172. Chen TK et al: Therapeutic effects of acupuncture on the reproductive disease in dairy cows and horses: a preliminary report, *J Chin Soc Vet Sci* 1:72, 1975.
173. Lin JH et al: Induction of estrus in anestrus sows with acupuncture: a preliminary report, *J Agricul Assoc China,* New Series 126:83–89, 1984.
174. Lin JH et al: Pituitary responsiveness to gonadotrophin-releasing hormone in gilts treated with electroacupuncture. *Proceedings of the Eighteenth Annual International Congress of Veterinary Acupuncture,* Hawaii, 1992, pp 39–42.
175. Chan WW et al: A review of acupuncture therapy of canine paralysis and lameness, *Vet Bull* 66:999–1011, 1996.
176. Panzer R et al: Acupuncture treatment for idiopathic paralysis in an African lion, *Int J Vet Acupunct* 2:1–7, 1991.
177. Young CZ: The effect on electroacupuncture on canine c-section. *Proceedings of the Fourth Symposium of Traditional Chinese Veterinary Medicine,* Republic of China, 1990, p 18.
178. Su HL et al: Effects of electroacupuncture on the adrenocortical function of iatrogenic Cushing's dogs, *Memoirs Coll Agricul Natl Taiwan Univ* 29:165–172, 1989.
179. Tai LJ et al: Antibroodiness of acupuncture in domestic hens. *Proceedings of the Eighteenth Annual International Congress of Veterinary Acupuncture,* 1992, pp 45–46.
180. Lo YY: The effect of acupuncture and herbal medicine on piglet diarrhea. *Proceedings of the Third Symposium of Veterinary Acupuncture and Chinese Herbal Medicine,* Republic of China, 1987, p 6.

KAPITEL

6 Östliche Akupunkturkonzepte

John B. Limehouse und Priscilla A. Taylor-Limehouse

Akupunktur ist eine der ältesten Methoden der chinesischen Medizin. Die Bezeichnung Akupunktur leitet sich von den lateinischen Begriffen *acus*, Nadel, und *pungere*, stechen, ab. Es handelt sich um eine Technik, bei der dünne Nadeln an bestimmten Punkten, die als Akupunkturpunkte bezeichnet werden, in die Haut gestochen werden, um Krankheiten zu verhindern oder zu behandeln. Die Stimulation dieser Punkte mit modernen Methoden umfasst Nadeln, Injektion, Ultraschall, Laser, ultraviolette Strahlung, magnetische Induktion und elektrische Stimulation.

6.1 Westliche und chinesische Medizin im Vergleich

Auch wenn sich die grundlegenden Konzepte und Vorstellungen der westlichen und der chinesischen Medizin stark unterscheiden, beziehen sich doch beide Disziplinen auf die Behandlung derselben körperlichen Störungen. Jede der beiden Schulen verkörpert Konzepte, die für die andere fremd sind. Die Traditionelle Chinesische Medizin (TCM) kennt weder das endokrine System noch das periphere Nervensystem und die westliche Medizin kennt keine Diagnosen, die sich auf „äußere pathogene Faktoren" wie Hitze, Kälte, Wind oder Feuchtigkeit beziehen. Doch bei der Anwendung der beiden Konzepte geht es jeweils um dasselbe Ziel – die optimale Gesundheit des Patienten [1].

Der Unterschied zwischen den beiden Systemen lässt sich mit dem Unterschied zwischen der Einstellung eines Mechanikers und der eines Gärtners vergleichen. Der Arzt der westlichen Medizin ist ausgebildet, spezifische Erkrankungen oder Störungen bei seinem Patienten zu entdecken – Fehlfunktionen des Körpers zu erkennen und den beschädigten Teil zu reparieren oder zu ersetzen. Der TCM-Behandler dagegen versucht, den Patienten und seine Krankheit in ihrer Beziehung zueinander zu sehen, und unterstützt den Körper, in einen ausgeglichenen Zustand zurückzukehren, wobei er eher „den Garten pflegt", als dass er „die Maschine repariert" [2].

6.2 Die Theorie von *Yin* und *Yang*

Gesundheit lässt sich definieren als Zustand der Harmonie zwischen dem Körper und seiner inneren und äußeren Umgebung. Existiert solch ein Zustand der Harmonie, spricht man davon, dass der Organismus sich erfolgreich an die inneren und äußeren Bedingungen angepasst hat, sodass er seine Funktionen ausüben kann. Faktoren, die die äußere Umgebung beeinflussen, sind Ernährung, Klima, geophysikalische und elektromagnetische Kräfte. Zu den inneren Faktoren zählen erbliche Einflüsse, das neuroendokrine System und der emotionale Zustand. Im Rahmen dieses Konzepts ist Gesundheit kein absoluter, sondern ein relativer Seinszustand.

Krankheit entsteht, wenn ein Ungleichgewicht in der inneren Umgebung oder zwischen innerer und äußerer Umgebung auftritt, in der Regel, wenn mehrere Faktoren zusammenkommen und den homöostatischen Mechanismus des Körpers überlasten.

Die alten Chinesen erklärten diese Beziehung mit der *Yin-Yang-***Theorie**, die auf dem philosophischen **Prinzip der zwei polaren Komponenten von** *Qi* (oder *Ch'i*) beruht. Diese Theorie ist aus jahrhundertelanger Beobachtung der Natur entstanden und beschreibt die Art und Weise, wie Phänomene sich natürlicherweise zu Gegensatzpaaren ordnen. Alle Phänomene im Universum können in die Kategorie von *Yin* oder *Yang* eingeordnet werden. Ein Gleichgewicht entsteht durch die gegenseitige Abstoßung wie auch Abhängigkeit der gegensätzlichen Kräfte. *Yin* existiert, weil es *Yang* gibt, und *Yang* existiert, weil es *Yin* gibt.

Die interdependente Beziehung von Yin und Yang bedeutet, dass jeder der beiden Aspekte die Voraussetzung für die Existenz des anderen ist und keiner von beiden isoliert bestehen kann. Zum Beispiel gäbe es keine Nacht ohne den Tag. Daraus ist ersichtlich, dass Yin und Yang gleichzeitig im Gegensatz zueinander stehen und voneinander abhängig sind; sie brauchen einander, um zu existieren, und existieren immer nebeneinander. Die Bewegung und Veränderung von Dingen sind nicht nur auf den Gegensatz und Konflikt zwischen Yin und Yang, sondern auch auf ihre Beziehung der gegenseitigen Abhängigkeit und Unterstützung zurückzuführen [3].

In der Medizin findet das Konzept der Interdependenz von *Yin* und *Yang* breite Anwendung in der Physiologie, Pathologie und Behandlung. Blut *(Xue)* und *Qi*, zwei fundamentale Elemente des Körpers, sind ein gutes Beispiel: In der Beziehung zueinander ist Blut *Yin* und *Qi* entspricht Yang. *Yin* bezieht sich auf die Flüssigkeiten im Körper und umfasst Wasser und Blut. Yang bezieht sich auf den Körpermetabolismus.

Yin ist vom Charakter her die passive oder negative Kraft, *Yang* die aktive oder positive Kraft. Ein vollkommen ausgeglichenes System besitzt gleiche Anteile von *Yin* und *Yang*. Keine der beiden Kräfte kann isoliert existieren, d. h. dass immer etwas *Yin* im *Yang* und etwas *Yang* im *Yin* vorhanden ist (➤ Abb. 6.1). Jede Kraft ist notwendig für die jeweils andere, doch jede steht auch im Gegensatz zur anderen. Damit das Leben, wie wir es auf diesem Planeten kennen, existieren kann, braucht es zum Beispiel ein Gleichgewicht von Tageslicht und Dunkelheit. ➤ Tab. 6.1 zeigt weitere Beispiele von *Yin* und *Yang*.

Abb. 6.1 Das traditionelle *Yin-Yang*-Symbol.

Tab. 6.1 Beispiele für *Yin* und *Yang* (Zustände relativer Gegensätze) [4, 5]

Yin	Yang
Wasser	Feuer
Eis	Wasser
Fest	Gasförmig
Passiv	Aktiv
Langsam	Schnell
Nacht	Tag
Mond	Sonne
Präzipitation	Evaporation
Unterhalb der Taille	Oberhalb der Taille
Medial	Lateral
Entspannung	Kontraktion
Hypo (Mangel)	Hyper (Überschuss)
Wasser	Dampf
Kalt	Heiß
Weiblich	Männlich
Materiell	Nichtmateriell
Dunkel	Hell
Winter	Sommer
Abwärts	Aufwärts
Innen	Außen
Ventral	Dorsal
Inhibition	Exzitation
Parasympathikus	Sympathikus
Chronisch	Akut

Das Gleichgewicht von *Yin* und *Yang* ist ein **dynamischer, wechselnder Zustand**. Sehr selten liegen genau gleiche Anteile von *Yin* und *Yang* vor. Zum Beispiel überwiegt im Winter die Dunkelheit *(Yin)*, im Sommer dagegen das Tageslicht *(Yang)*. Gleiche Anteile von *Yin* und *Yang* (Nacht/Tag) treten nur an den Tag-und-Nacht-Gleichen auf (21. März und 23. September). Die Extrempunkte von *Yin* und *Yang* zeigen sich zur Wintersonnenwende (22. Dezember), wenn *Yin* maximal ist (im Vergleich zu *Yang*), und zur Sommersonnenwende (22. Juni), wenn *Yang* maximal ist (in Relation zu *Yin*). Diese Transformation von *Yin* in *Yang* und von *Yang* in *Yin* ist ein natürliches, universelles Phänomen. In dynamischen Zyklen ist von Natur aus zu gewissen Zeiten *Yin* und zu anderen *Yang* dominant.

In den modernen medizinischen und wissenschaftlichen Konzepten lässt sich die Vorstellung von Dualität und Relativität leicht nachvollziehen. Wir wissen, dass die Homöostase im Körper durch antagonistische, doch gegenseitig voneinander abhängige Systeme aufrechterhalten wird. Zum Beispiel erfordert Gesundheit neben den in ➤ Tab. 6.1 aufgeführten Gegensätzen auch die Harmonie von *Yin* und *Yang* in den Bereichen Schlaf/Wachheit, Flexor-/Extensor-Muskeln, sensorischem/motorischem System, Kalzitonin/Parathormon etc. Ebenso wissen wir, dass ein Übermaß oder ein Mangel in einem dieser Bereiche zu einem Ungleichgewicht des Systems und mit der Zeit zu Krankheiten führen kann. Daher ist das TCM-Konzept von *Yin* und *Yang* nicht so unverständlich, wie es auf den ersten Blick erscheinen mag.

6.3 *Qi*

Qi ist die Kraft oder Energie, die die Harmonie in jedem lebendigen Körper bestimmt. Es ist die **„Lebenskraft"** oder **„vitale Kraft"**, die den Lebensprozess aktiviert und unterhält. Diese Energie wird über Prozesse wie Ernährung und Atmung aus der Umwelt aufgenommen, durch bestimmte Organe in eine absorbierbare Form verwandelt und durch andere Organe im Körper gespeichert und im ganzen System verteilt. Grundsätzlich ist alles, was existiert, durch sein *Qi* definiert. *Qi* ist Materie, die sich in Energie verwandelt, und Energie, die sich in Materie verwandelt; es ist fassbar und gleichzeitig nicht fassbar [1]. *Qi* steht für Funktion, Prozess und Veränderung. Man braucht *Qi*, um Nahrung zu verdauen, doch die Nahrung selbst führt zu Wachstum des *Qi*. *Qi* ist nötig für Bewegung und Bewegung produziert *Qi*, doch *Qi* ist nicht Bewegung.

Grundlegende Funktionen des *Qi* [4, 5]

- **Transport:** *Qi* ist die Quelle aller Bewegung im Körper und ist immer in allen Teilen des Körpers vorhanden [6]. Es fließt zu den Organen, Muskeln und Gelenken des Körpers in vier primären Richtungen: aufsteigend, absteigend, eintretend und austretend. Wenn dieser Kreislauf ständiger Bewegung einmal aufhört, endet auch das Leben.
- **Transformation:** Jedes Organ hat seinen eigenen Anteil oder seine eigene Quelle von *Qi* und transformiert es in eine körperverfügbare Form. Das Milz/Pankreas-*Qi* transformiert Nahrung in Energie. Die Aufgabe des Lungen-*Qi* ist es, Luft in Blutsauerstoff zu transponieren. Das Brust-*Qi* ist dafür zuständig, Nähr-*Qi* in Blut umzuwandeln.
- **Kontrolle:** *Qi* hält die Organe an ihrem Platz und verhindert dadurch Hernien und Organvorfälle. Es hält außerdem Flüssigkeiten an ihrem Platz sowie das Blut in den Gefäßen und verhindert dadurch Hämorrhagien. *Qi* hält zudem die Poren nach Bedarf offen oder geschlossen und reguliert dadurch die Schweißbildung. Es verhindert übermäßigen Flüssigkeitsverlust durch Inkontinenz oder Enuresis.

- **Schutz:** *Qi* bildet die äußere Abwehrschicht des Körpers und hält pathogene Einflüsse von außen ab. Wenn sich eine Krankheit im Körper entwickelt, wird das *Qi* aktiv und bekämpft den pathogenen Faktor, um das Gleichgewicht wieder herzustellen.
- **Wärmen:** *Qi* ist Vitalität oder „schöpferisches Leben“. Es ist das Feuer, das den Metabolismus entzündet, und ist eng mit den Nebennieren verbunden. Dieses *Qi* produziert Wärme und kontrolliert damit die Körpertemperatur.
- **Anheben:** Das Milz-*Qi* ist für das Aufsteigen des reinen *Yang* des Körpers verantwortlich, das die Strukturen von Kopf und Gehirn nährt und Organprolaps verhindert.
- **Nähren:** Das Nähr-*Ying-Qi* zirkuliert in den Blutgefäßen und nährt dabei den Körper [7].

Formen des *Qi*

Es gibt verschiedene Arten von *Qi*, abhängig davon, wo es im Körper lokalisiert ist und welche Funktion es hat. Diese verschiedenen Aspekte führen dazu, dass es unterschiedlich bezeichnet wird: als Organ-*Qi*, Meridian-*Qi*, Nähr-*Qi*, Abwehr-*Qi*, Sammel-*Qi* und Ursprungs-*Qi*.

- **Organ**-*Qi*: Jedes innere Organ hat sein eigenes *Qi*; dieses ist die Basis seiner Aktivität und physiologischen Funktion.
- **Meridian**-*Qi*: Dies ist das *Qi*, das durch die Meridiane fließt und durch das Nadeln an Akupunkturpunkten kontrolliert wird. Das Gefühl, das entsteht, wenn eine Nadel eingestochen und manipuliert wird, geht auf die Stimulation dieses *Qi* zurück.
- **Nähr**-*Qi (Ying-Qi)*: Dieses *Qi* bildet das Blut und fließt in den Gefäßen, wobei es den ganzen Körper nährt.
- **Abwehr**-*Qi (Wei-Qi)*: Fließt außerhalb der Gefäße und wird als stark und unbehindert beschrieben. Es wirkt an der Körperoberfläche, unmittelbar unter der Haut und über den Muskeln, und zeigt sich vorwiegend im Bereich von Schultern und Nacken. Es sorgt für die körperliche Abwehr gegen Krankheiten.
- **Sammel**-*Qi (Zong-Qi)*: Auch als Brust-*Qi* bezeichnet, reguliert Herzschlag und Atmung.
- **Ursprungs**-*Qi (Yuan-Qi)*: Das *Qi*, mit dem wir geboren werden, ist auf eine vorgegebene Menge begrenzt. Es wird während des Lebens erschöpft, wenn wir im Übermaß davon zehren, z. B. durch Krankheiten, Drogen, übermäßigen Sex oder Alkohol. Es ist vorwiegend in den Nieren gespeichert [5].

Qi ist eine Mischung gegensätzlicher Kräfte. Sein *Yin*-Anteil steht für passive oder negative Kräfte, sein *Yang*-Anteil für die aktiven oder positiven Kräfte.

Pathologie des *Qi*

In der TCM werden pathologische Zustände als *Qi*-Disharmonien oder -Störungen bezeichnet. Die primären Disharmonien sind Mangel, Stagnation, Rebellion und Kollaps [1]:

- *Qi*-**Mangel bzw.** *Qi*-**Leere**: Dieses Syndrom entsteht, wenn in einem Organ nicht genügend Energie vorliegt. Bei Mangel in Milz/Pankreas oder Magen entsteht ein Verdauungsproblem. Schlechte Verdauung weist auf einen Mangel an Milz/Pankreas-*Qi* hin. *Qi*-Mangel kann sich in Müdigkeit, Dyspnoe, leiser Stimme, Appetitmangel, Enuresis sowie in Form anderer Organschwächen äußern. Solch ein Mangel ist in der Regel durch eine chronische Krankheit, Alter, schlechte Ernährung oder angeborene Schwäche verursacht.
- *Qi*-**Stagnation**: Normalerweise zirkuliert das *Qi* ungehindert durch den ganzen Körper. Tritt durch Verletzungen, Pathogene oder Emotionen eine Störung auf, wird der Fluss blockiert. *Qi*-Stagnation kann zu Blut- und Flüssigkeits-Stagnation führen. Das manifestiert sich im Körper in Form von Zysten, Klumpen oder sogar Tumoren. *Qi*-Stagnation in der Lunge zeigt sich in einer Art Asthma, bei dem die Luft unbeweglich ist und stagniert. Die Hauptsymptome einer *Qi*-Stagnation sind Spannung, Schwellung, Dyspnoe oder lokale Schmerzen.
- **Rebellierendes** *Qi:* Wenn das normale Bewegungsmuster des *Qi* in aufsteigender oder absteigender Richtung verläuft und das Gegenteil davon auftritt, spricht man von „rebellierendem“ oder gegenläufigem *Qi*. Dies kann sich in Form von Übelkeit, Erbrechen, Aufstoßen und Singultus manifestieren.
- *Qi*-**Kollaps**: Wenn ein *Qi*-Mangel so weit fortgeschritten ist, dass ein Organ oder Meridian seine grundlegenden Funktionen nicht mehr erfüllen kann, kommt es zu einem *Qi*-Kollaps. Dieser Zustand kann auf starke körperliche Abweichungen beschränkt bleiben–Hernie oder Prolaps nach Milz/Pankreas-*Qi*-Kollaps–oder aber auf den unmittelbar bevorstehenden Tod hinweisen, wenn der Zustand zu einem *Yang*-Kollaps weiterführt.

6.4 Blut

Bildung und Funktion

In Relation zu *Qi* ist Blut *(Xue)* stärker *Yin*-betont. Es fließt primär durch die Blutgefäße des Körpers und wird durch das Herz durch den ganzen Körper gepumpt. Blut *(Xue)* ist mehr als nur die rote Substanz, die die westliche Medizin kennt. In der TCM wird Blut vorwiegend durch Lungen- und Milz-*Qi* in der Brust gebildet, außerdem im Knochenmark. Bestimmte Organe sind eng mit ihm verbunden. Das Herz kontrolliert die Bewegung des Blutes, Milz/Pankreas hält es in den Gefäßen, die Leber speichert und verteilt es. Es hat drei primäre Funktionen: Nähren, Erhalten, Befeuchten. Das betrifft Haut, Haare, Sehnen, Knochen, Organe, Meridiane sowie alle anderen Gewebe, die auf die Ernährung durch das Blut angewiesen sind.

Die Beziehung von *Qi* und Blut

In der TCM sind *Qi* und Blut die zwei grundlegenden klassischen Elemente aller physiologischen Aktivität. *Qi* steht für Funktion und unterstützt die Blutbildung. Blut nährt die Organe, die das *Qi* bilden. Daher ergänzen sie sich und sind gleichzeitig voneinander abhängig; sie unterscheiden sich voneinander, sind aber untrennbar. Es gibt eine alte chinesische Weisheit, die lautet:

„Qi ist der Herrscher des Blutes. Wo Qi hingeht, muss das Blut folgen. Blut ist die Mutter des Qi. Wo Qi ist, ist Blut bereits vorhanden." [8]

Pathologische Zustände des Blutes

Pathologische Zustände oder Disharmonien des Blutes sind Mangel und Stase:

- **Blut-Mangel:** Dieser entsteht, wenn unzureichend Blut vorhanden ist, entweder aufgrund von Hämorrhagien oder von mangelnder Blutbildung. Generell handelt es sich hier um einen chronischen Zustand, in der Regel verbunden mit einer Anämie; jedoch nicht alle Blut-Mangel-Situationen in der TCM entsprechen einer Anämie. Charakteristische Symptome hierfür sind Schlaflosigkeit, Palpitationen, Schwindel, Hauttrockenheit, kontrahierte Sehnen und trockenes oder lebloses Haar.
- **Blut-Stase:** Wird durch eine Blockade im Blutfluss oder eine lokale Blutansammlung verursacht. Die Blockade wird in der Regel durch Verletzungen hervorgerufen und ist charakterisiert durch Hämatome, Beulen, schmerzhafte Schwellungen, Blutkoagel und stechende Schmerzen am Stauungspunkt.

6.5 Die Meridian-Theorie

6

Meridiane bilden die Grundlage der Akupunktur, da es sich hier um die Bahnen handelt, in denen *Qi* und Blut im Körper zirkulieren. Sie sind nicht physisch sichtbar, doch ihre Existenz und Verteilung im ganzen Körper wurde durch die Messung des neuroelektrischen Potenzials in mehreren Studien nachgewiesen [9]. Das Meridiansystem vereint alle Teile des Organismus zu einem Ganzen, indem es die inneren Organe mit dem Körperäußeren verbindet und das harmonische Gleichgewicht des Körpers aufrechterhält.

Die Körperorgane werden in **sechs** *Yin*- **und sechs** *Yang*-**Organe** unterteilt, die zusammen als *Zang-Fu*-**Organe** bezeichnet werden. In der TCM werden die Organe immer in Bezug auf ihre Funktion sowie ihre spezifische Struktur betrachtet. *Yang*-Organe enthalten glatte Muskulatur und sind daher anfällig für spastische Zustände wie z. B. Koliken. Ihre Funktion ist es, Nährstoffe zu absorbieren und Abfallstoffe zu eliminieren. *Yin*-Organe verarbeiten die aufgenommenen Nährstoffe und speichern die Abbauprodukte. Daher hängt die körperliche Gesundheit sehr stark vom Funktionieren dieser Organe ab [4, 5]. Die einzelnen *Yin*- und *Yang*-Organe sind in der folgenden Übersicht aufgelistet.

! **ÜBERSICHT**

Die *Yin*- und *Yang*-Organe

***Yang*-Organe (hohle Körperorgane)**
- Magen (Ma)
- Dünndarm (Dü)
- Dickdarm (Di)
- Gallenblase mit Gallengängen (Gb)
- Harnblase mit Harnleiter und Harnröhre (Bl)
- Dreifacher Erwärmer (3E)

***Yin*-Organe (kompakte Körperorgane)**
- Milz/Pankreas (MP)
- Herz (He)
- Lunge (Lu)
- Leber (Le)
- Niere (Ni)
- Perikard oder Herzbeutel (Pe)

Das Meridiansystem umfasst **zwölf Hauptmeridiane**, wobei je einer mit einem der zwölf *Zang-Fu*-Organe verbunden ist. Zusätzlich gibt es acht außerordentliche, unpaarig angelegte Gefäße mit Bahnen, die sich von den zwölf Hauptmeridianen unterscheiden und nicht direkt mit den *Zang-Fu*-Organen in Verbindung stehen. Von diesen acht außerordentlichen Gefäßen werden nur zwei als wichtig betrachtet, da nur sie Punkte enthalten, die auf keinem der anderen Meridiane auftauchen. Diese zwei Meridiane, *Du Mai* (Lenkergefäß) und *Ren Mai* (Konzeptionsgefäß), bilden mit den zwölf Hauptmeridianen die 14 Leitbahnen, die in der modernen Akupunktur Verwendung finden. Daneben gibt es noch die so genannten Netzgefäße, die andere Bereiche des Körpers verbinden und bei spezifischen Störungen eingesetzt werden.

Die Meridiantheorie geht davon aus, dass sich diese Leitbahnen diagnostisch und therapeutisch einsetzen lassen. Störungen der Organe können sich peripher in den Meridianen manifestieren und durch die Auflösung des Ungleichgewichts im Meridian wird gleichzeitig die zugrunde liegende Ursache behandelt [1].

6.6 Akupunkturpunkte

Entlang der Meridiane befinden sich die Akupunkturpunkte. Diese spezifischen Punkte sind 1–25 mm groß und lassen sich aufgrund ihrer elektrischen Leitfähigkeit lokalisieren, die sich von der des umgebenden Hautgewebes unterscheidet [10]. Akupunkturpunkte werden zur Diagnose und zur Behandlung von Störungen eingesetzt. Die Punkte können beim Palpieren druckempfindlich sein, wenn eine *Qi*-Disharmonie vorliegt – *Yang*-Mangel mit *Yin*-Fülle oder *Yang*-Fülle mit *Yin*-Mangel.

Die klassische Akupunkturtheorie kennt etwa 365 Akupunkturpunkte, die auf den Oberflächenmeridianen liegen. Zusammen mit sonstigen Punkten sowie den neuen Punkten, die in der Ohrakupunktur und bei anderen modernen Methoden eingesetzt werden, ist die Gesamtzahl der anwendbaren Punkte inzwischen auf mindestens 2000 gestiegen. In der Praxis beläuft sich jedoch das typische Repertoire eines Arztes auf etwa 150 Punkte [1].

Jeder Akupunkturpunkt hat eine definierte, spezifische Wirkung, basierend auf der Reaktion des Körpers. Einige Punkte können einzeln eingesetzt werden, häufiger jedoch werden mehrere gleichzeitig behandelt, um die gewünschte Wirkung zu erzielen. Für eine typische Behandlung können 1 bis 20 Akupunkturpunkte eingesetzt werden.

Verschiedene Punktarten und ihre Einteilung [4]

Eine vollständige Liste der wichtigsten Punkte findet sich in ➤ Tab. 6.2.

Tab. 6.2 Die Antiken Punkte und andere wichtige spezifische Punkte

	Metall	Erde	Feuer	Wasser	Feuer	Holz						
	Lu	Di	Ma	MP	He	Dü	Bl	Ni	Pe	3E	Gb	Le
Holz	11	3	43	1	9	3	65	1	9	3	41	1
Feuer	10	5	41	2	8	5	60	2	8	6	38	2
Erde	9	11	36	3	7	8	40	3	7	10	34	3
Metall	8	1	45	5	4	1	67	7	5	1	44	4
Wasser	5	2	44	9	3	2	66	10	3	2	43	8
Yuan-Quell-Punkt	9	4	42	3	7	4	64	3	7	4	40	3
Luo-Passage-Punkt	7	6	40	4	5	7	58	4	6	5	37	5
Xi-Grenz-Punkt	6	7	34	8	6	6	63	5	4	7	36	6
Mu-Alarm-Punkt	Lu 1	Ma 25	KG 12	Le 13	KG 14	KG 4	KG 3	Gb 25	KG 17	KG 5	Gb 24	Le 14
Shu-Zustimmungs-Punkt	Bl 13	Bl 25	Bl 21	Bl 20	Bl 15	Bl 27	Bl 28	Bl 23	Bl 14	Bl 22	Bl 19	Bl 18

- **Alarmpunkte (*Mu*-Punkte):** Die so genannten Alarmpunkte liegen auf dem ventralen Abdomen. Es gibt einen Alarmpunkt für jedes der zwölf *Zang-Fu*-Organe, wobei dieser auf dem zugehörigen Meridian liegen kann oder auch nicht. Alarmpunkte werden zur Diagnose wie auch zur Behandlung eingesetzt. Druckempfindlichkeit an einem Alarmpunkt zeigt eine Störung des entsprechenden Organs oder Meridians an (➤ Abb. 6.2, ➤ Tab. 6.2).
- **Zustimmungspunkte (*Shu*-Punkte):** Sie zählen zu den wichtigsten Punkten der Akupunkturdiagnose. Sie werden ebenfalls nach dem korrespondierenden Organ oder Meridian bezeichnet. Alle Zustimmungspunkte liegen auf dem Rücken entlang des Blasenmeridians, etwa zwei Querfinger von der dorsalen Mittellinie entfernt (beim Hund), lateral zu den dorsalen Dornfortsätzen der Wirbelsäule. Schmerz bei leichtem Druck zeigt eine akute Störung an, Schmerz bei tiefem Druck weist auf eine chronische Störung des Meridians oder des korrespondierenden Organs hin (➤ Abb. 6.3, ➤ Tab. 6.2).
- **Tonisierungspunkte:** Werden verwendet, um den Energiefluss im entsprechenden Meridian anzuregen oder das korrespondierende Organ zu stimulieren.
- **Sedierungspunkte:** Werden eingesetzt, um selektiv das Energieniveau in einem spezifischen Meridian oder Organ zu senken.
- **Quellpunkte (*Yuan*-Punkte):** Diese Punkte liegen im Bereich der Hand- und Fußgelenke und werden häufig zur Behandlung von Organerkrankungen oder -störungen eingesetzt. Sie verstärken die Wirkung von Tonisierungs- und Sedierungspunkten und sind besonders wirksame Punkte (➤ Tab. 6.2).
- **Passagepunkte (*Luo*-Punkte):** Diese Punkte dienen der paarweisen Verbindung der Meridiane, und zwar ist über den *Luo*-Punkt jeweils ein *Yin*- mit einem *Yang*-Meridian verbunden. Bei Stimulation ermöglichen sie den direkten Transfer von *Qi* zum jeweils gekoppelten Meridian: Lunge/Dickdarm, Milz/Pankreas/Magen, Herz/Dünndarm, Niere/Blase, Perikard/Dreifacher Erwärmer, Leber/Gallenblase (➤ Tab. 6.2).
- **Antike Punkte (Transport-*Shu*-Punkte, Element-Punkte):** In der TCM gibt es fünf Elemente. Jeder Meridian besitzt einen Punkt für jedes der Elemente. Wird er während der Tageszeit stimuliert, zu der der jeweilige Meridian am meisten Energie erhält, ist die Wirkung verstärkt. Der Körper folgt einer inneren zirkadianen Uhr, die das *Qi* innerhalb von 24 Stunden re-

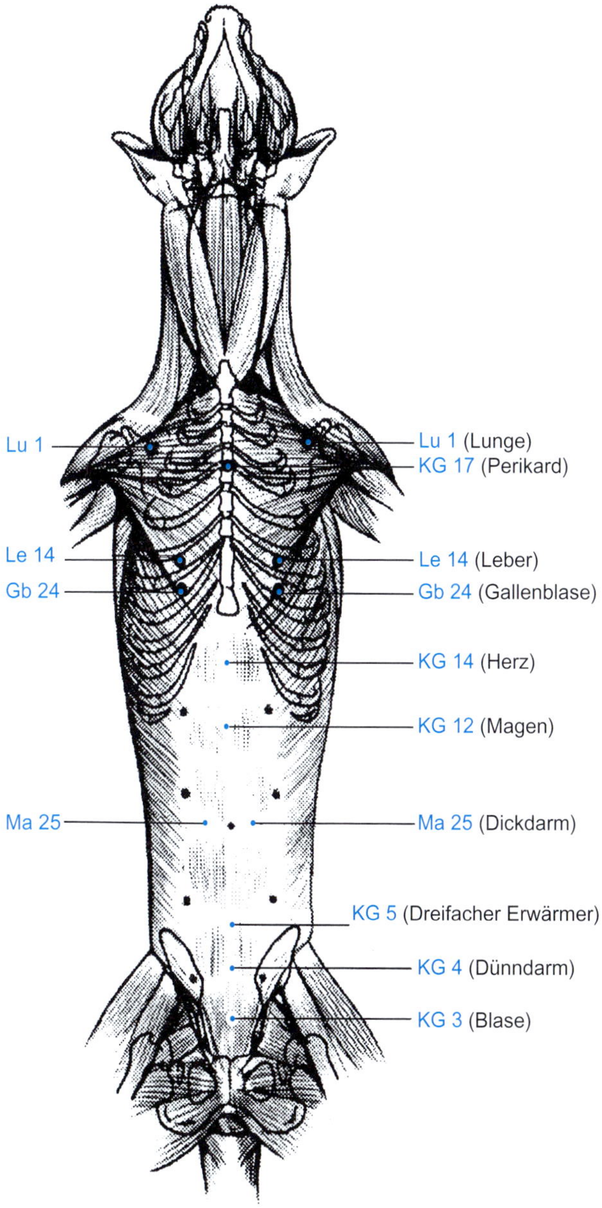

Abb. 6.2 Alarmpunkte.

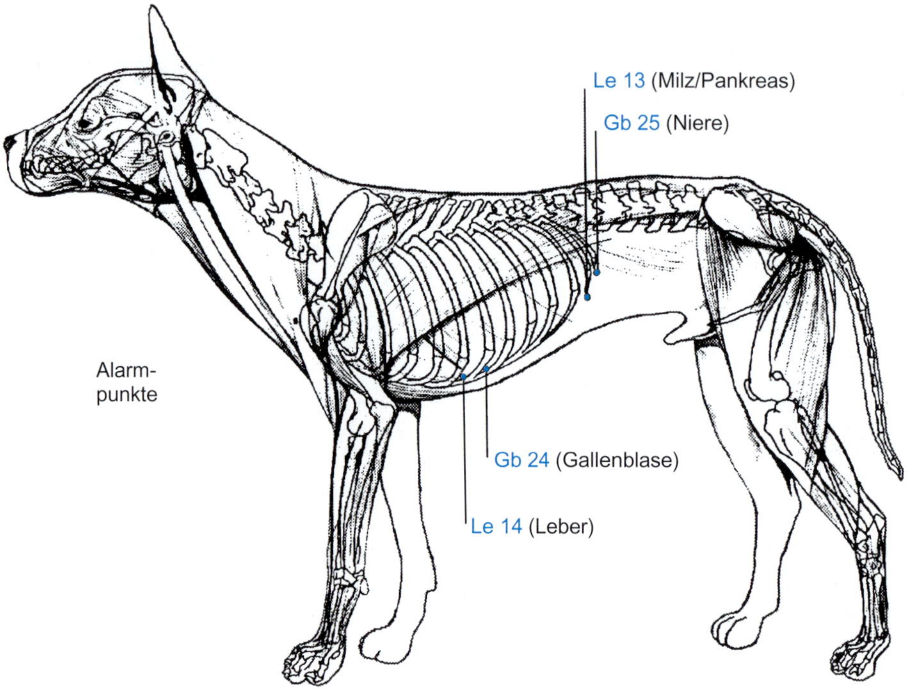

Abb. 6.2 Alarmpunkte. *(Forts.)*

gelmäßig durchläuft. Die Lunge zum Beispiel erhält die maximale Energie um vier Uhr morgens, daran anschließend bewegt sich das *Qi* alle zwei Stunden durch ein anderes Organ, bis hin zur Leber um zwei Uhr morgens (➤ Abb. 6.4).

- **Grenzpunkte (*Xi*-Punkte):** Diese Punkte liegen dort, wo die Energie des Meridians akkumuliert. Sie wirken besonders gut in akuten Fällen und werden vor allem zum Ableiten verwendet (➤ Tab. 6.2).
- **Triggerpunkte (lokale Punkte):** Diese Punkte zeigen sich nur, wenn lokale pathologische Prozesse auftreten. Sie können auf einem der klassischen Meridiane liegen oder auch nicht. Akupunktur oder Akupressur wird auf diesen Punkten eingesetzt, um den entsprechenden Bereich zu behandeln.
- **Extrapunkte:** Diese Punkte liegen nicht auf Meridianen, haben jedoch besondere Wirkungen, in der Regel auf benachbarte Bereiche.
- **Ohrpunkte:** Diese Punkte werden für die Ohrakupunktur verwendet. Es gibt verschiedene Punkte auf dem Ohr, die mit unterschiedlichen Teilen des Körpers korrespondieren und entweder anstelle oder zusätzlich zu Punkten auf den Hauptmeridianen eingesetzt werden können.
- **Meisterpunkte:** Es gibt sechs Meisterpunkte, die zur Behandlung von Störungen in bestimmten Körperbereichen verwendet werden (➤ Tab. 6.3).
- **Einflussreiche Punkte (*Hui*-Punkte)**: Dies sind Punkte, die ausschließlich wegen ihrer Einflusswirkung verwendet werden (➤ Tab. 6.4).

6.7 Die Anwendung der traditionellen östlichen Medizin: Diagnose und Behandlung

Innerhalb des breiten Hintergrundes der TCM gibt es mehrere unterschiedliche Systeme und Methoden für Diagnose und Behandlung. Die vier wichtigsten sind:

- die fünf Wandlungsphasen (oder Elemente)
- die äußeren pathogenen Faktoren
- die acht Leitkriterien
- die *Zang-Fu*-Syndrome

Nicht jeder Fall lässt sich nach allen drei Theorien klassifizieren; der Schlüssel für eine erfolgreiche Behandlung liegt in der Fähigkeit zu erkennen, welches Paradigma für die Störung des jeweiligen Patienten am besten passt und welches Ihnen jeweils am meisten liegt. In vielen Fällen überschneiden sich die drei Herangehensweisen aber auch.

6.7.1 Die fünf Wandlungsphasen

Die Theorie der fünf Wandlungsphasen basiert auf der Vorstellung, dass alles im Universum das Produkt der Bewegung und Verwandlung der fünf grundlegenden Elemente ist: Holz, Feuer, Erde, Metall und Wasser. In der TCM hatte diese Theorie einen wichtigen Einfluss auf Diagnose, Behandlung, Pathologie und Physiologie. In der chinesischen Philosophie lassen sich durch die Interaktion der fünf Elemente alle Phänomene erklären. Diese Elemente beziehen sich aber nicht auf tatsächliche Substanzen, sondern sind geistige Konzepte. Das macht es für den westlichen Arzt

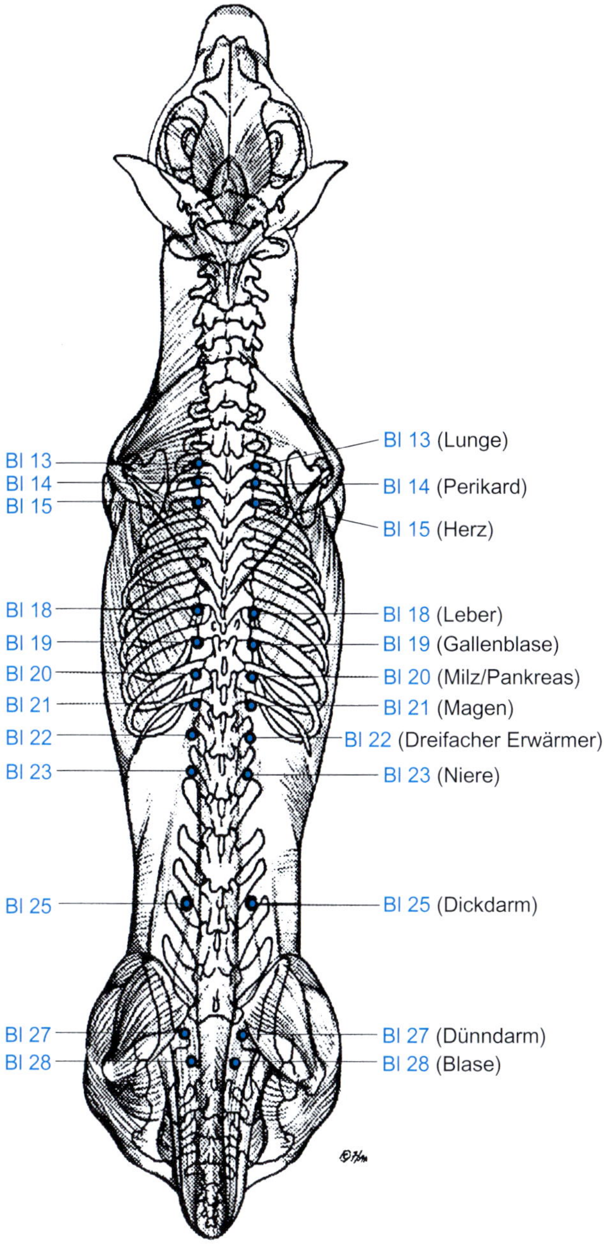

Abb. 6.3 Zustimmungspunkte. (Der traditionelle Akupunkturatlas für den Hund in ➤ Kap. 9 dieses Buches lokalisiert die Punkte Bl 18 bis Bl 23 jeweils einen ICR tiefer.)

schwierig, die chinesische Theorie einzubeziehen, da die westliche Praxis rein auf Materie begründet ist.

Es gibt zahlreiche Therapeuten, die die Lehre von den fünf Elementen erfolgreich zur Behandlung von Störungen innerer Organe, Gelenke und Sehnen entlang der Meridiane einsetzen. Diese Vorgehensweise hat jedoch auch ihre Grenzen, denn die Theorien wurden zu verschiedenen Zeiten der chinesischen Geschichte entwickelt und sind nicht vollständig. Daher lassen sich nicht alle Organfunktionen vollkommen in Begriffen der Lehre von den fünf Elementen erklären. Sie lässt sich jedoch gut für Analogien und Verallgemeinerungen einsetzen. Die Einteilung der Organe in *Yin* und *Yang* wird zwar immer noch allgemein verwendet, doch ihre Bezeichnung nach den Elementen ist kaum noch in Gebrauch. Aus Gründen der Klarheit ist es auch vorzuziehen, die Organe bei ihrem Namen zu nennen.

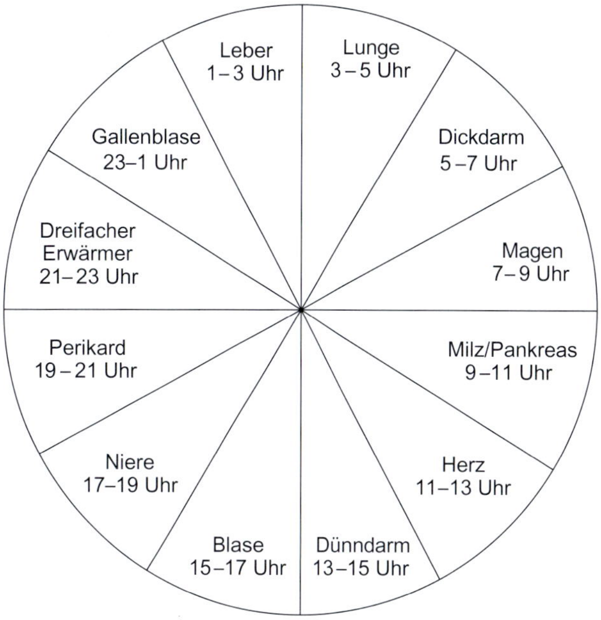

Abb. 6.4 Die chinesische Organuhr.

Tab. 6.3 Meisterpunkte

Meisterpunkt	Bereich
Di 4	Gesicht und Mund
Lu 7	Kopf und Hals
Pe 6	Brust und kraniales Abdomen
Bl 40	Rücken und Hüften
Ma 36	Abdomen und Gastrointestinaltrakt
MP 6	Kaudales Abdomen und Urogenitaltrakt

Tab. 6.4 Einflussreiche Punkte

Hui-Punkt	Einfluss
Bl 11	Knochen
Bl 12	Luftröhre
Bl 17	Blut und Diaphragma
Gb 34	Sehnen
Gb 39	Mark
KG 17	*Qi*
Lu 9	Arterien
KG 12	*Yang*-Organe
Le 13	*Yin*-Organe
Ma 40	Schleim

Die Zyklen

Trägt man die fünf Wandlungsphasen auf einem Kreis auf (➤ Abb. 6.5), wird es leichter, die Gesetze zu verstehen, die über die fünf

6

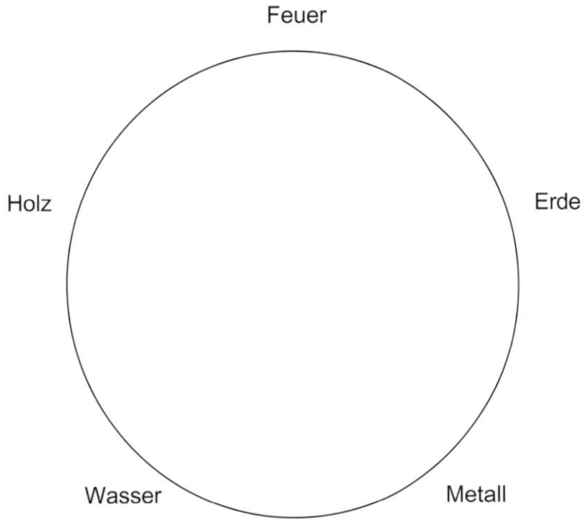

Abb. 6.5 Die fünf Wandlungsphasen.

Elemente herrschen. Zwei unterschiedliche „Elementzyklen" werden für Diagnose und Behandlung verwendet: *Sheng*- und *Ko*-Zyklus.

Der *Sheng*-Zyklus (➤ Abb. 6.6)

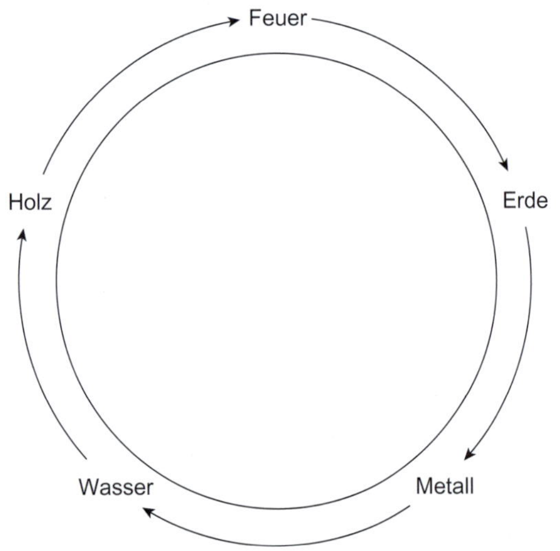

Abb. 6.6 Der *Sheng*-Zyklus.

Dabei handelt es sich um einen Zyklus der Schöpfung oder Hervorbringung. Eine Phase erschafft und ernährt jeweils die nächste in Richtung des Uhrzeigersinns, bis der Kreis vollendet ist. Feuer erzeugt also Erde, Erde Metall, Metall Wasser, Wasser Holz und Holz Feuer. Oder, spezifischer ausgedrückt: Feuer führt zu Asche, die zu Erde wird. Erde liefert Erz, aus dem Metall hergestellt wird. Wird Metall erhitzt, so schmilzt es, wird flüssig und bildet Dampf, der zu Wasser wird. Aus dem Wasser entsteht Holz, da die Vegetation zum Wachstum Wasser benötigt. Wird das Holz erhitzt, so entsteht Feuer, wodurch der Zyklus der Hervorbringung sich vollendet. Üblicherweise werden hier die Begriffe von Mutter und Sohn verwendet. Da ein Element jeweils das nächste fördert, wird es als Mutter bezeichnet, das geförderte als Sohn. In diesen Begriffen wäre Holz also die Mutter des Feuers und Feuer der Sohn des Holzes [4, 5].

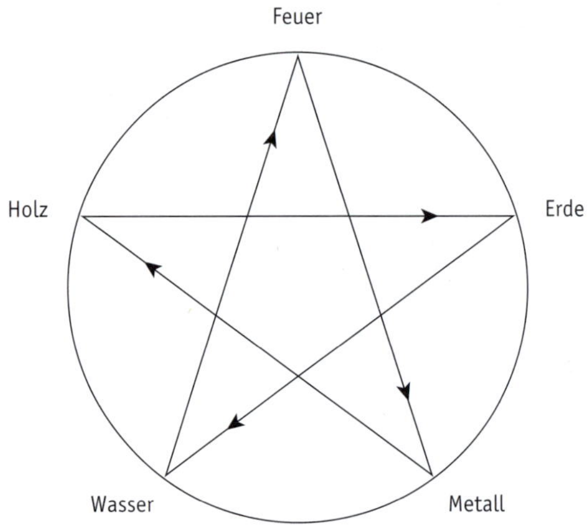

Abb. 6.7 Der *Ko*-Zyklus.

Der *Ko*-Zyklus (➤ Abb. 6.7)

Dabei handelt es sich um einen Zyklus der Kontrolle oder Zerstörung. Alles Erschaffene in der Natur kann auch zerstört werden. Dadurch sorgt die Natur für Gleichgewicht, sodass nichts übermächtig wird und Schaden verursacht. Holz kontrolliert Erde, Erde kontrolliert Wasser, Wasser kontrolliert Feuer, Feuer kontrolliert Metall und Metall kontrolliert Holz. Holz kontrolliert zum Beispiel Erde dadurch, dass Wurzeln sie durchziehen und Blätter den Boden beschatten oder bedecken. Erde kontrolliert Wasser, indem es sein Fließen eindämmt oder es aufnimmt. Wasser kontrolliert Feuer, was nicht näher erläutert zu werden braucht. Feuer kontrolliert Metall, indem es dieses schmilzt. Metall kontrolliert Holz, indem es dieses schneidet oder abholzt [4, 5].

Es gibt weitere Zyklen, die eine Störung normaler Abläufe repräsentieren, doch diese Information ist für die vorliegende Diskussion nicht weiter von Bedeutung.

In der TCM werden die Organe, Gewebe, Sinne, Farben, Jahreszeiten und Gefühle nach den fünf Elementen kategorisiert (➤ Tab. 6.5). Daher wurde die Theorie der fünf Elemente schon früh in der Entwicklung der chinesischen Medizin eingesetzt, um physiologische und pathologische Prozesse im Körper zu erklären. Wenn ein Körperteil gestört ist, tritt eine Interaktion zwischen den Meridianen und Organen im Körper auf. Nach der Theorie der fünf Elemente können andere Gewebe entsprechend dem *Sheng*- oder *Ko*-Zyklus in Mitleidenschaft gezogen werden. Wenn zum Beispiel die Leber erkrankt ist, kann sich diese Störung auf das Herz übertragen. In diesem Fall beeinflusst die Mutter den Sohn. Beeinflusst also eine Erkrankung der Leber den Funktionskreis Milz/Pankreas, so heißt das, dass Holz die Erde überkontrolliert. Es sei hier darauf hingewiesen, dass diese pathologischen Einflüsse durchaus auch klinisch zu beobachten sind. Theorien wie „die Mutter beeinflusst den Sohn", „der Sohn beeinflusst die Mutter", „Überkontrolle" etc. dienen also zur Erklärung pathologischer Zustände, die auch in der westlichen Praxis zu beobachten sind.

Tab. 6.5 Klassifikation nach den fünf Elementen

	Holz	Feuer	Erde	Metall	Wasser
Yin-**Organ**	Leber	Herz	Milz/Pankreas	Lunge	Niere
Yang-**Organ**	Gallenblase	Dünndarm	Magen	Dickdarm	Blase
Gewebe	Sehnen	Blutgefäße	Fleisch	Haut	Knochen
Sinnesorgan	Augen	Zunge	Mund	Nase	Ohren
Sinn	Sehen	Sprechen	Geschmack	Geruch	Hören
Jahreszeit	Frühling	Sommer	Altweibersommer	Herbst	Winter
Emotion	Zorn	Freude	Sorge/Obsession	Trauer	Angst
Ausdruck	Ärger	Lachen	Singen	Weinen	Seufzen
Geschmack	Sauer	Bitter	Süß	Scharf	Salzig
Farbe	Grün	Rot	Gelb	Weiß	Blau/Schwarz

Anwendung der Zyklus-Theorien

Behandlung nach dem *Sheng*-Zyklus

Spezifische Punkte auf jedem Meridian korrespondieren mit jeder der fünf Wandlungsphasen bzw. der fünf Elemente (➤ Tab. 6.2). Diese werden als Transport-*Shu*-Punkte oder Element-Punkte bezeichnet und klinisch im Rahmen des *Sheng*-Zyklus nach der Theorie des „Gesetzes von Mutter und Sohn" eingesetzt.

Gesetz von Mutter und Sohn:

Bei Mangel die Mutter tonisieren; bei Fülle den Sohn sedieren [5].

Klinische Beispiele

- Azotämie; chronische Nierenfunktionsstörung: Nieren-Mangel (Wasser); wird behandelt durch Tonisieren des Mutter-Punktes (Metall) auf dem Nieren-Meridian (Ni 7).
- Synkope; unregelmäßiger, schwacher Puls: Weist auf Herz-Mangel hin (Feuer); Tonisieren des Mutter-Punktes (Holz) auf dem Herz-Meridian (He 9).
- Hyperthyreose mit Kardiomyopathie: Ein Fülle-Zustand des Herzens (Feuer); Sedieren des Sohn-Punktes (Erde) auf dem Herz-Meridian (He 7).
- Felines urologisches Syndrom mit Kristallurie: Fülle-Zustand der Blase (Wasser); Sedieren des Sohn-Punktes (Holz) auf dem Blasen-Meridian (Bl 65).

Behandlung nach dem *Ko*-Zyklus

Dieselben Prinzipien von Tonisieren und Sedieren gelten auch bei der Verwendung des *Ko*-Zyklus, doch hier gilt das Gesetz von Großmutter und Enkel; die Großmutter ist in diesem Zusammenhang das Element, das kontrolliert oder zerstört. Sie kontrolliert also den Enkel (ein anderes Element), deswegen muss man sie schwächen/sedieren, um den Enkel aus seinem Mangel zu heben. Wenn man sie stärkt, wird der Enkel geschwächt, seine Fülle nimmt ab.

Gesetz von Großmutter und Enkel:

Bei Fülle des Enkels die Großmutter tonisieren; bei Mangel des Enkels die Großmutter sedieren [5].

Klinische Beispiele

- Konvulsionen: Leber-Fülle (Holz), wird behandelt durch Tonisieren des Metall-Punkts auf dem Leber-Meridian (Le 4).
- Canine infektiöse Tracheobronchitis: Lungen-Fülle (Metall), Tonisieren des Feuer-Punktes auf dem Lungen-Meridian (Lu 10).

Behandlung nach *Sheng*- und *Ko*-Zyklus

Hier werden beide Gesetze kombiniert angewandt:

Kombinierte Behandlung:

Bei Fülle den Sohn sedieren und die Großmutter tonisieren; bei Mangel die Mutter tonisieren und die Großmutter sedieren.

Klinische Beispiele

- Konvulsionen: Leber-Fülle. Den Feuer-Punkt auf dem Leber-Meridian (Le 2) sedieren und den Metall-Punkt (Le 4) tonisieren.
- Chronische Nierenfunktionsstörung: Nieren-Mangel. Den Metall-Punkt auf dem Nieren-Meridian (Ni 7) tonisieren und den Erd-Punkt (Ni 3) sedieren.

6.7.2 Die äußeren pathogenen Faktoren

Die Traditionelle Chinesische Medizin betrachtet das Auftreten von Krankheiten oder Störungen als Reflexion eines Ungleichgewichts zwischen dem Abwehr-*Qi* des Körpers und dem Angriff oder Einfluss eines oder mehrerer Umweltfaktoren. Diese Umweltfaktoren, die auch als „bösartige Übel" oder äußere pathogene Faktoren bezeichnet werden, gelten als die wahren Ursachen von Krankheit, die dem Körper direkten Schaden zufügen können. Die Analyse des Einflusses dieser pathogenen Faktoren ist von größter Bedeutung, wenn es darum geht, die richtige Behandlung festzulegen.

Die **sechs äußeren pathogenen Faktoren**–Wind, Kälte, Sommerhitze, Feuchtigkeit, Trockenheit und Hitze–sind natürliche Phänomene, die einen Körper angreifen können, wenn er sich bereits in einem Zustand der Disharmonie oder des Ungleichgewichts befindet. Ist das Abwehr-*Qi* ausreichend stark, bleibt die Krankheit an der Oberfläche und der Körper erholt sich rasch wieder. Ist der pathogene Faktor dagegen stärker als die Abwehrkraft des Patienten, können schwerere Störungen auftreten, die die Organe involvieren [5].

Jeder der Faktoren hat spezifische Charakteristika:

- **Wind** ist mit konstanter Bewegung assoziiert
- **Kälte** mit Kontraktion und Unbeweglichkeit
- **Sommerhitze** mit extremer Hitze und Dehydrierung
- **Feuchtigkeit** mit Schwere und Trübheit
- **Trockenheit** mit Dehydrierung, vor allem der Atemwege, und
- **Hitze** mit Fieber, Entzündung, Hautausschlägen und Obstipation

Jeder der Faktoren ist, je nach lokalem Klima, zu spezifischen Zeiten des Jahres stärker vorherrschend. Windinvasion tritt am häufigsten im Frühjahr auf, Kälte während des Winters und Hitzeinvasion vor allem in den Sommermonaten. Die pathogenen Faktoren können einzeln oder in Kombination auftreten (z. B. Feuchte-Wärme oder Feuchte-Kälte). Die Behandlung ist darauf ausgerichtet, das vorliegende Ungleichgewicht zu korrigieren und das Abwehr-*Qi* zu stärken.

Krankheiten, die auf äußere pathogene Faktoren zurückgehen, treten in der Regel akut auf und sind charakterisiert durch Aversion gegen den jeweiligen klimatischen Faktor, der das Syndrom verursacht hat. Es gilt jedoch zu beachten, dass die pathogenen Faktoren auch innerlich entstehen können, wobei sie ähnliche Symptome, jedoch in einem subakuten oder chronischen Zustand aufweisen. Die pathogenen Faktoren können im Prinzip als Modelle für Krankheitsprozesse gesehen werden, die diesen natürlichen Prozessen entsprechen.

6.7.3 Die acht diagnostischen Leitkriterien

Es gibt in der TCM mehrere unterschiedliche Methoden der Krankheitsdiagnose. Diese umfassen die Theorie der fünf Wandlungsphasen, die Theorie der Meridiane und Netzgefäße, die Theorie von *Qi* und Blut, die Theorie der *Yin*- und *Yang*-Organe (*Zang-Fu*-Organe) sowie die Differenzierung nach den acht Leitkriterien, Prinzipien oder Grundmustern. Kombinationen dieser Theorien können zur weiteren Differenzierung und Erklärung von Diagnose und Krankheitsprozess eingesetzt werden. Für den erfahrenen Therapeuten ist eine Diagnose aufgrund eines Verständnisses für die Krankheitsursache oder -ursachen möglich. Ohne Kenntnis der acht Grundmuster ist der größte Teil der TCM unverständlich. Die moderne chinesische Akupunktur und Arzneimitteltherapie verwenden dieses System in stärkerem Umfang als die übrigen.

Die **acht Leitkriterien** drücken sich als **Gegensatzpaare** aus:

- Yin und Yang
- Innen und Außen
- Kälte und Hitze
- Mangel und Fülle

Tab. 6.6 Klassifikation nach den acht Leitkriterien

	Yang	Yin
Lage	Außen	Innen
Qualität	Hitze	Kälte
Quantität	Fülle	Mangel

Auf der Grundlage einer primären Betrachtung der *Yin-/Yang*-Pathologie können mithilfe dieser Prinzipien dann Lokalisierung, Qualität und Quantität des pathogenen Faktors genauer identifiziert werden (➤ Tab 6.6).

Die Charakteristika jeder dieser Unterteilungen sind nützlich in der TCM-Diagnose. *Yin* und *Yang* sind übergreifende Begriffe, in denen die übrigen sechs Prinzipien enthalten sind, wobei Außen, Hitze und Fülle dem *Yang*-Prinzip entsprechen und Innen, Kälte und Mangel dem *Yin*-Prinzip. Innen und Außen beziehen sich auf die Tiefe und Lokalisierung der Krankheit und sind von Bedeutung, wenn es darum geht, ihre exogene Ätiologie und ihren Verlauf zu bestimmen. Pathogene Faktoren dringen selten ins Innere vor, ohne zuerst auf die äußeren Schichten zu treffen. Hitze und Kälte beschreiben die Qualität oder Natur der Erkrankung sowie die Aktivität oder Reaktion des Körpers und geben Hinweise darauf, ob wärmende oder kühlende Kräuter zur Behandlung angezeigt sind. Fülle und Mangel schließlich geben Aufschluss über die relative Stärke der pathogenen Faktoren im Verhältnis zum Abwehr-(*Wei-*)*Qi*. Dabei ist zu beachten, ob das *Wei-Qi* stark oder beeinträchtigt ist, wie stark der pathogene Faktor selbst ist und ob Hypo- oder Hyperfunktionen der betroffenen *Zang-Fu*-Organe vorliegen. Die Unterscheidung zwischen Fülle und Mangel entscheidet darüber, ob die Behandlung stimulierend oder sedierend sein muss, und ist eines der wichtigsten Leitkriterien zur Klassifizierung von Krankheiten.

Die acht Leitkriterien werden selten einzeln verwendet; man spricht selten von einem einfachen „*Yang*"- oder „Kälte"-Syndrom. Vielmehr werden diese Prinzipien gemeinsam betrachtet und ergeben dann ein spezifisches Bild des vorliegenden Zustands. Zum Beispiel würde man bei einem Hund mit Fieber und hartem, lautem Husten mit gelbem Schleim von Lungen-*Yang*-Fülle mit Hitze-Zeichen sprechen. Die ältere Katze mit Nierenschwäche, die sich langsam bewegt, schwach miaut und nach Wärme sucht, zeigt dagegen Nieren-*Yin*-Mangel mit Kälte.

FALLBEISPIEL

Ein älterer Hund zeigt allgemeine Schwäche, Polyurie/ Polydipsie, Lethargie und Gehörverlust.

- **TCM-Diagnose:** Die Ohren sind mit den Nieren assoziiert und nachlassendes Hörvermögen deutet auf verringerte Nieren-Energie hin. Die Niere ist auch für die Stärke von Knochen und Mark verantwortlich (in der TCM bezieht sich Mark neben dem Knochenmark auch auf das Gehirn). Schwäche und Lethargie weisen auf einen Mangel-Zustand hin; da auch die übrigen Symptome auf die Niere hindeuten, ist dieses Krankheitsmuster typisch für **Nieren-*Yin*-Mangel**.
- **Behandlungsprinzip:** Niere und Mark tonisieren; *Yin* aufbauen.
- **Punkte:** Bl 17, Bl 23, Bl 52, Gb 25, Ni 3, MP 6

FALLBEISPIEL

Ein Rüde weist Hämaturie und Strangurie auf.

- **TCM-Diagnose:** Das Vorliegen von Hämaturie und Strangurie weist auf Hitze bzw. Feuchtigkeit hin. Dieses Muster ist charakteristisch für **Feuchte-Hitze in der Blase**.
- **Behandlungsprinzip:** Feuchte und Hitze beseitigen.
- **Punkte:** KG 3, Bl 20, Bl 28, Bl 39, Bl 40, MP 6, Ni 3, Ni 6

6.7.4 Die *Zang-Fu*-Syndrome

Grundlage der *Zang-Fu*-Theorie ist ein Wissen um die normalen Funktionen jedes der zwölf primären inneren Organe innerhalb des TCM-Kontexts sowie um die Muster, die aus einer Störung dieser Funktionen resultieren können. Dies wurde in allgemeinen Begriffen bereits im Abschnitt über die Meridian-Theorie erläutert; hier folgt eine etwas ausführlichere Differenzierung.

! ÜBERSICHT

Funktion der *Zang*-Organe (*Yin*-Organe)

Lunge
- beherrscht das *Qi* und die Atmung
- kontrolliert das Absteigen des *Qi* und die Verteilung der Flüssigkeiten im Körper
- reguliert die Wasserwege
- öffnet sich in die Nase

Milz/Pankreas
- beherrscht Transformation und Transport (Absorption und Verteilung der Nahrung)
- kontrolliert Blut, Muskeln und Extremitäten
- kontrolliert das Aufsteigen des *Qi*
- öffnet sich in den Mund, manifestiert sich auf den Lippen

Herz
- beherrscht Blut und Kreislauf
- kontrolliert die Blutgefäße
- beherbergt den Geist *(Shen)*
- öffnet sich zur Zunge

Leber
- beherrscht den gleichmäßigen Fluss des *Qi*, wird stark vom emotionalen Zustand beeinflusst
- kontrolliert Sehnen und Bänder
- speichert das Blut und reguliert seine Verteilung in die Gewebe
- öffnet sich zu den Augen

Niere
- Beherrscht das Wasser, produziert Knochenmark (einschließlich Gehirn- und Rückenmarksubstanz)
- kontrolliert die Knochen
- speichert die Essenz (die Basis für das *Yin* und *Yang* im Körper)
- öffnet sich in die Ohren

Perikard
- beherrscht das Blut (ähnlich wie das Herz)
- schützt das Herz
- absorbiert Pathogene, bevor sie das Herz schädigen können

Quelle: *Principles and theories of TCM.* Yo San University of Traditional Chinese Medicine, Santa Monica, 1996.

! ÜBERSICHT

Funktion der *Fu*-Organe (*Yang*-Organe)

Magen
- kontrolliert die Verarbeitung der Nahrung (erste Stufe der Verdauung)
- Ursprung der Körperflüssigkeiten

Dünndarm
- kontrolliert die Aufnahme und Transformation der Nahrung
- trennt „reine", nützliche Stoffe von „unreinen" Abfällen und Flüssigkeiten

Dickdarm
- kontrolliert die Endstufe der Transformation der Nahrungsmittel
- letzte Trennung von reinen und unreinen Stoffen

Gallenblase
- speichert Galle
- schützt die Leber

Harnblase
- speichert Urin
- Endstufe der *Qi*-Transformation von Flüssigkeiten

Dreifacher Erwärmer
- kontrolliert die Wasserwege und die Flüssigkeitsverteilung im Körper
- unterstützt die Niere bei der Erwärmung des Körpers

Quelle: *Principles and theories of TCM.* Yo San University of Traditional Chinese Medicine, Santa Monica, 1996.

Jedes *Zang-(Yin-)*Organ ist paarweise mit einem *Fu-(Yang-)*Organ zu einer komplementären Beziehung verbunden, in der die Partner sich gegenseitig unterstützen. Folgende Organe bilden Paare:

- Lunge und Dickdarm
- Herz und Dünndarm
- Leber und Gallenblase
- Milz/Pankreas und Magen
- Niere und Harnblase
- Perikard und Dreifacher Erwärmer

Diagnostisch und therapeutisch lassen sich Krankheitsmuster nach den betroffenen *Zang-Fu*-Organen einteilen:

- Atemprobleme lassen sich der Lunge zuordnen,
- Verdauungsstörungen oder schwacher Muskeltonus Milz/Pankreas und Magen,
- Kreislaufstörungen und viele emotionale Störungen dem Herzen,
- Gelbsucht, Augenprobleme und emotionale Probleme, die mit Zorn und Ärger zu tun haben, der Leber/Gallenblase,
- Unfruchtbarkeit, Entwicklungsstörungen der Knochen und anderer Gewebe sowie Schwächen von Harntrakt und Niere der Niere.

TCM-Syndrom Milz/Pankreas-Störung

Die Funktion von Milz/Pankreas ist in der TCM eng mit der normalen **Absorption und Ausnutzung der Nährstoffe** aus den Nahrungsmitteln verbunden. Als Organ der **Transformation** verwandelt Milz/Pankreas die Nahrung, die vom Magen vorbereitet wird, in *Qi*, das der Körper für seine täglichen metabolischen Prozesse benötigt. Durch ihre Rolle beim **Transport** ist die Milz von Bedeutung für die Weiterleitung dieses *Qi* zu anderen Körpergeweben. Sind diese Funktionen teilweise oder ganz beeinträchtigt, so sind einige oder alle der folgenden Symptome zu erwarten:

- schlechte Verdauung mit Borborygmus und Halitosis
- Blähungen nach dem Essen (abdominales Druckgefühl, nicht Magendilatation/Volvulus)
- absolute oder relative Anorexie
- Erbrechen
- Weiche Stühle oder Diarrhö
- Chronische Anämie
- Lethargie oder Müdigkeit
- Schwäche in den Gliedmaßen

Behandlungsprinzip: Milz/Pankreas stärken und das *Qi* tonisieren.

Punkte: Bl 20, MP 3, MP 6, Ma 36, Le 13, KG 12

Kombinierte Syndrome: Disharmonie zwischen den *Zang-Fu*-Organen

Angesichts der fein abgestimmten Beziehungen zwischen den Körperorganen ist es nicht überraschend, dass viele der häufig auftretenden *Zang-Fu*-Syndrome ein Ungleichgewicht zwischen zwei wichtigen Organen sowie das daraus entstehende pathologische Muster betreffen. Einige Beziehungen sind kritischer als andere und die entsprechenden Disharmonien daher von größerer Bedeutung.

Im Folgenden werden ein Leber-/Milz/Pankreas- und ein Herz-/Nieren-Syndrom dargestellt. Weitere klassische Disharmoniemuster betreffen Lunge und Nieren, Lunge und Milz/Pankreas (beide Syndrome treten bei Asthma auf), Herz und Milz/Pankreas, Niere und Milz, Leber und Niere. Mehr Einzelheiten dazu finden Sie in der am Ende des Kapitels aufgeführten Literatur.

TCM-Syndrom Leber-/Milz/Pankreas-Störung

Zwischen Leber und Milz/Pankreas besteht physisch und funktionell eine enge Beziehung und das klassische Muster der Leber-Milz/Pankreas-Störung spiegelt dies wider. Milz/Pankreas ist verantwortlich für die **Produktion von** *Qi* und die Leber für dessen **gleichmäßigen und ungestörten Fluss** durch den Körper. Ist die Funktion von Milz/Pankreas eingeschränkt, so erhält die Leber nicht ausreichend *Qi* und kann auch das vorliegende *Qi* nicht angemessen bewegen, was zu einem Muster führt, das als **Leber-*Qi*-Stagnation** bezeichnet wird. Diese Verringerung des normalen *Qi*-Flusses beeinträchtigt sehr schnell Milz/Pankreas, da die *Qi*-Menge reduziert ist, die dieser für ihre Transport- und Transformationsaufgaben zur Verfügung steht, so dass ein negativer Kreislauf beginnt. Weniger *Qi* für Milz/Pankreas bedeutet weniger *Qi* für den restlichen Körper und eine verringerte Fähigkeit der Leber, das produzierte *Qi* zu bewegen. Nimmt das Ungleichgewicht zu, zeigen sich gleichzeitig Anzeichen von Leber- und Milz/Pankreas-Störung, wie z. B.:

- Druckgefühl und Unwohlsein im oberen Abdomenbereich (mit oder ohne Hepatomegalie)
- Starker Borborygmus und Flatulenz
- Appetitmangel
- Depression und/oder Reizbarkeit
- verstärkte Symptome bei emotionalem Stress
- möglicherweise Diarrhö, häufig mit Schmerzen und Tenesmus
- Erbrechen, häufig mit unverdauten Nahrungsbestandteilen

Mögliche Diagnosen westlicher Medizin: Kolitis, Reizdarm, chronische Gastritis.

Behandlungsprinzipien: Die Leber besänftigen, Milz/ Pankreas tonisieren, Diarrhö und Erbrechen beenden.

Punkte: Bl 18, Bl 20, Ma 25, Ma 36, MP 6, Le 3, Le 13, Pe 6

TCM-Syndrom Herz-/Nieren-Störung

Erinnern Sie sich an den Abschnitt über die Theorie der fünf Wandlungsphasen, wonach das Herz mit dem Element Feuer und die Niere mit dem Element Wasser verbunden sind? Wie in der Natur, so sind auch im Körper diese beiden Elemente in Opposition zueinander und ihr Gleichgewicht ist Voraussetzung für eine optimale Gesundheit. Das Feuer des Herzens **kontrolliert die feuchten Aspekte** der Niere und das Wasser der Niere **kühlt die innere Hitze** des Herzens, wodurch verhindert wird, dass übermäßiges Feuer das Organ oder seine Funktion beeinträchtigt. Erhöht sich die Metabolismusrate, sodass das Feuer zunimmt, oder sind die Nieren durch Alter oder Krankheit geschwächt, sodass das Wasser verringert ist, entsteht ein Ungleichgewicht zwischen Herz und Nieren, wobei das Feuer des Herzens uneingeschränkt brennen kann. Typische klinische Symptome sind:

- Tachykardie
- Arrhythmie
- Hypertonie
- Störungen des Geistes, von erratischem, manischem Verhalten bis hin zu kognitiven Störungen
- Schlaflosigkeit
- Ruhelosigkeit und Agitiertheit, vor allem nachts
- Gewichtsverlust
- Geschwüre im Mund- und Zungenbereich
- Appetitmangel oder Pica-Syndrom
- Polydipsie
- Obstipation

Mögliche Diagnosen westlicher Medizin: Hyperthyreose, Nierenversagen, kognitive Dysfunktion bei älteren Tieren.

Behandlungsprinzipien: Hitze und Feuer kühlen, das Nieren-*Yin* tonisieren, den Geist beruhigen.

Punkte: He 7, He 5, Pe 6, Bl 15, Bl 23, Ni 3, Ni 6

Es wird schnell deutlich, dass zur Behandlung von Krankheiten mit traditioneller östlicher Medizin ausreichende Kenntnisse über Wirkung und empirische Anwendung der Akupunkturpunkte notwendig sind. Einige Punkte dienen zur Stimulierung eines Organs, während andere Punkte denselben Bereich sedieren. Einige klären Hitze, während andere Schmerzen aufgrund übermäßiger Kälte lindern. Zwar gibt es einige grundlegende Formeln (Punktkombinationen), die auch von Anfängern eingesetzt werden können, doch ein erfahrener Akupunkteur verwendet keine Formeln mehr, sondern bestimmt die Ursachen für das Ungleichgewicht und sucht je nach Indikation die entsprechenden Punkte aus, um das Gleichgewicht wieder herzustellen. Formeln für die Behandlung lassen sich in verschiedenen ausgezeichneten Akupunktur-Büchern finden, die speziell für den westlich ausgebildeten Mediziner geschrieben wurden. Diese Bücher sind nützlich für alle, die Akupunktur in der Praxis anwenden möchten, bis sie ausreichend Wissen und Erfahrung gesammelt haben.

6.8 Traditionelle Chinesische Medizin und Kräuter

Die acht Leitkriterien sowie die Theorie der fünf Elemente und der *Zang-Fu*-Organe werden auch beim Einsatz der chinesischen Kräuterrezepturen verwendet. Entsprechende Kräuter in Verbindung mit Akupunktur können für den Patienten sehr wirksam sein.

Die **acht grundsätzlichen Therapiemethoden** der chinesischen Kräutermedizin sind:

- Schwitzen
- Erbrechen
- Abführen
- Harmonisieren
- Erwärmen
- Hitze klären
- Ableiten
- Tonisieren

Kräuter werden nach ihren inneren Eigenschaften (Energieverhalten, Geschmack, Wirkung, Eigenschaften, Meridianzuordnung und therapeutische Kategorie) eingeteilt und entsprechend eingesetzt. So kann eine Rezeptur ausgewählt werden, um Kälte, Hitze, Feuchtigkeit oder Wind zu vertreiben und Stase oder Stagnation in einem Organ oder Meridian zu lindern. Kombinationen von Kräutern werden eingesetzt, um gegenläufiges *Qi* zu beruhigen und die *Zang-Fu*-Organe zu harmonisieren und zu stärken. Sobald die TCM-Diagnose erstellt ist, können die Kräuter in loser Form (vom Behandler gemischt) oder als bereits fertig gemischte und kommerziell gehandelte Patentmedizin verwendet werden.

Der gleichzeitige Einsatz von Akupunktur und chinesischer Arzneimitteltherapie erlaubt den vollständigsten Zugang zur Patientenbehandlung in der TCM und ein sorgfältiges Studium beider Behandlungsmodalitäten ist dem interessierten Praktiker zu empfehlen.

LITERATUR

1. Kaptchuk T: *The web that has no weaver,* New York, 1983, Congdon and Weed, Inc.
2. Yo San University of Traditional Chinese Medicine: *Biomedical understanding of acupuncture,* Santa Monica, Calif, 1999.
3. Beijing, Shanghai, and Nanjing Colleges of Traditional Chinese Medicine: *Essentials of Chinese acupuncture,* Beijing, 1980, Foreign Language Press, pp 12–13.
4. California Acupuncture College: *TCM principles,* Los Angeles, 1985.
5. Yo San University of Traditional Chinese Medicine: *Principles and theories of TCM,* Santa Monica, Calif, 1996.
6. Stephen Stiteler L: Personal communication, 1984.
7. Cheng Xinnong, ed: *Chinese acupuncture and moxibustion,* Beijing, 1987, Foreign Language Press, p 48.
8. Institute of Acupuncture and Moxibustion, Beijing, 1982.
9. Becker RO, Selden G: *The body electric,* New York, 1985, William Morrow.
10. Becker RO: *Electrophysiological correlates of acupuncture points and meridians,* vol 1, *Psychoenergetic systems,* London, Gordon and Breach Science Publishers Ltd, pp 105–112.
11. Bensky D, Barolet R: *Formulas and strategies,* Seattle, 1990, Eastland Press, Inc, pp 9–11.
12. Dharmananda S: *Chinese herbology: a professional training program,* Portland, OR, 1992, Institute for Traditional Medicine.

KAPITEL

7

Sheldon Altman

Techniken und Instrumente

7.1 Akupressur

Akupressur ist die Anwendung von Fingerdruck auf der Körperoberfläche in einem allgemeinen Muster (Massage) oder auf speziellen Punkten oder Bereichen [1]. Akupressur ist möglicherweise eine der ältesten Methoden zur Stimulierung von Akupunkturpunkten. Klassische chinesische Therapeuten beschreiben acht verschiedene Arten transdermaler Drucktechniken: schieben, ziehen, drücken, reiben, rollen, kneifen, zwischen den Handflächen reiben, klopfen [2].

Heute werden verschiedene Formen der Akupressur angewandt:

- *Shiatsu* ist eine Daumendruckmassage, die in der Regel einen doppelten Daumendruck in einem Ganzkörpermuster verwendet.
- *Do-In* wird meist als Selbstbehandlungstechnik zur Linderung von Kopfschmerzen, Verdauungsstörungen, Krämpfen und Schwindel eingesetzt. Sie wird nicht bei Tieren verwendet.
- Bei *Jun Shin Do Jitsu* werden jeweils zwei Punkte gleichzeitig gedrückt.
- Die *Tsubo-Therapie* setzt wie *Shiatsu* Daumendruck ein, doch wird dabei spezifischen Punktegruppen mit korrelierten therapeutischen Eigenschaften mehr Beachtung geschenkt und die Punkte werden für einen längeren Zeitraum behandelt.

Akupressur ist in der Veterinärmedizin nicht sehr verbreitet. Tierhalter können jedoch lernen, Akupressur auf spezifischen Punkten oder Punktmustern anzuwenden, um die Wirkung des Nadelns zur Linderung von Schmerzen und Muskelkrämpfen zu unterstützen [3].

7.2 Schröpftherapie

Schröpfen wird von amerikanischen Veterinärakupunkteuren kaum verwendet. Bei dieser sehr alten Technik wird eine Sogwirkung auf Akupunkturpunkte ausgeübt. Es gibt mehrere Arten von Schröpfgefäßen [4], so z. B. Bambusgefäße mit kleiner Öffnung und Basis und leicht verbreitertem Mittelteil sowie kugelförmige Gefäße mit kleiner Öffnung aus Keramik oder Glas. Alkohol wird ins Innere des Gefäßes eingebracht und angezündet. Das Schröpfgefäß wird sodann auf den Punkt aufgesetzt. Durch das Feuer wird der Sauerstoff im Schröpfgefäß verbraucht und ein Vakuum erzeugt. Dadurch werden Haut und darunterliegendes Gewebe in das Schröpfgefäß gesaugt. Diese Behandlungsmethode wird bei menschlichen Patienten häufig eingesetzt. Der Einsatz bei Großtieren wurde beschrieben. Vor der Anwendung bei Tieren sollte das Fell an der entsprechenden Hautstelle geschoren werden.

7.3 Akupunktur mit Nadel

Das Erlernen der richtigen Vorgehensweisen und Techniken beim Einstechen (korrekte Tiefe und richtiger Winkel), Manipulieren und Entfernen der Nadeln erfordert eine gründliche Ausbildung und viel Übung.

Nadelgröße

Das *Huangdi Neijing* (der Innere Klassiker des Gelben Kaisers), das zwischen 474 und 220 v. Chr. veröffentlicht wurde und als klassischer Grundlagentext der chinesischen Medizin gilt, beschreibt neun traditionelle Nadeltypen [5]. Die gängigsten Nadeln in der Kleintierpraxis sind 28- bis 34-Gauge-Nadeln aus rostfreiem Stahl mit einer Länge von 1,25–5 cm (➤ Abb. 7.1) [3].

Die Nadellänge ist abhängig von der Art und Größe des Tieres sowie von Lokalisation und Tiefe des zu behandelnden Punktes:

- **Kürzere Nadeln** (1,25 cm) werden bei kleineren Hunden und Katzen sowie bei Punkten in muskelarmen Bereichen wie Kopf, Gesicht und distale Gliedmaßen verwendet, ebenso in Körperregionen, wo Körperhöhlen oder Eingeweideteile penetriert werden könnten, wie Abdomen und lateraler Thorax bei den meisten Kleintieren. Außerdem werden sie bei kleineren Hunden und Katzen bei Punkten auf der Wirbelsäule, dem Foramen magnum sowie den Nieren verwendet.
- **Nadeln mittlerer Länge** (2,5 cm) werden bei allen Tieren außer kleinen Hunden und Katzen entlang der dorsalen Mittellinie und paravertebral eingesetzt, ebenso in proximalen Bereichen von Oberschenkeln und Schultern.
- **Längere Nadeln** (3,75–5 cm) werden in der Regel bei großen Hunden im Bereich von Hüftgelenk und Kniekehle verwendet.

Nadelmaterial

Die Nadeln sind aus solidem rostfreiem Stahl, sind flexibel und besitzen einen glatten Schaft. Betrachtet man sie vergrößert, erkennt man, dass sie keine scharfen, sondern eher bleistiftähnliche, abgerundete Spitzen besitzen. Nadeln guter Qualität sollten flexibel genug sein, um sich um mindestens 90 Grad biegen zu lassen, ohne zu brechen, und anschließend ohne zu knicken in die Ausgangslage zurückkehren. Nadeln guter Qualität werden in China, Japan und Korea hergestellt. Standardnadeln lassen sich nach jeder Verwendung säubern, schärfen, abziehen, im Autoklaven sterilisieren und mehrfach wieder verwenden. Auch wenn sie in der Anschaffung teurer sind, sind sie aufgrund ihrer längeren Lebensdauer im

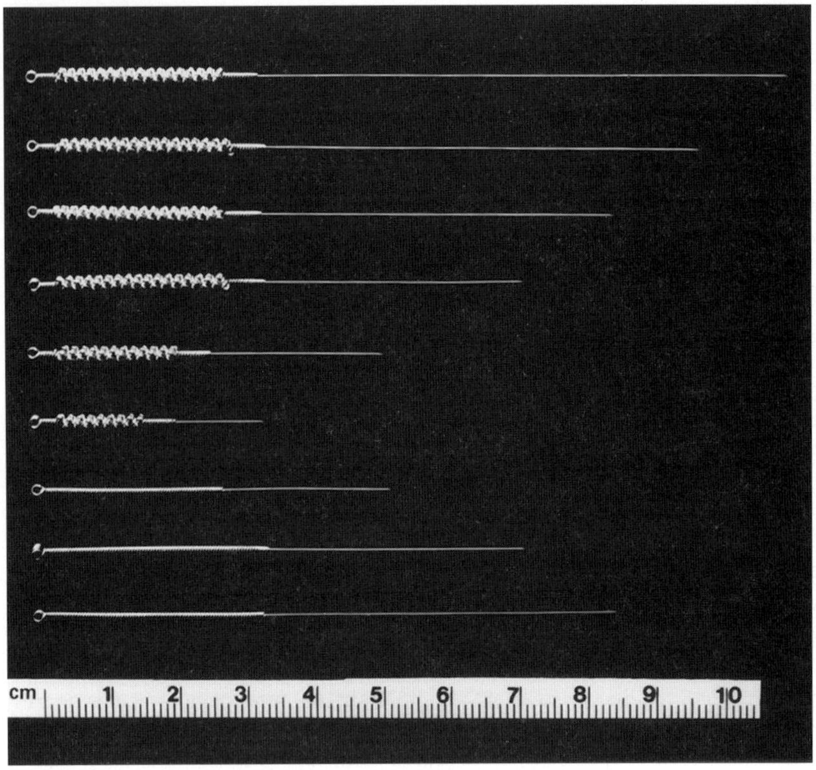

Abb. 7.1 Typische Akupunkturnadeln aus rostfreiem Stahl.

Endeffekt günstiger. Sterilisierte Einmalnadeln sind empfehlenswert, falls keine Sterilisationsmöglichkeiten zur Verfügung stehen. Bei Verwendung zahlreicher Einmalnadeln erhöhen sich die Behandlungskosten jedoch substanziell.

Nadelpflege

Wiederverwendbare Nadeln sollten vor dem Sterilisieren gründlich gewaschen und abgespült werden, um Schmutz, Körperfette und andere Substanzen vom Nadelschaft zu entfernen, sodass diese nicht während des Sterilisationsprozesses in das Metall einbrennen. Verdünnte Alkohol-Lösung oder verschiedene Detergenzien lassen sich zur Nadelreinigung verwenden. Die Nadeln anschließend gründlich abspülen. Kaltsterilisation und Desinfektionslösungen sind unterschiedlich wirksam zur Beseitigung von Bakterien und Viren und können lokal toxisch wirken, wenn Reste auf dem Nadelschaft verbleiben und in das Körpergewebe eingeführt werden. Es gibt außerdem keine genauen Indikatoren für die Wirksamkeit der Lösungen. Ätzende Chemikalien wie z. B. Chlorbleiche können rostfreien Stahl beschädigen.

Akupunkturnadeln sollten mit Hitze sterilisiert werden, wobei darauf geachtet werden muss, dass die Indikatoren für Temperatur und Druck erreicht werden. 30-minütiges Autoklavieren bei 120 °C genügt zum Sterilisieren von Akupunkturnadeln [6–8].

Durch häufige Verwendung und Sterilisation werden die Nadelschäfte mit der Zeit rau und nützen sich ab. Die Anwendung elektrischer Spannung bei der Elektroakupunktur kann zu punktförmigem Verschleiß führen. Raue oder unregelmäßige Nadeln können beim Einführen in die Haut und das subkutane Gewebe verhaken, was zu Schmerzen oder Schwierigkeiten beim Einstechen oder Entfernen führt. Am besten überprüft man gebrauchte Nadeln regelmäßig, indem man sie zwischen Daumen- und Fingerballen oder durch einen Wattebausch zieht und dabei auf Oberflächenrauigkeiten prüft. Wenn der Schaft im Wattebausch hängen bleibt, liegt ein rauer Grat vor [8].

Schleifen und Polieren der Nadeln erleichtern das schmerzlose Einstechen und verlängern die Lebensdauer. Die Nadeln lassen sich mit einem feinen Wetzstein und einem Wildledertuch (mit oder ohne Polierrot) schärfen und polieren. Anschließend vor dem Sterilisieren gründlich abspülen. Nadeln mit Knicken oder Verbiegungen entsorgen, da sie unnötig Schmerzen verursachen und leicht brechen.

Verschiedene negative Folgeerscheinungen von Akupunktur sind in der Literatur dokumentiert, wenn sie auch selten auftreten [9]. Um Probleme zu vermeiden, sollten die Nadeln regelmäßig überprüft und alle gebogenen, angerosteten oder sonstwie unregelmäßigen Nadeln entfernt werden. Die Nadeln vor der Verwendung immer säubern, spülen und sterilisieren. Ebenso die Haut des Patienten vor dem Einstich säubern. Die Nadeln nicht in sehr schmutzige oder verunreinigte Hautbereiche einstechen. In Bereichen mit dünner Körperdecke kurze Nadeln verwenden und diese schräg einstechen. Vor dem Einstechen sollte man mit der Anatomie unter dem Punkt vertraut sein, um zu wissen, auf welche Strukturen man besonders achten muss. Nach der Behandlung müssen alle Nadeln vollständig wieder entfernt werden.

Fixieren der Patienten

Es ist wichtig, die Patienten zur Behandlung richtig zu positionieren. Das Tier sollte sich in einer bequemen Stellung befinden, die während der Dauer der Therapiesitzung ohne größere Anstrengung aufrechterhalten werden kann. Häufig wird der Besitzer des

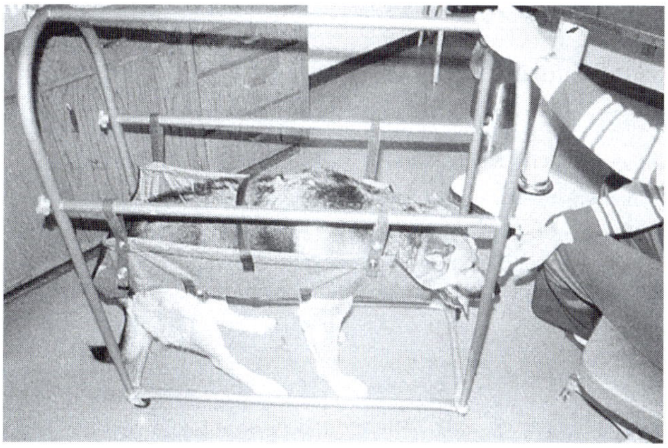

Abb. 7.2 Vorrichtung zum Fixieren von Kleintieren für die Akupunktur.

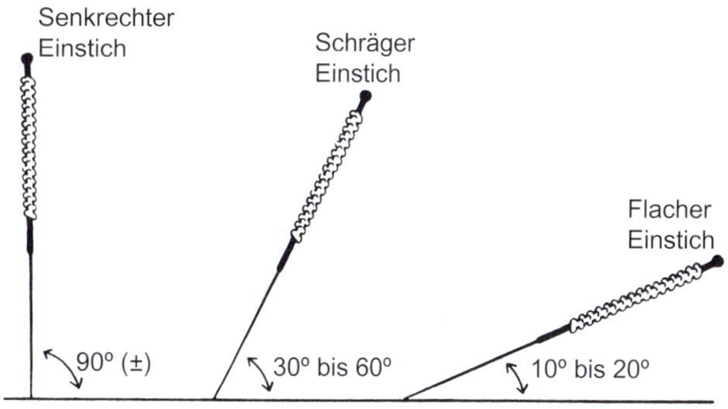

Abb. 7.3 Einstichwinkel.

Tiers gebeten, den Patienten während der Behandlung zu halten und zu beruhigen. Dadurch wird der Tierhalter in die Behandlung einbezogen, was bei beiden Ängste verringert und einen Assistenten erspart, der das Tier längere Zeit festhalten müsste. Um sehr unruhige und unkooperative Patienten zu fixieren, lassen sich entsprechende Vorrichtungen kaufen oder herstellen (> Abb. 7.2). Pharmakologische Sedierung ist nur sehr selten nötig [10].

Nadeleinstich

Der Nadeleinstich sollte glatt und schnell erfolgen, denn langsames Einführen verursacht beim Patienten mehr Schmerz und Unbehagen. Das stärkste Schmerzgefühl tritt beim Durchstechen der oberflächlichen Hautschichten auf. Sobald die Nadel die Haut durchstochen hat, ist der Schmerz gering.

Den Nadelgriff zwischen Daumen und Zeigefinger oder zwischen Daumen, Zeigefinger und Mittelfinger halten, die Nadel mit einem kurzen, schnellen Dreh einstechen und, falls Widerstand auftaucht, im bzw. gegen den Uhrzeigersinn drehen. Dann die Nadel auf die entsprechende Tiefe einführen.

Häufig ist eine leichte Reaktion beim Patienten zu beobachten, wenn die Nadel den Akupunkturpunkt erreicht. Das zeigt sich z. B. durch rasches Einatmen, leichtes Zurückweichen oder ein Zucken des Ohrs. Die Reaktionen sind oft sehr subtil. Mit etwas Erfahrung werden Sie ein Gefühl dafür bekommen, ob der Punkt erreicht ist. Die Reaktion des Patienten wird als *De Qi* (Erreichen des *Qi*) bezeichnet. Es handelt sich um ein kribbelndes Gefühl. Veterinärakupunkteure sollten sich selbst mit Akupunktur behandeln lassen, um ein Gespür für dieses Gefühl zu bekommen.

Akupunkturanleitungen für spezifische Punkte erwähnen in der Regel auch den Einstichwinkel. Dies bezieht sich auf den Winkel des Nadelschafts zur Körperoberfläche (> Abb. 7.3). Die üblichen Winkel sind senkrecht, schräg oder horizontal.

- **Senkrechtes Einstechen** bedeutet, dass sich der Schaft im rechten Winkel zur Körperoberfläche befindet. Dieser Winkel wird in muskelreichen Körperregionen verwendet.
- **Schräges Einstechen** erfolgt in einem 30- bis 60-Grad-Winkel zur Körperoberfläche; es wird in Bereichen mit dünnerer Muskelschicht verwendet und wenn Nadelungstechniken mit tonisierender (Einstich in Richtung des Energieflusses im Meridian) und sedierender Wirkung (Einstich entgegen dem Energiefluss im Meridian) zum Einsatz kommen sollen.
- Ein **flacher oder horizontaler Einstich** erfolgt in einem 10- bis 20-Grad-Winkel und wird in Bereichen mit wenig Muskelgewebe verwendet, wie z. B. am Schädel, auf Knochenstellen oder auf Thorax und Abdomen bei kleinen Tieren.

Die Stichtiefe hängt von den Eigenschaften des einzelnen Punkts und der beabsichtigten Wirkung ab. Sie ist unterschiedlich je nach behandeltem Körperteil, Muskelaufbau und Kondition des Patienten sowie Art der Krankheit. Je tiefer gestochen wird, desto stärker ist in der Regel die Nadelsensation. Vorsicht ist geboten bei schwachen Patienten oder wenn Nadeln über wichtigen inneren Organen und Körperhöhlen gestochen werden.

Stimulationstechniken

Sobald die Nadel auf die entsprechende Tiefe eingestochen wurde, können verschiedene Methoden der manuellen Stimulation eingesetzt werden [8, 11–14]:

- Beim **einfachen Nadeln** wird die Nadel eingestochen, ohne weitere Manipulation am Platz belassen und nach der entsprechenden Zeit wieder entfernt.
- Bei der **Streichtechnik** wird der Griff der Nadel mit den Fingern stabilisiert, während der Daumennagel in Richtung Körperoberfläche des Patienten über die Rillen des Nadelgriffs gezogen wird *(Crack-in)*. Beim *Crack-out* ist die Richtung umgekehrt. Der Daumen wird auf die Spitze des Nadelgriffs gelegt und der Nagel des Mittelfingers von der Körperoberfläche weg über den Griff gezogen.
- **Heben und Senken** bedeutet, dass die Nadel nach dem ersten Einstich mehrmals hochgezogen und wieder tiefer gestochen wird. Je aktiver die Bewegung, desto stärker die Stimulation des Punktes.
- Beim **Drehen oder Rotieren** wird der Nadelgriff zwischen Daumen und Zeigefinger/Mittelfinger zuerst in der einen, dann in der anderen Richtung gedreht. Diese Bewegung wird langsam oder schnell wiederholt, je nachdem, wie stark die Stimulation des Punktes sein soll. Je stärker und schneller die Drehung, desto stärker ist die Stimulation. Diese Technik kann mit Heben und Senken kombiniert werden. Der Nadelschaft wird in der Regel um 180–360° rotiert. Es ist darauf zu achten, dass nicht um mehr als 360° oder ausschließlich in einer Richtung

gedreht wird, da dies dazu führen könnte, dass subkutane Bindegewebs- oder Muskelfasern um den Nadelschaft aufgerollt werden, was schmerzhaft ist und zu Problemen beim Entfernen der Nadel führt.

- **Belassen der Nadel** bedeutet, dass die Nadel während der gesamten Dauer der Behandlung im Akupunkturpunkt verbleibt. Von der Zeit des Einstechens und dem Drehen der Nadel, bis das Tier Anzeichen der Nadelwirkung erkennen lässt *(De Qi)* bis zum Entfernen der Nadel kann es 20 bis 30 Minuten dauern. Für eine Operationsanalgesie kann die Induktionszeit bis zu 45 bis 60 Minuten betragen und die Nadeln werden während der gesamten Operation am Platz belassen.
- Zum **Entfernen der Nadel** wird das Gewebe um den Akupunkturpunkt mit einer Hand stabilisiert, während die Nadel mit der anderen Hand leicht gedreht und auf die subkutane Ebene angehoben wird. Anschließend wird sie rasch herausgezogen und Druck auf die Einstichstelle ausgeübt, um eine Blutung zu verhindern.

Wahl der Stimulationstechnik

Die Auswahl der richtigen Nadelungstechnik erfordert mehr Informationen, als hier vermittelt werden können, und ist eine Sache der Übung und Erfahrung. Einige generelle Hinweise können jedoch gegeben werden.

- **Starke Stimulation** wird eingesetzt, um akute Schmerzen und Krämpfe zu behandeln, sowie in der Regel bei Punkten auf den Extremitäten, wenn der Patient kräftig ist und das Nadeln gut verträgt. Dabei wird die Nadel rasch in großem Winkel gedreht und dabei auf und ab bewegt.
- **Leichte Stimulation** wird eingesetzt zur Behandlung von schwachen und nervösen Patienten, bei der ersten Akupunkturbehandlung sowie bei Tieren mit geringer Nadelungstoleranz. Sie wird auch auf Punkten unmittelbar über wichtigen inneren Organen verwendet. Dabei wird die Nadel langsam gedreht und schwach auf und ab bewegt, manchmal gerade genug, um die *De-Qi*-Sensation hervorzurufen.
- Bei den meisten Patienten und Syndromen wird eine **mittlere Stimulation** (in der Stärke zwischen den oben beschriebenen Methoden) eingesetzt.

Komplikationen beim Nadeln

Beim Nadeln können einige Komplikationen auftreten. Der vorsichtige Veterinärakupunkteur sollte unnötige Komplikationen zu vermeiden trachten [8, 9, 13].

Probleme mit **verbogenen oder festsitzenden Nadeln** treten in der Regel auf, wenn vorgeschädigte Nadeln verwendet werden, beim Einstechen zu viel Kraft aufgewandt wird, ungleichmäßig oder ungeschickt manipuliert oder die Nadel nur in einer Richtung rotiert wird, außerdem bei Muskelspasmen und Bewegungen des Patienten bei eingestochener Nadel. Um solche Probleme zu vermeiden, sollten nur sorgfältig geprüfte Nadeln ohne Verbiegungen, Knicke, Rauheiten oder Roststellen verwendet werden. Vor der Behandlung von Patienten sollte das Nadeln ausreichend geübt werden, damit die Nadel auch wirklich rasch und glatt eingestochen wird. Die Manipulation der Nadeln sollte so ausgeführt werden, dass sich kein Gewebe um den Nadelschaft windet. Haut und Muskeln sollten beim Herausziehen der Nadeln gut festgehalten werden, sodass das Gewebe nicht mitgezogen wird.

Es kann vorkommen, dass der Nadelschaft durch Muskel- oder Hautbewegungen verbogen oder durch einen **Muskelkrampf** im Gewebe festgehalten wird. Dann ist es wichtig, für eine Entspannung des Patienten zu sorgen und das Tier in die Ausgangsposition zurückzuführen. Die Nadel am Platz belassen, bis das Gewebe sich entspannt hat, dann die Nadel langsam herausziehen und dabei drehen, wobei der Bereich um die Nadel festgehalten oder sanft massiert wird. Da Nadeln bei Gewaltanwendung leicht brechen, verhakte oder verbogene Nadeln immer mit äußerster Vorsicht entfernen.

Infektionen können auftreten, wenn unzureichend sterilisierte Nadeln verwendet werden oder die Haut vor dem Einstechen nicht sorgfältig gereinigt wurde. Nadeln nicht in offensichtlich infizierte oder kontaminierte Stellen einstechen.

Brechen der Nadeln kann auf die Verwendung mangelhafter Nadeln zurückzuführen sein, auf übermäßigen Kraftaufwand beim Einstechen oder Manipulieren der Nadeln, auf den Versuch, eine verhakte oder verbogene Nadel herauszuziehen, auf starke Muskelkrämpfe oder plötzliche heftige Bewegungen des Patienten, während sich die Nadel am Platz befindet. Es kann nicht genug betont werden, wie wichtig eine entsprechende Prüfung und Pflege der Nadeln ist, ebenso die richtige Positionierung und Fixierung des Patienten. Der Patient sollte sich in einer bequemen Haltung befinden und ausreichend fixiert werden, um Körperbewegungen während der Sitzung zu minimieren. Niemals zu viel Kraft einsetzen, um Nadeln einzustechen oder zu manipulieren. Vermeiden Sie es außerdem, die Nadeln bis zum Griff in den Körper einzuführen, da der Übergang zwischen Nadel und Griff den schwächsten Punkt darstellt. Ist eine Nadel abgebrochen, muss zuerst der Patient beruhigt und fixiert werden. Ragt der gebrochene Nadelschaft aus der Haut heraus, kann er mit einer Pinzette gefasst und entfernt werden. Befindet sich die Bruchstelle in Höhe der Hautoberfläche oder unmittelbar darunter, das umliegende Gewebe leicht nach unten drücken, bis die Nadel so weit freigelegt ist, dass sie mit der Pinzette ergriffen und entfernt werden kann. Ist die Nadel in tieferen Gewebsschichten abgebrochen, so sollte sie so schnell wie möglich operativ entfernt werden, bevor sie zu wandern beginnt.

Es gibt Berichte über akzidentelle **Verletzungen innerer Organe** mit einer Nadel, was zu Pneumothorax, Peritonitis, Penetration des Rückenmarks oder Schädigung von Herz, Leber, Milz, Niere, anderen Organen, wichtigen Nerven und Blutgefäßen führen kann [9]. Der Akupunkteur sollte daher genauestens mit der Anatomie des zu behandelnden Bereichs vertraut sein und den für die Punkte richtigen Einstichwinkel sowie die angemessene Einstichtiefe kennen. Ein gesunder Menschenverstand ist allemal eine unerlässliche Voraussetzung für einen erfolgreichen Veterinärakupunkteur.

Werden Blutgefäße verletzt, so können daraus **Hämatome** resultieren. Die Anwendung von Druck nach dem Entfernen der Nadel hilft dieses Problem zu vermeiden. Die Nadeln immer auf raue Stellen prüfen, um jede unnötige Schädigung des Gewebes und Blutungen zu vermeiden. Bereiche über größeren Blutgefäßen sollten gemieden werden.

Klinische Symptome wie **Schmerzen oder Steifheit** werden durch Akupunktur manchmal verschlimmert und die Klienten sollten vorher über diese Möglichkeit aufgeklärt werden. Die ursprüngliche Störung kann sich für mehrere Stunden bis mehrere Tage nach der Behandlung verschlimmern, doch ist dies nicht unbedingt ein schlechtes Zeichen. Eine ausgeprägte Reaktion auf die Behandlung bedeutet, dass der Körper des Tieres auf die Akupunkturstimulation reagiert hat.

Um die gewünschten Ergebnisse zu erzielen, müssen Punktauswahl, Art der Stimulation und Behandlungsdauer überprüft werden. So wie Medikamentenunverträglichkeiten in der westlichen Medizin ein Überdenken der Behandlung erfordern, müssen ähnliche Vorkommnisse bei der traditionellen chinesischen Behandlung ebenfalls eine Neuanalyse einleiten.

Spezielle Nadeltechniken

Kutane Akupunktur

Die kutane Akupunktur wird beim Menschen zur Behandlung dermatologischer und neurologischer Störungen, Kopfschmerzen, Hypertonie, Schwindel, Schlaflosigkeit, gynäkologischen Erkrankungen, Gelenkschmerzen, Myopie und Störungen des Gastrointestinaltrakts eingesetzt [8, 13]. Prinzipiell gilt, dass dabei die oberflächlichen Hautschichten stimuliert werden, ohne tiefere Gewebsschichten zu penetrieren [8].

Am häufigsten wird dafür das **Pflaumenblütenhämmerchen** eingesetzt, ein Bündel kleiner Stahlnadeln mit Griff, die zusammen ein hammerähnliches Instrument bilden, sowie die **Siebensternnadel** mit sieben Stahlnadeln in einem Kopf, der an einem Griff befestigt ist (➤ Abb. 7.4). Ein weiteres Instrument, als Punktroller bezeichnet, besteht aus einer Rollvorrichtung mit vielen kurzen Nadeln im Rollzylinder.

Im Gegensatz zur Akupunkturnadel werden diese Instrumente in der Regel nicht auf einem einzelnen Akupunkturpunkt eingesetzt. Vielmehr werden sie großflächig verwendet, wobei sie meist 5 bis 10 Minuten lang sanft auf der Haut aufgeschlagen (Pflaumenblütenhämmerchen, Siebensternnadel) oder gerollt (Punktroller) werden. Das führt zu lokaler Rötung und Hautreizung. Es wurde die Theorie aufgestellt, dass diese Hautstimulation nicht nur das lokale Hautgewebe beeinflusst, sondern auch die Meridiane, die den Bereich durchziehen, sowie die inneren Organe, die mit diesen Bereichen und Meridianen verbunden sind. Nicht bei Hautulzerationen oder Verletzungen einsetzen. Weitere Kontraindikationen sind akute Infektionskrankheiten oder akute abdominale Störungen [8].

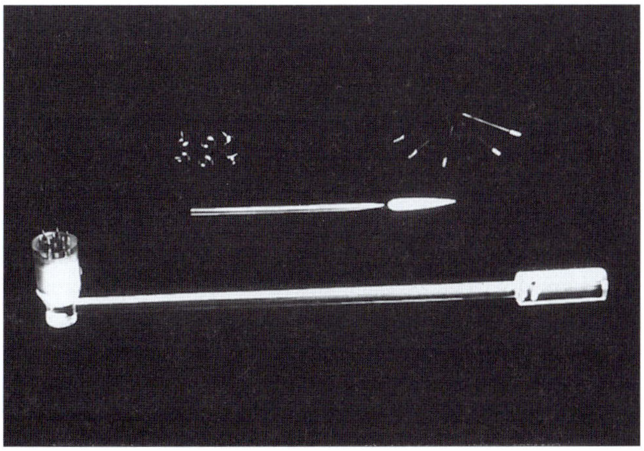

Abb. 7.4 Pflaumenblütenhämmerchen und intradermale Nadeln.

Eine Nadel mit stumpfer Spitze, als Punkte-Taster bezeichnet und aus dickem Stahldraht, Knochen oder Holz gefertigt, wird eingesetzt, um an Akupunkturpunkten Druck auf die Körperoberfläche auszuüben. Das Gewebe wird dabei nicht penetriert. Es handelt sich sozusagen um eine verstärkte Akupressurtechnik. Die Nadel wird mit dem Daumen und drei Fingern auf dem Akupunkturpunkt gehalten, während mit dem Zeigefinger auf das obere Ende der Nadel Druck ausgeübt wird. Beim Menschen wird diese Technik zur Behandlung von abdominalen Schmerzen, Verdauungsproblemen, nervösem Erbrechen und neurologischen Störungen eingesetzt [8]. Die Patienten werden häufig in der Anwendung unterwiesen, sodass sie die Behandlung an sich selbst ausführen können. Im Bereich der Veterinärmedizin können Tierhalter mit der Lage einfacher Akupunkturpunkte vertraut gemacht werden, sodass sie zwischen den Akupunkturterminen einige Behandlungen zu Hause durchführen können.

Intradermale Akupunktur

Intradermalnadeln wurden für eine längere Behandlungsdauer entwickelt. Sie bleiben in der Regel ein bis drei Tage an ihrem Platz, in manchen Fällen sogar bis zu einer Woche. Bei heißem Wetter sollten die Nadeln häufiger gewechselt und überprüft werden, um Infektionen zu vermeiden. Nur Punkte, die nicht von Körperbewegungen betroffen sind, können dafür verwendet werden. Mit dieser Technik lassen sich chronische Erkrankungen wie Magenbeschwerden, Asthma, Enuresis und gynäkologische Störungen behandeln.

Zwei typische intradermale Nadeln sind die **Reißzwecknadel**, die etwa 3 mm lang ist, mit einem Kopf wie eine Reißzwecke, sowie die **kornförmige Nadel**, die etwa 1 cm lang ist und einen Kopf hat, der einem Weizenkorn ähnelt. Intradermale Nadeln sind wegen ihrer kleinen Größe schwierig zu halten. Sie lassen sich am besten mit einer Pinzette fassen und einsetzen.

Die Reißzwecknadel wird der Länge nach senkrecht in die Haut eingeführt. Der Kopf der Nadel wird sodann mit einem Pflaster befestigt. Diese Nadeln werden in der Regel für die oberflächliche Akupunktur in Bereichen wie dem Ohr eingesetzt.

Die kornförmige Nadel wird fast horizontal zur Hautoberfläche eingesetzt. Anschließend wird der Nadelkopf mit einem Pflaster flach auf der Hautoberfläche befestigt. Dieser Nadeltyp wird in der Regel auf normalen Akupunkturpunkten oder an empfindlichen Körperstellen eingesetzt, weniger am Ohr.

Der Einsatz von Dauernadeln bei Kleintieren ist sehr begrenzt. Ohrnadeln können dazu führen, dass die Tiere den Kopf schütteln, unter Umständen sehr heftig. Wenn das Ohr nicht immobilisiert wird, können Othämatome auftreten. Nadeln in anderen Körperbereichen können vom Tier möglicherweise durch Beißen oder Kratzen entfernt werden.

7.4 Temperaturvariation auf Akupunkturpunkten

Akupunktur mit heißer Nadel

Akupunktur mit heißer Nadel wird bei Kleintieren selten eingesetzt. Bei Menschen und Großtieren wird sie zur Behandlung von Abszessen, Lymphadenopathien, bestimmten Hautstörungen und schwerer Arthritis verwendet. Sie ist mit Strich- oder Punktfeuer-Techniken vergleichbar, die in der Pferdemedizin eingesetzt werden. Die traditionell verwendeten Nadeln besitzen einen Griff aus Holz oder Bambus, sodass der Behandler sich nicht die Finger verbrennt. Die Spitze der Nadel ist relativ dick. Die Nadeln werden erhitzt (in der Regel über einer Alkoholflamme), in die Haut eingestochen und rasch wieder herausgezogen.

Moxibustion

Moxibustion ist eine Technik, bei der Akupunkturpunkte durch Abbrennen eines Heilkrautes auf oder über der Haut erwärmt werden. Bei dem verwendeten Kraut handelt es sich um **Beifuß** *(Artemisia vulgaris)*, im Chinesischen als *Ai Ye* bezeichnet. Die Bezeichnung Moxa stammt vom japanischen Begriff *Moe Kusa* (brennendes Kraut) [14].

Zur Herstellung von Moxakraut wird die Pflanze im Frühsommer geerntet, wenn die Blätter ihre charakteristische wollige Unterseite entwickelt haben. Die Blätter werden dann in der Sonne getrocknet, anschließend zerkleinert, gesiebt, um Stengel und grobe Teile zu entfernen, zu Pulver oder „Wolle" vermahlen, das als *Ai Jung* bezeichnet wird, und schließlich nochmals in der Sonne getrocknet. Der Prozess wird mehrere Male wiederholt, bis die gewünschte Reinheit und Konsistenz erreicht sind [4]. Das Moxakraut wird dann für die direkte Moxibustion zu Kegeln geformt oder aber zu zigarrenförmigen Rollen, die mit Papier umwickelt und für indirekte Moxibustion eingesetzt werden.

7

Direkte Moxibustion

Bei der direkten Moxibustion werden Kegel aus Moxakraut auf ausgewählten Akupunkturpunkten direkt auf der Haut verbrannt. Je nach Wärmeintensität ist die direkte Moxibustion narbenbildend oder nicht narbenbildend. Bei direkter Moxibustion sollten die Haare rund um den zu behandelnden Punkt rasiert werden. Bei der Vorbereitung des Hautbereichs müssen Alkohol oder andere leicht entzündliche Substanzen vermieden werden. Eine beruhigende Salbe sollte auf die Haut aufgetragen werden, bevor der Moxakegel auf den Akupunkturpunkt gelegt und angezündet wird.

Direkte Moxibustion mit Narbenbildung wird in der Kleintiermedizin kaum verwendet. Es handelt sich um eine schmerzhafte Behandlungsform, da der Moxakegel vollständig abgebrannt wird und dabei eine Verbrennung am Akupunkturpunkt verursacht. Bei Bedarf werden mehrere Moxakegel verbrannt, bis die Haut Verbrennungszeichen zeigt. Nach ein bis drei Tagen bildet sich eine Blase. Die Verbrennung heilt innerhalb eines Monats ab und hinterlässt eine kleine Narbe. Durch topische Antibiotika und gute Hygienemaßnahmen lassen sich Infektionen verhindern. Diese Methode soll hier *nicht* empfohlen werden, sondern wird nur der Vollständigkeit halber vorgestellt.

Direkte Moxibustion ohne Narbenbildung ist der eben vorgestellten Technik sehr ähnlich, denn es werden ebenfalls Moxakegel direkt auf dem Akupunkturpunkt verbrannt. Die Kegel werden jedoch mit der Pinzette entfernt, sobald der Patient auf die Hitze zu reagieren beginnt. Es werden wiederholt Moxakegel auf der Stelle verbrannt, bis eine Hautrötung entstanden ist.

Indirekte Moxibustion

Bei der indirekten Moxibustion kommt das Moxakraut nicht in direkten Kontakt mit der Haut. Dafür gibt es verschiedene Techniken. Zum Beispiel kann das Moxakraut auf einem isolierenden Medium verbrannt werden, wie zum Beispiel einer Knoblauch- oder Ingwerscheibe, die perforiert und direkt auf den Akupunkturpunkt gelegt wird. Es kann auch eine Lage Salz verwendet werden, wenn sich der Akupunkturpunkt in einer Vertiefung befindet; diese Methode wird zum Beispiel beim Menschen häufig über dem Bauchnabel eingesetzt.

Die häufigste Technik zur Anwendung indirekter Moxibustion sind kommerziell erhältliche Moxazigarren. Diese bestehen aus grobem Moxakraut oder -pulver, das zu Stäben von 15–25 cm Länge und etwa 1,25 cm Durchmesser gepresst wird. Ein Ende des Stabs wird angezündet und in einem Abstand von etwa 1,5–2,5 cm über dem zu behandelnden Akpunkturpunkt gehalten. Der Stab wird ca. 3 bis 15 Minuten lang langsam kreisförmig oder in einer Auf- und Abbewegung über dem Punkt bewegt, bis sich die Haut um den Akupunkturpunkt gerötet hat.

Indirekte Moxibustion wird gewöhnlich bei chronischen Muskelproblemen oder arthritischen Schmerzen eingesetzt, oft in Kombination mit Nadeln, wobei der Bereich um die Nadel oder die Nadel selbst mit einem Moxastab angewärmt wird. Bei Großtieren wird häufig ein Abschnitt des Moxastabs in situ auf einer Nadel befestigt und angezündet. Die Wärme wird dann durch die Nadel in tiefere Gewebeschichten geleitet.

Merke Um iatrogene Verletzungen durch Moxibustion zu vermeiden, sollten gewisse Vorsichtsmaßnahmen getroffen werden. Moxibustion ist kontraindiziert bei fiebrigen Zuständen, im kaudalen Rücken- oder Abdomenbereich trächtiger Tiere sowie in der Nähe von Sinnesorganen oder Schleimhäuten. Direkte Moxibustion sollte nicht im Bereich von Gesicht und Mamma sowie über großen Blutgefäßen, vorstehenden Sehnen oder größeren Hautfalten eingesetzt werden.

Bei der Behandlung von bewusstlosen Tieren oder solchen mit verminderter sensorischer Wahrnehmungsfähigkeit ist Vorsicht geboten, da bei mangelnder Reaktion Verbrennungen auftreten können [8, 13]. Auch können sich Haare entzünden, vor allem wenn die Haut mit Reinigungs- oder Desinfektionsmitteln auf Alkoholbasis behandelt wurde.

Elektronische Heizgeräte

Einige Elektroakupunkturgeräte sind mit Heizmechanismen ausgestattet, die statt Moxa eingesetzt werden können, um Wärme an Akupunkturpunkten zu erzeugen.

Infrarotlicht und UV-Licht

Eine weitere Möglichkeit, Akupunkturpunkte mit Wärme zu stimulieren, ist die Verwendung von infrarotem oder ultraviolettem Licht [2]. Infrarotstrahlung erzeugt vorwiegend Wärme, während ultraviolettes Licht chemische Reaktionen in den Körperzellen auslöst [2]. Beide Lichtarten können zur Stimulierung spezifischer abgegrenzter Punkte oder auch auf größeren Hautarealen eingesetzt werden.

Zur Stimulierung eines spezifischen, begrenzten Bereichs wird ein weißes Tuch zum Abdecken der Umgebung verwendet, mit einer Öffnung über dem ausgewählten Punkt. Zur Behandlung größerer Flächen wird das Licht auf den Akupunkturpunkt zentriert, wobei die Umgebung ebenfalls dem Licht ausgesetzt ist. Bei der Infrarottherapie wird eine 250-Watt-Infrarotbirne 25–75 cm von der Hautoberfläche entfernt platziert und der Hautbereich 15 bis 20 Minuten lang bestrahlt.

Weil Tiere unter Umständen erst sehr spät Schmerzsignale aussenden, vor allem wenn sie geschwächt sind, ist die laufende Überwachung von großer Wichtigkeit. Die Haut des Patienten sollte sich warm, aber nicht heiß anfühlen. Während der Behandlung ist es wichtig, die Haut auf Rötung oder Überhitzung zu prüfen, vor allem bei Tieren mit dunklem Fell. Indikationen für Infrarottherapie sind kaudale Rückenschmerzen, Gelenkschmerzen, Tendinitis, Neuralgien, Verstauchungen, Asthma, chronische Bronchitis, akute Ekzeme und chronische Pharyngitis [8].

Die Gefahr von iatrogenen Schäden beim Einsatz von ultraviolettem Licht sollte berücksichtigt werden. Es besteht die Möglichkeit einer Augenschädigung bei Veterinär, Patient sowie allen während der Behandlung Anwesenden. Daher sollten immer Schutzbrillen getragen werden. Da die physiologische Dosis von Patient zu Patient variiert und schwierig zu bestimmen ist, ist diese Therapieform nicht unproblematisch. Beim Menschen ist sie bei Beckenentzündung, Karbunkeln, Ekzemen, Rachitis, schwacher Laktation, Mastitis, Frostbeulen, Verbrennungen, Asthma, Gelenkschmerzen, funktionalen Uterusblutungen, Neuralgien, Störungen des autonomen Nervensystems und Pruritus angezeigt. Kontraindikationen sind unter anderem aktive Tuberkulose, Arteriosklerose, schwere Leber- oder Nierenstörungen, Hyperthyreose, bösartige Tumore und Lupus erythematodes [8].

Kälteapplikation

Kälte auf Akupunkturpunkten wird eingesetzt, um myofasziale Schmerzen bei Menschen und Tieren zu behandeln, außerdem bei der Triggerpunkttherapie. Eis, chemische Kühlmittel und topische Kältesprays (auf Vaporisationsbasis), zum Beispiel mit Fluormethan, Ethylchlorid, Fluorethyl und Dichlortetrafluorethan (alle Gebauer Company, Cleveland, Ohio), sind wirksame Mittel zur lokalen Analgesie bei akut schmerzhaften Zuständen. Bei chronischen Schmerzzuständen ist die Kältestimulation von Akupunkturpunkten nicht zu empfehlen [3].

7.5 Sonopunktur

Bei der Sonopunktur werden Akupunkturpunkte mit Ultraschall stimuliert. Diese Technik hat an Beliebtheit gewonnen, da sie nichtinvasiv ist und kurze Behandlungszeiten erfordert. Die Punkte werden nur 10 bis 30 Sekunden lang stimuliert. Dabei werden kleine Tonköpfe oder Sonden mit einem Durchmesser von 5 mm eingesetzt [3].

7.6 Aquapunktur oder Injektionsakupunktur

Bei der Injektion von Lösungen an Akupunkturpunkten handelt es sich um eine schnelle und meist einfache Behandlungsmethode. Die Vorteile der Injektionsakupunktur sind, dass die meisten der dafür verwendeten Instrumente und Substanzen in einer normalen Kleintierpraxis bereits vorhanden sind, dass der Patient nicht für längere Zeit festgehalten werden muss und dass die Akzeptanz bei den Tierbesitzern hoch ist, weil sie es gewöhnt sind, dass ihre Tiere regelmäßig Injektionen erhalten.

Bei Kleintieren wird eine 1,25–2,5 cm lange Injektionsnadel (25 Gauge) verwendet. Häufig verwendete Injektionssubstanzen sind destilliertes Wasser, Elektrolytlösungen (0,9%ige Kochsalzlösung), Vitamine (vor allem B_{12} und C), Antibiotika, Kräuterextrakte, Lokalanästhetika, Analgetika (z. B. Phenylbutazon) sowie steroidale und nichtsteroidale entzündungshemmende Substanzen.

Es sollte darauf geachtet werden, dass die injizierten Substanzen auf das Zielgewebe abgestimmt sind. Zum Beispiel sollte ein Medikament, das normalerweise intramuskulär injiziert werden, nicht in subkutanem Gewebe eingesetzt werden, und umgekehrt.

Je nach Injektionsstelle und Größe des Patienten werden 0,25–2 ml Substanz am Akupunkturpunkt injiziert. Dabei können reguläre Akupunkturpunkte, schmerzempfindliche Punkte (*Ah-Shi-*Punkte) und Triggerpunkte verwendet werden. Zur intradermalen Anwendung der Aquapunktur lässt sich auch ein Dermo-Jet (Ac-RA, Pau, Frankreich) einsetzen. Mit diesem Gerät wird die Flüssigkeit mit hohem Druck in die oberen Hautschichten gespritzt, bis sich eine Schwellung zeigt. Das Gerät wird im Abstand von 1,25 cm von der Haut gehalten und dann die Einspritzung ausgelöst. Die Dermo-Jet-Injektion kann beim Patienten jedoch Erschrecken auslösen. Die Verwendung einer üblichen subkutanen Injektionsnadel ist praktischer und preisgünstiger [3].

7.7 Implantation

Zur längeren Stimulierung von Akupunkturpunkten können verschiedene Materialien in das Gewebe am Akupunkturpunkt implantiert werden (➤ Kap. 24). Catgut, rostfreier Stahl oder andere chirurgische Nahtmaterialien eignen sich für diese Art der langfristigen Stimulation. Häufiger werden aber sterile Metallkugeln aus Gold, Silber oder Stahl implantiert.

Unter Vollnarkose wird der Patient wie für jede andere invasive Operation vorbereitet. Die Implantationsstelle wird rasiert, gereinigt, desinfiziert und rundum abgedeckt. Eine subkutane Injektionsnadel (14 Gauge) wird am entsprechenden Akupunkturpunkt eingestochen. Die Metallkugeln werden durch die Öffnung der Nadel in das tiefere Gewebe eingebracht. Mithilfe eines Mandrins wird sichergestellt, dass die Kugeln am Platz bleiben, wenn die Nadel herausgezogen wird. Nadel und Mandrin werden nacheinander entfernt, sodass die Kugeln permanent im tieferen Gewebe verbleiben.

Diese Technik wurde bisher zur Behandlung chronischer Hüftschmerzen bei coxofemoraler Arthritis, bei Epilepsie [15] und gegen das Markierungsverhalten von Katern eingesetzt.

7.8 Elektroakupunktur

Bei der Elektroakupunktur wird elektrischer Strom durch den Akupunkturpunkt geleitet, meist durch das Anbringen elektronischer Geräte an bereits eingeführte Nadeln, doch gibt es auch Geräte zur transkutanen elektrischen Stimulation ohne den Gebrauch von Nadeln (➤ Abb. 7.5).

Elektroakupunktur wurde während der 30er Jahre des 20. Jahrhunderts zum ersten Mal in China eingesetzt [8]. In den 50er Jahren wurde ihre Anwendung in Verbindung mit der Entwicklung der Akupunkturanästhesie gründlicher erforscht [16]. In den 70er Jahren wurde sie noch populärer und wird heute weit verbreitet zur Behandlung von Schmerzen und körperlichen Störungen sowie zur Induktion von Analgesie für operative Maßnahmen eingesetzt [17].

7

Elektroakupunktur soll gegenüber der klassischen Akupunktur einige **Vorteile** aufweisen [17]:

- Durch die elektronische Stimulation der Nadeln braucht der Behandler die Nadeln nicht mehr manuell zu bewegen und kann in dieser Zeit andere Patienten behandeln oder sich anderen Aufgaben widmen.
- Ausmaß und Qualität der Stimulation lassen sich durch das Einstellen von elektrischer Amplitude und Frequenz genauer, gleichmäßiger und objektiver regulieren und messen als bei manueller Manipulation der Nadeln.

Abb. 7.5 Elektroakupunkturgeräte.

- Elektrische Stimulation kann ein höheres und kontinuierlicheres Stimulationsniveau erzeugen als manuelle Stimulation [17]. Dies ist besonders vorteilhaft zum Auslösen einer Operationsanalgesie, die unter Umständen eine Induktionszeit von 30 bis 40 Minuten erfordert.
- Bei transkutaner elektrischer Nervenstimulation werden überhaupt keine Nadeln mehr benötigt.

In einer konventionellen westlichen Praxis ist die Akzeptanz der Patienten manchmal höher, wenn nicht nur Nadeln, sondern zusätzlich elektronische Geräte verwendet werden. Beim Einsatz von Injektionen oder Geräten entsteht beim Tierbesitzer eher das Gefühl, dass „etwas getan wird", als wenn nur einige Nadeln eingestochen, eine Zeit lang belassen und dann wieder entfernt werden. Solche „Show-Methoden" sind allerdings überflüssig, wenn die Klienten ausreichend über die Wirkungen und Vorteile von Akupunktur aufgeklärt werden.

Zu den durch Elektroakupunktur hervorgerufenen physiologischen Wirkungen zählen vorübergehende Veränderungen von Leukozytenzahl, Immunreaktion und Phagozytenaktivität, Veränderungen der Uteruskontraktion und der gastrointestinalen Motilität, kardiovaskuläre Veränderungen, eine signifikante Erhöhung der Ammoniumkonzentration im Gehirn sowie analgetische Wirkungen [17–28]. Weitere Wirkungen sind u. a. Vasodilatation, Elektrotonus, Elektrophorese, Ionisierung des Gewebes und Veränderungen des Gewebe-pH-Werts (Bildung von Säuren an der Anode und von Laugen an der Kathode) [27].

Indikationen für Elektroakupunktur im Unterschied zur klassischen Akupunktur sind: Paresen (wobei es Kontroversen gibt bei akuten Fällen wie Bandscheibenruptur), starke chronische Schmerzen (z. B. bei Neoplasien), schmerzhafte Zustände, die auf manuelle Stimulation nicht reagieren, sowie die Induktion von Operationsanalgesie [17]. Der Hauptvorteil liegt vermutlich in der Zeitersparnis.

Kontraindikationen sind Herzrhythmusstörungen, Epilepsie, Schock, Fieber, Schwäche, Hypotonie und Schwangerschaft [14]. Auch bei ängstlichen, aufgeregten oder ungebärdigen Tieren kann die Elektroakupunktur problematisch sein. Elektrische Ströme sollten nicht den Herzbereich durchqueren.

Terminologie

Hier folgt eine Übersicht über die wichtigsten Begriffe im Zusammenhang mit Elektrostimulation [29].

Stromstärke

Die Stromstärke bezieht sich auf den Fluss von Elektronen in einem Leiter und misst die Anzahl der Ladungen, die in einer bestimmten Zeiteinheit durch den Leiterquerschnitt hindurchfließen. Die Maßeinheit der Stromstärke ist Ampere.

Coulomb (C)/Sekunde (s) = Ampere (A)

1 mA = 10^{-3} A

1 mA = 10^{-6} A

Spannung

Spannung bezieht sich auf den Druck des Elektronenflusses. Wenn wir den Elektronenfluss durch einen elektrischen Leiter mit dem Wasserdurchfluss durch eine Röhre vergleichen, entsprechen die Wassermenge der Stromstärke und der Wasserdruck der Spannung. Je mehr Druck vorliegt, desto stärker der Fluss. Die Maßeinheit der Spannung ist Volt.

Widerstand

Elektrischer Widerstand misst den Widerstand gegen den Elektronenfluss. Im Vergleich mit der Wasserröhre entspräche der Widerstand dem Durchmesser der Röhre, durch die das Wasser fließt. Bei vorgegebenem Druck ermöglicht eine dünne Röhre weniger Fluss als eine weite. Die dünne Röhre entspricht einem hohen Widerstand, die weite einem niedrigen. Die Maßeinheit für elektrischen Widerstand ist Ohm. Verschiedene Materialien besitzen unterschiedlichen spezifischen Widerstand. Am Übergang zwischen Haut und Elektrode entsteht in der Regel ein Widerstand von etwa 100 000–1 000 000 Ohm. Dieser lässt sich durch die Verwendung von leitfähigem Gel oder perkutane Nadeln substanziell verringern.

Ohmsches Gesetz

Strom, Spannung und Widerstand stehen in einer Beziehung zueinander, die durch das Ohmsche Gesetz charakterisiert wird, und zwar nach folgender Formel:

Bei höherer Spannung nimmt die Stromstärke zu, bei hohem Widerstand ist die Stromstärke geringer.

Stromstärke (I) = Spannung (U)/ Widerstand (R)

Leitfähigkeit

Leitfähigkeit ist die Umkehrung von Widerstand. Je höher die Leitfähigkeit eines Materials, desto leichter kann der Strom hindurchfließen. Das bedeutet, dass die Stimulation von besser leitfähigen Punkten stärkere physiologische Reaktionen hervorruft als die Stimulation eines weniger leitfähigen Punktes, da mehr Strom hindurchfließen kann.

Abb. 7.6 Gleichstrom wird für Messungen der Schmerzschmelle und der Leitfähigkeit, Iontophorese und Aurikulotherapie verwendet. Die Behandlungsdauer ist kurz (10–25 s) und der therapeutische Effekt tritt schnell ein.

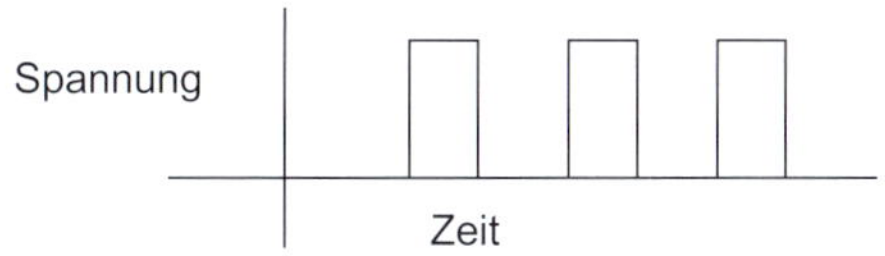

Abb. 7.7 Pulsierender Gleichstrom wird eher zur allgemeinen Therapie als zur Schmerztherapie eingesetzt. Der Strom verläuft in einer Richtung, wird jedoch mit einer bestimmten Häufigkeit (Frequenz) für eine bestimmte Zeitdauer (Pulsweite) unterbrochen.

Gleichstrom

Gleichstrom ist der konstante Elektronenfluss durch das leitende Medium in nur einer Richtung. Diese Art Strom wird verwendet für Messungen der Schmerzschwelle, für die Aurikulotherapie sowie für Leitfähigkeitsmessungen.

Gleichstrom kann in konstanter, linearer Form vorliegen oder als unterbrochene pulsierende Welle (➤ Abb. 7.6 und ➤ Abb. 7.7). Polarisierung der Haut und Verbrennungen sind bei Gleichstrom durchaus möglich. Die kurzzeitige Verwendung (5–7 s) von pulsierendem (statt konstantem) Gleichstrom reduziert diese Gefahr, schaltet sie aber nicht vollständig aus. Gleichstrom hat eine starke Wirkung auf die behandelten Akupunkturpunkte.

Pulsierender Gleichstrom wird in der Regel eher zur Therapie als zur Schmerzkontrolle eingesetzt. Der Stromfluss verläuft in eine Richtung, ist jedoch mit einer bestimmten Häufigkeit (Frequenz) für eine bestimmte Zeitdauer (Pulsweite) unterbrochen.

Wechselstrom

Wechselstrom alterniert zwischen positiver und negativer Polarität. Er wird zur Schmerzkontrolle und Muskelnormalisierung eingesetzt. Wechselstrom ist durch tiefes Eindringen ins Gewebe gekennzeichnet. Der Vorteil liegt darin, dass auch bei längerer Stimulation wenig oder keine Ionisierung des Gewebes stattfindet (➤ Abb. 7.8).

Frequenz

Die Frequenz ist die Anzahl der Schwingungen pro Sekunde. Die Maßeinheit der Frequenz ist Hertz (Hz). Sie misst die Zahl der elektrischen Impulse pro Sekunde.

Impulsbreite oder -dauer

Die Impulsbreite misst die Dauer des elektrischen Stimulus bzw. die Zeitdauer des Stromflusses (➤ Abb. 7.9). Die Messungen werden in der Regel in µs (10^{-6} s) oder ms (10^{-3} s) ausgedrückt.

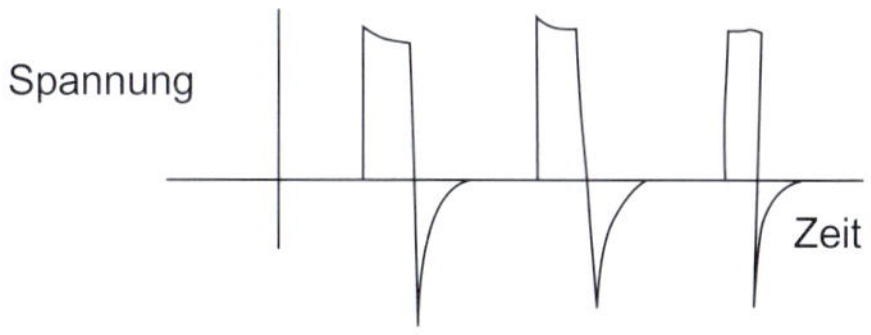

Abb. 7.8 Wechselstrom. Die biphasische Welle alterniert zwischen positiver und negativer Polarität. Wegen seiner Wirkung auf tiefe Gewebsschichten und der Tatsache, dass auch langfristige Stimulierung keine Ionisation bewirkt, wird er zur Schmerzkontrolle und Muskelregeneration eingesetzt.

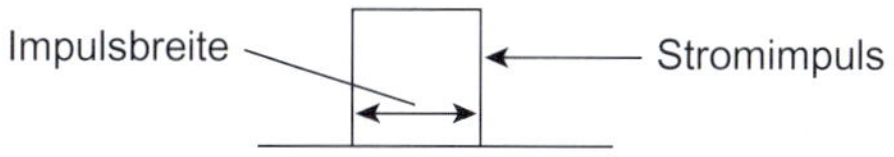

Abb. 7.9 Impulsbreite. Messgröße für die Dauer des elektrischen Stimulus; die Zeit, in der Strom fließt. Angabe meist in µs (10^{-6} s) oder ms (10^{-3} s).

7

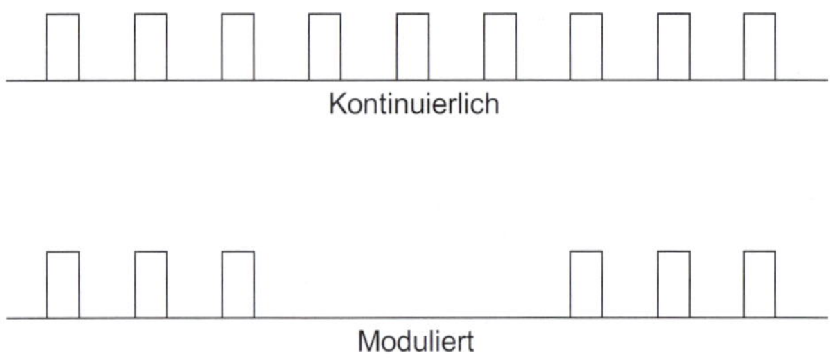

Abb. 7.10 Modulation. Bezieht sich auf das An- und Abschalten von Stromimpulsen in Gruppen, um Muskeltetanie und Nervenermüdung zu reduzieren.

Modulation

Modulation bezieht sich auf das An- und Ausschalten der Impulse in Gruppen, als *Bursts* bezeichnet. Sie dient dazu, Muskeltetanie und Nervenermüdung oder -gewöhnung zu vermeiden (➤ Abb. 7.10).

Polarität

Polarität bezieht sich auf die Richtung des Stromflusses. Der Elektronenfluss verläuft von der negativen Elektrode (Kathode) zur positiven Elektrode (Anode). Es ist hilfreich, die Elektroden farbig zu markieren, wobei rot in der Regel den negativen (aktiven) und schwarz den positiven Pol (Erdung) bezeichnet. Bei diesem Arrangement fließt der Strom von der roten zur schwarzen Elektrode.

Wirkung

Elektroakupunktur wird meist zur Schmerzkontrolle verwendet, seltener zur Muskelstimulation und Regulierung des Meridiansystems nach den Prinzipien der TCM.

Zu den physiologischen Wirkungen der Elektroakupunktur zählen folgende Phänomene:

- **Vasodilatation:** Findet in den oberflächlichen Geweben statt. Resultiert möglicherweise aus dem Ionenfluss, der die sensorischen Nervenendigungen stimuliert und eine reflektorische Dilatation der Blutgefäße hervorruft. Auch werden verschiedene chemische Entzündungsprodukte an der Einstichstelle von Akupunkturnadeln freigesetzt, wie Histamine, Kinine und Prostaglandine. Diese wiederum können weitere physiologische Reaktionen im Körper auslösen [28].
- **Elektrotonus:** Erhöhte elektrische Leitfähigkeit und Erregbarkeit von Nerven oder Muskelzellen, nachdem elektrischer Strom durch diese Gewebe geflossen ist.
- **Anelektrotonus:** Verringerte Reizbarkeit, Erregbarkeit und Leitfähigkeit des Nervs im Bereich der positiven Elektrode (Anode) während des Durchflusses des elektrischen Stroms. Aus diesem Grund wird die Anode meist in der Region mit den stärksten Schmerzen platziert.
- **Elektrophorese:** Sorgt für eine Zunahme von Flüssigkeiten an der Kathode sowie eine Verminderung an der Anode.
- **Medizinische Ionisation:** Tritt besonders bei Gleichstrom auf. Der Austausch von Ionen zwischen den Verlaufspfaden der Elektroden und dem umgebenden Gewebe führt zu chemischen Wirkungen und Veränderungen an den Elektroden. Diese Wirkungen führen dazu, dass positive Ionen zur negativen Elektrode gezogen werden und umgekehrt. Das bedeutet, dass sich an einer Elektrode Säuren bilden und an der anderen Laugen, wodurch Verätzungen entstehen können.
- **Tonisierung und Sedierung:** Diese Begriffe bezeichnen in der TCM Techniken zur Behandlung von Energie-*(Qi-)*Mangel oder -Fülle. Es würde den Rahmen dieses Kapitels sprengen, zu beschreiben, wie Elektroakupunktur zum Tonisieren oder Sedieren eingesetzt werden kann. Generell gilt, dass eine schwache Stimulation mit geringer Stromstärke und niedriger Frequenz an einem Akupunkturpunkt tonisierend wirkt. Dies ist angezeigt bei chronischen Schmerzen ohne aktive Triggerpunkte [2]. Dabei wird elektrische Stimulation von weniger als 15 Hz (in der Regel 2–3 Hz) an der Wahrnehmungsschwelle des Patienten eingesetzt (d. h., der Stromfluss wird langsam erhöht, bis ein leichtes Muskelzucken auszumachen ist, und dann langsam wieder reduziert, bis das Zucken verschwindet). Zum Sedieren wird eine höhere Frequenz (über 15 Hz, in der Regel 25–150 Hz) mit größerer Amplitude (deutliches Muskelzucken, aber noch unter der Schmerzschwelle) verwendet [17]. Diese Technik wird vor allem für akute Schmerzen und chronische Schmerzen mit deutlichen Triggerpunkten eingesetzt.

Da jeder Körperbereich eine leicht unterschiedliche Leitfähigkeit aufweisen kann, muss dies beim Planen von therapeutischen Stromkreisen berücksichtigt werden. Generell besitzen Kopf- und Gesichtsbereich eine höhere elektrische Leitfähigkeit als der Rumpf und dieser wiederum eine höhere als die Extremitäten. Die Lumbalregion besitzt eine höhere Leitfähigkeit als der Sakralbereich und der Thoraxbereich eine höhere als das Abdomen. Proximale Teile der Extremitäten sind stärker leitfähig als distale Teile. Ellbogen und Knie sind generell besonders leitfähig. Daher ist es am besten, nur Nadeln miteinander zu verbinden, die sich in Bereichen mit ähnlicher Leitfähigkeit befinden. Sonst kann es bei Wechselstrom dazu kommen, dass die Intensität der Stimulation nicht in alle Richtungen gleich ist, wenn sich die Polarität ändert.

Modi der Elektroakupunktur

Der Begriff Modus bezeichnet die Art der Impulse und die Form der eingesetzten Welle (➤ Abb. 7.11). Bei der Elektroakupunktur werden in der Regel die folgenden Modi verwendet:

Kontinuierlicher Modus

Der kontinuierliche oder reguläre Modus ist entweder dicht (dense) oder verteilend (disperse). Beim kontinuierlichen Modus, sei er dicht oder weit, entsteht schnell Toleranz. Die Intensität muss in unterschiedlichen Intervallen allmählich gesteigert werden, damit sich der Körper nicht an die Stimulation gewöhnt und dann nicht mehr auf den Stimulus reagiert. Um dies zu verhindern, kann der duale Modus, eine Kombination von dichtem und weitem Modus, eingesetzt werden.

- **Dichter Modus:** hat eine hochfrequente Impulsverteilung, über 50–60 Hz, je nach verwendetem Gerät.
- **Verteilender Modus:** hat eine niederfrequente oder weite Impulsverteilung, in der Regel 1–3 Hz.

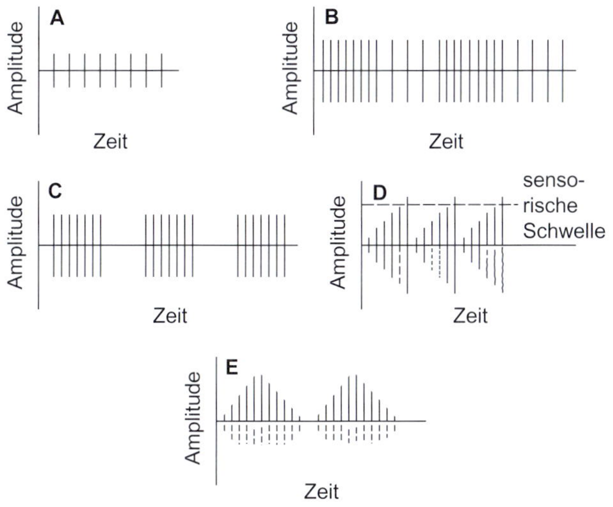

Abb. 7.11 Modi der Elektrostimulation. A: Kontinuierlich, B: Dicht oder verteilend, C: Diskontinuierlich, D: Sägezahn-Modus, E: Ripple-Modus.

- **Dualer Modus:** dieser Modus besteht aus einem Wechsel von hoch- und niederfrequenten Impulsen in regelmäßigen Abständen. In der dichten Phase ist die Frequenz in der Regel höher als 15 Hz, in der weiten Phase niedriger. Bei diesem Modus bildet sich weniger Toleranz aus (➤ Abb. 7.11).
- **Variabler Modus:** die Impulsfrequenz ist stufenlos von 1–500 Hz regulierbar. Wird auch als anpassbarer Modus bezeichnet.

Diskontinuierlicher Modus

Dieser Modus verhindert ebenfalls die Entwicklung von Toleranz. Dabei wird eine Reihe elektrischer Impulse ausgesandt, worauf der Stromfluss automatisch für eine gewisse Zeitspanne unterbrochen wird und danach wieder einsetzt. Diese Folge wird laufend wiederholt (➤ Abb. 7.11).

Modi mit variabler Amplitude

Bei den bisher beschriebenen Modi hat jeder Impuls dieselbe Intensität oder Amplitude. Bei den folgenden Modi variiert die Amplitude.

- **Sägezahn-Modus:** Bei diesem Modus nimmt die Amplitude der elektrischen Impulse über einen gewissen Zeitraum zu, bis ein Maximum erreicht wird. An diesem Punkt fällt die Amplitude abrupt auf Null und nimmt dann langsam wieder zu. Die Vorteile dieses Modus sind umstritten. Die Impulse unter der sensorischen Schwelle tragen möglicherweise nicht zur Stimulation bei und diejenigen darüber können zu Schmerzen oder Muskelspasmen führen. Es ist schwierig, diesen Modus so einzustellen, dass er eine erträgliche Stimulation ermöglicht (➤ Abb. 7.11).
- **Ripple-Modus:** Dieser Modus kann von den meisten der derzeit verbreiteten Geräte nicht exakt produziert werden. Die Impulse werden abschnittweise ausgesandt, wobei die Amplitude bei jedem Abschnitt langsam zunimmt, bis sie ein Maximum erreicht hat. Von diesem Punkt an nimmt sie allmählich wieder ab (➤ Abb. 7.11). Dabei gelten dieselben Nachteile wie beim Sägezahn-Modus.

Die Wellenform, -intensität oder -amplitude und die Dauer lassen sich überprüfen, wenn man das Gerät an ein Oszilloskop anschließt. Diese Variablen verändern sich aber vermutlich im Körper des Patienten. Tatsächlich können sie sich möglicherweise sogar je nach verwendetem Punkt verändern, abhängig von den physiologischen Variablen des behandelten Tieres [29].

Geräte

Es werden viele verschiedene Geräte zur Aktivierung von Akupunkturpunkten angeboten. Sie unterscheiden sich in Komplexität, Haltbarkeit und Preis. Die meisten sind so konstruiert, dass sie Impulse an Nadeln weiterleiten, die bereits in die Akupunkturpunkte eingestochen sind, einige können Impulse aber auch transkutan ohne Einsatz von Nadeln übermitteln. Fast alle Geräte weisen einige Gemeinsamkeiten auf (➤ Abb. 7.12)[17, 29].

- Erstens benötigen sie eine **Stromquelle**. Diese kann aus 9-Volt-Akkus bestehen, einer Reihe einfacher Trockenbatterien (C- oder D-Zellen) oder gewöhnlichem Netzstrom (220 V, 50 Hz Wechselstrom) mit zwischengeschaltetem Transformator.
- Weiterhin wird ein **Pulsgenerator** benötigt, um die entsprechende Wellenform und elektrische Konfiguration zu erzeugen. Die Pulsformen können rechteckig, quadratisch, sinusförmig, spitz oder eine Kombination aus Quadrat und Spitze sein (➤ Abb. 7.13). Manche Geräte liefern nur eine Pulsform, andere ermöglichen unterschiedliche Pulsmuster.
- Darüber hinaus braucht es eine **Möglichkeit zur Frequenz- oder Pulskontrolle**, um den Output des Pulsgenerators zu kontrollieren. Damit wird die Frequenz und Dauer der Pulse bestimmt. Es sollte mindestens eine Variation der Pulse zwischen 0,5 und 60 Hz möglich sein. Bessere Geräte können höhere und genauere Frequenzen liefern.
- Die letzte Komponente eines Elektroakupunkturgeräts dient der **Kontrolle der Stromstärke**. Dieser Teil ermöglicht die Modulierung der Amplitude oder Intensität des elektrischen Stimulus durch Veränderung der Spannung. Die meisten Geräte liefern 3–12 V. Die Stromstärke in den Nadeln bewegt sich im Milli- bis Mikroampere-Bereich.

Wie bereits erwähnt, ermöglicht die Elektroakupunktur eine gleichmäßigere und konstantere Stimulation als mit der Hand, wodurch die Behandlung standardisiert und der Therapeut vom manuellen Bewegen der Nadeln befreit wird.

Technik

Das generelle Vorgehen bei der Anwendung von Elektroakupunktur ist ähnlich wie beim traditionellen Nadeln, allerdings sind einige Sicherheitsmaßnahmen erforderlich. Der Patient sollte eine bequeme Position einnehmen und bei Bedarf fixiert werden, um Bewegungen während der Behandlung möglichst zu vermeiden. Den Patienten auf einer nicht leitenden Unterlage, wie z. B. einer Gummimatte, platzieren, außer es wird ein Untersuchungstisch aus Stahl in Verbindung mit einem Gerät wie dem Acuscope (Elec-

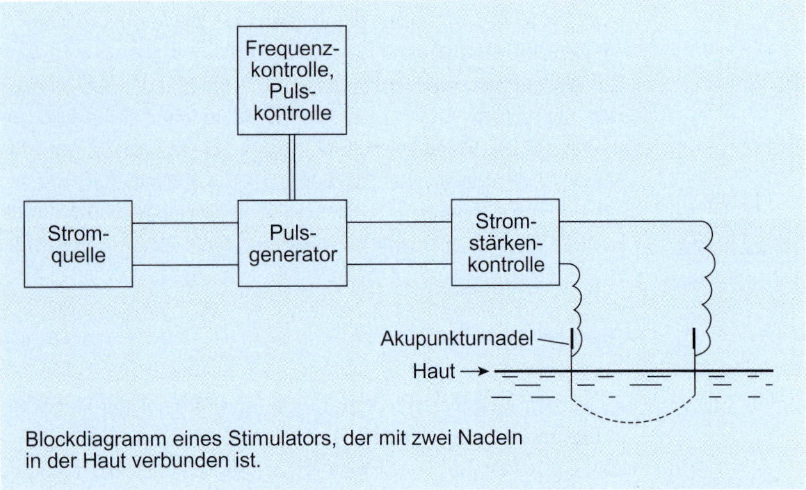

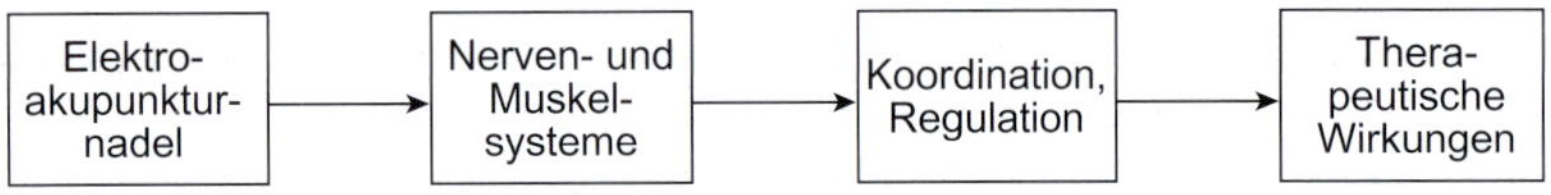

Abb. 7.12 Modell der Elektroakupunktur [17]. (Mit freundlicher Genehmigung von Chan's Books and Products, Los Angeles, Kalifornien)

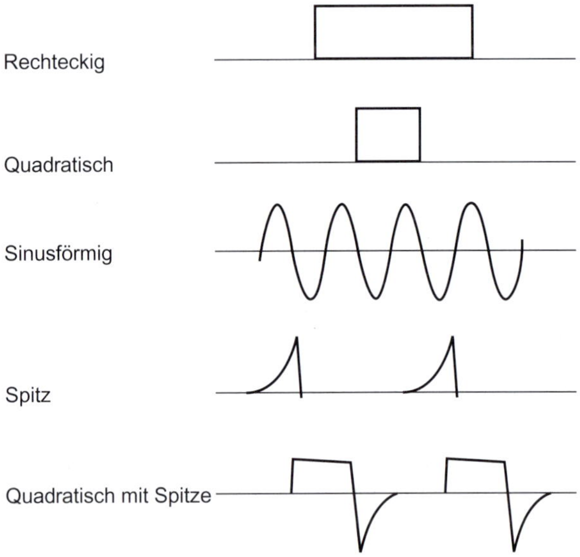

Abb. 7.13 Wellenform.

troAcuscope/ElectroMyopulse, Biomedical Design Instruments, Burbank, Kalifornien) zum Erden verwendet.

Dann werden die Akupunkturpunkte lokalisiert und die Nadeln eingestochen. Bevor die Elektroden an den Nadeln befestigt werden, ist darauf zu achten, dass sich alle Kontrollschalter am Gerät in Nullposition befinden. Die Elektroden werden am Nadelschaft in der Nähe der Haut, nicht am Nadelgriff, befestigt. Bei einer Befestigung am Griff wäre der Widerstand höher, sodass die Nadel heiß wird und weniger Strom ins Gewebe gelangt. Je näher an der Haut die Elektroden befestigt werden, desto geringer der elektrische Widerstand und desto geringer die Gefahr, dass die Nadeln durch den Zug der Elektrodendrähte aus dem Gewebe gezogen werden. Anschließend werden Wellenmodus und Frequenz gewählt und das Gerät eingeschaltet.

Die Stromstärke langsam und vorsichtig erhöhen, wobei das Tier beobachtet wird, um zu erkennen, wann die Schwelle der sensorischen Wahrnehmung oder des Muskelzuckens erreicht ist. Eine zu rasche Erhöhung der Stromstärke kann Muskelspasmen, Schmerzen oder Schock auslösen oder zu Panikreaktionen des Patienten führen.

Mit einer Zeitschaltuhr wird die Dauer der Behandlung gemessen. Gelegentlich sollte die Toleranz überprüft und die Stromstärke gegebenenfalls erhöht werden. Am Ende der Behandlung die Stromstärke auf Null reduzieren, das Gerät abschalten, die Elektroden abnehmen und die Nadeln entfernen [27, 29].

Merke Eine gegenseitige Berührung der Elektroden ist zu vermeiden, um Kurzschlüsse zu verhindern. Das Gerät immer ausschalten, wenn es nicht in Verwendung ist (und am besten auch die Batterien entfernen, wenn es längere Zeit nicht benutzt wird). Nadeln, Elektroden und das Gerät selbst sauber halten. Die Kabel laufend überprüfen. Nadeln, die zur Elektrostimulation eingesetzt werden, neigen zu frühzeitigem Verschleiß. Nadeln mit Unregelmäßigkeiten am Schaft und stumpfer Spitze sollten aussortiert werden. Das Gerät kühl und trocken aufbewahren. Beim Wechseln der Batterien auf korrektes Einlegen achten, das heißt, positiver und negativer Pol müssen mit den entsprechenden Anschlussstellen verbunden sein [2, 27, 29].

Einige Vorsichtsmaßnahmen, um Probleme zu vermeiden:

- Überprüfen Sie Erdung und Isolierung des Patienten und des Geräts.
- Stellen Sie sicher, dass das Gerät eine isolierte Stromversorgung hat.
- Konzentrieren Sie sich ohne Ablenkungen auf die Aufgabe.
- Vermeiden Sie zu hohe Stromstärken.

Kontraindikationen

Unter folgenden Bedingungen sollte die Elektroakupunktur möglichst vermieden werden:
- über der präkordialen Region und kaudal vermutlich bis L2–L3
- im Bereich des Sinus caroticus
- bei akuten Verletzungen
- bei Frakturen, außer es wird spezifisch eine schlecht verheilende Fraktur behandelt
- bei Patienten mit schweren Herzkrankheiten
- bei extrem nervösen oder erschöpften Tieren
- bei Tieren mit akuten oder aktiven Infektionen
- bei trächtigen Tieren, außer zur Weheninduktion oder zur Behandlung von Dystokie
- bei Tieren mit aktivem Tumorleiden

Komplikationen

Zu den möglichen Folgeerscheinungen zählen: Infektion; vorübergehende Muskelparalyse oder -parese; Muskel- oder Nervenschädigung; Verbrennungen durch zu hohe Stromstärke oder Elektrolyse; tödlicher Elektroschock aufgrund von defekten Geräten oder durch sonstige Unfälle; Elektroschocks beim Patienten, beim Assistenten, der das Tier festhält, oder beim Tierarzt; vorübergehende Verschlimmerung der klinischen Symptome (z. B. Schmerzen).

Beurteilung und Auswahl eines Elektroakupunkturgeräts

Bei der Auswahl eines Elektroakupunkturgeräts sind mehrere Faktoren zu berücksichtigen [29]. Die Kosten sind sicher ein sehr wichtiger Faktor. Ist der Kauf des Gerätes wirklich notwendig, um die derzeitigen Ziele innerhalb der Akupunkturtherapie zu erreichen? Welche Garantien werden Ihnen beim Kauf des Gerätes gegeben? Gibt es eine Testperiode? Wie steht es mit notwendigen Reparaturen? Stehen während einer Reparaturphase Leihgeräte des Herstellers zur Verfügung? Daneben sollten auch die technischen Faktoren beachtet werden. Generell ist ein batteriebetriebenes Gerät günstiger als ein Netzgerät, da die Gefahr von schweren oder tödlichen Elektroschocks bei einem Ausfall des Transformators oder bei Kurzschluss geringer ist. Hat das Gerät mehrere Ausgänge (d. h. mehrere Nadeln können mit getrennten Stromkreisen gleichzeitig stimuliert werden), so sollten diese isoliert sein, damit die Stromstärke in jedem Stromkreis unabhängig voneinander eingestellt werden kann. Jedes Kabelpaar sollte unabhängig voneinander einstellbar sein.

Ein gutes Elektroakupunkturgerät sollte nach dem Einstellen eine stabile, dauerhafte Stromstärke liefern. Die Frequenzeinstellung sollte kalibriert sein und die Pulsrate exakt regulierbar. Die angegebene Frequenz sollte mit einer Toleranz von höchstens 10–1 % mit der tatsächlichen übereinstimmen. Nach dem Einstellen der Frequenz sollte keine Verschiebung zu höheren oder niedrigeren Werten auftreten.

Die übrigen technischen Daten wie Pulsform, Pulsweite und Stabilität der Einstellungen sollten ebenfalls überprüft werden. Diese Funktionen können anhand eines Oszilloskops überprüft werden.

Hat das Gerät verschiedene Ausgänge, ist es zweckmäßig, jedes Paar farbig zu markieren, sodass sich die Einstellknöpfe leicht zuordnen lassen. Außerdem sollten die Elektroden nach positiver und negativer Polarität entsprechend markiert werden. Es ist ratsam, ein gesondertes Zeitmessgerät zu verwenden, da automatische Zeitschaltuhren in den Geräten beim Abschalten manchmal zu Elektroschocks beim Patienten führen können.

Varianten der Elektroakupunktur

Elektroakupunktur nach Voll

Im Jahre 1953 entwickelte ein deutscher Arzt, Reinhold Voll, ein Elektroakupunkturgerät (Diatherapuncteur) zur Diagnose und Behandlung von Krankheiten. Es wurde später modifiziert und als Dermatron bezeichnet (Pitterling Electronic, München). Nach Volls Theorien können kleinste energetische Reaktionen sowie das momentane Potenzial eines Organs an spezifischen Akupunktur- oder Messpunkten gemessen werden. Sein System basiert auf dem Prinzip, dass das elektrische Potenzial jedes Organs mit einem empfindlichen Ohmmeter gemessen werden kann, indem man schwachen Gleichstrom anlegt.

Voll behauptet, dass sich durch Messungen mit dem Dermatron ein normaler homöostatischer Zustand, Energieüberschuss im System (-itis), Energiemangel, der auf Erschöpfung oder Degeneration eines Organs hinweist (-ose), sowie Strahlungsschäden feststellen lassen. Schnelligkeit und Ausmaß der Messabweichung weisen auf Umfang und Art der Störung hin.

Das ursprüngliche Gerät wurde zur Diagnose verwendet, doch das Dermatron wurde so modifiziert, dass es auch zur Behandlung eingesetzt werden kann. Aus dieser deutschen Schule der Elektroakupunktur sind weitere Diagnose- und Behandlungstechniken hervorgegangen, wie das VEGA-Testen und die MORA-Therapie, deren Erläuterung aber den Umfang dieses Kapitels sprengen würde.

Akabane-Test

Der Akabane-Test verwendet die Messung des elektrischen Widerstands an Endpunkten der Akupunkturmeridiane – an Fingern und Zehen beim Menschen bzw. an den digitalen Endpunkten bei Tieren. Hohe Werte (niedriger Widerstand, hohe Leitfähigkeit) zeigen Energiefülle im entsprechenden Meridian an. Niedrige Werte (hoher Widerstand, niedrige Leitfähigkeit) weisen auf Energiemangel hin. Ein Energieungleichgewicht zwischen den Meridianen kann dann mit konventioneller oder Elektroakupunktur behandelt werden [27].

Das Ryodoraku-System

Das Ryodoraku-System wurde 1950 von Y. Nakatani in Japan entwickelt. Dabei wird der elektrische Hautwiderstand an spezifischen Messpunkten kontrolliert. Die Messwerte bestimmen die Art der Behandlung.

Erethismus

Erethismus (gesteigerte Erregbarkeit oder Empfindlichkeit) eines sympathischen Nervs eines Organs oder anderen Körperteils soll durch Messung eines niedrigen elektrischen Hautwiderstands (hohe Leitfähigkeit) mit einem elektrischen Akupunkturneurometer feststellbar sein. Das Neurometer mit einer 12-Volt-Kathodenstrahlröhre bestimmt die wirksamen Akupunkturpunkte auf der Haut. Ist ein Punkt bestimmt, wird er durch Einstechen einer Akupunkturnadel mit schwachem Strom stimuliert. Dadurch soll der Erethismus des sympathischen Nervs verringert und reguliert werden [27, 35].

7.9 Lasertherapie

Die Verwendung von Lasern niedriger Intensität („kalte" Laser) zur Stimulierung von Akupunkturpunkten in der Kleintierpraxis hat in letzter Zeit zugenommen. Früher war sie bei Großtieren, vor allem bei Pferden, sehr populär.

Die *American Veterinary Medical Association* (AVMA) stellt fest: „Es gibt veterinärmedizinische Einsatzmöglichkeiten für Laser mit hoher Intensität („heiße" Laser). Die Wirksamkeit von Lasern mit niedriger Intensität wird derzeit noch geprüft." [36]

Lasertherapie wurde in den frühen 70er Jahren zum ersten Mal eingesetzt, doch hat sie in der Veterinärakupunktur keine generelle Anerkennung gefunden. Ihre Anwender behaupten, mit Lasertherapie gute Resultate in der Behandlung von Schmerzen und Entzündungen im Zusammenhang mit neurologischen Störungen sowie eine verbesserte Heilung von Wunden, Verbrennungen, Geschwüren und verletzten Sehnen und Knochen zu erzielen [36, 37].

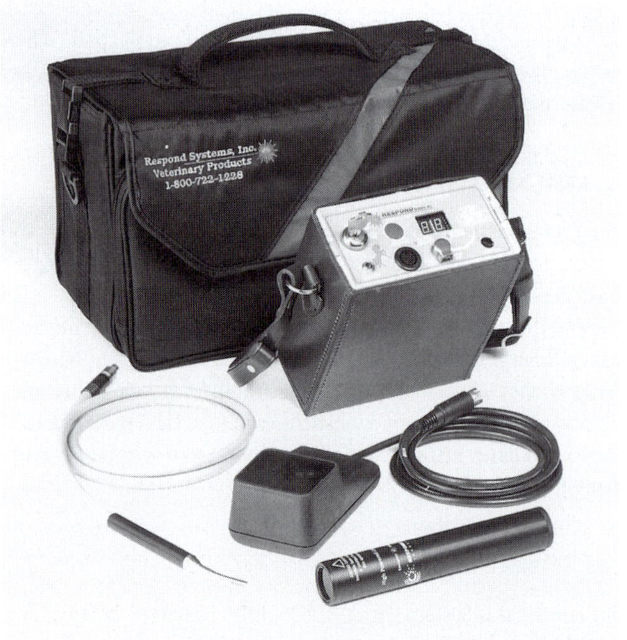

Abb. 7.14 Gerät für die Laserakupunktur.

Der Begriff Laser ist ein Akronym für *Light Amplification by Stimulated Emission of Radiation*. Lasertherapie niedriger Intensität wurde definiert als „eine Art intensiver Lichttherapie, die verschiedene Frequenzen und Wellenlängen verwendet, um positive physiologische Veränderungen in Zellen zu bewirken, die den lebendigen Organismus bei der Heilung unterstützen oder Schmerzen lindern oder beseitigen." [37]

Lasertypen

Es gibt zwei gebräuchliche Lasertypen (➤ Abb. 7.14):

- **Rotlicht-Laser**: Wellenlänge 632–650 nm, erzeugt durch eine Helium-Neon-Gasröhre oder eine Diode. Das Rotlicht penetriert 0,8–15 mm tief in das Gewebe.
- **Infrarot-Laser**: Wellenlänge 902 nm, erzeugt durch eine Galliumarsenid-Diode. Das Infrarot-Licht erreicht eine Tiefe von 10 mm bis 5 cm.

Bewertung

Die Kritiker der Lasertherapie führen an, dass besonders durch das Fell bei Tieren beim Einsatz von Laser niedriger Intensität sehr wenig Licht in das Gewebe eindringt, oder zumindest nicht genug, um physiologische Wirkungen zu erzielen. Dr. Brian McLaren, ein begeisterter Befürworter der Lasertherapie, behauptet dagegen:

„Laser sind einfach nur eine teure Art, monochromes Licht zu produzieren. Die korrekte Bezeichnung wäre eigentlich Photopunktur, nicht Laserpunktur, denn es geht um die Art und Weise der Stimulation, nicht darum, wie sich eine bestimmte Lichtart herstellen lässt, was keine besondere Bedeutung mehr hat, sobald das Licht ins Gewebe eintritt. Die Behauptung, dass Rotlicht von 632–650 nm 0,8–15 mm tief ins Gewebe eindringt, infrarotes Licht von 902 nm dagegen 10–50 mm tief, ist möglicherweise irreführend. Infrarotes Licht dringt tatsächlich tiefer ein als rotes, doch da sich die Energie umgekehrt proportional zur Wellenlänge verhält, penetriert das Infrarotlicht niedriger Energie nur proportional tiefer, da es nicht vom Gewebe absorbiert wird und daher keine Wirkung auf das Gewebe hat, durch das es dringt. Die Eindringtiefe von Licht unterschiedlicher Farbe in Gewebe ist in etwa proportional zur Wellenlänge (wobei die Farbwahrnehmung durch die Reaktion des menschlichen Auges auf Photonen eines bestimmten Energieniveaus, d. h. einer bestimmten Wellenlänge, entsteht).

Die Abschwächung (Intensitätsverlust pro zurückgelegter Strecke) folgt einer logarithmischen Funktion, die für alle Wellenlängen konstant ist, unabhängig davon, wie sie entstanden sind. Daher gilt, dass Licht (jeder Farbe, einschließlich infrarot) pro zurückgelegter Streckeneinheit die Hälfte seiner Photonen verliert, d. h. nach der ersten Einheit verbleiben 50 % der Photonen, nach der zweiten 25 % usw.

Sind die Energie sowie der Durchmesser der Lichtquelle auf der Ebene der Haut konstant, so ist die Penetration des Lichts in ein bestimmtes Gewebe proportional zur Wellenlänge. Wird ein He-Ne-Laser mit 632 nm mit einem Infrarot-Laser mit 902 nm (43 % längere Wellenlänge) verglichen, so dringt der Infrarotstrahl nur 43 % tiefer ein. Wenn das He-Ne-Licht mit 632 nm 10 mm tief eindringt, dann dringt der Infrarot-Strahl mit 902 nm 14 mm ein, mit Photonen von 43 % weniger Energie. Es ist wichtig, diese Beziehung zwi-

schen Wellenlänge und Penetration sowie die umgekehrte Proportionalität von Wellenlänge und Energieniveau der Photonen zu beachten. Wenn ein Gerät ein Licht produzieren soll, das tiefer eindringt, dann ist das nur möglich, indem es Photonen niedrigerer Energie produziert, die schlechter absorbiert werden und daher das Gewebe nicht beeinflussen und länger auf einen Punkt gerichtet sein müssten, um dieselbe Wirkung zu erzielen. Radiowellen zum Beispiel (elektromagnetische Wellen außerhalb des sichtbaren Spektrums) bewegen sich ohne jede Wirkung durch den Körper hindurch.

Die Behauptung, dass infrarotes Licht von 902 nm Wellenlänge bis zu 50 mm tief in das Gewebe eindringt, ist möglicherweise irreführend, denn die Penetration ist technisch definiert als die Gewebetiefe, bei der 67 % der eingedrungenen Energie absorbiert sind. Die Absorptionseigenschaften von Gewebe bedingen, dass der Großteil der Energie innerhalb der ersten Millimeter absorbiert wird, sodass die nicht absorbierte (und daher nicht wirksame) restliche Strahlung bei 50 mm Tiefe nur aus ein paar wenigen Photonen besteht.

Um die Verwirrung bezüglich des Verhaltens von Licht in Gewebe zu klären: Licht hat einen dualen Charakter. Es kann einerseits als elektromagnetische Wellen betrachtet werden. Doch bei der Interaktion mit Materie (Emission, Absorption und Streuung) verhält es sich wie Teilchen (Photonen), d. h. so, als wäre seine Energie in Paketen vom Wert hf enthalten, wobei h die Plancksche Konstante ist und f die Frequenz. Da sich die Frequenz umgekehrt proportional zur Wellenlänge verhält, besteht infrarotes Licht von längerer Wellenlänge aus Photonen von proportional niedrigerer Energie als rotes Licht.

Wenn die Photonen absorbiert werden, geben sie ihre Energie in Form von Wärme oder elektrischer Energie ab (photovoltaischer Effekt). Der photovoltaische Effekt und die Wärmemenge sind umgekehrt proportional zur Wellenlänge. Es konnte gezeigt werden, dass die Wärmemenge zu gering ist, um eine Wirkung zu erzielen; daher scheint es, als würde der photovoltaische Effekt die Stimulierung des Akupunkturpunkts bewirken. Die Wirkung hängt davon ab, wie viele Photonen eines gewissen Energieniveaus pro Zeiteinheit absorbiert werden. Wie das Licht entstanden ist, ist dabei völlig irrelevant. Wichtig sind die Lichtintensität an der Hautoberfläche, die Fläche beleuchteter Haut, die Durchlässigkeit von Haut und Gewebe für Licht der jeweiligen Farbe und das Energieniveau der Photonen. Wird die Energie bei einer gegebenen Wellenlänge verdoppelt, erhöht sich die Penetrationstiefe leicht, doch sie verdoppelt sich nicht.

Eine weitere Vorstellung ist, dass pulsierende Laser tiefer eindringen als nicht pulsierende. Auch dies ist nicht richtig. Wenn Licht pulsiert, ist die Frequenz in der Regel zu schnell, als dass die Ionen-Prozesse im Körper in Realzeit folgen könnten, sodass eine Durchschnittswirkung erzielt wird, die auf der Photonenzahl pro Zeiteinheit beruht. Bei pulsierendem Licht wird einfach nur die Bestrahlungsdauer verringert, nichts weiter." [39]

Falls es sich bei der Laserakupunktur tatsächlich um eine wirksame Behandlungsform handelt, so hat sie folgende Vorteile: Sie ist nicht-invasiv und aseptisch, ihre Anwendung ist schmerzlos und sie verlangt minimales Fixieren bei kurzer Behandlungsdauer. Nachteile sind die Kosten für das Lasergerät, Einschränkungen in der Behandlung großer Flächen und eingeschränkte Verfügbarkeit genauer Daten über optimale Einstellungen zur Behandlung spezifischer Syndrome (z. B. Wellenlänge, Expositionsdauer, Energieintensität, Lichtfrequenz und Behandlungshäufigkeit).

Einige Forscher postulieren die folgenden Wirkungen bei klinischen Tests oder wissenschaftlichen Studien: eine Steigerung von Phagozytose, Gewebegranulation, Kollagensynthese, Vaskularisation, Azetylcholinfreisetzung, Produktion von T- und B-Lymphozyten und Serotonin-Synthese; Hemmung von Prostaglandin-Wirkungen auf Gewebe (Schmerz, Entzündung und Vasokonstriktion); verstärkte Stimulation und Freisetzung von Endorphinen; gesteigerte Synthese von Ketosteroiden und Hydroxykortikosteroiden [37].

Im Jahr 1985 warnte das *Food and Drug Administration Center* der Veterinärmedizin, dass es die so genannten „kalten Laser" als Geräte zur Biostimulation nicht als sicher oder wirksam für Menschen und Tiere deklariert habe. Dabei wurde festgestellt, dass keine klinischen Versuche zur Behandlung von Tieren mit diesen Geräten beantragt oder genehmigt worden seien [40]. Dies führte im *Journal of the American Veterinary Medical Association* zu einem Dialog zwischen Tierärzten, die der Warnung zustimmten, und anderen, die damit nicht einverstanden waren [41–43].

Eine klinische Studie zu Lasertherapie bei Pferden deutete darauf hin, dass sie wirksam war [44].

LITERATUR

1. Siciliano FR: Acupressure technique for pain control. Paper presented to the Center for Integral Medicine, Los Angeles, 1980.
2. Bresler DE et al: Acupuncture for control and management of pain. Lecture Notes for Acupuncture, acupressure and transcutaneous electrical nerve stimulation, UCLA School of Medicine Extension Course, 1980.
3. Altman S: Acupuncture therapy in small animal practice. In Ettinger SJ, Feldman EC: *Textbook of veterinary internal medicine,* ed 4, Philadelphia, 1995, Saunders.
4. Silverstein ME et al: *Acupuncture and moxibustion: a handbook for the barefoot doctors of China,* New York, 1975, Schocken Books.
5. Veith I: *The yellow emperor's classic of internal medicine,* Berkeley, 1973, University of California Press.
6. National Commission for the Certification of Acupuncturists: *Clean needle technique for acupuncturists: a manual,* Manhasset, NY, 1985, The Commission.
7. SuChen G: Sterilization problems of acupuncture needles, *Am J Acupunct* 7:327–330, 1979.
8. O'Connor J and Bensky D: *Acupuncture: a comprehensive text,* Chicago, 1981, Eastland Press.
9. Rogers PAM: Serious complications of acupuncture … or acupuncture abuses? *Am J Acupunct* 9:347–351, 1981.
10. Altman S: Clinical use of veterinary acupuncture, *VM/SAC* 76:1307–1312, 1981.
11. Shin SH: *Basic human and veterinary acupuncture course,* Anaheim, Calif, 1975.
12. Glassberg R et al: *A compendium on veterinary acupuncture,* Fullerton, Calif, 1975, National Association for Veterinary Acupuncture.
13. Xinnong C: *Chinese acupuncture and moxibustion,* Beijing, 1987, Foreign Language Press.
14. Ellis A et al: *Fundamentals of Chinese acupuncture,* Brookline, Mass, 1988, Paradigm Publications.
15. Klide AM et al: Acupuncture therapy for the treatment of intractable, idiopathic epilepsy in 5 dogs. *Proceedings of the Tenth Annual International Conference on Veterinary Acupuncture,* Austin, Tex, Sept, 1984.
16. Stux G and Pomeranz B: *Acupuncture textbook and atlas,* New York, 1987, Springer-Verlag.
17. Chan P: *Electro-acupuncture: its clinical applications in therapy,* Los Angeles, 1974, Chan's Books.

18. Rogers PAM et al: Stimulation of the acupuncture points in relation to analgesia and therapy of clinical disorders in animals, *Vet Ann* 17:258–273, 1977.
19. Clifford DH: Acupuncture in veterinary medicine. In Kirk RW: *Current veterinary therapy, vol 9, Small animal practice,* Philadelphia, 1986, Saunders.
20. Clifford DH, Lee MO: Trends in acupuncture research. II. Acupuncture and the autonomic nervous system, *VM/SAC* 74:35, 1979.
21. Lee DC, Lee MO: Endorphins, naloxone, and acupuncture, *Calif Veterinarian* 74:24–33, 1979.
22. O'Connor J, Bensky D: A summary of research concerning the effects of acupuncture, *Am J Chin Med* 3:337–395, 1975.
23. Lee DC et al: Cardiovascular effects of acupuncture in anesthetized dogs, *Am J Chin Med* 2:271–282, 1974.
24. Lee MO et al: Cardiovascular effects of acupuncture at Tsu Sanli, (ST-36) in dogs, *J Surg Res 1*8:51–63, 1975.
25. Brown ML et al: The effects of acupuncture on white blood cell counts, *Am J Chin Med* 2:383–398, 1974.
26. Rogers PAM, Bossey J: Activation of the defense systems of the body in animals and man by acupuncture and moxibustion, *Acupunct Res Q* (Taiwan) 5:47–74, 1981.
27. Altman S: *An introduction to acupuncture for animals,* Los Angeles, 1981, Chan's Corp.
28. Kim SS: The mediator theory of acupuncture and its practical application in bronchial asthma and myasthenia gravis, *Am J Acupunct* 9:101–116, 1981.
29. Chan P, Ranon U: Electroacupuncture in veterinary medicine. Lectures for National Association for Veterinary Acupuncture, 1975.
30. Voll R: Twenty years of electroacupuncture diagnosis in Germany: a progress report, *Am J Acupunct* 3:7–17, 1975.
31. Voll R: Twenty years of electroacupuncture therapy using low-frequency pulses, *Am J Acupunct* 3:291–314, 1975.
32. Dodd G: Treatment of quadriplegia in a dog using electroacupuncture according to Voll, *Am J Acupunct* 4:327–334, 1980.
33. Dodd G: Electroacupuncture according to Voll (EAV): Its role in veterinary medicine. I. Introduction and philosophy of EAV, *Calif Veterinarian* 36:19–22, 1982.
34. Dodd G: Electroacupuncture. II. Principles of application of EAV to the dog and cat, *Calif Veterinarian* 36:26–29, 1982.
35. Ryodoraku Association of America: Electroacupuncture therapy is attracting attention in Japan, *Am J Acupunct* 1:37–38 1973.
36. American Veterinary Association, *1993 AVMA Directory,* The Association, p 55.
37. Basko IJ: A new frontier: laser therapy, *Calif Veterinarian* 37:17–18, 1983.
38. Jaggar DH: A review of the low-intensity laser and its application to acupuncture. *Proceedings of the Eighth Annual International Veterinary Acupuncture Society,* 1982.
39. McLaren B: Personal communication, 1993.
40. CVM warns against cold laser treatment for horses, *JAVMA* 186:546, 1985.
41. Young HG: Cold lasers, *JAVMA* 187:5, 1985.
42. Day FG: Alternate vs compatible forms of therapy, *JAVMA* 187:669, 1985.
43. Giove JR: Low-power lasers, *JAVMA* 188:1365, 1986.
44. Martin BB, Klide AM: Laser acupuncture for the treatment of chronic back pain in horses: stimulation of acupuncture points with a low-powered laser, *Vet Surg* 16:106–110, 1987.

KAPITEL 8

Maria H. Glinski

Auswahl der Akupunkturpunkte

Sobald eine Diagnose nach der westlichen und der traditionellen chinesischen Medizin (TCM) erstellt ist, müssen die zur Behandlung des Patienten geeigneten Akupunkturpunkte ausgewählt werden. Man spricht dabei vom Erstellen der Punktkombination, des „Punkterezepts" oder des Akupunkturprogramms. Wie in den vorangegangenen Kapiteln erläutert, besitzt jeder Akupunkturpunkt spezifische Wirkungen. Manche Punkte wirken so stark, dass sie allein eingesetzt werden; andere Punkte wirken stärker, wenn sie mit anderen kombiniert werden. Meist werden mehrere Punkte für die Behandlung ausgewählt, um die gewünschte Wirkung zu erzielen. Die durchschnittlich ausgewählte Zahl liegt bei 10 bis 15 Punkten, wobei höchstens 20 Nadeln pro Akupunkturbehandlung verwendet werden [1].

Anfänger wählen meist zu viele Punkte aus. Dies führt zu einer Abschwächung der Wirkung, sodass die Behandlung weniger effektiv wird. Es ist besser, zunächst eine geringere Anzahl von Punkten auszuwählen und dann bei den folgenden Behandlungen je nach aktuellem Zustand Punkte hinzuzufügen oder wegzulassen. Ist die Erkrankung des Patienten komplex und weist vielfältige Symptome auf, werden die am stärksten akuten oder lebensbedrohlichen Symptome zuerst behandelt.

Beim Menschen finden sich viele wichtige Punkte zwischen Fingern und Handgelenk bzw. zwischen Zehen und Knöchel. Bei Kleintieren treten wegen der anatomischen Unterschiede sowie wegen des bei einigen Arten üblichen Entfernens der Afterklauen einige kleine Abweichungen auf. Bei Großtieren sind die Abweichungen sogar noch signifikanter. Wegen dieser anatomischen Unterschiede gibt es Kontroversen über die Lage der traditionellen Endpunkte. Es ist wichtig, bei der Punktauswahl auf diese Unterschiede zu achten, da bestimmte Punkte vielleicht optimal zur Behandlung wären, doch bei manchen Tieren schlecht oder gar nicht zu lokalisieren sind.

Beim Erstellen einer Punktkombination zur Behandlung ist es wichtig, die TCM-Diagnose zu beachten, die allgemeinen Eigenschaften der Meridiane, die therapeutischen Wirkungen empirischer Punkte, die Prinzipien der Punktkombination sowie die verschiedenen Gruppen von Akupunkturpunkten.

TCM-Diagnose

Zur Behandlung von Krankheiten oder pathologischen Zuständen mit Akupunktur und Moxibustion ist es notwendig, die Symptome nach den grundlegenden Prinzipien der TCM zu differenzieren. ➤ Tab. 8.1 verdeutlicht, wie Störungen des *Yin-/Yang*-Gleichgewichts behandelt werden.

Tab. 8.1 Ausgleich von Störungen des *Yin-/Yang*-Gleichgewichts

Störung	Therapie	Geeignete Punkte
Mangel	Das Organ oder den Meridian stärken (tonisieren).	z.B. MP 6, Ma 36
Fülle	Den Überschuss beseitigen oder die Oberfläche klären.	z.B. Lu 7, Pe 6, Ma 25
Kälte	Die Kälte im Organ oder Meridian erwärmen.	z.B. Ma 36, KG 4 (beide mit Moxa-Therapie)
Hitze	Die Hitze im Organ oder Meridian klären.	z.B. Di 11, LG 14

Schritt 1

Als erster Schritt beim Erstellen eines Behandlungsprogramms gilt es, die grundlegende Störung des Gleichgewichts von *Yin* und *Yang* zu identifizieren.

Generelle Eigenschaften der Meridiane

Während Akupunkturpunkte spezifische Wirkungen besitzen, haben die Meridiane generelle Wirkungen. Diese generellen Eigenschaften sind als zweiter Schritt beim Erstellen eines Behandlungsprogramms zu beachten. Bei inneren Erkrankungen ist die Verbindung des jeweiligen Meridians mit dem entsprechenden TCM-Organ sowie den damit verbundenen Geweben und Sinnesorganen zu berücksichtigen. Bei der Behandlung von Störungen des Bewegungsapparates gilt es die physische Lage und den Energiefluss des Meridians zu beachten. In ➤ Tab. 8.2 sind die Meridiane und ihre generellen Indikationen zusammengefasst.

Schritt 2

Als zweiter Schritt beim Erstellen des Behandlungsprogramms werden die involvierten Meridiane bestimmt.

Therapeutische Wirkungen empirischer Punkte

Es gibt verschiedene Punkte, die jeweils bei bestimmten vorherrschenden Symptomen gewählt werden. Diese Punkte werden als empirische oder symptomatische Punkte bezeichnet. In ➤ Tab. 8.3 sind einige der am häufigsten verwendeten empirischen Punkte der Veterinärakupunktur aufgeführt.

Tab. 8.2 Meridiane und ihre Indikationen

Meridian	TCM-Organe	Gewebe und Sinnesorgane	Lokalisation der Beschwerden
Lunge	Störungen von Lunge und Rachen	Störungen von Haut, Fell, Nase oder Stimme	Entlang des kraniomedialen Aspekts der Vordergliedmaßen
Dickdarm	Störungen des Kolon	keine Entsprechung	Entlang des kraniolateralen Aspekts von Vordergliedmaßen, Hals und Kopf (vor allem Maul und Zähne)
Magen	Störungen des Magens	keine Entsprechung	Entlang des kranialen Aspekts von Gesicht und Hals und des kraniolateralen Aspekts von Thorax, Abdomen und Hintergliedmaßen
Milz/Pankreas	Verdauungsstörungen, Störungen des Pankreas	Störungen im Zusammenhang mit Maul und Lippen, Speichelbildung und Schlucken; Störungen der Muskulatur (Tonus und Struktur)	Entlang des kraniomedialen Aspekts der Hintergliedmaßen sowie des ventromedialen Aspekts des Rumpfes
Herz	Störungen des Herzens	Störungen von Blutgefäßen, Ohren, Zunge und Schweißbildung	Entlang des kaudomedialen Aspekts der Vordergliedmaßen bis zur Axilla
Dünndarm	Mentale Störungen, fiebrige Erkrankungen, Notfälle	keine Entsprechung	Entlang des kaudolateralen Aspekts von Vordergliedmaßen, Skapula und Schädel
Blase	Störungen der Blase	keine Entsprechung	Entlang der Stirn, des dorsalen Aspekts von Schädel, Hals und Rückgrat und des kaudolateralen Aspekts der Hintergliedmaßen
Niere	Störungen von Niere und Nebenniere	Störungen von Knochen und Knochenmark, Genitalien, Harnröhre und Anus	Entlang des kaudomedialen Aspekts der Hintergliedmaßen sowie des ventromedialen Aspekts von Rumpf und Thorax
Perikard	Störungen von Herz oder Magen	keine Entsprechung	Entlang des medialen Aspekts der Vordergliedmaßen
Dreifacher Erwärmer	Störungen im Bereich von Urogenitaltrakt und Hypochondrium	keine Entsprechung	Entlang des dorsalen Aspekts von Vordergliedmaßen, Hals und Gesicht
Gallenblase	Störungen der Gallenblase	keine Entsprechung	Entlang der lateralen Seite von Schädel, Hals, Hypochondrium, Rumpf und Unterschenkel
Leber	Störungen der Leber, der Gefühle, des Immunsystems und des Reproduktionssystems	Störungen der Augen oder Sehstörungen; Störungen von Nägeln oder Pfoten (Hufen)	Entlang des medialen Aspekts von Hintergliedmaßen, Leistengegend, Flanke und Thorax
Lenkergefäß	Störungen des Rückgrats, Notfälle, fiebrige Erkrankungen	keine Entsprechung	Entlang der dorsalen Mittellinie vom Anus bis zur Mundhöhle
Konzeptionsgefäß	Mentale Störungen, Störungen des Urogenitaltrakts	keine Entsprechung	Entlang der ventralen Mittellinie vom Anus bis zum Kinn

Tab. 8.3 Empirische Punkte

Symptom	Empirische Punkte
Abdominale Beschwerden	KG 6, Ma 36
Asthma	KG 22, *Ding Chuan* (Extra-Punkt)
Diarrhö	MP 4, Ma 36, KG 6
Epilepsie	Di 4, Le 3
Fieber	LG 14, Di 11, Di 4
Generelle Schwäche	Di 4, Ma 36
Husten	KG 22, Lu 7
Niesen	Di 20, Pe 6, *Yin Tang* (Extrapunkt)
Obstipation	3E 6, Ma 25
Pruritus	Di 11, Ma 10, MP 6
Übelkeit	Pe 6, Ma 36
Zur Wiederbelebung	LG 26

Schritt 3

Wählen Sie die entsprechenden Punkte aus ➤ Tab. 8.3, wenn der Patient ein Symptom der Tabelle aufweist, das bei der körperlichen Untersuchung stark auffällt.

Prinzipien der Punktkombination

Bei der Kombination von Punkten ist die individuelle Wirkung jedes einzelnen Punktes ebenso zu beachten wie die kollektive Wirkung der kombinierten Punkte. Es gibt fünf Techniken der Punktkombination:

- **Punkte bilateral behandeln:** Alle Akupunkturpunkte auf den 12 Hauptmeridianen sind bilateral angelegt. Werden diese Punkte ausgewählt, so werden traditionell beide Körperseiten behandelt. Beispielsweise wird bei der Behandlung linksseitiger Hüftschmerzen Gb 30 auf der linken und der rechten Seite genadelt.
- **Kraniale und kaudale Punkte behandeln:** Um eine Punktkombination zu verstärken, sollten Punkte der vorderen und der hinteren Gliedmaßen kombiniert werden. Zum Beispiel werden bei der Behandlung von Obstipation 3E 6 am Vorderbein und Ma 36 am Hinterbein eingesetzt.
- **Ventrale und dorsale Punkte behandeln:** Zur Verstärkung einer Punktekombination werden Punkte entlang der Wirbelsäule (Zustimmungs-*Shu*-Punkte) mit Punkten auf dem Abdomen (Alarm-*Mu*-Punkte) kombiniert. Bei einer Magenstörung wür-

de man zum Beispiel Bl 21 (*Shu*-Punkt des Magens) zusammen mit KG 12 (*Mu*-Punkt des Magens) behandeln.

- **Lokale und distale Punkte behandeln:** Akupunkturpunkte unmittelbar an der kranken oder schmerzenden Stelle sollten mit distalen Punkten kombiniert werden (➤ Tab. 8.4).
- ***Yin*- und *Yang*-Meridiane kombinieren:** Basierend auf der traditionellen *Yin-/Yang*-Paarung der Meridiane werden zum Beispiel zur Behandlung eines Lungen-Syndroms Punkte des Lungen-Meridians und des Dickdarm-Meridians eingesetzt.

Akupunkturpunktkategorien

Temporäre und permanente Punkte

Akupunkturpunkte lassen sich zunächst grob in temporäre und permanente Punkte einteilen. Anschließend können sie nach ihrer Lokalisation und Funktion weiter untergliedert werden. ➤ Abb. 8.1 und ➤ Abb. 8.2 geben die generelle Einteilung von temporären und permanenten Punkten wieder.

Temporäre Punkte

Es gibt temporäre Akupunkturpunkte, die sich je nach Krankheitszustand auf dem Meridian verschieben oder vom Meridian wegbewegen können. Diese temporären druckempfindlichen Bereiche werden allgemein als **Triggerpunkte** bezeichnet. Die Chinesen bezeichnen sie als *Ah-Shi*-**Punkte**, wobei das chinesische Zeichen *Ah* für einen Ausruf steht, das Zeichen Shi „richtig" oder „ja" bedeutet. Diese empfindlichen Stellen tauchen auf, wenn ein pathologischer Zustand oder Schmerz vorliegt, wie zum Beispiel verkrampfte Muskelfasern. Die Punkte können chronisch werden, werden jedoch nicht als permanent klassifiziert. Sie sind in der Regel lokal zu finden, tauchen aber manchmal auch distal zum pathologisch veränderten Bereich auf („ausstrahlender" Schmerz).

Schritt 4

Palpieren Sie den Patienten gründlich und überprüfen Sie ihn dabei auf *Ah-Shi*-Punkte. Diese Punkte sind nicht immer auf den 14 Hauptmeridianen zu finden.

Permanente Punkte

Auf dem menschlichen Körper wurden mehr als 300 permanente Akupunkturpunkte auf zwölf paarigen und zwei unpaarigen Meridianen lokalisiert. Diese Zahl variiert leicht für die unterschiedlichen Tierarten. Permanente Punkte existieren dauerhaft auf den Meridianen. Es gibt auch einige permanente Akupunkturpunkte, die als „Extra-Punkte" bezeichnet werden und meist nicht auf den 14 Hauptmeridianen liegen.

Punkte in der Nähe der erkrankten oder schmerzhaften Bereiche werden als **Lokalpunkte** bezeichnet. Punkte, die distal von Ellbogen und Kniegelenk liegen, heißen **Fernpunkte**; sie haben einen starken Einfluss auf proximale Gelenke oder Krankheitsbereiche. Neben ihrer Wirkung auf proximale Bereiche haben bestimmte Fernpunkte auch wichtige allgemeine Wirkungen und werden oft zur Akupunkturanalgesie eingesetzt. Lokal- und Fernpunkte werden häufig zusammen verwendet, um eine Akupunkturformel zu verstärken. Vier der wichtigsten Fernpunkte, auch als Kommandopunkte bezeichnet, und die von ihnen beeinflussten Bereiche sind in ➤ Tab. 8.4 aufgeführt.

Tab. 8.4 Beispiele lokaler/distaler Punktkombinationen

Schmerzhafter oder gestörter Bereich	Lokaler Punkt (Beispiel)	Empfohlener Meisterpunkt
Gesicht, Sinnesorgane	Di 20	Di 4
Lendenwirbelsäule	Bl 23	Bl 40
Kopf und Nacken	Gb 20	Lu 7
Abdomen	KG 12	Ma 36

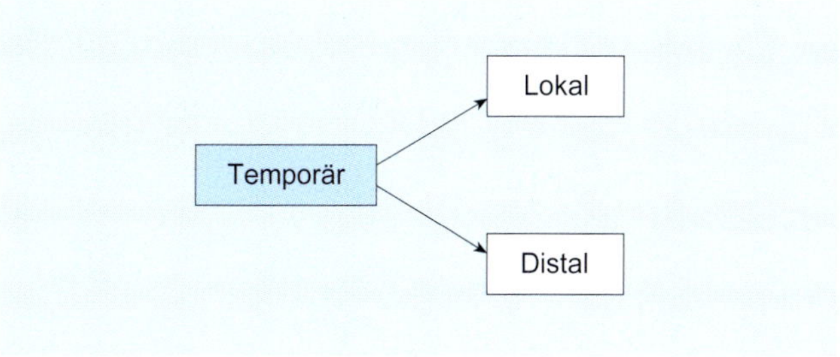

Abb. 8.1 Temporäre Akupunkturpunkte.

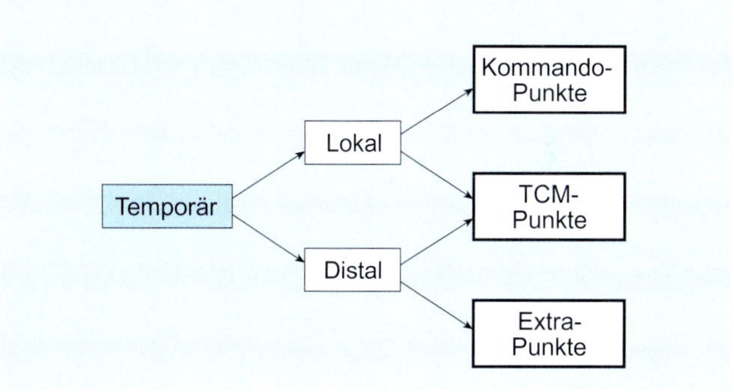

Abb. 8.2 Permanente Akupunkturpunkte.

Schritt 5

Wählen Sie die Fernpunkte in ➤ Tab. 8.4, um pathologische Störungen in den beschriebenen proximalen Bereichen zu behandeln.

TCM-Punkte

Diese Akupunkturpunkte werden nach den empirischen Prinzipien und Regeln der TCM ausgewählt. In ➤ Abb. 8.3 sind diese Punkte nach Gruppen zusammengestellt.

Alarm-*Mu*-Punkte

Das chinesische Zeichen *Mu* lässt sich übersetzen mit „sammeln, rekrutieren". Damit wird die Stelle bezeichnet, wo sich die Energie des entsprechenden Organs sammelt oder zusammenfließt. Die Alarm- oder *Mu*-Punkte befinden sich auf der ventralen Oberfläche von Abdomen und Thorax, normalerweise in der Nachbarschaft des jeweiligen Organs. Diese Punkte reagieren recht emp-

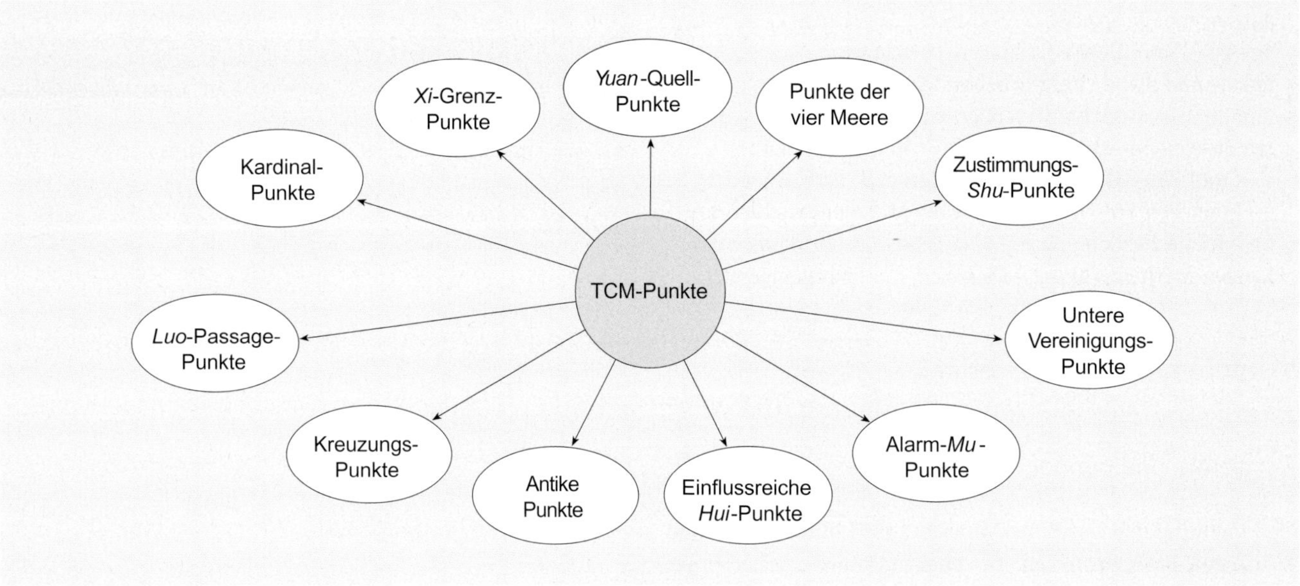

Abb. 8.3 Punktkategorien der TCM.

Tab. 8.5 Alarm-*Mu*-Punkte

TCM-Organ	Zugehöriger Alarm-*Mu*-Punkt
Lunge	Lu 1
Dickdarm	Ma 25
Magen	KG 12
Milz	Le 13
Herz	KG 14
Dünndarm	KG 4
Blase	KG 3
Niere	Gb 25
Perikard	KG 17
Dreifacher Erwärmer	KG 5
Gallenblase	Gb 24
Leber	Le 14

Tab. 8.6 Zustimmungs-*Shu*-Punkte

TCM-Organ	Zugehöriger Zustimmungs-*Shu*-Punkt
Lunge	Bl 13
Perikard	Bl 14
Herz	Bl 15
Leber	Bl 18
Gallenblase	Bl 19
Milz/Pankreas	Bl 20
Magen	Bl 21
Dreifacher Erwärmer	Bl 22
Niere	Bl 23
Dickdarm	Bl 25
Dünndarm	Bl 27
Blase	Bl 28

findlich auf Palpation, wenn das Organ erkrankt ist. Jedem *Yin-* und *Yang*-Organ ist jeweils ein *Mu*-Punkt zugeordnet. Sie ähneln in ihrer Funktion den Zustimmungs-*Shu*-Punkten, sind jedoch stärker *Yin*-betont. Sie sind besonders hilfreich zur Diagnose und Behandlung akuter Erkrankungen (daher die Bezeichnung Alarmpunkte). In ➤ Tab. 8.5 sind die zwölf Alarm-*Mu*-Punkte zusammengestellt.

Schritt 6

Verwenden Sie die *Mu*-Punkte aus ➤ Tab. 8.5 zur Diagnose und Behandlung von vorwiegend *Yin*-betonten Störungen, vor allem bei akutem Auftreten.

Zustimmungs-*Shu*-Punkte

Das chinesische Zeichen *Shu* bedeutet „transportieren". Diese Punkte transportieren also *Qi* zu den inneren Organen. Daher werden sie häufig auch als Transportpunkte bezeichnet. Die Zustimmungs-*Shu*-Punkte befinden sich auf der dorsalen Oberfläche des Körpers, unmittelbar lateral der Wirbelsäule, üblicherweise in der Nachbarschaft des jeweiligen Organs. Wenn das entsprechende Organ nicht im Gleichgewicht ist, können diese Punkte druckempfindlich sein. Mit jedem *Yin-* und *Yang*-Organ ist je ein *Shu*-Punkt verbunden. Der Name der einzelnen Punkte ist vom korrespondierenden Organ abgeleitet. *Fei* ist beispielsweise das chinesische Wort für Lunge und *Fei Shu* bezeichnet den Zustimmungs-*Shu*-Punkt der Lunge. Diese Punkte ähneln in der Funktion den *Mu*-Punkten insofern, als sie eine starke direkte Wirkung auf die Organe haben können. Sie sind hilfreich bei akuten und chronischen Zuständen, besonders jedoch zur Diagnose und Behandlung chronischer Erkrankungen. In ➤ Tab. 8.6 sind die zwölf Zustimmungs-*Shu*-Punkte aufgelistet.

Schritt 7

Wählen Sie die Zustimmungs-*Shu*-Punkte aus ➤ Tab. 8.6 zur Diagnose und Behandlung von vorwiegend *Yang*-betonten Störungen, vor allem, wenn sie chronischer Natur sind.

Tab. 8.7 *Yuan*-Quell-Punkte

Meridian	Zugehöriger *Yuan*-Quell-Punkt
Lunge	Lu 9
Dickdarm	Di 4
Magen	Ma 42
Milz/Pankreas	MP 3
Herz	He 7
Dünndarm	Dü 4
Blase	Bl 64
Niere	Ni 3
Perikard	Pe 7
Dreifacher Erwärmer	3E 4
Gallenblase	Gb 40
Leber	Le 3

Yuan-Quell-Punkte

Das chinesische Zeichen *Yuan* lässt sich übersetzen mit „Quelle" oder „Ursprung", weshalb die *Yuan*-Punkte häufig auch als Quellpunkte bezeichnet werden. Jeder der zwölf regulären Meridiane besitzt einen *Yuan*-Punkt, wo das Ursprungs-*Qi* der jeweiligen Organe gespeichert ist. Der *Yuan*-Punkt der *Yin*-Meridiane entspricht jeweils dem Bach-*Shu*-Punkt. Auf den *Yang*-Meridianen finden sich die *Yuan*-Punkte unmittelbar proximal zu den Bach-*Shu*-Punkten. Diese Punkte weisen auf einen Mangel- oder Fülle-Zustand in den jeweiligen Meridianen hin. Daher sind sie hilfreich zur Diagnose und Behandlung eines Ungleichgewichts in den korrespondierenden Organen. Die *Yuan*-Punkte der zwölf Meridiane sind in ➤ Tab. 8.7 aufgeführt.

Schritt 8

Verwenden Sie die *Yuan*-Punkte aus ➤ Tab. 8.7 zur Diagnose und Behandlung von Fülle- oder Mangel-Zuständen in den korrespondierenden Organen.

Luo-Passage-Punkte

Das chinesische Zeichen Luo bedeutet „Netz" oder „Netzwerk". Jeder der zwölf Meridiane hat einen Luo-Passage-Punkt, der vom Hauptkanal abzweigt und eine Netzgefäßverbindung zum gekoppelten Meridian herstellt. Zum Beispiel verzweigt sich der Lungen-Meridian am Punkt Lu 7, um sich mit dem gekoppelten Dickdarm-Meridian zu verbinden. Umgekehrt verzweigt sich der Dickdarm-Meridian am Punkt Di 6, um sich mit dem Lungen-Meridian zu verbinden. Neben diesen zwölf Luo-Passage-Punkten gibt es im Körper noch drei zusätzliche Luo- Punkte, einen auf der Vorderseite (für das Konzeptionsgefäß KG), einen auf dem Rücken (für das Lenkergefäß LG) und einen auf der Seite (Haupt-Luo-Punkt von Milz/Pankreas). Die Luo-Punkte lassen sich in der Praxis folgendermaßen einsetzen:

- zur Behandlung von Störungen des zugehörigen Meridians sowie des innerlich-äußerlich gekoppelten Meridians (beispielsweise eine Störung, die den Blasen- und den Nieren-Meridian betrifft)
- zur Behandlung von Störungen im Bereich der jeweiligen Netzgefäße (d. h., die *Luo*-Punkte werden traditionell eher für oberflächliche Störungen der Meridiane als für innere Erkrankungen eingesetzt)
- zur Behandlung von Störungen, die auf den Punkt selbst reagieren (d. h., Verwendung nach der spezifischen Wirkung, unabhängig von der Funktion als *Luo*-Punkte)

Die 15 *Luo*-Punkte der zwölf Meridiane finden Sie in ➤ Tab. 8.8.

Tab. 8.8 *Luo*-Passage-Punkte

Meridian	Zugehöriger *Luo*-Passage-Punkt
Lunge	Lu 7
Dickdarm	Di 6
Magen	Ma 40
Milz	MP 4
Herz	He 5
Dünndarm	Dü 7
Blase	Bl 58
Niere	Ni 4
Perikard	Pe 6
Dreifacher Erwärmer	3E 5
Gallenblase	Gb 37
Leber	Le 5
Konzeptionsgefäß	KG 15
Lenkergefäß	LG 1
Großes Verbindungsgefäß von Milz/Pankreas	MP 21

Schritt 9

Wählen Sie die *Luo*-Punkte aus ➤ Tab. 8.8 bei Störungen, die gekoppelte Meridiane jeweils gleichzeitig betreffen.

Xi-Grenz-Punkte

Das chinesische Zeichen *Xi* bedeutet „Lücke" oder „Spalte". Diese Punkte werden üblicherweise als kleine Löcher oder Spalten entlang der Meridiane gedacht, wo sich Fleisch und Knochen treffen. Es gibt 16 *Xi*-Punkte, wo sich das *Qi* und das Blut in den Meridianen sammeln und zusammenfließen. Diese Bereiche können extrem druckempfindlich werden, wenn Fülle oder Mangel im Meridian auftreten, besonders bei akuten Störungen. Die *Xi*-Punkte lassen sich folgendermaßen einsetzen:

- zur Behandlung akuter Störungen
- zur Behandlung hartnäckiger Organstörungen
- zur Behandlung von Fülle-Zuständen, die sowohl den Meridian wie das Organ betreffen

Neben den zwölf *Xi*-Punkten auf den regulären Meridianen gibt es vier *Xi*-Grenz-Punkte auf vier der acht außerordentlichen Gefäße. Die 16 *Xi*-Punkte sind in ➤ Tab. 8.9 aufgeführt.

Schritt 10

Wählen Sie die *Xi*-Punkte aus ➤ Tab. 8.9, wenn eine akute schmerzhafte Störung entlang eines Meridians auftritt.

Tab. 8.9 *Xi*-Grenz-Punkte

Meridian	Zugehöriger Spalten-*Xi*-Punkt
Lunge	Lu 6
Dickdarm	Di 7
Magen	Ma 34
Milz	Mi 8
Herz	He 6
Dünndarm	Dü 6
Blase	Bl 63
Niere	Ni 5
Perikard	Pe 4
Dreifacher Erwärmer	3E 7
Gallenblase	Gb 36
Leber	Le 6
Bewahrer des *Yin (Yin Wei Mai)*	Ni 9
Bewahrer des *Yang (Yang Wei Mai)*	Gb 35
Yin-Fersengefäß *(Yin Qiao Mai)*	Ni 8
Yang-Fersengefäß *(Yang Qiao Mai)*	Bl 59

Tab. 8.10 Einflussreiche-*Hui*-Punkte

Gewebe oder Organ	Zugehöriger *Hui*-Punkt
Yin-Organe	Le 13
Yang-Organe	KG 12
Qi	KG 17
Blut	Bl 17
Sehnen	Gb 34
Blutgefäße	Lu 9
Knochen	Bl 11
Knochenmark	Gb 39

Einflussreiche-*Hui*-Punkte

Das chinesische Zeichen Hui steht für „sich versammeln" oder „sich treffen". Es gibt acht Einflussreiche Punkte oder Meisterpunkte, wo *Qi* und Essenz der acht Gewebearten sich sammeln und zusammenströmen. Diese Punkte werden wegen ihres besonderen Einflusses in der klinischen Praxis häufig eingesetzt. Sie können neben dieser speziellen Klassifikation aber auch noch andere Wirkungen haben. Die acht *Hui*-Punkte sind in ➤ Tab. 8.10 zusammengestellt.

Schritt 11

Wählen Sie die Einflussreichen Punkte aus ➤ Tab. 8.10, wenn Sie ein spezifisches Gewebe oder Organ behandeln möchten.

Kardinal- oder Schlüsselpunkte

Es gibt acht Punkte im Körper, wo sich die acht außerordentlichen Gefäße mit acht der regulären Meridiane treffen oder überschneiden. Diese Punkte, die nahe bei der Handwurzel bzw. beim Fesselgelenk liegen, ermöglichen es dem Therapeuten, die außerordentlichen Gefäße über die regulären Meridiane anzusprechen. Da die außerordentlichen Gefäße *Qi* speichern, können diese Punkte eingesetzt werden, um bei Mangel den Meridian zu unterstützen oder bei Fülle den Überfluss abzuleiten. Die acht Kardinalpunkte sind in ➤ Tab. 8.11 aufgeführt.

Tab. 8.11 Kardinal- oder Schlüssel-Punkte

Außerordentliches Gefäß	Klassischer Einflussbereich	Kardinalpunkt
Lenkergefäß *(Du Mai)*	Rückgrat	Dü 3
Konzeptionsgefäß *(Ren Mai)*	Urogenitaltrakt	Lu 7
Penetrationsgefäß *(Chong Mai)*	Abdomen	Mi 4
Gürtelgefäß *(Dai Mai)*	Taille	Gb 41
Bewahrer des *Yang (Yang Wei Mai)*	Kopf	3E 5
Bewahrer des *Yin (Yin Wei Mai)*	Brust	Pe 6
Yang-Fersengefäß *(Yang Qiao Mai)*	Lateraler Aspekt von Körper und Kopf	Bl 62
Yin-Fersengefäß *(Yin Qiao Mai)*	Kehle	Ni 6

Schritt 12

Wählen Sie die Kardinalpunkte aus ➤ Tab. 8.11, wenn Sie die klassischen Bereiche des Körpers behandeln wollen, die von den acht außerordentlichen Gefäßen beeinflusst werden.

Kreuzungspunkte

Die Energie bewegt sich in den Meridianen durch den Körper, wobei sich die Meridiane an spezifischen Punkten schneiden. Diese Punkte sind beim Erstellen eines Behandlungsprogramms in der klinischen Praxis sehr hilfreich. Behandelt man diese Schnittpunkte, so lässt sich damit mehr als ein Meridian behandeln, wodurch sich das Problem übermäßigen Nadelns vermeiden lässt. Kreuzungspunkte, die drei oder mehr Meridiane verbinden, sind in ➤ Tab. 8.12 aufgelistet.

Schritt 13

Wählen Sie die Kreuzungspunkte aus ➤ Tab. 8.12, wenn Sie mehr als einen Meridian gleichzeitig beeinflussen möchten.

Punkte der vier Meere

Dabei handelt es sich um Punktgruppen, die nach der Substanz benannt werden, die sie speichern. Die Punkte werden eingesetzt, um Fülle- und Mangel-Zustände der vier Meere auszugleichen. Die Punkte der vier Meere und die damit verbundenen Symptome sind in ➤ Tab. 8.13 aufgeführt.

Schritt 14

Wählen Sie die Punkte der vier Meere aus ➤ Tab. 8.13, wenn offensichtlich keine anderen signifikanten Symptome vorliegen.

Antike Punkte

Die Antiken Punkte befinden sich auf jedem der 12 regulären Meridiane auf den Gliedmaßen an Ellbogen oder Kniegelenk bzw. distal dazu. ➤ Abb. 8.4 gibt eine Übersicht über die Antiken Punkte.

Im unteren Bereich der Extremitäten verändert sich der *Qi*-Fluss rasch und lässt sich somit mit der Bewegung von Wasser vergleichen, daher kommen auch die charakteristischen Namen der Punkte (Brunnen, Quelle, Bach, Fluss, Meer, von distal nach proximal). Jeder der fünf Punkte besitzt bestimmte Charakteristika oder Funktionen, die zur Behandlung spezifischer Störungen wirksam sind, häufig direkt mit dem korrespondierenden Meridian verbunden. Die Antiken Punkte und ihre Wirkungen sind in ➤ Tab. 8.14 aufgelistet.

Tab. 8.12 Kreuzungspunkte

Kreuzungspunkt	Meridiane
Di 14	Di, Dü, Bl
Ma 4	Di, Ma, KG
Ma 12	Di, Ma, 3E, Gb
MP 6	MP, Ni, Le
Dü 12	Di, Dü, 3E, Gb
Dü 19	Dü, 3E, Gb
Bl 1	Ma, Dü, Bl, 3E, Gb
Bl 11	Dü, Bl, 3E, Gb, LG
Pe 1	Pe, 3E, Gb, Le
3E 20	Dü, 3E, Gb
3E 22	Dü, 3E, Gb
Gb 1	Dü, 3E, Gb
Gb 3	Ma, 3E, Gb
Gb 4	Ma, 3E, Gb
Gb 5	Di, Ma, 3E, Gb
Gb 6	Di, Ma, 3E, Gb
Gb 11	Dü, Bl, 3E, Gb
Gb 14	Di, Ma, 3E, Gb
Gb 21	Ma, 3E, Gb
LG 1	Ni, Gb, KG, LG
LG 14	Di, Ma, Dü, Bl, 3E, Gb, LG
LG 20	Bl, 3E, Gb, Le,LG
LG 24	Ma, Bl, LG
LG 26	Di, Ma, LG
LG 28	Ma, KG, LG
KG 3	MP, Ni, Le, KG
KG 4	MP, Ni, Le, KG
KG 12	Ma, Dü, 3E, KG
KG 13	Ma, Dü, KG
KG 17	MP, Dü, 3E, KG
KG 24	Di, Ma, KG, LG

(Daten aus: Deadman, P., et al.: *A manual of acupuncture*. Eastland Press, Vista, Cal. 1998, S. 52–55)

Untere Vereinigungs-Punkte

Es gibt sechs untere Vereinigungs- oder Meer-*He*-Punkte, die energetisch mit den sechs *Yang*-Organen verbunden sind. Drei dieser Punkte liegen auf den drei Fuß-*Yang*-Meridianen (Blase, Gallenblase und Magen) und sind am Knie lokalisiert. Bei den anderen drei Yang-Organen liegen die Vereinigungs-Punkte auf den drei Hand-*Yang*-Meridianen am Ellbogen (Dünndarm, Dreifacher Erwärmer und Dickdarm). Daneben besitzen die drei Hand-*Yang*-Meridiane drei extra Vereinigungs-Punkte auf den unteren Extremitäten (daher die Bezeichnung „untere" Vereinigungs-Punkte). Diese sind sehr stark wirksam und liegen auf Meridianen, die jeweils ähnliche Wirkungen aufweisen. Beispielsweise liegen die unteren Vereinigungs-Punkte von Dünndarm und Dickdarm auf dem Magen-Meridian (verantwortlich für die Regulierung der Verdauung). Der untere Vereinigungs-Punkt des Dreifachen Erwärmers liegt auf dem Blasen-Meridian (verantwortlich für die Ausscheidung und Regulierung von Wasser). Die in ➤ Tab. 8.15 aufgeführten unteren Vereinigungs-Punkte werden häufiger zur Behandlung von Störungen der *Yang*-Organe benutzt als die Vereinigungs-Punkte der Hand-*Yang*-Meridiane.

Schritt 15

Wählen Sie Vereinigungs-Punkte aus ➤ Tab. 8.15 zur Behandlung von Störungen der *Yang*-Organe.

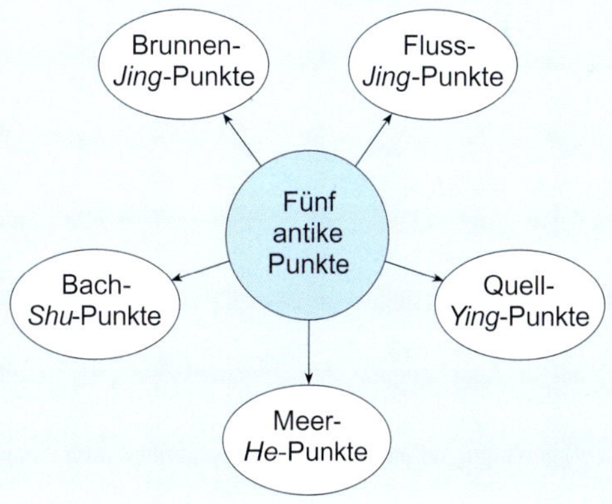

Abb. 8.4 Die fünf Antiken Punkte.

Tab. 8.13 Punkte der vier Meere

Meer	Punkte	Fülle-Symptome	Mangel-Symptome
Meer des *Qi*	KG 17, Ma 9, LG 14, LG 15	Druck- und Füllegefühl im Thorax, Kurzatmigkeit	Unfähigkeit zu sprechen
Meer des Blutes	Bl 11, Ma 37, Ma 39	Tendenz zur Entwicklung harter Massen	Generelles Unwohlsein
Meer der Nahrung	Ma 30, Ma 36	Abdominales Völlegefühl	Unfähigkeit zu essen
Meer des Markes	LG 16, LG 20	Überschüssige Energie	Starke Erschöpfung

(Daten aus: Lade, A.: *Acupuncture points: images and functions*. Eastland Press, Vista, Cal. 1989, S. 22–23)

Tab. 8.14 Die Transportpunkte und ihre Wirkungen

Punkte	Bewegung des *Qi*	Wirkungen	Indikationen
Brunnen-*Jing*-Punkte	Flach und eng, jedoch dynamisch	Klärt Hitze	Hohes Fieber
		Stellt das Bewusstsein wieder her	Kollaps
Quell-*Ying*-Punkte	Gleitend	Klärt Hitze	Fieber
		Klärt Feuer	Halsschmerzen
Bach-*Shu*-Punkte	Strömend	Klärt Hitze und Stagnation	Gelenkschmerzen
		Vertreibt Wind	Intermittierende Krankheiten
Fluss-*Jing*-Punkte	Fließend	Klärt Wind	Husten und Dyspnoe
		Klärt Hitze	Frösteln und Fieber
Meer-*He*-Punkte	Fließt tief und breit	Harmonisiert den Magen	Abdominales Völlegefühl
		Reguliert die Eingeweide	Erbrechen und Diarrhö

(Daten aus: Maciocia, G.: *The foundations of Chinese medicine*. Churchill Livingstone, New York 1989, S. 335–343)

Tab. 8.15 Vereinigungs-Punkte

Yang-Organ	Meridian-Einteilung	Vereinigungs-Punkt	Unterer Vereinigungs-Punkt
Blase	Fuß-*Tai Yang*	Bl 40	Bl 40
Gallenblase	Fuß-*Shao Yang*	Gb 34	Gb 34
Magen	Fuß-*Yang Ming*	Ma 36	Ma 36
Dünndarm	Hand-*Tai Yang*	Dü 8	Ma 39
Dreifacher Erwärmer	Hand-*Shao Yang*	3E 10	Bl 39
Dickdarm	Hand-*Yang Ming*	Di 11	Ma 37

Tab. 8.16 Transport-*Shu*-Punkte der fünf Wandlungsphasen: *Yin*-Meridiane

Yi-Organ	Brunnen-*Jing* (Holz)	Quell-*Ying* (Feuer)	Bach-*Shu* (Erde)	Fluss-*Jing* (Metall)	Meer-*He* (Wasser)
Lunge	Lu 11	Lu 10	Lu 9++	Lu 8+	Lu 5*
Milz	MP 1	MP 2++	MP 3+	MP 5*	MP 9
Herz	He 9++	He 8+	He 7*	He 4	He 3
Niere	Ni 1*	Ni 2	Ni 3	Ni 7++	Ni 10+
Perikard	Pe 9++	Pe 8+	Pe 7*	Pe 5	Pe 3
Leber	Le 1+	Le 2*	Le 3	Le 4	Le 8++

* Sohn- oder Sedierungspunkt
\+ Phasen- oder Wurzelpunkt (Organuhr)
++ Mutter- oder Tonisierungspunkt

Fünf Elemente-(Transport-)Punkte

Jeder der Transport-Punkte hat eine den fünf Wandlungsphasen oder fünf Elementen entsprechende Korrespondenz. Daher werden sie häufig auch als Element- oder Wandlungsphasen-Punkte bezeichnet. Die relative Position der fünf Elemente ist auf den *Yin*- und *Yang*-Meridianen unterschiedlich. Zum Beispiel beginnt der Brunnen-*Jing*-Punkt auf den *Yin*-Meridianen mit Holz, auf den *Yang*-Meridianen mit Metall. Die nachfolgenden Punkte sind entsprechend dem Ablauf des *Ko*-Zyklus benannt. Die ➤ Tab. 8.16 und ➤ Tab. 8.17 zeigen die fünf Transport-Punkte der *Yin*- und *Yang*-Meridiane mit den entsprechenden Wandlungsphasen.

Im *Sheng*-Zyklus wird jede Wandlungsphase als Mutter der nachfolgenden Phase bzw. als Sohn der vorhergegangenen Phase bezeichnet. Je ein Transport-Punkt auf jedem Meridian entspricht demselben Element wie der Meridian selbst; diese Punkte werden als Wurzel- oder Phasen-Punkte bezeichnet. Weiterhin heißen die Punkte, die dem Wurzel-Punkt auf einem Meridian vorausgehen, Mutter-Punkte, die nachfolgenden Punkte sind Sohn-Punkte. Der Metall-Punkt auf dem Lungen-Meridian (Metall) ist zum Beispiel Lu 8. Der Mutter-Punkt ist Lu 9, der Sohn-Punkt Lu 5. Mutter-Punkte werden auch als **Tonisierungspunkte** bezeichnet, da sie zum Stärken des korrespondierenden Organs dienen. Sohn-Punkte heißen auch **Sedierungspunkte**, da sie das korrespondierende Organ beruhigen. Transport-Punkte sind **besonders nützlich bei Patienten mit komplexen inneren Erkrankungen.**

FALLBEISPIEL

Ein zwölfjähriger kastrierter Labrador-Retriever-Rüde wurde im Januar mit Steifheit der hinteren Gliedmaßen und vermehrter Harnausscheidung in die Praxis gebracht. Der Besitzer des Tiers klagte vor allem über dessen Unfähigkeit, abends Treppen zu ersteigen sowie ins Auto zu klettern. Er hatte bemerkt, dass das Tier

Tab. 8.17 Transport-*Shu*-Punkte der fünf Wandlungsphasen: *Yang*-Meridiane

Yang-**Organ**	**Brunnen-*Jing* (Metall)**	**Quell-*Ying* (Wasser)**	**Bach-*Shu* (Holz)**	**Fluss-*Jing* (Feuer)**	**Meer-*He* (Erde)**
Dickdarm	Di 1+	Di 2*	Di 3	Di 5	Di 11++
Magen	Ma 45*	Ma 44	Ma 43	Ma 41++	Ma 36+
Dünndarm	Dü 1	Dü 2	Dü 3++	Dü 5+	Dü 8*
Blase	Bl 67++	Bl 66+	Bl 65*	Bl 60	Bl 40
Dreifacher Erwärmer	3E 1	3E 2	3E 3++	3E 6+	3E 10*
Gallenblase	Gb 44	Gb 43++	Gb 41+	Gb 38*	Gb 34

* Sohn- oder Sedierungspunkt
\+ Phasen- oder Wurzelpunkt (Organuhr)
++ Mutter- oder Tonisierungspunkt

bis zum ersten Frost aktiv gewesen war. Außerdem schien das Gehör des Hundes nachzulassen, er schlief mehr als gewöhnlich und fror nachts übermäßig, selbst auf einer warmen, gepolsterten Unterlage.

- **Körperliche Untersuchung:** Der Hund reagierte empfindlich auf tiefe Palpation entlang der Lendenwirbel und rund um die Hüften. Seine Zunge war leicht blass. Der Femoralis-Puls war tief und schwach. Alle anderen Systeme wurden bei der körperlichen Untersuchung als normal beurteilt.
- **Westliche Diagnostik:** Die Blutwerte lagen innerhalb der normalen Grenzen, abgesehen von leicht erhöhten Konzentrationen von Harnstoff (40 mg/dl) und Kreatinin (2,4 mg/dl). Die Urinprobe war normal, abgesehen von einer etwas niedrigen spezifischen Schwere (1,019). Das Röntgenbild zeigte eine leichte Spondylose an LWK 2 und 3 sowie leichte degenerative Veränderungen der Hüftgelenke.
- **Westliche Diagnose:** Frühstadium einer Niereninsuffizienz und Arthrose an Wirbelsäule und Hüften.
- **TCM-Diagnose:** Nieren-*Yang*- und -*Qi*-Mangel mit Kälte-*Bi*.
- **Behandlungsziel:** Ziel der Behandlung war es, das *Yin-/Yang*-Ungleichgewicht zu korrigieren, indem der Mangel behoben und die Kälte erwärmt wird.
- **Ausgewählte Punkte:** Folgende Punkte wurden für die Anfangsbehandlung ausgewählt:
  LG 4 (Moxa): Wirksamer Punkt zur Stärkung des Nieren-*Yang*, besonders mit Moxa-Therapie; stärkt das Ursprungs-*Qi* (daher gut bei Schwäche); stärkt den unteren Rücken; beseitigt und erwärmt die Kälte (und wirkt damit gegen das Frieren und die vermehrte und verdünnte Harnausssscheidung); Teil des Nieren-Gürtels.
  Bl 23 (Moxa): Zustimmungs-*Shu*-Punkt der Nieren; stärkt das Nieren-*Qi*; erwärmt die Kälte (mit Moxa); wirkt günstig auf die Ohren; stärkt den unteren Rücken; wirkt positiv auf die Knochen; erhöht das Energieniveau; Teil des Nieren-Gürtels.
  Bl 40: Meisterpunkt für den unteren Rücken; entspannt die Sehnen (lindert Muskelkrämpfe); beseitigt schmerzhafte Obstruktionen aus dem Blasen-Meridian; indiziert bei Schmerzen und Schwäche im unteren Rücken.
  Bl 52 (Moxa): Äußerer Blasen-Meridian-Punkt, der mit Bl 23 korrespondiert; tonisiert die Nieren; stärkt den Rücken; Teil des Nieren-Gürtels.
  Gb 25 (Moxa): Alarm-*Mu*-Punkt des Nieren-Meridians; tonisiert die Nieren; reguliert die Wasserwege; stärkt die Lumbalregion; indiziert bei gleichzeitigen Schmerzen an Rücken und Hüfte; Teil des Nieren-Gürtels.
  Ma 36: Kommandopunkt des Abdomens; tonisiert das *Qi*; wärmt die Kälte (mit Moxa); indiziert bei Schmerzen in der unteren (kaudalen) Körperhälfte.
  Ni 3: *Yuan*-Quell-Punkt des Nieren-Meridians; tonisiert das Nieren-*Yang*; stärkt den unteren Rücken; indiziert bei Taubheit, Polyurie, Schmerzen in der Lumbalregion und kalten Extremitäten.
- **Behandlungsverlauf:** Der Patient wurde drei Wochen lang zweimal wöchentlich behandelt. Die Besitzer wurden angewiesen, die Symptome täglich aufzuzeichnen und während der ersten Behandlungen auf alle subtilen Veränderungen zu achten. Sie bemerkten eine leichte Erhöhung des Energieniveaus nach der ersten Woche, die nach der zweiten Woche etwas stärker ausgeprägt war. Der Hund war aktiver, schlief weniger und schleppte Spielzeug an, mit dem er seit Jahren nicht mehr gespielt hatte. Nach der dritten Woche hatte das nächtliche Frieren aufgehört, er urinierte seltener und konnte leicht die Treppen hinaufsteigen und ins Auto klettern. Weitere Behandlungen im Abstand von jeweils drei Monaten zur Erhaltung des Therapieerfolgs wurden empfohlen, wobei die Besitzer angewiesen wurden, den Hund früher zu bringen, falls er Anzeichen von Schmerzen oder Schwäche aufweisen sollte. Es wurde eine Moxazigarre verschrieben, mit dem der Besitzer die Punkte des Nieren-Gürtels in der Zeit zwischen den vierteljährlichen Akupunkturbehandlungen einmal wöchentlich (bei kaltem und feuchtem Wetter auch häufiger) behandeln sollte.
- **Kommentar:** Beim Erstellen eines Behandlungsprogramms ist es wichtig, alle passenden Punkte zu bedenken und diese dann auf der Grundlage der kritischsten oder lebensbedrohlichsten Symptome einzuengen. Dieser Auswahlprozess ist besonders wichtig bei chronischen Zuständen, die eine längere Behandlungsdauer erfordern. Auch können besonders ältere Patienten auf übermäßiges Nadeln während einer Behandlung recht empfindlich reagieren. Obwohl sich die Klagen des Besitzers vor allem auf die Steifheit der hinteren Gliedmaßen konzentrierten und der Patient tatsächlich degenerative Gelenkveränderungen aufwies, war es in diesem Fall doch wichtiger, die Wurzel des Problems anzugehen, statt die Störung nur unmittelbar symptomatisch zu behandeln. Die Symptome von Schwäche, Steifheit und Kälte, die mit Nieren-*Qi*- und -*Yang*-Mangel verbunden sind, sind kritischer und potenziell lebens-

bedrohlicher und müssen daher zuerst angegangen werden. Patienten, die auf diese Weise behandelt werden, weisen eine nachhaltigere Besserung auf als solche, die nur eine lokale lindernde Behandlung der Hüften erhalten. Die Behandlung des Nieren-Gürtels (LG 4, Bl 23, Bl 52 und Gb 25) mit Moxa ist eine sehr wirksame synergistische Kombination zur Behandlung von Nieren-*Yang*-Mangel.

FALLBEISPIEL

Im August kam eine zweijährige sterilisierte weibliche Siam-Katze mit akuter Symptomatik der oberen Atemwege in die Praxis. Der Besitzer des Tieres klagte vor allem über das dauernde Niesen der Katze und ihren Appetitmangel. Das normalerweise als reine Hauskatze gehaltene Tier war in der Woche zuvor entlaufen und zwei Tage lang vermisst, bevor sie wieder gefunden wurde. Sie schien eine warme Umgebung zu suchen, obwohl sie sich sehr warm anfühlte.

- **Körperliche Untersuchung:** Die Katze hatte leicht erhöhte Temperatur (39,7 °C). Die Nase war verstopft und produzierte flüssigen, gelben Schleim. Der Hals war entzündet, Palpation des Kehlkopfs löste harten Husten aus. Die Zunge war an der Spitze und den Seiten leicht gerötet. Der Puls war etwas erhöht (200 Schläge/Min.). Die Lungengeräusche waren etwas verstärkt. Es lag eine leichte Dehydratation vor. Alle anderen Systeme waren unauffällig.
- **Westliche Diagnostik:** Die Blutwerte waren bis auf eine leichte Leukozytose (20 000) normal. Die Röntgenuntersuchung der Brust zeigte eine leicht verstärkte interstitielle Zeichnung. Die Untersuchung auf feline Leukose und felines Immunodeficiency-Virus war negativ.
- **Westliche Diagnose:** Virale Infektion der oberen Atemwege.
- **TCM-Diagnose:** Invasion der Lunge durch Wind-Hitze.
- **Behandlungsziel:** Die Oberfläche befreien und die Hitze klären.
- **Ausgewählte Punkte:** Folgende Punkte wurden für die Anfangsbehandlung ausgewählt:
  Lu 7: *Luo*-Passage-Punkt des Lungen-Meridians; wichtiger Punkt zum Vertreiben von äußerem Wind; öffnet die Nase (zur Behandlung von Niesen, verstopfter Nase und Störung des Geruchssinns); wirkt günstig bei Halsschmerzen; zirkuliert das Abwehr-*Qi* (synergistische Wirkung mit Di 4 zum Klären von Wind-Hitze).
  Di 4: Meisterpunkt für Gesicht und Sinnesorgane; wichtiger Punkt zum Vertreiben von äußerem Wind; stimuliert die Verteilungsfunktion der Lunge (gut für verstopfte Nase, Niesen und Husten); stärkt das Abwehr-*Qi*.
  Di 11: Vereinigungs-Punkt des Dickdarm-Meridians; vertreibt äußere Wind-Hitze (hervorragend bei Fieber und Schnupfen).
  LG 14: Kreuzungspunkt von Dickdarm-, Dünndarm-, Blasen-, Gallenblasen- und Magen-Meridian sowie Dreifachem Erwärmer und Lenkergefäß; klärt Hitze; befreit die Oberfläche; vertreibt Wind.
  Gb 20: Vertreibt Wind (wirkt synergistisch mit Di 4 beim Beseitigen von Wind-Hitze).
  Bl 13: Zustimmungs-*Shu*-Punkt der Lunge; reguliert das Abwehr-*Qi*; klärt Hitze, befreit die Oberfläche; stimuliert die Verteilungs- und Absenkungsfunktion der Lunge (besonders wirksam bei Husten).
- **Behandlungsverlauf:** Die Patientin wurde mit einer Kombination chinesischer Kräuter, täglicher subkutaner Injektionstherapie und Akupunktur behandelt. Es wurden keine Antibiotika gegeben. Die Katze erhielt fünf Tage lang einmal täglich Akupunkturbehandlungen. Der Besitzer wurde angewiesen, das Tier notfalls mit einer Spritze zu füttern. Er bemerkte eine leichte Erhöhung im Energieniveau der Katze nach der ersten Behandlung, etwas ausgeprägter nach der zweiten. Am zweiten Tag fiel auch die Körpertemperatur der Patientin auf normale Werte zurück. Nach dem dritten Tag wurde die Katze aktiver, schlief weniger und begann wieder selbst zu fressen. Der Nasenschleim wurde klar und verschwand nach der vierten Behandlung vollständig. Der Husten klang ab und nach der fünften Behandlung zeigte die Katze wieder ihr normales Verhalten. Aufgrund der akuten Natur der Erkrankung wurden keine weiteren Behandlungen empfohlen.
- **Kommentar:** Es war für die Besitzer der Katze vermutlich verwirrend, dass sie Wärme suchte, obwohl Invasion von Wind-Hitze diagnostiziert wurde. Doch sowohl Wind-Kälte wie auch Wind-Hitze führen zu Kälteaversion, da der Wind die Zirkulation des Abwehr-*Qi* hemmt, das normalerweise die Muskeln erwärmt. Die Hitze trocknet die Körperflüssigkeiten aus, führt zu Dehydratation und Schmerzen in der Kehle. Die Rötung von Zungenrändern und Zungenspitze sagt dem Therapeuten, dass die Erkrankung auf einen äußeren Faktor zurückzuführen ist (ein innerer Faktor würde sich als Veränderung des Zungenkörpers manifestieren). Normalerweise wäre Di 20 ein ausgezeichneter Punkt zur Ergänzung dieser Formel, doch Katzen zeigen häufig Widerstand gegen diesen Punkt, außer wenn sie sediert werden, und die Punktkombination wirkte auch ohne diesen Punkt sehr gut.

Zusammenfassung

Ein Vorgehen nach „Rezept" ist beim Erstellen einer Behandlungsformel nicht zu empfehlen. Es gibt zwar gewisse Punkte, die man bei bestimmten Zuständen fast jedes Mal verwendet (z. B. das „Hüftdreieck" bei pathologischen Syndromen der Hüfte). Es ist jedoch wichtig, die Patienten bei jedem Besuch gründlich zu untersuchen und das Behandlungsprogramm je nach Zustand des Patienten laufend anzupassen. Wenn man beim Erstellen des Programms Schritt für Schritt die Punktkategorien prüft und diese entsprechend einbaut, kann man sich langsam vom Techniker zum erfahrenen Akupunkteur entwickeln und langfristig wirksame Behandlungen ausarbeiten.

LITERATUR

1. Stux G, Pomeranz B: *Acupuncture textbook and atlas,* Berlin, Heidelberg, 1987, Springer-Verlag, p 268.
2. Deadman P et al: *A manual of acupuncture,* Vista, Calif, 1998, Eastland Press, pp 52–55.
3. Lade A: *Acupuncture points: images and functions,* Vista, Calif, 1989, Eastland Press, pp 22–23.
4. Maciocia G: *The foundations of Chinese medicine,* New York, 1989, Churchill Livingstone, pp 335–343.

II Kleintierakupunktur

KAPITEL

9

Yann-Ching Hwang, John B. Limehouse

Akupunkturatlas des Hundes

Dieser Atlas der Akupunkturpunkte des Hundes beschreibt detailliert die 136 wichtigsten Punkte, die sich in der Kleintierakupunktur bewährt haben. Größtenteils wurden die Informationen über diese Punkte aus den Erkenntnissen der Humanmedizin übertragen und mit dem Wissen aus der traditionellen Veterinärakupunktur und den Erfahrungen westlicher Kleintierpraktiker ergänzt. Die Punkte sind nach Meridianen geordnet aufgelistet, zusätzlich werden auch die traditionellen chinesischen Namen in *Pinyin* und deren Übersetzung angegeben. Jeder Punkt ist mit seiner anatomischen Lokalisation, der nervalen Innervation, der geeigneten Nadeltechnik und der therapeutischen Indikation beschrieben. In den Abbildungen wird besonderes Augenmerk auf anatomische Strukturen gelenkt, die das Auffinden und Identifizieren der Akupunkturpunkte erleichtern.

9.1 Akupunkturpunkte der Vordergliedmaße: die *Yin*-Meridiane

Der Lungen-Meridian (Lu)

Lu 1: *Zhong Fu*, Zentrale Residenz (➤ Abb. 9.1)

*(Mu-)*Alarm-Punkt des Lungen-Meridians

Lokalisation: An der medialen Begrenzung des M. cleidobrachialis, medial des Tuberculum minor humeri, im 1. ICR. Die Nadel wird durch den M. pectoralis descendens geführt.

Innervation: N. pectoralis cranialis und N. thoracicus longus.

Technik: Rechtwinklige Stichrichtung auf 0,5–1 cm Tiefe (cave: Pneumothorax).

Indikation: Erkrankungen des Respirationstraktes wie Husten, Bronchitis, Asthma.

Lu 5: *Chi Ze*, Ellenbeugen-Sumpf (➤ Abb. 9.1)

Vereinigungs-Punkt, Sedationspunkt

Lokalisation: In der Ellenbogenfalte der Vordergliedmaße, in einer Vertiefung lateral der Sehne des M. biceps brachii und medial des M. carpi radialis. In der Tiefe des Punktes liegt der N. musculocutaneus.

Innervation: N. cutaneus antebrachii.

Technik: Rechtwinklige Stichrichtung auf 0,5–1,5 cm Tiefe.

Indikation: Schmerzen im Ellenbogen, Paralyse der distalen Vordergliedmaße, Erkrankungen des Respirationstraktes.

Lu 6: *Kong Zui*, Größtes Loch (➤ Abb. 9.1 und ➤ Abb. 9.2)

*(Xi-)*Grenz-Punkt

Lokalisation: Auf der medialen Seite der Vordergliedmaße, auf halber Strecke zwischen Lu 5 und Lu 7, medial des M. extensor carpi radialis.

Innervation: N. cutaneus antebrachii, N. medianus.

Technik: Rechtwinklige Stichrichtung auf 0,5–1,5 cm Tiefe.

Indikation: Pharyngolaryngitis, Schmerzen im Ellenbogen oder der Vordergliedmaße.

Lu 7: *Lie Que*, Unterbrochene Reihenfolge (➤ Abb. 9.1 und ➤ Abb. 9.2)

*(Luo-)*Passage-Punkt zum Dickdarm-Meridian, Schlüsselpunkt des Konzeptionsgefäßes, Meisterpunkt von Kopf und Genick

Lokalisation: Am medialen Aspekt der Vordergliedmaße, proximal des Processus styloideus medialis und medial der Sehne des M. extensor carpi radialis. Am Übergang des M. extensor carpi radialis und des M. brachioradialis in ihre Endsehnen.

Innervation: N. cutaneus antebrachii und N. radialis.

Technik: Stichführung im Winkel von proximal oder distal auf 0,5–1,5 cm Stichtiefe.

Indikation: Wichtiger Punkt für alle Erkrankungen des Respirationstraktes, Pharyngolaryngitis, Tracheobronchitis, Husten, Asthma, Genicksteife, Spondylosen im Halsbereich, Fazialisparese, lokaler Punkt für Lahmheit aus dem Karpalgelenksbereich.

Lu 9: *Tai Yuan*, Großer Abgrund (➤ Abb. 9.1 und ➤ Abb. 9.2)

*(Yuan-)*Quell-Punkt, Tonisierungspunkt, einflussreicher Punkt der Blutgefäße

Lokalisation: Auf der medialen Fläche des Karpus, kranial der Sehne des M. flexor carpi radialis und direkt distal des Processus styloideus medialis.

Innervation: N. cutaneus antebrachii und N. radialis.

Technik: Rechtwinklige Stichführung auf 0,5 cm Stichtiefe.

Indikation: Erkrankungen des Respirationstraktes, Gefäßpathologien, Schmerzen im Ellenbogen- oder Schulterbereich, Paralyse der Vordergliedmaße.

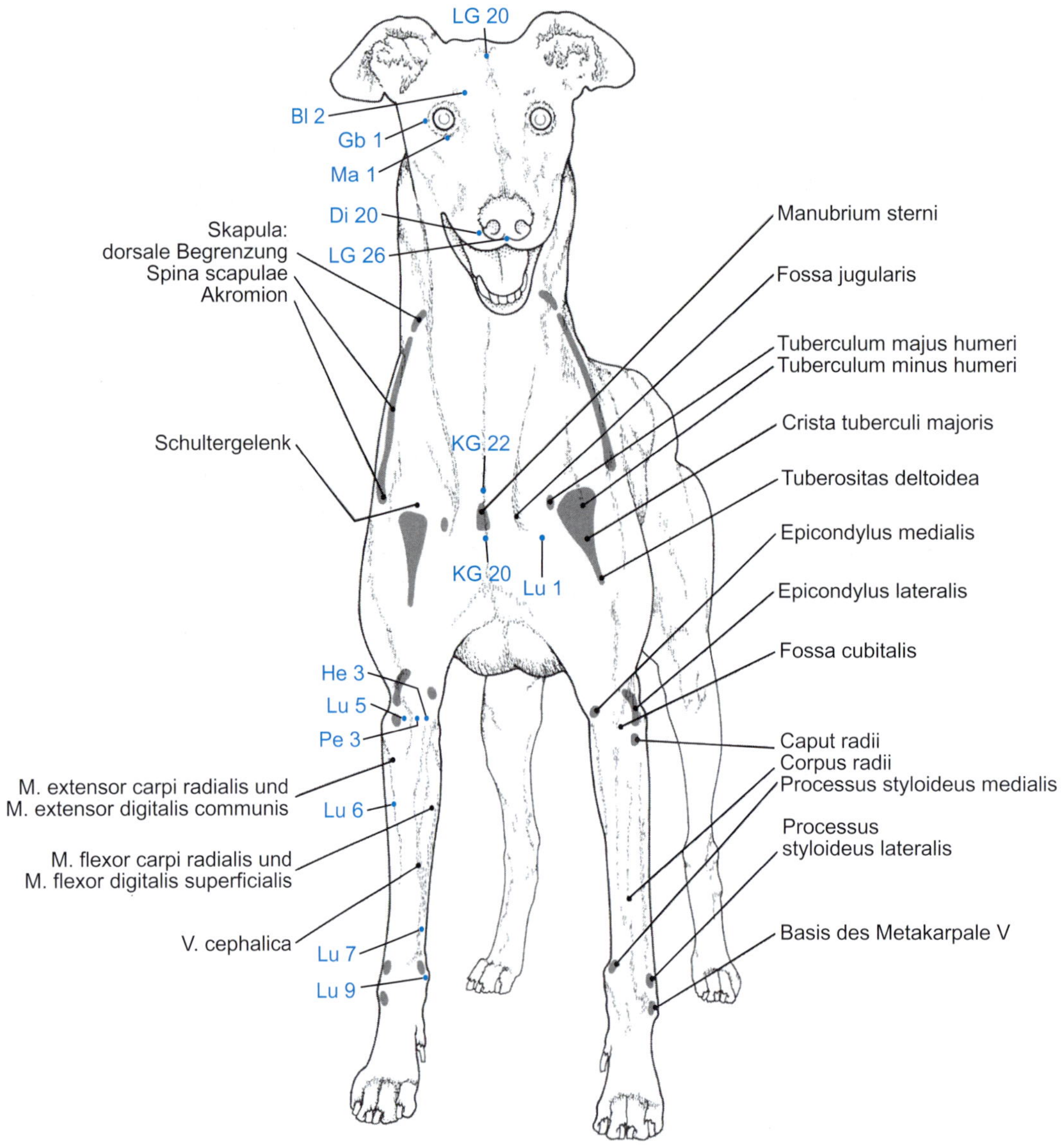

Abb. 9.1 Oberflächliche Strukturen der Vordergliedmaße, kraniale Ansicht. Die wichtigsten tastbaren Knochenstrukturen sind hervorgehoben. (Modifiziert nach Done, SH et al: Color Atlas of Veterinary Anatomy, Vol. 3, London, 1996, Mosby-Wolfe)

Lu 11: *Shao Shang*, Geringeres Metall (➤ Abb. 9.2 und ➤ Abb. 9.3)

*(Jing-)*Brunnen-Punkt

Lokalisation: Am medialen Krallenfalz der ersten Zehe der Vordergliedmaße.

Innervation: N. digitalis palmaris.

Technik: Angewinkelte, flache Insertion auf 0,2 cm Tiefe (schmerzhaft).

Indikation: Notfallpunkt, Atemstillstand, Koma, Kollaps, Epilepsie, hohes Fieber.

Der Herz-Meridian (He)

He 3: *Shao Hai*, Meer des kleinen *Yin* (➤ Abb. 9.1 und ➤ Abb. 9.2)

Vereinigungs-Punkt

Lokalisation: Am medialen Ende der Ellenbogenbeugefalte, auf halber Strecke zwischen dem Epicondylus medialis humeri und der Sehne des M. biceps brachii, in der Nähe des Ursprungs des M. pronator teres.

Innervation: N. cutaneus antebrachii medialis, N. ulnaris.

Technik: Rechtwinklige oder kraniolaterale Nadelführung auf 0,5–1,5 cm Tiefe.

Indikation: Schmerzen oder Paralyse im Bereich des Ellenbogengelenks, Arthritis des Ellenbogengelenks.

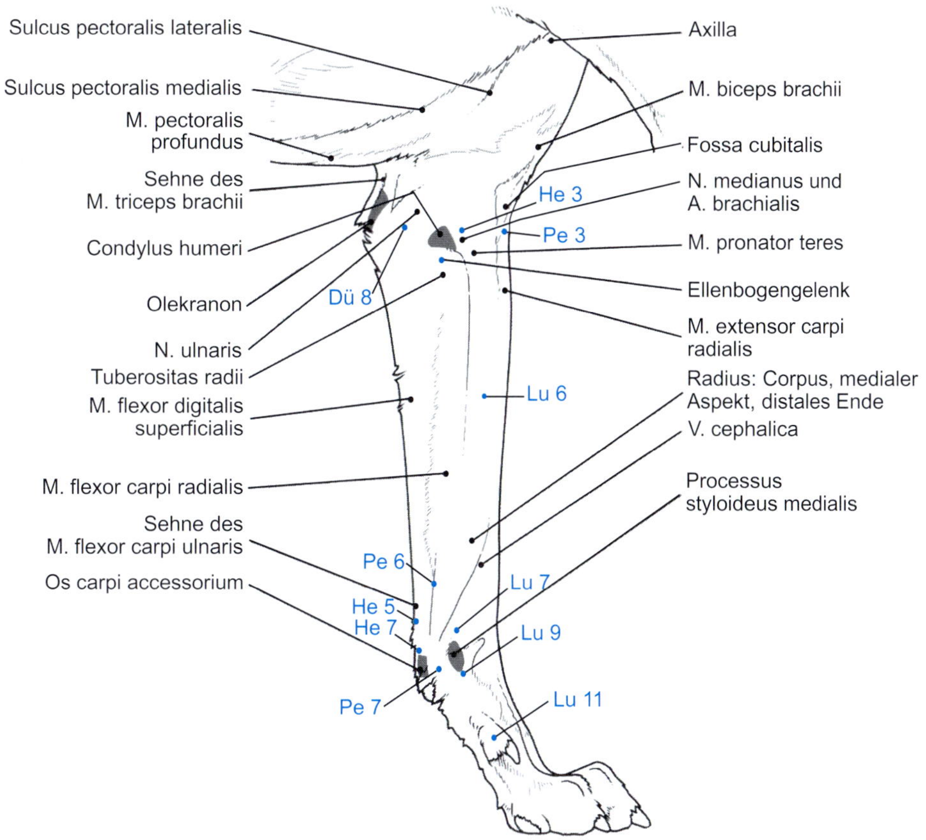

Abb. 9.2 Oberflächliche Strukturen des Unterarmes und der Pfote in medialer Ansicht. Die wichtigsten tastbaren Knochenstrukturen sind hervorgehoben. (Modifiziert nach Done, SH et al: Color Atlas of Veterinary Anatomy, Vol. 3, London, 1996, Mosby-Wolfe)

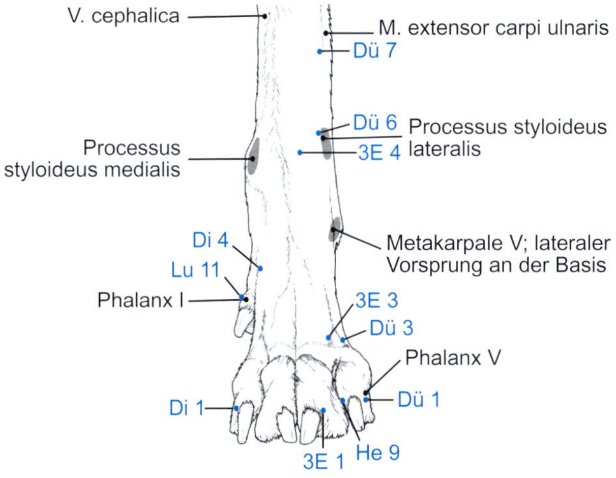

Abb. 9.3 Oberflächliche Strukturen des linken Karpalgelenks und der Pfote in dorsaler Ansicht. Die wichtigsten tastbaren Knochenstrukturen sind hervorgehoben. (Modifiziert nach Done, SH et al: Color Atlas of Veterinary Anatomy, Vol. 3, London, 1996, Mosby-Wolfe)

He 5: *Tong Li*, Innere Verbindung (➤ Abb. 9.2)

*(Luo-)*Passage-Punkt zum Dünndarm-Meridian (zu Dü 4)

Lokalisation: Im kaudalen Bereich des Unterarmes, in einer Muskelfurche zwischen dem M. flexor carpi ulnaris und dem M. flexor digitalis superficialis, nach ca. 1/12 der Entfernung zwischen Karpus und der Ellenbogenbeugefalte.

Innervation: N. cutaneus antebrachii medialis, N. ulnaris.

Technik: Rechtwinklige Stichführung auf 0,5–1 cm Tiefe.

Indikation: Pharyngolaryngitis, Lahmheit aus dem Karpalgelenk, Verhaltensstörungen.

He 7: *Shen Men*, Tor des Geistes (➤ Abb. 9.2 und ➤ Abb. 9.4)

*(Yuan-)*Quell-Punkt, Sedationspunkt

Lokalisation: Im kaudalen Bereich des Unterarms, direkt proximal des Os carpi accessorium, zwischen den Sehnen des M. flexor carpi ulnaris und des M. flexor digitalis superficialis.

Innervation: N. cutaneus antebrachii kaudalis, N. ulnaris.

Technik: Rechtwinklige Stichführung auf 0,5 cm Tiefe.

Indikation: Neurosen, Verhaltensstörungen.

He 8: *Shao Fu*, Kleine Residenz (➤ Abb. 9.4)

Lokalisation: Auf dem palmaren Aspekt der Vorderpfote, an der lateralen Begrenzung des metakarpalen Ballens, zwischen dem vierten und fünften Os metacarpale, direkt proximal des Metakarpophalangealgelenks.

Innervation: N. metacarpalis palmaris IV und V.

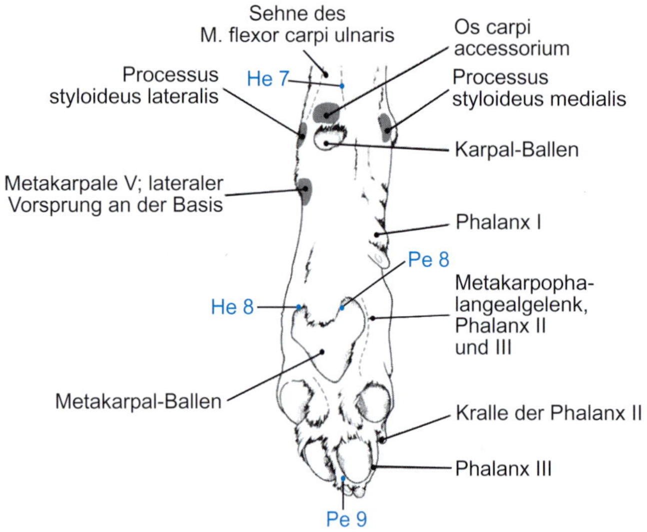

Abb. 9.4 Oberflächliche Strukturen des linken Karpalgelenks und der Pfote in palmarer Ansicht. Die wichtigsten tastbaren Knochenstrukturen sind hervorgehoben. (Modifiziert nach Done, SH et al: Color Atlas of Veterinary Anatomy, Vol. 3, London, 1996, Mosby-Wolfe)

Technik: Rechtwinklige Stichführung auf 0,2–0,5 cm Tiefe.
Indikation: Schulterlahmheit, Fieber, Epilepsie.

He 9: *Shao Chong*, Brandendes kleines *Yin* (➤ Abb. 9.3)

*(Jing-)*Brunnen-Punkt, Tonisierungspunkt

Lokalisation: Am medialen Krallenfalz der fünften Zehe.

Innervation: N. digitalis dorsalis und palmaris, N. ulnaris.

Technik: Rechtwinklige Stichführung auf 0,2 cm Tiefe (schmerzhaft).

Indikation: Kardiovaskuläre Notfälle, Apoplex, Koma.

Der Perikard-Meridian (Pe)

Pe 3: *Qu Ze*, An der Biegung gelegener Sumpf (➤ Abb. 9.1 und ➤ Abb. 9.2)

Vereinigungs-Punkt

Lokalisation: In einer Vertiefung in der Ellenbogenbeugefalte, medial des Ansatzes der Sehne des M. biceps brachii und lateral des Ursprungs des M. pronator teres.

Innervation: N. medianus.

Technik: Rechtwinklige Stichführung auf 0,5–1,5 cm Tiefe (cave: tiefere Nadelführung kann die A. brachialis superficialis verletzen).

Indikation: Apoplex, Hitzschlag, Erbrechen, Lahmheit aus dem Ellenbogen.

Pe 6: *Nei Guan*, Inneres Tor (➤ Abb. 9.2)

*(Luo-)*Passage-Punkt zum Dreifachen Erwärmer-Meridian, Schlüsselpunkt des *Yin Wei Mai* (*Yin*-Verbindungsgefäß)

Lokalisation: In einer Muskelfurche kaudal des M. flexor carpi radialis und kranial des M. flexor digitalis superficialis, nach ca. ⅙ der Verbindungslinie zwischen Karpus und medialem Ende der Ellenbogenbeugefalte. 2 *Cun*[1] über der Handbeugefalte, zwischen der Sehne des M. flexor digitalis superficialis und dem M. flexor carpi radialis.

Innervation: N. cutaneus antebrachii medialis, N. medianus. Die Punktlokalisation entspricht der Injektionsstelle zur Blockade des N. medianus.

Technik: Rechtwinklige Stichführung auf 0,5–1 cm Tiefe.

Indikation: Kardiovaskuläre Erkrankungen, Neurosen, Epilepsie, Erkrankungen im Bereich des kranialen Abdomens, Magengeschwüre, Gastritis, Erbrechen, Übelkeit (wichtiger distaler Punkt).

Pe 7: *Da Ling*, Großer Hügel (➤ Abb. 9.2)

*(Yuan-)*Quell-Punkt, Sedationspunkt

Lokalisation: Kaudal der Sehne des M. flexor carpi radialis und proximal des Os carpi radiale.

Innervation: N. cutaneus antebrachii medialis.

Technik: Rechtwinklige Stichführung auf 0,2–0,5 cm Tiefe.

Indikation: Verletzungen des Karpalgelenks, Verhaltensstörungen.

---

[1] *Cun* ist eine chinesische Längeneinheit, die ungefähr einem Zoll entspricht, also ca. 3 cm. In diesem Kapitel wird *Cun* jedoch im Sinne einer „proportionalen" Längeneinheit benutzt. Jeder Körperteil wird in der TCM in mehrere gleich lange Einheiten unterteilt, die als *Cun* bezeichnet werden. So entspricht z.B. die Länge des Unterarmes vom Ellenbogen bis zum Handgelenk 12 *Cun*. Dementsprechend liegt Pe 6 beim Menschen auf ²⁄₁₂ der Strecke zwischen Ellenbogenfalte und Handgelenk, also 2 *Cun* proximal des Handgelenks. Eine weitere Methode *Cun* zu bemessen, stellt das so genannte Fingermaß dar. Die Breite des Daumens auf Höhe des Interphalangealgelenks entspricht einem *Cun*. Dieses Maß wird in der Humanmedizin oft verwendet, findet aber in diesem Kapitel keine Anwendung.

9

Pe 8: *Lao Gong*, Palast der mühevollen Arbeit (➤ Abb. 9.4)

Lokalisation: Auf der palmaren Fläche der Vorderpfote, auf der medialen Seite des Metakarpus, proximal des III. Metakarpophalangealgelenks.

Innervation: Nn. metacarpalis palmares II und III.

Technik: Rechtwinklige Stichführung auf 0,5–1 cm Tiefe.

Indikation: Krämpfe, Psychosen, Stomatitis, Erbrechen.

Pe 9: *Zhong Chong*, Mittlerer Angriffspunkt (➤ Abb. 9.4)

*(Jing-)*Brunnen-Punkt, Tonisierungspunkt

Lokalisation: Am lateralen Krallenfalz der dritten Zehe.

Innervation: Nn. digitales palmares.

Technik: Rechtwinklige Stichführung auf 0,2 cm Tiefe.

Indikation: Kardiovaskuläre Notfälle, Schock, Koma.

9.2 Akupunkturpunkte an der Vordergliedmaße: die *Yang*-Meridiane

Der Dickdarm-Meridian (Di)

Di 1: *Shang Yang*, Metall *Yang* (➤ Abb. 9.3)

(Jing-)Brunnen-Punkt

Lokalisation: Am medialen Krallenfalz der zweiten Zehe der Vorderpfote.

Innervation: N. digitalis palmaris II.

Technik: Stichführung von proximal auf 0,2 cm Tiefe (schmerzhaft).

Indikation: Kardiopulmonale Notfälle, Fieberkrämpfe.

Di 4: *He Gu*, Verbundene Täler (➤ Abb. 9.3)

*(Yuan-)*Quell-Punkt, Meisterpunkt des Kopfes

Lokalisation: Zwischen dem ersten und zweiten Metakarpale, am Übergang vom mittleren zum proximalen Drittel.

Innervation: N. digitalis palmaris dorsalis communis II.

Technik: Rechtwinklige Stichführung auf 0,5 cm Tiefe.

Indikation: Hauterkrankungen, Schmerzen im Kopf- und Halsbereich, Lahmheit aus der Schulter oder der Vordergliedmaße, wichtiger Punkt für die Akupunkturanalgesie.

Di 10: *Shou San Li*, Drei Entfernungen am Arm (➤ Abb. 9.5)

Lokalisation: Auf einer Verbindungslinie zwischen Ellenbogengelenk und Karpus, nach ⅙ der Distanz, zwischen dem M. extensor carpi radialis und dem M. brachioradialis. In der Tiefe verläuft der N. radialis superficialis.

Innervation: N. cutaneus antebrachii, N. radialis

Technik: Rechtwinklige Stichführung auf 1–2 cm Tiefe.

Indikation: Schmerzen im Schulterbereich und Paralysen der Gliedmaße, Arthritis des Ellenbogengelenks, Diarrhö.

Di 11: *Qu Chi*, Gewundener Teich (➤ Abb. 9.5)

Vereinigungs-Punkt, Tonisierungspunkt

Lokalisation: Am lateralen Ende der Ellenbogenbeugefalte. Bei gebeugtem Ellenbogen liegt der Punkt zwischen der Sehne des M. biceps brachii und dem Epicondylus medialis humeri.

Innervation: Ramus superficialis lateralis des N. cutaneus antebrachii lateralis.

Technik: Rechtwinklige Stichführung auf 1–2 cm Tiefe.

Indikation: Schmerzen im Ellenbogen und der Vordergliedmaße, Hauterkrankungen, Pathologien des endokrinen Systems. Wichtiger tonisierender Punkt. Der Punkt wirkt homöostatisch und immunstimulierend und wird eingesetzt bei allergischen Krankheiten oder Infektionen.

Di 15: *Jian Yu*, Schultertransportpunkt (➤ Abb. 9.5)

Lokalisation: Auf halber Strecke zwischen Akromion und Tuberculum majus humeri, am kaudalen Rand der Pars clavicularis des M. deltoideus. Er entspricht höchstwahrscheinlich dem traditionellen Veterinärpunkt *Jain Jing* (Schulter-Quelle).

Innervation: N. axillaris.

Technik: Rechtwinklige Stichführung auf 1–2 cm Tiefe.

Indikation: Arthritis des Schultergelenks, Schmerzen im Bereich der Schulter.

Di 20: *Ying Xiang*, Willkommener Duft (➤ Abb. 9.1 und ➤ Abb. 9.6)

Lokalisation: Lateral am Nasenflügel, in einer Vertiefung zwischen der Nase und der behaarten Haut.

Innervation: N. infraorbitalis.

Technik: Rechtwinklige Stichführung auf 0,5 cm Tiefe.

Indikation: Rhinitis, Epistaxis, Fazialisparese.

Der Dünndarm-Meridian (Dü)

Dü 1: *Shao Ze*, Kleiner Sumpf (➤ Abb. 9.3)

*(Jing-)*Brunnen-Punkt

Lokalisation: Am lateralen Krallenfalz der fünften Zehe der Vorderpfote.

Innervation: N. digitalis palmaris proprius abaxialis V.

Technik: Stichführung schräg von proximal kommend oder rechtwinklig auf 0,2 cm Tiefe.

Indikation: Hypogalaktie, Mastitis, akute Notfälle.

Dü 3: *Hou Xi*, Hinterer Fluss (➤ Abb. 9.3 und ➤ Abb. 9.5)

Tonisierungspunkt, Schlüsselpunkt des Lenkergefäßes

Lokalisation: Am lateralen Aspekt des 5. Metakarpophalangealgelenks, proximal des Kopfes des Os metacarpale V.

Innervation: N. digitalis dorsalis proprius abaxialis V.

Technik: Rechtwinklige Stichführung auf 0,5–1 cm Tiefe.

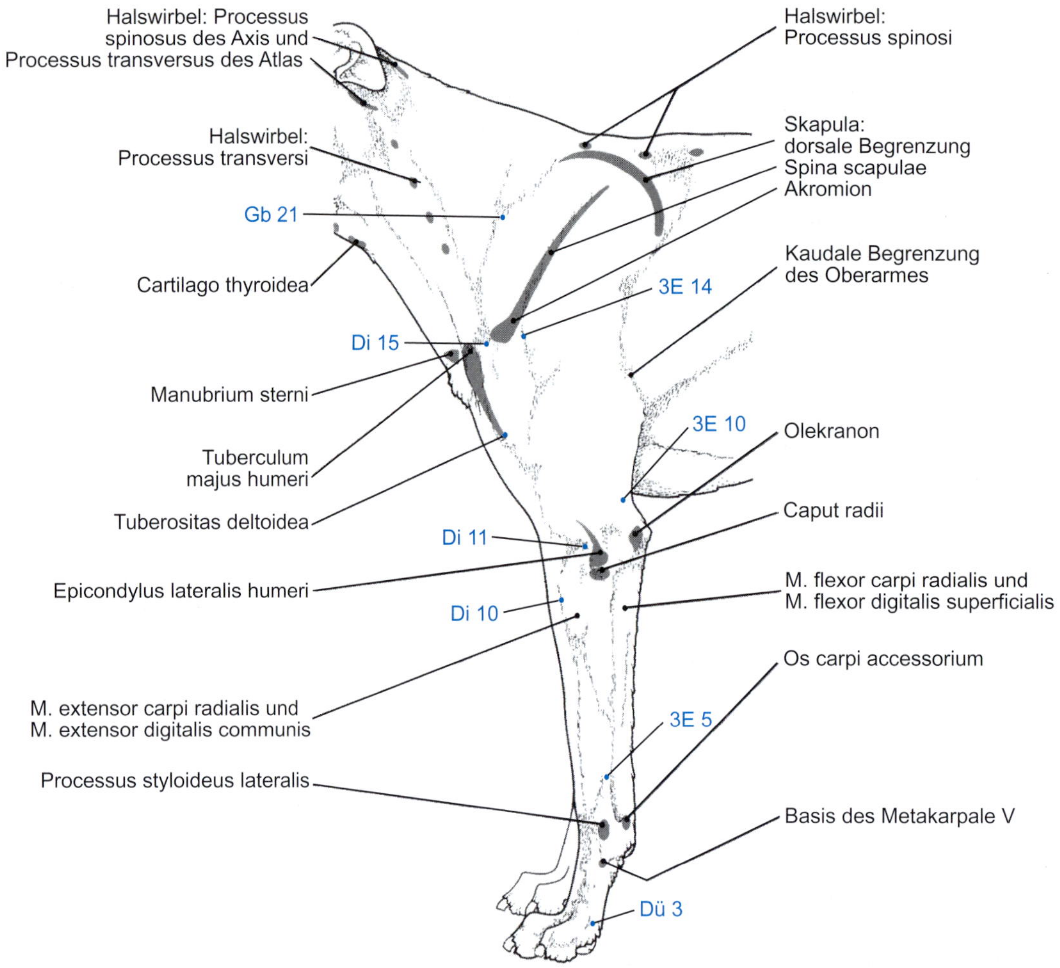

Abb. 9.5 Oberflächliche Strukturen der linken Vordergliedmaße in lateraler Ansicht. Die wichtigsten tastbaren Knochenstrukturen sind hervorgehoben. (Modifiziert nach Done, SH et al: Color Atlas of Veterinary Anatomy, Vol. 3, London, 1996, Mosby-Wolfe)

Indikation: Zervikale Hyperpathie, Schmerzen im Schulterbereich, Spondylosen der Halswirbelsäule.

Dü 6: *Yang Lao*, Nährung des Alters (> Abb. 9.3)

*(Xi-)*Grenz-Punkt

Lokalisation: Medial des Processus styloideus lateralis und des M. extensor carpi ulnaris.

Technik: Stichführung in Richtung Pe 6 auf 0,5–1,5 cm Tiefe.

Indikation: Genicksteife, Schmerzen in Genick, Schulter oder Vordergliedmaße.

Dü 7: *Zhi Zeng*, Ast zum Herz-Meridian (> Abb. 9.3)

*(Luo-)*Passage-Punkt zum Herz-Meridian

Lokalisation: Am lateralen Aspekt des Unterarmes, nach 5/12 der Entfernung zwischen dem Handgelenk und der Ellenbogenbeugefalte, am kranialen Rand des M. extensor carpi ulnaris.

Innervation: N. cutaneus antebrachii, N. ulnaris.

Technik: Rechtwinklige Stichführung auf 0,5–1 cm Tiefe.

Indikation: Schmerzen im Bereich des Ellenbogens, der Vordergliedmaße und der Schulter, Verhaltensstörungen.

Dü 8: *Xiao Hai*, Meer des Dünndarms (> Abb. 9.2)

Vereinigungs-Punkt

Lokalisation: In einer Vertiefung zwischen dem Epicondylus medialis humeri und dem Olekranon. In der Tiefe liegt der N. ulnaris.

Innervation: N. cutaneus antebrachii.

Technik: Rechtwinklige Stichführung auf 0,5 cm Tiefe.

Indikation: Schmerzen in der Vordergliedmaße, dem Ellenbogen und der Schulter.

Dü 18: *Quan Liao*, Zygomatikus-Spalte (> Abb. 9.6)

Lokalisation: Seitlich am Kopf, ventral des Processus temporalis des Os zygomaticum, auf der Höhe des lateralen Augenwinkels. Entspricht höchstwahrscheinlich dem traditionellen Veterinärpunkt *Kai Guan* (Öffnen und Schließen).

Innervation: N. infraorbitalis, N. facialis.

Technik: Rechtwinklige Stichführung auf 1–1,5 cm Tiefe oder horizontale Stichführung tief durch den M. masseter auf 3–5 cm Tiefe.

Indikation: Fazialisparese, Punkt zur Akupunkturanalgesie am Kopf.

9

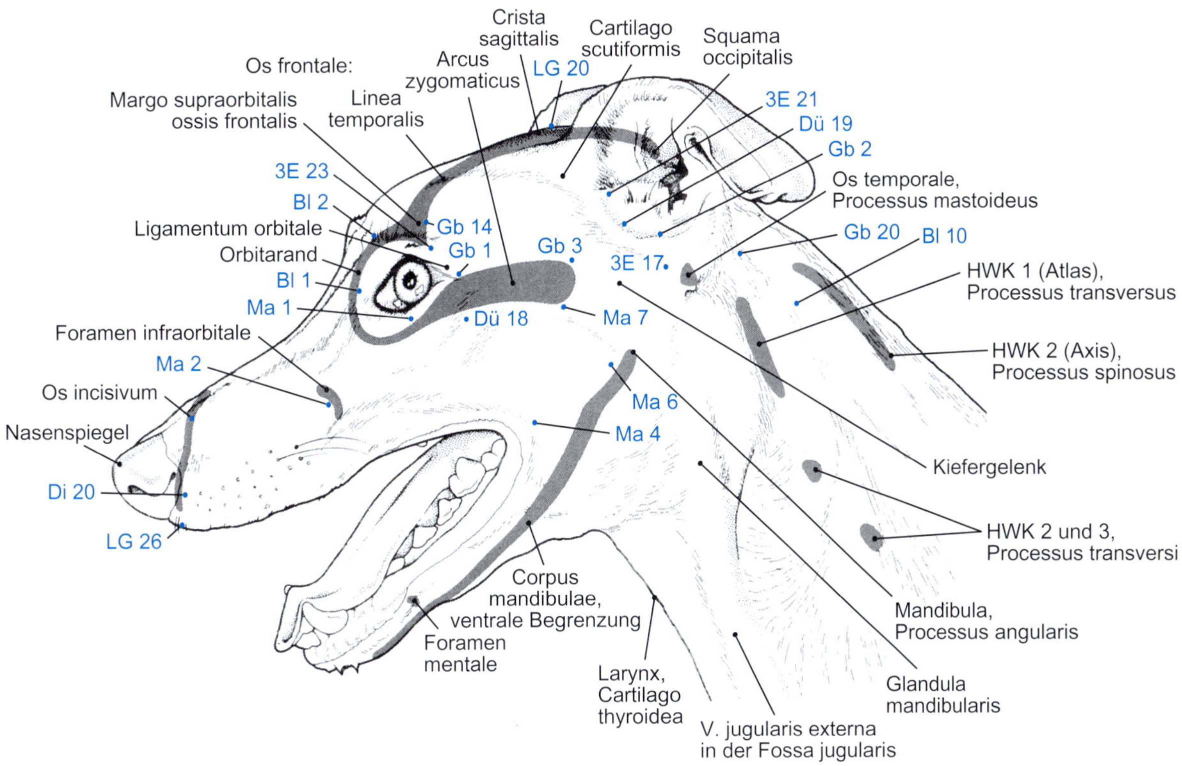

Abb. 9.6 Oberflächliche Strukturen des Kopfes in lateraler Ansicht. Die wichtigsten tastbaren Knochenstrukturen sind hervorgehoben. (Modifiziert nach Done, SH et al: Color Atlas of Veterinary Anatomy, Vol. 3, London, 1996, Mosby-Wolfe)

Dü 19: *Ting Gong*, Palast des Gehörs (➤ Abb. 9.6)

Lokalisation: In einer Vertiefung rostral des Tragus des Ohres.

Innervation: N. facialis.

Technik: Rechtwinklige Stichführung auf 0,5–1,5 cm Tiefe.

Indikation: Taubheit, Infektionen des Ohres.

Der Dreifache Erwärmer-Meridian (3E)

3E 1: *Guan Chong*, Tor-Ansturm (➤ Abb. 9.3)

*(Jing-)*Brunnen-Punkt

Lokalisation: Am lateralen Krallenfalz der vierten Zehe der Vorderpfote.

Innervation: Nn. digitales palmaris et dorsalis proprii IV.

Technik: Stichführung von proximal auf 0,2 cm Tiefe.

Indikation: Pharyngolaryngitis, Fieber.

3E 3: *Zhong Zhu*, Mittlere kleine Insel (➤ Abb. 9.3)

Tonisierungspunkt

Lokalisation: Auf dem Handrücken der Vorderpfote, in einer Vertiefung zwischen dem vierten und dem fünften Os metacarpale, in der Nähe des Kopfes (distales Ende) des fünften Os metacarpale.

Innervation: N. digitalis dorsalis communis.

Technik: Rechtwinklige Stichführung auf 0,5 cm Tiefe.

Indikation: Schmerzen oder Paralyse der Vordergliedmaße, Taubheit.

3E 4: *Yang Chi*, *Yang*-Teich (➤ Abb. 9.3)

*(Yuan-)*Quell-Punkt

Lokalisation: Auf dem Handrücken der Vorderpfote, in der Spalte zwischen dem Unterarm (Os radiale und Os ulnare) und den Ossa carpi radiale und ulnare.

Innervation: N. cutaneus antebrachii.

Technik: Rechtwinklige Stichführung auf 0,5–1 cm Tiefe.

Indikation: Verletzungen des Handgelenks.

3E 5: *Wai Guan*, Äußeres Tor (➤ Abb. 9.5)

*(Luo-)*Passage-Punkt zum Perikard-Meridian, Schlüsselpunkt des *Yang*-Verbindungsgefäßes, *Yang Wei Mai*

Lokalisation: Auf einer Verbindungslinie vom Handgelenk zur Ellenbogenbeugefalte, im dorsalen Bereich des Unterarmes, am Übergang zum distalen ⅙, kaudal der Sehne des M. extensor digitalis communis. Der Punkt liegt am distalen Ende des Spaltes zwischen Radius und Ulna und stellt den lateralen Gegenpunkt zu Pe 6 dar.

Innervation: N. cutaneus antebrachii, N. interosseus antebrachii.

Technik: Rechtwinklige Stichführung auf 1–2 cm Tiefe.

Indikation: Fieber, steifes Genick, Schmerzen oder Paralyse der Vordergliedmaßen, Obstipation, Arthritis im Karpalgelenk.

3E 10: *Tian Jing*, Himmlische Quelle (➤ Abb. 9.5)

Vereinigungs-Punkt

Lokalisation: An der kaudalen Begrenzung des Oberarmes in einer Vertiefung proximal des Olekranons.

Innervation: N. cutaneus antebrachii.

Technik: Rechtwinklige Stichführung auf 0,5–1 cm Tiefe.

Indikation: Verletzungen des Ellenbogens, steifes Genick.

3E 14: *Jian Liao*, Schulter-Spalte (➤ Abb. 9.5)

Lokalisation: Kaudal des Akromions der Skapula, in der Mitte der Pars acromialis des M. deltoideus.

Innervation: N. cutaneus antebrachii, N. axillaris accessorius.

Technik: Distale Stichführung auf 1 cm Tiefe.

Indikation: Schmerzen im Schulterbereich.

3E 17: *Yi Feng*, Windschild (➤ Abb. 9.6)

Lokalisation: In einer Vertiefung kaudal der Mandibula, ventral des Ohrgrundes und kranial des Processus mastoideus. In der Tiefe liegt hier die Parotis und der N. facialis. Der Punkt wird auch in der traditionellen Veterinärakupunktur verwendet.

Innervation: N. auricularis magnus.

Technik: Rechtwinklige Stichführung auf 1–2 cm Tiefe.

Indikation: Fazialisparese, Taubheit, Otitis media.

3E 21: *Er Men*, Tor des Ohres (➤ Abb. 9.6)

Lokalisation: Im Sulcus rostral des Tragusrandes, dorsal des Processus coronoideus mandibulae. Bei geöffnetem Fang ist der Punkt leichter zu palpieren.

Innervation: N. auriculopalpebralis, N. auriculotemporalis.

Technik: Ventrokaudale Stichführung, nicht tiefer als 1 cm.

Indikation: Taubheit, Otitis media, Dysfunktionen des Mandibulargelenks.

3E 23: *Si Zhu Kong*, Seidenbambus-Loch (➤ Abb. 9.6)

Lokalisation: Proximal des lateralen Orbitarandes, auf der Höhe des Processus zygomaticus ossis frontalis.

Innervation: N. auriculopalpebralis, N. maxillaris.

Technik: Ventrokaudale Stichführung, nicht tiefer als 1 cm.

Indikation: Konjunktivitis, Fazialisparese.

9

9.3 Akupunkturpunkte an Kopf, Rumpf und Beckengliedmaßen: die *Yang*-Meridiane

Der Magen-Meridian (Ma)

Ma 1: *Cheng Qi*, Tränenbehälter (➤ Abb. 9.1 und ➤ Abb. 9.6)

Lokalisation: Im der Mitte der ventralen Grenze der knöchernen Orbita, zwischen Bulbus und Orbitarand. Der Punkt wird auch in der traditionellen Veterinärakupunktur verwendet.

Innervation: N. infraorbitalis, N. nasalis caudalis.

Technik: Man sticht ca. 1 cm tief in das periorbitale Gewebe ein. Dazu muss der Augapfel nach dorsal gedrückt und die Nadel vorsichtig entlang des Knochenrandes geführt werden.

Indikation: Konjunktivitis, Atrophie des N. opticus, Retinitis, Katarakt.

Ma 2: *Si Bai*, Die vier Weißen (➤ Abb. 9.6)

Lokalisation: Direkt auf dem Foramen infraorbitalis, rostroventral des Punktes Ma 1. In der Tiefe verläuft der N. infraorbitalis.

Innervation: N. infraorbitalis.

Technik: Rechtwinklige Stichführung auf 0,2–0,5 cm Tiefe; alternativ schräge Stichführung, bis 1 cm tief in das Foramen infraorbitale eindringend.

Indikation: Fazialisparese, Konjunktivitis.

Ma 4: *Di Cang*, Erde-Getreidespeicher (➤ Abb. 9.6)

Lokalisation: Im lateralen Maulwinkel.

Innervation: Ramus buccolabialis dorsalis des N. facialis.

Technik: Horizontale Stichführung, nach kaudal in Richtung Ma 6 auf 0,5 bis 1 cm Tiefe.

Indikation: Fazialisparese, Trigeminusneuralgie.

Ma 6: *Jia Che*, Kiefer-Kutsche (➤ Abb. 9.6)

Lokalisation: An der ventralen Grenze des M. masseter, rostral des Mandibulawinkels.

Innervation: N. facialis.

Technik: Rechtwinklige Stichführung auf 0,3–0,5 cm Tiefe; alternativ schräg in Richtung Ma 4 stechen (v.a. bei Fazialisparese).

Indikation: Fazialisparese, Tonsillitis, Entzündungen der Glandula parotis.

Ma 7: *Xia Guan*, Unteres Tor (➤ Abb. 9.6)

Lokalisation: In einer Vertiefung ventral des Arcus zygomaticus und rostral des Processus condylus der Mandibula. Der Punkt wird auch in der traditionellen Veterinärakupunktur verwendet.

Innervation: N. facialis, N. massetericus.

Technik: Rechtwinklige Stichführung auf 1 cm Tiefe.

Indikation: Fazialisparese, Myositis im Mandibularbereich, Trigeminusneuralgie.

Ma 25: *Tian Shu*, Himmelssäule (➤ Abb. 9.7)

*(Mu-)*Alarm-Punkt des Dickdarm-Meridians

Lokalisation: Lateral des Nabels, auf halber Strecke zwischen dem Nabel und der Zitzenlinie, auf dem M. rectus abdominis. Der Punkt wird auch in der traditionellen Veterinärakupunktur verwendet.

Innervation: N. illiohypogastricus cranialis und caudalis.

Technik: Rechtwinklige Stichführung auf 0,5–1 cm Tiefe.

Indikation: Gastroenteritis, Diarrhö, Obstipation, Erbrechen. Wichtiger diagnostischer Punkt für Störungen im Dickdarmbereich.

Ma 35: *Du Bi*, Kalbsnase (> Abb. 9.8 und > Abb. 9.9)

Lokalisation: Auf der lateralen Kante der Patella, am Ansatzpunkt des Lig. patellae. In der traditionellen Veterinärakupunktur sind der Punkt Ma 35 und sein medialer Gegenpunkt *Xi Yan* kombiniert unter der Bezeichnung *Xi Xia* (unter der Kniescheibe) bekannt. Beide Punkte werden bei verschiedenen Erkrankungen des Kniegelenks eingesetzt.

Innervation: N. cutaneus surae lateralis, N. fibularis communis.

Technik: Rechtwinklige Stichführung auf 0,5–1 cm Tiefe. Die Gelenkkapsel sollte nicht punktiert werden.

Indikation: Arthritis und Schmerzen im Kniegelenk, Subluxation der Patella.

Ma 35 medial: *Xi Yan*, Knieauge (> Abb. 9.9)

Medialer Gegenpunkt zu Ma 35.

Lokalisation: In einer Vertiefung an der ventralen Kante der Patella, medial der Ansatzstelle des Lig. patellae.

Innervation: N. saphenus.

Technik: Rechtwinklige Stichführung auf 0,5–1 cm Tiefe. Die Gelenkkapsel sollte nicht punktiert werden.

Indikation: Arthritis und Schmerzen im Kniegelenk, Subluxation der Patella.

Ma 36: *Zu San Li*, Drei Meilen des Fußes (> Abb. 9.8 und > Abb. 9.9)

Vereinigungs-Punkt, Punkt des Meeres der Nahrung

Lokalisation: 3 *Cun* distal von Ma 35, in einer Vertiefung lateral der Tuberositas tibiae am Ursprung des M. tibialis cranialis. In der traditionellen Veterinärakupunktur ist der Punkt mit dem Namen *Hou San Li* (Drei Meilen-Punkt des Beines) bekannt.

Innervation: N. saphenus.

Technik: Rechtwinklige Stichführung auf 1–2 cm Tiefe.

Indikation: Gastrointestinale Störungen, generell stärkender Punkt bei allen Schwäche- und Leerezuständen, Paralyse der Hintergliedmaßen, endokrine und metabolische Störungen, Punkt zur Akupunkturanalgesie.

Ma 40: *Feng Long*, Reiche Wölbung (> Abb. 9.8 und > Abb. 9.9)

*(Luo-)*Passage-Punkt zum Milz/Pankreas-Meridian

Lokalisation: Auf halber Strecke zwischen dem Punkt Ma 35 und dem Malleolus lateralis fibulae. Der Punkt liegt zwischen den Muskeln der kranialen Fibula und dem M. extensor digitalis longus.

Innervation: N. cutaneus surae lateralis.

Technik: Rechtwinklige Stichführung auf 1 cm Tiefe.

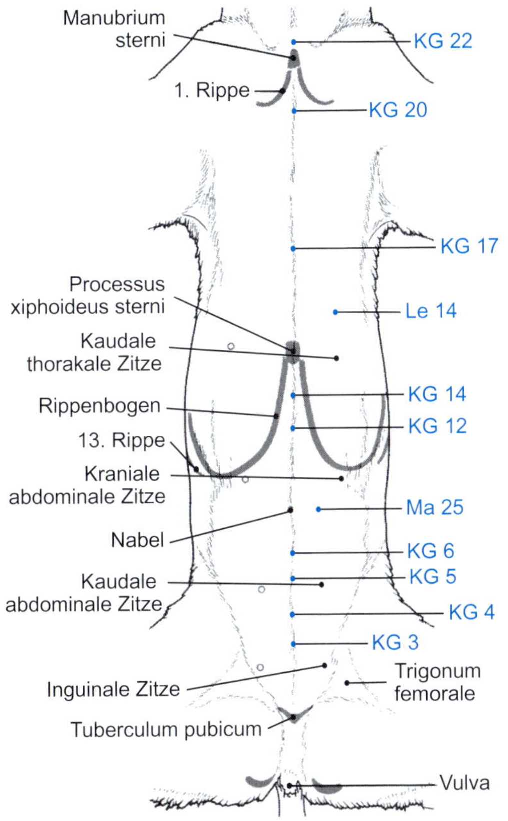

Abb. 9.7 Oberflächliche Strukturen an Thorax und Abdomen der Hündin in ventraler Ansicht. Die wichtigsten tastbaren Knochenstrukturen sind hervorgehoben. (Modifiziert nach Done, SH et al: Color Atlas of Veterinary Anatomy, Vol. 3, London, 1996, Mosby-Wolfe)

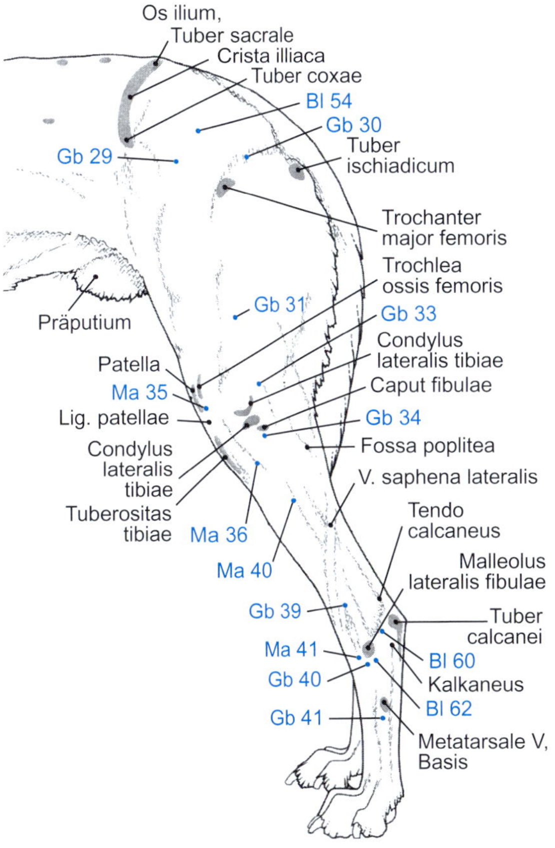

Abb. 9.8 Oberflächliche Strukturen der Hintergliedmaße in lateraler Ansicht. Die wichtigsten tastbaren Knochenstrukturen sind hervorgehoben. (Modifiziert nach Done, SH et al: Color Atlas of Veterinary Anatomy, Vol. 3, London, 1996, Mosby-Wolfe)

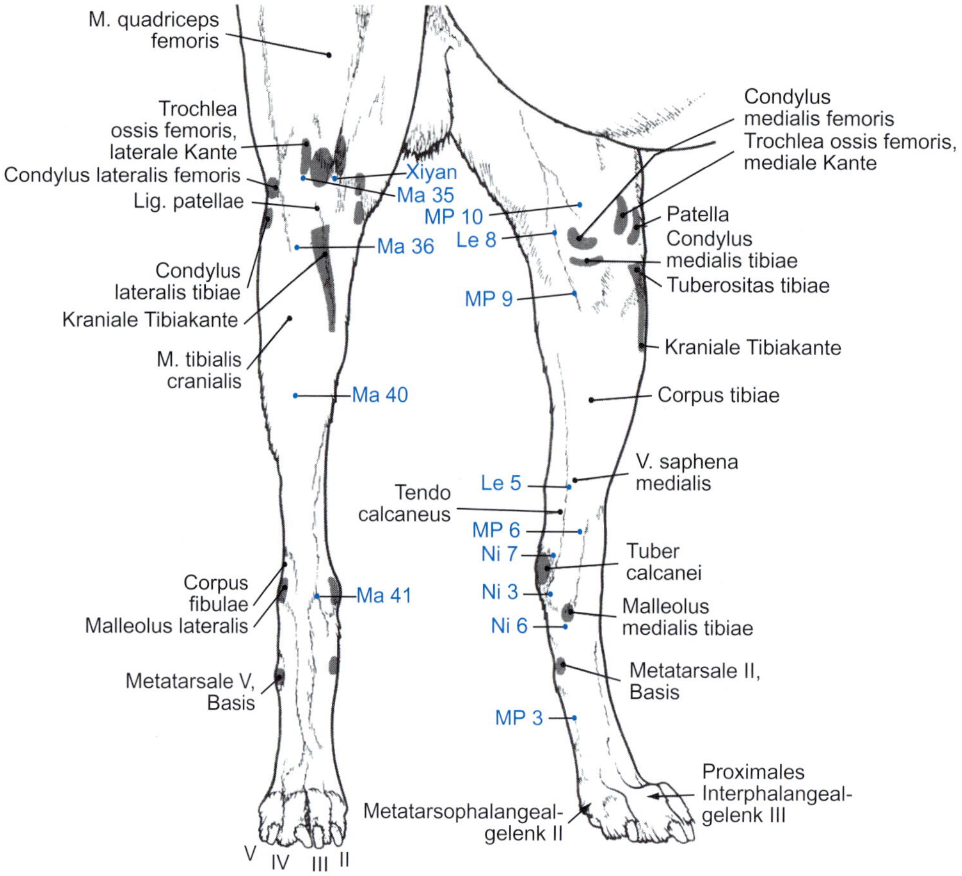

Abb. 9.9 Oberflächliche Strukturen der Hintergliedmaße in kranialer Ansicht. Die wichtigsten tastbaren Knochenstrukturen sind hervorgehoben. (Modifiziert nach Done, SH et al: Color Atlas of Veterinary Anatomy, Vol. 3, London, 1996, Mosby-Wolfe)

Indikation: Bronchitis, Asthma, exzessive Schleimbildung, gastrointestinale Störungen, Epilepsie, Paralyse der Hintergliedmaßen.

Ma 41: *Jie Xi*, Teilender Strom (➤ Abb. 9.8, ➤ Abb. 9.9 und ➤ Abb. 9.10)

*(Jing-)*Fluss-Punkt, Tonisierungspunkt

Lokalisation: Auf der dorsalen Fläche des Tarsalgelenks, in einer Vertiefung zwischen den Sehnen des M. tibialis cranialis und des M. extensor digitalis longus. In der Tiefe unter dem Punkt liegen A. und V. tibialis, sowie N. fibularis profundus und superficialis.

Innervation: N. fibularis superficialis.

Technik: Rechtwinklige Stichführung auf 0,2–0,5 cm Tiefe.

Indikation: Verletzung des Tarsalgelenks und der umgebenden Weichteile, Paralyse der Hintergliedmaße, abdominelle Beschwerden.

Ma 42: *Chong Yang*, Brandendes *Yang* (➤ Abb. 9.10)

*(Yuan-)*Quell-Punkt

Lokalisation: Auf der dorsalen Fläche des Tarsalgelenks, an der Verbindung zwischen dem zweiten und dritten Os tarsale und an der Basis des zweiten und dritten Os metatarsale.

Innervation: N. fibularis superficialis.

Technik: Rechtwinklige Stichführung auf 0,3 cm Tiefe.

Indikation: Schmerzen im Bereich des Tarsalgelenks, gastrointestinale Störungen.

Ma 44: *Nei Ting*, Innerer Hof (➤ Abb. 9.10)

Lokalisation: Auf dem dorsalen Aspekt der Hinterpfote, in einer Vertiefung zwischen der zweiten und dritten proximalen Phalange, proximal der Kante der Zwischenzehenhaut.

Innervation: N. fibularis superficialis, N. tibialis.

Technik: Rechtwinklige Stichführung auf 0,3 cm Tiefe.

Indikation: Trigeminusneuralgie, Tonsillitis, gastrointestinale Störungen.

Ma 45: *Li Dui*, Kranker Mund (➤ Abb. 9.10)

*(Jing-)*Brunnen-Punkt

Lokalisation: Am lateralen Krallenfalz der zweiten Zehe.

Innervation: N digitalis plantaris resp. dorsalis proprius II axialis.

Technik: Proximale Stichführung auf 0,2 cm Tiefe.

Indikation: Notfälle, Verhaltensstörungen.

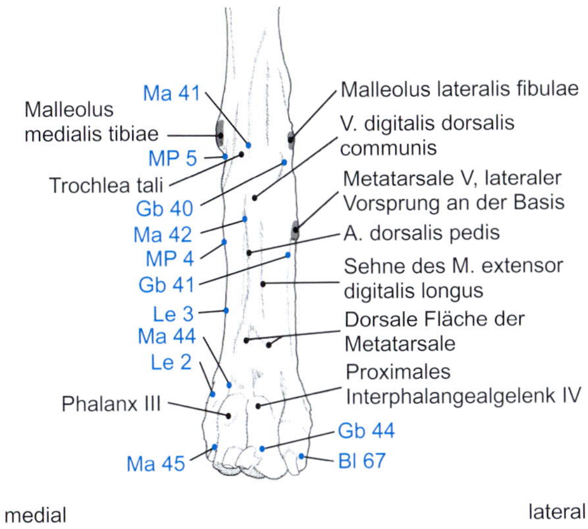

Abb. 9.10 Oberflächliche Strukturen des linken Tarsus und der linken Pfote in dorsaler Ansicht. Die wichtigsten tastbaren Knochenstrukturen sind hervorgehoben. (Modifiziert nach Done, SH et al: Color Atlas of Veterinary Anatomy, Vol. 3, London, 1996, Mosby-Wolfe)

Der Blasen-Meridian

Bl 1: *Jing Ming*, Augenglanz (➤ Abb. 9.6)

Lokalisation: Etwas dorsomedial des medialen Augenwinkels. Der Punkt wird auch in der traditionellen Veterinärakupunktur verwendet.

Innervation: N. infratrochlearis.

Technik: Rechtwinklige Stichführung auf 0,2–0,5 cm Tiefe.

Indikation: Konjunktivitis, Keratitis, Atrophie des N. opticus.

Bl 2: *Zan Zhu*, Sammeln von Bambusblättern (➤ Abb. 9.1 und ➤ Abb. 9.6)

Lokalisation: Medial der „Augenbraue“ (Pili supraorbitales), in einer knöchernen Vertiefung am oberen Rand der Orbita. Der Punkt wird auch in der traditionellen Veterinärakupunktur verwendet.

Innervation: N. frontalis, N. oculomotorius.

Technik: Rechtwinklige Stichführung auf 0,2 cm Tiefe.

Indikation: Konjunktivitis, Keratitis, Sinusitis frontalis.

Bl 10: *Tian Zhu*, Himmelspfeiler (➤ Abb. 9.6 und ➤ Abb. 9.11)

Lokalisation: Im oberen Teil des Genicks, in einer Vertiefung am atlantoaxialen Gelenk, dorsokranial des Atlasflügels, im Bereich des Foramen transversum.

Innervation: N. occipitalis.

Technik: Rechtwinklige Stichführung auf 0,5–1 cm Tiefe.

Indikation: Zervikale Spondylosen, zervikale Bandscheibenpathologien.

Bl 11: *Da Shu*, Großes Weberschiffchen (➤ Abb. 9.11)

Meisterpunkt der Knochen

Lokalisation: In einer Vertiefung 1,5 *Cun* lateral der kaudalen Grenze des Processus spinosus von BWK 1, auf halber Strecke zwischen dem Dornfortsatz und dem medialen Skapularand.

Innervation: Hautast des Ramus dorsalis des ersten Interkostalnervs.

Technik: Stichführung von medial auf 0,5–1 cm Tiefe.

Indikation: Rheumatoide Arthritis, zervikale Spondylosen, zervikale Bandscheibenpathologien, Schmerzen in der Vordergliedmaße.

Bl 13: *Fei Shu* (➤ Abb. 9.11)

*(Shu-)*Zustimmungspunkt des Lungen-Meridians

Lokalisation: Lateral der kaudalen Grenze des Processus spinosus von BWK 3, auf der Verbindungslinie der Tubercula costae. Der Punkt liegt etwa auf halber Strecke zwischen Medianebene und der Margo dorsalis scapulae.

Innervation: Lateraler Hautast des Ramus dorsalis des dritten Interkostalnervs.

Technik: Stichführung von medial auf 0,5–1 cm Tiefe (cave: Pneumothorax bei zu tiefer Nadelführung).

Indikation: Pneumonie, Bronchitis, Asthma.

Bl 14: *Jue Yin Shu* (➤ Abb. 9.11)

*(Shu-)*Zustimmungspunkt des Perikard-Meridians

Lokalisation: Lateral der kaudalen Grenze des Processus spinosus von BWK 4, auf der Verbindungslinie der Tubercula costae. Der Punkt liegt etwa auf halber Strecke zwischen Medianebene und der Margo dorsalis scapulae.

Innervation: Lateraler Hautast des Ramus dorsalis des vierten Interkostalnervs.

Technik: Stichführung von medial auf 0,5–1 cm Tiefe (cave: Pneumothorax bei zu tiefer Nadelführung).

Indikation: Myokarditis, Perikarditis, Husten.

Bl 15: *Xin Shu* (➤ Abb. 9.11)

*(Shu-)*Zustimmungspunkt des Herz-Meridians

Lokalisation: Lateral der kaudalen Grenze des Processus spinosus von BWK 5, auf der Verbindungslinie der Tubercula costae.

Innervation: Lateraler Hautast des Ramus dorsalis des fünften Interkostalnervs.

Technik: Stichführung von medial auf 0,5–1 cm Tiefe (cave: Pneumothorax bei zu tiefer Nadelführung).

Indikation: Herzerkrankungen, Synkopen, Epilepsie.

Bl 16: *Du Shu* (➤ Abb. 9.11)

*(Shu-)*Zustimmungspunkt des Lenkergefäßes

Lokalisation: Lateral der kaudalen Grenze des Processus spinosus von BWK 6, auf der Verbindungslinie der Tubercula costae.

Innervation: Lateraler Hautast des Ramus dorsalis des sechsten Interkostalnervs.

9

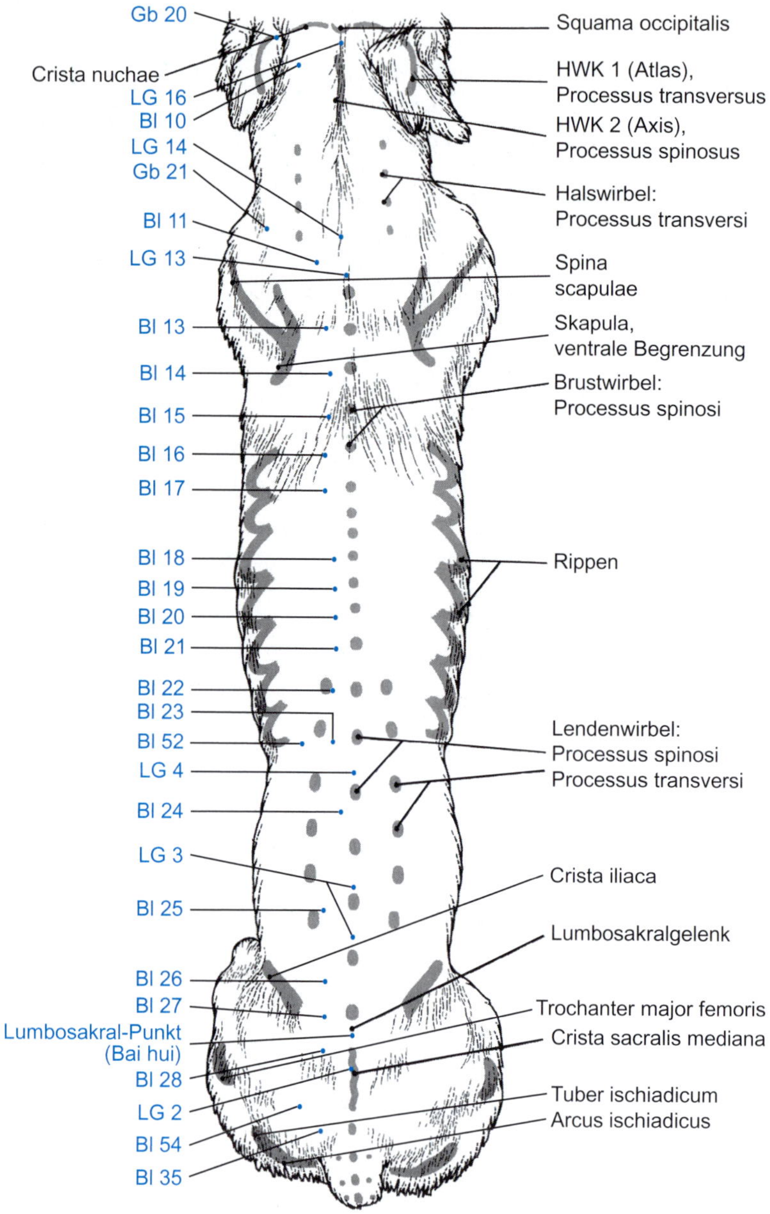

Abb. 9.11 Oberflächliche Strukturen von Hals, Rumpf und Schwanz in dorsaler Ansicht. Die wichtigsten tastbaren Knochenstrukturen sind hervorgehoben. (Modifiziert nach Done, SH et al: Color Atlas of Veterinary Anatomy, Vol. 3, London, 1996, Mosby-Wolfe)

9

Technik: Stichführung von medial auf 0,5–1 cm Tiefe (cave: Pneumothorax bei zu tiefer Nadelführung).

Indikation: Myokarditis, Perikarditis, abdominelle Schmerzen.

Bl 17: *Ge Shu* (> Abb. 9.11)

Meisterpunkt des Blutes, *(Shu-)*Zustimmungspunkt des Zwerchfells

Lokalisation: Lateral der kaudalen Grenze des Processus spinosus von BWK 7, auf der Verbindungslinie der Tubercula costae.

Innervation: Lateraler Hautast des Ramus dorsalis des siebten Interkostalnervs.

Technik: Stichführung von medial auf 0,5–1 cm Tiefe (cave: Pneumothorax bei zu tiefer Nadelführung).

Indikation: Chronische hämorrhagische Erkrankungen, Spasmen des Zwerchfells, Dyskrasie des Blutes, Asthma bronchiale.

Bl 18: *Gan Shu* (> Abb. 9.11)

*(Shu-)*Zustimmungspunkt des Leber-Meridians

Lokalisation: Lateral der kaudalen Grenze des Processus spinosus von BWK 10, auf der Verbindungslinie der Tubercula costae.

Innervation: Lateraler Hautast des Ramus dorsalis des zehnten Interkostalnervs.

Technik: Stichführung von medial auf 0,5–1 cm Tiefe (cave: Pneumothorax bei zu tiefer Nadelführung).

Indikation: Störungen im Bereich von Leber und Gallenblase, Konjunktivitis.

Bl 19: *Dan Shu* (> Abb. 9.11)

*(Shu-)*Zustimmungspunkt des Gallenblasen-Meridians

Lokalisation: Lateral der kaudalen Grenze des Processus spinosus von BWK 11, auf der Verbindungslinie der Tubercula costae.

Innervation: Lateraler Hautast des Ramus dorsalis des elften Interkostalnervs.

Technik: Stichführung von medial auf 0,5–1 cm Tiefe (cave: Pneumothorax bei zu tiefer Nadelführung).

Indikation: Störungen im Bereich von Leber und Gallenblase. Lokaler Punkt bei Bandscheibenpathologien im Bereich der Lendenwirbelsäule.

Bl 20: *Pi Shu* (➤ Abb. 9.11)

*(Shu-)*Zustimmungspunkt des Milz/Pankreas-Meridians

Lokalisation: Lateral der kaudalen Grenze des Processus spinosus von BWK 12, auf der Verbindungslinie der Tubercula costae.

Innervation: Lateraler Hautast des Ramus dorsalis des zwölften Interkostalnervs.

Technik: Stichführung von medial auf 0,5–1 cm Tiefe (cave: Gefahr eines Pneumothorax bei zu tiefer Nadelführung).

Indikation: Verdauungsbeschwerden, Erkrankungen des Pankreas, Pankreatitis, Erbrechen, Anämie, lokaler Punkt bei Bandscheibenpathologien in diesem Bereich.

Bl 21: *Wei Shu* (➤ Abb. 9.11)

*(Shu-)*Zustimmungspunkt des Magen-Meridians

Lokalisation: Lateral der kaudalen Grenze des Processus spinosus von BWK 13, auf der Verbindungslinie der Tubercula costae.

Innervation: Dorsaler Hautast des 13. Interkostalnervs.

Technik: Stichführung von medial auf 0,5–1 cm Tiefe (cave: Pneumothorax bei zu tiefer Nadelführung).

Indikation: Erbrechen, Gastritis, Magengeschwüre, Pankreatitis, lokaler Punkt bei Bandscheibenpathologien in diesem Bereich.

Bl 22: *San Jiao Shu* (➤ Abb. 9.11)

*(Shu-)*Zustimmungspunkt des Dreifachen Erwärmer-Meridians

Lokalisation: Lateral der kaudalen Grenze des Processus spinosus von LWK 1, auf der Verbindungslinie der Tubercula costae.

Innervation: Äste des N. clunius cranialis.

Technik: Stichführung von medial auf 1 cm Tiefe.

Indikation: Verdauungsbeschwerden, Dysenterie, Erbrechen, endokrine Störungen, Schmerzen im lumbalen Bereich.

Bl 23: *Shen Shu* (➤ Abb. 9.11)

*(Shu-)*Zustimmungspunkt des Nieren-Meridians

Lokalisation: Lateral der kaudalen Grenze des Processus spinosus von LWK 2, auf der Verbindungslinie der Tubercula costae.

Innervation: Äste des N. clunius cranialis.

Technik: Stichführung von medial auf 1–3 cm Tiefe.

Indikation: Nierenerkrankungen, urogenitale Erkrankungen, Rückenschmerzen, vertebrale Spondylosen, Arthritis des Hüftgelenks, Bandscheibenpathologien.

Bl 24: *Qi Hai Shu* (➤ Abb. 9.11)

*(Shu-)*Zustimmungspunkt des Meeres des *Qi*

Lokalisation: Lateral der kaudalen Grenze des Processus spinosus von LWK 3, auf der Verbindungslinie der Tubercula costae.

Innervation: Äste des N. clunius cranialis.

Technik: Stichführung von medial auf 1–2 cm Tiefe.

Indikation: Obstipation, Rückenschmerzen, Zystitis.

Bl 25: *Da Chang Shu* (➤ Abb. 9.11)

*(Shu-)*Zustimmungspunkt des Dickdarm-Meridians

Lokalisation: Lateral der kaudalen Grenze des Processus spinosus von LWK 5, auf der Verbindungslinie der Tubercula costae.

Innervation: Äste des N. clunius cranialis.

Technik: Stichführung von medial auf 1–2 cm Tiefe.

Indikation: Gastrointestinale Störungen, Diarrhö, chronische Kolitis, lokaler Punkt bei Bandscheibenpathologien in diesem Bereich.

Bl 26: *Guan Yuan Shu* (➤ Abb. 9.11)

*(Shu-)*Zustimmungspunkt der Ursprungsenergie *(Qi)*

Lokalisation: Lateral der kaudalen Grenze des Processus spinosus von LWK 6, auf der Verbindungslinie der Tubercula costae.

Innervation: Äste des N. clunius cranialis.

Technik: Stichführung von medial auf 0,5–1 cm Tiefe.

Indikation: Obstipation, Diarrhö, Verdauungsbeschwerden, Schmerzen im lumbalen Bereich.

Bl 27: *Xiao Chang Shu* (➤ Abb. 9.11)

*(Shu-)*Zustimmungspunkt des Dünndarm-Meridians

Lokalisation: Lateral der kaudalen Grenze des Processus spinosus von LWK 7, auf der Verbindungslinie der Tubercula costae.

Innervation: Äste des N. clunius cranialis.

Technik: Stichführung von medial auf 1–2 cm Tiefe.

Indikation: Verdauungsbeschwerden, Ischialgien, Cauda equina-Syndrom.

Bl 28: *Pang Guang Shu* (➤ Abb. 9.11)

*(Shu-)*Zustimmungspunkt der Blase

Lokalisation: Lateral des zweiten Foramen sacrale dorsalis, in einer Vertiefung zwischen dem Sakrum und der medialen Begrenzung der Spina iliaca dorsalis.

Innervation: N. clunius medialis, N. gluteus cranialis.

Technik: Rechtwinklige Stichführung auf 1–2 cm Tiefe.

Indikation: Urogenitale Erkrankungen, Zystitis, Ischialgien, Cauda equina-Syndrom.

Bl 35: *Hui Yang*, Treffpunkt des *Yang* (➤ Abb. 9.11 und ➤ Abb. 9.12)

Lokalisation: In der Fossa ischiorectalis, lateral der Schwanzwurzel, erst nach Anheben des Schwanzes gut tastbar. In der Tiefe verläuft der N. pudendus. Der Punkt wird auch in der traditionellen Veterinärakupunktur verwendet.

Innervation: N. gluteus caudalis.

Technik: Rechtwinklige Stichführung auf 1 cm Tiefe.

Indikation: Hyperpathien im Bereich des Kreuzbeines und der Schwanzwirbel, Parese oder Paralyse der Hintergliedmaßen.

Bl 36: *Cheng Fu*, Tragen und Unterstützen (➤ Abb. 9.12)

Lokalisation: Ventral des Tuber ischiadicum, am proximalen Ende der Muskelfurche zwischen dem M. biceps femoris und dem M. semitendinosus.

Innervation: N. clunius caudalis, N. cutaneus femoris caudalis.

Technik: Rechtwinklige Stichführung auf 1 cm Tiefe.

Indikation: Ischialgien, Parese oder Paralyse der Hintergliedmaßen.

Bl 39: *Wei Yang*, Unterstützung des *Yang* (➤ Abb. 9.12)

Verbindungspunkt zum Dreifachen Erwärmer-Meridian

Lokalisation: An der lateralen Begrenzung der Kniekehlfalte, medial der Sehne des M. biceps femoris, lateral des Punktes Bl 40.

Innervation: N. cutaneus surae lateralis.

Technik: Rechtwinklige Stichführung auf 0,5–1 cm Tiefe.

Indikation: Pathologien im thorakolumbalen Bereich, Zystitis.

Bl 40: *Wei Zhong*, Unterstützende Mitte (➤ Abb. 9.12)

Vereinigungs-Punkt

Lokalisation: Im Zentrum der Kniekehlfalte. Unter dem Punkt verlaufen die A. und V. femoralis und der N. tibialis.

Innervation: N. cutaneus surae lateralis.

Technik: Rechtwinklige Stichführung auf 0,5–1 cm Tiefe.

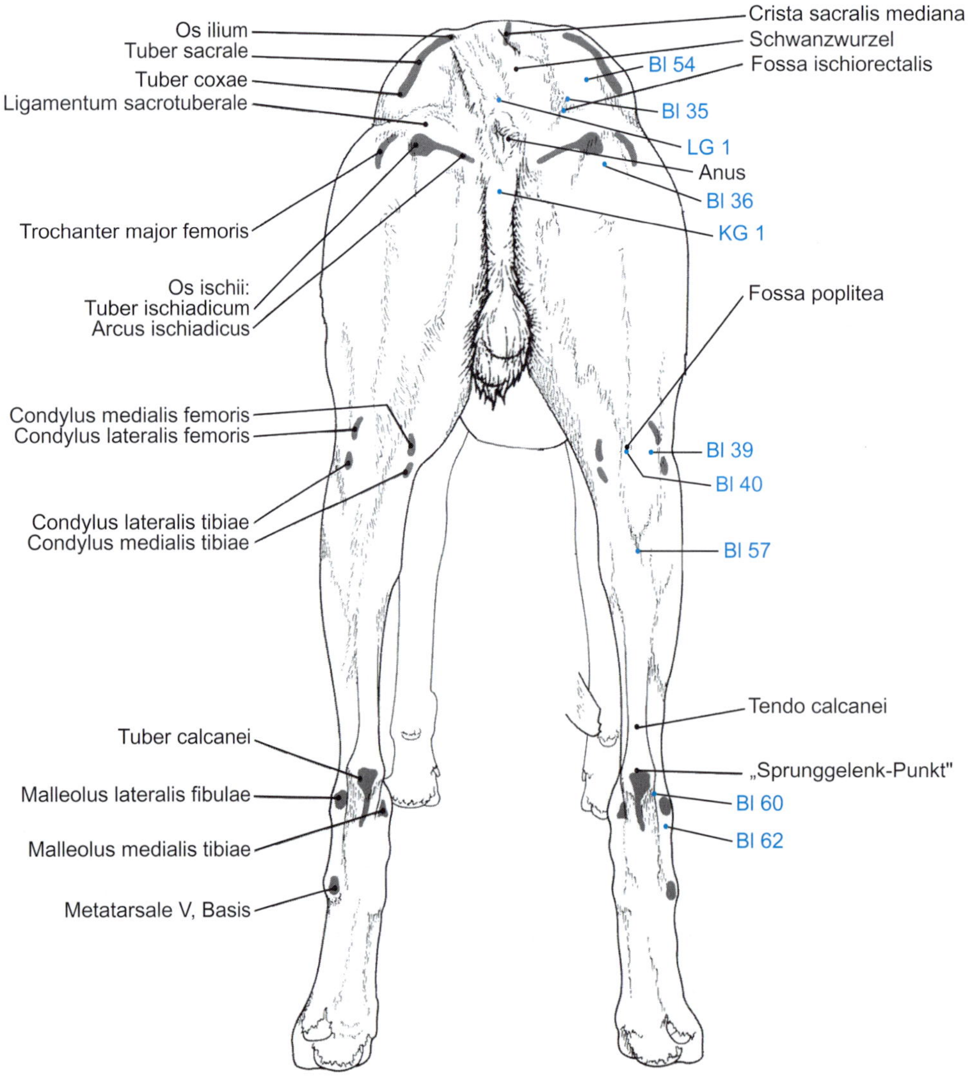

Abb. 9.12 Oberflächliche Strukturen der Hintergliedmaße in kaudaler Ansicht. Die wichtigsten tastbaren Knochenstrukturen sind hervorgehoben. (Modifiziert nach Done, SH et al: Color Atlas of Veterinary Anatomy, Vol. 3, London, 1996, Mosby-Wolfe)

9

Indikation: Bandscheibenpathologien im thorakolumbalen Bereich, Spondylosen, kaudale Parese oder Paralyse. Wichtiger distaler Punkt für alle Störungen im lumbalen Bereich und in der Hintergliedmaße.

Bl 52: *Zhi shi*, Raum der Willenskraft (➤ Abb. 9.11)

Lokalisation: Lateral des Punktes Bl 23 auf dem äußeren Blasen-Meridian, zwischen LWK 2 und LWK 3.

Innervation: N. clunius cranialis.

Technik: Rechtwinklige Stichführung auf 0,5–1 cm Tiefe.

Indikation: Erkrankungen der Fortpflanzungsorgane, häufiges Wasserlassen, Ödeme, Obstipation.

Bl 54: *Zhi bian*, Unterste Kante (➤ Abb. 9.8 und ➤ Abb. 9.12)

Lokalisation: An der Kreuzungsstelle zwischen der Linie, die vom Trochanter major femoris zum kaudalen Sacrum zieht und der Linie, die dem Ligamentum sacrotuberale folgt. Der Punkt liegt zwischen dem M. gluteus medius und dem M. gluteus superficialis.

Innervation: N. clunius caudalis.

Technik: Rechtwinklige Stichführung auf 2–3 cm Tiefe.

Indikation: Ischialgien, Paralyse der Hintergliedmaßen, Verletzungen im glutealen Bereich.

Bl 57: *Cheng Shan*, Stütze des Berges (➤ Abb. 9.12)

Lokalisation: Direkt zwischen den beiden Köpfen des M. gastrocnemius, auf der Höhe des Muskel-Sehnen-Überganges.

Innervation: N. cutaneus surae caudalis.

Technik: Rechtwinklige Stichführung auf 1–2 cm Tiefe.

Indikation: Ischialgien, Schmerzen in der Hintergliedmaße, Uterus- und Vulvaprolaps.

Bl 60: *Kun Lun*, *Kunlun*-Berge (➤ Abb. 9.8 und ➤ Abb. 9.12)

Lokalisation: In einer Vertiefung zwischen dem Malleolus lateralis der Fibula und dem Tuber calcanei.

Innervation: N. cutaneus surae caudalis.

Technik: Rechtwinklige Stichführung auf 0,5 cm Tiefe.

Indikation: Schmerzen oder Paralyse in der Hintergliedmaße, Nachgeburtsverhalten, lokaler Punkt bei Schmerzen im Tarsalgelenk.

Bl 62: *Shen mai*, Neunte Leitbahn (➤ Abb. 9.8 und ➤ Abb. 9.12)

Lokalisation: In einer Vertiefung distal des Malleolus lateralis der Fibula.

Innervation: N. cutaneus surae caudalis.

Technik: Rechtwinklige Stichführung auf 0,2–0,5 cm Tiefe.

Indikation: Schmerzen oder Paralysen in der Hintergliedmaße.

Bl 67: *Zhi Yin*, Erreichen des *Yin* (➤ Abb. 9.10)

*(Jing-)*Brunnen-Punkt, Tonisierungspunkt

Lokalisation: Am lateralen Krallenfalz der fünften Zehe.

Innervation: N. digitalis plantaris V abaxialis.

Technik: Stichführung von proximal auf 0,3 cm Tiefe.

Indikation: Abnormaler Geburtsverlauf, Harninkontinenz, Paresen oder Paralyse der Hintergliedmaßen, Augenerkrankungen, kardiopulmonale Notfälle.

Der Gallenblasen-Meridian

Gb 1: Tong *Zi Liao*, Pupillenspalte (➤ Abb. 9.1 und ➤ Abb. 9.6)

Lokalisation: Lateral des lateralen Augenwinkels und der knöchernen Orbita. Der Punkt wird auch in der traditionellen Veterinärakupunktur verwendet.

Innervation: N. zygomaticus.

Technik: Horizontale Stichführung auf 0,5 cm Tiefe.

Indikation: Konjunktivitis, Trigeminusneuralgie, Fazialisparese, Atrophie oder Neuritis des N. opticus.

Gb 2: *Ting Hui*, Treffpunkt des Hörens (➤ Abb. 9.6)

Lokalisation: Rostral des Sulkus am Tragusrand, ventral des Punktes Dü 19. Am kaudalen Ende des Processus coronoideus mandibulae, in einer Vertiefung, die bei geöffnetem Fang sichtbar wird.

Innervation: N. auriculotemporalis.

Technik: Kaudomediale Stichführung auf 1–1,5 cm Tiefe.

Indikation: Otitis media, Schwerhörigkeit, Fazialisparese.

Gb 3: *Shang Guan*, Oberes Gelenk (➤ Abb. 9.6)

Lokalisation: In einer Vertiefung kaudal des M. masseter, dorsal des Arcus zygomaticus und dorsal des Punktes Ma 7. Bei geöffnetem Fang ist diese Vertiefung deutlicher zu sehen. Der Punkt wird auch in der traditionellen Veterinärakupunktur verwendet.

Innervation: N. auriculotemporalis, N. masticatorius.

Technik: Rechtwinklige Stichführung auf 2–3 cm Tiefe.

Indikation: Fazialisparese, Schwerhörigkeit.

Gb 14: *Yang Bai*, *Yang* Weiß (➤ Abb. 9.6)

Lokalisation: Dorsal des Zentrums der Pupille, circa 1 cm über der gedachten Augenbrauenlinie.

Innervation: N. temporalis profundus, N. masticatorius.

Technik: Horizontale Nadelführung mit Stichrichtung nach distal auf 0,5 cm Tiefe.

Indikation: Fazialisparese, Ptosis, Konjunktivitis.

Gb 20: *Feng Chi*, Windteich (➤ Abb. 9.6 und ➤ Abb. 9.11)

Lokalisation: Am Unterrand des Os occipitale, lateral vom Ursprung des M. cleidocervicalis, an der kranialsten Ecke des Atlasflügels, lateral des Punktes LG 16. Der Punkt wird auch in der traditionellen Veterinärakupunktur verwendet.

Innervation: N. occipitalis, Nn. accessorii.

Technik: Rechtwinklige Stichführung auf 0,5–1 cm Tiefe.

Indikation: Epilepsie, zervikale Spondylosen, zervikale Bandscheibenerkrankungen, Wind-Erkrankungen.

Gb 21: *Jian Jing*, Schulterbrunnen (➤ Abb. 9.5 und ➤ Abb. 9.11)

Lokalisation: Auf halber Strecke zwischen dem Processus spinosus von HWK 7 und dem Akromion der Skapula.

Innervation: Ventrolateraler Ast des fünften und sechsten Zervikalnervs.

Technik: Rechtwinklige Stichführung auf 1 cm Tiefe.

Indikation: Zervikale Hyperpathie, Arthritis des Schultergelenks.

Gb 24: *Ri Yue*, Sonne und Mond (➤ Abb. 9.13)

*(Mu-)*Alarm-Punkt des Gallenblasen-Meridians

Lokalisation: Im 9. oder 10. ICR, etwa auf Höhe des kostochondralen Überganges.

Innervation: 12. Interkostalnerv, N. thoracicus lateralis.

Technik: Ventrale Stichführung auf 0,5–1 cm Tiefe (cave: Pneumothorax bei zu tiefer Nadelführung).

Indikation: Leber und Gallenblasenerkrankungen.

Gb 25: *Jing Men*, Tor der Hauptstadt (➤ Abb. 9.13)

*(Mu-)*Alarm-Punkt des Nieren-Meridians

Lokalisation: Am Ende der letzten Rippe.

Innervation: Zwölfter Interkostalnerv.

Technik: Ventrale Stichführung auf 0,5 cm Tiefe.

Indikation: Nierenerkrankungen, Störungen im Wasserhaushalt, Leber- und Gallenblasenerkrankungen.

Gb 29: *Ju Liao*, Hockende Knochenspalte (➤ Abb. 9.8 und ➤ Abb. 9.13)

Lokalisation: Auf halber Strecke zwischen der Spina illiaca dorsalis caudalis und dem Trochanter major ossis femoris, in einer Vertiefung zwischen dem M. gluteus medius und dem M. tensor fasciae latae. In der Tiefe verläuft der N. gluteus cranialis.

Innervation: N. clunius cranialis, N. ischiadicum.

Technik: Im Winkel in Richtung Hüftgelenk stechen auf 1–2,5 cm Tiefe.

Indikation: Schmerzen im unteren Abdomen, Orchitis, Endometritis, Zystitis, Verletzungen der umgebenden Weichteile.

Gb 30: *Huan Tiao*, Springender Kreis (➤ Abb. 9.8 und ➤ Abb. 9.13)

Lokalisation: Auf halber Strecke zwischen dem Trochanter major ossis femoris und dem Tuber ischiadicum, allerdings ganz leicht nach dorsal verschoben, zwischen dem M. gluteus superficialis und dem M. biceps femoris. In der traditionellen Veterinärakupunktur wird der Punkt *Huan Tiao* in einer Vertiefung kranial des Trochanter major beschrieben. Der Punkt Gb 30 wird hier als *Huan Hou* (kaudaler Ring) beschrieben.

Innervation: N. cutaneus femoris, N. clunius caudalis dorsalis; der N. ischiadicus verläuft in der Tiefe und versorgt das Hüftgelenk.

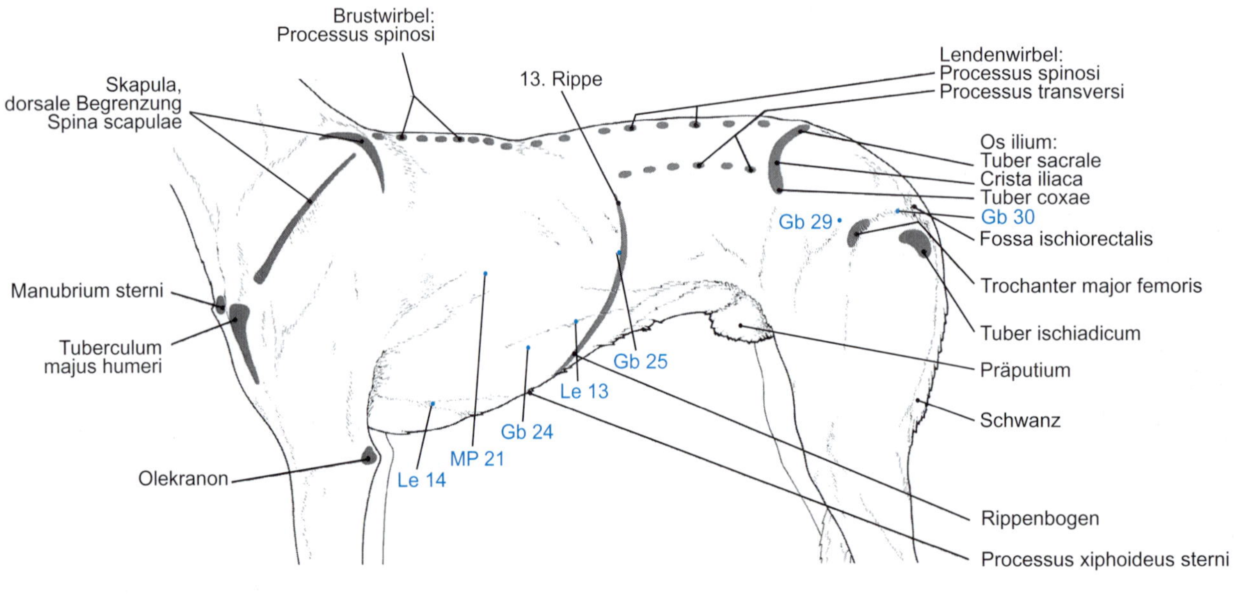

Abb. 9.13 Oberflächliche Strukturen des Thorax und des Abdomens in lateraler Ansicht. Die wichtigsten tastbaren Knochenstrukturen sind hervorgehoben. (Modifiziert nach Done, SH et al: Color Atlas of Veterinary Anatomy, Vol. 3, London, 1996, Mosby-Wolfe)

Technik: Rechtwinklige Stichführung auf 1,5–3 cm Tiefe.

Indikation: Paralyse der Hintergliedmaßen, Hüftgelenksdysplasie, Ischiaspathologien, Arthritis des Koxofemoralgelenks, Verletzungen der umgebenden Weichteile.

Gb 31: *Feng Shi*, Windmarkt (➤ Abb. 9.8)

Lokalisation: Auf der lateralen Fläche des Oberschenkels, nach 7/8 der Strecke zwischen dem lateralen Condylus femoris und dem Trochanter major femoris.

Innervation: N. cutaneus femoris lateralis.

Technik: Rechtwinklige Stichführung auf 1–2,5 cm Tiefe.

Indikation: Paralyse oder Schmerzen in der Hintergliedmaße, lokaler Juckreiz.

Gb 33: *Yang Guan*, *Yang*-Tor des Knies (➤ Abb. 9.8)

Lokalisation: Auf dem lateralen Aspekt des Kniegelenks, in einer Vertiefung auf Höhe der dorsalen Patellakante, dorsal des Epicondylus lateralis femoris, zwischen der Sehne des M. biceps femoris und dem Femur.

Innervation: N. cutaneus femoris lateralis.

Technik: Rechtwinklige Stichführung auf 0,5 cm Tiefe.

Indikation: Schmerzen in diesem Gebiet. Lokaler Punkt für Erkrankungen des Kniegelenks.

Gb 34: *Yang Ling Quan*, Quelle am *Yang* Hügel (➤ Abb. 9.8)

Vereinigungs-Punkt, Meisterpunkt der Sehnen und Bänder

Lokalisation: In einer Vertiefung kranial und ventral des Fibulakopfes im Spatium interosseum, proximal der Aufteilung des N. fibularis communis in seinen superfiziellen und profunden Anteil.

Innervation: N. cutaneus surae lateralis.

Technik: Rechtwinklige Stichführung auf 1–2 cm Tiefe.

Indikation: Erkrankungen der Leber, der Gallenblase und der Hintergliedmaßen, Erkrankungen im Muskel- und Sehnenbereich, Myopathien, Lahmheit aus dem Knie, Parese oder Paralyse der Hintergliedmaßen, distaler Punkt bei Bandscheibenpathologien im thorakolumbalen Bereich.

Gb 39: *Xuan Zhong*, Hängende Glocke (➤ Abb. 9.8)

Meisterpunkt des Knochenmarkes

Lokalisation: 3 *Cun* proximal des lateralen Malleolus, am Hinterrand der Fibula, kaudal der Sehnen des M. abductor cruris caudalis.

Innervation: N. cutaneus surae lateralis.

Technik: Rechtwinklige Stichführung auf 0,5–1 cm Tiefe.

Indikation: Störungen in der Blutbildung, Verdauungsbeschwerden, Parese oder Paralyse der Hintergliedmaße.

Gb 40: *Qiu Xu*, Hügelruinen (➤ Abb. 9.8 und ➤ Abb. 9.10)

*(Yuan-)*Quell-Punkt

Lokalisation: Ventrokranial des Malleolus lateralis der Fibula.

Innervation: N. fibularis superficialis.

Technik: Rechtwinklige Stichführung auf 0,5–1 cm Tiefe.

Indikation: Weichteilverletzungen in der Tarsalregion, Ischialgien, rheumatoide Erkrankungen in den Hintergliedmaßen.

Gb 41: *Lin Qi*, Fließende Tränen des Fußes (➤ Abb. 9.10)

Lokalisation: Auf dem dorsalen Aspekt der Hinterpfote, in einer Vertiefung distal der Basis des vierten und fünften Metatarsale.

Innervation: N. fibularis superficialis.

Technik: Rechtwinklige Stichführung auf 0,5 cm Tiefe.

Indikation: Konjunktivitis, Gehörschäden.

Gb 44: *Qiao Yin*, *Yin* Höhle (➤ Abb. 9.10)

*(Jing-)*Brunnen-Punkt

Lokalisation: Auf dem lateralen Krallenfalz der vierten Zehe.

Innervation: N. digitalis dorsalis proprius IV abaxialis.

Technik: Rechtwinklige Stichführung auf 0,2 cm Tiefe.

Indikation: Notfälle, Schock, Erkrankungen der Augen und der Ohren, vestibuläre Störungen.

9.4 Akupunkturpunkte der Hintergliedmaße: die *Yin*-Meridiane

Der Milz/Pankreas-Meridian (M/P)

MP 3: *Tai Bai*, Verborgenes Weiß (➤ Abb. 9.9 und ➤ Abb. 9.14)

(Yuan-)Quell-Punkt

Lokalisation: Beim Menschen liegt dieser Punkt medial des Kopfes des ersten Metatarsale. Das würde beim Hund der Wolfs-

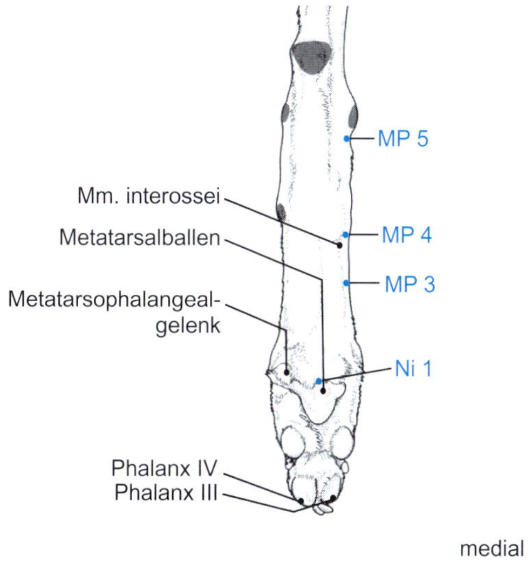

Abb. 9.14 Oberflächliche Strukturen des linken Tarsus und der Pfote in plantarer Ansicht. Die wichtigsten tastbaren Knochenstrukturen sind hervorgehoben. (Modifiziert nach Done, SH et al: Color Atlas of Veterinary Anatomy, Vol. 3, London, 1996, Mosby-Wolfe)

kralle entsprechen. Bei den meisten Hunden fehlen dieser Knochen und die dazu gehörenden Zehen, darum ist die Lokalisation des Punktes sehr umstritten. Er wird von vielen auf dem Mittelpunkt des kaudomedialen Bereichs des zweiten Metatarsale genadelt.

Innervation: N. digitalis metatarseus dorsalis resp. plantaris proprius I abaxialis.

Technik: Rechtwinklige Stichführung auf 0,3 cm Tiefe.

Indikation: Abdominelle Schmerzen, Diarrhö, Obstipation.

MP 4: *Gong Sun*, Kleine Verbindungsgefäße (➤ Abb. 9.10 und ➤ Abb. 9.14)

*(Luo-)*Passage-Punkt zum Magen-Meridian, Schlüsselpunkt des Durchdringungsgefäßes *(Chong Mai)*

Lokalisation: In einer flachen Vertiefung auf dem medialen Aspekt der Hinterpfote, an der Basis des meist nur rudimentär angelegten Metatarsale I, oder, wenn dieser gar nicht angelegt ist, an der Basis des Metatarsale II.

Innervation: N. digitalis metatarseus dorsalis resp. plantaris proprius I abaxialis.

Technik: Rechtwinklige Stichführung auf 0,5–1 cm Tiefe.

Indikation: Gastritis, Diarrhö, Obstipation.

MP 5: *Shang Qiu*, Goldhügel (➤ Abb. 9.10 und ➤ Abb. 9.14)

Sedationspunkt

Lokalisation: In einer Vertiefung zwischen dem medialen Malleolus und dem Kopf des Talus, medial der Sehne des M. tibialis cranialis.

Innervation: N. saphenus, N. tibialis.

Technik: Rechtwinklige Stichführung auf 0,5–1 cm Tiefe.

Indikation: Gastrointestinale Störungen, Weichteilverletzungen in diesem Gebiet.

MP 6: San *Yin Jiao*, Treffen der drei *Yin* (➤ Abb. 9.9)

Lokalisation: Auf dem medialen Aspekt des Unterschenkels, kaudal der Tibia, 3 *Cun* proximal des Malleolus medialis.

Innervation: N. saphenus. In der Tiefe, leicht kaudal verläuft der N. tibialis.

Technik: Rechtwinklige Stichführung auf 0,8–1,5 cm Tiefe.

Indikation: Urogenitale Erkrankungen, gastrointestinale Störungen, Müdigkeit, Schwäche; generell tonisierender Punkt, wichtig bei allen allergischen, autoimmunen und endokrinen Geschehen, Hauterkrankungen, Pathologien der Leber und des Pankreas, Störungen im Beckenbereich. Punkt zur Akupunkturanalgesie bei abdominalchirurgischen Eingriffen.

MP 9: *Yin Ling Quan*, *Yin*-Hügel Quelle (➤ Abb. 9.9)

Vereinigungs-Punkt

Lokalisation: Im proximalen medialen Bereich des Unterschenkels, in einer Vertiefung medial des Condylus medialis, zwischen der kaudalen Begrenzung der Tibia und dem M gastrocnemius.

Innervation: N. saphenus. In der Tiefe verläuft der N. tibialis.

Technik: Rechtwinklige Stichführung auf 0,8–1,5 cm Tiefe.

Indikation: Urogenitale Beschwerden, Zystitis, Aszites, Diarrhö, lokaler Punkt bei Arthritis des Kniegelenks.

MP 10: *Xue Hai*, Meer des Blutes (➤ Abb. 9.9)

Lokalisation: Auf der medialen Fläche des Oberschenkels, proximal des Epicondylus medialis, an der medialen Kante des Femurs, auf dem M. vastus medialis.

Innervation: N. cutaneus femoris lateralis, N. saphenus.

Technik: Nadelführung im Winkel von proximal auf 0,5–1 cm oder rechtwinklige Stichführung auf 1–2 cm Tiefe.

Indikation: Störungen der weiblichen Fortpflanzungsorgane, Dermatitis, Allergien, Infektionskrankheiten, urogenitale Erkrankungen, wichtiger Punkt zur Immunstimulation.

MP 21: *Da Bao*, Allgemeine Kontrolle (➤ Abb. 9.13)

Lokalisation: Im lateralen Bereich des Brustkorbes, im sechsten ICR, auf der Verbindungslinie zwischen dem Schulter- und dem Hüftgelenk.

Innervation: N. thoracodorsalis und ventrale Äste des fünften Thorakalnervs.

Technik: Schräge Nadelführung auf 1 cm Tiefe (cave: Pneumothorax).

Indikation: Wird als einer der Hauptverbindungspunkte bezeichnet. Geeignet bei Schmerzen in der Brust, Lungenerkrankungen, Dyspnoe, Verdauungsstörungen, generalisierte Schmerzen, Parese von Vorder- und Hintergliedmaßen.

Der Nieren-Meridian (Ni)

Ni 1: *Yong Quan*, Sprudelnde Quelle (➤ Abb. 9.14)

*(Jing-)*Brunnen-Punkt, Sedationspunkt

Lokalisation: Im Zentrum der plantaren Fläche der Hinterpfote, am kaudalen Rand des metatarsalen Ballens.

Innervation: Äste des N. tibialis und des N. fibularis profundus.

Technik: Rechtwinklige Stichführung auf 0,5–1 cm Tiefe oder im Winkel von proximal auf 1 bis 2 cm Tiefe in den Ballen stechen.

Indikation: Epilepsie, Hitzschlag oder andere Notfälle. Bei Schock oder Epilepsie sollte die Nadel heftig stimuliert werden.

Ni 3: *Tai Xi*, Großer Wildbach (➤ Abb. 9.9)

*(Yuan-)*Quell-Punkt

Lokalisation: In einer Vertiefung kaudal des medialen Malleolus der Tibia und kranial des Kalkaneus.

Innervation: N. tibialis.

Technik: Schräg von distal auf 0,5 cm Tiefe.

Indikation: Urogenitale Störungen, Zystitis, chronische Nierenerkrankungen, Rückenschmerzen, Lahmheit aus dem Tarsalgelenk.

9

Ni 6: *Zhao Hai*, Leuchtendes Meer (➤ Abb. 9.9)

Lokalisation: In einer Vertiefung ventral des medialen Malleolus, zwischen Malleolus und Talus.

Innervation: N. plantaris medialis.

Technik: Rechtwinklige Stichführung auf 0,5 cm Tiefe.

Indikation: Verhaltensprobleme, Krämpfe, Gebärmuttervorfall, Zystitis.

Ni 7: *Fu Liu*, Wiederkehr des Fließens (➤ Abb. 9.9)

Tonisierungspunkt

Lokalisation: Am kranialen Rand der Kalkaneussehne, circa 1 *Cun* caudoventral des Punktes MP 6, nach circa ⅛ der Distanz zwischen Malleolus und Kniegelenk.

Innervation: N. cutaneus surae caudalis.

Technik: Rechtwinklige Stichführung auf 0,5–1 cm Tiefe.

Indikation: Diarrhö, Zystitis, Nephritis, Ödeme, Rückenschmerzen.

Der Leber-Meridian (Le)

Le 2: *Xing Jian*, Vorübergehendes Dazwischentreten (➤ Abb. 9.10)

Sedationspunkt

Lokalisation: Am medialen Aspekt der Hinterpfote, distal des Metatarsophalangealgelenks des zweiten Metatarsale, zwischen der dorsalen und der medialen Fläche des Knochens.

Innervation: N. digitalis dorsalis II. abaxiallis.

Technik: Stichrichtung schräg von proximal auf 0,3 cm Tiefe.

Indikation: Konvulsionen, Kolik, Orchitis, urogenitale Störungen.

Le 3: *Tai Chong*, Großes Branden (➤ Abb. 9.10)

*(Yuan-)*Quell-Punkt

Lokalisation: Auf der dorsomedialen Fläche der Hinterpfote, auf der Mitte des zweiten Metatarsale.

Innervation: N. digitalis dorsalis II. abaxiallis.

Technik: Rechtwinklige Stichführung auf 0,5–1 cm Tiefe.

Indikation: Gastrointestinale Störungen, urogenitale Störungen, Leber- und Gallenblasenerkrankungen, distaler Punkt für Augenerkrankungen.

Le 5: *Li Gou*, Kürbisgraben (➤ Abb. 9.9)

*(Luo-)*Passage-Punkt

Lokalisation: Auf der medialen Fläche des Unterschenkels, kaudal der Tibia und kranial des M. gastrocnemius, nach $^5/_{16}$ der Strecke zwischen dem medialen Malleolus und dem Kniegelenk.

Innervation: N. saphenus.

Technik: Rechtwinklige Stichführung auf 0,5–1 cm Tiefe.

Indikation: Hepatitis, Erkrankungen der weiblichen Fortpflanzungsorgane.

Le 8: *Qu Quan*, Quelle an der Biegung (➤ Abb. 9.9)

Vereinigungs-Punkt, Tonisierungspunkt

Lokalisation: Im medialen Bereich des Kniegelenks, in einer Vertiefung zwischen Condylus femoris medialis und dem Ansatz des M. semimembranosus.

Innervation: N. saphenus.

Technik: Rechtwinklige Stichführung auf 1–1,5 cm Tiefe.

Indikation: Gebärmuttervorfall, Infektionen des Harntraktes, Sterilität, Diarrhö, Lahmheit aus dem Kniegelenk.

Le 13: *Zhang Men*, Abschnittstor (➤ Abb. 9.13)

*(Mu-)*Alarm-Punkt des Milz/Pankreas-Meridians, Meisterpunkt der *Yin*-Organe.

Lokalisation: Im ventrolateralen Aspekt des Rumpfes, am Übergang zum Knorpelanteil der zwölften Rippe.

Innervation: Elfter Interkostalnerv.

Technik: Schräg von ventral aus gestochen auf 0,5 cm Tiefe (cave: Pneumothoraxgefahr v. a. auf der rechten Körperseite).

Indikation: Hepatitis, Enteritis, Verdauungsstörungen, Erkrankungen von Leber und Gallenblase.

Le 14: *Qi Men*, Tor des Zyklus (➤ Abb. 9.7 und ➤ Abb. 9.13)

*(Mu-)*Alarm-Punkt des Leber-Meridians

Lokalisation: Im sechsten ICR, auf Höhe der Zitzenlinie.

Innervation: Sechster Interkostalnerv.

Technik: Horizontal von ventral aus gestochen auf 0,5–1 cm Stichtiefe (cave: Pneumothorax).

Indikation: Erkrankungen von Leber und Gallenblase, Milchbildungsprobleme, Hypogalaktie, Mastitis.

9.5 Akupunkturpunkte auf den zwei großen Gefäßen

Das Konzeptionsgefäß (KG)

KG 1: Hui *Yin*, Treffpunkt des *Yin* (➤ Abb. 9.12)

Lokalisation: Auf der kaudalen Mittellinie, auf halber Strecke zwischen dem Anus und der dorsalen Begrenzung der äußeren Genitalien.

Innervation: N. perinealis superficialis und profundus.

Technik: Rechtwinklige Stichführung auf 0,5–1 cm Tiefe.

Indikation: Genitalerkrankungen, Obstipation, Anurie, Gebärmutterprolaps, Analprolaps.

KG 3: *Zhong Ji*, Zentrum der Extreme (➤ Abb. 9.7)

*(Mu-)*Alarm-Punkt des Blasen-Meridians

Lokalisation: Auf der ventralen Mittellinie im kaudalen abdominalen Bereich, am Übergang vom vierten zum kaudalsten Fünftel einer Verbindungslinie zwischen Nabel und Tuberculum pubicum.

Innervation: N. illiohypogastricus caudalis, N. genitofemoralis, N. dorsalis penis.

Technik: Rechtwinklige Stichführung auf 0,5–1,5 cm Tiefe. Vor der Nadelung sollte die Blase entleert werden, falls sie gefüllt ist.

Indikation: Urogenitale Erkrankungen, Inkontinenz, Anurie. Kontraindikation: Trächtigkeit.

KG 4: *Guan Yuan*, Tor des Ursprungs-*Qi* (➤ Abb. 9.7)

*(Mu-)*Alarm-Punkt des Dünndarm-Meridians

Lokalisation: Auf der ventralen Mittellinie im kaudalen abdominalen Bereich, auf halber Strecke der Verbindungslinie zwischen Nabel und Tuberculum pubicum.

Innervation: Rami cutanei ventrales des N. illiohypogastricus cranialis.

Technik: Rechtwinklige Stichführung auf 0,5–1,5 cm Tiefe.

Indikation: Urogenitale Erkrankungen, Anurie, Harnverhalt, Inkontinenz.

KG 5: *Shi Men*, Steintor (➤ Abb. 9.7)

*(Mu-)*Alarm-Punkt des Dreifachen Erwärmer-Meridians

Lokalisation: Auf der ventralen Mittellinie, nach einem Drittel der Distanz zwischen Nabel und Tuberculum pubicum.

Innervation: Rami cutanei ventrales des N. illiohypogastricus cranialis.

Technik: Rechtwinklige Stichführung auf 0,5–1,5 cm Tiefe.

Indikation: Bauchschmerzen, Dysenterie, Ödeme, Infekte des Harntraktes.

KG 6: *Qi Hai*, Meer des *Qi* (➤ Abb. 9.7)

Lokalisation: Auf der ventralen Mittellinie im kaudalen abdominalen Bereich, am Übergang vom ersten Fünftel zum zweiten Fünftel einer Verbindungslinie zwischen Nabel und Pecten ossis pubis.

Innervation: Rami cutanei ventrales des N. illiohypogastricus cranialis.

Technik: Rechtwinklige Stichführung auf 0,5–1,5 cm Tiefe.

Indikation: Generelle Tonisierung, chronisches Schwächesyndrom, abdominelle Schmerzen, urogenitale Störungen.

9

KG 12: *Zhong Wan*, Mitte des Magens (➤ Abb. 9.7)

*(Mu-)*Alarm-Punkt des Magen-Meridians, Meisterpunkt aller *Yang*-Organe

Lokalisation: Auf der ventralen Mittellinie, auf halber Strecke zwischen Processus xiphoideus und Nabel. Dieser Punkt wird in der traditionellen Veterinärakupunktur verwendet.

Innervation: Rami cutanei ventrales des neunten Interkostalnervs.

Technik: Rechtwinklige Stichführung auf 0,5 cm Tiefe.

Indikation: Gastrointestinale Störungen, Erbrechen, Gastroenteritis, Lebererkrankungen.

KG 14: *Ju Que*, Großer Palast (➤ Abb. 9.7)

*(Mu-)*Alarm-Punkt des Herz-Meridians

Lokalisation: Auf der ventralen Mittellinie, nach drei Vierteln der Strecke zwischen Processus xiphoideus und Nabel.

Innervation: Rami cutanei ventrales des achten Interkostalnervs.

Technik: Rechtwinklige Stichführung auf 0,5 cm Tiefe.

Indikation: Kardiale und gastrische Reaktionen auf Stresssituationen, Verhaltensstörungen.

KG 17: *Shan Zhong*, Mitte des Brustkorbes (➤ Abb. 9.7)

*(Mu-)*Alarm-Punkt des Perikard-Meridians

Lokalisation: Auf der ventralen Mittellinie, nach zwei Dritteln der Strecke zwischen Manubrium sterni und Processus xiphoideus. In der Nähe des vierten ICR.

Innervation: Rami cutanei ventrales vierten Interkostalnervs.

Technik: Tangentiale Stichführung von kaudal auf 0,5 cm Tiefe.

Indikation: Asthma bronchiale, Bronchitis, Schmerzen in der Brust, Mastitis.

KG 20: *Hua Gai*, Hübsche Bedeckung (➤ Abb. 9.1 und ➤ Abb. 9.7)

Lokalisation: Auf der ventralen Mittellinie auf der Höhe des ersten ICR.

Innervation: Rami cutanei ventrales des ersten Interkostalnervs.

Technik: Schräg von kaudal auf 0,5 cm Tiefe gestochen.

Indikation: Asthma, Bronchitis.

KG 22: *Tian Tu*, Himmelsvorsprung (➤ Abb. 9.1 und ➤ Abb. 9.7)

Lokalisation: Auf der ventralen Mittellinie, direkt auf der kranialen Spitze des Manubrium sterni.

Innervation: Nerven des Ganglion cervicale medium.

Technik: Schräg von kaudal auf 0,3 cm Tiefe gestochen.

Indikation: Asthma bronchiale, Bronchitis, Schmerzen in der Brust, Laryngitis.

Das Lenkergefäß (LG)

LG 1: *Chang Qiang*, Langdauernde Stärke (➤ Abb. 9.12)

Lokalisation: In einer Vertiefung zwischen der Schwanzwurzel und dem Anus. In der traditionellen Veterinärakupunktur wird dieser Punkt *Hou Hai* (kaudales Meer) genannt.

Innervation: Äste der Nn. sacrales und coccygeales.

Technik: Rechtwinklige Stichführung auf 1–3 cm Tiefe.

Indikation: Diarrhö, Rektal- oder Analparalyse, rektaler Prolaps.

LG 2: *Yao Shu*, Zustimmungspunkt der Lumbalregion (➤ Abb. 9.11)

Lokalisation: Auf der dorsalen Mittellinie zwischen dem Processus spinosus des zweiten und des dritten Kreuzbeinwirbels. In der traditionellen Veterinärakupunktur wird dieser Punkt als *Wei Gen* (Basis des Schwanzes) bezeichnet.

Innervation: Hautäste der dorsalen Sakralnerven.

Technik: Rechtwinklige Stichführung auf 0,5–1 cm Tiefe.

Indikation: Paralyse der Beckengliedmaßen oder des Schwanzes, rektaler Prolaps, Obstipation, Diarrhö.

Lumbosakral-Punkt (➤ Abb. 9.11)

Lokalisation: Dieser Punkt wird in der Veterinärakupunktur als *Yao* (lumbar) *Bai Hui* bezeichnet. Er liegt auf der dorsalen Mittellinie direkt über dem Lumbosakralgelenk.

Innervation: Medialer Ast des siebten Lumbalnervs.

Technik: Rechtwinklige Stichführung auf 1–2 cm Tiefe.

Indikation: Ischialgien, Paralyse der Beckengliedmaßen, rektaler Prolaps, jede Art von Störungen im Lumbalbereich oder in den Beckengliedmaßen, generell anregender Punkt.

LG 3: *Yang Guan*, Lumbales *Yang*-Tor (➤ Abb. 9.11)

Lokalisation: Auf der dorsalen Mittellinie zwischen den Processus spinosi von LWK 4 und 5 (oder LWK 5 und 6).

Innervation: Medialer Ast des vierten Lumbalnervs.

Technik: Rechtwinklige Stichführung auf 1–2 cm Tiefe.

Indikation: Fortpflanzungsprobleme, Endometritis, Spondylosen der Lendenwirbel, Arthritis.

LG 4: *Ming Men*, Tor des Lebens (➤ Abb. 9.11)

Lokalisation: Auf der dorsalen Mittellinie zwischen den Processus spinosi von LWK 2 und 3.

Innervation: Äste des N. illiohypogastricus caudalis.

Technik: Schräg von kaudal auf 1–2 cm Tiefe gestochen.

Indikation: Thorakolumbale Hyperpathie, lumbale Bandscheibenbeschwerden, Erkrankungen der Beckengliedmaßen, urogenitale Erkrankungen, chronische gastrointestinale Störungen, Punkt zur Akupunkturanalgesie.

LG 13: *Tao Dao*, Pfand zum Brennofen (➤ Abb. 9.11)

Lokalisation: Auf der dorsalen Mittellinie zwischen den Processus spinosi von BWK 1 und 2.

Innervation: Medialer Ast des ersten Thorakalnervs.

Technik: Rechtwinklige Stichführung auf 2–4 cm.

Indikation: Schmerzen in der Hals und Schulterregion, zervikale Spondylosen, Epilepsie, hohes Fieber.

LG 14: *Da Zhui*, Großer Wirbel (➤ Abb. 9.11)

Lokalisation: Auf der dorsalen Mittellinie zwischen den Processus spinosi von HWK 7 und BWK 1.

Innervation: Medialer Ast des achten Zervikalnervs.

Technik: Rechtwinklige Stichführung auf 2–4 cm.

Indikation: Fieber, Abwehrschwäche, Epilepsie, zervikale Spondylosen, Asthma bronchiale, wichtiger immunstimulierender Punkt.

LG 16: *Fong Fu*, Lagerhalle des Windes (➤ Abb. 9.11)

Lokalisation: Auf der dorsalen Mittellinie am Atlantookzipitalgelenk.

Innervation: N. occipitalis major.

Technik: Rechtwinklige Stichführung auf 0,5–1 cm. (cave: nicht den Epiduralraum verletzen).

Indikation: Epilepsie, zervikale Hyperpathie, treibt Wind aus.

LG 20: *Bai Hui*, Hundertfaches Zusammentreffen (➤ Abb. 9.1 und ➤ Abb. 9.6)

Lokalisation: Auf der dorsalen Mittellinie des Kopfes, an der Verbindungslinie der beiden rostralen Ohrbasen, auf dem rostralen Ende der äußeren Sagittalfalte.

Innervation: N. occipitalis major.

Technik: Horizontale Stichführung von kaudal auf 0,5–1 cm Tiefe.

Indikation: Epilepsie, Angstzustände, Gebärmutterprolaps, Analprolaps.

LG 26: *Ren Zhong*, Mitte des Menschen (➤ Abb. 9.1 und ➤ Abb. 9.6)

Lokalisation: Auf der Längsmittellinie der Oberlippe, am Übergang vom dorsalen zum mittleren Drittel.

Innervation: Rami nasales und labiales des N. infraorbitalis.

Technik: Im Winkel von dorsal auf 0,5–1 cm Tiefe gestochen.

Indikation: Notfallpunkt für Schock, Kollaps, Bronchitis, kardiovaskuläre Zwischenfälle, Koma, Hitzschlag, akuter epileptischer Anfall, dann mit starker Stimulation der Nadel („Hen pecking"-Technik).

LITERATUR

1. Done SH et al: Color atlas of veterinary anatomy, vol 3, The dog and cat, London, 1996, Mosby-Wolfe.
2. Shanghai college of Chinese medicine: *A textbook of acupuncture points,* 1969, Hong Kong, Shauhua Cultural Service.

KAPITEL

10 Die TCM-Diagnose beim Kleintier

Cheryl Schwartz

Im Bereich der Humanepidemiologie wird das Prinzip der Metaanalyse mit der Intention eingesetzt, verschiedene Forschungsergebnisse zu vergleichen und Verbindungen zwischen ihnen herzustellen. Mit Hilfe moderner statistischer Methoden können große Mengen an Informationen zu jedem beliebigen Thema in einen Gesamtüberblick eingefügt werden. Das erleichtert das Verständnis der übergreifenden Zusammenhänge der Forschungsergebnisse.

Teile der traditionellen chinesischen Medizin können als frühe Form der Metaanalyse interpretiert werden. Über Tausende von Jahren sammelte eine Vielzahl von individuellen Praktikern ihre Beobachtungen. Obwohl weder formelle Doppelblind-Studien, noch statistische Analysemethoden zur Verfügung standen, kamen doch die Grundlagen der empirischen Medizin zum Einsatz. Eine sehr große Anzahl von Patienten lieferte ein weit gefächertes Angebot an klinischen Daten. Durch die Integration von übergreifenden Mustern wurde eine kohärente und logische medizinische Philosophie entwickelt, die mit bestimmten Kontroll- und Ausgleichsschritten die Gesundheit des Individuums erhält.

Während der westliche Ansatz Kausalität als die Herrschaft einer einzelnen Kraft betrachtet, sieht die östliche Schule Kausalität als das zusammengreifende Ergebnis von verschiedenen, in Wechselbeziehung stehenden Einflüssen. Dieser grundlegende Unterschied erschwert das Verständnis der traditionellen chinesischen Medizin aus der Sicht der westlichen Wissenschaft. Wie ein Autor bemerkte: „(…) die grundlegenden Bestrebungen der traditionellen chinesischen Medizin (Variablen zu integrieren) stehen im direkten Konflikt mit den Methoden der gängigen wissenschaftlichen Forschungsmethoden (Variablen zu kontrollieren und möglichst auszuschließen)“ [1]. Der östliche Ansatz besteht darin, durch den Einsatz und die Nutzung verschiedener physiologischer und aus der Umwelt stammender Variablen zu einer Diagnose zu gelangen und ein Verständnis für Gesundheit und Krankheit zu erreichen. Es ist daher eine Herausforderung, sich vom westlichen Medizinverständnis her der TCM anzunähern. Die westliche Medizin denkt in linearen Mustern, während die traditionelle chinesische Medizin ganzheitlichen Gedankengängen folgt.

10.1 Die Organe aus Sicht der TCM

Im Folgenden werden die Organe des Körpers nach den Vorstellungen der *Yin*-Physiologie beschrieben.

10.1.1 Milz/Pankreas

Milz und Pankreas bilden eine Einheit. Aus Sicht der TCM ist Milz/Pankreas für die Herstellung des Nahrungs-*Qi* und des Blutes aus unserer Nahrung verantwortlich. Milz/ Pankreas spielt bei den meisten Verdauungsproblemen eine Rolle, wie z. B. bei Erbrechen, Pylorusspasmen, Diarrhö, Obstipation und entzündlichen Darmerkrankungen. Auch Hautprobleme im Zusammenhang mit Nahrungsallergien können auf Störungen im Bereich von Milz/Pankreas zurückzuführen sein. Abgesehen davon ist Milz/Pankreas dafür verantwortlich, die Organe an ihrem Platz im Körper und das Blut in den Gefäßen zu halten. Hernien, Blutungen und ulzerative Läsionen werden unter der Kontrolle von Milz/Pankreas vermieden. Hernien im Leistenkanal oder im Nabelbereich sind ein Anzeichen für einen Milz/Pankreas-*Qi*-Mangel. Immunologisch bedingte Blutbildveränderungen können ebenfalls als Folge eines Ungleichgewichts im Milz/Pankreas-Funktionskreis betrachtet werden. Werden Erkrankungen durch eine feuchte Umgebung verschlimmert, so ist dies meist ein Zeichen für eine Störung im Bereich von Milz/Pankreas.

10.1.2 Leber

Laut der traditionellen chinesischen Medizin speichert die Leber Blut, vor allem wenn der Körper ruht. Beim aktiven Körper sorgt die Leber für ein reibungsloses Zirkulieren des Blutes. Darum wird der Leber die Freisetzung von Zellen in den Blutkreislauf und gemeinsam mit Milz/Pankreas deren geregelter Abbau zugeschrieben. Also spielt die Leber z. B. auch eine wichtige Rolle bei immunologisch bedingter Panzytopenie, Thrombozytopenie, erhöhten Immunglobulinwerten und Antikörperreaktionen. Ist der verteilende und ausgleichende Aspekt der Leberfunktion gestört, kann das zu Stagnationen oder zu Trägheit des Kreislaufes führen. Eine mögliche Folge können Hitzeansammlungen in einem Bereich des Körpers sein, während sich an anderen Stellen Kälte akkumuliert. Bei den Tieren kann sich das z. B. in entzündlichen Hautreaktionen im Bereich des Genicks zeigen, die mit kalten Extremitäten kombiniert sind. Schmerzen sind eine weitere Folge einer stagnierenden Zirkulation, ebenso wie Steifheit der Gelenke, Sehnen und Bänder, Zysten und letztendlich die Bildung von Tumoren. Bei einigen Formen von Epilepsie muss an Leber-Störungen als Ursache gedacht werden.

10.1.3 Lunge

Neben der Atmung ist die Ableitung von Feuchtigkeit nach unten eine wichtige Aufgabe der Lunge. Diese Feuchtigkeit wird der Niere und Milz/Pankreas zur Verfügung gestellt. Störungen im Herabführen der Feuchtigkeit können zu Erkrankungen des Respirationstraktes führen (z. B. Asthma oder Bronchitis), sie können aber auch Verdauungsstörungen verursachen (z. B. Blähungen oder Erbrechen von Wasser) oder den Harnabsatz stören (z. B. Polyurie oder Inkontinenz). Daneben können sich Haut oder Haarprobleme zeigen, wie z. B. Trockenheit der Haut, Schuppen, brüchiges Fell. Anders als Störungen im Bereich Milz/ Pankreas, die durch Feuchtigkeit verschlimmert werden, verschlechtern sich Erkrankungen der Lunge durch Einwirkung von Trockenheit.

10.1.4 Niere

Aus der Sicht der traditionellen chinesischen Medizin heraus spielen die Nieren eine wichtige Rolle zur Erhaltung der Homöostase. Ihnen wird die Speicherung des ererbten und des Ursprungs-*Qi* zugesprochen. Demnach sind erblich bedingte Erkrankungen des Immunsystems bei jungen Tieren sehr wahrscheinlich ein Anzeichen für eine schwache Nieren-Essenz, das sogenannte *Jing*. Die Nieren sind auch für die Formung und das Wachstum der Knochen zuständig. Gemeinsam mit dem Dreifachen Erwärmer, einem anderen Meridian aus der Lehre der TCM, haben bestimmte Anteile der Niere auch Einfluss auf die Regulation der Nebennieren, der Schilddrüse und der Sexualhormone.

10.1.5 Herz

Im Herz wohnt der Geist *Shen*, sagt die traditionelle chinesische Medizin. Zeigen die Patienten mentale Störungen, wie z. B. Panikattacken mit unverhältnismäßigem Gebell, unerklärliche Manegebewegungen oder Angstbeißen bei Hunden, sieht die TCM die Ursache hierfür in einer Störung des *Shen*. Emotionale Störungen und Verhaltensprobleme werden in der traditionellen chinesischen Medizin durch Behandlung der entsprechenden Meridiane und den Einsatz von ergänzenden Kräutern angegangen. Auch manche Formen von Epilepsie lassen sich auf Störungen im Bereich des Herzens zurückführen.

10.1.6 Perikard

Das Perikard wird in der Lehre der traditionellen chinesischen Medizin als Funktion und nicht als Organ gesehen. Seine Aufgabe besteht im Beschützen des Herzens. Das Perikard soll alle Störungen vom Herz fernhalten und so dessen Funktion für den Kreislauf und für das seelische Wohlbefinden sicherstellen. Darum werden Punkte auf dem Perikard-Meridian bei Störungen des *Shen* eingesetzt (mentale Probleme), bei Lähmungserscheinungen, die sich auf Durchblutungsstörungen nach Schlaganfällen zurückführen lassen und bei bestimmten Vertigo-Syndromen.

10.2 Die traditionelle Untersuchung

Die Wichtigkeit der Eingangsuntersuchung des Patienten in der TCM kann nicht genug betont werden. Durch die vier Anteile des traditionellen Untersuchungsganges soll ein Gesamtmuster gefunden werden, in dem sich die Aspekte der traditionellen chinesischen Medizin mit den fünf Wandlungsphasen und den acht Leitkriterien widerspiegeln. Die Anamnese soll eine Verbindung herstellen zwischen den vorhandenen Symptomen, einem Organsystem und den generellen Zuständen Hitze und Kälte, Leere und Fülle, Innen und Außen und *Yin* und *Yang*. Einflüsse aus der Umwelt, wie z. B. Wind und Feuchtigkeit werden ebenfalls berücksichtigt. Die Jahreszeit oder die klimatischen Umstände unter denen sich die Symptome zum ersten Mal gezeigt haben sind genauso wichtig wie die Art und Weise der darauf folgenden Krankheitsverschlimmerung.

Die traditionelle chinesische Untersuchung besteht aus der **Inspektion** (sehen), der **Auskultation** (hören), dem **Geruch** (riechen), der **Anamnese** (Fragen stellen) und der **Palpation** (fühlen) [2]. Sehen und Hören werden in der chinesischen Sprache mit demselben Wort bezeichnet und gelten darum in den traditionellen Schriften als ein Untersuchungsschritt [3]. Die traditionelle Untersuchung und die im Westen übliche Untersuchung ähneln sich stark. Sie unterscheiden sich aber in der Betonung und der Interpretation der Ergebnisse. Die traditionelle Untersuchung bezieht sich auf das Wissen um die fünf Wandlungsphasen oder Elemente:

- die Erde mit Milz/Pankreas und Magen
- das Metall mit Lunge und Dickdarm
- das Wasser mit Niere und Blase
- das Holz mit Leber und Gallenblase
- das Feuer mit Herz und Dünndarm, Perikard und Dreifachem Erwärmer

Jeder der Wandlungsphasen ist ein Öffner zugeordnet. Jedes Organ hat eine bestimmte Zeit im Ablauf der vierundzwanzig Stunden des Tages und eine Jahreszeit in der es besonders empfindlich und empfänglich ist. Außerdem werden die acht Leitkriterien integriert:

- Yin und Yang
- Leere und Fülle
- Kälte und Hitze
- Innen und Außen

Auch die äußeren Einflüsse Wind, Trockenheit und Feuchtigkeit werden berücksichtigt.

10.2.1 Inspektion

Bewertet werden Merkmale wie Hautfarbe, Beschaffenheit des Fells, Erscheinungsbild der Zunge, Eigenschaften von Augen-, Ohren- und Nasenausfluss. Die Bewertung des Geistes oder der Lebenskraft eines Individuums ist wichtig. Handelt es sich eher um ein schwaches oder um ein starkes Tier? Reagiert das Tier auf Stimulation oder ignoriert es sie? Hat es glänzende oder matte Augen?

Farbe und Beschaffenheit der Haut

Zur Untersuchung der Hautfarbe und -beschaffenheit eignen sich beim Tier am besten die Achselgegend, der Bauch, die Schnauze, der Nasenspiegel und die Skleren. Sind diese Bereiche blass kann das auf einen Blutmangel im Bereich von Leber, Niere oder Herz handeln. Es kann aber auch ein *Qi*-Mangel in Milz/Pankreas zugrunde liegen. Dies ist umso wahrscheinlicher, wenn der Patient sich auffällig langsam bewegt und zusätzlich Verdauungsprobleme zeigt. Gute Beispiele für Blut-Mangel sind Tiere, die die Haare um die Augen herum verlieren, ohne entzündliche Hautveränderungen zu zeigen, oder Katzen, deren Nasenspitze sich plötzlich weiß verfärbt. In diesem Fall muss von einem Herz-Blut-Mangel ausgegangen werden.

Rötungen können innere Hitze anzeigen, die von der Leber aufsteigt, man spricht dann von „echter" Hitze. Sie können aber auch Folge eines *Yin*-Mangels von Niere, Leber oder Lunge sein. In diesen Fällen spricht die traditionelle chinesische Medizin von einer „falschen" Hitzesymptomatik. Wenn Körperflüssigkeiten wie eingedickt erscheinen geht die TCM von einer inneren Hitze aus, die die Körperflüssigkeiten Blut und *Yin* verringert hat. Ein Hund mit der westlichen Diagnose „Flohallergie", der sich konstant in der Leistengegend leckt und damit Rötungen und Verdickungen der Haut ausgelöst hat, leidet an den Folgen von Trockenheit, die durch innere Hitze ausgelöst wurde. Ein deutlich ausgeprägter Ikterus weist auf innere Hitze und Feuchtigkeit hin, während ein nur leichter Ikterus als Zeichen für die Auswirkung von Kälte und Feuchtigkeit gesehen wird.

Das Fell

Trockenes, glanzloses Fell kann auf Blut- und/oder *Yin*-Mangel im Bereich von Niere, Lunge oder Leber hindeuten. Findet sich starke Schuppenbildung im vorderen Teil des Körpers, so weist das eher auf einen *Yin*-Mangel der Lunge hin. Schuppenbildung im kaudalen Körperbereich wird mit *Yin*-Mangel der Niere in Verbindung gebracht. Fellbruch ist meist ein Zeichen von *Qi*- und Blut-Mangel.

Die Zunge

Beschaffenheit, Farbe und Feuchtigkeit der Zunge und die Lokalisation von Läsionen auf der Zunge sind ebenfalls sehr wichtig. Die Zunge wird in fünf Areale unterteilt, von denen jedes einem der inneren Organe zugeordnet ist (➤ Abb. 10.1). Demnach wird die Zungenspitze zur Lunge und Herz gerechnet, die Seiten zu Leber und Gallenblase, das Zungenzentrum zu Milz/Pankreas und Magen und die Basis zur Niere.

Die meisten Tiere, die an Darmschleimhautentzündungen leiden, zeigen deutliche Läsionen im Zentrum der Zunge. Mit fortschreitender Verschlimmerung der Erkrankung löst sich das Epithel von diesem Bereich ab. Geschwüre auf dem Zungenzentrum können die Folge sein. Leidet ein Tier an einem Leber-Blut-Mangel, können Rötungen an den seitlichen Rändern der Zunge beobachtet werden. Um ein Gefühl für einen normalen Zungenbefund zu bekommen, ist es empfehlenswert, sich zum Einarbeiten in die Zungendiagnostik auf das Aussehen der Zungen gesunder Tiere zu

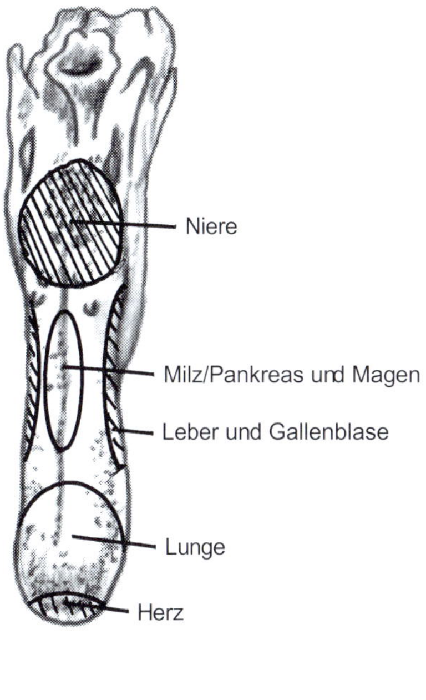

Abb. 10.1 Jeder der fünf Bereiche der Zunge kann einem bestimmten Organ zugeordnet werden.

konzentrieren. Eine „normale" Zunge ist dunkelrosa mit einem dünnen, weißen Belag. Bei Hunden ist dieser Belag üblicherweise dünner als bei Katzen. Eine gewisse Feuchtigkeit der Zunge ist ebenfalls als normal zu werten, es sei denn es herrschen sehr hohe Außentemperaturen und der Hund hechelt stark.

Viel Flüssigkeit im Maul und eine breite Zunge mit deutlichen Zahnabdrücken an den Seiten können auf eine gestörte Feuchtigkeitsverteilungs-Funktion von Milz/Pankreas hinweisen. Ist die Zunge zudem sehr blass, deutet dies auf ein gestörtes Milz/Pankreas-*Qi* hin, das nicht mehr ausreichend in der Lage ist, Nahrung in Energie und Blut umzuwandeln. Diese Anzeichen können als Milz/Pankreas-*Yang*-Mangel bezeichnet werden. Erscheint die Zunge hingegen wie ausgetrocknet und zusammengeschrumpft, muss ein *Yin*-Mangel diagnostiziert werden, der meist im Bereich der Nieren zu suchen ist. Viele Katzen mit Nierenversagen zeigen diese langen, dünnen Zungen. Liegt ein Nieren-*Yin*-Mangel vor, ist die Zunge rot und trocken, während bei einer grauen und blassen Zunge eher ein Nieren-Blut-Mangel zu vermuten ist.

Weist die Zunge rote Flecken auf, muss von innerer Hitze, meist aus dem Bereich des Herzens, ausgegangen werden. Haben die Punkte eine violette Färbung weist dies eher auf eine Leberstagnation oder eine Behinderung der Blutzirkulation hin.

Der Zungenbelag kann Hinweise auf innere Hitze oder Kälte geben. Ist die Farbe des Zungenbelages weiß, liegt eine innere Kälte vor. Andere Kältezeichen wären z. B. nächtliche Polyurie, deutliche Vorliebe für warme Plätze und das Zurückweichen vor Futter, das direkt aus dem Kühlschrank kommt. Innere Hitze wird durch einen gelben Zungenbelag angezeigt. Sie hat meist ihre Ursache in Störungen von Lunge oder Leber oder in einer akuten Infektion. Ein schleimiger, glänzender Zungenbelag ist ein Anzeichen für eine Feuchtigkeitsansammlung auf Milz/ Pankreas, die meist mit einer Leber-Stagnation kombiniert vorliegt. Diese Kombination kann zur Bildung von innerem Schleim führen.

Beurteilung der Körpersekrete

Die Beschaffenheit des Körperausflusses liefert weitere wichtige Informationen über innere Störungen. Dünnflüssiger, klarer Ausfluss weist eher auf eine *Yin*-Störung und Kälte hin. Farbig erscheinender Ausfluss wird als Hitze-Zeichen gewertet. Bei wässrigem Ausfluss und den Anzeichen einer beginnenden oberen Atemwegsinfektion werden Punkte empfohlen, die den Vektor der Infektion, nämlich im Sinne der TCM den Wind, eliminieren. Kann der Körper nicht genügend gegen den Wind ankämpfen und erfolgt keine Behandlung um ihm dabei zu helfen, verschlimmert sich die Situation. Die Körperflüssigkeiten werden immer mehr verbraucht und der Ausfluss wechselt zu dickflüssiger, zäher und meist gelblicher Beschaffenheit. Um die inneren Organe zu schützen und die Infektion zu eliminieren wäre spätestens hier eine Akupunkturbehandlung angebracht.

Körpertyp

Der Körpertyp kann ebenfalls eine Vielzahl von wichtigen Hinweisen auf die Ursache von Beschwerden geben. Bei mageren Tieren, die nur sehr langsam Gewicht ansetzen und vermehrten Durst zeigen, kann man eher von einer Mangelsituation im Bereich von *Qi* und *Yin* ausgehen. Bei übergewichtigen Tieren hingegen, die eher lethargisch sind und Verdauungsprobleme mit Blähungen haben, liegt der Verdacht eines Milz/Pankreas-Mangels oder einer Feuchtigkeitsansammlung nahe. Die Problematik eines hyperaktiven Tieres kann entweder in einer echten Fülle-Hitze begründet sein, die ihre Ursache meist in einem Leber-Ungleichgewicht hat, oder aber es liegt eine so genannte falsche Hitze oder Mangel-Hitze vor, die aufgrund von *Yin*-Mangelsituationen der *Zang*-Organe entstanden ist. Meist ist die Niere ursächlich an einer solchen Problematik beteiligt. Die falsche Hitze entsteht dann oft durch ein Übergewicht des wärmenden und bewegenden *Yang*.

10.2.2 Auskultation

In der westlichen Diagnostik wird ein Stethoskop zum Abhören von Thorax und Abdomen eingesetzt. Bevor wir das Stethoskop in der östlichen Untersuchung verwenden, benutzen wir unsere Ohren, um auf den Klang der Stimme der Tiere zu hören, oder konzentrieren uns darauf, wie sich der Husten oder die Atmung anhören. Ein Hund, der viel bellt und dessen Gebell sich laut und kräftig anhört, leidet eher an einer Fülle-Symptomatik. Katzen, die kaum hörbar miauen, oder die das Maul öffnen, aber nur ein krächzendes Miau oder gar keinen Laut produzieren können, werden als Mangel-Tiere eingestuft.

Bei deutlich hörbarer Atmung, kräftigem Husten und starkem Keuchen kann man von Fülle-Problemen ausgehen, wohingegen oberflächliches, beschleunigtes Atmen eher auf eine Leere hindeutet. Kratzende, raue Atmung ist ein Anzeichen für Trockenheit und eine *Yin*-Mangel-Situation, während produktiver, feuchter Husten eher auf Feuchtigkeit und mitunter Schleimansammlung im Bereich von Lunge, Herz oder Milz/Pankreas hindeutet. Bei Tieren, die bei Bewegung sehr schnell ins Hecheln kommen, muss mit einer Milz/Pankreas-, Lungen- oder Herz-*Qi*-Schwäche gerechnet werden. Hecheln in Ruhe weist eher auf eine Leere von Herz- oder Leber-*Yin* bzw. auf eine Leber-Stagnation hin.

Tab. 10.1 Die Gerüche und die ihnen zugeordneten Elemente und Organe

Geruch	Element	Organ
Verbrannt	Feuer	Herz, Dünndarm
Ranzig, widerwärtig, übel riechend	Holz	Leber, Gallenblase
Ungesund süßlich	Erde	Milz/Pankreas, Magen
Modrig, metallisch	Metall	Lunge, Dickdarm
Faulig	Wasser	Niere, Blase

(entnommen aus T. Kaptschuk: „The web has no weaver", New York, 1983, Congdon & Weed).

10.2.3 Geruch

Jedem der Elemente wird ein ganz spezieller Geruch zugeordnet. Die Einschätzung eines solchen Geruches kann die Identifizierung der Problematik erleichtern (➤ Tab. 10.1). Besonders hilfreich sind hier Gerüche der Haut und der Ohren. Meistens können starke Gerüche als Zeichen für Hitze und Fülle gewertet werden. Diese Hitze kann echt oder falsch sein. Echte Hitze wird durch Fülle und Überreaktion eines Organs ausgelöst, meist der Leber. Liegt eine Leere in einem Organ vor, kann in einem anderen, durch das Organ zu kontrollierenden Funktionskreis Hitze entstehen. Die ursächlichen Störungen dieser dann entstehenden falschen Hitze liegen meist im Bereich von Niere oder Milz/Pankreas. Ein gutes Beispiel hierfür sind Entzündungen des äußeren Gehörganges mit viel dickem, gelblichen Ausfluss, der sehr wahrscheinlich einer echten Leber-Hitze entspricht. Wenig, dünner Ohrausfluss, der süß-säuerlich riecht, weist eher auf eine Feuchtigkeitsproblematik im Bereich von Milz/Pankreas hin. Diese Symptomatik entspricht der einer feuchten Hitze. Liegt aber bei einer Otitis externa eine deutliche Rötung des äußeren Gehörkanals und der Ohrmuschel vor, und ist nur wenig gelblicher Ausfluss zu erkennen, der mit Trockenheit und einem geringen Geruch kombiniert vorliegt, muss von einer falschen Hitze ausgegangen werden, die ihre Ursache in einem Leber- oder Nieren-*Yin*-Mangel hat. Diese energetische Situation erlaubt es dem Leber-*Yang* aufzuflackern. Gerüche, die bereits quer durch den Raum wahrnehmbar sind, weisen immer auf Fülle-Hitze hin.

10.2.4 Anamnese

Die Vorgeschichte des Patienten spielt eine sehr wichtige Rolle in der chinesischen Diagnostik. Für die traditionelle chinesische Medizin sind Begebenheiten besonders wichtig, die sich in die Lehre der fünf Wandlungsphasen und der acht Leitkriterien einordnen lassen. Zusätzlich zu den Fragen, die im Rahmen einer westlichen Anamnese sowieso vorkommen sollten, werden Antworten auf folgende Fragen gesucht:

- **Ist das Tier besonders durstig?** Zeigt das Tier besondere Vorliebe für kaltes Wasser? Trinkt die Katze z. B. mit Vorliebe aus der Toilette oder versucht sie an das Wasserglas mit Eiswürfeln heran zu kommen? Das ist eine wichtige Aussage um den *Yin*-Status des Körpers einzuschätzen. Je größer der Durst ist, desto mehr innere Hitze hat sich angesammelt. Je kälter das Wasser ist, das die Tiere bevorzugt trinken, desto intensiver ist die innere Hitze, die sie damit zu löschen versuchen. Die Ursachen hierfür können in einem Mangel im Bereich der Körperflüssigkeiten, also dem *Yin*, liegen, oder in einer echten Hitze durch eine Infektion, Leber-Fülle oder ein Ungleichgewicht im Bereich des Herzens. Beim Vorliegen von vermehrtem Durst sollte die Zunge genau betrachtet werden. Ist ein gelblicher Zungenbelag zu sehen, muss von Hitze ausgegangen werden. Ist die Zunge stark gerötet, aber ohne erkennbaren Belag, so liegt eine falsche Hitze aufgrund eines *Yin*-Mangels vor. Bei einem echten *Yin*-Mangel ist der Puls schnell und dünn (siehe im Folgenden im Abschnitt zur Palpation den Puls).

- Zeigt das Tier Präferenzen für bestimmte Temperaturen? Tiere die nach warmen Plätzen in der Sonne, auf der Heizung, auf ihrem Menschen suchen, können an innerer Kälte und einem *Yang*-Mangel leiden. Legen sie sich gezielt auf kühle Plätze, wie den gefliesten Fußboden oder in den Schatten, weist das eher auf innere Hitze und einen *Yin*-Mangel hin.
- Sucht das Tier Plätze mit bestimmten Oberflächen auf? Tiere, die an einer Fülle-Problematik leiden, suchen eher weiche Plätze auf. Wenn das Tier lieber hart liegt und sich gern anlehnt, weist das eher auf eine Leere hin. Die Anlehnung soll dann stützen.
- Zeigt das Tier besondere emotionelle Reaktionen? Tiere, die an einem Leber-Ungleichgewicht leiden, tendieren zu plötzlich aufflammenden Aggressionen und Ärger. Verändert sich das Tier plötzlich von freundlich zu wütend, kann auch das auf ein Leber-Ungleichgewicht hinweisen. Besonders ausgeprägt Ängstlichkeit lässt ein Nieren-Ungleichgewicht vermuten, während eine besorgte Miene eher auf Störungen im Bereich von Milz/ Pankreas schließen lässt.
- Hat das Tier häufig Durchfall? Riecht dieser Durchfall besonders unangenehm und ist er mit Blut und Schleim durchsetzt? Tritt er zu besonderen Zeiten auf? Durchfall kann ein Anzeichen für ein Ungleichgewicht von Milz/Pankreas sein. Besonders starker Geruch ist aber immer ein Hitzezeichen. Ein solcher Durchfall kann auf einer Stagnation der Leber beruhen. Ein sehr ernsthaftes Anzeichen für eine Hitze-Erkrankung ist blutiger Durchfall. Schleimiger, dünnflüssiger Kot deutet auf Störungen im Bereich von Milz/Pankreas hin. Setzt das Tier besonders zurzeit des Sonnenunterganges wässrigen Kot ab, muss von einem Nieren-*Yang*-Mangel ausgegangen werden.
- Hat das Tier häufig Verstopfung? Dafür können mehrere Störungen verantwortlich sein. Es kann sich um Trockenheit im Bereich von Lunge und/oder Dickdarm handeln, um Hitze und Stagnation der Leber oder um Probleme in der Verteilung von Feuchtigkeit. Letzteres deutet auf Milz/Pankreas-Störungen hin.
- Tritt die Problematik des Tieres zu einer bestimmten Tageszeit oder zu einer bestimmten Jahreszeit auf?

10.2.5 Palpation

In der TCM wird über die üblichen westlichen Palpationsbefunde hinaus noch weiteren Faktoren Beachtung geschenkt. Der Körper wird nach lokalen Schwellungen abgetastet, der arterielle Puls wird eingeschätzt und bewertet und die sogenannten diagnostischen Punkte werden untersucht. Die Bewertung lokaler Schwellungen erfolgt nach Härte, Hitze oder Kälte und nach Lokalisation der Schwellung.

Heiße, schmerzhafte Schwellungen

Diese Art von Schwellung deutet auf eine *Yang*-Störung hin, die durch Hitze in den inneren Meridianen oder deren oberflächlichen Leitbahnen hervorgerufen wurde. Das entspricht z. B. einem Abszess in dem Stadium, das vor der eigentlichen Eiterbildung liegt.

Geschwüre

Geschwüre deuten auf einen fortgeschrittenen *Yang*-Zustand hin, der bereits das Blut in Mitleidenschaft gezogen hat. So entsteht Blut-Hitze. Milz/Pankreas kann die Hautgewebe oder die Blutgefäße nicht mehr an ihrem eigentlichen Platz halten. Ulzerierende Leckgranulome und sich öffnende Abszesse sind Beispiele dafür, wie sich diese Störung auf den Flüssigkeitshaushalt des gesamten Körpers auswirken kann.

Kalte Schwellungen

Kalte Schwellungen sind Zeichen einer *Yin*-Störung, die mit Feuchtigkeit und Schleimbildung in Verbindung steht.

Harte Schwellungen

Wenn eine Schleimansammlung nicht aufgelöst wird, bildet sich im nächsten Stadium verfestigtes Blut. Dieser Zustand ist wesentlich schwerer zu beheben als kalte Schleimansammlungen.

Weiche, nicht abgrenzbare Schwellungen

Weiche, unscharf begrenzte Schwellungen stehen meist mit einer *Qi*-Stagnation infolge einer Leber-Störung in Verbindung. Weiche Umfangsvermehrungen, wie z. B. Lipome, sind wesentlich leichter aufzulösen als harte Schwellungen oder Schleimansammlungen.

Die Lokalisation der Schwellung sollte auch unter dem Gesichtspunkt der Meridianlehre betrachtete werden. So kann z. B. ein Lipom im Bereich der Hüfte ein Zeichen für eine *Qi*-Stagnation entlang des Gallenblasen-Meridians sein. Die Schwellungen behindern die Zirkulation von Energie entlang der Meridiane. Wenn keine Behandlung der außen liegenden Schwellungen erfolgt, können sich auch im Körperinneren Schwellungen bilden, die die entsprechenden Organe behindern.

Puls

In der Diagnose der Menschen spielt die Pulsuntersuchung eine wichtige Rolle. Die meisten Akupunkteure, die Menschen behandeln, tasten den Puls an der Arteria radialis an den Handgelenken. Es werden zwölf Positionen bewertet, sechs auf jeder Seite, jeweils drei oberflächliche und drei tiefe Pulse. Jedem dieser Pulse wird ein Organ zugeordnet. Der Puls wird nach Form, Stärke, Länge der Pulswelle, Frequenz und Qualität eingestuft. Die Pulsdiagnostik ist eine echte Kunst, die viel Erfahrung benötigt. Das Wissen um die Pulsdiagnostik wurde über Generationen weitergereicht [3].

In der traditionellen chinesischen Tiermedizin wurde und wird der Puls von Pferden, Schweinen, Rindern und Ziegen untersucht. Die Stelle, an der der Puls beurteilt werden kann, ist von Tierart zu Tierart verschieden. Bei Pferden wird diese Untersuchung am Hals lateral der Trachea, kraniodorsal des Sternums durchgeführt. Bei Schweinen und Ziegen untersucht man die mediale Fläche des Oberschenkels und fühlt den Puls der A. femoralis. Soll bei Kühen eine Pulsdiagnostik durchgeführt werden, erfolgt dies am ventralen Anteil des Schwanzes, direkt hinter der Schwanzwurzel [5].

Die sechs Pulse einer jeden Körperseite werden in drei Paare unterteilt, wobei jedem Paar ein oberflächlicher und ein tiefer Puls zugeordnet ist. Beim Menschen finden sich an der rechten Hand von kranial nach kaudal folgende Taststellen:

- 1. Position: oberflächlich Dickdarms, tief Lunge
- 2. Position: oberflächlich Magen, tief Milz/Pankreas
- 3. Position: oberflächlich Dreifacher Erwärmer, tief „Tor des Lebens“ (wird auch als Puls des Nieren-*Yang* bezeichnet)

Da das Nieren-*Yang* in Zusammenhang mit den Nebennieren, den Sexualorganen und generell mit dem Metabolismus und der Vitalität zu sehen ist, werden alle Pulse der rechten Körperseite als diagnostische Pulse für den Zustand des *Qi* bezeichnet.

Auch die Pulse der linken Körperseite sind in Paare geordnet, die den Elementen entsprechen. Hier finden sich von kranial nach kaudal betrachtet:

- 1. Position: oberflächlich Dünndarm, tief Herz
- 2. Position: oberflächlich Gallenblase, tief Leber
- 3. Position: oberflächlich Blase, tief Niere

Die Pulse der linken Hand werden dem Blut zugerechnet. Es gibt heute viele verschiedene Methoden, den Puls an Tieren zu ertasten und zu bewerten. Bei Kleintieren benutze ich für die Pulsdiagnostik die Arteria femoralis. Es ist ganz besonders wichtig darauf zu achten, dass bei dieser Art der Untersuchung das Tier so entspannt wie möglich ist. Der traditionell als *Pìng Ma* bezeichnete normale Puls sollte eine glatt verlaufende, moderate Pulsation aufweisen. Er ist kräftig und lässt sich durch mittelmäßigen Druck nicht unterdrücken. Dieser Puls kann zwischen den Muskelsträngen palpiert werden, nicht direkt an der Oberfläche und auch nicht tief in der Muskelrinne. Um ein Gefühl für den normalen Puls zu entwickeln ist es ratsam, bei jedem Tier an dieser Stelle den Puls zu untersuchen.

Um den Puls an der Arteria femoralis zu tasten, legt man drei Finger, also Zeige-, Mittel- und Ringfinger, so weit wie möglich nach oben an den Leistenspalt heran. Für diese Untersuchung ist es ratsam, hinter dem Tier zu stehen und die Pulse auf der rechten und linken Seite gleichzeitig zu ertasten. Besteht ein eklatanter Unterschied zwischen den beiden Körperseiten, muss entweder von einem Problem im Bereich der Wirbelsäule oder von einer Kreislaufproblematik ausgegangen werden. Letzteres kann auf Herz-, Leber- oder Milz/Pankreas-Probleme zurückzuführen sein. Denken Sie dabei immer daran, dass die rechte Körperseite eher dem *Qi* und die linke eher dem Blut zugeordnet wird. Sind alle sechs Finger in Position, wird versucht, die Pulse an den verschiedenen Positionen und Lagen zu finden und zu bewerten.

Als nächstes wird die **Stärke des Pulses** beurteilt. Unter mittelmäßigem Druck der Finger sollte sich der Puls normalerweise stark und fest anfühlen. Ist er bereits mit diesem Druck zu unterdrücken, handelt es sich um einen schwachen Puls, während ein starker Puls sich hüpfend und drahtig anfühlt. Er ist schon bei leichter Kontaktaufnahme mit dem Gefäß zu fühlen. Ein schwacher Puls, der traditionell als *Sse Mo* bezeichnet wird, fühlt sich schwach und ungleichmäßig an [5]. Das ist meist das Anzeichen einer chronischen Erkrankung, wie z. B. länger bestehendes Erbrechen, Diarrhö oder Anämie. Ein hüpfender, drahtiger und starker Puls wird traditionell als *Hsien Mo* bezeichnet und wird als Anzeichen eines Leber-Ungleichgewichts mit Stagnation der freien Bewegung des *Qi* angesehen [7]. Diese Art Puls wird oft bei Tieren gefunden, bei denen ein Tumor den Energiefluss behindert, oder bei extrem nervösen Tieren, bei denen Stagnation zur Entwicklung eines Tumors führen kann. Fast immer handelt es sich hierbei um eine Leber-Problematik.

Die **Größe der Pulswelle** wird als nächstes bewertet. Ein feiner, dünner oder fadenförmiger Puls deutet normalerweise auf einen Flüssigkeitsmangel hin, also einen Mangel an Blut oder *Yin*. Diese Pulsqualität wird *Hsi Mo* genannt. Sie ist bei Tieren zu finden, die an chronischer Niereninsuffizienz, chronischen Lungenproblemen, die auf Trockenheit zurückzuführen sind, oder an chronischer Anämie leiden [5]. Ein kräftiger, starker Puls weist meist auf eine Fülle-Situation hin. Er wird als *Huang Mo* bezeichnet und ist meist auch hüpfend und schnell, beides Anzeichen für innere Hitze, wie sie durch Infektionen ausgelöst werden kann [5]. Ist diese Art von Puls direkt an der Oberfläche des Gefäßes zu fühlen, kann eine akute Infektion vorliegen, die noch keine inneren Organe ergriffen hat. Fühlt man bei der Palpation des Pulses zwar eine große Pulswelle, die aber einen schlaffen Eindruck vermittelt, wie ein kaum gefüllter Gummischlauch, muss von einer Blut-Leere ausgegangen werden. Traditionell wird dieser Puls als *K'ou Ma* genannt. Dieser oberflächliche Puls gilt als Zeichen für chronischen Blutverlust. Ein ähnliches Gefühl vermittelt der Puls, der bei vielen Tieren mit chronisch trockener Haut zu fühlen ist. Allerdings ist dieser in der normalen Pulsposition und nicht oberflächlich tastbar und weist auf Blutmangel hin.

Die **Pulsfrequenz** wird ebenfalls zur Diagnostik heran gezogen. Ein schneller Puls, *Shu Mo* genannt, zeigt echte oder falsche Hitze an [5]. Ist der Puls dünn, schwach und schnell, ist mit einem Mangel an *Yin* und an Blut zu rechnen, also einer Situation mit falscher Hitze, die durch den Mangel an kühlenden Flüssigkeiten entstanden ist. Fühlt sich der Puls zwar dünn an, hat aber eine normale Frequenz, so weist das auf Blutmangel hin. Ein voller und schneller Puls deutet auf echte Hitze hin. Eine niedrige Pulsrate ist meist das Anzeichen einer *Yang*- und/oder *Qi*-Mangelsituation, die sich als Kälte-Erkrankung zeigt. Anzeichen einer solchen Erkrankung sind beispielsweise wässriger Durchfall, Lethargie, kalte Extremitäten und Ohren. Ein solcher Puls wird *Ch'ich Mo* genannt [5].

Die **Lage des Pulses** wird als letztes eingeschätzt. Einen oberflächlichen Puls kann man direkt nach Hautkontakt über dem Gefäß fühlen. Er ist in der Regel ein Anzeichen für eine akute Erkrankung. Der Körper entsendet seine Abwehrmechanismen an die Körperoberfläche. Er kann aber auch das Anzeichen für einen *Yin*- oder Blut-Mangel sein. Liegt der Puls so tief, dass er kaum noch erreichbar ist, deutet das immer auf eine ernsthafte Situation hin, die sich in der Tiefe, also dem Körperinneren abspielt.

Traditionell ist ein oberflächlicher Puls als *Fu Mo* und ein tiefer Puls als *Ch'en Mo* bekannt [5]. Es gibt in der Literatur kaum Angaben über die Pulsdiagnostik bei Kleintieren. Darum sollten die oben gemachten Angaben als vorläufig betrachtet werden. Ich arbeite jedoch seit fünfzehn Jahren in der TCM-Praxis mit diesen Richtlinien.

10.3 Die diagnostischen Punkte

Das Palpieren bestimmter Punkte auf dem Blasen-Meridian, der am Rücken parallel zur Wirbelsäule verläuft, stellt einen wichtigen Teil der traditionellen Untersuchung dar. Diese diagnostischen Punkte liegen bilateral auf dem M. longissimus dorsi und dem M. illiocostalis. Sie werden Zustimmungspunkte oder *Shu*-Punkte genannt. Jeder dieser paarweise angelegten Punkte hat eine Verbindung zu einem der zwölf inneren Organe und den dazu gehörenden Meridianen. Am lateralen und ventralen Aspekt des Körpers befinden sich die Alarmpunkte oder *Mu*-Punkte. Auch diesen Punkten sind jeweils eines der zwölf inneren Organe und der entsprechende Meridian zugeordnet.

Zustimmungspunkte und Alarmpunkte werden als diagnostische Punkte betrachtet. Reaktionen auf die Palpation eines solchen Punktes kann als Hinweis für ein Ungleichgewicht des dazu gehörenden Organs oder der Leitbahn betrachtet werden.

Die Empfindlichkeit auf die Palpation dieser Punkte zeigt sich in verschiedenen Reaktionen von Seiten des Tieres, wie z. B. Hautzuckungen, knurren, hecheln, Schmerzäußerungen, Beißversuche oder Schwächeanzeichen wie Hinsetzen.

Um beim Kleintier die Zustimmungspunkte zu untersuchen, sollten Sie sich hinter das Tier stellen, in die gleiche Richtung schauend. Mit ihren Zeigefingern palpieren Sie nun mit leichtem bis mittlerem Druck die Punkte auf beiden Seiten der Wirbelsäule durch.

Eine weitere Bestätigung der Aussage, die durch die Reaktion auf das Palpieren der Zustimmungspunkte *(Shu)* gemacht werden konnte, erhält man durch das Abtasten der Alarmpunkte *(Mu)*. Hierfür ist meist nur ein leichter Druck notwendig.

Klassisch gesehen weist eine erhöhte Sensitivität sowohl der Zustimmungspunkte als auch der Alarmpunkte auf eine Störung in dem entsprechenden Organ hin. Diese Störung muss dann nach den Regeln der traditionellen chinesischen Medizin interpretiert werden. Es kann z. B. das Organ selbst betroffen sein, oder aber das System von Gewicht und Gegengewicht ist gestört. So zeigen viele Katzen mit Polyurie und Polydipsie als Anzeichen einer chronischen Nierenproblematik eine vermehrte Empfindlichkeit am Zustimmungspunkt der Niere. Andererseits können Katzen mit vermehrtem Erbrechen, einem der Leitsymptome des chronischen Nierenversagens, mit keiner bis geringer Schmerzhaftigkeit auf Druck am Zustimmungspunkt der Niere reagieren, aber mit deutlichen Reaktionen am Zustimmungspunkt von Milz/Pankreas. Innerhalb des Systems der fünf Elemente, einem wichtigen Teil der TCM, gibt es einen Kontrollmechanismus, laut dem das Erdelement (Milz/Pankreas) das Wasser (Niere) kontrolliert. Darum ist es so wichtig, so viel wie möglich von der Vorgeschichte zu erfahren und diese Informationen in die Muster der traditionellen chinesischen Medizin einzupassen. Die Beachtung von mehreren Variablen und die Fähigkeit zu ganzheitlichem Denken sind auch hier gefragt, um die Ursache der Empfindlichkeit an genau diesem Punkt herauszufinden. Im Gegensatz dazu steht das linear ausgerichtete Denkverhalten der westlichen Wissenschaft. Nach meiner Erfahrung besteht eine Beziehung zwischen der Lokalisation des empfindlichen Punktes, der Chronizität des Problems und der Individualität des Patienten. Um Verwirrung zu vermeiden empfehle ich weniger erfahrenen Anwendern der traditionellen chinesischen Medizin, sich erst einmal auf die bestehende Druckempfindlichkeit zu konzentrieren und sich zu überlegen, welches Organ sich demzufolge im Ungleichgewicht befinden könnte.

So wurde mir z. B. eine 14-jährige kastrierte Katze der Rasse „europäisches Kurzhaar" vorgestellt, deren Problem chronisches Erbrechen war. Die detaillierte westliche Diagnostik hatte zu keiner schlüssigen Erklärung geführt. Die Besitzer wollten eine zweite Meinung einholen. Also wurde mir das Tier für eine traditionelle chinesische Diagnostik vorgestellt. Die einzige Abweichung von der Norm war eine deutliche Druckdolenz auf dem Zustimmungspunkt der Leber. Es handelte sich um eine Katze, die zu Aggressivität gegenüber ihrem Menschen neigte, einem Anzeichen für eine Leber-Störung. Der Puls hatte drahtige Qualitäten, auch ein Leber-Zeichen, und die Zunge hatte einen leicht gelblichen Belag, was auf innere Hitze hinweist. Im Kreislauf der fünf Elemente kontrolliert die Leber Milz/Pankreas. Das Erbrechen war zwar das Anzeichen einer Störung auf Milz/Pankreas, aber die Ursache der Störung lag in einem Leber-Ungleichgewicht. Zu diesem Zeitpunkt wurde von Seiten der Besitzer eine Behandlung des Tieres nicht gewünscht. Nach zwei Jahren kam das Tier wieder zu mir in die Praxis. Nun lag eine ernsthafte Erkrankung vor. Nach einer Biopsie lautete die westliche Diagnose: multifokale hepatische Nekrosen.

Die Zustimmungs- und Alarmpunkte können neben der Diagnostik aber auch zur Therapie genutzt werden. Um grundlegende Störungen zu behandeln, werden Akupunktur, Aquapunktur, Akupressur oder Massage der Punkte eingesetzt. Die Empfindlichkeit eines diagnostischen Punktes signalisiert nach meiner Erfahrung eine Störung der Homöostase. Die Untersuchung der diagnostischen Punkte kann durchaus in eine westliche Diagnostik integriert werden und kann so der Erweiterung der Grunddaten dienen. Die Behandlung von druckdolenten diagnostischen Punkten kann die Zeit überbrücken, bis weitere diagnostische Informationen gesammelt werden konnten.

10.3.1 Lage der diagnostischen Punkte

Unter den Veterinär-Akupunkteuren gibt es geringgradige Unterschiede in der Interpretation der Lokalisation der diagnostischen Punkte beim Kleintier. Die Ursache hierfür liegt in erster Linie in der Übertragung der Punkte aus humanmedizinischen Akupunktur-Werken und der Tatsache, dass die Anzahl der Wirbel bei Mensch und Kleintieren differiert. Größtenteils scheinen die vom Menschen auf das Tier transponierten Punkte zuverlässig zu sein. Die Zustimmungspunkte liegen zwischen dem dritten Interkostalraum und dem Spatium lumbosacrale, lateral der Mm. iliocostalis thoracis, longissimus dorsi und lumborum (➤ Abb. 10.2 und ➤ Abb. 10.3). Bei zwei der Zustimmungspunkte, dem des Dünn-

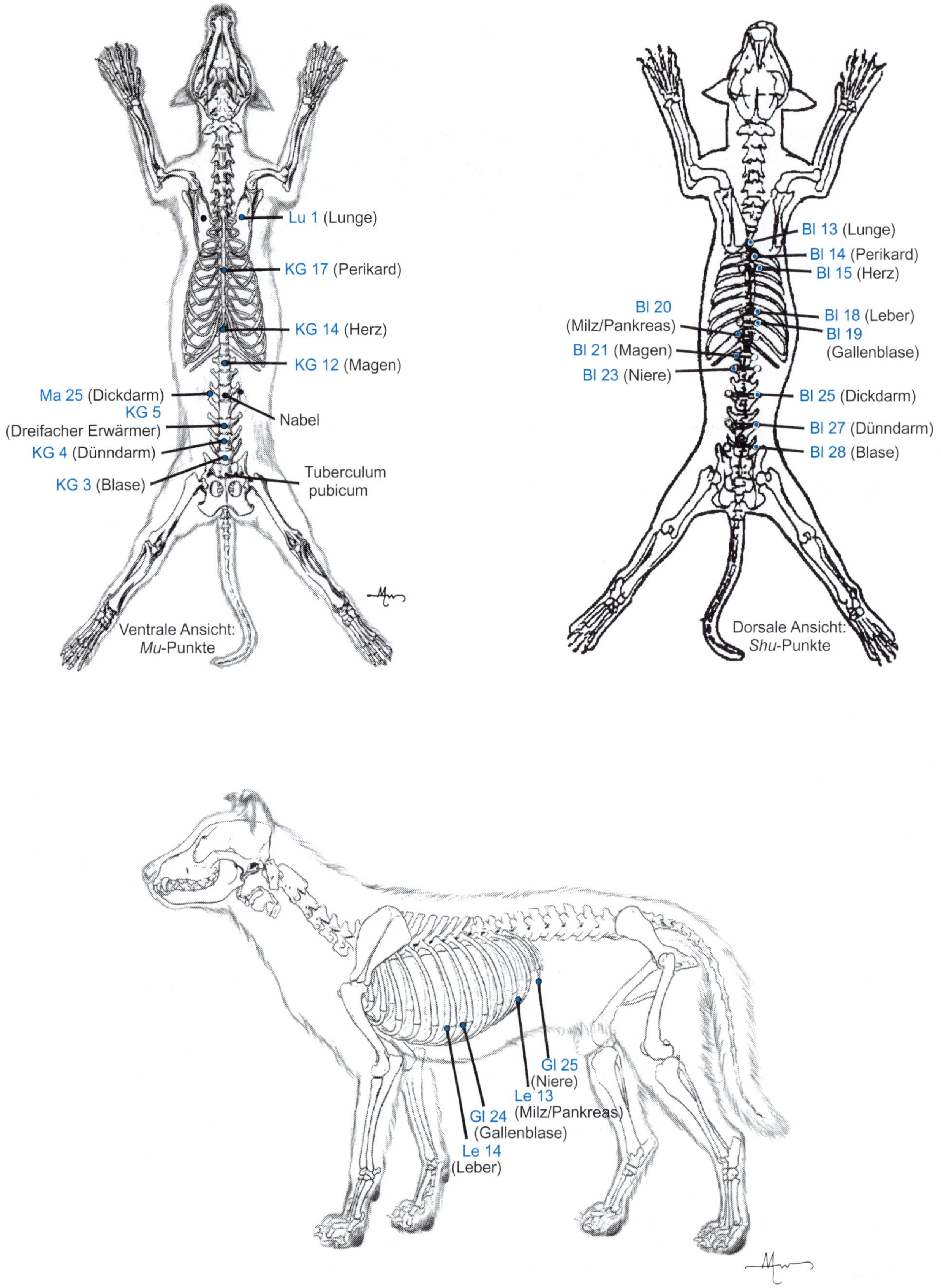

Abb. 10.2 Die diagnostischen Punkte des Hundes: Zustimmungspunkte *(Shu)* und Alarmpunkte *(Mu).*

10

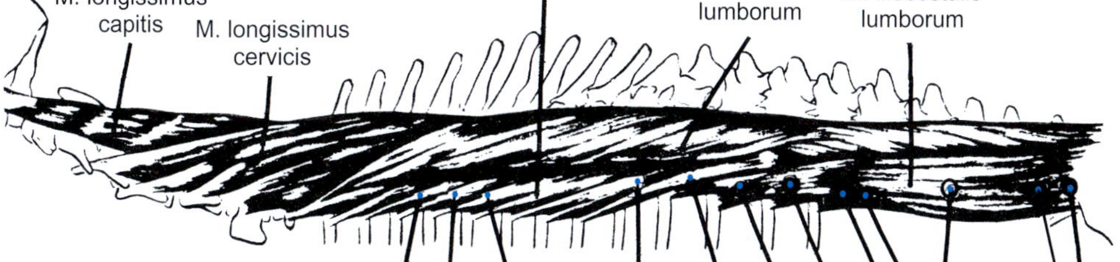

Abb. 10.3 Die Zustimmungspunkte des Hundes in der paravertebralen Muskulatur. (Adaption nach Evans HE: Miller's anatomy of the dog, Philadelphia, 1993, WB Saunders)

Tab. 10.2 Lokalisation der diagnostischen Punkte

Organ	Zustimmungspunkt	Lokalisation	Alarmpunkt	Lokalisation
Lunge (Lu)	Bl 13	3. ICR	Lu 1	ventrale Kante des M. brachiocephalicus, kaudal der Tendo clavicularis
Perikard (Pe)	Bl 14	4. ICR	KG 17	auf der ventralen Mittellinie, auf dem Sternum, auf Höhe der kranialsten Zitze
Herz (He)	Bl 15	5. ICR	KG 14	auf der ventralen Mittellinie, in einer Delle kaudal des Processus xiphoideus
Leber (Le)	Bl 18	9. ICR	Le 14	im 6. ICR, auf Höhe der Milchlinie
Gallenblase (Gb)	Bl 19	10. ICR	Gb 24	im 7. ICR, am Übergang von knöcherner zu knorpeliger Rippe, ca. 6 cm lateral der ventralen Mittellinie
Milz/Pankreas (MP)	Bl 20	11. ICR	Le 13	am Ende der 12. Rippe (auch: einflussreicher Punkt der *Yin*-Organe)
Magen (Ma)	Bl 21	12. ICR	KG 12	auf der ventralen Mittellinie, auf halber Strecke zwischen Processus xiphoideus und Nabel
Dreifacher Erwärmer (3E)	Bl 22	An der Spitze des Processus transversus von LWK 1, in einer Rille zwischen M. longissimus lumborum und M. iliocostalis lumborum	KG 5	auf der ventralen Mittellinie, bei ⅖ der Distanz zwischen Nabel und Pecten ossis pubis
Niere (Ni)	Bl 23	An der Spitze des Processus transversus von LWK 2	Gb 25	an der Spitze der letzten freien Rippe
Dickdarm (Di)	Bl 25	An der Spitze des Processus transversus von LWK 4, in einer Rille zwischen M. longissimus lumborum und M. iliocostalis lumborum	Ma 25	ca. 3 cm lateral des Nabels, auf dem M. rectus abdominis
Dünndarm (Dü)	Bl 27	An der Spitze des Processus transversus von LWK 6, in einer Muskelvertiefung (manchmal auch über dem 1. Sakralwirbel)	KG 4	auf der ventralen Mittellinie, bei ⅔ der Distanz zwischen Nabel und Pecten ossis pubis
Blase (Bl)	Bl 28	Kaudal des Spatium lumbosacrale, auf der Höhe des Processus spinosus II des Os sacrum	KG 3	auf der ventralen Mittellinie, bei ⅕ der Distanz zwischen Pecten ossis pubis und Nabel

darms und dem der Blase, gibt es leichte Variationen. Das lässt sich eventuell mit dem verbindendem Nervenplexus des Ganglion intermesenteriale erklären, das den Bereich des kaudalen Ganglion mesentericum mitversorgt. Die Alarmpunkte liegen entweder auf den Meridianen, deren Störung sie anzeigen oder auf einem anderen Meridian. Alle Alarmpunkte sind auf dem ventralen oder ventrolateralen Aspekt des Körpers zu finden (➤ Tab. 10.2).

10.3.2 Bedeutung der Reaktionen der diagnostischen Punkte

In ➤ Tab. 10.3 finden Sie eine Zusammenfassung der Bedeutung von Reaktionen der diagnostischen Punkte, kombiniert mit anderen Ergebnissen der traditionellen chinesischen Untersuchung.

Tab. 10.3 Die Bedeutung von Druckdolenz der diagnostischen Punkte und Befunden der traditionellen chinesischen Untersuchung

Druckdolenter diagnostischer Punkt	Zunge	Puls	Geruch	Andere Beobachtungen	Diagnose
Lunge	gelber Belag, rötlicher Körper	schnell, oberflächlich	metallisch	feuchter, obstruktiver Husten	Lungen Hitze
	gelber Belag, purpurner Körper	unregelmäßig	metallisch	gestaute Lunge, mitrales Herzgeräusch	Herz/Lungen-Ungleichgewicht (Kontrollzyklus: Feuer schmilzt das Metall)
	trocken, wenig weißlicher Belag	dünn, schnell	keiner	trockener, schwacher, keuchender Husten, Durst	Leere des Lungen-*Qi* oder des Lungen-*Yin*
	blass, graue oder leicht purpurne Färbung	tief	keiner	pfeifende Atmung	Nieren-Mangel (Entstehungszyklus: Metall fördert das Wasser), Leber-Stagnation (Kontrollzyklus: Metall spaltet das Holz)
Herz	blass mit roten Flecken	schnell, unregelmäßig	keiner	Rastlosigkeit, Durst, Hecheln	Mangel an Herz-Blut und *Yin*
	violett, purpurne Flecken, klebriger Belag	langsam und/oder voll	evtl. ranzig	lethargisch, übergewichtig	Stagnierendes Leber-*Qi* (Entstehungszyklus: Holz kreiert Feuer)
	dunkelrote Zungenspitze, bläulich-purpurner Körper, gelber klebriger Belag	unregelmäßig	süßlich, verbrannt	Husten, Aszites, raue, feuchte Lungengeräusche, III.-gradiges Herzgeräusch	Mangel an Herz-*Yin, Qi* und Blut, Leere von Milz/Pankreas, Nieren und Lungen-*Qi*
	trocken, geschwollene Ränder, rote Linie am Rand der Zunge	dünn	leicht ranzig	Schleim und Blut im Stuhl, Verstopfung, Verbindung zum Immunsystem	Mangel an Leber-Blut, mit Hitze und Stagnation
Milz/Pankreas	dünn, Risse, kein Belag	schwach	keiner	leicht krustiger Ausfluss, Gewichtsverlust	Mangel an Milz/Pankreas-*Qi*
	breite Zunge mit Zahnabdrücken an den Seiten, blass und sehr nass	weit, flach und langsam	süßlich	Wässriger Durchfall, Blähungen, weißer, muköser Augenausfluss, kälteempfindlich	Mangel an Milz/Pankreas-*Qi* und Yang, dadurchFeuchtigkeit und innere Kälte
	blass, dünn	schwach, dünn, schnell	keiner	Anämie, Müdigkeit, Verbindung zum Immunsystem	Mangel an Milz/Pankreas-*Qi* und Blut (Leber und Niere: Entstehungs- und Kontrollzylkus)
	blass, dick, fettiger weißer Belag	weit, langsam	süßlich	Erbrechen von Futter und Wasser	Mangel an Milz/Pankreas-*Qi*, dadurch Schleimansammlung und innere Kälte
	dicker weißer Belag, zentrale Ulzerationen	schnell, oberflächlich	süßlich, verwesend	Erbrechen	Milz/Pankreas-Leere mit Schleimansammlung und Magen-Hitze
	kein Belag, roter Körper	schnell, dünn	keiner	Erbrechen von weißem Schaum	Nieren-Leere, Magen-Hitze
Niere	dünn, blass, grau	dünn, fadenförmig, oberflächlich	süßlich	Erbrechen, Müdigkeit und/oder Polydipsie	Blut-Mangel: Niere/Leber/Milz/Pankreas
	dunkelrot, trocken, verschrumpelt	schnell, oberflächlich, dünn	keiner	deutliche Polydipsie, Hyperaktivität	*Yin*-Mangel auf Niere/Leber/Herz

10.4 Klinische Studien

Um festzustellen, in wie weit ein Zusammenhang zwischen der Druckempfindlichkeit der diagnostischen Punkte, vor allem der Zustimmungspunkte, und Veränderungen im Blutbild besteht, habe ich eine retrospektive Studie mit 175 Patienten gemacht, die zwischen 1986 und 1991 von mir behandelt wurden. Die meisten meiner Klienten bringen ihre Tiere zu mir, weil diese auf die konventionelle tiermedizinische Behandlung nicht gut bis gar nicht angesprochen haben. Bei fast allen dieser Tiere wurden bereits Blutparameter bestimmt, bevor sie zu mir in Behandlung kamen. Zusätzliche Blutproben und Untersuchungen waren daher nur bei ca. einem Drittel der Patienten notwendig. Blutproben wurden in allen Fällen genommen, bei denen die traditionelle chinesische Untersuchung zu keinem schlüssigen Befund gelangte und/oder wenn die Ernsthaftigkeit der Erkrankung dies ratsam erscheinen ließ. Zusätzlich wurde bei all den Tieren, die eine Druckempfindlichkeit der Zustimmungspunkte zeigten, eine Blutuntersuchung durchgeführt. Das Alter der Patienten schwankte von vier Monaten bis neunzehn Jahren.

Die folgenden Werte wurden untersucht:

- für die Leberfunktion: Alkalische Phosphatase (ALKP), Glutamat-Oxalacetat-Transaminase (GOT bzw. ASAT), Glutamat-Pyruvat-Transaminase (GPT bzw. ALAT), Cholesterin, Bilirubin und Druckdolenz am Zustimmungspunkt der Leber
- für die Funktion der Milz: Amylase, Lipase, Glukose und Druckdolenz am Zustimmungspunkt von Milz/Pankreas
- für Herzmuskel und Gewebenekrose: Kreatinkinase (CK) und Druckdolenz am Zustimmungspunkt des Herzens
- für die Nierenfunktion: Kreatinin, Harnstoff und Druckdolenz am Zustimmungspunkt der Niere
- für die Blutregulation und das Abwehrsystem: Verschiebungen bei Erythrozyten, Leukozyten, Thrombozyten, Immunglobulinveränderungen und Druckdolenz am Zustimmungspunkt der Leber und/oder Milz/ Pankreas

10.4.1 Ergebnisse

Zustimmungspunkt der Leber (Bl 18)

Von 65 Patienten zeigten 59 (91%) eine Druckdolenz an Bl 18 und dementsprechend erhöhte Werte von AP, GOT, GPT, Cholesterin oder Bilirubin.

Zustimmungspunkt von Milz/Pankreas (Bl 20)

Von 22 Tieren zeigten 21 (95 %) schmerzhafte Reaktionen beim Palpieren von Bl 20 und auch erhöhte Messungen von Amylase, Lipase oder Blutglukose.

Zustimmungspunkt des Herzens (Bl 15)

Bei 9 von 12 untersuchten Tieren (75 %) war eine erhöhte Sensibilität des Punktes Bl 15 zu vermerken. Diese Tiere zeigten ebenso einen erhöhten CK-Wert. Bei 6 dieser Tiere (50 %) wurde röntgenologisch und mit Hilfe von Ultraschalluntersuchungen eine Kardiomyopathie festgestellt.

Zustimmungspunkt der Niere (Bl 23)

46 von insgesamt 48 Patienten waren an Bl 23 druckdolent und zeigte erhöhte Werte von Harnstoff, und/oder Kreatinin. 30 dieser Tiere (63 %) reagierten auch auf Druck auf den Zustimmungspunkt von Milz/Pankreas (Bl 20). Zwei Drittel dieser Tiere litten unter vermehrtem Vomitus.

Blutbildverschiebungen/Störungen des Immunsystems (unter Verwendung der TCM-Definition von Leber und Milz/Pankreas)

Von 28 Tieren wiesen 22 (79 %) eine erhöhte Sensitivität an Bl 18 und/oder Bl 20 auf. Das Blutbild dieser Tiere enthielt Verschiebungen der Erythrozyten und Leukozyten, es lagen erhöhte Immunglobulinwerte, FeLV- und FIV-Virämien oder Neoplasien wie Lymphosarkome vor.

In ➤ Tab. 10.4 sind die Ergebnisse der Studie zusammengefasst.

Nach meiner Erfahrung weist ein druckdolenter diagnostischer Punkt auf ein bestehendes Ungleichgewicht hin. Die vorhergegangenen klinischen Untersuchungen an den beschriebenen 175 Tieren zeigten mindestens eine einfache Korrelation zwischen der Empfindlichkeit der diagnostischen Punkte und veränderten Blutwerten. Diesen vorläufigen Beobachtungen ist sicher nur eine be-

Tab. 10.4 Zusammenfassung der Studienergebnisse

Druckdolenter Zustimmungspunkt	Alter des Patienten		
	1–6 Jahre	7–12 Jahre	älter als 12 Jahre
Leber (Bl 18) 65 Patienten59 (91 %) mit Druckdolenz und erhöhten Leberwerten	**13 Katzen:** • ALKP ↑ (5) • GPT ↑ (4) • Cholesterin ↑ (5) • Bilirubin ↑ (2) • keine veränderten Werte (2)	**5 Katzen:** • ALKP ↑ (2) • GPT ↑ (4) • GOT ↑ (1)	**8 Katzen:** • ALKP ↑ (1) • GPT ↑ (5) • GOT ↑ (4) • keine veränderten Werte (1)
	6 Hunde: • ALKP ↑ (5) • GPT ↑ (1) • GOT ↑ (1) • Cholesterin ↑ (1) • keine veränderten Werte (1)	**22 Hunde:** • ALKP ↑ (15) • GPT ↑ (8) • GOT ↑ (2) • Cholesterin ↑ (5) • Bilirubin ↑ (1) • keine veränderten Werte (2)	**12 Hunde:** • ALKP ↑ (8) • GPT ↑ (5) • GOT ↑ (3) • Cholesterin ↑ (2)
Milz/Pankreas (Bl 20) 22 Patienten21 (95 %) zeigten Druckdolenz und erhöhte Blutwerte	**5 Katzen:** • Glukose ↑ (4) • keine veränderten Werte (1)	**3 Katzen:** • Lipase ↑ (1) • Glukose ↑ (2)	**1 Katze:** • Lipase ↑ (1)
	1 Hund: • Lipase ↑ • Amylase ↑	**8 Hunde:** • Lipase ↑ (5) • Amylase ↑ (4)	**4 Hunde:** • Lipase ↑ (3) • Amylase ↑ (1)

Tab. 10.4 Zusammenfassung der Studienergebnisse *(Forts.)*

Druckdolenter Zustimmungspunkt	Alter des Patienten		
	1–6 Jahre	7–12 Jahre	älter als 12 Jahre
Niere (Bl 23) 48 Patienten46 (96 %) zeigten Druckdolenz und veränderte Blutwerte	**10 Katzen:** • Harnstoff ↑ (10) • Kreatinin ↑ (3)	**20 Katzen:** • Harnstoff ↑ (15) • Kreatinin ↑ (12) • keine veränderten Werte (2)	**12 Katzen:** • Harnstoff ↑ (10) • Kreatinin ↑ (12)
	1 Hund: • Kreatinin ↑	**4 Hunde:** • Harnstoff ↑ (3) • Kreatinin ↑ (4)	**1 Hund:** • Harnstoff ↑
Herz (Bl 15) 12 Patienten9 (75 %) zeigten Druckdolenz und erhöhte Blutwerte	**1 Katze:** • CK ↑	**5 Katzen:** • CK ↑ (5)	
	1 Hund: • keine veränderten Werte	**4 Hunde:** • CK ↑ (3) • keine veränderten Werte (1)	**1 Hund:** • keine veränderten Werte
Leber (Bl 18) und **Milz/Pankreas (Bl 20)** 28 Patienten22 (79 %) zeigten Druckdolenz und veränderte Blutwerte	**11 Katzen:** • FeLV- oder FIV-Virämie • Immunglobuline ↑ (1) • Lymphosarkom (2) • Leukozyten/Erythrozyten ↑/↓ (6) • keine veränderten Werte (3)	**4 Katzen:** • FeLV- und FIV-Virämie • Lymphosarkom (2) • Thrombozytopenie (1) • Leukozyten/Erythrozyten ↑/↓ (1)	**1 Katze:** • Immunglobuline ↑
	6 Hunde: • Thrombozytopenie • keine veränderten Werte (1) • Lymphosarkom (2) • Anämie (3) • Immunglobuline ↑ (2) • keine veränderten Werte (1)	**3 Hunde:** • Anämie (2) • Immunglobuline ↑ (1) • keine veränderten Werte (1)	

grenzte Bedeutung zuzumessen, aber es wäre sicher ratsam, bei einem schmerzhaften diagnostischen Punkt eine entsprechende westliche Diagnostik einzuleiten.

10.5 Zusammenfassung

Die traditionelle chinesische Untersuchungsweise kann zahlreiche wertvolle Informationen liefern. In der Ausnutzung der verschiedenen Ansätze der chinesischen Diagnostik, wie Inspektion, Auskultation, Geruch, Anamnese und Palpation, kann aus vielen Variablen eine zusammenhängende Diagnose nach den Regeln der TCM erstellt werden. Die Beachtung der acht Leitkriterien und der fünf Wandlungsphasen führt den traditionell ausgebildeten Praktiker zum Erkennen eines Musters oder eines Ungleichgewichts, das den westlichen Mediziner verblüffen kann. Sicherlich hat die Technik der westlichen Medizin ihre Vorzüge, aber eine Kombination aus westlicher und östlicher Medizin kann für das Wohl unserer Tiere immens wertvoll und hilfreich sein.

LITERATUR

1. Bensoussan A: Contemporary acupuncture research: the difficulties of research across scientific paradigms, *Am J Acupunct* 19:357–365, 1991.
2. Young HG: *Atlas of veterinary acupuncture charts,* Thomasville, Ga, 1977, Oriental Veterinary Acupuncture Specialties.
3. O'Connor J, Bensky D (translators): *Acupuncture: a comprehensive text,* Seattle, 1984, Eastland Press.
4. Kaptchuk TJ: *The web that has no weaver,* New York, 1983, Congdon & Weed.
5. Chuan Y: *Handbook of Chinese veterinary acupuncture and moxibustion,* Bangkok, 1990, FAO Regional Office for Asia and the Pacific.
6. Chien-Chung M et al: *Methods of tongue diagnosis,* Bull Oriental Healing Arts Inst 6(1), 1981.

KAPITEL

11 Akupunktur bei Erkrankungen des Bewegungsapparates

Allen M. Schoen

Muskuloskeletale Erkrankungen treten bei Hunden und Katzen häufig auf. Manchmal verursachen sie eine starke Behinderung des Tieres, vor allem bei geriatrischen Patienten. Da sich diese Tiere häufig nur unter großer Anstrengung oder starken Schmerzen fortbewegen können, halten ihre Besitzer oft die Euthanasie für die einzige Option.

Eine entsprechende Medikation oder ein chirurgischer Eingriff können manchmal Besserung bringen oder zumindest die Symptome lindern. Es kommen aber immer wieder Patienten, die entweder auf die analgetischen oder die entzündungshemmenden Medikamente nicht ansprechen, oder mit starken Nebenwirkungen zu kämpfen haben. Bei wiederum anderen Patienten ist die Prognose für chirurgische Eingriffe zu schlecht oder eine Operation kommt wegen anderer Vorerkrankungen nicht in Frage. Das sind Fälle, die sich ganz besonders für den Einsatz der Akupunktur eignen. In Überweisungspraxen der Human- und auch der Veterinärakupunktur stellen solche Patienten einen großen Anteil der zu bearbeitenden Fälle dar.

Laut Kaplan gibt es „gute, aber begrenzte Beweise für die Effizienz der Behandlung von myofaszialen Syndromen mittels Akupunktur" [1]. Eine Untersuchung des Patientenmaterials von akupunktierenden Ärzten ergab, dass die zweithäufigste Indikation für die Akupunkturbehandlung myofasziale Syndrome sind, und dass davon 80–85 % erfolgreich behandelt werden konnten [2]. Die Literatur der Humanmedizin bietet zahlreiche Berichte über die Vorteile der Akupunkturbehandlung bei Erkrankungen des Stütz- und Bewegungsapparates. Eine dieser Studien berichtet, dass bei 65 % der Patienten mit chronischen Schmerzen im Nacken- und Schulterbereich durch Elektroakupunktur eine anhaltende Besserung erzielt werden konnte [3].

Akupunktur stellt auch eine sehr gute Alternative zur Behandlung von Tennisellenbögen mit lokalen Kortisoninjektionen dar [3]. Von 220 Patienten mit chronischen Schmerzen im Bereich der Lendenwirbelsäule unterschiedlicher Genese, konnte bei 79 % durch Akupunkturbehandlung eine dauernde und für die Menschen zufrieden stellende Schmerzfreiheit erreicht werden [3]. Bei Patienten, die vor der Akupunkturbehandlung nicht operiert worden waren, zeigten sich noch höhere Erfolgsraten.

Bei der Therapie einer Osteoarthritis des Menschen stellte sich die Akupunktur als doppelt so effektiv heraus, wie eine Behandlung mit dem nicht-steroidalen Entzündungshemmer Piroxicam [4]. Davon abgesehen konnten bei den mit Akupunktur behandelten Patienten keinerlei Nebenwirkungen festgestellt werden, wohingegen bei 19 % der Piroxicam-Gruppe Nebenerscheinungen wie Pruritus, gastrointestinale Blutungen oder Lethargie auftraten [4]. In einer Langzeitstudie an Akupunkturpatienten mit chronischen Schmerzen waren 73 % auch nach sechs Jahren noch schmerzfrei [3]. In einer anderen kontrollierten Studie wurden 75 Menschen mit patellofemoralem Schmerzsyndrom über vier Wochen zweimal wöchentlich erfolgreich mit Akupunktur behandelt [7]. In dieser Studie konnten lang anhaltende Erfolge der Akupunktur hinsichtlich Schmerzlinderung und Funktionsverbesserung bewiesen werden [8]. Es liegen noch zahlreiche weitere Untersuchungen vor, die den sinnvollen Einsatz von Akupunktur bei Erkrankungen des Stütz- und Bewegungsapparates dokumentieren [4–15].

In der veterinärmedizinischen Literatur wird berichtet vom erfolgreichen Einsatz der Akupunktur bei degenerativen Gelenkerkrankungen, Hüftgelenkdysplasien, autoimmunologisch vermittelten Arthritiden und Bandscheibenerkrankungen [16–21]. So zeigten beispielsweise in einer Studie 70 % der Hunde mit chronischen degenerativen Gelenkerkrankungen eine mehr als 50%ige Verbesserung ihrer Beweglichkeit nach einer Behandlung mit Akupunktur [16]. In einer Untersuchung an 61 Hunden mit degenerativen Gelenkerkrankungen fand Janssen, dass die Reaktion auf die Akupunktur bei Behandlung von Hüft-, Knie- und Schultergelenk besser war, als bei Behandlung anderer Gelenke [21].

11.1 Physiologische Effekte

➤ Kap. 3 dieses Buches gibt eine umfassende Darstellung der physiologischen Grundlagen der Akupunkturwirkung [24]. Verschiedene Theorien erklären die physiologischen Auswirkungen der Akupunkturbehandlung bei Erkrankungen des Stütz- und Bewegungsapparates. Neben Schmerzen und Entzündungen ist eines der primären Symptome einer degenerativen Gelenkerkrankung die Beweglichkeitseinschränkung, die durch einen gesteigerten Tonus der Beuge- und Streckmuskulatur in der Umgebung des Gelenkes hervorgerufen wird [25]. Die Ursache hierfür liegt in einer Aktivierung der sensiblen δ-A und δ-C Fasern der Muskeln und Sehnen, die durch den Entzündungsprozess und die dabei lokal freigesetzten Kinine hervorgerufen wird. Die Aktivierung dieser Fasern führt ihrerseits zur Aktivierung der γ-Neurone der Beuge- und Streckmuskeln. Die dadurch verkürzten Muskeln verlieren an Elastizität und können weitere Gelenkstraumen verursachen [25]. Außerdem können sich durch degenerative Gelenkerkrankungen so genannte myofasziale Triggerpunkte entwickeln [26]. Manche dieser Triggerpunkte sind genau am Ursprung der permanent verkürzten, steifen Muskeln zu finden [27, 28].

Durch die Akupunkturbehandlung werden zentrale Endorphin-freisetzende Systeme aktiviert, die die analgetische Wirkung der Behandlung bedingen. Das Gefühl der Nadelung, das durch manuelle oder elektrische Stimulation verstärkt wird, aktiviert die tiefen

Afferenzen der Muskeln und Sehnen und damit wohl auch das endogene antinozizeptive System [29]. Ein großer Teil der arthritischen Schmerzen wird auf Spasmen in der gelenknahen Muskulatur zurückgeführt.

Eines der wichtigsten Einsatzgebiete der Akupunktur ist die Linderung von muskulären Schmerzen. Diese Schmerzlinderung oder -ausschaltung könnte durch eine verbesserte Durchblutung des Muskels durch die Nadelung zustande kommen. Die vermehrte Muskelperfusion kann lokal über einen axonalen Reflex, oder bei Nadelung entfernt liegender Bereiche, die mit dem schmerzenden Muskel in Verbindung stehen, über somatoautonome Reflexe vermittelt sein [30].

Der Impuls, der an den somatischen Nervenendungen durch die Nadelung ausgelöst wird, gelangt über afferente Fasern zum kontralateralen anterioren Hypothalamus, dem Zentrum dieser Reflexe, wird dort umgeschaltet auf efferente cholinerge Fasern, die eine Vasodilatation in den Blutgefäße des betreffenden schmerzenden Muskels bewirken [30]. Durch die dilatierten Gefäße können schmerzauslösende Substanzen schneller eliminiert werden, um so Schmerzen zu lindern. Lokal verursacht die Akupunkturbehandlung eine vermehrte Azetylcholin-Ausschüttung, die ebenfalls zu einer Vasodilatation im spastischen, ischämischen Muskel führt [30]. Die antientzündliche Wirkung der Akupunktur wird durch die Auslösung einer endogenen Kortikosteroid-Freisetzung unterstützt [30]. Außerdem wird höchstwahrscheinlich durch die Nadelung die Aktivität der α- und γ-Motorneuronen reguliert. So können Gelenkschwellung, Schmerzen und Entzündungsreaktion vermindert, und der sekundär erhöhte Muskeltonus gesenkt werden [24].

Insgesamt hängt also die positive Wirkung der Akupunkturbehandlung nicht ausschließlich mit der analgetischen Wirkung der Endorphin-Ausschüttung zusammen, sondern steht auch im Zusammenhang mit lokaler Vasodilatation, verschiedenen entzündungshemmenden Effekten, der Aufhebung von Triggerpunkten und der Entspannung lokaler Muskelspasmen.

11.2 Die Theorie der traditionellen chinesischen Medizin

Die Grundlagen der TCM werden in ➤ Kap. 6 erläutert. Auch das Buch „Rheumatology in Chinese Medicine" von Guillaume und Chieu liefert eine umfassende Diskussion von Theorie und Praxis der TCM im Zusammenhang mit Erkrankungen des Stütz- und Bewegungsapparates [32]. Interessanterweise beschreiben chinesische Ärzte schon vor ein paar tausend Jahren verschiedene Arten von Arthritiden aufgrund natürlicher Phänomene. Diese Definitionen lassen sich sehr gut auf die heutige westliche Praxis übertragen. Wir sollten nicht so ethnozentrisch sein, 3000 Jahre Wissen und klinische Erfahrung abzulehnen, nur weil die Terminologie uns nicht geläufig ist und uns das Vokabular vielleicht etwas befremdet. Die folgenden Beschreibungen sollen das Verständnis der Zusammenhänge zwischen der TCM und der westlichen Medizin fördern.

In der TCM fällt die Osteoarthritis unter die Bezeichnung des *Bi*-Syndroms. *Bi* bedeutet Blockierung. Das *Bi*-Syndrom wird durch die Blockade des *Qi*- oder des Blutflusses in den Meridianen hervorgerufen. Ausgelöst wird diese Blockade durch externe pathologische Faktoren wie Wind, Kälte oder Feuchtigkeit [33]. Gemäß der westlichen Terminologie ist das *Bi*-Syndrom unter anderem ein Überbegriff für Osteoarthritis, rheumatische Arthritis, Ischiasbeschwerden und Spondylitis. Es zeigt sich mit Schmerzen, Taubheitsgefühl und Schwellung der Gelenksumgebung, der Muskulatur und der Sehnen. Das *Bi*-Syndrom kann weiter unterteilt werden in das **wandernde** *Bi*, das **schmerzhafte** *Bi*, das **fixierte** *Bi*, das **fieberhafte** *Bi* und das **Knochen**-*Bi*.

Laut der Lehre der TCM wird **wanderndes** *Bi* durch Wind ausgelöst. Die Symptome treten plötzlich auf und wechseln sehr schnell, sie „wandern". Ein Beispiel hierfür kann eine Panostitis sein. Für die Behandlung werden in erster Linie Punkte ausgewählt, die Wind ausleiten.

Das **schmerzhafte** *Bi* wird durch starke Schmerzen charakterisiert, die sich bei Kälte verschlimmern und durch Wärme verbessern. Die Behandlung zielt darauf ab, die Kälte zu beheben und den Körper zu wärmen. Hierbei wird oft auf die Moxibustion zurückgegriffen.

Die Symptome des **fixierten** Bi werden bei feuchtem Wetter schlechter. Steifheit tritt mehr in den Vordergrund als Schmerzhaftigkeit. Wetterwechsel intensivieren die Beschwerden. Die Behandlung soll Feuchtigkeit ausleiten.

Bei **fieberhaftem** Bi dominieren Hitze-Anzeichen. Es bestehen starke Schmerzen, Rötungen und Schwellungen der Gelenke. Ein Beispiel hierfür wäre die infektiöse Arthritis. Durch die Behandlung soll feuchte Hitze ausgeleitet werden.

Das **Knochen**-*Bi* ist die am weitesten fortgeschrittene Problematik. Die schwerwiegenden Degenerationen der Gelenke bei chronischer Arthritis sind hierfür das beste Beispiel.

In der Lehre der TCM kann eine Arthritis durch verschiedene Ursachen ausgelöst werden:

- Kälte und Feuchtigkeit dringen in die Gelenke ein
- die freie Bewegung von *Qi* und Blut ist gestört
- Störungen im Meridianverlauf
- Störungen der *Zang-Fu*-Organe
- Störung eines der fünf Elemente

Die am häufigsten auftretende Organstörung ist die Nieren-*Yang*-Leere. Sie kann bei Tieren Ursache einer langen Krankheitsgeschichte mit degenerativen Gelenkerkrankungen, chronischen Nierenproblemen und altersbedingter Schwerhörigkeit sein. Da die Nieren-*Yang*-Leere der eigentliche Auslöser der Problematik ist, sollte sie neben den lokalen Akupunkturpunkten um das betroffene Gelenk herum immer mitbehandelt werden. Laut den Grundlagen der TCM sind folgende Behandlungsprinzipien zu befolgen:

- die schmerzhafte Blockade eliminieren
- *Qi* anregen
- den Fluss von *Qi* und von Blut stimulieren
- Meridianblockaden lösen
- das Ursprungs-*Qi* stärken
- Wind und Feuchtigkeit ausleiten

Die TCM eignet sich sehr gut zur Behandlung von degenerativen Gelenkerkrankungen in der Kleintierpraxis. So kann man zum Beispiel bei einem Hund mit Arthritis, die sich bei feuchtem Wetter verschlechtert, Punkte auswählen, die Feuchtigkeit ausleiten und Milz/Pankreas stärken. Hier wären MP 6 und MP 9 geeignet, da beide Feuchtigkeit eliminieren und den Organkreis stärken. Zur Unterstützung könnte man die Moxibustion einsetzen. Diese Technik ist sinnvoll bei allen Zuständen, die sich bei feuchtem oder kaltem Wetter verschlechtern. Moxibustion sollte allerdings nie bei Hitze-Anzeichen im Gelenk verwendet werden.

Neben den Punkten, die nach der TCM-Diagnose ausgewählt wurden, können lokale Punkte um das betroffene Gebiet herum die Ergebnisse der Behandlung noch verbessern [33].

11.3 Techniken und Instrumente

Vor einer Akupunkturbehandlung sollte der Patient nach allen Regeln der konventionellen Tiermedizin untersucht werden. Das beinhaltet z. B. die neurologische Untersuchung, Blutuntersuchungen, Röntgenaufnahmen, Computertomographie (CT), Kernspintomographie (MRT), Myelogramme, usw. Die so gefundene Diagnose sollte mit dem Patientenbesitzer durchgesprochen werden. Dabei werden alle therapeutischen Optionen, inklusive Operation und Einsatz ganzheitlicher Behandlungsmethoden dargestellt und erklärt. Akupunktur kann begleitend zu konventioneller Medikation, als postoperative Maßnahme oder als Behandlungsalternative eingesetzt werden. Meist wird sie angewandt, wenn durch Medikamente keine Wirkung erzielt wird oder starke Nebenwirkungen auftreten, bzw. wenn eine Operation nicht in Betracht kommt oder aufgrund von Vorerkrankungen des Tieres mit einem großen Risiko verbunden ist. Manche Klienten fordern auch als primäre Therapie den Einsatz von Akupunktur, bevor sie sich mit invasiveren Behandlungen einverstanden erklären.

Ist die Akupunktur die Therapie der Wahl für den betroffenen Patienten, muss man die Art der Stimulation und die zum Einsatz kommenden Punkte wählen. Für welche der verschiedenen zur Verfügung stehenden Techniken man sich entscheidet, hängt von der Symptomatik des Tieres ab, von der Art des Tieres, davon ob es sediert oder stimuliert werden soll und von der persönlichen Erfahrung und Präferenz des behandelnden Tierarztes. Ich selbst setzte sowohl traditionelle Nadeltechniken und Elektroakupunktur, als auch Aquapunktur oder Goldfadenimplantationen (bei Hüftgelenkdysplasien) ein. Die Wahl hängt vom Alter des Tieres, dessen Persönlichkeit und der Schwere der Störung ab.

11.4 Methoden der Stimulation

Die im Folgenden aufgeführten Methoden der Stimulation werden häufig in der Behandlung von Erkrankungen des Stütz- und Bewegungsapparates eingesetzt.

Akupressur

Ich zeige meinen Patientenbesitzern verschiedene Akupressurpunkte und Techniken, die dann ergänzend zur Akupunkturbehandlung eingesetzt werden können. Diese Akupressurbehandlung verstärkt und unterstützt die Akupunktur.

Akupunktur

Meistens verwende ich 25- bis 34-G Edelstahl-Nadeln mit einer Länge von 1,25–5 cm. Für die Behandlung von Pferden sind manchmal Nadeln mit bis zu 30 cm Länge vonnöten. Die Nadelstärke und -länge hängt von der Größe des zu behandelnden Tieres und der Lokalisation des ausgesuchten Punktes ab.

Moxibustion

Moxa ist ein chinesisches Kraut. Es handelt sich um *Artemisia vulgaris* (Beifuß), das seit Jahrhunderten zum Erhitzen von Akupunkturpunkten verwendet wird (➤ Kap. 7). Entweder wird das Moxa-Kraut direkt über dem zu behandelnden Punkt abgebrannt, ohne dabei die Haut zu berühren, oder es wird auf eine Nadel gesetzt, die in dem Akupunkturpunkt steckt. Es wird dort belassen, bis sich ein Erythem um die Nadel herum zeigt. Ich verwende Moxa in erster Linie bei kalten, feuchten Wetterlagen oder zur Tonisierung alter Patienten. Man sollte immer darauf achten, dass die Haut des Patienten nicht verbrennt oder das Fell angesengt wird. Als Vorsichtsmaßnahme lege ich zwei Finger auf die Haut des Patienten, rechts und links des Punktes, den ich mit Moxibustion behandle. Neben der Verbrennungsgefahr liegt in dem Marihuana-ähnlichen Geruch, den das brennende Moxa-Kraut verströmt, ein weiterer Nachteil dieser Methode. Man sollte die Patientenbesitzer darauf vorbereiten und ihnen den Geruch erklären.

Aquapunktion

Diese Methode besteht in der Injektion verschiedener Lösungen in die Akupunkturpunkte. Das ist in den meisten Fällen leicht durchzuführen. Zur Aquapunktion eignen sich z. B. Vitamin B- oder Vitamin C-Lösungen, physiologische Kochsalzlösung, Lokalanästhetika, Analgetika usw. Die Injektionsmenge reicht von 0,25–5 ml (beim Pferd). Injiziert wird intramuskulär oder subkutan.

Elektroakupunktur

Um die Stimulation des Akupunkturpunktes zu verstärken wurden etliche elektronische Geräte entwickelt (➤ Kap. 7). Diese Geräte können mit oder ohne Nadeln verwendet werden. Ich setzte die Elektroakupunktur an lokalen Punkten um die betroffenen Gelenke herum ein. Manchmal ist der Stimulus dieser Geräte jedoch zu stark für geriatrische Patienten.

Durch die elektrische Stimulation von Akupunkturnadeln werden verschiedene Arten von Neuropeptiden im zentralen Nervensystem freigesetzt. Das kann bereits durch einen Wechsel in der Stimulationsfrequenz erfolgen, ohne dass man dazu die Position der Nadel im Körper verändern muss. Tieffrequente Stimulation (2 Hz) führt zur Freisetzung von β-Endorphinen und Met-Enkephalinen, während hochfrequente Stimulation (100 Hz) zur vermehrten Ausschüttung von Dynorphin im Rückenmark führt [35].

Lasertherapie

Der Einsatz von kalten, Niedrigenergie-Lasergeräten ist besonders bei den Pferdepraktikern beliebt. Der Begriff Laser steht für „Light Amplification by Stimulated Emission of Radiation" (= kohärente Verstärkung elektromagnetischer Schwingungen durch induzierte Strahlungsemission). Der Einsatz von Niedrigenergie-Lasern, auch Soft-Laser genannt, wurde definiert als eine „Form der intensiven Licht-Therapie, die mit verschiedenen Frequenzen und Wellenlängen positive physiologische Veränderungen hervorrufen, die Heilung beschleunigen und Schmerzzustände verringern kann" [36].

Ich halte die Infrarot-Laser (mit 902 nm) für die effektivsten. Infrarot-Lasergeräte dringen 1–5 cm tief in das Gewebe ein. Es werden viele Einsatzmöglichkeiten für diese Geräte angegeben. In der praktischen Anwendung finde ich sie vor allem bei Katzen hilfreich, bei denen der Einsatz von Akupunkturnadeln unsicher sein kann.

Implantate

Eine verlängerte Wirkung auf bestimmte Akupunkturpunkte kann durch die Implantation verschiedener Materialien in diese Punkte erreicht werden. Die Implantation von Goldkügelchen in Akupunkturpunkte wird bei der Therapie von Hüftgelenkdysplasien und ventraler Brückenbildung bei Spondylopathien bei Kleintieren, sowie bei Rückenproblemen und Spaterkrankungen des Pferdes erfolgreich eingesetzt [18, 22, 27]. Bei Kleintieren wird die Implantation unter Allgemeinanästhesie bei aseptischen Bedingungen im Operationsraum durchgeführt, nachdem das Implantations-Gebiet ausgiebig gereinigt wurde. ➤ Kap. 7 und ➤ Kap. 24 gehen ausführlicher auf diese Technik ein.

Zur Behandlung der Osteoarthritis des Menschen werden auch folgende Techniken als erfolgversprechend beschrieben:

- periostale Nadelung bei Osteophyten
- oberflächliche Nadelung der Gelenkkapsel
- oberflächliche Nadelung der schmerzhaften Muskelpartien
- Stimulation der Sehnenansätze und Ursprünge der betroffenen Muskeln

11.5 Punktauswahl

Auf die verschiedenen Regeln, die die Auswahl der Punkte bestimmen, wird in anderen Kapiteln des Buches genauer eingegangen. Jede Methode hat ihre Indikationen und Begründungen.

Aus physiologischer Sicht versucht man bei der Punktauswahl diejenigen Punkte zu finden, deren Stimulation Aktivierungsprozesse im Körper positiv beeinflusst und dadurch günstige Veränderungen im ZNS hervorruft. Meistens werden Punkte rund um das betroffene Gelenk ausgesucht, die dann mit weiter weg gelegenen, allgemein wirksamen Punkten kombiniert werden. So können z. B. Schmerzen im Bereich der Mandibula auf lokalen Punkten entlang des Unterkiefers und auf Punkten an den Zehen behandelt werden. Die Wirkung der distalen Punkte ist höchstwahrscheinlich auf die Wirkung der somatoautonomen Reflexbögen zurückzuführen.

Manchmal setze ich einzelne Punkte ein, die bei einer speziellen Indikation eine ganz spezifische Wirkung haben. Le 3 ist z. B. ein sehr guter Punkt in der Behandlung der Hüftgelenksdysplasie. Meist verwende ich bilateral symmetrische Punkte. Gelegentlich verwende ich ausschließlich Meisterpunkte an allen vier Extremitäten. Die Triggerpunkte eignen sich besonders zur Behandlung lokaler Muskelspasmen (➤ Kap. 15). Die Akupunktur des Extrapunktes *Zhong Ping*, der auf dem lateralen Aspekt des Femurs liegt, kann beispielsweise beim Menschen zur Behandlung einer Arthritis des Schultergelenks sinnvoll eingesetzt werden [41].

Die einfachste Methode für Akupunktureinsteiger ist wohl, lokale Punkte um das betroffene Gelenk herauszusuchen und mit den dazu passenden distalen Punkten zu kombinieren. Die Auswahl der distalen Punkte kann dabei nach der Lehre der TCM, oder anhand der somatoautonomen Reflexe erfolgen. So könnte man bei einem wandernden *Bi*-Syndrom Bl 11 und Di 11 auswählen, um Wind auszuleiten, und diese Punkte mit lokalen Punkten kombinieren. Nach der TCM wird der Punkt Bl 23 häufig eingesetzt, um die lumbalen Wirbel zu stärken. Es handelt sich hier um den Zustimmungspunkt der Niere, der zwischen dem zweiten und dritten Lendenwirbel liegt.

Die Auswahl der Punkte kann sich auch auf die zugrunde liegende Störung nach den Regeln der traditionellen chinesischen Medizin richten. So kann mit Ni 3 oder Ni 7 eine Nieren-*Yang*-Leere behandelt werden. Der Einsatz von folgenden Meisterpunkten und einflussreichen Punkten ist ebenfalls zu erwägen:

- Bl 11: Meisterpunkt der Knochen
- Gb 34: Meisterpunkt der Sehnen und Bänder
- Gb 39: Meisterpunkt des Knochenmarks
- Bl 57: einflussreicher Punkt für alle Gelenke

Die Auswahl der passenden Punkte wird mit zunehmender Praxis und Erfahrung einfacher. Dann merkt man, dass die Behandlung der nach der TCM-Theorie zugrunde liegenden Störung die Behandlungsergebnisse deutlich verbessert.

11.6 Behandlungsprotokoll

Die meisten Fälle von Erkrankungen des Stütz- und Bewegungsapparates, die zur Akupunkturbehandlung gebracht werden, sind chronisch. Gewöhnlich ist eine konventionelle Behandlung und meist sogar eine Operation vorausgegangen. Für die Behandlung dieser chronischen Probleme plane ich zunächst ein bis zwei Behandlung pro Woche, über drei bis fünf Wochen. Die Tierbesitzer müssen sich zu Beginn zu mindestens acht Behandlungen beim Kleintier und vier Behandlungen beim Pferd verpflichten, um die Behandlungsergebnisse richtig beurteilen zu können.

Es kommt immer wieder vor, dass diese chronischen Patienten erst nach sieben oder acht Behandlungen überhaupt eine Reaktion zeigen. Oft reagieren die Tiere aber bereits nach zwei bis vier Therapiesitzungen. Sobald die gewünschten Ergebnisse eintreten und auch im Zeitraum zwischen zwei Behandlungen erhalten bleiben, fange ich an, die Intervalle der Behandlungen zu vergrößern. Die Intervalle, die für jedes einzelne Tier nötig sind, um es auf dem gewünschten Stand zu halten, variieren sehr stark. Manche Tiere benötigen überhaupt keine weitere Therapie. Andere brauchen konstante Auffrischung der Akupunktur von einer Behandlung im

Monat bis ein bis zwei Behandlungen pro Jahr. Die Beurteilung des Therapieeffektes folgt bei der Akupunktur in etwa den gleichen Regeln, die zur Einschätzung der konventionellen Behandlung mit Analgetika und Antiphlogistika gelten. Der Erfolg wird bemessen an der Zunahme der Beweglichkeit des ganzen Tieres und des betroffenen Gelenkes, der Zunahme von genereller Aktivität und dem Verschwinden bestimmter Verhaltensmuster, die mit chronischen Schmerzen in Verbindung gebracht werden. Dazu gehören beispielsweise das Treppen hoch- und hinunterlaufen, das Aufrichten auf den Hinterbeinen, das Hinsetzen und die Bereitschaft, bei Spielen mitzumachen [16].

Die meisten Tiere genießen die Akupunkturbehandlung. Manche entspannen sich so sehr, dass sie fast einschlafen. Das kann auf die Ausschüttung von Endorphinen zurückgeführt werden. Eine Sedierung ist zur Akupunkturbehandlung nur ganz selten notwendig. Manchmal muss einem besonders schlecht gelaunten oder ängstlichen Hund ein Maulkorb angelegt werden. Ist dennoch eine Sedierung nötig, sollte man Barbiturate vermeiden. Sie scheinen den Effekt der Akupunkturbehandlung negativ zu beeinflussen. Es gibt immer wieder auch Hunde, die sich geradezu erwartungsvoll in der Praxis hinlegen und ihre Akupunktur einzufordern scheinen. Das kann wohl auf eine physiologische Konditionierung zurückgeführt werden.

11.7 Akupunkturbehandlung spezieller Erkrankungen

11.7.1 Degenerative Gelenkerkrankungen

Die einfachste Technik zur Therapie degenerativer Gelenkerkrankungen ist, lokale Punkte um das betroffene Gelenk herum mit einigen distalen Punkten zu kombinieren. Die Behandlung der distalen Punkte sollte sich auf die TCM-Diagnose beziehen und die zugrunde liegende Problematik ausgleichen.

Zum Einsatz kommen traditionelle chinesische Akupunkturnadeln, die 15 bis 20 Minuten in situ verbleiben. Von Fall zu Fall können die lokalen Punkte mit Elektroakupunktur stimuliert werden. Auch Moxibustion, Aquapunktur und Lasertherapie können die Behandlung unterstützen.

Folgende Punkte eignen sich zur Therapie degenerativer Gelenkerkrankungen (➤ Kap. 9):

- bei Beschwerden der distalen Vordergliedmaße: Di 4, Di 11, Bl 11, Bl 23, Ma 36, Gb 34
- bei Beschwerden der Hintergliedmaße: Bl 23, Bl 25, Bl 40, Bl 60, Gb 34, Ma 36

Geeignete lokale Punkte um die betroffenen Gelenke sind z. B.

- Karpalgelenk: Di 4, 3E 5, Di 6
- Ellbogen: Di 4, Di 10, Di 11, Lu 5, He 3
- Schulter: Di 15, Di 16, 3E 14, Bl 11, Di 11
- Tibiotarsalgelenk: Bl 60, Ni 3, Le 3
- Wirbelsäule: Punkte auf dem inneren Blasenmeridian, die kranial und kaudal der Läsion liegen

Akupunkturpunkte zur Behandlung einer Coxarthrose

- Lokale Punkte: Gb 29, Gb 30, Bl 54, lokale Triggerpunkte
- Distale Punkte: Bl 60, Bl 40, Ma 36, Gb 34, Ni 3
- Zustimmungspunkte: Bl 23, Bl 25, Bl 28
- Punkte auf dem Lenkergefäß: LG 20, LG 3, LG 4

Akupunkturpunkte zur Behandlung einer Gonarthrose

- Lokale Punkte: Ma 35, Ma 36, Bl 40, Punkte an den Knieaugen (subkutan lateral und medial des Lig. patellae), MP 9, MP 10, Gb 30, Gb 31, Gb 32, Gb 33, Gb 34, Triggerpunkte
- Distale Punkte: Bl 60, Ma 45
- Zusätzliche Punkte: Bl 21, Ni 3
- Art der Stimulation: Elektroakupunktur, manuelle Stimulation der Nadeln, Aquapunktur oder Lasertherapie

Vorsicht: Man sollte stets ausschließen, dass ein Kreuzbandriss vorliegt, da dies eine Indikation für einen chirurgischen Eingriff und nicht für eine Akupunkturbehandlung ist.

Die Einstichtiefe und der Winkel in dem die Nadel eingeführt wird, variiert von Punkt zu Punkt und von Tier zu Tier.

11.7.2 Wirbelsäulenerkrankungen

Tiere mit Schmerzen aufgrund chronischer Bandscheibenveränderungen der Hals-, Brust-, und Lendenwirbelsäule sind sehr dankbare Akupunkturpatienten. Es liegt eine umfassende Studie über Diagnose und Behandlung von Tieren mit Bandscheibenerkrankungen vor [42]. Der Einsatz von Akupunktur bei solchen Erkrankungen wird im ➤ Kap. 14 dieses Buches näher besprochen [43].

Natürlich muss vor jeder Behandlung von Erkrankungen im Wirbelsäulenbereich eine genaue Diagnose gestellt werden. Im Falle einer Spondylodiszitis beispielsweise kann die Akupunktur zwar unterstützend zur Antibiotikatherapie eingesetzt werden, aber die Gabe von konventionellen Medikamenten ist unerlässlich. Beim Cauda-equina-Syndrom kann die Akupunktur in manchen Fällen eine rasche Schmerzfreiheit bewirken. Die Beweglichkeit der Tiere kehrt rasch und oft vollständig zurück. Diese Fälle sprechen meist am besten auf Elektroakupunktur an. Bei Instabilität der Halswirbelsäule (Wobbler-Syndrom) bei Hunden ist eine vorsichtige Prognose zu stellen. Eine Langzeitbehandlung mit Medikamenten hilft oft nur wenig und chirurgische Eingriffe haben nur begrenzte Therapieerfolge. Es scheint dabei egal zu sein, ob diese Instabilität von einer Hypertrophie der Ligamente, einem hypertrophierten dorsalen Anulus oder einer Bandscheibenkompression stammt [44]. Immerhin kann Akupunktur noch bei ca. 40 % dieser Tiere helfen. Die Tiefensensibilität wird dabei meist nur minimal verbessert, aber Paresen und Ataxien gehen zurück. Liegt die Ursache des Wobbler-Syndroms in einer Bandscheibenkompression, sind die Ergebnisse der Akupunkturbehandlung sogar noch besser. Besteht bereits eine Rückenmarkskompression, ist die Prognose hingegen sehr schlecht.

Zervikale Hyperpathien, die sich sekundär nach zervikaler Spondylose, Radikulopathien oder Infektionen entwickelt haben, reagieren oft ebenfalls sehr gut auf Akupunktur. Bei infektiösen Ursachen sollte als Differentialdiagnose immer an eine Borreliose gedacht werden. Die zervikale Hyperpathie ist ein häufiger Befund bei der Lyme-Borreliose des Menschen und sollte darum auch bei Tieren, die in endemischen Gebieten leben, als Differentialdiagnose berücksichtigt werden.

Akupunkturpunkte zur Behandlung sekundärer zervikaler Hyperpathien

- Lokale Punkte: Bl 10, Bl 11, Bl 13, 3E 15, 3E 16, LG 14, LG 16, Gb 20, Triggerpunkte
- Distale Punkte: Dü 3, Bl 62, Di 4, Di 11, 3E 5, Gb 39
- Weitere Punkte, die sich mit der zugrunde liegenden Störung befassen

Die Technik der Nadelung sollte sich nach der Kondition des Tieres richten.

Die Behandlung von Hyperpathien im thorakolumbalen Bereich sollte sich immer nach der zugrunde liegenden Störung richten. Hat sich die Hyperpathie sekundär aufgrund einer Spondylose entwickelt, bezieht die Akupunkturbehandlung lokale Punkte auf dem Blasenmeridian, sowie *Ah Shi*-Punkte, *Hua Tuo Jia Ji*-Punkte, Punkte auf dem Lenkergefäß und distale Punkte mit ein, um die Ursache der Störung zu beseitigen. Die *Hua Tuo Jia Ji*-Punkte befinden sich 0,5–1,0 cm lateral des unteren Endes der Processus spinosi der Wirbelkörper. Je nach Zustand des Patienten eignen sich die konventionelle Nadelung, Moxibustion, Elektroakupunktur oder Aquapunktur.

11.7.3 Rheumatoide Arthritis

Die Therapie dieser Erkrankung ist sehr komplex. Die Berücksichtigung der zugrunde liegenden Störung stellt den Schlüssel zu einer erfolgreichen Behandlung dar. Aber auch sonst wird Akupunktur oft als unterstützende Therapie neben konventioneller Medikation und Ernährungsumstellung eingesetzt. Die Medikamentendosis kann damit reduziert werden, wodurch Nebenwirkungen seltener auftreten [32].

Ziel der symptomatische Behandlung ist es, externe pathologische Faktoren ausleiten, die freie Zirkulation von *Qi* herstellen und Schmerzen lindern.

Die Punkteauswahl beinhaltet auch hier lokale Punkte um die betroffenen Gelenke herum und distale Punkte zur Therapie der zugrunde liegenden Störung. Bei den Zustimmungspunkten sollte auf jeden Fall Bl 23 enthalten sein, um eine Nieren-Schwäche zu behandeln und Bl 20, um einen Blut-Mangel zu beheben. Die Punkte Ni 3 und Ni 6 kommen in Frage, um das Nieren-*Qi* und das Nieren-*Yin* zu stärken.

Rheumatoide Arthritis fällt auch unter das *Bi*-Syndrom. Da die Erkrankung zu den Autoimmunerkrankungen gehört, benutze ich immer zusätzliche Punkte, die das Immunsystem regulieren [45]. Zu diesen Punkten gehören: Di 4, Di 11, LG 14 und Ma 36 in Kombination mit lokalen Punkten um die betroffenen Gelenke. Wenn man sich neuere Forschungsergebnisse anschaut, die die Wirkung dieser Punkte auf das Immunsystem beschreiben, stellt man fest, dass sich hier die westliche Wissenschaft und die TCM-Lehre treffen.

Akupunkturpunkte zur Behandlung der rheumatoiden Arthritis

- Behandlung der lokalen Punkte um das betroffene Gelenk herum
- Behandlung von Punkten, die das Immunsystem ausgleichen: Di 4, Di 11, LG 14
- Behandlung distaler Punkte um die zugrunde liegende Störung zu heilen
- Behandlung der entsprechenden Zustimmungspunkte um Leere zu beheben

Die rheumatoide Arthritis kann auch in Folge einer Borrelieninfektion auftreten. Auch hier kann Akupunktur in Ergänzung zur Antibiotikatherapie eingesetzt werden. Man sucht dazu Punkte aus, die das Immunsystem regulieren und ergänzt diese mit lokalen Punkten.

FALLBEISPIEL

Ein sechs Jahre alter Golden Retriever wurde mit der Vorgeschichte von chronischer Borreliose vorgestellt. Während der bereits zwei Jahre dauernden Erkrankung hatte sich trotz intensiver Therapie mit Antibiotika und Antiphlogistika eine konstante Lahmheit hinten links und eine generelle Lethargie des Tieres entwickelt. Bereits nach der ersten Akupunkturbehandlung verbesserte sich das Allgemeinbefinden des Hundes drastisch. Der Hund war wieder munter und verspielt. Die Lahmheit verschwand nach der dritten Behandlung. Es wurde keine weitere Behandlung durchgeführt, da sich der Gesundheitszustand des Tieres stabilisiert hatte und auch keine weiteren Schübe der Lyme-Borreliose auftraten.

11.7.4 Erkrankungen der Weichteile

Zu den Weichteilerkrankungen, die gut auf Akupunktur ansprechen, gehören die Myositis, andere immunologisch bedingte myofasziale Syndrome, Tendinitiden, Überlastungsfolgen und akute Verletzungen von Muskeln und Sehnen.

Myositis

In unserer Klinik haben mehrere Fälle von eosinophiler Myositis der Mandibularregion sehr gut auf eine Behandlung mit Akupunktur angesprochen. Hierzu wurden die folgenden lokalen Punkte mit Elektroakupunktur stimuliert:

- Dü 17, Dü 18, Dü 19, 3E 17, Ma 3, Ma 6

Die distalen Punkte, die Verwendung fanden, beinhalten:

- Gl 20, Di 4, Di 11, LG 14, Ma 36

FALLBEISPIEL

Ein vier Jahre alter Labrador zeigte seit vier Monaten Probleme beim Öffnen des Fanges. In den Blutwerten fand sich eine deutliche Leukozytose und Eosinophilie. Das Tier reagierte zunächst gut auf Kortisongabe. Wurde die Dosis verringert, traten jedoch sofort wieder Schwierigkeiten beim Öffnen des Maules auf. Die Diagnose der eosinophilen Myositis stand fest. Nach vier Akupunkturbehandlungen konnte die Kortisondosis verringert werden, ohne dass sich die vorherigen Symptome zeigten. Nach der fünften Behandlung war der Hund klinisch unauffällig und zeigte auch bei der Kontrolluntersuchung nach einem halben Jahr keine Symptome mehr, obwohl kein Kortison mehr verabreicht worden war.

Nach der Lehre der TCM ist eine Myositis oft ein Zeichen für das Eindringen der externen pathologischen Faktoren Kälte und Wind. Also müssen Punkte ausgewählt werden, die Kälte und Wind ausleiten können, wie Gb 20, Di 4, Di 11, LG 14. Das sind die Punkte, mit denen auch immunologische Ungleichgewichte behandelt werden. Bei Myositis ist auch die Moxibustion ein Mittel der Wahl, da dadurch Kältesymptome verschwinden können.

Tendinitis

Eine akute oder chronische Tendinitis, die durch ein akutes oder wiederholt auftretendes Trauma hervorgerufen wurde, wird konventionell mit steroidalen oder nicht-steroidalen Antiphlogistika therapiert. Die Behandlung dieser Störung mit Akupunktur an lokalen Punkten und Triggerpunkten kann sehr wirkungsvoll sein (➤ Kap. 15). Bei Hochleistungshunden, wie Windhunden in Rennkondition, Jagdhunden, Agility-Hunden und Hütehunden in „dogtrials“ werden immer häufiger solche wiederkehrenden Überlastungsverletzungen gefunden. Die klinische Erfahrung hat gezeigt, dass Akupunktur- und Triggerpunktbehandlung in diesen Fällen sehr hilfreich sind.

11.8 Vorsichtsmaßnahmen und Nebenwirkungen

Bevor eine Akupunkturbehandlung begonnen wird, muss immer eine korrekte Diagnose gestellt werden. Wird z. B. eine Arthritis behandelt, aber eine bösartige Tumorerkrankung nicht erkannt, kann die Akupunkturbehandlung durch die gesteigerte Zirkulation das Wachstum des Tumors beschleunigen. Akupunktur sollte nicht eingesetzt werden, wenn konventionelle Medizin sinnvoller erscheint. Es ist wichtig, Schmerzen nicht zu verschleiern, während der Gesamtzustand des Tieres sich weiter verschlechtert und wenn eigentlich eine Operation indiziert wäre.

FALLBEISPIEL

Ein eineinhalb Jahre alter Golden Retriever, der seit einem Jahr vorne rechts lahm ging. Der überweisende Tierarzt hatte die Diagnose Panostitis gestellt, aber keine Röntgenaufnahmen gemacht. Akupunktur kann zwar bei Panostitis sehr hilfreich sein, aber ich schickte den Hund erst einmal zu einer Röntgenuntersuchung. Diese Untersuchung ergab eine Osteochondrosis dissecans im Bereich der rechten Schulter, die chirurgisch mit besten Ergebnissen angegangen wurde. Als der Hund aber nach drei weiteren Monaten immer noch ein wenig lahmte, wurde er vom Orthopäden erneut zur Akupunkturbehandlung überwiesen. Das Tier zeigt eine Verhärtung im Triggerpunkt des rechten M. triceps. Nach nur einer Akupunkturbehandlung verschwand die Lahmheit und trat auch in der Folge nicht mehr auf. Das zeigt, wie hilfreich Akupunktur als postoperative Maßnahme sein kann. Dennoch war die genaue Untersuchung bei der ersten Vorstellung dieses Hundes essentiell wichtig, da die Operation sicherlich die Primärtherapie der Wahl war.

Manchmal verschlechtern sich die Symptome der Tiere erst einmal, bevor sie sich verbessern. Dieses Phänomen sollte nicht länger als 24 bis maximal 48 Stunden dauern. Wenn sich das Tier nach jeder weiteren Behandlung erneut verschlechtert, muss die Diagnose noch einmal überdacht werden.

Akupunktur kann durchaus kombiniert mit Analgetika und nicht-steroidalen Antiphlogistika angewendet werden. Die Wirkung scheint jedoch durch Kortikosteroide abgeschwächt zu werden, vermutlich, da Kortikosteroide die Endorphin-Ausschüttung hemmen und dadurch den Effekt der Akupunktur vermindern. Dennoch können trotz Kortikoid-Medikation Muskelspasmen durch die Akupunktur gelöst werden, auch wenn die Wirkung dann oft erst verzögert einsetzt. Ich vermeide es, die Akupunktur gleichzeitig mit einer Analgetika- und Antiphlogistika-Therapie zu beginnen, da es sonst schwierig ist, die Wirkung der Akupunktur zu bewerten. Meist beginne ich mit der Akupunktur erst dann, wenn die Medikamente nicht ausreichend wirken, oder wenn die Kortikoide ausgeschlichen werden sollen.

FALLBEISPIEL

Ein zwölf Jahre alter kastrierter Deutscher Schäferhund litt an einer massiven Form einer degenerativen Gelenkerkrankung. Betroffen waren vor allem die Hüften und die Knie. Drei Jahre vorher musste an beiden Knien eine Kreuzband-Operation durchgeführt werden. Es war zum Zeitpunkt der Vorstellung nicht mehr möglich, die Kortikosteroid-Dosis weiter zu erhöhen. Frühe Anzeichen eines iatrogenen Cushing-Syndroms machten sich bemerkbar. Die Akupunktur konzentrierte sich erst einmal auf die veränderten Gelenke. Nach sechs Behandlungen konnte die Kortisondosis reduziert und nach weiteren Behandlungen ganz weggelassen werden. Der Hund zeigte relativ früh eine deutliche Verbesserung seiner Beweglichkeit und seiner Bewegungslust. Polyurie und Polydipsie waren verschwunden und die Muskulatur zeigte deutlich verstärkten Tonus und Kraft. Auch nach sechs Monaten ging es dem Hund sehr gut. Es war keine erneute Kortikoid-Therapie nötig.

Akupunktur kann auch in Kombination mit chirurgischen Maßnahmen und konventioneller Medikation sehr hilfreich sein. Wiederkehrende Kontrolluntersuchungen sind hierbei besonders wichtig. Hilft die Akupunkturbehandlung nicht mehr, muss die gesamte Situation neu eingeschätzt werden und auch an eventuell neu aufgetretene Probleme gedacht werden.

Viele der Tiere, die zur Akupunkturbehandlung vorgestellt werden sind älter als zehn Jahre und leiden an mehr als einem Problem. Also muss das gesamte Tier immer wieder neu untersucht und dementsprechend behandelt werden.

Bei der Akupunktur im Thoraxbereich muss man darauf achten, nicht zu tief zu stechen, um einen Pneumothorax zu vermeiden. Es sollte weiterhin vermieden werden, bei gelenknaher Akupunktur die Gelenkkapsel zu verletzen. Natürlich gelten für die Akupunkturbehandlung die gleichen Regeln der Sterilität, wie für konventionelle Injektionen. Der Vorteil der Akupunktur bei der Behandlung von Erkrankungen des Stütz- und Bewegungsapparates liegt darin, dass die Methode sehr sicher ist und kaum Nebenwirkungen hat. Das gilt leider nicht für den konventionellen medikamentösen Ansatz. Ist eine Operation nicht zwingend sofort vonnöten, kann erst einmal eine Akupunkturbehandlung versucht werden. Auf die Operationsmöglichkeit kann dann immer noch zurückgegriffen werden, wenn die Akupunktur nicht mehr hilft. Der Nachteil der Akupunkturbehandlung ist, dass häufig eine Langzeittherapie nötig ist, die sich für einige Patientenbesitzer als schwierig erweist. Auf jeden Fall muss eine strikte, genau zu dem Fall passende Diät eingehalten werden. Die Fähigkeit des Tierarztes oder der Tierärztin mit den Patientenbesitzern zu kommunizieren, ist immens wichtig. Akupunktur kann die Arthritis nicht heilen, aber der Patient fühlt sich oft wesentlich besser und leidet keine Schmerzen mehr.

Der Berufsverband der Amerikanischen Tierärzte (American Veterinary Medical Association) warnt vor dem potentiellen Missbrauch der Akupunktur. Darum empfiehlt die Gesellschaft, Akupunkturbehandlungen nur bei Tierärzten mit der entsprechenden Ausbildung durchführen zu lassen. Eine gute Ausbildung und kontinuierliche Fortbildung in dem Bereich der TCM ist ganz sicherlich für alle Tierärztinnen und Tierärzte notwendig, die Akupunktur in das Therapiespektrum ihrer Praxis aufnehmen wollen.

FALLBEISPIEL

Ein neun Jahre alter, kastrierter männlicher Collie wurde zur Akupunktur überwiesen. Er litt bilateral an einer chronisch-degenerativen Gelenkerkrankung der Karpal-, Ellenbogen- und Tarsalgelenke. Rheumafaktoren, Antinukleare Antikörper (ANA), direkter und indirekter Coombstest, sowie der Borellien-Titer waren negativ. Auf die Gabe von Kortikosteroiden reagierte das Tier mit Polydipsie und Polyurie. Wegen der rassebedingten Prädisposition zu einer rheumatoiden Polyarthritis, des Charakters des Tieres und der hohen Anzahl der betroffenen Gelenke, wählte ich Punkte aus, die auch bei einer immunologisch bedingten Polyarthropathie indiziert sind: die Punkte Di 4, Di 11, Ma 36, Bl 40, Bl 11, Bl 23, Gb 34 und Bl 60 wurden mit traditionellen Akupunkturnadeln fünfzehn Minuten lang behandelt. Schon nach zwei Behandlungen verbesserten sich die Beweglichkeit, die Bewegungslust und die Munterkeit des Hundes drastisch. Nach der sechsten Behandlung war das Allgemeinbefinden des Tieres wieder sehr gut. Laut den Besitzern hatte sich das Tier seit fünf Jahren nicht mehr so munter gezeigt. Der Hund wurde weiterhin alle zwei Monate zur Behandlung vorgestellt und starb mit fünfzehn Jahren ohne noch einmal Symptome einer Arthritis zu zeigen.

FALLBEISPIEL

Ein zwölf Jahre alter Schäferhund fing nach einer Herzwurmbehandlung an zu lahmen. Der behandelnde Internist kam nach weiteren Untersuchungen zu der Diagnose einer schweren degenerativen Gelenkerkrankung, die sekundär nach einer Hüftgelenksdysplasie aufgetreten war. Der Hund reagierte weder auf nicht-steroidale Antiphlogistika noch auf Kortison. Da das Herz bereits durch den Herzwurmbefall angegriffen war, wurde von operativen Maßnahmen abgeraten. Aus diesem Grund empfahl der Kollege eine Akupunkturbehandlung. Nach vier Behandlungen konnte der Hund wieder gehen, nach zwei weiteren Behandlungen hatten sich Mobilität und Gangbild enorm gebessert. Der Hund wurde weiter behandelt und sein Allgemeinzustand verbesserte sich immer weiter. Er lebte bis zum Alter von 17 Jahren. Während dieser Zeit wurde er ca. sechsmal pro Jahr zur Behandlung vorgestellt.

Die Behandlung beinhaltete Elektroakupunktur lokal um die Hüftgelenke herum für ca. 15 Minuten. Zusätzlich wurden folgende Punkte genadelt: Bl 23, Bl 25, Bl 54, Bl 40, Bl 60,Ni 3, Gb 29, Gb 30, Gb 34, Ma 36, wobei Gb 29 und Gb 30 mit Elektroakupunktur stimuliert wurden. Manche der ausgewählten Punkte entsprechen den Punkten mit den die TCM Nieren-*Yin*- und Nieren-*Qi*-Leere behandelt, so z. B. Ni 3 oder Bl 23.

FALLBEISPIEL

Ein sechs Jahre alter Labrador wurde nach acht Monaten starker Lahmheit vorne rechts überwiesen. Die Röntgenaufnahmen zeigten starke degenerative Veränderungen des rechten Ellenbogens. Die übliche Medikation hatte die Lahmheit nicht beheben können.

Nach fünf Behandlungen mit Elektroakupunktur verschwand die Lahmheit vollkommen. Im Augenblick wird der Hund vier bis sechs Mal im Jahr zur prophylaktischen Behandlung vorgestellt. Seit zwei Jahren läuft er lahmheitsfrei. Behandelt wurden unter anderem folgende Punkte: Di 4, Di 10, Di 11, He 3, Bl 11 und Triggerpunkte. Elektroakupunktur wurde für 15 Minuten pro Behandlung von Di 11 aus durch den Ellenbogen in Richtung He 3 angesetzt.

11.9 Zusammenfassung

Akupunktur stellt eine hervorragende Behandlungsalternative für viele Erkrankungen des Stütz- und Bewegungsapparates dar. Die Methode ist relativ sicher und sehr effektiv. Sie scheint jedoch eine Verschlechterung des Allgemeinzustandes nicht verhindern zu können und ist nicht geeignet zur systemischen Behandlung der Arthritis. Chirurgischen Eingriffen sollte immer dann der Vorzug gewährt werden, wenn ihre ein gutes Langzeitergebnis der Operation zu erwarten ist. Die Akupunktur sollte begleitet werden von einer Umstellung der Ernährung, Phytotherapie und konventioneller Medikation, wenn dies angebracht ist.

Mit einer verbesserten tierärztlichen Betreuung und Ernährungslage leben unsere Patienten länger und somit gibt es eine zunehmende Anzahl von geriatrischen Patienten mit chronischen degenerativen Gelenkerkrankungen. Je älter diese Patienten werden, umso größer wird die Nachfrage nach einer sicheren Behandlungsform, die ihre Lebensqualität erhalten oder steigern kann. Gerade die Akupunktur erweist sich als sehr hilfreiche Behandlungsmethode für geriatrische Patienten mit degenerativen Gelenkerkrankungen.

LITERATUR

1. Kaplan G: Efficacy of acupuncture in the treatment of osteoarthritis and musculoskeletal pain, *NIH Consensus Development Conference on Acupuncture*, 1997, National Institutes of Health, pp 73–75.
2. Diehl D et al: Use of acupuncture by American physicians, *J Altern Complement Med* 3(2):119–126. 1997.
3. Liao SJ, Lee M: Acupuncture: an alternative healing art, *Intern Med* 10:5, 1989.
4. Junnila S: Acupuncture superior to piroxicam in the treatment of osteoarthritis, *Am J Acupunct* 10:341–346, 1982.
5. Pang L, Ning T: Acupuncture treatment for chronic pain: a six year follow-up study, *Am J Acupunct* 10:165–166, 1982.
6. Keyong X, Guangfu Z: Treatment of 103 cases of periarthritis of the shoulder by acupoint laser irradiation, *J Tradit Chin Med* 8:265–266, 1988.
7. Jensen R et al: Acupuncture treatment of patellofemoral pain syndrome, *J Altern Complement Med* 5:6:521–527, 1999.
8. Molsberger A, Hille A: The analgesic effect of acupuncture in chronic tennis elbow pain, *Br J Rheumatol* 33:1162–1165, 1994.
9. Sin Y: Treatment of chronic neck and shoulder pain by electric and thermal acupuncture, *Am J Acupunct* 11:15–22, 1983.
10. Batra Y, Negi O: Therapeutic electroacupuncture in the treatment of cervical spine syndrome, *Am J Acupunct* 15:49–51, 1987.
11. Cunxin S et al: Observations on clinical therapeutic effect in treating soft tissue injuries by acupuncture, with pain threshold and electromyography as parameters, *J Tradit Chin Med* 9:40–44, 1989.
12. Berman BM et al: Efficacy of traditional Chinese acupuncture in the treatment of symptomatic knee osteoarthritis, *Osteoarthritis Cartilage* 3:139–142, 1995.
13. Christensen BV et al: Acupuncture treatment of severe knee osteoarthrosis: a long-term study, *Acta Anesthesiol Scand* 36:519–525, 1992.
14. Moore Me, Berk SN: Acupuncture for chronic shoulder pain, *Ann Intern Med* 84:381–384, 1976.
15. McIndoe AK, Young K, Bone ME: A comparison of acupuncture with intra-articular steroid injection as analgesia for osteoarthritis of the hip, *Acupuncture in Medicine* 13:67–70, 1995.
16. Schoen AM: Introduction to veterinary acupuncture: mechanism of action, indications and clinical applications. *Proceedings of the fifty-third annual meeting of the AAHA,* 1986.
17. Partington M: Gold implants for hip dysplasia, *Vet Acupunct News* 15(1):5–6, 1989.
18. Griffith D: Chronic hip dysplasia in eight year old golden retriever, *Vet Acupunct News* 14(4):14–15, 1988.
19. Hall B: Acupuncture treatment for immune arthritis, *Vet Acupunct News* 15(4):9, 1989.
20. Janssens L: Treatment of thoracolumbar disc disease in dogs by means of acupuncture, *JAAHA* 25:169–174, 1989.
21. Janssens L: Treatment of chronic osteoarthritis in dogs: acupuncture in animals, *Proc Univ Sydney Post-Grad Comm in Vet Sci, Sydney, Australia* 167:63–70, 1991.
22. Klide AM, Martin B: A comparison of three different methods of acupuncture for treating chronic back pain in the horse, *JAVMA* 195:1375–1379, 1989.
23. McCormick W: The use of implants in the treatment of distal tarsal pain in the horse: a review of 114 cases. *Proceedings of the sixteenth International Veterinary Acupuncture Society Congress,* 1990.
24. Smith F: Neurophysiologic basis of acupuncture, *Problems Vet Med* 4:1, 1992.
25. Schmidts RF: Therapeutische Grundlagen Schmerzauslösende Substanzen, *Zeitchrift fur Physikalische Medicin* 10:73, 1981.
26. Rubin D: Myofascial trigger points syndromes: an approach to management, *Arch Phys Med Rehabil* 62:10,73, 1981.
27. Jannsens L: Myofascial pain syndromes in dogs: treatment of trigger points. Acupuncture in Animals, *Proc Univ Sydney Post-Grad Comm in Vet Sci,* Sydney, Australia, 167:71–76, 1991.
28. Reynolds: Myofascial trigger point syndromes in the practice of rheumatology, *Arch Phys Med Rehabil* 62:111, 1981.
29. Takeshige C: Mechanism of relief of muscle pain by needle insertion into acupuncture points, *Acupuncture* 1:7–12, 1990.
30. Han J: *The neurochemical basis of pain relief by acupuncture,* Beijing, 1987, Beijing Medical University.
31. Limehouse J: Traditional Chinese medical theory, *Problems Vet Med* 4:1, 1992.
32. Guillaume G, Chieu M: *Rheumatology in Chinese medicine,* Seattle, 1996, Eastland Press.
33. Limehouse J: Bi syndrome, *IVAS Course Text* 2:9.1–9.8, 1992.
34. Lian Q, Ming S: The Nanjing seminars transcript, *J Chin Med* 12:47–50, 1985.
35. Han J, Si S: Differential release of enkephalin and dynorphin by low and high frequency electroacupuncture in the central nervous system, *Acupuncture* 1:19–27, 1990.
36. Altman S: Acupuncture techniques and instruments utilized, *Problems Vet Med* 4:1, 1992.
37. Durkes T: Gold bead implant technique in veterinary acupuncture, *Problems Vet Med* 4:1, 1992.
38. Filshie J, White A: Medical acupuncture: a Western scientific approach, New York, 1998, Churchill Livingstone.
39. Janssens L: Trigger point therapy: the modern form of acupuncture? *Problems Vet Med* 4:1, 1992.
40. Winyuan W, Be L: Therapeutic effect of acupuncture at zhongping point for periarthritis of the shoulder, *Acupuncture* 1:13–15, 1990.
41. Thatcher C: Intervertebral disc disease, *Problems Vet Med* 1:3, 1989.
42. Janssens L: Acupuncture for the treatment of thoracolumbar and cervical disc disease in the dog, *Problems Vet Med* 4:1, 1992.
43. VanGundy T: Canine wobbler syndrome. II: Treatment, *Compend Cont Educ Pract* 11:3269–3284, 1989.
44. Schoen AM: Clinical applications of veterinary acupuncture in small animal practice, Proceedings of the Australian Veterinary Acupuncture Society Conference, Cairns, The Society, 1990.

KAPITEL

12 Akupunkturbehandlung von Lahmheiten des Hundes nach dem Longitudinalen Muskelkanal-System

Michelle Lynn Tilghmann

Das so genannte „Longitudinale Muskelkanal-System" (LMS) ist ein spezieller Ansatz der praktischen Akupunktur, mit dessen Hilfe man Lahmheiten des Hundes sichtbar machen, diagnostizieren und therapieren kann. Das System basiert auf den Erkenntnissen der Anatomie. Es bezieht aber das Wissen um die acht Leitkriterien und die fünf Elemente mit ein und ermöglicht so die Erstellung einer effektiven Behandlungsstrategie.

Das System der Muskelkanäle ist eine Adaption des Meridian-Systems. Man geht davon aus, dass alle Muskeln in longitudinalen Kanälen miteinander verbunden sind. Gleichzeitig stehen die Meridiane mit verschiedenen Muskelgruppen in engem Kontakt. Diese Verbindungen lassen sich diagnostisch und therapeutisch vor allem zur Therapie der Lahmheit nutzen. Die Aufgabe dieses Kapitels ist es, das LMS zu beschreiben, die damit verbundenen Meridiane zu identifizieren und die Behandlungsprinzipien darzustellen.

Das LMS verläuft entlang der Nerven, Blutgefäße und Lymphbahnen mit ihren entsprechenden Verzweigungen. All diese Strukturen stehen in Verbindung mit der Muskulatur. Die LMS-Meridiane folgen spezifischen Bahnen entlang der Längsachse des Körpers, die man aufsuchen und zur Behandlung verwenden kann. Mit Kenntnissen der Veterinär-Anatomie, des Verlaufs der Meridiane und des LMS kann sich der Praktiker die Kanäle fiktiv auf den Hundekörper projizieren. Diese Muskelkanäle stellen Verbindungswege dar, die es dem energetischen Prinzip des *Qi* ermöglichen, durch den Körper zu fließen.

Das LMS wurde ursprünglich von Dr. D. E. Kendall aus dem chinesischen System der Muskelkanäle entwickelt und vorwiegend zur Behandlung von muskuloskeletalen Problemen beim Menschen eingesetzt. Dieses Kapitel stellt eine Adaptation seiner Arbeit *„Traditional Acupuncture Orthopedics: Systemic Application of Acupuncture for Treatment of Pain and Musculoskeletal Problems"* dar. Sie wurde 1997 zum ersten Mal beim Fortgeschrittenenseminar der *International Veterinary Acupuncture Society* vorgestellt und wird hier mit ausdrücklicher Erlaubnis von Dr. Kendall wiedergegeben.

12.1 Grundlagen

Um die Lahmheit eines Hundes erfolgreich mit dem LMS zu behandeln, müssen **drei Prinzipien** beachtet werden. Die genaue Kenntnis des Meridian-Systems ist absolut notwendige Voraussetzung, um diesen Prinzipien folgen zu können.

- Sorgfältige Identifizierung der gestörten Muskulatur und Meridiane, um den Ausgangspunkt der Lahmheit feststellen zu können.
- Behandlung der lokalen und der in der Nähe liegenden Punkte in Kombination mit den dazu gehörenden distalen und proximalen Punkten.
- Behandlung der korrespondierenden *Wei*- und Bi- Syndrome um das *Qi* zu stimulieren, Stagnationen zu beheben und den Körper wieder ins Gleichgewicht zu bringen [1].

Es gibt zwei verschiedene Ansätze, die Muskulatur des Körpers einzuteilen. Beide Systeme eignen sich zur Behandlung der Lahmheit des Hundes:

- Die regionale Einteilung, die den Körper in anatomisch definierte Regionen unterteilt.
- Das longitudinale System der Muskel-Meridiane, das den Muskeln vom Ursprung zum Ansatz folgt.

Wenn man im Zusammenhang mit Muskelkanälen von Meridianen spricht, muss klar sein, dass die klassischen Namen der Meridiane auf die dazu gehörenden Muskelkanäle übertragen wurden. So verläuft z. B. der klassische Nieren-Meridian entlang der Hintergliedmaße, zieht über das ventrale Abdomen und endet im Thoraxbereich. Der Nieren-LMS-Kanal hingegen verläuft entlang der Lendenwirbelsäule zu den Nieren und der Blase. Der Meridian zieht durch das Zwerchfell zur Kehle und endet in der Zungenwurzel. Der Muskelkanal beeinflusst die tiefe Spinal-Muskulatur [2].

12.2 Regionale Einteilung

12.2.1 Der Halsbereich

Viele Lahmheiten der Vordergliedmaßen haben ihre Ursache im Bereich des Halses. Durch diesen Bereich ziehen sieben Meridiane:

- Niere
- Blase
- Gallenblase
- Dünndarm
- Dickdarm
- Dreifacher Erwärmer
- Magen

Der dorsale Bereich liegt im Einflussgebiet von Blasen-, Nieren- und Dünndarm-Meridian. Der Blasen- und der Nieren-Meridian ziehen von dort weiter zu den Hintergliedmaßen, und zwar der Blasen-Meridian über den Rücken und der Nieren-Meridian über den Bauch des Tieres. Über den lateralen Bereich des Halses ziehen der Dickdarm-, der Dünndarm-, der Dreifache Erwärmer- und der Gallenblasen-Meridian. Die ersten drei Meridiane verlaufen dann entlang der Vordergliedmaße, während der Gallenblasen-Meridian entlang der Hintergliedmaße läuft. Im ventralen Bereich des Halses sind der Lungen- und der Magen-Meridian zu finden, wobei der Lungen-Meridian in die Vordergliedmaße und der Magen-Meridian in das Hinterbein ziehen.

12.2.2 Die Vordergliedmaße

Die sechs Meridiane der Vordergliedmaße sind:
- Dickdarm
- Dreifach Erwärmer
- Dünndarm
- Lunge
- Herz
- Perikard

Der Dickdarm-Meridian zieht von medial nach dorsal, Dreifacher Erwärmer- und Dünndarm-Meridian liegen im lateralen Bereich, der Herz-Meridian befindet sich kaudomedial, der Perikard-Meridian verläuft dorsal und der Lungen-Meridian zieht von medial nach mediodorsal.

Am Beispiel des Ellenbogens lassen sich die verschiedenen Lokalisationen gut darstellen. Di 11 liegt auf dem lateralen Aspekt des Gelenkes am Ende der Ellenbogenfalte. Der Punkt 3E 10 befindet sich lateral und kaudal des Humerus. Dem lateralen Aspekt der Gliedmaße nach kaudal folgend, trifft man auf der medialen Seite des Olekranons auf Dü 8. Weiter auf der medialen Seite des Beines liegen die Punkte He 3 und Pe 3. All diese Punkte kommen als lokale Punkte für die Behandlung einer Ellenbogenlahmheit in Frage.

Die Meridiane enden oder beginnen an den *Ting*-**Punkten**, an den Zehen der Vorderpfote. Von lateral nach medial sind dies:
- Dü 1 am lateralen Krallenfalz der fünften Zehe
- He 9 am medialen Krallenfalz der fünften Zehe
- 3E 1 am lateralen Krallenfalz der vierten Zehe
- Pe 9 am lateralen Krallenfalz der dritten Zehe
- Di 1 am medialen Krallenfalz der zweiten Zehe
- Lu 11 am medialen Krallenfalz der ersten Zehe oder der Afterkralle

12.2.3 Der thorakolumbale Bereich

Im thorakolumbalen Bereich verlaufen nur zwei Meridiane:
- Blase
- Gallenblase

Der Blasen-Meridian zieht parallel zur Wirbelsäule nach hinten, während wiederum der Gallenblasen-Meridian über den lateralen Thorax verläuft. Bei fast allen Lahmheiten des Hundes spielt der Rücken eine Rolle. Viele Tiere mit Gelenkproblemen werden in die tierärztliche Praxis gebracht, weil sie nicht mehr springen können oder nicht mehr normal laufen. Die Rückenmuskulatur und die Zustimmungspunkte am Rücken sollten bei diesen Patienten immer sehr sorgfältig untersucht werden.

Der Gallenblasen-Meridian beeinflusst die M.-obliquus-lateralis-Gruppe des Rumpfes, der Nieren-Meridian die tiefe Spinalmuskulatur des Rückens.

12.2.4 Die Hintergliedmaße

Folgende sechs Meridiane sind an der Hintergliedmaße zu finden:
- Gallenblase
- Leber
- Milz/Pankreas
- Magen
- Blase
- Niere

Der Gallenblasen-Meridian verläuft über das Koxofemoralgelenk am lateralen Aspekt des Hinterbeines nach unten. Da der Meridian zwischen den Punkten Gb 29 und Gb 30 direkt über das Hüftgelenk zieht, hat er besondere Bedeutung bei Hüftgelenkdysplasien. Der Blasen-Meridian liegt über der Hüfte und ist am kaudalen Aspekt des Hinterbeines zu finden. Er steht mit den oberflächlichen Muskeln dieses Gebietes in Verbindung. Im Gegensatz dazu korreliert der Nieren-Meridian mit der tiefen Muskulatur. Der Magen-Meridian zieht über das Knie nach vorn und auf dem dorsalen Aspekt der Gliedmaße nach unten. Über dem ventrolateralen Bereich des Hüftgelenks verläuft der Milz/Pankreas-Meridian, der medial entlang des Hinterbeines nach oben zieht. Ebenfalls medial, aber leicht dorsal verschoben liegt der Leber-Meridian.

Das Kniegelenk ist ein gutes Beispiel für die Lokalisation der verschiedenen Meridiane des Hinterbeines. Le 7 liegt distal und dorsal des Condylus medialis tibiae, MP 9 kaudal des Condylus medialis tibiae. Ma 36 liegt lateral am Ende der Tuberositas tibiae, Gb 34 befindet sich auch lateral, zwischen der Tibia und dem Kopf der Fibula. Bl 40 ist in der Kniegelenksfalte, leicht lateral der Ln. poplitei zu finden.

Die *Ting*-**Punkte** der Hintergliedmaße sind:
- Bl 67 am lateralen Krallenfalz der fünften Zehe
- Gb 44 am lateralen Krallenfalz der vierten Zehe
- Ma 45 am lateralen Krallenfalz der zweiten Zehe
- Le 1 am lateralen Krallenfalz der ersten Zehe oder der Wolfskralle
- MP 1 am medialen Krallenfalz der ersten Zehe oder der Wolfskralle

12.3 Einsatz des LMS

Wie schon vorher beschrieben ist das LMS als praktischer Ansatz zur Lokalisation und zur Behandlung von Lahmheiten des Hundes zu sehen. Voraussetzung zum Einsatz sind hier Kenntnisse des Meridiansystems, des *Qi*-Flusses durch die Meridiane und der Veterinäranatomie.

Die Auswahl der Akupunkturpunkte erfolgt nach folgenden Kriterien:
- Lokale Punkte und Punkte in der Nähe des betroffenen Gelenkes.
- Proximale Punkte, die in der Nähe des korrespondierenden spinalen Segmentes oder des entsprechenden Zustimmungspunktes liegen. So wird z. B. Bl 19 eingesetzt, um pathologische Veränderungen entlang des Gallenblasen-Meridians zu behandeln; Gb 20 wird angewandt als proximaler Punkt für Veränderungen im Verlauf des Dreifachen Erwärmers an der Vordergliedmaße.

- Distale Punkte, die nach der muskulotendinösen Verbindung und dem entsprechenden Muskelkanal ausgesucht werden. So wird z. B. Dü 3 als distaler Punkt für den Dünndarm-Meridian und Bl 58 für den Blasen-Meridian verwendet.

Zur Behandlung einer Lahmheit sollte immer erst der betroffene Muskelkanal identifiziert, und dann der am weitesten distal gelegene Punkt der muskulotendinösen Verbindung dieses Kanals zur Therapie genutzt werden. Dann wird der entsprechende Zustimmungspunkt eingesetzt. Als letztes werden lokale Punkte behandelt, um Stauungen im Meridian zu beheben.

12.4 Übersicht über die Muskulatur

12.4.1 Halswirbelsäule und Vordergliedmaße

Dorsaler Halsbereich

Die Muskulatur im dorsalen Halsbereich steht mit dem Blasen- und dem Nieren-Meridian in Verbindung. Um den dorsalen Bereich der Halswirbelsäule beurteilen zu können, muss klar unterschieden werden, wo die einzelnen Muskelkanäle verlaufen.

Der **Nieren-Meridian** steht mit dem M. semispinalis capitis und dem dazu gehörenden M. biventer cervicis in Verbindung, die zu der transversospinalen Muskelgruppe gehören. Diese ist die am weitesten medial und tief epaxial gelegene Muskelmasse des Halsbereiches. Die Muskeln ziehen vom Schädel bis zu den Brustwirbeln.

Der **Blasen-Meridian** steht mit der dorsalen zervikalen Muskulatur in Verbindung, dem M. sternooccipitalis, dem M. cleidomastoideus und dem M. sternomastoideus. Diese oberflächlichen Halsmuskeln sind in erster Linie für die laterale Halsbiegung zuständig.

Laterale Halsfläche

An der lateralen Halsfläche verlaufen der Gallenblasen-, der Dickdarm- und der Dreifache Erwärmer-Meridian. Jedem dieser Meridiane sind Muskelgruppen zugeordnet, die untersucht werden müssen.

Der M. scalenus medialis und der M. serratus dorsalis caudalis, die zum **Gallenblasen-Meridian** gehören, liegen im lateralen Bereich des Genicks. Der M. scalenus medialis verläuft zwischen den ersten Rippen und den letzten Halswirbeln und ist unter anderem für die seitliche Biegung des Halses und das Heben der Rippen verantwortlich.

Dem **Dickdarm-Meridian** zugeordnet werden der M. scalenus dorsalis, der M. subscapularis, der das Buggelenk streckt, und der M. rhomboideus, der die Gliedmaße feststellt und nach vorne führt.

Zur Muskelgruppe des **Dreifachen Erwärmer-Meridians** zählen der M. scalenus dorsalis, der M. anconeus, der M. extensor carpi ulnaris und der M. extensor digitalis communis. Außerdem auch der M. deltoideus mit seiner Pars scapularis, der die Schulter beugt, und das Caput laterale des M. triceps brachii, der den Ellenbogen streckt, werden zu dieser Gruppe mit dazu gerechnet (➤ Abb. 12.1).

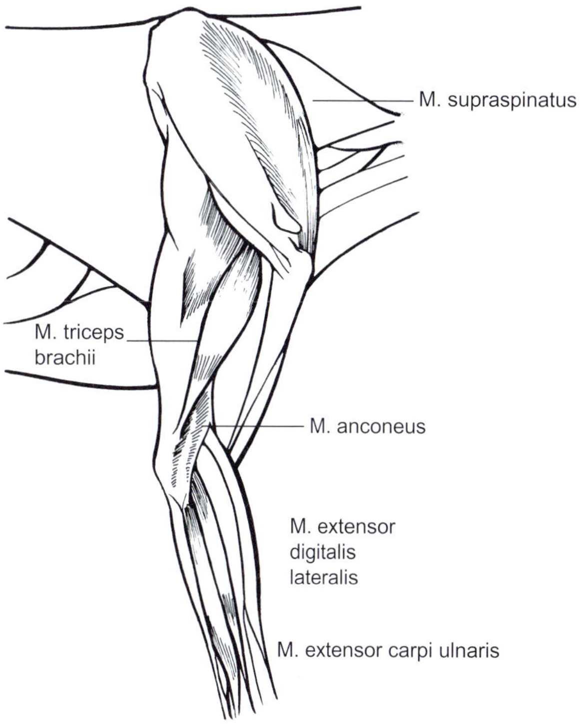

Abb. 12.1 Laterale Ansicht der Vordergliedmaße. Der Dreifache Erwärmer-Meridian verläuft über den M. extensor digitalis communis und den M. extensor carpi ulnaris. (Mit freundlicher Genehmigung von Michael Colley)

Schultergelenk

Viele Lahmheiten des Hundes stehen in Zusammenhang mit dem Schultergelenk. Dabei spielen Osteochondrosis und chronische Arthritis besonders bei den großen Rassen eine wichtige Rolle. Über das Schultergelenk ziehen drei Yang-Meridiane: der Dickdarm-, der Dünndarm- und der Dreifache Erwärmer-Meridian.

Im Verlauf des **Dickdarm-Meridians** befinden sich der M. deltoideus mit seiner Pars acromialis, der M. biceps brachii, der den Ellenbogen beugt und die Schulter streckt, und der M. subscapularis, der das Schultergelenk streckt. Beim Kleintier hat der M. biceps brachii nur einen Bauch. Der Dickdarm-Meridian zieht über den dorsalen Aspekt der Vordergliedmaße. Viele Lahmheiten beim Hund haben Einfluss auf die Muskulatur im kaudalen Bereich des Vorderbeines (➤ Abb. 12.2).

In Bereich der Schulter gehören folgende Muskeln zum **Dreifachen Erwärmer-Meridian**: der M. deltoideus mit seiner Pars scapularis, das Caput laterale des M. triceps brachii und der M. anconeus, der das Ellenbogengelenk streckt und den Unterarm abduziert. Beim Hund besteht der M. triceps brachii aus vier Bäuchen, anstatt der sonst angelegten drei Teile (➤ Abb. 12.1).

Im Verlauf des **Dünndarm-Meridians** liegen im Schulterbereich der M. infraspinatus und der M. teres minor, die beide das Buggelenk beugen, der M. teres major und das Caput longum des M. triceps brachii, das den Ellenbogen streckt und die Schulter beugt (➤ Abb. 12.3).

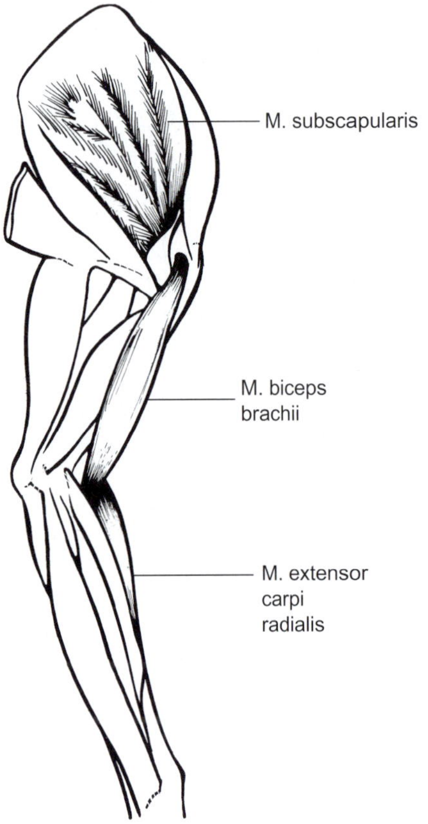

Abb. 12.2 Mediale Ansicht der Vordergliedmaße. Zum Dickdarm-Meridian gehören der M. subscapularis, der M. biceps brachii und der M. extensor carpi radialis. (Mit freundlicher Genehmigung von Michael Colley)

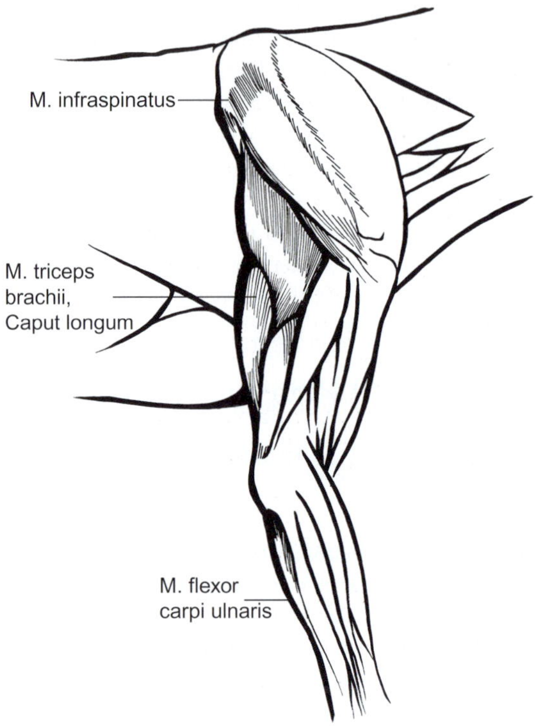

Abb. 12.3 Laterale Ansicht der Vordergliedmaße. Der Dünndarm-Meridian verläuft über den M. infraspinatus und den M. triceps und von dort nach distal über den M. flexor carpi ulnaris. (Mit freundlicher Genehmigung von Michael Colley)

Ellenbogengelenk

Zur Behandlung von Ellenbogenerkrankungen können Punkte auf drei Yang-Meridianen als lokale Punkte verwendet werden: Punkte des Dickdarm-, des Dreifachen Erwärmer- und des Dünndarm-Meridians.

Zum **Dickdarm-Meridian** werden im lateralen Ellenbogenbereich der M. biceps brachii, der M. supinator und der M. extensor carpi radialis gerechnet.

Der **Dünndarm-Meridian** verläuft hier über den M. flexor carpi ulnaris und den M. triceps brachii.

Der **Dreifache Erwärmer-Meridian** steht mit den Extensormuskeln und dem Caput laterale des M. triceps brachii in Verbindung.

Sonstige Meridiane

Bei der Einschätzung von Lahmheiten aus der vorderen Extremität sind auch noch andere Meridiane zu beachten. Dem **Herz-Meridian** wird der M. flexor digitalis superficialis zugerechnet, während der **Perikard-Meridian** Einfluss auf den M. pectoralis transversus und die digitalen Flexormuskeln im medialen Bereich des Unterarms hat. Der **Lungen-Meridian** verläuft über den M. pectoralis descendens.

12.4.2 Der Rücken und die Wirbelsäule

Der Rücken und die Wirbelsäule stehen hauptsächlich unter dem Einfluss des Blasen- und des Nieren-Meridians. Die dorsale Rumpfmuskulatur, die Verbindung zur Wirbelsäule hat, kann in drei bilateral angelegte longitudinale Muskelbereiche unterteilt werden: das laterale Iliokostalis-System, das intermediäre Longissimus-System und das mediale Transversospinalis-System. All diese Muskeln fungieren als Strecker der Wirbelsäule und sind bei einseitiger Kontraktion für die laterale Flexion des Rückens verantwortlich.

Das Iliokostalis-System und das Longissimus-System werden in erster Linie dem **Blasen-Meridian** zugerech-net. Im Einflussgebiet des Blasen-Meridians liegen auch die oberflächlichen Rückenmuskeln, der M. trapezius und der M. serratus ventralis thoracis. All diese Muskeln stabilisieren gemeinsam das Schulterblatt. Auch der M. latissimus dorsi, der für die Adduktion und das Strecken der Vordergliedmaße, sowie das Heben des Rumpfes und des Beckens benötigt wird, steht unter dem Einfluss des Blasen-Meridians. Der Meridian zieht dann weiter zur Lumbalregion und zum M. gluteus superficialis. Von dort verläuft der Blasen-Meridian weiter entlang der Hintergliedmaße nach distal über den M. piriformis, die Mm. gemelli und den M. quadriceps femoris. Der M. semitendinosus und der M. biceps femoris liegen ebenfalls im Einflussbereich des Blasen-Meridians, genauso wie der M. extensor digitalis brevis und der M. abductor cruris caudalis.

Der **Nieren-Meridian** beeinflusst die tieferen Muskeln des Transversospinalis-Systems, den M. semispinalis capitis, den M. multifidus und die Mm. intertransversarii. Das System erstreckt sich weiter entlang des Rückens nach kaudal. Der M. quadratus lumborum ist für die laterale und die ventrale Flexion des Rumpfes verantwortlich. Der M. adductor brevis und der M. adductor longus ermöglichen die Adduktion der Hintergliedmaße und das Strecken der Hüfte. Im Vergleich zu den Muskeln, die mit dem Blasen-Meridian in Verbindung stehen, verlaufen die Muskeln des Nieren-Meridians wesentlich tiefer und ziehen im kaudomedialen Bereich der Gliedmaße nach distal. Hier gehören der M. semimembranosus und der M. gastrocnemius zu den beeinflussten Muskeln.

PRAXISTIPP

Suchen Sie den Processus transversus auf und suchen Sie ventral davon nach schmerzhaften Triggerpunkten im M. quadratus lumborum und den Mm. psoas. Reaktive Triggerpunkte können die Ursache von vielen Rückenproblemen sein. Sie können sogar die Symptomatik von Bandscheibenpathologien annehmen.

12.4.3 Der Thorax, das Abdomen und die Hintergliedmaße

Abdomen, Hüftgelenk, Oberschenkel

Neben dem Nieren- und dem Blasen-Meridian beeinflussen noch vier andere Meridiane die Hintergliedmaße. Der **Gallenblasen-Meridian** zieht über den lateralen Thorax und die seitliche Bauchwand zum lateralen Aspekt der Hintergliedmaße und steht mit der lateralen Muskulatur des Beines in Verbindung. Im Bereich des Rumpfes zieht der Gallenblasen-Meridian über den M. obliquus internus abdominis und den M. rectus abdominis.

Zum den Muskeln im Bereich des Hüftgelenks zählen der M. gluteus medius und der M. gluteus profundus, die für die Abduktion der Hüfte zuständig sind und ebenfalls im Einflussbereich des Gallenblasen-Meridians liegen. Sie sind unter dem M. gluteus superficialis zu finden. Der M. tensor fasciae latae verbindet die Fascia lata mit dem Knie. Er entspringt am Tuber coxae und strahlt in die Fascia lata und durch diese in die Unterschenkelfaszie ein. Dadurch entsteht eine Verbindung zur lateralen Tibia und dem Fibulakopf. Der M. tensor fasciae latae ist sehr wichtig für die Lokomotion und Stabilität der Hintergliedmaße sowie für die Abduktion der Hintergliedmaße und die Hüftbeugung. Sein Ansatz an der Unterschenkelfaszie liegt im Bereich des Punktes Gb 34.

Die Funktion des Gallenblasen-Muskelkanals zeigt deutlich die Verbindung zu der *Zang-Fu*-Theorie in der TCM: auch hier ist die Gallenblase für die Gesundheit und die Stärke von Sehnen und Bändern von großer Bedeutung.

Nach dem M. tensor fasciae latae zieht der Meridian weiter über den M. abductor cruris caudalis nach distal. Der M. biceps femoris ist der längste und breiteste der Oberschenkelmuskeln. Er beugt das Knie und unterstützt die Streckung der Hüfte und des Sprunggelenkes (➤ Abb. 12.4).

PRAXISTIPP

Verfolgen Sie den Gallenblasen-Meridian von Gb 25 über den M. obliquus internus und den M. obliquus externus und rund um das Hüftgelenk herum. Tasten Sie weiter nach distal über den Oberschenkel zu den Punkten Gb 31, Gb 34 und Gb 44. Beachten Sie Schmerzreaktionen des Hundes während der Palpation entlang des Meridians oder Muskelverspannungen in diesem Bereich.

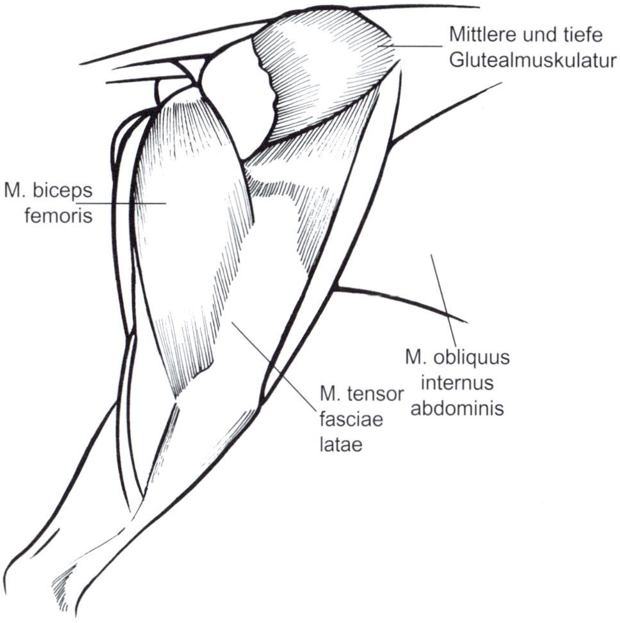

Abb. 12.4 Laterale Ansicht der Hintergliedmaße. Der Gallenblasen-Meridian zieht lateral am Hinterbein nach distal. In seinem Verlauf liegen der M. obliquus internus abdominis, der M. gluteus medius und der M. gluteus profundus sowie der M. tensor fasciae latae. (Mit freundlicher Genehmigung von Michael Colley)

Der **Magen-Meridian** beginnt direkt distal des Auges und zieht ventral die Kehle entlang zum Thorax. Die Muskeln entlang des Meridianverlaufs spielen eine wichtige Rolle für die Stabilität des Abdomens und der Hintergliedmaße. Im abdominalen Bereich verläuft der Meridian über den M. rectus abdominis, weiter kaudal über den M. obturatorius externus und den M. illiopsoas, der die Hüfte beugt. Er zieht weiter über den M. quadriceps femoris mit seinen Hauptanteilen, dem M. vastus lateralis, dem M. vastus intermedius und dem M. rectus femoris. Sie alle fungieren als Strecker des Kniegelenkes. Im weiteren Einflussgebiet des Magen-Meridians liegt der M. tibialis cranialis und der M. extensor digitalis longus (➤ Abb. 12.5).

PRAXISTIPP

Die Bedeutung der Muskulatur des Magen-Meridians wird deutlich, wenn man sich auf den Rücken legt und versucht aufzustehen, ohne die Bauchmuskulatur zu benutzen. Die Muskeln des Magen-Muskelkanals haben Einfluss auf das Abdomen, den Rücken und die Hintergliedmaßen. Es ist also nicht verwunderlich, dass Ma 36 ein so vielseitig einzusetzender Punkt in der Behandlung ist.

Kniegelenk

Viele Lahmheiten beim Hund haben ihre Ursache im Bereich des Kniegelenks. Luxationen der Patella sind ein häufiger Befund in der Praxis. Der **Milz/Pankreas-Meridian** ist häufig beteiligt bei Problemen im medialen Kniebereich.

Der Milz/Pankreas-Meridian verläuft über die Muskeln des medialen Hinterbeines, den M. pectineus, den M. sartorius, den M. vastus medialis und den M. flexor digitalis lateralis. Der Meridian zieht über den inneren Oberschenkel. Bei Hunden mit Hüftgelenk-

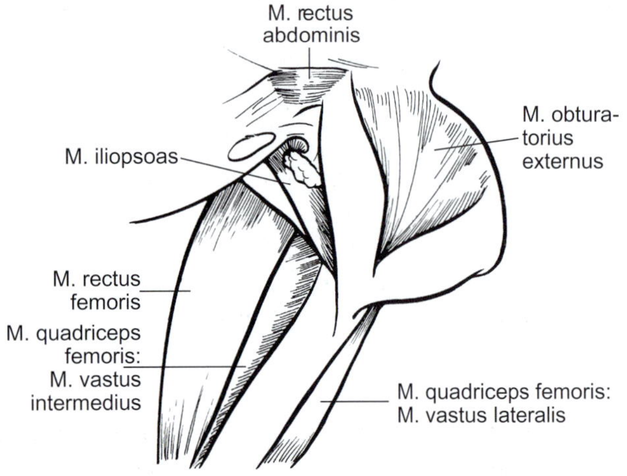

Abb. 12.5 Mediale Ansicht der Hintergliedmaße. Der Magen-Meridian verläuft ventral entlang des M. rectus abdominis, von dort zur Innenseite des Beckens zum M. obturatorius externus und dem M. iliopsoas. Er zieht dann an der Hintergliedmaße weiter nach distal über die Muskeln des M. quadriceps femoris. (Mit freundlicher Genehmigung von Michael Colley)

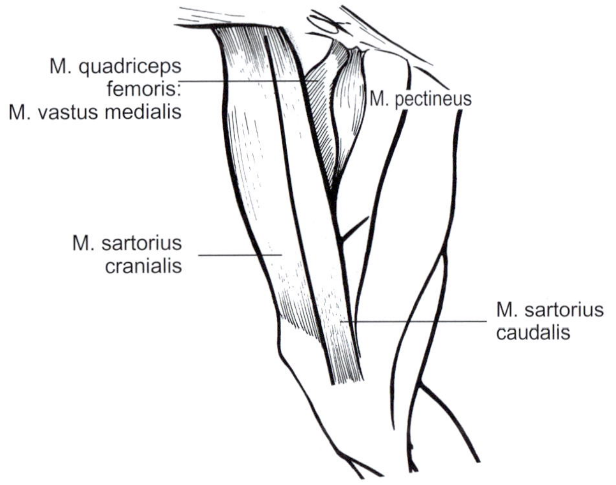

Abb. 12.6 Mediale Ansicht der Hintergliedmaße. Der Milz/Pankreas-Meridian zieht über den M. pectineus, den M. vastus medialis und den M. sartorius. (Mit freundlicher Genehmigung von Michael Colley)

dysplasie kann die Pektineus-Muskulatur stark verspannt sein (➤ Abb. 12.6).

Tibiotarsalgelenk

Das Tibiotarsal-Gelenk wird beeinflusst vom Magen-, Gallenblasen-, Blasen- und Nieren-Meridian, wobei der **Blasen-Meridian** kaudolateral, der **Milz/Pankreas-Meridian** kaudomedial und der **Magen-Meridian** kranial verläuft. Der **Gallenblasen-Meridian** beeinflusst den lateralen Bereich des Gelenkes und der **Nieren-Meridian** den kaudalen Bereich.

Die folgende Übersicht gibt eine Zusammenfassung der klinischen Symptome bei Störungen des LMS.

! ÜBERSICHT

Klinische Symptome bei Lahmheiten des Hundes, geordnet nach den Meridianen und ihren Muskelkanälen.

Der Magen-Meridian
- Tremor in der Hintergliedmaße, der sich über das ganze Bein nach oben fortsetzen kann bis in den M. tibialis cranialis, den M. quadriceps und den M. rectus abdominis
- Kontraktion des M. iliopsoas, der sich ipsilateral aufwölbt, z.B. bei Rückenschmerzen und bei geriatrischen Patienten, die mit einer seitlichen Verkrümmung des Rückens laufen
- verkürzte Vorwärtsbewegung der Hintergliedmaße
- erschwerter Bewegungsablauf des Kotabsatzes oder des Urinierens

Der Milz/Pankreas-Meridian
- Druckschmerz medial am Kniegelenk oder medial am Oberschenkel
- Beschwerden im Bereich des Ligamentum collaterale mediale
- Schmerzen im Bereich der lateralen Interkostalmuskulatur: Die Tiere wehren sich dagegen, beim Hochheben in diesem Bereich angefasst zu werden

Der Gallenblasen-Meridian
- Schmerzen um das Hüftgelenk oder entlang der lateralen Fläche der Hintergliedmaße
- Steifheit im Knie, Probleme beim Strecken oder Beugen des Hinterbeins
- Verspannung oder Schmerzen im lateralen Aspekt der Gliedmaße
- Verspannung im lateralen bereich des Halse mit behinderter Seitwärtsbewegung
- Schmerzen im lateralen Bereich des Abdomens aufgrund einer Beteiligung des M. obliquus abdominis

Der Leber-Meridian
- Schmerzen im medialen Bereich des Oberschenkels, die in den Perinealraum ausstrahlen
- Schmerzen im Bereich des Schambeins

Der Dickdarm-Meridian
- Unfähigkeit den Kopf zu bewegen
- Schmerzen zwischen den Schulterblättern und im dorsalen Aspekt der Vordergliedmaße
- Abwehrbewegungen oder Schmerzäußerungen beim Beugen des Ellenbogens

Der Lungen-Meridian
- Triggerpunkte in der Pektoralis-Muskulatur
- Lahmheiten an den Vordergliedmaßen
- Spasmen im bereich des medialen Ellenbogens

Der Dreifache Erwärmer-Meridian
- Druckschmerz im Bereich des Schultergelenkes und entlang der Spina scapulae, vor allem während das Genick bewegt wird
- Verkürzung der Bewegungen der Vordergliedmaßen
- Triggerpunkte im M. triceps brachii

Der Herz-Meridian
- Schmerzen im Brustbereich: Die Tiere benehmen sich, als würde der gesamte Thorax schmerzen
- Die Schmerzen können bis in den medialen Vorderfuß und in das Karpalgelenk ausstrahlen

Der Perikard-Meridian
- Schmerzen im kranialen Thoraxbereich
- Schmerzen im kaudalen Aspekt des Karpus, vor allem im Bereich unter den Beugesehnen

Der Dünndarm-Meridian
- Schmerzen in der gesamten Gliedmaße, von der Schulter bis hin zur fünften Zehe ziehend
- Triggerpunkte im M. triceps brachii, die zu verkürzten Schritten führen können
- Schmerz im lateralen Halsbereich, der über die Schulterregion und das Schulterblatt bis in den M. triceps brachii ausstrahlen kann

Der Blasen-Meridian
- kyphotische Aufwölbung und Schmerzen im gesamten Rücken
- tief getragener Kopf und Schmerzäußerungen bei dem Versuch, den Kopf nach oben zu biegen
- steife Knie, die nur mit Schwierigkeiten gebeugt werden können
- Triggerpunkte und Druckschmerz von den Schultern bis zur vierten Zehe der Hintergliedmaße

Der Nieren-Meridian
- Der Rücken lässt sich nur schlecht oder unter Abwehrversuchen nach dorsal oder ventral biegen.
- Die tiefen Spinalmuskeln sind verkrampft und schmerzhaft zu palpieren.

Tab. 12.2 Lokale Akupunkturpunkte um Gelenke und spezifische Regionen

Halsbereich	Gb 20, Gb 21, Dü 15
Schulter	Gb 20, 3E 17, Dü 16, Gb 21, Di 16, Dü 9, Dü 10
Ellenbogen	Di 11, Lu 5, 3E 10, Dü 8
Rücken	Zustimmungspunkte und Punkte auf dem Lenkergefäß
Hüfte	Bl 54, Bl 36, Gb 34, Ma 34, Gb 29, Gb 30
Knie	Ma 35, Ma 36, *Xi yan*, Gb 34, MP 9
Tibiotarsalgelenk	Ma 41, MP 5, Gb 40, Bl 60, Ni 3

12.5 Behandlung mit Akupunktur nach dem LMS

Das LMS folgt drei Prinzipien:
- Zunächst muss der betroffene Muskel und der dazugehörende Meridian identifiziert werden, um die primäre Läsion festzustellen.
- Als Zweites werden die lokalen Punkte und Punkte, die in der Nähe der Primärläsion liegen, akupunktiert, gemeinsam mit den entsprechenden distalen und proximalen Punkten. ➤ Tab. 12.1 und ➤ Tab. 12.2 vereinfachen das Auffinden des korrespondierenden Meridians und der distalen oder proximalen Punkte. Beim Menschen wird dabei die klassische Nadelakupunktur eingesetzt. Kleintiere können hier auch mit Elektroakupunktur sehr erfolgreich behandelt werden. Nach jeder Akupunkturbehandlung sollten alle beteiligten Muskeln auf verbleibende Triggerpunkte untersucht werden. Diese Restdolenzen liegen tief im Muskel und müssen vor dem Ende der Behandlung gelöst werden.
- Als Drittes sollte das korrespondierende *Bi*- und *Wei*-Syndrom behandelt werden, um *Qi* zu tonisieren, Stagnationen zu lösen und den Körper zurück ins Gleichgewicht zu bringen. Hier kommen die Grundlagen der TCM zum Zuge. Es kann entweder nach der Lehre der acht Leitkriterien oder der fünf Elemente vorgegangen werden. Der gesamte Patient wird dabei in die therapeutischen Überlegungen mit einbezogen. Die genaue Beobachtung des Patienten, Puls- und Zungendiagnostik sind Teil der Diagnosestellung nach der Lehre der TCM.

Das LMS stellt einen praktischen Ansatz dar, Lahmheiten des Hundes zu erkennen, zu diagnostizieren und zu behandeln. Mit dem LMS-Ansatz können die Behandlungserfolge bei Lahmheiten des Hundes deutlich verbessert werden.

Tab. 12.1 Die Meridiane und ihre korrespondierenden proximalen und distalen Akupunkturpunkte

Meridian	Proximale Punkte	Distale Punkte
Dickdarm	Bl 11, Bl 13	Di 4
Dreifacher Erwärmer	Gb 20	3E 3
Dünndarm	Dü 15, Bl 10	Dü 3
Blase	LG 20, Bl 28	Bl 65, Bl 60, Bl 58
Niere	LG 20, Bl 23	Ni 9, Ni 3
Gallenblase	LG 20, Gb 34, Bl 19	Ni 3, Bl 58, Gb 41
Magen	Ma 36, Bl 21	Ma 43

LITERATUR

1. Kendall D: *Traditional acupuncture orthopedics: systematic application of acupuncture for treatment of pain and musculoskeletal problems,* 1997, p 15.
2. Maciocia G: *The foundations of Chinese medicine,* New York, 1989, Churchill Livingstone, p 426.

KAPITEL

13 Akupunktur bei neurologischen Erkrankungen

Karen L. Kline, Elane R. Caplan und Richard J. Joseph

Akupunktur wird bereits erfolgreich in der Behandlung von neurologischen Erkrankungen von Kleintieren eingesetzt. Wie in der konventionellen Medizin sollte der Therapeut versuchen, die klinischen Symptome der vorliegenden neurologischen Läsion zuzuordnen, bevor die Akupunkturbehandlung begonnen wird. Anamnese und neurologische Untersuchung ermöglichen meist bereits eine vorläufige Diagnose. In vielen Fällen macht diese vorläufige Diagnose weitere Untersuchungen unnötig, da eine systemische Erkrankung unwahrscheinlich ist, das Risiko eines invasiven Vorgehens zu groß für den Patienten wäre, oder Zusatzuntersuchungen die Therapieentscheidung nicht beeinflussen könnten und die Akupunktur sowieso als Heilmethode eingesetzt werden soll.

So kann z. B. die Auswertung der Anamnese und der Ergebnisse der klinischen und neurologischen Untersuchung eines Dackels mit kaudaler Parese bereits genügend Informationen ergeben, um die Arbeitsdiagnose einer Bandscheibenerkrankung ergeben. In anderen Fällen sind mitunter weitere Untersuchungen nötig, um zu einer Diagnose zu kommen. Ein Tier mit epileptischen Anfällen beispielsweise sollte anhand von Blutuntersuchungen auf Hypoglykämie/Hyperinsulinämie untersucht werden. Computertomographie (CT) und Kernspinresonanztomographie (MRT) können weitere Informationen liefern. Sie können z. B. abklären, ob Verhaltensänderungen von einem Gehirntumor verursacht werden.

Nach einer kompletten Untersuchung muss eine Entscheidung gefällt werden, ob eine bestimmte Diagnose weiter verfolgt wird oder nicht und ob das Tier konventionell mit Medikamenten oder chirurgisch behandelt werden soll oder mit Akupunktur. Dabei müssen die klinischen Symptome, die Art der neurologischen Störung, die Effektivität der konventionellen Behandlung im Vergleich zur Akupunktur, die finanzielle Belastung und ethische Beweggründe berücksichtigt werden. Dieses Kapitel soll eine Richtschnur für die Akupunkturbehandlung neurologischer Erkrankungen bieten.

13.1 Klinische Lokalisierung der Läsion

Die klinische Symptomatik der Akupunkturpatienten muss nach den gleichen Kriterien bewertet werden, wie die der konventionell zu behandelnden Patienten (➤ Abb.13.1). Die Lokalisierung der Läsion ist dabei der wichtigste Schritt zur Auswahl einer gezielten Behandlung von neurologischen Patienten. Eine Verletzung des Nervensystems kann durch Analyse der neurologischen Symptome und eine neurologische Untersuchung lokalisiert werden. Durch Einschätzung von mentaler Leistung, Hirnnervenfunktion, Gangbild, Haltungs- und Stellreflexe und Untersuchungen des Sensoriums sollte man in der Lage sein zu unterscheiden, ob die Erkrankung ihren Ursprung in Gehirn, Rückenmark oder peripheren Nerven hat. Einzelheiten zur Lokalisation neurologischer Störungen sollten Sie in der entsprechenden Fachliteratur nachlesen [1, 2]. Die wichtigsten Fakten daraus werden hier kurz wiederholt und sind in ➤ Abb. 13.2 dargestellt.

13.1.1 Erkrankungen des Gehirns

Erkrankungen des Gehirns erkennt man häufig an **Bewusstseinsveränderungen** (Teilnahmslosigkeit, Stupor, Koma) oder **Persönlichkeitsveränderungen** (Verhalten, Angewohnheiten, Intellekt). Bewusstseinsveränderungen können von Störungen im Bereich des Hirnstamms (Mittelhirn, Pons, Medulla) oder des Vorderhirn (Großhirn, Thalamus) her stammen, während Persönlichkeitsveränderungen spezifischer auf Störungen des Vorderhirns hinweisen.

Fokale und generalisierte Anfälle weisen auf Vorderhirnerkrankungen hin. Fokale Läsionen im **Vorderhirn** können sich unter anderem auch äußern durch:

- Verlust der Sehfähigkeit (Hemianopsia)
- Fazialisparese und -hyperästhesie
- Störungen der bewussten Körperwahrnehmung
- spastische Paresen kontralateral zur Läsion

Charakteristisch für fokale Läsionen im **Hirnstamm** sind:

- intakte Sehfähigkeit
- Hirnnervenstörungen
- Störungen der bewussten Körperwahrnehmung
- spastische Paresen ipsilateral zur Läsion

Schwere Dysfunktionen der Hirnnerven ohne gleichzeitige Bewusstseinsstörungen, Störungen der Körperwahrnehmung oder Paresen deuten auf eine periphere kraniale Neuropathie hin. Isolierte Kleinhirnstörungen haben eine Dysmetrie des Kopfes (Intentionstremor), der Augen (Pendelnystagmus), des Körpers (Schwanken) und der Gliedmaßen (überschießende Muskelbewegungen) zur Folge, ohne dass Anzeichen einer gestörten Körperwahrnehmung, Paresen oder mentale Veränderungen vorliegen.

13.1.2 Erkrankungen des Rückenmarks und der peripheren Nerven

Erkrankungen des Rückenmarks und der peripheren Nerven zeigen meist eine eindeutige Symptomatik. Bei fokalen spinalen Störungen sind die Untersuchungsbefunde des Kopfes immer unauffällig, während periphere Neuropathien schlaffe Lähmungen der distalen Hirnnerven VII, VIII, IX, und X verursachen können.

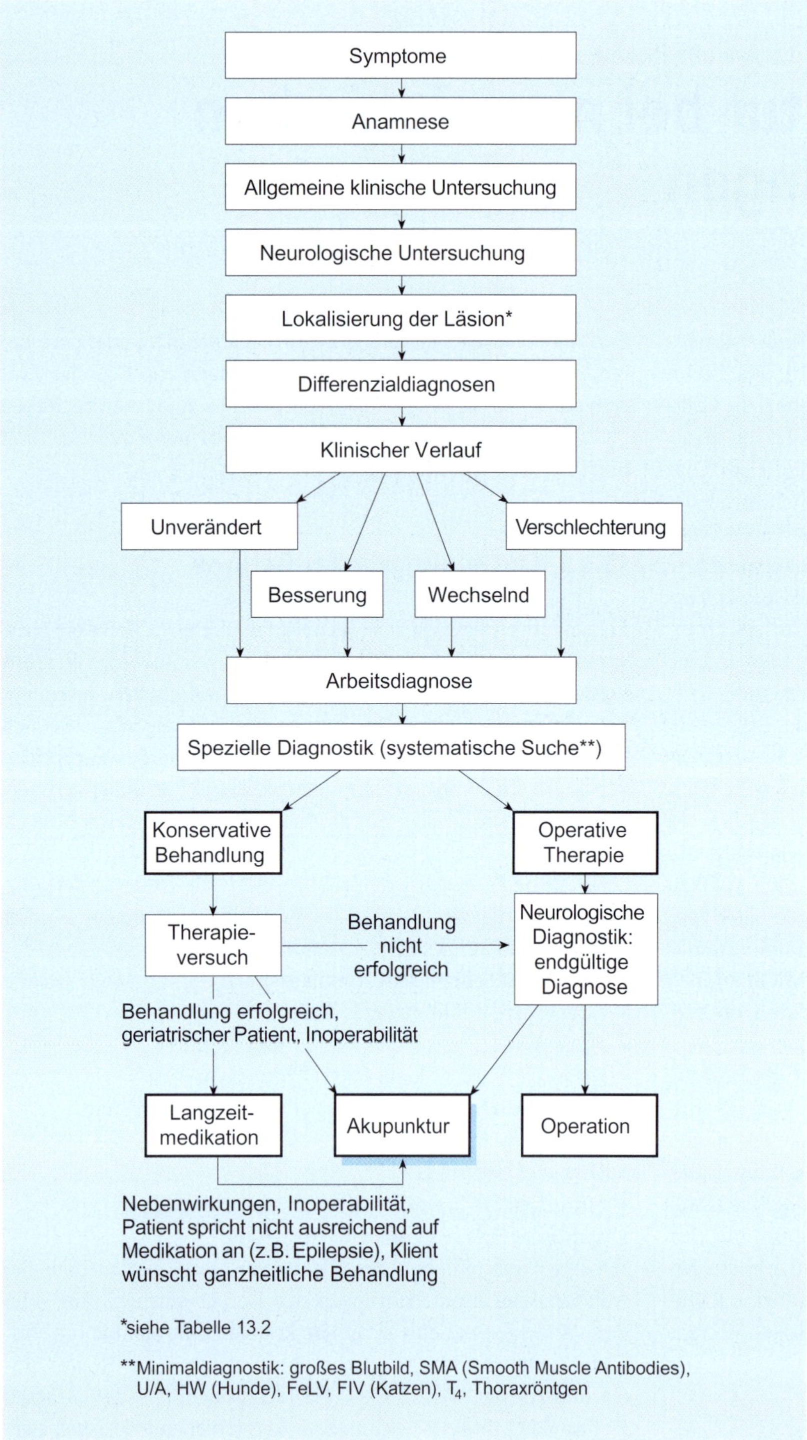

Abb. 13.1 Behandlung von Tieren mit neurologischen Störungen.

Größere Läsionen des Rückenmarks haben oft zunächst einen Verlust der bewussten Körperwahrnehmung zur Folge, später zeigen sich Paresen und Sensibilitätsstörungen kaudal der Läsion.

Die Untersuchung der Muskeleigenreflexe gibt wichtige Hinweise auf die Höhe der spinalen Läsion: liegt die Läsion im Bereich der getesteten Segmente (C6–T2 für die Armreflexe und L4–S2 für die Beinreflexe), so zeigen sich abgeschwächte Muskeleigenreflexe. Ist die Läsion hingegen rostral dieser Segmente lokalisiert, so sind die Muskeleigenreflexe verstärkt. Periphere Motoneuropathien sind durch fehlende Muskeleigenreflexe gekennzeichnet, während die bewusste Körperwahrnehmung normal erhalten ist, es sei denn, die Schwäche wird so groß, dass sie zu einer kompletten Paralyse führt.

Bei reinen Motoneuropathien kann die digitale Sensibilität normal oder erhöht sein. Sie ist jedoch nicht mehr vorhanden, wenn pathologische Prozesse wie Traumen oder Neoplasien die sensorische Komponente der peripheren Nerven mit angreifen. Die sorgfältige Überprüfung der Sensibilität hilft bei der Unterscheidung, ob es sich um eine fokale oder diffuse Pathologie des Rückenmarks handelt. Dabei muss der Bereich der gestörten Sensibilität genau lokalisiert werden (z. B. hypästhetische Bereiche kaudal einer thorakolumbalen Läsion). Der Pannikulus-Reflex muss geprüft und

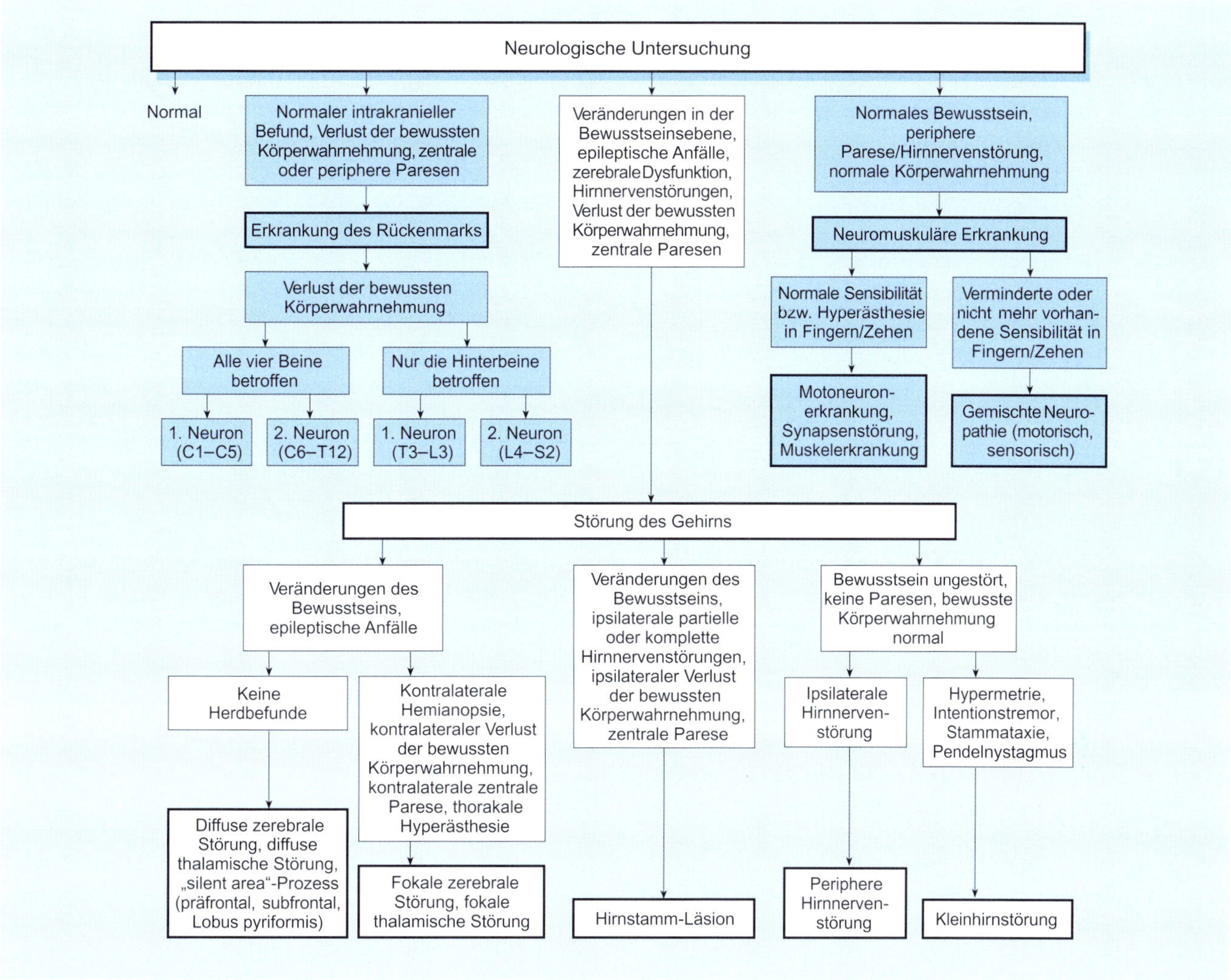

Abb. 13.2 Lokalisierung von Läsionen des Nervensystems.

hyperpathische Bezirke dokumentiert werden. Eine vollständige Untersuchung des Bewegungsapparates muss bei jedem Patienten durchgeführt werden, der Veränderungen des Gangbildes mit Lahmheiten und Bewegungslosigkeit zeigt. Erkrankungen des Rückenmarks, der Meningen, der Muskulatur, der Knochen und der Gelenke sollten in Erwägung gezogen werden, wenn sich die neurologische Untersuchung als ergebnislos erweist.

13.2 Diagnostik

Grundlage der Differenzialdiagnosen bei Erkrankungen des Nervensystems ist eine exakte Anamnese. Beginn der Erkrankung, Dauer und Progression der neurologischen Symptomatik sind essentielle Informationen, um eine Vorauswahl aus der Liste der möglichen Differenzialdiagnosen treffen zu können. Jede Art von Erkrankung ist durch einen typischen klinischen Verlauf charakterisiert (➤ Abb. 13.3). Generell kann man sagen, dass Tiere mit degenerativen, traumatischen, vaskulären oder bestimmten entzündlichen Störungen des Nervensystems von der Akupunkturbehandlung profitieren können, während Tiere mit neoplastischen oder infektiösen Erkrankungen nicht routinemäßig mit Akupunktur behandelt werden sollten.

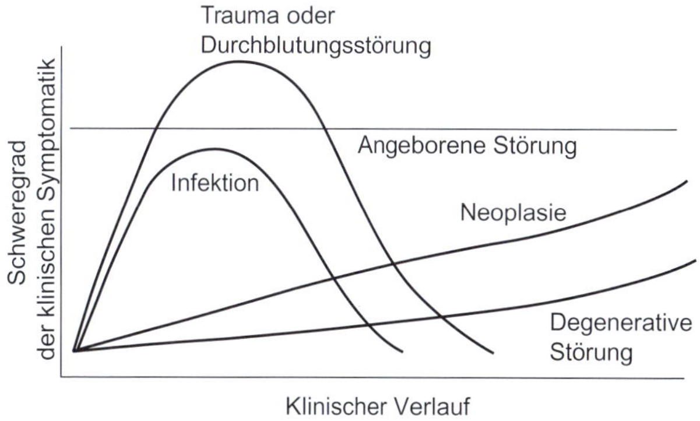

Abb. 13.3 Schweregrad der klinischen Symptomatik in Abhängigkeit von der Zeit.

Da neurodiagnostische Untersuchungen meist eine Vollnarkose, spezielle Apparate und viel Erfahrung des Untersuchenden erfordern und hohe Kosten verursachen, werden sie zur Einschätzung eines Patienten mit neurologischen Störungen nicht häufig genug eingesetzt. Das führt dann meist zu einer konventionellen medikamentösen Therapie, ohne dass eine richtige Diagnose gestellt wurde. Eine Therapie rein aufgrund der klinischen Befunde festzulegen, kann in Betracht gezogen werden, wenn die erweiterte neurologische Diagnostik für den Patienten zu hohe Risiken beinhaltet, wenn ein chirurgisches Vorgehen nicht in Frage kommt oder der Klient sich gegen die Untersuchung sträubt.

Bei Verdacht auf eine systemische Erkrankung als Ursache der neurologischen Erkrankung, können meist schon einige wenige Untersuchungen wichtige Hinweise liefern, so z. B. ein großes Blutbild, eine Urinuntersuchung, Tests auf Herzwurmbefall bei Hunden, Bestimmung der Schilddrüsenwerte und FeLV- und FIV-Tests bei Katzen. Falls nötig können weitere Untersuchungen in Erwägung gezogen werden.

13.3 Therapie

Störungen des Nervensystems können zu Bewegungseinschränkungen oder Schmerzen führen. Schmerzen entstehen beispielsweise, wenn durch pathologische Prozesse in Meningen, Ligamenten, dorsalen Nervenwurzeln und Periost des Wirbelkanals Schmerzrezeptoren stimuliert werden. Schmerzhafte Veränderungen sind die wichtigste Indikation für Akupunktur [3]. Die neurophysiologischen Grundlagen, die für die analgetische Wirkung der Akupunktur verantwortlich sind, werden in anderen Kapitel besprochen [4]. Im Bereich der Neurologie sind durch Bandscheibenerkrankungen verursachte Schmerzen der häufigste Grund für eine Akupunkturbehandlung.

Neurologische Symptome treten immer dann auf, wenn die elektrische Weiterleitung der Nervenimpulse gestört ist [5]. Durch diese Störung können unterschiedlich stark ausgeprägte Paresen, periphere Neuropathien, degenerative Myelopathien entstehen, die sich teilweise auch auf innere Organe auswirken können (z. B. Megaösophagus oder Blasen-/Darmfunktionsstörungen). Die Wiederherstellung der normalen Impuls-Weiterleitung ist eines der Ziele der Akupunktur [5]. Die Fähigkeit der Akupunktur, Funktionsstörungen zu beheben, ist heute noch wesentlich schwieriger wissenschaftlich zu erklären, als die analgetischen Effekte der Methode [6]. Akupunktur verringert den Widerstand und steigert die elektrische Aktivität des verletzten Gewebes und fördert so die Heilung und die Regeneration des Axongewebes [7].

Andere neurologische Erkrankungen, die auf Funktionsstörungen zurückzuführen sind, sind beispielsweise Epilepsien. Untersuchungen konnten nachweisen, dass opioide Peptide, Serotonin und γ-Aminobuttersäure als Neurotransmitter an dem antiepileptischen Effekt der Akupunktur beteiligt sind [8].

Die Entscheidung, ob ein Tier mit Akupunktur behandelt werden soll, hängt nicht nur von der Art der Erkrankung des Tieres ab, sondern auch von seiner Reaktion auf konventionelle Medikamente. Oft werden in der Behandlung von Rückenmarkserkrankungen mit Schmerzen und Bewegungseinschränkungen Kortikosteroide eingesetzt. Diese Behandlung kann bei bestimmten Krankheitsbildern eine vollkommene oder teilweise Besserung der klinischen Symptome bewirken. Diese Krankheitsbilder (z. B. Bandscheibenerkrankungen, Halswirbelinstabilitäten und Cauda-equina-Syndrom) reagieren meist gleichzeitig sehr positiv auf die Akupunktur. In Fällen, in denen die Kortikosteroidtherapie wirkungslos ist, wie z. B. bei der degenerativen Myelopathie der Schäferhunde, ist gleichzeitig auch die Reaktion auf die Akupunktur schlechter. Aus dieser Sicht heraus kann die Reaktion der Tiere auf Kortikosteroide als Indikator für ihre Reaktion auf die Akupunkturbehandlung gesehen werden. Wenn sich die klinische Symptomatik während einer Behandlung verschlechtert, muss der Akupunkteur seine Diagnose und die Behandlungsstrategie nochmals überdenken.

Die Nebenwirkungen, die bei Langzeitanwendung von Kortikosteroiden auftreten, sprechen gegen eine Langzeittherapie bei den Tieren, die bei Ausschleichversuchen sofort wieder klinische Beschwerden haben. Dies sind die idealen Patienten für Akupunkturbehandlungen. Die Akupunktur ist weit weniger invasiv als die Chirurgie und kann in vielen Fällen die Symptomatik völlig zum Verschwinden bringen. Daneben kann die Akupunktur auch vielen chronischen Schmerzpatienten eine lang anhaltende Linderung verschaffen, obwohl sie nur unzureichend auf Kortikosteroide reagieren [9].

Manche Tierbesitzer ziehen die Akupunkturbehandlung vor, da sie den „natürlicheren Ansatz" der Akupunktur wünschen. Sie ziehen die Akupunktur den konventionellen Medikamenten mit ihren Nebenwirkungen vor.

13.3.1 Erkrankungen des Gehirns

Idiopathische Epilepsie

Bei idiopathischer Epilepsie treten wiederholt zerebrale Krampfanfälle auf, das Verhalten des Patienten und der Befund der neurologischen Untersuchung in der Zeit zwischen den Anfällen ist jedoch unauffällig. Die Anfälle sind charakterisiert durch eine Bewusstseinsverminderung, unwillkürlichen Bewegungen der Gliedmaßen und das Verlieren von Körperflüssigkeiten, wie Speichel, Urin, Kot und Vomitus. Sie dauern typischerweise zwischen 30 Sekunden und einigen Minuten. Unmittelbar nach dem Anfall zeigen sich meist Veränderungen in Verhalten, Intellekt, Persönlichkeit und Gangbild, die bis zu 24 Stunden anhalten können. Die Anfälle müssen von den nicht-konvulsiven Episoden unterschieden werden, die vestibulären, kardiovaskulären, metabolischen oder muskuloskeletalen Ursprungs sein können.

Die Epilepsie der Hunde tritt klassisch im Alter von einem bis drei Jahren auf und ist dann das Ergebnis einer funktionellen Störung oder einer erblichen Prädisposition. Das Zugrundeliegen einer metabolischen Störung ist bei jungen Hunden wahrscheinlicher als bei älteren Tieren. Hunde, die älter als fünf Jahre alt sind, können über Monate einen Hirntumor haben, bevor sich Anfälle entwickeln [10]. Bei Hunden mit akuten infektiösem Geschehen, wie z. B. einer granulomatösen Meningoenzephalitis oder einer Staupe-Enzephalitits, zeigen sich meist bereits vor dem Anfall anderweitige klinische Symptome. Bei Katzen aller Altersgruppen ist die idiopathische Epilepsie eher selten, darum sollte bei Katzen immer nach einer zugrunde liegenden Störung gesucht werden.

Als Mittel der Wahl steht zur Prävention der Anfälle **Phenobarbital** zur Verfügung. Es wird bei Tieren erst eingesetzt, wenn sie häufiger als einmal pro Monat einen Anfall erleiden oder wenn sie unter Anfalls-Serien leiden. Wenn die Anfallsstärke oder die Frequenz der Anfälle auch durch maximale Phenobarbital-Konzentrationen im Serum (30–45 µg/ml) nicht reduziert werden können, kann **Kaliumbromid** hinzu gefügt werden [11]. Wenn auch diese Kombination nicht hilft, sollte der Einsatz von Akupunktur erwogen werden. Das Ziel der Akupunktur liegt dann in einer Reduktion der Frequenz und Stärke der Anfälle und, wenn möglich, in einer Reduktion der Phenobarbital-Dosierung. Akupunktur wird jedoch normalerweise nicht als Ersatz der antikonvulsiven Medikamente betrachtet.

Akupunktur

Diagnose/Behandlungsstrategie: Die TCM-Diagnose bei Epilepsie ist häufig Innerer Wind, der die Meridiane befällt und Leber-Wind, der durch aufsteigendes Leber-*Yang* entstanden ist. Eine Leere des Nieren- und des Leber-*Yin* können ebenfalls eine Rolle spielen. Die Behandlung zielt also darauf ab, den Wind auszuleiten und das Nieren-*Yin* zu stärken.

Therapie: Geeignet sind z. B. Di 4 und Le 3 (diese Kombination wird als „die äußeren vier Tore“ bezeichnet), LG 20, LG 14, Di 11, Le 2, Pe 6, Ni 3, Ni 6, Bl 23 [12–14]. Bei fünf Hunden mit nicht behandelbarer idiopathischer Epilepsie konnte durch das Einsetzen von Goldstückchen in Akupunkturpunkte (LG 20, LG 17, LG 24, Gb 9, Gb 13 und Bl 15) subkutan über der Schädeldecke die Frequenz der Anfälle reduziert werden. Trotz einer Erhaltungsdosis an Antikonvulsiva erlitten jedoch zwei der Hunde innerhalb von fünf Monaten Rückfälle [15]. Im Status epilepticus sind folgende Punkte zu erwägen: Ni 1, He 7, Pe 6, LG 26, und LG 20 und die oben erwähnten Punkte. Zahlreiche Berichte aus der Ohrakupunktur lassen mehr Hoffnung für die Kontrolle von Epilepsie und die Analgesie aufkommen (➤ Kap. 26) [16–18]. Die Implantation von Stahlnadeln bilateral in den Punkt *Shen Men* zeigte bei einigen Hunden gute Behandlungsergebnisse: ein Hund hatte daraufhin eine um das sechsfache gesteigerte Intervallzeit zwischen den Anfällen, während ein anderer 200 Tage nach der Behandlung immer noch anfallsfrei war. Bei einer anderen Untersuchung wurde bei zwei Hunden der Ohrpunkt *Shen Men* in Kombination mit Körperpunkten mit Goldstückchen behandelt. Einer der beiden Hunde hatte vor der Behandlung einmal monatlich Anfalls-Reihen gehabt. Er war nach der Behandlung über zwei Jahre völlig anfallsfrei. Bei dem zweiten Hund war ein Jahr nach der Behandlung noch kein erneuter Anfall aufgetreten [19].

Merke Elektroakupunktur sollte bei Patienten mit bekanntem Anfallsleiden nur sehr vorsichtig eingesetzt werden. Die Elektrostimulation von Akupunkturpunkten bei Patienten mit Anfallsleiden kann zur Verschlimmerung der Anfälle führen, selbst wenn die Patienten in der anfallsfreien Zeit vorgestellt werden oder längere Zeit keinen Anfall hatten.

Zerebrovaskuläre Insulte

Zerebrovaskuläre Insulte können durch metabolische Erkrankungen (z. B. M. Cushing), Thrombozytopenie, Hypertension, Hyperthyreoidismus, arteriovenöse Malformationen und Traumen verursacht werden. Die klinischen Anzeichen können je nach Lokalisation der Läsion stark variieren. Die häufigsten Symptome treten halbseitig auf und können auf eine kontralateral im Vorderhirn, oder ipsilateral in Hirnstamm oder Kleinhirn lokalisierte Läsion zurückgeführt werden. Verschiedene pathophysiologische Mechanismen können für die Beschwerden verantwortlich sein: fokale Ischämien durch Mikrothromben, kleine Blutungen und Veränderungen in der Gehirnperfusion mit Hypoxie. Die Diagnose kann durch Liquoruntersuchung, CT oder MRT gesichert werden. Die Behandlung versucht, medikamentös oder chirurgisch die zugrunde liegende Erkrankung zu behandeln.

Akupunktur

Diagnose/Behandlungsstrategie: Die TCM-Diagnose der zerebrovaskulären Insulte richtet sich nach den vorliegenden kausalen Faktoren. „Wind-Schlaganfall“ durch eine extreme Disharmonie zwischen Leber-*Yin* und *Leber-Yang* ist die häufigste Diagnose. Dabei schießt das Leber-*Yang* nach oben und verlegt gemeinsam mit Schleim die Meridiane des Gehirns und der Sinne. Der Schleim entsteht, wenn ein Übermaß an Hitze (Leber-*Yang*) die Flüssigkeiten verdunstet. Die transformierende Funktion von Milz/Pankreas wird durch das nach unten ziehende Leber-*Yang* behindert und Schleim kann sich ansammeln: Wind-Schleim-Stagnation bildet sich. Feuchtigkeit greift Milz/Pankreas an. Gleichzeitig kann innerer Wind die Meridiane blockieren, Herz-Feuer lodert auf und behindert das *Shen*. Blut-Mangel kann ebenfalls auftreten und zu Unterernährung und Leere von Milz/Pankreas, Niere und Knochenmark führen [12]. Die Behandlungsstrategie zielt auf eine Beruhigung der Leber, Ausleiten des Windes, Auflösen des Schleims, Klären der Sinne und Ernährung des *Yin* ab [12].

Therapie: Gb 20 beruhigt die Leber, leitet Wind aus, klärt die Sinne. Le 3, der Transport-Punkt des Leber-Meridians, Ma 40, der Passage-Punkt des Magen-Meridians, KG 22 und KG 23 lösen Schleim auf. Pe 6, und He 5 beruhigen das *Shen* und regulieren das *Qi*. Ni 1, der Brunnen-Punkt des Nieren-Meridians löscht Hitze und beruhigt den Leber-Meridian. MP 6 tonisiert Milz/Pankreas, nährt das *Yin* und ist Treffpunkt der drei *Yin*-Meridiane des Beines. Di 4 tonisiert das *Qi*. Ni 3 reguliert das Nieren-*Shen* und Gb 34 leitet Wind aus, vor allem aus dem Leber-Meridian. Um Blut zu stärken kann man Ma 36, MP 6, MP 10, Bl 17, Bl 20 und Bl 23 verwenden [13]. Zerebrovaskuläre Insulte können in *Shi*- (akut oder Fülle) und in *Xu*- (chronisch oder Leere) Syndrome unterteilt und dementsprechend behandelt werden. So kann die Tonisierung von Blut und *Qi* in den Hauptmeridianen des Körpers erreicht werden.

In einer humanmedizinischen Untersuchung mit akuten Schlaganfall-Patienten konnte die Erholungsphase durch Akupunktur deutlich verkürzt werden. Das durchschnittliche Behandlungsprotokoll ging über 20 Behandlungen (zwei Behandlungen pro Woche über zehn Wochen), mit einer Erstbehandlung nach vier bis zehn Tagen. Die Nadeln wurden entlang der Motorkortex-Linie des Schädels eingestochen. Die Gruppe, die mit Akupunktur behandelt wurde, erholte sich generell schneller, als die Nicht-Akupunktur-Gruppe [14, 20].

Merke Die zugrunde liegende Krankheit, die „Wurzel" der Erkrankung, muss immer mitbehandelt werden, um das volle Erfolgspotential der Akupunktur bei Patienten mit zerebrovaskulären Insulten auszuschöpfen. In vielen Fällen kann Akupunktur die Erholung beschleunigen und den Patienten stärken, während er mit physikalischer Therapie und anderen konventionellen Therapien behandelt wird.

Akute zerebrale Blutung, Schädel-Hirn-Trauma, Koma

Die konventionelle Diagnose von zerebralen Blutungen und Koma nach Schädelverletzungen mit stumpfen Gegenständen, Autounfällen und Bisswunden erfolgt durch eine neurologische Untersuchung,

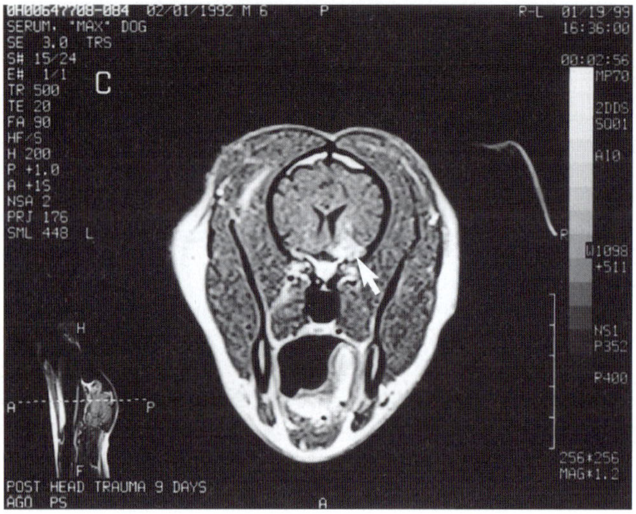

Abb. 13.4 Transversale Ansicht des Gehirns eines 7 Jahre alten Sheltie mit Schädel-Hirn-Trauma. Beachten Sie die hyperintense Kontraststeigerung im rechten Temporallappen (Pfeil), die auf eine 9 Tage alte Blutung zurückgeht. (Mit freundlicher Genehmigung der Iowa State University Biomedical Communications).

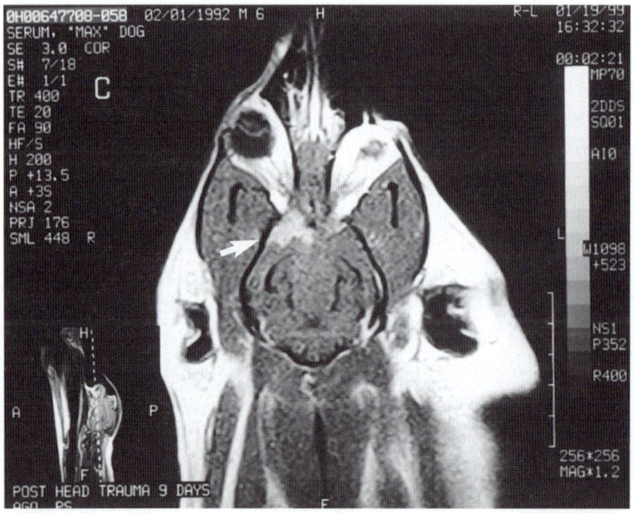

Abb. 13.5 Axiale Ansicht des Gehirns des Hundes von ➤ Abb. 13.4. Beachten Sie die hyperintense Kontraststeigerung im rechten Temporallappen. (Mit freundlicher Genehmigung der Iowa State University Biomedical Communications).

Blutuntersuchungen und CT oder MRT (➤ Abb. 13.4 und ➤ Abb. 13.5). Die Behandlung erfolgt in der Regel mit Kortikosteroiden und Antibiotika. In manchen Fällen ist eine Kraniotomie nötig.

Ein Koma kann bei Tieren auch durch zugrunde liegende metabolische Störungen hervorgerufen werden (z. B. durch eine hepatische Enzephalopathie, Urämie, Hypoglykämie oder Störungen im Elektrolythaushalt) und/oder durch primäre neurologische Erkrankungen (Tumoren, Meningitis, zerebrovaskuläre Insulte). Die Ursache des Komas wird durch ein Ausschlussverfahren ermittelt, die Behandlung richtet sich nach der zugrunde liegenden Störung. Die Diagnose basiert in der Regel auf Anamnese, körperlicher Untersuchung, Laboruntersuchungen, Röntgenaufnahmen und Ultraschalluntersuchungen.

Akupunktur

Diagnose/Behandlungsstrategie: In der TCM ist die Diagnose bei Kopfverletzungen meist Blut-Stagnation. Bei Koma-Patienten liegt meist eine Störung von Herz und *Shen* vor. Ziel der TCM-Behandlung ist es die Blut-Stagnation aufzulösen, den Wind auszuleiten die Behinderungen des *Qi*-Flusses zu beseitigen und Herz und *Shen* wieder zu beleben.

Therapie: LG 16 (leitet Wind aus), LG 15 und vier bis zehn zusätzliche Kopf- und Körper-Punkte, unter anderem LG 26, LG 24, Ni 1 und He 7 (beruhigt das *Shen*). Beim Menschen liegt die Medulla oblongata anatomisch direkt unter den Punkten LG 16 und LG 15. Bei Schädel-Hirn-Trauma können 30–50 Behandlungen mit manueller Stimulation und Elektroakupunktur erforderlich sein. In Studien hat sich gezeigt, dass die Akupunktur eine Vasodilatation bewirkt und die zerebrale Durchblutung steigert (nach einer anfänglichen kurzen Vasokonstriktion von 10 bis 30 Sekunden). Dieser vasodilatatorische Effekt kann von zwei Minuten bis hin zu zwei bis drei Wochen lang anhalten [14, 20]. Lokal und distal der stimulierten Punkte können ebenfalls Durchblutungsänderungen auftreten. Stimulation von LG 26 fördert die Dilatation des arteriellen Systems und erhöht so den kapillären Perfusionsdruck. Diese Dilatation erfolgt in Wellen, um die Verklebung der Erythrozyten zu verringern, die kapilläre Diffusion zu erhöhen und die zerebrale Durchblutung zu steigern. Untersuchungen haben außerdem gezeigt, dass Hirnödeme nach Schlaganfällen durch Akupunktur oder Lasertherapie verringert werden können [14, 20]. Bei Menschen hat sich die Akupunkturbehandlung vor allem in frühen Stadien von Schädel-Hirn-Traumata als hilfreich erwiesen. Durch Akupunktur konnte der Gehalt an Fibrin, Fibrinspaltprodukten und Triglyceriden im Serum deutlich gesenkt werden. Genadelt wurden dabei in erster Linie LG 16 und KG 15 [20]. Am besten konnte die Akupunktur wirken, wenn sie mit physikalischen Therapien kombiniert wurde.

Meningitis

Eine Meningitis ist eine Entzündung der meningealen Umhüllung des Gehirns und des Rückenmarkes. Sie kann durch verschiedene Infektionen und Immunreaktionen verursacht werden oder idiopathisch auftreten. Mögliche infektiöse Ursachen sind bakterielle Infektionen (beim Kleintier selten), Virusinfektionen (z. B. Staupe oder FIP) und Infektionen mit Rickettsien (z. B. Ehrlichiose). Immunbedingte Formen kommen vor (sterile suppurative Meningitis). Die granulomatöse Meningoenzephalitis (GME) ist eine weitere Form der Meningitis, deren Ursache aber noch unbekannt ist. Die Theorien hierzu reichen über bakterielle, virale, neoplastische und/oder immunologische Ursachen. Es gibt spezifische Formen der Meningitis, die nur bei bestimmten Rassen auftreten. Die Erkrankung kann sich mit verschiedenen neurologischen Symptomen manifestieren.

Die Diagnose der Meningitis basiert auf Anamnese, neurologischen Untersuchungsbefunden, Liquordiagnostik (zytologischen Befunde, Gesamtprotein), serologischen Befunden (Antikörper-Titer in Serum und Liquor), Liquor- und Blutkultur sowie CT und/oder MRT. Eine richtige Diagnose ist unerlässlich, um eine regelrechte Therapie einleiten zu können. Die konventionelle Therapie hängt von den Ursachen ab und kann Kortikosteroide, Antibiotika und Virostatika und in manchen Fällen von GME auch Bestrahlungstherapie beinhalten.

Akupunktur

Diagnose/Behandlungsstrategie: Die TCM-Diagnose bei Meningitis ist die einer Inneren Wind-Erkrankung, oft mit gleichzeitiger Invasion exogener pathogener Faktoren [21]. Die Behandlungsstrategie beinhaltet das Ausleiten des Inneren Windes und die Anregung des reibungslosen Flusses des *Qi* und des Blutes durch die Meridiane. Ziel der Behandlung ist nicht unbedingt immer nur, die Krankheit zu heilen, sondern oft auch, Schmerzen zu lindern und die Notwendigkeit einer Langzeit-Therapie mit Kortikosteroiden zu verringern.

Therapie: Folgende Punkte können mit Nadeln oder mit Aquapunktur behandelt werden: LG 14 (zur Ausleitung des Windes), LG 20, Gb 20, Di 4 und Lu 7.

Merke Für GME gibt es bisher noch keine Behandlung. Akupunktur kann zwar zur Linderung der Symptome, v. a. der Schmerzen, hilfreich sein, oder eine Dosisverringerung der konventionellen Medikamente ermöglichen, sie reicht jedoch als alleinige Therapie der GME oder einer infektiösen Meningitis nicht aus.

13.3.2 Erkrankungen des Rückenmarks

Die Therapie der Bandscheibenerkrankungen wird in ➤ Kap. 14 behandelt.

Fibrokartilaginöse Embolie

Fibrokartilaginöse Embolie (FKE) ist ein Syndrom, das vor allem junge bis mittelalte athletische, große Hunde befällt, die ansonsten bei guter Gesundheit sind. Labrador, Golden Retriever und Riesenschnauzer sind deutlich häufiger betroffen als andere Rassen. Pathophysiologisch löst sich bei der Erkrankung ein Stück des Nucleus pulposus der Bandscheibe ab und wandert durch eine schmale Fissur in den Venenplexus des Rückenmarks, wo es die regionale Blutversorgung des Rückenmarks behindert. Die Folge ist eine Minderdurchblutung mit einer ischämischen Nekrose des Rückenmarks in diesem Bereich. Die meisten der Hunde mit dieser Erkrankung sind vor Auftreten der Symptomatik gerannt oder gefallen. Die Symptome können perakut oder akut einsetzen. Zu Beginn hat der Patient extrem starke Schmerzen, die nach einer Weile meist völlig verschwinden. Die Symptome dieser Erkrankung treten meist halbseitig auf und betreffen oft die Segmente C1–C5, C6–T2, T3–L3 und L4–S2.

Die Diagnose dieser Erkrankung basiert auf einem Ausschlussverfahren, mit eingehender Anamnese und körperlicher Untersuchung. Blutwerte, Röntgen- und Myelographiebefunde sind meist unauffällig (➤ Abb. 13.6). Der Liquor kann eine erhöhte Zellzahl (vorwiegend Erythrozyten und Makrophagen, mit oder ohne Erythrophagozytose) und eine Erhöhung des Gesamteiweiß aufweisen. Die konventionelle Therapie ist rein symptomatisch und beinhaltet anfängliche intravenöse Kortikosteoidgaben, physikalische Therapie und viel Zeit. Bei den meisten Hunden klingen die Lähmungserscheinungen nach einigen Wochen wieder ab. Die Prognose hängt von der bewussten Schmerzempfindung und von der Lokalisation der Läsion ab. Läsionen im Bereich von C6–T2 und L7–S2 sind mit wesentlich schlechteren Prognosen verbunden, da diese Läsionen in der Nähe des Plexus brachialis bzw. lumbosacralis liegen.

Akupunktur

Diagnose/Behandlungsstrategie: In der TCM wird diese Erkrankung als Verlegung oder Stagnation des *Qi*-Flusses im Lenkergefäß und im Blasen-Meridian gesehen, wobei die Lage der Läsion ausschlaggebend ist. Die anfänglichen Schmerzen werden einer Blut-Leere in diesem Gebiet zugeschrieben. Das Behandlungsprotokoll ähnelt dem der akuten Rückenmarksverletzungen, Ziel ist also die Zerstreuung der Verlegung und der Stagnation des *Qi* und damit eine Anregung seines freien Flusses [12]. Die Behandlung hängt von der Lokalisation und den neurologischen Symptomen ab.

Therapie: Bei zervikalen und thorakolumbalen Symptomen gelten die Punkte, die im ➤ Kapitel 14 erwähnt werden: Bl 11, Bl 10, LG 14, LG 16, LG 20, Di 11, Di 4, Dü 3, Bl 67, Gb 34, Ma 36, Bl 40, Bl 62, Bl 20, Bl 21, Bl 22, Bl 23, Bl 24, Bl 25, Bl 26, Bl 27, Bl 28, LG 3 und LG 4. Bei Läsionen im Bereich von L7 bis S2 kommen als loka-

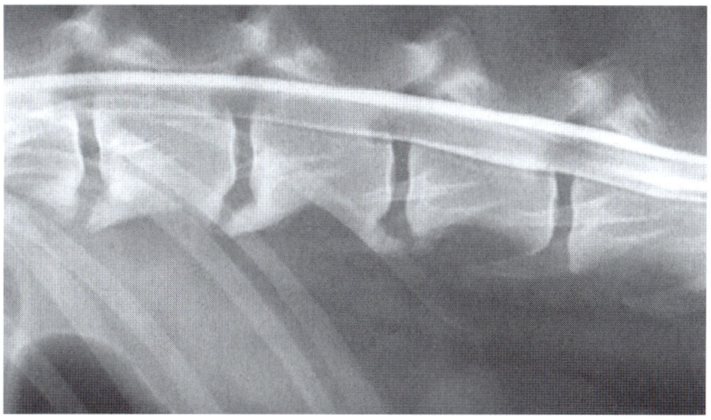

Abb. 13.6 Normales Myelogramm eines 6-jährigen Golden Retrievers, bei dem eine fibrokartilaginöse Embolie diagnostiziert wurde. (Mit freundlicher Genehmigung der Iowa State University Biomedical Communications).

le und distale Punkte in Frage: Bl 28, Bl 40, Bl 60, Bl 62, LG 3, Bl 39 und Bl 35 und der Punkt an der Spitze des Schwanzes. Die Behandlung mit Nadeln oder mit Elektroakupunktur hat sich als am wirkungsvollsten herausgestellt. Der Elektroakupunktur sollte vielleicht sogar der Vorzug gegeben werden, da sie zumindest theoretisch die Nervenregeneration fördert [22]. Zusätzlich sollten Punkte benutzt werden, die kranial und kaudal der Läsion liegen. Ischämische Insulte, die das Rückenmark betreffen, können in derselben Art und Weise behandelt werden, da sie eine ähnliche TCM-Diagnose haben: *Qi*-Stagnation und Blut-Stase.

Merke Die Prognose der fibrokartilaginösen Embolie hängt stark von der Lokalisation der Läsion ab. Liegt die Läsion im Bereich von C6–T2 oder L7–S2 ist die Wahrscheinlichkeit einer Wiederkehr normaler Funktionen verschwindend klein, da die Ischämie meist die Nervenzellen dieser Bereiche geschädigt hat. Akupunktur ist bei den Fällen aussichtsreicher, die noch bewusste Schmerzempfindungen zeigen und deren Läsionen im Bereich von C1–C5 oder T3–L3 liegen. Die Behandlungszeit und -reaktion kann sehr unterschiedlich sein. Die Behandlung mit Elektroakupunktur sollte mit physikalischer Therapie kombiniert werden.

Rückenmarksverletzungen

Verletzungen des Rückenmarks können durch ein stumpfes Trauma, Autounfälle oder andere Verletzungen entstehen. Die Folge sind Blutungen, Frakturen, Subluxationen, Luxationen und Verstauchungen. Manche davon benötigen eine chirurgische Intervention, während andere mit konventionellen Behandlungsformen, wie Medikamenten, einer externen Schienung, physikalischer Therapie und Zeit abheilen können. Die Diagnose dieser Verletzung beruht auf Blut- und Liquoruntersuchungen, Röntgendiagnostik, Myelogramm, CT und/oder MRT. Bei schweren Verletzungen des Rückenmarks werden biogene Amine freigesetzt und es kommt zur lokalen Vasokonstriktion mit Ischämie des Rückenmarks. Zusätzlich können sich die Kalium- und Kalziumwerte verändern und freie Radikale freigesetzt werden, die den zugrunde liegenden Krankheitsprozess noch verschlechtern [23].

Akupunktur

Diagnose/Behandlungsstrategie: Aus Sicht der TCM betreffen traumatische Verletzungen des Rückenmarks das Lenkergefäß. Das Lenkergefäß steht allen *Yang*-Funktionen vor. Es stellt den Zusammenfluss aller *Yang*-Meridiane dar. Daher beeinflusst das Lenkergefäß auch die Funktion des Rückenmarks. Eine Verletzung des Lenkergefäßes stört das *Yang-Qi*, behindert den Fluss von *Qi* und Blut, und beraubt so die Sehnen, Muskeln und Knochen ihrer Energie. *Qi*-Stagnation kann sich auch sekundär aus einer Blut-Stagnation heraus entwickeln, was zu starken, stechenden Schmerzen, Blutungen mit dunkel purpurfarbenem oder braunschwarzem, geronnenem Blut, Taubheitsgefühlen, Kitzeln, Parästhesien und dem Verslust der Sensitivität führen kann [12, 13]. In der TCM wird das Krankheitsbild behandelt mit Akupunktur, Elektroakupunktur, Laser oder Aquapunktur. Das Behandlungsziel ist, die Stagnation von Blut und *Qi* zu beheben und den regelmäßigen Fluss von Blut und *Qi* wieder einzuführen.

Therapie: Die empfohlenen Punkte hängen wieder von der Lokalisation der Läsion ab: Bl 10, Bl 11, LG 14 (Treffpunkt aller sechs *Yang*-Meridiane, regt den Fluss des *Qi* an), LG 16, Bl 67, lokale thorakolumbale Punkte (Zustimmungspunkte), Bl 62, Gb 39, Bl 40, Bl 60, Gb 34, Ma 36, LG 3, LG 4 (regt das *Yang-Qi* an), Le 2, Le 3, Le 4, Le 14, Bl 17, Bl 18, MP 8 und MP 10. Als lokale und distale Punkte auf dem betroffenen Blasen-Meridian können unter anderem Bl 39, Bl 40 und Bl 60 eingesetzt werden.

Nach einer Untersuchung an Ratten konnte Akupunktur in den anfänglichen Phasen innerhalb einer Stunde nach dem Trauma die Funktion verbessern und die Atrophie der weißen Substanz des Rückenmarkes verringern. Gleichzeitig schützt sie die Motoneurone des Vorderhorns. Die Kortisolspiegel im Blut stiegen in den ersten zwei Stunden nach der Verletzung bei unbehandelten Tieren um das dreifache an, während sie sich bei den mit Akupunktur behandelten Tieren nur verdoppelte (Abnahme der Stressantwort). In dieser Untersuchung dauerte die Behandlung 30 Minuten und bestand aus Elektroakupunktur auf acht Zyklen/Sekunde mit einem biphasischen Impuls von 0,4 msec [23]. Bei anderen Untersuchungen zeigte sich, dass Stromstärken von ein bis drei Zyklen/Sekunde schmerzlindernd wirken, die Muskelkontraktion verstärken und die Mikrozirkulation anregen [20]. Durch Elektroakupunktur bei Verletzungen des Rückenmarks konnten die Serumspiegel an Elektrolyten, freien Radikalen, Kortisol, β-Endorphinen, Serotonin, Laktatdehydrogenase (LDH) und Glutamat-Oxalazetat-Transaminase (GOT) beeinflusst werden [23]. Eine andere Studie konnte nachweisen, dass Elektroakupunktur die Muskelkraft steigert, indem mehr kontrahierende Fasern eingesetzt werden oder die maximale Kontraktionskraft der Fasern steigt. Gleichzeitig regt sie die tiefe Zirkulation an, trägt zum Erhalt der Gewebevitalität bei und unterstützt die Regeneration der neuromuskulären Reaktionen [24].

Cauda-equina-Syndrom

Für das Cauda-equina-Syndrom gibt es viele andere Bezeichnungen, die alle eine Kompression der peripheren Nerven und der Nervenwurzeln des Plexus lumbosacralis (L6–S2) bezeichnen. Die klinischen Anzeichen können sein: Schwäche der Hinterhand, verringerte Muskeleigenreflexe (N. tibialis cranialis) und Rückziehreflexe der Hinterhand, verringerter Tonus des Schwanzes und des Analsphinkters, starke Schmerzen beim nach hinten Ziehen des Schwanzes und rektaler Untersuchung, ungewöhnliche Haltung des Schwanzes sowie Urin- und Stuhlinkontinenz. Die Ursachen können Bandscheibenerkrankung, Neoplasien, traumatische Verletzungen oder erbliche Missbildungen sein, die alle in einer Stenose resultieren. Die Diagnose wird gestellt nach einer gründlichen körperlichen Untersuchung, Liquoranalyse, Epidurographie, Myelogramm, CT und MRT (➤ Abb. 13.7 und ➤ Abb. 13.8). Die Behandlungsmöglichkeiten reichen von einer medikamentösen Therapie mit steroidalen und nicht-steroidalen Entzündungshemmern und Ruhigstellung bis zur chirurgischen Dekompression, deren Ausgang unterschiedlich sein kann, da bei der Laminektomie Narbenbildung auftreten und die Stenose dadurch wieder in Erscheinung treten kann. Daher kann bei milden Fällen oder bei postoperativen Schmerzen Akupunktur sehr sinnvoll sein [21].

Merke Verletzungen des Rückenmarks, die zu einer motorischen Schwäche führen, können gut auf Akupunktur reagieren, so lange die tiefen und die bewussten Schmerzreaktionen kaudal der Läsion noch erhalten sind. Dafür werden allerdings wesentlich mehr Behandlungen benötigt, als dies in der Schmerzbehandlung üblich ist. Ebenso wie bei den Verletzungen der peripheren Nerven kann es schwierig sein, festzustellen, ob Akupunktur die neurologischen Funktionen verbessert, wenn nicht bereits stabile chronische Defizite vorliegen.

Akupunktur

Diagnose/Behandlungsstrategie: Die TCM-Diagnose des Cauda-equina-Syndroms fällt unter den Begriff der schmerzhaften Verlegung. Diese wird durch eine lokale Stagnation von *Qi* und Blut hervorgerufen, die Schmerzen verursacht. Es liegt ein Fülle-Zustand vor. Die Tiere zeigen bei der Palpation deutlichen Druckschmerz. Der Blasen- und der Gallenblasen-Meridian sind ebenfalls betroffen, da ihre Leitbahnen entlang der Wirbelsäule, respektive entlang des N. ischiadicus verlaufen. Es besteht eine schmerzhafte Blockade des *Qi* im Blasen- und Gallenblasen-Meridian [12]. Für die Behandlung werden daher Punkte auf dem Blasen- und Gallenblasen-Meridian sowie auf dem Lenkergefäß ausgesucht. Das Ziel ist es, die Blutzirkulation anzuregen, um die Schmerzen zu lindern [12].

Therapie: Als Punkte kommen in Frage: Gb 30, Bl 57, Bl 54, Bl 37, Bl 40, Gb 34, Gb 40, Gb 39, Gb 31 und Bl 64. Bl 64 ist der Quell-Punkt des Blasen-Meridians, dessen Stimulation den Fluss des *Qi* auf dem Meridian anregt, da sich in den Quell-Punkten das *Qi* des Meridians konzentriert. Die Behandlungen können täglich oder wöchentlich über 20 Minuten verabreicht werden. Es wird mit Nadeln oder mit Elektroakupunktur in sedierender Technik behandelt. Die Punkte, die kaudal und kranial der Läsion auf dem Lenkergefäß und dem Gallenblasen-Meridian liegen, sollten stimuliert werden. Spezielle Punkte an den Extremitäten, wie Ni 3 und Bl 67 werden miteinbezogen. Starke Stimulation dieser Punkte kann die Blut-Stase aufheben und den *Qi*-Fluss anregen. Die Behandlungsdauer wird der Reaktion auf die Therapie angepasst.

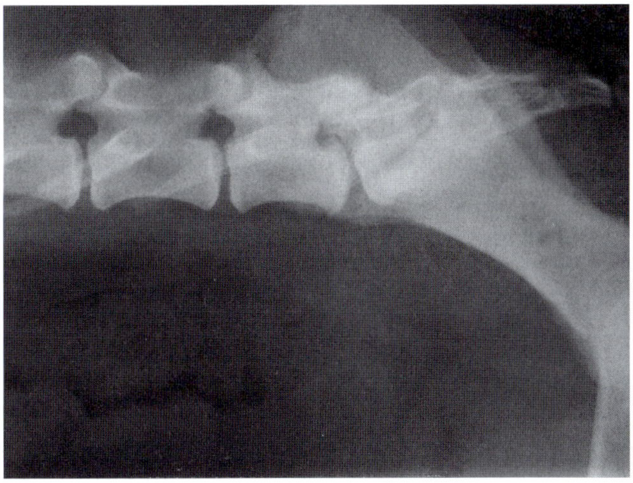

Abb. 13.7 Röntgenaufnahme der Lumbosakralregion eines Hundes mit Cauda-equina-Syndrom. (Mit freundlicher Genehmigung der Iowa State University Biomedical Communications).

Merke Die Feststellung der Ursache des Cauda-equina-Syndroms ist sehr wichtig, um eine optimale Wirkung der Akupunktur erzielen zu können. Wenn nach mehreren Behandlungen nur minimale Verbesserungen erreicht werden konnten, sollte eine Operation in Erwägung gezogen werden.

Lumbale Schmerzen

Schmerzen in der tiefen Lumbalregion können auch von Sportverletzungen, stumpfen Traumata oder von Spondylosen ausgelöst werden. Auch Muskelverhärtungen spielen hier eine Rolle. Die Erkrankung kann akut auftreten, aber auch chronisch werden und weiter fortschreiten, wenn die Ursache nicht behoben wird. Schwäche der Hinterhand kann eine Folge sein. Die westliche Diagnostik und Therapie wurden bereits weiter oben erwähnt.

Akupunktur

Diagnose/Behandlungsstrategie: Die TCM-Diagnose hängt vom zeitlichen Verlauf ab. Chronische Schmerzen im lumbalen Bereich können durch Feuchte-Kälte oder durch einen Mangel an Nieren-*Yang* entstanden sein, der dann den Übergriff der Feuchte-Kälte auf die Leitbahnen erst ermöglicht. Bei dieser Diagnose können die Schmerzen diffus und schlecht lokalisierbar sein und zu einer

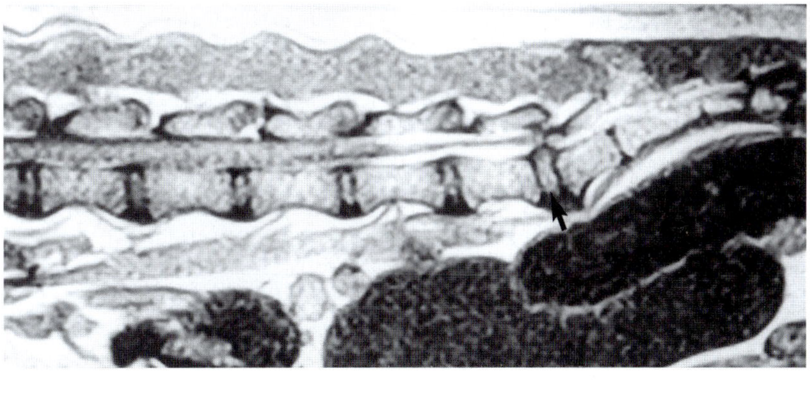

Abb. 13.8 MRT des Hundes in ➤ Abb. 13.7. Beachten Sie die Verengung der Cauda equina zwischen L6 und L7 durch die vorgewölbte Bandscheibe (Pfeil). (Mit freundlicher Genehmigung der Iowa State University Biomedical Communications).

Schwäche der Hinterhand führen. Eine andere Ursache ist ein Trauma, das, wie bereits erwähnt, zu einer Blut-Stase und einer akut einsetzenden, scharfen, stechenden Schmerzproblematik führt. Der betroffene Bereich reagiert schmerzhaft auf Palpation [12]. Die Behandlung versucht die Meridiane zu erwärmen, um die Feuchte-Kälte auszuleiten, den *Qi*- und Blut-Fluss zu normalisieren (chronische Erkrankung), die Stagnation aufzuheben und die Blut-Stase zu beheben (akute Erkrankung) und die Schmerzen zu lindern. Die Therapie mit Triggerpunkten wird in diesem Zusammenhang ebenfalls eingesetzt (➤ Kap. 15). Gerade bei Muskelschmerzen und Verspannungen kann sie sehr hilfreich sein.

Therapie: Zu den empfohlenen Punkten zählen Bl 40, Bl 25, Bl 59, Bl 23 und Bl 65 für akute und für chronische Fälle. Es wird eine ausgewogene, tonisierend-sedierende Behandlungstechnik über 20 Minuten an allen Punkten verwendet (Vor- und Zurückschieben und Drehen der Nadel). Die Behandlungsintervalle sind unterschiedlich lang. Bei chronischen Fällen kann auch Moxibustion verwendet werden. Bei akuten Fällen hat sich eine tägliche sedierende Behandlung über 20 Minuten bewährt [12].

Degenerative Myelopathie

Die degenerative Myelopathie wird durch eine Degeneration der Axone und Myelinscheiden in der weißen Substanz des Rückenmarks charakterisiert. Große Hunde, vor allem Schäferhunde, die älter als fünf Jahre alt sind, sind prädisponiert. Die Krankheit beginnt meist mit sehr diskreten Symptomen und zeigt dann einen schleichend progressiven Verlauf mit zunehmender Ataxie und Parese der Beckengliedmaßen über einen Zeitraum von fünf bis sechs Monaten. Meist liegt keine Hyperpathie des Rückenmarks vor.

Akupunktur

Bei diesen Tieren hat sowohl die Nadelakupunktur als auch die Elektroakupunktur wenig Erfolg. Punkte, die verwendet wurden, sind lokale Punkte auf dem Blasen-Meridian und distale *Ting*-Punkte, unter anderem Gb 44, Ma 45 und Bl 67.

Merke Oft sind Bandscheibenerkrankungen und degenerative Hüftgelenksleiden die Ursache von Problemen mit der Hinterhand bei den großen Hunderassen. Darum sollte man nicht davon ausgehen, dass alle Schäferhunde mit kaudaler Ataxie oder Parese automatisch eine degenerative Myelopathie haben. Hunde mit einer der beiden alternativen Ursachen können sehr von der Akupunktur profitieren. Unterstützend können Kräuter und eine Umstellung der Ernährung eingesetzt werden [21].

Kaudale zervikale Spondylomyelopathie

Die kaudale zervikale Spondylomyelopathie, auch als Wobbler-Syndrom bekannt, tritt vor allem bei den Riesenrassen der Hunde auf und betrifft die zervikalen Rückenmarkssegmente C1 bis C7. Hauptsächlich betroffen sind Dobermann (eher Rüden, Alter > 6 Jahre), junge Doggen und Mastiffs (keine Geschlechtspräferenz, Alter < 5 Jahre).

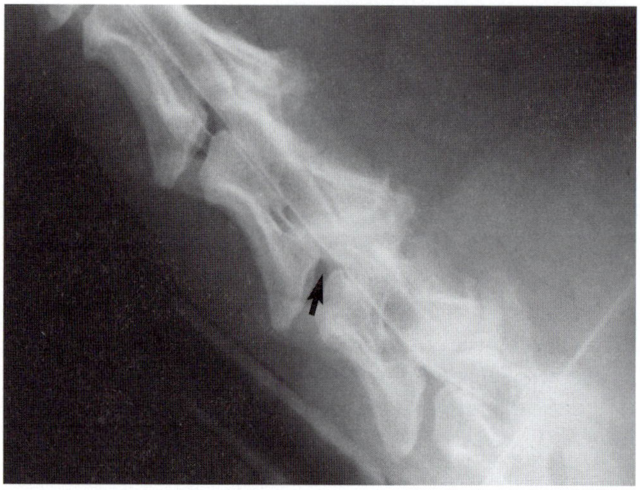

Abb. 13.9 Zervikales Myelogramm einer 3-jährigen Dogge mit kaudaler zervikaler Spondylomyelopathie. Beachten Sie die dorsale und ventrale Kompression des Rückenmarks zwischen C4 und C5 (Pfeil). (Mit freundlicher Genehmigung der Iowa State University Biomedical Communications).

Pathophysiologisch entsteht die Erkrankung durch eine Kompression des Rückenmarks infolge einer chronischen Bandscheibenerkrankung, einer Hypertrophie des Lig. longitudinale dorsalis oder des Lig. flavum (Dobermann), bulböse Gelenkfacetten oder Knochenverformungen (Dogge, Mastiff). Viele dieser Tiere, vor allem die Dobermänner, leiden außerdem an einer dilatativen Kardiomyopathie und einer Schilddrüsenunterfunktion. Beides kann zur Schwäche beitragen. Zur Diagnose führen Röntgenaufnahmen, Myelographie (➤ Abb. 13.9), CT und MRT. Konventionell wird die Erkrankung mit nicht-steroidalen Entzündungshemmern und/oder einer Operation angegangen.

Akupunktur

Diagnose/Behandlungsstrategie: Die TCM-Diagnose der kaudalen zervikalen Spondylomyelopathie ist von vielen Faktoren abhängig. Meist liegt eine Kombination zwischen einer Stagnation des *Qi*- und Blut-Flusses in Blasen-Meridian und Lenkergefäß und einer zugrunde liegenden Nieren-*Qi*- und Herz-Blut-Leere vor. Die Niere kann das *Qi* nicht nach unten ziehen und hat einen Mangel an *Yang*, was zu Schwäche, Herzerkrankungen, Blaseninkontinenz und Hypothyreoidismus führt [13, 25]. Die Akupunkturbehandlung hängt von der Art der Kompression sowie den anderen vorhandenen Störungen und Symptomen des Patienten ab. Sie kann hilfreich sein, wenn nicht-steroidale Entzündungshemmer oder eine Operation keine Option darstellen. Auch postoperativ zur Schmerzbehandlung und Tonisierung zeigt sie gute Erfolge. Es sollten Punkte kranial, und kaudal der Läsion ausgewählt werden, wie sie auch bei zervikalen Bandscheibenerkrankungen empfohlen werden (➤ Kap. 14). Gleichzeitig sollten Meister-Punkte und antike Punkte tonisiert werden. Erfahrungsgemäß sprechen jüngere Hunde mit dieser Problematik nicht so gut auf die Akupunktur an, wie ältere Tiere. Bei den Tieren, bei denen eine Hypertrophie der Ligamente alleine oder in Kombination mit einer Bandscheibenerkrankung vorliegt (meist jüngere Tiere), sollten die angegebenen

Punkte tonisierend mit Nadeln oder Aquapunktur stimuliert werden. Sedierende Techniken sollten hingegen bei den meist älteren Tieren angewendet werden, die ausschließlich an einer Bandscheibenerkrankung leiden. Die Ergebnisse können sehr unterschiedlich sein, eine genaue TCM-Diagnose ist für den Behandlungserfolg entscheidend.

Therapie: Lokale Punkte, die in Frage kommen sind Bl 10, Bl 11, Bl 13, LG 14, LG 16, LG 20 (Behandlung über 10 Minuten). Distale Punkte wie Di 4, Di 11, Ma 36, Gb 34 und Dü 3 helfen, das *Qi* zu bewegen, Wind auszuleiten und Sehnen und Ligamente zu stärken. Zusätzlich können Punkte eingesetzt werden, die Nieren-*Qi* , Herz-Blut und Nieren-*Yang* stärken: Ma 36, KG 6, KG 17, Ni 3, Ni , MP 6, Bl 23, KG 4, LG 4, Lu 7, Ni 6, Pe 4, Pe 5, Pe 6, He 5, He 6, He 7, Bl 14, Bl 15, Bl 17 und Bl 20 [13, 26]. Elektroakupunktur kann an den lokalen Punkten Bl 10 und Bl 13 sedierend verwendet werden. Die Punkte der außerordentlichen Meridiane, wie z. B. Bl 62 und Dü 3 *(Du Mai)*, können zusätzlich zu den lokalen Hals-Punkten über fünf Minuten behandelt werden, um das Lenkergefäß und das Rückenmark anzuregen.

Rückenmarkstumoren

Durch Tumoren des Rückenmarks können je nach Lokalisation der Läsion (zervikal, thorakal, lumbal) sehr unterschiedliche Symptome entstehen. Entscheidend ist auch, ob die Neoplasien extramedullär oder intramedullär liegen. Die Diagnose und Therapie sind sehr komplex und werden in der entsprechenden Literatur behandelt. Die Prognose hängt von der Art des Tumors ab.

Gemäß der TCM liegen meist eine Blut-Stase, eine *Qi*-Stagnation entlang des Lenkergefäßes und des Blasen-Meridians oder verschiedene Organdefizite (v. a. bei paraneoplastischen oder metastasierenden Erkrankungen) vor. Man geht heute davon aus, dass sich Rückenmarkstumoren nach jeder Akupunkturbehandlung weiter verschlechtern können. Ist dies nach vier Behandlungen immer noch der Fall, sollte der Patient neu eingeschätzt werden [21]. Um eine genaue Diagnose stellen zu können, sollte eine Myelographie vorhanden sein.

13.3.3 Erkrankungen der peripheren Nerven

Fazialisparese

Eine akute Fazialisparese mit vollständiger oder teilweiser Lähmung der Gesichtsmuskulatur kann unilateral oder bilateral auftreten und vielerlei Ursachen haben. Am häufigsten tritt sie auf im Rahmen von Infektionen (z. B. Otitis media), Traumen, endokrinen Störungen (Hypothyreoidismus), Neoplasien (selten; Neurinome) oder idiopathisch (v. a. beim Cocker Spaniel). Wenn keine erkennbare Ursache vorliegt, kann die Fazialisparese ohne Behandlung nach Wochen oder Monaten von selbst wieder abklingen. Sie kann aber auch über Monate oder Jahre bestehen bleiben. Die Diagnostik beinhaltet eine Blutanalyse, Schilddrüsenhormonbestimmung, Röntgenaufnahmen des Schädels, Liquoruntersuchung, Untersuchung des Ohrs und ein CT oder MRT. Die Behandlung umfasst Antibiotika, chirurgische Interventionen, Ersatz der Schilddrüsenhormone und Abwarten [27].

Akupunktur

Diagnose/Behandlungsstrategie: Laut Lehre der TCM ist die Ursache der Fazialisparese ein Eindringen von Wind-Kälte in die Leitbahnen des Gesichtes. Dadurch kommt es zu einer *Qi*- und Blut-Stagnation und zur Behinderung des freien *Qi*- und Blut-Flusses vor allem in den *Yang*-Meridianen. Das kann zur Unterernährung der Muskulatur mit Muskelschwäche und Lähmungen führen. Die Invasion von Wind-Kälte kann durch einen Mangel an Blut und *Qi* erleichtert werden [12]. Die Behandlung zielt darauf ab, Wind auszuleiten, die Meridiane zu befreien und *Yin* und Yang anzuregen. Ausgewogene tonisierende und sedierende Manipulationen sollten durchgeführt werden, um die Zirkulation des *Qi* anzuregen und die Abwehrkraft des Körpers gegen exogene pathologische Faktoren wie Wind-Kälte zu stärken [28].

Therapie: Lokale Punkte auf der betroffenen Seite können mit oder ohne Moxibustion eingesetzt werden. Dazu zählen beispielsweise *Tai Yang*, Gb 14, 3E 23, Bl 2, Le 3, Dü 18, Ma 2, Ma 4, Ma 6 und Ma 7. Lu 7 und Dü 3 können das Gleichgewicht zwischen *Yin* und *Yang* regulieren, da sie mit dem Lenkergefäß und dem Konzeptionsgefäß in Verbindung stehen. An diesen beiden Punkten ist die Elektroakupunktur sehr erfolgreich. Auch Di 4 (bilateral, Meisterpunkt von Kopf und Maul, vertreibt Wind), Ma 36 (regt *Qi* an), Gb 20 (leitet Wind aus), 3E 5 und 3E 17 (leiten Wind aus und beseitigen Obstruktionen) können eingesetzt werden. Dü 3 und Bl 62 *(Du Mai)* bzw. Lu 7 und Ni 6 *(Ren Mai)* können verwendet werden, um die außerordentlichen Meridiane Lenkergefäß und *Yang Qiao Mai* bzw. Konzeptionsgefäß und *Yin Qiao Mai* zu öffnen. Bei Menschen haben sich sechs bis sieben Behandlungen mit einem maximalen Intervall von sieben Tagen bewährt [4].

Trigeminusneuritis

Die Trigeminusneuritis ist eine entzündliche Erkrankung, die den N. trigeminus oder seine Kerne betrifft. Sie befällt junge bis mittelalte Hunde und heilt in der Regel von selbst aus. Die befallenen Tiere zeigen Symptome wie einen hängenden Unterkiefer, Probleme mit dem Einspeicheln der Nahrung, verringerte oder nicht mehr vorhandene Sensibilität im Gesichtsbereich und manchmal auch eine verminderte Befeuchtung der Kornea. Die genaue Ätiologie ist unbekannt, ein Zusammenhang mit einer Virusinfektion oder einer degenerativen Erkrankung wurde jedoch diskutiert. Als Differenzialdiagnose kommen Tollwut und Lymphome in Frage. Die Diagnose wird gestützt auf eine genaue körperliche und neurologischen Untersuchung, die Feststellung des Impfstatus und eine Blutanalyse. Die Therapie ist rein symptomatisch. Meist tritt innerhalb von vier bis fünf Wochen eine Verbesserung ein.

Akupunktur

Diagnose/Behandlungsstrategie: Gemäß der TCM entsteht die Trigeminusneuritis durch eine Invasion von exogenem Wind, Kälte oder Wind-Hitze in die Meridiane des Kopfes. Bei manchen Fällen kann nach oben steigendes Leber- oder Magen-Feuer eine Rolle spielen, das durch einen Nieren-*Yin*-Mangel entstanden ist. Manchmal lag schon vorher eine *Qi*- und Blut-Stagnation vor [28]. Die Behandlung zielt darauf ab, Wind auszuleiten und Hitze und Feuer zu kühlen, indem das Nieren-*Yin* gestärkt und Blut und *Qi* tonisiert werden.

Therapie: Die lokalen Punkte liegen auf den Meridianen, die über die betroffenen Äste des N. trigeminus ziehen:

- N. ophtalmicus: *Tai Yang* bis Ma 7, Bl 2 bis Bl 1, Gb 14, 3E 23, Ma 8
- N. maxillaris: Di 20, Ma 2, Ma 3, Ma 7, Ma 8
- N. mandibularis: Ma 6, Ma 5, KG 22, Ma 7 und distale Punkte wie 3E 5 und Di 4, die Wind austreiben und *Qi* anregen

Mit Elektroakupunktur sollte eine Kombination aus lokalen Punkten der betroffenen Nerven und Punkten an den distalen Gliedmaßen (Di 4, 3E 4) behandelt werden [13, 28, 29].

Geriatrische Vestibularisneuropathie

Akute idiopathische vestibuläre Syndrome werden vor allem bei älteren Hunden beobachtet. Oft kann keine Ursache ermittelt werden: in einer Studie waren von 83 untersuchten Fällen waren 39 % idiopathischer Natur [27]. Eine Demyelinisierung des N. vestibularis aufgrund von Altersveränderungen, Hypothyreoidismus oder bislang unbekannte Faktoren werden als Ursachen diskutiert. Die Symptomatik entsteht durch die Beeinträchtigung des Gleichgewichtssinns und besteht in einer perakuten oder akuten vestibulären Ataxie, Kopfschiefhaltung in eine Richtung und einem ausgeprägten horizontalen Nystagmus. Die Propriozeption und die Funktion der übrigen Hirnnerven sind nicht beeinträchtigt. Manche Patienten leiden an Übelkeit und Erbrechen. Differenzialdiagnostisch sollten Otitis media/interna, Tumoren und zerebrovaskuläre Insulte ausgeschlossen werden. Bei jungen Katzen tritt ein ähnliches Symptom auf, dessen Ursache bisher ungeklärt ist. Die Vorfälle scheinen sich in den warmen Monaten Juli und August in den nordöstlichen Staaten der USA zu häufen. Die klinische Symptomatik der Katzen entspricht der der Hunde.27 Die Diagnose wird gestellt aufgrund von Anamnese, körperlicher und der neurologischer Untersuchung, Blutanalyse, Schilddrüsenhormonstatus, Ohruntersuchung, Röntgendarstellung des Schädels, v. a. der Bulla und ggf. CT oder MRT. Sind erst einmal andere Krankheitsursachen ausgeschlossen worden, ist die Behandlung rein symptomatisch. Die meisten Hunde und Katzen erholen sich innerhalb von Tagen oder Wochen wieder. Eine leichte Kopfschiefhaltung kann jedoch erhalten bleiben.

Akupunktur

Diagnose/Behandlungsstrategie: Die geriatrische Vestibularisneuropathie ist aus der Sicht der TCM eine Wind-Erkrankung. Sie kann als Folge einer Milz/Pankreas-*Qi*-Schwäche auftreten, die es den pathogenen Faktoren Schleim und Feuchtigkeit ermöglicht, in den Körper einzudringen. Daneben kann auch eine Störung des Mittleren Erwärmers vorliegen, die das Nieren-*Shen* schwächt. Die Behandlung zielt darauf ab, das Milz/Pankreas-*Qi* zu stärken, Wind und andere pathogene Faktoren auszuleiten und das Nieren-*Shen* zu tonisieren.

Therapie: Folgende Punkte können eingesetzt werden, um Schleim aufzulösen, Feuchtigkeit zu beseitigen und Hitze zu kühlen: Gb 20 (leitet Wind aus), Bl 20 (tonisiert das Milz/ Pankreas-*Qi*), MP 6 (tonisiert das Milz/Pankreas-*Qi*) und KG 12 (stärkt den mittleren Erwärmer und reguliert das gegenläufige *Qi*). Andere Punkte wären Pe 6 (lindert Übelkeit), Ma 36 und Ma 40 (lösen Schleim auf), MP 9 und Di 11 (leiten Wind aus), Di 4, Dü 3 und Lu 7. Um das leere Nieren-*Shen* zu stärken, können Ni 3, Ni 7 (tonisieren das *Shen*), Bl 23, Bl 14, Bl 15, Bl 18, Gb 19, He 7 (beruhigen das *Shen*) und KG 4 (generelle Anregung des Nieren-*Shen* und Stärkung der Körperabwehr gegen Erkrankungen) verwendet werden. Lokale Punkte wie 3E 21, Dü 19, Gb 20 und 3E 17 können ebenfalls eingesetzt werden [12–14].

Merke Beim peripheren vestibulären Syndrom ist eine korrekte Diagnosestellung von größter Bedeutung. Otitis media/ interna, Tumoren des Ohres, zentrale vestibuläre Störungen, Verletzungen oder vestibuläre Symptome aufgrund eines Hypothyreoidismus benötigen eine konventionelle medikamentöse oder chirurgische Therapie, die mit einer Akupunkturbehandlung kombiniert werden kann. Das Ziel der Akupunkturbehandlung bei der geriatrischen Vestibularisneuropathie ist eine Beschleunigung der Heilung, wenn sich keine Verbesserung in den ersten 24 bis 48 Stunden gezeigt hat. Elektroakupunktur kann bewiesenermaßen die Nervenregeneration beschleunigen und ist daher in diesen Fällen sehr hilfreich.

Neurogene Taubheit

Neurogene Taubheit ist eine uni- oder bilaterale Schwerhörigkeit mit ererbter oder erworbener Funktionsstörung des Innenohrs oder des N. cochlearis. Mögliche Ursachen einer erworbenen Schwerhörigkeit sind unter anderem Otitis interna, ototoxische Medikamente (z. B. Aminoglykoside) und Traumen. Eine bilaterale Hörschwäche kann durch das generelle Fehlen einer Reaktion des Patienten auf laute Geräusche festgestellt werden. Die Differenzierung zwischen einer Schallleitungs- und einer Schallempfindungsschwerhörigkeit kann durch audiometrische Messungen oder eine Ableitung der akustisch evozierten Potenziale des Hirnstamms (Brainstem Evoked Response Audiometry = BERA) erfolgen [30]. Um mit der Akupunktur Erfolge zu erzielen, müssen zumindest rudimentäre Reaktionen von Innenohr, Hörnerv und Hörbahn vorhanden sein. Menschen, die ihr Gehör langsam verloren haben, reagieren besser auf die Akupunktur [6].

Akupunktur

Diagnose/Behandlungsstrategie: Die TCM-Diagnose der Taubheit hängt von der jeweiligen Ursache ab. So kann Taubheit von einer Fülle, aber auch von einem Leere-Zustand herkommen. Die Fülle beruht meist auf einem Feuer in Leber und Gallenblase oder auf der Invasion exogener Hitze, beispielsweise im Rahmen einer Infektion. Die Leere hingegen ist meist auf eine Nieren-*Jing*-Leere zurückzuführen. Beide Ursachen können zu einer behinderten Zirkulation des *Qi* im Bereich der Ohren führen. Am meisten sind davon der Dreifache Erwärmer und der Gallenblasen-Meridian betroffen. Da die Niere sich in die Ohren „öffnet", kann eine Nieren-*Jing*-Leere zu Taubheit führen. Die Behandlung versucht, die Zirkulation im Bereich der Ohren anzuregen und das Nieren-*Jing* zu stärken. Das gilt vor allem in Fällen von geriatrischer Taubheit [15, 28].

Therapie: Generell kann Taubheit mit lokalen und mit distalen Punkten behandelt werden. Folgende lokale Punkte kommen infrage: 3E 17, 3E 21, Dü 19, Gb 2, MP 6, Le 3, 3E 18,3E 19, 3E 20, 3E 22, Gb 6, Gb 7, Gb 8, Gb 9, Gb 10, Gb 11, und Gb 12. Als distale Punkte können verwendet werden: Dü 3, Dü 4, Dü 5, 3E 3, 3E 5, 3E 7, Gb 20, Gb 34, Gb 41 und Gb 43. Es liegen mündliche Berichte von Kollegen vor, die durch Nadeln der Punkte 3E 5, 3E 3 und Dü 19 das Gehör von Hunden verbessern konnten. Beim Menschen wurden die Behandlungen einmal täglich über sechs bis acht Behandlungen durchgeführt, mit einer Verweildauer der Nadeln von 15 bis 20 Minuten und Ruhepausen zwischen den Behandlungen. LG 20 und Dü 19 öffnen die Ohren; 3E 5 und Gb 41 fördern die Zirkulation des *Qi* in den äußeren *Yang*-Meridianen. Le 3 und MP 6, der Treffpunkt der drei *Yin*-Meridiane der Beine, bewegen beide das *Qi* im Gallenblasen-Meridian. Es kann sowohl Elektroakupunktur, als auch klassische Nadelung oder Aquapunktur verwendet werden. Je nach Ursache können tonisierende oder sedierende Techniken eingesetzt werden. Taubheit aufgrund eines Nieren-*Jing*-Mangels kann durch folgende Punktekombination behandelt werden: MP 4, KG 4, He 6, Ni 3 und Bl 23, um das *Yin* zu stärken, Ni 3, Ni 7, MP 6, Bl 23 und Gb 39, um das Nieren-*Jing* und das Knochenmark zu nähren und in seiner Funktion zu stärken und Ni 3, Ni 7, Bl 23, 3E 21, Dü 19, Gb 2, 3E 5, 3E 3 und Bl 18 um die Ohren zu unterstützen.

Merke Sobald eine Diagnose gestellt worden ist, kann Akupunktur zur Behandlung von Taubheit eingesetzt werden. Die Akupunktur wird dann als zusätzliche Therapie verwendet, die den Heilungsprozess in den Fällen beschleunigen soll, bei denen medikamentös oder operativ eingegriffen wurde. Eine Restempfindlichkeit der sensorischen Rezeptoren, des Hörnervs und der zentralen auditiven Pfade muss vorhanden sein, um mit Akupunktur effektiv arbeiten zu können.

Verletzungen der peripheren Nerven

Bei traumatischen Verletzungen der peripheren Nerven kann es zu einer Quetschung des Nervs (Neuropraxis), einer Kontinuitätstrennung des Axons bei intakter Nervenscheide (Axonotmesis) oder zu einer kompletten Durchtrennung der Nervenfaser (Neurotmesis) kommen. Die letztgenannte Form der Verletzung hat die schlechteste Prognose, da ein durchtrennter Nerv nur selten seine normale Funktion wieder findet. Typische Nervenverletzungen sind beispielsweise traumatische Nervenausrisse im Bereich des Plexus brachialis oder Kontusionen des N. radialis bei Frakturen des Humerus. Mit Hilfe der Elektromyographie und Messungen der Reizleitungsgeschwindigkeit kann man Art und Ausmaß der Nervenschädigung feststellen [31, 22]. Wenn der Nerv vollständig durchtrennt ist, kann auch die Akupunktur die Funktion nicht wiederherstellen [5]. Der Klient sollte darauf aufmerksam gemacht werden, dass man nicht vorhersagen kann, ob und in welchem Ausmaß die Akupunktur die Nervenregeneration unterstützen wird. Jeder Patient reagiert in Abhängigkeit von seiner Verletzung individuell auf die Akupunktur.

Akupunktur

Diagnose/Behandlungsstrategie: Nach der TCM liegt bei Nervenverletzungen meist eine Obstruktion des *Qi*- und Blut-Flusses zur Muskulatur vor. Dadurch ist die Ernährung des Muskels nicht mehr sichergestellt und Muskelatrophie und Lähmungserscheinungen entstehen.

Therapie: Die Auswahl der Akupunkturpunkte ist abhängig von Lokalisation und Art der Nervenverletzung [7, 33]. Die Stimulation mit Elektroakupunktur ist dem konventionellen Nadeln vorzuziehen [21], wobei Gleichströme besser wirken als Wechselstrom. Bei Nervenverletzungen ohne komplette Durchtrennung konnte auch eine Therapie mit elektrischen Feldern erfolgreich eingesetzt werden. Die Untersuchungen dazu sind jedoch noch nicht abgeschlossen und die Methode wird im Augenblick noch nicht in den Kliniken verwendet [34–36].

Diabetische Polyneuropathie

Die diabetische Polyneuropathie ist eine häufig angetroffene Komplikation bei Diabetes mellitus und tritt am häufigsten bei Katzen auf. Pathophysiologisch können hohe Blutglukosewerte einen abnormalen axonalen Transport hervorrufen. Es kommt dadurch zu einer sekundären Demyelinisierung und einer Verlangsamung der Reizleitung der peripheren Nerven [27]. Der typische Katzenpatient mit dieser Erkrankung zeigt Plattfüße, verringerte Patellareflexe und eine Schwäche der Hinterhand unterschiedlicher Ausprägung. Die Therapie konzentriert sich auf die Behebung der Hyperglykämie mit Medikamenten und diätetischen Maßnahmen. Die Prognose hängt von der Dauer der Störung und der Einstellung der Blutzuckerwerte ab. Manche Katzen erreichen nach sechs bis zwölf Monaten Insulintherapie wieder eine normale Funktion ihrer Hintergliedmaßen.

Akupunktur

Diagnose/Behandlungsstrategie: Die TCM-Diagnose dieser Störung kann sehr komplex sein und eine *Qi*-Stagnation in Kombination mit einer *Yin*-Leere beinhalten. Ein Tier mit *Yin*-Leere kann für Störungen von Lunge und Magen prädisponiert sein, die zu Gewichtsverlust und Durstgefühlen führen. Die Behandlung zielt darauf ab, das *Yin* der Lunge und der Niere zu tonisieren und das von Milz/ Pankreas und Magen zu normalisieren. Außerdem sollte die Bewegung von Blut und *Qi* gefördert und die Stagnation aufgelöst werden.

Therapie: Folgende Punkte sollten immer Teil des Behandlungsplans sein: Bl 23 (tonisiert Nieren und *Qi*), Di 10 (kühlt Lungen-Hitze und stärkt das Lungen-*Yin*) und MP 6 (normalisiert die

Funktion von Milz/Pankreas und Magen) [12]. In einer neueren Untersuchung wurde der Effekt einer chronischen submaximalen magnetischen Stimulation bei der menschlichen Polyneuropathie untersucht. Diese Art der Therapie soll die Selektivität der C-Fasern beeinflussen und dysästhetische Schmerzen in den Extremitäten von Diabetikern lindern, die durch eine pathologische distale Axondegeneration und sekundäre Demyelinisierung der feinen C-Fasern. Theoretisch soll die Magnetfeldtherapie die Regeneration des peripheren Nervensystems unterstützen, indem sie die neuronale Depolarisation und die Spiegel von Kalzium, Natrium und Cyclo-Adenosinmonophosphat (cAMP) beeinflusst. Dadurch wird der axonale und/oder vaskuläre Fluss angeregt. Die bisherigen Ergebnisse sind vielversprechend. Mehr Untersuchungen werden im Augenblick durchgeführt [37].

13.3.4 Muskuläre Erkrankungen

Myositis der Kaumuskulatur

Die Myositis der Kaumuskulatur ist eine immunologisch verursachte Störung, die Hunde aller Rassen betreffen kann. Bei Labrador Retrievern oder Golden Retrievern tritt sie häufiger auf. Es gibt akute und chronische (atrophische) Formen, die alle letztendlich zu der Unfähigkeit, den Fang zu öffnen (Trismus), und zu einer Atrophie der Kaumuskulatur führen. Dass die Erkrankung selektiv die Kaumuskulatur befällt, lässt sich auf die biochemischen und histiochemischen Charakteristika dieser Muskeln zurückführen. Der Körper produziert dabei Antikörper gegen eine bestimmte Myosin-Isoform, die in den Typ 2M-Fasern der Kaumuskulatur vorkommt. Diese Autoimmunreaktion kann durch bakterielle Antigene ausgelöst werden. Zur Diagnose werden eine eingehende Anamnese, körperliche und neurologische Untersuchung, Elektromyeloramm (EMG), Serum-Titer der Typ 2M-Antikörper und Muskelbiopsien herangezogen. Die Behandlung beinhaltet Kortikosteroidgaben in einer immundepressiven Dosierung. Meist erreicht die Therapie eine komplette oder zumindest teilweise Heilung. Hunde, die länger als zwei Wochen behandelt wurde, zeigten dabei deutlich bessere Behandlungsergebnisse [27].

Akupunktur

Diagnose/Behandlungsstrategie: Die TCM-Diagnose der Myositis der Kaumuskulatur ist ein Wind-Syndrom: exogener Wind dringt ein, überwältigt das *Wei Qi* und führt zu einer akuten Muskelkälte, die sich dann zu einer chronischen Erkrankung weiterentwickeln kann [21]. Die Behandlung soll den Wind ausleiten und den normalen Fluss des *Qi* und des Blutes wieder herstellen um die Versorgung der Muskulatur mit Nährstoffen zu unterstützen.

Therapie: Punkte, die zur Behandlung verwendet werden können, sind: Gb 20, Gb 28, Ma 2, Ma 5, Dü 18, 3E 21 und Dü 19 [38]. Gerade hier kann Elektroakupunktur besonders erfolgreich eingesetzt werden um die Zeit der Heilung zu verkürzen und die Kortikosteroiddosis zu verringern. Wie bereits erwähnt kann Elektroakupunktur mit einer Frequenz von 1–3 Hz Schmerzen lindern, die Mikrozirkulation anregen und die Muskelkraft verstärken, um den fortschreitenden Symptomen dieser Erkrankung entgegenzuwirken.

13.4 Therapieplan

Meist werden die Tiere einmal in der Woche behandelt, es sei denn sie leiden starke Schmerzen oder die neurologischen Symptome sind sehr stark ausgeprägt. Generell werden schmerzhafte Erkrankungen eher mit sedierender Technik genadelt, während Funktionsstörungen eher tonisierend behandelt werden. Zur Sedation werden die Punkte 12 bis 20 Minuten lang behandelt, während die Nadeln zur Tonisierung nur 6 bis 8 Minuten in situ bleiben. Um bei der Elektroakupunktur eine sedierende Wirkung zu erreichen, muss eine Reizstärke ausgewählt werden, die gerade eben noch unterhalb der Wahrnehmungsschwelle liegt. Für eine tonisierende Wirkung liegt die Stärke des Stimulus hingegen im wahrgenommenen Bereich.

Wie bereits erwähnt, reagieren schmerzhafte neurologische Störungen schneller und besser auf Akupunktur als Erkrankungen, die mit Funktionsstörungen verbunden sind. Zur Schmerztherapie sind normalerweise ca. drei Behandlungen nötig, zur Therapie von Funktionsstörungen meist acht oder mehr Behandlungen. Die Behandlungen werden anfangs wöchentlich durchgeführt, später werden die Intervalle je nach Reaktion des Patienten langsam größer.

13.5 Zusammenfassung

Geduld ist ein wahrer Segen, wenn es um die Behandlung von neurologischen Erkrankungen geht. Die Frustration über verzögert eintretende Behandlungserfolge kann man vielleicht vermindern, wenn man sich daran erinnert, dass die Akupunktur wirkt, indem sie die Selbstheilungskräfte des Körpers stärkt. Daher braucht die Akupunktur auch manchmal etwas länger, bis sie wirkt und muss über einen längeren Zeitraum hinweg durchgeführt werden als die Therapien der konventionellen Medizin. Wiederholte Behandlungen haben einen kumulativen Effekt. Die Akupunktur kann eine wertvolle Ergänzung in der Behandlung neurologischer Erkrankungen sein.

LITERATUR

1. Oliver JE, Lorenz MD: *Handbook of veterinary neurologic diagnosis,* Philadelphia, 1983, WB Saunders.
2. Oliver JE et al: *Veterinary neurology,* Philadelphia, 1987, WB Saunders.
3. Ulett GA: Principles and practice of physiologic acupuncture, St Louis, 1982, Warren H Green.
4. Duysens J: Basic neurophysiological mechanisms underlying acupuncture. *Proceedings of the thirteenth annual International Congress on Veterinary Acupuncture,* Belgium, 1987.
5. Loo WC: Symptoms associated with impaired transmission of nerve impulses to different muscle areas and their treatment with acupuncture, *Am J Acupunct* 13:319–330, 1985.
6. Wensel L: *Acupuncture for Americans,* Reston, Va, 1980, Reston Publishing.
7. Stefanatos J: Treatment to reduce radial nerve paralysis, *Vet Med* 79:67–71, 1984.
8. Ding-Zong W: Acupuncture and neurophysiology, *Clin Neurol Neurosurg* 92(1):13–25, 1990.

9. Klide AM: An hypothesis for the prolonged effect of acupuncture, *Acupunct Electrother Res* 14:141–147, 1989.
10. Foster ES et al: Clinical signs of tumors affecting the rostral cerebrum in 43 dogs, *J Vet Intern Med* 2:71–74, 1988.
11. Trepanier LA: Pharmacokinetics and clinical use of bromide. *Proceedings of the eleventh annual Veterinary Medicine Forum,* Washington, DC, 1993.
12. Jirui C, Wang N: *Acupuncture case histories from China,* Seattle, 1988, Eastland Press, pp 110–168.
13. IVAS course proceedings, 1998–1999.
14. National Institutes of Health: *Acupuncture 1970–1997,* Current bibliographies in medicine, NIH National Library of Medicine No. 97(6), 1997, pp 72–78.
15. Klide AM et al: Acupuncture therapy for the treatment of intractable, idiopathic epilepsy in five dogs, *Acupunct Electrother Res* 12:71, 1987.
16. Partington M: Auricular Shenmen implant for the treatment of idiopathic epilepsy in a dog, *Vet Acupunct Newsletter* 15:4–5, 1989.
17. Van Niekerk J, Eckersley GN: The use of acupuncture in canine epilepsy, *Vet Acupunct Newsletter* 15:15, 1989.
18. Lorenz KY: Auricular acupuncture in animals: effects of opiate withdrawal and involvement of endorphins, *J Altern Complement Med* 2:61–63, 1996.
19. Schoen A: Personal communication, 1993.
20. Naeser MA: Acupuncture in the treatment of paralysis due to central nervous system damage, *J Altern Complement Med* 2:211–248, 1996.
21. Schoen AM, Veterinary Institute for Therapeutic Alternatives: Personal communication, 1999.
22. Stux G, Pomeranz B: *Acupuncture textbook and atlas,* New York, 1998, Springer-Verlag.
23. Politis MJ, Korchinski MS: Beneficial effects of acupuncture treatments following experimental spinal cord injury: a behavioral, morphological, and biochemical study, *Acupunct Electrother Res Int J* 15(1):37–49, 1990.
24. Suzuki K: Successful electrotherapy for severe hindlimb paralysis caused by spinal cord injury in the dog, *Int J Vet Acupunct* 7(2):10–12, 1998.
25. Kaptchuk TJ: *The web that has no weaver,* New York, 1983, Congdon & Weed, pp 234–235.
26. Stefanatos J: IVAS acupuncture course formulas 1987–1988, *Gen Acupunct* 14(2):6–8, 1988.
27. Oliver JE et al: *Handbook of veterinary neurology,* Philadelphia, 1997, WB Saunders, pp 222–223.
28. Ross J: *Acupuncture point combinations: the key to clinical success,* Edinburgh, 1995, Churchill Livingstone, pp 424–427.
29. White S: *Electroacpuncture in veterinary medicine: an original translation,* San Francisco, 1984, Chinese Materials Center Publications, pp 28–29.
30. Sims MH: Electrodiagnostic evaluation of auditory function, *Vet Clin North Am* 18:913–944, 1988.
31. Steinberg HS: The use of electrodiagnostic techniques in evaluating traumatic brachial plexus root injuries, *J Am Anim Hosp Assoc* 15:621–626, 1979.
32. Sims MH, Redding RW: Failure of neuromuscular transmission after complete nerve section in the dog, *Am J Vet Res* 40:931–934, 1979.
33. Bailey CS, Kitchell RL: Cutaneous sensory testing in the dog, *J Vet Intern Med* 1:128–135, 1987.
34. Zanakis MF: Regeneration in mammalian nervous system using applied electric fields: a literature review, *Acupunct Electrother Res Int J* 13:47–57, 1988.
35. Politis MJ et al: Facilitated regeneration in the rat peripheral nervous system using applied electric fields, *J Trauma* 28:1375–1381, 1988.
36. Beveridge JA, Politis: Use of exogenous electric current in the treatment of delayed lesions in peripheral nerves, *Plast Reconstr Surg* 82 (4):573–577, 1988.
37. Weintraub MI: Chronic submaximal magnetic stimulation in peripheral neuropathy: is there a beneficial therapeutic relationship? *Am J Pain Manag* 8(1):12–18, 1998.
38. Van Engelenburg G, Iowa Veterinary Acupuncture Center: Personal communication, 1999.

KAPITEL

14

Luc A.A. Janssens

Akupunktur bei thorakalen und zervikalen Bandscheibenerkrankungen beim Kleintier

In der Kleintierpraxis sind thorakolumbale und zervikale Bandscheibenerkrankungen ein häufiger Befund. Es gibt Autoren, die davon ausgehen, dass 0,5–1 % aller Hunde Anzeichen von Rücken- und Halsproblemen zeigen, die sich auf Bandscheibenerkrankungen zurückführen lassen [1]. 14 % aller Bandscheibenvorfälle sind im Bereich der Halswirbelsäule zu finden, während 85 % zwischen BWK 9 und LWK 1 zu finden sind.

In der **Halswirbelsäule** verteilen sich die Lokalisationen wie folgt:

- 55 % zwischen HWK 2 und HWK 3
- 29 % zwischen HWK 3 und HWK 4
- 12 % zwischen HWK 4 und HWK 5
- Nur 1 % der Bandscheibenpathologien der Halswirbelsäule finden sich in dem Bereich zwischen HWK 5 und HWK 7 [2, 3].

Im Bereich der **kranialen Brustwirbelsäule** zwischen BWK 1 und BWK 10 kommen Bandscheibenvorfälle nur sehr selten vor [4]. Der Grund dafür liegt in dem starken Ligamentum longitudinale, das am Boden des Wirbelkanals entlang zieht und in dem verstärkten Anulus dorsalis in dieser Region.

Im Bereich der **kaudalen Brust- und der Lendenwirbelsäule** findet sich folgende Verteilung der Bandscheibenvorfälle:

- 1 % zwischen BWK 10 und BWK 11
- 12 % zwischen BWK 11 und BWK 12
- 25 % zwischen BWK 12 und BWK 13
- 25 % zwischen BWK 13 und LWK 1
- 12 % zwischen LWK 1 und LWK 2
- 7 % zwischen LWK 2 und LWK 3
- 7 % zwischen LWK 3 und LWK 4
- 1 % zwischen LWK und LWK 6
- 1 % zwischen LWK 6 und LWK 7 [5]

Die am häufigsten betroffenen Hunderassen sind Dackel, Pekinese, Jack Russel Terrier, Cocker Spaniel, Beagle, Toypudel, Zwergpudel, französische Bulldoggen und andere chondrodystrophe Rassen. Es scheint keine geschlechtsspezifischen Unterschiede in der Verteilung zu geben. Das durchschnittliche Alter beträgt fünf bis sechs Jahre [6].

Die Bandscheibe besteht aus zwei Anteilen. Zentral befindet sich eine schwammige Masse, der Nucleus pulposus. Um diesen weichen Kern herum sind konzentrische kollagene Fasern angeordnet, die den Anulus fibrosus bilden. Der Anulus fibrosus ist im dorsalen Bereich am schwächsten ausgebildet. Der Nucleus pulposus kann durch Alterungsprozesse oder durch genetische Veranlagung, wie z. B. bei der chondroiden Metaplasie, degenerieren. Gerade die chondrodystrophen Rassen sind hierfür anfällig. Durch die Degeneration werden die mechanischen Verhältnisse der Bandscheibe verändert. Es kann zu Mikrorupturen des Anulus fibrosus kommen und dadurch zu Auswölbungen der Bandscheibe in den Wirbelkanal: zum Bandscheibenvorfall. Diese Art von Prolaps wird als Typ 2 nach Hansen bezeichnet. Die prolabierte Bandscheibe drückt auf das Rückenmark oder abgehende Nervenwurzeln und führt so zu lokalen Entzündungserscheinungen [5].

Beim Prolaps Typ 1 nach Hansen ist der Auslöser primär eine Ruptur des Anulus fibrosus, so dass das Material des Nucleus pulposus in den Wirbelkanal gelangt. Diese Art von Vorfall wird auch als Expulsion bezeichnet. Langsam auftretende Expulsionen treten in unterschiedlicher Ausprägung auf. Bei einer massiven Expulsion steht die Kompression des Rückenmarks im Vordergrund, bei den minimalen Expulsionen hingegen das Entzündungsgeschehen. Die klinischen Symptome eines Bandscheibenvorfalls hängen ab von seiner Lokalisation, von der kinetischen Energie die dabei eingewirkt hat und von der Masse des prolabierten Materials im Verhältnis zum dem vorhandenen Raum im Wirbelkanal. Der zervikale Kanal ist generell weiter als der thorakolumbale Raum. Vorfälle können einmalig sein oder wiederholt auftreten.

14.1 Klinische Symptomatik

14.1.1 Thorakolumbaler Bandscheibenvorfall

Die Bandscheibenvorfälle werden in Kategorien von I bis IV eingeteilt:

- **Kategorie I** (45 %): Es fallen nur Schmerzen im Rücken auf: die Tiere laufen langsam, springen nur zögerlich, zögern beim Treppensteigen und leiden manchmal an Obstipation. Manche schreien wenn sie sich bewegen oder wenn sie aufgehoben werden. Die Palpation des Rückens ist schmerzhaft, die Rückenmuskulatur ist verkrampft. Nach einer gewissen Zeit trifft das auch auf die Bauchmuskulatur zu [12].
- **Kategorie II** (20 %): Es treten die gleichen Symptome auf wie in Kategorie I, zusätzlich Paresen der Hinterläufe und Ataxien. Die Propriozeption der Hinterläufe ist bei diesen Tieren gestört. Ein Überköten der hinteren Zehen wird nur verzögert oder gar nicht mehr korrigiert [10, 12].
- **Kategorie III** (25 %): Die Hunde zeigen kaudale Paralysen und können nicht mehr stehen oder Gewicht auf ihren Hinterläufen tragen. Manche von ihnen haben bereits die Kontrolle über die Blasen- und Darmfunktionen verloren. Die Reflexe der Hinterhand sind meist noch normal, da die Läsionen in der Regel kranial von L3 lokalisiert sind. Die Sensitivität ist nicht gestört [10, 12].
- **Kategorie IV** (10 %): Die Tiere sind paralysiert und weisen keine Schmerzempfindlichkeit in den hinteren Zehen mehr auf. Die Schmerzempfindlichkeit wird mit einer Moskitoklemme an

den Zwischenzehenhäuten getestet. Dabei muss die Schmerzempfindung vom Rückziehreflex getrennt werden. Scherzempfindlichkeit äußern Tiere mit Beißversuchen, Aufschauen, Schmerzäußerungen, Lecken oder Wimmern [10, 12].

Der letzten Kategorie werden auch Hunde mit aszendierender oder deszendierender Hämatomyelie zugerechnet, und solche mit einer Verschleppung einer Myelomalazie in das Rückenmark. Diese Tiere haben extreme Schmerzen. Ihre Reflexe nehmen progressiv über mehrere Stunden hin ab und zwar in der Reihenfolge: Patellarreflex – Tibiareflex – Gastrocnemiusreflex – Analreflex. Die Tiere sterben als Folge der Lähmung der Atemmuskulatur [10, 12].

14.1.2 Zervikaler Bandscheibenvorfall

Hier werden drei Kategorien unterschieden:

- **Kategorie I** (66 %): Schmerzen im Halsbereich [13, 14]
- **Kategorie II** (25 %): Schmerzen im Halsbereich und Ausfälle der Propriozeption [13, 14]
- **Kategorie III** (5 %): Schmerzen im Halsbereich und Paralysen. Diese treten als Tetraparesen auf, oder als Hemiparesen, wenn der Befund unilateral vorliegt. Manche Tiere zeigen so genannte „Wurzelsymptome“: sie heben einen Vorderlauf an, als wäre er schmerzhaft. Diese Reaktion wird durch Reizung der Nervenwurzeln hervorgerufen, die das Bein versorgen und ist typisch für Läsionen, die kaudal von C 4 liegen [13, 14].

14.2 Konventionelle Diagnostik und Therapie

Die endgültige Diagnose wird gestützt durch Anamnese, klinische Untersuchung, Röntgenaufnahmen, Myelographie, Untersuchung des Liquors und der Blutwerte. Die konservative Therapie besteht in der Regel aus Ruhe, Analgetika, Kortikosteroiden und Muskelrelaxantien (➤ Tab. 14.1).

Als chirurgische Therapie kommen verschiedene Eingriffe in Frage:

- bei thorakolumbalen Bandscheibenerkrankungen Fenestration, Hemilaminektomie oder dorsale Laminektomie mit oder ohne Durotomie/Myelotomie
- bei zervikalen Bandscheibenerkrankungen die ventrale Dekompression mit oder ohne Fenestration

Operative Eingriffe zu einem zu späten Zeitpunkt sind sinnlos [10, 17].

Nach konservativer Therapie erholen sich 30–50 % der behandelten Hunde vollständig, nach operativer Therapie hingegen 85 %. Diese Aussage wird jedoch nicht von allen Autoren unterstützt. Viele sind der Ansicht, dass konservative und operative Therapie gleich gute Ergebnisse liefern. Nur sehr wenige Hunde, die Symptome der Kategorie IV zeigen, können wieder hergestellt werden, unabhängig von der Art der gewählten Therapie [4, 10, 18–23].

14.3 Akupunktur bei Bandscheibenvorfällen des Hundes

Die Wirkungsweise der Behandlung mit Akupunktur ist bei Bandscheibenvorfällen noch nicht restlos geklärt. Höchstwahrscheinlich spielen mehrere Faktoren eine Rolle:

- Durch Akupunktur können Triggerpunkte ausgelöscht, und damit Muskelschmerzen, Muskelverkürzungen und -steifheit verhindert werden [24].
- Die Akupunktur kann die Wiederherstellung von zerstörten Axonen anregen [25, 26].
- Die Akupunktur hat eine lokal entzündungshemmende Wirkung. Ödeme, Vasodilatation oder -konstriktion und Histamin- oder Kininausschüttung nehmen ab [27–29]. Dadurch wird die Narbenbildung und die Kompression des Rückenmarks verringert, Schmerzen werden gelindert.

Bei der Therapie von Bandscheibenvorfällen scheint die Wirkung der Akupunktur nicht durch eine endogene Kortikosteroidaus-

Tab. 14.1 Vergleich der Ergebnisse verschiedener Behandlungsstrategien bei Bandscheibenvorfällen des Hundes

Autoren	Olson (1958)	Funkquist (1970)	Jadeson (1961)	Hoerlein (1953)	Denny (1978)	Hoerlein (1979)	Gambardella (1980)	Janssens (1983)
Behandlung	K* (Vit B_1)	C*, K	P*, K	C, K	C	K, C	Fasten (< 36 h)	Akupunktur
Anzahl der Patienten	49	216	82	388	30	926	98	75
Kategorie I	C: 85 % E K: 50 % E	Gleiche Ergebnisse	K: 59 % E P: 71 % E	K: 24 % E C: 69 % E	100 % E	K: 28 % E C: 75 % E		97 % E
Kategorie II		C: keine R K: R	K: 14 % R P: keine R	K: 3 % E C: 88 % E	100 % E	K: 7 % E C: 88 % E		95 % E
Kategorie III	C: 80 % E	Nicht behandelt		K: 14 % E C: 80 % E	100 % E	K: 14 % E C: 80 % E	90 % E	85 % E
Kategorie IV	K: 45 % E	Nicht behandelt	K: 50 % E P: 69 % E K: 30 % R P: 4 % R	Nicht behandelt	66 % E	Nicht behandelt	50 % E	30 % E

*K = Konventionell; C = Chirurgisch; P = Physiotherapie, E = erfolgreiche Therapie, R = Rückfall.

schüttung vermittelt zu sein, da die meisten Autoren davon ausgehen, dass eine Kortikoidgabe zu diesem Zeitpunkt die Heilung verzögert [30]. Auch eine Vasodilatation scheint nicht die Ursache der Akupunkturwirkung in diesem Bereich zu sein, da der Körper auf ein spinales Trauma ohnehin schon mit einer Vasodilatation reagiert [31, 32].

Ob Endomorphine bei einer therapeutischen Akupunkturbehandlung ohne Stimulation eine Rolle spielen, ist unklar. Sollten sie daran beteiligt sein, könnte man ihnen eine Teilverantwortung für die analgetische Wirkung der Akupunktur zuschreiben.

Neben zahlreichen Fallberichten über erfolgreiche Akupunkturbehandlungen von Hunden mit Bandscheibenerkrankungen liegen nur zwei größere Studien zur Akupunktur bei thorakolumbalen, und nur eine einzige zur Akupunktur bei zervikalen Bandscheibenerkrankungen des Hundes vor [33–37]. Die Akupunkturbehandlung kann je nach Therapeut sehr unterschiedlich sein hinsichtlich Punkteauswahl, Anzahl der gesetzten Nadeln, Dauer der Behandlung, Intervalllänge zwischen den Therapiesitzungen und Begleittherapie. Dennoch geben die meisten Akupunkteure ganz ähnliche Erfolgsraten an [37]. Wenn dem so ist, könnte es sein, dass die einfachste Methode die beste ist.

14.3.1 Thorakolumbaler Bandscheibenvorfall

Bei der Behandlung kommen lokale und distale Akupunkturpunkte zum Einsatz [38].

Lokale Punkte

Die lokalen Punkte sind segmentale Punkte auf dem inneren Blasen-Meridian: in erster Linie die Punkte Bl 14 bis Bl 28, die über BWK 10 bis LWK 7 liegen. Manche Autoren setzen auch Punkte auf dem äußeren Blasen-Meridian ein, die im selben spinalen Segment liegen, also Bl 49 bis Bl 53. Lokale Punkte auf dem Lenkergefäß werden ebenfalls angewendet. Die lokalen Punkte werden eingesetzt in der Hoffnung, ihre segmentale Wirkung auf die Läsion zu nutzen. Damit können auch eventuell vorhandene Triggerpunkte in diesem Bereich behandelt werden.

Distale Punkte

Bei den distalen Punkte, die zum Einsatz kommen, zeigt sich eine sehr große Variationsbreite. Meist handelt es sich um Punkte auf dem Blasen-Meridian, dem Gallenblasen-Meridian und dem Magen-Meridian. Am häufigsten zum Einsatz kommen Bl 40, Bl 60, Gb 30, Gb 34 und Ma 36. Durch die distalen Punkte sollen afferente Nervenfasern stimuliert werden, die Einfluss auf höher gelegene Zentren und das verletzte Segment haben. Diese Impulse wirken sehr wahrscheinlich entzündungshemmend, schmerzlindernd und aktivieren die Regeneration.

Eine Behandlung kann mit nur wenigen oder mit vielen Punkten durchgeführt werden. Die Behandlung mit nur vier Nadeln hat sich als genauso effektiv herausgestellt, wie ein anderer Behandlungsansatz mit mehr Nadeln (Gb 34, ein lokaler Blasen-Punkt bilateral gestochen, Gb 30, Bl 60 und noch drei weitere lokale Punkte auf dem Blasen-Meridian)[30–39]. Die Punkteauswahl erfolgte hierbei nach Studium von Humanliteratur und unter Zuhilfenahme eines weit verbreiteten Computerprogramms zur Humanakupunktur [40–42].

Eine Vielzahl weiterer Punkte kann verwendet werden, wie z. B. Punkte auf dem Leber-Meridian (Le 1 bis Le 3), dem Nieren-Meridian (Ni 3 bis Ni 6) und auf Milz/Pankreas (MP 4, MP 6). Zum Einsatz kommen auch die Punkte Le 4, Le 10, Le 11, Bl 11, Bl 13, Bl 67.

Auswahl der Punkte zur Behandlung thorakolumbaler Bandscheibenerkrankungen

1. Auswahl von lokalen Punkten, die kranial und kaudal der Läsion auf dem inneren Blasen-Meridian liegen: Punkte zwischen Bl 14 und Bl 28 (BWK 10 bis LWK 7)
2. Auswahl von distalen Punkte, die häufig bei Bandscheibenproblemen eingesetzt werden, z. B.: Bl 40, Bl 60, Gb 30, Gb 34, Ma 36
3. eventuell ergänzend Punkte auf dem Lenkergefäß auswählen
4. Auswahl zusätzlicher Punkte, die sich mit der zugrunde liegenden Ursache nach den Regeln der TCM beschäftigen

Technik

Auch bei der Stimulation der Nadeln wird eine Vielzahl von Methoden beschrieben. Diese reichen von einfacher Nadeltechnik, Elektrostimulation der Nadeln und Lasertherapie bis hin zu Injektionen an den Akupunkturpunkten.

Einfache Nadeltechnik

Bei der klassischen Akupunktur verwendet man in diesem Bereich üblicherweise Akupunkturnadeln mit einer Dicke von G 32 bis G 38. Die Nadeln bleiben ohne Stimulation für 10 bis 20 Minuten in situ. Manchmal ist es sinnvoll, sie manuell durch Drehen oder Heben und Senken zu stimulieren. Die Stimulation kann über einen Zeitraum von wenigen Sekunden bis zu 10 bis 20 Minuten durchgeführt werden. Auch erhitzte Nadeln können zur Aktivierung über einen kurzen Zeitraum eingesetzt werden.

Elektrostimulation

Zur Elektrostimulation kommen verschiedene Apparate zum Einsatz, die mit unterschiedlichen Wellenformen, Wellenmustern, Behandlungsintervallen, Amplituden und Frequenzen arbeiten. Üblicherweise wird die Amplitude so lange erhöht, bis Muskelzuckungen und Schmerzäußerungen auftreten. In der Literatur findet sich ein Fall, bei dem die Symptomatik durch die Elektrostimulation verschlechtert wurde [43]. Beim Vergleich zwischen Elektrostimulation und manueller Akupunktur sind keine Unterschiede in den Behandlungserfolgen zu erkennen. In den USA scheint die Elektrostimulation mehr Anwendung zu finden als in China oder in Europa.

Laserakupunktur

Nur wenige Praktiker arbeiten mit Lasertherapie. Dr. Demontoy aus Paris war sicherlich einer der ersten Anwender [44]. Es gibt auf dem Markt eine Vielzahl verschiedener Apparate. Sie unterscheiden sich in Wellenlänge, Laserenergie und Frequenz. Die Laser werden sowohl an den lokalen als auch an den distalen Punkten eingesetzt und dort für drei Sekunden bis mehreren Minuten angewendet. Durch die große Breite an Variationen gestaltet sich ein Vergleich der Behandlungsergebnisse sehr schwierig.

Injektionen

Injektionen kommen bei der Therapie von thorakolumbalen Bandscheibenvorfällen häufig zum Einsatz. Ich selber benutze am liebsten 0,25%iges Lidocain an lokalen Akupunkturpunkten. Der Schmerz scheint damit schneller zurückzugehen und die Schmerzlinderung nachhaltiger zu sein als bei einer konventionellen Akupunkturbehandlung mit Nadeln. Dieser Eindruck konnte allerdings bisher noch nicht in Studien belegt werden. Auch andere Lösungen können an Akupunkturpunkte injiziert werden, so z. B. Vitamin B_1, B_2, B_6, B_{12}, C, D und E, Dimethylsulfoxid (DMSO), physiologische Kochsalzlösung, Wasser, NaOH, Procain, Koffein, nicht-steroidale Antiphlogistika, Kortikosteroide und homöopathische Lösungen. Diese große Auswahl macht es sehr schwierig nachzuweisen, dass Injektionen an Akupunkturpunkten der konventionellen Therapie überlegen sind.

Behandlungsintervalle

Die Intervalle zwischen den Behandlungen sind von sehr unterschiedlicher Länge und variieren von einmal täglich bis einmal alle zwei Wochen. Die täglichen Behandlungen scheinen den zweiwöchentlichen Behandlungen überlegen zu sein, wenn es um den analgetischen Aspekt geht. Dies gilt allerdings nur bei Hunden, die in Kategorie I und II eingestuft werden können [45, 46]. Die meisten Hunde werden einmal pro Woche behandelt. Bei akuten Anfällen und starker Schmerzhaftigkeit sollte dieses Intervall auf mindestens zweimal pro Woche verkürzt werden. In chronischen Fällen reicht oft eine Behandlung alle zwei Wochen aus.

Begleittherapie

Unterstützende Maßnahmen beinhalten Ruhe, laxierende Diäten, Blasenentleerung und Antibiotika. Strikte Ruhe ist bei allen Kategorien von Nöten, um eine Verschlimmerung der Situation durch weitere Bandscheibenvorfälle zu verhindern. Bei den Tieren in Kategorie III und IV werden durch die Begrenzung der Bewegungsmöglichkeit auch Verletzungen durch das Hinterherschleifen der Gliedmaße verhindert. Der Hund sollte über mindestens vier Wochen in einem Käfig oder einem Kinderlaufstall untergebracht werden [1]. Reagiert das Tier auf die Einengung zu nervös, kann mit Tranquilizern oder Sedativa gearbeitet werden. Ich verordne dann Acetylpromazin, 0,25 mg/kg KG ein- bis viermal täglich. Laxierende Diäten können den Kotabsatz erleichtern und verhindern, dass die Hunde dabei zu stark pressen müssen.

Bei manchen der Hunde in Kategorie III und IV muss die Blase manuell entleert werden. Das sollte sehr vorsichtig mindestens alle acht bis zwölf Stunden geschehen und fortgesetzt werden, bis der Hund die Kontrolle über seine Blase wiedererlangt hat und sie selbständig entleeren kann. Bei einer Blaseninfektion oder Hautgeschwüren sollten Antibiotika eingesetzt werden.

Analgetika können zwar bei starken Schmerzen sinnvoll sein, beinhalten aber immer die Gefahr, dass das Tier sich zu stark bewegt. Darum sollten Analgetika nur in Kombination mit strenger Einschränkung der Bewegungsfähigkeit verabreicht werden.

Der Einsatz von Anabolika scheint keinen positiven Effekt zu erzielen. Kortikosteroide sollten nur sehr vorsichtig und mit Umsicht und nur am ersten Tag nach Auftreten der Symptome eingesetzt werden. Untersuchungen deuten an, dass Kortikosteroide die Regeneration von zentralem Nervengewebe verlangsamen [30, 47–54].

Therapieerfolge

Die Erfolge der Akupunkturbehandlung bei thorakolumbalen Bandscheibenvorfällen variiert je nach Schweregrad der Erkrankung. Ungefähr 90 % der Hunde aus Kategorie I können mit zwei bis drei Behandlungen innerhalb von ein bis zwei Wochen wieder hergestellt werden. Auch bei Kategorie II genesen 90 % der Tiere, aber im Schnitt erst nach drei bis vier Behandlungen über eine Periode von drei Wochen [30]. Von den Tieren aus der Kategorie III werden 80 % mit fünf bis sechs Behandlungen in einem Zeitraum von sechs Wochen geheilt. Nur 10 % der Hunde in dieser Gruppe sprechen gar nicht auf die Behandlung an. Die übrigen 10 % zeigen wenigsten eine deutlich sichtbare Verbesserung ihrer Symptome [30]. Nur 25 % der Hunde in der Kategorie IV können mit mehr als zehn Akupunkturbehandlungen in einem Zeitraum von drei bis sechs Monaten geheilt werden.

Insgesamt können 90 % der Tiere aus den Kategorien I bis III bei wöchentlicher Behandlung innerhalb von durchschnittlich vier bis fünf Wochen geheilt werden. Bei den Hunden aus der Kategorie IV ist die Akupunkturbehandlung nur halb so effektiv wie eine rasch durchgeführte chirurgische Dekompression. Akupunktur kann bei Hunden dieser Kategorie angewendet werden, bei denen eine Operation in den ersten sechsunddreißig Stunden nach Einsetzen der Symptomatik verpasst wurde [30].

Die Erfolge der Akupunkturbehandlung bei Hunden der Kategorie I und II können mit denen der operativen und/ oder konservativen Therapie verglichen werden. Man darf aber nicht vergessen, dass durch eine Operation die Gefahr eines erneuten Bandscheibenvorfalls in genau diesem Gebiet stark vermindert wird. 10–25 % meiner Akupunkturpatienten erleiden innerhalb von acht Jahren ein Rezidiv ihrer Beschwerden.

14.3.2 Zervikaler Bandscheibenvorfall

Für die Akupunkturbehandlung der zervikalen Bandscheibenerkrankungen des Hundes wird eine Vielzahl von Akupunkturpunkten, Stimulationsmethoden und Behandlungsintervallen angegeben. Nur eine Untersuchung beschreibt Ergebnisse die einem Standard-Behandlungsprotokoll folgen [13].

Zur Therapie der zervikalen Bandscheibenerkrankung können lokale und distale Punkte kombiniert werden.

Lokale Punkte

Als lokale Punkte kommen in Frage: LG 14, LG 16, Gb 20, Gb 21, 3E 16, Dü 15, Dü 16, Di 15, Di 16, Bl 8, Bl 9, Bl 10, Bl 11, Bl 20, Bl 21, Bl 23, Bl 25, Bl 28, lokale Triggerpunkte und schmerzhafte *Ah shi*-Punkte.

Distale Punkte

Mögliche distale Punkte sind: Di 4, Di 11, Dü 3, 3E 5.

Alle Empfehlungen bezüglich Behandlungsintervallen, Stimulationsmethoden und -dauer und Begleittherapie bei den thorakolumbalen Bandscheibenerkrankungen gelten gleichermaßen auch bei zervikalen Bandscheibenvorfällen.

Auswahl der Punkte zur Behandlung zervikaler Bandscheibenerkrankungen

1. Auswahl lokaler Punkte, die kranial und kaudal der Läsion auf dem Blasen-Meridian liegen, z. B. Bl 10, Bl 11
2. Auswahl zusätzlicher lokaler Punkte und Triggerpunkte, z. B. 3E 16, Dü 15, Dü 16, Di 15, Di 16
3. Auswahl von lokalen Punkten auf dem Lenkergefäß, je nach Indikation z. B. LG 14, LG 16
4. Auswahl distaler Punkte, die einen besonderen Bezug zu zervikalen Bandscheibenerkrankungen haben, z. B. Di 4, Di 11, Dü 3, 3E 5
5. Auswahl von Punkten, die nach den Regeln der TCM das zugrunde liegende Ungleichgewicht behandeln, z. B. Gb 20, Gb 21, LG 20

Therapieerfolge

Bei Hunden mit zervikalen Bandscheibenerkrankungen, die mit Akupunktur behandelt wurden, zeigten sich folgende Ergebnisse:

Ca. 80 % der Hunde der Kategorie I wurden mit drei bis vier Behandlungen in einem Zeitraum von ein bis zwei Wochen wiederhergestellt. Von den Hunden aus Kategorie II konnten 67 % mit fünf bis sechs Behandlungen über drei bis vier Wochen geheilt werden. Es lagen insgesamt zu wenige Fälle der Kategorie III vor, um eine Aussage machen zu können.

Für die Hunde, die nicht auf die Akupunktur ansprechen, ist eventuell eine der operativen Methoden hilfreich.

Ungefähr 33 % der erfolgreich mit Akupunktur behandelten Tiere erlitten innerhalb einer Frist von drei Jahren einen Rückfall [39]. Dieser Prozentsatz ist deutlich höher, als der bei den thorakolumbalen Bandscheibenerkrankungen angegebene und entspricht dem der konservativen Behandlungsmethoden [55].

14.4 Zusammenfassung

Bandscheibenerkrankungen des Hundes lassen sich gut mit Akupunktur behandeln, wenn das Tier strikt in seiner Bewegungsfreiheit eingeschränkt wird, sehr sorgsam überwacht und gut gepflegt wird.

Die Ergebnisse der Akupunkturbehandlung im Allgemeinen entsprechen denen der chirurgischen Therapie. Bei Hunden der Kategorie IV ist jedoch ein operativer Eingriff der Akupunktur vorzuziehen, wenn der Hund innerhalb der ersten 24 Stunden vorgestellt wird. Die Akupunkturbehandlung dieser Tiere sollte sich auf die Fälle beschränken, die erst zu einem späteren Zeitpunkt in die Praxis gebracht werden.

Die Erfolge der chirurgischen Dekompression bei zervikalen Bandscheibenerkrankungen sind höchstwahrscheinlich besser als die der Akupunktur. Der chirurgische Eingriff ist allerdings sehr teuer und nicht ohne Risiken. Darum kann erwogen werden, die Akupunktur als Initialtherapie durchzuführen und die chirurgische Intervention oder die konservative Therapie in den Fällen einzusetzen, bei denen die Akupunkturbehandlung nicht den gewünschten Erfolg hatte.

LITERATUR

1. Oliver J et al: *Veterinary neurology,* Philadelphia, 1987, WB Saunders.
2. Hoerlein BF: Comparative disk disease: man and dog, *Vet Med* 15:535–545, 1979.
3. Funkquist B, Svalasoga E: A simplified approach to the last two cervical discs of the dog, *J Small Anim Pract* 20:593–599, 1979.
4. Hoerlein BF: *Canine neurology: diagnosis and treatment,* ed 3, Philadelphia, 1987, WB Saunders.
5. Hoerlein BF: Intervertebral disc protrusions in the dog. I. Incidence and pathological lesions, *Am J Vet Res* 14:260–269, 1953.
6. Gage E: Incidence of clinical disc disease in the dog, *JAAHA* 11:135–138, 1975.
7. Tarlov IM et al: Spinal cord compression studies. I. Experimental techniques to produce acute and gradual compression, *Arch Neurol Psychiatr* 70:813–819, 1953.
8. Tarlov IM, Klinger H: Spinal cord compression studies. II. Time limits for recovery and acute compression in dogs, *Arch Neurol Psychiatr* 71:271–290, 1954.
9. Tarlov IM: Spinal cord compression studies. III Time limits for recovery after gradual compression in dogs, *Arch Neurol Psychiatr* 52:588–597, 1955.
10. Gambardella PC: Dorsal compressive laminectomy for treatment of thoracolumbar disc disease in dogs: a retrospective study of 98 cases, *Vet Surg* 9:24–26, 1980.
11. Olson SE: The dynamic factor in spinal cord compression, *J Neurosurg* 15:308–321, 1958.
12. Janssens LAA: Cervicale discus herniation in the dog: an overview, *Ned Tijdschur Geneskd* 115:199–206, 1990.
13. Janssens LAA: The treatment of canine cervical disc disease by means of acupuncture: a review of 32 cases, *J Small Anim Pract* 26:203–210, 1985.
14. Seim H, Prata R: Ventral decompression for the treatment of cervical disc disease in the dog: a review of 54 cases, *JAAHA* 18:233–240, 1982.
15. Bojrab MJ: Disc disease, *Vet Rec* 89:37–41, 1971.
16. Van Nes J: Some neurological pathology. *Proceedings of the First Conf Werkgroep Kleine Huisdieren,* Antwerp, Belgium, 1980.
17. Chrisman C: *Problems in small animal neurology,* Philadelphia, 1982, Lea & Febiger.
18. Jadeson D: Rehabilitation of dogs with intervertebral disc lesions by physical therapy methods, *J Am Vet Med Assoc* 138:411–425, 1961.
19. Funkquist B: Decompressive laminectomy in thoracolumbar disc protrusion with paraplegia in the dog, *J Small Anim Pract* 11:445–451, 1970.
20. Black AP: Lateral spinal decompressive laminectomy in thoracolumbar disc protrusion with paraplegia in the dog, *J Small Anim Pract* 29:581–588, 1988.
21. Bojrab M: Disc disease in the dog, *Proceedings of the Belgian Annual Small Animal Congress,* Antwerp, 1981.
22. Braund KG: In Bojrab MJ: *Pathophysiology in small animal surgery,* Philadelphia, 1981, Lea & Febiger.
23. Denny HR: The lateral fenestration of canine thoracolumbar disc protrusions: a review of 30 cases, *J Small Anim Pract* 19:259–266, 1978.
24. Travell JG, Simons DG: *Myofascial pain syndromes and dysfunction: the trigger point manual,* Baltimore, 1983, Williams & Wilkins.
25. Dekker AJAM: *Enhancement of peripheral nerve regeneration in the rat by a previous nerve injury and by treatment with neuropeptides,* Graad van Doctore in de Geneeskunde aan de Rijksuniversiteit te Utrecht, Proefshrift, The Netherlands, 1987.
26. Kajdos V: Peripheral paresis of facial nerve treated with acupuncture, *Am J Acupunct* 3:233–236, 1975.
27. Academy of Traditional Chinese Medicine: *An outline of Chinese acupuncture,* 1975, Beijing, Foreign Languages Press.
28. Klide A, Kung S: *Veterinary acupuncture,* Philadelphia, 1975, University of Pennsylvania Press.
29. Martin BB, Klide AM: Use of acupuncture for the treatment of chronic back pain in horses: stimulation of acupuncture points with saline solution injections, *J Am Vet Med Assoc* 190:1177–1180, 1987.

30. Janssens LAA, De Prins EM: Treatment of thoracolumbar disk disease in dogs by means of acupuncture: a comparison of two techniques, *JAAHA* 25:169–174, 1989.
31. Griffiths RC: Spinal cord blood flow after acute experimental cord injury in dogs, *J Neurol Sci* 27:247–259, 1976.
32. Kobrine AI et al: Local spinal cord blood flow in experimental traumatic myelopathy, *J Neurosurg* 42:144–149, 1975.
33. Bunchli R: Successful acupuncture treatment of cervical disc syndrome in a dog, *VM/SAC* 70:1302, 1985.
34. Still J: Analgesic effects of acupuncture in thoracolumbar disc disease in dogs, *J Small Anim Pract* 30:298–301, 1989.
35. Janssens LAA: Investigation and treatment of canine thoracolumbar disk disease and practitioner's perspective, *VM/SAC* 78:1235–1240, 1983.
36. Janssens LAA: Thoracolumbar disc disease in the dog: an overview, *Vlaams Dierg Tijdschr* 59:128–136, 1990.
37. Janssens LAA: *Some aspects of small animal acupuncture,* Antwerp, 1987, Belgium Veterinary Acupuncture Society.
38. Janssens LAA: *Atlas of acupuncture points and meridians in the dog,* Antwerp, 1984, Blondiau Print (available in the United States from IVAS, RD 1, Chester Springs, PA 19425).
39. Janssens LAA: Acupuncture treatment for canine thoracolumbar disc protrusions: a review of 78 cases, *VM/SAC* 78:1580–1584, 1983.
40. Mann F: *Acupuncture: the ancient Chinese art of healing,* London, 1971, Heinemann Medical Books.
41. Mann F: *Scientific aspects of acupuncture,* London, 1977, Heinemann Medical Books.
42. Rogers PAM: A computerised point choice list for acupuncture treatment, *Proceedings of the First Belgium Conference on Veterinary Acupuncture,* Antwerp, 1984.
43. Janssens LAA: Prolapse of thoracolumbar disc: a contraindication for electroacupuncture in dogs, *Am J Acupunct* 14:61–64, 1986.
44. Demontoy A: Manuel d'acupuncture canine, *Ed du Point Vétérinaire* 43, 1986.
45. Still J: Acupuncture treatment of type-III and type-IV thoracolumbar disc disease, *Mod Vet Pract* 7:35–39, 1987.
46. Still J: Acupuncture treatment of thoracolumbar disc disease: a study of 35 cases, *Compan Anim Pract* 2:19–25, 1988.
47. Bracken MB et al: Efficacy of methylprednisolone in acute spinal cord injury, *JAMA* 251:45–52, 1984.
48. De la Torre JC et al: Pharmacological treatment and evaluation of permanent experiment spinal cord trauma, *Neurology* 25:508–514, 1975.
49. Deutschman CS et al: Physiological and metabolic response to isolated closed-head injury. II. Effects of steroids on metabolism: potentiation of protein wasting and abnormalities of substrate utilization, *J Neurosurg* 66:388–395, 1987.
50. Koide T et al: Chronic dexamethasone pretreatment aggravates ischemic neuronal necrosis, *J Cereb Blood Flow Metab* 6:395–404, 1986.
51. Rucker NC et al: Current techniques for evaluation of spinal cord injury, *Vet Surg* 10:30–34, 1981.
52. Sapolsky RM, Pulsinelli WA: Glucocorticoids potentiate ischemic injury to neurons: therapeutic implications, *Science* 229:1397–1400, 1985.
53. Saul TG et al: Steroids in severe head injury: a prospective randomized clinical trial, *J Neurosurg* 54:596–600, 1981.
54. Janssens LAA et al: An experimental spinal cord trauma model in the rat to test pharmacotherapeutics, *Res Neurol Neurosci* (In press).
55. Russell RW, Griffiths RC: Recurrence of cervical disc syndrome in surgically and conservatively treated dogs, *J Am Vet Med Assoc* 153:1412, 1968.

KAPITEL

15 Triggerpunkt-Therapie

Luc A.A. Janssens

Triggerpunkte sind in der Humanmedizin als pathologische Faktoren seit langem bekannt [1–7]. Sie wurden vor über 100 Jahren zum ersten Mal beschrieben und während des ersten Weltkrieges an „frischen" Leichen wiederentdeckt [7]. Vor allem in den fünfziger Jahren des letzten Jahrhunderts hat das Wissen um die Triggerpunkte stark zugenommen. Sie sind inzwischen weltweit anerkannt und werden in den verschiedensten Therapierichtungen eingesetzt, wie z. B. in der Physiotherapie, der Zahnmedizin, der Chiropraxis, der Sportmedizin, der Rheumatologie und der Allgemeinmedizin. Dennoch sind Triggerpunkte einem großen Teil der Mediziner unbekannt, weil sie in den Lehrinhalten der Universitäten bislang meist nicht vorkommen. Das Wissen über die tiermedizinischen Triggerpunkte ist immer noch sehr rudimentär. Die meisten Tiermediziner sind sich der Existenz der Triggerpunkte weder beim Menschen noch beim Tier bewusst. Es steht auch nur begrenzt Literatur zu Anatomie, Ätiologie, Histologie und Therapie der Triggerpunkte zur Verfügung.

15.1 Eigenschaften der Triggerpunkte

In der Tiermedizin wurden Triggerpunkte bislang hauptsächlich bei Hunden und Pferden beschrieben [8, 9]. Sie scheinen häufiger bei älteren Tieren und bei jungen Tieren, die im Sport eingesetzt werden, aufzutreten. Dies deckt sich mit den Beobachtungen aus der Humanmedizin [10].

Klinische Symptome, die auf Triggerpunkte hindeuten können

1. Chronische Lahmheit, die auf eine Therapie mit steroidalen und nicht-steroidalen Entzündungshemmern nicht anspricht.
2. Große, schmerzhafte Knoten in der Muskulatur.
3. Schmerzen, Muskelzuckungen, Zurückziehen der Extremität und eventuell aggressives Verhalten bei der Palpation.

Triggerpunkte können bei der Palpation als harte, knotige, sehr druckschmerzhafte Struktur in der Muskulatur auffallen. Während normales Muskelgewebe den üblichen Druck mit den Fingern gut toleriert, löst das Betasten und Drücken der Triggerpunkte deutlichen Schmerz aus. Menschen springen auf, Hunde versuchen zu beißen und Pferde beißen und treten. Der Schmerz ist in der Regel so stark, dass selbst die ruhigsten Tiere sehr heftig reagieren.

Triggerpunkte können prinzipiell überall am Körper auftreten, kommen aber meist an ganz bestimmten anatomischen Stellen vor [7]. Beim Menschen finden sich 71 % der Triggerpunkte an der Lokalisation von Akupunkturpunkten [2]. Auch bei Hunden sind viele Triggerpunkte an Akupunkturpunkten zu finden [9].

Bei einer bestimmten Art von Triggerpunkt beschreiben betroffene Menschen den eigentlichen Punkt als schmerzhaften Knoten. Man bezeichnet den Triggerpunkt dann als „aktiv". Ein aktiver Triggerpunkt tritt meist akut auf, kann sich aber auch aus einem vorher passiven Punkt entwickeln, der durch Überlastung aktiviert wurde (z. B. Lumbago nach zu schwerem Heben) [4–7].

Pathomechanismen

Triggerpunkte lösen mehrere verschiedene Pathomechanismen aus:

- Sie schwächen den Muskel, in dem sie lokalisiert sind.
- Sie verhindern die vollständige Streckung des betroffenen Muskels.
- Sie bewirken schmerzhafte Reaktionen in bestimmten Zonen.
- Sie können nach einiger Zeit eine Störung des autonomen Nervensystems hervorrufen [7].

Die Schwächung des betroffenen Muskels ist nicht mit einer Atrophie verbunden und nach erfolgreicher Behandlung der Triggerpunkte voll reversibel.

Die funktionelle Verkürzung der Muskeln kann die in der Nähe liegenden Gelenke beeinflussen und dort Gelenktraumen hervorrufen. Auch die Muskellänge lässt sich durch eine Triggerpunktbehandlung wieder vollständig herstellen.

Schmerzcharakteristik

Die Schmerzen, die durch Triggerpunkte entstehen, strahlen in Abhängigkeit von der anatomischen Lokalisation des Triggerpunktes in ganz bestimmte Körperregionen aus. Die meisten Patienten begeben sich aufgrund dieses übertragenen Schmerzes in Behandlung (➤ Abb. 15.1).

Die Schmerzausstrahlung der Triggerpunkte ist reproduzierbar und steht in keinem Zusammenhang mit den Dermatomen oder der nervalen Versorgung des Gebietes [4–7]. Behandelt man lediglich den Bereich, in den der Schmerz ausstrahlt, so tritt keine Besserung ein und ein chronisches Schmerzsyndrom entwickelt sich. Die Patienten sind sich in der Regel des auslösenden Triggerpunktes nicht bewusst. Wenn auch der behandelnde Arzt die Schmerzen nicht mit einem Triggerpunkt in Verbindung bringt, kann die Ursache des Schmerzes nicht erfolgreich behandelt werden.

Wird hingegen bei einer sorgfältigen Palpation der verantwortliche Triggerpunkt getastet, so löst dies sofort eine starke Schmerzausstrahlung in das betroffene Gebiet aus. Das Schmerzmuster kann so identifiziert und seine Ursache behandelt werden.

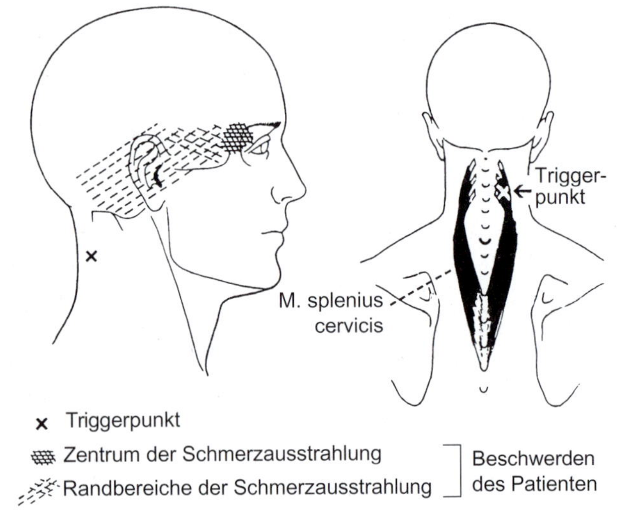

Abb. 15.1 Beispiel für einen Triggerpunkt beim Menschen und dessen Schmerzausstrahlung. Die Gesichtsschmerzen lassen sich durch Druck auf den Triggerpunkt auslösen.

Bei Tieren stellt sich das Problem der Schmerzausstrahlung anders dar, da sie sich nicht über Schmerzen in bestimmten Regionen ihres Körpers beschweren können. Bei Tieren kann ein Schmerz als Übertragungsschmerz interpretiert werden, wenn:

- er nicht auf ein spezifisches Gelenks-, Nerven- oder Knochenproblem zurückgeführt werden kann
- alle Routineuntersuchungen einen unauffälligen Befund zeigen
- sich bei der sorgfältigen Palpation eine harte, knotige, sehr druckschmerzhafte Struktur in der Muskulatur findet
- die Muskelverhärtung und die primär festgestellten Schmerzen nach der Behandlung verschwinden

Ätiologie

Die Ätiologie der Triggerpunkte ist noch nicht vollständig aufgeklärt. Verschiedene Faktoren scheinen an ihrer Entstehung beteiligt zu sein: u. a. können Arthritis, Überbelastung, Traumen, Stress, Ermüdung, Fieber, innere Erkrankungen und Virusinfekte eine Rolle spielen [7]. Beim Menschen werden einige Faktoren postuliert, die eine Chronifizierung der Triggerpunkte begünstigen.

Bei Hunden befinden sich Triggerpunkte oft in der Nähe arthrotisch veränderter Gelenke. Oft treten sie erst nach starker Sprungbelastung auf. Bestimmte prädisponierende Faktoren, wie z. B. Bandscheibenvorfälle, Vitamin- und Eisenmangelerscheinungen und Asymmetrie der Gliedmaßen, erhöhen das Risiko rezidivierender Triggerpunkte.

Einteilung

In neuerer Zeit werden Patienten, die an den Folgen von Triggerpunkten leiden in zwei Kategorien unterteilt:

- **Kategorie 1:** Patienten mit einem oder mehreren aktiven Triggerpunkten, die aber sonst bei guter Gesundheit sind. Diese Patienten sprechen in der Regel sehr gut auf eine Triggerpunkt-Therapie an.
- **Kategorie 2:** Patienten, bei denen sich eine Vielzahl von Triggerpunkten und zusätzlich viele chronische Schmerzpunkte finden. Letztere sind zwar druckempfindlich, lösen aber keine Schmerzausstrahlung aus. Die Patienten leiden oft gleichzeitig an Schlafstörungen und Depressionen. Sie sind körperlich nicht belastbar, ermüden leicht und beschreiben Schmerzzustände im ganzen Körper [7]. Die Patienten dieser Kategorie werden als Fibromyalgie-Patienten eingestuft [4, 16–18]. Ihnen kann mit einer reinen Triggerpunkt-Therapie nicht geholfen werden. Sie scheinen eher auf eine Behandlung mit trizyklischen Antidepressiva und bestimmten Benzodiazepinen anzusprechen [10, 18].

15.2 Triggerpunkt-Diagnostik

Liegen die Triggerpunkte an der Körperoberfläche, so können sie als harte, knotige Strukturen im Muskel oder in der Faszie getastet werden. Manchmal sind sie auch im Periost oder subkutan lokalisiert. Wenn die Triggerpunkte im Muskel zu finden sind, liegen sie eingebettet in ein straffes Band aus Muskelfasern (➤ Abb. 15.2). Bei Tieren ist es jedoch sehr schwierig, dieses Band bei der Palpation abzugrenzen: tiefer im Gewebe liegende Triggerpunkte sind oft gar nicht zu palpieren [7].

Bei der **histologischen Untersuchung** von Triggerpunkten zeigen sich Abweichungen der Muskelfasergröße, Cluster von Zellkernen, Ansammlungen von kollagenen Fasern, myofibrilläre Knoten, ein Verlust der Querstreifung, geschwollene Mitochondrien und zerklüftete rote Fasern [10–12].

Triggerpunkte können auch mit nicht-invasiven Techniken, wie der Druckschwellenwert-Messung, der Gewebe-Compliance-Messung, der Kernspintomographie und der Thermographie dargestellt werden [13–17].

Bei der **Druckschwellenwert-Messung** wird die Sonde des Messgeräts auf einem Quadratzentimeter Haut aufgesetzt. Mit dieser Sonde wird zunehmend Druck ausgeübt und der Druck aufgezeichnet, bei dem der Patient die ersten Anzeichen von Unbehagen zeigt. Die Druckschwelle ist bei Triggerpunkten niedriger als im umgebenden Gewebe. Nach erfolgreicher Behandlung des Trig-

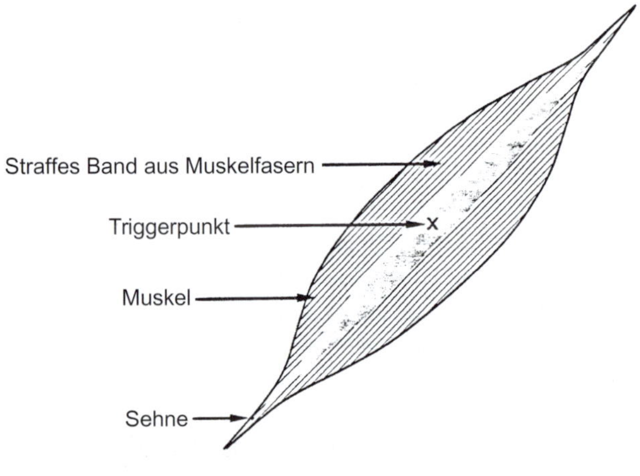

Abb. 15.2 Lokalisation der Triggerpunkte im Muskel.

gerpunktes normalisiert sich die Druckschwelle. Bisher wird dieser Apparat nur bei Menschen eingesetzt, ein Einsatz beim Hund, Pferd oder bei anderen Tieren ist aber durchaus denkbar.

Auch bei der **Gewebe-Compliance-Messung** wird eine Sonde die Haut aufgesetzt. Das Gerät misst die Eindringtiefe der Sonde in das Gewebe, wenn ein 5 kg schweres Gewicht auf die Sonde einwirkt. Da Triggerpunkte „lokalisierten chronischen Muskelspasmen" entsprechen [7], ist die Eindringtiefe der Sonde über Triggerpunkten geringer als im umgebenden Gewebe. Die Compliance-Werte normalisieren sich nach erfolgreicher Behandlung der Triggerpunkte. Auch dieser Apparat wird bisher nur beim Menschen eingesetzt, er kann aber beim sedierten Tier durchaus diagnostisch hilfreich sein.

Bei der **Thermographie** weisen die Triggerpunkte eine deutlich niedrigere Temperatur auf, als die umgebenden Gewebe. Das lässt auf eine geringere Durchblutung und einen höheren Sympathikotonus in diesem Bereich schließen [7].

15.3 Triggerpunkt-Therapie

Ziel der Therapie ist es, den Triggerpunkt auszulöschen. Sind mehrere Triggerpunkte vorhanden, müssen alle Punkte behandelt werden und aufgelöst werden. Zur Behandlung der Triggerpunkte stehen invasive und **nicht-invasive** Methoden zur Verfügung.

Nicht-invasive Behandlungsmethoden

Zu diesen Methoden gehören:

- das Dehnen des Gewebes über dem Triggerpunkt
- aggressive tiefe Massage (ischämische Kompression)
- transkutane elektrische Stimulation
- Lasertherapie [7]

Faraday'sche Ströme und Ultraschall eignen sich nicht zur Behandlung von Triggerpunkten [6, 7, 9]. Die ischämische Kompression ist sehr schmerzhaft und darum zum Einsatz bei Tieren nicht geeignet.

Invasive Behandlungsmethoden

Als invasive Methode wird die Verwendung von Akupunkturnadeln am Triggerpunkt oder die Injektion in den Punkt bezeichnet. Im Gegensatz zur Nadelung oder Injektion in den gesunden Muskel ist die Injektion in Triggerpunkte schmerzhaft. Zur Injektion eignen sich Wasser, 0,2–2 % Lidocain, Procain, Vitamin B-Lösungen, Dimethylsulfoxyd, lang wirksame Kortikosteriode, Acetylsalicylate oder Kombinationen der genannten Substanzen [8]. Bei der Injektion in Triggerpunkte kommt es häufig zu einem Muskelzucken. Dieses Zucken kommt durch eine vorübergehende Kontraktion der lokalen Muskelfasern zustande und ist ein Zeichen dafür, dass der Triggerpunkt gut getroffen wurde.

Nach der Behandlung sollte sich der Triggerpunkt innerhalb weniger Stunden teilweise oder ganz auflösen. Zunächst ist der Knoten kleiner palpierbar, dann verschwindet er gänzlich. Die ausstrahlenden Schmerzen sollten sich gleichermaßen verhalten und langsam abklingen. Auf diese Art und Weise kann oft auch eine lang bestehende Lahmheit schnell geheilt werden.

Normalerweise sind ca. drei Behandlungen notwendig, um einen Triggerpunkt ganz verschwinden zu lassen. Die Behandlungsintervalle liegen zwischen zweimal wöchentlich und einmal alle zwei Wochen. Meist wird eine Behandlung pro Woche durchgeführt. Eine Verbesserung ist eingetreten, wenn die Größe der knotigen Strukturen abnimmt oder die Knoten sich ganz auflösen und die Anzahl der Triggerpunkte abnimmt. Es ist jedoch immer noch nicht ganz geklärt, warum Triggerpunkte nach Stimulation verschwinden.

15.4 Triggerpunkte beim Hund

15

Anatomische Verteilung

Beim Hund werden bisher neun Triggerpunkte beschrieben, es gibt aber in Wirklichkeit sicherlich viel mehr (➤ Abb. 15.3). Die bisher bekannten Punkte liegen im M. triceps brachii, M. infraspinatus, M. quadriceps, M. pectineus, M. iliocostalis lumborum, M. abductor cruris caudalis, M. semitendinosus, M. semimembranosus, M. tensor fasciae latae und M. gluteus medius. Der Durchmesser der Triggerpunkte hängt vom Gewicht und der Stärke der Muskulatur des Tieres ab und kann zwischen 3 mm bei einem 1 kg schweren Yorkshire Terrier und 5 cm bei einem 50 kg schweren Deutschen Schäferhund variieren. Dasselbe gilt für die Tiefe der Triggerpunkte.

Erst vor kurzem wurde ein neuer Triggerpunkt im M. extensor carpi radialis entdeckt. Er steht in Verbindung mit dem Akupunkturpunkt Di 10. Dieser Punkt kann mit dem so genannten Tennisellenbogen-Punkt des Menschen verglichen werden.

Klinische Symptomatik

In einer Studie zur Triggerpunkt-Therapie bei Hunden waren die Tiere in den meisten Fällen über lange Zeiträume lahm (max. 3 Jahre, im Durchschnitt 6 Monate). Zwei Drittel der Tiere wurde erfolglos mit Kortikosteroiden und nicht-steroidalen Entzündungshemmern, Analgetika und Akupunktur vorbehandelt.

Ätiologie und Behandlungsergebnisse

Bei den meisten Hunden konnte keine definitive Diagnose gestellt werden, die die Lahmheit erklärt hätte. Lediglich bei wenigen Tieren fand sich eine Arthritis im benachbarten Gelenk oder exzessive Springerei und Toberei in der Anamnese. Bei sorgfältiger Palpation der Muskeln wurden ein oder mehrere Triggerpunkte gefunden. Die Patienten konnten in zwei Gruppen unterteilt werden:

- **Gruppe 1** hatte primär unilaterale Triggerpunkte im M. triceps brachii, M. infraspinatus, M. quadriceps, M. pectineus oder im M. adductor longus. Die meisten Hunde wiesen nur einen einzelnen oder maximal zwei Triggerpunkte auf. Die Triggerpunkte im Bereich des M. triceps brachii reagierten am besten auf die Behandlung. 80 % dieser Patienten waren nach zwei Wochen lahmheitsfrei [9].
- **Gruppe 2** bestand aus vorwiegend älteren Tieren mit multiplen, in der Regel beidseitig vorhandenen Triggerpunkten. Die meis-

15

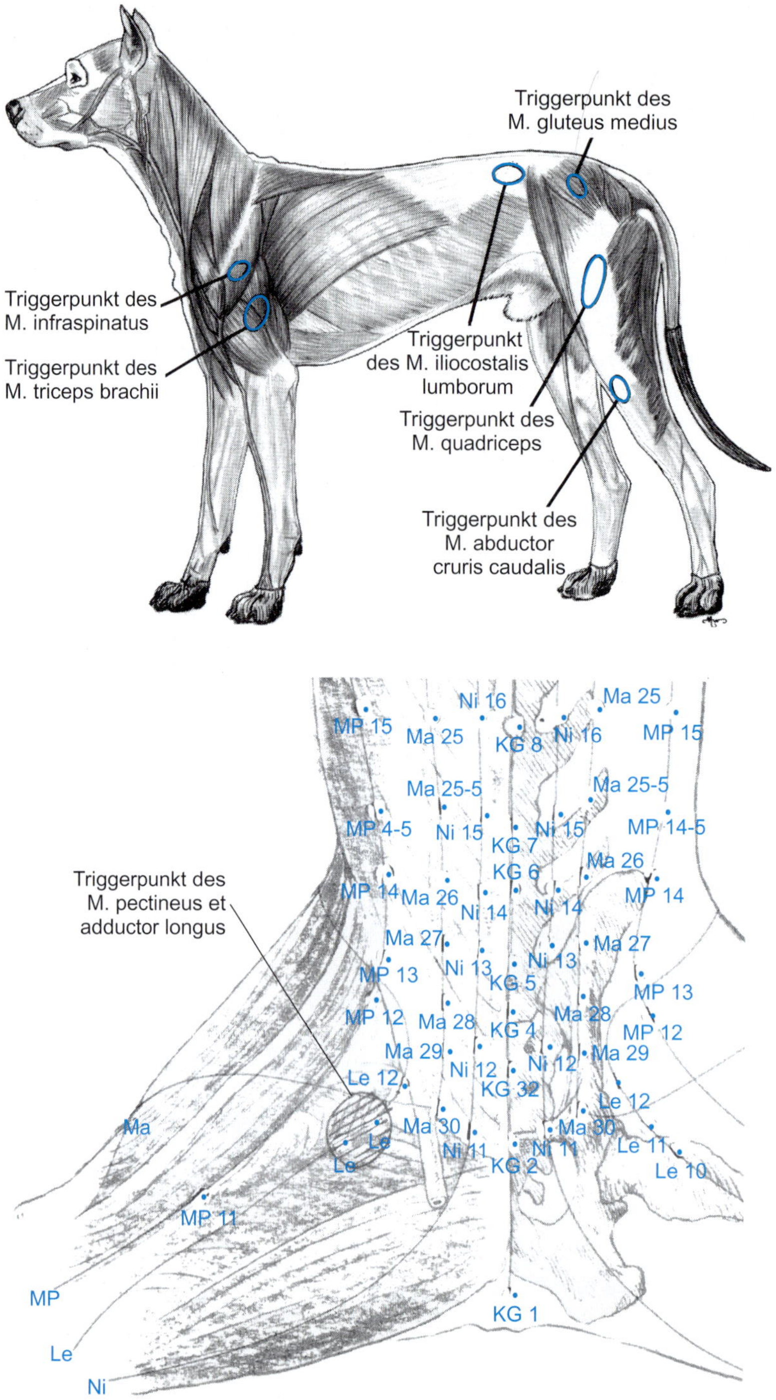

a

b

Abb. 15.3 Anatomie der Triggerpunkte beim Hund

ten davon lagen im M. gluteus medialis und M. illiocostalis lumborum. Der Erfolg der Triggerpunkt-Behandlung war bei diesen Tieren sehr gering. Höchstwahrscheinlich lassen sich diese Tiere mit der Fibromyalgie-Kategorie des Menschen vergleichen [9].

Insgesamt lag die Erfolgsrate aller Triggerpunkt-Therapien in unserer Studie bei 60 % [9]. Es zeigte sich, dass auch beim Hund mehrere Triggerpunkte mit bekannten Akupunkturpunkten korreliert sind:

Triggerpunkte beim Hund, die mit Akupunkturpunkten übereinstimmen:

- Gb 34 → Triggerpunkt des M. abductor cruris caudalis
- Le 10 und Le 11 → Triggerpunkt des M. pectineus et adductor longus
- Gb 20 → Triggerpunkt des M. gluteus medius
- Dü 10 → Triggerpunkt des M. infraspinatus
- Di 10 → Triggerpunkt des M. extensor carpi radialis

15.5 Zusammenfassung

Es ist relativ einfach, die Triggerpunkttherapie in den Praxisalltag einzugliedern. Zunächst sollte man dazu der Muskulatur während der klinischen Untersuchung mehr Aufmerksamkeit schenken. Gerade bei der Untersuchung eines lahmen Hundes ist es ratsam, die Muskulatur genauso gründlich zu untersuchen wie Knochen und Gelenke. Für alle, die mit der Technik noch nicht so vertraut sind, ist es empfehlenswert, die Triggerpunkte im M. triceps brachii unter Sedierung oder in Vollnarkose zu untersuchen. An dieser Lokalisation ist recht häufig ein Triggerpunkt zu finden.

In der Tiermedizin ist die Triggerpunkt-Therapie noch relatives Neuland. Triggerpunkte können bestimmte Formen der unerklärlichen, therapieresistenten Lahmheit des Hundes erklären. Die Behandlung der Triggerpunkte besteht in einer Nadelung oder Injektion in die Punkte. Wird die Behandlung des Punktes korrekt durchgeführt, sollte das beschriebene Muskelzucken auftreten. Mit Hilfe dieser Therapie lassen sich ungefähr 60 % der Fälle in einer relativ kurzen Zeit erfolgreich behandeln (3 Wochen) [9].

FALLBEISPIEL

Ein fünf Jahre alter Boxer-Rüde wurde in unserer Praxis vorgestellt, da er seit über einem Jahr vorne links lahmte. Der Hund war mit Kortikosteroiden, nicht-steroidalen Entzündungshemmern und Leinenzwang behandelt worden. Die radiologischen Untersuchungen der Vordergliedmaßen und der Hals- und Brustwirbelsäule ergaben einen Normalbefund. Das Tier war bereits erfolglos mit Akupunktur gegen Ellenbogen-, Schulter- und Karpalgelenksprobleme behandelt worden.

Unter tiefer Sedierung konnte im M. triceps brachii eine 4–8 cm lange, knotige Struktur palpiert werden, die sehr schmerzempfindlich war. Durch Nadelbehandlung dieses Triggerpunktes konnte ein Muskelzucken ausgelöst werden. Bereits nach einer Woche war der Knoten wesentlich kleiner geworden. Drei Wochen und drei Behandlungen später war der Knoten fast völlig verschwunden und der Hund lahmte nicht länger.

LITERATUR

1. Kennard MA, Haugen FP: The relation of subcutaneous focal sensitivity to referred pain of cardiac origin, *Anesthesiology* 16:297–299, 1955.
2. Melzack R et al: Trigger points and acupuncture points for pain: correlations and implications, *Pain* 3:3–23, 1977.
3. Melzack R: Acupuncture and musculoskeletal pain, *J Rheumatol* 5:119–123, 1978.
4. Simons DG. In Fricton JR, Awad EA: *Advances in pain research and therapy: myofascial pain and fibromyalgia,* New York, 1989, Raven Press.
5. Sola A, Williams R: Myofascial pain syndromes, *Neurology* 6:91–96, 1956.
6. Travell J, Rinzler S: The myofascial genesis of pain, *Postgrad Med J* 6:91–96, 1952.
7. Travell JG, Simons DG: In *The trigger point manual,* Baltimore, 1983, Williams & Wilkins.
8. Klide A, Kung S: *Veterinary acupuncture,* Philadelphia, 1977, University of Pennsylvania Press.
9. Janssens LAA: Trigger points in 48 dogs with myofascial pain syndrome, *Vet Surg* 20:274–278, 1991.
10. Bennett RM: In Fricton JR, Awad EA: *Advances in pain research and therapy: myofascial pain and fibromyalgia,* New York, 1989, Raven Press.
11. Awad EA: In Fricton JR, Awad EA: *Advances in pain research and therapy: myofascial pain and fibromyalgia,* New York, 1989, Raven Press.
12. Henriksson KG, Bengtsson A: In Fricton JR, Awad EA: *Advances in pain research and therapy: myofascial pain and fibromyalgia,* New York, 1989, Raven Press.
13. Fischer AA: Clinical use of tissue compliance meter for documentation of soft tissue pathology, *Clin J Pain* 3:23–30, 1987.
14. Fischer AA: Letter to the editor, *Pain* 28:411–414, 1987.
15. Fischer AA: Pressure threshold measurement for diagnosis of myofascial pain and evaluation of treatment results, *Clin J Pain* 2:207–214, 1987.
16. Mäkelä S, Pöntinen PJ: Reliability of pressure threshold meter in location of latent trigger points in healthy subjects, *Scand J Acupunct Electrother* 3:45–50, 1988.
17. Bach-Anderson R et al: In Fricton JR, Awad EA: *Advances in pain research and therapy: myofascial pain and fibromyalgia,* New York, 1989, Raven Press.
18. Goldenberg DL: In Fricton JR, Awad EA: *Advances in pain research and therapy: myofascial pain and fibromyalgia,* New York, 1989, Raven Press.
19. Airksinen O et al: Effects of infrared laser irradiation at the trigger points, *Scand J Acupunct Electrother* 3:56–61, 1988.
20. Bengtsson A, Bengtsson M: Regional sympathetic blockade in primary fibromyalgia, *Pain* 33:161–167, 1988.
21. Dorigo B et al: Fibrositic myofascial pain in intermittent claudication: effect of anesthetic block of trigger points on exercise tolerance, *Pain* 6:183–190, 1979.
22. McCain GA: In Fricton JR, Awad EA: *Advances in pain research and therapy: myofascial pain and fibromyalgia,* New York, 1989, Raven Press.

KAPITEL

16

Jan Still

Akupunktur in der Intensivmedizin

Die Intensivmedizin befasst sich mit dem medizinischen und chirurgischen Management von ernsthaften, oft lebensbedrohlichen Erkrankungen. Intensivmedizinische Patienten leiden meist an komplexen, sich schnell entwickelnden systemischen Störungen; ihre Therapie ist meist zeitaufwendig und sie benötigen spezielle Intensivpflege. In den letzten Jahren hat sich das Verständnis der Ätiopathogenese von Symptomenkomplexen wie dem Kreislauf- oder Multiorganversagen stark verbessert. Viele Medikamente und Behandlungsprotokolle stehen nun zur Verfügung um solche Störungen erfolgreich zu behandeln.

In diesem Kapitel sollen die vorhandenen Daten über physiologische und klinische Effekte der Akupunktur bei lebensbedrohlichen systemischen Erkrankungen kritisch betrachtet werden. Der Einsatz von Akupunktur bei Organschädigungen wie Lungenentzündung oder Herzversagen werden in anderen Kapiteln dieses Buches behandelt.

Laut der Literatur aus dem Bereich der TCM kann die Akupunktur sehr effektiv zur Behandlung von akuten Zuständen und Notfällen wie Bewusstlosigkeit, Kollaps, epileptischen Grand-mal-Anfällen und akuten Schmerzattacken eingesetzt werden [1]. Für den Fall, dass die Akupunktur nicht wirkt, sollte aber immer die Möglichkeit bestehen, die Tiere konventionell zu behandeln. Nach einer neueren Veröffentlichung über TCM in der Inneren Medizin kann die Akupunktur bei diversen medizinischen Notfällen erfolgreich eingesetzt: so unter anderem bei Asthma bronchiale, Magengeschwüren, Cholezystitis und Cholelithiasis, akuter Pankreatitis, Hyperthyreoidismus, viraler Hepatitis, Erkrankungen der Herzkranzgefäße und Kreislaufschock bei Menschen [2]. Die Auswahl der Akupunkturpunkte erfolgt nach den Regeln der TCM und den klinischen Symptomen. In China wird die Akupunkturbehandlung oft mit Kräutern und/oder konventionellen Medikamenten kombiniert.

In seinem Buch über Veterinär-TCM beschreibt Xie eine Reihe von Punkten, die zur Behandlung von Notfällen bei Pferd, Rind, Hund und Katze geeignet sind [3]. Diese Punkte liegen größtenteils an und um die Ohren und die Nase, an der Schwanzspitze, in der Gegend des Hinterkopfes und am Widerrist. Auch die Punkte am Ende der Gliedmaßen werden häufig zur Behandlung von Notfällen eingesetzt. Sie eignen sich vor allem bei Fieber, Hitzschlag, ausgedehntem Apoplex, Enzephalitis, Epilepsie, Tetanus, Schock und Synkopen. Leider enthält das Buch keine konkreten Angaben über die genaue Behandlung dieser Erkrankungen. Die TCM liefert generell nur wenig Information über den möglichen Einsatz von Akupunktur in der veterinärmedizinischen Intensivmedizin.

Neuere Untersuchungen über Wirkungsweise und klinische Indikation der Akupunktur liefern wertvolle Daten über die Einsatzmöglichkeiten der Akupunktur bei medizinischen Notfällen. Rogers und Skarda haben sich mit zahlreichen Literaturquellen befasst, die sich im Besonderen auf den Akupunkturpunkt *Renzhong* (*Jechung*, LG 26) bei Menschen und bei Tieren konzentrieren [3a]. Laut den beiden Autoren wird LG 26 am häufigsten bei Notfällen verwendet. Die Stimulation dieses Punktes hat starke klinische Auswirkungen auf Menschen und Tiere. Er wird in vielen Notfallsituationen genadelt, wie z. B. bei Herzstillstand, Koma, zerebrovaskulären Insulten, zerebralem Infarkt, Epilepsie, hohem Fieber, Synkopen, Apnoe, vielen Arten von Kreislaufschock und akuten traumatischen Schmerzen. Man kann den Autoren jedoch nur zustimmen, dass viele der oben aufgezählten Störungen noch nicht genügend erforscht sind.

16.1 Atemdepression und Atemstillstand

Es liegt nur wenig Information aus dem Bereich der TCM über die Behandlung der Atemdepression mit Akupunktur vor. Bekannte westliche Autoren, wie Stux und Pomeranz [1] bzw. Maciocia [4] erwähnen keine spezifischen Punkte dafür. Ähnliches gilt für die klassische chinesische Literatur [3]. Möglicherweise werden solche Konditionen als Teil anderer Störungen, wie Apoplexie oder Schock, behandelt und auch dort in der erwähnten Literatur aufgeführt. Lediglich D. Giniaux gibt an, der Punkt *Renzhong* (LG 26) stimuliere laut nicht näher spezifizierten TCM-Quellen die Inspiration, während *Roe Yin* (KG 1) die Expiration bei neugeborenen Fohlen fördere [5].

Janssens, Altmann und Rogers beschreiben, dass mit Akupunktur eine Atemdepression oder ein Atemstillstand während einer Vollnarkose aufgehoben werden kann [6]. Die Autoren geben an, dass sie bei allen untersuchten 69 Hunden und Katzen in der Lage waren, mit Akupunktur eine Apnoe oder Atemdepression im Verlauf einer Narkose aufzuheben. Die Aussagekraft dieser ansonsten sehr ermutigenden Studie wird durch das Fehlen genauerer Angaben über die verwendeten Narkosemittel, die Narkosedauer und die Dauer der Apnoe gemindert. Es wurde zudem keine Kontrollgruppe untersucht.

Ich habe selbst eine Reihe von Untersuchungen durchgeführt, um die Auswirkungen und die Wirkungsweise der Stimulation verschiedener Akupunkturpunkte bei Hunden zu untersuchen, bei denen medikamentös eine Apnoe induziert worden war. In der ersten Studie wurden dazu 100 Hunde mit einem Thiopental-Bolus (5- bis 10%ig) narkotisiert [7]. Bei gesunden Tieren bzw. Tieren, die nur an einer milden systemischen Störung litten, war ungefähr das Doppelte der üblichen narkotischen Dosierung an Thiopental nötig, um eine Apnoe von 90 bis 120 Sekunden auszulösen [8]. Bei

Tieren, die an schwerwiegenderen Erkrankungen, wie z. B. einem Kreislaufschock, litten, wurde die Thiopental-Dosis verringert, und eine kürzere Periode der Apnoe eingeleitet (20 bis 90 Sekunden). Mit einer 21-G-Nadel wurden dann Akupunkturpunkte stimuliert, und zwar **LG 26** (50 Hunde), **He 9** (8 Hunde), **Pe 9** (11 Hunde) oder **Ni 3** (31 Hunde). In ➤ Abb. 16.1 und ➤ Abb. 16.2 ist die anatomische Lokalisation der Punkte dargestellt. Die Nadel wurde in den jeweiligen Akupunkturpunkt gestochen und mit der Hand 100- bis 200-mal pro Minute gedreht, bis eine regelmäßige Atmung eintrat. Blieb die Apnoe bzw. pathologische Atmung bestehen, wurde die Stimulation der Nadel maximal drei Minuten lang fortgeführt und dann aufgegeben.

Die Akupunktur konnte bei allen gesunden Hunden (n = 21) und bei 78 % der kranken Tiere (n = 79) eine regelmäßige Atmung

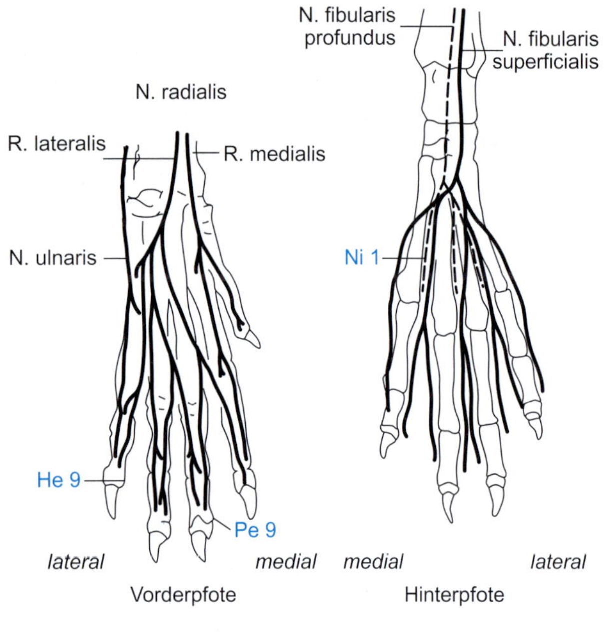

Abb. 16.1 Anatomische Lokalisation von Akupunkturpunkten beim Hund. Links (Vorderpfote): He 9 und Pe 9; rechts (Hinterpfote): Ni 1. Die Nadel wird von plantar durch den metatarsalen Ballen gestochen.

induzieren. Die Gesamterfolgsrate lag bei 88 % bei Verwendung der Punkte LG 26 und He 9, und bei 78 % für Pe 9 und Ni 1.

Die klinische Wirksamkeit des Akupunkturpunktes LG 26 bei Atemstillstand wurde daraufhin in zwei Studien untersucht. In beiden Studien kam bei Akupunktur-Gruppe und Kontroll-Gruppe die oben beschriebene Methode zur Anwendung. In beiden Studien erhielten Akupunktur- und Kontrollgruppe vergleichbare Dosen an Thiopental und durchliefen dieselbe Zeit an Apnoe, bevor eine Behandlung einsetzte ($p \geq 0{,}05$) [9, 10]. Es wurde darauf geachtet, dass die Verteilung an gesunden und kranken Tieren, die Altersverteilung und die Geschlechterverteilung in beiden Gruppen gleich war.

In der ersten Studie (70 Hunde) zeigte sich eine signifikant höhere Wiederbelebungsrate beim Einsatz von LG 26, im Vergleich zur analogen Stimulation des Kontrollpunktes in Bereich der Nase (88 % versus 40 %; $p \leq 0{,}05$) [9]. Die Lokalisation des eingesetzten Punktes LG 26 und des Kontrollpunktes sind in ➤ Abb. 16.2 dargestellt. Durch die Nadelung von LG 26 wurde einer durchschnittlichen Dosis von 42 mg/kg Thiopental entgegengewirkt, im Gegensatz zu 32 mg/kg Thiopental bei der Nadelung des Kontrollpunktes. Bei beiden Gruppen verstrich ungefähr die gleiche Zeit vom Beginn der Behandlung bis zum Wiedereinsetzen der Atmung (13 und 12 Sekunden).

Die zweite Studie von Still untersuchte die LG 26-Wirkung an 64 Katzen [10]. Thiopental wurde hier intravenös oder intraperitoneal verabreicht. Es zeigten sich keine signifikanten Unterschiede ($p \geq 0{,}05$) zwischen dem Nadeln von LG 26 (76 %), der Nadelung eines Kontrollpunktes (53 %) und der Gabe des atemstimulierenden Medikamentes Doxapram (69 %). Die Lokalisation der Punkte ist in ➤ Abb. 16.3 wiedergegeben. Es ist dabei zu beachten, dass der Punkt LG 26 in den üblichen Lehrmaterialien auf der nasolabialen Falte lokalisiert wird, also etwas tiefer als der Punkt, der in der vorliegenden Untersuchung verwendet wurde [11]. Beachtet man aber die durchschnittliche Größe einer Katzennase und die verwendete Art der Stimulation, so kann dieser Unterschied höchstwahrscheinlich außer Acht gelassen werden.

Die Ergebnisse aller drei oben erwähnten Studien deuten darauf hin, dass eine starke Stimulation des Punktes LG 26 in der Lage ist,

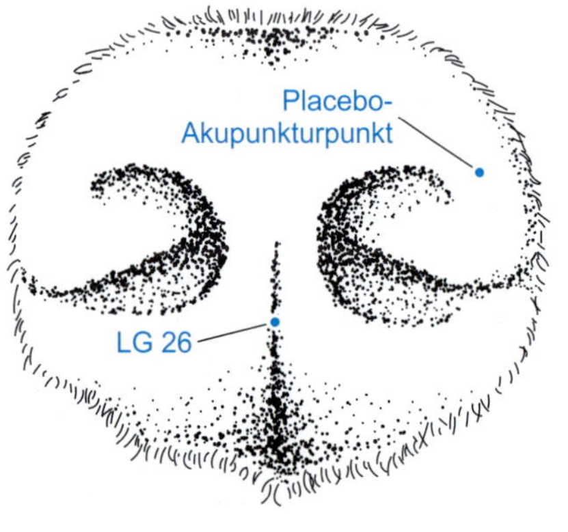

Abb. 16.2 Anatomische Lokalisation des Punktes LG 26 und eines Kontrollpunktes auf der Nase des Hundes (kein Akupunktur-Punkt).

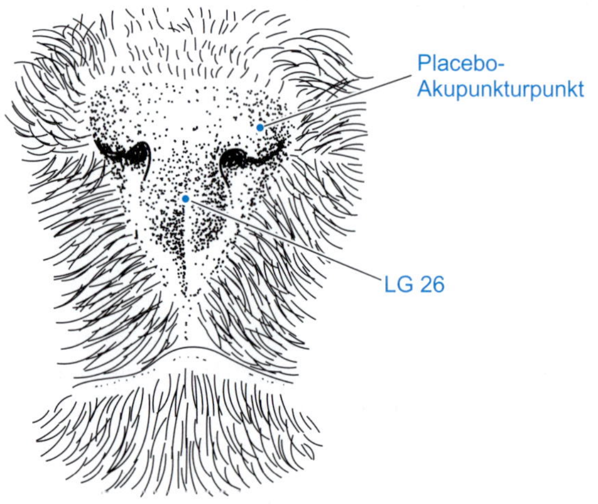

Abb. 16.3 Anatomische Lokalisation des Punktes LG 26 und eines Kontrollpunktes auf der Nase der Katze (kein Akupunktur-Punkt).

eine durch Thiopentan eingeleitete Apnoe wieder aufzuheben. Dies gilt für einen hohen Prozentsatz der untersuchten Tiere und unterschiedliche Gesundheitszustände [7, 9, 10]. Die Erfolgsrate der Akupunkturbehandlung scheint mit zunehmender Narkosedosis abzunehmen [7]. Das kann mit der Dosis-abhängigen Atemdepression des schnell intravenös verabreichten Thiopentans zusammenhängen. Es ist bekannt, dass die Apnoe, die durch Thiopentan ausgelöst wird, nur vorübergehend ist, bedingt durch die Umverteilung der Droge vom ZNS zu peripheren Kompartimenten [8]. Das spontane Wiedereinsetzen der Atmung hatte aber in dieser Studie keinen wesentlichen Einfluss, da die im Versuch verwendeten Thiopentan-Dosen weit über den zur Narkose gebräuchlichen Dosen lagen [8]. Außerdem war die Erfolgsrate bei Stimulation des Akupunkturpunktes wesentlich höher als bei Stimulation der Kontrollpunkte [9].

Eine weitere Untersuchung befasste sich mit dem klinischen Einsatz der Akupunktur zur Wiederbelebung nach chemischer Immobilisation von Zootieren. Darunter waren Nutria, Frettchen, Servale, Grünaffen, Mouflons, Weißbart-Gnus und Eulen. Durch die manuelle Stimulation einer 21-G-Injektionsnadel an LG 26 oder digitale Akupressur von LG 26 plus Ni 1 oder He 9 konnte die Respirationsrate erhöht und/oder die Tiefe der Atemzüge bei 14 von 15 Tieren gesteigert werden (93 %) [12].

Die klinisch günstigen Ergebnisse der oben genannten Untersuchungen können theoretisch durch die Stimulation des Atemzentrums im Gehirn durch die Nadelung von LG 26 erklärt werden. Dieser Zusammenhang konnte experimentell an Katzen bewiesen werden [13]. Es ist bekannt, dass die Thiopental-induzierte Apnoe durch Depression des medullären Atemzentrums ausgelöst wird [8]. Wen und andere bewiesen an Kaninchen mit experimentell induziertem hämorrhagischen Schock, dass die afferenten Nerven, die LG 26 versorgen, für die therapeutische Wirkung des Punktes unverzichtbar sind [14]. Diese Daten lassen vermuten, dass die therapeutischen Effekte der Stimulation dieses Punktes von Reflexbögen und neuronalen Mechanismen abhängig sind. Die reflektorische Natur der Atemstimulation durch Akupunktur wird auch durch den sehr schnellen Wirkungseintritt bestätigt (bereits nach 5 bis 15 Sekunden). Endorphine scheinen hierbei keine Rolle zu spielen, wie durch die Verabreichung des β-Endorphin-Antagonisten Naloxon bewiesen werden konnte [13].

Punkte zur Behandlung von Atemdepression und Atemstillstand

Um eine regelmäßige Spontanatmung wieder herzustellen, empfiehlt sich eine starke Stimulation mit einer Injektionskanüle an den Punkten **LG 26, Pe 9, He 9, Ni 1**.

Die Erfolgsrate dieser Methode ist abhängig von der Auswahl der eingesetzten Akupunkturpunkte und der Art der Stimulation, aber auch von der verabreichten Narkotika-Dosis. Unterschiede zwischen verschiedenen Tierarten und der Allgemeinzustand des Tieres spielen ebenfalls eine Rolle.

Es ist theoretisch denkbar, dass die Effekte der Akupunktur von LG 26 bei Atemstillstand durch die Prämedikation beeinflusst werden. Still untersuchte den Einfluss einer hochdosierten Prednisolon-Prämedikation auf die Wiederbelebung von Hunden und Katzen bei Thiopental-induziertem Atemstillstand mittels Akupunktur des Punktes LG 26. Der Studienaufbau entsprach dem der weiter oben beschriebenen Untersuchungen [9, 10]. Die Atmung konnte bei nur 27 % der Hunde und bei 20 % der Katzen mit Hilfe der Akupunktur wiederhergestellt werden. Diese Erfolgsraten liegen deutlich unter den Werten der Tiere, die nicht unter Prednisolon-Einfluss standen (88 % bei Hunden, 76 % bei Katzen) [10]. Die vergleichsweise schlechte Akupunktur-Wirkung in dieser Studie könnte mit der negativen Interaktion zwischen hoch dosierten Kortikosteroiden und der Aktivität des sympathischen Nervensystems zusammenhängen [16]. Diese theoretischen Zusammenhänge sollten in weiteren Studien untersucht werden.

Die Stimulation von Akupunkturpunkten stellt nur eine von mehreren Möglichkeiten dar, die Spontanatmung mechanisch zu stimulieren. Weitere Methoden sind die Kompression des Thorax, Bewegung des Endotrachealtubus oder jegliche schmerzhafte Manipulation, wie beispielsweise der Operationsbeginn [8]. Bei Katzen und Nutria konnte mit Nadelung der Hautareale um die Schnurrhaare eine Spontanatmung induziert werden. Bei Wiederkäuern, wie Mouflons, war die Stimulation der Haut am Kronsaum und im Klauenzwischenspalt erfolgreich [12]. Die Atemstimulation bei narkotisierten Pferden durch das Drehen eines Ohres ist weit verbreitetes klinisches Wissen. Die Erfolgsraten dieser Methoden der Wiederbelebung wurden noch nicht genauer untersucht. Die Stimulation von Hautarealen mit starker vagaler Versorgung sollte bei leicht anästhesierten Tieren vermieden werden, da die Gefahr fataler Synkopen besteht [17].

16.2 Kreislaufschock

Das Konzept des Kreislaufschocks war zur Zeit der Entwicklung der TCM unbekannt. Die TCM versteht unter dem Begriff „Schock" die psychisch-mentale Schreckreaktion im Zusammenhang mit einem physischen Trauma [4]. TCM-Quellen empfehlen zur Therapie des Schocks die Nadelung der Punkte **KG 16, Ma 36, KG 6** und **KG 12** um *Qi* und Blut zu stimulieren. In Abhängigkeit von dem Element der Fünf-Elementen-Lehre, das am stärksten gestört ist, sollte noch mindestens ein Punkt ergänzt werden, der dieses Element unterstützt, wie z. B. **Bl 18, Bl 23, Lu 9** oder **He 7** [4].

Im Gegensatz zur TCM versteht die moderne Medizin den Schock als ernsthafte, potentiell lebensbedrohende Kreislaufstörung. Der Schock wird definiert als Fehlverteilung des Blutflusses, die zu einem Sauerstoffmangel im Gewebe führt [18]. Obwohl ein Tier unter Schock an Bewusstseinsstörungen oder sogar an vorübergehender Bewusstlosigkeit leiden kann, liegt die therapeutische Herausforderung des Schocks in den reversiblen vaskulären Mechanismen [17].

Bisher liegen nur sehr wenige Untersuchungen vor, die sich mit der Wirkung der TCM bei Schockgeschehen beschäftigen. Einige experimentelle Untersuchungen weisen auf einen sinnvollen Einsatz der Akupunktur beim Schock (LG 26 und Pe 6) und bei myokardialer Hypoxie (Pe 6) hin [19]. *Yang* et al. berichteten, dass Elektroakupunktur an **Pe 6** Ausmaß und Ernsthaftigkeit ischämischer Schädigungen im Myokardinfarkt-Modell des Hundes deutlich verringern kann [20]. Eine theoretische Erklärung dafür wäre, dass die Akupunktur regulierend auf die Koronarperfusion einwirkt und damit die Sauerstoffversorgung der ischämischen und marginalen Zonen der Infarkte verbessert. Diese Ergebnisse könnten vor allem für Patienten wichtig sein, die an kardiogenem Schock leiden.

Hou, Song und *Tang* untersuchten bei Kaninchen mit experimentell induziertem hämorrhagischen Schock die Wirkung einer Stimulation des Punktes Pe 6 mit Elektroakupunktur. Sie fanden eine signifikant verlängerte systolische Auswurfzeit, ein erhöhtes Herzzeitvolumen, und einen erhöhten mittleren arteriellen Druck [18]. Da die meisten klinischen Formen des Schocks durch arterielle Hypotonie und ein reduziertes Herzzeitvolumen charakterisiert sind, könnte vielen Patienten durch die Akupunkturbehandlung geholfen werden [18].

Ho-Chan berichtet, dass eine Moxabehandlung des Akupunktur-Punktes **KG 4** bei anästhesierten Hunden mit Histamin-induziertem Kreislaufschock zu einer deutlichen Erhöhung des Herzzeitvolumens, des peripheren Widerstandes und des mittleren arteriellen Druckes führt [22]. Theoretisch könnten die ermutigenden Ergebnisse dieser Pilotstudie beim Management des anaphylaktischen Schocks hilfreich sein. Massive Histaminfreisetzungen spielen bei dieser Form des Schocks eine große Rolle [23].

16

Wahrscheinlich beeinflusst die Akupunktur kardiovaskuläre Parameter bei Intensivpatienten vor allem über Modifikationen des autonomen Nervensystems. Bei Stimulation des Punktes LG 26 konnte in einer Studie ein sympathomimetischer Effekt nachgewiesen werden, während die Reizung des Punktes Ma 36 bei Hunden in leichter Halothan-Narkose in erster Linie parasympathomimetische Effekte erzeugte [25]. Diese Ergebnisse sollten beim Einsatz von Akupunktur an Patienten bedacht werden, die gleichzeitig Medikamente mit Einfluss auf das autonome Nervensystem einnehmen (z. B. Anticholinergika oder Sympathomimetika).

Obwohl viele der therapeutischen Wirkungen der Akupunktur über die Aktivierung des Endorphin-Systems im Zentralen Nervensystem erklärt werden können [26], gibt es doch experimentelle Hinweise darauf, dass die Stimulation des Punktes LG 26 dem parasympathomimetischen kardiovaskulären Effekt des β-Endorphins im Hund entgegenwirken kann. Die Akupunktur des besagten Punktes hat eine ähnliche Wirkung wie die Injektion des Opiat-Antagonisten Naloxon [27]. Naloxon wird hin und wieder verabreicht, um den blutdrucksenkenden Effekten der endogenen Opiate entgegen zu wirken, die beim septischen Schock eine so große Rolle spielen [18].

Studien weisen darauf hin, dass Akupunktur, in Abhängigkeit von Auswahl und Kombination der Punkte, wirkungsvoll zur Analgesie eingesetzt werden, und dabei gleichzeitig die kardiovaskuläre Stabilität des Patienten stützen kann [26]. Dieser doppelte Vorteil ist vor allem bei kritisch kranken Patienten und Schockpatienten von besonderer Bedeutung. Es bedarf weiterer Forschung, um die Vorteile der Akupunkturbehandlung bei den verschiedenen Formen des Schocks genauer zu ergründen.

Im Augenblick liegen nur sehr wenige kontrollierte Studien über den Einsatz von Akupunktur im Management der verschiedenen Schockformen vor. Es ist daher ratsam, die Methode nur sehr vorsichtig und in Verbindung mit konventionellen Methoden in der Schockbehandlung einzusetzen. Der klinische Verlauf sollte konstant überwacht und die Behandlung den Befunden angepasst werden. Die Interaktion zwischen Akupunktur und Medikamenten darf dabei nie außer Acht gelassen werden.

Punkte zur Behandlung des Kreislaufschocks

Geeignet sind: **Pe 6, Ma 36** und **LG 26**.

16.3 Kardiopulmonale Reanimation

Herz- und Atemstillstand wird definiert als plötzliches und unerwartetes Erliegen der Atmung und des Kreislaufes [28]. Die kardiopulmonale Reanimation ist eine Notfallmaßnahme, deren Ziel die Wiederherstellung der vitalen Funktionen ist und die im Fall eines Herz-Kreislaufstillstandes durchgeführt wird. Die klinischen Ergebnisse der Reanimation sind oft unbefriedigend und hängen von vielen verschiedenen Parametern ab [8].

Es liegen nur wenige Fallberichte über den Einsatz von Akupunktur im Rahmen der Reanimation vor. Janssens, Altmann und Rogers behandelten vier Katzen und drei Hunde mit Akupunktur, die unter Generalanästhesie einen Herz- und Atemstillstand hatten [6]. Drei der Katzen, aber keiner der Hunde reagierte positiv auf die manuelle Stimulation der Injektionsnadel im Punkt LG 26. Die Stimulation dauert zwischen vier und zehn Minuten. Diese Berichte haben aber nur begrenzte Aussagekraft, da keiner der Autoren genügend Details zum klinischen Zustand der Patienten angibt, oder beschreibt, welche anderen Wiederbelebungsmaßnahmen neben der Akupunktur eingesetzt wurden. Lee et al. berichten über den erfolgreichen Einsatz des Punktes **Ma 9** bei zwei Hunden mit Herzstillstand, der experimentell durch eine Mischung von 1 % Halothan in 6 % Sauerstoff, 10 % Kohlendioxid und 83 % Stickstoff über 20 Minuten ausgelöst worden war [25]. Zwei andere Hunde, die nicht akupunktiert wurden, starben.

Schoen gelang es, mit Hilfe der Akupunktur bei einem Hund mit Herz-Kreislaufstillstand unter Vollnarkose einen regelmäßigen Herzrhythmus wieder herzustellen [29]. Alle anderen Maßnahmen der kardiopulmonalen Reanimation hatten bei diesem Hund versagt, bevor die Akupunktur zum Einsatz kam. Die Akupunkturbehandlung bestand in einer Drehstimulation der Injektionskanüle im Punkt **LG 26**. Leider waren die positiven Ergebnisse der Akupunktur nur von vorübergehender Natur, da das EKG sofort zur Nulllinie zurückkehrte, sobald mit der Stimulation aufgehört wurde. Eine theoretische Erklärung für diesen Verlauf wäre eine elektromechanische Dissoziation des Hundes.

Aufgrund nicht genauer angegebener Literaturquellen behaupten Rogers und Skarde [3a], dass die Erfolgsrate der Akupunktur-unterstützten Reanimation 40–50 % sein kann. Laut den Autoren sollte die Akupunkturbehandlung am Patienten 5 bis 30 Minuten lang durchgeführt und mit anderen, konventionellen Notfallmaßnahmen kombiniert werden.

Theoretisch kann die Akupunktur mit einem starken Stimulus der Notfallpunkte wie LG 26 als hilfreicher Teil der kardiopulmonalen Reanimation betrachtet werden, der durch seine kardiovaskulären sympathomimetischen Effekte [24] und die Stimulation des Atemzentrums im Gehirn wirkt [13]. Diese theoretische Annahme sollte weitergehend erforscht werden. Bislang deutet lediglich eine begrenzte Menge an Information darauf hin, dass Akupunktur sinnvoll im Zuge der kardiopulmonalen Wiederbelebung eingesetzt werden kann. Genauere Daten über die klinische Wirksamkeit des Vorgehens liegen noch nicht vor.

16.4 Kardiovaskuläre Unterstützung während der Vollnarkose

Lee et al. haben experimentell den Beweis erbracht, dass die Stimulation des Akupunkturpunktes **LG 26** sympathomimetische kardiovaskuläre Veränderungen hervorruft, die durch erhöhtes Herzzeitvolumen, erhöhtes Herzschlagvolumen und erhöhten mittleren arteriellen Druck bei Hunden unter leichter Halothan-Narkose charakterisiert sind [24]. Dies gilt für die mechanische Stimulation durch Drehen der Nadel genauso wie für die elektrische Stimulation mit Elektroakupunktur oder die thermische Stimulation mit Moxibustion. Hall und Clarke warnen vor einer zu starken Reizung von hochsensitiven Arealen des Körpers, wie z. B. der Nasenscheidewand, in der der Punkt LG 26 lokalisiert ist, da dies einen Herzstillstand bei leicht anästhesierten Tieren hervorrufen könnte [8]. Trotz dieser Befürchtungen wird in keiner einzigen zur Verfügung stehenden veterinärmedizinischen Studie von derartigen Nebenwirkungen der Nadelung von Akupunkturpunkten berichtet, so dass die Methode als klinisch sicher eingestuft werden kann.

Im Gegensatz zu der oben erwähnten Studie [24] konnte bei Ponys während einer Halothan-Narkose durch Stimulation von LG 26 mit Elektroakupunktur oder Moxibustion keinerlei Verbesserung des Herzzeitvolumens, der Herzfrequenz und des mittleren arteriellen Drucks erzielt werden [30]. Diese Diskrepanz kann theoretisch durch die Unterdrückung der neuronalen Wirkmechanismen der Akupunktur aufgrund der bei Ponys notwendigen tieferen Anästhesie erklärt werden [24]. Die Hunde in Lees Untersuchungen wurden nur auf einer sehr oberflächlichen Anästhesieebene gehalten, von der man annimmt, dass sie nicht signifikant mit den Funktionen des autonomen Nervensystems interferiert [24]. Die Ponys in der Untersuchung von Dill und Anderen hingegen wurden wesentlich tiefer mit Halothan narkotisiert [30]. Außerdem könnten tierartspezifische Unterschiede in der Reaktion auf die Stimulation und die Ungewissheit über die exakte Lokalisation des Punktes LG 26 beim Pferd [3] die unterschiedlichen Ergebnisse erklären.

Akupunktur-Analgesie könnte theoretisch als Alternative oder Ergänzung der Vollnarkose bei Intensivpatienten dienen. Zu diesem Zweck werden ausgesuchte Akupunkturpunkte genadelt und elektrisch vor und während des chirurgischen Eingriffes stimuliert. Wenn Punkte zur Analgesie eingesetzt werden [26], sollte man sich darüber im Klaren sein, dass die Stimulation eine Veränderung kardiovaskulärer Parameter bewirken kann. So führt eine Stimulation des Punktes Ma 36 unter einer leichten Halothan-Narkose beim Hund zu einer geringgradigen Verringerung des Herzzeitvolumens [25].

Ein genereller Ersatz der Vollnarkose durch Akupunktur-Analgesie wäre bei den meisten Patienten nicht möglich. Die Vollnarkose für chirurgische Eingriffe beinhaltet Bewusstlosigkeit, Muskelrelaxation und Analgesie [8]. Die Akupunktur-Analgesie wird jedoch bei Tieren nur von einer sehr milden Sedation und Muskelrelaxation begleitet [31]. Wünschenswert wäre die Entwicklung von ausbalancierten Narkosetechniken, die eine Akupunktur-Analgesie mit reduzierten Dosierungen des Anästhetikums kombinieren. Aus der Humanmedizin liegen sehr vielversprechende Untersuchungsergebnisse zu diesem Thema vor. Leider sind die Studien dazu in der Veterinärmedizin noch selten.

Still et al. haben vor kurzem eine randomisierte, kontrollierte Doppelblindstudie veröffentlicht, die sich mit der ausbalancierten Anästhesie und Akupunktur-Analgesie bei Hunden befasst [32]. Die Autoren verglichen den Einsatz des Opiates Buprenorphin mit der Injektion physiologischer Kochsalzlösung (Placebo) und Elektroakupunktur am Ohr während der Sterilisation gesunder Hündinnen unter Halothan-Anästhesie. Aufgezeichnet wurden dabei kardiopulmonale Parameter und verschiedene Laborwerte während und nach der Narkose. Es zeigten sich keine signifikanten Unterschiede zwischen den Gruppen ($p \geq 0{,}05$). Die gewonnenen Daten bestätigen, dass die Akupunktur keinen zusätzlichen Stress für die operierten Tiere darstellt. Dies könnte für die Sicherheit des Einsatzes von Akupunktur an kritisch kranken Tieren wichtig sein. Der klinische Einsatz der Akupunktur sollte jedoch immer unter Berücksichtigung der physiologischen Wirkung des jeweiligen Akupunkturpunktes und unter sorgfältiger Überwachung des Patienten im Verlauf der Narkose durchgeführt werden.

Manche Medikamente können mit den kardiovaskulären Wirkungen der Akupunktur interferieren. Lee et al. stellten fest, dass der sympathomimetische Effekt von LG 26 durch den β-Blocker Propranolol aufgehoben werden kann [24]. Vor allem bei Herzpatienten kann diese Wechselwirkung wichtig sein.

Zusammenfassend lässt sich sagen, dass die Akupunktur als sichere Ergänzung der Vollnarkose eingesetzt werden kann. Theoretisch kann durch die Akupunktur auch eine zusätzliche Analgesie erreicht werden. Die Unterstützung einer schwachen kardiopulmonalen Leistung könnte ein weiteres Einsatzgebiet der Akupunktur sein. Die Auswahl der Punkte und der Stimulationsart sollte unter Beachtung des Allgemeinzustandes des Patienten erfolgen. Die möglichen Wechselwirkungen zwischen Akupunktur und verschiedenen Medikamenten müssen beachtet werden.

16.5 Schmerztherapie

Viele der kritisch kranken Tiere leiden an Schmerzen. Um unnötiges Leiden zu vermeiden sollten diese Schmerzen gelindert werden. Davon abgesehen können Schmerzen unerwünschte Stressreaktionen im Körper auslösen. In der Praxis sieht man häufig sehr starke akute Schmerzen. Klinisch und experimentell ermittelte Daten aus dem Bereich der Akupunktur-Analgesie [26] deuten darauf hin, dass die Stimulation bestimmter Akupunkturpunkte Schmerzen lindern kann. Besonders geeignet erscheinen hier z. B. **Ma 36, MP 6, Gb 34, Di 11, segmentale *Shu*-Punkte** und **Punkte auf dem Lenkergefäß**. Die Punkte sollten stark stimuliert werden, entweder manuell oder mit Elektroakupunktur, über eine Zeitspanne von 20 bis 30 Minuten. Je nach klinischer Reaktion sollte die Behandlung wiederholt werden. Wenn die Akupunktur keine ausreichende Schmerzlinderung erzielt, sollte man nicht zögern, konventionelle Analgetika einzusetzen.

Tab. 16.1 Einteilung der Hunde mit thorakolumbalen Bandscheibenerkrankungen nach dem initialen klinischen Untersuchungsbefund

Kategorie	Klinische Befunde
I	Rückenschmerzen, keine neurologischen Ausfälle
II	Parese der Hintergliedmaßen
III	Paraplegie, Schmerzempfindung in den Hintergliedmaßen erhalten
IV	Paraplegie, Schmerzempfindung in den Hintergliedmaßen nicht vorhanden

Quelle: Still, J.: Analgesic effects of acupuncture in thoracolumbar disc disease in dogs. J Small Animal Pract (UK) 30:298, 1989.

Tab. 16.2 Ansprechen der Hunde mit thorakolumbalen Bandscheibenerkrankungen auf die Akupunkturbehandlung

Anzahl der notwendigen Behandlungen bis Eintritt der Analgesie	Anzahl der Hunde mit verschiedenen Schweregraden der thorakolumbalen Bandscheibenerkrankung			
	Kategorie I	Kategorie II	Kategorie III	Kategorie IV
1 Behandlung	5 (63 %)	12 (71 %)	5 (39 %)	22 (58 %)
2 Behandlungen	2 (25 %)	3 (18 %)	3 (23 %)	8 (21 %)
3 Behandlungen	0	1 (6 %)	0	1 (3 %)
4 Behandlungen	1 (13 %)	1 (6 %)	0	2 (5 %)
Insgesamt	8 (100 %)	17 (100 %)	8 (62 %)	33 (87 %)

Quelle: Still J: Analgesic effects of acupuncture. In Schoen AM, Hsg.: Veterinary acupuncture: ancient art to modern medicine, St. Louis, 1994, Mosby.

In einer Untersuchung wurden 38 Hunde mit akuten thorakolumbalen Bandscheibenerkrankungen behandelt, die bei der Erstuntersuchung klinische Anzeichen von Schmerzen zeigten [33]. In ➤ Tab. 16.1 ist die Einteilung der Fälle nach ihrem klinischen Untersuchungsbefund zu sehen. Empfohlene Akupunkturpunkte am Rücken und an den Hintergliedmaßen wurden mit 6 bis 16 Edelstahl-Akupunkturnadeln behandelt. Während der Behandlungsdauer von 20 Minuten wurden die Nadeln von Zeit zu Zeit mit der Hand manipuliert. Bei Fällen der Kategorie III und IV wurde zusätzlich Elektroakupunktur eingesetzt. Vor oder während der Akupunktur wurden keine Analgetika oder Antiphlogistika verabreicht. Es wurden ein bis vier Behandlungen über einen Zeitraum von einem bis zu 22 Tagen durchgeführt.

In ➤ Tab. 16.2 werden die Ergebnisse zusammengefasst. Die Schmerzlinderung war zuverlässig und setzte schnell ein, vor allem bei Hunden der Kategorien I und II. Die Erfolgsrate bei Tieren der Kategorie III und IV war niedriger, da hier schwerwiegendere Rückenmarksschädigungen zu erwarten waren.

16.6 Stimulation der körpereigenen Abwehr

Die Anregung der körpereigenen Abwehr ist ein wichtiges Therapieziel, besonders bei Patienten mit Infektionserkrankungen oder einem durch Schock und dessen Komplikationen geschwächten Immunsystem. Theoretisch kann Akupunktur eingesetzt werden, um die Gesundheit in späteren Genesungsstadien nach ernsthaften Erkrankungen zu stärken. Experimentelle und klinische Daten, die in dem Band *Proceedings of the Symposium on Advances in Acupuncture and Acupuncture Anesthesia* zusammengestellt sind, weisen darauf hin, dass mit folgenden Punkten die zelluläre und humorale Immunität angeregt werden kann: **Ma 36, Pe 6, MP 6, Di 4** [19].

Rogers verglich diese und andere zur Verfügung stehende Daten [34] und empfiehlt die Anwendung der Akupunktur zur Therapie zahlreicher klinischer Zustände, die durch Entzündung, Infektion, Abwehrschwäche und verzögerte Heilung charakterisiert sind. Allerdings weisen Filshi und White darauf hin, dass viele der Untersuchungen methodische Schwächen zeigen und ihrer Meinung nach nicht als klinisch relevante Beweise gewertet werden sollten [35]. Auch wenn also theoretisch mit Hilfe der Akupunktur das geschwächte Immunsystem kritisch kranker Patienten gestärkt werden kann, besteht auf diesem Gebiet noch großer Forschungsbedarf.

16.7 Schlussfolgerung

Akupunktur kann als Erfolg versprechende Methode zur Behandlung verschiedener ausgewählter Erkrankungen und Störungen bei kritisch kranken Tieren eingesetzt werden. Da kaum kontrollierte Studien zu diesem Thema zur Verfügung stehen, sollte Akupunktur bei den meisten klinischen Indikationen eher als ergänzende Methode und nicht als Alternative zu konventionellen Behandlungsmethoden betrachtet werden.

LITERATUR

1. Stux G: Acute disorders and emergencies. In Stux G, Pomeranz B: *Acupuncture: textbook and atlas*, Berlin, 1987, Springer-Verlag, p 307.
2. Xie Z, Liao J: *Traditional Chinese internal medicine*, Beijing, 1993, Foreign Languages Press.
3. Xie H: *Traditional Chinese veterinary medicine*, Beijing, 1994, Beijing Agricultural University Press.
3a. Rogers PAM, Skarda R: Emergency acupoint Renzhong (Jenchung, GV26): a bibliography and review from textbook sources, *Web J Aucpunct*, 1999, p 1–31.
4. Maciocia G: *The foundations of Chinese medicine*, Edinburgh, 1989, Churchill Livingstone.
5. Giniaux D: *Help your horse with fingers and eyes*, Paris, 1992, Editions Lamarre.
6. Janssens L, Altman S, Rogers PAM: Respiratory and cardiac arrest under general anaesthesia: treatment by acupuncture of the nasal philtrum, *Vet Rec* 22:273–276, 1979.

7. Still J, Konrad J: Experimental resuscitation using acupuncture in the dog, *Kleintierpraxis* (Germany) 30:35–40, 1984.
8. Hall LW, Clarke KW: *Veterinary anaesthesia,* ed 9, London, 1991, Bailliere Tindal, pp 300–302, 381–383.
9. Still J: A comparison of the respiratory stimulant effect of acupuncture at the philtrum point (GV26) with noradrenaline in thiopental induced apnoea in dogs, *Annales de las Medicine Veterinaire* (Belgium) 132:57–64, 1988.
10. Still J: A comparison of the respiratory stimulant effects of acupuncture at the philtrum point (GV26) with doxapram in thiopental induced apnoea in cats, *J Auricular Med Acupunct* (Israel) 1:33–38, 1990.
11. Schoen AM: Clinical applications of veterinary acupuncture in small animal practice. In *Veterinary acupuncture course manual,* ed 3, 1994, International Veterinary Acupuncture Society/Australian Veterinary Acupuncture Association, pp 10.1.1–10.1.12.
12. Still J, Konrad J: Verification of acupuncture resuscitation in some species of zoo-animals. *Proceedings of the Twenty-Sixth International Symposium on Diseases of Zoo-Animals,* Brno, Czechoslovakia, 1948, pp 209–214.
13. Baraskov GN, Staroverov AT: Effects of acupuncture upon the neural mechanism of respiration. In *Theory and practice of acupuncture,* no. 3, Leningrad, 1984, Institution of Postgraduate Medical Studies.
14. Wen S et al: The innervation of point Renzhong in rabbits, *Chinese Acupuncture and Moxibustion* 5:31–34, 1985.
15. Still J: Effects of prednisolone pretreatment on acupuncture resuscitation at GV26 in dogs and cats (a preliminary study), *J Auricular Med Acupunct* (Israel) 3:7–12, 1992.
16. Bhagat BD: Effects of methylprednisolone on endotoxin-induced changes in adrenal catecholamine enzymes. In Thomas M, Glen E, ed: *Steroids and shock,* Baltimore, 1974, University Park Press, pp 165–168.
17. Sodeman WA, Sodeman WA Jr: *Pathological physiology: mechanisms of disease,* ed 4, London, 1967, WB Saunders, pp 301–305.
18. Muir WW: Shock. In Fenner WR, ed: *Quick reference to veterinary medicine,* ed 2, Philadelphia, 1991, JB Lippincott, pp 3–11.
19. *Proceedings of the Symposium on Advances in Acupuncture and Acupuncture Anesthesia,* Tiantan Xili, Beijing, 1979.
20. Yang Y et al: Effects of acupuncture on experimental acute myocardial infarction. In Xiangtong W, ed: *Research on acupuncture, moxibustion, and acupuncture anesthesia,* Beijing, Science Press/Berlin, Springer-Verlag, 1986, pp 876–882.
21. Hou Z, Song X, Tang Z: An observation of the protective effect of acupuncture on cardiac function in haemorrhagic shock, *Chen Tsu Yen Chiu Acupunct Res* 20:44–47, 1995.
22. Ho-Chan C: Effect of moxibusting point Kuan-Yuan on cardiovascular and renal responses to histamine-induced shock, *Am J Chin Med* 15:77–82, 1987.
23. Guyton AC: Human physiology and mechanisms of disease, ed 4, Philadelphia, 1987, WB Saunders, pp 162–168.
24. Lee DC et al: Some effects of acupuncture at Jen Chung (GV–26) on cardiovascular dynamics in dogs, *Can J Comp Med* 41:446–454, 1977.
25. Lee MO et al: Cardiovascular effects of acupuncture at Tsu San Li (ST-36) in dogs, *J Surg Res* 18:51–63, 1975.
26. Pomeranz B: Scientific basis of acupuncture. In *Acupuncture: textbook and atlas,* Berlin, 1987, Springer-Verlag, pp 1–34.
27. Lee DC, Lee MO, Clifford DC: Does beta endorphin modify the sympathomimetic effects of acupuncture during anaesthesia in dogs? *Am J Acupunct* 8:215–224, 1980.
28. Bonagura JD, Berkwitt L: Cardiovascular and pulmonary disorders. In Fenner WR, ed: *Quick reference to veterinary medicine,* ed 2, Philadelphia, 1991, JB Lippincott, pp 117–175.
29. Schoen AM: Personal communication, 1996.
30. Dill SG et al: Cardiovascular effects of acupuncture stimulation at point Governing Vessel 26 in halothane-anesthetized ponies, *Am J Vet Res* 49:1708–1712, 1988.
31. Still J et al: Experimental ear acupuncture analgesia in the dog, *Vlaams Diergeneeskunig Tijdschrift* 55:407–415, 1986.
32. Still J and others: A comparison of anaesthetic and post anaesthetic effects of placebo, buprenorphine and auricular electro-acupuncture in bitchesovariohysterectomised under halothane anaesthesia, *Int J Alt Comp Med* 16:26–33, 1998.
33. Still J: Analgesic effects of acupuncture in thoracolumbar disc disease in dogs, *J Small Anim Pract (UK)* 30:298–301, 1989.
34. Rogers PAM: Immunological effects of acupuncture. In Schoen AM, editor: *Veterinary Acupuncture: ancient art to modern medicine,* St Louis, 1994, Mosby, pp 243–267.
35. Filshie J, White A: The clinical use of, and evidence for, acupuncture in medical systems. In Filshie J, White A; editors: *Medical acupuncture: a western scientific approach,* London, 1998, Churchill Livingstone, pp 225–294.

KAPITEL

17 Akupunktur bei kardiovaskulären Erkrankungen

Francis W.K. Smith, Jr.

Tierärzte werden häufig aufgrund von kardiovaskulären Beschwerden aufgesucht. Klinisch manifestieren sich diese Erkrankungen oft in Form von Herzinsuffizienz, Arrhythmien Schock, Herz-Kreislauf-Stillstand und systemischer Hypertonie. Akupunktur kann signifikanten Einfluss auf das kardiovaskuläre System ausüben und stellt so eine sehr effektive Therapiemöglichkeit für eine Reihe von kardiovaskulären Erkrankungen dar.

Geeignete kardiovaskuläre Indikationen für Akupunktur in der Tiermedizin

- Schock und Herz-Kreislauf-Stillstand
- Herzinsuffizienz
- Arrhythmien
- Bluthochdruck

17.1 Blutdruck-Störungen

Hypotonie und Schock treten bei Tieren häufig auf und sind relativ einfach zu diagnostizieren. Seit Kurzem wird auch die Hypertonie in der Tiermedizin als ernsthaftes Problem erkannt. Die Problematik blieb wegen der Schwierigkeit der nicht-invasiven Blutdruckmessung bei Tiere so lange unerkannt. Da jetzt geeignete Apparaturen zur Verfügung stehen, kann die Erkrankung diagnostiziert und entsprechend behandelt werden. Der Blutdruck wird vom Herzzeitvolumen (Herzschlagrate × Herzschlagvolumen) und von der Höhe des vaskulären Widerstandes beeinflusst. Darum erhöhen alle Faktoren, die das Herzzeitvolumen oder den vasomotorischen Tonus steigern, auch den Blutdruck und umgekehrt. Über die Akupunktur kann der autonome Tonus reguliert werden (➤ Kap. 3); daher sollte es auch möglich sein, mithilfe der Akupunktur Abweichungen des Blutdrucks zu korrigieren, indem man Herzschlagrate, Herzkontraktilität und vasomotorischen Tonus beeinflusst.

Die Stimulation von Akupunkturpunkten im Bereich der distalen, oberen Gliedmaßen hat offenbar den stärksten Einfluss auf Vasodilatation und Vasokonstriktion [1]. Di 4 *(He Gu)* und 3E 5 *(Wei Guan)* bewirken eine Vasodilatation, während Pe 6 *(Nei Guan)* vasokonstriktorisch wirkt, wie Messungen des Blutflusses in Fingern und Ohren ergaben [1]. Bei einer Kombination von Di 4, Di 11 und Lu 7 mit unilateraler Stimulation, wurde der periphere Blutfluss im kontralateralen Unterarm durch die Vasokonstriktion reduziert [2]. Möglicherweise ist die verminderte Blutungsneigung aus Hautschnitten bei chirurgischen Eingriffen unter Akupunkturanalgesie auf den beschriebenen vasokonstriktorischen Effekt zurückzuführen. Akupunktur hat außerdem auch einen regulierenden Einfluss auf die vaskuläre Permeabilität [1].

Punkte mit Einfluss auf kardiovaskuläre Funktionen

- **Di 4 und 3E 5:** Vasodilatation
- **Pe 6:** Vasokonstriktion
- **LG 26:** Herzfrequenz ↑, Schlagvolumen ↑, Herzzeitvolumen ↑
- **Ma 36:** Blutdruck ↓
- **Le 3:** Herzzeitvolumen ↓, Herzfrequenz ↓, mittlerer arterieller Druck ↓

17.1.1 Kreislaufkollaps

Bei Fällen von mildem Schockgeschehen kann die Akupunktur sehr erfolgreich eingesetzt werden. Behandelt man einen Schock oder eine Hypotonie mit Akupunktur, so erhöht sich der Blutdruck in der Regel innerhalb von fünf bis dreißig Minuten nach der Nadelung [1]. Zur Behandlung des kardiovaskulären Kollapses und des Schocks wird am häufigsten der Punkt LG 26 *(Jen Chung)* eingesetzt. Die stärksten Reaktionen lassen sich mit elektrischer Kauterisierung erzielen, gefolgt von manueller Stimulation der Nadeln [3]. Elektrische Stimulation, Moxibustion, transkutane Nervenstimulation, digitaler Druck, Injektion von Flüssigkeiten und Implantation von Metallen an LG 26 zeigten keine effektive Wirkung [3]. LG 26 liegt bei Hunden am Nasenspiegel auf Höhe der ventralen Kante der Nasenlöcher. Die passende Stimulation des Punktes erhöht die Herzfrequenz, das Schlagvolumen, das Herzzeitvolumen und hat Blutdruckveränderungen zur Folge, die mit den durch intravenöses Adrenalin hervorgerufenen Veränderungen verglichen werden können [3, 7]. Durch die Stimulation wird außerdem der mittlere arterielle Druck erhöht und der totale periphere Widerstand erniedrigt [7]. Diese Veränderungen basieren auf einer Zunahme des Sympathikotonus. Sie können durch den unspezifischen β-Adrenorezeptor-Blocker Propranolol aufgehoben werden. Zu einem geringeren Grad kann dies auch durch den Einsatz von Phentolamin, einem α-Adrenorezeptor-Blocker, erreicht werden [3]. Die gleichzeitige Stimulation von Ni 1 *(Yong Quan)* und LG 26 hat einen synergistischen Effekt und ist darum zur Behandlung von Schockgeschehen, Überdosierung von Anästhetika und von Traumen geeignet [3]. Mit dem Punkt Di 5 *(Yang Hsi)* können Pulsarrhythmien bei Hunden korrigiert werden [3].

Ein Fallbericht beschreibt die Wirksamkeit von LG 26 zur Wiederherstellung eines Sinusrhythmus bei einem Hund mit Herz-Kreislauf-Stillstand. Das Tier reagierte nicht auf die vorher durchgeführten Versuche der kardiopulmonalen Reanimation mit Adrenalin, Natriumbikarbonat und Flüssigkeitszufuhr. Leider konnte der Sinusrhythmus immer nur für die Dauer der Akupunkturstimulation aufrechterhalten werden [4].

Eine andere Studie zeigte, dass bei 88 % der Hunde, bei denen durch Thiopental-Injektionen eine Apnoe ausgelöst worden war, nach Nadelung des Punktes LG 26 die Atmung wieder einsetzte. In der Kontrollgruppe, bei der ein Nichtakupunktur-Punkt genadelt worden war, atmeten hingegen nur 40 % der Tiere wieder spontan [5]. Mit Akupunktur und Akupressur der Punkte LG 26, Ni 1 und He 9 konnten 14 von 15 verschiedenen Zootieren aus sieben verschiedenen Spezies (darunter Nutria, Serval, Grünaffen, Mouflon) wiederbelebt werden [6].

Nicht alle Studien, die sich mit dem Einsatz von LG 26 bei kardiovaskulären Problemen befassen, zeigen positive Ergebnisse. Bei einer Untersuchung konnte bei Ponys unter Halothan-Narkose durch Moxibustion und Elektroakupunktur an LG 26 im Vergleich zur Kontrollgruppe (Nadelung an Nichtakupunktur-Punkten) keine Veränderung des Herzzeitvolumens, des arteriellen Druckes oder der Herzfrequenz bewirkt werden [8]. Diese Diskrepanz kann durch die unterschiedlichen Spezies bedingt sein. Das anatomische Äquivalent zu LG 26 fehlt auf vielen Akupunkturtafeln des Pferdes, oder es wird für nicht-kardiovaskuläre Indikationen empfohlen [5]. Es ist denkbar, dass durch die relativ hohe Halothan-Konzentration, die bei der Untersuchung an den Ponys angewendet wurde, die Sympathikusreaktion auf die Nadelung vermindert war.

17.1.2 Hypertonie

Neueste Untersuchungen an Versuchstieren deuten auf ein blutdrucksenkendes Potential der Akupunktur hin. Durch Elektrostimulation des Punktes Ma 36 über 20 Minuten (4 V, 1–2 Hz) konnte eine durch Adrenalin-Injektion verursachte Hypertonie gesenkt werden. Die Wirkung war nicht durch Atropin aufhebbar, konnte aber mithilfe von Naloxon unterbrochen werden [9]. Die blutdrucksenkende Wirkung der Stimulation von Ma 36 scheint daher durch Inhibition des Sympathikus und Freisetzung von Endorphinen vermittelt zu sein. Eine Stimulation von Ma 36 über 30 Minuten (6 V, 20 mA, 50 Hz) verringerte in einer anderen Studie das Herzzeitvolumen, hauptsächlich durch eine Senkung des Herzschlagvolumens [10]. Theoretisch könnten diese Veränderungen durch einen verstärkten Parasympathikotonus herbeigeführt worden sein, da sie mit Atropin blockiert werden konnten [3]. Die Stimulation des Punktes Le 3 *(Tai chong)* durch Nadeln über 30 Minuten verringerte das Herzzeitvolumen, die Herzfrequenz und den mittleren arteriellen Druck, ohne das Herzschlagvolumen bei den anästhesierten Hunden zu verändern [3].

In der Behandlung der Hypertonie genügen in der Regel sieben bis zehn Akupunktursitzungen um eine maximale Reduktion des Blutdruckes zu erreichen. Folgt dieser Behandlungsserie eine Pause von zwei bis drei Wochen, kann eine persistierende Hypertonie durch weitere Behandlungen noch weiter reduziert werden [1]. Akupunkturbehandlung der Hypertonie bei Menschen führte zu einer Blutdrucksenkung, einer Normalisierung oder Verbesserung der systolischen und diastolischen Herzfunktion und zu einer Abnahme der myokardialen Hypertrophie [1]. Bei einer Langzeitstudie an Menschen mit Bluthochdruck konnte eine Verringerung des Blutdruckes über sechs bis zwölf Monate erreicht werden, indem die Ohr-Akupunkturpunkte *Shen Men,* der Punkt zur Blutdrucksenkung, der Punkt 0 und der Subkortexpunkt mit den Körper-Akupunkturpunkten Bl 11, Bl 12, Bl 13, Bl 14, Bl 15 abwechselnd eingesetzt wurden. Die Verringerung des Blutdruckes war mit einer abnehmenden Wandspannung und einem Rückgang der Hypertrophie im linken Ventrikel verbunden [12].

Akupunktur zur Blutdrucksenkung

Ma 36 hat sich in der antihypertensiven Therapie bei Menschen und bei Hunden bewährt [9, 13].

17.2 Herzrhythmusstörungen

Arrhythmien treten häufig in Verbindung mit einer Herzinsuffizienz auf und können mit Myokarditis und systemischen Erkrankungen in Zusammenhang stehen. Vorhofflimmern findet sich häufig bei großen Hunden mit dilatativer Kardiomyopathie. Ventrikuläre Arrhythmien sind oft Begleiterscheinung einer Kardiomyopathie bei Boxern, bei traumatischer Myokarditis und bei systemischen Entgleisungen, wie dilatativer Magendrehung und Pankreatitis [14]. Beim so genannten Sick Sinus Syndrom der Zwergschnauzer, Möpse und Dackel kommt es oft zu Bradyarrhythmien. Verschiedene Stadien von Reizleitungsstörungen in Verbindung mit einem hohen vagalen Tonus, pulmonalen Störungen und Degeneration oder Fibrolyse des AV-Knotens können häufig bei geriatrischen Patienten beobachtet werden [15]. Arrhythmien sind in der Regel die Folge von Abweichungen in der Reizbildung oder -weiterleitung. Mit Akupunktur kann auf diese physiologischen Funktionen normalisierend eingewirkt werden. Nach einer Stimulation von Pe 6 bei Kaninchen zeigten bradykarde Tiere eine Zunahme und tachykarde Tiere eine Abnahme der Herzfrequenz [16].

17.2.1 Tachykardien

Tachykardien können unterschiedliche Ursachen haben: Sinusarrhythmien, Vorhofarrhythmien, Vorhofflimmern und ventrikuläre Arrhythmien. Arrhythmien, die auf eine Reizbildungsstörung zurückzuführen sind, eignen sich eher zur Akupunkturbehandlung als wiederum solche, die sich aufgrund einer Reizleitungsstörung entwickelt haben [17].

Punkte zur Senkung der Herzfrequenz

Pe 6, Pe 5 *(Jian Shi)*, Bl 15 *(Xin Shu)*, Ma 9 *(Ren Zhong)*, Bl 1 *(Jing Ming)*, Bl 2 *(Zan Zhu)* und Ma 1 *(Cheng Qi)*.

17.2.2 Ventrikuläre Arrhythmien

Durch Akupunkturbehandlung konnte bei 112 Menschen mit Herzerkrankungen und bei 16 gesunden Probanden die Anzahl der ventrikulären Extrasystolen (VES) um 73 % bzw. 13 % gesenkt werden [17]. Mit Elektroakupunktur an Pe 6 kann die ventrikuläre Reizschwelle heraufgesetzt werden. Bei Kaninchen konnte damit ein antiarrhythmischer Effekt erzielt werden, der einer Lidocain-Verabreichung vergleichbar ist [18]. Eine elektrische Stimulation des Hypothalamus-Gebietes führt zu einer erhöhten Sympathikusaktivität und damit zu vermehrten ventrikulären Extrasystolen [16]. Derartige Sympathikus-induzierte Arrhythmien können sehr gut (zu 82 %) durch Elektroakupunktur der Punkte Ma 36 und Pe 6 kontrolliert werden (niedrige Spannung, niederfrequenter Strom) [16]. Eine starke mechanische Simulation dieser Punkte ist schmerzhaft und bewirkt einen Blutdruckanstieg und häufig auch Arrhythmien [19]. Die Stimulation von Pe 6 kann die Häufigkeit von VES verringern, die durch eine Hypothalamus-Stimulation oder durch Barium Chlorid-Injektionen ausgelöst wurden [17]. Die antiarrhythmogene Wirkung der Akupunktur bei zentral stimulierten Arrhythmien ist unter anderem durch eine Zunahme der α-Endorphin- und Dynorphin-Konzentration im periaquaeduktalen Höhlengrau des ZNS vermittelt. Die Endorphine verringern die Ausschüttung von Norepinephrin und Dopamin und reduzieren damit die Stimulation des Herzens über den Sympathikus [20].

17.2.3 Supraventrikuläre Arrhythmien

In einer Studie wurden Patienten mit supraventrikulären Arrhythmien, die die medikamentöse Therapie nicht vertrugen oder nicht darauf ansprachen, mit Akupunktur an He 7 *(Shen Men)*, Pe 6 und KG 17 *(Shen Zhong)* behandelt. Es erfolgte eine manuelle Stimulation der Nadeln für 30 Minuten alle drei Tage über zunächst vier bis sechs Behandlungen, anschließend wöchentliche Behandlungen. Insgesamt wurde mit 7 bis 30 Behandlungen bei 55 % eine komplette Heilung, bei 27 % eine deutliche Besserung und bei 14 % eine leichte Besserung erzielt. Die Untersuchung lief über einen Zeitraum von sechs Monaten, gefolgt von einer sechsjährigen Kontrollphase [21]. Die Patienten, die an einer organischen Herzerkrankung litten, brauchten länger, um auf die Akupunkturbehandlung anzusprechen.

17.2.4 Bradyarrhythmien

Die Nadelung der Punkte He 5 *(Tong Li)* und LG 25 *(Shu Liao)* erhöht die Herzfrequenz. In einer Untersuchung an insgesamt 54 Menschen, die an symptomatischer, therapieresistenter Sinusbradykardie litten, zeigte sich die Akupunktur als sehr effektive Behandlungsmethode. Bei allen Patienten wurden Pe 6, Lu 7 und Ma 36 gestochen. In Abhängigkeit von der klinischen Symptomatik wurde noch ein weiterer der folgenden Punkte eingesetzt: LG 25, LG 14, He 7, MP 6, KG 17 und Bl 17. Die Nadeln in den beschriebenen Punkten wurden manuell über 5 bis 15 Minuten stimuliert. Die Behandlungen erfolgten täglich oder jeden zweiten Tag über acht bis zehn Behandlungen. Dabei konnte bei 37 Patienten eine deutliche Besserung erzielt werden (Erhöhung der Herzfrequenz um 20 %). Mittelmäßige Verbesserung, im Sinne einer Besserung der Symptomatik und einer Erhöhung der Herzfrequenz um 10 %, wurde bei zwölf Patienten festgestellt. Sieben der Patienten sprachen nicht auf die Behandlung an [22].

17.2.5 Einfluss der Akupunktur auf das EKG

Nach Nadelung von Bl 15 und Di 15 bei Herzpatienten zeigte sich im EKG eine Verlangsamung der Herzfrequenz, eine verkürzte Dauer der QRS-Komplexe, eine Abnahme der QT-Zeit und eine Zunahme der Amplitude der T-Wellen [1]. Sinusarrhythmien, die auch bei gesunden Hunden sehr häufig sind, traten nach Nadelung von Di 5 mindestens vier Wochen lang nicht mehr auf [3]. Dieselbe Stimulation kann auch einen Pulsus alternans ausgleichen [3].

17.3 Myokardinfarkte

Myokardinfarkte treten bei Haustieren nur sehr selten auf. Das Thema wird hier nur erwähnt, um die positive Wirkung der Akupunktur auf die myokardiale Durchblutung aufzuzeigen, die auch bei Tieren mit anderen Herzerkrankungen genutzt werden kann. Mithilfe der Akupunktur kann sowohl die Sauerstoffversorgung des Myokards verbessert, als auch die Stabilität und Funktionskraft des Myokards gestärkt werden. Im EKG zeigt sich eine myokardiale Ischämie in der Form von ST-Streckenerhöhungen. In einer kontrollierten Studie an Kaninchen, bei denen experimentell eine Myokardischämie ausgelöst worden war, konnte mit Elektroakupunktur der Punkte Pe 4 und Bl 21 *(Wei Shu)* das Ausmaß der Myokardschädigung, gemessen an den ST-Streckenveränderungen im EKG, verringert werden. Die Stimulation von Di 6 zeigte keine Wirkung [16]. Elektroakupunktur an Pe 5 beschleunigte die Normalisierung der ST-Strecken und die Myokardregeneration der Kaninchen [23]. Bei Hunden mit Ligaturen der Herzkranzgefäße konnte durch Stimulation von Pe 4 oder Pe 6 die ST-Streckenerhöhung vermindert werden [17, 18]. Bei Katzen, deren linke Koronararterie temporär ligiert worden war, zeigte sich in der Gruppe, die mit Akupunktur an Pe 6 behandelt worden war, eine deutlich schnellere Normalisierung der ST-Streckenveränderungen als in der Kontrollgruppe [18]. Moxibustion des Punktes Pe 3 *(Qu Ze)* zeigt einen protektiven Effekt gegenüber akuten Myokardinfarkten [18].

Die günstigen Effekte der Akupunktur bei Myokardinfarkten kommen zustande durch eine Erhöhung des Sauerstoffangebots und einer gleichzeitigen Verringerung des Sauerstoffverbrauchs [18]. Stimulation von Pe 6 verringert den koronaren Widerstand [17]. Nach Myokardinfarkten verringert sich durch Nadelung von Pe 6 der Verbrauch an Glykogen, Phosphorylase, Laktatdehydrogenase und Sukzinatdehydrogenase im Vergleich zur Kontrollgruppe [18].

Bei Hunden, bei denen der R. interventricularis anterior der linken Koronararterie ligiert worden war, verlangsamte eine Elektroakupunktur von Pe 6 die Reduktion des Sauerstoff-Partialdrucks im Myokardgewebe und reduzierte damit das Ausmaß der ischämischen Schäden. In derselben Untersuchung zeigte die Stimulation von Ma 36 keine Wirkung [24]. Die Stimulation von Pe 6 mit 2 Hz und einer Spannung, die ausreicht, um Muskelfaszikulationen auszulösen, bewirkte eine deutliche Abnahme des Parasympathikustonus und eine leichte Zunahme des Sympathikotonus im Herz. Dadurch konnten kardiovaskuläre Störungen, die durch eine Asphyxie hervorgerufen worden waren, verringert werden [25]. Andere Untersuchungen haben bewiesen, dass Größe und Schweregrad von Myokardnekrosen durch Akupunktur verringert werden können [17]. In einer Untersuchung an Menschen mit Myokardinfarkten konnte durch Akupunktur die linksventrikuläre Funktion verbessert, die Blutviskosität verringert und die Mikrozirkulation deutlich gesteigert werden. Diese Veränderungen bewirken alle eine verbesserte Sauerstoffversorgung des Myokards und eine erhöhte Durchblutung der Kollateralgefäße, und dadurch eine Begrenzung der Infarktgröße [26].

Bei der Therapie von Myokardinfarkten und koronarer Herzkrankheit kommen folgende Hauptpunkte zum Einsatz: KG 14 *(Xin Ping)*, Ma 36, KG 17, Pe 6 und MP 6. Alternativ können auch Pe 6, Bl 15, Bl 14, KG 17, 3E 4 und 3E 5 eingesetzt werden. Als Nebenpunkte kommen Pe 4, Ma 37 und MP 6 infrage. In der Therapie sollte zwischen Haupt- und Nebenpunkten abgewechselt werden und täglich oder jeden zweiten Tag behandelt werden, über sieben bis zehn Sitzungen. Bei Patienten, die an einer Tachykardie oder an Palpitationen leiden, sollte immer eine reduzierende Technik verwendet werden, während Patienten mit Bradykardie stärkend genadelt werden müssen [17].

17.4 Herzinsuffizienz

Tierärzte werden häufig wegen kongestiver Herzinsuffizienz konsultiert. Bei kleinen Hunderassen ist meist eine degenerative Erkrankung der Herzklappen dafür verantwortlich, bei den großen Rassen eher dilatative Kardiomyopathien. Bei Katzen wird die Herzinsuffizienz oft durch hypertrophe oder dilatative Kardiomyopathien oder Hyperthyreoidismus verursacht. Bei fast allen Formen der Herzinsuffizienz kommt es gleichzeitig zu einer myokardialen Hypoxie. Wie im vorangegangenen Abschnitt über die Myokardinfarkte bereits gesagt, kann durch die Akupunktur der Sauerstoffverbrauch des ischämischen Muskels verringert und die myokardiale Durchblutung verbessert werden. Diese Eigenschaften können auch für Patienten mit Herzinsuffizienz von Nutzen sein. Obwohl die meiste Grundlagenforschung zu den kardiovaskulären Effekten der Akupunktur an Tieren durchgeführt wurde, behandeln die meisten klinischen Studien die Erprobung der Methode am Menschen.

17.4.1 Dilatative Kardiomyopathie

Die Stimulation von Pe 6 bei Menschen mit dilatativer Kardiomyopathie bewirkte eine Zunahme des Durchmessers der linksventrikulären Auswurfbahn, des Schlagvolumens und des Herzzeitvolumens und eine Abnahme des Ventrikelvolumens. Die Geschwindigkeit der Kammerwandbewegung nahm ebenfalls geringfügig zu. Es kam zu einer Verkürzung der Systolendauer und einer Abnahme des pulmonalen Verschlussdrucks [24]. Diese vorteilhaften Reaktionen wurden durch Stimulation des Punktes Pe 6 mit 2 Hz über zwei Minuten, gefolgt von 15 Minuten Einwirkung der Nadeln in situ erreicht. Die Studie erfasst allerdings keine Langzeitwirkung. Eine vergleichbare Stimulation des Punktes He 8 *(Shao Fu)* hatte eine Verschlechterung der Herzkontraktilität bei Patienten mit dilatativer Kardiomyopathie zur Folge [27]. Die Nadelung von He 7 und Pe 7 *(Da Ling)* verbesserte die systolische Funktion [1].

17.4.2 Herzklappenfehler

In einer einmonatigen Untersuchung an Menschen mit rheumatischen Herzklappenfehlern konnten mit einer Stimulation von Pe 6 gute Ergebnisse erzielt werden [28]. Die Stimulation des Punktes erfolgte durch Drehen der Nadel mit 80 bis 100 Umdrehungen pro Minute (entspricht ungefähr 1,5 Hz) über zwei Minuten und einem Belassen der Nadel in situ für die folgenden 15 Minuten. Die Behandlung erfolgte dreimal pro Woche über 28 Tage. Die Patienten zeigten eine verbesserte Herzfunktion, eine geringere venöse Stauung, eine Abnahme der Lebergröße im Ultraschall, eine verringerte Ventrikelgröße, eine verbesserte Kontraktilität im Echokardiogramm und eine Abnahme der Systolendauer. Viele der Patienten benötigten weniger Diuretika, bei manchen konnten Herzglykoside abgesetzt werden. Bei einigen Patienten traten die Symptome nach Beendigung der Akupunkturbehandlung erneut auf. Mit Fortsetzung der Akupunkturbehandlung verbesserte sich der Zustand dieser Patienten jedoch sofort wieder [28]. Die positive Wirkung der Akupunktur wurde dem Einfluss des autonomen Nervensystems zugeschrieben, da die Werte an cAMP (zyklisches Adenosinmonophosphat) erhöht und die Kortisonwerte normalisiert wurden [28].

17.4.3 Hypertrophe Kardiomyopathie

In einer bereits erwähnten Studie zeigten Menschen mit hypertropher Kardiomyopathie eine deutliche Verbesserung nach Stimulation von He 8 *(Shao Fu)* [27]. Bei diesen Patienten fand sich eine deutliche Zunahme des Durchmessers der linksventrikulären Auswurfbahn, eine Zunahme des Schlagvolumens und des Herzzeitvolumens sowie eine Abnahme der Geschwindigkeit der Kammerwandbewegung. Eine vergleichbare Stimulation des Punktes Pe 6 ergab eine Verschlechterung der Herzleistung bei Patienten mit hypertropher Kardiomyopathie [27].

17.5 Angina pectoris

Angina pectoris tritt bei Tieren ebenso selten auf, wie die koronaren Herzerkrankungen. Die Diagnosefindung ist allerdings sehr schwierig, da zur Diagnose der Angina pectoris die Beschreibung der charakteristischen Schmerzen gehört.

Angina pectoris wird durch myokardiale Hypoxie oder Ischämie ausgelöst. Eine Therapie, die entweder den myokardialen Sauerstoffbedarf senkt (z. B. durch Reduktion der Herzfrequenz, der Ventrikelspannung oder der Kontraktionskraft) oder durch koronare Vasodilatatoren das myokardiale Sauerstoffangebot erhöht, kann die Angina-pectoris-Symptomatik verbessern. Bei einer Langzeitstudie, in der Pe 6 rechts, He 7 links und KG 17 genadelt wurden, zeigte sich eine 86%ige Besserung der Schmerzen und eine Abnahme des Nitroglycerinverbrauchs bei 15 Patienten mit Angina [29]. Bei diesen Patienten fiel außerdem eine verbesserte Leistungsfähigkeit und emotionale Stabilität auf. Auch bei anderen Untersuchungen konnte eine 80–90%ige Besserung der Schmerzen durch die Akupunkturbehandlung erreicht werden.

Daneben reduzierte sich die Medikamenteneinnahme oder die Medikation konnte ganz abgesetzt werden [30].

17.6 Akupunktur in der Veterinärkardiologie

Tierärzte können glücklicherweise auf eine weite Spanne an Medikamenten zurückgreifen um kardiovaskuläre Erkrankungen zu behandeln. Jedoch sind diese Medikamente nicht immer wirksam oder sie können wegen Nebenwirkungen nicht eingesetzt werden. Es gibt eigentlich keine Zweifel daran, dass mit Akupunktur sehr wirkungsvoll auf das kardiovaskuläre System eingewirkt werden kann. Diese Wirkmöglichkeiten haben auch in der veterinärmedizinischen Kardiologie ihre Anwendungsbereiche. Am häufigsten werden hier Schock, Herzinsuffizienz und Arrhythmien behandelt. Der Bluthochdruck wird erst seit kurzem als wichtiges Problem in der Tierarztpraxis erkannt. Bis dahin fehlten die Möglichkeiten der bequemen Blutdruckmessung. Erkrankungen der Herzkranzgefäße und Angina pectoris treten in der Tiermedizin sehr selten auf.

Akupunktur kann höchstwahrscheinlich am besten als unterstützende Therapie einer konventionellen Medikation in den Praxisablauf integriert werden. Wichtige Indikationen für Akupunktur sind die Behandlung eines akuten Schockgeschehens, einer Überdosierung mit Anästhetika und eines Herz-Kreislauf-Stillstands. Mit Elektroakupunktur oder starker manueller Stimulation der Nadeln in LG 26 und Ni 1 kann der sympathomimetische Effekt des Adrenalins im Schock oder beim kardiovaskulären Stillstand verstärkt werden. Stehen keine Akupunkturnadeln zur Verfügung, so können auch gewöhnliche Injektionskanülen (Gauge 25) verwendet werden. Die Kanülen sollten im rechten Winkel zur Haut in den Akupunkturpunkt eingestochen und durch Drehen stark stimuliert werden. Danach verbleiben die Kanülen noch einige Zeit im Akupunkturpunkt. Das Wissen um diese Punkte kann sehr wertvoll sein, wenn kein Adrenalin zur Verfügung steht.

Neben dem Einsatz in Notfallsituationen kann Akupunktur auch bei der Behandlung von Herzinsuffizienzen und Arrhythmien eingesetzt werden, oder bei Tieren, die auf die medikamentöse Therapie nicht ansprechen oder zu starke Nebenwirkungen haben. Es besteht jedoch noch ein deutlicher Bedarf an weiterer klinischer Forschung über die Rolle der Akupunktur in der Behandlung kardiovaskulärer Erkrankungen.

LITERATUR

1. Shanghai College of Traditional Medicine: In O'Connor J, Bensky D: *Acupuncture: a comprehensive text,* Seattle, 1981, Eastland Press.
2. Wong WH, Brayton D: The physiology of acupuncture: effects of acupuncture on peripheral circulation, *Am J Acupunct* 10:59–63, 1982.
3. Lee DC et al: The autonomic effects of acupuncture and analgesic drugs on the cardiovascular system, *Am J Acupunct* 10:5–28, 1982.
4. Schoen AM: Electrocardiographic recording during dry needle stimulation of GV–26 following cardiac arrest, *Intl J Vet Acupunct* 10:21–23, 1990.
5. Still J: A comparison of the respiratory stimulant effects of acupuncture at the philtrum point, GV–26, with noradrenaline in thiopental induced apnoea in dogs, *Res Vet Acupunct,* pp 57–64, Brussels, 1991, Belgian Vet Acupuncture Soc.
6. Still J, Konrad J: Acupuncture resuscitation in some species of zoo animals, *Res Vet Acupunct,* pp 73–78, Brussels 1991, Belgian Vet Acupuncture Soc.
7. Clifford DH et al: Effects of dimethyl sulfoxide and acupuncture on the cardiovascular system of dogs, *Ann NY Acad Sci* 411:84–93, 1983.
8. Dill SG et al: Cardiovascular effects of acupuncture stimulation at point Governing Vessel 26 in halothane-anesthetized ponies, *Am J Vet Res* 40:1708–1712, 1988.
9. Peng LP et al: The effect of acupuncture on blood pressure: the interrelation of sympathetic activity and endogenous opioid peptides, *Acupunct Electrother Res* 8:45–56, 1983.
10. Lee MO et al: Cardiovascular effects of acupuncture at Tsu San Li (ST-36) in dogs, *J Surg Res* 18:51–63, 1975.
11. Radzievsky SA et al: Function of myocardial contraction and relation in essential hypertension in dynamics of acupuncture therapy, *Am J Chin Med* 15:111–117, 1989.
12. Monaenkov AM et al: Reversal of left ventricular hypertrophy during acupuncture therapy in patients with initial stages of essential hypertension, *Am J Acupunct* 12: 313–320, 1984.
13. Omura Y: Cardiovascular responses to acupuncture, *Am J Chin Med* 2:112–113, 1974.
14. Ware WA, Hamlin RL: Therapy for ventricular arrhythmias In Kirk RW, Bonagura JD: *Current veterinary therapy X,* Philadelphia, 1989, WB Saunders.
15. Sisson DD: Bradyarrhythmias and cardiac pacing In Kirk RW, Bonagura JD: *Current veterinary therapy X,* Philadelphia, 1989, WB Saunders.
16. Zhang HL et al: Effect of electroacupuncture on the changes in the ECG of acute myocardial ischemic injury in rabbits, *J Tradit Chin Med* 3:259–264, 1983.
17. Tang ZL: Assessment of acupuncture in the prevention of sudden death from coronary heart disease, *J Tradit Chin Med* 7:143–146, 1987.
18. Cao QS: A brief view of experimental studies on relationship between the pericardium channel and the heart, *J Tradit Chin Med* 9:48–52, 1989.
19. Xia Y et al: Inhibitory effect of analogous electro-acupuncture on experimental arrhythmia, *Acupunct Electrother Res* 10:13–34, 1985.
20. Xia Y et al: Roles of opioid peptides of PAG in analogous electro-acupuncture inhibition of experimental arrhythmia: analyzed by specific antisera microinjection, *Acupunct Electrother Res* 11:11–198, 1986.
21. Sternfeld M et al: Acupuncture and supraventricular tachycardia, *Am J Acupunct* 17:119- 124, 1983.
22. Gao ZW et al: Acupuncture and treatment of 54 cases of sinus bradycardia, *J Tradit Chin Med* 7:185–189, 1987.
23. Cao QS et al: Effect of acupuncture on acute myocardial ischemic injury in rabbits, *J Tradit Chin Med* 1:83–86, 1981.
24. Chen LB, Li SX: The effects of electrical acupuncture of neiguan on the Po_2 of the border zone between ischemic and non-ischemic myocardium in dogs, *J Tradit Chin Med* 3:83–88, 1983.
25. Kong SM et al: Heart rate power spectral analysis during homeostatic action of neiguan acupoint: role played by the vagus nerve, *J Tradit Chin Med* 8:271–276, 1988.
26. Zhu BJ et al: Effect of acupuncture on left ventricular function, microcirculation, blood rheology and cyclic nucleotides in patients with acute myocardial infarction, *J Tradit Chin Med* 9:63–68, 1989.
27. Chen SX et al: Preliminary investigation on the effect of acupuncture of neiguan (P.6) and shaofu (H.8) on cardiac function of idiopathic cardiomyopathy, *J Tradit Chin Med* 3:113–120, 1983.
28. Wu YX et al: Therapeutic effect and mechanism of acupuncture at neiguan (P. 6) in chronic rheumatic heart disease, *J Tradit Chin Med* 2:51–56, 1982.
29. Sternfeld M et al: Effect of acupuncture on symptomatology and objective cardiac parameters in angina pectoris, *Am J Acupunct* 15:149–152, 1987.
30. Beijing Cooperative Group Studying Coronary Heart Disease: *Advances in acupuncture and acupuncture anesthesia,* Beijing, 1980, Medical Publishing House.

KAPITEL

18 Diagnose und Behandlung von Herzerkrankungen in der traditionellen chinesischen Medizin

Ihor Basko

„Das Herz ist der Prinz aller Organe und der Ursprung des Geistes."
Nei Jhing

18.1 Unterschiede zwischen westlicher und traditioneller chinesischer Medizin

Die Denkweise der westlichen Medizin unterscheidet sich stark von den Konzepten der traditionellen chinesischen Medizin. In der konventionellen Medizin wird versucht, die Symptomatik mithilfe einer chemischen Manipulation des Herzens und der Gefäße zu behandeln. Dieses mechanistische Model der konventionellen Tiermedizin ist nützlich, um das am besten geeignete Medikament zu finden, es befasst sich aber nicht mit den vielfältigen Möglichkeiten der Vorbeugung und der Behandlung der eigentlichen Krankheitsursache, die die TCM in Ungleichgewichten im Zusammenspiel der Organe sieht. Der Westen betrachtet das Herz als mechanische Einheit, und Ziel der Behandlung ist lediglich die Verbesserung der Herzleistung.

Zur Behandlung akuter Notfälle im Bereich des Herzens, wie z. B. Kammertachykardien oder Kammerflimmern, eignet sich die konventionelle Medizin sehr gut. Ich glaube jedoch, dass ein Ausgleich des *Qi* durch Akupunktur und eine Stärkung des Blutes und des *Yin* durch Heilkräuter das Gesamtbefinden des Patienten und dadurch auch seine Leistungsfähigkeit steigern kann. Mithilfe der TCM kann die Lebensqualität und -dauer durch einen ganzheitlichen Therapieansatz erhöht werden.

In der TCM wird das Herz als „Haus des Geistes" und „Sitz des Gemütes" [1] betrachtet und ist nicht nur eine rein mechanische Blutpumpe. Der „Geist", der in Augen, Körpersprache und Verhalten des Tieres zum Ausdruck kommt, ist daher ein wichtiger Faktor bei der Entscheidung über die Behandlung einer Herzerkrankung. Der emotionale Status der Tiere wird als wichtiger Anteil der Untersuchung eines Herzpatienten betrachtet, und die emotionale Reaktion auf die Behandlung kann sofort den Erfolg einer Therapie anzeigen.

In der Lehre der TCM stellt das Herz ein System dar, das das Blut zu den anderen Organen bringt, die ihrerseits das *Yin, Qi* und Blut des Herzens nähren. Funktioniert eines der Systeme (Niere, Leber, Lunge, Milz/Pankreas) nicht richtig, so kann das negative Auswirkungen auf das Herz haben.

Was in der konventionellen Medizin als Herzerkrankung bezeichnet wird, betrifft in der TCM das Herz und das Perikard. Das Perikard, der „Beschützer des Herzens", soll das Herz vor schädlichen Einflüssen schützen, vor allem vor Hitze. Punkte auf diesem Meridian werden verwendet, um so genannte Hitze-Erkrankungen zu heilen. Hitze-Erkrankungen sind Störungen, die z. B. Fieber erzeugen, das wiederum das Herz anregt und letztendlich für Herz und Geist zu hypernervöser Agitation, Konvulsionen oder Koma führen kann [2]. Das Perikard agiert als so etwas wie ein „Premierminister" des Herzens, das als „Prinz" oder „Herrscher" betrachtet wird.

Das Perikard (…) wird als aktiver Mechanismus des Herzens betrachtet, wohingegen das Herz selbst die Aufgabe hat, den Geist zu beheimaten und das Bewusstsein wachsam zu erhalten [1].

Eine umfassende TCM-Anamnese, die sich auf die Theorie der fünf Elemente und die acht Leitkriterien stützt, sollte auch eine Einschätzung der Organ-Disharmonie beinhalten, von der die Herzerkrankung ausgehen könnte (➤ Abb. 18.1).

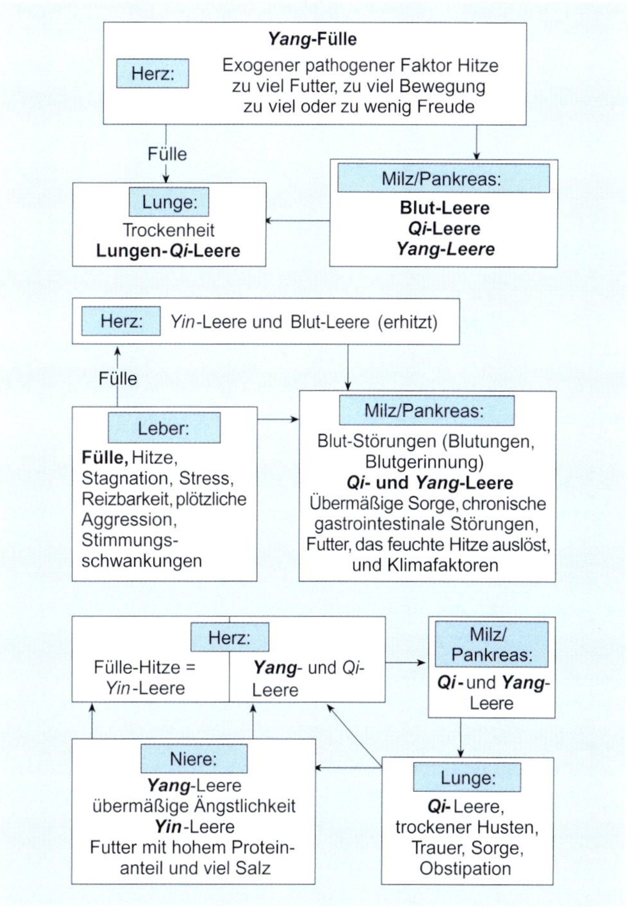

Abb. 18.1 Beziehungen zwischen den fünf Elementen. Herz-*Yang*-Fülle schwächt das Lungen-*Qi*. Fülle der Leber kombiniert mit Leere in Milz/Pankreas schwächt das Herz-Blut und -*Yin*. Nieren-Leere bewirkt einen Mangel an Herz-*Yin*.

Organ-Disharmonien können auftreten im Bereich von:

- Niere (*Yin*- und Jing-Leere)
- Milz/Pankreas (*Qi*- und *Yang*-Leere)
- Leber (Stauung und Fülle)
- Lunge (*Qi*-Leere)

Die TCM eröffnet Tierärzten neue Perspektiven in der Therapie von Herz-Kreislauf-Erkrankungen. Durch die Kombination von TCM und westlicher Medizin lässt sich ein noch effektiverer Behandlungsplan erstellen. Während die konventionelle Medizin sich darauf konzentriert die Symptome zu behandeln, reguliert die TCM die zugrunde liegenden Ursachen und kann damit die Symptomatik aufheben.

Durch eine Kombination aus westlicher Medizin, Akupunktur, Phytotherapie, Ernährungsumstellung und Bewegungstherapie kann oft das Leben des Patienten verlängert werden. Mithilfe der Nahrung können *Qi*, Blut und *Yin* gestärkt werden. Diät-Empfehlungen sollten in jedem Therapieplan vorkommen. Diäten können rohes oder gekochtes Fleisch, frischen Fisch, Getreidekörner, Samenkörner und Gemüse enthalten. Aus diesen und anderen Zutaten kann eine Diät nach den Regeln der TCM ausgeglichen zusammengestellt werden, die den Heilungsvorgang des Herzens unterstützt.

Meiner Erfahrung nach verbessern regelmäßige Akupunktur- und Kräuterbehandlungen die Therapieerfolge bei Herzerkrankungen deutlich und können den Einsatz konventioneller Medikamente wie Herzglykosiden, β-Blockern und anderen reduzieren oder sogar überflüssig machen. Diese Medikamente sollten wegen ihrer *Qi*- und *Yang*-belastenden Eigenschaften nur sehr vorsichtig eingesetzt werden.

18

18.2 Herzerkrankungen aus Sicht der TCM

Frühe Anzeichen

Die TCM sieht in **Palpitationen** *(Hsin Qi)* oder **schnellen, unregelmäßigen Herzschlägen** die ersten Anzeichen einer Herzerkrankung. Durch Pulstasten an der A. femoralis können diese Veränderungen auch bei Hunden und Katzen gespürt werden. Beim Pferd erfolgt die Palpation an der A. facialis, der A. carotis communis oder der A. transversa faciei. Die Palpitationen werden durch mentalen oder emotionalen Stress *(Chin Qi)*, oder extreme Belastung ausgelöst und treten sporadisch auf. Die Vitalität des Herzens wird daran gemessen, wie gut es mit solchem Stress und Belastungen umgehen kann [3].

Andauernde Störungen des Körpers von Mensch und Tier durch ungenügende Ruhe, exzessive Arbeitsbelastung, unpassende Ernährung oder emotionalen und mentalen Stress können das Herz schädigen und auch andere Organsysteme in Mitleidenschaft ziehen (Milz/Pankreas-*Qi*-Mangel). In diesem Stadium der Entgleisung konsultieren viele Tierbesitzer Verhaltenstherapeuten und beklagen sich über **Unruhe, ständige Bewegung, gesteigerte Nervosität, nächtliche Rastlosigkeit** des Tieres oder **Überempfindlichkeit gegen warmes Wetter**. Zum Tierarzt werden die Patienten erst gebracht, wenn sich die Störung weiterentwickelt hat und **Husten, Müdigkeit** oder **Unwille zur Bewegung** aufgetreten sind.

In der westlichen Medizin werden diese ersten Anzeichen nicht als Symptome einer Herzerkrankung erkannt. Zu diesem Zeitpunkt zeigen EKG und Echokardiogramm oft noch keine veränderten Befunde am Herzen. Es kann Besitzern und Tierärzten daher sehr leicht entgehen, dass sie es hier mit frühen Anzeichen einer Herzerkrankung zu tun haben.

PRAXISTIPP

Wann immer Verhaltensprobleme wie Ängstlichkeit, Unruhe oder nervöses Herumlaufen auftreten, sollte das Herz nach den Regeln der TCM untersucht werden. Parallel zu einer Verhaltenstherapie sollte gleichzeitig der „Sitz des Geistes" mittels Akupunktur behandelt werden.

Anamnese

In beiden Medizinrichtungen, der konventionellen und der TCM, ist eine Anamneseerhebung sehr wichtig. Nach der TCM sollte die Anamnese Folgendes beinhalten:

- **genetische Einflüsse** der vorhergehenden zwei Generationen, die Blut, Skelett, Herz oder Verdauungssystem betreffen
- besondere Beachtung aller Symptome, die auf eine **Disharmonie der Niere** (Nieren-*Jing*- und *Yin*-Leere), auf eine **Störung von Milz/Pankreas** (*Qi*- und Yang-Leere) oder auf eine **Störung der Lunge** (*Qi*-Mangel) hinweisen
- besonderes Augenmerk auf **Medikamente, Pestizide oder Futtermittel**, die zu einer Leber-*Qi*-Stagnation und -*Qi*-Fülle führen könnten
- genaue Einschätzung der **Konstitution des Tieres** nach der Lehre der fünf Elemente und der acht Leitkriterien

Anhand der Anamnese, der Puls- und Zungendiagnose und der Alarm- und Zustimmungs-Punkte kann ein Krankheitsmuster erkannt werden. Nach der Einordnung dieses Musters anhand der acht Leitkriterien und der fünf Wandlungsphasen ergibt sich für den Tierarzt ein Behandlungsplan. Dieses Vorgehen erscheint auf den ersten Blick sehr zeitaufwändig, aber durch regelmäßige Anwendung des TCM-Konzeptes kann der Tierarzt die Charakteristika einer Erkrankung schnell umfassender erkennen. Jeder Patient wird als Individuum mit eigenen Beziehungen zu seiner Umgebung und eigenen Krankheitsfaktoren gesehen.

Sobald die zugrunde liegende Ursache identifiziert wurde, kann man sich auf den Ausgleich der Fülle oder der Leere konzentrieren. Das Wiederherstellen des Gleichgewichtes kann durch Ausgleich des *Qi*-Flusses mit Akupunktur und klassischen chinesischen Kräuterrezepturen erreicht werden, die das Herz nähren, das *Shen* beruhigen und die Funktionen von Niere, Milz/Pankreas und Leber unterstützen.

Merke Präventive Behandlungen sind möglich, wenn der Tierarzt die „gestörten" unterstützenden Organsysteme behandelt und damit die energetische Situation des Herzens verbessert. Die Wirkungen des verbesserten Energieflusses zeigen sich in Veränderungen im Verhalten der Tiere.

Einteilung

Aus Sicht der TCM können Herzerkrankungen nach Fülle und Leere-Mustern unterteilt werden:

TCM-Einteilung der Herzerkrankungen

Fülle
- Herz-*Qi*-Stagnation
- Herz-Blut-Stagnation
- Herz-Feuer
- Kalter Schleim verklärt das Herz.
- Schleim-Feuer stachelt das Herz an, zieht das *Shen* in Mitleidenschaft und verlegt die Körperöffnungen.

Leere
- Herz-*Yin*-Leere
- Herz-Blut-Leere
- Herz-*Qi*-Leere
- Herz-*Yang*-Leere
- Kollaps des Herz-*Yang*

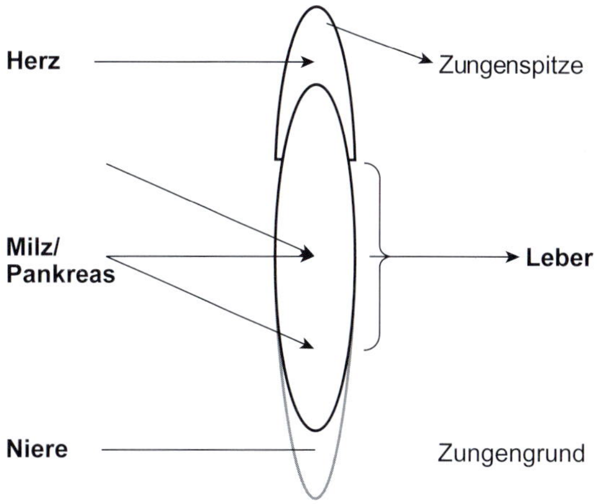

Abb. 18.2 Organentsprechungen auf der Zunge.

Am sichersten kann man zwischen den verschiedenen Herz-Syndromen unterscheiden mithilfe:
- einer **ausführlichen Anamnese** der Vorgeschichte und der aktuellen Symptomatik und
- einer sorgfältigen **Zungen- und Pulsdiagnostik**

Die akkurate Zungen- und Pulsdiagnostik ist der Schlüssel zur Auswahl der geeigneten Akupunkturpunkte und chinesischen Kräutermixturen und zur Abschätzung der Prognose der Erkrankung. Zu Beginn kann zwischen Fülle- und Leeremustern anhand der Farbe der Zunge und der Stärke und Qualität des Pulses unterschieden werden (> Tab. 18.1). Bei Hund und Katze geben die Zungenspitze und ihre Umgebung Auskunft über den Zustand des Herzens (> Abb. 18.2).

Allgemein gesehen kann eine rote Zungenspitze auf Hitze im Bereich des Herz-Meridians hinweisen, die sich aufgrund eines Füllemusters entwickelt hat. Eine rote oder dunkelrote Zunge mit dickem, gelbem Zungenbelag kann Zeichen einer bakteriellen Endokarditis oder eines Herzwurmbefalls sein.

Ist die Zungenspitze rot und der Zungenkörper eher violett gefärbt, deutet das auf eine Stauung im Bereich von Leber, Milz/Pankreas oder Blut hin. Die tastbaren Pulse bei einem Füllezustand sind entweder schnell oder normal, stark, pochend oder drahtig. Bei starken Stagnationen wirkt der Puls abgehackt, die Pulswellen kommen dann unregelmäßig.

Eine rote Zungenspitze kann aber auch ein Anzeichen für eine Leere sein, wenn der restliche Zungenkörper blass oder leicht rosa ist (Milz/Pankreas-*Qi*-Mangel). Je heller die Zungenfarbe erscheint, desto ausgeprägter ist die Leere, vor allem, wenn der Puls schnell, schwach, unregelmäßig oder fadenförmig ist. Eine rote Zungenspitze kann auch auf eine *Yin*-Leere im Herz oder in der Niere hinweisen.

Der Zungenbelag erscheint bei Herzerkrankungen meist weiß und schaumig. Dieses Bild deckt sich mit dem Zungenbefund bei Nieren-*Yin*-Mangel. Eine sehr feuchte Zunge kann mit einer *Yang*-Leere im Bereich der Niere oder des Herzens in Verbindung gebracht werden, während eine geschwollene Zunge auf eine *Yang*-Leere in Milz/Pankreas und Niere hinweist.

Bei einer blassen, violetten Zunge muss von einer ernsthaften Herzerkrankung ausgegangen werden. Bei einer grauen Zungenfarbe kann Lebensgefahr bestehen. Viele Hunde und Katzen mit Herzerkrankungen haben eine gespaltene Zungenspitze.

18

Tab. 18.1 Diagnostische Anzeichen für Fülle- und Leeremuster

Zustand	Diagnose	Zunge	Puls
Fülle	Herz- und Magen-Feuer	Rot, offene Stellen in der Maulschleimhaut	Schnell, pochend
	Blut-Hitze, Blut-Stagnation	Purpurrot	Drahtig, Palpitationen
	Gestautes Herz-Blut	Dunkelrot bis bläulich	Palpitationen
	Herz-*Qi*-Stagnation, Leber-*Qi*-Stagnation	Dunkelrot bis bläulich	Abgehackt
Leere	Herz-Blut-Leere	Blass	Dünn, langsam
	Milz/Pankreas-*Qi*-Leere	Zungenkörper blass oder leicht rosa, rote Zungenspitze	Dünn, schnell
	Herz-*Yin*-Leere	Blasser Zungenkörper, rote Zungenspitze	Dünn, schnell
	Herz-*Qi*-Leere	Blass	Schwach und unregelmäßig
	Herz-*Yang*-Leere	Blass, feucht: Kältezeichen	Sehr schwach, Arrhythmien
	Kollaps des Herz-*Yang*	Weiß bis zyanotisch	Sehr schwach, intermittierend

18.3 Emotionale Stadien

Symptomatik

Das *Qi* des Geistes eines Tieres, das *Shen*, drückt sich unter anderem in seiner Persönlichkeit aus. Im Herzen liegt das Fundament für das Bewusstsein, die Erkenntnis, die Ruhe des Geistes, die Zufriedenheit und die Glücklichkeit. Ein besonders **ängstliches Verhalten** oder **Trennungsängste** können eventuell die ersten Veränderungen sein, die sich in Zusammenhang mit einer Herzerkrankung zeigen.

Emotionaler Stress kann das Herz oder das *Shen* von Groß- und Kleintieren angreifen. Er tritt besonders häufig bei Tieren auf, die ein sehr enges Verhältnis zu einer einzelnen Bezugsperson haben. Durch eine solche Beziehung kommt es zu einem Abhängigkeitsverhältnis. Wenn das Tier von seinem Menschen getrennt wird, zeigt es **Nervosität, Depression, Ängstlichkeit, Unruhe** und sogar **Nahrungsverweigerung.** Hat der Besitzer emotionale Probleme, z. B. durch Scheidung, Umzug, Arbeitslosigkeit oder Krankheit, kann das Tier diese Belastung spüren und dadurch bedrückt werden. Im Sinne der TCM leidet ein solches Tier an einer Störung des *Shen*.

In meiner Praxis haben sich bestimmte Hunderassen als besonders anfällig für diese Störungen hervorgehoben: Malteser, Yorkshire Terrier, Chihuahua, Pudel, Bichon Frisee, deutsche Dogge, Dobermann, Irish Wolfhound und andere. Bei all diesen Tieren finden sich häufig Muster von **Herz-*Yin*-Leere,** die oft sekundär durch eine **Nieren-*Yin*-Leere** ausgelöst werden. Die meisten dieser Tiere werden in die tierärztliche Praxis gebracht, weil die Besitzer nach Wegen suchen, mit der Ängstlichkeit, der Unruhe und dem übersteigerten Bewegungsdrang umzugehen. Leider können Anxiolytika, Tranquilizer oder stimmungsanregende Mittel bei diesen Tieren nie wirklich helfen, sondern nur die Symptome etwas lindern, da bei einer rein symptomatische Therapie die Ursache nicht mit behandelt wird. Parallel zur Behandlung der Krankheitsursache mit Akupunktur und Kräutern, sollte immer eine Verhaltenstherapie gemacht werden, die sich darauf konzentriert, das Selbstvertrauen des Tieres zu stärken und Trennungsängste zu verringern.

Therapie

Das Therapiekonzept nach Lehre der TCM legt großen Wert auf die Behandlung der emotionalen Ursachen der Herzerkrankung. Die Therapie besteht aus Akupunktur, Heilkräutern und Verhaltenstherapie. Der Stress in der menschlichen Umgebung des Tieres muss reduziert werden. Stress stellt in den meisten Fällen den wichtigsten pathogenen Faktor dar, der aber auch am schwierigsten zu beheben ist. Oft ist es hilfreich, wenn der Akupunkteur und der Verhaltenstherapeut das Tier in seiner häuslichen Umgebung sehen. Auch wenn dabei deutlich wird, dass eigentlich die Besitzer eine Therapie benötigen, muss ein Tierarzt mit solchen Empfehlungen sehr diplomatisch umgehen.

Akupunktur

Akupunktur kann das *Shen* beruhigen, das Herz anregen und Wind, Hitze und Schleim ausleiten. Da viele Patienten in der Praxis unruhig und ängstlich sind, muss der Tierarzt besonders ruhig und behutsam vorgehen und sich gegebenenfalls auf vier bis fünf Nadeln beschränken. Bei Tieren, die auf die Nadelung mit starker Agitation reagieren, ist die Anwendung eines therapeutischen Lasergerätes im niedrigen Leistungsbereich zu erwägen. Vor allem bei der Behandlung der Toy-Rassen hat mir dieses Gerät schon gute Dienste geleistet.

Im *Nei Jing*, das die chinesischen Heilansätze erklärt, indem diese mit den politischen und sozialen Konzepten seiner Zeit verglichen werden, heißt es: *„(...) der Kaiser (das Herz) ist nur durch seinen Premierminister (das Perikard) zu erreichen.“* Diese Aussage ist für die Therapie von Herzerkrankungen sehr wichtig. Im Allgemeinen werden Herzerkrankungen über den Perikard-Meridian behandelt, den „Beschützer“ des Herzens. Störungen des Geistes werden über Herz- und Perikard-Meridian therapiert. So ist beispielsweise der **Akupunkturpunkt Pe 7** (*Da Ling*, Großer Hügel) für die Regulation von *Qi*, *Shen* und Feuer im Herzen sehr wichtig.

Punkte zur Behandlung der emotionalen Komponente von Herzerkrankungen

Zur Therapie von Ängstlichkeit, Unruhe, Zittern, Trennungsangst und Depression sind folgende Kombinationen besonders wirkungsvoll:
- LG 20, Pe 7, Bl 15, He 7 (Trennungsangst, Unruhe)
- LG 14, LG 20, *Shen Men*-Punkt im Ohr oder Pe 7 (Fülle-Muster, exzessives Bellen, Energieüberschuss)
- LG 20, Pe 6, Bl 13, KG 14 (Depression)
- KG 14, KG 15, Pe 7 (Ängstlichkeit)

Die oben angegebenen Therapievorschläge müssen immer durch die Behandlung des gestörten Organsystems ergänzt werden, das das Herz unterstützt. Diese zusätzlichen Punkte können nach einigen Sitzungen in das Programm mit aufgenommen werden. Dann können auch noch andere Punkte dazu kommen, die das zugrunde liegende Problem behandeln sollen, wie z. B. eine Milz/ Pankreas-*Qi*-Leere, eine Nieren-*Yin*-Leere oder eine Leber-Fülle.

Die Nadeln können auch in Abständen nacheinander gesetzt werden. Gb 20 ist ein guter Anfangspunkt. Der Zugang zu diesem Punkt wird durch leichte Massage des Nackenbereiches des Hundes erleichtert, bis das Tier sich fühlbar entspannt. Nach dem Setzen der ersten Nadel verlasse ich meist den Raum und kehre erst ca. fünf Minuten später zurück, um die restlichen Nadeln zu setzen.

Nach 30 bis 45 Minuten ist die Behandlung in der Regel abgeschlossen. Mit Klebstoff oder Pflaster befestige ich einen 800 Gauss-Magneten auf dem *Shen Men*-Punkt des Ohres und/oder an Pe 6 und schicke das Tier, bis zum nächsten Termin in ein bis zwei Wochen, nach Hause.

Phytotherapie

Mit chinesischen Kräutern kann die Wirkung der Akupunkturbehandlung noch verstärkt werden. Sie können dabei helfen, das *Shen* zu beruhigen und Herz, Blut und *Yin* zu nähren und zu stärken. Die meisten chinesischen Kräutermischungen enthalten **Ginseng** oder **Codonopsis,** um Qualität und Stärke der Herzmuskelkontraktionen zu verstärken und dem Körper den Umgang mit Stress zu erleichtern („adaptogene Wirkung“). Die Kräutermischungen, die kühlende Mineralien, wie **Magnesium** und **Kalzium** beinhalten, wirken ebenfalls beruhigend auf das *Shen*. Eine sehr gut für die emotionalen Aspekte der Herzerkrankung geeignete klassische Kräutermischung, das *Tien Wang Pu Tsi Tan*, enthält Ginseng und **Zizyphus**. Diese Mischung nährt das Blut und das Herz, bewegt stagnierendes *Qi*, verbessert den Metabolismus, klärt das Herz und gleicht Verhalten aus. Zwei gut einsetzbare Fertigmischungen sind *Emperor's Tea Formula* („Teemischung des Kaisers", *Tian Wang Bu Xin Wan*) und *Calm the Heart Pills* („Beruhigungspillen für das Herz", *Din Xin Wan*). Beide werden mit ein bis zwei Tabletten pro fünf bis sieben kg Körpergewicht dreimal täglich dosiert. Diese patentierten Mischungen sind in den meisten chinesischen Kräuter-Apotheken zu finden (oder bei den entsprechenden Importeuren).

Eine Veränderung des Verhaltens spielt eine wichtige Rolle bei der Behandlung der frühen Anzeichen der Herzerkrankung. Die Verhaltensmuster, die der Patient mitunter zeigt, können das Stressbild bei seinen Menschen noch verschlimmern. Da die meisten Tierärzte weder die Zeit, die Neigung dazu, noch die entsprechende Ausbildung haben, ist es ratsam einen Verhaltenstherapeuten hinzuzuziehen, der die Besitzer bei der Korrektur von Verhaltensstörungen wie Trennungsangst, exzessivem Bellen und extremer Ängstlichkeit unterstützt.

18.4 Herz-*Qi*- und Herz-*Yang*-Leere

Symptomatik

In der Tiermedizin treten die Anzeichen der Herz-*Qi*- und Herz-*Yang*-Leere unter anderem bei folgenden Erkrankungen auf:

- in den letzten Stadien der Herzwurminfektion
- bei Herzinsuffizienz
- bei Kardiomyopathie
- nach schweren Traumata mit starkem Blutverlust

Zur Verschlechterung der Herzfunktion tragen eine Vielzahl von schwächenden Faktoren bei, wie z. B. Leere im Bereich von Milz/Pankreas, Niere und Lunge (➤ Abb. 18.3). Ein Teil des Behandlungsplanes zielt darauf ab, die genannten Organe mit Akupunktur, Moxibustion und den entsprechenden Kräutern zu tonisieren und damit die Herzfunktion zu stärken.

Punkte zur Tonisierung des Herz-*Yangs*

- Moxibustion: Bl 13, Bl 15, Bl 21, Bl 23 und die Kombination von Bl 14 und Bl 42 [7]
- Trockene Nadelung (nur für kurze Zeit): Lu 9, Di 10, Ma 36, Ni 3 oder Ni 7 [7]
- Tonisierende Nadelung zur Stärkung der „Energie"-Organe Niere, Lunge und Milz/Pankreas: Lu 1, Ni 6, und Lu 7, MP 6, Bl 52

Diese Behandlung wird über mehrere Tage fortgesetzt, bis sich das Tier stabilisiert hat. Dann setzt eine erhaltende Therapie ein mit:

- Moxibustion: Bl 14 und Bl 43, Bl 15, Bl 23 und KG 4
- Trockene Nadelung: Ni 27, Ma 36, KG 14, Pe 6 und MP 6

Therapie

Akupunktur

Diese Behandlung kann wöchentlich durchgeführt werden, bis das Yang sich wieder normalisiert hat.

Phytotherapie

Zu den geeigneten Kräutern zählt u. a. auch **Ginseng.** Durch Ginseng kann die Nährstoffversorgung des Myokards und damit seine Funktion verbessert werden (positiv inotroper Effekt) [5]. Mit der

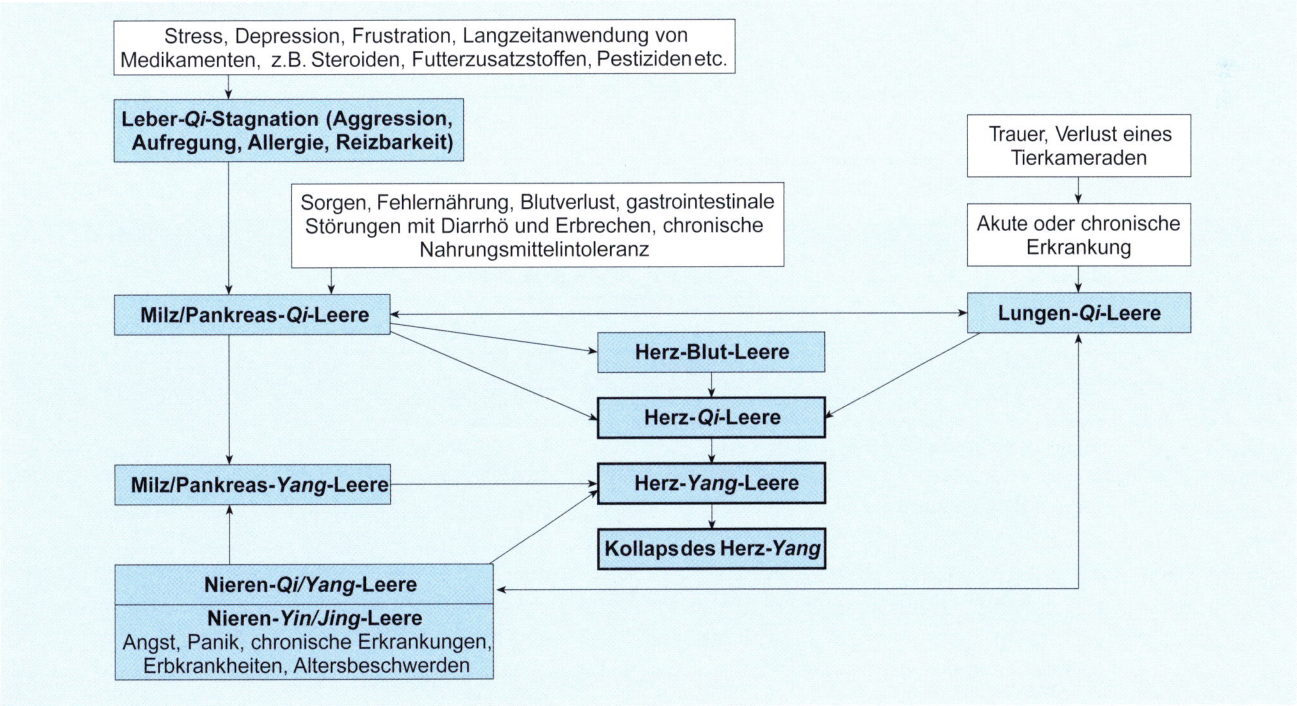

Abb. 18.3 Herz-*Qi*- und Herz-*Yang*-Leere, Kollaps des Herz-*Yang*.

18

Ginsengwurzel kann man alle Stadien der Leere behandeln, auch kollabiertes *Qi* und *Yang*. Es kann Milz/Pankreas stärken, unterstützt die Lunge, beruhigt *Shen* und erzeugt Flüssigkeiten. Dadurch ist Ginseng die wichtigste Heilpflanze bei kardialen Erkrankungen.

Dan Shen (Radix salvia miltiorrhiza) unterstützt die koronare Durchblutung und **Sibirischer Ginseng** *(Eleutherococcus senticosus)* macht das Herz stressresistenter. *Dan Shen* hat deutliche Auswirkungen auf den Herzmuskel. Es verstärkt die Kontraktilität durch eine Vasodilatation der Koronargefäße. Es lindert auch Schmerzen in der Herzgegend, die durch eine Blut-Stauung oder *Qi*-Stagnation in der Leber entstehen können [6].

Merke Gelingt es nicht, das *Yang* wieder herzustellen, wird das Tier sterben.

18.5 Herz-Blut- und Herz-*Yin*-Leere

Die Anzeichen von Herz-Blut- und Herz-*Yin*-Leere ähneln sich mitunter, da beide auf eine nicht ausreichende Ernährung des Herzens und des *Shen* mit Blut oder *Yin* zurückzuführen sind. Die Hauptursache liegt in einer **Milz/Pankreas-*Qi*-Leere**. Gibt es in der Vorgeschichte gastrointestinale Störungen, so erhärtet dies die Diagnose. Beim Menschen kommt die **Milz/Pankreas**-*Qi*-Leere oft dadurch zustande, dass durch starke Trauer oder Traurigkeit eine Lungen-*Qi*-Leere entsteht, die Energie aus dem Milz/Pankreas-System abzieht (➤ Abb. 18.4).

Beide Leere-Muster, Herz-Blut- und Herz-*Yin*-Leere, bewirken beim Tier eine Störung des *Shen* mit den Symptomen **Nervosität, Schlaflosigkeit bzw. unruhiger Schlaf, starke Träume und Palpitationen.** Die Befunde der Zungen- und Pulsdiagnostik können helfen, die beiden Muster zu unterscheiden.

Herz-Blut-Leere

Symptomatik

Die Ernsthaftere der beiden Erkrankungen, die Herz-Blut-Leere fällt durch eine **blasse Zunge** und einen **dünnen, langsamen Puls** auf. Das Tier ist **lethargisch** und hat eine **trockene, schuppige Haut.** Laut Besitzern wirken die Tiere die meiste Zeit abwesend und wie in Trance, dennoch haben sie **Probleme beim Einschlafen.** Schlafen sie dann, ist der Schlaf aber ruhig, da das *Shen* ruhig ist und keine relative Fülle vorliegt, die das *Shen* beunruhigen könnte [2].

Therapie

Die Behandlungsstrategie konzentriert sich auf die Korrektur des Zustandes der Milz/Pankreas-*Qi*- und -Blut-Leere mittels Phytotherapie und Akupunktur.

Punkte zur Behandlung der Herz-Blut-Leere

Geeignet sind: MP 6, Ma 36, Bl 16, Bl 17, Bl 20.
Injektionen von langwirksamen Vitamin-B_{12}- und Folsäure-Präparaten an diesen Punkten können die Qualität des Blutes verbessern.

Herz-*Yin*-Leere

Symptomatik

Bei Herz-*Yin*-Leere treten **Unruhe und Schlaflosigkeit** auf. Die Besitzer berichten, das Tier sei andauernd in Bewegung, hechle viel und sei die ganze Nacht „auf Achse". Die Tiere wirken agitiert

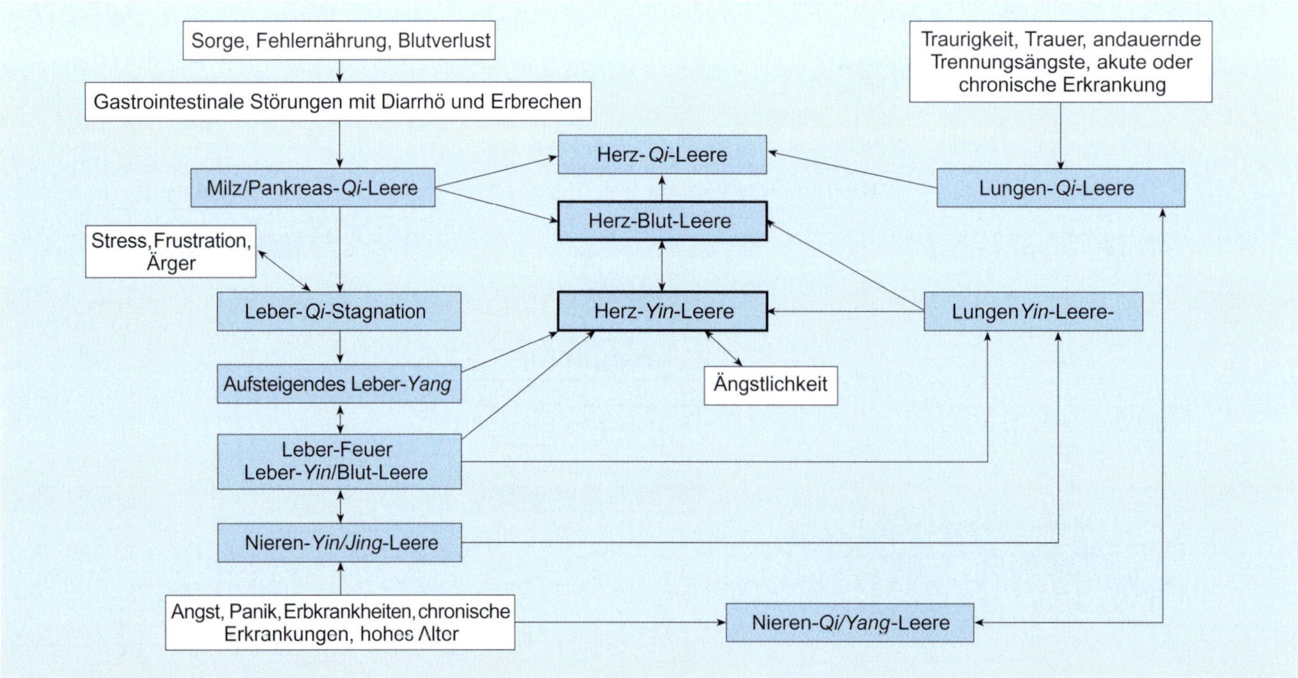

Abb. 18.4 Herz-Blut- und Herz-*Yin*-Leere.

und aufgeregt. Menschen mit dieser Erkrankung beschweren sich über **Nachtschweiß** und **heiße Handflächen und Fußsohlen.** Diese relativen Hitzeanzeichen stören das *Shen*. Die **Zunge ist meist rot** und der **Puls schnell und dünn.**

Bei älteren Tieren wird die Herz-*Yin*-Leere meist von einer Nieren-*Yin*-Leere verursacht. Diese Tiere haben häufig eine Nephritis, Diabetes mellitus, Nephrosen, chronisch schwache und schmerzhafte Rückenpartien oder Hyperthyreoidismus. Viele von ihnen sind taub.

Therapie

Akupunktur

Da die zugrunde liegende Ursache der Herz-*Yin*-Leere die Nieren-*Yin*-Leere ist, müssen sich auch die Punktekombinationen darauf konzentrieren.

Punkte zur Behandlung der Herz-*Yin*-Leere

Geeignet zur Therapie des gestörten *Shen*: He 7 und Pe 6.

Phytotherapie

Als Kräuter empfehlen sich **Ginseng- und Longan-Mischungen** oder die patentierte Mischung Ding Xin Wan. Kräutermischungen, die Blut und Yin tonisieren sollen, enthalten **Rehmannia** (gekocht), **Zizyphus, Ophiopogon, Biota, Lilie, Longan** und **Tan Kuei** [8].

Zur zusätzlichen Unterstützung können **Coenzym Q_{10}** und die Aminosäuren **L-Taurin** und **L-Carnithin** eingesetzt werden.

Magnesium unterstützt nicht nur Herz und Blutdruck, sondern kann auch das *Shen* weiter beruhigen und Ängstlichkeit verringern. Es kann als Mg-Citrat, -Ascorbat, -Orotart oder als Os Draconis, Austernschale und Abalone verabreicht werden. Wegen der kühlenden Eigenschaften des Minerals sollte es bei Herz-Leere-Mustern nur sehr sparsam eingesetzt werden, am besten in Kombination mit Ginseng oder anderen wärmenden Kräutern.

Die empfohlene Dosierung ist:

- Für kleine Hunde und Katzen: 50–100 mg zweimal täglich
- Für Hunde von 15–30 kg: 100–250 mg zweimal täglich
- Für Hunde über 30 kg: 500 mg zweimal täglich

Merke Geriatrische Tiere leiden häufig sowohl an Nieren-*Yin*-Leere als auch an Herz-*Yin*-Leere. Mit Kräutermischungen, die Blut und *Yin* unterstützen kann man das Leben dieser Tiere verlängern.

18.6 Kardiomyopathie

Symptomatik

Die frühen Anzeichen dieser Erkrankung werden leicht übersehen. Palpitationen, unregelmäßige Herzschläge und eine leichte Anämie können zunächst die einzigen Symptome sein. Manchmal hat das Tier in der Vorgeschichte intermittierende oder chronische Verdauungsprobleme, ausgelöst durch eine Milz/Pankreas-*Qi*-Leere. Die betroffenen Hunde und Katzen fressen schlecht und haben chronischen Durchfall oder müssen erbrechen sobald ihr Futter umgestellt wird. Besitzer beschweren sich mitunter über die nächtliche Unruhe ihres Tieres.

Die **Zunge** erscheint **normal oder leicht blass.** Den deutlichsten Hinweis liefert der **Pulsbefund,** der **groß, aber ohne Kraft** oder **leer** ist. Ein leerer Puls ist sehr typisch für eine Milz/Pankreas-*Qi*-Leere kombiniert mit einer Herz-Blut-Leere.

Die chronische Leere von Milz/Pankreas bewirkt, dass die Milz das Blut nicht mehr zum Herzen führen kann. Das Herz leidet an dieser Unterversorgung mit Nahrung und Blut. So entsteht eine Herz-Blut-Leere-Erkrankung. Emotionaler Stress in der Familie, der über längere Zeit besteht, kann ein weiterer Faktor sein, der das Tier beeinflusst. Obwohl es Hunderassen gibt, die eine erbliche Veranlagung zur Kardiomyopathie aufweisen (Irish Wolfhound, Dobermann) und Katzen aufgrund einer unpassenden Diät anfälliger für Kardiomyopathien sein können, kann chronischer Stress bei allen Tieren ein Herz-Blut-Leere-Syndrom auslösen und so zu einer Kardiomyopathie führen. Viele Hunde und einzeln lebende Katzen werden durch die schädlichen Einflüsse von Disharmonien in ihrem Umfeld beeinträchtigt. Der dadurch entstehende Stress wirkt sich häufig auf das Herz aus. Hunde werden extrem anhängig und entwickeln Trennungsängste.

Mit Fortschreiten der Herzerkrankung treten weitere Symptome in Erscheinung: Das Tier verliert Gewicht, es wird **lethargisch,** erscheint **debil,** zeigt **Tachypnoe, Dyspepsie** und **Husten.** Ein auffälliges „Herzpochen“, Pulsdefizite in der A. femoralis und Tachykardien von 160 bis 240 Schlägen pro Minute können auftreten. Durch eine rechtsventrikuläre Insuffizienz entsteht Aszites. Eine Ventrikelvergrößerung deutet immer auf einen Herz-*Yin*-Mangel hin. Das Herz ist, genauso wie der dazugehörende Puls, „groß, aber ohne Kraft“.

Therapie

Akupunktur

Punkte zur Behandlung der Kardiomyopathie

Geeignet sind: Bl 15, Bl 16, Bl 17, Bl 20, Ma 36, MP 6, Lu 7, Lu 5, Lu 7, KG 14, KG 15, Bl 15, Bl 13.

Ziel der Behandlung muss die Stärkung des Herz-Blutes sein, die Verbesserung des Kreislaufs, die Stabilisierung des *Shen*, die Tonisierung von Milz/Pankreas und die Ausleitung von Lungenödemen durch Anregung von Niere und Lunge. Ist die Zunge eher violett oder purpurfarben, muss auch die Blut-Stagnation mit behandelt werden. Das stagnierende Blut erschwert die Blutzirkulation im Herzen und verschlechtert damit die ohnehin schon vorhandene Herz-Blut-Leere. Arrhythmien und Schmerzen im Thorax können die Folge sein.

Phytotherapie

Kräutermischungen aus **Ginseng** und **Longan** und die Mischung *Din Xin Wan* können sehr hilfreich sein. Zusätzlich sollten die Aminosäuren **L-Taurin** und **L-Carnithin, Coenzym Q_{10}** und **Vitamin E** verabreicht werden.

18

Merke Eine frühe Diagnostik unter Zuhilfenahme von Zungen- und Pulsdiagnostik, EKG, Ultraschall und Röntgenaufnahmen ist ganz besonders wichtig.

18.7 Stagnation des Herz-*Qi* und des Herz-Blutes

Symptomatik

Durch eine Verkettung von Pathomechanismen wird die Herz-Blut- und -*Qi*-Leere in Kombination mit einer Lungen-*Qi*-Leere oder einer Nieren-*Yang*-Leere letztendlich zu einer Stagnation des Herz-*Qi* und des Herz-Blutes führen (➤ Abb. 18.5). Bei Menschen zeigt sich diese Stagnation als Angina pectoris, koronare Herzerkrankung oder Perikarditis. Bei Hunden tritt das Krankheitsmuster z. B. bei einer Herzwurminfektion auf, und zwar sowohl vor als auch nach der Behandlung mit Arsenverbindungen. Eine **purpurfarbene Zunge** und ein **abgehackter oder drahtiger Puls** fallen auf. Häufig berichten die Besitzer von einem **Unwillen** des Hundes, **spazieren zu gehen, vermehrtem Hecheln** oder **Husten nach leichter Belastung** und **Stimmungsschwankungen.**

Therapie

Akupunktur

Punkte zur Behandlung einer Stagnation des Herz-*Qi* und des Herz-Blutes

Geeignet sind: He 7, Ni 7, Pe 6, Lu 5, Bl 13, Bl 14, Bl 16, Ma 36, KG 14, KG 15.

Die Akupunkturbehandlung sollte sich auf Behandlung der gestörten Organkreise konzentrieren, die das Herz schwächen: Ziel ist die Therapie der Leber-*Qi*-Stagnation, der Milz/Pankreas-*Qi*-Leere, der Lungen-*Qi*-Leere oder der Nieren-*Yang*-Leere. Mit der Akupunktur soll außerdem das *Shen* beruhigt werden, damit Tachykardie und Dyspnoe aufgehoben werden.

Phytotherapie

Die sinnvollste Behandlung in diesem Stadium ist der Einsatz der patentierten Mischung *Dan Shen* in Tablettenform. Diese Kräuterkombination löst das verklebte Blut auf und verbessert den Fluss des Qi. Besteht außerdem auch noch eine Leber-Qi-Stagnation, ist es ratsam **Weißdornpräparate** oder das **„Größere Radix Bupleuri Dekokt"** einzusetzen.

Merke Wird das stagnierende Blut nicht wieder zum Fließen gebracht, so kann es die Herzkranzgefäße verstopfen, das Herz schwächen (Blut-Leere) und zu weiteren Arrhythmien und thorakalen Schmerzen führen. Kräutermischungen sind zum Überleben fast unerlässlich.

18.8 Herzwurminfektion

Symptomatik

Ist es erst einmal zur Infektion gekommen kann die konventionelle Therapie mit Akupunktur und chinesischen Kräutern sinnvoll unterstützt werden. Der Einsatz der Zungen- und Pulsdiagnostik erleichtert die Abschätzung der Prognose. Bei Hunden mit Herzwurminfektion kann neben der Herz-Blut-Stagnation eine Reihe

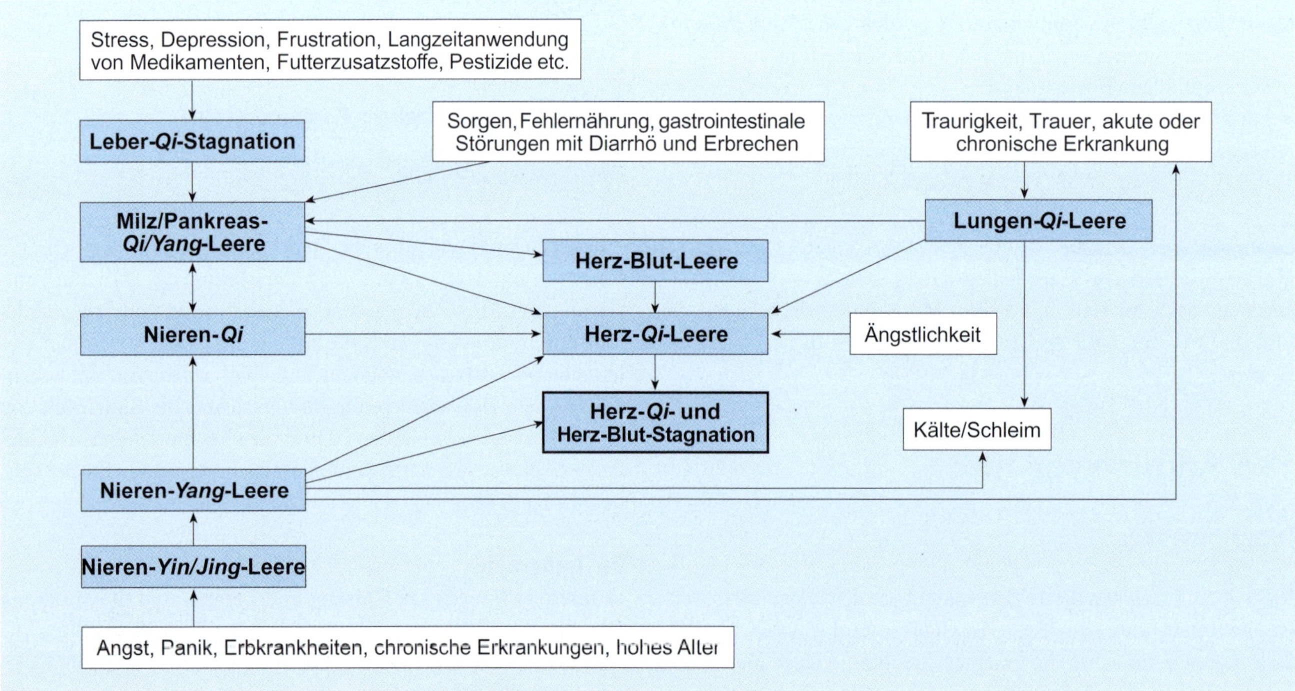

Abb. 18.5 Stagnation von Herz-*Qi* und Herz-Blut.

von anderen Mustern vorliegen. Hitze und Schleim können das Herz und die Lunge angreifen und auch ein stagnierendes Leber-*Qi* kann in unterschiedlicher Ausprägung vorhanden sein.

Auch noch Wochen nach der Verabreichung des Wurmmittels sollten wöchentlich die Zunge, der Puls und die Herzschlagrate kontrolliert werden. Der Puls kann schlüpfrig, unregelmäßig und drahtig sein. Beim Zungenbefund findet sich leicht purpurfarben bis blass purpurfarben, eventuell mit einem dicken Belag von gelber (Hitze) oder weißer Farbe (Kälte). Jegliche Abweichungen können direkt bei der Kontrolle mit Akupunktur behandelt werden. Die Behandlung mit Kräutern und mit Akupunktur wird die Überlebenschancen des Tieres erhöhen, die Nebenwirkungen des Wurmmittels vermindern und die Blutzirkulation verbessern.

Therapie

Akupunktur

Punkte zur Behandlung der Herzwurminfektion

Primär geeignet sind: He 7, Di 4, Le 3, Di 11, Lu 5 und Ma 36 um das Fieber abklingen zu lassen und den Schleim zu entfernen.
Hilfreich sein können auch die Punkte: Bl 14, Bl 16, Bl 17, Bl 8, Ma 40, Lu 9 und Pe 6.

Phytotherapie

Nach Behandlung mit dem entsprechenden Antiparasitikum können die toten Würmer die „Öffnungen verlegen" und eine Toxikämie verursachen. Aus Sicht der traditionellen chinesischen Medizin entspricht dies einem Zustand von Hitze und Stagnation in Leber, Lunge und Herz. Die patentierte chinesische Kräutermischung *Mao Dung Ching* kann beim Entfernen der Überreste und beim Auflösen der Würmer helfen und damit Hitze und Toxikämie mildern (Dosierung: 1 Kapsel/17 kg Körpergewicht dreimal täglich).

Merke Durch Kräutertherapie, die Stagnationen auflöst, und Akupunktur, die den Fluss des *Qi* anregt und Hitze aus dem Blut ausleitet, können die Ergebnisse der konventionellen Behandlung der Herzwurminfektion deutlich verbessert werden.

18.9 Herz-Feuer

Symptomatik

Herz-Feuer (➤ Abb. 18.6) kann sich als **Verhaltensstörung** manifestieren. Obwohl es viele mögliche Ursachen für die Herz-Feuer-Störung gibt, liegt bei den meisten Tieren die Ursache in der Ernährung. Fertigfuttermischungen haben in der Regel einen starken *Yang*-Charakter. Für Trockenfutter gilt dies noch mehr als für Dosenfutter. Sie werden während des Produktionsprozesses erhitzt *(Yang)*, komprimiert *(Yang)* und mit Salz versetzt *(Yang)*. Fette, Eiweiße und Kohlenhydrate werden zusammengepresst. Die Tiere nehmen so mehr Kalorien auf, als sie eigentlich benötigen. Besonders anfällig sind Kettenhunde, die nicht viel laufen dürfen oder Katzen und Schoßhunde, die nie oder kaum nach draußen kommen, um sich zu bewegen. Hervorgerufen durch zu wenig Bewegung und hoch konzentrierte Nahrung kann bei all diesen Tieren ein stagnierendes Leber-*Qi* vorliegen. Die Tiere zeigen eine deutliche **Druckdolenz an den Punkten Bl 18, Bl 19 und Bl 20.** Viele

18

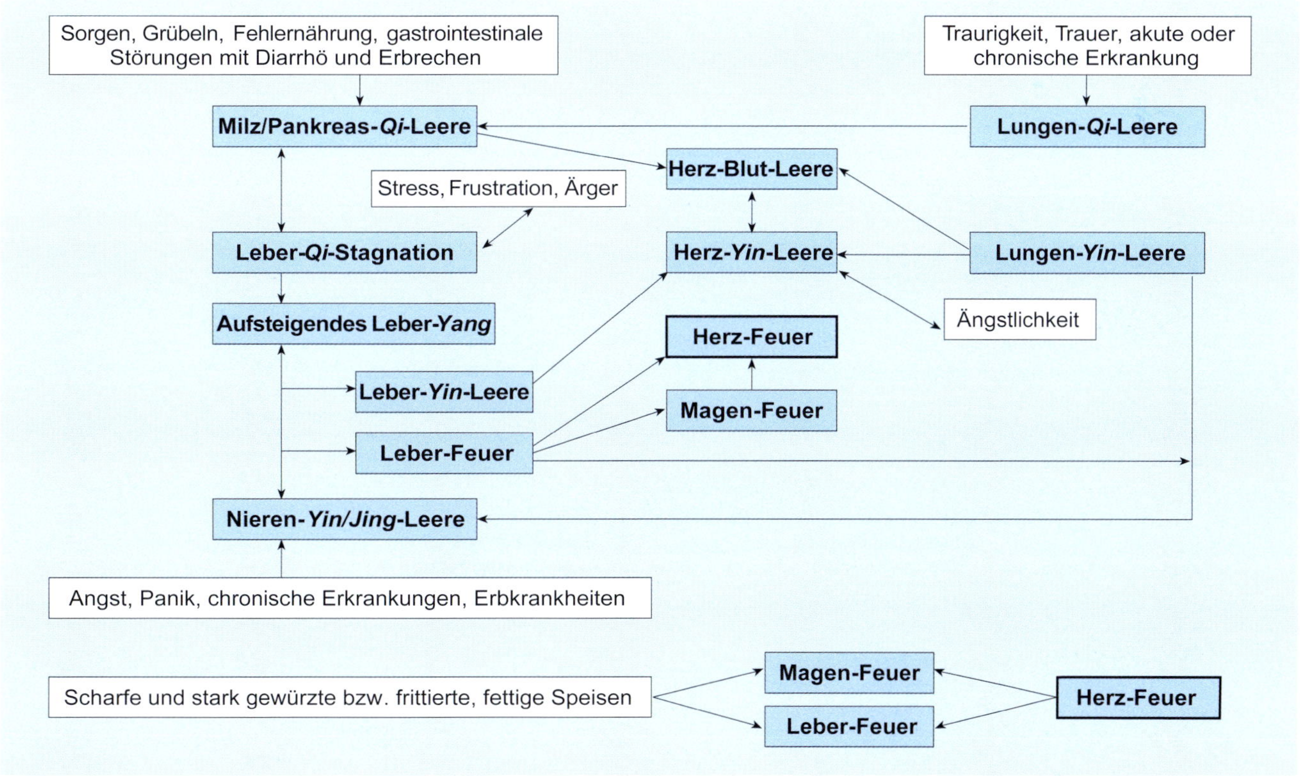

Abb. 18.6 Herz-Feuer.

der Katzen fauchen und versuchen zu kratzen, wenn diese Bereiche palpiert werden. Die meisten Tiere sind **aggressiv** und **sehr dominant** gegenüber den anderen Tieren des Haushaltes.

Andere Symptome, wie beispielsweise Stomatitis, Ulzera auf Zunge und Maulschleimhaut, Gingivitis und wiederkehrendes Erbrechen können Anzeichen eines Magen-Feuers sein.

Therapie

Mit Umstellung der Ernährung auf eine selbst gekochte, magere Diät mit viel gekochtem und rohem Gemüse, Vollkorn, Linsen und kleine Mengen von rohem oder gekochtem Fleisch, kann die Symptomatik wesentlich verbessert werden. Verhaltenstherapie sollte die Behandlung unterstützen. Eine erfolgreiche Regulation der Feuchtigkeit durch die *Yin*-Organe kann das Feuer im Herzen kühlen. Die Elimination der belastenden Faktoren verbessert die Ergebnisse von Akupunktur und Phytotherapie.

Akupunktur

Punkte zur Behandlung von Herz-Feuer

- Stärken des Herzens und Beruhigung des Geistes: He 7, Pe 6, Bl 15, KG 14 und Dü 5
- Ausleitung von Hitze aus Leber und Magen: Le 3, Bl 18, Bl 21
- Ernähren des *Yin* von Niere und Lunge: MP 6, Ni 6, Lu 5, Ni 3

Phytotherapie

Geeignete Kräutermischungen sind beispielsweise **Bupleurum, Peonia** oder *Shao Yao Wan*. Daneben kommen folgende Kräuter in Frage:

- Zur Stärkung des Herzens und Beruhigung des Geistes: **Ginseng** und **Zizyphus** oder **Ginseng** und **Longan**
- Zum Ausleiten von Hitze aus Leber und Magen: **Bupleurum** und **Zimt** oder **Coptis** und **Scutellaria**
- Zum Ernähren des *Yin* von Niere und Lunge: **Cordyceps**

18.10 Kalter Schleim oder Schleim-Hitze verlegt die Öffnungen des Herzens

Symptomatik

Nach der Lehre der TCM drückt sich das Herz über das Gemüt aus: *„Das Herz ist der Sitz des Geistes …", Nei Jing*. Daher zeigen sich viele Störungen in diesem Bereich als Verhaltensstörungen.

Wirkt kalter Schleim auf das Herz ein, so erscheint der Patient **lethargisch, uninteressiert, depressiv, unachtsam und starrt in die Ferne.** Die Besitzer geben oft an, ihr Hund „sei nicht mehr der gleiche", oder vermuten sogar er hätte einen Schlaganfall erlitten. Die **Zunge** erscheint höchstwahrscheinlich **leicht purpurfarben, feucht** und mit **dickem weißem Belag.** Der **Puls** ist **schwach, schlüpfrig** und **langsam.**

Gelangt das Herz unter den Einfluss von Schleim-Hitze, verändert sich das Verhalten des Tieres drastisch, es wird **überaktiv** und

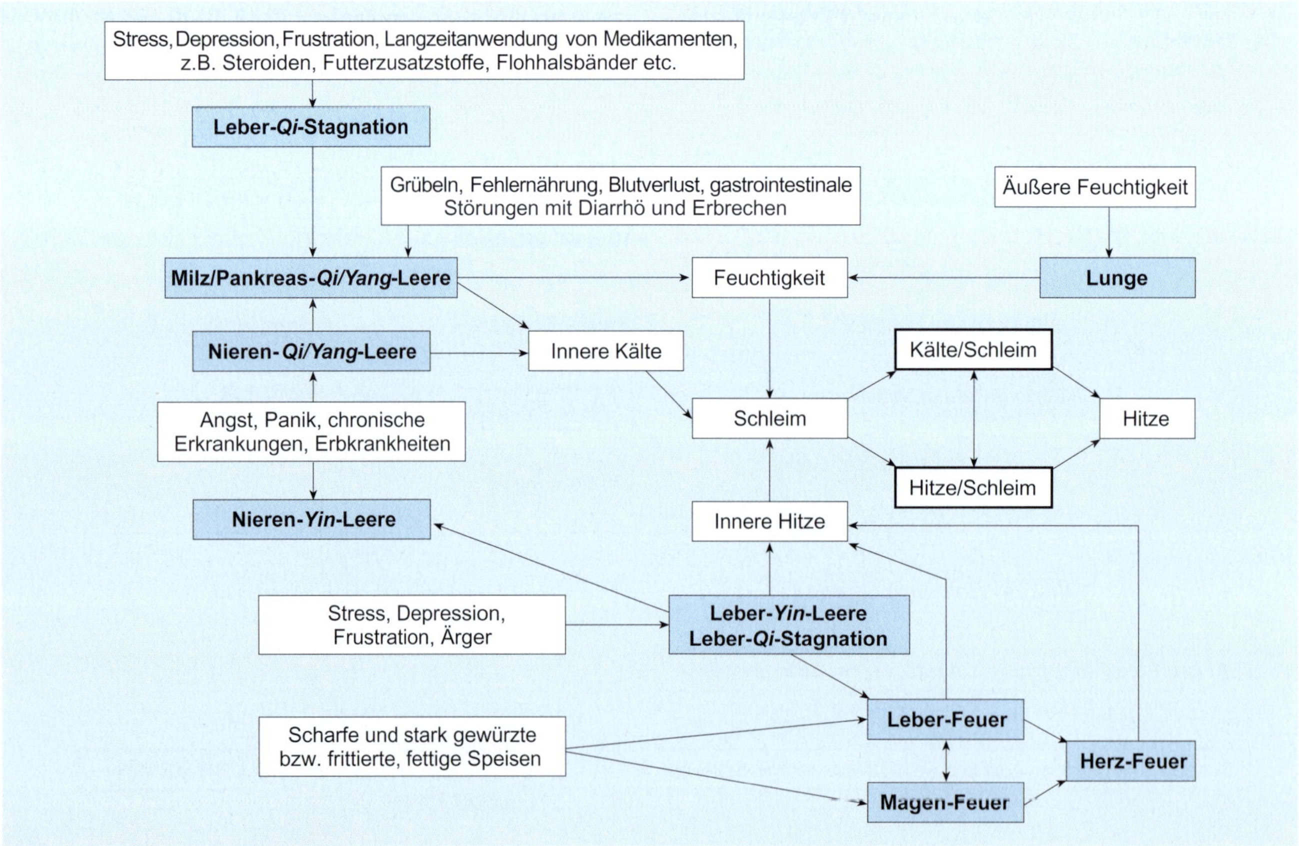

Abb. 18.7 Kalter und heißer Schleim.

hypernervös. Der Puls ist **schwach, schnell, schlüpfrig** und die **Zunge weist eine rote Spitze auf, ist feucht und blass.**

Kalter Schleim und Schleim-Hitze können separat existieren und wechselnd auftreten. Beim Menschen wird diese Störung als manisch-depressiv bezeichnet. Es gibt viele auslösende Faktoren und Akkumulation scheint eine Rolle zu spielen (➤ Abb. 18.7). Leber-*Qi*-Stagnation in Kombination mit Milz/Pankreas-*Qi*- oder -*Yang*-Leere und Nieren-*Qi*- oder -Yang-Leere führt zu Krankheitsmustern mit kaltem Schleim, während eine Nieren-*Yin*-Leere gekoppelt mit einem Herz-Feuer-Syndrom sich zu einer Schleim-Hitze entwickeln kann.

Ein Tier mit einer solchen Inbalance befindet sich in einer sehr ernsten Situation.

Therapie

Der Behandlungsplan sollte wie folgt aussehen:

- Tonisierung von Milz/Pankreas mit Akupunktur und Kräutern
- Ausleiten der Feuchtigkeit
- Tonisierung des Nieren-*Qi, -Yin und -Yang*
- Hitze in Leber und Magen kühlen

Die Ursachen der Organbelastung, wie Diät, starker Einsatz von Steroiden und anderen Chemikalien, die dem Tier verabreicht wurden müssen identifiziert und vermieden werden.

Akupunktur

Punkte zur Behandlung von kaltem Schleim oder Schleim-Hitze

Es werden dieselben Akupunktur-Punkte verwendet, die bei Herz-Feuer zum Einsatz kommen, kombiniert mit Ma 36 und Pe 7.

Phytotherapie

Es stehen klassische Rezepte zur Verfügung, wie die **„Vier-Haupt-kräuter-Kombination“** *(Four Major Herb Combination).* **Ginseng, Zyziphus, Poria, Pinellia** (kalter Schleim) und **Bambus** (heißer Schleim) können ebenfalls zur Heilung des Tieres beitragen.

Merke Wenn Tiere konstant Medikamente einnehmen müssen oder viele Yang-Futtermittel zu sich nehmen, besteht die Gefahr, dass sich eine Leber-*Qi*-Stagnation entwickelt. Befindet sich das Tier in einem energetischen Mangelzustand, geraten Miz/Pankreas und Niere immer mehr unter den „schlechten Einfluss“ der Leber. Das führt zu einer Fehlregulation des Flüssigkeitshaushaltes. Darum sollte immer das ganze Tier tonisiert werden, bevor man damit beginnt, die Leber zu sedieren.

18.11 Mitralinsuffizienz

Symptomatik

Die frühen Anzeichen einer Mitralklappenfibrose zeigen sich meist im Alter von fünf bis sieben Jahren [9]. Die Tiere werden in der Praxis vorgestellt, weil sie **nachts viel husten** und **tagsüber oft würgen,** vor allem nach dem sie geschlafen haben. Die Besitzer haben häufig den Eindruck, etwas stecke im Hals der Tiere fest. Manchmal wird das Würgen als unproduktives Erbrechen fehlinterpretiert. Bei der Untersuchung von Hals und Rachen ist lediglich **weißer, klebriger Schleim** zu sehen. Die **Zunge** ist oft **blass** oder hat einen **leicht bläulichen, purpurnen Stich** (Stagnation). Nachdem ein Hustenanfall vorbei ist, kann die Zunge sich wieder in einer normalen Farbe zeigen. Manchen Besitzern fällt auf, dass leichtes Reiben der Hals und Brustgegend ihres Hundes die Symptome etwas zu verbessern scheint.

Trotz der pulmonalen Symptomatik muss die Therapie sich auf das Herz fokussieren. Der Begriff „Asthma cardiale“ trifft hier zu, da durch die linksventrikuläre Insuffizienz nicht genügend Blut bewegt wird, so dass eine pulmonale Stauung die Folge ist. Nach der TCM leiden diese Hunde an Herz-Blut- und Herz-*Qi*-Leere, in Kombination mit einer fortschreitenden Schwächung des Herz-*Yin* und -*Yang*. In späteren Stadien kann kalter oder heißer Schleim die Herzöffnungen angreifen und sie verlegen. Eine Leere im Herzen bewirkt eine Leere in der Lunge (Mutter-Sohn Verhältnis in den fünf Wandlungsphasen) und führt zu einer Schwächung des *Qi*.

Mit fortschreitender Mitralinsuffizienz kann das Herz die Störung immer weniger kompensieren und es kommt zu einem Lungenödem. Die entsprechenden Folgesymptome einer Rechtsherzinsuffizienz treten auf: **Hepatomegalie, Ödeme, periphere Venenstauung, Aszites.** Weitere Zeichen von Organdysfunktionen manifestieren sich. Es kann zu **Vomitus, Anorexie, Diarrhö** und **Unverträglichkeiten von Futtermitteln** kommen. Ein **schwankender Gang** und **Schwindelgefühl** deuten auf eine Herz-*Yang*-Leere und oder ein Herz-Blut-Leere-Syndrom hin. **Ohnmachtsanfälle** und **Synkopen** treten auf (heißer oder kalter Schleim verlegen die Öffnungen) und alarmieren sowohl die Besitzer, als auch die behandelnden Tierärzte.

18

Liegt eine Hitze-Schleim-Erkrankung vor, ist die **Zungenspitze rot,** aber der **Zungenkörper blass** mit einem **klebrigen, gelben Belag.** Der **Puls** ist dann **voll, schnell** und **schlüpfrig** zu tasten. Bei einer Kälte-Schleim-Erkrankung ist der **Zungenbelag weiß,** der **Zungenkörper** kann **blass, rosa, feucht** oder **geschwollen** sein. Die Tiere verlieren viel Speichel.

Therapie

Wenn man sich den Zyklus der fünf Wandlungsphasen ansieht (➤ Abb. 18.1) wird klar, dass eine Füllesymptomatik im Bereich des Herzens die Lunge über den *Ko*-Zyklus in Mitleidenschaft ziehen kann. Die Behandlung zielt daher darauf ab, den Druck- oder Fülle-Zustand im Thorax zu mildern.

In der konventionellen Praxis wird hier in der Regel das Diuretikum Furosemid eingesetzt. Leider werden durch dieses Medikament das Nieren-*Qi* und das Nieren-*Yin* geschwächt. Unter der Akupunkturtherapie kann oft die Dosierung reduziert oder das Medikament abgesetzt werden.

Die Behandlung der Tiere muss individuell erfolgen und sollte auf keinem Fall der einer „Kochbuch-Methode“ folgen. Vor jeder Behandlung sollte der Tierarzt die Punktekombination neu überdenken. Der Behandlungsplan sollte angepasst werden, wenn sich Symptome wie Husten, Schwäche, Anorexie und Allgemeinbefinden verbessern. Um anhaltend positive Ergebnisse zu erzielen, muss der behandelnde Arzt versuchen, die das Herz unterstützenden Organe in die Therapie mit einzubeziehen, z. B. durch Tonisierung des Milz/Pankreas-*Qi*, des Nieren-*Yin*, oder des Lungen-*Qi* und durch Verbesserung des *Qi*-Flusses bei Leber-Stagnation. Obwohl die Akupunktur auch alleine die konventionelle medikamentöse Therapie unterstützen kann, setze ich zusätzlich klassische chinesische Kräuter ein, mit dem Ziel die konventionelle Medikation zu reduzieren, um die bestmöglichen Ergebnisse zu erzielen und das Leben des Patienten zu verlängern.

Akupunktur

Punkte zur Behandlung der Mitralinsuffizienz

- Zum Auflösen von Stauungen: Lu 1, Bl 13, Lu 5, Ni 7, Di 4
- Zusätzlich eignen sich: Ni 6, Lu 7, Ma 36, Bl 14, Bl 43, Bl 15, Bl 17, Bl 52, Ni 3, MP 6, Pe 6 und die emotionalen Punkte He 7 und LG 20

Die Akupunkturbehandlungen sollten mindestens einmal wöchentlich über drei bis sechs Wochen durchgeführt werden. Sobald sich die Symptome verbessern, folgt eine monatliche Überprüfung und Behandlung.

Phytotherapie

Klassische chinesische Kräutermischungen mit **Süßholzwurzel** (Liquiritiae radix), **Stephania** und **Ginseng** oder die *Hoelen Four Combination* können eine Diuretika-Therapie unterstützen oder ersetzen, ohne deren Nebenwirkungen zu zeigen.

18

Merke Tiere, die an einer Mitralinsuffizienz leiden, haben nur eine kurze Lebenserwartung. Intensive Behandlung mit Akupunktur und Kräutermedizin kann evtl. die Prognose verbessern.

18.12 Zusammenfassung

Die konventionelle Tiermedizin behandelt bei allen Formen der Herzerkrankung in erster Linie die kardialen Symptome medikamentös oder operativ. Frühe Anzeichen einer kardialen Störung werden oft nicht als solche erkannt, da sie sich als Verhaltensauffälligkeiten manifestieren. Indem diesen Verhaltensänderungen mehr Aufmerksamkeit geschenkt wird, kann sich der Praktiker neue Einsichten schaffen und einen Therapieplan entwickeln, der nicht nur die Symptome behandelt, sondern die Ursache des Problems behebt. Eine Zusammenarbeit mit einem qualifizierten Verhaltenstherapeuten ist sicherlich sehr hilfreich, wenn es darum geht, die frühen Anzeichen zu behandeln.

Alle Aspekte der Gesundheit des Patienten müssen mit einbezogen werden, nicht nur sein Herz. Ebenso wichtig ist eine genaue Betrachtung der Ernährung, vorangegangener Erkrankungen und der Medikamenteneinnahme. Akupunktur, Phytotherapie, gezielte Bewegungsprogramme, Nahrungsergänzung und Ernährungsumstellung können die konventionelle Medikation sinnvoll unterstützen.

LITERATUR

1. Korngold E, Beinfield H: *Between heaven and earth,* New York, 1987, Ballantine Books.
2. Kaptchuk K: *The web that has no weaver,* New York, 1983, Congdon & Weed.
3. Hsu H-Y: Chinese medical treatment of heart disease, *Bull Oriental Healing Arts Institute* 4(6):18–33, 1982.
4. Hsu H-Y: *Commonly used Chinese herb formulas with illustrations,* 1980, HAI Press.
5. Basko I: Traditional Chinese medical approach to the treatment of canine heart disease, *Proceedings International Veterinary Acupuncture Society Congress,* Atlanta, 1991.
6. Bensky D, Gamble A: *Chinese herbal medicine materia medica,* Seattle, 1986, Eastland Press.
7. Verheyden L: Personal communication on diagrams and point election, 1999.
8. Dharmananda S: *Chinese herbology professional training manual,* Santa Cruz, Calif, 1985, Institute of Traditional Medicine.
9. Ettinger S, Suter P: *Canine cardiology,* Philadelphia, 1985, WB Saunders.

KAPITEL

19 Akupunktur bei chronischen Erkrankungen des Respirationstrakts

Cheryl Schwartz

Gerade bei chronischem Husten und Atembeschwerden bei Hunden und Katzen ist es für Tierärzte oft eine Herausforderung, zu entscheiden, ob sie konventionell oder mit traditioneller chinesischer Medizin (TCM) behandeln wollen. In der westlichen Medizin kommen in der Regel Antibiotika, Kortikosteroide, Bronchodilatatoren und Antitussiva zur Anwendung. Nach den Regeln der TCM hingegen wird mit Akupunktur, Heilkräutern und Umstellung der Ernährung gearbeitet. Da die einzelnen Kräuter und die verschiedenen Diäten den Rahmen dieses Buches sprengen würden, konzentriert sich dieses Kapitel auf die TCM-Diagnose und Akupunkturbehandlung der chronischen Erkrankungen des Respirationsapparates. Wurde eine korrekte Diagnose der Störung nach den Regeln der TCM gestellt, so können mit Hilfe der Akupunktur die Atmung erleichtert, die Lungen besser mit Nahrung versorgt und der Husten kontrolliert werden.

Geeignete respiratorische Indikationen für Akupunktur in der Tiermedizin

- Chronisch obstruktive Lungenerkrankungen
- Asthma der Katze
- Akute und chronische Infektionen der oberen Luftwege
- Allergische und infektiöse Tracheobronchitis

19.1 TCM-Diagnose

Die TCM ist tief in der Natur verwurzelt und verwendet darum auch eine Terminologie mit starkem Bezug zur Umgebung. Anwendung finden die Lehre der **fünf Elemente** mit Holz, Feuer, Erde, Metall und Wasser, und der **acht Leitkriterien** mit *Yin* und *Yang*, Hitze und Kälte, Leere und Fülle und Innen und Außen. Außerdem kennt auch die TCM **äußere Einflüsse**, z. B. Wind, die pathogene Faktoren tragen können. Hier findet sich eine Parallele zu den Tröpfcheninfektionen der westlichen Medizin.

Die **Zungendiagnose** richtet sich nach Größe, Farbe, Belag und Feuchtigkeitsgrad der Zunge. Sie stellt einen wichtigen Anteil der TCM-Diagnose dar. Dasselbe gilt auch für die **Pulsdiagnose**. Beim Menschen wird der Puls der A. radialis bewertet. Bei Hunden und Katzen eignet sich die A. femoralis besser für eine Einschätzung. Zur Diagnose werden Qualitäten wie Kraft, Tiefe, Geschwindigkeit, Länge, Dicke, Rhythmus, Gleichmäßigkeit und Frequenz des Pulses herangezogen.

Die Lunge wird dem Metallelement zugeordnet und ist im Herbst mit seinem kühler werdenden Wetter besonders anfällig. Zur Lunge gehört auch eine bestimmte Zeit des Tages, wenn die Lungenenergie am stärksten zirkuliert: die Spanne zwischen 3 Uhr und 5 Uhr morgens. Viele Patienten mit Asthma und bronchial Erkrankungen erleiden zu dieser Zeit massive Anfälle.

Punkte zur Behandlung respiratorischer Erkrankungen

- Bl 13: *Shu*- und Zustimmungspunkt der Lunge.
- Lu 7: Schlüsselpunkt des *Ren Mai* (Konzeptionsgefäß).
- Ni 6: Schlüsselpunkt des mit dem *Ren Mai* verbundenen außerordentlichen Meridians *Yin Qiao Mai* (aufsteigendes *Yin*-Gefäß); das *Ren Mai* verbindet u.a. die *Yin*-Meridiane von Hand und Fuß.
- Lu 9: *(Yuan-)*Quellpunkt der Lunge, reguliert Husten und erleichtert die Atmung.
- Ma 36: reguliert *Qi* und Blut und tonisiert bei Leere.
- KG 17: unterstützt das Zwerchfell.

In der TCM wird der Körper in die **drei Abteilungen des Dreifachen Erwärmers** unterteilt:

- Zum **Oberen Erwärmer** zählen alle Organe kranial des Diaphragmas, also Lungen und Herz.
- Der **Mittlere Erwärmer** liegt zwischen Zwerchfell und Nabel und ist für Milz/Pankreas, Magen, Leber und Gallenblase zuständig.
- Zum **Unteren Erwärmer** zählen alle kaudal des Nabels gelegenen Organe, nämlich Niere, Blase, Dickdarm und Sexualorgane.

Die Lunge liegt also im kranialen Teil des Körpers, dem Oberen Erwärmer, und steht in enger Verbindung mit dem Abwehrsystem, dem *Wei Qi*. Sie öffnet sich ihrer Umgebung über die Nase, deren Aufgabe es ist, pathogene Faktoren und Umweltgifte aus der Atemluft zu filtern. Nach der TCM beginnt in der Lunge die Zirkulation von *Qi* und Blut. Die Lunge reagiert von allen Organen am empfindlichsten auf Wetterumschwünge und äußeren Wind und wird durch Schädigungen ausgetrocknet.

19.2 Störungen des Oberen Erwärmers

Krankheitsentstehung

Wenn das *Wei Qi* die durch den Wind eingedrungenen Faktoren, wie Viren, Bakterien oder Umweltgifte, nicht auflösen oder ausleiten kann, reagiert die Lunge mit einer gesteigerten Schleimproduktion. Im Anfangsstadium ist dieser Schleim kalt, klar und wässrig. Später werden die Flüssigkeiten der Lunge aufgebraucht; der Schleim wird dickflüssig, zäh und verfärbt sich („heißer Schleim"). Dieser kann für vermehrtes Würgen und Husten verantwortlich sein und die Lunge noch weiter austrocknen. Dadurch entstehen chronische respiratorische Erkrankungen. Diese Störungen werden als Erkrankung des Oberen Erwärmers betrachtet, die Anzeichen von **Lungen-*Yin*- und Lungen-*Qi*-Leere** hervorbringt. *Yin* befeuchtet, kühlt und „schmiert" den Körper. Nachts, wenn Entspannung, Kühle und Schlaf vorherrschen, ist es am stärksten. Fällt die kühlende Wirkung des *Yin* weg, entwickeln sich Entzündungen. Das *Qi* ist – ähnlich wie das *Yang* – eine wärmende Energie, die Gewebe und Kreislauf vitalisiert.

Entwicklung von Störungen des Oberen Erwärmers

Ein pathogener Faktor greift das Atmungssystem an → die Lunge produziert Schleim → Lungenflüssigkeit wird verbraucht → es entsteht eine Lungen-*Yin*- und/oder eine Lungen-*Qi*-Leere → eine chronische Lungenerkrankung entsteht.

Symptomatik

- Durst, Heiserkeit, trockener, abgehackter Husten, der sich nachts verschlimmert, trockenes rauhes Keuchen, dünner Puls an der A. femoralis (nicht genügend *Yin* um das Gefäß zu füllen), rote Kehle, Probleme beim Schlucken, klebriger Schleim im Pharynx, langsame Reaktion auf die Krankheit, rote Zunge ohne Belag → **Lungen-*Yin*-Leere**
- Schwache Stimme, schwacher Husten, schnelles, flaches Atmen, Husten wird nach Belastung schlimmer, schwacher Puls an der A. femoralis, normale Zungenfarbe, kein Belag → **Lungen-*Qi*-Leere**
- Trockene, brüchige Nasenspitze, ernste Erkrankungen der oberen Luftwege bis hin zu Pneumonien in der Vorgeschichte → **Lungen-*Yin*- und -*Qi*-Leere**

Therapie

Bevor Sie mit der Therapie beginnen, sollten Sie anhand der Symptomatik und der TCM-Diagnose entscheiden, ob eher das *Yin* und/oder das *Qi* betroffen sind. Suchen Sie dann die passenden Punkte aus.

Lungen-*Yin*-Leere

Besteht eine Lungen-*Yin*-Leere, so müssen die Lungen befeuchtet werden, um Schleim aufzulösen, den Husten zu kontrollieren und das *Yin* zu stärken. Die Akupunkturpunkte werden den Leitsymptomen entsprechend ausgewählt (siehe folgende Übersicht). Die Behandlungen sollten mit vier bis acht Punkten pro Sitzung, ein bis zweimal pro Woche über sechs Wochen durchgeführt werden. Danach ist meist eine Kontrolluntersuchung und eine Erhaltungstherapie alle vier bis sechs Wochen notwendig.

! ÜBERSICHT

Punkte zur Behandlung von Störungen des oberen Erwärmers

- **Bl 13:** *(Shu-)*Zustimmungspunkt der Lunge, an dem sich Lungen-*Qi* ansammelt; lindert Hustenreiz. 1
- **Bl 14:** Zustimmungspunkt des Perikards; unterstützt die Klärung des Brustkorbes.
- **Pe 6:** löst Spannungen in der Brust und beruhigt; Treffpunkt des *Yin*-Meridians, der mit dem Perikard gekoppelt ist [1].
- **Lu 8:** wird traditionell bei Asthma, Bronchitis und Husten eingesetzt. Metall-Punkt auf dem Metall-Meridian, unterstützt die Befeuchtung der Lunge.
- **Lu 9:** Quell-Punkt des Lungen-Meridians, wandelt Schleim um und kann regulierend bei Asthma, Husten und Atembeschwerden eingesetzt werden [2].
- **Lu 10:** leitet Hitze aus der Lunge aus; wird benutzt, wenn der Zungenbelag gelb und die Kehle deutlich gerötet ist [1].
- **Ma 40:** wandelt Schleim um, besonders geeignet bei klebrigem, zähem Schleim.
- **MP 6:** tonisiert das *Yin*, Treffpunkt der *Yin*-Meridiane des Beines (Niere, Milz/Pankreas und Leber).
- **KG 4:** tonisiert das *Yin*.
- *Ding Chuan:* vor allem bei keuchender Atmung.
- **KG 22:** beruhigt schweres, pfeifendes Atmen; kann gut mit *Ding Chuan* kombiniert werden. Cave: Da die Trachea sehr nahe an dem Punkt liegt, ist der Einsatz eines auf Sedation eingestellten Lasers ratsam.
- **Lu 7 u. Ni 6:** Punktekombination, die mit dem außerordentlichen Meridian Ren Mai (Konzeptionsgefäß) in Verbindung steht. Sie verbinden die *Yin*-Meridiane der Hand und des Fußes. Lu 7 ist der Schlüsselpunkt des Konzeptionsgefäßes und kann zur Tonisierung von *Yin* eingesetzt werden [3].

Für eine tonisierende Wirkung belässt man die Nadeln ca. 10 Minuten, für eine sedierende Wirkung ca. 15 Minuten. Bei Laserapparaten hängt die Behandlungszeit von der Bauart der Apparate ab. Zusätzlich zur Verweildauer der Nadeln beeinflusst auch die Stechtechnik beim Setzen und Entfernen der Nadeln die Wirkung. Um zu tonisieren, werden die Nadeln schnell gesetzt und langsam und vorsichtig wieder gezogen. Dagegen wirkt eine Nadel sedierend, wenn sie langsam gestochen und schnell und kraftvoll entfernt wird. Bei den hier besprochenen respiratorischen Erkrankungen sind die Organe meist schwach, die vorherrschende Leere macht eine Tonisierung notwendig. Die „Husten"-Punkte werden hingegen meist sedierend genadelt.

Die Behandlung über das Konzeptionsgefäß sollte an separaten Behandlungsterminen stattfinden. Die Nadeln werden dabei 15 bis 20 Minuten belassen. Diese Behandlung ist besonders bei Rückfällen mit stark geschwächtem *Yin* sehr sinnvoll. Für die Rückenpunkte und die proximalen Punkte an den Gliedmaßen werden gelegentlich chinesische Akupunkturnadeln mit Silbergriff verwendet werden (ca. 1,3 cm lang, 32–34 Gauge). Koreanische Handnadeln eignen sich besonders gut für Punkte an den Pfoten.

Lungen-*Qi*-Leere

Ziel der Behandlung ist eine Tonisierung des *Qi*, eine Stärkung der Lunge und eine Linderung des Hustenreizes.

Die meisten Tiere leiden an einer Kombination aus Lungen-*Yin*- und Lungen-*Qi*-Leere. Die Punktwahl ist abhängig von der Symptomatik. Wählen Sie erst Punkte aus, die das Lungen-*Yin* stützen (folgende Übersicht und ➤ Abb. 19.1). Wenn die Lunge auf die Akupunktur anspricht, kann evtl. die konventionelle Medikation reduziert werden. Kontrollieren Sie bei jedem Reduktionsschritt Farbe, Form, Beschaffenheit und Feuchtigkeit der Zunge. Die Pulsqualitäten müssen ebenso beobachtet werden. Wenn das *Yin* ausreichend tonisiert ist, zeigt sich das durch eine normale Größe des Pulses an der A. femoralis. Bei Tonisierung von *Qi* wird der Puls stärker. Die Wasseraufnahme der Tiere ist ebenfalls sehr wichtig.

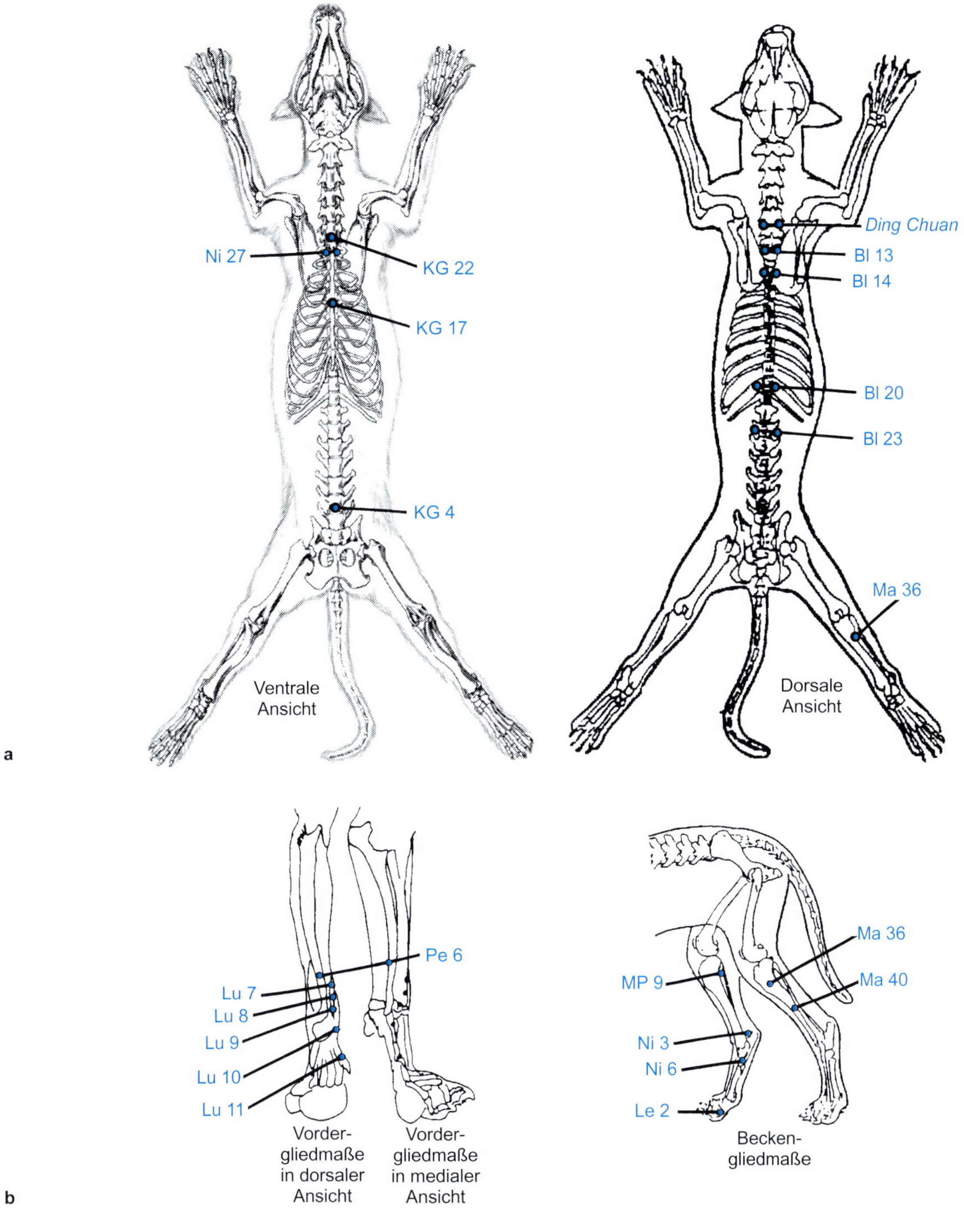

Abb. 19.1 Punkte bei chronischen Erkrankungen des Respirationstraktes.

Nachlassender Durst ist ein Anzeichen dafür, dass die Flüssigkeiten im Körper *(Yin)* sich wieder im Gleichgewicht befinden. Natürlich muss auch die Atmung konstant beobachtet werden.

! ÜBERSICHT

Lungen-*Yin*-Punkte

- **Bl 13:** *(Shu-)*Zustimmungspunkt der Lunge, an dem sich Lungen-*Qi* ansammelt; lindert Hustenreiz [1]
- **Bl 14:** Zustimmungspunkt des Perikards; unterstützt die Klärung des Brustkorbes.
- **Lu 7:** Verbindungspunkt des Lungen-Meridians mit dem Konzeptionsgefäß, tonisiert das *Yin*.
- **Lu 9:** Quell-Punkt des Lungen-Meridians, unterstützt die Atemregulation, lindert Husten.
- **KG 17:** Treffpunkt von Nieren-, Milz/Pankreas-, Dünndarm- und Dreifachem Erwärmer-Meridian auf dem Konzeptionsgefäß [1]; unterstützt das Zwerchfell; wird gemeinsam mit Pe 6 und *Ding Chuan* bei Keuchen, pfeifender Atmung und Bluthusten eingesetzt.
- **Bl 20:** Zustimmungspunkt der Milz, tonisiert das *Qi*.
- **Ma 36:** reguliert *Qi* und Blut, tonisiert generell bei Leere und Mangel [1].

19.3 Störungen des Mittleren Erwärmers

Krankheitsentstehung

Asthma und allergische Bronchitis können auch Begleiterscheinungen einer Leere in anderen Organsystemen sein. Nach dem Verständnis der TCM können sich lange bestehende Störungen im Bereich von Milz/Pankreas oder Leber als chronische Atembeschwerden manifestieren. In der TCM die Milz für die Versorgung der Lunge mit Flüssigkeiten zuständig, indem sie Energie aus der Nahrung in *Qi* und Flüssigkeiten umwandelt, die dann vom Magen transportiert werden. In einer schwachen, „müden" Milz staut sich Flüssigkeit an, die Milz wird „feucht". Diese Feuchtigkeit sammelt sich im Mittleren Erwärmer und überlastet dann die Lunge, da immer mehr Feuchtigkeit produziert wird, die bewegt werden muss.

Die Leber ist für den reibungslosen Fluss des Blutes, der Flüssigkeiten und des *Qi* verantwortlich. Bei Leberstörungen kommt es daher oft zu Stagnationen und Flüssigkeitsansammlungen im Mittleren Erwärmer. Wenn das Tier schmerzhaft auf Berührung im Leberbereich reagiert, oder wenn es sich auf einmal nicht mehr hochheben lassen möchte, muss man an eine Störung der Leber denken.

Flüssigkeit, die sich wegen einer Unterfunktion von Leber oder Milz/Pankreas im Verdauungstrakt ansammelt, kann klebrig und zäh werden und sich zu Schleim umwandeln. Es wird für die Leber immer schwieriger, diesen Schleim, der dem Schleim der Lunge ähnelt, zu bewegen. Er behindert den Flüssigkeitstransport im Körper und belastet damit vor allem die Lunge.

19

Entwicklung von Störungen des Mittleren Erwärmers

- **Milz/Pankreas-Schwäche** → geringe Transformation von Nahrung und wenig Flüssigkeitsbewegung → Ansammlung von Flüssigkeiten im Oberen und Mittleren Erwärmer → chronische Lungenerkrankung.
- **Stagnierendes Leber-*Qi*** → abnehmende Zirkulation der Flüssigkeiten → zunehmende Ansammlung von Flüssigkeiten im Oberen und Mittleren Erwärmers → chronische Lungenerkrankung.

Symptomatik

Eindeutige Lungensymptome

- Atmung und Husten nach Mahlzeiten schlimmer werden → **Störung von Leber oder Milz/Pankreas**
- Heraufhusten von klarem Wasser, gurgelndes Geräusch beim Husten, blubberndes, feuchtes Keuchen → **Milz/Pankreas-*Qi*-Leere**

Begleitende Anzeichen

- Extrem viel, schaumiger Speichel, feuchte, breite, geschwollene Zunge, wenig Durst, weicher, weiter Puls der A. femoralis, geblähtes Abdomen, weicher Stuhlgang, Diarrhö → **Milz/Pankreas-*Qi*-Leere**, die Feuchtigkeit erzeugt
- Dicker weißer Zungenbelag → **Milz/Pankreas-*Yang*-Leere**, die Feuchtigkeit erzeugt
- Purpurfarbene Punkte auf der Zunge, Schmerzen im Brustbereich, gespannter, pochender Puls → **Leber-*Qi*- und -Blut-Stagnation**

Therapie

Das Ziel der Akupunktur liegt im Ausleiten der zusätzlichen Feuchtigkeit, indem der Schleim aufgelöst wird, Wasser über die Nieren vermehrt ausgeschieden, *Qi* belebt, die *Qi*-Zirkulation unterstützt und der Hustenreiz gemildert wird. Es kommen vor allem Akupunkturpunkte zum Einsatz, die das Lungen-*Qi* tonisieren.

! ÜBERSICHT

Punkte zur Behandlung von Störungen des Mittleren Erwärmers

- **Bl 13:** *(Shu-)*Zustimmungspunkt der Lunge, an dem sich Lungen-*Qi* ansammelt; lindert Hustenreiz [1].
- **Bl 14:** Zustimmungspunkt des Perikards; unterstützt die Klärung des Brustkorbes.
- **KG 17:** Treffpunkt von Nieren-, Milz/Pankreas-, Dünndarm- und Dreifachem Erwärmer-Meridian auf dem Konzeptionsgefäß [1]; unterstützt das Zwerchfell; wird gemeinsam mit Pe 6 und *Ding Chuan* bei Keuchen, pfeifender Atmung und Bluthusten eingesetzt.
- **Bl 20:** Zustimmungspunkt der Milz, tonisiert das *Qi*.
- **Ma 36:** reguliert *Qi* und Blut, tonisiert generell bei Leere und Mangel [1].
- **„Hustenpunkte":** *Ding Chuan*, **KG 22, Lu 9, Ma 40**: Einsatz bei Lungen-*Yin*-Leere; Ma 40 und Lu 9 wandeln zusätzlich Schleim um.
- **MP 9:** wandelt festsitzenden Schleim um [1].
- **Le 2** und **Le 3:** lösen Leber-Stagnationen auf, lindern Schmerzen im seitlichen Rippenbereich [1].
- **KG 17, KG 12** und **KG 4:** regulieren Wasser entlang des Konzeptionsgefäßes; werden besonders bei Rückfällen eingesetzt, wenn Schleim-Stagnation zu abdominalen Spannungsgefühlen, Fülle im Thorax und dickem, weißem Zungenbelag führt.

19.4 Störungen des Unteren Erwärmers

Krankheitsentstehung

Zusätzlich zu den Funktionen in der westlichen Medizin, hat die Niere in der TCM auch mit der Ausatmung zu tun. Die Lungen atmen Feuchtigkeit ein, die dann am Ende der Inhalationsphase von der Niere ergriffen, nach unten gezogen, und schließlich mit dem Urin wieder ausgeschieden wird. Liegt eine Nieren-*Qi*- oder -*Yang*-Schwäche vor, so kann die Niere die Feuchtigkeit nicht ausreichend nach unten leiten. Als Folge kommt es zu einer Feuchtigkeitsansammlung und Schleimbildung in der Lunge.

Entwicklung von Störungen des Unteren Erwärmers

Schwaches Nieren-*Qi* oder -*Yang* → Feuchtigkeit kann am Ende der Inhalation nicht richtig ergriffen werden → Ansammlung von Feuchtigkeit im Unteren Erwärmer → chronische Lungenerkrankung.

Tab. 19.1 Symptomatik bei Störungen des Oberen, Mittleren und Unteren Erwärmers

Symptome	Oberer Erwärmer		Mittlerer Erwärmer	Unterer Erwärmer
	Lungen-*Yin*	Lungen-*Qi*	Milz/Pankreas und Leber	Niere
Atemmuster	Trocken, rau, ± Keuchen	Schnell, flach, ± Keuchen	Flach, feucht, ± Keuchen	Keuchen am Ende der Inhalation am schlimmsten
Husten	Trocken, abgehackt	Schwach, chronisch	Würgend, gurgelnd, wässriger Auswurf	Würgend
Pharynx	Entzündet, Tonsillitis, trocken oder klebriger, klarer Schleim	–	Sehr viel wässriger, schaumiger Speichel	Weißer, schaumiger, klebriger Schleim
Zunge	Rot, kein Belag oder gelber Belag, trocken	Normal oder blass, dünner Belag	Feucht, blass, breit, geschwollen, ± weißer Belag, purpurfarbene Punkte (Le)	± geschrumpft, rot (*Yin*-Leere) oder weißer Belag (*Yang*-Leere)
Durst	Verstärkt	Normal	Weniger	Verstärkt (bei *Yin*-Leere)
Stimme	Rau	Schwach	Normal	Normal
Fell	Trocken und stumpf	Normal oder trocken	Normal	Trocken, stumpf, Schuppen im Bereich des unteren Körpers
Puls an der A. femoralis	Dünn	Schwach	Gespannt, verschwommen	Dünn, schwach
Stuhlgang	Trocken	Normal	Weich, Diarrhö	Diarrhö am frühen Morgen
Andere Anzeichen	Trockene Nase, brüchiger Nasenspiegel, unruhig, verschlimmert sich am Nachmittag	Am schlimmsten während Belastung, trockener, brüchiger Nasenspiegel	Schlimmer nach Nahrungsaufnahme, geblähtes Abdomen, Schmerzen im Bereich des Brustkorbes	Kalt (*Yang*-Leere), sexuelles Desinteresse

Symptomatik

Eindeutige Lungensymptome

- Asthmatische Atmung, die am Ende der Inhalation am schwersten fällt, Verschlimmerung bei Kälte, wenig, weißer, schaumiger Auswurf, flache Atmung → **Nieren-*Yang*-Leere**

Begleitende Anzeichen

- Läufigkeit kaum bemerkbar, vorzeitige Ejakulation, Diarrhö am frühen Morgen → **Nieren-*Yang*-Leere**
- Vorgeschichte mit Blasen- oder Nieren-Infektionen → **Nieren-Leere**
- Gesteigerter Durst, rote, geschrumpfte Zunge → **Nieren-*Yin*-Leere**

Therapie

In der folgenden Übersicht sind die Akupunkturpunkte aufgelistet, die sich zur Behandlung des Unteren Erwärmers eignen.

! ÜBERSICHT

Punkte zur Behandlung von Störungen des Unteren Erwärmers

- **Lu 7** u. **Ni 6:** Punktekombination, die mit dem außerordentlichen Meridian *Ren Mai* (Konzeptionsgefäß) in Verbindung steht. Sie verbinden die *Yin*-Meridiane der Hand und des Fußes. Lu 7 ist der Schlüsselpunkt des Konzeptionsgefäßes und kann zur Tonisierung von *Yin* eingesetzt werden [3].
- **Ni 27:** wird mit dem Hustenablauf in Verbindung gesehen; lindert Husten und Schmerzen in der Brust [2].
- **Lu 9:** Erd-Punkt auf dem Lungen-Meridian, unterstützt die Passage von Feuchtigkeit durch den Mittleren Erwärmer hinab zum Unteren Erwärmer.
- **Bl 13:** *(Shu-)*Zustimmungspunkt der Lunge, an dem sich Lungen-*Qi* ansammelt; lindert Hustenreiz [1].
- **Bl 23:** Zustimmungspunkt der Niere
- **Ni 7:** Metall-Punkt auf dem Nieren-Meridian
- **LG 4:** ernährt das Nieren *Yang* [1].
- **Ma 36:** tonisiert *Qi* vor allem im kaudalen Körperbereich.
- **„Hustenpunkte"** zur Unterstützung von Lungen-*Qi* und Lungen-*Yin* können aus den Übersichten des ➤ Kapitel 19.2 übernommen werden.

19.5 Zusammenfassung

Die Akupunktur ist eine sehr gute Ergänzung der Therapieoptionen bei der Behandlung von chronisch-respiratorischen Erkrankungen von Hunden und Katzen. Sie kann das Allgemeinbefinden der Tiere verbessern, indem sie die zugrunde liegenden pathogenen Faktoren behandelt. ➤ Tab. 19.1 fasst die Symptomatik von Störungen des Oberen, Mittleren und Unteren Erwärmers zusammen.

LITERATUR

1 O'Connor J, Bensky D (translators): *Acupuncture: a comprehensive text,* ed 3, Seattle, 1984, Eastland Press.
2 Shanghai College of Traditional Medicine: *Essentials of Chinese acupuncture,* Beijing, 1980, Foreign Language Press.
3 International Veterinary Acupuncture Society: The eight extra vessels, *Certification course lectures,* San Diego, 1988, The Society, pp 3–7.

KAPITEL

20 Akupunktur bei gastrointestinalen Störungen

Stephen G. Dill, Naomi Biermann

Die Auswirkungen einer Akupunkturbehandlung bei gastrointestinalen Erkrankungen können sowohl aus Sicht der konventionellen westlichen Medizin als auch aus Sicht der TCM gesehen werden. Beide Perspektiven werden hier in zwei getrennten Teilen des Kapitels behandelt. Das erste Teil über die konventionelle Medizin beinhaltet experimentelle und klinische Studien, die einige Mechanismen der Akupunkturwirkung und ihre Effektivität untersuchen. Die Behandlung von nach westlicher Sichtweise diagnostizierten Störungen wird dargestellt. Der zweite Teil stellt die grundlegenden Prinzipien der TCM, die Behandlungsstrategien und die eigentliche Akupunkturbehandlung vor.

20.1 Gastroenterologie aus westlicher Sicht

Unzählige Untersuchungen versuchen die Wirksamkeit der Akupunktur bei der Behandlung von gastrointestinalen Störungen zu beweisen. Die Stimulation der Akupunkturpunkte hat verschiedene physiologische Wirkungen auf das gastrointestinale System (GI), darunter beispielsweise die Regulation von Durchblutung, Motilität und Sekretion.

20.1.1 Experimentelle Studien

Gastrointestinale Durchblutung

Eine Elektrostimulation des Akupunkturpunktes Ma 36 bei Ratten bewirkte eine signifikant niedrigere Durchflussgeschwindigkeit der Erythrozyten in den Mesenterialgefäßen und einen erniedrigten mittleren arteriellen Druck in der A. carotis im Vergleich zu einer Gruppe von Kontrollratten, die an einem Nicht-Akupunkturpunkt stimuliert wurden [1]. Diese kardiovaskulären Reaktionen konnten durch Durchtrennung des N. ischiadicus unterbunden werden. Der Autor vermutet, dass die elektrische Stimulation die vasokonstriktorische Wirkung des Sympathikus blockiert und so die beobachteten kardiovaskulären Veränderungen auslöst. Während der Stimulation konnte subjektiv eine verstärkte intestinale Motilität beobachtet werden [1].

Gastrointestinale Motilität

Akupunktur beeinflusst die GI-Motilität. Die Wirkung von Akupunktur und Moxibustion auf normale GI-Motilität und auf medikamentös veränderte GI-Motilität wurde an Mäusen untersucht [2]. Dazu wurden Punkte an Rücken oder Abdomen mit einer Akupunkturnadel mit oder ohne Moxibustion punktiert. In der Gruppe der nicht medikamentös behandelten Mäuse zeigte sich nach Akupunktur des Abdomens ein signifikanter Anstieg der GI-Motilität, aber nicht nach Nadelung am Rücken. Durch die Verabreichung von Vagostigmin, einem Anticholinesterase-Wirkstoff, wurde eine deutliche Steigerung der GI-Motilität ausgelöst, die durch Akupunktur oder Moxibustion deutlich verringert werden konnte. Durch Atropin-Gabe verlangsamte sich die GI-Motilität. Auch diese Wirkung konnte durch Akupunktur oder Moxibustion aufgehoben werden, die GI-Motilität stieg wieder an. Die GI-Motilität wurde anhand der beobachteten Bewegung einer kohlenstoffhaltigen Lösung durch den Verdauungstrakt bestimmt. Nach diesen Studien kann angenommen werden, dass mithilfe von Akupunktur/Moxibustion sowohl eine Hypermotilität als auch eine Hypomotilität des GI-Traktes normalisiert werden kann.

Elektroakupunktur der Punkte Ma 36, Di 4 und Bl 25 steigerte deutlich die Rate an fäkaler Exkretion bei Hunden, denen oral Chromoxyd verabreicht worden war [3]. Die gesteigerte Exkretionsrate wurde auf die durch Akupunktur gesteigerte GI-Motilität zurückgeführt.

Mit Akupunktur des „Hunger-Punktes“ am Ohr des Menschen konnte die für bestimmte Röntgenaufnahmen erwünschte GI-Hypotonie ebenso effektiv ausgelöst werden, wie mit Verabreichung eines in China üblichen Anticholinergikums [4]. Bei der Akupunktur traten wesentlich weniger Nebenwirkungen auf, als nach der Medikamenteneinnahme.

Die Magenmotilität wurde bei narkotisierten Ratten durch Akupunktur im Bereich des Abdomens und des unteren Thorax aufgehoben, um anschließend mit Nadelstimulation an Punkten an den Gliedmaßen wieder in Gang gesetzt zu werden [5]. Die gastrische Motilität wurde dabei mit Hilfe einer endoskopischen Druckmessung bestimmt.

Bilateral vagotomierte Kaninchen zeigten einen erniedrigten elektrischen Widerstand an Akupunkturpunkten an der Schulter und in der Glutealregion im Vergleich zu den Werten vor der Vagotomie und auch im Vergleich zu nicht vagotomierten Kontrollratten [6]. Die Punkte wurden durch ihren erniedrigten elektrischen Widerstand identifiziert und konnten keiner Nomenklatur zugeordnet werden. Durch Elektrostimulation des glutealen Meridian-Punktes konnte der Widerstand an den Schulterpunkten und an den glutealen Akupunkturpunkten fast auf die Werte gebracht werden, die vor der Vagotomie gemessen wurden. Durch die Elektrostimulation wurde außerdem die GI-Motilität nach der Vagotomie gesteigert: es traten wieder Darmgeräusche auf und die Zeit bis zur Defäkation verkürzte sich.

Durch Akupunktur können Fälle von postoperativem Ileus beim Pferd positiv beeinflusst werden [7]. Bei sechs Pferden mit postoperativem Ileus konnte dieser bei vier der Tiere durch Elektroakupunktur gelöst werden. Das fünfte Pferd erholte sich zunächst von dem Ileus, starb aber dann an den Folgen eines Volvulus. Beim sechsten Pferd zeigten verbesserte sich die Ileussymptomatik ebenfalls, es verstarb aber an den Folgen einer Peritonitis, die sich in Folge einer Darmperforation entwickelt hatte. Der Erfolg der Akupunktur wurde gemessen an dem Wiederauftreten von Darmgeräuschen, verringertem Reflux in der Magenschlundsonde und einer Verbesserung des Allgemeinbefindens der Tiere. Die Tiere erholten sich innerhalb von 48 Stunden von dem Ileus. Vier der Pferde zeigten gleich nach der ersten Elektroakupunkturbehandlung eine deutliche Besserung. Die Akupunkturbehandlung bestand in einer einmaligen Injektion von 1 ml Vitamin B_{12} bilateral an Ma 36, gefolgt von elektrischer Stimulation mehrerer Punkte über 30 Minuten, zweimal täglich. Obwohl die Anzahl der Pferde in dieser Studie zu klein war, um statistisch auswertbare Ergebnisse zu erbringen, ist die Elektroakupunktur möglicherweise eine sinnvolle Alternative in der Behandlung des postoperativen Ileus.

Magensaftsekretion

Es liegen widersprüchliche Untersuchungen zum Einfluss der Akupunktur auf die Magensaftsekretion vor. In einer nigerianischen Studie wurden 14 Menschen mit abdominellen Schmerzen untersucht. Bei zehn davon fanden sich radiologisch und endoskopisch nachweisbare Ulcera duodeni [8]. Diese Patienten bildeten die Ulkus-Gruppe. Die anderen vier Patienten zeigten keine Hinweise auf ein Ulkusleiden und bildeten die dyspeptische Nichtulkus-Gruppe. Dreimal wöchentlich wurden nun über einen Zeitraum von sechs Wochen Akupunkturpunkte manuell, elektrisch oder mit Moxibustion stimuliert. Die Säureproduktion wurde vor Beginn und sechs Monate nach Abschluss der Akupunktur gemessen. Die durchschnittliche basale Säuresekretion konnte in der Ulkusgruppe von 4,04 mmol/h auf 1,05 mmol/h reduziert werden. Bei der Nichtulkusgruppe wurde die Säureproduktion von 4,25 mmol/h auf 1,85 mmol/h verringert. Alle 14 Patienten berichteten von einer deutlichen Linderung der Schmerzen. Von den zehn Patienten der Ulkusgruppe waren sieben auch in der Nachkontrolle noch schmerzfrei (nach 18 bis 24 Monaten).

In einer anderen randomisierten, Placebo-kontrollierten Studie wurde bei acht Männern der Punkt Ma 36 mit Elektroakupunktur (EAP) stimuliert und ein Punkt am Arm als Kontrollpunkt genadelt [9]. Die basale Säuresekretion war deutlich verringert nach einer Stimulation von Ma 36, im Vergleich zur Stimulation des Nicht-Akupunkturpunktes am Arm. Bei einer zweiten Untersuchung derselben Autoren zeigte sich eine deutliche Reduktion der durch Nahrungsaufnahme angeregten Säureproduktion in der mit Akupunktur behandelten Gruppe im Vergleich zur Kontrollgruppe. Diese durch EAP herbeigeführte Reduktion der Magensaftsekretion wurde durch opioide Nervenfasern und vagale Efferenzen vermittelt. Naloxon konnte den Effekt verhindern.

Eine andere randomisierte prospektive Studie untersucht den Einfluss der Akupunktur auf die durch Nahrungsaufnahme ausgelöste Magensaftsekretion an acht Menschen [10]. Klassische Akupunkturpunkte und Kontrollpunkte wurden mit Akupunkturnadeln, EAP, transkutaner elektrischer Nervenstimulation (TENS) oder Laser stimuliert. Eine signifikante Erniedrigung der Säuresekretion ergab sich nach EAP und TENS. Die einfache Nadelung, der Einsatz von Moxa und die Nadelung der Kontrollpunkte veränderten die Sekretion nicht.

Auch bei Tieren wurden Untersuchungen zur Magensaftsekretion durchgeführt. Bei Hunden konnte durch EAP der Punkte Ma 36, Bl 20 und Pe 6 die durch Nahrungsaufnahme ausgelöste Magensaftsekretion deutlich vermindert, der pH-Wert des Magens erhöht und die Bikarbonatsekretion gesteigert werden [11, 12]. Diese durch β-Endorphine und Somatostatin vermittelte Wirkung konnte wieder aufgehoben werden durch die Verabreichung von Naloxon, Atropin oder durch Infiltration der Akupunkturpunkte mit Lidocain vor der Akupunktur.

Durch EAP an Ma 36 konnte der Magen-pH bei anästhesierten Ratten deutlich verringert werden, was mit EAP an Di 4 nicht gelang [13]. Dieser Einfluss auf den Magen-pH wurde durch eine Durchtrennung des N. ischiadicus oder des N. vagus verhindert, was die Bedeutung dieser zwei Nervenpfade für die durch Akupunktur ausgelöste Magensäureproduktion zeigt.

Bei einer anderen Untersuchung an anästhesierten Ratten mit einer Pylorusstenose zeigte die Akupunktur keinen Einfluss auf die Magensaftproduktion, aber die Anzahl an Magengeschwüren und die Entleerungszeit konnte dadurch drastisch gesenkt werden [14]. Die Ergebnisse dieser zwei Untersuchungen an Ratten unterscheiden sich voneinander und von anderen Untersuchungen zur Säuresekretion. Mögliche Erklärungen dafür sind die Speziesunterschiede, unterschiedliche Punktwahl, unterschiedliche Stimulationsarten, die vorhandenen Pylorusstenose, Einflüsse der Anästhesie oder verschiedene Tiefegrade der Anästhesie.

20.1.2 Klinische Studien

Gastroduodenale Ulzera

Klinische Untersuchungen haben erwiesen, dass Akupunktur erfolgreich bei Menschen mit gastroduodenalen Ulzera eingesetzt werden kann. Obwohl es sich hierbei nicht um kontrollierte Blind-Studien handelt, sind sie doch sehr aussagekräftig, da die Patienten chronisch erkrankt waren (über Monate oder Jahre) und auch nicht auf lange durchgeführte konventionelle Therapien angesprochen hatten.

Von 71 Menschen mit Magen- oder Zwölffingerdarmgeschwüren zeigten 45 (63 %) eine sehr gute Reaktion auf die Akupunktur, mit Verschwinden der Symptome über Monate oder sogar dauerhaft [15]. 20 der Patienten fühlten sich besser, erlitten aber von Zeit zu Zeit Rückfälle. Sechs der Patienten sprachen überhaupt nicht auf Akupunktur an.

Bei einer anderen klinischen Untersuchung an 32 Menschen mit therapieresistenten Ulcera duodeni konnte bei 28 % ein sehr gutes, bei 38 % ein gutes und bei weiteren 28 % ein unbefriedigendes Ergebnis erzielt werden. 6 % sprachen nicht auf die Akupunkturbehandlung an [16]. Die Kontrollzeit nach dem Versuch belief sich auf sechs Monate.

21 Menschen mit seit ein bis zehn Jahren chronisch-rezidivierenden duodenalen Geschwüren, die nicht auf konventionelle Behandlung angesprochen hatten, wurden drei Wochen lang mit Akupunktur behandelt. 76 % der Patienten konnten vollständig geheilt werden, was in einer nachfolgenden Gastroskopie bestätigt wurde [17]. Alle Behandelten beschrieben eine deutliche Verbesserung ihres Befindens während der Behandlungsperiode. Verwendet wurden folgende Akupunkturpunkte: KG 11, KG 12, Bl 21, Bl 27, Ma 36, Ma 44, Pe 6 und Gb 25.

Obwohl die meisten dieser Untersuchungen an Menschen, Hunden oder Ratten durchgeführt wurden, können die Forschungsergebnisse sicher auch auf andere Spezies übertragen werden. Während der letzten 20 Jahre entwickelten sich gastroduodenale Geschwüre zu einem immer ernsteren Problem bei Fohlen und erwachsenen Pferden. Auch bei Kühen, Kälbern, Schweinen und Hunden treten diese Geschwüre auf. Akupunktur ist bei diesen Fällen als alleinige Behandlungsmethode oder als unterstützende Maßnahme sicherlich sehr hilfreich.

Weitere Einsatzgebiete der Akupunktur in der Gastroenterologie sind Übelkeit, Erbrechen, Vorbereitung von Patienten für die Gastroskopie und die Behandlung der Magentorsion.

Übelkeit und Erbrechen

Zwei Untersuchungen behandelten die antiemetische Wirkung von Akupunktur an Pe 6 bei Patienten, die zwei verschiedene Opiate als Prämedikation für kleine gynäkologische Eingriffe erhalten hatten [18]. Bei dem Opiat Meptazinol war die Häufigkeit von Erbrechen in der Akupunkturgruppe (n = 25) nur halb so hoch wie in der Kontrollgruppe. In der zweiten Untersuchung wurde Nalbuphin verabreicht. Auch hier zeigte die mit Akupunktur an Pe 6 behandelte Gruppe (n = 25) deutlich weniger Erbrechen, als die nicht mit Akupunktur behandelten Patienten (n = 25) oder die Gruppe, bei denen ein Nicht-Akupunkturpunkt genadelt worden war (n = 25).

In einer weiteren klinischen Untersuchung an Menschen konnte mit EAP des Punktes Pe 6 vor der präoperativen Verabreichung eines Opiates, die Häufigkeit von postoperativer Übelkeit deutlich gesenkt werden [19]. Mit Akupressur oder transkutaner elektrischer Stimulation wurde die Übelkeit zwar auch reduziert, aber nur über eine kürzere Zeit, als bei der Akupunkturbehandlung. Die Anwendung der Akupunktur nachdem die Opiate injiziert wurden, zeigte sich als weniger wirksam in der Verringerung der postoperativen Übelkeit. Dasselbe galt für die Stimulation von Nicht-Akupunkturpunkten.

Die Häufigkeit von postoperativem Erbrechen wurde bei 100 Frauen verglichen, die unter Vollnarkose laparoskopiert worden waren [20]. Bei den nicht mit Akupunktur behandelten Frauen trat bei 44 % ein Vomitus auf. In der Gruppe, die mit EAP an Pe 6 behandelt worden war, mussten hingegen nur 12 % der Patientinnen erbrechen, in der Gruppe, die transkutane Elektrostimulation an Pe 6 erhalten hatte, 36 % und in der Gruppe, die ein Antiemetikum injiziert bekommen hatte, 12 %. EAP zeigte sich also als genauso erfolgreich zur Prävention des postoperativen Erbrechens, wie die intravenöse Injektion eines Antiemetikums (Prochlorperazine) und deutlich besser als die transkutane elektrische Stimulation oder die nicht behandelte Kontrollgruppe.

Akupressur des Punktes Pe 6 verlängerte bei Chemotherapiepatienten den acht Stunden anhaltenden antiemetischen Effekt der Akupunktur auf 24 Stunden [21].

Von 26 Frauen unter Chemotherapie zeigten die mit Akupunktur und einem Antiemetikum behandelten Frauen deutlich weniger oder gar keine Übelkeit, im Vergleich zu den Frauen, die nur mit einem Antiemetikum behandelt wurden [22].

Das Tragen eines Akupressur-Armbandes konnte in einer anderen Studie bei 12 von 16 Frauen eine deutliche Abnahme der morgendlichen Übelkeit, der Depressionen, Ängstlichkeit und der Verhaltensauffälligkeiten bewirken [23].

Beim Vergleich zwischen Elektroakupunktur und intramuskulär verabreichtem Atropin und Diazepam zur Vorbereitung einer Gastroskopie zeigten beide Methoden die gleiche Effektivität in der Beruhigung des Patienten und der Linderung der Magenbeschwerden [24]. Die Nebenwirkungen, die in der mit Medikamenten behandelten Kontrollgruppe auftraten, umfassten gastrische Hypermotilität, Pylorusspasmen und unterschiedlich starke Schwindelgefühle und Übelkeit. Keine dieser Nebenwirkungen trat in der Akupunkturgruppe auf.

Mit EAP des Punktes Pe 6 mit einer Frequenz von 1 bzw. 5 Hz konnte im Vergleich zur Kontrollgruppe Morphin-induziertes Erbrechen bei Frettchen um 39 % bzw. 43 % verringert werden [5].

1991 wurde eine Metaanalyse über die antiemetische Wirkung des Punktes Pe 6 veröffentlicht [26]. Die zuverlässigsten Studien betrafen die Anwendung von Pe 6 zur Prävention der postoperativen Übelkeit. Die Ergebnisse von fünf Studien an insgesamt 500 Frauen wurden kombiniert und zeigten eine signifikante Reduktion der Übelkeit (P = .001) nach Akupunkturstimulierung, EAP oder transkutaner elektrischer Stimulation. Dies war bei den Kontrollgruppen, die an nicht Akupunkturpunkten genadelt worden waren, nicht der Fall. Die Verwendung von Akupunkturnadeln oder von EAP erbrachte die am längsten anhaltende Reduktion der Übelkeit.

In der Zusammenfassung eines ausführlichen Übersichtsartikels über die antiemetische Wirkung der Akupunktur heißt es [27]:

„Weltweit wurden 33 Untersuchungen veröffentlicht, in denen der Akupunkturpunkt Pe 6 stimuliert wurde, um Übelkeit und/oder Erbrechen in Zusammenhang mit Chemotherapie, Schwangerschaft oder Operationen zu behandeln.

Pe 6 brachte in allen vier Studien, in denen die Akupunktur unter Vollnarkose durchgeführt wurde, die gleichen oder schlechtere Ergebnisse als die der Kontrollgruppen. Bei 27 der restlichen 29 Studien erwies sich die Akupunktur statistisch den anderen Methoden überlegen. Eine zweite Metaanalyse wurde auf zwölf qualitativ hochwertige Placebo-kontrollierte Studien beschränkt, in denen die Akupunktur von Pe 6 nicht unter Anästhesie durchgeführt wurde. Elf dieser Studien, die fast 2000 Patienten umfassten, zeigten eine nachweisbare antiemetische Wirkung des Punktes Pe 6. Die analysierten Studien zeigten unabhängig von den Untersuchungsleitern, verschiedenen Patientengruppen und unterschiedlichen Formen der Akupunkturstimulation gleich bleibend positive Ergebnisse.“

Diese Untersuchungen belegten die Wirksamkeit der Akupunktur in der Reduktion der Stärke von Übelkeit und Erbrechen unterschiedlicher Ursache bei Menschen und Frettchen. Obwohl manche der bekannten Symptome, wie beispielsweise die morgendliche Übelkeit, in der Regel bei Haustieren nicht vorkommen, ist die Stimulation von ähnlichen Akupunkturpunkten vermutlich hilfreich bei der Behandlung von Übelkeit, Erbrechen und Magenschmerzen bei Hund, Katze und Schweinen und bei Magenbeschwerden bei Pferden, Rindern und anderen Tierarten.

Magendrehung und Megaösophagus

Eine klinische Studie aus China beschreibt vier Fälle von Menschen mit akutem und sechs Fälle mit chronischem Magenvolvulus, die erfolgreich mit Akupunktur behandelt werden konnten [28]. Dabei wurde mit direkter Nadelstimulation und mit Moxa behandelt.

Durch TENS konnte der Druck im unteren Ösophagusspinkter bei Menschen mit Achalasie deutlich gesenkt werden [29]. Achalasie entsteht durch die Unfähigkeit des unteren Ösophagussphinkters, sich nach dem Schlucken wieder zu entspannen. Letztendlich führt diese Störung zum Megaösophagus. In der oben genannten Untersuchung konnte mit TENS die Plasmakonzentration von vasoaktiven intestinalen Peptiden gesteigert werden. Es handelt sich dabei um inhibitorische Neurotransmitter, die höchstwahrscheinlich die Sphinkterentspannung vermitteln. Zwei TENS-Elektroden wurden an Di 4 und zwischen Dü 3 und He 7 angesetzt.

In einer separaten kontrollierten Blind-Studie an gesunden Menschen konnte nachgewiesen werden, dass TENS die Spannung im Ösophagussphinkter erniedrigt, die Ösophagusperistaltik verbessert und die Konzentration an vasoaktiven intestinalen Peptiden erhöht [30]. Dabei wurde eine TENS-Elektrode an der rechten Hand in der Nähe von Di 4 und die andere Elektrode zwischen Dü 3 und He 7 angebracht. Am Fuß befanden sich zwei Kontrollelektroden.

Bei 21 Menschen mit Achalasie wurde die Wirksamkeit von Akupunktur mit der Wirksamkeit der konventionellen Medizin verglichen [31]. Die elf Patienten, die mit Akupunktur behandelt wurden, zeigten deutlich bessere Reaktionen auf die Behandlung, als die zehn Patienten der Kontrollgruppe. Gb 21 wurde in der Behandlungsgruppe als Hauptpunkt genadelt, ergänzend wurden verschiedene andere Punkte stimuliert, wie z. B. KG 12, KG 17, Pe 6 und Ma 36.

Fünf Hunde mit Megaösophagus wurden mit Akupunktur behandelt. Bei allen fünf Tieren zeigten sich eine mindestens 70%ige Besserung oder ein völliges Sistieren der Regurgitation und eine Gewichtszunahme nach vier Behandlungen [32].

Um die zugrunde liegende Ursache behandeln zu können, ist eine Identifikation der primären Störung beim Megaösophagus absolut notwendig. Sowohl der erblich bedingte, als auch der sekundär entstandene Megaösophagus reagieren sehr gut auf eine Akupunkturbehandlung.

20

Störungen im Bereich der Gallenblase

Es liegen Berichte über die Behandlung der Cholelithiasis mit Hilfe von Akupunktur vor [33–37]. Durch Ohrakupunktur konnte bei 82 % von 365 Patienten ein Abgang der Gallensteine erwirkt und eine Besserung der klinischen Anzeichen eingeleitet werden [33]. Wirkungsvoller Steinabgang bedeutete dabei bei Patienten mit mehreren Steinen nicht notwendiger Weise den Abgang aller Steine. In der mit Akupunktur behandelten Gruppe war die Abgangsrate an Steinen deutlich höher, als in der Kontrollgruppe (n = 47), die ausschließlich mit chinesischen Kräutern behandelt worden war. Dort lag der Erfolg an Steinabgängen bei 14 %. In der dritten, nicht behandelten Gruppe kam es bei 9 % von 45 Patienten zum spontanen Steinabgang.

57 Menschen mit Cholelithiasis wurden, ähnlich wie die Patienten in der vorangegangenen Studie, mit Ohrakupunktur behandelt. Bei 82 % konnte entweder eine völlige Heilung oder eine drastische Besserung der klinischen Symptome erreicht werden [34]. Sonographisch zeigte sich nach der Akupunkturbehandlung eine Kontraktion der Gallenblase. Fünf Minuten nach dem Drücken des Ohrakupunkturpunktes wurde die Gallenblase deutlich kleiner. Nach zehn Minuten Behandlung nahm die Größe weiter ab, kehrte aber 20 Minuten nach Beendigung der Druckbehandlung des Punktes wieder auf den Ausgangswert zurück.

Bei 1291 Menschen mit Cholelithiasis wurden Ohrakupunkturpunkte elektrisch stimuliert [35]. Bei allen Patienten waren die Gallensteine sonographisch, konventionell radiologisch oder computertomographisch bestätigt worden. 78 Patienten wurden einen Monat lang als unbehandelte Kontrollgruppe beobachtet. 99 % der Akupunkturgruppe zeigten eine Besserung der klinischen Symptomatik, im Vergleich zu 0 % in der Kontrollgruppe. Bei 91 % der Akupunkturgruppe kam es zum Steinabgang, wobei bei 20 % der Patienten alle Steine ausgeschieden werden konnten. In der Kontrollgruppe wurden keine Gallensteine ausgeschieden. Der Steinabgang wurde bei 107 Patienten per Ultraschall bestätigt, bei 1179 Patienten wurden die Steine im Stuhl gefunden.

Auch eine chinesische Metaanalyse beschreibt den erfolgreichen Einsatz von Akupunktur, chinesischen Kräutern, westlicher Medikation oder verschiedenen Kombinationen der Ansätze zur Therapie der Cholelithiasis [36, 37].

Cholelithiasis kommt – wenn auch relativ selten – bei Pferden, Hunden und Katzen vor. Gleiches gilt für Verlegungen der Gallengänge durch Nematoden und Trematoden bei Rindern und Schweinen. Akupunktur könnte eine sinnvolle Therapiemöglichkeit bei Obstruktionen der Gallengänge darstellen.

Diarrhö

Akupunktur kann auch bei Diarrhö eingesetzt werden. Saugferkel, die kurz vor dem Absetzten standen, wurden experimentell mit Escherichia coli infiziert. Eine Gruppe wurde mit Akupunktur behandelt, eine mit oralem Neomycin, eine mit Elektroakupunktur und eine Kontrollgruppe wurde gar nicht therapiert. 82 % der Schweine aus der Akupunkturgruppe zeigten keine Diarrhö mehr, hingegen nur 71 % der medikamentös behandelten Tiere und 27 %

der Tiere, die mit Elektroakupunktur behandelt worden waren. 20 % der unbehandelten Ferkel genasen spontan [38].

Es liegen viele nicht-kontrollierte klinische Studien über den erfolgreichen Einsatz von Akupunktur bei Durchfällen vor. 170 Säuglinge und Kleinkinder (1–29 Monate alt, Durchschnittsalter 7–8 Monate) mit Diarrhö wurden mit Akupunktur behandelt [39]. Die Diarrhö galt als ausgeheilt, wenn pro Tag nur noch höchstens zweimal Stuhl abgesetzt wurde und die Stuhlkonsistenz normal war. Eine Verbesserung der Symptomatik wurde angenommen, wenn die Stuhlfrequenz im Vergleich zu vor der Behandlung auf die Hälfte gesenkt werden konnte und der Stuhlgang sich wieder normalisierte. Nach drei Akupunkturbehandlungen an drei aufeinander folgenden Tagen konnten 87 % der Kinder als geheilt, und 8 % als deutlich verbessert bezeichnet werden. 4 % der Kinder sprach nicht auf die Behandlung an.

Akupunktur und Moxibustion wurde bei 30 Kleinkindern zur Behandlung von chronischer Diarrhö eingesetzt, die bereits zwei bis vier Monate bestand und nicht auf konventionelle Therapie oder auf vorhergehende TCM-Behandlung angesprochen hatte [40]. Es wurden klassische Nadelstimulation und Moxibustion eingesetzt. Die Kinder wurden außerdem auf eine fettarme Diät oder Milchnahrung gesetzt. Ein Behandlungszyklus bestand aus einmal täglicher Therapie an sechs aufeinander folgenden Tagen. Alle 30 Kinder sprachen auf die Behandlung an. Stuhlgang trat nur noch zweimal oder weniger pro Tag auf und die Stuhlkonsistenz normalisierte sich. Sieben der Kinder konnten nach einem Behandlungszyklus als geheilt bezeichnet werden, 14 benötigten einen zweiten Behandlungsgang und die letzten neun erhielten drei Behandlungszyklen.

In einem anderen Bericht wurden 500 Kleinkinder mit Diarrhö mit Akupunktur an den Punkten Ma 25, Ma 36 und LG 1 behandelt (bilateral)[41]. Waren die Patienten besonders schwach kam noch der Punkt KG 8 dazu. Von diesen 500 Babys konnten 485 (97 %) als geheilt und 13 (3 %) als verbessert bezeichnet werden. Zwei der Kinder reagierten nicht auf die Behandlung.

Bei Tieren gibt es viele Ursachen für akute oder chronische Durchfälle. Akupunktur stellt eine sehr hilfreiche Bereicherung der konventionellen Therapien dar.

Es liegen auch klinische Berichte von Akupunkturbehandlungen bei chronischem Reizdarmsyndrom und bei Colitis ulcerosa vor [42–45]. Sieben Menschen mit Reizdarmsydrom, das nicht auf konventionelle Behandlung angesprochen hatte, wurden einer Akupunkturbehandlung unterzogen [42]. Sie fühlten sich danach deutlich besser und die Blähungen gingen zurück, es konnte jedoch keine Besserung des Völlegefühls oder der Häufigkeit des Stuhlgangs erreicht werden.

Bei 65 % der menschlichen Patienten konnte eine chronische Colitis ulcerosa erfolgreich mit Akupunktur behandelt werden, wobei die Gesamtanzahl der behandelten Menschen nicht angegeben wurde [43]. Zwölf Menschen mit Colitis ulcerosa oder spastischer Kolitis, die auf konventionelle Therapie nicht ansprachen, konnten mit einer Kombination aus Akupunkturbehandlung und Diätumstellung geheilt werden [44].

Ein klinischer Report beschreibt eine nicht-kontrollierte Studie über den Akupunktureinsatz bei 39 Menschen, die bereits seit drei Monaten bis fünf Jahren an Colitis ulcerosa litten. Moxa wurde an den Punkten Ma 25, Ma 36, KG 12 und KG 16 und an vier Punkten um den Nabel herum (1 *Cun* Entfernung) angewandt. Als Zusatzpunkte kamen KG 10, KG 11, Bl 20, Bl 21, Bl 23, Ma 21 und MP 14 zum Einsatz. Von den zwölf Patienten, die seit weniger als einem Jahr an der Störung litten, konnten zehn geheilt und zwei als deutlich gebessert bezeichnet werden. Aus der Gruppe der Patienten mit einer Vorgeschichte von zwei bis drei Jahren konnten 13 geheilt und drei deutlich verbessert werden. Zehn Patienten litten seit mehr als vier Jahren an der Erkrankung. Davon wurden durch die Akupunkturbehandlung fünf wieder gesund und drei zeigten deutliche Besserung. Als Heilung wurden ein völliges Verschwinden der Symptome und normale proktoskopische Befunde definiert. Verbesserung lag vor, wenn eine teilweise Besserung der Symptome und der proktoskopischen Befunde erreicht werden konnte. Chronische Kolitis reagiert häufig nicht auf konventionelle Therapien, daher sind die Zahlen dieser Untersuchung trotz der fehlenden Kontrollgruppen bemerkenswert.

Bei Tieren tritt eine ulzerative Kolitis auf bei Salmonellose, in Form der eosinophilen ulzerativen Kolitis der Hunde, der histiozytisch-ulzerativen Kolitis der Boxer und im Rahmen von toxischen Reaktionen von Pferden auf die Behandlung mit Phenylbutazon. Manche Pferde, die an chronisch granulomatöser Enteritis leiden, entwickeln chronische Ulzera. All diesen Fällen könnte eine Akupunkturbehandlung helfen.

Abdominelle Schmerzen

Auch abdominelle Schmerzen verschiedener Genese können mit Akupunktur behandelt werden. 110 Menschen mit postoperativen abdominellen Schmerzen konnte mit EAP und Ohrakupunktur geholfen werden [46]. An jedem Ende der Narbe und bilateral an den Punkten Ma 36 wurden dazu Nadeln eingestochen. Bei anderen Patienten wurden in Abhängigkeit von ihren Symptomen andere Punkte verwendet. Einmal täglich über einen Behandlungsblock von zwölf Tagen kam die EAP mit einer Frequenz von 150–180 Hz über 30 Minuten zum Einsatz. Zwischen den Behandlungsblöcken lag eine Ruheperiode von einer Woche. Die Ohrakupunktur wurde durch ein auf einen speziellen Punkt aufgeklebtes Samenkorn am Ohr durchgeführt, auf das manuell Druck ausgeübt wurde. Dieses Korn sollte dann drei bis fünfmal täglich massiert werden.

Bei allen der 110 Patienten trat Besserung der klinischen Anzeichen ein und bei 71 (65 %) verschwanden die Beschwerden vollkommen. 19 Patienten (17 %) berichteten von einer deutlichen Verbesserung und 20 Patienten fühlten sich etwas besser. Im Durchschnitt wurden 20 Behandlungen durchgeführt.

In einer anderen Untersuchung wurden 190 Patienten mit kolikartigen Schmerzen bilateral mit starker Nadelmanipulation an Ma 36 über dreißig Minuten behandelt, während die Kontrollgruppe aus ebenfalls 190 Patienten eine Injektion mit Atropin erhielt [47]. Die Koliken wurden dabei in beiden Gruppen durch bakterielle Enteritis (n = 50), einfache, akute Appendizitis (n = 38), akute intestinale Obstruktion (n = 31), Briden (n = 41) und Askaridenbefall (n = 41) verursacht. Der Erfolg der Behandlung wurde nach folgendem Schema bewertet:

- Sehr effektiv: Verschwinden der Schmerzen unter der Akupunkturbehandlung und kein Wiederauftreten innerhalb von 30 Minuten nach der Therapie.

- Effektiv: deutliche Abnahme der Intensität der Kolik.
- Uneffektiv: die Koliksymptome blieben unverändert oder wurden nach der Behandlung stärker.

Von den 190 mit Akupunktur behandelten Patienten konnten 85 % als sehr effektiv behandelt eingestuft werden. 11 % beschrieben die Behandlung als effektiv und 4 % als uneffektiv. In der Kontrollgruppe wurde die Behandlung bei 11 % als sehr effektiv eingestuft, bei 40 % als effektiv und bei 12 % als ineffektiv. In der mit Akupunktur behandelten Gruppe war die Behandlung signifikant häufiger sehr effektiv als in der entsprechenden Kontrollgruppe. Der Einsatz des Atropins in der Kontrollgruppe erschwert jedoch die Interpretation dieser Studie, da dieses Medikament auch negative Einflüsse auf die Darmperistaltik haben kann.

Andere abdominelle Störungen

Eine andere abdominelle Störung, die beim Menschen erfolgreich mit Akupunktur behandelt werden konnte, ist die Obstipation. Eine Studie beschreibt die Behandlung von 50 Menschen mit chronischer Obstipation [48]. Bei 42 dieser Patienten lag eine zerebrovaskuläre Erkrankung vor, vier waren traumatisch bedingte Paraplegiker und die anderen vier litten an anderen Erkrankungen. Zum Einsatz kamen die Punkte Ma 40, Ma 28 und Ma 29, Punkte, die bei dieser Indikation nicht üblich sind. Bei der täglichen Behandlung blieben die Nadeln 30 Minuten am Punkt stecken. Bei 48 der Patienten (96 %) konnten damit gute Ergebnisse erzielt werden.

Bei einer klinischen Untersuchung ohne Kontrollgruppe sollte die Wirksamkeit von Akupunktur zur Behandlung von chronischen Erkrankungen des Gastrointestinaltrakts untersucht werden, die nicht auf konventionelle Therapien angesprochen hatten. 80 % (acht von zehn) der Patienten mit Obstipation zeigten positive Reaktionen, ebenso wie 88 % (sieben von acht) der Patienten mit Colitis ulcerosa [49].

Die Akupunkturbehandlung war bei 94 % von 67 Kindern mit Rektumprolaps erfolgreich [50]. Die meisten Kinder waren drei Jahre alt, die Erkrankungsdauer vor der Behandlung lag zwischen elf Tagen und fünf Jahren (durchschnittlichen fünf Monate). Die Akupunkturbehandlung dauerte jeweils 20 Minuten und wurde 6- bis 18-mal wiederholt.

Ein Rektumprolaps beim Tier kann entweder idiopathisch, oder durch entzündlichen Geschehen in Kolon oder Rektum bedingt sein. Die Akupunktur sollte im parallel zur konventionellen Therapie durchgeführt werden, oder in den Fällen, wo die konventionelle Therapie nicht erfolgreich war.

Zusammenfassung

Es liegt einiges an entsprechender Literatur über Akupunktur bei gastrointestinalen Erkrankungen vor. Bei vielen Untersuchungen fehlt aber die Kontrollgruppe oder eine korrekte statistische Auswertung, sie halten aus diesem Grund einer strengen westlich-wissenschaftlichen Bewertung nicht stand. Doch auch unter Einbezug dieser Mängel liefern viele dieser Studien sehr nützliche Informationen.

Viele der hier beschriebenen Untersuchungen befassen sich mit Menschen. Auch bei den neueren Untersuchungen wurden wesentlich häufiger Menschen als Tiere behandelt. Ein großer Teil des Wissens der westlichen Tierärzte zum Thema Akupunktur basiert auf den Erkenntnissen, die am Menschen gewonnen werden konnten. Die Forschungsergebnisse der hier beschriebenen Studien können vermutlich ebenfalls sinnvoll auf andere Spezies übertragen werden. Es gibt aber durchaus auch Literatur, die sich ausschließlich mit der Akupunktur von Tieren befasst [51–54]. Gerade wurden zwei neue Metaanalysen über den Einsatz von Akupunktur bei gastrointestinalen Störungen veröffentlicht [55, 56].

20.1.3 Empirische Akupunkturpunkte

Um maximale Erfolge bei der Therapie zu erzielen, sollten die Akupunkturpunkte für jeden Patienten individuell ausgewählt werden. Alle Informationen aus westlichen Untersuchungsbefunden und TCM-Diagnostik sollten für eine optimale Planung der Akupunktur berücksichtigt werden.

Der Einsatz empirischer Punkte kann einen solchen individuell ausgearbeiteten Behandlungsplan noch ergänzen. Auch Tierärzte, ohne große Kenntnisse der Grundlagen und Hintergründe der TCM, können mit der Verwendung von Akupunktur-Rezepturen gute Behandlungsergebnisse erzielen. Die Erfolgsrate einer solchen Behandlung wird aber immer geringer sein, als die einer individuell abgestimmten Behandlung.

Unter diesen Voraussetzungen zeigt ➤ Tab. 20.1 eine Anzahl von Akupunkturpunkten, die sich zur Behandlung von gastrointestinalen Störungen beim Menschen und bei Tieren eignen. ➤ Tab. 20.2 beschreibt die klinischen Indikationen einiger Akupunkturpunkte, die zur Behandlung von gastrointestinalen Erkrankungen verwendet werden, ➤ Tab. 20.3 die Wirkungen einiger Akupunkturpunkte. Diese Punkte wurden aus verschiedenen Veröffentlichungen und Büchern herausgesucht und berufen sich auf die praktische Erfahrung von Veterinärakupunkteuren. Dr. Phil Rogers ist in diesem Zusammenhang besonders hervorzuheben [57]. Die Punkte sind gemäß Dr. Rogers nach ihrer praktischen Bedeutung sortiert, wobei die wichtigsten Punkte zuerst aufgeführt werden.

In Abhängigkeit vom Zustand des Patienten und der Einstellung des Besitzers kann die Akupunktur als alleinige Behandlung eingesetzt oder mit konventioneller internistischer oder chirurgischer Therapie kombiniert werden. Die Verbindung einer Akupunkturbehandlung mit der konventionellen Therapie führt mitunter zu einer schnelleren Reaktion, als die alleinige Behandlung mit einer der beiden Methoden. Die meisten Medikamente lassen sich problemlos mit der Akupunktur kombinieren. Eine Ausnahme sind hierbei die Kortikosteroide und Narkotika, die unter bestimmten Umständen die Wirkung der Akupunktur verringern können.

20

Tab. 20.1 Empirische Punkte zur Therapie gastrointestinaler Störungen

Erkrankung	Empfohlene Punkte
Ösophaguserkrankungen, inklusive Megaösophagus	Pe 6, Bl 17, Ma 36, Di 4, KG 17, Di 10, KG 12, KG 22, Gb 21, Ma 41, Ma 44, Bl 13, Bl 14, Bl 15, Bl 16, Bl 23
Schmerzhafte Gastritis	Ma 36, KG 22, Pe 6, Bl 21, KG 13, Bl 20
Schmerzhafte Gastroenteritis	Ma 25, Ma 36, KG 12, Pe 6, Bl 21
Atonie und Distension des Magens	Ma 36, Bl 21, KG 12, KG 10, Ma 21, Bl 18
Gastroduodenale Ulzera	KG 12, Ma 36, Bl 21, KG 13, Pe 6, Bl 20, Ma 21, Bl 18, Ma 25, KG 6, Ma 44, MP 4, Di 4
Magendrehung	Ma 36, Ma 44, Pe 6, KG 12, Bl 17, Bl 20, Bl 21
Verdauungsstörung, Übelkeit, Erbrechen	Ma 36, Pe 6, KG 12, Ma 25, MP 6, KG 6, Bl 21, Bl 20, MP 4, Di 4
Hepatitis, Ikterus, Ketose, Cholelithiasis	Bl 18, Le 13, Bl 19, LG 9, Bl 20, Ma 36, Gb 34
Entzündung oder Obstruktion von Gallenblase oder Gallengängen	Bl 19, Ma 36, Gb 34, Le 13, Pe 6, LG 9, Gb 24, Di 20, KG 12
Pankreatitis	Ni 2, KG 12, Bl 23, Ma 36, MP 6, KG 4, Bl 20, Pe 6
Intestinale Atonie	Ma 25, MP 15, Ma 36
Intestinale Schmerzen und Enteritis	Ma 25, Bl 25, Ma 36, Bl 22, Bl 21, Bl 27
Schmerzhafte Enterokolitis	KG 4, Ma 36, Bl 25, Ma 25, Bl 24, KG 6
Störungen im Bereich von Duodenum, Zäkum, Kolon und Rektum	Ma 36, Ma 25, Bl 25, KG 4, Le 13, KG 12, Bl 27, Pe 6
Diarrhö	Ma 25, Ma 36, Ma 37, KG 4, KG 12, MP 4, MP 6, KG 6, Bl 25, KG 8, MP 9, Bl 20, Bl 21, Di 4, Le 13, LG 1
Obstipation	Ma 25, 3E 6, Ma 36, Bl 25, KG 6, KG 12, Di 4, LG 1
Bauchschmerzen und Koliken ohne Operationsindikation	Ma 36, KG 12, MP 6, Pe 6, KG 4, Ma 25, KG 6, Bl 19, Bl 20, Bl 21, Bl 25, Bl 26, KG 3, Di 4*
Kolik beim Pferd	Ma 36, Bl 20, Bl 21, Bl 25, Ma 2, *Mai Hui*, LG 1, KG 12
Intestinale Kolik/Enteritis beim Rind	Bl 46-1, Bl 46-2, Bl 46-3 [58]
Schmerzen am Anus, Tenesmus, Rektumprolaps, Hämorrhoiden	LG 1, Bl 57, LG 20, Bl 32, MP 6, Bl 25, Bl 20, Ma 36, KG 1, Le 13, *Bai Hui*
Immunmodulation	Ma 36, Di 4, Di 11, KG 14, MP 6, Bl 23, Gb 39, Bl 17 (können alle auch bei infektiösen Erkrankungen des GI-Traktes eingesetzt werden)
Immunsuppression	Bl 23, Bl 47, Di 11, Le 13, MP 10, KG 6, Gb 20

* Sollte die Kolik im Zusammenhang mit einer vorangegangenen Kolik-OP stehen, sollten beide Ende der OP-Narbe genadelt werden.
Cave: Besteht der Verdacht, dass die Kolik eventuell doch operiert werden muss, sollte man die Akupunktur nur sehr vorsichtig einsetzen, um die klinische Symptomatik nicht zu verschleiern und dadurch eine nötige Operation zu verzögern.

Tab. 20.2 Wichtige Akupunkturpunkte und ihre gastrointestinalen Indikationen

Punkt	Indikation
Ma 36	Akute und chronische Gastritis, Enteritis, Kolitis, gastroduodenale Ulzera, Übelkeit, Erbrechen, Pankreatitis, Verdauungsstörungen, Bauchschmerzen, Diarrhö*, Obstipation, Störungen im Bereich von Ösophagus, Leber, Gallenblase, Rektum und Anus
Ma 25	Akute und chronische Gastritis, Enteritis, Kolitis, Peritonitis, gastroduodenale Ulzera, Übelkeit, Erbrechen, Dysenterie, Diarrhö*, Obstipation, intestinale Atonie, Bauchschmerzen
KG 12	Akute und chronische Gastritis, Kolitis, Störungen im Ösophagusbereich, gastroduodenale Ulzera, Übelkeit, Erbrechen, Pankreatitis, Diarrhö*, Obstipation*, Verdauungsstörungen, Bauchschmerzen
KG 6	Abdominelle Distension oder Schmerzen, Verdauungsstörungen, intestinale Atonie, Enterokolitis, Diarrhö*, Obstipation*, gastroduodenale Ulzera, Übelkeit, Erbrechen
KG 4	Bauchschmerzen, Pankreatitis, Enterokolitis, Diarrhö, Dysenterie
Bl 19	Hepatitis, Cholezystitis, Gastritis, Bauchschmerzen und Völlegefühl
Bl 20	Gastritis, Magengeschwüre, Magendrehung, Erbrechen, Pankreatitis, Hepatitis, Enteritis, Diarrhö, Verdauungsstörungen, Bauchschmerzen, Rektumprolaps
Bl 21	Gastritis, Völlegefühl, Schmerzen aufgrund einer Torsion, gastroduodenale Ulzera, Erbrechen, Pankreatitis, Hepatitis, Enteritis, Diarrhö, Bauchschmerzen
Bl 25	Enterokolitis, intestinale Schmerzen, Dysenterie, Erkrankungen des Zäkums, Diarrhö*, Obstipation*, abdominelles Spannungsgefühl oder Schmerzen, Rektumprolaps
Pe 6	Übelkeit, Erbrechen, gastroduodenale Ulzera, Magendrehung, Bauchschmerzen, Magenschmerzen, Störungen im Bereich des Ösophagus
Ma 44	Magenschmerzen oder Völlegefühl, gastroduodenale Ulzera, Enteritis, Diarrhö, abdominelles Spannungsgefühl, Magenschmerzen, Erbrechen, Enteritis, Diarrhö
MP 4	Magenschmerzen, Erbrechen, Enteritis, Diarrhö
MP 6	Diarrhö, Bauchschmerzen, Übelkeit, Erbrechen, Pankreatitis, Rektumprolaps
Le 13	Hepatitis, Enteritis, Diarrhö, Erbrechen, abdominelles Völlegefühl
LG 1	Rektumprolaps, Hämorrhoiden, Diarrhö

* Der Einsatz desselben Punktes bei Diarrhö und Obstipation erscheint aus westlicher Sicht paradox. Die TCM versucht mit der Akupunktur den Körper wieder auszugleichen und seine Funktionen in Gleichklang zu bringen. Akupunktur kann also eingesetzt werden um eine Fülle zu verringern oder aufzulösen oder einen Leere-Zustand aufzufüllen. Darum kann ein und derselbe Punkt dazu verwendet werden, eine normale, ausbalancierte Funktion bei zwei physiologisch unterschiedlichen Zuständen, wie Diarrhö und Obstipation, wieder herzustellen.

Tab. 20.3 Wichtige Akupunkturpunkte und ihre gastrointestinalen Wirkungen [58, 59, 63]

Punkt	Wirkung
Di 4	*Yuan*-Quellpunkt des Dickdarms, kühlt Hitze im Dickdarm, bewegt Kot, lindert Schmerzen
Di 10	Harmonisiert Dickdarm und Magen, reguliert *Qi* und Blut
Di 11	Oberer Vereinigungs-Punkt des Dickdarms, klärt Hitze im Dickdarm, löst Feuchtigkeit auf und reguliert *Qi* und Blut
Ma 21	Harmonisiert den Mittleren Erwärmer und löst Stagnationen auf, bewegt *Qi* nach oben und beendet Durchfall, stimuliert das Absteigen des Magen-*Qi*, leitet Kälte aus dem Magen aus (mit Moxa verwendet); sinnvoll bei allen Fülle-Erkrankungen des Magens
Ma 25	*Mu*-Alarmpunkt des Dickdarms, reguliert Milz/Pankreas, Magen und die Därme, löst Feuchtigkeit und Feuchte-Hitze auf, zerstreut Kälte (mit Moxa verwendet) und beendet Diarrhö
Ma 34	*Xi*-Grenzpunkt des Magens, beruhigt rebellierendes Magen-*Qi*, löst Obstruktionen des Meridians und lindert Schmerzen
Ma 36	Hauptpunkt um *Qi* und *Yang* anzuregen (mit Moxa verwendet), ernährt das Blut und das *Yin*, reguliert die Därme und regt Darmbewegungen an
Ma 37	Unterer Vereinigungs-Punkt des Dickdarms, reguliert die Därme und löst Stagnationen auf, klärt Feuchte-Hitze, bessert chronische Diarrhö, reguliert Milz/Pankreas und Magen
Ma 39	Unterer Vereinigungs-Punkt des Dünndarms, bewegt das *Qi* des Dünndarms und löst Stauungen auf, leitet Feuchte-Hitze aus und lindert Schmerzen
Ma 40	*Luo*-Passagepunkt des Magens, löst Schleim und Feuchtigkeit auf
Ma 44	Klärt Hitze im Magen-Meridian und lindert Schmerzen, harmonisiert die Därme und leitet Feuchte-Hitze aus, löst Nahrungsstauungen auf
MP 3	*Yuan*-Quellpunkt von Milz/Pankreas, tonisiert Milz/Pankreas, löst Feuchtigkeit und Feuchte-Hitze auf
MP 4	*Luo*-Quellpunkt von Milz/Pankreas, Schlüsselpunkt des *Chong Mai*, tonisiert Milz/Pankreas und harmonisiert den Mittleren Erwärmer, reguliert das *Qi* und leitet Feuchtigkeit und Magen-Kälte aus, stimuliert die absteigende Funktion des Magen-*Qi*
MP 6	Tonisiert Milz/Pankreas und Magen, nährt und belebt das Blut und die Flüssigkeiten, löst Feuchtigkeit auf, harmonisiert die Leber und den Unteren Erwärmer, beruhigt den Geist und lindert Schmerzen
MP 9	Vereinigungs-Punkt von Milz/Pankreas, reguliert Milz/ Pankreas und leitet Feuchtigkeit und Feuchte-Hitze aus dem Unteren Erwärmer aus
MP 15	Bewegt das *Qi* und reguliert die Därme, stärkt Milz/ Pankreas und leitet Feuchtigkeit aus
Bl 18	*Shu*-Zustimmungspunkt der Leber, verteilt das Leber-*Qi*, reguliert und nährt Leber-Blut, kühlt Feuer und leitet Feuchte-Hitze aus; stärkt die Augen und die Sehnen
Bl 19	*Shu*-Zustimmungspunkt der Gallenblase, leitet Feuchte-Hitze aus Leber und Gallenblase aus, beruhigt den Magen
Bl 20	*Shu*-Zustimmungspunkt von Milz/Pankreas, tonisiert das Milz/ Pankreas-*Qi* und -*Yang*, löst Feuchtigkeit auf, reguliert und harmonisiert das *Qi* des Unteren Erwärmers, nährt das Blut
Bl 21	*Shu*-Zustimmungspunkt des Magens, reguliert den Magen, stimuliert das Absteigen von rebellischem *Qi*, löst Feuchtigkeit auf, löst Nahrungsanschoppungen auf
Bl 25	*Shu*-Zustimmungspunkt des Dickdarms, reguliert die Därme und beendet Durchfall, löst Darmbewegungen in Fällen chronischer Obstipation aus, transformiert Stagnationen und lindert Schmerzen
Ni 3	*Yuan*-Quellpunkt der Niere, nährt das Nieren-*Yin* und tonisiert das Nieren-*Yang*
Pe 6	*Luo*-Passagepunkt des Perikards, harmonisiert den Magen und löst Erbrechen und Übelkeit auf, indem er das Absteigen des rebellierenden Magen-*Qi* unterstützt, reguliert das Leber-*Qi*
3E 6	Reguliert das Leber-*Qi* und klärt Hitze aus den Drei Erwärmern, bewegt Kot und lindert Schmerzen
Gb 24	Vorderer *Mu*-Alarmpunkt der Gallenblase, unterstützt die Gallenblase, verteilt das Leber-*Qi*, leitet rebellierendes *Qi* nach unten und harmonisiert den Mittleren Erwärmer, löst Feuchte-Hitze auf
Gb 34	Vereinigungs-Punkt der Gallenblase, verteilt das Leber-*Qi*, vor allem im Bereich des Hypochondriums, klärt Feuchte-Hitze in Leber und Gallenblase
Le 3	*Yuan*-Quellpunkt der Leber, verteilt das Leber-*Qi*, nährt das Leber-Blut und Leber-*Yin*, reguliert den Unteren Erwärmer
Le 8	Vereinigungs-Punkt des Leber-Meridians, leitet Feuchte-Hitze vom Unteren Erwärmer aus, nährt Blut und *Yin*
Le 13	*Mu*-Alarmpunkt von Milz/Pankreas, reguliert den Mittleren und den Unteren Erwärmer, stärkt Milz/Pankreas, verteilt und reguliert das Leber-*Qi*, vor allem, wenn die Leber auf Milz/Pankreas übergreift
Le 14	*Mu*-Alarmpunkt der Leber, verteilt und beruhigt das Leber-*Qi*, wenn die Leber auf Milz/Pankreas übergreift, belebt das Blut, löst feste Massen auf, harmonisiert Leber und Magen
KG 4	*Mu*-Alarmpunkt des Dünndarms, tonisiert und nährt die Nieren, wärmt und stärkt Milz/Pankreas, reguliert den Unteren Erwärmer, reguliert das *Qi* des Dünndarms
KG 6	Tonisiert die Niere und stärkt das *Yang*, tonisiert und reguliert *Qi* und harmonisiert Blut, wichtiger Punkt bei chronischer Diarrhö
KG 8	Wärmt und harmonisiert die Därme, wird nur mit Moxa behandelt, Nadeln sind kontraindiziert (Nabel)
KG 9	Harmonisiert die Därme und löst Stauungen auf, stimuliert Milz/Pankreas zur Transformation und zum Transport der Flüssigkeiten, löst Schleim auf
KG 10	Harmonisiert den Magen und reguliert das *Qi*, löst Futterstagnationen und Feuchtigkeit auf
KG 12	*Mu*-Alarmpunkt des Magens, harmonisiert den Mittleren Erwärmer, fördert das Absteigen von rebellischem *Qi*, reguliert *Qi* und lindert Schmerzen, regt Milz/Pankreas zur Auflösung von Feuchtigkeit an
KG 13	Harmonisiert den Magen und reguliert das *Qi*, leitet rebellierendes *Qi* wieder nach unten, beendet Erbrechen
LG 1	Unterstützt das untere *Yin*; zur Behandlung von Rektumprolaps und Problemen beim Kotabsatz
LG 4	Kühlt Hitze und tonisiert die Niere, indem das „Feuer des Tors des Lebens" gestärkt wird
LG 9	Stärkt Milz/Pankreas, leitet Feuchtigkeit aus und reguliert den Mittleren Erwärmer, behandelt Gelbsucht durch das Ausleiten von Feuchte-Hitze

20.2 Gastroenterologie aus Sicht der TCM

Im Gegensatz zur westlichen Medizin, die nach der Ursache einer Erkrankung sucht, indem sie Symptomatik und Untersuchungsbefunde auswertet, untersucht die TCM mehr die *Beziehung* zwischen den einzelnen Symptomen und Untersuchungsbefunden. Die Identifizierung der zugrunde liegenden Ursache ist aber auch in der TCM sehr wichtig, da sie dem Arzt ermöglicht, dem Patienten einen veränderten Lebensstil zu empfehlen. Dadurch lässt sich häufig ein erneutes Auftreten der Störung verhindern und die Langzeitprognose verbessern.

20.2.1 Ätiologie der gastrointestinalen Störungen

Endogene Krankheitsursachen sind für die Ätiologie und Pathogenese der gastrointestinalen Erkrankungen sehr wichtig. Während Emotionen für die westliche Medizin nur eine nebensächliche Rolle spielen, betrachtet die TCM sie als wichtigen und unverzichtbaren Anteil der Funktionen der *Zang Fu*-Organe. Sie spielen sind einer der wichtigsten Faktoren in der Krankheitsentstehung [58].

Ärger, ebenso wie Frustration und Ablehnung, haben demnach Einfluss auf die Leber. Nach einiger Zeit können diese Empfindungen zu einer Stagnation von Leber-*Qi* und Leber-Blut führen. Wenn die Leber negativ auf Magen oder Milz/Pankreas einwirkt, können gastrointestinale Symptome wie Erbrechen oder Diarrhö auftreten. Zu viel Freude oder Aufregung können das Herz schädigen. Trauer schwächt die Lunge und kann zu Verringerung des Lungen-*Qi* führen. Sorgen und zu viel Grübeln haben negativen Einfluss auf Milz/Pankreas und führen oft zu Störungen des Gastrointestinaltrakts. Angst schwächt die Niere und damit das Nieren-*Yang*, das *Qi* und das *Jing*. Emotionaler Schock hat Auswirkungen auf Niere und Herz.

Äußere Krankheitsursachen werden in der TCM sechs klimatischen Einflüssen zugeordnet:

- Wind
- Kälte
- Sommerhitze
- Feuchtigkeit
- Trockenheit
- Feuer/Hitze

Obwohl diese **externen pathogenen Faktoren** meist zunächst die Körperoberfläche angreifen, können sie die *Zang Fu*-Organe auch direkt schädigen. Dies gilt besonders dann, wenn der Körper geschwächt ist. Auch intestinale Parasiten werden als externe pathogene Faktoren betrachtet.

Es gibt aber auch in der TCM noch viele andere Krankheitsursachen. Ein Patient mit einer schwachen Konstitution hat eventuell nicht genügend Nieren-*Qi*, um Milz/Pankreas zu unterstützen. Als Folge kann es zu Verdauungsstörungen kommen. Da Milz/Pankreas auch die Muskulatur kontrolliert, besteht die Gefahr, dass zu viel sportliche Betätigung das Milz/Pankreas-*Qi* schwächt. Andererseits kann zu wenig körperliche Betätigung zu einer *Qi*-Stagnation und zur Ansammlung von Feuchtigkeit führen. Die Ernährung ist höchstwahrscheinlich der zweitwichtigste Faktor bei der Entstehung von GI-Störungen. Die TCM legt großen Wert auf Qualität, Quantität und Regelmäßigkeit der Mahlzeiten. Diäten und Nahrungstherapien spielen eine wichtige Rolle in der Therapie von gastrointestinalen Erkrankungen.

20.2.2 TCM-Diagnostik bei gastrointestinalen Erkrankungen

Die TCM-Diagnose beruht auf den vier traditionellen diagnostischen Methoden, um ein Krankheitsmuster zu identifizieren:

- Sehen
- Hören und Riechen
- Fühlen
- Fragen

Sorgfältiges **Beobachten** des Körpertyps, des Geistes, der Haltung, des Fells oder der Haare, der Augen, der Ohren, der Nase, der Zähne und des Zahnfleisches, des Muskeltonus, der Haut und vor allem der Zunge [58] liefert wichtige Hinweise zur Identifizierung sowohl der Grundkonstitution, als auch der im Augenblick vorherrschenden Störung. So kann man z. B. bei einem übergewichtigen Labrador, der konstant speichelt und eine blasse, geschwollene Zunge hat, eine konstitutionelle Schwäche von Milz/Pankreas-*Qi* annehmen. Es wäre dementsprechend auch nicht überraschend, wenn dieser Patient aufgrund von weichem Kot, der mit Schleim versetzt ist, vorgestellt wird.

Hörens und **Riechen** sind wichtig, wenn es um die Unterscheidung zwischen Fülle und Leere, Hitze und Kälte geht. Patienten mit GI-Störungen leiden oft unter Schluckauf, Borborygmus, Erbrechen, Diarrhö und Flatulenz. Laute Borborygmen sind oft ein Vorstellungsgrund. Die Lautstärke dieser Geräusche kann als Indikator der Füllekondition dienen. Das gilt auch für explosionsartiges Erbrechen, das den Klienten mitten in der Nacht weckt. Seufzer sind eine spontane Lösung von stagnierendem *Qi* im Brustraum, so wie Schluckauf als Zeichen von stagnierendem Leber-*Qi* gesehen wird, das auf das Zwerchfell drückt [58]. Beide Symptome können entweder erfragt, oder im Untersuchungsraum beobachtet werden. Stark faul riechender Atem, Flatulenzgase oder übel riechender Kot sind Anzeichen einer Hitzeerkrankung, während die Abwesenheit von Gerüchen eher auf eine Kältestörung hinweist.

Eine akkurate TCM-Diagnose hängt sehr stark vom **Fühlen** ab, vor allem dem Tasten des Pulses und der Palpation des Abdomens. Die achtundzwanzig Pulsqualitäten sicher unterscheiden zu lernen kann Jahre dauern. Es gibt aber eine geringere Anzahl von Pulstypen, die relativ einfach wiederzuerkennen sind. Ein schlüpfriger Puls fühlt sich geschmeidig und rund an, wie „Perlen in einer Porzellanschüssel“. Er tritt häufig bei GI-Störungen auf und weist dann auf Schleim, Feuchtigkeit oder Nahrungsretention hin. Der drahtige Puls fühlt sich an wie eine gespannte Gitarrensaite und steht für Störungen des Lebergleichgewichtes, Schmerzen oder Schleimansammlungen.

Bei der Palpation des Abdomens achtet man besonders auf Druckschmerzhaftigkeit und Veränderungen der Elastizität. Obwohl viele Tiere eine Bauchmassage sehr genießen, gibt es Klienten, die berichten, dass ihr Tier nicht am Bauch berührt werden möchte. Oberbauchschmerzen treten beim Menschen häufig infolge einer Leber-*Qi*-Stagnation auf. Obwohl unsere Tierpatienten

Befindlichkeiten nicht mitteilen können, weist die Palpation verspannten Muskelsträngen im Bereich des Rippenbogens auf eine Leberbeteiligung hin. Gerade bei diesen Patienten berichten die Besitzer oft, dass die Tiere sich nicht gerne hochheben lassen. Tiere, die an epigastrischen Schmerzen leiden, sitzen oft zusammengekauert und sind besonders druckempfindlich an den *Shu*-Punkten Bl 20 und Bl 21 (die Zustimmungspunkte von Milz/Pankreas und von Magen). Häufig wird bei diesen Tieren fälschlicherweise eine Bandscheibenproblematik im Bereich von T12 und T13, oder T13 und L1 vermutet.

Die **Befragung**, in der TCM als die „Zehn Fragen" bezeichnet, ist eine zeitaufwendige Anamneseerhebung, die viele der für die TCM-Diagnose benötigten Fakten liefert. Besondere wichtig sind die Fragen nach Temperaturmodalitäten, Lokalisation von Schmerzen, Appetit, Verdauung, Durst, Qualität und Quantität von Kot und Urin, Emotionen und Energiestatus. Ein nachlassender Appetit kann ein Zeichen für ein schwaches Milz/Pankreas-*Qi* sein, ein kaum zu sättigender Appetit deutet eher auf Magen-Hitze hin. Die meisten Klienten nehmen an, dass das Erbrechen von Haarbällen oder schwacher Appetit „normal" sind. Es ist darum umso wichtiger sie darauf hinzuweisen, dass es sich hierbei um erste Anzeichen einer beginnenden Störung handeln kann. Sehr viel wichtige Information lässt sich aus der Befragung über Volumen, Häufigkeit, Form, Geruch, Farbe und Konsistenz des Stuhlgangs erlangen. So weisen bei Hund und Katze kleine, kaninchenkotartige Stühle auf Hitze hin, wenn sie trocken sind, bzw. auf eine mögliche Leber-*Qi*-Stagnation, wenn sie weich sind. Langer, dünner, bleistiftartiger Kot hingegen lässt eine Milz/Pankreas-*Qi*-Leere vermuten [59].

20.2.3 Einordnung der gastrointestinalen Störungen

GI-Störungen können anhand der acht Leitkriterien, der vitalen Essenzen, der pathogenen Faktoren, der fünf Elemente und der pathologischen Konditionen der *Zang Fu*-Organe diagnostiziert werden.

Die Einordnung nach den acht Leitkriterien mit Hitze und Kälte, Fülle und Leere, Außen und Innen und *Yin* und *Yang* bildet immer die Grundlage für jegliche weitere diagnostische Differenzierung. Erst danach werden je nach Patient und Symptomatik spezifischere Methoden eingesetzt.

Diagnose nach den vitalen Essenzen

Die Identifizierung eines Störungsmusters nach den vitalen Essenzen baut auf der Erkennung von Störungen im Bereich von *Qi*, Blut und Körperflüssigkeiten auf:

- ***Qi*-Störungen**, die bei GI-Erkrankungen häufig auftreten, sind z. B. Milz/Pankreas-*Qi*-Leere (Müdigkeit, Appetitverlust, weicher Kot), Leber-*Qi*-Stagnation (Schmerzen im Hypochondrium, Übelkeit, Erbrechen, Borborygmus) und rebellisches Magen-*Qi* (Übelkeit, Erbrechen, Aufstoßen, Schluckauf).
- **Blut-Störungen**, die in Zusammenhang mit dem GI-Trakt auftreten sind u. a. Blutstase (abdominelle Schmerzen, Hämatochezie, Hämatemesis) und Blutverlust (Hämatemesis, Teerstuhl), der z. B. nach chirurgischen Eingriffen, Trauma und starkem Parasitenbefall auftreten kann, oder wenn die Milz zu schwach ist, um das Blut zu „halten".
- **Störungen der Körperflüssigkeiten** können sich in einem Flüssigkeitsmangel oder in Feuchtigkeits- und Schleimansammlung äußern. Ein Mangel an Körperflüssigkeiten kann sich leicht auf den Magen und den Dickdarm auswirken. Andererseits kann eine Störung der drei Organe, die mit den Körperflüssigkeiten in engerem Kontakt stehen, Lunge, Milz/Pankreas und Niere, zur Ansammlung von Feuchtigkeit und Schleim führen.

Diagnose nach den pathogenen Faktoren

Zur Identifikation der Muster, die sich aufgrund von pathogenen Faktoren entwickeln, sucht man gezielt nach den Auswirkungen von Kälte, Feuchtigkeit, Hitze oder Trockenheit auf den Körper. Die externen pathogenen Faktoren entsprechen den weiter oben genannten klimatischen Einflüssen. Mit Ausnahme der Sommerhitze können all diese externen pathogenen Faktoren sich auch im Körper selbst bilden. Schleim und Blut-Stagnation sind Beispiele von intern entstandenen pathogenen Faktoren, die mit der Zeit weitere Erkrankungen verursachen können. Nach den acht Leitkriterien ist die Anwesenheit eines pathogenen Faktors, egal ob intern oder extern, immer ein Zeichen für einen **Füllezustand** [58].

Die pathogenen Faktoren, die Einfluss auf das GI-System haben, sind primär die inneren Faktoren. Auch wenn sie zunächst durch einen äußeren Einfluss entstanden sind: wenn die Verdauung beeinträchtigt ist, ist das Problem zu einer inneren Störung geworden [60].

Kälte ist ein pathogener *Yin*-Faktor, der vor allem die Niere und Milz/Pankreas beeinträchtigt. Obwohl Kälte von außen in den Körper eindringen kann, liegt die Ursache einer Kälteerkrankung sehr häufig in der Ernährung. Kälte kann auch intern entstehen, wenn eine Milz/Pankreas- oder Nieren-*Yang*-Leere vorherrscht. Kälte hat kontrahierende Eigenschaften, die den freien Fluss von *Qi* und Blut beeinträchtigen und sich als starker Schmerz manifestieren können. Kälte kann sich direkt auf den Magen und die Därme legen. Ist der Magen betroffen, leiden die Patienten unter Oberbauchbeschwerden und wässriger, fast geruchsloser Diarrhö.

Feuchtigkeit wird als pathogener Faktor auch dem *Yin* zugeordnet und kann klimatische Ursachen haben oder aus der Ernährung stammen. Viele unserer ganzheitlich orientierten Klienten füttern ihre Tiere mit selbst zubereitetem Futter, das viel rohes Fleisch als Hauptproteinlieferanten enthält. Obwohl der Nährwert des rohen Fleisches höchstwahrscheinlich höher ist, als der des gekochten, ist Fleisch energetisch im rohen Zustand eher kalt und feuchter als gekochtes Fleisch. Die Ernährung mit rohem Fleisch kann daher eine Ursache von externer Kälte und Feuchtigkeit sein. Das gilt ganz besonders, wenn der Patient sowie so schon zu Feuchtigkeit und Kälte neigt, wie das z. B. bei Milz/Pankreas-*Qi*-Leere der Fall ist. Feuchtigkeit behindert die Transformations- und Transportaufgaben von Milz/Pankreas. Dadurch wird die Situation weiter verschlimmert, weil sich zusätzlich interne Feuchtigkeit ansammelt. Klinisch kann sich diese Störung in Form von Appetitlosigkeit, Übelkeit und/oder weichem Kot zeigen.

Hitze wird als pathogener Faktor dem *Yang* zugeordnet und kann sich bis hin zum **Feuer** steigern. Sie beeinträchtigt in der Regel Leber, Magen und die Därme. Auch hier spielt die Ernährung eine wichtige Rolle. Die meisten Trockenfuttermittel sind energetisch als heiß und trocken einzuordnen. Hitze löst häufig Heißhunger und großen Durst aus. Manche Patienten versuchen in ihrem Versuch „das Feuer zu löschen", Dinge oder Gegenstände zu fressen, die eigentlich für ihre Gattung nicht essbar sind. Reizbarkeit, galliges Erbrechen und Obstipation sind häufige Hitzesymptome. Hitze tritt oft in Kombination mit einer starken Geruchsentwicklung auf. Die Klienten beschweren sich meist über schlechten Maulgeruch ihres Tieres oder auffällig übel riechenden Kot.

Auch die **Trockenheit** gehört zu den pathogenen Faktoren mit *Yang*-Charakter. Sie bildet sich nicht nur durch den Verzehr von qualitativ schlechtem, mehrfach aufbereitetem Futter, sonders auch durch irreguläre Mahlzeiten oder unruhige Fressgewohnheiten. Trockenheit verletzt das Blut und ist häufig der Auslöser einer *Yin*-Leere. Sie beeinflusst den Magen, den Ursprung der Feuchtigkeit, und die Nieren. Symptome können u. a. großer Durst, trockene Maulschleimhaut und Obstipation als Folge des trockenen Stuhlgangs sein.

Diagnose anhand der fünf Elemente

Die Identifizierung einer Störung nach der Lehre der fünf Elemente wird genauer in anderen Kapiteln dieses Buches beschrieben. Jedes der *Zang Fu*-Organe ist einem der fünf Elemente zugeteilt. Die Beobachtung der Beziehung zwischen den Elementen kann die Ursache einer Störung aufdecken.

Die Erde, der als korrespondierende Organe Magen und Milz/Pankreas zugeteilt sind, wird als das zentrale Element gesehen. Sie ist die Wurzel des nachgeburtlichen *Qi* und für die Ernährung und Unterstützung aller anderen Elemente zuständig. Im ***Sheng*-Zyklus,** dem **Zyklus der Förderung**, ist das Feuer (Herz und Dünndarm) die Mutter der Erde. Da das Gemüt und der Geist eng mit dem Herz in Verbindung stehen, liegt hier die Erklärung für die vielen mentalen Probleme und Verhaltensstörungen (z. B. Hyperaktivität, schlechte Konzentrationsfähigkeit, Krampfanfälle) die wir in der Praxis in Kombination mit Erkrankungen des Gastrointestinaltrakts sehen (z. B. bei chronisch intermittierender Diarrhö, Futtermittelallergien, Endoparasiten und schlechtem Appetit).

Im *Ko*- **oder Kontrollzyklus** ist die häufigste Disharmonie die von „Holz, das die Erde überkontrolliert". Das manifestiert sich in derselben Weise, wie die Muster „Leber überwältigt Milz/Pankreas" oder „Leber überwältigt den Magen". Ein Beispiel für einen pervertierten *Ko*-Zyklus wäre es wenn Erde die Leber überwältigt. Wird die Transformations- und die Transportfunktion von Milz/Pankreas gestört, so sammelt sich oft Feuchtigkeit im Mittleren Erwärmer, was den reibungslosen Fluss des Leber-*Qi* beeinträchtigt. Dann kann es zu Ikterus, Schmerzen im Hypochondrium und abdominellen Spannungsgefühlen kommen.

Diagnose nach den *Zang Fu*-Organen

Auch die Identifikation eines Musters nach den *Zang Fu*-Organen beruht auf der Grundlage der acht Leitkriterien, ist aber sehr viel spezifischer. Durch die Feststellung, welches der Organe in erster Linie betroffen ist, kann ein wesentlich genauerer Behandlungsplan entwickelt werden. Bei Störungen des GI-Trakts sind meist Milz/Pankreas, Magen, Darm und Leber beteiligt.

Milz/Pankreas

Milz/Pankreas ist das zentrale Organ im Verdauungsprozess und spielt eine wichtige Rolle bei der Herstellung von Qi und Blut. Seine Hauptaufgabe ist die Transformation und der Transport von Nahrung und Flüssigkeiten. Ist die Milz/Pankreas-Funktion gestört, können Symptome wie Anorexie, Diarrhö oder abdominelle Spannungsgefühle auftreten. Am effektivsten arbeitet die Milz in warmer, trockener Umgebung, durch Feuchtigkeit und Kälte wird sie leicht geschädigt. Da sie eine so große Rolle in der Nahrungsaufbereitung spielt, ist sie auch besonders anfällig für Ernährungsfehler. Übermäßiger Genuss von rohem, kaltem oder zu feuchtem Futter kann die Transformations- oder die Transportfunktion beeinträchtigten. Eine geschädigte Milz ist nicht mehr in der Lage, Flüssigkeiten weiterzuleiten, so dass sich Feuchtigkeit ansammelt. Milz/Pankreas öffnet sich ins Maul. Darum wird der Speichel als Milz/Pankreas-Flüssigkeit betrachtet. Extrem viel Speichel oder starkes Sabbern ist ein typisches Zeichen einer gestörten Milz/Pankreas-Funktion.

Magen

Der Magen, das wichtigste der Yang-Organe, kontrolliert die Reifung und Verarbeitung der Nahrung. Er ist auch für das Herableiten des *Qi* verantwortlich. Ist diese Funktion gestört, kann das *Qi* rebellieren und nach oben steigen. Das Ergebnis ist Übelkeit und Erbrechen. Die zwei Hauptursachen für einen gestörten Magen sind schlechte Ernährungsgewohnheiten und emotionale Belastungen. Schlechte Ernährungsgewohnheiten beziehen sich nicht nur auf Art und Menge der Nahrung, sondern auch auf unregelmäßige Mahlzeiten und negative Emotionen während der Mahlzeit. Viele unserer Patienten haben Probleme mit der Nahrung. Darunter fallen der Zwang, Nahrung mit mehreren Haustieren im selben Haushalt zu teilen, Eifersucht auf die unterschiedliche Diät eines anderen Tieres, Futterneid und die häufige Situation, in der ein Tier im Hintergrund darauf lauert, dass ein anderes mit dem Fressen fertig wird. Diese Situationen können eine unruhige Atmosphäre aufbauen, die auf die Funktion des Magens Einfluss hat.

Dünndarm

Der Dünndarm arbeitet zusammen mit Milz/Pankreas und Magen an der Transformation der Nahrung. Er ist für die Trennung der „reinen" und „unreinen" Nahrungsbestandteile verantwortlich und sendet die „reinen" Anteile zu Milz/Pankreas, die sie im Körper verteilen, und die „unreinen" zum Dickdarm, der sie ausscheidet. Auch der Dünndarm wird leicht durch Nahrung beeinflusst. Übermäßiger Genuss von rohem und kaltem Futter kann zu einer Ansammlung von Kälte im Dünndarm führen, während zu viel heiße Nahrung für eine Hitze-Fülle verantwortlich sein kann. Emotionale Faktoren, wie Ärger und Frustration, die das Leber-*Qi* stagnieren lassen, können auch das *Qi* des Dünndarms ins Stocken bringen. Die TCM geht davon aus, dass intestinale Parasiten durch Kälte in Milz/Pankreas und in den Därmen verursacht werden, die es den Würmern erlaubt, überhand zu nehmen [58].

Dickdarm

Der Dickdarm entzieht den Nahrungsbestandteilen, die er vom Dünndarm erhält, die Flüssigkeit und scheidet den Rest als Kot aus. Wegen seiner Innen-Außen-Verbindung mit der Lunge kommt es gerade bei älteren Patienten oft zu Verstopfung, weil die Lunge nicht mehr genügend Kraft hat, um den Dickdarm für den Kotabsatz mit *Qi* zu versorgen. Trockener Kot, der schwierig abzusetzen ist, kommt auch bei älteren Tieren häufig vor und kann auf einen Mangel an Blut, Körperflüssigkeiten oder *Yin* zurückzuführen sein. Wie bei Milz/Pankreas, Magen und Dünndarm haben Ernährung und Emotionen auch Einfluss auf den Dickdarm. Heiße oder zu fettige Nahrung kann im Dickdarm zu einer Ansammlung von Feuchtigkeit und Hitze führen. Feuchtigkeit im Darm zeigt sich meist als Schleim im Kot. Hitzezeichen sind blutiger Kot, ein fauler Gestank, Verstopfung, problematischer Kotabsatz oder ein Brennen im Anus. Dickdarm, Magen und der Uterus sind die drei *Zang Fu*-Organe, die direkt von äußeren pathogenen Faktoren betroffen werden können. Äußere Kälte kann z. B. ins Innere gelangen und durch seine kontrahierenden Eigenschaften zu starken Bauchkrämpfen führen.

Leber

Im Zusammenhang mit GI-Störungen ist die wichtigste Funktion der Leber, den gleichmäßigen Fluss des *Qi* sicherzustellen, um Milz/Pankreas, Magen und die Därme damit zu versorgen. Sie leitet das *Qi* des Magens nach unten und das *Qi* von Milz/Pankreas nach oben. Stagnierendes Leber-*Qi* kann den Magen überwältigen und zu Übelkeit, Erbrechen, gastrischem Reflux, Aufstoßen und oder Schluckauf führen. Es kann auch auf Milz/Pankreas einwirken und dadurch für Reizbarkeit, Blähungen und Wechseln zwischen Diarrhö und Obstipation verantwortlich sein. Die Leber ist für die Gallenproduktion zuständig. Wenn Feuchtigkeitsansammlungen den freien Fluss des *Qi* stören, kann ein Ikterus auftreten. Die Leber-*Qi*-Stagnation ist die häufigste Störung der Leber und sehr oft auf emotionale Einflüsse zurückzuführen, wie z. B. Frustration, Ärger oder Langeweile. In der Vorgeschichte der Patienten findet sich sehr häufig Missbrauch und/oder Vernachlässigung. Die Stagnation von Leber-*Qi* kann sich in einer Vielzahl von unspezifischen GI-Symptomen zeigen, wie z. B. Schmerzen im Epigastrium oder im Hypochondrium, abdominelles Spannungsgefühl oder Übelkeit und Erbrechen. Wird der Fluss des *Qi* in den Därmen sekundär durch eine Leber-*Qi*-Stagnation gestört, kommt es häufig zu Borborygmus.

Niere

Die Nieren spielen eine zentrale Rolle in der Verdauung, da sie Milz/Pankreas und Magen mit Hitze versorgen, die für deren Funktion unerlässlich ist. Das „Feuer vom Tor der Vitalität“ stammt nach Vorstellung der TCM aus dem Bereich zwischen den Nieren. Ist dieses Feuer nicht ausreichend, können Milz/Pankreas und Magen ihre Aufgaben nicht erfüllen und Kältesymptome treten auf. Dazu gehören Erbrechen von klarer Flüssigkeit, weicher Kot, Müdigkeit und kalte Extremitäten. Die häufigste Ursache einer chronischen Diarrhö ist Milz/Pankreas- oder Nieren-*Yang*-Mangel. Tritt die Diarrhö vor allem morgens auf, wird sie als „Hahnenschrei-Durchfall“ bezeichnet und ist sehr wahrscheinlich auf eine Nieren-*Yang*-Leere zurückzuführen [58].

20.2.4 Differenzialdiagnose und Therapie gastrointestinaler Störungen

Erbrechen

Erbrechen ist ein Symptom das häufig auftritt und bei vielen akuten und chronischen Störungen vorliegen kann. Es entsteht durch eine Unterbrechung des gleichmäßigen Flusses des Magen-*Qi*. Wenn das Magen-*Qi* sich nicht nach unten bewegen kann, steigt es nach oben oder rebelliert, Erbrechen ist die Folge.

Die häufigste Ursache von Erbrechen ist in einer unzureichenden Diät zu finden, vor allem in Zusammenhang mit zu viel kaltem und rohem Futter, oder zu viel heißer und fettiger Nahrung. Die Emotionen, die den Magen direkt oder indirekt angreifen sind Sorgen, Ärger und Angst. So haben z. B. Ungeduld, Reizbarkeit und Ärger, die alle die Leber beeinträchtigen, eher einen *Yang*-ähnlichen Effekt, der eine Übersäuerung und Entzündung der Magenschleimhaut zur Folge haben kann. Frustration und Depression haben hingegen eher *Yin*-ähnliche Folgen, das Magen-*Qi* stagniert und verlangsamt die Nahrungspassage vom Magen in die Därme [62]. Ein Magen-*Qi*-Mangel, ausgelöst durch eine konstitutionelle Schwäche oder eine chronische Erkrankung, ist ein weiterer ätiologischer Faktor. Dasselbe gilt für die Invasion von Hitze oder Kälte als externe pathogene Faktoren [60]. Zusätzlich zu den traditionell bekannten pathogenen Einflüssen belasten moderne pathogene Faktoren wie Bakterien, Viren, Pilze und Protozoen diesen Bereich und müssen bei der Diskussion um die Entstehung einer Störung mit bedacht werden.

Ätiologie des Erbrechens

Die wichtigsten *Zang Fu*-Organe, die bei der Entstehung von Erbrechen eine Rolle spielen sind Magen, Milz/Pankreas und Leber. Die häufigsten pathogenen Faktoren sind Kälte, Hitze und Schleim.

Viele Krankheitsmuster, die zu Erbrechen führen, spielen auch bei der Entstehung anderer Störungen des oberen GI-Trakts eine Rolle, so z. B. bei Refluxösophagitis, Gastritis, gastroduodenale Ulzera, Pankreatitis und Neoplasien. Traditionell äußern sich all diese Erkrankungen zunächst mit **epigastrischen Schmerzen**. Beim Menschen sind epigastrische Schmerzen über dem Magen, zwischen Nabel und Xiphoid lokalisiert und strahlen eventuell bis zu den Rippen hin aus. Die Ursache der epigastrischen Schmerzen können Störungen in Ösophagus, Magen, Duodenum, Pankreas oder Herz sein. Obwohl viele der Akupunkturpatienten bereits mit einer westlichen Diagnose zu uns kommen, müssen wir diese relativieren und die Diagnose nach den Prinzipien der TCM neu stellen.

Leider können unsere Patienten bestimmte Befindlichkeiten und Gefühle nicht äußern, so z. B. können sie und keine Hinweise auf die Schmerzqualität geben – brennend, stechend oder einschießende Schmerzen, Schmerzausstrahlung etc. – oder einen auffälligen Geschmack im Mund, wie bitter oder sauer, beschreiben, die beim Menschen zum Erstellen der Diagnose so hilfreich sind. Wir können versuchen, dieses Manko durch eine besonders gründliche körperliche Untersuchung, mit besonderer Konzentration auf die Pulstastung und die Palpation des Abdomens zu ersetzen. Oft zeigt sich dabei die Gegend, die besonderes Unbehagen auslöst und der Ursprung der Störung ist. Patienten mit einer **Fülle-Erkrankung** haben eher ein **gespanntes Abdomen** und wollen nicht betastet werden. Die Patienten, die an einem **Leere-Muster** leiden, fallen durch ein **schwaches, schlaffes Abdomen** auf und scheinen den Druck zu genießen. Viele Besitzer berichten, dass diese Tiere oft ihren Bauch gerieben haben wollen. Die sorgfältige Beobachtung durch die Besitzer kann auch sehr wichtige Fingerzeige bringen. So erzählen viele Besitzer, dass ihr Tier sich so verhalte, als habe es etwas in seiner Kehle stecken. Vielleicht fällt ihnen sogar ein leichter Husten auf, der der Versuch sein kann, die Kehle frei zu bekommen, oder vermehrtes Würgen und Abschlucken. Aus der Sicht der TCM könnten diese Patienten an einem **„Pflaumenkern-*Qi*"** leiden, das als das Gefühl beschrieben wird, einen Kern in der Kehle stecken zu haben. Meist steht ein stagnierendes Leber-*Qi* hinter dieser Symptomatik. Der Leber-Meridian verläuft durch die Kehle. Es kann sich auch um eine Ansammlung von Schleim in der Kehle handeln, beides Symptome, die zu den GI-Störungen zählen.

Shi-Fülle-Syndrome

Hitze-Invasion

Symptomatik: Plötzliches Auftreten, häufiges Erbrechen, das durch Nahrungsaufnahme oder Trinken verstärkt werden kann, Durst mit Präferenz zu kaltem Wasser, Fieber; wenn die Hitze kombiniert mit äußerer Feuchtigkeit vorliegt, kann weicher, faul riechender Kot mit starkem Stuhldrang beobachtet werden.

Zunge: Rot.

Puls: Beschleunigt.

Behandlungsprinzip: Hitze und Feuchtigkeit (falls vorhanden) ausleiten, den Magen regulieren.

Akupunkturpunkte: Di 4, Ma 44, 3E 5, LG 14. Stark sedierende Nadeltechnik. Beim Vorliegen von viel Feuchtigkeit können zusätzlich MP 6 und MP 9 eingesetzt werden.

Kälte-Invasion

Symptomatik: Plötzliches Auftreten, Erbrechen von klarer, geruchloser Flüssigkeit; Verschlechterung durch Trinken kalter Flüssigkeit, warme Räume und warme Nahrung werden bevorzugt; generalisierte Schmerzen im Körper, bei Palpation das Gefühl von Fülle und Unbehagen im Bereich des kranialen Abdomens.

Zunge: Dick mit weißem Belag.

Puls: Schwebend und gespannt.

Behandlungsprinzip: Kälte ausleiten, den Magen wärmen.

Akupunkturpunkte: Di 4, Ma 21, Ma 34, MP 2, Bl 21, KG 13. Sedierende bzw. reduzierende Nadeltechnik, Moxa.

Anschoppung von Nahrung im Magen

Symptomatik: Erbrechen von unverdauter Nahrung, die eventuell einen faulen, sauren Geruch hat; Besserung der Beschwerden nach Erbrechen; Aufstoßen, schlechter Maulgeruch, Appetitlosigkeit, abdominelles Völlegefühl, Flatulenz, Obstipation oder weicher Kot (abhängig von der Stärke von Milz/Pankreas).

Zunge: Blass, klebriger Belag.

Puls: Schlüpfrig.

Behandlungsprinzip: Beseitigung der Nahrungsstagnation, Unterstützen der nach unten gerichteten Magenfunktion.

Akupunkturpunkte: Ma 21, Ma 25, MP 4, Pe 6, KG 10, KG 13. Sedierende oder neutrale Nadeltechnik.

Anmerkung: MP 4 und Pe 6 sind die gekoppelten Punkte des *Chong Mai* oder des Durchdringungsgefäßes. Laut dem „Klassiker der Schwierigkeiten" treten umgekehrter *Qi*-Fluss und abdominelles Unwohlsein auf, wenn das Durchdringungsgefäß gestört ist. Umgekehrter *Qi*-Fluss äußert sich teilweise in rebellischem Magen-*Qi*, das sich durch Erbrechen oder plötzliches Unwohlsein manifestieren kann [63].

Leber überwältigt den Magen

Symptomatik: Erbrechen wird durch emotionale Belastung verstärkt; Regurgitation von Säure, Übelkeit, Würgen, Aufstoßen, Reizbarkeit und Unruhe, Seufzen, Empfindlichkeit im Bauchbereich, vor allem unter dem Rippenbogen.

Zunge: Normal oder mit roten Rändern.

Puls: Drahtig.

Behandlungsprinzip: Beruhigung der Leber, Bewegung des stagnierenden *Qi*, Regulation des Magens.

Akupunkturpunkte: Ma 36, MP 4, Pe 6, Bl 21, Gb 34, Le 3, Le 13, Le 14, KG 12, KG 13. Sedierende Nadeltechnik, um die stagnierende Leber zu beruhigen und tonisierende (stärkende) Technik, um den Magen zu stärken.

Magen-Feuer

Symptomatik: Explosionsartiges Erbrechen, oft direkt nach der Nahrungsaufnahme, Übelkeit, Durst nach kalten Flüssigkeiten, permanenter Heißhunger, Erkrankungen des Zahnfleisches mit Blutungen und Maulgeruch.

Zunge: Roter Körper mit trockenem gelbem Belag.

Puls: Überflutend und schnell.

Behandlungsprinzip: Magen-Hitze kühlen, die absteigende Funktion des Magens unterstützen.

Akupunkturpunkte: Di 4, Di 11, Ma 21, Ma 44 oder Ma 45, MP 6, Pe 6, KG 12, KG 13.

Kalter Schleim/Flüssigkeit im Magen

Symptomatik: Erbrechen von Schleim oder weißer, wässriger, schaumiger Flüssigkeit; warme Getränke werden nach dem Erbrechen bevorzugt; Borborygmus nach Wasseraufnahme, Völlegefühl im oberen Abdomen, weicher Stuhlgang, Gewichtsverlust.

Zunge: Geschwollen mit fettigem Belag.

Puls: Tief, schlüpfrig und drahtig.

Behandlungsprinzip: Den Schleim auflösen, Milz/Pankreas und Magen wärmen und stärken.

Akupunkturpunkte: Ma 36, Ma 40, MP 4, Bl 20, Bl 21, Pe 6, KG 9, KG 10, KG 12. Sedierende Nadeltechnik, um den Schleim zu lösen. Da es sich hierbei aber um eine Mischung aus Fülle und Leere handelt, kann auch eine tonisierende Technik oder der Einsatz von Moxa sinnvoll sein.

Anmerkung: Dieses Muster tritt relativ häufig bei älteren Katzen auf, die bereits eine längere Vorgeschichte von intermittierendem Erbrechen und rezidivierenden Entzündungen haben. Die Chronizität, die sich im Gewichtsverlust äußert, wird durch die Dysfunktion von Magen und Milz/ Pankreas verursacht. Die westliche Diagnose ist hier meist Hyperthyreose oder chronische entzündliche Darmerkrankung.

Xu-Leere-Syndrome

Magen-Leere und -Kälte

Symptomatik: Intermittierendes Erbrechen von klarer Flüssigkeit immer dann, wenn der Patient mehr frisst, als gewöhnlich, schlechter Appetit, Müdigkeit, gesteigerter Durst mit einer Präferenz für warme Flüssigkeiten oder Futter, weicher Kot, kalte Gliedmaßen, Unbehagen, das sich nach dem Kotabsatz verstärkt und sich durch Fressen verbessert.

Zunge: Blass und geschwollen.

Puls: Tief, schwach und weich.

Behandlungsprinzip: Tonisierung und Erwärmung von Milz/ Pankreas und Magen.

Akupunkturpunkte: Ma 36, Bl 20, Bl 21, Pe 6, Le 13, KG 6, KG 12. Tonisierende Nadelung und Moxa.

Anmerkung: Leere-Zustände sind meist die Folge lange anhaltender Angriffe auf das geschädigte Organ und enthalten oft auch eine konstitutionelle Schwäche. Das gilt vor allem für Leere-Kälte, die auftritt, wenn nicht genügend *Yang* (und damit auch nicht genügend *Qi*) im Körper sind, um Wärme für das normale Funktionieren von Milz/ Pankreas und Magen zur Verfügung zu stellen. Zusätzlich zu den häufigen diätetischen Ursachen, wie zu viel zu kaltes Futter oder Trinken, kann auch eine Ernährung mit zu wenig Protein oder Kalorien zu dieser Störung führen [64]. Unterernährte Katzen oder Hunde-Welpen leiden oft an diesem Syndrom.

20

Magen-*Yin*-Leere

Symptomatik: Häufiges Erbrechen kleiner Mengen; das Erbrochene tendiert zu Trockenheit; Würgen, Übelkeit, leichtes abdominelles Unwohlsein; Hunger, aber nur auf kleine Mengen von Futter; Durst, trotzdem werden aber nur kleine Mengen in kleinen Schlucken getrunken; Völlegefühl bereits nach dem Fressen der kleinen Mengen, Verstopfung oder trockener Kot.

Zunge: Normal oder rot, trocken mit wenig Belag, eventuell eine verstärkte mittlere Zungenfurche.

Puls: Schwebend und leer.

Behandlungsprinzip: Stärken des Magen-*Yin*, nähren der Flüssigkeiten.

Akupunkturpunkte: Ma 36, MP 3, MP 6, Pe 6, KG 12.

Anmerkung: Der Magen muss befeuchtet werden, um seine Funktion ausüben zu können. Die Aufnahme von sehr trockenem Futter über längere Zeit schwächt das Magen-*Yin*. Dies tritt häufig bei Ernährung mit Fertig-Trockenfuttermitteln auf. Die Besitzer sind der Meinung, in dem Trockenfutter sei alles enthalten, was ihr Tier braucht und bevorzugen diese Art des Futters, weil es einfach zu handhaben ist. Häufig steht das Trockenfutter noch dazu jederzeit für das Tier bereit, und verleitet es ständig zum Knabbern, vor allem während der Nacht. Das schädigt das Magen-*Qi* und kann mit der Zeit das Magen-*Yin* angreifen. Zu schnelles Fressen, starke körperliche Betätigung direkt nach dem Fressen und Fütterung zu unregelmäßigen Zeiten verschlimmern das Problem noch. Andere Störungen im Körper, die das Magen-*Yin* ebenfalls schwächen, sind z. B. Hyperthyreose, Diabetes mellitus, Niereninsuffizienz oder Nebennierenüberfunktion [64]. Da der Magen Quelle der Flüssigkeiten ist, geht mit einer Magen-*Yin*-Leere ein generalisierter Mangel an Körperflüssigkeiten einher. Dieser Mangel ist die Ursache für den Durst, der mit einer Trinkunlust verbunden ist. Diese Patienten können oft mit ihrem Kopf über der Wasserschüssel beobachtet werden, aus der sie aber nur sehr kleine Mengen aufnehmen.

Häufige Syndrome bei Erbrechen

***Shi*-Fülle:**

- Externer pathogener Faktor (Hitze- oder Kälte-Invasion)
- Nahrungsretention im Magen
- Leber überwältigt den Magen
- Magen-Feuer
- Kälte-Schleim im Magen

***Xu*-Leere:**

- Magen-Leere und -Kälte
- Magen-*Yin*-Leere

Diarrhö

Diarrhö äußert sich als Absetzen von halb geformten bis wässrigem Kot, dem Schleim oder Blut beigemischt sein können. Gleichzeitig kann ein heftiger Stuhldrang vorliegen. Die Stuhlfrequenz nimmt typischerweise zu. Bei akuter Diarrhö ist die Milz/Pankreas-Funktion gestört, während bei chronischen Durchfallen das Organ selbst geschädigt ist. Eine typische **akute Diarrhö** ist eine **Fülle-Erkrankung**, die oft durch falsche Ernährung, exogene pathogene Faktoren wie Kälte, Feuchtigkeit oder Sommer-Hitze oder emotionalen Stress ausgelöst wird. Sie führt zu Störungen von Leber und Milz/Pankreas. Chronische Durchfälle sind meist Leere-Muster, die von einer Schwäche im Bereich von Milz/Pankreas und/oder Niere stammen.

Bei allen Arten von Diarrhö kommt es zu Veränderungen in der Bewegung des *Qi* von Milz/Pankreas. Das *Qi* bewegt sich nach unten, anstatt sich wie normal nach oben zu orientieren [59]. Weicher Kot mit unverdauten Futterbestandteilen und Borborygmus sind Anzeichen einer Milz/Pankreas-*Qi*-Leere. Auch die Leber spielt eine wichtige Rolle bei der Entstehung von Durchfällen. Lauter Borborygmus, der von Blähungen und Druckempfindlichkeit des Abdomens begleitet wird, ist sehr wahrscheinlich das Ergebnis einer Leber-*Qi*-Stagnation. Riecht der abgesetzte Kot faulig, besteht der Verdacht auf Feuchte-Hitze im Bereich von Milz/Pankreas oder Magen. Riecht der Kot kaum oder gar nicht ist das ein Anzeichen für eine Innere Kälte durch eine Milz/Pankreas- oder Nieren-*Yang*-Leere [58].

Durchfall mit Schleimbeimengungen ist ein Anzeichen für eine Ansammlung von Feuchtigkeit in den Därmen. Ist Blut im Kot zu erkennen, muss man von Feuchter Hitze ausgehen. Ein dunkler, Teer-artiger Kot weist auf Blutstase hin.

Ätiologie der Diarrhö

Die bei Durchfällen am meisten beeinträchtigten *Zang Fu*-Organe sind Milz/Pankreas und Leber. Von den pathogenen Faktoren spielen meist Kälte, Hitze, Feuchtigkeit und Blutstase eine Rolle.

Shi-Fülle-Syndrome

Feuchte-Kälte greift Milz/Pankreas an

Symptomatik: Plötzliches Auftreten von wässrigem Durchfall und abdominellen Schmerzen mit Borborygmus, unverdaute Futterpartikel im Kot, Anorexie, kein Durst, Schmerzen im ganzen Körper, klarer Urin, Abneigung gegen Kälte.

Zunge: Dick mit weißem, klebrigem Belag.

Puls: Schlüpfrig und langsam.

Behandlungsprinzip: Kälte ausleiten, Feuchtigkeit auflösen, die Diarrhö beenden.

Akupunkturpunkte: Ma 25, Ma 36, Ma 37, MP 3, MP 6, MP 9, Bl 22, KG 6, KG 12, LG 9; MP 6 und MP 9 und Bl 22 stellen eine gute Punktekombination zur Auflösung von Feuchtigkeit im Unteren Erwärmer dar [58]. Eine neutrale oder sedierende Nadeltechnik sollte an allen Punkten angewendet werden, mit Ausnahme des Punktes KG 12, der tonisiert werden kann. Moxabehandlung an KG 6 und KG 12 ist außerdem sehr hilfreich. Der Patient sollte warmes, gehaltvolles Futter bekommen.

Feuchte-Hitze greift Milz/Pankreas an

Symptomatik: Akuter Durchfall mit weichem, gelblich gefärbtem, faul riechenden Kot, dem Schleim und/oder Blut beigemischt sein können. Brennendes Gefühl am Anus, abdominelle Schmerzen, wenig, dunkler Urin, Hitzegefühl, Durst ohne das Verlangen zu trinken.

Zunge: Dick mit gelbem, klebrigem Belag.

Puls: Schnell und schlüpfrig.

Behandlungsprinzip: Hitze kühlen, Feuchtigkeit ausleiten, Diarrhö beenden.

Akupunkturpunkte: Di 4, Di 11, Ma 25, Ma 36, Ma 44, MP 6, MP 9, Bl 22, KG 12. Die Punkte ähneln denen, die zur Behandlung von Kälte-Feuchtigkeit angegeben werden, ergänzt um einige Punkte, die Hitze ausleiten. Moxa sollte hier nicht verwendet werden.

Anmerkung: Viele unserer Patienten fressen Kot, lieben Abfälle und Komposthaufen und trinken Pfützenwasser. Es ist daher nicht verwunderlich, dass viele von ihnen von exogenen pathogenen Faktoren befallen werden [64]. Zu diesen Faktoren zählen auch pathogene Bakterien, Protozoen und Toxine. Sie führen häufig zur Entwicklung von Feuchter Hitze.

Stauung von Nahrung im Magen und den Därmen

Symptomatik: Verrottet riechender, weicher Kot, häufiger Kotabsatz, der von übel riechenden Gasen begleitet wird, Völlegefühl und Schmerzen im Abdomen, Borborygmus, Aufstoßen, Appetitverlust, Erbrechen und faul riechender Atem.

Zunge: Dicker, klebriger Belag.

Puls: Schlüpfrig.

Behandlungsprinzip: Die Futteranschoppungen auflösen, Regulierung der Därme, Beenden der Diarrhö.

Akupunkturpunkte: Di 4, Ma 20, Ma 21, Ma 25, Ma 44 (wenn Hitzeanzeichen vorliegen), MP 4, KG 10, KG 12. Alle Punkte außer KG 12 sollten sedierend genadelt werden. KG 12 kann tonisiert werden.

Anmerkung: Dieses Syndrom ist vielleicht die **häufigste Ursache für akute Diarrhö** und/oder Erbrechen bei Hunden. Überfressen, vor allem an Futter, das sehr gut schmeckt und nicht unbedingt einer gesunden Ernährung entspricht, Fressen von großen Mengen an Abfällen oder Leckereien oder zu schnelles Fressen sind oft die Ursachen. Das betrifft auch die klassischen Fälle von „Mülleimeritis“.

Leber greift auf Milz/Pankreas über

Symptomatik: Diarrhö, die plötzlich auftreten kann und durch Veränderungen in der Stimmung ausgelöst wird, Empfindlichkeit im abdominellen Bereich, Aufstoßen, Blähungen, schlechter Appetit, Seufzen, Reizbarkeit oder extremes Klammern an die Besitzer.

Zunge: Normal oder rote Ränder

Puls: Drahtig und mitunter schwach (hängt von der Stärke von Milz/Pankreas ab).

Behandlungsprinzip: Harmonisieren der Leber, Tonisieren von Milz/Pankreas, Beenden der Diarrhö.

Akupunkturpunkte: Ma 25, Ma 36, MP 6, Bl 18,Bl 20, Gb 34, Le 3, Le 13, Le 14, KG 12. Da es sich um ein gemischtes Muster handelt, sind unterschiedliche Nadeltechniken gefragt, in Abhängigkeit von der relativen Stärke von Leber und Milz/Pankreas. Die Punkte auf dem Leber- und Gallenblasen-Meridian sollten sediert werden, um die stagnierende Leber zu harmonisieren. Alle anderen Punkte sollten tonisierend genadelt werden, um Milz/Pankreas zu stärken.

Xu-Leere-Syndrome

Milz/Pankreas-*Qi*-Leere

Symptomatik: Chronischer Durchfall mit weichem, wässrigen Kot, unverdaute Futterpartikel im Kot, Anorexie, Gewichtsverlust oder konstitutionelle Veranlagung zur Fettleibigkeit, Borborygmus, Unbehagen oder Blähungen nach dem Fressen, Schwäche und Müdigkeit.

Zunge: Blass, geschwollen mit seitlichen Zahneindrücken.

Puls: Leer, schwach.

Behandlungsprinzip: Tonisieren von Milz/Pankreas und Beenden der Diarrhö.

Akupunkturpunkte: Ma 25, Ma 36, Ma 37, MP 3, MP 6, Bl 20, Bl 21, KG 6, KG 12. Alle Punkte sollten sedierend genadelt werden. Wenn indiziert, kann Moxa zum Einsatz kommen.

Anmerkung: Diese Störung stellt in der Kleintierpraxis die häufigste Ursache für chronische Diarrhö dar. Da oft eine konstitutionelle Schwäche von Milz/Pankreas zugrunde liegt, müssen diese Patienten relativ jung behandelt werden. Sie sind meist sehr wählerische und schlechte Fresser, bekommen bei der geringsten Änderung ihrer Diät Durchfall, hängen sehr an ihren Menschen und haben oft Darmparasiten, die nur sehr schlecht auf konventionelle Therapien ansprechen. Sie sind meist dünn und nehmen nur schlecht zu. Da Milz/Pankreas nicht nur bei der Produktion von *Qi*, sondern auch bei der Bereitstellung von Blut eine wichtige Rolle spielt, zeigen viele dieser Patienten leichte Verschiebungen in ihrem Blutbild (leichte Anämie, Leukopenie und/oder Thrombozytopenie).

Milz/Pankreas- und Nieren-*Yang* Leere

Symptomatik: Diarrhö früh am Morgen, wässriger Kot mit unverdauten Futterpartikeln, abdominelle Empfindlichkeit mit Borborygmus, schlechter Appetit, Schwäche und Schmerzen im hinteren Rücken- und Kniebereich, sehr viel oder sehr wenig klarer Urin, Abneigung gegen Kälte und kalte Extremitäten.

Zunge: Blass, geschwollen mit seitlichen Zungeneindrücken.

Puls: Tief und schwach.

Behandlungsprinzip: Tonisieren von Milz/Pankreas und Niere, Wärmen des *Yang*, Beenden der Diarrhö

Akupunkturpunkte: Ma 25, Ma 36, Ma 37, MP 6, MP 9, Bl 20, Bl 23, Ni 3, Ni 7, KG 4, LG 4, KG 6, KG 12. An allen Punkten sollte eine tonisierende Nadeltechnik verwendet werden. Der Einsatz von Moxa ist sinnvoll. Ma 25 und Bl 25 sind die *Mu*-Alarm- respektive die *Shu*-Zustimmungspunkte des Dickdarms und darum bei chronischen Durchfällen sehr sinnvoll.

Häufige Syndrome bei Diarrhö

***Shi*-Fülle:**
- Kalte Feuchtigkeit dringt in Milz/Pankreas ein
- Feuchte-Hitze dringt in Milz/Pankreas ein
- Nahrungsanschoppung
- Leber überwältigt Milz/Pankreas

***Xu*-Leere:**
- Milz/Pankreas-*Qi*-Leere
- Nieren- und Milz/Pankreas-*Yang*-Leere

Obstipation

Als Verstopfung oder Obstipation wird der Rückgang des Kotabsatzes bezeichnet. Obwohl dabei typischerweise harter, trockener Kot abgesetzt wird, gibt es auch Patienten die an Verstopfung leiden und ganz normal geformten bis weichen Kot absetzen.

Die Hauptursache liegt bei unseren Patienten in einer unpassenden Ernährungsweise, emotionalem Stress und zu wenig körperlicher Bewegung. Futter, das stark aufbereitet wurde, ist energetisch sehr heiß und trocken und kann dadurch die Flüssigkeiten der Därme und des Magens schädigen. Andererseits kann kaltes, rohes Futter Milz/Pankreas beeinflussen. Der Mangel an *Qi* erschwert das Herauspressen des Kotes. Emotionale Störungen wirken sich negativ auf Leber und Milz/Pankreas aus und bewirken dadurch eine Stagnation des *Qi*-Flusses in den Därmen. Zu wenig Bewegung, wie sie bei vielen Haustieren beobachtet werden kann, hat schwächenden Einfluss auf Milz/Pankreas und kann dadurch eine Stagnation des Leber-*Qi* auslösen.

Ätiologie der Obstipation

Bei Verstopfung spielen vor allem die *Zang Fu*-Organe Magen, Milz/Pankreas, Lunge, Dickdarm, Leber und Niere eine Rolle. Der Schlüssel zu gesunder Verdauung und normalem Kotabsatz liegt in genügend Flüssigkeit im Magen und den Därmen und einem starken Qi, um den Kot in den Därmen zu bewegen [59]. Verstopfung tritt auf, wenn sich Hitze oder Kälte ansammelt, wenn *Qi* stagniert, wenn Leere an *Qi*, Blut oder *Yin* und/oder *Yang* herrscht.

Shi-Fülle-Syndrome

Hitze in Magen und Dickdarm

Symptomatik: Unregelmäßiger Kotabsatz mit trockenem Kot, trockenes Maul mit Durst, wenig, dunkler Urin, Hitzegefühl, Unbehagen bei Palpation des Abdomens, Maulgeruch.

Zunge: Rot mit trockenem gelben Belag.

Puls: Schnell, schlüpfrig.

Behandlungsprinzip: Hitze kühlen, die Därme befeuchten und in Bewegung setzen.

Akupunkturpunkte: Lu 5, Di 4, Di 11, Ma 25, Ma 28, Ma 29, Ma 37, Ma 44, MP 6, MP 15, 3E 6, Le 2 (bei Leberbeteiligung). Ma 28 und Ma 29 eignen sich besonders gut, um Hitze auszuleiten und die Därme in Bewegung zu bringen. Wenn sie bei Obstipation eingesetzt werden, sollten sie nur auf der linken Seite genadelt werden, um das Colon ascendens anzusprechen. Alle Punkte sollten sedierend genadelt werden.

Hitze in der Leber

Symptomatik: Unregelmäßiger Kotabsatz mit trockenem Kot, trockenes Maul und Durst, dunkler Urin, Reizbarkeit, Unruhe, gerötete Augen.

Zunge: Rot, mit stärkerer Rötung an den Zungenrändern und trockenem, gelbem Belag.

Puls: Schnell und drahtig.

Behandlungsprinzip: Hitze kühlen, die Därme befeuchten und in Bewegung setzen.

Akupunkturpunkte: Lu 5, Di 4, Di 11, Ma 25, Ma 28, Ma 29, Ma 37, Ma 44, MP 6, MP 15, 3E 6, Le 2 (bei Leberbeteiligung). Ma 28 und Ma 29 eignen sich besonders gut, um Hitze auszuleiten und die Därme in Bewegung zu bringen. Wenn sie bei Obstipation eingesetzt werden, sollten sie nur auf der linken Seite genadelt werden, um das Colon ascendens anzusprechen. Alle Punkte sollten sedierend genadelt werden.

Anmerkung: Diese Art der Verstopfung entsteht durch Ansammlung von Hitze im Körper. Die Hitze im Magen kann entlang des *Yang Ming*-Kanals zum Dickdarm wandern. Hitze in der Leber kann auch auf Magen und Dickdarm übergreifen. Obwohl es für die Verschreibung chinesischer Kräuter wichtig ist, zwischen Hitze im Magen und Hitze in der Leber zu unterscheiden, ist die Akupunkturbehandlung die selbe, mit dem zusätzlichen Einsatz von Leberpunkten, wenn die Leber am Geschehen beteiligt ist [60].

Hitze aufgrund akuter fieberhafter Erkrankungen

Symptomatik: Obstipation mit trockenem Kot, Empfindlichkeit und geblähtes Gefühl im Abdomen, Hitzegefühl, Unruhe, starker Durst, trockenes Maul, Geschwüre in der Maulschleimhaut, Maulgeruch.

Zunge: Rot mit trockenem, gelben Belag.

Puls: Überflutend und schnell.

Behandlungsprinzip: Hitze kühlen und die Därme bewegen.

Akupunkturpunkte: Di 4, Di 11, Ma 28, Ma 29, Ma 44, MP 15, 3E 6, Der letzte Punkt kann Feuer aus dem Dreifachen Erwärmer ziehen und nach unten bewegen, wenn er gemeinsam mit MP 15 genadelt wird.

Anmerkung: Diese Störung tritt oft nach einem Infekt auf, wenn der Mangel an Körperflüssigkeiten und die verbleibende

Hitze zu Trockenheit und Hitze in den Därmen führen. Zusätzlich kann es auch noch Probleme mit der Flüssigkeitsverteilung im Unteren Erwärmer kommen [65].

Leber-*Qi*-Stagnation

Symptomatik: Verstopfung mit kleinen, Kaninchenkot-artigen Kotballen, die aber nicht trocken sind; starker Kotdrang, der aber unproduktiv ist, Aufstoßen, Blähungen, Reizbarkeit.

Zunge: Normal, eventuell mit roten Zungenrändern.

Puls: Drahtig.

Behandlungsprinzip: Die Leber beruhigen, das *Qi* regulieren, die Stagnation aufheben.

Akupunkturpunkte: Di 4, MP 15, 3E 6, Gb 34, Le 3, KG 6, KG 10. Alle Punkte werden mit sedierender Nadeltechnik gestochen.

Kälte in den Därmen

Symptomatik: Schwierigkeit beim Absatz von Kot, der nicht trocken oder hart ist, starke Bauchschmerzen, Abneigung gegen Kälte, kalte Extremitäten und Ohren, blasser Urin.

Zunge: Blass, feucht, dicker, weißer Belag.

Puls: Tief und langsam.

Behandlungsprinzip: Das *Yang* wärmen, die Kälte ausleiten, die Därme wieder in Bewegung setzen und Schmerzen lindern.

Akupunkturpunkte: KG 6, KG 8, Bl 23, Bl 25, Bl 26. Stark sedierende Technik und viel Moxa. Moxa auf Bl 26 ist besonders dafür geeignet, Kälte aus den Därmen auszuleiten und sie wieder in Bewegung zu setzen.

Anmerkung: Kälte in den Därmen kann entweder ausschließlich aus einer Fülle-Situation entstehen, z. B. durch das Eindringen des exogenen pathogenen Faktors Kälte, oder aber aus einer Mischung aus Fülle und Leere, z. B. durch Milz/Pankreas- oder Nieren-*Yang*-Leere. Auf jedem Fall weist diese Störung mehr Kältezeichen auf, als dies bei einem reinen Leere-Syndrom der Fall wäre. Im Gegensatz zu einer *Yang*-Leere, bei der nicht genügend *Qi* vorhanden ist, um den Kot durch die Därme zu bewegen, verhindert hier die zusammenziehende Natur der Kälte die Bewegung des Kots durch die Därme [60]. Dadurch wird die Ernsthaftigkeit der Symptome verschleiert. Das Verhältnis von Leere zu Fülle kann nur durch den Puls ermessen werden. Zusätzlich zum tiefen und langsamen Puls, zeigt der Füllepuls sich voll und gespannt, während der Leerepuls feiner und nur ein bisschen gespannt ist.

Xu-Leere-Syndrome

***Qi*-Leere**

Symptomatik: Drang zum Kotabsatz, aber nicht genügend Energie für die Defäkation, Erschöpfung nach dem Kotabsatz. Kot ist geformt wie ein Bleistift, aber nicht trocken.

Zunge: Blass.

Puls: Leer und schwach.

Behandlungsprinzip: Tonisieren des *Qi* von Milz/Pankreas und/oder Lunge.

Akupunkturpunkte: Lu 7, Lu 9, Ma 36, MP 6, MP 15, Bl 20, Bl 23, Bl 25, KG 6, KG 17. Tonisierende Nadeltechnik.

Anmerkung: Bei dieser Störung können die Lungen und/ oder Milz/Pankreas mit betroffen sein. Steht die Störung von Milz/Pankreas im Vordergrund, kommen zu den oben erwähnten Symptomen noch Muskelschwäche und Anorexie. Die Verstopfung entsteht, weil Milz/Pankreas nicht genügend Energie bereitstellen kann, um den Darm in Bewegung zu halten. Liegt das Hauptproblem in der Lunge, zeigt der Patient oft Kurzatmigkeit, die sich nach Anstrengung verschlimmert, und eine schwache Stimme. In diesem Fall stellt die Lunge ihrem Partner, dem Dickdarm, nicht genügend Energie für den Kotabsatz zur Verfügung. Die Problematik ist bei älteren Patienten nicht ungewöhnlich.

***Yang*-Leere**

Symptomatik: Schwierigkeiten beim Absatz von feuchtem Kot, Erschöpfung nach dem Absatz, Schwäche, blasser Urin, Abneigung gegen Kälte, kalte Gliedmaßen und Ohren, Schmerzen im Rücken und den Knien.

Zunge: Blass, feucht, geschwollen mit seitlichen Zahneindrücken.

Puls: Tief und schwach.

Behandlungsprinzip: Tonisieren des Nieren-*Yang*, Wärmen des Unteren Erwärmers und Bewegen der Därme.

Akupunkturpunkte: Ma 36, MP 6, Bl 23, Bl 25, Ni 7, KG 4. Tonisierende Nadeltechnik und viel Moxa.

Anmerkung: Diese Störung tritt bei älteren Patienten mit Nieren-*Yang*-Leere häufig auf, da bei ihnen die Energie zum Bewegen des Kots fehlt.

Blut-Leere

Symptomatik: Trockener Kot wird nur unter Schwierigkeiten abgesetzt, leichte Schmerzen und Blähungen, Schwäche und Müdigkeit.

Behandlungsprinzip: Das Blut nähren, die Därme befeuchten.

Akupunkturpunkte: Ma 36, MP 6, MP 15, Bl 17, Bl 18, Bl 20, Bl 25, KG 4. Alle Punkte werden mit tonisierender Nadeltechnik gestochen.

***Yin*-Leere**

Symptomatik: Trockener Kot, trockenes Maul; Durst, der mit kleinen Schlucken gelöscht wird, Schmerzen in Rücken und Knien.

Zunge: Rot, ohne Belag mit tiefen Spalten.

Puls: Schwach und schwebend.

Behandlungsprinzip: Stärken des *Yin*, Tonisieren der Nieren, Befeuchten der Därme.

Akupunkturpunkte: Ma 36, MP 6, MP 15, Bl 23, Bl 25, Ni 3, Ni 6, KG 4. Alle Punkte werden mit tonisierender Nadeltechnik gestochen.

Anmerkung: Diese Störung tritt besonders bei älteren Katzen mit einer generalisierten *Yin*-Leere häufig auf. Der trockene Kot kann von einer Ansammlung an innerer Hitze oder von der *Yin*-Leere her stammen. Die Unterscheidung dieser zwei Ursachen erfolgt anhand des Pulses und des Ausmaßes an Durst. Bei einer Hitze-Störung zeigt der Patient viel Durst und hat einen vollen Puls. Es werden große Mengen an Wasser auf einmal getrunken. Bei der *Yin*-Leere trinkt das Tier trotz des trockenen Mauls und des Durstgefühls nur sehr kleine Mengen Wasser in kleinen Schlucken. Der Puls zeigt Leere-Anzeichen [59].

Häufige Syndrome bei Obstipation

Shi-**Fülle:**
- Chronische innere Hitze
- Hitze durch akute, fieberhafte Erkrankungen
- Leber-*Qi*-Stagnation
- Innere Kälte der Därme

Xu-**Leere:**
- *Qi*-Leere
- *Yang*-Leere
- Blut-Leere
- *Yin*-Leere

Unterbauchschmerzen

In der TCM werden alle Arten von Schmerz und von Unbehagen im Bereich um den Bauchnabel herum und kaudal davon als Unterbauchschmerzen bezeichnet. Das schließt Schmerzen mit ein, die durch Störungen des Urogenitalsystems verursacht werden. Dieses Kapitel konzentriert sich jedoch auf gastrointestinal verursachte Schmerzen. Viele der Patienten zeigen gleichzeitig Symptome wie Erbrechen und Diarrhö.

Die häufigste Ursache für Unterbauchschmerzen sind exogene pathogene Faktoren, unpassende Ernährung und negative emotionale Einflüsse. Von den exogenen pathogenen Faktoren kommen Kälte und Feuchtigkeit am häufigsten vor, da sie leicht in die Därme eindringen können. Aber auch eine Ernährung aus vorwiegend rohem und kaltem Futter schwächt das Milz/Pankreas-*Yang* und kann zu einer Ansammlung von Kälte führen. Da Kälte sich Kontraktion und Stagnation verursacht, ist eine solche Ansammlung meist sehr schmerzhaft. Ärger und Sorgen, die auf Leber und Milz/Pankreas negativ einwirken, spielen ebenfalls eine Rolle bei der Entstehung von Bauchschmerzen. Sie behindern den freien Fluss des *Qi* und den Transport der Nahrungs-Essenzen durch die Därme.

Die meisten Störungen, die zu Unterbauchschmerzen führen, sind Fülle-Muster. Auf dem Behandlungstisch zeigen sich typischerweise Schmerzen, die sich durch Druck verschlimmern, sich nach dem Kotabsatz und nach Bewegung verbessern. Interessanterweise haben viele der Patienten, die wegen Rückenbeschwerden zur Akupunkturbehandlung zu uns überwiesen werden, auch eine lange Vorgeschichte mit Verdauungsproblemen. Sie stehen meist mit eingezogenem Bauch, der zu schmerzhaft ist, um palpiert zu werden. An den Punkten Bl 18, Bl 19, Bl 20, Bl 21 besteht eine ausgeprägte Druckempfindlichkeit. Obwohl diese Punkte natürlich auch mit den Bandscheiben zwischen BWK 10 und LWK 1 in Verbindung stehen, sind sie gleichzeitig auch die *Shu*-Zustimmungspunkte von Leber, Gallenblase, Milz/Pankreas und Magen. In der Anamnese stellt sich häufig heraus, dass die Rückenprobleme sich verschlimmern, wenn gerade ein akuter Schub der Verdauungsproblematik vorliegt. Viele dieser Patienten reagieren ausgezeichnet auf eine Akupunkturbehandlung, die sich in erster Linie auf das GI-System konzentriert.

In der westlichen Medizin werden bei Unterbauchschmerzen auch Diagnosen wie Peritonitis, Pankreatitis, Darmschleimhautentzündung, Colitis ulcerosa und Neoplasien gestellt. Die TCM-Diagnose sollte sich auch hier nach dem Symptomen und der Vorgeschichte des Patienten richten.

20

Ätiologie von Unterbauchschmerzen

Am häufigsten sind die *Zang Fu*-Organe Magen, Milz/ Pankreas, Leber und die Därme an der Entstehung von Bauchschmerzen beteiligt. Die häufigste Ursache für Bauchschmerzen sind Kälte und Feuchtigkeit, unpassende Ernährung und negative emotionale Einflüsse.

Shi-Fülle-Syndrome

Kälte in den Därmen

Symptomatik: Plötzlich auftretende, heftige Bauchschmerzen, die sich durch Wärme bessern und durch Kälte und Druck verschlechtern, weicher Kot oder Verstopfung, in Abhängigkeit davon, ob Milz/Pankreas zu schwach ist, oder ob die Kälte dominiert; kein Durst, aber Vorliebe für warme Getränke, viel, klarer Urin, kalte Gliedmaßen und Ohren.

Zunge: Blass mit dickem, weißen Belag.

Puls: Tief, voll, langsam und gespannt.

Behandlungsprinzip: Die Kälte ausleiten, Milz/Pankreas und Därme wärmen, Schmerzen lindern.

Akupunkturpunkte: Le 4, Ma 25, Ma 34, Ma 36, MP 4, MP 6, MP 15, KG 6, KG 10, KG 12. Alle Punkte werden sedierend genadelt, vor allem die Punkte am Bauch.

Nahrungsanschoppung in den Därmen

Symptomatik: Bauchschmerzen, die durch Fressen und durch Druck ausgelöst oder verstärkt werden, Besserung nach Kotabsatz, Aufstoßen, Blähungen, Flatulenz, weicher Kot oder Verstopfung, je nach Stärke von Milz/Pankreas.

Zunge: Dicker, klebriger Belag.

Puls: Schlüpfrig.

Behandlungsprinzip: Die Nahrungsanschoppung bewegen, Stagnationen aufheben, Tonisieren von Milz/Pankreas (wenn nötig).

Akupunkturpunkte: Di 11, Ma 21, Ma 25, MP 4, MP 15, 3E 6, Gb 34, KG 6, KG 10. Alle Punkte werden sedierend genadelt. Liegen auch Anzeichen einer Kälte vor, sollte Moxa eingesetzt werden. Bei Anzeichen einer Magen-Hitze sollte zusätzlich Ma 44 genadelt werden. Bei einer gemischten Störung sollte der Allgemeinzustand des Patienten eingeschätzt und eventuell eine tonisierende Behandlung an Ma 36 und KG 12 ergänzt werden.

Anmerkung: Diese Störung tritt häufig bei Patienten auf, die beim Fressen über die Stränge geschlagen haben. Die Bauchschmerzen kommen oft in Kombination mit Diarrhö vor, wenn die Schwäche von Milz/Pankreas vorherrschend ist.

Stagnation des Leber-*Qi*

Symptomatik: Bauchschmerzen und Spannungsgefühle, die sich durch negative Emotionen verschlechtern, Borborygmus; Aufstoßen und Flatulenz können Linderung verschaffen; Reizbarkeit, Stimmungsschwankungen, Unruhe, Verstopfung, die sich bei einer sehr schwachen Milz/Pankreas mit Diarrhö abwechselt.

Zunge: Normal oder mit roten Rändern.

Puls: Drahtig.

Behandlungsprinzip: Bewegen des Leber-*Qi*, Lindern der Schmerzen.

Akupunkturpunkte: Le 4, MP 6, Bl 18, Pe 6, Pe 7, 3E 6, Gb 34, Le 3, Le 14, KG 6, KG 10, KG 12. Gb 34 und KG 6 werden oft zusammen eingesetzt, um das *Qi* zu bewegen.

Blut-Stagnation

Symptomatik: Starke Bauchschmerzen, tastbare Resistenzen im Bauchraum, mitunter Hepatosplenomegalie.

Zunge: Purpurfarben.

Puls: Tief und abgehackt, oder tief und fest.

Behandlungsprinzip: Stagnation von *Qi* und Blut auflösen, Schmerzen lindern.

Akupunkturpunkte: MP 6, MP 10, Bl 17, Bl 18, Pe 6, 3E6, Gb 34, Le 3, KG 6. Sedierende Nadeltechnik. MP 10 und Bl 17 werden häufig gemeinsam gestochen, um stagnierendes Blut zu bewegen. Le 3, Bl 17 und Bl 18 können eingesetzt werden, um Leber-*Qi* und Blut zu bewegen, die Schmerzen zu lindern und den Geist zu beruhigen.

Anmerkung: Diese Störung ist sehr selten, kann aber nach Operationen und/oder Blutverlust und bei Patienten mit Neoplasien beobachtet werden.

Feuchte-Hitze in den Därmen

Symptomatik: Bauchschmerzen, die sich durch Druck verschlimmern, weicher, faulig riechender Kot mit Schleim- und/oder Blutbeimengungen, brennendes Gefühl am Anus, dunkler Urin.

Zunge: Roter Körper mit dickem, gelbem, fettigem Belag.

Puls: Schlüpfrig und schnell.

Behandlungsprinzip: Die Hitze klären, Feuchtigkeit ausleiten, Schmerzen lindern.

Akupunkturpunkte: Di 11, Ma 25, Ma 37, MP 6, MP 9, Bl 25, 3E6, KG 10. Die Punkte werden alle sedierend oder neutral gestochen.

Xu-Leere-Syndrome

Qi-Leere und Leere-Kälte in den Därmen

Symptomatik: Dumpfe, immer wieder aufflammende Bauchschmerzen, die durch Ruhe, Druck und Wärme verbessert und durch Stress und Hunger verschlechtert werden; brennendes Gefühl am Anus und dunkler Urin.

Zunge: Blass mit weißem Belag.

Puls: Schwach.

Behandlungsprinzip: Tonisieren von *Qi* und Wärmen von Yang.

Akupunkturpunkte: Ma 36, Ma 37, Ma 39, MP 6, Bl 20, Bl 21, Bl 23, Bl 25, KG 6, KG 12. Die Punkte werden tonisierend genadelt, zusätzlich sollte Moxa eingesetzt werden.

> **Häufige Syndrome bei abdominellen Schmerzen**
>
> ***Shi*-Fülle:**
> - Kälte in den Därmen
> - Nahrungsanschoppung in den Därmen
> - Leber-*Qi*-Stagnation
> - Blut-Stagnation
> - Feuchte-Hitze in den Därmen
>
> ***Xu*-Leere:**
> - *Qi*-Leere und Leere-Kälte in den Därmen

Oberbauchschmerzen und hepatobiliäre Erkrankungen

Schmerzen im Bereich unter dem Rippenbogen werden als Oberbauchschmerzen bezeichnet. Bei der Einteilung der Schmerzen nach der TCM wird noch genauer nach der Lokalisation unterschieden. Diese Einteilung ist jedoch beim Menschen wichtiger als bei Tieren, da Tiere die genaue Lokalisation und Qualität der Schmerzen nicht beschreiben können. Schmerzen im Bereich des Epigastriums entstehen auch in der Tiermedizin durch viele Erkrankungen von Leber, Gallenblase und Pankreas, wie z. B. Hepatitis, Fettleber, Cholangitis, chronische Pankreatitis und Neoplasien. Bei einer gründlichen Untersuchung zeigen diese Patienten deutliche Empfindlichkeit unterhalb des Rippenbogens. Es ist durchaus zulässig in diesen Fällen von Oberbauchschmerzen zu sprechen.

Ärger, Frustration, Ablehnung und Langeweile können zu stagnierendem Leber-*Qi* führen. Auch die Ernährung spielt eine wichtige Rolle. Übermäßiger Genuss von fettiger Nahrung oder zu vielen Milchprodukten kann zur Bildung von Feuchter Hitze und deren Ansammlung führen. Der externe pathogene Faktor Feuchte-Hitze ist durchaus auch in der Lage den Leber-Meridian direkt anzugreifen. In unseren klimatischen Breiten kommt das jedoch nur sehr selten vor. Jede chronische Störung, die zu einer Leere an Leber-Blut oder -*Yin* führt, kann sekundär eine Leber-*Qi*-Stagnation verursachen, die mit der Zeit zu einer Stagnation des Leber-Blutes führen kann.

> **Ätiologie von Oberbauchschmerzen**
>
> Die häufigsten Ursachen für Oberbauchschmerzen sind emotionale Belastung, Ernährungsfehler oder Feuchte-Hitze.

Shi-Fülle-Syndrome

Leber-*Qi*-Stagnation

Symptomatik: Stumpfe Schmerzen im Bereich des Rippenbogens, Völlegefühl, Verschlechterung der Beschwerden unter emotionalem Stress, schlechter Appetit, Aufstoßen, Regurgitation, häufiges Seufzen, Reizbarkeit.

Zunge: Normal oder mit roten Zungenrändern.

Puls: Drahtig.

Behandlungsprinzip: Beruhigen der Leber und Bewegen des *Qi*.

Akupunkturpunkte: Pe 6, 3E 6, Gb 34, Gb 43, Le 3, Le 13, Le 14. Alle Punkte werden sedierend genadelt.

Anmerkung: Diese Störung tritt bei Katzen relativ häufig auf. Die meisten haben zwar nichts dagegen, am Bauch gestreichelt zu werden, wollen aber nicht hochgehoben werden. Das Hochheben übt Druck auf den Bereich des Hypochondrium aus und ist den Katzen zumindest unangenehm. Viele von ihnen reagieren auch negativ auch Streicheln oder Bürsten in der Lendengegend und um das Kreuzbein herum, da der Gallenblasen-Meridian sich in dieser Gegend mit dem Blasen-Meridian und dem Lenkergefäß vereinigt.

Blut-Stagnation

Symptomatik: Starke, auf den Bereich des Hypochondriums beschränkte Schmerzen, nachts schlimmer, tastbare Organvergrößerungen.

Zunge: Purpurfarben.

Puls: Abgehackt.

Behandlungsprinzip: Die Leber beruhigen, *Qi* und Blut bewegen, Schmerzen lindern.

Akupunkturpunkte: MP 10, Bl 17, Bl 18, Pe 6, 3E 6, Gb 34, Le 3, Le 14. Sedierende Nadeltechnik. Le 14 ist der *Mu*-Alarmpunkt und Bl 18 der *Shu*-Zustimmungspunkt der Leber. Sie können in Kombination eingesetzt werden, um die Leber zu regulieren und *Qi* und Blut zu bewegen.

Feuchte-Hitze in Leber und Gallenblase

Symptomatik: Dumpfe Schmerzen im Hypochondrium, Übelkeit, Erbrechen, Reizbarkeit, dunkler Urin und Ikterus.

Zunge: Fettiger gelber Belag.

Puls: Schlüpfrig und schnell.

Behandlungsprinzip: Hitze kühlen, Feuchtigkeit ausleiten, die Leber regulieren.

Akupunkturpunkte: Di 11, MP 9, Bl 18, Bl 19, Bl 20, 3E6, Gb 24, Gb 34, Le 2, Le 3, Le 13, KG 9, KG 12, LG 9. Alle Punkte sollten sedierend genadelt werden, mit Ausnahme von Bl 20 und KG 12, die tonisiert werden müssen um Milz/ Pankreas zu stärken und damit die Feuchtigkeit abzubauen. Gb 24 ist der *Mu*-Alarmpunkt und Bl 19 der *Shu*-Zustimmungspunkt der Gallenblase; sie können verwendet werden, um Hitze und Feuchtigkeit aus der Gallenblase auszuleiten.

Anmerkung: Der Ikterus, der bei dieser Störung beobachtet werden kann, wird in der TCM als Ikterus vom Yang-Typ bezeichnet. Die helle, klare gelbe Farbe kommt von der Ansammlung von Feuchte-Hitze, die ihrerseits durch eine Schwäche von Milz/Pankreas hervorgerufen wurde. Meist liegen weitere Symptome wie Fieber, Schwäche und Völlegefühl im Abdomen vor. Ma 36, MP 6, Gb 34 und Le 3 sollten dann dem Punkteprogramm beigefügt werden. Es gibt auch einen Ikterus vom *Yin*-Typ, der durch Feuchte-Kälte ausgelöst wird. Er manifestiert sich mit einer dumpfen, gelblichen Färbung, Schlappheit und die Abwesenheit von Durst. Liegt dieser Ikterus vor, sollten Bl 20 und Le 13 genadelt und viel Moxa eingesetzt werden.

20

Xu-Leere-Syndrome

Leber-Blut-Leere

Symptomatik: Milde Schmerzen im Hypochondrium und Völlegefühl, das sich nach Bewegung verschlechtert, Müdigkeit, Depression, Schlaflosigkeit und Schwindelgefühl.

Zunge: Blass und dünn, mit orangen Rändern.

Puls: Fein und abgehackt.

Behandlungsprinzip: Nähren des Leber-Blutes, Beruhigen der Leber.

Akupunkturpunkte: Ma 36, MP 6, Bl 17, Bl 18, Bl 20, Pe 6, 3E 6, Gb 34, Le 3, Le 8, Le 14, KG 4: Eine tonisierende Nadeltechnik sollte an den Punkten Ma 36, MP 6, Le 8, KG 4 und den Zustimmungspunkten verwendet werden, die anderen Punkte werden neutral genadelt.

Leber-*Yin*-Leere

Symptomatik: Milde Schmerzen im Hypochondrium, Trockenheit in der Kehle, den Augen, der Haut und dem Fell, Müdigkeit, Depression, Schlaflosigkeit und Schwindelgefühle.

Zunge: Rot ohne Belag.

Puls: Tief, schwach, gleitend.

Behandlungsprinzip: Nähren des *Yin* und des Blutes, Beruhigen der Leber.

Akupunkturpunkte: Ma 36, MP 6, Bl 17, Bl 18, Bl 20, Bl 23, Ni 3, Ni 6, Gb 34, Le 8, KG 4. Eine tonisierende Nadeltechnik sollte an den Punkten Ma 36, MP 6, Le 8, KG 4 und den Zustimmungspunkten verwendet werden, die anderen Punkte werden neutral genadelt.

Häufige Syndrome bei Oberbauchschmerzen

***Shi*-Fülle:**
- Leber-*Qi*-Stagnation
- Blut-Stagnation
- Feuchte-Hitze in Leber und Gallenblase

***Xu*-Leere:**
- Leber-Blut-Leere
- Leber-*Yin*-Leere

FALLBEISPIEL

- **Anamnese:** Ein elfjähriger Warmblut-Wallach wurde mit einer seit zwei Jahren bestehenden Diarrhö („wie Kuhfladen“) vorgestellt. Der flüssige Kot enthielt unterschiedliche Anteile von unverdautem Futter. In weniger als 10 % der Fälle setzte das Tier geformten Kot ab. Der Appetit war normal bis leicht vermindert. Der Wallach fiel manchmal durch Anzeichen von Unbehagen nach dem Fressen seines Kraftfutters auf, indem er, wie bei einer leichten Kolik das Gewicht seines Körpers von einer Seite auf die andere verlagerte. Seit Beginn der Diarrhö zeigten sich bei dem Pferd schneller Ermüdungserscheinungen.
- **Westliche Diagnostik:** Die Ergebnisse einer vollständigen Blutuntersuchung waren ohne besonderen Befund. Die Stuhlkultur und eine Untersuchung auf Salmonellen waren ebenfalls negativ. In den Tierkliniken, in die das Pferd zur Abklärung geschickt worden war, wurde keine Ursache der Beschwerden gefunden. Eine Reihe verschiedener konventioneller Behandlungen veränderte nichts an dem Durchfall. Verständlicherweise frustriert, stellte der Besitzer das Tier zur Akupunkturbehandlung vor.
- **TCM-Diagnose:** Diarrhö durch Milz/Pankreas-*Qi*-Mangel oder -Leere.
- **Behandlungsprinzip:** Tonisieren des Milz/Pankreas-*Qi* und Beenden der Diarrhö.
- **Akupunkturpunkte:** Ma 25, Ma 36, MP 6, Bl 20, Bl 25, KG 12, LG 1.
- **Verlauf:** Die Nadeln in den Zustimmungspunkten wurden mit Moxa versehen. An den anderen Punkten wurden 1,5 ml Vitamin B_{12} injiziert. Die Behandlung wurde zweimal wöchentlich über eine Woche, dann einmal wöchentlich über fünf Wochen und dann einmal alle zwei Wochen (für weitere drei Behandlungen) durchgeführt. Dem Besitzer wurde gezeigt, wie er die Akupunkturpunkte mit einer Moxazigarre zweimal wöchentlich wärmen sollte. Der Kot war nach acht Behandlungen wie-

der normal geformt und blieb auch in den nächsten acht Monaten so.

FALLBEISPIEL

- **Anamnese:** Fergus war ein 18 Monate alter, kastrierter Schweizer-Sennenhund-Rüde, mit einer Vorgeschichte von immer wieder auftretender Diarrhö, die begann, als er drei Monate alt war. Die Diarrhö wurde begleitet von einem geblähtem Abdomen, Flatulenz und Borborygmus. Er erbrach von Zeit zu Zeit kleine Mengen galliger Flüssigkeit. Der Hund war in guter körperlicher Verfassung und hatte einen gesegneten Appetit. Seit dem Alter von sechs Monaten fiel dem Besitzer auf, dass Fergus mit den Zähnen knirschte und „Fliegen-Schnappen" zeigte.
- **Westliche Diagnose:** An beiden Hüften wurde eine schwere Hüftgelenksdysplasie festgestellt. Eine Abdomenübersicht war röntgenologisch unauffällig. Die Laborbefunde waren alle normal. Die Untersuchungen des Kotes, sowohl parasitologisch, als auch bakteriell ergaben ebenfalls einen unauffälligen Befund. Eine sichere Diagnose konnte nicht gestellt werden, obwohl der Verdacht auf eine Darmschleimhautentzündung bestand. Die Besitzer entschieden sich für eine Akupunkturbehandlung, bevor sie bei dem Hund eine Darmschleimhautbiopsie durchführen ließen.
- **TCM-Diagnose:** Diarrhö durch Übergriff der Leber auf Milz/Pankreas. Das Zähneknirschen und „Fliegen-Schnappen" wurden als Zeichen eines „Leber-Windes, der von innen agiert" gewertet und sind sekundär durch die konstitutionelle Schwäche der Leber und der Niere bedingt. Die Zunge war dabei rot, der Puls drahtig.
- **Behandlungsprinzip:** Harmonisieren von Leber und Milz/Pankreas, den Leber-Wind ausleiten, das Leber-*Yin* und -Blut nähren und die Nieren tonisieren.
- **Akupunkturpunkte:** Verschiedene Kombinationen dieser Punkte wurden in einem Zeitraum von drei Monaten genadelt: Di 4, Ma 25, Ma 36, Ma 37, MP 6, Bl 17, Bl 18, Bl 20, Bl 23, Ni 3, Gb 20, Gb 34, Le 3, Le 8, Le 13, KG 6, KG 12. Die Punkte wurden neutral genadelt.
- **Verlauf:** Fergus setzte nach der Behandlung normalen Kot in regulären Abständen ab. Das „Fliegen-Schnappen" und Zähneknirschen verschwand fast völlig, und tritt jetzt nur noch auf, wenn er besonders müde, sehr ängstlich oder angespannt ist. Durch Ruhepausen lässt sich dann das Verhalten wieder regulieren.

20.3 Zusammenfassung

In diesem Kapitel wurde der Einsatz von Akupunktur bei gastrointestinalen Störungen aus westlicher Sicht und aus Sicht der TCM beschrieben. Während der letzten 100 bis 1000 Jahre haben sich beide Sichtweisen stark weiter entwickelt. Die Gesundheit unserer Tiere kann am besten davon profitieren, wenn wir von beiden Richtungen lernen und dieses Wissen anwenden.

LITERATUR

1. Lee GTC: A study of electrical stimulation of acupuncture locus tsusanli (ST-36) on mesenteric microcirculation, *Am J Chin Med* 2:53–66, 1974.
2. Mashiro I, Sakita M: Effects of acupuncture and moxibustion on intestinal motility in mice, *Am J Chin Med* 22(2): 119–125, 1994.
3. Luna SPL, Joaquim JGF: Effect of electroacupuncture on intestinal motility in dogs. *Proceedings of the Twenty-Fourth Annual International Congress Veterinary Acupuncture,* Taiwan, 1998, pp 134–136.
4. Jiang JH: Ear acupuncture for hypotonia in gastrointestinal examination, *Am J Res* 147:862, 1986.
5. Sato A et al: Neural mechanisms of the reflex inhibition and excitation of gastric motility elicited by acupuncture-like stimulation in anesthetized rats, *Neurosci Res* 18: 53–62, 1993.
6. Matsumoto T, Hayes MF: Acupuncture, electric phenomenon of the skin and postvagotomy gastrointestinal atony, *Am J Surg* 125:176–180, 1973.
7. Page E: Personal communication, Purdue University.
8. Sodipo JOA, Falaiye JM: Acupuncture and gastric acid studies, *Am J Chin Med* 7:356–361, 1979.
9. Tougas G et al: Effect of acupuncture on gastric acid secretion in healthy male volunteers, *Dig Dis Sci* 37:1576–1582, 1992.
10. Lux G et al: Acupuncture inhibits vagal gastric acid secretion stimulated by sham feeding in healthy subjects, *Gut* 35:1026–1029, 1994.
11. Jin HO et al: Inhibition of acid secretion by electrical acupuncture is mediated via B-endorphin and somatostatin, *Am J Physiol* 271:G524-G530, 1996.
12. Zhou L, Chey W: Electric acupuncture stimulates non-parietal cell secretion of the stomach in dogs, *Life Sci* 34:2233–2238, 1984.
13. Noguchi E, Hayashi H: Increases in gastric acidity in response to electroacupuncture stimulation of the hindlimb of anesthetized rats, *J Physiol* 46:53–58, 1996.
14. Dai S et al: In Kao FF, Kao JJ: *Recent advances in acupuncture research,* Garden City, NJ, 1979, Institute Advanced Research Asian Science and Medicine.
15. Kajdos V: Effective acupuncture therapy for duodenal and gastric ulcers, *Am J Acupunct* 5:277–279, 1977.
16. Ionescu-Tirgoviste C et al: Acupuncture in the treatment of gastroduodenal ulcer, *Am J Acupunct* 8:19–24,1980.
17. Laszlo D, Laszlo D: Acupuncture treatment for duodenal ulcer, *Acupunct Electrother Res* 13:105–108, 1988.
18. Dundee JW et al: Traditional Chinese acupuncture: a potentially useful antiemetic? *Br Med J* 293:583–584, 1986.
19. Dundee JW: Belfast experience with PC–6 acupuncture antiemesis, *Ulster Med J* 59:63–70, 1990.
20. Ho RT et al: Electroacupuncture and postoperative emesis, *Anaesthesia* 45:327–329, 1990.
21. Dundee JW, Yang J: Prolongation of the antiemetic action of PC–6 acupuncture by acupressure in patients having cancer chemotherapy, *J Res Soc Med* 83:360–362, 1990.
22. Aglietti L et al: A pilot study of metoclopramide, dexamethasone, diphenhydramine and acupuncture in women treated with cisplatin, *Cancer Chemother Pharmacol* 26:239–240, 1990.
23. Hyde E: Acupressure for morning sickness: a controlled clinical trial, *J Nurse Midwifery* 34:171–178, 1989.
24. Hang C et al: Application of acupuncture to gastroscopy using a fiberoptic endoscope, *J Tradit Chin Med* 7:279, 1987.
25. Lao L et al: Electroacupuncture reduces morphine-induced emesis in ferrets: a pilot study, *J Altern Complement Med* 1:257–261, 1995.
26. Dundee JW, McMillan C: Positive evidence for P6 acupuncture antiemesis, *Postgrad Med J* : 417–422, 1991.
27. Vickers AJ: Can acupuncture have specific effects on health? A systematic review of acupuncture antiemesis trials, *J Royal Soc Med* 89: 303–311, 1996.
28. Yaoguang W, Liyou Y: Volvulus of the stomach successfully treated with acupuncture: report of 9 cases, *J Tradit Chin Med* 1:39–42, 1981.
29. Guelrud M et al: Transcutaneous electrical nerve stimulation decreases lower esophageal sphincter pressure in patients with achalasia, *Dig Dis Sci* 36:1029–1033, 1991.
30. Chang FY et al: Effect of transcutaneous nerve stimulation on esophageal function in normal subjects: evidence for a somatovisceral reflex, *Am J Chin Med* 24: 185–192, 1996.

31. Tusheng S et al: Acupuncture at jianjing for treatment of achalasia of the cardia, *J Tradit Chin Med* 14:174–179, 1994.
32. Schoen AM: Therapy for gastrointestinal conditions. *Proceedings of the Thirteenth Annual International Congress of the International Veterinary Acupuncture Society,* Antwerp, 1987.
33. Sharong D et al: Clinical analysis of therapeutic efficacy in 365 cases of cholelithiasis treated by pressure over ear points, *J Tradit Chin Med* 6:1–5, 1986.
34. Ren Z: The effect of auricular-plaster theory on gall stone expulsion and on expansion-contraction function of the biliary system, *J Tradit Chin Med* 6:263–266, 1986.
35. Yuxi Zhang et al: 1291 cases of cholelithiasis treated with electric shock on otoacupoints, *J Tradit Chin Med* 11:101–109, 1991.
36. Ruilin H: Advances in the treatment of cholelithiasis by expulsion of the gallstones, *J Tradit Chin Med* 6:135–140, 1986.
37. Chen WJ, Doyle JP: Gallstones: case history of removal by acupuncture and herbs, *Am J Acupunct* 15:305–309, 1987.
38. Hwang YC, Jenkins EM: Effect of acupuncture on young pigs with induced enteropathogenic *Escherichia coli* diarrhea, *Am J Vet Res* 49:1641–1643, 1988.
39. Yingchun L: Observation of therapeutic effects of acupuncture treatment in 170 cases of infant diarrhea, *J Tradit Chin Med* 7:203–204, 1987.
40. Wenling F: Acupuncture treatment for 30 cases of infantile chronic diarrhea, *J Tradit Chin Med* 9:106–107, 1989.
41. Zhonzxin X: Clinical observation of 500 cases with pediatric diarrhea treated by acupuncture, *Chin Acupunct Moxibustion* 9:10, 1989.
42. Chan J et al: The role of acupuncture in the treatment of irritable bowel syndrome: a pilot study, *Hepato-Gastroenterology* 44:1328–1330, 1997.
43. Requena Y: Ulcerative colitis treated by traditional Chinese acupuncture, *Am J Acupunct* 9:341–346, 1981.
44. Khoe WH: Chronic ulcerative and spastic colitis treated with acupuncture and nutrition, *Am J Acupunct* 3:211–214, 1975.
45. Zhang Y et al: Acupuncture in the treatment of ulcerative colitis: report on 39 patients, *Int J Clin Acupunct* 4:85–87, 1993.
46. Xiaoma W: Electroimpulse acupuncture treatment of 110 cases of abdominal pain as a sequela of abdominal surgery, *J Tradit Chin Med* 8:269–270, 1988.
47. Ruijin J: Analgesic effects of acupuncture on acute intestinal colic in 190 cases, *J Tradit Chin Med* 10:20–21, 1990.
48. Shi X et al: Clinical observations on 50 cases of obstipation treated with acupuncture, *J Tradit Chin Med* 2:162, 1982.
49. Fischer MV et al: Acupuncture: a therapeutic concept in the treatment of painful conditions and functional disorders: report on 971 cases, *Acupunct Electrother Res* 9:11–29, 1984.
50. Ande J: Acupuncture therapy in 67 cases of asthenic childhood prolapse of the rectum, *J Tradit Chin Med* 7: 141–142, 1987. Chinese Materials Center Publications.
51. Klide AM, Kung SH: *Veterinary acupuncture,* Philadelphia, 1977, University of Pennsylvania Press.
52. Westermayer E: The treatment of horses by acupuncture, North Devon, UK, 1979, Health Science Press.
53. White S: *Electroacupuncture in veterinary medicine,* San Francisco, 1984, Chinese Materials Center Publications.
54. Chaauan Y, Yang YC: *Handbook on Chinese veterinary acupuncture and moxibustion,* Bangkok, 1990, FAO Regional Office for Asia and the Pacific.
55. Diehl DL: Acupuncture for gastrointestinal and hepatobiliary disorders, *J Altern Complement Med* 5:27–45, 1999.
56. Li Y et al: The effect of acupuncture on gastrointestinal function and disorders, *Am J Gastroenterol* 87:1372–1381, 1992.
57. Rogers PAM: In Hovius KE: *Proceedings of the Sixteenth Congress on Veterinary Acupuncture,* Noordwijk, 1990, International Veterinary Acupuncture Society.
58. Maciocia G: *The foundations of Chinese medicine,* New York, 1989, Churchill Livingstone.
59. Maciocia G: *The practice of Chinese medicine,* New York, 1994, Churchill Livingstone.
60. Barlow T: *Acupuncture therapeutics: digestive course notes,* Seattle, 1997, Northwest Institute of Acupuncture and Oriental Medicine.
61. Claveys S: *Fluid physiology and pathology in traditional Chinese medicine,* South Melbourne, Australia, 1995, Churchill Livingstone.
62. Ross J: *Acupuncture point combinations: the key to clinical success,* New York, 1995, Churchill Livingstone.
63. Deadman P et al: *A manual of acupuncture,* Vista, Calif, 1998, Eastland Press.
64. Silver R: *IVAS herbal course notes: digestive disorders,* Boulder, Colo, 1996, International Veterinary Acupuncture Society.
65. Wang X: *Digestive diseases in traditional Chinese medicine,* Seattle, 1998, Northwest Institute of Acupuncture and Oriental Medicine.

KAPITEL

21 Akupunktur bei Störungen des Immunsystems

Naomi Biermann und Craig Thomson

21.1 Das Immunsystem in der TCM

21.1.1 Hinweise auf das Immunsystem in der klassischen chinesischen Literatur

Während der letzten 10 bis 15 Jahre hat sich in China ein besonderes Interesse an der Immunologie entwickelt. Obwohl es in der TCM kein wirkliches Gegenstück zum Immunsystem in der westlichen Medizin gibt, liegen Hinweise auf Konzepte zum Immunsystem aus historischen Werken vor, die mehr als 2000 Jahre alt sind. Traditionell liegt in der TCM der Schwerpunkt auf der Vorbeugung und Behandlung von Erkrankungen, um Langlebigkeit zu erreichen. Eine der ältesten Quellen, die präventive Medizin erwähnt, ist der *Huang Di Nei Jing* („Der Klassiker der Inneren Medizin des gelben Kaisers"). Darin steht: „Salbei ist eher in der Lage eine Erkrankung zu verhindern, als sie zu heilen; kann eher die Ordnung erhalten, als Unordnung bereinigen, welche die ultimative Grundlage der Weisheit darstellt. Eine Erkrankung mit Medizin zu kurieren oder eine Unordnung zu bereinigen ist, als würde man dann beginnen, einen Brunnen zu graben, wenn der Durst sich schon gemeldet hat, oder eine Waffe zu schmieden, wenn der Krieg bereits ausgebrochen ist. Beides ist eigentlich zu spät, um noch viel zu helfen."

Der Gedanke einer künstlichen Immunität wurde zum ersten Mal während der *Tang*-Dynastie (619–907 n. Chr.) erwähnt. In der „Neuen Abhandlung über Vakzine für Rinder" wurde aufgeführt, dass „in alten Zeiten keine Impfstoffe zur Verfügung standen". Während der ersten Jahre dieser Dynastie entwickelte *Chang* einen nasal anzuwendenden Impfstoff gegen Pocken bei Rindern [1]. Weitere Berichte aus dem 11. Jahrhundert über Pockenimpfungen beim Menschen, mit genaueren Angaben der Methodik, werden diskutiert. Die pulverisierten Krusten wurden in das Ende einer 15–17 cm langen, am Ende gebogenen, silbernen Röhre gegeben. Mit diesem Instrument wurde das Pulver in die Nase des Kindes geblasen. Die Unterwäsche eines Kindes, das an Pocken erkrankt war, wurde einem noch nicht erkrankten Kind für zwei bis drei Tage angezogen. Es wurde ganz besonders darauf geachtet, nur infektiöses Material von milden Fällen zu verwenden, um eine zu heftige Reaktion zu vermeiden [2].

Die „Abhandlung über die fieberhaften Erkrankungen" wurde im dritten Jahrhundert verfasst und enthält sorgfältige Beschreibungen von Symptomen, die aktuellen Beschreibungen von entzündlichen und allergischen Störungen entsprechen. Sowohl dieser Text als auch der *Nei Jing* postulieren, die verschiedenen krankheitsauslösenden Faktoren kämen von der Umgebung, also von außerhalb des Körpers. Diese „schlechten Elemente" entsprechen nach unserem heutigen Wissen und Verständnis den Viren, Bakterien, Pilzen und Allergenen. Die Chinesen der Antike glaubten daran, dass im Kampf zwischen dem *Zheng-Qi* (antipathogenes *Qi*) und dem *Xie-Qi* (pathogenes *Qi*) die Stärke oder Schwäche des *Zheng-Qi* direkt über das Auftreten, die Entwicklung, den Verlauf und das Ergebnis der Invasion der exogenen krankheitsauslösenden Faktoren entscheidet [3]. Auf dieser Theorie basiert auch heute noch die Behandlung von Störungen des Immunsystems.

21.1.2 Die Grundsubstanzen des Lebens

In der TCM steht der Körper in dauernder dynamischer Beziehung mit seiner Umwelt. *Qi* ist die grundlegende Substanz des Universums, und der Körper stellt eine Verbindung zwischen dem *Qi* des Himmels und dem der Erde dar. Die anderen essentiellen Substanzen des Körpers sind *Xue* (Blut), *Jin-Ye* (Körperflüssigkeiten) und *Jing* (Essenz). Sie stellen die materielle Grundlage für die physiologischen Funktionen der Organe, der Gewebe und der Meridiane dar. Sie spielen außerdem eine wichtige Rolle in der Verbindung zwischen Körper und Geist, die wesentlicher Bestandteil der westlichen Immunologie und auch der Immunologie der TCM ist.

Die verschiedenen Formen des *Qi*

Der Begriff *Qi* trifft sowohl auf die Substanzen des Körpers, als auch auf seine Funktionen zu. *Qi* nimmt viele verschiedene Formen an. Die Bedeutung dieser Formen muss verstanden werden, um den Mechanismus des Immunsystems nachvollziehen zu können. In der „Untersuchung der traditionellen chinesischen Medizin" beschreiben die Autoren die verschiedenen Typen des *Qi* anhand ihrer chinesischen Schriftzeichen. Das Zeichen für *Qi* (氣) beschreibt *„Dämpfe, die sich aus der Erde erheben und eine Lage Wolken über der Erde bilden. Ein Reiskorn liegt unter den wogenden Dämpfen."* Das soll den materiellen und den immateriellen Charakter von *Qi* verdeutlichen [4].

Yuan-Qi

Yuan-Qi (Quellen-*Qi*) ist eine Art des vorgeburtlichen *Qi* und steht in engem Zusammenhang mit dem vorgeburtlichen *Jing* (Essenz). Es kann als „dynamisch aktivierte Essenz" oder als „Essenz in Form von *Qi*" bezeichnet werden [5].

Die Zeichen für *Yuan-Qi* (元 oder 原) beschreiben sowohl die „ursprüngliche Kraft als auch einen Brunnen oder eine Quelle. Diese Energie ist darauf ausgerichtet, das Charakteristische der Spezies in jedem Individuum zu erhalten. Es stammt direkt von den Eltern ab und stellt die Grundlage für die *Yin-* und die *Yang-*Energie des Körpers dar. *Yuan-Qi* ist der Ursprung allen Lebens und der Vitalität des Individuums. Seine Wurzeln sind bei den Vorfahren zu suchen. Es kann mit der Weitergabe des genetischen Kodes oder der DNA verglichen werden." [4] Diese Darstellung erklärt die Wurzeln vieler genetisch bedingter Störungen. Das *Yuan-Qi* stellt die Grundlage für das Nieren-*Qi* dar und agiert als Katalysator für die funktionellen Aktivitäten des Körpers. Es stammt „aus dem Raum zwischen den zwei Nieren" und zieht durch den Dreifachen Erwärmer, bevor es durch die Organe und ihre Meridiane zirkuliert. Es tritt an den *Yuan-* oder Quell-Punkten der Meridiane an die Oberfläche, wo es durch Akupunktur zur Behandlung genutzt werden kann.

Zong-Qi

Zong-Qi (*Qi* des Thorax) entsteht aus dem *Gu-Qi* (Nahrungs-*Qi*) und dem *Quing-Qi* (*Qi* der Atmung). Es ernährt das Herz und die Lungen und unterstützt deren Funktion, die Blutgefäße und das Blut zu überwachen und das *Qi* und die Atmung zu kontrollieren. Die Verbindung zwischen dem *Zong-Qi* und dem *Yuan-Qi* liegt in ihrer gemeinsamen Aufgabe, die Verbindung zwischen Lunge und Niere zu stärken. Das *Zong-Qi* bewegt sich nach unten und unterstützt die Nieren, während das *Yuan-Qi* sich nach oben zur Lunge bewegt und bei der Atmung hilft [5].

Zhong-Qi

Zhong-Qi (nachgeburtliches *Qi*) entsteht aus der Nahrung und der aufgenommenen Feuchtigkeit durch die Transformations- und Transportfunktionen von Magen und Milz/Pankreas. Es entspricht dem *Qi* von Milz/Pankreas und Magen.

Zhen-Qi

Zhen-Qi (wahres *Qi*) stellt die verfeinerte Form des *Qi* dar und entspricht dem *Qi*, das in den Meridianen zirkuliert und die Organe versorgt. Es wird durch Transformation der Essenzen der Nahrung, der Flüssigkeit und der Atemluft und des Nieren-*Jing* mit Hilfe der katalytischen Funktion des *Yuan-Qi* auf das *Zong-Qi* geschaffen. Es nimmt zwei verschiedene Formen an – *Ying-Qi* und *Wei-Qi*.

Ying-Qi

Ying-Qi (Aufbau-*Qi*) stellt dem Körper bei seiner Reise mit dem Blut durch die Blutgefäße Nährstoffe zur Verfügung. Das *De Qi*-Gefühl, das durch eine Akupunkturbehandlung ausgelöst wird, entsteht durch die Aktivierung dieser Art von *Qi*. *„Der obere Teil des Zeichens (营) steht für doppeltes Feuer. Der untere Teil zeigt eine Einfriedung oder ein militärisches Lager. Es steht also für ein Lager, in dem Wärme und Kochen zu finden sind, vor denen die wilden Tiere sich scheuen und Distanz halten. Das Lager ist organisiert und geschützt, fest umzäunt. In den festen Grenzen kann sich alles ruhig bewegen. Es hat eine feste Grundlage und kann darum auch nicht so leicht von äußeren Faktoren gestört werden." [4]* Auf energetischer Ebene kann es mit den grundlegenden Metabolismen des Körpers verglichen werden, physikalisch entspricht es den roten Blutzellen und dem Plasma.

Wei-Qi

Wei-Qi (Abwehr-*Qi*) breitet sich vom Mittleren Erwärmer aus, nachdem es in Magen und Milz/Pankreas gebildet wurde. Es wird dann von den Lungen auf den „Raum zwischen der Haut und den Muskeln" verteilt. Auch *Wei-Qi* stammt ursprünglich vom Nieren-*Jing* und dem *Yuan-Qi* aus dem Unteren Erwärmer ab. Seine Aufgabe besteht im Schutz des Körpers vor der Invasion exogener pathologischer Faktoren. *„Das Zeichen (衛) steht für gegerbtes Leder, das zugleich widerstandsfähig und nachgiebig ist. In früherer Zeit wurden Schutzschilde aus Leder gefertigt; also steht Leder für Abwehr. Das Zeichen steht auch für eine Wegkreuzung, mit dem Bild von Bewegung entlang harmonischer Wege, die sich zwar kreuzen, sich aber nicht behindern. Es steht für Aktion und Bewegung. In seiner Gesamtheit hat es die Bedeutung eines Wächters, der über ein Militärlager wacht."* [4] Das *Wei-Qi* kann mit einigen Funktionen der weißen Blutzellen verglichen werden. Während sich das *Ying-Qi* im Inneren bewegt und für die Ernährung zuständig ist, fließt das *Wei-Qi* an der Oberfläche, außerhalb der Kanäle und dient dem Schutz.

Jing

Vorgeburtliches *Jing* (Essenz) wird wie das *Yuan-Qi* von den Eltern zum Zeitpunkt der Konzeption geerbt. Obwohl es sowohl in Qualität als auch in der Quantität festgelegt ist, kann es bis zu einem gewissen Grad durch das nachgeburtliche *Jing* aufgefüllt werden. Da der Überschuss an nachgeburtlichem *Qi* als nachgeburtliches *Jing* gespeichert wird, bewirkt ein reichlicher Vorrat von einem der beiden einen schonenden Effekt auf das vorgeburtliche *Jing*. Das Nieren-*Jing*, das aus dem vorgeburtlichen und dem nachgeburtlichen *Jing* gebildet wird, stellt die materielle Grundlage für die Bildung des Markes dar. Als Mark werden die Knochenmatrix, das eigentliche Knochenmark, das Rückenmark und das Gehirn bezeichnet. Gesunde Zähne und Knochen können als Zeichen für eine gute Versorgung mit Nieren-*Jing* betrachtet werden. Alterung wird als konsequente Folge der physiologischen Abnahme an Knochenmark gesehen. Das Nieren-*Jing* wird also als die Grundlage der physiologischen Stärke betrachtet. Es wird in den Nieren gespeichert. Es bewegt sich aber durch den gesamten Körper, besonders in den acht außerordentlichen Meridianen [5].

Xue

Xue (Blut) wird in Milz/Pankreas aus *Gu-Qi* hergestellt. Das Nieren-*Jing* spielt auch hierbei eine Rolle, indem es das Knochenmark herstellt, das dieselben hämopoetischen Funktionen hat wie das Knochenmark in der westlichen Sichtweise.

21.1.3 Die Rolle der *Zang-Fu*-Organe im Immungeschehen

Lunge, Milz/Pankreas und Nieren werden als die Hauptkomponenten im Immunsystem der TCM betrachtet.

Lunge

Wenn die verteilende Rolle der Lunge behindert ist, kann das *Wei-Qi* nicht gleichmäßig auf den „Raum zwischen Haut und Muskeln" verteilt werden, und der Körper wird anfälliger für Angriffe von exogenen krankheitsauslösenden Faktoren.

Milz/Pankreas

Durch ihre transformierende und transportierende Funktion wird Milz/Pankreas als Basis der erworbenen Konstitution betrachtet, als Wurzel des nachgeburtlichen *Qi*. Neben der Produktion des *Qi* hat Milz/Pankreas auch noch sehr wichtige Funktionen bei der Herstellung von Blut. *Li Dong Yuan* schreibt in seiner „Diskussion über Milz/Pankreas und Magen": *„Wenn der Magen schwach ist und Nahrung nicht richtig transformiert werden kann, schwächt das Milz/Pankreas und Magen. Sie sind dann nicht mehr in der Lage, das Yuan-Qi zu ernähren, das in einen Leerezustand übergeht und damit die Grundlage für Erkrankungen bildet."* [5]

Nieren

Die Nieren sind die Wurzeln des vorgeburtlichen *Qi* und stehen mit dem „Tor der Lebenskraft" *(Ming Men)* in Verbindung, das den Raum zwischen den Nieren belegt. Das „Tor der Lebenskraft" wird als die motivierende Kraft für die funktionellen Aktivitäten des Körpers gesehen. Es steuert die Hitze für die katalytischen Aktionen des *Yuan-Qi* bei. Maciocia schreibt: *„Wenn das Feuer des ‚Tors des Lebens' zu niedrig wird, leidet das Yuan-Qi, und das wird unweigerlich zu einer generellen Leere an Blut und an Qi führen."* [5] Klinisch sehen wir diese Fakten bei den jungen Tieren, welche die Schwächsten im Wurf waren und dieses Manko nie aufholen können. Wie oben schon erwähnt, lagern die Nieren auch die Essenz, die das Mark produziert. Mark ist auch für die Herstellung des Knochenmarks zuständig, das zur Blutbildung beiträgt.

Leber

Die Leber ist für die Speicherung und den gleichmäßigen Fluss des Blutes verantwortlich. Da sie auch die Haut und die Muskeln mit einem gesunden Anteil an Blut versorgt, hat die Leber auch einen Anteil an der Abwehrkraft des Körpers gegen das Eindringen exogener krankheitsauslösender Faktoren.

Dreifacher Erwärmer

Die wahre Natur des Dreifachen Erwärmers, oder des *San Jiao,* wurde über Jahrhunderte diskutiert. Im *Nei Jing* wird er als eines der sechs *Yang*-Organe betrachtet, dessen Funktion in der Produktion und der Verteilung von *Ying* und *Wei-Qi* liegt. Im *Nan Jing,* dem „Klassiker der Schwierigkeiten", wird der Dreifache Erwärmer als eine Sammlung von Funktionen bezeichnet, die aber keine substantielle Form hat. Beide Texte sehen im Dreifachen Erwärmer den Ursprung des Meridian-Systems. Laut Birch wurde der Dreifache Erwärmer bereits im frühen 12. Jahrhundert als ein System von Faszien und verbindenden Geweben erkannt, das den oberen und den unteren Teil und die inneren und äußeren Teile des Körpers miteinander verbindet. Man nimmt an, dass die Meridiane durch diese Gewebeschicht ziehen. 1813 stellte Mitsutame fest, dass der Dreifache Erwärmer in Verbindung zum lymphatischen System steht. Er ordnete den Thymus dem Oberen, Milz/Pankreas dem Mittleren und die Lymphgänge und den Ductus chyli dem Unteren Erwärmer zu. Von den oberflächlichen Lymphgängen wurde angenommen, dass sie in der oberflächlichen Faszie verliefen [6]. Dem Dreifachen Erwärmer werden auch einige der Funktionen des endokrinen Systems zugesprochen.

21.1.4 Krankheitsentstehung

Merke

Krankheit entsteht dann, wenn das Gleichgewicht zwischen dem Körper und seiner Umgebung gestört ist.

Die sechs exogenen klimatischen Krankheitsursachen sind Wind, Kälte, Feuchtigkeit, Sommer-Hitze, Trockenheit und Feuer. Wobei den Faktoren nichts Böses innewohnt. Sie werden erst dann zum Pathogen, wenn der Körper im Verhältnis zu ihnen schwach ist. Die TCM betrachtet die sieben Emotionen (Ärger, Freude, Sorge, Grübeln, Trauer, Furcht und Schock) als innere Ursachen für Erkrankungen und schreibt ihnen eine primäre ätiologische Rolle zu. Auch die westliche Medizin wird sich immer mehr der Verbindung zwischen Körper und Geist bewusst, gesteht ihr aber nur eine sekundäre Rolle zu.

Andere traditionelle Krankheitsursachen sind:

- konstitutionelle Schwäche
- unpassende Ernährung
- Überanstrengung, Mangel an Bewegung
- Epidemien
- unzulängliche medizinische Versorgung
- Ansammlung pathogener Substanzen, wie feuchter Schleim und stagnierendes Blut

Das Gleichgewicht wird in der TCM als der Schlüssel zur Gesundheit betont. Krankheit tritt dann auf, wenn ein Ungleichgewicht zwischen *Yin* und *Yang* und/oder ein Konflikt zwischen *Zheng-Qi* (antipathogen) und *Xie-Qi* (pathogen) besteht. *Zheng-Qi* ist ein Sammelbegriff für alle Arten von *Qi,* die eine aktive Rolle in der Körperabwehr spielen. Meist wird der Begriff aber im Vergleich zu *Xie-Qi* verwendet. Der linke Teil des Zeichens für *Xie-Qi* (邪) steht für „Reißzahn oder Biss", also für etwas, das angreift. So repräsentiert das Zeichen die Einführung einer Störung in den normalen Fluss der Energie [4]. Die relative Stärke des *Zheng-Qi* und des *Xie-Qi* spielen eine wichtige Rolle in der Pathogenese einer Erkrankung. Bei einem starken *Zheng-Qi* können die exogenen krankheitsauslösenden Faktoren nicht eindringen. Die Stärkung des *Zheng-Qi* durch eine Unterstützung des *Yuan-Qi* und des *Wei-Qi* stellt also die wichtigste Strategie zur Verbesserung des Immunsystems dar.

21.2 Das Immunsystem aus westlicher Sicht

Die Aufgabe des Immunsystems liegt in der Verteidigung des Körpers gegen die andauernde Bedrohung durch Mikroorganismen. Dem Körper der Säugetiere stehen drei Verteidigungslinien zur Verfügung. Das Phänomen des Oberflächenschutzes stellt die erste Verteidigungslinie dar. Versagt diese, werden die anderen zwei Strategien aktiviert. Die Antwort des unspezifischen Zellsystems umfasst die Aktivierung der Granulozyten, der Monozyten und der Makrophagen, das Komplementsystem und die Ausscheidung von Zytokinen, wie Interferon und Interleukin. Die spezifische Immunantwort reagiert auf ein ganz spezielles Antigen und setzt das Erkennen dieses Antigens durch den Körper voraus. Die Lymphozyten stellen die funktionelle Einheit des Immunsystems dar und nehmen an zwei verschiedenen Vorgängen teil. Die humorale Immunität wird durch Antikörper vermittelt, die von den B-Lymphozyten produziert werden unter Hilfestellung durch die T-Lymphozyten. Die zelluläre Immunität ist abhängig von der Zusammenarbeit der Helfer-Zellen, Suppressor-Zellen, der zytotoxischen T-Lymphozyten und der natürlichen Killer-Zellen [7]. Ein grundlegendes Prinzip in der Immunologie liegt in der erfolgreichen Unterscheidung zwischen körpereigenen und nicht-körpereigenen Substanzen. Xenoantigene, d. h. Substanzen, die dem Körper völlig fremd sind, können mit den exogenen krankheitsauslösenden Faktoren verglichen werden. Alloantigene, die das Individuum definieren, wie der große Komplex der Histokompatibilität, stehen eher dem Nieren-*Jing* oder dem *Yuan-Qi* nahe [8].

21.3 Eine Integration der östlichen und westlichen Konzepte

21

21.3.1 Homöostase – Gleichgewicht zwischen *Yin* und *Yang*

Das Prinzip der Homöostase der westlichen Medizin entspricht dem TCM-Konzept des Ausgleichs zwischen *Yin* und *Yang*. Ist diese Balance gestört, können sich immunologische Störungen manifestieren. Immundefiziente Erkrankungen entstehen durch Störungen im Abwehrsystem des Körpers. Diese Störungen können erblich bedingt sein und entsprächen dann einer *Jing-* oder *Yuan-Qi*-Leere und treten normalerweise bei jüngeren Tieren auf. Sie können aber auch erworben werden, z. B. durch lange Medikamentengabe oder Strahlentherapie. Diese Störung ähnelt einer Leere an nachgeburtlichem *Qi*. Immundefiziente Zustände des Körpers werden als Risikofaktoren beschrieben, die zu Hypersensitivität und Autoimmunerkrankungen führen können. Vermutlich *„spiegelt dies ein Ungleichgewicht in der immunmodulierenden Fähigkeit des Immunsystems wider." [9]*

Die zyklischen Nukleotide können auch in Zusammenhang mit dem Gleichgewicht zwischen *Yin* und *Yang* gesehen werden. Der Spiegel an zyklischem Adenosin-Monophosphat (cAMP) ist bei *Yin*-Mangel höher und bei *Yang*-Mangel niedriger. *Yang*-Mangelerscheinungen werden bei vielen Kindern mit Asthma beobachtet. Die niedrigen cAMP-Werte könnten eine Rolle bei der Histaminfreisetzung aus den Mastzellen und den Basophilen spielen [8]. Die Vermehrung der B- und T-Lymphozyten hängt auch vom Verhältnis von cAMP zu zyklischem Guanosin-Monophosphat (cGMP) ab. Patienten, die sowohl eine *Yin-* als auch eine *Yang*-Leere haben, zeigen eine verringerte Transformation der Lymphozyten. Das kann ein Anzeichen einer abnehmenden Zell-vermittelten Immunfunktion sein. *Zhang* berichtet, dass 30–40 % der Patienten mit Milz/ Pankreas-*Qi*-Leere (basierend auf ihren gastrointestinalen Symptomen) eine verringerte Anzahl und Aktivität bei den zirkulierenden T-Lymphozyten aufwiesen. In einer anderen Studie wurde bei älteren Patienten mit Nieren-*Qi*-Leere eine Verringerung der Anzahl und Aktivität der T-Suppressor-Zellen gefunden [1].

21.3.2 Auswirkungen der Akupunktur auf das Immunsystem

Die Zellen des Immunsystems, vor allem die Lymphozyten, sind im ganzen Körper verbreitet, entweder als isolierte Zellen, als diffuse Aggregate oder innerhalb der lymphatischen Organe, wie den Lymphknoten, der Milz und dem Thymus [7]. Die ausgleichende Wirkung der Akupunktur auf das Immunsystem ist ausführlich dokumentiert worden. Die Reaktion des Körpers auf die Akupunkturbehandlung ist häufig um 12 bis 24 Stunden verschoben und kann fünf bis sieben Tage anhalten. Wird die Behandlung innerhalb dieser Zeit wiederholt, verbessern sich die Ergebnisse und die Wirkungsdauer wird verlängert [8]. Dieser Zeitplan deckt sich eher mit einer Immunantwort als mit der Reaktion auf die Ausschüttung eines Neurotransmitters. Pugach konnte beweisen, dass mit Akupunkturstimulation auch die Morphologie und die Ultrastruktur der Thymuszellen und der Peyer-Plaques beeinflusst werden kann [10].

In den letzten Jahren hat das Gebiet der Psychoneuroimmunologie an Aufmerksamkeit gewonnen. Die Auswirkungen von Verhalten auf das Immunsystem sind inzwischen allgemein anerkannt und ebenso die gegenseitige Abhängigkeit von zentralem Nervensystem (ZNS) und endokrinem System. Trauer und Depression haben Einfluss auf die natürlichen Killerzellen und auf die T-Lymphozyten [11, 12]. Stressige Situationen lösen Mechanismen aus, zu denen die Freisetzung von Opioiden aus der Adenohypophyse gehören und die Stimulation des lymphoiden Gewebes im sympathischen Nervensystem, dessen Fasern in der Milz, dem Thymus und den Lymphknoten gefunden werden können. Die meisten Arten von Immunzellen haben Rezeptoren für viele verschiedene Peptid-Transmitter, inklusive den Opioiden und der Substanz P. β-Endorphin, das gemeinsam mit dem Adrenokortikotropen Hormon (ACTH) nach Akupunkturbehandlung von der Hypophyse ausgeschieden wird, hat erwiesenermaßen eine modulierende

Wirkung auf das sympathische Nervensystem und verstärkt spezifisch die Aktivität der Killerzellen [12, 13].

Omura entdeckte, dass durch Akupunktur erniedrigte Werte an weißen Blutkörperchen angehoben und erhöhte Zellzahlen normalisiert wurden. Bei Menschen mit einer zu geringen Anzahl an Erythrozyten konnte er außerdem eine Erhöhung der roten Blutkörperchen durch Akupunktur nachweisen. Forscher des *Shanghai College for traditional Medicine* entdeckten, dass die Anzahl der Erythrozyten und des Hämoglobins bei Menschen mit Polyzythämie durch Akupunktur gesenkt werden konnte. Omura dokumentierte auch den regulierenden oder biphasischen Effekt der Akupunktur auf den Gastrointestinaltrakt. Akupunktur konnte Diarrhö zum Stillstand bringen und die überschießende Säuresekretion im Magen regulieren. Die Methode half aber auch bei Patienten mit Obstipation oder zu geringer Säuresekretion im Magen durch Normalisierung der Peristaltik und der Magensäureproduktion [14, 15]. Die Tatsache, dass Akupunktur durchgehend bessere Ergebnisse bei Patienten mit physiologischen Störungen zeigte als bei Menschen ohne diese Störungen, unterstützt die Behauptung, dass sie eine große Rolle in der Erhaltung der Homöostase spielt [16].

Nach einer Untersuchung über die Auswirkung von Akupunktur bei akuter bakterieller Dysenterie fanden sich Veränderungen im Serumkomplement, den Antikörpern, dem Hydrokortisonspiegel im Plasma und eine Zunahme der bakteriziden Fähigkeit [17]. Außerdem stellte sich heraus, dass mit einer Stimulation des N. ischiadicus die durch Cholera-Toxine ausgelöste intestinale Sekretion gehemmt werden konnte, mit Unterstützung einer Zunahme der Aktivität der intestinalen autonomen Nerven [18]. In beiden beschriebenen Fällen konnte durch die Akupunktur die sekretorische Reaktion der Darmzellen auf die bakteriellen Toxine verändert werden, anstatt direkt gegen die Mikroorganismen zu kämpfen. Mit anderen Worten liegt der therapeutische Effekt der Akupunktur hierbei in der Verstärkung der Abwehrmechanismen des Körpers [19]. Hier liegt der Unterschied zur westlichen Sichtweise, in der die Gesundheit des Patienten von der Fähigkeit abhängt, pathogene Mikroorganismen in ihrer Umgebung oder im Körper zu zerstören.

Durch Akupunktur wird das Gleichgewicht zwischen *Yin* und *Yang*, oder die Homöostase, durch die Regulation von *Qi* und Blut wieder hergestellt. Aus der Sicht der TCM lassen sich alle angeborenen und erworbenen Immunstörungen auf eine zugrunde liegende Schwäche des *Zheng-Qi* zurückführen. Wie vorher schon erwähnt, stellt das *Zheng-Qi* einen Sammelbegriff für alle Arten des *Qi* dar, die in der Körperabwehr eine aktive Rolle spielen. Durch Akupunktur das *Zheng-Qi* zu tonisieren und das *Xie-Qi* zu bekämpfen, bietet eine breite Einsatzmöglichkeit in der Praxis. Dies kann eingesetzt werden, um die Verwendung prophylaktischer Antibiotika zu verringern, die Wirksamkeit von Impfstoffen zu verstärken, und bietet eine sichere Alternative zu manchen der westlichen Immuntherapeutika, die das Abwehrsystem anregen sollen, aber potentiell eine Reihe von ernsthaften Nebenwirkungen haben.

Der prophylaktische Einsatz von Antibiotika wird kontrovers diskutiert, da er auch zu einer erhöhten Gefahr von resistenten Mikroorganismen führen kann. Die Langzeitanwendung von Antibiotika führt vielleicht nicht zur verringerten Anfälligkeit des Tieres gegen Erreger, kann aber durchaus die mikrobielle Flora soweit verändern, dass pathogene resistente Keime angreifen können. Tiere, die immundefizient sind, reagieren bei Infektionen meist nur schlecht auf eine Antibiotikatherapie. Entweder zeigen sie nur teilweise Verbesserungen, oder sie erleiden Rückfälle. Routinemäßig werden Antibiotika perioperativ an Risikopatienten oder an solche, die stark immunsupprimiert sind, verabreicht, um opportunistische Infektionen zu vermeiden. Laut Green können nosokomiale Infektionen durch ein strenges Beobachten der bekannten, prädisponierenden Ursachen vermieden werden [9]. Eine Studie über die Akupunkturbehandlung von Patienten mit Leukopenie (Ma 36, MP 6, Gb 39, MP 10, Bl 17) zeigte einen deutlichen Anstieg der Leukozyten nach der Behandlung [20, 21]. Es gibt genügend Beweise dafür, dass sich Akupunktur als alternative Methode der Vorsorge eignet, da sie die Abwehrkräfte des Patienten stärkt (und nicht die der Mikroorganismen).

In Experimenten konnte der Anstieg des Antikörpertiters durch Akupunkturbehandlung nach dem Kontakt mit einem Antigen oder einer Impfung bewiesen werden [20, 22]. In einer anderen Untersuchung wurde mit nur einem kleinen Volumenanteil an Vakzinen und einer Akupunkturbehandlung direkt nach der Impfung ein äquivalenter Antikörpertiter erreicht [23]. Weitere Untersuchungen in diesem Bereich wären sicher sinnvoll, um bei Impfstoffmangel die potentielle praktische Anwendung der Methode zu sichern [21]. Es könnte uns außerdem helfen, sicherere und effektivere Impfschemata zu entwickeln.

Der Einsatz der unspezifischen Immuntherapeutika gegen intrazelluläre Bakterien, Viren und Pilze führt zu sehr unterschiedlichen Ergebnissen und birgt ein hohes Risiko der Toxizität. Die Entwicklung und der klinische Einsatz der antiviralen Medikamente sind wegen der Problematik der selektiven Interferenz wesentlich langsamer als die der Antibiotika. Wegen der toxischen Nebenwirkungen sind nur wenige der antiviralen Medikamente für den Einsatz in der Tiermedizin zugelassen [9]. Der Einsatz von Interferon wird immer beliebter, aber es bestehen immer noch Probleme bei der Herstellung und Reinigung. Die Therapie ist häufig mit unliebsamen Nebenwirkungen verbunden. Durch Akupunktur, vor allem des Punktes Di 4, kann bewiesenermaßen die Interferonproduktion des Körpers gesteigert werden. Gerade in der Tiermedizin hat dies besondere Bedeutung. So können nicht nur die Komplikationen der passiven Verabreichung vorgeformten Interferons vermieden werden, sondern auch der Fakt genutzt werden, dass die biologische Aktivität von Interferon, obwohl es nicht streng artspezifisch wirkt, größer ist, wenn es aus genetisch verwandten Zellen stammt [9].

21.4 Generelle Behandlungsgrundlagen und Punkteauswahl

Störungen des Immunsystems können sich in vielen verschiedenen Formen manifestieren. Meist ist ihre Ätiologie unbekannt, sie sind schlecht zu behandeln und werden häufig durch ein Ausschlussverfahren diagnostiziert. Symptome sind u. a. wiederkehrendes leichtes Fieber, Schmerzen in den Gelenken, Läsionen der Haut und Organomegalie.

Aus Sicht der TCM liegt die Ursache dieser Störungen in einer Leere des *Zheng-Qi.* Diese kann durch einen Mangel an *Wei-Qi* (Lunge, Milz/Pankreas, Niere), *Yuan-Qi* und/oder Nieren-*Jing* entstehen. Eine Leere an Nieren-*Yin* und/oder Leber-Blut und Leber-*Yin* kommt ebenfalls in Frage. Das Auftreten klinischer Zeichen kann die akute Invasion exogener pathogener Faktoren bedeuten oder Wiederaufflammen von persistierenden pathogenen Faktoren, die sich im Inneren des Körpers „versteckt" hatten. Die Symptome entstehen durch eine Kombination dieser Störungen und der Präsenz von intern gebildeten pathogenen Faktoren, wie *Qi*- oder Blutstagnation oder Schleimbildung.

Obwohl die Strategien der Behandlung und der Punkteauswahl anfänglich darauf ausgerichtet sein dürften, die oft schwerwiegenden Manifestationen der Erkrankung zu lindern, muss man sich in angemessener Zeit auch um die Ursache der Störung kümmern. Das ultimative Ziel muss immer die Behandlung der zugrunde liegenden Ursache sein. Die Punkteauswahl erfolgt wie üblich, mit zusätzlichen Punkten, die eine besondere Wirkung auf das Immunsystem haben.

21.4.1 *Yuan*-Quell-Punkte

Wegen ihrer besonderen Wirkungsweise sind manche Punkte besonders interessant zur Behandlung von immunologischen Störungen. Im *Nei Jing* steht: *„Wenn die fünf Zang-Organe betroffen sind, wähle unter den 12 Yuan-Quell-Punkten."* Die *Yuan*-Quell-Punkte sind besonders wichtig, weil hier das *Yuan-Qi* direkt an die Oberfläche kommt und erreicht werden kann. Sie werden zur Tonisierung des *Yuan-Qi,* zur Stärkung des *Zheng-Qi* und zur Ausleitung des *Xie-Qi* benutzt. Besonders häufig werden Lu 9, MP 3 und Ni 3 eingesetzt. Die *Yuan*-Quell-Punkte können auch mit den *Luo*-Passage-Punkten kombiniert werden. Für die Behandlung lange bestehender Erkrankungen mit Leerezuständen werden die *Luo*-Passage-Punkte auf demselben Meridian wie die *Yuan*-Quell-Punkte genadelt, da *„bei chronischen Erkrankungen der pathogene Faktor das Luo über das Jing erreicht."* Beispiele wären: Lu 7, Pe 6. Die *Yuan*-Quell-Punkte können auch mit den Vereinigungs-Punkten oder den unteren Vereinigungs-Punkten kombiniert werden: z. B. Di 11, Ma 36, Ma 37, Bl 39, Gb 34 [24].

21

21.4.2 Die acht außerordentlichen Meridiane

Die acht außerordentlichen Meridiane spielen bei der Behandlung von immunologischen Störungen eine besondere Rolle. Sie gewinnen ihre Energie aus den Nieren und werden als Verbindungsglied zwischen dem vorgeburtlichen und dem nachgeburtlichen *Qi* betrachtet. Durch sie kreist *Jing* durch den Körper und verbindet sich mit dem *Ying-Qi.* In *Du Mai, Ren Mai* und *Chong Mai* bewegt sich das *Wei-Qi* und schützt so den Körper vor Angriffen der exogenen pathologischen Faktoren. Der Ursprung dieser Kanäle in den Nieren erklärt ihre fundamentale Bedeutung für das Immunsystem. Behandlungen über die außerordentlichen Meridiane geschehen auf einer tieferen Ebene und sprechen mehr die Konstitution an [5].

Wichtige Punkte sind:

- LG 20: nährt das Meer des Markes, beruhigt Wind, lässt das *Yang* nach oben steigen.
- LG 14: leitet Wind aus, stärkt die Oberfläche, kühlt Hitze und tonisiert bei Leere.
- LG 12 (auf Höhe von Bl 13): regt die Thymusfunktion an, klärt Hitze der Lunge und des Herzens, beruhigt das *Shen,* leitet Wind aus.
- LG 6 (auf Höhe von Bl 20): tonisiert Milz/Pankreas.
- LG 4: tonisiert die Niere, klärt Hitze, reguliert das Lenkergefäß und das *Yang-Qi.*
- KG 17: einflussreicher Punkt des *Qi,* unterstützt das *Zong-Qi.*
- KG 12: harmonisiert den Mittleren Erwärmer, tonisiert Milz/Pankreas und Magen, einflussreicher Punkt der *Fu*-Organe.
- KG 8: hilft bei *Yang*-Kollaps (nur Moxa).
- KG 6: unterstützt das *Yuan-Qi,* reguliert *Qi,* tonisiert die Nieren und stärkt das *Yang,* harmonisiert das Blut.
- KG 4: Treffpunkt des *Ren Mai* mit Milz/Pankreas, Leber und Niere, tonisiert *Yuan-Qi,* unterstützt *Jing,* regt Milz/Pankreas und Niere an.

Lu 7, Ni 6, Dü 3, Bl 62, MP 4 und Pe 6 sollten als Schlüsselpunkte der außerordentlichen Meridiane immer mit bedacht werden.

Laut Maciocia kann das *Yuan-Qi* auf drei verschiedene Weisen behandelt werden:

- Die *Yuan*-Quell-Punkte können behandelt werden.
- Die kaudal des Nabels liegenden Punkte auf dem Konzeptionsgefäß können mit Moxa oder Nadeln behandelt werden, z. B.: KG 4, KG 5, KG 6, KG 7.
- LG 4 kann mit Moxa oder Akupunktur behandelt werden [5].

21.4.3 Zustimmungs-*Shu*-Punkte

Die Zustimmungs-*Shu*-Punkte sind in der Behandlung chronischer Erkrankungen von besonderer Wichtigkeit. Das Zeichen für *Shu* steht für Transport, es deutet an, dass diese Punkte *Qi* zu den inneren Organen transportieren. Häufig eingesetzt werden folgende Punkte: Bl 13 (Lunge), Bl 18 (Leber), Bl 20 (Milz/Pankreas) und Bl 23 (Niere).

21.4.4 Alarm-*Mu*-Punkte

Die Alarm-*Mu*-Punkte werden in chronischen Fällen angewendet, weil sie eine ausgleichende Wirkung auf die Organe haben können [5]. Sie haben oft einen synergistischen Effekt, wenn sie gemeinsam mit den Zustimmungs-*Shu*-Punkten eingesetzt werden. Viel eingesetzt werden hier Le 13 (Milz/Pankreas und der einflussreiche Punkt der *Zang*-Organe), Le 14 (Leber) und KG 12 (Magen).

21.4.5 Empirische Punkte

Bei Störungen des Immunsystems werden empirische Punkte eingesetzt, die besondere Wirkung auf *Qi* und Blut haben. Beispiele wären:

- Di 4: Meisterpunkt des Kopfes, reguliert und tonisiert das *Wei-Qi,* leitet Wind aus und befreit die Oberfläche, stellt *Yang* wieder her und erhöht die Anzahl der weißen Blutkörperchen.
- Ma 36: unterstützt das *Zheng-Qi,* nimmt sich des *Yuan-Qi* an, tonisiert *Qi* und nährt *Yin,* kühlt das Feuer, beruhigt den Geist und erhöht die Anzahl der roten und der weißen Blutkörperchen.
- MP 6: tonisiert Milz/Pankreas, Magen und Niere, harmonisiert die Leber und den Unteren Erwärmer, belebt das Blut und erhöht die Anzahl der weißen Blutkörperchen.
- MP 10: belebt und harmonisiert das Blut, kommt der Haut zugute und erhöht die Anzahl der weißen Blutkörperchen.
- He 7: *Yuan*-Quell-Punkt, beruhigt den Geist.
- Bl 12: stärkt das *Wei-Qi,* festigt und stärkt die Oberfläche, leitet Wind aus, befreit die Oberfläche, verteilt das Lungen-*Qi* und leitet es nach unten.
- Bl 17: Meisterpunkt des Blutes, belebt und kühlt das Blut, beendet Blutungen, nährt und harmonisiert das Blut und erhöht die Anzahl der weißen Blutkörperchen.
- Bl 43: nährt das *Yuan-Qi,* tonisiert und nährt die Lunge, das Herz, die Nieren, Milz/Pankreas, Magen und das *Yin,* leitet Hitze aus und beruhigt das *Shen,* löst Schleim auf.
- Bl 52: tonisiert die Nieren und unterstützt das *Jing.*
- Ni 1: wichtiger Punkt zur Moxibustion bei Katzen [25], leitet Fülle vom Kopf nach unten, beruhigt das *Shen,* stellt das Bewusstsein wieder her.
- Ni 13: Treffpunkt zwischen dem Nieren-Meridian und dem *Chong Mai,* reguliert und tonisiert *Qi* und Jing.
- Gb 39: einflussreicher Punkt des Markes, erhöht die Anzahl der weißen und der roten Blutkörperchen.
- Le 8: ernährt das Blut und das *Yin,* belebt das Blut.

21.4.6 Punkte an den Tonsillen

Die Tonsillen werden als das Tor des Immunsystems betrachtet. Geschwächte Tonsillen werden mit einer Vielzahl von Erkrankungen in Verbindung gebracht. Die sieben Tonsillen-Punkte von Nagano sind darum zur Behandlung von Störungen des Immunsystems sehr hilfreich. Zu ihnen gehören:

- 3E 16: reguliert das *Qi* zwischen Kopf und Körper.
- LG 14: Treffpunkt des Lenkergefäßes und der sechs *Yang*-Meridiane, leitet exogene pathogene Faktoren aus, kühlt Hitze, tonisiert *Qi* und *Yang.*
- Di 10: wird als „Ma 36 der oberen Körperhälfte“ bezeichnet. Belebt und reguliert die Zirkulation des *Qi* und des Blutes.
- Ni 6: Schlüsselpunkt des *Yin Qiao Mai,* der besonderen Einfluss auf die Kehle hat [26].

21.5 Immunologische Erkrankungen

21.5.1 Feline Immundefizienz-Virus-Infektion

Ätiologie, Klinik und westliche Therapie

Das Feline-Immundefizienz-Virus (FIV) gehört zu den Lentiviren und ist damit eine Untergruppe der Retroviren. Es wurde im Jahre 1986 zum ersten Mal isoliert. Während der initialen, akuten Phase können peripher generalisierte Lymphadenopathien, Fieber und Unwohlsein als Symptome auftreten. Die infizierten Tiere gelangen dann in eine lange symptomfreie Phase, die zwischen mehreren Monaten und Jahren andauern kann. Das hängt wiederum von verschiedenen Faktoren, wie der Umgebung, der Ernährung, dem Immunstatus des Tieres und der Genetik ab. Das chronische Stadium dauert in der Regel zwischen sechs Monaten und drei Jahren und wird geprägt von verschiedenen zu- und abnehmenden klinischen Abnormitäten. Dazu gehören schwere Stomatitis und Gingivitis, chronische Erkrankungen des Respirationstraktes, Hauterkrankungen, wiederkehrende Fieberschübe, die keine erkennbare Ursache haben, opportunistische Infektionen und neoplastische Störungen. Nach einer Weile spricht die Katze nicht mehr auf die symptomatische Behandlung an und erliegt in vielen Fällen einer nicht behandelbaren Anämie [9].

TCM-Diagnose

Immer wenn immunologische Störungen behandelt werden, die oft entweder einen viralen, einen vermuteten viralen oder einen unbekannten Hintergrund haben, sollte die eventuelle Anwesenheit von latenter Hitze einkalkuliert werden. Das Konzept einer Inkubationsperiode wurde im Kapitel 3 des *Su Wen* vorgestellt, in dem es heißt: „Kälte schadet im Winter, und wenn Kälte im Körper hängen bleibt, wird sie im folgenden Frühling eine warme Erkrankung hervor bringen.“ Maciocia interpretiert dies als die Möglichkeit eines exogenen krankheitsauslösenden Faktors (normalerweise Wind-Kälte oder Wind-Hitze), in den Körper einzudringen, ohne sofort Symptome auszulösen. Der exogene pathogene Faktor brütet eine Weile im Inneren, wandelt sich in Hitze um und tritt dann mit deutlichen klinischen Symptomen an die Oberfläche. Diese latente Hitze verletzt auch das *Qi* und/oder das *Yin.* Damit wird ein Kreislauf aus Hitze und Leere begonnen. Die latente Hitze kann spontan an die Oberfläche gelangen, oder sie wird mit einer neuerlichen Invasion von externem Wind dorthin gezogen. Emotionaler Stress kann die Leber stagnieren lassen und damit latente Hitze auslösen und diese nach außen zwingen [27].

Die TCM-Ärzte der Antike hatten das Gefühl, dass Nieren-Leere einen prädisponierenden Faktor in der Entwicklung von latenter Hitze darstellt. Da das *Wei-Qi* seine Wurzeln in den Nieren hat und das *Yuan-Qi* aus dem „Raum zwischen den Nieren“ stammt, wird eine Nieren-Leere auch Leere an *Zheng-Qi* nach sich ziehen und den Körper für Infektionen empfänglicher machen. Impfungen werden als eine mögliche Quelle von latenter Hitze betrachtet, da das fremdartige antigene Material direkt ins Innere gespritzt wird und so den normalen Infektionsweg überspringt und die äußeren Abwehrmechanismen umgeht [27]. Das trifft auch auf Infektionen zu, die durch intravenöse Medikamentenverabreichung (HIV und Hepatitis) und durch Bissverletzungen erfolgt sind (FIV).

Akupunktur

Behandlungsprinzipien der Felinen Immuninsuffizienz-Virus-Infektion

Die Ursache der Erkrankung wird mit Punkten behandelt, welche die Niere tonisieren und *Wei-Qi*, *Yuan-Qi,* Blut und *Jing* nähren:
Lu 9, Di 4, Ma 36, MP 3, MP 6, Bl 13, Bl 17, Bl 20, Bl 23, Ni 3, Gb 39, KG 4, KG 6, LG 4; Moxa an: Ni 1 und Pe 8 [25].

Die Symptome werden entsprechend dem Erscheinungsbild behandelt:
- Liegt Fieber vor, kommen Punkte wie Lu 7, Di 4, Di 11, Ma 36, Ma 44, Bl 12, Bl 13, 3E 5, Gb 20, Le 2 in Frage.
- Bei Windsymptomen kann Gb 20 genadelt werden, um den Wind und/oder die Hitze auszuleiten.
- Leidet der Patient an Diarrhö, können Punkte zum Auflösen der Diarrhö wie Ma 25, Ma 37, MP 9 und KG 12 angewendet werden.

Obwohl die gleichen Grundlagen für alle Patienten gelten, muss jeder individuell eingeschätzt und bewertet werden.

21.5.2 Feline lymphozytisch-plasmatische Gingivitis und Pharyngitis

Ätiologie, Klinik und westliche Therapie

Diese Störung wird als „idiopathische" Erkrankung bezeichnet, die „möglicherweise von Caliciviren oder anderen Stimuli, die hartnäckige Entzündungen der Gingiva produzieren, verursacht wird." [28] Klinische Symptome wie Anorexie, Halitosis, rote hyperplastische Gingiva, die sehr schnell blutet, und Zahnhalsläsionen sind zu beobachten. Es steht keine zuverlässige Therapie zur Verfügung, aber die Symptome können mitunter durch regelmäßige Zahnkontrolle und -behandlung, Antibiotika und Glukokortikoidgabe kontrolliert werden. Durch Extraktion mehrerer Zähne lässt sich eventuell die Entzündungsquelle beseitigen. Bei schweren Rückfällen können Therapien mit Goldsalzen, Chlorambucil oder anderen Immunsuppressiva versucht werden.

TCM-Diagnose

Aus der Sicht der TCM leiden viele dieser Katzen unter einer Magen-Hitze. Der *Yang-Ming*-Kanal (Dickdarm–Magen) kreist um den Mund und zieht zur Gingiva. Vieler dieser Tiere zeigen großen Appetit und versuchen, wenn die Entzündung der Gingiva dies zulässt, mit viel Fressen das Feuer in ihrem Magen zu „löschen". Dadurch fällt es relativ leicht, Medikamente in ihrem Futter zu verstecken. Da die Tiere meist durch die Hitze sehr reizbar sind, ist das eine sehr günstige Fügung. Die Besitzer berichten häufig, dass es sehr schwierig sei, den Katzen etwas einzugeben. Die erkrankten Katzen erbrechen oft unverdautes Futter, da die Hitze die nach unten gerichtete Magenfunktion behindert. Die Blutungen der Gingiva entstehen ebenfalls durch die Hitze, die das Blut „rücksichtslos" macht.

Ein anderes Erkrankungsmuster kann in diesem Zusammenhang ebenfalls auftreten, das Leber-Feuer. Es hat die Tendenz, nach oben zu lodern und das Blut zu erhitzen. Sowohl die Leber als auch der *Chong Mai* spielen bei der Regulation des Blutes eine wichtige Rolle. Äste beider Kanäle kreisen um den Mund. So kann Hitze im Blut das Gewebe des Mundes erreichen und zu schmerzhafter, roter und empfindlicher Gingiva führen.

Akupunktur

Obwohl sich die Akupunkturbehandlung erst einmal darauf konzentrieren wird, die Magen-Hitze oder das Leber-Feuer zu kühlen, muss man sich auch der häufig zugrunde liegenden Nieren-Leere widmen. Die Nieren sind für gesunde Knochen und Zähne verantwortlich. Die erkrankten Katzen zeigen alle Zahnprobleme in relativ jungem Alter. Eine erfolgreiche Behandlung verlangt, dass die Ursache der Störung ebenso behandelt wird wie die Symptome. Untersuchungen zur Wirkung von Akupunktur auf die (menschlichen) Immunglobulinwerte haben gezeigt, dass es nach Nadelung der Punkte Di 4, Ma 7 und des endokrinen Ohrakupunktur-Punkts zu einem signifikanten und graduellen Anstieg der IgG im Speichel und der Flüssigkeit des Sulcus gingivae kommt. Bei Menschen mit niedrigem IgA-Gehalt im Speichel konnte dieser durch Akupunktur erhöht werden, und bei denen mit erhöhten Werten konnte er verringert werden. Dieser biphasische Effekt der Akupunktur auf IgA entspricht in etwa den Erscheinungen, die im Fall der Peristaltik besprochen wurden. Er unterstützt die Behauptung, dass Akupunktur regulierende Wirkungen hat und in der Lage ist, Homöostase wiederherzustellen [29].

Behandlungsprinzipien der Felinen lymphozytisch-plasmatischen Gingivitis und Pharyngitis

- Die Krankheitsursache wird über Punkte behandelt, welche die Niere, das *Yuan-Qi*, und das *Jing* tonisieren: Ma 36, Bl 23, Ni 3, Ni 6, KG 4, KG 6, LG 4.
- Die Symptome, die eine innere Fülle und Hitzesituation widerspiegeln, werden mit Punkten behandelt, welche die Hitze im *Yang Ming* klären, das Leber-Feuer löschen, das Blut kühlen und Milz/Pankreas und Magen unterstützen: Di 4, Di 11, Ma 36, Ma 44 (Wasser-Punkt des Magen-Meridians), Ma 45 (Sedationspunkt, klärt Hitze und beruhigt das *Shen*), MP 6, MP 10, Bl 17, Bl 18, KG 2, Le 2, Le 3, Le 14).

21.5.3 Infiltrative Enteritis

Ätiologie, Klinik und westliche Therapie

Die infiltrative Enteritis (IE, Inflammatory Bowel Disease) kann jeden Teil des Verdauungstraktes von Hunden und Katzen befallen. Die eigentliche Ursache ist unbekannt, wird aber im Bereich einer intestinalen Reaktion auf bakterielle und/oder diätetische Antigene vermutet. Erbrechen, Diarrhö und möglicher Gewichtsverlust bei normalem Stuhlgang sind die Hauptsymptome. Bei histopathologischen Untersuchungen finden sich lymphozytisch-plasmatische Infiltrate und/oder eosinophile Infiltrate. Obwohl die Verbindung noch unklar ist, zeigen Hunde mit lymphozytisch-plasmatischer Enteritis eine Prädisposition für die spätere Entwicklung von Lymphomen. Es besteht die Möglichkeit, dass lymphozytisch-plasmatische Enteritis bei diesen Hunden eine prämaligne Vorstufe darstellt. Die Biopsieergebnisse bei manchen Tieren mit starken Reaktionen auf Futter sind denen von Lymphomen sehr ähnlich [28].

Die konventionelle Behandlung der IE besteht aus Versuchen, ein hypoallergenes Futter zu finden, aus Antibiotika in den Fällen, bei denen eine bakterielle Überwucherung der Darmschleimhaut vermutet wird, Glukokortikoiden und in manchen Fällen auch anderen immunsuppressiven Medikamenten. Manche dieser Patienten müssen für den Rest ihres Lebens mit einer speziellen Diät gefüttert und über lange Zeit mit Medikamenten versorgt werden.

TCM-Diagnose

Die betroffenen Tiere zeigen Hitze und Kälte, Qi- und Blutstagnation, Feuchtigkeit, Schleim und Hitzetoxine, mit einer verwirrenden Mischung aus Fülle und Leere. Die meisten weisen einen *Qi*-Mangel im Bereich Milz/Pankreas auf, der sich oft schon in jungem Alter zeigt. Diese Tiere sind meist sehr schlechte Fresser, nicht leicht durch Futter zu motivieren, scheu und sehr anhänglich bis klammernd. Die Tiere leiden unter wiederkehrenden Hautproblemen, tränenden Augen, Ohrproblemen und einer Vorgeschichte mit häufigem Parasitenbefall. Bei Hunden zeigen sich häufig kongenitale orthopädische Probleme, die normalerweise auf einen Mangel an Nieren-*Jing* hinweisen. Bei Katzen fällt oft konstantes Belecken der Leistengegend und des medialen Oberschenkels auf. Vielleicht versuchen die Tiere, mit dem dauernden Lecken den stagnierenden *Qi*-Fluss in diesen Bereichen anzuregen, durch die vor allem der Leber-Meridian zieht. Der weiche, faulig stinkende Kot, der mit Schleim und Blutbeimengungen unter Tenesmus abgesetzt wird, weist auf Feuchte-Hitze hin.

Akupunktur

Der übliche Behandlungsplan konzentriert sich zunächst auf die Beseitigung der Symptome, wie dem Erbrechen und/oder der Diarrhö. Da die Krankheitsursache aber tiefer liegt, reagieren manche Tiere nicht so gut auf die Akupunkturbehandlung, wie zu erwarten wäre. Wie schon vorher besprochen wurde, liegt der Schlüssel zum Behandlungserfolg in der Stärkung des *Zheng-Qi*. Eine einfache Formel lautet: *Yuan-Qi* + *Wei-Qi* → *Zheng-Qi*. Im Bereich Milz/Pankreas hat die erworbene Konstitution (nachgeburtliches *Qi*) ihre Wurzeln. Milz/Pankreas ist auch an der Herstellung des *Wei-Qi* beteiligt. Darum ist oft eine langwierige Tonisierung von Milz/Pankreas und Niere vonnöten.

Wie schon erwähnt, besteht bei immundefizienten Fällen die Gefahr der Entwicklung einer Autoimmunerkrankung oder von hypersensitiven Reaktionen. Diese Fälle sind interessant, da ein ganzes Spektrum an westlichen Störungen beobachtet werden kann: Nahrungsintoleranz, Autoimmunerkrankung und in manchen Fällen auch Krebserkrankungen. Die TCM sieht jedoch alles als eine Reflektion desselben Ungleichgewichts in der Fähigkeit des Körpers, das Immunsystem anzupassen, und behandelt sie dementsprechend.

Behandlungsprinzipien der infiltrativen Enteritis

- Die Krankheitsursache wird durch Tonisierung von Milz/Pankreas und Niere sowie durch Stärkung des *Yuan-Qi* und des *Wei-Qi* behandelt mit Punkten wie: MP 3, MP 6, Ma 36, Bl 20, Bl 23, Ni 3, Le 13, KG 4, KG 6, LG 4 und LG 6.
- Behandlung der Symptome: In Frage kommen Punkte wie: Di 11 (Vereinigungs-Punkt, löst Feuchtigkeit auf), Ma 25 (Alarm-*Mu*-Punkt des Magens), Ma 37 (Unterer Vereinigungs-Punkt des Dickdarms), Ma 40 (*Luo*-Passage-Punkt, transformiert Schleim und Feuchtigkeit), MP 9 (Vereinigungs-Punkt, Punkt des Meeres des *Qi*, löst Feuchtigkeit auf), Bl 27 (Zustimmungs-*Shu*-Punkt des Dünndarms), Bl 40 (Vereinigungs-Punkt), Pe 6 (*Luo*-Passage-Punkt, behebt Übelkeit, beendet Erbrechen), Le 14 (Alarm-*Mu*-Punkt der Leber) und KG 12 (Alarm-*Mu*-Punkt des Magens).

21.5.4 Bronchiale Erkrankung der Katze

Ätiologie, Klinik und westliche Therapie

Bei Katzen treten häufig Bronchitis oder Asthma auf, Erkrankungen des Respirationstrakts, die zur Verlegung der kleinen Luftwege führen. Nach Ausschluss anderer möglicher Ursachen, wie Allergien, Infektionen und Parasiten, werden diese Erkrankungen als idiopathisch bezeichnet. Symptome wie Husten, Keuchen und Anfälle von Atemnot treten dabei auf. Die Symptome sind mitunter an den Kontakt mit Allergenen gebunden, oft mit einem saisonalen Muster. Das Behandlungsziel liegt in der Stabilisierung des Patienten im kritischen Stadium und der Vermeidung von Rückfällen. Glukokortikoide und Bronchodilatatoren werden dazu häufig eingesetzt [28].

Bronchitis oder Asthma bei Katzen entwickelt sich häufig nach einer akuten Infektion der oberen Luftwege (Wind-Kälte oder Wind-Hitze als exogene pathogene Faktoren). Die Besitzer erzählen häufig, dass die Tiere sich seitdem nie ganz erholt haben. In anderen Fällen ist in der Vorgeschichte keine akute Erkrankung zu finden, aber die Tiere litten in der Vergangenheit häufig unter chronisch intermittierend auftretenden Störungen der oberen Luftwege, wie Rhinitis, Sinusitis und Konjunktivitis. Bei wieder anderen Katzen scheint sich die Erkrankung spontan ohne jegliche vorherige Erkrankung zu entwickeln. Aber auch bei diesen Tieren tendiert die Bronchitis dazu, chronisch zu werden.

TCM-Diagnose

Die Bronchitis bei Katzen stellt meist eine Mischung aus Fülle und Leere dar. Aus Sicht der TCM spielt die Ansammlung von Schleim eine sehr wichtige Rolle in der Pathogenese der Störung. Diese klassische Diagnose trägt jedoch dem häufigen Auftreten der Typ-I-Hypersensitivitäts-Komponente keine Rechnung. Die klinischen Symptome von Bronchitis oder Asthma bei Katzen lassen sich meist auf die Verlegung der kleinen Luftwege zurückführen, die durch Bronchospasmen entstehen. Der Schleim sammelt sich meist sekundär durch die verminderte Clearance der verengten Luftwege an. Im Unterschied dazu sieht die TCM den Schleim als primäre Ursache an.

Die Lunge öffnet sich zur Nase und ist somit das am weitesten außen gelegene der *Yin*-Organe. Die Lunge verteilt das *Wei-Qi*. Durch Schwächung wird sie besonders anfällig für den Angriff exogener pathogener Faktoren. Daher kommt höchstwahrscheinlich die hohe Anzahl an Patienten mit Erkrankungen der oberen Luftwege. Die Wurzel dieser Erkrankung ist in erster Linie eine Kombination aus Lungen- und Nieren-Leere. Geschwächte Lungen können das *Qi* und die Atmung nicht genügend regieren. So entwickeln sich eine verstärkte Exspiration, Husten und eine Verschlimmerung der Symptome nach Anstrengung. Auf die Rolle der Niere im Abwehrsystem wurde bereits eingegangen. Bronchialasthma kann als *Yin*-Störung bezeichnet werden, die durch autonome Störungen charakterisiert ist, die von parasympathischer Überfunktion stammen. Da die Störungen des Immunsystems von Störungen des Gleichgewichts zwischen *Yin* und *Yang* stammen, gehen die Symptome zurück, wenn das Gleichgewicht zwischen *Yin* und *Yang* wiederhergestellt wurde [30].

Akupunktur

Die Behandlung im akuten Stadium versucht die exogenen krankheitsauslösenden Faktoren auszuleiten und den Schleim aufzulösen. Es gibt aber auch eine starke emotionale Komponente bei dieser Störung. Rückfälle treten meist in Zeiten auf, in denen das Tier Stress empfindet. Wenn also „die Leber die Lunge angreift“, müssen neben der Akupunktur auch Änderungen im Lebensstil des

Tieres bedacht werden. Viele Forscher haben über die positiven Effekte der Akupunktur berichtet, wie Milderung der Symptome der Bronchialerkrankung, Senkung der Dosierung und der Frequenz der Einnahme von Bronchodilatatoren und Ausschleichen der Glukokortikoidbehandlung. Lunge und Niere müssen tonisiert werden, und den Besitzern muss klar gemacht werden, dass die Behandlung langwierig sein wird.

Behandlungsprinzipien bronchialer Erkrankungen der Katze

- In der Zeit zwischen den Anfällen sollte sich die Behandlung auf die Ursache der Störung konzentrieren. Es müssen also Punkte genadelt werden, die Lunge und Nieren tonisieren. Ganz speziell sollten Punkte zur Auswahl stehen, die das Lungen-*Qi* und/oder das Lungen-*Yin* unterstützen und das Nieren-*Yin* oder Nieren-Yang stärken, je nach dem vorliegenden Erkrankungsmuster. Liegen Anzeichen einer Störung von Milz/Pankreas vor, muss auch dieses Organ gekräftigt werden. Ein Luftreiniger mag in manchen Fällen sinnvoll sein. Die folgenden Punkte können in Betracht kommen: Lu 7, Lu 9, Ma 36, MP 3, MP 6, Bl 13, Bl 20, Bl 23, Bl 43, Ni 3, Ni 6, Ni 7, KG 4, KG 6, KG 12 und KG 17.
- Während der Anfälle sollten zur Behandlung der Symptome Punkte dazu genommen werden, die den Husten mildern, den Schleim auflösen, das Lungen-*Qi* nach unten bewegen und die exogenen krankheitsauslösenden Faktoren ausleiten: Lu 1 (Alarm-*Mu*-Punkt der Lunge, gut geeignet, um ihn den Patientenbesitzern zur Akupressurbehandlung zu zeigen), Lu 5 (Sedationspunkt, leitet Hitze und Schleim in der Lunge aus, beruhigt rebellisches *Qi*), Lu 6 (Grenz-*Xi*-Punkt), Di 4, Ma 40 (löst Schleim und Feuchtigkeit auf, beendet Husten und Keuchen, stärkt die Brust), He 7 (beruhigt den Geist), Bl 12, Pe 6 (Passage-*Luo*-Punkt leitet Schleim und Feuchtigkeit aus), KG 17, KG 12, LG 14, LG 20 und *Ding Chuan* (Extrapunkt, der 0,5 *Cun* lateral von LG 14 zu finden ist und Keuchen stoppt).

21.5.5 Immunologisch bedingte Gelenkerkrankungen

Ätiologie, Klinik und westliche Therapie

Idiopathische, immunologisch bedingte nonerosive Polyarthritis stellt die am häufigsten diagnostizierte Form der Polyarthritis des Hundes dar. Die Diagnose wird durch Ausschluss anderer Erkrankungen gestellt. Rheumatoide Arthritis kann von den frühen Stadien der idiopathischen Polyarthritis kaum unterschieden werden. Ihre stark erosiven Vorgänge führen jedoch mit der Zeit zu schwerwiegender Zerstörung der Gelenke. Die durch Lupus erythematodes ausgelöste Polyarthritis ist eine Immunkomplex-Krankheit unbekannter Ätiologie. Reaktive Polyarthritis tritt sekundär bei allen chronischen Entzündungsgeschehen oder bei persistierenden antigenen Stimulationen auf. „Arthritis stellt eine verbreitete Reaktion auf Erkrankungen dar, die durch Immunkomplex-Bildung ausgelöst werden, die in Verbindung mit chronischen Infektionen mit Bakterien, Pilze und Parasiten, durch Krebs, Medikamentenverabreichung und durch gastrointestinale Erkrankungen entstehen können." [28]

All diesen Gelenkerkrankungen sind folgende klinische Symptome gemeinsam:

- zyklisches oder intermittierendes Fieber
- Perioden der Depression und Anorexie
- Befall mehrerer Gelenke
- Steifheit und Lahmheiten

Die westliche Behandlung zielt darauf ab, den primären Krankheitsprozess wenn möglich zu eliminieren oder zu kontrollieren. Ist dies nicht möglich, wird mit Glukokortikoiden und anderen Immunsuppressiva gearbeitet [28].

TCM-Diagnose

In der TCM entspricht Polyarthritis dem *Bi*-Syndrom. Exogene krankheitsauslösende Faktoren dringen in den Körper ein (Wind, Kälte, Feuchtigkeit oder Hitze), weil dieser eine relative Schwäche des *Zheng-Qi* aufweist. Durch diese Schwäche, in Kombination mit konstitutionellen Faktoren, wird überhaupt erst die Entwicklung einer immunologisch bedingten Gelenkserkrankung ermöglicht.

Es gibt verschiedene Erklärungsversuche, um die Schwierigkeiten zu erklären, die bei der Behandlung dieser Störung auftreten. Dringt ein exogener Faktor in den Körper ein, der nicht über genügend *Wei-Qi* verfügt, um sich dagegen zu wehren, kann sich das Pathogen im Inneren festsetzen, wo es als verweilender pathogener Faktor bestehen bleibt. Der eigentliche exogene pathogene Faktor, meist Wind-Hitze, verweilt im Körper häufig in Form von Hitze oder Feuchte-Hitze, welche die Meridiane verlegt. Im zwölften Jahrhundert bemerkte Chang Cong Cheng, dass *„Krankheit nicht nur die Folge eines Ungleichgewichts oder von klimatischen Einflüssen ist, die entgleist sind, sondern sich auch auf einen „bösen Gast" zurückführen lässt. Der Doktor muss diesen verantwortlichen Fremdeinfluss auf den Körper eliminieren."* [32] Die exogenen krankheitsauslösenden Faktoren, wie Sommer-Hitze und Feuer, sind das Äquivalent der TCM zu vielen modernen Pathogenen. Es ist durchaus möglich, dass es bei den idiopathischen immunologisch bedingten Gelenkserkrankungen einen bleibenden pathogenen Faktor gibt. Das gilt ganz besonders für die Erkrankungen, bei denen eine virale Ätiologie angenommen wird.

Zusätzlich zu den konstitutionell schwachen Nieren, die für die Gesundheit von Knochen und Gelenken verantwortlich sind, und einer Schwäche des *Wei-Qi* und des *Yuan-Qi* werden viele dieser Fälle durch einen bleibenden pathogenen Faktor kompliziert. Die Patienten zeigen eine verwirrende Mischung an Symptomen, deren genaue Zuordnung zur Ursache oder Manifestation der Störung sich sehr schwierig gestalten kann. So kann sich z. B. ein Patient mit einer Nieren-*Yang*-Leere wegen des bleibenden pathogenen Faktors mit Hitzezeichen anstatt Kälte präsentieren. Hitze führt oft sekundär zu Stagnation. Die Stagnation von Blut, die durch die Chronizität der Fälle hervorgerufen wird, stellt eine weitere Komplikation in diesen Fällen dar. Darum ist hier eine verzweigte Behandlungsstrategie von Nöten, die lokale Symptome behandelt, die Konstitution stärkt und die pathogenen Faktoren und Substanzen ausleitet.

Akupunktur

Akupunktur hat sich bei Patienten mit immunologisch bedingten Gelenkserkrankungen als wirkungsvoll gezeigt. Eine Studie an Patienten mit rheumatoider Polyarthritis zeigte eine langsame Reduktion der vorher erhöhten Werte an IgG, IgA und IgM, der mit einem Rückgang der klinischen Symptome korreliert [31]. Bei einer anderen Untersuchung wurde eine Zunahme der Aktivität der Killerzellen und der Interleukin-2-Werte bei Patienten mit rheumatoider Polyarthritis gefunden, die vorher erniedrigte Werte zeigten.

Behandlungsprinzipien der immunologisch bedingten Gelenkerkrankungen

- Die Behandlung der Ursache sollte sich mit der Leere an Nieren-*Yin* und -*Yang* beschäftigen, das *Yuan-Qi* und das *Jing* stärken, also generell das *Zheng-Qi* kräftigen: Ma 36, MP 6, Ni 3, Ni 6, Ni 13, Bl 23, Bl 43, Bl 52, Gb 39, KG 4, KG 6, LG 4, LG 6 und LG 12. Die sieben Tonsillenpunkte, die weiter oben beschrieben wurden: 3E 16, LG 14, Di 10, Ni 6, sind gut zur Unterstützung des Immunsystems geeignet.
- Die Symptome können mit Punkten behandelt werden, die Hitze und Toxine ausleiten, Feuchtigkeit und Schleim auflösen und *Qi* und Blut bewegen: Di 4, Di 11, Ma 40, MP 9, MP 10, Bl 17, Bl 18, Bl 40 (Vereinigungs-Punkt, kühlt Blut und lindert Schmerzen), Gb 34, Le 3, Le 14 und LG 14. Die verwendeten Punkte sollten immer distal der befallenen Gelenke liegen. Liegt eine Kälteerkrankung vor, sollte Moxa angewendet werden.

21.5.6 Degenerative Myelopathie

Ätiologie, Klinik und westliche Therapie

Diese degenerative Erkrankung befällt die weiße Substanz des Rückenmarks und führt zu weit reichender Demyelinisierung und axonaler Degeneration. Zu den Symptomen zählen eine langsam fortschreitende Paraparese der Motoneuronen und eine Ataxie der Hintergliedmaßen des alternden Hundes. Die Ätiologie ist unbekannt, es gibt jedoch Hinweise auf eine immunologische Beteiligung. Es liegt eine Depression der zellvermittelten Immunität und eine Zunahme der zirkulierenden Immunkomplexe vor. In allen histopathologischen Untersuchungen finden sich Ablagerungen von Immunglobulin und Komplement in der Milz [28]. Theoretisch liegt keine lokalisierbare Schmerzquelle in der Wirbelsäule vor. Viele dieser älteren Hunde leiden gleichzeitig an Osteoarthritis und zeigen ein gemischtes Bild von neurologischen und orthopädischen Symptomen.

TCM-Diagnose

Eine Untersuchung dieser Erkrankung in ihrem Bezug zu geriatrischen Tieren zeigt viele Prinzipien der Alterung. Mit zunehmendem Alter nehmen die IgE-Werte ab, während die IgA-und IgG-Werte zunehmen [33]. Diese Abnahme der Immunität mit steigendem Alter entspricht in der TCM einer langsamen Entgleisung der Regulation zwischen *Yin* und *Yang* sowie *Qi* und Blut. Die Ursache des Alterungsprozesses liegt in der Nieren-Leere. Die Manifestation entstammt einer Blut-Stagnation, Hitze-Toxinen und/oder Feuchtigkeit-Schleim.

Die degenerative Myelopathie wird in der TCM zum *Wei*-Syndrom (Atrophie-Syndrom) gerechnet. Die am häufigsten auftretenden Erkrankungsmuster sind Nieren-Leere und/oder Milz/Pankreas-Leere, kombiniert mit Feuchtigkeit und Schleim. Nach einiger Zeit kann die Stagnation zur Blutstase führen und damit zum Schmerz.

Milz/Pankreas ist die Wurzel des nachgeburtlichen *Qi* und kontrolliert die Muskeln und Gliedmaßen. Ist sie schwach, erschlaffen die Muskeln und werden atrophisch. Die Niere ist die Wurzel des vorgeburtlichen *Qi* und hat dadurch Verbindung zum Gehirn und dem Rückenmark, den Knochen und Gelenken. Darum kann sich eine Abnahme der Nierenfunktion in neurologischen und orthopädischen Symptomen manifestieren, wie dies bei älteren Tieren häufig zu beobachten ist. Die Abnahme des Nieren-*Jing* und seines Einflusses auf die mentale Vitalität wird als Anzeichen des Abbaus gesehen. Kot- und Harninkontinenz treten auf, wenn die Niere die „zwei Öffnungen" nicht mehr kontrollieren kann.

Akupunktur

Behandlungsprinzipien der degenerativen Myelopathie

Die Behandlung dieser Störung verläuft in denselben Bahnen wie die Behandlung der anderen Erkrankungen.

- Um die Ursache zu erreichen, sollte das *Zheng-Qi* gestärkt werden, indem das *Yuan-Qi* genährt wird, Niere und Milz/Pankreas tonisiert und *Yin* und Blut ernährt werden: Ma 36, MP 3, MP 6, Bl 20, Bl 23, Bl 52, Ni 3, Ni 6, Gb 39, Le 8, KG 4, KG 6, LG 4, LG 20. Neuere Forschungen deuten auf die wichtige Rolle der Blutstase im Alterungsprozess hin [33]; darum sollten Punkte wie MP 12 und Bl 17 mitbehandelt werden.
- Die Symptome werden unter anderem mit der Ausleitung von Feuchtigkeit und Schleim behandelt, indem Punkte wie Ma 40, MP 9, Bl 22, Bl 43, Ni 7 und KG 9 genadelt werden.

Der Einsatz von chinesischen Kräutern und Moxa sind in der Behandlung immunologisch bedingter Erkrankungen sehr wirksam und sollten darum wann immer möglich in das Behandlungsschema integriert werden. Die Bedeutung eines stärkenden Lebenswandels, einer ausgeglichenen Diät, der angepassten Menge an Bewegung, regelmäßiger Pflege und viel Sonne und frischer Luft sollte man nicht unterschätzen.

LITERATUR

1. Chen M: Chinese Medicine and Immunity. In *Immunity and Chinese medicine*, Long Beach, Calif, 1989, OHAI Press.
2. Wong K, Lien-Peh W: *History of Chinese medicine*, Taipei, 1985, Southern Materials Center.
3. Tsung P: *Immune system and Chinese herbs*, Irvine, Calif, 1989, Institute of Chinese Herbs.
4. Larre C et al: *Survey of traditional Chinese medicine*, Columbia, Md, 1986, Traditional Acupuncture Foundation.
5. Maciocia G: *The foundations of Chinese medicine*, New York, 1989, Churchill Livingstone.
6. Matsumoto K, Birch S: *Hara diagnosis: reflections on the sea*, Brookline, Mass, 1988, Paradigm Publications.
7. Wheater PR et al: *Functional histology*, New York, 1979, Churchill Livingstone.
8. Bossy J: Immune systems, defense mechanisms and acupuncture: fundamental and practical aspects, *Am J Acupunct* 18:219–232, 1990.
9. Greene C: *Infectious diseases of the dog and cat*, Philadelphia, Pa, 1990, WB Saunders.
10. Pugach P: The Influence of acupuncture on the structure of immune organs, *Am J Acupunct* 21:59–62, 1993.
11. Herbert TB, Cohen S: Depression and immunity: a meta-analytic review, *Psychol Bull* 113:472–486, 1993.
12. Filshie J, White A: *Medical acupuncture: a Western scientific approach*, New York, 1998, Churchill Livingstone.
13. McDaniel J: Psychoimmunology: implications for future research, *South Med J* 85:388–396, 1992.
14. Omura Y: Pathophysiology of acupuncture treatment: effects of acupuncture on cardiovascular and nervous system, *Acupunct Electrother Res* 1:51–140, 1975.
15. O'Connor, Bensky D: *Acupuncture: a comprehensive text*, Chicago, 1981, Eastland Press.
16. Muzychenko J: Acupuncture: a homeostatic therapy, class handout.

17. Zhang T et al: Clinical effects and the mechanism of acupuncture and moxibustion therapy of acute bacillary dysentery. *Second National Symposium on Acupuncture and Moxibustion and Acupuncture Anesthesia,* Beijing, 1984.
18. Cassuto J et al: The effects of stimulating somatic afferents on cholera secretion in the rat small intestine, *Acta Physiol Scand* 116:443–446, 1982.
19. Wu D: Acupuncture in the body's promotion of self-defense and homeostasis, *Am J Acupunct* 14:123–126, 1986.
20. Mu J: Paper presented at the Fourth International Advanced Acupuncture Studies program, Nan Jing, 1985.
21. Bensoussan A: *The vital meridian,* New York, 1991, Churchill Livingstone.
22. Chu YM, Affronti LF: Preliminary observations on the effect of acupuncture on immune responses in sensitized rabbits and guinea pigs, *Am J Chin Med.* 3:151–163, 1975.
23. Chang XP: *Studies on the mechanism of acupuncture and moxibustion,* Beijing, 1983, An-Hui Publishing House (Excerpted by Mu J).
24. Lao TL, San YJ: The use of the Sanjiao theory in clinical acupuncture, *J Chin Med.* 34:20–22, 1990.
25. Wang L: Personal communication, Northwest Institute of Acupuncture and Oriental Medicine, 1999.
26. Nagano K: Immune enhancement through acupuncture and moxibustion: specific treatment for allergic disorders, mild infectious disease and secondary infections, *Am J Acupunct* 19:329–338, 1991.
27. Maciocia G: *The practice of Chinese medicine,* New York, 1994, Churchill Livingstone.
28. Nelson R, Couto CG: *Small animal internal medicine,* ed 2, St Louis, 1998, Mosby.
29. Yang MMP et al: Effect of acupuncture on immunoglobulins of serum, saliva and gingival sulcus fluid, *Am J Chin Med* XVII:89–94, 1989.
30. Sternfield: The Role of Acupuncture.
31. Zunhui G: Effects of acupuncture on immunoglobulins in patients with asthma and rheumatoid arthritis, *J Tradit Chin Med* 15:102–105, 1995.
32. Ryan MK, Shattuck A: *Treating AIDS with Chinese medicine,* Berkeley, Calif, 1994, Pacific View Press.
33. Liang LQ: Traditional Chinese geriatrics and immunity. In *Immunity and Chinese medicine,* Long Beach, Calif, 1989, OHAI Press.

KAPITEL

22 Akupunktur bei Hauterkrankungen

Naomie Biermann

22.1 Die Haut in der chinesischen Medizin

Die Dermatologie *(Pi Fu Ke)* ist erst seit kurzem ein eigenständiger Bereich in der chinesischen Medizin. Diagnose und Behandlung von Erkrankungen der Haut, der Haare, der Muskeln, Sehnen und Knochen gehörte traditionell zum Bereich der äußeren Medizin *(Wai Ke)*. Die Dermatologie wurde gemeinsam mit der Traumatologie, der Orthopädie und der Chirurgie studiert [1]. Auf Knochen und Schildkrötenpanzern aus der *Shang*-Dynastie (1700–1100 v. Chr.) wurden chinesische Schriftzeichen gefunden, die Hauterkrankungen wie Scabies *(Jie)* beschrieben. Schon in der *Zhou*-Dynastie (1100–221 v. Chr.) bemerkte man den Zusammenhang zwischen der Manifestation von Hauterkrankungen und den Jahreszeiten, und man versuchte die Ursachen dafür zu ergründen. In der von *Chao Yuan-Fang* 610 v. Chr. geschriebenen „generellen Abhandlung über Ursache und Symptome von Erkrankungen" werden fast 100 Hauterkrankungen beschrieben. Zu dieser Zeit war offensichtlich nicht nur bekannt, dass Krätze ansteckend ist, sondern auch, dass die Erkrankung durch Parasiten ausgelöst wird [2]. Es sollten viele Veröffentlichungen zum Thema Hauterkrankungen folgen. Eine sich konstant erweiternde Materia medica der medizinischen Substanzen und der Akupunkturtechniken, die sich mit Hauterkrankungen befassen, wurde entwickelt.

Die Haut ist das größte Organ des Körpers. Sie stellt eine physische Barriere zwischen dem Körper und seiner Umgebung dar und schützt ihn vor physischen und chemischen Einwirkungen und vor opportunistischen und pathogenen Mikroorganismen. Sie ist eines der primären sensorischen Organe und für das Fühlen von Temperatur, Berührungen, Juckreiz und Schmerz zuständig. Die Haut ist aber auch Teil des Immunsystems mit dem integrierten Lymphgewebe der Haut (*Skin associated lymphoid tissue* = SALT). In „*Small animal dermatology*" von Muller und Kirk steht zu diesem Thema: „Die Haut ist synergistisch mit dem System der inneren Organe und reflektiert darum pathologische Prozesse, die entweder primär sind oder mit anderen Geweben geteilt werden. Die Haut ist nicht nur ein Organ mit eigenen Reaktionsmustern, sie reflektiert das innere ‚Milieu' und zur selben Zeit die launenhafte Umgebung, der sie ausgesetzt ist." [3] Aus der Sicht der TCM entspricht die Haut fast genau dieser Beschreibung. Das wird auch in der Empfehlung deutlich, „das Äußere zu studieren, um das Innere kennen zu lernen." [4]

22.2 Ursachen für Hauterkrankungen aus Sicht der TCM

Obwohl die Ätiologie der Hauterkrankungen in äußere und innere Ursachen unterteilt wird, ist die Unterscheidung zwischen den beiden oft sehr schwierig, da es zu vielen Überlappungen kommen kann. Die **äußeren Ursachen** für Erkrankungen werden traditionell den sechs exogenen pathogenen Faktoren zugeschrieben: Wind, Kälte, Sommer-Hitze, Feuchtigkeit, Trockenheit und Hitze/Feuer. Diese Faktoren sind nicht generell „schlecht", sie werden erst dann zur Bedrohung, wenn der Körper im Verhältnis zu ihnen geschwächt ist.

Die **inneren Ursachen** von Erkrankungen sieht die TCM in den sieben Emotionen: Ärger, Freude, Sorge, Grübeln, Trauer und Schock. Emotionen sind wie das Wetter und die Jahreszeiten ein natürlicher Teil des Lebens. Sie werden erst dann zur Ursache von Erkrankungen, wenn sie besonders intensiv sind oder über längere Zeit unterdrückt werden [4]. Andere traditionelle Ursachen von Hauterkrankungen sind Ernährungsfehler, zu viel oder zu wenig Bewegung, eine schwache Konstitution, Traumen oder Verbrennungen. Hier müssen auch noch die Ursachen unserer Zeit aufgezählt werden, wie Umweltgifte, Pestizide, künstliche Nahrungszusätze und Konservierungsstoffe, übermäßiger Einsatz von Impfungen, Antibiotika und Kortikosteroide.

22.3 Die Diagnose von Hauterkrankungen in der TCM

Zur Einschätzung einer Hauterkrankung sollte man sich an die Systematik der vier Methoden der TCM-Diagnostik halten: Sehen, Hören und Riechen, Fragen, Fühlen oder Tasten.

- Die aufmerksame **Inspektion** der Haut ist der erste Schritt zum Auffinden eines Krankheitsmusters. Raue, trockene Haut und ein glanzloses Fell können Zeichen einer Schwäche der Lunge sein, die ihre Funktion, die Haut zu ernähren, nicht mehr richtig erfüllen kann. Es kann aber auch eine Leberstörung vorliegen, und die Haut wird von der Leber nicht mehr mit genügend Blut versorgt. Zur Unterscheidung der Krankheitsmuster ist die Betrachtung der Zunge hinsichtlich Farbe, Form, Belag und Feuchtigkeitsgehalt relativ einfach und sehr zuverlässig.
- Wir sind alle daran gewöhnt, zur Diagnose auch unseren **Geruchssinn** einzusetzen. Ein intensiver, fauliger Geruch ist ein Anzeichen für Hitze. Dazu gehört nicht nur der intensive „Hunde"-Geruch, der bei Pyodermien auftritt, sondern auch intensiver Geruch aus dem Maul und stark riechender Kot, die oft gemeinsam mit Pyodermien zu finden sind.

- Die allgemein als die „zehn Fragen" bezeichnete **Anamneseerhebung** der TCM ist zeitaufwendig, aber absolut notwendig, um an die Wurzel der Hauterkrankung zu gelangen. Die Komplexität eines Falles wird oft erst über Antworten auf Fragen nach Temperaturmodalitäten, Verdauung, Durst, Urin- und Kotabsatz, emotionellem Zustand und Quantität und Qualität der Schmerzen und/oder des Pruritus u. ä. geklärt. Die Einschätzung des Schwitzens ist in der TCM-Diagnostik ebenfalls wichtig. Abweichungen können auf ein gestörtes Gleichgewicht zwischen *Yin* und *Yang* oder zwischen *Ying-Qi* und dem *Wei-Qi* hinweisen. Obwohl bei Hunden und Katzen unklar ist, wann und unter welchen Umständen sie schwitzen, haben auch diese Tiere Schweißdrüsen. Fieberhafte oder sehr aufgeregte Hunde können durchaus schwitzen [4]. Die Funktion dieses IgA-enthaltenden Schweißes kann mit der des *Wei-Qi* verglichen werden, das den Körper vor dem Angriff exogener krankheitsauslösender Faktoren schützen soll. Nicht selten berichten die Besitzer unserer Patienten über ungewöhnliches Schwitzen, das für die westliche Diagnose nur sehr fraglichen diagnostischen Wert hat. Es kann aber dabei helfen, eine innere von einer äußeren Erkrankung, eine Fülle- von einer Leere- und eine Hitze- von einer Kälteerkrankung zu unterscheiden.
- Das **Pulstasten** ist sehr wichtig für die Unterscheidung der Syndrome. Selbst mit wenig Erfahrung lässt sich ein „leerer" von einem „vollen" Puls unterscheiden, oder ein „schneller" von einem „langsamen". Diese einfache Unterscheidung ermöglicht bereits eine Diagnostik nach den acht Leitkriterien. Mit viel Übung und Zeit kann man lernen, weitaus mehr Informationen über die Pulsqualitäten zu fühlen. Das Befühlen der Haut ist auch sehr wichtig. Fühlt sich das befallene Gebiet heiß an, kann dies ein Anzeichen für ein Hitze-Toxin oder feuchte Hitze sein. Ist der veränderte Hautbereich aber kühl, deutet das eher auf eine Kälteerkrankung hin, die von dem exogenen krankheitsauslösenden Faktor Kälte stammt oder durch eine zugrunde liegende Leere des *Yang* entstanden ist.

22.4 Einordnung dermatologischer Erkrankungen in der TCM

Hauterkrankungen können identifiziert werden durch die:
- acht Leitkriterien
- vitalen Substanzen
- *Zang-Fu*-Organe
- pathogenen Faktoren
- Meridiane
- Vier-Schichten-Theorie der Hitzeerkrankungen

22.4.1 Einordnung anhand der acht Leitkriterien

Nach den acht Leitkriterien werden Erkrankungen eingeteilt in Hitze/Kälte, Fülle/Leere, Außen/Innen und *Yang/Yin*. Die *Yang*-Störungen aus dem Bereich der Dermatologie weisen sich aus durch eine äußere Lokalisation, Hitze und exzessive Symptome. Sie sind meist sehr akut, verlaufen mit starkem Juckreiz und produzieren lokale Rötungen, Schwellungen und Schmerzen. Hautsymptome von *Yin*-Erkrankungen sind kalt, eher leer, innen, feucht, hyperpigmentiert und meist chronischer Natur [2]. Exogene krankheitsauslösende Faktoren dringen durch die Haut oder durch Mund und Nase in den Körper ein. Bleiben sie in der Haut- oder der Muskelschicht hängen, entsteht eine äußere Erkrankung. Dringt der exogene pathogene Faktor tiefer in den Körper ein, kann er die *Zang-Fu*-Organe befallen und eine innere Erkrankung hervorrufen [4].

22.4.2 Einordnung anhand der vitalen Substanzen

Die Identifikation von Erkrankungsmustern nach den vitalen Substanzen setzt die Unterscheidung von Disharmonien von *Qi*, Blut und den Körperflüssigkeiten voraus. In der Dermatologie treten folgende Störungen häufig auf: *Qi*- **und Blutstagnation, Blut-Leere** und **Hitze im Blut**. So können z. B. Faktoren, die zu einer *Qi*- oder Blutstagnation führen, wie unterdrückte Gefühle, zu wenig Bewegung oder schlechte Ernährung, Hautveränderungen hervorrufen, die mit Blutstagnation oder der Ansammlung von Feuchtigkeit oder Hitze in Zusammenhang gebracht werden.

Gleichermaßen können Faktoren, die Hitze im Körper fördern, wie z. B. bestimmte Medikamente, psychischer Stress oder das Einwirken von Allergenen, zu geröteten, juckenden und heißen Hautveränderungen des *Yang*-Typs führen [5].

22.4.3 Einordnung anhand der *Zang-Fu*-Organe

Bei der Identifikation des Krankheitsbilds nach den *Zang-Fu*-Organen wird sehr detaillierte Information durch die Anwendung der acht Leitkriterien auf spezifische *Zang-Fu*-Organe gewonnen. Diese Diagnosemethode kommt meist bei chronischen und inneren Erkrankungen zum Einsatz.

Lunge

Die Lungen „öffnen" sich in die Nase, durch die ein Großteil der Atmung erfolgt. Darum werden sie als das am weitesten außen gelegene der *Yin*-Organe bezeichnet. Sie sind so aber auch am empfindlichsten für Angriffe exogener krankheitsauslösender Faktoren, vor allem von Wind. Die Lungen haben die Aufgabe, *Wei-Qi* und *Jin-Ye* (Körperflüssigkeiten) auf den gesamten Körper zu verteilen und dadurch Muskulatur und Haut mit Wärme, Nahrung und Feuchtigkeit zu versorgen. Aufgrund dieser Funktion wird den Lungen nachgesagt, sie „kontrollierten die Haut und die Haare." Trockene Haut kann ein Zeichen für ein schwaches Lungen-*Qi* oder Lungen-*Yin* sein. Viele Hauterkrankungen sind als Spiegel einer schwachen Lungen-Konstitution zu sehen. Die Fähigkeit der Lunge, über die Haut zu wachen, ist gestört. Akne und Nesselfieber manifestieren sich oft durch pathologische Bedingungen in der Lunge.

Leber

Da die Leber Blut speichert und das Blutvolumen kontrolliert, ist sie auch für die Ernährung der Haut und der Muskulatur zuständig. Herrscht Leber-Blut-Leere, kann sich innerer Wind erheben, während er die leeren Blutgefäße füllt. Der Wind trocknet dann die Körperflüssigkeiten aus und führt zu trockener, juckender Haut. Die Leber „öffnet" sich in die Augen. Werden diese nicht mit einer ausreichenden Menge an Blut versorgt, können sich gerötete Konjunktiven und Juckreiz entwickeln. Die emotionellen Störungen sind ein wichtiger Anteil vieler Hauterkrankungen. Sie sind aber auch häufig Ursache und Wirkung von Leber-*Qi*-Stagnationen. Störungen der Leber können sich an der Haut im Bereich des Hypochondriums, der Genitalien und der Augen zeigen.

Milz/Pankreas

Milz/Pankreas ist die Wurzel des nachgeburtlichen *Qi* und spielt die zentrale Rolle in der Produktion von *Qi* und Blut. Ist die Transport- und Transformationsfunktion von Milz/ Pankreas gestört, können sich Feuchtigkeit und Schleim ansammeln. Das trifft für die Pathogenese vieler Hauterkrankungen zu. Viele der betroffenen Patienten haben eine Vorgeschichte mit gastrointestinalen Störungen, schlechtem Appetit, Erbrechen und Diarrhö.

Niere

Die Nieren sind die Wurzeln des vorgeburtlichen *Qi* und reflektieren darum die konstitutionelle Stärke eines Tieres. Das *Wei-Qi*, das von Milz/Pankreas und Magen produziert und dem Mittleren Erwärmer verteilt wird, stammt vom Nieren-*Jing* und dem *Yuan-Qi* ab, das seinen Ursprung im Unteren Erwärmer hat. Darum sind die Nieren auch so wichtig für das Immunsystem. Sie manifestieren sich im Haar, das von der Ernährung durch das Nieren-*Jing* abhängig ist.

Herz

Das Herz herrscht über das Blut. Es ist sehr empfindlich gegen Hitze und Feuer. Im *Nei Jing* (Der Klassiker des gelben Kaisers der Inneren Medizin) steht, dass „alle Formen von Schmerzen, Juckreiz und Hautläsionen *(Chuang)* dem Herz zugeordnet werden." Die Läsionen schmerzen, wenn Hitze vorhanden ist. Ohne oder mit nur wenig Hitze jucken die Läsionen [1].

22.4.4 Einordnung anhand der pathogenen Faktoren

Die Identifizierung eines Krankheitsbilds durch exogene krankheitsauslösende Faktoren basiert auf den Veränderungen, die auftreten, wenn die pathogenen Faktoren, seien es innere oder äußere, in den Körper eindringen. Da viele Manifestationen von Hauterkrankungen das Ergebnis einer Ansammlung pathogener Faktoren im Körper sind, muss diesen Erscheinungen für die erste Behandlungsstrategie besondere Aufmerksamkeit gewidmet werden.

- Dem **Wind** wird eher *Yang*-Charakter zugesprochen. Meistens greift er das Blut und das *Yin* an. Wind dringt plötzlich in den Körper ein und verbreitet sich überall hin. Dadurch entsteht eine Wechselhaftigkeit, die sich auf der Haut als Papulae oder striemenförmige Läsionen zeigen, die plötzlich auftauchen und wieder verschwinden können. Dem Wind wird eine nach oben und außen gerichtete Bewegung zugeschrieben. Darum finden sich mehr Veränderungen im oberen Teil des Körpers, z. B. dem Genick, dem Gesicht und den Ohren. Das Leitsymptom des Windes ist Juckreiz. Oft transportiert Wind andere exogene pathogene Faktoren mit sich, wie Wind-Hitze oder feuchte Wind-Hitze. Wind kann sekundär im Inneren durch eine Leber-Störung entstehen, wie ein aufsteigendes Leber-*Yang*, ein Leber-Feuer oder eine Blut-Leere. Meistens tritt Wind bei akuten Problemen auf oder bei akuten Schüben von chronischen Störungen.
- **Kälte** ist eher ein pathogener *Yin*-Faktor, der das *Yang-Qi* verletzen kann. Durch ihre zusammenziehende Natur führt Kälte zu Blut- und *Qi*-Stagnationen in den Meridianen. Dadurch kommt es zu der charakteristischen Abwesenheit von Entzündungen bei schwacher Durchblutung. Die Läsionen sind blass, purpurfarben, bei Berührung kühl und haben schlechte Heileigenschaften. Innere Kälte kann sich aus einer *Yang*-Leere entwickeln.
- **Sommer-Hitze** tritt nach dem Einwirken pathogener Hitze im Sommer auf. Erkrankungen, die vor der Sommerwende zu sehen sind, werden als „warme Erkrankungen" *(Bing Wen)* bezeichnet, diejenigen, die danach auftreten, heißen „Sommer-Hitze" *(Bing She)*. [1] Bei ungewöhnlich warmem Frühling oder Herbstwetter kann es jedoch auch zu Sommer-Hitze-Erkrankungen kommen. Dieser exogene krankheitsauslösende Faktor unterscheidet sich dadurch von den anderen, da er deutlich von einer Jahreszeit abhängig ist [3]. Hauterkrankungen können sich als erythematöse Papula, Pusteln oder Blasen manifestieren, da Sommer-Hitze oft in Kombination mit Feuchtigkeit auftritt. Wegen ihres streng exogenen Charakters greift Sommer-Hitze oft das *Wei-Qi* an und führt so zu Fieber und Schüttelfrost [6].
- **Feuchtigkeit** ist ein pathogener *Yin*-Faktor, der das *Yang-Qi* verletzt. Sie ist schwer, sinkt nach unten und führt darum häufig zu exsudativen Läsionen, die eher im unteren Körperbereich zu finden sind, wie dem ventralen Abdomen oder dem Zwischenzehenbereich. Wegen ihres trägen Charakters tendiert Feuchtigkeit dazu, an einem Platz zu bleiben und ist schwer aufzulösen. Meist ist Feuchtigkeit mit einer Leere von Milz/ Pankreas verbunden.
- **Trockenheit** ist ein pathogener Faktor mit *Yang*-Charakter, der darum das *Yin* und das Blut angreifen kann. Trockenheit tritt vor allem im Herbst auf und führt zu trockener, schuppiger und rissiger Haut. Pruritus, der durch Trockenheit entstanden ist, ist meist wesentlich milder als der durch Wind hervorgerufene. Er hat auch nicht die starke Tendenz des Windes, sich durch den gesamten Körper zu bewegen. Innere Trockenheit kann als Folge oder als Wegbereiter einer *Yin*- oder Blut-Leere entstehen. Da der Magen die Quelle der Flüssigkeiten des Körpers darstellt, können eine ungesunde Ernährung oder unregelmäßige Mahlzeiten zu Austrocknung der Magenflüssigkeiten und zu Trockenheit führen.

- **Hitze** produziert Läsionen, die rot, geschwollen und bei Berührung warm sind. Sie erscheinen meist plötzlich und schnell und sind häufig von systemischen Hitze-Anzeichen begleitet. Die Läsionen sind oft nicht klar abgegrenzt, da Hitze die Tendenz hat, sich auszubreiten. Feuer ist die Extremform der Hitze und stammt oft aus dem Inneren des Körpers. Es wird durch seine Intensität charakterisiert. Wenn das Blut durch die Hitze „rücksichtslos" gemacht wurde, können Blutungen auftreten. Wenn sich Hitze in Feuer-Toxin verwandelt, treten Pusteln und eitrige Exsudate auf. Insektenbisse und Ektoparasiten, wie Läuse, Flöhe und Milben, wurden traditionell von der TCM als Ursache von Hauterkrankungen betrachtet. Sie können lokalisierte Rötungen, Schwellungen und Pruritus hervorrufen. Treten dabei auch Pusteln, Hitzezeichen und Schmerzen auf, ist auf die zusätzliche Anwesenheit von Hitze zu schließen.
- **Blutstagnation** führt zu schmerzhaften, verfärbten Schwellungen (inklusive Hyperpigmentation) und Knoten. Oft entsteht aus Stagnation eine Ansammlung von Hitze. Jeder zugrunde liegende Faktor wie Selbstverstümmelung, Bisswunden oder Operationsnarben, der zu einer *Qi*- oder Blutstauung in den Meridianen führt, kann Blutstagnation zur Folge haben. Interessanterweise liegen viele der Hyperpigmentationen, die in der Praxis auftreten, im Bereich des Gallenblasen- oder des Leber-Meridians, in der Leiste oder der Achselregion. Beide Meridiane sind besonders anfällig für *Qi*- und Blut-Stagnation.
- **Schleim** ähnelt in seinem Charakter der Feuchtigkeit und entwickelt sich als Ergebnis der Unfähigkeit von Milz/Pankreas, Flüssigkeiten zu transformieren und zu transportieren. Er kann auch durch die verdichtende Wirkung von Hitze oder Feuer auf die Körperflüssigkeiten entstehen. Schleim, der sich unter der Haut ansammelt, erscheint als Knoten und Klumpen. Bleibt Schleim in den Meridianen hängen, beeinflusst er meist den Fluss von *Qi* und Blut. Das führt dann wiederum zu noch mehr Stagnation und einer Verschlimmerung der Hautveränderungen. Sowohl Schleim als auch Blutstagnation sind sich innerlich entwickelnde pathogene Substanzen und Faktoren. Bei chronischen Fällen, wie sie gerade in der Dermatologie häufig zu sehen sind, werden sie selbst zu Ursachen der Erkrankung.

22.4.5 Einordnung anhand der Meridianbeteiligung

Bei der Behandlung einiger oberflächlicher Veränderungen, wie „hot spots", Otitis und Leckgranulomen, wird die Einordnung des Krankheitsbilds anhand der Meridianbeteiligung herangezogen, wenn die Verteilung der Symptome und Anzeichen den Meridianen zugeordnet werden kann.

22.4.6 Einordnung anhand der Vier-Schichten-Theorie

Bei der Einteilung des Krankheitsbilds nach den vier Schichten müssen vor allem die pathologischen Veränderungen beachtet werden, die auftreten, wenn der Körper von einer „warmen fieberhaften Erkrankung" befallen wird, typischerweise einem exogenen pathogenen Faktor wie Wind-Hitze. Genauer gesagt beschreiben die Veränderungen die Tiefe, bis zu welcher der exogene krankheitsauslösende Faktor vorgedrungen ist. Die vier Ebenen sind das *Wei-Qi*, *Qi*, *Ying* (Nahrungs-*Qi*) und *Xue* (Blut). Diese Methode wird zur Diagnose und Behandlung akuter Infektionserkrankungen und chronischer systemischer Erkrankungen angewendet. Sie kommt besonders häufig in der Phytotherapie zum Einsatz.

22.5 Behandlungsprinzipien

Bei vielen Hauterkrankungen werden anfänglich die sichtbaren Symptome behandelt. Man sollte bedenken, dass sich die verschiedenen Stadien ein und derselben Erkrankung unterschiedlich darstellen können. Andererseits können sich verschiedene Erkrankungen mit den gleichen Symptomen zeigen. Darum sollten Hautveränderungen sorgfältig untersucht und je nach Veränderung behandelt werden. Um den exogenen pathogenen Faktor zu eliminieren, werden eine oder mehrere der folgenden Vorgehensweisen zur Anwendung kommen:

- Wind, Feuchtigkeit und/oder Kälte ausleiten
- Hitze oder Toxine ausleiten
- Trockenheit befeuchten
- die Meridiane erwärmen
- Blut und *Qi* beleben
- Schleim auflösen, den Geist beruhigen

Wenn die Symptome unter Kontrolle sind und der Patient nicht mehr so leiden muss, liegt der Erfolg versprechende Langzeitansatz in der Suche und Behandlung der zugrunde liegenden Leere, die es den exogenen pathogenen Faktoren überhaupt erst ermöglicht hat, Fuß zu fassen. Dieser Ansatz enthält immer eine Tonisierung von *Qi* und *Yang* und eine Stärkung von *Yin* und Blut.

Oft auftretende Läsionen und damit in Verbindung stehende Störungen [2]

- **Papula:** Lungen-Störung, exogener Wind, Wind-Hitze oder Wind-Feuer
- **Pusteln:** Hitze-Toxine oder Feuer-Toxine
- **Vesikel:** Feuchtigkeit
- **Rote Schwielen:** Wind-Hitze oder *Yin*-Leere mit Leere-Feuer
- **Blasse Schwielen:** Wind-Kälte oder Kälte aufgrund einer *Yang*-Leere
- **Knoten:** *Qi* oder Blutstagnation
- **Trockene Schuppen:** Wind-Trockenheit oder Blut-Mangel
- **Fettige Schuppen:** feuchte Hitze
- **Krusten:** feuchte Hitze, Blut-Hitze oder Feuer-Toxine
- **Pigmentation:** Blutmangel
- **Lichenifikation:** Blut- und *Qi*-Leere, die zu Stagnation führt

Zusätzlich sollten Punkte mit einbezogen werden, die Wirkung auf das Immunsystem haben (➤ Tab. 22.1). Ein geschädigtes Immunsystem kann als Risikofaktor durch seine Schwäche in der Immunmodulationsfähigkeit zur Entwicklung von Hypersensitivität und Autoimmunerkrankungen beitragen [7].

Zheng-Qi ist ein Sammelbegriff für alle Arten von *Qi*, die eine aktive Rolle in der Körperabwehr spielen. Darum hängt eine positive Prognose von der Stärkung des *Zheng-Qi* ab. Die wichtigste Strategie zur Stärkung des Immunsystems liegt im Aufbau des

Tab. 22.1 Punkte, die häufig zur Behandlung von Hauterkrankungen eingesetzt werden.*

Akupunkturpunkt	Wirkung*
Lu 7	Leitet Wind aus, befreit die Oberfläche, beruhigt Schleim
Lu 9	*Yuan*-Quell-Punkt, Tonisierungspunkt der Lunge
Di 4	Leitet Wind aus, befreit die Oberfläche, reguliert *Wei-Qi*, Meister-Punkt des Gesichts, leitet Hitze aus
Di 7	*Xi*-Grenz-Punkt, kühlt Hitze, entgiftet, klärt Feuer und beruhigt den Geist
Di 11	Beendet Juckreiz, leitet Wind aus, kühlt Blut und Hitze, reguliert *Qi* und Blut
Ma 36	Tonisiert Milz/Pankreas, leitet Feuchtigkeit aus, unterstützt *Zheng-Qi*, ernährt *Yin* und Blut, löscht Feuer und beruhigt den Geist
Ma 40	*Luo*-Passage-Punkt, wandelt Schleim und Feuchtigkeit um
MP 6	Tonisiert Milz/Pankreas und Magen, wandelt Feuchtigkeit um, beruhigt den Geist, belebt das Blut, harmonisiert die Leber und tonisiert die Niere
MP 9	Reguliert Milz/Pankreas und wandelt Feuchtigkeit um
MP 10	Belebt und kühlt das Blut, kommt der Haut zugute
He 7	*Yuan*-Quell-Punkt, beruhigt den Geist, nährt das Herz-Blut
Bl 12	Leitet Wind aus und befreit die Oberfläche, stärkt das *Wei-Qi*, verteilt das Lungen-*Qi* und leitet es nach unten
Bl 13	*Shu*-Zustimmungs-Punkt der Lunge, tonisiert Lungen-*Qi* und nährt das Lungen-*Yin*, klärt Hitze in der Lunge, befreit die Oberfläche
Bl 15	*Shu*-Zustimmungs-Punkt des Herzens, beruhigt den Geist, klärt Feuer-Hitze und löst Blut-Stase auf
Bl 17	Meisterpunkt des Blutes, belebt Blut und löst Stagnationen auf, kühlt Blut und beendet Blutungen, nährt das Blut
Bl 18	*Shu*-Zustimmungs-Punkt der Leber, verteilt Leber-*Qi*, reguliert Leber-Blut, beruhigt Wind, kühlt Feuer und leitet feuchte Hitze aus
Bl 20	*Shu*-Zustimmungs-Punkt von Milz/Pankreas, tonisiert Milz/Pankreas und löst Feuchtigkeit auf
Bl 23	*Shu*-Zustimmungs-Punkt der Niere, tonisiert die Niere, die Essenz und das *Yin*, stärkt die Augen und die Ohren
Bl 40	Vereinigungs-Punkt, kühlt Blut und Sommer-Hitze
Pe 5	Wandelt Schleim um, beruhigt den Geist
Pe 6	*Luo*-Passage-Punkt, reguliert *Qi*, beruhigt den Geist, kühlt Hitze
3E 3	Klärt Hitze, befreit Kopf und Augen, unterstützt die Ohren
3E 5	*Luo*-Passage-Punkt, leitet Wind und Hitze aus, befreit die Oberfläche, unterstützt den Kopf und die Ohren

Tab. 22.1 Punkte, die häufig zur Behandlung von Hauterkrankungen eingesetzt werden.* *(Forts.)*

Akupunkturpunkt	Wirkung*
Gb 20	Leitet Wind aus, unterstützt Kopf und Augen
Gb 21	Reguliert *Qi*, wandelt Schleim um, löst Knoten auf
Gb 31	Eliminiert Wind und beendet Juckreiz (oft in Kombination mit 3E 6 benutzt)
Gb 40	*Yuan*-Quell-Punkt verteilt Leber-*Qi*, klärt Hitze und feuchte Hitze aus dem Gallenblasenmeridian
Gb 41	Verteilt Leber-*Qi*, wandelt Schleim um und löst Knoten auf, klärt Hitze und unterstützt die Augen
Gb 43	Klärt Hitze und unterstützt den Kopf, die Ohren und die Augen, leitet feuchte Hitze aus den Leitbahnen aus
Le 2	Kühlt Leber-Feuer, verteilt Leber-*Qi*, beruhigt Leber-Wind, beendet Blutungen
Le 3	*Yuan*-Quell-Punkt, leitet inneren Wind aus, beruhigt Leber-*Yang*, unterstützt den reibungslosen Fluss des *Qi*, beruhigt den Geist, klärt Kopf und Augen, ernährt Leber-Blut und *Yin*
Le 5	*Luo*-Passage-Punkt, verteilt Leber-*Qi*, klärt Feuchtigkeit und Hitze aus dem Unteren Erwärmer, unterstützt die Genitalien
Le 13	*Mu*-Alarm-Punkt von Milz/Pankreas, harmonisiert Leber und Milz/Pankreas, verteilt Leber-*Qi*
KG 9	Löst Feuchtigkeit und Schleim auf, indem die Transformation der Flüssigkeiten unterstützt wird
LG 4	Kühlt Hitze, tonisiert die Nieren
LG 14	Leitet Wind aus, kühlt Hitze, beruhigt inneren Wind, tonisiert bei Leere
LG 20	Klärt das Gemüt und beruhigt den Geist, leitet inneren Wind aus, tonisiert *Yang*

* Daten aus: Deadman, P. et al: A manual of acupuncture, Vista, Calif., 1998, Eastland Press.

Zheng-Qi, indem das *Yuan-Qi* und das *Wei-Qi* gestärkt werden (➢ Kap. 21).

Immer wenn dermatologische Fälle behandelt werden, die einen immunologischen Hintergrund haben, sollte an Zustimmungspunkte, Alarmpunkte, Quellpunkte und Punkte auf den acht außerordentlichen Meridianen gedacht werden. Eine Diskussion der zu verwendenden Punkte befindet sich in ➢ Kap. 21.

Behandlungsprinzipien bei dermatologischen Erkrankungen

- Punkte, die Wind ausleiten: Lu 7, Di 4, Di 11, Bl 12, Bl 13, Bl 17, 3E 5, 3E 6, Gb 20, Gb 31, Le 3, LG 14
- Punkte, die das *Qi* und das Blut anregen: Di 4, MP 6, MP 10, Bl 17, Bl 18, Gb 34, Le 2, Le 3, Le 14
- Punkte, um Blut zu kühlen: Di 11, Ma 44, MP 10, Bl 15, Bl 17, Bl 40, LG 14
- Punkte, um Hitze und feuchte Hitze auszuleiten: Di 11, Ma 36, MP 6, MP 9, Ma 25, Ma 37, Bl 20, Bl 22, Le 5, KG 9
- Punkte, um *Qi* und *Yang* zu tonisieren: Ma 36, MP 6, Bl 13, Bl 20, Bl 23, Ni 3, Ni 7, KG 6, KG 12, KG 17, LG 4, LG 20, Moxa
- Punkte, um *Yin* und Blut zu nähren: Ma 36, MP 6, He 7, Bl 15, Bl 17, Bl 18, Bl 23, Ni 3, Ni 6, Le 3, Le 8, KG 4

22.6 Integrativer Ansatz zur Behandlung spezifischer dermatologischer Störungen

22.6.1 Bakterielle Hauterkrankungen

Ätiologie

Alle Störungen dieses Abschnitts weisen eine ähnliche Ätiologie auf. Viele der dermatologischen Patienten leiden an gastrointestinalen Störungen, Ohrinfektionen, Erkrankungen der Analbeutel und Augenproblemen. Bei diesen Fällen liegt häufig **Feuchtigkeit** vor, weshalb Milz/Pankreas eine wichtige Rolle spielt. Ist die Funktion von Milz/Pankreas, Flüssigkeiten zu transportieren und zu transformieren, gestört, führt dies zu innerer Feuchtigkeit im Magen und im Mittleren Erwärmer. Auch äußere Feuchtigkeit kann eine Rolle spielen, da viele Hunde gern schwimmen gehen.

Mit der Zeit beginnt die Ansammlung von Flüssigkeit den Fluss des *Qi* im Mittleren Erwärmer zu behindern und führt so zu einer **Leber-*Qi*-Stagnation.** Dann kann die Leber eventuell die sowieso schon geschwächten Funktionskreise Milz/Pankreas und Magen überwältigen und zu einer Störung des Verdauungssystems führen oder zu Entstehung von mehr Hitze und Leber-Feuer oder feuchter Hitze in der Gallenblase. Da die Leber sich in die Augen „öffnet" und der Gallenblasen-Meridian in enger Verbindung zu den Ohren steht, treten häufig auch Konjunktivitis und Otitis auf.

Eine Reihe anderer Ursachen kann ebenfalls zum Entstehen von Hitze beitragen. Das gilt z. B. auch für eine Diät, die aus getrocknetem Futter mit Konservierungsmitteln besteht, für den unsachgemäßen Einsatz von Pharmaka, für übermäßige Anwendung von Impfungen und für externe klimatische Faktoren. Die Hitze im Körper erhitzt die sich ansammelnden Flüssigkeiten und „kocht" sie an die Körperoberfläche, wo sie sich als Läsionen manifestieren [10].

Feuchtigkeit besitzt *Yin*-Charakter, ist klebrig und schwer aufzulösen. Nach einiger Zeit blockieren die Läsionen selbst den Fluss von *Qi* und Blut in der Haut. Dadurch entstehen noch mehr Stagnationen und ein wahrer Teufelskreis beginnt.

Pyotraumatische Dermatitis („hot spots")

Ätiologie/Symptomatik

Die pyotraumatische Dermatitis („hot spots") ist die Folge von Verletzungen, die sich die Tiere bei dem Versuch, Juckreiz und Schmerz zu mildern, selbst zufügen. Klinisch zeigt sich eine akut auftretende, gerötete, feuchte und exsudative Läsion. Wegen der schnellen Entwicklung und dem intensiven Pruritus werden „hot spots" normalerweise als **Wind-Invasion** diagnostiziert, die von Hitze und Feuchtigkeit begleitet wird.

Behandlungsprinzip

Zur Behandlung werden Punkte benutzt, die Wind ausleiten, Hitze kühlen, Feuchtigkeit bereinigen und den Geist beruhigen. Theoretisch sollte diese Art von Läsionen sehr schnell auf Akupunktur ansprechen. Sie stellt aber ganz oft nur die äußere Erscheinung einer tiefer liegenden Störung dar (z. B. Atopien), die sich verschlimmert, wenn saisonale Wechsel oder Veränderungen in der Umgebung das empfindliche Gleichgewicht zwischen Qi und Blut und zwischen Yin und Yang stören. Um weitere Schübe zu verhindern, muss man sich also mit der zugrunde liegenden Störung befassen, wenn der Patient sich wieder etwas besser fühlt.

Punkte bei pyotraumatischer Dermatitis

Folgende Punkte können verwendet werden: Di 4, Di 11, Ma 36, MP 6, MP 10, He 7, Bl 40, 3E 5, 3E 10 (klärt Hitze, kühlt und belebt das Blut, kühlt Sommer-Hitze), Gb 20, LG 20.
Punkte auf den betroffenen Meridianen können zusätzlich eingesetzt werden.

Superfiziale Pyodermie

Ätiologie/Symptomatik

Die am häufigsten diagnostizierten oberflächlichen Pyodermien sind u. a. Impetigo der Welpen, mukokutane Pyodermie und bakterielle Follikulitis. Oft werden dabei Staphylokokken-Spezies isoliert, die allerdings nur wenig pathogen sind. In der TCM entstehen Pyodermien durch Ansammlung von **Feuchtigkeit und Hitze** in der Haut. Wenn die Bakterien bei der Erkrankung eine wichtige Rolle spielen, würden sie den Hitze-Toxinen entsprechen. Manchmal trägt ein akuter Windangriff bereits bestehende Feuchte-Hitze-Bedingungen an die Oberfläche, wo sie an der Haut in Erscheinung treten. Heilt die akute Infektion nicht völlig aus, können sich chronische Läsionen entwickeln, da das Qi und das Blut angegriffen und das *Zheng-Qi* geschwächt werden. Die Hitze-Toxine müssen vollständig aus dem Körper getrieben werden. Bleiben sie bestehen, kann das zu wiederkehrenden Problemen führen [2].

Behandlungsprinzip

Anfänglich zielt die Behandlung darauf ab, die feuchte Hitze und die Hitze-Toxine auszuleiten und das Blut und Qi zu beleben. Bei chronischen oder hartnäckigen Fällen müssen das schwache Blut und das Qi tonisiert werden.

Punkte bei superfizialer Pyodermie

Folgende Punkte können indiziert sein: Di 4, Di 7, Di 11, Ma 36, MP 5 (tonisiert Milz/Pankreas und leitet Feuchtigkeit aus), MP 6, MP 9, Bl 13, Bl 17, Bl 18, Bl 40, Le 2, Le 13, KG 9, LG 10 (kühlt Hitze und entgiftet) [8], LG 14.

Otitis externa

Ätiologie/Symptomatik

Die Otitis externa ist charakterisiert durch Erytheme, Schwellungen im Ohrbereich, vermehrten Ausfluss, starken Geruch und Schmerzen (➤ Tab. 22.2). Als Ursache muss man prädisponierende, primäre und erhaltende Faktoren in Betracht ziehen. [3]

- Zu den prädisponierenden Faktoren gehören z. B. Probleme der Konstitution (Leere des vorgeburtlichen *Qi* oder des Nieren-*Jing*) und exzessive Feuchtigkeitsansammlungen, die durch das Klima oder durch zu viel Schwimmen bedingt sind.

22

Tab. 22.2 Akupunkturpunkte, die häufig zur Behandlung von Ohrproblemen eingesetzt werden

Symptomatik	Akupunkturpunkt
Eitriger Ohrausfluss	Ma 7, Dü 19, 3E 21, Gb 2
Pruritus	Ma 7, 3E 5, Gb 2
Rötung und Schwellung	3E 5, 3E 17, Gb 2
Schmerzen	Di 11, Ma 7, 3E 3, 3E 5, 3E 17, 3E 21, Gb 43

Daten aus: Deadman, P. et al: A manual of acupuncture, Vista, Calif., 1998, Eastland Press.

- Zu den primären Ursachen gehören Atopie und Nahrungsunverträglichkeiten, die beide auf ein Ungleichgewicht des Immunsystems zurückzuführen sind, respektive auf einen Mangel an vorgeburtlichem und nachgeburtlichem *Qi*.
- Zu den erhaltenden Faktoren zählt die Besiedlung des äußeren Gehörgangs durch Bakterien und Hefen. Das deutet auf eine relative Schwäche des *Zheng-Qi* (antipathogenes *Qi*) im Verhältnis zum *Xie-Qi* (pathogenes *Qi*) hin. Das letztere ermöglicht die Invasion durch Hitze-Toxine. Wenn die Mikroorganismen stark pathogen sind, können sie auch die Abwehr eines gesunden Wirtes überwältigen. Staphylokokkus intermedius und Malassezia pachydermatis werden aber auch häufig in Ausstrichen von normalen Ohren gefunden. Dies unterstützt die Theorie, dass ein geschwächtes *Zheng-Qi* die Voraussetzung zur Infektion darstellt.

Eine Studie über die Otitis des Hundes zeigte, dass durch Akupunktur die Wirkung der Antibiotika verstärkt wird. Es gab signifikante Unterschiede in der Heilungszeit, dem Verschwinden von Schmerzen und dem Rückgang des Ohrausflusses in der Gruppe von Hunden, die neben der konventionellen Behandlung mit Akupunktur behandelt wurde. Durch die Akupunktur können die körpereigenen Abwehrmechanismen angeregt werden, während die Antibiotika gezielt auf die eingedrungenen Erreger wirken [9].

Akute Schübe von Otitis sind meist **Fülle-Erkrankungen** und auf das Eindringen von **Wind-Hitze** zurückzuführen. Meistens treten sie bei Patienten auf, die bereits an den Folgen eines Leber-Feuers oder feuchter Hitze in Leber oder Gallenblase leiden. Der Gallenblasen-Meridian umkreist das Ohr, tritt an 3E 17 in den Gehörgang ein und am Punkt Dü 19, vor dem Ohr, wieder an die Oberfläche. Er hat Verbindung zum Dreifachen Erwärmer (3E 17), dem Dünndarm-Meridian (Dü 19) und dem Magen-Meridian (Ma 7). Auch der Dreifache Erwärmer umkreist den Ohrgrund, tritt in den Gehörgang ein und kommt vor dem Ohr wieder an die Oberfläche [8].

Behandlungsprinzip

Die einleitende Behandlung zielt darauf ab, den Wind auszuleiten, die feuchte Hitze in Leber und Gallenblase aufzulösen und das Leber-Feuer zu löschen. Bis die unangenehmen Symptome verschwunden sind, sollte der Patient ein- bis zweimal pro Woche mit Akupunktur behandelt werden. Die Folgebehandlungen werden meist einmal pro Woche oder pro Monat durchgeführt und haben das Ziel, das *Qi* zu tonisieren, stagnierendes Leber-*Qi* in Bewegung zu setzen und das Leber-Feuer wenn möglich aufzulösen [5]. Punkte, die den Geist beruhigen, sollten dem Behandlungsplan zugefügt werden, da emotionelle Belastung oft zur Bildung von Hitze beiträgt.

Punkte bei Otitis externa

- Punkte, die zur Behandlung der akuten Fülle-Problematik geeignet sind: Di 11, Ma 7, Dü 19 (stärkt das Ohr, beruhigt den Geist), 3E 3, 3E 5, 3E 17 (unterstützt das Ohr, leitet Wind aus, kühlt Hitze), Gb 2 (unterstützt das Ohr, leitet Wind aus, kühlt Hitze), Gb 20, Gb 41.
- Zusätzliche Punkte, die damit kombiniert werden können, sind: Le 3, Le 14 (beleben stagnierendes Leber-*Qi*), MP 6, Ni 6 (bei Leere des Nieren- und des Leber-*Yin*), MP 9, Gb 34 (leiten feuchte Hitze aus).
- Während des symptomfreien Intervalls sollte die Ursache des Problems mit den Punkten angegangen werden, die das *Wei-Qi*, die Nieren, die Lunge und Milz/Pankreas stützen: Lu 7 oder Lu 9, Ma 36, MP 3, Bl 13, Bl 20, Bl 23, Ni 3, Gb 40 [8].

Erkrankungen der Analbeutel

Ätiologie/Symptomatik

Erkrankungen der Analbeutel zeigen meist Rötungen um den Anus, Schwellung, Schmerzen und stark stinkendes Sekret. Laut TCM sind Rötungen und Schwellungen auf **Qi- oder Blutstagnation** zurückzuführen, der Ausfluss lässt auf **Feuchtigkeitsansammlungen** schließen und der Gestank deutet auf bestehende **Hitze** hin. Liegt eine Infektion vor, so ist von Hitze-Toxinen auszugehen.

Behandlungsprinzip

Die Behandlung sollte Feuchtigkeit und Hitze auflösen, Blut und Qi beleben und Hitze-Toxine ausleiten.

Punkte bei Erkrankungen der Analbeutel

Die oben aufgeführten Punkte können auch hier eingesetzt werden. Zusätzlich kommen lokale Punkte wie KG 1 und distale Punkte wie Bl 57 in Frage. Punkte auf dem Blasen-Meridian werden häufig eingesetzt (z. B. Bl 40 und Bl 58), da Äste dieses Meridians um den Anus herum verlaufen. *Er Bai* ist ein weiterer Punkt, der sich gut zur Behandlung von Erkrankungen der Analbeutel eignet. Er ist 4 *Cun* proximal von Pe 7 lokalisiert, auf den beiden Seiten der Sehne des M. flexor carpi radialis. Beim Menschen wird dieser Punkt bei Hämorrhoiden, Pruritus ani, Rektumprolaps, Hämatochezia und Tenesmus eingesetzt [8].

Westliche und traditionell chinesische Behandlungsansätze der bakteriellen Hauterkrankungen

Pyodermien sind meist das äußere Anzeichen einer darunter liegenden kutanen, metabolischen oder immundefizienten Erkrankung [3]. Primäre Störungen des Immunsystems sind meist angeboren und oft erblich, wie eine Leere des vorgeburtlichen *Qi* oder des Nieren-*Jing*. Erworbene Immunstörungen stellen meist die Folge einer zugrunde liegenden systemischen Störung dar, wie einer Leere des nachgeburtlichen *Qi*. In beiden Fällen zeigen die Tiere meist wiederkehrende Hauterkrankungen, die schwer zu behandeln und fast unmöglich zu heilen sind. In der westlichen Medizin werden dann immunmodulierende Therapien verwendet

(z. B. Immoregulin, SPL, Levamisol, Cimetidin), um die Immunantwort der Tiere zu verstärken.

Der Sinn des Einsatzes von Akupunktur zur Vermeidung von Infektionen liegt höchstwahrscheinlich in der Wirkung auf die Phagozytose und der gesteigerten Produktion von Antikörpern. Bei Untersuchungen der medizinischen Universität von Beijing konnte bewiesen werden, dass sich nur mit der Nadelung der Punkte Di 4 und Ma 36 bei gesunden Menschen die Phagozytoserate von Staphylokokkus aureus durch weiße Blutzellen ein- bis zweimal steigern ließ. Das Forschungsinstitut für TCM der Provinz *Shenxi* untersuchte die bakterizide Fähigkeit der weißen Blutzellen vor und nach einer Akupunkturbehandlung von Tieren. Die bakterizide Fähigkeit der weißen Blutzellen lag über dem durchschnittlichen Level und war selbst nach 48 Stunden noch hoch. Durch Moxibustion und Elektroakupunktur bei Tieren an den Punkten LG 14, Ma 36 und *Shiqizhui* (Extrapunkt am Spatium lumbosakrale) erhöhte sich die Phagozytose durch das retikuloendotheliale System (RES). Das gilt auch für die Punkte Ma 36, Bl 23, Bl 18, Bl 19 [11]. Durch eine weitere Studie konnte die Wirkung der Akupunktur des Punktes Ma 36 auf das RES bestätigt werden. Außerdem wurde der Antikörper-Titer um das ein- bis achtfache erhöht, mit einer verlängerten Halbwertszeit im Plasma [12]. Akupunktur stellt also eine sichere und wirksame Alternative zur Immuntherapie dar, vor allem bei Patienten mit chronisch wieder auftretenden Symptomen.

22.6.2 Psychogene Hauterkrankungen

Laut Scott und anderen, die auf dem Gebiet der humanen Psychodermatologie arbeiten, wurden Körper und Geist des Menschen viel zu lange Zeit getrennt voneinander behandelt. Die emotionellen Faktoren bei Hauterkrankungen spielen eine so große Rolle, dass nur die Hälfte der Patienten erfolgreich behandelt werden kann, wenn man sie außer Acht lässt [3]. Das deckt sich mit den Erkenntnissen der TCM, die ebenfalls die Bedeutung von Emotionen bei der Entstehung von Hauterkrankungen betont.

Feline psychogene Alopezie

Ätiologie/Symptomatik

Die psychogene Alopezie der Katzen entwickelt sich durch starkes Belecken, bei dem Ängstlichkeit als Ursache angenommen wird. Die typischen Verteilungen der kahlen Stellen sind die Innenseiten der Vorderbeine, die Innenseiten der Oberschenkel, der kaudale Bereich des Abdomens und die Leistengegend. Interessanterweise ziehen die Meridiane des *Jue Yin* (Perikard und Leber) über diese Areale. Bei einem anderen Verteilungsmuster sind kahle Stellen im hinteren Lendenbereich, im Sakral- oder Schwanzbereich und an den kaudomedialen Oberschenkeln zu finden. Blasen- und Nieren-Meridian ziehen durch diese Gebiete. Das gilt auch für einen inneren Ast des Gallenblasen-Meridians, der im Sakralgebiet an die Oberfläche tritt und zum Schwanzansatz zieht. Bei chronischen Fällen treten Hyperpigmentationen auf, die auf Qi- und Blut-Fluss-Störung hinweisen. Sind Lichenifikationen zu erkennen, muss von einer **Blut-Stase** ausgegangen werden.

Länger bestehender Ärger, Frustrationen oder Langeweile können zu **Leber-*Qi*-Stagnationen** führen. Wenn *Qi* und Blut nicht mehr reibungslos fließen können, werden die Haarfollikel auch nicht mehr genügend ernährt. Das führt zu weiterem Haarverlust und/oder einem verzögerten Haarwuchs. Wegen der vernetzten Innen-Außen-Beziehung zwischen Leber und Gallenblase kann sich eine Hitzeansammlung im Gallenblasen-Meridian sekundär aus einer länger bestehenden Leber-*Qi*-Stagnation entwickeln.

Behandlungsprinzip

Zur Behandlung müssen *Qi* und Blut bewegt und der Geist beruhigt werden. Möglicherweise sind auch Punkte indiziert, welche die Leber harmonisieren.

Punkte bei feliner psychogener Alopezie

Um die Leber zu besänftigen und die Emotionen zu beruhigen, eignen sich die Punkte: He 7, Pe 6, Di 4 mit Le 3 (die „vier Tore"), Le 13, LG 20 und *Yin Tang* (Extrapunkt zwischen den „Augenbrauen"). Auf den betroffenen Meridianen sollten distale Punkte mitbehandelt werden. Zusätzlich zu Di 4 und Pe 6 können dies z. B. 3E 3, 3E 5, Gb 40 oder Gb 41 sein.

Akrale Leckdermatitis

Ätiologie/Symptomatik

Die akrale Leckdermatitis (Leckgranulom) kann psychogenen Ursprungs sein. Es ist aber wichtig, organische Ursachen auszuschließen. Meist stellen sich die Läsionen als verdickte, harte, ovale Platten dar, die mitunter eine ulzerierte Oberfläche haben [3]. Diese Veränderungen finden sich häufig im kraniolateralen oder kraniomedialen Bereich des Carpus oder Metakarpus, entlang des Verlaufes des Dreifachen Erwärmers und/oder des Dickdarm-Meridians. Diese Veränderungen können gut mit Akupunktur behandelt werden. Mit Punkten, die den Geist beruhigen, wird die mentale oder emotionale Ebene der Störung direkt angesprochen. Lokale Punkte werden gemäß dem Prinzip der Punkteauswahl nach dem Meridianverlauf ausgewählt, um die *Qi*- **und Blutblockade** zu beheben, die den Meridian betrifft. Obwohl sich die Störung als Meridianstörung manifestiert, treten häufig Anzeichen einer Beteiligung der *Zang-Fu*-Organe auf. In diesen Fällen müssen auch diese behandelt werden.

Behandlungsprinzip

Die Behandlung zielt darauf ab, das Blut und das Qi im Meridian zu beleben und den Geist zu beruhigen. Zusätzlich werden Punkte auf den betroffenen Meridianen genadelt.

Punkte bei akraler Leckdermatitis

Die folgenden Punkte stehen zur Auswahl: Lu 7, Di 4, Di 5, 3E 3, 3E 4 und 3E 5. Liegen die Störungen an den Extremitäten, gibt es definitionsgemäß keine distalen Punkte [8]. Darum werden proximale Punkte, wie Di 7, Di 11, Di 15, 3E 10 und 3E 14, eingesetzt. Die traditionelle Nadeltechnik „Umkreise den Drachen" kann angewendet werden. Die Nadeln werden schräg oder quer zur Abgrenzung der Hautveränderung, in Richtung zum Zentrum, eingestochen. Dadurch entsteht ein kreisförmiges Muster um die Veränderung herum.

Allgemeine Therapie der psychogenen Hauterkrankungen

Kutanes Nadeln mit einem „Pflaumenblütenhämmerchen" oder einer „Sieben-Stern"-Nadel haben sich gerade bei neurologischen und dermatologischen Störungen bewährt. Damit wird oberflächlich und wiederholt auf die Haut geklopft, um den reibungslosen Fluss des *Qi* in den betroffenen Gebieten anzuregen. Diese einfache, aber sehr wirkungsvolle Technik wird von unseren Patienten sehr gut toleriert. Obwohl sich Akupunktur zur Behandlung von psychogenen Störungen eignet, bleibt die Behandlung oft palliativer Natur. Um positive Veränderungen zu erzielen, müssen die zugrunde liegenden emotionellen und mentalen Störungen behandelt werden.

22.6.3 Feline Akne

Ätiologie/Symptomatik

Die feline Akne ist eine idiopathische Störung der follikulären Keratinisierung, die zu Läsionen an Kinn und Lippen der Katzen führt. Die Veränderungen können sich von asymptomatischen Komedonen zu Papeln und Pusteln weiterentwickeln. In weiterentwickelten Fällen bilden sich eiternde Follikulitis, Furunkulitis oder Zellulitis. Zysten und Narbenbildungen können bei chronisch erkrankten Tieren beobachtet werden [3]. In der TCM wird Akne als Fei Feng Fen Ci oder „Lungen-Wind mit weißen Dornen" bezeichnet [5]. Die unkomplizierten Fälle lassen sich auf **Hitze in Lunge, Milz/Pankreas und Magen** zurückführen. Die schwerwiegenderen Fälle weisen meist auf die Anwesenheit von Hitze oder Feuchtigkeits-Toxin, Blut-Hitze, Schleim und/oder Blut-Stase hin. Lungen-Hitze entsteht durch das Eindringen von exogenem Wind, der die bereits bestehende Hitze im Lungen-Meridian dazu bringt, sich in der Haut und dem darunter liegenden Gewebe anzusammeln. Feuchte Hitze in Milz/Pankreas oder Magen entsteht meist durch unzureichende Ernährung. Mit der Zeit beginnt die Hitze nach oben zu steigen und verankert sich im Unterhautgewebe, wo sie zu Läsionen der Haut im Gesicht und im Nacken führt [5]. Lunge und Dickdarm und Milz/Pankreas und Magen bilden die jeweiligen *Yin-* und *Yang*-Partner, während Dickdarm und Magen die Meridian-Achse *Yang Ming* darstellen, die unter anderem auch um Mund und Lippen zieht. Neben den Läsionen, die sich im Gesicht zeigen, kann sich die Hitze auch systematisch äußern, z. B. mit trockenem Mund und Durst, Gingivitis, Halitosis, extrem starkem Appetit und trockenem Kot. Punkte, die Hitze aus den Lungen und/oder dem Magen ausleiten, sollten darum immer mit ausgewählt werden.

Finden sich entzündete Knoten auf erythematöser Grundlage, ist davon auszugehen, dass **externe Hitze** eingedrungen ist und sich mit der bereits existierenden Hitze oder Feuchtigkeit im Körper zusammengetan hat. Bei den ganz extremen Fällen sind die Läsionen dunkelrot und entzündet. Hier ist die Hitze auf das Blut (*Xue*) übergegangen. Diese Form der Akne tritt vor allem nach emotionalen Störungen oder anderen stressigen Vorfällen auf, die zu einer ***Qi*-Stagnation** führen. Auch länger andauernde Stauung des Leber-*Qi* führt zu Feuer, das sich auf der Haut in Form von erythematösen Ausschlägen zeigt [5].

Exzessive Hitze lässt das Blut in Wallung geraten und macht es „rücksichtslos". Die so entstandenen Läsionen sind krümelig und bluten leicht. Exzessive Hitze führt zur Austrocknung der Körperflüssigkeiten. Besteht bereits eine Feuchtigkeitsstörung, kann dieser trocknende Effekt zur **Schleimbildung** führen. Schleim wiederum behindert den reibungslosen Fluss von *Qi* und Blut, was die bereits bestehende Störung noch verschlimmert. Mit Schleim und **Blut-Stase** zeigen die Patienten schmerzhafte, entzündete zystische Knoten [5]. Den Besitzern fällt meist auf, dass die Katze sich vermehrt am Kinn kratzt oder damit über raue Oberflächen fährt.

Behandlungsprinzip

Der Leber-Meridian zieht über die innere Schleimhaut der Lippen, während der außerordentliche Meridian *Chong Mai*, der als Meer des Blutes bezeichnet wird, außen um die Lippen herum verläuft. Da beide Meridiane in enger Beziehung zum Blut stehen, zeigen sich Störungen des Blutes, wie Blut-Leere, Blut-Hitze oder Blut-Stase, oft entlang dieser Meridiane. Ist das Blut mit betroffen, müssen Punkte gewählt werden, die Hitze und Blut kühlen. Da Hitze im Blut den Geist stört und zu Ruhelosigkeit führt, sollten auch Punkte ausgewählt werden, die den Geist beruhigen [13].

Punkte bei feliner Akne

Folgende Punkte kommen in Frage: Di 11, Ma 44, MP 10, He 7, Bl 13, Bl 15, Bl 17, LG 14. In der TCM werden Fülle-Zustände häufig durch Hämakupunktur bestimmter Punkte behandelt. Diese Technik soll den reibungslosen Fluss von *Qi* und Blut fördern, Blut-Stase auflösen und Hitze ausleiten. Dazu können die folgenden Punkte in Betracht gezogen werden: Lu 5, Di 1 oder andere antike „Brunnen"-Punkte, Bl 40, LG 4, LG 13. Wenn Bedenken bestehen, die Punkte bluten zu lassen, können sie auch genadelt werden.

22.6.4 Immunologisch bedingte Hauterkrankungen

Hypersensitivität

Überempfindlichkeitsstörungen umfassen Atopien der Hunde und Katzen, hypersensitive Reaktionen auf Nahrungsmittel und Flohbisse. Das erste Symptom bei der Atopie der Hunde ist meist Pruritus, der eventuell mit sichtbaren Hautläsionen kombiniert vorliegen kann. Selbstverletzungen, chronische Entzündungen und sekundärer Pruritus können zu Alopezie, verfärbtem Speichel, Papeln, Pusteln, Krusten, Hyperpigmentation und Lichenifikation führen [3]. Diese Störung wird als hypersensitive Reaktion vom Typ I bezeichnet. Man nimmt an, dass die Allergene durch die Haut oder die Nahrung in den Körper gelangen, wo sie mit allergen-spezifischem IgE in Kontakt kommen. Sie werden dann aufgearbeitet und an spezialisierte T-Lymphozyten weitergereicht, die eine Kaskade von Interleukinen auslösen. Das Ergebnis ist eine gesteigerte Produktion von allergen-spezifischem IgE durch B-Lymphozyten. Zyklisches Adenosin-Monophosphat (cAMP) und zyklisches Guanosin-Monophosphat (cGMP) spielen dabei höchstwahrscheinlich als intrazelluläre Vermittler eine Rolle. Es wurde festgestellt, dass Substanzen, welche die intrazellulären cAMP-Werte steigern oder cGMP-Werte erniedrigen, eine stabilisierende

Wirkung auf Lymphozyten, Monozyten-Makrophagen, neutrophile Granulozyten und auf Mastzellen ausüben und die Freisetzung von Entzündungsmediatoren verringern [3].

Wenn man die Mechanismen der Wirkung von Akupunktur und chinesischen Kräutern besser verstehen will, werden diese Informationen besonders wichtig, weil die zyklischen Nukleotide in Zusammenhang mit dem Ungleichgewicht von *Yin* und *Yang* stehen, das bei Patienten mit hypersensitiven Reaktionen beobachtet werden kann [14]. Es wurde festgestellt, dass Patienten mit Nieren-*Yang*-Leere eine deutliche Erniedrigung der cAMP-Werte aufweisen. Viele Menschen, die an Überempfindlichkeitsreaktionen oder an Autoimmunerkrankungen leiden, haben eine Nieren-*Yang*-Leere.

Die Schlüsselstellung der Niere im Immungeschehen muss hierbei beachtet werden. Sie stellt die Wurzel des vorgeburtlichen *Qi* und den Ursprung des *Wei-Qi* dar. Das ist aber nur ein Teil ihrer vielen Aufgaben. Also muss auch nicht notwendigerweise eine Anzahl von Nieren-Symptomen vorliegen, wenn eine Nieren-Störung Ursache dieser Erkrankung darstellt. Dass sich viele dieser Erkrankungen bereits in jungen Jahren zeigen, oft genetisch festgelegt sind und/oder häufig eine Rassenprädisposition vorliegt, erhärtet den Verdacht einer Nieren-Leere-Erkrankung.

Pruritus

Ätiologie/Symptomatik

Definitionsgemäß ist Pruritus eine irritierende, nicht adaptierende Hautveränderung, die das Verlangen weckt, zu kratzen [15]. Das Unterscheiden von Schmerz und Pruritus als getrennte Empfindungen kann sehr schwierig sein. Pruritus wird als unvollständiges Muster von sensorischem Input durch die papillaren dermalen Schmerzrezeptoren in den assoziierten neurologischen „Pool" gesehen [16]. Der Juckreiz kann das Symptom einer Hauterkrankung sein oder die Spiegelung einer tiefer liegenden systemischen Erkrankung. Er kann ohne diagnostisch auswertbare Hautläsionen auftreten. Untersuchungen zeigten, dass durch wiederholte Nadelstiche rund um eine durch Kontakt mit Riesenbärenklau hervorgerufene juckende Stelle die Intensität dieser Hautveränderung reduziert werden konnte. Daraufhin wurde zu den Punkten auf dem befallenen Dermatom der Einsatz zusätzlicher Punkte empfohlen [17]. Das deckt sich zumindest zum Teil mit der Punkteauswahl nach der Meridianverteilung.

Wie die muskuloskeletalen Störungen lassen sich auch viele Hauterkrankungen auf eine Unterbrechung im Fluss von *Qi* und Blut in den Kanälen zurückführen. In Abhängigkeit von den betroffenen Organen kann sich ein *Bi*-Syndrom oder ein schmerzhaftes Obstruktions-Syndrom entwickeln und in den verschiedenen Ebenen des Körpers in Erscheinung treten, wie dem *Bi*-Syndrom der Haut, der Muskel, der Gefäße und der Knochen. Die Verbindungskanäle *(Luo)*, die *Qi* und Blut zu den Gebieten befördern, die von den Hauptmeridianen nicht abgedeckt werden, verzweigen sich zu einem Netzwerk kleinster Kanäle, die als oberflächliche oder blutverbindende Kanäle bezeichnet werden. Jede Form der Hautveränderung stellt die Reflektion einer Störung in diesen kleinsten Kanälen dar [18]. Pruritus wird traditionell durch Wind hervorgerufen. Aber immer wenn ein pathogener Faktor sich im Gewebe festsetzt, behindert dies den Fluss von *Qi* und Blut. Die daraus entstehenden Empfindungen können von einem unbehaglichen Jucken (als die mildeste Form des Schmerzes) bis hin zu starken, wiederkehrenden Schmerzen reichen. Darum finden bei der Behandlung von Pruritus neben Wind ausleitenden Punkten häufig Punkte Anwendung, die den Fluss von *Qi* und Blut anregen.

Das Erscheinungsbild von atopischen Hauterkrankungen und anderen hypersensitiven Reaktionen ähnelt oft Symptomen, die bereits eingehend beschrieben wurden. In den frühen Stadien der Erkrankung liegen meist Wind, Hitze und Feuchtigkeit vor. Mit der Zeit fangen *Qi* und Blut an zu stagnieren, und Schleim beginnt sich anzusammeln. Dann entsteht eine *Qi*- und Blut-Leere, die zur Verstärkung aller Symptome führt.

Behandlungsprinzip

Die Behandlung der Symptome im frühen Stadium versucht in erster Linie, Wind und Hitze auszuleiten und den Geist zu beruhigen. Die Behandlung der zugrunde liegenden Störung sollte so bald wie möglich einsetzen und die Nieren unterstützen und Blut und Qi stärken (> Tab. 22.3). Durch Tonisieren des *Yuan-Qi* und der Organe, die bei der Herstellung und der Verteilung des *Wei-Qi* beteiligt sind (Niere, Milz/Pankreas und Lunge), kann das *Zheng-Qi* gestärkt werden.

Punkte bei Überempfindlichkeitsstörungen

Juckende, entzündete Hautveränderungen können behandelt werden mit: Di 4, Di 11, Ma 36, MP 6, MP 10, He 7, Bl 16, Bl 17, Bl 40, 3E 5, Le 5, LG 14. Die Kombination von 3E 6 und Gb 31 ist besonders gut geeignet, um Wind und Hitze aus dem Blut zu leiten. Das gilt besonders, wenn die Flanken von den Veränderungen betroffen sind.

Tab. 22.3 Akupunkturpunkte, die häufig bei der Behandlung juckender, entzündeter Haut eingesetzt werden*

Akupunkturpunkt	Wirkung
Di 4	Leitet Wind aus, reguliert das Gesicht, Augen, Nase, Ohren und das Maul.
Di 11	Leitet Hitze aus, kühlt das Blut, eliminiert Wind, leitet Feuchtigkeit aus, beendet Juckreiz.
Ma 36	Tonisiert *Qi*, klärt Hitze, beruhigt den Geist.
MP 6	Tonisiert Milz/Pankreas, löst Feuchtigkeit auf, beruhigt den Geist, belebt das Blut.
MP 10	Belebt das Blut, löst Stagnationen auf, kühlt das Blut und kommt der Haut zugute.
He 7	Beruhigt den Geist, reguliert und tonisiert das Herz.
Bl 17	Belebt das Blut und hebt Stagnationen auf, kühlt BlutHitze und beendet Blutungen.
Bl 40	Kühlt das Blut, klärt Sommer-Hitze.
3E 5	Leitet Wind aus, klärt Hitze, unterstützt den Kopf und die Ohren.
LG 14	Leitet Wind aus, klärt Hitze, tonisiert bei Leere.

* Daten aus: Deadman, P. et al: A manual of acupuncture, Vista, Calif., 1998, Eastland Press.

Autoimmunerkrankungen

Zu den Autoimmunerkrankungen bei Hunden und Katzen zählen der Komplex des Pemphigus, der diskoide Lupus erythematodes und der systemische Lupus erythematodes (SLE). Obwohl sich einige der Symptome gleichen, können sie anhand charakteristischer klinischer, serologischer und histopathologischer Befunde unterschieden werden. Die Behandlung ist meist schwierig und schließt den Einsatz von immunsuppressiven Glukokortikoiddosen mit oder ohne zusätzliche immunmodulierende Medikamente, die potentiell toxisch sind, mit ein.

Ätiologie

In der TCM leiten sich all diese Störungen von einem Ungleichgewicht in der immunmodulierenden Fähigkeit des Körpers ab. Lunge, Milz/Pankreas und Niere werden als Kernkomponente des Immunsystems betrachtet, wobei den Nieren eine tragende Rolle zufällt. Konstitutionelle Schwäche der Niere kann zu einer ***Yin*-Leere mit Leere-Hitze** oder „falschem" Feuer führen. Ohne den kühlenden und befeuchtenden Einfluss des *Yin* kann sich Hitze anstauen und die Organe Herz, Lunge, Magen, Milz/Pankreas und/oder Leber befallen. In ernsten Fällen greift die Hitze auf die *Ying*-Ebene (Nahrungs-Ebene) und/oder das Blut über und verweilt dort.

Chronische Hitze oder Feuer verdampfen die Körperflüssigkeiten und verwandeln sie in Schleim. Dieser steigt in Verbindung mit Feuer zur Haut auf, setzt sich dort fest und stört den Fluss des *Qi* und des Blutes. Aufgrund der austrocknenden Wirkung der chronischen Hitze auf das Blut liegt bei vielen chronischen Hauterkrankungen bereits eine Blut-Stagnation vor. So beginnt ein Teufelskreis.

Symptomatik

Pemphigus foliaceus: Es handelt sich um pustulär-krustige Hauterkrankungen, die sich im Laufe der Zeit verschlimmern und die häufigste Form des Pemphigus bei Hund und Katze darstellen. Die Veränderungen treten zuerst im Gesicht und an den Ohren auf. In den folgenden sechs Monaten verbreitet sich die Erkrankung auf die Pfoten, die Nagelfalze, die Ballen und die Leistengegend. Depigmentation des Nasenspiegels, gefolgt von Photosensibilität, wechselhaften Schmerzen und Pruritus. Sekundäre Pyodermie und periphere Lymphadenopathie können ebenfalls auftreten. Systemische Symptome sind u. a. Anorexie, Depression und Fieber. Der Pemphigus kann sich spontan entwickeln, nach medikamentöser Therapie oder bei Patienten, die bereits chronische Hautveränderungen oder allergische Hauterscheinungen aufweisen [3].

Diskoider Lupus erythematodes: Diese Form des Lupus stellt die zweithäufigste Form der immunologischen Störungen bei Hunden dar und wird als relativ gutartige Hauterkrankung betrachtet. Als klinische Anzeichen finden sich Depigmentation, Erytheme, Schuppen, Krusten, Erosionen und Ulzera im Bereich der Nase. Die Veränderungen verschlimmern sich durch ultraviolettes Licht. Schmerz und Pruritus sind wechselhaft. Chronische Fälle können zu Narbenbildung und Leukodermie führen [3].

Systemischer Lupus erythematodes: Der systemische Lupus wurde der „große Imitator" getauft, da die Symptome sehr vielfältig sein können und die Tendenz haben zu wechseln. Zu den Hauterscheinungen zählen Seborrhö, Vesikel, Bildung von Blasen, Ballengeschwüre, nasale Dermatitis und sekundäre Pyodermie. Pruritus und Schmerzen sind wechselhaft, Narbenbildung tritt häufig auf. Fieber, Anorexie und Polyarthritis können als systemische Symptome auftreten [3].

Behandlungsprinzip

Die Erscheinungen auf der Haut sind also das Ergebnis des Einflusses von Wind, Feuchtigkeit, Hitze-Toxin, Schleim und stagnierendem Blut auf die zugrunde liegende Störung und müssen entsprechend behandelt werden.

Punkte bei Autoimmunerkrankungen

Um das *Qi* anzuregen und Blut und *Yin* zu nähren, können Punkte wie Ma 36, MP 6, Ni 6, Ni 14, Ni 24 und KG 3 verwendet werden. Ni 14 und KG 3 sind besonders gut zur Stärkung des Nieren-*Jing* geeignet. KG 24 und Ni 27 sind die Punkte, mit denen sich das Nieren- und das Lungen-*Yin* am besten ernähren lässt [10]. Den Tierbesitzern muss klar gemacht werden, dass nur eine Langzeittherapie Erfolg haben kann und sie sich auf 6 bis 12 Monate Behandlung einstellen müssen.

Allgemeine Therapie der immunologisch bedingten Hauterkrankungen

Da hypersensitive Reaktionen und Autoimmunerkrankungen von der gleichen Disharmonie zwischen *Yin* und *Yang* abstammen, ähneln sich die Behandlungsstrategien sehr. Bei den Autoimmunerkrankungen liegen eher Blut-Stagnationen und innere Hitze vor. Darum sind hierfür Punkte angezeigt, die kühlen und das Blut beleben: Di 11, MP 10, Bl 15, Bl 17. Die wirkungsvollsten Punkte um Schleim aufzulösen sind Pe 5 und Ma 40. MP 2, der Milz/Pankreas reguliert und Feuchtigkeit und feuchte Hitze ausleitet, und MP 17, der Stauungen von Nahrung und Flüssigkeiten auflöst, können ebenfalls zur Auflösung von Schleim verwendet werden [10].

Durch die chronische Natur der Störung leiden die meisten dieser Patienten an genereller Leere von *Qi*, Blut und *Yin*.

22.7 Fallbeispiele

FALLBEISPIEL

- **Anamnese:** Harley ist ein fünf Jahre alter kastrierter Kater der Rasse europäisch Kurzhaar mit der Vorgeschichte einer chronischen miliaren Dermatitis. Sein gesamter Körper war mit Papeln und Krusten bedeckt, besonders stark im Bereich des Genicks. Sein Fell war trocken und schuppig, und er zeigte moderaten Pruritus. Es wurden keine Flöhe gefunden. Hautschabsel und Pilzkulturen ergaben beide negative Befunde. Er war sehr wählerisch mit seiner Nahrung, fraß aber immer das Trockenfutter auf. Die Versuche seiner Besitzer, ihn auf eine natürlichere Ernährung umzustellen, blieben erfolglos. Er wurde bereits mehrfach wegen Blasenproblemen behandelt. Diese Probleme zeigten sich immer durch eine Zunahme seiner Besuche in der Katzenkiste, wo er kleinere Mengen Urin als üblich absetzte. Manchmal kam es auch zu Blutbeimengungen im Urin. In diesen Fällen kam es vorher zum Absetzen von weichem, schleimüberzogenem Kot. Seine Besitzer berichteten von Anfällen mit Juckreiz, bei denen die gesamte Haut zuckte und sich kräuselte. Er ist ein ruhiger und empfindlicher Kater, der leicht durch Veränderungen in seiner Umgebung in Stress gerät.

- **Befund:** Die Zunge ist rot bis purpurfarben, und der Puls schlüpfrig und drahtig.
- **TCM-Diagnose:** Die papulomatösen Hautveränderungen lassen auf die Einwirkung von Wind, Feuchtigkeit und Hitze schließen. Der Kater leidet an einer tiefer liegenden Leere in Milz/Pankreas, die zu Feuchtigkeitsansammlungen geführt hat. Feuchtigkeit kann die Bewegung von *Qi* im Mittleren Erwärmer behindern und zu Leber-Stagnationen führen. Mit der Zeit erhitzen die Stagnationen die Leber. Wird diese Hitze mit Feuchtigkeit kombiniert, kann es zu blutigem Urin kommen, da sich dann im Unteren Erwärmer feuchte Hitze anstaut. Interessant ist, dass die schleimige Diarrhö der Zystitis vorausging. Die Leber hat hier auf Milz/Pankreas übergegriffen. Die chronische Hitze im Inneren, die von der stagnierenden Leber stammt, trocknet Blut und Körperflüssigkeiten aus. Wenn das Blut in Mangelsituationen gerät, kann das zu innerem Wind führen, der die Flüssigkeiten weiter austrocknet. Es kann aber auch sekundär zu lokalen Stagnationen von *Qi* führen, das dann unter der Haut „stecken bleibt". Das ist bei Katzen nicht selten, vor allem bei solchen, die an Hyperästhesien leiden. Dieses Syndrom ist höchstwahrscheinlich auf die Kombination von innerem Wind und stagnierendem *Qi* zurückzuführen. Zusätzlich kann eine Leere des Lungen-*Qi* ein erschwerender Faktor sein, da die Lunge zur Ernährung der Haut und der Verteilung des *Wei-Qi* sehr wichtig ist.
- **Behandlungsprinzip:** Die Hautveränderungen werden durch Ausleiten von Wind, Feuchtigkeit und Hitze und durch Beleben des *Qi* behandelt. Zusätzliche Punkte sollten das *Qi* von Milz/Pankreas stärken und das Blut nähren.
- **Punkteauswahl:** Verschiedene Kombinationen der folgenden Punkte wurden verwendet: Di 4, Di 11, Ma 36, MP 6, MP 9, He 7, Bl 12, Bl 13, Bl 17, Bl 18, Bl 20, Gb 40, Le 3, Le 8, Le 13, LG 14.
- **Verlauf:** Harley wurde 4 Wochen lang einmal wöchentlich behandelt. In dieser Zeit wurde sein Appetit besser und seine Besitzer konnten ihn auf eine selbst gekochte Diät umstellen. Die Hautläsionen heilten ab, und der Juckreiz verschwand. Bisher ist kein Rezidiv der Zystitis aufgetreten.

FALLBEISPIEL

- **Anamnese:** Kalika ist eine achtjährige kastrierte australische Schäferhündin, bei der im Alter von drei Jahren diskoider Lupus erythematodes diagnostiziert wurde. Seit vier Jahren litt das Tier an Erythemen, Hauterosionen und Krusten im Bereich der Nase, die sich bei Sonnenbestrahlung verschlimmerten. Zum Zeitpunkt der Vorstellung war sie eine sehr wählerische, schlechte Fresserin und hatte gelblichen, weichen Kot. Sie litt immer wieder an Anfällen nächtlicher Harninkontinenz, die immer dann auftrat, wenn einer der Besitzer nicht zu Hause war. Auch tagsüber verlor sie manchmal kleine Mengen gelben Urins. Ein Wurfgeschwister war sehr jung an Nierenversagen gestorben. Sie regte sich schnell auf und tendierte zu Überhitzung. Bei starkem Wind und Gewittern war die Hündin besonders ängstlich. Gegenüber anderen Hunden war sie eher zurückhaltend.
- **Befund:** Es lagen mehrere schmale, bilateral angelegte Trübungen der Hornhaut, eine Konjunktivitis und episklerale Gefäßeinsprossungen vor. Ihre Haut war trocken und gerötet und zeigte geringgradigen Pruritus. Im perivulvären Bereich fanden sich kleine erythematöse Papeln. Die Zunge war rot, ohne sichtbaren Belag, und der Puls schnell, dünn und leicht drahtig.
- **Westliche Diagnose:** Die Leberenzyme und Funktionstests waren erhöht (Alaninaminotransferase [ALAT] 290 U/l, Aspartataminotransferase [ASAT] 95 U/l, alkalische Phosphatase [AP] 111 U/l, postprandiale Gallensäure 150 mg/dl), die histopathologische Untersuchung einer unter Ultraschallführung gewonnenen Leberbiopsie ergab eine moderate hepatozelluläre vakuoläre Degeneration. Die Urinanalyse ergab keinerlei pathologische Veränderungen.
- **TCM-Diagnose:** Die Erytheme und Krusten auf der Nase sind auf Hitze-Toxine zurückzuführen, die auf eine zugrundeliegende Leere des Nieren-*Jing* und des Nieren-*Yin*, des Leber-*Yin* und des Blutes hinweisen. Die nächtliche Inkontinenz und das Urinträufeln unter Tage können von der Nieren-Leere und/oder einem Leber-Feuer stammen, das sich nach unten ausbreitet [18]. Die Labor- und Histopathologiebefunde decken sich mit denen einer Leber-*Qi*-Stagnation, bei der die Leber auf Milz/Pankreas übergreift. Die Leber „öffnet" sich in die Augen, die in diesem Fall durch das aufsteigende Feuer in Mitleidenschaft gezogen wurden.
- **Behandlungsprinzip:** Das Ziel der Behandlung ist es, Hitze und Toxine auszuleiten, das Leber-*Qi* und das Blut zu beleben, die Nieren, das Leber-*Yin* und Blut zu tonisieren und das *Yuan-Qi* und Nieren-*Jing* zu stärken.
- **Punkteauswahl:** Die Hündin wurde über einen Zeitraum von 24 Monaten alle 2–3 Wochen mit Akupunktur behandelt, mit 30-mm-Seirin-Nadeln (3G) und folgender Punktekombination: Lu 7, Di 4, Di 11, Ma 36, MP 6, MP 10, He 7, Bl 15, Bl 17, Bl 18, Bl 23, Bl 43, Ni 3, Ni 6, Ni 14, Pe 6, Gb 40, Gb 41, Le 2, Le 3, Le 5, Le 8, Le 13, KG 3, KG 4, KG 6, LG 14.
- **Verlauf:** Kalika geht es inzwischen sehr gut. Die Läsionen auf der Nase und die Veränderungen der Augen sind verschwunden, obwohl die Nase bei starker Sonneneinstrahlung immer noch rosa wird. Sie frisst selbstgekochte Diät und bekommt chinesische Kräuter, um ihre Nieren und die Leber zu unterstützen. Ihr Appetit ist sehr gut, und der Kot ist normal geformt. Ihre Ängstlichkeit bei Wind und Gewittern hat sich gelegt, und sie nimmt mehr Kontakt mit anderen Hunden auf.

LITERATUR

1. Jian-Hui L: *A handbook of traditional Chinese dermatology,* Boulder, Colo, 1998, Blue Poppy Press.
2. De-Hui Shen et al: *Manual of dermatology in Chinese medicine,* Seattle, 1995, Eastland Press.
3. Scott D et al: *Muller and Kirk's small animal dermatology,* ed 5, Philadelphia, 1995, WB Saunders.
4. Maciocia G: *The foundations of Chinese medicine,* New York, 1989, Churchill Livingstone.
5. Ross, J: *Acupuncture point combinations,* New York, 1995, Churchill Livingstone.
6. Bayer Sara: Personal communication, Northwest Institute of Acupuncture and Oriental Medicine, 1999.

7. Greene C: *Infectious diseases of the dog and cat,* Philadelphia, 1990, WB Saunders.
8. Deadman P et al: *A manual of acupuncture,* Vista, Calif, 1998, Eastland Press.
9. Sanchez-Araujo M, Puchi A: Acupuncture enhances the efficacy of antibiotics treatment for canine otitis crises, *Acupunct Electrother Res* 22:191–206, 1997.
10. Wang L: Personal communication, Northwest Institute of Acupuncture and Oriental Medicine, 1999.
11. O'Connor J, Bensky D: *Acupuncture: a comprehensive text,* Chicago, 1981, Eastland Press.
12. Chu Y, Affronti LF: Preliminary observations on the effect of acupuncture on immune responses in sensitized rabbits and guinea pigs, *Am J Chin Med* 3:151–163, 1975.
13. Xinnong C: *Chinese acupuncture and moxibustion,* Beijing, 1990, Foreign Language Press.
14. Bossy J: Immune systems, defense mechanisms and acupuncture: fundamental and practical aspects, *Am J Acupunct* 18:219–232, 1990.
15. Tonnesen MG: Fundamentals of dermatologic diagnosis. In *Dermatology in general medicine,* New York, 1979, McGraw-Hill.
16. Jagirdar PC: Acupuncture in the management of pruritus, *Am J Acupunct* 14:231–233, 1986.
17. Lorinez AL: Neurophysiologic reactions of the skin: pathophysiology of pruritus. In *Dermatology in general medicine,* New York, 1979, McGraw-Hill .
18. Maciocia G: *The practice of Chinese medicine,* New York, 1994, Churchill Livingstone.

KAPITEL

23 Chirurgische und postoperative Akupunkturanalgesie

Alan M. Klide und James S. Gaynor

23.1 Akupunkturanalgesie in der Chirurgie

Alan M. Klide

Man kann die Technik und Wirkungsweise der Akupunktur von zwei verschiedenen Seiten betrachten:

- aus Sicht der TCM
- aus Sicht der Physiologie, wie sie im Augenblick von der westlichen Medizin verstanden wird

Im Kap. 3 werden die neurophysiologischen Grundlagen der Akupunktur dargelegt. Die erste Hälfte dieses Kapitels, das meine Meinung und Interpretationsweise wiedergibt, beschäftigt sich kurz mit den physiologischen Informationen, die für ein Verständnis der Wirkmechanismen der Akupunktur notwendig sind. Das gilt ganz besonders für die chirurgische Akupunkturanalgesie.

23.1.1 Physiologie der Akupunkturanalgesie

Analgesie kann durch viele verschiedene Formen von Stimulation und Stress ausgelöst werden [1–3]. Die Ausdrücke „Stimulation" und „Stress" werden oft synonym verwendet und stellen keinen Gradmesser für die Intensität der Stimulation dar. Akupunktur stellt einen dieser Stimulations- oder Stressfaktoren dar, mit dem Analgesie bewirkt werden kann [4]. In vielen Untersuchungen wurde nach dem genauen Mechanismus und den neurologischen Bahnen gesucht, die an der Akupunkturanalgesie beteiligt sind. Obwohl diese Untersuchungen keine absolut klaren oder definitiven Ergebnisse erbrachten, konnte doch in den letzten 20 Jahren viel über die Neurophysiologie des Schmerzes und der Akupunktur gelernt werden.

Eine Analgesie kann durch viele verschiedene Arten von Stimuli oder Stress ausgelöst werden, so z. B. von Akupunktur, verschiedenen Formen peripherer elektrischer Stimulation, Vibration, elektrischer Stimulation bestimmter Bereiche des Gehirns, wie z. B. der periaquäduktalen grauen Substanz und anderen mehr. All diese Stimuli scheinen Bahnen zwischen dem Gehirn und dem Rückenmark zu aktivieren, die für eine Blockierung der eingehenden Schmerzinformation in den verschiedenen Schichten des dorsalen Horns des Rückenmarks sorgen [5]. An den Bahnen sind etliche Neurotransmitter beteiligt, u. a. Serotonin, endogene Opiate und Noradrenalin. Bei der Vermittlung der Analgesie sind nicht immer alle Neurotransmitter beteiligt. In der Literatur finden sich viele widersprüchliche Ergebnisse [6, 7]. Wird ein spezifischer Neurotransmitter pharmakologisch in verschiedener Art und Weise manipuliert, führt dies zu unterschiedlichen Ergebnissen [6–8]. So wurde in manchen Studien durch Steigerung der Aktivität des Noradrenalins eine Zunahme des Analgesiegrades erreicht, während bei anderen Studien eine Abnahme der Analgesie resultierte.

Analgesie kann durch die Stimulation von Akupunkturpunkten erreicht werden, aber auch durch die Stimulation von Nicht-Akupunkturpunkten oder durch andere Formen der Stimulation. Dieser Analgesie liegen dann aber wahrscheinlich andere Mechanismen zugrunde als der Akupunkturanalgesie, da hier eine Stimulation auch dann noch zu Analgesie führen kann, wenn zuvor Bereiche des Gehirns (medialer oder kaudaler Anteil des Nucleus infundibulatus) zerstört wurden, die für die Akupunkturanalgesie unerlässlich sind [9].

In manchen Studien wurde die Analgesie durch endogene Opiate eingeleitet, oder die Bahnen wurden durch exogene Opiate aktiviert. Durch Aktivierung der nozizeptiven Afferenzen wurde der Glukoseverbrauch im dorsalen Horn des Rückenmarks gesteigert. Eine vor der Behandlung verabreichte Dosis von Morphin verminderte dagegen den Verbrauch an Glukose im dorsalen Horn. Unschädliche, niedrig-frequente elektrische Stimulierung des N. ischiadicus ipsilateral zum subsequenten nozizeptiven Stimulus hatte ebenfalls eine Erniedrigung der Glukoseverbrauchsrate im Bereich des dorsalen Horns zur Folge [10].

Durch Elektroakupunktur (EAP) konnte die minimale alveoläre Konzentration (MAC) für die Halothan-Anästhesie erniedrigt werden [11]. Die MAC beschreibt die minimale alveoläre Konzentration eines inhalierten Anästhetikums, bei der 50 % einer Gruppe anästhesierter Individuen nicht auf schmerzhafte Stimuli reagieren. Diese Definition und der aktuelle Wert der MAC für jedes Inhalationsanästhetikum sind sehr wichtig, da so Untersuchungen mit äquivalenten Konzentrationen an Anästhetika durchgeführt werden können. Andererseits ermöglicht dies auch, dass ein Analgetikum (z. B. ein Medikament oder auch Akupunktur) getestet werden kann und man in der Lage ist, festzustellen, ob das Medikament oder die Akupunktur tatsächlich eine analgetische Wirkung hat. Als erstes wird also in der Studiengruppe die MAC festgestellt. Kommt dann ein Medikament oder Akupunktur zum Einsatz, reflektiert jede Veränderung der MAC eine Aktivität des Medikaments oder der Akupunktur. Liegt der Wert der neuen MAC unter dem vorher bestimmten, kann man davon ausgehen, dass das Medikament oder die Akupunktur zur Analgesie geführt hat. Die MAC bei mit Halothan narkotisierten Hunden kann mit Akupunktur um 11–17 % gesenkt werden [11]. Ungefähr die gleichen Werte wurden bei Hunden gefunden, die mit verschiedenen Opiat-Agonisten/Antagonisten-Analgetika behandelt worden waren (z. B. Pentazozin, Butorphanol, Nalbuphin) [11].

Die Verabreichung des Antagonisten auf intravenösem oder intrathekalem Weg kann die Verringerung der MAC durch Akupunktur bei Hunden nicht aufheben. Es ist darum anzunehmen, dass Opiate bei den Mechanismen, die bei der Akupunktur die MAC von Halothan erniedrigen, keine Rolle spielen [12].

23.1.2 Indikationen für Akupunkturanalgesie

Es gibt viele Indikationen, für die Akupunkturanalgesie während eines chirurgischen Eingriffs. Sie variieren mit der Einstellung des Tierarztes und des Besitzers. Nebenwirkungen, die unter den verschiedenen Injektions- oder Inhalationsanästhetika auftreten können, wie z. B. Atemdepression, Blutdruckabfall, Verringerung der Herzleistung, scheint es in Zusammenhang mit der Akupunkturanalgesie bei Operationen nicht zu geben. Es gibt jedoch noch weitere Vorteile der Akupunkturanalgesie:

- Eine der häufigsten Beobachtungen bei Operationen unter Akupunkturanalgesie ist, dass darunter **weniger intraoperative Blutungen** auftreten. Dieser Effekt und das Fehlen sonstiger Nebenwirkungen kann jedem Patienten zugute kommen, ist aber ganz besonders nützlich für die Patienten, die durch Krankheit körperlich geschwächt sind.
- Manche Patienten zeigen paradoxe Reaktionen auf bestimmte Gruppen von Anästhetika oder einzelne Narkosemittel, so dass man diese nur begrenzt einsetzen kann. In Abhängigkeit von der Spezies kann es alternative Anästhetika geben. Oft kann hier aber auch die Akupunktur eine Alternative darstellen.
- Ein weiterer Grund für den Einsatz der Akupunkturanalgesie liegt im **Vermeiden oder Behandeln postoperativer Schmerzen.** Obwohl dies auch mit verschiedenen Medikamenten erreicht werden kann, sind durchaus Gründe denkbar, diese Medikamente nicht einzusetzen. Wird z. B. bei einem Hund einer brachiozephalen Rasse (z. B. Bulldogge) die postoperative Analgesie mit Opiaten erreicht, muss der möglicherweise auftretenden Begleiterscheinung dieser Medikamentengruppe, der respiratorischen Depression, besonderes Augenmerk geschenkt werden. Manche der ausgewählten Punkte für die chirurgische Analgesie werden auch eingesetzt, um Schmerzen zu behandeln oder zu vermeiden. Alternativ können auch seitlich des Schnittes lange Nadeln subkutan eingeführt und elektrisch stimuliert werden.

Akupunkturanalgesie wurde an Menschen, Pferden, Rindern, Schafen, Hunden und Katzen angewendet. Das bedeutet jedoch nicht, dass die Methode bei den hier nicht aufgeführten Spezies nicht wirken würde.

23.1.3 Techniken der Akupunkturanalgesie

Durchführung

Traditionell wurden Nadeln eingesetzt. Diese Methode ist jedoch sehr arbeitsintensiv, da pro Nadel eine Hand benötigt wird. Darum sind mindestens zwei Personen notwendig, um die üblichen vier Nadeln zu stimulieren. Die Einhaltung der Asepsis kann mit der Nadelmanipulation schwierig werden.

Es liegen keine Berichte über den Einsatz von Laserakupunktur zur Analgesie vor. Das wäre ebenfalls eine sehr teure Methode, da pro Nadel ein Lasergerät vonnöten wäre.

Die einzige praktisch anwendbare Technik ist die **elektrische Stimulation der Nadeln.** Mehrere Nadeln können mit einem Gerät stimuliert werden, und dabei besteht die Möglichkeit, die Frequenz zu verändern. Sie sollte ohnehin alle 20 Minuten verändert werden, da sonst der Grad der Analgesie nachlässt.

Fixierung des Tieres

Die Tiere müssen während des Eingriffs fixiert werden. Bei manchen Patienten reicht sanfte Zusprache aus, z. B. durch die Besitzer. In Anbetracht der geltenden rechtlichen Lage für den Fall der Verletzung des Besitzers durch sein eigenes Tier muss dieses Vorgehen gut durchdacht sein und ist in vielen Fällen nicht ratsam. Reicht die körperliche Fixierung nicht aus, muss eine medikamentöse Sedierung eingesetzt werden. Auch wenn das Tier einen ruhigen Eindruck macht, sollte man Sedativa bereithalten, wenn der chirurgische Eingriff beginnt. Sind größere Mengen an Sedativa, Tranquilizern oder Anästhetika vonnöten, sollte statt der Akupunkturanalgesie eine medikamentöse Narkose in Betracht gezogen werden.

Von einigen Praktikern wurden zur Sedierung Tranquilizer angewendet. Wegen der vielen Neurotransmitter, die bei der Wirkung der Akupunkturanalgesie in der Chirurgie eine Rolle spielen, besteht die Gefahr, dass durch die Verabreichung von Tranquilizern oder anderen Medikamenten, die spezifische Neurotransmitter hemmen, die Analgesie verstärkt oder behindert wird.

Methode

Die besprochenen Techniken basieren alle auf der Elektroakupunktur (EAP) und können grob in Ohrakupunktur und Körperakupunktur unterteilt werden. Es liegt wesentlich weniger Material zum Thema Analgesie bei Tieren durch Ohrakupunktur vor als zum Einsatz der Körperakupunktur. Bei allen Methoden wurde Wechselspannung an vorher gesetzte Akupunkturnadeln aus Edelstahl gelegt.

Akupunkturpunkte

Die verwendeten Punkte werden im Text mit ihrer von der IVAS *(International Veterinary Acupuncture Society)* 1986 befürworteten Bezeichnung aufgeführt.

Stromstärke oder Spannung

Die entsprechende Spannung oder die Stromstärke wird in den Veröffentlichungen, die sich mit der EAP befassen, angegeben. Meist liegt eine Vielzahl an Daten vor. Zur Berechnung werden häufig unterschiedliche Methoden eingesetzt. Die am häufigsten angewandte Methode, die gleichzeitig die klinisch relevanteste zu sein scheint, beginnt mit niedrigen Werten, die langsam erhöht werden, bis die Muskeln, in denen die Nadeln stecken, sich zu kontrahieren beginnen. Manche Praktiker hören zu diesem Zeitpunkt mit der Erhöhung auf, während andere die Werte weiter steigern, bis sie Reaktionen am Tier beobachten, um die Werte dann geringfügig zu verringern. Beim Menschen wird die Stimulation so hoch durchgeführt, wie sie der Patient noch als angenehm empfindet.

Frequenz

In Studienberichten wurde eine große Anzahl von Frequenzen erwähnt, die zu chirurgischer Analgesie führten. Am häufigsten werden Frequenzen von 1–200 Hertz angewendet. (➤ Kap. 7).

Induktionszeit

Der Zeitraum zwischen dem Beginn der elektrischen Stimulation und dem Auftreten der Analgesie wird als Induktionszeit bezeichnet. In den Berichten lag die Induktionszeit zwischen acht und 30 Minuten. Die meisten Veröffentlichungen sprachen von einer 20-minütigen Induktionszeit.

23.1.4 Beobachtungen zur Akupunkturanalgesie während chirurgischer Eingriffe

Über Akupunkturanalgesie während operativer Eingriffe oder die Vermeidung von experimentell verursachten Schmerzen gibt es viele Bücher, Artikel, Zusammenfassungen und Kongressberichte. Die Durchsicht einiger dieser Literaturquellen zeigt, dass die chirurgische Analgesie und ihre praktische Anwendung möglich sind. In der Literatur werden auch die beteiligten Tierarten und die angewendeten elektrischen Parameter genannt. Um den Text kurz zu halten, erfolgt in den unten genannten Beschreibungen keine Angabe zur Lokalisation spezieller Punkte:

- An einem Mutterschaf wurde ein Kaiserschnitt unter Akupunkturanalgesie durchgeführt [13]. Benutzt wurden dafür die folgenden Punkte: Bl 30, LG 20, Ma 36 und *Tian Ping.* Die Stimulationsfrequenz betrug 200 Hz bei einer Induktionsperiode von 20 Minuten. Das Schaf war mit Triflupromazin sediert worden.
- An 205 Rindern wurden verschiedene operative Eingriffe vorgenommen [14]. Die Punkte wurden in Abhängigkeit zum Operationsgebiet gewählt. Am häufigsten kamen *Bai Hui, Wai Gan, Er Gen* (Ohrwurzel), *San Yin Jiao, Bai Hui, San Tai* und *Tian Ping* zum Einsatz. Die elektrische Stimulation erfolgte mit einer Frequenz zwischen 2 und 10 Hz. Die Induktionszeit betrug 20 Minuten.
- Eine weitere Studie beschreibt Laparotomie und digitale abdominale Exploration an vier Hunden und vier Katzen unter Akupunkturanalgesie [15]. Folgende Punkte wurden benutzt: MP 6, Bl 23, Bl 23A, Bl 24, LG 6B, die präaurikuläre Zone und die postaurikuläre Zone. Die Nadeln wurden elektrisch mit einer Frequenz von 1–30 Hz stimuliert. Die Analgesie trat bei zwei der vier Hunde und bei allen vier Katzen ein.
- In einer Untersuchung über Akupunkturanalgesie durch Ohrakupunktur konnte bei fünf von elf Hunden eine adäquate Analgesie erreicht werden, um eine Laparotomie und digitale abdominale Exploration durchzuführen [16]. Die Stimulationsfrequenz betrug zwischen 1 und 25 Hz.
- Eine weitere Studie befasste sich mit dem Vergleich von Narkosen bei Hunden. Die eine Gruppe wurde durch intramuskuläre Injektion von Xylazin narkotisiert, die andere durch dieselbe Menge Xylazin, aber an Akupunkturpunkten injiziert, in Kombination mit EAP an denselben Punkten [17]. Der Teststimulus war abdominale Chirurgie. In beiden Gruppen wurde 15 mg Xylazin/kg verabreicht. Die verwendeten Akupunkturpunkte waren: MP 6, Gb 34, Ma 25. Anfänglich betrug die elektrische Stimulationsfrequenz 3 Hz, dann wurde die Frequenz auf 15–20 Hz erhöht. Mit Xylazin allein konnte bei keinem der 20 Hunde eine Analgesie erreicht werden, die einen chirurgischen Eingriff zugelassen hätte. Die Akupunkturgruppe hingegen zeigte bei allen 20 Hunden exzellente Analgesie.
- Bei einem weiteren Versuch konnte bewiesen werden, dass die Akupunkturanalgesie bei acht von neun Hunden ausreichend war, um einen Einschnitt in der Linea alba durchzuführen. Benutzt wurden dazu beidseits die Punkte Ma 36 und MP 6 [18]. Die elektrische Stimulation begann bei einer Frequenz von 1 Hz und wurde langsam auf 80 Hz gesteigert.
- Unter Akupunkturanalgesie konnten Laparatomien bei Hunden durchgeführt werden, meistens wegen Kaiserschnitten und Ovariohysterektomien [19]. Verwendet wurden hierfür die Punkte Ma 36 und MP 6 beidseits. Die Frequenz betrug 125 Hz, die Induktionszeit zehn Minuten. Keiner dieser Hunde wurde mit Tranquilizern, Sedativa, Analgetika oder Anästhetika behandelt.
- An der Tierklinik der Universität von Pennsylvania wurde bei Hunden, Pferden und Schafen mit Akupunktur eine chirurgische Analgesie herbeigeführt. Die analgetische Wirkung war hervorragend. Es mussten keine weiteren Medikamente verwendet werden. Bei den Pferden wurden Einschnitte an der Brustwand vorgenommen. Die Tiere wurden nur an einem Halfter mit Strick gehalten. Keines der Pferde zeigte Abwehrreaktionen oder subjektiv wahrnehmbare Abneigung gegen die Prozedur, aber sie reagierten ein wenig (bewegten sich) beim Vernähen der Wunde. Diese Reaktion ist verbreitet und einschätzbar, da sie von der Wahrnehmung einer Berührung stammt, die bei EAP-Analgesie bestehen bleibt, aber nicht durch Schmerz produziert wird. Als die Pinzetten die Wundränder ergriffen, fühlten die Pferde die Berührung der Pinzetten und zuckten mit der Haut, um sie abzuschütteln. Die Frequenz der elektrischen Stimulation betrug ungefähr 1 Hz und die Induktionsperiode 20 Minuten [20].
- Aus China kommen Berichte von Eingriffen an 255 Haustieren unter Akupunkturanalgesie. Darunter befanden sich Pferde, Mulis, Esel, Rinder und Schweine [21]. Bei 208 der Tiere konnte eine sehr gute Analgesie erreicht werden, bei 42 Tieren war die Analgesie als gut zu bezeichnen. Verwendet wurden: *San Yin Jiao, Qiang Feng.* Die elektrische Frequenz lag zwischen 30 und 50 Hz.

In der Literatur finden sich viele Berichte über Akupunktur bei Rindern, einschließlich einer Beschreibung der Akupunkturanalgesie für experimentelle und klinische Eingriffe [18].

23.1.5 Grenzen der Akupunkturanalgesie

Es gibt viele Umstände, unter denen ein chirurgischer Eingriff mit Akupunkturanalgesie sinnvoll ist. Einschränkungen des Einsatzes dieser Methode bestehen aber durchaus, vor allem, wenn auf die Anwendung von Sedativa verzichtet wird.
Die drei Hauptprobleme in der Anwendung von Akupunkturanalgesie sind:

- fehlende Fixiermöglichkeit
- unzureichende Analgesie
- ungenügende Kenntnis der Punkte, die zur Analgesie in dem speziellen Operationsgebiet führen

Fehlen einer Fixiermöglichkeit

Durch die Akupunkturanalgesie wird das Tier nicht fixiert. Bei einem kooperativen Patienten ist die Lagerung oder Stellung, die für die Operation notwendig ist, kein Problem. Bleibt der Patient aber nicht in dieser Lage oder Stellung und verhält sich nicht ruhig, kann ohne ein Sedativum keine Operation unter Akupunkturanalgesie durchgeführt werden.

Zusätzlich zu der Problematik, die durch eine eventuell ungewohnte oder unbequeme Lagerung oder Stellung entsteht, muss man bedenken, dass sich das Tier durch ungewohnte Geräusche aufregen kann. Selbst ein kooperativer Patient sollte darum während des gesamten Eingriffs von jemandem beruhigt werden, um absolut still zu halten.

Wenn es keine Gründe oder Kontraindikationen gegen Sedativa gibt, kann man sie verwenden, wodurch viele der angesprochenen Probleme überwunden werden. Sind allerdings größere Mengen an Sedativa notwendig, sollte überlegt werden, ob der Eingriff nicht unter alleiniger Gabe von Sedativa (und Lokalanästhesie) durchgeführt werden kann.

Unzureichende Analgesie

Ist die Akupunkturanalgesie unzureichend, können andere Punkte verwendet und andere Methoden zur Nadelstimulation versucht werden. Bei EAP kann die Frequenz und die Intensität der Stimulation verändert werden. Während der Operation kann das allerdings unpassend sein. Daher sollte man immer darauf vorbereitet sein, während einer Operation unter Akupunkturanalgesie wenn nötig Sedativa, Anästhetika oder Analgetika zu verabreichen.

Ungenügendes Wissen

Bei unzureichendem Wissen über die Punktekombination für das spezielle Operationsgebiet oder den Operationsgrund sollte eine Analgesie mit Akupunktur nicht versucht werden.

23.1.6 Zusammenfassung

Durch Experimente und klinische Erfahrungen konnte die Wirksamkeit der Akupunkturanalgesie für chirurgische Eingriffe effektiv bei verschiedenen Spezies bewiesen werden. Ein Vorteil ist der Verzicht auf kreislaufdepressive Medikamente, was besonders bei kranken oder geriatrischen Patienten und bei der Durchführung eines Kaiserschnitts wichtig ist. Nachteilig ist, dass die Methode relativ unbekannt ist, sie eine spezielle Ausrüstung benötigt, ihre Effekte nicht vollkommen berechenbar sind und die Tiere dabei nicht fixiert werden.

23.2 Postoperative Analgesie durch Akupunktur

James S. Gaynor

23.2.1 Die Bedeutung der postoperativen Analgesie

Während der letzten zehn Jahre hat das Verständnis der Physiologie und Therapie akuter Schmerzen stark zugenommen. Mit unterschiedlichem Erfolg setzen Tierärzte immer mehr nicht-steroidale Entzündungshemmer und Opiate, wie Butorphanol, Morphinderivate, Oxomorphon und Fentanyl ein. Alle im Augenblick zur Verfügung stehenden oralen und injizierbaren Pharmaka dieser Gruppe können beträchtliche Nebenwirkungen aufweisen. Außerdem müssen für die Opiate und Morphinderivate Betäubungsmittellisten geführt werden. Akute Schmerzen sollten aber immer behandelt werden, egal mit welcher Methode. Sie können sonst zu ernsthaften Komplikationen führen.

Durch Schmerzen wird eine Stressantwort hervorgerufen, die zur Zunahme von adrenokortikotropem Hormon (ACTH), Kortisol, antidiuretischem Hormon, Adrenalin, Noradrenalin, Angiotensin II und Glukose. Gleichzeitig führt die Stressantwort zur Abnahme des Insulins und des Testosterons [22, 23]. Sie kann zu Verengung der Arteriolen und Venolen führen und zu einem Blutdruckanstieg, der anfangs sogar von Vorteil sein kann. Die Konstriktion der koronaren Gefäße birgt aber die Gefahr einer myokardialen Hypoxie und kardialer Rhythmusstörungen. Durch Schmerzen im Thorax oder im Abdomen kann die Atmung negativ beeinflusst werden. Durch die pulmonale Gefäßreaktion auf Stress kann die Atmungsfunktion weiter behindert werden. Auch die Homöostase der Körperflüssigkeiten ist durch Stress und Schmerz beeinflussbar. Es kann zu Flüssigkeitsretention und verringerter Urinmenge kommen.

Nichtphysiologische Gründe für die postoperative Schmerzbehandlung liegen in der Verpflichtung, Tiere nicht unnötig leiden zu lassen. Tierärzte sollten auch immer an die enge Bindung zwischen Tierbesitzern und ihren Tieren denken. Neben der Belastung, die das Tier durch Schmerz erfährt, sollte man auch die mögliche Belastung der Besitzer sehen.

23.2.2 Aspekte des Schmerzes aus Sicht der TCM und Akupunkturtherapie

Aus der Perspektive der TCM kann sich Schmerz aus **Fülle-Zuständen** bilden, die zur Behinderung der Zirkulation von Blut und *Qi* führen. Beispiele dieser Fülle-Zustände wären die Invasion eines exogenen pathogenen Faktors, innere Hitze oder Kälte, stagnierendes Blut oder stagnierendes *Qi*, Obstruktion durch Schleim und Nahrungsretention.

Schmerz lässt sich aber auch auf **Leere-Zustände** zurückführen, wie Blut- und *Qi*-Leere und den Verbrauch von Körperflüssigkeiten durch einen *Yin*-Mangel. Durch diese Zustände kann es zur Unterversorgung der Meridiane kommen und dadurch zu Schmerzen. Die *Qi*-Stagnation führt zu ausstrahlenden Schmerzen, die keine feste Lokalisation haben. Blut-Stase dagegen bewirkt starke, bohrende Schmerzen in einem genau definierbaren Gebiet [24].

Im Prinzip soll durch die Akupunkturbehandlung das Gleichgewicht des Körpers wiederhergestellt werden. Durch Akupunkturnadeln in den passenden proximalen, lokalen und distalen Punkten kann die zugrundeliegende Störung behoben werden. Ist die Behinderung des Flusses aufgehoben, verschwindet der Schmerz.

23.2.3 Schmerzphysiologie und Akupunkturtherapie

Die „Gate-Control-Theorie" beschreibt die physiologischen Vorgänge des Schmerzes. Sie erklärt die Modulation des sensorischen Reizes durch Afferenzen und Efferenzen des zentralen Nervensystems. Grob gesagt funktioniert das Rückenmark wie ein Tor, das die Wirkung des neuralen Impulses verstärkt oder verringert, bevor er vom Gehirn verarbeitet und ein Schmerzgefühl und die Reaktion darauf ausgelöst wird [25].

Das Setzen der Nadeln an speziellen Akupunkturpunkten kann Schmerz durch verschiedene Mechanismen lindern. Zunächst werden durch die Akupunktur von Triggerpunkten Spasmen gelöst. Dadurch kann das Wohlbefinden des Patienten erheblich verbessert werden. Zudem werden bei der Akupunktur werden eine Anzahl von Neurotransmittern freigesetzt, die die Verarbeitung des Schmerzimpulses beeinflussen.

Durch bestimmte Arten elektrischer Stimulation kann diese Wirkung noch verstärkt werden. Durch genaue Nadelplatzierung und **niedrigfrequente elektrische Stimulation** (2–6 Hz) wird die zentrale Freisetzung von Endorphinen und Enkephalinen ausgelöst. Deren analgetische Wirkung beruht auf der Hemmung der Übertragung nozizeptiver Impulse von ihrem Ursprung zum Gehirn und der Zunahme der absteigenden Hemmung zurück zur Peripherie [26]. Durch diese Methode der Stimulation kann in der Regel eine Analgesie über 10 bis 20 Minuten erreicht werden. Die Wirkung wird als kumulativ beschrieben, d. h. die Analgesiewirkung nimmt mit jeder weiteren Akupunkturbehandlung zu. Die durch niedrigfrequente Stimulation erreichte Analgesie kann durch Opiatantagonisten, wie Naloxon, aufgehoben werden [27].

Durch **hochfrequente Stimulation** (100–200 Hz) wird die Freisetzung von Serotonin, Adrenalin und Noradrenalin ausgelöst, deren Analgesie nicht kumulativ wirkt [28, 29]. Im Gegensatz zur Analgesie, die durch niedrigfrequente Stimulation produziert wurde, ist die Analgesie der hochfrequenten Stimulation nicht durch Naloxon beeinflussbar [30]. Durch hochfrequente Stimulation ausgelöste Analgesie wirkt in erster Linie durch die Zunahme der absteigenden Hemmung der Spinalstränge. Für die postoperative Analgesie eignet sich die niedrigfrequente Stimulation am besten.

23.2.4 Spezielle Behandlungsprotokolle für die Akupunkturanalgesie

Die folgenden Akupunkturprotokolle eignen sich für jeden Zeitpunkt der postoperativen Phase und können auch als vorbeugende Analgesie vor dem chirurgischen Eingriff sinnvoll sein, um das Aufwachen des Patienten zu erleichtern. Postoperative Akupunktur sollte am besten am noch schlafenden Patienten begonnen werden. Das erleichtert das Setzen der Nadeln und die EAP. Ohne die Akupunktur könnte das Tier beim Aufwachen sofort Schmerzen empfinden oder sich in einem Anästhesiedelirium heftig bewegen. Beides würde eine Fixierung notwendig machen. Obwohl die elektrische Stimulation nicht unbedingt notwendig wäre, wird dadurch doch die Analgesie verstärkt und intensiviert. Sie kann über Stunden bis Tage anhalten. Die Dauer der Analgesie ist auch stark vom Individuum und der Art des chirurgischen Eingriffs abhängig. Zur Auswahl der Punkte kann nach verschiedenen Prinzipien vorgegangen werden. Nach dem einen Prinzip werden Punkte ausgewählt, die in der betroffenen Körperregion liegen. Bei Schmerzen in den Gliedmaßen können auch die gegenüberliegenden oder kontralateralen Gliedmaßen genadelt werden. Eine weitere Empfehlung konzentriert sich auf Punkte, die distal der betroffenen Stelle liegen. Oft kann auch auf empirische Punkte zurückgegriffen werden, deren analgetische Wirkung auf das betreffende Körperteil bereits erforscht ist. Nach einer weiteren Methode, die sich immer mehr durchsetzt, werden Punkte behandelt, die distal und proximal der schmerzenden Stelle liegen. In der ➤ Tab. 23.1 werden alle diese Behandlungsprinzipien kombiniert. Niedrigfrequente elektrische Stimulation wird bei allen Punkten empfohlen, die paarweise angegeben sind. In den meisten Fällen liegen die gepaarten Punkte auf dem gleichen Meridian, aber es gibt auch Ausnahmen. Für eine ausreichende Analgesie sollte die elektrische Stimulation über 18 bis 20 Minuten durchgeführt werden. Häufig sinkt die Herzschlagrate des Patienten während dieser Zeit ab, was ein Anzeichen für die zentrale Endorphin-Freisetzung sein kann.

Tab. 23.1 Spezielle Analgesieprotokolle

Protokoll für	Schmerzhafter Bereich oder OP	Behandlungsprotokoll
Hintergliedmaße	Hüfte	Bl 54–Bl 40: EAP Gb 29–Gb 30: EAP Gb 34 Bl 11 (bilateral)
	Femur	Bl 54–Bl 40: EAP Gb 30–Gb 34: EAP Bl 11 (bilateral)
	Knie	Gb 33–Gb 34: EAP Le 8–MP 9: EAP *Xi Yan* (besteht aus zwei Punkten: Ma 35 und einem Punkt in einer Delle distal der Patella, direkt medial des Ligamentum patellae)
	Tibia und Fibula	Bl 40–Bl 60: EAP Ma 35–Ma 41: EAP Gb 34–Gb 39: EAP MP 6–MP 9: EAP Bl 11 (bilateral)
	Sprunggelenk	Bl 40–Bl 62: EAP MP 3–MP 6: EAP Ma 41–Ma 44: EAP Bl 60 Ni 3 (evtl. in Kombination mit Bl 60) Bl 11 (bilateral)
Vordergliedmaße	Schulter	3E 14–Di 15: EAP Dü 9–Dü 11: EAP Gb 20 Gb 34
	Humerus	3E 14–3E 5: EAP Dü 9–Dü 3: EAP Bl 11 (bilateral)
	Ellenbogen	3E 14–3E 3: EAP Dü 3–Dü 8: EAP Di 4–Di 15: EAP He 3 Pe 3 Lu 5 Bl 11 (bilateral)
	Radius und Ulna	Dü 3–Dü 9: EAP Di 4–Di 15: EAP Pe 6–Pe 3: EAP Bl 11 (bilateral)
	Karpalgelenk	3E 14–3E 3: EAP Dü 3–Dü 8: EAP Pe 8–Pe 6: EAP Di 4–Lu 7: EAP Bl 11 (bilateral)

Tab. 23.1 Spezielle Analgesieprotokolle *(Forts.)*

Protokoll für	Schmerzhafter Bereich oder OP	Behandlungsprotokoll
Sonstige	Laparotomie	Nadeln an den beiden Enden des Einschnittes: EAP Nadeln an den beiden Längsseiten des Einschnittes: EAP Ma 36–MP 6: EAP
	Kaiserschnitt	s. Laparotomie MP 9 LG 26
	Sternotomie	Nadeln an den beiden Enden des Einschnittes: EAP Nadeln an den beiden Längsseiten des Einschnittes: EAP Ma 36–MP 6: EAP Pe 6–Di 4: EAP Gb 34 Bl 11 (bilateral)
	Zähne	Di 4–Lu 7: EAP Ma 6 (Zähne im Unterkiefer) Dü 18 (Zähne im Unterkiefer) Ma 5 (Zähne im Oberkiefer)
	Mandibula	3E 21 Dü 19 Gb 2 Di 4 Bl 60 Gb 34 3E 5

Optimale postoperative Analgesie kann erreicht werden durch:

- Akupunktur proximaler und distaler Punkte
- EAP
- 2,5 Hz Wechselspannung
- wiederholte Behandlungen (kumulativer Effekt)
- Behandlungsdauer über 18 bis 20 Minuten

23.2.5 Zusammenfassung

Aus ethischen, moralischen und physiologischen Gründen ist eine postoperative Analgesie wichtig. Um diese Analgesie zu erreichen, stehen viele verschiedene Möglichkeiten zur Auswahl, aber der Einsatz von Akupunktur mit elektrischer Stimulation ist einfach, wirkungsvoll, verlässlich und nicht teuer. Die postoperative Analgesie durch Akupunktur ist eine sich immer weiter entwickelnde Methode, die in keiner Tierarztpraxis zur Schmerzbekämpfung fehlen sollte.

LITERATUR

1. Lewis JW et al: Neural, neurochemical, and hormonal bases of stress-induced analgesia. In Kruger L, Liebeskind JC: *Advances in pain research and therapy,* New York, 1984, Raven Press.
2. Mayer DJ, Watkins LR: Multiple endogenous opiate and nonopiate analgesia systems. In Kruger L, Liebeskind JC: *Advances in pain research and therapy,* New York, 1984, Raven Press.
3. Yaksh TL: Multiple spinal opiate receptor systems in analgesia. In Kruger L, Liebeskind JC: *Advances in pain research and therapy,* New York, 1984, Raven Press.

4. Cao XD: Acupuncture activates pain modulating system resulting in acupuncture analgesia (abstract). *Proceedings of the Fifth International Symposium on Acupuncture Electrotherapeutics,* New York, 1989.
5. Dubner R et al: Neural circuitry mediating nociception in the medullary and spinal dorsal horns. In Kruger L, Liebeskind JC: *Neural circuitry nociception in the medullary and spinal dorsal horns,* New York, 1984, Raven Press, pp 151–166.
6. Kruger L, Liebeskind JC: *Advances in pain research and therapy,* New York, 1984, Raven Press.
7. Pomeranz B, Stux G: *Scientific bases of acupuncture,* New York, 1989, Springer-Verlag.
8. Han J: Central neurotransmitter and acupuncture analgesia. In Pomeranz B, Stux G: *Scientific bases of acupuncture,* New York, 1989, Springer-Verlag, p 9.
9. Takeshige C: Relationship between acupuncture analgesia and the pituitary and adrenal glands (abstract). *Proceedings of the Fifth International Symposium on Acupuncture Electrotherapeutics,* New York, 1989.
10. Sjolund BH, Schouenborg J: Site of action of antinociceptive acupuncture-like nerve stimulation in the spinal rat as visualized by the ^{14}C-2-deoxyglucose method, 1983. In Bonica JJ et al: *Advances in pain research and therapy,* New York, 1984, Raven Press.
11. Tseng CK et al: Electro-acupuncture modification of halothane anaesthesia in the dog, *Can Anaesth Soc J* 28:125–128, 1981.
12. Tay AL et al: Failure of narcotic antagonist to alter electroacupuncture modifications of halothane anaesthesia in the dog, *Can Anaesth Soc J* 29:231–235, 1982.
13. Haragopal V et al: Caesarean section in a ewe under acupuncture anesthesia, *Am J Acupunct* 12:161–163, 1984.
14. Yong-Cai S et al: Veterinary (animal) acupuncture anesthesia, *Proceedings of the 17th Annual International Stockmen's School,* Tucson, 1980.
15. Still J: Acupuncture analgesia for laparotomy in dogs and cats: an experimental study, *Am J Acupunct* 15:155–165, 1987.
16. Still J et al: Experimental ear acupuncture analgesia in the dog, *Glaams Diergeneeskindig Tijdschrift* 55:407–415, 1986.
17. Gonzales MV et al: Induction of surgical analgesia of the abdomen in dogs using electro-acupuncture, *Vet Med* 6:157–162, 1985.
18. Wright M, McGrath CJ: Physiologic and analgesic effects of acupuncture in the dog, *J Am Vet Med Assoc* 178:502–507, 1981.
19. O'Boyle M, Vajda GK: Acupuncture anesthesia for abdominal surgery, *Mod Vet Pract* 56:705–707, 1975.
20. Klide AM: Use of acupuncture for the control of chronic pain and for surgical analgesia. In Short CE, Van Poznak A: *Animal pain,* New York, 1992, Churchill Livingstone.
21. Klide AM, Kung SH: *Veterinary acupuncture,* Philadelphia, 1977, University of Pennsylvania Press.
22. Matthews NS et al: Evaluation of pain/stress following ovariohysterectomy in dogs using spectral heart rate analysis and plasma cortisol levels (Abstract), *ACVA* 9:2–27, 1992.
23. Brearly JC, Dobson H, Jones RS: Investigations into the effect of two sedatives on the stress response in cattle, *J Vet Pharmacol Ther* 13:367–377, 1994.
24. Maciocia G: Diagnosis. In Maciocia G, ed: *The foundations of Chinese medicine,* Edinburgh, 1996, Churchill Livingstone, pp 143–174.
25. Melzak R, Wall P: Pain mechanism: a new theory, *Science* 150:971–973, 1965.
26. Basbaum AI, Fields HL: Endogenous pain control mechanisms: review and hypothesis, *Ann Neurol* 4:451–462, 1978.
27. Pomeranz B, Cheng R: Suppression of noxious responses in single neurons of cat spinal cord by electroacupuncture and its reversal by the opiate antagonist naloxone, *Exp Neurol* 64:327–341, 1979.
28. McLennan H, Gilfillan K, Heap Y: Some pharmacologic observations on the analgesia induced by acupuncture in rabbits, *Pain* 3:229–238, 1977.
29. Ulett GA: Scientific studies and theories of acupuncture action. In Ulett GA, ed: *Beyond Yin and Yang: how acupuncture really works,* St Louis, 1992, Warren H Green, pp 38–54.
30. Cheng RS, Pomeranz B: Electroacupuncture analgesia could be mediated by at least two pain relief mechanisms: endorphin and non-endorphin systems, *Life Sci* 25:1957–1962, 1979.

KAPITEL

24

Terry E. Durkes

Goldimplantation

Die ersten Goldimplantationen in der Vereinigten Staaten wurden von Dr. Grady Young in den frühen siebziger Jahren durchgeführt [1]. Dr. Young benutzte die Goldimplantate in Akupunkturpunkten, um eine Langzeitstimulation der Punkte zu erreichen. Ich begann 1975 mit der klinischen Forschung auf dem Gebiet der Goldimplantate. Anfangs wurden damit vor allem Epilepsien und Hüftgelenkdysplasien behandelt.

Ich stelle die folgende Hypothese auf: Auf Goldimplantate reagieren alle Erkrankungen,

- die chronisch sind,
- eine starke negative Ladung im Gewebe aufweisen und
- eine lokalisierte Alkalose beinhalten [2].

Mit zunehmender Alkalose und negativer Ladung im Gelenk nimmt auch der Schmerz zu, es sei denn der Patient kann die Ladung selbst neutralisieren. Der Körper korrigiert normalerweise solche negativen Ladungen durch Natrium-, Kalzium- und H^+-Ionen. Da es sich um ein Gelenk handelt, fällt die führende Rolle den Kalzium-Ionen zu. Im Röntgenbild zeigen sich die Kalzifikationen in Form von Osteophyten in der Umgebung des Gelenks.

Probleme entstehen, weil nicht alle Tiere in der Lage sind, die negativen Ladungen zu korrigieren. Das Tier hat dann starke Schmerzen, obwohl auf der Röntgenaufnahme nur geringgradige Veränderungen sichtbar sind. Diese Konstellation findet sich häufig gerade bei jungen Tieren. Bei älteren Tieren liegen dagegen oft starke röntgenologische Veränderungen vor, die aber anscheinend keine Schmerzen verursachen. Höchstwahrscheinlich können diese älteren Tiere Kalzium-Ionen schnell genug mobilisieren, um die negative Ladung zu neutralisieren und damit Schmerzen zu verhindern. Sie zeigen erst dann Schmerzen und Lahmheit, wenn sie nicht mehr ausreichend schnell Kalzium-Ionen freisetzen können. Meiner Erfahrung nach ist bei 25 % der Hunde mit Hüftgelenkdysplasie die röntgenologisch schlechtere Hüfte nicht gleichzeitig auch die schmerzhaftere.

Bei der Goldimplantation werden pro Lokalisation drei Goldimplantate gesetzt. Die Implantate bestehen aus metallischen Materialien, die mit Gold überzogen wurden. Die metallischen Materialien können magnetisch oder nicht-magnetisch wirken. Vermutlich bringen die magnetisch wirkenden Goldimplantate bessere Ergebnisse, aber auch die nicht-magnetischen zeigen eine gute Wirkung.

24.1 Hüftgelenkdysplasie

Um das betroffene Hüftgelenk herum werden drei Goldimplantate an Akupunkturpunkte gesetzt. Die genaue Lokalisation der Punkte ist sehr wichtig. Schon eine Verschiebung um wenige Millimeter vermindert den positiven Effekt. Auch der Einstichwinkel der Nadel ist von Bedeutung. Man sollte mit der Nadel in Richtung des Kapselansatzes am Femurhals zielen. Sticht man in Richtung des Kapselansatzes am Azetabulum ein, besteht die Gefahr, die Gelenkkapsel zu durchstechen, daher ist diese Methode trotz der oft guten Ergebnisse nicht zu empfehlen. Liegen die Goldimplantate an der richtigen Stelle, sollten sich die Tiere innerhalb von einer Woche schmerzfrei bewegen können.

➤ Abb. 24.1 zeigt die am häufigsten verwendete Lokalisation der Goldimplantate bei Hüftgelenkdysplasie. Die kleinen weißen Kreise bezeichnen die drei Punkte, während die schwarzen Punkte zusätzliche Punkte kennzeichnen, in die bei fortgeschrittenen Fällen auch Goldimplantate gesetzt werden können. Beim Setzen der Nadeln vor der Implantation sollte man darauf achten, die Gelenkkapsel nicht zu verletzen. Tritt aus der Nadel Blut aus, ist das ein Zeichen für eine falsche Nadelposition. Die Nadel muss gezogen und die Blutung gestoppt werden.

Von den 250 zuerst behandelten Hunden waren mit Ausnahme von Zweien alles Vertreter großer Rassen, wobei Deutsche Schäferhunde mit 82 % die Mehrzahl stellen. 3 % der behandelten Hunde waren Riesenschnauzer, andere große Rassen waren ähnlich häufig vertreten. In dieser klinischen Studie gab es einen Pekinesen und einen West Highland White Terrier. Das Alter der Tiere lag zwischen 5 Monaten und 16 Jahren.

Die Erfolgsrate wurde in drei Altersgruppen bewertet:

- Hunde < 7 Jahre: erfolgreiche Behandlung mit vollständiger Wiederherstellung der Beweglichkeit bei 99 %.
- Hunde zwischen 7 und 12 Jahren: vollständige Wiederherstellung mit guter Beweglichkeit bei 80 %; über 50%ige Verbesserung der Symptomatik und Beweglichkeit bei 10 %; unter 50%ige Verbesserung der Symptomatik und Beweglichkeit bei 1 %; 9 % zeigten gar keine Verbesserung.
- Hunde zwischen 12 und 16 Jahren: über 75%ige Verbesserung der Symptomatik und Beweglichkeit bei 50 % der Tiere; 50 % der Patienten dieser Gruppe sprachen gar nicht auf die Behandlung an.

Generell wurde es bereits als Therapieerfolg gewertet, wenn sich die betroffenen Tiere in über 50 % der Zeit von selbst erheben und bewegen konnten.

Die Wirkungsweise der Goldimplantate ist nicht bekannt. Anfänglich nahm man an, sie würden in der Umgebung des Gelenks eine chemische Reaktion auslösen. Ich verwarf diese Hypothese, nachdem bei einigen Hunden ein bis zwei Jahre nach der Goldimplantation die Goldstückchen wieder entfernt wurden und die Goldstückchen keinerlei Veränderungen aufwiesen. Sie sahen genau so aus, wie zum Zeitpunkt der Implantation. Aufgrund dieser Erfahrung gehe ich jetzt davon aus, das die Goldstückchen eine ge-

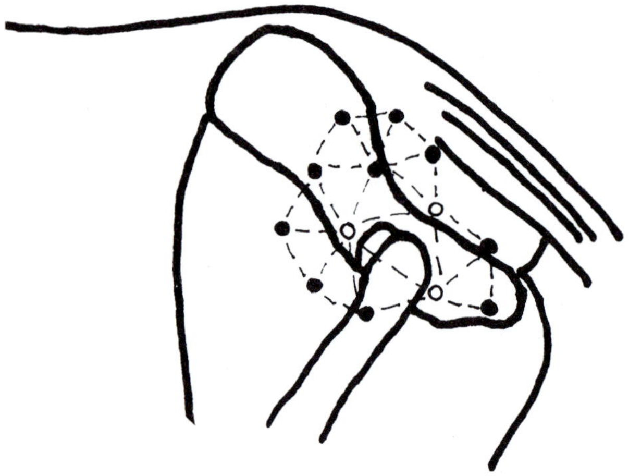

a

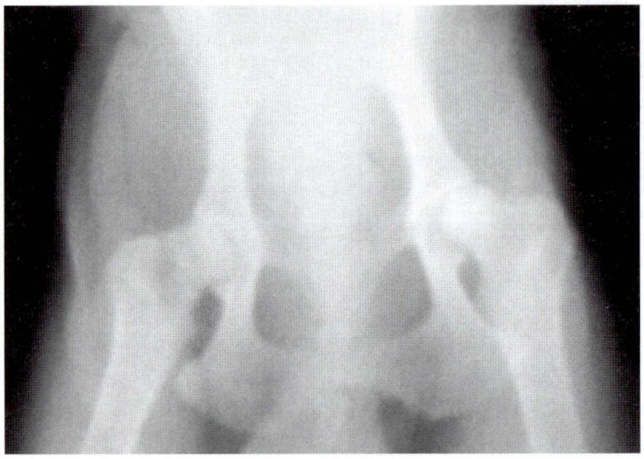

b

Abb. 24.1a: Position der Goldimplantate in der Hüfte des Hundes.
24.1b: Normale Platzierung der Goldimplantate bei einer neun Jahre alten, sterilisierten Deutschen Schäferhündin.

ringe positive Ladung abgeben, die in der Lage ist, die negativen Ladungen im Gelenk zu neutralisieren, die Schmerzen zu lindern und weitere arthritische Veränderungen des Gelenks zu verhindern [3]. Bei manchen Hunden wurden bei Kontrollröntgenaufnahmen nach sechs bis zwölf Monaten Dekalzifikationen des Gelenks beobachtet.

24.2 Spondylose

Goldimplantationen im Rücken scheinen bei Spondylosen zu helfen, jedoch nicht bei Bandscheibenerkrankungen. Bei Bandscheibenvorfällen kann es zu einer vermehrten Azidose und einer stärkeren positiven Ladung kommen. Bei Spondylosen liegt meist eine Alkalose und vermehrte negative Ladung vor. Aus diesem Grund eignet sich auch die Goldimplantation für einen Einsatz bei dieser Störung.

Einige Autoren vermuten, dass Spondylosen entstehen, wenn eine prolabierte Bandscheibe verkalkt. Andere mögliche Ursachen sind Infektionen mit Brucella canis, S. aureus oder Streptokokken. Die empfohlene Therapie besteht dementsprechend meist lediglich aus Analgetika und Antibiotika [1, 2]. Meiner Erfahrung nach stellt die Spondylose einen der Hauptgründe für die Lahmheiten bei großen Hunden dar. Die ventralen Brückenbildungen können als der Versuch des Körpers gesehen werden, die Wirbelsäule zu stabilisieren, die durch Arthritis, entzündliche Reaktionen oder chronische Bandscheibenerkrankungen geschwächt wurde. Ich habe schon ventrale Brückenbildungen im Bereich der thorakolumbalen Wirbelsäule über mehr als 2,5 cm gesehen. Obwohl die Brücken aus solidem Knochen zu bestehen scheinen, leiden die Tiere oft unter starken Schmerzen.

Bei den Spondylose-Hunden, die ich behandelt habe, konnte bei nur 1 % eine Brucella- oder Streptokokken-Infektion nachgewiesen werden. Diese Hunde erhielten neben der Goldimplantation eine Antibiotikatherapie. Alle anderen Hunde wurden ausschließlich mit Goldimplantation behandelt. Bei nur 25 % der Tiere war die Spondylose der alleinige Grund für die Lahmheit. Bei den anderen 75 % lagen neben der Spondylose noch andere Ursachen für eine Lahmheit vor, die ebenfalls mit Goldimplantaten behandelt werden mussten, um die Funktion wieder vollkommen herzustellen.

Um Spondylose zu behandeln werden die Goldimplantate in die Punkte des inneren Blasen-Meridians am Rücken implantiert. In jedem Punkt werden dabei drei Implantate platziert. Normale Beweglichkeit sollte sich innerhalb einer Woche wieder einstellen. Bei multiplen Ursachen der Lahmheit kann es notwendig werden, mehr als drei Implantate pro Punkt zu verwenden.

Hunde, die an einem Cauda-equina-Syndrom leiden zeigen Stenosen, Malformationen und Gelenkstörungen im lumbosakralen Bereich [4]. Schmerzen sind dabei das häufigste Symptom. Das Cauda-equina-Syndrom kann sich unabhängig entwickeln, kann aber auch Folge einer ausgeprägten Spondylose sein. Um diese Störung zu behandeln, werden Goldimplantate zusätzlich zu den Punkten auf dem Blasen-Meridian auch in Punkte auf dem Lenkergefäß versenkt.

24.3 Epilepsie

Goldimplantate können erfolgreich in der Behandlung der Epilepsie eingesetzt werden [5]. Die erkrankten Tiere erhalten meist dann eine Goldimplantation, wenn sie nicht auf die konventionelle Therapie ansprechen oder bereits sehr hohe Dosen der Antikonvulsiva benötigen. In einer klinischen Untersuchung an 40 Hunden mit idiopathischer Epilepsie benötigten 50 % der Tiere nach der Goldimplantation keine konventionellen Medikamente mehr. Weitere Anfälle traten nur noch in extremen Stress-Situationen auf. Bei weiteren 25 % der Hunde konnte die Dosis an Antikonvulsiva stark reduziert werden. 25 % sprachen nicht auf die Goldimplantation an [6]. In der Gruppe, die nicht auf die Goldimplantation reagierte, zeigten Deutsche Schäferhunde die schlechtesten Ansprechraten. Die Höhe der vorher verabreichten Medikamente ließ nicht darauf schließen, ob das Tier auf Goldimplantation ansprechen würde oder nicht. Von den Hunden, die nach einer Staupeinfektion Epilepsie entwickelt hatten, sprachen 50 % auf die Goldimplantation an.

Therapie der Epilepsie

Geeignete Punkte für die Goldimplantation: Bl 4, Bl 6, Bl 9, Gl 14, Gb 20 und LG 20. Die Goldimplantate werden an dem entsprechenden Punkt direkt unter der Haut platziert.

Tiere, die mit Goldimplantaten behandelt wurden, kommen im täglichen Leben sehr gut zurecht. Werden diese Hunde aber z. B. durch sehr intensives Spielen oder lange Reisen überfordert, ruft dies Stressreaktionen hervor und die Anfälle können wiederkommen. Wird das Stressniveau reduziert, verschwinden meist auch die Anfälle wieder. Die Schlüsselfunktion scheint demnach eine Stressreduktion im Leben des Tieres zu sein.

24.4 Andere Einsatzmöglichkeiten

Andere Störungen, die gut auf Goldimplantationen ansprechen, sind z. B. Femurkopfnekrosen, Osteochondrosis dissecans der Schulter, isolierter Processus anconeus des Ellenbogens und degenerative Gelenkserkrankungen des Knies. Degenerative Knieerkrankungen sind am schwierigsten mit Goldimplantaten zu behandeln. Bei diesen Tieren finden sich häufig viele Triggerpunkte rund um das Kniegelenk herum, die ebenfalls behandelt werden sollten.

Die Ergebnisse der Goldimplantation stimmen zuversichtlich, weitere Studien sind jedoch nötig. Die konventionelle Sichtweise der degenerativen Gelenkserkrankungen, der Epilepsie und der Osteophytenbildung muss neu überdacht werden. Nach dem Verständnis der konventionellen Medizin dürften Goldimplantationen eigentlich keine Wirkung zeigen. Dennoch kann die Methode vielen Tieren helfen – die heutigen medizinischen Erkenntnisse reichen jedoch offensichtlich noch nicht aus, um die Wirkungsweise der Implantate zu erklären. Auch die Theorie der negativen elektrischen Ladungen und der Gewebe-Alkalose bietet noch keine ausreichende Erklärung.

24.5 Komplikationen

Bei ausreichender Erfahrung des Tierarztes und sorgfältiger Arbeitsweise konnten bisher keine Komplikationen bei Goldimplantationen beobachtet werden. Folgende Komplikationen können jedoch bei mangelnder Sorgfalt auftreten:

- Schwere lokale Infektionen durch ungenügende aseptische Vorbereitungen der Implantationsstelle;
- Bei ungenügender Ausbildung oder Erfahrung des Tierarztes können Goldstückchen in die Gelenkkapsel geraten, was für den Patienten extrem schmerzhaft ist. Die Goldstückchen müssen unverzüglich aus dem Gelenk entfernt werden, noch bevor der Hund sein Bein wieder bewegt.
- Die Punkte um das Hüftgelenk liegen in der Nähe des Nervus ischiadicus. Durch unsachgemäßes Ablegen der Goldimplantate kann es zu Verletzungen dieses Nervs kommen, die zu vorübergehenden oder permanenten Lähmungen führen.

Alle weiteren Komplikationen sind meist auf falsche Diagnosen zurückführen. Röntgenbilder sind unerlässlich. Bei osteogenen Sarkomen oder Osteomyelitis stellt die Implantation keine Behandlungsalternative dar. Bei Osteomyelitis kann die Goldimplantation die Erkrankung sogar noch verstärken. Wie meist entstehen Komplikationen, wenn die Indikationen und Hinweise zur korrekten Durchführung nicht beachtet werden.

LITERATUR

1. Durkes T: Gold bead implantation. International Veterinary Acupuncture Society Certification Course, San Diego, 1989–1990.
2. Cordon N: Auricular Medicine Seminar, MED Servi-System, Ontario, Canada, 1982, p 12.
3. Adams M: Auricular Medicine Seminar, Ontario, Canada, 1988, MED Servi-System, pp 22–24.
4. de Lahunta A: *Veterinary neuroanatomy and clinical neurology,* ed 2, Philadelphia, 1983, WB Saunders.
5. Gallaher S: Epileptic seizures. International Veterinary Acupuncture Society Certification Course, San Diego, 1989–1990.
6. Durkes T: Epileptic seizures. International Veterinary Acupuncture Society Certification Course, San Diego, 1989–1990.

KAPITEL

25

David McCluggage

Akupunktur bei Vögeln

Akupunktur kann in der Behandlung von Vögeln durchaus hilfreich sein, hat aber auch ihre Grenzen. Der wichtigste Nachteil ist der Stress, der mit der Durchführung der Behandlung verbunden ist. Der häufigste Vogel-Patient in einer Tierarztpraxis ist der Papagei. Dieser Vogel muss fast immer eingefangen und in einem Handtuch gehalten werden, um die Akupunktur durchführen zu können, was für das Tier sehr belastend ist. Es gibt immer wieder Fälle, bei denen der Vogel durch das Einfangen und Festhalten an Herzversagen stirbt, daher muss bei einer Akupunktursitzung besondere Vorsicht angewandt werden [1]. Selbst der Transport zur Tierpraxis ist für viele Vögel mit Stress verbunden, was wiederholte Behandlungen problematisch macht.

Vögel sind sehr emotionale, intelligente Tiere. Ihre emotionalen und mentalen Bedürfnisse müssen respektiert und berücksichtigt werden, bevor irgendein Behandlungsversuch unternommen wird. Die möglichen negativen Folgen durch den Stress des Festhaltens, Untersuchens und Behandelns überwiegen häufig den Nutzen einer Behandlung. Bevor an einem Vogel Akupunktur durchgeführt wird, gilt es daher zu fragen, ob der Stress der Behandlung mehr schadet, als die Behandlung nutzen kann.

Es ist bekannt, dass Vögel Krankheitssymptome oft „verbergen". Häufig erkranken sie ernsthaft, bevor die Besitzer überhaupt merken, dass ihnen etwas fehlt. Eine kompetente Untersuchung nach westlichem Standard, mit den erforderlichen diagnostischen Verfahren, ist bei allen Vögeln angezeigt, die irgendwelche Symptome aufweisen, selbst wenn sie nur leichter Natur sind.

Es gibt weitere Probleme, von denen einige ausschließlich bei Vögeln auftreten. Viele Arten sind sehr klein und weisen entsprechend winzige Akupunkturpunkte auf. Die Punkte sind dadurch schwierig zu finden und häufig liegen wichtige Punkte zu nahe beisammen, um sie einfach zu unterscheiden. Bei sehr kleinen Vögeln kann auch die Nadelgröße zum Problem werden.

In China wird Akupunktur seit vielen Jahren in begrenztem Ausmaß bei Geflügel angewandt. Aber bis vor kurzem waren wenige Informationen über Akupunktur bei anderen Arten verfügbar. Die Chinesen sahen bei anderen Vogelarten keinen ausreichenden ökonomischen Nutzen für die Anwendung von Akupunktur.

In der typischen veterinärmedizinischen Praxis trifft man heute vor allem auf Papageien oder Sittiche, Finkenvögel, Kanarienvögel, Tauben und Wassergeflügel. Über diese Arten ist in der chinesischen Akupunkturliteratur nichts zu finden [2]. Das bedeutet, dass die meisten Akupunkturpunkte von anderen Arten übertragen wurden, in der Annahme, dass sie dieselben Wirkungen besitzen. Diese Annahme ist vermutlich bestenfalls eine grobe Vereinfachung. Derzeit ist sie jedoch die einzige Möglichkeit.

25.1 Betrachtung der Vögel aus Sicht der TCM

Vögel besitzen eine hohe Metabolismusrate (Herzfrequenz ca. 200/min, Körpertemperatur oft über 39,5 °C), sie sind leicht und besitzen viele Körperhöhlungen (Luftsäcke). In der Regel enthält ihr Körper weniger Flüssigkeit als bei Säugetieren. Aufgrund all dieser Charakteristika sind sie stärker ***Yang*-betont**. Zwar sind *Yin* und *Yang* in einem gesunden Vogel immer im Gleichgewicht, doch diese *Yang*-Betonung bedeutet, dass ein kranker Vogel mit größerer Wahrscheinlichkeit eine relative oder echte *Yang*-Fülle aufweist. Das ist keine absolute Aussage. Denn auch wenn *Yin* meist vor *Yang* in einen Mangel gerät, so wird doch beim Fortschreiten der Krankheit auch *Yang*-Mangel auftreten. Das ist von klinischer Bedeutung, da die Störung bei einem aufgeplusterten, kalten Vogel (mit *Yang*- und/ oder *Qi*-Mangel) in der Regel bereits weiter fortgeschritten und die Prognose daher schlechter ist.

Auch wenn die meisten Disharmoniemuster des Menschen ebenso bei Vögeln auftauchen können, gibt es doch einige **TCM-Muster, die häufiger auftreten**. Dazu zählen:

- Leber-*Yin*-Mangel
- Herz-*Yin*-Mangel
- Leber-*Qi*-Stagnation
- Nieren-*Yin*-Mangel
- Blut-Mangel
- Lungen-*Yin*-Mangel und
- Lungen-Trockenheit.

Nieren-Essenz-Mangel tritt oft bei Papageien und Wellensittichen auf, die über Jahre hinweg durch Inzucht vermehrt wurden. Die Leber greift häufig die Milz an, wobei wässriger, weicher Kot auftritt. Ein weiteres verbreitetes Muster ist die **Invasion äußerer pathogener Faktoren** (Wind-Feuchtigkeit und Feuchte-Hitze), die die westliche Medizin als mikrobielle Infektionen bezeichnen würde.

Einer der Schlüssel zur erfolgreichen Anwendung der Akupunktur bei Vögeln ist das frühzeitige Erkennen der TCM-Muster, sodass sie behandelt werden können, bevor sie sich zu ernsthafteren Störungen entwickeln.

25.2 Akupunkturtechniken bei Vögeln

Im Vergleich zu Säugetieren sind Vögel sehr sensibel, ihre Neuronen funktionieren schneller und ihre Muskeln neigen zu rascheren Reaktionen. Das führt zu der Annahme, dass sie auch auf Akupunkturtechniken besser ansprechen. Das Gleichgewicht von *Yin* und *Yang* lässt sich bei ihnen mit Akupunktur leichter beeinflussen und die Nadeltechniken haben eine potenziell stärkere Wirkung.

Traditionelles Nadeln

Es ist zwar möglich, auch bei Vögeln Nadeln einzustechen und zu belassen, doch ist dies nicht ganz so einfach wie bei Säugetieren. Das gilt besonders für Papageien. Jungvögel erlauben das Stechen von Nadeln häufig mit wenig oder sogar ohne Festhalten und belassen die Nadeln anschließend auch am Platz. Auch manche erwachsenen Papageien akzeptieren traditionelle Nadelungstechniken. Manche Vögel, die in der Praxis seltener auftauchen, wie Wasservögel, Raubvögel und Geflügel akzeptieren die Nadeln ebenfalls recht problemlos.

Wenn der Vogel zum Einführen der Nadeln mithilfe eines Tuchs gehalten werden muss, wird er die Nadeln anschließend häufig herausschütteln oder -ziehen, was die Wirksamkeit natürlich verringert. Außerdem muss der Vogel beim Entfernen der Nadeln ein zweites Mal festgehalten werden, was den Stress verdoppelt.

PRAXISTIPP

Traditionelles Nadeln geschieht am besten mit einer 36-Gauge-Nadel mit Plastikgriff (z. B. japanische Seirin-Akupunktur-Nadeln, No. 3, 0,2 × 15 mm). Der größte Teil des Plastikgriffs lässt sich mit einer Schere oder Nagelzange entfernen. Dadurch bleibt die Nadel leichter am Platz und ist für den Vogel weniger störend.

„Schnelles" Nadeln

Durch Manipulation der Nadeln mit Sedierungs- oder Tonisierungstechniken während des Einführens lässt sich ein Vogel wirksam mit Akupunktur behandeln, ohne dass die Nadeln am Platz belassen werden müssen. Diese Technik wende ich häufig bei kleinen Vögeln (unter 100 g) mit gutem Erfolg an. Die Nadel wird in den Akupunkturpunkt eingeführt, 5–10 s lang manipuliert und sofort wieder entfernt. Anschließend wird der nächste Punkt behandelt. Bei der Anwendung dieser Technik ist höchste Aufmerksamkeit des Therapeuten erforderlich.

Aquapunktur

Eine wirksame Alternative zum traditionellen Nadeln ist eine Methode, bei der Cyanocobalamin (Vitamin B_{12}, 1000 µg/ml) mit Injektionsnadel und Spritze in den Punkt injiziert wird. Mittlere bis große Papageien erhalten bis zu 0,1 ml an jedem Akupunkturpunkt, kleine Vögel in der Regel 0,01 ml. Empfehlenswerte Nadelgrößen sind 27–29 Gauge, mit einer Spritze mit 0,5 ml, 1 ml oder 3 ml Volumen.

Für Vögel unter 50 g ist Aquapunktur in der Regel nicht empfehlenswert. Die scharfe Spitze der Nadel kann ohne weiteres Sehnen und Bänder durchtrennen und zu einer permanenten Schädigung führen. Solch kleine Vögel sind nach Abschluss der Behandlung meist einige Zeit unsicher auf den Beinen und sehr schwach. Einige bluten übermäßig, wenn die Nadel ein Blutgefäß punktiert hat. Auch kann dabei ein Nerv verletzt werden. Kleine Vögel sollten mit traditionellem oder „schnellem" Nadeln behandelt werden.

Lasertherapie

Niederenergetisches, kaltes Laserlicht wurde bei Vögeln bereits angewandt. Die Haut vieler Arten ist dünn und die Akupunkturpunkte liegen relativ dicht an der Oberfläche, was es dem Laserlicht erlaubt, in eine für die wirksame Stimulation ausreichende Tiefe einzudringen.

Es gibt allerdings bei der Lasertherapie auch einige Probleme. Wegen der geringen Größe des durchschnittlichen Patienten liegen die Akupunkturpunkte oft so dicht beieinander, dass durch den Laser mehrere Punkte gleichzeitig stimuliert werden. Ma 36 und Gb 34 haben zum Beispiel ganz unterschiedliche Wirkungen, doch sie liegen so dicht beieinander, dass sie durch Lasertherapie gleichzeitig stimuliert werden. Außerdem dauert die Stimulation durch Lasertherapie länger als z. B. die Aquapunktur, sodass der Stress für den Vogel aufgrund des nötigen Fixierens größer ist.

PRAXISTIPP

Lasertherapie ist besonders günstig bei oberflächlichen Punkten in Bereichen mit wenig weichem Gewebe, wie beim Konzeptionsgefäß und im Gesichtsbereich.

Elektroakupunktur

Elektroakupunktur wird bei Vögeln nicht oft angewandt. Vögel sind stärker *Yang*-betont und Akupunktur ist ebenfalls eine *Yang*-betonte Methode. Übermäßige *Yang*-Stimulation kann das *Yin* verletzen, weshalb diese Technik weniger günstig und häufig sogar schädlich ist.

Einige größere Vögel, wie Raubvögel und Wassergeflügel, könnten bei traumatischen Verletzungen und arthritischen Veränderungen eventuell lokal an Extremitäten und Gelenken mit Elektroakupunktur behandelt werden.

Moxibustion

Auch Moxibustion ist zur Therapie von Vögeln nicht sehr verbreitet. Bei der direkten Moxibustion wird Moxakraut auf dem Akupunkturpunkt auf die Haut aufgebracht und angezündet. Aufgrund der Gefahr von Verbrennungen an Haut und Federn sollte höchstens indirekte Moxibustion eingesetzt werden. Dabei wird eine Akupunkturnadel mit glimmendem Moxa-Kraut erwärmt. Auch dabei ist Vorsicht angebracht, da die Nadel leicht überhitzt werden kann.

Moxa-Therapie ist *Yang*-betont und Vögel neigen ebenfalls zu *Yang*-Betonung, daher ist diese Methode mit Vorsicht einzusetzen. Sie ist zum Erwärmen der Meridiane und zum Vertreiben von Feuchtigkeit und Kälte gedacht. Schwer erkrankte Vögel, die unter Kälte und Schwäche leiden, können auf Moxibustion der entsprechenden Punkte, unter anderem Ma 36, durchaus positiv reagieren. Ich habe mit indirekter Moxibustion auf dem Konzeptionsgefäß (ohne Nadeln, nur Moxazigarre über die Haut bewegen) bereits einige Erfolge bei Vögeln mit Legenot erzielt. *Bi*-Syndrome (Kälte-*Bi*, Knochen-*Bi* und Feuchtigkeits-*Bi*) lassen sich dadurch möglicherweise ebenfalls positiv beeinflussen.

Implantate mit Goldkugeln oder Draht

Goldkugeln, Golddraht und (chirurgischer) Draht aus rostfreiem Stahl lassen sich bei Vögeln implantieren. Die Kugeln werden mit relativ kleinen Nadeln (20 Gauge, 175 mm) eingebracht. Häufiger als Goldkugeln wird Golddraht benutzt, in einer Größe, die durch die 20-Gauge-Nadel passt. Rostfreier Stahl lässt sich einfach durch die Haut einführen und abschneiden, wobei ein sehr kleines Stück am Akupunkturpunkt verbleibt.

Implantate werden meist zur Verhaltensmodifikation, bei Epilepsie und schwerer Arthritis eingesetzt. Der Erfolg dieser Technik sowie das Auftreten negativer Wirkungen sind in Bezug auf Vögel bisher nicht dokumentiert.

25.3 Akupunkturpunkte bei Vögeln

Jahrhundertelang haben sich Akupunkteure bemüht, die Lokalisation und Anwendung von Akupunkturpunkten zu bestimmen. Die japanische Akupunktur benutzt ein komplexes System des Meridianausgleichs. Die chinesische Akupunktur benutzt ein gleichermaßen komplexes System der Punktauswahl auf der Basis von Fünf-Elemente-Theorie, Meisterpunkten, Ausgleich von *Yin* und *Yang* und der acht Leitkriterien. Damit die Akupunktur optimal wirkt, müssen die richtigen Punkte behandelt werden. Beim Menschen ist das relativ leicht, da es zur Punktlokalisation umfassende Informationen gibt. Das gilt leider nicht für die Lage und Funktion der Punkte bei Vögeln.

Die wenigen verfügbaren Informationen beziehen sich auf Nutzgeflügel. Geflügel ist aber mit Papageien so wenig vergleichbar wie Hunde mit Menschen. Das bedeutet, dass fast alle bei Vögeln benutzten Punkte transponiert sind. Dabei geht man aufgrund der Anatomie von der Annahme aus, dass ein bestimmter Punkt an einer spezifischen anatomischen Stelle im Körper liegt. Doch die Lage und Wirkung dieser transponierten Punkte ist nicht notwendigerweise immer korrekt. Die nachfolgenden Informationen über Akupunkturpunkte stammen aus der Literatur, der Anatomie und meiner eigenen Erfahrung.

TCM-Punkte ohne Entsprechung bei Säugetieren

Es gibt zwei spezifische Akupunkturpunkte bei Geflügel. Diese Punkte können bei anderen Vögeln eine Entsprechung haben oder auch nicht.

Einer ist *Gu Duan*. Dieser Punkt ist bei Ptosis des Flügels (Flügellähmung) angezeigt. Ich habe diesen Punkt bei mehreren Gelegenheiten ohne offensichtlichen Erfolg bei Papageien angewandt, was mich vermuten lässt, dass dieser Punkt auf eine Störung wirkt, die bei Geflügel auftaucht, nicht aber bei Papageien (eventuell Marek-Geflügellähmung). Ein lahmer Flügel wird am besten behandelt, indem man die Ursache des Problems diagnostiziert und dann mit lokalen, distalen und Meisterpunkten behandelt.

Der zweite traditionelle Punkt ist *Bei Ji*. Dabei handelt es sich eigentlich um drei Punkte, die immer zusammen eingesetzt werden, um jede Art von Erkältungskrankheiten zu behandeln. Sie liegen auf der dorsalen Mittellinie (entlang des Lenkergefäßes), zwischen HWK 9 und 10, HWK 10 und BWK 1 bzw. BWK 1 und 2. Ich habe festgestellt, dass *Bei Ji* zur Behandlung von Erkältungskrankheiten bei Papageien zwar leicht wirksam, aber von begrenztem Nutzen ist. Traditionelle chinesische Kräutermedizin ist hier sehr viel wirksamer als Akupunktur. Wird Akupunktur eingesetzt, so erwiesen sich Punkte, die den beim Menschen unter diesen Bedingungen verwendeten entsprechen, als sehr viel effektiver.

TCM-Punkte mit Entsprechung bei Säugetieren

Der chinesische Akupunkturatlas für Vögel listet eine Anzahl geflügel-spezifischer Punkte auf. Auch diese Punkte können von einer Art zur anderen identisch sein oder auch nicht. Diese traditionellen Punkte haben eigene Namen für Vögel, entsprechen jedoch in Lokalisation, Wirkung, Nadelungstechniken und Innervation den Säugetierpunkten. Ein Beispiel dafür ist der Punkt *Fei Tian*. Lage und Indikationen dieses Punktes sind identisch mit *Zhong Fu* (Residenz der Mitte) beim Menschen.

Um die besondere Art dieser Punkte zu betonen, gleichzeitig aber das Verständnis für die Akupunkturpunkte bei Säugetieren und Vögeln zu erleichtern, sollten diese Punkte mit dem **traditionellen Begriff und dem Zusatz „Vogel“** bezeichnet werden. Der westliche Punktlokalisationsname kann angefügt werden. In diesem Beispiel hieße es also Lu 1, Vogel *Fei Tian*, Himmelsflug. Eine ganze Reihe solcher Punkte wird nachfolgend aufgeführt.

Von Säugetieren transponierte Punkte

Bei den meisten Akpunkturpunkten zur Behandlung von Vögeln handelt es sich um transponierte Punkte, die nicht aus der chinesischen Literatur stammen. Sie sind von Säugetieren auf den Vogel übertragen, wobei Anatomie, Blutgefäße und Nerven der Orientierung dienen. Man geht von der Annahme aus, dass ihre Wirkung der bei Säugetieren entspricht. Um eine Vermischung dieser Punkte mit den Geflügelpunkten zu vermeiden, sollte man sie mit dem **Pinyin-Namen ohne den Zusatz „Vogel“** und der Lagebezeichnung benennen, wie zum Beispiel beim Punkt He 7, *Shen Men*, Tor des Geistes. Eine Reihe solcher Punkte sind weiter unten aufgelistet.

Punkte ohne Entsprechung bei Säugetieren oder Geflügel

Bei Säugetieren wird die Lage der Zustimmungs-*Shu*-Punkte von den Nerven bestimmt, die das Rückenmark verlassen und die verschiedenen Organe innervieren, nach denen sie benannt sind. Beim Papagei gibt es sieben Punkte, die ähnliche Innervation und vermutlich ähnliche Wirkungen wie die Zustimmungs-*Shu*-Punk-

Tab. 25.1 Zustimmungs-*Shu*-Punkte beim Papagei

Westliche Bezeichnung	Pinyin-Bezeichnung	Organzuordnung	Lokalisation
Bl 11	Vogel *Xin Shu*	Herz	Direkt kaudal des Processus transversus von HWK 10
Bl 12	Vogel *Fei Shu/Feng Men* („Tor des Windes")	Lunge	Direkt kaudal des Processus transversus von BWK 1
Bl 13	Vogel *Wei Shu*	Magen	Direkt kaudal des Processus transversus von BWK 2
Bl 14	Vogel *Pi Shu*	Milz	Direkt kaudal des Processus transversus von BWK 3
Bl 15	Vogel *Xiao Chang Shu*	Dünndarm	Direkt kaudal des Processus transversus von BWK 4
Bl 16	Vogel *Gan Shu*	Leber	Direkt kaudal des Processus transversus von BWK 5
Bl 17	Vogel *Da Chang Shu*	Dickdarm	Direkt kaudal des Processus transversus von BWK 6

te bei Säugetieren aufweisen. Viele der kaudalen Zustimmungs-*Shu*-Punkte sind zwar vorhanden, wegen des verschmolzenen Synsakrums jedoch nicht zugänglich. Ihre Lokalisation entlang der Wirbelsäule unterscheidet sich aufgrund der anatomischen Unterschiede von den Säugetieren. Wegen der ähnlichen Innervierung, diagnostischen Funktion und Anwendung wird der Pinyin-Name beibehalten, doch mit dem Zusatz „Vogel". *Gan Shu*, der Zustimmungs-*Shu*-Punkt der Leber, heißt demnach Vogel *Gan Shu*. Bei anderen Vögeln sind diese Punkte aufgrund der unterschiedlichen Anatomie vermutlich nicht identisch.

Beim Papagei liegen die Zustimmungs-*Shu*-Punkte unmittelbar kaudal vom Processus transversus und medial zum kaudalen Spiculum von HWK 10 und BWK 1–6 (➤ Tab. 25.1).

Beachten Sie, dass Bl 12 als Zustimmungs-*Shu*-Punkt der Lunge und als „Tor des Windes", *Feng Men*, eine zweifache Funktion besitzt. Da bei Vögeln aufgrund des verwachsenen Synsakrums keine weiteren Zustimmungs-*Shu*-Punkte verfügbar sind, ist es am besten, zur Behandlung eines Organs, das bei den verfügbaren Punkten nicht auftaucht, auf die nächstmöglichen Punkte auszuweichen.

25.4 Atlas der Vogelakupunktur

Lokalisation, Tiefe und Winkel des Nadeleinstichs variieren von einer Vogelart zur anderen. Genaue Angaben sind wegen der enormen Unterschiede in Größe und Anatomie zwischen den verschiedenen Vogelarten nicht möglich. Auch wenn ich selbst nur selten elektrische Punktsuchgeräte anwende, sind sie doch hilfreich zum Auffinden der Punkte, wenn man gern mit solchen Geräten arbeitet.

Die traditionellen TCM-Punkte für Vögel sind dem Werk *The Study of Clinical Veterinary Acupuncture and Moxibustion Treatment* sowie Dr. Partingtons Kapitel in der ersten Ausgabe dieses Buches entnommen. Die klini-schen Anmerkungen sind zum größten Teil von mir und stammen aus meiner eigenen Erfahrung sowie des Weiteren aus den Vorträgen und Schriften zahlreicher Lehrer, unter anderen Maciocia und Lin [3, 4]. ➤ Abb. 25.1, ➤ Abb. 25.2 und ➤ Abb. 25.3 zeigen die genaue Lage der nachfolgenden Punkte.

Lu 1: Vogel *Fei Tian*, Himmelsflug

Lokalisation: Bei leicht angewinkeltem Flügel in der Vertiefung am kaudalen Rand des Multiaxialgelenks von Humerus, Processus coracoideum und Skapula; am Schnittpunkt der ventralen Flügelseite mit dem Körper.

Besonderheit: Alarm-*Mu*-Punkt des Lungenmeridians.

Funktion: Reguliert das Lungen-*Qi* und führt es herab.

Indikation: Erkältung, Sonnenstich, Fieber, Flügelschwäche.

Innervation: N. medianus und N. ulnaris.

Klinische Anmerkungen: TCM-Punkt für Geflügel; Lokalisation und Indikationen sind vermutlich ähnlich wie bei *Zhong Fu* (Lu 1). Am besten zur symptomatischen Behandlung und zur Therapie akuter Störungen geeignet. Chronische Störungen wie Bronchitis, Aerosacculitis und Sinusitis sollten mit verschiedenen anderen Punkten wie Di 4, Di 20, *Yin Tang*, Di 11, MP 6 und Bl 12 behandelt werden.

Lu 2: Vogel *Yi Gen*, Flügelwurzeln

Lokalisation: Bei leicht angewinkeltem Flügel in der Vertiefung am kranialen Rand des Multiaxialgelenks von Humerus, Processus coracoideum und Skapula; am Schnittpunkt der dorsalen Flügelseite mit dem Körper.

Indikation: Erkältung, Sonnenstich, Fieber, Ptosis des Flügels.

Technik: Schräg bis auf mittlere Tiefe einstechen, in Richtung des lateralen Thoraxaspekts. Moxibustion ist applizierbar. Um eine Verletzung der Luftsäcke zu vermeiden, niemals tief in Richtung des medialen Aspekts stechen.

Innervation: N. radialis.

Klinische Anmerkungen: TCM-Punkt für Geflügel; Lokalisation und Indikationen sind ähnlich wie bei *Yun Men* (Lu 2). Dieser Punkt wirkt bei Problemen der Brust weniger stark als Lu 1 und wird selten dafür eingesetzt. Er scheint aber etwas wirksamer bei Tracheitis, wenn das Problem an der Verzweigung von Trachea und dem Hauptstamm der Bronchien lokalisiert ist. Vermutlich am besten wirksam bei *Bi*-Syndromen im Bereich des Schultergürtels (Skapula, Processus coracoideum und Klavikula).

Lu 7: *Lie Que*, Lückenspalte

Lokalisation: Auf der ventralen Seite des ausgestreckten Flügels, am kranialen Rand des distalen Radius, unmittelbar proximal des Tuberculum aponeurosis (Ligamentfortsatz).

Besonderheit: *Luo*-Passage-Punkt; Meisterpunkt für Kopf und Hals.

Funktion: Stimuliert das Lungen-*Qi*, zirkuliert das Abwehr-*Qi*, vertreibt äußeren Wind, öffnet die Nase, kommuniziert mit dem Dickdarm.

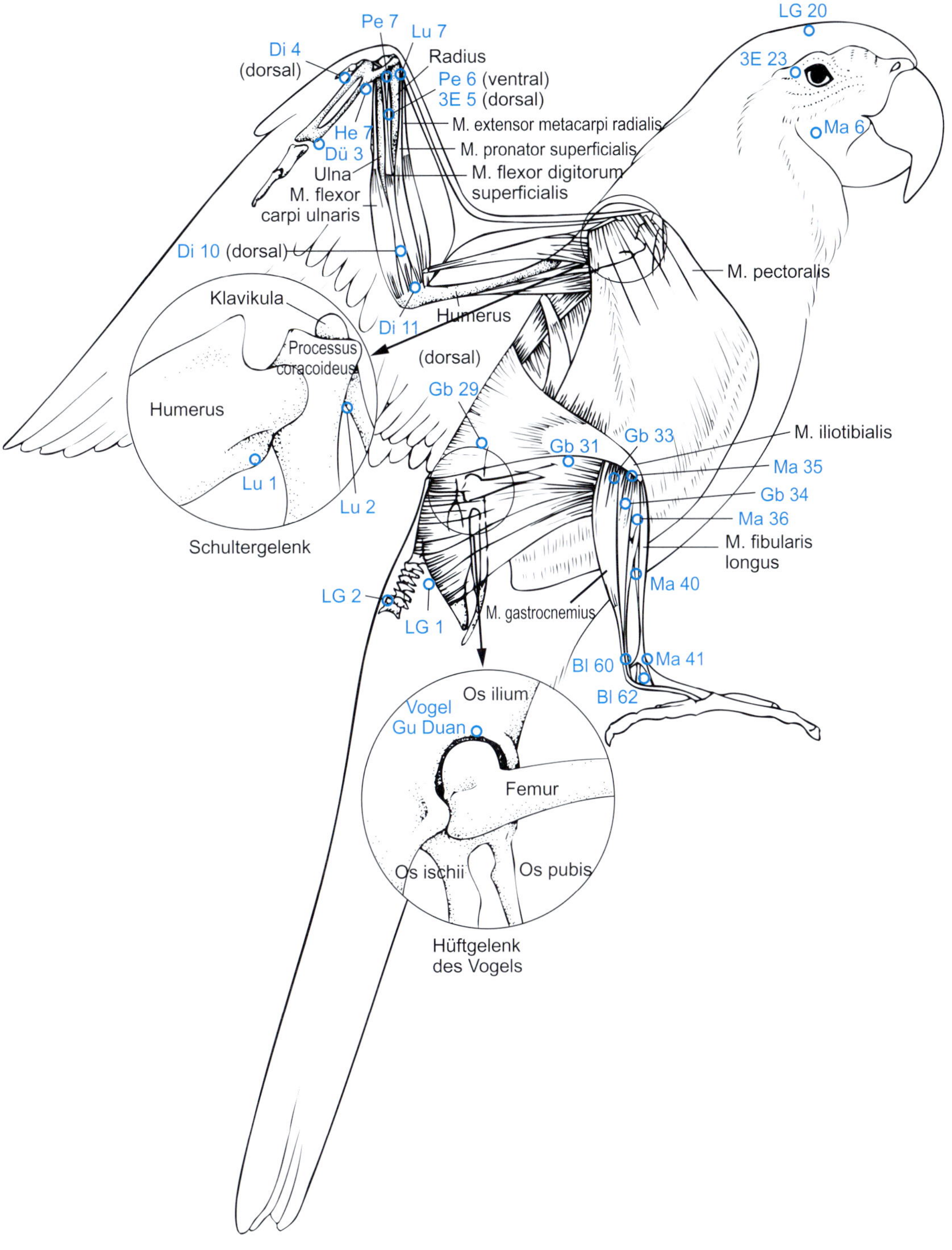

Abb. 25.1 Akupunkturpunkte bei Vögeln, laterale Ansicht.

Indikation: Nackensteife, Fazialisparese, Schwäche des Karpus.

Technik: Schräg und flach einstechen. Moxibustion ist applizierbar.

Innervation: R. cutaneus antebrachii posterior des N. radialis.

Klinische Anmerkungen: Ein wichtiger Punkt bei Vögeln mit unterschiedlichen, starken Wirkungen. Sehr guter Punkt für Erkältungskrankheiten, wenn ein Fülle-Muster zugrunde liegt. Besser bei Sinusproblemen als bei Störungen in tieferen Bereichen der Atemwege wie Aerosacculitis. Nicht sehr wirksam zum Beseitigen von Schleim, daher sollten in Fällen mit Verdacht auf Schleim entsprechende Punkte hinzugefügt werden. Ausgezeichneter Punkt bei lokalen Pathologien des Karpometakarpalgelenks einschließlich arthritischer Probleme sowie bei Brüchen. Nadeln auf Lu 7 wirkt häufig günstig bei Jungvögeln mit Schiefhals.

Bei Vögeln treten häufig Leberstörungen auf und der ungestörte *Qi*-Fluss ist nicht gewährleistet. Lu 7 stimuliert die Absenkungs- und Verteilungsfunktion des Lungen-*Qi* und fördert in Kombination mit Punkten zur Harmonisierung der Leber den *Qi*-Fluss.

Das führt zu einem seiner wichtigsten Anwendungsbereiche bei Vögeln: der ausgleichenden Wirkung auf Emotionen und Psyche.

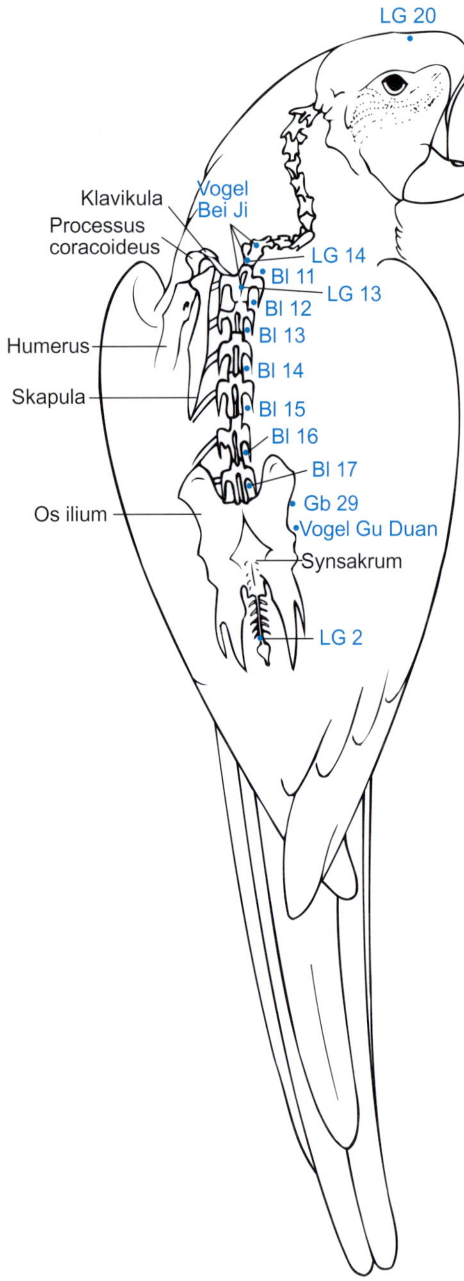

Abb. 25.2 Akupunkturpunkte bei Vögeln, dorsale Ansicht.

Sehr guter Punkt zum Freisetzen unterdrückter Emotionen wie Sorge, Angst und Trauer. Daher einer der besten Punkte bei Verhaltensstörungen, vor allem Störungen der Gefiederpflege.

Kann mit Ni 6 kombiniert werden, um das Konzeptionsgefäß zu öffnen. Das wirkt positiv auf Lungen- und Nieren-*Qi*, sorgt für ungestörten *Qi*-Fluss nach unten und außen, beruhigt, entfernt Ödeme im Gesichtsbereich und verbessert die Harnausscheidung. Wichtiger Punkt für Vögel, die schnell unter Dyspnoe und asthmaähnlichen Symptomen leiden.

Schließlich ist er der *Luo*-Passage-Punkt des Dickdarms. Vögel leiden häufig unter chronischer Diarrhö, Dysbiose, übel riechenden Stühlen und bakteriellen Darminfektionen. In Kombination mit anderen Punkten wirkt Lu 7 besonders günstig auf den Dickdarm.

Lu 9: *Tai Yuan*, Großer Wasserschlund

Lokalisation: Auf der dorsalen Seite des Flügels, proximal der Alula (Digitus I), in der Vertiefung zwischen Alula und Os metacarpale (dem alularkarpometakarpalen Gelenk).

Besonderheit: Tonisierungspunkt des Meridians, Erd-Punkt, Quell-Punkt und Bach-Punkt.

Funktion und **Indikation:** Reguliert das Lungen-*Qi*, besonders bei inneren und Mangel-Syndromen. Fördert die Blutzirkulation, klärt daher Hitze aus Lunge und Leber. Beseitigt Schleim.

Technik: Nur traditionelles Nadeln mit kleinen Nadeln, senkrecht und flach einstechen, bei abgewinkelter Flügelspitze; A. und V. digitalis I verlaufen unter der Streckersehne des Alularkarpometakarpalgelenks, daher von der medialen Seite und in lateraler Richtung einstechen.

Innervation: R. alularis des N. radialis.

Klinische Anmerkungen: Dieser Punkt, vom Hund transponiert, ist ein wichtiger Lungenpunkt mit Wirkungen, die sich klar von Lu 7 unterscheiden. Er wirkt besser bei chronischen Erkrankungen der Atemwege, Aerosacculitis und Pneumonie, außerdem ist er besser zum Nähren von *Yin* und Blut und zum Entfernen von Schleim geeignet. Sehr wichtiger Punkt bei Vögeln, die in der Regel mehr als andere Tiere unter chronischen Störungen der Atemwege leiden.

Di 4: *He Gu*, Talverbindung

Lokalisation: Auf der dorsalen Seite des leicht angewinkelten Flügels, in dem Winkel, der vom alularen Fingerglied und Metakarpale III gebildet wird.

Besonderheit: *Yuan*-Quell-Punkt; Meisterpunkt für Gesicht und Mund.

Funktion: Vertreibt Wind, entfernt Blockaden aus dem Meridian und stärkt das *Qi*.

Indikation: Entzündung und Schmerzen im Bereich der Augen, Schwellungen im Gesichtsbereich, Legenot, Diarrhö.

Technik: Schräg bis in geringe Tiefe einstechen. Moxibustion ist applizierbar.

Innervation: R. alularis des tiefen N. radialis und R. digitalis des tiefen N. medianus.

Klinische Anmerkungen: Das Hautgewebe zwischen Alula und Karpometakarpus hat nur eine unbedeutende Nervenversorgung. Der Punkt lässt sich auffinden, indem man am vorderen Rand des Karpometakarpus zum Winkel zwischen Alula und Karpometakarpus geht. *He Gu* ist ein wichtiger Punkt zur Behandlung von Sinusitis und Rhinitis. Er wird dabei häufig in Kombination mit Lu 7 oder Lu 9 eingesetzt. Außerdem wirkt er ausgezeichnet bei bestimmten Störungen der Gefiederpflege, vor allem beim Rupfen und Kauen von Federn aufgrund von Ängsten (z. B. bei Kakadus, die sich bei Abwesenheit des Besitzers unsicher fühlen). Zu diesem Zweck kombiniere ich diesen Punkt in der Regel mit LG 24 und/oder Gb 13. Bei allergischer Rhinitis wird er mit Ma 36 und Di 20 oder *Yin Tang* kombiniert. Bei Hennen mit häufiger Legenot wird er in Kombination mit Ma 36 präventiv eingesetzt. Leidet eine Henne akut unter Legenot, kann er mit Ma 6 kombiniert werden, um der Henne Erleichterung zu verschaffen.

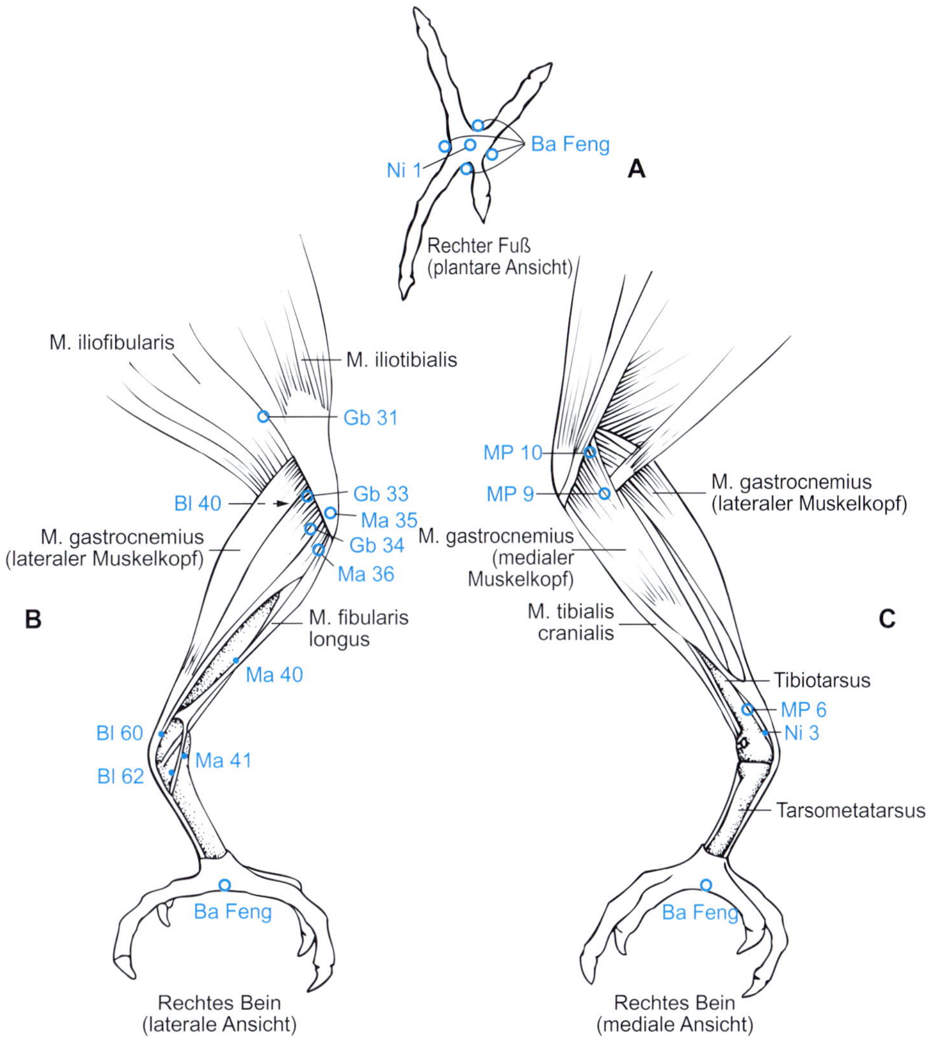

Abb. 25.3 Akupunkturpunkte an Beinen und Füßen von Vögeln.
A. Rechter Fuß, plantare Ansicht. B. Rechtes Hinterbein, laterale Ansicht. C. Rechtes Hinterbein, mediale Ansicht.

Di 10: *Shou San Li*, Drei Entfernungen am Arm

Lokalisation: Auf der dorsalen Seite des leicht angewinkelten Flügels, nach einem Sechstel des Abstands von *Qu Chi* (Di 11) und *He Gu* (Di 4), auf dem anteriomedialen Rand des Radius, zwischen den Muskelbäuchen von M. extensor carpi radialis und M. supinator.

Funktion: Entfernt Blockaden aus dem Meridian, tonisiert das *Qi*.

Indikation: Abdominale Schmerzen, Diarrhö, Schulterschmerzen, motorische Störungen des Flügels.

Technik: Senkreicht und tief einstechen.

Innervation: R. cutaneus antebrachii posterior und R. profundus des N. radialis.

Klinische Anmerkungen: Ich verwende *Shou San Li* sowohl als Lokalpunkt (Ellbogen) wie auch als Distalpunkt (Schultergürtel) bei *Bi*-Syndromen des Flügels.

Di 11: *Qu Chi*, Gekrümmter Teich

Lokalisation: Auf der dorsalen Seite des leicht angewinkelten Flügels, im Winkel, der von Humerus und Radius gebildet wird, unmittelbar kaudal des kranialen Rands des M. brachialis.

Besonderheit: Tonisierungspunkt, Meer-*He*-Punkt und Erd-Punkt des Meridians.

Funktion: Klärt Hitze, kühlt das Blut, beseitigt Feuchtigkeit, reguliert Nähr-*Qi* und Blut, wirkt positiv auf die Gelenke.

Indikation: Schmerzen und motorische Beeinträchtigungen in Ellbogen und Flügel, abdominale Schmerzen, pathologische Regurgitation, Diarrhö, fiebrige Erkrankungen.

Technik: Senkrecht bis auf mittlere Tiefe einstechen. *Keine* Moxibustion anwenden.

Innervation: N. radialis.

Klinische Anmerkungen: Der M. brachialis ist bei den meisten Vögeln sehr klein und nur schlecht zum Auffinden dieses Punktes geeignet. Es gibt auch ziemliche Kontroversen über die genaue Lage. Injektion von Flüssigkeiten (wie Cyanocobalamin) kann leicht zu Flügellähmung führen (in den meisten Fällen nur temporär, bis zu 14 Tagen), wenn versehentlich in eine der großen Verzweigungen der Ligamenta propatagiales und die Ausgangspunkte der Extensorsehnen (M. supinator, M. extensor carpi radialis, M. extensor digitorum communis) injiziert wird, die in diesem Flügelbereich zusammenlaufen. Di 11 vertreibt nicht nur wie Di 4 äußeren Wind, sondern auch Feuchte-Hitze, wodurch dieser Punkt zur Behandlung bakterieller Follikulitis, traumatisch induzierter Dermatitis und Dermatitis der Flughaut besser geeignet ist. Ebenfalls wirksam zur Behandlung chronischer Diarrhö mikrobiellen Ursprungs. Günstig für Vögel mit Hepatopathien durch Bakterien, Viren oder Chlamydien. Da Di 11 Hitze aus dem Inneren ableiten kann, ist er wirksam zur Behandlung von Leber-Feuer und ein wichtiger Punkt bei Vögeln mit Aggressionen, Wutanfällen und Störungen der Gefiederpflege. Ausgezeichnet auch bei allen Vögeln mit Verstauchungen, Brüchen, arthritischen Erkrankungen und Lähmungen. Kommt für alle Vögel in Frage, die in ein Rehabilitationszentrum gebracht werden.

Ma 6: *Jia Che*, Kieferknochen

Lokalisation: Auf dem unteren Winkel des Unterkiefers, am Vorsprung des M. adductor mandibulae caudalis.

Funktion: Vertreibt Wind, beseitigt Blockaden im Meridian.

Indikation: Fazialisparese, Schwellungen im Backenbereich, Schmerzen und Steifigkeit im Nacken.

Technik: Senkrecht bis auf mittlere Tiefe einstechen. Moxibustion ist applizierbar.

Innervation: N. facialis.

Klinische Anmerkungen: Ma 6 liegt in einem Bereich des Kopfs, der bei vielen Arten nicht mit Federn bedeckt ist. Injektion von Cyanocobalamin in diesen Punkt führt in der Regel zu einer Verfärbung durch ein Hämatom, wogegen der Besitzer unter Umständen Einwände erhebt. Einfaches Nadeln oder Laserakupunktur ist an dieser Stelle daher günstiger.

Ma 35: Vogel *Xi Gai*, Kniedeckel

Lokalisation: Bei gebeugtem Knie in der Vertiefung lateral des Ligamentum patellae.

Funktion: Vertreibt Feuchtigkeit und Kälte (schmerzhaftes Obstruktionssyndrom) aus dem Knie, belebt den Meridian.

Indikation: Entzündung, Schmerzen und Schwellungen im Bereich von Knie und Fuß, Kälte im Knie, Schwäche in den Beinen.

Technik: Senkrecht in Richtung Zentrum des Kniegelenks bis auf mittlere Tiefe einstechen. Moxibustion ist applizierbar.

Innervation: Verzweigungen des N. fibularis.

Klinische Anmerkungen: TCM-Punkt für Vögel; Lokalisation, Innervation und Indikationen sind ähnlich wie bei *Du Bi* (Ma 35). Aquapunktur darf an diesem Punkt nur mit größter Vorsicht angewandt werden; die Nadel kann Sehnen zerreißen und die injizierte Flüssigkeit kann versehentlich in das Gelenk geraten. Einfaches Nadeln ist oft am besten.

Ma 36: *Zu San Li*, Drei Entfernungen am Fuß

Lokalisation: Lateral der Tibiavorderkante, im Bauch des kranialen M. tibialis.

Besonderheit: Vereinigungs-Punkt, Meer-*He*-Punkt und Erd-Punkt des Meridians; Meisterpunkt des oberen Abdomens.

Funktion: Wirkt positiv auf Magen und Milz, tonisiert *Qi* und Blut, vertreibt Kälte, Wind und Feuchtigkeit, hebt das *Yang*, reguliert Nähr-*Qi*, Abwehr-*Qi* und Darm, stärkt den Körper.

Indikation: Pathologische Regurgitation, abdominale Schmerzen, alle Verdauungsstörungen, Diarrhö, geistige Störungen, Hemiplegie, Schmerzen in Knien und Beinen.

Technik: Senkrecht bis auf mittlere Tiefe einstechen. Moxibustion ist applizierbar.

Innervation: N. peroneus.

Klinische Anmerkungen: *Zu San Li* und *Yin Ling Quan* (Gb 34) liegen so nahe beieinander, dass sie bei kleinen Vögeln fast nicht auseinander gehalten werden können. Da diese zwei Punkte so unterschiedliche Wirkungen haben, ist Laserakupunktur in diesem Bereich nicht zu empfehlen. Ma 36 ist ein wichtiger Punkt für Magen und Milz und hilft bei Kropferweiterung/verzögerter Kropfentleerung, Regurgitation, Verdauungsschwäche, Schleim und Gas im Kot und Impaktbildung im Muskelmagen. Ausgezeichnet zum Tonisieren des Blutes, kann daher auch bei trockener Haut eingesetzt werden, die zu Störungen der Gefiederpflege und Federrupfen führt. Hervorragend auch zum Tonisieren von *Qi*; wird daher häufig bei chronischen oder akuten Ströungen eingesetzt, die zu Schwäche führen. Wegen seiner Fähigkeit, Nähr-*Qi* und Abwehr-*Qi* zur regulieren, wird der Punkt häufig verwendet, um das Immunsystem zu stärken, bakterielle Infektionen zu behandeln und Ödeme aufzulösen. Verletzungen des Karpometakarpus treten häufig auf und während lokale Punkte dabei schwierig zu finden sind, ist Ma 36 als Distalpunkt bei carpalem *Bi*-Syndrom gut wirksam. Ma 36 lässt sich mit oder ohne Moxibustion (vor allem bei kaltem und feuchtem Wetter) gut zur Verlangsamung des Altersprozesses verwenden. Neben all diesen Wirkungen gilt es jedoch zu bedenken, dass Ma 36 das *Yang* hebt. Deshalb ist es bei vielen Vögeln besser, andere Punkte (wie z. B. MP 6) auszuwählen.

Ma 37: *Shang Ju Xu*, Obere große Leere

Lokalisation: Auf dem kraniolateralen Aspekt des Tibiotarsus, unter Ma 36, nach einem Drittel des Abstands zwischen Ma 35 und Epicondylus lateralis, auf dem kranialen M. tibialis.

Besonderheit: Vereinigungs-Punkt des Dickdarm-Meridians.

Funktion: Tonisiert Blut.

Indikation: Vertreibt Feuchtigkeit und Feuchte-Hitze aus dem Dickdarm.

Technik: Senkrecht bis auf mittlere Tiefe einstechen.

Innervation: R. superficialis des N. peroneus.

Klinische Anmerkungen: Wichtiger Punkt bei Vögeln, die unter chronischer Diarrhö oder weichen Stühlen mit oder ohne Schleim und Gasen und üblem Geruch leiden. Bei vielen dieser Vögel ist eine leichte Anämie zu beobachten und da Ma 37 tonisierend auf das Blut wirkt, kann er gut in zweifacher Funktion eingesetzt werden.

Ma 40: *Feng Long*, Reiche Fülle

Lokalisation: Auf dem kranialen und lateralen Aspekt des Tibiotarsus, in der Mitte zwischen *Du Bi* (Ma 35) und dem Epicondylus lateralis.

Besonderheit: *Luo*-Passage-Punkt des Meridians.

Funktion: Löst Schleim und Feuchtigkeit auf, klärt Hitze, beruhigt und klärt den Geist, öffnet die Brust.

Indikation: Muskelatrophie, Schmerzen, Paralyse und Schwellungen im Bereich der Beine, Halsschmerzen, mentale Störungen, Epilepsie.

Technik: Schräg einstechen, parallel zum Knochen, bis auf geringe Tiefe. Moxibustion ist applizierbar.

Innervation: R. superficialis des N. fibularis.

Klinische Anmerkungen: Wegen der Wirkung gegen Schleim und Feuchte-Hitze ist Ma 40 ein wichtiger Punkt für alle Arten von Erkältungskrankheiten, vor allem, wenn Lunge, Bronchien und Luftsäcke beteiligt sind. Kann auch bei manchen Verhaltensstörungen eingesetzt werden, da er Angst und Verwirrung beseitigt (Schleim, der den Geist vernebelt).

Ma 41: Vogel *Gou Qian*, Die Vorderseite ergreifen

Lokalisation: Auf dem dorsalen Aspekt des Knöchels, auf Höhe des Epicondylus lateralis, in der Vertiefung lateral der Sehne des M. extensor digitorum longus.

Besonderheit: Tonisierungspunkt, Fluss-*Jing*-Punkt und Feuer-Punkt des Meridians.

Funktion: Entfernt Blockaden aus dem Meridian, vertreibt Wind, klärt Hitze und klärt den Geist.

Indikation: Fieber, Erkältung, Entzündung, Schmerzen im Knöchelbereich.

Technik: Senkrecht auf geringe Tiefe einstechen. Moxibustion ist applizierbar.

Innervation: R. superficialis und profundus des N. fibularis.

Klinische Anmerkungen: TCM-Punkt für Geflügel; Lage, Indikationen und Innervation sind ähnlich wie bei *Jie Xi* (Ma 41). Daher als wirksamer Punkt zur Behandlung von *Bi*-Syndrom an Sprunggelenk und Fingergelenken (einschließlich Gicht) einsetzbar. Tonisierungspunkt des Magen-Meridians, unterstützt das Absteigen des *Yang* im Meridian und ist daher wirksam bei Pharyngitis und Ingluvitis.

MP 6: *San Yin Jiao*, Treffpunkt der drei *Yin*

Lokalisation: Am kaudalen Rand des Tibiotarsus, kranial des Epicondylus medialis, nach ungefähr einem Viertel des Abstands vom Epicondylus medialis des Tibiotarsus zum Kniegelenk.

Besonderheit: Treffpunkt der drei *Yin*-Meridiane des Beins; Meisterpunkt des unteren Abdomens.

Funktion: Stärkt die Milz, tonisiert Leber, Nieren und Milz, nährt Blut und *Yin*, kühlt und bewegt das Blut, beruhigt den Geist.

Indikation: Weiche Stühle mit unverdauter Nahrung, Prolaps der Kloake, Legenot, motorische Störungen, Paralyse und Schmerzen in den Beinen.

Technik: Vom Epicondylus aufwärts in einem Winkel fast parallel zur Haut bis auf geringe Tiefe einstechen. Moxibustion ist applizierbar.

Innervation: N. plantaris lateralis und medialis.

Klinische Anmerkungen: Ein weiterer wichtiger Punkt bei Vögeln. Da viele Vögel zu einer relativen oder absoluten *Yang*-Fülle neigen, ist MP 6 ein guter Punkt zur allgemeinen Tonisierung. Besonders hilfreich bei Hennen mit Neigung zu Legenot. *San Yin Jiao* stärkt die Milz und beseitigt Feuchtigkeit, ist daher ausgezeichnet bei chronischen bakteriellen Infektionen im ganzen Körper, besonders jedoch im Verdauungstrakt, im unteren Erwärmer und im Bereich der Haut. Wirkt besonders positiv bei Infektionen von Niere, Harnleiter, Eileiter und Kloake. Nach dem Ke-Zyklus eignet er sich hervorragend zum Kontrollieren der Leber und lässt sich bei Problemen wie Feuchte-Hitze der Kloake, Konjunktivitis/Pharyngitis sowie Lebererkrankungen mit Hitze und Feuchtigkeit (wie z. B. Chlamydiose) einsetzen. Wirkt stark beruhigend auf den Geist, vor allem bei Leber-Feuer, Herz-Blut-Mangel und *Yin*-Mangel. Daher einer der wichtigsten Punkte bei Störungen der Gefiederpflege. Nach meiner Erfahrung bei Nierenfunktionsstörungen häufig wirksamer zur Stärkung der Nieren als die Punkte des Nieren-Meridians. Wichtiger Punkt bei allen Fruchtbarkeitsstörungen, die mit *Yin*- oder Blut-Mangel verbunden sind.

MP 9: *Yin Ling Quan*, Quelle des *Yin*-Hügels

Lokalisation: Auf dem medialen Aspekt des Tibiotarsus, entlang des kaudalen Randes, unmittelbar distal des Wadenbeinkopfs.

Besonderheit: Meer-*He*- und Wasser-Punkt des Meridians.

Funktion: Beseitigt Feuchtigkeit, entfernt Blockaden aus dem Meridian.

Indikation: Abdominales Druckgefühl, Ödeme, Diarrhö, Knieschmerzen.

Technik: Die Nadel senkrecht bis auf mittlere Tiefe einstechen.

Innervation: N. suralis medialis.

Klinische Anmerkungen: Der Einsatz von MP 6 und MP 9 ist ähnlich, doch eignet sich MP 9 besser als MP 6 zum Beseitigen von Feuchtigkeit im unteren Erwärmer, sei sie nun mit Hitze oder Kälte verbunden. Möglicherweise auch günstiger zur Behandlung chronischer bakterieller Diarrhö mit übel oder süß riechendem Stuhl. Außerdem kann er in Kombination mit anderen Punkten bei Aszites eingesetzt werden und wirkt positiv bei Ödemen der Beine. Wirksam bei Feuchte-Hitze und Feuchte-Kälte im ganzen Körper.

MP 10: *Xue Hai*, Meer des Blutes

Lokalisation: Auf dem medialen Aspekt des Femur, unmittelbar proximal des Condylus medialis, im M. femorotibialis internus.

Besonderheit: „Meer des Blutes".

Funktion: Kühlt und tonisiert das Blut, beseitigt Blut-Stase.

Indikation: Störungen des Blutes, Urtikaria, Schmerzen im medialen Bereich des Oberschenkels.

Technik: Senkrecht bis auf mittlere Tiefe einstechen.

Innervation: Medialer Hautast des N. femoralis.

Klinische Anmerkungen: Dieser Punkt ist bei Vögeln sehr schwierig zu erreichen, da der mediale Femur-Aspekt nahe am

Körper liegt. Einsetzbar, um das Blut zu tonisieren (MP 6 ist dafür aber möglicherweise besser geeignet), es zu kühlen und Blut-Stase zu beseitigen. Wird häufig bei Hautausschlägen mit Rötungen und Hitze der Haut verwendet, eine Störung, die bei Vögeln allerdings relativ selten auftritt.

MP 11: Vogel *Kua Nei*, Oberschenkelinnenseite

Lokalisation: Auf dem medialen Aspekt des Beins, auf mittlerer Länge des Femur, unmittelbar kranial des kranialen Rands des M. puboischio-femoralis medialis (des Adduktormuskels).

Funktion: Aderlass-Punkt bei Rheuma, Obstipation und Dyskinesie.

Indikation: Entzündungen, Schwellungen und Bewegungsstörungen der Beine.

Technik: Senkrecht bis auf mittlere Tiefe einstechen. Darauf achten, dass die A. femoralis nicht punktiert wird.

Innervation: Medialer Hautast des N. femoralis.

Klinische Anmerkungen: TCM-Punkt für Aderlass bei Geflügel. Indikation und Innervation sind ähnlich wie bei *Ji Men* (MP 11). Ich habe diesen Punkt noch nie bei Liebhabervögeln eingesetzt.

He 7: *Shen Men*, Tor des Geistes

Lokalisation: Auf der ventralen Seite des leicht angewinkelten Flügels, unmittelbar proximal zum Handgelenk, in der Vertiefung auf der radialen Seite der Sehnen des M. flexor carpi ulnaris.

Besonderheit: *Yuan*-Quell-Punkt, Sedierungspunkt und Bach-*Shu*-Punkt des Meridians.

Funktion: Beruhigt den Geist und nährt das Herz-Blut.

Indikation: Reizbarkeit, mentale Störungen, Epilepsie, Hysterie, Schlaflosigkeit.

Technik: Schräg bis auf geringe Tiefe einstechen. Moxibustion ist applizierbar.

Innervation: R. cutaneus antebrachii anterior sowie oberflächlicher N. ulnaris.

Klinische Anmerkungen: Einer der am häufigsten verwendeten Punkte bei Vögeln mit Störungen des Gefiederpflegeverhaltens, da er sanft den Geist beruhigt und Ängste lindert. Er scheint aber nur kurzfristig für ein bis zwei Tage zu wirken, nicht über einen längeren Zeitraum. Für einen langfristigen Erfolg beim Rupfen und Kauen von Federn muss das zugrunde liegende Problem (z. B. Leber-*Qi*, Milz-Mangel, Nieren-Mangel) behandelt werden.

Dü 3: *Hou Xi*, Hintere Schlucht

Lokalisation: Bei ausgestrecktem Flügel auf der kaudalen Seite des distalen Aspekts des kleineren Karpometakarpalknochens, unmittelbar proximal zur Verbindung mit dem größeren Karpometakarpalknochen.

Besonderheit: Tonisierungspunkt des Meridians, Holz- und Bach-Punkt, Schlüsselpunkt des Lenkergefäßes.

Funktion: Beseitigt inneren Wind aus dem Lenkergefäß, vertreibt äußeren Wind, beseitigt Feuchtigkeit und Ikterus, wirkt positiv auf die Sehnen, klärt den Geist.

Indikation: Nackensteifigkeit, Kopfschmerzen, Kontraktur des Flügels.

Technik: Schräg bis auf geringe Tiefe einstechen. Moxibustion ist applizierbar. Beim Injizieren von Cyanocobalamin nur kleine Mengen verwenden, bei kleinen Vögeln weniger als 0,01 ml.

Innervation: Kaudaler Ast des N. ulnaris.

Klinische Anmerkungen: Da viele Punkte auf dem Lenkergefäß nicht gut erreichbar sind, ist einer der wichtigen Anwendungsbereiche von Dü 3, den gesamten Meridian zu öffnen, um das *Qi* ungestört hindurchfließen zu lassen. Zusammen mit Bl 62 dient er dazu, das Lenkergefäß zu harmonisieren, vor allem bei Rückenproblemen wie z. B. bei Jungvögeln mit Schiefhals und Skoliose. Bei Behandlung von Dü 3 und Bl 62 in Kombination mit Lu 7 und Ni 6 werden Lenker- und Konzeptionsgefäß gleichzeitig geöffnet. Diese Kombination hilft bei Reproduktionsstörungen und Nierenleiden und hat eine beruhigende Wirkung auf den Geist. Da es bei Vögeln keinen Zustimmungs-*Shu*-Punkt für die Nieren gibt, eignet sich die Kombination von Dü 3 und Bl 62 als indirekte Methode zum Tonisieren der Nieren. Als Alternative kann auch die koreanische Vier-Nadel-Methode zum Tonisieren der Nieren verwendet werden, wobei MP 3 (auf dem kaudalen medialen Rand des Tarsometatarsus, auf der Knochenmitte), Ni 3, Lu 8 (proximal zu Lu 7) und Ni 7 behandelt werden. Ich habe Dü 3 bereits erfolgreich in Fällen von Epilepsie sowie als Lokalpunkt bei Arthritis des distalen Flügels eingesetzt.

Bl 11: Vogel *Xin Shu*, Zustimmungs-*Shu*-Punkt des Herzens

Lokalisation: Unmittelbar kaudal des Processus transversus und medial des kaudalen Spiculums von HWK 10.

Besonderheit: Zustimmungs-*Shu*-Punkt des Herzens.

Funktion: Beruhigt den Geist, klärt Hitze, nährt das Herz, belebt das Blut und stimuliert das Gehirn.

Indikation: Reizbarkeit, mentale Störungen, Epilepsie, Panik.

Technik: Senkrecht bis auf mittlere Tiefe einstechen. Moxibustion ist applizierbar. Bei kleineren Vögeln nur einfaches Nadeln.

Innervation: Dorsaler und kardialer Ast des 14. Spinalnervs.

Klinische Anmerkungen: Bl 11 kann eingesetzt werden, um Reizbarkeit zu lindern und den Geist zu beruhigen, doch nur bei Fülle-Mustern wie loderndem Herz-Feuer. Chronische Ängste, Sorgen und Depression können zu einer Stagnation des *Qi*, vor allem des Leber-*Qi*, führen, was dann wiederum Leber-Feuer und Herz-Feuer verursacht. Man sollte Bl 11 in diesem Fall mit Punkten für Leber-*Qi*-Stagnation oder Leber-Feuer kombinieren, wie z. B. Le 3, Bl 40 und Gb 34.

Bl 12: Vogel *Fei Shu/Feng Men*, Zustimmungs-*Shu*-Punkt der Lunge und Tor des Windes

Lokalisation: Unmittelbar kaudal des Processus transversus und medial des kaudalen Spiculums von BWK 1.

Besonderheit: Zustimmungs-*Shu*-Punkt der Lunge und „Tor des Windes" beim Vogel.

Funktion: Als Zustimmungs-*Shu*-Punkt *(Fei Shu)*: Stimuliert die Verteilungs- und Absenkungsfunktion der Lunge, reguliert Lungen-*Qi*, Nähr-*Qi* und Abwehr-*Qi*, tonisiert das Lungen-*Qi* und klärt das Herz. Als „Tor des Windes" *(Feng Men)*: Vertreibt und verhindert äußeren Wind, befreit die Oberfläche, stimuliert die Verteilungsfunktion der Lunge, reguliert Nähr-*Qi* und Abwehr-*Qi*.

Indikation: Erkältung, Husten, Fieber.

Technik: Senkrecht bis auf mittlere Tiefe einstechen. Moxibustion ist applizierbar. Beim Nadeln vorsichtig vorgehen, da bei zu tiefem Einstechen die Luftsäcke ums Schlüsselbein durchstochen werden könnten.

Innervation: Dorsaler und interkostaler Ast des 15. Spinalnervs.

Klinische Anmerkungen: Wird für eine Reihe von verschiedenen Störungen verwendet, vor allem im Zusammenhang mit der Fähigkeit, die Oberfläche zu klären, Wind zu vertreiben und Nähr- und Abwehr-*Qi* zu regulieren. Frühzeitige Anwendung ist wichtig bei Wind-Kälte-Invasion (viral, bakteriell), vor allem im Bereich von Nebenhöhlen, Nase und Atmungsorganen. Auch hilfreich bei chronischen Erkrankungen der Atemwege, da es sich um den Zustimmungs-*Shu*-Punkt der Lunge handelt.

Bl 13: Vogel *Wei Shu*, Zustimmungs-*Shu*-Punkt des Magens

Lokalisation: Unmittelbar kaudal des Processus transversus und medial des kaudalen Spiculums von BWK 2.

Besonderheit: Zustimmungs-*Shu*-Punkt des Magens (Ventriculus und Proventriculus).

Funktion: Reguliert und tonisiert das Magen-*Qi*, beseitigt Feuchtigkeit, besänftigt den Magen, lindert Nahrungsstagnation.

Indikation: Erbrechen, Verdauungsstörungen, abdominales Unwohlsein, Kropferweiterung/verzögerte Kropfentleerung.

Technik: Senkrecht bis auf mittlere Tiefe einstechen. Moxibustion ist applizierbar. Beim Nadeln vorsichtig vorgehen, um ein Durchstechen in die Brusthöhle zu vermeiden.

Innervation: Dorsaler und thorakaler splanchnischer Ast des 16. Spinalnervs.

Klinische Anmerkungen: Ausgezeichneter Punkt für alle chronischen Störungen von Ingluvies, Proventriculus und Ventriculus. Kann als solcher auch bei Fällen von Proventrikulus-Erweiterung, verzögerter Kropfentleerung, Vitamin-D-Toxikose, Schwermetallvergiftung, Megabakteriose, Dysbiose, Fehlverdauung und übermäßigem Bakterien- oder Pilzwachstum eingesetzt werden.

Bl 14: Vogel *Pi Shu*, Zustimmungs-*Shu*-Punkt von Milz/ Pankreas

Lokalisation: Unmittelbar kaudal des Processus transversus und medial des kaudalen Spiculums von BWK 3.

Besonderheit: Zustimmungs-*Shu*-Punkt von Milz/ Pankreas. Wirkt auch auf die Bauchspeicheldrüse.

Funktion: Tonisiert Milz und Magen, beseitigt Feuchtigkeit, nährt das Blut.

Indikation: Erbrechen, Verdauungsstörungen, schlechte Verdauung, chronische Diarrhö, fauliger Geruch der Exkremente.

Technik: Senkrecht bis auf mittlere Tiefe einstechen. Moxibustion ist applizierbar. Beim Nadeln vorsichtig vorgehen, um ein Durchstechen in die Brusthöhle zu vermeiden.

Innervation: Dorsaler und thorakaler splanchnischer Ast des 17. Spinalnervs.

Klinische Anmerkungen: Wirksam zur Behandlung von Milz/ Pankreas- oder Magen-*Qi*-Mangel in Kombination mit entsprechenden anderen Punkten (z. B. Ma 36, MP 6), kann auch bei Verdauungsproblemen und weichen Stühlen eingesetzt werden. Die Wirkung von Bl 13 ist mehr mit Ventriculus, Proventriculus und Kropf verbunden, während Bl 14 stärker auf Eingeweide und Bauchspeicheldrüse wirkt. Guter Punkt zum Tonisieren des Blutes, da Milz/Pankreas Ursprung des Blutes ist. Bei Jungvögeln mit langsamem Wachstum und Anämie (ein verbreitetes Syndrom) wirkt häufig eine Behandlung von Bl 14 und Ni 3 zum Tonisieren des Blutes und für eine bessere Verdauung.

Bl 15: Vogel *Xiao Chang Shu*, Zustimmungs-*Shu*-Punkt des Dünndarms

Lokalisation: Unmittelbar kaudal des Processus transversus und medial des kaudalen Spiculums von BWK 4.

Besonderheit: Zustimmungs-*Shu*-Punkt des Dünndarms.

Funktion: Stärkt die Funktion des Dünndarms, beseitigt Feuchtigkeit, klärt Hitze.

Indikation: Schmerzen im unteren Abdomen, Diarrhö.

Technik: Senkrecht bis auf mittlere Tiefe einstechen. Moxibustion ist applizierbar. Beim Nadeln vorsichtig vorgehen, um ein Durchstechen in die Brusthöhle zu vermeiden.

Innervation: Dorsaler Ast des 18. Spinalnervs und die Nerven, die die kranialen Mesenterium-Ganglien versorgen.

Klinische Anmerkungen: Bei einem Vogel, der in einem Handtuch festgehalten wird, ist Bl 15 schwierig zu erreichen und wird deshalb klinisch weniger häufig eingesetzt als Bl 13 und Bl 14.

Bl 16: Vogel *Gan Shu*, Zustimmungs-*Shu*-Punkt der Leber

Lokalisation: Unmittelbar kaudal des Processus transversus und medial des kaudalen Spiculums von BWK 5.

Besonderheit: Zustimmungs-*Shu*-Punkt der Leber. Wirkt auch auf die Nebenniere.

Funktion: Wirkt positiv auf Leber und Gallenblase, beseitigt Feuchte-Hitze, bewegt stagnierendes *Qi*, wirkt günstig auf die Augen, beseitigt Wind.

Indikation: Konjunktivitis, Hepatopathien, Ikterus, Störungen der Nebenniere, Entzündungen der Kloake.

Technik: Senkrecht bis auf mittlere Tiefe einstechen. Moxibustion ist applizierbar. Beim Nadeln vorsichtig vorgehen, um ein Durchstechen in die Brusthöhle zu vermeiden.

Innervation: Dorsaler und hepatischer Ast des 19. Spinalnervs und die Nerven, die die Nebennieren-Ganglien versorgen.

Klinische Anmerkungen: Wichtiger Punkt bei Vögeln, da chronische Lebererkrankungen bei ihnen häufig auftreten. Beseitigt wirksam Feuchte-Hitze aus der Leber und kann bei vielen Vögeln mit Biliverdinurie eingesetzt werden. Günstig auch bei Leber-*Qi*-Stagnation, unter der viele Käfigvögel leiden. Daher auch ein Punkt, der bei Verhaltensstörungen in Betracht zu ziehen ist, besonders bei Ärger und Reizbarkeit sowie bei Störungen des Gefiederpflegeverhaltens.

Bl 17: Vogel *Da Chang Shu*, Zustimmungs-*Shu*-Punkt des Dickdarms

Lokalisation: Unmittelbar kaudal des Processus transversus und medial des kaudalen Spiculums von BWK 6.

Besonderheit: Zustimmungs-*Shu*-Punkt des Dickdarms.

Funktion: Fördert die Dickdarmfunktion, stärkt den unteren Rücken, beseitigt Blockaden auf dem Meridian, lindert Druckgefühl und Schwellung.

Indikation: Abdominale Schmerzen, Diarrhö.

Technik: Senkrecht bis auf mittlere Tiefe einstechen. Moxibustion ist applizierbar. Beim Nadeln vorsichtig vorgehen, um ein Anstechen der kaudalen Luftsäcke im Thorax zu vermeiden

Innervation: Dorsaler Ast des 20. Spinalnervs und die Nerven, die den Plexus sacralis bilden.

Klinische Anmerkungen: Unterstützt die Funktion von Dickdarm und Kloake. Lokalpunkt bei Schmerzen im unteren Rücken, bei Entzündungen der Glandula uropygialis.

Bl 40: Vogel *Xi Wan*, Kniekehle

Lokalisation: Bei leicht angewinkeltem Knie im Zentrum der Kniegelenksquerfalte.

Besonderheit: Vereinigungs-Punkt, Meer-*He*- und Erd-Punkt des Meridians; Meisterpunkt für kaudalen Rücken und Beine.

Funktion: Klärt Hitze (einschließlich Sommer-Hitze), beseitigt Feuchtigkeit, kühlt das Blut, entfernt Blockaden aus dem Meridian, beseitigt Blut-Stase.

Indikation: Entzündung, Schmerzen und Schwellungen im Bereich von Füßen und Knien.

Technik: Senkrecht bis auf mittlere Tiefe einstechen. *Keine* Moxibustion anwenden.

Innervation: Kaudaler Hautast des N. femoralis sowie N. tibialis.

Klinische Anmerkungen: TCM-Punkt für Vögel; Lokalisation, Indikation und Innervation sind ähnlich wie bei *Wei Zhong* (Bl 40). Kann Hitze aufgrund von Leber-*Qi*-Stagnation beseitigen, doch gibt es Punkte, die dabei mindestens genau so gut wirken, wie Gb 34 und Le 3. Am besten wirksam bei Hautausschlägen, Selbstverletzung der Beine, Fußnekrose der Amazonen, Rückenschmerzen und Skoliose. Da es sich um einen Punkt handelt, der das Blut kühlt, und viele ältere Vögel zu Kältesymptomen neigen (*Yang*-Mangel), sollte Bl 40 in solchen Fällen nicht eingesetzt werden.

Bl 60: *Kun Lun*, Kunlun-Gebirge

Lokalisation: Auf dem lateralen Aspekt des Knöchels, proximal der Cartilago tibialis, in der Vertiefung zwischen Tibiotarsus und der Sehne des M. gastrocnemius.

Besonderheit: Fluss-*Jing*-Punkt und Feuer-Punkt des Meridians.

Funktion: Vertreibt Wind, klärt Hitze, entfernt Blockaden auf dem Meridian.

Indikation: Schmerzen im Bereich von Rücken, Schultern und Flügel, Nackensteife, Epilepsie, Legenot.

Technik: Schräg bis auf geringe Tiefe einstechen. Bei legenden Hennen ist Moxibustion kontraindiziert.

Innervation: N. plantaris lateralis und N. suralis.

Klinische Anmerkungen: Der distale Tibiotarsus und die Sehne des M. gastrocnemius liegen dicht beisammen. Dieser Punkt ist leichter zu finden, wenn man die Federn mit Alkohol anfeuchtet, teilt und das Gelenk zwischen Tibiotarsus und Tarsusmetatarsus leicht anwinkelt. Bei den meisten Arten sollte Bl 60 nicht zusammen mit Ni 3 genadelt werden. Dieser Punkt wirkt am besten bei chronischen Gelenkschmerzen, vor allem im Rückenbereich. Günstig bei Schmerzen im ganzen Körper, bei traumatischen Verletzungen und für ältere Vögel.

Bl 62: *Shen Mai*, Gefäß der Streckung

Lokalisation: In der Vertiefung unmittelbar distal des Epicondylus lateralis des Tibiotarsus.

Funktion: Beseitigt inneren Wind, entfernt Blockaden aus dem Kanal.

Indikation: Epilepsie, geistige Verwirrung, Schlaflosigkeit, Schmerzen in Rücken und Beinen.

Technik: Schräg bis auf geringe Tiefe einstechen. Moxibustion ist applizierbar.

Innervation: N. plantaris lateralis und N. suralis.

Klinische Anmerkungen: Mehrere Sehnen sowie A. und V. tibialis anterior caudalis verlaufen in diesem Bereich. Beim Nadeln vorsichtig vorgehen und keine Aquapunktur einsetzen, da diese häufig zu temporären Lähmungen führt. Ausgezeichneter Punkt bei lokalen Entzündungen und Gelenk-*Bi*-Syndromen.

Ni 1: Vogel *Jiaodi*, Fußfläche

Lokalisation: Am distalen Teil des zentralen Fußballens auf der Fußunterseite.

Besonderheit: Sedierungspunkt, Brunnen-*Jing*-Punkt und Holz-Punkt des Meridians.

Funktion: Hat eine deutlich ableitende Wirkung auf das *Qi* und wird bei Fülle-Mustern angewandt. Tonisiert das *Yin*, klärt Hitze, unterdrückt Wind und leere Hitze, beruhigt den Geist und bringt das Bewusstsein zurück.

Indikation: Diarrhö.

Technik: Schräg bis auf geringe Tiefe einstechen und die Nadel nur 1 Minute lang belassen. Moxibustion ist applizierbar.

Innervation: N. plantaris medialis.

Klinische Anmerkungen: TCM-Punkt für Vögel; Lokalisation und Innervation sind ähnlich wie bei *Yong Quan* (Ni 1). Es besteht eine signifikante Infektionsgefahr (Pododermatitis), deshalb die Nadeln nicht länger belassen und kein Cyanocobalamin injizieren. Gut für Vögel mit Bewusstlosigkeit, vor allem nach Trauma. Beruhigt den Geist und kann auch bei Verhaltensstörungen mit starken Ängsten eingesetzt werden. Dieser Punkt ist günstig bei Entzündungen im Kopfbereich, da er das *Qi* nach unten führt, das *Yin* tonisiert und *Yin*-Hitze-Syndrome beseitigt.

Ni 3: *Tai Xi*, Großer Bach

Lokalisation: Auf dem medialen Aspekt des Knöchelgelenks, unmittelbar proximal der Cartilago tibialis, in der Vertiefung zwischen Tibiotarsus und der Sehne des M. gastrocnemius.

Besonderheit: *Yuan*-Quell-Punkt, Bach-*Shu*-Punkt und Erd-Punkt des Meridians.

Funktion: Tonisiert die Nieren, wirkt positiv auf die Essenz.

Indikation: Unfruchtbarkeit, Halsschmerzen, Schlaflosigkeit, Rückenschmerzen.

Technik: Schräg auf geringe Tiefe einstechen. Moxibustion ist applizierbar.

Innervation: N. plantaris medialis.

Klinische Anmerkungen: Wie bei Bl 60 (*Kun Lun*) gilt auch hier, dass der distale Tibiotarsus und die Sehne des M. gastrocnemius sehr nahe beieinander liegen. Dieser Punkt lässt sich am besten finden, wenn man die Federn mit Alkohol anfeuchtet, sie teilt und das Gelenk zwischen Tibiotarsus und Tarsometatarsus leicht anwinkelt. Ni 3 kann bei den meisten Nieren-Disharmoniemustern eingesetzt werden, ist aber am besten zur Behandlung von Nieren-*Yin*- und -*Yang*-Mangel geeignet. Bei *Tai Xi* handelt es sich um den *Yuan*-Quell-Punkt für das Ursprungs-*Qi* des Körpers; er kann daher eingesetzt werden, um *Qi*, Essenz, Knochen und Mark zu tonisieren.

Ni 6: *Zhao Hai*, Leuchtendes Meer

Lokalisation: Auf dem medialen Aspekt des Tibiotarsus-Tarsometatarsus-Gelenks, in der Vertiefung auf dem unteren Rand des Malleolus medialis.

Funktion: Nährt das *Yin*, beruhigt den Geist, fördert die Uterusfunktion, kühlt das Blut.

Indikation: Weichschalige Eier, *Yin*-Mangel, Ängste und Unruhe.

Technik: Senkrecht bis auf geringe Tiefe einstechen. Kein Cyanocobalamin oder andere Flüssigkeiten in diesem Bereich injizieren, keine Moxibustion anwenden, am besten nur einfaches Nadeln.

Innervation: N. plantaris medialis.

Klinische Anmerkungen: Diesen Punkt nur mit traditioneller Akupunktur behandeln, da Injektionen in diesem Bereich häufig zu längerfristiger Lähmung führen. *Zhao Hai* ist ein ausgezeichneter Punkt für Vögel, bei denen häufig das Nieren-*Yin* tonisiert werden muss. Hervorragend bei Verhaltensstörungen aufgrund von Ängsten und innerer Unruhe. Günstig bei Störungen der Gefiederpflege, vor allem, wenn das Problem abends und vor der Nachtruhe auftritt.

Pe 6: *Nei Guan*, Innere Grenze

Lokalisation: Auf der ventralen Seite des ausgestreckten Flügels, im Spatium interosseum, nach einem Viertel der Distanz zwischen dem medialen Condylus der Ulna und dem Olekranon, zwischen M. flexor carpi ulnaris und M. extensor longus digiti majoris.

Besonderheit: *Luo*-Passage-Punkt des Meridians; Meisterpunkt für Brust und Herz.

Funktion: Reguliert Herz-*Qi* und Blut, beruhigt den Geist, harmonisiert den Magen.

Indikation: Geistige Störungen, Epilepsie, Kontraktur und Schmerzen in Flügel und Ellbogen, fiebrige Erkrankungen, Magenschmerzen, pathologische Regurgitation.

Technik: Senkrecht bis auf mittlere Tiefe einstechen. Keine Moxibustion anwenden.

Innervation: R. cutaneus antebrachii sowie R. superficialis und profundus des N. medianus.

Klinische Anmerkungen: Die A. ulnaris liegt in dieser ziemlich großen Vertiefung und kann leicht aus Versehen punktiert werden. Die Blutung lässt sich mit Fingerdruck stoppen, doch es können sich recht große Hämatome bilden. Essenzieller Punkt in der Vogelmedizin. Vielleicht der wichtigste Punkt zum Beruhigen des Geistes bei Vögeln mit Störungen des Verhaltens und der Gefiederpflege, da sich mit ihm aufgrund seiner Verbindung zur Leber durch den außerordentlichen Meridian *Yin Wei Mai* eine Leber-*Qi*-Stagnation behandeln lässt. Vermutlich der beste Punkt bei Hennen, die während der Brutzeit Federn rupfen. Ein günstiger Punkt für Regurgitation bei Küken (trockenes Nadeln für 5 Minuten). Bewegt *Qi* und Blut in den Thorax und wirkt positiv auf das Herz, daher auch ein guter Punkt bei Herz-Blut-Mangel. Schließlich ist es auch ein ausgezeichneter Punkt bei Hennen ohne Zyklus, mit weichschaligen Eiern und häufiger Legenot (jedoch nicht wirksam bei akuter Legenot).

Pe 7: *Da Ling*, Großer Hügel

Lokalisation: Auf der ventralen Seite des ausgestreckten Flügels, im Spatium interosseum unmittelbar proximal des medialen Condylus der Ulna, zwischen M. flexor carpi ulnaris und M. extensor longus digiti majoris.

Besonderheit: *Yuan*-Quell-Punkt, Sedierungspunkt, Bach-*Shu*-Punkt und Erd-Punkt des Meridians.

Funktion: Beruhigt den Geist und klärt Hitze aus dem Herzen.

Indikation: Pathologische Regurgitation, Magenschmerzen, Panik, Epilepsie.

Technik: Senkrecht auf mittlere Tiefe einstechen. Moxibustion ist applizierbar.

Innervation: R. profundus des N. medianus.

Klinische Anmerkungen: Die A. ulnaris liegt in dieser ziemlich großen Vertiefung und kann leicht aus Versehen punktiert werden. Die Blutung lässt sich durch Fingerdruck stoppen, doch es können sich recht große Hämatome bilden. Dabei kann es ziemlich schwierig sein, zwischen Pe 6 und Pe 7 zu differenzieren, da die beiden Punkte sehr nahe beisammen liegen. Pe 7 ist möglicherweise günstiger als Pe 6 bei emotionalen Problemen im Zusammenhang mit Verlusten.

3E 4: *Yang Chi*, *Yang*-Teich

Lokalisation: Auf der dorsalen Seite des ausgestreckten Flügels, im Spatium interosseum, leicht distal des lateralen Condylus der Ulna.

Besonderheit: *Yuan*-Quell-Punkt.

Funktion: Beseitigt Blockaden und klärt Hitze aus dem Meridian.

Indikation: Schmerzen im Bereich von Karpus, Schulter und Flügel.

Technik: Senkrecht bis auf mittlere Tiefe einstechen. Moxibustion ist applizierbar.

Innervation: R. cutaneus antebrachii dorsalis und der tiefe Ast des N. radialis.

Klinische Anmerkungen: Die Anatomie des Flügels unterscheidet sich beträchtlich von der der menschlichen Hand und die Abweichung ist am ausgeprägtesten vom Handwurzelgelenk bis zur Flügelspitze. Die Lokalisation dieses Punktes ist daher unsicher und bei einem kleinen Vogel auch sehr schwer zu finden. Wird vor allem verwendet, um Flüssigkeiten und Feuchtigkeit aus dem unteren Erwärmer zu beseitigen. Kann zur Behandlung von Syndromen wie Flüssigkeit im Eileiter oder Entzündung der Kloake mit Ausfluss eingesetzt werden, fördert die Fähigkeit der Niere, Flüssigkeiten auszuscheiden. Da es sich um einen *Yuan*-Quell-Punkt handelt, kann er angewandt werden, um das Ursprungs-*Qi* zu beeinflussen, und lässt sich bei chronischen Nierenerkrankungen einsetzen. Auch günstig bei schwachen Küken, die nicht gut gedeihen.

3E 5: *Wai Guan*, Äußerer Pass

Lokalisation: Auf der dorsalen Seite des ausgestreckten Flügels, im Zwischenknochenbereich, nach einem Viertel der Distanz zwischen medialem Condylus der Ulna und Olekranon.

Besonderheit: *Luo*-Passage-Punkt des Meridians.

Funktion: Vertreibt Wind-Hitze, beseitigt Blockaden aus dem Meridian, besänftigt das Leber-*Yang*.

Indikation: Motorische Beeinträchtigungen von Ellbogen und Flügel.

Technik: Senkrecht bis auf mittlere Tiefe einstechen. Moxibustion ist applizierbar.

Innervation: N. radialis.

Klinische Anmerkungen: Bei vielen Vögeln sind Pe 6 und 3E 5 kaum zu unterscheiden, wobei ein Punkt etwas tiefer liegt als der andere, je nachdem, ob der Flügel von oben oder ventral betrachtet wird. Es ist gut möglich, dass bei einer Injektion von Cyanocobalamin beide Punkte gleichzeitig stimuliert werden. Dieser Punkt ist sehr wirksam zum Beseitigen von Wind-Hitze und bei chronischer Pharyngitis. Ein guter Punkt bei *Bi*-Syndromen des Flügels, vor allem in Verbindung mit Sehnen entlang des Dreifachen Erwärmers. Hilfreich für Patienten mit Leber-Feuer und aufsteigendem Leber-*Yang*, daher ein Punkt, der bei Verhaltensstörungen und Störungen der Gefiederpflege in Betracht zu ziehen ist.

3E 10: *Tian Jing*, Himmlischer Brunnen

Lokalisation: Bei ausgestrecktem Flügel zwischen der Sehne des Triceps brachii und dem distalen Humerus, am lateralen Condylus der Ulna.

Besonderheit: Sedierungspunkt, Meer-*He*-Punkt und Erd-Punkt.

Funktion: Lindert Feuchtigkeit und Schleim und beseitigt Feuchte-Hitze.

Technik: Von der dorsalen Seite bei fast voll ausgestrecktem Flügel senkrecht bis auf geringe Tiefe einstechen. Injektion in diesen Punkt ist problematisch, da leicht temporäre Tendinitis und Flügellahmheit resultieren können. Am besten nur nadeln.

Innervation: R. cutaneus des N. ulnaris.

Klinische Anmerkungen: Wenn die Leber die Milz angreift, kann dieser Punkt eingesetzt werden, um die Milz zu stärken und das Gleichgewicht zwischen Leber, Milz und Herz wieder herzustellen. Ein guter Punkt bei bestimmten Verhaltensstörungen, die mit Leber-*Qi*-Stagnation verbunden sind, wie Störungen der Gefiederpflege. Besonders günstig bei Vögeln mit offensichtlichen Stimmungsschwankungen. Ausgezeichnet bei *Bi*-Syndromen des Ellbogens. Auch günstig bei Pharyngitis, da er Feuchte-Hitze beseitigt. Vereinigungs-Punkte wirken positiv auf den Verdauungstrakt: Ma 36 ist besser für Magen und Dünndarm und Ma 37 für den Dickdarm, während 3E 10 und Di 11 besser zur Behandlung von Problemen im Bereich von Kopf und Hals geeignet sind. Bei Feuchte-Hitze aufgrund von Leber-*Qi* ist 3E 10 ein ausgezeichneter Punkt. Da Vögel Wildtiere sind, kommt es in Gefangenschaft häufig zu Leber-*Qi*-Störungen (Leber-*Qi*-Stagnation, Leber-Hitze, Leber-Hitze, die andere Organe angreift). Wenn das Leber-*Qi* in den Mund vordringt, ist 3E 10 ein wichtiger Punkt bei Vögeln.

3E 23: Vogel *Yan Jiao*, Augenkorrektur

Lokalisation: In der Vertiefung am posterioren Rand des lateralen Augenwinkels.

Funktion: Vertreibt Wind, klärt die Augen, beendet Schmerzen.

Indikation: Alle Augenerkrankungen, Erkältung, Depression.

Technik: Waagrecht bis auf geringe Tiefe einstechen.

Innervation: Der supraorbitale Ast des N. maxillaris.

Klinische Anmerkungen: TCM-Punkt für Vögel; Lokalisation und Indikation sind ähnlich wie bei *Si Zhu Kong* (3E 23).

Gb 13: *Ben Shen*, Ursprung des Geistes

Lokalisation: Lateral von LG 24, drei *Cun* lateral der Mittellinie.

Besonderheit: Punkt auf dem *Yang Wei Mai*.

Funktion: Beruhigt den Geist, beseitigt Wind, sammelt Essenz im Kopf.

Indikation: Epilepsie, emotionale Probleme, Kopfschmerzen.

Technik: Die Nadel im 45°-Winkel bis auf geringe Tiefe einstechen.

Innervation: R. lateralis des N. frontalis.

Klinische Anmerkungen: Ein wichtiger Punkt bei Vögeln. Bringt die Essenz zum Kopf und kann in Kombination mit Punkten wie KG 4 und Ni 3 eine Stärkung des Vertrauens und der emotionalen Stabilität bewirken. Zusammen mit He 7 möglicherweise günstig für Vögel mit auffallenden Verhaltensänderungen. In Kombination mit Pe 6 oder eventuell Gb 34 stark beruhigend. Bei Vögeln mit abnormalem Gefiederpflegeverhalten aufgrund von Stress ist dieser Punkt hilfreich zusammen mit LG 24, *Shen Ting Du*. Vögel mit fixen Vorstellungen über ihre Welt und einem Ungleichgewicht zwischen der linken und rechten Gehirnhemisphäre profitieren häufig vom Einsatz dieses Punktes zusammen mit LG 24. Beachten Sie die Namen dieser beiden Punkte: LG 24 ist der „Hof des Geistes" und Gb 13 der „Ursprung des Geistes". Gedanken, die in den „Hof des Geistes" gebracht werden, müssen in der

Realität verwurzelt und zwischen linker und rechter Gehirnhälfte ausgeglichen sein.

Gb 29: *Ju Liao*, In der Knochengrube

Lokalisation: In der Mitte zwischen kranialem Rand des Ilium und Trochanter major.

Funktion: Entfernt Blockaden aus dem Meridian.

Indikation: Schmerzen und Lähmungen in Rücken und Beinen.

Technik: Senkrecht bis auf mittlere Tiefe einstechen. Moxibustion ist applizierbar.

Innervation: R. cutaneus cranialis des N. femoralis

Klinische Anmerkungen: Wie bei Säugetieren ist Gb 29 ein ausgezeichneter Punkt bei arthritischen Veränderungen in den Hüften. Doch da regelmäßige Akupunkturbehandlungen für einen Vogel zu viel Stress bedeuten würden, ist Behandlung mit entsprechenden Heilmitteln vermutlich günstiger. Goldkugelimplantate sind hier vielleicht wirksam, da sie eine Dauerstimulation möglich machen, doch ich habe diese Therapieform bisher nicht getestet.

Gb 31: Vogel *Kua Wai*, Äußerer Oberschenkel

Lokalisation: Auf dem lateralen Aspekt des Beins, nach zwei Dritteln des Abstands zwischen Trochanter major und Epicondylus lateralis, unmittelbar kaudal des M. iliotibialis lateralis (Sartorius-Muskel).

Funktion: Vertreibt Wind, lindert Juckreiz.

Indikation: Entzündungen, Schwellungen und Bewegungsschwierigkeiten der Beine.

Technik: Senkrecht bis auf mittlere Tiefe einstechen. Darauf achten, dass die V. femoralis lateralis nicht punktiert wird.

Innervation: Muskeläste des N. femoralis.

Klinische Anmerkungen: TCM-Punkt für Aderlass bei Vögeln; Lokalisation, Indikation und Innervation sind ähnlich wie bei *Feng Shi* (Gb 31). Aderlass wird jedoch in der Regel in der Veterinärakupunktur nicht angewandt. Dieser Punkt ist sehr hilfreich bei Wind-Hitze-Invasion, vor allem im Bereich der Beine. Außerdem sollte er bei Blut-Stase entlang der Beine in Betracht gezogen werden.

Gb 33: *Xi Yang Guan*, *Yang*-Grenze am Knie

Lokalisation: Auf dem lateralen Aspekt des leicht angewinkelten Knies in der Vertiefung zwischen der Sehne des M. iliofibularis (M. biceps femoris) und dem Femur.

Besonderheit: Lokalpunkt für schmerzhafte Obstruktionssyndrome des Knies.

Funktion: Entspannt die Sehnen.

Indikation: Schmerzen und Schwellungen am Knie, Kontraktur der Poplitealsehnen.

Technik: Senkrecht bis auf mittlere Tiefe einstechen.

Innervation: Endast des N. cutaneus femoralis lateralis.

Klinische Anmerkungen: Da dieser Punkt meist für *Bi*-Syndrome am Knie verwendet wird, ist er bei Vögeln vermutlich kaum einsetzbar, da der Stress wiederholter Akupunktursitzungen kaum den Nutzen in der Behandlung chronischer arthritischer Syndrome aufwiegt. Hilfreich dagegen bei akuten Knieverstauchungen.

Gb 34: *Yang Ling Quan*, *Yang*-Hügel-Quelle

Lokalisation: Auf dem lateralen Aspekt des Tibiotarsus, im proximalen Foramen interosseum, unmittelbar distal und kranial des Fibulakopfes.

Besonderheit: Vereinigungs-Punkt, Meer-*He*- und Erd-Punkt des Meridians.

Funktion: Fördert den gleichmäßigen Fluss des Leber-*Qi*, beseitigt Feuchte-Hitze, entfernt Blockaden aus dem Meridian, entspannt die Sehnen, besänftigt gegenläufiges *Qi*.

Indikation: Muskelatrophie, motorische Störungen, Taubheitsgefühl und Schmerzen in den Beinen, Schmerzen und Schwellungen an den Knien, pathologische Regurgitation.

Technik: Senkrecht tief einstechen.

Innervation: N. fibularis, der sich in R. superficialis und profundus aufzweigt.

Klinische Anmerkungen: Wird die Nadel zu tief eingestochen, kann es vorübergehend zu Schmerzen kommen, wenn Cyanocobalamin in den Nerv injiziert wird. Aufgrund der Anatomie des Vogelfußes sind die Punkte des Leber-Meridians sehr umstritten. *Yang Ling Quan* ist daher einer der wenigen Punkte bei Vögeln, mit denen sich das Element Holz beeinflussen lässt. Er ist günstig zur Behandlung von Leber-*Qi*-Stagnation und sollte daher immer als Alternative in Betracht gezogen werden, wenn man eigentlich Le 2 oder Le 3 einsetzen würde. Mit Gb 34 lassen sich alle Hitze-Muster aufgrund von Leber-*Qi*-Stagnation behandeln. Leber-*Qi* kann zu Problemen wie gegenläufigem *Qi* (vor allem Magen-*Qi*), Feuchte-Hitze (besonders, wenn sie Milz/Pankreas angreift) und emotionalen Problemen in Verbindung mit Ärger und aufgestauten Emotionen führen. Leber, die Milz/Pankreas angreift und zu emotionalen Problemen, schlechter Verdauung und erhöhter Infektanfälligkeit führt, lässt sich mit Gb 34 in Kombination mit Bl 14 und MP 6 behandeln. Gb 34 wirkt außerdem positiv zur Entspannung der Sehnen und zur Beseitigung von Blockaden im Leber- und Gallenblasen-Meridian.

LG 1: Vogel *Hou Hai*, Hinteres Meer

Lokalisation: Auf der Mittellinie, in der Vertiefung über der Kloake.

Besonderheit: Durchgangs-*Luo*-Punkt des Meridians.

Funktion: Reguliert Lenkergefäß und Konzeptionsgefäß, beseitigt Feuchte-Hitze, beruhigt den Geist.

Indikation: Appetitverlust, Depression, Diarrhö, Prolaps der Kloake.

Technik: Senkrecht bis auf mittlere Tiefe einstechen. Moxibustion ist applizierbar.

Innervation: Kaudaler N. medianus sowie Äste des N. pudendus.

Klinische Anmerkungen: TCM-Punkt für Vögel; die Indikationen sind ähnlich wie bei *Chang Qiang* (LG 1). LG 1 ist kein häufig eingesetzter Punkt bei Vögeln. Am hilfreichsten ist er vermutlich bei chronischer Entzündung der Kloake, die zu partiellem Kloakenprolaps führt. Dieses Syndrom ist in der Regel mit einer mikrobiellen Infektion verbunden, daher sollte LG 1 hier mit Punkten wie Di 11 und MP 6 kombiniert werden. Nach meiner Erfahrung ist der Punkt bei emotionalen Problemen und Appetitverlust nicht besonders wirksam.

LG 2: Vogel *Wai Gen*, Schwanzwurzel

Lokalisation: Auf der dorsalen Mittellinie, zwischen letztem Coccygealwirbel und Pygostyl.

Funktion: Beseitigt inneren Wind.

Indikation: Diarrhö, Depression, Prolaps der Kloake.

Technik: Senkrecht tief einstechen. Moxibustion ist applizierbar.

Innervation: Kaudaler N. medianus.

Klinische Anmerkungen: TCM-Punkt für Vögel; Lokalisation ist ähnlich wie bei *Yao Shu* (LG 2). Nach meiner Erfahrung ist dieser Punkt besonders wirksam bei Selbstverletzung mit ulzerativen, blutenden Läsionen am Pygostyl (Störung des Gefiederpflegeverhaltens). Bei Kakadus mit chronischem Kloakenprolaps kann LG 2 in Kombination mit KG 2, KG 4, MP 6 und Di 11 wirksam eingesetzt werden.

LG 12: Vogel *Bei Ji*, Hinterer Teil der Wirbelsäule

Lokalisation: Dieser „Punkt" liegt an drei Stellen auf der dorsalen Mittellinie. Traditionell werden alle drei Stellen gleichzeitig behandelt, da sie als ein einzelner Akupunkturpunkt betrachtet werden. Die drei Stellen (1, 2, 3) liegen einzeln in den Vertiefungen zwischen den Dornfortsätzen von HWK 9 und 10, HWK 10 und BWK 1 (2, vgl. LG 14) und BWK 1 und 2 (3, vgl. LG 13).

Funktion: Klärt Hitze, befreit die Oberfläche.

Indikation: Erkältung, alle Erkrankungen der Atemwege.

Technik: Bei allen drei Punkten senkrecht bis auf mittlere Tiefe einstechen. Moxibustion ist applizierbar.

Innervation: Spinale Nerven, die den Plexus brachialis versorgen.

Klinische Anmerkungen: TCM-Punkt für Geflügel; es gibt keinen entsprechenden Punkt bei Säugetieren. Bei Geflügel zum Einsatz bei allen Erkrankungen der Atemwege gedacht. Bei anderen Vögeln habe ich keine besondere Wirksamkeit bei Atemwegsstörungen festgestellt. Es ist in diesen Fällen günstiger, eine TCM-Diagnose zu erstellen und dann Meisterpunkte und Transport-*Shu*-Punkte zu verwenden.

LG 13: Vogel *Bei Ji*, LG 12

Lokalisation: Auf der dorsalen Mittellinie, in der Vertiefung zwischen den Processus spinosi von BWK 1 und 2.

Funktion: Klärt Hitze, befreit die Oberfläche.

Indikation: Alle Erkrankungen der Atemwege.

Technik: Senkrecht bis auf mittlere Tiefe einstechen.

Innervation: Spinale Nerven, die den Plexus brachialis versorgen.

Klinische Anmerkungen: TCM-Punkt für Vögel; in der Wirkung ähnlich wie *Tao Dao* (LG 13). Entspricht dem mittleren Punkt von Vogel *Bei Ji*. Dafür gibt es keine Entsprechung bei Säugetieren. Bei Geflügel zum Einsatz bei allen Erkrankungen der Atemwege gedacht. Bei anderen Vögeln habe ich keine besondere Wirksamkeit bei Atemwegsstörungen festgestellt. Es ist in diesen Fällen günstiger, eine TCM-Diagnose zu erstellen und dann Meisterpunkte und Transport-*Shu*-Punkte zu verwenden. Der Punkt zwischen dem HWK 10 und BWK 1, bei Säugetieren als LG 14 oder *Da Zhui* bezeichnet, hat dort folgende Wirkungen: klärt Hitze, reguliert Nähr-*Qi* und Abwehr-*Qi*, klärt den Geist und tonisiert das *Yang*. Bei Papageien scheint LG 13 in der Wirkung eher dem Punkt LG 14 bei Säugetieren zu entsprechen.

LG 14: Vogel *Bei Ji*, LG 12

Lokalisation: Auf der dorsalen Mittellinie, in der Vertiefung zwischen den Processus spinosi von HWK 10 und BWK 1.

Besonderheit: Kreuzungspunkt von Lenkergefäß, Blasen-, Gallenblasen- und Magen-Meridian.

Funktion: Klärt Hitze, befreit die Oberfläche, vertreibt Wind, reguliert Nähr-*Qi* und Abwehr-*Qi*, tonisiert das *Yang*, klärt den Geist.

Indikation: Alle Erkrankungen der Atemwege.

Technik: Senkrecht bis auf mittlere Tiefe einstechen. Moxibustion ist applizierbar.

Innervation: Spinale Nerven, die den Plexus brachialis versorgen.

Klinische Anmerkungen: TCM-Punkt für Vögel; Wirkungen ähnlich wie bei *Da Zhui* (LG 14). Entspricht dem kaudalen Punkt von Vogel *Bei Ji*. Dafür gibt es keine Entsprechung bei Säugetieren. Bei Geflügel zum Einsatz bei allen Erkrankungen der Atemwege gedacht. Bei anderen Vögeln habe ich keine besondere Wirksamkeit bei Atemwegsstörungen festgestellt. Es ist in diesen Fällen günstiger, eine TCM-Diagnose zu erstellen und dann Meisterpunkte und Transport-*Shu*-Punkte zu verwenden. Der Punkt zwischen HWK 10 und BWK 1, bei Säugetieren als LG 14 oder *Da Zhui* bezeichnet, hat dort folgende Wirkungen: klärt Hitze, reguliert Nähr-*Qi* und Abwehr-*Qi*, klärt den Geist und tonisiert das *Yang*. Bei Papageien scheint Vogel *Bei Ji* in der Wirkung eher dem Punkt LG 14 bei Säugetieren zu entsprechen.

LG 20: Vogel *Guan Ji*, Scheitelbasis

Lokalisation: Auf dem Dorsum des Kopfes in der Vertiefung der Mittellinie, wo sich frontale und parietale Knochen treffen.

Besonderheit: Kreuzungspunkt aller *Yang*-Meridiane.

Funktion: Klärt den Geist, tonisiert das *Yang*, stärkt die aufsteigende Funktion der Milz, beseitigt inneren Wind.

Indikation: Erkältung, Stress, Depression, Kloakenprolaps.

Technik: Horizontal entlang der Mittellinie bis auf geringe Tiefe einstechen.

Innervation: R. supraorbitalis des N. trigeminus.

Klinische Anmerkungen: TCM-Punkt für Aderlass bei Vögeln; Lokalisation und Indikationen ähnlich wie bei *Bai Hui* (LG 20) beim Menschen. Die genaue Lage dieses Punktes variiert je nach Spezies, ist aber meist leicht zu finden. Bei den meisten Vögeln ist es nicht möglich, die Verbindung von frontalen und parietalen Knochen zu palpieren, daher muss man nach einer großen Vertiefung kaudal einer gedachten Linie zwischen den lateralen Augenwinkeln suchen. Dieser Punkt ist günstig bei *Yang*-Mangel, da er das *Yang* hebt und tonisiert. Er wird häufig bei gestörtem Gefiederpflegeverhalten eingesetzt, da er den Geist klärt und depressive Vögel aufmuntert. Doch sind viele Vögel stärker *Yang*- als *Yin*-betont, weshalb LG 20 weniger empfehlenswert ist, als man zunächst denken könnte. Meist ist es besser, den Punkt LG 24, *Shen Ting Du*, zu nadeln.

LG 24: *Shen Ting Du*, Hof des Geistes

Lokalisation: Auf der dorsalen Mittellinie des Schädels, über der Wachshaut, ungefähr auf der Linie zwischen den medialen Augenwinkeln, unmittelbar kaudal von *Yin Tang*.

Besonderheit: Kreuzungspunkt von Lenkergefäß und Magen-Meridian.

Funktion: Beruhigt den Geist.

Technik: Die Nadel in einem 45°-Winkel bis auf geringe Tiefe einstechen. Moxibustion nur mit Vorsicht anwenden.

Innervation: Ast des N. frontalis.

Klinische Anmerkungen: Dieser Punkt ist außergewöhnlich wirksam zum Beruhigen des Geistes, besänftigt Angst und Unruhe. Sollte bei starken Ängsten mit Gb 13 kombiniert werden, um die linke und rechte Gehirnhälfte energetisch auszugleichen. In manchen Fällen wirksam zur Behandlung von Epilepsie. Beachten Sie die klinischen Anmerkungen bei Gb 13; dort finden Sie weitere Informationen zum kombinierten Einsatz dieser beiden Punkte.

Ba Feng: Vogel *Jiao Pan*, Fußzwischenraum

Lokalisation: Im Interphalangealraum zwischen dem ersten und zweiten, zweiten und dritten sowie dritten und vierten Phalanx, auf dem Fußrücken.

Funktion: Entspannt die Sehnen, vertreibt Wind-Feuchtigkeit, belebt das Blut.

Indikation: Erkältung, schmerzhaftes Obstruktionssyndrom der Füße.

Technik: Senkrecht bis auf geringe Tiefe einstechen.

Innervation: R. dorsalis metatarsalis des N. fibularis.

Klinische Anmerkungen: TCM-Punkt für Aderlass bei Vögeln; Lage und Innervation sind ähnlich wie bei *Ba Feng*, einer Gruppe von Extrapunkten beim Menschen. Auch wenn es in der westlichen Veterinärmedizin nicht üblich ist, Tiere zur Ader zu lassen, wird diese Punktegruppe doch häufig bei Pododermatitis, Fußnekrose der Amazonen, Gicht, Selbstverletzung an den Zehen und arthritischen Beschwerden der Zehen eingesetzt.

Vogel *Gu Duan*, Ende des Oberschenkels

Lokalisation: In der Vertiefung unmittelbar kranial und dorsal des Trochanter major, an der Hüftgelenkskapsel.

Indikation: Ptosis der Flügel.

Technik: Senkrecht bis auf mittlere Tiefe einstechen. Moxibustion ist applizierbar.

Innervation: Hautast des N. ischiadicus und kranialer coxaler Ast des N. femoralis.

Klinische Anmerkungen: Diesen TCM-Punkt für Geflügel gibt es nur bei Vögeln, er hat keine Entsprechung bei Säugetieren, was Lage oder Funktion betrifft. Es scheint sich ausschließlich um einen Geflügelpunkt zu handeln, da seine Anwendung bei Papageien und anderen Vögeln kaum Wirkung zu haben scheint. Bei ihnen lässt sich ein lahmender Flügel sehr viel wirksamer mit Lokalpunkten und Meisterpunkten wie Gb 34 behandeln. Der Punkt ist jedoch wirksam in der Behandlung von *Bi*-Syndromen der Hüfte und unterstützend bei Hüftluxation.

25.5 Ausgewählte Syndrome und ihre Behandlung

Wie immer bei der Akupunktur lässt sich der größte Erfolg erzielen, wenn man eine traditionelle TCM-Diagnose erstellt und die Theorie der fünf Wandlungsphasen, die acht Grundmuster und die entsprechenden Meisterpunkte anwendet. Für Anfänger können jedoch gewisse Punktkombinationen als „Rezepte" hilfreich sein. Daher werden im Folgenden einige Hinweise gegeben.

Bakterielle Infektionen

Infektionen werden als Invasion des Körpers durch einen pathogenen Faktor betrachtet. Dieser entspricht pathogener Hitze: Er wirkt rasch, verursacht Trockenheit, schädigt das *Yin* und führt zu Müdigkeit und Kurzatmigkeit. Wenn die Störung weiter fortschreitet, wird das *Wei-Qi* angegriffen. Die Leber ist häufig ebenfalls beteiligt, wobei ihre primäre Aufgabe gestört ist, für den gleichmäßigen Fluss und die Verteilung des *Qi* zu den anderen Organen zu sorgen. Das führt zu *Qi*-Mangel im ganzen Körper. Häufig tritt dabei Milz-Mangel auf, was von besonderer klinischer Signifikanz ist. Er führt zu *Qi*-Mangel, Schleimbildung und Blut-Stase.
Folgende Punkte können dabei in Betracht gezogen werden:

- **Di 11:** Klärt Hitze, beseitigt Feuchtigkeit, reguliert Nähr-*Qi* und Blut, wirkt positiv auf die Sehnen, Erd-Punkt.
- **Di 4:** Vertreibt Wind-Hitze und befreit die Oberfläche, tonisiert das *Qi* und das Abwehr-*Qi*, Quell-*Ying*-Punkt.
- **Ma 36:** Meisterpunkt des Abdomens, wirkt bei jeglichem Mangel, reguliert das Abwehr-*Qi*, vertreibt Kälte, tonisiert *Qi* und Blut.
- **Punkte für die betroffenen Organe**, zum Beispiel Bl 16 (für die Leber), Bl 13 (Proventriculus, Ingluvies, Ventriculus).
- **Punkte zum Beseitigen von Feuchte-Hitze**, wie zum Beispiel Ma 37 (besonders bei Feuchte-Hitze im Verdauungstrakt).

Konjunktivitis

Konjunktivitis taucht häufig bei Leber- und/oder Nieren-*Yin*-Mangel auf und wird kompliziert durch *Wei-Qi*-Mangel, der anfällig macht gegen äußere pathogene Faktoren (bei Vögeln vor allem Chlamydien).
Folgende Punkte können dabei zum Einsatz kommen:

- **Lokalpunkte** wie Bl 1 oder Bl 2, Ma 1 und Gb 2 bewirken eine vorübergehende Linderung. Wichtiger sind aber Gb 20, MP 6 und Di 4.
- Bei einem akuten **Angriff äußerer Wind-Hitze** sind Bl 12 und Gb 20 von Nutzen.

- Ist das **Abwehr-*Qi* gestört**, eventuell Di 11 oder Ma 36 hinzufügen.
- Bei **aufsteigender Leber-Hitze** zusätzlich Le 3, Gb 36 oder Bl 40 einsetzen.
- Die häufigste Störung ist vermutlich ein **kombiniertes Leber-/Niere-Mangel-Syndrom**. Zur Behandlung gilt es das *Qi* zu stärken (Ma 36, KG 17) sowie das Leber- und Nieren-*Yin* zu tonisieren (Ni 3 und MP 6 oder Ni 6, Ni 1 – Holz-Punkt des Wasser-Meridians – und LG 4).

Kropferweiterung

Bei Kropferweiterung handelt es sich primär um eine Erkrankung des Magens (gegenläufiges Magen-*Qi*) oder der Leber (kein gleichmäßiger *Qi*-Fluss zu Milz/Pankreas und Magen).

Folgende Punkte können dabei zum Einsatz kommen:

- **Di 11:** Tonisierungspunkt und Erd-Punkt des Meridians
- **Bl 13:** Zustimmungs-*Shu*-Punkt von Proventriculus und Ventriculus
- **Bl 16:** Zustimmungs-*Shu*-Punkt der Leber
- **Ma 36:** Meisterpunkt des oberen Abdomens, einschließlich Magen und Milz
- **MP 6:** Meisterpunkt des unteren Abdomens, tonisiert die Leber.
- **KG 6:** Tonisiert *Qi* und Blut, bewegt *Qi* und löst Stagnationen auf.

Legenot

Bei Legenot handelt es sich um eine Störung der Eiweiterleitung aus dem Eileiter in die Kloake. Aus Sicht der TCM kann hier das Nieren-*Qi* den unteren der drei Erwärmer nicht erwärmen, was zu einer Schwäche im Feuer des „Tors der Vitalität" *(Ming Men)* führt, sodass der Uterus geschwächt ist. Die Milz kann die Körperflüssigkeiten nicht ausreichend transportieren und bewegen (häufig ist der Uterus zu trocken und das Ei bleibt stecken) und produziert nicht genügend *Qi* zum Legen des Eis (die Milz ist die Wurzel des Nähr-*Ying-Qi*). Legenot ist ein inneres Kälte-Mangel-Syndrom mit Schleimansammlung.

Es lässt sich durch das Nadeln folgender Punkte behandeln:

- **MP 6:** Stärkt die Milz, tonisiert die Nieren und beruhigt den Geist.
- **Ma 36:** Meisterpunkt des Abdomens, tonisiert die Milz, stärkt den Körper, tonisiert das *Qi*.
- **LG 20:** Belebt den Geist, klärt den Verstand, tonisiert das *Yang*.
- **Pe 6:** Beruhigt den Geist, öffnet das Penetrationsgefäß und tonisiert so den Uterus; besser zur Vermeidung von Rückfällen als zur direkten Behandlung von Legenot geeignet.

Störungen der Gefiederpflege

Die Ursachen für Störungen der Gefiederpflege („Federrupfen") sind sehr unterschiedlich und umfassen systemische Erkrankungen, Organversagen, Allergien, Parasiten und psychogene Faktoren. Alle Vögel mit abnormalen Federn sollten von einem erfahrenen Tierarzt untersucht und diagnostiziert werden. Solch eine Untersuchung deckt dann möglicherweise auch sekundäre Probleme wie bakterielle Follikulitis auf. Wird sie behandelt, sind die Chancen für eine erfolgreiche Therapie besser. Manche Vögel haben schwere, lebensbedrohliche Störungen, die unbedingt diagnostiziert werden müssen. Die Mehrzahl der Fälle ist jedoch auf psychogene Faktoren zurückzuführen. Die Vögel, die in der Praxis auftauchen, sind im Grunde Wildvögel und nicht daran gewöhnt, in Gefangenschaft zu leben. Im Käfig haben sie nichts zu tun, müssen nicht nach Futter suchen und können sich nicht fortpflanzen. Dadurch leiden sie unter Langeweile und Frustration. Wild lebende Vögel fliegen weg, wenn sie aufgeschreckt werden – oder auch einfach nur, weil sie gern fliegen. Im Käfig oder in der Voliere leben die meisten Vögel mit gestutzten Flügeln und können nicht fliegen. Selbst wenn ihnen die Flugfedern belassen wurden, sitzen sie meist im Käfig und können diesem grundlegendsten ihrer Instinkte nicht folgen. Weil sie nicht wegfliegen können, wenn sie verschreckt oder gelangweilt sind, werden sie frustriert, gereizt, ängstlich oder depressiv.

Die Ursachen des Federrupfens (die Art der negativen Emotionen und die betroffenen TCM-Organe) bestimmen die Auswahl der Akupunkturpunkte. Die Punktkombinationen für psychogenes Federrupfen variieren beträchtlich je nach Vogel und oft auch entsprechend dem Behandlungsverlauf.

Einige der häufig zum Einsatz kommenden Punkte sind die folgenden:

- **Ma 36:** Meisterpunkt des Abdomens, zur Behandlung jeglichen Mangels, reguliert das *Wei-Qi*, vertreibt Kälte, tonisiert *Qi* und Blut.
- **Di 4:** Vertreibt Wind-Hitze und befreit die Oberfläche, tonisiert *Qi* und Abwehr-*Qi*; Quell-*Ying*-Punkt. Di 4 in Kombination mit Gb 13 und LG 24 wirkt auf Vögel mit Ängsten sehr beruhigend.
- **Di 11:** Klärt Hitze, beseitigt Feuchtigkeit, reguliert Nähr-*Qi* und Blut, wirkt positiv auf die Sehnen; Erd-Punkt.
- **Pe 6:** Beruhigt den Geist, reguliert das Herz-*Qi*, lindert Reizbarkeit aufgrund von Leber-*Qi*-Stagnation; allgemein ein stärker wirksamer Punkt als He 7, wenn Feuer das Herz angreift.
- **He 7:** Beruhigt den Geist, harmonisiert emotionale Probleme, verbessert die Denkfähigkeit.
- **LG 24:** Stark wirksamer Punkt zur Beruhigung des Geistes, hervorragend in Kombination mit Gb 13 bei Ängsten; bei langfristiger Angst können die Nieren beeinträchtigt werden und Punkte, die das Nieren-*Yin* stärken, sollten besonders in Erwägung gezogen werden.
- **Lu 7:** Setzt aufgestaute Gefühle frei, lindert Sorgen, Trauer und Seelenqual, stimuliert das *Yin*; da Sorgen die Milz angreifen, können auch Milz-*Qi*-Punkte wie MP 6 hinzugefügt werden; Lu 7 mit Ni 6 nährt das *Yin*, stärkt und verwurzelt das *Qi* und verhindert, dass es aufsteigt oder schwebt.
- **Gb 13:** Punkt des *Yang Wei Mai* (Bewahrer des *Yang*), beruhigt den Geist, beseitigt Wind, sammelt Essenz im Kopf.

Weitere mögliche Punkte sind LG 20, Le 3, Gb 5, Gb 8, 3E 5, 3E 10, MP 6, Gb 34, Bl 40, Ni 6, Gb 9 und Bl 12. Es ist wichtig, noch einmal zu betonen, dass jede Punktkombination individuell auf den Patienten abgestimmt sein muss und sich im Verlauf der Behandlung häufig verändern kann. Zu Beginn der Therapie verwendet

Tab. 25.2 Organe mit Einfluss auf die Gefühle

Element	Gefühl	Förderndes Organ	Kontrollierendes Organ
Holz	Ärger	Niere	Lunge
Feuer	Freude	Leber	Niere
Erde	Sorgen	Herz	Leber
Metall	Traurigkeit	Milz	Herz
Wasser	Angst	Lunge	Milz

man beispielsweise eher allgemein beruhigende Punkte wie Herz- und Perikardpunkte sowie Leber-*Qi*-Punkte.

Da die meisten Vögel keine Aussicht auf eine Umgebung haben, wie sie sie eigentlich benötigen, sollte der Therapeut Punkte auswählen, die den Geist harmonisieren und dem Vogel hoffentlich helfen, sich an die suboptimale Situation anzupassen. Manche Vögel scheinen recht fixe Ideen über ihre Beziehung zu ihrer Umwelt zu entwickeln. Das führt möglicherweise zu einem Ungleichgewicht zwischen der rechten und linken Gehirnhälfte und der entsprechenden Wahrnehmung der Welt. Für solche Vögel wirkt häufig die Kombination von Gb 13 und LG 24 sehr positiv.

Damit man mit Akupunktur einen langfristigeren Erfolg erzielen kann, muss der Besitzer lernen, die Bedürfnisse des Vogels frühzeitig zu erkennen und auf harmonische Weise zu befriedigen. Aus der Perspektive der TCM ist es extrem wichtig, eine TCM-Diagnose zu erstellen und Punkte für die spezifischen Bereiche einzusetzen, in denen der Vogel Unterstützung benötigt. Denken Sie an die fünf Elemente und verwenden Sie Punkte auf den *Yin*-Meridianen, die die betroffenen *Zang-Fu*-Organe oder Meridiane unterstützen, kontrollieren und regulieren (> Tab. 25.2). Gelingt es dem Akupunkteur, die vorherrschende Emotion des Vogels zu identifizieren, wird die Therapie sehr viel erfolgreicher sein.

Schließlich sollte man sich auch klar machen, was das Ziel der Behandlung ist: Ziel ist nicht nur, dass die ausgerupften Federn nachwachsen. Emotionales Ungleichgewicht führt zu Blockaden des *Qi*. Federrupfen ist daher ein frühzeitiges Warnsignal, eine körperliche Erkrankung wird in der Regel bald darauf folgen. Leber-*Qi*-Stagnation zum Beispiel führt zu ernsthaften körperlichen Problemen. Lässt man sie unbehandelt, so kann der Vogel an sekundären Erkrankungen, wie Immunschwäche, bakteriellen Infektionen, Lebererkrankungen und Störungen der Nieren oder Nebennieren sterben. Es muss Ziel des Tierarztes sein, das *Yin* und *Yang* des Vogels zu harmonisieren, den Fluss des *Qi* durch die fünf Wandlungsphasen zu ermöglichen und körperliche Störungen, die aus diesen emotionalen Problemen entstehen könnten, zu verhindern.

Vögel lassen sich häufig in verschiedene diagnostische Kategorien einteilen. Dabei kann der Behandler einige der oben angeführten Punkte mit Punkten der jeweiligen Kategorie kombinieren.

! **ÜBERSICHT**

Diagnostische Kategorien der TCM

Leber-Qi-Stagnation
- Anzeichen: Melancholie, Frustration, Depression, Stimmungsschwankungen.
- Punkte: Le 3, Gb 34, Pe 6, MP 6, Bl 16.

Aufsteigendes Leber-*Yang*
- Anzeichen: Reizbarkeit, Ärger.
- Punkte: MP 6, Pe 6, Di 11, Bl 40, Ma 36.

Angst beeinträchtigt die Nieren
- Greift Nieren und Nebennieren an.
- Punkte: He 7, Ni 3, MP 6, Pe 6, Bl 16, 3E 4.

Angst und Sorge beeinträchtigen das Milz/Pankreas-*Qi*
- Punkte: He 7, MP 6 (Sorge erschöpft das Milz/Pankreas-*Qi*).

Herz-Blut-Mangel
- Herz-Blut-Mangel ist häufig auf Mangelernährung zurückzuführen, daher ist eine Ernährungsumstellung wichtig. Milz/Pankreas-*Qi*-Mangel führt zu denselben Störungen und da übermäßige Sorge die Milz beeinträchtigt, kann dies ebenfalls zu Herz-Blut-Mangel führen.
- Punkte: He 7, Bl 14, Pe 6, Ni 6.

Loderndes Herz-Feuer
- Herz-Feuer tritt häufig sekundär bei lange stagnierendem Leber-*Qi* auf (Stagnation und Hitze führen zu Leber-Feuer).
- Punkte: He 9, Bl 11, Le 3, Bl 40, MP 6, Ni 6.

Nieren-*Yin*-Mangel/*Yin*-Feuer
- Häufiges Syndrom bei Vögeln. Nieren-*Yin*-Mangel entsteht bei langfristigen Ängsten und führt zu falscher Hitze, die viele Organe schädigt. Kann auch auf Essenz-*Jing*-Mangel zurückgehen, das zum *Yin*-Anteil des Körpers zählt, weshalb dieses Problem häufig bei Vögeln mit Inzucht auftritt. Schlafmangel, schlechte Ernährung und übermäßige Stimulation (alles häufige Faktoren bei Hausvögeln) beeinträchtigen ebenfalls das Nieren-*Yin*. Dieses Muster ist häufig die Wurzel, die zu vielen der oben angeführten Dysharmonien führt. Daher sollten Sie zu Beginn der Therapie die oben erwähnten Punkte benutzen und im weiteren Verlauf zu den hier aufgeführten Punkten übergehen. Nieren-*Yin*-Tonika wie *Liu Wei Di Huang Wan* sind sehr empfehlenswert.
- Punkte: Ni 6, MP 6, Lu 7, KG 4 (Laserakupunktur oder Aquapunktur mit Cyanocobalamin; Nadel vorsichtig in geringe Tiefe einstechen).

Unfruchtbarkeit

Liegen keine strukturellen oder permanenten pathologischen Störungen des Reproduktionssystems vor, können Akupunktur und Kräutermedizin häufig sehr positiv wirken.

Der häufigste Grund für Unfruchtbarkeit (abgesehen von einer Unverträglichkeit des Paares oder einer falschen Geschlechtsidentifizierung, wobei nur Männchen oder nur Weibchen zusammen im Käfig gehalten werden) ist sicherlich Leber-*Qi*-Stagnation, die zu einer Leber-Milz-Disharmonie führt. Die Behandlung besteht darin, das *Yin*-Gleichgewicht wieder herzustellen, das Blut zu stärken und für einen gleichmäßigen Leber-*Qi*-Fluss zu sorgen. Entsprechende Punkte sind:

- Ma 40, Le 3, Gb 34, Ma 36 und Bl 40.
- Weitere Informationen zur Behandlung dieser Störung finden Sie im Abschnitt über Störungen der Gefiederpflege, denn viele unfruchtbare Vögel leiden primär unter emotionalen Problemen.
- Unfruchtbarkeit bei Hennen kann auch auf den Eileiter zurückzuführen sein. Dann kombiniert man Punkte zum Beseitigen von Hitze im unteren Erwärmer, wie MP 9, mit Nieren-Punkten wie Ni 6 oder Ni 4 sowie mit KG 4 und KG 6.

25

Nierenerkrankungen

Im Vergleich zu Säugetieren ist es bei Vögeln schwieriger, Nierenstörungen mit Akupunktur zu behandeln, weil der Zustimmungs-*Shu*-Punkt der Niere nicht verfügbar und auch der Alarm-*Mu*-Punkt der Nieren nicht auffindbar ist. Bei Säugetieren wird Gb 25 am Ende der letzten Rippe als Alarm-*Mu*-Punkt betrachtet, doch das gilt nicht notwendigerweise auch für Vögel, da ihre Nieren eine andere anatomische Lage besitzen als bei Säugetieren.

Bei der Behandlung von Nierenerkrankungen ist es hilfreich, wenn man sie als Nieren-*Yin*- oder -*Yang*-Mangel identifizieren kann (bei den Nieren treten keine Fülle-Syndrome auf). Zu den Symptomen, die zur Bestimmung beitragen, zählt auch die Untersuchung des Vogelkots. Dabei kann vermehrte Ausscheidung von Uraten, von Harn oder von beidem vorliegen. Angenommen, es handelt sich um einen Nieren-Mangel, so lässt sich der Kot folgendermaßen diagnostisch einteilen:

- Vermehrte Harnsäurekristalle: Nieren-*Yin*-Mangel.
- Vermehrter Harn: Nieren-*Yang*-Mangel.
- Mehr Harn und Harnsäurekristalle: Nieren-*Yin*- und -*Yang*-Mangel (Nieren-*Qi-Xu*).

Zu den wirksamsten Punkten und Punktkombinationen zählen:

- **Ni 3** bei allen Nieren-Mangel-Mustern.
- **Ni 6** bei stärkerem Nieren-*Yin*-Mangel (vermehrte Urate).
- **Ni 7** bei überwiegendem Nieren-*Yang*-Mangel (wässriger Kot, viel Harn).
- **Koreanische Vier-Nadel-Technik:** Ni 3, Lu 8, Ni 7 und MP 3.
- **MP 6** und Laserakupunktur auf **KG 4.**
- **3E 4,** wenn eine Wirkung auf das Ursprungs-*Qi* erwünscht ist.

Sinusitis/Rhinitis

Es ist recht schwierig, Sinusitis und Rhinitis mit Antibiotika zu behandeln, da die Vögel beim Absetzen der Medikamente häufig einen Rückfall erleiden. Wenn das zugrunde liegende Disharmoniemuster bestimmt wurde, ist eine Behandlung mit Akupunktur, Ernährungstherapie und Kräutermedizin meist erfolgreicher als eine reine Antibiotikatherapie. Doch für den Erfolg muss die Wurzel des Problems korrekt bestimmt werden. Wie bei allen Störungen der Atemwege kann dies recht schwierig sein, da Leber, Lunge, Gallenblase, Milz, Dickdarm oder Niere das primäre Problem sein können.

Da die Nase die Öffnung für die Lunge ist, wird Sinusitis häufig als Störung der Lunge betrachtet. Im Rahmen der Basistherapie wird sie oft über den gekoppelten Dickdarm-Meridian, mit Punkten für Hitze, Kälte und Schleim sowie durch die Harmonisierung von *Yin* und *Yang* behandelt. Sekundäre bakterielle Komplikationen können mit den unten aufgeführten Punkten für Infektionen behandelt werden. Wenn eine allergische Komponente vorliegt, ist häufig auch Nieren-Mangel involviert.

Es ist hilfreich zu bestimmen, ob Wind-Kälte oder Wind-Hitze vorliegt. Wind-Kälte zeigt sich in reichlich wässrigem bis zähem Sekret mit starkem Geruch und geschwollener, schmerzhaft wirkender Wachshaut und Nasenlöchern. Bei Wind-Hitze-Syndrom ist ein zäheres, weniger reichliches, manchmal sogar granulomatöses Sekret zu beobachten. Außerdem kann ein Schleim-Syndrom vorliegen, wobei der Schleim in Nase und Nebenhöhlen, Bronchien und Luftsäcken erstarrt. Schleim-Syndrome sind schwierig zu behandeln, da sie auf eine Disharmonie von Lunge, Milz und Nieren zurückgehen und man eine wirksame Therapie die dominanten Symptome behandeln und gleichzeitig das Gleichgewicht wieder herstellen muss.

Weitere Störungen sind Hitzeanhäufung in Gallenblase und Magen und Feuchte-Hitze in der Milz.

Allgemeine Punkte:

- **Di 4:** Wind-Kälte.
- **Di 11:** Wind-Hitze.
- *Yin Tang:* Bei Blockaden, Epistaxis, Rhinitis, beseitigt Wind.
- *Bitong:* Extra-Punkt, lateral der Wachshaut, lindert Blockaden.
- **Di 20:** Wind-Kälte oder Wind-Hitze
- **Lu 9:** Beseitigt Schleim, tonisiert das Lungen-*Qi.*
- **Ma 40:** Beseitigt Schleim und Feuchtigkeit, klärt Hitze, öffnet die Brust.
- **Bl 12:** Zustimmungs-*Shu*-Punkt der Lunge (*Fei Shu*), stimuliert die Verteilungs- und Absenkungsfunktion der Lunge, reguliert Lungen-*Qi*, Nähr-*Qi* und Abwehr-*Qi*, tonisiert das Lungen-*Qi* und klärt Hitze; außerdem „Tor des Windes" (*Feng Men*), vertreibt und verhindert äußeren Wind, befreit die Oberfläche, stimuliert die Verteilungsfunktion der Lunge, reguliert Nähr- und Abwehr-*Qi.*

Die spezifischen Punkte variieren stark, je nach betroffenem Organ oder Meridian. Neben einer symptomatischen Therapie gilt es, die zugrunde liegende Ursache (Wurzel) zu finden.

Spezifische Punkte:

- Bei **Feuchte-Hitze** in Milz und Magen: Bl 14, MP 9 und MP 6.
- Bei **allergischer Rhinitis** empfehlen sich Punkte zur Behandlung von Lungen- und Nieren-*Wei-Qi*-Mangel wie z. B. Ni 6, Lu 7, KG 4 und Ni 3.
- Bei **aufsteigendem Leber- und Gallenblasen-Feuer** könnten Bl 40, Bl 16 und Le 3 oder Le 2 (falls diese Punkte beim Vogel lokalisiert werden können) zum Einsatz kommen.
- Schließlich haben auch noch Punkte zum **Tonisieren des** *Yin* wie Ni 6, Lu 7 und KG 4 bei den meisten Vögeln eine positive Wirkung.

25.6 Chinesische Phytotherapie

Wie bereits erwähnt, bewirkt Akupunktur bei Vögeln häufig mehr Stress als Nutzen. Die traditionelle chinesische Kräutermedizin ist für eine langfristige Therapie oft wirkungsvoller, da sie ebenfalls auf die Disharmoniemuster wirkt, die bei der TCM-Diagnose festgestellt werden, ohne dem Vogel Stress zu bereiten. Üblicherweise behandle ich den Patienten beim ersten Besuch nach der Untersuchung und der Entnahme diagnostischen Materials mit Akupunktur und setze die Therapie dann mit chinesischen Arzneimitteln fort, wobei das Tier je nach Bedarf regelmäßig nachuntersucht wird. Auch bei den nachfolgenden Behandlungen setze ich manchmal Akupunktur ein. Es gibt natürlich auch Erkrankungen, bei denen regelmäßige Akupunktursitzungen zusätzlich zur Kräutertherapie empfehlenswert sind.

Ich habe die chinesische Phytotherapie bereits bei hunderten von Vögeln angewandt und dabei nur ganz selten kleinere Nebenwirkungen festgestellt, die vollständig verschwanden, wenn das Mittel abgesetzt wurde. Die allermeisten Kräuter besitzen eine extrem große therapeutische Breite. Es gibt aber auch einige Kräuter, bei denen Vorsicht angebracht ist, wie zum Beispiel bei *Ma Huang (Ephedra)*. *Ephedra* führt zu Vasokonstriktion und erhöhtem Blutdruck, doch auch zu einer Erweiterung der Herzarterien und eventuell zu Herzrhythmusstörungen. *Ephedra* kann zwar bei Vögeln angewandt werden, doch muss die Dosis sorgfältiger als bei den meisten anderen Rezepturen überwacht werden. Um potenzielle Vergiftungen zu vermeiden, sollten Anfänger alternative Rezepturen verwenden, die keine Kräuter mit geringem Sicherheitsbereich enthalten.

Das häufigere Problem bei der Arzneimitteltherapie ist die Verwendung von Kräutern oder Rezepturen, die aus TCM-Sicht kontraindiziert sind. Zum Beispiel sollte ein Jungvogel oder ein Vogel mit *Yin*-Mangel, der Pseudo-Hitze-Symptome aufweist, keinen Ginseng *(Panax)* oder wärmende Kräuter wie Nieren-*Yang*-Tonika erhalten. Das ist bei Vögeln recht schwierig zu unterscheiden, da Zungen- und Pulsdiagnose nicht möglich sind, was die genaue Diagnosestellung erschwert.

Eine vollständige Erläuterung der chinesischen Kräutermedizin würde den Rahmen dieses Kapitels sprengen, doch einige Konzepte und Rezepturen sollen hier aufgeführt werden. Wichtig zu wissen ist, dass äußerliche Symptome (wie zum Beispiel unverdaute Nahrungsbestandteile im Kot) auf unterschiedliche innere Disharmonien zurückzuführen sein können. Da viele verschiedene Rezepturen dieselben Symptome behandeln, muss eine genaue TCM-Diagnose erstellt werden, bevor man die entsprechenden Arzneimittelrezepte verschreibt.

Dosierung und Einsatz

Es gibt keine Untersuchungen über die wirksame therapeutische Dosis irgendwelcher chinesischer Kräuter oder Rezepturen. Man kann nur die Informationen verwenden, die die Anwendung beim Menschen betreffen, und die **Dosis proportional reduzieren.** Ein Papagei mit 500 g Gewicht wiegt zum Beispiel etwa 1/120 eines Menschen. Die Dosis für einen typischen Papagei sollte also rund 1/100 der Humandosis betragen. Verwendet man ein Mittel oder eine Rezeptur mit potenziell giftigen Kräutern, sollte die Dosis zu Beginn der Therapie noch weiter reduziert werden. Häufig berechne ich 1/100 der Humandosis und reduziere diese dann nochmals um 50 %, wenn ich die Rezeptur zum ersten Mal bei einer Art anwende. Wenn dabei keine negativen Wirkungen auftreten, kann die Dosis im Verlauf einer Woche erhöht werden, bis die volle therapeutische Dosis erreicht ist.

Verwendet man einen **alkoholischen Extrakt,** so sollte der Alkohol verdünnt werden, indem man den Extrakt in eine andere Flüssigkeit wie zum Beispiel Fruchtsaft gibt. Oder man erwärmt den Extrakt im Wasserbad, sodass der größte Teil des Alkohols verdampft. Andererseits reagieren Vögel auch nicht viel empfindlicher auf Alkohol als Menschen und ein oder zwei Tropfen alkoholischer Extrakt führen noch nicht zu erkennbaren Anzeichen von Trunkenheit. Trotzdem sind alkoholfreie Extrakte vorzuziehen und auch auf dem Markt erhältlich (auf Glyzerinbasis).

Häufig stelle ich **Suspensionen** her unter Verwendung granulärer Extrakte in Kapselform (alkoholische Extrakte, die zu einer alkoholfreien Pulverform dehydriert wurden) oder zerriebener Pillen: 12 Kapseln in 60 ml Orasweet oder Laktulose. Geben Sie als orale Dosis zwei- bis dreimal täglich 0,15 ml pro 450 g Körpergewicht, eventuell auf einem Nahrungsmittel, das der Vogel gern verzehrt, wie zum Beispiel Joghurt. Gern verwende ich als Basis für Suspensionen auch einen alkoholfreien Astragalus-Extrakt (*Extractum Astragali*).

Um **spezifische Rezepturen** herzustellen, fügen Sie einem alkoholfreien Extrakt Kräutermischungen oder spezifische einzelne Kräuter hinzu, jeweils 1–2 g eines Heilkrauts oder einer Kräuterrezeptur (als granulärer Extrakt) auf 60 ml des Ausgangsextrakts. Von der Firma Plum Flower Herbs gibt es verschiedene alkoholfreie Extrakte, die allein oder in Kombination mit anderen Kräutern oder Rezepturen verwendet werden können.

Chinesische Patentmedizin wird in einer Kaffeemühle zerkleinert, anschließend in kochendem Wasser aufgelöst und über das Futter gegeben, oder man stellt nach dem Mahlen wie oben erwähnt eine Suspension her. Dabei sollte man auf die speziellen Angaben zur Anwendung der Patentmedizin achten, da die empfohlene Dosis häufig von der üblichen Dosis von 12 Kapseln pro Tag bei granulärem Extrakt abweicht. Werden zum Beispiel 6 Pillen pro Tag empfohlen, dann stellt man eine Suspension von 6 Pillen in 60 ml Flüssigkeit her und gibt zwei- bis dreimal täglich je 0,15 ml.

Viele Kräuter sind so harmlos, dass man einfach eine Prise pulverisierten Extrakt über das übliche Futter wie Früchte, Gemüse, Bohnen, Reis oder anderes Körnerfutter geben kann.

Viele Vögel, die von Hand aufgezogen wurden, akzeptieren auch später noch Futter für Jungtiere. Bei solchen Vögeln kann die Suspension oder der Flüssigextrakt einfach in das Fertigfutter gegeben und zweimal täglich verfüttert werden.

Kräuter und Rezepturen

Yunnan Paiyao

Yunnan Paiyao ist eine chinesische Patentmedizin, die vor allem Notoginseng *(Panax notoginseng, San Qi)* und andere Kräuter enthält und bekannt ist für ihre Fähigkeit, Blutungen zu stoppen. Wurde früher häufig zur lokalen Anwendung bei Blutungen beim Schneiden der Krallen empfohlen. Jedoch ist es als lokales Hämostatikum nicht wirksam. Dafür eignet sich basisches Eisensulfat wesentlich besser. Die Wirksamkeit von *Yunnan Paiyao* zur **Kontrolle von Blutungen** beruht vor allem auf seiner Wirkung auf die Leber. Daher muss es **oral** eingenommen werden.

Weniger bekannt, doch von großem Nutzen ist die lokale Anwendbarkeit zur **Verbesserung der Wundheilung** und zur **Verhinderung von Infektionen.** Es aktiviert die Durchblutung, löst Blutgerinnsel auf, lindert Entzündungen und Schwellungen und wirkt gegen bakterielle Toxine. Ich gebe *Yunnan Paiyao* regelmäßig in Salben zur Wundheilung wie zum Beispiel eine Lotion aus Aloe-vera-Gel, Lanolin und Calendula (bei solchen Salben darauf achten, dass alle Zutaten wasserlöslich sind, damit die Federn nicht fettig werden). Auch andere Kräuter wie *Smilax* und *Coptis* können zugefügt werden.

Yunnan Paiyao ist in flüssiger oder Pulverform erhältlich. Eine Tropfflasche lässt sich bei Vögeln leichter einsetzen, wobei zweimal täglich 1 Tropfen pro 30–60 g Körpergewicht gegeben wird. *Yunnan Paiyao* sollte immer vor Operationen verwendet werden, da es die Blutung während des Operierens bemerkenswert reduziert. Dafür kann präoperativ zwei Tage lang über eine Sonde einmal täglich bis zu einer Kapsel gegeben werden.

Zu den Anwendungsgebieten von *Yunnan Paiyao* (oder *San Qi*) zählen:

- präoperativer Einsatz wegen der hämostatischen Wirksamkeit – keine Kauterisierungswirkung, muss oral gegeben werden
- Verletzungen – zur Auflösung von Blutgerinnseln, Entzündungshemmung und Wundheilung, sehr wirksam bei Hämatomen
- Blutfedern – wenn bei einem Vogel z. B. ein ganzer Schwanz nachwächst, nachdem die gebrochenen Federn ausgerupft wurden; *San Qi* kann prophylaktisch gegeben werden, um den potenziell starken Blutverlust zu verringern oder zu verhindern
- Förderung der Wundheilung, z. B. auch bei verzögertem Wundverschluss.

Die langfristige Anwendung kann Blut und *Yin* angreifen, daher ist es am besten, das Mittel möglichst nur einige Tage bis maximal einige Wochen lang einzusetzen. *San Qi* dagegen ist sehr sicher in der Anwendung und kann, wenn nötig, auch über einen längeren Zeitraum gegeben werden.

Liu Wei Di Huang Wan

Liu Wei Di Huang Wan (Sechs Bestandteile Pille mit Radix Rehmanniae Glutinosae Conquitae oder einfach Rehmannia 6) ist eine wichtige Rezeptur zur Behandlung von **Nieren-*Yin*-Mangel.** Vögel sind aufgrund ihrer Lebensbedingungen häufig sehr gestresst und entwickeln leicht *Yin*-Mangel, der zu einer Reihe von Störungen führt, unter anderem Nieren-Mangel, Leber-*Qi*-Stagnation und Milz-*Qi*-Mangel. Diese Rezeptur wirkt gut bei Vögeln mit Symptomen von Nieren-Mangel mit Hitze. Vögel sind von Natur aus stärker *Yang*-betont und entwickeln leicht Pseudo-Hitze-Syndrome, wenn ein Nieren-*Yin*-Mangel auftritt (auch als *Yin*-Feuer-Syndrome bezeichnet). Nach meiner Erfahrung kann diese Rezeptur als Grundlage zur Behandlung verschiedener chronischer Erkrankungen bei Vögeln dienen, zum Beispiel **chronischer dermatologischer Störungen** wie Fußnekrose der Amazonen, **Nierenerkrankungen, Verdauungsstörungen** und **Immunschwäche.** Häufig kombiniere ich *Liu Wei Di Huang Wan* mit anderen chinesischen Arzneimitteln, je nach dem spezifischen TCM-Disharmoniemuster. Die Kombination mit *Lien Chiao Pai Tu Pien* ist zum Beispiel sehr hilfreich bei Autoimmunerkrankungen der Haut, chronischer Pododermatitis und Dermatitis der Flügelhaut aufgrund von Selbstverletzung.

Jin Gui Shen Qi Wan

Bei *Jin Gui Shen Qi Wan* (Nieren-*Qi*-Pille aus Golden Cabinet oder Acht Bestandteile Pille mit Radix Rehmanniae, Rehmannia 8) handelt es sich um eine klassische Rezeptur zur Behandlung von **Nieren-*Yang*-Mangel** [5]. Rehmannia 8 besteht aus Rehmannia 6 plus zwei Kräutern zum Erwärmen des Körpers, sodass es zu einem Nieren-*Yang*-Tonikum wird. Vögel leiden häufig unter Kälte und wässrigem Kot (Polyurie). Eine westliche medizinische Diagnose wäre zum Beispiel **Nierenversagen.** Solche Störungen habe ich bereits mithilfe von *Jin Gui Shen Qi Wan* behandelt. Rehmannia 6 ist in den Frühstadien von Nierenstörungen eher angemessen, während Rehmannia 8 bei Nierensyndromen eingesetzt werden sollte, die weiter fortgeschritten sind.

Auch bei Vögeln mit **unverdauten Nahrungsbestandteilen im Kot** und **sexueller Dysfunktion** kann diese Rezeptur positiv wirken (die Niere liefert der Leber das *Qi*, das sie für den gleichmäßigen *Qi*-Fluss zur Milz benötigt).

Ming Men („Tor der Vitalität") ist die Wurzel des Ursprungs-*Qi*, wärmt Magen und Milz, harmonisiert das Reproduktionssystem, unterstützt die Nieren im Aufnehmen des *Qi* und damit auch die Lungen in ihrer *Qi*-Absenkungsfunktion und hilft dem Herzen, den Geist zu beherbergen. Daher kann eine ganze Anzahl von Störungen auf eine Schwäche der Nieren zurückzuführen sein. Mit der Nieren-*Qi*-Pille lassen sich diese Probleme positiv beeinflussen.

Bu Zhong Yi Qi Wan

Bu Zhong Yi Qi Wan (Pille, die die Mitte tonisiert und das *Qi* vermehrt) ist eine klassische Rezeptur für **Milz-*Qi*-Mangel.** Sie ist als alkoholfreier Extrakt erhältlich, der bei Vögeln leicht einsetzbar ist. Günstig für Vögel mit **chronischen gastrointestinalen Störungen** wie übel riechendem Kot, Dysbiose, weichem Kot oder unverdauten Nahrungsbestandteilen im Kot. Außerdem lassen sich Störungen wie Kloakenprolaps, Entzündungen der Kloake und weichschalige Eier damit behandeln. Sehr hilfreich als immunstärkende Rezeptur bei **Immunschwäche im Zusammenhang mit Milz/Pankreas.**

Ginseng und Hirschhorn

Diese chinesische Patentmedizin enthält nur diese beiden Bestandteile und ist als nichtalkoholischer flüssiger Extrakt erhältlich. Ausgezeichnet für Vögel mit **verlangsamter Entwicklung, chronischen Erkrankungen** und **offensichtlicher Schwäche.** Ginseng und Hirschhorn werden als *Qi*- und Essenz-Tonikum betrachtet. Das Mittel sollte nicht langfristig oder bei Fülle-Mustern sowie bei Symptomen falscher Hitze gegeben werden.

Qing Bi Tang

Qing Bi Tang (*Pueraria*-Kombination, *Bi Liang Tang*) klärt die Nasenpassage, beendet Niesen und erhöht das Energieniveau [6]. Die Rezeptur enthält antimikrobielle Kräuter sowie Kräuter, die die Nebenhöhlen öffnen und klären. Sie ist wirksam zur Behandlung von **chronischen Atemwegserkrankungen** mit Schleim, Eiter oder leicht wässrigem Sekret. Enthält *Ma Huang (Ephedra)*, das den Blutdruck erhöht und stark diuretisch wirkt. Daher zu Beginn einer Behandlung immer mit geringen Dosen beginnen.

Laminaria 4

Laminaria 4 ist eine bemerkenswert wirksame Patentmedizin, die Seetang und Austernschalen enthält. Sehr gut zum Beseitigen von trübem Schleim und zum Ableiten der Lymphe. Kann zur Behandlung von **Pharyngitis** eingesetzt werden, da es die Flüssigkeit ableitet und gleichzeitig die mikrobiellen Erreger beseitigt. Auch hilfreich, um Lipome zu reduzieren, **Flüssigkeiten aus dem Eileiter abzuleiten** und zur Behandlung von **Gicht.**

Yu Quan Wan

Diabetes bei Vögeln ist sehr schwierig zu behandeln. Kräutertherapie und entsprechende Ernährung sind dabei oft hilfreich. *Yu Quan Wan*, auch als Jade-Frühlings-Pille bezeichnet, ist vermutlich die am häufigsten verwendete Rezeptur bei **Diabetes mellitus** beim Menschen und auch bei Vögeln gut wirksam. Da das Insulin nicht ersetzt werden kann, müssen die mit der Krankheit verbundenen Symptome behandelt werden. Es können auch andere Symptome auftreten, die nach anderen Rezepturen verlangen, wie zum Beispiel Golden Book Teepille, *Zhi Bai Di Huang Wan* (Acht Bestandteile Teepille), *Ji Ju Di Huang Wan* (Rezeptur mit *Lycium*, *Chrysanthemum* und *Rehmannia*).

Lien Qiao Bai Du San

Lien Qiao Bai Du San (Forsythia Pulver zur Überwindung pathogener Einflüsse) ist sehr effektiv zur Behandlung von **Hauterkrankungen mit ausgeprägter Entzündung und Juckreiz,** Ausschlägen, Selbstverletzung an Beinen oder Flughaut, pustulärer Dermatitis und bakteriell oder viral verursachten Hautläsionen. Es kühlt das Blut, beseitigt Toxine, vertreibt pathogenen Wind und wirkt positiv auf die Haut. Hat sich bei pododermatitisähnlichen Läsionen am Fuß sowie bei Unzertrennlichen (Agaporniden), die ihre Haut blutig beißen, als hilfreich erwiesen. Wirkt bei Blut-Hitze und Leber-Hitze, die die Haut angreift.

Gui Pi Wan

Gui Pi Wan (Pille, die Milz/Pankreas wieder herstellt) ist eine chinesische Patentmedizin, die wirksam die Milz tonisiert, vor allem bei **Milz-*Qi*-Mangel** in Verbindung mit **Herz-Blut-Mangel.** Es beruhigt den Geist-*Shen* (wirkt entspannend) und ist daher oft hilfreich bei **Störungen der Gefiederpflege und Selbstverletzung.** Sie sollten diese Rezeptur in Betracht ziehen, wenn der Vogel am Abend oder in der frühen Nacht am stärksten erregt ist. *Gui Pi Wan* ist auch gut bei bestimmten Arten von **Immunstörungen,** einschließlich Autoimmunerkrankungen und allergischer Rhinitis. Bei **Rhinitis** könnte diese Rezeptur mit einer anderen kombiniert werden, die auf die Nebenhöhlen wirkt, wie zum Beispiel Xanthium 12 oder *Pueraria*-Kombination *(Qing Bi Tang).* Ziehen Sie diese Rezeptur auch in Betracht, wenn die Gefiederpflegestörung mit trockener Haut oder Stumpfheit der Federn einhergeht.

Mai Men Dong Tang

Mai Men Dong Tang (Tuber Ophiopogonis Japonici Dekokt) ist eine Rezeptur zur **Stärkung des Lungen-*Yin*.** Es befeuchtet und kühlt Trachea, Bronchien und Luftsäcke. Wirksam bei Vögeln mit **chronischem Schwanzwippen** und **Kurzatmigkeit, trockenem Schnabel** und **trockener Rhinitis.** Eng verwandt mit dieser Rezeptur ist *Bai He Gu Jin Tang* (Bulbus Lilii Dekokt), das ebenfalls das *Yin* stärkt und die Lunge befeuchtet, aber stärker antimikrobiell wirkt, wenn mikrobielle Erreger vorliegen.

Huang Lian Jie Du Tang

Diese Rezeptur (Rhizoma Coptidis Dekokt, das toxische Wirkungen lindert) enthält das Kraut *Coptis chinensis* (*Huang Lian*), das antibakteriell wirksam ist. *Coptis* hat **antimikrobielle, antivirale, antiprotozoale und entzündungshemmende Wirkung** und kann bei der Behandlung von bakteriellen Infektionen unterstützend wirken [7]. Ein weiterer Bestandteil ist *Scutellaria*, ein Heilkraut mit antiviraler, antibakterieller, entzündungshemmender und antipyretischer Wirkung. Es beseitigt Feuer-Toxine aus dem oberen der *San Jiao* [8]. Durch diese Kombination ist es ausgezeichnet wirksam **bei viralen und bakteriellen Erkrankungen.** Es ist in flüssiger oder Pulverform erhältlich. Wegen seines Gehalts an Berberin ist diese Rezeptur auch wirksam bei Protozoen-Infektionen, wie zum Beispiel Giardia-Infektionen. Es ist angezeigt bei fiebrigen Erkrankungen mit Entzündung, Stauung und Blutungen (Fülle-Muster).

Nebenwirkungen bei Überdosierung sind Erbrechen, Dyspnoe und Konvulsionen. Eine hohe Überdosis kann zu Atemstillstand führen, wenn der aktive Bestandteil Berberin intravenös gegeben wird. Wegen des scharfen Geschmacks dieser Rezeptur ist eine Überdosierung aber kaum wahrscheinlich, außer sie wird in einer Fertigfuttermischung gegeben.

Antimikrobielle und immunstärkende Rezepturen

Es gibt eine Anzahl von antimikrobiellen und immunstärkenden Rezepturen oder Kräutern, die für Vögel gut geeignet sind. Sie werden hier gemeinsam aufgeführt, da diese Rezepte oft komplex in der Wirkung sind und synergistisch wirken (siehe folgende Übersicht). Manche „antiviralen" Aspekte einer Rezeptur sind tatsächlich auf eine immunstärkende Wirkung zurückzuführen, während manche „immunstimulierenden" Wirkungen tatsächlich auf eine antimikrobielle Wirkung zurückgehen.

! ÜBERSICHT

Antimikrobielle und immunstärkende Rezepturen

Antiviral
- *Gan Mao Ling*-Tabletten (Patentmedizin)
- *Yin Hua Jie Du Tang* (Lonicera Dekokt, das toxische Wirkungen lindert)
- *Chuan Xin Lian* (Patentmedizin)
- Bidens 6 (westliche Patentmedizin)

Antibakteriell
- *Lien Qiao Pai Tu Pien* (Forsythia Pulver zur Überwindung pathogener Einflüsse)
- *Huang Lian Jie Du Tang* (Rhizoma Coptidis Dekokt, das toxische Wirkungen lindert)
- Bidens 6

Antiprotozoal (einschließlich Giardia)
- *Coptis*
- Artistatin (westliche Patentmedizin)

Immunstärkend

Immunstärkende Rezepturen der chinesischen Kräutermedizin richten sich jeweils auf den spezifischen Mangel-Bereich des Immunsystems.
- So gibt es Rezepturen, die das **Immunsystem im Bereich des Verdauungssystems** (mittlerer Erwärmer) stärken, wie zum Beispiel *Bu Zhong Yi Qi Tang* (Dekokt, das die Mitte tonisiert und das *Qi* vermehrt).
- Oder die Rezeptur soll das **Immunsystem an der Körperoberfläche**, das *Wei-Qi*, stärken. Solche Mittel helfen, wiederkehrende kleinere Virus- und Bakterieninfektionen zu verhindern. Ein Beispiel für diese Art Rezeptur ist *Yu Ping Feng San* (Jade Windschutz Pulver).
- Eine andere Möglichkeit ist die **Stärkung des Nieren-***Yin*, das über das „Tor der Vitalität" *(Ming Men) Qi* und *Yang* stärkt und das Aufsteigen des *Qi* und seine Verteilung in den *Zang-Fu*-Organen des Körpers fördert. Ein Beispiel für diese Wirkung bietet *Liu Wei Di Huang Wan* (Sechs Bestandteile Pille mit Radix Rehmanniae Glutinosae Conquitae).

Immunmodulierend (bei Autoimmunerkrankungen)
- Lithospermum 15 (westliche Patentmedizin)

LITERATUR

1. McCluggage DM, Jenkins J: Basic avian medicine. *Proceedings of the Association of Avian Veterinarians Annual Conference,* Phoenix, 1990, pp 344–354.
2. Chuan Y: Traditional Chinese veterinary acupuncture and moxibustion, Beijing, 1995, China Agriculture Press.
3. Lin JH: The study of clinical veterinary acupuncture and moxibustion treatment, Taiwan, 1987, Taiwan Press.
4. Maciocia G: The foundations of Chinese medicine: a comprehensive text for acupuncturists and herbalists, Edinburgh, London, Melbourne, and New York, 1989, Churchill Livingstone.
5. Ehling D: *The Chinese herbalist's handbook,* Santa Fe, NM, Inword Press, p 302.
6. Fratkin JP: *Chinese classics: popular Chinese herbal formulas,* Boulder, Colo, 1990, Shya Publications, p 49.
7. Bensky D: *Chinese herbal medicine: material medica,* Seattle, Eastland Press, p 77.
8. Bensky D: Chinese herbal medicine: formulas and strategies, Seattle, Eastland Press, p 220.

KAPITEL

26 Ohrakupunktur

Jan Still

Ohrakupunktur ist eine interessante Richtung der allgemeinen Akupunktur, bei der spezifische Punkte auf der Ohrmuschel für diagnostische und therapeutische Zwecke verwendet werden. Die Methode wurde erst vor kurzer Zeit entwickelt und stößt bei Klinikern und Forschern zunehmend auf Interesse. Veterinär-Ohrakupunktur kann eine wertvolle ergänzende klinische Methode sein, vor allem in einer Kleintierpraxis. Weitere Forschung in diesem Bereich ist notwendig, da sie sowohl für die Veterinär- als auch für die Humanmedizin von Nutzen sein könnte.

In der Akupunktur gibt es einerseits das System der klassischen Akupunkturpunkte, die über den ganzen Körper verteilt sind, andererseits aber auch eine Anzahl von so genannten **Mikrosystemen**. Mikrosysteme befinden sich in abgegrenzten, klar definierten Bereichen des Körpers, wie zum Beispiel an Ohrmuschel, Nase oder Fuß. Diese lokalen Akupunkturpunktsysteme repräsentieren Körperorgane und ihre Funktionen. Sie signalisieren Funktionsstörungen der Organe, mit denen sie verbunden sind, und können auch eingesetzt werden, um die zugehörigen Organe zu stimulieren und ihre Funktion zu harmonisieren [1]. Ohrpunkte lassen sich für diagnostische wie auch therapeutische Zwecke einsetzen: man spricht daher von **Aurikulodiagnose** bzw. **Aurikulotherapie**.

Klassische chinesische Texte beschreiben etliche Ohrakupunkturpunkte bei Menschen und Tieren [2–4]. Nach einem alten chinesischen Text wurde die Ohrmuschel als wichtige Kreuzungsstelle der „hauptsächlichen *Yin*- und *Yang*-Meridiane der Arme und Beine“ betrachtet [2]. Dementsprechend ging man davon aus, dass die Ohrmuschel mit allen inneren Organen und Systemen verbunden ist. Stimulation der Ohrmuschel mit Nadeln oder Moxa-Therapie wurde zur Behandlung von Taubheit oder Augenerkrankungen eingesetzt. In der medizinischen Literatur des 17. bis 19. Jahrhunderts in Europa gibt es einige Berichte über die erfolgreiche Kauterisation von Ohrbereichen zur Linderung von Ischias- und Trigeminus-Neuralgien beim Menschen [2].

Die Ohrakupunktur wurde von **Dr. P.M.F. Nogier**, einem französischen Arzt, der die Methode in den 50er Jahren des 20. Jahrhunderts entdeckte, zu einem bemerkenswerten diagnostischen und therapeutischen System weiterentwickelt. Während der nachfolgenden Jahrzehnte beschrieb Dr. Nogier eine große Anzahl von Punkten, die zumeist auf der inneren (konkaven) Oberfläche der Ohrmuschel gelegen sind. Einige Punkte wurden auch auf der äußeren (konvexen) Oberfläche lokalisiert. Nogier entdeckte die Ohrpunkte aufgrund von Reaktionen der Patienten auf lokalen Druck oder mithilfe elektronischer Punktsuchgeräte. Später, im Jahre 1969, berichtete er von einer dritten diagnostischen Methode auf der Grundlage eines „Réflexe auriculocardiaque“ (RAC) bzw. eines „vaskulären autonomen Signals“ (VAS). Mit den ersten beiden Diagnoseverfahren entwickelte Nogier sein Konzept der so genannten Aurikulotherapie. Die Auswertung des peripheren Pulses (RAC) zur Entdeckung der Punkte führte ihn zur Entwicklung einer fortgeschrittenen Form von Aurikulotherapie, die er als **Aurikulomedizin** bezeichnete [5, 6].

26.1 Ohrakupunktur versus Körperakupunktur

Die Ohrakupunktur unterscheidet sich in einigen Punkten von der somatischen (Körper-) Akupunktur:

- **Substrat:** Das anatomische Substrat der Ohrpunkte ist weniger komplex, da es sich nur um Haut und Subkutis handelt, die den Ohrknorpel bedecken. Im Gegensatz dazu umfassen die tieferen Ebenen von Akupunkturpunkten auf dem übrigen Körper häufig auch Muskelgewebe und sogar Periost.
- **Diagnostische Eigenschaften von Ohrpunkten:** Das Auffinden der Punkte durch Druck ist mit einem charakteristischen Begleitreflex verbunden, der bei Menschen als plötzliches Zucken von Kopf oder Hals oder als Grimasse (Zuckung oder Kontraktion von Gesichtsmuskeln) auftritt [2, 5]. Analoge Reaktionen sind auch bei Hunden zu beobachten [7, 8]. Im Gegensatz zu den Ohrpunkten sind nicht alle Akupunkturpunkte am übrigen Körper druckempfindlich. Die Reaktion auf das Palpieren von *Ashi*-Punkten (druckdolenten Punkten) auf dem Körper ist nicht vergleichbar, da hier eher lokale Schmerzreaktionen ausgelöst werden.
- **Somatotopie:** Ursprünglich postulierte Nogier, dass die Körperoberfläche und die viszeralen Strukturen auf der Ohrmuschel in einer somatotopen Form repräsentiert sind, die einem umgekehrten Fötus ähnelt (➤ Abb. 26.1). Später wiesen seine klinischen Entdeckungen darauf hin, dass sich auf der menschlichen Ohrmuschel mindestens drei somatotope Bilder überlagern, je nach verwendeter Suchtechnik [6]. Es wird generell angenommen, dass es eine funktionale Verbindung zwischen diesen spezifischen funktionalen Ohrpunkten und den erkrankten oder anderweitig veränderten Körperteilen und Organen gibt. In der klassischen chinesischen Akupunktur wird zur Lokalisierung dieser Punkte und zur Beschreibung ihrer Beziehung zu den Körperorganen und -funktionen ein Meridiansystem eingesetzt.

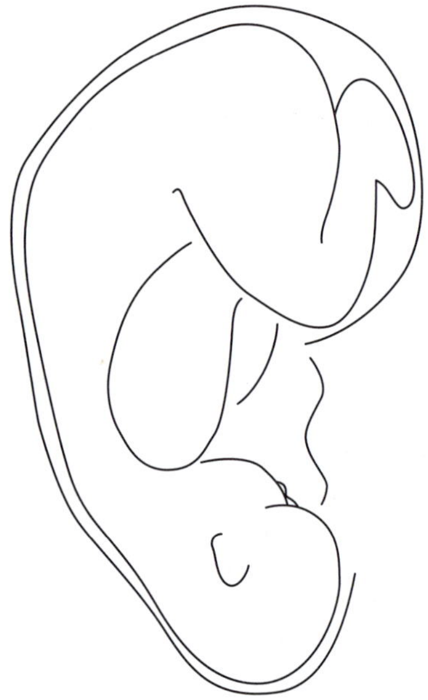

Abb. 26.1 Beim Menschen liegen die Ohrakupunkturpunkte auf der konkaven Oberfläche der Ohrmuschel, wobei die einzelnen Körperareale in der Form eines umgekehrten Fötus repräsentiert sind.
(Aus: Nogier, P.M.F.: *From auriculotherapy to auriculomedicine.* Maisonneuve, Sainte-Ruffine, Frankreich 1983. Mit freundlicher Genehmigung von Maisonneuve.)

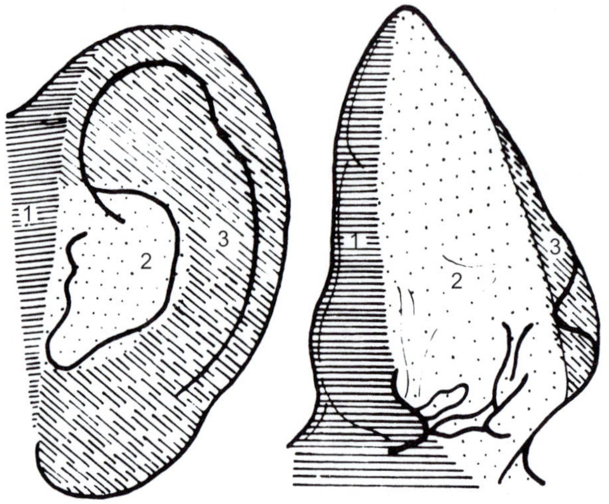

Abb. 26.2 Innervation des Ohrs beim Menschen (links) und beim Hund (rechts). 1. N. trigeminus. 2. N. vagus. 3. Plexus cervicalis (C1, C2).
(Daten aus Kropej, H.: *Systematic approach to ear acupuncture.* 3. Aufl., Heidelberg 1977, sowie aus Krueger, H., Krueger, P.: Ear acupuncture in locomotor disorders of small animals. Prakt. Tier 61:119–129, 1980.)

26.2 Geschichte der Ohrakupunktur in der Veterinärmedizin

Gelegentlich tauchen ein paar Ohrakupunkturpunkte in der Literatur auf [4, 9]. Seit Nogiers Entdeckungen hat sich die Ohrakupunktur in der Veterinärmedizin langsam entwickelt, inspiriert von den Entwicklungen beim Menschen. Mehrere Autoren beschrieben die Lage von Ohrpunkten bei Hunden; ihre Angaben sind jedoch nicht durch eine genaue Beschreibung der Studien (Zahl der untersuchten Tiere, Suchmethode, Krankheitsdiagnose bei den Tieren, angewandter Druck, Messung des Hautwiderstands) gestützt. Die Lage der Punkte bei diesen verschiedenen Autoren variiert beträchtlich [10–13]. Es wurden bisher zwei kontrollierte Studien zur Lokalisierung druckempfindlicher und elektrisch aktiver Ohrpunkte sowie ihrer Beziehung zu somatischen und funktionalen Störungen im Körper durchgeführt [7, 8]. Die Lage von Ohrpunkten beim Rind wurde beschrieben [14]. Es gibt aber noch wenige Veröffentlichungen, die die therapeutischen Wirkungen der Ohrakupunktur im Bereich der Tiermedizin beschreiben [12, 15].

26.3 Anatomische Grundlagen der Ohrakupunktur

Lokale Reaktion

Beim Kaninchen wurde festgestellt, dass Ohrakupunkturpunkte im Vergleich zum benachbarten Gewebe eine intensivere Vaskularisation und Innervation aufweisen [16]. Die elektronenmikroskopische Untersuchung dieser Punkte hat gezeigt, dass die Rezeptorstruktur hauptsächlich aus Nervenfaserbündeln und ihrer Mikroumgebung (Blutgefäße, Mastzellen, Histiozyten) zu bestehen scheint [17]. Werden sie durch Druck oder Nadeln aktiviert, tragen diese Zellen zu einer lokalen Entzündungsreaktion bei, durch die die Stimulation der sensiblen Nervenfasern auch nach dem Ende der mechanischen Stimulation fortgeführt wird [18]. Diese Hypothese ließ sich partiell bestätigen, da Mastzellen nach Akupunkturstimulation von Ohrpunkten in der Regel degranuliert waren [16]. Dieselben Autoren stellten außerdem bei Kaninchen eine erhöhte Acetylcholinesteraseaktivität von Nervenfasern fest, die durch Akupunktur der Ohrmuschel stimuliert worden waren. Dies ließe sich theoretisch durch lokal erhöhte neuronale Aktivität erklären.

Vermutlich sind, wie im Fall der Körperakupunkturpunkte, neurale Mechanismen am Wirkungsmodus der Ohrakupunktur beteiligt. Da die Ohrakupunktur beim Hund am ausgiebigsten untersucht wurde, bezieht sich das folgende Kapitel auf diese Tierart.

Innervation der Ohrmuschel

Der konkave Ohrbereich bei Hunden wird vom N. trigeminus, N. vagus und Ästen des ersten und zweiten Zervikalnervs versorgt. Die Verteilungsmuster der Innervation sind beim Hund völlig anders als beim Menschen (➤ Abb. 26.2). Whalen und Kitchell beschrieben außerdem eine extensive Innervation fast des gesamten konkaven Ohrbereichs durch den N. facialis [19]. Die Autoren nehmen an, dass N. facialis und N. vagus größtenteils für die Versorgung der konkaven Oberfläche der äußeren Ohrmuschel mit somatischen Afferenzen verantwortlich sind [19]. Demnach und nach einer anderen Studie von Whalen und Kitchell gibt es unter den Ohrnerven eine starke Überlappung der kutanen Innervationsbereiche [20]. Die individuelle Variation der Innervationsbereiche ist signifikant.

Chien et al. [21] untersuchten die zentralen Projektionen der Ohrnerven beim Hund. Die Autoren bestätigten, dass der N. auricularis rostralis aus dem N. trigeminus entspringt, wobei vom N. vagus und dem zweiten Thorakalnerv ein kleinerer Teil beigesteuert wird. Der N. auricularis caudalis ist ein Hautast des N. facialis.

Abgesehen von den erwähnten Nerven wird der gesamte konkave Ohrbereich von sympathischen Nerven versorgt, die Blut- und Lymphgefäße sowie die somatischen Nerven begleiten. Doch weder die Innervation noch die Blutversorgung können ausreichend die große Anzahl und die Topographie der Ohrpunkte erklären, die in klinischen Studien entdeckt wurden [22]. Das gilt für die Ohrakupunktur beim Menschen wie beim Hund [2, 7, 8].

Zentrale Reizverarbeitung

Durch Stimulation des Ohrs bei Ratten bzw. Katzen werden innerhalb des Zentralnervensystems bestimmte Zellpopulationen des dorsomedialen Hypothalamuskerns bzw. spezifische Thalamuskerne aktiviert [23, 24]. Die graue Substanz des Mesenzephalons wird bei Ratten durch transkutane Elektrostimulation des Lungen-Ohrpunktes aktiviert. Klinisch äußert sich dies in Form von Analgesie, verringerter motorischer Aktivität und leicht sedierender Wirkung [25]. Durinyan stellt fest, dass die somatischen und viszeralen Afferenzen von der Ohrmuschel in bestimmten Hirnstammkernen, vor allem in den Kernen des N. trigeminus und N. solitarius, enden [26]. Es gibt auch eine direkte Verbindung von den peripheren Nerven zur Formatio reticularis. Dieser Gehirnbereich leitet Informationen an den Hypothalamus, der viele autonome Funktionen reguliert.

Es gibt inzwischen experimentelle Beweise [21] dafür, dass die afferenten Hautreize von Außenohr und periaurikulärem Bereich eine neurale Verbindung zu Thalamus und Kleinhirn sowie zu den präganglionären sympathischen Neuronen des Rückenmarks aufweisen. Diese neuralen Verbindungen sind möglicherweise das anatomische Substrat für die viszerosomatischen und somatoviszeralen Reflexe, die an der diagnostischen bzw. therapeutischen Ohrakupunktur beteiligt sind.

Wirkung der Ohrakupunktur auf spezifische Organe

In einer anderen Studie untersuchten Chien et al. die neurale Verbindung zwischen dem Nieren-Ohrpunkt [7] und der Niere [27]. Die experimentellen Resultate weisen darauf hin, dass die neurale Verbindung vermutlich über vier Schaltstellen vermittelt wird:

1. Ganglion trigeminale, G. geniculi und G. superius des N. vagus
2. Subnuclei caudales des Nucleus spinalis nervi trigemini
3. Präganglionäre sympathische Neuronen im thorakolumbalen Segment
4. Neuronen in den paravertebralen sympathischen Ganglien

Abschließend kann gesagt werden, dass zunehmend deutlich wird, dass die diagnostischen und therapeutischen Wirkungen der Ohrakupunktur auf komplexe neuronale Mechanismen zurückgehen.

26.4 Physiologische Mechanismen der Ohrakupunktur

Wie bei den somatischen Akupunkturpunkten wurde die Wirkung der Ohrpunkte zunächst durch **viszerokutane Reflexe** erklärt, was einem neurologischen Zugang zur Akupunktur entspricht. Man nimmt an, dass diese Reflexe über sympathische Fasern vermittelt werden. Es gibt eine bidirektionale Verbindung zwischen den inneren Organen und ihren peripheren somatischen Projektionsbereichen. Dies ist klassisch dokumentiert durch die so genannten Head-Zonen [28]. Das sind Hautareale, in die über die jeweils zugeordneten Rückenmarksegmente Schmerz von den Viszera übertragen wird. Eine Veränderung in der Funktion eines inneren Organs kann sich also durch Hautveränderungen in der korrespondierenden segmentalen Zone manifestieren (Vasodilatation und begleitende Reduktion des elektrischen Hautwiderstands). Und andererseits kann auch eine Stimulation der Zonen die Funktion der Organe beeinflussen [29].

Im Unterschied zu den Head-Zonen kutaner Sensibilität liegen die Ohrakupunkturpunkte aber nicht auf den korrespondierenden Dermatomen, sondern auf der Ohrmuschel, entfernt von den meisten inneren Organen. Ohrakupunktur sollte theoretisch eher auf supraspinale als auf segmentale Reflexe zurückzuführen sein. Im Gegensatz zu den Head-Zonen sind Ohrakupunkturpunkte an spezifischen Stellen des Ohrs lokalisiert und erstrecken sich nicht über größere Bereiche. Eine Studie, die die diagnostischen Möglichkeiten der Aurikulodiagnose mit der abdominalen Palpation bei Hunden mit akuter Gastritis oder Gastroenteritis verglich, zeigte, dass die Aurikulodiagnose signifikant genauer war. Abdominale Palpation nutzt segmentale kutane und muskuläre Reflexzonen [30].

Still stellte fest, dass sich bei den meisten Hunden druckempfindliche Ohrpunkte entwickeln, wenn die Vorderpfote so stark gedrückt wird, dass leichte lokale Schmerzen auftreten [31]. Wird jedoch vor der Druckanwendung eine Ringblockade mit 2 % Procain proximal der Pfote gelegt, so erscheint der „Pfoten"-Punkt nicht. Dieser Befund deutet darauf hin, dass der hypothetische somatokutane Reflex zwischen Pfote und Ohr über das **periphere Nervensystem** vermittelt wird. Da Lokalanästhetika sowohl somatische Afferenzen wie auch autonome Nerven blockieren, wurde ein weiteres Experiment durchgeführt, um die sympathische Innervation im Körperquadranten zwischen Pfote und ipsilateralem Ohr spezifisch zu blockieren [32]. Nach einer Procain-Blockierung des ipsilateralen Ganglion cervicothoracicum (G. stellatum) führte Kompression der Pfote nicht zum Auftauchen des druckempfindlichen Ohrpunkts. Dies weist darauf hin, dass das **sympathische Nervensystem** bei der Ohrakupunktur eine wichtige Rolle spielt.

Das Ganglion cervicothoracicum versorgt die gleichseitige vordere Extremität sowie die Hals- und Kopfhälfte einschließlich des Ohrs mit sympathischen Fasern. Auch wenn generell akzeptiert ist, dass das sympathische Nervensystem ein morphologisches Substrat für die viszeralen efferenten Leitungsbahnen ist, so überträgt es doch auch afferente Impulse [28]. Außerdem deutet die experimentelle Arbeit von Sanjue und Jiajun darauf hin, dass das sympathische Nervensystem auch bei der zentral vermittelten Hemmung peripherer Nozizeptoren eine wichtige Rolle spielt [33]. Das könnte die schnelle Schmerzlinderung erklären, die gelegentlich bei der Aurikulotherapie auftritt. Die genaue Rolle dieser physiologischen Phänomene bei der Ohrakupunktur ist aber noch zu klären.

Viele Wirkungen der Körper- und Ohrakupunktur werden auf die Vermittlung bestimmter **Neurotransmitter und Neuromodulatoren** des Zentralnervensystems zurückgeführt. Nach dieser Theorie werden vor allem Endorphine durchweg mit Akupunkturanalgesie in Verbindung gebracht. Klinische Studien an Patienten mit chronischen Schmerzen konnten dies jedoch nicht bestätigen, weder bei erfolgreicher Behandlung durch klassische Akupunktur noch bei Ohrakupunktur [34]. Möglicherweise sind verschiedene neurologische oder andere, bisher unbekannte Mechanismen für die Wirkung der Akupunkturtherapie verantwortlich. Eine andere Studie im Bereich der Humanmedizin kam zu dem Schluss, dass Schmerzlinderung durch Aurikulotherapie weitgehend auf Placebo-Wirkung zurückzuführen sei [35]. Auch wenn dieses Phänomen beim Menschen von Bedeutung sein kann, so gilt dies doch vermutlich nicht für Tiere. Einige Forscher konnten dagegen eine signifikante analgetische Wirkung transkutaner elektrischer Nervenstimulation (TENS) auf „echten" Ohrpunkten im Vergleich zur Stimulation von „Placebo"-Ohrpunkten und Placebo-Technik nachweisen. Die Ergebnisse dieser Untersuchung deuten darauf hin, dass weder Placebo-Effekt noch Hypnose bei der Analgesiewirkung beim Menschen eine wichtige Rolle spielen [36]. Bei menschlichen Versuchspersonen war die therapeutische Ohrakupunktur mit TENS im Vergleich zu Placebo-Pillen zur Schmerzlinderung in distalen Gliedmaßen überlegen [37]. Es gibt bisher keine kontrollierten Studien über die analgetische Wirkung von Aurikulotherapie bei Tieren.

26.5 Aurikulodiagnose

Es gibt vier generelle Methoden, Ohrpunkte festzustellen:

- **Druckempfindlichkeit:** Die Ohrpunkte weisen eine erhöhte Druckempfindlichkeit auf, häufig begleitet von einer Grimasse oder plötzlichen Kopfbewegung.
- **Elektrische Leitfähigkeit:** Die Ohrpunkte weisen meist erhöhte elektrische Leitfähigkeit/verringerten Hautwiderstand auf.
- **Morphologische Veränderungen:** Beim Menschen können einige Punkte epidermale Schuppung, Erythembildung oder Schwellung aufweisen, vor allem bei einer chronischen Erkrankung des korrespondierenden Organs [2].
- **Veränderungen der Pulswelle:** Nogier stellte fest, dass man beim Menschen eine Veränderung in der Qualität des Radialispulses feststellen kann, wenn man auf einen aktiven Aurikulopunkt am Ohr trifft [6]. Bei dieser subjektiven Suchmethode spricht man vom **Réflexe auriculocardiaque (RAC)**.

Aurikulodiagnose in der Veterinärmedizin

Bei Tieren wurden bisher die ersten beiden Methoden erforscht; die Ergebnisse sind in den folgenden Abschnitten zusammengefasst.

Es ist nicht sinnvoll, die Diagnose auf morphologische Veränderungen an der Ohrmuschel des Hundes zu stützen, da diese auch auf lokale Prozesse zurückzuführen sein könnten, die mit dem Phänomen der Ohrakupunktur nichts zu tun haben (z. B. Otitis externa). Außerdem sind kleine Veränderungen meist nicht leicht zu erkennen, da der konkave Ohrbereich bei Hunden häufig mit Haaren bedeckt ist. Einige Veterinärakupunkteure verwenden zwar die RAC-Technik [38], doch in Bezug auf Methode und Ergebnisse sind hier noch viele Fragen offen.

Eine direkte Transposition der Ohrpunkte vom Menschen zum Hund ist praktisch und wissenschaftlich nicht angemessen, wie aus ➤ Abb. 26.3 ersichtlich wird. Experimentelle Untersuchungen und klinische Fallberichte sind sicher zuverlässiger, wenn es darum geht, die korrekte Lage von Ohrpunkten bei Tieren zu identifizieren. Experimentelle und klinische Studien an Hunden deuten darauf hin, dass sich Ohrakupunkturpunkte mit einer gefedert gelagerten Sonde zum Suchen druckempfindlicher Punkte (➤ Abb. 26.4) zuverlässiger auffinden lassen als mit einem elektronischen Gerät (Akudiast) [7, 8, 31, 39]. Diese und andere kommerziell erhältliche Akupunkturpunktsuchgeräte messen den verringerten elektrischen Widerstand bzw. die erhöhte Leitfähigkeit der Hautpunkte. Elektrisch aktive Punkte können gelegentlich zusätzlich zu druckempfindlichen Punkten auftreten. Die klinische Bedeutung solcher Punkte ist noch ungeklärt.

Auffinden druckempfindlicher Punkte

Um drucksensible Punkte zu finden, sollte die Sonde eine abgerundete, atraumatische Spitze mit einem Durchmesser von ca. 1 mm besitzen. Der Suchdruck sollte 100–150 g/mm^2 nicht überschreiten. Mindestens dreimal so hohe Druckstärken sind erforderlich, um in einem Nachbarbereich des aktiven Punktes eine Reaktion hervorzurufen. Wird ein aktiver Punkt lokalisiert, tritt als Reaktion ein plötzliches Zucken des Kopfes und in der Regel des ganzen Körpers auf. Verstärkter Druck auf einen „neutralen" (nicht aktiven) Bereich führt dagegen zu einer weniger plötzlichen und intensiven Reaktion [40].

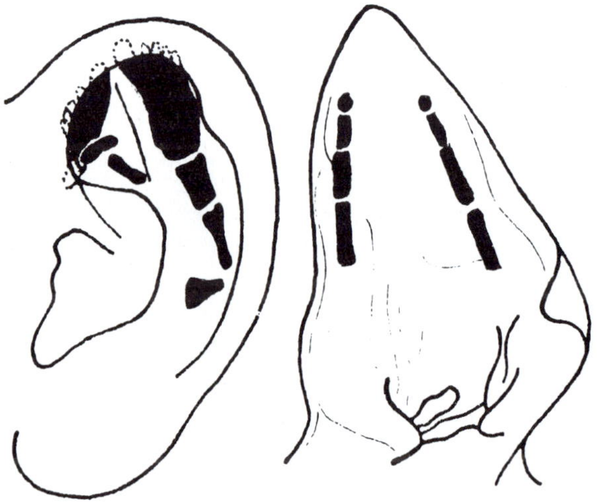

Abb. 26.3 Somatotope Repräsentation von Arm/Vorderfuß (rechter/kaudaler Teil beider Ohren) und Fuß/Hinterbein auf dem Ohr beim Menschen (links) und beim Hund (rechts). Beachten Sie, dass die Bereiche von Fingern/Zehen beim Menschen wesentlich größer sind als beim Hund.
(Daten aus Kropej, H.: *Systematic approach to ear acupuncture.* 3. Aufl. Heidelberg 1977; Haug, K.F.; Still, J.: *Experimental verification of auriculodiagnosis in the dog.* Acta Vet Brno 54:169–175, 1985; Still, J.: nicht publizierte Daten 1985.)

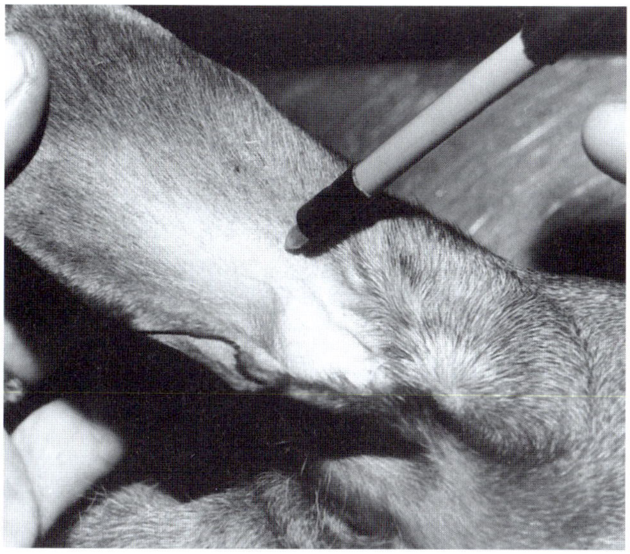

Abb. 26.4 Aurikulodiagnose beim Hund mit gefederter, atraumatischer Suchelektrode.

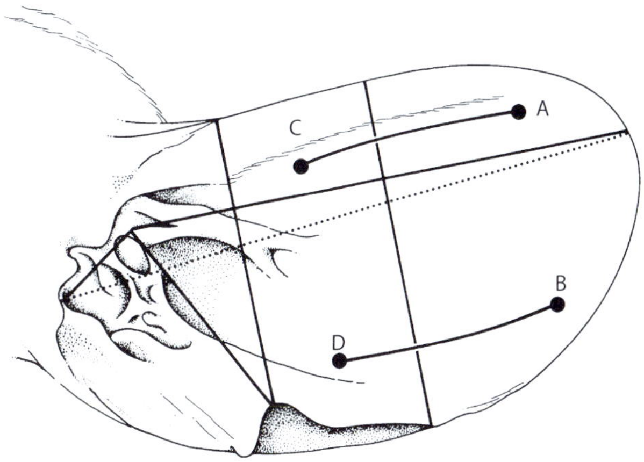

Abb. 26.5 Aurikulodiagnostische Punkte bei Hunden mit experimentell induzierten Schmerzen an Vorder- und Hintergliedmaßen.
A. Hintere Pfote; B. Vordere Pfote; C. Hüfte; D. Schulter.

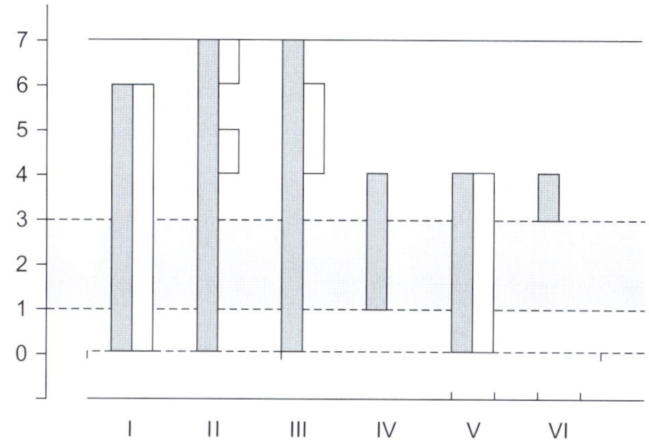

Abb. 26.6 Aurikulodiagnostische Befunde (erhöhte Druckempfindlichkeit, verringerter elektrischer Widerstand) bei einem Hund mit experimentell induzierter akuter Diarrhö.
Die horizontale Achse entspricht den aufgefundenen Ohrpunkten: I. Magenhilfspunkte; II. Magen; III. Dünndarm; IV. Dickdarm; V. Leber und Pankreas; VI. Sakralbereich der Wirbelsäule. Die vertikale Achse repräsentiert die Zahl von Tagen nach der Laxantiengabe. Das Mittel wurde am Tag 0 gegeben. Die horizontale graue Fläche (Tag 1 bis 3) markiert die Tage mit klinischen Symptomen (wässrige Diarrhö). Die schattierten vertikalen Balken verweisen auf Perioden erhöhter Druckempfindlichkeit der Ohrpunkte. Die weißen vertikalen Balken entsprechen Perioden verringerten elektrischen Widerstands an Ohrpunkten.

Die konkave Oberfläche beider Ohrmuscheln sollte zunächst visuell und durch Palpieren untersucht werden. Zeigen sich dabei Anzeichen von Entzündung oder Trauma, sollten aurikulodiagnostische Untersuchungen unterbleiben. Beide Ohren systematisch und gründlich mit einer Sonde (vorzugsweise einer gefedert gelagerten, atraumatischen Elektrode in Verbindung mit einem elektronischen Überwachungsgerät) untersuchen. Alle entdeckten Punkte in eine schematische Zeichnung der Ohren übertragen.

Das Auffinden eines druckempfindlichen Bereichs (aktiver Punkt) kann auf einen gestörten Prozess im Körper hinweisen. Meist lassen sich für einen solchen Prozess mehrere aktive Punkte finden. Beispielsweise war die schmerzhafte Kompression eines Vorder- oder Hinterfußes vom Auftreten korrespondierender Ohrpunkte begleitet. Bei manchen Hunden traten dabei auch Punkte auf, die mit Schulter- oder Hüftbereich korrespondieren (➤ Abb. 26.5) [39]. Recht komplexe Reaktionen wurden bei Hunden mit experimentell induzierter akuter Diarrhö festgestellt (➤ Abb. 26.6). Interessanterweise war die Druckempfindlichkeit ein sehr zuverlässiger Indikator für die Erkrankung und die aktiven Punkte waren manchmal noch lange nach dem Verschwinden der klinischen Symptome lokalisierbar [31].

Bei einer einseitigen Erkrankung ist die Wahrscheinlichkeit, den korrespondierenden aktiven Punkt auf dem gleichseitigen Ohr zu finden, leicht erhöht [39].

Die Entdeckung druckempfindlicher Punkte hing bei Hunden nicht von Rasse, Geschlecht oder Alter ab [31, 39]. Das System der Ohrgeometrie – gedachte Linien, die bestimmte Punkte verbinden – ist hilfreich, um Punkte bei Hunderassen mit abweichend geformten Ohren zu finden (➤ Abb. 26.11 und ➤ Abb. 26.12).

Voraussetzungen für die Wirkung der Ohrakupunktur

Die Erfolgsrate der Aurikulodiagnose (Auffinden von Ohrpunkten, die mit dem gestörten Organ/Körperteil korrespondieren) hängt prinzipiell von den folgenden zwei Faktoren ab:

- Erstens muss das Zentralnervensystem normal funktionieren. Beispielsweise war die Aurikulodiagnose bei einfacher Gastroenteritis signifikant erfolgreicher als bei hämorrhagischer Gastroenteritis, da viele Hunde mit hämorrhagischer Gastroenteritis gleichzeitig unter schwerer Dehydratation und/oder Hypothermie litten [7]. Bei komatösen Hunden ließen sich nie druckempfindliche Punkte feststellen [8].
- Zweitens ist die Erfolgsrate der Aurikulodiagnose am höchsten bei akuten entzündlichen Erkrankungen, gefolgt von chronischen entzündlichen Erkrankungen, degenerativen Störungen und nicht-invasiven Neoplasien (➤ Abb. 26.7 und ➤ Abb. 26.8) [7, 8]. Außerdem ließen sich weiterhin relevante („organspezifische") Ohrpunkte bei Hunden mit lokomotorischen oder neurologischen Störungen und Begleitschmerz signifikant häufiger entdecken [8].

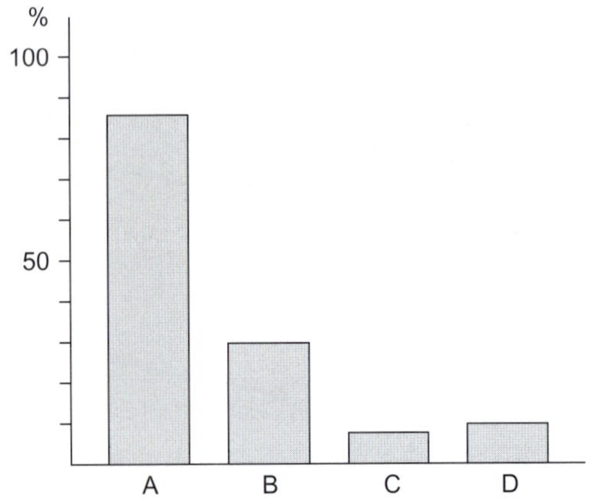

Abb. 26.7 Erfolgsrate der Aurikulodiagnose bei verschiedenen pathologischen Prozessen in Brust-, Bauch- und Beckenhöhle sowie an Haut und Bindehaut von Hunden.
A. akute entzündliche Erkrankung; B. chronische entzündliche Erkrankung; C. degenerative Erkrankung; D. nichtaggressive Formen von Neoplasien.
(Daten aus Still, J.: *Diagnostic ear acupuncture in the dog: the relationship between active points and internal and skin diseases.* Am J Acupunct 15:53–60, 1987.)

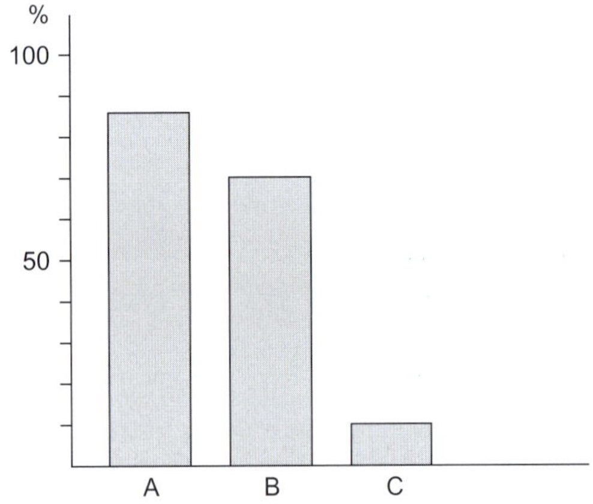

Abb. 26.8 Erfolgsquote der Aurikulodiagnose bei verschiedenen pathologischen Prozessen des motorischen und nervösen Systems bei Hunden.
A. akute entzündliche Erkrankung; B. chronische entzündliche Erkrankung; C. degenerative Erkrankung.
(Daten aus: Still, J.: *Auriculodiagnostic points in the dog: relationship to disorders of the nervous and locomotor system.* Am J Acupunct 15:261–268, 1987.)

Diese Befunde deuten darauf hin, dass ein relativ hohes Niveau peripherer Stimulation und ein funktionierendes Zentralnervensystem für die Manifestation von Ohrakupunkturpunkten erforderlich sind.

Diagnostische Hinweise

Es können durchaus mehrere Punkte auftreten, auch wenn ein Hund nur eine einzige, lokal begrenzte Läsion am Körper aufweist [7, 8, 40]. Der Ohrpunkt, der mit der verletzten/gereizten Körperregion korrespondiert, ist dabei am häufigsten zu finden (beispielsweise „Knie-Punkt" am Ohr bei degenerativer Erkrankung des Kniegelenks). Korrespondierende segmentale Bereiche der Wirbelsäule (z. B. Lumbalregion bei Gastroenteritis) tauchen weniger häufig auf.

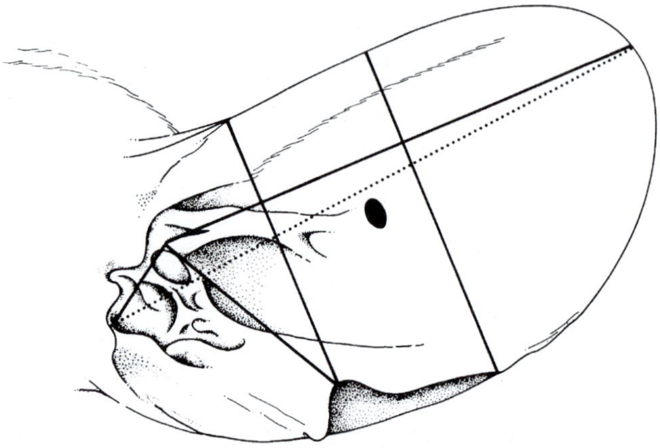

Abb. 26.9 Aurikulodiagnostische Zone bei einem Hund mit akuter thorakolumbaler Bandscheibenerkrankung Grad I und Rückenschmerzen.
(Daten aus: Still, J.: *Auriculodiagnostic points in the dog: relationship to disorders of the nervous and locomotor system.* Am J Acupunct 15:261–268, 1987.)

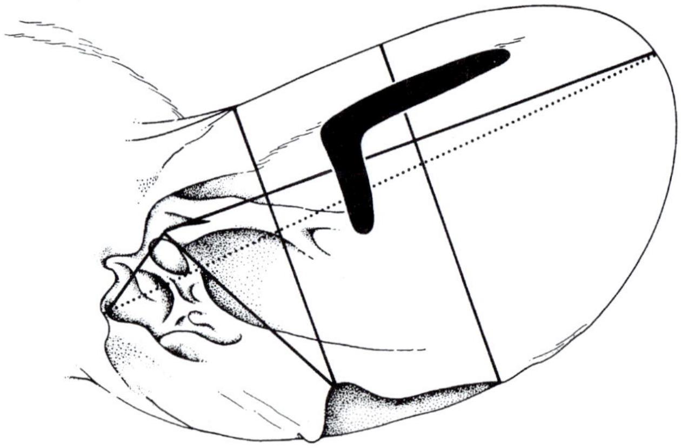

Abb. 26.10 Aurikulodiagnostische Befunde bei einem Hund mit akuter thorakolumbaler Bandscheibenerkrankung Grad III mit Paralyse und erhaltener Schmerzwahrnehmung in den Hinterbeinen.
Bei diesem Dackel waren drei Tage zuvor, als der Hund nur mit schwacher Ataxie der Hinterbeine präsentiert wurde, keine druckempfindlichen Punkte zu lokalisieren gewesen. Der Hund wurde erfolgreich mit Körperakupunktur behandelt; zum Abschluss der Behandlung waren keine druckempfindlichen Punkte mehr vorhanden.
(Daten aus: Still, J.: *Auriculodiagnostic points in the dog: relationship to disorders of the nervous and locomotor system.* Am J Acupunct 15:261–268, 1987)

Der Bereich der aktiven Zone am Ohr kann mit der Schwere der peripheren Läsion und der Entwicklung der Krankheit signifikant variieren (➤ Abb. 26.9 und ➤ Abb. 26.10). Einige Punkte sind so klein, dass sie mit einer Standard-Suchelektrode kaum aufzufinden sind, während andere Punkte mehrere Millimeter Durchmesser umfassen. Oft ist der diagnostische Bereich am Ohr umso größer, je größer der periphere Defekt.

Interessanterweise lassen sich bei Hunden mit thorakolumbaler Bandscheibenerkrankung vom Grad III oder IV ausgeprägte druckempfindliche Ohrzonen in den somatotopischen Ohrbereichen für die hinteren Gliedmaßen finden. Der sensorische Output der Extremitäten ist bei diesen Hunden wegen der starken Wirbelsäulenläsionen sehr beschränkt (Grad III) oder eventuell nichtexistent (Grad IV). Bedeutet dies, dass die aurikulären Projektionszonen für das Hinterbein eine Gehirnpathologie widerspiegeln,

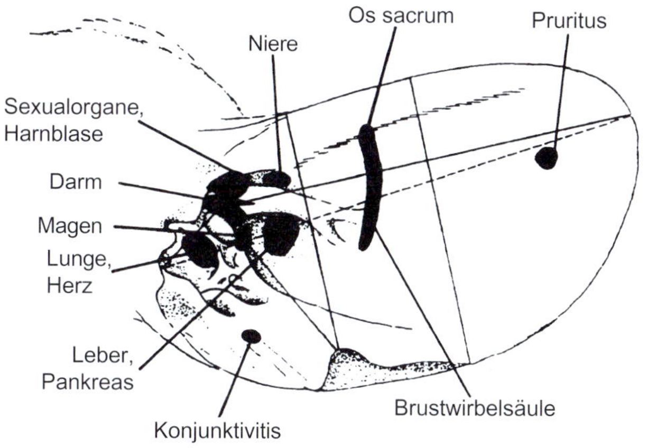

Abb. 26.11 Somatotope Repräsentation aurikulodiagnostischer Punkte beim Hund.
Gezeigt sind die Bereiche, die Organe von Thorax, Abdomen und Pelvis sowie Wirbelsäulensegmente, Konjunktivitis und Pruritus repräsentieren.
(Daten aus: Still, J.: *Diagnostic ear acupuncture in the dog: the relationship between active points and internal and skin disease.* **Am J Acupunct 15:53–60, 1987)**

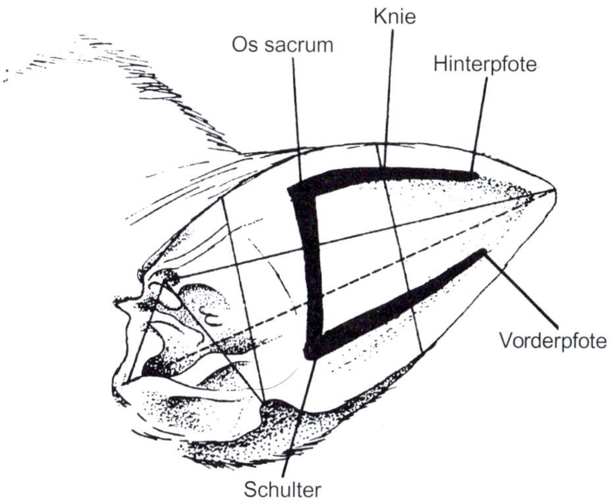

Abb. 26.12 Somatotope Repräsentation aurikulodiagnostischer Punkte beim Hund.
Gezeigt sind Bereiche, die Wirbelsäule und Gliedmaßen repräsentieren. (Daten aus: Still, J.: *Auriculodiagnostic points in the dog: relationship to disorders of the nervous and locomotor system.* Am J Acupunct 15:261–268, 1987)

die über die dysfunktionale Körperregion dominiert, oder verweist dieses Phänomen auf eine extraspinale afferente Bahn von den hinteren Gliedmaßen zum Gehirn? Theoretisch könnten afferente sympathische Nervenfasern diese Funktion übernehmen [28].

➤ Abb. 26.11 und ➤ Abb. 26.12 zeigen Ohrakupunkturpunkte bei Hunden. Die Lokalisierungen wurden aus den Befunden von mehreren hundert Fällen abgeleitet [7, 8]. Wie erwähnt, können diese Bereiche je nach Krankheitsstadium leicht variieren. Weitere Studien werden vermutlich weitere Punkte erbringen. Ohrpunkte bei Katzen sind ähnlich wie bei Hunden lokalisiert. Bei Großtieren (Rinder, Pferde) werden Aurikulodiagnose und Aurikulotherapie vermutlich nicht in großem Umfang zum Einsatz kommen, da die Gefahr besteht, dass sie heftig auf das Nadeln reagieren.

Merke Die Ergebnisse der Aurikulodiagnose müssen im Zusammenhang mit anderen klinischen und paraklinischen Befunden interpretiert werden. Ein aktiver Punkt verweist nicht mit absoluter Sicherheit auf die Lokalisierung eines pathologischen Prozesses (z. B. kann ein „thorakolumbaler Wirbelsäulen-Punkt" auch bei einem Hund mit Gastritis und ohne Rückenprobleme vorliegen). Außerdem kann man aus den Ergebnissen der Aurikulodiagnose nicht auf die Ursache der Erkrankung schließen.

26.6 Aurikulotherapie

Einsatzgebiete/Kontraindikationen

Beim Menschen lassen sich mit Aurikulotherapie verschiedene Beschwerden wirksam behandeln [2, 3]. Hauptsächlich wird sie zur Schmerzlinderung eingesetzt [2]. Klinische Vorteile der Ohrakupunktur sind, dass es sich um eine relativ wenig invasive, nicht süchtig machende, Schmerz lindernde Technik handelt, die in einer von der Schmerzstelle entfernten Region eingesetzt wird.

Klinische **Indikationen** für die Aurikulotherapie beim Menschen sind:

- postoperative Schmerzen
- Erkrankungen des Verdauungs- und Urogenitaltrakts
- allergische Syndrome
- hormonale Störungen

Kropej [2] nennt die folgenden **Kontraindikationen** für die Aurikulotherapie:

- Schmerzen, die auf die Notwendigkeit einer operativen Intervention hinweisen (z. B. akute Appendizitis)
- degenerative Erkrankungen der Wirbelsäule
- Krankheiten mit Demyelinisierung der peripheren Nerven
- bestimmte Phasen der Schwangerschaft
- bösartige Neoplasien (Aurikulotherapie kann aber symptomatisch zur temporären Schmerzlinderung eingesetzt werden)

Aurikulotherapie sollte möglichst nicht unmittelbar nach schweren physischen oder psychischen Traumata eingesetzt werden. Die Stimulation eines bereits entzündeten oder auf sonstige Weise geschädigten Ohrs ist zu vermeiden.

Es gibt noch zu wenig Erfahrung mit der Aurikulotherapie im Veterinärbereich, um generelle Aussagen treffen zu können. Unser Wissen basiert bisher vor allem auf Fallberichten.

Vor einem Einsatz der Aurikulotherapie muss der Hund oder die Katze gründlich untersucht werden (Anamnese, körperliche Untersuchung, erforderliche apparative Diagnostik). Die Aurikulodiagnose ist eine wichtige unterstützende Diagnosemethode. Besteht die Wahrscheinlichkeit, dass die Erkrankung auf Aurikulotherapie reagiert und ist der Tierbesitzer damit einverstanden, so wird über die zu behandelnden Akupunkturpunkte, die Art ihrer Stimulierung und die Dauer der Behandlung entschieden.

Punktauswahl

Generell werden Punkte gewählt, die „aktiv" (d. h. druckempfindlich) sind. Diese Punkte weisen in der Regel einen verringerten elektrischen Hautwiderstand auf. Man sollte nicht zu viele Punkte verwenden, vor allem wenn an den Punkten genadelt oder injiziert werden soll (Aquapunktur oder Injektionstherapie). Es ist ratsam, einen oder zwei Punkte im somatotopen Bereich des Organs sowie einen Fern- oder Segment-Punkt zu wählen (d. h., einen Ohrpunkt, der mit dem entsprechenden Rückenmarksegment korrespondiert). Sollte es sich als schwierig erweisen, die Nadeln zu setzen, ist es eventuell angebracht, den Patienten leicht zu sedieren.

Stimulationstechniken

Dieselben Techniken wie bei der somatischen Akupunktur können auch beim Ohr verwendet werden. Wie beim Menschen führt das Einstechen der Nadel ins Zentrum eines aktiven Punktes zu einem schnellen Zucken des Kopfes und eventuell des ganzen Körpers. Von Menschen wird das Gefühl häufig subjektiv als scharfer, kurzer Schmerz beschrieben. Das gilt vermutlich auch für Tiere. Die Nadel sollte dann ohne Manipulation am Platz verbleiben. Es ist auch möglich, destilliertes Wasser, Kochsalzlösung oder eine verdünnte Lösung eines Lokalanästhetikums zu injizieren. Nichtinvasive Methoden wie Lasertherapie können ebenfalls eingesetzt werden, vor allem bei hyperaktiven, ängstlichen, neurotischen oder auf sonstige Weise schwierig zu behandelnden Patienten.

Behandlungsdauer

Die Akupunkturnadeln sollten 20 Minuten lang in situ belassen werden. Das Tier muss während dieser Zeit sanft fixiert werden, um zu verhindern, dass die Nadeln durch Schütteln des Kopfes entfernt werden. Wie bei Akupunktur am Körper sollten die Behandlungen bei akuten und/oder schmerzhaften Erkrankungen jeden oder jeden zweiten Tag wiederholt werden. Patienten mit langfristigen chronischen Störungen und wenig oder keinen Schmerzen können in größeren Abständen von 3 bis 14 Tagen behandelt und kontrolliert werden.

Studienergebnisse

Erkrankungen des Bewegungsapparats, mit oder ohne Schmerzen, reagieren meist gut auf Ohrakupunktur. Wichtige Indikationen sind sekundäre degenerative Erkrankungen von Schultern, Ellbogen, Knie oder anderen Gelenken [12, 40]. Aurikulotherapie wurde auch erfolgreich zur Behandlung von **thorakolumbalen Bandscheibenerkrankungen** (Grad I und II) und **Epilepsie** bei Hunden eingesetzt [15, 41]. Infiltration des „Pruritus cutanei"-Punktes mit destilliertem Wasser beseitigte **Pruritus** und führte zur Abheilung lokaler **akuter Dermatitis** („hot spots") bei 7 von 10 Hunden [40]. Eine Untersuchung zeigte die Wirksamkeit der Aurikulotherapie zur Behandlung von **Verhaltensstörungen** bei Stuten [42].

Eine Studie untersuchte die Wirkung von Aurikulotherapie bei 30 Hunden mit **thorakolumbaler Bandscheibenerkrankung** Grad I bis IV [15]. Die Hunde erhielten keine analgetischen und entzündungshemmenden Medikamente. Die Aurikulotherapie war klinisch wirksam bei Grad I (nur Rückenschmerzen) und Grad II (Parese der hinteren Gliedmaßen, mit oder ohne Rückenschmerzen), doch nicht bei Hunden mit Schweregrad III oder IV (Paralyse der hinteren Gliedmaßen, mit oder ohne Schmerzempfindung in den Extremitäten) (➤ Tab. 26.1). Hunde mit Grad I oder II reagierten rasch (➤ Tab. 26.2). Die Ergebnisse der Aurikulotherapie bei Hunden mit Schmerzen und/oder Parese der Hinterbeine waren mit denen bei klassischer Akupunkturbehandlung vergleichbar [43]. Die meisten Hunde blieben während der Beobachtungszeit nach der Behandlung (1,8 bis 14 Monate) schmerzfrei und uneingeschränkt mobil. Das scheint darauf hinzuweisen, dass die Ohrakupunktur bei den meisten Hunden mehr als nur eine kurzfristige symptomatische Besserung der klinischen Symptome bewirkte. Zusätzliche Anwendung der Aurikulotherapie bei Hunden, die schlecht auf klassische Akupunktur ansprachen, verbesserte die Behandlungswirkung nicht signifikant [43].

Ohrakupunktur wurde auch zur Induzierung von **Operationsanalgesie** eingesetzt. Ich selbst habe die elektrische Stimulation ausgewählter Zonen am Ohr und in seiner näheren Umgebung bei Hunden und Katzen untersucht [44]. Bei einer Studie an gesunden, vorher nicht medikamentös behandelten erwachsenen Katzen führte die Elektrostimulation von vier Akupunkturnadeln, die subkutan in zwei Ohrpunkte und zwei periaurikuläre Punkte eingestochen wurden, bei sechs von acht Katzen zu einer ausreichenden Analgesie, um eine Laparotomie im Flankenbereich zu ermöglichen (➤ Tab. 26.3). Dabei wurde das Ohr auf derselben Körperseite wie die Laparotomieeinschnitte stimuliert. Die Analgesie war bei einigen Katzen ungewöhnlich stark, doch war sie nicht immer von einer Muskelrelaxation und Sedierung begleitet (➤ Tab. 26.4).

Tab. 26.1 Wirksamkeit der Aurikulotherapie bei Hunden mit thorakolumbaler Bandscheibenerkrankung Grad I bis IV

Schweregrad der Erkrankung	I	II	II	IV	Gesamt
Behandelte Fälle	11	13	4	2	30
Zahl (%) der Fälle mit vollständiger Erholung*	7 (64)	7 (54)	0 (0)	1 (50)	15 (50)
Zahl (%) der Fälle mit Besserung**	2 (18)	3 (23)	2 (50)	0 (0)	7 (23)
Zahl (%) der Fälle ohne Besserung***	2 (18)	3 (23)	2 (50)	1 (50)	8 (27)

Daten aus: Still, J.: A clinical study of auriculotherapy in canine thoracolumbar disc disease. J S Afr Vet Assoc 51:102–105, 1990.

* Typ I bis IV: keine Schmerzen feststellbar, Mobilität wie vor Einsetzen der Erkrankung.

** Typ I: klinisch schmerzfrei, doch gelegentlich leichte Beschwerden mit Rückenschmerzen vom Halter beobachtet. Typ II: klinisch schmerzfrei, doch gelegentlich Instabilität des Hinterbeins. Typ III und IV: klinisch schmerzfrei, willkürliche Mobilität des Hinterbeins vorhanden, doch weiterhin Ataxie.

*** Typ I bis IV: keine klinische Besserung oder Verschlechterung.

Folglich kann diese Methode nicht als Akupunkturanästhesie bezeichnet werden und erfüllt nicht alle Anforderungen für klinische Anwendbarkeit. Weder bilaterale Elektrostimulation noch der zusätzliche Einsatz ausgewählter Körperakupunkturpunkte verbesserten das Ergebnis. Nervöse und aktive Hunde schienen besser zu reagieren als phlegmatische Tiere. Kontrolltiere (Katzen und Hunde), die ebenso wie die Versuchstiere manuell fixiert, jedoch nicht mit Elektrostimulation behandelt wurden, entwickelten keine sig-

Tab. 26.2 Dauer und Verlauf der Aurikulotherapie bei Hunden mit thorakolumbaler Bandscheibenerkrankung Grad I bis IV

Schweregrad der Erkrankung	I	II	II	IV	Gesamt
Behandelte Fälle	11	13	4	2	30
Behandlungsdauer					
Durchschnittlich (Tage)	1,7	3,2	6,0	2,0	3,0
Absolut (Tage)	1–7	1–7	1–14	2	1–14
Zahl der Behandlungen					
Durchschnittlich	1,3	1,7	1,2	2,0	1,5
Absolut	1–2	1–3	1–3	2	1–3
Anzahl (%) mit Besserung nach der 1. Behandlung	10 (91)	7 (54)	1 (25)	1 (50)	19 (63)

Daten aus: Still, J.: *A clinical study of auriculotherapy in canine thoracolumbar disc disease.* J S Afr Vet Assoc 51:102–105, 1990.

Tab. 26.3 Induktionszeit und Ausmaß der Operationsanalgesie bei Katzen mit unterschiedlicher Reaktivität nach elektrischer Ohrakupunktur

Katze	Verhalten vor der Stimulation	Induktionszeit (min)	Klinische Anzeichen für Schmerz zum Zeitpunkt der Inzision					
			Haut	Subkutis	Muskeln	Peritoneum	Abdominalnaht	Revision
1	Unruhig	15	0	0	0	0	+*	0
2	Ruhig	20	0	0	+	0	+	0
3	Aggressiv	20	0	0	+	0	0	0
4	Aggressiv	10	+	0	+	0	+**	0
5	Leicht aggressiv	35	0	0	0	+	0	0
6	Aggressiv	40	0	0	++ keine weitere Intervention			+
7	Ruhig	50	+	0	++ keine weitere Intervention			0
8	Leicht unruhig	15	0	0		0	0	0

Daten aus: Still, J.: *Research in veterinary acupuncture.* Belgian Veterinary Acupuncture Society, Brüssel, Belgien 1991.
Schmerzauswertung: 0 kein Schmerz; + leichte Bewegung, OP durchführbar; ++ deutliches Kämpfen, OP nicht durchführbar.
* Schmerz nur bei Palpieren des Diaphragmas.
** Schmerz nur bei Traktion des kaudalen Mesenteriums.

Tab. 26.4 Entspannung der Abdominalmuskulatur, Blutung im Operationsbereich und Verhalten während der Operation bei Katzen nach elektrischer Ohrakupunktur

Katze	Abdominaler Muskeltonus	Wundblutung	Verhalten während der Operation
1	vollständige Entspannung	leicht	motorische Unruhe, wache Wahrnehmung der Umgebung
2	mittlere Intensität	leicht	schläfrig
3	leicht	keine	schläfrig
4	mittlere Intensität	leicht	wache Wahrnehmung der Umgebung
5	vollständige Entspannung	leicht	schläfrig
6	starke Kontraktionen	leicht	motorische Unruhe, Aggressivität
7	starke Kontraktionen	extensiv	motorische Unruhe
8	vollständige Entspannung	keine	ruhig

Daten aus: Still, J.: *Research in veterinary acupuncture.* Belgian Veterinary Acupuncture Society, Brüssel, Belgien 1991.

nifikante Analgesie. Diese Ergebnisse deuten darauf hin, dass Stress-induzierte Analgesie keine signifikante Rolle spielte und dass die Operationsanalgesie der Versuchstiere zur Elektrostimulation der Ohrmuschel in Beziehung stand. Diese Methode unterscheidet sich außerdem von der Elektroanästhesie, bei der transzerebrale Elektrostimulation eingesetzt wird.

Vor einigen Jahren wurde eine randomisierte Blindstudie zur Auswertung der Ohrakupunkturanalgesie als Teil einer ausgewogenen **Operationsanästhesie** für Hunde durchgeführt [45]. Klinische, respiratorische, kardiovaskuläre, hämatologische, metabolische und hormonelle Wirkungen der Ohrelektroakupunktur wurden mit Opioidanalgesie (Buprenorphin) und einer Kontrollgruppe ohne analgetische Medikation oder Akupunktur im Verlauf einer Operation (Ovariohysterektomie) sowie zwei Tage postoperativ verglichen. 30 gesunde Mischlingshündinnen erhielten Acepromazin als Prämedikation, Thiopenton zur Induktion und anschließend eine Halothannarkose. Die Tiere wurden dann nach dem Zufallsprinzip auf die drei Versuchsgruppen (n = 10) aufgeteilt. In der Akupunkturgruppe wurden zwei Akupunkturnadeln aus Stahl subkutan in die Projektionszonen von Rückenmark und Zentralnervensystem auf dem linken Außenohr eingeführt [44]. Die Nadeln wurden während der 15-minütigen Induktionszeit sowie während der gesamten Operation mit Wechselstrom von niedriger Intensität und 2 Hz stimuliert. Für die Ovariohysterektomie wurde eine Standard-Operationstechnik (Mittelschnitt) verwendet. Die Anästhesie wurde so leicht wie für die Operation eben möglich gehalten. Die respiratorischen und kardiovaskulären Daten während der Anästhesie sowie die expiratorische Halothankonzentration wurden während der gesamten Operation, die 20 bis 30 Minuten dauerte, überwacht. Dauer und Qualität der postanästhetischen Aufwachphase wurden nach einem klinischen Standardprotokoll ausgewertet. An arteriellen Blutproben wurde eine Blutgasanalyse durchgeführt und Proben venösen Blutes wurden zur Bestimmung von mehr als 40 biochemischen und hämatologischen Parametern verwendet. Alle klinischen Untersuchungen und die Operation wurden von unterschiedlichen Forschern nach dem Blindversuchsprinzip durchgeführt. Bei den meisten Tieren der Kontrollgruppe wurden klinisch befriedigende Werte der überprüften Parameter gefunden. Im Vergleich zu dieser günstigen Ausgangsbasis gab es bei der Akupunkturgruppe und der Buprenorphingruppe jeweils nur relativ geringe, meist statistisch nicht signifikante Abweichungen. Die postanästhetische Aufwachphase war bei der Buprenorphingruppe im Vergleich zu den anderen Gruppen eher verzögert. Aus den Ergebnissen lässt sich schließen, dass die theoretisch positiven anästhetischen und postanästhetischen Wirkungen der Ohrakupunkturanalgesie in dieser Untersuchung zwar nicht nachgewiesen werden konnten, dass aber gezeigt werden konnte, dass die Methode klinisch sicher ist. Weitere Untersuchungen zum Einsatz von Akupunkturanalgesie bei Tieren sind notwendig.

Komplikationen

Ein Fallbericht beim Menschen weist darauf hin, dass Aurikulotherapie zu infektiöser Perichondritis führen kann, vor allem beim langfristigen Belassen von Akupunkturnadeln in der Ohrmuschel [46]. Mithilfe aseptischer Techniken sollte sich diese Komplikation aber weitgehend vermeiden lassen. Dasselbe gilt auch im Bereich der Tiermedizin.

Bei geschwächten Patienten und drohender Herzdekompensation sollte Ohrakupunktur mit Vorsicht angewandt (weniger Punkte, weniger starke Stimulation) oder vollständig vermieden werden. Der Stress der Behandlung und der fremden Umgebung in Verbindung mit der starken sensorischen Reizung durch die stimulierten Akupunkturpunkte könnte sonst zu Herz-Kreislauf-Kollaps und Ohnmacht führen.

LITERATUR

1. Gleditsch J: Synopsis of microsystems of acupuncture and their relationship to general acupuncture. Presented at the *Baltic symposium on acupuncture and related techniques,* Tampere, Finland, 1989.
2. Kropej H: *Systematic approach to ear acupuncture,* ed 3, Heidelberg, Germany, 1977, KF Haug.
3. Tykocinska ED: *Principles of acupuncture,* Praha, Czechoslovakia, 1984, Avicenum.
4. Klide AM, Kung SH: *Veterinary acupuncture,* Philadelphia, 1977, University of Pennsylvania Press.
5. Nogier PMF: *Handbook of auriculotherapy,* Sainte-Ruffine, France, 1981, Maisonneuve.
6. Nogier PMF: *From auriculotherapy to auriculomedicine,* Sainte-Ruffine, France, 1983, Maisonneuve.
7. Still J: Diagnostic ear acupuncture in the dog: the relationship between active points and internal and skin diseases, *Am J Acupunct* 15:53–60, 1987.
8. Still J: Auriculodiagnostic points in the dog: relationship to disorders of the nervous and locomotor system, *Am J Acupunct* 15:261–268, 1987.
9. Plachotin MV: *Veterinary acupuncture,* Moscow, 1966, Kolos.
10. Artmeier P, Koenig HE: Ear acupuncture in the dog, *Kleintier-Praxis* 23:299–303, 1978.
11. Autefage A et al: Auriculotherapy in the dog, *Rev Med Vet* 130:1499–1510, 1979.
12. Krueger H, Krueger P: Ear acupuncture in locomotor disorders of small animals, *Prakt Tier* 61:119–129, 1980.
13. Wagner RW: Comparative somatotopic and reference acupuncture point therapy in canine and feline auricular medicine. *Proceedings of the Eighth Annual Conference on Veterinary Acupuncture,* Kan, 1982.
14. Kothbauer O: A study of ear acupuncture in cattle, *Wien Tier* 73:177–180, 1986.
15. Still J: A clinical study of auriculotherapy in canine thoracolumbar disc disease, *J S Afr Vet Assoc* 51:102–105, 1990.
16. Kiseleva RE et al: Reflexotherapeutic effects of biologically active points of the concha auricle, *Arkh Anat Gistol Embriol* 90:36–43, 1986.
17. Kiseleva RE et al: Ultrastructure of the skin after electroacupuncture, *Nevropatol Psikhiatr* 86:521–526, 1986.
18. Portnov FG: *Acupuncture,* Riga, Soviet Union, 1980, Zinatne.
19. Whalen LR, Kitchell RL: Electrophysiologic studies of the cutaneous nerves of the head of the dog, *Am J Vet Res* 44:615–627, 1983.
20. Whalen LR, Kitchell RL: Electrophysiologic and behavioral studies of the cutaneous nerves of the concave surface of the pinna and the external ear canal of the dog, *Am J Vet Res* 44:628–634, 1983.
21. Chien CH et al: The composition and central projections of the internal auricular nerves of the dog, *J Anat* 189:349–362, 1996.
22. Noureau JPR: Introduction to ear acupuncture in the dog, doctorate thesis in veterinary medicine, Toulouse, France, 1977, Ecole Nationale, Vétérinaire.
23. Ishibashi S: The effect of auricular electroacupuncture on the neuronal activity of the thalamic and hypothalamic neurons of the rat, *Acupunct Electrother Res* 11:15–23, 1986.
24. Reshetniak VK, Chuvin BT: Modulating effect of electric acupuncture stimulation on the bioelectrical activity of neurons of specific and nonspecific thalamic nuclei, *Biull Eskp Biol Med* 101:515–517, 1986.
25. Bragin EO et al: The study of the central grey matter in mechanisms of different kinds of analgesia: effects of lesions, *Pain* 16:33–40, 1983.

26. Durinyan RA: Physiological basis of auricular reflexes to viscero-endocrine functions, *Acupunct Electrother Res* 8:37–38, 1983.
27. Chien CH et al: Neuronal connection between the auricular skin and the sympathetic pre- and postganglionic neurons of the dog as studied by using pseudorabies virus, *Neurosci Res* 30: 169–175, 1998.
28. Brodal A: *Neurological anatomy in relation to clinical medicine,* ed 2, New York, 1981, Oxford University Press.
29. Koenig G: Systematization of ear acupuncture, *AkupunkturTheorie und Praxis* 3:141–143, 1975.
30. Still J, Konrad J: Comparison of diagnostic possibilities of abdominal palpation and auriculodiagnosis in gastrointestinal diseases in dogs, *Vet Med* 30: 425–431, 1985.
31. Still J: Acupuncture in clinical physiology and clinics of small animals. Doctoral thesis, Brno, Czechoslovakia, 1985, University of Brno.
32. Still J: Role of the nervous system in the appearance of the ear acupuncture points in the dog, *Acta Vet Brno* 55:55–64, 1986.
33. Sanjue H, Jiajun H: Centrifugal inhibitory effect of sympathetic nerves on peripheral nociception, *Kexue Tongbao* 28:274–279, 1981.
34. Kenyon JN et al: Randomised double-blind trial on the immediate effects of naloxone on classical Chinese acupuncture theory for chronic pain, *Acupunct Electrother Res* 8:17–24, 1983.
35. Melzack R, Katz J: Auriculotherapy fails to relieve chronic pain, *JAMA* 251:1041–1043, 1984.
36. Oliveri AC et al: Effects of auricular transcutaneous electrical nerve stimulation on experimental pain threshold, *Phys Ther* 66:12–16, 1986.
37. Longobardi AG et al: Effect of auricular transcutaneous electrical nerve stimulation on distal extremity pain: a pilot study, *Phys Ther* 69:10–17, 1989.
38. Thoresen A: An alternative to pulse-diagnosis in the dog, Proceedings of the Thirteenth Annual International Congress on Veterinary Acupuncture, Antwerp, Belgium, 1987.
39. Still J: Experimental verification of auriculodiagnosis in the dog, *Acta Vet Brno* 54:169–175, 1985.
40. Still J: Unpublished data, 1985.
41. Van Niekerk J, Eckersley GN: The use of acupuncture in canine epilepsy, J S Afr Vet Assoc 59:5, 1988.
42. Schoen AM: The effect of auriculotherapy on behavior problems in mares. *Proceedings of the Eighteenth Annual Congress of IVAS,* 1992.
43. Still J: Acupuncture treatment of thoracolumbar disc disease: a study of 35 cases, *Compan Anim Pract* 2:19–24, 1988.
44. Still J: *Research in veterinary acupuncture,* Brussels, Belgium, 1991, Belgian Veterinary Acupuncture Society.
45. Still J et al: Anaesthic and post-anesthetic effects of placebo, buprenorphine and auricular electro-acupuncture in bitches ovariohysterectomized under halothane anaesthesia. *J Altern Complement Med* 16:26–33, 1998.
46. Warwick-Brown NP, Richards ES: Perichondritis of the ear following acupuncture, *J Laryngol Otol* 100:1177–1179, 1986.

KAPITEL

27

Sheldon Altman

Akupunktur in der Kleintierpraxis

27.1 Voraussetzungen

Tierbesitzer sind zu Recht vorsichtig und kritisch in der Auswahl des Tierarztes, dem sie ihr Haustier zur Akupunkturbehandlung anvertrauen. Wie können Sie sich für diese Wahl qualifizieren?

Die wichtigste Voraussetzung für einen erfolgreichen Veterinärakupunkteur ist zweifellos, ein möglichst guter Tierarzt zu sein.

Es ist wichtig für den Veterinärakupunkteur, mit den neuesten konventionellen Diagnose- und Behandlungsmodalitäten vertraut zu sein, um einen Klienten bezüglich der Krankheit, der Prognose und der verschiedenen Behandlungsoptionen möglichst umfassend aufklären zu können.

Der zweitwichtigste Faktor ist das **Akupunkturwissen**. Das umfasst die Fähigkeit, eine vollständige und genaue Krankheitsgeschichte aufzunehmen, den Patienten gründlich zu untersuchen, beides in einen Behandlungsplan umzusetzen und diesen wirksam durchzuführen.

Die richtige Mischung aus Wissen, praktischer Erfahrung, Mitgefühl sowie Organisationsfähigkeit zeichnen den guten Veterinärakupunkteur in der Kleintierpraxis aus.

Die folgenden Anregungen für die erfolgreiche Einführung von Akupunktur in das therapeutische Programm einer Kleintierpraxis sind das Ergebnis von 35 Jahren Erfahrung in einer Kleintierpraxis und 21 Jahren Erfahrung mit der Anwendung von Akupunktur in einer Tierklinik. Viele der Vorschläge stammen nicht von mir, sondern von anderen Tierärzten, Ärzten, Akupunkteuren, Managementberatern und meinen Angestellten. Nicht alle Aspekte finden derzeit in meiner Praxis Anwendung; es wurde einfach alles aufgeführt, was für andere von Interesse und Nutzen sein könnte.

27.2 Einführung der neuen Behandlungsmethode

27.2.1 Personalschulung

Ein guter Startpunkt ist, die Kollegen und Angestellten in der eigenen Praxis wissen zu lassen, welche Ziele und Erwartungen man im Zusammenhang mit der Anwendung von Akupunktur als Teil des Behandlungsprogramms hegt. Sie sollten über Vor- und Nachteile, Indikationen, Kontraindikationen, Kosten, Zeitaufwand und Prognose bei verschiedenen Krankheiten informiert werden. Dadurch erhalten sie einerseits die Informationen, die sie für die Weitergabe an die Klienten benötigen, und andererseits lässt sich dadurch ihre Unterstützung bei den notwendigen Detailarbeiten rund um die Akupunkturbehandlungen gewinnen.

Wenn die Angestellten es wünschen und der Tierarzt den notwendigen Aufwand an Zeit und Geld erübrigen kann, ist es gut, wenn die Belegschaft Einführungskurse in Akupunktur besucht, um ihr Interesse anzuregen und dafür zu sorgen, dass von ihnen weitergegebene Informationen korrekt sind. Da die Praxisangestellten in der Regel die ersten sind, mit denen ein Klient oder überweisender Tierarzt zu tun hat, ist ihre Einstellung zur Akupunktur möglicherweise entscheidend dafür, ob ein Klient sich für oder gegen eine entsprechende Behandlung entscheidet. Es sollte sichergestellt sein, dass Assistenten, technische Angestellte und Sprechstundenhilfen wissen, wie man bereits vor dem ersten Termin Informationen und Krankengeschichte erfragt, wie viel Zeit für einen Termin benötigt wird, welche Unterstützung der Arzt vor, während und nach der Behandlung benötigt und wie man mit Akupunkturnadeln, Moxakraut und entsprechenden elektronischen Geräten umgeht. Der Arzt sollte Vorschläge seiner Angestellten berücksichtigen, denn sie können häufig dafür sorgen, dass die Abläufe besser aufeinander abgestimmt werden, sodass die Praxis insgesamt immer effizienter wird. Eine positive Einstellung beim Veterinärakupunkteur wie auch bei den Angestellten ist wichtig, da sie dem Klienten eine positive Botschaft vermittelt.

27.2.2 Angemessene Informationspolitik

Es gibt viele Möglichkeiten, wirksame Werbung mit einem hohen professionellen Standard zu verbinden. Man sollte auf jeden Fall darauf achten, den eigenen Ruf bei Kollegen und Klienten nicht durch aggressive und unprofessionelle Werbung zu zerstören.

Um bisherige Klienten wissen zu lassen, dass Akupunktur als neue Behandlungsform aufgenommen wurde, kann der Tierarzt neue **Visitenkarten** (➤ Abb. 27.1) und einen neuen **Briefkopf** (➤ Abb. 27.2) entwerfen lassen, die die Veränderung wiedergeben. Dies ist in Deutschland jedoch nur dann erlaubt, wenn der Praxisinhaber die Zusatzbezeichnung Akupunktur erworben hat. Dabei gilt es darauf zu achten, dass nicht gegen die Vorschriften zur Werbung in medizinischen Berufen verstoßen wird. Die entsprechenden Vorschriften sind in Deutschland bei den zuständigen Tierärztekammern erhältlich.

Die Öffentlichkeit kann über die Möglichkeit der Akupunkturbehandlung informiert werden, indem man den Zusatz „Akupunktur" bei der Beschreibung der Praxis in den **Gelben Seiten** des Telefonbuchs aufnehmen lässt. Schilder mit einem entsprechenden Hinweis können in der Praxis selbst innen und außen angebracht werden. Auch hier ist die Voraussetzung der Erwerb der Zusatzbezeichnung Akupunktur. Mitgliedsbescheinigungen bei Akupunktur-Gesellschaften wie z. B. der IVAS weisen potenzielle Klienten ebenfalls darauf hin, dass der Tierarzt Akupunktur praktiziert.

Allgemeine **Informationsbroschüren** über Akupunktur sowie eigene Faltblätter der jeweiligen Praxis sind für die Klienten möglicherweise ebenso hilfreich. Es gibt Broschüren der IVAS und der *National Association for Veterinary Acupuncture*, die verteilt oder als Vorlage für ein eigenes Informationsblatt verwendet werden können (Formblatt 1 im Anhang) [1–3].

√ PRAXISTIPP

Alle Informationsblätter finden Sie als Kopiervorlagen im Anhang!

Abb. 27.1 Ihre Visitenkarte kann darauf hinweisen, dass Sie Veterinärakupunktur praktizieren. Voraussetzung dafür ist allerdings, dass Sie die Zusatzbezeichnung Akupunktur erworben haben.

Vorträge zu halten ist eine der besten Möglichkeiten, die Öffentlichkeit über die Anwendung von Veterinärakupunktur zu informieren. Örtliche Vereine und Clubs suchen häufig nach interessanten Vortragsthemen und Rednern. Wer daran Interesse hat, kann lokale Vereine kontaktieren oder sich bei regionalen Verbänden und Vereinigungen als Vortragsredner eintragen lassen.

Man kann auch für **lokale Zeitungen** eine regelmäßige Kolumne über Tiergesundheit schreiben. Dabei ist es allerdings empfehlenswert, über tiermedizinische Aspekte und Veterinärakupunktur ganz allgemein zu schreiben und nicht etwa über die eigene Praxis. Ziel sollte es sein, bei potenziellen Klienten sowie den örtlichen Kollegen Vertrauen zu wecken und die eigene Kompetenz unter Beweis zu stellen. Gelingt dies, so wird es sicher zu entsprechenden Anfragen und Überweisungen kommen.

Außerdem gibt es die Möglichkeit, **Informationsveranstaltungen** für die Öffentlichkeit oder bestimmte Gruppen in der eigenen Praxis zu organisieren. Dafür kann man Einladungen an die eigenen Klienten verschicken und diese bitten, weitere Interessenten mitzubringen. Es ist empfehlenswert, dabei eine Rückantwortkarte beizulegen, um das Interesse abschätzen zu können, sodass man bei Bedarf einen größeren Raum organisieren oder bei mangelnder Nachfrage absagen kann.

Veterinärkollegen sollten auf die Akupunkturausbildung aufmerksam gemacht werden, sodass sie Klienten und Patienten bei Bedarf weiterleiten können. Ein Brief an regionale Tierärzte mit Informationen über Hintergrund, Ausbildung, Fähigkeiten und die bisher mit Akupunkturtherapie erzielten Erfolge kann als Einführung dienen. Ein möglicher nächster Schritt wäre eine telefonische Nachfrage bei jedem einzelnen Veterinär und die Einladung zu einem Treffen, z. B. zu einem Mittag- oder Abendessen oder

Abb. 27.2 Der Praxisbriefkopf weist auf die Möglichkeit der Akupunkturbehandlung hin. Auch hier ist die Voraussetzung der Erwerb der Zusatzbezeichnung Akupunktur.

einem informellen Besuch, bei dem Details über die behandelbaren Störungen, die bei einer Weiterleitung notwendigen Informationen und Untersuchungen sowie voraussichtliche Kosten, Behandlungsdauer und Erfolgsaussichten erklärt werden können. Blöcke mit Klienteninformationen können an Veterinärkollegen weitergegeben werden, die möglicherweise Fälle weiterleiten (Formblatt 2 im Anhang) [4]. Darauf wird die Akupunkturbehandlung in einer für Laien verständlichen Sprache kurz erläutert und auf die Praxis verwiesen (mit Adresse, Telefonnummer und Sprechzeiten). Auch auf die Behandlungskosten kann dabei hingewiesen werden. Es ist empfehlenswert, dem überweisenden Tierarzt für die Weiterleitung des Klienten zu danken, sobald der Patient in der Praxis war, und ihn über den Behandlungsverlauf zu informieren (Formblatt 3 im Anhang).

Man kann versuchen, die zuständige **Landestierärztekammer** darüber zu informieren, dass man Akupunktur praktiziert, sodass Anfragen und interessierte Klienten entsprechend weitergeleitet werden können, auch wenn man die Zusatzbezeichnung noch nicht führt.

Die Darstellung von Fallbeispielen in regionalen und lokalen **tiermedizinischen Fachzeitschriften** weist die Kollegen auf die Erfahrungen eines Akupunkteurs in der Behandlung spezifischer Erkrankungen hin. Allerdings sollte man sicherstellen, dass man ausreichende Kompetenzen besitzt, um die Erwartungen erfüllen zu können, bevor man auf diese Weise um Klienten wirbt.

Umgang mit telefonischen Anfragen

In meiner Praxis übernehmen es die Sprechstundenhilfen am Empfang, Fragen nach Öffnungszeiten und Behandlungskosten sowie grundsätzliche Fragen zum Einsatz von Akupunktur und zu Kontraindikationen zu beantworten. Natürlich dürfen sie ihre Kompetenz nicht überschreiten, indem sie telefonische Diagnosen oder spezifische medizinische Ratschläge geben. Bei einer Klientenanfrage werden folgende Informationen auf einem Formblatt (Formblatt 4 im Anhang) notiert und an mich weitergegeben:

- Name des Klienten
- Adresse des Klienten, an die Informationen oder Broschüren geschickt werden können
- Private und berufliche Telefonnummer
- Überweisender Tierarzt
- Tierart
- Name, Rasse, Alter und Geschlecht des Tieres
- Kurze Krankengeschichte mit Art der Erkrankung, Dauer, bisherige und derzeitige Behandlung, Ergebnisse der bisherigen Behandlung, Verfügbarkeit von Krankheitsgeschichte, Röntgenaufnahmen und diagnostischen Laboruntersuchungen
- Etwaige Kommentare und Anmerkungen des überweisenden Tierarztes

Ich prüfe die Informationen und kontaktiere dann den Klienten, um mit ihm zu besprechen, ob Akupunkturtherapie für sein Tier in Frage kommt. Zu diesem Zeitpunkt können ausführlichere Fragen des Klienten vom Veterinär beantwortet werden. Wenn die Grundvoraussetzungen bei Klient und Patient auf diese Weise abgeklärt wurden, kann ein Termin zur ersten Untersuchung vereinbart werden.

✓ PRAXISTIPP

Ein Kunde sollte immer über Kosten, Zeitbedarf und Erfolgsaussichten informiert sein, bevor er in die Praxis kommt.

27.3 Ablauf der Behandlung

Führen Sie eine angemessene und vollständige Untersuchung des Patienten aus Sicht der westlichen wie auch der traditionellen chinesischen Medizin durch und dokumentieren Sie die Ergebnisse in angemessener Form. Dies ist notwendig, um eine gute Diagnose zu erstellen, um Veränderungen während der Behandlung erkennen zu können und um rechtlichen Schutz zu gewährleisten, falls später Meinungsverschiedenheiten auftauchen sollten.

Westliche Untersuchung

Die Untersuchung im Rahmen der westlichen Medizin sollte folgendes umfassen: Inspektion von körperlichem Zustand, Ernährungszustand, Haltung, Körperbau, Verteilung des Gewichts auf den Gliedmaßen, Gang, Mobilität; Untersuchung von Schleimhäuten, Augen, Mundhöhle, Zähnen, Ohren, Lymphknoten, Schilddrüse, Herz- und Lungengeräuschen (mit Perkussion), Puls, Atmung, Abdomen, Urogenitalsystem, Anus- und Perinealbereich. Daran sollte sich ein allgemeines Palpieren von Körper und Gliedmaßen anschließen, wobei Bewegungsbereich und Krepitation der Gelenke geprüft werden. Man sollte Haut und Fell inspizieren, Temperatur und Puls prüfen sowie eine erste neurologische Untersuchung zur Prüfung von Reflexen und Reaktionen durchführen. Bei Bedarf werden Röntgenbilder, klinische Laboruntersuchungen und EKG aufgenommen und ausgewertet.

TCM-Untersuchung

Die TCM-Untersuchung beim Menschen umfasst die folgenden diagnostischen Methoden [6].

- **Inspektion:** Beobachtung von Vitalität (Energieniveau), Farbe (Haut, Schleimhäute, Sekrete, Ausscheidungen), Gesamteindruck des Patienten (Körperform, Haltung, Bewegung), Beobachtung von Sinnesorganen (Augen, Nase, Ohren, Zahnfleisch, Lippen, Mundhöhle, Kehlkopf), Reaktionen und Reflexen sowie Betrachtung der Zunge (Belag).
- **Auskultation und Olfaktion:** Hören (Sprache, Atmung, Husten) und Riechen (Körpergeruch, Sekrete, Ausscheidungen).
- **Befragung:** Gezieltes Fragen nach Frösteln und Fieber, Schwitzen, Appetit, Durst, Geschmack, Ausscheidung (Kot und Urin), Schmerzen, Schlaf, Menses und Leukorrhö.
- **Palpation:** Tasten des Pulses (die radiale Pulsdiagnose ist eine höchst komplexe diagnostische Methode der Human-TCM) und Palpation verschiedener Körperteile (vor allem Epigastrium, Akupunkturpunkte, Zustimmungs-*Shu*-Punkte, Alarm-*Mu*-Punkte und *Ashi*-Punkte).

In den meisten Praxen besteht die Untersuchung hauptsächlich aus der Lokalisierung von Triggerpunkten, *Ashi*-Punkten sowie druckempfindlichen Zustimmungs-*Shu*-Punkten und Alarm-*Mu*-Punkten (Formblatt 5 im Anhang). Mit Pulsdiagnose und anderen Formen der klassischen chinesischen Diagnostik hatte ich bei Tie-

27

ren bisher wenig Erfolg. Das sollte andere Tierärzte jedoch nicht davon abhalten, diese Techniken zu erlernen und in ihrer Praxis anzuwenden. Es gibt durchaus Veterinärakupunkteure, die mit den klassischen diagnostischen Methoden der TCM so viel Erfahrung haben, dass sie sie erfolgreich zur Ergänzung oder Bestätigung westlicher Diagnosemethoden einsetzen.

Diagnoseerstellung

Vor Beginn der Akupunkturbehandlung sollte möglichst eine Diagnose der primären und sekundären pathologischen Syndrome erstellt werden. Nach Beginn der Therapie verändern sich manchmal die Reaktionen und Syndrome, sodass eine genaue Diagnose aufgrund maskierter klinischer Anzeichen erschwert ist.

Behandlungsplan

Ist eine Diagnose erstellt, kann ein Behandlungsplan erarbeitet werden. Abhängig von der Erfahrung und der Einstellung des Veterinärakupunkteurs kann ein klassischer individueller Behandlungsplan erstellt werden oder aber eine allgemeine Behandlung, bei der die Akupunkturpunkte „nach Rezept“ ausgewählt werden. Dieser Behandlungsplan kann bei den folgenden Besuchen je nach Reaktion auf die Behandlung modifiziert werden. Aus diesem Grund ist es wichtig, bei jedem Termin die Reaktion auf die Therapie, verwendete Punkte, Art der Stimulation und Dauer der Behandlung genau zu dokumentieren (Formblatt 6 und 7 im Anhang).

Auswahl der Akupunkturpunkte

Ist die Diagnose erstellt und die mit der Behandlung angestrebte Reaktion bestimmt, werden die Punkte ausgewählt („Rezept“) und die Art der Stimulation und die Dauer der Behandlung („Dosis“) bestimmt. Im Rahmen der TCM gibt es verschiedene Regeln für diese Auswahl [7, 8].

! AUSWAHLPRINZIP

Auswahl der Akupunkturpunkte

- *Yi Pan Yun Young Fa*: Lokalpunkte werden in Kombination mit wichtigen distalen Punkten eingesetzt (z.B. Nadeln im Kiefer kombiniert mit Nadeln im Fuß auf einem verbundenen Meridian zur Behandlung von Kieferschmerzen).
- *Tan Hsueh Tu Yung Fa*: Verwendung eines einzelnen Punktes, der eine spezifische Wirkung auf eine spezifische Krankheit besitzt (z. B. Anwendung eines Punktes auf der Mittellinie direkt zwischen den Augen zur Behandlung von Epilepsie).
- *Shuan Hsueh Ping Yong Fa* : Verwendung von zwei symmetrischen Punkten (z. B. bilaterale Behandlung von Punkten, um ihre Wirkung zu intensivieren).
- *Xzu Chih Hsiang Ying Fa*: Verwendung von Punkten auf allen vier Extremitäten.
- *Lien Suo Ping Chen Fa*: Verwendung einer Kette von Punkten auf einer Extremität, um die Wirkung zu intensivieren.
- *Nei Wai Hu Ying Fa*: Verwendung von zwei Punkten im selben Körperbereich, in der Regel Kopf oder Rumpf, wobei ein Punkt rostral und ein Punkt kaudal liegt (z.B. eine Nadel am Foramen magnum und eine am Philtrum zur Behandlung von Störungen des Gehirns).
- *Lun Huan Chiao Ti Fa*: „Einzingeln" eines Bereichs mit Nadeln, häufig als „Einkreisen des Drachen" bezeichnet (z.B. Verwendung von Punkten rund um eine Akrodermatitisläsion).
- *Hsun Chin Ch'u Hsueh Fa*: Verwendung von Punkten im distalen Teil eines Meridians zur Behandlung von Störungen am proximalen Ende und umgekehrt (z.B. Nadeln am medialen Aspekt des Nagelbetts zur Behandlung von Epistaxis).
- *Piao Li Hsiang P'ei Fa*: Verwendung eines äußeren Punktes zur Beeinflussung eines inneren Organs, vermutlich über die Stimulation eines somatoviszeralen Reflexes.
- *Tui Chen Ch'u Hsueh Fa*: Verwendung von bekannten und häufig eingesetzten Formeln oder Rezepten. Diese Methode wird von Anfängern im Bereich der TCM sowie von den meisten westlichen Akupunkteuren verwendet.
- Alarm-*Mu*-Punkte und Zustimmungs-*Shu*-Punkte: Dabei werden Stellen verwendet, die als spezifische Punkte zur Diagnose und Behandlung von Erkrankungen der inneren Organe oder Störungen des entsprechenden Meridians eingesetzt werden (z.B. McBurney-Punkt zur Diagnose und Behandlung von Appendizitis beim Menschen).
- Theorie der fünf Elemente: Verwendung von TCM-Regeln über die Beziehung zwischen den Meridianen, bekannt als „Gesetz der fünf Elemente".

Nach der ersten Untersuchung sollten Prognose, voraussichtliche Kosten und Dauer der Behandlung, weitere Behandlungsmöglichkeiten und mögliche Folgeerscheinungen nochmals mit dem Klienten besprochen werden. An diesem Punkt sollte dem Klienten die Entscheidung überlassen werden, ob er die Akupunkturbehandlung durchführen lässt oder eine konventionelle Therapie bevorzugt. Es ist ratsam, den Klienten vor Beginn der Behandlung eine entsprechende Einverständniserklärung unterzeichnen zu lassen (Formblatt 8 im Anhang). Die unterstützende Pflege des Patienten sollte ebenfalls ausführlich besprochen werden; dazu zählen Hinweise auf Hygiene und Ernährung, bei Bedarf Tipps zum Vermeiden von Wundliegen und zur Blasen- und Darmentleerung sowie Informationen zum Einnehmen weiterer Medikamente zur Behandlung gleichzeitig auftretender Störungen (z. B. Antibiotika bei Zystitis, L-Thyroxin bei Hypothyreose) und zu den Möglichkeiten physiotherapeutischer Behandlung.

Follow-up

Während des Behandlungsverlaufs sollte der Patient sorgfältig überwacht und regelmäßig untersucht werden, um zu entscheiden, ob Veränderungen der Akupunkturbehandlung oder sonstige therapeutische oder ergänzende Maßnahmen notwendig sind. Alle Befunde und Veränderungen werden aufgezeichnet. Veränderungen im Befinden des Tiers sollten bei jeder Sitzung mit dem Klienten besprochen werden. Der überweisende Arzt sollte telefonisch oder schriftlich von den Ergebnissen informiert werden.

PRAXISTIPP

Der Eindruck, den ein Veterinärakupunkteur auf seine Klienten und Kollegen macht, spielt eine entscheidende Rolle für ihre Beurteilung seiner individuellen Fähigkeiten, der Akupunktur im Allgemeinen und der Veterinärakupunktur im Besonderen. Korrektes Verhalten, ruhiges, sicheres Auftreten und fundiertes Wissen sind für einen Veterinärakupunkteur daher besonders wichtig.

LITERATUR

1. *AVMA directory:* Schaumburg, III, 1991, American Veterinary Medical Association.
2. The International Veterinary Acupuncture Society: IVAS brochure (Available c/o Meredith Snader, VMD, Executive Secretary, IVAS, RD#1, Chester Springs, PA, 19425).
3. *Guide to acupuncture for animals,* Fullerton, Calif, 1977, National Association for Veterinary Acupuncture.
4. Schoen AM: *Veterinary acupuncture* (brochure), Brook Farm Veterinary Center, Patterson, NY.
5. Schoen AM: Tear-off handout sheet, Brook Farm Veterinary Center, Patterson, NY.
6. Xinnong C: *Chinese acupuncture and moxibustion,* Beijing 1987, Foreign Language Press.
7. Wei-Ping W: In Chancellor PM: *Chinese acupuncture,* ed 3, Wellingsborough, England, 1974, Health Science Press.
8. Altman S: Acupuncture therapy in small animal practice. In Ettinger S: *Textbook of internal medicine,* ed 3, Philadelphia, 1989, WB Saunders.

III Akupunktur bei Reproduktionsstörungen bei Groß- und Kleintieren

KAPITEL

28

Jen-Hsou Lin, Wing-Wah Chan und Leang-Shen Wu

Akupunktur bei Reproduktionsstörungen

Obwohl das Wissen der TCM das Feld der Gynäkologie und der Geburtshilfe gut abdeckt, wurde die Reproduktion der Tiere in China nie als übermäßig wichtiges Gebiet betrachtet. Die älteste Technik in der chinesischen Veterinärmedizin, die mit der Reproduktion in Zusammenhang steht, ist die Kastration. Ihr Ziel ist offensichtlich die Verhinderung der Reproduktion [1, 2]. Die traditionelle chinesische Veterinärmedizin ist auf dem Gebiet der Reproduktion nicht annähernd so gut entwickelt wie ihr humanmedizinisches Gegenstück. Die Therapiemöglichkeiten, die in diesem Kapitel dargestellt werden, beinhalten daher verschiedene Akupunkturkonzepte und -techniken; einige davon sind der Humanmedizin entnommen, andere stammen aus der traditionellen chinesischen Veterinärmedizin [3, 7, 8].

In der Behandlung von Reproduktionsstörungen spielt die Akupunktur sowohl in der Human- als auch in der Veterinärmedizin nach der Phytotherapie nur eine sekundäre Rolle [1, 3, 4, 6, 7, 9]. Ein genaues Eingehen auf die Kräutertherapie würde aber den Rahmen dieses Buches sprengen, wir weisen jedoch am Ende des Kapitels auf eine Kräutermischung hin, die die Reproduktionsleistung von Muttersauen verbessert. Der Leser kann aus den Literaturangaben weitere Informationen zum Thema Kräutertherapie entnehmen [3, 8]. Es gibt Störungen der Reproduktion, bei denen eine alleinige Akupunkturbehandlung höchstwahrscheinlich nicht erfolgreich ist. In diesen Fällen empfehlen wir, die Akupunktur als Ergänzung zur chinesischen Kräutertherapie oder zur konventionellen westlichen Therapie einzusetzen [10–15].

28.1 Neuroendokrinologie der Reproduktion

Die Funktion der Gonaden und des Geschlechtsverhaltens wird prinzipiell von der Hypothalamus-Hypophysen-Keimzell-Achse (HHKA) reguliert. Die HHKA stellt ein komplexes Zusammenspiel hormoneller Kaskaden und Rückkoppelungsmechanismen dar, die im Hypothalamus ihren Anfang nehmen. Der Hypothalamus verarbeitet visuelle, auditorische, olfaktorische und taktile Reize und steuert mit Hilfe dieser Information die Sekretion von Gonadotropin-Releasing Hormon (GnRH). Das GnRH ist dann für die Freisetzung des Follikelstimulierenden Hormons (FSH) und des Luteinisierenden Hormons (LH) aus der Hypophyse verantwortlich. Die Hypophysenhormone stimulieren ihrerseits die Produktion der Steroidhormone in den Keimzellen, die dann die Spermiogenese, die Ovulation und das sexuelle Verhalten bestimmen und eine rückkoppelnde, hemmende Wirkung auf die Produktion von Hormonen in übergeschalteten Zentren des Gehirns haben.

Jegliche Gleichgewichtsstörung dieser Kreisläufe resultiert in reproduktiver Dysfunktion. Unsere Aufgabe als Tierärzte besteht darin, die zugrunde liegende Störung zu erkennen und eine Therapie zu finden, die das Problem beheben kann. In der westlichen Medizin werden solche Probleme oft durch eine Hormontherapie oder chirurgische Eingriffe überkompensiert. Obwohl wir die HHKA-Achse mit hohen Dosen an Sexualhormonen häufig wieder herstellen können, greifen wir damit doch stark in das empfindliche Gleichgewicht ein und riskieren so weitere Ungleichgewichte in anderen Hormonsystemen, die zur Sterilität führen können. Mit der TCM suchen wir nach Wegen für den Körper, sich selbst zu heilen und das hormonelle Gleichgewicht mit all seinen Kontrollwegen zu stabilisieren [10–15].

28.2 Wirkung der Akupunktur auf das Hormonsystem

Nach Untersuchungen aus China ist der Einsatz von Akupunktur bei Störungen der Reproduktion wirksam und frei von Nebenwirkungen. Die meisten dieser Untersuchungen beschäftigen sich mit der Infertilität bei Tieren bzw. Dysmenorrhö und Impotenz beim Menschen [11–15]. Leider wurden die westlichen physiologischen Grundlagen dieser Therapien nicht genügend untersucht. Ein Problem solcher Studien ist die Komplexität des Hormonhaushalts, der auch heute noch viele Rätsel aufgibt. Ein weiteres Problem liegt in der Schwierigkeit, die Vielzahl an Umweltfaktoren und biologischen Variablen zu kontrollieren, die das Reproduktionssystem beeinflussen. Neuere Studien bieten jedoch zwei mögliche Erklärungsversuche für die Wirksamkeit der Akupunktur bei Störungen der Reproduktion an [16, 17].

Die Akupunkturstimulation bestimmter Punkte, die traditionell mit dem Reproduktionssystem in Verbindung gebracht werden, verändert deutlich die Plasmaspiegel der Geschlechtshormone LH, FSH, Östradiol und Progesteron [16, 19]. So bewies eine neuere Untersuchung, dass nach Elektroakupunktur der Punkte *Bai Hui* und *Wai Ben* (LG 2) der LH-Spiegel im Plasma von Muttersauen nach ein bis zwei Stunden absinkt. In der Folge kommt es zu häufigeren und höheren pulsartigen Anstiegen der LH-Sekretion und zu einem Anstieg des Progesteron-Spiegels vier bis sechs Stunden nach der Akupunktur [17].

➤ Abb. 28.1 zeigt die möglichen Mechanismen, über die die Elektroakupunktur das Reproduktionssystem beeinflussen kann. Wahrscheinlich werden diese Mechanismen teilweise über Endorphine vermittelt [19–21]. Endorphine hemmen die Sekretion von LH, während Naloxon sie fördert [19, 21]. Viele Untersuchungen konnten nachweisen, dass durch Akupunktur der Endorphin-

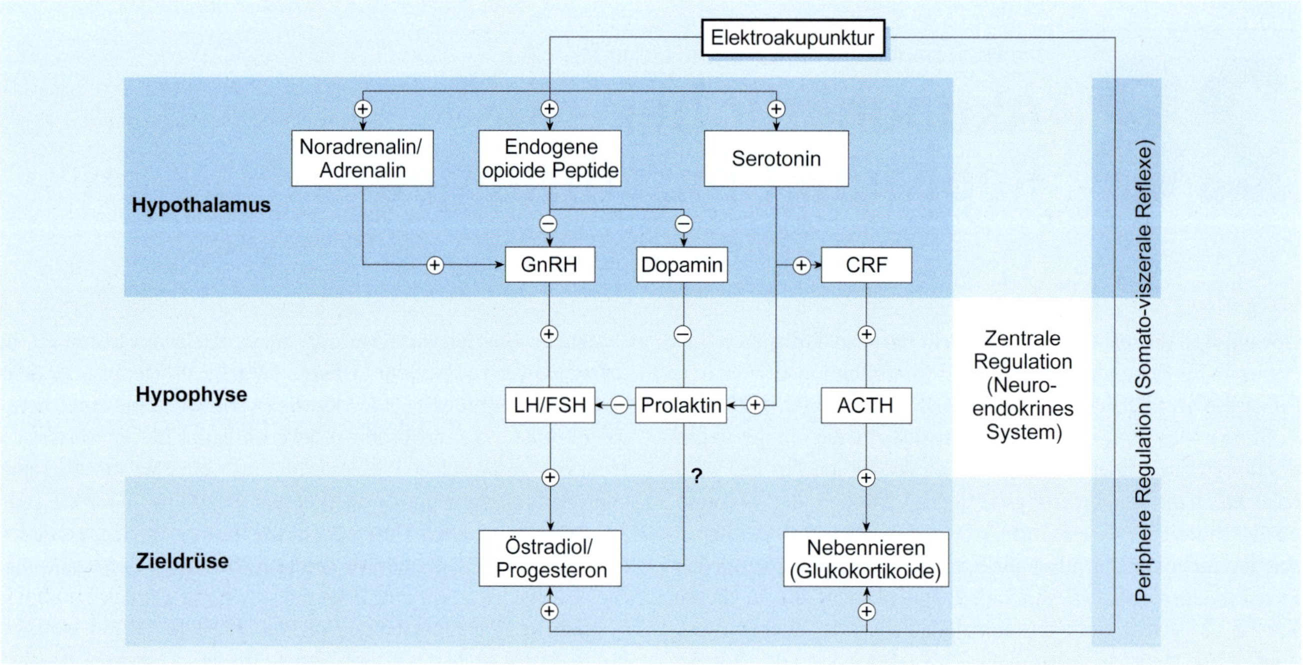

Abb. 28.1 Wirkung der Elektroakupunktur auf Ovarien und Nebennieren.
GnRH = Gonadotropin-releasing Hormon, CRF = Corticotropin-releasing Factor, LH/FSH = Luteinisierendes Hormon/Follikelstimulierendes Hormon, ACTH = Adrenokortikotropes Hormon.

28

Spiegel in Gehirn, Rückenmark und Blut erhöht werden kann [18–20]. Es ist daher durchaus möglich, dass das durch die Akupunktur hervorgerufene Absinken des LH-Spiegels durch eine Endorphinausschüttung eingeleitet wird. Nach einer solchen Periode der Depression ist die Hypophyse empfänglicher für GnRH. Besteht also eine Störung in der HHKA kann durch eine vorübergehende Hemmung der LH-Ausschüttung der Teufelskreis unterbrochen werden, indem eine Ruheperiode eingeschaltet wird [17].

Eine zweite Erklärung für die Wirkung der Akupunktur auf das Reproduktionssysten geht davon aus, dass die Akupunktur direkt die Steuerung der Hormonsekretion in den Gonaden beeinflusst, indem sie zu einer Produktion und Freisetzung von Noradrenalin, Katecholöstrogenen und Wachstumsfaktoren führt [22, 23]. Durch Akupunktur kann der Gehalt an Noradrenalin im Sperma von Ebern deutlich erhöht werden [24]. Die Bedeutung dieser Beobachtung ist noch nicht völlig klar. Bekannt ist jedoch, dass Noradrenalin und Katecholöstrogene die Steroidproduktion in den Ovarien stimulieren. Zusätzlich zur Stimulation des endokrinen Systems der HHKA kann es durchaus sein, dass die Akupunktur die parakrinen und autokrinen Pfade der Reproduktion beeinflusst.

28.3 Reproduktion aus Sicht der TCM

Regulation der Reproduktion

Nach der Lehre der TCM ist die Funktion des weiblichen Reproduktionssystems von einer komplexen Zusammenarbeit zwischen inneren Organen, *Qi* und Blut *(Qi-Xue)*, Meridianen und Geschlechtsorganen abhängig. Die Organe und ihre Meridiane, vor allem Niere, Milz/Pankreas, Leber und Herz, versorgen den Uterus, den Fötus und die Plazenta mit *Qi-Xue*. Sie sind auch für die Milchproduktion nach der Geburt verantwortlich. *Qi-Xue* stellt auch das nötige „Material" zur Entwicklung des Fötus zur Verfügung. Die Meridiane stellen die Verbindung dar, die *Qi-Xue* von den Organen zum sich entwickelnden Fötus bringen. Von den außerordentlichen Meridianen spielen bei der Reproduktion das *Chong Mai* (Durchdringungsgefäß), das *Ren Mai* (Konzeptionsgefäß) und das *Du Mai* (Lenkergefäß) eine Rolle. Die Ovarien und der Uterus sind die Produktionsstätte des Fötus. Darum können nach dem Verständnis der TCM Läsionen oder Fehlfunktionen der inneren Organe, des *Qi-Xue*, der Meridiane, der außerordentlichen Meridiane oder der Geschlechtsorgane zu Störungen in der Reproduktion führen [1, 4, 6].

Prävention

Obwohl die Behandlung von Krankheiten eine sehr wichtige Rolle in der medizinischen Praxis spielt, betrachten bereits sehr frühe chinesische Texte die Präventivmedizin als den wichtigsten Teil der Patientenbetreuung. Vorsorge im Sinne der TCM beschäftigt sich mit qualitativ hochwertiger Ernährung inklusive einer optimalen Versorgung an Mineralstoffen und Vitaminen, artgerechter Haltung, einer entsprechende Unterbringung und genügend Bewegung. Gerade für Zuchttiere sind diese Grundvoraussetzungen wichtig, um eine gute Aufnahmerate, normale Trächtigkeit, normale Geburt und gesunde Nachkommen zu gewährleisten.

Die TCM empfiehlt für trächtige Tiere folgende Maßnahmen, um einer schlechten Entwicklung des Fötus, Aborten, Dystokie und postpartalen Erkrankungen vorzubeugen:

- Trächtige Tiere sollten von männlichen und nicht-tragenden weiblichen Tieren getrennt werden. Diese Maßnahme soll Kämpfe verhindern, eine gute Ernährung sicherstellen und eine bessere Beobachtung des Muttertieres und des Jungtieres gewährleisten.

- Trächtige Tiere sollten nicht geschlagen oder angetrieben werden. Dadurch soll Stress vermieden und die Verletzungsgefahr verringert werden. Gerade Verletzungen des Abdomens oder der Lumbal- bzw. Sakral-Region können Komplikationen wie z. B. Aborte auslösen.
- Kaltes Wasser und verdorbenes Futter sollten auf jeden Fall gemieden werden. Sie können Magen und Milz/ Pankreas beeinflussen und Verdauungsstörungen nach sich ziehen. Alle Störungen der Verdauung während der Trächtigkeit stellen ein potentielles Risiko für den Fötus und das Muttertier dar.
- Trächtige Tiere dürfen nicht überlastet werden. Adäquate Bewegung ist eine Grundvoraussetzung für eine problemlose Trächtigkeit. Überlastung hingegen kann schädigend wirken. Die Tiere sollten nach dem Deckakt, wenn sie krank sind und während des letzten Drittels der Trächtigkeit viel ruhen.

Therapie

Die meisten Akupunkturpunkte, die zur Behandlung von Störungen des Reproduktionssystems eingesetzt werden, liegen auf dem Nieren-, Milz/Pankreas-, Leber-, Blasen- und Magen-Meridian. Von den Punkten der außerordentlichen Meridiane kommen Punkte auf Lenkergefäß, Konzeptionsgefäßes und *Chong Mai* zum Einsatz.

Zur Therapie von Reproduktionsstörungen können verschiedene Techniken angewandt werden:

- Konventionelle Akupunktur
- Moxibustion
- Elektroakupunktur
- Laserstimulation
- Aquapunktur: am besten geeignet sind Injektionen von Vitamin B_{12} oder eines Vitamin-B-Komplexes, es können jedoch auch andere Flüssigkeiten injiziert werden.
- Faden-Implantation: kann einen Akupunkturpunkt bis zu 14 Tage lang stimulieren; am besten geeignet für die Einbettung ist 2-0 Catgut oder entsprechendes synthetisches, resorbierbares Nahtmaterial.

Entlang des Lenkergefäßes sollten keine Injektionen oder Faden-Implantationen an Akupunkturpunkten erfolgen; eine Ausnahme bildet lediglich *Bai Hui*.

28.4 Therapie einzelner Reproduktionsstörungen

Anwendung der Therapieempfehlungen

Unsere Punktempfehlungen dienen lediglich als Leitfaden zur Planung einer individuellen Behandlungsstrategie. Es sollten nicht alle für eine bestimmte Indikation empfohlenen Punkte gleichzeitig bei einer einzelnen Therapiesitzung angewandt werden. Die Liste der Punktempfehlungen ist auch beileibe nicht vollständig. Wir wollen alle ermutigen, innovative Ideen in die Veterinärakupunktur einzubringen. Wenn sie eine Kombination finden, die gut funktioniert, sollten sie sie noch einmal probieren und weiter erforschen. Wenn sie in einer Sackgasse landen, sollten sie mit Kreativität einen anderen Ansatz suchen.

Anöstrus

Anöstrus ist als die Unfähigkeit des weiblichen Tieres definiert, während der Brunstphase den Östrus durch Verhalten deutlich zu machen. Es gibt natürlich viele Ursachen für einen Anöstrus. Wenn die Störung nicht durch einen angeborenen Fehler verursacht ist, können Ernährung und falsche Haltung die Ursache sein.

Empfohlene Punkte für die Therapie des Anöstrus sind: *Bai Hui, Wie Ben* (LG 2), LG 1, Bl 23, Bl 25 und *Yan Chi* (Gändeflügel); evtl. zusätzlich KG 4 und LG 4. *Yan Qi* ist ein Extrapunkt auf der Verbindungslinie zwischen dorsaler Mittellinie und Tuber coxae (nach zwei Dritteln der Strecke). Bei ansonsten gesunden Tieren können zur Therapie des Anöstrus Elektroakupunktur an *Bai Hui* und *Wie Ben* oder Injektionen an Bl 23 und Bl 25 eingesetzt werden [14, 25–27].

Geeignete Techniken: einfaches Tonisieren der Punkte durch konventionelles Nadeln, Elektroakupunktur, Moxibustion oder Aquapunktur. Wenn die Erstbehandlung nicht den erwünschten Erfolg bringt, kann die Behandlung zweimal wöchentlich wiederholt werden oder Fäden an den Punkten implantiert werden, um die Wirkung zu verlängern.

Zystisch entartete Ovarien, zystisch verändertes/ persistierendes Corpus luteum, stille Brunst, Scheinträchtigkeit

All diese Erkrankungen zeichnen sich durch eine Störung im Gleichgewicht zwischen Östrogen und Gestagen aus.
Behandlungsvorschläge:

- Bei Milchkühen wird eine Injektionstherapie an den Akupunkturpunkten Bl 23 und Bl 25 kombiniert mit einer Choriongonadotropin-Behandlung für zystisch entartete Ovarien oder einer Behandlung mit Prostaglandin bei persistierendem oder zystischem Gelbkörper empfohlen. Dieses Behandlungsprotokoll kann auch auf weibliche Tiere anderer Spezies bei gleicher Diagnose angewandt werden.
- Eine Alternative wäre Elektroakupunktur zwischen den Punkten *Bai Hui*, KG 1 und LG 1.
- Auch der Punkt MP 6 hat eine starke Wirkung auf das Reproduktionssystem. Wegen seiner Lokalisation (hinter der posterioren Kante der Tibia, drei *Cun* oder Körpereinheiten proximal des Malleolus medialis) ist er bei einigen Tieren schwieriger zu stechen. Ansonsten stellt MP 6 eine sehr wirkungsvolle Kombination mit Bl 22 und Bl 23 zur Behandlung von stiller Brunst oder Scheinträchtigkeit bei Großtieren dar.

Bei allen aufgezählten Behandlungskonzepten ist meist nur eine Behandlung notwendig, um einen neuen Reproduktionszyklus zu starten oder eine Scheinträchtigkeit zu beenden.

Umrindern

Das Umrindern von Milchkühen kann einen beachtlichen finanziellen Verlust darstellen. Die neuesten Veröffentlichungen berichten vom Einsatz von Gonadotropin-Releasing Hormon (GnRH) als

Therapie dieses Problems. Die Studienergebnisse deuten darauf hin, dass die Aufnahmerate von betroffenen Kühen mit GnRH gesteigert werden kann. Unserer Erfahrung nach konnte jedoch zum Zeitpunkt der künstlichen Besamung injiziertes GnRH nur eine geringgradige Erhöhung der Aufnahme im Vergleich zu Kontrolltieren erreichen. In unserer neuesten Untersuchung wurden 18 umrindernde Milchkühe, davon zwei Kalbinnen und 16 Kühe, die auch nach drei bis neun erfolglosen Besamungen nicht auf die GnRH-Behandlung angesprochen hatten, mit Injektions-Akupunktur behandelt. 10 ml einer 50%igen Glukoselösung wurden an den Punkt *Bai Hui* und 5 ml bilateral an den Punkt *Shen Peng* („Bord der Niere", in einer Vertiefung zwischen den Processus transversi von LWK 5 und 6) injiziert (➤ Abb. 28.2). 14 Tage nach einer einzigen Behandlungssitzung lag die Trächtigkeitsrate bei 68 % (12/18). Dies deutet auf eine gute Wirksamkeit dieser einfach zu handhabenden Methode hin [28].

Impotenz und Penisparalyse

Diese Störung entsteht meist durch den zu starken Einsatz der männlichen Zuchttiere. Das sexuelle Verlangen lässt nach und der Penis kann mitunter nicht mehr in das Präputium reponiert werden. Von der Störung betroffen sind der Nieren-Meridian, der *Chong Mai*, das Konzeptionsgefäß und das Lenkergefäß. Die davon betroffenen Tiere sollten sich zehn Tage ausruhen dürfen und mit Akupunktur behandelt werden.
Behandlungsvorschläge:

- Bei **Impotenz** reicht meist eine Behandlung an *Bai Hui* und *Wai Gen* mit Moxa und Nadeln.
- Zur Behandlung der **Penisparalyse** können folgende Punkte verwendet werden: Bl 31, Bl 32, Bl 33, Bl 34, *Bai Hui* und *Wai Gen,* KG 1 und KG 4. Die Punkte sollten tonisierend genadelt werden. Dazu kann manuelle Stimulation oder Elektroakupunktur eingesetzt werden. Moxa kann an den Punkten Bl 33, Bl 34, KG 4, *Bai Hui* und *Wai Gen* verwendet werden.
- Ein weiteres wirkungsvolles Therapiekonzept ist die Kombination von Elektroakupunktur an *Bai Hui* und LG 1 und Moxa an den Blasen-Punkten.

Bei Paralyse des Penis können mehrere Behandlungen nötig sein, um die gewünschten Erfolge zu erzielen. Der Penis kann manuell zurückverlagert werden und mit Einzelheften durch den Schlauch fixiert werden. Wenn der Penis nach mehreren Tagen immer noch Anzeichen einer Paralyse zeigt, sollte korrektive Chirurgie in Betracht gezogen werden.

Abb. 28.2 Injektion in *Bai Hui* zur Behandlung von Umrindern bei Kühen.

Entzündungen des Reproduktionssystems

Zu dieser Kategorie zählen Endometritis, Vaginitis und Orchitis. Bei allen infektiösen Erkrankungen sollte Akupunktur in Kombination mit einer Antibiotikatherapie eingesetzt werden. Injizierbare Antibiotika können auch direkt an Akupunkturpunkte gespritzt werden.
Behandlungsvorschläge:

- Obwohl in der Humanmedizin die Punkte Di 4, Di 11, Ma 36, KG 14, Le 3, Gb 39, Bl 43, Bl 23 und andere als Schlüsselpunkte für die Immunstimulation und die Entzündungshemmung bekannt sind, finden in der Tiermedizin eher die Punkte Ma 36 und Bl 20 bei Entzündungen Anwendung.
- Die Punkte Bl 23, Bl 25 und KG 1 können als spezifische Punkte bei Entzündung des Reproduktionssystems eingesetzt werden. Sie können mit Elektroakupunktur oder mit Injektion an die Akupunkturpunkte stimuliert werden.
- Ohne Frage stellt die Ovariohysterektomie die beste Behandlung für schwere Pyometra dar. Dennoch wollen manche Klienten wenigstens versuchen, die Zuchtfähigkeit des Tieres erhalten. Neben einer Antibiotikatherapie kann man in solchen Fällen mit Elektroakupunktur an folgenden Punkten behandeln: Bl 31, Bl 32, Bl 33 und Bl 34. Alle Punkte werden über 15 bis 30 Minuten stark stimuliert, um die Zervix zu öffnen und die Gebärmutter zu Kontraktionen anzuregen.
- Zusätzlich können verwendet werden: Di 4, MP 4, MP 6, KG 2, KG 3, KG 4, KG 5, Ni 11, Ni 12, Ni 13, Ni 14, *Bai Hui* und *Wai Gen.*

Eine Entleerung der Gebärmutter tritt meist innerhalb von 12 bis 24 Stunden ein. Bei fehlendem Behandlungserfolg kann die Therapie wiederholt werden. Die Akupunktur kann auch hilfreich sein, um bei mittelschweren Fällen der Pyometra vor einer geplanten Operation einen Teil des Exsudats aus der Gebärmutter auszuleiten.

Aborte und Komplikationen bei der Geburt

Es gibt viele Faktoren, die zum Abort frühen können. Infektionen, Mangel an Mineralstoffen oder Vitaminen, Toxine, Ermüdung und Traumen sind einige davon. Auch wenn ein Abort normalerweise als Verlust gesehen wird, kann er z. B. im Fall einer Fehlbedeckung durchaus erwünscht sein. Bei Dystokien oder bei einer zu lange dauernden Trächtigkeit kann eine Geburtseinleitung nötig sein. Aborte und Geburtseinleitung können bei Großtieren erfolgreich mit Prostaglandinen induziert werden. Bei Kleintieren zeigt die Prostaglandininjektion aber mitunter starke Nebenwirkungen wie Diarrhö, Erbrechen, Tachykardie, Hyperpnoe und Hypothermie. Mit Hilfe der Akupunktur kann ein Abort oder eine Geburt hingegen nebenwirkungsfrei eingeleitet werden.

Behandlungsvorschläge:

- Elektroakupunktur oder starke manuelle Stimulation über fünf bis zehn Minuten an den Punkten Di 4, MP 4, MP 6, KG 2, KG 3, KG 4, KG 5, Ni 11, Ni 12, Ni 13 und Ni 14 kann in der Regel innerhalb von 24 Stunden einen **Abort auslösen oder die Geburt einleiten**. Die Akupunktur wirkt jedoch häufig erst ab Ende des zweiten Trächtigkeitsdrittels. Man sollte zudem sehr sorgfältig darauf achten, ein geschwächtes Tier nicht zu stark zu stimulieren.
- 1996 lag eine Elefantenkuh im Zoo in Taipeh aufgrund einer **Dystokie** im Sterben. Keiner der Tierärzte konnte helfen und so wurde ich als letzter Versuch hinzugezogen. Ich versuchte, die Geburt voran zu bringen, indem ich Injektionen von 10 ml 50%iger Glukoselösung an die Akupunkturpunkte Bl 31, Bl 32, Bl 33, Bl 34 (alle bilateral) durchführte. Acht Stunden später gebar die Elefantenkuh ein totes Kalb, konnte aber selbst gerettet werden.
- Mit Akupunktur kann man auch einen drohenden **Abort verhindern** und eine Abortneigung behandeln. Die Punkte Ma 36, MP 6, Pe 6, He 7, Bl 23, Bl 47 und *Bai Hui* sollten einmal wöchentlich geringgradig stimuliert werden. Elektroakupunktur oder Moxibustion einen Monat vor der Belegung und während der ersten Hälfte der Trächtigkeit wirken in dieselbe Richtung.

Merke Generell sollte in der zweiten Hälfte der Trächtigkeit keine Akupunktur mehr durchgeführt werden, da die Gefahr der Abortauslösung besteht.

Plazentaretention

Obwohl diese Störung am häufigsten bei Kühen auftritt, kann sie auch bei allen anderen Spezies beobachtet werden. Indem die Akupunktur eine Dilatation der Zervix und eine Zunahme der Uteruskontraktionen verursacht, kann sie ein Ausstoßen der Plazenta und einen besseren Abfluss der Lochien bewirken.
Behandlungsvorschläge:

- Durch starke Stimulation mit Elektroakupunktur an den Punkten Bl 31, Bl 32, Bl 33, Bl 34 über 10 bis 15 Minuten wird die Zervix meist genügend geweitet, um die Plazenta manuell entfernen und lokale Antibiotika einlegen zu können.
- Spezielle Punkte für Gebärmutter und Zervix sind *Yan Chi* und *Bai Hui*. Zusätzlich können MP 6 und *Wai Gen* genadelt werden.

Gebärmuttervorfall

Am häufigsten treten Gebärmuttervorfälle bei Milchkühen und Muttersauen auf, aber auch andere Spezies können betroffen sein. Die genaue Ursache der Vorfälle ist nicht geklärt, aber Traumen, Geburtskomplikationen und Hypokalzämie werden als beteiligte Faktoren diskutiert. Bevor die Gebärmutter reponiert wird, kann mit Akupunktur die Heilung verbessert und eine Wiederholung vermieden werden.

Behandlungsvorschläge:

- Die Hauptpunkte zur Behandlung des Gebärmuttervorfalls sind KG 1, *Yin Tuo* (*Yin Ti*, Klitoris), Bl 20 und *Bai Hui*. *Yin Tuo* ist ein Extrapunkt, der nicht auf einem Meridian liegt, sondern bilateral auf einer gedachten horizontalen Linie durch das Zentrum der Vulva, in dem Bereich, in dem die Vaginalschleimhaut in die Haut übergeht. Die Punkte sollten mit Elektroakupunktur oder Moxibustion mindestens einmal wöchentlich über 5 bis 6 Wochen stimuliert werden.
- Zusätzliche Punkte sind Gb 27, Gb 28, MP 6, Ni 11, Ni 12, Ni 13, KG 2, KG 3 und KG 4.

Ovariohysterektomie, Kastration und Kaiserschnitt

In China wird Akupunktur regelmäßig zur Analgesie für Routineeingriffe wie Kastration oder Kaiserschnitt bei Großtieren eingesetzt. Da aber die Wirkung der Akupunkturanalgesie bei Hunden und Katzen nicht so zuverlässig ist, raten wir von ihrem Einsatz bei Operationen am Kleintier generell ab, egal wie klein der Eingriff ist. Wir hoffen, dass in Zukunft Methoden entwickelt werden, die Akupunktur mit konventionellen Anästhetika kombinieren, so dass z. B. die Menge an Anästhetika verringert werden kann. Gerade für Operationen an geschwächten Tieren oder beim Kaiserschnitt wäre das sehr hilfreich. Blutungen während einer Operation oder Geburt stellen in jeder Spezies ein großes Problem dar, und hier ist die Akupunktur eine wertvolle Therapieoption.
Behandlungsvorschläge:

- Bei Pferden, Rindern und Hunden können Blutungen mit dem traditionellen Punkt *Duan Xue* („beendet die Blutung") behandelt werden. Dieser Punkt ist auch unter dem Namen *Tian Ping* („himmlische Balance") bekannt. Er liegt auf dem *Dai Mai* (Lenkergefäß), also auf der dorsalen Rückenlinie, zwischen den Processus spinosi des letzten Brust- und ersten Lendenwirbels. Neben anderen Indikationen wird *Duan Xue/Tian Ping* zur Beendigung von Blutungen eingesetzt. *Duan Xue* sollte manuell stark stimuliert werden, bis die Blutung aufhört. Der Punkt wirkt zudem auch analgetisch, v. a. bei Schmerzen im Bereich von Abdomen und Hoden, und kann abdominelle und gastrointestinale Störungen beheben.
- Beim Pferd werden noch zwei zusätzliche Punkte angegeben, die auf der dorsalen Mittellinie, zwischen BWK 17 und BWK 18 und zwischen LWK 1 und LWK 2 zu finden sind.

Bei inneren Blutungen, die auf ein Trauma zurück zu führen sind, reicht eine Behandlung von 10 bis 15 Minuten meist aus.

Brütigkeit

Brütigkeit kann finanzielle Schäden bei manchen Rassen von Haushühnern verursachen. In China wird die Akupunktur seit Jahrtausenden eingesetzt, um dieses Verhalten zu blockieren und so den Ertrag zu steigern. Wir haben eine Untersuchung gemacht, in der eine handgemachte „Federnadel", eine so genannte *Yu-Jane*, verwendet wurde. Die Federnadel besteht aus einer Sicherheitsnadel, an deren einem Ende Plastikfäden befestigt sind. Sie wurde durch den Akupunkturpunkt *Pi Kao* gestochen, der direkt zwischen den Nasenlöchern liegt und dort zwei Wochen in situ belassen (➤ Abb. 28.3). Es zeigte sich ein Verschwinden der Brütigkeit innerhalb von ein bis drei Tagen (2,0 ± 1,8 vs. 13,3 ± 9,2 in der unbehandelten Kontrollgruppe) und eine leichte Steigerung der Eierproduktion (ca. 15 %) während der 60tägigen Beobachtungszeit. Der verzögerte Anstieg der Eierproduktion ist darauf zurückzuführen, dass die Eierstöcke der Hühner einige Zeit brauchen, um sich nach der Brütigkeit wieder umzustellen. Die Verhaltensänderung nach der Akupunktur tritt daher früher auf als die physischen Effekte [29].

Postpartales Syndrom der Muttersauen

In der heißen Saison liegen die zwei Hauptprobleme in der Muttersauenhaltung in einem Anöstrus nach dem Absetzen der Ferkel und in einer zu schwachen Laktation. *Sheng Hua-Tang* wird bei Frauen in der postpartalen Phase oder nach einem Abort häufig eingesetzt [3]. Es steigert die Durchblutung und unterstützt die Gebärmutterkontraktionen und verbessert so den Abfluss der Lochien. In unserer Untersuchung untersuchten wir den postpartalen Einsatz von *Sheng Hua-Tang* bei Sauen. Nach den Ergebnissen dieser Studie ist die Kräutermischung durchaus in der Lage, das postpartale Syndrom der Sauen zu lindern, indem es die Östrusintervalle verringert und die Gewichtszunahme der neugeborenen Ferkel steigert [30]. Zusätzliche Informationen über den Einsatz von Kräutermischungen zur Therapie von Störungen im Reproduktionstrakt können der Übersicht von *Liu* und *Xie* entnommen werden [8].

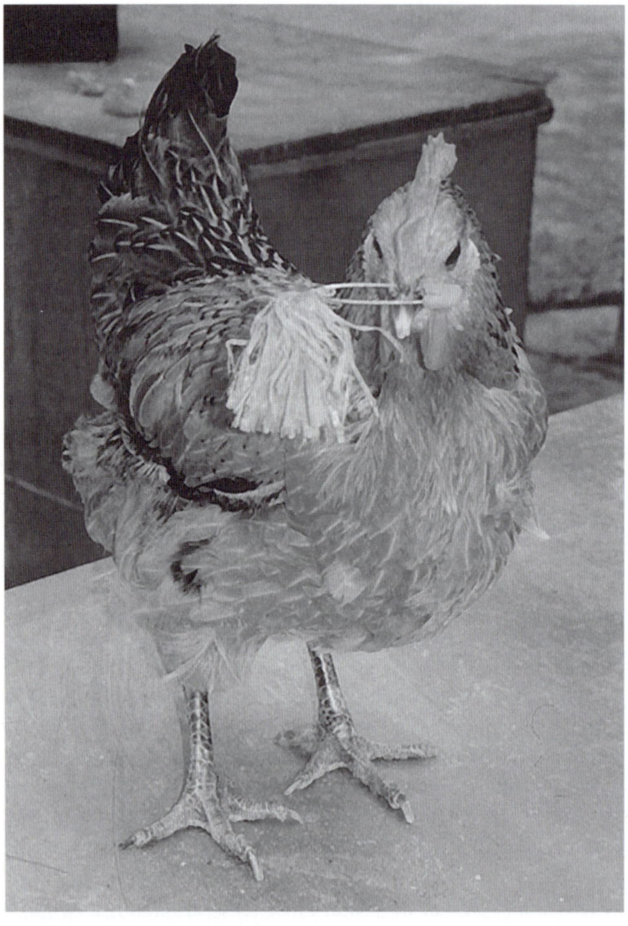

Abb. 28.3 Federnadel (*Yu-Jane*) im Punkt *Pi Kao* bei Brütigkeit der Legehennen.

28.5 Zusammenfassung

Obwohl mit Akupunktur in der Behandlung von Störungen des Reproduktionstraktes bei Haustieren gute Ergebnisse erzielt werden können, ist die Methode nicht immer erfolgreich. Wenn die Akupunktur als alleinige Therapie einer solchen Störung nicht ausreicht, sollte sie mit westlichen Medikamenten/Hormonprodukten oder mit chinesischen Kräutermischungen kombiniert werden. Mit zunehmenden Erkenntnissen über die physiologischen Wirkungen der Akupunktur werden wir Nutzen und Grenzen der Akupunktur bei Reproduktionsstörungen immer besser verstehen lernen.

Danksagung
Die Autoren danken der *International Veterinary Acupuncture Society* für die Erlaubnis, ihr ursprüngliches Skript zu überarbeiten (Lin JH et al: *Acupuncture treatment of animal reproductive disorders*, Zusammenfassung des 25sten jährlichen internationalen Kongresses der Veterinärakupunktur, S. 15–26, 1999). Außerdem danken wir Philip A.M. Rogers, MRCVS, Dublin, Irland, für die redaktionelle Hilfe bei der Manuskripterstellung.

LITERATUR

1. Yu BY, Yu BH: *Yuan Hen Liao Ma Ji* (A Treatise of Traditional Chinese Veterinary Medicine 1608), Beijing, 1960, Agriculture Publications.
2. Klide AM, Kung SH: *Veterinary acupuncture,* Philadelphia, 1977, University of Pennsylvania Press.
3. Yu J: *Handbook of obstetrics and gynecology in Chinese medicine,* Seattle, 1998, Eastland Press.
4. Wiseman N et al: *Fundamentals of Chinese medicine,* Brookline, Mass, 1985, Paradigm Publications.
5. *Essentials of Chinese Acupuncture,* Beijing, 1979, Foreign Language Press.
6. Veith I: *The Yellow Emperor's classic of internal medicine,* Berkeley, 1949, University of California Press.
7. Kothbauer O: *Veterinary acupuncture,* Munich, Germany, 1999, Zweimühlen Verlag.
8. Liu H, Xie H: Recent studies of Chinese herbal medicine for treatment of reproductive disorders. *Proceedings of the Twenty-fifth Annual International Congress on Veterinary Acupuncture,* pp 229–239, Lexington, Ky, 1999.
9. Flaus B: Premenstrual syndrome: its differential diagnosis and treatment, *Am J Acupunct* 13:205–222, 1985.
10. Niswender GD: Mechanism controlling the function and life span of the corpus luteum, *Physiol Rev* 80:1, 2000.
11. Lin JH, Rogers PAM: Acupuncture effects on the body's defense system: a veterinary review, *Vet Bull* 50:633–640, 1980.
12. Lin JH, Rogers PAM: Five elements and hormone regulation, *Int J Chin Med* 2:15–20, 1985.
13. Lin JH et al: Induction of oestrus in anoestrous sows 10 days postweaning with acupuncture. *Proceedings of the Fourth Congress of Fed Asian Vet Assn,* Taipei, 1984, Fed Asian Vet Assn.
14. Lin JH et al (eds): Sustainable Medicine for Animals: Proceedings of the Twenty-fourth Annual International Congress on Veterinary Acupuncture, pp 1–235, Taiwan, 1998.

15. Tsuei JJ: Acupuncture treatment in modern practice of obstetrics and gynaecology, *Int J Chin Med* 1:37–41, 1984.
16. Lin JH et al: Effects of electroacupuncture and gonadotropin-releasing hormone treatments on hormonal changes in anoestrous sows, *Am J Chin Med* 16:117–126, 1988.
17. Lin JH et al: Pituitary responsiveness to gonadotropin-releasing hormone in gilts treated with electroacupuncture. *Proceedings of the Eighteenth Annual International Congress on Veterinary Acupuncture,* pp 39–42, Hawaii, 1992.
18. Bossut DFB et al: Electroacupuncture-induced analgesia in sheep: measurement of cutaneous pain thresholds and plasma concentrations of prolactin and B-endorphin immunoreactivity, *Am J Vet Res* 47:669–676, 1986.
19. Malven PV et al: Effect of naloxone and acupuncture treatment on plasma concentration of LH in sheep, *J Endocrinol* 101:76–80, 1984.
20. Malven PV: Searching for an inhibitory action of blood-borne B-endorphin on LH release, *J Reprod Fertil* (Suppl) 34:9–16, 1987.
21. Trudeau VL et al: Effects of morphine and naloxone on plasma levels of LH, FSH, prolactin, and growth hormone in the immature male pig, *J Endocrinol* 119:501–508, 1988.
22. Chang HC et al: Further investigation on the hypothesis of meridian-cortex-viscera relationship, *Am J Chin Med* 11:5–13, 1983.
23. Battista PJ et al: Biogenic amine regulation of bovine luteal progesterone production in vivo, *J Reprod Fertil* 80:517–522, 1987.
24. Chan B et al: Auswirken einer Akupunkturbehandlung beim Eber auf die Samenqualität Reprod Domestic Anim 25:109, 1990.
25. Kothbauer O: Bovine female reproductive disorders. In Kothbauer O, Rogers P, eds: *Veterinary acupuncture,* Munich, 1999, Zweimühlen Verlag.
26. Turnbull J: Acupuncture in bovine theriogenology. Proceedings of the Twelfth Annual International Congress on Veterinary Acupuncture, 1986.
27. Holiday RJ: Acupuncture in an anoestrous cow, International Veterinary Acupuncture Society Newsletter, 1989.
28. Lin CS et al: A preliminary study of aquapuncture on repeat breeding dairy cattle. Sustainable Medicine for Animals: Proceedings of the Twenty-fourth Annual International Congress on Veterinary Acupuncture, Chitou, Taiwan, 1998.
29. Tai JJL et al: Antibroodiness of acupuncture on domestic hens. *Proceedings of the Eighteenth Annual International Congress on Veterinary Acupuncture,* pp 43–46, Hawaii, 1992.
30. Lin JH et al: Control of postpartum syndrome in sows by using sheng-hua-tang. *Proceedings of the Twenty-third Annual International Congress on Veterinary Acupuncture,* pp.92–96, Saint-Sauveur, Quebec, Canada, 1997.

IV Großtier-Akupunktur

IV

KAPITEL

29

Allen M. Schoen

Einführung in die Akupunktur bei Pferden

Mit zunehmendem Anspruch an die Leistung von Pferden über die letzten zwanzig Jahre hat auch die Suche nach Therapien zugenommen, die bei der Heilung und Verbesserung der Leistung helfen sollen. Die Akupunktur an Pferden hat sich entwickelt und erweitert, um diesen Ansprüchen gerecht zu werden. Akupunktur wird bei Pferden eingesetzt, deren Nutzung die ganze Bandbreite des Pferdesports abdeckt, wie z. B. Galopprennen, Westernreiten, Distanzritte, Springprüfungen, Jagden, Dressurprüfungen und vieles andere.

In verschiedenen Ländern der Welt hat sich die Pferdeakupunktur in dieser Zeit unterschiedlich entwickelt. Manche Tierärzte verwendeten die traditionellen Pferdeakupunkturkarten und -punkte, die in China vor hunderten von Jahren entwickelt worden waren. Andere beziehen sich auf Karten und Punkte, die aus der humanmedizinischen Akupunktur transponiert wurden.

Es entwickelten sich verschiedene Lehrmeinungen, die zwar kontrovers zueinander stehen, sich aber dennoch gegenseitig ergänzen. Viele der traditionellen Akupunkteure stellen immer noch die Existenz von Meridianen beim Pferd in Frage oder sie bezweifeln, ob die Meridiane vom Menschen auf das Pferd übertragen werden dürfen. Außerdem haben sich verschiedene Techniken für Diagnose und Behandlung entwickelt. Die Traditionalisten legen ihrer Diagnose den Puls- und Zungenbefund und die Theorien der TCM zugrunde. Viele der im Westen ausgebildeten Pferdeakupunkteure berufen sich bei ihrer Diagnose auf eine Kombination aus westlicher veterinärmedizinischer Diagnosetechnik und japanischer Akupunkturpunkt-Palpationstechnik. Neue Techniken wie der Einsatz von Lasergeräten und die Implantation von chirurgischen Klammern haben manche traditionelle Technik verdrängt wie z. B. die „heißen Packungen mit Essigschnaps". Zur gleichen Zeit haben sich auch andere Bereiche weiterentwickelt. Der Hufbeschlag, die Reittechniken und die Sattelanpassung erfuhren in den letzten Dekaden eine starke Entwicklung. Auch diese Faktoren spielen bei der Einschätzung der Akupunktur der Pferde eine Rolle.

Beim Durchgehen dieses Kapitels wurde ich mit dem Dilemma konfrontiert, welchen Atlas der Pferdeakupunktur und welche Punktlokalisationen und -nomenklatur ich verwenden sollte. Nachdem ich mich noch einmal mit Vertretern beider Schulrichtungen auseinandergesetzt hatte, beschloss ich, beide zu berücksichtigen, also die traditionellen Punkte ebenso wie die transponierten. Im Augenblick können beide genügend Beweise ihrer Effektivität erbringen. Beide sind der Diskussion hier im Text würdig.

Da viele Punkte sich in beiden Systemen decken, werden sie, wenn möglich, mit beiden Bezeichnungen angegeben, also dem traditionellen chinesischen Namen und dem transponierten Namen, der sich aus der Nomenklatur ergibt, die von der Existenz der Meridiane beim Pferd ausgeht und von der *International Veterinary Acupuncture Society* (IVAS) anerkannt wird. Wann immer dies möglich ist, wird eine anatomische Beschreibung der Punktlokalisation angegeben. Vielleicht entwickeln sich in der Zukunft neue Punktnamen, die sich auf die Neuroanatomie und Neurophysiologie der Punkte beziehen, wie z. B. der „Motorpunkt" des M. abductor cruris caudalis, der Triggerpunkt des M. triceps brachii oder der „N. radialis-Punkt Nr. 6". In manchen der folgenden Kapitel wird eine Erklärung der historischen Sichtweise für die kontroverse Entwicklung angeboten. Manche Kapitel beziehen sich auf die traditionellen Karten, andere auf die transponierten. Viele Informationen, die geliefert werden, bauen auf tausenden von Jahren klinischer Erfahrung auf, andere Informationen leiten sich aus neuesten klinischen Untersuchungen ab, aus neuen Forschungsergebnissen oder der Zusammenfassung der klinischen Erfahrung von Pferdefachleuten aus den letzten zwanzig Jahren. Zur Entwicklung des Atlasses der transponierten Punkte in der Pferdeakupunktur und der diagnostischen und therapeutischen Techniken haben sich viele IVAS-Mitglieder über Jahrzehnte bemüht. Ich danke ihnen hiermit für ihre Verdienste an der Pferdeakupunktur. Wenn ich irgendjemanden als den „Vater der Pferdeakupunktur" in den Vereinigten Staaten angeben sollte, wäre dies Dr. Marvin Cain. Große Anerkennung für ihre wertvollen Beiträge zur Entwicklung der Pferdeakupunktur in den Vereinigten Staaten gebührt auch Dr. Phil Rogers, Dr. Yann Hwang, Dr. Meredith Snader, Dr. Earl Sutherland, Dr. Peggy Fleming und vielen anderen IVAS-Mitarbeitern. Ganz besonders danken möchte ich Peggy Fleming für ihre ausgezeichneten und sehr ausführlichen Beiträge zu diesem Kapitel.

Wir haben uns bemüht, in diesem Kapitel so viel der im Augenblick verfügbaren Information über Pferdeakupunktur wie möglich unterzubringen. Weitere klinische Untersuchungen und Studien werden dazu beitragen, voneinander abweichende Ansichten zu klären oder die Verwirrtheit, die im Bereich der Nomenklatur und Punktlokalisation der Pferdeakupunktur herrscht, zu erleichtern.

KAPITEL

30

Peggy Fleming

Die Lokalisation der Zustimmungs-*Shu*-Punkte beim Pferd: traditioneller und transpositioneller Ansatz

30.1 Zustimmungs-*Shu*-Punkte beim Menschen

Beim Menschen liegen die Zustimmungs-*Shu*-Punkte des Rückens in einer Reihe entlang des Blasen-Meridians, lateral der Wirbelsäule. Die alten Texte beschreiben, wie das zirkulierende *Qi* der Organe durch diese Punkte fließt und wie Krankheiten der Organe durch Druckdolenzen an den Zustimmungs-*Shu*-Punkten erkannt werden können [1]. Vor allem, wenn man die neurophysiologischen Erklärungen dieser Phänomene mit einbezieht, ist die Lokalisation dieser Punkte wichtig. Sie liegen jeweils auf derselben Ebene, wie die dazugehörenden Organe. So befinden sich z. B. die Zustimmungs-*Shu*-Punkte von Lunge, Perikard und Herz im kranialen Thoraxbereich und der Punkt der Niere auf einer Höhe mit den Nieren [1].

Die verschiedenen Organe werden von **autonomen efferenten Nerven** innerviert und reguliert. So entspringt z. B. der kardiale sympathische Anteil aus den kranialen thorakalen Anteilen des Rückenmarks, während die parasympathische Versorgung der Blase im Beckenbereich austritt (➤ Abb. 30.1). Dass somatische sensorische Stimulation autonome Reflexantworten produzieren kann, konnte in Studien nachgewiesen werden [2].

Untersuchungen ergaben außerdem, dass bestimmte Bereiche der Körperoberfläche, die so genannten **Head-Zonen**, auf pathologische Veränderungen bestimmter Organe reagieren [1]. Mit Hilfe einer Sonde konnten diese reaktiven Bereiche identifiziert werden – siehe ➤ Abb. 30.2. Hier zeigt sich, dass z. B. die Zustimmungs-*Shu*-Punkte für Lunge und Magen direkt auf den empfindlichsten Bereichen liegen, die mit den entsprechenden Organen korrespondieren. So können sich Magenprobleme durch eine erhöhte Schmerzhaftigkeit im Bereich des thorakolumbalen Übergangs zeigen, der Lokalisation von Bl 21, dem Zustimmungs-*Shu*-Punkt des Magens.

Beim Menschen werden die Zustimmungs-*Shu*-Punkte sowohl diagnostisch als auch therapeutisch eingesetzt. Durch ihre Stimulation können das betroffene Organ oder der dazu gehörende Meridian beeinflusst werden. Tonisierung und Sedierung werden durch entsprechende Nadeltechniken erreicht [1].

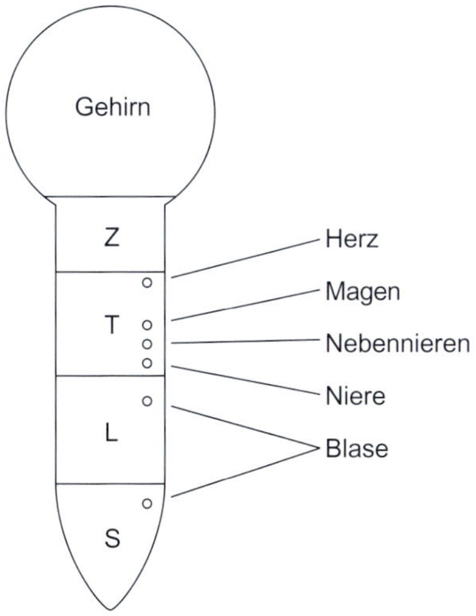

Abb. 30.1 Die Innervation der Organe durch das autonome Nervensystem. Z = zervikal; T = thorakal; L = lumbal; S = sakral
(Daten aus: Sato A: *The reflex effects of spinal somatic nerve stimulation on visceral function,* J Manipulative Physiol. Ther 15, 1992)

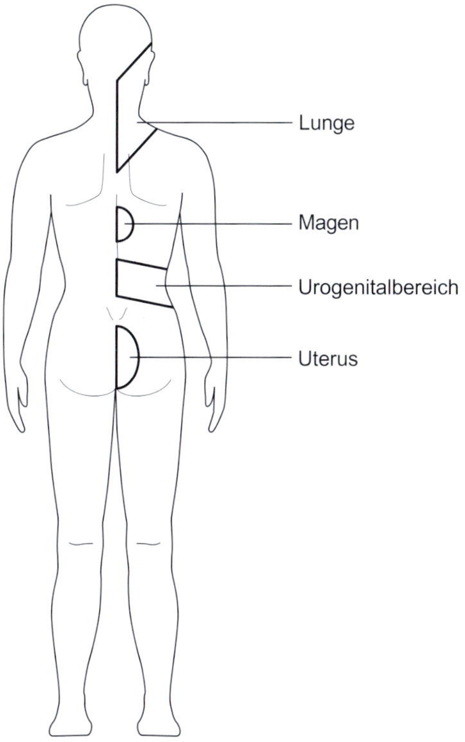

Abb. 30.2 Head-Zonen: Regionen der Hautoberfläche, die auf Organstörungen reagieren.
(Daten aus: O'Connor J, Bensky D.: *Acupuncture: a comprehensive text*, Seattle, 1988, Eastland Press)

30.2 Zustimmungs-*Shu*-Punkte beim Pferd

Traditioneller chinesischer Ansatz

In der traditionellen chinesischen Tierakupunktur kennt man keine Meridiane. Benutzt werden Punkte, die zuverlässige therapeutische Wirkung bei bestimmten Bedingungen gezeigt haben. Diese Punkte wurden bereits von den frühen Meistern erkannt und in den antiken Texten beschrieben [3, 6, 9]. Einige dieser Punkte liegen in dem Bereich, in dem man den Blasen-Meridian vermuten kann, und werden zur Behandlung bestimmter Organdysfunktionen eingesetzt. Aber diese Punkte werden nicht in dem Maße verwendet wie die Zustimmungs-*Shu*-Punkte in der Humanmedizin.

Im „Handbuch der chinesischen Tierakupunktur und -moxibustion" wird der Versuch unternommen, beim Pferd die Position der analogen Zustimmungs-*Shu*-Punkte des Menschen anhand der **Übersetzung des Namens** und ihrer **Rolle in der Behandlung von Organerkrankungen** zu identifizieren [4]. Nach diesem Text liegt der erste Zustimmungs-*Shu*-Punkt beim Pferd im 7. ICR und wird dem Perikard zugeordnet, gefolgt von den Punkten für Lunge, Gallenblase, Leber, Dreifachen Erwärmer, Milz/Pankreas, Dickdarm, Dünndarm und Blase. Der Zustimmungs-*Shu*-Punkt der Nieren liegt im lumbosakralen Bereich. Diese Reihenfolge unterscheidet sich stark von der in der Humanakupunktur (➤ Tab. 30.1 und ➤ Abb. 30.3).

Trotz der Übereinstimmung der Funktion der Punkte, die in der traditionellen chinesischen Veterinärliteratur angegeben werden, bleiben Diskrepanzen bestehen. Manche davon sind höchstwahrscheinlich auf die verschiedenen Systematiken zurückzuführen, die bei der Übersetzung ins Englische verwendet wurden. In ➤ Tab. 30.2 wird die Funktion der traditionellen Punkte, die lateral des Rückgrats liegen und zur Behandlung von Organstörungen eingesetzt werden können, verglichen mit der Funktion der Zustimmungs-*Shu*-Punkten aus der Humanmedizin. Als Quellen dienten hierfür das „Sobin"-Pferdemodell (1972 aus China importiert) und das *Handbook of Chinese Veterinary Acupuncture* (Handbuch der chinesischen Tierakupunktur).

Es interessant, die Funktion der Pferde-Zustimmungs-*Shu*-Punkte mit der Funktion der entsprechenden Zustimmungs-*Shu*-Punkte beim Menschen zu vergleichen. So liegt z. B. die Funktion des Zustimmungs-*Shu*-Punkts der Lunge sowohl bei Menschen als auch bei Pferden zweifellos in der Behandlung von Erkrankungen des Respirationstrakts. Auch der Zustimmungs-*Shu*-Punkts der Leber im 13. ICR wird bei Pferden und bei Menschen zur Behandlung von Augenerkrankungen und Ikterus eingesetzt. Die Indikation einiger anderer Punkte ist jedoch weniger klar. So können z. B. Verdauungsstörungen und Magendilatation mit den Organen Gallenblase, Magen, Dreifacher Erwärmer, Milz/Pankreas und Dickdarm in Verbindung gebracht werden. Bei Pferden gelten im Gegensatz zum Menschen Nierenerkrankungen nicht als Indikation für den Zustimmungs-*Shu*-Punkt der Niere. Andererseits könnte man anführen, dass die Funktion des traditionellen Blasen-Zustimmungs-*Shu*-Punktes bei der Behandlung von Polyurie auch als Funktion des Nieren-Zustimmungs-*Shu*-Punktes betrachtet werden könnte, der im transpositionellen System genau an der Lokalisation des Zustimmungs-*Shu*-Punktes der Blase (zwischen LWK 2 und LWK 3) zu finden ist. Die Übereinstimmungen der Zustimmungs-*Shu*-Punkte beim Pferd mit denen beim Menschen scheinen eher auf der Nomenklatur zu basieren als auf der spezifischen Funktion der Punkte.

Transpositioneller Ansatz

Viele Akupunkteure, die in den USA und in Europa Pferde behandeln, haben das transpositionelle System übernommen, das dem der Humanmedizin gleicht. Die **anatomische Lokalisation der Humanpunkte** wurde zum Auffinden der Punkte beim Pferd zugrunde gelegt. Über dieses Vorgehen bestehen kontroverse Mei-

Tab. 30.1 Lokalisation der Zustimmungs-*Shu*-Punkte beim Pferd und beim Menschen

Pferde (traditionell)		Pferde (transponierte Punkte)		Menschen	
Zang Fu-Organ	Zwischenwirbelbereich unter	*Zang Fu*- Organ	Zwischenwirbelbereich unter	*Zang Fu*-Organ	Zwischenwirbelbereich unter
Pe	BWK 7	Lu	BWK 8	Lu	BWK 3
Lu	BWK 9	Pe	BWK 9	Pe	BWK 4
Gb	BWK 11	He	BWK 10	He	BWK 5
Ma	BWK 12	Le	BWK 14	Le	BWK 9
Le	BWK 13	Gb	BWK 15	Gb	BWK 10
3E	BWK 14	MP	BWK 17	MP	BWK 11
MP	BWK 15	Ma	BWK 18	Ma	BWK 12
Di	BWK 17	3E	LWK 1	3E	LWK 1
Dü	LWK 1	Ni	LWK 2	Ni	LWK 2
Bl	LWK 2	Di	LWK 5	Di	LWK 4
Ni	LWK 6	Dü	SWK 1	Dü	SWK 1
		Bl	SWK 2	Bl	SWK 2

Entnommen aus Panzer R: „*A comparison of traditional Chinese and transpositional methods of veterinary acupuncture point location in the determination of 12 equine Zangfu organ back Shu association acupoint loci*". Zusammenfassung des 18. jährlichen Kongresses der Tierakupunktur, Maui, Hawai, 1992.

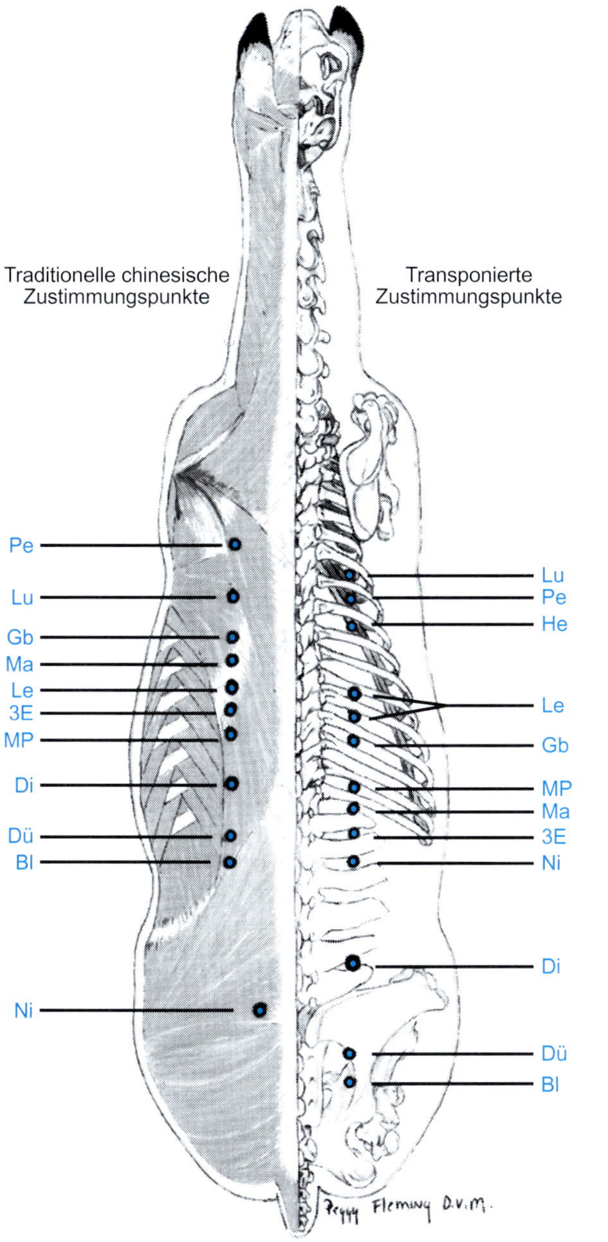

Abb. 30.3 Traditionelle chinesische Zustimmungs-*Shu*-Punkte beim Pferd (linke Seite) im Vergleich zu den transponierten Zustimmungs-*Shu*-Punkten (rechte Seite).

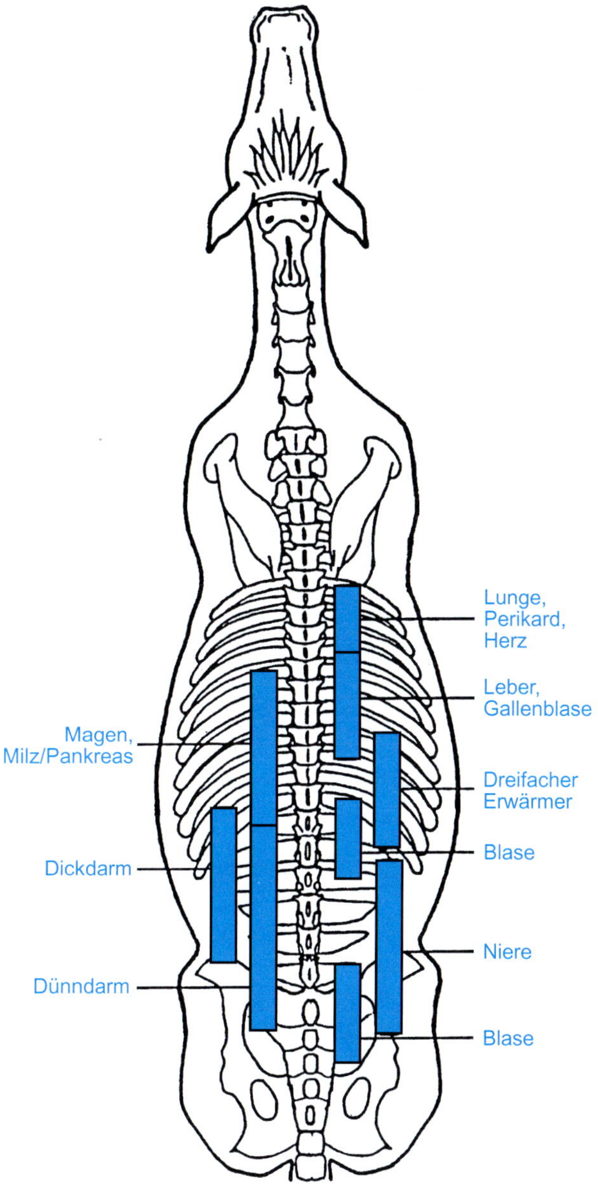

Abb. 30.4 Die Lokalisation der traditionellen chinesischen Zustimmungs-*Shu*-Punkte beim Pferd.
(Modifiziert nach Yang HD et al: *Shouyi Zhenjiu Shouce*/Handbuch der Tierakupunktur und -moxibustion, Ausgabe 2, Beijing, 1983, Agricultural Publication Society (auf Chinesisch); Zhao YS: *Zhao Maozhai Shouyi: Zhenjiu* (Dr. Maozhai Zhaos Tierakupunktur und -moxibustion), Beijing, 1982, Shanxi Provinz Linfen Municipality Animal Science and Veterinary Research Institute (auf Chinesisch.)

nungen. Menschen haben lediglich 12 Brust- und 5 Lendenwirbel, während beim Pferd 18 Brust- und 6 Lendenwirbelkörper zu finden sind. Daraus ergaben sich einige Probleme in der Entscheidung, wo die Punkte beim Pferd liegen sollten.

Nach mehreren Jahren klinischer Erfahrung sind sich die meisten Experten nun über die allgemeine Lokalisation der Punkte im Bereich eines oder zweier Wirbelkörper einig (➤ Abb. 30.3) [5]:

- Die Zustimmungs-*Shu*-Punkte von **Lunge, Perikard** und **Herz** sind im Bereich der kranialen Brustwirbel zu finden.
- Die Zustimmungs-*Shu*-Punkte von **Leber** und **Gallenblase** liegen im Bereich der mittleren Brustwirbel.
- Die Zustimmungs-*Shu*-Punkte von **Milz/Pankreas** und **Magen** finden sich im Bereich der kaudalen Brustwirbel.
- Im Lumbalbereich liegen die Zustimmungs-*Shu*-Punkte des **Dreifachen Erwärmers,** der **Niere** und des **Dickdarms**.
- Im Bereich des Sakrums finden sich die entsprechenden Punkte von **Dünndarm** und **Blase**.

Im transpositionellen System gibt es rechts und links der Wirbelsäule je zwei Reihen von Zustimmungs-*Shu*-Punkten:

- Medial liegt der **innere Blasen-Meridian**, dessen Punkte v. a. bei Störungen des Meridians eingesetzt werden.
- Lateral, in einer Furche des M. longissimus dorsi, liegt der **äußere Blasen-Meridian**, dessen Punkte eher bei Störungen des dazu gehörenden Organs eingesetzt werden.

Tab. 30.2 Vergleich der Funktion der Zustimmungs-*Shu*-Punkte beim Menschen und der traditionellen chinesischen Zustimmungs-*Shu*-Punkte beim Pferd

Punktname	Mensch		Pferd	
	Lokalisation	Funktion	Lokalisation	Funktion
Fei Shu (Lu)	BWK 3	Erkrankungen des Respirationstrakts, Nachtschweiß	BWK 9	Husten, Asthma, Hitze in der Lunge
Jue Yin Shu (Pe)	BWK 4	Herzerkrankungen, Störungen des Kreislaufs	BWK 7	Enterospasmen, Hyperhidrosis
Gan Shu (Le)	BWK 9	Leber- und Magenerkrankungen, Augenkrankheiten, Rückenschmerzen	BWK 13	Ikterus, Keratitis, Konjunktivitis
Dan Shu (Gb)	BWK 10	Hepatitis, Epilepsie	BWK 11	Ikterus, Verdauungsstörungen
Pi Shu (MP)	BWK 11	Gastritis, Magengeschwüre, abdominale Spannung, Ödeme, Übelkeit, Kolitis	BWK 15	Enterospasmen, Magendilatation, Obstipation, Diarrhö, Flatulenz
Wie Shu (Ma)	BWK 12	Abdominale Spannung, Geschwüre, Kolitis, Übelkeit	BWK 12	Verdauungsstörungen, Flatulenz, Magendilatation
San Jiao Shu (3E)	LWK 1	Verdauungsstörungen, Enteritis, endokrine Störungen, Ödeme	BWK 14	Verdauungsstörungen, Überanstrengung
Shen Shu (Ni)	LWK 2	Nierenerkrankungen, sexuelle Störungen, Asthma, Ödeme, Taubheit	LWK 6	Weichteilentzündungen im Bereich von Hüfte und Lende
Da Chang Shu (Di)	LWK 4	Diarrhö, Obstipation, Ischiasschmerz, abdominale Spannung	BWK 17	Enteritis, Flatulenz, Obstipation (Di)
Xiao Chang Shu (Dü)	SWK 1	Schmerzen im Rücken und im Lendenbereich, Dysenterie, Hämaturie, Enuresis	LWK 1	Obstipation, abdominelle Schmerzen, Enteritis
Pang Guang Shu (Bl)	SWK 2	Blasenerkrankungen, Diarrhö, sexuelle Störungen, Schmerzen im Lumbalbereich	LWK 2	Polyurie, Diarrhö, Magenschmerzen, Obstipation

Das Modell der überlappenden Segmente

R. Panzer schlägt vor, den Blasen-Meridian in Segmente aufzuteilen anstatt in Punkte und beschreibt diese Segmente als einander überlappend (➤ Abb. 30.4) [6]. Die gedachten Zonen berücksichtigen die Lokalisation der Zustimmungs-*Shu*-Punkte beider Systeme und versuchen, die Punkte in einer Region zusammenzufassen. Wenn man die Innervation dieser Segmente betrachtet, so spricht einiges für den Ansatz von Panzer. Der Autor weist auf die Tatsache hin, dass beispielsweise Verdauungsorgane wie Magen, Milz/Pankreas, Dickdarm und Dünndarm ihre Zustimmungs-*Shu*-Punkte im thorakolumbalen Bereich haben, der von zahlreichen gastrointestinalen autonomen Nervenfasern durchzogen wird.

30.3 Welcher Ansatz ist der bessere?

Viele Pferdeakupunkteure benutzen die Zustimmungs-*Shu*-Punkte zur Diagnose von Störungen der Meridiane oder der Organe [7]. Die Zustimmungs-*Shu*-Punkte werden dafür sorgfältig auf Druckdolenzen untersucht [5]. So weist z. B. beim transpositionellen Ansatz eine Empfindlichkeit des Zustimmungs-*Shu*-Punkts der Lunge entweder auf eine Lungenerkrankung hin oder auf eine Störung entlang des Meridianverlaufs im medialen Bereich der Vordergliedmaße. Dieses Vorgehen unterscheidet sich stark von der traditionellen chinesischen Vorgehensweise.

Die immer wiederkehrende klinische Erfahrung, dass bei Meridianblockaden Schmerzen in einem bestimmten Bereich auftreten, haben viele der Pferdeakupunkteure von der Lokalisation der transponierten Zustimmungs-*Shu*-Punkte beim Pferd überzeugt [5]. Das stellt aber nur eine Diagnosemöglichkeit dar. Ein- und dieselbe Erkrankung kann Reaktionen an verschiedenen Punkten hervorrufen, ebenso können verschiedene Erkrankungen Schmerzen in den gleichen Punkten auslösen. In Abhängigkeit vom funktionellen Status des Körpers können Akupunkturpunkte außerdem ihre Lokalisation ändern. Es sollten immer die Punkte zur Diagnose herangezogen werden, die am stärksten reagieren [1].

Die Diskussion über die Existenz von Meridianen beim Pferd wird höchstwahrscheinlich erst mit dem Erstellen klar definierter, nachvollziehbarer Lokalisationen der Meridiane und der Akupunkturpunkte beendet werden. Die elektrischen Punktsuchgeräte sind bei Tieren unzuverlässig und Provokationstests nicht aussagefähig genug. Manche Akupunkteure verwenden zur Lokalisation der Akupunkturpunkte die Nogier-Methode, die auf Veränderungen des aurikulären Pulses basiert (➤ Kap. 26) [6]. Die Methode hängt jedoch stark von der Erfahrung des Klinikers ab und ist nur schwer reproduzierbar.

PRAXISTIPP

Im Augenblick liegen genügend Berichte vor, um davon auszugehen, dass beide Systeme sich gleichermaßen zum Einsatz in der Praxis eignen.

Nach immer mehr klinischen Erfahrungen kann das transponierte System sowohl für die Behandlung von Störungen der Organe als auch für Störungen im Meridianbereich und im muskuloskeletalen System der Pferde eingesetzt werden [5].

Obwohl den zwei Therapierichtungen ganz unterschiedliche Gedankenansätzen zugrunde liegen, sind sie doch stark miteinander verflochten. Die Diagnose und Behandlung nach der TCM-Lehre der fünf Elemente und der japanische Ansatz der Meridiantherapie setzen die Existenz von Meridianen und den dazugehörigen Punkten voraus. Ohne die Verwendung dieser Methoden wird die Pferdeakupunktur auf eine simple „Kochbuch-Akupunktur" reduziert. Andererseits wäre es für die Akupunkteure nicht gerade hilfreich, wenn sie sich auf Punkte verlassen, die anatomisch nicht korrekt sind.

Trotz der Verwirrung wäre es für alle, die sich mit Akupunktur an Pferden beschäftigen, gut, sich auf eine Standardnomenklatur zu einigen, um sich untereinander austauschen zu können. In den vergangenen Jahren gelang mit der Fertigstellung eines Atlasses der transponierten Punkte des Pferdes ein großer Schritt in diese Richtung. Die meisten Akupunkteure können aufgrund ihrer praktischen Erfahrungen den darin angegebenen Lokalisationen zustimmen (➤ Kap. 32). Die traditionellen chinesischen Punkte wurden im „Handbuch der chinesischen Tierakupunktur und -moxibustion" zusammengefasst und werden im ➤ Kap. 31 dieses Buches behandelt [4]. All diese Bemühungen stellen lediglich den Anfang zur Integration der beiden Denkansätze dar. Darum sollte bei Berichten über Akupunkturpunkte immer angegeben werden, nach welcher anatomischen Lokalisation vorgegangen wurde. Nur so können wir genügend Daten sammeln, um ein einheitliches System zu schaffen, das alle Punkte umfasst.

LITERATUR

1. O'Connor J, Bensky D: *Acupuncture: a comprehensive text,* Seattle, 1988, Eastland Press.
2. Sato A: The reflex effects of spinal somatic nerve stimulation, *J Manipulative Physiol. Ther* 15(1): 57–61, 1992.

KAPITEL

31 Atlas der traditionellen Pferdeakupunktur

Yann-Ching Hwang und Chuan Yu

Die 173 traditionellen Akupunkturpunkte des Pferdes sind nach ihrer Lage in die folgenden Bereiche unterteilt: Kopf, Rumpf, Vordergliedmaßen und Hintergliedmaßen. Sie werden mit ihren chinesischen *Pinyin*-Namen bezeichnet. Einige Punkte decken sich mit den besser bekannten Punkten des westlichen Identifikationssystems; wenn dies der Fall ist, werden beide Bezeichnungen genannt.

Alle Punkte sind bilateral zu finden. Auf die Ausnahmen von dieser Regel wird hingewiesen.

Punkte im Bereich des Kopfes

In diesem Bereich sind 36 traditionelle Punkte bekannt. Davon werden in der traditionellen Pferdeakupunktur die Punkte 1, 6, 7, 9, 10, 17, 21 und 35 am häufigsten benutzt.

1. *Da Feng Men,* Großes Windtor, LG 24

(➤ Abb. 31.1 und ➤ Abb. 31.2)

Lokalisation: Dieser Punkt hat drei Lokalisationen. Der Hauptpunkt liegt auf der dorsalen Mittellinie am rostralen Ende der Mähne. Die bilateral zu findenden Hilfspunkte befinden sich je 3 cm ventrolateral von diesem Punkt.

Orientierungspunkte: Hauptpunkt: auf der dorsalen Mittellinie, am rostralen Ende der sagittalen Falte. Hilfspunkte: an der Aufzweigung der sagittalen Falte (Schläfenanteile), 3 cm ventral und lateral des Hauptpunktes. In der Tiefe unter den Punkten befinden sich der M. auricularis dorsalis, die A. und V. temporalis superficialis und der N. auriculopalpebralis.

Technik: Gewinkelt in Richtung Mähne, ca. 3 cm tief. Punkt eignet sich für Moxibustion oder Kauterisation.

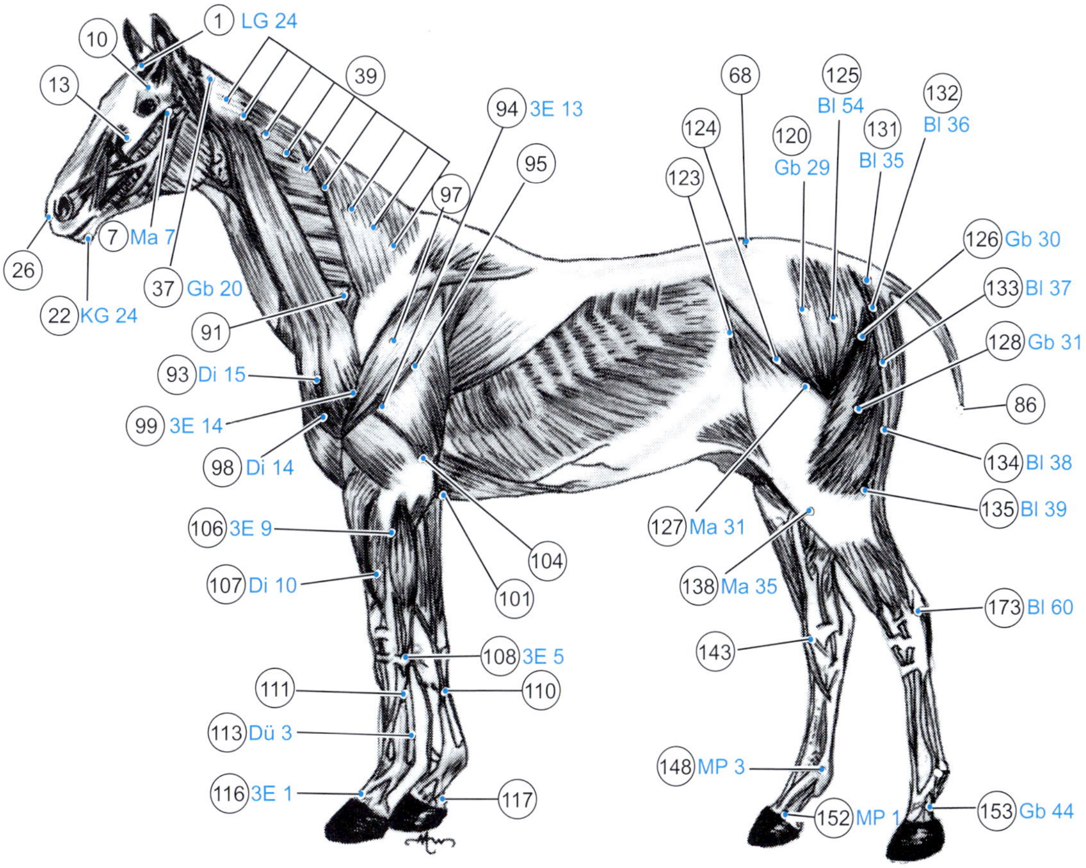

Abb. 31.1 Akupunkturpunkte und Muskulatur in lateraler Ansicht.
(entnommen aus: Hwang Y-C, Yu C (Hrsg.): *Handbook on Chinese Veterinary Acupuncture and Moxibustion, Bangkok,* 1990, UN FAO Regional Office for Asia and the Pacific)

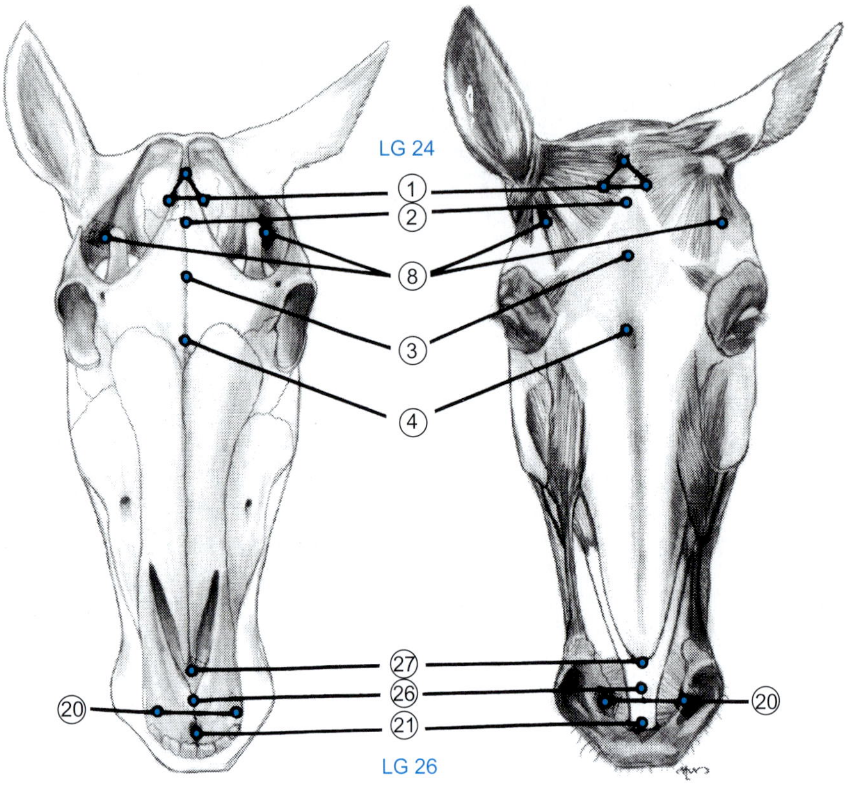

Abb. 31.2 Akupunkturpunkte am Kopf in frontaler Ansicht. (entnommen aus: Hwang Y-C, Yu C (Hrsg.): *Handbook on Chinese Veterinary Acupuncture and Moxibustion, Bangkok, 1990,* UN FAO Regional Office for Asia and the Pacific)

31

Indikation: Tetanus, Enzephalitis, Enzephalomyelitis, Hirnödem, Leere auf Milz/Pankreas, Feuchtigkeit, Wind-Erkrankungen im Bereich des Herzens.

2. *Tong Tian*, Hinüberwechseln zum Himmel

(➤ Abb. 31.2 und ➤ Abb. 31.3)

Lokalisation: Einzelner Punkt im Mittelpunkt der Stirn.

Orientierungspunkte: Auf der dorsalen Mittellinie, auf Höhe der dorsalen Kante des Fettgewebes der Fossa supraorbitalis. Der Punkt wird von A. und V. supraorbitalis und N. frontalis versorgt.

Technik: Eignet sich für Moxibustion oder Kauterisation und für die Feuernadel.

Indikation: Eiteransammlungen in der Stirnhöhle, Enzephalitis oder zerebrale Hyperämie.

3. *Long Hui*, Drachentreffen

(➤ Abb. 31.2 und ➤ Abb. 31.3)

Lokalisation: Einzelner Punkt auf der dorsalen Mittellinie, auf Höhe des lateralen Kanthus der Augen.

Orientierungspunkte: Versorgt von A. und V. supraorbitalis und N. frontalis.

Technik: Eignet sich für Moxibustion oder Kauterisation.

Indikation: Rheumatoide Beschwerden im Halsbereich, Feuchtigkeit von Milz/Pankreas, Wind- und Hitze-Erkrankungen des Herzens.

4. *Tong Tang*, Halle der Verständigung

(➤ Abb. 31.2 und ➤ Abb. 31.3)

Lokalisation: Einzelner Punkt auf der dorsalen Mittellinie, auf Höhe des medialen Kanthus der Augen.

Orientierungspunkte: Versorgt von A. und V. supraorbitalis und N. frontalis.

Technik: Eignet sich für Moxibustion oder Kauterisation.

Indikation: Rheumatoide Beschwerden im Halsbereich, Feuchtigkeit von Milz/Pankreas, Wind- und Hitze-Erkrankungen des Herzens.

5. *Nao Shu*, Zustimmungspunkt des Gehirns, 3E 21

(➤ Abb. 31.4)

Lokalisation: In einer Delle rostromedial der Ohrbasis.

Orientierungspunkte: Der Punkt liegt in der Fossa temporalis, kaudodorsal des Kiefergelenks. Er grenzt an die Ansatzstelle des M. frontoscutularis und wird von A. und V. temporalis superficialis und N. auriculopalpebralis versorgt.

Technik: Rechtwinklige Nadelführung, 3–4,5 cm tief.

Indikation: Tetanus, Enzephalitis, Hirnödem, Leere von Milz/Pankreas, Erkrankungen, die unter Feuchtigkeitseinfluss entstehen.

6. *Shang Guan*, Über dem Scharnier, Gb 2

(➤ Abb. 31.4 und ➤ Abb. 31.5)

Lokalisation: In einer Delle kaudal des Kiefergelenks, die erkennbar wird, wenn das Pferd das Maul öffnet.

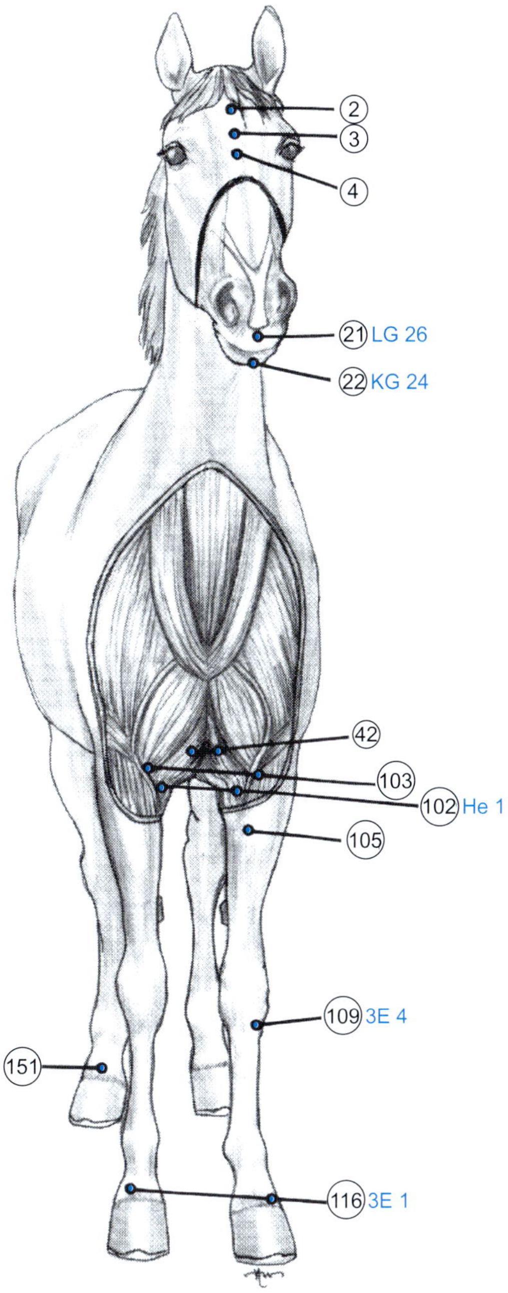

Abb. 31.3 Akupunkturpunkte an Brust und Kopf in frontaler Ansicht. (entnommen aus: Hwang Y-C, Yu C (Hrsg.): *Handbook on Chinese Veterinary Acupuncture and Moxibustion, Bangkok,* 1990, UN FAO Regional Office for Asia and the Pacific)

Orientierungspunkte: Am kaudalen Ende des Temporomandibulargelenks; wird versorgt von A., V. und N. transversa faciei.
Technik: Ventrale Stichführung, 3–4 cm tief.
Indikation: Tetanus, Fazialisparese, Wind-Erkrankungen und Schmerzen; öffnet die Energiekanäle.

7. *Xia Guan*, Unter dem Scharnier, Ma 7

(➤ Abb. 31.1, ➤ Abb. 31.4 und ➤ Abb. 31.5)
Lokalisation: Am Kiefergelenk, ventral des Arcus zygomaticus, dorsal und kaudal vom lateralen Kanthus des Auges.

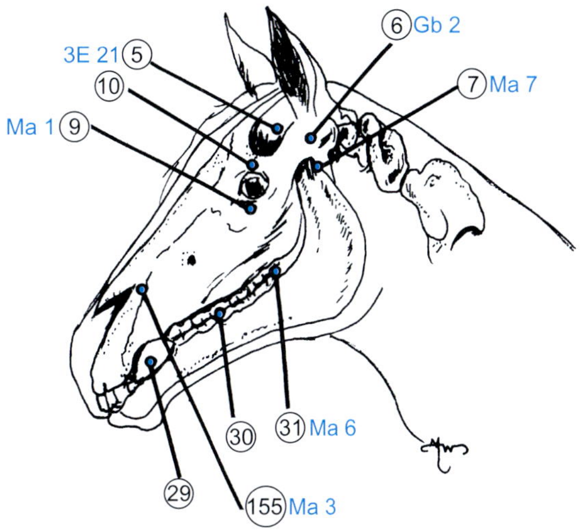

Abb. 31.4 Akupunkturpunkte am Kopf in lateraler Ansicht. (entnommen aus: Hwang Y-C, Yu C (Hrsg.): *Handbook on Chinese Veterinary Acupuncture and Moxibustion, Bangkok,* 1990, UN FAO Regional Office for Asia and the Pacific)

Orientierungspunkte: Am kaudalen Ende des Temporomandibulargelenks, wird versorgt von A., V. und N. transversa faciei.
Technik: Dorsomediale Stichführung, 2–3 cm tief.
Indikation: Tetanus, Fazialisparese, Wind-Erkrankungen öffnet die Energiekanäle.

8. *Chui Jing*, Hängendes Auge

(➤ Abb. 31.2)
Lokalisation: In der Fossa temporalis 3 cm dorsal des Processus zygomaticus des Os frontale.
Orientierungspunkte: Im supraorbitalen Fettgewebe, rostral des Processus coronoideus der Mandibula, versorgt von A. und V. temporalis superficialis und N. auriculopalpebralis.
Technik: Kaudoventraler Stichwinkel, Stichtiefe 3–5 cm.
Indikation: Keratitis, Konjunktivitis, Pannus, Wind- und Hitze-Erkrankungen der Leber.

9. *Jing Ming*, Augenglanz, Ma 1

(➤ Abb. 31.4, ➤ Abb. 31.5, ➤ Abb. 31.6 und ➤ Abb. 31.7)
Lokalisation: Im mittleren Drittel des unteren Augenlides.
Orientierungspunkte: Am unteren Augenlid, zwischen der knöchernen Orbita und dem Augapfel, wird versorgt von A., V. und N. zygomaticus.
Technik: Der Augapfel wird nach dorsal gedrückt und die Nadel in ventromedialer Stichrichtung geführt, der dorsalen Grenze des lateralen Anteils des Os lacrimale folgend bis zu einer Tiefe von 3 cm. Es besteht auch die Möglichkeit durch die Konjunktiva des unteren Augenlides hindurch zu stechen und eine leichte Blutung hervorzurufen.
Indikation: Keratitis, Konjunktivitis, Pannus, Wind- und Hitze-Erkrankungen der Leber.

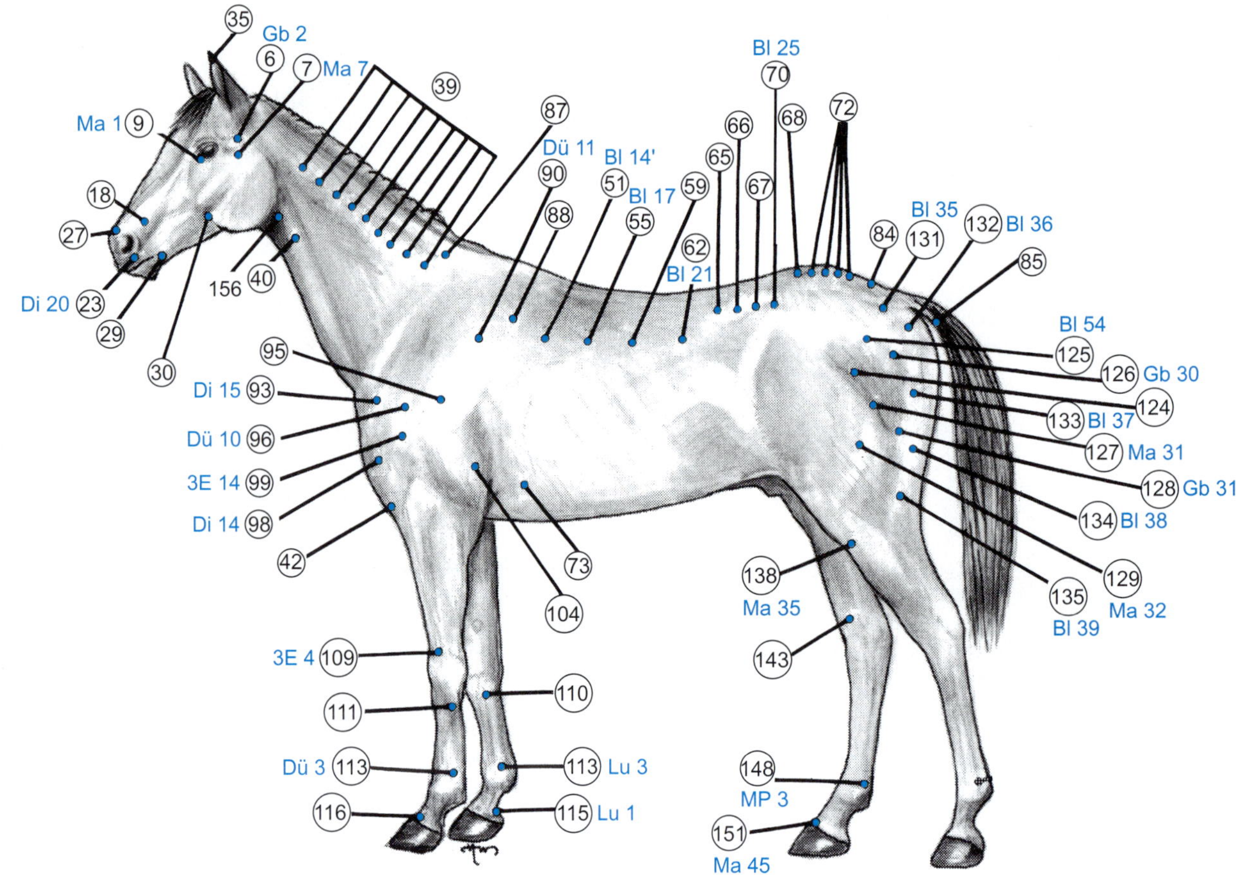

Abb. 31.5 Akupunkturpunkte auf der seitlichen Körperoberfläche in lateraler Ansicht.
(entnommen aus: Hwang Y-C, Yu C (Hrsg.): *Handbook on Chinese Veterinary Acupuncture and Moxibustion, Bangkok,* 1990, UN FAO Regional Office for Asia and the Pacific)

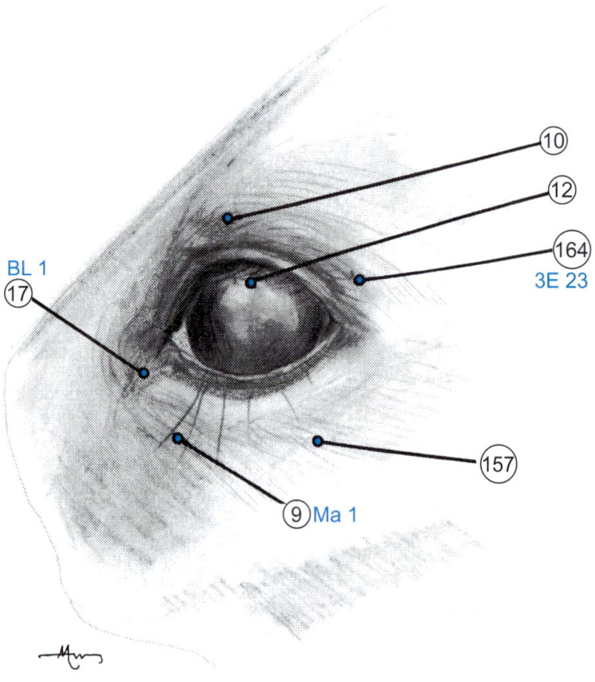

Abb. 31.6 Akupunkturpunkte um das linke Auge in lateraler Ansicht.
(entnommen aus: Hwang Y-C, Yu C (Hrsg.): *Handbook on Chinese Veterinary Acupuncture and Moxibustion, Bangkok,* 1990, UN FAO Regional Office for Asia and the Pacific)

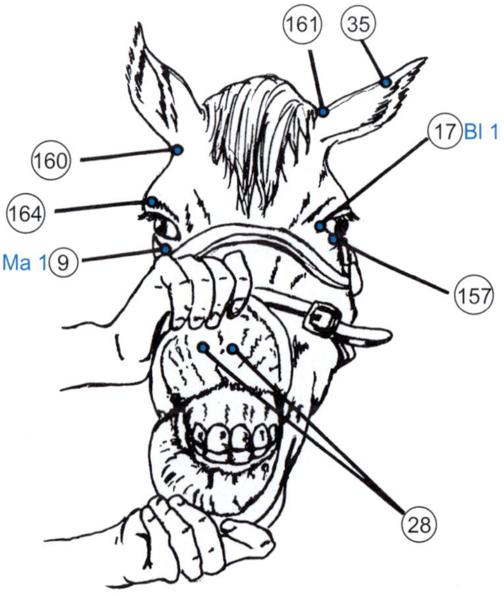

Abb. 31.7 Punkte auf der Innenfläche der Oberlippe und dem Kopf in frontaler Ansicht.
(entnommen aus: Hwang Y-C, Yu C (Hrsg.): *Handbook on Chinese Veterinary Acupuncture and Moxibustion, Bangkok,* 1990, UN FAO Regional Office for Asia and the Pacific)

10. *Jing Shu*, Zustimmungspunkt der Augen

(➤ Abb. 31.1, ➤ Abb. 31.4 und ➤ Abb. 31.6)
Lokalisation: Auf dem Mittelpunkt des unteren Augenlides.
Orientierungspunkte: Ventral der Kante der knöchernen Orbita, auf dem Processus zygomaticus des Os frontale, wird versorgt von A., V. und N. frontalis.
Technik: Der Augapfel wird nach dorsal gedrückt und die Nadel nach unten 3 cm tief eingestochen, der ventralen Kante des Os zygomaticum folgend. Es besteht auch die Möglichkeit durch die Konjunktiva des unteren Augenlides hindurch zu stechen und eine leichte Blutung hervorzurufen.
Indikation: Keratitis, Konjunktivitis, Pannus, Wind- und Hitze-Erkrankungen der Leber.

11. *Gu Yan*, Augenknochen

Lokalisation: An der peripheren Grenze der Nickhaut.
Orientierungspunkte: Versorgt von A., V. und N. infraorbitalis.
Technik: Die Nickhaut wird durchstochen oder ein kleines Stück an ihrer Kante wird herausgestanzt.
Indikation: Schwellung der Nickhäute.

12. *Kai Tian*, Offener Himmel

(➤ Abb. 31.6)
Lokalisation und Orientierungspunkte: Am dorsalen Treffpunkt zwischen Kornea und Sklera.
Technik: Traditionelle Technik um okulare Filarien zu entfernen: Das Tier wird fixiert, das Auge lokal anästhesiert und die Umgebung gesäubert. Wenn die Filarie in der vorderen Augenkammer zu sehen ist, wird der Punkt schnell mit einer dreifach angeschliffenen Nadel gestochen und der Wurm damit entfernt.
Indikation: Okulare Filariose.

13. *San Jiang*, Drei Flüsse

(➤ Abb. 31.1 und ➤ Abb. 31.8)
Lokalisation: Ca. 3 cm ventral des medialen Augenkanthus, auf der V. facialis.
Orientierungspunkte: Der Punkt liegt auf der V. facialis und wird vom N. facialis versorgt.
Technik: Hämakupunktur.
Indikation: Enterospasmen, Magenschmerzen, Verdauungsprobleme, Keratitis, periodische Augenentzündung, Konjunktivitis, Leber-Hitze, die sich in den Augen zeigt.

14. *Da Mai*, Großes Gefäß

(➤ Abb. 31.8)
Lokalisation: Auf der V. angularis, ca. 4,5 cm ventral des medialen Kanthus des Auges.
Orientierungspunkte: Wird versorgt von A., V. und N. facialis.
Technik: Hämakupunktur.
Indikation: Enterospasmen, Magenschmerzen, Verdauungsstörungen, Keratitis, periodische Augenentzündung, Konjunktivitis, Leber-Hitze, die sich in den Augen zeigt.

15. Tai Yang, Großes Yang

(➤ Abb. 31.8)
Lokalisation: Auf der V. transversa faciei, ca. 3 cm kaudal des lateralen Kanthus des Auges.
Orientierungspunkte: Neben dem Punkt liegt die A. transversa faciei und der N. temporalis superficialis.
Technik: Hämakupunktur direkt am Punkt; alternativ wird die Umgebung des Gefäßes mit einer filiformen Nadel punktiert.
Indikation: Sonnenstich, Enzephalitis, Keratitis, Konjunktivitis, Hitze- und Wind-Erkrankungen der Leber.

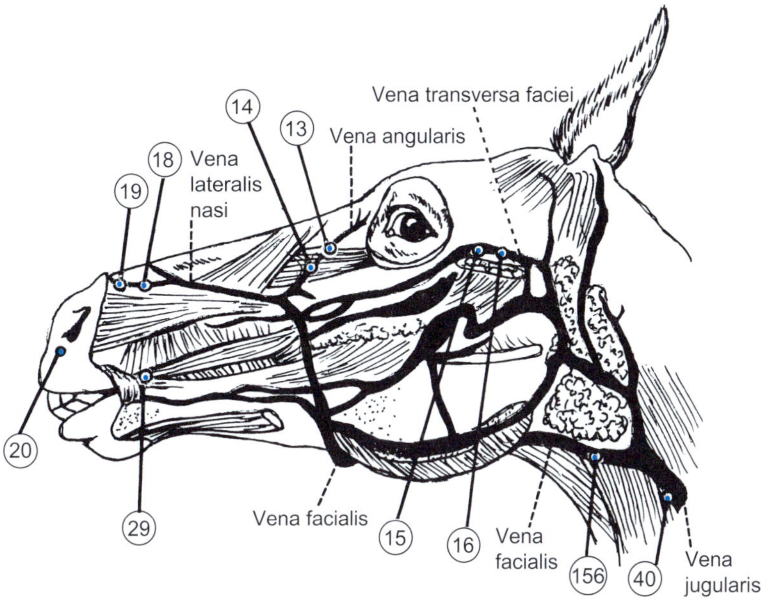

Abb. 31.8 Akupunkturpunkte und Venen am Kopf in lateraler Ansicht.
(entnommen aus: Hwang Y-C, Yu C (Hrsg.): *Handbook on Chinese Veterinary Acupuncture and Moxibustion, Bangkok,* 1990, UN FAO Regional Office for Asia and the Pacific)

16. *Yan Mai*, Gefäß der Augen

(➤ Abb. 31.8)
Lokalisation: Auf der V. transversa faciei, ca. 1,5 cm kaudal des Punktes Nr. 15.
Orientierungspunkte: Der Punkt liegt in der Nähe der A. transversa faciei und des transversalen Astes des N. superficialis temporalis.
Technik: Hämakupunktur direkt am Punkt; alternativ wird die Umgebung des Gefäßes mit einer filiformen Nadel punktiert.
Indikation: Hitzschlag, Enzephalitis, Keratitis, Konjunktivitis, Lebererkrankungen, die mit Wind und/oder Hitze in Verbindung stehen.

17. *Da Yan Jiao*, Große Verbindung auf den Augen, Bl 1

(➤ Abb. 31.6 und ➤ Abb. 31.7)
Lokalisation: Am medialen Kanthus des Auges.
Orientierungspunkte: Medialer Kanthus. Der Punkt liegt dorsal des Unterlides, in einer Vertiefung an der Basis der Nickhaut. Die Tränendrüse liegt unter dem Punkt. Er wird von A., V. und N. infraorbitalis versorgt.
Technik: Stichrichtung kaudomedial, Stichtiefe 4,5 cm.
Indikation: Akute Konjunktivitis, Lebererkrankungen, die mit Wind und/oder Hitze in Verbindung stehen.

18. *Xue Tang*, Halle des Blutes

(➤ Abb. 31.5 und ➤ Abb. 31.8)
Lokalisation: Im lateralen Aspekt der Nase, 6 cm kaudal der Nüsternöffnung.
Orientierungspunkte: 3 cm rostral der Incisura nasomaxillaris. Direkt unter der Haut sind A. und V. lateralis nasi und Äste des N. infraorbitalis zu finden. Zwischen den bilateral angelegten Punkten liegt die Nasenscheidewand und der N. nasalis caudalis.
Technik: Zügig von dem Punkt aus durch das Nasenseptum zum Punkt der anderen Seite durchstechen, oder beide Punkte getrennt bluten lassen. Dabei sollten starke Blutungen vermieden werden.
Indikation: Erkältung, Hitzschlag, Entzündungen und Stauungen im Nasenbereich, Hitze-Erkrankungen der Lunge.

19. *Bi Shu*, Zustimmungspunkt der Nase

(➤ Abb. 31.8)
Lokalisation: 3 cm distal des Punktes Nr. 18.
Orientierungspunkte und Technik: Wie bei Punkt Nr. 18 beschrieben.
Indikation: Wie bei Punkt Nr. 18 beschrieben. Der Punkt sollte aber nur bei milden Beschwerden eingesetzt werden.

20. *Bi Qian*, Nasenspitze

(➤ Abb. 31.2 und ➤ Abb. 31.8)
Lokalisation: Auf der Haut der Oberlippe, auf der Verbindungslinie der unteren Begrenzung der Nüstern, jeweils 1 cm lateral der Mittellinie.
Orientierungspunkte: Unter der Haut liegt der M. caninus, A. und V. labialis superior, A. und V. lateralis nasi, der nasale Ast des N. infraorbitalis und der N. buccalis dorsalis.
Technik: Rechtwinklige Stichrichtung auf 1–3 cm Stichtiefe.
Indikation: Fieber, Erkältung, Hitzschlag, Müdigkeit.

21. *Fen Shui*, Wasserweiche, LG 26

(➤ Abb. 31.2 und ➤ Abb. 31.3)
Lokalisation: Einzelner Punkt im Zentrum des Vortex pilorum der Oberlippe.
Orientierungspunkte: Unter der Haut liegt der M. orbicularis oris. Der Punkt wird von A. und V. labialis superior und N. buccalis dorsalis versorgt.
Technik: Die Oberlippe packen und den Punkt bluten lassen oder ihn mit einer filiformen Nadel ca. 3 cm tief stechen.
Indikation: Enterospasmen, Hitzschlag, Fazialisparese.

22. *Cheng Jiang*, Speichelaufnahme, KG 24

(➤ Abb. 31.1, ➤ Abb. 31.3 und ➤ Abb. 31.9)
Lokalisation: Einzelner Punkt im Zentrum der Haut der Unterlippe, in einer Grube ca. 3 cm ventral des Lippenrandes.
Orientierungspunkte: Unter der Haut liegt der M. orbicularis oris. Das Gewebe um den Punkt wird von A. und V. labialis inferior und N. buccalis ventralis versorgt.
Technik: Rechtwinklige Stichführung auf ca. 1 cm Stichtiefe.
Indikation: Fazialisparese, Schwellung und Schmerzen des Zahnfleisches und der Lippe.

23. *Jiang Ya*, Ingwerknospe, Di 20

(➤ Abb. 31.5 und ➤ Abb. 31.10)
Lokalisation: In der Ausbuchtung des Cartilago alaris, im lateralen Winkel der Nüster.

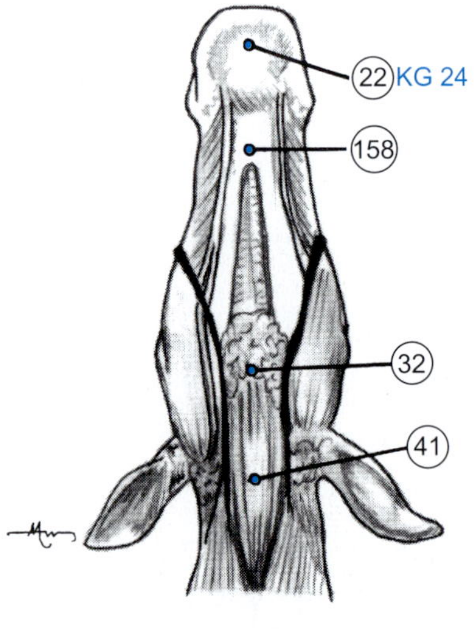

Abb. 31.9 Akupunkturpunkte auf dem Unterkiefer in ventraler Ansicht. (entnommen aus: Hwang Y-C, Yu C (Hrsg.): *Handbook on Chinese Veterinary Acupuncture and Moxibustion, Bangkok,* 1990, UN FAO Regional Office for Asia and the Pacific)

Orientierungspunkte: Unter der Haut liegen die Wurzel des M. caninus und der M. levator nasolabialis. Unter der Muskulatur ist der Knorpel des Nasenflügels zu fühlen. Das Gebiet wird von A. und V. labialis superior und N. buccalis dorsalis versorgt.
Technik: Traditionelle chirurgische Methode: Es wird ein kleines Stück aus dem Cartilago alaris herausgeschnitten.
Indikation: Kolikbeschwerden, Enterospasmen.

24. *Qi Hai*, Meer des *Qi*

(➤ Abb. 31.10)
Lokalisation: In der dorsomedialen (beim Pferd) oder dorsolateralen (bei Eseln) Ecke der Nüster.
Orientierungspunkte: Unter dem Punkt liegen der M. caninus und der M. levator nasolabialis. Der Punkt wird von A. und V. lateralis nasi und N. buccalis dorsalis versorgt.
Technik: Traditionelles chirurgisches Vorgehen: am Punkt wird eine 4,5 cm lange Inzisur vorgenommen.
Indikation: Nüsternstenose.

25. *Bi Guan*, Nasentränenkanal

(➤ Abb. 31.10)
Lokalisation und Orientierungspunkte: Am Ausgang des Ductus nasolacrimalis gelegen, der im medialen Aspekt des Nasengrundes, in der Nähe des Übergangs von Schleimhaut zu behaarter Haut, zu finden ist.
Technik: Die traditionelle Vorgehensweise führt ein Röhrchen in den Tränennasenkanal ein und leitet eine Lösung von Radix picrorhizae über den Kanal in die Tränensäcke und die Tränenpunkte.
Indikation: Nebula cornealis, Pannus.

26. *Wai Chun Yin*, Äußere Oberlippe

(➤ Abb. 31.1 und ➤ Abb. 31.2)

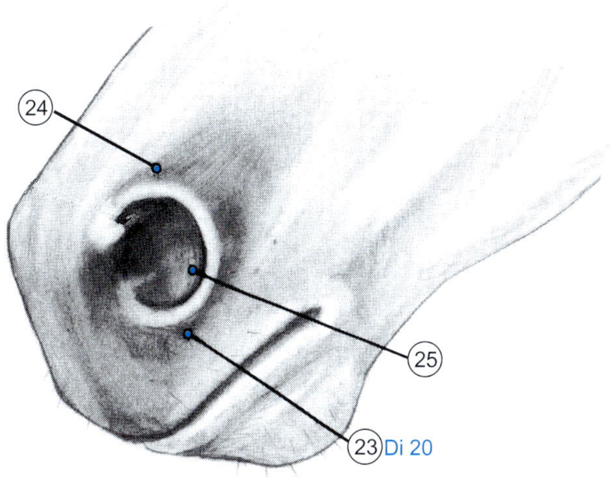

Abb. 31.10 Nasolabiale Akupunkturpunkte am Kopf in lateraler Ansicht. (entnommen aus: Hwang Y-C, Yu C (Hrsg.): *Handbook on Chinese Veterinary Acupuncture and Moxibustion, Bangkok,* 1990, UN FAO Regional Office for Asia and the Pacific)

Lokalisation: Einzelner Punkt auf der Mittellinie der Oberlippe, auf Höhe des Oberrandes der Nüstern.
Orientierungspunkte: Unter dem Punkt liegt der M. orbicularis oris. Er wird versorgt von A. und V. labialis superior und N. buccalis dorsalis.
Technik: Rechtwinklige Stichführung, ca. 1,5 cm tief.
Indikation: Pharyngolaryngitis, Verdauungsbeschwerden, Schwellungen der Lippe, Feuchtigkeit auf Milz/Pankreas, Kälte im Magen.

27. *Chou Jin*, Gezerrte Sehne

(➤ Abb. 31.2 und ➤ Abb. 31.5)
Lokalisation: Einzelner Punkt auf der Mittellinie der Oberlippe, 3 cm dorsal des Punktes Nr. 26.
Orientierungspunkte: Am dorsalen Ende der gemeinsamen Sehne des M. levator labii superioris. Der Punkt wird von A. und V. lateralis nasi und N. buccalis dorsalis versorgt.
Technik: Traditionelle Methode: das Pferd wird fixiert und ein 2 cm langer Einschnitt direkt über dem Punkt vorgenommen. Mit einem Haken wird die Sehne des M. levator labii superioris aus der Wunde gezogen und mehrfach durch kräftigen Zug gereizt.
Indikation: Weichteilerkrankung in der Zervikalregion, Schwierigkeiten mit der Flexion des Genicks.

28. *Nei Chun Yin*, Innere Oberlippe

(➤ Abb. 31.7)
Lokalisation: Auf der Maulschleimhaut der Oberlippe, auf den Venen, 2–2,5 cm lateral der Mittellinie.
Orientierungspunkte: V. labialis superior.
Technik: Hämakupunktur.
Indikation: Pharyngolaryngitis, Verdauungsprobleme, Schwellung im Lippenbereich, Kälte im Magen, Feuchtigkeit in Milz/Pankreas.

29. *Suo Kou*, Maulsperre, Ma 4

(➤ Abb. 31.4, ➤ Abb. 31.5 und ➤ Abb. 31.8)
Lokalisation: 2 cm kaudodorsal des Maulwinkels, am äußeren Rand des M. orbicularis oris.
Orientierungspunkte: Wird versorgt von A. und V. buccalis und N. maxillaris oder buccalis.
Technik: Dorsokaudale Stichrichtung, auf Punkt Nr. 30 zu.
Indikation: Tetanus, Fazialisparese, Wind- und Feuer-Zustände.

30. *Kai Guan*, Öffnen-Schließen

(➤ Abb. 31.4 und ➤ Abb. 31.5)
Lokalisation: 15 cm dorsokaudal des Maulwinkels, auf Höhe des 4. Praemolaren.
Orientierungspunkte: An der rostralen Grenze des M. masseter, zwischen oberen und unteren Backenzähnen. Das Gebiet wird versorgt von A. und V. facialis und N. buccalis ventralis.
Technik: Dorsokaudale Stichrichtung, 3–6 cm tief. Kann für Moxibustion oder Kauterisation benutzt werden.
Indikation: Tetanus, Fazialisparese, Wind- und Feuer-Zustände.

31. *Bao Sai*, Umarmter Unterkiefer, Ma 6

(➤Abb. 31.4)

Lokalisation: In einer Vertiefung 6 cm kaudal des Punktes Nr. 30.

Orientierungspunkte: Auf dem M. masseter, auf Höhe des letzten Molaren. Der Punkt wird von A., V. und N. masseterica versorgt.

Technik: Rostrale Stichrichtung auf Punkt Nr. 30 zu, 3–4,5 cm Stichtiefe.

Indikation: Schwellungen im Gesichtsbereich, Fazialisparese.

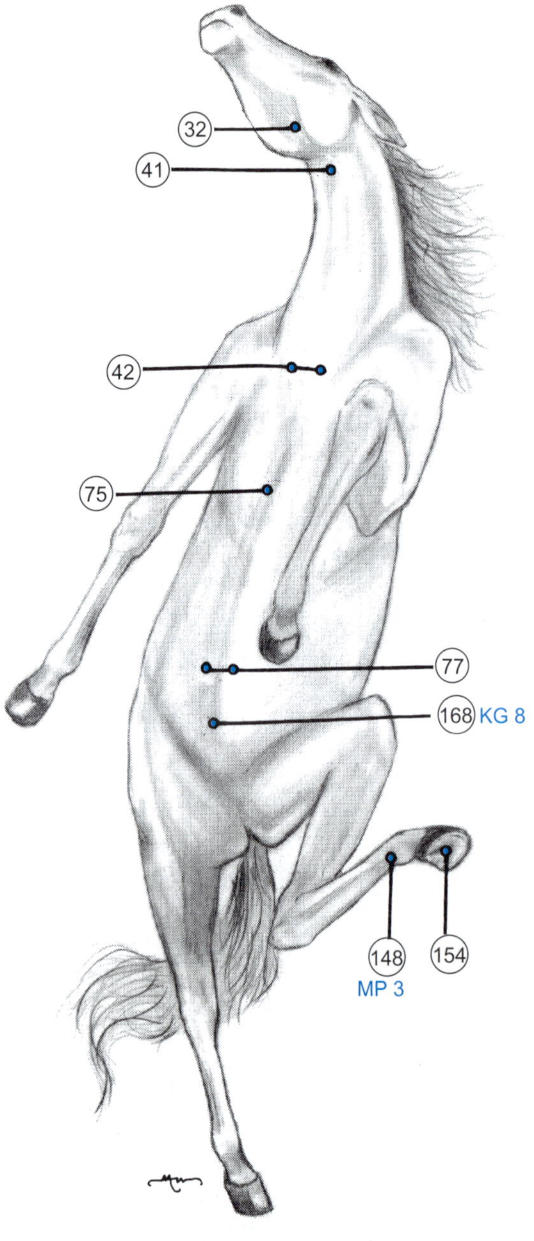

Abb. 31.11 Akupunkturpunkte der ventralen Hals-, Thorax- und Abdominalregion in ventraler Ansicht.
(entnommen aus: Hwang Y-C, Yu C (Hrsg.): *Handbook on Chinese Veterinary Acupuncture and Moxibustion, Bangkok,* 1990, UN FAO Regional Office for Asia and the Pacific)

32. *Cao Jie*, Adenitis

(➤Abb. 31.9 und ➤Abb. 31.11)

Lokalisation: Einzelner Punkt auf der ventralen Mittellinie des Kopfes, auf einer Verbindungslinie zwischen den zwei Mandibularwinkeln.

Orientierungspunkte: Auf den geschwollenen Lnn. mandibulares. Der Punkt wird versorgt von A. und V. sublingualis, N. hypoglossus und den ventralen Ästen der ersten zwei Zervikalnerven.

Technik: Traditionelles Vorgehen: nach Desinfektion des Gebietes werden durch einen Einschnitt die entzündeten Knoten entfernt oder mit dicken Nadeln wiederholt punktiert.

Indikation: Adenitis, Laryngitis.

33. *Yu Tang*, Jadehalle

(➤Abb. 31.12)

Lokalisation: 1,5 cm lateral der Raphe palati des harten Gaumens, auf der 3. transversalen Schleimhautleiste.

Orientierungspunkte: Unter dem Punkt befindet sich ein Venenplexus.

Technik: Hämakupunktur. Danach sollte der Punkt mit einer Jodlösung eingerieben werden.

Indikation: Stomatitis, Verdauungsbeschwerden, Hitzschlag, Hitze im Magen, Schwellung der Zunge oder des harten Gaumens.

34. *Tong Guan*, Vorbeiziehender Pass

(➤Abb. 31.13)

Lokalisation und Orientierungspunkte: Auf der ventralen Fläche der Zunge, auf der V. sublingualis, lateral des Frenulums.

Technik: Hämakupunktur. Nach der Behandlung sollte das Gebiet mit kaltem Wasser gewaschen werden.

Indikation: Glossitis, Stomatitis, hart geschwollene Zunge, Magen-Hitze, Hitzschlag.

35. *Er Jian*, Ohrspitze

(➤Abb. 31.5, ➤Abb. 31.7, ➤Abb. 31.14 und ➤Abb. 31.15)

Lokalisation: Auf den Venen an der Ohrspitze.

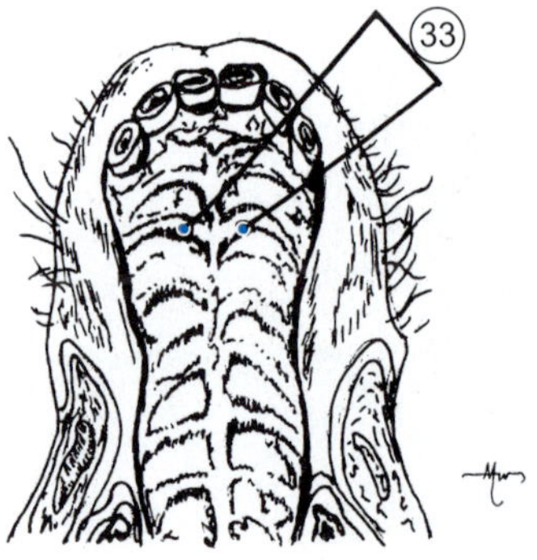

Abb. 31.12 Der Akupunkturpunkt *Yu Tang* auf dem harten Gaumen.
(entnommen aus: Hwang Y-C, Yu C (Hrsg.): *Handbook on Chinese Veterinary Acupuncture and Moxibustion, Bangkok,* 1990, UN FAO Regional Office for Asia and the Pacific)

Orientierungspunkte: Auf der konvexen Fläche des Ohres, am Zusammenfluss der medialen, mittleren und lateralen Äste der großen Ohrvene. Wird vom N. auricularis magnus versorgt.
Technik: Hämakupunktur.
Indikation: Enterospasmen, Hitzschlag, Erkältung.

36. *Tian Men*, Himmlisches Tor, LG 16

(➤ Abb. 31.14 und ➤ Abb. 31.16)
Lokalisation: Einzelner Punkt in einer Vertiefung auf der dorsalen Mittellinie, kaudal des Ohrgrundes.
Orientierungspunkte: Auf der medianen Ebene des Atlantookzipitalgelenks. Unter dem Punkt findet sich der funikuläre Anteil des Lig. nuchae. Das Gebiet wird versorgt von A. und V. cervicalis und N. occipitalis.
Technik: Kaudale Stichrichtung, ca. 3 cm Stichtiefe. Kauterisation.
Indikation: Tetanus, Hitzschlag, Enzephalitis, Hirnödem, Kälteerkrankungen.

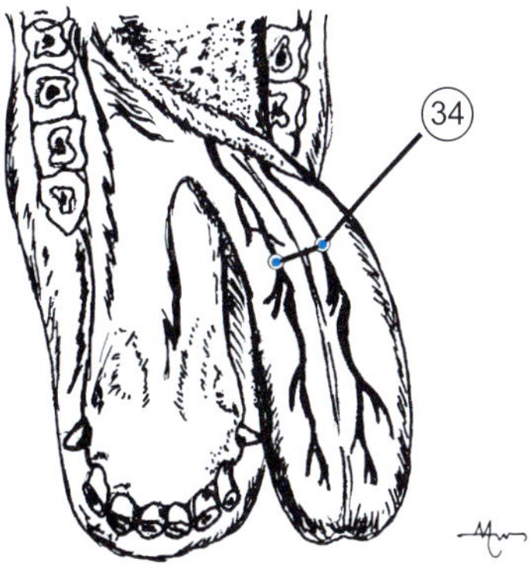

Abb. 31.13 Der Akupunkturpunkt *Tong Guan* an der Unterseite der Zunge. (entnommen aus: Hwang Y-C, Yu C (Hrsg.): *Handbook on Chinese Veterinary Acupuncture and Moxibustion, Bangkok,* 1990, UN FAO Regional Office for Asia and the Pacific)

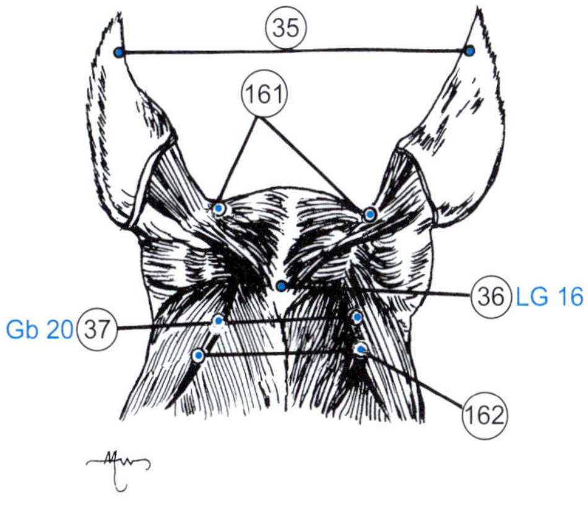

Abb. 31.14 Akupunkturpunkte im dorsalen Bereich des Kopfes und des Halses in dorsaler Ansicht.
(entnommen aus: Hwang Y-C, Yu C (Hrsg.): *Handbook on Chinese Veterinary Acupuncture and Moxibustion, Bangkok,* 1990, UN FAO Regional Office for Asia and the Pacific)

Punkte im Bereich von Rumpf und Schweif

Dem Bereich von Rumpf und Schweif des Pferdes werden 50 traditionelle Punkte zugesprochen. Davon werden am häufigsten eingesetzt: 37, 38, 39, 40, 43, 44, 59, 62, 68, 69, 70, 71, 82, 84, 85 und 86.

37. *Feng Men*, Windtor, Gb 20

(➤ Abb. 31.1, ➤ Abb. 31.14, ➤ Abb. 31.16 und ➤ Abb. 31.17)
Lokalisation: In einer Vertiefung kranial des Atlasflügels, ca. 3 cm kaudal des Ohrgrundes und 6 cm ventral der Mähne.

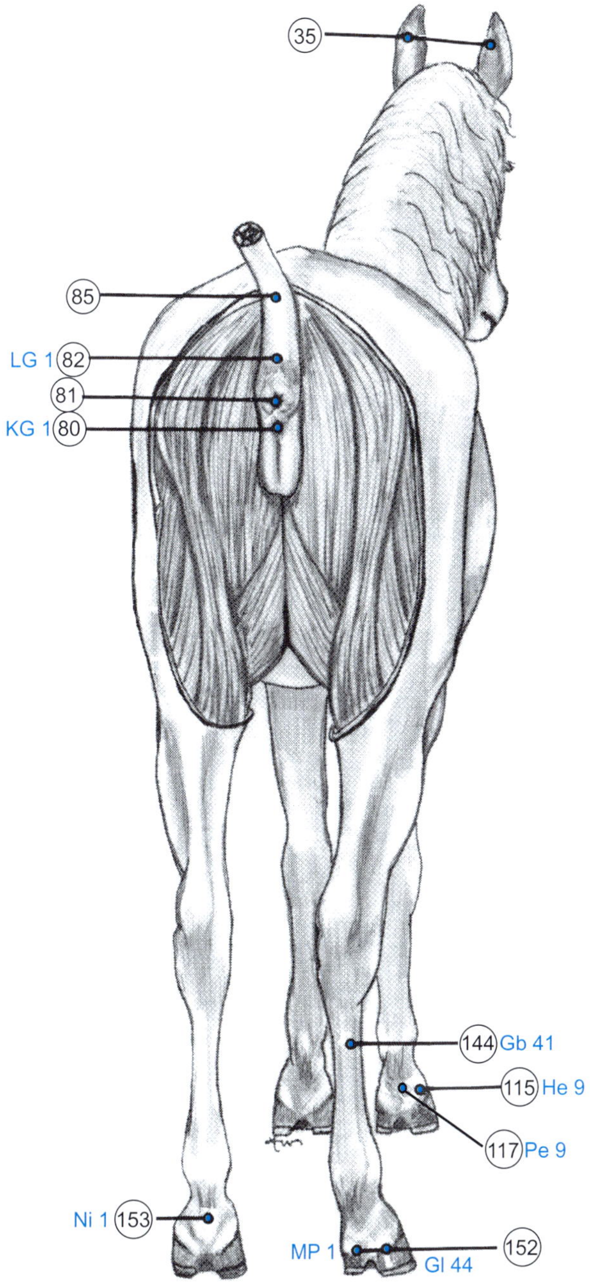

Abb. 31.15 Akupunkturpunkte im Bereich des Perineums.
(entnommen aus: Hwang Y-C, Yu C (Hrsg.): *Handbook on Chinese Veterinary Acupuncture and Moxibustion, Bangkok,* 1990, UN FAO Regional Office for Asia and the Pacific)

Orientierungspunkte: Der Punkt liegt zwischen den Sehnen des M. semispinalis capitis und M. longus capitis. Das Gebiet wird versorgt von A. und V. occipitalis und N. auricularis caudalis. Direkt unter dem Punkt liegt der M. obliquus capitis cranialis.
Technik: Rostroventrale Stichrichtung, 3–6 cm tief, eignet sich zur Moxibustion.
Indikation: Tetanus, Enzephalitis, Wind-Erkrankungen, zervikale Hyperpathie, Spondylosen.

38. *Fu Tu*, Himmelssäule, Bl 10

(➤ Abb. 31.17)
Lokalisation: In einer Vertiefung kaudal des Atlasflügels, 6 cm kaudal des Ohrgrundes und 4,5 cm ventral der Mähne.
Orientierungspunkte: Zwischen M. cleidomastoideus und M. splenius, bis zum M. obliquus capitis caudalis reichend. Der Punkt liegt im Versorgungsbereich von A., V. und N. occipitalis.
Technik: Rostroventrale Stichführung, 3–6 cm tief. Eignet sich für Moxibustion.
Indikation: Tetanus, Enzephalitis, Wind-Erkrankungen, zervikale Hyperpathie, Spondylosen.

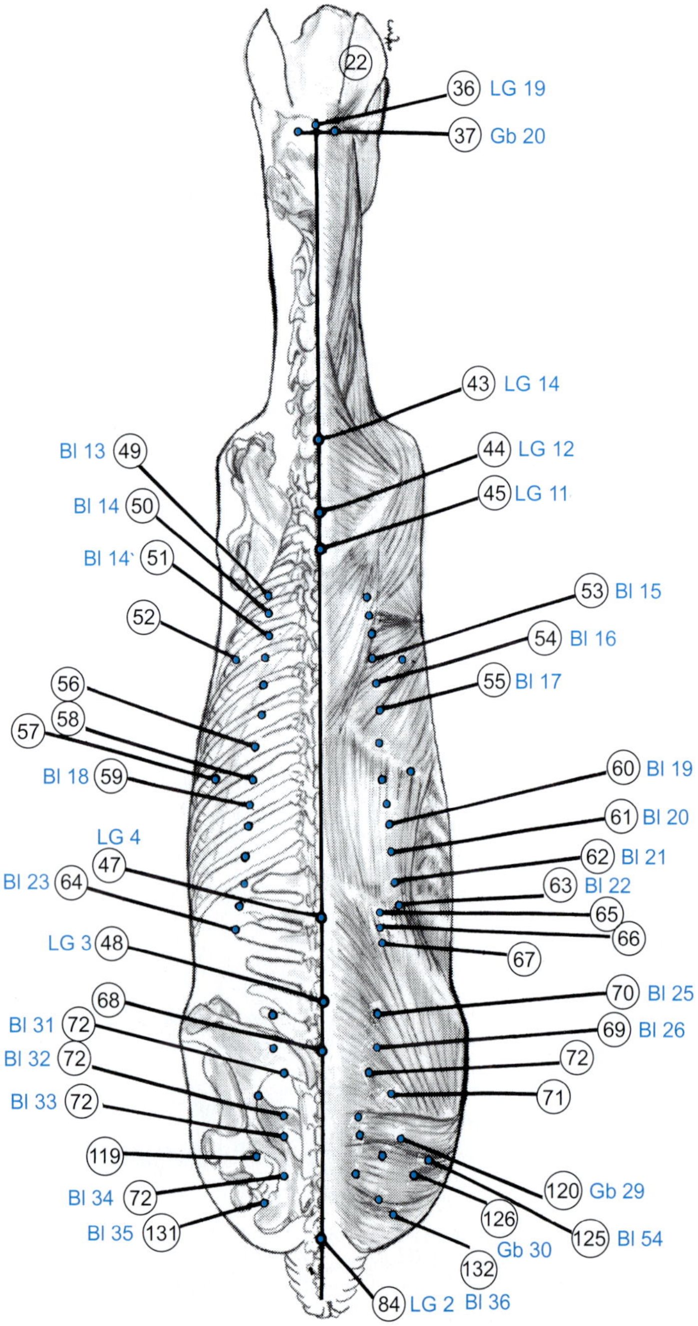

Abb. 31.16 Akupunkturpunkte auf dem Rücken in dorsaler Ansicht.
(entnommen aus: Hwang Y-C, Yu C (Hrsg.): *Handbook on Chinese Veterinary Acupuncture and Moxibustion, Bangkok,* 1990, UN FAO Regional Office for Asia and the Pacific)

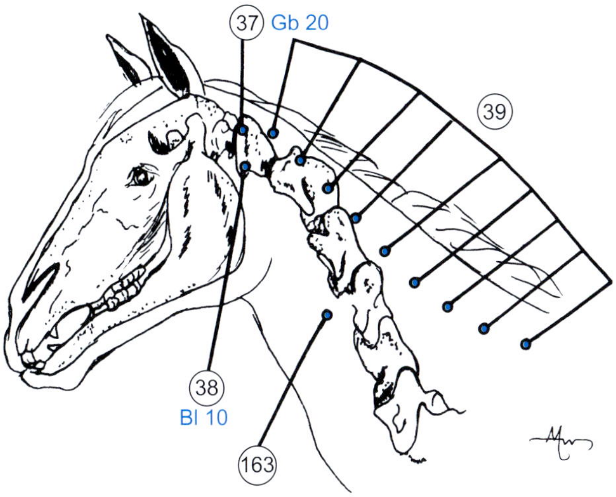

Abb. 31.17 Akupunkturpunkte im lateralen Halsbereich in lateraler Ansicht. (entnommen aus: Hwang Y-C, Yu C (Hrsg.): *Handbook on Chinese Veterinary Acupuncture and Moxibustion, Bangkok*, 1990, UN FAO Regional Office for Asia and the Pacific)

39. *Jiu Wei*, Neun Halspunkte

(➤ Abb. 31.1, ➤ Abb. 31.5 und ➤ Abb. 31.17)
Lokalisation: An jeder Seite des Halses bildet eine Gruppe von je neun Akupunkturpunkten eine bogenförmige Linie. Der am weitesten kranial gelegene Punkt liegt 3 cm kaudal von Punkt Nr. 38 und 3,5 cm ventral der Mähne. Der am weitesten kaudal angelegte Punkt ist 4,5 cm kranial des kranialen Winkels der Skapula und 5 cm ventral der Mähne zu finden. Die anderen sieben Punkte sind gleichmäßig zwischen diesen beiden Punkten verteilt.
Orientierungspunkte: Die Punkte liegen alle an der ventralen Grenze des M. rhomboideus cervicis. Von kranial gesehen befinden sich die ersten zwei Punkte auf dem M. obliquus capitis caudalis. Der dritte und der vierte sind auf dem M. splenius und dem M. semispinalis capitis zu finden. Vom fünften bis zum achten Punkte finden sich alle Punkte auf dem M. splenius. Alle Punkte werden von A. und V. cervicalis profunda und N. cervicalis dorsalis versorgt.
Technik: Rechtwinklige Stichführung.
Indikation: Schwellung und Schmerzen in den Weichteilen der Halsmuskulatur.

40. *Jing Mai*, Halsvene

(➤ Abb. 31.5 und ➤ Abb. 31.8)
Lokalisation und Orientierungspunkte: Der Punkt liegt 6 cm kaudal des Mandibularwinkels in der Drosselrinne auf der V. jugularis externa, am Übergang vom oberen zum mittleren Drittel der Vene.
Technik: Hämakupunktur.
Indikation: Hitzschlag, Intoxikationen, Stauung im Bereich der Lunge, Hufrehe, Urtikaria, zerebrale Hyperämie, Entzündung im Bereich der Zunge und des Zahnfleisches, Hitze-Erkrankungen.

41. *Hou Shu*, Zustimmungspunkt der Kehle

(➤ Abb. 31.9 und ➤ Abb. 31.11)
Lokalisation: Einzelner Punkt auf der ventralen Mittellinie des Halses, auf dem dritten Trachealknorpel.
Orientierungspunkte: Das Gebiet wird von A. carotis communis, V. jugularis, N. cervicalis ventralis sowie sympathischen und parasympathischen Nervenfasern versorgt.
Technik: Traditionelles Vorgehen: an diesem Punkt kann eine Tracheotomie gemacht und ein Tubus eingeführt werden.
Indikation: Asphyxie.

42. *Chuan Huang*, Ablaufpunkt

(➤ Abb. 31.3, ➤ Abb. 31.5 und ➤ Abb. 31.11)
Lokalisation: In einer Hautfalte vor dem Sternum.
Orientierungspunkte: 1,5 cm lateral des ventralen Endes des Sulcus pectoralis medialis. Der Punkt wird versorgt von A. und V. axillaris und N. supraclavicularis.
Technik: Traditionelles Vorgehen: Mit einer langen Nadel wird von einem Punkt zum Punkt der anderen Seite durchgestochen, um Flüssigkeitsansammlungen abfließen zu lassen.
Indikation: Ödeme und Abszesse im Bereich des kranialen Thorax.

43. *Da Zhui*, Großer Wirbel, LG 14

(➤ Abb. 31.16 und ➤ Abb. 31.18)
Lokalisation: Einzelner Punkt in einer Vertiefung auf der dorsalen Mittellinie zwischen den Processus spinosi von HWK 7 und BWK 1.
Orientierungspunkte: Unter der Haut liegen das Lig. supraspinale und das Lig. nuchae. Das Gebiet wird versorgt von A. und V. cervicalis profunda und den dorsalen Ästen des achten Zervikal- und ersten Thorakalnervs.
Technik: Rechtwinklige Stichführung mit leichter Neigung nach kranioventral, Einstichtiefe 6–9 cm.
Indikation: Fieber, Husten, Krämpfe, Erkrankungen der Weichteile der Lende und des Rückens.

44. *Qi Jia*, Widerrist, LG 12

(➤ Abb. 31.16 und ➤ Abb. 31.18)
Lokalisation: Einzelner Punkt in einer Vertiefung auf der dorsalen Mittellinie, zwischen den Processus spinosi von BWK 3 und BWK 4.
Orientierungspunkte: Unter dem Punkt ist das Lig. supraspinale zu finden. Der Punkt liegt im Versorgungsgebiet des dorsalen Astes des N. accessorius und der dorsalen Äste des dritten Zervikalnervs.
Technik: Rechtwinklige Stichführung, 6 cm tief.
Indikation: Asthma, Husten, Enterospasmen, Erkrankungen der Weichteile der Lende und des Rückens.

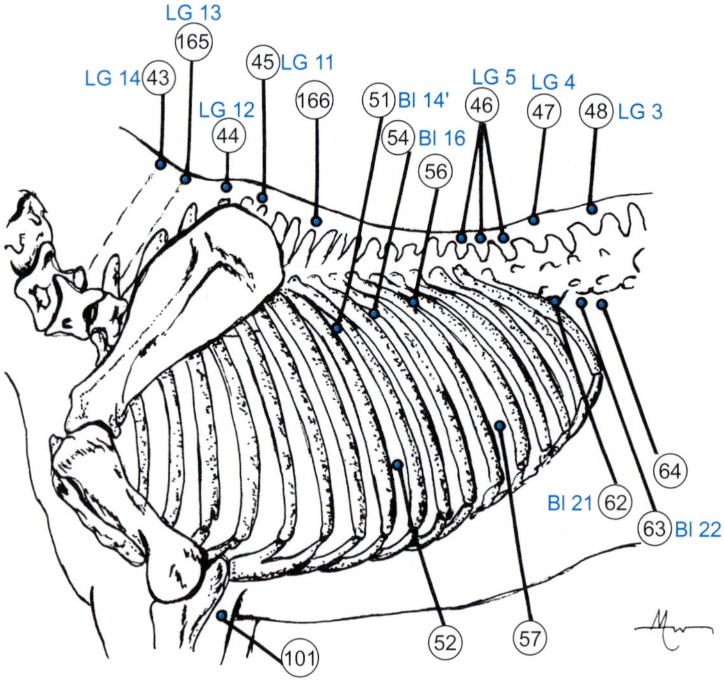

Abb. 31.18 Akupunkturpunkte auf dem Thorax in lateraler Ansicht.
(entnommen aus: Hwang Y-C, Yu C (Hrsg.): *Handbook on Chinese Veterinary Acupuncture and Moxibustion, Bangkok,* 1990, UN FAO Regional Office for Asia and the Pacific)

45. *San Chuan*, Drei Flüsse, LG 11

(➤ Abb. 31.16 und ➤ Abb. 31.18)
Lokalisation: Einzelner Punkt in einer Vertiefung auf der dorsalen Mittellinie, zwischen den Processus spinosi von BWK 5 und BWK 6.
Orientierungspunkte: Unter dem Punkt liegt das Lig. supraspinale. Der Punkt wird versorgt durch den lateralen Ast der korrespondierenden Interkostalgefäße und den dorsalen Ast des fünften Thorakalnervs.
Technik: Rechtwinklige Stichführung, 3–6 cm tief.
Indikation: Asthma, Husten.

46. *Duan Xue*, Unterbrochene Blutung, LG 5 und LG 6

(➤ Abb. 31.18)
Lokalisation: Unter diesem Namen laufen drei Punkte, die alle auf der dorsalen Mittellinie liegen, in den Vertiefungen zwischen den Processus spinosi von BWK 17 bis LWK 2. Einfach angelegte Punkte.
Orientierungspunkte: Unter dem Punkt liegt das Lig. supraspinale. Die Punkte werden versorgt von den korrespondierenden Interkostalgefäßen und den dorsalen Ästen des 17. bzw. 18. Thorakal- und des ersten Lumbalnervs.
Technik: Rechtwinklige Stichführung, 2,5–3 cm tief.
Indikation: Hämorrhagien, Epistaxis, Hämaturie, Blutungen nach der Kastration.

47. *Ming Men*, Tor des Lebens, LG 4

(➤ Abb. 31.16, ➤ Abb. 31.18 und ➤ Abb. 31.19)
Lokalisation: Einzelner Punkt in einer Vertiefung auf der dorsalen Mittellinie, zwischen den Processus spinosi von LWK 2 und LWK 3.
Orientierungspunkte: Unter dem Punkt liegt das Lig. supraspinale. Der Punkt wird versorgt von den dorsalen Ästen der zweiten Lumbalarterie und -vene und des zweiten Lumbalnervs.
Technik: Rechtwinklige Stichführung, 2,5–3 cm tief.
Indikation: Zerrungen im Lenden- und Hüftbereich, Erkrankungen der Weichteile der Lende und des Rückens, Tetanus.

48. *Yang Guan*, *Yang*-Pass, LG 3

(➤ Abb. 31.16 und ➤ Abb. 31.18)
Lokalisation: Einzelner Punkt in einer Vertiefung auf der dorsalen Mittellinie, zwischen den Processus spinosi von LWK 4 und LWK 5.
Orientierungspunkte: Unter dem Punkt liegt das Lig. supraspinale. Der Punkt wird versorgt von den dorsalen Ästen der vierten Lumbalarterie und -vene und des vierten Lumbalnervs.
Technik: Rechtwinklige Stichführung, 2,5–3 cm tief.
Indikation: Zerrungen im Lenden- und Hüftbereich, Erkrankungen der Weichteile der Lende und des Rückens, Tetanus.

49. *Jue Yin Shu*, Zustimmungspunkt des Perikards, Bl 13

(➤ Abb. 31.16 und ➤ Abb. 31.19)
Lokalisation: Im 7. ICR, auf dem M. longissimus thoracis und M. iliocostalis thoracis.
Orientierungspunkte: Der Punkt wird versorgt durch den lateralen Ast der korrespondierenden Interkostalgefäße und den dorsalen Ast des siebten Thorakalnervs.
Technik: Rechtwinklige Stichführung, 3–4,5 cm Stichtiefe.
Indikation: Enterospasmen, Hyperhidrosis.

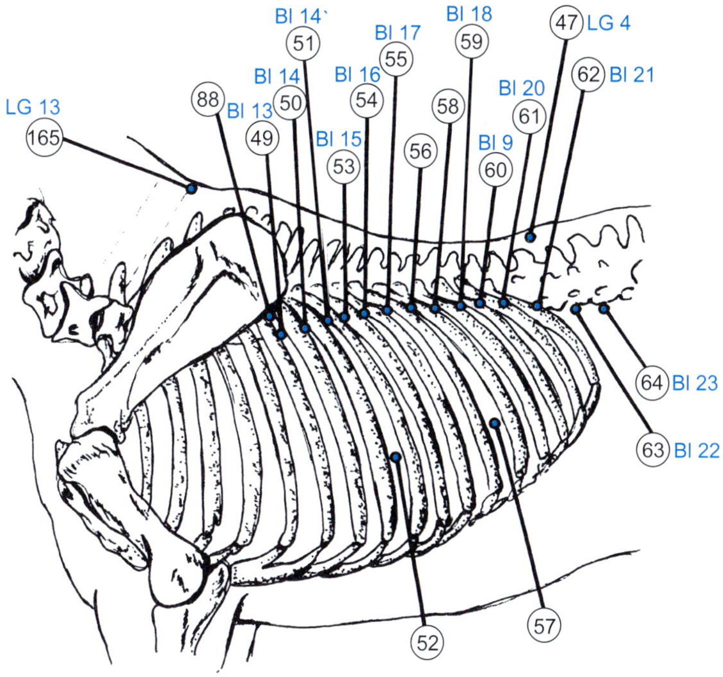

Abb. 31.19 Die Zustimmungspunkte auf dem Rücken und einige Alarmpunkte in lateraler Ansicht.
(entnommen aus: Hwang Y-C, Yu C (Hrsg.): *Handbook on Chinese Veterinary Acupuncture and Moxibustion, Bangkok,* 1990, UN FAO Regional Office for Asia and the Pacific)

50. *Du Shu*, Zustimmungspunkt des Lenkergefäßes, Bl 14

(➤ Abb. 31.16 und ➤ Abb. 31.19)
Lokalisation: In der gleichen Muskelrinne wie Punkt Nr. 49, aber im 8. ICR.
Orientierungspunkte: Der Punkt wird versorgt durch den lateralen Ast der korrespondierenden Interkostalgefäße und den dorsalen Ast des achten Thorakalnervs.
Technik: Rechtwinklige Stichführung, 3–4,5 cm Stichtiefe.
Indikation: Enterospasmen, Überbelastung.

51. *Fei Zhi Shu*, Zusätzlicher Zustimmungspunkt der Lunge, Bl 14'

(➤ Abb. 31.5, ➤ Abb. 31.16, ➤ Abb. 31.18 und ➤ Abb. 31.19)
Lokalisation: In der gleichen Muskelrinne wie Punkt Nr. 49, aber im 9. ICR.
Orientierungspunkte: Der Punkt wird versorgt durch den lateralen Ast der korrespondierenden Interkostalgefäße und den dorsalen Ast des neunten Thorakalnervs.
Technik: Rechtwinklige Stichführung, 3–4,5 cm Stichtiefe.
Indikation: Husten, Asthma, Überbelastung, Hitze-Erkrankungen der Lunge (Bronchitis, Tracheitis, Pneumonie, Pleuritis).

52. *Fei Shu*, Zustimmungspunkt der Lunge

(➤ Abb. 31.16, ➤ Abb. 31.18 und ➤ Abb. 31.19)
Lokalisation: Im 9. ICR, auf der Verbindungslinie zwischen Schultergelenk und Hüftgelenk.
Orientierungspunkte: Unter der Haut sind folgende Strukturen zu finden: M. cutaneus trunci, M. serratus ventralis, Mm. intercostales externi. Der Punkt wird versorgt durch den lateralen Ast der korrespondierenden Interkostalgefäße und den dorsalen Ast des neunten Thorakalnervs.
Technik: Rechtwinklige Stichführung, 3–4,5 cm Stichtiefe.
Indikation: Husten, Asthma, Überbelastung, Hitze-Erkrankungen der Lunge (Bronchitis, Tracheitis, Pneumonie, Pleuritis).

53. *Ge Shu*, Zustimmungspunkt des Zwerchfells, Bl 15

(➤ Abb. 31.16 und ➤ Abb. 31.19)
Lokalisation: In der gleichen Muskelrinne wie Punkt Nr. 49, aber im 10. ICR.
Orientierungspunkte: Der Punkt wird versorgt durch den lateralen Ast der korrespondierenden Interkostalgefäße und den dorsalen Ast des zehnten Thorakalnervs.
Technik: Rechtwinklige Stichführung, 3–4,5 cm Stichtiefe.
Indikation: Asthma, Spasmen des Zwerchfells.

54. *Dan Shu*, Zustimmungspunkt der Gallenblase, Bl 16

(➤ Abb. 31.16, ➤ Abb. 31.18 und ➤ Abb. 31.19)
Lokalisation: In der gleichen Muskelrinne wie Punkt Nr. 49, aber im 11. ICR.
Orientierungspunkte: Unter der Haut befinden sich der M. serratus dorsalis und der M. latissimus dorsi. Der Punkt wird versorgt durch den lateralen Ast der korrespondierenden Interkostalgefäße und den dorsalen Ast des elften Thorakalnervs.

31

Technik: Rechtwinklige Stichführung, 3–4,5 cm Stichtiefe.
Indikation: Ikterus, Verdauungsbeschwerden, Obstipation, Mangel im Bereich von Milz/Pankreas und Magen.

55. *Wei Shu*, Zustimmungspunkt des Magens, Bl 17

(➤ Abb. 31.5, ➤ Abb. 31.16 und ➤ Abb. 31.19)
Lokalisation: In der gleichen Muskelrinne wie Punkt Nr. 49, aber im 12. ICR.
Orientierungspunkte: Unter der Haut befinden sich der M. serratus dorsalis und der M. latissimus dorsi. Der Punkt wird versorgt durch den lateralen Ast der korrespondierenden Interkostalgefäße und den dorsalen Ast des zwölften Thorakalnervs.
Technik: Rechtwinklige Stichführung, 3–4,5 cm Stichtiefe.
Indikation: Verdauungsbeschwerden, Blähungen, Magendilatation.

56. *Gan Zhi Shu*, Zusätzlicher Zustimmungspunkt der Leber

(➤ Abb. 31.16, ➤ Abb. 31.18 und ➤ Abb. 31.19)
Lokalisation: In der gleichen Muskelrinne wie Punkt Nr. 49, aber im 13. ICR.
Orientierungspunkte: Unter der Haut befinden sich der M. serratus dorsalis und der M. latissimus dorsi. Der Punkt wird versorgt durch den lateralen Ast der korrespondierenden Interkostalgefäße und den dorsalen Ast des 13. Thorakalnervs.
Technik: Rechtwinklige Stichführung, 3–4,5 cm Stichtiefe.
Indikation: Ikterus, Verdauungsbeschwerden, Konjunktivitis, Keratitis.

57. *Gan Shu*, Zustimmungspunkt der Leber

(➤ Abb. 31.16, ➤ Abb. 31.18, ➤ Abb. 31.19 und ➤ Abb. 31.20)
Lokalisation: Im 13. ICR, auf der Verbindungslinie zwischen Schultergelenk und Hüftgelenk.
Orientierungspunkte: Unter der Haut findet sich der M. cutaneus trunci und die Mm. intercostales. Der Punkt wird versorgt durch die korrespondierenden Interkostalgefäße und den dorsalen Ast des 13. Thorakalnervs.
Technik: Rechtwinklige Stichführung, 3–4,5 cm Stichtiefe.
Indikation: Ikterus, Konjunktivitis, Keratitis.

58. *San Jiao Shu*, Zustimmungspunkt des Dreifachen Erwärmers

(➤ Abb. 31.16 und ➤ Abb. 31.19)
Lokalisation: Im 14. ICR, zwischen den Muskelbäuchen des M. longissimus thoracis und dem M. iliocostalis thoracis.
Orientierungspunkte: Unter der Haut befinden sich der M. serratus dorsalis und der M. latissimus dorsi. Der Punkt wird versorgt durch die korrespondierenden Interkostalgefäße und den dorsalen Ast des 14. Thorakalnervs.
Technik: Rechtwinklige Stichführung, 3–4,5 cm Stichtiefe.
Indikation: Verdauungsbeschwerden, Überbelastung.

59. *Pi Shu*, Zustimmungspunkt von Milz/Pankreas, Bl 18

(➤ Abb. 31.5, ➤ Abb. 31.16 und ➤ Abb. 31.19)
Lokalisation: Im 15. ICR, zwischen den Muskelbäuchen des M. longissimus thoracis und dem M. iliocostalis thoracis.
Orientierungspunkte: Unter der Haut liegt der M. latissimus dorsi. Der Punkt wird versorgt durch die korrespondierenden Interkostalgefäße und den dorsalen Ast des 15. Thorakalnervs.
Technik: Rechtwinklige Stichführung, 3–4,5 cm Stichtiefe.
Indikation: Enterospasmen, Obstipation, Verdauungsbeschwerden, Blähungen, Diarrhö, vermehrte Speichelbildung durch Kälte im Magen.

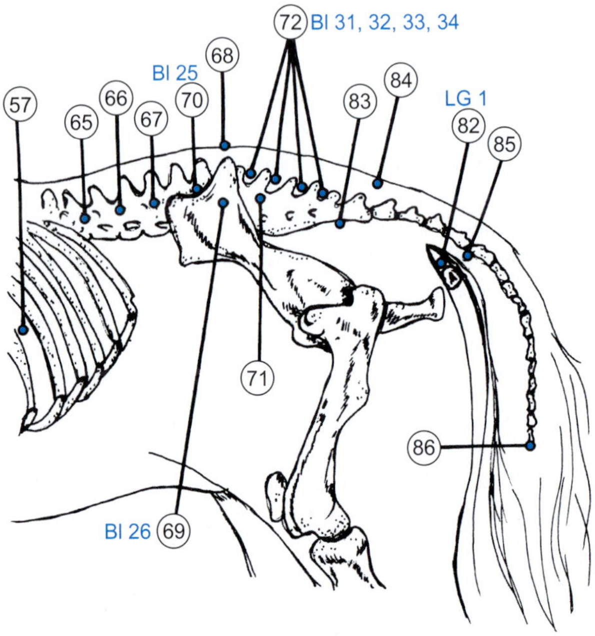

Abb. 31.20 Akupunkturpunkte der Lumbosakral-Region in lateraler Ansicht.
(entnommen aus: Hwang Y-C, Yu C (Hrsg.): *Handbook on Chinese Veterinary Acupuncture and Moxibustion, Bangkok*, 1990, UN FAO Regional Office for Asia and the Pacific)

60. *Qi Hai Shu*, Zustimmungspunkt des Meeres des *Qi*, Bl 19

(➤ Abb. 31.16 und ➤ Abb. 31.19)
Lokalisation: In der gleichen Muskelrinne wie Punkt Nr. 59, aber im 16. ICR.
Orientierungspunkte: Unter der Haut liegt der M. latissimus dorsi. Der Punkt wird versorgt durch die korrespondierenden Interkostalgefäße und den dorsalen Ast des 16. Thorakalnervs.
Technik: Rechtwinklige Stichführung, 3–4,5 cm Stichtiefe.
Indikation: Magendilatation, Blähungen.

61. *Da Chang Shu*, Zustimmungspunkt des Dickdarms, Bl 20

(➤ Abb. 31.16 und ➤ Abb. 31.19)
Lokalisation: In der gleichen Muskelrinne wie Punkt Nr. 59, aber im 17. ICR.
Orientierungspunkte: Unter der Haut liegt der M. latissimus dorsi. Der Punkt wird versorgt durch die korrespondierenden Interkostalgefäße und den dorsalen Ast des 17. Thorakalnervs.
Technik: Rechtwinklige Stichführung, 3–4,5 cm Stichtiefe.
Indikation: Enterospasmen, Verdauungsbeschwerden, Obstipation, Enteritis, Magendilatation, Blähungen, Diarrhö.

62. *Guan Yuan Shu*, Zustimmungspunkt der Ursprungsenergie, Bl 21

(➤ Abb. 31.5, ➤ Abb. 31.16, ➤ Abb. 31.18 und ➤ Abb. 31.19)
Lokalisation: In einer Vertiefung direkt kaudal der letzten Rippe, zwischen M. longissimus dorsi und M. iliocostalis.
Orientierungspunkte: Der Punkt wird versorgt durch die korrespondierenden Interkostalgefäße und den dorsalen Ast des 18. Thorakalnervs.
Technik: Rechtwinklige Stichführung, 3–4,5 cm Stichtiefe.
Indikation: Obstipation, Gastroenteritis, Kolik, Verdauungsbeschwerden, Magendilatation, Blähungen.

63. *Xiao Chang Shu*, Zustimmungspunkt des Dünndarms, Bl 22

(➤ Abb. 31.16, ➤ Abb. 31.18 und ➤ Abb. 31.19)
Lokalisation: Zwischen den apikalen Enden der Processus transversi von LWK 1 und LWK 2, kaudal des Punktes Nr. 62.
Orientierungspunkte: Das Gebiet wird von der ersten Lumbalarterie und -vene sowie vom ersten Lumbalnerven versorgt.
Technik: Rechtwinklige Stichführung, 3–4,5 cm Stichtiefe.
Indikation: Obstipation, Kolik, Gastroenteritis.

64. *Pang Guang Shu*, Zustimmungspunkt der Blase, Bl 23

(➤ Abb. 31.16, ➤ Abb. 31.18 und ➤ Abb. 31.19)
Lokalisation: Zwischen den apikalen Enden der Processus transversi von LWK 2 und LWK 3.
Orientierungspunkte: Das Gebiet wird von der zweiten Lumbalarterie und -vene sowie vom zweiten Lumbalnerven versorgt.
Technik: Rechtwinklige Stichführung, 3–4,5 cm Stichtiefe.
Indikation: Magenschmerzen, Enterospasmen, Obstipation, Diarrhö, Polyurie.

65. *Yao Qian*, Kranialer Lendenpunkt

(➤ Abb. 31.5, ➤ Abb. 31.16 und ➤ Abb. 31.20)
Lokalisation: 6 cm lateral der dorsalen Mittellinie, zwischen den Processus spinosi von LWK 1 und LWK 2, medial des Punktes Nr. 63.
Orientierungspunkte: Unter der Haut liegt der M. longissimus lumborum. Das Gebiet wird von der ersten Lumbalarterie und -vene sowie vom ersten Lumbalnerven versorgt.
Technik: Rechtwinklige Stichführung auf 4,5–6 cm Tiefe. Horizontale Stichführung um die Punkte Nr. 66 und Nr. 67 zu erreichen.
Indikation: Erkrankungen der Weichteile der Lende und des Rückens, lumbale Paralysen.

66. *Yao Zhong*, Mittlerer Lendenpunkt

(➤ Abb. 31.5, ➤ Abb. 31.16 und ➤ Abb. 31.20)
Lokalisation: 6 cm lateral der dorsalen Mittellinie, zwischen den Processus spinosi von LWK 2 und LWK 3.
Orientierungspunkte: Unter der Haut liegt der M. longissimus lumborum. Das Gebiet wird von der zweiten Lumbalarterie und -vene sowie vom zweiten Lumbalnerven versorgt.
Technik: Rechtwinklige Stichführung auf 4,5–6 cm Tiefe. Horizontale Stichführung um die Punkte Nr. 65 und Nr. 67 zu erreichen.
Indikation: Erkrankungen der Weichteile der Lende und des Rückens, lumbale Paralysen.

67. *Yao Hou*, Kaudaler Lendenpunkt

(➤ Abb. 31.5, ➤ Abb. 31.16 und ➤ Abb. 31.20)
Lokalisation: Kaudal des Punktes Nr. 66, zwischen den Processus spinosi von LWK 3 und LWK 4.
Orientierungspunkte: Unter der Haut liegt der M. longissimus lumborum. Das Gebiet wird von der dritten Lumbalarterie und -vene sowie vom dritten Lumbalnerven versorgt.
Technik: Rechtwinklige Stichführung auf 4,5–6 cm Tiefe. Horizontale Stichführung um die Punkte Nr. 65 und Nr. 66 zu erreichen.
Indikation: Erkrankungen der Weichteile der Lende und des Rückens, lumbale Paralysen.

68. *Bai Hui*, Punkt der Hundert Begegnungen

(➤ Abb. 31.1, ➤ Abb. 31.5, ➤ Abb. 31.16, ➤ Abb. 31.20 und ➤ Abb. 31.21)
Lokalisation: Einzelner Punkt auf der dorsalen Mittellinie in einer Vertiefung zwischen dem Processus spinosus von LWK 6 und dem Os sacrum.
Orientierungspunkte: Unter der Haut liegt das Lig. supraspinale. Das Gebiet wird von der sechsten Lumbalarterie und -vene sowie vom sechsten Lumbalnerven versorgt.

Technik: Rechtwinklige Stichführung auf 6–7,5 cm Tiefe.
Indikation: Erkrankungen der Weichteile der Lende und des Rückens, Coxarthrose, Paralyse der Hintergliedmaßen, Überbelastung, Tetanus, Kolik, Blähungen, Magendilatation, Diarrhö, Zerrung im Bereich der Lende und der Hüfte.

69. *Shen Shu*, Zustimmungspunkt der Niere, Bl 26

(➤ Abb. 31.16 und ➤ Abb. 31.20)
Lokalisation: 6 cm lateral des Punktes Nr. 68.
Orientierungspunkte: Unter der Haut liegt der M. gluteus medius. Der Punkt wird von A., V. und N. glutealis cranialis versorgt. Dieser Punkt und die Punkte Nr. 70 und Nr. 71 könnten den so genannten „Rhino-Herpes“-Punkten entsprechen, die Dr. Cain postuliert.
Technik: Rechtwinklige Stichführung auf 6 cm Tiefe. Horizontale Stichführung um die Punkte Nr. 70 und Nr. 71 zu erreichen.
Indikation: Erkrankungen der Weichteile der Lende und des Rückens, lumbale Paralysen.

70. *Shen Peng*, Regal der Niere, Bl 25

(➤ Abb. 31.5, ➤ Abb. 31.16 und ➤ Abb. 31.20)
Lokalisation: 6 cm kranial des Punktes Nr. 69 und 6 cm lateral der dorsalen Mittellinie.
Orientierungspunkte: Unter der Haut liegt der M. gluteus medius und der M. longissimus dorsi. Das Gebiet wird von der fünften Lumbalarterie und -vene sowie vom fünften Lumbalnerven versorgt.
Technik: Rechtwinklige Stichführung auf 6 cm Tiefe. Horizontale Stichführung um die Punkte Nr. 69 und Nr. 71 zu erreichen.
Indikation: Erkrankungen der Weichteile der Lende und des Rückens, lumbale Paralysen.

31

71. *Shen Jiao*, Nierenecke

(➤ Abb. 31.16 und ➤ Abb. 31.20)
Lokalisation: 6 cm kaudal des Punktes Nr. 69.
Orientierungspunkte: Unter der Haut liegt der M. gluteus medius. Der Punkt wird versorgt von A., V. und N. gluteus cranialis.
Technik: Rechtwinklige Stichführung auf 6 cm Tiefe. Horizontale Stichführung um die Punkte Nr. 69 und Nr. 70 zu erreichen.
Indikation: Erkrankungen der Weichteile der Lende und des Rückens, lumbale Paralysen.

72. *Ba Jiao*, Acht Punkte des Kreuzbeins, Bl 31, 32, 33, 34

(➤ Abb. 31.16 und ➤ Abb. 31.20)
Lokalisation: Auf jeder Seite sind vier Punkte angelegt, die auf einer Linie 4,5 cm lateral der dorsalen Mittellinie liegen, jeweils zwischen den Processus spinosi des Os sacrum.
Orientierungspunkte: Unter der Haut der beiden kranialen Punktepaare liegt der M. gluteus medius. Dieser Bereich wird von A., V. und N. gluteus cranialis versorgt. Das dritte Punktepaar befindet sich über dem M. biceps femoris und wird versorgt von A., V. und N. gluteus caudalis. Das kaudale Punktepaar liegt über dem M. semitendinosus und wird ebenfalls von A., V. und N. gluteus caudalis versorgt.
Technik: Stichführung in Richtung auf das Foramen intervertebralis auf 3–8 cm Tiefe. Bei horizontaler Stichführung können die Punkte miteinander verbunden werden.
Indikation: Erkrankungen der Weichteile der Lende und des Rückens, Zerrung der Lende.

73. *Dai Mai*, Brustgefäß

(➤ Abb. 31.5)
Lokalisation: Auf der seitlichen Brustwand ca. 6 cm kaudal der Tuberositas olecrani, im Bereich der siebten Rippe, direkt auf der V. thoracica externa.
Orientierungspunkte: Im Einzugsbereich von A. und V. thoracica externa und N. thoracicus lateralis.
Technik: Hämakupunktur.
Indikation: Enterospasmen, Hitzschlag, Gastroenteritis.

74. *Qian Cao*, Hydrothorax

Lokalisation: Auf der seitlichen Brustwand, 1,5 cm dorsal des Punktes Nr. 73, an der kranialen Begrenzung der fünften Rippe (rechte Körperseite) bzw. der sechsten Rippe (linke Körperseite).
Orientierungspunkte: Wird versorgt von A., V. und N. intercostalis.
Technik: Traditionelles Vorgehen: an diesem Punkt werden Thoraxdrainagen eingeführt.
Indikation: Hydrothorax.

75. *Li Zhong*, Xiphoid

(➤ Abb. 31.11)
Lokalisation: 1,5 cm lateral der ventralen Mittellinie, am kaudalen Ende des Xiphoids, in der Nähe des knorpeligen Anteils der achten Rippe.
Orientierungspunkte: Unter der Haut liegen der M. rectus abdominis und der M. pectoralis profundus. Der Bereich liegt im Einzugsgebiet von A., V. und N. thoracicus externus.
Technik: Rechtwinklige Stichführung, 3 cm Stichtiefe.
Indikation: Pleuritis, Schmerzen im Bereich des kranialen Sternums.

76. *Huang Shui*, Gelbes Wasser

Lokalisation und Orientierungspunkte: Es handelt sich hierbei nicht um einen definierten Punkt, sondern ein spezifisches Gebiet, das kaudal des Xiphoids und kranial der Vulva oder des Präputiums liegt. Lateral wird es von A. und V. thoracica externa begrenzt. Dieser Bereich wird nur genadelt, wenn hier Schwellungen auftreten.
Technik: Traditionelles Vorgehen: die geschwollenen Bereiche werden punktiert.
Indikation: Unterbauchödeme.

77. *Yun Men*, Bauchwasser

(➤ Abb. 31.11)
Lokalisation: 1,5 cm lateral der ventralen Mittellinie und 9 cm kranial des Nabels.
Orientierungspunkte: Dieser Bereich wird von A. und V. epigastrica caudalis und dem korrespondierenden N. intercostalis versorgt.
Technik: Traditionelles Vorgehen: an dieser Stelle kann ein Drainageschlauch in das Abdomen eingeführt werden.
Indikation: Aszites.

78. *Qian Shu*, Zustimmungspunkt der Flanke

Lokalisation und Orientierungspunkte: Einzelner Punkt auf der Flanke der rechten Körperseite, 22 cm ventral der dorsalen Mittellinie, 4,5 cm kaudal der letzten Rippe.
Technik: Traditionelles Vorgehen: über einen Schnitt an dieser Stelle kann ein Trokar in den Intestinaltrakt eingeführt werden, um Gase aus dem Darmbereich abzulassen.
Indikation: Blähungen und Aufgasen der Därme.

79. *Qian Pi*, Flanke

Lokalisation: Einzelner Punkt auf der Flanke der rechten Körperseite am Übergang vom kranialen zum mittleren Drittel der horizontalen Verbindungslinie zwischen Hüftgelenk und kaudaler Begrenzung der Rippen.
Orientierungspunkte: Unter der Haut befinden sich der M. obliquus abdominis externus und der M. obliquus abdominis internus. Der Bereich wird versorgt von A. und V. lumbalis und dem korrespondierenden N. intercostalis.
Technik: Traditionelles Vorgehen: chirurgischer Zugang bei der Kolikoperation.
Indikation: Koliken.

80. *Yin Shu*, Zustimmungspunkt der Geschlechtsorgane, KG 1

(➤ Abb. 31.15)
Lokalisation: Einzelner Punkt auf der ventralen Mittellinie dorsal des Skrotums oder auf halber Strecke zwischen Vulva und Anus.
Orientierungspunkte: Bei männlichen Tieren liegen unter der Haut die Faszie und das Corpus cavernosum urethrae. A. und V. pudenda externa und N. scrotalis caudalis verlaufen in der Umgebung des Punktes. Bei weiblichen Tieren liegt an dieser Stelle der Analsphinkter. Der Punkt wird hier von A. und V. perinealis und N. pudendus versorgt.
Technik: Rechtwinklige Stichführung auf 3–4 cm Tiefe, Moxibustion.
Indikation: Orchitis, Entzündungen des Skrotums, Vaginalausfluss, Prolaps der Vagina oder des Uterus.

81. *Lian Hua*, Lotusblüte

(➤ Abb. 31.15)
Lokalisation: Einzelner Punkt direkt am Anus, in der Analschleimhaut (nur sichtbar bei Analprolaps).
Orientierungspunkte: Unter dem Punkt befindet sich bereits rektale Schleimhaut. Den Punkt begleiten A., V. und N. rectalis caudalis.
Technik: Traditionelles Vorgehen: das prolabierte Gewebe wird gründlich gereinigt und eventuell nekrotisiertes Gewebe entfernt. Danach wird der Prolaps reponiert.
Indikation: Rektumprolaps.

82. *Hou Hai*, Hinteres Meer, LG 1

(➤ Abb. 31.15 und ➤ Abb. 31.20)
Lokalisation: Einzelner Punkt in einer Vertiefung zwischen Anus und ventraler Schweifwurzel.
Orientierungspunkte: Der Punkt liegt zwischen dem M. coccygeus und dem Analsphinkter. Das Gebiet wird versorgt von A., V. und N. rectalis caudalis.
Technik: Schräger Einstich parallel zum Verlauf der Wirbelsäule, Stichtiefe 12–18 cm.
Indikation: Obstipation, Schwellung im Bereich des Anus, Dysenterie, Schwäche des Analsphinkters, Tenesmus.

83. *Wei Duan*, Schweifende

(➤ Abb. 31.20)
Lokalisation: In einer Vertiefung 4,5 cm lateral der dorsalen Mittellinie, zwischen dem fünften Sakralwirbel und dem ersten Coccygealwirbel.
Orientierungspunkte: Unter der Haut liegt der M. semitendinosus. Der Punkt wird von A. und V. glutealis caudalis und dem dorsalen Ast des N. gluteus versorgt.
Technik: Im Winkel nach kranioventral, 3–5 cm Stichtiefe.
Indikation: Erkrankungen der Weichteile der Lende und des Rückens, Paralyse des Schweifes.

84. *Wai Gen*, Schweifbasis, LG 2

(➤ Abb. 31.5, ➤ Abb. 31.16, ➤ Abb. 31.20 und ➤ Abb. 31.21)
Lokalisation: Einzelner Punkt auf der dorsalen Mittellinie, in einer Vertiefung zwischen erstem und zweitem Coccygealwirbel.
Orientierungspunkte: Der Punkt liegt zwischen den Mm. sacrococcygei dorsales der beiden Seiten.
Technik: Rechtwinklige Stichführung auf 2–3 cm Tiefe.
Indikation: Erkrankungen der Weichteile der Lende und des Rückens, Paralyse im Lendenbereich, Zerrungen im Bereich der Lende und der Kruppe.

85. *Wei Ben*, Schweifvene

(➤ Abb. 31.5, ➤ Abb. 31.15 und ➤ Abb. 31.20)
Lokalisation und Orientierungspunkte: Einzelner Punkt auf der ventralen Schweifseite, 6 cm kaudal des Schweifansatzes, direkt auf den Vv. caudales ventrolaterales.
Technik: Hämakupunktur.

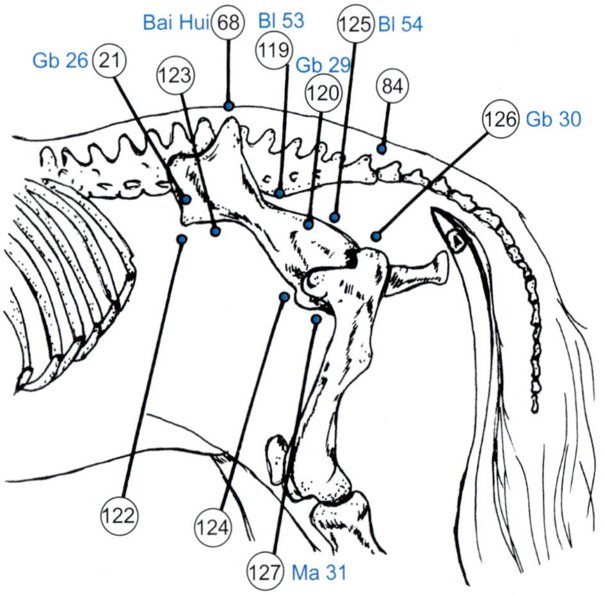

Abb. 31.21 Akupunkturpunkte im Bereich des Beckens in lateraler Ansicht. (entnommen aus: Hwang Y-C, Yu C (Hrsg.): *Handbook on Chinese Veterinary Acupuncture and Moxibustion, Bangkok,* 1990, UN FAO Regional Office for Asia and the Pacific)

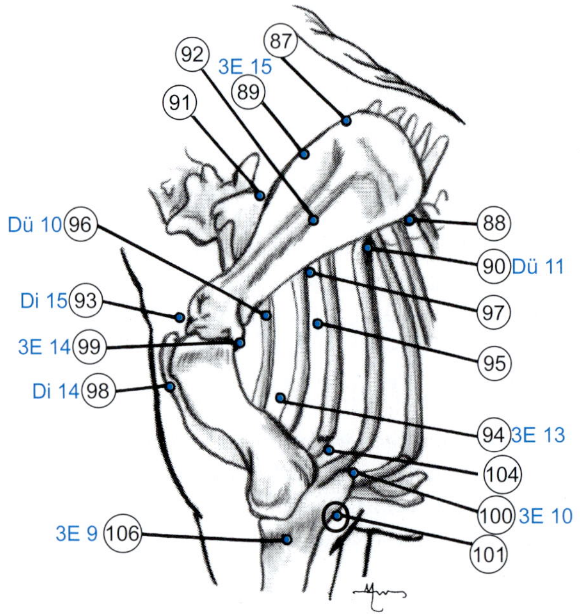

Abb. 31.22 Akupunkturpunkte im Bereich des Oberarmes und der Schulter in lateraler Ansicht.
(entnommen aus: Hwang Y-C, Yu C (Hrsg.): *Handbook on Chinese Veterinary Acupuncture and Moxibustion, Bangkok,* 1990, UN FAO Regional Office for Asia and the Pacific)

Indikation: Erkrankungen der Weichteile der Lende und des Rückens, Dysenterie, Gastroenteritis, akute Arthritis des Hüftgelenkes, Anurie.

86. *Wei Jian*, Schweifspitze

(➤ Abb. 31.1 und ➤ Abb. 31.20)
Lokalisation: Einzelner Punkt auf der Spitze der Schweifrübe.
Orientierungspunkte: Der Punkt wird versorgt A. und V. caudalis dorsolateralis und N. coccygeus caudalis.
Technik: Hämakupunktur.
Indikation: Enterospasmen, Hitzschlag, Schock.

Punkte im Bereich der Vordergliedmaße

32 Punkte sind bekannt. Davon kommen in der traditionellen chinesischen Pferdeakupunktur folgende Punkte am häufigsten zum Einsatz: 87, 88, 89, 90, 93, 94, 103, 104, 113 und 116.

87. *Bo Jian*, Schulterspitze, Dü 14

(➤ Abb. 31.5 und ➤ Abb. 31.22)
Lokalisation: In einer Vertiefung kranial des kranialen Winkels der Skapula, am Übergang von knöchernem und knorpeligem Anteil des Schulterblattes.
Orientierungspunkte: Unter der Haut befindet sich der M. trapezius. Der Punkt liegt zwischen dem M. rhomboideus cervicis und dem M. serratus ventralis cervicis. Der Bereich wird von A. und V. scapularis dorsalis, einem dorsalem Ast des korrespondierenden Zervikalnervs und dem N. suprascapularis versorgt.
Technik: Kaudoventrale Stichführung, 10–12 cm Stichtiefe. Die Nadel sollte an der medialen Fläche der Skapula platziert werden.
Indikation: Erkrankungen der Weichteile der Vordergliedmaße, Paralyse des N. suprascapularis.

88. *Bo Lan*, Schulterstelle

(➤ Abb. 31.5, ➤ Abb. 31.19 und ➤ Abb. 31.22)
Lokalisation: In einer Vertiefung kaudal des kaudalen Winkels der Skapula, am Übergang von knöchernem und knorpeligem Anteil des Schulterblattes.
Orientierungspunkte: Unter der Haut liegt der M. trapezius und der M. latissimus dorsi. Der Punkt befindet sich zwischen M. serratus ventralis thoracis und M. serratus dorsalis. Dieser Bereich wird versorgt von Interkostalgefäßen und dem dorsalen Ast des korrespondierenden Thorakalnervs.
Technik: Kranioventrale Stichführung, 10–12 cm Stichtiefe. Die Nadel sollte an der medialen Fläche der Skapula platziert werden.
Indikation: Erkrankungen der Weichteile der Vordergliedmaße, Paralyse des N. suprascapularis.

89. *Fei Men*, Lungentor, 3E 15

(➤ Abb. 31.22)
Lokalisation: An der kranialen Begrenzung der Skapula, 12 cm ventral des Punktes Nr. 87.
Orientierungspunkte: Unter der Haut liegt die Fascia cervicalis und der M. trapezius im Übergang zum M. serratus ventralis cervicis. Der Punkt liegt im Versorgungsgebiet der A. und V. cervica-

lis superficialis und des dorsalen und ventralen Astes des korrespondierenden Thorakalnervs.
Technik: Kaudoventrale Stichführung, 8–10 cm Stichtiefe.
Indikation: Paralyse des N. suprascapularis, Erkrankungen der Weichteile der Vordergliedmaße, Arthritis des Schultergelenkes, Myositis des M. sternobrachiocephalicus.

90. *Fei Pan*, Umarmung der Lunge, Dü 11

(➤ Abb. 31.5 und ➤ Abb. 31.22)
Lokalisation: Am kaudalen Rand der Skapula, am Übergang vom dorsalen zum mittleren Drittel.
Orientierungspunkte: Der Punkt liegt kaudal des M. deltoideus. Unter der Haut befindet sich der M. triceps brachii. Der Punkt wird von A. und V. subscapularis, dem korrespondierenden N. intercostalis und dem N. radialis versorgt.
Technik: Kranioventrale Stichführung, 8–10 cm Stichtiefe.
Indikation: Husten, Pneumonie, Erkrankungen der Weichteile der Vordergliedmaße.

91. *Bo Zhong*, Mitte des Schulterblattes

(➤ Abb. 31.1 und ➤ Abb. 31.22)
Lokalisation: Am kranialen Rand der Skapula, auf halber Strecke zwischen kranialem Winkel und dem Tuber spinae scapulae.
Orientierungspunkte: Unter der Haut ist der M. brachiocephalicus zu finden. Der Punkt wird versorgt von A. und V. cervicalis profunda und von Ästen des Plexus brachialis.
Technik: Kaudomediale Stichführung, dem Rand der Skapula folgend, 8–10 cm Stichtiefe.
Indikation: Paralyse des N. suprascapularis, Erkrankungen der Weichteile der Vordergliedmaße, Arthritis des Schultergelenkes, Myositis des M. sternobrachiocephalicus.

92. *Gong Zi*, Schulterbogen

(➤ Abb. 31.22)
Lokalisation: Im Bereich der Fossa infraspinosa, kaudal des Tuber spinae scapulae.
Orientierungspunkte: Unter der Haut liegt der M. cutaneus omobrachialis. Dieser Bereich wird versorgt von A., V. und N. subscapularis.
Technik: Traditionales Vorgehen: Pneumoakupunktur. Heutzutage injiziert man 300–500 ml sterilisierte Luft an diesem Punkt. Während der Injektion sollte die Nadel bewegt werden, um die Luft besser im subkutanen Bindegewebe zu verteilen.
Indikation: Paralyse des N. suprascapularis, Atrophie der Schulter- und Oberarmmuskulatur, chronische Schulterlahmheit.

93. *Jian Jing*, Quelle der Schulter, Di 15

(➤ Abb. 31.1, ➤ Abb. 31.5 und ➤ Abb. 31.22)
Lokalisation: Am Schultergelenk, in einer Vertiefung zwischen den zwei Anteilen des Tuberculum majus.
Orientierungspunkte: Zwischen den Ansatzstellen des M. supraspinatus und des M. infraspinatus, dorsal des M. brachiocephalicus. Der Bereich liegt im Versorgungsgebiet der A. und V. circumflexa humeri und des N. suprascapularis.
Technik: Kaudoventrale Stichführung auf eine Tiefe von 6–9 cm.
Indikation: Erkrankungen der Weichteile der Vordergliedmaße, Paralyse der Vordergliedmaße, Arthritis des Schultergelenkes, Myositis des M. sternobrachiocephalicus.

94. *Qiang Feng*, Willkommener Wind, 3E 13

(➤ Abb. 31.1 und ➤ Abb. 31.22)
Lokalisation: In einer großen Grube, 15 cm kaudoventral des Schultergelenkes.
Orientierungspunkte: Am Treffpunkt des M. deltoideus und des M. triceps brachii. Zwischen dem langen und dem lateralen Kopf des M. triceps brachii. Der Punkt wird von der A. und V. circumflexa humeri caudalis, dem N. axillaris und dem N. radialis versorgt.
Technik: Rechtwinklige Stichführung, 8–10 cm Stichtiefe.
Indikation: Erkrankungen der Weichteile der Vordergliedmaße, Paralysen, Zerrungen, Arthritis der Vordergliedmaße, Myositis des M. sternobrachiocephalicus, Paralyse des N. radialis.

95. *Chong Tian*, Zum Himmel eilen

(➤ Abb. 31.1, ➤ Abb. 31.5 und ➤ Abb. 31.22)
Lokalisation: In einer Vertiefung 6 cm dorsokaudal des Punktes Nr. 94.
Orientierungspunkte: Unter der Haut befinden sich der M. deltoideus und der M. triceps brachii. Der Punkt wird versorgt von A. und V. thoracodorsalis und N. subscapularis.
Technik: Rechtwinklige Stichführung auf 8–10 cm Tiefe.
Indikation: Erkrankungen der Weichteile der Vordergliedmaße, Paralysen, Zerrungen, Arthritis der Vordergliedmaße, Myositis des M. sternobrachiocephalicus, Paralyse des N. radialis.

96. *Jian Zhen*, Standhafte Schulter, Dü 10

(➤ Abb. 31.5 und ➤ Abb. 31.22)
Lokalisation: In einer Vertiefung 6 cm dorsokranial des Punktes Nr. 94.
Orientierungspunkte: Unter der Haut liegen der M. deltoideus und der lange Kopf des M. triceps brachii. Der Punkt wird versorgt von A. und V. circumflexa humeri caudalis, N. axillaris und N. radialis.
Technik: Rechtwinklige Stichführung auf 6 cm Tiefe.
Indikation: Erkrankungen der Weichteile der Vordergliedmaße, Paralysen des N. suprascapularis, Zerrung der Schulter.

97. *Tian Zhong*, Himmlischer Vorfahr

(➤ Abb. 31.1 und ➤ Abb. 31.22)
Lokalisation: An der kaudalen Begrenzung der Skapula, 6 cm dorsokranial des Punktes Nr. 95.
Orientierungspunkte: Unter der Haut liegen der M. deltoideus und der lange Kopf des M. triceps brachii. Der Bereich wird ver-

sorgt von A. und V. circumflexa humeri caudalis, N. axillaris und N. radialis.
Technik: Rechtwinklige Stichführung auf 5 cm Tiefe.
Indikation: Erkrankungen der Weichteile der Vordergliedmaße, Paralysen, Zerrungen und Arthritis der Vordergliedmaße, Myositis des M. sternobrachiocephalicus, Paralyse des N. radialis.

98. *Jian Yu*, Schulterecke, Di 14

(➤ Abb. 31.1, ➤ Abb. 31.5 und ➤ Abb. 31.22)
Lokalisation und Orientierungspunkte: In einer Vertiefung zwischen der ventralen Begrenzung des Tuberculum majus und der Sehne des M. biceps brachii. Der Punkt wird versorgt von A. und V. circumflexa humeri caudalis und N. subscapularis.
Technik: Dorsomediale Stichführung auf 3–4 cm Tiefe.
Indikation: Arthritis des Schultergelenkes, Myositis des M. sternobrachiocephalicus, Paralyse des N. radialis, Erkrankungen der Weichteile der Vordergliedmaße, Schmerzen in der Schulterregion.

99. *Jian Wai Yu*, Transportpunkt der Schulter, 3E 14

(➤ Abb. 31.1, ➤ Abb. 31.5 und ➤ Abb. 31.22)
Lokalisation: Gemeinsam mit den Punkten Nr. 93 und Nr. 98 formt dieser Punkt ein gleichschenkliges Dreieck.
Orientierungspunkte: Kaudal des Tuberculum majus. Unter der Haut liegt der M. deltoideus und der M. teres minor. Dieser Bereich liegt im Versorgungsgebiet der A. und V. circumflexa humeri caudalis und des N. axillaris.
Technik: Rechtwinklige Stichführung auf 6–7,5 cm Tiefe.
Indikation: Arthritis des Schultergelenkes, Myositis des M. sternobrachiocephalicus, Paralyse des N. radialis, Erkrankungen der Weichteile der Vordergliedmaße, Schmerzen in der Schulterregion.

100. *Yan Chou*, Über dem Ellenbogen, 3E 10

(➤ Abb. 31.22)
Lokalisation: In einer Vertiefung 4 cm dorsal und medial des Olekranons.
Orientierungspunkte: Zwischen dem M. tensor fasciae antebrachii und dem M. pectoralis ascendens. Der Punkt wird versorgt von A. und V. thoracica externa und N. thoracicus dorsalis.
Technik: Kranioventrale Stichführung auf 3–5 cm Tiefe.
Indikation: Erkrankungen der Weichteile des Ellenbogens, Schwellungen im Bereich des Ellenbogens, Schmerzen und Zerrungen im Bereich des Ellenbogens.

101. *Cheng Deng*, Steigbügel

(➤ Abb. 31.1, ➤ Abb. 31.18 und ➤ Abb. 31.22)
Lokalisation: Auf dem medialen Aspekt des Unterarmes, in einer Vertiefung, 4 cm ventrokaudal des Olekranons.
Orientierungspunkte: Unter der Haut liegt der M. pectoralis superficialis. Der Punkt wird versorgt von A. und V. thoracica externa und N. pectoralis cranialis.
Technik: Kraniodorsale Stichführung auf 3–5 cm Tiefe.
Indikation: Erkrankungen der Weichteile des Ellenbogens, Schwellungen, Schmerzen und Zerrungen im Bereich des Ellenbogens.

102. *Jia Qi*, Achsel, He 1

(➤ Abb. 31.3 und ➤ Abb. 31.23)
Lokalisation: Im Zentrum der Achsel zwischen lateralem Aspekt der Brustwand und medialer Fläche des Oberarms.
Orientierungspunkte: Unter der Haut befindet sich der M. pectoralis superficialis. Die Nadelspitze erreicht das Gebiet zwischen M. subscapularis und M. serratus ventralis. Dieses Gebiet wird versorgt von A. und V. brachialis und Nervenästen des Plexus brachialis.
Technik: Traditionelles Vorgehen um Gas auszuleiten: die betroffene Gliedmaße anheben und nach kraniolateral ziehen. Am Punkt wird über einen Einschnitt ein Trokar eingeführt und 20–25 cm tief in Richtung des Punktes Nr. 94 geschoben. Nachdem der Trokar entfernt wurde, sollte das Bein mehrmals vor und zurück bewegt werden.
Indikation: Zerrung im Bereich der Vordergliedmaße, chronische Schulterlahmheit, Paralyse des N. scapularis.

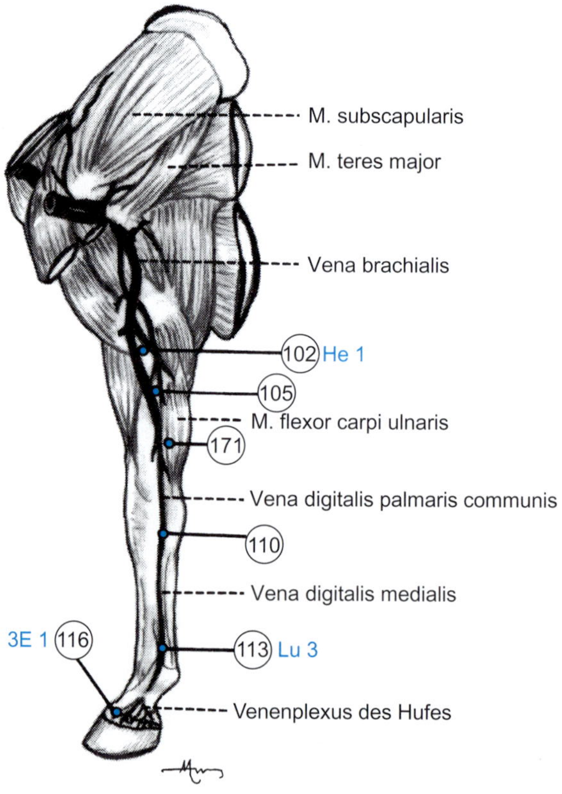

Abb. 31.23 Akupunkturpunkte an der Vordergliedmaße in medialer Ansicht. (entnommen aus: Hwang Y-C, Yu C (Hrsg.): *Handbook on Chinese Veterinary Acupuncture and Moxibustion, Bangkok,* 1990, UN FAO Regional Office for Asia and the Pacific).

103. *Xiong Tang*, Vene des Oberarms

(➤ Abb. 31.3)
Lokalisation und Orientierungspunkte: Kranial und dorsal der Achsel und medial des M. biceps brachii. Unter der Haut ist die V. cephalica zu palpieren.
Technik: Hämakupunktur.
Indikation: Akute Arthritis des Schulter- und Ellenbogengelenkes, Myositis des M. sternobrachiocephalicus, Rehe, Erkrankungen der Weichteile des Ellenbogens und der Schulter, Zerrung der Schulter, Hitze im Bereich des Herz-Meridians.

104. *Zhou Shu*, Zustimmungspunkt des Ellenbogens

(➤ Abb. 31.1, ➤ Abb. 31.5, ➤ Abb. 31.22 und ➤ Abb. 31.24)
Lokalisation: In einer Vertiefung zwischen Olekranon und Epicondylus lateralis humeri.
Orientierungspunkte: Unter der Haut befindet sich der laterale Kopf des M. triceps brachii. Der Punkt wird versorgt von A. und V. profunda brachii und N. radialis.
Technik: Rechtwinklige Stichführung auf 6 cm Tiefe.
Indikation: Arthritis, Schwellung und Erkrankungen der Weichteile des Ellenbogens, Paralyse im Bereich der Schulter.

105. *Tong Jing*, Vena cephalica

(➤ Abb. 31.3 und ➤ Abb. 31.23)
Lokalisation und Orientierungspunkte: Auf der V. cephalica, 6 cm ventral der Achsel.
Technik: Hämakupunktur.
Indikation: Akute Arthritis von Schulter- und Ellenbogengelenk, Myositis des M. sternobrachiocephalicus, Rehe, Erkrankungen der Weichteile des Ellenbogens und der Schulter, Zerrung im Bereich der Schulter, Hitze im Bereich des Herz-Meridians.

106. *Cheng Zhong*, Radius, 3E 9

(➤ Abb. 31.1, ➤ Abb. 31.22, ➤ Abb. 31.24 und ➤ Abb. 31.25)
Lokalisation und Orientierungspunkte: Auf dem lateralen Aspekt der Vordergliedmaße, ventral der Tuberositas lateralis radii, in einer Muskelfurche des zwischen M. extensor digitalis communis und M. extensor digitalis lateralis. Der Punkt wird versorgt von A., V. und N. interosseus und N. cutaneus caudalis.
Technik: Leicht kraniale Stichführung auf 4,5–6 cm Tiefe.
Indikation: Schwellung, Paralyse und Erkrankungen der Weichteile der Vordergliedmaße, Arthritis des Ellenbogen- und Karpalgelenkes, karpale Tendosynovitis, lokale Myositis und Tendinitis.

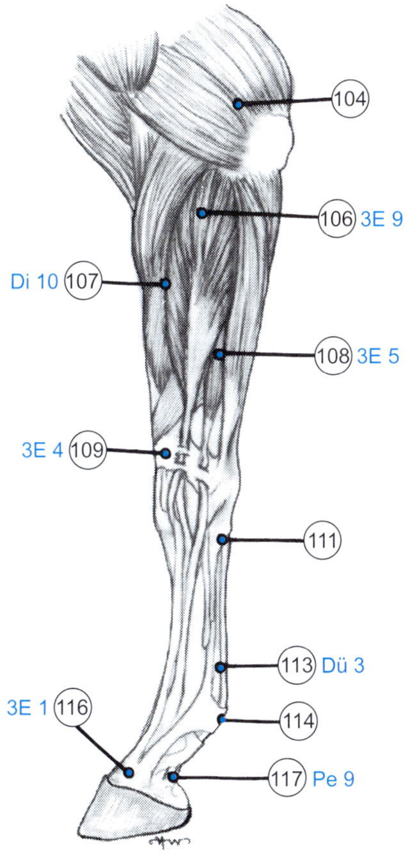

Abb. 31.24 Akupunkturpunkte im Bereich der distalen Vordergliedmaße und ihr Bezug zur Muskulatur in lateraler Ansicht.
(entnommen aus: Hwang Y-C, Yu C (Hrsg.): *Handbook on Chinese Veterinary Acupuncture and Moxibustion, Bangkok,* 1990, UN FAO Regional Office for Asia and the Pacific)

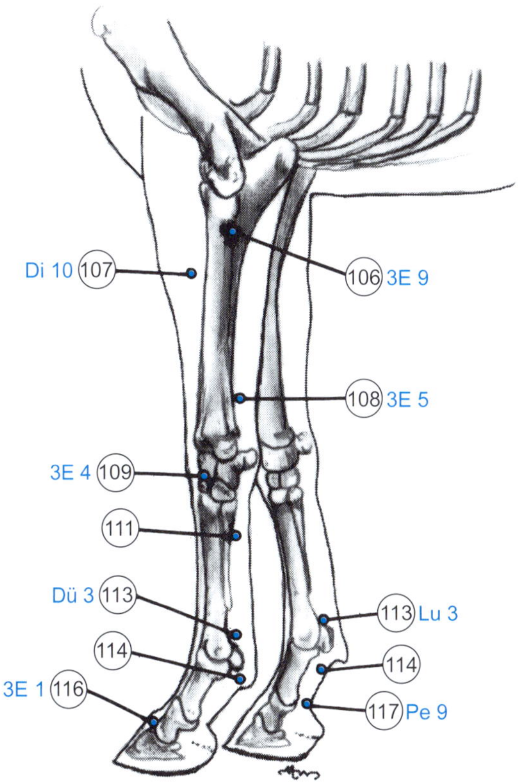

Abb. 31.25 Akupunkturpunkte im Bereich der distalen Vordergliedmaße und ihr Bezug zu den Knochen in lateraler Ansicht.
(entnommen aus: Hwang Y-C, Yu C (Hrsg.): *Handbook on Chinese Veterinary Acupuncture and Moxibustion, Bangkok,* 1990, UN FAO Regional Office for Asia and the Pacific)

107. *Qian San Li*, Drei Meilenpunkt der Brust, Di 10

(➤ Abb. 31.1, ➤ Abb. 31.24 und ➤ Abb. 31.25)
Lokalisation: 6 cm kranioventral des Punktes Nr. 106.
Orientierungspunkte: Am Übergang vom proximalen zum mittleren Drittel der lateralen Oberfläche des Radius, in einer Muskelfurche zwischen M. extensor carpi radialis und M. extensor digitalis communis. Der Bereich liegt im Versorgungsgebiet von A, V. und N. interosseus und N. cutaneus caudalis.
Technik: Kaudodorsale Stichführung auf 4,5 cm Tiefe.
Indikation: Paralyse der Vordergliedmaße oder des N. radialis, Erkrankungen der Weichteile der Vordergliedmaße, Verdauungsbeschwerden, Mangel im Bereich von Milz/Pankreas und Magen.

108. *Guo Liang*, Vorbeiziehender Strahl, 3E 5

(➤ Abb. 31.1, ➤ Abb. 31.24 und ➤ Abb. 31.25)
Lokalisation: Auf der lateralen Seite der Vordergliedmaße, proximal des Karpus.
Orientierungspunkte: Der Punkt liegt zwischen der kaudalen Grenze des Radius und dem M. ulnaris lateralis. Er wird versorgt von A. und V. interossea dorsalis und N. radialis.
Technik: Rechtwinklige Stichführung, wobei die Nadel die Haut auf der medialen Seite des Beines erreicht.
Indikation: Arthritis des Karpalgelenkes, Schwellung und Schmerzen im Bereich des Karpalgelenkes.

109. *Xi Yan*, Karpus, 3E 4

(➤ Abb. 31.3, ➤ Abb. 31.5, ➤ Abb. 31.24 und ➤ Abb. 31.25)
Lokalisation: In einer Vertiefung auf der dorsalen Fläche des Karpalgelenkes, direkt über der Vene.
Orientierungspunkte: Zwischen dem intermediären und dem dritten Os carpale, zwischen den Sehnen von M. extensor carpi radialis und M. extensor digitalis communis. Unter der Haut liegt die Gelenkkapsel. Der Punkt wird versorgt von A. und V. digitalis palmaris communis III und den kutanen Ästen von N. radialis und N. musculocutaneus.
Technik: Hämakupunktur.
Indikation: Arthritis des Karpalgelenkes, Schwellung und Schmerzen im Bereich des Karpalgelenkes.

110. *Xi Mai*, Karpalvene

(➤ Abb. 31.1, ➤ Abb. 31.5 und ➤ Abb. 31.23)
Lokalisation und Orientierungspunkte: Auf dem medialen Aspekt des Metakarpus, am Übergang vom proximalen zum mittleren Drittel, 6 cm distal des Karpalgelenkes. Der Punkt liegt auf der V. digitalis palmaris communis II. Hier liegen auch A. und N. digitalis palmaris communis II.
Technik: Hämakupunktur.
Indikation: Schwellung und Entzündung des Karpalgelenkes, Tendosynovitis im Karpalbereich, Myositis und Tendinitis im Bereich des Karpus.

111. *Cuan Jing*, Sehnenbündel

(➤ Abb. 31.1, ➤ Abb. 31.5, ➤ Abb. 31.24 und ➤ Abb. 31.25)
Lokalisation und Orientierungspunkte: Auf dem lateralen Aspekt des Metakarpus, 6 cm distal des Karpalgelenkes, auf dem lateralen Griffelbein. Der Punkt liegt auf der V. digitalis palmaris communis III.
Technik: Hämakupunktur.
Indikation: Schwellung und Entzündung des Karpalgelenkes, Tendosynovitis im Karpalbereich, Myositis und Tendinitis im Bereich des Karpus.

112. *Ban Jing*, Beugesehne

Lokalisation: Auf der palmaren Seite des Metakarpus, 4,5 cm proximal des proximalen Os sesamoideum. Dieser Punkt tritt zum Vorschein bei geschwollenen Sehnen.
Orientierungspunkte: Unter der Haut befinden sich die Sehnen des M. flexor digitalis superficialis und des M. flexor digitalis profundus sowie das Unterstützungsband. Der Punkt wird versorgt durch A., V. und N. digitalis palmaris communis II und III.
Technik: Direkte oder indirekte Kauterisation.
Indikation: Tendosynovitis, Tendinitis der gemeinsamen Beugesehne.

113. *Qian Chan Wan*, Vordere Fessel, Lu 3 (medialer Punkt), Dü 3 (lateraler Punkt)

(➤ Abb. 31.1, ➤ Abb. 31.5, ➤ Abb. 31.23, ➤ Abb. 31.24, ➤ Abb. 31.25 und ➤ Abb. 31.26)
Lokalisation und Orientierungspunkte: Zwei Punkte an jeder Gliedmaße an beiden Seiten des Fesselgelenkes, kaudomedial bzw. kaudolateral und leicht proximal des Fesselgelenkes. Die Punkte liegen auf der V. digitalis palmaris medialis bzw. lateralis.
Technik: Hämakupunktur.
Indikation: Zerrungen, Verstauchungen und Arthritis des Fesselgelenkes, Tendinitis und Tendosynovitis der Beugesehne.

114. *Ming Tang*, Oberes Sesambein

(➤ Abb. 31.24, ➤ Abb. 31.25 und ➤ Abb. 31.26)
Lokalisation: In der Fesselbeuge ventral des Fesselgelenkes.
Orientierungspunkte: Unter der Haut befindet sich die Sehne des M. flexor digitalis profundus. Der Punkt liegt im Versorgungsgebiet von A., V. und N. digitalis palmaris lateralis bzw. medialis.
Technik: Der Punkt wird in dorsaler Stichrichtung mit einer breiten Nadel punktiert, Stichtiefe 1–1,5 cm.
Indikation: Zerrungen, Verstauchungen und Arthritis des Fesselgelenkes, Tendinitis und Tendosynovitis der Beugesehne.

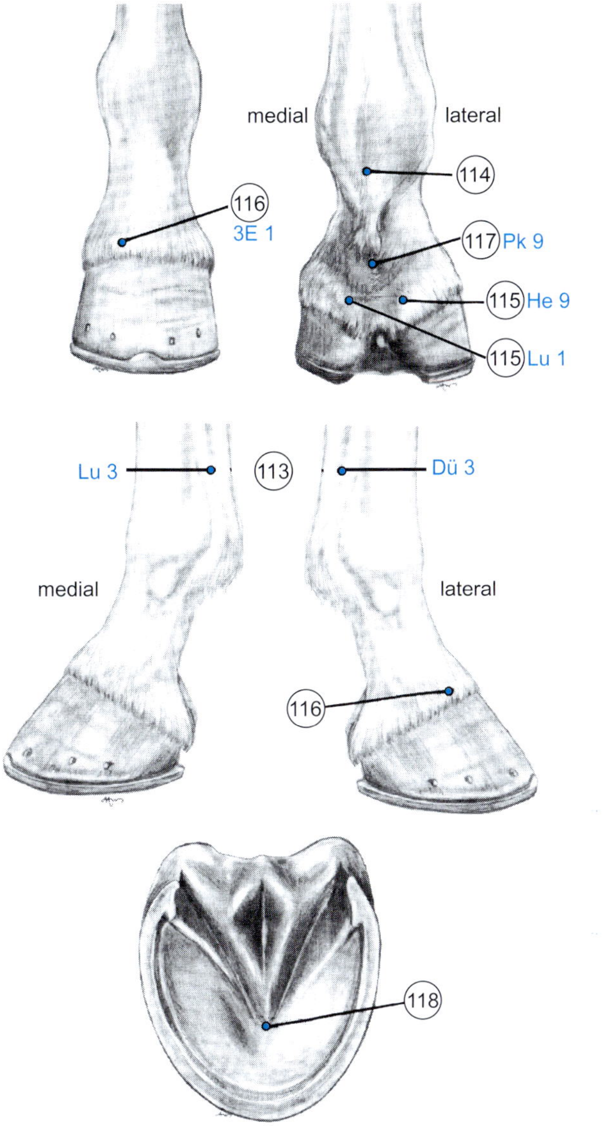

Abb. 31.26 Akupunkturpunkte im Bereich von Fessel und Huf des Vorderbeines in dorsaler, kaudaler, medialer, lateraler und palmarer Ansicht.
(entnommen aus: Hwang Y-C, Yu C (Hrsg.): *Handbook on Chinese Veterinary Acupuncture and Moxibustion, Bangkok,* 1990, UN FAO Regional Office for Asia and the Pacific)

115. *Qian Ti Men*, Hufballen, Lu 1 (medialer Punkt), He 9 (lateraler Punkt)

(➤ Abb. 31.5, ➤ Abb. 31.15 und ➤ Abb. 31.26)
Lokalisation: Zwei Punkte an jedem Bein in einer Vertiefung in der kaudalen Ecke des Hufknorpels, auf der kaudodorsalen Grenze des Ballens.
Orientierungspunkte: Unter der Haut liegt der Venenplexus des Hufes. Der Punkt wird von A., V. und N. digitalis palmaris medialis und lateralis versorgt.
Technik: Hämakupunktur.
Indikation: Schwellung und Entzündung des Strahls und der Trachten, Schmerzen in Kronbein und Ballen.

116. *Qian Ti Tou*, Zehe des Hufes, 3E 1

(➤ Abb. 31.1, ➤ Abb. 31.3, ➤ Abb. 31.23, ➤ Abb. 31.24, ➤ Abb. 31.25 und ➤ Abb. 31.26)
Lokalisation: 2–3 cm lateral der dorsalen Mittellinie am Kronsaum.
Orientierungspunkte: Unter der Haut liegt der Venenplexus des Kronsaumes.
Technik: Hämakupunktur.
Indikation: Obstipation, Enterospasmen, Rehe, schmerzhafter und geschwollener Huf, Verstauchung des Fesselgelenkes.

117. *Qian Jiu*, Mitte der Fessel, Pe 9

(➤ Abb. 31.1, ➤ Abb. 31.24, ➤ Abb. 31.25 und ➤ Abb. 31.26)
Lokalisation: Auf der palmaren Mittellinie der Fesselbeuge, proximal der Ballen.
Orientierungspunkte: In einer Vertiefung zwischen den beiden Enden des Hufknorpels. Unter der Haut liegen Beugesehne und Venenplexus.
Technik: Hämakupunktur. Bei konventioneller Akupunktur wird 4,5 cm tief gestochen.
Indikation: Erkrankungen der Weichteile der Vordergliedmaße, Arthritis des Fesselgelenkes und des Karpalgelenkes, Rehe, Tendinitis.

118. *Qian Chui Quan*, Hufstrahl

(➤ Abb. 31.26)
Lokalisation: An der Spitze des Hufstrahles, ein Punkt an jedem Vorderbein.
Orientierungspunkte: Unter dem Punkt befindet sich der Venenplexus des Hufes und der N. digitalis palmaris.
Technik: Hämakupunktur oder Kauterisation. Der Bereich muss vorher desinfiziert und nach der Behandlung mit einer adstringierenden Lösung gewaschen werden.
Indikation: Strahlfäule.

Punkte im Bereich der Hintergliedmaße

36 Punkte sind an der Hintergliedmaße aufgeführt. Am häufigsten kommen folgende Punkte zum Einsatz: 119, 120, 125, 127, 128, 132, 133, 138, 139, 148 und 151.

119. *Ba Shan*, Am Berg klebend, Bl 53

(➤ Abb. 31.21)
Lokalisation: In einer Vertiefung auf halber Strecke zwischen Trochanter major femoris und dem Punkt *Bai Hui* (Nr. 68).
Orientierungspunkte: Unter der Haut liegen die Fascia glutealis, der M. gluteus superficialis und der M. gluteus medius. Der Punkt wird versorgt von A., V. und N. glutealis cranialis.
Technik: Rechtwinklige Stichführung auf 10–12 cm Tiefe.
Indikation: Arthritis der Hüfte, Myositis des M. biceps femoris, Paralyse des N. ischiadicus, Zerrungen der Lende und der Kruppe.

120. *Lu Gu*, Auf dem Weg zum Oberschenkel, Gb 29

(➤ Abb. 31.1, ➤ Abb. 31.16 und ➤ Abb. 31.21)
Lokalisation: In einer Vertiefung am Übergang vom kaudalen zum mittleren Drittel der Verbindungslinie zwischen Tuber sacrale und Trochanter major femoris.
Orientierungspunkte: Zwischen M. gluteus superficialis und M. biceps femoris. Der Punkt liegt im Versorgungsbereich von A. und V. glutealis cranialis und caudalis und N. glutealis caudalis.
Technik: Rechtwinklige Stichführung auf 8–10 cm Tiefe.
Indikation: Erkrankungen der Weichteile der Hintergliedmaße, Arthritis der Hüfte, Myositis des M. biceps femoris, Paralyse des N. ischiadicus, Zerrungen der Lende und der Kruppe.

121. *Yan Chi*, Hüfthöcker, Gb 26

(➤ Abb. 31.21)
Lokalisation: Auf dem Iliumflügel, auf halber Strecke zwischen dem Punkt Nr. 70 und dem Tuber coxae.
Orientierungspunkte: Unter der Haut liegt der M. gluteus medius. Der Punkt wird versorgt von den korrespondierenden Aa. und Vv. lumbales und dem dorsalen Ast des korrespondierenden Lumbalnervs.
Technik: Rechtwinklige Stichführung auf 4,5–6 cm Tiefe.
Indikation: Erkrankungen der Weichteile der Hintergliedmaße, Arthritis der Hüfte, schmerzhafte Veränderungen im Bereich der Hinterhand, Infertilität.

122. *Dan Tian*, Beckenhöhle

(➤ Abb. 31.21)
Lokalisation: In einer Vertiefung 4,5 cm ventral des Tuber coxae.
Orientierungspunkte: Unter der Haut liegen hier der M. tensor fasciae latae und der M. obliquus externus abdominis. Der Punkt wird versorgt von den korrespondierenden Aa. und Vv. lumbales, dem dorsalen Ast des korrespondierenden Lumbalnervs und von A, V. und N. gluteus cranialis.
Technik: Rechtwinklige Stichführung auf 3–4 cm Tiefe.
Indikation: Infertilität, Schmerzen, Erkrankungen der Weichteile der Hintergliedmaße, Arthritis der Hüfte.

123. *Ju Liao*, An der Hüfte

(➤ Abb. 31.1 und ➤ Abb. 31.21)
Lokalisation: In einer Vertiefung kaudoventral des Tuber coxae.
Orientierungspunkte: Unter der Haut liegen M. gluteus superficialis und medialis. Der Punkt wird von A., V. und N. gluteus cranialis versorgt.
Technik: Rechtwinklige Stichführung auf 6–7,5 cm Tiefe.
Indikation: Schwellung und Schmerzen im Bereich von Lende und Hüfte, Paralyse der Beckengliedmaße, Myositis der Oberschenkelmuskulatur.

124. *Huan Tiao*, Kranialer Ring

(➤ Abb. 31.1, ➤ Abb. 31.5 und ➤ Abb. 31.21)
Lokalisation: In einer Vertiefung 6 cm kranial des Trochanter major femoris.
Orientierungspunkte: Zwischen M. gluteus superficialis und M. tensor fasciae latae. Der Bereich wird versorgt von A. und V. gluteus cranialis und N. femoralis.
Technik: Rechtwinklige Stichführung auf 6–7,5 cm Tiefe.
Indikation: Schwellung und Schmerzen im Bereich von Lende und Hüfte, Paralyse der Beckengliedmaße, Myositis der Oberschenkelmuskulatur.

125. *Huan Zhong*, Mitte des Ringes, Bl 54

(➤ Abb. 31.1, ➤ Abb. 31.5, ➤ Abb. 31.16 und ➤ Abb. 31.21)
Lokalisation: 6 cm kraniodorsal des Trochanter major femoris. Der Punkt liegt auf halber Strecke zwischen Tuber coxae und Tuber ischiadicum.
Orientierungspunkte: Unter der Haut liegen M. gluteus superficialis und M. biceps femoris. Die Nadel erreicht den M. gluteus medius. Der Punkt wird versorgt von A., V. und N. glutealis und dem N. ischiadicus.
Technik: Rechtwinklige Stichführung auf 6–7,5 cm Tiefe.
Indikation: Schwellung und Schmerzen im Bereich von Lende und Hüfte, Paralyse der Beckengliedmaße, Myositis der Oberschenkelmuskulatur.

126. *Huan Hou*, Hinter dem Ring, Gb 30

(➤ Abb. 31.1, ➤ Abb. 31.5, ➤ Abb. 31.16, ➤ Abb. 31.21 und ➤ Abb. 31.27)
Lokalisation: Auf der dorsalen Begrenzung des kaudalen Kamms des Trochanter major femoris.
Orientierungspunkte: Unter der Haut liegt der M. biceps femoris. Der Punkt wird versorgt von A., V. und N. gluteus caudalis.
Technik: Rechtwinklige Stichführung auf 6–7,5 cm Tiefe.
Indikation: Schwellung und Schmerzen im Bereich von Lende und Hüfte, Paralyse der Beckengliedmaße, Myositis der Oberschenkelmuskulatur.

127. *Da Kua*, Oberschenkeltor, Ma 31

(➤ Abb. 31.1, ➤ Abb. 31.5, ➤ Abb. 31.21 und ➤ Abb. 31.27)
Lokalisation: 6 cm kranioventral des Trochanter major femoris.
Orientierungspunkte: In einer Vertiefung zwischen M. tensor fasciae latae und M. gluteus superficialis. Der Punkt wird von A., V. und N. gluteus cranialis versorgt.
Technik: Kaudoventrale Stichführung auf 6–8 cm Tiefe.
Indikation: Schwellung und Schmerzen im Bereich von Lende und Hüfte, Paralyse der Beckengliedmaße, Myositis der Oberschenkelmuskulatur.

128. *Xiao Kua*, Dritter Trochanter, Gb 31

(➤ Abb. 31.1, ➤ Abb. 31.5 und ➤ Abb. 31.27)
Lokalisation: In einer Vertiefung 3,5 cm kaudoventral des dritten Trochanters.

Orientierungspunkte: In der Muskelfurche des M. biceps femoris. Der Punkt liegt im Versorgungsbereich von A. und V. femoralis, N. tibialis und N. fibularis.
Technik: Rechtwinklige Stichführung auf 6–8 cm Tiefe.
Indikation: Schwellung und Schmerzen im Bereich von Lende und Hüfte, Arthritis der Hüfte, Paralyse der Beckengliedmaße, Myositis der Oberschenkelmuskulatur.

129. *Hou Fu Tu*, Versteckter Hase, Ma 32

(➤ Abb. 31.5 und ➤ Abb. 31.27)
Lokalisation: In einer Vertiefung auf derselben Höhe wie Punkt Nr. 128, aber kranial des Femurs und 7,5 cm distal des Punktes Nr. 127.
Orientierungspunkte: Unter der Haut befindet sich der M. tensor fasciae latae. Die Nadel erreicht den M. rectus femoris und den M. vastus lateralis. Der Punkt wird versorgt von A., V. und N. gluteus cranialis.
Technik: Rechtwinklige Stichführung auf 6 cm Tiefe.
Indikation: Schwellung und Schmerzen im Bereich von Lende und Hüfte, Arthritis des Kniegelenkes.

130. *Yin Shi*, Markt des *Yin*, Ma 34

(➤ Abb. 31.27)
Lokalisation: In einer Vertiefung dorsolateral der Patella.
Orientierungspunkte: Zwischen den Sehnen des M. rectus femoris und des M. vastus lateralis. Der Punkt wird versorgt von A. und V. circumflexa femoris lateralis und N. femoralis.
Technik: Kaudodorsale Stichführung auf 4,5 cm Tiefe.
Indikation: Schwellung und Schmerzen im Bereich von Lende und Hüfte, Arthritis des Kniegelenkes.

131. *Hui Yang*, Treffen des *Yang*, Bl 35

(➤ Abb. 31.1, ➤ Abb. 31.16 und ➤ Abb. 31.28)
Lokalisation: In einer Muskelfurche 6 cm kraniolateral der Schweifwurzel.
Orientierungspunkte: In dem am weitesten proximal gelegenen Ende der Furche zwischen M. biceps femoris und M. semitendinosus. Der Punkt wird von A., V. und N. gluteus caudalis versorgt.
Technik: Rechtwinklige Stichführung auf 6–8 cm Tiefe.
Indikation: Schwellung und Schmerzen im Bereich von Lende, Hüfte und Kruppe, Arthritis der Hüfte, Paralyse der Beckengliedmaße, Myositis des M. biceps femoris.

132. *Xie Qi*, Böses *Qi*, Bl 36

(➤ Abb. 31.1, ➤ Abb. 31.5, ➤ Abb. 31.16 und ➤ Abb. 31.28)
Diagnostischer Punkt des Knies
Lokalisation: In der Muskelfurche zwischen M. biceps femoris und M. semitendinosus, auf Höhe des Anus.
Orientierungspunkte: Der Bereich wird versorgt von A., V. und N. gluteus caudalis. Dieser Punkt und die Punkte Nr. 133 und Nr. 134 entsprechen höchstwahrscheinlich den diagnostischen Punkten des Knies der *International Veterinary Acupuncture Society* (IVAS).
Technik: Rechtwinklige Stichführung auf 6–8 cm Tiefe.
Indikation: Schwellung und Schmerzen im Bereich von Lende, Hüfte und Kruppe, Arthritis, Schmerzen und Schwellungen der Beckengliedmaßen, Myositis des M. biceps femoris, M. semimembranosus oder M. semitendinosus.

133. *Han Gou*, Schweißfurche, Bl 37

(➤ Abb. 31.1, ➤ Abb. 31.5 und ➤ Abb. 31.28)
Lokalisation: In der Muskelfurche zwischen M. biceps femoris und M. semitendinosus, 7 cm distal des Punktes Nr. 132.
Orientierungspunkte: Der Punkt wird versorgt von A., V. und N. femoralis und N. tibialis.
Technik: Rechtwinklige Stichführung auf 6–8 cm Tiefe.

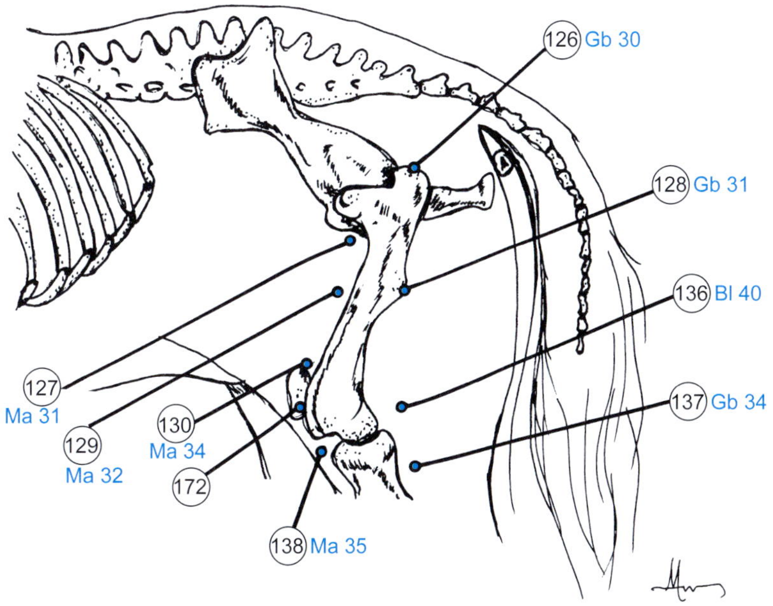

Abb. 31.27 Akupunkturpunkte und Knochen am Oberschenkel in lateraler Ansicht.
(entnommen aus: Hwang Y-C, Yu C (Hrsg.): *Handbook on Chinese Veterinary Acupuncture and Moxibustion, Bangkok,* 1990, UN FAO Regional Office for Asia and the Pacific)

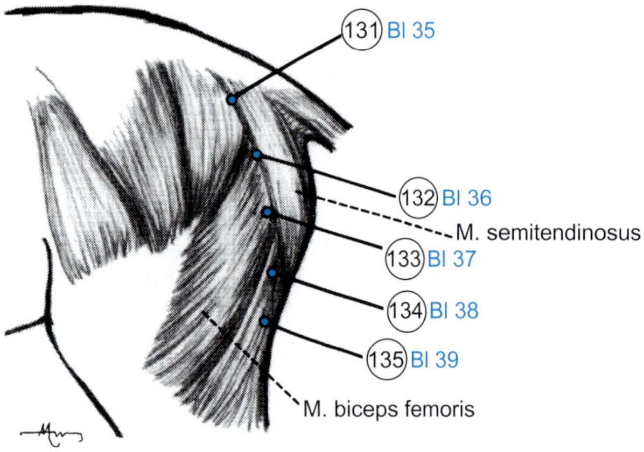

Abb. 31.28 Akupunkturpunkte und Muskulatur am Oberschenkel in lateraler Ansicht.
(entnommen aus: Hwang Y-C, Yu C (Hrsg.): *Handbook on Chinese Veterinary Acupuncture and Moxibustion, Bangkok,* 1990, UN FAO Regional Office for Asia and the Pacific)

Indikation: Schwellung und Schmerzen im Bereich von Lende, Hüfte und Kruppe, Arthritis, Schmerzen und Schwellungen der Beckengliedmaßen, Myositis des M. biceps femoris, M. semimembranosus oder M. semitendinosus.

134. *Yang Wa*, Nach oben weisende Kachel, Bl 38

(➤ Abb. 31.1, ➤ Abb. 31.5 und ➤ Abb. 31.28)
Lokalisation: In der Muskelfurche zwischen M. biceps femoris und M. semitendinosus, 7 cm distal des Punktes Nr. 133.
Orientierungspunkte: Kaudodorsal des dritten Trochanters. Der Punkt wird versorgt von A., V. und N. femoralis und N. tibialis.
Technik: Rechtwinklige Stichführung auf 6–8 cm Tiefe.
Indikation: Schwellung und Schmerzen im Bereich von Lende, Hüfte und Kruppe, Arthritis, Schmerzen und Schwellungen der Beckengliedmaßen, Myositis des M. biceps femoris, M. semimembranosus oder M. semitendinosus.

135. *Qian Shen*, In der Nähe der Hoden, Bl 39

(➤ Abb. 31.1, ➤ Abb. 31.5 und ➤ Abb. 31.28)
Diagnostischer Punkt für das Sprunggelenk
Lokalisation: In der gleichen Muskelfurche wie die Punkte Nr. 133 und Nr. 134, aber 7 cm distal des Punktes Nr. 134.
Orientierungspunkte: Parallel zur dorsalen Begrenzung der Patella. Der Punkt wird versorgt von A., V. und N. femoralis caudalis und N. tibialis.
Technik: Rechtwinklige Stichführung auf 6–8 cm Tiefe.
Indikation: Schwellung und Schmerzen im Bereich von Lende, Hüfte und Kruppe, Arthritis, Schmerzen und Schwellungen der Beckengliedmaßen, Myositis des M. biceps femoris, M. semimembranosus oder M. semitendinosus.

136. *Yang Ling, Yang*-Graben, Bl 40

(➤ Abb. 31.27)
Diagnostischer Punkt für Equine Protozoal Myelitis
Lokalisation: 10–14 cm kaudal des Kniegelenkes, in einer Vertiefung dorsokaudal des Condylus lateralis tibiae.
Orientierungspunkte: Zwischen mittlerem und lateralem Bauch des M. biceps femoris. Der Punkt wird versorgt von A. und V. femoralis caudalis und Ästen des N. cutaneus surae lateralis.
Technik: Rechtwinklige Stichführung auf 8–10 cm Tiefe.
Indikation: Schwellung und Schmerzen im Bereich von Lende, Hüfte und Kruppe, Arthritis, Schmerzen und Schwellung des Kniegelenkes.

137. *Feng Long*, Gedeihend, Gb 34

(➤ Abb. 31.27 und ➤ Abb. 31.29)
Lokalisation: Im lateralen Kniebereich, 6 cm distal des Punktes Nr. 136.
Orientierungspunkte: In einer Vertiefung kaudoventral des Condylus lateralis tibiae. Unter der Haut liegt der M. biceps femoris. Die Nadel erreicht die Muskelfurche zwischen M. gastrocnemius und M. flexor digitalis profundus. Der Punkt liegt im Versorgungsbereich von A. und V. poplitea und N. tibialis.
Technik: Rechtwinklige Stichführung auf 8–10 cm Tiefe.
Indikation: Schwellung und Schmerzen im Bereich von Lende, Hüfte und Kruppe, Arthritis, Schmerzen und Schwellung des Kniegelenkes.

138. *Lu Cao*, Knie, Ma 35

(➤ Abb. 31.1, ➤ Abb. 31.5, ➤ Abb. 31.27 und ➤ Abb. 31.29)
Lokalisation: In einer Vertiefung zwischen lateralem und mittlerem Knieband.
Orientierungspunkte: Der Punkt wird versorgt von A. und V. poplitea und N. tibialis.
Technik: Stichführung nach proximal und kaudal auf 6 cm Tiefe.
Indikation: Schwellung und Schmerzen im Bereich der Beckengliedmaße, Arthritis, Schmerzen und Schwellung des Kniegelenkes.

139. *Hou San Li*, Drei Meilenpunkt des Beckens, Ma 36

(➤ Abb. 31.29)
Lokalisation: Auf der dorsolateralen Fläche des Unterschenkels, 3,5 cm distal des Condylus lateralis tibiae.
Orientierungspunkte: In einer Muskelfurche zwischen M. extensor digitalis longus und M. extensor digitalis lateralis. Der Punkt wird von A. und V. tibialis cranialis und N. fibularis versorgt.
Technik: Ventrale Stichführung auf 4,5–6 cm Tiefe.
Indikation: Verdauungsbeschwerden, Obstipation, Dysenterie, Schwellung und Schmerzen im Bereich der Beckengliedmaße, Paralyse des N. tibialis oder des N. fibularis, Mangel im Bereich von Milz/Pankreas und Magen.

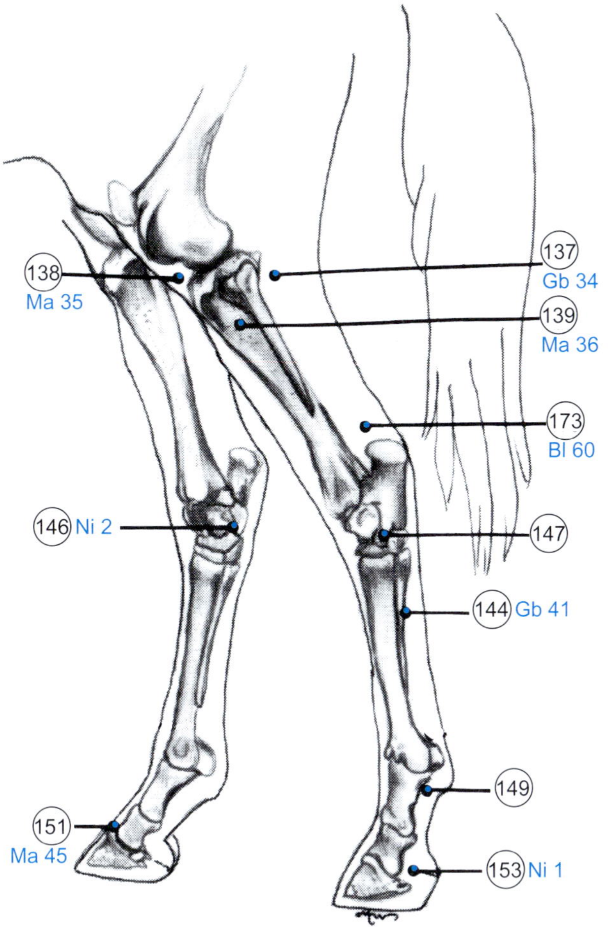

Abb. 31.29 Akupunkturpunkte im Bereich der distalen Hintergliedmaße in lateraler Ansicht.
(entnommen aus: Hwang Y-C, Yu C (Hrsg.): *Handbook on Chinese Veterinary Acupuncture and Moxibustion, Bangkok,* 1990, UN FAO Regional Office for Asia and the Pacific)

140. *Jiao Dang*, Verbindung, MP 10

(➤ Abb. 31.15 und ➤ Abb. 31.30)
Lokalisation: Auf der V. saphena, 6 cm ventral der Hautfalte zwischen Oberschenkel und Abdomen.
Orientierungspunkte: In der Nähe des Punktes befinden sich A. und N. saphenus.
Technik: Hämakupunktur.
Indikation: Zerrung oder Schwellung der Hüft- und Kruppenregion, Schwellungen, Schmerzen, Arthritis oder Myositis im Bereich der Beckengliedmaße, Rehe, Orchitis, Skrotitis.

141. *Shen Tang*, Halle der Niere, MP 9, Ni 10

(➤ Abb. 31.15 und ➤ Abb. 31.30)
Lokalisation: Auf der V. saphena, 12 cm ventral der Hautfalte zwischen Oberschenkel und Abdomen und 6 cm distal des Punktes Nr. 140.
Orientierungspunkte: In der Nähe des Punktes befinden sich A. und N. saphenus.
Technik: Hämakupunktur.

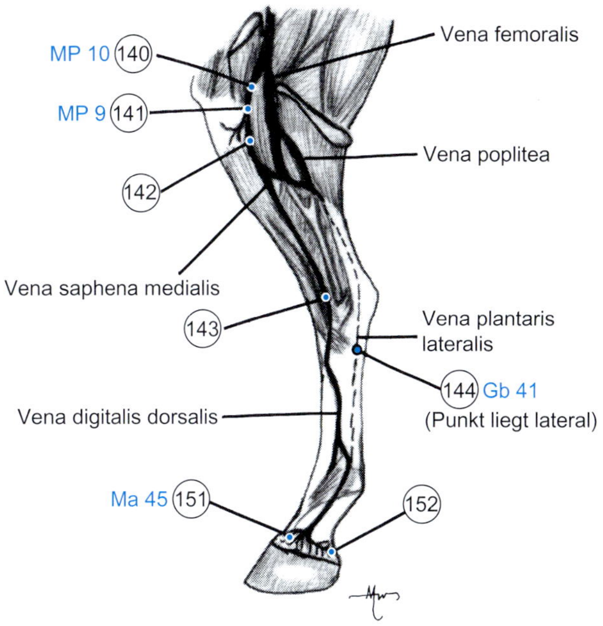

Abb. 31.30 Akupunkturpunkte am Hinterbein in medialer Ansicht (entnommen aus: Hwang Y-C, Yu C (Hrsg.): *Handbook on Chinese Veterinary Acupuncture and Moxibustion, Bangkok,* 1990, UN FAO Regional Office for Asia and the Pacific).

Indikation: Zerrung oder Schwellung der Hüft- und Kruppenregion, Schwellungen, Schmerzen, Arthritis oder Myositis im Bereich der Beckengliedmaße, Rehe, Orchitis, Skrotitis.

142. *Du Xue*, Regierender Punkt

(➤ Abb. 31.15 und ➤ Abb. 31.30)
Lokalisation: Auf der V. saphena, 6 cm distal des Punktes Nr. 141.
Orientierungspunkte: In der Nähe des Punktes befinden sich A. und N. saphenus.
Technik: Hämakupunktur.
Indikation: Zerrung oder Schwellung der Hüft- und Kruppenregion, Schwellungen, Schmerzen, Arthritis oder Myositis im Bereich der Beckengliedmaße, Rehe, Orchitis, Skrotitis.

143. *Qu Chi*, Teich an der Kurve

(➤ Abb. 31.1, ➤ Abb. 31.5 und ➤ Abb. 31.30)
Lokalisation: Auf der V. digitalis communis II, im Bereich des dorsomedialen Talus.
Orientierungspunkte: In der Nähe des Punktes befinden sich A. und N. plantaris lateralis.
Technik: Hämakupunktur.
Indikation: Chronische Arthritis, Zerrung oder Schmerzen der Tarsalregion und des Fesselgelenkes.

144. *Lu Jie*, Fließende Tränen des Flusses, Gb 41

(➤ Abb. 31.15, ➤ Abb. 31.29 und ➤ Abb. 31.30)
Lokalisation: Auf der kaudolateralen Fläche des Metatarsus, am Übergang vom proximalen zum mittleren Drittel, 18 cm distal des Kalkaneus. Der Punkt liegt auf der V. plantaris lateralis.
Orientierungspunkte: In der Nähe des Punktes befinden sich A. und N. plantaris lateralis.
Technik: Hämakupunktur
Indikation: Zerrung oder Schmerzen der Metatarsalregion, Tendinitis der Beugesehne, Tendosynovitis.

145. *Fu Gu*, Tarsus

Lokalisation: Auf dem plantaren Aspekt des Metatarsus, 6 cm proximal des Fesselgelenkes. Der Punkt tritt bei geschwollener Beugesehne in Erscheinung.
Orientierungspunkte: Unter der Haut liegt die Sehne des M. flexor digitalis. Der Punkt wird versorgt von A. und V. metatarsea plantaris II und III und N. plantaris.
Technik: Direkte oder indirekte Kauterisation.
Indikation: Tendinitis der Beugesehne, Tendosynovitis, Schwellungen oder Schmerzen im Bereich des Tarsalgelenkes.

146. *He Zi*, Talus, Ni 2

(➤ Abb. 31.29)
Lokalisation: Auf dem Talus, auf dem medialen Aspekt des Tarsalgelenkes. Der Punkt tritt in Erscheinung, wenn das Gebiet geschwollen ist.
Orientierungspunkte: Unter dem Punkt befinden sich die Faszie, die Sehne des M. flexor digitalis lateralis und die Gelenkkapsel. Der Punkt wird versorgt von A. und V. tibialis caudalis und N. plantaris medialis.
Technik: Moxibustion oder mehrfache Punktion des Gebietes mit einer Feuernadel.
Indikation: Schwellung, Schmerzen oder Arthritis der Tarsalregion.

147. *Wu Jing*, Dunkle Sehne

(➤ Abb. 31.29)
Lokalisation: Auf der lateralen Seite des Talus.
Orientierungspunkte: Unter der Haut befindet sich die Sehne des M. extensor digitalis lateralis. Der Punkt liegt im Versorgungsgebiet von A. und V. saphena lateralis und N. fibularis superficialis.
Technik: Moxibustion.
Indikation: Schwellung, Schmerzen oder Arthritis der Tarsalregion.

148. *Hou Chan Wan*, Hintere Fessel, MP 3

(➤ Abb. 31.1, ➤ Abb. 31.5 und ➤ Abb. 31.11)
Entspricht dem Punkt Nr. 113 an der Vordergliedmaße.

149. *Lao Tang*, Oberes Sesambein des Hinterfußes

(➤ Abb. 31.29 und ➤ Abb. 31.31)
Entspricht dem Punkt Nr. 114 an der Vordergliedmaße.

150. *Gun Ti*, Zusammengezogene Sehne

Lokalisation: In einer Vertiefung im Zentrum der Fesselbeuge.
Orientierungspunkte: Unter der Haut befinden sich die Sehnen des M. flexor digitalis profundus und des M. flexor digitalis superficialis. Der Punkt wird versorgt von A., V. und N. digitalis plantaris.
Technik: Traditionelles Vorgehen: Ein Drittel des Durchmessers der tiefen Beugesehne wird im Bereich des Punktes durchtrennt und der Fuß dann zur Extension gezwungen.
Indikation: Sehnendeformationen.

151. *Hou Ti Tou*, Zehe des Hinterfußes, Ma 45

(➤ Abb. 31.5, ➤ Abb. 31.29, ➤ Abb. 31.30 und ➤ Abb. 31.31)
Entspricht dem Punkt Nr. 116 an der Vordergliedmaße.

152. *Hou Ti Men*, Ballen des Hinterfußes, MP 1 (medialer Punkt), Gb 44 (lateraler Punkt)

(➤ Abb. 31.15, ➤ Abb. 31.30 und ➤ Abb. 31.31)
Entspricht dem Punkt Nr. 115 an der Vordergliedmaße.

153. *Hou Jiu*, Mitte der Fessel des Hinterfußes, Ni 1

(➤ Abb. 31.15, ➤ Abb. 31.29 und ➤ Abb. 31.31)
Entspricht dem Punkt Nr. 117 an der Vordergliedmaße.

154. *Hou Chui Quan*, Hufstrahl des Hinterfußes

(➤ Abb. 31.11 und ➤ Abb. 31.31)
Entspricht dem Punkt Nr. 118 an der Vordergliedmaße.

Extrapunkte

155. *Song Gu*, Siebbein, Ma 3

(➤ Abb. 31.4)
Lokalisation und Orientierungspunkte: Im lateralen Bereich des Kopfes, zwischen Incisura nasoincisiva und Foramen infraorbitale.
Technik: Hämakupunktur oder Kauterisation.
Indikation: Schwellung im Bereich der Nase.

156. *Hou Men*, Tor der Kehle

(➤ Abb. 31.5 und ➤ Abb. 31.8)
Lokalisation und Orientierungspunkte: Auf der V. jugularis externa, 3 cm kaudal des Larynx.
Technik: Hämakupunktur.
Indikation: Laryngitis.

31

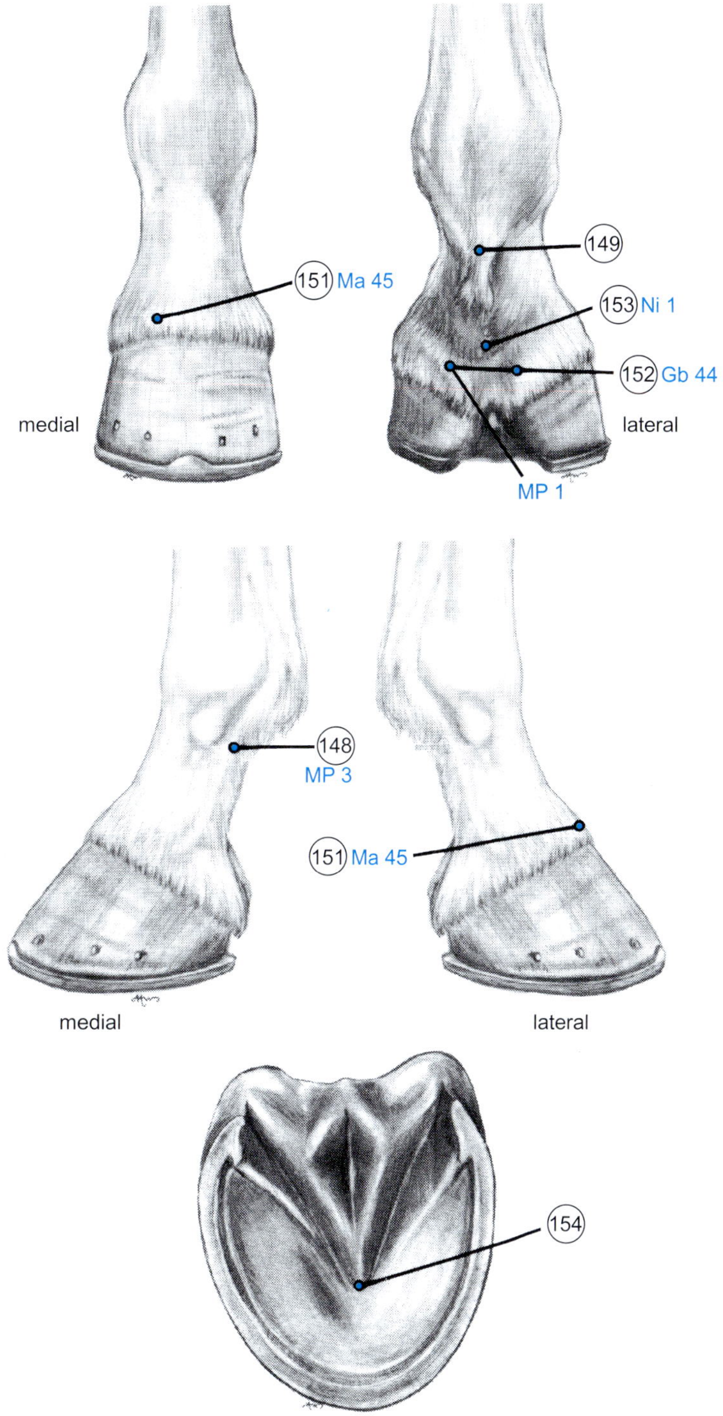

Abb. 31.31 Akupunkturpunkte im Bereich von Fessel und Huf des Hinterbeines in dorsaler, kaudaler, medialer, lateraler und plantarer Ansicht.
(entnommen aus: Hwang Y-C, Yu C (Hrsg.): *Handbook on Chinese Veterinary Acupuncture and Moxibustion, Bangkok,* 1990, UN FAO Regional Office for Asia and the Pacific)

157. *Qiu Hou*, Unterer Augapfel

(➤ Abb. 31.6 und ➤ Abb. 31.7)
Lokalisation und Orientierungspunkte: In der Nähe des lateralen Kanthus des Auges, auf dem unteren Augenlid.
Technik: Der Augapfel wird nach dorsal geschoben und die Nadel entlang der dorsalen Kante des Os zygomaticum bis zu einer Tiefe von 5 cm geschoben.
Indikation: Konjunktivitis, Pannus, Atrophie des N. opticus.

158. *Chun Jiu*, Grube auf der Lippe

(➤ Abb. 31.9)
Lokalisation und Orientierungspunkte: Einzelner Punkt in der großen Vertiefung der Unterlippe, 3 cm kaudoventral des Punktes Nr. 22 (KG 24).
Technik: Rostrale Stichführung auf 2–3 cm Tiefe.
Indikation: Fazialisparese, Schwäche der Unterlippe, Tetanus.

159. *Sang Men*, Tor des Maules

Lokalisation und Orientierungspunkte: Auf dem weichen Gaumen.
Technik: Punktion des geschwollenen Bereiches des weichen Gaumens.
Indikation: Pharyngolaryngitis.

160. *Er Men*, Tor des Ohres

(➤ Abb. 31.7)
Lokalisation und Orientierungspunkte: In einer Vertiefung am rostralen Ende des Ohrgrundes.
Technik: Die Nadel wird während der gesamten Zeit der Behandlung in situ belassen.
Indikation: Blähungen, Obstipation.

161. *Ting Er*, Ohrenspitzer

(➤ Abb. 31.7 und ➤ Abb. 31.14)
Lokalisation und Orientierungspunkte: Im medialen Bereich des Ohrgrundes, in einer Vertiefung rostral der knöchernen Erhebung des Okziputs.
Technik: Kaudale Stichführung auf 3 cm Tiefe.
Indikation: Paralyse des Ohres, Erschöpfungszustände.

162. *Feng Chi*, Windteich, Gb 20

(➤ Abb. 31.14)
Lokalisation und Orientierungspunkte: In einer Vertiefung kaudolateral des Punktes Nr. 36 (LG 16). Der Punkt entspricht dem Punkt Nr. 37, unterscheidet sich von diesem aber in der Stichtechnik.
Technik: Rechtwinklige Stichführung mit einer filiformen Nadel bis zu einer Tiefe von 3–4,5 cm.
Indikation: Kälte-Erkrankung, Schmerzen und Schwellungen im Bereich des Genicks, Ohnmachtsanfälle.

163. *Mi Jiao Gan*, Stamm des Vagosympathikus

(➤ Abb. 31.17)
Lokalisation und Orientierungspunkte: Am Übergang vom kranialen zum mittleren Drittel des Halses, an der dorsalen Grenze der Drosselrinne.
Technik: Aquapunktur.
Indikation: Diarrhö, Verdauungsbeschwerden.

164. *Zhuan Nao*, Wendung des Gehirns, 3E 23

(➤ Abb. 31.6)
Lokalisation und Orientierungspunkte: Auf der ventralen Kante des Processus zygomaticus des Os frontale, in der Nähe des lateralen Kanthus des Auges.
Technik: Stichführung mit einer filiformen Nadel entlang der ventralen Kante des Knochens bis auf eine Stichtiefe von 3–6 cm.
Indikation: Enzephalitis, Fieber, Wind-Erkrankungen des Herzens, Epilepsie.

165. *Qi Qian*, Vor dem Widerrist, LG 13

(➤ Abb. 31.18 und ➤ Abb. 31.19)
Lokalisation und Orientierungspunkte: Einzelner Punkt in der Vertiefung zwischen den Processus spinosi von BWK 1 und BWK 2.
Technik: Kraniale Stichführung auf 6–9 cm Tiefe.
Indikation: Husten, Asthma, Enterospasmen.

166. *An Hua*, Satteldruck

(➤ Abb. 31.18)
Lokalisation und Orientierungspunkte: Einzelner Punkt im geschwollenen Gewebe über den Processus spinosi von BWK 8 und BWK 9.
Technik: Mehrfache Einstiche mit einer weiten Nadel bis auf 1 cm Tiefe.
Indikation: Ödeme und Entzündungen in diesem Bereich.

167. *Xin Shu*, Zustimmungspunkt des Herzens

Lokalisation und Orientierungspunkte: Im kranialen Bereich des Thorax, lateral des Manubrium sterni.
Technik: Mit einer dicken Nadel 1 cm tief stechen.
Indikation: Ödeme und Schwellungen über dem kranialen Teil des Sternums.

168. *Du Kou*, Nabel, KG 8

(➤ Abb. 31.11)
Lokalisation und Orientierungspunkte: Einzelner Punkt im Zentrum des Nabels.
Technik: Moxibustion.
Indikation: Enterospasmen, chronische Skrotitis.

169. *Shen Jian*, Spitze des Hodens

Lokalisation und Orientierungspunkte: Einzelner Punkt auf der ventralen Mittellinie, kranial des Skrotums.
Technik: 1 cm tief stechen.
Indikation: Chronische Skrotitis, Orchitis.

170. *Wu Hua*, Fünf Blumen

Lokalisation und Orientierungspunkte: Im geschwollenen Gewebe dorsal des Punktes Nr. 73.
Technik: Mit einer dicken Nadel 1 cm tief stechen, dabei größere Blutgefäße vermeiden.
Indikation: Ödeme in der genannten Region.

171. *Ye Yan*, Kastanie, Lu 7 oder Lu 8

(➤ Abb. 31.23)
Lokalisation und Orientierungspunkte: Kastanie der Vordergliedmaße.
Technik: Moxibustion oder Kauterisation.
Indikation: Schwellung oder Schmerzen in diesem Bereich.

172. *Wai Xi Yan*, Laterales Knieauge

(➤ Abb. 31.27)
Lokalisation und Orientierungspunkte: In einer Vertiefung zwischen lateralem Kamm der Patella und Condylus lateralis femoris.
Technik: Rechtwinklige Stichführung auf 3 cm Tiefe.
Indikation: Schwellung und Schmerzen im Bereich der Beckengliedmaße und des Knies.

173. *Kun Lun*, Laterales Sprunggelenk, Bl 60

(➤ Abb. 31.1 und ➤ Abb. 31.29)
Lokalisation und Orientierungspunkte: Proximal des Kalkaneus, zwischen Tibia und der Sehne des M. gastrocnemius.
Technik: Rechtwinklige Stichführung auf 3 cm Tiefe.
Indikation: Kälte-Erkrankungen, Schwellung und Schmerzen im Bereich der Beckengliedmaße, der Lenden- und Rumpfregion.

KAPITEL

32

Peggy Fleming

Atlas der transpositionellen Pferdeakupunktur

Bei dem transpositionellen System der Akupunkturpunkt lokalisation beim Pferd werden die Akupunkturpunkte und die dazu gehörenden Meridiane vom Menschen auf das Pferd übertragen. Trotz ihrer Beliebtheit wird diese Methode kontrovers diskutiert. Bis in die letzte Hälfte des vergangenen Jahrhunderts hinein wurden in der Pferdeakupunktur in erster Linie empirische Punkte verwendet, isolierte Punktlokalisationen, die der Herausforderung der Zeit widerstanden hatten. Über tausende von Jahren hatten die Ärzte, die Pferde mit Akupunktur behandelten, Punkte gefunden, die bestimmte Beschwerden des Tieres lindern konnten. In ➤ Kap. 31 dieses Buches finden Sie eine Zusammenfassung der traditionellen Punkte, die in erster Linie dem *„Traditional Handbook of Chinese Veterinary Acupuncture"* entnommen sind. Die meisten Pferdeakupunkteure in China wenden das System der Meridiane nicht auf ihre Patienten an.

Die Kunst der Akupunkturbehandlung aber hat in der langen Zeit, die seit den ersten Versuchen vergangen sind, viele Wechsel erfahren. Über die Jahre haben sich zahllose Richtungen und Formen entwickelt. Dabei blieben **drei Paradigmen** bestehen:

- Die Lehre der **acht Leitkriterien** stellt das erste Paradigma dar. Anzeichen und Symptome des Patienten werden dabei in ein binäres System mit vier Attributen eingeteilt. Ein Symptom ist dabei entweder von *Yin-* oder von *Yang*-Qualität, zeigt Hitze- oder Kälteanzeichen, wird innen oder außen am Körper gefunden und stellt letztendlich eine Leere- oder eine Füllesituation dar. Der Behandlungsplan beinhaltet dann Punkte, die sich mit allen dieser vier Qualitäten befassen. Soll z. B. ein Pferd mit akutem Fieber vom Fülletyp behandelt werden, kommen sedierende und kühlende Punktekombinationen zum Einsatz, die sich in erster Linie mit den *Yang*-Energien befassen.
- Die pathologischen *Zang-Fu*-**Konditionen** stellen das zweite Paradigma der Akupunktur dar. Bei diesem System wird das hauptsächlich und ursächlich betroffene Organsystem betont. Die Punkteauswahl erfolgt in Hinblick auf ihren Einfluss auf die erkrankten Strukturen. Wird z.B. ein Pferd mit chronischem Husten vorgestellt, kommen die Akupunkturpunkte zum Einsatz, die empirisch die Funktion der Lunge verbessern.
- Das dritte Paradigma ist das System der **fünf Elemente**. Innerhalb dieses Systems gibt es viele Variationen, deren Gemeinsamkeit aber das Prinzip des Gleichgewichts zwischen den Meridianen ist. Der Schwerpunkt bei der Punkteauswahl wird auf die fünf antiken oder Elemente-Punkte auf jedem der zwölf Meridiane gelegt. Diese wichtigen Punkte liegen alle unterhalb des Ellenbogen- bzw. des Kniegelenks und können starke Veränderungen in dem Energiegleichgewicht des Körpers hervorrufen. Ein Praktiker, der nach dem System der fünf Elemente behandelt, wird den Symptomen des Patienten weniger Beachtung schenken als den relativen Anzeichen für energetische Gleichgewichtsstörungen zwischen den Meridianen. Die energetische Einschätzung geschieht palpatorisch und bezieht das Fühlen der Pulseigenschaften und das Tasten entlang der Meridianverläufe mit ein. Wenn z.B. bei einem Pferd mit chronisch schwachem Husten energetisch eine Leere im Bereich von Milz/Pankreas festgestellt wird, so würde man therapeutisch versuchen, Milz/Pankreas zu stärken, indem man den Tonisierungs-Punkt oder den Punkt des Mutter-Elementes, den Feuer-Punkt, nadelt. Die Theorie dahinter besagt, dass die Mutter der Lunge (Milz/Pankreas) dem Kind (Lunge) nicht genügend Energien gegeben hat.

Das Prinzip der fünf Elemente ist in Japan sehr verbreitet und wurde in den siebziger Jahren von Pferdeakupunkteuren wie Okada in die USA gebracht. Viele Pferdeakupunkteure in den USA behandeln heute nach diesem System. Dies ist einer der Gründe, der das transpositionelle Meridian-System notwendig gemacht hat.

Aus verschiedenen Gründen gibt es gerade bei der Übertragung der traditionellen Elemente-Punkte auf das Pferd besondere Schwierigkeiten. Zunächst unterscheidet sich der einzelne Finger am Ende der Gliedmaßen des Pferdes doch deutlich von den fünf Fingern der menschlichen Hand oder des Fußes. Um die Verwirrung noch zu vergrößern, erfuhr die Gliedmaße des Pferdes in ihrer Evolution eine laterale Rotation. Dadurch gelangen mediale Meridiane wie der Dickdarm auf die laterale Seite der Vordergliedmaße. Trotzdem haben sich die meisten Pferdeakupunkteure in den letzten zehn Jahren über die generelle Lokalisation dieser Punkte geeinigt. Die *International Veterinary Acupuncture Society* (IVAS) hat unter Mithilfe von Pionieren der Veterinärakupunktur wie Marvin Caine, Terry Durkes und Dominique Ginieux eine Zusammenstellung der am häufigsten benutzten Punkte erarbeitet. Diese Punkte werden für die Diagnose verwendet und stellen den Anfang einer standardisierten Nomenklatur dar.

Im Folgenden werden die gebräuchlichsten transpositionellen Punkte jedes Meridians angegeben. Soweit möglich, wird der Versuch unternommen, die transpositionellen Punkte und die traditionellen chinesischen Punkte in Verbindung zu bringen. Für jeden Punkt werden einige der Hauptindikationen aufgelistet. Diese Indikationen können in drei Kategorien unterteilt werden: die Indikation nach dem Prinzip der acht Leitkriterien und *Zang Fu*-Pathologien, die Indikation nach dem System der fünf Elemente und letztendlich die Indikation nach der westlichen Diagnose, die am besten auf die Stimulation des Punktes reagiert.

Die Einheit *Cun*

Die Einheit *Cun* wird öfters verwendet, um Abstände zwischen den Punkten zu beschreiben. Beim Pferd entspricht ein *Cun* der Breite der 16. Rippe auf der Höhe des Tuber coxae, also ungefähr 2,5 cm.

Der Lungen-Meridian (Lu)

Verlauf des Lungen-Meridians

Der Lungen-Meridian beginnt im Inneren des Thorax und kommt im ersten ICR an die Oberfläche, und zwar medial des Humerus und der V. cephalica (Lu 1). Er verläuft dann weiter nach dorsal, bevor er nach medial in Richtung Oberrand der Ellenbogenbeugefalte umschlägt (Lu 5). Der Meridian folgt anschließend der Sehne des M. biceps brachii und läuft an der kraniomedialen Kante des Radius weiter nach distal. Über den medialen Aspekt des Karpus zieht der Lungen-Meridian dann nach kaudomedial, bis er seinen *Ting*-Punkt (Lu 11), kranial des medialen Hufknorpels und leicht proximal zum Kronsaum, erreicht.

Lu 1

(➤ Abb. 32.1, ➤ Abb. 32.2, ➤ Abb. 32.3)
Lokalisation: Im ersten ICR, medial des Humerus, auf dem M. pectoralis descendens, direkt medial der V. cephalica.
Innervation: N. supraclavicularis.
Zang-Fu-**Indikation:** *(Mu-)*Alarm-Punkt des Lungen-Meridians, eliminiert Hitze und fördert die *Qi*-Zirkulation.
Westliche Indikation: Husten, Schmerzen im Thoraxbereich, in der Schulter und im Rücken, Ödeme im kranialen Thoraxbereich.

Lu 2

(➤ Abb. 32.2, ➤ Abb. 32.3)
Lokalisation: In dem Dreieck, das aus M. sternocleidomastoideus, M. brachiocephalicus und M. pectoralis superficialis gebildet wird; ventrolateral der Lnn. cervicales superficiales und direkt ventral der V. cephalica.
Innervation: N. supraclavicularis und kraniale Thorakalnerven.
Westliche Indikation: Husten, Schmerzen im Brust-, Schulter und Vorderarmbereich.

Lu 5

(➤ Abb. 32.2, ➤ Abb. 32.4, ➤ Abb. 32.5)
Lokalisation: Auf der medialen Seite der Ellenbogenbeugefalte, lateral der Sehne des M. biceps brachii.
Innervation: N. cutaneus antebrachii.
Fünf-Elemente-Indikation: Sedations- und Wasser-Punkt.
Westliche Indikation: Schmerzen im Ellenbogenbereich, Husten, Pharyngitis.

Lu 6: *Tong Jing*, V. cephalica

(➤ Abb. 32.2, ➤ Abb. 32.4, ➤ Abb. 32.5)
Lokalisation: 7 *Cun* proximal des Punktes Lu 9, auf der V. cephalica, 6 *Cun* ventral der Achsel, zwischen M. extensor carpi radialis und M. flexor carpi radialis.
Innervation: N. cutaneus antebrachii.
Fünf-Elemente-Indikation: Sammel-Punkt.

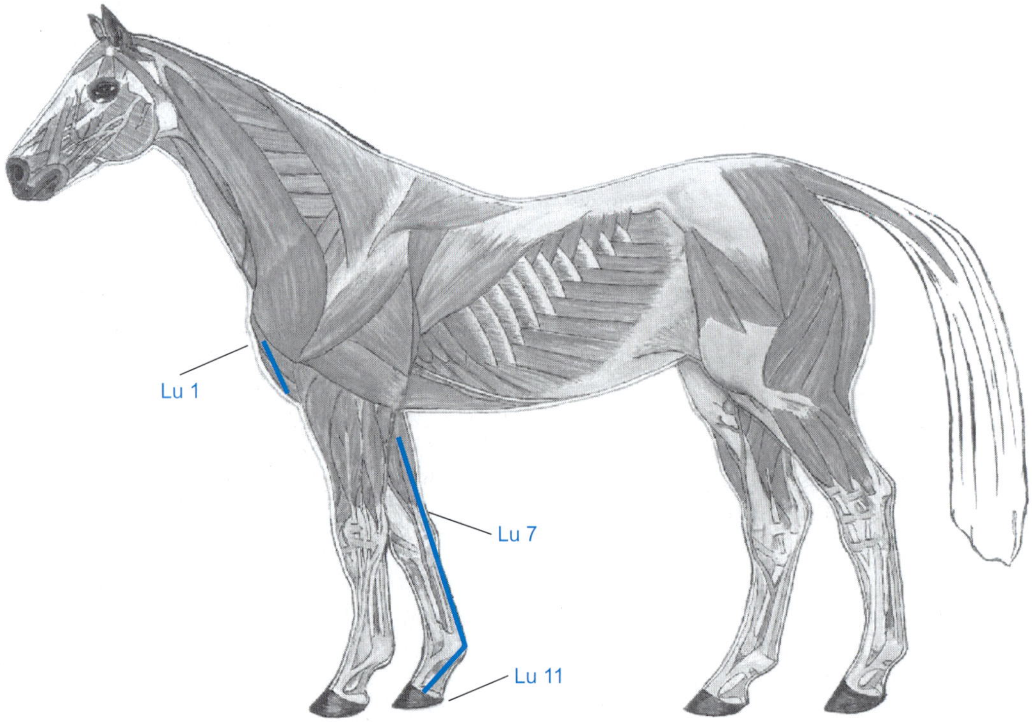

Abb. 32.1 Der Lungen-Meridian.

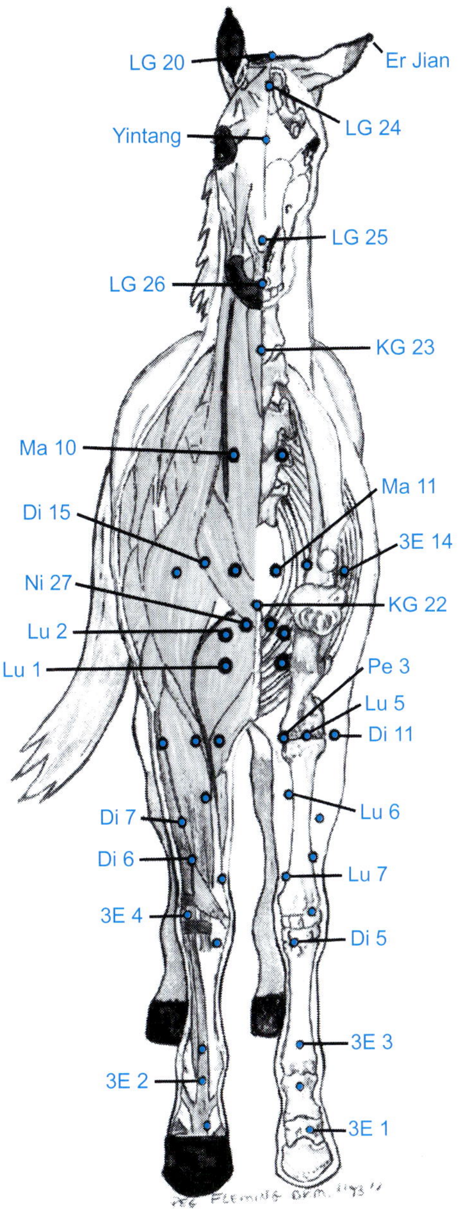

Abb. 32.2 Akupunkturpunkte und ihr Bezug zu Muskulatur und Skelett in frontaler Ansicht.
(Illustrationen von Dr. P. Fleming, Copyright 1994)

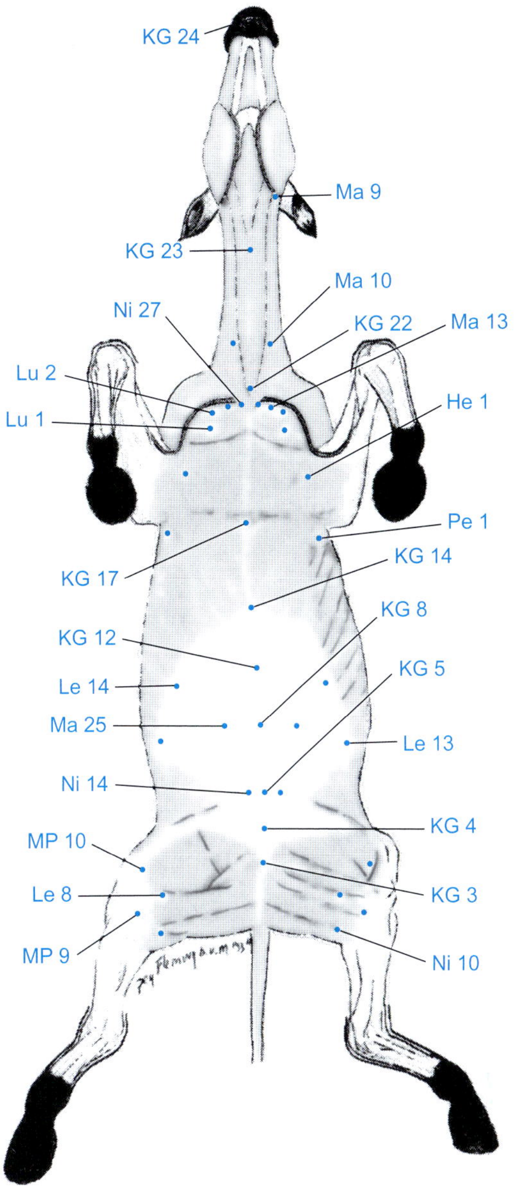

Abb. 32.3 Akupunkturpunkte und ihr Bezug zur Muskulatur in ventraler Ansicht.
(Illustrationen von Dr. P. Fleming, Copyright 1994)

Zang-Fu-**Indikation:** Leitet pathogene Hitze aus, beruhigt nach oben gerichtetes Lungen-*Qi*, stillt Blutungen.
Westliche Indikation: Husten, Pharyngitis, Arthritis des Schulter- und Ellenbogengelenks, Myositis des M. brachiocephalicus, Rehe, Schmerzen in der Vordergliedmaße.

Lu 7

(➤ Abb. 32.1, ➤ Abb. 32.2, ➤ Abb. 32.4, ➤ Abb. 32.5)
Lokalisation: An der kraniomedialen Kante des Radius, direkt proximal des Processus styloideus medialis, 1,5 *Cun* proximal der Handgelenksquerfalte. Kaudal des M. extensor carpi radialis und kranial des M. abductor pollicus longus.
Innervation: N. cutaneus antebrachii medialis und caudalis.
Fünf-Elemente-Indikation: *(Luo-)*Passage-Punkt.
Zang-Fu-**Indikation:** Meisterpunkt von Kopf und Genick, einflussreicher Punkt der Kehle, der Brust und der Lungen, Schlüsselpunkt des *Ren Mai,* leitet pathogenen Wind aus, verteilt das Lungen-*Qi.*
Westliche Indikation: Lungenerkrankungen, Steifheit und Schmerzen des Genicks, Fazialisparese, Schmerzen in der Vorhand.

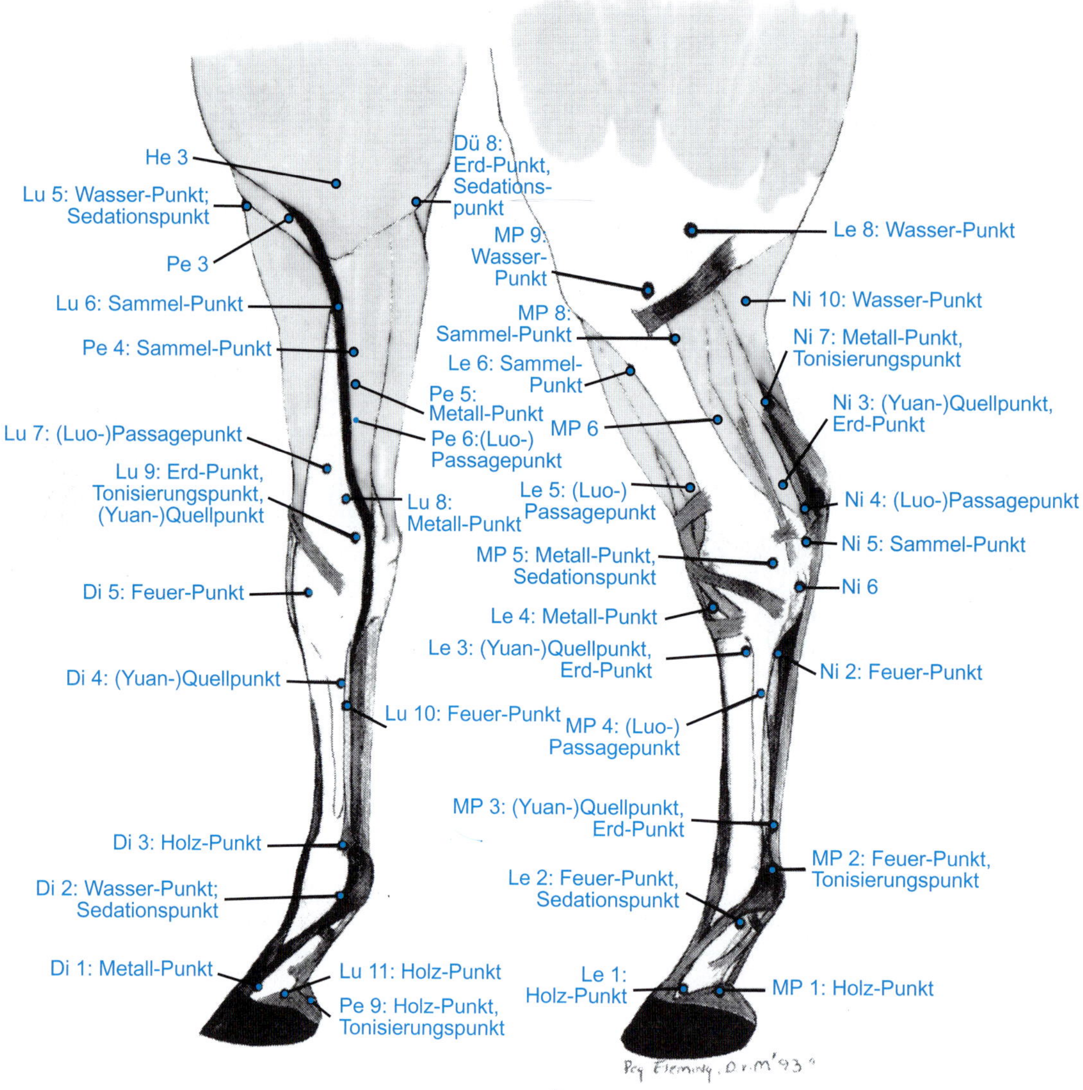

Abb. 32.4 Akupunkturpunkte an der medialen Vordergliedmaße (links) und der medialen Hintergliedmaße (rechts) in Relation zur Muskulatur. (Illustrationen von Dr. P. Fleming, Copyright 1994)

32

Lu 9

(➤ Abb. 32.4, ➤ Abb. 32.5)

Lokalisation: Auf der radialen Seite des Karpalgelenks, an der Verbindungsstelle zwischen Radius und Os intermedium, direkt kranial des Os accessorium.

Innervation: N. cutaneus antebrachii medialis.

Fünf-Elemente-Indikation: (*Yuan*-)Quell-Punkt, Erd-Punkt, Tonisierungspunkt.

Zang-Fu-**Indikation:** Wichtiger Punkt bei schwachem Puls und Mangel der Lebens-Energie.

Westliche Indikation: Lungenerkrankungen, Schmerzen im Bereich von Schulter und Rücken, Tendinitis, metakarpale Arthritis, Periostitis, Rehe.

Lu 10: *Xi Mai*, Karpalvene

(➤ Abb. 32.4)

Lokalisation: Am medialen Aspekt des Röhrbeins, 6 cm distal des Karpalgelenks, am Übergang vom proximalen zum medialen Drittel des Metakarpus, kaudal des medialen Griffelbeins, direkt auf der V. palmaris medialis.

Innervation: N. palmaris medialis.

Fünf-Elemente-Indikation: Feuer-Punkt.

Westliche Indikation: Beschwerden beim Schlucken, Husten, Fieber, Schwellungen, Arthritis, Myositis und Tendinitis im Bereich des Karpalgelenks, Periostitis des Metakarpale III.

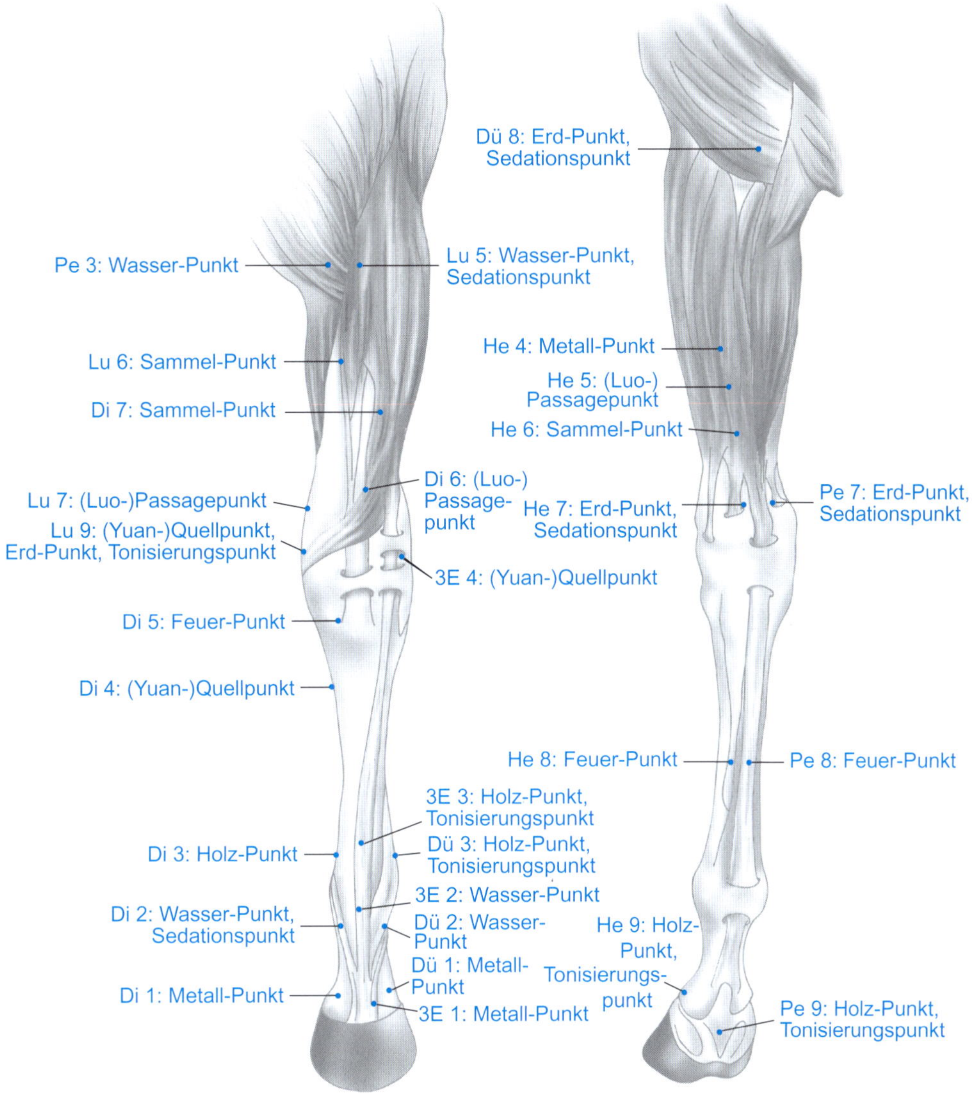

Abb. 32.5 Akupunkturpunkte an der Vordergliedmaße und ihr Bezug zur Muskulatur; frontale Ansicht (links) und kaudale Ansicht (rechts). (Illustrationen von Dr. P. Fleming, Copyright 1994)

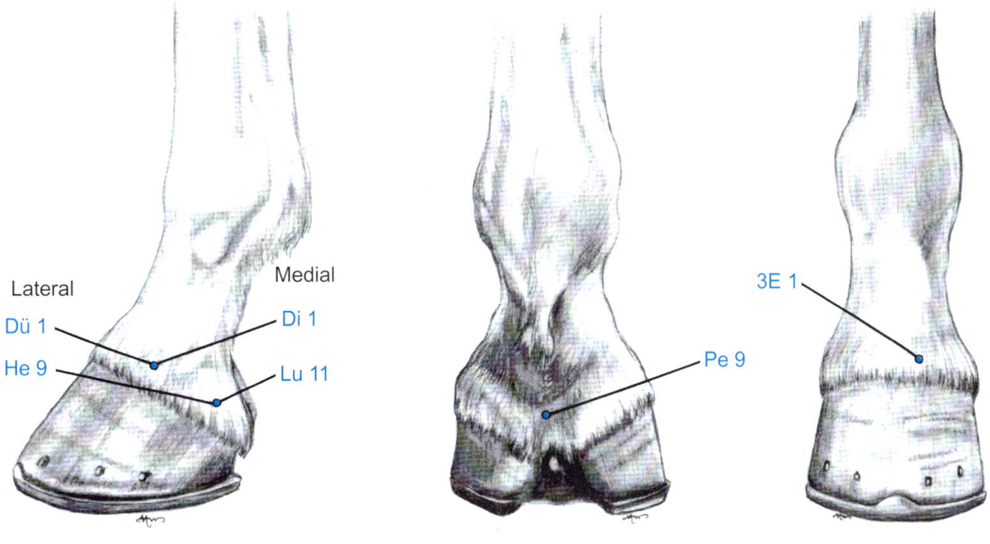

Abb. 32.6 Die *Ting*-Punkte an der Vordergliedmaße; lateral: Dü 1 und He 9; medial: Di 1 und Lu 11. (Illustrationen von Dr. P. Fleming, Copyright 1994)

Lu 11: *Qian Ti Men*, Ferse des Hufes

(➤ Abb. 32.1, ➤ Abb. 32.4, ➤ Abb. 32.6)
Lokalisation: Proximal des Kronsaums, im kaudomedialen Aspekt des Fußes, direkt kranial des medialen Hufknorpels.
Innervation: N. digitalis palmaris medialis.
Fünf-Elemente-Indikation: Holz-Punkt.
Zang-Fu-**Indikation:** Leitet Hitze aus dem Bereich Lunge und Kehle aus.
Westliche Indikation: Immunstimulation, Schluckbeschwerden, Atemstillstand, Rehe, Schmerzen in der Fessel, Hufknorpelverknöcherungen, Entzündungen der Hufballen, Nasenbluten.

Der Dickdarm-Meridian (Di)

Verlauf des Dickdarm-Meridians

Der Dickdarm-Meridian beginnt mit dem Punkt Di 1 im kraniomedialen Bereich des Vorderfußes, direkt proximal des Kronsaums. Er verläuft medial am Vorderbein nach oben, um auf dem Radius nach dorsolateral umzuschlagen und über das Ellenbogengelenk nach kraniomedial zum Schultergelenk und dem frontalen Halsbereich zu ziehen. Von dort aus läuft er über Larynx und Mandibula bis zu seinem Endpunkt Di 20 lateral an den Nüstern.

Di 1

(➤ Abb. 32.4, ➤ Abb. 32.5, ➤ Abb. 32.6, ➤ Abb. 32.7, ➤ Abb. 32.8, ➤ Abb. 32.9)
Lokalisation: Proximal am Kronsaum, auf dem kraniomedialen Aspekt der Vordergliedmaße.
Innervation: N. digitalis palmaris medialis.
Fünf-Elemente-Indikation: Metall-Punkt.
Zang-Fu-**Indikation:** Vertreibt Hitze, lässt Schwellungen zurückgehen.
Westliche Indikation: Rehe, Krongelenksschale, Hufrollenveränderungen, alle Formen von Hufproblemen, Fieber, Pharyngitis.

Di 2: *Je Moon*, Tor des Fußes

(➤ Abb. 32.4, ➤ Abb. 32.5)
Lokalisation: Distal des medialen Gleichbeins, über dem M. interosseus.
Innervation: N. digitalis palmaris medialis.
Fünf-Elemente-Indikation: Sedationspunkt, Wasserpunkt.
Westliche Indikation: Sekundärpunkt bei Rehe und Hufknorpelverknöcherungen, Ödeme und Arthritis des Fesselgelenks, Periostitis, Tendinitis.

Di 3: *Qian Chan Wan*, Vorderes Fesselgelenk

(➤ Abb. 32.4, ➤ Abb. 32.5)
Lokalisation: Im kaudomedialen Bereich des Röhrbeins, distal des distalen Anteils des medialen Griffelbeins, über dem M. interosseus.
Innervation: N. digitalis palmaris medialis.
Fünf-Elemente-Indikation: Holz-Punkt.

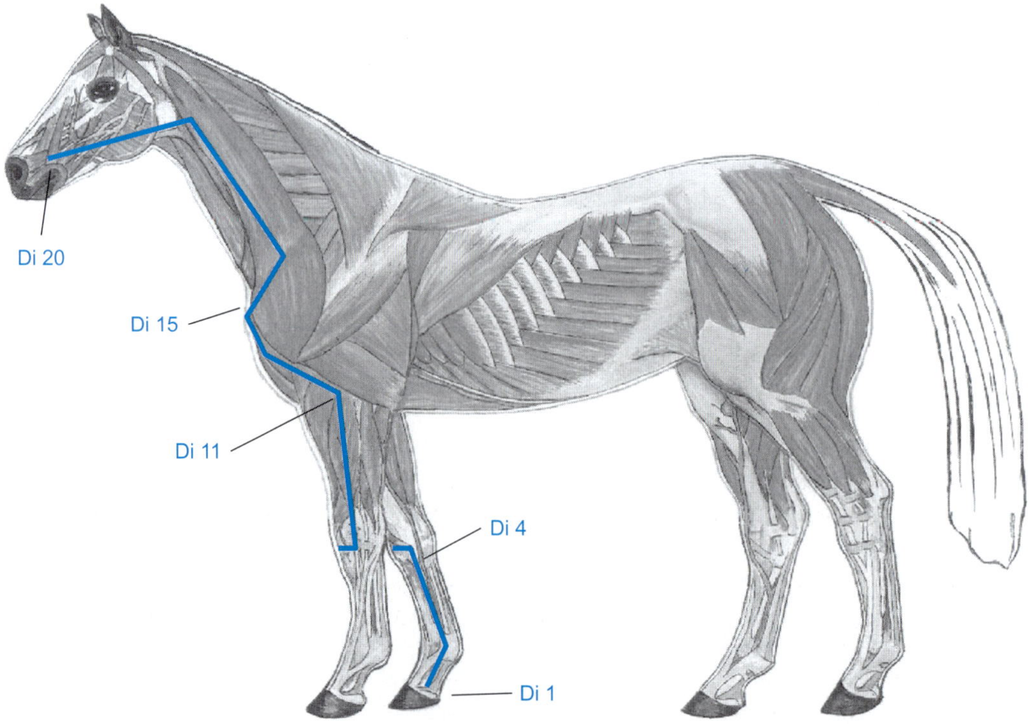

Abb. 32.7 Der Dickdarm-Meridian.

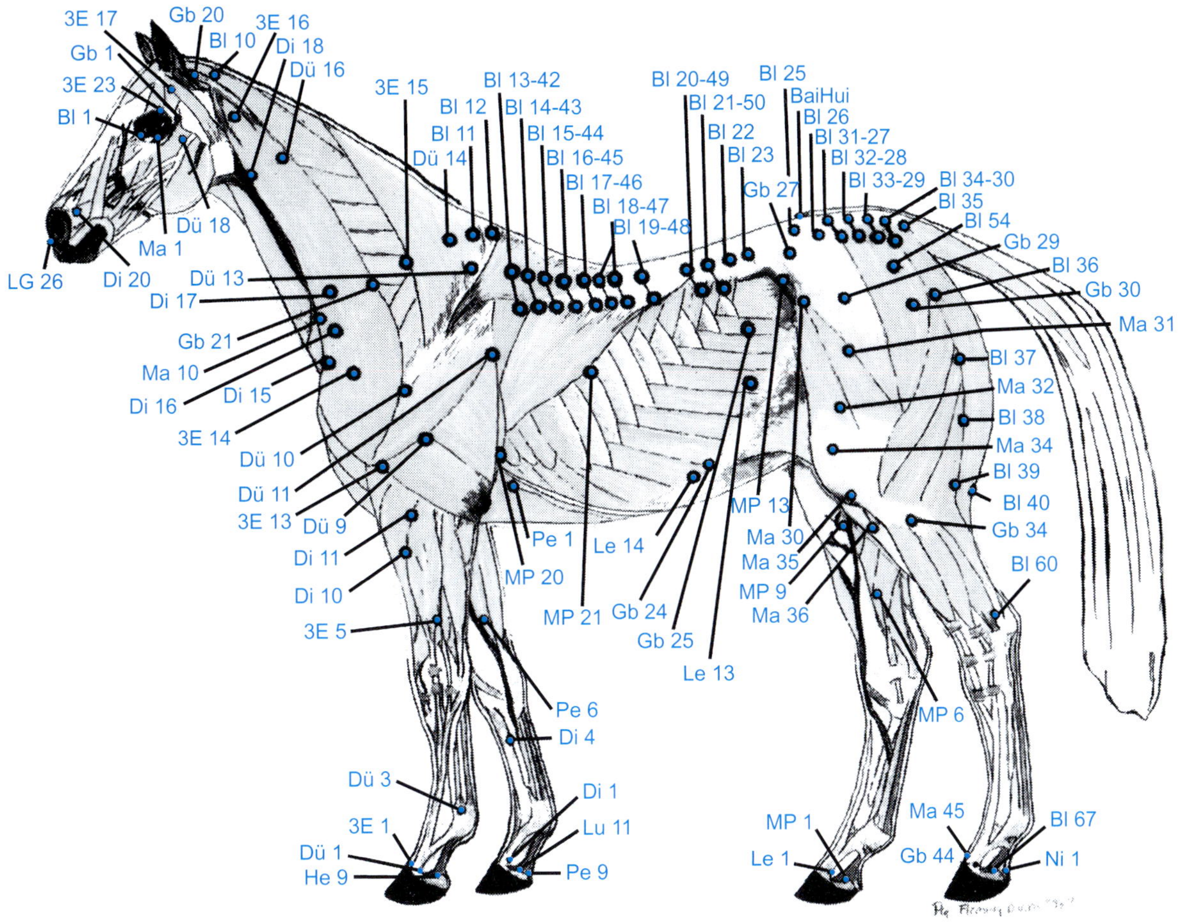

Abb. 32.8 Akupunkturpunkte und ihr Bezug zur Muskulatur in lateraler Ansicht. (Illustrationen von Dr. P. Fleming, Copyright 1994)

Westliche Indikation: Sekundärpunkt bei Hufrehe, Arthritis des Fesselgelenks, Tendinitis der Beugesehne und Tendosynovitis der Beugesehne.

Di 4

(➤ Abb. 32.4, ➤ Abb. 32.5, ➤ Abb. 32.7, ➤ Abb. 32.8, ➤ Abb. 32.9)

Lokalisation: Medial am Vorderbein, distal des proximalen Endes des medialen Griffelbeins, zwischen dem Griffelbein und dem Röhrbein.

Innervation: N. metacarpalis palmaris II, N. digitalis palmaris communis II.

Fünf-Elemente-Indikation: *(Yuan-)*Quell-Punkt.

Zang-Fu-**Indikation:** Meister-Punkt des Kopfes, des Genicks, des kranialen Anteils der Brust und des Darmtraktes. Leitet Wind, Hitze und Kälte aus, unterstützt die Transportfunktion des Dickdarms, lindert Schmerzen und beseitigt Stauungen der Kollateralgefäße.

Westliche Indikation: Motorischer Punkt des dorsalen Anteils des M. interosseus; Schmerzen im Bereich von Schulter, Genick, Vordergliedmaße und Maul, immunstimulierend, Fieber.

Di 5

(➤ Abb. 32.2, ➤ Abb. 32.4, ➤ Abb. 32.5)

Lokalisation: In einer Vertiefung auf der radialen Seite des Karpus, zwischen Os carpale II und III.

Innervation: N. cutaneus antebrachii.

Fünf-Elemente-Indikation: Feuer-Punkt.

Westliche Indikation: Ödeme an den Vordergliedmaßen, Arthritis im Kniegelenk, alle Pathologien des Metakarpus.

Di 6

(➤ Abb. 32.5, ➤ Abb. 32.10)

Lokalisation: 3 *Cun* proximal des Punktes Di 5, zwischen M. extensor carpi radialis und M. extensor digitalis communis.

Innervation: N. cutaneus antebrachii.

Fünf-Elemente-Indikation: *(Luo-)*Passage-Punkt.

Westliche Indikation: Schmerzen in der Vordergliedmaße.

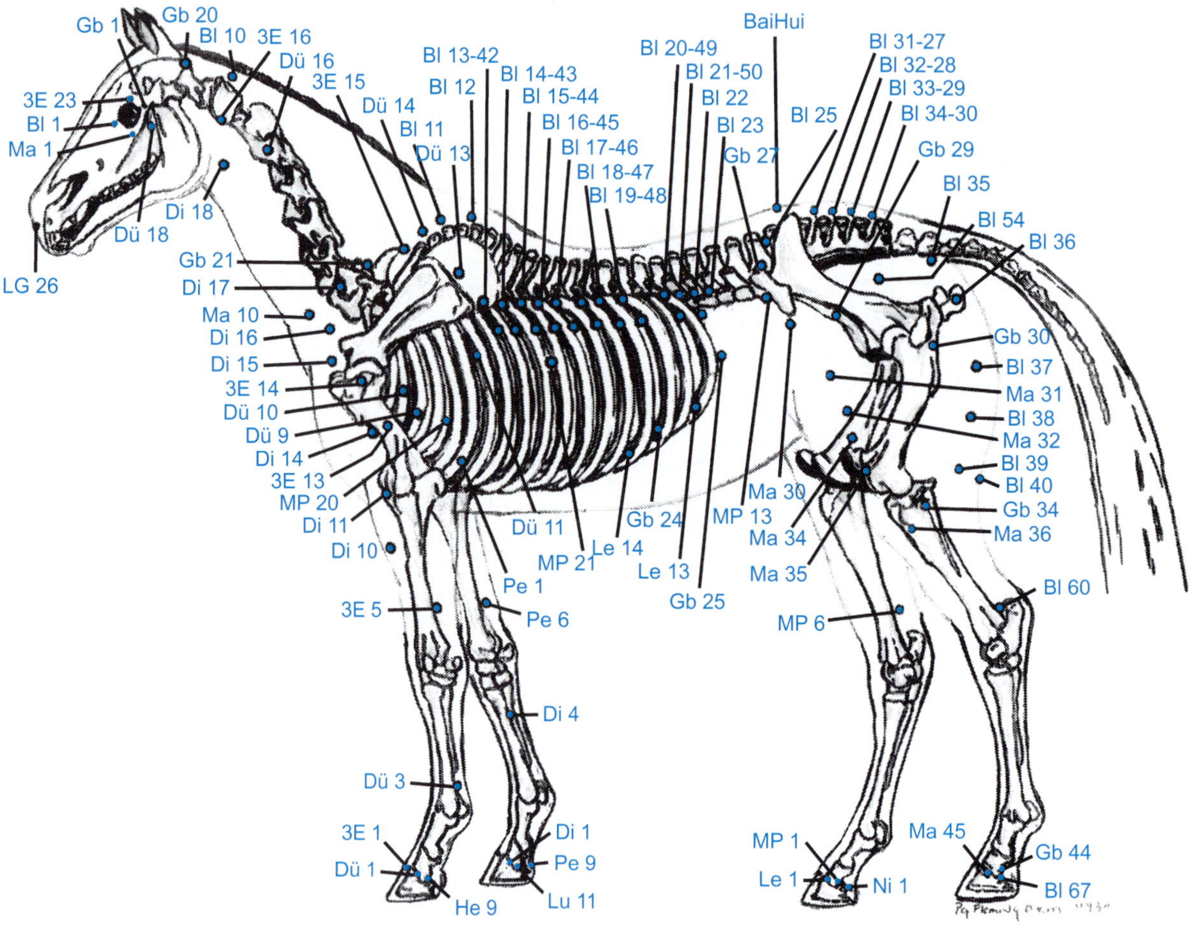

Abb. 32.9 Akupunkturpunkte und ihr Bezug zum Skelett in lateraler Ansicht. (Illustrationen von Dr. P. Fleming, Copyright 1994)

32

Di 7

(➤ Abb. 32.5, ➤ Abb. 32.10)
Lokalisation: 2 *Cun* proximal des Punktes Di 6 auf der lateralen Seite des Vorderbeins, in einer Vertiefung zwischen M. extensor digitalis communis und M. extensor carpi radialis.
Innervation: N. cutaneus antebrachii lateralis.
Fünf-Elemente-Indikation: Sammelpunkt.
Westliche Indikation: Schmerzen im Bereich der Vordergliedmaße, Arthritis und Schmerzen im Bereich von Schultergelenk, Schulterblatt, Ellenbogen- und Karpalgelenk, Radialisparese, Myositis, Tendinitis und Tendovaginitis.

Di 10: *Qian San Li*, Drei Maßnahmen

(➤ Abb. 32.8, ➤ Abb. 32.9, ➤ Abb. 32.10)
Lokalisation: Am Übergang vom proximalen zum medialen Drittel der lateralen Radiusfläche, in einer Furche zwischen M. extensor carpi radialis und M. extensor digitalis communis, 2 *Cun* unterhalb des Punktes Di 11.
Innervation: Ramus superficialis des N. radialis.
Westliche Indikation: Schmerzen in der Vordergliedmaße, Radialisparese, Verdauungsbeschwerden.

Di 11: *Qu Chi*, gewundener Teich

(➤ Abb. 32.2, ➤ Abb. 32.7, ➤ Abb. 32.8, ➤ Abb. 32.9, ➤ Abb. 32.10)
Lokalisation: In einer Vertiefung am lateralen Ende der Ellenbogenbeugefalte.
Innervation: N. brachialis.
Zang-Fu-**Indikation:** Leitet Wind-Hitze aus, transformiert und verteilt Feuchte-Hitze, reguliert die Zirkulation von *Qi* und Blut, generell tonisierende Wirkung.
Westliche Indikation: Arthritis des Ellenbogengelenks, Parese der Vordergliedmaße, Fieber, Pharyngitis, Urtikaria, abdominale Schmerzen, Schmerzen im Bereich der Augen, wirkt immunstimulierend.

Di 14

(➤ Abb. 32.9)
Lokalisation: Auf der Mitte des lateralen Humerus, über dem M. biceps brachii, auf Höhe des Ansatzes der zweiten Rippe an das Sternum, am Ursprung des M. deltoideus, auf der Tuberositas deltoidea humeri.

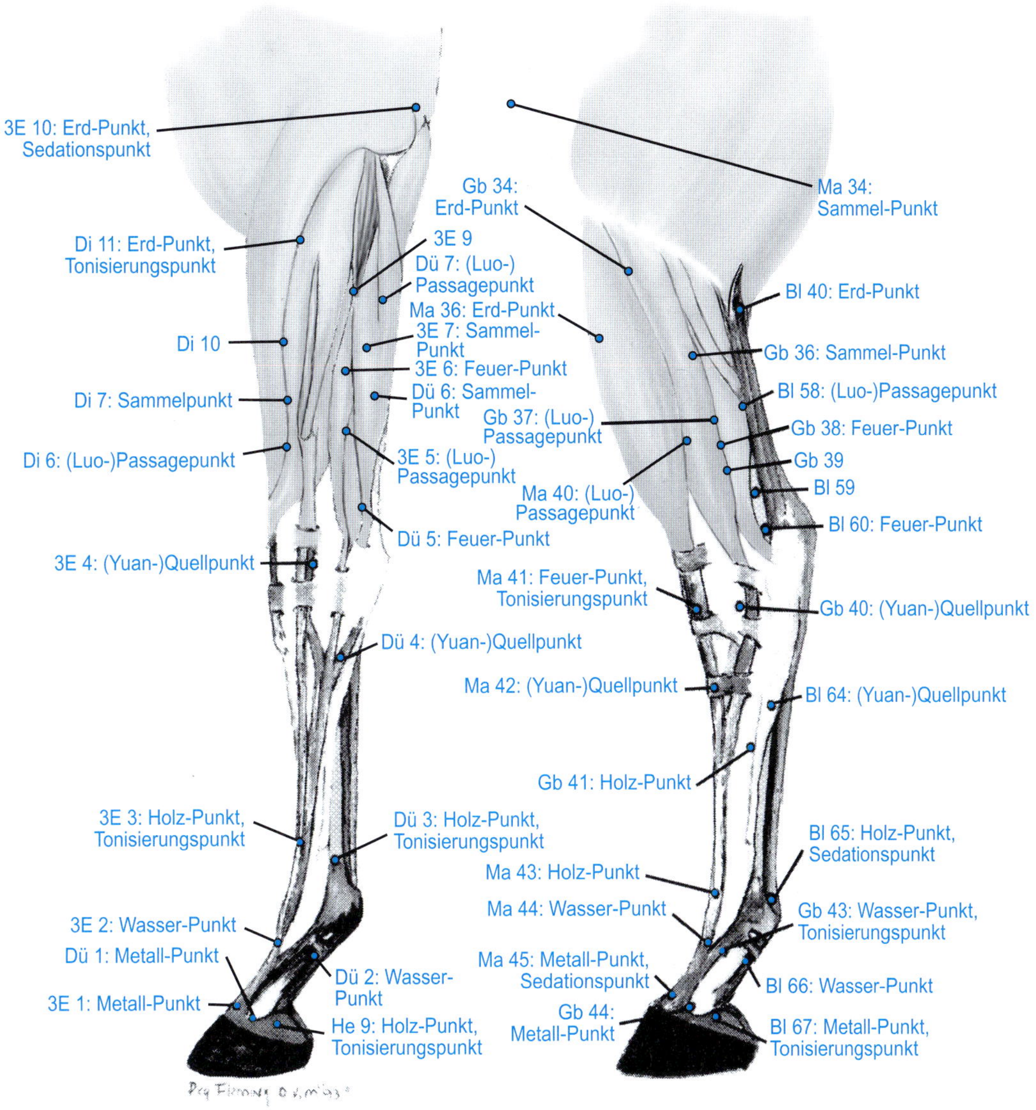

Abb. 32.10 Akupunkturpunkte an der lateralen Vordergliedmaße (links) und der lateralen Hintergliedmaße (rechts) in Relation zur Muskulatur. (Illustrationen von Dr. P. Fleming, Copyright 1994)

Innervation: N. cutaneus antebrachii lateralis.
Zang-Fu-**Indikation:** Unterstützt die Lunge in ihrer Verteilungsfunktion des *Qi* und beseitigt Stauungen auf den kollateralen Leitbahnen.
Westliche Indikation: Schmerzen in der Vordergliedmaße, Arthritis des Schultergelenks, Zerrung des M. biceps brachii, Myositis des M. brachiocephalicus, Parese des N. suprascapularis, Magenbeschwerden, Diarrhö.

Di 15: *Jian Jing*, Schulterbrunnen

(➤ Abb. 32.2, ➤ Abb. 32.7, ➤ Abb. 32.8, ➤ Abb. 32.9)
Lokalisation: In einer Vertiefung auf der dorsolateralen Begrenzung der Schulter, proximal des kranialen Teils des Tuberculum majus humeri, zwischen M. supraspinatus und M. infraspinatus.
Innervation: N. suprascapularis.
Zang-Fu-**Indikation:** Fördert die Zirkulation von *Qi* und Blut, lindert Schmerzen in den Gelenken, leitet Wind aus.
Westliche Indikation: Schmerzen in der Vordergliedmaße, Hauptpunkt bei Schulterlahmheit und Arthritis, Myositis des M. brachiocephalicus, Parese des N. suprascapularis.

Di 16

(➤ Abb. 32.8, ➤ Abb. 32.9)
Lokalisation: In einer Vertiefung am kranialen Rand der Skapula, nach $^2/_3$ der Strecke zwischen dem Punkt 3E 15 und dem Schultergelenk, am kranialen Rand des M. suprascapularis und am kaudalen Rand des M. brachiocephalicus, kranioventral von BWK 1.
Innervation: Kutane Äste des N. accessorius.
Westliche Indikation: Schmerzen und andere Störungen in der proximalen Vordergliedmaße, Arthritis des Schulter- und Ellenbogengelenks, Myositis des M. brachiocephalicus, Parese der Nerven im Bereich der Skapula, Pneumonie.

32

Di 17

(➤ Abb. 32.8, ➤ Abb. 32.9)
Lokalisation: Kraniodorsal des Punktes Di 16, an der dorsalen Begrenzung des M. sternocleidomastoideus, auf Höhe von HWK 6.
Innervation: N. suprascapularis, Zervikalnerven, N. phrenicus.
Westliche Indikation: Chronische Schmerzen im Bereich des Karpalgelenks und der distalen Vordergliedmaße.

Di 18

(➤ Abb. 32.8, ➤ Abb. 32.9)
Lokalisation: Dorsal der V. jugularis, am kranialen Rand des M. cleidomastoideus, auf Höhe der ventralen Mandibulakante.
Innervation: N. transversus colli, Zervikalnerven.
Westliche Indikation: Husten, Pharyngitis, Schmerzen im Hufbereich.

Di 20: *Bi Shu*, Ingwerknospe

(➤ Abb. 32.11)
Lokalisation: Kaudal der Nüstern, auf der lateralen Seite des M. caninus.
Innervation: N. buccolabialis dorsalis.
Zang-Fu-**Indikation:** Vertreibt pathogene Hitze, löst Verstopfung im Bereich der Nase auf.
Westliche Indikation: Husten, Kälteerkrankungen, Sinusitis, Rhinitis, Schleimansammlung in der Lunge, Urtikaria, Fieber, Müdigkeit, Hitzschlag.

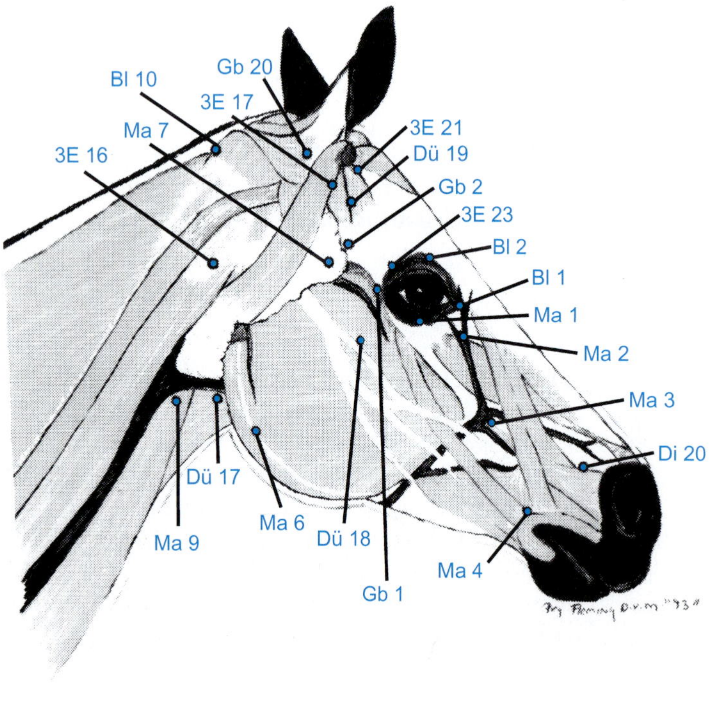

Abb. 32.11 Akupunkturpunkte am Kopf und ihr Bezug zur Muskulatur in lateraler Ansicht.
(Illustrationen von Dr. P. Fleming, Copyright 1994)

Der Magen-Meridian (Ma)

Verlauf des Magen-Meridians

Der Magen-Meridian beginnt am Übergang vom medialen zum mittleren Drittel des unteren Augenlides (Ma 1). Von dort zieht er in Richtung Maulwinkel, schlägt wieder nach kaudal um und verläuft über das Kiefergelenk und den frontalen Aspekt des Halses nach distal bis zu einem Punkt direkt medial des Schultergelenks. Von hier aus zieht der Meridian über den ventralen Bereich von Thorax und Abdomen durch das Gebiet ventral des Tuber coxae. Er läuft weiterhin über den dorsolateralen Aspekt von Femur, Kniegelenk und Tibia und den dorsalen Bereich des Sprunggelenks bis zu seinem *Ting*-Punkt direkt lateral der dorsalen Mittellinie des Hinterbeins, etwas proximal des Kronrandes (Ma 45).

Ma 1: *Jing Ming*, klares Auge

(➤ Abb. 32.8, ➤ Abb. 32.9, ➤ Abb. 32.11, ➤ Abb. 32.12)
Lokalisation: Am Übergang vom medialen zum mittleren Drittel des unteren Augenlides.
Innervation: N. infraorbitalis.
Westliche Indikation: Konjunktivitis, Keratitis, periodische Augenentzündung, Hornhautgeschwüre, Fazialisparese.

Ma 2: *San Jiang*, Drei Flüsse

(➤ Abb. 32.11)
Lokalisation: Ventral des medialen Kanthus des Auges, an der Aufzweigung der V. angularis.
Innervation: N. facialis.
Zang-Fu-**Indikation:** Leitet Wind aus, entspannt Muskeln und Sehnen, lindert Schmerzen, glättet die Zirkulation von *Qi* und Blut in den Kollateralen.
Westliche Indikation: Keratitis, Konjunktivitis, periodische Augenentzündung, Fazialisparese, gastrointestinale Beschwerden, Obstipation.

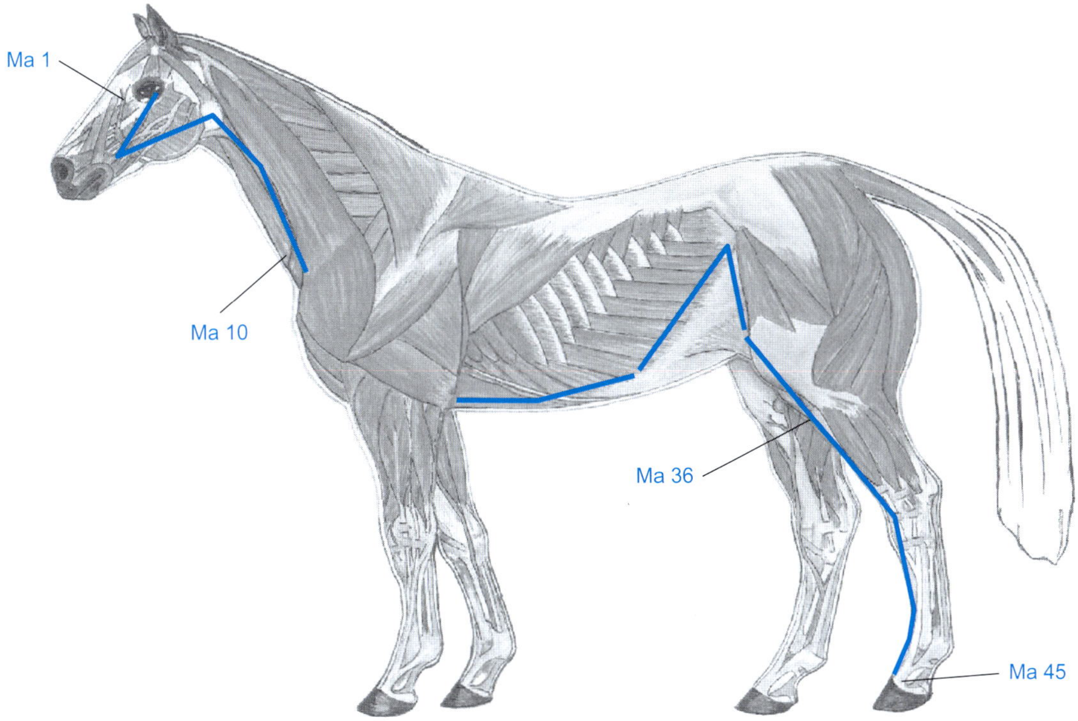

Abb. 32.12 Der Magen-Meridian.

Ma 3: *Song Gu*, Siebbein

(➤ Abb. 32.11)
Lokalisation: Auf dem lateralen Aspekt des Kopfes, zwischen Incisura nasoincisiva und Foramen infraorbitale. (Manche Autoren beschreiben diesen Punkt an der Verbindung zwischen A. und V. lateralis nasi und A. und V. angularis.)
Innervation: Äste von N. facialis und N. trigeminus.
Westliche Indikation: Fazialisparese, Schwellungen im Bereich der Nase.

Ma 4: *Suo Kou*, Mundschlüsse

(➤ Abb. 32.11)
Lokalisation: 0,5 *Cun* kaudal des Maulwinkels, an dem V-förmigen Treffpunkt zwischen M. nasolabialis und M. zygomaticus, am äußeren Rand des M. orbicularis oris.
Innervation: Äste von N. maxillaris und N. buccalis.
Zang-Fu-**Indikation:** Leitet Wind aus, lindert Schmerzen, beruhigt die Zirkulation von *Qi* und Blut in den Kollateralen.
Westliche Indikation: Fazialisparese, Hypersalivation, Parese der Zunge, Beschwerden im Bereich von Unter- und Oberkiefer, Schwellungen im Gesicht, Beschwerden beim Kauen, Tetanusinfektion, Sedierung.

Ma 6

(➤ Abb. 32.11)
Lokalisation: Dorsal der Sehne des M. masseter auf dem Zentrum des Muskels, bei geöffnetem Maul in einer Vertiefung liegend.
Innervation: N. facialis und N. trigeminus.
Westliche Indikation: Lungenerkrankungen, Fazialisparese, Schwellungen im Gesichtsbereich, Pathologien der Mandibula und der Maxilla, Probleme beim Kauen, Tetanus, Sedierung.

Ma 7: *Xia Guan*, Unterkiefer

(➤ Abb. 32.11)
Lokalisation: Am Kiefergelenk, ventral des Arcus zygomaticus, kaudodorsal des lateralen Augenwinkels, auf dem M. masseter.
Innervation: N. transversa faciei.
Westliche Indikation: Tetanus, Fazialisparese.

Ma 9

(➤ Abb. 32.11)
Lokalisation: Kaudal der A. carotis, am Zusammenfluss von V. jugularis externa und V. maxillaris, an der ventralen Begrenzung des M. cleidomastoideus, auf Höhe der vorderen Spitze des Larynx.
Innervation: Äste von N. vagus, N. facialis und N. hypoglossus.
Diagnostische Indikation (➤ Kap. 33)**:** Pathologien im Bereich des Schlundes und der Kehle.
Westliche Indikation: Laryngitis, Pharyngitis.

Ma 10

(➤ Abb. 32.2, ➤ Abb. 32.3, ➤ Abb. 32.8, ➤ Abb. 32.9, ➤ Abb. 32.12)
Lokalisation: Zwischen M. sternomandibularis und dem ventralen Anteil des M. brachiocephalicus, eine Handbreite kranial der Schulterspitze.
Innervation: N. supraclavicularis.
Diagnostische Indikation: Probleme im Knie der ipsilateralen Seite, Pathologien entlang des Magen-Meridians.
Westliche Indikation: Schluckbeschwerden, Husten, Asthma, Knielahmheit.

Ma 25

(➤ Abb. 32.3)
Lokalisation: 2 *Cun* lateral des Nabels.
Innervation: Äste des N. thoracicus.
Zang-Fu-**Indikation:** *(Mu-)*Alarm-Punkt des Dickdarm-Meridians, unterstützt die Transportfunktion des Dickdarms, löst Futteranschoppungen auf.
Westliche Indikation: Gastrointestinale Beschwerden, Diarrhö.

Ma 30

(➤ Abb. 32.8, ➤ Abb. 32.9)
Lokalisation: Im Bereich der Flanke, kranial des Ansatzes des M. tensor fasciae latae, ventral des Tuber coxae.
Innervation: N. ilioinguinalis.
Westliche Indikation: Knielahmheit, abdominale Schmerzen, unregelmäßige Östruszyklen, Impotenz.

Ma 31: *Da Kua*, Oberschenkeltor

(➤ Abb. 32.8, ➤ Abb. 32.9)
Lokalisation: 6 *Cun* kranioventral des Trochanter majus femoris, auf halber Strecke zwischen Becken und Patella, auf dem M. tensor fasciae latae.
Innervation: Äste des N. femoralis.
Westliche Indikation: Lahmheit der Hinterhand aufgrund einer Arthritis, Schmerzen und Zerrungen des Hüftgelenks, Myositis des M. biceps femoris, Parese der Hintergliedmaße.

Ma 32: *Hou Fu Tu*, Versteckter Hase

(➤ Abb. 32.8, ➤ Abb. 32.9)
Lokalisation: 6 *Cun* proximal der proximolateralen Kante der Patella, über der Fascia lata, in einer Vertiefung kranial des Femurs, 7,5 cm distal des Punktes Ma 31.
Innervation: Äste des N. femoralis.
Westliche Indikation: Schmerzen im Bereich der Hüfte und der Lende, Arthritis des Kniegelenks.

Ma 34

(➤ Abb. 32.8, ➤ Abb. 32.9, ➤ Abb. 32.10)
Lokalisation: 2 *Cun* proximolateral der Patella, auf dem M. vastus lateralis.
Innervation: N. femoralis.
Fünf-Elemente-Indikation: Sammelpunkt.
Zang-Fu-**Indikation:** Unterstützt die *Qi* nach unten ziehende Funktion des Magens.
Westliche Indikation: Schmerzen in der Hüfte, Arthritis des Kniegelenks, Patella-Luxation.

Ma 35: *Lu Cao*, Knie

(➤ Abb. 32.8, ➤ Abb. 32.9)
Lokalisation: In einer Vertiefung zwischen lateralem und medialem Lig. patellae.
Innervation: N. tibialis.
Westliche Indikation: Schmerzen im Bereich der Beckengliedmaßen, Arthritis, Schwellung und Schmerzen im Kniegelenk.

Ma 36: *Hou San Li*, Drei Meilen-Punkt des Hinterbeins

(➤ Abb. 32.8, ➤ Abb. 32.9, ➤ Abb. 32.12, ➤ Abb. 32.15)
Lokalisation: 1 *Cun* lateral des distalen Aspekts der Tuberositas tibiae, auf der kraniolateralen Seite der Tibia, auf dem M. tibialis cranialis.
Innervation: N. femoralis cranialis, N. fibularis.
Fünf-Elemente-Indikation: Erd-Punkt.
Zang-Fu-**Indikation:** Meisterpunkt des kranialen Abdomens und des Verdauungstraktes, unterstützt die nach unten transportierende Funktion des Magens und das Verdauungssystem, unterstützt die Transformations- und Transportfunktion von Milz/Pankreas.
Westliche Indikation: Motorischer Punkt des M. tibialis cranialis, Schmerzen im Bereich von Tibia, Fibula und Kniegelenk, Subluxation der Patella, Arthritis des Sprunggelenks, Parese des N. tibialis und des N. fibularis, gastrointestinale Beschwerden, cholinerger Effekt, immunstimulierend, Fieber, Anorexie, Lethargie.

Ma 40

(➤ Abb. 32.10)
Lokalisation: Auf halber Strecke zwischen Kniegelenk und Sprunggelenk, an der dorsalen Begrenzung des M. extensor digitalis lateralis.
Innervation: N. fibularis superficialis.
Fünf-Elemente-Indikation: *(Luo-)*Passage-Punkt.
Zang-Fu-**Indikation:** Einflussreicher Punkt zur Bewegung von Schleim, transformiert Schleim und Feuchtigkeit.
Westliche Indikation: Schmerzen, Schwellungen und Parese der Hintergliedmaße, Husten, Obstipation.

Ma 41

(➤ Abb. 32.10)
Lokalisation: Zwischen Tarsus und Metatarsus, auf Höhe des Malleolus lateralis, zwischen M. extensor digitalis longus und M. extensor digitalis lateralis.
Innervation: N. fibularis profundus.
Fünf-Elemente-Indikation: Tonisierungspunkt, Feuer-Punkt.
Zang-Fu-**Indikation:** Reguliert die Zirkulation des Qi, beseitigt Stauungen und lindert Schmerzen.
Westliche Indikation: Schmerzen im Sprunggelenk, Störungen in der Motorik, abdominale Beschwerden.

Ma 42

(➤ Abb. 32.10)
Lokalisation: Distal des Sprunggelenks auf dem kraniolateralen Aspekt des Metatarsus, proximal des distalen Haltebandes.
Innervation: N. fibularis profundus.
Fünf-Elemente-Indikation: *(Yuan-)*Quell-Punkt.
Westliche Indikation: Schmerzen im Sprunggelenk, Störungen in der Motorik, abdominale Störungen.

Ma 43

(➤ Abb. 32.10)
Lokalisation: Proximokranial des Fesselgelenks, über dem M. extensor digitalis longus.
Innervation: N. fibularis superficialis.
Fünf-Elemente-Indikation: Holz-Punkt.
Westliche Indikation: Fessel- und Krongelenk-Arthritis.

Ma 44: *Pyon Moon*, Seitliche Tür

(➤ Abb. 32.10)
Lokalisation: Kraniodistal des Fesselgelenks, an der Verbindungsstelle von M. interosseus und M. extensor digitalis longus.
Innervation: N. metatarseus dorsalis.
Fünf-Elemente-Indikation: Wasser-Punkt.
Zang-Fu-**Indikation:** Klärt Feuchte-Hitze im Bereich des Magens, löst Futteranschoppungen auf.
Westliche Indikation: Rehe, phalangeale Exostose, Hufknorpelverknöcherung, Tendinitis.

Ma 45

(➤ Abb. 32.8, ➤ Abb. 32.9, ➤ Abb. 32.10, ➤ Abb. 32.12, ➤ Abb. 32.13)
Lokalisation: Proximal des Kronsaums, auf der dorsalen Mittellinie des Hinterbeins.
Innervation: N. metatarseus dorsalis.
Fünf-Elemente-Indikation: Metall-Punkt, Sedierungspunkt.
Westliche Indikation: Rehe, phalangeale Exostose, Hufknorpelverknöcherung, Kolik, Lahmheit aus dem Kniegelenk, Störungen entlang des Magen-Meridians.

Der Milz/Pankreas-Meridian (MP)

Verlauf des Milz/Pankreas-Meridians

Der Milz/Pankreas-Meridian beginnt im kaudomedialen Aspekt der Hintergliedmaße direkt kranial des medialen Hufknorpels, proximal des Kronsaums (MP 1). Er steigt über das kaudomediale Kron- und Fesselgelenk und den kaudomedialen Metatarsus nach oben und ist dann etwas weiter medial im Bereich des Sprunggelenks zu finden. Der Meridian zieht über den medialen Bereich der Tibia zum medialen Kniegelenk und zu einem Punkt vor dem Tuber coxae. Von hier aus verläuft er über die seitliche Brustwand zu einem Punkt im vierten ICR, 2 *Cun* ventral der Höhe des Schultergelenks (MP 20). Der Meridian schlägt dann nach kaudodorsal um und endet an einem Punkt im zehnten ICR auf Höhe des Schultergelenks (MP 21).

MP 1

(➤ Abb. 32.4, ➤ Abb. 32.8, ➤ Abb. 32.9, ➤ Abb. 32.13, ➤ Abb. 32.14, ➤ Abb. 32.15)
Lokalisation: Proximal des Kronsaums, auf dem kaudomedialen Aspekt der Hintergliedmaße, direkt kranial des medialen Hufknorpels.
Innervation: N. plantaris medialis.
Fünf-Elemente-Indikation: Holz-Punkt.
Zang-Fu-**Indikation:** Reguliert die Zirkulation von *Qi* und Blut, unterstützt die Funktion des Magens und von Milz/Pankreas.
Westliche Indikation: Rehe, Schmerzen im Meridianverlauf, Ödeme.

MP 2

(➤ Abb. 32.4)
Lokalisation: Distal des medialen Gleichbeins, über dem M. interosseus.
Innervation: N. plantaris medialis.
Fünf-Elemente-Indikation: Tonisierungspunkt, Feuer-Punkt.
Zang-Fu-**Indikation:** Unterstützt die Transformations- und Transportfunktion von Milz/Pankreas.
Westliche Indikation: Rehe, Ödeme im Bereich des Sprunggelenks.

MP 3: *Hou Chan Wan*, Hinteres Fesselgelenk

(➤ Abb. 32.4)
Lokalisation: Am distalen Ende des medialen Aspekts des medialen Griffelbeins, direkt proximal des medialen Gleichbeins.
Innervation: N. plantaris medialis.
Fünf-Elemente-Indikation: *(Yuan-)*Quell-Punkt, Erd-Punkt,
Zang-Fu-**Indikation:** Unterstützt die Transformations- und Transportfunktion von Milz/Pankreas, transformiert Feuchtigkeit und leitet sie aus.
Westliche Indikation: Arthritis des Sprunggelenks, phalangeale Periostitis, Tendinitis.

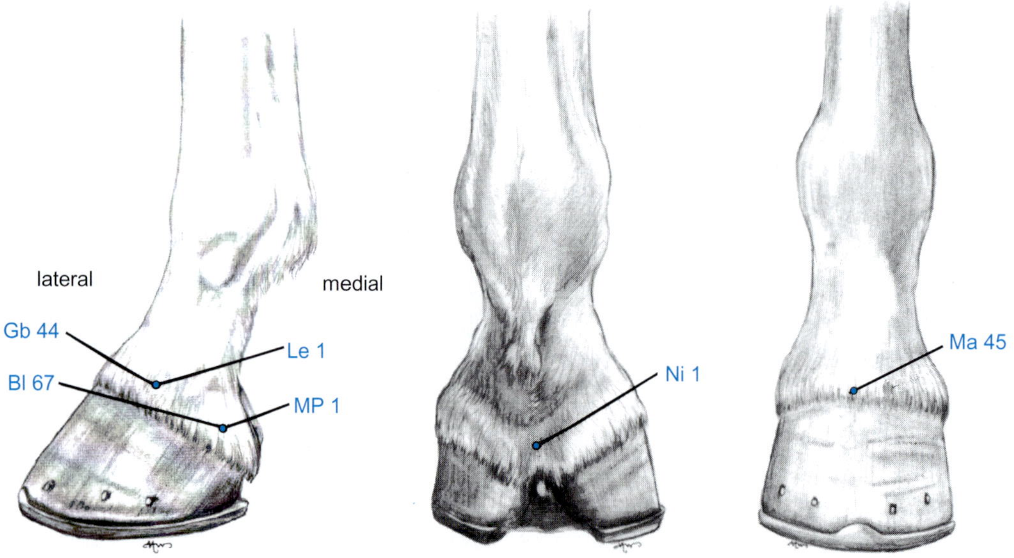

Abb. 32.13 Die *Ting*-Punkte an der Hintergliedmaße; lateral: Gb 44 und Bl 67; medial: Le 1 und MP 1.

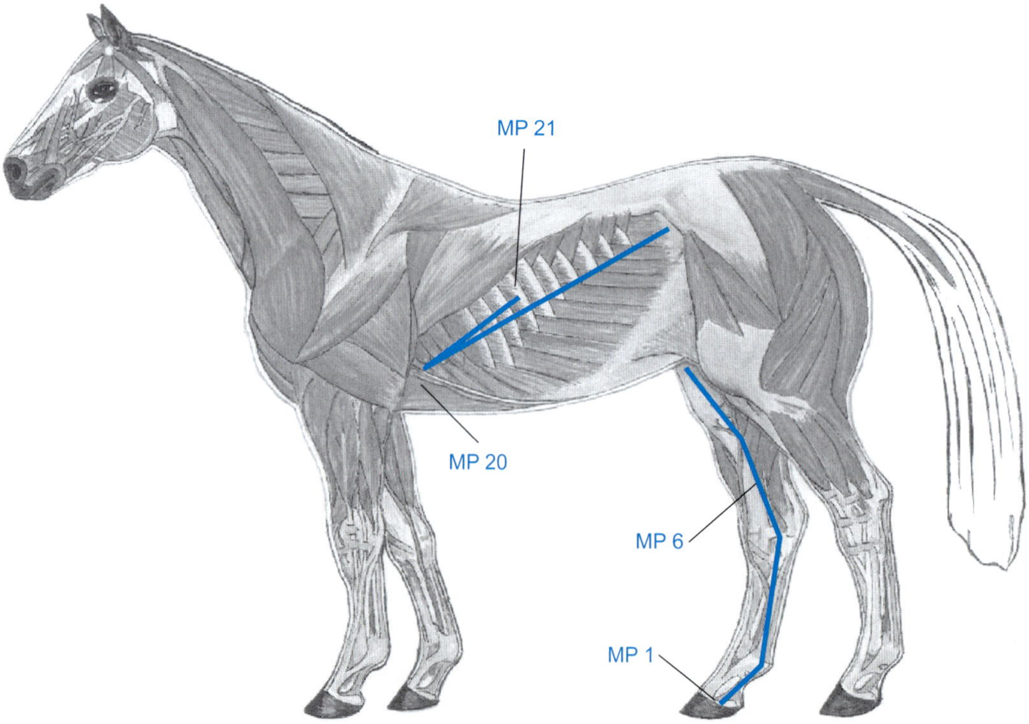

Abb. 32.14 Der Milz/Pankreas-Meridian.

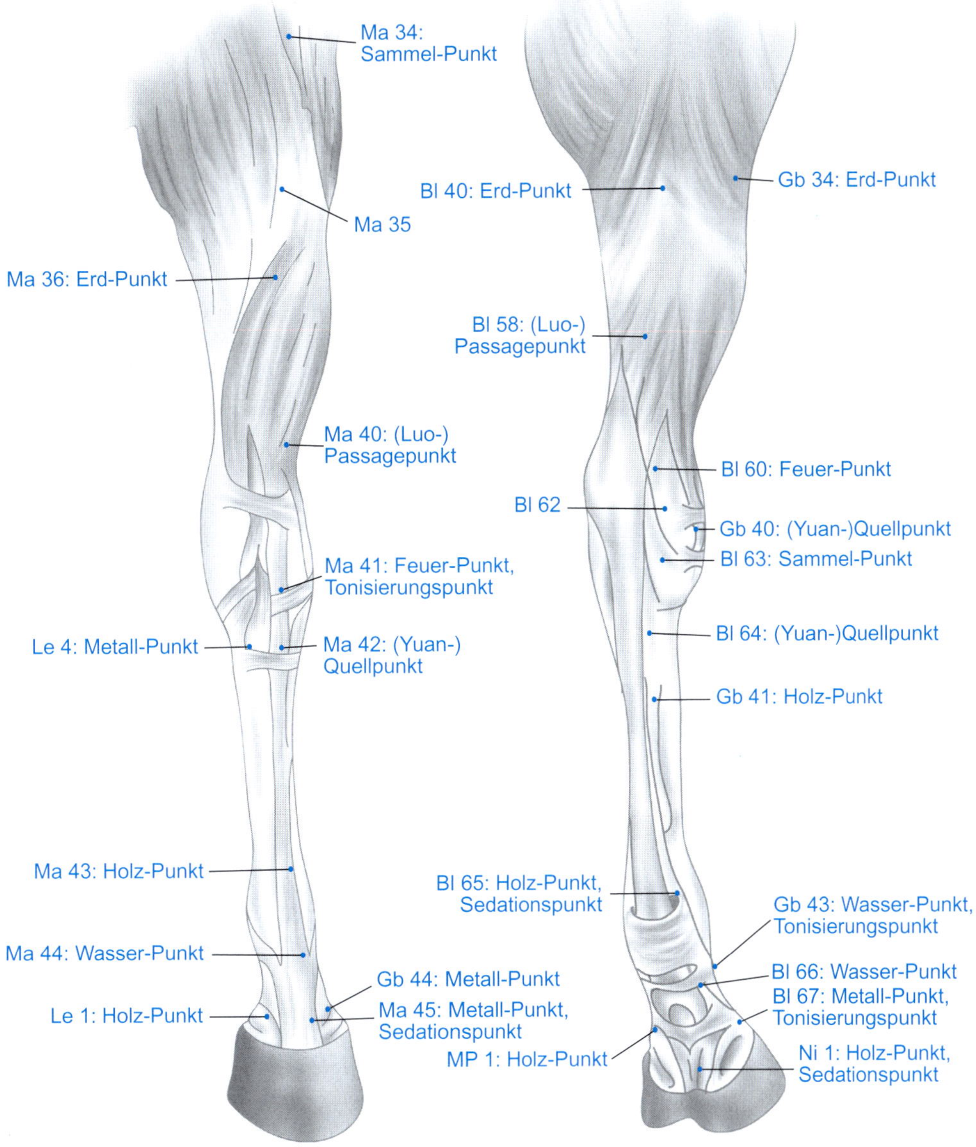

Abb. 32.15 Akupunkturpunkte an der Hintergliedmaße in dorsaler (links) und in kaudaler (rechts) Ansicht. (Illustrationen von Dr. P. Fleming, Copyright 1994)

MP 4

(➤ Abb. 32.4)
Lokalisation: In einer Vertiefung am medialen Aspekt des Hinterbeins, kaudodistal des medialen Griffelbeinköpfchens, über dem M. flexor digitalis profundus.
Innervation: N. plantaris medialis.
Fünf-Elemente-Indikation: *(Luo-)*Passagepunkt.
Zang-Fu-**Indikation:** Unterstützt die Transformations- und Transportfunktion von Milz/Pankreas, fördert das Herabführen des *Qi*, Schlüsselpunkt des *Chong Mai.*
Westliche Indikation: Tendinitis, Arthritis des Sprunggelenks, Pathologien des Fortpflanzungstraktes, gemeinsam mit MP 6 zur Analgesie.

MP 5

(➤ Abb. 32.4)
Lokalisation: In einer Vertiefung distal des medialen Malleolus, proximal der Sehne des M. tibialis cranialis.
Innervation: N. fibularis profundus.
Fünf-Elemente-Indikation: Metall-Punkt, Sedationspunkt.
Westliche Indikation: Schmerzen im Bereich des Sprunggelenks und des Röhrbeins.

MP 6

(➤ Abb. 32.4, ➤ Abb. 32.8, ➤ Abb. 32.9, ➤ Abb. 32.14)
Lokalisation: 3 *Cun* proximal der Spitze des medialen Malleolus, kaudal der Tibiakante, kranial des lateralen Kopfes des M. flexor digitalis superficialis, medial des Punktes Gb 39. (Manche Autoren beschreiben den Punkt MP 6 an der Kreuzung zwischen kaudomedialer Tibiabegrenzung und V. saphena.)
Innervation: N. tibialis und N. saphenus.
Zang-Fu-**Indikation:** Meisterpunkt in der Geburtshilfe. Treffpunkt der drei *Yin*-Meridiane des Fußes: Milz/Pankreas, Leber und Niere. Unterstützt die Transformations- und Transportfunktion von Milz/Pankreas. Hilft der Niere bei ihrer Aufgabe, den Wassermetabolismus zu regeln. Unterstützt die Leber dabei, das *Qi* in freiem Fluss zu halten. Stärkt das *Yin*, wandelt Feuchtigkeit und Feuchte-Hitze um und leitet sie aus.
Westliche Indikation: Geburtshilfe, gastrointestinale Störungen, urogenitale Beschwerden, immunstimulierend.

MP 8

(➤ Abb. 32.4)
Lokalisation: 3 *Cun* distal des Punktes MP 9, an der kaudalen Kante der Tibia, kranial des M. flexor digitalis profundus.
Innervation: N. saphenus.
Fünf-Elemente-Indikation: Sammelpunkt.
Westliche Indikation: Schmerzen im Bereich des Beckens und des Knies, Diarrhö, unregelmäßiger Östruszyklus, Urtikaria.

MP 9: *Shen Tang*, Heim der Niere

(➤ Abb. 32.3, ➤ Abb. 32.4, ➤ Abb. 32.8)
Lokalisation: In einer Vertiefung an der distalen Grenze des Condylus medialis tibiae, über dem M. flexor digitalis profundus und der V. saphena.
Innervation: N. saphenus.
Fünf-Elemente-Indikation: Wasser-Punkt.
Zang-Fu-**Indikation:** Unterstützt die Transformations- und Transportfunktion von Milz/Pankreas. Wandelt Feuchtigkeit um und leitet sie aus, kühlt Hitze.
Westliche Indikation: Schmerzen im Bereich des Beckens und des Knies, Diarrhö, unregelmäßiger Östruszyklus, Urtikaria, Vergiftungen, urogenitale Beschwerden.

MP 10

(➤ Abb. 32.3)
Lokalisation: 2 *Cun* proximal der proximalen Patellagrenze; der Punkt liegt kaudal des Muskelbauches des M. vastus medialis.
Innervation: N. femoralis, N. saphenus.
Zang-Fu-**Indikation:** leitet Wind aus, kühlt Hitze und reguliert die Zirkulation von *Qi* und Blut.
Westliche Indikation: Schmerzen im Kniegelenk, unregelmäßige Östruszyklen, uterine Blutungen, Allergien, Urtikaria, Blutvergiftung.

MP 13

(➤ Abb. 32.8, ➤ Abb. 32.9)
Lokalisation: Direkt kranial des Tuber coxae, über M. tensor fasciae latae und M. obliquus externus abdominis.
Innervation: N. gluteus cranialis, Äste der Lumbalnerven.
Westliche Indikation: Schmerzen in Lendenpartie, Hüfte und Kniegelenk, Infertilität.

MP 20

(➤ Abb. 32.8, ➤ Abb. 32.9, ➤ Abb. 32.14)
Lokalisation: Im vierten ICR, 2 *Cun* ventral des Schultergelenks.
Innervation: Äste des N. thoracicus.
Diagnostische Indikation: Schmerzen im Karpalgelenk, Störungen des Immunsystems.
Westliche Indikation: Emphyseme, Lungenerkrankungen, Dermatitis.

MP 21

(➤ Abb. 32.8, ➤ Abb. 32.9, ➤ Abb. 32.14)
Lokalisation: Im zehnten ICR auf Höhe des Schultergelenks.
Innervation: Äste des N. thoracicus.
Zang-Fu-**Indikation:** Kontrolliert alle *Yin*-Meridiane, Meisterpunkt aller Verbindungspunkte.
Westliche Indikation: Emphyseme, Rehe, Rückenschmerzen, Leberpathologien, generelle Schwächezustände.

Der Herz-Meridian (He)

Verlauf des Herz-Meridians

Der Herz-Meridian beginnt am Herz und tritt an einem Punkt an der kaudomedialen Seite der Schulter, im Zentrum der Achsel, an die Oberfläche (He 1). Er zieht dann am kaudomedialen Aspekt der Vordergliedmaße nach distal. Am Karpus schlägt der Meridianverlauf ganz nach lateral um und zieht weiter nach distal, um schließlich im kaudolateralen Bereich des Kronsaums zu enden (He 9).

He 1: *Jia Qi*, Achsel

(➤ Abb. 32.3, ➤ Abb. 32.16)
Lokalisation: Im Zentrum der Achsel, medial der A. axillaris, im Spalt zwischen lateraler Brustwand und medialem Aspekt der Vordergliedmaße, über dem M. pectoralis superficialis.
Innervation: Äste des Plexus brachialis.
Westliche Indikation: Zerrung der Vordergliedmaße, Schulterlahmheit, Parese des N. subscapularis, Schmerzen im Thorax und in der Herzregion.

32

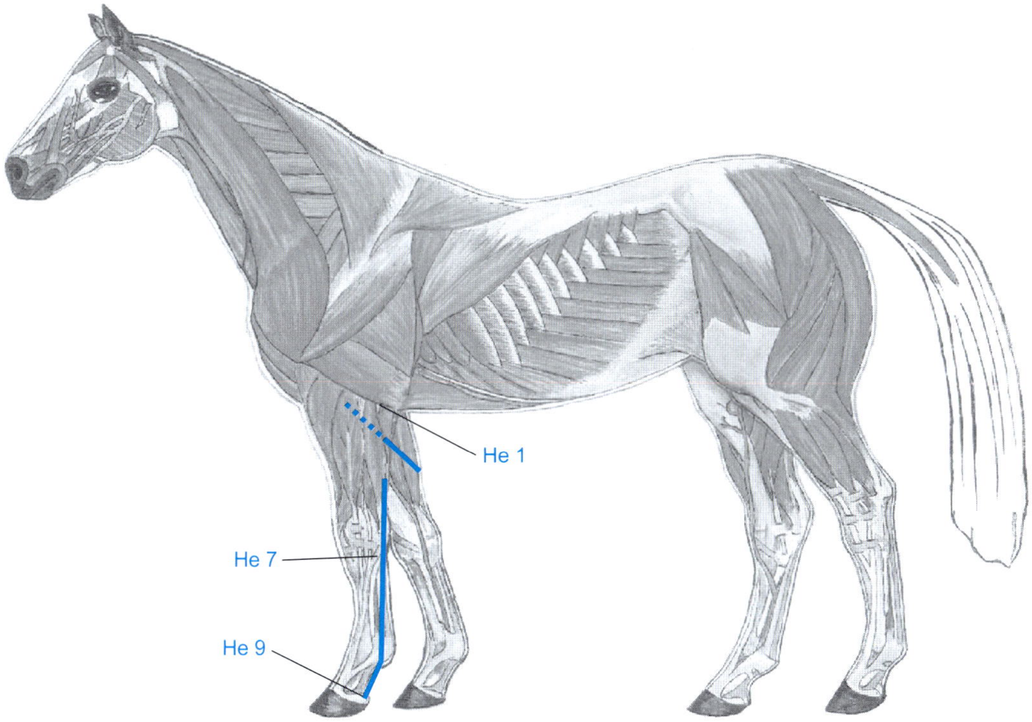

Abb. 32.16 Der Herz-Meridian.

He 3

(➤ Abb. 32.4)
Lokalisation: Zwischen medialem Ende der Ellenbogenbeugefalte und Epicondylus medialis humeri.
Innervation: N. medianus.
Westliche Indikation: Schmerzen im Ellenbogengelenk.

He 4

(➤ Abb. 32.5)
Lokalisation: An der kaudolateralen Grenze der Vordergliedmaße, 1,5 *Cun* proximal vom Punkt He 7, am kaudalen Aspekt des M. extensor carpi ulnaris.
Innervation: N. ulnaris.
Fünf-Elemente-Indikation: Metall-Punkt.
Westliche Indikation: Lahmheit der Vordergliedmaße.

He 5

(➤ Abb. 32.5)
Lokalisation: An der kaudolateralen Begrenzung der Vordergliedmaße, 1 *Cun* proximal des Punktes He 7, am kaudalen Aspekt des M. extensor carpi ulnaris.
Innervation: N. ulnaris.
Fünf-Elemente-Indikation: *(Luo-)*Passagepunkt.
Westliche Indikation: Lahmheit der Vordergliedmaße.

He 6

(➤ Abb. 32.5)
Lokalisation: An der kaudolateralen Begrenzung der Vordergliedmaße, 0,5 *Cun* proximal des Punktes He 7, am kaudalen Aspekt des M. extensor carpi ulnaris.
Innervation: N. ulnaris.
Fünf-Elemente-Indikation: Sammelpunkt.
Westliche Indikation: Lahmheit der Vordergliedmaße.

He 7

(➤ Abb. 32.5, ➤ Abb. 32.16)
Lokalisation: Am kaudalen Aspekt der Vordergliedmaße, direkt proximal des Os carpi accessorium, an der Ansatzstelle des M. flexor carpi ulnaris.
Innervation: N. medianus und N. ulnaris.
Fünf-Elemente-Indikation: *(Yuan-)*Quell-Punkt, Erd-Punkt, Sedationspunkt.
Zang-Fu-**Indikation:** Beruhigt das Herz und das Gemüt.
Westliche Indikation: Schmerzen im Karpalgelenk, Ängstlichkeit.

He 8: *Ban Jing*, Beugesehne

(➤ Abb. 32.5)
Lokalisation: Am kaudalen Aspekt des Metakarpale III, am Übergang vom mittleren zum distalen Drittel der gemeinsamen Beugesehne.
Innervation: N. palmaris lateralis.
Fünf-Elemente-Indikation: Feuer-Punkt.
Westliche Indikation: Tendinitis, Arthritis des Fesselgelenks, Bursitis.

He 9: *Qian Ti Men*, Hufballen

(➤ Abb. 32.5, ➤ Abb. 32.6, ➤ Abb. 32.8, ➤ Abb. 32.9, ➤ Abb. 32.16)
Lokalisation: Proximal des Kronsaums, auf dem kaudolateralen Aspekt des Vorderfußes, direkt kranial des Hufknorpels.
Innervation: N. palmaris lateralis.
Fünf-Elemente-Indikation: Holz-Punkt und Tonisierungspunkt.
Westliche Indikation: Entzündung des Hufballens, Rehe, Hufbeinentzündung.

Der Dünndarm-Meridian (Dü)

Der Verlauf des Dünndarm-Meridians

Der Dünndarm-Meridian beginnt an einem Punkt direkt proximal des Kronsaums am kraniolateralen Aspekt der Vordergliedmaße (Dü 1). Von hier aus zieht er über den lateralen Bereich von Fesselgelenk, Röhrbein, Karpus und Ellenbogen. Der Meridian verläuft über den M. triceps brachii und das Schulterblatt, bevor er nach kranial umschlägt und im dorsalen Halsbereich zu seinem Endpunkt dorsal des Kiefergelenks gelangt, der in einer Vertiefung rostromedial der Ohrbasis liegt (Dü 19).

Dü 1

(➤ Abb. 32.5, ➤ Abb. 32.6, ➤ Abb. 32.8, ➤ Abb. 32.9, ➤ Abb. 32.10, ➤ Abb. 32.17)
Lokalisation: Proximal des Kronsaums, am kraniolateralen Aspekt der Vordergliedmaße.
Innervation: Dorsaler Ast des N. palmaris medialis.
Fünf-Elemente-Indikation: Metall-Punkt.
Westliche Indikation: Rehe, Hufbeinentzündung, geringe Milchproduktion, Fieber.

Dü 2: *Ming Tang*

(➤ Abb. 32.5, ➤ Abb. 32.10)
Lokalisation: Am kaudolateralen Aspekt der Fessel, über dem M. interosseus, distal des lateralen Gleichbeins.
Innervation: Dorsaler Ast des N. palmaris medialis.
Fünf-Elemente-Indikation: Wasser-Punkt.
Westliche Indikation: Verstauchung und Arthritis des Fesselgelenks, Tendinitis der Beugesehne, Rehe, Periostitis.

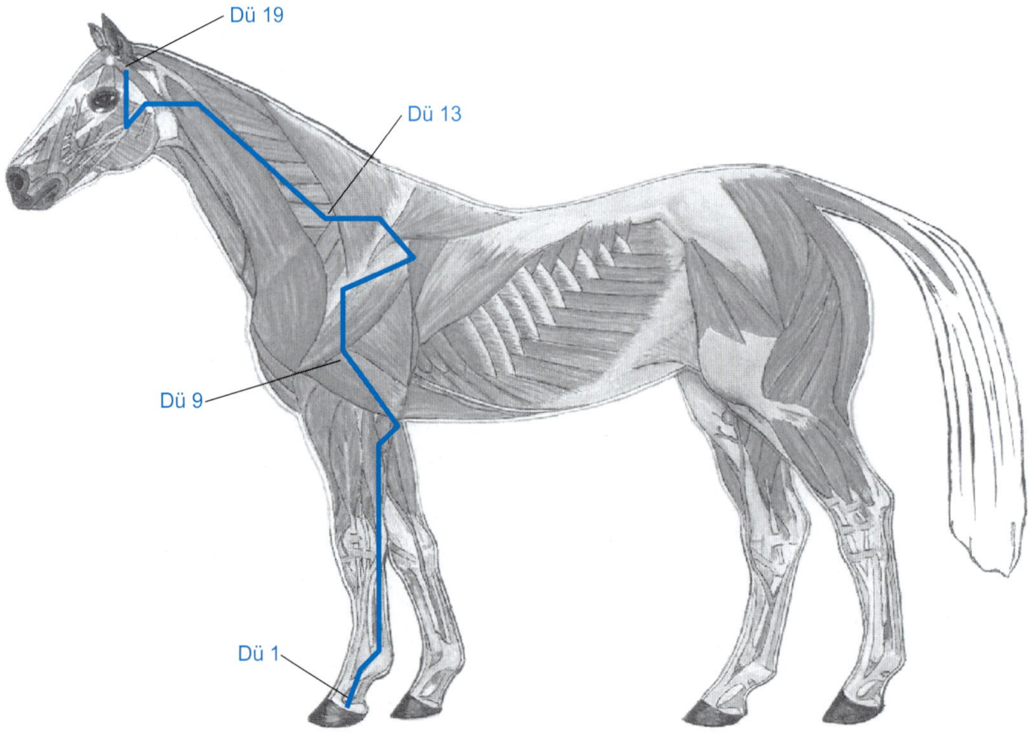

Abb. 32.17 Der Dünndarm-Meridian.

Dü 3: *Qian Chan Wan*, Vorderes Fesselgelenk

(➤ Abb. 32.5, ➤ Abb. 32.10)
Lokalisation: In einer Vertiefung an der distalen, kaudolateralen Begrenzung des Röhrbeins, distal des lateralen Griffelbeinknöpfchens, proximal des Fesselgelenks, über der V. digitalis palmaris lateralis.
Innervation: N. digitalis palmaris lateralis.
Fünf-Elemente-Indikation: Holz- und Tonisierungspunkt.
Zang-Fu-**Indikation:** Kühlt Hitze, klärt die Kehle, beruhigt das Gemüt und das Herz, Schlüsselpunkt des *Du Mai*.
Westliche Indikation: Verstauchung und Arthritis von Fesselgelenk und Karpalgelenk, Tendinitis, Periostitis des Fesselbeins, Unterstützungspunkt bei Hufrehe, Anämie, wichtiger Punkt für alle Störungen im Schulter-, Hals- und Genickbereich.

Dü 4: *Cuan Jing*, Sehnenbündel

(➤ Abb. 32.10)
Lokalisation: Auf dem lateralen Aspekt des Vorderfußes, distal des Karpalgelenks, kaudolateral des lateralen Griffelbeinköpfchens.
Innervation: Ramus dorsalis des N. ulnaris.
Fünf-Elemente-Indikation: *(Yuan-)*Quell-Punkt.
Westliche Indikation: Arthritis von Karpalgelenk und Fesselgelenk, Tendinitis, Periostitis des Fesselbeins.

Dü 5

(➤ Abb. 32.10)
Lokalisation: In einer Vertiefung am lateralen Epicondylus des Radius, proximal des Os accessorium, kaudal des M. flexor carpi ulnaris, kranial des Punktes He 7.
Innervation: Ramus dorsalis des N. ulnaris.
Fünf-Elemente-Indikation: Feuer-Punkt.
Westliche Indikation: Reflexpunkt von Fesselgelenk, Hufen und Schulter, wichtiger Punkt bei allen Pathologien des Karpalgelenks und Strahlbeins, Hufrehe, Tendinitis, Dysurie, Zystitis.

Dü 6

(➤ Abb. 32.10)
Lokalisation: Distal der Spitze der Ulna, über dem M. extensor carpi ulnaris.
Innervation: Ramus dorsalis des N. ulnaris.
Fünf-Elemente-Indikation: Sammel-Punkt.
Westliche Indikation: Schmerzen im Ellenbogen- und Schultergelenk, Rückenschmerzen.

Dü 7

(➤ Abb. 32.10)
Lokalisation: 5 *Cun* proximal des Punktes Dü 5, auf der Verbindungslinie zwischen den Punkten Dü 5 und Dü 8, am kaudolateralen Aspekt der Vordergliedmaße.
Innervation: N. ulnaris.
Fünf-Elemente-Indikation: *(Luo-)*Passagepunkt.
Westliche Indikation: Schmerzen in Ellenbogengelenk und Vordergliedmaße, Periostitis des Fesselbeins.

Dü 8

(➤ Abb. 32.4)
Lokalisation: In einer Vertiefung zwischen Olekranon und medialem Epicondylus humeri.
Innervation: N. ulnaris.
Fünf-Elemente-Indikation: Erd-Punkt und Sedationspunkt.
Zang-Fu-**Indikation:** Leitet Wind aus, beseitigt Meridianstauungen, lindert Schmerzen.
Westliche Indikation: Schmerzen in Schulter, Ellenbogen und Vordergliedmaße.

Dü 9: *Jian Zhen*, Feste Schulter

(➤ Abb. 32.8, ➤ Abb. 32.9, ➤ Abb. 32.17)
Lokalisation: In einer Grube kaudal des Humerus, auf der kaudalen Begrenzung des M. deltoideus, zwischen Pars cleidobrachialis und Pars scapularis.
Innervation: N. axillaris und N. radialis.
Westliche Indikation: Wichtiger Punkt der Vordergliedmaße. Triggerpunkt des M. triceps brachii, Reflex-Punkt bei Schulterlahmheit, Arthritis der Vordergliedmaße, Parese des N. ulnaris oder radialis oder anderer Nerven der Schulterregion, Zerrung des M. biceps brachii, Punkt zur Akupunktur-Analgesie.

Dü 10: *Gong Zi*

(➤ Abb. 32.8, ➤ Abb. 32.9)
Lokalisation: Im Gebiet der Fossa infraspinata, kaudal der Spina scapulae, dorsal des Punktes Dü 9.
Innervation: N. suprascapularis.
Westliche Indikation: Parese des N. suprascapularis, Atrophie der Schulter- und Oberarmmuskulatur, chronische Schulterlahmheit.

Dü 11: *Fei Pan*, Umarmung der Lunge

(➤ Abb. 32.8, ➤ Abb. 32.9)
Lokalisation: In einer Vertiefung am kaudalen Rand des Schulterblattknorpels, am Übergang vom dorsalen zum mittleren Drittel der Skapula, kaudal von M. deltoideus und M. triceps brachii.
Innervation: N. suprascapularis, N. intercostobrachialis.
Westliche Indikation: Schmerzen in der Vordergliedmaße, Arthritis des Schultergelenks, Reflex-Punkt für Schmerzen im Schultergelenk, Parese des N. suprascapularis, Husten, Pneumonie.

Dü 13

(➤ Abb. 32.8, ➤ Abb. 32.9, ➤ Abb. 32.17)
Lokalisation: 3 *Cun* ventral des Mittelpunktes der dorsalen Begrenzung des Schulterblattknorpels, dorsal der fünften Rippe, auf Höhe des Punktes 3E 15.
Innervation: N. suprascapularis.
Westliche Indikation: Arthritis der Vordergliedmaße, Schmerzen im Bereich des Schultergelenks, Reflexpunkt der Schulter, Parese des N. suprascapularis, Atrophie der Muskulatur der Schulter und des Oberarmes, Ataxie, ausgelöst durch Störungen im Bereich der Halswirbelsäule, Schmerzen in der Brust, Husten.

Dü 14: *Bo Jian*, Schulterspitze

(➤ Abb. 32.8, ➤ Abb. 32.9)
Lokalisation: In einer Vertiefung kranial des kranialen Skapulawinkels.
Innervation: N. suprascapularis und Äste der Zervikalnerven.
Westliche Indikation: Schmerzen in der Vordergliedmaße, Parese des N. suprascapularis, Arthritis des Schultergelenks.

Dü 16

(➤ Abb. 32.8, ➤ Abb. 32.9)
Lokalisation: Zwischen HWK 2 und 3, an der dorsalen Begrenzung des M. brachiocephalicus, kaudodorsal des Punktes Di 18. (Manche Autoren beschreiben den Punkt weiter kaudal, zwischen HWK 3 und 4.)
Innervation: Hautäste der Zervikalnerven.
Westliche Indikation: Tendinitis, Schmerzen im lumbalen Bereich, Arthritis im Bereich der Halswirbel, Konjunktivitis, Pharyngitis.

Dü 17

(➤ Abb. 32.11)
Lokalisation: Kaudal des Mandibulawinkels, in einer Vertiefung an der kranialen Begrenzung des M. brachiocephalicus.
Innervation: N. auricularis, N. facialis.
Westliche Indikation: Fazialisparese, Zahnschmerzen, Schwellung im Bereich der Backen.

Dü 18

(➤ Abb. 32.8, ➤ Abb. 32.9, ➤ Abb. 32.11)
Lokalisation: Direkt ventral des lateralen Augenkanthus, in einer Vertiefung an der ventralen Begrenzung der Crista facialis.
Innervation: N. facialis und N. infraorbitalis.
Westliche Indikation: Taubheit, Sedationspunkt.

Dü 19: *Shang Guan*, Kiefergelenk

(➤ Abb. 32.11, ➤ Abb. 32.17)
Lokalisation: Dorsal des Kiefergelenks und ventral des Tragus, in einer Einkerbung an der rostromedialen Ohrbasis.
Innervation: N. facialis.
Westliche Indikation: Tetanus, Fazialisparese.

Der Blasen-Meridian (Bl)

Verlauf des Blasen-Meridians

Der Blasen-Meridian beginnt am medialen Kanthus des Auges (Bl 1). Er zieht dann lateral der Mittellinie über den Kopf und den dorsalen Aspekt des Halses nach kaudal zu einem Punkt zwischen BWK 2 und 3 (Bl 11). Hier teilt sich der Blasen-Meridian in zwei Linien auf, die parallel zueinander und zur dorsalen Rückenlinie über Rücken, Lende, Kruppe und Hüfte bis zu ihrem Vereinigungspunkt in der Kniekehle laufen. Der Meridian zieht dann am kaudolateralen Aspekt der Hintergliedmaße weiter nach distal bis zu seinem Endpunkt, der kranial des lateralen Hufknorpels liegt (Bl 67).

Bl 1: *Da Yan Jiao*, Große Verbindung auf den Augen

(➤ Abb. 32.8, ➤ Abb. 32.9, ➤ Abb. 32.11, ➤ Abb. 32.18, ➤ Abb. 32.19)
Lokalisation: Am medialen Kanthus des Auges, in einer Kerbe dorsal der Basis der Nickhaut.
Innervation: N. infratrochlearis.
Westliche Indikation: Konjunktivitis, Keratitis, periodische Augenentzündung, zur Beruhigung.

Bl 2

(➤ Abb. 32.11, ➤ Abb. 32.19)
Lokalisation: In einer Vertiefung dorsal des Punktes Bl 1, an einem Haarwirbel.
Innervation: N. infratrochlearis
Westliche Indikation: Augenpathologien, Konjunktivitis, zur Beruhigung.

Bl 10: *Fu Tu*, Himmelssäule

(➤ Abb. 32.8, ➤ Abb. 32.9, ➤ Abb. 32.11, ➤ Abb. 32.18, ➤ Abb. 32.20)
Lokalisation: Kaudal des Ohres, in einer Vertiefung kaudal des Atlasflügels, 2 *Cun* ventral der Mähne, zwischen M. splenius und M. brachiocephalicus.
Innervation: N. occipitalis.
Westliche Indikation: Steifheit und Schmerzen im Genick, Wobbler-Syndrom, Schmerzen in Schulter und Rücken, Enzephalitis.

32

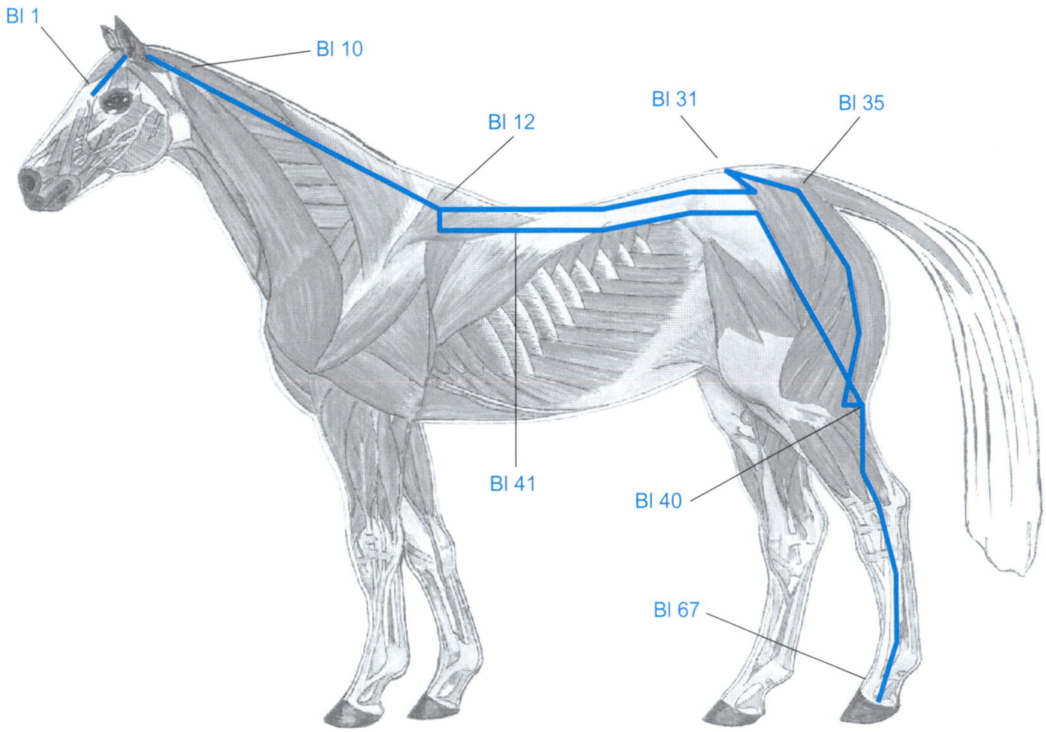

Abb. 32.18 Der Blasen-Meridian.

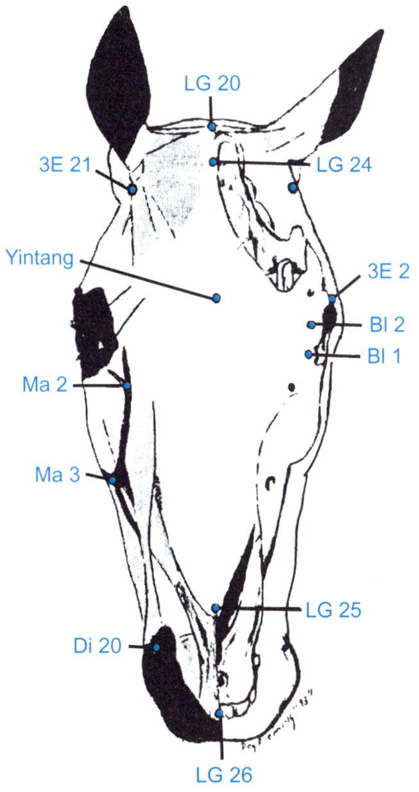

Abb. 32.19 Akupunkturpunkte am Kopf und ihr Bezug zu Muskulatur und Skelett in frontaler Ansicht.
(Illustrationen von Dr. P. Fleming, Copyright 1994)

Bl 11

(➤ Abb. 32.8, ➤ Abb. 32.9, ➤ Abb. 32.20)

Lokalisation: 3 *Cun* lateral der dorsalen Mittellinie, zwischen HWK 2 und 3, kranial des Widerrists, über der Pars cervicalis des M. trapezius.

Innervation: N. cervicalis dorsalis.

*Zang-Fu-***Indikation:** Stärkt das *Qi,* leitet pathogenen Wind aus und lindert Schmerzen, einflussreicher Punkt der Knochen, schmerzhafte Gelenke, chronische Arthritis.

Westliche Indikation: Schmerzen und Steifheit im Genick, Schmerzen in der Schulterregion, Husten, Fieber, anregender Punkt bei inneren Erkrankungen.

Bl 12

(➤ Abb. 32.8, ➤ Abb. 32.9, ➤ Abb. 32.18, ➤ Abb. 32.20)

Steht in Verbindung mit Bl 41.

Anmerkung: Bl 41 ist der funktionelle Partner von Bl 12 auf dem äußeren Blasen-Meridian. Der äußere Blasen-Meridian, der von Bl 41 bis Bl 53 zieht, verläuft ca. 6 *Cun* lateral der dorsalen Mittellinie.

Lokalisation: 1 *Cun* lateral der dorsalen Mittellinie, zwischen den Processus spinosi von BWK 4 und 5, am höchsten Punkt des Widerrists.

Innervation: Dorsale Äste der Thorakalnerven.

*Zang-Fu-***Indikation:** Leitet Wind aus, unterstützt die Lunge bei der Verteilung des *Qi.*

Westliche Indikation: Schmerzen im Hals- und Genickbereich und im Rücken, Kälte, Fieber, Husten.

32

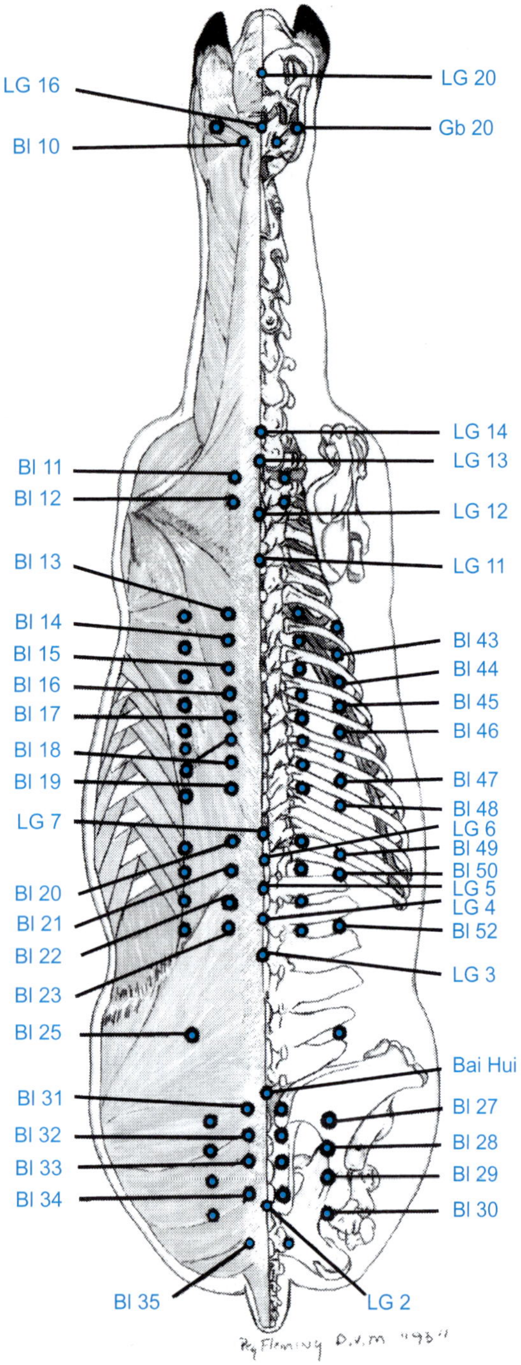

Abb. 32.20 Akupunkturpunkte und ihr Bezug zu Muskulatur und Skelett in dorsaler Ansicht.
(Illustrationen von Dr. P. Fleming, Copyright 1994)

Bl 13

(➤ Abb. 32.8, ➤ Abb. 32.9, ➤ Abb. 32.20)
*(Shu-)*Zustimmungspunkt der Lunge. Steht in Verbindung mit Bl 42.
Lokalisation: 3 *Cun* lateral der dorsalen Mittellinie, am kaudalen Ende des Skapulaknorpels, im achten ICR, in der Furche zwischen M. longissimus dorsi und M. iliocostalis.
Innervation: Dorsale Hautäste der Thorakalnerven.
Zang-Fu-**Indikation:** Leitet Hitze aus, unterstützt die Lunge bei der Verteilung des *Qi*.
Westliche Indikation: Schmerzen im medialen Aspekt der Vordergliedmaße, Erkrankungen des Respirationsapparates.

Bl 14

(➤ Abb. 32.8, ➤ Abb. 32.9, ➤ Abb. 32.20)
*(Shu-)*Zustimmungspunkt des Perikards. Steht in Verbindung mit Bl 43.
Lokalisation: 3 *Cun* lateral der dorsalen Mittellinie, im neunten ICR, in der Furche zwischen M. longissimus dorsi und M. iliocostalis.
Innervation: Dorsale Hautäste der Thorakalnerven.
Westliche Indikation: Husten, chronische Lungenpathologien, Ängstlichkeit.

Bl 15

(➤ Abb. 32.8, ➤ Abb. 32.9, ➤ Abb. 32.20)
*(Shu-)*Zustimmungspunkt des Herzens. Steht in Verbindung mit Bl 44.
Lokalisation: 3 *Cun* lateral der dorsalen Mittellinie, im zehnten ICR, in der Furche zwischen M. longissimus dorsi und M. iliocostalis.
Innervation: Dorsale Hautäste der Thorakalnerven.
Zang-Fu-**Indikation:** Unterstützt das Herz, beruhigt das Gemüt, reguliert die Zirkulation von Blut und *Qi*.
Westliche Indikation: Schmerzen im Herzbereich, Husten, Ängstlichkeit.

Bl 16

(➤ Abb. 32.8, ➤ Abb. 32.9, ➤ Abb. 32.20)
*(Shu-)*Zustimmungspunkt des Lenkergefäßes. Steht in Verbindung mit Bl 45.
Lokalisation: 3 *Cun* lateral der dorsalen Mittellinie, im elften ICR, in der Furche zwischen M. longissimus dorsi und M. iliocostalis.
Innervation: Dorsale Hautäste der Thorakalnerven.
Westliche Indikation: Alle Genick- und Halsprobleme, Schmerzen und Empfindlichkeit am Widerrist, Haarverlust, Pruritus, abdominale Schmerzen.

Bl 17

(➤ Abb. 32.8, ➤ Abb. 32.9, ➤ Abb. 32.20)
*(Shu-)*Zustimmungspunkt des Zwerchfells. Steht in Verbindung mit Bl 46.
Lokalisation: 3 *Cun* lateral der dorsalen Mittellinie, im zwölften ICR, in der Furche zwischen M. longissimus dorsi und M. iliocostalis.
Innervation: Dorsale Hautäste der Thorakalnerven.
Zang-Fu-**Indikation:** Meisterpunkt des Blutes, reguliert die Zirkulation des *Qi*, regt das Blut an und beruhigt den Magen.
Westliche Indikation: Hoher Blutdruck, Anämie, Leukopenie, Gerinnungsstörungen, Müdigkeit, therapieresistente Hauterkrankungen, immunstimulierend, Lungen-, Herz- und Magenerkrankungen.

Bl 18

(➤ Abb. 32.8, ➤ Abb. 32.9, ➤ Abb. 32.20)
*(Shu-)*Zustimmungspunkt der Leber. Steht in Verbindung mit Bl 47.
Lokalisation: 3 *Cun* lateral der dorsalen Mittellinie, im 13. und 14. ICR, in der Furche zwischen M. longissimus dorsi und M. iliocostalis.
Innervation: Dorsale Hautäste der Thorakalnerven.
Zang-Fu-**Indikation:** Hilft der Leber, das *Qi* in Bewegung zu halten, *w*andelt Feuchte-Hitze im Bereich von Leber und Gallenblase um und leitet sie aus, klärt das Gemüt und lässt die Augen glänzen.
Westliche Indikation: Myositis, Tendinitis, Augenpathologien, abdominale Schmerzen und Empfindlichkeit.

Bl 19

(➤ Abb. 32.8, ➤ Abb. 32.9, ➤ Abb. 32.20)
*(Shu-)*Zustimmungspunkt der Gallenblase. Steht in Verbindung mit Bl 48.
Lokalisation: 3 *Cun* lateral der dorsalen Mittellinie, im 15. ICR, in der Furche zwischen M. longissimus dorsi und M. iliocostalis.
Innervation: Dorsale Hautäste der Thorakalnerven.
Zang-Fu-**Indikation:** Hilft der Leber, das *Qi* in Bewegung zu halten, wandelt Feuchte-Hitze im Bereich von Leber und Gallenblase um und leitet sie aus.
Westliche Indikation: Schmerzen im Hüftbereich, Ischialgien, Myositis, Tendinitis, Desmitis, gastrointestinale Probleme, Schmerzen in Brust und Abdomen.

Bl 20

(➤ Abb. 32.8, ➤ Abb. 32.9, ➤ Abb. 32.20)
*(Shu-)*Zustimmungspunkt von Milz/Pankreas. Steht in Verbindung mit Bl 49.
Lokalisation: 3 *Cun* lateral der dorsalen Mittellinie, im 17. ICR, in der Furche zwischen M. longissimus dorsi und M. iliocostalis.
Innervation: Dorsale Hautäste der Thorakalnerven.
Zang-Fu-**Indikation:** Unterstützt die Transformations- und Transportfunktion von Milz/Pankreas und das nach oben Senden des *Qi,* leitet Feuchtigkeit aus und wandelt sie um.
Westliche Indikation: Schmerzen entlang des Milz/Pankreas-Meridians, Rückenschmerzen, gastrointestinale Störungen, geburtshilfliche Störungen, Ödeme.

Bl 21

(➤ Abb. 32.8, ➤ Abb. 32.9, ➤ Abb. 32.20)
*(Shu-)*Zustimmungspunkt des Magens. Steht in Verbindung mit Bl 50.
Lokalisation: 3 *Cun* lateral der dorsalen Mittellinie, kaudal der letzten Rippe, auf Höhe von BWK 18.
Innervation: Dorsale Hautäste der Thorakalnerven.
Zang-Fu-**Indikation:** Unterstützt das Hinabsenden des *Qi*, formt Feuchtigkeit um und leitet sie aus.
Westliche Indikation: Schmerzen entlang des Meridianverlaufes, gastrointestinale Störungen.

Bl 22

(➤ Abb. 32.8, ➤ Abb. 32.9, ➤ Abb. 32.20)
*(Shu-)*Zustimmungspunkt des Dreifachen Erwärmers. Steht in Verbindung mit Bl 51.
Lokalisation: 3 *Cun* lateral der dorsalen Mittellinie, zwischen LWK 1 und 2.
Innervation: Dorsale Hautäste der Lumbalnerven.
Westliche Indikation: Der Dreifache Erwärmer wird besonders bei hormonellen und endokrinen Störungen eingesetzt, bei Pathologien der Schilddrüse, der Gonaden, der Nebennieren, der Thermoregulation, bei gastrointestinalen Störungen, Schmerzen und Steifheit der kaudalen Rückenpartie.

Bl 23

(➤ Abb. 32.8, ➤ Abb. 32.9, ➤ Abb. 32.20)
*(Shu-)*Zustimmungspunkt der Niere. Steht in Verbindung mit Bl 52.
Lokalisation: 3 *Cun* lateral der dorsalen Mittellinie, zwischen LWK 2 und 3, dorsal der kaudalen Grenze der letzten Rippe.
Innervation: Dorsale Hautäste der Lumbalnerven.
Zang-Fu-**Indikation:** Tonisiert das Nieren-*Yin,* stärkt und kräftigt das Gehirn und das Knochenmark, unterstützt das Gemüt, lässt die Augen leuchten, stärkt den kaudalen Rückenbereich und die Knie, unterstützt die Funktion der Niere im Wassermetabolismus, wandelt Feuchtigkeit um und leitet sie aus.
Westliche Indikation: Asthma, urogenitale Erkrankungen, Schmerzen im lumbosakralen Bereich, Parese der Hintergliedmaßen, geriatrische Schwächezustände.

Bl 24: Meer der Energie

Lokalisation: 3 *Cun* lateral der dorsalen Mittellinie, zwischen LWK 4 und 5.
Innervation: Dorsale Hautäste der Lumbalnerven.
Westliche Indikation: Lumbosakrale Schmerzen.

Bl 25

(➤ Abb. 32.8, ➤ Abb. 32.9, ➤ Abb. 32.20)
*(Shu-)*Zustimmungspunkt des Dickdarms.
Lokalisation: 3 *Cun* lateral der dorsalen Mittellinie, zwischen LWK 5 und 6, an der kranialen Kante des Iliums.
Innervation: Dorsale Hautäste der Lumbalnerven.
Zang-Fu-**Indikation:** Unterstützt die Transportfunktion des Dickdarms.
Westliche Indikation: Schmerzen im Genick, in der Schulter, im lateralen Bereich der Hintergliedmaße, im kaudalen Bereich des Rückens, Störungen in der Beweglichkeit der Muskeln des Hinterbeins, Arthritis des Sprung- und des Kniegelenks, Ischiaspathologien, Kolik, Verstopfung, Diarrhö, Fieber, Schnupfen, Dyspnoe.

Bl 26: Tor des Ursprünglichen

(➤ Abb. 32.8, ➤ Abb. 32.9, ➤ Abb. 32.20)
Lokalisation: 3 *Cun* lateral der dorsalen Mittellinie, zwischen LWK 6 und 7.
Innervation: Dorsale Hautäste der Lumbalnerven.
Westliche Indikation: Sterilität, Plazentaretention, Nieren- und Blasenpathologien, Rektumprolaps.

Bl 27

(➤ Abb. 32.8, ➤ Abb. 32.9, ➤ Abb. 32.20)
*(Shu-)*Zustimmungspunkt des Dünndarms.
Lokalisation: 3 *Cun* lateral der dorsalen Mittellinie, zwischen SWK 1 und 2.
Innervation: Äste der Sakralnerven.
Westliche Indikation: Schmerzen im kaudalen Rückenbereich, Ischiaspathologien, Schmerzen im kaudalen Abdomen.

Bl 28

(➤ Abb. 32.8, ➤ Abb. 32.9, ➤ Abb. 32.20)
*(Shu-)*Zustimmungspunkt der Blase.
Lokalisation: 3 *Cun* lateral der dorsalen Mittellinie, zwischen SWK 2 und 3.
Innervation: Äste der Sakralnerven.
Zang-Fu-**Indikation:** Stärkt das Nieren-*Yang*, reguliert die Blase, unterstützt die Funktion des Urogenitaltraktes, leitet Wind-Feuchtigkeit aus.
Westliche Indikation: Schmerzen entlang der Wirbelsäule, alle urogenitale Störungen, Kolik.

Bl 29

(➤ Abb. 32.8, ➤ Abb. 32.9, ➤ Abb. 32.20)
Lokalisation: 3 *Cun* lateral der dorsalen Mittellinie, zwischen SWK 3 und 4.
Innervation: Äste der Sakralnerven.
Zang-Fu-**Indikation:** Wärmt *Yang*, wärmt Kälte.
Westliche Indikation: Steifheit und Schmerzen im sakralen und lumbalen Wirbelsäulenbereich.

Bl 30

(➤ Abb. 32.8, ➤ Abb. 32.9, ➤ Abb. 32.20)
Lokalisation: 3 *Cun* lateral der dorsalen Mittellinie, zwischen SWK 4 und 5.
Innervation: Äste der Sakralnerven.
Zang-Fu-**Indikation:** Reguliert den Zyklus, löst Stauungen im Unteren Erwärmer auf.
Westliche Indikation: Steifheit und Schmerzen im Sakrum, unregelmäßiger Östruszyklus, Endometritis, Obstipation, Rektumprolaps.

Bl 31

(➤ Abb. 32.8, ➤ Abb. 32.9, ➤ Abb. 32.18, ➤ Abb. 32.20)
Lokalisation: 1,5 *Cun* lateral der dorsalen Mittellinie, zwischen erstem und zweitem Foramen sacrale, medial des Punktes Bl 27.
Innervation: Äste der Sakralnerven.
Zang-Fu-**Indikation:** Wärmt den Unteren Erwärmer, tonisiert die Niere.
Westliche Indikation: Schmerzen im lumbosakralen Bereich, Parese der Hinterhand, Sterilität im Zusammenhang mit Pathologien der Zervix, vaginaler Ausfluss.

Bl 32

(➤ Abb. 32.8, ➤ Abb. 32.9, ➤ Abb. 32.20)
Lokalisation: 1,5 *Cun* lateral der dorsalen Mittellinie, zwischen zweitem und drittem Foramen sacrale, dorsomedial des Punktes Bl 28.
Innervation: Äste der Sakralnerven.
Zang-Fu-**Indikation:** Stärkt die Niere, kühlt Hitze, eliminiert Feuchtigkeit.
Westliche Indikation: Paresen und Schmerzen der Hintergliedmaßen, vaginaler Ausfluss.

Bl 33

(➤ Abb. 32.8, ➤ Abb. 32.9, ➤ Abb. 32.20)
Lokalisation: 1 *Cun* lateral der dorsalen Mittellinie, zwischen drittem und viertem Foramen sacrale, dorsomedial des Punktes Bl 29.
Innervation: Äste der Sakralnerven.
Westliche Indikation: Schmerzen im lumbosakralen Bereich, gastrointestinale Störungen, unregelmäßige Zyklen.

Bl 34

(➤ Abb. 32.8, ➤ Abb. 32.9, ➤ Abb. 32.20)
Lokalisation: 1,5 *Cun* lateral der dorsalen Mittellinie, zwischen viertem und fünftem Foramen sacrale, dorsomedial des Punktes Bl 30.
Innervation: Äste der Sakralnerven.
Westliche Indikation: Schmerzen im Sakralbereich, abdominale Beschwerden, Obstipation.

Bl 35: *Hui Yang*, Treffen des *Yang*

(➤ Abb. 32.8, ➤ Abb. 32.9, ➤ Abb. 32.18, ➤ Abb. 32.20)
Lokalisation: Am proximalen Ende der Muskelfurche zwischen M. biceps femoris und M. semitendinosus, lateral des Ansatzes der Schweifrübe.
Innervation: N. gluteus caudalis.
Diagnostische Indikation: Kniepathologien.
Zang-Fu-**Indikation:** Feuchte-Hitze im Unteren Erwärmer.
Westliche Indikation: Schmerzen in der Hinterhand, Arthritis des Hüftgelenks, Myositis des M. biceps femoris, M. semimembranosus und M. semitendinosus, Parese der Hintergliedmaßen, Neuritis des N. ischiadicus und N. femoralis, Erkrankungen im Bereich von Vagina und Zervix.

Bl 36: *Xie Qi*, Böses *Qi*

(➤ Abb. 32.8, ➤ Abb. 32.9, ➤ Abb. 32.21)
Lokalisation: In der Muskelfurche zwischen M. biceps femoris und M. semitendinosus, 2 *Cun* ventral des Tuber ischiadicum.
Innervation: N. ischiadicus, N. cutaneus femoris caudalis.
Diagnostische Indikation: Gemeinsam mit den Punkten Bl 37 und Bl 38 bei Kniepathologien.
Zang-Fu-**Indikation:** Unterstützt die Zirkulation auf dem Meridian.
Westliche Indikation: Schmerzen in der Hintergliedmaße, Subluxation des Beckens, Myositis des M. biceps femoris, Pathologien des N. ischiadicus.

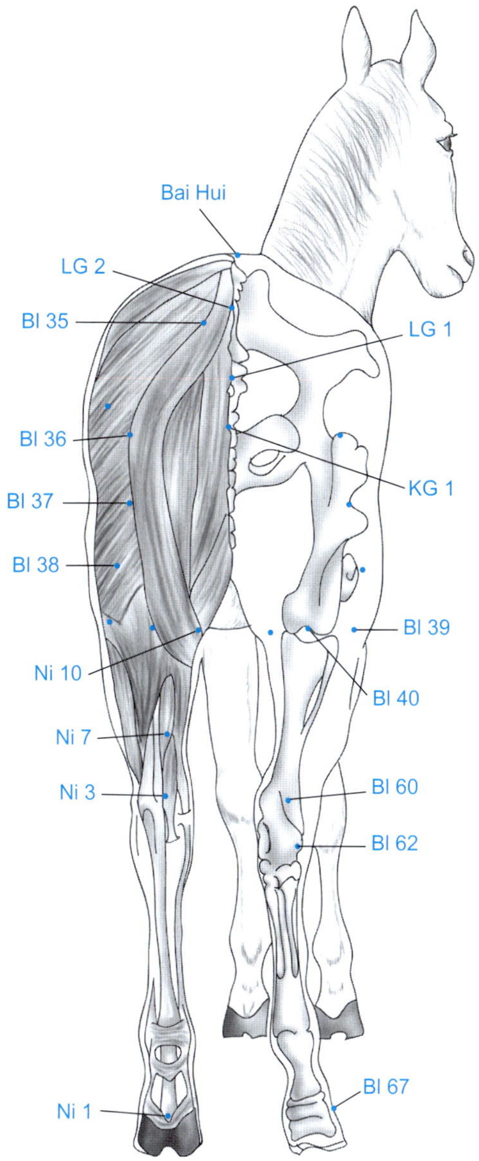

Abb. 32.21 Akupunkturpunkte und ihr Bezug zu Muskulatur und Skelett in kaudaler Ansicht.
(Illustrationen von Dr. P. Fleming, Copyright 1994)

Bl 37: *Han Gou*, Schweißfurche

(➤ Abb. 32.8, ➤ Abb. 32.9, ➤ Abb. 32.21)
Lokalisation: In der Muskelfurche zwischen M. biceps femoris und M. semitendinosus, 3 *Cun* ventral des Punktes Bl 36.
Innervation: N. ischiadicus und N. cutaneus femoris caudalis.
Westliche Indikation: Schmerzen in der Hintergliedmaße, Subluxation des Beckens, Myositis des M. biceps femoris, Pathologien des N. ischiadicus.

Bl 38: *Yang Wa*, Nach oben gerichtete Kachel

(➤ Abb. 32.8, ➤ Abb. 32.9, ➤ Abb. 32.21)
Lokalisation: In der Muskelfurche zwischen M. biceps femoris und M. semitendinosus, 3 *Cun* ventral des Punktes Bl 37.
Innervation: N. ischiadicus und N. cutaneus femoris caudalis.
Westliche Indikation: Schmerzen in der Hintergliedmaße, Gonitis, Subluxation des Beckens, Myositis des M. biceps femoris, Pathologien des N. ischiadicus, Zystitis, Blutungen, Obstipation.

Bl 39: *Qian Shen*, Oberhalb der Hoden

(➤ Abb. 32.8, ➤ Abb. 32.9, ➤ Abb. 32.21)
Lokalisation: In einer Vertiefung am Ende der Muskelfurche zwischen M. biceps femoris und M. semitendinosus.
Innervation: N. tibialis.
Diagnostische Indikation: Lokaler Punkt für alle Pathologien des Sprunggelenks.
Westliche Indikation: Schmerzen und Arthritis der Hintergliedmaße, Tarsitis, degenerative Erkrankung des Sprunggelenks.

Bl 40: *Yang Ling*, *Yang*-Grab

(➤ Abb. 32.8, ➤ Abb. 32.9, ➤ Abb. 32.18, ➤ Abb. 32.21)
Lokalisation: Im Mittelpunkt der Kniekehlenfalte, zwischen M. semitendinosus und M. biceps femoris.
Innervation: Äste von N. femoralis und N. tibialis.
Zang-Fu-**Indikation:** Meisterpunkt des kaudalen Rückens, kühlt Hitze, löst Feuchtigkeit auf, kühlt das Blut, beseitigt Stauungen auf der Leitbahn, eliminiert Blut-Stasis, tonisiert das Nieren-*Qi.*
Westliche Indikation: Arthritis des Knie- und Hüftgelenks, Schmerzen im lumbalen Bereich, chronische Zystitis, ovarielle Pathologien, Harninkontinenz.

Bl 54: *Huan Zhong*, Mittlerer Ring

(➤ Abb. 32.8, ➤ Abb. 32.9)
Lokalisation: Auf halber Strecke zwischen Sakroiliakalgelenk und Trochanter majus femoris.
Innervation: N. cutaneus femoris, N. ischiadicus, N. glutealis.
Westliche Indikation: Schmerzen in der Hintergliedmaße, Subluxation des Beckens, Arthritis des Beckens, Myositis des M. biceps femoris, Pathologien des N. ischiadicus.

Bl 58

(➤ Abb. 32.10, ➤ Abb. 32.15)
Lokalisation: 7 *Cun* proximal des Punktes Bl 0, an der kaudalen Begrenzung der Fibula.
Innervation: N. cutaneus surae.
Fünf-Elemente-Indikation: *(Luo-)*Passagepunkt.
Zang-Fu-**Indikation:** Reduziert Hitze und Wind-Feuchtigkeit.
Westliche Indikation: Schmerzen im Bereich des Sprunggelenks und des Rückens, Ödeme in den unteren Gliedmaßenbereichen.

Bl 60: *Kun Lun*, Kunlun Berge

(➤ Abb. 32.8, ➤ Abb. 32.9, ➤ Abb. 32.10, ➤ Abb. 32.15, ➤ Abb. 32.21)
Lokalisation: Zwischen Condylus lateralis tibiae und Tuber calcanei.
Innervation: N. plantaris lateralis.
Fünf-Elemente-Indikation: Feuer-Punkt.
Zang-Fu-**Indikation:** Leitet Wind aus, kühlt Hitze, beseitigt Stauungen auf der Leitbahn, entspannt die Sehnen, stärkt den kaudalen Rückenbereich und die Kniegelenke, mildert Schwellungen und Schmerzen im ganzen Körper.
Westliche Indikation: Arthritis des Sprunggelenks, Weichteilverletzungen in diesem Bereich, Parese der Lendenregion und der distalen Hintergliedmaße, Steifheit des Genicks, Nasenbluten.

Bl 62

(➤ Abb. 32.15)
Lokalisation: In einer Vertiefung direkt distal des lateralen Malleolus.
Innervation: N. digitalis plantaris communis III.
Zang-Fu-**Indikation:** Schlüsselpunkt des *Yang Qiao Mai,* leitet inneren Wind aus, beseitigt Stauungen in der Leitbahn.
Westliche Indikation: Schmerzen in Sprunggelenk, Rücken und in Schulter, Pathologien im medialen Kanthusbereich des Auges.

Bl 63: *Wu Jing*, Dunkle Sehne

(➤ Abb. 32.15)
Lokalisation: Am distalen Aspekt des Tuber calcaneus.
Innervation: N. digitalis plantaris communis III.
Fünf-Elemente-Indikation: Sammelpunkt.
Zang-Fu-**Indikation:** Beruhigt das *Shen.*
Westliche Indikation: Schwellung, Schmerzen und Arthritis in der Tarsalregion, im dorsalen Halsbereich und im Sakralbereich, Konvulsionen.

Bl 64: *Jo Jeol*, Vogelgelenk

(➤ Abb. 32.10, ➤ Abb. 32.15)
Lokalisation: Kaudodistal des lateralen Griffelbeinköpfchens.
Innervation: N. plantaris lateralis.
Fünf-Elemente-Indikation: *(Yuan-)*Quell-Punkt.
Zang-Fu-**Indikation:** Beruhigt das *Shen.*
Westliche Indikation: Schwellungen und Schmerz in der Tarsalregion, Tendinitis der Beugesehnen, Schmerzen im dorsalen Halsbereich.

32

Bl 65

(➤ Abb. 32.10, ➤ Abb. 32.15)
Lokalisation: Kaudal des distalen Endes des lateralen Griffelbeins.
Innervation: N. metatarseus plantaris.
Fünf-Elemente-Indikation: Holz-Punkt und Sedationspunkt.
Zang-Fu-**Indikation:** Leitet Wind aus und klärt das Herz.
Westliche Indikation: Abszesse, Zystitis, Tendinitis, Arthritis des Fesselgelenks der Hintergliedmaße, akute Rehe.

Bl 66: *Pyon Moon*, Seitentür

(➤ Abb. 32.10, ➤ Abb. 32.15)
Lokalisation: Distal des Fesselgelenks der Hintergliedmaße und lateral des lateralen Gleichbeins, im kaudolateralen Aspekt der Fesselbeuge.
Fünf-Elemente-Indikation: Wasser-Punkt.
Innervation: N. digitalis plantaris lateralis.
Zang-Fu-**Indikation:** Beruhigt das *Shen*, kühlt Hitze.
Westliche Indikation: Hufpathologien, Rehe, Hufknorpelverknöcherung, Arthritis des Fesselgelenks, Tendinitis, Steifheit im dorsalen Halsbereich, Ängstlichkeit.

Bl 67

(➤ Abb. 32.8, ➤ Abb. 32.9, ➤ Abb. 32.10, ➤ Abb. 32.13, ➤ Abb. 32.15, ➤ Abb. 32.18)
Lokalisation: Proximal des Kronsaums, am kaudolateralen Aspekt der Hinterhand, kranial des lateralen Hufknorpels.
Innervation: N. digitalis plantaris lateralis.
Fünf-Elemente-Indikation: Metall-Punkt, Tonisierungspunkt.
Westliche Indikation: Alle Hufpathologien der Hinterhufe, Blasenerkrankungen, Schmerzen im Rücken und im Bereich des Sprunggelenks, Fehllage des Embryos in der Gebärmutter, Plazentaretention.

Der Nieren-Meridian (Ni)

Verlauf des Nieren-Meridians

Der Nieren-Meridian beginnt zwischen den Hufballen der Hinterhand (Ni 1). Er zieht dann auf dem medialen Aspekt der Hintergliedmaße nach proximal. Am Tarsus umkreist er den medialen Malleolus und verläuft weiter im kaudomedialen Bereich des Beins über das Kniegelenk und den Oberschenkel. Im Leistenspalt wechselt der Meridian seine Richtung und zieht parallel zur ventralen Mittellinie über Abdomen und Thorax. Der Nieren-Meridian endet an einem Punkt zwischen Sternum und erster Rippe (Ni 27).

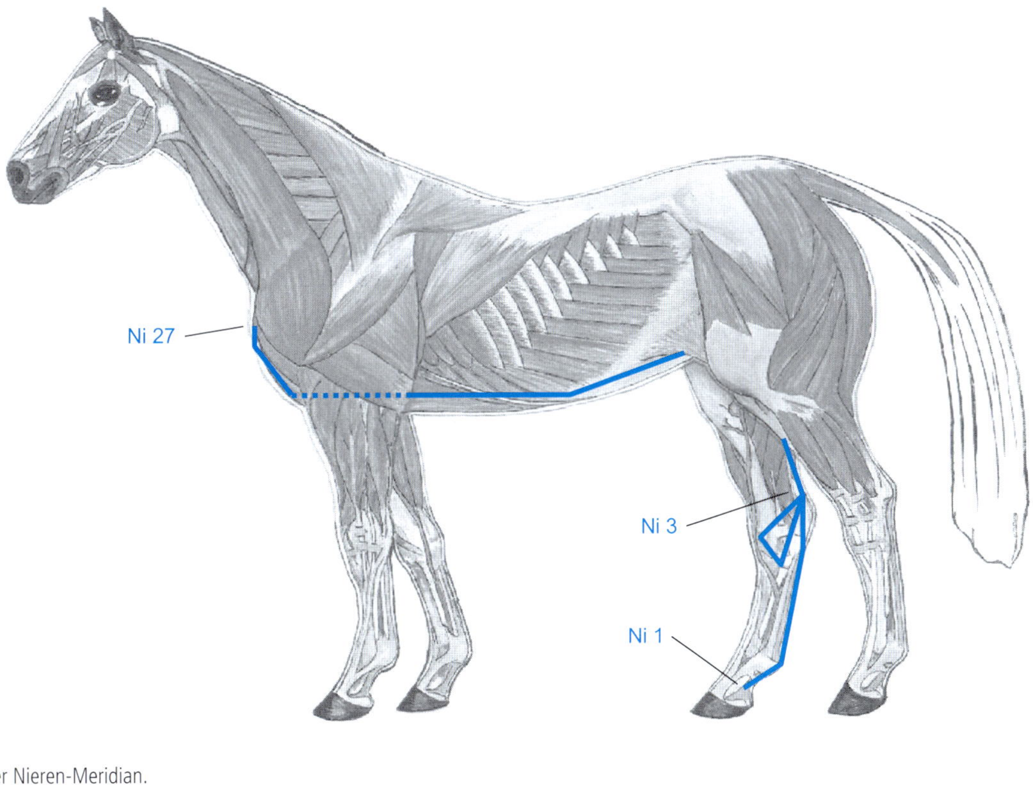

Abb. 32.22 Der Nieren-Meridian.

Ni 1: *Hou Jiu*, Hufballen der Hinterhand

(➤Abb. 32.8, ➤Abb. 32.13, ➤Abb. 32.15, ➤Abb. 32.20, ➤Abb. 32.22)
Lokalisation: In einer Vertiefung zwischen den Hufballen der Hintergliedmaße.
Innervation: N. digitalis plantaris medialis und lateralis.
Fünf-Elemente-Indikation: Sedationspunkt und Holz-Punkt.
***Zang-Fu*-Indikation:** Tonisiert *Yin,* klärt das Herz, beruhigt Wind und Leere-Hitze, beruhigt das Gemüt, stellt das Bewusstsein wieder her (Notfallpunkt).
Westliche Indikation: Schock, hohes Fieber, Schmerzen im Hufballenbereich.

Ni 2: *He Zi*, Talus

(➤Abb. 32.4)
Lokalisation: Kaudomedial des Os tarsale IV.
Innervation: N. plantaris.
Fünf-Elemente-Indikation: Feuer-Punkt.
TCM-Indikation: Kühlt das Blut und beruhigt Feuer, kühlt Nieren-Hitze.
Westliche Indikation: Arthritis des Sprunggelenks, Zerrung des Sprunggelenks, Tendinitis, sexuelle Dysfunktion, unregelmäßige Zyklen, Zystitis.

Ni 3

(➤Abb. 32.4, ➤Abb. 32.22)
Lokalisation: In einer Vertiefung zwischen medialem Malleolus und Tendo calcaneus, auf Höhe der Spitze des medialen Malleolus.
Innervation: N. tibialis.
Fünf-Elemente-Indikation: *(Yuan-)*Quell-Punkt und Erd-Punkt.
***Zang-Fu*-Indikation:** Tonisiert die Niere und unterstützt die Essenz, unterstützt die Niere bei ihrer Rolle im Wassermetabolismus.
Westliche Indikation: Arthritis und lokale Schwellung im Bereich des Tibiotarsalgelenks, Parese der Hintergliedmaße, Zystitis, Nierenfunktionsstörungen, geburtsunterstützend, Unregelmäßigkeiten im Hormonzyklus, Husten.

32

Ni 4

(➤Abb. 32.4)
Lokalisation: 0,5 *Cun* kaudodistal des Punktes Ni 3, an der frontalen Begrenzung der Kalkaneussehne.
Innervation: N. tibialis.
Fünf-Elemente-Indikation: *(Luo-)*Passage-Punkt.
***Zang-Fu*-Indikation:** Reguliert die Niere und harmonisiert das Blut.
Westliche Indikation: Schwache Kondition und geringe Ausdauer, Dyspnoe, Arthritis des Sprunggelenks, Schmerzen im Lumbosakralgebiet.

Ni 5

(➤Abb. 32.4)
Lokalisation: Kaudal des distalen Endes der Tibia, 1 *Cun* distal des Punktes Ni 3.
Innervation: N. tibialis.
Fünf-Elemente-Indikation: Sammel-Punkt.
Westliche Indikation: Pathologien des Sprunggelenks, Nierenstörungen, unregelmäßige Hormonzyklen, Ödeme in den Hintergliedmaßen.

Ni 7

(➤Abb. 32.4)
Lokalisation: 2 *Cun* proximal des Punktes Ni 3, an der frontalen Begrenzung der Kalkaneussehne.
Innervation: N. tibialis.
Fünf-Elemente-Indikation: Tonisierungspunkt und Metall-Punkt.
***Zang-Fu*-Indikation:** Unterstützt die Niere bei ihrer Rolle im Wassermetabolismus, klärt Feuchtigkeit, beruhigt das Gemüt, stärkt das Ursprungs-*Qi.*
Westliche Indikation: Schmerzen im Sprunggelenk, geburtshilfliche Probleme, Dyshidrosis, Ängstlichkeit.

Ni 10

(➤Abb. 32.3, ➤Abb. 32.4)
Lokalisation: An der medialen Seite der Kniekehlfalte, auf Höhe des Punktes Bl 40, zwischen M. semimembranosus und M. semitendinosus.
Innervation: N. tibialis.
Fünf-Elemente-Indikation: Wasser-Punkt.
***Zang-Fu*-Indikation:** Leitet Feuchtigkeit und Hitze aus, reguliert die Zirkulation des *Qi*, tonisiert Leber und Niere.
Westliche Indikation: Lahmheit und Schmerzen im Kniegelenk, Lethargie, Zystitis, Steifheit, die aus dem tiefen Lumbalgebiet stammt.

Ni 14

(➤Abb. 32.3)
Lokalisation: 0,5 *Cun* lateral der ventralen Mittellinie, 2 *Cun* kaudal des Nabels.
Innervation: N. thoracicus ventralis.
Westliche Indikation: Harninkontinenz, Kolik, Diarrhö, postpartale abdominelle Schmerzen.

Ni 27

(➤ Abb. 32.2, ➤ Abb. 32.3, ➤ Abb. 32.22)
*(Shu-)*Zustimmungspunkt aller Zustimmungspunkte.
Lokalisation: Zwischen Sternum und erster Rippe, über dem M. pectoralis descendens, 2 *Cun* lateral der ventralen Mittellinie.
Innervation: N. cutaneus antebrachii.
*Zang-Fu-***Indikation:** Reguliert das Lungen-*Qi*, harmonisiert den Magen.
Westliche Indikation: Husten, Asthma, Schmerzen im Thorax, Störungen des Immunsystems.

Der Perikard-Meridian (Pe)

Verlauf des Perikard-Meridians

Dieser Meridian tritt im fünften ICR am medialen Aspekt des Ellenbogens an die Oberfläche (Pe 1). Er zieht über den medialen Bereich des Ellenbogengelenks nach distal über den M. biceps brachii. Von dort verläuft er im kaudomedialen Aspekt des Vorderfußes zum Os carpi accessorium, über den Metakarpus, um an seinem *Ting*-Punkt in einer Vertiefung zwischen den Hufballen zu enden (Pe 9).

Pe 1: *Cheng Deng*, Steigbügel

(➤ Abb. 32.3, ➤ Abb. 32.8, ➤ Abb. 32.9, ➤ Abb. 32.23)
Lokalisation: Auf Höhe des fünften ICR, auf dem medialen Aspekt des Ellenbogens, über dem M. pectoralis transversus.
Innervation: Äste des Plexus brachialis.
Diagnostische Indikation: Wichtiger diagnostischer Punkt für alle Pathologien der distalen Gliedmaße, wie z. B. Hufrollenerkrankungen, Hufabszesse, Ostitis des Hufbeins.
*Zang-Fu-***Indikation:** Öffnet die Brust, verteilt das Lungen-*Qi*, klärt Hitze.
Westliche Indikation: Schmerzen in Brust und Achselgegend, Erkrankungen der distalen Gliedmaße.

Pe 3

(➤ Abb. 32.2, ➤ Abb. 32.4, ➤ Abb. 32.5, ➤ Abb. 32.23)
Lokalisation: Auf der medialen Seite der Ellenbogenbeugefalte, medial der Sehne des M. biceps brachii.
Innervation: N. cutaneus antebrachii.
Fünf-Elemente-Indikation: Wasser-Punkt.
*Zang-Fu-***Indikation:** Bewegt Blut und löst Stauungen auf.
Westliche Indikation: Fieber, Ängstlichkeit, Zittern, Magenschmerzen.

Pe 4

(➤ Abb. 32.4)
Lokalisation: 5 *Cun* dorsal des Punktes Pe 7, in einer Muskelfurche zwischen M. carpi radialis und M. flexor carpi ulnaris.
Innervation: N. cutaneus antebrachii.
Fünf-Elemente-Indikation: Sammel-Punkt.
*Zang-Fu-***Indikation:** Beruhigt das Herz, öffnet die Brust, reguliert und kühlt das Blut.
Westliche Indikation: Schmerzen in der Vordergliedmaße, emotionelle Störungen, Herzerkrankungen, Nasenbluten.

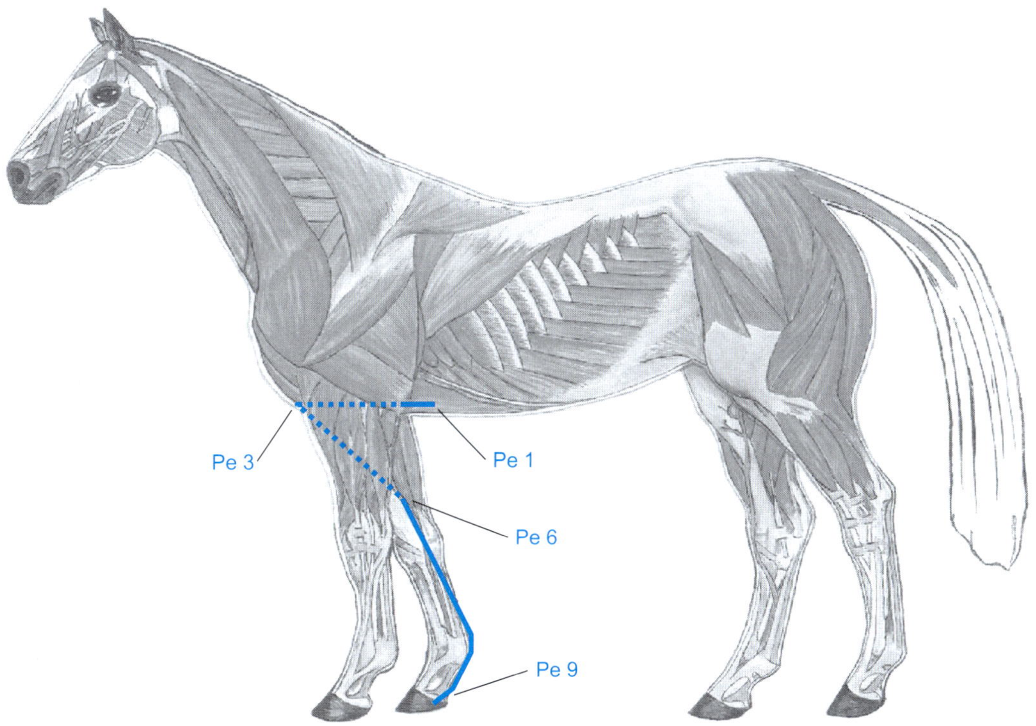

Abb. 32.23 Der Perikard-Meridian.

Pe 5

(➢ Abb. 32.4)
Lokalisation: 3 *Cun* proximal des Punktes Pe 7, in einer Muskelfurche zwischen M. flexor carpi radialis und M. flexor carpi ulnaris.
Innervation: N. cutaneus antebrachii.
Fünf-Elemente-Indikation: Metall-Punkt.
Zang-Fu-**Indikation:** Beruhigt das *Shen,* verändert Schleim.
Westliche Indikation: Schmerzen im Ellenbogen und in der Vordergliedmaße, zu niedrige Leistungsbereitschaft und Ausdauer, Palpitationen, Angst.

Pe 6: *Ye Yan*, Kastanie

(➢ Abb. 32.4, ➢ Abb. 32.8, ➢ Abb. 32.9, ➢ Abb. 32.23)
Lokalisation: Auf dem medialen Aspekt der Vordergliedmaße, direkt kranial der Kastanie.
Innervation: N. medianus
Fünf-Elemente-Indikation: *(Luo-)*Passagepunkt.
Zang-Fu-**Indikation:** Schlüsselpunkt des *Yin Wei Mai,* reguliert das Herz-*Qi* und -Blut, beruhigt das Gemüt, harmonisiert den Magen.
Westliche Indikation: Wichtiger Punkt für Störungen des Herzens, der Kahle, der Brust und der Schulter, Schwellungen und Schmerzen auf der medialen Seite der Vordergliedmaße, Gastritis, emotionale Störungen.

Pe 7

(➢ Abb. 32.5)
Lokalisation: Auf Höhe des Os carpi accessorium, auf der radialen Seite, kranial des M. extensor carpi ulnaris.
Innervation: N. medianus.
Fünf-Elemente-Indikation: *(Yuan-)*Quell-Punkt und Sedationspunkt.
Zang-Fu-**Indikation:** Hilft dem Magen, das *Qi* nach unten zu leiten, beruhigt das *Shen,* aktiviert das Blut.
Westliche Indikation: Lokaler Punkt für Pathologien im Bereich des Kniegelenks, Furcht, Hautentzündungen, Magenerkrankungen.

Pe 8

(➢ Abb. 32.5)
Lokalisation: Am Übergang vom mittleren zum distalen Drittel der oberflächlichen Beugesehne, im medialen Bereich.
Innervation: N. digitalis palmaris communis II.
Fünf-Elemente-Indikation: Feuer-Punkt.
TCM-Indikation: Löscht Hitze-Feuer, leitet Feuchte-Hitze aus, beruhigt das *Shen.*
Westliche Indikation: Tendinitis, metakarpale Periostitis, Ängstlichkeit, Dyshidrosis.

Pe 9: *Qian Jiu*, Zentraler Hufballen

(➢ Abb. 32.4, ➢ Abb. 32.5, ➢ Abb. 32.8, ➢ Abb. 32.9, ➢ Abb. 32.23)
Lokalisation: In der zentralen Vertiefung zwischen den Hufballen der Vordergliedmaße.
Innervation: N. digitalis palmaris medialis.
Fünf-Elemente-Indikation: Wasser-Punkt, Tonisierungspunkt.
Westliche Indikation: Hufprobleme, Schmerzen in der Vordergliedmaße, Arthritis des Fessel- und des Karpalgelenks, Tendinitis, Fieber, Ängstlichkeit, Hyperhidrosis, Verlust des sexuellen Interesses.

Der Dreifache Erwärmer-Meridian (3E)

Verlauf des Dreifachen Erwärmer-Meridians

Der Dreifache Erwärmer-Meridian beginnt direkt lateral der dorsalen Mittellinie der Vordergliedmaße, proximal des Kronsaums (3E 1). Er zieht am kraniolateralen Aspekt des Beins nach proximal und wechselt am Karpus nach lateral über. Im lateralen Bereich des Radius verläuft der Meridian weiter nach oben zu Ellenbogen und Schultergelenk und zur kranialen Kante der Skapula. Hier wechselt er seine Richtung und verläuft im lateralen Bereich des Halses zum Ohrgrund. Er zieht am Ohrgrund entlang und zu dem Punkt am äußeren Rand der knöchernen Orbita, an dem beim Menschen die Augenbraue endet (3E 23).

3E 1

(➢ Abb. 32.8, ➢ Abb. 32.9, ➢ Abb. 32.24)
Lokalisation: Proximal des Kronsaums, direkt neben der dorsalen Mittellinie der Vordergliedmaße.
Innervation: Ramus dorsalis des N. digitalis palmaris.
Fünf-Elemente-Indikation: Metall-Punkt.
Westliche Indikation: Hufrehe, Hufknorpelverknöcherungen, Krongelenksschale, Verletzungen am Huf, Entzündung der Hufballen und des Kronsaums, Kolik, Erkrankungen im Bereich der Kehle, Fieber, Konvulsionen.

3E 2

(➢ Abb. 32.5, ➢ Abb. 32.10)
Lokalisation: Auf der dorsalen Mittellinie des Vorderfußes, direkt unterhalb des Fesselgelenks, über dem M. extensor digitalis communis.
Innervation: Ramus dorsalis des N. ulnaris.
Fünf-Elemente-Indikation: Wasser-Punkt.
Zang-Fu-**Indikation:** Verringert Hitze und leitet Wind aus.
Westliche Indikation: Sekundärer Punkt bei Hufrehe, Hufknorpelverknöcherung, Arthritis des Fesselgelenks, Schmerzen in der Vordergliedmaße, Tendinitis, Konjunktivitis, Erkrankungen der Kehle, Schmerzen im Maulbereich.

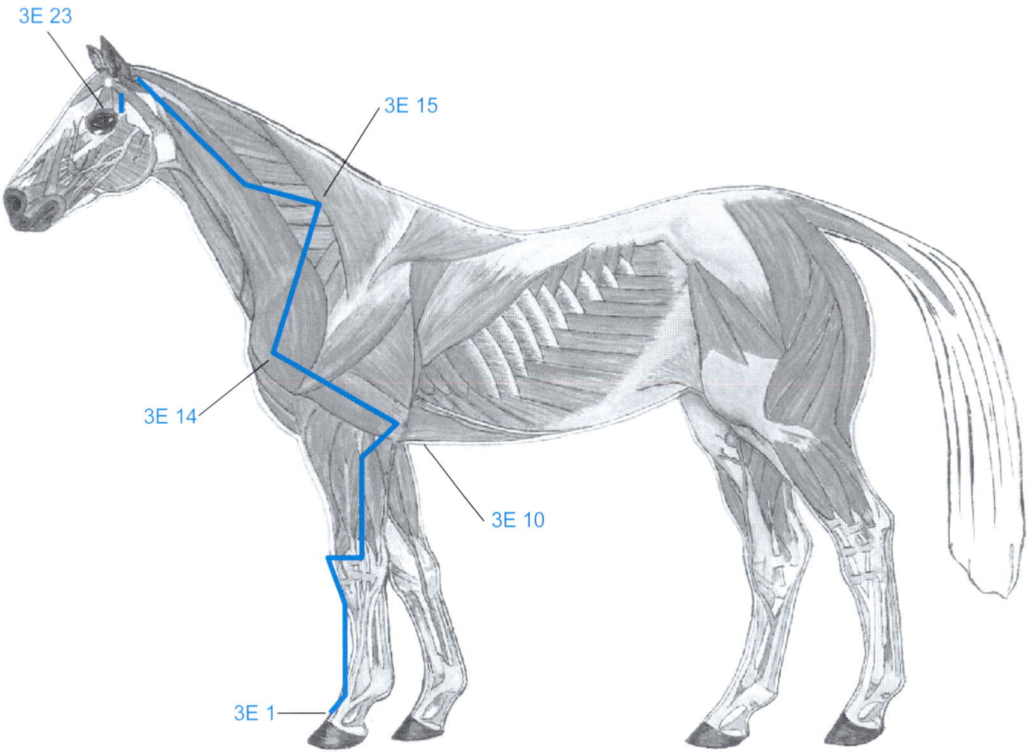

Abb. 32.24 Der Dreifache Erwärmer-Meridian.

3E 3

(➤ Abb. 32.5, ➤ Abb. 32.10)
Lokalisation: Auf der dorsalen Mittellinie, proximal des Fesselgelenks, über dem M. extensor digitalis communis.
Innervation: Ramus dorsalis des N. ulnaris.
Fünf-Elemente-Indikation: Tonisierungspunkt und Holz-Punkt.
Zang-Fu-**Indikation:** Leitet Wind aus und zerstreut Hitze.
Westliche Indikation: Sekundärer Punkt bei Hufrehe, Arthritis des Fesselgelenks, Tendinitis, Pharyngitis, Parese der Vordergliedmaße, Schmerzen im Bereich der Schulter und des Genicks.

3E 4: *Xi Yan*, Karpus

(➤ Abb. 32.5, ➤ Abb. 32.10)
Lokalisation: In einer Vertiefung, leicht lateral der dorsalen Mittellinie am Karpus, zwischen Os carpi intermedius und Os carpale III. Zwischen der Sehne des M. extensor carpi radialis und M. extensor digitalis communis.
Innervation: N. cutaneus antebrachii.
Fünf-Elemente-Indikation: *(Yuan-)*Quell-Punkt.
Zang-Fu-**Indikation:** Leitet Wind aus, zerstreut Hitze, unterstützt die Funktion des Unteren Erwärmers.
Westliche Indikation: Schwellungen, Arthritis und Zerrung des Karpalgelenks, Ödeme im Bereich des Vorderfußes, Verschlechterung des Allgemeinzustandes und Krankheitsanfälligkeit.

3E 5: *Guo Liang*, Vorbeiziehender Strahl

(➤ Abb. 32.8, ➤ Abb. 32.9, ➤ Abb. 32.10)
Lokalisation: In einer Vertiefung im distalen Bereich des Radius, zwischen M. extensor digitalis lateralis und M. extensor digitalis communis, 2 *Cun* proximal des Os carpi ulnare.
Innervation: N. cutaneus antebrachii.
Fünf-Elemente-Indikation: *(Luo-)*Passagepunkt.
Zang-Fu-**Indikation:** Reguliert das *Yang*, leitet Wind und alle anderen pathogenen Elemente aus.
Westliche Indikation: Schmerzen in Genick, Ellenbogen-, Karpal- und Schultergelenk, Hufrollenpathologien, Parese der Vordergliedmaße, gastrointestinale und respiratorische Erkrankungen, Störungen des Geburtsverlaufes, Kontraktur der Beugesehne, Punkt zur Akupunkturanalgesie.

3E 6

(➤ Abb. 32.10)
Lokalisation: 1 *Cun* proximal des Punktes 3E 5, zwischen M. extensor digitalis communis und M. extensor digitalis lateralis.
Innervation: N. cutaneus antebrachii.
Fünf-Elemente-Indikation: Feuer-Punkt.
Zang-Fu-**Indikation:** Löst Stauungen von Blut und *Qi* auf, leitet Wind-Hitze aus.
Westliche Indikation: Schmerzen in Genick, Ellenbogen- und Schultergelenk, Hufrollenpathologien, Entzündungsgeschehen im Bereich der Lunge und des Dickdarms, Dermatitis, Dyshidrosis.

3E 7

(➤ Abb. 32.10)
Lokalisation: 0,5 *Cun* kaudal des Punktes 3E 6, zwischen M. extensor digitalis longus und M. extensor carpi ulnaris.
Innervation: N. radialis.
Fünf-Elemente-Indikation: Sammel-Punkt.
Zang-Fu-**Indikation:** Klärt pathogene Hitze und pathogenen Wind, beruhigt die Leber.
Westliche Indikation: Schmerzen in Genick, Schulter- und Ellenbogengelenk, Alterserscheinungen.

3E 9: *Cheng Zhong*, Radius

(➤ Abb. 32.10)
Lokalisation: Auf dem lateralen Aspekt der Vorhand, in einer Vertiefung distal der Tuberositas radii, in der Muskelfurche zwischen M. extensor digitalis communis und M. extensor carpi ulnaris.
Innervation: N. radialis.
Zang-Fu-**Indikation:** Kühlt das Gehirn.
Westliche Indikation: Schmerzen in der Vordergliedmaße, Arthritis im Ellenbogen-, Karpal- und Fesselgelenk, Parese des N. radialis, Myositis, Tendinitis, Rehe, Zahnschmerzen.

3E 10: *Zhou Shu*

(➤ Abb. 32.10, ➤ Abb. 32.24)
*(Shu-)*Zustimmungspunkt des Ellenbogens.
Lokalisation: In einer Vertiefung zwischen dem Tuber olecrani und dem Epicondylus lateralis humeri, über dem lateralen Kopf des M. triceps brachii.
Innervation: N. radialis.
Fünf-Elemente-Indikation: Sedationspunkt und Erd-Punkt.
Zang-Fu-**Indikation:** Reguliert *Qi* und Blut in der Brust.
Westliche Indikation: Schmerzen in der Vordergliedmaße, Arthritis und Schwellung im Ellenbogengelenk, Parese im Bereich der Schulter, generelle Schwäche, Wobbler-Syndrom.

3E 13: *Qiang Feng*, Räuberischer Wind

(➤ Abb. 32.8, ➤ Abb. 32.9)
Lokalisation: An der kaudalen Grenze des M. deltoideus, an seinem Treffpunkt mit dem M. triceps brachii, kraniodistal des Punktes Dü 9.
Innervation: N. radialis.
Zang-Fu-**Indikation:** Klärt pathogene Hitze.
Westliche Indikation: Schmerzen in Schultergelenk und Vordergliedmaße, Parese des N. suprascapularis.

3E 14: *Jian Wai Yu*, Schultertransport-Punkt

(➤ Abb. 32.8, ➤ Abb. 32.9, ➤ Abb. 32.24)
Lokalisation: Zwischen Akromion und Tuberculum majus humeri, auf dem M. deltoideus, kaudolateral des Punktes Di 15.
Innervation: N. axillaris.
Zang-Fu-**Indikation:** Leitet Wind und Feuchtigkeit aus, bewegt *Qi*, reguliert die Sehnen, lindert Schmerzen.
Westliche Indikation: Arthritis und Schmerzen im Schultergelenk und in der Vordergliedmaße, Myositis des M. biceps brachii und M. sternocleidomastoideus, Parese des N. suprascapularis und des N. radialis, Magenerkrankungen, Entspannung nach Hochleistung.

3E 15: *Fei Men*, Tor der Lunge

(➤ Abb. 32.8, ➤ Abb. 32.9, ➤ Abb. 32.24)
Lokalisation: In einer Vertiefung über der dorsalen Kante der Skapula, am Beginn des Schulterblattknorpels, auf der Höhe des dritten ICR, auf dem M. trapezius, auf halber Strecken zwischen den Punkten Gb 21 und Dü 13.
Innervation: Äste der Zervikalnerven.
Diagnostische Indikation: Schulterlahmheit.
Zang-Fu-**Indikation:** Leitet Wind und Feuchtigkeit aus, reduziert Hitze.
Westliche Indikation: Schmerzen in der Vordergliedmaße, Arthritis des Schultergelenks, Parese des N. suprascapularis.

3E 16

(➤ Abb. 32.8, ➤ Abb. 32.9, ➤ Abb. 32.11)
Lokalisation: Kaudoventral des Processus mastoideus, zwischen HWK 1 und 2, über der kaudalen Begrenzung des M. brachiocephalicus, kranial des Punktes Dü 16.
Innervation: N. occipitalis.
Zang-Fu-**Indikation:** Klärt Hitze und leitet Wind und Feuchtigkeit aus.
Westliche Indikation: Steifheit im Halsbereich, Schwellung im Gesicht, Schmerzen im Kiefergelenk.

3E 17

(➤ Abb. 32.8, ➤ Abb. 32.11)
Lokalisation: In einer Vertiefung zwischen Mandibula und Processus mastoideus, kaudoventral des Ohres.
Innervation: N. auricularis.
Zang-Fu-**Indikation:** Leitet Wind aus.
Westliche Indikation: Sedierung, Fazialisparese, Probleme im Halsbereich, Wobbler-Syndrom, Schwellung im Bereich der Backen, Tetanus, Schmerzen im Kiefergelenk, Zahnschmerzen.

3E 21: *Nao Shu*

(➤ Abb. 32.11)
*(Shu-)*Zustimmungspunkt des Gehirns.
Lokalisation: In einer Vertiefung am rostromedialen Aspekt des Ohrgrundes, in der Fossa temporalis, kaudodorsal des Processus coronoideus der Mandibula.
Innervation: N. auriculopalpebralis.
Zang-Fu-**Indikation:** Öffnet das Ohr, leitet Hitze aus.
Westliche Indikation: Dyshidrosis, unregelmäßige Östruszyklen, Tetanus, Enzephalitis.

3E 22

Lokalisation: 1 *Cun* rostrodorsal des Punktes 3E 21.
Innervation: N. auriculotemporalis.
Zang-Fu-**Indikation:** Kühlt Hitze und leitet Wind aus.
Westliche Indikation: Erkrankungen im Bereich der Ohren, der Nase, der Augen und des Maules.

3E 23: *Zhuan Nao*, Das Gehirn umdrehen

(➤ Abb. 32.8, ➤ Abb. 32.11, ➤ Abb. 32.20, ➤ Abb. 32.24)
Lokalisation: An der ventralen Begrenzung des Processus zygomaticus des Os frontale, in der Nähe des lateralen Augenkanthus.
Innervation: N. facialis und N. auriculotemporalis.
Zang-Fu-**Indikation:** Leitet Wind aus, zerstreut Hitze, lässt die Augen strahlen.
Westliche Indikation: Konjunktivitis, Keratitis, periodische Augenentzündung, Fazialisparese, Tetanus, Enzephalitis.

Der Gallenblasen-Meridian (Gb)

Verlauf des Gallenblasen-Meridians

Der Gallenblasen-Meridian tritt kaudoventral des lateralen Kanthus des Auges an die Oberfläche, auf der V. transversa faciei (Gb 1). Er zieht medial der Ohren über den Kopf zum Condylus occipitalis, über den dorsolateralen Bereich des Halses zur kranialen Kante der Skapula. Von dort aus verläuft er wiederum über den lateralen Thorax, zu einem Punkt im vierzehnten ICR und zur kaudalen Begrenzung der achtzehnten Rippe. Von diesem Punkt aus zieht der Meridian nach kaudal um den Tuber coxae herum zum Hüftgelenk und weiter im lateralen Aspekt der Hintergliedmaße über Kniegelenk, Sprunggelenk und Röhrbein. Der Meridian endet schließlich an seinem *Ting*-Punkt im kraniolateralen Bereich direkt über dem Kronsaum (Gb 44).

Gb 1: *Tai Yang*, Großes *Yang*

(➤ Abb. 32.8, ➤ Abb. 32.9, ➤ Abb. 32.11, ➤ Abb. 32.25)
Lokalisation: Auf der V. transversa faciei, ca. 1 *Cun* kaudoventral des lateralen Kanthus des Auges.
Innervation: N. facialis.
Zang-Fu-**Indikation:** Leitet Wind und Hitze aus.
Westliche Indikation: Konjunktivitis, Keratitis, periodische Augenentzündung, Hitzschlag, Dyshidrosis.

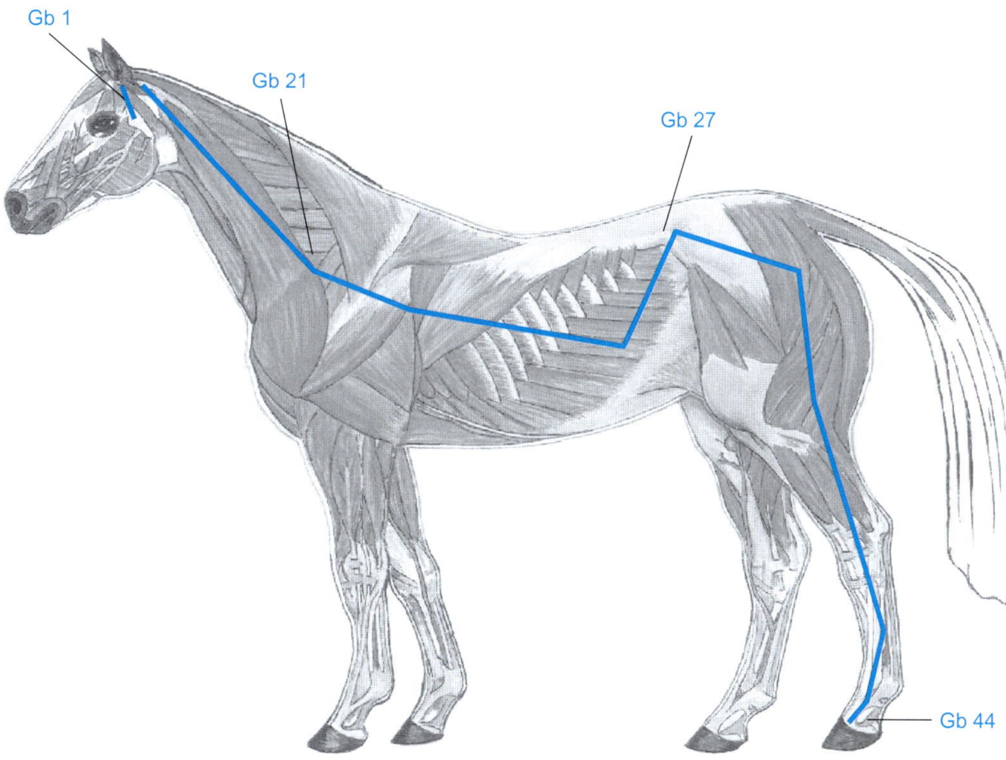

Abb. 32.25 Der Gallenblasen-Meridian.

Gb 2

(➤ Abb. 32.11)
Lokalisation: In einer Vertiefung kaudal des Kiefergelenks, ventral des Tragus des Ohres.
Innervation: N. facialis, N. auriculopalpebralis.
Zang-Fu-**Indikation:** Leitet Wind aus, bewegt *Qi*.
Westliche Indikation: Fazialisparese, Ataxie in Zusammenhang mit Pathologien der Halswirbel, Sedierung, Tetanus, Enzephalitis, Augenerkrankungen.

Gb 20: *Feng Men*, Windtor

(➤ Abb. 32.8, ➤ Abb. 32.9, ➤ Abb. 32.20)
Lokalisation: In einer Vertiefung kaudal des Condylus occipitalis, an der kranialen Kante des Atlasflügels.
Innervation: N. auricularis caudalis.
Zang-Fu-**Indikation:** Leitet Wind, Hitze und Kälte aus.
Westliche Indikation: Schmerzen im Genickbereich, Wobbler-Syndrom, Augen- und Ohrerkrankungen, Fieber, Kälteerkrankungen, Tetanus, Enzephalitis, Myalgien nach Virusinfektionen, Rhinitis, Lungenerkrankungen.

Gb 21

(➤ Abb. 32.8, ➤ Abb. 32.9, ➤ Abb. 32.25)
Lokalisation: In der Mitte der kranialen Skapulakante, zwischen HWK 7 und BWK 1.
Innervation: N. supraclavicularis.
Zang-Fu-**Indikation:** Kühlt Hitze, öffnet Blockaden, löst Schleim auf.
Westliche Indikation: Schmerzen im Hals- und Schulterbereich, Parese im Schulterbereich, Arthritis in der Vordergliedmaße, Wobbler-Syndrom, Schmerzen in der Brust, Pneumonie, regt die Laktation an, Mastitis.

Gb 24

(➤ Abb. 32.8, ➤ Abb. 32.9)
*(Mu-)*Alarm-Punkt des Gallenblasen-Meridians.
Lokalisation: Im 14. ICR, direkt kaudodorsal des Punktes Le 14.
Innervation: Hautäste der Thorakalnerven.
Zang-Fu-**Indikation:** Unterstützt die Leber bei ihrer Aufgabe, das *Qi* in Bewegung zu halten, leitet Feuchte-Hitze aus dem Bereich von Leber und Gallenblase aus.
Westliche Indikation: Abdominale Schmerzzustände, Lebererkrankungen, Muskelschmerzen, Schmerzen im lumbalen Bereich.

Gb 25

(➤ Abb. 32.8, ➤ Abb. 32.9)
*(Mu-)*Alarm-Punkt des Nieren-Meridians.
Lokalisation: An der kaudalen Begrenzung der 18. Rippe, am Übergang zum Rippenknorpel.
Innervation: Hautäste der Lumbalnerven.
Zang-Fu-**Indikation:** Wärmt bei Kälte der Niere, hilft bei Nieren-*Yang*-Leere, stärkt die Nieren.
Westliche Indikation: Schmerzen im Lendenbereich und im Abdomen, Erkrankungen des Urogenitaltraktes.

Gb 26: *Yan Chi*, Hüfthöcker

(➤ Abb. 32.8, ➤ Abb. 32.9)
Lokalisation: 0,5 *Cun* kranial der Spina iliaca ventralis cranialis.
Innervation: Äste der Lumbalnerven.
Diagnostische Indikation: Pathologien im Sprunggelenksbereich.
Westliche Indikation: Arthritis und Schmerzen in den Hintergliedmaßen, gynäkologische Störungen, Pathologien im Bereich des Sprunggelenks.

Gb 27: *Dan Tian*, Arthritis der Hüfte und des Kniegelenks

(➤ Abb. 32.8, ➤ Abb. 32.9, ➤ Abb. 32.25)
Lokalisation: 0,5 *Cun* kaudal der Spina iliaca ventralis cranialis, direkt oberhalb des Iliumflügels. (Manche Autoren bezeichnen diesen Punkt als Gb 26.)
Innervation: Äste der Lumbalnerven.
Diagnostische Indikation: Sprunggelenkserkrankungen.
Westliche Indikation: Schmerzen im Bereich der Lende, des Kreuzbeins und des Sprunggelenks, Infertilität. Dr. Marvin Cain bezeichnet diesen Punkt als den „Sprunggelenks-Punkt".

Gb 29: *Ju Liao*, Fest stehende Naht

(➤ Abb. 32.8, ➤ Abb. 32.9)
Lokalisation: In einer Vertiefung auf halber Strecke zwischen Iliumflügel und Trochanter majus femoris. (Manche Autoren beschreiben diesen Punkt am kraniodorsalen Kopf des Femurs.)
Innervation: N. glutealis.
Westliche Indikation: Schmerzen in der Hintergliedmaße, Arthritis des Hüftgelenks, Myositis des M. biceps femoris, M. semimembranosus und M. semitendinosus, Parese des N. femoralis und N. ischiadicus.

Gb 30

(➤ Abb. 32.8, ➤ Abb. 32.9)
Lokalisation: In einer Vertiefung kaudoventral des Trochanter majus femoris.
Innervation: N. cutaneus femoris caudalis.
Westliche Indikation: Schmerzen in der Hintergliedmaße, Arthritis des Hüftgelenks, Myositis des M. biceps femoris und M. glutealis, Parese des N. femoralis, N. tibialis, N. fibularis und N. ischiadicus.

Gb 31: *Xiao Kua*, Dritter Trochanter

Lokalisation: Auf dem lateralen Aspekt des Oberschenkels, in einer Vertiefung 6 *Cun* kaudoventral des Trochanter tertius, über der Muskelfurche des M. biceps femoris. (Manche Autoren beschreiben diesen Punkt mehr proximal, direkt ventral des Trochanter tertius.)

Innervation: N. gluteus caudalis und N. fibularis.
Diagnostische Indikation: Störungen des Immunsystems auf der Ebene des *Shao Yang*.
Zang-Fu-**Indikation:** Leitet Wind aus, behebt Stauungen auf den Kollateralen.
Westliche Indikation: Schmerzen in der Hintergliedmaße, Arthritis, Zerrung und Schmerzen im Hüftgelenk, Infektionen im Beckenbereich, Parese des N. femoralis, N. fibularis und N. tibialis, generalisierter Pruritus.

Gb 34: *Feng Long*, Gedeihend

(➤ Abb. 32.8, ➤ Abb. 32.9, ➤ Abb. 32.15)
Lokalisation: Im Bereich des Spatium interosseum zwischen Tibia and Fibula, zwischen M. extensor digitalis longus und M. extensor digitalis lateralis, kraniodistal des Fibulakopfes.
Innervation: N. perinealis profundus.
Fünf-Elemente-Indikation: Erd-Punkt.
Zang-Fu-**Indikation:** Unterstützt die Leber bei ihrer Aufgabe, das *Qi* in Bewegung zu halten, leitet Feuchte-Hitze aus dem Bereich von Leber und Gallenblase aus, Meisterpunkt der Sehnen, Bänder und Faszien.
Westliche Indikation: Schwäche und Schmerzen in Hintergliedmaßen, Lendenwirbelsäule und Kniegelenk, Parese des N. fibularis und N. tibialis, Atrophie der Muskulatur, gastrointestinale Störungen, Tendinitis.

Gb 37

(➤ Abb. 32.10)
Lokalisation: 5 *Cun* proximal des lateralen Malleolus der Tibia, auf der kaudalen Begrenzung des M. extensor digitalis lateralis.
Innervation: N. perinealis superficialis.
Fünf-Elemente-Indikation: *(Luo-)*Passagepunkt.
Westliche Indikation: Schmerzen im Kniegelenk, Parese der Hintergliedmaßen, periodische Augenentzündung.

Gb 38

(➤ Abb. 32.10)
Lokalisation: 4 *Cun* kranioproximal der Spitze des Malleolus lateralis der Tibia.
Innervation: N. perinealis superficialis.
Fünf-Elemente-Indikation: Sedationspunkt und Feuer-Punkt.
Westliche Indikation: Schmerzen in der Augenregion, Pathologien des Sprunggelenks.

Gb 39

(➤ Abb. 32.10)
Lokalisation: 3 *Cun* proximal der Spitze des lateralen Malleolus der Tibia, in einer Vertiefung auf dem kaudalen Aspekt der Tibia, kranial des M. extensor digitalis lateralis.
Innervation: N. perinealis superficialis.
Zang-Fu-**Indikation:** Meisterpunkt des Knochenmarkes, Meisterpunkt für alle Paresen, leitet Wind aus, löst Stauungen in den Kollateralen auf, mildert Schmerzen.
Westliche Indikation: Schmerzen im Bereich von Hals, Brust und Oberschenkel, immunstimulierend.

Gb 40

(➤ Abb. 32.10, ➤ Abb. 32.15)
Lokalisation: Kraniodistal der Spitze des Malleolus lateralis der Tibia, über der Sehne des M. extensor digitalis lateralis.
Innervation: N. fibularis und N. tibialis.
Fünf-Elemente-Indikation: *(Yuan-)*Quell-Punkt.
Zang-Fu-**Indikation:** Unterstützt die Leber bei ihrer Aufgabe, das *Qi* in Bewegung zu halten.
Westliche Indikation: Schmerzen in den distalen Extremitäten.

Gb 41: *Lu Jie*, Fließende Tränen des Fußes

(➤ Abb. 32.10, ➤ Abb. 32.15)
Lokalisation: Auf dem kaudolateralen Aspekt des Röhrbeins, am Übergang vom proximalen zum mittleren Drittel, distal des lateralen Griffelbeinköpfchens, über der V. digitalis plantaris communis III.
Innervation: N. digitalis plantaris communis III.
Fünf-Elemente-Indikation: Holz-Punkt.
Zang-Fu-**Indikation:** Unterstützt die Leber bei ihrer Aufgabe, das *Qi* in Bewegung zu halten, leitet Feuchte-Hitze aus dem Bereich von Leber und Gallenblase aus, Schlüsselpunkt des *Dai Mai*.
Westliche Indikation: Schwellung und Schmerzen im Bereich des Röhrbeins, Tendinitis der Beugesehne, vermindert die Milchproduktion, Mastitis.

Gb 43: *Pyon Moon*, Seitliche Tür

(➤ Abb. 32.10, ➤ Abb. 32.15)
Lokalisation: Im lateralen Bereich des Hinterbeins, distal von Fesselgelenk und M. interosseus.
Innervation: N. digitalis plantaris communis III.
Fünf-Elemente-Indikation: Tonisierungspunkt, Wasser-Punkt.
Westliche Indikation: Hufrehe, Arthritis, Tendinitis.

Gb 44: *Hou Ti Men*, Ballen des Hinterbeins

(➤ Abb. 32.8, ➤ Abb. 32.9, ➤ Abb. 32.10, ➤ Abb. 32.13, ➤ Abb. 32.15, ➤ Abb. 32.25)
Lokalisation: Proximal des kraniolateralen Aspekts des Kronsaums.
Innervation: Ramus dorsalis des N. plantaris lateralis.
Fünf-Elemente-Indikation: Metall-Punkt.
Westliche Indikation: Hufrehe, Arthritis, Schmerzen im Bereich von Sprunggelenk und Hüftgelenk.

Der Leber-Meridian (Le)

Verlauf des Leber-Meridians

Der Leber-Meridian beginnt am Hinterbein, am kraniomedialen Aspekt des Kronsaums. Er zieht im kraniomedialen Bereich über Fesselgelenk und Röhrbein, schlägt dann um in den kaudalen Bereich des medialen Condylus femoris und zum Inguinalspalt. Dort ändert der Meridian seine Richtung und zieht zur Spitze der 18. Rippe. Der Meridian endet im 14. ICR auf Höhe des Ellenbogengelenks (Le 14).

Le 1

(➤ Abb. 32.4, ➤ Abb. 32.8, ➤ Abb. 32.9, ➤ Abb. 32.15, ➤ Abb. 32.26)
Lokalisation: Proximal des Kronsaums am kraniomedialen Aspekt des Hinterfußes.
Innervation: N. digitalis plantaris medialis.
Fünf-Elemente-Indikation: Holz-Punkt.
Westliche Indikation: Hufrehe, Hufknorpelverknöcherung, sonstige Huferkrankungen, Augenerkrankungen, Azetonurie, Hepatitis, allergisch bedingte Hauterscheinungen.

Le 2

(➤ Abb. 32.4)
Lokalisation: Direkt distal und medial des Fesselgelenks der Hintergliedmaße, distal der Kreuzung zwischen Lig. accessorium und der Sehne des M. extensor digitalis longus.
Innervation: Ramus dorsalis des N. plantaris medialis.
Fünf-Elemente-Indikation: Sedationspunkt und Feuer-Punkt.
Zang-Fu-**Indikation:** Unterstützt die Leber in ihrer Funktion, das *Qi* in Bewegung zu halten.
Westliche Indikation: Hufrehe, Kronschale, Hufknorpelverknöcherung, Augenerkrankungen.

Le 3: *Pal Hyal*, Acht Punkte

(➤ Abb. 32.4)
Lokalisation: Auf dem kraniomedialen Aspekt des Röhrbeins, auf Höhe des medialen Griffelbeinköpfchens.
Innervation: N. metatarseus dorsalis II.
Fünf-Elemente-Indikation: *(Yuan-)*Quell-Punkt und Erd-Punkt.
Zang-Fu-**Indikation:** Unterstützt die Leber in ihrer Funktion, das *Qi* in Bewegung zu halten.
Westliche Indikation: Schmerzen in Sprunggelenk und Hüftgelenk, motorischer Punkt für den M. interosseus, Augenerkrankungen, Pathologien der Gebärmutter, Krämpfe.

Le 4: *Qu Chi*, Weiher an der Kurve

(➤ Abb. 32.4, ➤ Abb. 32.15)
Lokalisation: In einer Vertiefung über der V. saphena, medial der Sehne des M. femorotarseus, Crus mediale.
Innervation: N. saphenus.
Fünf-Elemente-Indikation: Metall-Punkt.
Westliche Indikation: Chronische Arthritis oder Schmerzen in der Tarsalregion und im Fesselgelenk.

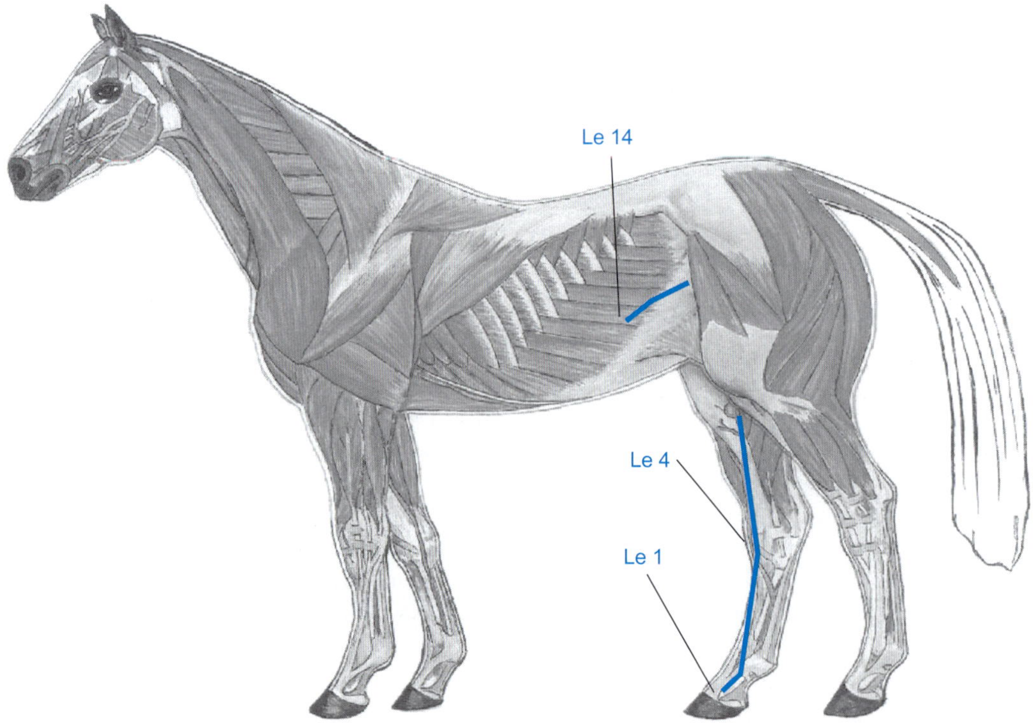

Abb. 32.26 Der Leber-Meridian.

Le 5

(➤ Abb. 32.4)
Lokalisation: 1,5 *Cun* proximal der Spitze des Malleolus medialis tibiae, an der kranialen Tibiakante, kaudal des M. tibialis cranialis.
Innervation: N. saphenus.
Fünf-Elemente-Indikation: *(Luo-)*Passagepunkt.
Westliche Indikation: Entzündungen der Weichteile der Hintergliedmaßen, Pruritus, unregelmäßige Östruszyklen.

Le 6

Le 6 (➤ Abb. 32.4)
Lokalisation: 7 *Cun* proximal der Spitze des Malleolus medialis tibiae, an der kranialen Tibiakante, kaudal des M. tibialis cranialis. (Manche Autoren beschreiben diesen Punkt kaudal der kranialen Tibiakante.)
Innervation: N. saphenus.
Fünf-Elemente-Indikation: Sammel-Punkt.
Westliche Indikation: Schmerzen in der Hintergliedmaße, Pruritus, unregelmäßige Östruszyklen.

Le 8

(➤ Abb. 32.3, ➤ Abb. 32.4)
Lokalisation: Kaudal des medialen Epicondylus femoris, zwischen M. gracilis und M. semitendinosus.
Innervation: N. saphenus.
Fünf-Elemente-Indikation: Tonisierungspunkt.
Westliche Indikation: Schmerzen im medialen Bereich des Knie- und Hüftgelenks, Schmerzen im kaudalen Abdomen, Prolaps uteri.

Le 13

(➤ Abb. 32.8, ➤ Abb. 32.9)
*(Mu-)*Alarm-Punkt des Milz/Pankreas-Meridians.
Lokalisation: Am distalen Ende der 18. Rippe.
Innervation: Hautäste der Thorakalnerven.
Zang-Fu-**Indikation:** Unterstützt die Leber in ihrer Funktion, das *Qi* in Bewegung zu halten, unterstützt die Transformations- und Transportfunktion von Milz/Pankreas, verwandelt Feuchtigkeit und leitet sie aus, löst Futteranschoppungen auf; indiziert bei allen Erkrankungen des *Yin*-Typs (Le 13 und Le 14 sind sehr wirkungsvolle Punkte, um die *Yin*-Meridiane auszugleichen).
Westliche Indikation: Myositis, Muskelschmerzen, abdominale Schmerzen.

Le 14

(➤ Abb. 32.8, ➤ Abb. 32.9, ➤ Abb. 32.26)
*(Mu-)*Alarm-Punkt des Leber-Meridians.
Lokalisation: Im 14. ICR, auf Höhe des Ellenbogens, zwischen M. bliquus externus abdominis und den Mm. intercostales externi.
Innervation: Interkostalnerven.
Zang-Fu-**Indikation:** Unterstützt die Leber in ihrer Funktion, das *Qi* in Bewegung zu halten, löst Futteranschoppungen auf.
Westliche Indikation: Pleuritis, Hepatitis, Schmerzen im Brustbereich, Myositis, Muskelschmerzen.

Das Lenkergefäß (LG)

Verlauf des Lenkergefäßes

Das Lenkergefäß beginnt an einem Punkt zwischen Anus und Schweifrübe (LG 1). Von dort zieht es entlang der dorsalen Mittellinie nach kranial. Er verläuft über Rücken, Hals, Genick und den dorsalen Kopfbereich zu einem Punkt im Zentrum der Oberlippe, auf der ventralen Begrenzungslinie der Nüstern (LG 26). Der Meridian endet an einen Punkt zwischen Oberlippe und Maulschleimhaut (LG 28).

LG 1: *Hou Hai*, Hinteres Meer

(➤ Abb. 32.21, ➤ Abb. 32.27)
Lokalisation: In einer Vertiefung zwischen Anus und ventraler Basis der Schweifrübe.
Innervation: N. rectalis caudalis.
Zang-Fu-**Indikation:** Stärkt die Nieren und das *Yang*, leitet Feuchte-Hitze aus und beruhigt das Gemüt. Verbindungspunkt mit dem Konzeptionsgefäß, verbindet Nieren- und Gallenblasen-Meridian, unterstützt die Därme.
Westliche Indikation: Schmerzen im kaudalen Rückenbereich, Obstipation, Diarrhö, Rektumprolaps, Schwellung im Perineum, urogenitale Erkrankungen.

LG 2: *Wai Gen*, Basis der Schweifrübe

(➤ Abb. 32.20)
Lokalisation: Im Spatium sacrococcygealis.
Innervation: N. coccygeus.
Zang-Fu-**Indikation:** Wärmt den Unteren Erwärmer, stärkt die Nieren, leitet inneren Wind aus, beruhigt Krämpfe.
Westliche Indikation: Pathologien im Bereich der Hintergliedmaßen, urogenitale Störungen, intestinale Erkrankungen.

Bai Hui, Punkt der einhundert Begegnungen

(➤ Abb. 32.8, ➤ Abb. 32.9, ➤ Abb. 32.20, ➤ Abb. 32.27)
Lokalisation: Im Spatium lumbosacrale.
Innervation: Dorsale Äste des letzten Lumbalnervs.
Zang-Fu-**Indikation:** Treffpunkt aller *Yang*-Meridiane.
Westliche Indikation: Lahmheit oder Paresen im Bereich der Hintergliedmaßen, Arthritis des Hüftgelenks, Störungen im Bereich von Lunge, Leber und Darm, Magendilatation, Kälteerkrankungen, Hitzschlag, Überanstrengung, Tetanus, Anöstrus, unregelmäßige Östruszyklen.

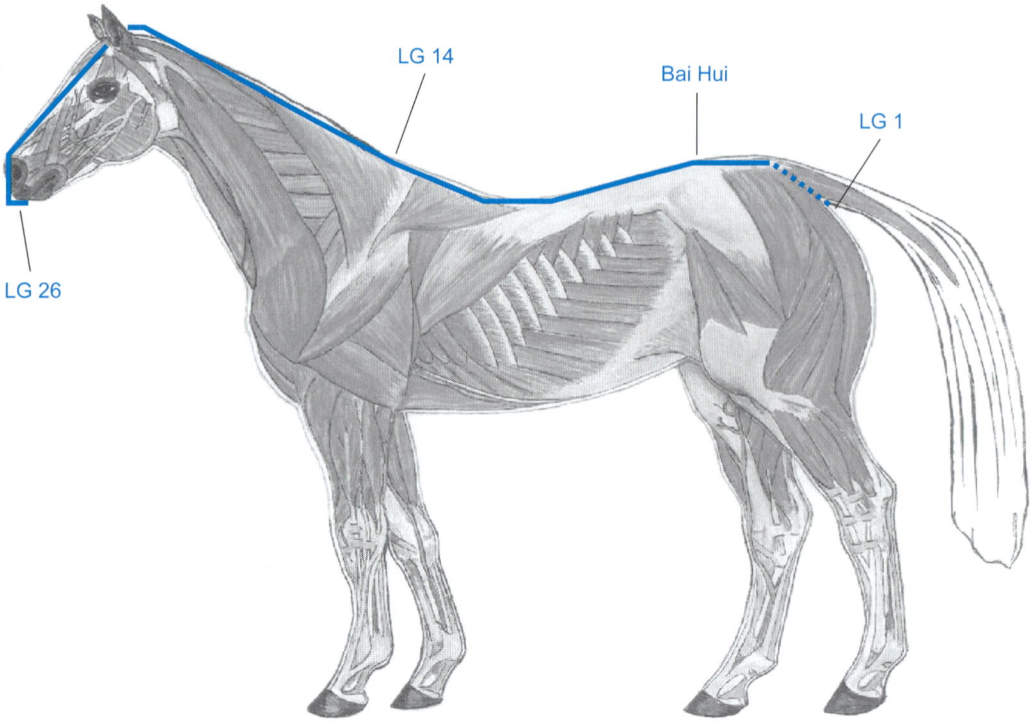

Abb. 32.27 Das Lenkergefäß.

LG 3: *Yang Guan*, Lumbales *Yang*-Tor

(➤ Abb. 32.20)
Lokalisation: Zwischen LWK 4 und 5, dorsal von Bl 24, über dem Ligamentum supraspinosum. (Manche Autoren beschreiben den Punkt zwischen LWK 5 und 6.)
Innervation: Äste der Lumbalnerven.
Zang-Fu-**Indikation:** Energetische Verbindung zwischen vorderem und hinterem Anteil der Wirbelsäule; Störungen der Niere und des Energiehaushalts.
Westliche Indikation: Schmerzen im Bereich der Hintergliedmaßen und der LWS, Ischiaspathologien.

32

LG 4: *Ming Men*, Tor des Lebens

(➤ Abb. 32.20)
Lokalisation: Zwischen LWK 2 und 3, dorsal von Bl 23.
Innervation: Äste der Lumbalnerven.
Zang-Fu-**Indikation:** Unterstützt die Nieren bei ihrer Aufgabe, den Wassermetabolismus zu leiten, stärkt das *Yang* und verfestigt das *Jing*.
Westliche Indikation: Schmerzen im Bereich der Hintergliedmaßen, urogenitale und intestinale Erkrankungen, Nierenerkrankungen, Schmerzen im Bereich der Lenden.

LG 5: *Duan Xue*, Unterbricht Blutungen

(➤ Abb. 32.20)
Lokalisation: Zwischen LWK 1 und 2, dorsal von Bl 22.
Innervation: Äste der Lumbalnerven.
Zang-Fu-**Indikation:** Stärkt Milz/Pankreas und harmonisiert den Magen.
Westliche Indikation: Blutungen nach Kastrationen, Nasenbluten, Hämaturie, Sterilität, Nephritis, Geburtserleichterung, Schmerzen im Lendenbereich.

LG 6

(➤ Abb. 32.20)
Lokalisation: Zwischen BWK 18 und LWK 1, dorsal von Bl 21.
Innervation: Dorsale Äste der Thorakalnerven.
Westliche Indikation: Blutungen nach Kastrationen, Nasenbluten, Hämaturie.

LG 7

(➤ Abb. 32.20)
Lokalisation: Zwischen BWK 17 und 18, dorsal von Bl 20.
Innervation: Dorsale Äste der Thorakalnerven.
Westliche Indikation: Blutungen nach Kastration, Nasenbluten, Hämaturie, Steifheit der Wirbelsäule.

LG 10

(➤ Abb. 32.20)
Lokalisation: Zwischen BWK 11 und 12, dorsal von Bl 16.
Innervation: Dorsale Äste der Thorakalnerven.
Zang-Fu-**Indikation:** Verteilt das Lungen-*Qi*, unterdrückt Husten, leitet Hitze aus Milz/Pankreas aus.
Westliche Indikation: Bronchitis, Asthma, Pneumonie, Husten.

LG 11: *San Chuan*, Drei Flüsse

(➤ Abb. 32.20)
Lokalisation: Auf der dorsalen Mittellinie, zwischen BWK 5 und 6.
Innervation: Dorsale Äste der Thorakalnerven.
Zang-Fu-**Indikation:** Beruhigt das *Shen*, reduziert Hitze, leitet Wind aus.
Westliche Indikation: Asthma, Husten, Herzbeschwerden, Schmerzen im Rücken und im Bereich der Wirbelsäule.

LG 12: *Qi Jia*, Widerrist

(➤ Abb. 32.20)
Lokalisation: Am höchsten Punkt des Widerristes, zwischen HWK 3 und 4.
Innervation: Dorsale Äste der Thorakalnerven.
Zang-Fu-**Indikation:** Beruhigt das *Shen*, stabilisiert das Herz, verteilt das Lungen-*Qi*.
Westliche Indikation: Steifheit und Schmerzen im Rücken, respiratorische Erkrankungen, COPD, Hitze im Thorax.

LG 13: *Qi Qian*, Vor dem Widerrist

(➤ Abb. 32.20)
Lokalisation: In der Vertiefung zwischen den Processus spinosi von BWK 1 und 2.
Innervation: Dorsale Äste der Thorakalnerven.
Zang-Fu-**Indikation:** Kühlt Lungen-Hitze, beruhigt das *Shen*, leitet Wind aus.
Westliche Indikation: Husten, Asthma, Enterospasmen, Fieber, Steifheit im Genick, Epilepsie.

LG 14: *Da Zhui*, Großer Wirbel

(➤ Abb. 32.20, ➤ Abb. 32.27)
Lokalisation: Auf der dorsalen Mittellinie, in einer Vertiefung zwischen HWK 7 und BWK 1, kranial des höchsten Punktes am Widerrist.
Innervation: Dorsale Äste der Zervikalnerven.
Zang-Fu-**Indikation:** Leitet Wind-Hitze aus, Treffpunkt aller *Yang*-Meridiane, beruhigt das *Shen*.
Westliche Indikation: Alle Störungen im zervikalen Bereich, Wobbler-Syndrom, Störungen im Bereich von Halswirbelsäule und Vordergliedmaßen, Schmerzen im Rücken, Fieber, Hitzschlag, Dyshidrosis, Asthma, Husten, Kälteerkrankungen, Konvulsionen; immunstimulierend.

LG 16: *Tian Men*, Himmlisches Tor

(➤ Abb. 32.20)
Lokalisation: Auf der dorsalen Mittellinie, zwischen Protuberantia occipitalis und den beiden Punkten Gb 20 am Ohrgrund, über dem Atlantookzipitalgelenk.
Innervation: Dorsale Äste der Zervikalnerven und N. occipitalis.
Zang-Fu-**Indikation:** Leitet Wind-Kälte aus, beruhigt das Gemüt, löscht Feuer.
Westliche Indikation: Wobbler-Syndrom, Störungen im zervikalen Bereich, Nasenbluten, Pharyngitis, Kälteerkrankungen, Tetanus, Enzephalitis; stimuliert den Hypothalamus.

LG 20

(➤ Abb. 32.20)
Lokalisation: Am höchsten Punkt des Kopfes, rostral des Okzipitalkammes.
Innervation: N. auriculopalpebralis.
Zang-Fu-**Indikation:** Vereinigungspunkt aller *Yang*-Meridiane, unterstützt Milz/Pankreas in seiner Aufgabe, das *Qi* nach oben zu bewegen, stärkt *Yang*.
Westliche Indikation: Rektaler und uteriner Prolaps, Konvulsionen, Augen- und Ohrerkrankungen, Schockbehandlung; immunstimulierend, beruhigend.

LG 20A

(➤ Abb. 32.2, ➤ Abb. 32.19)
Lokalisation: Auf der Crista nuchae, zwischen den Ohren.
Innervation: N. auriculopalpebralis.
Westliche Indikation: Tetanus, Enzephalitis.

LG 24: *Da Feng Men*, Großes Windtor

(➤ Abb. 32.2, ➤ Abb. 32.19)
Lokalisation: Auf der dorsalen Mittellinie, auf der rostralen Verbindungslinie der Ohren, am rostralen Schopfansatz.
Innervation: N. frontalis.
Zang-Fu-**Indikation:** Beruhigt die Leber und das Gemüt.
Westliche Indikation: Ängstlichkeit, Konvulsionen, Tetanus, Enzephalitis, Rhinitis.

Yin Tang, Long Hui, Drachentreffen

(➤ Abb. 32.2, ➤ Abb. 32.19)
Lokalisation: Auf dem Mittelpunkt der Verbindungslinie der äußeren Augenwinkel.
Innervation: N. frontalis.
Westliche Indikation: Husten, Kälteerkrankungen, Vereiterungen des Sinus frontalis, Schmerzen im Genickbereich, Enzephalitis; beruhigend.

LG 25

(➤ Abb. 32.2, ➤ Abb. 32.19)
Lokalisation: Dorsal des Punktes LG 26, am V-förmigen Treffpunkt der Sehnen des M. levator nasolabialis, auf der dorsalen Mittellinie der Nase.
Innervation: Ramus buccolabialis dorsalis (VII).
Zang-Fu-**Indikation:** Leitet Hitze aus, belebt das *Qi*.
Westliche Indikation: Schmerzen und Steifheit in der Zervikalregion, Fazialisparese, Rhinitis, Obstruktion der Lunge, Bewusstlosigkeit, Appetitverlust.

LG 26: *Fen Shui*, Wasser teilend

(➤ Abb. 32.2, ➤ Abb. 32.19, ➤ Abb. 32.27)
Lokalisation: Im Zentrum des Vortex pilorum der Oberlippe, auf der Mitte der Verbindungslinie der ventralen Nüsternbegrenzung.
Innervation: Äste des N. maxillaris.
Zang-Fu-**Indikation:** Kühlt Hitze, leitet Wind aus, stärkt das *Yang.*
Westliche Indikation: Verstärkt die Gehirntätigkeit, verstärkt die Herz- und Atemfrequenz, Nebennieren-Punkt, Narkosezwischenfälle, Koma, Fazialisparese, Enterospasmen, akute Schmerzen im Lendenbereich, Dyshidrosis, Zahnschmerzen, Steifheit im Genickbereich.

LG 28: *Nei Chun Yin*, Innere Oberlippe

Lokalisation: Auf der dorsalen Mittellinie, zwischen Oberlippe und oberem Zahnfleisch.
Innervation: N. alveolaris superficialis.
Zang-Fu-**Indikation:** Verteilt das Lungen-*Qi*, kühlt Hitze, löscht Feuer, beruhigt Juckreiz, erweckt das *Shen.*
Westliche Indikation: Stomatitis, Verdauungsstörungen, Pharyngolaryngitis.

LG T: *Wei Jian*, Schweifspitze

Lokalisation: An der Schweifspitze.
Innervation: N. coccygealis.
Westliche Indikation: Unfähigkeit zu stehen, Bewusstlosigkeit, Überanstrengung, Hitzschlag, Kälteerkrankungen, Enterospasmen, Krampfanfälle.

Das Konzeptionsgefäß (KG)

Verlauf des Konzeptionsgefäßes

Das Konzeptionsgefäß beginnt zwischen Anus und Vulva bzw. Peniswurzel (KG 1). Es zieht dann der Linea alba folgend nach kranial über Abdomen, Thorax und ventralen Halsbereich zur Mitte der Unterlippe (KG 24).

KG 1

(➤ Abb. 32.21, ➤ Abb. 32.28)
Lokalisation: In der Perinealregion, zwischen Anus und der posterioren Begrenzung des Penis beim männlichen Tier bzw. der proximalen Grenze der Vulva beim weiblichen Tier.
Innervation: N. perinealis.
Fünf-Elemente-Indikation: Sedationspunkt der *Yin*-Meridiane.
Zang-Fu-**Indikation:** Bewegt *Yin* nach unten und *Yang* nach oben, kühlt Hitze, leitet Feuchtigkeit aus, stärkt die Nieren.
Westliche Indikation: Urethritis, Schmerzen in den Genitalien, Harnretention, Bewusstlosigkeit.

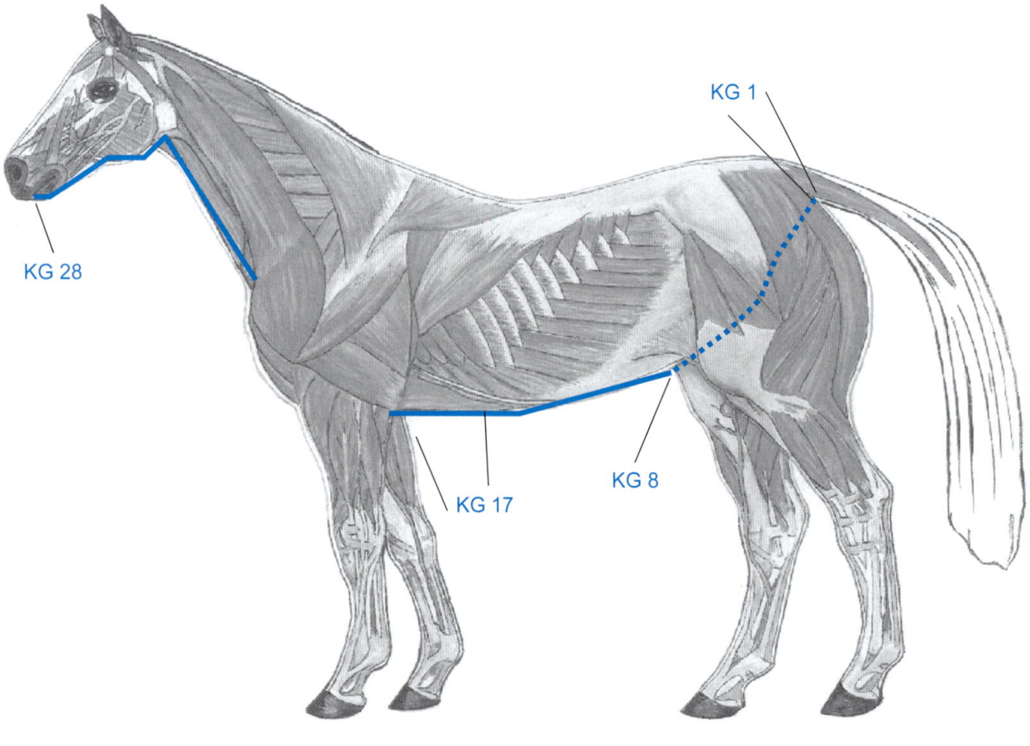

Abb. 32.28 Das Konzeptionsgefäß.

KG 2

Lokalisation: Auf der ventralen Mittellinie, an der ventralen Begrenzung des Pecten ossis pubis.
Innervation: N. iliohypogastricus.
Zang-Fu-**Indikation:** Wärmt *Yang,* reduziert Hitze und regt die Nieren an.
Westliche Indikation: Unregelmäßige Östruszyklen.

KG 3

(➤ Abb. 32.3)
*(Mu-)*Alarm-Punkt des Blasen-Meridians.
Lokalisation: 1 *Cun* kranial des Pecten ossis pubis, auf der ventralen Mittellinie.
Innervation: Äste des N. iliohypogastricus.
Zang-Fu-**Indikation:** Tonisiert das *Yuan-Qi* und unterstützt die Transformation des *Qi,* kühlt Feuchte-Hitze; Treffpunkt der drei *Yin*-Meridiane des Beins: Niere, Leber, Milz/Pankreas.
Westliche Indikation: Blasenerkrankungen, geburtshilfliche Probleme, Plazentaretention.

KG 4

(➤ Abb. 32.3)
*(Mu-)*Alarm-Punkt des Dünndarm-Meridians.
Lokalisation: 2 *Cun* kranial des Pecten ossis pubis, auf der ventralen Mittellinie.
Innervation: Ventrale Hautäste der Thorakalnerven.
Zang-Fu-**Indikation:** Unterstützt die Nierenfunktion bei der Regelung des Wassermetabolismus, stärkt das *Yuan-Qi,* reduziert Hitze, stärkt das *Yin.*
Westliche Indikation: Abdominale Schmerzen im kaudalen Bereich, Blaseninfektionen, Diarrhö, unregelmäßige Östruszyklen, Prolaps uteri, Tonisierung des gesamten Körpers.

KG 5

(➤ Abb. 32.3)
*(Mu-)*Alarm-Punkt des Dreifachen Erwärmer-Meridians.
Lokalisation: 2 *Cun* kaudal des Nabels, auf der ventralen Mittellinie.
Innervation: Ventrale Hautäste der Thorakalnerven.
Zang-Fu-**Indikation:** Stärkt und unterstützt die Nieren, belebt *Yang,* reduziert Hitze, öffnet die Wasserwege.
Westliche Indikation: Abdominale Schmerzen, Diarrhö, Infertilität, Anorexie, unregelmäßige Östruszyklen, Blaseninfektionen.

KG 8: *Du Kou*

(➤ Abb. 32.3, ➤ Abb. 32.28)
Lokalisation: Im Zentrum des Nabels.
Innervation: Ventrale Hautäste der Thorakalnerven.
Zang-Fu-**Indikation:** Wärmt und stabilisiert das *Yang,* stellt das Bewusstsein wieder her, bewegt das gastrointestinale *Qi,* transformiert Feuchtigkeits-Stauungen.
Westliche Indikation: Abdominale Schmerzen, Diarrhö, massive Energiedefizite.

KG 12

(➤ Abb. 32.3)
*(Mu-)*Alarm-Punkt des Magen-Meridians.
Lokalisation: Auf halber Strecke zwischen Nabel und Xiphoid, auf der ventralen Mittellinie.
Innervation: Ventrale Hautäste der Thorakalnerven.
Zang-Fu-**Indikation:** Meisterpunkt der *Yang*-Erkrankungen, unterstützt den Magen bei seiner Funktion, das *Qi* nach unten zu bewegen, unterstützt die Transformations- und Transportfunktion von Milz/Pankreas, leitet Feuchtigkeit aus und verteilt sie, löst Futteranschoppungen auf, wirkt rebellierendem Magen-*Qi* entgegen.
Westliche Indikation: Kolik, Diarrhö, Magenulkus, alle bekannten Arten von Verdauungsstörungen, Anorexie; guter Punkt um aufgeregte Patienten zu beruhigen und zu „erden“.

KG 14

(➤ Abb. 32.3)
*(Mu-)*Alarm-Punkt des Herz-Meridians.
Lokalisation: Direkt kaudal des Processus xiphoideus.
Innervation: Hautäste der Interkostalnerven.
Zang-Fu-**Indikation:** Beruhigt Herz und Gemüt, löst Schleimansammlungen in der Brust auf, unterstützt den Magen in seiner Funktion, das *Qi* nach unten zu bewegen.
Westliche Indikation: Kardiale Arrhythmien, Ängstlichkeit, gastrointestinale Störungen, die durch emotionelle Aufregung hervorgerufen wurde.

KG 17

(➤ Abb. 32.3, ➤ Abb. 32.28)
*(Mu-)*Alarm-Punkt des Perikard-Meridians.
Lokalisation: Auf Höhe der kaudalen Begrenzung des Ellenbogens, auf der ventralen Mittellinie.
Innervation: Hautäste der Interkostalnerven.
Zang-Fu-**Indikation:** Meisterpunkt des Respirationstrakts, verbindet das Perikard mit Lunge, Nieren und Dünndarm, unterstützt das Zwerchfell, löst Blutstagnationen auf.
Westliche Indikation: Alle Arten respiratorischer und kardialer Probleme, Ängstlichkeit, Dyshidrosis; verstärkt die Laktation.

KG 22

(➤ Abb. 32.3)
Lokalisation: In einer Vertiefung direkt kranial des Manubrium sterni.
Innervation: N. supraclavicularis.
Zang-Fu-**Indikation:** Beruhigt rebellierendes *Qi,* kühlt Hitze.
Westliche Indikation: Husten, Asthma, Pharyngitis.

KG 23: *Hou Shu*

(➤ Abb. 32.3)
*(Shu-)*Zustimmungspunkt der Kehle
Lokalisation: Am dritten Trachealring, auf der ventralen Mittellinie des Halses.
Innervation: Zervikalnerven und N. vagus.
Zang-Fu-**Indikation:** Treffpunkt der *Yin*- und *Yang*-Energie.
Westliche Indikation: Pharyngitis, Schilddrüsenprobleme, Larynxparese.

KG 24: *Cheng Jiang*, Speichel empfangend

(➤ Abb. 32.3)
Lokalisation: Im Zentrum der Unterlippe, in einer Vertiefung 1 cm ventral des Lippenrandes.
Innervation: N. buccalis ventralis.
Westliche Indikation: Fazialisparese, Stomatitis.

Extrapunkte

Er Jian, Ohrspitze

(➤ Abb. 32.2)
Lokalisation: Über der V. auricularis caudalis, auf dem äußeren Rand der Ohrmuschel, an der Ohrspitze.
Innervation: N. auricularis.
Westliche Indikation: Enterospasmen, Kälteerkrankungen, Fazialisparese, Augenerkrankungen, Konvulsionen, Fieber.

LITERATUR

1. Ding I: Acupuncture, meridian theory, and acupuncture points. Beijing, 1990, Foreign Language Press.
2. Glardon O: Research on some acupuncture points on the bladder meridian in the horse. *Proceedings of the Eighth Annual Meeting of International Veterinary Acupuncture Society,* 1982.
3. Janssens L: *Acupuncture points and meridians in the dog,* Brussels, 1984, Blondiau Print.
4. Klide AM, Kung SH: *Veterinary acupuncture,* Philadelphia, 1977, University of Pennsylvania Press.
5. Kothbauer O: Diagnostic acupuncture points in the horse. *Proceedings of the Eighth Annual Meeting of IVAS,* 1982.
6. Popesko P: Atlas of topographic anatomy of domestic animals, Philadelphia, 1957, WB Saunders.
7. Rogers PAM, Cain M: Acupuncture point locations and meridians. *Proceedings of the Thirteenth Annual Meeting of IVAS,* 1987.
8. Snader M: Clinical acupuncture diagnosis in the horse. *Proceedings of the Thirteenth Annual Meeting of IVAS,* 1987.
9. Westermeyer E: *Treatment of horses by acupuncture,* London, 1979, Health Science Press.
10. White S: General acupuncture considerations. *Proceedings of the Ninth Annual Meeting of IVAS,* 1983.
11. Xinnong C: *Chinese acupuncture and moxibustion,* Beijing, 1987, Foreign Language Press.
12. Yu C, Hwang Y-C: *Handbook of Chinese veterinary acupuncture and moxibustion,* Bangkok, 1990, FAO/RAPA Publications.

KAPITEL

33 Diagnostische Akupunkturpunkt-Palpation des Pferdes

Peggy Fleming

33.1 Die Diagnosestellung in TCM und westlicher Medizin

In der Lehre der TCM kann die Diagnose vor einer Akupunkturbehandlung auf vier Untersuchungen reduziert werden: Hören, Befragen, Sehen (Riechen), Fühlen. Auf den ersten Blick scheint es kaum Unterschiede zur westlichen Diagnosestellung zu geben. Ein guter Arzt wird gern mit einem guten Detektiv verglichen, denn häufig genug hängt die Lösung eines Falles von genauer Beobachtung und der Fähigkeit ab, Informationen in Situationen herauszufinden, die auf den ersten Blick nur wenig zu bieten haben. Die beiden Systeme unterscheiden sich in der **unterschiedlichen Gewichtung**, die den gesammelten Informationen zugeteilt wird. Während die westliche Medizin sich zu einem System entwickelt hat, das in Kategorien und Fächer unterteilt, sucht die TCM nach dem roten Faden, der sich durch den gesamten Fall zieht. Die Information wird gesammelt und in ein Paradigma eingepasst, das alle Symptome als Folge einer gemeinsamen Ursache zu fassen versucht. Das trifft ganz besonders auf eine Diagnosestellung nach den acht Leitkriterien zu, die für den Einsatz chinesischer Kräutermischungen unerlässlich ist.

Die **Bewertung der gefundenen Symptome** stellt den zweiten großen Unterschied zwischen der TCM und der westlichen Medizin dar. In der TCM bestimmen oft die Feinheiten eines Falles die Behandlung. So messen nur wenige westlich ausgebildete Ärzte der Stimme ihres Patienten Bedeutung bei, aber für einen TCM-Arzt kann die Stimmqualität den Schlüssel zu einem Fall darstellen. Für einen westlich ausgebildeten Arzt sind geringe Schmerzen und Bewegungseinschränkungen entlang einer Muskelgruppe nur Ausdruck eines lokalen Traumas, während sie für den TCM-Arzt Teil eines größeren Symptombildes sein können, das den gesamten Organismus betreffen kann.

33.2 Die verschiedenen Therapieansätze

Es gibt viele verschiedene Akupunkturrichtungen, von denen jede einen anderen Schwerpunkt auf die vier Untersuchungen legt.

33.2.1 Therapie nach den acht Leitkriterien

Beim Vorgehen nach den acht Leitkriterien liegt die Betonung auf der Erfassung der Vorgeschichte des Patienten und seiner Symptome und weniger auf der palpatorischen Untersuchung. Diese Methode eignet sich besonders gut für Patienten mit Organerkrankungen, bei denen die Akupunkturbehandlung durch Phytotherapie ergänzt werden sollte. Die meisten Pferde, die Tierärzten vorgestellt werden, zeigen jedoch keine inneren Störungen der *Zang-Fu*-Organe, sondern vielmehr eine große Anzahl versteckter physiologischer Dysfunktionen. Diese führen zu stressbedingten Verletzungen und myofaszialen Restriktionen (*Qi*-Blockaden). In diesen Fällen trifft die Diagnose nach den acht Leitkriterien der TCM, die von Störungen der *Zang-Fu*-Organe ausgeht, oft nicht zu.

33.2.2 Meridianakupunktur

Im Gegensatz dazu konzentriert sich die japanische Akupunktur, die auch Meridianakupunktur genannt wird, mehr auf die Palpation als auf die Vorgeschichte [1]. Puls und Meridiane des Patienten werden dabei sorgfältig abgetastet in dem Wissen, dass die Beschwerden nicht unbedingt die Ursachen der Erkrankung wiedergeben müssen. So kann z. B. ein Pferd mit einer Lahmheit vorne rechts Schmerzen im linken Hinterbein empfinden, diese jedoch nicht deutlich zeigen. In anderen Fällen kann die Lahmheit nicht spezifischen Lokalisationen wie einem Gelenk oder einer Sehne zugeordnet werden, sondern erscheint eher als Stagnationen im Meridianverlauf.

Gemeinsamkeiten und Unterschiede zur Triggerpunkt-Therapie

Für viele westliche Tierärzte ähneln diese Konzepte der myofaszialen Triggerpunkt-Therapie [2]. In der Humanmedizin sind überempfindliche Punkte, die als Knoten im myofaszialen Gewebe tastbar sind, gut bekannt. Die Triggerpunkte können im Verlauf einer Lahmheit auftauchen, aber auch bestehen bleiben, wenn die Lahmheit längst schon abgeheilt ist. Außerdem können sie in stabilen anatomischen Regionen auftreten, die mit spezifischen muskuloskeletalen Störungen oder mit Organerkrankungen im Zusammenhang stehen. Diese Tatsache stellt eine sehr hilfreiche Zusatzinformation dar, da sie sowohl zur Diagnose von subklinischen Erkrankungen genutzt werden kann als auch zu deren Therapie.

Trotz vieler Parallelen unterscheiden sich die Triggerpunkt-Therapie und die diagnostische Akupunkturpunkt-Palpation sehr voneinander. Die Meridiantherapie erkennt an, dass Schmerz und Krankheit nicht dort auftreten können, wo *Qi* fließt. Wenn die Energie frei durch alle 12 Haupt-Meridiane fließen kann, wird sich der Patient selbst heilen, ohne chronische Schmerzen zu entwickeln. Dieses Konzept stellt die Grundlage für das **Prinzip des „Ausbalancierens der Meridiane"** dar, bei dem sich Praktiker darauf konzentrieren, alle Meridiane frei von Stagnation zu halten. Wird dieses Ziel erreicht, reduzieren sich auch die Symptome. Ob dieses Gleichgewicht erreicht wurde oder nicht, wird direkt durch Palpation bestimmt. Darum liegt das ultimative Ziel der Behandlung in einer Palpation, die keine Druckdolenzen mehr zeigt.

Die Lehre der fünf Elemente

Diese Methode der Akupunktur bezieht sich auch auf die Lehre der fünf Elemente. Finden sich z. B. bei der Palpation Empfindlichkeiten an Punkten, die mit dem Element Holz in Verbindung stehen, konzentriert sich der Akupunkteur nicht nur auf den Verlauf des Leber- und Gallenblasen-Meridians, sondern beachtet auch die Strukturen, die zum Element Holz gehören, wie Augen, Hufe und Sehnen.

Das *Hara*

In der Meridiantherapie beim Menschen wird auf das Abdomen *(Hara)* besonderes Augenmerk gelegt. Die Region rund um den Bauchnabel dient als Spiegel für das Organ-Meridiansystem des gesamten Körpers. So zeigt z. B. eine Empfindlichkeit im Bereich links des Nabels eine Störung des Leber-Meridiansystems an. Zur Behandlung werden dann Punkte auf dem Leber-Meridian ausgesucht. Der Erfolg einer Behandlung kann am Verschwinden der Empfindlichkeit im *Hara* gemessen werden. So finden im Prinzip Diagnose und Behandlung zur gleichen Zeit statt. Die Ärzte, die mit diesem System arbeiten, betonen immer wieder, dass eine direkte Behandlung der empfindlichen Punkte am *Hara* zu wesentlich weniger zufriedenstellenden Ergebnissen führen wird und eventuell die Stagnationen in den Meridianen verschleiern kann. Diese speziellen Punkte dienen ausschließlich der Diagnose und der Feststellung, ob die eingesetzten distalen Punkte die Obstruktion im Meridian auflösen konnten oder nicht. Das Verdecken der diagnostischen Punkte kann zu einer rein symptomatischen Behandlung verführen.

Wichtige Palpationsbereiche beim Pferd

Beim Pferd ist der Bereich um den Nabel nur schwer zugänglich, deshalb werden andere anatomische Bereiche für die Palpation ausgewählt. Auf dem Blasen-Meridian z. B. stehen die **Zustimmungs-*Shu*-Punkte** (➤ Kap. 30) zur Verfügung. Untersuchungen konnten nachweisen, dass fühlbare Schmerzen an diesen Punkten meist mit einer Störung im dazugehörenden Organ oder Meridian in Verbindung stehen [3]. So zeigt z. B. die Druckschmerzhaftigkeit des Punktes Bl 13 im achten ICR als Zustimmungspunkt der Lunge Erkrankungen des Respirationstrakts oder eine Problematik im medialen Bereich der Vordergliedmaße (Meridianverlauf) an. Vor allem zur Diagnose von Organerkrankungen eignen sich außerdem die **Alarm-*Mu*-Punkte**. Sie liegen meist in anatomischer Nähe des assoziierten Organs. Der Alarmpunkt der Lunge befindet sich z. B. über der Pektoralismuskulatur.

Beim Pferd wird ansonsten auch der **Hals** zur diagnostischen Palpation eingesetzt. Über den Bereich zwischen Genick und Schulter ziehen alle *Yang*-Meridiane. Darum liefert eine Schmerzhaftigkeit in diesem Bereich viele Informationen.

In den letzten 20 Jahren haben Akupunkteure überall auf der Welt Informationen über zuverlässige **Triggerpunkte** zusammengetragen [4, 5]. Diesen Praktikern fiel ein Zusammenhang zwischen bestimmten Störungsmustern und myofaszialen Restriktionen auf. Mit der Zeit entwickelte sich eine Methode der diagnostischen Akupunkturpunkt-Palpation, die den Praktiker auf Körperbereiche hinweisen kann, die weitergehende Behandlung benötigen. Außerdem kann man, indem man die japanische Methode anwendet, den Erfolg der Akupunkturbehandlung durch sofortiges Verschwinden der druckdolenten diagnostischen Punkte feststellen.

33.3 Die palpatorische Untersuchung

Im Folgenden wird die Standarduntersuchung beschrieben, die bei der IVAS-Ausbildung im Lehrplan steht.

33.3.1 Palpationsdruck

Die Erfahrung und das Können des Praktikers, der die Palpation durchführt, bestimmen die Menge an Informationen, welche die Untersuchung erbringen kann. Die Wichtigkeit eines gleichbleibenden Druckes während der gesamten Untersuchung kann nicht genügend betont werden. Der **gleichbleibende Druck** ist eigentlich nur von einem Untersucher zu erreichen, der unvoreingenommen an den Fall herangeht.

Bei der Untersuchung ist es unerlässlich, dass man jedes Pferd als Individuum betrachtet und die Palpation an das jeweilige Pferd anpasst. Darum richtet sich der Druck, der bei der Untersuchung angewendet werden soll, nach der **Sensibilität und Schmerzempfindlichkeit des Patienten**. Diese Grundregeln sollte der Praktiker immer beachten, um das Vertrauen des Pferdes zu gewinnen und Stresssituationen für das Tier zu vermeiden, bei denen durch Adrenalinausschüttung *Ah-Shi*-Punkte entstehen können.

Für die Untersuchung mittels Palpation stehen verschiedene Methoden zur Verfügung. Manche Praktiker verwenden dafür ihre Finger, während andere sich mit Hilfsmitteln wie Kanülenhüllen behelfen. In letzter Zeit sind elektronische Suchgeräte in Mode gekommen, die unterschiedliche Widerstände messen. Doch egal nach welcher Methode vorgegangen wird, der gleichmäßige Druck ist von absoluter Wichtigkeit. Statt einer punktförmigen Druckausübung an den einzelnen Punkten ist ein durchgehender, gleichmäßiger, strichförmig ausgeübter Druck wesentlich ratsamer. Der Druck wird in einer oberflächlichen und einer tiefen Ebene ausgeübt:

- Schmerzt bereits leichter Druck, weist dies auf eine Fülle-Erkrankung hin. Meist befindet sich die Störung dann noch im akuten Stadium.
- Ist Schmerz erst bei Palpation der tiefen Ebene auszulösen, ist von einem Leere-Zustand auszugehen, wie sie meist bei chronischen Erkrankungen vorliegt.

33.3.2 Ablauf der Palpationsuntersuchung

Bei der Palpationsuntersuchung werden nacheinander die verschiedenen Körperbereiche abgetastet:

33

- Nachdem eine Beziehung zu dem Pferd hergestellt wurde, beginnt die Untersuchung im **Nackenbereich** des Pferdes.
- Von dort ausgehend werden die **Vorderbrust** und die **Vordergliedmaßen** palpiert, mit besonderem Augenmerk auf die anatomischen Strukturen, in denen häufig Triggerpunkte zu finden sind.
- Danach erfolgt die Untersuchung der **Rückenlinie** mit den Zustimmungs-Punkten und der *Hua-Tou-Jia-Jia*-Punkte, die direkt neben der Wirbelsäule liegen. Die Letztgenannten zeigen besonders Subluxationen im Wirbelbereich an.
- Anschließend werden die beiden **Hintergliedmaßen** untersucht, wobei besonderes Augenmerk auf die lateral gelegenen *Yang*-Meridiane gelegt wird. Sie scheinen sich eher schmerzhaft zu verändern als ihre medial gelegenen *Yin*-Partner.

Man sollte aber keine voreiligen Schlüsse aus den Palpationsbefunden allein ziehen. Durch Chiropraktikkenntnisse kann eine primäre Subluxation aufgedeckt werden, es kann sich aber dabei auch um die Folgen eines schlecht passenden Sattels handeln. Die Schmerzhaftigkeit eines speziellen Punktes kann verschiedene Ursachen haben. Normalerweise ist zur Erstellung einer genauen Diagnose eine logische Folge aktiver Triggerpunkte vonnöten. Um eine ganzheitliche Diagnose zu erhalten, müssen dann auch noch die Befunde der anderen Untersuchungsmethoden mit den Ergebnissen kombiniert werden. Westliche diagnostische Methoden können zur endgültigen Erstellung des Befundes notwendig werden.

Die Palpation der *Ting*-**Punkte** kann beim Pferd ebenfalls wichtige Erkenntnisse liefern (➤ Kap. 38). Fühlt sich einer der *Ting*-Punkte trocken und eingefallen an, kann von einem Leere-Zustand im dazu gehörenden Meridian ausgegangen werden. Ist der Punkt aber schwammig und ödematös aufgequollen, weist dies auf eine Fülle hin. Die *Ting*-Punkte werden gern zur Behandlung von Triggerpunkten verwendet, die in anderen Teilen des Körpers gefunden wurden. Der Erfolg einer solchen Behandlung kann durch das Verschwinden der Triggerpunkte bestimmt werden, nachdem eine Nadel in den entsprechenden *Ting*-Punkt eingeführt wurde.

Genaue Angaben über die anatomische Lokalisation der verschiedenen Punkte sind in ➤ Kap. 32 und in ➤ Tab. 33.1 am Ende dieses Kapitels zu finden.

PRAXISTIPP

Einige Praktiker nutzen ausschließlich pathologisch veränderte *Ting*-Punkte zum Finden der passenden Therapiestrategie. Sie gehen dabei davon aus, dass muskuloskeletale Schmerzen immer direkte Folge eines Ungleichgewichts im betroffenen Meridian-Bereich sind. Es gibt klinische Daten, die diese Theorie unterstützen (➤ Kap. 38).

33.3.3 Palpation von Kopf und Hals

(➤ Abb. 33.1)

Kiefergelenk

Die Palpation beginnt am Kopf mit dem Kiefergelenk. Man tastet hier nach schmerzhaften Triggerpunkten, die sich z. B. oft im Bereich von Ma 7, Gb 2 und Dü 19 finden. Triggerpunkte in diesem Bereich deuten meist auf Probleme im Kiefergelenk hin und stehen nicht selten mit einer Atlas-Subluxation in Verbindung. Letztere kann durch Palpation der Punkte Gb 20 und Bl 10 und durch den strukturellen Vergleich der beiden Abstände zwischen den Seitenteilen des Atlas und dem Unterkiefer bestätigt werden. Wenn diese beiden Befunde auffällig sind, tritt häufig kompensatorischer Schmerz im gegenüberliegenden Hinterbein auf.

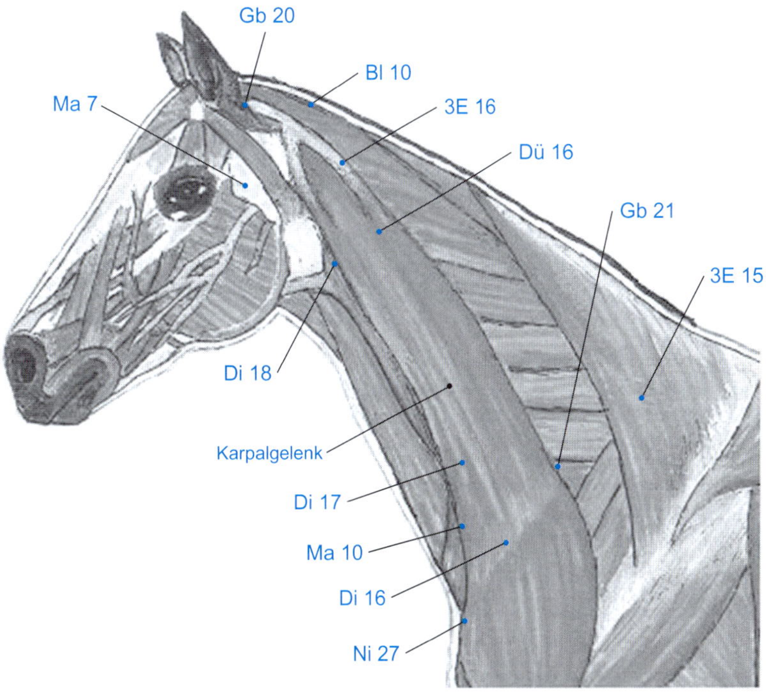

Abb. 33.1 Diagnostische Punkte an Kopf und Hals des Pferdes.

33

Yang-Meridiane

Auf der Suche nach verstärkter Empfindlichkeit werden dann alle *Yang*-Meridiane palpiert, die am Hals verlaufen:

- Stuten mit ovarieller Dysfunktion zeigen oft eine vermehrte Schmerzhaftigkeit im Bereich des Dreifachen Erwärmers, während Pferde mit Erkrankungen des Immunsystems eher auf Palpation der Meridiane Dickdarm und Magen reagieren. In beiden Fällen beklagen sich die Reiter meist über verkürzte Schritte der Vorderhand, was gern als Schulterproblematik missverstanden wird.
- Schmerzhafte Reaktion auf die Palpation des Punktes 3E 16 kann auf eine lokale Subluxation hinweisen oder auf ein Problem im ipsilateralen Fesselgelenk. Die Fesselgelenksproblematik lässt sich häufig durch das Auffinden von Triggerpunkten um die Punkte 3E 16 und Dü 16 bestätigen. Schmerzhafte Reaktion auf Druck am Punkt Dü 16 weist eher auf eine Weichteilverletzung hin.
- Dü 16 ist auch für die Diagnose von Sehnenproblemen am gleichen Bein und Schmerzen im Sakralbereich der gegenüberliegenden Hintergliedmaße nützlich. Liegt die Sehnenverletzung im lateralen Bereich der Gliedmaße, reagiert 3E 15 meist ebenfalls schmerzhaft.
- Können ausstrahlende Schmerzen von 3E 15 bis Gb 21 und von dort entlang des kranialen Bereichs der Schulter bis Di 16 festgestellt werden, deutet dies auf eine Schulterproblematik hin, mit einer deutlichen Verstärkung der Reaktion am Punkt Dü 9 bei einem pathologischen Prozess direkt im Schultergelenk.
- Störungen im Bereich des Karpalgelenks zeigen sich meist durch einen deutlich fühlbaren Triggerpunkt in der Mitte des Halses (lokaler Kniepunkt), am Treffpunkt des Dreifachen Erwärmers mit dem Gallenblasen-Meridian und einer Druckdolenz des Punktes Di 17. Liegt die Problematik des Gelenks eher im medialen Bereich, kann mit einer Empfindlichkeit des Lungen-Zustimmungspunkts gerechnet werden, während eine Reaktion an Bl 22 (Zustimmungspunkt des Dreifachen Erwärmers) eher auf eine Lokalisation der Störung im lateralen Gelenksbereich hindeutet.

Yin-Meridiane

Die Palpation der *Yin*-Meridiane kann folgende Hinweise liefern:

- Schmerzhafte Reaktion auf die Palpation des Punktes Di 18 weist auf eine Huferkrankung hin, vor allem, wenn dieser Befund durch Schmerzen bei Druck auf den Punkt Pe 1 bestätigt werden kann.
- Reagiert das Pferd auf Palpation des Punktes Ma 10, muss entweder mit einer Magenerkrankung oder einem Problem im Kniebereich gerechnet werden.
- Zuletzt wird der Halsansatz mit den Punkten Lu 1 und Ni 27 palpiert, einem Bereich, der bei Anwesenheit subklinischer Infektionen wie equiner Protozoen-Myelitis (EPM), equine Herpesinfektion und Borreliose hochgradig reaktiv ist [6, 7].

33.3.4 Palpation der Vordergliedmaße

(➤ Abb. 33.2)
Zu Beginn wird der Bereich der Schulter nach Triggerpunkten abgesucht, mit besonderem Augenmerk auf das Gebiet um den Punkt Dü 9, in dem häufig Triggerpunkte im M. deltoideus und M. triceps brachii zu finden sind. Hartnäckige Schmerzen in diesem Bereich deuten auf einen strukturellen Schaden im Schultergelenk hin. Oft sind dann auch die Punkte Di 15 und 3E 14 schmerzhaft, die direkt kranial und kaudal dieses Gebietes liegen.

Im Zuge dieses Untersuchungsganges können zwei Alarm-*Mu*-Punkte mit untersucht werden. Lu 1 befindet sich im kranialen Teil des M. pectoralis und KG 17 liegt auf der ventralen Mittellinie, direkt auf dem Sternum hinter den Ellenbogen. Schmerzhafte Reaktionen bei Palpation von Lu 1 können auf eine Störung des Respirationstrakts hinweisen, während Reaktionen bei Druck auf den zweiten Punkt eher bei Störungen im Bereich des Thorax auftreten.

Die Untersuchung der Vordergliedmaße wird durch die Palpation der *Ting*-Punkte beendet. Eine deutliche Einbuchtung oder eine Aufquellung an einem dieser Punkte weist auf eine Störung im dazugehörigen Meridian hin.

33.3.5 Palpation von Rücken und Abdomen

(➤ Abb. 33.3)
Zu den wichtigsten diagnostischen Punkten des Pferdes zählen die Punkte, die parallel zur Wirbelsäule auf dem inneren Blasen-Meridian verlaufen und auch als **Zustimmungs-*Shu*-Punkte** bezeich-

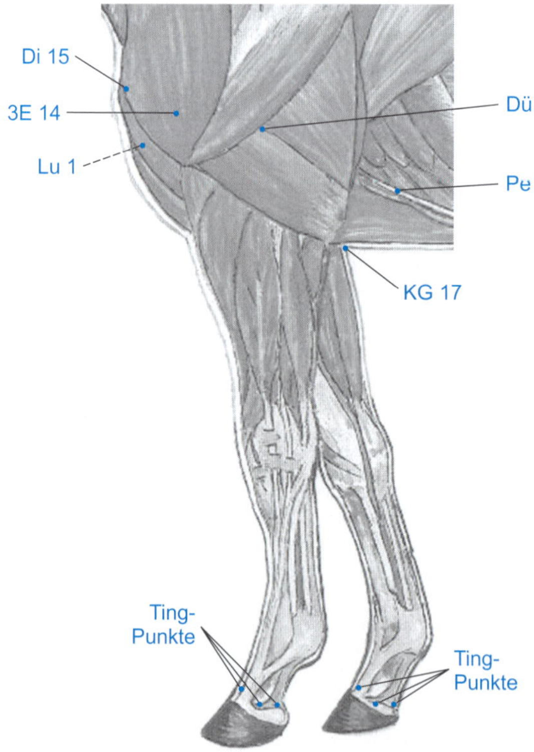

Abb. 33.2 Diagnostische Punkte an den Vordergliedmaßen.

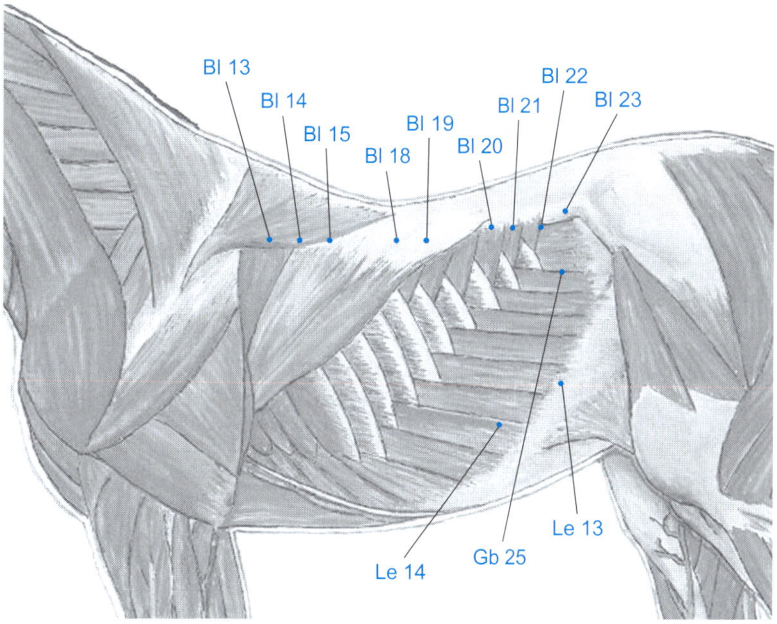

Abb. 33.3 Diagnostische Punkte am Rücken.

net werden. Sie haben eine enge Beziehung zu den Spinalnerven, die aus den Foramina intervertebrales austreten. Dieser Körperregion ist ganz besondere Aufmerksamkeit zu widmen, da sie sehr wichtige Informationen für die Diagnose liefern kann. Auf seinem Weg über den Rücken spaltet sich der Blasen-Meridian in zwei Äste auf, den inneren und den äußeren Blasen-Meridian. Der innere Ast verläuft ca. 3 *Cun* lateral der Dornfortsätze und scheint eher in Beziehung zu Störungen entlang des Meridianverlaufs zu stehen, während die Punkte auf dem äußeren Ast mehr auf Störungen des dazugehörenden Organs hindeuten.

Das erste Paar Zustimmungspunkte, das palpiert wird, ist **Bl 13 und Bl 42**. Schmerzhafte Reaktionen auf die Palpation können nicht nur auf Störungen des Atmungsapparates hinweisen, sondern auch auf Blockaden entlang des Lungen-Meridians. Erkrankungen am medialen Griffelbein treten beim Pferd häufig auf und führen dann zu einem deutlichen Triggerpunkt im Bereich von Bl 13. Bei Nasenbluten reagiert eine ganze Reihe von Punkten auf dem Blasen-Meridian. Auf der rechten Seite des Tieres sind dann die Punkte von Bl 42 bis Bl 45 reaktiv, während infektiöse Erkrankungen eher zu Reaktionen auf der linken Seite des Widerristes führen.

Bl 14 und Bl 43 (*Shu*-Punkte des Perikards), sowie **Bl 15 und Bl 44** (*Shu*-Punkte des Herzens) werden als nächstes untersucht. Neben einer Störung im Verlauf der Meridiane können diese Punkte auf eine Herzerkrankung hinweisen. Chronische Veränderungen im Ballenbereich können zu einem reaktiven Punkt im Gebiet von Bl 15 führen, da der Perikard-Meridian zwischen den beiden Hufballen endet. Nach der Lehre der TCM beherbergen Herz und Perikard das *Shen*. Pferde, die starke Ängstlichkeit zeigen, können darum auch auf die Palpation dieser beiden Punkte reagieren.

Bl 18 und Bl 47 bzw. **Bl 19 und Bl 48** sind die Zustimmungspunkte von Leber bzw. Gallenblase. Diese Punkte befinden sich entlang des mittleren Rückens und sind bei Pferden sehr häufig schmerzhaft. Der Leber-Meridian wird mit allen Schmerzen im Bereich von Sehnen, Bändern und Muskulatur in Verbindung gebracht. Der Zustimmungspunkt reagiert allerdings auch schon bei sehr geringen toxischen Belastungen der Leber. Obwohl Pferde keine Gallenblase besitzen, scheinen sie doch den dazugehörenden Meridian zu haben. Der Gallenblasen-Meridian zieht direkt über das Hüftgelenk und den lateralen Bereich des Sprunggelenks. Darum kann bei Problemen im Bereich dieser Gelenke der Zustimmungspunkt der Gallenblase reaktiv werden.

Die Untersuchung wird fortgeführt mit der Palpation der Punkte **Bl 20 und Bl 49** sowie **Bl 21 und Bl 50**, den Zustimmungspunkten von Milz/Pankreas bzw. Magen, die am Übergang der thorakalen zur lumbalen Wirbelsäule zu finden sind. Beide Meridiane haben eine starke Beziehung zum Kniegelenk. Schmerzhafte Zustimmungspunkte sind oft ein Zeichen für Probleme in diesem Gelenk. Reaktionen der beiden Zustimmungspunkte können natürlich auch Verdauungsstörungen und andere Erkrankungen anzeigen.

Der Lendenbereich wird als nächstes untersucht. Reaktionen bei Druck auf **Bl 22 und Bl 51** (*Shu*-Punkt des Dreifachen Erwärmers), die in Höhe von LWK 1 zu finden sind, können nicht nur ein Hinweis für eine Problematik entlang des Meridianverlaufs im dorsalen Bereich der Vordergliedmaße sein, sondern können auch bei endokrinen Störungen, vor allem bei Östrusstörungen der Stute, reagieren.

Die *Shu*-Punkte der Niere, **Bl 23 und Bl 52**, werden als nächstes untersucht. Auch hier können schmerzhafte Reaktionen auf mehrere Störungen hinweisen. Neben den deutlich gespannten und empfindlichen Fasern, die auf eine lumbale Subluxation hinweisen, kann Bl 23 auch bei jeglichen Schmerzen im mediokaudalen Bereich der Hintergliedmaße ansprechen. Störungen der Niere und ihrer Beziehung zu den fünf Elementen sollten auch berücksichtigt werden. Letzteres beinhaltet Fertilitätsstörungen und Knochenerkrankungen wie chronische Arthritis.

Danach kann der Untersucher die **Alarm-*Mu*-Punkte** palpieren, die entlang des Abdomens oder des Thorax zu finden sind. Die Alarmpunkte von Leber und Milz/Pankreas, Le 14 und Le 13, reagieren oft schmerzhaft, wenn die dazugehörenden Organe gestört sind, aber auch bei chronischen Muskelschmerzen. Le 14 reagiert

33

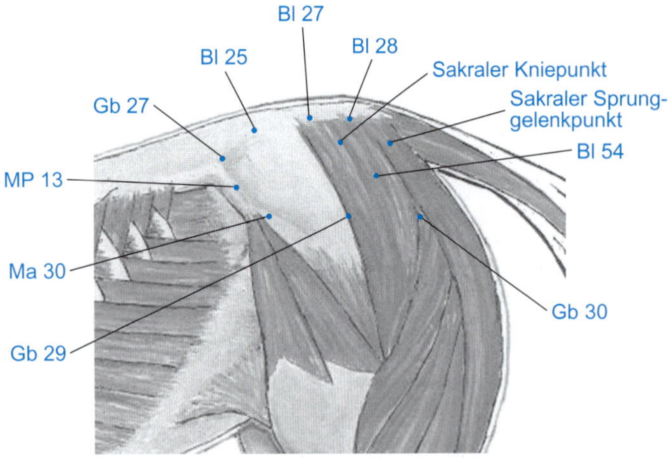

Abb. 33.4 Diagnostische Punkte an der Kruppe.

z. B. bei erhöhten Leberenzymwerten, wie sie ein Pferd mit Azeturie zeigen kann. Gb 25 ist der Alarmpunkt der Niere und sollte bei Verdacht einer Blasen- oder Nierenerkrankung untersucht werden. Die ventral gelegenen Alarmpunkte haben sich beim Pferd weder als besonders praktisch, noch als sehr aussagekräftig für die Diagnose gezeigt.

33.3.6 Palpation der Kruppe

(➤ Abb. 33.4)
Oft ist der gesamte Bereich der Kruppe des Pferdes hypersensitiv. Darum ist zur Diagnose und Feststellung von Triggerpunkten sehr viel Erfahrung und Fingerspitzengefühl notwendig. Der Grund hierfür liegt in der Tatsache, dass gerade im Kruppenbereich sehr häufig Subluxationen zu finden sind, die osteopathisch behoben werden sollten. Eine solche Subluxation im Sakroiliakalgelenk oder im Sakrum kann zu Schmerzen führen, die auf den gesamten Kruppenbereich ausstrahlen. Nach einer osteopathischen Behandlung sollten diese diffusen Schmerzen verschwinden und ein klareres Bild mit eventuell vorhandenen Triggerpunkten sich zeigen.

Im Bereich der Kruppe liegen einige wichtige Triggerpunkte. **Bl 25**, der Zustimmungspunkt des Dickdarms, liegt dorsal und kranial des Tuber coxae. Erhöhte Sensitivität dieses Punktes kann Störungen im Energiefluss des kollateralen Meridians anzeigen. So zeigt sich häufig eine erhöhte Empfindlichkeit an Bl 25 in Verbindung mit einem Triggerpunkt an **Di 16** bei Verletzungen des Fesselgelenks. Obwohl sich eine Reaktion bei Störungen des Organs Dickdarm auch an Bl 25 zeigen kann, ist dies doch eher selten. Sehr viel häufiger finden sich diese Reaktionen bei Entgleisungen des Immunsystems, da der Dickdarm hier eine weitaus größere Rolle spielt als im Bereich von Erkrankungen des Kolons. Häufig finden sich bei Pferden mit Erkrankungen des Immunsystems oder mit Infektionen eine ganze Reihe von Triggerpunkten um Bl 25 und Bl 54 herum. Bei den Infektionen handelt es sich meist um Herpes, Lyme-Borreliose und EPM.

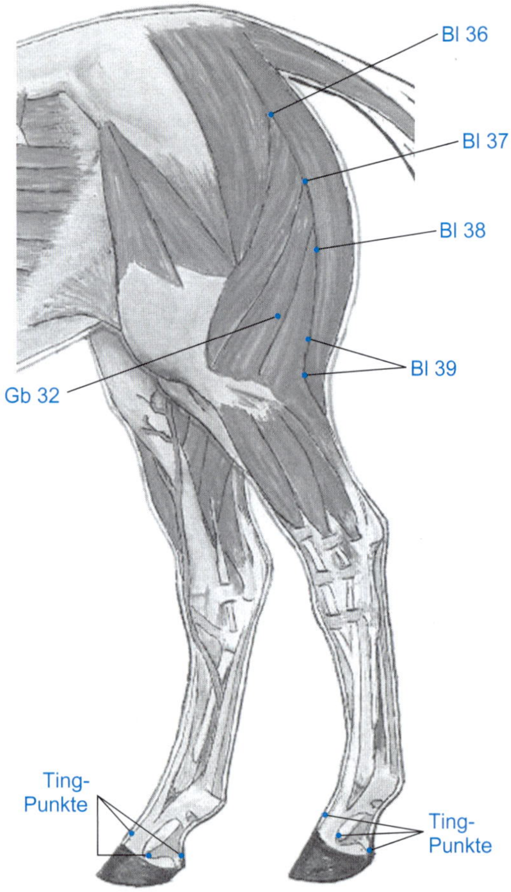

Abb. 33.5 Diagnostische Punkte an der Hintergliedmaße.

PRAXISTIPP

Patienten, die an hartnäckigen chronischen Infektionen leiden, zeigen häufig starke Hyperästhesien, vergleichbar den Menschen, die an Fibromyalgie leiden. Die Anwesenheit solcher Hyperästhesien weist den Praktiker in die Richtung der Diagnose und Therapie.

Drei Punkte, die wichtig für die Diagnose und die Behandlung von Schmerzen in der Hintergliedmaße sind, liegen kranial des Tuber coxae. Direkt hinter dem Tuber coxae ist **Gb 27** zu finden, der sowohl Triggerpunkt als auch Behandlungspunkt für Schmerzen im Sprung- oder Hüftgelenk sein kann. Davor liegt **MP 13**, der Schmerzen entlang des Rückens und in der Hüfte signalisieren kann. Unter dem Tuber coxae ist **Ma 30** zu finden, der als ein zuverlässiger Triggerpunkt für Störungen im Kniebereich angesehen wird. **Bl 27**, der Zustimmungspunkt des Dünndarms, liegt direkt über dem ersten Foramen sacrale. Reagiert dieser Punkt schmerzhaft, kann dies ein Zeichen für eine Problematik sein, die im Bereich des Meridian-Verlaufs der gegenüberliegenden Vordergliedmaße liegt, oder für Erkrankungen des Dünndarms. **Bl 28**, der *Shu*-Punkt der Blase, wird als letzter Zustimmungspunkt palpiert. Schmerz an dieser Stelle kann auf Störungen entlang des Blasen-Meridians oder der Blase hinweisen. Der kraniale Bereich der Insertionsstelle des M. biceps femoris reagiert oft schmerzhaft auf Palpation, wenn eine Kniegelenkserkrankung vorliegt, und wird als sakraler Kniepunkt bezeichnet. Die Insertionsstelle des M. semitendinosus (sakraler Sprunggelenkspunkt, **Bl 35**) reagiert hingegen eher, wenn eine Problematik im Bereich des Sprunggelenks besteht. Beide Punkte liegen direkt lateral des Blasen-Meridians. Erkrankungen des Hüftgelenks können zu Triggerpunkten rund um den Femurkopf führen. **Gb 29** liegt direkt vor dem Gelenk, während **Gb 30** dahinter und **Bl 54** darüber liegt. Alle diese Punkte können bei einer Erkrankung des Hüftgelenks reagieren.

33.3.7 Palpation der Hintergliedmaße

(➤ Abb. 33.5)

Die diagnostische Untersuchung wird mit einer sorgfältigen Untersuchung der Meridiane der Hintergliedmaße beendet. Der Blasen-Meridian spielt als Träger von eventuellen Triggerpunkten an der Hintergliedmaße eine ebenso bedeutende Rolle wie am Rücken. Er folgt dem Verlauf des M. biceps femoris nach unten. In der Muskelfurche können etliche wichtige Triggerpunkte liegen.

Die Punkte **Bl 36, Bl 37** und **Bl 38** liegen im gleichen Abstand voneinander zwischen dem Tuber ischiadicum und dem Kniegelenk. Reagieren diese drei Punkte schmerzhaft bei der Untersuchung, sollte das Kniegelenk genauer betrachtet werden. Dies gilt besonders, wenn die so genannten sakralen Kniepunkte **Ma 30** und **MP 13** ebenfalls schmerzhaft sind.

Bei Erkrankungen des Sprunggelenks reagieren der Punkt **Bl 39** und ein weiterer Punkt, der direkt darunter liegt (**Bl 39 A**). Dieser Punkt liegt genau in der Furche, die durch den N. peroneus entsteht. Der Verdacht einer Sprunggelenksproblematik kann durch die Untersuchung des sakralen Sprunggelenkspunktes, **Gb 27**, er-

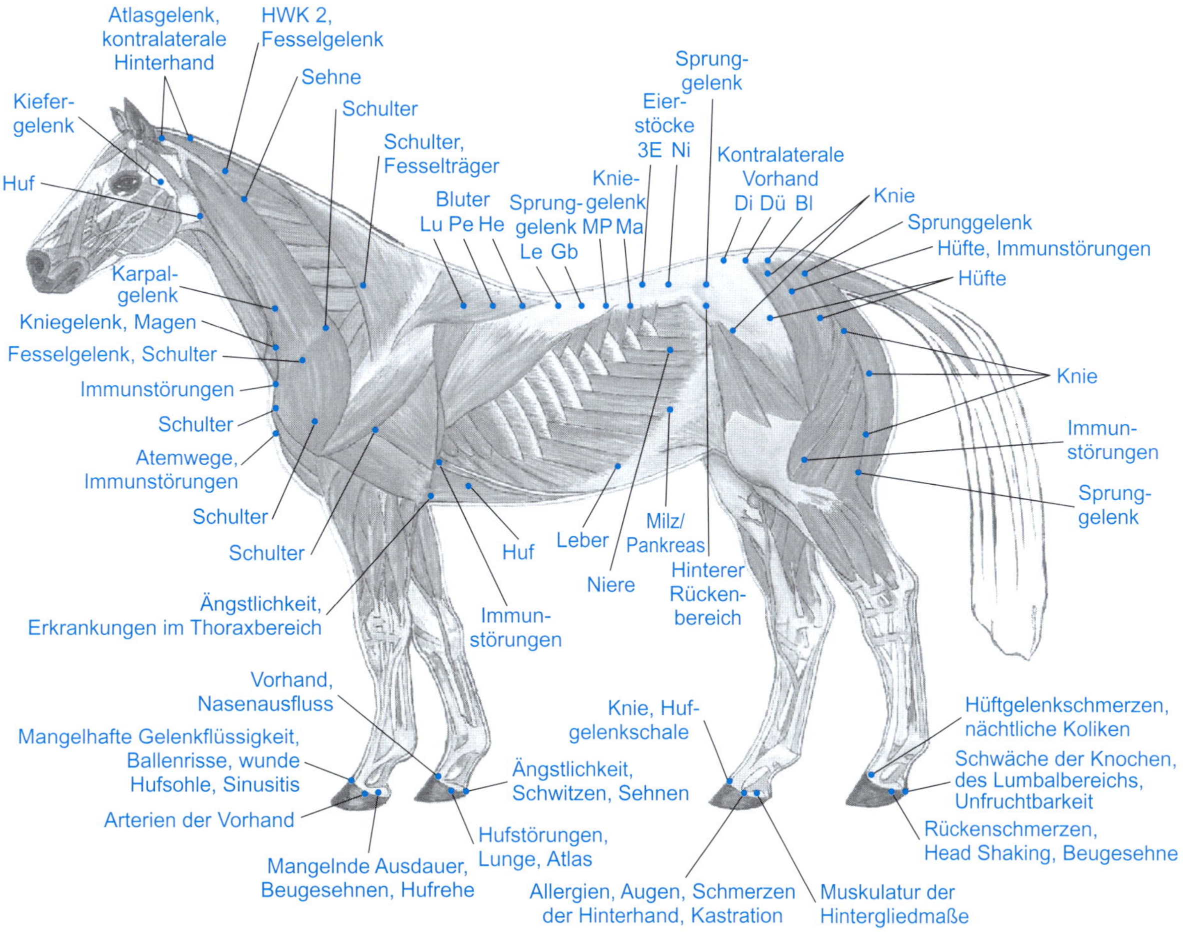

Abb. 33.6 Diagnostische Punkte beim Pferd.

härtet werden. Wie beim Vorderbein schließt die Untersuchung mit einer Palpation der *Ting*-Punkte ab, die auf Dellen oder Aufquellungen abgetastet werden.

In manchen Fällen von EPM, in denen der Gallenblasen-Meridian mitbetroffen ist, findet sich entlang des Sakrums im Gebiet der Punkte **Bl 53** und **Bl 54** eine Reihe von Triggerpunkten und ein Triggerpunkt an **Gb 32** hinter dem lateralen Femurkondylus.

In ➢ Abb. 33.6 sind alle diagnostischen Akupunkturpunkte des Pferdes zusammengefasst.

Merke Da die Verbindung zwischen der Reaktivität des Punktes Gb 32 und der klinischen Diagnose der EPM nicht erwiesen ist, sollte immer auch auf konventionelle diagnostische Methoden zurückgegriffen werden.

Tab. 33.1 Diagnostische Punkte beim Pferd. Lokalisation der Punkte siehe in ➢ Kap. 32.

Akupunkturpunkt	Klinische Entsprechung
Ma 7	Kiefergelenk
Gb 2	Kiefergelenk
Dü 19	Kiefergelenk
Gb 20	Atlas
Bl 10	Atlas
Dü 16	Sehne, Unterstützungsband, Sprunggelenk
3E 16	Zweiter Zervikalwirbel, Fesselgelenk
Di 18	Hufe
Karpalgelenkspunkt	Karpus
Di 17	Karpus
Di 16	Vordergliedmaße
Sprunggelenkspunkt	Fesselgelenk
3E 15	Lateraler Anteil des Unterstützungsbandes, Sehne, Nackenband
Gb 21	Schulter, Hals, Hüfte
Dü 9	Schulter, Schmerz der Vordergliedmaße
Pe 1	Hufe
MP 20	Karpus, Immunsystem
Lu 1	Lunge, Respirationstrakt
KG 17	Ängstlichkeit, Thorax
Bl 13/42	Respirationstrakt, medialer Bereich der Vordergliedmaße
Bl 14/43	Ängstlichkeit, Zuchtprobleme, kaudaler Bereich der Vordergliedmaße
Bl 15/44	Ängstlichkeit, Herz, Thorax, lateraler Bereich der Vordergliedmaße
Bl 18/47	Leber, medialer Bereich der Hintergliedmaße, Augen, Hufe, Sehnen
Bl 19/48	Muskeln, Sprunggelenk, Hüfte, lateraler Bereich der Hintergliedmaße
Bl 20/49	Verdauungstrakt, Knie, medialer Bereich der Hintergliedmaße
Bl 21/50	Verdauungstrakt, Knie, lateraler Bereich der Hintergliedmaße
Bl 22/51	Endokrinum, kranialer Bereich der Vordergliedmaße
Bl 23/52	Urogenitaltrakt, Gelenke, kaudaler Bereich der Hintergliedmaße
Bl 25	Immunsystem, Sakralgelenk, Vordergliedmaße
Bl 27	Blase, Verdauungstrakt, Rücken, lateraler Bereich der Hintergliedmaße
Le 13	Verdauungstrakt, Reproduktionsorgane
Le 14	Leber
Gb 25	Urogenitaltrakt
Punkt am Kamm	Immunsystem, Infektionserkrankungen des Iliums
Gb 27	Sprunggelenk, Hüftgelenk
MP 13	Lumbal-, Sakralbereich
Ma 30	Knie
Sakraler Kniepunkt	Knie
Sakraler Sprunggelenkspunkt	Sprunggelenk
Bl 54	Hüftgelenk, Immunsystem
Gb 29	Hüftgelenk
Gb 30	Hüftgelenk
Bl 36	Knie
Bl 37	Knie
Bl 38	Knie
Bl 39 A	Sprunggelenk
Gb 32	Immunsystem (EPM?)
Ting-Punkte	Probleme mit den dazugehörenden Organen oder im Meridianverlauf

LITERATUR
1. Denmei S: Japanese classical acupuncture: introduction to meridian therapy, Seattle, 1990, Eastland Press.
2. Travell JG, Simons DG: The trigger point manual, Baltimore, 1983, Williams & Wilkins.
3. Xinnong C: Chinese acupuncture and moxibustion, Beijing, 1987, Foreign Language Press.
4. Rogers P, Cain M: Clinical acupuncture in the horse. Proceedings of the Thirteenth Annual Meeting of IVAS, 1987.
5. Snader M: Clinical acupuncture diagnosis in the horse. Proceedings of the Thirteenth Annual Meeting of IVAS, 1987.
6. Cain M: Five elements in the equine, 1998, Bioslan, Inc.
7. Schoen A: Diagnostic acupuncture palpation exam and immune-mediated disorders, 24th International Veterinary Acupuncture Society Annual Congress Proceedings, Longmont, Colo, 1998.

KAPITEL

34 Akupunktur bei muskuloskeletalen und neurologischen Störungen des Pferdes

Peggy Fleming

34.1 Grundlagen

In den Vereinigten Staaten von Amerika konzentriert sich das Interesse an der Pferdeakupunktur auf den Bereich der Schmerztherapie, und dabei vor allem auf den Bewegungsapparat. Da Schmerzlinderung ein sehr wichtiges Gebiet ist, wenden sich viele Klienten der Akupunktur zu. Das Ziel der Akupunkteure sollte jedoch nicht nur die Beseitigung der Symptome, sondern auch die Behandlung der zugrunde liegenden Ursachen beinhalten.

In der westlichen Medizin besteht meistens ein Zusammenhang zwischen muskuloskeletalen Störungen und Traumata oder anderen externen Einflüssen. Aus Sicht der TCM kann sich eine Störung nicht nur durch Einwirkung eines externen Faktors entwickeln, sondern auch aufgrund von prädisponierenden Faktoren wie z. B. der zugrunde liegenden körperlichen Konstitution des Tieres. Dieses Konzept bekommt bei der Behandlung chronischer Erkrankungen besondere Bedeutung.

Die TCM in westliche Terminologie zu übersetzen ist sehr schwierig, wenn nicht sogar unmöglich, da die beiden Konzepte sich so stark unterscheiden (➤ Kap. 3 und ➤ Kap. 6). Akupunkturphänomene, die aus einem komplexen System physiologischer Reaktionen bestehen, wurden im *Nei Jing* auf der damaligen Philosophie basierend zusammengefasst. Die TCM umfasst ein Behandlungskonzept aus Akupunktur und Phytotherapie, das sich auf die *Zang-Fu*-Muster (physiologische Funktionen und pathologische Veränderungen der Organe) bezieht. Es ist ein System, das versucht, Gemeinsamkeiten der Krankheitsbilder wieder zu erkennen und einen starken Schwerpunkt auf die Theorie legt [1]. Daher konzentriert sich die TCM auch mehr auf innere Erkrankungen und Störungen von Organfunktionen und ist meist als Ergänzung einer medikamentösen Therapie gedacht, nicht als alleinige Behandlungsmethode.

Praktiker sind häufig von der Komplexität der traditionellen chinesischen Medizin verwirrt und tendieren dann dazu, fertige Arzneimittelmischungen aus Kräutern einzusetzen. Gerade bei der Einschätzung von muskuloskeletalen Störungen bei Pferden kommt dies oft vor, da es häufig sehr schwierig ist, Puls- und Zungendiagnose in die Untersuchung mit einzubeziehen und eine komplette Vorgeschichte zu erhalten.

In der TCM werden die meisten muskuloskeletalen Störungen unter dem Begriff ***Bi*-Syndrom** zusammengefasst, was für Stagnation von *Qi* und Blut in den Meridianen steht (➤ Kap. 6).

Es gibt mehrere Sorten von *Bi*, je nach Charakter der Schmerzen, die mit unterschiedlichen Rezepturen behandelt werden können. So wird z. B. bei einem Pferd mit einer Ankylose des Fesselgelenks von einem Knochen-*Bi* gesprochen. In der TCM-Lehre führen eine Stauung von Blut und ein Bewegungsmangel zu Schleim, der die Gelenke verstopft und Schwellungen hervorruft, die letztendlich auf die Knochen übergeht [2].

Zur Behandlung dieses *Bi*-Syndroms der Knochen kommen folgende Punkte in Frage: Bl 11 (Meisterpunkt der Knochen), Gb 39 (Meisterpunkt des Markes), Ma 40 (Schleimauflösung). Diese distalen Punkte könnten mit lokalen Punkten um die Veränderung herum ergänzt werden (➤ Kap. 11: Das *Bi*-Syndrom).

Viele Pferdeakupunkteure in den USA verwenden einen sich mehr an der japanischen Schule orientierenden Akupunkturansatz, der auf einer palpatorischen Diagnose beruht und weniger stark die Theorie betont. Die Punkte werden durch sorgfältiges Tasten bestimmt und nicht nach genauen anatomischen Beschreibungen. Dieses Vorgehen basiert auf praktischer Erfahrung, die gezeigt hat, dass Punkte nicht unbedingt anatomisch fixiert sind, sondern sich in Abhängigkeit vom Zustand des Patienten entlang des Meridians bewegen können [1]. Das könnte erklären, warum verschiedene Praktiker ein und denselben Punkt an verschiedenen Stellen finden.

Merke Bei der diagnostischen Akupunkturpunkt-Palpation wird der gesamte Körper des Patienten sehr sorgfältig auf Triggerpunkte hin untersucht. Oft führen bestimmte Verletzungen zu einer Reihe von schmerzhaften Punkten und einem vorhersagbaren Muster an myofaszialen Schmerzen. So liegt beispielsweise bei einem Kniesyndrom häufig eine bestimmte Kombination von Triggerpunkten vor, die erfahrungsgemäß auf Probleme im Kniegelenk hindeutet (➤ Kap. 33).

Die japanische Akupunkturlehre konzentriert sich auf die Meridiane und auf Disharmonien in deren energetischem System. Das erste Ziel der Meridian-Therapie liegt in der Identifizierung des *Qi*-Ungleichgewichts im Meridian und in der Wiederherstellung dieses Gleichgewichts. Um zu einer Punktauswahl zu gelangen, mit der die Ursache der Störung behandelt werden kann, müssen die Meridiane mit der größten Leere oder Fülle herausgefunden werden. Dies kann mit Hilfe des traditionellen Systems der vier „klassischen Untersuchungen" des Sehens, Hörens, Fragens und Palpierens geschehen. In diesem System ist das Ausgleichen der Meridiane (Behandlung der Ursache) genau so wichtig wie die Klärung der Oberfläche mit lokalen Mitteln, um das *Qi* zu normalisieren. Gerade bei der Behandlung von muskuloskeletalen Störungen des Pferdes hat sich diese Methode bewährt.

34.2 Behandlungsstrategien

34.2.1 Grundregeln

Bei der Punkteauswahl zur Behandlung von muskuloskeletalen Störungen des Pferdes sind bestimmte Richtlinien zu beachten, um ein möglichst effektives Behandlungskonzept zu entwickeln:

- **Erstens** sollte festgestellt werden, ob es sich um einen **Fülle- oder Leere-Zustand** handelt. Bei einer Leere sollte sich die Behandlung in erster Linie auf Tonisierung konzentrieren. Liegt eine generelle Fülle vor, ist Ausleiten und Zerstreuen das Ziel. Beachten Sie die Gesamtenergie des Patienten. Bei einer Leere liegen Anzeichen für Erschöpfung, Ermüdung und/oder motorische Störungen wie Lähmungen vor. Ein Fülle-Zustand kann Hitze, Spasmen, erhöhte Produktion von Flüssigkeiten, Nervosität und Übererregung (z. B. akute Hufrehe) zeigen.
- **Zweitens** muss festgestellt werden, ob es sich um eine **akute oder** eine **chronische Erkrankung** handelt. Akute Störungen betreffen meist nur einen oder zwei Meridiane. Diese werden in der Regel durch ausleitende Basispunkt-Kombinationen behandelt, die sich mit der *Yang*-Fülle beschäftigen. Chronische Fälle sind meist komplizierter, da man von Störungen mehrerer Meridiane ausgehen muss. Um einen Behandlungsplan zu entwerfen, ist die Theorie der TCM, wie z. B. die Lehre der fünf Elemente, sehr wichtig [3]. Dieser Behandlungsplan ist grundlegend in der japanischen Akupunktur, bei der die Tonisierung des Meridians, der die Leere zeigt, ein essentieller Schritt zur Behandlung einer chronischen Erkrankung ist.
- **Drittens** wird festgestellt, **welcher Meridian** an der Störung beteiligt ist. In der japanischen Akupunktur am Menschen wird dies durch den Vergleich der Symptome mit den zwölf Pulsen erzielt. Beim Pferd muss mehr Betonung auf die Palpation gelegt werden, da die Einschätzung des Pferdepulses immer noch schwierig ist.

Merke In der japanischen Akupunktur (Meridian-Therapie) beinhalten die Begriffe *Yang*-Fülle und *Yin*-Leere die Diskrepanz zwischen einem vom Patienten gezeigten Symptom und dem zugrunde liegenden energetischen Ungleichgewicht in den zwölf Meridianen. Zu Beginn der Erkrankung korrelieren die Symptome des Patienten meist direkt mit den korrespondierenden Organen. So wird z. B. eine Schulterlahmheit des Dickdarm-Meridians gut auf ausleitende Dickdarmpunkte reagieren. Bei Symptomen, die chronisch geworden sind, muss immer an eine zugrunde liegende Leere gedacht werden. Diese Leere hat die Heilung der eigentlichen Verletzung verhindert und kann, unabhängig vom Meridian der primären Verletzung, überall vorkommen.

Die Methode der japanischen Meridian-Therapie eignet sich ganz besonders gut für die Behandlung von Pferden, weil gerade bei dieser Spezies selten vollständige Anamnesen vorliegen und die meisten Primärstörungen muskuloskeletaler Natur sind. Die Störung, die zu den Symptomen geführt hat, kann meist durch eine sorgfältige Palpation herausgefunden werden. Dieses Vorgehen ist leicht zu erlernen.

34.2.2 Erkennen der primären Störung

Alle *Yang*-**Meridiane** verlaufen über den Hals des Pferdes und sind daher leicht zu palpieren. Durch sorgfältige Palpation kann man feststellen, ob sich ein Meridian in Fülle oder in Leere befindet. Das gleiche gilt für die Zustimmungspunkte des Rückens. Reagieren Punkte bereits auf einen leichten Druck, kann man von einem Fülle-Zustand in dem dazugehörenden Organ oder dem Meridian ausgehen. Reagieren die Punkte erst auf starken Druck, weist dies auf eine Leere hin (➤ Kap. 33, Zustimmungspunkte).

Zeigen zwei *Yin*-**Meridiane** Fülle bzw. Leere, sollte man nach der Lehre der fünf Elemente bestimmen, in welchem Meridian die primäre Störung liegt. Im Allgemeinen wird in der japanischen Akupunktur der Meridian in Leere als primäre Störung betrachtet. Sind zwei gekoppelte *Yin*-Meridiane in Leere, wird der Meridian als primär betrachtet, der im *Sheng*-Zyklus zuerst steht. So würde man sich z. B. bei einem Pferd mit starken Reaktionen (Fülle) der Punkte Bl 13 und Bl 20 für die zerstreuende Behandlung von Milz/Pankreas (Mutter der Lunge) entscheiden.

Die *Ting*-**Punkte** können ebenfalls dazu eingesetzt werden, die primäre Problematik zu erkennen (➤ Kap. 38). Das System, das A. Thoresen entwickelt hat, ähnelt dem des japanischen *Akabane*-Tests [4]. Er fand heraus, dass sich bei chronischen Erkrankungen des Pferdes die ursächliche Störung (Leere) als trockene Grube im Kronsaum des Pferdes und am entsprechenden *Ting*-Punkt darstellt. Die Behandlung dieser *Ting*-Punkte entspricht in etwa der Behandlung der Ursache nach der japanischen Akupunkturlehre.

Sind mehr als ein veränderter *Ting*-Punkt zu finden, wird wieder der Punkt eingesetzt, dessen Meridian im System der fünf Elemente weiter oben steht. Zeigen z. B. die *Ting*-Punkte von Milz/Pankreas, Niere und Lunge alle einen Leere-Zustand an, würde nach dieser Lehre der *Ting*-Punkt von Milz/Pankreas als der erste Punkt nach der Lehre der fünf Elemente behandelt werden. Meist weisen schon die Symptome in diese Richtung. So zeigen z. B. viele Pferde mit chronischem Nasenbluten Veränderungen am *Ting*-Punkt der Lunge.

Merke Nach der Lehre der TCM wird eine Fülle aufgelöst, bevor eine Leere tonisierend behandelt wird. Dies gilt insbesondere für die Behandlung mit chinesischen Kräutern. Im Gegensatz hierzu steht die japanische Schule. Der Unterschied liegt in der Definition von Leere und Fülle. Bei der japanischen Akupunktur basiert die Diagnose in erster Linie auf der Energetik der zugrunde liegenden Pulssituation. In der TCM erfolgt die Diagnose eher aufgrund der äußerlich sichtbaren Erkrankung.

34.2.3 Symptomatische Therapie

Eine symptomatische Behandlung wird bei allen klinischen Zeichen durchgeführt, die nicht durch die Behandlung der Ursache verschwinden. Sowohl die Behandlung der Ursache als auch der Symptome ist wichtig, aber ohne die Behandlung der Ursache wird die Behandlung der Symptome nicht so effektiv sein. Wenn die Störung durch ein Trauma auf nur einem Meridian hervorgerufen wurde, wie z. B. bei einer Zerrung im Rückenbereich, ist manchmal schon die Behandlung der Ursache allein wirkungsvoll. In anderen Fällen ist eine Schmerzlinderung nur zu erreichen, wenn die Behandlung der Ursache mit einer lokalen Behandlung kombiniert wird.

Bei symptomatischen Behandlungen gibt es keine Grenzen für die angewandten Techniken. Es sollten jedoch ein paar grundlegende Fakten beachtet werden. Die Patienten sollten nicht „überbehandelt“ werden, d.h. normalerweise sind nicht mehr als acht Punkte notwendig. Vor einer Ausleitung sollte tonisiert werden, und es sollten nicht nur lokale Punkte zur Anwendung kommen, sondern auch distale und Meister-Punkte.

Die Reaktion eines Pferdes auf die Behandlung kann sehr schnell einsetzen, in der Regel wesentlich schneller als dies beim Menschen der Fall ist. Oft kommt es schon nach einer Behandlung zu sichtbaren klinischen Verbesserungen. Bei chronischen Fällen muss aber auch beim Pferd mit mehreren Behandlungen gerechnet werden bevor sich eine Reaktion zeigt. Generell sollte ein Patient nach vier Behandlungen reagieren. Tritt dies nicht ein, sollte der Fall aufs Neue überdacht und eingeschätzt werden. In den meisten Fällen haben sich eine bis zwei Behandlungen pro Woche bewährt. Die Behandlungsintervalle können dann langsam von einer Behandlung pro Woche auf eine Behandlung pro Monat ausgedehnt werden. Natürlich müssen die Intervalle für jeden Fall neu überdacht und angepasst werden.

Die in diesem Kapitel beschriebenen symptomatischen Behandlungsvorschläge stellen eine Kombination aus der TCM-Methode und klinischen Erfahrungen von international anerkannten Fachleuten der Pferdeakupunktur dar [3].

34.2.4 Beseitigung prädisponierender Faktoren

So entscheidend die Betrachtung aller Aspekte einer Erkrankung für ein Behandlungsprotokoll ist, so wichtig ist auch die Erkennung der Ursache der Erkrankung für die Prävention. Dafür sollten alle prädisponierenden externen Faktoren, die zur Erkrankung geführt haben, sorgfältig bedacht werden. Dazu gehört auch eine Beurteilung der Unversehrtheit der Wirbelsäule. So kann z. B. eine Subluxation des Sakroiliakalgelenks zu veränderter Belastung der Hinterhand und damit zu einer Knieproblematik führen. Weiterhin müssen alle Medikamente und Impfungen bedacht werden, die vor der Untersuchung verabreicht wurden, aber auch der Hufbeschlag, schlecht sitzender Sattel, ungeeigneter Boden, die Trainings- und Ausbildungssituation, die Verwendung von Führmaschinen und unerfahrene Reiter [5, 6]. All diese Faktoren werden weiter hinten behandelt.

34.3 Behandlungstechniken

34.3.1 Traditionelle Akupunkturbehandlung mit Nadeln

Im antiken China verließen sich die Akupunkteure auf das Wissen der Meister, um spezielle Erkrankungen von Pferden zu behandeln. Das führte nach einiger Zeit zur Dokumentation bestimmter Punkte, die konstant klinische Wirkungen erzielten. Eine Zusammenfassung dieser Punkte ist in ➤ Kap. 31 zu finden.

Der Einsatz der Meridian-Therapie zur Behandlung von muskuloskeletalen Erkrankungen des Pferdes wird in China kontrovers diskutiert. Die Debatte dreht sich um die Frage, ob es beim Pferd Meridiane und die dazugehörenden Punkte gibt oder nicht. Darum wird in China meist das System des *Bi*-Syndroms eingesetzt, wenn muskuloskeletale Störungen vorliegen und diagnostiziert werden sollen [7].

Generell wird die chinesische Methode der Stimulation im Vergleich zur japanischen Methode als sehr stark empfunden. Es gibt zwei Arten von traditionellen Nadeln: eine dickere Nadel mit einem Durchmesser von 2 mm, die aus rostfreiem Stahl hergestellt wird und zwischen 5 cm und 30 cm lang sein kann, und eine Nadel mit einer lanzettenartig angeschliffenen Spitze, die für die Hämakupunktur verwendet wird [7]. Viele der westlichen Akupunkteure benützen wiederverwendbare Nadeln, die in verschiedenen Durchmessern und Längen erhältlich sind und weniger Schmerzen beim Einstechen verursachen.

Viele der traditionellen Punkte, die bei muskuloskeletalen Erkrankungen behandelt werden, sollten durch **Hämakupunktur** stimuliert werden. So wird beispielsweise der Punkt *Xiong Tang*, der auf der V. cephalica zu finden ist, bei Hufrehe und Schulterlahmheiten blutig genadelt [8]. Anstatt der oben erwähnten lanzettenartigen Nadel können hierfür auch Injektionskanülen verwendet werden, mit denen das Gefäß kurz angestochen wird. Diese Technik eignet sich besonders gut zur Behandlung der *Ting*-Punkte [3].

Der traditionelle Einsatz von **Feuernadeln** oder heißen Nadeln entspricht dem Brennen der klassischen Tiermedizin bei chronischen Sehnenerkrankungen. In China wird diese Art der Behandlung bei chronisch degenerativen Gelenkserkrankungen verwendet, die auf andere Behandlungsstrategien nicht angesprochen haben. Hierzu wird eine Nadel so lange über einer Flamme erhitzt oder mit einem in Öl getränkten und angezündeten Wattebausch umgeben bis ihre Spitze rot glüht. Diese glühende Nadel wird schnell eingeführt. Der so behandelte Punkt kann wegen der Kauterisierung erst wieder behandelt werden, wenn die Verbrennung abgeheilt ist. Diese Technik konnte sich in den Vereinigten Staaten von Amerika nicht durchsetzen.

Eine weitere Technik ähnelt ebenfalls den Techniken, die auf den Rennbahnen zu finden sind: die **Pneumoakupunktur** [8]. Hierbei werden die Akupunkturpunkte durch subkutan injizierte Luft stimuliert. Pneumoakupunktur am Punkt Dü 9 wird beispielsweise oft bei Pferden mit chronischen Schulterlahmheiten durchgeführt. Es ist interessant, dass diese Technik unter den Tierärzten, die Pferde auf Rennbahnen betreuen, weit verbreitet ist.

34.3.2 Moderne Nadeltechniken

In den USA und in Europa setzen die meisten Pferdeakupunkteure eine Kombination aus zwei Techniken ein, um einen Punkt zu stimulieren.

Japanische Akupunktur

Bei der ersten Technik werden japanische Nadeln eingesetzt. Diese Nadeln sind ansonsten in der Humanakupunktur üblich. Sie sind aus rostfreiem Stahl hergestellt und in verschiedenen Längen (6,25–20 cm) und Durchmessern (32–26 Gauge) erhältlich. Meistens werden sie sterilisiert und mit einem Einführröhrchen geliefert. Durch dieses Röhrchen soll der Schmerz, der beim Einstich empfunden wird, verringert und die Stichtechnik verbessert werden. Diese Nadeln eignen sich besonders gut für die distalen Punkte an den Gliedmaßen der Pferde, also für Punkte, an denen eine Schmerzminderung beim Einstich wichtig ist. Das Röhrchen wird mit der Nadel genau über den Akupunkturpunkt gehalten und der Nadelkopf einmal kurz angetippt, bis die Haut durchstochen ist. Dann wird das Röhrchen schnell entfernt und die Nadel bis zur gewünschten Tiefe ins Gewebe geschoben. Die meisten Pferde wehren sich nicht gegen diese Behandlung, wenn sie korrekt ausgeführt wird. Eine 30-G-Nadel eignet sich gut für die traditionellen Punkte, während für die Zustimmungspunkte am Pferderücken eher die Nadeln mit 28 G geeignet sind. Zum Becken hin wird die Haut der Pferde dicker. Deshalb können für Punkte in diesem Bereich Nadeln mit einem noch größeren Durchmesser notwendig werden. Die koreanischen Akupunkturnadeln ähneln denen der Japaner, sie sind jedoch schärfer angeschliffen und können so auch dickere Haut durchstechen [9].

Tonisierung

Hier sei angemerkt, dass schmerzlose Nadeleinführung ein Kriterium für die Tonisierung eines Akupunkturpunktes ist [10]. Darum eignen sich japanische Nadeln so gut zur Behandlung von chronischen Erkrankungen. Zur Tonisierung sollte die Nadel in der Exspirationsphase des entspannten Pferdes eingestochen werden. Die Nadel wird dann vor und zurück bewegt, bis diese Manipulation immer schwieriger auszuführen ist. Das wird als *De Qi*-Gefühl bezeichnet. Dann wird die Nadel schnell um 180° im Uhrzeigersinn gedreht, in der Inspirationsphase zügig herausgezogen und das so entstandene „Loch" mit der Fingerspitze abgedeckt, um das *Qi* zu erhalten.

Sedierung

Wenn die Erkrankung eine sedierende Nadelung erforderlich macht, kann ein gewisses Maß an Schmerzen beim Einstechen der Nadel akzeptiert werden. Dann wird die Nadel in der Inspirationsphase eingestochen und manipuliert, bis sich das *De Qi*-Gefühl zeigt. Nach einer Drehung um 180° gegen den Uhrzeigersinn wird die Nadel in situ belassen, bis sie sich leicht entfernen lässt, was bis zu zehn Minuten dauern kann.

Aquapunktur

Aquapunktur ist eine weitere Technik, die von vielen Pferdeakupunkteuren eingesetzt wird. Hier wird mittels einer Injektionskanüle und einer Spritze eine Flüssigkeit an den Akupunkturpunkt gespritzt. Dabei kommen viele verschiedene Flüssigkeiten zum Einsatz, z. B. physiologische Kochsalzlösung, destilliertes Wasser, Procain, homöopathische Lösungen, B-Vitamine oder ölige Jodlösungen (Mackays Jodlösung). Es gibt viele Gründe für die Beliebtheit der Aquapunktur:

1. Das Einbringen der Akupunkturnadeln kann schwieriger und zeitaufwendiger sein als die Aquapunktur.
2. Pferde verfügen über starke Hautreflexe. Dadurch kann die exakte Lokalisation einer Nadel in einem Punkt problematisch werden.
3. Es besteht immer die Gefahr, eine der Akupunkturnadeln im Stall des Patienten zu verlieren.

Tonisierung und Sedierung werden bei der Aquapunktur genauso erreicht wie bei der traditionellen Akupunktur. Die Injektionsnadel sollte bis zum Erreichen des *Qi* manipuliert werden. Zur Tonisierung werden geringere Mengen Flüssigkeit injiziert als zur Sedierung. Als Regel gilt: Bei der Tonisierung wird Flüssigkeit injiziert, bis *Qi* ankommt, bei der Sedierung, bis das Gewebe sich entspannt.

Die verwendete Flüssigkeitsmenge ist von Akupunkteur zu Akupunkteur verschieden. Manche setzen so geringe Mengen wie 1 ml ein, während andere bis zu 40 ml injizieren [8]. Auch der Durchmesser der Injektionsnadel variiert. Zur Sedierung wird generell eine dickere Nadel verwendet (20 G) als zur Tonisierung (25 G).

Die Aquapunktur hat aber auch Nachteile. Da die verwendeten Nadeln hohl sind, ist der Einstich schmerzhafter und verursacht eher Blutungen. Die Kanülen können durch die Muskelkontraktion des Patienten eher verbogen werden und zeigen dann die Tendenz zu brechen, wenn sie gezogen werden.

> **✓ PRAXISTIPP**
> Zur schmerzfreien Behandlung von Punkten an den Extremitäten der Pferde eignet sich auch der „Dermo-Jet", der mittels Druckluft Flüssigkeiten unter die Haut injiziert.

34.3.3 Moxibustion

Bei der Moxibustion wird ein Zylinder oder Kegel eines Krautes, in der Regel *Artemisia vulgaris* (Beifuß), auf oder in der Nähe der Haut eines Akupunkturpunktes abgebrannt. Da es wärmend ist, eignet sich die Technik besonders für Erkrankungen, die auf ein **geschwächtes** *Yang* oder auf chronische *Yin*-**Schwäche** zurückzuführen sind. Die Meridiane werden dadurch geöffnet und die Zirkulation von *Qi* und Blut angeregt [7]. Da die meisten muskuloskeletalen Störungen durch **Blockaden von** ***Qi*** **und Blut** hervorgerufen werden, ist die Moxibustion eine wichtige Behandlungsstrategie für solche Störungen. Dies gilt ganz besonders, wenn die zugrunde liegende Erkrankung in Verbindung mit **Kälte oder Feuchtigkeit** steht.

In der Pferdeakupunktur werden am besten die zigarrenförmigen Moxa-Stäbe verwendet. Die Moxa-Zigarre wird an einem Ende angezündet und ungefähr 1 cm über die Haut gehalten. Es ist ratsam, zwei gespreizte Finger neben den Akupunkturpunkt direkt auf die Haut zu legen, um zu fühlen, ob die Hautregion zu heiß wird.

Es gibt zwei Möglichkeiten, die Wirkung der Moxibustion zu erhöhen:

- Um ein größeres Hautareal zu behandeln, kann die glühende Moxa-Zigarre in kreisförmigen Bewegungen über die Haut geführt werden. Zur stärkeren Stimulation des Punktes können

mit der Moxa-Zigarre leicht „pickende“ Bewegungen näher an die Hautoberfläche heran ausgeführt werden. Die Haut wird jedoch auch hierbei nicht berührt [7].
- Moxa kann auch auf eine Akupunkturnadel gesteckt und angezündet werden, um die Wirkung der Nadelbehandlung zu verstärken. Dadurch kann die Hitze noch tiefer in den Akupunkturpunkt eindringen. Zu diesem Zweck können einzelne kleine Moxa-Stücke oder abgeschnittene Teile einer Moxa-Zigarre verwendet werden.

Es gibt nur wenige Nachteile der Moxibustion:
- Beim Abbrennen des Moxakrauts entsteht ein durchdringender Geruch, den manche Menschen nicht mögen.
- Die potentielle Gefahr des offenen Feuers muss immer bedacht werden.
- Moxibustion ist bei allen akuten entzündlichen und infektiösen Geschehen kontraindiziert.

PRAXISTIPP

Um die Wirkung der Akupunkturbehandlung zu verstärken, kann man den Pferdebesitzern zeigen, wie sie selbst ihre Tiere mit Moxa behandeln können.

34.3.4 Elektroakupunktur

Elektroakupunktur ist eine Variante der transkutanen elektrischen Nervenstimulation (TENS), die mit Elektroden an bestimmten Akupunkturpunkten arbeitet. Zur Behandlung von muskuloskeletalen Störungen des Pferdes wird häufig Elektroakupunktur eingesetzt. Die Vorteile liegen darin, dass die Wirkung im Vergleich zum einfachen Nadeln scheinbar länger anhält und die Genauigkeit beim Nadelsetzen weniger kritisch ist.

Bei den meisten Geräten können die Frequenz und die Stromstärke verändert werden. Überzeugen Sie sich davon, dass das Gerät abgeschaltet ist, bevor sie mit einer Behandlung beginnen. Setzen Sie dann die Elektroden an. Wird der Hals oder der Rücken behandelt, sollte die positive Elektrode zum Kopf zeigen. An den Gliedmaßen sollte sie in Richtung Körper weisen [11]. Die Intensität (einige mV) wird am Anfang so niedrig wie möglich gewählt und langsam so weit gesteigert, dass sie gerade unterhalb der Schmerzschwelle liegt. Nachdem sich das Pferd an die Stimulation gewöhnt hat, kann die Intensität in fünfminütigen Intervallen langsam weiter gesteigert werden.

Bei **chronischen Schmerzen**, die aufgrund eines Leere-Zustandes entstehen, wird eine niedrige Frequenz von 2–4 Hz empfohlen. Die dadurch hervorgerufene Analgesie kann Tage anhalten [12]. Ein weiterer Vorteil der Behandlung mit niedrigen Frequenzen ist der kumulative Effekt, der bei wiederholten Behandlungen auftritt.

Bei **akuten Erkrankungen und Muskelspasmen** wird mit hohen Frequenzen von 80–100 Hz behandelt. Die Wirkung setzt sehr schnell ein, hält aber nicht lange an. Pferde zeigen schnell eine Art Gewöhnung an diese Form der Behandlung, deren Wirkung dann nachlässt.

Viele Geräte bieten einen Kompromiss zwischen der niedrigen und der hohen Frequenz an, indem sie bei einer Einstellung zwischen hoher und tiefer Frequenz alternieren. Bei der Anwendung dieser Einstellung tritt die Gewöhnung des Patienten nicht so schnell auf, und die Wirksamkeit der Behandlung wird verstärkt [13]. Diese Einstellung ist besonders gut geeignet zur Behandlung von Paresen. In Abhängigkeit von der Erkrankung und der Toleranz des Patienten kann die Behandlung zwischen zehn Minuten und einer Stunde dauern.

PRAXISTIPP

Elektroakupunktur eignet sich besonders gut zur Behandlung von Paresen des N. facialis und des N. radialis.

34.3.5 Mikroströme

Die Sportmedizin hat sich in letzter Zeit eher von der TENS-Methode abgewandt und den Mikroströmen zugewandt. Gerade auf den Rennbahnen in den Vereinigten Staaten von Amerika erfreuen sich diese Mikrostromgeräte immer größerer Beliebtheit. Die Geräte produzieren Strom mit einer Stärke im Bereich von Mikroampere, was als biologisch verträglicher betrachtet wird als die Milliampere-Stärken anderer Geräte [15]. Einige Geräte können die Leitfähigkeit messen, womit man den Widerstand der Akupunkturpunkte zwischen Haut und Elektrode bestimmen kann.

Der elektrische Widerstand kann in chronisch pathologisch veränderten Bereichen höher sein. Ein Bereich der Leere kann eventuell eine verringerte Leitfähigkeit zeigen. Eine akute Entzündung oder ein Fülle-Zustand führt jedoch immer zu einer erhöhten Leitfähigkeit. Man kann diese Messungen einsetzen, um den energetischen Zustand eines Meridians einzuschätzen. Systeme wurden entwickelt, mit denen die Messungen an den antiken Punkten und den Zustimmungspunkten eingeschätzt und die gemessenen Abweichungen mit Mikroströmen ausgeglichen werden können [15].

34.3.6 Laser-Therapie

Der Kalt-Laser erfreut sich großer Beliebtheit für Akupunkturbehandlungen. In der Pferdeakupunktur wird er meist zur Stimulation der distalen Punkte an den Gliedmaßen eingesetzt, da seine Anwendung schmerzfrei und das Gerät einfach zu handhaben ist.

Der Begriff Laser ist die Abkürzung für *„Light Amplification by Stimulated Emission of Radiation“*. Durch elektrische Energie werden die Elektronen einer bestimmten Substanz dazu angeregt, sich auf ein höheres Energieniveau zu bewegen. Bei der Rückkehr zu ihrem normalen Niveau geben sie Photonen ab. Diese Photonen werden von mehreren Spiegeln reflektiert, wodurch die Reaktion verstärkt wird und ein monochromatischer Lichtstrahl entsteht.

Viele verschiedene Substanzen finden in der Laser-Technologie Anwendung. Die so genannten **heißen Laser** benutzen CO_2 und erzeugen einen Strahl, der Gewebe zerstören kann. Die **Kalt-Laser** erzeugen wesentlich weniger Energie und werden darum als bioaktiv eingestuft [11]. Bei Kalt-Lasern besteht die benutzte Substanz aus einem Helium-Neon- oder einem Gallium-Arsen-Gemisch. Durch das Helium-Gemisch wird Licht mit der Wellenlänge von 632 nm erzeugt, das im roten Spektrumsbereich liegt und sichtbar ist [11]. Diese Art von Laserenergie hat Pigmentspezifität und wird von der roten Farbe reflektiert. Die Laser mit dem Gallium-Gemisch erzeugen Licht mit der Wellenlänge von 904 nm, das für das menschliche Auge nicht sichtbar ist und im Infrarotbereich liegt. Wegen seiner Unabhängigkeit von der Gewebefarbe dringt dieses Licht tiefer in Gewebe ein (etwa 10–15 mm)[11].

Eine Variante des Lasers, der **Lacer**, wird ebenfalls zur Behandlung von Akupunkturpunkten verwendet. Lacer ist die Abkürzung für *„Light-Activated Cellular Energy Response"*. Obwohl der Lacer ebenfalls auf der Basis des Gallium-Arsen-Gemisches arbeitet, sind die freigesetzten Photonen nicht monochromatisch. Die Wellenlänge des erzeugten Lichtes liegt zwischen 830 und 930 nm mit einem Schwerpunkt bei 880 nm. Der Vorteil dieser Geräte liegt in einer konstanten Ausstrahlung von Energie, unabhängig von der verwendeten Frequenz. Im Gegensatz dazu wird die Energieausstrahlung der Lasergeräte mit sinkender Frequenz auch geringer [16].

Die Energie der meisten Laser ist gepulst und die Frequenz kann verändert werden. Forschungen haben gezeigt, dass Zellen unterschiedlich auf verschiedene Frequenzen reagieren [16, 17]:

- Die **A-Frequenz** (292 Hz) wird zur Behandlung von ektodermalem Gewebe eingesetzt, also auch bei Traumen der Haut und der Nerven.
- Mit der **B-Frequenz** (584 Hz) kann endodermales Gewebe behandelt werden, in erster Linie Gefäße und das Lymphsystem.
- Knochen, Sehnen und Bänder reagieren am besten auf Behandlung mit der **C-Frequenz** (1168 Hz). Es wird behauptet, dass eine Behandlung mit dieser Frequenz Kanonenbeinfrakturen nach starker Belastung verhindern kann [11].
- Die **E-Frequenz** (4672 Hz) wird in erster Linie zur Analgesie und zur Sedierung von Akupunkturpunkten verwendet.
- Um die Kallusbildung und die Kalziumablagerung zu stimulieren, z. B. bei Griffelbeinfrakturen, kann die **F-Frequenz** (73 Hz) eingesetzt werden. Diese Frequenz wird ebenfalls zur Stimulation von Akupunkturpunkten benutzt.
- Letztendlich wird der **G-Frequenz** (146 Hz) eine generalisierende Funktion zugeschrieben. Sie kann im Kampf gegen Entzündungen und zur Stimulation des lymphatischen Systems verwendet werden [17].

Der Benutzer der Laser-Geräte kann die eingesetzte Energie auch durch die Behandlungszeit variieren. Dies wird begrenzt durch die Größe des Areals, das der Laser behandeln soll, und durch die Stärke des Gerätes. Diese hängt ab von der Anzahl an Dioden im Kopf des Lasers und von der Leistung des Gerätes. So benötigt z. B. die Behandlung eines Gebietes von 2,5 × 2,5 cm mit einem Laser mit einer Diode und einer Leistung von 7 mW eine Behandlungsdauer von sieben Minuten. Diese Behandlungszeit ist kürzer als die der Akupunkturnadeln. Die neueren Geräte können bis zu 50 mW Leistung liefern.

34

Merke Laser-Behandlungen haben sich ganz besonders in der Wundheilung bewährt. Man sollte beachten, dass die Laser-Geräte in den USA noch als experimentelle Geräte bezeichnet werden und von der FDA (Food and Drug Administration; entspricht in etwa dem Bundesgesundheitsamt) nicht anerkannt sind. Die Benutzerrichtlinien basieren ausschließlich auf praktischen Erfahrungen der Tierärzte und den Angaben der Hersteller.

34.3.7 Magnettherapie

Schon im 18. Jahrhundert wurden Magneten zur Behandlung von Erkrankungen eingesetzt, aber erst in den sechziger Jahren des letzten Jahrhunderts fanden die ersten Forschungen über die biologischen Wirkungen der Magneten statt. Untersuchungen an tausenden von Patienten haben die exzellente Wirkung von Magneten bei der Heilung von Muskel- und Bänderrissen, gezerrten Gelenken, der Frakturheilung und der Besserung bestimmter degenerativer Erkrankungen des lokomotorischen Systems gezeigt [12]. Verletztes Gewebe produziert einen nachweisbaren elektrischen Strom. Dieser Strom kommt durch das Heraussickern geladener Ionen durch die verletzte Zellmembran zustande. Er fließt entlang der Akupunktur-Meridiane und ist an den Akupunkturpunkten fühlbar, die wie Halbleiter das Signal in den Meridianen verstärken [12].

Dieses Prinzip der Stromleitung unterscheidet sich von dem des Nervensystems. In den Spezies, die Gliedmaßen nachwachsen lassen können, ist die Ladung des Stroms negativ, während höher entwickelte Wesen eine positive Ladung um eine amputierte Gliedmaße herum aufweisen [18]. Daher wurde postuliert, dass zur Heilung eine negative Ladung notwendig sei. Da bekannt ist, dass Magneten den Fluss der Elektronen beeinflussen, kann man verstehen, wie ein magnetisches Feld die Heilung beeinflussen kann. Jeder Magnet besteht aus einem Südpol (nach Süden weisend), und einem Nordpol (nach Norden weisend):

- Der Südpol, der für die Rechtsdrehung der Elektronen verantwortlich ist, kann mit der Tonisierung in der Akupunktur verglichen werden. Er beschleunigt die Durchblutung und den Sauerstoffverbrauch, stärkt die Proteinmoleküle und erhöht den Säuregehalt.
- Durch den Nordpol werden die Elektronen nach links gedreht. Das ergibt einen sedierenden Effekt, Schwellungen gehen zurück, Schmerz wird gelindert und die Proteinaktivität wird verlangsamt. Diese Seite des Magneten kann Arthritisschmerzen lindern und abnormale Kalzifizierung reduzieren. Der Nordpol wäre aber nicht hilfreich bei der Heilung von Frakturen.

Zur Behandlung von muskuloskeletalen Problemen bei Pferden stehen eine Reihe verschiedener Magneten zur Verfügung. So können z. B. bipolare, stagnierende Magneten in Form von Keramikkugeln verwendet werden, deren Stärke von 500–1500 Gauss variiert und die mit Klebeband oder einer Bandage an einem *Ah-Shi*-Punkt oder an einem Akupunkturpunkt befestigt werden können. Es besteht auch die Möglichkeit, die Magneten mit Zyanoakryl über drei Wochen an der gewünschten Stelle festzukleben.

In der Pferdesportmedizin erfreuen sich die **gepulsten Elektromagneten** großer Beliebtheit. Diese Geräte bieten dem Anwender die Möglichkeit, die Polarität des magnetischen Feldes zu kontrollieren, ebenso wie die Frequenz der Pulsrate und die Stärke des Magneten in Gauss. Die Heilung wird durch die Stimulation der Resonanz des umgebenden Gewebes beschleunigt. Das passiert sowohl durch die Magnetstärke als auch durch die Frequenz. Wie in der Laser-Therapie hängt die Frequenz von der Art der Verletzung ab. Generell werden akute Verletzungen mit niedrigen Frequenzen behandelt, mittlere Frequenzen werden zum Energieausgleich und zur Wiederherstellung der Energie eingesetzt und hohe Frequenzen kommen bei alten, chronischen Verletzungen und Narben zur Anwendung.

34.3.8 Implantationstechniken

Manchmal ist es vorteilhaft, die therapeutische Stimulation eines Akupunkturpunkts zu verlängern. Das gilt vor allem bei chronischen, degenerativen Erkrankungen. Es stehen hierfür mehrere Möglichkeiten zur Verfügung. In der chinesischen Literatur findet sich die Beschreibung der subkutanen **Implantation von chirurgischem Nahtmaterial** (Catgut) an Akupunkturpunkten [8]. Untersuchungen konnten nachweisen, dass in Abhängigkeit von der Lokalisation dieses Eingriffs der Muskelmetabolismus und die Durchblutung des umgebenden Gewebes deutlich erhöht werden kann [14]. Die Implantation wird ungefähr einmal im Monat wiederholt, je nachdem, wie der Patient auf die Behandlung reagiert. Die Wirkung kann mit der Injektion der oben erwähnten Mackay-Jodlösung an Akupunkturpunkten bei Pferden verglichen werden.

Eine weitere Methode der verlängerten Stimulation ist **chirurgisches Klammern** der Haut an Akupunkturpunkten. Diese Methode ist vor allem in der Ohrakupunktur bei Pferden sehr beliebt [19]. Sie eignet sich aber auch für alle Störungen, die eine wiederholte transkutane elektrische Nervenstimulation erfordern, wie z. B. die Fazialisparese. Dem Klienten kann in solchen Fällen gezeigt werden, wie er die Elektroden an den Klammern befestigt und so selbst einen Teil der Behandlung durchführen kann.

Durkes hat die Implantation von **Gold- oder Silberstückchen** bekannt gemacht [20]. Stückchen eines 14-karätigen Goldfadens werden durch eine 0,60 mm dicke Kanüle (14 Gauge) in einen Akupunkturpunkt versenkt (➢ Kap. 24). Diese Goldfadenimplantate werden eingesetzt, um chronisch-degenerative Gelenkerkrankungen, wie z. B. Sprunggelenkserkrankungen, zu behandeln [21]. Bei Lahmheiten der Vorderhand werden die Goldstückchen an diagnostischen Punkten im Hals des Pferdes injiziert, während sie bei Hufrollenpathologien und frühen Fällen der Osteochondrosis dissecans lokal angebracht werden.

➢ Tab. 34.1 gibt Punktekombinationen an, die im Folgenden eingehender besprochen werden. In ➢ Tab. 34.2 werden die Punkte angegeben, die *Shin* verwendet.

Tab. 34.1 Punktkombinationen zur Therapie muskuloskeletaler Erkrankungen

Störung	Meridian-Therapie	Traditionelle chinesische Therapie	Anmerkungen
HWS-Syndrom	Di 1, Di 4, Di 16, Di 17, Lu 7, Bl 10, Bl 11, Bl 62, Gb 20, Gb 21, Gb 45, Dü 3, Dü 16, LG 14, LG T	*Jiu Wei, Feng Men, Fu Tu, Chou Jin*	*Shin* empfiehlt: *Il Wui, Yi Wui, Sam Wui*
Wobbler-Syndrom	Alle Punkte von oben plus: 3E 14, 3E 16, Ma 10, LG 10, LG 11, LG 12, Gb 30–Gb 34, Bl 40, *Bai Hui*	*Jiu Wei, Feng Men, Fu Tu, Chou Jin*	*Shin* empfiehlt: *Chang Poong, Chung Cheun, Tai Yang, Hu Je, Nai Nae Ki, Mi Kuen*
Fazialisparese	Ma 45, Ma 2–Ma 6, Di 20, Dü 18	*Fen Shui, Sou Kou, Kai Guan, Bao Sai, He Hou, Ke Pang, Mian Zhong*	*Shin* empfiehlt: *Ei Chim*
Schmerzen im Kiefergelenk	3E 1, 3E 17, Bl 21, Bl 22, Ma 7	Keine angegeben	*Shin* empfiehlt: *Soi Jin, Shoe Ku*
Lahmheiten aus der Schulter	Di 1, Di 4, Di 11, Di 14, Di 15, Lu 11, Lu 1, Lu 2, 3E 1, 3E 5, 3E 10, 3E 13, 3E 14, 3E 16, Dü 1, Dü 3, Dü 9, Dü 10, Dü 11, Bl 11, Bl 13, Bl 22, Bl 25, Gb 21, Ma 10	*Qiang Feng, Chong Tian, Jian Zhen, Tian Zhong, Bo Jian, Jian Yu, Jian Wai Yu, Xiong Tang, Jiang Jing*	Goldimplantate an: Ma 10, Di 17, Dü 9–Dü 17, Bl 22, Bl 27
Ellenbogenlahmheiten	Di 10–Di 12, Di 4, Di 5, Lu 5, He 3, Dü 8, 3E 5, Bl 11, 3E 10	*Yan Chou, Cheng Deng, Zhou Shu, Cheng Zhong, Xiong Tang*	Bei lokalen Traumen: „den Drachen umzingeln"
Lahmheiten aus dem Karpalgelenk	3E 1, Lu 11, Di 1, Bl 13, Bl 11, Bl 25, Di 17, 3E 13, 3E 4, 3E 5, 3E 3, Di 4, Di 5, Dü 4, Dü 3, Pe 6, Pe 7, He 7	*Cheng Zhong, Guo Liang, Xi Yan, Qian San Li, Xi Mai, Cuan Jing*	Goldimplantate an: Di 17, Bl 11, 3E 9, Di 16
Periostitis des Röhrbeins und Griffelbeinfraktur	Bl 11, Bl 13, Bl 20, Bl 23, Bl 25, Lu 1, Lu 2, Lu 7, Lu 9, Lu 10, Pe 1, Pe 8, Di 4, Di 5, Di 16, Dü 9, He 8, 3E 13, Gb 21	*Cheng Zhong, Qian San Li*	Laser auf der C-Frequenz, Magneten, Goldimplantate an Di 4, Pflaumenblütenhämmerchen
Lahmheiten aus dem Bereich der Metakarpale	Di 1–Di 4,Di 16, Di 17, Lu 1, Lu 2, Lu 11, Dü 2–Dü 5, Dü 9, Pe 1, Pe 9, 3E 2, 3E 3, 3E 9, 3E 13, Bl 13, Bl 23, Bl 25, Le 4	*Qian Chan Wan*	Goldimplantate an Di 16, Elektroakupunktur mit getränkten Gazetupfern oder Schwämmchen
Kronbeinschalen	Bl 11, Bl 13, Bl 23, Bl 25, Gb 39	*Qian Jiu*	Laser, Moxibustion
Hufrehe	Pe 1, Pe 9, 3E 1, 3E 2, 3E 3, 3E 5, Dü 13, Dü 10, Lu 7, Lu 9, Lu 11, Di 2, Di 3, Di 4, Di 11, MP 2, MP 6, MP 21, Ma 44, Le 2, Le 13, Le 14, Gb 43, Gb 39, Bl 13, Bl 18, Bl 19, Bl 11, Bl 23, Bl 12	*Qian Ti Tou, Xiong Tang, Mi Jiao Gan, Yu Tang*	*Shin* empfiehlt: *Kan Yu, Shin Yu, Dong Kuen, Jeon Chuk, Whal Hyul, Chunk Yang Hyul, Sim Yu, Pei Yu, Shoe Ku, Park Kong, Seul Kae, No Dang, Pyon Moon*
Hufrollenentzündung	Pe 9, 3E 1, Lu 11, Di 1, Le 1, MP 1, Bl 18, Bl 23, Bl 11, Pe 1, Di 11, Di 4, Di 16, Dü 8, Dü 9, 3E 5, 3E 13, 3E 14, Lu 7, Ma 36, Bl 40, Gb 30, Gb 34, *Bai Hui*	*Qian Ti Men, Qian Jiu*	Goldimplantate an drei Punkten am Hufballen, Magneten, die an die Ballen geklebt werden

Tab. 34.1 Punktkombinationen zur Therapie muskuloskeletaler Erkrankungen *(Forts.)*

Störung	Meridian-Therapie	Traditionelle chinesische Therapie	Anmerkungen
Lahmheiten aus dem Becken	Gb 21, Gb 25, Gb 29, Gb 30, Gb 34, Gb 39, Gb 44, Bl 18, Bl 19, Bl 23, Bl 25, Bl 26–Bl 28, Bl 31–Bl 34, Bl 40, Bl 54, Bl 60, Ma 31, Ma 32, Ma 45, Dü 3, Bl 62, Bl 67, LG 2, Le 1, MP 1	*Bai Hui, Ba Jiao, Shen Shu, Yao Zhong, Ba Shan, Han Gou, Hui Yang, Ju Liao, Huan Tiao, Yao Qian, Shen Peng*	Goldimplantate an: Bl 54, Gb 29, Gb 30; Hämakupunktur an Bl 40
Knieerkrankungen	Ma 45, Ma 36, Ma 35, Ma 32, Ma 31, Ma 10, MP 1, MP 8, MP 9, MP 10, Le 1, Le 8, Bl 67, Bl 37, Bl 36, Bl 35, Bl 28, Bl 21, Bl 20, Gb 37, Gb 34, Knieaugen	*Shen Tang, Han Gou, Lu Cao, Qian Shen, Hou Fu Tu, Yang Ling, Ba Shan, Feng Long, Yin Shi*	Elektroakupunktur an den Knieaugen, Jod-Injektion an Le 8, MP 9, MP 10 oder Ni 10
Lahmheiten aus dem Sprunggelenk	Bl 67, Bl 64, Bl 62, Bl 60, Bl 39, Bl 39a, Bl 35, Bl 28, Bl 27, Bl 23, Bl 19, Bl 18, Gb 44, Gb 38, Gb 26, Gb 20, MP 5, Ni 2–Ni 7, Ni 9, Ma 41, Ma 42, Le 1–Le 4	*Qu Chi, Fu Gu, He Zi, Wu Jing*	Goldimplantate an Le 3, Ni 9, Ma 41; Hämakupunktur an Le 4
Kreuzverschlag	Bl 18–Bl 28, Le 1, Le 13, Le 14, MP 1, MP 20, Gb 24, Lu 1, Di 16, Dü 9	*Jiao Dang, Ba Shan, Da Kua, Lu Gu, Ju Liao, Huan Tio, Xie Qi, Shen Tang, Qian Shen, Han Gou, Huan Hou, Huan Zhong*	*Shin* empfiehlt: *Chunk Yang Hyul, Kan Yu*

Tab. 34.2 Akupunkturpunkte beim Pferd gemäß *Shin* (➢ Abb. 34.1).

Name	Lokalisation	Einstichtiefe
Chang Poong	Kaudal der Spina scapulae, dorsal des 3. ICR	3–4 cm
Chung Cheun	Kranial der Spina scapulae, auf Höhe von HWK 6–HWK 7	3 cm
Chunk Yang Hyul	Reihe von Punkten im 13. ICR und zwischen LWK 1 und 2, direkt lateral der intervertebralen Gelenkflächen	
Dong Kuen	Kranial und ventral des Humerus, am Ansatz der Sehne des M. biceps brachii	2 cm
Ei Chim	Auf der medialen, konvexen Seite des Ohres, lateral der medialen Falte, auf halben Weg in der dorsoventralen Ebene	
Hu Je	Kraniale Mittellinie des Hinterfußes, zwischen Fesselbein und Kronbein; Stichrichtung horizontal und distal	
Il Wui	Auf der Mittellinie zwischen HWK 1 und HWK 2	
Jeon Chuk	Am lateralen Bereich des mittleren Radius, an der Ansatzstelle des M. extensor lateralis; Stichrichtung: diagonal und kaudal	
Kan Yu	Im 12. ICR, auf Höhe der Humerusmitte	1,5 cm
Mi Kuen	Lateral des 4. Sakralwirbels	2 cm
Nai Nae Ki	Dorsal und kranial des Olekranons, auf der Seite, am Kopf des M. biceps brachii	
No Dang	Lateral und ventral des lateralen Gleichbeines	
Park Kong	In der Mitte des seitlichen Humerus, auf gleicher Höhe wie der Übergang von der 2. Rippe zum Sternum	2 cm
Pei Yu	Im 4. ICR, auf Höhe des Schultergelenks	
Pyon Moon	Kranial und lateral des distalen Endes des Fesselbeins, im Gelenkspalt zwischen Fesselbein und Kronbein	
Sam Wui	Auf der Mittellinie zwischen HWK 3 und HWK 4	
Seul Kae	In einer Vertiefung am Epicondylus lateralis radii; Stichrichtung horizontal und kaudal	
Shin Yu	Kaudal des Iliums am 3. Sakralloch, 2,5 cm lateral der Wirbelsäule	1,5 cm
Shoe Ku	Am V-förmigen Treffpunkt von M. nasolabialis und M. zygomaticus	5 mm
Sim Yu	In der Mitte des 2. ICR, auf Höhe des Schultergelenks	2 cm
Tai Yang	Dorsal des N. facialis, an der Fossa subzygomatica, ventral des Arcus zygomaticus	5 mm
Whal Hyul	Lateral und kaudal des 3. distalen Metakarpale	
Yi Wui	Auf der Mittellinie zwischen HWK 2 und HWK 3	
Modifiziert nach Shin, SH: *Compendium of veterinary and human Acupuncture*, Anaheim, Calif. 1975, National Assosiation of Veterinary Acupuncture.		

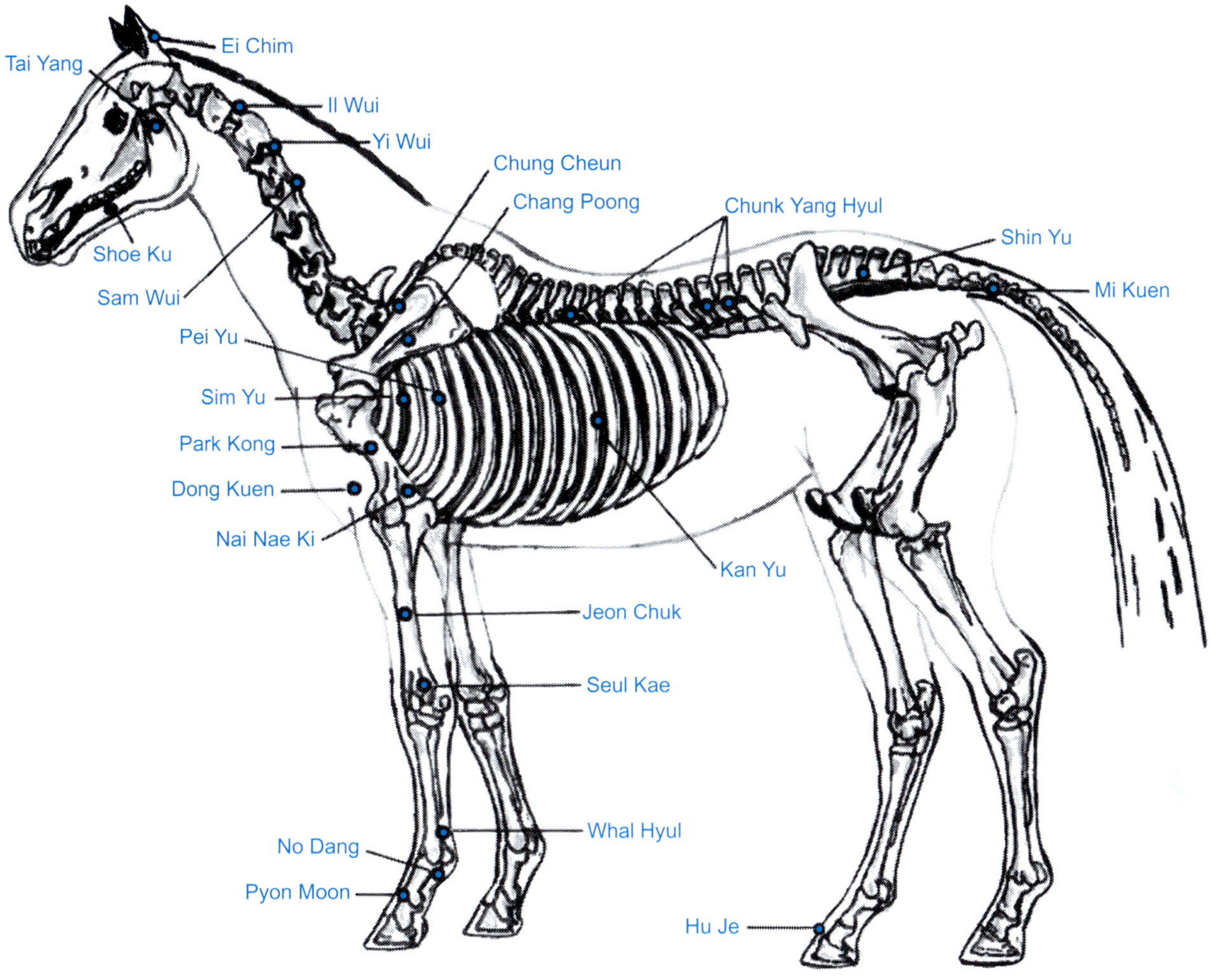

Abb. 34.1 Akupunkturpunkte beim Pferd gemäß *Shin*.

34.4 Akupunktur bei muskuloskeletalen Störungen im Kopf- und Halsbereich

34.4.1 HWS-Syndrom

Allgemeines

Ein steifer Hals ist eine häufige Ursache für schlechte Leistungen beim Pferd. Oft zeigt sich dieses Problem als ungewöhnliche Kopfhaltung, Unfähigkeit im Rücken nachzugeben und sich zu versammeln, Abwehren des Zaumzeugs und Kopfscheuheit.

Das Hauptproblem liegt hier oft in der Halswirbelsäule. Da zervikale Subluxationen einen Hauptgrund für diese Symptomatik darstellen können, ist eine sorgfältige Untersuchung der Mobilität der Zwischenwirbelgelenke sehr wichtig vor Erstellung des Therapieplans [5]. Liegt eine Subluxation vor, können nur selten bleibende Erfolge mit einer ausschließlichen Akupunkturbehandlung erzielt werden [2].

Die chiropraktische Behandlung sollte immer von ausgebildeten Fachleuten durchgeführt werden. Der Akupunkteur sollte erkennen, wann ein Tier an einen Chiropraktiker zu überweisen ist. Andererseits ist es falsch, eine Wirbelverletzung einfach zu korrigieren ohne zu beachten, dass die Spannung in der Halsmuskulatur zu Rückfällen führen kann. Das gilt besonders, wenn die Subluxation nicht durch ein Trauma verursacht wurde sondern durch chronische Störung eines der Meridiane, die über den Hals verlaufen.

Darum muss der erste Schritt einer Untersuchung die **sorgfältige Einschätzung der seitlichen Beweglichkeit** des Halses sein. Wenn man keine Ausbildung als Chiropraktiker hat, kann dies auch dadurch geschehen, dass man das Pferd dazu veranlasst, mit seiner Nase den Brustkorb direkt kaudal des Ellenbogens zu berühren. Entweder wird gegen die Haut dieses Areals gedrückt oder eine Möhre zu Hilfe genommen. Oft lässt sich eine Bewegungseinschränkung auf einer Seite erkennen. Die steife Seite ist meist die Seite der Subluxation und des Ungleichgewichts.

Als nächstes werden alle lokalen *Yang*-Meridiane nach *Ah-Shi*-**Punkten** abgesucht, wobei man mit Gb 20 und Bl 10 auf Höhe des Atlas beginnt. Oft haben hier Traumen eingewirkt, da Pferde häufig an festgebundenen Stricken ziehen. Danach wird der Nacken kaudalwärts weiter palpiert wobei jeder Akupunkturpunkt und jedes intervertebrale Gelenk untersucht wird. Bei Subluxationen des zweiten Halswirbels reagieren die Punkte 3E 16 und Dü 15 häufig schmerzhaft, was aber auch bei einer Tendinitis der Fall sein kann [3].

Der **Dickdarm-Meridian** reagiert häufig schmerzhaft, vor allem im Bereich von Di 16, der einen bekannten Triggerpunkt für Schmerzen in der Vorderhand darstellt [22]. Er kann aber auch auf eine Subluxation der kaudalen Halswirbel oder der ersten Rippe hinweisen. Bei Jungstuten mit ovariellen Störungen wird der **Dreifache Erwärmer** meist sehr schmerzhaft. Die Verdachtsdiagnose kann durch Palpation des Punktes Bl 22 bestätigt werden. In letzter Zeit wurde bei vielen Pferden ein Syndrom gefunden, das mit einer Immunstörung in Verbindung gebracht wird. Die Störung äußert sich in starker Überempfindlichkeit einzelner Triggerpunkte, die am ganzen Körper zu finden sind, ähnlich wie bei der Fibromyalgie des Menschen. Manche dieser Triggerpunkte zeigen sich am Halsansatz und Thorax, im Bereich von Lu 1 und Ni 27. Diese Punkte können bei chronischen Infektionen wie equiner Protozoenmyelitis, equinem Herpes und Lyme-Borelliose auftreten.

Merke Starke Hyperästhesien im Bereich des Halsansatzes und des hinteren Darmbeinkamms sind oft Hinweise auf Störungen des Immunsystems. Menschen, die an Fibromyalgien leiden, zeigen ähnliche Symptome.

Meridian-Therapie

Bei einer einfachen Störung im Bereich des Meridians können Verspannungen und Schmerzen häufig mit Hilfe einer Wurzel-Therapie beseitigt werden. Oft ist der Gallenblasen- oder Leber-*Ting*-Punkt betroffen und die Behandlung führt zu einer raschen Besserung der Beschwerden. Wenn die Beschwerden eher durch strukturelle Veränderungen hervorgerufen werden, sollte man zur symptomatischen Therapie zusätzlich zu chiropraktischen Maßnahmen lokale und distale Punkte behandeln.

Gb 20 und Bl 10 sind wichtige lokale Punkte bei Subluxationen des Atlas. Gb 20 spielt zudem eine große Rolle beim Austreiben von innerem Wind. Als weitere Lokalpunkte kommen Gb 21, Bl 11 (Meisterpunkt der Knochen), Dü 16, Di 16 und DI 17 in Frage.

Bei den distalen Punkten gibt es gute Erfahrungen mit dem Einsatz von LG-T (Schwanzspitze)[23]. Eine Stimulation von Dü 3 ist vor allem dann sinnvoll, wenn die Palpation eine Druckschmerzhaftigkeit im Bereich des **Dünndarm-Meridians** zeigt. Dü 3 ist außerdem der Schlüsselpunkt des außerordentlichen Meridians *Du Mai*, der für das Rückenmark verantwortlich ist. Die Stimulation von Bl 62 kann Beschwerden lindern, da Bl 62 der Schlüsselpunkt des außerordentlichen Meridians *Yang Chiao Mai* ist und allgemein als Schmerzpunkt gilt.

Wenn der **Dickdarm-Meridian** betroffen ist, kann der Einsatz von Di 4 hilfreich sein: Di 4 zerstreut Wind und reguliert den Fluss des *Qi* im Dickdarm-Meridian. Das Nadeln von Lu 7, spielt eine wichtige Rolle bei Beschwerden im Bereich von Kopf und Hals, da Lu 7 der Meisterpunkt dieser Region ist. Der Einsatz von LG 14 zeigt oft gute Wirkung, da sich in diesem Punkt die *Yang*-Meridiane der oberen Körperhälfte treffen. Stuten mit ovariellen Störungen leiden häufig unter einem diffusen Schmerz im Bereich des Halses, entlang des Verlaufs des **Dreifachen Erwärmers**. Dieser Schmerz lässt sich oft nur lindern, indem man zuerst die inneren und äußeren Zustimmungs-*Shu*-Punkte des Dreifachen Erwärmers behandelt.

Traditionelle chinesische Therapie

Die *Jiu Wei* sind eine Reihe von neun Punkten, die in gleichen Abständen entlang des lateralen Halsbereiches zwischen Bl 10 und Bl 11 verlaufen. Bei den meisten zervikalen Störungen können diese Punkte mit Elektroakupunktur behandelt werden [8]. Der Punkt *Feng Men* („Tor des Windes“), der direkt kaudal des Ohres liegt, kann mit Moxibustion oder einer Feuernadel behandelt werden. Das gleiche gilt für *Fu Tu* („Flügel des Atlas“), der kaudal des Atlas zu finden ist.

Die Chinesen verwenden außerdem eine chirurgische Technik am Punkt *Chou Jin*. Die Übersetzung des Namens bedeutet: „An der Sehne ziehen“, was die Stimulationsmethode gut beschreibt. Der M. levator labii maxillaris wird vom umgebenden Gewebe abgeschnitten und stark gezogen, während der Hals ausgestreckt bleibt und der Kopf nach vertikal gedrückt wird.

Der Koreaner *Shin* hat mehrere Punkte für die Behandlung zervikaler Probleme beschrieben, die nicht im „Handbuch der chinesischen Tiermedizin“ [24] stehen:

- *Il Wui* („Erster Schritt“, auf der dorsalen Mittellinie zwischen HWK 1 und 2, senkrecht gestochen; die Stimulation dieses Punktes ist bei Muskelspasmen im Genickbereich angezeigt)
- *Yi Wui* („Zweiter Schritt“, auf der dorsalen Mittellinie, zwischen HWK 2 und 3; *Shin* setzt diesen Punkt bei zervikaler Arthritis ein)
- *Sam Wui* („Dritter Schritt“, auf der dorsalen Mittellinie, zwischen HWK 3 und 4; wird bei zervikalen Subluxationen verwendet)

34.4.2 Wobbler-Syndrom

Allgemeines

Eine zervikale Ataxie kann durch Traumen, kongenitale Läsionen oder durch Osteochondrosis dissecans ausgelöst werden [3]. Daher ähnelt die Behandlung dieser Störung auch der Behandlung des HWS-Syndroms. Obwohl die spinale Manipulation in diesen Fällen sehr wichtig ist, muss man doch mit größter Vorsicht vorgehen, um weitere Läsionen der Wirbelsäule zu vermeiden. Die röntgenologische Untersuchung ist sowohl für die Diagnose als auch für die Erstellung des Behandlungsplans und die Prognose sehr wichtig. Jeffries und Cain berichten von einer 90%igen Erfolgsrate bei der Behandlung von Pferden, bevor sich eine ausgeprägte Gelenksdegeneration entwickelt [3]. Sie stellen aber auch fest, dass viele Pferde trotz einer schnellen Reaktion auf die Therapie bis zu 30 Behandlungen über 12 Monate benötigen, bevor die Symptome vollständig verschwinden.

Meridian-Therapie

Die Punkte, die bei Wobbler-Syndrom verwendet werden, entsprechen ungefähr denen, die beim HWS-Syndrom eingesetzt werden. Auch hier sollten unbedingt die *Ting*-Punkte nach Leere-Anzeichen kontrolliert werden. Besonders wichtig sind hierbei die Anfangs- und Endpunkte vom **Dickdarm- und Blasen-Meridian**. Zusätzlich zu den oben angegebenen Punkten können folgende

Punkte verwendet werden: 3E 14, 3E 16, Ma 10. Da die Wirbelsäule mit dem **Lenkergefäß** in Verbindung steht, können lokale Punkte wie LG 10, LG 11 und LG 12 verwendet werden. Die symptomatische Behandlung der resultierenden Schwäche in der Hinterhand schließt die *Ah-Shi*-Punkte entlang des Blasen-Meridians und Gb 34 und Gb 30 ein. Gerade für Schwäche in den Hintergliedmaßen eignet sich die Behandlung von *Bai Hui* besonders gut, wohingegen Bl 40 der Meisterpunkt des kaudalen Rückens ist.

Elektrostimulation ist in den Augen vieler Akupunkteure das Mittel der Wahl. Meist werden eine durchschnittliche Behandlungsdauer von 20 Minuten und ein Verteilungsmodus eingesetzt. Laut Gineaux leiden die meisten Tiere mit Wobbler-Syndrom an einer Subluxation des vierten Halswirbels. Darum sollte gerade dieses Gebiet besonders sorgfältig palpiert werden.

Traditionelle chinesische Therapie

Zusätzlich zu den traditionellen chinesischen Punkten, die für die Behandlung des HWS-Syndroms angegeben wurden, beschreibt *Shin* weitere Punkte, die bei zervikaler Ataxie indiziert sind [24]:

- *Cang Poong* („Flügel des Baumes“, dorsal des 3. ICR, kaudal der Spina scapulae, senkrecht ca. 3 cm tief gestochen)
- *Chung Cheun* („Den Himmel greifen“, kranial der Spina scapulae auf Höhe von HWK 6 senkrecht ca. 3 cm tief gestochen)
- *Tai Yang* (beschrieben im chinesischen Handbuch für Tiermedizin, im Handbuch wird die Störung jedoch nicht als Indikation für diesen Punkt erwähnt)
- *Nai Nae Ki* („Die Energie, die von innen kommt“, dorsal und kranial des Olekranons und lateral am Kopf des M. biceps brachii; senkrecht 1 cm tief eingestochen. Wie der Name schon andeutet, wird der Punkt bei genereller Schwäche verwendet)
- *Mi Kuen* („Wurzel des Schwanzes“, direkt lateral des vierten Steißbeinwirbels, senkrecht bis zu einer Tiefe von ca. 2 cm gestochen)
- *Hu Je* („Hinterfuß“, auf der dorsalen Mittellinie des Hinterfußes zwischen dem medialen Griffelbein und dem Röhrbein, ca. 1 cm tief gestochen)

34.4.3 Fazialisparese

Allgemeines

Die Fazialisparese tritt bei Pferden relativ häufig auf und kann oft erfolgreich mit Akupunktur behandelt werden. Da die Störung als Leere-Zustand eingeschätzt wird, ist das Mittel der Wahl die Elektrostimulation.

Meridian-Therapie

An der Fazialisparese sind häufig der **Magen-Meridian** und der **Dickdarm-Meridian** beteiligt. Darum ist es wichtig, die dazu gehörenden *Ting*-Punkte und die Zustimmungspunkte am Rücken zu palpieren und, wenn nötig, zu therapieren. Die zu behandelnden lokalen Punkte Ma 4 und Dü 18 liegen entlang des geschädigten Nervs. Andere Punkte wären Ma 2, Ma 3 und Ma 6 in Kombination mit Di 20 und LG 26. Weitere wichtige Punkte sind Gb 20 und LG 14, um inneren Wind auszuleiten, und Di 4, um Wind auszuleiten und den Fluss des *Qi* im Dickdarm-Meridian anzuregen. Distale Punkte wären Ma 36, Ma 44, Ma 7 und *Tai Yang*. Die elektrische Stimulation wird durchgeführt wie bei der Ataxie bereits beschrieben.

Traditionelle chinesische Therapie

Das Handbuch der chinesischen Tiermedizin beschreibt mehrere Punktkombinationen zum Einsatz von Elektroakupunktur. Das Buch empfiehlt ansteigende Frequenz und Stromstärke, bis Muskelfaszikulation zu beobachten ist. In dieser Intensität soll dann 30 Minuten weiterbehandelt werden. Die Stimulation von *Fen Shui* wird kombiniert mit *Sou Kou, Kai Guan* und *Bao Sai*. Eine weitere Empfehlung setzt den Punkt *He Hou* (5 cm ventral des Kiefergelenks, am kaudalen Rand des Mandibularastes) zusammen mit mindestens drei der oben genannten Punkte ein. Als dritte Punkteauswahl wird eine Kombination aus *Sou Kou, Kai Guan, Mian Zhong* und *Ke Pang* empfohlen.

Shin beschreibt einen Punkt im Ohr, den er *Ei Chim* nennt. Er liegt an der medialen konvexen Seite des Ohres, lateral des medialen Grates, auf halber Strecke in der dorsoventralen Ebene. Er nutzt diesen Punkt neben der Fazialisparese auch bei anderen Nervenerkrankungen im Kopfbereich.

34.4.4 Schmerzen im Kiefergelenk

Allgemeines

Der Kiefer spielt bei einem Sportpferd eine wichtige Rolle. Das hat offensichtlich mit den Kräften zu tun, die zwischen dem Pferdezaum, den Händen des Reiters und diesem zarten und komplizierten Gelenk wirken. Oft genug werden diese wichtigen Beziehungen übersehen oder ignoriert, indem immer „schärferes“ Zaumzeug zum Einsatz gebracht wird, um die Schmerzvermeidungsreaktionen zu korrigieren, die fälschlicherweise als Widerstand verstanden werden. Dazu gehören auch Zeichen wie Kopfschütteln, Zunge aus dem Maul hängen lassen, Zähneknirschen und Versuche, dem Zaumzeug auszuweichen.

Treten diese Anzeichen auf, sollte immer das Kiefergelenk mit untersucht werden. Dazu gehören die Palpation des Gelenks, sorgfältiges Abtasten des M. masseter, die Suche nach festen, schmerzhaften Stellen und die Beurteilung der Schneide- und Backenzähne (stehen sie in einer Reihe aufeinander oder werden die oberen Zähne durch die unteren weggedrückt?). Chiropraktische Manipulationen, Akupunktur und richtige Zahnbehandlung stellen eine effektive Behandlung der Störung dar.

Meridian-Therapie

Der Meridian, der am engsten mit dem Kiefergelenk in Verbindung steht, ist der **Dreifache Erwärmer**. Das könnte erklären, warum weitaus mehr weibliche Pferde von dieser Störung betroffen sind. Liegt im Dreifachen Erwärmer eine Fülle vor, kann 3E 17 schmerzhaft auf Palpation reagieren. Dieser Punkt liegt ganz in der Nähe des Gelenks und erklärt so, warum Fülle im Dreifachen Erwärmer zu Gelenkschmerzen in diesem Bereich führen kann. Der **Magen-Meridian** kann ebenfalls betroffen sein, da die Erde der Sohn des Feuers ist. Hier empfiehlt sich der Einsatz des Punktes Ma 7. In dieser Beziehung ist es ein sehr wirkungsvoller Punkt. Er ist so wirkungsvoll, dass die Literatur der Humanakupunktur ihn auch als einzigen zu behandelnden Punkt bei diesen Störungen angibt.

Traditionelle chinesische Therapie

Shin beschreibt zwei Punkte, die er bei Kauproblemen empfiehlt:

- *Soi Jin* („Kauendes Geräusch", zwischen der Nase und der Oberlippe, ventral der Nüstern; die Nadel wird ungefähr 5 mm tief in den M. orbicularis oris gestochen) und
- *Shoe Ku* („Geschlossenes Maul", an der V-förmigen Verbindung zwischen M. levator nasolabialis und M. zygomaticus; auf 5 mm Tiefe gestochen)[24].

Es ist nicht klar, ob diese hier beschriebenen Kauprobleme mit einer Nervendysfunktion zusammenhängen oder mit einer Erkrankung des Gelenks. Darum sollten die hier genannten Punkte bei Kiefergelenkserkrankungen mit Vorsicht eingesetzt werden.

34.5 Akupunktur bei Störungen im Bereich der Vordergliedmaße

34.5.1 Lahmheiten aus der Schulter

Allgemeines

Bei der Palpation vor der Akupunktur-Behandlung zeigen viele Pferde eine erhöhte Empfindlichkeit im Bereich der Schulter. Sehr häufig besteht diese Empfindlichkeit nicht aufgrund von intraartikulären Dysfunktionen, sondern ist vielmehr eine Folge von Störungen des Gleichgewichts zwischen Flexoren und Extensoren der Vordergliedmaße, Subluxationen, kompensatorischen Schmerzen der Vorhand oder Störungen der Hufbalance und der Sattelpassform [21]. Eine effektive Behandlung muss vor allem die Ursachen beheben, die zu den aktuellen Beschwerden geführt haben.

Nach dem Ausschluss von direkten Traumen und anderen akute Störungen (z. B. Osteochondrosis dissecans oder Frakturen), sollte die Schulterregion sorgfältig unter Berücksichtigung verschiedener Faktoren untersucht werden.

Die Bewertung der **relativen Länge des Vorderbeines** kann bei der Einschätzung helfen, ob eine osteopathische Manipulation notwendig ist [5]. Dafür wird die Position der Skapula im Verhältnis zur Wirbelsäule betrachtet:

- Eine nach unten verlagerte Skapula ist meist ein Indikator für ein zu langes Vorderbein, das zu einer Subluxation der Schulter nach lateral führt [5].
- Ein zu kurzes Bein führt zu einer Subluxation nach medial und zeigt sich in einer zu hohen Skapula-Position.

Manche Pferde haben aufgrund angeborener Unterschiede in der relativen Länge der Knochen, ungleiche Vorderbeine. Durch Unterlegsohlen unter die Hufeisen des kürzeren Beines kann diese Unregelmäßigkeit ausgeglichen werden.

Merke Viele Praktiker gehen davon aus, dass Pferde wie Menschen eine Präferenz nach einer Seite zeigen, also „rechtshändig oder linkshändig" sind. Die meisten Pferde scheinen linkshändig zu sein und fangen schon sehr früh damit an, diese Seite zu stark zu belasten. Dadurch wird der linke Huf mehr abgenutzt und die Trachten sind kürzer als die des anderen Beines. Durch die langen Trachten am rechten Huf kommt es zu Verspannungen und Spasmen in der Muskulatur des rechten Beines und der rechten Schulter. Durch eine Erhöhung des rechten Beines mit einer Unterlegsohle kann diese Problematik behoben werden.

Subluxationen der ersten Rippe können das Erscheinungsbild verfälschen. Bei der Palpation zeigt sich häufig eine Druckschmerzhaftigkeit entlang der *Yang*-Meridiane des kaudalen Halses und entlang des Blasen-Meridians zwischen Bl 13 und Bl 16. Die daraus resultierenden Restriktionen der umgebenden Muskulatur führen zu einem Gangbild, das dem der Schulterlahmheiten sehr ähnelt. In diesen Fällen kann eine chiropraktische Therapie oft die Muskelverspannungen lösen. Erst dann treten die tiefer liegenden Meridianstörungen zu Tage und können behandelt werden.

Gerade bei den Schulterlahmheiten ist die **Passform des Sattels** besonders wichtig [6]. Stetiger Druck auf den M. trapezius durch einen unpassenden Sattel kann zu konstanten Schmerzen und Einschränkungen bei der Vorwärtsbewegung führen. Darum ist die Kontrolle der Sattelpassform bei Pferden, die im Bereich des Widerrists Schmerzen entlang des Blasen-Meridians zeigen, immer sehr sinnvoll. Wenn die Schmerzen und die Fixierung auf die linke Seite des Pferdes beschränkt vorliegen, sollte abgeklärt werden, ob zum Aufsteigen eine Aufsteigehilfe verwendet wird. Sollte dies nicht der Fall sein, kann der asymmetrische Zug beim Aufsteigen zur Entstehung der einseitigen Subluxationen beitragen [6].

PRAXISTIPP
Zu Beginn der Wintermonate können starke Schmerzen am Ansatz des Widerristes auftreten, die mit schlecht sitzenden Decken in Zusammenhang stehen. Die neueren Decken, die am Hals höher geschnitten sind, können hier Abhilfe leisten.

Meridian-Therapie

Chronischen Schulterlahmheiten liegen oft Störungen der Meridiane Dickdarm, Lunge, Dünndarm und Dreifacher Erwärmer zugrunde. Darum sollte den *Ting*-Punkten dieser Meridiane besondere Aufmerksamkeit geschenkt werden. Die Untersuchung der Zustimmungspunkte kann ebenfalls dabei helfen, die Meridiane zu finden, die Ursache der Störung sind. Sollte Bl 22 reagieren, müssen die Punkte 3E 15 und 3E 14 kontrolliert werden. In diesem Fall kann die Schulterlahmheit mit einer Meridianstörung aufgrund einer hormonellen Störung in Zusammenhang stehen.

Für manche Autoren ist eine Druckdolenz an Dü 10 ein Anzeichen für eine reine Schulterlahmheit [3]. Andere geben an, dass diese Form der Lahmheit erstaunlich wenig klinische Symptome zeige, und nur sehr selten *Ah Shi*-Punkte zu finden seien [26]. Finden sich solche reaktiven Punkte, liegt für diese Praktiker das Problem nicht primär im Schulterbereich.

Der **Dickdarm-Meridian** spielt sehr häufig eine Rolle bei Schulterlahmheiten. In der humanmedizinischen Literatur wird der Punkt Di 15 als Hauptpunkt für Arthritis der Schulter angegeben. Andere Punkte auf dem Dickdarm-Meridian sind Di 11 und Di 14. Di 4 ist der Quell-Punkt des Dickdarm-Meridians und wird häufig bei Problemen der Vordergliedmaßen eingesetzt.

Häufig liegt eine Dickdarm-Fülle in Kombination mit einer Lungen-Leere vor. In diesem Fall empfiehlt ein Autor den Einsatz der Punkte Lu 1 und Lu 2 [23]. Der Holz-Punkt des **Lungen-Meridians** ist Lu 11. Durch diesen Punkt kann eine Fülle auf dem Leber-Meridians ausgeglichen werden, die häufig bei einer Leere der Lunge vorkommt.

Wenn die Ursache der Störung im kaudalen Bereich des Gelenks zu liegen scheint, müssen der **Dünndarm-Meridian** und der **Dreifache Erwärmer** beachtet werden. Bei der Elektroakupunktur werden häufig die Punkte Dü 10 und 3E 14, kombiniert mit 3E 10, Dü 9, Gb 21, Bl 11 und Dü 11 eingesetzt. Dü 9 wird als „Meisterpunkt der Schulter" des Pferdes bezeichnet, kann aber meist nicht zur Therapie genutzt werden, weil er zu schmerzhaft ist. Zusätzlich zu den *Ah Shi*-Punkten sollten distale Punkte behandelt werden. Dü 3 ist ein wichtiger Punkt bei Schulterproblemen und 3E 5 eignet sich für alle Lahmheiten, die den Meridianverlauf des Dreifachen Erwärmers betreffen.

Eigentlich sind sich alle Praktiker darüber einig, dass Schulterprobleme, die in den Weichteilen begründet liegen, erfolgreich mit Akupunktur behandelt werden können. Kontroversen bestehen über die Einsatzmöglichkeiten der Akupunktur bei degenerativen Gelenkserkrankungen. Ein Autor beschreibt die Implantation von Goldstückchen an den Punkten Ma 10, Di 17, Dü 9 bis Dü 17, Bl 22 und Bl 27 um frühe Stadien der Osteochondrosis dissecans aufzuhalten, während andere Autoren kaum eine Chance sehen, diese Erkrankung mit Akupunktur zu behandeln [2, 3].

Traditionelle chinesische Therapie

Der Punkt *Chiang Feng* („Den Wind rauben") der in einer Vertiefung zwischen M. deltoideus und M. triceps brachii lokalisiert ist, ist ein traditioneller Meisterpunkt der Schulter. Er wird kombiniert mit den Punkten *Chong Tian* („Zum Himmel stürmen"), *Jian Zhen* („Feste Schulter") und *Tian Zhong* („Himmlischer Ahne") mit traditionellen Nadeltechniken behandelt.

Aquapunktur wird außerdem empfohlen an den ersten beiden oben genannten Punkten und dem Punkt *Bo Jian* („Schulterspitze"). Bei akuten Fällen wird Hämakupunktur an dem Punkt *Xiong Tang* („Brustvene") angewendet. Bei chronischen Fällen empfehlen die Chinesen Kauterisation oder den Einsatz von Feuernadeln an den Punkten *Qiang Fenh, Chong Tian, Jian Jing* („Quelle der Schulter"), *Jian Yu* („Schlüsselbein"), und *Jain Wai Yu* (Transportpunkt). Liegt außerdem eine Muskelatrophie vor, wird eine Injektion von 500 ml Luft in das Gebiet der Fossa infraspinata empfohlen.

34.5.2 Ellenbogenlahmheiten

Allgemeines

Lahmheiten aus dem Ellenbogen kommen bei Pferden sehr selten vor und sind dann meist direkte Folge eines Traumas. Lokale Entzündungen dieses Gebietes reagieren sehr gut auf Akupunktur.

Meridian-Therapie

Die lokale Behandlung beinhaltet die Nadelung der *Ah Shi*-Punkte des betroffenen Gebietes. Zur weiteren Therapie können die Punkte Di 10 bis Di 12, 3E 10, He 3, Lu 5 und Dü 8 verwendet werden. Bei Knochenveränderungen sollte der Meisterpunkt der Knochen, Bl 11, mit eingesetzt werden. Wichtige distale Punkte sind Di 4, Di 5 und 3E 5. Ein Autor berichtet von erfolgreicher Behandlung von Ellenbogenverletzungen mit der Technik „Den Drachen umzingeln" [27]. Dabei wird eine Reihe von Nadeln in gleichmäßigen Abständen um die Läsion herum gesetzt. Zusätzlich kann mit Moxibustion oder Elektroakupunktur stimuliert werden.

Traditionelle chinesische Therapie

Die Punkte *Yan Chou* („Den Ellenbogen bedecken"), *Cheng Deng* („Steigbügel"), *Zhou Shu* („Zustimmungspunkt des Ellenbogens") und *Cheng Zhong* („Radius") sind besonders für Schwellungen und jegliche Art von Schmerzen im Ellenbogenbereich indiziert. In der chinesischen Literatur wird außerdem Hämakupunktur der Punkte *Xiong Tang* und *Cheng Zhong* empfohlen.

34.5.3 Lahmheiten aus dem Karpalgelenk

Allgemeines

Bei Rennpferden sind häufig Frakturen im Bereich des Karpalgelenks Ursache von Lahmheiten. Obwohl Akupunktur bei Frakturen nicht als primäre Therapie verwendet werden sollte, kann damit der Heilungsprozess nach chirurgischen Interventionen beschleunigt und eine Arthritis vermieden werden.

Der Akupunkteur kann außerdem mit seinem ganzheitlichen Heilungsansatz im Sinne der Prävention handeln. Durch eine sorgfältige und rechtzeitige Untersuchung des gesamten Körpers können oft Kompensationen subklinischer Schmerzen im Bereich der Hinterhand durch die Vorhand erkannt und behandelt werden. Durch ein Ausbalancieren der Meridiane kann die optimale Stärke der Knochenstruktur in Belastungssituationen sichergestellt werden.

Meridian-Therapie

An Lahmheiten aus dem Karpalgelenk sind meist der **Dreifache Erwärmer-, Lungen- oder Dickdarm-Meridian** beteiligt. Die Behandlungsstrategie hängt von der genauen Lokalisation der Verletzung ab.

Der Lungen-Meridian ist meist bei Chip-Frakturen des Radius beteiligt. Diagnostisch zeigt sich hier eine Druckdolenz an Bl 13, während Di 17 wenig auf die Palpation reagiert [3]. Liegt die Fraktur hingegen weiter lateral, so besteht auch an Di 17 eine ausgeprägte Druckschmerzhaftigkeit.

Als lokale Punkte können beispielsweise 3E 4, 3E 5, Dü 4, Di 4, Di 5, Pe 6, Pe 7 und He 7 eingesetzt werden, in Abhängigkeit von der Lokalisation der Schmerzen. Mit Moxibustion und Elektroakupunktur um das Gelenk herum wird die Wirkung dieser Behandlung noch verstärkt. Als distale Punkte eignen sich Bl 11, Bl 13, Di 17, Bl 25, 3E 1, Di 1, Dü 3 und 3E 3. M. Cain empfiehlt die Implantation von Goldstückchen an Di 17, während Gilbert diese Form der Therapie hingegen an Bl 11, 3E 9 und Di 16 durchführt.

Traditionelle chinesische Therapie

Cheng Zhong, *Guo Liang* („Vorbeifliegender Strahl"), *Xi Yan* („Karpus") und *Qian San Li* („Drei Meilen der Brust") werden bei jeglichen Dysfunktionen im Bereich des Karpalgelenks mit filiformen Nadeln stimuliert. Bei der Verwendung des Punktes *Guo Liang* sollte die Nadel von lateral nach medial durch das gesamte Bein geführt werden. Hämakupunktur wird an den Punkten *Xi Mai* („Karpalvene") und *Cuan Jing* („Gebündelte Sehne") empfohlen.

34.5.4 Lahmheiten aus dem Bereich der Metakarpale

Allgemeines

Periostitis des Röhrbeins

Diese Erkrankung scheint bei jungen Vollblütern die auf der Bahn gearbeitet werden, fast unvermeidlich zu sein. Ein Autor berichtet, die Störung ließe sich durch richtiges Ausgleichen der Meridiane und richtiger Berücksichtigung des sich noch entwickelnden Körpers, vermeiden [3]. Seiner Meinung nach kann eine rechtzeitige Entdeckung der Empfindlichkeit im hinteren Körperbereich und eine dementsprechende Akupunktur den sonst folgenden kompensatorischen „Zug" vermeiden, der die Störung auslöst.

Griffelbeinfraktur

34

Die Fraktur des Griffelbeins ist ein weiteres Problem der jungen Pferde. Meist tritt diese Erkrankung im Bereich des Lungen-Meridians auf. Möglicherweise geht der Erkrankung eine Störung des „Mutter"-Elementes, der Erde und dementsprechend Milz/Pankreas, voraus, das sich in einer ipsilateralen Knieproblematik äußert.

Die Störung kann auch durch zu starke einseitige Belastung des medialen Aspekts der Gliedmaße entstehen, also auf die Beinstellung des Pferdes zurückzuführen sein. Manchmal zeigt sich die Ursache erst durch eine sorgfältige Ganganalyse. Viele Pferde bewegen die betroffene Gliedmaße lateral in einem Bogen nach vorne, was auf ein zu langes Vorderbein mit einer gleichzeitigen Subluxation im Wirbelbereich hindeuten kann.

Es ist mindestens ebenso wichtig, die Art und Weise, in der die Hufe auf den Boden aufgesetzt werden, zu beobachten. Oft muss die mediale Hufwand einen großen Teil der Belastung beim Auftreten tragen. Diese Hufe müssen wieder in ein Gleichgewicht gebracht werden.

Meridian-Therapie

Der bei der Griffelbeinfraktur am häufigsten betroffene Meridian ist der **Lungen-Meridian**, während bei der Periostitis des Röhrbeins meist der **Dreifache Erwärmer** beteiligt ist. Außerdem sollte der **Nieren-Meridian** untersucht werden, da er eine starke Verbindung zu Knochen und Knochenwachstum hat. Der **Milz/Pankreas-Meridian** kann aufgrund seiner engen Beziehung zur Lunge beteiligt sein.

Ein Praktiker berichtet vom Einsatz eines diagnostischen Punktes auf dem Dreifachen Erwärmer, der genau zwischen 3E 16 und 3E 15 liegt und sich sowohl für die Diagnose als auch für die Therapie der Periostitis eignet. Laut diesem Autor kann Bl 13 auch als diagnostischer Punkt für eine Griffelbeinfraktur benutzt werden [3]. Ist dieser Punkt schmerzhaft, wird immer auch der Zustimmungspunkt von Milz/Pankreas und der dazu gehörende *Ting*-Punkt untersucht, um die Mutter-Sohn-Verbindung zu kontrollieren.

Andere wichtige Zustimmungspunkte, die immer mit betrachtet werden sollten sind Bl 25 (Dickdarm) und Bl 23 (Niere). Als distale Punkte kommen in Frage: Bl 11 (Meister-Punkt der Knochen), Lu 1, Lu 2, Dü 9, Pe 1 (manche Akupunkteure verwenden diese Punkte bei fast allen Erkrankungen der Vordergliedmaße), 3E 13, Di 16 und Gb 21. Als lokale Punkte können eingesetzt werden: Di 4, Di 5, Di 7, Lu 9, Lu 10, Pe 8 und He 8.

Sowohl Elektroakupunktur als auch Moxibustion oder traditionelle Nadelung kommen als Behandlung in Frage. Bei einem Autor wird eine einfache Methode der Elektroakupunktur zur Stimulation in dieser Gegend beschrieben [27]. Dazu werden zwei mit physiologischer Kochsalzlösung getränkte Gazetupfer an beide Enden der Veränderung gelegt und dann die Kathode an den proximalen Gazetupfer und die Anode an den distalen Tupfer angesetzt. Die Amplitude wird langsam bis kurz unterhalb der Schmerzgrenze erhöht und 20 Minuten auf diesem Niveau belassen. Der veränderte Bereich kann auch mit einem Kalt-Laser bestrahlt werden, wobei wird die C-Frequenz die Knochenheilung und die F-Frequenz die Kallusbildung unterstützen kann.

Nachdem sich Magneten im Osten bereits seit langem großer Popularität erfreuen, werden sie seit einiger Zeit auch in den USA immer häufiger therapeutisch eingesetzt. In der Regel werden kleine, billige Magneten verwendet, die mit Pflasterstreifen an die Stellen der Veränderung geklebt werden können. Sie sind in vielen verschiedenen Stärken erhältlich, wobei 500 Gauss die sicherste Stärke für eine konstante Stimulation ist. Die meisten Großhändler für Akupunkturbedarf führen derartige Magneten. Man kann auch Zyanoakryl-Klebstoff verwenden, um die Magneten direkt an die Läsion oder an spezifische Akupunkturpunkte zu kleben [3]. Einige Firmen bieten sehr leicht handhabbare, aber auch teure Bandagen an, die über die veränderten Bereiche geschnallt werden können. Der Kauf einer solchen Bandage kann den Klienten empfohlen werden, um die Heilung zu stimulieren.

Ein Autor beschreibt den erfolgreichen Einsatz eines Pflaumenblütenhämmerchens zur Therapie der Periostitis [27]. Es handelt sich um einen kleinen Hammer, dessen Kopf mit winzigen nadelartigen Spitzen versehen ist. Die Haut wird in schneller Folge leicht mit dem Hammer beklopft. Die Technik kann als milde Version des Punktfeuers betrachtet werden. Bei einem anderen Autor wird von erfolgreichen Implantationen von Goldstückchen bei Griffelbeinfrakturen berichtet (➤ Kap. 24) [13]. In einem Fall wurden bilateral an Di 4 Goldstückchen implantiert.

Die Anwendung von Moxibustion an der veränderten Stelle durch die Pferdebesitzer stellt ebenfalls eine Option dar. Die „pickende" Anwendung der glühenden Moxazigarre ist hierfür die effektivste Methode.

Traditionelle chinesische Therapie

Die Punkte, die zur Behandlung der generellen Schwellung und der Schmerzen im Unterarm eingesetzt werden sind *Cheng Zong* und *Qiang San Li*. Zwei Punkte werden bei Periostitis empfohlen:

- *Whal Hyul* („Das Blut beleben", kaudolateral des distalen Endes des Os metacarpale, senkrecht ca. 1 cm tief gestochen) und
- *Kyul Myung* („Leuchtende Bindung", kaudolateral am proximalen Ende des Os metacarpale, senkrecht ca. 1 cm tief gestochen).

34.5.5 Sehnenerkrankungen

Allgemeines

Tendinitis

Die meisten Veterinäre kennen die deprimierenden Auswirkungen, die eine Tendinitis auf die Karriere eines Sportpferdes haben kann. Die Akupunktur spielt hierbei eher eine vorbeugende, als eine behandelnde Rolle. Obwohl mit Akupunktur die initialen Schwellungen einer Tendosynovitis eingedämmt werden können, hat die Methode nur eingeschränkte Bedeutung und Wirkung, wenn es um die Behandlung einer chronischen Fibrose der Sehne selbst geht. Darum kann der Behandlung aller prädisponierenden Faktoren nicht genügend Beachtung geschenkt werden, damit die Sehne sich gar nicht erst pathologisch verändert.

Eine der Hauptursachen für Tendinitis ist die unbefriedigende Beschlagstechnik, die von vielen Hufschmieden auf den Rennbahnen angewendet wird. Oft werden die Trachten ganz extrem gekürzt und die Hufeisen selbst sind viel zu klein und eng gelegt. Das Pferd läuft dann mit einer langen Zehe und eingezogenen Trachten. Der Einsatz von zentralen Aufzügen kann die Sehne noch zusätzlich belasten. Auch die Beschaffenheit des Untergrundes einer Rennbahn spielt eine Rolle bei der Entwicklung von Tendinitis. Ist der Boden zu tief, so sollte man dem Klienten raten, das Pferd auf einer härteren Bahn zu trainieren und nur zum Rennen selbst auf der Bahn laufen zu lassen.

Sehnenkontraktion

Wird diese Störung früh genug erkannt und behandelt, besteht eine gute Aussicht auf Erfolg. Die Behandlung muss mit orthopädischem Beschlag und Ernährungsberatung kombiniert werden.

Meridian-Therapie

Bei Sehnenproblemen der Vorhand sind meistens **Dünndarm-, Herz- und Perikard-Meridian** betroffen. Das Holz-Element spielt dabei ebenfalls eine wichtige Rolle, da es einen starken Einfluss auf die Sehnen hat und gleichzeitig die „Mutter" des Feuers ist. Darum sollten die *Ting*-Punkte und die Zustimmungspunkte der möglicherweise betroffenen Meridiane untersucht werden.

Eine schmerzhafte Reaktion auf die Palpation des Punktes Dü 16, der zwischen dem HWK 2 und HWK 3 liegt, weist häufig auf eine Sehnenproblematik hin. Die möglichen lokalen Punkte hängen von der Lokalisation der Veränderung ab. Geeignet sind beispielsweise Dü 1 bis Dü 5, Di 1 bis Di 4, Pe 9, Pe 8, 3E 2, 3E 3, Lu 10, He 8 und He 9. Als distale Punkte können verwendet werden: Dü 16, 3E 13, Di 16, Bl 18 (Zustimmungspunkt der Leber), Bl 19 (Zustimmungspunkt der Gallenblase), Bl 14 (Zustimmungspunkt des Herzens), Bl 15 (Zustimmungspunkt des Perikards), Bl 27 (Zustimmungspunkt des Dünndarms), und Gb 34 (Meisterpunkt der Sehnen).

Wie bereits oben erwähnt, kann auch eine Sehnenkontraktion bei Fohlen erfolgreich mit Akupunktur behandelt werden. Ginneaux klassifiziert diesen Zustand als Blut und *Qi*-Stauung auf den *Yin*-Meridianen. Er behauptet, dass die Verabreichung von Furosemid den Fluss des *Qi* durch die *Yin*-Meridiane wieder anregt, indem eine vorübergehende Leere in der Niere geschaffen wird. Bei dieser kann der Punkt 3E 5 genadelt werden, indem man die Nadel ganz durch das Bein hindurch führt, ohne allerdings die Haut auf der medialen Seite zu durchstechen. Zusätzlich kann der *Ting*-Punkt der Niere eingesetzt werden. Moxibustion ist eine sinnvolle Ergänzung dieser Behandlung, die nach entsprechender Anleitung auch durch die Patientenbesitzer durchgeführt werden kann.

Als weitere Behandlungsmethoden kommen die Laser- und die Magnetstimulation in Frage. Bei akuter Entzündung empfehlen sich bei der Laser-Therapie G-Frequenzen, bei bereits heilenden Geweben eher C-Frequenzen. Obwohl die so genannten magnetischen „Stiefel" sehr populär sind, können die gleichen Erfolge mit den kleinen, weiter oben besprochenen Magneten erreicht werden, die über den Defekt bandagiert werden.

Traditionelle chinesische Therapie

Bei akuter Tendinitis setzen die Chinesen Hämakupunktur am Punkt *Xi Mai* („Vene am Karpus") ein. Bis zu 300 ml Blut müssen aus diesem Punkt genommen werden, um eine sichtbare Reaktion zu erzielen. Falls eine weitere Behandlung erforderlich ist, kann diese Prozedur nach einer Woche wiederholt werden. In China wird die Methode der direkten Kauterisation mit einem Brenneisen bei chronischen Sehnenerkrankungen favorisiert. Die

Technik entspricht in ungefähr dem bei uns früher durchgeführtem Blistern oder dem Brennen der Sehnen. In Europa wurde nach dem Brennen eine Stallruhe-Periode verschrieben, aber die Chinesen verordnen sofortige Arbeit. Sie behaupten, die Stallruhe würde die Ergebnisse der Manipulation verschlechtern. Kauterisiert wird der Punkt *Ban Jing* („Strecksehne"), aber die Technik kann auch an jeder anderen Stelle der betroffenen Sehne durchgeführt werden.

Auch die Behandlung der Sehnenkontraktion ist wesentlich aggressiver, als die hierzulande übliche Therapie. Die Punkte *Qian Jiu* („Zentrum der Hufballen") und *Ming Tang* („Proximales Sesambein") werden mit einer Feuernadel behandelt. Bei schweren Fällen wird der volare Anteil der Fessel kauterisiert oder eine Tendotomie durchgeführt.

34.5.6 Lahmheiten aus dem Fesselgelenksbereich

Allgemeines

Das Metakarpophalangeal- oder Fesselgelenk spricht sehr gut auf Akupunkturbehandlungen an, vor allem bei frühen Stadien von degenerativen Gelenkserkrankungen. Liegen Sehnenerkrankungen vor, sollten prädisponierende Faktoren mit beachtet werden. Das gilt ganz besonders für den Hufbeschlag. Der Untergrund auf dem die Pferde gearbeitet werden, spielt ebenfalls eine wichtige Rolle. Häufig zeigen mehrere Pferde, die auf der gleichen Bahn gearbeitet werden, die gleichen Fesselprobleme. Rogers und Cain stellen fest, dass eine einseitige Fesselgelenksproblematik oft kompensatorisch aufgrund einer Erkrankung des kontralateralen Sprunggelenks entsteht [3]. Sie empfehlen daher, dem gegenüber liegenden Sprunggelenk der Hinterhand besondere Aufmerksamkeit zu schenken.

Meridian-Therapie

Bei Erkrankungen des Fesselgelenks spielen meist der Lungen- und der Dickdarm-Meridian eine Rolle. Der **Lungen-Meridian** verläuft über das mediale Gleichbein und den medialen Anteil des Fesselträgers. In diesen Fällen sind fast immer Bl 13 und der Lungen-*Ting*-Punkt reaktiv. Der **Dickdarm-Meridian** ist oft mitbetroffen, weil er im mediodorsalen Aspekt der Gliedmaße über das Fesselgelenk nach oben zieht. Schmerzhafte Reaktionen bei der Palpation von Di 16 und Di 17 sind häufig bei Fesselgelenkspathologien zu finden. Meist reagiert dann auch Bl 25.

Die Behandlung sollte mit der Nadelung des entsprechenden *Ting*-Punktes beginnen. Liegt die Problematik ausschließlich im Bereich des Fesselgelenks, so wird der Schmerz im Meridianbereich trotz Behandlung bestehen bleiben. Als distale Punkte können Di 16 und Di 17 genadelt werden. Möglicherweise hat Di 17 eine ebenso starke Wirkung auf die Vordergliedmaße wie Di 4 [3]. Weitere mögliche distale Punkte sind: Bl 13, Bl 25, Bl 23, Lu 1, Lu 2, MP 9, Pe 1, 3E 9, Le 4 und 3E 13. Als lokale Punkte kommen in Frage: Di 1 bis Di 3, 3E 2, 3E 3 und Pe 9.

Bei den meisten Fesselgelenkserkrankungen kann Elektroakupunktur eingesetzt werden, und zwar entweder mit einer einfachen Nadeltechnik, oder aber auch mit der weiter oben beschriebenen Methode mit feuchten Gazetupfern. Ein Autor berichtet von der erfolgreichen Behandlung einer chronischen Fesselgelenksproblematik mit Implantationen von Goldstückchen am Punkt Di 16 [3].

Traditionelle chinesische Therapie

Bei akuten Fällen empfehlen die Chinesen Hämakupunktur des Punktes *Qian Chan Wan* („Vorderes Fesselgelenk"). Es handelt sich dabei um zwei Punkte pro Gliedmaße, die auf der V. palmaris lateralis und medialis lokalisiert sind. Bis zu 300 ml Blut sollten aus diesen Punkten gezogen werden, um einen therapeutischen Effekt zu erzielen. Bei chronischen Fällen wird direkte Kauterisation vorgeschlagen.

34.5.7 Lahmheiten aus dem Krongelenksbereich

Allgemeines

Kronbeinschalen (phalangeale Exostosis) sind die häufigsten Störungen in diesem Bereich des Pferdebeines. Es handelt sich dabei um einen Fall von Knochen-*Bi*, das aber durchaus erfolgreich mit Akupunktur behandelt werden kann.

Meridian-Therapie

Die distalen Punkte, die bei dieser Störung in Frage kommen, können alle relevanten Zustimmungspunkte beinhalten, vor allem aber Bl 13 und Bl 25. Bl 11 ist der Meisterpunkt der Knochen und Gb 39 der Meisterpunkt des Knochenmarks. Beide Punkte sollten erwogen werden. Bl 23 kommt wegen der Verbindung der Niere zu Knochen generell in Frage. Alle betroffenen *Ting*-Punkte können als lokale Punkte Verwendung finden, ebenso wie alle antiken Punkte, die unterhalb des Fesselgelenks sitzen. Die Behandlung kann mit Elektroakupunktur, Moxibustion und Laser-Therapie erfolgen. Diese Methoden können in ähnlicher Art und Weise eingesetzt werden, wie dies bei den Lahmheiten aus dem Fesselgelenk bereits beschrieben wurde.

Traditionelle chinesische Therapie

Bei akuten Zuständen erwägen die Chinesen Hämakupunktur des Punktes *Qian Jiu* („Zwischen den Hufballen"), während bei chronischen Erkrankungen Kauterisation empfohlen wird.

34.6 Akupunktur bei Erkrankungen im Hufbereich

34.6.1 Hufrehe

Allgemeines

In der westlichen Medizin wird die Hufrehe als eine rein akute Erkrankung gesehen, die durch Endotoxämie verursacht, und durch prädisponierende Faktoren wie Fettleibigkeit oder schlechte Hufqualität gefördert wird. Ungeachtet der Ursache werden die Beschwerden bei den unterschiedlichen Patienten als ein und dieselbe Erkrankung betrachtet.

Im Gegensatz dazu sieht ein Akupunkteur eine Hufrehe als die akute Zuspitzung einer sehr viel tiefer liegenden, chronischen Störung, die von Pferd zu Pferd sehr verschieden sein kann. So wird z. B. ein junges Sportpferd, das einen Reheschub nach einer Kortisongabe entwickelt, eventuell an einer Fülle im Leber-Meridian leiden. Ein älteres Pony hingegen, das immer wieder an Rehe leidet, hat höchstwahrscheinlich eine Leere im Bereich der Niere. Es handelt sich also um zwei vollkommen verschiedene Erkrankungen, und die Tiere würden auch ganz unterschiedlich behandelt werden.

Die Behandlung von Rehe-Pferden nach der so genannte „Kochbuch-Akupunktur" kann sehr enttäuschend sein. Wenn die Behandlung aber richtig durchgeführt wird, besteht eine sehr gute Heilungsaussicht. Ein Autor beschreibt eine Heilungsquote von 90% sowohl bei akuten als auch bei chronischen Fällen [9].

Meridian-Therapie

Bei **akuter Hufrehe**, einer Fülle-Kondition, sollten die betroffenen *Ting*-Punkte mit einer Kanüle angestochen und geblutet werden. Liegt der Hauptschmerz im Bereich der Hintergliedmaße, werden die dortigen *Ting*-Punkte gestochen. Ein Autor empfiehlt, die Nadel so lange liegen zu lassen, bis das austretende Blut seine Farbe von Schwarz zu Rot gewechselt hat [3]. Studien haben gezeigt, dass diese Art der Hämakupunktur die Nervenendungen des autonomen Nervensystems in der Umgebung der Gefäße stimuliert und so zu einer Vasodilatation und einer erhöhten Durchblutung im Hufbereich führt.

Bei der Behandlung einer **chronischen Hufrehe** muss die Erkrankung als Leere-Erkrankung betrachtet werden. Die Stimulation der *Ting*-Punkte sollte sanft und möglichst mit kleinen japanischen Nadeln erfolgen. Hämakupunktur sollte hier nicht eingesetzt werden.

> **PRAXISTIPP**
> Während die meisten Praktiker Hämakupunktur aller *Ting*-Punkte der Vorderhand empfehlen, berichtet Ginaeux, er habe besser Erfolge erzielt, wenn er nur die *Ting*-Punkte der *Yin*-Meridiane der Vordergliedmaßen bluten ließ.

Zur Therapie empfehlen sich unter anderem zwei Punkte, die medial und lateral der V. digitalis auf Höhe des Randes der Gleichbeine liegen, behandelt werden. Bei akutem Schub werden diese Punkte geblutet, unter chronischen Bedingungen sollte sie jedoch nur genadelt werden. Weitere geeignete Punkte sind: Di 2 bis Di 4, Dü 2, Dü 3, 3E 2, 3E 3, Lu 9, Lu 7. Als lokale Punkte an der Hintergliedmaße kommen in Frage: MP 2, Ma 44, Bl 66, Le 2 und Gb 43. Die Wahl der distalen Punkte hängt von der Diagnose ab. Zustimmungspunkte kommen je nach Ergebnis der Palpation zum Einsatz. Oft eingesetzt werden hier Bl 13, Bl 18, Bl 19 und Bl 23.

Ein Autor empfiehlt die Punkte Bl 11 bis Bl 13 wegen ihres regionalen Charakters. Le 13 und Le 14 kommen als Alarmpunkte von Milz/Pankreas und Leber ebenfalls in Frage. Dü 10 kann bei Schwäche und Empfindlichkeit in der Vorhand benutzt werden. Di 11 kommt wegen seiner Hitze ausleitenden Funktion und seiner Regulationsfähigkeit des Blutes zum Einsatz. Der Punkt 3E 5 kann bei Hitze-Zuständen verwendet werden, da er die Verteilung von *Qi* auf alle Leitbahnen fördert. MP 6 ist ein exzellenter Punkt zur Behandlung dieser Störung, da er nicht nur das Leber-*Qi* besser verteilt, sondern auch noch die Nieren unterstützt.

Gb 39 kann bei Schmerzen in der Hinterhand verwendet werden, vor allem bei solchen, die bis in den Huf hinein ausstrahlen. Letztendlich können mit MP 21 die Schmerzen im gesamten Körper behandelt werden. Außerdem gilt dieser Punkt als allgemeiner Passage-Punkt, der das Blut in den Blut-Verbindungsleitbahnen bewegt. In akuten Fällen kann Hämakupunktur eingesetzt werden, bei chronischen Fällen ist einfache Nadelung oder Elektroakupunktur das Mittel der Wahl. In Abhängigkeit von der Chronizität des Falles variieren die Behandlungsintervalle von jedem zweiten Tag bis einmal pro Woche.

Traditionelle chinesische Therapie

Auch in der TCM stellt die Hämakupunktur bei akuten Fällen die Therapie der Wahl dar. Die Behandlung ist recht aggressiv. Es werden bis zu 500 ml Blut pro Punkt entzogen. *Qian Ti Tou* („Spitze des Hufes"), *Xiong Tang* („Vene am Brustkorb")und *Mi Jiao Gan* („Vagosympathikus des Rumpfes") sind die Punkte, die in erster Linie für die Hämakupunktur empfohlen werden. Wenn die Hufrehe durch das Fressen von zu viel Getreide verursacht wurde, kann der Punkt *Yu Tang* („Jadehalle") verwendet werden.

Zur Behandlung von **akuter Hufrehe** gibt *Shin* zwei Behandlungsformeln an [24]. Er empfiehlt die zwei Behandlungsformeln alternierend dreimal wöchentlich einzusetzen, wobei jeder Punkt ca. 25 Minuten lang stimuliert wird. Die erste Formel enthält folgende Punkte:

- *Kan Yu* („Leber-Punkt", im 12. ICR auf Höhe der Humerusmitte),
- *Shin Yu* („Nieren-Punkt", kaudal des Iliums im dritten Sakralbereich, 2,5 cm lateral der Wirbelsäule),
- *Dong Kuen* („Muskel der Brust", kranial und ventral des Humerus, an der Ansatzstelle des M. biceps brachii) und zuletzt
- zwei Punkte aus der Gruppe *Chunk Yang Hyul* („Löcher über der spinalen Brücke", direkt lateral der intervertebralen Gelenkflächen im 13. ICR und zwischen LWK 1 und 2).

Alle Punkte werden senkrecht auf 1–1,5 cm Tiefe gestochen.

Die zweite Behandlungsformel beinhaltet neben den bereits erwähnten Punkten *Dong Kuen* und *Shin Yu* auch *Jeon Chuk* und *Whal Hyul*. Alle Punkte werden in senkrechter Stichführung gestochen.

Bei **chronischer Hufrehe** empfiehlt *Shin* ein völlig anderes Vorgehen [24]. Er behandelt jeweils nur eine Körperseite in einer Behandlung über 35 Minuten, zweimal pro Woche. Die erste Punktekombination hierfür beinhaltet:

- *Hyung Dang* („Haus der Brust", am ventralen Aspekt der Skapula, in der Nähe der Ansatzstelle des M. deltoideus; senkrecht bis auf 4 cm Tiefe gestochen),
- *Kan Yu* (siehe oben),
- *Sim Yu* („Herz-Punkt", in der Mitte des 2. ICR, 2 cm tief gestochen) und
- *Pei Yu* („Lungen-Punkt", im 4. ICR, auf Höhe des Schultergelenks).

Die zweite Punktekombination bei chronischer Hufrehe besteht aus den folgenden Punkten:

- *Shou Ku* („Das Maul schließen", im V-förmigen Treffpunkt zwischen M. levator nasolabialis und M. zygomaticus, senkrecht ca. 5 mm tief gestochen),
- *Park Kong* („Dünnes Loch", im laterales Aspekt des Humerus, auf der Ebene des Schultergelenks, auf ca. 2 cm Tiefe gestochen),
- *Seul Kae* („Kappe des Knies", am Epicondylus radii lateralis, ca. 2 cm tief in kaudaler Stichführung genadelt),
- *No Dang* („Haus der Arbeit", lateral und ventral des lateralen Gleichbeinendes, senkrecht auf 1 cm Tiefe gestochen) und
- *Pyon Moon* („Seiteneingang", kranial und lateral des distalen Endes der ersten Phalange, und horizontal auf 1 cm Tiefe genadelt).

34.6.2 Erkrankungen der Hufrolle

Allgemeines

Auch bei Hufrollenerkrankungen ist es unerlässlich, die zugrunde liegenden Faktoren der Störung aufzudecken, bevor man einen erfolgreichen Behandlungsplan erstellen kann. Das trifft natürlich für eine Akupunkturbehandlung ganz besonders zu. Stellungsfehler, erbliche Faktoren und schlechte Hufbalance, meist lange Zehen und eingezogene Trachten, sind häufig an der Entstehung der Hufrollenerkrankung beteiligt. Möglicherweise gehen sehr feine energetische Dysfunktionen dieser Störung voraus, auch wenn diese im Sinne der konventionellen Medizin nicht erkennbar sind und sich noch nicht in einer röntgenologischen Untersuchung zeigen. Diese Vorboten können sich auf der körperlichen Ebene als chiropraktische Subluxationen der Halswirbel zeigen. Eine Störung der Nervenleitung zu den distalen Gliedmaßen kann die Blutversorgung ebenso reduzieren, wie die Propriozeption. Auf der energetischen Ebene können sich die ersten Anzeichen als Meridian-Blockierung zeigen. Die Obstruktionen können jedoch auch durch Narben hervorgerufen werden. Eine tief am Ballen liegende Narbe kann den Energiefluss zum Strahlbein behindern.

Diese Patienten sollten immer unter dem Gesichtspunkt des Energieausgleichs betrachtet werden. Wie schon im Abschnitt über Hufrehe erwähnt, ist die Lokalisation der energetischen Blockade oder der Leere essentiell, bevor ein Behandlungsplan erstellt werden kann. Es kann sich z. B. um eine Nieren-*Yin*-Leere handeln, da die Niere den Knochenmetabolismus kontrolliert, um eine Leere des Milz/Pankreas-*Qi*, da Milz/Pankreas das Blut kontrolliert oder eventuell um eine Leber-*Qi*-Stagnation, da die Leber für die Hufqualität verantwortlich ist, das zirkulierende Blutvolumen kontrolliert und den freien Fluss des *Qi* aufrecht erhält. An diesem Beispiel zeigt sich sehr gut, dass der Behandlungserfolg immer auch von der Fähigkeit des Praktikers abhängt, den Patienten als energetische und physikalische Einheit zu sehen und nicht nur als Pferd mit Hufrollenproblemen.

Meridian-Therapie

Alle *Ting*-Punkte müssen sorgfältig untersucht werden, wobei besonderes Augenmerk auf die von Perikard, Dreifachem Erwärmer, Lunge, Dickdarm, Leber und Milz/Pankreas zu legen ist. Die Ergebnisse dieser Untersuchung werden mit den Ergebnissen der Palpation der Zustimmungspunkte verglichen und führen gemeinsam mit Erkenntnissen über die generelle Konstitution des Patienten häufig schon zur Identifizierung der primären Störung. Die Zustimmungspunkte von Leber und Niere zeigen häufig eine Reaktion und können dann in den Behandlungsplan integriert werden [3]. Zusätzlich können als distale Punkte Pe 1 (wichtiger Punkt bei Schmerzen im Huf), Di 11 (reguliert Blut), Di 4 (lindert Schmerzen und klärt die Leitbahnen), Di 16 (löst verklumptes Blut auf und klärt die Leitbahnen), Bl 11 (Meisterpunkt der Knochen), Dü 8, Dü 9 (wichtige Punkte bei Schmerzen in den Vordergliedmaßen), 3E 5 (ermöglicht es stagnierendem *Qi* besser in den Leitbahnen zu fließen), 3E 13 und 3E 14 (wichtige Punkte bei Schmerzen in den Vordergliedmaßen), Ma 36 (belebt *Qi*), Bl 40 (unterstützt den Rücken und behandelt kompensatorische Schmerzen in der Hinterhand), Gb 30 und Gb 34 (stärken die Knochen) und *Bai Hui* (gleiche Indikation wie Bl 40).

Als lokale Punkte kommen die umgebenden *Ting*-Punkte in Frage. Sehr gerne werden drei Punkte zur Elektroakupunktur eingesetzt: Pe 9 und zwei zusätzliche Punkte, die lateral und medial von Pe 9 liegen, direkt medial des Hufknorpels. Ein Autor empfiehlt Elektroakupunktur an diesen Punkten über 20 Minuten, zweimal wöchentlich, über drei Wochen [3]. Da es sich um eine chronisch-degenerative Erkrankung handelt, können auch Implantationen von Catgut (beim Pferd nicht mehr zugelassen) oder Goldstückchen in Erwägung gezogen werden [27]. Manche Praktiker berichten von guten Erfolgen beim Einsatz von Magneten, die an die beschriebenen Punkte geklebt werden und für die Periode zwischen den einzelnen Akupunkturbehandlungen dort belassen werden [28].

Traditionelle chinesische Therapie

Bei akuten Fällen mit Schmerzen in der Hufballenregion wird Hämakupunktur an den Punkten *Qian Ti Men* („Hufballen") und *Qian Jiu* (Zentrum des Ballens) empfohlen. Bei chronischen Geschehen werden diese Punkte kauterisiert oder mit einer Mischung namens „Fructus gardenus" injiziert [17]. *Shin* hat auch hier zwei Punktekombinationen für die akute Erkrankung und zwei für die chronische Form.

Die Punkte für die **akute Erkrankung** wurden alle weiter oben bei der Behandlung der akuten Hufrehe angegeben. Als erste Kombination empfiehlt er *Dong Kuen, Kan Yu, Chunk Yang Hyul* und *Joen Chunk* („Vorderseite der Ulna"). Die zweite Punktekombination für akute Erkrankungen beinhaltet: *Hyung Dang, Baek Hoe* (wie *Bai Hui*) und *Chunk Yang Hyul*.

Bei **chronischen Fällen** empfiehlt *Shin* folgende Punkte: *Whal Hyul, No Dang* („Haus der Arbeit"), *Je Moon* („Tür des Fußes", medial und ventral des Fesselbeines) und *Nan Whan* („Innerer Zirkel", am distalen Ende des Röhrbeines). Die zweite Punktekombination für chronische Hufrollenveränderungen besteht aus den Punkten:

- *Whan Joel* („Kreis des Gelenks", lateral und kaudal der Mitte von Metakarpale III),
- *Myung Jung* („leuchtende Quelle", am distalen Aspekt des Fesselbeines, auf der Mittellinie der kaudalen Seite des Knochens),
- *Seul Wan* (der „Arm des Knies", auf der medialen Seite des Karpus, ventral des Os accessorium) und
- *Nae Kyul Myung* („Innenseite des hellen Knotens", medial und kaudal der proximalen Seite von Metakarpale III).

All die letztgenannten Punkte sollten ca. 1 cm tief senkrecht gestochen werden. Bei akuten Fällen sollte immer nur ein Bein pro Behandlung genadelt werden. Dieses wird über 20 Minuten und zweimal pro Woche behandelt. Auch bei chronischen Erkrankungen wird pro Behandlung nur ein Bein genadelt, die Behandlungen finden im Abstand von drei Wochen statt.

34.7 Akupunktur bei Lahmheiten aus den Hintergliedmaßen

34.7.1 Störungen im Bereich des Beckens

Allgemeines

In der konventionellen Pferdepraxis wird bei der Diagnose von Lahmheiten aus den Hintergliedmaßen ein starker Schwerpunkt auf die distalen Gliedmaßenbereiche gelegt. Das kommt oft daher, dass die meisten Pferde erst dem Tierarzt vorgestellt werden, wenn Gelenke im distalen Bereich Dysfunktionen zeigen. Ein weiterer Grund kann in den weitaus einfacheren Untersuchungsmöglichkeiten der distalen Gliedmaßenbereiche liegen, verglichen mit den oft nur schwer auswertbaren Röntgenaufnahmen des Beckens. Obwohl bei fast 95% aller Lahmheiten die Vordergliedmaßen beteiligt sind, sollte man nie vergessen, dass viele Probleme im vorderen Bereich des Pferdes durch Kompensation von Schmerzen im hinteren Körperbereich entstehen. Gerade bei Rennpferden können viele Lahmheiten der Vordergliedmaßen im frühen Stadium durch rechtzeitiges Erkennen und Behandeln von Problemen im Becken vermieden werden [3].

Die meisten Probleme konzentrieren sich auf das **Lumbosakralgelenk**, das **Sakroiliakalgelenk**, das **Sakrum** und das **Hüftgelenk**. Im Abschnitt über das HWS-Syndrom wurde bereits darauf hingewiesen, wie wichtig die Integrität der Wirbelsäule ist. Dies gilt besonders für den Bereich des Sakroiliakalgelenks. Daher ist es auch ratsam, bei bestimmten Problemen im Beckenbereich, mit einem Pferdeosteopathen zusammenzuarbeiten.

Der **N. ischiadicus** zieht durch die Foramina intervertebrales von LWK 5, LWK 6, SWK 1 und SWK 2. Dieser Nerv versorgt ungefähr 50% der Haut und Muskeln der Hintergliedmaßen. Dementsprechend groß sind die Auswirkungen bei einer Einklemmung dieses Nervs. Eine Subluxation in dieser Gegend muss chiropraktisch behoben werden. Zusätzlich sollten immer auch die Meridiane energetisch ausgeglichen werden, um die Dysfunktionen, die zur Subluxation geführt haben oder von ihr ausgelöst wurden, zu beseitigen.

In den frühen Stadien einer Störung in diesem Bereich sind Lahmheiten oft kaum zu erkennen. Die Klienten beschweren sich eher darüber, dass ihr Pferd nicht mehr so fleißig vorwärts geht, Sprünge mit weniger Elan annimmt, seinen Schweif schief trägt, in der Entspannung ein Bein schräg unter den Körper schiebt, nicht mehr so durchlässig ist wie sonst oder dass der Sattel immer auf eine Seite rutscht. Ist eine Lahmheit zu erkennen, kann diese oft von einer Seite auf die andere umspringen.

Bei einer Subluxation des Sakroiliakalgelenks nach dorsal, die sich durch ein höher gestelltes Tuber sacrale und schmerzhafte Reaktionen auf Palpation des betroffenen Gelenks zeigt, fällt häufig eine nach lateral geführte Gliedmaße an dieser Körperseite auf, das Bein erscheint relativ zu kurz. Das relativ längere Bein auf der anderen Seite wird in einem medialen Bogen nach vorne geführt. Die abnormale Gewichtsverteilung, die dadurch entsteht, kann zu einem Knieproblem auf der erkrankten Seite und einer Sprunggelenksproblematik auf der gegenüberliegenden Seite führen [5].

Andere Indikationen für eine chiropraktische Behandlung sind beispielsweise verkürzte Tritte oder ein extrem enges Setzen der Hufe der Hintergliedmaße. Das sind aber nur einige der Anzeichen, die durch eine Subluxation im Beckenbereich entstehen können. All diese Anzeichen und Reaktionen auf die palpatorische Untersuchung weisen darauf hin, dass eine chiropraktische Untersuchung und Therapie in den Behandlungsplan integriert werden sollte.

Es kann durchaus sein, dass Hüftgelenkdysplasien bei Pferden weitaus häufiger vorkommen als man bisher annimmt [3]. Die befallenen Pferde zeigen meist ein Gangbild, das dem der Hunde mit Hüftdysplasie ähnelt. Sie reagieren schmerzhaft auf Palpation der Hüftgegend und der Zustimmungspunkte der Gallenblase.

Meridian-Therapie

Schon durch seinen Verlauf über die Region spielt der **Gallenblasen-Meridian** bei Erkrankungen des Hüftgelenks eine wichtige Rolle. Darum ist die Untersuchung und Einschätzung der *Ting*-Punkte der Gallenblase für die Herstellung des Meridian-Gleichgewichts sehr wichtig. Oft sind auch die *Ting*-Punkte von Blase, Leber und Milz/Pankreas wichtig. Es sollten alle Zustimmungspunkte dieses Bereiches (Bl 23 bis Bl 28) untersucht werden. Auch dabei müssen eventuell bestehende Subluxationen beachtet werden. Mitunter ist es sinnvoller, zur Behandlung Punkte zu verwenden, die nach der chiropraktischen Manipulation aktiv bleiben. Sie können dann mit einer *Ting*-Punkt-Therapie behandelt werden [28]. Andere Praktiker verwenden Bl 25, Bl 26 und Bl 31 bis Bl 34, die alle in der Nähe des Sakrums liegen, zur Behandlung von sakroilialen Problemen [23]. Als lokale Punkte können zusätzlich *Bai Hui* und LG 2 benutzt werden. LG 2 eignet sich für alle Probleme im Beckenbereich. Die drei Punkte um das Hüftgelenk herum,

Gb 29, Gb 30 und Bl 54, können ebenfalls bei Erkrankungen des Hüftgelenks eingesetzt werden.

Der distale Hauptpunkt für alle Erkrankungen im kaudalen Rückenbereich ist Bl 40, der Meisterpunkt des Rückens. Hämakupunktur dieses Punktes kann bei allen Hüftgelenkserkrankungen helfen [25]. Bei Problemen im Bereich der Wirbelsäule kann Dü 3 erwogen werden, da dies der Schüsselpunkt des *Du Mai* oder **Lenkergefäßes** ist. Bl 60 ist ein generell analgetisch wirkender Punkt. Liegt das Hauptproblem im Bereich des **Gallenblasen-Meridians**, können Punkte wie Gb 21, Gb 25, Gb 34 und Gb 39 eingesetzt werden. Ist die Störung eher auf dem **Magen-Meridian** zu finden, können Punkte wie Ma 31 bis Ma 36 zusätzlich benutzt werden. Chronische Erkrankungen sprechen sehr gut auf Moxibustion oder Elektroakupunktur an, die in Abhängigkeit von der Symptomatik alle drei bis sieben Tage angewendet werden sollten.

PRAXISTIPP

Die Implantation von Goldstückchen an den Punkten Gb 29, Gb 30 und Bl 54 kann auch bei Pferdepatienten mit chronisch degenerativen Hüftgelenkserkrankungen eingesetzt werden.

Traditionelle chinesische Therapie

Im Handbuch der chinesischen Veterinärmedizin wird bei Rückenproblemen die Nadelung folgender Punkte mit filiformen Nadeln empfohlen: *Bai Hui* („Punkt der hundert Begegnungen"), *Ba Jiao* (eine Reihe von Punkten im Bereich des Sakrums, die aufeinander zu genadelt werden) und *Shen Shu*, der Zustimmungspunkt der Niere. An allen diesen Punkten können auch Feuernadeln eingesetzt werden. Sollte nach einer Woche die Behandlung mit den Feuernadeln wiederholt werden müssen, können dann die Punkte *Yao Zhong* („Mitte der Lende"), *Ba Shan* („Zum Berg gehörend"), und *Han Gou* („Schweißfurche") eingesetzt werden. Zusätzlich können die Punkte *Hui Yang* („Treffpunkt des *Yang*"), *Ju Liao* („An der Hüfte") und *Huan Tiao* („Vorderer Ring") mit filiformen Nadeln behandelt werden. Das Buch empfiehlt dafür eine 25 Minuten lange Behandlung alle drei Tage, über mindestens sechs Behandlungen. Elektroakupunktur wird an den Punkten *Bai Hui*, *Yao Qian* („Vordere Lende") und *Yao Zhong* eingesetzt.

In der traditionellen chinesischen Therapie wird bei diesen Problemen auch Aquapunktur mit einer Mischung aus 25%iger Glukoselösung und 5%iger Natriumbikarbonatlösung im Verhältnis 2: 1 durchgeführt. Zur Behandlung werden bis zu 40 ml dieser Mischung an *Bai Hui* und bis zu 20 ml an *Shen Shu* und *Shen Peng* („Nierenvorsprung") gespritzt.

34.7.2 Lahmheiten aus dem Bereich des Knies

Allgemeines

Die meisten Lahmheiten aus dem Bereich des Knies haben ihren Ursprung nicht im Kniegelenk selber, sondern in den umgebenden Weichteilen. Neben den offensichtlichen Folgen von Traumen können sich Knieprobleme auch aus einer Imbalance zwischen der Stärke der Extensoren und Flexoren entwickeln, die gerade bei jungen Rennpferden häufig vorkommt. Als weitere Ursachen kommen in Frage: falscher Beschlag, schlechte Bodenverhältnisse, Schmerzen im Sprunggelenk oder die Folgen einer Subluxation im Sakroiliakalgelenk. Eine Subluxation nach lateral kann beispielsweise ein funktionell kürzeres Bein zur Folge haben und eine bogenförmig nach außen und vorne geführte Bewegung des Beines verursachen.

Meridian-Therapie

Bei den meisten Knieproblemen ist der **Magen-Meridian** gestört. **Leber-, Milz/Pankreas- und Blasen-Meridian** sind seltener beteiligt. Eine sorgfältige Untersuchung der entsprechenden *Ting*-Punkte und Zustimmungspunkte ist sehr wichtig.

Ein Autor empfiehlt in Abhängigkeit von der speziellen Problematik Bl 20, Bl 21, Bl 28, Bl 36, Bl 37 und Ma 25 als diagnostische und therapeutische Punkte [3]. Ein weiterer Praktiker beschreibt eine starke Druckempfindlichkeit an dem Punkt Ma 10 als starken Indikator für Knieprobleme und nutzt den Punkt auch zur Behandlung [23]. Er bevorzugt zur Therapie allerdings den Punkt Le 8 und setzt dort häufig Injektionen mit MacKays Lösung ein. Diese Lösung kann auch in MP 10 injiziert werden. Die Nadel sollte dann in Richtung Bl 39 gestochen werden [3]. Zur Injektion kommen auch die Punkte Ma 36, MP 9 und Gb 34 in Frage. Als lokale Punkte können Ni 10, MP 8, Ma 31, Ma 32 und die Knieaugen gewählt werden. Die Knieaugen liegen medial und lateral des medialen Lig. patellae. Zusätzlich können Bl 35, Gb 37 und MP 13 als distale eingesetzt werden.

Vor allem an den Knieaugen kann Elektroakupunktur zusätzlich zur lokalen Injektionstherapie eingesetzt werden. Bei chronischen Fällen ist die Laser-Therapie das Mittel der Wahl. Implantationen von Goldstückchen kann bei frühen Fällen von Osteochondrosis dissecans, die noch keine starken Läsionen zeigen, helfen [28].

Traditionelle chinesische Therapie

Im chinesischen Handbuch der Veterinärmedizin wird Hämakupunktur an *Shen Tang* („Halle der Niere", auf der V. saphena). Für eine wirkungsvolle Behandlung sollten mindestens 500 ml Blut an diesem Punkt abgezogen werden. Zusätzlich wird der Einsatz von Feuernadeln an *Han Gou* („Schweißfurche") und *Lu Cao* („Knie") angeregt. Diese Punkte können auch mit filiformen Nadeln stimuliert werden. Dann können ergänzend die Punkte *Hou Fu Tu* („Versteckter Hase"), *Yin Shi* („Markt des Yin"), *Yang Ling* („Grab des Yang") und *Feng Long* („wieder belebend") genadelt werden. Bei dorsaler Fixation der Patella gibt das Handbuch zwei spezielle Behandlungsschemata an. Die erste Kombination enthält die Punkte *Ba Shan* („Zum Berg gehörend") und *Hou Fu Tu*. Die zweite Punktekombination arbeitet mit den Punkten *Ba Shan* und *Qian Shen* („In der Nähe der Hoden"). Am besten werden diese Punkte einmal täglich über 30 Minuten elektrisch stimuliert. Meist sind zwei bis vier Behandlungen nötig. Ein dritter Behandlungsvorschlag behandelt den Punkt *Lu Cao* mit der Feuernadel.

34.7.3 Lahmheiten aus dem Sprunggelenk

Allgemeines

Die Knochen des Sprunggelenks werden stark durch Zug und Druck belastet. Oft führen diese fortwährenden Belastungen zu degenerativen Veränderungen der Gelenkoberfläche, vor allem im distalen Gelenksbereich. Die Problematik kann durch Stollen oder andere Veränderungen am lateralen Schenkel des Hufeisens, mangelhafte Fußstellung und Subluxationen im Sakroiliakalgelenk verstärkt werden. Eine ventrale Subluxation des Sakroiliakalgelenks führt zu einem funktionell längeren Bein, das in einem medialen Bogen nach vorne geführt wird und dadurch die medialen Aspekte des Sprunggelenks mehr belastet. Andere Erkrankungen des Sprunggelenks sind Entzündung der Spatsehne (Sehne des M. tibialis cranialis), Sprunggelenksgallen und Schmerzen durch Osteochondrosis dissecans. Bei all diesen Veränderungen kann Akupunktur erfolgreich eingesetzt werden.

Meridian-Therapie

Wenn die Lahmheit sich auf ein Trauma zurückführen lässt, hängt der einzusetzende Meridian von der Lokalisation der primären Verletzung ab. Oft sind Gallenblasen- und Leber-Meridian betroffen, aber auch Nieren-, Blasen- oder Milz/Pankreas-Meridian können beteiligt sein. Darum ist die Untersuchung und Einschätzung der *Ting*-Punkte und der Zustimmungspunkte wichtig, um einen Behandlungsplan aufstellen zu können.

Bei Störungen des **Gallenblasen-Meridians** ist die Störung eher lateral am Bein zu suchen und die Punkte Bl 19, Bl 27 (Zustimmungspunkt des Dünndarms, „Sohn"-Element der Gallenblase), Gb 21 reagieren bei der Palpation. Oft bestehen kontralaterale Schmerzen an Gb 20 und am *Ting*-Punkt der Gallenblase. Bei Sprunggelenksgallen ist sowohl der Gallenblasen-Meridian, als auch der **Blasen-Meridian** betroffen und Bl 28 (Zustimmungspunkt der Blase) ist empfindlich. All diese Punkte können auch zur Therapie benutzt werden.

Da die meisten degenerativen Veränderungen des Gelenks im medialen Bereich auftreten, ist der **Leber-Meridian** sehr häufig beteiligt. Oft sind dann Bl 18 (Zustimmungspunkt der Leber), Bl 23 (Zustimmungspunkt der Niere, „Mutter"-Element der Leber), Bl 35, Bl 39 und Bl 39A (lokaler diagnostischer Punkt des Sprunggelenks) druckdolent. All diese Punkte können auch zur Behandlung von Erkrankungen im medialen Bereich des Sprunggelenks eingesetzt werden. Zur lokalen Behandlung eignen sich etliche Punkte: Bl 60, Bl 62, Bl 64, Ni 2 bis Ni 7, Le 3, Le 4, Gb 38, MP 5, Ma 36, Ma 41 und Ma 42. Neben Elektroakupunktur wird auch häufig mit Aquapunktur oder mir Laser-Stimulierung gearbeitet. Auch die Implantation von Goldstückchen wird beschrieben. In einer Studie wurden bei 114 Pferden mit unterschiedlich starken Schmerzen Goldstückchen oder Catgut-Fäden implantiert. Die Implantationen fanden an Ni 9, Le 3 und Ma 41 statt. Die Beschwerden konnten damit bei 50% der Pferde reduziert werden. Bei nur 24% der Tiere mussten Gelenksinjektionen vorgenommen werden.

Traditionelle chinesische Therapie

Qu Chi („Teich an der Kurve"), *Fu Gu* („Tarsus") und *Wu Jing* („Dunkle Sehne") sind die lokalen Punkte, die bei Problemen im Bereich des Tarsalgelenks eingesetzt werden. *Qu Chi* liegt direkt auf der V. digitalis communis und wird sowohl bei der akuten als auch bei der chronischen Erkrankung blutend behandelt. *Fu Gu* wird nur bei chronischen Bedingungen eingesetzt und dann kauterisiert. Eine dem Punkt-Feuer ähnliche Technik wird an *He Zi* und an *Wu Jing* benutzt. Feuernadeln werden erhitzt und schnell hintereinander mehrfach in die beschriebenen Gebiete gestochen. Mit Moxibustion lässt sich eine etwas mildere Behandlung erreichen.

34.7.4 Kreuzverschlag

Allgemeines

Kreuzverschlag, Azoturie oder Lumbago treten häufig bei jungen Rennpferden auf. Vielleicht ist die Erkrankung im Frühling häufiger zu sehen, weil dies die Jahreszeit des Holz-Elementes ist, und die Leber über die Muskeln wacht [3]. Nervöse junge Pferde scheinen häufiger betroffen zu sein, was mit dem Zusammenspiel der fünf Elemente und der Verwandtschaft zwischen Feuer („Sohn" des Holzes) und Holz zu erklären ist. Wenn die Ernährung einer der auslösenden Faktoren sein könnte, sollte die Beziehung zwischen Holz und Erde (Milz/Pankreas und Magen) genauer untersucht werden. Man muss immer daran denken, dass möglicherweise auch Schmerzen die Ursache der Störung sein können, indem sie z. B. starke Angstgefühle auslösen (Niere und Blase) und dadurch das Tier für die Erkrankung prädisponieren.

Meridian-Therapie

Die Erkrankung kann als Störung im Bereich von Holz, Erde und Wasser betrachtet werden [3]. Darum müssen die Zustimmungspunkte und die *Ting*-Punkte von Leber und Gallenblase, Milz/Pankreas und Magen und Niere und Blase sorgfältig untersucht werden. In Abhängigkeit von den Ergebnissen dieser Untersuchung kann man Bl 18 (Zustimmungspunkt der Leber), Bl 19 (Zustimmungspunkt der Gallenblase), Bl 20 (Zustimmungspunkt von Milz/Pankreas), Bl 23 (Zustimmungspunkt der Niere) und Bl 28 (Zustimmungspunkt der Blase) auswählen. Die Alarmpunkte sollten ebenfalls palpiert und in Betracht gezogen werden: Le 14 (Alarmpunkt der Leber), Gb 24 (Alarmpunkt der Gallenblase) und Le 13 (Alarmpunkt von Milz/Pankreas). Es ist auf jeden Fall wichtig, den primär pathologischen *Ting*-Punkt zu bestimmen und zu behandeln. In einer Studie an acht Rennpferden, die wiederholt an Azoturie litten, wurden folgende Punkte behandelt: Lu 1, Di 6, Dü 9, MP 20, Bl 18 bis Bl 28, Ma 36 und Gb 29 [25]. Durch die Behandlung konnten die Schmerzen gemildert, der Hämatokrit gesenkt und die Kreatininkinase-Aktivität innerhalb von 24 Stunden normalisiert werden.

Traditionelle chinesische Therapie

Folgende Punktekombinationen kommen in Betracht:

- Die Punkte *Ba Shan* („Zum Berg gehörend"), *Lu Gu* („Auf dem Weg zum Oberschenkel") und *Da Kua* („Großer Trochanter") sind wichtig zur Behandlung der Myositis des M. biceps femoris.
- Bei Myositis der Oberschenkelmuskulatur kann *Ju Liao* („An der Hüfte"), *Huan Tio* („Vorderer Ring"), *Huan Zhong* („Mittlerer Ring") und *Huan Hou* („Hinterer Ring") eingesetzt werden.
- *Xie Qi* („Böses *Qi*"), *Han Gou* („Schweißfurche"), *Yang Wa* („Mit dem Gesicht nach oben liegende Kachel") und *Qian Shen* („In der Nähe der Hoden") sind bei Myositis des M. biceps femoris, M. semimembranosus und M. semitendinosus indiziert.
- *Jiao Dang* („Verbindung"), *Shen Tang* („Halle der Niere") und *Du Xue* („regierende Punkt") werden bei Myositis der Beckengliedmaßen eingesetzt.

Die letzten drei Punkte werden mit Hämakupunktur auf der V. saphena behandelt, während alle anderen hier aufgezählten Punkte mit der Feuernadel oder mit filiformen Nadeln stimuliert werden sollten.

Shin empfiehlt bei Myositis folgende Punkte:

- Drei Punkte aus der Reihe *Chunk Yang Hyul* („Löcher der spinalen Brücke", im 13. ICR, zwischen LWK 1 und LWK 2, und zwischen LWK 2 und LWK 3) und
- *Kan Yu* („Leber-Punkt", im 12. ICR, auf Höhe der Mitte des Humerus).

Er empfiehlt eine bilaterale Stimulation über 25 Minuten, zweimal pro Woche [24]. *Shin* beschreibt auch eine sehr interessante Technik, die Muskelspasmen sofort vergehen läst: Die zwei schmerzhaftesten Punkte werden durch sorgfältiges Palpieren ausfindig gemacht und beide senkrecht gestochen. Die Nadel im schmerzhaftesten Punkt wird fünf Minuten lang im Uhrzeigersinn gedreht, während die andere gegen den Uhrzeigersinn bewegt wird. Danach werden beide Punkte über zwei Minuten mit Moxibustion behandelt. Wenn sich die Spasmen nicht innerhalb einer halben Stunde legen, sollte die Behandlung wiederholt werden.

34.7.5 Immunvermittelte Störungen

Allgemeines

Die Forschung im Bereich der Humanmedizin hat gezeigt, dass die Ursache von vielen Fällen chronisch myofaszialer Schmerzen chronische Infektionen mit Viren oder Bakterien sind. Bei diesen Patienten entwickelt sich eine Reihe von Triggerpunkten, die starke und persistierende Schmerzen im gesamten Körper verursachen. Bei Pferden scheint es ein ähnliches Krankheitsgeschehen zu geben. Mehrere Pferdeakupunkteure berichten von Patienten, die unter diffusen und ausstrahlenden Schmerzen leiden und bereits auf sehr leichte Palpation ihrer diagnostischen Punkte reagieren. Bei manchen dieser Pferde wurde eine chronische Infektion mit Borrelien festgestellt, bei anderen eine Equine Protozoen-Myelitis (EPM), wieder andere litten an einer Infektion mit dem Neurotrophen Rhinopneumonitis-Virus. Obwohl nicht alle Pferde, die an diesen Symptomen leiden, auch unter das genannte Schema fallen, sollte der Praktiker bei der beschriebenen Schmerzform immer an chronische Infektionen als Auslöser denken.

MP 20 scheint bei den befallenen Tieren besonders schmerzhaft zu sein. Ein anderer Autor beschreibt eine Zunahme der Reaktivität bei Ni 27 und Gb 32 bei der Mehrzahl der an EPM leidenden Pferde. Tiere, die mit dem Rhinopneumonitis-Virus infiziert sind, zeigen hingegen eine verstärkte Druckdolenz an Ma 11, Di 16, Bl 13, Bl 41 bis Bl 46 und an einer Reihe von Triggerpunkten auf dem Darmbeinkamm, im Bereich zwischen Bl 25 bis Bl 53 [29]. Ein weiterer Autor berichtet von extremen Reaktionen bei Pferden mit Borrelieninfektionen bei Palpation der Punkte Di 16 und Bl 25 [30].

Meridian-Therapie

Punkte, die bei diesen Erkrankungen verwendet werden können sind: Di 16, Bl 25 (bei Borrelien), Ma 11 und Triggerpunkte auf zwei Drittel der Distanz zwischen Gb 27 und dem Tuber sacrale (bei equinem Rhinopneumonitis-Virus). Ein Autor berichtet von erfolgreicher Behandlung eines Falles mit EPM durch Behandlung von Gb 32 und Ni 27. Der Autor injizierte frisches venöses Blut des Tieres in diese Punkte. Ein weiterer Autor beschreibt die erfolgreiche Behandlung einer Infektion mit dem neurotrophen Rhinopneumonitis-Virus durch Injektionen von homöopathischen Mischungen, die immunstimulierend wirken können (z. B. Echinacea) an reaktive Triggerpunkte. Andere mögliche Punkte für eine Behandlung wären Bl 46, Bl 20 und Gb 25.

34.8 Fallbeispiele

FALLBEISPIEL

Traber-Wallach, 6 Jahre alt, Fraktur im Karpalbereich: Das Pferd hatte eine Karpalfraktur im linken Vorderbein und zeigte eine deutliche Schrittlahmheit mit Kopfnicken.

Therapie: Akupunktur wurde an folgenden Punkten mit einer einfachen Nadeltechnik durchgeführt: 3E 3, 3E 5, Di 1, Lu 4.

Ergebnis: Die Lahmheit des Pferdes verbesserte sich sofort. Das Tier konnte sogar wieder an Rennen teilnehmen, wenn es innerhalb von 7 Tagen vor dem Rennen akupunktiert wurde [9].

FALLBEISPIEL

Morgan Stutfohlen, 18 Monate alt, Wobbler-Syndrom: Durch klinische und röntgenologische Untersuchung wurde bei dieser jungen Stute eine Subluxation zwischen HWK 2 und HWK 3 und demzufolge ein Wobbler-Syndrom diagnostiziert.

Therapie: Das Pferd wurde mit folgenden Punkten akupunktiert, die *Shin* für diese Fälle angibt: *Tai Yang, Cang Poong, Chunk-Yang-Hyul-Punkte, Ei Chim, Kan Yu* und *Bi Yu* (im 15. ICR, auf Höhe der Mitte der Skapula). Alle Punkte wurden 30 Minuten behandelt. Während dieser Zeit wurden für je 30 Sekunden Moxa auf den Nadeln abgebrannt. Bei der zweiten Behandlung kamen alle erwähnten Punkte zum Einsatz, außer den letzten beiden, die durch einen Punkt im Genick des Pferdes, auf Höhe von HWK 3,

ersetzt wurden. Diese Punktekombination kam dann noch achtmal innerhalb von zwei Wochen zum Einsatz.
Ergebnis: Die Symptome des Pferdes verbesserten sich deutlich, der Besitzer war sehr zufrieden mit dem Behandlungsergebnis [9].

FALLBEISPIEL

Vollblut Wallach, 4 Jahre alt, Springpferd, Griffelbeinfraktur: Das Pferd hatte bereits eine einjährige Vorgeschichte mit wiederkehrenden Lahmheiten an beiden Vorderfüßen. Die konventionelle Diagnose lautete: Lahmheiten durch sekundäre Schmerzen bei Griffelbeinfrakturen. Diese Diagnose konnte durch diagnostische Nervenblockaden bestätigt werden.
Therapie: Zur Akupunktur-Behandlung wurden folgende Punkte verwendet: Di 16, Di 4, Dü 9, Bl 11, Bl 13, Bl 28, Ma 10, *Bai Hui* und Gb 21. Außer an Di 4 wurde an allen anderen Punkten eine Injektion mit 3–4 ml einer Mischung aus 1: 1 Cyanocobalamin und Ammoniumsulfat injiziert.
Ergebnis: Schon nach zwei Behandlungen zeigte das Pferd eine deutliche Verbesserung. Nach dem zweiten Renneinsatz kam es allerdings erneut zu Lahmheitserscheinungen. Daraufhin wurde eine Gold Implantation an Di 4 vorgenommen. Das Pferd hatte danach keine weiteren Rezidive [13].

FALLBEISPIEL

Araber, 14 Jahre alt, Krongelenksschalen: Das Pferd zeigte seit 3 Monaten eine Lahmheit in einer Vordergliedmaße. Die Röntgenuntersuchung ergab einen kleinen Chip am proximalen Ende des Kronbeines und eine deutliche Krongelenksschale.
Therapie: Nach 3 Monaten konventioneller Therapie, die keinerlei Veränderung brachte, wurde mit der Akupunktur-Behandlung begonnen. Aquapunktur mit Cyanocobalamin und Procain wurde an den Punkten Bl 13, Bl 23, Bl 25 und *Bai Hui* durchgeführt. Über 4 Wochen wurde das Pferd einmal pro Woche behandelt.
Ergebnis: 3 Monate nach der letzten Behandlung ging das Pferd lahmheitsfrei [31].

FALLBEISPIEL

Quarter Horse, 12 Jahre alt, Rehe: Das Pferd zeigte eine beidseitig vorhandene, chronische Rehe unbekannter Genese. Die röntgenologische Untersuchung zeigte eine deutliche Rotation des Hufbeins. Da das Tier nicht mehr auf entzündungshemmende Medikamente ansprach und permanent unter Schmerzen litt, wurde den Besitzern eine Euthanasie nahe gelegt. Diese wollten Akupunktur als letzte Therapieoption probieren.
Therapie: Anfänglich wurden die folgenden Punkte genadelt: Dü 3, 3E 1, 3E 2, Bl 25 und Bl 23. In späteren Behandlungen wurden weitere Punkte mit einbezogen: Pe 6, 3E 10, 3E 23, Di 11, Gb 21, Gb 39, Dü 10, MP 21, Bl 19 und Bl 27. Zur Behandlung wurden Akupunkturnadeln verwendet, die 30 Minuten liegen blieben. Insgesamt wurde das Tier 18-mal akupunktiert.
Ergebnis: Nach 18 Behandlungen zeigten sich noch ganz leichte Anzeichen einer Lahmheit, die nach weiteren 3 Monaten aber ganz verschwand [32].

FALLBEISPIEL

Quarter Horse, Wallach, 9 Jahre alt, Hufrollenpathologie: Das Pferd zeigte seit 2 Jahren Lahmheiten auf beiden Vorderfüßen, wobei die rechte Vorderhand schwerer betroffen schien. Bei der röntgenologischen Untersuchung fanden sich moderate Veränderungen des Strahlbeins.
Therapie: Eine Elektroakupunktur-Behandlung über 20 Minuten wurde an folgenden Punkten durchgeführt: Pe 9, He 9, Lu 11. Bei der dreizehnten Behandlung wurden 3E 1 und Di 1 hinzugenommen und ebenfalls mit Elektroakupunktur behandelt.
Ergebnis: Erst nach der vierten Behandlung zeigte sich eine deutlich sichtbare Verbesserung. Nach der achten Behandlung hatte sich die Lahmheit der schlimmer betroffenen rechten Vorhand vom II. Grad auf den I. Grad verbessert. Nach 13 Behandlungen war bereits keine Lahmheit mehr zu erkennen. Bei der letzten Behandlung wurde in alle Punkte Chrom-Catgut (2 metric) implantiert. Nach weiteren acht Wochen war das Pferd wieder voll einsatzbereit.

FALLBEISPIEL

Vollblut Wallach, 8 Jahre alt, Fraktur des Iliums: Das Pferd hatte eine 2 Jahre alte Fraktur des rechten Iliumflügels und eine dadurch entstandene Atrophie der Glutealmuskeln. Wegen starker Schmerzen im Lumbal- und Sakralbereich konnte das Tier nicht trainieren. Nachdem entzündungshemmende Medikamente keine Verbesserung brachten, wurde das Tier zur Akupunktur vorgestellt.
Therapie: Nadeln wurden tonisierend in folgenden Punkten eingesetzt: Bl 25, Bl 26, Bl 27, Bl 31, Bl 52 und *Bai Hui*. Das Pferd wurde insgesamt viermal mit dieser Punktkombination behandelt. Danach wurde für die nächsten drei Behandlungen nur Bl 25 und *Bai Hui* verwendet.
Ergebnis: Nach sieben Behandlungen konnte das Pferd wieder ins Training genommen werden. Während der nächsten 6 Monate bekam das Pferd alle drei Wochen eine Akupunktur-Behandlung [9].

FALLBEISPIEL

Vollblut, Wallach, 12 Jahre alt, Rennpferd, Atrophie der Schultermuskulatur: Ein Jahr zuvor war das Pferd bei einem Rennen auf die Schulter gestürzt. Nachdem wiederholt verschiedene Methoden der westlichen Medizin ohne Erfolg geblieben waren, wurde Akupunktur als nächster Schritt ausgewählt.
Therapie: Zwei runde, scharfe Nadeln wurden in *Bo Jian* (in einer Vertiefung direkt kranial des Skapulawinkels) und *Bo Lan* (in einer Vertiefung direkt kaudal des kaudalen Skapulawinkels) gestochen. Diese Nadeln wurden an ein TENS-Gerät angeschlossen und über 30 Minuten mit einer Frequenz von 30–40 Hertz in wechselnder Wellenform stimuliert. Nach der TENS-Behandlung wurde Pneumoakupunktur am Punkt *Gong Zi* (im M. infraspinatus, direkt kaudal des Tuberculum scapulae) durchgeführt.
Ergebnis: Nach zwei Wochen zeigte sich eine dramatische Besserung der Beschwerden. Die Schultermuskulatur erschien wieder normal gerundet und die Lahmheit verschwand [33].

FALLBEISPIEL

Vollblut, Stute, 12 Jahre alt, Springpferd, Zerrung des Karpalgelenks: Seit 7 Tagen zeigte die Stute Schmerzen im Bereich des

Karpalgelenks. Besonders schmerzhaft war die Palpation der Grube zwischen zweitem und drittem Os carpale. Die Bänder in diesem Bereich schwollen zunehmend an.

Therapie: Mit einem Helion-Laser (3 μW) wurden folgende Punkte über 15 Minuten behandelt: *Xi Yan* (im Zentrum des Karpalgelenks, zwischen zweitem und drittem Os carpale), *Xi Yan Shan* (2 cm proximal von *Xi Yan*) und *Xi Yan Xia* (2 cm distal von *Xi Yan*). Aquapunktur mit 10 ml Procain wurde an *Qiang Feng* (große Vertiefung ca. 15 cm kaudoventral des Schultergelenks) durchgeführt.

Ergebnis: Nach zwei Wochen war die Stute ohne weitere Behandlungen lahmheitsfrei [33].

FALLBEISPIEL

Vollblut, Stute, 13 Jahre alt, Erysipel der Hinterhand: Die Stute hatte sich vor 3 Tagen eine Verletzung im Bereich des dorsalen Fesselgelenks zugezogen. Das verletzte Bein war vom Sprunggelenk bis zur Fessel geschwollen, zeigte eindrückbare Ödeme und starke Schmerzen bei der Palpation.

Therapie: Die folgenden Punkte wurden mit Hämakupunktur behandelt: *Shen Tang* (auf der V. saphena, ca. 12 cm distal der inguinalen Hautfalte) und *Ti Tou* (3 cm lateral der dorsalen Mittellinie, zwischen Kronsaum und Huf). Aus dem ersten Punkt wurden 1000 ml und aus dem zweiten 500 ml entzogen.

Ergebnis: Die Lahmheit verschwand sofort und das Bein war nach 3 Tagen wieder zu seinem Normalzustand zurückgekehrt [33].

LITERATUR

1. Shima M: Getting acupuncture education back on track, *Am J Acupunct* 20, 1992.
2. Low R: The acupuncture treatment of musculoskeletal conditions: a practical handbook for the practitioner, Rochester, Vt, 1987, Thorson's Publishing Group.
3. Rogers PAM, Cain M: Clinical acupuncture in the horse. *Proceedings of the Thirteenth Annual Meeting of IVAS,* 1987.
4. Thoresen A: Command points in the horse. Proceedings of the Seventeenth Annual International Congress on Veterinary Acupuncture, 1991.
5. Willoughby S: *Equine chiropractic care,* Port Byron, Ill, 1991, Options for Animals Foundation.
6. Lesser S: *Saddle fit,* American Veterinary Chiropractic Society certification course, Port Byron, Ill, 1991.
7. Xinnong C: *Chinese acupuncture and moxibustion,* Beijing, 1987, Foreign Languages Press.
8. Yu C, Hwang Y-C: Handbook on Chinese veterinary acupuncture and moxibustion, Bangkok, 1990, FAO/APHCA Publications.
9. Klide A, Kung S: *Veterinary acupuncture,* Philadelphia, 1977, University of Pennsylvania Press.
10. Denmei S: Japanese classical acupuncture: introduction to meridian therapy, Seattle, 1990, Eastland Press.
11. Parris D: Laser and electrical therapy, IVAS certification course, Inola, Okla, 1993.
12. Holmes C: Complementary medicine: an integrated approach to veterinary acupuncture, Stittsville, Ontario, 1992, Author.
13. McCormick W: Acupuncture therapy for chronic pain referable to MCII or medial splints in a horse, *Vet Acupunct Newsletter* 15(2):12–15, 1989.
14. O'Conner J, Bensky D: *Acupuncture: a comprehensive text,* Seattle, 1981, Eastland Press.
15. Rosen J: Introduction to microcurrent and guide to its effectiveness, Penngrove, Calif, 1993, Author.
16. Parris D: Unpublished data, 1993.
17. Nogier P, Parris D: Unpublished data, 1993.
18. Becker RO: *The body electric,* New York, 1985, William Morrow.
19. Schoen AM: Auricular acupuncture for behavioral modification in the mare. Proceedings of the Eighteenth Annual International Congress of Veterinary Acupuncture, 1992.
20. Durkes T: Gold bead implantation, IVAS certification course, Inola, Okla, 1993.
21. McCormick W: The significance of ah-shi points in scapulohumeral joint lameness in the horse. *Proceedings of the Nineteenth Annual International Congress of Veterinary Acupuncture,* 1993.
22. Snader M: Clinical acupuncture diagnosis in the horse. *Proceedings of the Thirteenth Annual Meeting of IVAS,* 1987.
23. Sutherland E: Equine acupuncture, IVAS certification course, Inola, Okla, 1993.
24. Shin SH: In *Compendium of veterinary and human acupuncture,* Anaheim, Calif, 1975, National Association of Veterinary Acupuncture.
25. Gineaux D: Osteopathy and acupuncture for the equine, Course in Cincinnati, Ohio, 1991.
26. McCormick W: Use of implants in treatment of distal tarsal pain. *Proceedings of the Seventeenth Annual Meeting of IVAS,* 1990.
27. Snader M: Equine acupuncture, IVAS certification course, Inola, Okla, 1993.
28. Cain M: Equine acupuncture, IVAS certification course, Inola, Okla, 1993.
29. Cain M: Acupuncture diagnosis and treatment of the equine, 1998, Bioscan Inc.
30. Schoen A: IVAS course notes, 1997.
31. Snader M: Treatment of sidebone with acupuncture, *Vet Acupunct Newsletter* 15(2):28–30, 1989.
32. Landholm J: Use of acupuncture in treatment of laminitis in a horse, *VMISAC* 27:405–407, 1981.
33. Xie H, Wang Q: Study on application of acupuncture treatment to racehorses, *Vet Acupunct Newsletter* 17(1):25–28, 1991.
34. May K: Acupuncture therapy for navicular disease, *Vet Acupunct Newsletter* 15(1):10–13, 1989.

KAPITEL

35 Akupunktur zur Behandlung von chronischen Rückenschmerzen beim Pferd

Benson B. Martin und Alan M. Klide

Leistungsminderung durch chronische Rückenprobleme kommt bei vielen Pferden verschiedener Rassen und unterschiedlichster Nutzungsweisen vor [1]. Die Feststellung und Lokalisierung solcher Rückenschmerzen ist meist recht einfach, während die genaue Ursache oft nur schwierig heraus zu finden ist [1–5]. Bei den meisten Pferden helfen die üblichen Behandlungsmethoden entweder nur für einige Wochen oder gar nicht [3–5]. Akupunktur kann sehr erfolgreich bei diesem Problemkreis eingesetzt werden [3–8]. Wir haben eine Studie an einer größeren Anzahl von Pferden mit chronischen Rückenschmerzen durchgeführt, um festzustellen, wie diese Tiere auf traditionelle Nadelakupunktur, Laserbehandlung von Akupunkturpunkten, Injektion von Kochsalzlösung oder Injektion einer Mischung aus Kochsalzlösung und Methylprednisolon in der Nähe von Akupunkturpunkten reagieren. Ziel war es, den optimalen Behandlungszeitraum und die optimalen Behandlungsintervalle herauszufinden.

Patienten

350 Pferde wurden in die Studie eingeschlossen. Wegen Rückenproblemen konnte keines der Tiere geritten oder trainiert werden. Abhängig von dem Vorstellungstermin in der Klinik, wurden die Pferde einer der vier Behandlungsgruppen zugeteilt. ➤ Tab. 35.1 gibt die Alters- und Geschlechtsverteilung sowie die bisherige Dauer der Symptomatik an. Es waren Pferde von sieben Rassen und zehn verschiedenen Nutzungsarten vertreten. (➤ Tab. 35.2 und ➤ Tab. 35.3).

Manche der Pferde waren schon davor behandelt worden, aber keines mit Akupunktur. Die bisherigen Behandlungsstrategien beinhalteten Stall- oder Weideruhe, systemische Kortikosteroide, nicht-steroidale Entzündungshemmer oder Wechsel der Ausrüstung und des Reiters. In Gruppe 1 waren 14 Pferde vorbehandelt, in Gruppe 2 sieben, in Gruppe 3 209 und in Gruppe 4 sechs Pferde.

Diagnostik

Oft kann die Diagnose bei Rückenschmerzen nur durch ein Ausschlussverfahren gestellt werden. In der vorliegenden Studie dienten Anamnese, Untersuchungsbefund, Einschätzung der Leistungsfähigkeit und radiologische Befunde als Grundlage für die Diagnosestellung. Die ersten drei Kriterien wurden als sehr wichtig eingestuft und bei allen Pferden erhoben; eine genaue Anamnese bietet dabei wohl die wichtigste Informationsquelle für den Tierarzt [1]. Nur 14 der Pferde wurden geröntgt.

Als Anzeichen von Rückenschmerzen wurde gewertet:

- Wegdrücken des Rückens beim Aufsitzen des Reiters und/oder beim Anziehen des Sattelgurtes
- Zurückhaltung bei Trab und Galopp

Tab. 35.1 Verteilung von Alter, Geschlecht und bisheriger Dauer der Rückenschmerzen

	Alter in Jahren	Geschlecht			Rückenschmerzen bestehend seit
		Stute	Hengst	Wallach	
Gruppe 1	4–14	1	3	11	6–108 Monaten
Gruppe 2	3–9	55	18	232	3–48 Monaten
Gruppe 3	2–13	1	2	12	2–24 Monaten
Gruppe 4	2–9	1	2	12	2–6 Monaten

Tab. 35.2 Verteilung der Rassen

Rasse	Gruppe 1	Gruppe 2	Gruppe 3	Gruppe 4
Vollblut	12	13	288	7
Morgan	1	–	–	–
Hannoveraner	1	–	–	–
Appaloosa	1	–	–	–
Warmblut	–	2	14	8
Quarter	–	–	2	–
Schwedisches Warmblut	–	–	1	–
Insgesamt	**15**	**15**	**305**	**15**

Tab. 35.3 Verteilung der Nutzungsart

Nutzungsart	Gruppe 1 (n)	Gruppe 2 (n)	Gruppe 3 (n)	Gruppe 4 (n)
Rennpferd	4	6	240	7
Dressur	3	–	27	–
Distanzreiten	1	–	–	–
Springen	3	–	3	–
Jagdreiten	3	–	–	–
Vielseitigkeit	1	6	29	–
Hindernisrennen	–	1	1	–
Warmblutrennen	–	2	3	8
Western/pleasure	–	–	1	–
Western/timber racing	–	–	1	–
Insgesamt	**15**	**15**	**305**	**15**

- Schwierigkeiten, auf der richtigen Hand zu galoppieren oder sie zu halten
- Probleme beim Rückwärtsrichten

Als andere klinische Anzeichen wurden mit einbezogen: Lahmheiten der Hinterhand, für die es keine klinische Erklärung gab, Schütteln des Kopfes, wildes und nicht nachvollziehbares Rennen gegen Hindernisse, Durchgehen, Aufbäumen, Verweigerungen beim Springen, Veränderungen im Springstil, hektische Bewegungen mit dem Schweif beim Reiten, Zähneknirschen beim Reiten, Nachziehen einer oder beider Hintergliedmaßen und nachlassende Leistungsqualität und -bereitschaft [8].

Durch eine eingehende Lahmheitsuntersuchung und apparative Zusatzdiagnostik (Röntgenaufnahmen, Szintigraphie, diagnostische Nervenblockaden und Ultraschall) wurden Tiere mit Erkrankungen der Hintergliedmaßen, wie Frakturen, Sehnen- und Bändererkrankungen und Gelenkproblemen ausgesondert. Mechanische Probleme, wie ein schlecht sitzender Sattel, Zahnunregelmäßigkeiten, schlechte Reiter, nicht passende Gebisse wurden ebenfalls ausgeschlossen.

Therapiegruppen

Die Pferde wurden in vier Gruppen eingeteilt:

- **Gruppe 1** (n = 15): **traditionelle Nadelakupunktur**. Die Haut an der Einstichstelle wurde zunächst mit Isopropyl-Alkohol desinfiziert, dann wurden Akupunkturnadeln (Durchmesser 0,45 mm) an die Akupunkturpunkte gesetzt und nach 20 Minuten wieder entfernt.
- **Gruppe 2** (n = 15): **Laserakupunktur**. Akupunkturpunkte wurden mit einem Infrarot-Laser (905 nm, 300 mW, Stimulationsfrequenz 360 Pulse/Sekunde) über 2 Minuten pro Punkt stimuliert [4].
- **Gruppe 3** (n = 305): **Kochsalzinjektionen**. Die Haut wurde vorab mit Chlorhexidin und Wasser gründlich gereinigt. Eine sterile Einwegkanüle (32 mm Länge, 0,45 mm Durchmesser) wurde an vier Punkten (T 4, TLR, T 10, HL 10) bilateral ca. 3 cm tief eingeführt. Eine Ausnahme stellte der Punkt T 10 dar, der nur 1,5–2 cm tief gestochen wurde. Der Punkt T 2 wurde mit einer 89 mm langen, 0,45 mm dicken Nadel gestochen. An alle Punkte wurde 1 ml einer 0,9%igen isotonen Kochsalzlösung (ohne Konservierungsmittel) injiziert (Punktekombinationen siehe in ➤ Tab. 35.4)
- **Gruppe 4** (n = 15): **Kochsalz- und Methylprednisoloninjektionen**. Die Haut wurde zunächst mit Chlorhexidin und Wasser gründlich gereinigt. Dann wurden 0,5 ml sterile 0,9%ige isotone Kochsalzlösung und 0,5 ml Methylprednisolon an Akupunkturpunkten injiziert. Es wurden die gleichen Punkte, Techniken und Nadelgrößen wie in Gruppe 3 benutzt.

Punktauswahl

Einen Überblick über die relevanten Akupunkturpunkte geben ➤ Abb. 35.1, ➤ Abb. 35.2 und ➤ Abb. 35.3.

Bei den ersten sechs Pferden variierten die angewandten Punkte. Dann beschlossen wir, zugunsten der Aussagefähigkeit der Studie alle Pferde mit derselben Punktekombination zu nadeln. Darum wurden zehn Pferde mit der Punktekombination 7 und 343 Pferde mit der Kombination 8 behandelt (Punktekombinationen siehe in ➤ Tab. 35.4).

Die Punktebezeichnung „T“ darf nicht mit der Abkürzung für die Brustwirbel verwechselt werden. T 2 z. B. ist ein ganz spezieller Punkt, der nicht an der Brustwirbelsäule liegt. Die Abkürzung HL weist auf Punkte an den Hintergliedmaßen hin. Lokalisation und Einstichtiefe der verschiedenen Punkte können ➤ Tab. 35.5 entnommen werden.

Die Punkte wurden aufgrund der Lokalisation der Rückenschmerzen ausgewählt [9, 10]. Die Pferde wurden einmal pro Woche über einen Zeitraum von 2 bis 17 Wochen behandelt. Bei 42 Pferden waren nur ein Stallhalfter und ein Strick zur Fixierung von Nöten. Zwei Pferde der Gruppe 1 mussten sediert werden und ein Pferd dieser Gruppe konnte nur mit Bremse behandelt werden. Die restlichen Pferde der Gruppen drei und vier mussten unter Einsatz der Nasenbremse behandelt werden. Wenn sich nach 4 bis 16 Wochen keinerlei Besserung zeigte, wurde die Behandlung unterbrochen. Zwei Pferde der Gruppe 2 erhielten nur zwei bzw. drei Behandlungen. Alle Pferde der Gruppe vier erhielten nur eine Behandlung. Alle Pferde blieben während der Behandlungsdauer in ihrem jeweiligen Nutzung- oder Trainingsprogramm.

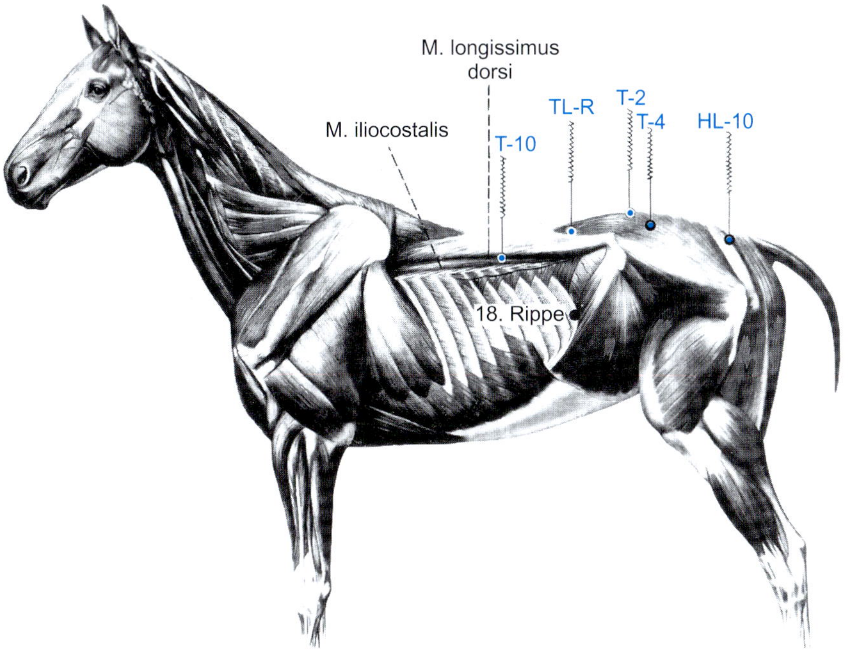

Abb. 35.1 Linke Seitenansicht des Pferdes mit Lokalisation der Akupunkturpunkte T 2, T 4, TLR, T 10 und HL 10 in Relation zur Muskulatur.

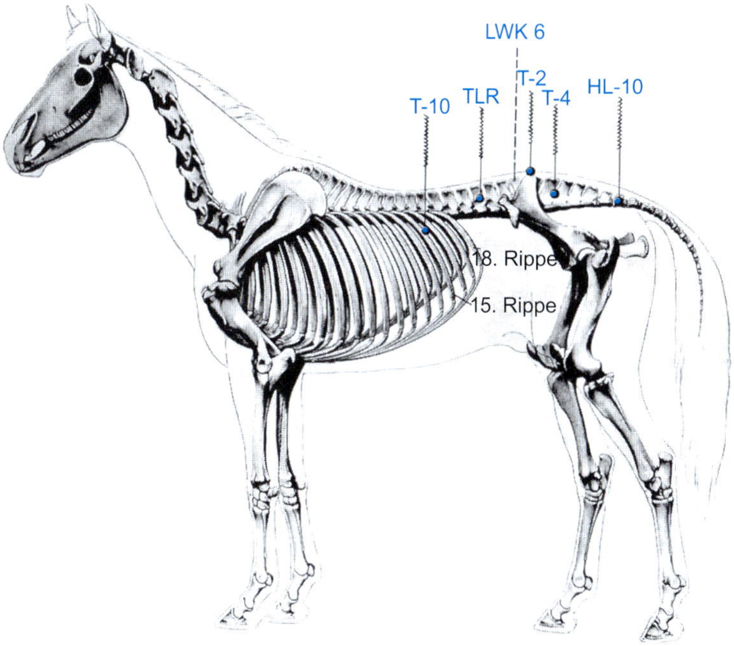

Abb. 35.2 Linke Seitenansicht des Pferdes mit Lokalisation der Akupunkturpunkte T 2, T 4, TLR, T 10 und HL 10 in Relation zum Skelett.

Bewertung des Therapieerfolgs

Die Pferde wurden vor, während und nach der Behandlung bewertet. Diese unabhängige Evaluation wurde von speziellen Untersuchern, Reitern, Trainern und den überweisenden Tierärzten vorgenommen. Aufgrund dessen wurde der Therapieerfolg in zwei Bereiche eingeordnet:

- **Besserung der Rückenschmerzen:** Eine Besserung der Rückenschmerzen wurde angenommen, wenn zwei der folgenden drei Kriterien zutrafen:
  - wenn die Untersuchung keine klinischen Anzeichen von Rückenschmerzen erbrachte
  - wenn das Pferd wieder normal in seiner Sportart eingesetzt werden konnte
  - wenn die Besitzer die Leistung des Pferdes als wieder normal klassifizierten
- **Keine Veränderung:** Die Beschwerden wurden als unverändert eingestuft, wenn mindestens einer der vier Menschen, die die Bewertung vornahmen zu dem Schluss kam, die Problema-

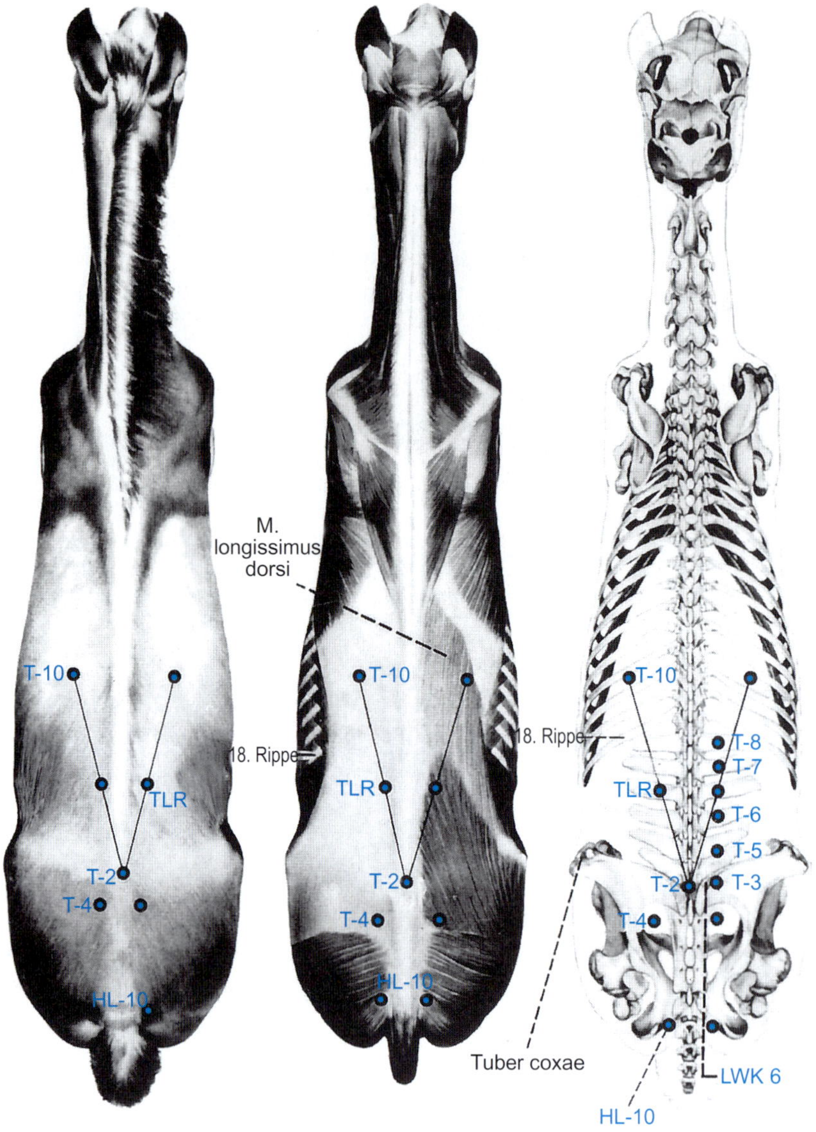

Abb. 35.3 Dorsale Ansicht des Pferdes mit Lokalisation der Akupunkturpunkte in Relation zu Haut, Muskulatur und Skelett.

Tab. 35.4 Verteilung der Punktekombinationen auf die vier Gruppen

Punktekombinationen		Gruppe 1	Gruppe 2	Gruppe 3	Gruppe 4
1	T 2–T 5, T 9A, T 9B, T 9C, SOBIN-64, B 60, K 3	1	–	–	–
2	T 2, T 3, T 7	1	–	–	–
3	T 2, T 4, T 5	1	–	–	–
4	T 2, T 3, T 8, T 12	1	–	–	–
5	T 2, T 5, T 7	1	–	–	–
6	T 2, T 9C, HL 9	1	–	–	–
7	T 2, T LR, T 10	9	1	–	–
8	T 2, T 4, T LR, T 10, HL 10	–	14	305	15
Insgesamt		**15**	**15**	**305**	**15**

Tab. 35.5 Lokalisation der verwendeten Punkte

Bezeichnung	Anatomische Lokalisation und Einstichtiefe	Einstichtiefe des Punktes
T 2	Auf der dorsalen Rückenlinie, in einer Grube über dem Spatium lumbosacrale	7,5 cm
T 3–T 8	Man denkt sich eine Verbindungslinie zwischen T 2 und Tuber coxae. Von einem Punkt nach 2/5 der Strecke ausgehend zieht man eine Parallele zur Wirbelsäule. Auf dieser Linie liegen T 3–T 8: T 3 liegt ca. 5 cm lateral von T 2 auf der Parallelen, T 4 liegt ca. 5 cm kaudal von T 3 auf der Parallelen, T 5 liegt ca. 5 cm kranial von T 3 auf der Parallelen. In Abständen von jeweils 5 cm weiter nach kranial sind dann auch T 6, T 7 und T 8 zu finden.	3 cm
T LR	Auf der gleichen Paralellen wie T 3–T 8, auf Höhe des kaudalen Endes der letzten Rippe	3 cm
T 10	In der Furche zwischen M. longissimus thoraci und M. latissimus dorsi auf Höhe des 15. ICR. Wenn die Punkte T 2, TLR und T 10 von oben betrachtet werden, bilden sie ein V, dessen Spitze zur Schweifrübe hin zeigt.	2 cm
HL 10	Am distalen Ende der Muskelfurche zwischen M. biceps femoris und M. semitendinosus	3 cm
9A, 9B, 9C	Von der lateralen Seite der Schweifrübe ausgehend wird in 3,8 cm Entfernung eine Linie parallel zu den Dornfortsätzen der Sakralwirbel gezogen. Die Punkte liegen auf dieser Linie: 9A auf Höhe des Zwischenwirbelraumes von S1 und S2, 9B auf Höhe des Zwischenwirbelraumes von S 2 und S 3, 9C auf Höhe des Zwischenwirbelraumes von S 3 und S 4.	
SOBIN 64	In einer Vertiefung über M. illiocostalis, auf Höhe des 13. ICR	2 cm
B 60	Der Punkt liegt subkutan auf dem lateralen Aspekt des Sprunggelenks, auf halber Strecke zwischen Malleolus lateralis tibiae und Tuber calcaneus.	
K 3	Der Punkt liegt subkutan am medialen Aspekt des Sprunggelenks, auf halber Strecke zwischen Malleolus medialis tibiae und Tuber calcaneus.	

tik hätte sich nicht verbessert und das Pferd könne den Kriterien einer Besserung der Rückenschmerzen nicht entsprechen.

Ergebnisse

Gesamtauswertung

Bei Gruppe 1 trat bei 13 Pferden (87 %) eine Besserung der Rückenschmerzen auf, in Gruppe 2 bei elf Pferden (73 %; ein Pferde dieser Gruppe konnte nicht bewertet werden), in Gruppe 3 bei 231 Pferden (75 %) und in Gruppe 4 bei acht Pferden (53 %) (➤ Tab. 35.6). Durchschnittlich waren dazu in Gruppe 1 sieben Behandlungen (2–17) nötig, in Gruppe 2 elf Behandlungen (2–16), in Gruppe 3 neun Behandlungen (7–12) und in Gruppe 4 eine Behandlung.

In der Gruppe 3 wurden 100 Pferde nach der ersten Behandlungsperiode noch vier Monate lang einmal wöchentlich untersucht, um festzustellen, ob weitere Behandlungen von Nöten waren. Bei allen Pferden musste die Therapie fortgeführt werden. Durchschnittlich wurde einmal alle 3,7 Wochen nachbehandelt. Es waren durchschnittlich noch 14,5 weitere Behandlungen notwendig (3–17 Behandlungen) (➤ Tab. 35.7). 73 Pferde konnten nach der Behandlung wieder normale Leistung erbringen.

Tab. 35.6 Behandlungsergebnisse

	Gruppe 1	Gruppe 2	Gruppe 3	Gruppe 4
Besserung	13	11	231	8
Keine Veränderung	2	3	74	7
Keine Nachkontrolle	0	1	0	0
Insgesamt	**15**	**15**	**305**	**15**

Zusammenhang mit radiologischen Veränderungen

Bei einigen der Pferde waren vor dem Versuchsbeginn stehende seitliche Röntgenbilder der Processus spinosi angefertigt worden. Der Zusammenhang zwischen radiologischen Veränderungen und Therapieerfolg wurde untersucht.
Radiologische Veränderungen zeigten sich bei:
- drei von sieben Pferden in Gruppe 1
- zwei von vier Pferden in Gruppe 2
- zwei von drei Pferden in Gruppe 3

Von den Pferden mit radiologischen Veränderungen zeigte sich eine Besserung der Beschwerden bei:
- drei von drei Pferden in Gruppe 1
- einem von zwei Pferden in Gruppe 2
- zwei von zwei Pferden in Gruppe 3

Von den Pferden ohne radiologische Veränderungen zeigte sich eine Besserung der Beschwerden bei:
- vier von vier Pferden in Gruppe 1
- einem von zwei Pferden in Gruppe 2
- einem Pferd in Gruppe 3

Einfluss einer Vorbehandlung

Es wurde untersucht, ob eine konventionelle Behandlung vor der Akupunktur Einfluss auf die Wirkung den Krankheitsverlauf hat. Dabei zeigten sich zwischen Vorbehandlung und Therapieerfolg folgende Zusammenhänge:
- Gruppe1:
  - Besserung der Beschwerden bei 12 von 14 Tieren mit Vorbehandlung (86 %).
  - Das einzige Pferd ohne Vorbehandlung zeigte ebenfalls eine Besserung.
- Gruppe 2:
  - Besserung bei fünf von sieben vorbehandelten Pferden (83 %, ein Pferd konnte nicht bewertet werden).

Tab. 35.7 Anzahl der Punkte, Anzahl der Behandlungen und Nachbehandlungen

	Gruppe 1	Gruppe 2	Gruppe 3	Gruppe 4
Anzahl der eingesetzten Akupunkturpunkte	5–19	5–9	9	9
Anzahl der Behandlungen	2–17	2–16	7–12	1
Durchschnittliche Anzahl der Behandlungen	7	11	9	1
Anzahl der Nachbehandlungen	0	0	3–14	0
Durchschnittliche Anzahl der Nachbehandlungen	0	0	12,5	0
Behandlungsfrequenz	0	0	Alle 2–8 Wochen	0
Durchschnittliche Behandlungsfrequenz	0	0	Alle 3,7 Wochen	0

  - Besserung bei sechs von acht Tieren ohne Vorbehandlung (75 %).
- Gruppe 3:
  - Besserung bei 156 von 209 vorbehandelten Tieren (75 %).
  - Besserung bei 75 von 96 Tieren ohne Vorbehandlung (78 %).
- Gruppe 4:
  - Besserung bei sechs von sieben Tieren ohne Vorbehandlung (86 %).

Reaktion auf die Akupunktur

Drei Pferde der Gruppe 1 zeigten am Tag nach den ersten drei bis vier Behandlungen eine Zunahme der Schmerzen. Bei 20 Pferden der Gruppe 3 war wiederholt nach den Behandlungen eine Verschlimmerung der Symptomatik zu bemerken. Bewegung des Pferdes schien die Beschwerden zu lindern. Bei allen 20 Tieren, die nach der Akupunktur eine vorübergehende Verschlimmerung der Symptomatik zeigten, kam es letztlich doch zu einer Besserung der Rückenschmerzen. Keines der Tiere aus den Gruppen 2 und 4 zeigte eine Zunahme der Symptomatik.

Langzeiterfolg

- Gruppe 1: Von 13 Pferden mit Besserung der Beschwerden waren neun zwei bis acht Jahre nach der letzten Behandlung noch am Leben. Von diesen neun Tieren waren sieben noch in ihrer Sportart aktiv, eines wurde als Zuchttier eingesetzt und eines konnte nicht bewertet werden.
- Gruppe 2: Bei neun von elf Pferden der Gruppe 2 konnten ein Jahr nach Abschluss der Behandlung keine Rückenschmerzen festgestellt werden. Die Tiere waren alle im Sport aktiv.
- Gruppe 3: Von den 298 Pferden der Gruppe 3 konnten 16 nicht bewertet werden, 20 starben während des Untersuchungszeitraumes und 269 waren sechs Monate nach Abschluss der Behandlung noch am Leben. Von diesen 269 starteten 231 immer noch in ihrer Sportart. 60 davon (26 %) mussten nach drei Monaten erneut behandelt werden.
- Gruppe 4: Alle acht Pferde mit Besserung der Rückenschmerzen waren noch am Leben. Drei von ihnen waren sportlich aktiv.

Zusammengefasst konnten von den 350 Pferden, die mit Akupunktur gegen Rückenschmerzen behandelt worden waren, 263 (75 %) nach der Behandlung angemessen sportlich genutzt werden.

35

Diskussion

Traditionelles Nadeln, Laserstimulation und die Injektionen von physiologischer Kochsalzlösung an Akupunkturpunkte zeigten sich alle drei als gleich effektiv in der Behandlung von Pferden mit Rückenschmerzen. Der Grund für die geringere Effektivität der Kombinationsinjektion aus steriler Kochsalzlösung und Methylprednisolon könnte sein, dass diese Pferde nur einmal behandelt worden waren.

Die vorübergehende Verschlechterung der Beschwerden, die bei 20 Pferden in Gruppe 3 am Tag nach der Behandlung zu beobachten war, deckt sich mit unseren Beobachtungen in der Praxis. Ungefähr 20 % unserer Pferde- oder Hundepatienten, die wegen chronischen Schmerzzuständen mit Akupunktur behandelt werden, zeigen ähnliche Reaktionen am Tag nach den ersten Behandlungen.

Bei allen Pferden, die nach den ersten Behandlungen vermehrt Schmerzen hatten, konnte eine Besserung der Symptomatik erzielt werden. Ob ein Pferd vorbehandelt worden war oder nicht hatte keinen wesentlichen Einfluss auf den Behandlungserfolg der Akupunktur. Dies deutet darauf hin, dass die Akupunktur nicht nur bei unbehandelten Pferden sinnvoll eingesetzt werden kann, sondern auch bei Tieren, die nur über kurze Zeit vorbehandelt waren.

Nachbehandlungen können sich bei einigen Fällen als notwendig und hilfreich herausstellen. Sie sind einfach durchzuführen und oft sehr effektiv. Eine Behandlung pro Monat reicht meist aus; in manchen Fällen kann die Therapie langsam ausgeschlichen werden.

Jede der Akupunkturtechniken hat Vor- und Nachteile:

- Zur Nadelakupunktur ist nur sehr wenig und sehr billiges Instrumentarium notwendig. Da das Eindringen der Nadel aber mitunter schmerzhaft ist, kann die Fixierung des Tieres zum Problem werden.
- Die Geräte für die Laserakupunktur sind sehr teuer (1000–6000 Euro). Die Laserakupunktur ist nicht-invasiv. Da somit weder ein Geräusch gehört, noch ein Einstich gespürt wird, wird die Lasertherapie von Pferden sehr gut akzeptiert.
- Die Injektion an Akupunkturpunkte ist eine schnell durchzuführende, kostengünstige Methode. Es gelten die gleichen Nachteile und Risiken, die generell bei Injektionen bestehen. Man muss darauf gefasst sein, dass sich manche Pferde der Injektionen heftig widersetzen. Bei der konventionellen Akupunktur gibt es hingegen in der Regel keine Schwierigkeiten mit der Fixierung.

Zusammenfassung

Pferde sollten bei Rückenschmerzen in der Regel acht Wochen lang einmal wöchentlich behandelt werden. In dieser Zeit sollten sie weiter trainiert werden, auch am Tag der Behandlung. Die meisten Pferde zeigen nach fünf bis acht Behandlungen eine deutliche Verbesserung der Symptomatik. Bei den Pferden, die nach den ersten acht Wochen weitere Behandlungen brauchen, sollte die Therapie einmal pro Monat wiederholt werden bis sich die Symptomatik verliert.

LITERATUR

1. Jeffcott LB: Diagnosis of back problems in the horse, *Compend Cont Ed* 3:S134-S143, 1981.
2. Jeffcott LB: Back problems in the horse: a look at past, present and future progress, *Equine Vet J* 11:129–136, 1979.
3. Klide AM: Acupuncture for treatment of chronic back pain in the horse, *Acupunct Electrother Res* 9:57–70, 1984.
4. Martin BB Jr, Klide AM: Treatment of chronic back pain in horses: stimulation of acupuncture points with a low-powered laser, *Vet Surg* 16:106–110, 1987.
5. Martin BB Jr, Klide AM: The use of acupuncture for the treatment of chronic back pain in horses: stimulation of acupuncture points with saline solution injections, *J Am Vet Med Assoc* 190:1177–1180, 1987.
6. Martin BB Jr, Klide AM: Acupuncture for treatment of chronic back pain in horses. *Proceedings of the Thirty-seventh Annual Meeting of American Association of Equine Practitioners,* San Francisco, 1991, pp 593–601.
7. Martin BB Jr, Klide AM: Diagnosis and treatment of chronic back pain in horses. *Proceedings of the Forty-third Annual Meeting of AAEP,* Phoenix, 1997, pp 310–311.
8. Martin BB Jr, Klide AM: Physical examination of horses with back pain, *Veterinary Clinics of North America,* Philadelphia,1999, WB Saunders, pp 61–70.
9. Klide AM, Kung SH: *Veterinary acupuncture,* Philadelphia, 1977, University of Pennsylvania Press.
10. Brown LS: *Atlas of animal anatomy,* New York, 1956, Dover Publications.

KAPITEL

36 Akupunktur zur Behandlung gastrointestinaler Erkrankungen beim Pferd

Peggy Fleming

Die erfolgreiche Diagnose und Behandlung gastrointestinaler Erkrankungen des Pferdes können eine Herausforderung für den Pferdepraktiker sein. Liegt eine Kolik vor, wird der Patient häufig im Schock vorgestellt und sehr schnelles Handeln entscheidet über Leben oder Tod des Tieres. Die Akupunktur kann erfolgreich begleitend eingesetzt werden, ihre Effektivität hängt jedoch sehr stark vom Können des Anwenders ab. Bevor man zur Akupunktur greift, muss jedes Pferd sehr sorgfältig untersucht und abgewogen werden, ob eine chirurgische Intervention nötig ist. In jedem Fall sollte eine Messung der Rektaltemperatur, der Puls- und Atemfrequenz, Auskultation, Untersuchung von peritonealer Flüssigkeit, Blutanalyse, das Schieben einer Nasen-Schlund-Sonde und eine rektale Untersuchung erfolgen.

In diesem Kapitel gehen wir auf die Diagnose- und Behandlungsmethoden der traditionellen chinesischen Veterinärmedizin ein. Dabei gehen wir immer davon aus, dass vor dieser Behandlung eine regelrechte westliche Untersuchung durchgeführt und die passende Diagnose gestellt wurde. Akupunktur kann sehr gut zusätzlich zu konventionellen Behandlungen eingesetzt werden. Meist kann sie jedoch noch besser wirken, wenn man als Praktiker lernt, die Beschwerden des Patienten nach den Mustern der TCM einzuschätzen. Die Unterscheidung zwischen Fülle und Leere, Hitze und Kälte und Feuchtigkeit und Trockenheit sollten in die weiter oben erwähnte Untersuchung einfließen. Diese Muster werden nochmals erklärt und mit den westlichen Analoga verglichen.

36.1 Behandlungsmethoden

Dem Pferdepraktiker stehen zwei verschiedene Behandlungsmethoden zur Verfügung (➤ Kap. 30):

- Der **transpositionelle Ansatz**, der von der Existenz von Meridianen beim Pferd ausgeht, die aus der Humanmedizin transponiert wurden. Die Zustimmungspunkte, Alarmpunkte, traditionellen Punkte usw. werden nach der TCM-Diagnose eingesetzt.
- Der **traditionelle Ansatz**, bei dem klassische chinesische veterinärmedizinische Punkte eingesetzt werden, die auf jahrtausendealter Erfahrung beruhen. Auch diese Punkte werden nach den Mustern der TCM benutzt.

Alle transponierten Punkte die hier erwähnt werden, können in ➤ Kap. 32 nachgeschlagen werden. Die Beschreibung der traditionellen chinesischen Punkte findet sich in ➤ Kap. 31. In ➤ Tab. 36.1 und ➤ Tab. 36.2 sind die Akupunkturpunkte und Behandlungskonzepte für gastrointestinale Erkrankungen des Pferdes zusammengefasst.

36.2 Erkrankungsmuster nach der TCM

Verdauungsstörungen: Magen-Kälte/Magen-Feuer

Aus der Sicht der westlichen Medizin entspricht dieses Muster einer leichten Gastritis, die meist durch unpassende Fütterungspläne hervorgerufen wird. In der TCM werden die Symptome als Gleichgewichtsstörung des *Fu*-Organs Magen bewertet.

Der Magen hat in der TCM die Aufgabe, Futter für die Transformation durch Milz/Pankreas vorzubereiten. Im Gegensatz zur nach oben gerichteten Funktion des Milz/Pankreas-*Qi* hat das *Qi* des Magens normalerweise eine nach unten gerichtete Funktionsweise und schickt den vorverdauten Nahrungsbrei nach unten zum Dünndarm [1].

Tab. 36.1 Traditionelle Akupunkturpunkte zur Behandlung gastrointestinaler Störungen des Pferdes

Akupunkturpunkt	Lokalisation bzw. Punktnummer in Kapitel 30
Ann Huan („Sattel-Wunde")	Auf der dorsalen Mittellinie, zwischen den Processus spinosi von BWK 8 und BWK 9.
Bai Hui	Nr. 68
Da Chang Shu	Nr. 61
Guan Shu	Nr. 62
Hou Hai	Nr. 82
Hou San Li	Nr. 139
Nei Chun Yin	Nr. 28
Pi Shu	Nr. 59
Qi Jia	Nr. 44
San Chuan	Nr. 45
Tong Guan	Nr. 34
Wei Shu	Nr. 55
Xiao Chang Shu	Nr. 63
Yin Qi 1	An der ventralen Begrenzung des M. brachiocephalicus, auf der Verlängerungslinie der ventralen Mandibula
Yin Qi 2	An der ventralen Begrenzung des M. brachiocephalicus, auf Höhe des kranialen Aspekts der Skapula
Yu Tang	Nr. 33
Zui Feng	Auf der dorsalen Mittellinie, über dem Sakrokokzygealgelenk

Tab. 36.2 Bewährte Punktkombinationen zur Behandlung gastrointestinaler Störungen des Pferdes

Erkrankung	TCM-Diagnose	Transpositionelle Punkte	Traditionelle Punkte
Verdauungsstörung	Kälte im Magen	MP 3, Ma 25, KG 12	*Pi Shu, Nei Chun Yin, Hou San Li, Tong Guan*
	Feuer im Magen	Ma 25, MP 6, Pe 6, KG 12, Ma 45, Ma 44	*Tong Guan, Yu Tang, Nei Chun Yin*
Magengeschwüre/Ulzera	Blut-Stase im Magen	Ma 21, Ma 36, Pe 6, Bl 17, Bl 18, Bl 21, Bl 25, Bl 27, MP 10, Ma 40	–
Proximale Enteritis	Nahrungsretention im Magen	Ma 45, Ma 25, KG 12, MP 4, Pe 6	*Da Chang Shu, Wei Shu, Guan Yuan Shu, Xiao Chang Shu*
Nicht infektiöse Diarrhö	Milz/Pankreas-*Qi*-Leere	MP 6, MP 3, Ma 36, KG 12, Bl 20, Bl 21	*Hou San Li, Hou Hai, Pi Shu, Bai Hui, Da Chang Shu*
Infektiöse Diarrhö	Feuchte-Hitze greift Milz/Pankreas an	MP 6, MP 9, Di 11, Gb 34, Bl 20, Bl 25	*Hou Hai, Bai Hui, Hou San Li, Guan Yuan Shu*
Rektumprolaps	Sinkendes Milz/Pankreas-*Qi*	LG 20, KG 6, LG 1	*Bai Hui, Zhui Feng*
Anschoppung im Dickdarm	Trockenheit im Dickdarm	Ma 36, MP 6, KG 4, *Bai Hui*	*Guan Yuan Shu, Da Chang Shu, Hou Hai*
Spastische Kolik	Kälte im Dickdarm	Ma 37, Ma 25, Bl 25, Bl 20	*Guan Yuan Shu, Jiang Ya*
Aufgasungs-Kolik	„Gebundenes *Qi* des Dünndarms"	Ma 39, Ma 29, MP 6, Le 3	*Guan Yuan Shu, Pi Shu, Bai Hui, Hou Hai, Qi Hai Shu*
Koppen (Aerophagie)	Gewohnheitsmäßiges Luftschlucken	Ma 45, Bl 21	*Guan Yuan Shu, Pi Shu, Qi Jia, An Hua, Wei Shu, San Chuan, Yin Qi 1, Yin Qi 2*
Rektumparalyse	–	–	*Bai Hui, Hou Hai*

Wenn pathogene Faktoren auf den Magen wirken, kann es zu einer Stagnation oder einer Leere des *Qi* kommen. Am häufigsten wird der Magen durch eine unpassende Fütterung geschädigt. Das Leben der modernen Pferde unterscheidet sich stark von dem ihrer wild lebenden Vorfahren. Nur sehr wenigen Sportpferden ist der Luxus von großen Weiden mit viel Bewegungsmöglichkeit vergönnt. Die Fertigfuttermittel und behandeltes Heu haben ein sehr empfindliches Milieu im Gastrointestinaltrakt der Tiere geschaffen, das oft durch die kleinsten Abweichungen aus dem Gleichgewicht gebracht wird.

Der Magen hat eine Präferenz zur Feuchtigkeit und kann darum besonders leicht durch die pathogenen Faktoren Hitze und Kälte geschädigt werden. Übermäßiger Einfluss von Kälte oder Hitze durch das Futter oder durch die Umgebung, kann daher zu pathologischen Veränderungen führen und so Verdauungsstörungen verursachen.

Magen-Kälte

Ätiologie: Diese Störung entsteht durch den Einfluss von Kälte aus der Umgebung oder durch zu kaltes Futter. Der pathogene Faktor behindert die nach unten gerichtete Funktion des Magens und führt so zu Bauchschmerzen und Anorexie.

Symptomatik: Der Patient ist schwach und fröstelt, die Schleimhäute sind blass und der Puls ist tief und langsam. Darmgeräusche sind zu hören und der Kot ist meist feucht und enthält unverdaute Nahrungsreste.

Behandlungsprinzip

- **Transpositioneller Ansatz:** Die Behandlung zielt darauf ab, die Kälte auszuleiten, den Magen zu erwärmen und die nach unten gerichtete Funktion des Magen-Qi wieder herzustellen. Dazu werden **MP 3**, der Quell-Punkt von Milz/Pankreas, **Ma 25**, der Alarmpunkt des Dickdarms, und **KG 12**, der Alarmpunkt des Magens, eingesetzt [1].
- **Traditioneller Ansatz:** In der traditionellen chinesischen Veterinärmedizin (TCvM) werden die beschriebenen Symptome als eine Form der Verdauungsstörung bewertet, die mit Moxibustion und Nadelung des Punktes *Pi Shu*, dem traditionellen Zustimmungspunkt von Milz/ Pankreas behandelt wird. *Tong Guan* wird blutend behandelt. Mit Nadeln werden *Hou San Li* (entspricht Ma 36) und *Nei Chun Yin* stimuliert [2].

PRAXISTIPP

Aus der Sichtweise der TCM können Antibiotika die Ursache von Kälte-Zuständen im Magen sein. Die Nebenwirkungen einer Antibiotikagabe können in diesem Störungsmuster erkannt werden.

Magen-Feuer

Ätiologie: Dieses Störungsmuster kann durch den Verzehr sehr heißer Speisen, aber auch durch schimmeliges Futter, zu viel Hitze in der Umgebung und durch Überanstrengung entstehen.

Symptomatik: Hitze im Magen verbrennt die Flüssigkeiten und führt zu Verstopfung und starkem Durst. Mit zunehmender Hitze kommt es zur Fermentierung der Nahrung und Verdauungsstörungen. Die Zunge ist rot mit einem gelben Belag und der Puls ist stark und schnell.

Behandlungsprinzip

Durch die Behandlung soll die Hitze gelöscht und die nach unten gerichtete Funktion des Magens wieder hergestellt werden.

- **Transpositioneller Ansatz:** Von den transponierten Punkten können **Ma 25**, **Ma 44** (klärt Magen-Hitze), **Ma 45**, der *Ting*-Punkt des Magens (klärt Magen-Hitze), **MP 6** (ernährt die Flüssigkeiten), **KG 12** (Alarmpunkt des Magens) und **Pe 6** (Meisterpunkt des kranialen Abdomens, beruhigt rebellierendes, nach oben steigendes *Qi*).
- **Traditioneller Ansatz:** In der TCvM werden die Punkte, die für Kälte im Magen verwendet werden, auch für Magen-Hitze eingesetzt. Zusätzlich wird *Yu Tang* („Jade-Halle") mit Hämakupunktur stimuliert [2].

Gastroduodenale Ulzera: Blut-Stase im Magen

Ätiologie: Gastroduodenale Ulzera kommen meist bei jüngeren Pferden vor und sind durch fokale oder multifokale Ulzera der Magenschleimhaut und des Duodenums charakterisiert. Die TCM betrachtet Stress als hauptsächlichen emotionalen Auslöser, der Störungen im Magen verursacht. Das entspricht auch westlichen Forschungsergebnissen, die besagen, dass Fohlen mit anderweitigen Vorerkrankungen eine 30 % höhere Rate an Ulzera zeigen als gesunde Fohlen [3].

Symptomatik: Die Symptome, die nach Lehre der TCM typisch für eine Blut-Stase im Magen sind, entsprechen denen des Magen-Feuers, sind jedoch noch ausgeprägter. Die pathogene Hitze bewirkt eine Blut-Stase, die zu stechenden Schmerzen, Blutungen und Geschwüren im Magen und einer tief roten Zunge führt.

Behandlungsprinzip

Ziel der Behandlung ist ein Aufbrechen der Stase und eine Stimulierung der nach unten gerichteten Funktion des Magen-Qi.

Transpositioneller Ansatz: Eine klassische Kombination enthält **Ma 21** (beseitigt Verstopfungen), **MP 10** (löst Stagnationen auf), **Bl 17** (Meisterpunkt des Blutes, beseitigt Stase) und **Bl 18** (Beseitigt Stagnationen des Leber-Blutes).Es gibt einige Autoren, die von erfolgreichen Behandlungen dieser Störung mit der transponierten Methode berichten [4, 5]. Sie benutzten dabei die Punkte **Bl 21** (Zustimmungspunkt des Magens), **Bl 25** (Zustimmungspunkt des Dickdarms), **Bl 27** (Zustimmungspunkt des Dünndarms), **Ma 36** (Meisterpunkt bei allen gastrointestinalen Erkrankungen), **Pe 6** (Meisterpunkt des kranialen Abdomens) und *Bai Hui*. Die Zustimmungspunkte wurden mit Elektroakupunktur stimuliert, während an allen anderen Punkten Vitamin B_{12}-Lösung injiziert wurde.

PRAXISTIPP

Um den Behandlungserfolg zu erhöhen, können Akupunktur und chinesische Kräutermedizin mit westlichen Behandlungsmethoden kombiniert werden.

Proximale Enteritis: Nahrungsretention im Magen

Ätiologie: Die TCM ordnet die Symptome der proximalen Enteritis den Magen-Erkrankungen zu. Beim Menschen werden sie als „Nahrungsretention im Magen" bezeichnet.

Symptomatik: Nahrungsretention im Magen zeigt sich durch Inappetenz, Völlegefühle, Übelkeit, Erbrechen, faul riechenden Atem und Aufstoßen. Beim Pferd wird nach tief roten Schleimhäuten, einem vollen, schnellen Puls, fehlender Peristaltik und einem großen Volumen an sauer riechendem Magenreflux gesucht. Die Störung kann akut mit starken abdominellen Schmerzen, viel nasogastrischem Reflux, stark injizierten Maulschleimhäuten und einer erhöhten Herzschlagrate beginnen. Da die Symptome denen der Dünndarmverlegung stark ähneln, wird häufig unnötigerweise eine Operation durchgeführt und damit die Heilungsaussicht des Pferdes verringert [3].

Behandlungsprinzip

- **Transpositioneller Ansatz:** Durch die Behandlung soll die Nahrungsretention aufgelöst, und die nach unten gerichtete Funktion des Magen-*Qi* wieder hergestellt werden. Durch Stimulation von **MP 4** und **Ma 45** können Nahrungsretentionen aufgelöst werden, während Nadeln von **KG 12**, **Ma 25** und **Pe 6** die Funktion des Magens unterstützt [1].
- **Traditioneller Ansatz:** Ein Autor berichtet von guten Behandlungserfolgen bei 24 von 29 Pferden durch Einsatz von TCvM-Punkte [6]. Die Punkte *Wei Yu* (traditioneller Zustimmungspunkt des Magens), *Da Chang Shu* (traditioneller Zustimmungspunkt des Dickdarms) und *Guan Yuan Shu* (Zustimmungspunkt für Koliken) wurden über 30 Minuten mit Elektroakupunktur behandelt.

Diarrhö: Störungen von Milz/Pankreas

Ätiologie: Die Ätiologie der Diarrhö spielt in der westlichen Medizin eine große Rolle. Beim Pferd kommen als Verursacher bakterielle oder virale Infektionen und der übermäßige Einsatz von Antibiotika und Antiphlogistika in Frage. In der TCM wird die Ursache einer Diarrhö zwar auch beachtet, aber der Schwerpunkt der Diagnostik liegt auf dem energetischen Status der Organe des Patienten, der es den externen pathogenen Faktoren überhaupt erst ermöglicht hat, Fuß zu fassen. So wird z. B. ein Patient mit Anzeichen einer *Qi*-Leere anders behandelt, als ein Patient, der Symptome einer *Yang*-Fülle zeigt, obwohl beide Patienten an einer Salmonellose erkrankt sind.

Bei Pferden, die an Diarrhö leiden, ist am häufigsten das *Zang*-Organ Milz/Pankreas in Mitleidenschaft gezogen. Viel seltener besteht zusätzlich eine Störung des Dickdarms. Besonders schädigend auf Milz/Pankreas wirkt sich der exogene pathogene Faktor Feuchtigkeit aus. Die Milz/Pankreas-Funktionen der Transformation und des Transports von Nährstoffen werden dadurch gestört. Ein feuchtes Klima und langes Stehen auf sehr feuchtem Untergrund können zum exogenen pathogenen Faktor werden, während eine falsche Ernährung und massiver Einsatz von Medikamenten Ursachen für innere Feuchtigkeit sein können. Bei Pferden tritt das Störungsmuster der Milz/Pankreas-*Qi*-Leere am häufigsten auf [1].

Milz/Pankreas-*Qi*-Leere

Symptomatik: Bei dieser Störung ist weicher Kot ohne besonderen Geruch zu finden, verstärkte Darmperistaltik und schlechter Appetit. Die Pferde sind müde, schwach und sehen schlecht aus. Viele von ihnen haben ein struppiges Fell und einen Hängebauch. Der Puls ist meist sinkend und träge und die Schleimhäute gelblich. Milz/Pankreas kann durch viele Faktoren geschwächt werden. Unregelmäßige Fresszeiten, stark schwankende Futtermengen mit mal sehr viel, dann wieder sehr wenig Futter, eine Diät mit zu wenig Protein, zu häufig verabreichte Entwurmungsmittel oder Abführmittel und verschleppte Erkrankungen können alle zu einer Milz/Pankreas-*Qi*-Leere führen.

Behandlungsprinzip

- **Transpositioneller Ansatz:** Milz/Pankreas wird tonisiert, indem **KG 12**, **Ma 36**, **MP 3** (Quellpunkt von Milz/Pankreas), **MP 6**, **Bl 20** und **Bl 21** genadelt werden. Die letzten zwei Punkte können bei allen chronischen Milz/Pankreas- oder Magen-Leere-Zuständen eingesetzt werden.
- **Traditioneller Ansatz:** Die TCvM empfiehlt den Einsatz von Hitze, in Form von Moxibustion oder Feuernadeln, an den Punkten *Hou San Li* (entspricht Ma 36), *Hou Hai* (LG 1) und *Pi Shu* (traditioneller Zustimmungspunkt von Milz/Pankreas). In schwierigen Fällen wird zusätzlich *Bai Hui, Da Chang Shu* (traditioneller Zustimmungspunkt des Dickdarms) und *Feng Shui* (LG 26) eingesetzt.

> **PRAXISTIPP**
> Zur Behandlung dieser Art von Störung sollte die Akupunktur immer mit tonisierend wirkenden chinesischen Kräutern kombiniert werden. So lässt sich ihre Wirkung verstärken.

Feuchte-Hitze dringt in Milz/Pankreas ein

Symptomatik: Übel riechender Durchfall, Fieber und dunkelgelber Urin sind Anzeichen dieser Störung. Die Pferde sind meist sehr durstig, trinken aber nur mit kleinen Schlucken. Die Zunge ist rot mit gelbem Belag und der Puls ist schnell. Dieses Muster kann durch exogene Hitze verursacht werden, wie z. B. durch verschimmeltes Futter oder bakterielle Infektionen.

Behandlungsprinzip

Die Behandlungsziele liegen in der Auflösung der Feuchtigkeit und der Hitze.

- **Transpositioneller Ansatz:** Die klassische Kombination von **MP 9** und **MP 6** eignet sich besonders gut zum Auflösen von Feuchter Hitze. **Di 11** kühlt Hitze und löst Feuchtigkeit auf und **Bl 20** leitet Feuchtigkeit aus. **Gb 34** kann ebenfalls Feuchte-Hitze auflösen. **Bl 25** ist der Zustimmungspunkt des Dickdarms und lindert den Durchfall [1].
- **Traditioneller Ansatz:** In der TCvM werden folgende Punkte bei dieser Störung empfohlen: *Bai Hui, Hou Hai* (LG 1), *Hou San Li* (Ma 36) und *Guan Yan Shu*. Diese Punkte können klassisch genadelt oder mit Aquapunktur behandelt werden [2].

Rektumprolaps: Milz/Pankreas-*Qi*-Leere

Ätiologie: Wenn das Milz/Pankreas-*Qi* nach unten sinkt, entstehen Krankheitsmuster, die von der Funktion von Milz/Pankreas abhängig sind, das *Qi* nach oben zu bewegen. Die Ursachen ähneln denen der Milz/Pankreas-*Qi*-Leere.

Symptomatik: Prolaps ist eine häufig Folge dieses Musters und kann den Anus, das Rektum, den Uterus, die Vagina oder den Magen betreffen [1].

Behandlungsprinzip

Natürlich muss das prolabierte Organ in seine eigentliche Position reponiert werden, bevor mit einer Akupunkturbehandlung begonnen werden kann.

- **Transpositioneller Ansatz:** Zur Behandlung mit transponierten Punkten eignen sich **LG 20** (bewegt *Qi* nach oben), **LG 1** (Meisterpunkt für Analprolaps) und **KG 6** (eignet sich für alle Sorten von Prolaps).
- **Traditioneller Ansatz:** Die TCvM empfiehlt den Einsatz von *Hou Hai* und *Gang Tuo*, einem Punktepaar, das sonst bei Rindern eingesetzt wird und 2 cm lateral vom Anus zu finden ist. Wenn an diesen Punkten Elektroakupunktur eingesetzt wird, sollte die Intensität und Frequenz sehr vorsichtig gesteigert werden, bis es zur Kontraktion der lokalen Muskeln kommt. Die erste Behandlung sollte zwei bis vier Stunden dauern, die Folgebehandlungen jeweils über eine Stunde erfolgen.

Unkomplizierte Obstipation: Trockenheit des Dickdarms

Ätiologie: Als unkomplizierte Obstipation werden in diesem Zusammenhang alle Konditionen bezeichnet, die keiner chirurgischen Intervention bedürfen. Meist handelt es sich um eine Anschoppung von Sand oder von trockenem Kot. Beide werden in der TCM gleich behandelt. Bei dieser Störung ist in erster Linie das *Fu*-Organ Dickdarm betroffen. Dieses Organ hat die Aufgabe, Wasser zurückzugewinnen und Kot auszuscheiden. Dysfunktionen des Dickdarms zeigen sich darum häufig in einer Störung der Menge des Kots.

Symptomatik: Die Patienten weisen eine erhöhte Darmperistaltik auf, haben eine blasse Zunge und einen feinen Puls. Das Muster wird durch Erschöpfung der Flüssigkeitsreservoirs im Dickdarm charakterisiert und ist meist die Folge einer *Yin*- oder Blut-Leere.

Behandlungsprinzip

Die Behandlung zielt auf die Förderung der Flüssigkeiten im Dickdarm ab.

- **Transpositioneller Ansatz: Ma 36** wird wegen seiner Fähigkeit, Flüssigkeit im Magen und im Dickdarm zu normalisieren und zu unterstützen, eingesetzt. **MP 6** und **KG 4** tonisieren *Yin* und die Flüssigkeiten und **Ni 6** kann zum Befeuchten von Kot verwendet werden.
- **Traditioneller Ansatz:** In der Literatur der TCvM wird als wichtigster Punkt für diese Störung *Guan Yuan Shu* angegeben. Er ist im 18. ICR, an der ventralen Kante des M. longissimus

dorsi zu finden. Elektroakupunktur wird zur Behandlung empfohlen [6]. Mit einer Frequenz von 50 Hz sollte die Stärke langsam erhöht werden, bis starke Muskelkontraktionen zu sehen sind. Nach acht Minuten wird die Stärke leicht verringert und die Frequenz über zehn Sekunden erhöht, bis Tetanie auftritt, um sofort wieder zur anfänglichen Frequenz zurückzukehren. Dieses Vorgehen sollte während 30 Minuten drei mal wiederholt werden. Ein Autor berichtet von einer 98%igen Erfolgsrate mit dieser Methode [6]. Andere Punkte, die in Erwägung gezogen werden können sind: *Da Chang Shu, Xiao Chang Shu, Bai Hui* und *Hou Hai*. Diese Punkte können mit Nadeln oder mit Injektionen stimuliert werden.

PRAXISTIPP

Zur Behandlung des Punktes *Guan Yuan Shu* sollte die Nadel in einem Winkel von 45° auf zirka 6 cm Tiefe in Richtung Nierenkapsel eingestochen werden.

Spastische Kolik: Kälte im Dickdarm

Ätiologie: In der TCM wird eine mit Spasmen des Dickdarms ablaufende Kolik als Anzeichen für Kälte im Dickdarm gewertet. Nach Lehre der TCM wird diese Störung durch zu häufigen Verzehr von kalten Nahrungsmitteln und Getränken oder durch die Einwirkung von kalten Wetterlagen verursacht. Kälte im Dickdarm behindert die Bewegung des *Qi* und führt so zu plötzlich einsetzenden, schmerzhaften Krämpfen [1].

Symptomatik: plötzliche abdominale Schmerzen, verstärkte Darmperistaltik, häufiger Absatz von kleinen Mengen mit Schleim überzogenem Kot, kalte Extremitäten und eine blasse Zunge.

Behandlungsprinzip

Die Behandlung konzentriert sich darauf, den Dickdarm zu wärmen und zu tonisieren.

- **Transpositioneller Ansatz: Ma 37** leitet Kälte aus dem Dickdarm aus. **Bl 25** eignet sich als Zustimmungspunkt des Dickdarms zur Therapie. **Ma 25** kann die Schmerzen lindern und **Bl 20** tonisiert das Milz/Pankreas-*Qi*.
- **Traditioneller Ansatz:** Die TCvM empfiehlt die Punkte *Guan Yuan Shu, Jiang Ya* (lateral der Nüstern an der dorsalen Kante des Knorpels). Die Punkte sollten über zehn Minuten mit Elektroakupunktur behandelt werden [6].

Aufgasungs-Kolik: Ungleichgewicht des Dünndarms

Ätiologie: Zu den Aufgasungs-Koliken gehören alle Erkrankungen mit starker Aufgasung in den Därmen und starken abdominellen Schmerzen. Die Ursachen können variieren. Dazu gehört auch eine plötzliche Futterumstellung. Die TCM sieht als Hauptanzeichen einer Störung des *Fu*-Organs Dünndarm starke abdominale Schmerzen, Aufgasung und Flatulenz. Eine Untergruppe der Störungen wird als „gebundenes Dünndarm-*Qi*“ bezeichnet und ähnelt in seiner Symptomatik dem der Aufgasungs-Kolik der Pferde.

Symptomatik: Starke abdominelle Schmerzen sind das Erkennungszeichen dieser Störung. Die Flatulenz ist deutlich ausgeprägt. Der Absatz von Gas bringt Linderung. Die Zunge ist hell mit weißem Belag und der Puls tief und drahtig. Es wird kein Kot abgesetzt. Diese Störung wird in der Regel durch Aufnahme von kaltem Wasser oder Futter hervorgerufen. Bei Menschen kann sie auch durch die emotionalen Faktoren, die zur Leber-*Qi*-Stagnation führen, also Ärger und Frustration, verursacht werden [1]. Man nimmt an, dass es beim Pferd ähnliche Abläufe gibt.

Behandlungsprinzip

Zur Behandlung muss versucht werden, das Qi des Dünndarms zu bewegen.

- **Transpositioneller Ansatz:** Nadelung von **Ma 39** (lindert abdominelle Schmerzen und bewegt das Dünndarm-*Qi*), **MP 6** (lindert Schmerzen), **Le 3** (fördert die Bewegung des Leber-*Qi*) und **Ma 29** (bewegt *Qi* im kaudalen Abdomen).
- **Traditioneller Ansatz:** In der TCvM wird *Guan Yuan Shu* als starker Punkt für alle gastrointestinalen Störungen empfohlen. Elektroakupunktur an diesem Punkt kann kombiniert werden mit der Behandlung von *Pi Shu*. Ansonsten werden *Bai Hui, Hou Hai, Qi Hai* und *Da Chang Shu* empfohlen [6].

Aerophagie durch Koppen

Ätiologie: Aerophagie durch Koppen ist eine weit verbreitete Untugend der Pferde. Bei den meisten Tieren scheint dieses Verhaltensmuster durch Langeweile bei nicht artgerechter Haltung entstanden zu sein. Bei manchen Pferden besteht aber der Verdacht, dass eine Störung des Verdauungsapparates ursächlich beteiligt ist. Das Koppen ist in diesen Fällen wohl als Versuch zu sehen, die Schmerzen zu lindern. Folglich ließe eine Linderung der Schmerzen auch das Koppen verschwinden.

Behandlungsprinzip

- **Transpositioneller Ansatz:** Ein Autor empfiehlt die Implantation von Goldstückchen an Ma 45 und Wei Shu (traditioneller Zustimmungspunkt des Magens). Er berichtet von einer 50%igen Erfolgsrate [8].
- **Traditioneller Ansatz:** Ein Autor berichtet, dass 64 % der Pferde mit Aerophagie auf Akupunkturbehandlung ansprachen [7]. Tiere, die keinerlei Anzeichen einer Beteiligung des Gastrointestinaltraktes erkennen ließen, sprachen auch nicht auf die Behandlung an. Die in dieser Untersuchung eingesetzten Punkte waren *Guan Yuan Shu* (mit Elektroakupunktur behandelt), *Qi Jia, San Chuan, An Huan, Wei Shu* und *Pi Shu*, die alle konventionell genadelt wurden.
  Die TCvM-Literatur beschreibt zudem den Einsatz von Elektroakupunktur an zwei Punkten auf dem M. brachiocephalicus [6]. Während *Yin Qi 1* auf dem kranioventralen Aspekt des Muskels zu finden ist, liegt *Yin Qi 2* eher im kaudalen Bereich, 13 cm von der ventralen Begrenzung entfernt. Beide Punkte werden ein bis zweimal täglich mit Elektroakupunktur über eine Zeitdauer von 30 Minuten bis zu vier Stunden stimuliert.
  Die Behandlung sollte fortgesetzt werden, bis alle Anzeichen verschwunden sind. Dazu können bis zu dreißig Behandlungen

nötig sein. Der Autor empfiehlt den Einsatz eines Maulkorbes während der gesamten Behandlungszeit.

PRAXISTIPP

Die beiden angegebenen Punkte können mit Hautklammern versorgt werden, was die tägliche Elektroakupunktur erleichtert.

Rektumparalyse

Traditioneller Ansatz: In der Literatur der TCvM wird bei dieser Störung tägliche Elektroakupunktur über 30 bis 60 Minuten an folgenden Punkten empfohlen [1]: *Bai Hui* und *Hou Hai*. An *Hou Hai* wird die Nadel 10–20 cm tief in kraniodorsaler Richtung eingestochen.

36.3 Zusammenfassung

Egal ob gastrointestinale Störungen aus westlicher Sicht oder aus der Sicht der TCM betrachtet werden: die konventionelle Therapie kann immer um die Akupunktur ergänzt und durch sie verstärkt werden. Durch die Akupunkturbehandlung kann mitunter ein chirurgisches Vorgehen vermieden und die Heilung von Diarrhö und anderen Störungen des Gastrointestinaltrakts beschleunigt werden. Es wäre wünschenswert, in Zukunft Akupunktur in die Behandlung aller gastrointestinalen Störungen zu integrieren.

LITERATUR

1. Maciocia G: The foundations of Chinese medicine: a comprehensive text for acupuncturists and herbalists, New York, 1989, Churchill Livingstone.
2. Yu C, Hwang Y-C: *Handbook on Chinese veterinary acupuncture and moxibustion,* Bangkok, 1990, FAO Regional Office for Asia and the Pacific.
3. Robinson NE: *Current therapy in equine medicine,* vol 3, Philadelphia, 1992, WB Saunders.
4. Kenney JD: Acupuncture for treatment of a gastric ulcer in a thoroughbred colt, *Vet Acupunct Newsletter* 14(4):17, 1988.
5. Rogers PAM: Suspected peptic ulcer in two foals: acupuncture therapy successful, *Vet Acupunct Newsletter* 14(4):15–16, 1988.
6. White S et al: *Electroacupuncture in veterinary medicine: an original translation,* San Francisco, 1984, Chinese Materials Center Publications.
7. Kussari J: Acupuncture treatment of aerophagia in horses, *Am J Acupunct* 11:363–370, 1983.
8. Gineaux D: Equine osteopathic manipulation seminar, 1990.

KAPITEL

37

Peggy Fleming

Akupunkturbehandlung bei sonstigen Erkrankungen des Pferdes

Wie in anderen Kapiteln dieses Buches (➤ Kap. 31 und ➤ Kap. 32) bereits erwähnt, gibt es in der Pferdeakupunktur zwei verschiedene Behandlungsansätze.

Transpositioneller Ansatz

Der erste Ansatz verwendet transponierte Punkte. Die Konzepte des Meridian-Systems, der acht Leitkriterien und der *Zang Fu*-Organe werden direkt vom Menschen auf das Pferd übertragen. Grundlage des Konzeptes ist daher die Anwendung des Meridian-Systems zur Behandlung. Das transpositionelle System gilt als Methode der Wahl zur Auffindung von Akupunkturpunkten und zur Zusammenstellung von erfolgreichen Punktkombinationen.

Bei dieser Methode können zur Auswahl der Punkte drei verschiedene Wege begangen werden:

- **Auswahl von Punkten auf dem betroffenen Meridian:** man wählt Punkte auf dem zu dem betroffenen Organ gehörigen Meridian aus. So würde z. B. ein Pferd mit einer respiratorischen Erkrankung mit Punkten auf dem Lungen-Meridian behandelt werden.
- **Auswahl von Punkten auf dem verwandten Meridian:** man wählt zusätzlich Punkte auf dem, nach der Lehre der *Zang Fu*-Organe, verwandten Meridian. Im genannten Beispiel könnte das Pferd zusätzlich mit Punkten auf dem Dickdarm-Meridian behandelt werden, da dies der *Yang*-Partner der Lunge ist.
- **Auswahl von Punkten auf mehreren Meridianen:** reagiert der Patient nicht auf die Behandlung mit Punkten auf einem oder zwei Meridianen, können nach der Lehre der TCM Punkte auf weiteren Meridianen hinzugenommen werden. Hätte das Pferd im oben genannten Beispiel auch noch hohes Fieber, so kämen eventuell zusätzlich Punkte auf dem Lenkergefäß infrage, da dieser Meridian das *Yang* im Körper kontrolliert.

Für verschiedene Erkrankungen stehen auch noch spezielle Punkte mit ganz bestimmten Indikationen zur Verfügung. So haben die unteren Vereinigungs-Punkte besondere und direkte Wirkung auf Erkrankungen der *Zang Fu*-Organe. Ma 36 ist z. B. der untere Vereinigungs-Punkt des Magens und kann in jeder Punktekombination für Magenerkrankungen eingesetzt werden. Es gibt noch viele andere spezialisierte Punkte, wie die *Xi*-Grenz-Punkte, die Passage- oder *Luo*-Punkte, die Zustimmungspunkte oder *Shu*-Punkte und die *Mu*- oder Alarm-Punkte und andere. All diese Punkte können den Kombinationen beigefügt werden. An anderer Stelle des Buches sind detailliertere Beschreibungen ihrer Einsatzmöglichkeiten aufgeführt.

Traditioneller Ansatz

Im Gegensatz zum transpositionellen Ansatz verwendet die traditionelle chinesische Veterinärakupunktur keine Meridiane und daher auch nur wenige der oben erwähnten Punktauswahlverfahren. Der Behandlungsplan wird mit isolierten Punkten erstellt, die für ihre Symptomatik und spezielle Wirkung bekannt sind. Hier würde man beispielsweise ein Pferd mit einer akuten Influenza mit Punkten behandeln, die für ihre Wirkung bei dieser Indikation bekannt sind und deren Effektivität sich erwiesen hat. Im Falle des Beispiels müsste man von einer Wind-Invasion sprechen und es kämen Punkte zum Einsatz wie z. B. Tor des Windes *(Feng Men)*. In ➤ Kap. 31 ist eine Auswahl an Punkten aus dem „Handbuch der traditionellen Veterinärmedizin" dargestellt.

Man sollte dabei immer bedenken, dass in der TCM der Einsatz von Kräutern dem der Akupunktur vorangeht. Oft kann nur bei gemeinsamer Verwendung beider Heilmethoden eine erfolgreiche Behandlung durchgeführt werden.

37.1 Hitzschlag und Anhidrosis

Ätiologie

In der TCM wird Sommerhitze als pathogener Faktor mit *Yang*-Charakter gesehen. Sie schädigt das primäre *Qi*, konsumiert Körperflüssigkeiten und führt so zur Erschöpfung des *Qi* und des *Yin*. Unter dem Einfluss von Sommer-Hitze kann das Pferd eine chronische Form der *Yin*-Leere entwickeln, die sich in Form einer Anhidrosis manifestierten kann. Tritt dieser Zustand plötzlich und in starker Ausprägung auf, kann die pathogene Hitze noch größeren Schaden verursachen, indem sie auf das Perikard übergreift. Das führt dann zu einer Störung des *Shen*, Kollaps und Bewusstseinsverlust (Hitzschlag).

Therapie

- Bei Hitzschlag und Anhidrose werden folgende Meridiane am häufigsten eingesetzt: Lenkergefäß, Perikard und Dickdarm. **LG 14**, der Treffpunkt des Lenkergefäßes, wird sedierend genadelt, ebenso wie **Bl 40** und **Di 11**. All diese Punkte eignen sich zur Reduzierung von Hitze im Körper. Besteht die Gefahr eines Hitzschlages, kann auch **Pe 6** behandelt werden, um das Herz zu schützen. Bei Anhidrosis erschöpft sich häufig das primäre *Qi*, daher kann es sinnvoll sein, die Punkte **Ni 7** und **Di 4** mit zu nadeln. Beide Punkte sind in der Lage, diese fundamentale Substanz zu regenerieren.

- Bei akutem Hitzschlag hat sich die Behandlung von **LG 26** und von *Bai Hui* bewährt, um die Wiederbelebung zu unterstützen. Bei starker Hitze-Fülle im Körper kann mit Hämakupunktur gearbeitet werden. Alle *Ting*-Punkte, die Ohrspitzen und die Spitze der Schweifrübe sollten dann blutend genadelt werden. Diese Punkte-Kombination entspricht in ungefähr der Hämakupunktur der *Shi Xuan*-Punkte bei Menschen mit denselben Symptomen.

PRAXISTIPP

- Nach Lehre der traditionellen chinesischen Veterinärmedizin kann sehr hohes Fieber durch Hämakupunktur von V. sphenopalatina, V. sublingualis und V. coccygealis behandelt werden.
- Tierbesitzer können als Sofortmaßnahme die Massage der *Ting*-Punkte, Ohrspitzen und Schweifrübe erlernen, um die Zeit zu überbrücken, bis ein Tierarzt kommen kann.

37.2 Erkrankungen des Respirationstraktes

37.2.1 Oberer Atemwegsinfekt

Ätiologie

Pferde, die besonders anfällig für Infektionen mit Influenza-Viren sind, leiden häufig unter einem zu schwachen *Wei Qi*. Dadurch reagieren sie sehr empfindlich auf Veränderungen in ihrer Umgebung: exogene Faktoren, wie Kälte, Hitze und Wind können dann die Körperporen und die Nasenöffnung eindringen und das *Zang Fu*-Organsystem Lunge angreifen.

Wind-Kälte-Invasion

Symptomatik: Die Symptome für das Eindringen von Wind-Kälte sind: Frieren, Fieber, kein Schwitzen, diffuse Schmerzen im Körper, klares Nasensekret, Husten, dünne Zunge und oberflächlicher Puls.

Therapie: Zur Behandlung werden folgende Punkte genadelt und mit Moxa bestückt: **LG 16** (leitet Wind-Kälte aus), **Lu 7** (unterstützt die verteilende Funktion der Lunge), **Di 4** (leitet pathogene Faktoren aus und befreit die Oberfläche).

Wind-Hitze-Invasion

Symptomatik: Die Symptome bei dieser Störung sind: hohes Fieber mit starkem Schwitzen, gelbliches Nasensekret, Husten, starker Durst, rote Zunge und schneller Puls.

Therapie: Hier wird zur Behandlung nur genadelt: **LG 14** (leitet Hitze aus), **Di 11** (reduziert Hitze), **Di 4** (reduziert Hitze), **Lu 11** (leitet Hitze aus den Lungen aus und lindert Halsschmerzen) und **3E 5** (leitet pathogene Faktoren von der Oberfläche aus).

Die klinische Wirksamkeit der Akupunktur bei oberen Atemwegserkrankungen scheint von verschiedenen Praktikern verschieden eingeschätzt zu werden. Kussari und Kothbauer geben an, bei der Behandlung von Erkrankungen der oberen Luftwege mit Akupunktur nur sehr wenig Erfolge erzielt zu haben, während Young eine Erfolgsrate von 95 % angibt. Vielleicht hängt dies davon ab, ob die Akupunkteure gleichzeitig mit Kräutern arbeiten oder nicht. Die Kräuter scheinen zur Verstärkung der Akupunkturwirkung auf die *Zang Fu*-Organe notwendig zu sein.

Husten

Ätiologie

Husten kann die Folge zweier Faktoren sein:

- Der exogene **pathogene Faktor Wind** kann in den Körper eindringen (Wind-Kälte oder Wind-Hitze): Wird die Lunge von exogenen pathogenen Faktoren angegriffen, so ist sie nicht mehr in der Lage, das *Qi* nach unten zu führen. Das stagnierende *Qi* manifestiert sich im Husten.
- Andererseits kann er durch **endogene Störungen** verursacht werden: In der TCM steht der Begriff „endogene Störung“ für die funktionale Störung eines *Zang Fu*-Organs. Wenn z. B. ein Leere-Zustand in Milz/Pankreas vorliegt, wird der Körper besonders empfindlich für Feuchtigkeit, die sich in der Lunge sammeln und zu chronischem Husten führen kann.

Wind-Kälte-Invasion

Symptomatik: Die Patienten haben kein Fieber, sie schwitzen nicht und haben, wenn überhaupt, klaren Nasenausfluss.

Therapie: Die Punktauswahl erfolgt mit dem Ziel, die herabführende Funktion der Lunge zu stärken, *Qi* zu verteilen und Wind-Kälte auszuleiten. Punkte dafür wären: **Lu 7**, **Di 4**, **Bl 12** und **Bl 13**. **Lu 6** als Sammel-Punkt der Lunge kann ebenfalls angewendet werden. Dieser Punkt eignet sich ganz besonders zur Behandlung von akuten Erkrankungen.

Wind-Hitze-Invasion

Symptomatik: Da hier Hitze vorliegt, tritt Fieber auf und meist gelber Nasenausfluss. Der Patient zeigt großen Durst und der Puls ist schnell.

Therapie: Die Punkte sollen Hitze reduzieren und die herabführende Funktion des Lungen-*Qi* stärken. Zum Einsatz kommen dieselben Punkte, die schon bei Wind-Kälte erwähnt wurden und zusätzlich **Di 11**, **Lu 11**, **Lu 5** und **LG 14**. All diese Punkte sind für ihre Fähigkeit, Hitze zu reduzieren, bekannt.

Lungen-Hitze (Pneumonie)

Symptomatik: Lungen-Hitze ist eine endogene Störung, die der Pneumonie der westlichen Medizin entspricht. Die Patienten sind sichtlich stärker beeinträchtigt als die Pferde mit den oben erwähnten äußeren Erkrankungen. Sie stellen die Nüstern weit, zeigen persistierendes Fieber bei nur geringem Durst. Die Zunge ist rot, der Puls schnell und überflutend. Letztendlich kann die Diagnose radiologisch (beim Kleintier) und durch die Auskultation bestätigt werden.

Therapie: **Lu 5** ist der Sedationspunkt der Lunge und unterstützt das Herabführen des Lungen-*Qi*. Durch **Lu 1** kann Hitze in der Lunge reduziert werden. Der Punkt kann sehr gut mit **Di 11** und **LG 14** kombiniert werden.

Lungen-Schleim-Hitze

Symptomatik: Diese Störung beschreibt akuten Husten mit viel klebrigem, gelben Auswurf und wird westlich auch als Pneumonie gesehen. Der Schleim ist mit einem schlüpfrigen Puls verbunden. Diese Erkrankung ist oft Folge einer Invasion von Wind-Hitze, die die Körperflüssigkeiten ausgetrocknet und sie zu Schleim verdichtet hat.

Therapie: Hierfür eignen sich die Punkte **KG 12**, **Ma 40** und **MP 6** besonders gut, da sie alle Schleim auflösen. Diese Punktkombination kann gemeinsam mit den Kombinationen für Lungen-Hitze angewendet werden.

Schleim in der Lunge

Symptomatik: Diese in der westlichen Medizin als chronische Pneumonie bekannte Erkrankung zeigt sich durch ein schwaches Husten, Müdigkeit, Inappetenz und unspezifische Anzeichen einer Leere im Bereich von Niere und Milz/Pankreas.

Therapie: Die Behandlung sollte sich auf Niere und Milz/Pankreas konzentrieren, unter zusätzlicher Berücksichtigung der Lunge: **Lu 5**, **KG 12**, **Ma 40** und **MP 6** eignen sich dafür. **Bl 20** und **Ma 36** können zur Tonisierung von Milz/Pankreas und zum Auflösen des Schleimes hinzugefügt werden. Die Nieren werden durch Nadeln von **LG 4** und **Bl 23** unterstützt.

Lungen-*Qi*-Leere

Symptomatik: Auch dieser Husten hört sich schwach an. Im Gegensatz zu dem Krankheitsbild im letzten Absatz liegt aber keine Ansammlung von Schleim vor.

Therapie: Das Lungen-*Qi* dieser Patienten kann durch Nadeln des Punktes **Lu 9**, dem Tonisierungs-Punkt der Lunge, gestärkt werden. Zusätzlich kann der Zustimmungspunkt der Lunge, **Bl 13**, eingesetzt werden.

Lungen-*Yin*-Leere

Symptomatik: Bei trockenem Husten und einem Patienten, der lethargisch ist und zu Trockenheit neigt, ist immer an eine Leere des Lungen-*Yin* zu denken.

Therapie: Das Lungen-*Yin* kann durch **Lu 9**, **Lu 1**, **Lu 7** und **Ni 6** ernährt und gestärkt werden. Die zwei letztgenannten Punkte öffnen das Konzeptionsgefäß, das direkten Einfluss auf das Lungen-*Yin* hat. Erd-Punkte, wie **MP 6** und **Ma 36** können zur Unterstützung des Erdelementes, der „Mutter" der Lunge, benutzt werden.

37.2.2 Epistaxis

Ätiologie

In der TCM gibt es zwei Hauptgründe für das Auftreten von Nasenbluten beim Pferd:

- **Wind-Hitze in der Lunge und/oder im Magen:** Extreme Hitze in der Lunge steigt in die Nase auf und zwingt das Blut dort aus den Gefäßen. Hitze im Magen kann ebenfalls zur Lunge absteigen und Nasenbluten verursachen, da der Magen-Meridian neben der Nase entspringt. Diese Patienten zeigen einen schnellen, kräftigen Puls, eine tief rote Zunge und eine Vorliebe für sehr kaltes Wasser. Diese Art der Störung tritt besonders oft bei jungen Rennpferden auf, deren metabolische Hyperaktivität die Kapazität ihrer Lungen übersteigt.
- **Chronischer *Yin*-Mangel:** Auch diese Erkrankung findet sich häufig bei Rennpferden. Es liegt dann meist ein Nieren-*Yin* Mangel zugrunde. Die Pferde sind chronisch heiß und trocken und haben große Probleme sich zu entspannen und ihr Gewicht zu halten. Im Gegensatz zu den Patienten mit Wind-Hitze ist der Puls dieser Tiere eher fadenförmig als stark.

Therapie

- Laut M. Cain zeigen Pferde, die häufig Nasenbluten haben, oft Schmerzen im Bereich zwischen **Bl 42** und **Bl 46** und zwischen **Bl 13** und **Bl 20**, meistens auf der rechten Körperhälfte. Er beschreibt sehr gute Erfolge in der Akupunkturbehandlung dieser Fälle.
- Die Punkte, die zur Behandlung empfohlen werden sind: **Di 20** und **Di 4**, um Hitze auszuleiten und das Bluten zu stoppen. **Lu 11** eignet sich wiederum sehr gut bei Nasenbluten und wird als *Jing*-Quell-Punkt eingesetzt, um Hitze zu vermindern. **Ni 6** ist einer der einflussreichen Punkte für die acht außerordentlichen Meridiane und unterstützt und nährt das *Yin*, während er gleichzeitig auch Hitze reduziert. In den klassischen Texten der chinesischen Veterinärakupunktur werden zur Therapie des Nasenblutens eine Reihe von Punkten auf dem Lenkergefäß angegeben, die den transponierten Punkten **LG 5**, **LG 6**, **LG 7** und *Bai Hui* entsprechen.

37.2.3 Chronisch obstruktive Lungenerkrankung

Ätiologie

Diese Form der Lungenerkrankung, auch COPD oder Dämpfigkeit genannt, kann sich sowohl aus einer Leere-, als auch aus einer Fülle-Symptomatik entwickeln, wobei aber die Leere die wesentlich häufiger vorkommende Ursache darstellt:

- Die **Fülle-Erkrankung** entsteht meist durch Wind-Invasion oder durch Schleim, der sich ansammelt, weil das Lungen-*Qi* seiner Aufgabe des Verteilens und nach unten Führens nicht mehr gerecht werden kann. Gleichzeitig liegt oft eine Störung des Milz/Pankreas-*Qi* vor, die die Transformations- und Transport-Funktion des Organs beeinträchtigt.

- Die **Leere-Erkrankung** hängt meist mit einer Leere der Lunge oder der Niere zusammen. Bei der Lungen-Leere kann ein hartnäckiger Husten die Lunge verletzen. Bei der Nieren-Leere hat oft eine Überarbeitung die Niere geschädigt und ihre Fähigkeit, das *Qi* nach unten zu ziehen, vermindert.

PRAXISTIPP

Akupunktur steigert die Sekretion von Neuropeptiden und verringert die Viskosität der bronchialen Sekretion. Oft treten Symptome nach einer Akupunkturbehandlung zunächst verstärkt auf, um dann aber deutlich zurückzugehen.

Wind-Fülle und Schleim

Symptomatik: Der Husten dieser Patienten ist stark und heiser und es wird oft dicker Auswurf ausgehustet. Das Maul ist trocken und der Puls zeigt eine rollende Qualität.

Therapie: Lu 5 wird eingesetzt um Schleim zu reduzieren und das Asthma zu lindern. **Ma 40** ist ein einflussreicher Punkt bei allen Erkrankungen mit Schleim. **KG 22** eignet sich hervorragend, um das *Qi* absteigen zu lassen. Diese Punkte können um **Bl 13**, den Zustimmungspunkt der Lunge, ergänzt werden.

Lungen-Leere

Therapie: Mit **Bl 13** und **Lu 9** kann das Lungen-*Qi* gestärkt werden. Dazu können die Punkte **Ma 36** und **MP 3** eingesetzt werden, um die Erde zu stärken, die wiederum das Metall kräftigt.

Nieren-Leere

Therapie: Die Punkte **Ni 3**, **Bl 23** und **Bl 13** können genadelt und mit Moxibustion behandelt werden. **KG 17**, als einflussreicher Punkt des *Qi*, und **KG 6** zur Unterstützung der Niere können ebenfalls benutzt werden. Bei schwierigen Fällen ist die Moxibustion von **LG 12** und **Bl 43** zu erwägen.

PRAXISTIPP

Young und Westermayer berichten von einer 85%igen Erfolgsrate mit folgender Punkte-Kombination: **Bl 13, Bl 14, Bl 5, Lu 1, Lu 7, Lu 8, Lu 9, Pe 6, Ni 10, Ni 27, Ma 36, Ma 45, LG 14, LG 20, He 1, Di 20, Di 4, 3E 1.**

37.3 Emotionale Störungen

Ätiologie

Viele Pferdebesitzer suchen bei emotionalen Problemen ihrer Pferde Akupunkteure auf. Die Ursache der psychischen Störungen liegt oft in den Ansprüchen, die der Besitzer an das Pferd stellt und in der nicht artgerechten Haltungsform, in der die meisten Pferde leben müssen. Das Verständnis der Ätiologie der Emotionen und der Art und Weise, wie Akupunktur Emotionen beeinflussen kann, ist der Schlüssel zu einer erfolgreichen Therapie. Emotionen sind mentale Reize, die das Leben beeinflussen, aber unter normalen Umständen keine Krankheiten auslösen sollten. Sie werden erst dann zur Ursache von Erkrankungen, wenn sie entweder unterdrückt werden oder überhand nehmen.

Jedem der *Zang Fu*-Organe wird eine bestimmte Emotion zugesprochen. Eine Störung des Organs kann durchaus eine Abweichung in der dazu gehörenden Emotion hervorrufen und umgekehrt:

- So betrachtet man z. B. **Ärger** als Emotion der Leber. Da die Leber die Bewegung des Blutes und das Aufsteigen des *Qi* kontrolliert, ist es leicht zu verstehen, warum Wut mit ihrem expansiven Charakter Zeichen einer Leber-Störung sein kann.
- Die Emotion der **Freude** wird dem Herz zugesprochen. Ein Übermaß an Freude kann sich als Hysterie und Erregbarkeit äußern. So kann beispielsweise auch ein plötzlicher Schock das Herz verletzen oder eine Störung des Herz-*Qi* zu übermäßiger Erregbarkeit führen.
- Die Lunge wird von der Emotion der **Trauer** beeinflusst. Lang andauernde Trauer oder Traurigkeit können die Lunge entkräften.
- **Sorge** ist die Emotion von Milz/Pankreas. Patienten, die sich zu viele Sorgen machen zeigen oft auch Lethargie, Bauchschmerzen und Inappetenz.
- Letztendlich ist die **Angst** mit dem Nieren-*Qi* und dem Nieren-Yin verwandt. Eine Störung in diesem Bereich kann zu Leere-Hitze des Herzens und zu unkontrollierbaren Panikattacken führen.

Laut der konstitutionellen Lehre der fünf Elemente sollte immer auch der Meridian, der mit der primären Emotion verbunden ist, mit behandelt werden.

Zu starke oder lang anhaltende Emotionen können starken Einfluss auf *Qi*, Blut und *Yin* ausüben. Andererseits können durch Störungen auf der Ebene von *Qi*, Blut oder *Yin* emotionale Störungen entstehen. Darum ist es für den Praktiker auch so wichtig, sowohl die energetische Situation der *Zang Fu*-Organe einzuschätzen, als auch die fundamentalen Substanzen.

Therapie

Folgende Punkte werden häufig zur Behandlung von emotionalen Störungen eingesetzt:

- **Bl 42:** eignet sich besonders, wenn Traurigkeit und Trauer in Verbindung mit Lungenstörungen und Asthma auftreten. Der Punkt unterstützt das Lungen-*Yin*.
- **Bl 44:** stärkt und beruhigt das Gemüt und klärt Herz-Feuer.
- **Bl 47:** kann zur Behandlung von stagnierendem Leber-*Qi* verwendet werden, das zu Aggression und Wut führt.
- **Bl 49:** vermindert Sorgen und Grübeln, die zur Stö- rung der Erde geführt haben oder durch sie entstanden sind. Eignet sich besonders gut bei Koppern und Webern.
- **Bl 52:** mit diesem Punkt kann Furcht behandelt werden, die durch eine Nieren-Leere entstanden ist.
- **He 7:** beruhigt das Gemüt und stärkt das Herz. Der Punkt reduziert Ängstlichkeit und vermindert Scheuen.
- **He 9:** eignet sich besonders für bizarres Verhalten und panikartige Furcht, die sich auf Herz-Störungen zurückführen lassen.

- **Pe 9:** kann bei Ängstlichkeit und Hyperhidrosis eingesetzt werden.
- **Pe 6:** beruhigt das Gemüt und hilft bei Frustrationen.
- **Le 1:** kann stagnierendes *Qi* auflösen, das mit Ärger und Reizbarkeit in Zusammenhang steht.
- **Ni 1:** reduziert nicht nachvollziehbare Ängste.
- **Bl 2:** beruhigt das Gemüt und verringert chronische Ängste.
- **KG 15:** beruhigender Punkt, der das Gemüt festigt.
- **LG 24:** klärt den Geist.
- **LG 20:** klärt den Geist und verringert Ängste.
- *Yin Tang:* beruhigt den Geist und verringert vorhandene Ängste.

PRAXISTIPP

LG 24, Pe 6, *Yin Tang* und *Shen Men* (im Zentrum der konkaven Fläche des Ohres) können mit Hautklammern oder mit Gold-Implantaten behandelt werden, um einen beruhigenden Effekt zu erzielen.

37.4 Reproduktionsstörungen

37.4.1 Anöstrus

Ätiologie

Anöstrus tritt bei Pferden als normaler, physiologischer Vorgang auf, sobald in den Wintermonaten die Wirkung des Tageslichtes auf die Hypophyse abnimmt. Er wird nur dann als pathologisch bezeichnet, wenn bei der Stute im Frühjahr kein normaler Zyklus einsetzt, oder wenn Jungstuten gar keine Anzeichen von Rosse während ihrer reproduktiven Phase zeigen. Die Ursachen können in einer Fülle oder einer Leere liegen. Die Leere-Erkrankungen lassen sich meist auf eine Blut-Leere zurückführen und die Fülle-Störung wird meist durch starke pathogene Faktoren hervorgerufen, die zu einer Blutstagnation führen.

Blut-Leere

Symptomatik: Die Stuten zeigen trockene Haut, blasse Maulschleimhaut und einen schwachen Puls. Blut ernährt das Herz, darum kann bei dieser Art der Störung das Gemüt gestört sein und starke Ängstlichkeit, Palpitationen und Reizbarkeit auftreten. Eine Blut-Leere kann zu einer Leere auf Milz/Pankreas führen und nach langer Krankheit zu Hämorrhagien oder zu drastischen emotionalen Veränderungen führen, die das Leber-*Yin* beeinflussen.

Therapie: Die Zustimmungspunkte von Leber, Niere und Milz/Pankreas (**Bl 18**, **Bl 23** und **Bl 20**) werden tonisierend genadelt und mit **Ma 36** und **MP 6** kombiniert, die das Erd-Element stärken.

Blut-Stagnation

Symptomatik: Die Stuten zeigen Schmerzen oder Unbehagen vor allem in Bereich der Lumbalregion und des Abdomens. Die Zunge ist purpurfarben und der Puls gespannt und straff. Die Symptomatik kann sich als Folge von zu viel Ärger und Sorge entwickeln, die zu einer *Qi*-Stagnation führen. Das *Qi* ist dann nicht mehr in der Lage, das Blut zu kontrollieren. Die Stagnation befällt häufig auch die außerordentlichen Meridiane *Chong Mai* und *Ren Mai*. Die Blut-Stagnation im „Meer des Blutes“ verhindert dann den Östrus.

Therapie: MP 10 und **Le 3** eignen sich besonders gut für diese Art der Störung, da sie das Leber-*Qi* regulieren und so die Stagnationen aufheben können. **Di 4** und **MP 6** werden hinzugefügt, um *Qi* und Blut wieder nach unten zu leiten.

37.4.2 Zyklusstörungen

Ätiologie

Unregelmäßigkeiten in der Rosse können durch viele Faktoren hervorgerufen worden sein, wie z. B. durch exogenen pathogenen Faktoren Kälte, Hitze und Feuchtigkeit, emotionale Belastungen, Überlastung in der Zucht. All diese Faktoren können zu einer Inbalance zwischen *Qi* und Blut führen und die aoM *Chong Mai* und *Ren Mai* verletzen. Der Verlust des Rhythmus kann durch drei verschiedene Ursachen hervorgerufen werden. Erstens kann Hitze oder Kälte im Blut vorliegen, zweitens kann eine *Qi*- oder Blut-Leere, vor allem der Niere, die Ursache sein und drittens kann sich die Störung sich durch eine Leber-*Qi* Stagnation zurückführen.

Hitze im Blut

Symptomatik: Verkürzte Rosseabstände bei einer Stute, die unruhig ist, können ein Anzeichen für Hitze im Blut sein. Der Puls dieser Tiere ist meist kraftvoll und die Schleimhäute sind dunkelrot, beides Anzeichen einer Hitze. Oft hat sich die Kondition durch übermäßige Verwendung von Medikamenten, die den Uterus wärmen, oder durch eine *Yin*-Leere entwickelt.

Therapie: Die Punkte **MP 10** und **Di 11** können zur Ausleitung der Hitze aus dem Blut kombiniert werden. Mit **Le 2** kann Hitze aus dem Bereich der Leber entfernt werden und **Ni 2** ernährt und stärkt das *Yin* und reguliert den ovariellen Zyklus.

Kälte im Blut

Symptomatik: Kälte im Blut lässt sich meist auf einen chronischen *Yang*-Mangel zurückführen, der den freien Fluss des Blutes behindert und damit auch die Rossezyklen verlängert. In den meisten Fällen zeigen sich abdominale Schmerzen, kalte Extremitäten, eine blasse Zunge und ein tiefer, schwacher Puls.

Therapie: Die Erkrankung kann mit Moxibustion im Bereich des unteren Abdomens, auf Höhe von **KG 4** und **KG 6**, behandelt werden. Mit **MP 6** wird der Fluss von *Qi* und Blut gefördert.

Blut- und *Qi*-Leere

Symptomatik: Diese Störung kann durch falsche Ernährung oder zu intensive Zuchtnutzung entstehen, vor allem, wenn damit schon bei sehr jungen Tieren begonnen wird. Der ovarielle Zyklus ist dann unregelmäßig und nicht berechenbar. Die meisten Stuten haben dann einen sehr empfindlichen Rücken, meist ein Zeichen für ein schwaches Nieren-*Qi*. Oft tritt weicher Stuhlgang auf, ein schwacher Puls und eine blasse Zunge. Wenn die Niere schwach ist, sind auch die Essenzen und das Blut schwach, was zu Veränderungen des ovariellen Zyklus führt.

Therapie: Man kann versuchen, mit Moxibustion das Nieren-*Qi* wieder zu beleben. **Bl 23**, **Ni 3** und *Ba Hui* sind die Punkte, die hierfür geeignet sind.

Leber-*Qi*-Stagnation

Symptomatik: Dieses Krankheitsbild wird fast immer von abdominalen Schmerzen begleitet, vor allem entlang der hinteren Begrenzung des Rippenbogens. Psychisch sind die Stuten sehr reizbar und geben ihrem Ärger bei der geringsten Veranlassung Ausdruck. Der Puls ist gespannt und die Zunge erscheint meist dünner als sie normal. Aggression und Ärger verletzen bei diesen Tieren die Funktion der Leber und führen so zu einer Störung des reibungslosen Flusses von *Qi* und Blut. Eine mögliche Folge sind unregelmäßige Rossezyklen.

Therapie: Le 1 und **Le 3** werden genadelt, um die Funktion der Leber zu stärken, die Blut und *Qi* kontrolliert. **KG 17** und **Le 14** sollen Bauchschmerzen lindern. **He 7** kann eingesetzt werden, um das Gemüt zu beruhigen.

> **✓ PRAXISTIPP**
> Johnson berichtet von sehr erfolgreichen Behandlungen von Fertilitätsstörungen durch 10 cm tiefe Nadelung der Punkte von **Bl 23 bis Bl 26**. Nadeln und Moxibustion können auch an **Bl 27 bis Bl 34** hilfreich sein. **Bl 54** wird mit Aquapunktur behandelt, während an **MP 6, Ma 36** und **Bl 11** Lasertherapie zum Einsatz kommt.

37.4.3 Endometritis

Ätiologie

In der Vorstellung der TCM wird eine Endometritis entweder durch eine Milz/Pankreas-*Qi*-Leere mit einer Stagnation des Leber-*Qi*, durch eine Nieren-Leere oder durch nach unten sinkende Feuchte-Hitze hervorgerufen.

Milz/Pankreas-*Qi*-Leere

Symptomatik: Bei Milz/Pankreas-*Qi*-Leere kann geruchloser, dicker, weißer oder gelblicher Vaginalausfluss beobachtet werden. Die Stute scheint oft deprimiert zu sein, zeigt wenig Appetit und ist schnell erschöpft. Die Gliedmaßen dieser Pferde fallen häufig durch Ödeme auf und der Puls ist meist schwach.

Therapie: Gb 26 kann speziell zum Stabilisieren des *Dai Mai* (Gürtelgefäß) eingesetzt werden und wird bei Menschen erfolgreich bei Leukorrhagie angewandt. **KG 6** kann Feuchtigkeit auflösen und das *Ren Mai* (KG) unterstützen. Mit **Bl 30** kann die Menge des vaginalen Ausflusses verringert werden. **MP 9**, **Ma 36** und **Bl 20** werden der Kombination hinzugefügt, um die Funktion von Milz/Pankreas zu stärken.

Nieren-Leere

Symptomatik: Hier ist der vaginale Ausfluss dünn, klar und Fäden ziehend. Die Tiere leiden oft unter Schmerzen im unteren Rückenbereich, dünnem Stuhl und häufigem Urinieren.

Therapie: Bl 23, **KG 4**, **Ni 7** und **Bl 26** können das *Yang Qi* stärken, die Nieren tonisieren und *Ren Mai* stabilisieren.

Feuchte-Hitze

Symptomatik: Feuchte Hitze ist durch fauligen Geruch und große Mengen an Ausfluss zu erkennen. Der Urin ist dunkel und konzentriert und der Kot sehr trocken. Der Puls ist schnell und die Schleimhäute zeigen Blutungen. In der TCM wird vaginaler Ausfluss nach der Geburt, z. B. bei Plazentaretention, oft auf Feuchte-Hitze zurückgeführt.

Therapie: Le 3 und **Le 1**, **MP 6**, **MP 10** und **Di 11** sind Punkte, die Feuchtigkeit und Hitze ausleiten können. **Bl 32** kann hinzugefügt werden, da dieser Punkt Hitze kühlt und Feuchtigkeit im Unteren Erwärmer auflösen kann.

> **✓ PRAXISTIPP**
> Johnson berichtet von guten Behandlungserfolgen bei chronischer Infertilität durch den Einsatz der folgenden Punkte: Alle lumbalen Punkte werden genadelt und mit Moxa behandelt. Ma 36, MP 6 und Bl 11 werden mit einem Kaltlicht-Laser behandelt.
> Die traditionelle chinesische Veterinärmedizin empfiehlt LG 1, LG 4, *Bai Hui*, *Yan Chi* und Bl 24.

37.4.4 Unzureichende Laktation

Ätiologie

Blut- und *Qi*-Leere oder eine Stagnation des Leber-*Qi*.

Qi- und Blut-Leere

Symptomatik: Milch wird aus *Qi* und Blut hergestellt. An der Herstellung sind Milz/Pankreas und Magen beteiligt. Neben der zu geringen Milchproduktion zeigen diese Stuten oft Antriebsarmut, geringen Appetit und weichen Kot. Die Haut ist trocken, die Zunge blass und der Puls schwach.

Therapie: Dü 1 ist ein empirischer Punkt für die Induktion der Milchproduktion. Er wird zusammen mit **KG 17** eingesetzt, um das *Qi* zu regulieren und den ungestörten Milchfluss zu ermöglichen. Zusätzlich können bei *Qi*- und Blut-Leere **Bl 20**, **Ma 36** und **MP 6** eingesetzt werden.

Leber-*Qi* Stagnation

Symptomatik: Diese Störung kann durch mentale Belastungen entstehen, die zur Blockade der Meridiane führt, die das Euter versorgen. Dieses wird dadurch sehr gespannt und schmerzhaft. Die Stute erscheint deprimiert und ihr Puls ist gespannt.

Therapie: Neben **Dü 1** und **KG 17** sind **Pe 6**, **Le 3** und **Le 14** geeignet zur Therapie einer Leber-*Qi*-Stagnation.

37.5 Dermatologische Erkrankungen

37.5.1 Urtikaria

Symptomatik: In der TCM werden einige Ursachen für Nesselausschlag genannt. Am häufigsten ist dabei die Invasion von Wind. Zu den Qualitäten des Windes gehört auch seine unstete Natur, eine Eigenschaft, die auch der Urtikaria zu Eigen ist. Darum wird Wind als häufiger Verursachen dieser Erkrankung gesehen. Bei diesen Patienten wird die Erkrankung meist durch eine Invasion von Wind-Kälte oder Wind-Hitze ausgelöst, die dann zu Stagnation von Feuchtigkeit in der Haut führen kann. Die Pferde zeigen oft generalisierte Ödeme, einen langsamen Puls und klebrigen Speichel.

Urtikaria kann aber auch durch eine Ansammlung von Hitze im Magen entstehen, die nicht ausreichend nach außen geleitet werden konnte. Diese Tiere haben eine rote Zunge und einen schnellen Puls.

Therapie: Di 11, **Di 4**, **Bl 40**, **MP 10** und **MP 6** sind Punkte, die exogene Faktoren aus der Haut ausleiten und Hitze und Feuchtigkeit aus dem Blut entfernen können.

37.5.2 Allergische Dermatitis

Ätiologie: Dieser Bereich der Störungen beinhaltet Onchozerkose, Hypersensibilität gegen Kulikoides (Kriebelmücken) und atopische Dermatitis. Laut Lehre der TCM sind angeborene Allergien entweder die Folge einer Lungen-Leere und einer Schwäche des Abwehr-*Qi*-Systems der Niere oder Folge einer Leber-, Blut- oder *Yin*-Leere.

Therapie: Da die Wind-Hitze die Folge einer Lungen-Leere ist, und Wind-Feuchtigkeit die einer Nieren-Leere, werden Punkte empfohlen, die Wind ausleiten und die entsprechenden Organe unterstützen:

- **3E 5**, **Bl 12**, **Di 11** und **Di 4** sind Punkte, die sich gut zum Zerstreuen von Wind-Hitze eignen, während **MP 6** Blut nährt und **He 7** den Juckreiz lindert.
- **Lu 9** und **Ni 3** tonisieren Lunge und Niere und das *Wei-Qi* der Niere.
- Tritt Hitze im vorderen Körperbereich auf, ist das Tier leicht erregbar und hat einen drahtigen Puls und eine rote Zunge, so ist mit einer Beteiligung der Leber zu rechnen: **Le 1**, **Le 2**, **Le 3** und **Bl 18** können dann zusätzlich genadelt werden.

37.5.3 Dermatitis, die mit der Weide in Zusammenhang steht

Symptomatik: Typisch für diese Störung sind Schorf und gelber Eiter, d. h. Anzeichen von Feuchte-Hitze. Meist ist sie auf zu viel Feuchtigkeit in der Umgebung zurückzuführen.

Therapie: Es werden Punkte eingesetzt, die Feuchte-Hitze ausleiten können, wie z. B. **Di 11**, **MP 9**, **MP 6**, **LG 14**, **MP 10** und **Bl 20**.

37.6 Ophtalmologische Störungen

37.6.1 Rezidivierende Uveitis

Symptomatik: Diese sehr schmerzhafte Augenerkrankung, die mit Blepharospasmus, starken Entzündungen und kornealen Ulzera einhergeht, wird in der traditionellen chinesischen Medizin als Folge eines Leber-Feuers betrachtet. Die Leber öffnet sich in die Augen. Zurückgehaltenes Leber-*Qi* kann sich in Feuer wandeln, das plötzlich nach oben schießen und so zu den Augen gelangen kann. Der Puls dieser Patienten ist gespannt und fadenförmig und das Tier ist sehr reizbar.

Therapie: Mit **Gb 20** und **Bl 1** kann die Zirkulation des *Qi* reguliert und die Sehkraft gestärkt oder verbessert werden. Wie Akupunkturpunkte **Le 1**, **Le 2**, **Le 3** und **Gb 34** werden zur Stärkung der Leber eingesetzt. Aus dem gleichen Grund können auch **Bl 18** und **Bl 19** behandelt werden.

PRAXISTIPP

Die traditionelle chinesische Veterinärmedizin empfiehlt bei dieser Indikation die Hämakupunktur des Punktes *Tai Xyang* an der V. facialis (vorsichtiges Ableiten von 300–500 ml Blut).

37.6.2 Hornhautgeschwüre

Therapie: Egal welcher Ursache das Hornhautgeschwür auch ist, kann es immer nach der Technik „den Drachen Umzingeln“ behandelt werden. Dafür werden Punkte direkt um das Auge herum genadelt, inklusive **Bl 1**, **3E 23**, **Gb 1** und **Ma 1**. In die Punkte rund um das Auge kann eine Vitamin-B-Lösung injiziert werden, um die Wirkung der Akupunktur zu verlängern.

37.6.3 Katarakt

Symptomatik: Katarakte können als direkte Folge von Traumen entstehen, die zu einer Stagnation von Blut und *Qi* führen, oder durch eine Leber- und Nieren-*Yin*-Leere. Im letzteren Fall zeigen die Patienten sehr trockene Augen, schmerzhafte Reaktionen auf Palpation des hinteren Rückens, einen schwachen Puls und eine rote Zunge.

Therapie: Ziel der Behandlung muss eine Stärkung von Leber und Niere und eine bessere Ernährung von Blut und *Qi* sein. Mögliche Punkte sind: **Gb 20**, **Bl 1**, **Le 3**, **Ni 3**, **Bl 18** und **Bl 23**. Die Leere von Blut und *Qi* kann mit **Ma 36** und **MP 6** behandelt werden.

37.7 Zusammenfassung

Neuere Untersuchungen der *National Institutes of Health* haben gezeigt, dass mit Akupunktur beim Menschen verschiedenste Organerkrankungen, von Fertilitätsstörungen bis hin zu Augenerkrankungen, behandelt werden können. Obwohl die Anzahl der Untersuchungen am Pferd bei weitem nicht so groß ist, lässt sich dennoch der Schluss ziehen, dass die Akupunktur beim Pferd ähnlich wirkt wie beim Menschen. Die östlichen Kulturen dokumentieren ihre Behandlungserfolge schon seit Jahrtausenden, aber während der letzten 25 Jahre konnten auch im Westen klinische Daten zu diesem Thema gesammelt werden. Immer mehr Tierärzte stellen fest, dass die Akupunktur eine wertvolle Ergänzung der konventionellen Medizin sein kann.

LITERATUR

1. Chari P: Acupuncture therapy in allergic rhinitis, *Am J Acupunct* 16:143–147.
2. Huisheng Xie: *Traditional Chinese veterinary medicine,* Beijing, 1994, Beijing Agricultural University Press.
3. Maciocia Giovanni: *The practice of Chinese medicine,* New York, 1997, Churchill Livingstone.
4. Rogers PAM, Cain M: Clinical acupuncture in the horse. *Proceedings of the Thirteenth Annual Meeting of IVAS,* 1987, pp 89–100.
5. Schoen A: The effect of auriculotherapy on behavior problems in mares. *Proceedings of the Eighteenth Annual Congress of IVAS,* Longmont, Colo, 1992.
6. White S: *Electroacupuncture in veterinary medicine,* San Francisco, 1984, Chinese Materials Center Publications.
7. Xinnong Cheng: *Chinese acupuncture and moxibustion,* Beijing, 1987, Foreign Languages Press.

KAPITEL

38

Are S. Thoresen

Pferdebehandlung mit der *Ting*-Punkt-Therapie und der Kronsaum-Therapie nach Thoresen

Der erste Teil dieses Kapitels beschreibt die *Ting*-**Punkt-Therapie**, eine Methode der Diagnose und Therapie, die ich 1982 entwickelt habe. Sie beinhaltet die Untersuchung und Palpation von fünf bestimmten Punkten am Kronsaum des Pferdes, um weiche, ödematöse oder trockene, eingefallene Stellen zu finden. Die *Ting*-Punkt-Therapie leitet sich vom Konzept der Akupunkturmeridiane und der speziellen klinischen Syndromen ab. Die fünf *Ting*-Punkte sind ungefähr 1 cm breit und können mit Daumen oder Zeigefinger palpiert werden (➤ Abb. 38.1).

Der zweite Teil des Kapitels beschäftigt sich mit der **„Thoresen Coronary Band Therapy“** (TCT = Kronsaum-Therapie nach Thoresen), einer diagnostischen und therapeutischen Methode, mit deren Entwicklung ich 1998 begann. Diese Methode beschäftigt sich mit ungefähr 15 Punkten, die lateral und proximal des Hufes, im Kronsaum liegen und an denen nach trockenen Dellen gesucht wird. Die Punkte der TCT stehen in Verbindung zu anatomischen Strukturen wie Gelenken, Knochen, Wirbeln usw. Daher ist diese Methode als Reflexzonentherapie bzw. ECIWO-System (*Embryo containing information about the whole body* = Embryo enthält Informationen über den ganzen Körper) zu bewerten; sie ähnelt dem System der Ohrakupunktur. Die Punkte der TCT sind ca. 0,33 cm breit und können bei einer Haltung der Fingerspitze, wie sie in ➤ Abb. 38.1 gezeigt wird, nur schwer voneinander unterschieden werden. Die richtige Fingerhaltung zur Palpation dieser Punkte ist in ➤ Abb. 38.2 dargestellt.

Anmerkung des Herausgebers

Sowohl die *Ting*-Punkt-Therapie als auch die TCT wurde von Dr. Thoresen entwickelt. Obwohl es zu den beiden Therapieansätzen keine Forschungsergebnisse gibt, wurde die Methode dennoch von vielen Praktikern übernommen. Untersuchungen zur Bewertung der *Ting*-Punkt-Therapie stehen noch aus, aber in einzelnen Fallberichten werden Vorteile und Erfolge der Therapie beschrieben. Weder die *Ting*-Punkt-Therapie, noch die TCT sollten ohne eine vorangegangene konventionelle Untersuchung durchgeführt werden. Beide sollten nur von ausgebildeten Tierärzten eingesetzt werden, die bereits Erfahrung im Bereich der Akupunktur haben.

38.1 *Ting*-Punkt-Therapie

Bei dieser Methode wird die Auswahl druckempfindlicher Punkte mit dem klassischen Meridiankonzept der TCM kombiniert. Es ist eine moderne Variante der traditionellen Akupunktur. Bei mehr als 95% der ca. 30 000 klinischen Fälle, die ich in den letzten 20 Jahren untersucht habe, fand ich mindestens einen reaktiven Punkt.

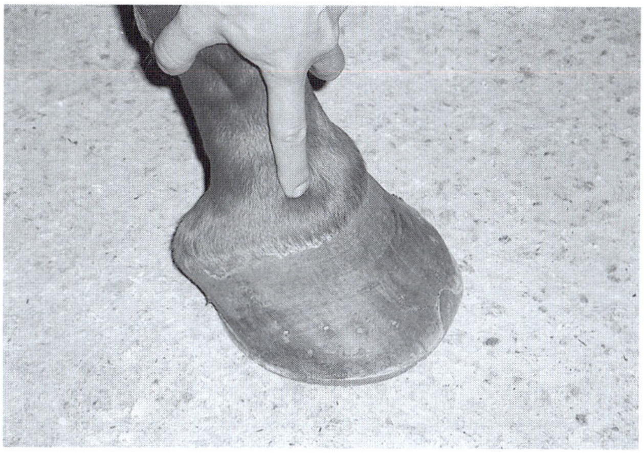

Abb. 38.1 Die Haltung des Fingers zur Untersuchung der *Ting*-Punkte der Meridiane.

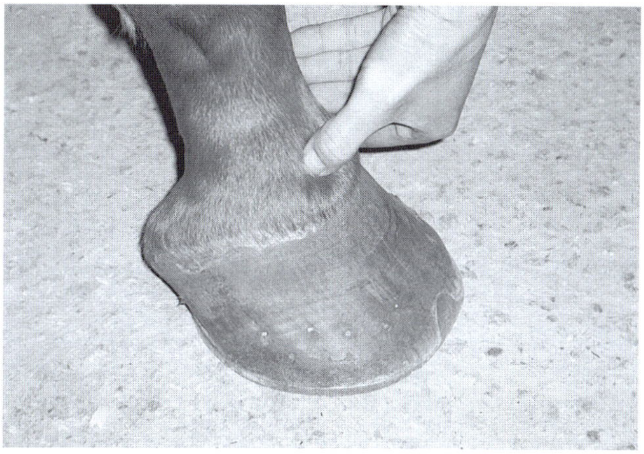

Abb. 38.2 Die Haltung des Fingers bei der Suche nach ECIWO-Punkten.

Durch die Stimulation dieses oder dieser reaktiven Punkte durch Injektionsnadeln konnte ich bereits nach einer Behandlung eine klinische Erfolgsrate bei 62% von insgesamt 1700 Pferden erzielen (➤ Tab. 38.1). Nach drei Behandlungen stieg die klinische Erfolgsrate auf 82%. Die Wirkung hielt mindestens über ein bis zwei Monate an, im Durchschnitt aber sechs bis 24 Monate und mehr nach der letzten Behandlung. Die Erfolgsrate hängt dabei immer von der Erfahrung des Therapeuten, von der Jahreszeit, der Krankheit und von der Begleittherapie ab (z. B. Änderungen der Haltung, der Fütterung, Einsatz der TCT etc.). Nach mehreren Behandlungen war die Erfolgsrate nicht mehr so sehr von diesen Faktoren abhängig, lediglich der gleichzeitige Einsatz der TCT hatte noch einen Effekt auf die Erfolgsrate.

Tab. 38.1 Erkrankungen, die mit der *Ting*-Punkt-Methode diagnostiziert und behandelt werden können

Erkrankung/ Symptome	Anzahl der Pferde[a]	Reaktive Zonen	Therapieerfolg nach einer Behandlung in %[b]	Tage bis Eintreten der klinischen Verbesserung oder vollen Belastbarkeit		
				Minimum	Maximum	Durchschnitt
Herzerkrankung	> 14	He	> 90	1	60	> 30
Hufrehe	5	He, Dü	80	2	14	7
Blutung aus der weißen Linie, Risse im Hufballen	> 200	3E	75	7	35	21
Blutungen und Druckstellen am Hufballen	> 50	3E	90	7	35	21
Schmerzen in der Wirbelsäule[c]	5	Dü, Bl	100	30	150	90
Schmerzen im Spinalbereich[d]	> 200	Ni, Gb, Bl	80	1	30	14
Schmerzen in der paravertebralen Muskulatur	> 200	Ni, Gb, Bl	80	1	30	14
Schwäche in der Lumbalregion[d]	> 200	Bl, Ni, Dü	72	1,5 h	35	21
Schmerzen in der Muskulatur des Vorderbeins	> 50	Di, Lu	90	1	21	10
Schmerzen in Hüfte und Oberschenkel	> 200	Gb	90	1	10	3
Vereinzelte Blutungen, Trauma	> 50	Lu, He, Dü	90	25	65	35
Diarrhö	20	Di, Dü, Le, MP, Ma	60	4	21	7
Tracheitis	5	Di, Lu	60	7	28	14
Bronchitis, Husten, Lungenerkrankungen	20	Lu	50	7	28	14
Stauballergie	8	Lu, Di, 3E	60	21	56	28
Lungenblutungen[e]	3	Lu	100	1	3	–
Verdacht auf Kopfschmerzen	> 20	Bl, Gb	90	1	14	7
Tying-up, Kreuzverschlag[f]	> 20	Le, MP	85	1	14	5
Futterallergie[g]	> 30	Le	75	30	90	60
Urtikaria	> 20	Le, Lu	70	1	60	30
Überlastung der Beugesehnen	> 50	Le, Pe, Ni, Bl, He	60	1	35	14
Tendovaginitis	> 200	3E, Di, Dü	90	1	14	7
Gelenkschmerzen, Arthritis, Verstauchungen[h]	> 50	Alle Bereiche	80	7	30	14
Spat[h, i]	> 10	Ma, Ni, Ohrpunktzn	> 90	1	14	7
Ziehen nach einer Seite	> 200	Di, Gb	90	1	3	2
Hautprobleme	10	Lu, 3E, MP, Le	70	10	30	20
Überanstrengung	> 200	He, Dü, Lu	> 90	1	2	1,5
Akute Koliken[e]	3	Di, Dü, Ni, Gb	100	1 h	3 h	1,5 h

Tab. 38.1 Erkrankungen, die mit der *Ting*-Punkt-Methode diagnostiziert und behandelt werden können *(Forts.)*

Erkrankung/ Symptome	Anzahl der Pferde[a]	Reaktive Zonen	Therapieerfolg nach einer Behandlung in %[b]	Tage bis Eintreten der klinischen Verbesserung oder vollen Belastbarkeit		
				Minimum	Maximum	Durchschnitt
Störungen des weiblichen Reproduktionssystems	10	He, 3E, Ni, Le, Pe	70	1	30	20
Bösartigkeit, Schlagen	2	MP, Pe, Ni	100	1	12	7

a Oft zeigen sich zwei oder mehr Symptome in einem Fall.
b Die Erfolgsrate bezieht sich auf eine einmalige Behandlung. Der Heilerfolg war deutlich höher, wenn mehr als einmal behandelt wurde, oder wenn die *Ting*-Punkt-Therapie mit anderen Methoden, wie der Akupunktur, kombiniert wurde. Die Erfolgsrate bei Gelenkstörungen bezieht sich auf die Behandlung nach der TCT-Methode.
c Für länger anhaltende Erfolge war mehr als eine Behandlung nötig, obwohl schon nach einer Behandlung Erfolge sichtbar wurden, die 1 bis 21 Tage anhielten.
d In manchen Fällen wurde zusätzlich chiropraktisch behandelt.
e Keine ausreichenden Daten.
f Ausschließlich chronische Fälle.
g Sehr gute Ergebnisse bei Kombination mit dem Homöopathikum Stannum D6.
h Immer mit Ohrakupunktur oder TCT-Therapie kombiniert.
i Die klinisch sichtbare Lahmheit verschwand, aber die Röntgenbefunde blieben unverändert.

Funktionelle Störungen reagieren in der Regel schneller auf die Behandlung, als organische Veränderungen. Über 98% der Pferde wurden wegen schlechter Leistung im Rennen vorgestellt. Gleichzeitig traten schmerzhafte Gelenkveränderungen, Sehnen- und Sehnenscheidenentzündungen, Kreislaufprobleme, Störungen im Bereich der Muskulatur, Steifheit, Hufrehe, zu weiches oder qualitativ schlechtes Hufhorn, zu dünne Sohlen, Empfindlichkeit am Hufballen, Kreuzverschlag, Erkrankungen des Respirationstraktes, Allergien gegen Staub und andere Allergene (Urtikaria), Verdauungsstörungen mit Kolik, Diarrhö, Reproduktionsstörungen (Unfruchtbarkeit und Nymphomanie der Stuten) und bestimmte Verhaltensprobleme, wie Treten, Beißen, Drücken mit dem Kopf oder Aggressivität auf.

Bevor die Methode genauer beschrieben wird, möchte ich kurz auf die grundlegenden Konzepte der TCM eingehen.

38.1.1 Grundlagen

Die TCM ist ein sehr altes, hoch entwickeltes medizinisches System, das auf den alten chinesischen Naturgesetzen basiert. Für westliche Mediziner ist dieses System nur sehr schwer zu verstehen. Die wichtigste Grundlage zur Verwendung der *Ting*-Punkt-Methode ist die Lehre der fünf Elemente, auf die später eingegangen wird.

Die TCM basiert auf energetischen Konzepten. Krankheit entsteht dann, wenn der freie Fluss der Lebensenergie gestört oder aus dem Gleichgewicht gebracht ist. Alle Heilmethoden versuchen, das Gleichgewicht des *Qi* wiederherzustellen. Krankheit wird mit zu wenig, zu viel oder mit einem blockierten Fluss der Lebensenergie in den Meridianen gleichgesetzt.

Punktauswahl

Die in der veterinärmedizinischen Akupunktur am häufigsten eingesetzten Punkte, die *Shu*-**Zustimmungspunkte**, liegen in der Umgebung der Wirbel der thorakalen, lumbalen und sakralen Wirbelsäule. Sie reagieren häufig empfindlich auf Druck, wenn das dazugehörige Organ gestört ist. Somit haben sie diagnostische und therapeutische Bedeutung. Weitere angewendete Punktegruppen sind die Alarmpunkte, die Triggerpunkte, lokale Punkte und spezielle Punkte. Zusätzlich hierzu gibt es noch die für dieses Kapitel ebenfalls wichtigen antiken Punkte, die distal des Ellenbogens oder des Knies lokalisiert sind. Die 66 bekannten **antiken Punkte** werden in sechs Gruppen unterteilt. Die am weitesten distal gelegenen Punkte, die *Jing*-**Quellenpunkte** sind auch als *Ting*-**Punkte** bekannt.

Die führenden Praktiker in der westlichen Veterinärakupunktur versuchen immer wieder, die alte chinesische Literatur zusammenzufassen und sie für westliche Kollegen zugänglicher zu gestalten. Manche Autoren haben die Akupunktur sogar auf die einfache Form der Kochbuch-Akupunktur reduziert. Dabei werden rezeptartig eine Reihe von Punktkombinationen beschrieben, die bei häufiger auftretenden Erkrankungen genadelt werden können. Hiermit wird es auch Tierärzten, die keine volle TCM-Ausbildung haben, ermöglicht, Akupunktur bis zu einem gewissen Grad einzusetzen. Die Kochbuch-Akupunktur kann aber sehr schwankende, teilweise unbefriedigende Ergebnisse haben, vor allem wenn man den Angaben der Rezepte blind folgt, da die empfohlenen Punkte nicht für jedes Tier geeignet sind. Idealerweise sollte bei jedem Tier individuell untersucht werden, welche Meridiane betroffen sind. Reaktive Punkte dieser Meridiane sollten dann behandelt werden. Ohne Grundkenntnisse der Akupunktur ist das unmöglich.

Je weiter das Pferd in seiner Ausbildung ist und je angespannter es ist, desto erfolgreicher besser kann der individuelle Ansatz der Akupunktur helfen. Bei einem stark belasteten Tier bewegen sich die Körperfunktionen immer im Grenzbereich und drohen, in einen pathologischen Zustand umzukippen. Ein gutes Beispiel sind die Euter von Hochleistungskühen und die Gelenke von Pferden im Leistungssport. Ein Ungleichgewicht oder jeglicher zusätzlicher Stress können eine Erkrankung in der betroffenen Gegend auslösen. Bei Rennpferden können z. B. Störungen in einem der Meridiane Lahmheiten in den verschiedensten Gelenken auslösen. In diesen Fällen ist die Kochbuch-Akupunktur meist wesentlich erfolgreich, als wenn sie an einem nicht so stark belasteten Tier- oder Menschenkörper eingesetzt wird.

Auffinden und Wirkung der *Ting*-Punkte

Um die Funktion der antiken Punkte und speziell der *Ting*-Punkte besser verstehen zu können, braucht man eine Grundvorstellung des Meridiansystems, da die Wirkung der *Ting*-Punkte über die Meridiane vermittelt wird. Eine genauere Erklärung des Meridiansystems finden Sie weiter vorne in diesem Buch.

Wegen ihres Fells und der oft starken Pigmentation sind Hautveränderungen bei Tieren nur sehr schwer zu beobachten. Zum Auffinden der Punkte wurden daher bislang eher Schmerzäußerungen bei Druck auf die Punkte oder Veränderungen des elektrischen Hautwiderstandes verwendet. *Ting*-Punkte sind jedoch aufgrund ihrer mikrozirkulatorischen Veränderungen bei Pferden deutlich als Veränderungen der Gewebekonsistenz in der Umgebung der diagnostischen Punkte zu tasten. Diese Punkte liegen zirka 1,5 cm proximal der Hufhorn-Haar-Grenze im Kronsaum. Man kann die kleinen Vertiefungen meist leicht erkennen; in akuten Fällen werden sie sichtbar, nachdem man Druck auf die Punkte ausgeübt hat, in chronischen Fällen sind sie oft sogar schon vor der Palpation deutlich zu erkennen.

Sind die reaktiven diagnostischen Punkte erst einmal lokalisiert, löst eine Stimulierung der Punkte eine biologische Reaktion in der Mikrozirkulation rund um den betroffenen Punkt aus. Die Stimulation eines reaktiven *Ting*-Punktes oder eines anderen reaktiven Akupunkturpunktes auf einem gestörten Meridian kann alle anderen reaktiven Punkte des Meridians beeinflussen, vor allem die Zustimmungspunkte. Gleichzeitig wirkt der Meridian auf die Körperteile ein, über die er verläuft. Auch andere Meridiane, die in energetischem Austausch mit dem behandelten Meridian stehen, können durch die Stimulation positiv beeinflusst werden.

38.1.2 *Ting*-Punkt-Diagnostik

Viele der Pferde in der weiter oben beschriebenen Studie waren vorher von Kollegen konventionell untersucht und meist erfolglos behandelt worden. Im Rahmen der Routinediagnostik setze ich neben der konventionellen westlichen Untersuchung die chinesische Puls-Diagnostik, die TCT-Diagnostik (siehe unten) und die *Ting*-Punkt-Diagnostik ein. Häufig reichen jedoch die Informationen der *Ting*-Punkt-Diagnostik schon aus, um die passenden Akupunkturpunkte auszuwählen, die bei Stimulation eine rasche Auflösung der Beschwerden unterstützen.

Lokalisation der *Ting*-Punkte

Bei der *Ting*-Punkt-Diagnostik sucht man gezielt nach ödematösen Veränderungen oder trockenen Eindellungen im Bereich des Kronsaums, die Veränderungen der Durchblutung an den *Ting*-Punkten entstehen. In ➤ Abb. 38.3 und ➤ Abb. 38.4 ist die Lokalisation der *Ting*-Punkte des Pferdes abgebildet:

- Die Punkte 1 (Vorderfuß) und 7 (Hinterfuß) liegen auf dem lateralen Aspekt des Kronsaumes, 1 bis 2 cm kranial der kaudalen Begrenzung.
- Die Punkte 2 (Vorderfuß) und 8 (Hinterfuß) liegen auf dem laterokranialen Aspekt des Kronsaumes, respektive zwischen den Punkten 1 und 3 oder den Punkten 7 und 9.
- Die Punkte 3 (Vorderfuß) und 9 (Hinterfuß) liegen auf der dorsalen Mittellinie des Fußes.
- Die Punkte 4 (Vorderfuß) und 10 (Hinterfuß) sind im mediokranialen Aspekt des Kronsaumes zu finden, respektive auf halber Strecke zwischen den Punkten 3 und 5 (Vorderfuß) und den Punkten 9 und 11 (Hinterfuß).
- Die Punkte 5 (Vorderfuß) und 11 (Hinterfuß) liegen medial am Kronsaum, oder 1–2 cm kranial der kaudalen Begrenzung.

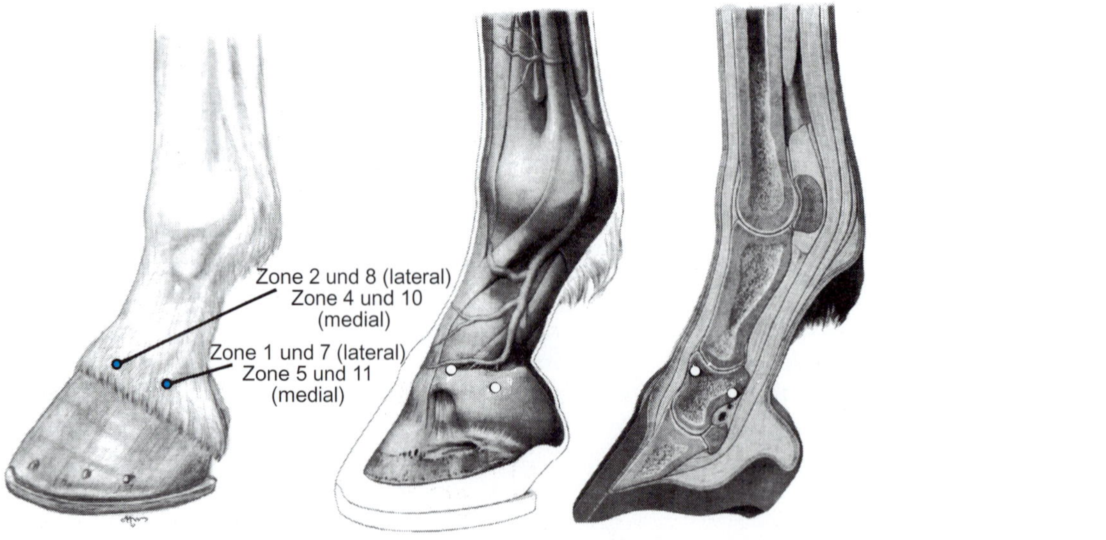

Abb. 38.3 Die *Ting*-Punkte am medialen und lateralen Aspekt des Pferdehufes. Die Punkte haben einen Durchmesser von ca. 15 mm und sind 1–2 cm proximal der Huf-Haar-Grenze lokalisiert.

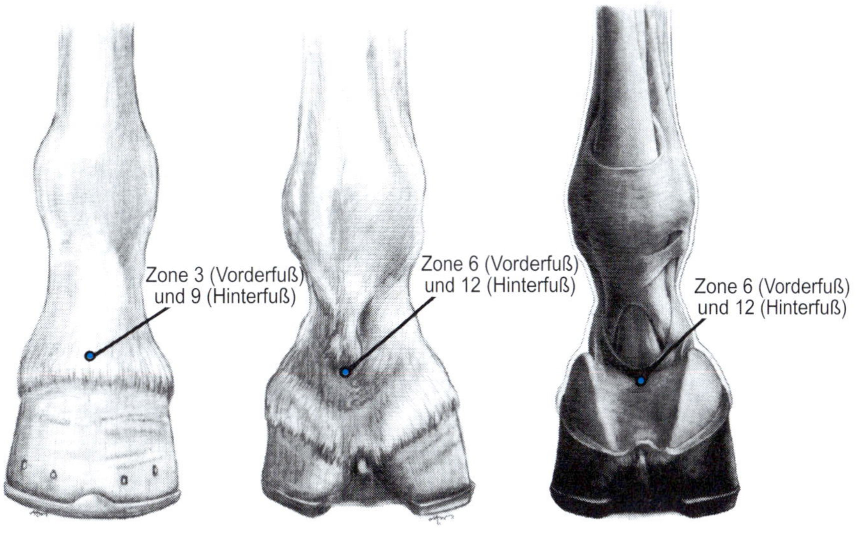

Abb. 38.4 Die *Ting*-Punkte im dorsalen und palmaren/plantaren Bereich des Pferdehufes. Die Punkte haben einen Durchmesser von ca. 15 mm und sind 1–2 cm proximal der Huf-Haar-Grenze lokalisiert.

- Die Punkte 6 (Vorderfuß) und 12 (Hinterfuß) sind in der Mitte der Fesselbeuge lokalisiert, auf einer Verbindungslinie zwischen den höchsten seitlichen Punkten des Hufknorpels.

Untersuchungstechnik

Die Untersuchung erfolgt mit der Daumenkuppe in einem Winkel von 90° und einem Druck von 1000–2000 g (➤ Abb. 38.1). Je nach Sensitivität kann dieser Druck von Tierarzt zu Tierarzt unterschiedlich sein. Bei den Tieren sollte an einem Pferd derselbe Druck auf alle diagnostischen Punkte ausgeübt werden, um die Konsistenz des Gewebes unter dem Punkt bewerten zu können. Bei gesunden Pferden, die nicht an Störungen der Meridiane leiden, sollte sich das Gewebe der *Ting*-Punkte genauso anfühlen, wie das umgebende Gewebe, Nachgiebigkeit und Dicke der Haut sollten identisch sein. Unterscheiden sich ein oder mehrere *Ting*-Punkte in Elastizität oder Hautdicke von der umgebenden Haut, kann dies als Indikator für eine klinische oder subklinische Störung gesehen werden.

Während der Untersuchung der *Ting*-Punkte einer Gliedmaße darf die laterale Gliedmaße nicht aufgehoben werden, da sich sonst der Blutdruck in dem untersuchten Bein verändert und die kleinen Eindellungen verschwinden können. Es sollten also immer beide Vorder- oder Hinterbeine auf dem Boden stehen. Natürlich kann zur Untersuchung einer Hintergliedmaße ein Vorderbein aufgenommen werden oder ein Hinterbein hochgenommen werden, während die Vorderfüße untersucht werden.

Lokale Veränderungen

Die Charakteristika der lokalen Veränderungen der gestörten *Ting*-Punkte können wie folgt beschrieben werden:

- Lokale Vertiefungen und trockene Haare oder ein Verlust der Geschmeidigkeit der Haare an dieser Stelle können oft schon bei der Eingangsbetrachtung festgestellt werden, bevor überhaupt palpiert wird.
- Manchmal lassen sich die Haare an diesen Stellen sehr leicht auszupfen.
- Bei chronischen Fällen erscheint die Haut trocken und schuppig, auch die Eindellung ist trocken. In akuten Fällen wirkt die Haut an der Eindellung eher ödematös, „sumpfig" oder weich.
- Wenn die Daumenkuppe mit gleich bleibendem Druck (1000–2000 g) über eine veränderte Stelle geführt wird, entsteht häufig das Gefühl, der Finger bleibe an der Stelle haften oder würde in ein weiches, sumpfiges (akut) oder trockenes (chronisch) Loch einsinken.
- Bei akuten Fällen bleibt für kurze Zeit eine kleine Delle bestehen, nachdem der Finger entfernt wurde. Diese Delle kann meist schon aus der Entfernung von mehreren Metern gesehen werden.
- Die veränderten *Ting*-Punkte fühlen sich häufig kühler an, als die sie umgebende Haut.

Die Dellen, die bei chronischen Fällen schon vor der Untersuchung bestehen bzw. bei akuten Fällen durch die Untersuchung entstehen, sind ein relativ sicheres Zeichen für einen reaktiven Bereich. Diese Dellen treten an keinem der anderen Akupunkturpunkte so klar zu Tage. Dort ist wenn überhaupt nur eine ganz seichte Delle zu beobachten.

Klinische Beobachtungen haben gezeigt, dass die Stimulation eines anderen antiken Punktes auf dem betroffenen Meridian die Delle des reaktiven *Ting*-Punktes sehr schnell zum Verschwinden bringen kann. Die Geschwindigkeit dieser Reaktion ist ein Hinweis darauf, dass die Reaktivität der *Ting*-Punkte wohl rein funktioneller Natur ist und dass eine Verbindung zwischen den *Ting*-Punkten und dem Meridian-Konzept der TCM besteht. Umgekehrt kann in Fällen, in denen ein Zustimmungspunkt druckempfindlich ist, oft durch die Nadelung eines reaktiven *Ting*-Punktes die Druckdolenz des Zustimmungspunktes innerhalb von 2 bis 15 Minuten aufgehoben werden.

38

Reagiert mehr als ein *Ting*-Punkt, so sollte man versuchen, gemäß der Fünf Elemente-Lehre (➤ Kap. 6) den primär gestörten *Ting*-Punkt zu finden und zu behandeln. Oft verschwindet dann sekundär auch die Reaktivität der anderen *Ting*-Punkte. Im Zyklus der Fünf Elemente gibt es einen kreativen, hervorbringenden, fördernden Zyklus, den *Sheng*-Zyklus, und einen kontrollierenden Zyklus, den *Ko*-Zyklus (➤ Abb. 38.5). Der fördernde Kreislauf verläuft über Holz-Feuer-Erde-Metall-Wasser-Holz (*Sheng*-Zyklus) während der kontrollierende *Ko*-.Zyklus über Feuer-Metall-Holz-Erde-Wasser-Feuer verläuft. In der Verwandtschaft der Fünf Elemente steht z. B. Magen im *Sheng*-Zyklus als „Sohn" des Dünndarms (oder des Dreifachen Erwärmers) und als „Mutter" des Dickdarms. Niere ist der „Sohn" der Lunge und die „Mutter" der Leber. Im *Ko*-Zyklus kontrolliert Milz/Pankreas Niere und Blase, während die Niere Herz und Perikard kontrolliert. Anfängern mag dieses Konzept noch nicht geläufig sein, aber erfahrenen Akupunkteure verwenden es, um die richtigen *Ting*-Punkte zur Therapie auszuwählen.

Klinische Symptomatik

Die Lokalisation der reaktiven *Ting*-Punkte weist auf den gestörten Meridian hin. Da jeder Meridian mit einem Organ, einer speziellen Funktion oder einer bestimmten Körperschicht verbunden ist, kann jeder reaktive *Ting*-Punkt mit bestimmten Symptomen und klinischen Syndromen in Verbindung gebracht werden.

- **Punkt 1 (He 9)**, der hintere laterale Punkt an der Vordergliedmaße, steht in Verbindung mit dem **Herz-Meridian**. Bei einer Störung können betroffene Pferde durch Leistungseinbrüche kurz vor dem Ende eines Rennens auffallen, für die es keine Erklärung gibt. Dies tritt bei besonders heißen oder kalten Wetterlagen häufiger auf. Obwohl der Herz-Meridian entlang der Vordergliedmaße verläuft, treten in diesem Zusammenhang häufig Lahmheiten der Hintergliedmaßen auf. Dieser Punkt reagiert sehr häufig bei Überlastung (siehe Punkt 5). Er kann auch bei Hämatomen in der Sohle, weichem Hufhorn, Hufrehe und Überlastung der Beugesehne reaktiv sein. Auch Gelenkschmerzen wechselnder Lokalisation können diesem Meridian zugerechnet werden. Der Punkt reagiert bei Schmerzen an der linken Seite des Atlas. Eine Behandlung des Punktes kann die Stabilisierung dieses Gelenkes durch einen Chiropraktiker unterstützen.

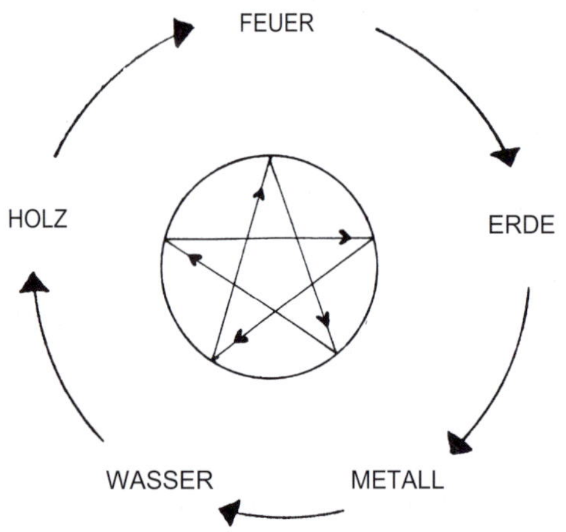

Abb. 38.5 Der Fünf-Elemente-Zyklus.

- **Punkt 2 (Dü 1)**, der kraniale der lateralen Punkte an der Vordergliedmaße, steht in Beziehung zum **Dünndarm-Meridian** und den größeren Arterien. Die klinischen Anzeichen einer Störung können denen der Störung des Punktes 1 gleichen, nur sind sie meist nicht so stark und nicht so deutlich sichtbar. Dieser Punkt reagiert auch bei Pferden mit Malabsorptionssyndrom und bei Problemen der tiefen Beugesehne der Vordergliedmaße. Er ist häufig gemeinsam mit den Punkten 10 und 11 reaktiv.
- **Punkt 3 (3E 1)** auf der dorsalen Mittellinie des Vorderfußes steht mit dem **Dreifachen Erwärmer-Meridian** in Verbindung und hat eine enge Beziehung zur Mikrozirkulation von Haut, Schleimhäuten und Gelenkkapseln. Er reagiert bei chronisch rezidivierender Sinusitis und bei Gelenkveränderungen mit einer gestörten Zusammensetzung der Gelenkflüssigkeit. Oft gibt es in der Vorgeschichte intraartikuläre Hyaluronsäure-Injektionen. Der Punkt reagiert auch bei Sprüngen im Ballenhorn und bei Pferden, die aus der weißen Linie bluten. Der Punkt entspricht dem Fesselgelenks-Punkt des später erklärten TCT Systems.
- **Punkt 4 (Di 1)** ist der kraniale der medialen Punkte der Vordergliedmaße und wird dem **Dickdarm-Meridian** zugerechnet. Er steht in Verbindung mit den Muskeln der Vordergliedmaße und der Schulter. Bei Störungen kann der Kot sauer riechen und in seiner Konsistenz stark variieren. Meist zeigen diese Pferde auch eitriges Nasensekret. Die meisten dieser Pferde haben die Tendenz, nach einer Seite zu ziehen. Sie liegen im Rennen nicht gerne vorn, sondern laufen lieber der Gruppe hinterher. Die Traber galoppieren oft in den Kurven an und zeigen häufig Schmerzen in der Schulter.
- **Punkt 5 (Lu 11)** ist der kaudale Punkt der medialen Punkte an der Vordergliedmaße und steht mit dem **Lungen-Meridian** in Verbindung. Dieser Punkt wird häufig reaktiv, wenn das Pferd viel staubige, abgestandene oder verschmutze Luft atmen musste oder überanstrengt wurde, vor allem bei kalten Wetterlagen. Der Punkt gibt an, ob die rechte oder die linke Lungenhälfte betroffen ist, indem der Punkt auf der ispsilateralen Seite reagiert. Bei Überanstrengung ist der Punkt fast immer reaktiv (siehe Punkt 1). Zudem reagiert er bei Lungenerkrankungen und bei schlechter Hufhornqualität, mit zu weichem, rissigem oder dünnem Huf. Punkt 5 kann bei Pferden mit Asthma und Neigung zu Nasenbluten eingesetzt werden. Er kann außerdem bei Problemen auf der rechten Seite des Atlaswirbels reagieren und therapeutisch zur Unterstützung einer chiropraktischen Manipulation eingesetzt werden.
- **Punkt 6 (Pe 9)** liegt in der Fesselbeuge, auf der palmaren Mittellinie zwischen den Hufballen der Vordergliedmaße und steht mit dem **Perikard-Meridian** in Verbindung, der auch Einfluss auf Sexualhormone und Psyche hat. Anzeichen von Störungen können Veränderungen im Sexualverhalten sein, Schweißausbrüche, Nervosität und Erkrankungen der tiefen und oberflächlichen Beugesehne der Vordergliedmaße. Punkt 6 eignet sich nicht als diagnostischer Punkt für Anfänger, da seine Reaktionen nicht manuell festgestellt werden können. Er wird hier nur

der Vollständigkeit halber aufgeführt, und weil er ein wichtiger therapeutischer Punkt ist. Sein Einsatz wird durch Symptomatik, Vorgeschichte, reaktive Zustimmungspunkte und Alarmpunkte oder durch den Pulsbefund bestimmt.

- **Punkt 7 (Bl 67)** ist der kaudale laterale Punkt an der Hintergliedmaße. Er steht mit dem **Blasen-Meridian** und damit auch mit der paravertebralen Rückenmuskulatur in Verbindung. Er hat besonderen Bezug zu den Beugesehnen der Hinterhand, vor allem der oberflächlichen Beugesehne, und zur kaudalen Muskulatur der Hintergliedmaße, M. semitendinosus, M. semimembranosus und M. biceps femoris. Beim Menschen spielt der Blasen-Meridian bei Kopfschmerzen häufig eine Rolle. Pferde, die viel mit dem Kopf nicken, den Kopf gegen feste Bestandteile ihrer Umgebung pressen oder dagegen schlagen, reagieren häufig sehr schnell und mit lang anhaltendem Erfolg auf Behandlung dieses Punktes.
- **Punkt 8 (Gb 44)** ist der kraniolaterale Punkt an der Hintergliedmaße und steht mit dem **Gallenblasen-Meridian** in Verbindung. Obwohl das Pferd keine Gallenblase als solche hat, entsprechen doch die Funktionen des Gallenblasen-Meridians denen des Menschen. Der Gallenblasen-Meridian steht zu den Kopf- und Rückenbereichen in Verbindung, die lateral zum Verlauf des Blasen-Meridians liegen. Er hat eine sehr starke Beziehung zum Hüft- und Kniegelenk und den Ursprungsstellen des M. longissimus dorsi am Tuber coxae. Schmerzhafte Reaktionen auf Palpation des Hüftgelenks oder des Bereiches um das Tuber coxae stehen oft in Verbindung mit einer Reaktivität des Punktes 8. Die betroffenen Pferde laufen nicht gut im Rennen und tendieren dazu, nach einer Seite zu ziehen. Traber galoppieren dann meist in den Kurven an (siehe Punkt 4). Es kann zu Koliksymptomen kommen, die häufig in der Zeit um Mitternacht herum auftreten (siehe Punkt 2). In der Lehre der TCM erhält der Gallenblasen-Meridian zu dieser Zeit sein Maximum an Energie. Pferde mit Reaktivität des Punktes 8 am rechten Hinterbein galoppieren eher an, wenn sie in die Kurve hineinlaufen, während die Tiere mit reaktivem linken Punkt angaloppieren, wenn sie aus der Kurve herauslaufen.
- **Punkt 9 (Ma 45)** liegt auf der dorsalen Mittellinie der Hintergliedmaße und steht mit dem **Magen-Meridian** in Verbindung. Dieser Meridian beeinflusst vor allem die Magenfunktion, den Appetit, die Patella und die Quadrizepsmuskulatur. Bei Pferden, die auf diesem Punkt reaktiv sind, fand ich immer eine Verkürzung der Schrittlänge an der betroffenen Hinterhand um 4 bis 6 cm. Der Punkt kann bei Steifheit im Bereich des Thorax, Spat und bei Störungen der Muskulatur, über die der Meridian verläuft reaktiv werden. Außerdem reagiert er bei Gastritis und verschiedenen Stadien von Magengeschwüren. Bei Magengeschwüren sollte der Punkt mit Ma 40 und MP 3 kombiniert behandelt werden.
- **Punkt 10 (Le 1)** ist der karniomediale Punkt am Kronsaum der Hintergliedmaße und steht über den **Leber-Meridian** mit Verdauung, Nahrungsallergien, Entgiftung, Problemen im medialen Aspekt der Hintergliedmaße, der Gluteusmuskulatur und generell der Muskulatur und der Leistungsbereitschaft in Verbindung. Bei Pferden ist dies der Punkt, der am häufigsten reaktiv ist. Sein therapeutischer Wert ist sehr groß. Er reagiert bei Lahmheiten der Hintergliedmaße und generalisierten Muskelkrämpfen, bei Azoturie, Kreuzverschlag oder „tying-up"-Syndrom und bei Muskeldystrophie. Weil die ungestörte Funktion des Bewegungsapparates bei Pferden so wichtig ist, ist die Bedeutung dieses Punktes für die Diagnose und die Therapie offensichtlich. Er reagiert aber auch bei allergischen Reaktionen, wie Urtikaria oder den Folgen von Nahrungsmittelallergien, nicht jedoch bei Stauballergien (siehe Punkt 5). Oft ist er gemeinsam mit den Punkten 2 und 11 reaktiv. Bei einem von zehn Wallachen ist der Punkt 10 nach der Kastration reaktiv. Oft genügt dann eine Behandlung um die Probleme zu beheben.
- **Punkt 11 (MP 1)** ist der kaudale der medialen Punkte an der Hintergliedmaße und steht mit dem **Milz/Pankreas-Meridian** in Verbindung. Beim Menschen hat dieser Meridian Einfluss auf Verdauung, Muskulatur und Psyche. Bei Pferden sind die Verhältnisse etwas unspezifischer. Er scheint hauptsächlich auf den M. psoas Einfluss zu haben. Der Punkt reagiert häufig gemeinsam mit den Punkten 2 und 10. Mit Punkt 10 zusammen kann er zur Abschätzung der Prognose bei Muskelproblemen eingesetzt werden. Sind beide Punkte, also 10 und 11, reaktiv, ist die Prognose schlechter und die Wiederherstellung kann mehrere Monate dauern. Aber selbst wenn nur der Punkt 11 reagiert, muss manchmal eine schlechte Prognose gestellt werden. Oft beschränkt sich die Symptomatik auf die Hinterhand, vor allem während der Rennen. Eine Veränderung in der Diät, vor allem was das Heu betrifft, kann die Heilungszeit verringern, ebenso wie 1%iges Arsen.
- **Punkt 12 (Ni 1)** liegt in der plantaren Fesselbeuge der Hintergliedmaßen, zwischen den Hufballen und steht mit dem **Nieren-Meridian** in Verbindung. Anzeichen für Störungen in diesem Bereich können sein: Schwäche im lumbalen Bereich, Knieprobleme, Knochenerkrankungen, Frakturtendenz, Schwäche in der Struktur, Spat, Fruchtbarkeitsstörungen und unberechenbares bis gefährliches Verhalten. Fast alle Pferde mit derartigen Störungen reagieren gut auf die Behandlung des Punktes. Ein- bis zweijährige Rennpferde, deren Knochenstruktur noch in der Entwicklung ist, können oft besonders von einer Stimulation des Punktes profitieren. Der Punkt reagiert häufig während der kalten Jahreszeit. Da seine Reaktionen nicht leicht durch Palpation feststellbar sind, eignet sich der Punkt nicht für die Diagnose durch Anfänger. Wie der Punkt 6 wird er aber hier der Vollständigkeit halber angegeben. Er ist zudem ein sehr hilfreicher therapeutischer Punkt. Sein Einsatz wird durch die Symptome und die Vorgeschichte bestimmt.

Wenn sich bei der Diagnose einer der *Ting*-Punkte als reaktiv zeigt, sollte weiter bestimmt werden, welches der Meridian-Systeme beteiligt ist. Da jedem Meridian-System bestimmte Funktionen zugeteilt sind, kann mit der entsprechenden Erfahrung relativ sicher vorhergesagt werden, welche klinischen Symptome bei dem Tier vorliegen. Andererseits kann bei Auftreten bestimmter klinischer Anzeichen mit 95%iger Sicherheit von der Reaktivität des entsprechenden *Ting*-Punktes ausgegangen werden. Zur Behandlung werden ganz einfach die reaktiven *Ting*-Punkte stimuliert.

Auf den ersten Blick scheint es eine Diskrepanz zwischen der Lokalisation der *Ting*-Punkte des Menschen und der des Pferdes zu geben. Die Reihenfolge der *Ting*-Punkte an den verschiedenen Extremitäten zeigt dabei folgende Unterschiede:

- Vordergliedmaße/Hand (von lateral über dorsal und medial nach palmar):
  - Pferd: He, Dü, 3E, Di, Lu, Pe
  - Mensch: Dü, He, 3E, Pe, Di, Lu
- Hintergliedmaße/Fuß (von lateral über dorsal und medial nach plantar):
  - Pferd: Bl, Gb, Ma, Le, MP, Ni
  - Mensch: Bl, Ni, Gb, Ma, Le, MP

Andererseits verlaufen aber die Meridiane wegen der anatomischen Unterschiede am Karpus und am Tarsus des Menschen wie folgt:

- Karpus: He, Dü, 3E, Di, Lu, Pe
- Tarsus: Bl, Gb, Ma, Le, MP, Ni

Das zeigt, dass die Reihenfolge der *Ting*-Punkte des Pferdes der Sequenz der Meridiane beim Menschen an den großen Gelenken entspricht.

38.1.3 Einsatz der *Ting*-Punkte

Die meisten der Fälle, die ich in meiner Veröffentlichung beschreibe, hatten keine akuten Beschwerden, sondern zeigten bereits seit einer bis acht Wochen (Durchschnittswert ein Monat) klinische Symptome. Die Mehrzahl der Pferde war bereits von konventionellen Kollegen untersucht und vorbehandelt worden. In letzter Zeit werden Pferde in einem wesentlich früheren Krankheitsstadium an mich überwiesen.

Behandlungstechnik

Behandelt wurden alle Pferde durch Stimulation der *Ting*-Punkte, die in der Diagnose Reaktionen gezeigt hatten. Ich verwende dazu normalerweise die klassische Nadeltechnik. Man könnte aber ebenso gut einen *Dermo-Jet-Injector* (siehe unten) oder ein Lasergerät verwenden. Die Stimulation erfolgt entweder am reaktiven *Ting*-Punkt oder an anderen Akupunkturpunkten.

Die einfache Nadelung wurde routinemäßig eingesetzt. Man kann dafür solide Akupunkturnadeln mit einer Länge von 30 mm und einem Durchmesser von 0,3 mm verwenden, wie sie z. B. von der Firma Seirin® hergestellt werden. Die Nadeln werden 0,4 cm tief in einem Winkel von 90° durch die Haut gestochen und für 15 bis 20 Minuten an Ort und Stelle belassen. Das Setzen der Nadeln stellt für einen erfahrenen Praktiker kein Problem dar. Da der Kronsaum aber eine sehr empfindliche Hautregion des Pferdes ist, besteht bei ungeübten Anwendern die Gefahr, dass das Pferd austritt und den Therapeuten verletzt. Daneben können bei Anfängern noch andere Komplikationen auftreten: die Nadeln können gelegentlich herausfallen, bevor die eigentlich angestrebte Zeit um ist, oder es kann zu Verletzungen der Gelenkkapsel kommen. Darum sollte die *Ting*-Punkt-Therapie immer mit der nötigen Vorsicht vonstatten gehen.

Der *Dermo-Jet* ist ein mit einer Sprungfeder versehener Hochdruck-Spray-Injektor aus Stahl. Die Flüssigkeit, die damit durch die Haut injiziert wird, kann destilliertes Wasser sein, physiologische Kochsalzlösung, Procain, Cyanocobalamin oder andere. Die Art der Flüssigkeit ist nicht von wirklicher Bedeutung, die Stimulation des Akupunkturpunktes kommt vielmehr durch die physikalische Irritation des Gewebes zustande. Die Wahl der injizierten Flüssigkeit hängt von den Präferenzen des Praktikers ab.

Der *Dermo-Jet* arbeitet nicht mit Injektionsnadeln. Seine Öffnung wird direkt an den ausgesuchten Punkt gehalten und die Feder ausgelöst. Die Flüssigkeitsmenge, normalerweise 0,1 ml, wird mit großem Druck durch die äußeren Hautschichten gepresst. Der *Dermo-Jet* eignet sich für viel beschäftigte Praktiker oder für Anfänger, die mit dem Setzen der Nadeln noch Probleme haben. Die Behandlung dauert nur eine Sekunde, wenn erst einmal der richtige Punkt gefunden und das Gerät geladen wurde. Die Anwendungsform eignet sich auch für sehr nervöse oder tretende Pferde.

Den niedrigfrequenten **Lasergeräten** oder den Infrarot-Lasern wird eine Wirkung nachgesagt, die der der Akupunkturbehandlung mit Nadeln entsprechen soll. Die Geräte sind aber sehr teuer und es liegen im Augenblick kaum Studien über Vergleiche der verschiedenen zur Auswahl stehenden Geräte vor. Meiner persönlichen Erfahrung nach bringt die klassische Nadelung bei der *Ting*-Punkt-Therapie immer noch die besten Erfolge.

In den meisten Fällen zeigt eine kleine Delle am *Ting*-Punkt ein Leere-Syndrom auf diesem Meridian an. Wenn nicht klare Hinweise auf gestaute oder pervertierte Energien vorliegen, sollten *Ting*-Punkte nicht blutend behandelt werden, da durch die Hämakupunktur noch zusätzlich Energie ausgeleitet wird.

Indikationen

Beim gesunden Pferd sind keine reaktiven *Ting*-Punkte zu finden. Liegen ein oder mehrere reaktive *Ting*-Punkte vor, ohne dass klinische Veränderungen festzustellen sind, spricht man von subklinischem Geschehen.

Die Indikationen für die *Ting*-Punkt-Therapie sind mannigfaltig. Die Therapie ist geeignet bei allen klinischen Veränderungen, die weiter vorne in diesem Kapitel beschrieben wurden (➤ Tab. 38.1), und bei vielen anderen Symptomen, die mit einer Störung des Meridiangleichgewichts zusammenhängen. Generell kann man sagen, dass alle funktionellen Störungen, bei denen reaktive *Ting*-Punkte vorliegen, auch von der Therapie derselben profitieren würden. Sind aber erst einmal pathologische Organveränderungen aufgetreten, ist es meist sehr schwierig, sie allein mit Akupunktur zu heilen.

Zu den funktionellen Indikationen, die sehr gute Heilungsaussichten haben, gehören kardiovaskulären Störungen, Lahmheiten aufgrund von Muskelverspannungen, respiratorische Erkrankungen, wie Stauballergien und Lungenerkrankungen, andere Allergiegeschehen, wie Urtikaria, Verdauungsprobleme, wie Kolik, Diarrhö, Obstipation, Malabsorption, Störungen des autonomen Nervensystems und manche Verhaltensstörungen.

Kardiovaskuläre Störungen sprechen sehr gut auf die Therapie mit *Ting*-Punkten an. Ich habe mehr als 90 Pferde damit behandelt, die wegen verschiedener Störungen in diesem Bereich als rennuntauglich erklärt worden waren. Bei all diesen Pferden war der Punkt 1 (He 9) reaktiv. Mehr als 90% der Tiere erholten sich nach bereits einer einzigen *Ting*-Punkt-Behandlung innerhalb von einer Woche. Diese Erfolgsrate liegt weit über der beim Menschen mit kardiovaskulären Erkrankungen.

Auch **Steifheit, Verspannungen und Schmerzen in der Muskulatur** lassen sich sehr gut mit einer *Ting*-Punkt-Therapie behandeln. Besonders gut sprechen Probleme im Bereich von M. gluteus, pectoralis, psoas, longissimus, quadriceps und sternocleidomastoideus an. Probleme im Bereich von M. subscapularis, sternomandibularis, biceps und brachialis sind wesentlich schwieriger zu therapieren.

Störungen im Bereich des Respirationstraktes, wie Nasenbluten und chronische Fälle von Pharyngitis, Laryngitis oder Tracheitis regieren ebenfalls sehr gut auf Therapie mit *Ting*-Punkten. Meist ist aber eine zusätzliche Therapie mit Kräutern, wie z. B. Pulmonaria offizinalis oder Echinacea purpurea, notwendig.

Bei **Erkrankungen der Beugesehnen** liegt die Erfolgsrate einer einzelnen *Ting*-Punkt-Behandlung bei ca. 70%, bei mehreren Behandlungen liegt die Erfolgsrate sogar bei 80%. Bei Pferden reagieren meist die Punkte 1, 5, 6, 7, 11 und 12. Es dauert in der Regel 1 bis 35 Tage (durchschnittlich zwei Wochen), bis eine klinische Besserung zu beobachten ist. Die meisten Tiere können nach drei bis sechs Wochen wieder im Rennen starten. Bei akuten Fällen von Tendosynovitis konnten die Pferde bereits nach ein bis zwei Wochen wieder an den Start gehen. Die Ergebnisse verbesserten sich noch, wenn das Bein mit einem Gips immobilisiert wurde und der Punkt 10 zusätzlich behandelt wurde.

Auch **arthritische Gelenkschmerzen** lassen sich in unkomplizierten Fällen gut behandeln. Jeder der zwölf *Ting*-Punkte kann bei diesen Tieren reaktiv sein. Die Ergebnisse der Behandlung sind unverzüglich und sehr positiv. Leider sind die Gelenkschmerzen oft mit Schmerzen in Rücken, Schulter oder Hüfte verbunden. Der Versuch, die schmerzhaften Muskeln zu schonen kann eine Überbelastung an anderer Stelle des Körpers bewirken, die Muskulatur oder Gelenke betreffen kann. Bei komplizierten Störungen der Gelenke mit Veränderungen der Synovia ist die Therapie mit den *Ting*-Punkten nicht so erfolgreich. Viele Gelenkstörungen werden ursprünglich durch Störungen im Bereich der Muskulatur verursacht. Wenn die Situation aber chronisch geworden ist, kann bereits ernsthafter Schaden an den Gelenken entstanden sein. Die *Ting*-Punkte und die Meridiane haben keinen ganz direkten Kontakt mit den Gelenken, möglicherweise mit Ausnahme der Hüfte (Le), der Patella (Ma), dem Knie (Ni) und dem Karpus (3E). Um dennoch auch die Gelenke erfolgreich behandeln zu können, benötigen wir das System der TCT oder das ECIWO-System des Kronsaumes, das weiter hinten beschrieben wird.

Die meisten der von mir behandelten Pferde kamen mit chronischen Beschwerden. Meistens gebe ich jedem Tier zwei bis vier Wochen Zeit, um auf die Therapie mit *Ting*-Punkten zu reagieren und wiederhole die Behandlung dann, falls nötig. Tritt erst einmal eine Besserung der Beschwerden ein, so hält sie meist mindestens ein bis zwei Monate an. In den meisten Fällen hielt der Behandlungserfolg 24 Monate und länger an.

38.1.4 Diskussion

Viele westliche Tierärzte und Praktiker setzen Akupunktur in ihrer täglichen Praxis ein. Manche von ihnen sind eingehend in den Methoden der TCM unterrichtet worden, verwenden aber trotzdem die einfacheren Ansätze der Akupunktur und die „Kochbuch-Akupunktur“ als Therapie. Unter den Akupunkteuren gibt es eine rege und kontroverse Diskussion über die Effektivität der traditionellen Diagnostik und Therapie im Vergleich zu den modernen Methoden. Die Therapie nach den *Ting*-Punkten vereint Teile beider Methoden in sich. Sie basiert auf der Untersuchung von fünf der sechs *Ting*-Punkte an jedem Fuß und verwendet die reaktiven Punkte zur Therapie. Sie kombiniert so eine einfache symptomatische Methode der Punktauswahl mit dem klassischen Konzept der Meridiane.

Wenn mehr als ein *Ting*-Punkt bei der Untersuchung reagiert, können alle reaktiven Punkte genadelt werden. Diejenigen, die sich mit der Lehre der fünf Elemente auskennen, werden das wichtigste Element, meist den *Yin*-Partner, nach dem *Ko*- und dem *Sheng*-Zyklus identifizieren. Sind z. B. die *Ting*-Punkte von Magen, Lunge und Herz reaktiv, also die Punkte 9, 5 und 1, wird der Punkt 1 zur Therapie verwendet, da das Herz die „Mutter“ der Erde (Magen) ist und das Metall, die Lunge, kontrolliert. Sind die Punkte 3 (3E), 1 (He) und 12 (Ni) reaktiv, wie es bei manchen Fruchtbarkeitsstörungen der Fall sein kann, würde der Nieren Punkt (12) zur Therapie ausgewählt werden, da die Niere das Feuer (He, 3E) kontrolliert. Sind von einem Element beide Partner reaktiv, z. B. Lunge und Dickdarm, wird immer der *Yin*-Partner des Elementes gewählt. Die Therapie mit den *Ting*-Punkten kann mit der klassischen Akupunktur, mit Neuraltherapie oder mit TCT kombiniert werden. Durch die Kombination verbessern sich die Behandlungserfolge oft im Vergleich zur alleinigen *Ting*-Punkt-Therapie. Es mag sich zu einfach und zu wenig wissenschaftlich anhören, aber die *Ting*-Punkt-Therapie ist immer dann indiziert, wenn reaktive *Ting*-Punkte vorliegen.

Ich wende nur ganz selten ausschließlich westliche Diagnosemethoden in der täglichen Praxis an. Bei vielen häufigen Beschwerdebildern findet man keine konkrete westliche Diagnose, so z. B. bei Leistungsschwäche, Steifheit, Rückenschmerzen, Störung der Gelenksflüssigkeit oder bei Trabern, die in den Kurven angaloppieren. In anderen Fällen ist die westliche Diagnose fraglich, da klare Anzeichen fehlen. Ich beachte immer die Diagnosen, zu denen die überweisenden Kollegen vorher gekommen sind. Das kombiniere ich mit westlicher Diagnostik und TCM-Diagnostik, vor allem der Pulsdiagnostik, den reaktiven *Ting*-Punkten und den Ergebnissen der Untersuchung des TCT-Systems. Bei Routinebeschwerden hat sich die *Ting*-Punkt-Methode allein schon sehr oft als ausreichend gezeigt. Wenn man die Zeit bedenkt, die für ein wirkliches Verständnis der TCM und der Akupunktur aufgebracht werden muss, sind die Ergebnisse der vergleichsweise sehr einfachen *Ting*-Punkt-Therapie erstaunlich. Die Erfolgsrate von 62% nach einer Behandlung und 82% nach drei Behandlungen der *Ting*-Punkte kann mit denen der TCM-Behandlung verglichen werden. Wird erst einmal eine klinische Besserung erreicht, hält sie meist über lange Zeit an (1 bis 24 Monate). Noch bessere Resultate können durch die Kombination der *Ting*-Punkte-Methode mit der TCM erzielt werden. Es werden dann auf demselben Meridian andere reaktive Punkte gestochen. Bei Gelenkproblemen wird die TCT-Methode eingesetzt.

Die Therapie mit den *Ting*-Punkten ist einfach zu lernen, einfach zu verstehen und schnell durchzuführen, wenn ein *Dermo-Jet-Injector* eingesetzt wird. Wenn es mir nötig erscheint, ergänze ich die Behandlung mit anderen reaktiven Akupunkturpunkten der betroffenen Meridiane. Pferde, die mit der *Ting*-Punkte-Methode behandelt wurden, haben nicht selten nach der Behandlung persönliche Rekorde aufgestellt und dramatische Verbesserungen ihrer Rennleistung gezeigt.

Die Einfachheit der Methode birgt die Gefahr, dass Besitzer und Trainer nach einiger Zeit selbst zu Anwendern werden. Das wirft die Frage des Missbrauch der Methode auf: wie weit können damit Verletzungen maskiert und Doping durchgeführt werden? Einige Aspekte der Akupunkturbehandlung sprechen dagegen, die Methode als Form des Dopings zu bewerten. Zum einen sind die klinischen Anzeichen oft am Tag nach der Behandlung noch stärker ausgeprägt oder die Pferde erscheinen sehr müde, als wären sie sehr hart gearbeitet worden. Die Erholung kann zwei bis vier Tage dauern, je nachdem, welche Erkrankung oder Störung behandelt wurde. Zum anderen hält die Wirkung der *Ting*-Punkt-Therapie lange Zeit an. Darum sollte die Akupunktur nicht als rein symptomatische oder analgetische Therapie eingestuft werden. Dennoch werden sowohl Akupunktur als auch Homöopathie in Norwegen, wo ich arbeite, als Doping betrachtet. Sie dürfen nicht innerhalb von 96 Stunden vor dem Rennen eingesetzt werden. Nicht alle Trainer halten sich an diese Regelung.

Kollegen, die einen schnellen Einstieg in die Akupunktur-Diagnose und -Therapie suchen, werden in dieser einfachen Methode einen guten Anfangspunkt finden. Aber man sollte sich die Methode immer erst von einem erfahrenen Praktiker vorführen lassen. Wenn sie die guten Ergebnisse in der eigenen Praxis beobachten können, werden sie vielleicht auch anfangen, sich für die weiterführende Akupunktur zu interessieren. Durch die Kombination der *Ting*-Punkt-Therapie mit der klassischen TCM und der TCT kann man ziemlich sicher die Behandlungserfolge noch verbessern und die Dauer der Wirkung verlängern. Das Studium der traditionellen Lehre kann eine große persönliche Bereicherung darstellen. Die Therapie mit den *Ting*-Punkten eignet sich hervorragend, um sie Tiermedizin-Studenten und den viel beschäftigten Praktikern beizubringen. Selbst der arbeitsamste Kollege kann in kurzer Zeit genügend darüber lernen, um sie schnell erfolgreich einsetzen zu können.

38.2 Die Kronsaum-Therapie nach Thoresen (TCT)

38.2.1 Grundlagen

Der Kronsaum als ECIWO-System

Dieser Teil des Kapitels beschäftigt sich mit der Möglichkeit, den Kronsaum des Pferdefußes als ECIWO-System, und damit als neues therapeutisches Mikrosystem, zu nutzen. Das System hat dieselben Wirkpotenziale wie die Ohrakupunktur beim Menschen. Wenn man das System verstanden hat, ist die Methode sehr einfach zu erlernen und durchzuführen. Ihre Anwendung benötigt nur einen geringen Zeitaufwand. Die Methode kann sehr gut mit der *Ting*-Punkt-Diagnostik und -Therapie kombiniert werden. Die klinische Erfolgsrate der Methode hängt von der Art der Diagnose ab. Laut Untersuchungen der Effektivität anderer Mikrosysteme, müsste die TCT mindestens ebenso gut, wenn nicht besser sein, als die traditionelle Akupunktur.

Nachdem ich 1989 den ersten Artikel über die *Ting*-Punkte des Pferdes veröffentlicht hatte, fand ich 1998 heraus, dass der Kronsaum weitaus mehr Punkte enthält, als die zu erwartenden zwölf *Ting*-Punkte der Haupt-Meridiane. Ich kann jetzt beweisen, dass der Kronsaum ein Mikrosystem an Punkten enthält, die den gesamten Körper widerspiegeln. Dieses Mikrosystem ist sicherlich noch nicht völlig erforscht, aber viele Bereiche konnten bereits festgehalten und dokumentiert werden. Ich hoffe, dass meine Kollegen und ich noch weiter an dem System arbeiten und die Dokumentationen dazu verbessern und vervollständigen können.

ECIWO-Biologie

Obwohl es bereits drei internationale Kongresse zur ECIWO-Therapie gab, ist diese Form der Behandlung in der tiermedizinischen Welt immer noch weitgehend unbekannt [1–3]. Die Biologie der ECIWO ist eine wiederentdeckte und recht einfache Methode, die ihren Wert sowohl in der Landwirtschaft, als auch in der Tiermedizin bewiesen hat. Die Effektivität des Systems konnte durch mehr als 1000 dokumentierte Fälle und mehrere klinische Studien bewiesen werden [4, 5]. Die Biologie der ECIWO erweckt großes theoretisches Interesse. Sie verhilft zu einem größeren Verständnis der Verhältnisse zwischen dem gesamten Individuum und seinen Teilen. Es bietet außerdem einen neuen Erklärungsansatz zur Selbstheilungskapazität und den Spontanenheilungen, die lebende Wesen auszeichnen [6].

Es gibt in der Akupunktur viele Mikrosysteme. Die Ohrakupunktur ist eines der bekanntesten und wurde 1953 von Nogier wiederentdeckt. Es gibt außerdem Mikrosysteme an Kopf, Stirn, Nase, Gesicht, Augen, Hand und Fuß. All diese Mikrosysteme scheinen nur Ausdruck einer viel größeren Gesetzmäßigkeit zu sein, dass nämlich alle Teile des Körpers als Mikrokosmos dienen können. Diese Theorie wurde als **Theorie der ECIWO-Biologie** bezeichnet. Das Phänomen kann in allen Lebewesen, seien es Pflanzen, Tiere oder Menschen beobachtet werden.

Da alle Zellen des Organismus von einer einzigen befruchteten Eizelle abstammen, enthält auch jede Zelle die gesamte Information des ganzen Körpers. Somit hat auch jede Zelle ein embryonales Potential. Das heißt sie kann theoretisch zu einem Embryo werden, aus dem ein neuer Körper heranwächst. Sie hat das Potential des Ganzen, was als **„totales Potenzial"** bezeichnet wird. Das wird schon durch die Tatsache bewiesen, dass selbst hoch differenzierte Zellen sich unter bestimmten Umständen in unspezifische Zellen verwandeln können, die wieder mehr embryonales Potenzial enthalten und sich eventuell zu Zellen eines anderen Typs differenzieren können. Der neue Ansatz der ECIWO-Biologie ist die Generalisierung dieses Phänomens. Es ist demnach nicht nur auf der zellulären Ebene zu finden, sondern auch weitaus höher in der biologischen Organisation.

38.2.2 TCT-Diagnostik

Untersuchungstechnik

Bei der Erklärung, wie die Anfangs- oder Endpunkte der Meridiane, die *Ting*-Punkte, auf dem Kronsaum aufgefunden werden können wurden bereits die charakteristischen Eindellungen beschrieben. Die pathologisch veränderten *Ting*-Punkte entwickeln kleine Gruben im Kronsaum, die durch gleich bleibenden Druck des Daumens (ca. 1,5 kg) an allen vier Beinen entdeckt werden können. Die veränderten Punkte zeigen sich dann als trockene Grube oder schwammiges Areal und ermöglichen so die Diagnose des gestörten Meridians anhand der Lokalisation des veränderten *Ting*-Punktes. Wenn ich den Kronsaum eines Pferdes nach diesen End- oder Anfangspunkten der Meridiane untersuche, halte ich meinen Daumen in einer horizontalen Position (➤ Abb. 38.1). Nach 16 Jahren Erfahrung mit dem Einsatz der Methode kam mir die Idee, den Daumen vertikal zu halten (➤ Abb. 38.2). Dadurch fand ich eine Reihe anderer Punkte. Diese Punkte standen nicht in Verbindung zu den *Ting*-Punkten, waren aber mit den Strukturen der Beine und der Wirbelsäule verbunden. Da die Fläche dieser Punkte sehr viel kleiner ist, als die der *Ting*-Punkte, wurden sie erst 1998 entdeckt. Sie sind nicht rund, wie die *Ting*-Punkte, sondern von elyptoider Form, mit ungefähr 0,15 cm Breite und 1,2 cm Länge. In der Regel stehen sie senkrecht zum Kronsaum.

Lokalisation der TCT-Punkte

Zur Orientierung denkt man sich einen Nullpunkt (0°) auf dem anterioren Mittelpunkt des Kronsaumes, oberhalb des Hufes. Von dort aus umrundet man den Kronsaum und unterteilt den Umfang in 360°. Dabei findet man lateral bei ca. 135° die Stelle, an der der Kronsaum um den Hufballen herum zur Fesselbeuge hin zieht. Bei ca. 210° findet sich erneut der Umschlag des Kronsaumes um den Hufballen herum zum medialen Aspekt hin. Von hier aus bewegt sich der Kreis in Richtung des anterioren Teils des Kronsaumes auf dem Dorsum des Hufes zum Nullpunkt zurück.

Um die genaue Lokalisation der Punkte zu erleichtern werden die Punkte exakt charakterisiert durch:

- die Lage am Vorder- oder Hinterfuß
- die Lage an der rechten oder linken Seite des Fußes
- und die Gradangabe zwischen 0° und 360°

Um das Auffinden der TCT-Punkte zu vereinfachen, wurden zur Orientierung auch den *Ting*-Punkten Gradzahlen zugeordnet (➤ Tab. 38.2). Die Punkte am rechten und linken vorderen Kronsaum sind spiegelbildlich zueinander angeordnet. Das gleiche gilt für die Punkte an der Hinterhand. Sie sind lateral auf dem rechten und linken Huf in unterschiedlicher Richtung angeordnet, also links im Uhrzeigersinn und rechts gegen den Uhrzeigersinn. Die Gradzahlen auf dem Kronsaum von 0° angefangen, für die Haupt-Meridiane und die wichtigsten Strukturen, sind in der ➤ Tab. 38.3 und den ➤ Abb. 38.6 und ➤ Abb. 38.7 zu sehen.

Tab. 38.2 Gradzahlen der *Ting*-Punkte

Ting-Punkte der Meridiane am Vorderfuß	Gradzahl	*Ting*-Punkte der Meridiane am Hinterfuß
3E	0°	Ma
Dü	45°	Gb
He	90°	Bl
Pe	180°	Ni
Lu	270°	MP
Di	315°	Le

Tab. 38.3 TCT-Punkte am Kronsaum der Vorder- und Hintergliedmaße

Vorderfuß	Gradzahl	Hinterfuß
3E und vorderes Fesselgelenk	0°	Ma und hinteres Fesselgelenk
Karpalgelenk	10°	Sprunggelenk
Ellenbogen	40°	Knie
Dü	45°	Gb
Schulter	50°	Hüfte
HWK 1	80°	Sakralregion
He	90°	Bl und LWK 6
HWK 2	93°	LWK 5
HWK 3	96°	LWK 4
HWK 4	99°	LWK 3
HWK 5	102°	LWK 2
HWK 6	105°	LWK 1
HWK 7	108°	BWK 18
BWK 1	111°	BWK 16
BWK 2	114°	BWK 15
BWK 3	117°	BWK 14
BWK 4	120°	BWK 13
BWK 5	123°	BWK 12
BWK 6	126°	BWK 11
BWK 7	129°	BWK 10
BWK 8	132°	BWK 9
Zwerchfell	135°[a]	Zwerchfell
Pe	180°[b]	Ni
Zwerchfell	220°[a]	Zwerchfell
Lu	270°	MP und Milz
Di	315°	Le und Leber

a Alle acht Hufknorpel scheinen das Zwerchfell zu repräsentieren, höchstwahrscheinlich stellen sie verschiedene Teile davon dar.

b In den Bereichen der Fesselbeuge zwischen den Hufknorpeln (zwischen 135° und 220°) können durchaus auch Punkte liegen, die ich bisher aber noch nicht genau dokumentieren konnte.

38

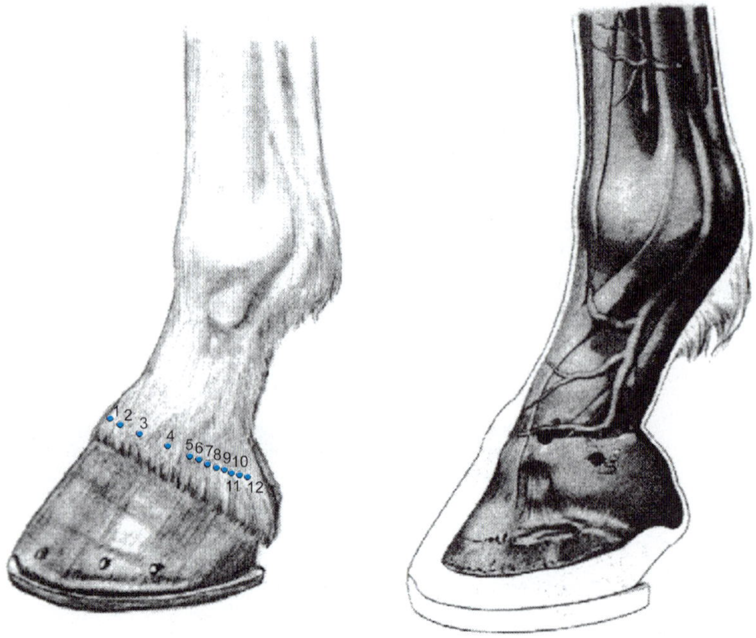

Abb. 38.6 Das ECIWO-System am Vorderbein in lateraler Ansicht. 1 = Fesselgelenk, 2 = Karpalgelenk, 3 = Ellenbogen, 4 = Schulter, 5 = rechter Atlasflügel, 6 = HWK 2, 7 = HWK 5, 8 = HWK 7, 9 = BWK 2, 10 = BWK 4, 11 = BWK 6, 12 = Diaphragma.

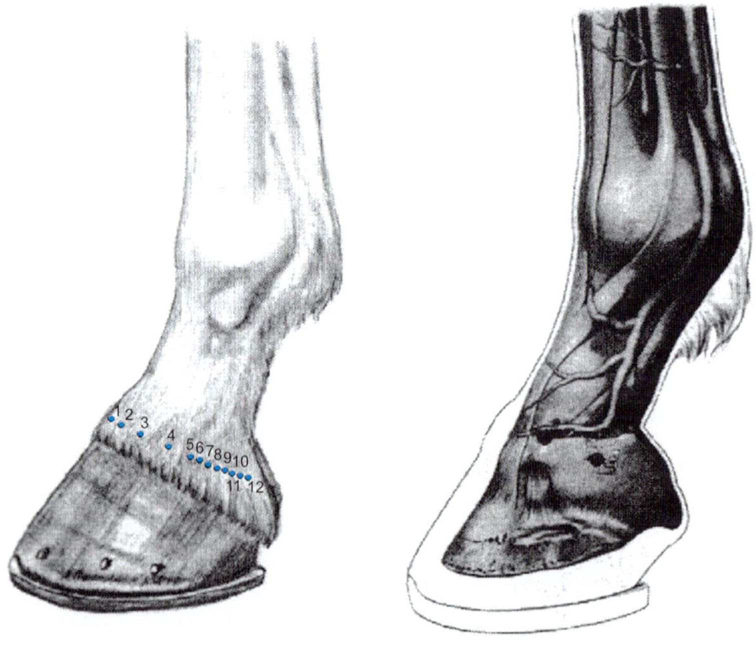

Abb. 38.7 Das ECIWO-System am Hinterbein in lateraler Ansicht. 1 = Fesselgelenk, 2 = Sprunggelenk, 3 = Kniegelenk, 4 = Hüftgelenk, 5 = Sakralregion, 6 = LWK 6, 7 = LWK 4, 8 = LWK 2, 9 = BWK 18, 10 = BWK 14, 11 = BWK 10, 12 = BWK 8 und Diaphragma.

38.2.3 Einsatz der TCT-Punkte

Behandlungstechnik

Die Stimulation der ausgewählten Punkte erfolgt meist durch einfache Nadeltechniken, es kann aber auch jede andere effektive Akupunkturtechnik eingesetzt werden. Die Behandlung dauert zwischen 10 und 20 Minuten und wird in Intervallen von 7 bis 30 Tagen durchgeführt. Man rechnet mit drei bis zehn Sitzungen.

Indikationen

Die Daten, die ich bisher mit der spezifischen Diagnose sammeln konnte, sind zahlreich genug, um aussagekräftige statistische Daten zu erreichen. Die Daten beziehen sich auf verschiedene Störungen, speziell aber auf Verletzungen und Gelenkspathologien. Die Ergebnisse weisen auf gute Behandlungserfolge bei **Gelenkpathologien**, **lokalen Traumata** und **Zerrungen** oder **Schmerzen** hin (➤ Tab. 38.4). Die TCT kann hier hervorragend mit der *Ting*-Punkt-Therapie kombiniert werden. Das TCT-System befasst sich offensichtlich mehr mit lokalen Störungen und Gelenkerkrankun-

Tab. 38.4 Behandlungsergebnisse mit der TCT

Diagnose	Anzahl der Fälle	Erfolgsquote in %
Schmerzen im Atlasbereich, Torsionen	55	75
Schmerzen im Fesselgelenk	560	85
Lahmheiten aus dem Karpalgelenk	350	89
Hüftschmerzen	4	75
Knieschmerzen	82	82
Rückenschmerzen	160	99

gen, bei denen oft bereits ein anatomisches Korrelat vorliegt, während die *Ting*-Punkt-Therapie sich auf die muskulären und organischen Störungen konzentriert, also auf funktionelle Störungen.

Bei manchen Erkrankungen, wie z. B. bei Koliken, Infektionen, Organdysfunktionen oder Verdauungsstörungen, liegen noch keine ausreichenden Daten zur TCT-Methode vor. Die Ergebnisse die bisher z. B. bei systemischen Erkrankungen, wie z. B. Niereninsuffizienz, Leberdysfunktion oder Virusinfektionen, gesammelt werden konnten, sind nicht sehr überzeugend. Die Punkte am Kronsaum scheinen eher als Reflex-Punkte zu fungieren und weniger als Balance-Punkte, wie die traditionellen Akupunkturpunkte. Darum sollte die TCT um ausgleichende Behandlungsformen, wie die Akupunktur, ergänzt werden.

38.2.4 Zusammenfassung

Bei Betrachtung der Behandlungserfolge anderer Mikrosysteme wie z. B. der Ohrakupunktur, birgt das TCT-System ein großes Potenzial. Nach meiner Erfahrung mit mehr als 900 Fällen kann das TCT-System erfolgreich bei den meisten Beschwerden eingesetzt werden, speziell aber bei lokalen Verletzungen, wie Wunden, Zerrungen, Verstauchungen und Gelenkverletzungen. Bei Gelenkpathologien sind die Heilerfolge sehr gut, vor allem wenn die TCT mit anderen Methoden, wie der Akupunktur, ergänzt wurde. Bei Fällen von einfachem Gelenkschmerz oder lokalen Verletzungen kann die TCT auch erfolgreich allein eingesetzt werden.

Danksagung
Der Autor dankt Phil Rogers, MRCVS (Dublin) für die Hilfe bei der Vorbereitung dieses Kapitels.

LITERATUR

1. International Congress of ECIWO Biology, Singapore, 1990.
2. International Congress of ECIWO Biology, Oslo, 1992.
3. International Congress of ECIWO Biology, Los Angeles, 1996.
4. Dai G, Dai M: Treatment of 2719 cases of 11 kinds of headache and dizziness with ECIWO diagnosis and therapy. *Proceedings of the Third International Congress of ECIWO Biology,* Los Angeles 1996, pp 132–38.
5. Yang X, Feng J: Curative effect of 236 cases of coronary disease treated by ECIWO acupuncture. *Proceedings of the Third International Congress of ECIWO Biology,* Los Angeles, 1996.
6. Schjeldrup V: *ECIWO-biology,* Hoeyskoleforlaget, Kristiansand, Norway, 1998, Norwegian Academic Press.

38

KAPITEL

39 Die TCM-Diagnose beim Pferd

Huisheng Xie und Hanru Liu

In der TCM basiert die Diagnose auf dem ganzheitlichen System des Zusammenspiels zwischen äußerlichen Symptomen und inneren Organen. Das Wissen über dieses diagnostische System hat sich über Jahrtausende durch Weitergabe von Generation zu Generation entwickelt und angesammelt. Die ganzheitliche TCM-Diagnostik wird bereits bei Dr. Zhang Zongjing (150 bis 219 n. Chr.) erwähnt [1].

Die Diagnose in der TCM wird *Bian Zhen* genannt. *Bian* bedeutet differenzieren und identifizieren, während *Zhen* die Art oder das Muster der Erkrankung beschreibt. Das Ziel der TCM-Diagnose liegt im Erkennen und Feststellen des *Zhen* aufgrund der Zusammenfassung und Analyse der Symptome des Patienten. Im Prinzip des *Zhen* liegen auch die Unterschiede zwischen der TCM-Diagnose und der westlichen Diagnose begründet. Die westliche Medizin tendiert zur Analyse einzelner Symptome, um die Ursache einer Erkrankung zu bestimmen [2]. In der TCM werden alle Symptome betrachtet und in die Feststellung des *Zhen* mit einbezogen, nicht nur eine Ursache der Erkrankung.

Bei einem Pferd mit starker hämorrhagischer Diarrhö würde die westliche Medizin sich z. B. ausschließlich auf den Laborbefund der Salmonelleninfektion stützen. Eine rote Zunge und ein schneller Puls des Pferdes wären Nebenbefunde. Für einen Pferdetierarzt wäre die Diagnose hingegen: Kolitis aufgrund einer Salmonelleninfektion. Ein TCM-Praktiker würde das Hitze-Muster erkennen, an dem das Tier leidet, weil er die rote Zunge und den schnellen Puls nicht als Nebenbefund sieht.

Um ein Krankheitsmuster richtig und genau bestimmen zu können haben sich in der TCM vier Methoden der Diagnostik entwickelt, die als *Si-Zhen* bezeichnet werden, wobei *Si* für vier steht. *Si-Zhen* bezieht sich auf **Inspektion**, **Hören/Riechen**, **Anamnese** und **Palpation** während einer Untersuchung. Die Kombination der vier Methoden ist zur Erstellung einer korrekten Diagnose notwendig.

39.1 Inspektion

Betrachtet werden Veränderungen des *Shen* der Tiere, der Farbe, der generellen Erscheinung, der Sekrete und der Körperausscheidungen. Das Vorgehen ähnelt dem der konventionellen körperlichen Untersuchung. In der TCM-Betrachtung ist der Befund der Zunge und des *Shen* am wichtigsten.

39.1.1 Das *Shen*

Als *Shen* wird die äußere Manifestation der vitalen Kräfte des Pferdekörpers bezeichnet. Die Befunde werden häufig zu prognostischen Aussagen genutzt. Der Zustand des *Shen* ermöglicht dem Praktiker eine Einschätzung der Ernsthaftigkeit der Erkrankung.

Normales *Shen*

Die Augen des Tieres glänzen und zeigen die innere Vitalität an. Die Ohren sind gespitzt und reagieren auf jede Veränderung der Umgebung. Ein normales *Shen* ist ein Zeichen für ein starkes *Zheng Qi*. Das *Zheng Qi* spiegelt die Fähigkeit des Körpers wieder, Erkrankungen selbst erfolgreich zu bekämpfen. Wenn ein krankes Tier ein noch ungestörtes *Shen* hat, kann immer eine gute Prognose gestellt werden und die Reaktion auf eine Akupunkturbehandlung ist meist besonders stark.

Gestörtes *Shen*

Diese Pferde zeigen u. a. Müdigkeit, stumpfe Augen, langsame Reaktionen der Augen und Ohren, tief hängenden Kopf und hängende Ohren. Oft sind dies auch Anzeichen eines *Zheng Qi*-Mangels, einer schweren Erkrankung und einer eher vorsichtig zu stellenden, bis schlechten Prognose. Diese Tiere reagieren meist nicht mehr gut auf Akupunktur oder die Behandlung mit chinesischen Kräutern.

39.1.2 Die Zunge

Die Betrachtung der Zunge geht in die Zungendiagnose mit ein. Hierzu werden Farbe, Belag und Form der Zunge beachtet. Sollten Futterreste, Fixierung des Tieres oder andere Faktoren die Einschätzung der Zunge erschweren, können die Maulschleimhäute als Ersatz dienen. In ➤ Abb. 39.1 wird das Vorgehen bei der Zungendiagnose gezeigt. Als erstes wird der Kopf des Pferdes am Halfter mit einer Hand fixiert, während die andere Hand das Maul seitlich öffnet. Hier können Farbe und Glanz der seitlichen Zunge, der Maulschleimhaut der Lippen und des Zahnfleisches bewertet werden. Mit einem Finger, der nach hinten in den Maulspalt geschoben wird, kann die Temperatur und die Feuchtigkeit des Maules eingeschätzt werden. Dann wird das Maul geöffnet und die Zunge betrachtet. Letztendlich wird die Zunge aus dem Maul gezogen, um ihren Belag und die Konsistenz des Zungenkörpers zu bewerten.

Abb. 39.1 Zungendiagnose beim Pferd.
(Aus: Xie Han HS: *„Traditional Chinese Veterinary Medicine"*, Beijing, 1994, Beijing Agricultural University Press)

Zungenfarbe

Die Zunge ist normalerweise hellrot oder rot, mit einem ganz leichten gelblichen Stich und dem Ganz einer Pfirsichblüte. Die Farbe ändert sich je nach Jahreszeit. In den heißen Jahreszeiten ist sie eher rot und im Winter eher blässlich.

Blasse Zunge

Eine blasse Zunge wird als *She Bai* bezeichnet und gilt als Anzeichen eines **Leere**-Zustandes von Blut oder *Qi*. Bei einer *Qi*-Leere ist die Zunge meist leicht feucht und geschwollen, während sie bei einer Blut-Leere trocken ist. Bei Patienten mit *Qi*-Leere können allgemeine Kraftlosigkeit oder Schwäche des Immunsystems auftreten. Eine Blut-Leere kann zu Anämie oder genereller Schwäche führen.

Rote Zunge

Diese Zungenfarbe wird als *She Hong* bezeichnet. Das Rot der Zunge ist etwas strahlender als normal. Dies ist Zeichen für das Vorliegen von **Hitze**. Hat die rote Zunge einen Belag, kann von einem Fülle-Hitze-Zustand ausgegangen werden, der bei Infektionen, Entzündungen oder Fieber zu finden ist. Eine rote Zunge, die keinen Belag hat, weist auf eine Leere-Hitze hin, die bei chronischen Entzündungen oder Infektionen gesehen werden kann. Eine rote Zungenspitze weist auf ein Hitze-Muster im Herz hin, während rote Bereiche an den Zungenrändern auf eine Hitze in der Leber hindeuten.

Dunkelrote Zunge

Diese Zungenfarbe wird *She Jiang* genannt. Die Zunge ist dabei eine Spur dunkler als normal. Die dunkelrote Zunge ist Zeichen einer ernsthafteren **Hitze**-Erkrankung. Sie weist auf eine beginnende Störung des *Yin* durch starke Hitze hin, oder auf ein *Yin*-Leere-Muster im Verlauf einer exogenen Erkrankung.

Purpurfarbene Zunge

Diese Zungenfarbe heißt *She Zi* und weist auf eine **Blutstagnation** hin, die mit Hitze oder Kälte in Zusammenhang stehen kann. Eine purpurfarbene Zunge mit einem Stich ins Bläuliche und trockener Konsistenz ist Anzeichen einer Hitze-Erkrankung, während eine blass purpurfarbene Zunge die Anwesenheit von Kälte anzeigt.

Gelbe Zunge

Eine gelbe Zungenfarbe wird *She Huang* genannt. Sie weist auf **Feuchtigkeit** hin, die meist von Feuchte-Hitze in der Leber her stammt. Eine zitronenschalengelbe Zunge ist ein Anzeichen für Fülle-Hitze der Leber, wie sie bei akuter Hepatitis oder Stenose der Gallengänge vorkommen kann. Ein stumpfes Gelb, das die Zunge geräuchert aussehen lässt, ist bei Kälte-Feuchtigkeits-Mustern zu sehen, wie z. B. bei chronischen Lebererkrankungen.

Todesfarbe

Die Todesfarbe wird im chinesischen *Jue She* genannt und ist meist bläulich schwarz oder schwärzlich purpurfarben. Wie der Name schon sagt, zeigt diese Zungenfarbe den nahenden Tod des Patienten an.

Zungenbelag

Die Zunge eines gesunden Pferdes sollte nur einen dünnen, grünlich, weißen oder ganz leicht gelblichen Zungenbelag aufweisen.

Weißer Zungenbelag

Ein weißer Zungenbelag wird *Bai Tai* genannt und erscheint häufig bei einem Kälte-Muster, das sich an der Oberfläche des Körpers findet. Ein dünner weißer Belag weist auf eine äußere Störung hin, wie sie z. B. in den frühen Stadien einer Infektion des Respirationstraktes zu finden ist. Ein dicker weißer Belag ist Anzeichen für eine innere Kälte-Erkrankung.

Gelber Zungenbelag

Ein gelber Zungenbelag heißt im chinesischen *Huang Tai* und sollte als Zeichen für eine Hitze-Erkrankung gesehen werden, wie z. B. bei einer Infektion oder einer Entzündung. Je intensiver die gelbe Farbe des Belages ist, desto stärker ist die Hitzeeinwirkung auf den Körper. Also zeigt eine Zunge mit leicht gelblichem Belag eine milde Hitze-Erkrankung an, während ein tief gelber Belag auf eine starke Hitze hinweist.

Grauschwarzer Zungenbelag

Diese Farbe des Belages wird *Hui Hai Tai* genannt und ist ein Anzeichen einer Hitze-Erkrankung, eines Feuchte-Kälte-Musters und einer Leere-Kälte-Störung. Ein grauschwarzer trockener Belag kommt erst zustande, wenn eine sehr starke Hitze mit einer *Yin*-

Leere kombiniert vorliegt. Ein grauschwarzer feuchter Belag weist auf eine Kälte-Erkrankung mit *Yang*-Leere hin.

Dicker und dünner Zungenbelag

Die Stärke des Zungenbelages kann zur Einschätzung der Intensität der Erkrankung herangezogen werden. Ein dünner Belag, *Bao Tai*, kann bei einem gesunden Tier zu finden sein, oder er weist auf eine oberflächliche Störung hin. Ein dicker Belag, *Hou Tai* genannt, ist immer Anzeichen einer Feuchtigkeits- oder Schleimansammlung oder einer Nahrungsstagnation im Inneren des Tieres. Ist der Zungenbelag zunächst dick und wird dann immer dünner, kann dies als Anzeichen für eine langsame Elimination des pathogenen Faktors von innen nach außen, und somit als Hinweis auf eine gute Prognose, gewertet werden. Andererseits weist ein zunächst dünner Zungenbelag, der immer dicker wird, auf eine Verschlechterung der Erkrankung hin. Tritt diese Veränderung nach einer Akupunkturbehandlung auf, so ist dies meist ein Zeichen, dass eine falsche Behandlung durchgeführt wurde.

Nasser und trockener Zungenbelag

Diese Zustände des Zungenbelages geben Hinweise auf den Zustand der Körperflüssigkeiten (Yin). Ein normaler Zungenbelag ist glänzend und feucht. Ein trockener Belag, *Zao Tai* genannt, ist Anzeichen für eine Störung der Körperflüssigkeiten durch starke Hitze und/oder einen *Yin*-Mangelzustand. Ein feuchter Zungenbelag, *Tai Run*, wird meist von starker Speichelproduktion begleitet und ist Anzeichen für Feuchtigkeitsretention im Körper.

Klebriger und krustiger Zungenbelag

Tai Ni, der klebrige Zungenbelag, ist schmutzig glänzend und nur sehr schwer zu entfernen. Er weist auf eine Ansammlung von Feuchtigkeit bzw. Schleim oder auf eine Futterstagnation hin. Der krustige Zungenbelag wird *Fu Tai* genannt und besteht aus einer weichen, dicken, lockeren Schicht, die sich sehr leicht vom Zungenkörper lösen lässt. Er steht für Verdauungsstörungen oder Schleim- und Nahrungsretention.

Zungenform

Eine blasse, geschwollene Zunge ist als Anzeichen einer Nieren-*Yang*-Leere zu bewerten, während eine tief rote, geschwollene Zunge für ein extremes Hitze-Muster steht. Eine geschwollene, steife Zunge, die den gesamten Maulbereich einnimmt, weist auf Hitze im Herz hin. *Qi*- oder Blut-Leere-Muster liegen bei einer blassen, dünnen Zunge, die keine Elastizität aufweist, vor. Wenn die aus dem Maul gezogene, weiche, blasse Zunge zittert und das Tier sie kaum wieder zurückziehen kann, muss dies als Anzeichen einer sehr ernsthaften Erkrankung gewertet werden und kann z. B. auf eine sehr starken *Qi*- und Blut-Leere zurückzuführen sein.

39.2 Hören und Riechen

Hören und Riechen entsprechen der Auskultation und Olfaktion der konventionellen westlichen Untersuchung. Einzelheiten hierzu sind den einschlägigen Lehrbüchern zu entnehmen [2, 3].

39.3 Anamnese

Die Anamnese spielt in der TCM-Diagnostik eine sehr wichtige Rolle. Man sollte versuchen, so viele Informationen wie möglich über den Typ des Pferdes, das Muster der Erkrankung, Vorerkrankungen, sozialen Hintergrund, Fütterungsart, Nutzungsweise, Trainingsprogramm, Art und die Intervalle der Entwurmung, Impfschema, Herkunft des Tieres und vorausgegangene Behandlungen und Medikation zu sammeln.

39.4 Palpation

39

Zur Palpation gehört das Fühlen des Pulses, der Meridiane und der Akupunkturpunkte.

39.4.1 Der Puls

Palpation des Pulses

Das Fühlen des Pulses wird im chinesischen als *Mai Zhen*, Pulsdiagnose, bezeichnet. Die Pulsdiagnose beim Pferd wird gestellt, indem man versucht, Veränderungen des Pulses der A. carotis zu beurteilen. Durch unterschiedlich starken Druck kann der Puls auf drei verschiedenen Ebenen untersucht werden: oberflächlich, mittel und tief.

- Bei der oberflächlichen Palpation legt der Praktiker seine Finger sehr sanft auf die A. carotis.
- Bei der tiefen Palpation wird mit den Fingern so starker Druck auf die darunter liegenden Gewebeschichten ausgeübt, dass der Pulsschlag unterdrückt ist. Dann lässt man vorsichtig ein wenig mit dem Druck nach, bis der Puls wieder fühlbar wird.
- Die mittlere Ebene liegt zwischen der tiefen und der oberflächlichen Ebene.

Der Puls wird nach Tiefe, Geschwindigkeit, Stärke, Form und Rhythmus unterschieden. Die Haltung bei der Pulsdiagnostik wird in ➤ Abb. 39.2 gezeigt. Der Puls wird bilateral getastet, wobei auf jeder Körperseite je drei verschiedene Taststellen zu finden sind, die zu den inneren Organen in Verbindung stehen (➤ Abb. 39.3).

Normalbefund: Der normale Puls des Pferdes ist kraftvoll und persistierend. Er ist weder tief, noch oberflächlich, weder schnell, noch langsam.

Pathologische Pulse

In der traditionellen chinesischen Tiermedizin werden 15 pathologische Pulsformen unterschieden.

Oberflächlicher, schwebender Puls: *Fu Mai*

Palpation: nur bei sehr leichtem Druck fühlbar, bei stärkerem Druck nicht mehr zu fühlen.

Bedeutung: Anzeichen einer äußerlichen Erkrankung, Hinweis auf frühe Stadien einer äußerlichen Wind-Kälte oder Wind-Hitze Erkrankung:

- oberflächlich und kräftig → äußere Fülle-Erkrankung

Abb. 39.2 Pulsdiagnose beim Pferd.
(Aus: Xie Han HS: *„Traditional Chinese Veterinary Medicine"*, Beijing, 1994, Beijing Agricultural University Press)

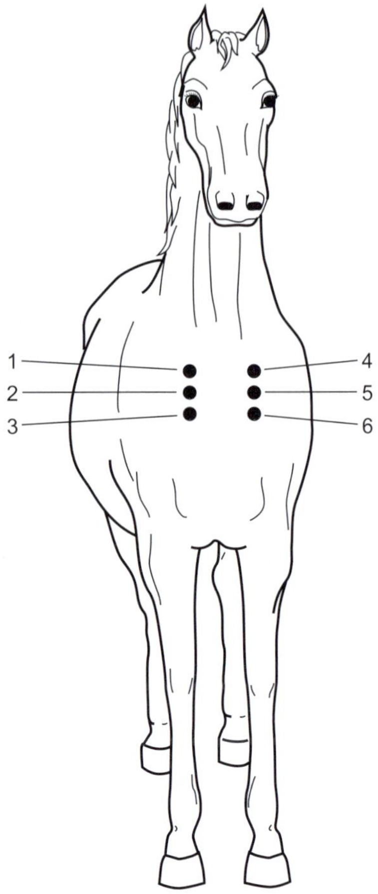

Abb. 39.3 Pulslokalisation beim Pferd und Korrelation der Pulse zu den inneren Organen: 1. Lunge und Dickdarm; 2. Milz/Pankreas und Magen; 3. Feuer (Nieren-Yang) und Dreifacher Erwärmer; 4. Herz und Dünndarm; 5. Leber und Gallenblase; 6. Nieren-Yin und Blase.
(Aus: Xie Han HS: *„Traditional Chinese Veterinary Medicine"*, Beijing, 1994, Beijing Agricultural University Press)

- oberflächlich und schwach → äußere Leere-Erkrankung
- oberflächlich und schnell → äußere Hitze
- oberflächlich und gespannt → äußere Kälte
- oberflächlich, groß und schwach → nach außen fließendes *Yang Qi*

Tiefer, sinkender Puls: *Chen Mai*
Palpation: kann mit leichtem Druck nicht gefühlt werden, sondern ist nur in der tiefen Ebene tastbar.
Bedeutung: weist auf eine innere Erkrankung hin:
- tief und kraftvoll → Innere Fülle
- tief und schwach → Innere Leere

Langsamer Puls: *Chi Mai*
Palpation: Die Pulsfrequenz ist langsamer als normal mit weniger als drei Pulsschlägen des Pferdes pro Atemzug des Untersuchenden.
Bedeutung: weist auf ein Kälte-Muster hin:
- langsam und kraftvoll → Fülle-Kälte
- langsam und oberflächlich → Äußere Kälte
- langsam und tief → Innere Kälte

Schneller Puls: *Shu Mai*
Palpation: Die Pulsfrequenz ist schneller als normal, mit mehr als vier Pulschlägen des Pferdes pro Atemzug des Untersuchenden.
Bedeutung: weist auf eine Hitze-Erkrankung hin:
- schnell und kräftig → Fülle-Hitze
- schnell und schwach → Leere-Hitze
- schnell, schwach und oberflächlich → *Yang*-Leere mit nach außen fließendem *Yang*

Leerer, schwacher Puls: *Xuan Mai*
Palpation: Der Puls ist weich, schwach und kraftlos auf allen drei Ebenen.
Bedeutung: zeigt eine *Qi*- und Blutleere an.

Voller, kräftiger Puls: *Shi Mai*
Palpation: Der Puls ist auf allen drei Ebenen kraftvoll zu fühlen.
Bedeutung: Anzeichen für ein Fülle-Muster, stagnierendes Blut, Verstopfung und hohes Fieber.

Schlüpfriger, rollender Puls: *Hua Mai*
Palpation: Der Puls fühlt sich glatt, abgerundet und schlüpfrig an, wie Perlen, die in einer Schüssel herumrollen.

Bedeutung: Anzeichen für Schleim- bzw. Nahrungsansammlung im Magen, Fülle-Hitze-Muster. Bei tragenden Tieren ist dieser Puls physiologisch.

Rauer, abgehackter Puls: *Se Mai*
Palpation: Der Puls hat eine zögernde Qualität, fühlt sich rau und unregelmäßig an, wie das Kratzen mit einem Messer über ein Bambusrohr.
Bedeutung: weist auf Stagnation von *Qi* und/oder Blut hin, Veränderungen der Essenzen, *Yin*- Leere.

Überfließender, großer Puls: *Hong Mai, Da Mai*
Palpation: Der Puls fühlt sich breit, groß und kraftvoll an, kommt wie eine große Welle angedonnert und läuft wie die Brandung langsam aus.
Bedeutung: Anzeichen für ein Fülle-Hitze-Muster.

Fadenförmiger, feiner, schmaler Puls: *Xi Mai*
Palpation: Der Puls fühlt sich weich und schwach an, wie ein feiner Faden, ist aber klar definiert und abgrenzbar.
Bedeutung: *Yin*-Leere-Muster, *Qi*- und Blut-Leere.

Saitenförmiger, drahtiger Puls: *Xuan Mai*
Palpation: Der Puls fühlt sich gespannt, gerade und lang an, wie eine gespannte Violinensaite.
Bedeutung: Anzeichen für eine Leber-Pathologie, Inneren Wind, Schmerzen und Schleimansammlungen.

Weicher, schwammiger Puls: *Ru Mai*
Palpation: Der Puls fühlt sich oberflächlich, fadenförmig und kraftlos an. Er ist, wie der oberflächliche Puls, schon bei leichtem Druck spürbar, und verschwindet in der Tiefe.
Bedeutung: Milz/Pankreas-*Qi*-Leere und Feuchtigkeit.

Hetzender Puls: *Cu Mai*
Palpation: Der Puls hüpft schnell und unregelmäßig durch das Gefäß, einzelne Pulsschlägen setzen aus.
Bedeutung: Anzeichen einer Fülle-Hitze, Stagnation von *Qi* und Blut, Retention von Schleim oder Futter, Herzerkrankungen.

Hängender Puls: *Jie Mai*
Palpation: Der Puls ist langsamer als normal, unregelmäßig, mit unregelmäßig aussetzenden Pulsschlägen.
Bedeutung: Anzeichen von extremen *Yin*-Störungen, Ansammlung von Kälte und Kälte-Schleim, Stagnation von *Qi* und Blut.

Intermittierender Puls: *Dai Mai*
Palpation: Der Puls ist langsamer als normal, regelmäßig, mit unregelmäßig aussetzenden Pulsschlägen.
Bedeutung: zeigt eine Schwäche in der Funktion der *Zang Fu*-Organe an, z. B. bei Schmerzen, traumatischen Kontusionen und Zerrungen.

Ungewöhnliche Pulse: *Guai Mai*
Ungewöhnliche Pulse lassen sich nicht in die oben aufgeführten Schemata einfügen. Sie treten in klinisch sehr ernsthaften Situationen auf, meist wenn der Patient dem Tode nahe ist. Es werden sieben ungewöhnliche Pulse unterschieden: Puls, wie ein pickender Spatz, Puls wie ein leckendes Dach, An den Stein tippender Puls, Puls wie ein abrollendes Seil, Puls wie ein schwimmender Fisch, Puls wie eine springende Krabbe und Puls, der sich wie kochendes Wasser anfühlt.

39.4.2 Palpation der Meridiane und Akupunkturpunkte

Druckempfindlichkeiten entlang der Meridiane oder der dazu gehörenden Akupunkturpunkte geben dem Praktiker wichtige Informationen über Störungen auf dem Meridian oder dem entsprechenden Organ. Genauere Informationen können ➤ Kap. 32 entnommen werden.

39.5 Unterscheidung der Krankheitsmuster *(Bian Zhen)*

39.5.1 Die fünf Schritte

Die Unterscheidung der Krankheitsmuster ist das eigentliche Ziel der TCM-Diagnostik. In der Praxis geschieht dies in fünf Schritten:

1. **Sammeln klinischer Daten**, inklusive der Zungen- und Pulsbefunde, sowie der Ergebnisse von Inspektion, Hören/Riechen, Anamnese und Palpation.
2. **Benennung der Erkrankung:** meist wird die Hauptproblematik beschrieben, z. B. Diarrhö, Blutung, Kolik, Asthma, usw.
3. **Feststellung des Krankheitsmusters:** hier wird versucht, das zugrunde liegende Muster der Störung zu erkennen. Das ist der wichtigste Schritt im gesamten Vorgang, da das Muster einer Störung den Therapieplan und die Art der Behandlung bestimmt. Zur Unterscheidung der verschiedenen Muster stehen sechs verschiedene Methoden zur Verfügung: die acht Leitkriterien, die *Zang Fu*-Syndrome, die sechs Kanäle, die vier Schichten, die *San Jiao*-Muster und die pathogenen Einflüsse.
4. **Festlegung der Behandlungsstrategie:** Aufgrund des Störungsmusters wird die Behandlungsstrategie aufgebaut. Bei Leere-Zuständen wird tonisierend behandelt, während bei Fülle-Zuständen sedierend behandelt wird. Bei Kälte kommen wärmende Akupunkturtechniken oder Kräuter zum Einsatz, bei Hitze solche die kühlen.
5. **Festlegung des Behandlungsplanes:** Die Erkenntnisse der voran gegangenen vier Schritte gehen alle in den Behandlungsplan ein. So wird z. B. bei einer Hitze-Pathologie der Punkt LG 14 und/oder die Anwendung des Heilkrautes Coptis *(Huang Lian)* in Erwägung gezogen, um den kühlenden Effekt des Punktes und der Pflanze zu nutzen.

In ➤ Tab. 39.1 werden drei Beispiele für die fünf Schritte der TCM-Diagnostik gegeben. Die drei Fälle sollen hier näher erklärt werden.

Der Name der Erkrankung in Fall 1 und 2 ist Diarrhö, da dieser Begriff die Hauptproblematik beschreibt. Der erste Fall wurde als Hitze-Erkrankung eingestuft, da ein schneller Puls und eine rote Zunge festzustellen waren. Die Behandlungsstrategie zielt dem zu-

Tab. 39.1 Beispiele für die fünf Schritte der TCM-Diagnostik

	Erster Schritt: Klinische Daten	Zweiter Schritt: Erkrankung	Dritter Schritt: Krankheitsmuster	Vierter Schritt: Behandlungsstrategie	Fünfter Schritt: Behandlungsplan
Fall 1	Diarrhö Schneller Puls Rote Zunge	Diarrhö	Hitze-Muster	Kühlen und Ausleiten der Hitze	Coptis *(Huang Lian)* Di 11, Ma 44, Ma 36
Fall 2	Diarrhö Schwacher Puls Blasse Zunge	Diarrhö	*Qi*-Leere-Muster	Tonisieren des *Qi*	Ginseng *(Ren Shen)* Bl 21, Bl 20, Ma 36
Fall 3	Anorexie Schwacher Puls Blasse Zunge	Anorexie	*Qi*-Leere-Muster	Tonisieren des *Qi*	Ginseng *(Ren Shen)* Bl 21, Bl 20, Ma 36

folge auf eine Klärung der Hitze hin. Die Pflanze Coptis *(Huang Lian)* wird zum Ausleiten von Hitze aus dem Magen und dem Herzen eingesetzt, ebenso wie die Punkte Di 11 und Ma 44. Ma 36 kann Milz/Pankreas und Magen stärken, um die Diarrhö zum Stillstand zu bringen.

Im zweiten Fall liegt ein *Qi*-Leere-Muster vor, da der Puls schwach und die Zunge blass ist. Also sollte die Behandlung versuchen, das *Qi* zu tonisieren. Ginseng *(Ren Shen)* ist ein *Qi*-Tonikum. Die Punkte Bl 20 und Bl 21 können das *Qi* von Milz/Pankreas und Magen tonisieren.

Obwohl also beide Fälle westlich gesehen als Diarrhö eingestuft werden, unterscheidet sich ihre Behandlung doch stark voneinander, da sich die Krankheitsmuster unterscheiden. Dieses Vorgehen kann durch den chinesischen Begriff des *Tong Bing Yi Zhi* **(TBYZ)** beschrieben werden: verschiedene Behandlungen werden für die gleiche Symptomatik angewendet.

Im Fall drei wird eine Anorexie beschrieben, die aber aufgrund des Zungen- und Pulsbefundes, auch als *Qi*-Leere eingestuft wird. Das entspricht dem Muster, das im zweiten Fall vorliegt. Da beide Fälle durch dasselbe Krankheitsmuster ausgelöst wurden, werden sie auch beide nach derselben Behandlungsstrategie behandelt. Dieses Vorgehen, also die gleiche Behandlung für verschiedene Krankheiten, beschreibt der Begriff *Yi Bing Tong Zhi* **(YBTZ)**.

Der Grund für TBYZ und YBTZ liegt im TCM-Behandlungsansatz, der sich nach den Krankheitsmustern, und nicht nach den Krankheitssymptomen richtet. Darum ist es für den TCM-Praktiker so wichtig, die Krankheitsmuster richtig zu differenzieren.

Wie oben angegeben, stehen für die Differenzierung sechs verschiedene Methoden zur Verfügung (➤ Tab. 39.2). Auf die acht Leitkriterien wird hier noch genauer eingegangen, während für die *Zang Fu*-Syndrome und die vier Schichten auf das *Textbook of Traditional Chinese Veterinary Medicine* verwiesen wird [3].

Eine Beschreibung der sechs Kanäle kann dem *International Journal of Acupuncture* [4] entnommen werden, während Informationen zu den *San Jiao*-Mustern, zu den pathogenen Faktoren und den Mustern von Störungen des *Qi*, des Blutes, der Körperflüssigkeiten und den Meridianen in anderer Fachliteratur zu finden ist [1].

39.5.2 Die acht Leitkriterien

In diesem diagnostischen System stehen vier Werte-Paare zur Verfügung:

- Innen und Außen
- Kälte und Hitze
- Fülle und Leere
- *Yin* und Yang.

Das vierte Paar wird oft im Kontext der *Yin* und Yang-Theorie verwendet (➤ Tab. 39.3). Außen, Hitze und Fülle können dem *Yang* zugeordnet werden, Innen, Kälte und Leere haben *Yin*-Charakter. Darum sind die grundlegenden Muster der acht Leitkriterien **Fülle, Leere, Außen, Innen, Hitze und Kälte**. Diese sechs Muster werden als die **sechs Wurzelmuster** bezeichnet.

Außen- und Innen-Muster

Hiermit wird die Tiefe der Störung bestimmt (➤ Tab. 39.4) und ob eine Störung außen oder innen im Körper vorliegt. Unter den Begriff „außen" fällt im Sinne der TCM die Haut, die Haare, das Fell, die Muskeln und ihre Zwischenräume und die oberflächlichen Anteile der Meridiane und ihrer Kollateralen. Zum „Inneren" gehören die *Zang Fu*-Organe.

Die Außen-Muster können in vier Untergruppen unterteilt werden: Außen-Kälte, Außen-Hitze, Außen-Fülle und Außen-Leere (➤ Tab. 39.5).

Hitze- und Kälte-Muster

Hitze und Kälte beschreiben die Natur einer Störung. Bei den Kälte-Mustern gibt es Außen-Kälte und Innen-Kälte. Die Innere Kälte kann noch weiter in einen Fülle- und einen Leere-Zustand unterteilt werden. Fülle-Kälte wird meist durch direktes Eindingen von Kälte verursacht, z. B. durch Trinken von eiskaltem Wasser. Auch der exogene pathogene Faktor Wind-Kälte kann zu einem solchen Fülle-Kälte-Muster führen. Leere-Kälte-Muster werden häufig durch *Yang*-Leere hervorgerufen.

Auch die Hitzemuster können in Außen-Hitze und Innen-Hitze unterteilt werden. Der Innen-Hitze kann ein Fülle- oder ein Leere-Zustand zugrunde liegen (➤ Tab. 39.6). Fülle-Hitze wird in der Regel durch Eindringen von Wind-Hitze, Trockenheit-Hitze oder

Tab. 39.2 Methoden zur Differenzierung der Krankheitsmuster

Methode	Unterscheidungsprinzip	Anwendung
Acht Leitkriterien	Differenzierung der vier gegensätzlichen Paare und der sechs Wurzelmuster: • Außen/Innen • Hitze/Kälte • Fülle/Leere • Yang/Yin	Grundlage der TCM-Diagnostik, Anwendung bei jeder Form der Erkrankung
Zang Fu-Syndrome	Jedes *Zang Fu*-Organ kann ein Hitze-/Kälte- oder ein Leere-/Fülle-Muster zeigen: • Gallenblase/Leber • Perikard/Dreifacher Erwärmer • Herz/Dünndarm • Milz/Pankreas/Magen • Lunge/Dickdarm • Niere/Blase	Innere Erkrankungen, chronische Erkrankungen, generelle Schwäche, geriatrische Erkrankungen
Sechs Schichten	• *Tai Yang* • *Yang Ming* • *Shao Yang* • *Tai Yin* • *Shao Yin* • *Jue Yin*	Exogene Erkrankungen, chronische Entzündungen, jede Erkrankung, die mit Kälte-Zeichen anfängt
Vier Phasen	• *Wei* (Abwehr) • *Qi* • *Ying* (Nahrung) • *Xue* (Blut)	Exogene Erkrankungen, Infektionen, jede Erkrankung, die mit Hitze beginnt (Fieber)
San Jiao-Muster (Dreifacher Erwärmer)	• Oberer Erwärmer (Herz/Lunge) • Mittlerer Erwärmer (Milz/Pankreas und Magen) • Unterer Erwärmer (Niere und Leber)	Exogene Erkrankungen
Pathogene Faktoren	• Exogene Faktoren: Wind, Kälte, Sommerhitze, Feuchtigkeit, Trockenheit, Feuer • Endogene Faktoren: Emotionen, Überarbeitung, Beschäftigungsmangel, Hunger, Überfressen • Sonstige Einflüsse: Stürze und Erschütterungen, Trauma, Schleim, Stagnation	Alle Erkrankungen
Muster, die *Qi*, Blut und Körperflüssigkeiten betreffen	Genaue Betrachtung von Qi, Blut, Körperflüssigkeiten, generelle Gesundheitsvorsorge	Chronisch innere Krankheiten
Meridian-Muster	• Zwölf Meridiane • Acht außergewöhnliche Meridiane	Erkrankungen des Bewegungsapparates, vor der Meridian-Therapie

Tab. 39.3 Acht Leitkriterien und sechs Wurzelmuster

Kategorie	*Yang*	*Yin*
3 Gegensatzpaare: 6 Wurzelmuster	Außen	Innen
	Hitze	Kälte
	Fülle	Leere

durch Sommer-Hitze verursacht. Sie kann manchmal auch aufgrund einer Nahrungsstagnation entstehen, die Wärme im Magen in Hitze verwandelt. In seltenen Fällen entsteht Fülle-Hitze durch die Umwandlung von Wind-Kälte oder Wind-Feuchtigkeit. Eine Leere-Hitze geht meist auf einen *Yin*-Mangel zurück, der durch lange Krankheit oder in den späten Stadien einer fieberhaften Erkrankung entsteht.

Leere- und Fülle-Muster

Die Begriffe Leere- und Fülle-Muster beschreiben die Stärke des *Zheng Qi* (Fähigkeit des Körpers, Krankheiten abzuwehren) und die Abwesenheit oder Anwesenheit eines pathogenen Faktors.

Eine Leere kann durch eine Leere des *Zheng Qi* entstehen, die auf Überarbeitung, Blutverluste oder chronische Krankheiten zurückzuführen sein kann. Generell weisen folgende Symptome auf eine Leere hin: trockene oder verbrannt erscheinende Haare, Gewichtsverlust, Schlappheit, Arbeitsunlust, Schwäche der Gliedmaßen und des Rückens, generelle Schwäche, blasse Zunge ohne Belag, schwacher Puls. In ➤ Tab. 39.7 werden die Unterscheidungen der vier Leere-Muster angegeben. Eine *Qi*-Leere steht meist im Zusammenhang mit Lunge, Herz, Nieren und Milz/Pankreas. Blut-Leere-Muster haben eher mit Leber, Milz/Pankreas und Herz zu tun. Die *Yin*-Leere-Muster ähneln den Hitze-Leere-Mustern, während die *Yang*-Leere-Muster den Kälte-Leere-Zuständen ähneln (➤ Tab. 39.6).

Tab. 39.4 Unterscheidung von Außen- und Innen-Mustern

Muster	Betroffene Strukturen	Krankheitsstadium	Ursache	Symptome
Außen	Haut, Haare, Muskeln, Meridiane	Frühstadien	Angriff eines äußeren pathogenen Faktors	• plötzliche auftretende Symptome, die nur kurze Zeit anhalten • Fieber, Abneigung gegen Kälte, Schüttelfrost • Zunge mit dünnem Belag schwebender Puls
Innen	Innere Organe	Spätere Stadien	Äußere pathogene Faktoren, emotionaler Stress, falsches Training oder falsche Ernährung	• lange währende Erkrankung • Zunge mit dickem oder gar keinem Belag • tiefer Puls

39

Tab. 39.5 Unterscheidung und Therapie der vier Außen-Muster

Muster	Symptome	Behandlungsstrategie	Kräutermischung	Akupunkturpunkte
Außen-Kälte	• klarer Nasenausfluss • starkes Kältegefühl mit Zittern • blasse Zunge mit dünnem Belag • langsamer Puls	Klären der Wind-Kälte	*Gui Zhi Tang* (Nr. 2)	*Tian Meng* (Punkt 36, LG 16)
Außen-Hitze	• dicker Nasenausfluss • Husten • rote Zunge mit dünnem Belag • schneller Puls	Ausleiten der Wind-Hitze	*Yin Qian San* (Nr. 3)	*Bi Qian* (Punkt 20, LG 26)
Außen-Fülle	• kein Schweiß • Fieber • rote Zunge • kraftvoller Puls	Die Oberfläche befreien	*Ma Huang* Tang (Nr. 1)	*Da Zhui* (Punkt 4, LG 14)
Außen-Leere	• Schwitzen • generelle Müdigkeit • blasse Zunge • schwacher, schwebender Puls	Tonisieren des *Qi*, Klären der Oberfläche	*Ren Shen Bai Du San*	*Da Feng Men* (Punkt 1, LG 24)

Tab. 39.6 Unterscheidung von Kälte- und Hitze-Muster

Muster		Symptome	Behandlungsstrategie	Kräutermischung	Akupunkturpunkte
Außen-Kälte siehe ➤ Tab. 39.5					
Innen-Kälte	Fülle-Kälte	• Nase, Ohren, Gliedmaßen kalt • laute Darmperistaltik oder Kolik purpurfarbene, nasse Zunge • tiefer und langsamer Puls	Wärmen der Mitte, Ausleiten der Kälte	*Gui Xing San* (Nr. 41)	*Guan Juan Shu* (Punkt 62, Bl 21)
	Leere-Kälte	• kalte Nase und Ohren • Antriebslosigkeit, Appetitverlust • Diarrhö mit unverdautem Futter • Ödeme oder viel klarer Urin • blass purpurfarbene Zunge • tiefer, langsamer, schwacher Puls	Tonisieren und Wärmen der Mitte	*Li Zhong Tang* (Nr. 42)	*Bai Hui* (Punkt 68)

Tab. 39.6 Unterscheidung von Kälte- und Hitze-Muster *(Forts.)*

Muster		Symptome	Behandlungsstrategie	Kräutermischung	Akupunkturpunkte
Außen-Hitze siehe ➤ Tab. 39.5					
Innen-Hitze	Fülle-Hitze	• Fieber, Nase und Ohren heiß • schnelle Atmung • trockener Kot • wenig, konzentrierter Urin, viel Durst • rote, trockene Zunge mit gelbem Belag • schneller, hetzender Puls	*Yin* nähren und Hitze ausleiten	*Huang Lian Jie* Du Tang (Nr. 12)	*Bi Shu* (Punkt 19, Di 20)
	Leere-Hitze	• Abgeschlagenheit • lange dauerndes Fieber, v. a. am Nachmittag • trockener und kleiner Kot • wenig, konzentrierter Urin • rote, trockene Zunge mit wenig oder gar keinem Belag • fadenförmiger, schneller Puls	*Yin* nähren, Hitze kühlen	*Liu Wei Di Huang Wan* (Nr. 73)	Ni 3, MP 6

Tab. 39.7 Unterscheidung der Leere-Muster

Muster	Symptome	Behandlungsstrategie	Kräutermischung	Akupunkturpunkte
Qi-Leere	Spontanes Schwitzen, kurzatmig oder Husten, Appetitverlust, weicher Kot, Abneigung gegen Arbeit, Rektum oder Uterusprolaps, häufiges Urinieren, Sterilität oder Inkontinenz, blasse, feuchte Zunge, schwacher Puls	*Qi* tonisieren	*Si Jun Zi Tang* (Nr. 65)	*Pi Shu* (Punkt 59), Ma 36
Blut-Leere	Müde, trübe Augen, leicht zu ängstigen, Schwäche der Sehnen, Risse im Hufhorn, blasse, trockene Zunge, fadenförmiger, weicher Puls	Blut nähren	*Si Wu Tang* (Nr. 69)	MP 10
Yin-Leere	Ähnlich wie Leere-Hitze, siehe ➤ Tab. 39.6			
Yang-Leere	Ähnlich wie Leere-Kälte, siehe ➤ Tab. 39.6			

Fülle-Muster zeichnen sich immer durch die Anwesenheit von pathogenen Faktoren aus. Es gibt sechs exogene „teuflische" Einflüsse: Wind, Kälte, Feuchtigkeit, Sommer-Hitze, Trockenheit und Feuer. Auch Nahrungs- und Blutstagnationen und der sekundäre pathogene Faktor Schleim können schädliche Wirkungen ausüben. Generell verursachen Fülle-Muster hyperfunktionelle Symptome wie hohes Fieber, schnelle Atmung, Übererregung, Völlegefühl oder Schmerzen im Abdomen, Verstopfung, rote oder tief rote Zunge mit dickem Belag und ein rasender Puls.

Yin- und *Yang*-Muster

Yin und Yang werden meist zur Einteilung der sechs Wurzelmuster verwendet (➤ Tab. 39.3). Zu den *Yang*-Mustern gehören Außen, Fülle und Hitze, während die *Yin*-Muster sich aus Innen, Kälte und Leere zusammensetzen.

39.6 Zusammenfassung

Die korrekte Auswahl der Akupunkturpunkte und der chinesischen Kräuter basiert auf der sorgsam durchgeführten TCM Diagnose. Das verwendete Diagnose System wird *Bian Zhen* oder Musterunterscheidung genannt. Um ein Muster im Sinne der TCM zu erkennen, muss man das *Shen*, die Zunge und den Puls bewerten und andere ebenso nötige Untersuchungen durchführen.

LITERATUR

1. Deng TT: *Traditional Chinese medical diagnosis* (in Chinese), Beijing, 1995, People's Hygiene Press, pp 13–14, 303–556.
2. Li KS: *A guide to traditional Chinese veterinary medical practice* (in Chinese), Chengdu, 1988, Sichuan Science and Technology Press, pp 21–28.
3. Xie HS: *Traditional Chinese veterinary medicine,* Beijing, 1994, Beijing Agricultural University Press, pp 66–68, 81–107.
4. Xie HS, Liu H: Clinical application of six meridian patterns in veterinary medicine, *Int J Vet Acupunct* (7) 2:5–9, 1996.

KAPITEL

40 Die ganzheitliche Akupunkturbehandlung bei Leistungspferden

Joyce C. Harman

Oft werden Pferdeakupunkteure gerufen, wenn Hochleistungstiere nicht mehr die gewohnte Leistung erbringen können. Um anhaltend gute Erfolge mit der Akupunktur zu erzielen, ist es wichtig, das ganze Pferd zu betrachten und alle vorliegenden Störungen zu identifizieren und zu korrigieren. Wird dies unterlassen, werden die Klienten Akupunktur nur für eine kurze Zeit ausprobieren und sich dann anderen Heilmethoden zuwenden, weil die Probleme ihres Pferdes nicht zu ihrer Zufriedenheit gelöst werden konnten. Die heutigen Pferdebesitzer stellen höhere Anforderungen an die Leistungen ihrer Pferde und sie informieren sich zunehmend über die Anzeichen und Ursachen einer unbefriedigenden Leistung. Die Beurteilung der Leistung ist anspruchsvoller und kritischer geworden, obwohl die Leistung der Pferde immer weiter steigt. Turnierreiter stellen höhere Ansprüche an die Fähigkeiten ihrer Tierärzte, die Ursachen von geringgradigen Lahmheiten und Leistungsverschlechterungen zu erkennen.

In der gesamten Pferdeszene, auch bei den Galoppern, gibt es eine große und meist undokumentiert bleibende Anzahl von Pferden, die wegen Leistungsproblemen abgeschafft werden. Viele der Tiere werden zu einem Zeitpunkt für viel Geld gekauft, zu dem sie gute Leistungen im Wettkampf erbringen, lassen dann aber später deutlich nach. Meist ist die Diagnose in diesen Fällen sehr unspezifisch. Größere Geldsummen werden für den Versuch ausgegeben, das Problem zu lösen – meist aber vergebens. In der Folge wird das Pferd aufgrund seiner nachlassenden Leistung zu niedrigeren Preisen verkauft. So enden viele talentierte und sehr teure Pferde als Schulpferde oder in Verkaufsställen, da sie angeblich „Leistungs- oder Verhaltensprobleme“ haben. Das Ergebnis sind frustrierte Besitzer und beachtliche finanzielle Verluste. Mit dem Einzug der Akupunktur in die Routinepraxis sind immer mehr Tierärzte in der Lage, die Ursachen der geringgradigen Lahmheiten und so genannten Verhaltensprobleme zu finden und zu beheben, aufgrund derer sie so häufig gerufen werden.

40.1 Ursachen von Leistungsschwäche

Schmerzen

Viele Leistungseinbrüche und Verhaltensprobleme lassen sich auf Weichteilschmerzen in der Hals- und Rückenregion der Pferde zurückführen. Sehr häufig werden diese Schmerzen durch eine schlechte Sattelpassform oder eine falsche Sattellage verursacht. Andere wichtige und häufig auftretende Gründe sind ein mangelndes Gleichgewicht des Reiters, das oft durch Beschwerden beim Reiter selbst ausgelöst wird, mangelndes Können des Reiters, Trainingstechniken, die natürliche Bewegungen des Rückens behindern, nicht ausgeglichene, schlecht beschlagene Hufe und Schmerzen im Maul, die meist auf scharfe Zahnkanten, unruhige oder zu feste Reiterhände oder Gebissprobleme zurückzuführen sind. All das kann das Pferd dazu veranlassen, den Rücken wegzudrücken, den Hals nach unten durchzubiegen und dem Reiter und seinen Hilfen auszuweichen.

Körperbau

Ob das Pferd überhaupt von seiner Konstitution, seiner neuromuskulären Koordination und seinem Körperbau her in der Lage ist, die gewünschte Leistung zu erbringen, spielt ebenfalls eine Rolle [1]. Pferde, die für ihre Aufgabe nicht geeignet sind, versuchen in der Regel, durch permanenten Einsatz all ihrer Kräfte, den Besitzer zufrieden zu stellen. Das Risiko von Verletzungen oder Abnutzungslahmheiten ist aber viel größer, wenn das Tier täglich an den Rand seiner Leistungsfähigkeit gelangt. So ist z. B. bei einem Pferd mit langen, weichen Fesseln die Gefahr einer Sehnenproblematik wesentlich größer, als bei einem Tier mit kürzeren und belastbareren Fesseln. Ein Pferd mit einem langen Rücken ist viel gefährdeter, Rückenprobleme entwickeln, vor allem, wenn es einen schweren Reiter tragen muss. Die Tiere versuchen dann die Schmerzen in ihrem Rücken durch eine stärkere Belastung der Knie und der Sprunggelenke aufzufangen. Das bedeutet natürlich nicht, dass jedes Pferd mit langen, weichen Fesseln Sehnenprobleme entwickeln wird, oder dass jedes Pferd mit einem langen Rücken auch an Rückenschmerzen leidet. Man sollte sich jedoch des erhöhten Risikos bei diesen Tieren bewusst sein. Andererseits kann ein stämmig gebautes Pferd mit einem kurzen, starken Rücken eigentlich viel Reitergewicht tragen. Dieses Tier kann aber durch die Länge der üblichen Westernsättel Probleme entwickeln und trotz des günstigen Körperbaus Rückenschmerzen entwickeln. Pferde mit ungeeignetem Körperbau benötigen wesentlich häufiger eine medizinische Behandlung als Pferde mit günstigem Körperbau. Bei manchen dieser Tiere wäre vielleicht eine andere Nutzungsweise angebracht.

Psychologische Probleme

Pferde die gerne die Leistung bringen, die von ihnen gefordert wird, sind entspannter und leiden schon daher seltener an Schmerzen und Verspannungen als die Tiere, die sich für den von ihnen geforderten Sport nicht eignen. Das ist allerdings manchmal schwer einzuschätzen, da Pferde die Schmerzen leiden, in keiner Disziplin die Leistungen bringen können, zu denen sie eigentlich in der Lage

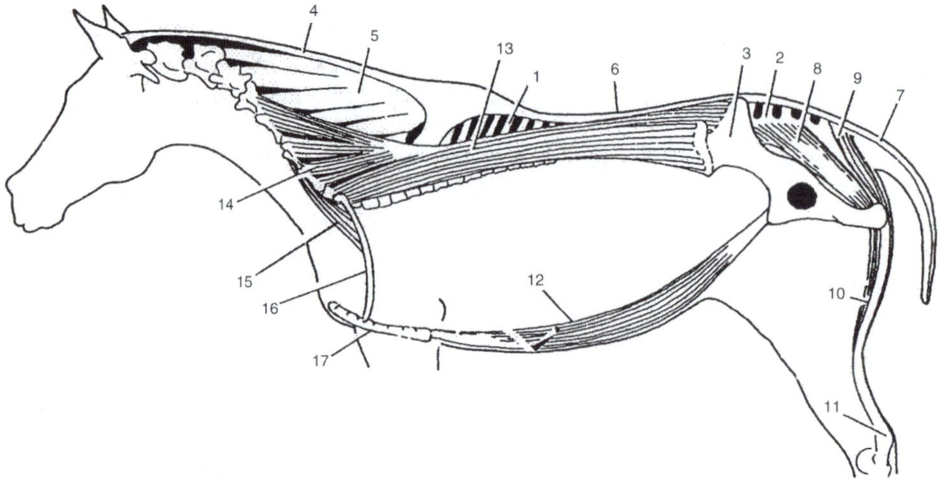

Abb. 40.1 Der „Muskelring", der aus Muskeln, Knochen, Sehnen und Bändern besteht:
1 = Processus spinosi der Rückenwirbel; 2 = Os sacrum; 3 = Os ilium;
4 und 5 = Lig. nuchae; 6 = dorsales Band des Rückens, 7 = dorsales Band des Schweifes; 8 = Lig. sacroiliacum; 9 und 10 = M. semitendinosus; 11 = Tuber calcanei; 12 = M. rectus abdominis; 13 = M. longissimus dorsi; 14 = M. longissimus cervicis; 15 = M. scalenus; 16 = erste Rippe; 17 = Sternum.
(Mit freundlicher Genehmigung von Dr. Deb Bennet)

40

sind. Bleiben Verhaltensweisen, wie z. B. Angst vor dem Springen, Langeweile bei der Dressurarbeit oder Nervosität bei der Arbeit mit Rindern bestehen, obwohl die Schmerzursache behoben wurde, kann es an der Zeit sein, für das Pferd eine andere Beschäftigungsform zu suchen. Manche Pferde lernen, Aufgaben zu lösen, auch wenn sie vorher mit Schmerzen in Verbindung standen, andere Pferde können dies nicht. Letztere werden dann meist herabgestuft und verkauft. Bei den meisten Pferden, deren Rückenschmerzen mit Akupunktur behandelt wurden und deren Sättel passen, lösen sich auch die Trainingsprobleme, die vor der Behandlung bestanden haben, manchmal über Nacht. Bei anderen wiederum müssen parallel Trainingstechniken verändert, die Reiterbalance verbessert und Gebiss- oder Beschlagsprobleme gelöst werden, da sonst die Rückenschmerzen trotz Akupunkturbehandlung wiederkommen.

Verletzungen

Die Muskulatur des Halses und des Rückens kann aufgrund vieler Ursachen schmerzhaft werden. Ein Pferd, das mit seinem vollen Gewicht von 500 oder 600 kg auf den Boden fällt, kann mit einem Menschen bei einem Autounfall verglichen werden. Wie dieser Mensch kann auch das Pferd noch Monate nach dem Fall an den Folgen des Unfalls leiden. Wie beim Menschen können Wirbel subluxieren und Muskeln, Sehnen oder Bänder können verletzt und über die Zeit immer fester und verkrampfter werden, wenn man die Spasmen nicht mit Hilfe von Akupunktur, Chiropraktik oder Massage löst. Unbehandelt werden die chronischen Rückenschmerzen Monate später, wenn der Unfall längst vergessen ist, oft so schlimm, dass sie die Leistungsfähigkeit des Pferdes beeinträchtigen. Festliegen ist ein weiteres Problem, das gerade bei Pferden, die viel Zeit in ihren Boxen verbringen, eine große Belastung für das neuromuskuläre System darstellen kann. Die Besitzer sehen meist das Festliegen selbst nicht. Sie bemerken nur, dass die Leistungsbereitschaft ihres Pferdes immer weiter abnimmt. In manchen dieser Fälle treten die Probleme über Nacht auf, in anderen entwickeln sie sich langsam.

Die Lahmheiten aus den distalen Bereichen des Pferdebeines werden oft als Ursache für die Rückenschmerzen verantwortlich gemacht. Meist sind sie aber vielmehr eine Folge von Rückenschmerzen. Wenn erst einmal der Rücken seine Flexibilität und Schwungkraft verloren hat müssen die unteren Gelenke des Pferdebeines die veränderten Belastungen auffangen. Viele Lahmheiten in diesem Gebiet verschwinden, wenn der Rücken behandelt wurde und treten nicht mehr auf, solange die Rückenschmerzen nicht wieder kommen. Häufig bestehen gleichzeitig Muskelschmerzen, die durch Weide- oder Reitunfälle entstanden sind.

40.2 Funktion des Pferderückens

Der Rücken des Pferdes spielt eine zentrale Rolle für die Funktion des Bewegungsapparates und die Fähigkeit des Pferdes, einen Reiter zu tragen. Kopf, Hals, Rücken und Hinterhand sind biomechanisch miteinander verbunden und bewegen sich zusammen in ähnlicher Art und Weise. Das bedeutet auch, dass eine nach ventral gebogene Halshaltung, also ein durchgedrückter Hals, auch einen nach ventral durchgebogenen Rücken, also ein Hohlkreuz, zur Folge hat. In dieser Körperhaltung kann die Hinterhand nur hinter dem Körper herschleifen, anstatt energisch unter den Körper zu treten, wo sie am effektivsten arbeiten kann.

Das Prinzip des Muskelrings

Für eine gesunde Rückenhaltung beim Pferd müssen M. rectus abdominis, M. iliopsoas, M. tensor fasciae latae und M. quadriceps angespannt sein. All diese Muskeln gehören zu den Protraktoren der Hintergliedmaße (➤ Abb. 40.1). Die Kontraktion des M. longissimus dorsi verlängert den Rücken und wirkt gegen die Bewegung (➤ Abb. 40.2, A). Wird jedoch der ventrale Anteil des Muskelrings angespannt, kann der Rücken aufgewölbt werden und sich frei bewegen (➤ Abb. 40.2, B) [1, 2].

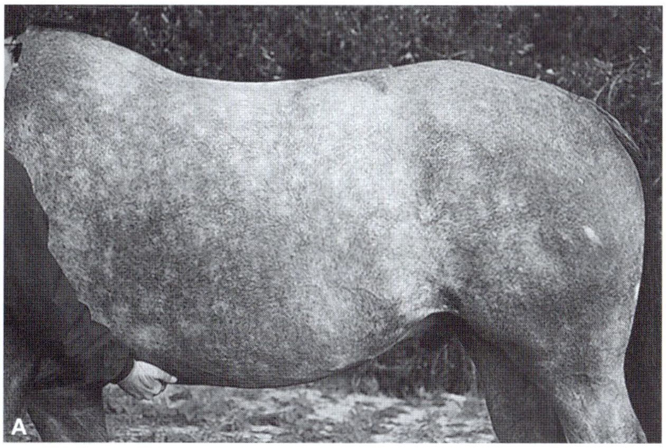

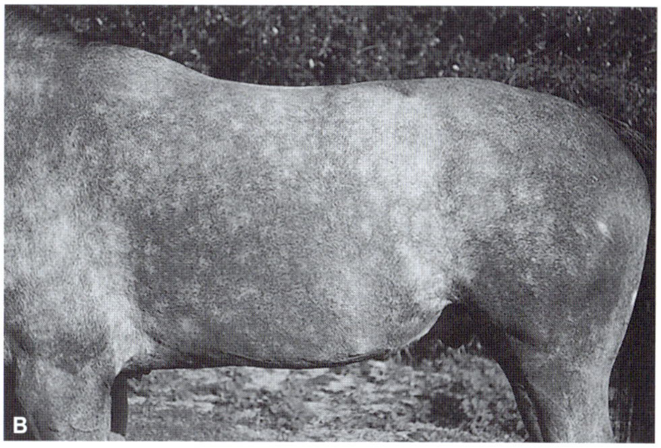

Abb. 40.2 **A** Das Pferd steht entspannt mit leicht hängendem Rücken. Dies ist keine ungewöhnliche Körperhaltung. **B** Dieses Pferd wurde dazu angeregt, den Rücken aufzuwölben, die Bauchmuskulatur anzuspannen und den M. longissimus dorsi zu entspannen. Bitte beachten Sie die Unterschiede in der Rückenlinie und des Beckenwinkels zwischen Abbildung A und B. Durch regelmäßiges Training der Bauchmuskulatur sollte der Rücken während des Reitens die meiste Zeit so aussehen.

Spannung tritt dann auf, wenn das Pferd Schmerzen im Rücken verspürt und den Rücken dagegen anspannt. Dann kann die Muskulatur des M. longissimus dorsi nicht mehr frei eingesetzt werden, der Rücken wird nach unten durchgedrückt und steif, die Hinterhand tritt nicht mehr unter und die Vorhand verlässt ihre unterstützende Position unter dem Körper. Ein Pferd in dieser Körperhaltung ähnelt vielen Gangpferden, die oft ein extremes Beispiel für Bewegungen mit ventroflektiertem Rücken und Hals liefern. In nicht ganz so ausgeprägter Form ist die Fehlhaltung bei vielen Pferden in jeder Pferdesportart zu beobachten. Das gilt leider für alle Trainingsformen und Leistungsniveaus, für die reinen Freizeitpferde genau so wie für Pferde, die auf olympischem Niveau starten. Stellen sie sich ein solches Pferd im Dressurviereck oder im Parcours vor: die nach hinten arbeitende Hinterhand würde die Wertnote drastisch nach unten drücken und die Stangen der Hindernisse fliegen lassen. Ein Cutting- oder Ropingpferd, das in dieser Haltung zum Sliding Stop kommt, würde die Vorhand extrem belasten und den Reiter stark durchschütteln. Die unnatürliche Belastung, die solche Bewegungen auf die Sprunggelenke und die Knie leiten, kann zu Lahmheiten und Schmerzen führen, die das Pferd irgendwann zur Verweigerung veranlassen können. Die Vorderhand dieser Tiere wird zum Ausgleich eher nach kranial geschoben, anstatt unter dem Pferd zu stehen. Die Fehlbelastung dieser Haltung und Bewegung kann zu Empfindlichkeiten und zu Überlastung von Sehnen und Gelenken führen.

Ein Pferd mit einer ansprechenden Halshaltung, aber einem bewegungslosen Rücken und entspannten Bauchmuskeln (➤ Abb. 40.3, A) kann mehr Rückenprobleme haben, als ein anderes mit Hirschhals und ventroflektiertem Rücken. Pferde, die den ventralen Anteil des Muskelrings benutzen, sind leider die Ausnahme. Pferde die ihren Rücken wirklich effektiv einsetzen und nutzen, lassen auf herausragende athletische Fähigkeiten (des Reiters und des Pferdes) schließen (➤ Abb. 40.3, B).

Abb. 40.3 Beide Pferdesilhouetten zeigen eine hohe Halshaltung, aber nur das Pferd in Abbildung **B** spannt den „Muskelring" an. Woran ist dies zu erkennen? Zunächst sollte man die Rückenlinie betrachten: Ist der Rücken aufgewölbt? Sind das Genick und die Kruppe gleichzeitig gebeugt, oder fallen sie auseinander? Danach prüft man die Bauchlinie und achtet darauf, ob sie verkürzt, verlängert oder vertieft erscheint. Unter dem Sattel sieht das Pferd in Abbildung **A** so aus, als würde es am Zügel gehen, da es den Hals gebogen trägt. Bei genauerem Hinsehen wird jedoch klar, dass der Hals an den falschen Stellen gebogen ist.
(Mit freundlicher Genehmigung von Dr. Deb Bennet)

Stärkung des Muskelrings

Eine gute Dressurausbildung ist traditionell darauf ausgerichtet, die Bauchmuskeln so zu stärken, dass sie die Kraft zum Tragen des Körpers haben und die Körperkontrolle ermöglichen, die in diesem Sport angestrebt wird. Gerade Dressurpferde benötigen starke Bauchmuskeln, um die Hinterhand zum aktiven Untertreten zu befähigen, den Rücken aufzuwölben und die Leichtigkeit der Bewegungen zu erzielen, die bei einem Dressurpferd erwünscht ist. Die Stärkung der Bauchmuskulatur ist aber für alle Pferdesportarten wichtig, da alle Pferde den Rücken aufwölben und die Hinterhand unter den Körper führen müssen, um den Reiter zu tragen. Das gilt für Cuttingpferde ebenso wie für Distanzpferde, Vielseitigkeitspferde usw. Eine gut ausgeprägte Bauchmuskulatur ist auch für ein Springpferd von großer Bedeutung, da es aus dieser Muskulatur heraus die Fähigkeit entwickelt, das Hindernis zu überspringen. Starke Bauchmuskeln ermöglichen es dem Pferd, sich leicht auf seinen Füßen zu bewegen und können so helfen, Müdigkeit und deren Folgen bei Geländeprüfungen oder bei mehrtägigen Turnieren zu vermeiden.

PRAXISTIPP

Um diese Problematik zu verdeutlichen, kann man folgende Übung mit einem Pferd durchführen. Ziehen Sie Ihre Fingerspitzen oder die Fingernägel, falls das Pferd nicht besonders empfindlich ist, von der ventralen Gurtlage bis hin zum Bauchnabel. Das Pferd sollte daraufhin den M. rectus abdominis anspannen und den Rücken aufwölben, den M. longissimus hingegen entspannen und den Kopf und Hals nach vorne und unten strecken. In dieser Position kann der Rücken sich frei bewegen, während der Reiter getragen wird. Beachten Sie die Veränderungen in der Form des Rückens, während Sie die Übung durchführen. Die Oberlinie des Pferdes sieht flacher aus, eher wie die eines jungen Pferdes. So sollte ein Pferd aussehen, das keine Rückenschmerzen erleidet und gut entwickelte Rückenmuskeln hat, die stark genug sind, freie Bewegung zuzulassen.

Die beschriebene Übung kann auch zur Stärkung der Bauchmuskulatur des Pferdes angewendet werden, wenn sie mehrmals täglich durchgeführt wird. Es ist aber ratsam, anfangs sehr vorsichtig vorzugehen. Viele Pferde sind nicht in der Lage dem Druck der Finger nachzugeben und den Rücken aufzuwölben. Manche von ihnen treten und beißen dann. Wenn ein Pferd den Rücken nicht frei aufwölben kann, sollte es mit Akupunktur und mit Chiropraxis behandelt werden.

PRAXISTIPP

Versuchen Sie selbst folgende Übung: Stellen Sie sich auf einen Fuß und drücken Sie den Rücken durch. Dann versuchen Sie das nicht belastete Bein so hoch wie möglich zu ziehen, während das Knie gebeugt bleibt. Biegen Sie Ihren Rücken nach vorne und probieren Sie jetzt, wie weit Sie Ihre „Hinterhand unter den Körper ziehen" können. Beachten Sie die wesentlich größere Bewegungsfreiheit, die der gebogene Rücken Ihnen bietet, im Gegensatz zum durchgedrückten Rücken.

40.3 Diagnostik bei Leistungsproblemen

Oft werden Akupunkteure zu Pferden gerufen, die zwar nicht lahm sind, deren Leistung aber zu wünschen übrig lässt. Die Vorstellung unter dem Sattel bringt nur sehr selten Lahmheiten zutage, und auch die klinische Untersuchung ist meist ergebnislos. Dennoch ist der Reiter mit der Leistung des Pferdes unzufrieden. Oft ist die Bewegung in einer Richtung oder bei einer ganz bestimmten Übung steifer. Der Tierarzt kann eventuell keine Lahmheit feststellen, aber der Reiter kann eine Problematik erfühlen. Diese geringgradigen Lahmheiten sind mit westlichen Methoden sehr schwierig aufzudecken und zu behandeln. Sie reagieren aber sehr gut auf Akupunktur, Chiropraxis und andere komplementäre Therapien.

Viele der betroffenen Pferde haben bereits eine extensive konventionelle Diagnostik durchlaufen, bevor sich die Besitzer zur Akupunkturbehandlung entschließen. Die konventionelle Lahmheitsuntersuchung mit Beugeproben und diagnostischen Nervenblockaden ist sehr hilfreich bei Beschwerden in den distalen Abschnitten der Extremitäten und bei Erkrankungen der Gelenke. Zur Diagnosen von Problemen in den proximalen Bereichen der Gliedmaßen und im Rücken sind diese Maßnahmen jedoch weniger geeignet. Die TCM-Diagnosen, wie z. B. Blut-Stagnation, *Qi*-Stagnation oder Milz/Pankreas-*Qi*-Leere zeigen sich meist nicht in den konventionellen bildgebenden Verfahren. Dennoch ist es immer wichtig, möglichst viele diagnostische Methoden mit einzubeziehen, wenn man ein Pferd mit schlechter Leistung oder geringgradiger Lahmheit anschaut. Ein sehr guter Grund sich mit Akupunktur oder mit Chiropraxis zu beschäftigen, ist die Entwicklung des Tastsinns durch diese Methoden.

Der erste Schritt zur Feststellung der Ursache einer geringgradigen Lahmheit ist eine komplette Anamnese und eine aufmerksame körperliche Untersuchung, inklusive einer Bewegungsanalyse ohne und mit Sattel/Geschirr. Danach sollte eine eingehende TCM-Untersuchung und Palpation der Muskulatur erfolgen [3, 4]. Diagnostische Nervenblockaden und bildgebende Verfahren können eingesetzt werden, wenn sie für die Diagnosestellung noch notwendig sind.

40.3.1 Bildgebende Verfahren

Anatomische Veränderungen

Röntgenbilder und **Ultraschalluntersuchungen** bilden anatomischen Veränderungen, die das Pferd möglicherweise beeinflussen, sehr genau ab. Gemeinsam mit den Ergebnissen einer eingehenden Lahmheitsuntersuchung können dadurch Läsionen diagnostiziert und eine Therapierichtung festgelegt werden. In vielen Fällen kann die Akupunktur als primäre Therapie bei lokalisierten Läsionen verwendet werden. Sie kann auch zur Unterstützung anderer lokaler Therapien, wie z. B. intraartikulärer Injektionen, eingesetzt werden. Viele Pferdetierärzte haben die Erfahrung gemacht, dass Akupunktur meist weitere lokale Behandlungen unnötig macht. In anderen Fällen kann durch die Identifikation der anatomischen Läsion festgelegt werden, ob das Pferd weitere spezielle Behandlungen braucht, wie z. B. die Implantation von Goldfäden um ein Gelenk herum. Die Ultraschalluntersuchung des Rückens wird erst seit kurzem vermehrt eingesetzt und kann bei der Suche nach klinisch relevanten Läsionen im Bereich des Rückens sehr hilfreich sein [5].

Veränderungen des Gewebestoffwechsels

In vielen Fällen entsteht eine lokale Läsion als Kompensation für Störungen in anderen Körperbereichen. So kann z. B. der entzündete linke Fesselbereich am Vorderbein durch eine alte Verletzung des rechten Hinterbeins, wie z. B. eine Stressfraktur oder tiefe Muskelspasmen, verursacht werden. Hier kommen Methoden zum Einsatz, die Veränderungen des Gewebestoffwechsels sichtbar machen können, wie z. B. die Thermographie oder die Szintigraphie. Beide Verfahren zielen darauf ab, die Stoffwechselveränderungen im Rahmen einer Verletzung darzustellen, statt die eigentliche anatomische Läsion abzubilden. Sie eignen sich besser zur Diagnostik von Weichteilverletzungen als von Knochenverletzungen. In vielen Fällen können diese Methoden helfen, den Ursprung eines Problems zu finden.

Über die **Szintigraphie** können Bereiche mit einer gesteigerten Knochenumsatzrate oder neuem Knochenwachstum ebenso festgestellt werden wie entzündliche Veränderungen am Muskel. Mit dieser Methode können akute Entzündungen in Rücken, Hals und oberen Gliedmaßenbereichen dargestellt werden. Tiefe, aktive Stressfrakturen, vor allem in Schulter und Becken, können so erkannt werden. Dennoch scheint die Szintigraphie zur Identifikation von Bereichen mit verminderter Durchblutung, wie sie z. B. bei *Qi*- und Blutstagnationen auftreten, nicht sehr effektiv zu sein. Ich habe selbst viele Pferde behandelt, die deutliche Schmerzreaktionen im Rückenbereich zeigten, aber einen unauffälligen szintigraphischen Befund hatten.

Die **Thermographie** eignet sich besser zum Auffinden von Ursachen der geringgradigen Lahmheitsprobleme. Die Methode ist nicht invasiv, das Gerät ist leicht zu transportieren und ermöglicht eine Untersuchung des gesamten Pferdes innerhalb kürzester Zeit. Die Thermographie bestimmt die lokale Hauttemperatur, die ein Maß für den Sympathikotonus dieses Gebietes ist. Normalerweise wird nach Bereichen mit erhöhter Temperatur gesucht, aber für die Einschätzung der meisten Akupunkturpatienten ist die Temperaturskala wichtig, also auch die Bereiche, die kühler sind [6].

Bereiche mit einem erhöhten Sympathikotonus zeigen eine verminderte Perfusion, da der Sympathikus vasokonstriktorisch wirksam ist. Dieses Phänomen äußert sich z. B. in der Humanmedizin als sympathische Reflexdystrophie (M. Sudeck) oder als chronisches regionales Schmerzsyndrom [7, 8]. Die Schmerzen, die Menschen bei diesen Erkrankungen beschreiben, stehen in keinem Zusammenhang mit dem gefundenen pathologischen Prozess, sind oft an anderer Stelle zu fühlen, als die eigentliche Läsion und beinhalten Sensationen wie Brennen, Hyperästhesie, Schmerzen, Pochen und Druckintoleranz, speziell in kleinen, scharf begrenzten Bereichen [9, 10]. Da diese Schmerzen neuropathologischen Ursprungs sind, reagieren sie nicht besonders gut auf entzündungshemmende Medikamente, aber sehr gut auf Akupunktur, Chiropraxis und andere physikalische Therapien.

Aus Sicht der Akupunktur ist die Thermographie eine sehr nützliche Methode. Kühlere Bereiche liegen meist bei *Qi*- und Blutstagnationen vor, die häufigste Diagnose nach der TCM-Lehre bei Pferden mit Rückenproblemen. Nach der Akupunkturbehandlung kann gezeigt werden, wie der vorher kühlere Bereich wieder zur normalen Temperatur der umgebenden Gewebe zurückkehrt.

Da die Thermographie so einfach durchzuführen ist, eignet sie sich auch besonders gut, um den Erfolg von Akupunkturbehandlungen einzuschätzen. Fälle, die nicht so ansprechen, wie eigentlich zu erwarten wäre, können mit Thermographie nachuntersucht und neu beurteilt werden. Oft zeigt sich, dass die Gewebebereiche mit der verringerten Durchblutung immer noch sichtbar sind, und so eine weitergehende diagnostische Abklärung vonnöten ist.

40.3.2 Erkennen von Schmerzen im Hals- und Rückenbereich

Die häufigsten Gründe, warum Pferde zur Akupunkturbehandlung vorgestellt werden, sind Leistungseinbußen, Verhaltensstörungen und geringgradige Lahmheiten. Viele Leistungseinbußen und Verhaltensprobleme werden durch Rückenschmerzen verursacht, unter anderem auch die meisten „Trainingsprobleme". In diesem Abschnitt werden die häufig falsch interpretierten Anzeichen von Schmerzen erklärt.

Typische Untersuchungsbefunde

Schmerzhafte Muskeln kommen sehr häufig vor, werden aber nur selten wirklich wahrgenommen. Die meisten Tierärzte untersuchen einen Pferderücken, indem sie mit einem Finger über den M. longissimus dorsi fahren. Nur wenige untersuchen auch den Hals auf schmerzhafte Stellen. Bei leichtem, sanft tastendem Druck kann die Reaktion verschwindend gering sein, oder die Berührung löst den üblichen Reflex des Wegdrückens des Rückens aus, gefolgt von einem Abkippen des Beckens. Manchmal wird diese Reaktion als Schmerzreaktion interpretiert, obwohl sie eigentlich normal ist.

Eine wesentlich akkuratere Einschätzung von Schmerzen im Rückenbereich lässt sich durch Palpation des inneren Blasen-Meridians und der Zustimmungspunkte erreichen. Schmerzreaktionen reichen von leichten Kontraktionen der umgebenden Muskeln bis zum starken Wegsacken des gesamten Pferdes, mit einer deutlichen Anspannung des M. longissimus dorsi (➤ Kap. 33).

Ein Anspannen der Rückenmuskeln bis sie sich nicht mehr bewegen können ist ebenfalls eine häufige Schmerzreaktion bei Pferden. Die Schmerzen werden geringer, wenn der Muskel versteift ist. Dieses „Versteifen" wird oft als Abwesenheit von Schmerzen interpretiert, da das Tier nicht versucht, dem Druck auszuweichen. Manche Pferde können ihren Rücken so fest machen, dass sie schon fast buckeln. Viele dieser Tiere buckeln beim Reiten vor allem während der Aufwärmphase. Schmerzen im Halsbereich können durch Palpation mit zwei Fingern entlang der Wirbelsäule festgestellt werden. Die Finger suchen nach schmerzhaften oder verspannten Gebieten. Wenn eine schmerzhafte Stelle getroffen wird, zucken die Pferde oft nur kurz. Daher ist jede Verspannung in der Muskulatur wichtig. Schmerzen im Halsbereich können von Subluxationen, Muskelschmerzen oder Schmerzen entlang der über den Hals ziehenden Akupunktur-Meridiane verursacht sein.

Spezielle Probleme im Bereich von Hals und Rücken

Gerade bei Pferden mit einer **weichen, losen Muskelfaszie** wird die TCM-Untersuchung häufig fehl interpretiert. Quarterhorses, Kaltblüter und Ponies haben oft die gleichen Beschwerden wie Araber oder Vollblüter, deren Muskelfaszien von Natur aus straffer gespannt sind – dennoch reagieren bei Pferden mit weicher Faszie nur wenige Punkte auf die Palpation. Trotzdem reagieren diese Tiere sehr gut auf Akupunkturbehandlungen. Gerade bei Tieren, die nur minimal auf Schmerz zu reagieren scheinen, ist eine sorgfältige Anamnese daher ungeheuer wichtig. Wenn in der Vorgeschichte kein Verhalten geschildert wird, das auf Schmerzen hindeutet, liegt möglicherweise kein Problem vor. Tauchen in der Anamnese jedoch Schmerzreaktionen auf, sollte das gesamte Pferd behandelt werden.

Ein **Hängerücken** wird in der Regel durch Schmerzen verursacht, nur in sehr seltenen Fällen werden Pferde mit einem solchen Rücken geboren. Alte Zuchtstuten, die viele Fohlen geboren haben, können zwar physiologischerweise einen Hängerücken entwickeln, die meisten Pferde entwickeln dieses Rückenbild jedoch um Schmerzen auszuweichen. Sie drücken den Rücken nach unten und versuchen durch Anspannung des M. longissimus dorsi die Schmerzen zu mildern. Häufig können 4- bis 6-jährige Pferde beobachtet werden, die ihren Rücken 5–7 cm tiefer tragen als es für sie normal wäre. Bei einer solchen Rückenhaltung fällt es der Hinterhand sehr schwer unter den Körper zu treten, und auch der Hals kann nur schwer eine gesunde Haltung einnehmen. Durch Behandlungen mit Akupunktur, Chiropraxis und zusätzlichen Übungen des „Bauchanhebens" können die Rücken dieser Pferde wieder in ihre eigentliche Position zurückgebracht werden.

Verletzungen, die **durch den Sattel** verursacht wurden, weisen natürlich auf einen schlecht oder nicht passenden Sattel in der Vergangenheit oder in der Gegenwart hin. Wenn ein schlecht passender Sattel über längere Zeit auf einem Pferd eingesetzt wurde, können sich chronische Rückenschmerzen und sogar Subluxationen der Brust- und Lendenwirbelsäule entwickeln. Meiner Erfahrung nach benötigen diese chronischen Rückenprobleme meist eine kombinierte Therapie aus Akupunkturbehandlung und chiropraktischer Manipulation. Wird dies nicht beachtet, können die Schmerzen sich Jahre lang halten. Rückenprobleme können zu leichter Abwehr gegen das Satteln bis hin zu dem Verhalten eines wild bockenden „Rodeo"-Pferdes führen.

40.3.3 Erkennen von Problemen der Sattelpassform

Läsionen durch nicht passende Sättel kommen in vielen Formen vor. Es gibt verschiedene Möglichkeiten um festzustellen, ob ein Sattel passt, auf die später noch eingegangen wird.

Wunden

Wunden am Rücken des Pferdes sind klare Anzeichen für ein Problem mit der Sattelpassform oder mit dem Reiter. Ein Reiter, der an einer Seite seines Körpers Schmerzen empfindet, kann nicht balanciert reiten. Das kann genauso zu offenem Satteldruck führen, wie es ein nicht passender Sattel tut.

Weiße Haare

Das Auftauchen der weißen Haare fällt häufig zunächst gar nicht auf, sondern wird erst beim nächsten Fellwechsel im folgenden Frühling oder Herbst richtig sichtbar. Die weißen Haare werden durch ungleichmäßigen Druck des Sattels verursacht und sind oft das einzige Zeichen für ein bestehendes Sattelproblem [11]. Der stetige Druck verändert die Haarwurzeln, die dann weiße Haare hervorbringen. Wenn der Druck nicht zu stark ist und die Ursache entfernt wurde, können die weißen Haare beim nächsten Fellwechsel wieder verschwinden. Oft genug ist die Schädigung aber so stark, dass die weißen Haare bestehen bleiben. Die einzig mögliche Therapie ist der Wechsel auf einen passenden Sattel.

Schwellungen

Vorübergehende Schwellungen, die nur direkt nach dem Reiten und dem Abnehmen des Sattels sichtbar sind, werden oft als „Hitze-Beulen" bezeichnet. Sie treten auf, wenn das Pferd über längere Zeit geritten wurde. Der wahre Grund liegt aber auch hier in einer fehlerhaften Sattelpassform und/oder dem Reiter.

Narben

Narben können tief in der Muskulatur auf jeder Seite des Widerristes auftreten. Man kann sie nicht immer sehen, aber als harte Knoten fühlen, wenn tief in die Muskulatur palpiert wird. Narben direkt in der Haut kommen häufig bei Distanzpferden oder Westernpferden vor, können aber auch bei allen anderen Pferden gefunden werden. Die Haut und Schweißdrüsen dieser oberflächlichen Narben sind häufig so stark verletzt, dass selbst ein gut sitzender Sattel anhydrotische Bereiche hinterlässt, d. h. Bereiche, die nicht schwitzen.

Muskelatrophie

Bei vielen Pferden finden sich tiefe Taschen und Gruben in der Muskulatur des Rückens, vor allem an beiden Seiten des Widerrists. Oft werden diese Veränderungen durch zu enge Sättel oder zu dicke Sattelunterlagen verursacht, die Druck auf den Widerrist ausüben.

Hinweise auf einen schlecht sitzenden Sattel

- Offene, sichtbare Wunden unter dem Sattel
- Weiße Haare in der Sattellage
- Vorübergehende Schwellung, nachdem der Sattel abgenommen wurde
- Narben oder Verhärtungen in der Muskulatur oder der Haut
- Atrophie der Muskulatur, vor allem an den Seiten des Widerristes

40.3.4 Verhaltensauffälligkeiten aufgrund von Rückenschmerzen oder Problemen der Sattelpassform

Rückenschmerzen oder Probleme der Sattelpassform können eine ganze Reihe von Verhaltensauffälligkeiten hervorrufen:

- **Abneigung gegen das Satteln:** Viele Pferde zeigen eine Abneigung gegen das Satteln oder das Anziehen des Sattelgurtes. Gerade Turnierpferde haben häufig Rückenschmerzen und viele dieser Probleme werden von schlecht sitzenden Sätteln verursacht. Mit der Zeit hören die Proteste auf, wenn ein passender Sattel aufgelegt wird. Interessanterweise fangen die Pferde sofort wieder an sich zu beschweren, wenn der schlecht passende Sattel aufgelegt wird. Ein weiterer Grund für Unruhe beim Satteln können zu enge oder unkomfortable Gurte oder ein nicht richtig angepasster Kurzgurt sein.

- **Überempfindlichkeit beim Putzen:** Viele Pferde mögen nicht geputzt oder berührt werden. Wenn die Tiere unter konstanten Schmerzen in der Muskulatur leiden, benehmen sie sich häufig wie Menschen, die eine Grippe haben. Der ganze Körper tut ihnen weh und sie ertragen nicht einmal die Berührung ihrer Kleidung. Wenn die Schmerzen nachlassen, genießen die meisten Pferde das Putzen und die Berührung durch ihre Menschen.
- **Probleme beim Hufbeschlag:** Oft sind es die Hufschmiede, die als erste bemerken, dass sich der Rücken des Pferdes bessert, weil das Tier auf einmal still stehen kann und sich ruhig beschlagen lässt. Für ein Pferd mit Rückenschmerzen ist es schwierig, mit einem Bein in der Luft zu stehen, da sich bei dieser Haltung auch der Rücken verdreht. Meist werden die Pferde unfairerweise für ihr Verhalten diszipliniert, obwohl sie lediglich versuchen, ihren Schmerzen auszuweichen.
- **Zu wenig Bewegung oder konstante Unruhe und extrem viel Wälzen auf der Weide:** Pferde, die sich sehr viel auf der Weide bewegen, versuchen meist, Schmerzen loszuwerden, indem sie buckelnd über die Weide rennen oder sich andauernd hinwerfen und wälzen. Andere Pferde haben zu starke Schmerzen, um sich viel zu bewegen. Diese Tiere fallen nach der Behandlung dadurch auf, dass sie auf einmal wieder spielen und sich bewegen.
- **Konstantes Umgraben des Strohs in der Box:** Manche Pferde sind andauernd mit der Umgestaltung ihrer Box beschäftigt, um in ganz besonderer Weise stehen zu können, sich auf den Tränkeeimer lehnen zu können oder sich auf die Futterkrippe zu setzen. All diese Verhaltensweisen können Anzeichen von Rückenschmerzen sein. Das Pferd versucht lediglich irgendwie bequem zu stehen.
- **Unfähigkeit, ruhig zu stehen oder sich zu entspannen:** Vielen Pferden scheint es unmöglich zu sein, stillzustehen, ohne sich unruhig hin und her zu bewegen. Sie scharren, während sie angebunden sind, tanzen herum oder bewegen sich generell immerfort. Die meisten dieser Tiere werden nach einer entsprechenden Behandlung wesentlich ruhiger, manche sogar richtig entspannt. Viele Pferde werden sogar noch unruhiger, wenn der Sattel erscheint und auf ihren Rücken gelegt wird. Die meisten versuchen dabei lediglich dem Menschen mitzuteilen, dass sie Schmerzen haben.

Verhaltensauffälligkeiten, die auf Rückenschmerzen oder einen schlecht sitzenden Sattel hinweisen

- Abneigung gegen das Satteln
- Überempfindlichkeit beim Putzen
- Probleme beim Beschlagen
- Zu wenig oder zu viel Bewegung auf der Weide, zu viel Wälzen
- Konstantes Umgraben des Strohs in der Box
- Unfähigkeit, stillzustehen

40.3.5 Trainingsprobleme oder Leistungseinbußen aufgrund von Rückenschmerzen

Leistungseinbußen können sich in vielen Formen und Ausprägungen zeigen. Viele, wenn nicht sogar alle Probleme, die sich bei der Arbeit mit Pferden stellen, können mit Rückenschmerzen im Zusammenhang stehen. Demzufolge erleichtert sich die Arbeit erheblich, wenn die Probleme behoben werden können. Auch ein Pferd, das noch nie geritten wurde, kann Rückenschmerzen haben. Wenn dann ein Sattel auf diesen Rücken gelegt wird, werden die Verhaltensprobleme erst deutlich.

„Kalter" Rücken

Manche Pferde sinken regelrecht in die Knie, wenn der Reiter aufsitzt oder den Gurt anzieht, oder sie spannen während der ersten Schritte den Rücken stark an. Manche von ihnen buckeln sogar während der ersten Aufwärmphase und beruhigen sich dann sichtbar. Eine Korrektur der Sattelpassform und eine Behandlung der Rückenschmerzen lässt das Problem in der Regel verschwinden.

Lange Warmreitphasen

Manche Pferde erscheinen in der ersten Phase der Arbeit sehr steif und gespannt und brauchen lange Zeit, bis sie sich aufgewärmt haben. Sicherlich sind solche Symptome auch als Anzeichen einer Arthritis/Arthrose zu deuten, aber häufig verschwindet dieses Verhalten, wenn der Sattel angepasst und die Rückenschmerzen richtig behandelt wurden. Bei manchen Pferden ist der Rücken das primäre Problem, anderen Tieren ermöglicht ein schmerzfreier Rücken nach der Therapie, sich besser und leichter zu bewegen und die anderen körperlichen Probleme besser zu kompensieren.

Abneigung gegen Arbeit

Die meisten Reiter und Trainer glauben, dass jedes Pferd zu irgendeinem Zeitpunkt des Trainings einmal Widerstand gegen die Arbeit zeigt; viele Pferde haben ihrer Ansicht nach auch bereits von Natur aus eine generelle Abneigung gegen Arbeit. Diese Vorstellung stimmt einfach nicht. Es gibt sicherlich Zeitpunkte, an denen das Pferd nicht versteht, was es tun soll oder wie es dies tun soll, oder an denen die Befehle und Hilfen des Reiters unklar beim Pferd ankommen. Es liegt aber sicherlich nicht in der Natur von Pferden, sich konstant zu widersetzen. Fast alle Pferde sind sehr willig und versuchen zu tun, was von ihnen verlangt wird, wenn sie dies können. „Können" bedeutet in diesem Zusammenhang aber auch, schmerzfrei zu sein und von Reiter oder Sattel nicht behindert zu werden. Mit einem gut sitzenden Sattel und nach Behandlung des schmerzenden Rückens zeigen sich häufig dramatische und schnelle Leistungsverbesserungen dieser Tiere. Innerhalb weniger Tage kann die Abwehr verschwunden sein, selbst wenn sie vorher über Jahre bestand.

Abneigung gegen Trainingshilfen

Trainingshilfen, wie z. B. Schlaufzügel, Ausbinder, Chambons oder enge Nasenriemen, werden eingesetzt, um entweder die Ausbildungszeit zu verkürzen oder um den Widerstand der Pferde zu überwinden. Durch alle diese Hilfszügel wird der Hals des Pferdes

in eine feste Form gepresst. Wenn ein Teil der Wirbelsäule, sei es der Hals oder der Rücken, festgehalten wird, kann sich der Rest der Wirbelsäule auch nicht mehr frei bewegen. Durch die Bewegungeeinschränkung von Kopf und Hals wird auch der Rücken versteift und dadurch eher durchgedrückt.
Der Teufelskreis mit dem Verlust der Beweglichkeit des Rückens, der zu Schmerzen führt, die zu weniger Beweglichkeit des Rückens führen usw. ist in Gang gesetzt. Pferde, die so geritten werden, haben zwar eine vermeintlich korrekte Kopfhaltung, das eigentliche Problem des schmerzhaften, durchgedrückten Rückens wird jedoch maskiert.

Lahmheiten der Hinterhand

Wenn Pferde ihren Rücken normal und schmerzfrei bewegen können, verbessern sich häufig auch Lahmheiten aus dem Bereich von Knie- und Sprunggelenk ohne die Anwendung entzündungshemmender Mittel. Viele dieser Lahmheiten entstehen, weil die Hinterhand sich nicht frei bewegen und unter den Körper treten kann. Die Hinterfüße „schleifen" dann hinter dem Körper her und führen zu starken Belastungen und Stauchungen der Gelenke der Hintergliedmaßen. Nicht selten liegt der Ursprung einer unklaren Lahmheit der Hinterhand, deren Grund in einer routinemäßigen Lahmheitsuntersuchung nicht auffindbar ist, in einem schmerzhaften Rücken.

Lahmheiten der Vorderhand, Straucheln und Abknicken

Sattelprobleme entstehen am häufigsten weil der Sattel zu weit nach vorne gelegt wird. Der Reiter versucht dann, über dem Schwerpunkt des Pferdes zu sitzen. Wenn der Sattel zu weit vorne liegt, kommt der unbewegliche Sattelbaum auf der Schulter zu liegen. Ein großer Teil des Gewichtes des Sattels und des Reiters belasten nun die Schulterblätter und behindern eine freie Bewegung derselben. Die Bewegung der gesamten Vorhand wird dadurch behindert. Die Schritte werden verkürzt und dadurch erhöht sich die Aufprallbelastung des Hufes bei jedem Schritt. In diesem Fall ist die Behandlung sehr einfach: der Sattel muss nach hinten geschoben und in seine korrekte Lage gebracht werden.

Die erhöhte Belastung der Vorhand kann aber auch zu Ermüdungserscheinungen und Lahmheiten der Vorhand führen, zu Problemen mit dem Fesselträger oder zu chronischen Schmerzen im Fuß, zu andauerndem Straucheln oder zu Abknicken der Vorhand. Außerdem tritt der Huf eines Pferdes, das mit einem durchgedrückten Rücken läuft, wesentlich härter auf, als der eines Tieres, das den Rücken aufwölbt. So kann ein durchgedrückter Rücken zu Schmerzen in den Ballen führen, die oft als Hufrollenprobleme gedeutet werden. Doch die Ursache dieser Symptomatik liegt im schmerzenden Rücken. Versuchen Sie, ein Pferd mit einem zu weit vorne liegenden Sattel über fünf Minuten zu reiten. Verrutschen sie den Sattel dann in seine korrekte Lage und sie werden sehr schnell fühlen, wie das Pferd seinen Kopf und Hals entspannt und anfängt seinen Rücken aufzuwölben.

Extremes Scheuen, Unfähigkeit sich auf den Reiter und seine Hilfen zu konzentrieren

Diese Symptome können zusammen behandelt werden. Ein Pferd, das Schmerzen hat, kann sich nicht auf den Reiter konzentrieren. Die Konzentrationsunfähigkeit kann sich in einer nur sehr kurzen Konzentrationsspanne zeigen, oder als vermehrtes Scheuen vor allem, was sich bietet. Menschen, die chronische Schmerzen leiden, können sehr reizbar und schwierig im Umgang mit anderen Menschen werden. Versuchen Sie nur einmal, ihre Steuerklärung fertig zu stellen, während sie Kopfschmerzen haben. Sie werden an alles Mögliche denken, aber nicht an die Arbeit, die vor ihnen liegt. Pferde sind da sehr ähnlich. Viele der unfokussierten Pferde freuen sich auf einmal auf ihre Arbeit, wenn erst einmal ihre Rückenschmerzen verschwunden sind.

Gegen Hindernisse rennen oder davon fortrennen, Verweigerung des Sprungs

Wenn ein Pferd erst einmal gelernt hat, dass eine bestimmte Aktion, wie z. B. das Springen, mit Schmerzen verbunden ist, wird es manchmal versuchen, das Hindernis im Renngalopp zu nehmen, um es „hinter sich zu bringen". Das kann als normales „fight or flight"-Verhalten eingestuft werden, da die normale Reaktion des Pferdes auf Schmerzen ist, zu fliehen. Tiere reagieren unterschiedlich auf Schmerz. Manche rennen auf den Sprung zu um ihn hinter sich zu bringen, andere gehen den Sprung ruhig an und springen sauber, um dann wild davonzulaufen. Manche weigern sich überhaupt zu springen und wieder andere werden zu chronischen Verweigerern. Fast alle diese Verhaltensweisen können auf Rückenschmerzen und eventuell auch Schmerzen in anderen Körperteilen, wie Hufen, Fesselgelenken oder Sprunggelenken zurückzuführen sein. Meist wird diese Problematik als „Trainingsproblematik" abgeschrieben. Härtere Methoden werden angewendet um das Pferd dazu zu bringen, sich „zu benehmen", wenn doch eine Linderung der Schmerzen die meisten Pferde wieder sehr kooperativ machen würde. Die Pferde, die wirklich nicht springen wollen, zeigen in der Regel keine Schmerzen oder Abwehr, sie sind meist ganz einfach schlechte Springer oder haben nicht das nötige Selbstbewusstsein.

Bergab rennen oder bergauf mit der Vorhand ziehen, Unfähigkeit, die Hinterhand richtig einzusetzen

Viele Pferde haben die Tendenz, bergab schneller zu laufen und werden dann sehr unsicher auf ihren Beinen. Meist drücken sie den Rücken durch und tragen den Kopf hoch auf dem durchgedrückten Hirschhals. So belasten sie sehr stark die Vorhand und vor allen deren Aufhängeapparat. Dieses Verhalten wird generell als Ausbildungs- und Gleichgewichtsproblem gesehen. Das kann natürlich zutreffen, vor allem wenn ein junges Pferd, das gerade erst lernt einen Reiter zu tragen, dieses Verhalten zeigt. Bei vielen anderen Pferden zeigt sich aber nach einer Schmerzbehandlung, dass sie sehr wohl balanciert bergab laufen und dabei die Hinterhand richtig untersetzen können. Pferde die in erster Linie die Vorhand belasten, vor allem, wenn sie bergauf laufen sollen, sind in der Regel nicht in der Lage, ihre Hinterhand richtig einzusetzen. Erinnern Sie sich daran, dass der durchgedrückte Rücken es den Hinterbeinen unmöglich macht, unter den Schwerpunkt zu treten.

Unfähigkeit, geradeaus zu laufen

Manche Pferde können sich offensichtlich nicht auf einer geraden Linie vorwärts bewegen, nicht einmal auf ebenem Grund. Die Situation verschlechtert sich meist, wenn diese Tiere bergab laufen sollen. Oft liegt der Grund für das Verhalten in Rückenschmerzen. Auch ein schlecht sitzender Sattel, ein Sattel mit verbogenem oder gebrochenem Sattelbaum, der Reiter, das Gebiss oder die Zähne können Auslöser des Problems sein.

Unfähigkeit oder Unwillen, den Rücken und/oder den Hals richtig zu biegen

Ungeachtet des Reitstils versucht jeder, der sein Pferd korrekt reiten möchte, ihm beizubringen, sich zu biegen und mit der Hinterhand unter den Körper zu treten. Zu irgendeinem Zeitpunkt kommt dabei fast jeder Reiter an einen Punkt der Abwehr. Geringgradige Probleme sind akzeptabel, während der Reiter lernt seine oder ihre Wünsche dem Pferd mitzuteilen und dieses lernt, auf die neuen Hilfen zu reagieren. Aber sehr häufig können Pferde sich nur über sehr kurze Zeit biegen und ihre Hinterhand aktivieren, andere können es gar nicht. Ein Pferd, das seinen Rücken nicht freiwillig einsetzt, hat ein Problem: sehr oft leidet es unter Rückenschmerzen. Durch Fixierung des Kopfes und das Erzwingen der Rundung werden diese Probleme nur noch intensiviert.

„Schlechte Angewohnheiten"

Unter schlechten Angewohnheiten versteht man oft Ohren anlegen, Schweifschlagen, Zähneknirschen, Kopfschlagen usw. Pferde, die diese Verhaltensweisen vermehrt zeigen, versuchen auf ihr Problem aufmerksam zu machen. Der Ursprung dieses Problems kann in einem schlecht angepassten Sattel, Rückenschmerzen, falschem Einsatz von Trainingshilfen oder anderen Schmerzquellen liegen. Die meisten dieser ärgerlichen Angewohnheiten verschwinden, wenn die Rückenschmerzen nachlassen.

„Schlechte Einstellung"

Pferde, denen eine boshafte oder schlechte Einstellung gegenüber dem Reiten oder dem Umgang mit Menschen nachgesagt wird, reagieren oft nur aufgrund von Schmerzen abweisend und ändern ihr Verhalten, sobald sie keine Schmerzen mehr haben. Es gibt aber durchaus auch solche Tiere, die eine andere Trainingsform benötigen, wie sie z. B. im Rahmen der TTEAM unterrichtet wird, der sanften aber sehr effektiven Methode, die Linda Tellington-Jones entwickelt hat [12].

Schwierigkeiten bei der Versammlung

Die Vorwärtsbewegung und die Versammlung kommen beide aus der Aktion der Hinterhand heraus. Wenn der Pferderücken steif und schmerzhaft ist, kann er nicht frei schwingen und die Versammlung ist unmöglich.

Verdrehen über dem Sprung

Dieses Verhalten kann von Rückenschmerzen verursacht werden, aber auch von der Unfähigkeit des Pferdes, die gefragte Höhe zu springen. Selbst in den hohen Kategorien der Springturniere sieht man Pferde, die sich über dem Sprung verdrehen, was dann leider als individueller „Stil" des Pferdes abgetan wird. Die meisten Pferde entwickeln diesen Stil jedoch, um ihre Schmerzen erträglich zu halten.

Bocken und Steigen

Regelmäßiges Bocken und Steigen haben ganz oft mit Schmerzen zu tun, die durch schlecht passende Sättel oder andere Ursachen ausgelöst wurden. Gerade das Steigen kommt meist von Schmerzen direkt am Widerrist und ist daher oft auf eine schlechte Passform des Sattels zurückzuführen.

Nachlassen der Rennleistung

Viele junge Galopper beginnen ihre Karriere mit viel versprechender Geschwindigkeit, um dann bald in der Leistung nachzulassen. Nachdem ein schlecht sitzender Sattel abgenommen und Rückenschmerzen behandelt wurden, nimmt meist die Geschwindigkeit wieder zu und die Rennleistung verbessert sich drastisch.

Langsame Starts

Wenn ein Pferd sich nicht in Erwartung des Starts zusammenziehen und auf die Hinterhand setzten kann, wird es immer zu langsam aus den Starttoren kommen. Rückenschmerzen sind eine häufige Ursache für langsame Starts, egal in welche Sportart, sei es Barrelracing, Team-Penning, Vielseitigkeit oder Galopprennen.

Abkürzen oder Ausweiten von Ecken

Dieses Problem kommt in allen Pferdesportarten vor und lässt sich auf Schmerzen, schlechtes Gleichgewicht und mangelnde Reitkenntnisse zurückführen. Junge Pferde, die noch nicht gelernt haben, sich mit ihrem Reiter auszubalancieren, können schon einmal eine Ecke abkürzen. Durch entsprechende Ausbildung ist der Fehler meist leicht zu korrigieren. Tritt das Verhalten bei älteren Pferden auf, sollte man immer erst einmal die Sattelpassform überprüfen und den Rücken auf Schmerzen untersuchen. Vor allem Westernsättel, die im hinteren Bereich schlecht sitzen, sind oft Ursache für dieses Verhalten.

Zunehmender Widerstand im Laufe der Arbeit

Mit wachsendem Unbehagen werden manche Pferde auch zunehmend renitenter und weniger tolerant gegen die Arbeit, die von ihnen verlangt wird. Diese Tiere arbeiten zunächst gut mit, werden dann aber immer steifer – ganz im Gegensatz zu den Pferden mit „kaltem" Rücken, die nach der Aufwärmphase immer nachgiebiger werden. Die meisten Pferde steigern sich von der Leistung her, wenn sie warm geritten sind. Bei allen Tieren, bei denen das Gegenteil der Fall ist, muss auf jeden Fall der Sattel auf seine Passform untersucht werden.

Trainingsprobleme oder Leistungseinbußen, die auf Rückenschmerzen oder einen schlecht sitzenden Sattel hinweisen

Alle hier aufgeführten Anzeichen können Versuche des Pferdes sein, uns mitzuteilen, dass irgendetwas ihm Schmerzen verursacht. Es gibt jedoch sicherlich noch weitere Anzeichen, die hier nicht besprochen wurden.

- „Kalter" Rücken beim Aufsteigen
- Lange Aufwärmphase
- Abneigung gegen Arbeit
- Abneigung gegen Trainingshilfen
- Unklare Lahmheiten in Knie und Sprunggelenk der Hinterhand
- Lahmheiten der Vorhand, Straucheln, Einknicken
- Extremes Scheuen
- Konzentrationsschwäche

- Gegen Hindernisse rennen oder davon fortrennen, Verweigerung des Sprungs
- Bergab rennen oder bergauf mit der Vorhand ziehen, Unfähigkeit, die Hinterhand richtig einzusetzen
- Unfähigkeit, geradeaus zu laufen
- Unfähigkeit oder Unwillen, den Rücken und/oder den Hals richtig zu biegen
- Schlagen mit dem Schweif, Anlegen der Ohren, Zähneknirschen oder Kopfschlagen
- „Schlechte Einstellung"
- Schwierigkeiten bei der Versammlung
- Verdrehen über dem Sprung
- Bocken und Steigen
- Nachlassen der Rennleistung
- Langsame Starts
- Abkürzen oder Ausweiten von Ecken
- Zunehmender Widerstand im Laufe der Arbeit

40.4 Therapie von Leistungsproblemen

Akupunktur kann zur Behandlung von Rückenschmerzen und geringgradigen Lahmheiten sehr erfolgreich eingesetzt werden und ist so eine wichtige Maßnahme zur Therapie von Leistungsproblemen. Um längerfristig erfolgreich zu sein, muss die Behandlung von chronischen Schmerzen im Hals- und Rückenbereich von einem ganzheitlichen Ansatz ausgehen. Der Sattel liegt auf einem Drittel bis zu einer Hälfte der Zustimmungspunkte des inneren Blasen-Meridians. Dadurch haben sowohl der Reiter als auch der Sattel einen deutlichen Einfluss auf den freien Fluss des *Qi* durch den Körper. Dies beeinflusst wiederum die Gesundheit vieler anderer Regionen des Körpers. Oft verursachen z. B. Sättel durch ihr Eigengewicht oder das Gewicht des Reiters vermehrten Druck im Bereich des Hinterzwiesels. Dieser Druck liegt genau über den Zustimmungspunkten der Meridiane, die über die Hinterhand laufen: von Bl 18 (Leber) bis Bl 20 (Milz/Pankreas). Viele Pferde, die chronische Rückenschmerzen haben, zeigen daher auch Lahmheiten oder Steifheit der Hinterhand. Eine lokale Behandlung der Lahmheit, egal ob mit konventionellen Methoden oder mit Akupunktur, kann die Ursache des Problems nicht beheben.

Eine ausschließlich lokale Akupunkturtherapie müsste häufig wiederholt werden und ist wohl einer der Gründe, warum Akupunktur oft nur als Mittel zur vorübergehenden Linderung abgetan wird. Bei einer ganzheitlichen Herangehensweise hingegen wird der Sattel kontrolliert und angepasst, die Reiterposition wird korrigiert und dem Pferd werden neue Verhaltensweisen beigebracht. Dann übertreffen die Ergebnisse oft jegliche Erwartungen und halten über lange Zeit an. Die Besitzer sind sehr zufrieden und belohnen den Praktiker zwar nicht mit wiederholten Besuchen mit demselben Pferd, aber durch Empfehlungen an ihre Reiterkollegen.

Den Pferdeakupunkteuren werden in der Regel mehr Pferde mit Rückenproblemen und Leistungseinbußen vorgestellt, als dies bei den konventionellen Pferdetierärzten der Fall ist. Durch das Angebot der ganzheitlichen Behandlung können Sie das Ansehen und den Zulauf Ihrer Praxis deutlich verbessern.

40.4.1 Anpassen des Sattels

Grundlagen

Zur Überprüfung der Sattelpassform muss man den Sattel selbst, sowie den Sitz des Sattels am Pferd in Ruhe und in Bewegung, mit und ohne Reiter betrachten [13, 14].

Manchmal ist es ganz offensichtlich, dass ein Sattel nicht passt. Um jedoch mit Sicherheit sagen zu können, *dass* ein Sattel passt, muss er in allen Lagen gesehen werden. In manchen Fällen ist es unmöglich, einen perfekt passenden Sattel zu finden. In diesen Fällen passt häufig der alte Sattel vorübergehend wieder, wenn die Anzeichen des Druckes erst einmal behandelt wurden. Wenn aber die Leistungsprobleme oder die Rückenschmerzen unter dem alten Sattel erneut auftreten, ist es sinnvoll dem Reiter zu empfehlen, sich intensiv weiter nach einem neuen Sattel umzuschauen.

Nicht immer ist der jetzige Sattel schuld an der Symptomatik: oft können die Beschwerden von einem Sattel verursacht sein, der schon längst nicht mehr auf dem Pferd liegt, oder aber sie stehen gar nicht mit dem Sattel in Verbindung. Auch ein Sattel, der heute gut passt, sollte mindestens vierteljährlich kontrolliert werden, da sich ein Pferderücken im Laufe des Lebens stark verändern kann. Nach Unfällen, wie z. B. Stürzen, sollte der Sattel immer kontrolliert werden.

Wenn Sie einen Sattel beurteilen sollen, stellen Sie sich zunächst einfach vor, der Sattel wäre ein Schuh. Wenn man den Sattel mit einem Schuh vergleicht, wird deutlich, dass es die weichen Gewebeschichten unter dem Sattel sind, die über die Passform entscheiden, nicht die Knochen. Die Sattelform stellt die lederne Hülle des Schuhs dar, die Rippen entsprechen der Sohle des Schuhs und die Muskulatur steht für den Fuß, der im Schuh steckt. Die Rückenmuskeln des Pferdes werden zwischen dem harten Sattel und dem Brustkorb komprimiert. Wenn ein Schuh zu eng ist, kann man nur sehr wenig tun, um es dem Fuß besser gehen zu lassen. Bei einem zu großen Schuh hat man mitunter eine Chance, indem mit Einlegesohlen oder dicken Socken nachgeholfen wird. Wenn der Schuh an einer Stelle unangenehm drückt, kann man versuchen, spezielle Pflaster oder orthopädische Hilfsmittel einzusetzen, um den Sitz zu verbessern, aber höchstwahrscheinlich wird der Schuh aufgrund seines Schnittes nie bequem sitzen. Es wird immer wieder versucht, mit Hilfe von Studien und großem Aufwand den menschlichen Schuh bequemer zu gestalten. Leider gibt es noch kaum derartige Bemühungen zur Verbesserung der Sattelpassform bei Pferden.

Westernsättel sollten erst ohne Unterlage, und dann mit den Standardunterlagen von 2–2,5 cm Dicke untersucht werden, um die Ausgewogenheit der Sitzfläche beurteilen zu können. Die so genannten Englischen Sättel, bzw. traditionellen Sättel, werden immer ohne Sattelunterlage beurteilt. Erst wenn feststeht, dass der Sattel richtig auf dem Pferd liegt, sollte eine Unterlage darunter gelegt werden.

Kriterien zur Beurteilung der Sattelpassform

Die wichtigsten Kriterien zur Beurteilung der Sattelpassform sind im nachfolgenden Kasten zusammengefasst.

Anforderungen an einen gut sitzenden Sattel

- Die Struktur des Sattels weist keine Schäden auf.
- Die Lage des Sattels auf dem Pferderücken ist richtig.
- Die Form des Sattelbaums passt zum Pferderücken, vor allem im Widerristbereich.
- Der Sitz ist eben.
- Das Zentrum des Sitzes liegt genau über dem tiefsten Punkt des Pferderückens.
- Die Sattelkissen berühren überall den Pferderücken und bilden keine Brücke.
- Die Sattelkissen sind breit genug, um eine gute Unterstützung und Gewichtsverteilung zu gewährleisten.
- Die Sattelkissen entsprechen in ihrer Form dem Pferderücken.
- Die Sattelkammer ist breit und hoch genug um die Dornfortsätze vollständig frei zu lassen.
- Der Gurt liegt an der engsten Stelle der Brust.
- Die Form des Gurtes passt zum Pferd.
- Die Position der Steigbügelhaken ist korrekt (zu weit vorne hängende Haken werfen den Reiter in der Bewegung nach hinten).
- Der Sattel sitzt gerade im Zentrum des Rückens.
- Der Sattel bleibt am Platz liegen, wenn das Pferd sich langsam bewegt.
- Das Pferd kann seinen Rücken aufwölben, wenn es mit diesem Sattel geritten wird.
- Der Reiter passt in den Sattel (passt der Sattel nicht zum Reiter, so beeinflusst auch das die Sattelpassform).

Sattelstruktur

Die Struktur des Sattels ist extrem wichtig. Da nur wenige Sattelhersteller auch Qualitätskontrollen an ihren Produkten durchführen, finden sich oft bereits bei neuen Sätteln ernsthafte Schäden, wie verbogene Sattelbäume, asymmetrische oder asymmetrisch angebrachte Sattelkissen oder ähnliches. Selbst sehr teure Sättel weisen gelegentlich schwerwiegende Strukturfehler auf, die zu Schmerzen oder Rückenproblemen führen können.

Sattelposition

Die Lage des Sattels auf dem Pferderücken ist der kritischste Aspekt der Sattelpassform. Meistens wird der Sattel zu weit nach vorne gelegt (➤ Abb. 40.4 und ➤ Abb. 40.5). Diese Fehllage bringt den festen Sattelbaum über die Schulterblätter und behindert die Bewegung der Vordergliedmaße. Wenn der Sattel in seine eigentliche Position zurückgeschoben wird, verlängern sich häufig schon allein dadurch die Tritte des Pferdes (➤ Abb. 40.6, ➤ Abb. 40.7 und ➤ Abb. 40.8).

Balance des Sitzes

Um das Gleichgewicht oder die Ebenheit des Sitzes zu bestimmen, suchen Sie den tiefsten Punkt des Pferderückens hinter dem Widerrist auf. Auf diesen Punkt wird eine kleine Wasserwaage gelegt, um das Zentrum des Rückens zu finden, den Punkt, in dem die Wasserwaage exakt waagerecht liegt. Dann wird der Sattel aufgelegt. Der tiefste Punkt des Sattels sollte möglichst genau über dem tiefsten Punkt des Pferderückens liegen. Wenn diese beiden Punkte in Deckung zueinander liegen, sitzt der Reiter gut ausbalanciert in der Mitte des Sattels. Liegt keine Deckung dieser beiden Punkte vor, wird der Reiter immer aus dem Gleichgewicht geworfen (➤ Abb. 40.9):

- Ein zu enger Sattel wird vorne zu hoch sitzen, da der Sattelbaum zu eng gebaut ist, um den Konturen des Widerrists zu folgen. Dadurch wird das Gewicht des Reiters nach hinten verlagert und die Beine des Reiters nach vorne geschoben. Diese Fehlhaltung ist einer der häufigsten Reitfehler überhaupt (➤ Abb. 40.10). Auch ein traditioneller Sattel, der zwar gut liegt, aber dringend aufgepolstert werden sollte, verlegt das Reitergewicht nach hinten.
- Ein zu weiter Sattel hingegen kippt nach vorne. Dadurch wird das Gewicht des Reiters nach vorne verlagert und seine Beine nach hinten hinter die Vertikale gebracht. Der Reiter versucht

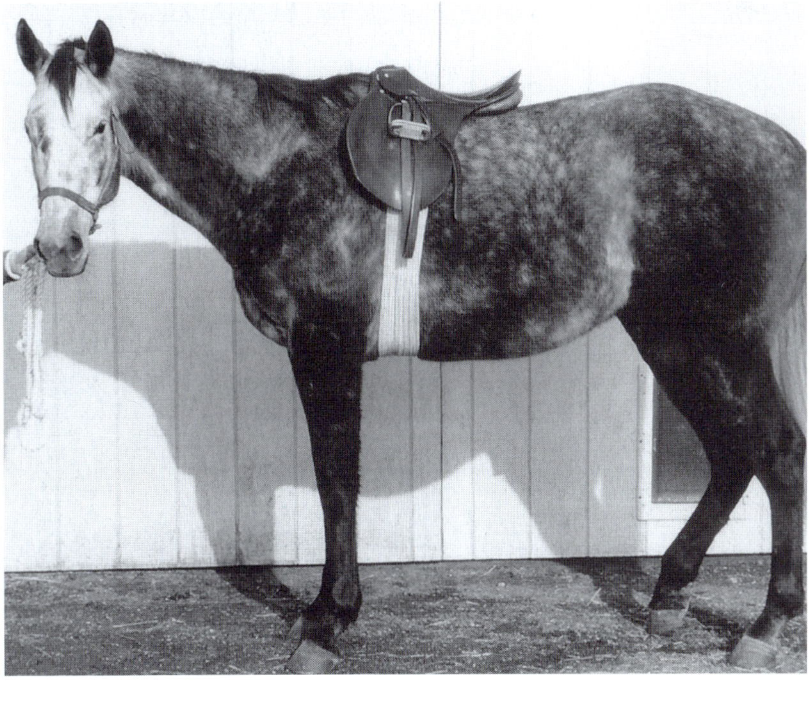

Abb. 40.4 Traditioneller Sattel, der zu weit nach vorne gelegt wurde und die Schulterblätter einengt. Beachten Sie die nach hinten absinkende Sitzfläche des Sattels.

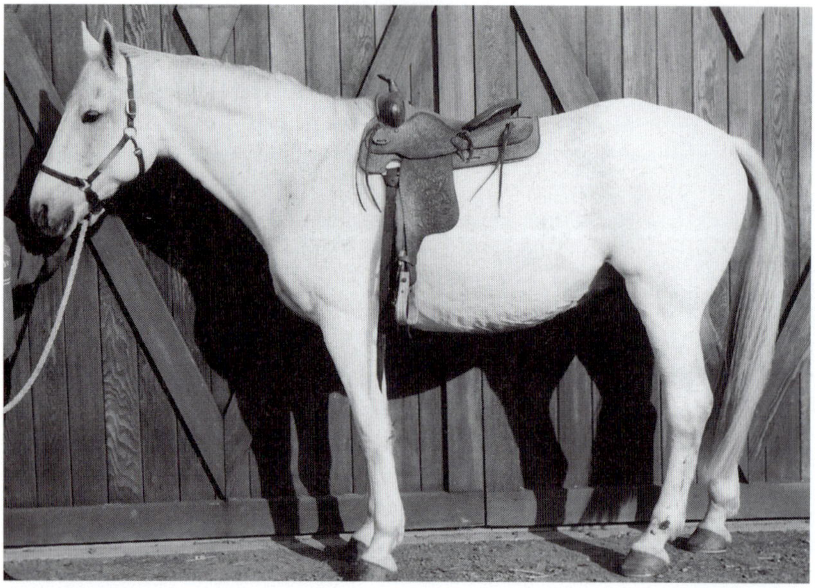

Abb. 40.5 Westernsattel, der zu weit nach vorne gelegt wurde und die Schulterblätter einengt. Der Sitz scheint aber korrekt ausbalanciert zu sein.

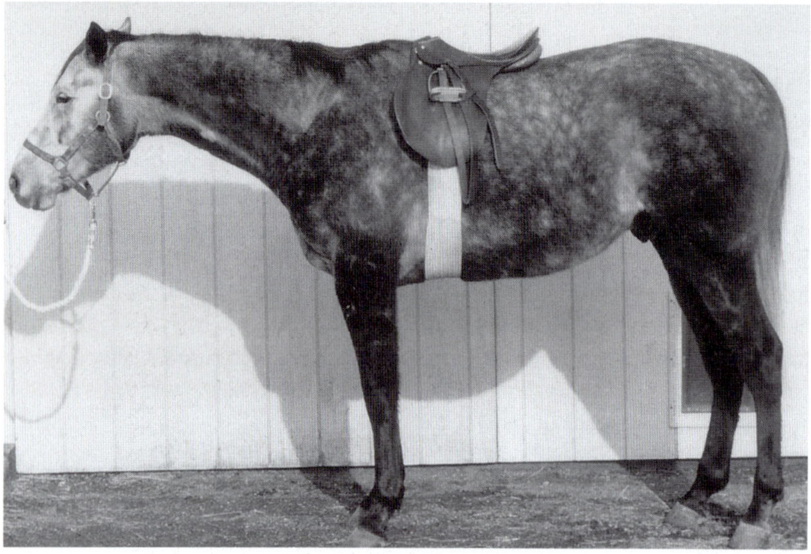

Abb. 40.6 Derselbe Sattel wie in ➤ Abb. 40.4 in korrekter Position. Beachten Sie die jetzt gerade Sitzfläche und die Position des Sattelgurtes, ca. 10 cm hinter dem Ellenbogen, direkt kranial des Punktes, an dem sich die ventrale Linie zum Abdomen weitet.

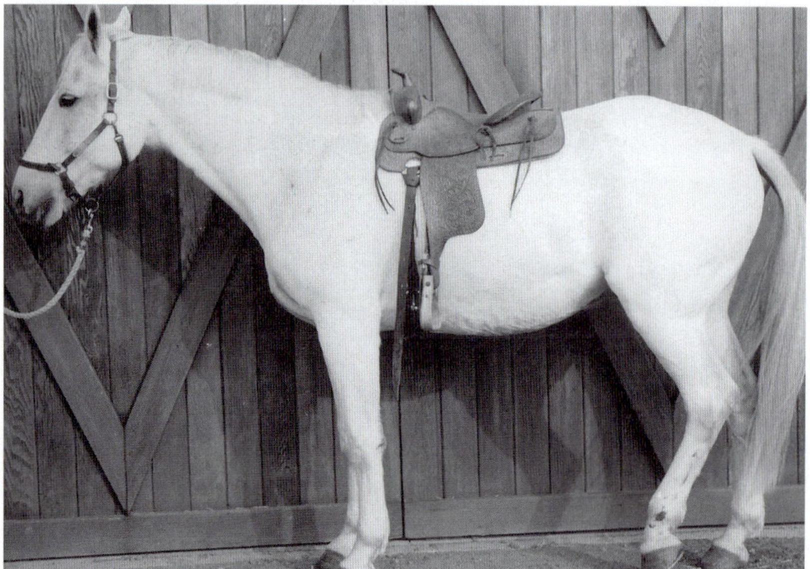

Abb. 40.7 Derselbe Sattel wie in ➤ Abb. 40.5 in korrekter Position. Beachten Sie die Sitzfläche: jetzt scheint sich der Sitz etwas nach vorne abzusenken, was die Position des Reiters leicht nach vorne neigt.

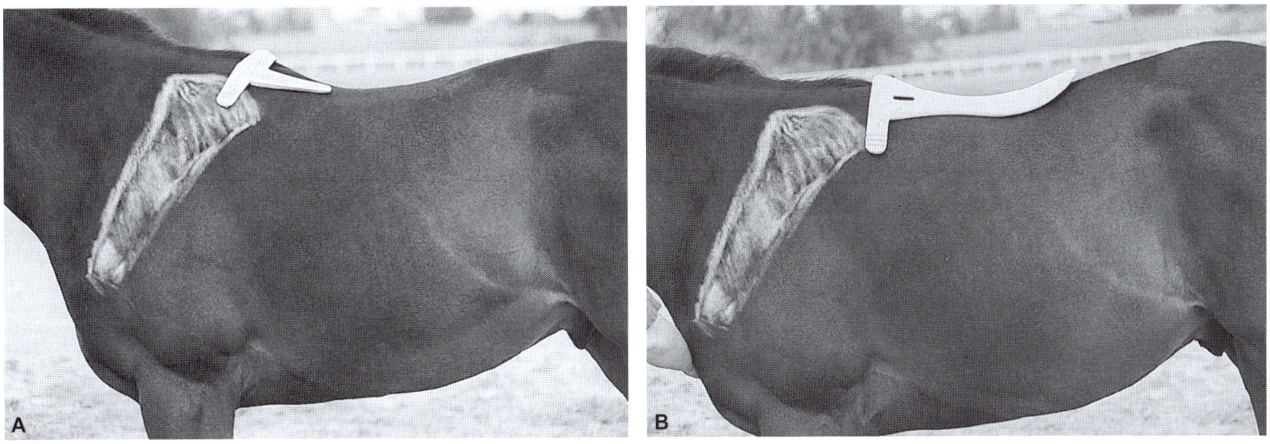

Abb. 40.8 **A** Ein halber Sattelbaum in seiner üblichen Lage. Der Baum liegt direkt auf Schulterblättern und Widerrist auf und die Endpunkte drücken unter dem Gewicht des Reiters in die Rückenmuskulatur. **B** Ein voller Sattelbaum in korrekter Lage, direkt hinter den Schulterblättern. Sattelbäume können jedem Pferderücken angepasst werden, ohne Druckpunkte zu erzeugen.

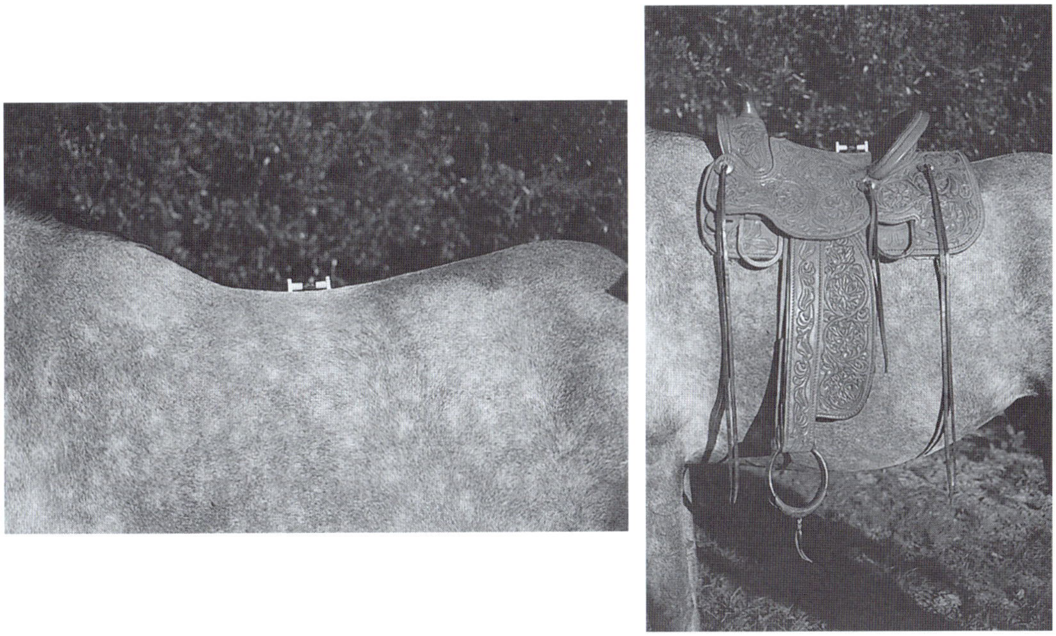
A
B

Abb. 40.9 **A** Eine kleine Wasserwaage wird auf den tiefsten Punkt des Pferderückens gelegt. **B** Die gleiche Wasserwaage wird auf den tiefsten Punkt des Sattels gelegt. Um eine korrekte Reiterposition im Sattel zu ermöglichen, sollte der tiefste Punkt des Sattels möglichst exakt über dem tiefsten Punkt des Pferderückens liegen.

diese Lage oft übermäßig zu kompensieren und drückt seine Beine mit hohem Kraftaufwand nach vorne.

Die Überprüfung, ob der Sitz des Sattels eben ist, ist immer ein guter Einstieg in die Beurteilung, ob der Sattelbaum auf das Pferd passt. Da aber die Bauart des Sattels diesen Test beeinflussen kann, sollten Sie nie ausschließlich nach diesem Test urteilen.

Form und Kontakt der Sattelkissen

Wenn der Sattel nach hinten und weg von den Schulterblättern gezogen wird, erhöht dies auch gleichzeitig die Auflagefläche der Sattelkissen auf den Pferderücken. Liegt der Sattel zu weit vorne, so entsteht eine Sattelbrücke, die vermehrt die Schulterblätter und den hinteren Sattelbereich belastet. Das Gewicht des Reiters belastetet dann vier Punkte, zwei an den Schulterblättern und je zwei im hinteren Sattelbereich, anstatt gleichmäßig auf die gesamt Auflagefläche verteilt zu werden (➤ Abb. 40.11 und ➤ Abb. 40.12). Als Folge versteift das Pferd seinen Rücken. Diese Brückenbildung ist bei vielen Sätteln zu finden, sowohl bei Western- als auch bei traditionellen Sätteln. Ursache kann eine mangelhafte Konstruktion des Sattels sein, aber auch eine mangelhafte Passform. Eine Brückenbildung sollte immer vermieden werden. Viele der neuen Sättel für Distanzritte haben Trachten, die viel zu lang für die Pferderücken sind. Dadurch können Druckstellen an der Schulter und in der Lendenpartie entstehen. Die bewegliche Mitte der Trachten kann keinerlei Unterstützung bieten und eine Brücke entsteht.

Abb. 40.10 Der Sattel ist zu eng oder liegt zu weit vorne. Das Gewicht des Reiters wird nach hinten verlagert und seine Beine werden nach vorne gezwungen. Als Resultat belastet der Reiter den hinteren Sattelbereich zu stark.

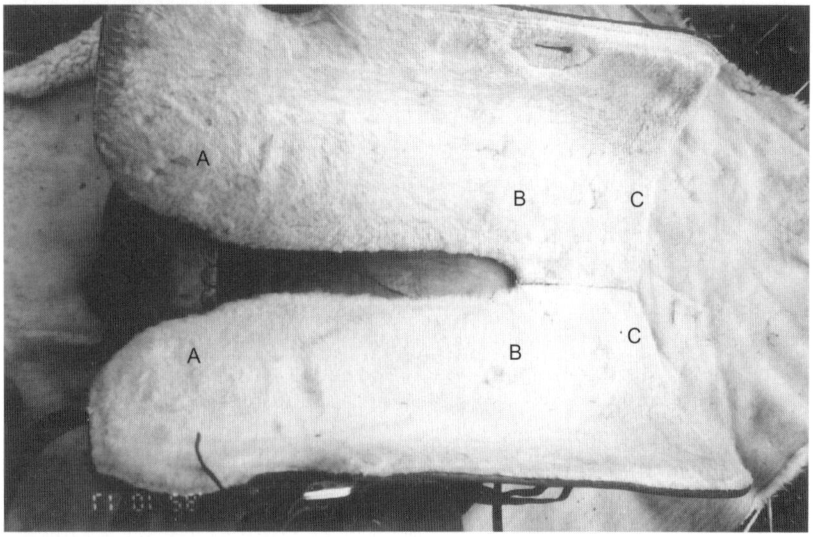

Abb. 40.11 Die Punkte A und B liegen auf dem Pferderücken auf, wenn sich eine Brücke gebildet hat. Die Bereiche zwischen den Punkten bekommen keinen Kontakt mit dem Pferderücken und dementsprechend findet auch keine Verteilung des Reitergewichts statt. Bei Westernsätteln tritt die Brückenbildung häufig zwischen den Punkten A und C auf. Dadurch entsteht vermehrter Druck auf die Lendenpartie der Pferde.

Passform des Sattelbaums

Der Sattelbaum muss ohne Sattelunterlagen mit der Form des Pferderücken übereinstimmen: der bloße Sattelbaum, ohne Leder und Polsterung, muss auf den Pferderücken passen. Wenn der Sattelbaum im Widerristbereich zu eng liegt, entwickeln sich hier Druckstellen, der Vorderzwiesel liegt zu weit oben und wirft den Reiter aus dem Gleichgewicht. Werden dann Unterlagen unter den hinteren Sattelbereich gelegt, um die Sitzebene zu korrigieren, erhöht sich der Druck auf den Widerrist noch zusätzlich. Ist der Sattel am Widerrist zu weit, kippt der Reiter hingegen nach vorn und der Sattel wird eventuell den Dornfortsatz des Widerrists berühren.

Kompliziert wird die Anpassung des Sattelbaums durch die Veränderlichkeit der Rückenlinie der Pferde. Das trifft auch auf die Weite der Sattelkammer über dem Widerrist zu. Die Veränderungen können sehr schnell vonstatten gehen, vor allem wenn die Pferde ein höheres Level in ihrer Ausbildung erreichen oder eine andere Diät erhalten. Die meisten Pferde wechseln während einer harten Turniersaison dreimal die Form ihrer Sattellage. Sie sind breiter und schwerer, wenn die Saison beginnt und sie noch nicht richtig fit sind. Im Laufe der Saison verlieren sie Gewicht und zeigen dann ihr „normales" Rückenbild. Gegen Ende der Saison fangen viele an, abzumagern und schmaler zu werden. In diesem letzten Stadium ist die korrekte Sattelanpassung am schwierigsten. Früher oder später wird einer der Hersteller einen anpassbaren Sattelbaum entwickeln, der diese Probleme lösen kann. Die heute bereits verfügbaren Sättel dieser Art funktionieren nicht gut genug oder halten nicht genügend Belastungen stand.

Besonderheiten der Westernsättel

Viele Sattelbäume für Westernsättel sind sehr flach und/oder lang und folgen nicht der leichten Kurve, die ein Pferderücken normalerweise zeigt. Diese langen, flachen Bäume bringen vermehrten Druck auf den Widerrist oder, schlimmer noch, auf die Schulter

Abb. 40.12 Um eine Brückenbildung festzustellen sollte man die flache Hand unter den Schwerpunkt des Sattels schieben. Ist der Sattel irgendwo zwischen den Punkten A und B vom Rücken abgehoben, so liegt eine Brückenbildung vor.

und die Lendenpartie und bilden oft eine Brücke über dem mittleren Rücken. Darum sollte man immer darauf achten, Sattelbäume zu verwenden, die der Rückenform des Pferdes angepasst sind, wenn diese auch recht schwierig zu finden ist.

Vielen Leuten ist nicht klar, dass man jede Art von Sattelgabel auf jede Art von Sattelschloss setzen kann, wenn der Sattel gefertigt wird. Ein guter Sattel sollte die Art von Sattelschloss haben, die am besten zum Pferderücken passt, und sie mit der Art von Sitz und Sattelgabel kombinieren, die am besten zum Reitstil des Reiters passt. Die meisten Menschen suchen sich ihre Sättel nach dem Design der Sattelgabel aus und wissen nicht, dass die Machart des Sattelschlosses vom Hersteller abhängig ist. Darum können Sättel mit dem gleichen Sattelgabel-Design, die von unterschiedlichen Herstellern stammen, ganz unterschiedlich auf dem Pferd liegen. Es gibt hauptsächlich drei verschiedene Arten von Sattelschlössern:

- das reguläre, Arizona- oder Nordwestern-Sattelschloss
- das Araber-Sattelschloss
- ein modifiziertes Nordwestern-Sattelschloss, das von Ray Holes entwickelt wurde

Natürlich gibt es Variationen dieser drei Haupttypen. Das Sattelschloss für Cutting-Sättel ist eine Abwandlung des Arizona-Sattelschlosses, das in einen Sattel mit einem flachen Sitz eingebaut wurde. Wegen des flachen Sitzes tendieren diese Sättel dazu, die Pferde am Widerrist zu berühren. Die Barrel-Sättel ähneln den Cutting-Sätteln, sind jedoch kürzer und gedrungener mit einem flachen Sattelschloss, das die Tendenz hat, sich in den Pferderücken einzugraben.

Der primäre Unterschied der verschiedenen Typen liegt in der Form des Sattelschlosses und der Art der Aufhängung der Steigbügel. Die Formen der Sattelschlösser unterscheiden sich durch „Rocker" (Biegung am Boden des Sattelbaumes), „Twist" (Biegung des Sattelbaumes von der Seite) und „Flair" (Biegung der vorderen oder hinteren Kante des Sattelschlosses). Der Schlüssel zu Sattelanpassung ist, herauszufinden, welche Form von Sattelschloss auf das jeweilige Pferd am besten passt und nicht, welcher Sattelstil. Pferde mit hohen Kruppen und gut entwickelter Hinterhand benötigen einen Sattel mit einem Sattelschloss mit mehr Rocker und Flair, damit sich der Sattel an die Rückenform anpassen und Druckstellen vermieden werden können.

Die Sattelkammerweite gibt an, wie eng oder weit der Sattelbaum sein muss, um zu passen. Wenn die Form des Sattelbaumes nicht zur Rückenform des Pferdes passt, kann man nur wenig tun, um dies auszugleichen.

Besonderheiten der traditionellen Sättel

Auch hier gilt, dass der Sattelbaum auch ohne Leder oder Polsterung auf den Pferderücken passen muss. Viele Sattelbäume tun dies nicht und führen durch ihre unpassende Form zu schmerzhaften Druckstellen. Der Sattelbaum sollte sich über den gesamten Brustkasten hinziehen, aber nur sehr wenige der traditionellen Sättel sind für große Pferde lang genug. Ist der Sattelbaum länger als der Brustkasten, sollte er im hinteren Bereich nach oben ziehen, um Druck auf die Lende zu vermeiden.

Die meisten traditionellen Sättel werden quer über die Spitzen der Sattelbaumpunkte gemessen. Leider ist die Art der Messung nicht standardisiert, da die Form der Punkte die Distanz zwischen ihnen bestimmt. Kurze Punkte ergeben andere Messergebnisse, als lange Punkte, und Sattelbäume, die nach sich hinten oben verbreitern haben wiederum andere Messergebnisse. Auch die Form der Sattelbäume unterliegt keinem Standard, daher hat jeder Hersteller sein eigenes Design. Sättel mit kurzen Punkten, wie z. B. die meisten Springsättel, tendieren dazu, an den Spitzen des Sattelbaumes zuviel Druck aufzubauen.

Bei den meisten traditionellen Sätteln verändert sich der Winkel des Sattelbaumes am Widerrist. Die Form der Muskulatur des Pferdes verändert sich jedoch gar nicht so stark. Der Winkel am Widerrist verändert sich nur gering, obwohl es uns bei der Betrachtung eines Pferdes mit einem normalen bis hohen Widerrist so erscheint. Messungen mit einem kalibrierten Messgerät haben gezeigt, wie wenig Veränderung in der Muskulatur um den Widerrist herum stattfindet [15]. Bei einem engen Sattelbaum ist der Winkel verringert. Um ausreichend Platz für einen hohen Widerrist zu haben, braucht der Sattel genügend Polsterung und nicht einen engen Sattelbaum, der den Widerrist nur einengen würde. Ein breites Pferd mit wenig Widerrist kann hingegen mit einer wesentlich geringeren Sattelpolsterung auskommen.

Hilfsmittel zur Beurteilung der Sattelpassform

Bei Westernsätteln macht es sich immer bezahlt, sich die Schafwollunterlage des Sattels genau anzuschauen. An Punkten mit vermehrtem Druck ist die Wolle meist abgerieben. Eine weitere Möglichkeit zur Feststellung von Druckpunkten unter allen Typen von Sätteln ist, beim Reiten eine saubere, weiße Satteldecke unterzulegen. Nach 15 bis 20 Minuten zeigen sich Druckpunkte als dunkle Punkte auf der Decke. Bereiche unter dem Sattel, die schweißfrei sind, zeigen meist eine Stelle an, die keiner Belastung ausgesetzt ist, sie können aber auch durch vermehrten Druck entstanden sein. Daher ist bei der Interpretation der Satteldecke und des Schweißbildes immer Vorsicht angesagt. Generell kann man sagen, dass jedes unregelmäßige Schweißbild Anlass zu weiteren Untersuchungen geben sollte.

Flexibles Lineal

Eine wertvolle, aber nur teilweise zuverlässige Hilfe um den Rücken des Pferdes zu vermessen, ist ein flexibles Lineal, wie es in Schreibwarenläden erhältlich ist. Es ist einfach zu handhaben und gibt eine grobe Vorstellung von der Art des Sattelbaums, die auf den Pferderücken passt, vor allem, wenn es sich um einen Westernsattel handelt. Beim Einsatz dieser Methode sollten Sie sehr sorgsam vorgehen, da das Ergebnis sonst ein schlecht sitzender Sattel sein kann. Das Lineal gibt keine Auskunft über den Sitz des Sattels oder die Balance, es ist lediglich ein Hilfsmittel, um die Winkel des Pferderückens festzustellen, und als solches recht hilfreich.

Das flexible Lineal kann der Form des Pferderückens an den Stellen, an denen die Punkte des Sattelbaums liegen sollten, angepasst werden. Um eine vollständigere Messung des Rückens durchzuführen, können Sie auch in Abständen von ungefähr 10 cm den gesamten Rücken vermessen. Die Kontur des gebogenen Lineals wird auf einen Karton übertragen und ausgeschnitten. Vermerken sie auf jedem Abschnitt, an welcher Stelle er gemessen wurde. Im Sattelladen können sie dann die Kartonschablonen des Pferderückens an die Sättel halten und so eine allgemeine Vorstellung davon bekommen, welcher Sattel passen könnte, und welcher nicht.

3D-Graphik des Rückens

Ein weiteres sehr brauchbares Instrument ist ein Rahmen, in dem viele runde Metallstäbe im rechten Winkel zum Rahmen eingespannt sind. Dieser Rahmen wird auf den Rücken des Pferdes aufgelegt und so lange nach unten gedrückt, bis die kleinen Metallstäbe die Haut des Rückens berühren [14]. Die Stäbe sind kalibriert, so dass jetzt die entsprechenden Messwerte abgelesen und notiert werden können. Anschließend kann das Gerät zurückgesetzt und jederzeit wieder verwendet werden. In dem System ist eine Wasserwaage eingebaut, an der genau abzulesen ist, wie der Sattel aufzuliegen hat, selbst wenn das Pferd bei der Wiedergabe nicht anwesend ist. Der große Vorteil dieser Methode ist die exakte Wiedergabe der Rückenform des Pferdes im Sattelladen. Die Daten können dokumentiert und mit späteren Lesungen verglichen werden, um so die Effekte von Training und Therapie auf die Rückenform zu beobachten. Die Nachteile des Meßsystems liegen jedoch in den Kosten des Systems, dessen Verfügbarkeit (Versendung mit der Post) und der Aufwendigkeit seiner Bedienung. Ein guter Sattelladen schafft vielleicht einen der Rahmen an, benötigt dann aber immer noch eine eingearbeitete Person, die ihn handhaben kann, da die Informationen sonst wertlos sind. Ähnliche Modelle ohne eingebaute Flaschenwaage lassen eine Menge wichtiger Informationen unberücksichtigt.

Gipsabguss des Rückens

Der Gipsabdruck des Pferderückens kann recht hilfreich sein, da man ihn zum Sattelladen mitnehmen und den Sattel direkt auflegen kann. Er ist jedoch nicht stark genug, um darauf sitzen zu können. Das Pferd muss dafür lange genug ruhig auf allen vier Beinen stehen, während der Gips hart wird. Manchmal geht das nur unter einer leichten Sedierung. Ein weiteres Problem entsteht bei Pferden, die ihren Rücken beim entspannten Stehen hängen lassen, ihn bei der Arbeit aber sehr wohl aufwölben. Um einen verwertbaren Abdruck zu erhalten, müsste man das Pferd dazu bringen, dass es seinen Rücken auch in Ruhe etwas aufwölbt. Diese Haltung kann für das still stehende Pferd jedoch beschwerlich sein. Das Modell muss mit mindestens sechs Lagen sehr schnell härtendem Gipsbinden angefertigt werden.

Es ist besser, wenn das Pferd vor Anlegen der Gipsbinden nicht zu sauber ist, da sonst der Gips am Fell kleben bleibt. Die Gipsbinden werden in 50 cm lange Streifen geschnitten. Die erste Lage Binden wird quer über den Rücken gelegt, die nächste Lage im Längsverlauf. Dieses Vorgehen wird mit allen Gipsbinden wiederholt, bis die 6 Lagen aufgebracht wurden. Der Gips sollte dann 0,3–0,6 cm dick sein. Eine dickere Gipsschicht würde die Einzelheiten des Rückens verschwinden lassen. Legen Sie während der Gips aushärtet eine Wasserwaage so neben den Gips, dass sie die Waagerechte anzeigt, und markieren Sie diese mit einem Stift auf dem Gips. Nach dem Aushärten wird der Gips vorsichtig entfernt. Er sollte stark genug sein, um transportiert werden und um einen Sattel darauf legen zu können.

40.4.2 Therapeutische Satteldecken

Therapeutische Sattelunterlagen werden häufig eingesetzt, um Sattelprobleme zu korrigieren. Meistens ist die Verbesserung der Situation durch die Decken nur von kurzer Dauer. In manchen Fällen verursachen sie mehr Schaden als Linderung. Die therapeutische Satteldecke kann mit dem zusätzlichen Socken oder der Einlegesohle im zu weiten Schuh verglichen werden. Wenn Sattelbaum und Sattelkammer weit genug sind, kann die Decke eventuell helfen. Wenn aber der Sattelbaum ohnehin schon zu eng ist, was das weitaus häufiger vorkommende Problem ist, führt die Satteldecke nur zu zusätzlichem Druck auf den Widerrist. Oft sind auf beiden Seiten des Widerrists, direkt hinter der Schulter, große Bereiche mit Muskelatrophie zu erkennen, die meist die Folge eines langfristigen Einsatzes von dicken Satteldecken sind. Da die zusätzlich eingesetzten therapeutischen Satteldecken den Raum am Widerrist noch verengen, sitzt der Sattel meist vorne höher, wie er dies bei einem zu engen Sattelbaum tut. Das wirft den Reiter aus der Balance, der dann zum Ausgleich oft noch mehr Unterlagen unter den hinteren Bereich des Sattels presst und den Druck auf den Widerrist so noch erhöht.

Manchmal erzielt man jedoch durch den Einsatz einer solchen Satteldecke eine dramatische Verbesserung in der Leistung des Pferdes. Die Verbesserung kann einige Tage bis einige Monate anhalten, anschließend kehren die Beschwerden jedoch meist zurück, da die Unterlage zwar die Passform des Sattels und die Position der Druckpunkte verändert, die Stärke des einwirkenden Drucks jedoch lediglich verringert und nur in den seltensten Fällen ganz ausschalten kann [11]. Mit der Zeit entwickeln sich die Druckpunkte auch mit der Unterlage wieder. Dies führt oft dazu, dass immer weiter nach zusätzlichen Sattelunterlagen gesucht wird, um das Problem zu lösen.

Es gibt viele verschiedene Typen von Sattelunterlagen auf dem Markt. Jeder Typ kann unter einem bestimmten Sattel im Einzelfall sinnvoll sein, aber es gibt keinen, der generell die Sattelpassform korrigieren kann. Bei Westernsätteln ist die 2,5 cm dicke Wollunterlage aus 80–100 % reiner Schafwolle immer noch am besten geeignet, wenn sie immer auf demselben Pferd und unter demselben Sattel verwendet wird. Die Wolle passt sich sowohl dem Pferderücken als auch dem Sattel an und kann so Druckpunkte ausgleichen. Für die traditionellen Sättel gibt es keine Unterlagen, die in dieser Form ausgleichen könnten. Auch Wollunterlagen können nicht alle Sattelprobleme lösen. Schaffelle können hier sehr hilfreich sein, wenn ausreichend Raum für die Dicke des Felles vorhanden ist; andernfalls verschärfen sie die Probleme nur zusätzlich.

Mit kleinen Polstern, Schaumgummikeilen, Filzstücken usw. können geringgradige Probleme behoben werden [13]. Sie sollten keine Kanten haben und können unter dem hinteren Bereich, dem Vorderzwiesel und dem Bereich des Sattelschlosses platziert werden. Sie können dem Reiter für kurze Zeit das Gefühl vermitteln, wie sich ein ausbalancierter Sattel anfühlt, sind aber immer nur als vorübergehende Lösung zu betrachten.

Wenn der Reiter gerne eine dicke Satteldecke oder eine therapeutische Unterlage verwenden möchte, sollte diese bereits zur Sattelanprobe mitgebracht und ein Sattel mit einer dementsprechenden Weite ausgesucht werden.

40.4.3 Einfluss des Reiters

Schon allein die Tatsache, dass der Reiter oder die Reiterin auf dem Pferd sitzt und es durch eine Reihe sehr komplexer Bewegungen führt, gibt ihm oder ihr großen Einfluss auf den Pferderücken. Die Bedeutung dieser engen Verbindung zwischen Reiter und Pferd ist erst in den letzten Jahren aufgedeckt worden [16]. Wenn der Reiter beispielsweise in der Schulter oder Teilen des Rückens verspannt ist, wird diese Steifheit direkt auf das Pferd übertragen, das dann an den gleichen Körperstellen auch Verspannungen entwickelt. Die meisten Reiter leiden in unterschiedlichem Maße an Verspannungen oder Rückenschmerzen, die alle direkt an ihre Pferde weitergegeben werden.

Diese Problematik wird noch dadurch verstärkt, dass viele Trainingsmethoden, die heute in den verschiedenen Pferdesportdisziplinen angewendet werden, die freie Beweglichkeit des Pferderückens zusätzlich behindern. In der Dressurausbildung beispielsweise wird der Reiter oft aufgefordert, sich weit hinter die Senkrechte zurückzulehnen und sein Gesäß kräftig in den Sattel und damit den Rücken des Pferdes zu drücken. Dadurch hängen die Bewegungen des Reiters immer hinter denen des Pferdes zurück und er hemmt die Bewegungen des Pferderückens und des M. longissimus dorsi.

Im durchschnittlichen Westernsattel sitzt der Reiter in einem leichten Stuhlsitz, mit den Beinen vor der Längsachse seines Körpers. Auch hier hängen die Bewegungen des Reiters hinter denen des Pferdes zurück, sein ganzes Gewicht liegt im kaudalen Teil des Sattels und die Bewegung des M. longissimus dorsi wird behindert. Erst wenn der Reiter gelernt hat, sich auszubalancieren und die Beine unter seiner Längsachse zu zentrieren, können sich Pferd und Reiter frei bewegen.

Sowohl der Reitstil des Reiters als auch das Design des Sattels können Rückenschmerzen beim Reiter auslösen. Dann kann der Reiter sich nicht mehr frei den Pferdebewegungen anpassen und muss beim Reiten mehr Muskeln anspannen. Es gehört mit zu den Aufgaben des Tierarztes eventuell taktvoll anzudeuten, was am Reitstil verbessert werden könnte, da die meisten Reiter die Ursache des Problems immer erst einmal bei ihrem Pferd sehen. Man sollte dabei jedoch unbedingt behutsam vorgehen: wenn man den Reiter zu sehr mit schmerzhaften Wahrheiten konfrontiert, sucht er sich verärgert einen anderen Tierarzt, und das Pferd wird einem der vielen „Trainer" zur „Korrektur" anvertraut.

40.4.4 Schmerzen in Maul und Gebiss

Ein Pferd, das Schmerzen im Maul hat, kann sich ähnlich verhalten, wie ein Pferd, das Rückenschmerzen hat. Wenn das Maul schmerzt werfen die meisten Pferde instinktiv den Kopf hoch und drücken den Rücken durch. Dadurch wird das Pferd dazu veranlasst noch härter zu ziehen, schnell wegzulaufen und auf die Vorhand zu fallen. Schmerzen im Maul treten häufig auf, wenn die Lippen zwischen Schneidezähnen oder scharfkantigen Prämolaren eingeklemmt wird. Sie können auch von zu hartem Handling, einer groben Reiterhand und falsch angewendeten Trainingshilfen verursacht werden. Sowohl Tierärzte als auch Pferdedentisten übersehen manchmal Wolfszähne oder die ersten Prämolaren des Oberkiefers als Schmerzursache. Dies gilt besonders bei den noch im Kiefer liegenden, nicht durchgebrochenen Zähnen.

In der konventionellen Tiermedizin setzt es sich erst in letzter Zeit durch, die zweiten Prämolaren so anzuschleifen, dass das Gebiss reibungslos aufliegt. Bei Leistungspferden kann dies der wichtigste Aspekt der Zahnmedizin sein. Richtige gestellte Zähne können einen großen Unterschied für die Leistung machen, die das Pferd in der Prüfung zeigt.

Die Auswahl des richtigen Gebisses ist ebenfalls sehr wichtig. Die Philosophie der Gebisswahl ist sehr komplex und von Traditionen durchwoben. Die meisten Bücher, die sich damit beschäftigen, befassen sich mehr mit den historischen Aspekten und bieten nur wenig innovative Information.

Die traditionelle Wassertrense drückt die Zunge nach unten und erlaubt es dem Pferd nicht, richtig zu schlucken. Als Reaktion darauf öffnen die Pferde oft das Maul, schütteln den Kopf und spannen die Halsmuskulatur an, um besser schlucken zu können. Durch Zungenfreiheit bekommt das Pferd eine entspanntere Kopfhaltung, da Muskelzüge von der Zunge zum Zungenbein und weiter zu Sternum und Schulter verlaufen. Sind diese Muskeln angespannt, so kann sich der untere Teil des „Muskelrings" nicht entspannen und das Pferd kann den Anschein erwecken, es habe einen schmerzenden Rücken.

Auch die Lage des Gebisses im Pferdemaul kann den entscheidenden Unterschied zwischen „bequem" und „unbequem" ausmachen. Viele traditionelle Reiter ziehen das Gebiss zu weit nach oben in den Maulspalt, dehnen dabei die Lippen weit über das angenehme Maß hinaus und pressen das Gebiss gegen die ersten Prämolaren. Oft genug wird dabei auch noch die Backenschleimhaut eingeklemmt. Westernreiter dagegen tendieren dazu, das Gebiss viel zu weit vorne im Maul hängen zu lassen, so dass es gegen die Canini prallt und schon allein dadurch Unbehagen auslöst. Gebisse mit langen Aufzügen müssen so gestaltet sein, dass die Aufzüge von den Backen weg gebogen sind und nichts einklemmen können.

40.4.5 Bedeutung eines guten Hufbeschlags

Ein korrekt beschlagener Huf ist die Voraussetzung für gesunde muskuloskeletale Funktionen, vor allem der Wirbelsäule und des Rückens. Viele Hufschmiede versuchen Rückenschmerzen vom Huf aus zu korrigieren. Es ist sicherlich wahr, dass ein korrekt ausbalancierter Huf dem Rücken helfen kann, aber manchmal verstärken die Unterlagen und die kreative Art und Weise, in der einige Pferde beschlagen werden, den Teufelskreis von Rückenschmerzen und Verhaltensproblemen noch weiter. Das gesamte Gewicht des Pferdes muss auf vier kleinen Füßen ausbalanciert werden, so dass bereits die geringste Veränderung in diesem empfindlichen Gleichgewicht auf Schultern, Hüfte und Rücken übertragen wird.

Der ideale Weg zu einem guten Hufbeschlag führt über eine natürliche Balance zwischen dem Huf und dem Rest des Körpers. Bei bestimmten Beinstellungen, Verletzungen und vorangegangenem unkorrektem Beschlagen ist dies oft nicht möglich. Wirklich gute Hufschmiede versuchen, den Fuß so nah wie nur möglich an der natürlichen Balance zu halten. Jedes Mal, wenn der Huf beim Beschlagen aus dieser Balance gebracht wird, um ein bestimmtes Problem zu lösen, müssen andere Teile des Körpers kompensieren. Mit der Zeit wird das Pferd chronisch empfindlich und steif. Dies wird aber nur sehr selten auf den Beschlag zurückgeführt. Bei manchen Pferden helfen außergewöhnliche Maßnahmen im Beschlag, aber sicherlich nicht bei allen.

40.4.6 Anpassung der Haltungs- und Trainingsform

Neben den oben besprochenen Faktoren können viele bei uns übliche Haltungs- und Ausbildungsformen Rückenschmerzen Vorschub leisten. Werden einige der im folgenden Kasten aufgeführten Trainingsformen im Stall angewendet, kann man davon ausgehen, dass es Pferde mit Rückenschmerzen geben wird und eine Akupunkturbehandlung kann nicht ihre voll Wirkung entfalten.

Haltungs- und Trainungsformen, die den Rücken belasten

- Vom Pferd geführte Rennpferde
- Longieren
- Trainingshilfen
- Unzureichende Muskelbehandlung nach dem Training
- Nicht Beachten von Aufwärm- und Abkühlphasen
- Mechanische Führanlagen
- Schwimmen zur Konditionsbildung
- Zu enge Decken
- Bewegungsmangel auf der Weide

Vom Pferd geführte Rennpferde

Wenn Rennpferde von einem anderen Pferd aus geführt und bewegt werden, müssen sie mit zur Seite gezogenem Kopf laufen, was an den Halsmuskeln und der Halswirbelsäule zerrt. Das kann ernsthafte Subluxationen und steife und schmerzhafte Muskeln zur Folge haben. Das Pferd ist gezwungen mit zur Seite gezogenem Hals zu galoppieren und so die gesamte Wirbelsäule und Rückenmuskulatur einseitig zu belasten. Diese Art der Bewegung belastet auch die Gelenke in den Beinen und kann so Ursache vieler Verletzungen sein, die auf der Rennbahn häufig zu sehen sind. Während die Methode in England, Irland oder Hongkong nicht angewendet wird, wird in den USA jedoch fast jedes Pferd zum Start oder routinemäßig im Training von einem anderen Pferd geführt.

Longieren

Longieren über längere Zeit belastet das muskuloskeletale System und vor allem die distalen Gelenke. Das Pferd ist dazu gezwungen, den Hals konstant in einer leichten Neigung zu halten. Gerade auf Turnieren werden Pferde über Stunden longiert, um sie zu beruhigen. Die Pferde wären jedoch viel ruhiger, wenn sie weniger longiert würden, dafür aber keine Rückenschmerzen mehr hätten und einen passenden Sattel tragen dürften. Auch der Zuckeranteil der Nahrung sollte reduziert werden, da Zucker die Pferde hyperaktiv machen kann.

Trainingshilfen

Die Anzahl und Vielfalt der Trainingshilfen auf dem Markt ist endlos und rangiert in der Qualität von harmlos bis hin zu tierquälerisch. Die meisten von ihnen sind nicht mehr nötig, wenn die Rückenschmerzen des Pferdes gelindert sind und der Reiter gelernt hat, sich mit seinem Pferd und nicht gegen es zu bewegen. Da Trainer aber immer mit Trainingshilfen arbeiten werden, ist es die Aufgabe der Tierärzte Klienten zu beraten, wie sie diese Hilfen logisch einsetzen können. Der Hauptfehler der meisten Hilfen liegt in der über lange Zeit erzwungenen fixierten und unnatürlichen Haltung der Pferde. Muskeln ermüden sehr schnell, wenn sie in der gleichen Position über einige Minuten gehalten werden. Versuchen Sie einmal, ihren Arm über zehn Minuten horizontal vom Körper weg zu strecken. Keine Trainingsmethode verlangt von Athleten, die gleiche Bewegung in endlosen Repetitionen über Stunden hinweg durchzuführen. Pferden wird dies bedenkenlos zugemutet. Die sinnvollste Art, Trainingshilfen einzusetzen, ist, sie nur über sehr kurze Zeitintervalle zu benutzen, sie dann abzuschnallen und ohne Hilfen mit dem Pferd zu arbeiten, um sie eventuell später wieder anzuschnallen. Das entspricht dem Intervalltraining, einer sehr effektiven Trainingsmethode in vielen

Sportarten, die beim Menschen und beim Pferd eingesetzt werden kann.

„Pflege" der Muskulatur

Viele Pferdebesitzer und viele Tierärzte legen ihr gesamtes Augenmerk auf die Pferdebeine und haben meist nur sehr wenig Zeit für die Muskulatur. Menschliche Athleten haben längst gelernt, Verletzungen durch sorgfältigen Umgang mit ihrer Muskulatur vor und nach Wettkämpfen zu vermeiden. Football-Spieler beispielsweise werden nach dem Spiel massiert und sitzen im Whirlpool. Marathonläufer erhalten an jedem Stopp eine kurze Massage, um Muskelverhärtungen zu lösen. Auch Pferdebesitzer können einige Dehnungsübungen für ihre Pferde erlernen. Die wirklich Motivierten unter ihnen können ihre Pferde viel weiter bringen, indem sie Massage und Dehnungsübungen erlernen und anwenden.

Aufwärm- und Abkühlphase

Beides, sowohl das Aufwärmen als auch das Abkühlen, hilft, die Muskulatur locker und schmerzfrei zu halten. Pferde, die nach einer extremen Belastung 20 Minuten traben, können wesentlich schneller Laktat im Stoffwechsel abbauen als Tiere, die im Schritt geführt werden oder stillstehen [17]. Bei vielen Distanzritten wird erwartet, dass sich das Pferd während des Ritts aufwärmt, aber die schnelle Anfangsgeschwindigkeit verlangt eigentlich auch hier eine ausreichende Aufwärmphase, um Verletzungen vorzubeugen. Gerade Pferde, die auf Turnieren starten, müssen aufgewärmt werden, um eine maximale Leistung erbringen zu können. Leider werden nur die wenigsten von ihnen wirklich warm geritten, es sei denn sie müssen zur Beruhigung bewegt werden.

Mechanische Führanlagen

Bei den meisten Führanlagen wird der Kopf des Pferdes nach oben fixiert, was einen durchgedrückten Rücken zur Folge hat. Viele Pferde werden direkt nach der Arbeit in die Führanlage gespannt, wenn sie eigentlich ihre Muskeln strecken sollten, statt sie anzuspannen und zu verkürzen, wie dies oft in den Führanlagen passiert. Das altmodische Abschwitzen lassen an der Hand funktioniert da wesentlich besser. Wenn das nicht machbar ist, lassen Sie das Pferd sich wenigsten strecken, nachdem es aus der Führanlage kommt. In den neueren Führanlagen läuft jedes Pferd in einem eigenen Käfig und muss daher nicht mehr am Kopf fixiert werden, so dass wenigstens eine natürliche Kopfhaltung möglich ist.

Schwimmen

Schwimmen kann sehr sinnvoll eingesetzt werden in der Rehabilitation von Pferden, als Unterbrechung in der Routine des Trainings und um Pferde fit zu halten, ohne die Beine stark zu belasten. Pferde schwimmen jedoch mit einem stark durchgedrückten Rücken. Wenn sie zu viel schwimmen, werden die Muskeln in Hals, Rücken und Schulter sehr stark entwickelt, während die Hinterhand im Training zurückbleibt, da sie beim Schwimmen kaum etwas zu tun hat. Die Muskeln, die ein Pferd durch Konditionierung mit Schwimmen entwickelt, lassen es mit hohlem Rücken laufen. Darum sollte Schwimmen immer nur in Maßen eingesetzt werden.

Abdecken der Pferde

Auch Pferdedecken können die Ursache von Problemen sein. Weit nach hinten geschnittene Decken, die den Widerrist umgehen, können wie ein Schraubstock zwischen den kaudalen Aspekten des Widerristes und den Schulterpunkten wirken. Oft treten Subluxationen an den vorderen Brustwirbeln mit ihren langen Dornfortsätzen auf. Das gilt auch für die Anheftung der ersten Rippen an das Sternum. Die Muskulatur der Schulter wird eingeklemmt und die Schrittlänge der Vorhand verkürzt sich. Zur Kompensation spannt das Pferd den gesamten Rücken an. Viele Pferde bewegen sich während der langen Wintermonate auf ihren Paddocks oder in ihren Boxen mit kurzen Schritten. Im Frühling sind dann viele von ihnen lahm.

Die Pferdedecke sollte lose sitzen, so dass die Schnallen auch nach einer Nacht auf der Weide noch leicht zu öffnen sind. Die beste Deckenform, um dies zu erreichen, geht über den Widerrist hinaus und deckt sogar ein kleines Stück des Halses mit ab. Diese Decken hängen leichter an den Pferden als die ausgeschnittenen Decken und lassen der Schulter genügend Freiraum. Viele der neueren Decken sind so geschnitten und bestehen aus sehr leichtem Material (2–3 kg). Es besteht eigentlich kein Grund mehr, 10–15 kg schwere Decken 24 Stunden am Tag auf dem Pferd liegen zu lassen.

Bei den alten Decken kann durch eine einfache Veränderung versucht werden, die Einengung der Schulter zu verhindern. Im Mittelpunkt der Halsseite der Decke wird ein Abnäher eingesetzt, der die Decke nach vorne zieht und sie so über Schulter und Widerrist kommen lässt [18].

Ansprache der Probleme, die durch Management und Trainingsstil verursacht werden, kann uns in dem Versuch, Leistungsprobleme beim Pferd zu lösen einen großen Schritt weiter bringen.

LITERATUR

1. Bennett D: *Principles of conformation analysis,* vol 1, Gaithersburg, Md, 1988, Fleet Street Publishing.
2. Harris S: *Horses, gaits, balance and movement,* New York, 1993, Howell Book House.
3. Harman JC: Complementary (alternative) therapies for poor performance back problems and lameness. In *Current therapy in equine medicine,* Philadelphia, 1997, WB Saunders, pp 131–137.
4. Harman JC: Holistic approach to equine practice. In Schoen A, Wynn S: *Complementary and alternative veterinary medicine,* St Louis, 1998, Mosby, pp 610–613.
5. Denoix JMD: Ultrasonographic evaluation of back lesions, *Vet Clin North Am* 15(1):131–159, 1999.
6. Turner TA: Use of thermography in lameness evaluation. *Proc Am Assoc Eq Pract* 44:224–226, 1998.
7. von Schweinitz DG: Thermographic diagnostics in equine back pain, *Vet Clin North Am* 15(1) 161–177, 1999.
8. von Schweinitz DG: Thermographic evidence for the effectiveness of acupuncture in equine neuromuscular disease, *J Br Med Acupunct Soc* XVI(1):14–17, 1998.
9. McMahon SB: Mechanisms of sympathetic pain, *Br Med Bull* 47:584–600, 1991.
10. Ochoan JL, Verdugo RJ: Reflex sympathetic dystrophy: a common clinical avenue for somatoform expression, *Neurol Clin* 13:351–363, 1995.
11. Harman JC: Practical use of a computerized saddle-pressure measuring device to determine the effects of saddle pads on the horses' back, *J Eq Vet Sci* 14:11, 606–611, 1994.

12. Tellington-Jones L: *The Tellington touch,* New York, 1992, Viking Penguin.
13. Harman JC. Tack and saddle fit, *Vet Clin North Am* 15(1): 247–261, 1999.
14. Harman JC. *Saddle fitting for all sports,* North Pomfret, Vt, Trafalgar Press (in press).
15. Foster AK: Lauriche back graph, 22 Station St, Walsall, West Midland, England + 01922–626430, unpublished data.
16. Swift S: *Centered riding,* Mareck, NY, 1985, St Martin's Press.
17. Marlin DJ et al: Influence of postexercise activity blood lactate disappearance in the thoroughbred horse. *Proceedings of the Second Annual Conference on Equine Exercise Physiology,* San Diego, Calif, 1991.
18. Harman JC: Does your blanket fit? *Practical Horseman,* Dec 1996 pp 115–116.

KAPITEL

41 TCM und Biomechanik beim Sportpferd

Kimberly Henneman

„Setze dich mit dem Schwierigen auseinander, solange es einfach ist. Vollbringe die große Aufgabe durch eine Reihe kleiner Handlungen (…) Vermeide Probleme, bevor sie auftauchen. Bringe die Dinge in Ordnung, bevor sie sich zeigen."

Lao-tse im „Tao te King"

Die Popularität von Pferden für Sport und Freizeit nimmt ständig zu. Die steigende Zahl sportlicher Disziplinen rund um das Pferd ist begleitet von einem wachsenden monetären und emotionalen Wert des Pferdes. Auch die geriatrische Pferdepopulation ist in den USA am Zunehmen, da hochtrainierte frühere Turnierpferde als „Lehrer" für neue Generationen von Reitern und Reiterinnen von Bedeutung sind. Pferde mit einem Alter um die 20 Jahre sind nicht selten in Jugendwettbewerben zu finden und dienen ebenso als ruhige und zuverlässige Begleiter für ältere oder unerfahrene Reiter; deshalb ist es durchaus angebracht, die Gesundheit und das Wohlbefinden von Pferden an beiden Enden des Altersspektrums zu erhalten. Der Tiermediziner wird daher mit einem breiten Spektrum von Problemen konfrontiert, von der akuten traumatischen Verletzung bei einem jungen Sportpferd bis zu degenerativen Erscheinungen bei einem älteren Pferd.

Mit dem zunehmenden Einsatz von Pferden ist auch ein steigendes Interesse an der Verwendung komplementärer und alternativer Therapieformen in der medizinischen Versorgung der Tiere verbunden. Die Anwendung von Akupunktur zur Behandlung von Sportverletzungen wie Muskelzerrungen, Gelenkverstauchungen, Bänderdehnungen oder Knochenverletzungen kann häufig die Ausfallzeit verkürzen und den Einsatz nichtsteroidaler entzündungshemmender Medikamente minimieren, wodurch die mit diesen Mitteln verbundenen Nebenwirkungen vermieden werden. Leider ist die Verbindung der Lehren der Traditionellen Chinesischen Medizin (TCM) mit den Therapieprotokollen für Sportverletzungen nicht immer einfach, da sich die TCM-Philosophie mehr mit der Funktion der *Zang-Fu*-Organe als mit Körper- und Gewebestrukturen befasst. Für den erfolgreichen Einsatz von Akupunktur in der Sportmedizin bei Pferden braucht der Veterinärakupunkteur daher gründliche Kenntnisse in westlicher Biomechanik und muss sie mit den TCM-Disharmoniemustern verbinden und integrieren können.

Die typische Sportverletzung ist häufig das Ergebnis einer Kette von Ereignissen. Die offensichtlichen Beschwerden und Symptome, mit denen das Pferd zum Tierarzt gebracht wird, repräsentieren nicht notwendigerweise den Vorfall oder das Problem, das die Sequenz in Gang gesetzt hat. Eine symptomatische Behandlung führt daher möglicherweise nur zu einer kurzfristigen Besserung mit schließlichem Wiederauftreten der primären Beschwerden oder zum Erscheinen neuer Symptome. Kombiniert man ein Bewusstsein für die traditionellen TCM-Muster mit den gegenwärtigen, modernen Konzepten biomechanischer Muster, erweitern sich die diagnostischen und therapeutischen Möglichkeiten exponentiell. Eine gründliche und dynamische Integration beider Sichtweisen kann dem Tiermediziner zusätzliche Werkzeuge zur Unterscheidung von Verletzungsmustern an die Hand geben und die Vorhersage latenter oder zukünftiger Verletzungen ermöglichen.

Dieses Kapitel erklärt zunächst die grundlegenden Philosophien und Prinzipien der TCM in Bezug auf den Bewegungsapparat sowie einige wichtige biomechanische Prinzipien. Anschließend werden häufige Sportverletzungen und ihre biomechanischen Ursachen erläutert, um den Veterinär zu ermutigen, sich nicht nur auf die offensichtliche Verletzung zu konzentrieren, sondern auch die mechanischen Faktoren zu untersuchen, die möglicherweise dazu geführt haben. Schließlich folgt eine Übersicht über Meridianverläufe und entsprechende Muskelgruppen, die dem Veterinärakupunkteur helfen soll, bei der Punktauswahl das „Gesamtbild" zu sehen. Der Schlüssel zur Beseitigung jeder Störung besteht darin, die Ursache zu erschließen und zu korrigieren und nicht einfach nur das Symptom zu lindern. Jede Methode, die das Repertoire des Veterinärakupunkteurs erweitert, erleichtert es ihm, einfache wie auch komplizierte Verletzungen zur Zufriedenheit des Klienten zu behandeln und zur besseren Heilung des Pferdes beizutragen.

41.1 Die Philosophie der Traditionellen Chinesischen Medizin

„Dir ist vielleicht schon aufgefallen, dass ein Indianer immer alles in Kreisen macht; das liegt daran, dass die Kraft der Welt immer in Kreisen wirkt und danach strebt, rund zu sein."

Black Elk in „Black Elk speaks"

41.1.1 Der Unterschied zwischen traditionell chinesischem und westlichem Denken

Viele in westlicher Medizin ausgebildete Tierärzte erlernen Akupunktur und setzen sie dann in demselben Kontext ein wie die üblichen konventionellen Methoden; mit anderen Worten, ein Symptom oder Problem wird in der Terminologie und im Zusammenhang westlicher Medizin identifiziert und die Akupunkturpunkte werden nach konventionellen Forschungsergebnissen (z. B. „dieser Punkt wirkt nachweislich auf hemmende Schmerzsignale") oder lokaler Assoziation mit den Beschwerden ausgesucht. Doch wenn man die Akupunktur aus ihrem ursprünglichen Zusammenhang herausnimmt und sie in einer engen, linearen Perspektive anwendet, führt dies in der Regel zu denselben Ergebnissen wie westliche Methoden – zu gemischten oder frustrierenden Resultaten. Um die bestmöglichen Ergebnisse zu erzielen, müssen konventionell ausgebildete Veterinärmediziner ihre Problemwahrnehmung von der linearen, mechanistischen Sichtweise lösen und sich stattdessen auf den multidimensionalen Fluss des östlichen Denkens einlassen. Das kann eine ziemliche Herausforderung sein, da es das vollständige Aufgeben all dessen bedeutet, was wir als Veterinärmediziner im Westen lernen, medizinisch wie auch kulturell. Doch um *wirklich* Akupunktur zu praktizieren, *muss* man das lineare Denken hinter sich lassen.

Die chinesische Philosophie betrachtet das Leben, die Medizin, die Umwelt und den Körper als Teil eines miteinander verwobenen energetischen Netzwerks, das konstant dynamisches Wirken erschafft. Die Struktur eines Objekts ist nur ein kleiner Teil des Musters, das seine Funktion ermöglicht. Beziehungen sind kreisförmig (aber nicht zweidimensional); Funktion erschafft Struktur und Struktur ermöglicht Funktion. Eine gestörte Funktion verändert die Struktur ebenso wie eine gestörte Struktur zu einer pathologischen Funktion führt. Alle Aspekte eines Musters, ob im Makrokosmos oder im Mikrokosmos, sind miteinander verbunden, voneinander abhängig und miteinander in Kommunikation. Versteht man das Muster, das mit einem besonderen Ereignis in Zeit und Raum verbunden ist (Verletzung oder Erkrankung), ermöglicht dies einen Blick in das gesamte Kontinuum von Zeit und Raum (vergleichbar mit modernen Aussagen der Quantenphysik). Versteht man Ereignisse und ihren Platz innerhalb des Gesamtmusters, so lassen sich Vergangenheit und Zukunft daraus vorhersagen.

In der chinesischen Medizin gibt es keine Krankheit oder pathologische Erscheinung als für sich allein stehende Entität oder Ereignis. Es gibt Muster innerhalb von Mustern. Es gibt Verbindungen innerhalb eines Musters und verschiedene Muster in einem Individuum. Es gibt Muster und Interaktionen zwischen verschiedenen Individuen und zwischen dem Individuum und seiner Umwelt. Für eine erfolgreiche Akupunkturbehandlung müssen sie alle identifiziert, beachtet und unter Umständen auch einbezogen werden.

Westliches Denken und Problemlösungsverhalten unterscheiden sich beträchtlich vom chinesischen. Die westliche Wahrnehmung sieht nur fixierte und statische Muster. Dies zeigt sich in der Bezeichnung von Krankheiten – häufig weiß der Arzt nicht, wie ein Problem zu behandeln ist, bis er ein bestimmtes Muster mit einer definierten Bezeichnung identifizieren kann. Ein Tier mit einer geschwollenen und schmerzenden Sehne ist einfach zu behandeln; es leidet unter einem Sehnenriss oder einer Sehnenentzündung. Vage Lähmungserscheinungen mit multifokalen Rückenschmerzen sind dagegen nicht so einfach zu behandeln (außer mit systemischen Muskelrelaxanzien oder entzündungshemmenden Mitteln). Der leichten Lähmung kann keine Bezeichnung gegeben werden; es gibt kein bekanntes westliches Muster, das man behandeln könnte (während die TCM durchaus Möglichkeiten hat, solch ein Muster zu unterscheiden). Die westliche Medizin sieht Ereignisse als unabhängig und ohne Beziehung zu Dingen, die vorangegangen sind oder folgen, besonders wenn dabei unterschiedliche strukturelle Organe beteiligt sind. Es gibt nur dann eine Beziehung, wenn eine direkte Interaktion der Ereignisse zu einem bestimmten Zeitpunkt und an einem bestimmten Ort stattfindet, einem Punkt auf einer Linie – es gibt kein Kontinuum. Krankheitsereignisse werden auf eine minimale, identifizierbare Einheit reduziert; die chinesische Medizin dagegen erweitert die Betrachtung der Ereignisse, bis die unterschiedlichen Muster deutlich werden. In diesem Zusammenhang sollte biomechanisches Wissen nicht in einem statischen strukturellen Rahmen gesehen werden, sondern in Bezug darauf, wie die Struktur ein funktionales Muster erschafft.

Lassen Sie uns einige Beispiele für die unterschiedlichen Sichtweisen des westlichen und des TCM-Zugangs betrachten.

Beispiel 1: Der Aufbau der Sprache

Zunächst wollen wir die Unterschiede in Sprache und Begriffen erforschen, da sie Gedanken und Ideen am besten repräsentieren. Westliche Sprachen werden aufgebaut, indem man die Klänge unterschiedlicher Symbole (Buchstaben) lernt, dann größere Symbole bildet, indem man die kleineren Symbole in einer sinnvollen Reihenfolge anordnet. Das Wort „eins" zum Beispiel erhält seine Bedeutung dadurch, dass die Buchstaben e, i, n und s in einer gewissen Reihenfolge angeordnet sind. Wenn die Buchstaben umsortiert werden und die lineare Abfolge verändert wird, entsteht entweder Unsinn, z. B. „nise", oder ein neues Symbol, wie z. B. „sein". Ein einzelner Teil, der weggenommen oder hinzugefügt wird, hat für das Muster keine Bedeutung, außer dass er eine diskrete Einheit, einen Buchstaben, repräsentiert–e oder i. Das Muster wird nur erkennbar und bedeutsam, wenn es eine bestimmte lineare Ordnung und Form annimmt: e-i-n-s. Das Wort eins hat nur die Bedeutung, die der Summe seiner Teile entspricht, und dies auch nur, wenn sie in einer bestimmten Reihenfolge aufgeführt sind.

Vergleichen Sie dies mit dem Symbol für „Pferd" *(Ma)* in der chinesischen Schrift. Vereinfacht gesprochen, verwendet die chinesische Schrift Piktogramme (Schriftzeichen) und Ideogramme (Kombinationen von Schriftzeichen für unterschiedliche Bedeutungen) statt Buchstaben. Das Piktogramm für Pferd aus der *Song*-Dynastie zeigt Kopf, Mähne, Hufe und Schwanz. Die fortlaufende Entwicklung des Pferdesymbols bis zur modernen Vereinfachung zeigt ➤ Abb. 41.1. Wird das Symbol für „seltsam" oder „wunderbar" zu dem für Pferd addiert, symbolisiert das entstandene Ideogramm den Begriff „reiten" *(Qi)* (➤ Abb. 41.2). Umfassendere Konzepte werden zu Symbolen integriert, die zusammen ein neues Konzept bilden, das größer ist als die Summe seiner Teile. Das Piktogramm für seltsam oder wunderbar zusammen mit dem für Pferd bedeutet dann nicht „seltsames Pferd", sondern die Idee, dass „ein Pferd zu reiten eine wunderbare Erfahrung ist, aber seltsam für jemanden, der es nie zuvor probiert hat." [1] Das ursprüngliche Muster für Pferd ist als Symbol mit Bedeutung innerhalb des Ideogramms immer noch erkennbar, auch wenn das neue Muster eine völlig andere (wenn auch verwandte) Bedeutung hat. Wenn das Symbol für „weiser Mann" zu dem für Pferd hinzugefügt wird, repräsentiert dies den Begriff „Reiter" *(Qi Shi)*; das dahinter liegende Konzept ist, dass ein weiser Mann eher reitet als zu Fuß zu gehen (➤ Abb. 41.3). Chinesische Ideogramme sind Muster innerhalb von Mustern in Mustern, die Vorstellungen repräsentieren, die größer sind als die Summe ihrer Teile. Dies gilt auch für den chinesischen Zugang zur Medizin.

Abb. 41.1 Die Entwicklung des chinesischen Symbols für „Pferd".

骑 **Qi**

Abb. 41.2 Das chinesische Piktogramm für „Reiten".

骑士 **Qi shi**

Abb. 41.3 Das chinesische Piktogramm für „Reiter".

Beispiel 2: Das Herangehen an gesundheitliche Probleme

Vergleichen wir nun den Unterschied zwischen TCM und der westlichen Philosophie bei der Untersuchung eines sportmedizinischen Problems – einem Pferd mit einer Zerrung des Fesselringbandes. Die westliche Vorgehensweise würde primär darin bestehen, die Entzündung mit nichtsteroidalen entzündungshemmenden Medikamenten zu reduzieren, die Schwellung mit Kälte-/Wärmetherapie und Umschlägen zu lindern und schließlich Ruhe zu verordnen. Eventuell wird noch der Hufbeschlag verändert, um während des Heilungsprozesses die Kräfte, die auf das Band einwirken, zu reduzieren. In der Regel wird nicht nach einer Ursache gesucht, außer es kommt zu einer wiederholten Verletzung des Bandes. Der Platz, den diese Verletzung im größeren Gesundheitsmuster haben mag, wird selten gesucht oder gefunden.

In der TCM würde eine solche Verletzung innerhalb eines breiteren Kontexts betrachtet. Zunächst würde man natürlich die anfängliche Entzündung behandeln, wobei man entscheidet, ob in der akuten Situation eine Blut-Stase (Hämatom, scharfer Schmerz) oder eine *Qi*-Stagnation (Ödem, dumpfer Schmerz) vorliegt. Doch man würde nicht einfach nur das Band behandeln. Man würde nach den Gründen für die Schwächung und den Riss des Bandes suchen, indem man die Zustimmungs-*Shu*- und Alarm-*Mu*-Punkte der *Zang-Fu*-Organe untersucht, die Bindegewebe, Blut und Knochen kontrollieren und nähren. Ein nach der chinesischen Sichtweise arbeitender Veterinärakupunkteur würde sich mit folgenden Fragen auseinander setzen:

- Liegen Stagnation und Hitze in der Leber vor, die zur Austrocknung der „Sehne" des Aufhängebands führen?
- Liegt Blut-Mangel vor, wodurch das Band nicht ausreichend ernährt wird?
- Liegt ein Essenz-*Jing*-Mangel zugrunde, weil die Niere die Leber angreift?
- Wie steht es mit einer Beeinträchtigung des *Yin* durch Medikamente oder Impfstoffe oder des *Qi* durch Stress und Überarbeitung?

Nimmt man dann noch Kenntnisse der Biomechanik des Pferdes hinzu, können zusätzliche Nuancen im Verletzungsmuster identifiziert werden. Folgende Aspekte (und eventuell weitere) wären dann zu beachten, um das Problem richtig einordnen zu können:

- Welche mechanischen Kräfte treten auf, die den Fluss von *Qi* und Blut zum Bewegungsapparat beeinflussen oder Muskulatur und Skelett überbeanspruchen könnten?
- Wie ist der Zustand der Vorderarmmuskeln (sind sie verkrampft, haben sie einen Teil ihrer Aufgabe auf das Band übertragen und es dadurch überlastet – besteht also eine Störung des Gleichgewichts zwischen Milz/Pankreas und Leber?
- Wie steht es mit den Gelenken des Beins: sind sie voll beweglich, sind Fesselgelenk und Sesambeine gesund (Nieren-*Qi*, -*Yang* und -*Jing*)?
- Treten aufgrund von Nieren-*Qi*-Mangel oder Stagnation im Dreifachen Erwärmer Rückenschmerzen auf, wodurch das Band stärker belastet wird?
- Ist der Hufbeschlag ungleichmäßig, was die Blutzirkulation (nach westlichem und chinesischem Verständnis) durch Bein und Fuß beeinträchtigt? Welche *Ting*-Punkte und Meridiane werden durch die festgestellten Unregelmäßigkeiten beeinflusst?
- Gibt es weitere Bereiche von Schmerz und Stress im Zusammenhang mit den Meridianen und den Muskeln, durch die sie verlaufen, die geprüft und behandelt werden sollten?

41.1.2 TCM und Sportmedizin

Die Kenntnis aller TCM-Aspekte ist bei der Behandlung von Sportverletzungen genauso wichtig wie bei der Behandlung anderer Erkrankungen. Die vitalen Substanzen, *Zang-Fu*-Beziehungen und TCM-Syndrome wurden in anderen Kapiteln bereits erläutert. In diesem Abschnitt soll jedoch nochmals ein kurzer Überblick über diese Aspekte im Hinblick auf Bewegungsapparat und Sportverletzungen gegeben werden.

Die vitalen Substanzen

Ein integraler Teil des TCM-Systems ist die Beziehung der vitalen Substanzen zueinander: Energie *(Qi)*, Essenz *(Jing)*, Geist *(Shen)*, Blut *(Xue)* und Körperflüssigkeiten *(Jin-Ye)* (➤ Tab. 41.1). Das

Tab. 41.1 Die vitalen Substanzen

Substanz	TCM-Bezeichnung	*Zang-Fu*-Organe	Funktionen	Struktur des Bewegungsapparats
Energie	*Qi*	Lu, Ni, MP	Bewegt, wärmt, transformiert, bewahrt und nährt	Knochen, Zähne, Knorpel, Gehirn, Rückenmark, Verbindung von Sehnen und Knochen, Muskeln (Fleisch), Blut, Ernährung und Mineralstoffwechsel
Essenz	*Jing*	Ni	Kontrolliert Wachstum, Reproduktion und Entwicklung, bildet die Basis für das Nieren-*Qi*, bestimmt die konstitutionelle Stärke	Knochen, Zähne, Knorpel, Mineralstoffwechsel, Verbindung von Sehnen und Knochen
Geist	*Shen*	He	Energetisiert das Bewusstsein	Gefäßsystem, Schweißbildung
Blut	*Xue*	He, Le, MP	Nährt und befeuchtet	Sehnen, Bänder, Faszien, Muskeln (Fleisch), Gelenkkapseln
Körperflüssigkeiten	*Jin-Ye*	Ni, Lu, MP	Befeuchtet und nährt	Knochen, Zähne, Knorpel, Gehirn, Rückenmark, Verbindung von Sehnen und Knochen, Muskeln (Fleisch), Blut, Mineralstoffwechsel

41

dynamische Zusammenspiel dieser Substanzen in energetischer und materieller Form bildet das Körper-/Geist-System der chinesischen Medizin. Mangel oder Fülle an einer der vitalen Substanzen führt zu den Krankheitszuständen, die die TCM zu korrigieren versucht. Disharmonien der vitalen Substanzen sind bei sportmedizinischen Problemen von derselben Bedeutung. Denken Sie bei der Anwendung dieser Konzepte in der Sportmedizin daran, dass sie sowohl energetische wie auch materielle Qualität besitzen. Blut ist nicht nur das tatsächliche rote Blut mit seinen Bestandteilen in den Gefäßen, sondern es besitzt auch eine energetische Qualität, die für den westlichen Medizinverstand schwer zu begreifen ist. Blut-Mangel zeigt sich dabei nicht unbedingt als messbare Anämie in einem Blutbild, sondern wirkt sich vielleicht nur auf die Gewebe aus, wobei sie durch mangelnde Ernährung geschwächt sind.

Die Organbeziehungen

Ein Verständnis für die Beziehungen der inneren Organe hilft dem Veterinärakupunkteur bei der Auswahl der Punkte zur Behandlung von Sportverletzungen. Die Funktion der betroffenen Körperstruktur wird energetisch (und damit auch physisch) von einem oder mehreren der primären Organe beeinflusst. Kennt man das mit dem jeweiligen Gewebe korrelierte Organ, ermöglicht dies nicht nur eine bessere Punktauswahl, sondern in Verbindung mit anderen diagnostischen Systemen der TCM wie der Theorie der Fünf Elemente oder acht Grundmuster auch die Vorhersage anderer Bereiche, die nicht so offensichtlich verletzt oder involviert sind.

- **Niere:** Die Niere wird häufig als „Wurzel des Lebens" bezeichnet, da die in ihr gespeicherte Essenz *(Jing)* dem *Qi* vorausgeht. Nieren-*Jing* und -*Qi* sind für die Grundlage aller physiologischen Prozesse verantwortlich, einschließlich des Mineralstoffwechsels auf der Ebene von Gastrointestinaltrakt, Knochen, Blut und Zellmembranen. Die Niere beherrscht die Gesundheit von Knochen, Zähnen, Knorpeln, Verbindungen von Sehnen und Knochen (einschließlich Zahnhalteapparat) und Mark (Gehirn und Rückenmark). Die Nieren mögen keine Kälte.
- **Leber:** Die Leber ist der „Stratege". Sie ist verantwortlich für die Speicherung von Blut, die Sicherstellung des gleichmäßigen *Qi*-Flusses und die Kontrolle des Bindegewebes. Die Gesundheit der Leber zeigt sich an den Hufen. Sehnen, Bänder, Faszien, Gelenkkapseln und auch Narbengewebe werden von der Leberenergie beherrscht. Die Leber mag keine Hitze und Stagnation.
- **Milz/Pankreas:** Die Milz ist im Bereich der Sportmedizin eines der wichtigsten Organe, denn sie ist das „Arbeitstier" und verantwortlich für die fleischigen Muskelteile und ihre Ernährung *(Gu Qi)*, besonders in Form von Glukose. Die Milz herrscht außerdem über die Blutgerinnung und hält das Blut in den Gefäßen. Die Milz mag keine Feuchtigkeit.
- **Herz:** Das Herz ist der „Aufseher". Es koordiniert die Funktion von Gehirn, Nervengewebe und Nervensignalen. Es kontrolliert außerdem die Blutgefäße und ist verantwortlich für die Bewegung des Blutes. Das Herz ist aufgrund seiner ständigen Aktivität das heißeste Organ und leidet leicht unter *Yin*-Mangel.

Yin und *Yang* des Bewegungsapparats

Historisch gesehen, hatten die Muskeln in der chinesischen Medizin bis etwa 1700–1800 n. Chr. keine Namen. Auch wenn den strukturellen Aspekten von Muskelursprung und -ansatz große Bedeutung beigemessen wurde, wurden die Muskeln hauptsächlich nach ihrer Beziehung zu den *Yin*- und *Yang*-Aspekten der Körperoberfläche eingeteilt [2]. Nach der Entwicklung des Mikroskops und damit der Möglichkeit, Muskeln nach Fasertypen zu klassifizieren, teilten TCM-Therapeuten auch die mikroskopische Struktur nach ihrer *Yin*- und *Yang*-Funktion ein (➤ Tab. 41.2).

Entsprechend der Einteilung der Körperoberfläche werden Muskeln auf den dorsalen und lateralen Aspekten von Hals, Kopf, Rumpf und Becken als *Yang*-Muskeln betrachtet. Muskeln auf den ventralen Oberflächen von Hals und Rumpf gelten als *Yin*. Die Vorderseite von Vorderarm und Thorax ist *Yang*, ebenso wie die Muskeln von latero-anteriorem Unterschenkel und Oberschenkel (Hüfte bis Kniegelenk). Muskeln der medio-posterioren Hinterbeine einschließlich Perineum haben *Yin*-Charakter.

Daneben können die Muskeln auch nach den Meridianen eingeteilt werden, die durch sie verlaufen. Nach der traditionellen Meridian-Einteilung sind die Muskeln, die vom Blasen-Meridian (Fuß-*Taiyang*) durchquert werden, dem *Yang* zuzuordnen, die Muskeln, die vom Nieren-Meridian (Fuß-*Taiyin*) durchzogen werden, hingegen dem *Yin*. Muskeln, die nach den Meridianen der gleichen Gruppe zugeordnet wurden, haben meist ähnliche Funktionen, was nicht nur bei der Diagnose von Lahmheit nützlich ist, sondern auch die Punktauswahl für die Behandlung erleichtert (z. B. von distalen und proximalen Punkten). Die Muskeln des Nieren-Meridians (Fuß-*Shaoyin*) sind beispielsweise größtenteils Flexoren von Hinterbeinen, Rumpf und Hals; der M. longus capitis beugt den Kopf (tiefer Meridianverlauf), der M. quadratus lumborum den Rumpf lateral und ventral, der M. semimembranosus das Bein. ➢ Tab. 41.3 und die darauffolgende Übersicht geben einen Überblick über die Muskeleinteilung nach den Meridianen.

Tab. 41.2 Muskelfasern und ihre Eigenschaften

Charakteristikum	Typ 1 (LO*)	Typ IIA (ROG*)	Typ IIB (RG*)
Farbe	rot	rot	blass
Mitochondrien	viele (+++)	viele (+++)	wenige (+)
Vaskularität	+++	+++	+
Stoffwechsel	oxidativ	oxidativ und anaerob	anaerob
Kontraktion	langsam	mittel	schnell
Entspannung	langsam	mittel	schnell
Ermüdung	erschwert	mittel	leicht
Funktion	niedrige Intensität, lange Dauer	weiter Funktionsbereich	hohe Intensität, kurze Dauer
Yin oder *Yang*	*Yang*	gemischt	*Yin*
Rassen	Araber/Jagdpferd	Vollblüter	Quarter-Horse

Daten aus: Snow, DH, Guy PS: Muscle fiber type composition of a number of limb muscles in different types of horse. Res Vet Sci 28:137, 1980.
*LO: langsam kontrahierend, oxidativ; ROG: rasch kontrahierend, oxidativ, glykolytisch; RG: rasch kontrahierend, glykolytisch.

Tab. 41.3 Einteilung der Muskeln nach den Meridianen

Körperregion	*Zang-Fu*-Organ	Extremität	Lokalisierung	Beispielmuskeln	Äußerer pathogener Faktor
Taiyang	Blase	Hinterbein	Dorsaler Kopf, Hals, Rücken, latero-posteriores Hinterbein	• M. trapezius • M. splenius capitis • M. rhomboideus cervicis/thoracis • M. splenius cervicis • M. latissimus dorsi • M. serratus dorsalis • M. spinalis capitis/cervicis/thoracis • M. gluteus maximus • M. quadratus femoris • M. semitendinosus • M. gastrocnemius • M. soleus • M. flexor digitalis lateralis (Hinterbeine)	Kälte
Taiyang	Dünndarm	Vorderbein	Laterales Vorderbein, oberer Rücken, lateraler Hals und Kopf	• M. infraspinatus • M. auriculares • M. triceps brachii (langer Kopf) • M. cleidobrachialis • M. flexor carpi ulnaris	Kälte
Shaoyang	Gallenblase	Hinterbein	Lateraler Hals, Kopf, Schulter, Rumpf, Hüfte, Hinterbein	• M. temporalis • M. scalenus • M. serratus ventralis • M. obliquus externus abdominis • M. gluteus medius • M. tensor fasciae latae • M. biceps femoris • M. peroneus tertius • M. extensor digitalis (Hinterbeine)	Feuer
Shaoyang	Dreifacher Erwärmer	Vorderbein	Latero-anteriores Vorderbein, Schulter, Hals, Gesicht	• M. hyoglossus • M. stylohyoideus • M. scalenus ventralis • M. supraspinatus • M. subclavius • M. triceps brachii (lateraler Kopf) • M. anconeus • M. extensor carpi ulnaris	Feuer

Tab. 41.3 Einteilung der Muskeln nach den Meridianen *(Forts.)*

Körperregion	*Zang-Fu*-Organ	Extremität	Lokalisierung	Beispielmuskeln	Äußerer pathogener Faktor
Yangming	Magen	Hinterbein	Gesicht, ventrolateraler Hals, anterio-mediales Hinterbein, ventraler Rumpf	• M. masseter • M. orbicularis oculi • M. levator labii superioris • M. mylohyoideus • M. sternohyoideus • M. rectus abdominis • M. obturatorius externus • M. psoas major/minor • M. iliacus • M. rectus femoris • M. vastus lateralis/intermedius • M. tibialis cranialis • M. extensor digitalis longus	Trockenheit
Yangming	Dickdarm	Vorderbein	Ventrolateraler Hals, Gesicht, anterio-mediales Vorderbein	• M. pterygoideus medialis/lateralis • M. scalenus medius • M. subscapularis • M. biceps brachii (langer Kopf) • M. supinator • M. extensor carpi radialis • M. extensor digitalis communis (Vorderbein)	Trockenheit
Taiyin	Lunge	Vorderbein	Anterio-ventraler Rumpf, Thorax, posterio-mediales Vorderbein	• Diaphragma • M. pectoralis transversus/descendens • M. deltoideus (anterior) • M. biceps brachii • M. coracobrachialis	Feuchtigkeit
Taiyin	Milz	Hinterbein	Lateraler Rumpf, anterio-mediales Hinterbein	• Mm. intercostales externi/interni • M. pectineus • M. sartorius • M. vastus medius • M. tibialis caudalis • M. extensor digitalis longus (Hinterbein)	Feuchtigkeit
Shaoyin	Herz	Vorderbein	Posterio-laterales Vorderbein	• M. pectoralis ascendens • M. triceps brachii (medialer Kopf) • M. flexor digitalis superficialis (Vorderbein) • M. flexor carpi ulnaris	Hitze
Shaoyin	Niere	Hinterbein	Posterio-mediales Hinterbein und ventraler Rumpf	• M. longus colli • M. longus capitis • M. recti capitis • M. semispinalis cervicis/thoracis • M. multifidus • M. quadratus lumborum • M. coccygeus • M. adductor • M. semimembranosus • M. soleus (medial) • M. gastrocnemius (medial) • M. flexor digitalis superficialis (Hinterbein) • Ligamentum suspensorium	Hitze
Jueyin	Perikard	Vorderbein	Posterio-mediales Vorderbein, ventraler Thorax	• M. serratus anterior • M. pectoralis transversus • M. flexor carpi radialis • M. flexor digitalis profundus (Vorderbein) • Ligamentum suspensorium (Vorderbein) • M. tensor fasciae antebracchii	Wind
Jueyin	Leber	Hinterbein	Posterio-mediales Hinterbein, kaudoventrales Abdomen	• M. gracilis • M. popliteus	Wind

41

! ÜBERSICHT

Meridian-Einteilung und klinische Symptome

Blase

- **Symptomatik:** Anormale Rückenkurvatur (durch Kontraktion des M. iliopsoas), Spasmen von M. rhomboideus und M. trapezius, Beeinträchtigung der Schulterextension, Sattelzwang, beeinträchtigte Beugung des Rückens.
- **Wichtige Muskeln:** M. sternocleidomastoideus, M. trapezius, M. splenius capitis/cervicis, M. semispinalis capitis, M. latissimus dorsi, M. serratus posterior superior/inferior, M. spinalis capitis/cervicis/thoracis, M. longissimus capitis/cervicis/thoracis, M. gluteus maximus, M. quadratus femoris, M. biceps femoris, M. semitendinosus, M. popliteus, M. gastrocnemius, M. peroneus longus/brevis.
- **Anmerkungen:** Aufgrund der vierfüßigen Bewegung des Pferdes (ausgeprägte Beugung und Streckung der Longissimus-Muskeln) in Kombination mit Reiter und Sattelbelastung direkt auf den Muskeln des Blasen-Meridians wird beim Sportpferd der Blasen-Meridian konstant belastet und geschädigt.

Niere

- **Symptomatik:** Schmerzen im medialen Sprung- oder Kniegelenk, in Leiste, mittlerer Lumbalregion, Thorax. Das Pferd läuft möglicherweise eng in den Hinterbeinen und landet mit dem hinteren Fuß mit der Hufspitze zuerst.
- **Wichtige Muskeln:** M. longus colli/capitis, viele Muskeln im Kopfbereich (M. rectus capitis dorsalis major/minor, M. obliquus capitis caudalis/cranialis), M. semispinalis cervicis/thoracis, M. multifidus, M. quadratus femoris, M. coccygeus, M. adductor, M. semimembranosus, M. soleus (medial), M. gastrocnemius (medialer Kopf).
- **Anmerkungen:** Zu den hier betroffenen Muskeln zählen einige der wichtigsten Muskeln der Fortbewegung. Diese können durch kumulatives Trauma stark gestresst und geschädigt sein.

Magen

- **Symptomatik:** Verlust der Hüftextension (kurzer, holpriger Gang), schmerzende Abdominalmuskeln, schmerzende/spastische Brachiocephalicus-Muskeln, Horner-Syndrom.
- **Wichtige Muskeln:** M. masseter, M. orbicularis oculi, M. levator labii, Kehlkopfmuskeln (M. mylohyoideus, M. sternohyoideus, M. sternothyreoideus), M. rectus abdominis, M. psoas major/minor, M. iliacus, M. rectus femoris, M. vastus lateralis/intermedius, M. tibialis cranialis, M. extensor digitalis longus.

Milz/Pankreas

- **Symptomatik:** Mediale Gallen, Schmerzen im medialen Hinterbein, enger Stand, nach oben blockierende Patella, Rotation der Sprunggelenke nach innen, Schmerzen in der Flanke entlang der letzten Rippe, Sattelzwang.
- **Wichtige Muskeln:** Mm. intercostales interni/externi, M. pectineus, M. sartorius, M. vastus medius, M. tibialis caudalis, M. flexor digitalis longus.

Gallenblase

- **Symptomatik:** Schmerzen rund um das Hüftgelenk, Stellung mit rückständigen Hinterbeinen, Verlust der Beweglichkeit im Kniegelenk, Schmerzen in der oberen Flanke (unterhalb des Tuber coxae), Schmerzen im kranialen Schulterbereich (Beeinträchtigung der Extension), Beeinträchtigung der Halsflexion, Unfähigkeit, das Genick zu beugen, Aversion gegen Berührung von Ohren, Vorderseite und Seite des Gesichts, Schmerzen im Schläfen-Unterkiefer-Gelenk.
- **Wichtige Muskeln:** M. frontoscutaris, M. temporalis, M. scalenus, M. serratus anterior, M. obliquus externus abdominis, M. obliquus internus abdominis, M. transversus abdominis, M. gluteus medius/superficialis, M. tensor fasciae latae, M. biceps femoris (kurzer Kopf), M. peroneus (fibularis) tertius.

Leber

- **Symptomatik:** Schmerzen im medialen Oberschenkel (M. semimembranosus und M. semitendinosus), besonders in den üblichen Bereichen fibrotischer Myopathie, Unfähigkeit, die Hinterhand einzusetzen, Uterus-/Ovarstörungen (Stuten zeigen während der Rossigkeit Aversion gegen Training und Bewegung), Unfruchtbarkeit.
- **Wichtige Muskeln:** M. gracilis.

Dickdarm

- **Symptomatik:** Beeinträchtigung der Schulterextension (M. serratus, M. scalenus), schmerzende anterior-mediale Vorderarmmuskeln, Einschränkung der lateralen Halsbeugung, Schmerzen am Tuber sacrale, Widerstand gegen Decke oder Brustgeschirr, Widerstand gegen Einführen der Trense (ausgenommen Zahnprobleme).
- **Wichtige Muskeln:** Mm. pterygoidei (medialis/lateralis), M. scalenus, M. rhomboideus, M. subscapularis, M. biceps brachii (langer Kopf), M. deltoideus, M. extensor carpi radialis, M. extensor digitalis communis.

Lunge

- **Symptomatik:** Schmerzende, verkrampfte mediale Vorderarmmuskeln, Beeinträchtigung der Schulterextension, schmerzender Ansatz des M. brachiocephalicus (cleidobrachialis) (Bereich von Lu 1), Sattelzwang, schmerzender Widerrist, enger Stand der Vorderbeine, Landung auf der Außenkante des Vorderhufes.
- **Wichtige Muskeln:** Diaphragma, M. pectoralis descendens, M. deltoideus, M. biceps brachii (kurzer Kopf), M. brachialis.

Dreifacher Erwärmer

- **Symptomatik:** Schmerzende, verkrampfte laterale Vorderarmmuskeln, anormales Spielen der Zunge mit der Trense (ohne Beteiligung der Zähne), Beeinträchtigung der lateralen Halsbeugung, weiter Stand der Vorderbeine, Sägebeinstellung, das Pferd landet verstärkt mit der Ferse zuerst, Atrophie der Schultermuskulatur.
- **Wichtige Muskeln:** M. genioglossus, M. hyoglossus, M. stylohyoideus, M. scalenus ventralis, M. supraspinatus, M. deltoideus, M. triceps brachii (lateraler Kopf), M. extensor digitalis communis, M. extensor carpi ulnaris.

Perikard

- **Symptomatik:** Schmerzen in mediokaudalen Vorderarmmuskeln, enger Stand, Schmerzen beim Palpieren unterhalb der Kastanie, Landung mit den Zehen zuerst (möglicherweise Einknicken am Knie, um eine Landung auf der Ferse zu vermeiden).
- **Wichtige Muskeln:** M. serratus dorsalis, M. pectoralis major, M. coracobrachialis, M. flexor carpi radialis.

Dünndarm

- **Symptomatik:** Pferd landet auf der Innenkante des Hufes, Schmerzen in der Axilla oder im Bereich von unterem Hals und Schulterblatt, Schwellung im Halsbereich, Beeinträchtigung der Streckung des Vorderbeins, Widerstand gegen Berührung der Ohren, Beeinträchtigung der Beweglichkeit der Skapula, Atrophie der Schultermuskulatur.
- **Wichtige Muskeln:** M. auricularis, M. levator scapulae, M. infraspinatus, M. teres major/minor, M. triceps brachii (langer Kopf), M. flexor carpi ulnaris.

Herz

- **Symptomatik:** Sattelzwang (ventraler Thorax), Schmerzen in kaudolateralen Vorderarmmuskeln, weiter Stand der Vorderbeine, Landung auf der Innenkante des Vorderfußes, Sehnenriss.
- **Wichtige Muskeln:** Mm. pectorales, M. triceps brachii (hinterer Kopf), M. brachialis, M. flexor digitalis superficialis.

Modifiziert nach Kendall D.: *Systematic application of acupuncture for treatment of pain and musculoskeletal problems.* Publiziert durch den Autor, Los Angeles 1992

Kenntnisse der Muskeleinteilung geben dem Veterinärakupunkteur eine gute Landkarte an die Hand, die es ihm ermöglicht, Verletzungen sowie potenzielle Probleme „flussaufwärts“ oder „flussabwärts“ der offensichtlichen Verletzung zu visualisieren. Sie kann auch dazu beitragen, die möglichen ursächlichen Probleme zu identifizieren, die zu den kompensatorischen Hauptbeschwerden geführt haben. Beispielsweise kann eine fibrotische Myopathie des M. semimembranosus energetisch und biomechanisch auf das Genick oder den ventralen Halsbereich zurückgehen. Auf der energetischen Ebene kann jede Art von Muskelschädigung entlang des Nieren-Meridians eine toxische Narbe zurücklassen, die den *Qi*-Fluss durch den Meridian beeinträchtigt und dadurch nicht nur diesen, sondern auch andere Meridiane beeinflusst. Auf der mechanischen Ebene jedoch wird bei einem Pferd mit Verletzung eines Genickmuskels, das den Kopf schief hält, ein Domino-Effekt entlang der gesamten Wirbelsäule entstehen, bis ungleichmäßige kompensatorische Kräfte in den Hintergliedmaßen auftreten. Kommt ein Reiter mit zusätzlichem Gewicht und ungleichmäßiger Gewichtsverteilung hinzu, kann sich dies so verstärken, dass der M. semimembranosus überlastet wird, reißt und dadurch den Weg bereitet für die Vernarbungen, die mit fibrotischer Myopathie assoziiert sind.

41.1.3 Störungen des Bewegungsapparats und ihre Ursachen

Die Traditionelle Chinesische Medizin befasst sich nicht wie die westliche mit spezifischen Auslösern von Krankheiten oder Verletzungen. Vielmehr wird ein gestörtes Verhältnis zu inneren und äußeren Umweltfaktoren als Krankheitsursache angenommen. Dasselbe gilt auch für sportmedizinische Verletzungen, da viele aus kumulativen Belastungen geschwächter Gewebe und Immunfunktionen resultieren.

Äußere pathogene Faktoren

Kälte

Kälteinvasion zeigt sich in Form von anormaler Kontraktur, Kurvatur oder Schmerz. Kälteinvasion in Muskeln führt zur Stagnation von *Qi* und Blut, zur Verklebung und damit Kontraktur von Muskelfasern. Blut-Stase ruft Schmerzen und eine Aversion des Tieres gegen Berührung hervor. Stagnierendes *Qi* ist dagegen in der Regel nicht schmerzhaft und oft sucht das Tier die Berührung in der betroffenen Region. Faserkontraktur, fibrotische Myopathie, Triggerpunkte, Azoturie und regionale oder individuelle Muskelspasmen sind Beispiele für die Wirkung von Kälte als äußerer pathogener Faktor. Körperregionen, Muskeln und Punkte, die von Kälte betroffen sind, werden am besten mit tonisierenden Techniken wie entsprechender Nadelmanipulation, Elektroakupunktur, Lasertherapie oder Moxibustion behandelt. Fasern vom Typ IIB (rasch kontrahierende, glykogenreiche Fasern) oder *Yin*-Muskeln ermüden rasch durch tonisierende Therapie und werden üblicherweise nicht behandelt. Ist die Muskelkontraktur sehr stark, braucht es möglicherweise weniger invasive Verfahren wie Akupressur, subkutane Lasertherapie, Infrarotbestrahlung oder Massage, um das Gewebe so weit zu entspannen, dass Nadeln eingestochen werden können.

Denken Sie daran, dass Sehnen, vor allem die Sehnen der digitalen Flexormuskeln, an Muskeln ansetzen. Sehnen selbst sind nicht besonders elastisch (siehe auch den Abschnitt über Materialeigenschaften); ihre Fähigkeit, sich unter Belastung zu verformen und in ihre ursprüngliche Form zurückzukehren, hängt primär von dem Muskel ab, an dem sie ansetzen. Muskelkontrakturen oder -spasmen, die nicht korrigiert werden, führen daher zu einer Veränderung der Mechanik und Belastung innerhalb der Sehnen und damit zu potenziellen Schwachstellen.

Das Ligamentum suspensorium ist im Grunde genommen eine Modifikation des Ligamentum interosseum. Es besitzt beim Pferd einen recht hohen Anteil an Muskelfasern, die im Bindegewebe verteilt sind; daher kann es dieselben Merkmale wie ein Muskel mit Kälte-Stagnation aufweisen.

Hitze

Hitzeinvasion kann entweder durch die Umgebungstemperatur oder durch pathogene Mikroben ausgelöst werden. Hitze führt zur Expansion und Evaporation von *Qi* und *Yin*; sie bringt Substanzen zum Schmelzen. Daher zeigt sich Hitzeinvasion in Muskeln als Entspannung mit Unfähigkeit zur Kontraktion (Atonie). Beispiele für Hitzestörungen des Bewegungssystems sind die equine Protozoen-Myelitis (EPM), Instabilität der Halswirbel, degenerative Myelopathie, Nervenschädigung durch Trauma und *Yin*-Mangel-Hitze aufgrund von Medikamenten, Impfstoffen und falscher Fütterung. Tonisierende Techniken und Moxibustion sind kontraindiziert bei allen Störungen mit Hitzeinvasion, bei denen die Muskeln schlaff sind.

Wind

Wind bläst durch den Körper, wobei er sich rasch bewegt und verändert. Windinvasion manifestiert sich daher in Form von Zittern und anormaler Synchronizität von Muskelkontraktionen im ganzen Körper, beispielsweise Muskelzittern ohne Frösteln, Zucken einzelner Muskelgruppen, faszikuläre Zuckungen bei Pferden mit hyperkaliämischer periodischer Paralyse (HYPP) und unkontrollierte Zuckungen des Zwerchfells aufgrund von Störungen des Elektrolythaushalts. Die Therapie umfasst eine Korrektur des zugrunde liegenden Ungleichgewichts im Elektrolythaushalt mit Unterstützung durch eine Akupunkturbehandlung, die darauf ausgerichtet ist, den Wind aus dem Körper auszuleiten.

Trockenheit

Invasion des Körpers durch Trockenheit schädigt vornehmlich *Yin* und Blut, Substanzen, die für die Kühlung und Geschmeidigkeit des Körpers von Bedeutung sind. Körpergewebe haben ein Minimalbedürfnis an Kühlung; je größer Aktivität und metabolische Funktion (Muskelkontraktion, Reibung durch Sehnenbewegung), desto größer das Bedürfnis nach Kühlung. Übermäßiges Arbeiten in trockener Umgebung (Schädigung des Lungen-*Yin*) sowie Impfstoffe und Medikamente, die das *Yin* beeinträchtigen

(Phenylbutazon, Furosemid, Flunixin, Antibiotika, Bronchodilatatoren), tragen ebenfalls zu einer Trockenheitsinvasion bei. Trockenheit manifestiert sich in ähnlicher Form wie Hitze; zusätzliche Symptome sind mangelhafte Qualität der Hufkapsel, trockene Haut und Verlust der Elastizität von Sehnen und Bändern. Zur Behandlung dienen Punkte, die Blut tonisieren (bei Blut-Mangel) oder Hitze klären und damit das *Yin* unterstützen. Vorsicht ist bei Symptomen von *Yin*-Mangel-Hitze geboten; Moxibustion ist dabei kontraindiziert. Injektionsakupunktur mit Salzlösung, Cyanocobalamin oder Adequan kann unterstützend wirken, mit Kortikosteroiden oder anderen Pharmazeutika wird dagegen das Problem verstärkt.

Feuchtigkeit

Feuchtigkeitsinvasion beeinflusst vor allem Milz/Pankreas; dabei sind nicht nur die Funktionen von Milz/Pankreas im Hinblick auf die fleischigen Teile des Muskelgewebes betroffen, sondern auch die Muskeln entlang des Meridians. Überbeanspruchung, vor allem in feuchtem Klima, schlechte Stallbelüftung und mangelhafte Ernährung können zu Mangel- und Schwächeerscheinungen der Milz führen, wodurch sie für Feuchtigkeitsinvasion anfällig wird. Schleimbildung innerhalb des Bewegungsapparats in Kombination mit den biomechanischen Belastungen bei Turnieren sowie Unregelmäßigkeiten im Hufbeschlag und im Sattel machen den Körper anfällig für arthritische Schäden an Gelenkknorpeln und -kapseln. Schleim- und Ödembildung in Muskeln beeinträchtigt die Fähigkeit der Fasern, die für Kontraktion und Relaxation notwendige elektrolytische Homöostase aufrechtzuerhalten, wodurch die funktionale Effizienz reduziert ist. Der Mangel an Kontraktionsfähigkeit beeinträchtigt nicht nur die Fortbewegung, sondern auch die Lastabsorption. Gestörte Lastverteilung innerhalb der Gewebe bereitet den Weg für Schäden an Knochen, Sehnen, Bändern, Muskelansätzen und weiteren Strukturen aufgrund von Überlastung und Ermüdung. Es kann zu plötzlichem Versagen kommen, das zwar ein akutes, isoliertes Ereignis zu sein scheint, in Wirklichkeit aber auf Schwächen infolge akkumulierter Belastungen und zugrunde liegender Mangelerscheinungen der *Zang-Fu*-Organe zurückzuführen ist. Feuchtigkeit lässt sich am besten durch Moxa-Therapie behandeln, nicht nur lokal, sondern auch entlang der entsprechenden Meridiane und Muskeln.

Innere Faktoren

Früher zögerten Therapeuten meist, innere, emotionale Krankheitsursachen in Betracht zu ziehen, da sie fürchten mussten, der Anthropomorphisierung tierischer Emotionen bezichtigt zu werden. Doch neuere Arbeiten von Tierverhaltensforschern haben gezeigt, dass es auch bei Tieren elementare emotionale Reaktionen gibt, dass diese also nicht auf den Menschen beschränkt sind. Der Stress durch Turniere, Reisen, Veränderungen von Ernährung und Wasser, Betreuung, Trennung von der Herde oder körperliche Schmerzen (um nur einige Faktoren zu nennen) ist selbst für erwachsene Tiere stark belastend und kann sich auf jüngere Sportpferde noch stärker auswirken. Aufgrund des modernen Konkurrenzdrucks zählen die meisten Sportpferde leider zu einer Altersgruppe, die eigentlich als nicht ausgereift betrachtet wird (jünger als 5 bis 6 Jahre). Der Stress kann bei ihnen zu Unruhe, Depression, Reizbarkeit und Angst führen; all diese Gefühle lassen sich von erfahrenen und aufmerksamen Betreuern leicht identifizieren. Unruhe oder Angst führen zu einer Erschöpfung des Milz/Pankreas- und Lungen-*Qi*. Ärger, Groll und Reizbarkeit können Leber-*Qi*-Stagnation sowie Leber-Blut-Mangel bewirken. Furcht erschöpft das *Jing* und *Qi* der Nieren.

Bi- und *Wei*-Syndrome

Ein weiteres TCM-Muster sollte bei der Beurteilung einer Sportverletzung in Betracht gezogen werden, nämlich das Vorliegen eines *Bi*- (Obstruktion) oder *Wei*-Syndroms (Schlaffheit).

Bi-Syndrome sind in der Regel durch eher chronische Störungen wie Arthralgie, Fibrositis, Fibromyalgie, Azoturie und Rheuma charakterisiert. Sie werden durch tiefgehende Blockaden der *Qi*- und Blut-Verteilung verursacht. *Bi*-Syndrome lassen sich in Kälte-*Bi* (Kälteinvasion), Feuchtigkeits-*Bi* (Feuchtigkeitsinvasion), Wind-*Bi* (Wind, pathogene Organismen, Hitze) und Hitze-*Bi* (falsche Hitze oder Mikroorganismeninvasion) einteilen. Manche Verletzungen, die zu Blut-Stase führen, können ebenfalls als *Bi*-Syndrome betrachtet werden.

Wei-Syndrome werden durch *Qi*- und/oder Blut-Mangel verursacht. *Wei*-Syndrome äußern sich vornehmlich in Form von Atrophien (aus TCM-Sicht kann sich dies auch auf funktionale Atrophien beziehen). Zu den möglichen Ursachen zählen Ernährungsmängel, EPM, Herpesmyelitis, Stress, der zu einem Angriff der Nebenniere auf die Nebenschilddrüsen führt, sowie wiederholte mechanische Belastung und Trauma. Letzteres kann bei einem ganzen Spektrum von Syndromen vorliegen, da die Auswirkungen von Blut- und *Qi*-Blockaden ein Kontinuum bilden, wobei sie Schlaffheit und Mangel in den Geweben „flussabwärts" des Traumas verursachen.

41.1.4 Punktauswahl nach der Lehre der TCM

Voraussetzung für die richtige Auswahl der Akupunkturpunkte ist, sich ein Gesamtbild des jeweiligen individuellen Problems zu machen. Auch wenn eine Therapie „nach Kochbuch" ebenfalls zu Resultaten führt, lässt sich doch die maximale Heilwirkung mit einem Minimum an Behandlungen nur erzielen, wenn der Therapieplan für jeden einzelnen Fall nach Maß aufgestellt wird. Die Punktauswahl sollte das betroffene Gewebe berücksichtigen (Sehnen und Bänder – Leber, Muskeln – Milz/Pankreas, Knochen – Niere, Blutgefäße/Nerven – Herz, Haut – Lunge), die Punkte entlang der betroffenen Meridiane und Muskeln sowie die *Bi*- oder *Wei*-Punkte.

Die Berücksichtigung der entsprechenden Muskelpunkte ist ausschlaggebend für den Therapieerfolg. Die somatosomatische Schmerzverteilung folgt nach klinischen Beobachtungen den longitudinalen Muskelgruppen; Kenntnisse der Funktion des gesamten biomechanischen Systems – welche Muskeln Agonisten oder Antagonisten sind, wie die Funktion die Struktur beeinflusst und welche Auswirkungen ein Ungleichgewicht in einem Bereich auf Belastung und Funktion in einem anderen Bereich hat – erlauben es dem Veterinärakupunkteur, die Mikro- und Makromuster zu erkennen und betroffene (oder demnächst betroffene) Muskelpartien und -bahnen vorherzusagen. Dabei kann ein gründliches Wissen um die Biomechanik des ganzen Körpers die Punktauswahl erleichtern.

41.2 Praktische Biomechanik des Pferdes

„Wir sind ständig von zahlreichen mechanischen Kräften umgeben, von gigantischen Kraftmaschinen, die zu Vernichtung und Zerstörung fähig sind, die aber von Ingenieuren in nützliche und produktive Bahnen gelenkt werden.“

Max Frocht, Strength of Materials

Um die Mechanik lebender Geschöpfe zu verstehen, ist ein Verständnis für die Anwendung einiger grundlegender physikalischer Gesetze auf das Tier sowie eine einheitliche Terminologie vonnöten.

41.2.1 Kraft, Masse, Beschleunigung: die physikalischen Grundlagen

Die meisten Veterinärmediziner lernen die Newtonschen Gesetze und ihre Begriffe lange vor der Veterinärausbildung kennen, in einer Zeit, in der sie darin keine Beziehung zur realen Welt und noch viel weniger zur Welt der Tiere erkennen können. Und doch sind die Newtonschen Gesetze wichtig, um die Wirkungen von Aktion und Reaktion während der verschiedenen Bewegungsmanöver eines Sportpferds zu verstehen.

Wenn Veterinärmediziner die Gangarten des Pferdes und die Faktoren des Lahmens kennen lernen, werden diese üblicherweise vereinfacht und kinematisch dargestellt. Die **Kinematik** ist der Zweig der Mechanik, der die Bewegung von Körpern ohne Berücksichtigung der sie beeinflussenden Umweltfaktoren beschreibt. Dabei handelt es sich um ein wertvolles Forschungswerkzeug, das für die Grundlagen der Biomechanik durchaus von Bedeutung ist. Doch in der realen Welt treten viele Faktoren auf, die Bewegung, Kräfte und strukturelle Belastung beeinflussen können. Hier kommt die **Dynamik** als der Zweig der Mechanik ins Spiel, der die Bewegung eines physikalischen Systems (beachten Sie, dass wir hier den Begriff System statt Objekt verwenden) unter Berücksichtigung der Tatsache, dass es nicht nur von der eigenen Struktur, sondern auch von anderen Kräften beeinflusst wird, zu erklären und zu quantifizieren versucht.

Die **Newtonschen Gesetze** beziehen sich auf die Dynamik. Sie beschreiben nicht nur Bewegung, sondern auch die Einflüsse oder Kräfte, die Bewegung verändern können. Wenn sie im Physikunterricht gelehrt werden, wird damit meist die Bewegung eines einzelnen Teilchens beschrieben – eine theoretische Übung. Werden jedoch die Gewebe und Strukturen des Körpers als Sammlung einzelner Teilchen gesehen, lassen sich diese Gesetze vom praktizierenden Veterinärmediziner leicht auf den ganzen Körper übertragen. Die Newtonschen Gesetze befassen sich mit den physikalischen Größen **Kraft, Masse** und **Beschleunigung**.

Kraft

Einfach gesprochen, wirkt eine Kraft auf einen Körper ein, wenn Druck oder Zug auf ihn ausgeübt wird (Kompression oder Zug). Wirkt eine Kraft, wie klein oder groß sie auch sein mag, so führt dies dazu, dass die betroffene Struktur sich verformt, ihre Bewegung verändert oder beides. Das System eines Pferdes in Bewegung muss mit verschiedenen Arten von Kräften fertig werden, vom Gewicht des Reiters über die Bodenoberfläche bis hin zu plötzlichen Richtungsänderungen (Sprung, Zügeleinwirkung, andere Pferde). Auch bei einem Pferd, das nach außen hin nicht in Bewegung ist, können verschiedene Kräfte wirksam sein (asymmetrische Lastverteilung, Schwerkraft, Muskelkontraktion aufgrund von Schmerzen), die entweder das Gewebe verformen und zu Veränderungen der Haltung führen oder die Gewebebewegung auf mikroskopischer Ebene verändern (Elektrolytfluss, piezoelektrische Kräfte, *Qi*-Fluss). Kräfte können entweder direkt wirken (physischer Kontakt von Körper zu Körper), wenn beispielsweise ein Fuß auf den Boden auftrifft, oder auf Entfernung, wie z. B. die Schwerkraft oder elektrische Kräfte (z. B. üben auch die piezoelektrischen Reaktionen bei einem Nadeleinstich physikalische Kräfte aus).

Bei der Beschreibung von Kräften werden in der Regel Größenwert, Richtung, Ansatzpunkt und Ansatzrichtung angegeben. All diese Größen sollten vom Veterinärmediziner in Betracht gezogen werden, wenn er traumatische Wirkungen oder Verletzungen aufgrund wiederholt auftretender Kräfte auf die Körpergewebe beurteilt.

Eine Last ist eine einzelne Kraft oder Kombination von Kräften, die von außen auf ein Objekt einwirkt. Die Schwerkraft ist ein Beispiel für eine Last oder äußere Kraft, die auf einen Körper wirkt. Der Schwerpunkt ist der Punkt, an dem die Schwerkraft maximal auf den Körper wirkt. Der Körper ist so aufgebaut, dass er auf möglichst effiziente Weise mit der Schwerkraft fertig wird.

Masse

Masse, wie sie von der Physik definiert wird, ist nicht dasselbe wie Gewicht. In dynamischen Begriffen beschreibt Masse vielmehr die unterschiedlichen Reaktionen von Körpern (Geweben oder Systemen) auf eine identische Kraft oder, mit anderen Worten, den Widerstand des Körpers gegen Veränderung (Trägheit). Je größer die Masse, desto größer die Trägheit oder der Widerstand gegen Veränderung. Die Masse eines Systems von Körpern ist die Summe der Trägheiten aller Komponenten dieses Systems. Beispielsweise reagiert das System eines Beins auf eine Kraft als Summe aller Reaktionen der verschiedenen Gewebe (Muskeln, Sehnen, Bänder, Knochen, Blut, Huf etc.). Wird beispielsweise der Gewebeaufbau (Knochendichte, Kollagenverknüpfung) durch einen äußeren Einfluss wie asymmetrische Gewichtsverteilung durch Hufbeschlag, Muskelschmerzen oder Besattlung in einem Vorderbein mehr als im anderen verändert, werden die beiden Beine oder Systeme unterschiedlich auf gleiche Kräfte reagieren, da ihre Trägheit oder Masse unterschiedlich ist (aus diesem Grund sollte ein Veterinär niemals nur ein Hufeisen entfernen und das Pferd am anderen Bein beschlagen lassen). Dies ist auch von Bedeutung, wenn es darum geht, warum unmittelbar benachbarte Gewebe, die denselben Kräften ausgesetzt sind, unterschiedlich reagieren, wodurch verschiedene Reaktionen auf traumatische Ereignisse auftreten können. In diesem Zusammenhang sind auch Materialzusammensetzung und -festigkeit von Bedeutung, die in einem späteren Abschnitt behandelt werden. Grundlegende Kenntnisse der reinen und angewandten Dynamik sind wichtig, um bei Verletzungen ein zusammenhängendes Bild des Flusses der Körperreaktionen erkennen zu können. TCM und Akupunktur können dann in dieses Bild eingefügt werden, indem man die unterschiedlichen Gewebe mit ihren energetischen *Zang-Fu*-Organ-Merkmalen korreliert.

Beschleunigung

Beschleunigung tritt auf, wenn sich eine Geschwindigkeit (in Größenwert oder Richtung) verändert. Geschwindigkeit ist definiert als die pro Zeiteinheit zurückgelegte Strecke eines bewegten Körpers. Erhöht sich die Geschwindigkeit (unabhängig von der Richtung), spricht man von positiver Beschleunigung (ausdehnend oder *Yang*); nimmt sie ab, spricht man von negativer Beschleunigung (zusammenziehend oder *Yin*). Unter Winkelgeschwindigkeit versteht man die Bewegung auf einem gekrümmten Pfad. Winkelbeschleunigung tritt auf, wenn ein Objekt auf einem gekrümmten Pfad seine Geschwindigkeit verändert. Bei der Winkelbeschleunigung kommen zentripetale und zentrifugale Kräfte ins Spiel. Die Zentripetalkraft ist die Kraft, die den Körper zum Zentrum des Bogens oder der Kurve zieht (*Yin*); die Zentrifugalkraft dagegen zieht nach Körper nach außen (*Yang*). Es gibt zahlreiche Beispiele für Winkelbeschleunigung beim Pferd, von den Kräften, die beim Longieren auftreten, über das Rennpferd auf der Rennbahn und das Dressurpferd, das in einem 20-m-Kreis geht, bis zum Westernpferd, das eine Hinterhandwendung mit großer Geschwindigkeit vollbringt. Wann immer solch eine Aufgabe erfolgreich gemeistert wird, haben die Körpergewebe harmonisch als Agonisten und Antagonisten auf die inneren und äußeren Kräfte reagiert. Mängel in der Ausführung entstehen, wenn die Körpergewebe die Kräfte, denen sie ausgesetzt sind, nicht erfolgreich ausgleichen können; daraus können einfaches Stolpern und Stürze (oder ein unfreiwilliger Abstieg des Reiters) bis hin zu Schädigungen des Gewebes durch Muskelrisse oder Knochenfrakturen resultieren.

Winkelbeschleunigungskräfte spielen auch bei den Gelenken eines Pferdes eine wichtige Rolle. Dadurch, dass die Beine nicht im Körperschwerpunkt vom Rumpf ausgehen, wirkt eine konstante Gravitationskraft an den Beinen, die in Richtung Zentrum zieht. Um diese konstante Zugwirkung strukturell und dynamisch auszugleichen, bewegen sich die Gelenke des Pferdes auf einer gekrümmten Bahn. Die Gelenkoberflächen bewegen sich bei der Beugung von medial nach lateral und bei der Streckung von lateral nach medial. Wenn sich also ein Gelenk bewegt, tritt eine konstante Beschleunigung (negativ oder positiv) auf (oder sollte wenigstens auftreten), bis ein Gleichgewicht erreicht ist (maximale Geschwindigkeit und null Beschleunigung). Das Gleichgewicht wird von der Oberflächenform des Gelenks und den Wirkungen der Gewebe auf die Gelenkbewegung bestimmt.

Nicht konstante Beschleunigung in einem Gelenk kann auf verschiedene Faktoren wie Unebenheiten der Gelenkoberfläche (Knorpelbeschädigung oder ungleichmäßige Verteilung der Gelenkflüssigkeit), plötzliche Bewegungen des Reiters, unvermittelte Richtungsänderungen, Wechsel des Untergrunds, Stolpern oder alle zwischen Muskeln und Sehnen nicht synchronisierten Aktionen zurückzuführen sein. Eine plötzliche Veränderung der Beschleunigung wird als Beschleunigung dritten Grades bezeichnet. Sie führt zu sprunghaften Bewegungen und kann schwere Schäden an Knorpeln und Weichteilen verursachen, wenn die dabei auftretenden Kräfte die Festigkeit des betroffenen Materials überschreiten.

Wir fassen nun Kraft, Masse und Beschleunigung zusammen, um zu verstehen, wie diese einzelnen Größen in ständigem Fluss miteinander interagieren.

Das erste Newtonsche Gesetz

Das erste Newtonsche Gesetz wird häufig auch als **Trägheitsgesetz** bezeichnet: Jeder Körper verharrt im Zustand der Ruhe oder der gleichförmigen Bewegung in geradliniger Bahn, solange er nicht durch von außen wirkende Kräfte gezwungen wird, diesen Zustand zu ändern [3]. Häufig wird es auch so formuliert: Ein Körper im Ruhezustand bleibt in Ruhe, ein Körper in Bewegung bleibt in Bewegung. Mit anderen Worten: Sobald eine Kraft auf eine Masse eingewirkt und ihre Beschleunigung bei konstanter Geschwindigkeit Null erreicht hat, braucht es eine andere Kraft, die auf die Masse einwirkt, um ihre Geschwindigkeit zu verändern. Aus einer anderen Perspektive bedeutet dies, dass bei einem Körper, der sich beschleunigt, die einwirkende Kraft nicht gleich Null ist. Es besteht eine ständige dynamische Interaktion zwischen der Trägheit oder Masse eines Körpers und den Kräften, die diese Masse zu beeinflussen suchen. Wie lässt sich dies nun auf eine reale Situation übertragen?

Nehmen wir an, Sie untersuchen ein Rennpferd, das bei einem Rennen eine tiefe Beugesehne überdehnt hat. Der Klient teilt Ihnen mit, dass das Pferd eben in einen gestreckten Galopp übergegangen war, als ein anderes Pferd es überholte und mit ihm zusammenstieß, so dass der Jockey es hart durchparieren musste. Wenn Sie nun an das erste Newtonsche Gesetz denken (ohne das dem Klienten zu verraten), können Sie abschätzen, welche Kräfte wie und wo auf das Pferd einwirkten, als es angestoßen (plötzliche negative Beschleunigung der Schulter in einer peitschenähnlichen Bewegung; Kraft in direktem Kontakt), vom Jockey gezügelt (plötzliche negative Beschleunigung von Kopf und Hals) und in eine andere Richtung gelenkt wurde (plötzliche Beschleunigung des Oberkörpers in eine andere Richtung). Wenn Sie das Gesamtmuster von Bewegung, Kräften und Beschleunigungen bedenken, ändert das vielleicht nichts daran, wie Sie die Sehne behandeln, doch es ermöglicht Ihnen eventuell, weitere Verletzungen außer den offensichtlichen zu identifizieren.

Das zweite Newtonsche Gesetz

Das zweite Newtonsche Gesetz, auch als **Newtonsche Bewegungsgleichung** bekannt, lautet vereinfacht $F = m \cdot a$, wobei F die Summe der Einzelkräfte ist, m die Masse oder Trägheit des Körpers und a die Beschleunigung. In Worten ausgedrückt, heißt das, wenn eine Kraft auf einen Körper einer bestimmten Trägheit oder Masse ausgeübt wird, ist seine Beschleunigung direkt proportional zu dieser Kraft. Wirkt dieselbe Kraft auf zwei unterschiedliche Massen, resultieren unterschiedliche Beschleunigungen. Bei derselben Kraft weist die größere Masse eine geringere Beschleunigung auf als die kleinere Masse.

Wenden Sie nun dieses Gesetz auf das Rennpferd mit einer Zerrung der tiefen Beugesehne an. Beim Palpieren stellen Sie fest, dass die Sehne des anderen Beins nicht verletzt ist. Das sagt Ihnen, dass entweder die auf die Sehne wirkenden Kräfte oder die Massen unterschiedlich waren. Auch wenn im Zyklus der Fußfolge jeweils unterschiedliche Kräfte auf die einzelnen Beine wirken, prüfen Sie nun alle Faktoren, die zu Unterschieden von Kraft oder Masse bei den beiden Beinen geführt haben könnten. Dabei stellen Sie fest, dass der Huf eines Fußes kürzer ist als der andere. Der Trainer erzählt Ihnen, dass das Pferd ein Eisen verloren hatte, worauf ein Fuß neu beschlagen wurde, während beim anderen nichts gemacht wurde. Der Unterschied zwischen den beiden Beinen könnte zu einer Veränderung der Kräfte in der Sehne oder zu unterschiedlichen Beschleunigungskräften geführt haben.

Das dritte Newtonsche Gesetz

Das dritte Newtonsche Gesetz, das **Reaktionsgesetz**, besagt: Jeder Aktion entspricht eine gleich große, entgegengesetzte Reaktion. Während es bei den ersten beiden Axiomen um die Bewegung eines isolierten Objekts geht, beschreibt das dritte die Beziehung zwischen zwei Objekten. Wenn ein Objekt auf ein anderes eine Kraft ausübt, übt das zweite auf das erste eine gleich große entgegengesetzte Kraft aus.

Kehren wir nun wieder zu unserem Rennpferd zurück, so zeigt sich dieses Gesetz, wenn wir die Kräfte zwischen Fuß und Boden prüfen. Hatte die Bodenoberfläche etwas mit der Sehnenverletzung zu tun oder könnte sie zu irgendwelchen weiteren Verletzungen beigetragen haben? Die Oberfläche, auf der der Fuß landet, muss diesem eine ausreichende Gegenkraft entgegenbringen, vor allem wenn der Fuß in einem Winkel und nicht senkrecht auftrifft. Der Trainer teilt Ihnen mit, dass die Rennstrecke vor kurzem neu gesandet wurde und nun tiefer ist. Weicher oder tiefer Sand bietet möglicherweise nicht genug Reibung, um dem galoppierenden Fuß eine ausreichende Gegenkraft zu liefern; dieser Mangel an Gegenkraft kann aufgrund von Veränderungen der Beschleunigungs- und Reaktionskräfte zu stärkerer Ermüdung führen (das Bein muss durch eine längere Rückprallphase gehen, was sich dadurch zeigt, dass das Fesselgelenk tiefer in die Oberfläche der Rennstrecke einsinkt). Und auch beim Zusammenstoß der beiden Pferde traten Gegenkräfte auf. All dies kann zu ernsthaften latenten Verletzungsmustern führen, die identifiziert und korrigiert werden müssen, um die Heilung der Sehnenverletzung nicht zu verzögern, eventuell sogar die Rennkarriere des Pferdes nicht zu gefährden.

41.2.2 Materialeigenschaften

Aus der TCM-Perspektive handelt es sich beim Bewegungsapparat um ein Beispiel für Muster innerhalb von Mustern. Wird die Biomechanik einer Verletzung des Bewegungsapparats analysiert, muss die Struktur der betroffenen Materialien ebenso in Betracht gezogen werden wie das Kräftemuster innerhalb dieser Strukturen. Wie die im vorangegangenen Abschnitt beschriebenen Kräfte bei einem Trauma interagieren, hängt von der Festigkeit der betroffenen Materialien ab und dies wiederum reflektiert die Gesundheit der involvierten *Zang-Fu*-Organe. Bevor wir die Materialien des Bewegungsapparats untersuchen, wollen wir uns mit Materialeigenschaften im Allgemeinen befassen.

Belastung

Material verändert seine Größe und Form – es verformt sich –, wenn eine Kraft darauf wirkt. Das Einwirken einer Kraft auf ein Material wird als Last oder Belastung bezeichnet. Alle Materialien, von einfachen bis hin zu komplexen, reagieren unterschiedlich; bei manchen kann bereits eine kleine Last zu einer starken Verformung führen (denken Sie an Marshmallows), während andere Materialien sich selbst unter einer großen Last kaum verformen (wie zum Beispiel Knochen). Der Begriff Spannung bezeichnet die inneren Gegenkräfte, die auftreten, wenn eine Last auf ein Objekt wirkt (wenn die Seiten eines Marshmallows sich unter Belastung nach außen verformen, tun sie dies in Reaktion auf die innere Spannung); wenn Belastungen auf verschiedene Körperbereiche wirken, können Akupunkturpunkte und Meridiane durch die Spannung in den verschiedenen Geweben beeinflusst werden.

Es gibt drei primäre Arten der Belastung, die auf ein Material einwirken können (➤ Abb. 41.4). Bei **Zug** und **Druck** (Kompression) wirken die Kräfte longitudinal, in entgegengesetzter Richtung und auf derselben Ebene. Bei der **Scherung** wirken die Kräfte auf unterschiedlichen Ebenen. Beim Zug sind die Kräfte voneinander weg gerichtet; bei der Kompression richten sich die Kräfte gegeneinander. Scherkräfte wirken in entgegengesetzte Richtung, doch da sie auf verschiedenen Ebenen auftreten, führen sie zu einer Winkelverformung des Materials.

Kombinierte Interaktionen der drei primären Kräfte können auch zu Verbiegung oder Torsion führen. Bei einer Verbiegung treten auf der konkaven Seite Druckkräfte und auf der konvexen Seite Zugkräfte auf. Wird eine Kraft außerhalb des Zentrums, doch in derselben Richtung wie die Achse angesetzt, treten Verbiegungs- und Scherkräfte zusammen auf. Beispiele dafür sind die

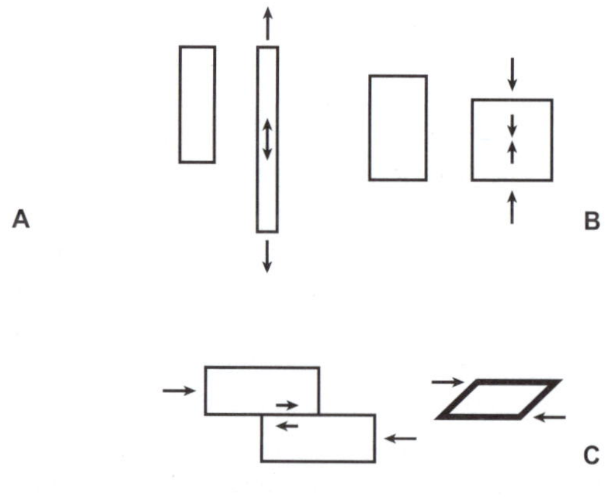

Abb. 41.4 Materialeigenschaften. **A** Zugwirkung (Dehnung). **B** Druckwirkung (Stauchung). **C** Scherung.

Kräfte, die auf ein Bein wirken, bei dem der Zeh nach innen oder nach außen steht, oder die durch ein medial-laterales Ungleichgewicht an der Ferse entstehen.

Gewebe entfalten und entwickeln sich so, dass sie den auf sie einwirkenden Kräften widerstehen können. Zugkräfte treten meist bei Sehnen und Sehnenscheiden, Bändern, Muskeln, Faszien, Nerven und Blutgefäßen auf. Kompressionskräfte kommen in der Regel bei Knochen, Gelenkknorpeln, Bandscheiben und Wirbelkörpern vor. Scherkräfte treten an den transitionalen Gelenkfacetten der Wirbel auf, im Iliosakralbereich, in den Gelenken zwischen den Processus transversi der kaudalen Lumbal- und Lumbosakralwirbel, den Griffelbeinen, in der Verbindung von Periost und Knochen, den Epiphysenfugen und an Gelenkoberflächen.

Verformung

Führt die Belastung des Körpers zu einer Verformung der Gewebe, können die Gewebekomponenten auf verschiedene Weise reagieren. Die Materialien der Körpergewebe lassen sich nach der Art ihrer Verformung einteilen. Diese ermöglicht es auch, die Ereignisse zu verstehen, die möglicherweise zu einer Verletzung geführt haben. Gewebe können **elastisch, viskos, viskoelastisch** oder **plastisch** sein.

Ein elastisches Material ist definiert als eines, das nach dem Entfernen der verformenden Kräfte zu seiner ursprünglichen Form und Abmessung zurückkehrt. Die vom Material aufgenommene Energie wird vollständig zurückgegeben. Viskoses Material dagegen leistet bei der Anwendung einer Kraft anfänglichen Widerstand gegen Verformung. Obwohl sich innerhalb des Materials eine Spannung aufbaut, ist die Verformung verzögert. Bei einem vollständig viskosen Material ist die Verformung nicht reversibel, da die Energie in der Substanz absorbiert wird. Die meisten biologischen Materialien, von Sehnen bis zum Horn der Hufwand, reagieren viskoelastisch, solange sich die Kräfte innerhalb der normalen physiologischen Parameter bewegen. Ein viskoelastisches Gewebe verformt sich langsam und nichtlinear, je nach individuellem Gewebe. Wird die verformende Kraft entfernt, kehrt das Gewebe in der Regel in seine Ausgangsform zurück, aber ebenfalls langsam und nichtlinear. Ein plastisches Material behält die veränderte Form bei, wenn die Belastung entfernt wird. Keine Energie wird abgegeben. Wenn die Belastung auftritt, verformt sich das Material augenblicklich und so lange, bis die Last entfernt wird oder das Material versagt.

Materialien reagieren nicht ausschließlich elastisch oder plastisch, sondern besitzen eine Mischung beider Charakteristika. Manche Materialien besitzen einen so geringen elastischen oder viskoelastischen Spielraum, dass er auch von kleinen Belastungen leicht überschritten wird; wird der elastische Spielraum überschritten, geht das Material zu einem plastischen Verhalten über. Mit anderen Worten, die Verformung ist permanent, auch wenn die belastenden Kräfte entfernt werden. Wird die Belastung aufrechterhalten oder erhöht, wird schließlich die Bruchspannung oder -dehnung erreicht und das Material versagt.

Weitere mechanische Eigenschaften eines Materials sind **Sprödigkeit, Geschmeidigkeit, Spannkraft** oder **Dämpfung**. Ein sprödes Material besitzt wenig oder keine plastische Verformbarkeit. Die Bruchspannung des Materials liegt sehr nah bei seiner Elastizitätsgrenze. Trockener Knochen ist ein Beispiel für sprödes Material. Ein geschmeidiges Material hat einen großen Spielraum plastischer Verformbarkeit, bevor es versagt. Spannkraft ist die Fähigkeit eines Materials, kraftvoll zur ursprünglichen Form und Größe zurückzukehren; bei der Belastung und Entlastung geht sehr wenig Energie verloren. Dämpfung ist das Gegenteil von Spannkraft: Ein Material kehrt mit weniger Energie zu seiner Ausgangsform und -größe zurück; bei der Be- und Entlastung geht Energie verloren. Der Begriff Steifigkeit bezeichnet den Widerstand eines Materials gegen äußere Belastung.

Materialversagen

Materialien und Gewebe versagen, wenn die Kräfte, die auf sie einwirken, eine so starke Verformung bewirken, dass die strukturelle Integrität verloren geht. Gewebeversagen kann auf mechanische Ermüdung oder Kriechermüdung zurückzuführen sein.

Mechanische Ermüdung ist definiert als Materialversagen aufgrund wiederholter zyklischer Belastung. Je größer die Last, desto weniger Zyklen braucht es, um zu Versagen zu führen. Griffelbeinfrakturen und andere Spannungsfrakturen sind Beispiele für mechanische Ermüdung.

Kriechermüdung tritt auf, wenn ein Material sich aufgrund einer längerfristigen Belastung verformt. Je größer die Last, desto schneller erreicht das Material die Bruchspannung. Kriechermüdung tritt jedes Mal auf, wenn ein lahmendes Pferd sein Gewicht auf ein gesundes Bein verlagert. Alles, was zu Ungleichgewicht und Ungleichmäßigkeit führt, kann zu Kriechermüdung und schließlich zum strukturellen Versagen von Geweben führen.

41.2.3 Die Festigkeit biologischer Gewebe

Auch wenn es sich bei den eben vorgestellten Konzepten um die Grundlagen der Materialmechanik handelt, gelten diese doch ebenso auch für biologische Gewebe. Die mechanische Konstitution jedes Gewebes erklärt, wie es auf Verletzung (strukturelles Versagen) reagiert; sie ist die physische Repräsentation des energetischen Musters, das vom jeweiligen *Zang-Fu*-Organ beherrscht wird. Gewebeversagen ist die Manifestation von energetischen Disharmonien, die die physikalische Struktur verändern. Die Reaktion eines Gliedmaßes oder eines spezifischen Segments des Bewegungsapparats ist die Summe der verschiedenen Reaktionen der unterschiedlichen Gewebetypen des jeweiligen Systems.

Gewebe können homogen, heterogen, isotrop oder anisotrop sein. Bei einem homogenen Material sind die mechanischen Eigenschaften an jedem einzelnen Punkt des Materials identisch. Heterogene oder zusammengesetzte Materialien bestehen aus unterschiedlichen Substanzen, weshalb die mechanischen Reaktionen innerhalb des Gewebes unterschiedlich und nicht vorhersagbar sind. Anisotrope Materialien sind solche, deren Struktur eine gerichtete Anordnung aufweist, wie Sehnen, Bänder und Knochen. Isotrope Materialien besitzen keine besondere richtungsmäßige Organisation und ihre mechanischen Eigenschaften sind an jedem Punkt identisch.

Bindegewebe

Bindegewebe in der einen oder anderen Form ist eines der am weitesten verbreiteten und universellsten Materialien des Körpers. Es ist ein komplexes Gewebe, das (je nach Funktion) aus unterschiedlichen Anteilen von Kollagen, Grundsubstanz, Wasser, Mineralien und Elastin besteht. Bindegewebe sorgt für strukturelle Integrität und kann hoher Zugbelastung standhalten. Unter bestimmten Umständen können manche Arten von Bindegewebe auch elastische Fähigkeiten aufweisen, d. h. sie kehren nach Entlastung zu ihrer ursprünglichen Form und Größe zurück. Auch wenn man beim Stichwort Bindegewebe meist automatisch an Sehnen und Bänder denkt, ist es doch in Knochen, Knorpeln, Haut, Blutgefäßen, Augen (Hornhaut, Glaskörper), Grundmembranen des Epithels und Organhüllen ebenso vorhanden.

Die **Grundsubstanz** liefert im Bindegewebe die Grundlage und das Gerüst für Kollagen und Elastinfasern. Aufgrund seiner Fähigkeit, Wasser zu speichern, leistet es mechanischen Widerstand gegen Kompressionskräfte, da Wasser praktisch nicht komprimierbar ist. Wasser sorgt auch für eine gleichmäßige Lastverteilung, da sich nach dem Pascalschen Gesetz „eine Last, die auf eine Flüssigkeit wirkt, gleichmäßig in alle Richtungen ausbreitet" [4]. Die Grundsubstanz besteht größtenteils aus Glycosaminoglycanen (GAG). Aufgrund der negativen Ladungen an den GAG-Polysaccharidketten wirken diese abstoßend aufeinander und besetzen Raum im Bindegewebe. Lockere Bindegewebsstrukturen wie Faszien enthalten einen höheren Anteil an Grundsubstanz als dichtere Strukturen wie Sehnen und Bänder [5].

41

Kollagenfasern geben dem Bindegewebe strukturelle Integrität. Diese Fasern besitzen eine Helixstruktur und sind meist parallel angeordnet, wobei dies allerdings je nach Gewebe variiert. Schwefelmoleküle sorgen für Querverbindungen zwischen einzelnen Kollagenfasern. Durch diese Querverbindungen und die Helixstruktur der Fasern besitzt Kollagen eine sehr hohe Zugfestigkeit. Je höher die Zugbeanspruchung an ein Gewebe, desto höher ist der Anteil an Kollagen (Sehnen, Haut) und umgekehrt. Je größer die Zahl der Schwefelverbindungen, desto steifer ist das Bindegewebe.

Auch **Elastinfasern** finden sich in vielen Bindegewebsstrukturen, doch Elastin ist nicht so stark verbreitet wie Kollagen. Wie der Name bereits impliziert, ist Elastin sehr elastisch; es besitzt eine große Fähigkeit zur Verformung und kehrt nach Entlastung in die ursprüngliche Form zurück. Elastin lässt sich ohne offensichtliche Schädigung der Fasern auf fast die doppelte Länge ausziehen [5]. Auch bei längerfristiger Belastung zeigt es keine Kriechermüdung.

Nach der TCM steht das Bindegewebe unter der generellen Kontrolle von Leber und Gallenblase; wird es jedoch in seine Einzelteile zerlegt, lässt sich leicht erkennen, dass auch andere Meridiane sekundäre Einflüsse darauf ausüben. Leber-*Qi*-Stagnation kann zu Leber-Hitze führen, die das Bindegewebe austrocknet, sodass es seine Spannkraft verliert. Leber-Blut-Mangel kann die Ernährung des Bindegewebes beeinträchtigen, wodurch die Reaktion von Kollagen und Elastin geschwächt wird. Je nach Struktur und Funktion des jeweiligen Bindegewebes können auch der Nieren- und Lungen-Meridian für seine Gesundheit eine Rolle spielen. Da lockeres Bindegewebe einen hohen Anteil an Grundsubstanz besitzt, enthält es viel Wasser. Daher wird es durch *Yin*- und Blut-Mangel sowie Disharmonien im Nieren- und Lungen-*Qi*-Fluss stärker geschädigt. Es ist wichtig, sich daran zu erinnern, wie verbreitet und wie wichtig Bindegewebe im Körper ist. Jede Verletzung einer offensichtlich bindegewebigen Struktur kann daher auf eine tiefere Schädigung der gesamten Organisation und Struktur des Körpers hinweisen. Eine Sehnenentzündung bei einem Pferd, das außerdem *Yin*-Mangel aufweist, könnte sich zu ernsthafteren Störungen auswachsen, an denen weitere Bindegewebsstrukturen beteiligt sind, wenn die zugrunde liegenden energetischen Disharmonien nicht korrigiert werden.

Fasergewebe

Fasergewebe ist stark und flexibel und lässt sich je nach seiner Zusammensetzung, die wiederum von Funktion und Lage abhängt, in drei Grundtypen einteilen. Es gibt **dichtes, regelmäßiges** Gewebe (Bänder, Sehnen, Gelenkkapseln), **dichtes, unregelmäßiges** Gewebe (Faszien, Blutgefäße, Haut, Organhüllen, Narbengewebe) sowie **lockeres, faseriges** Gewebe (Gewebe zwischen Organen und Muskeln sowie subkutanes Hautgewebe).

Sehnen sind ein hochspezialisiertes Gewebe, das als „Brücke" zwischen den dynamischen Muskelkräften und den steifen Knochen dient. Sehnen müssen die von den Muskeln erzeugten Kräfte mit wenig Deformation aufnehmen können. Während ihr Wasser- und Kollagengehalt ähnlich ist wie der von Bändern und Gelenkkapseln, enthalten Sehnen signifikant weniger Elastin als Bänder. Kollagenfasern sind parallel und längs angeordnet und in einer unbelasteten Sehne nehmen sie mikroskopisch eine Wellenform an. Wird die Sehne belastet, so wird anfänglich aufgrund der Streckung der Kollagenfasern nur wenig innere Spannung aufgebaut. Sobald die Fasern gestreckt sind, wird sich die Sehne linear elastisch deformieren. Wird die Elastizitätsgrenze überschritten, weist die Sehne plastische Eigenschaften auf und versagt schließlich (Riss). Sehnen besitzen eine gewisse Fähigkeit, sich zu dehnen und in die Ausgangslage zurückzukehren, doch ihre Reaktion auf Last hängt vom Größenwert und der Geschwindigkeitsrate der wirkenden Kraft ab. Bei geringer Belastung ist eine Sehne weniger steif (weist weniger Widerstand gegen die Belastung auf) als bei hoher Belastung. Ist die Sehne weniger steif, kann sich der Muskel langsamer und wirksamer zusammenziehen. Ist die Sehne steifer, muss der Muskel mehr Arbeit leisten, doch die Bewegung ist genauer definiert. Eine Sehne, die nicht durch Narbengewebe beeinträchtigt ist, besitzt eine gewisse Dehnbarkeit, die eine wirksamere Kontraktion der Muskelfasern ermöglicht, und die elastische Energie kann im Bereich von Muskel und Sehne gespeichert werden. Das wiederum ermöglicht mehr Arbeitsleistung bei weniger Energieaufwand [6].

Diese synergistische Beziehung zwischen Sehne und Muskel gilt es bei der Behandlung von Sehnenverletzungen zu beachten. Waren die traumatischen Kräfte groß genug, um die strukturelle Integrität der Sehne anzugreifen, dann haben sie vermutlich auch die strukturelle Stärke des Muskelgewebes überschritten. Andererseits war vielleicht auch der mit der Sehne verbundene Muskel bereits geschädigt und die Sehnenverletzung entstand durch seine Unfähigkeit, mit der Belastung umzugehen. Identifizieren Sie etwaige Muskelverletzungen durch sorgfältiges Palpieren oder andere diagnostische Maßnahmen und behandeln Sie betroffene Muskeln entsprechend dem Meridianverlauf.

Bänder und Gelenkkapseln besitzen eine ähnliche Struktur und Funktion. Beide bestehen aus dichtem, regelmäßigem Fasergewebe mit 65–70% Wasser und 30–35% Grundsubstanz. Innerhalb der Grundsubstanz besitzt das Kollagen einen Anteil von 75–80% der Trockensubstanz und Elastin weniger als 5% der Trockensubstanz. Die Funktion beider Gewebearten besteht darin, anormale Gelenkbewegungen zu verhindern und dem Gelenk Stabilität zu geben. Das Kollagen gibt große Zugfestigkeit und Steifheit, doch wenig Kompressionsfestigkeit.

Gelenkknorpel

Knorpel ist ein viskoelastisches Material; es verformt sich mehr als Knochen. Es besteht zu 60–80% aus Wasser und zu 20–40% aus Festsubstanz. Die Festsubstanz enthält Kollagen (65%), das den Knorpeln eine hohe Zugfestigkeit verleiht, und Proteoglykane, die aus GAG bestehen (25%). Die Kollagenfasern in Knorpeln sind durch zahlreiche Schwefelbindungen verknüpft, was sie relativ steif macht. Durch die GAG kann die Knorpelstruktur Wasser binden, was ihr außerdem Druckfestigkeit verleiht. Wasser ist durch Zellmembranen hindurch frei austauschbar. Knorpelzellen sind im Knorpel verteilt. Der Anteil der GAG an einer bestimmten Knorpelstruktur ist abhängig von Knorpeltyp, Lokalisierung, Funktion und Gesundheit des Gewebes.

Gelenkknorpel erfüllen verschiedene Aufgaben. Sie reduzieren die Reibung im Gelenk. Ihre Fähigkeit, sich stärker elastisch zu verformen als Knochen, die hohe Zugfestigkeit und Steifigkeit der Kollagenfasern und der hohe Wassergehalt, der Druckfestigkeit verleiht, sorgen dafür, dass Belastungskräfte gleichmäßig im ganzen Gelenk verteilt werden, wodurch Kompressions- und Beschleunigungskräfte im subchondralen Knochen verringert werden. Der Anteil der verschiedenen Komponenten bestimmt die Rate, mit der der Knorpel auf Belastung reagiert, und ermöglicht dadurch eine zeitabhängige Schockabsorption.

Die **dynamische Wirkungsweise** eines Knorpels läuft folgendermaßen ab: Die Grundsubstanz mit GAG schwillt an, da durch die negativen Ladungen dieser Moleküle Wasser angezogen wird. Dadurch werden die Kollagenfasern gestreckt, bis die Zugspannung der Druckspannung entspricht. Kollagenfasern stehen also im nicht belasteten Zustand unter Spannung; dadurch entsteht die Druckfestigkeit des Knorpels [4]. Sobald eine senkrechte Belastung auf eine Knorpeloberfläche wirkt, verformt sich der Knorpel und leistet augenblicklich Widerstand. Dadurch erhöhen sich der Druck innerhalb des Knorpels und damit auch die auf die Kollagenfasern wirkende Spannung. Der anfänglichen Belastungsdeformation folgen eine elastische und schließlich eine Kriechermüdungsphase. Bleibt die Belastung bestehen, wird Wasser aus der GAG-Matrix in Bereiche mit weniger Druck (Gelenkraum) gepresst. Die Migration des Wassers dient mehreren Zwecken: Sie unterstützt die Schmierung des Gelenks, vermindert Reibungskräfte, verbessert die Verteilung der Belastung (indem Wasser durch die Zellporen gedrückt wird) und kühlt durch die Bewegung die Gelenkstrukturen. Nach der Entlastung des Gelenks ziehen die GAG das Wasser in den Knorpel zurück und tragen so dazu bei, dass er zur Ausgangsstruktur zurückkehrt.

Gelenkknorpel stehen unter der Kontrolle des Nieren-Meridians, auch wenn vermutlich einige sekundäre Einflüsse von Leber und Gallenblase wirksam sind. Die nachlassende Nierenfunktion im Alter spielt eine wichtige Rolle bei der abnehmenden Fähigkeit der Gelenkknorpel, mit der Belastung durch Bewegung fertig zu werden. Beim Jungtier beeinträchtigt ein Mangel an Nieren-*Jing* die Reifung und angemessene Funktion des Knorpels und legt die Grundlage für spätere Gelenkschäden. Jungtiere, deren Nieren-*Qi* und -*Yin* durch Diuretika, nichtsteroidale Entzündungshemmer, anabolische Steroide und Leistungsstress geschädigt sind, weisen relativ früh Anzeichen von Steifheit und Arthritis auf. Rechtzeitige Überprüfung der Zustimmungs-*Shu*- und Alarm-*Mu*-Punkte der Niere und Pulsdiagnose im Hinblick auf *Yin*-Schädigung sind entscheidend für die Aufrechterhaltung der Gesundheit nicht nur beim jungen, sondern auch beim alternden Sportpferd. Was der Veterinärakupunkteur beim Jungpferd rechtzeitig erkennen und korrigieren kann, legt möglicherweise die Grundlagen für viele Jahre der Gesundheit und Leistungsfähigkeit bis ins Alter.

Faserknorpel

Faserknorpel besitzen Merkmale von Knorpeln wie auch von dichtem Bindegewebe. Aufgrund ihres höheren Anteils an GAG enthalten sie mehr Wasser als Fasergewebe, doch gleichzeitig besitzen sie starke, flexible Kollagenschichten, die für hohe Zugfestigkeit sorgen. Faserknorpel enthalten jedoch nicht so viel Wasser oder GAG wie Gelenkknorpel. Die Kollagenfasern liegen in der Regel parallel und in Richtung der höchsten Zugbelastung orientiert. Sie enthalten nur einen geringen Anteil an Elastin.

Wo Faserknorpel im Gewebe auftauchen, sorgen sie für **zusätzliche Lastabsorption und Versteifung**. Die Natur neigt nicht zu Verschwendung, daher sollte der Veterinärakupunkteur immer prüfen, warum ein bestimmtes System zusätzlich Faserknorpel enthält; es ist anzunehmen, dass diese Strukturen hohen Belastungen ausgesetzt sind und sorgfältig auf Anzeichen pathologischer Prozesse untersucht werden sollten.

Faserknorpel sind die primären Komponenten von Kniegelenkmeniskus und Schläfen-Unterkiefer-Gelenk sowie der ungualen oder lateralen Fersenknorpel beim Pferd. Jüngste Studien zeigen, dass bei gesunden Füßen beim Pferd die lateralen Knorpel in eine dicke Faserknorpelprojektion zwischen Strahl und Strahlkissen münden und damit für mehr Zugfestigkeit und Druckwiderstand im kaudalen Bereich des Fußes sorgen. Bei erkrankten Füßen waren geringere Anteile von Faserknorpel enthalten [7].

Faserknorpel stehen unter dem Einfluss von Leber- und Nieren-Meridian.

Knochen

Knochen wird zwar allgemein als sprödes und steifes Material betrachtet, doch beim lebenden Tier ist er tatsächlich eine anisotrope, viskoelastische Substanz. Knochen verleihen dem Körper mechanische Festigkeit, Widerstand gegen die Schwerkraft und Hebelwirkungen, die jede Kraftwirkung verstärken. Die mechanischen Reaktionen von Knochen auf Krafteinwirkung hängen von der Zusammensetzung, Größe, Form, Struktur (Kortikalis oder Spongiosa), Richtung und Größe der Kraft sowie der Belastungsrate ab.

Knochen besteht aus organischen (35%) und anorganischen (65%) Substanzen. Die organischen Moleküle sind Kollagen (95% der organischen Substanz), das im reifen Knochen parallel zur Längsrichtung angeordnet ist, GAG (1%) und verschiedene Proteine (4%). Das anorganische Material ist zu 20% Wasser, der Rest sind verschiedene Mineralstoffe, unter anderem Kalziumphosphat, Kalziumkarbonat, Natrium, Magnesium, Fluorid und andere Spurenelemente. Die Kalziumsalze treten in kristalliner (Hydroxyapatit) wie auch in amorpher Form auf. Die Kristalle geben dem Knochen Festigkeit und Steifigkeit, während die amorphen Formen mehr für die viskosen Eigenschaften verantwortlich sind. Erhöhte Steifigkeit ermöglicht zwar mehr Widerstand gegen Scher- und Druckkräfte, führt aber auch im Vergleich zu Knorpeln und Bindegewebe zu verstärkter Sprödigkeit.

Kortikalis und **Spongiosa** besitzen eine ähnliche Zusammensetzung. Der Unterschied liegt in der Porosität. Porosität ist definiert als der Volumenanteil nichtmineralischer Substanz [8]. Spongiosa (trabekuläres Knochengewebe) findet sich in den Diaphysen- und Epiphysenbereichen des Knochens und besitzt eine Porosität von 30% oder höher. Kortikalis findet sich im Diaphysenbereich und weist je nach Funktion und Lokalisierung eine Porosität von 5–30% auf. Es ist zwei- bis dreimal so dicht wie Spongiosa. Festigkeit und Widerstandsfähigkeit des Knochens gegen Druck hängen von seiner Dichte und Porosität ab. Wenn ein Knochen altert, verliert er an Dichte und damit an Festigkeit. Die Knochendichte nimmt durch regelmäßige Bewegung zu und verändert dabei auch die mechanischen Eigenschaften des Knochens. Knochenporosität und -dichte sind für seine mechanische Integrität so wichtig wie die Mineralisierung [9].

Knochen sind in Längsrichtung etwa 50% stärker belastbar als in Querrichtung und werden mit Druck besser fertig als mit Zugkräften. Am schwächsten reagieren sie in Bezug auf Scher- und Torsionskräfte. Entscheidend für die Widerstandsfähigkeit eines Knochens ist auch die Rate der Belastung, da diese Einfluss darauf hat, wie schnell das Gewebe Energie absorbieren kann. Generell können Knochen mit einer schnell wirkenden Kraft besser fertig werden als mit einer langsamen. Wenn der Knochen jedoch bei einer schnell wirksamen Kraft versagt oder bricht, so verursacht die erhöhte Energie dabei einen größeren Schaden am Knochen und am umgebenden Gewebe [10].

Knochen ist ein **aktives und dynamisches Gewebe**. Es formt sich laufend neu in Übereinstimmung mit den Kräften, die darauf wirken, und sein geometrisches Muster entwickelt sich so, dass es den hauptsächlichen Belastungen aus einer bestimmten Richtung widerstehen kann. Das ist ein wichtiger, jedoch häufig übersehener Aspekt beim Training eines Sportpferdes, denn die meisten Trainer und Reiter denken dabei nur an kardiovaskuläre Fitness. Diese Umformung nach den primär wirkenden Kräften kommt beim Jungpferd noch zu den unterschiedlichen Kräften hinzu, die beim Wachstum auftreten. Berücksichtigt man dann noch Gewicht und Bewegung eines Reiters, einen Mineralstoffwechsel, der mit dem Wachstum der Knochenstruktur nicht Schritt halten kann, Pharmazeutika wie nichtsteroidale entzündungshemmende Substanzen und anabolische Steroide, die Mineralabsorption oder Hormonhaushalt beeinträchtigen, Ungleichmäßigkeiten im Hufbeschlag und Variabilität der Bodenoberflächen, ist es kein Wunder, dass so viele Pferde in jungem Alter aufgrund von Knochenbrüchen ausscheiden.

Knochen stehen gemäß der TCM unter dem Einfluss der Nieren, die nicht nur die mineralischen Eigenschaften bestimmen, sondern auch das Wachstum des jungen Tieres.

Muskeln

Eine einzelne Muskelzelle (Faser) besteht aus einem als Connectin bezeichneten elastischen Protein sowie Sarkomeren. Sarkomere sind die kontraktilen Einheiten der Faser, wobei jedes **Sarkomer** dieselbe Länge besitzt und mit derselben Kraft kontrahiert. Ein Sarkomer kontrahiert, wenn sich zwischen den **Aktin-** und **Myosinfilamenten** Querbrücken bilden. Durch diese Brücken verkürzen sich die Sarkomere und damit die Muskelfasern. Die Kraft einer Muskelkontraktion hängt von der Zahl der Querbrücken ab; je größer ihre Anzahl, desto größer die dabei entstehende Kraft. Wenn Sarkomere aktiviert werden und sich verkürzen, verringert sich die vom Muskel produzierte Kraft. Ist ein Gelenk in einer neutralen Position und im Gleichgewicht mit der Schwerkraft, stehen die Muskeln unter leichter Spannung und können sich immer noch verkürzen, wenn sie reißen [4].

Jede Faser ist von einer Fettschicht (Sarkolemm) sowie von einer Membran aus Proteinen und Polysacchariden umgeben. Zwischen den einzelnen Fasern befinden sich Kollagen und Elastinfasern (Endomysium), wobei jeweils mehrere Fasern durch Bindegewebe (Perimysium) zu Bündeln zusammengefasst sind. Bindegewebe tritt rund um die Muskelfasern und in ihnen verteilt auf; es erstreckt sich auch auf die Sehnen, die in das Sarkolemm jeder Muskelfaser reichen. Aufgrund dieser seriellen Anordnung sind Muskeln und Sehnen derselben Beanspruchung ausgesetzt.

Der muskuläre Mechanismus ist sehr komplex und hängt von der Orientierung der Muskelbündel, der Art der Muskelfasern (rasch oder langsam kontrahierend, oxidativ oder glykolytisch) sowie von der Ausrichtung der Sehnenansätze ab. Als Ganzes gesehen, kann jede Muskeleinheit (Muskel, Sehne) als mechanisches System seriell oder parallel arbeiten; jedoch sind nur wenige Muskeln tatsächlich parallel zu ihrer begleitenden Sehne ausgerichtet.

Muskelgewebe wird vom Milz/Pankreas-*Qi* beherrscht, daher ist es anfällig gegen Feuchtigkeits- und Kälteinvasion (Ödeme und Hämatome). Aufgrund des Synergismus der Muskelzelle mit dem sie umgebenden Bindegewebe spielen jedoch auch Leber- und Gallenblasen-*Qi* eine wichtige Rolle. Überarbeitung, die zu Milz/Pankreas-*Qi*-Mangel führt, kann primäre Muskelschwäche bewirken, die wiederum die Funktion des Bindegewebes beeinflussen und zu einem Sehnenversagen führen kann. Bei der Beurteilung von Sehnenverletzungen sollten Sie sich daher bewusst sein, dass die Sehne unter Umständen nicht die primäre Ursache der Schwäche war, sondern nur die Stelle, an der diese sich manifestierte. Auch eine Muskeldysfunktion kann zu der Sehnenverletzung geführt haben.

41.3 Bewegungsmuster

Es ist nun an der Zeit, unsere Beobachtung von Mustern zu erweitern. Mag es auch eine interessante Übung sein, biologische Gewebe im Hinblick auf ihre Bewegungsmechanik zu prüfen, wird diese doch erst sinnvoll, wenn man sie auf das größere Bild der Bewegung eines einzelnen Tiers überträgt. Wenn man sich Tag für Tag mit pathologischen Prozessen beschäftigt, vergisst man leicht, dass all diese komplexen Systeme normalerweise voller Schönheit zusammenspielen. Die scheinbare Einfachheit, mit der ein Pferd mit erhobenem Kopf und Schweif über ein Feld galoppiert, ist tatsächlich ein Beweis für den großartigen Balanceakt der Natur.

Harmonische und unharmonische Bewegungen

Erfolgreiche Bewegung, ob das Pferd nun über die Ziellinie rennt oder über die Weide geht, ist elegant, präzise, effizient und harmonisch. Sie ist ein dynamisches Ausbalancieren entgegengesetzter Kräfte, wobei der Körper sich um seinen Schwerpunkt herum bewegt. Harmonische Bewegung ist möglich, wenn alle Teile des Körpers, materiell und energetisch, in der richtigen Reihenfolge, mit Effizienz und dem vollen Bewegungsspielraum, der für die jeweilige Bewegung nötig ist, funktionieren (➤ Abb. 41.5).
Eine **unharmonische Bewegung** hingegen tritt auf, wenn:

- ein oder mehrere Teile aus der Synchronisation herausfallen (mechanisch oder neurologisch),
- ein oder mehrere Teile nicht mit der notwendigen Effizienz arbeiten (Ermüdung) oder
- die Gewebe nicht den vollen Bewegungsspielraum ermöglichen, der für das Funktionieren notwendig ist (Invasion durch pathogene Faktoren, Narben, Schmerzen, zugrunde liegende metabolische Erkrankungen, Muskelspasmen).

Die Gangarten des Pferdes sind Veterinärmedizinern bekannt und die Schrittfolgen müssen hier nicht wiederholt werden. Vielmehr möchten wir den Veterinär, der sich auf Sportmedizin spezialisiert hat, dazu ermutigen, Schrittfolge und Gangart als Teile eines größeren Musters zu betrachten. Welche weiteren Strukturen verändern sich und wie, wenn beispielsweise ein Vorderfuß angehoben wird? Es ist empfehlenswert, die Serienaufnahmen von Eadward Muybridge zu studieren und Videos von gesunden und lahmen Pferden in Zeitlupe zu betrachten. Gelegentlich kann auch ein einzelnes Foto den Moment einer potenziellen Verletzung einfangen, woraus sich Antworten für andere Tiere und Situationen ableiten lassen (➤ Abb. 41.6).

Zusammenspiel der Gewebe und Strukturen

Damit Bewegung ohne Verletzung ablaufen kann, müssen im Allgemeinen alle Strukturen von Beinen und Körper im Gleichgewicht sein und den Schock des Bodenkontakts wirksam verteilen. Wie im Abschnitt über Materialien erläutert, sind alle Gewebe so aufgebaut, dass sie die auftauchenden Kräfte verarbeiten können – wenn sie in Übereinstimmung mit ihrer Struktur wirken können. Ein Bein kann Energie ohne Trauma absorbieren, wenn die Gelenkoberflächen beim Auftreten auf den Boden in vollständiger Ausrichtung sind; in der Regel bedeutet das, dass alle Knochen vertikal ausgerichtet sind, wenn die maximale Belastung auftritt (➤ Abb. 41.7). In der Phase der Maximalbelastung einer Bewegung verdichten sich die Gelenkflächen, sodass der größtmögliche Oberflächenkontakt (und damit die beste Kräfteverteilung) erzielt werden. Der Aufprall bremst das Bein plötzlich ab (negative Beschleunigung) und diese Kräfte werden über die Gewebe des Beins nach oben geleitet, wobei sie auf dem Weg zum Rumpf schrittweise übertragen und verringert werden.

Die Beine setzen außerhalb des Schwerpunkts am Rumpf an, wobei wir diesen für unsere Zwecke beim Pferd bei KG 17 annehmen wollen. Dadurch wird immer ein leichter Zug auf den medialen Aspekt eines Beins ausgeübt, ob das Bein nun ruhig steht, auf dem Boden aufprallt oder durch die Luft schwingt. Der Körper gleicht diese Gravitationsbeschleunigung in Richtung Mitte dadurch aus, dass die Gelenkoberflächen leicht in die entgegengesetzte Richtung gebogen sind. Wird ein Beingelenk gebeugt, kreist es von medial nach lateral leicht um seine Längsachse, beim Strecken bewegt es sich von lateral nach medial (➤ Abb. 41.8). Diese Drehung ist im Hüft- und Kniegelenk sogar noch stärker ausgeprägt, sodass das Pferd beim Beugen des Kniegelenks nicht an den

Abb. 41.5 Biomechanische Kräfte bei einem galoppierenden Pferd.
(Mit freundlicher Genehmigung von Coady Photo, Phoenix, Arizona)

Abb. 41.6 Kollision, bei der alle drei Newtonschen Gesetze sichtbar werden. Wenden Sie diese Gesetze an, um abzuschätzen, wo bei diesem Pferd Verletzungen auftreten könnten.
(Mit freundlicher Genehmigung von Jim Fain, Logan, Utah)

Abb. 41.7 A, B Zwei Pferde verschiedener Disziplinen in derselben Phase des Galopps. Beachten Sie die Unterschiede in der Ausrichtung des rechten Vorderbeins aufgrund von Unterschieden in Hufeisenlänge, Kopfhaltung und Rückenkrümmung.
(Mit freundlicher Genehmigung von Kimberly Henneman)

Abb. 41.8 Termino bei einem peruanischen Paso.
(Mit freundlicher Genehmigung von Kimberly Henneman)

Abb. 41.9 Sportpferd beim gleichzeitigen Bremsen und Beschleunigen.
(Mit freundlicher Genehmigung von Kimberly Henneman)

eigenen Unterleib stößt. Überdenken Sie die Anatomie des Pferdes im Hinblick auf Funktion und Belastung einmal in Bezug auf medialen und lateralen Stress. Die Besonderheiten des Aufbaus, wie zum Beispiel die zwei Synovialkapseln im medialen Kniegelenk und die Größenunterschiede von radialem und ulnarem Karpalknochen, dürften nun klar werden.

Auch der Rücken ist von der konstanten Absorption und Transmission von Belastungen außerhalb des Schwerpunkts betroffen. Vorwärtsschub und Abbremsen, positive und negative Beschleunigungen und Geschwindigkeiten treten bei komplexen Bewegungsmustern oft gleichzeitig auf, wodurch plötzliche, hohe und ständig wechselnde Belastungen entstehen, die über das Bein hinauf in den Rumpf geleitet werden (➤ Abb. 41.9). Ein großer Teil der Erschütterung im Vorderbein wird über die Weichteile bis in den Rücken geleitet und absorbiert. Daher wird die vordere Hebelarmlänge primär vom Kontraktionsstatus des Beins und der Rumpfmuskulatur bestimmt. Im hinteren Bereich werden die Hebelarmkräfte direkt über das Hüftgelenk zu den iliosakralen und lumbosakralen Strukturen weitergeleitet. Während Rumpf, Rücken und Hals die außerhalb des Schwerpunkts auftreffenden Kräfte absorbieren und ihnen entgegenwirken, um eine gerade Linie aufrechtzuerhalten, müssen sich die Muskeln des Rückens ständig kontrahieren und strecken, um eine zu starke Beugung der Wirbelsäule zu vermeiden und die Schubkräfte vorwärts, rückwärts oder seitwärts zu übertragen. Daher sind die Zustimmungs-*Shu*-Punkte in einem physischen, mechanischen Sinn ebenso wichtig wie in einem energetischen, da bestimmte Rückenbereiche möglicherweise Störungen in einem Bein wie Spat oder Kniegelenkschmerzen kompensieren. Sind die propulsiven Kräfte der Hinterhand zu irgendeinem Zeitpunkt aufgrund von Schmerzen oder anderen mechanischen Störungen vermindert, wird die Vorwärtsbewegung auf die Vorderbeine verlagert, wo sich die Muskeln dann möglicherweise antagonistisch verhalten, wenn das Bein die Aufgaben von Propulsion und Schockabsorption gleichzeitig übernehmen muss. Das führt nicht nur zu einem ineffizienten Funktionieren der Gewebe, sondern auch zu einer allmählichen Akkumulation mechanischer Ermüdung und zu Verletzungen.

Trauma oder Dysfunktion einer Muskelgruppe kann zu einem energetischen Ungleichgewicht entlang der TCM-Meridiane führen, die durch diese Muskeln verlaufen. Disharmonie in einem

Meridian kann auch auftreten, wenn ein Gewebe verletzt wird, das von diesem Meridian kontrolliert wird, und dabei ein lokales *Bi*- oder *Wei*-Syndrom entsteht. Das kann zu einer Schmerzprojektion distal oder proximal der primären Region (somato-somatisch) oder zu tatsächlichen reflektorischen Muskelspasmen führen, die in sekundären Bereichen zu Ungleichgewicht und Bewegungsverlust führen. Kenntnisse der Muskelverlaufsbahnen ermöglichen es dem Veterinärakupunkteur, vorauszusehen, wo weitere Probleme auftreten könnten, und diese durch sorgfältige Untersuchung auszuschließen.

Gangarten

Beim **Schritt**, einer asymmetrischen Gangart, entsteht mehr rotierende Bewegung um den Schwerpunkt als beim Trab; wegen der geringen Energien treten dabei jedoch nur minimale Winkelgeschwindigkeiten und -beschleunigungen in den Beinen auf ($F = m \times a$). Damit ein Bein gehoben werden kann, muss der Schwerpunkt auf die übrigen drei Beine verlagert werden, sodass das Bein in Bewegung vollkommen ohne Gewichtsbelastung ist und vom Boden abgehoben werden kann. Damit beispielsweise das rechte Vorderbein gehoben und bewegt werden kann, muss der Schwerpunkt hinter eine gedachte diagonale Linie zwischen der linken Vorderseite und dem rechten Hinterbein verlagert werden.

41

Beim **Trab** handelt es sich um die symmetrischste und aus energetischer Sicht effizienteste Gangart des Pferdes, mit sehr wenig Rotation um den Schwerpunkt. Daher liegt hier eine minimale Winkelgeschwindigkeit und -beschleunigung vor, die durch den Körper übertragen werden muss.

Beim Dreitakt-Galopp und beim Viertakt-**Galopp** bewegen sich die Beine durch Zyklen wie die Speichen eines Rades, mit einer kurzen Schwebephase, bevor der Zyklus von neuem beginnt. Diese Gangarten sind asymmetrisch mit hohen Winkelgeschwindigkeiten und -beschleunigungen, die auf einer Körperseite stärker sind als auf der anderen. Die Schwingungsbelastung (Oszillation) ist bei diesen Gangarten wesentlich größer, daher wirken Vorderarm- und Oberschenkelmuskeln als Schwingungsdämpfer, um die Belastung zu begrenzen. Die Synchronisation von kaudaler Fersenbelastung, Fesselgelenkrotation und -translation und die Ausrichtung von Knochen und Gelenken sind entscheidend für die richtige Kraftverteilung bei Kanter und Galopp. Das verwobene Netzwerk der Vorderbeinstrukturen, wie obere und untere Haltebänder, Fesselringband, tiefe und oberflächliche Beugesehnen, Oberflächenkonturen der Gelenke und verschiedene kollaterale Bänder und Gelenkkapseln, arbeitet zusammen, um sicherzustellen, dass die Kräfte zum Zeitpunkt des Aufpralls und der maximalen Belastung wirksam und sicher verteilt werden, ohne die Gewebe zu überlasten.

41.4 Haltung

Neben der Bewegung kann der Veterinärakupunkteur auch aus der Beobachtung von Haltung und Stand zahlreiche Informationen gewinnen. Probleme in der dynamischen Bewegung können zu permanenten strukturellen Veränderungen führen, die sich in der Haltung widerspiegeln. Chronische anormale Haltungen, die von einer vertikalen Ausrichtung der Knochen abweichen, führen zu mechanischer Ermüdung und Kriechverhalten, da das Pferd bei Schmerzen, mechanischen Veränderungen (Muskelverkürzung, Bindegewebsnarben) oder neurologischer Schädigung der spinalen Propriozeption zu kompensieren versucht. Haltungsveränderungen können auch dazu benutzt werden, die Reaktion auf eine Behandlung zu überprüfen. Häufig wird sich die Haltung eines Pferdes unmittelbar verbessern und in ein Gleichgewicht mit der Schwerkraft zurückkehren, sobald ein pathologischer Prozess beseitigt ist, während die Rückkehr zur normalen Bewegung eventuell mehr Zeit benötigt.

Bei der Beobachtung der Haltung sollten Sie darauf achten, dass sich Körperbau- und Haltungsprobleme unter Umständen ähneln. Der Körperbau ist dauerhaft vorhanden, während Haltungsanomalien häufig korrigiert werden können. Beispielsweise ist eine kuhhessige Stellung der Hinterhand bei einem Pferd möglicherweise auf Schmerzen und Faserverkürzung im kaudomedialen Oberschenkelmuskel (Adduktoren; M. semimembranosus) zurückzuführen. Wie bei einer gespannten Türfeder führt die Anspannung dieser Muskeln zu einer anterolateralen Drehung des Beins, wodurch die Kniegelenke mehr lateral und die Sprunggelenke mehr medial liegen. Achten Sie auf subtile Veränderungen und darauf, wie das Pferd bevorzugt steht. ➤ Abb. 41.10 zeigt Haltungsveränderungen bei einem jungen Vollblut-Rennpferd vor und nach Chirotherapie und Akupunktur.

Bei einer normalen Haltung sind alle vier Beine vertikal zum Boden ausgerichtet. Das Pferd steht rechtwinklig, wobei die Schwerkraftbelastung entlang der Achse der langen Knochen verteilt ist. Die Vektorkräfte der Beine wirken vollständig dorsoventral (ohne den medialen Zug des Körperschwerpunkts zu berücksichtigen). Das Pferd steht im Prinzip wie ein stabiler Tisch [12].

Es gibt verschiedene Möglichkeiten anormaler struktureller Veränderungen bei der Haltung eines Pferdes. Am häufigsten tritt eine Haltung auf, bei der das Pferd wie ein Steinbock auf einem Felsen oder wie ein Zirkuselefant auf einem Ball steht (➤ Abb. 41.10, A) [12]. Dabei sind die Vorderbeine kaudal und die Hinterbeine kranial verschoben. Das führt zu ungleichmäßigen Druck- und Zugkräften in den Vorderbeinen, was Ausrichtung, Muskeldämpfung und Abfußung beeinflusst. Die Ausrichtung der Gelenke ist nicht synchron mit der Belastung. Die Vorwärtsbewegung der Hinterbeine belastet nicht nur Kniesehnen und mediale Oberschenkelmuskeln, sondern auch Kruppe und Iliosakralbereich [12] Milz/Pankreas-, Nieren- und Dickdarm-Meridian sowie Dreifacher Erwärmer sind komprimiert (blockiert), während Perikard-, Lungen-, Magen- und Gallenblasen-Meridian Zugkräften unterliegen (schlaff sind). Außerdem treten ein Vorwärtslehnen mit kaudal versetzten Beinen („Vom Winde verweht“, ➤ Abb. 41.11) und eine sägebockähnliche Haltung auf (➤ Abb. 41.12), bei der die Vorderbeine kranial und die Hinterbeine kaudal ausgestreckt sind [12]. Ein Pferd mit Sägebock-Haltung weist häufig Kälteinvasion im Blasen-Meridian auf, was zu einer Kontraktion der Longissimus-Muskeln führt.

Haltungsveränderungen in einzelnen Bereichen lassen sich als Teil des größeren biomechanischen Musters beurteilen. Palpation von Punkten und Muskeln und ein Vergleich der Muskeln der betroffenen Meridiane können dem Akupunkteur Hinweise darauf geben, wie die individuellen Symptome in das größere Bild passen.

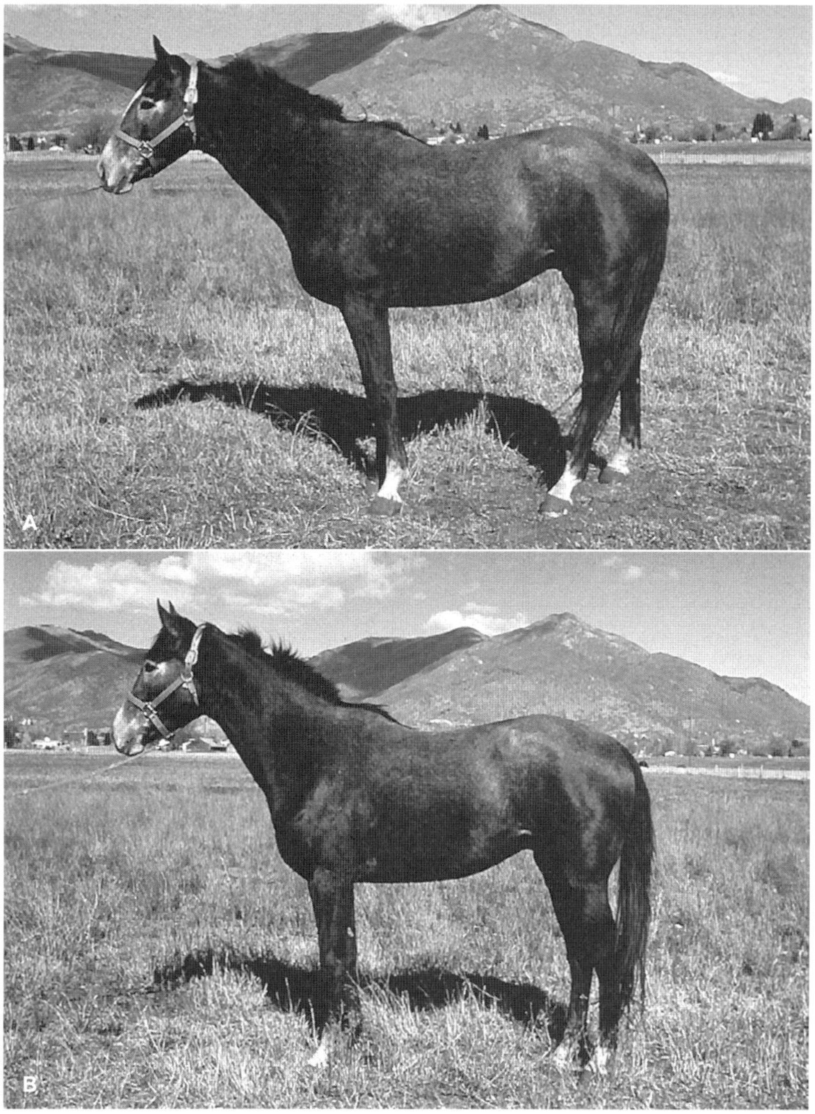

Abb. 41.10 A Dreijähriges Vollblut-Rennpferd mit mechanisch unausgewogener Haltung aufgrund von Schmerzen und entsprechender Kompensation. **B** Dasselbe Pferd eine Stunde nach Chirotherapie und Akupunkturbehandlung.
(Mit freundlicher Genehmigung von Kimberly Henneman)

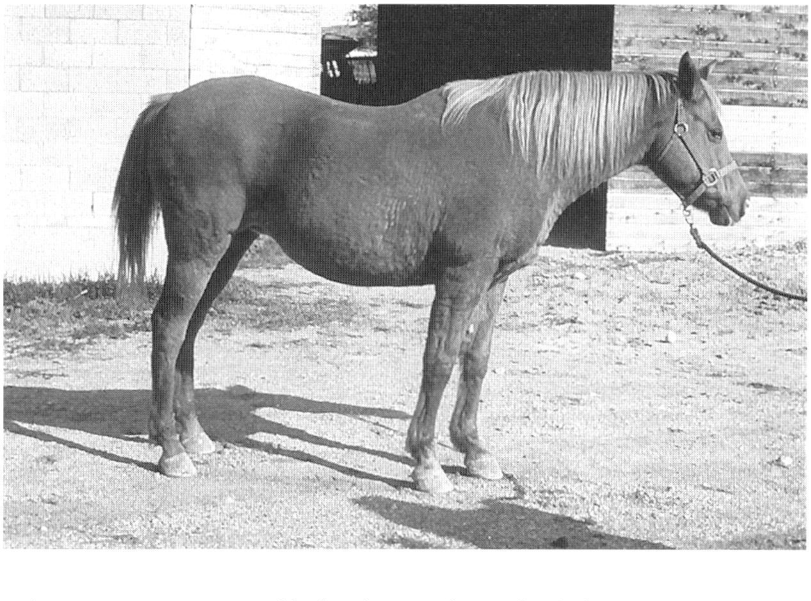

Abb. 41.11 Achtzehnjährige Araber-Stute mit „Vom Winde verweht"-Haltung.
(Mit freundlicher Genehmigung von Kimberly Henneman)

Innerhalb des dynamischen Flusses von Bewegung und Energie ist das präsentierte Symptom möglicherweise nicht der Ursprungs- oder Endpunkt. Eine erfolgreiche Therapie und die Rückkehr zur Leistungsfähigkeit hängen davon ab, ob der Veterinärmediziner erkennt, wie die Symptome ins Gesamtmuster passen, und ob er *alle* Disharmonien des Musters korrigiert.

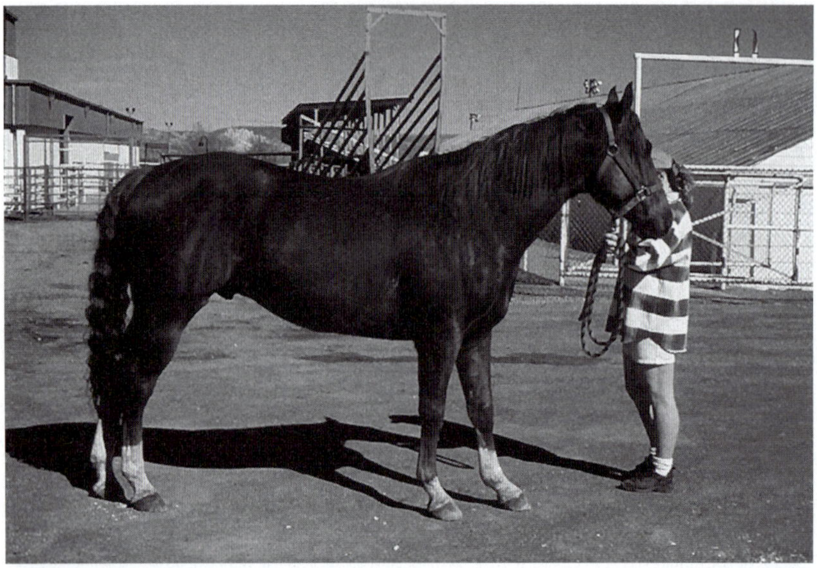

Abb. 41.12 Sechsjähriger Quarter-Horse-Wallach mit Sägebock-Haltung.
(Mit freundlicher Genehmigung von Kimberly Henneman)

41.5 Besondere Faktoren

41.5.1 Wachstum

Bei einem Pferd im Wachstum treten einige besondere Probleme und Bedürfnisse auf, da die geforderten Leistungen hohe Anforderungen an das unreife System stellen. Der ökonomische Druck, das moderne System mit Nachwuchs- und Derby-Wettbewerben für zwei-, drei- und vierjährige Pferde in zahlreichen Disziplinen und die fälschliche Annahme von Reitern und Reiterinnen aller Couleur, dass die Pferde arbeiten können, da sie ja „groß" sind, führt zu einer hohen Sterblichkeitsrate bei jungen Sportpferden. Man sollte daher sich selbst und auch die Klienten ständig daran erinnern, dass Pferde bis zu einem Alter von fünf bis sechs Jahren tatsächlich noch Babys sind.

Junge Pferde weisen Wachstumsmuster auf, bei denen keine gleichmäßigen Höhenveränderungen von Vorder- und Hinterhand auftreten. Vielmehr wachsen sie, indem sie zuerst bei den Hinterbeinen und dann bei den Vorderbeinen an Länge zulegen (➤ Abb. 41.13). Zwischen den Wachstumsschüben kann das Pferd für kurze Zeit ausgeglichen sein oder aber während seiner stärksten Wachstumsphase ständig hin und her wechseln, je nach genetischer Veranlagung, Ernährung und Arbeitsanforderungen. Während dieser Zeit treten beträchtliche mechanische und energetische Veränderungen auf. Derzeit von mir durchgeführte Studien zeigen, dass sich während einer Wachstumsphase die Winkel im Kniegelenk um bis zu 10° verändern können, wobei der weiteste Winkel jeweils nach einem Wachstumsschub der Hinterhand auftritt. Weitere Bereiche mit beträchtlichen Winkelveränderungen während Wachstumsphasen sind Iliosakralregion, Hüfte und Schulter. Aus mechanischer Sicht können solche Winkelveränderungen die Kräfteverteilung und den Bewegungsspielraum jedes Beinsegments verändern. Die Schnelligkeit dieser Veränderungen, die innerhalb von etwa ein bis zwei Jahren ablaufen, erlaubt es den Geweben, vor allem Knochen und dichtem Bindegewebe, nicht, sich an die stets wechselnde Belastung anzupassen. Daher leiden junge Tiere unter erhöhtem Verletzungsrisiko, wenn Training und Leistungsanforderungen nicht auf das individuelle Wachstumsmuster abgestimmt sind (➤ Abb. 41.14).

Ermutigen Sie Ihre Klienten, das Pferd regelmäßig (alle 2 Wochen) an Kruppe und Widerrist zu messen und den Trainingsprozess an das Wachstum anzupassen. Eine Verlängerung der Hinterbeine zeigt sich durch Messungen, bevor sie visuell festgestellt werden kann. Wenn das Pferd in der Hinterhand höher ist, sollten Longierarbeit und zu kleine Kreise beim Training wegen der übermäßigen Dreh- und Scherkräfte, die dabei auftreten können, vermieden werden. Auch Akupunkturbehandlungen können so gelegt werden, dass sie entweder am Beginn oder am Ende einer solchen Phase liegen, je nach Bedürfnissen des Pferdes.

Wachstum ist außerdem ein energetisch komplexer Prozess. Die Belastung aller Meridiane, vor allem des Nieren-Meridians, ist in der Regel enorm. Kommen emotionale Aspekte dazu, die als innere pathogene Faktoren wirken können, sowie äußere pathogene Faktoren wie das Risiko viraler Infektionen aufgrund von Umweltveränderungen, eine Ernährung, die nicht auf Wachstum und Leistung abgestimmt ist (Mineralien, essenzielle Fettsäuren, Energie), Zahnen und Hufbeschlag, kann die Belastung der verschiedenen Meridiane sehr tiefgehend sein. Dies kann sich in Verhaltensstörungen, hormonalen Störungen bei jungen Stuten oder chronischen Schmerzen manifestieren. Häufig kann Palpation der Zustimmungs-*Shu*- und Alarm-*Mu*-Punkte in Kombination mit Zungen- und Pulsdiagnose bedeutsame Warnsignale bei einem ansonsten gesund erscheinenden Pferd ergeben. Wie Lao-tse im *Tao te King* schrieb [12]: „*Bringe die Dinge in Ordnung, bevor sie sich zeigen.*" Jedes Feuer beginnt mit einem Funken. Handeln Sie also proaktiv statt reaktiv und beugen Sie vor.

41.5.2 Medikamente

Viele Pferde erhalten Pharmazeutika zur Leistungssteigerung (anabolische Steroide) oder zur Entzündungshemmung (katabolische Steroide oder nichtsteroidale Antiphlogistika), die die hormonalen metabolischen Prozesse verändern, die für junge Pferde in der Entwicklung wichtig sind. Auch wenn die derzeitige westliche Medizin keine signifikante Schädigung durch den Einsatz solcher Substanzen sieht, können Veterinärakupunkteure mit ihren

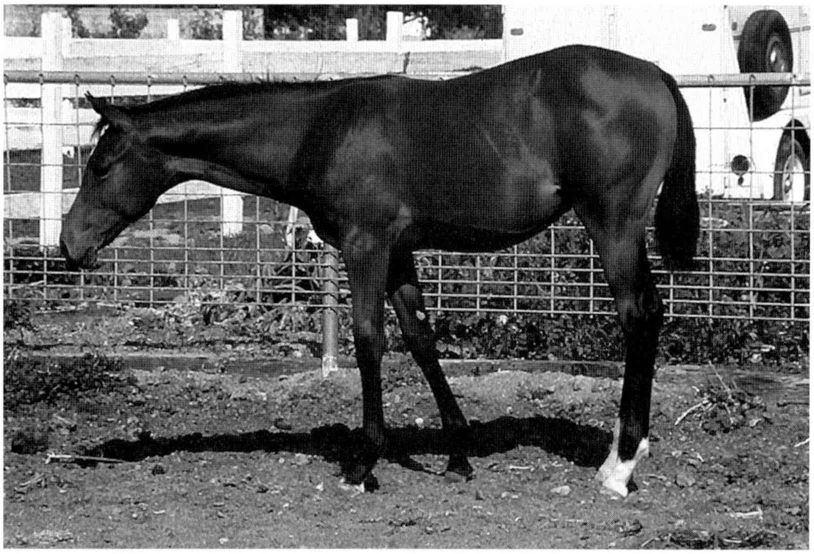

Abb. 41.13 Oldenburger Absatzfohlen. Beachten Sie den Höhenunterschied zwischen Kruppe und Widerrist, das übermäßig gerade und gespannte Kniegelenk und die Spannung in den Halsmuskeln.
(Mit freundlicher Genehmigung von Kimberly Henneman)

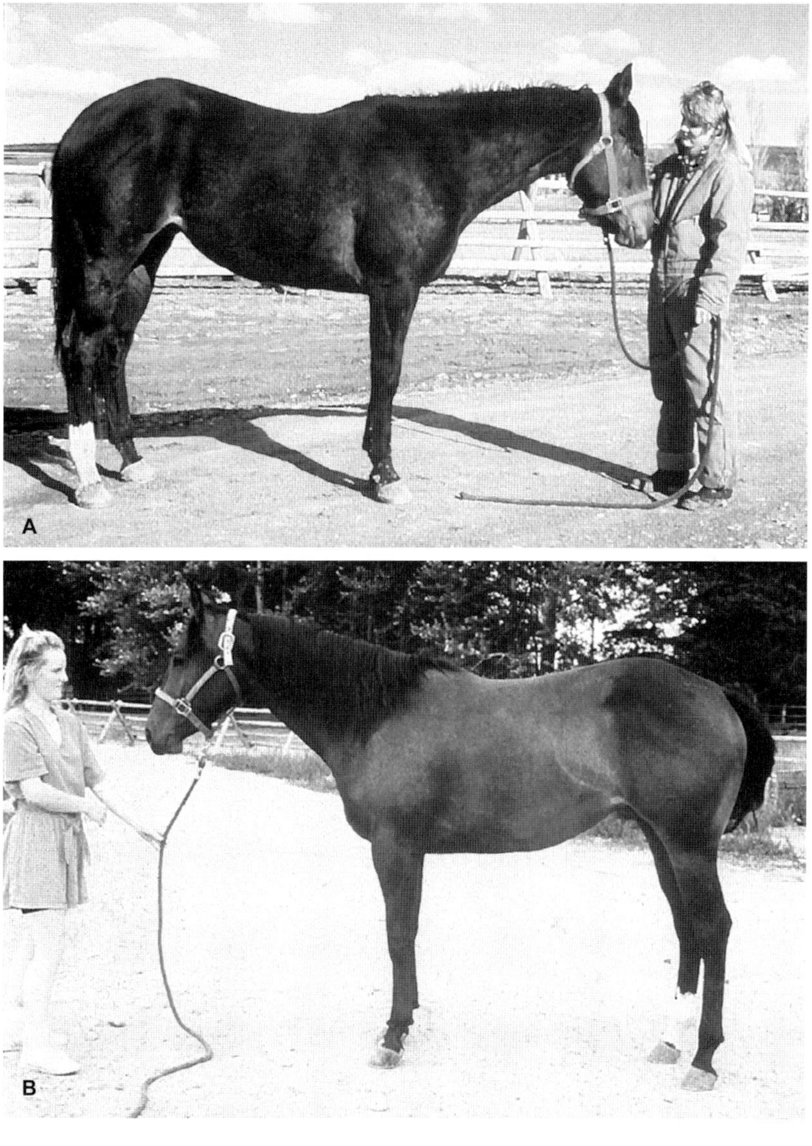

Abb. 41.14 **A** Dreijähriges Quarter Horse in einer Phase schnellen Wachstums. **B** Dasselbe Pferd 6 Monate später. Beachten Sie die Winkelveränderungen in Knie- und Hüftgelenk sowie die Muskelentwicklung der Kruppe.
(Mit freundlicher Genehmigung von Kimberly Henneman)

Methoden doch tiefere und signifikante Frühwarnzeichen für ihre Auswirkungen auf den Körper erkennen.

Die meisten westlichen Medikamente beeinträchtigen auf die eine oder andere Weise das *Yin*. Manche, wie beispielsweise Diuretika, können starke Auswirkungen auf mehr als ein Meridiansystem haben. Die individuelle Konstitution und das angeborene *Jing* bestimmen, wie schnell sich eine Schädigung der Meridiane manifestiert. Leider ändern sich bei vielen Pferden häufig die sportliche Disziplin und/oder der Besitzer, sodass Vorgeschichte und medizinische Aufzeichnungen meist nur lückenhaft vorhanden sind. Im Zusammenhang des Gesamtmusters sind „neu" auftretende Syndrome wie chronische obstruktive Lungenerkrankungen oder gastrointestinale Geschwüre Manifestationen von *Yin*-, Blut-, *Yang*- und *Qi*-Mangel. Die meisten Sportpferde weisen aufgrund der negativen Auswirkungen der modernen Pharmazeutika *Yin*-Mangel, Hitze oder Blut-Mangel auf. Das bedeutet nicht, dass man diese Mittel absolut nicht einsetzen sollte, man muss sich aber ihrer Nebenwirkungen bewusst sein und sollte mithilfe von Puls- und Zungendiagnose sowie Palpieren der Akupunkturpunkte aufmerksam auf Symptome achten, um rechtzeitig korrektive Schritte einleiten zu können.

41.6 Punktauswahl

Wie verbindet man nun all das hier Aufgeführte bei der Auswahl von Punkten zur Behandlung? Die Verwendung von Akupunkturpunktformeln, seien es klassische oder die anderer Veterinärmediziner, ist hilfreich und sollte in Betracht gezogen werden. Doch jedes Tier ist ein Individuum und jede Verletzung ist einzigartig. Auch wenn der Körper nur eine begrenzte Anzahl von Reaktionsmöglichkeiten auf Verletzungen hat, kann es doch kleine Unterschiede zwischen einzelnen Tieren geben, die, wenn sie vom behandelnden Arzt erkannt werden, einen Einfluss auf die Schnelligkeit und Gründlichkeit des Heilungsprozesses haben.

Zuerst muss **das gesamte Bild** aus den kleineren Mustern zusammengesetzt werden. Dabei gilt es einiges zu beachten:

- die betroffene Gewebeart und die möglichen energetischen, meridianvermittelten und biomechanischen Ursachen, warum diese Gewebeart die Verletzung aufweist
- Reaktionen und Belastungen anderer, sekundärer Gewebe
- Informationen über Belastung, Schmerz und Kompensation, die einer Beobachtung von Stellung, Haltung und Bewegung entnommen werden können
- Vorgeschichte: das Zusammenwirken aller Elemente bei dem traumatischen Ereignis, Eindrücke des Reiters, Krankheiten, wichtige Vorerkrankungen und andere Traumata in der bekannten Geschichte des Tieres, derzeitige Symptome und ihre Entwicklung bis zum gegenwärtigen Zeitpunkt
- Leistungsanforderungen (Mechanik der Aufgaben des Pferdes)
- manuelle Palpation der Muskeln, *Ashi*-Punkte, Zustimmungs-*Shu*- und Alarm-*Mu*-Punkte
- Zungen- und Pulsdiagnose

Die Zusammenstellung eines **individuellen Behandlungsprogramms** für jedes Tier umfasst die Punktauswahl nach vorgegebenen Formeln, die Auswahl lokaler, distaler oder proximaler Punkte entlang der betroffenen Meridiane (➤ Tab. 41.4) und die zusätzliche Auswahl von *Akabane*-, *Ashi*-, Zustimmungs-*Shu*- oder Ohrpunkten.

Die Nadeltechnik richtet sich nach dem entsprechenden TCM-Muster (Sedierung oder Tonisierung), nach den verfügbaren Möglichkeiten und den Fähigkeiten des Veterinärakupunkteurs. Bei

Tab. 41.4 Punktauswahl auf Basis der Muskelverteilung

Region	Lokale Punkte	Muskelverteilung	Proximale Punkte	Distale Punkte
Dorsaler Halsbereich	Gb 20, Gb 21, Dü 15	Blase	Bl 10, Bl 11	Bl 58, Bl 60, Bl 62, Bl 66
		Niere	Bl 10, Bl 11	Ni 9, Ni 3
		Dünndarm	Bl 10, Bl 11	Dü 3
Lateraler Halsbereich	Gb 20, 3E 17, Dü 16, Gb 21	Gallenblase	Gb 20	Gb 41, Gb 42
		Dickdarm	Bl 11, Bl 13	Di 4
		Dreifacher Erwärmer	Gb 20	3E 3
		Dünndarm	Dü 15	Dü 3
Schläfen-Unterkiefer-Gelenk	Gb 2, Dü 19, 3E 21, 3E 17	Gallenblase	Gb 20	Gb 41, Gb 42
		Dickdarm	Gb 20	Di 4
Kranialer Schulterbereich	Di 16, Di 15, 3E 14, Lu 1	Lunge/Dickdarm	Gb 20	Di 4
Kaudaler Schulterbereich	3E 14, Dü 9, Dü 10, 3E 13	Dickdarm	Bl 11, Bl 13	Di 4
		Dünndarm	Bl 10, Dü 15	Dü 3
Skapula	Dü 11, Dü 12, Dü 14, Bl 43, Dü 10	Dickdarm	Bl 11, Bl 13	Di 4
		Dreifacher Erwärmer	Gb 20	3E 3
		Dünndarm	Bl 10, Dü 15	Dü 3
Ellbogen	Di 11, Lu 5, 3E 10	Dickdarm	Bl 11, Bl 13	Di 4
		Dreifacher Erwärmer	Gb 20, Dü 15	3E 3
		Dünndarm	Bl 10, Dü 15	Dü 3
Karpalgelenk	Di 5, 3E 4, 3E 5, Dü 5	Dickdarm	Bl 11, Bl 13	Di 4
		Dreifacher Erwärmer	Gb 20, Dü 15	3E 3
		Dünndarm	Bl 10, Dü 15	Dü 3

Tab. 41.4 Punktauswahl auf Basis der Muskelverteilung *(Forts.)*

Region	Lokale Punkte	Muskelverteilung	Proximale Punkte	Distale Punkte
Fesselgelenk	3E 3, Dü 3, Dü 5, Di 4	Dickdarm	Bl 11, Bl 13	Di 11, Di 16
		Dreifacher Erwärmer	Gb 20, Dü 15	3E 5, 3E 15
		Dünndarm	Bl 10, Dü 15	Dü 10
Kronrand des Vorderfußes	*Ting*-Punkte, Di 3, Dü 3	Dickdarm	Bl 11, Bl 13	Di 11, Di 4, Di 16
		Dreifacher Erwärmer	Gb 20, Dü 15	3E 5, 3E 14
		Dünndarm	Bl 10, Dü 15	Dü 10
Thorax	LG 12, LG 3, Bl 13, LG 8, Bl 18	Blase	Bl 10, Bl 11	Bl 58, Bl 35, Bl 40
		Niere	Bl 10, Bl 11	Ni 9
Lumbalregion	Bl 23, Bl 25, LG 4, Gb 30	Blase		Bl 58, Bl 40, Bl 35
		Niere	LG 26	Ni 9, Ni 3, *Yaotongdian*
Sakralregion	LG 3, Bl 26, Bl 25, *Bai Hue*, Bl 29	Blase	Bl 28	Bl 58, Bl 35, Bl 40
	LG 2, LG 1	Niere	Bl 23, LG 4	Ni 9
Hüfte	Gb 29, Gb 30, Bl 54	Gallenblase	Bl 19	Gb 41, Gb 42, Gb 39
	Ma 35, Ma 36, Gb 34, MP 9, Bl 39, lokale Extrapunkte	Blase	Bl 23	Bl 65
		Magen	Bl 21	Ma 43, MP 13
		Gallenblase	Bl 19	Gb 41, Gb 27
Sprunggelenk	Ma 41, MP 5, Gb 40, Bl 60, Ni 3	Blase	Bl 58, Bl 28	Bl 65, Bl 35
		Magen	Ma 36, Bl 21	Ma 43
		Gallenblase	Gb 34, Bl 19	Gb 41, Gb 27
Kronrand des Hinterfußes	Bl 65, MP 4, *Ting*-Punkte	Blase	Bl 28	Bl 58
		Magen	Bl 21	Ma 36
		Gallenblase	Bl 19	Gb 34, Gb 27
		Niere	Bl 23	Ni 9

Modifiziert nach Kendall D: *Systematic application of acupuncture for treatment of pain and musculoskeletal problems.* Publiziert durch den Autor, Los Angeles, 1992.

der Auswahl von Flüssigkeiten für die Aquapunktur sollten Sie Vorsicht walten lassen. Die kurzfristigen Vorteile kaustischer oder suppressiver Substanzen wie Serapin oder Kortison werden häufig durch langfristige Schädigung der Akupunkturpunkte oder des benachbarten Gewebes erkauft. Moxibustion kann an einem Tag angemessen sein und in der folgenden Woche schon nicht mehr; prüfen Sie den Patienten immer gründlich auf Anzeichen von Hitze.

Vergessen Sie schließlich auch nicht andere hilfreiche Therapieformen wie Lasertherapie, Infrarottherapie, Massage, Bewegungstherapie, die den passiven Gelenkspielraum erweitert, Stretching, gymnastische Reitübungen und Kräuterheilkunde.

Das Gesamtbild zu entschlüsseln kann anfangs zeitaufwendig, komplex und schwierig sein, wird jedoch mit zunehmender Übung leichter. Die angemessene Auswertung der Fälle und das Erkennen der Muster von Gesundheit und Krankheit und wie sie über längere Zeiträume und im ganzen Körper wirken, erfordert Aufmerksamkeit fürs Detail, doch eine gut erledigte Aufgabe, die an erster Stelle immer das Wohl des Pferdes berücksichtigt, ist für alle Beteiligten befriedigend. Wie Black Elk es vor über hundert Jahren so treffend formulierte:

„(…) als wir noch ein glückliches und starkes Volk waren, kam all unsere Kraft aus dem heiligen Kreis der Nation und solange der Kreis nicht gebrochen war, ging es uns gut.“

LITERATUR

Fazzioli E: *Chinese calligraphy,* New York, 1986, Abbeville Press.

Kendall D: *Traditional acupuncture orthopedics,* published by the author, Los Angeles, 1992.

Gartenhaus S: *Physics: basic principles,* New York, 1977, Holt, Rinehart & Winston.

Leveau B: *Biomechanics of human motion,* Philadelphia, 1992, WB Saunders.

Fung YC: *Biomechanics: mechanical properties of living tissues,* New York, 1981, Springer-Verlag.

Proske U, Morgan DL: Tendon stiffness: methods of measurement and significance for the control of movement – a review, *J Biomech* 20:75–82, 1987.

Bowker RM: Insights into the biology of the equine foot. *Proceedings of Laminitis Symposium,* Lexington, Ky, 1998.

Carter DR, Spengler DM: Mechanical properties and composition of cortical bone, *Clin Orthop* 135:192–217, 1978.

Advani SH et al, eds: *Mechanical properties and constitutive equations of anatomical materials: applied physiological mechanics,* New York, 1979, Harwood Academic Publishers.

Carter DR; Nahum AM, Melvin J, eds: *Biomechanics of bone: the biomechanics of trauma,* Norwalk, Conn, 1985, Appleton-Century-Crofts.

Lao-tzu: *Tao Te Ching,* New York, 1988, HarperPerennial, verses 63 and 64 (translated by S Mitchell).

Henneman K: *TCM and biomechanics in the performance horse,* Salt Lake City, 1997, Choices in Health.

41

KAPITEL

42

Oswald Kothbauer und Gary D. Van Engelenburg

Akupunktur bei Rindern

42.1 Grundlagen

Akupunktur kann bei Rindern zu diagnostischen und therapeutischen Zwecken eingesetzt werden. Spezifische Akupunkturpunkte werden bei pathologischen Veränderungen von Organen empfindlich oder druckschmerzhaft. Diese erhöhte Empfindlichkeit ist besonders bei Akupunkturpunkten zu beobachten, bei denen sich mehrere entwicklungsgeschichtlich benachbarte Hautsegmente überlappen, wie zum Beispiel bei den myofaszialen Triggerpunkten.

Die Hypersensibilität von Akupunkturpunkten betrifft mehrere Schichten der Körperoberfläche einschließlich der Haut. Reflexmyotonie ist eine der Ursachen für die Hypersensibilität eines Punktes. Sie beeinflusst das Sklerotom, indem sie Spannung auf das Periost ausübt. Im zugehörigen Angiotom erhöht sie den Tonus der Blutgefäße und im Bereich des entsprechenden Dermatoms bewirkt sie ein Anschwellen der Haut. Alle diese Komponenten wirken kumulativ auf die Umgebung des Akupunkturpunktes.

Die Akupunkturtherapie hat vor allem auf funktionale Störungen, also Zustände, bei denen die Zelle ihre normale Funktion zurückgewinnen kann, einen positiven Einfluss. Dagegen kann sie Organe, die ihre Funktion durch Induration, Atrophie oder Degeneration verloren haben, nicht in ihren ursprünglichen gesunden Zustand zurückversetzen. Mangelerkrankungen und bösartige Geschwüre können durch Akupunktur nicht beeinflusst werden. Der Nadeleinstich kann jedoch die Immunreaktion aktivieren. Die Kombination von Akupunktur mit medikamentöser Therapie hat sich bei Rindern als vorteilhaft erwiesen.

Wichtige Akupunkturpunkte liegen bei Rindern vorwiegend an den Stellen, an denen die tiefen Spinalnerven die oberflächliche Faszie perforieren (➤ Abb. 42.1). Histologische Untersuchungen dieser Perforationen beim Menschen haben gezeigt, dass Bündel aus je einem Nerv, einer Vene, einer Arterie und einem Lymphgefäß, umschlossen von zwei Hüllen aus Bindegewebe, durch sie hindurchtreten [1]. Dieses Bündel stellt im Grunde die Struktur eines Akupunkturpunkts dar.

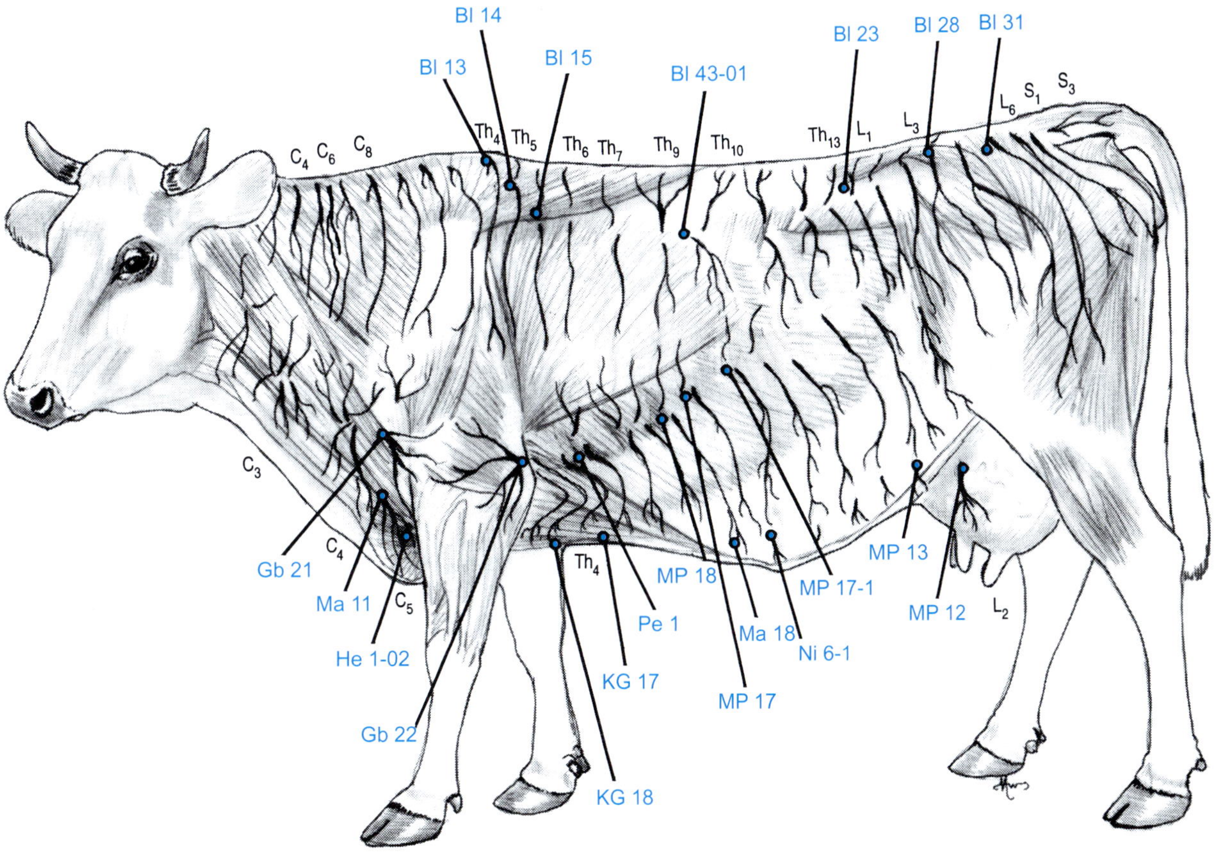

Abb. 42.1 Akupunkturpunkte entlang des Verlaufs sensorischer Hautnerven, oft in der Nähe von Faszienperforationen.

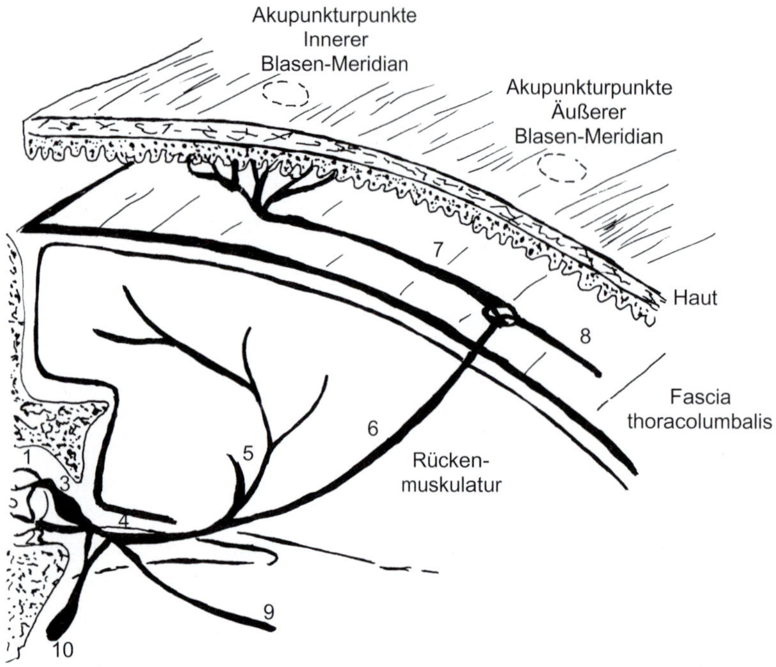

Abb. 42.2 Schematische Darstellung der Verbindung zwischen den Hautästen eines Spinalnervs und den Punkten des Blasen-Meridians:
1. Radix dorsalis; 2. Radix ventralis; 3. Ganglion spinale; 4. Ramus dorsalis; 5. Ramus medialis; 6. Ramus lateralis von 4; 7. Ramus cutaneus medialis von 6; 8. Ramus cutaneus lateralis von 6; 9. Ramus ventralis; 10 Ganglion trunci sympathici.

Der Einstich einer Nadel in dieses „spezifisch strukturierte Gewebebündel" löst einen Stimulus aus, der über verschiedene Transformationsstufen zum korrespondierenden Organ und zum Zentralnervensystem (ZNS) weitergeleitet wird. Auf diese Weise wird der Schmerzstimulus gefiltert und ein heilsamer Stimulus kann sich entwickeln. Beim Menschen wurden solche Perforationsstellen an 80 % der klassischen Akupunkturpunkte auf den Meridianen gefunden. Egerbacher zeigte, dass die Gewebestrukturen bei Rindern mit denen beim Menschen identisch sind. Außerdem verlaufen mediale Hautäste der spinalen Nerven direkt in die Haut des Rückens entlang des medialen oder ersten Verlaufs des Blasen-Meridians und bilden dabei die Akupunkturpunkte (➤ Abb. 42.2) [2].

42.2 Bewährte Indikationen

Es liegen bereits zahlreiche Studien zum erfolgreichen Einsatz der Rinderakupunktur vor:

- Eine künstlich induzierte Reizung des Ovar- und Uterusgewebes bei gesunden Kühen mit regelmäßigem Östrus führte innerhalb von Minuten zu ausgeprägter Hyperästhesie an den Punkten Bl 22, Bl 23, Bl 27 und Bl 28 [3, 4].
- Eine signifikante Veränderung des Uterustonus während der Wehen und der Puerperalphase lässt sich durch Nadeln der Punkte Bl 27, Bl 28 und Bl 31 bewirken [5].
- Akupunktur kann eine frühere Ovulation und eine höhere Konzeptionsrate bewirken als Vaginalspülungen und Klitorismassage. Dabei werden die Punkte Bl 22, Bl 23, Gb 26, LG 16 und 3E 22 verwendet [6].
- Elektrische Stimulation des Punktes Gb 21 und des Extrapunkts 56 hat eine signifikante Wirkung auf die Herzschlagrate [7, 8].
- Bei Bullen lassen sich Samenqualität und Libido durch Stimulation der Punkte Bl 23, Bl 31, KG 3, LG 6, LG 20, Ma 30, Ma 36, MP 6 und Di 8 signifikant verbessern [9].
- Erstgebärende Kühe, die nach der Geburt des Kalbes keinen normalen hormonellen Zyklus entwickeln, reagierten auf die Elektrostimulation der Punkte LG 22, Bl 22, Bl 23, Bl 27, Bl 28 und Bl 31 [9].
- Ovarialzysten und Nymphomanie bei Kühen lassen sich durch Stimulation der Punkte LG 16, 3E 22, Bl 25 und Bl 26 behandeln [10].
- Radioimmunoassays zeigten eine signifikante Verringerung der Progesteronkonzentration im Serum bei Rindern nach Stimulation der Punkte LG 16 und 3E 22, während die Konzentration des luteinisierenden Hormons unverändert blieb [11].
- Bei Minipigs wurden Akupunkturpunkte mithilfe der Thermographie lokalisiert [12].

42.3 Diagnostische Punkte

Die hyperästhetischen Organpunkte auf der Haut sind wertvolle diagnostische Hilfen bei Rindern (➤ Abb. 42.3, ➤ Abb. 42.4, ➤ Abb. 42.5, ➤ Abb. 42.6 und ➤ Abb. 42.7). Folgende diagnostische Punkte beim Rind sind bekannt:

- **Herz:** Bl 14, Bl 15, Pe 1, Ma 13
- **Lunge:** Bl 16, Bl 17, Bl 41, Bl 42
- **Leber:** Bl 18, Bl 19, Bl 20, Le 14, vorwiegend auf der rechten Seite hyperästhetisch
- **Rumen:** Bl 43-01, MP 16, vorwiegend auf der linken Seite hyperästhetisch
- **Abomasum:** Bl 18, Bl 19, auf der rechten Seite hyperästhetisch
- **Omasum:** Bl 18, Bl 19, Bl 43-01, auf der rechten Seite hyperästhetisch
- **Nieren:** Bl 23, MP 13

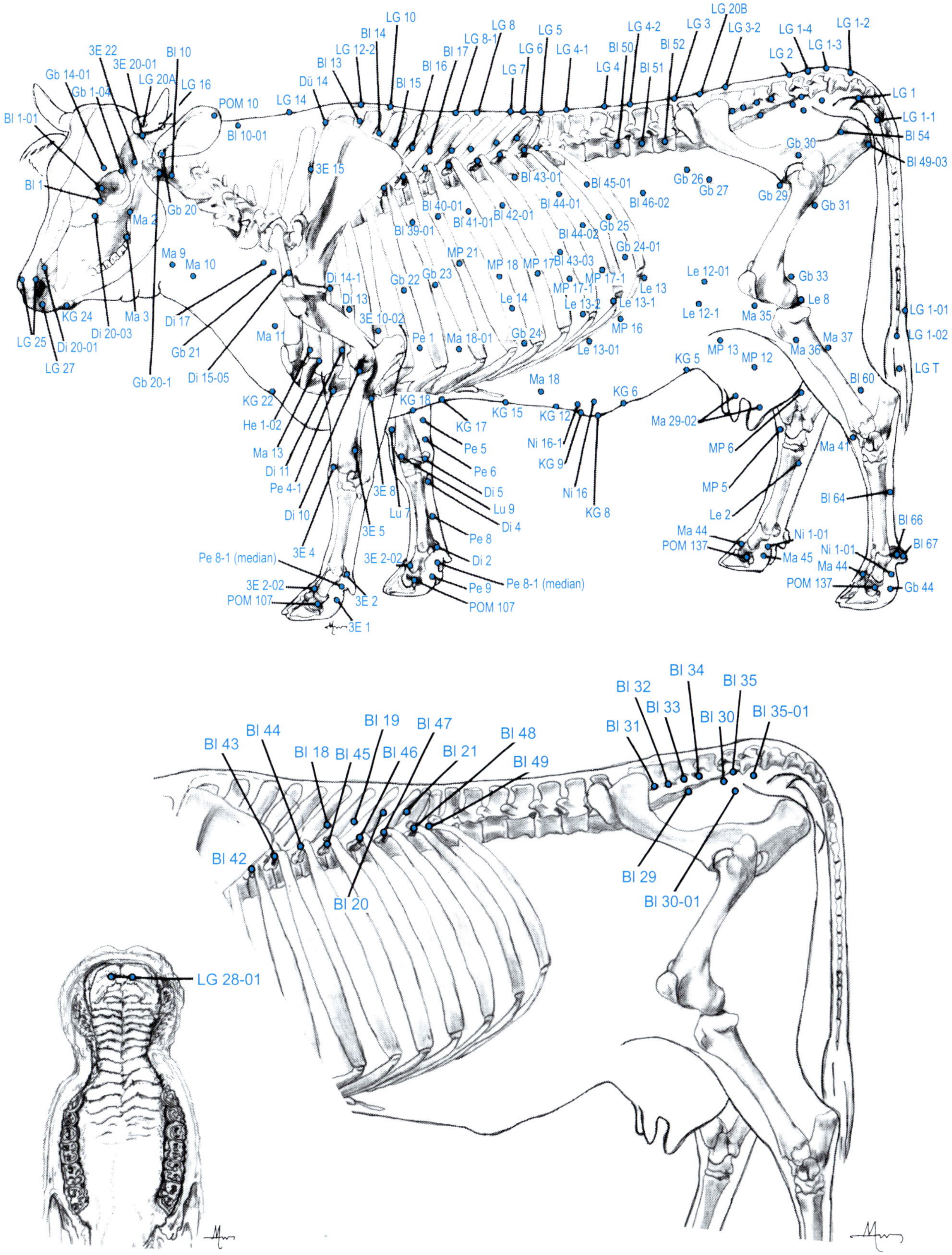

Abb. 42.3 Akupunkturpunkte auf dem lateralen Aspekt des Rindes.

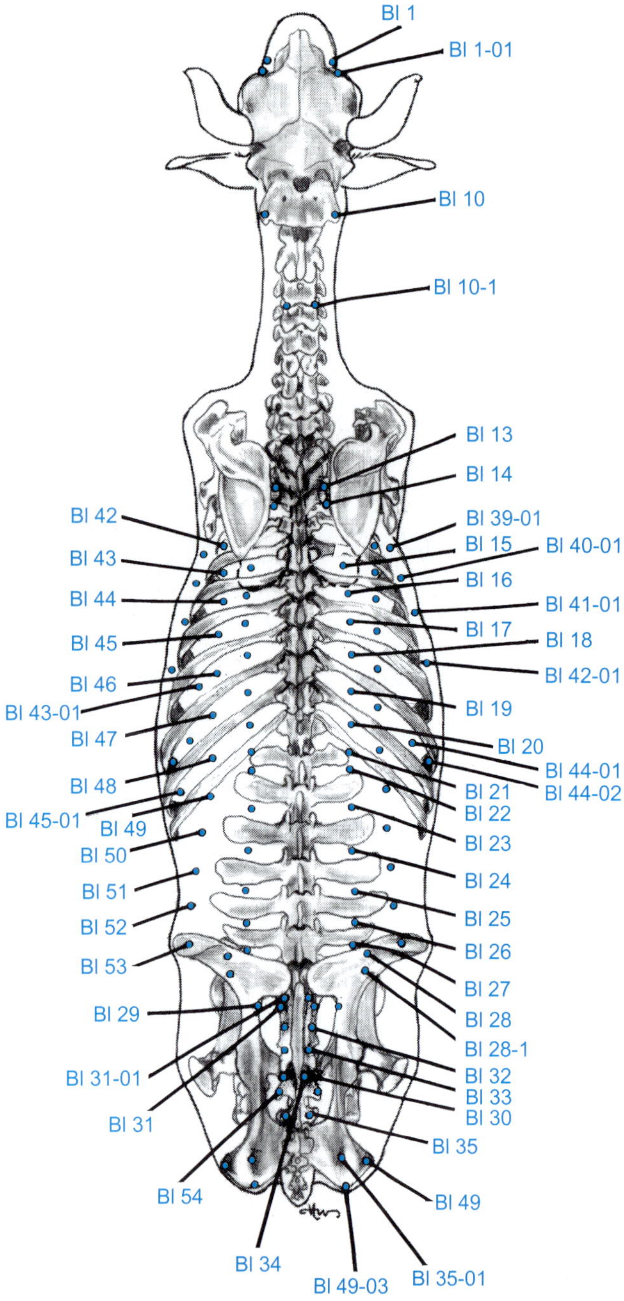

Abb. 42.4 Akupunkturpunkte auf dem dorsalen Aspekt des Rindes.

- **Blase:** Bl 29
- **Euter, kraniales Viertel:** MP 17, MP 18
- **Euter, kaudales Viertel:** Bl 30, Bl 49
- **Eierstöcke:** Bl 22, Bl 23, Gb 26
- **Uterus:** Bl 27, Bl 28, Gb 27
- **Cervix:** Bl 31

Die Druckempfindlichkeit eines Akupunkturpunkts kann durch manuellen Druck oder vorzugsweise durch Druck mit einem harten Objekt (z. B. einer Schere) getestet werden. Die Reaktion des Tieres auf den Druck auf einen entsprechenden Punkt reicht von einem leichten Zucken oder Zurückweichen des Körpers bis zum Ausschlagen (Cave!). Diese Art der Untersuchung kann nur am stehenden Tier durchgeführt werden.

Die auffälligste Schmerzreaktion tritt bei einer Entzündung des korrespondierenden Organs auf. Starke Schmerzen (z. B. bei einer Kolik) können manchmal den relativ schwachen Schmerz, der durch mechanischen Druck auf einen Akupunkturpunkt entsteht, maskieren, sodass die diagnostische Reaktion in solchen Fällen entweder minimal ist oder völlig fehlt. Tiere, die sich bereits in einer anergen Phase mit genereller Hypästhesie befinden oder bei denen die korrespondierenden Organe bereits atrophiert oder degeneriert sind, zeigen schwächere Reaktionen. Beträchtliche Erfahrung ist außerdem notwendig, um die Reaktion eines Tiers auf das Drücken eines Akupunkturpunkts von einer einfach durch Nervosität ausgelösten Reaktion zu unterscheiden.

Hyperästhetische Akupunkturpunkte finden sich vorwiegend nahe der dorsalen Mittellinie entlang des medialen Asts des Bla-

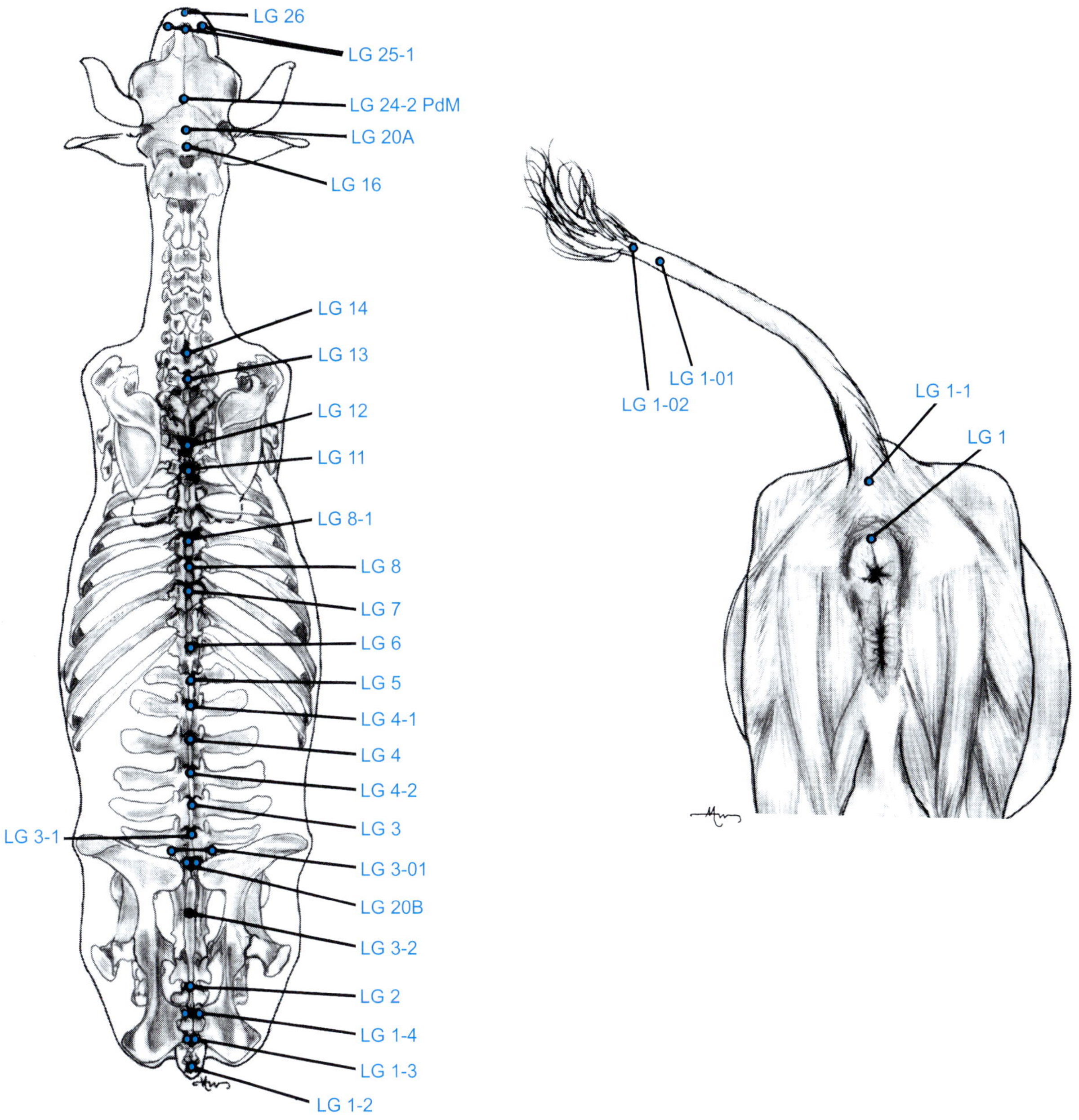

Abb. 42.5 Akupunkturpunkte auf der dorsalen Mittellinie des Rindes.

sen-Meridians. Diese entsprechen den **Zustimmungs-*Shu*-Punkten**. Die mehr ventral gelegenen hyperästhetischen Akupunkturpunkte entsprechen den **Alarm-*Mu*-Punkten**. Diese schmerzhaften Punkte sollten immer in das Behandlungsprogramm aufgenommen werden.

Im Prinzip lassen sich die Regeln der traditionellen chinesischen Medizin auch auf Rinder anwenden, auch wenn dabei einige Probleme auftauchen. Der exakte Verlauf aller Meridiane beim Rind ist noch nicht vollständig bestimmt. Auch kann das menschliche Meridiansystem nicht einfach auf das Rind transponiert werden. Die Unterschiede zwischen der Anatomie und Physiologie beim Menschen und beim Rind führen zu Schwierigkeiten bei der Bestimmung der exakten Topographie der Akupunkturpunkte beim Rind.

Beispielsweise sind die distalen Phalangen beim Rind stark verkürzt. Die longitudinale Achse beim Rind ist im Vergleich zur aufrechten Achse beim Menschen um 90° gedreht. Die Lastverteilung auf der Wirbelsäule ist daher vollkommen unterschiedlich. Der multikompartimentale Magen des Rinds funktioniert vollkommen anders als der menschliche Magen. Die Brustdrüsen sind kaudal versetzt und liegen zwischen den Hinterbeinen.

Zukünftige Untersuchungen werden sicher eine genaue Lokalisierung der Akupunkturpunkte und Meridiane beim Rind ermöglichen. Der *De-Qi*-Effekt, der für die maximale therapeutische Wirksamkeit notwendig ist, kann nur erzielt werden, wenn die eingeführte Nadel auf die Rezeptorstruktur des Akupunkturpunkts (das spezifische Bündel nach Heine) trifft [1]. Bis die Ergebnisse weiterer Studien vorliegen, müssen wir uns also bei der Behandlung von Rindern auf die bekannten Akupunkturpunkte verlassen.

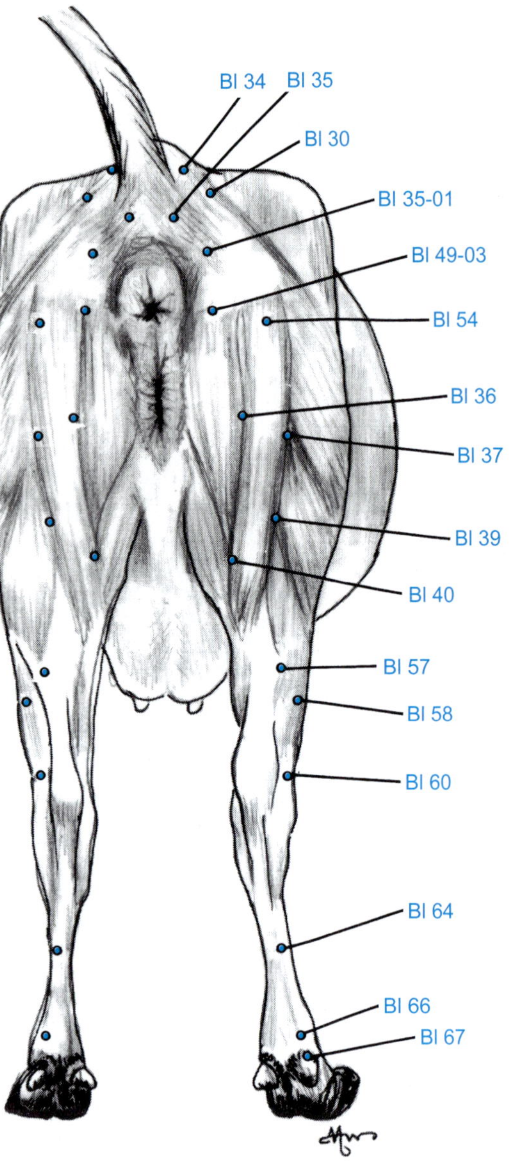

Abb. 42.6 Akupunkturpunkte auf dem kaudalen Aspekt des Rindes.

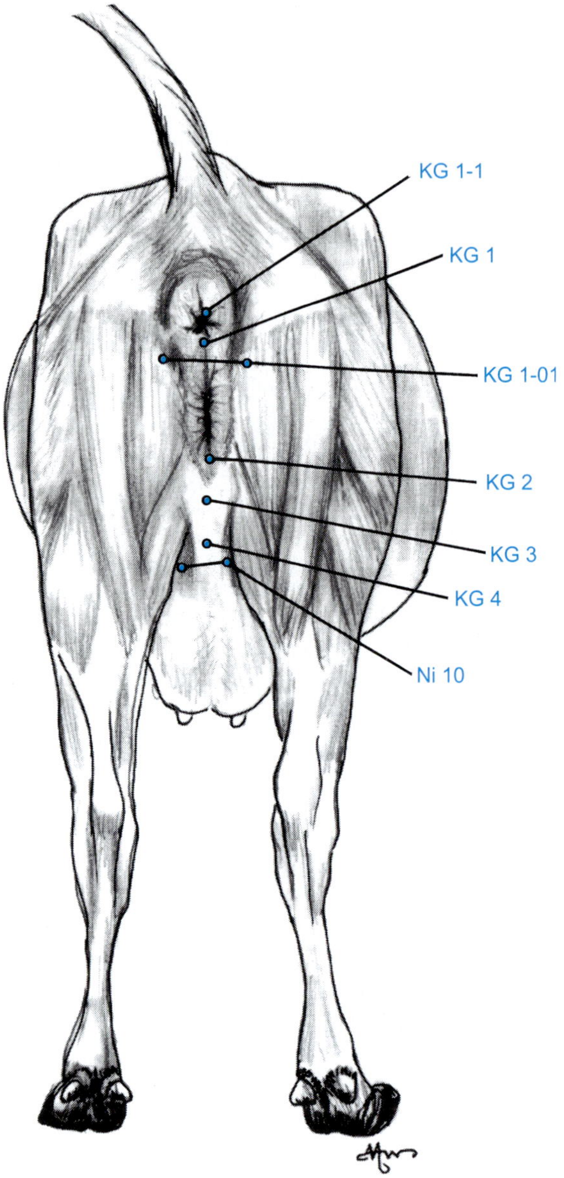

Abb. 42.7 Akupunkturpunkte auf der kaudalen Mittellinie des Rindes.

Histologische Studien der Extremitäten beim Pferd haben ebenfalls Parallelen zwischen Perforationsstellen von Gefäß-Nervenbündeln, Akupunkturpunkten und Meridianen ergeben [12].

42.4 Die Akupunkturbehandlung

Die folgenden Behandlungsempfehlungen basieren auf empirischen chinesischen Berichten und meinen eigenen Erfahrungen.

Vor Beginn einer Akupunkturbehandlung sollte man eine genaue Anamnese erheben und die konventionellen diagnostischen Methoden der Veterinärmedizin nutzen. Um zu einer genaueren Diagnose zu gelangen kann man die jeweiligen Organpunkte auf eine erhöhte Sensibilität testen. Ein Zusammenführen aller Befunde kann dann helfen, eine definitive Diagnose zu erstellen. Darauf aufbauend kann man entscheiden, ob die Akupunkturtherapie allein oder in Kombination mit konventionellen Behandlungsmethoden eingesetzt werden soll oder ob evtl. eine ausschließlich konventionelle Behandlung indiziert ist.

Nadeln ist die klassische Methode zur Stimulation eines Akupunkturpunkts. Bei akuten Fällen sollte der Abstand zwischen den Behandlungen bei ein bis drei Tagen liegen. Bei chronischen Fällen sind wöchentliche Behandlungen empfehlenswert. Moxa-Therapie (Erwärmen der gestochenen Nadel) sollte nur in chronischen Fällen angewandt werden, da sie akute Störungen verschlimmern kann. Elektrische Stimulation der Akupunkturpunkte (über die Nadel) wird vorwiegend bei neurologischen Störungen (z. B. Nerven- oder Muskellähmungen, Lahmheit) eingesetzt.

42.4.1 Akupunktur bei spezifischen Syndromen

Störungen im Bereich des Thorax

Akupunktur kann Lungenkrankheiten beeinflussen. Auch wenn Akupunktur nicht direkt auf infektiöse Agenzien wirkt, so trägt sie doch dazu bei, die Respirationsmuskulatur zu aktivieren, lindert Bronchospasmen und verbessert die regionale Durchblutung.

- Zu den **Akupunkturpunkten mit Wirkung auf das Atmungssystem** zählen Bl 39 bis Bl 42, Bl 39-01 bis Bl 42-01, Bl 40-01 bis Bl 42-01, 3E 15, KG 17, Lu 7, Lu 9, LG 3, LG 8-1, LG 12, LG 25-1, Di 20-01 und Ma 36. Welche Punkte eingesetzt werden, hängt von dem jeweiligen Fall ab.
- Zu den **Akupunkturpunkten mit Wirkung auf Herz und Kreislauf** zählen Gb 21, Ma 13, Ma 36, Pe 1, Pe 6, Bl 14, Bl 15, KG 17, LG 26 und He 1-02.

Akupunktur kann bei Störungen von Herz und Kreislauf in Ergänzung zur üblichen medikamentösen Therapie eingesetzt werden.

Gastrointestinale Störungen

- **Störungen der Rumen-Motilität**: Der Zustimmungs-*Shu*-Punkt des Rumens, Bl 43-01, liegt auf der linken Seite. Einstechen einer Nadel in diesen Punkt reguliert die Rumen-Motilität. Der Alarm-*Mu*-Punkt des Rumens ist MP 16 auf dem linken Rippenbogen. Beide Punkte können empfindlich oder druckschmerzhaft sein. Weitere Punkte, die eingesetzt werden können, sind LG 8, LG 8-1, Ma 36 und Di 20-03.
- **Dickdarmkolik:** Stimulation von Bl 46-1, Bl 46-2 und Bl 46-3, vorwiegend auf der linken Seite, von Ma 36 auf beiden Seiten sowie von Di 20-3.
- **Dünndarmkolik:** Stimulation von Bl 46-1, Bl 46-2 und Bl 46-3, vorwiegend auf der rechten Seite, von Ma 36 auf beiden Seiten sowie von Di 20-03. Andere Therapiemethoden können nach Bedarf eingesetzt werden.

Störungen der Leber

Zusätzlich zum traditionellen Nadeln können auch entsprechende Medikamente in den Akupunkturpunkt injiziert werden, vorwiegend auf der rechten Seite des Tiers. Die verwendeten Punkte sind Bl 18, Bl 19, Bl 20, Gb 25 und Le 14, vorwiegend auf der rechten Seite, sowie Bl 44, Bl 45, Bl 46, Gb 25 und Le 14, vorwiegend auf der rechten Seite.

Gynäkologische Störungen

Bei Fruchtbarkeitsstörungen des weiblichen Tiers sind in der Regel komplexe, multifaktoriale pathologische Prozesse involviert. Die Behandlung von Infektionen sowie Anpassung von Futter und Haltungsweise sind daher die Basis aller Behandlungsprogramme. Akupunktur kann jedoch in manchen Fällen ebenfalls eingesetzt werden.

Nymphomanie, Ovarialzysten

Die Punkte 3E 22 und LG 16 besitzen vermutlich eine regulierende Wirkung auf das Portalsystem der Hypophyse. Ist eine Hormontherapie erfolglos geblieben, kann Akupunktur auf den Punkten Bl 24, Bl 25 und Bl 26 positiv wirken. Eine Elektrostimulation dieser Punkte (10–80 Hz) ist empfehlenswert.

Zyklusstörungen

Punkte mit direktem Einfluss auf die Ovarien sind Bl 22, Bl 23 und Gb 26. Die Stimulation dieser Punkte kann die Durchblutung der Eierstöcke verbessern und dadurch den Brunstzyklus normalisieren. Stimulation von Gb 22 ist besonders bei Anöstrus mit kleinen Eierstöcken und fehlenden funktionalen Gelbkörpern induziert, wie sie häufig bei nervösen, ruhelosen Tieren zu finden sind (im Sinne einer Schilddrüsenstörung). Bei dieser Störung sind in der Regel Gb 22, Bl 45 und Bl 20 druckschmerzhaft. Alle drei Punkte sollten behandelt werden. Die letzten beiden sind vermutlich mit der Funktion der Nebenniere verbunden. Betroffene Kühe reagieren auch gut auf Phosphorgaben als Nahrungsergänzung. Störungen des Brunstzyklus in Verbindung mit Lebererkrankungen erfordern eine spezifische Leberbehandlung, doch Akupunkturtherapie auf den Punkten Bl 18, Bl 19, Bl 20, LG 25 und Le 14 hat zusätzliche positive Wirkungen. Der Zyklus kann auch aufgrund einer Verletzung der Zervix während des Geburtsvorgangs gestört sein. In diesem Fall ist Bl 31 druckschmerzhaft und sollte genadelt werden.

Uterus

Uterusstörungen lassen sich durch Stimulation von Bl 27, Bl 28 und Bl 28-1 im Bereich des Beckens sowie von Gb 27 behandeln. Die Stimulation dieser Punkte sollte immer mit einer lokalen Behandlung des Uterus kombiniert werden. Die Konzeptionsrate ist nach solch einer kombinierten Therapie höher als bei rein lokaler Behandlung. Ein therapeutischer Einfluss auf die Zervix lässt sich durch Stimulation von Bl 31 und Bl 31-01 erreichen. Das gilt auch für Anöstrus und Endometritis aufgrund von Zervixläsionen.

Die Korrektur eines Uterusprolaps kann durch Nadeln der Punkte Bl 23, Bl 25, Bl 29, Bl 31-34, LG 2, LG 3, LG 3-01, LG 4 und KG 8 erleichtert werden. Dadurch wird der Uterustonus verringert und der gesamte Genitalbereich entspannt, sodass es leichter ist, den Uterus zu reponieren.

Eileiter und Adnexe

Wenn die Punkte Bl 24, Bl 25 und Bl 26 durckschmerzhaft sind, liegt in der Regel eine Salpingitis vor. Ist nur eine Körperseite betroffen, so kann Akupunktur (in chronischen Fällen Moxibustion) als unterstützende Therapie erfolgreich sein. Sind beide Körperseiten betroffen und die erwähnten Punkte auf beiden Seiten druckschmerzhaft, so liegt eine bilaterale Salpingitis mit Verschluss der Eileiter vor. Solche Tiere bleiben unfruchtbar und eine weitere Therapie ist ökonomisch nicht sinnvoll.

Die oben erwähnte Punktkombination sollte stets zur Behandlung von Sterilität angewendet und mit einer Therapie je nach zugrunde liegendem pathologischen Muster kombiniert werden. Die Kombination von Akupunktur mit Neuraltherapie nach Huneke ist meistens vorteilhaft. Die parazervikale Injektion hat eine positive Wirkung auf den gesamten Genitalbereich, vor allem in Kombination mit Akupunktur je nach Indikation (➤ Abb. 42.8). Dabei wird eine neurotherapeutische Substanz oder ein Lokalanästhetikum auf beiden Seiten der Zervix mit einer 50-cm-Injektionsnadel subkutan in die Gebärmutterbänder injiziert.

Geburtshilfe

Nadeln der Punkte Bl 27, Bl 28 und Bl 31 kann Wehenschmerz während der Geburt lindern. Stimulation der Punkte LG 2, LG 3, LG 4, LG 6 und LG 7 kann die Schmerzen beim manuellen Entfernen der Nachgeburt abschwächen. Ist der Uterus atonisch und nicht erreichbar, da er in den Abdominalraum hängt, kann die Stimulation der Punkte Bl 27, Bl 28 und Bl 31 zu einer Reduktion seiner Größe führen.

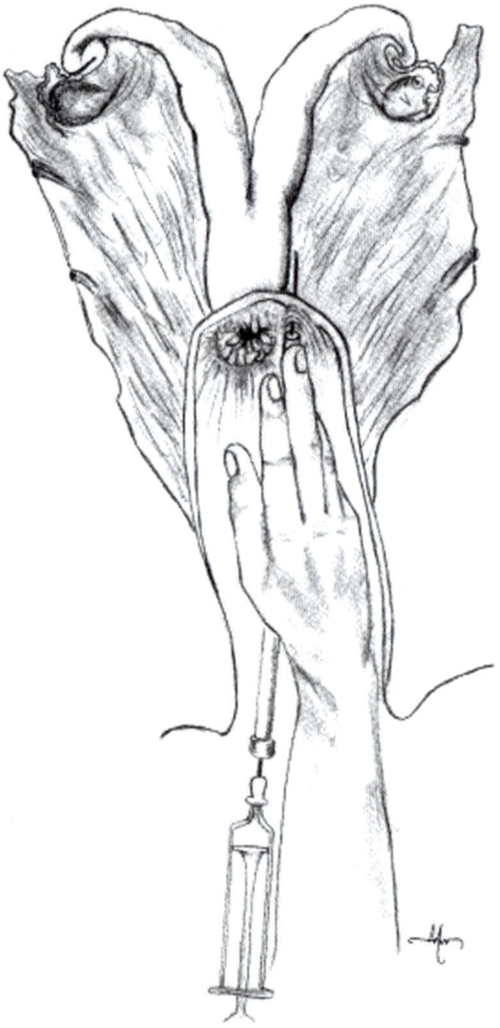

Abb. 42.8 Parazervikale Injektion.

Mastitis

Bei Mastitis kann die Wirkung einer konventionellen Therapie durch Stimulation der Punkte MP 17, MP 18 und Ma 18 in Bezug auf das kraniale Viertel sowie Bl 30, Bl 30-01 und Ni 10 für das kaudale Viertel verstärkt werden.

Notfälle bei neugeborenen Kälbern

Bei Schock, Kollaps, akuter Durchblutungsstörung und Asphyxie neugeborener Kälber werden LG 1-01, LG 25-1, Ma 44 und PaM 10 eingesetzt. Die Nadel sollte nach dem Einführen in diese Punkte mit Drehtechnik stimuliert werden. Die Mikrowunde sollte dabei bluten. Stimulation der Punkte PaM 107 und PaM 137 (in der Klauenspalte) ist ebenso empfehlenswert.

Störungen bei Zuchtbullen

Verringerte Libido bei älteren Bullen, Impotenz und Probleme beim Besteigen aufgrund von Erkrankungen des Iliosakralgelenks werden mit Bl 22, Bl 23, Bl 31, LG 3-01, LG 4, KG 2 und KG 6 behandelt. Diese Punkte lassen sich durch Nadeln, Moxibustion oder Elektroakupunktur stimulieren. Bis zu zehn Behandlungen im Abstand von zwei bis sieben Tagen sind manchmal notwendig.

Störungen von Nieren und Harntrakt

- **Nephritis und Pyelonephritis**: Infektionen sind unabhängig von der Akupunkturtherapie konventionell zu behandeln. Eine Verbesserung der Nierendurchblutung und der Harnbildung lässt sich durch Nadeln oder Injektion entsprechender Medikamente in die Punkte Bl 23 und MP 13 erzielen.
- **Zystitis:** Die konventionelle Behandlung lässt sich ergänzen durch Nadeln der Punkte LG 2, LG 3, MP 13, Bl 23, Bl 29, Bl 35 und Bl 35-01.

42.4.2 Ohrakupunktur bei Rindern

Die Ohrakupunkturpunkte lassen sich bei Rindern leicht finden, wenn das korrespondierende Körperorgan in einem gereizten Zustand ist. Dies basiert auf der Erfahrung, dass Akupunkturpunkte am Ohr nur reagieren, wenn das gereizte Organ einen Impuls aussendet. Bisher ließ sich bei Ohrakupunkturpunkten noch kein spezifisches Substrat finden.

Eine experimentelle Untersuchung an Hunden lieferte Informationen über die Mechanismen der Schmerzweiterleitung und Schmerzsensation [13]. Sympathische Rumpfganglien sind involviert, wenn ein Organ (beispielsweise ein Gelenk) irritiert ist. Efferente Impulse führen zu Vasodilatation im gereizten Organ und zu zusätzlicher Entzündung. Ferner werden die sensorischen Bereiche des Kortex über das sympathische Nervensystem und das Rückenmark stimuliert, was Schmerz auslöst. Sympathische efferente Nerven erreichen auch das Ohr. Der Akupunkturpunkt am Ohr

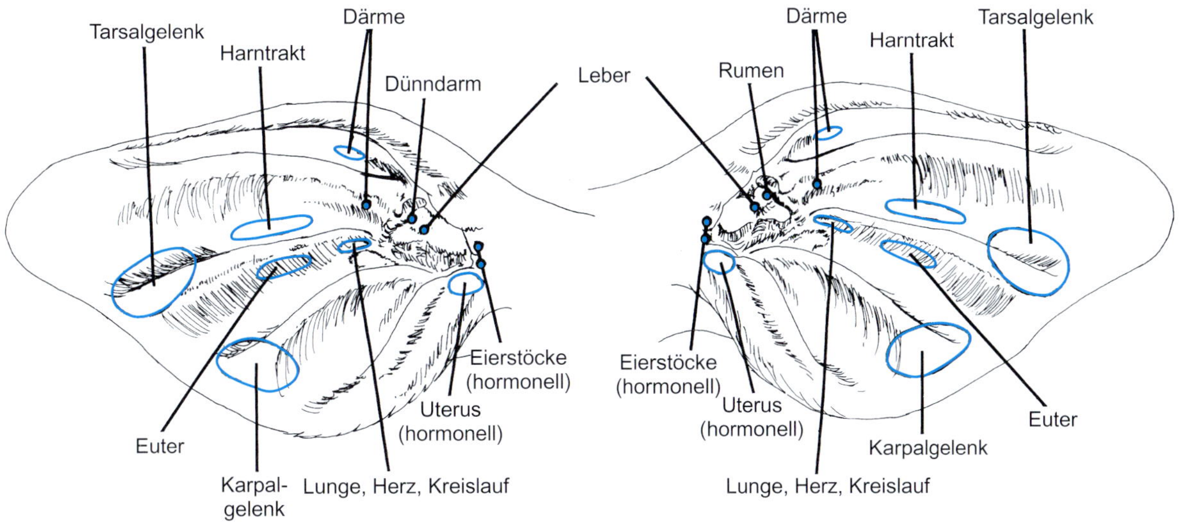

Abb. 42.9 Ohrakupunkturpunkte beim Rind.

sieht entzündet aus und ist schmerzhaft, wenn die Summe der Reizungen ausreichend hoch ist. Dieselben neuralen Prozesse treten auch bei Rindern auf.

Technik

Sind die Ohrhaare entfernt und das Ohr gesäubert, können die Punkte mit den üblichen Techniken gefunden werden. Eine einfache und praktische Methode ist, mit einem harten, flachen Objekt (z. B. einer Schere) und leichtem Druck über die innere Ohroberfläche zu streichen. Diese mechanische Stimulation führt zu einer Hyperämiereaktion auf den Reizpunkten. Die Punkte können auch schmerzhaft sein. Normale Nadeln, Dauernadeln oder Klammern lassen sich für die Therapie einsetzen. Zur Behandlung sehr schmerzhafter Störungen kann auch ein Lokalanästhetikum in die Punkte injiziert werden (➤ Abb. 42.9).

Indikationen

Im Folgenden einige Störungen, die sich mit Ohrakupunktur behandeln lassen:

- **Karpalarthritis:** Die Reflexzone befindet sich auf dem distalen Drittel der Plicae auriculares longitudinales caudales (➤ Abb. 42.9). Es können Nadeln gesetzt oder ein Lokalanästhetikum injiziert werden.
- **Tarsalarthritis:** Die Reflexzone befindet sich auf den Plicae auriculares longitudinales mediales (➤ Abb. 42.9). Therapie wie beim Karpalgelenk.
- **Mastitis:** Die Reflexzone befindet sich ventral der Mitte der Plicae auriculares longitudinales mediales (➤ Abb. 42.9). Nadeln oder Injektionen lassen sich unterstützend zur konventionellen Behandlung einsetzen.
- **Störungen des Harntrakts:** Die Reflexzone befindet sich unmittelbar dorsal der Plicae auriculares longitudinales mediales (➤ Abb. 42.9). Therapie durch Nadeln oder Injektionen.
- **Störungen der Eierstöcke:** Hormonale Störungen, die die Eierstöcke involvieren, zeigen sich auf der Incisura intertragica (➤ Abb. 42.9). Zur Behandlung nadeln.
- **Uteruserkrankungen:** Sensibilität einer Zone auf dem Antitragus nahe bei der Incisura intertragica weist auf Hormonbeteiligung bei Uteruserkrankungen hin (➤ Abb. 42.9).
- **Störungen von Leber, Rumen und Verdauungsorganen:** Die korrespondierenden Punkte für das Rumen liegen in der Fossa triangularis des linken Ohrs (➤ Abb. 42.9). Der Leberpunkt befindet sich in der Fossa triangularis des rechten Ohrs. Der kraniale Teil des Dünndarms ist auf dem Crus anthelicis rostralis im rechten Ohr repräsentiert. Die Punkte für die einzelnen Teile der Eingeweise sind noch nicht genau lokalisiert, sie liegen im Bereich der Antihelix sowie auf den Plicae auriculares longitudinales craniales.
- **Atemwegs- und Herz-Kreislauf-Erkrankungen:** Die Reflexzone auf einer kleinen Erhebung zwischen den Plicae auriculares longitudinales mediales und caudales zeigt eine Reaktion speziell in Fällen von Pneumonien mit Herz-Kreislauf-Belastung (➤ Abb. 42.9).

42.5 Praktische Erfahrungen mit der Rinderakupunktur

Gary D. Van Engelenburg

Außerhalb Chinas sind nur wenige Berichte über die klinische Anwendung von Akupunktur bei Rindern verfügbar. In den USA wird Akupunktur erst seit kurzem von einigen Tierärzten bei Rindern eingesetzt. Sobald mehr Berichte vorliegen und die Ärzte mehr Erfahrungen gesammelt haben, wird die Akupunktur vermutlich zur Unterstützung der konventionellen Behandlung von Rindern immer mehr Verbreitung finden.

Aus praktischen und auch aus Sicherheitsaspekten werden beim Rind Blasen-Meridian und Lenkergefäß am häufigsten eingesetzt. Nach meiner Erfahrung sind viele Punkte und Meridiane auf dem ventralen Abdomen ohne starke körperliche Fixierung und/oder

42

Sedierung nur sehr schwer zu behandeln. Aus diesem Grund verwenden viele Akupunkteure keine ventralen Punkte bei Routinebehandlungen. Sollen die Punkte trotzdem eingesetzt werden, ist Lasertherapie die geeignetste Methode.

42.5.1 Akupunktur bei Milchkühen

Akupunktur ist bei Milchkühen sowohl als ausschließliche wie auch als unterstützende Therapie bei konventioneller Behandlung von Nutzen. Akupunktur der Punkte Bl 21 und Ma 36 kann den Appetit der Kühe stimulieren. Bei linksseitiger Verlagerung des Abomasums rolle ich die Kuh zuerst zur Repositionierung des Abomasums und behandle anschließend die Punkte Bl 21 und Ma 36. Über 70 % der auf diese Weise behandelten Kühe zeigten eine vollständige Normalisierung. Bei unkomplizierter rechtsseitiger Verlagerung des Abomasums ohne Torsion zeigen die meisten Kühe eine Normalisierung nach Stimulation der Punkte Bl 21 und Ma 36 ohne Rollen.

Flüssigkeit im Uterus kann meist durch Stimulation der Punkte Bl 20, Bl 22, Bl 28, Bl 31 und MP 6 beseitigt werden. Der Austritt der Flüssigkeit beginnt in der Regel innerhalb einiger Stunden nach der Akupunktur und ist nach einem Tag abgeschlossen. Anschließend kann konventionelle Therapie eingesetzt werden.

Die Fruchtbarkeit lässt sich durch Stimulation der reaktiven Punkte entlang des Blasen-Meridians und anderer Punkte, wie Bl 22, Bl 23, Bl 25, Bl 31, *Yan Chi*, LG 1, KG 1 und MP 6 verbessern.

42.5.2 Akupunktur bei Bullen

Bei Bullen verwende ich Akupunktur meist zur Behandlung von Spondylose der Lumbalwirbel sowie bei unzureichender Samenproduktion. Die Punkte werden nach einer Untersuchung des Blasen-Meridians auf reaktive Punkte ausgewählt. Meisterpunkte und Einflussreiche Punkte werden routinemäßig eingesetzt, zusätzlich zu Punkten wie Bl 60, LG 4, LG 14 und LG 20B (➤ Abb. 42.3, ➤ Abb. 42.4, ➤ Abb. 42.6, ➤ Abb. 42.7 und ➤ Abb. 42.10). Punkte zur Fruchtbarkeitssteigerung sind unter anderem LG 1, KG 1, MP 6, Bl 31 und der Extra-Punkt *Yan Chi*, der in der Mitte einer Linie vom Zentrum der Wirbelsäule zur Spitze des Iliums liegt.

Etwa zwei Drittel der auf diese Weise behandelten Bullen reagieren mit verbesserter Samenqualität und -menge. Die Akupunktur hat allerdings keinen Einfluss auf genetische Samendefekte. Die Steigerung der Fruchtbarkeit kann mit einer direkten Wirkung auf die Testes und die damit verbundenen Strukturen sowie ihre Flüssigkeitssekretion verbunden sein oder sie ist auf die analgetischen Wirkungen der Akupunktur zurückzuführen, wodurch der Bulle besser besteigen kann, oder auf beides.

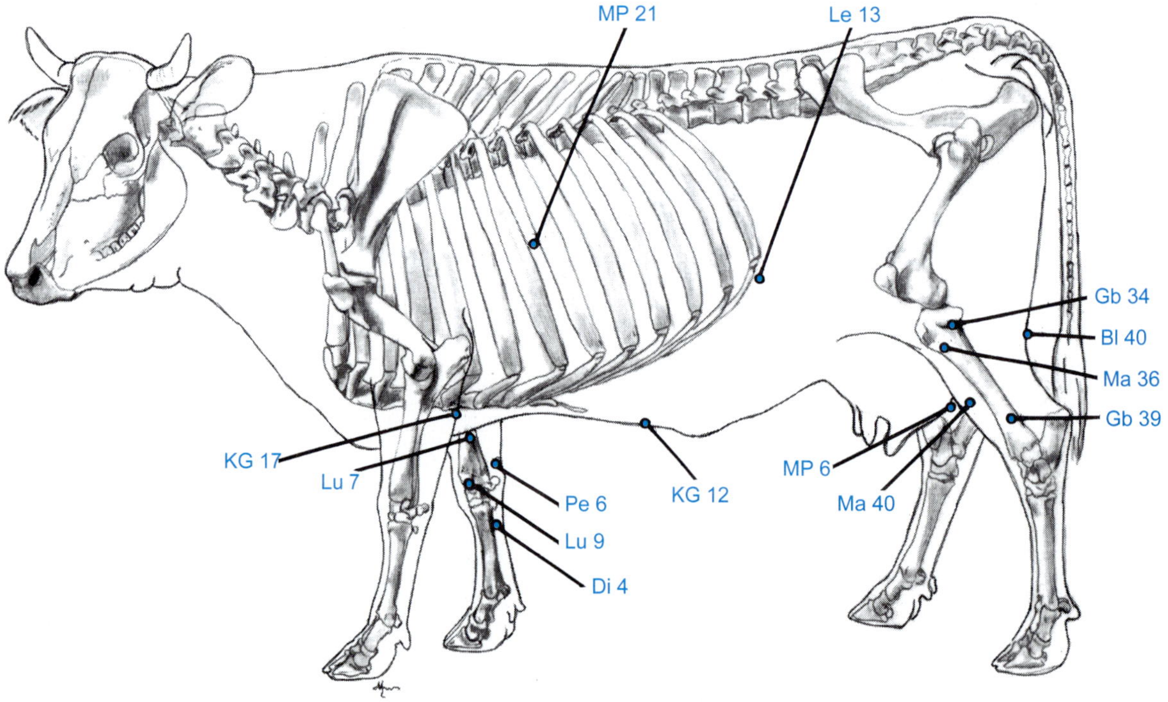

Abb. 42.10 Einflussreiche Punkte und Meisterpunkte beim Rind.

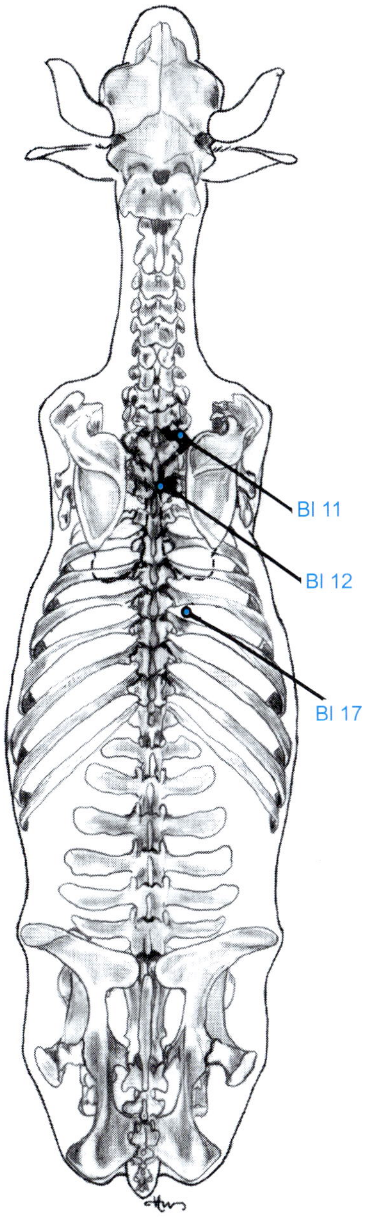

Abb. 42.11 Einflussreiche Punkte und Meisterpunkte beim Rind. *(Forts.)*

LITERATUR

1. Heine H: Zur Morphologie der Akupunkturpunkte, *Dtsch Zschr Akup* 30:75–79, 1987.
2. Egerbacher M: Anatomische und histologische Untersuchungen zur Morphologie ausgewählter Akupunkturpunkte am Rumpf bei Rind und Hund, Dissertation, Vienna, 1991, University of Veterinary Medicine, Vienna.
3. Kothbauer O: Die Provokation einer hyperalgetischen Zone der Haut und eines „Schmerzpunktes" durch Reizung eines Uterushornes beim Rind, *Wien Tierärztl Mschr* 53:803–812, 1966.
4. Kothbauer O: Die Provokation einer hyperalgetischen Zone der Haut und von „Scherzpunkten" durch Reizung eines Ovars beim Rind, *Wien Tierärztl Mschr* 56:23–26, 1969.
5. Zerobin K et al: Die Verifizierung des Akupunkturreizes mittels topographischer Untersuchungen auf den Uterus des Rindes während der Geburts- und Puerperalphase, *Dtsch Zschr Akup* 4:111–117, 1977.
6. Rumpf R: Physikalische Verfahren (Scheidendusche, Klitorismassage und Akupunktur) zur Ovulationbeeinflussung beim Rind, Dissertation, Vienna, 1985, University of Veterinary Medicine, Vienna.
7. Westermayer E: *Atlas der Akupunktur des Rindes,* 1979, WBV Biologisch-Medizinische Verlag.
8. Renner-Gorlas A: Die Beeinflussung der Herztätigkeit des Rindes durch Akupunktur, *Der Praktische Tierarzt* 68:14–18, 1987.
9. Holzmann A: Die objektive Beurteilung der Spermatozoenmotilität Entwicklung eines neuen Untersuchungsverfahrens, *Wien Tierärztl Mschr* 74:193, 243, 282, 1987.
10. Kothbauer O: *Handbuch der Akupunktur u. Aurikulotherapie,* 1984, Haug Verlag.
11. Krisch-Zehl CH: Einfluss von Akupunktur und Elektroakupunktur auf die LH und Progesteronkonzentrationen beim Rind, Dissertation, Munich, 1987, University of Munich.
12. Schüpbach M: Thermographische Darstellung erwärmter Punkte und Zonen nach Reizung des Uterus beim Minipig, ihre Koizidenz mit Punkten erniedrigten Hautwiderstandes und der Nachweis ihrer Organbezogenheit durch hysterographische Untersuchungen nach Akupunktur, Dissertation, Zurich, 1985, University of Zurich.
13. Zohmann A: Die Blockade des Ganglion cervicothoracium (stellatum) beim Hund zur Untersuchung der Beteiligung des sympathischen Nervensystems an der Projektion eines gereizten Organes in die Ohrmuschel, Dissertation, Vienna, 1989, University of Wien.

KAPITEL

43

Jen-Hsou Lin

Akupunktur bei Schweinen

Schweinefleisch ist ein wichtiger Lieferant für Proteine, Vitamine, Mineralien und Energie, besonders für die Menschen in China. Schweinehaltung war daher in China schon immer von großer wirtschaftlicher Bedeutung. Aus diesem Grund haben die Chinesen umfassende Erfahrungen mit Techniken der traditionellen chinesischen Medizin, einschließlich Akupunktur, in der Behandlung von Schweinekrankheiten.

43.1 Akupunkturatlas

Hier folgt eine Übersicht über die Akupunkturpunkte beim Schwein mit Angaben zu ihrem Einsatz. Die Punkte sind in ➤ Abb. 43.1 dargestellt.

43.1.1 Kopf und Hals

Im Kopf- und Halsbereich von Schweinen sind 20 Punkte zu finden. Die am häufigsten verwendeten Punkte sind 1, 3, 8, 11, 14, 16, 18 und 20.

1. *Tian Men*, Tor des Himmels

Lokalisation: In der Vertiefung im Zentrum des Atlantookzipitalgelenks, am Schnittpunkt der dorsalen Mittellinie mit der Linie, die den kaudalen Rand der beiden Ohrwurzeln verbindet.
Technik: Kaudoventral 3–6 cm tief einstechen.
Indikationen: Hitzschlag, Erkältung, Tetanus, Epilepsie, Synkope, zerebrale Durchblutungsstörungen, Enzephalitis, Giemen.

2. *Da Feng Men*, Großes Tor des Windes

Lokalisation: Auf dem Kopf, in der Mitte des kaudalen Rands des Os occipitale.
Technik: Ventral 3–5 cm tief in die Haut einstechen.
Indikationen: Synkope, Krämpfe, Enzephalitis, zerebrale Durchblutungsstörungen, Tetanus.

3. *Er Jian*, Ohrspitze

Lokalisation: Am Ende der drei Äste der A. auricularis, 2 cm von der Ohrspitze entfernt. Drei Punkte auf jedem Ohr.

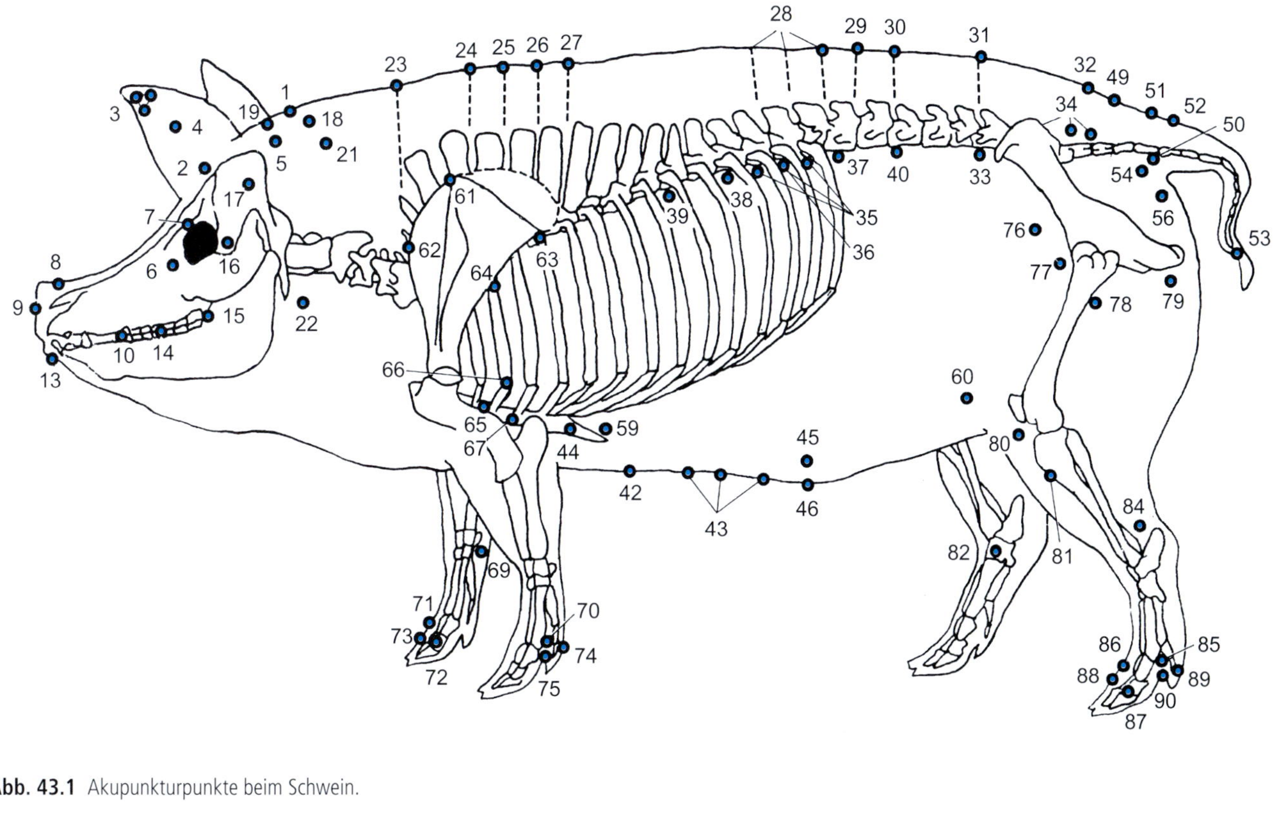

Abb. 43.1 Akupunkturpunkte beim Schwein.

Technik: Hämakupunktur. Bei einem Notfall die Punkte aufschneiden.
Indikationen: Hitzschlag, Erkältung, Fieber, Nahrungsmittelvergiftung, Verdauungsstörungen, Gastroenteritis, Pneumonie.

4. *Qia Er*, Ohrblockade

Lokalisation: In der Mitte des dorsalen Bereichs der Ohren, zwischen Haut und Ohrknorpel.
Technik: Spezialbehandlung: Auf dem Punkt einen Einschnitt machen und eine kleine subkutane Tasche formen. Dabei Verletzung von Blutgefäßen vermeiden. Kleine Mengen von Medikamenten (z. B. Arsenolitum oder *Chan Chu*) in die Tasche geben. Den Einschnitt mit Alkohol einreiben und leicht massieren. Diese Methode kann zur langfristigen Freisetzung von Medikamenten oder Impfstoffen eingesetzt werden.
Indikationen: Erkältung, Fieber, Rheuma, Erysipel, Pneumonie.

5. *Er Gen*, Ohrbasis

Lokalisation: In einer Vertiefung leicht kaudal des kaudalen Ohrrandes.
Technik: Ventromedial 2–3 cm tief einstechen.
Indikationen: Hitzschlag, Erkältung, Fieber, Tetanus, Fazialisparese, allgemeines Unwohlsein.

6. *Jing Ming*, Strahlende Augen

Lokalisation: In einer Vertiefung ventral des medialen Augenwinkels.
Technik: Den Augapfel dorsal drücken und ventromedial 2–3 cm tief punktieren.
Indikationen: Erkältung, Konjunktivitis, Keratitis, Grippe.

43

7. *Jing Shu*, Zustimmungspunkt des Auges

Lokalisation: In der Mitte des oberen Augenlids, auf dem ventralen Rand der Pars orbitalis des Os frontale.
Technik: Den Augapfel ventral drücken und dorsomedial 2–3 cm tief punktieren.
Indikationen: Erkältung, Konjunktivitis, Keratitis, Grippe.

8. *Shang En*, Basis des Berges

Lokalisation: Der Hauptpunkt liegt im Zentrum der ersten Falte der dorsalen Oberfläche der Schnauze. Die zwei Nebenpunkte liegen 1–2 cm lateral des Hauptpunktes.
Technik: Hämakupunktur, starke Stimulation mit dicker Nadel.
Indikationen: Erkältung, Grippe, Hitzschlag, Verdauungsstörungen, Schock, Fieber, Synkope, Pneumonie.

9. *Bi Liang*, Nasenscheidewand

Lokalisation: Im Zentrum des Nasenseptums.
Technik: Hämakupunktur.
Indikationen: Erkältung, Fieber, Pneumonie.

10. *Suo Kou*, Verschluss des Mauls

Lokalisation: In einer Vertiefung 2 cm kaudodorsal des Mundwinkels.
Technik: Ventromedial 1–3 cm tief einstechen.
Indikationen: Hitzschlag, Erkältung, Fieber, Fazialisparese, Schwellung im Kinnbereich.

11. *Yu Tang*, Jade-Halle

Lokalisation: Bilateral 0,5 cm lateral der Mittellinie des dritten Gaumenbogens.
Technik: Hämakupunktur.
Indikationen: Verdauungsstörungen, Fieber, Glossitis, Gastritis, Stauungen in Lunge und Herz.

12. *Shun Qi*, Geordnetes *Qi*

Lokalisation: Bilateral an der Öffnung des Ductus incisivus, auf dem ersten Bogen des harten Gaumendachs.
Technik: Spezialbehandlung: Einen weichen, glatten Zweig 9–12 cm tief einführen.
Indikationen: Inappetenz.

13. *Cheng Jiang*, Auffänger von Speichel

Lokalisation: In einer Vertiefung 1 cm ventral der Lippe.
Technik: Dorsal einstechen.
Indikationen: Schwellung der Unterlippe, Fazialisparese, Glossitis, Stomatitis, Erkältung, Fieber.

14. *Kai Guan*, Offen-geschlossen

Lokalisation: Entlang der kaudalen Verlängerung des Mundwinkels, dort, wo die dritten Prämolaren sitzen.
Technik: Dorsokaudal 1,5–3 cm tief einstechen. Moxibustion, Kauterisation.
Indikationen: Fazialisparese, Trismus, Schwellung im Kinnbereich, Hitzschlag.

15. *Bao Sai*, Umfassung des Unterkiefers

Lokalisation: In der Vertiefung des M. masseter am letzten Molar.
Technik: Senkrecht 2–3 cm tief einstechen.
Indikationen: Fazialisparese, Schwellung im Kinnbereich, Tetanus.

16. *Tai Yang*, Großes *Yang*

Lokalisation: Etwa 2–3 cm kaudodorsal des lateralen Augenwinkels, auf der V. transversa faciei.
Technik: Hämakupunktur.
Indikationen: Erkältung, Grippe, Epilepsie, Synkope, Hitzschlag, Keratitis, Konjunktivitis, Stauung im Gehirnbereich.

17. *Nao Shu*, Zustimmungspunkt des Gehirns

Lokalisation: In der Vertiefung zwischen lateralem Augenwinkel und Ohrenbasis.
Technik: Rostroventral einstechen, 1–2 cm in Richtung Auge und Gegenseite.
Indikationen: Erkältung, Enzephalitis, Epilepsie, Synkope.

18. *Feng Chi*, Windteich

Lokalisation: In der Vertiefung unmittelbar kranial des lateralen Rands des Ala atlantis.
Technik: Senkrecht 2–3 cm tief einstechen.
Indikationen: Erkältung, Hitzschlag, Synkope, Rheuma im Bereich der HWS, Fieber.

19. *An Shen*, Sedierung

Lokalisation: In einer Vertiefung 2–3 cm dorsal von Punkt 5.
Technik: Senkrecht 2–4 cm tief einstechen. Elektroakupunktur.
Indikationen: Enzephalitis, Fieber, Analgesie, Sedierung.

20. *Gua Hou*, Kehle rasieren

Lokalisation: Hautbereich von Larynx bis Sternum.
Technik: Spezialbehandlung: Den Bereich reinigen und sterilisieren. Mit Metallschaber leicht schaben, bis eine leichte Hautblutung auftritt.
Indikationen: Schwellungen von Larynx und Pharynx, Erkältung, Stauung im Lungenbereich.

43.1.2 Rumpf und Schwanz

In diesem Bereich sind 40 Punkte lokalisiert. Die am häufigsten verwendeten Punkte sind 23, 26, 28, 30, 31, 36, 37, 39, 43, 45, 49, 50, 53 und 54.

21. *Feng Men*, Tor des Windes

Lokalisation: In einer Vertiefung 2–3 cm ventral von Punkt 5, kaudal des Ohrs.
Technik: Kaudoventral 3–5 cm tief einstechen.
Indikationen: Erkältung, Hitzschlag, Tetanus.

22. *Suo Hou*, Blockierung der Kehle

Lokalisation: Bilateral in einer Vertiefung auf der ventrolateralen Oberfläche des ersten Trachealrings.
Technik: Senkrecht 1–2 cm tief einstechen. Cave: Nicht die Trachea punktieren!
Indikationen: Paralyse von Pharynx oder Larynx, Laryngitis, Halsschmerzen.

23. *Da Zhui*, Großer Wirbel

Lokalisation: Einzelner Punkt in der Vertiefung zwischen den Processus spinosi von HWK 7 und BWK 1, auf Höhe des kranialen Rands der Skapula.
Technik: Leicht kranioventral 3–5 cm tief einstechen. Moxibustion.
Indikationen: Erkältung, Asthma, Fieber, Pneumonie, Stauung im Gehirnbereich, Enzephalitis, Epilepsie.

24. *San Tai*, Drei Ebenen

Lokalisation: Einzelner Punkt in der Vertiefung zwischen den Processus spinosi von BWK 2 und 3, auf Höhe der dorsalen Verlängerung der Spina scapulae.
Technik: Kranioventral 3–5 cm tief einstechen.
Indikationen: Erkältung, Fieber, Rheuma im Bereich von HWK und BWK, Verstauchungen oder Arthritis der vorderen Gliedmaßen.

25. *Shen Zhu*, Körpersäule

Lokalisation: Einzelner Punkt in der Vertiefung zwischen den Processus spinosi von BWK 3 und 4.
Technik: Kranioventral 3–5 cm tief einstechen.
Indikationen: Erkältung, Fieber, Pneumonie, Epilepsie, Stauung im Gehirnbereich, Enzephalitis.

26. *Su Qi*, Wiederbelebung des *Qi*

Lokalisation: In einer Vertiefung zwischen den Processus spinosi von BWK 4 und 5, auf Höhe der dorsalen Verlängerung des Ellbogens.
Technik: Kranioventral 3–5 cm tief einstechen.
Indikationen: Erkältung, Fieber, Asthma, Husten, Pneumonie.

27. *Ling Tai*, Spirituelle Ebene

Lokalisation: Einzelner Punkt in einer Vertiefung zwischen den Processus spinosi von BWK 5 und 6.
Technik: Kranioventral 3–5 cm tief einstechen.
Indikationen: Rheuma im Bereich der Schulter, Lungen- und Herzprobleme.

28. *Duan Xue*, Stoppt Blutungen

Lokalisation: Drei Punkte in den Vertiefungen zwischen den Processus spinosi von BWK 13 und 14, BWK 14 und LWK 1 sowie LWK 1 und LWK 2.
Technik: Senkrecht 2–3 cm tief einstechen.
Indikationen: Zur Beendigung von Blutungen wie Epistaxis, Hämaturie etc.

29. *Ming Men*, Lebenstor

Lokalisation: Einzelner Punkt in einer Vertiefung zwischen den Processus spinosi von LWK 2 und 3.

Technik: Senkrecht 2–3 cm tief einstechen.
Indikationen: Erkrankungen des Urogenitaltrakts, Gastroenteritis.

30. *Shen Men*, Tor der Niere, Tor des Geistes

Lokalisation: Einzelner Punkt in einer Vertiefung zwischen den Processus spinosi von LWK 3 und 4.
Technik: Senkrecht 2–3 cm tief einstechen.
Indikationen: Rheuma im Bereich von Rücken und hinteren Gliedmaßen, Nierenerkrankungen.

31. *Bai Hui*, Punkt der 100 Begegnungen

Lokalisation: Einzelner Punkt in einer Vertiefung zwischen den Processus spinosi von LWK 6 und SWK 1.
Technik: Senkrecht 4–8 cm tief einstechen. Moxibustion, Kauterisation.
Indikationen: Rheuma oder Paralyse im Bereich von Rücken und hinteren Gliedmaßen, Anurie, Obstipation, Rektumprolaps, urogenitale und gastrointestinale Erkrankungen.

32. *Kai Feng*, Freisetzung des Windes

Lokalisation: Einzelner Punkt in einer Vertiefung zwischen den Processus spinosi von SWK 3 und 4.
Technik: Senkrecht 2–3 cm tief einstechen.
Indikationen: Rheuma im Beckenbereich, urogenitale und gastrointestinale Probleme.

33. *Shen Shu*, Zustimmungspunkt der Niere

Lokalisation: In einer Muskelfurche 3–5 cm lateral von Punkt 31.
Technik: Senkrecht 2–3 cm tief einstechen.
Indikationen: Rheuma der hinteren Gliedmaßen, Unfruchtbarkeit, Verdauungsstörungen, Nierenstörungen.

34. *Liu Yan*, Sechs Augen

Lokalisation: Drei Punkte auf jeder Seite, ca. 4,5 cm lateral der dorsalen Mittellinie auf Höhe von SWK 1, 2 und 3, auf der horizontalen Linie des Iliosakralgelenks.
Technik: Senkrecht 3–5 cm tief einstechen.
Indikationen: Rheuma und Arthritis im Bereich von Rücken und hinteren Gliedmaßen, Urogenitalerkrankungen.

35. *Liu Mai*, Sechs Kanäle

Lokalisation: Drei Punkte auf jeder Seite, ca. 6 cm lateral der dorsalen Mittellinie in den letzten drei Interkostalbereichen. In der Furche zwischen M. longissimus dorsi und M. iliocostalis dorsi.
Technik: Ventromedial 2–3 cm tief einstechen.
Indikationen: Rheuma im Bereich des Rückens, Zwerchfellkrampf, Gastritis, Verdauungsstörungen.

36. *Pi Shu*, Zustimmungspunkt von Milz/Pankreas

Entspricht dem zweiten Punktepaar von Punkt 35.

37. *Guan Yuan Shu*, Zustimmungspunkt der Ursprungsenergie

Lokalisation: Etwa 6 cm lateral der dorsalen Mittellinie zwischen der letzten Rippe und LWK 1.
Technik: Senkrecht 2–4 cm tief einstechen.
Indikationen: Rheuma im Bereich des Rückens, Verdauungsstörungen.

38. *Gan Shu*, Zustimmungspunkt der Leber

Lokalisation: Etwa 6 cm lateral der dorsalen Mittellinie im zehnten ICR.
Technik: Senkrecht 2–4 cm tief einstechen.
Indikationen: Verdauungsstörungen, Hepatitis, Konjunktivitis.

39. *Fei Shu*, Zustimmungspunkt der Lunge

Lokalisation: Etwa 6 cm lateral der dorsalen Mittellinie im achten ICR.
Technik: Senkrecht 2–3 cm tief einstechen.
Indikationen: Asthma, Bronchitis, Erkältung, Husten, Stauung im Lungenbereich, Atem- und Herzprobleme.

40. *Yao Dal*, Lumbalgürtel

Lokalisation: Etwa 6 cm lateral der dorsalen Mittellinie zwischen den Processus spinosi von LWK 3 und 4.
Technik: Senkrecht 3–5 cm tief einstechen.
Indikationen: Rheuma im Bereich der hinteren Gliedmaßen, Nierenerkrankungen.

41. *Shan Zhong*, Mitte der Brust

Lokalisation: Einzelner Punkt auf der ventralen Mittellinie zwischen den beiden Vorderbeinen.
Technik: Kraniodorsal 2–3 cm tief einstechen. Moxibustion, Catgut-Implantation.
Indikationen: Asthma, Husten, Pneumonie, Stauung im Lungenbereich.

42. *Ju Que*, Große Vertiefung

Lokalisation: Einzelner Punkt am Ende des ersten Drittels der Linie zwischen dem kaudalen Ende des Processus xiphoideus des Sternums und dem mittleren Punkt von Punkt 43.
Technik: Kraniodorsal 2–3 cm tief einstechen. Moxibustion.
Indikationen: Gastritis, Diarrhö, Husten.

43. *San Wan*, Drei Magenpunkte

Lokalisation: Es gibt für diesen Punkt drei Stellen auf der ventralen abdominalen Mittellinie. Der mittlere Punkt *(Zhong Wan)* liegt in der Mitte zwischen dem kaudalen Ende des Processus xiphoideus des Sternums und dem Bauchnabel. Der kraniale Punkt *(Shan Wan)* liegt in der Mitte zwischen dem mittleren Punkt und

dem Processus xiphoideus. Der kaudale Punkt *(Hsai Wan)* liegt in der Mitte zwischen dem mittleren Punkt und dem Bauchnabel.
Technik: Kraniodorsal 2–3 cm tief einstechen. Moxibustion.
Indikationen: Gastritis, Diarrhö, Obstipation.

44. *Dai Mai*, Gürtelgefäß

Lokalisation: Auf der V. thoracica lateralis, etwa 6 cm kaudal des Olekranons, im siebten ICR.
Technik: Hämakupunktur.
Indikationen: Hitzschlag, Nahrungsmittelvergiftung, Gastroenteritis, Pneumonie.

45. *Hai Men*, Tor des Meeres

Lokalisation: Etwa 3 cm lateral des Bauchnabels, in der Mitte zwischen Bauchnabel und Mamillarlinie.
Technik: Kaudomedial 2–3 cm tief einstechen. Moxibustion.
Indikationen: Ferkel-Diarrhö, Ödeme im ventralen Abdomen, Harnverhalt.

46. *Du Kou*, Bauchnabel

Lokalisation: Einzelner Punkt im Zentrum des Bauchnabels.
Technik: Moxibustion.
Indikationen: Abdominale Schmerzen, Verdauungsstörungen.

47. *Ru Ji*, Zitzenbasis

Lokalisation: Drei Punkte auf jeder Seite, alle jeweils lateral einer Zitzenbasis. Der mittlere Punkt liegt auf der Zitze nahe dem Bauchnabel, die beiden anderen Punkte jeweils auf der nächsten kranialen bzw. kaudalen Zitze.
Technik: Dorsomedial 2–3 cm tief einstechen.
Indikationen: Mastitis, Fieber.

48. *Yang Ming*, Klares *Yang*

Lokalisation: 1,5 cm lateral der Basis der letzten zwei Zitzen.
Technik: Dorsomedial 2–3 cm tief einstechen.
Indikationen: Mastitis, Unfruchtbarkeit, zur Steigerung der Laktation.

49. *Wai Gen*, Schwanzwurzel

Lokalisation: Einzelner Punkt in einer Vertiefung zwischen den Processus spinosi von SWK 4 und Cy1.
Technik: Senkrecht 1–2 cm tief einstechen.
Indikationen: Obstipation, Verdauungsstörungen, Fieber, Rheuma der hinteren Gliedmaßen, Harnverhalt.

50. *Wai Ben*, Schwanzvene

Lokalisation: Einzelner Punkt auf der V. mediana caudalis, etwa 1–2 cm kaudal der ventralen Schwanzbasis.
Technik: Hämakupunktur.
Indikationen: Hitzschlag, Gastroenteritis, Fieber, Rheuma der hinteren Gliedmaßen.

51. *Wai Jie*, Schwanzsegment

Lokalisation: Einzelner Punkt in einer Vertiefung zwischen den Processus spinosi von Cy1 und Cy2.
Technik: Senkrecht 1–1,5 cm tief einstechen.
Indikationen: Obstipation, Erkältung, Verdauungsstörungen, Fieber, Harnverhalt.

52. *Wai Gan*, Schwanzkörper

Lokalisation: Einzelner Punkt in der Vertiefung zwischen den Processus spinosi von Cy2 und Cy3, auf der dorsalen Mittellinie, zwei Wirbel kaudal von Punkt 49.
Technik: Senkrecht 0,5–1 cm tief einstechen.
Indikationen: Erkältung, Fieber, Verdauungsstörungen.

53. *Wai Jian*, Schwanzspitze

Lokalisation: Einzelner Punkt an der Schwanzspitze.
Technik: Hämakupunktur, starkes Nadeln.
Indikationen: Hitzschlag, Nahrungsmittelvergiftung, Erkältung, Enzephalitis, Synkope.

54. *Hou Hai*, Kaudales Meer

Lokalisation: Einzelner Punkt in einer Vertiefung zwischen Anus und ventraler Schwanzbasis.
Technik: Senkrecht 3–9 cm tief einstechen.
Indikationen: Diarrhö, Obstipation, Verdauungsstörungen, Prolaps von Rektum oder Vagina.

55. *Lian Hua*, Anus

Lokalisation: Rektumprolaps.
Technik: Die Schleimhaut des prolabierten Anus/Rektum waschen und reinigen. Vor der Reponierung die prolabierte Schleimhaut mehrfach mit einer Nadel punktieren.
Indikationen: Rektumprolaps.

56. *Yin Shu*, Zustimmungspunkt der Genitalien

Lokalisation: Einzelner Punkt in einer Vertiefung unmittelbar dorsal des Skrotums oder der Vulva.
Technik: Senkrecht 3–6 cm tief einstechen.
Indikationen: Chronische Orchitis, Skrotitis, Prolaps von Uterus oder Vagina, Prolaps des Penis.

57. *Gan Tou*, Rektumprolaps

Lokalisation: Bilateral 1 cm lateral des Anus.
Technik: Kranioventral 1–3 cm tief einstechen.
Indikationen: Rektumprolaps.

58. *Gua Lei*, Schaben der Rippen

Lokalisation: Hautbereich des Thorax von der zweiten bis zur neunten Rippe.
Technik: Spezialbehandlung: Den Bereich reinigen und sterilisieren. Mit Metallschaber leicht schaben, bis eine leichte Hautblutung auftritt.
Indikationen: Hitzschlag, Fieber, Stauung im Lungenbereich.

59. *Qian Jei Dai*, Kranialer Kolik-Punkt

Lokalisation: Kaudal des Tuber olecrani, auf der Thoraxwand.
Technik: Dorsal unter die Haut stechen.
Indikationen: Anurie, Erweiterung des Magens, Blähungen.

60. *Hou Jei Dai*, Kaudaler Kolik-Punkt

Lokalisation: Kranial der Patella, auf der Bauchwand.
Technik: Dorsal unter die Haut stechen.
Indikationen: Obstipation, Erweiterung des Magens, Blähungen.

43.1.3 Vordere Gliedmaßen

In diesem Bereich liegen 15 Punkte. Die am häufigsten verwendeten Punkte sind 61, 62, 65, 70, 71 und 72.

61. *Bo Jian*, Spitze der Schulter

Lokalisation: In einer Vertiefung am Nackenwinkel der Skapula (Verbindung von Cartilago scapulae und Angulus cranialis).
Technik: Entlang der medialen Oberfläche der Skapula einstechen.
Indikationen: Rheuma, Schwellung oder Schmerzen im Bereich von Schulter und Vorderfuß.

62. *Fei Men*, Tor der Lunge

Lokalisation: In einer Vertiefung an der kranialen Kante der Skapula, 6 cm ventral von Punkt 61.
Technik: Kaudomedial 6–7 cm tief einstechen.
Indikationen: Probleme im Bereich von Schulter und Vorderfuß, Pneumonie, Emphysem.

63. *Bo Lan*, Schultersäule

Lokalisation: In einer Vertiefung an der kaudalen Kante der Skapula (Verbindung von Cartilago scapulae und Angulus caudalis).
Technik: Entlang der medialen Oberfläche der Skapula 6–7 cm tief einstechen.
Indikationen: Probleme im Bereich von Schulter und Vorderfuß, Erkrankungen im Brustbereich.

64. *Fei Pan*, Umfassung der Lunge

Lokalisation: Am Übergang vom proximalen zum mittleren Drittel der kaudalen Kante der Skapula, 6 cm ventral von Punkt 63.
Technik: Kranioventral 6–7 cm tief einstechen.
Indikationen: Probleme im Bereich von Schulter und Vorderfuß.

65. *Qiang Feng*, Rauben des Windes

Lokalisation: In einer Vertiefung zwischen Caput humeri und Olekranon.
Technik: Senkrecht 2–4 cm tief einstechen.
Indikationen: Verstauchung oder Paralyse des Vorderfußes, Atemwegserkrankungen.

66. *Chong Tian*, Lauf zum Himmel

Lokalisation: In einer Muskelfurche 3 cm kaudodorsal von Punkt 65.
Technik: Senkrecht 2–3 cm tief einstechen.
Indikationen: Verstauchung oder Rheuma im Bereich der vorderen Gliedmaßen.

67. *Zhou Shu*, Zustimmungspunkt des Ellbogens

Lokalisation: In einer Vertiefung 2 cm kranial des Tuber olecrani.
Technik: Senkrecht 2–3 cm tief einstechen.
Indikationen: Schwellung oder Schmerz im Ellbogenbereich, Rheuma im Bereich der vorderen Gliedmaßen.

68. *Gua Ze*, Schaben des Vorderarms

Lokalisation: Hautbereich des medialen Vorderfußes.
Technik: Spezialbehandlung: Den Bereich reinigen und sterilisieren. Mit Metallschaber leicht schaben, bis eine leichte Hautblutung auftritt.
Indikationen: Schmerz oder Schwellung im Bereich des Karpus, Erbrechen, Diarrhö, Hitzschlag.

69. *Qi Xing*, Sieben Sterne

Lokalisation: Auf der medialen Seite des Karpus finden sich fünf bis sieben schwarze Flecken (die Karpaldrüsen). Der Punkt liegt in der Mitte der Flecken.
Technik: Senkrecht 1–1,5 cm tief einstechen.
Indikationen: Verstauchung oder Paralyse des Vorderfußes und der Karpalregion.

70. *Qian Chan Wan*, Vorderes Fesselgelenk

Lokalisation: Zwei Punkte auf jedem Bein in einer Vertiefung lateral und medial der Afterklauen.
Technik: Hämakupunktur.
Indikationen: Laminitis, Verstauchung oder Schmerzen im Karpalbereich, Arthritis im Bereich des Fesselgelenks.

71. *Yong Quan*, Sprudelnde Quelle

Lokalisation: Auf der dorsalen Mittellinie der Klauen, 1,5 cm proximal der Zehengabelung.
Technik: Hämakupunktur.
Indikationen: Laminitis, Verstauchung oder Schmerzen im Fesselgelenk, Rheuma im Bereich der vorderen Gliedmaßen, Nahrungsmittelvergiftung, Hitzschlag, Synkope.

72. *Qian Ti Tou*, Zehe der Vorderklaue

Lokalisation: Zwei Punkte auf jeder Klaue, auf der dorsalen Oberfläche der Klauen, am lateralen und medialen Kronsaum der Klauen.
Technik: Hämakupunktur.
Indikationen: Rheuma im Bereich der vorderen Gliedmaßen, Verstauchung oder Schmerzen im Fesselgelenk, Erkältung, Nahrungsmittelvergiftung.

73. *Qian Ti Cha*, Gabelung der Vorderklaue

Lokalisation: In der Mitte des proximalen Endes der Zehengabelung (zwischen dritter und vierter Zehe).
Technik: Kaudoproximal 3 cm tief einstechen.
Indikationen: Verstauchung oder Schmerzen im Bereich von Klauen und Fesselgelenk, Erkältung, Verdauungsstörungen, Gastroenteritis, Dysenterie, Synkope.

74. *Qian Den Zhan*, Vordere Laterne

Lokalisation: Auf der Fußunterseite in der Vertiefung zwischen den zwei Afterklauen.
Technik: Kraniodistal 1–2 cm tief einstechen.
Indikationen: Laminitis.

75. *Qian Ti Men*, Ferse der Vorderklaue

Lokalisation: Zwei Punkte auf jeder Seite, in einer Vertiefung kaudal des Klauenknorpels und unmittelbar proximal des Bulbus.
Technik: Hämakupunktur.
Indikationen: Laminitis, Schmerzen im Thorax.

43.1.4 Hintere Gliedmaßen

Es gibt 15 Punkte in diesem Bereich. Die am häufigsten verwendeten Punkte sind 76, 80, 81, 84, 85, 86 und 87.

76. *Huan Tiao*, Springender Kreis

Lokalisation: In einer Vertiefung 6 cm kranial des Trochanter major oder 3 cm kraniodorsal von Punkt 77.
Technik: Senkrecht 3–6 cm tief einstechen.
Indikationen: Rheuma, Arthritis und Schmerzen im Bereich der hinteren Gliedmaßen.

77. *Da Kua*, Großer Trochanter

Lokalisation: In einer Vertiefung 3 cm kranioventral des Trochanter major femoris.
Technik: Senkrecht 3–5 cm tief einstechen.
Indikationen: Verstauchung und Schmerzen im Bereich von Kruppe und Rücken, Rheuma oder Paralyse der hinteren Gliedmaßen.

78. *Xiao Kua*, Kleiner Trochanter

Lokalisation: Auf der Mitte der Linie zwischen dem Tuber ischiadicum und dem proximalen Rand der Patella.
Technik: Senkrecht 3–4 cm tief einstechen.
Indikationen: Verstauchung und Schmerzen im Bereich von Kruppe und Rücken, Rheuma oder Paralyse der hinteren Gliedmaßen.

79. *Han Gou*, Schweißrinne

Lokalisation: In einer Vertiefung ventral des Tuber ischiadicum in der Furche zwischen M. biceps femoris und M. semitendinosus.
Technik: Senkrecht 3 cm tief einstechen.
Indikationen: Rheuma im Bereich der hinteren Gliedmaßen.

80. *Lu Cao*, Kniegelenk

Lokalisation: In einer Vertiefung auf der dorsalen Oberfläche des Kniegelenks.
Technik: Proximal 1 cm tief einstechen.
Indikationen: Schmerzen oder Schwellung am Kniegelenk.

81. *Hou San Li*, Drei-Meilen-Punkt des Hinterbeins

Lokalisation: Lateral der Tibia in einer Muskelfurche 6 cm distal der Patella.
Technik: Senkrecht 3–5 cm tief einstechen.
Indikationen: Gastroenteritis, Diarrhö, Obstipation, abdominale Schmerzen, Probleme der hinteren Gliedmaßen.

82. *Qu Chi*, Gekrümmter Teich

Lokalisation: Auf der kraniomedialen Seite des Tarsalgelenks, an der V. tibialis cranialis.
Technik: Hämakupunktur.
Indikationen: Rheuma oder Schmerzen im Bereich des Fußwurzelgelenks, Gastroenteritis.

83. *Gua Qu*, Schaben des Tarsus

Lokalisation: Hautfläche des medialen Tarsus.
Technik: Spezialbehandlung: Den Bereich reinigen und sterilisieren. Mit Metallschaber leicht schaben, bis eine leichte Hautblutung auftritt.
Indikationen: Hitzschlag, Erbrechen, Diarrhö.

84. *Kun Lun*, Kunlun-Gebirge

Lokalisation: In einer Vertiefung zwischen Achillessehne und Malleolus lateralis.
Technik: In Richtung des medialen Malleolus.
Indikationen: Laminitis, Kopf- und Nackenschmerzen, kaudale Rückenprobleme, Urogenitalerkrankungen.

85. *Hou Chan Wan*, Hinteres Fesselgelenk

Lokalisation: Zwei Punkte auf jedem Bein, in Vertiefungen lateral und medial der Afterklauen.
Technik: Hämakupunktur.
Indikationen: Laminitis, Verstauchung oder Schmerzen im Fußwurzelgelenk, Arthritis des Fesselgelenks.

86. *Di Shui*, Tropfendes Wasser

Lokalisation: Auf der dorsalen Mittellinie der Klauen, 1,5 cm proximal der Zehengabelung.
Technik: Hämakupunktur.
Indikationen: Laminitis, Synkope, Hitzschlag.

87. *Hou Ti Tou*, Zehe der hinteren Klaue

Lokalisation: Zwei Punkte auf der dorsalen Oberfläche jeder Klaue, am lateralen und medialen Kronsaum.
Technik: Hämakupunktur.
Indikationen: Verstauchung oder Schmerzen im Bereich des Fesselgelenks.

88. *Hou Ti Cha*, Gabelung der hinteren Klaue

Lokalisation: In der Mitte des oberen Endes der Zehengabelung (zwischen der dritten und vierten Zehe).
Technik: Kaudoproximal 3 cm tief einstechen.
Indikationen: Verstauchung oder Schmerzen im Klauen- und Fesselgelenk-Bereich, Verdauungsstörungen, Synkope.

89. *Hou Dan Zhan*, Hintere Laterne

Lokalisation: Auf der Fußunterseite in einer Vertiefung zwischen den zwei Afterklauen.
Technik: Kraniodistal 1–2 cm tief einstechen.
Indikationen: Laminitis, Klauenprobleme.

90. *Hou Ti Men*, Ferse der hinteren Klaue

Lokalisation: Zwei Punkte auf jeder Seite, in Vertiefungen kaudal des Klauenknorpels und unmittelbar proximal des Bulbus.
Technik: Hämakupunktur.
Indikationen: Laminitis, abdominale Schmerzen.

43.2 Behandlung spezifischer Syndrome

Akupunktur wirkt bei vielen Krankheiten des Schweins unterstützend zur konventionellen Behandlung. Akupunktur lässt sich in jede konventionelle tierärztliche Praxis integrieren. In China werden die folgenden Erkrankungen in der Regel mit Akupunktur behandelt:

- **Atemwegsinfektionen:** Bei den betroffenen Tieren sind Husten, Fieber, Schleimabsonderung aus der Nase und Schwäche zu beobachten. Spezielle Behandlung der Punkte 12 und 20 sowie Nadeln der Punkte 8, 18, 21, 23, 24, 26, 31 und 81 kann als hilfreiche Unterstützung für die medizinische Standardbehandlung dienen.
- **Diarrhö und Obstipation:** Die Stimulation von Akupunkturpunkten hat verschiedene Wirkungen auf den Gastrointestinaltrakt, unter anderem Veränderungen von Durchblutung, Motilität und Sekretion. Akupunktur ist wirksam zur Behandlung gastrointestinaler Störungen. Die Punkte 36, 37, 54 und 81 werden mit klassischem Nadeln, Aquapunktur oder Elektroakupunktur behandelt. Die Punkte 43, 45, und 46 lassen sich mit Moxibustion oder Catgut-Implantation behandeln.
- **Hitzschlag und Synkope:** Hitzschlag ist hauptsächlich auf hohe Umgebungstemperaturen zurückzuführen. Hyperthermie und eine Zunahme der Atemfrequenz sind die beiden wichtigsten Symptome. Das betroffene Tier sollte umgehend an einen kühlen Platz gebracht werden. Eine Synkope kann auf Herzversagen zurückzuführen sein. Beide Störungen lassen sich mit Hämakupunktur der Punkte 3 und 53 und starker Stimulation beim klassischen Nadeln der Punkte 8, 31, 71 und 86 behandeln.
- **Rektumprolaps:** Schwäche des M. sphincter ani und exzessives Pressen sind die hauptsächlichen Ursachen. Spezialbehandlung von Punkt 55 und Nadeln der Punkte 31, 56, 57 und 81 sind wirkungsvoll.
- **Unfruchtbarkeit und Impotenz:** Für diese Störungen werden in der Regel die Punkte 31 und 32, 31 und 49 oder 31 und 54 eingesetzt. Sie können ein- oder zweimal pro Woche mit klassischem Nadeln, Elektroakupunktur oder Moxa-Therapie (15–20 Minuten) behandelt werden. Die Symptome gehen meist zwei bis drei Wochen nach Beginn der Behandlung zurück. Die Punkte 29, 30 und 33 können ebenfalls in Betracht gezogen werden.
- **Verdauungsstörungen:** Appetitmangel, Auszehrung und Schwäche sind typische Anzeichen. Behandeln Sie die Punkte 36, 37, 38 und 81 mit klassischem Nadeln oder Elektroakupunktur und die Punkte 43, 45, und 46 mit Moxibustion.

LITERATUR

1. *Essentials of Chinese acupuncture,* Beijing, 1979, Foreign Languages Press.
2. Hwang Y-C (chief translator): *Handbook on Chinese veterinary acupuncture and moxibustion,* Bangkok, 1990, FAO Regional Office for Asia and the Pacific.
3. Hwang Y-C, Jenkins EM: Effect of acupuncture on young pigs with induced enteropathogenic *Escherichia coli* diarrhea, *Am J Vet Res* 49:1641–1643, 1988.
4. Klide AM, Kung SH: *Veterinary acupuncture,* Philadelphia, 1977, University of Pennsylvania Press.
5. Lin JH et al: Control of preweaning diarrhea in piglets by acupuncture and Chinese medicine, *Am J Chin Med* 16: 75–80, 1988.
6. Lin JH et al: Effects of electroacupuncture and gonadotropin-releasing hormone treatments on hormonal changes in anoestrous sows, *Am J Chin Med* 16:117–126, 1988.
7. Yang CL et al: *Clinical veterinary acupuncture and moxibustion* in Chinese), 1984, Fa-Hsian-Yen Publications.
8. Yu C: *Chinese veterinary acupuncture and moxibustion* (in Chinese), Beijing, 1984, Agricultural Publications.

V Zusatzthemen

KAPITEL

44 Ausbleibender Behandlungserfolg

Allen M. Schoen

44.1 Was ist Therapieerfolg?

Es gibt zahlreiche Gründe, warum ein Tier möglicherweise nicht auf Akupunktur anspricht. Diese Faktoren gilt es zu berücksichtigen, wenn die Behandlung eines nicht reagierenden Patienten ausgewertet wird. Die erste Frage, die zu stellen ist, lautet: Was ist als Misserfolg und was als Erfolg zu werten? Manche Akupunkteure sind der Ansicht, dass es in der Akupunkturtherapie keinen kompletten Misserfolg gibt, sondern höchstens nicht den gewünschten Erfolg. Richtig ausgeführt, kann Akupunktur die Selbstheilungskräfte des Körpers stimulieren und einen Zustand der Homöostase wieder herstellen. Die Reaktion auf die Akupunktur ist jedoch möglicherweise nicht ausreichend, um zu Homöostase zu führen.

Die angemessenere Fragestellung lautet dann möglicherweise: Was ist als Erfolg anzusehen? Der alte Witz „Operation gelungen, Patient tot" illustriert die Komplexität dieser Frage. Therapieerfolg wird häufig als „vollständige und dauerhafte Beseitigung aller gegenwärtigen und vergangenen klinischen Beschwerden mit vollständiger Rückkehr zur normalen Funktion" definiert. Diese Definition entspricht im Prinzip der einer vollständigen „Heilung". Dabei handelt es sich um einen Idealfall und unser bevorzugtes Behandlungsziel, das gelegentlich ja auch eintritt.

Man sollte aber zwischen den Begriffen *Heilung* und *Therapieerfolg* unterscheiden. In manchen Fällen kann Akupunktur tatsächlich eine spezifische Störung heilen. Häufig jedoch ist die Akupunktur als Behandlung angemessen und teilweise erfolgreich, führt jedoch nicht zu einer Heilung. Daher lässt sich therapeutischer Erfolg bei akuten Fällen vielleicht besser als „vollständige und länger anhaltende Beseitigung der aktuellen Krankheitsanzeichen mit Rückkehr zur normalen Funktion" definieren. In chronischen Fällen wäre eine etwas realistischere Definition für therapeutischen Erfolg die „länger anhaltende Linderung der meisten schweren Symptome und die Rückkehr zur normalen Körperfunktion in dem Ausmaß, das unter den gegebenen Umständen möglich ist" [1]. Dies ist ein angemessener Erfolg bei chronischen Erkrankungen, bei denen eine Heilung nicht möglich ist, doch die Symptomlinderung signifikant genug ist, um eine verbesserte oder normale Funktion zu ermöglichen.

Die meisten klinischen Studien im Bereich der Veterinärakupunktur versuchen, das Ausmaß der Reaktion auf die Akupunktur mit Hilfe von Skalen darzustellen, wobei die Besserung und Symptomlinderung oder die Beseitigung der Störung für eine bestimmte Zeitdauer auf einer Skala von 0–100 %, 1–5 oder 1–10 angegeben wird. Beispielsweise kann es bei einer Bandscheibenerkrankung im Halsbereich bei Hunden zu einer langfristigen (monate- bis jahrelangen) Beseitigung aller Störungen des Nervensystems und Bewegungsapparats kommen, ohne dass dies für einen Windhund, der Rennen läuft, ausreichend wäre. Das kann aber auch für andere medizinische oder chirurgische Behandlungsverfahren gelten.

Fazit

Die Frage, die zu stellen ist, lautet also: Was ist das gewünschte Ergebnis oder Ziel der Akupunkturtherapie für dieses besondere Syndrom bei diesem spezifischen Patienten? Wird das gewünschte Ergebnis oder Ziel nicht erreicht, muss die Frage nach dem Warum gestellt werden.

44.2 Warum bleibt der Behandlungserfolg aus?

Um die Ursache des ausbleibenden Therapieerfolgs zu finden, sollte man sich einige wichtige Fragen stellen:

Stimmt die Diagnose?

Die erste Frage sollte lauten: War die Diagnose richtig? Tritt die gewünschte Wirkung nicht ein, so sollte immer die Diagnose überprüft werden. Ein klassisches Beispiel wäre ein Pferd mit chronischen Rückenschmerzen. Akupunktur ist bei einer solchen Erkrankung vollkommen angemessen. Manchmal liegt das primäre Problem jedoch in einem distalen Gliedmaß. Selbst wenn die Rückenschmerzen gelindert werden, bleibt die Lahmheit doch weiter bestehen. Man muss also zwischen primären und sekundären Problemen unterscheiden. Ein anderes Beispiel wäre ein Hund mit thorakolumbaler Hyperpathie und progressiver kaudaler Parese. Dafür kann es viele verschiedene Ursachen geben. Wird diese Störung auf der Grundlage einfacher Röntgenbilder ohne Myelogramm oder computertomographische Untersuchung als thorakolumbale Bandscheibendegeneration behandelt, übersieht man vielleicht die Möglichkeit einer Kompression des Rückenmarks durch ein Neoplasma. In solchen Fällen verschlechtert sich der Zustand des Patienten trotz Akupunkturtherapie. In manchen Fällen kann Akupunktur sogar das Fortschreiten der Parese beschleunigen. Wann immer möglich, ist eine definitive Diagnose vor der Akupunktur notwendig. Jedoch wäre es nicht realistisch, bei jedem Patienten mit thorakolumbaler Bandscheibendegeneration mit neurologischen Symptomen ein Myelogramm anfertigen zu lassen. Die Diagnose sollte also auf der Basis aller für das einzelne Individuum angemessenen diagnostischen Maßnahmen gestellt werden. Andere Möglichkeiten darf man dabei nicht völlig ausschließen. Nach unserer klinischen Erfahrung ist es notwendig, sofort eine Neubewertung vorzunehmen, wenn eine kaudale Parese oder Paralyse während der Akupunkturtherapie weiter fortschreitet. Man sollte die Diagnose dann neu überdenken und ein Myelogramm oder eine Computertomographie in Betracht ziehen, um eine schwere raumfordernde Läsion, sei es durch eine stärkere Bandscheibenprotrusion, einen Tumor oder eine andere Ursache, identifizieren zu können.

Wurde eine Begleiterkrankung übersehen?

Eine weitere wichtige Frage ist: Gibt es andere, präexistente Erkrankungen, die die Reaktion auf die Akupunkturtherapie beeinträchtigen? Beispielsweise sieht man häufig 7- bis 10-jährige Schäferhunde mit der Vorgeschichte einer progressiven kaudalen Parese und Schmerzen im Hüftgelenk. Die Diagnose aufgrund der Röntgenaufnahme liefert vielleicht Anzeichen für eine degenerative Coxarthrose und eine ventral überbrückende Spondylose. Die neurologische Auswertung zeigt eine kaudale Parese und leichte Ataxie mit bilateral symmetrischen Störungen der bewussten Propriozeption und überkreuzten Extensorreflexen. Aufgrund dieser Befunde kommt man möglicherweise zu der Arbeitsdiagnose einer Erkrankung des Bewegungsapparats mit sekundärer spastischer Parese. Der Patient könnte jedoch auch unter einer degenerativen Myelopathie leiden. Das kann für den Therapeuten ebenso wie für Klient und Patient recht frustrierend sein. Akupunktur ist zwar in der Lage, die mit der Erkrankung verbundenen Schmerzen großteils zu lindern, doch die kaudale Parese wird aufgrund der degenerativen Myelopathie weiter fortschreiten. Besteht das gewünschte Ergebnis darin, die Schmerzen im Bereich des Bewegungsapparats zu lindern, dann kann die Akupunkturbehandlung eigentlich als erfolgreich betrachtet werden, doch da die kaudale Parese weiter fortschreitet, ist der Akupunkteur meist dennoch enttäuscht von den Ergebnissen der Akupunktur. Die degenerative Myelopathie reagiert in der Regel nicht besonders gut auf Akupunkturtherapie. Es ist also wichtig, den Patienten vollständig zu untersuchen und zu bewerten und sich der vorliegenden Begleiterkrankungen und ihrer möglichen Auswirkungen auf die Akupunkturtherapie bewusst zu sein.

Ist Akupunktur die Therapie der Wahl?

Bei der Überprüfung der Vorgehensweise bei einem bestimmten Syndrom gilt es immer zu fragen: Ist Akupunktur wirklich die angemessene Therapieform oder wäre ein konventionelles medizinisches oder chirurgisches Vorgehen besser? Ein entsprechender Fall ist der eines 14-jährigen Terriers mit thorakolumbalen Schmerzen und einer chronischen Lahmheit des rechten Hinterbeins. Der Hund litt außerdem unter einer degenerativen Gelenkerkrankung mit leichter Instabilität im rechten Knie. Die vorläufige Diagnose lautete daher chronische Ruptur des vorderen Kreuzbands mit degenerativer Gelenkerkrankung und sekundärer thorakolumbaler Hyperpathie. Der Klient zögerte wegen des Alters des Patienten, eine Operation durchführen zu lassen. Es wurde eine Akupunkturtherapie begonnen. Nach vier Behandlungen besserte sich der Zustand des Patienten erkennbar, die thorakolumbalen Schmerzen und die Lahmheit nahmen deutlich ab. Das Knie war jedoch nach wie vor ziemlich instabil und schmerzhaft und der Patient wurde daher an einen Orthopäden überwiesen. Da der Patient einen guten körperlichen Allgemeinzustand aufwies, entschloss sich der Orthopäde zu einer Operation, um das Knie zu stabilisieren. Nach der Operation verbesserte sich der Zustand des Patienten erneut dramatisch, auch wenn eine leichte Lahmheit und die degenerative Gelenkerkrankung weiterhin bestanden. Heute, 18 Monate später, geht es dem Patienten immer noch gut, wobei alle zwei bis drei Monate eine Akupunkturbehandlung durchgeführt wird.

Wurden Punkte und Stimulationstechnik korrekt gewählt?

Manchmal mag Akupunktur die angemessene Therapie sein, doch die ausgewählten Akupunkturpunkte sind nicht die wirksamsten. Die ursprüngliche Auswahl der Akupunkturpunkte sollte daher immer wieder überprüft werden. Wenn Sie die Punkte nach „Rezept“ ausgewählt haben, sollten Sie eventuell eine Prüfung auf Basis der TCM-Theorien und eine Punktauswahl nach den acht Leitkriterien oder der Fünf-Elemente-Theorie in Betracht ziehen. Konsultieren Sie Akupunktur-Lehrbücher oder Kollegen mit spezieller Ausbildung und mehr Erfahrung. Denken Sie auch an die Möglichkeiten der Extrapunkte oder der *Ting*-Zonen-Therapie. Als ich mich zum ersten Mal an der Behandlung eines idiopathischen Megaösophagus versuchte, musste ich die Punktauswahl, basierend auf der Fünf-Elemente-Theorie, viele Male verändern [2].

Neben der richtigen Punktauswahl ist auch die Wahl der Akupunkturtechnik und der verwendeten Instrumente zu prüfen. Häufig ist Aquapunktur (Injektionstherapie) in bestimmten Fällen nur schwach wirksam, während Elektroakupunktur mit der richtigen Frequenz eine stärkere Wirkung hat. Eine 20-jährige Stute mit chronisch rezidivierenden Koliken litt beispielsweise alle zwei Monate unter Darmverschluss. Normalerweise sprach sie auf die übliche konventionelle Medikation an. Diesmal jedoch blieb das Pferd anorektisch mit schwerem Ileus. Als es in der Praxis vorgestellt wurde, war es bereits in sehr schlechtem Zustand. Nach einer täglichen Behandlung mit Aquapunktur über drei Tage hinweg besserte sich die gastrointestinale Motilität, kleinere Kotmengen wurden abgesetzt und der Appetit war zwei bis drei Stunden nach der Behandlung verbessert. Am fünften Tag wurde zu Elektroakupunktur gewechselt und innerhalb von drei Stunden war der gesamte Kot ausgeschieden und die Stute zur Normalfunktion zurückgekehrt. Interessanterweise blieben die Koliken daraufhin zwei Jahre lang aus. Seien Sie also immer bereit, die Akupunkturtechnik ebenso wie die ursprüngliche Punktauswahl zu verändern.

Behindern äußere Umstände den Therapieerfolg?

Auch Verhaltens- und Umweltfaktoren müssen bei einem nicht ansprechenden Patienten berücksichtigt werden. Beispielsweise wirkt Akupunktur recht gut auf Asthma beim Menschen wie auch bei Katzen [3]. Manche Katzen mit Asthma reagieren jedoch ziemlich ängstlich, wenn sie in die Praxis gebracht werden. Das allein kann unter Umständen bereits einen Asthmaanfall auslösen. Akupunktur kann in solchen Fällen tatsächlich kontraindiziert sein. Möglicherweise stellt man auch fest, dass Akupunktur die Asthmaanfälle der Katze zwar lindert, sie aber weiterhin auftreten. Beim Überprüfen der Krankengeschichte stellt sich dann vielleicht heraus, dass der Besitzer des Tieres raucht und die Katze nur unter Asthmaanfällen leidet, wenn sie dem Zigarettenrauch ausgesetzt ist. Dieser Umweltfaktor wirkt dann unter Umständen stärker als jeder Nutzen, den die Akupunktur haben könnte.

Ein weiteres Beispiel dieser Art ist ein 8-jähriger Labrador-Retriever-Rüde mit einem seit einem Jahr bestehenden Leck-Granulom am linken Vorderbein. Normalerweise ist Akupunktur eine gute Behandlung für chronische Leck-Granulome. In diesem Fall jedoch zeigte sich auch nach acht Behandlungen noch keine Besserung. Bei einer Überprüfung der Krankengeschichte stellte sich heraus, dass der Hund zwölf Stunden am Tag allein in einem Apartment in einer sehr lauten Gegend verbrachte und die Besitzer des Tieres mitten in einem erbitterten Scheidungskampf steckten. Angesichts der stressbetonten Umgebung war es kein Wunder, dass das Tier auf die Akupunkturbehandlung wie auch auf alle vorangegangenen konventionellen Therapien nicht reagierte.

In bestimmten Fällen mag Akupunktur zwar die richtige Therapie sein, doch das Verhalten von Klient und Patient zwischen den Behandlungen ist kontraproduktiv. Bei bestimmten Fällen von Lahmheit bei Pferden kann Akupunktur zum Beispiel recht positiv wirken, doch möglicherweise versäumt es der Trainer, dem Pferd zwischen den Behandlungen die notwendige Ruhe zu gönnen, die als Begleitmaßnahme der Akupunktur unbedingt nötig ist. Wenn das Pferd zu schnell wieder belastet wird, kehrt die Lahmheit zurück, weil nicht ausreichend Zeit zur Heilung zur Verfügung stand. Akupunktur beschleunigt zwar die Heilung, doch in vielen Fällen ist Zeit ein wichtiger Faktor. Das gilt auch für manche Probleme bei Hüte- und Jagdhunden.

Idealerweise sollte man die Frage stellen: „Gibt es eine primäre Ursache des Problems und wurde diese Ursache beseitigt?" Untersucht man zum Beispiel ein Pferd mit chronischem Rückenleiden, muss man Hufbeschlag, Körperhaltung, Sattel, Haltung und Fähigkeiten des Reiters, Art und Ausmaß des Trainings und weitere Faktoren berücksichtigen. Liegt die primäre Ursache in einem falschen Beschlag und schlechter Sattelpassform und wird dieses Problem nicht korrigiert, so werden die Rückenprobleme trotz Akupunktur immer wieder auftauchen. Damit die Akupunktur optimal wirken und das sekundäre Problem der Rückenschmerzen in solchen Fällen beseitigt werden kann, muss erst das primäre Problem gelöst werden (➤ Kap. 40).

Ist ein Therapieerfolg überhaupt zu erwarten?

Bei bestimmten chronischen Syndromen gilt es zu fragen: „Ist der Zustand bereits so weit fortgeschritten, dass die Organe möglicherweise nicht mehr auf Akupunktur reagieren?" In Fällen chronischer Leber- oder Nierenerkrankungen wäre Akupunktur vielleicht geeignet, die Selbstheilungskräfte des Körpers zu stimulieren, doch die Organe sind möglicherweise bereits so stark degeneriert, dass es keine funktionale Möglichkeit der Heilung mehr gibt. In solchen Fällen sollte man Akupunktur nicht als ausschließliche Therapie einsetzen, sondern eher zur Unterstützung einer konventionellen medizinischen Behandlung.

Man darf bei der Behandlung einer spezifischen Erkrankung auch potenzielle sekundäre Komplikationen nicht ignorieren. Wenn Sie zum Beispiel Akupunktur zur Behandlung einer kaudalen Paralyse einsetzen, sollten Sie die Möglichkeit einer atonischen Blase mit sekundärer Zystitis oder das Auftreten von Dekubitalgeschwüren nicht ignorieren.

Ebenso kann es vorkommen, dass Sie bei einem bestimmten Fall der Meinung sind, dass Akupunktur wirksam sein könnte, doch der Patient spricht nicht darauf an. Dann können auch genetische oder erworbene Schädigungen des Zentralnervensystems dafür verantwortlich sein, dass der Patient nicht reagiert [1]. Die Impulsübertragung an den Synapsen hängt von der Neurotransmitter-Freisetzung und -Aufnahme auf jeder Ebene des Nervensystems ab. Fehler in der Neurotransmitter-Synthese oder eine verringerte Rezeptorenzahl können die Übertragung blockieren. Bestimmte Mäusestämme (CKBX) besitzen zum Beispiel aufgrund eines genetischen Defekts keine Opiatrezeptoren und reagieren schlecht oder überhaupt nicht auf Opiatanalgetika oder Akupunkturanalgesie [1].

Liegt es am Akupunkteur?

Schließlich muss nach der Theorie der traditionellen chinesischen Medizin wie auch anderer alten medizinischen Philosophien der Heiler selbst „ausgeglichen" und „zentriert" sein, um dem Patienten zu helfen. Dies ist eine „esoterische" Vorstellung, die auf den Heilungsprozess recht starke Auswirkungen haben kann. Die Psychoneuroimmunologie, ein neuer Forschungsbereich der Humanmedizin, untersucht das Konzept, dass der Therapeut ein integraler Teil des Heilungsprozesses ist und seine Einstellung den Prozess beeinflussen kann. Es gibt Fallberichte von Pferden und Hunden, die schlecht reagierten, wenn der Tierarzt extrem nervös oder reizbar war, aber gut, wenn derselbe Behandler ruhig und zentriert war. Derzeit können wir nur spekulieren, ob dieser Einfluss in der Veterinärmedizin auf Klient oder Patient wirkt.

Wichtige Fragen bei ausbleibendem Behandlungserfolg

- Ist die Diagnose korrekt?
- Ist Akupunktur die angemessene Behandlungsmethode?
- Gibt es andere, präexistente Störungen?
- Ist die Akupunkturpunktauswahl korrekt?
- Ist die Akupunkturtechnik korrekt?
- Sind Verhaltens- und Umweltfaktoren zu berücksichtigen?
- Wurde die primäre Ursache identifiziert und beseitigt?
- Werden potenzielle Sekundärkomplikationen überwacht?
- Ist die Störung so weit fortgeschritten, dass sie nicht mehr auf Akupunkturtherapie anspricht?
- Gibt es genetische oder erworbene Störungen, die die Reaktion auf Akupunkturtherapie beeinträchtigen?
- Ist der Akupunkteur zentriert und ausgeglichen?

44.3 Zusammenfassung

Seien Sie stets bereit, Ihre Vorgehensweise bei jedem einzelnen Patienten laufend zu hinterfragen und zu überprüfen, und beachten Sie alle Variablen in Bezug auf alle verwendeten Therapien. Manche Philosophen sagen, es gebe keinen Misserfolg, denn jeder Fehler ist ein Schritt zum Erfolg. Bedauern Sie also Ihre Fehler nicht. Lernen Sie stattdessen aus ihnen, denn sie sind Gelegenheiten, Wissen in Weisheit zu verwandeln.

LITERATUR

1. Rogers PAM: Clinical experiences with acupuncture: failures and successes, Undergraduate course in veterinary acupuncture, Helsinki, Finland, 1993.
2. Schoen AM: Acupuncture therapy for gastrointestinal conditions. *Proceedings of the Thirteenth Annual Congress of IVAS,* Antwerp, 1987.
3. Schwartz C: Chronic respiratory conditions and acupuncture therapy, *Problems in Vet Med* 4:136–143, 1992.

KAPITEL

45

Narda G. Robinson

Akupunktur und manipulative Therapien: eine perfekte Kombination

„Wo die Energie nicht frei fließen kann, entsteht Schmerz."
Alter Akupunktur-Aphorismus

„Der Osteopath beseitigt die Blockade, gibt dem Leben spendenden Fluss freie Hand und der Mensch wird wieder gesund." [1]
Andrew Taylor Still, Begründer der Osteopathie

„Ziel der Wissenschaft ist einerseits ein möglichst umfassendes Verständnis der Verbindungen zwischen den sichtbaren Erfahrungen in ihrer Gesamtheit und andererseits das Erreichen dieses Ziels mit einem Minimum primärer Konzepte und Beziehungen." [2]
Albert Einstein

45.1 Grundlegende Gedanken

In diesem Kapitel werden die manipulativen Therapien in ihrer Beziehung zur Akupunktur untersucht. Die beiden Modalitäten ergänzen sich auf synergistische Weise. Wie bei einer idealen Ehe bilden sie eine starke therapeutische Partnerschaft, wobei sie in Verbindung mehr erreichen als allein. Die hier vorgestellten Informationen sollen allen helfen, die eine Ausbildung in manipulativen Techniken haben, die beiden Methoden zur Behandlung von Störungen des Bewegungsapparats sowie systemischer Erkrankungen kreativ zu verbinden, und jenen, die mit den Vorteilen manipulativer Therapien in der Veterinärmedizin noch nicht vertraut sind, neue Möglichkeiten eröffnen.

Die derzeitige Forschung zeigt, dass Akupunktur für das Körper-/Geist-System[1] weit reichende und tiefgehende Auswirkungen hat, die das System sanft in einen Zustand des energetischen und funktionalen Gleichgewichts zurückführen. Die Wirkung der Akupunktur erstreckt sich auf die körperliche wie auch die psychologische Dimension und die positiven Auswirkungen von nur ein oder zwei Behandlungen können manchmal ein Leben lang anhalten. Viele Patienten weisen jedoch komplexe chronische Probleme auf, die von schmerzhaften Bewegungseinschränkungen begleitet sind. In diesen Fällen ist die Wirkung des Nadelns tiefer, unmittelbarer und langfristiger, wenn zuerst die strukturellen Behinderungen des Energieflusses beseitigt werden [4]. Bleibt man beim Bild vom *Qi* (Energie), das durch die Meridiane fließt wie Wasser durch Bewässerungskanäle, so kann man sich vorstellen, dass das Wasser sich staut, wenn ein Graben blockiert ist. Um den Kanal zu befreien, muss man entweder ausreichend Energie aufbringen, um die Blockade zu durchbrechen, oder sie beseitigen. Fasziale Blockaden reagieren auf Akupunktur ebenso wie auf manipulative Therapien, doch manchmal sind die strukturellen Probleme so gelagert, dass manuelle Therapieformen zu einem rascheren und nachhaltigeren Ergebnis führen.

Zusammenwirken von Akupunktur und manipulativen Techniken

Die Kombination von manipulativen Therapien und Akupunktur ist nicht neu, da Akupunktur seit Jahrtausenden traditionell als Teil eines umfangreichen Systems medizinischer Techniken eingesetzt wurde. Alte Heiler kombinierten die Akupunktur mit Massage, Moxibustion, Schröpfen, Badetherapien, Kräutern und Körperübungen, zusammen mit anderen Methoden wie magischen Formeln und Ritualen [5]. Tatsächlich weisen vor kurzem entdeckte medizinische Texte aus dem frühen zweiten Jahrhundert vor Christus (vor dem *Huangdi Neijing*) darauf hin, dass die manuellen Therapien in China vor der Akupunktur existierten [5].

In alter Zeit wie auch heute droht Tieren, die ihren Aufgaben nicht mehr gewachsen sind oder die unter schmerzhaften chronischen Erkrankungen leiden und nicht auf eine konventionelle Behandlung reagieren, ein früher Tod. Eine schnelle Rückkehr zur Gesundheit ist in solchen Fällen also oft eine lebensrettende Maßnahme.

Die Theorien mancher moderner TCM-Schulen betonen die Bedeutung von Disharmonien der inneren Organe (*Zang-Fu*-Organe) [6]. Diese Disharmonien werden als Hauptursache von Erkrankungen gesehen. Andere Akupunkturtraditionen, wie zum Beispiel die moderne japanische wissenschaftliche Akupunktur- und Meridiantherapie, legen nicht so viel Gewicht auf *Zang-Fu*-Disharmonien wie die TCM [6]. Seem schreibt, dass es für ihn während seiner Lehrtätigkeit erschreckend war zu sehen, wie wenig die meisten erfahrenen Akupunkteure ihre Patienten berühren, außer um den Puls zu fühlen oder Nadeln einzustechen. Das bedeutet, dass ein großes Feld diagnostischer Informationen und Behandlungsmöglichkeiten in der TCM-Ausbildung bisher ignoriert wurde.

[1] Ich spreche hier vom Körper-/Geist-System, um den Leser daran zu erinnern, dass Körper und Geist untrennbar miteinander verbunden sind und dass Behandlungen, die den Körper betreffen, auch den Geist beeinflussen. Um McMillan zu zitieren: *„Die Literatur über den Einfluss mentaler Zustände auf die körperliche Gesundheit von Tieren lässt eine Reihe von Schlüssen zu. Es scheint, dass alle Körpersysteme des Organismus miteinander kommunizieren und sich gegenseitig beeinflussen; mentale Zustände haben eine enorme Wirkung auf die Gesundheit sowie auf Verlauf und Ergebnis von Erkrankungen; ihr Einfluss ist komplex und multifaktoriell und führt zu positiver oder negativer Veränderung der körperlichen Gesundheit; die negativen Wirkungen emotionaler Belastungen sind eine wissenschaftliche Realität …" [3]*

„Die Annahme der TCM-Akupunktur, dass es sich bei den meisten Störungen um innere Zang-Fu-Disharmonien handelt, deren Behandlung primär auf die Zang-Fu ausgerichtet sein muss, gilt nach meiner Erfahrung nicht bei wiederkehrendem und chronischem Schmerz, ebenso wenig aber auch bei den meisten Fällen nicht-organischer viszeraler Störungen." [6]

Natürlich kann chronischer Schmerz Energie von den *Zang-Fu*-Organen abziehen und ihr Gleichgewicht stören und Fülle- oder Mangel-Muster in den Organen verlangen Beachtung. Doch wenn myofasziale Blockaden identifiziert und gelöst werden, kann dies zu einer raschen Linderung der Symptome führen und das *Qi* befreien. Die japanische Meridiantherapie erkennt ausdrücklich die Rolle der Faszien bei chronischen Schmerzen an und verwendet myofasziale Palpation als wichtige diagnostische Maßnahme. Das Auflösen von Blockaden in tiefen und oberflächlichen Faszien mit Akupunktur und/oder manipulativen Therapien gibt dem Nerven-, Kreislauf- und Lymphsystem die Möglichkeit, optimal zu funktionieren.

Myofaszialer Zugang

Der myofasziale Zugang erlaubt also ein tiefes Eindringen in das biomechanische und energetische Netzwerk des individuellen Organismus und sollte nicht unterschätzt werden. Die Betrachtung der Akupunktur aus myofaszialer Perspektive ist auch nicht neu. Klassische Texte wie das *Han Shu* und das *Ling Shu* zeigen, dass die Gelehrten der *Han*-Dynastie die Anatomie und insbesondere das Bindegewebe sorgfältig studierten [7]. Im Gegensatz zu zeitgenössischen allopathischen und veterinärmedizinischen Anatomiepraktika, bei denen die Studenten die Faszie kurz kennen lernen und dann gedankenlos beiseite schieben, untersuchten die alten chinesischen Forscher das Bindegewebe sorgfältig und analysierten sein Verhältnis zu den Körperfunktionen [7]. Frühe chinesische Weise sprachen direkt von den Körper- und Organumhüllungen und bezeichneten sie als *Li* [7]. Sie erkannten, dass die Meridiane durch die oberflächliche Körperfaszie verlaufen und dass die *Luo*-Gefäße energetischen Bahnen entlang von Faszien- oder Bindegewebsmembranen entsprechen [7]. Mark Seem ist der Ansicht, dass das chinesische Meridiansystem eine frühe Myofaszienkarte darstellt, was mit der anatomischen Tatsache in Übereinstimmung ist, dass mehrere Meridiane faszialen Spaltebenen folgen [4, 6]. Die Zirkulation des *Qi* in den Meridianen zu ermöglichen ist also gleichbedeutend mit myofaszialem Release, einer osteopathischen Technik, die später in diesem Kapitel noch beschrieben werden soll [6].

Die hier vorgestellten manipulativen Behandlungskonzepte stammen vorwiegend aus dem Bereich der Osteopathie, auch wenn sie von vielen anderen Disziplinen, unter anderem Chirotherapie und Physiotherapie, übernommen wurden. Die Osteopathie[2] entstand gegen Ende des 19. Jahrhunderts, als Andrew Taylor Still diesen neuen Zweig der Medizin entwickelte. Unzufrieden mit den oft extremen und schädlichen Techniken der zeitgenössischen allopathischen Medizin, suchte er nach Alternativen. Er überprüfte die grundlegenden Prinzipien der Anatomie und Physiologie und erkannte, dass die Natur dem Körper eine erstaunliche fundamentale Fähigkeit mitgegeben hat: die Fähigkeit, sich selbst zu heilen. Die Beobachtung und Befolgung der Naturgesetze wurde für Still zum Schlüssel für das Verständnis von Gesundheit, Krankheit und Behandlung. Dies erinnert an die alten taoistischen und griechischen Philosophien. Still bemerkte dazu: *„Der menschliche Körper besitzt eine Fähigkeit zur Gesundheit. Wird diese Fähigkeit erkannt und unterstützt, kann Krankheit sowohl verhindert als auch behandelt werden."* [9] Ein Beweis für Stills Fähigkeit, die Geheimnisse des Körpers zu entschlüsseln, ist der folgende Abschnitt, der um die Jahrhundertwende geschrieben wurde, lange bevor die moderne Medizin Endorphine, Enkephaline und Prostaglandine entdeckte:

„Das menschliche Gehirn ist Gottes Apotheke und enthält alle Flüssigkeiten, Drogen, Schmierstoffe, Opiate, Säuren, Laugen und alle möglichen Stoffe, die die Weisheit Gottes für die menschliche Gesundheit und Zufriedenheit für nötig befand." [10]

45.2 Die körperliche Einheit

Die moderne allopathische Medizin hat die Tatsache, dass es sich beim Körper um einen komplexen, einheitlichen Organismus handelt, weitgehend ignoriert; die Entstehung immer stärker spezialisierter Fächer hat diese Desintegration weiter gefördert. Die integrative und komplementäre Medizin dagegen setzt den Schwerpunkt wieder auf das Körper-/Geist-System in seiner Ganzheit von Form und Funktion. Die zahlreichen strukturell und funktional getrennten Systeme des Organismus kommunizieren durch verbindende Mechanismen, die auch als „Vermittler" bezeichnet werden [11]. Einige dieser Vermittler sind das Nervensystem, das endokrine System, das Immunsystem und das Bindegewebe oder die Faszie. Bemerkenswerterweise hat die Forschung im Bereich von Akupunktur und manipulativen Techniken gezeigt, dass beide Therapieformen weit reichende Wirkungen auf alle diese Bereiche haben, was ihre überlappenden Wirkmechanismen erklärt.

Aus einer den gesamten Organismus umfassenden Perspektive ist es Aufgabe des Nervensystems (einschließlich der zentralen, peripheren, autonomen und enteralen Komponenten), Stimuli aus der inneren und äußeren Umgebung zu empfangen, zu sortieren und zu integrieren. Endokrinium und Immunsystem interagieren mit dem Nervensystem, um die Reaktionen zu kommunizieren und zu koordinieren. Störungen an einer Stelle, sei es infolge von Verletzungen, Läsionen oder Infektionen, lösen ganze Informationskaskaden aus, die auf der Basis dieser Vermittler durch den gesamten Körper geleitet werden.

Auf einer strukturellen und energetischen Ebene verbindet das Bindegewebe Organe mit Organen, Muskeln mit Knochen und Knochen mit Knochen – im Grunde wird der gesamte Körper durch Faszien zusammengehalten. Die Bezeichnung Bindegewebe ist passend, denn die Faszie verbindet. Towns Beurteilung ist dafür eine gute Illustration:

45

[2] Osteopathie (Synonym: Osteotherapie): „Ein System ärztlicher Behandlung, das die Palpation von Bewegungseinschränkungen des Gewebes und die manuelle Befreiung dieser Bereiche somatischer Dysfunktion umfasst, mit dem Ziel, die Gewebemobilität zu verbessern. Das letztendliche Ziel der Behandlung ist die Normalisierung des Nerven-Muskel-Skelett-Systems und der Bindegewebsfunktionen, um das homöostatische und Selbstheilungspotenzial des Körpers zu maximieren." [8]

„Ohne Bindegewebe wäre der Körper eine unverbundene Masse sterbender Zellen. Es ist das Bindegewebe, größtenteils eine proteinhaltige extrazelluläre Matrix, das dem Körper Form gibt und dadurch Funktion ermöglicht. Das Bindegewebe spielt eine entscheidende Rolle bei körperlicher Gesundheit und Krankheit, doch ist es so allgegenwärtig, dass es beim Studium der Anatomie, bei der Gesundheitsfürsorge und bei der Diagnose und Behandlung von Erkrankungen ironischerweise leicht übersehen wird." [11]

45.3 Die Körperfaszie

Die Körperfaszie nimmt viele verschiedene Formen an, von Faserschichten unter der Haut bis zu den schützenden Hüllen, die die inneren Organe und Gefäße umgeben und stützen. Das Fasziengewebe umfasst Sehnen, Aponeurosen und Hüllen von Muskeln und Muskelgruppen. Die Dura mater, die Gehirn und Rückenmark schützt, ist ein spezialisiertes Bindegewebe, das am Schädel und am Sakrum verankert ist. Die Verbindungen der Dura mater mit dem Rückenmark, dem Foramen magnum und dem Os sacrum sind die wichtigsten anatomischen Grundlagen für die Kraniosakral-Therapie, die später in diesem Kapitel noch erläutert wird.

Die Faszie spielt in der Aufrechterhaltung der Körperform solch eine wichtige Rolle, dass der Körper fast identisch aussehen würde, würde man alle Gewebe außer dem Bindegewebe entfernen [7, 12]. Bindegewebe erstreckt sich sogar in die Zellen hinein; viele Zellen besitzen ein eigenes intrazelluläres Bindegewebsnetzwerk. Alle Körpersysteme sind von Bindegewebe umhüllt und jede Zelle ist von einem interzellulären Medium, der amorphen **Grundsubstanz**, umgeben. Die Grundsubstanz ist die extrazelluläre Matrix, in der die Fasern und Zellen des Bindegewebes eingebettet sind und die ihnen strukturelle Unterstützung gibt. Diese Substanz ist jedoch mehr als nur Pack- oder Füllmaterial. Sie besteht größtenteils aus Glykosaminoglykanen und Kollagen und hat weitere wichtige Aufgaben. Am wichtigsten für die Akupunktur ist ihre Rolle bei der elektrischen Leitfähigkeit.

Die **Glykosaminoglykanen (GAG)** in der Grundsubstanz sind stark sauer und elektrisch geladen. Sie interagieren elektrostatisch mit Kollagen und üben dabei eine Vielzahl wichtiger physiologischer Funktionen aus [13]. Die Grundsubstanz überträgt Informationen und moduliert die phänotypische Expression und die Wachstumsrate der Zellen in ihrer Nachbarschaft [13]. Entwicklungsgeschichtlich gesehen, entsteht das Bindegewebe aus dem Mesenchym. Das Mesenchym bildet sich bald nach der Befruchtung und geht der Entwicklung des Gefäß- und Nervensystems voraus [13]. Das Mesenchym reagiert auf das elektrische Feld des Körpers und bildet seine Basis [13]. Dieses elektrische Feld lenkt die Morphogenese [13]. Inzwischen wird immer mehr deutlich, dass diese Verbindungen und Beziehungen das synchrone Wachstum steuern und koordinieren, da sie den interzellulären Informationsfluss ermöglichen [13]. Bemerkenswerterweise *folgen* die morphologischen Veränderungen den Veränderungen des elektrischen Felds, in Korrelation mit der Signalübermittlung [13].

Im Embryo entstehen die Akupunktur-Meridiane entlang der faszikulären Ebenen und entspringen dem embryonalen Mesoderm. Die Akupunkturpunkte entlang dieser Meridiane sind möglicherweise die Organisationszentren, die die Morphogenese kontrollieren. Nach französischen und japanischen Quellen dient die Organisation der außerordentlichen Meridiane als Grundmatrix für die energetische Organisation und die zelluläre Differenzierung von den frühesten multizellulären Stadien der Embryonalentwicklung an [4]. Diese Tatsachen weisen darauf hin, dass die Rolle der Faszie in der Übertragung des Akupunkturenergieflusses der des Nervensystems *vorausgeht.*

Die faszialen Schnittebenen zwischen Muskelgruppen ermöglichen den lamellären Fluss interstitieller Flüssigkeit [4]. Die glänzende Faszienoberfläche ist elektronenreich und bildet eine ideale Halbleitermatrix[3] [4]. Sie erlaubt die Übertragung elektrischer Informationen durch den Körper wie ein physiologisches elektrisches Netzwerk, das ein Gleichstrom-Feldmuster übermittelt [4]. Das stimmt mit Beckers Theorie überein, dass die Akupunktur-Meridiane elektrischen Leitern gleichen, die Informationen zum Gehirn übertragen, und dass Akupunkturpunkte als Gleichstromgeneratoren wirken, die Elektrizität durch die Meridiane senden.

Kollagen ist eine andere wichtige Komponente des extrazellulären Mesenchyms oder der Grundsubstanz. Als langes, fasriges Protein mit hoher Zugfestigkeit wirkt Kollagen wie ein Quarzkristall als Medium für piezoelektrische Wirkungen, die elektrische Informationen in mechanische umwandeln und umgekehrt. Piezoelektrizität ist definiert als das „Auftauchen elektrischer Ladungen auf den entgegengesetzten Seiten eines Kristalls niedriger Symmetrie, wenn er mechanischer Beanspruchung unterworfen wird" [13]. Umgekehrt zeigt ein Kristall mechanische Beanspruchung, wenn man auf eine Weise Elektrizität an ihn anlegt, dass mechanische Kräfte und elektrische Polarisation verbunden sind. Der piezoelektrische Effekt demonstriert also, wie manipulative Therapien und Akupunktur in Übereinstimmung mit physikalischen Gesetzen entsprechende Auswirkungen auf das Körpergewebe haben können [15].

Verschiedene biologische Substanzen besitzen **piezoelektrische Eigenschaften**, unter anderem Kollagen, Myosin, Aktin, Fibrin, Nukleinsäuren und Mukopolysaccharide [15]. Die parallele Anordnung der Fasern und Faserbündel verleiht dem myofaszialen System Stärke, Flexibilität und Kristallinität [7]. Die elektrischen Signale, die entlang und innerhalb der Faszien übermittelt und weitergeleitet werden, bilden ein körperweites Kommunikationsnetzwerk, das bis auf die zelluläre Ebene reicht. Zellen, die mit diesen elektrischen Feldern interagieren, werden über eine große Zahl von körperlichen Aktivitäten informiert und können ihr Wachstums- und Erhaltungsmuster nach dem übermittelten Input ausrichten. Das Wolff Transformationsgesetz demonstriert dieses Phänomen in Bezug auf die Heilung von Knochenbrüchen. Wir wissen, dass Knochen entlang den Beanspruchungslinien wachsen. Becker hat dies zum piezoelektrischen Phänomen in Bezug gesetzt und festgestellt, dass die mechanische Belastung eines Knochens tatsächlich ein piezoelektrisches Signal im darin enthaltenen Kollagen auslöst [14].

[3] Halbleiter sind Festkörper, die elektrische Ladung durch die Bewegung von Elektronen oder Elektronenlücken (unbesetzte Elektronenbindungen) durch ein Kristallgitter transportieren. Halbleiter sind weniger leitfähig als Metalle, aber vielseitiger einsetzbar als diese [14].

Da die Faszie den ganzen Körper untereinander verbindet, gelangt eine elektrische Stimulation an einer bestimmten Stelle entlang der Faszienebenen zu lokalen und distalen Regionen. Mechanische Informationen werden ebenfalls über die Faszie von einer Stelle zur anderen übertragen. Blockaden im elektrischen und mechanischen Fluss entstehen durch myofasziale Restriktionen. Betrachtet man die piezoelektrischen Eigenschaften der Faszie, so wird deutlich, dass es möglich ist, diese Restriktionen mit Akupunktur (elektrischer Input) oder Manipulation (mechanischer Input) zu beeinflussen. Jedoch gilt für schwere und/oder chronische myofasziale Probleme, eventuell in Begleitung weiterer somatischer Dysfunktionen[4] (z. B. Wirbelrestriktionen), dass manipulative Therapien die Akupunktur im Sinne einer raschen und direkten Behandlung unterstützen und ergänzen können.

45.4 Neurologische Verbindungen

Um die für Akupunktur und manipulative Therapien notwendige Kommunikation zu ermöglichen, muss die Faszie fähig sein, Ereignisse an einer Stelle zu entdecken und Signale über die lokale Umgebung zu weiter entfernten Stellen zu übermitteln. Vom bioelektrischen Standpunkt aus wurde dies bereits erforscht. Neuroanatomisch enthält die Faszie elastische und kontraktile Elemente zusammen mit sensorischen Nervenendigungen. Diese Nervenenden sind primäre afferente Fasern mit kleinem Durchmesser, die Neuropeptide enthalten. Sympathische Axone sorgen für adrenerge Verbindungen zur Faszie [17]. Diese neuralen Elemente lassen sich in vielen Bindegewebsstrukturen finden, u. a. der kranialen Dura, dem Gastrointestinaltrakt und der Synovialhaut von Gelenkkapseln [17]. An vielen Stellen, wie zum Beispiel in Gelenken, überwachen die afferenten Fasern auch die zellulären Komponenten des Bindegewebes (z. B. Mastzellen) und erhalten dadurch die Gewebeintegrität aufrecht. Substanz P, die in den primären afferenten Neuronen vorliegt, moduliert den kutanen Blutfluss innerhalb der Faszie [17].

Die Wirkungen von Akupunktur und manipulativen Therapien auf die Neurophysiologie des Körpers laufen über ähnliche Bahnen (➤ Kap. 3). Am auffallendsten ist, dass beide Therapieformen die Schmerzleitung über Rückenmark und Thalamus beeinflussen, wobei sie die Schmerzübertragung verhindern und die absteigende Hemmung verstärken. Beide Therapien führen zu einer Verringerung des Sympathikus-Tonus, fördern die Endorphinfreisetzung, verbessern Durchblutung und Lymphdrainage und beeinflussen zahlreiche neurohormonale, psychoimmunologische und homöostatische Systeme.

Innerhalb der Osteopathie erklärt die **Theorie der „Fazilitation“**, warum somatische Dysfunktionen entlang der Wirbelsäule auftauchen, die Dysfunktionen innerer Organe entsprechen. Neurologisch erklärt die Fazilitations-Theorie die paravertebrale Lokalisation der als Zustimmungs-*Shu*-Punkte bezeichneten Akupunkturpunkte und warum das Muskelgewebe in diesen Bereichen druckempfindlich, ischämisch und ödematös wird.

Nachfolgend eine Definition von Fazilitation: „Ein Neuronenpool (z. B. Prämotor-Neuronen, Motoneuronen oder sympathische präganglionäre Neuronen in einem oder mehreren Segmenten des Rückenmarks) wird in einem Zustand partieller oder unterschwelliger Erregung gehalten; in diesem Zustand ist nur eine geringe afferente Stimulation erforderlich, um die Entladung von Impulsen auszulösen. Fazilitation kann auf die laufende Zunahme afferenten Inputs, auf abweichende Muster afferenten Inputs oder auf Veränderungen innerhalb der betroffenen Neuronen oder ihrer chemischen Umgebung zurückzuführen sein. Einmal etabliert, wird Fazilitation durch die normale Aktivität des Zentralnervensystems aufrechterhalten.“ [16]

So weist der Begriff Fazilitation auf eine besonders leichte Übertragung hin; in einem betroffenen Segment ist weniger Druck notwendig, um verschiedene negative neurophysiologische Folgeerscheinungen auszulösen. Zunächst gerät die normale Integration des Nervensystems aus dem Gleichgewicht, die Stimulation des sympathischen Nervensystems *(Yang)* überwiegt im Vergleich zum parasympathischen *(Yin)*. Übermäßige segmentale sympathische efferente Aktivität greift somatische und viszerale Strukturen an. Die pathophysiologischen Konsequenzen einer lokalen sympathischen Hyperaktivität sind gut erforscht und an anderer Stelle ausführlich beschrieben worden [18, 19]. Psychologischer und körperlicher Stress verstärkt Fazilitation und damit letzten Endes Schmerzen und Unbehagen.

Rückenmarksegmente mit Fazilitation entstehen durch starken und/oder kontinuierlichen afferenten Input von einer oder mehreren dysfunktionalen somatischen oder viszeralen Strukturen in den neuronalen Pool im Rückenmark. Veränderungen an diesen dysfunktionalen Rückenmarksegmenten sind leicht zu palpieren und – auf Basis der neuroanatomischen Verbindungen – zuverlässig vorherzusagen. Wenn die paraspinalen Muskeln einen erhöhten Ruhetonus aufweisen, sind sie häufig druckempfindlich und die Wirbelbeweglichkeit ist durch Schmerz und Spannungen begrenzt. Diese Veränderungen liefern konsistente und wichtige diagnostische Informationen für Akupunktur und manipulative Therapien. So erbringt das Palpieren der Zustimmungs-*Shu*-Punkte direkte Informationen über die Lage von Segmenten mit Fazilitation. Empfindliche oder anderweitig veränderte Zustimmungs-*Shu*-Punkte können organische Störungen reflektieren, wobei lokale Störungen und Schmerzen des Bewegungsapparats nicht auszuschließen sind. Die Fazilitations-Theorie erklärt auch, warum Rückenschmerzen für viszerale Erkrankungen anfällig machen und warum Patienten mit Störungen der inneren Organe häufig auch somatische Beschwerden aufweisen.

45.5 Verschiedene manipulative Techniken

Zunächst sollen die verschiedenen manipulativen Therapieformen beschrieben und definiert werden, um ein Verständnis dafür zu vermitteln, welche manuellen Techniken mit Akupunktur kombiniert werden können. Wir beginnen mit den kraftvollen Techni-

[4] Somatische Dysfunktionen sind definiert als *„gestörte oder veränderte Funktionen verwandter Komponenten des Körpersystems: der Skelett-, Gelenk- und Myofaszienstrukturen und der verwandten Gefäß-, Lymph- und Nervenelemente“* [16]. Der am besten entsprechende chirotherapeutische Begriff wäre „vertebraler Subluxationskomplex“.

ken *(Yang)* und gehen dann zu den subtileren *(Yin)* über. Die in der Praxis verwendete Technik hängt davon ab, wie wohl sich Therapeut und Patient mit der jeweiligen Therapieform fühlen, aber auch vom Zustand des Patienten, der Lokalisation des Problems und den Behandlungszielen. Es können auch verschiedene Modalitäten in einer einzigen Sitzung kombiniert werden. Keine schließt die gleichzeitige Anwendung von Akupunktur aus. Bevor sich ein Behandler jedoch an Akupunktur oder einer der manipulativen Techniken versucht, ist eine gründliche Ausbildung in der jeweiligen Technik, ihrer Anwendung, ihren Risiken und Vorsichtsmaßnahmen erforderlich.

HVLA-Therapie

Als Erstes wollen wir das „Einrenken" vorstellen, auch als HVLA-Therapie (high-velocity, low-amplitude) oder Mobilisation mit Impulsbehandlung bezeichnet. Dabei wird ein Gelenk mit Bewegungseinschränkung in Richtung der einschränkenden Barriere[5] bewegt, um den verlorenen Bewegungsspielraum wieder herzustellen. Nachdem das Gelenk in allen Ebenen exakt in Bezug auf diese Grenze positioniert ist, wird ein kurzer, schneller Druck in Richtung der eingeschränkten Beweglichkeit ausgeübt. Häufig ist im Moment des Einrenkens ein knackendes Geräusch zu vernehmen, worauf der Bewegungsspielraum des Gelenks vergrößert ist.

Warum die HVLA-Technik gut mit Akupunktur kombinierbar ist

Als Einstiegsbehandlung entspannt Akupunktur die Triggerpunkte und periartikulären/paraspinalen Muskelrestriktionen. Das ermöglicht es dem Therapeuten, das dysfunktionale Segment genauer zu isolieren und die Technik mit weniger Kraftaufwand einzusetzen. Werden die Bewegungseinschränkungen im myofaszialen Gewebe nicht korrigiert, können die darin enthaltenen Torsions- und Spannungsmuster dazu führen, dass die somatischen Störungen von neuem auftauchen, da sie asymmetrische und/oder sonstige dysfunktionale Kräfte auf die Skelettstruktur ausüben.

[5] In der manipulativen Medizin bezeichnen Barrieren Begrenzungen von Bewegung. Wenn der Therapeut ein Gelenk durch eine Reihe von Bewegungen führt, um die Funktion zu überprüfen, beurteilt er den Gelenkmechanismus nach dem Ausmaß der Restriktionen. Dabei hält er nach Asymmetrien und diese begleitenden myofaszialen Veränderungen Ausschau. Verschiedene wichtige Begriffe sind hier zu klären, nämlich anatomische, physiologische, restriktive und pathologische Barriere. Die anatomische Barriere entspricht der Grenze der passiven Bewegung – eine weitere Gelenkdrehung wird durch die anatomischen Strukturen verhindert. Die physiologische Barriere markiert dagegen die Grenze der aktiven Bewegung und kann durch Dehnübungen erweitert werden. Bei der restriktiven Barriere handelt es sich um eine funktionell definierte, pathologische Bewegungsbegrenzung mit reduzierter Gelenkbeweglichkeit, die eine Dysfunktion darstellt. Eine pathologische Barriere ist entweder restriktiv und durch entsprechende manipulative Therapie zu beseitigen oder permanent und mit pathologischen Gewebestörungen verbunden (Kontraktur, Osteophyten).

Weichteiltherapie

Weichteiltherapie ist eine Technik, die auf Gewebe außerhalb der Skelett- und Gelenkstrukturen gerichtet ist. Sie kann laterale und lineare Dehnung, tiefen Druck und Zug umfassen. Verschiedene europäische Massagetechniken fallen unter diese Rubrik. Diese Varianten konzentrieren sich auf die mehr oberflächliche Faszie und umfassen Effleurage, Pétrissage, Tapotement und Hautrollen. Mit Weichteiltechniken lassen sich verschiedene positive Wirkungen auf den Körper erzielen, je nachdem, wie sie durchgeführt werden. Dazu zählen unter anderem:

- Entspannung hypertoner Muskulatur
- passive Dehnung faszialer Elemente
- gesteigerte Durchblutung lokaler myofaszialer Strukturen mit Verbesserung der lokalen Gewebsernährung, Sauerstoffversorgung und Schlackenentfernung
- Reduzierung abnormaler somatosomatischer und somatoviszeraler Reflexe
- Identifizierung von Bereichen somatischer Dysfunktion durch Palpation
- Beobachtung der Gewebereaktion auf Manipulation und Akupunktur durch Palpation
- Verbesserung der lokalen und systemischen Immunreaktion
- umfassende Entspannung oder Stimulation (je nach Art der Anwendung) [20]

Weichteiltechniken lassen sich mit anderen manipulativen Methoden ebenso wie mit Akupunktur kombinieren. Wie Akupunktur können sie zur Entspannung des Gewebes rund um ein blockiertes Gelenk beitragen und so die Anwendung von Mobilisationstechniken erleichtern. Auch die exakte Lokalisation der restriktiven Barriere vor dem Einrenken ist einfacher, wenn die muskuläre Verhärtung im umgebenden Gewebe reduziert ist.

Warum Weichteiltechniken gut mit Akupunktur kombinierbar sind

Die ionischen und bioelektrischen Ströme, die durch das Einstechen einer Akupunkturnadel erzeugt werden, treffen auf weniger Widerstand, wenn die faszialen Gewebestrukturen entspannt sind, wodurch die Behandlung effektiver wird. Die Nadeln lassen sich in entspannte Muskeln leichter einstechen als in verkrampfte, wodurch das Nadeln exakter und für den Patienten weniger unangenehm ist. Die Kombination von Weichteiltherapie und Akupunktur führt außerdem zu den oben aufgelisteten positiven Wirkungen.

Myofaszialer Release

Myofaszialer Release (MFR) ist eine Behandlungsform, die Andrew Taylor Still bereits seine ersten osteopathischen Studenten gelehrt hat. Es handelt sich um eine manipulative Technik, die laufendes palpatorisches Feedback einsetzt, um eine Lockerung myofaszialer Gewebe zu erreichen. MFR ist unterstützend bei der Diagnose und zur Modifikation veränderter mechanischer Muster und abnormaler Reflexe überall im Körper einsetzbar [21]. Es gibt zwei Arten von MFR: direkt und indirekt. Bei der direkten MFR wird die restriktive Barriere im myofaszialen Gewebe angesprochen; der Therapeut behandelt das Gewebe mit konstanter Kraft, bis es sich löst. Im Gegensatz dazu werden bei der indirekten MFR die dysfunktionalen Gewebe den Weg des geringsten Widerstands geführt, bis eine größere Beweglichkeit erreicht ist.

Weiter oben wurden die elektrische Leitfähigkeit der Faszie und ihrer Elemente sowie die piezoelektrischen Wirkungen erläutert, die durch Akupunktur auf das Kollagen ausgeübt werden. Beim piezoelektrischen Effekt wird elektrische Energie in mechanische Kräfte umgewandelt und mechanische Belastung in Energie. Daher sind dieselben Körperstrukturen, die wir in Bezug auf Energie und Akupunktur erläutert haben, auch bei der Manipulation von Bedeutung. Dazu zählen das Wasser absorbierende Kollagen und die Grundsubstanz (einschließlich Glykoproteine, GAG und andere Substanzen mit niedrigem Molekulargewicht). Außerdem gilt nach Ward: *„Alle Gewebe sind mechanisch reaktiv und zeigen Stress- und Beanspruchungsreaktionen."*

Warum myofaszialer Release gut mit Akupunktur kombinierbar ist

Myofaszialer Release hat dieselben positiven Wirkungen wie Weichteiltherapie. Das generelle Ziel von MFR geht jedoch über die Lockerung verklebten Gewebes hinaus und ist darauf ausgerichtet, *„eine dreidimensionale funktionale Symmetrie möglichst großen Umfangs wieder herzustellen, ohne dabei eine Hypermobilität zu verstärken"* [21]. Da sich die Wirkungen von Akupunktur und MFR überschneiden, sind die Ergebnisse beider Techniken ähnlich, doch die Kombination in einer einzigen Behandlung ist klinisch von Vorteil und wirkt synergistisch.

Viszerale Manipulation

Viszerale Manipulation ist eine manuelle Technik, die sich mit den inneren Organen befasst und deren physiologische Funktion verbessern soll. Typischerweise werden dabei die Organe in Richtung ihrer faszialen Befestigung bewegt, um ein Gleichgewicht herzustellen; dadurch werden die Zug- und Spannungsmuster beseitigt, die die Organe negativ beeinflussen. Viszerale Manipulation beseitigt wie MFR Störungen der Faszie, die Durchblutung und Lymphfluss behindern und Funktion und Biomechanik der viszeralen und somatischen Systeme verändern.

Die Organe in Thorax, Abdomen und Becken besitzen eine umfangreiche sensorische Innervation. Afferente Fasern, die Informationen von diesen Organen weiterleiten, verlaufen mit sympathischen Nerven wie dem N. splanchnicus major [22]. Neuronen im Hinterhorn des Rückenmarks weisen eine weitgehende Übereinstimmung der Informationen in afferenten Fasern kleinen Durchmessers von viszeralen und somatischen Strukturen auf [22]. Zweifach reagierende Neuronen wie die im Rückenmark liegen auch in Hirnstamm, Hypothalamus und Thalamus vor. Viszerale afferente Informationen gelangen durch dieselben spinalen Bahnen wie somatische nozizeptive Informationen zu Hirnstamm und Hypothalamus [22]. Aus dysfunktionalen somatischen Strukturen entstehen verschiedene Störungen. Wegen der starken Konvergenz viszeraler und somatischer Informationen im ganzen Nervensystem können viszerale Restriktionen zu ähnlichen Störungen entlang des Neuroendokrin-Immun-Netzwerks führen [22].

Warum viszerale Manipulation gut mit Akupunktur kombinierbar ist

Viszerale Manipulation reduziert die Überlastung durch die sympathische afferente Bombardierung entlang der eben beschriebenen Bahnen und ermöglicht eine Funktionswiederherstellung der durch fasziale Restriktionen behinderten Organe und Gewebe. Akupunktur kann die positiven Wirkungen viszeraler Manipulation verstärken, vor allem bei Auswahl von Zustimmungs-*Shu*- und Alarm-*Mu*-Punkten, die zu den dysfunktionalen Organen in Bezug stehen. Vor allem bei Störungen innerer Organe wirken Akupunktur und viszerale Manipulation komplementär, da sie bei Zustimmungs-*Shu*-Punkten über segmental verbundene somatoviszerale Reflexbahnen und bei Alarm-*Mu*-Punkten über abdominale Faszien und Dermatome die Sympathikus-Hyperaktivität reduzieren.

Ein weiterer interessanter Faktor in Bezug auf die inneren Organe ist Chapmans Konzept der Reflexpunkte. Wie Dr. Janet Travells myofasziale Triggerpunkte sind auch Chapmans Reflexpunkte unabhängig identifizierte Stellen, die sich mit den traditionellen Akupunkturpunkten überschneiden. Chapmans Reflexpunkte sind für die inneren Organe, was die myofaszialen Triggerpunkte für den somatischen Bereich sind. Vergleichbar mit den Alarm-*Mu*-Punkten, gibt es Chapman-Punkte auf der Körpervorderseite, die wichtige diagnostische Informationen über die Organe in Thorax, Abdomen und Becken liefern und auf Druckempfindlichkeit geprüft werden können. Vergleichbar mit den Zustimmungs-*Shu*-Punkten und den *Huatuojiaji*-Punkten, gibt es Chapman-Punkte auf der Körperrückseite, die in der Nähe der Dorn- und Querfortsätze liegen und diagnostische Informationen über innere Körperstrukturen liefern. Chapman-Punkte sind eine unabhängige Bestätigung dafür, dass es auf der Körperoberfläche diskrete Stellen gibt, die diagnostische Informationen über tiefere Körperstrukturen enthalten.

Lymphatische manipulative Techniken

„Die osteopathische Manipulation (OM) hat möglicherweise auf die Lymphfunktion einen stärkeren Einfluss als auf alle anderen Körpersysteme." [23]

Das Lymphsystem funktioniert größtenteils passiv und seine Funktion kann durch äußere Kräfte, wie zum Beispiel Spannung in den Myofaszien, positiv wie auch negativ beeinflusst werden. Manipulation der Gewebe verbessert allgemein den Lymphfluss und lässt sich in zwei Kategorien einteilen: Techniken, die Behinderungen der Lymphdrainage beseitigen, und solche, die den Lymphfluss direkt verstärken und fördern. Zu den Techniken, die strukturelle Behinderungen beseitigen, zählen HVLA, MFR, Weichteiltherapie, viszerale Manipulation, Rib raising und Kraniosakral-Therapie (Beschreibung siehe weiter unten). Direkt wirksame Lymphmanipulationsmethoden sind Diaphragma-Release und Lymphpumpe (siehe unten).

45

Rib raising vermindert die sympathische Hyperstimulation und Konstriktion der Lymphgefäße in dysfunktionalen Regionen und normalisiert die sympathische efferente Aktivität in den entsprechenden Rückenmarksegmenten. Vom Standpunkt der Manipulation ist Rib raising die Methode, durch die der Therapeut die Sympathikus-Hyperaktivität am direktesten beeinflussen kann [23]. Durch wirksames Rib raising werden die Rippenköpfe angehoben und rotiert. (Zugegebenermaßen lässt sich dies bei kleinen Tieren leichter bewerkstelligen als bei großen). Diese Rippenbewegung übt wiederum eine Zugwirkung auf die Faszien aus, die die Rippenköpfe und ihre jeweils ventral zugeordneten Grenzstrangganglien verbinden. Der anfänglichen Stimulation dieser sympathischen Zentren durch direkten, korrekt ausgeübten Druck auf die Rippenköpfe folgt bald eine langfristig wirksame Reflexhemmung. Diese wiederum dient der Wiederherstellung des autonomen Gleichgewichts [23]. Studien zeigen, dass die größeren Lymphgefäße durch sympathische Fasern innerviert werden, was darauf hinweist, dass Sympathikotonie oder Sympathikus-Hyperaktivität möglicherweise den Lymphfluss behindern, indem sie zu einer Verringerung des Durchmessers dieser Gefäße führen [23].

Eine freiere Rippenbewegung ermöglicht eine verbesserte Mechanik des Brustkorbs bei der Atmung. Zusammen mit einer größeren Diaphragma-Exkursion verbessert dies die Lymphdrainage durch verstärkten Unterdruck im Brustraum. Da das Lymphsystem keine eigene Pumpe besitzt, hängt der Lymphfluss durch die großen Lymphgefäße und -äste stark von einem ausreichenden Druckgradienten in Thorax und Abdomen ab. Durch die maximale Exkursion von Brustkorb und Diaphragma wird dieser Gradient wirksam erzeugt.

Das Zwerchfell ist für die Lymphfunktion auch aus verschiedenen anderen Gründen von Bedeutung. Es sorgt nicht nur für die erwähnten Druckveränderungen zwischen Brust und Abdomen, die dazu beitragen, dass die Lymphe in den Venenkreislauf abgeleitet wird, sondern massiert auch direkt die Lymphgefäße im Brust- und Bauchraum [23]. Nach Willard besitzt das Diaphragma auf der abdominalen Oberfläche ein kompliziertes Netzwerk von Lymphkanälen [24]. Diese Kanäle oder Lacunae spielen bei der Lymphdrainage der Bauchhöhle eine wichtige und faszinierende Rolle. Die als **Diaphragma-Release** bezeichnete manipulative Technik verbessert die Fähigkeit des Diaphragmas, seine zahlreichen Funktionen auszuüben. Man spricht auch von „redoming the diaphragm", da diese Technik das Diaphragma unterstützt, im Entspannungszustand seine charakteristische Kuppelform anzunehmen, und Bewegungseinschränkungen an den Muskelansatzstellen an der Körperwand ringsum beseitigt.

Organe, die in der Bauchhöhle liegen, können ebenfalls mit Lymphdrainagetechniken behandelt werden. Besonders Leber und Milz sind druckempfindliche Organe, die rasch auf intermittierend wechselnde Druckgradienten reagieren [23].

Wie bereits erwähnt, braucht es jedoch für die in diesem Kapitel vorgestellten Methoden eine gründliche Ausbildung, um sie wirksam und korrekt anwenden zu können. Wie bei der Akupunktur gibt es auch hier bestimmte Syndrome, bei denen diese Techniken kontraindiziert oder mit Vorsicht anzuwenden sind.

Warum Lymphdrainage-Techniken gut mit Akupunktur kombinierbar sind

Akupunktur verbessert die Immunfunktion auf verschiedene Weise, unter anderem durch die Modulation des Sympathikus-Tonus und psychoneuroimmunologische Wirkungen, besonders aber über Endorphine und die Stimulation von Zytokinen. Die Forschung zur Lymphpumpentechnik im Thoraxbereich deutet darauf hin, dass diese signifikante Wirkungen auf zirkulierende T- und B-Zellen und die Makrophagen-Enzymaktivität besitzt [25]. Beide Methoden spielen also eine Schlüsselrolle in der Beeinflussung des Neuroendokrin- und Immunsystems und tragen dadurch dazu bei, die Gesundheit wieder herzustellen bzw. aufrechtzuerhalten.

Kraniosakral-Therapie

Kraniosakral-Therapie oder kraniale Osteopathie beeinflusst die Physiologie des Körper-/Geist-Systems auf einer tiefen Ebene und besitzt großes Potenzial im Bereich der Veterinärmedizin. Zunächst ist es jedoch sinnvoll, einige wichtige osteopathische Konzepte vorzustellen. Basierend auf der Philosophie von A.T. Still sind die vier grundlegenden Prinzipien der Osteopathie:

- Der Körper funktioniert als Einheit.
- Der Körper besitzt selbstregulierende Mechanismen.
- Struktur und Funktion sind reziprok korreliert.
- Eine rationale Behandlung basiert auf der Anwendung dieser drei Prinzipien [26].

Kraniosakral-Therapie – wie alle hier vorgestellten osteopathischen Techniken – integriert diese Prinzipien in einem praktischen therapeutischen Format. Bis vor kurzem gab es nur wenige Veterinärmediziner, die mit Kraniosakral-Therapie vertraut waren. Die meisten in Chirotherapie ausgebildeten Veterinäre haben das „Einrenken" gelernt. Da die kraniosakrale Manipulation eine sehr tief greifende Wirkung auf den Patienten hat, ist es daher wichtig, sie in diesem Zusammenhang vorzustellen und die Wirkungen der Kraniosakral-Arbeit auf die Körperenergetik zu erläutern.

Der Begründer der Kraniosakral-Therapie war William G. Sutherland, der als Student der *American School of Osteopathy* 1899 von den abgeschrägten gelenkartigen Oberflächen der Schädelknochen fasziniert war. Zur Verbindung der Schläfenbeinschuppe mit dem größeren Flügel des Keilbeins bemerkte er: *„Wie ein Blitzstrahl kam der Gedanke: abgeflacht wie die Kiemen eines Fisches, was auf die Gelenkbeweglichkeit eines Atmungsmechanismus hindeutet."* [27] Bei diesem **„primären Respirationsmechanismus" (PRM)** handelt es sich um ein fundamentales physiologisches Phänomen, das fünf wichtige Elemente umfasst:

- die inhärente Mobilität von Gehirn und Rückenmark
- die Fluktuation des Liquors
- die Mobilität der intrakranialen und intraspinalen Membranen
- die artikuläre Beweglichkeit der Schädelknochen
- die unwillkürliche Beweglichkeit des Kreuzbeins zwischen den Darmbeinflügeln

In der Theorie der Kraniosakral-Therapie wird das Atmungssystem der Lunge als sekundärer Respirationsmechanismus betrachtet. Bei der Prägung des Begriffs PRM wählte Sutherland das Wort primär, um auf die direkte Rolle des kranialen Mechanismus in der Aktivität von Hirnstammzentren auf dem Boden des vierten Ventrikels hinzuweisen. Diese Zentren sind physiologische Schlüsselpositionen, die Lungenatmung, Kreislauf, Verdauung und Ausscheidung kontrollieren und regulieren. Der Begriff Respiration oder Atmung bezieht sich dabei auf den Austausch von Gasen und anderen Metaboliten auf zellulärer Ebene [26].

Zwei zusätzliche Gesichtspunkte, die den meisten Veterinärmedizinern fremd sind, beziehen sich darauf, dass Gehirn und Rückenmark eine **subtile Eigenbewegung** aufweisen, die langsam, rhythmisch und biphasisch verläuft, und dass die Schädelknochen nicht verschmolzen sind, sondern sich tatsächlich in Relation zueinander bewegen. Nach Magoun gilt:

„Jedes Organ im Körper weist das Phänomen einer Pulsation oder rhythmischen Schwingung auf und das Gehirn ist dabei keine Ausnahme. Lassek beschreibt es als 'vibrierend und lebendig (...) unablässig aktiv (...) dynamisch (...) höchst mobil, fähig, sich vorwärts, rückwärts, seitlich und rundum zu bewegen'." [27]

Während der Flexionsphase des Zyklus verkürzt und verdickt sich das gesamte ZNS; während der Extensionsphase verlängert und verdünnt es sich [26]. Diese rhythmische Bewegung entsteht möglicherweise in den Neurogliazellen [26]. Der von den Plexus choroidei gebildete **Liquor** zirkuliert durch die Ventrikel, über und um Gehirn und Rückenmark und durch Subarachnoidalraum und seine Erweiterungen (Cisternae). Er füllt die Bereiche innerhalb und außerhalb von Gehirn und Rückenmark und badet, schützt und nährt das ZNS. Er fließt in einer wellenähnlichen Bewegung, unterstützt durch die Eigenbewegung von Gehirn und Rückenmark. Diese hydrodynamische Motilität von Liquor und ZNS manifestiert sich zusammen als bioelektrischer Austausch innerhalb des Körpers und wirkt als Pumpe wie auch als elektrischer Generator [26]. Nach Becker operiert ein Halbleiter-Gleichstrom-System im Gehirn und im peripheren Nervensystem [28].

Die **Meningen** sind Teil des Bindegewebes und dienen als wichtige Verbindung zwischen ZNS und Knochensystem. Die äußere Schicht der Dura mater kleidet die Schädelhöhle aus. Diese Schicht erstreckt sich durch die Schädelknochennähte und bildet das Periost, das den Schädel bedeckt. Die innere Schicht der Dura umhüllt Gehirn und Rückenmark und über seine Duplikaturen (d. h. Falx cerebri und Tentorium cerebelli) können Kräfte, die vom Gehirn ausgehen, auf der Schädeloberfläche wahrgenommen werden. Die Dura erstreckt sich das Rückenmark hinab und ist (beim Menschen[6]) im Bereich von Foramen magnum, an C2 und C3 sowie am zweiten Sakralsegment befestigt. Während das Gehirn sich ein- und ausrollt, werden also Impulse über die Dura geleitet, die Schädel und Wirbel beeinflussen und sekundär bewegen. Die Weichteile, die an Schädel und Wirbel befestigt sind, reflektieren diese Bewegung, sodass man dieses subtile Pulsieren mit einer Geschwindigkeit von 10 bis 14 Zyklen pro Minute (beim gesunden Menschen) im ganzen Körper spüren kann. Gestörte Muster, die durch Traumata, Narben, Fehlhaltungen, Segmente mit Fazilitation und bestimmte emotionale Zustände entstehen können, unterbrechen den gleichmäßigen, ausgeglichenen Rhythmus. Diese Störungen in einem Teil des Systems beeinflussen die Funktion des gesamten Organismus [26].

Das zweite Konzept betrifft, wie bereits erwähnt, die **Beweglichkeit der Schädelknochen**. Forschung an verschiedenen Tierarten hat quantitativ nachgewiesen, dass sich diese Knochen zueinander bewegen und dass diese Bewegung zu einem homöostatischen Mechanismus beiträgt, der als *„Cranial compliance"* bezeichnet wird [26]. Diese Bewegung findet an den Rändern der Knochenplatten statt, die sich so entwickeln, dass Bewegung möglich und gleichzeitig ausreichender Schutz für das Gehirn gegeben ist.

Die Befestigung der Dura auf der Lumbal- und Sakralebene leitet die Bewegung vom Gehirn ausgehend hinab zum Kreuzbein. So reagiert das Sakrum auf die inhärente Motilität des ZNS, die Fluktuation des Liquor und den Zug der spinalen und kranialen Membranen, indem es sich auf einer transversalen Achse vor und zurück bewegt. Diese unwillkürliche Bewegung des Kreuzbeins spiegelt die unwillkürliche Bewegung des Hinterhauptsbeins, da beide durch die rhythmische Bewegung der spinalen und kranialen Dura mater in Bewegung versetzt werden. Wenn wir uns an unsere Diskussion der verbindenden Rolle der Körperfaszie erinnern, können wir nun erkennen, dass diese sogar noch umfassender ist. R.E. Becker hat dies folgendermaßen zusammengefasst:

„Gesundheit erfordert, dass der primäre Respirationsmechanismus als unwillkürlicher, rhythmischer, automatischer, veränderlicher Suspensionsmechanismus für die komplexe, integrierte, dynamische Verbindung seiner fünf Elemente fungieren kann. Er ist durch seine Faszienverbindungen eng mit dem übrigen Körper verbunden, von der Schädelbasis über Hals, Thorax, Abdomen und Becken bis zu den jeweils zugehörigen Bereichen der Körperphysiologie. Da alle willkürlichen und unwillkürlichen Körpersysteme inklusive Bewegungsapparat von Faszien umhüllt sind, unterliegen auch sie dem kraniosakralen Rhythmus von 10 bis 14 Zyklen pro Minute, zusätzlich zu ihren eigenen Rhythmen unwillkürlicher und willkürlicher Aktivität. Die unwillkürliche Mobilität des kraniosakralen Mechanismus versetzt alle Körpergewebe in eine minimale rhythmische Bewegung, die aus einer Flexion der Mittellinie mit Außenrotation der bilateralen Strukturen sowie bei der Gegenbewegung einer Streckung der Mittellinie mit Innenrotation der bilateralen Strukturen besteht und das ganze Leben hindurch 10- bis 14-mal pro Minute abläuft." [29]

So wie es bei der Akupunktur schwächere und stärkere Stimulationstechniken gibt, gibt es auch bei den manipulativen Therapien Techniken, die mehr oder weniger Kraftaufwand erfordern. Die Kräfte, die bei der Kraniosakral-Therapie eingesetzt werden, sind minimal und vorwiegend indirekt – mehr eine Sache des „Fühlens". Doch da auf einer sehr tiefen Ebene gearbeitet wird (des PRM), haben auch kleine Inputs enorme Auswirkungen. Dieses Konzept kleiner Veränderungen, die das Ganze überdimensional stark beeinflussen, erinnert an die Chaosdiskussion im Zusammenhang mit der Akupunkturwirkung [4]. Die Chaostheorie basiert auf der Annahme, dass scheinbare Zufallssysteme sich tatsächlich durch komplexe mathematische Formeln erklären lassen. Ein biologisches System wie der Körper eines Tieres kann als komplexes, geordnetes System betrachtet werden, wie viele andere

45

6 Weitere Forschungen sind erforderlich, um die entsprechenden Ansatzstellen bei unterschiedlichen Spezies zu erforschen und zu vergleichen.

chaotische Systeme auch. Physiker haben beobachtet, dass chaotische Systeme dazu gebracht werden können, sich auf geordnete, periodische Weise zu verhalten, sobald die Bedingungen so verändert werden, dass gegenüber dem vorherigen Zustand multipler Muster nun ein bestimmtes Muster bevorzugt wird. Ähnlich wie bei Akupunktur oder Kraniosakral-Therapie können mehrfache kleine Interventionen in chaotischen Systemen zu einer Auflösung der Unordnung und einem dynamischen Gleichgewichtszustand führen, der so lange vorhält, wie die Bedingungen konstant gehalten werden. Zusätzliche Störungen des Systems können dann zu einem neuen Gleichgewichtszustand führen oder auch zu einer Entspannung des Systems in einen früheren Zustand.

In der Praxis ist zu beobachten, dass die Patienten meist einige Behandlungen mit wenigen Nadeln oder kleinen Manipulationen des kraniosakralen Systems benötigen. Zu starker Input trägt nur zum Chaos bei, während eine subtile, aber gut ausgeführte Kraniosakral- oder Akupunktur-Behandlung zu weit reichenden und langfristigen Veränderungen des bioenergetischen Gleichgewichts führen kann.

Warum Kraniosakral-Therapie gut mit Akupunktur kombinierbar ist

Kraniosakrale Manipulation konzentriert sich auf den primären Respirationsmechanismus, der bereits bei der Geburt vorliegt und durch erbliche und perinatale Faktoren sowie die mütterliche Gesundheit beeinflusst wird. Wie die acht außerordentlichen Meridiane wirkt auch der PRM in Richtung Aufrechterhaltung und Wiederherstellung des homöostatischen Gleichgewichts. Die außerordentlichen Meridiane sind reich an Ursprungsenergie oder *Yuan-Qi*, so wie der Liquor reich ist an nährender, bioelektrischer und hydrodynamischer Energie [26]. In der chinesischen Medizin werden Gehirn und Rückenmark von den Nieren beherrscht, die die Flüssigkeiten regieren, so wie der primäre Respirationsmechanismus den Fluss des Liquors, der als die vitalste Flüssigkeit betrachtet wird, durch Gehirn und Rückenmark beherrscht. Dass die Nieren Einfluss auf das Gehirn haben, lässt vermuten, dass eine Manipulation der Lumbal- und Sakralregion über die Befestigungen der Dura am Skelett indirekt das Gehirn beeinflussen kann.

Aufgrund der Tatsache, dass das Lenkergefäß durch die Mittelachse von Gehirn und Rückenmark verläuft, ist es derjenige Meridian, der am offensichtlichsten in Verbindung mit Kraniosakral-Therapie eingesetzt werden kann. Das *Du Mai* beginnt im unteren Abdomen und steigt im Inneren der Wirbelsäule bis zum Gehirn auf; es gibt einen weiteren Verlauf auf der Körpervorderseite, der vom Konzeptionsgefäß nicht zu trennen ist [30]. Psychoemotionale Beschwerden, Schwindel, Epilepsie und Bewusstseinsstörungen lassen sich mit mehreren Punkten entlang des LG-Meridians behandeln, u. a. LG 4 am *Ming Men* und LG 16 in der Nähe des Foramen magnum. Die Beziehung dieser Punkte zu Befestigungsstellen der Dura, die den kraniosakralen Mechanismus beeinflussen, wird dadurch möglicherweise klar.

Pribadi schlägt mehrere Akupunkturpunkte vor, die zur Behandlung verschiedener psychiatrischer und neurologischer Störungen mit Kraniosakral-Therapie kombiniert werden können [31]. Er korreliert verschiedene strukturelle Abweichungen in den Beziehungen der Schädelknochen mit Störungen wie obzessivem Zwangsverhalten, Anfällen und Angstzuständen und führt Punktkombinationen auf, die sich bei Patienten seiner klinischen Praxis strukturell und energetisch positiv auswirkten. Pribadis umfassendes Behandlungsprogramm ist zu umfangreich, um es hier zu erläutern. Der Leser sei daher für weitere Informationen auf den Artikel im *American Academy of Osteopathy Journal* verwiesen.

45.6 Behandlungsprinzipien

Ob man Akupunktur und/oder Osteopathie einsetzt, immer richtet sich die Behandlung danach, wo die Krankheit auftritt, sei es nun an der Oberfläche, auf der Organebene oder im innersten Kern. Bei der Akupunktur liegen bestimmte Energien und Leitbahnen an der Oberfläche (wie z. B. das *Wei-Qi* und die tendinomuskulären Regionen der Meridiane), andere basieren auf den Organen (wie die Hauptmeridiane und das System der *Shu-* und *Mu-*Punkte) und wieder andere sind mit dem Ursprung verbunden (wie die außerordentlichen Meridiane). Zu den Akupunkturbehandlungen für die Oberfläche oder die Regionen unmittelbar darunter zählen *Bi-*Syndrom-Behandlungen und die Therapie der tendinomuskulären Regionen. Behandlungen auf Organebene sind das Nadeln von Punkten des *Shu-Mu-*Systems und einzelner Meridiane. Wenn es um den innersten Kern geht, sind die acht außerordentlichen Meridiane der Hauptfokus. Auch manipulative Therapien können Krankheiten entweder auf einer tieferen Ebene des Organismus oder auf einer mehr äußerlichen Ebene ansprechen.

Manipulative Techniken, die auf die äußere Ebene oder Körperoberfläche gerichtet sind, sind:

- Weichteiltherapie
- myofaszialer Release
- HVLA-Methoden
- manuelle Traktion

Auf die Organfunktion sind viszerale Manipulation und Lymphdrainage ausgerichtet. Die Kraniosakral-Therapie spricht unmittelbar den Kern an.

45.7 Behandlung nach Körpersystemen

Eine andere Möglichkeit, die Kombination von Akupunktur und manipulativen Therapien zu betrachten, ist die Analyse systemischer Erkrankungen aus einer myofaszialen und neurologischen Perspektive. Die Behandlung von Störungen des Bewegungsapparats wurde in ➤ Kap. 14 untersucht. Bei systemischen Störungen ist es hilfreich, die Innervationsquelle der betroffenen Organe und Regionen zu betrachten, um zu klären, wie die Dysfunktion manuell am besten angesprochen werden kann. In dem Werk *Osteopathic considerations in systemic dysfunction* wurde dies von Kuchera und Kuchera wunderbar zusammengefasst [19]. In diesem spannenden Buch werden die nachfolgend genannten Systeme analysiert und entsprechende manipulative Maßnahmen vorgeschlagen. Die folgenden Abschnitte enthalten einige Vorschläge für geeignete manuelle Behandlungsmöglichkeiten. Diese sind nicht umfassend und nur als Anregung gedacht.

Störungen von Augen, Ohren, Nase und Kehle

Mehrere neurologische Bahnen leiten afferente und efferente Informationen von und zu Kopf und Hals. Einige dieser Verbindungen stammen von kranialen Nerven, doch im Falle von Krankheiten kommt ein großer Teil des gestörten Reflexinputs aus dem sympathischen Nervensystem und entspringt aus den kraniothorakalen Segmenten des Rückenmarks. Wenn ein Organ oder Gewebe dysfunktional wird, sendet es verstärkt afferente Informationen auf Bahnen, die mit den Afferenzen des Sympathikus verlaufen, wodurch, wie bereits erwähnt, Fazilitation entsteht. Bei Störungen der kraniofazialen Knochen und der von ihnen umschlossenen Organe findet sich daher aufgrund der Reflexstimulation der somatischen Gewebe auf diesen Ebenen meist eine somatische Dysfunktion der kraniothorakalen Segmente.

Exzessive sympathische Erregung führt zu einer Überstimulation der Organe, die von diesen Nerven versorgt werden. Ein hoher Sympathikus-Tonus fördert die Vasokonstriktion, verringert die Nährstoffversorgung der Gewebe und vermindert den Lymph- und Blutabfluss, was schließlich zu Stauungen in den Geweben führt. Dies wiederum behindert die Immunreaktion des Körpers in diesem Bereich und kann dazu führen, dass systemische Medikamente nur in verringerter Konzentration über das Blut zufließen können. Ein hoher Sympathikus-Tonus aufgrund chronischer Überreizung führt zu einer erhöhten Zahl von Becherzellen, wobei sich zähe, verdickte Sekrete im Nasenrachenraum bilden. Die Vasokonstriktion, die mit chronischer Sympathikus-Stimulation im Sinusbereich einhergeht, kann zu trockener und rissiger Schleimhaut führen, die nicht mehr zu den normalen Abwehrreaktionen fähig ist und die Entwicklung sekundärer bakterieller Infektionen ermöglicht.

Eine rationale Behandlung von Erkrankungen im Kopf- und Halsbereich würde also darin bestehen, die sympathische Stimulation, die von den kraniothorakalen Segmenten ausgeht, zu reduzieren, was die Lymphdrainage verbessert und die spinalen somatischen Störungen lindert. Manipulative Methoden, mit denen dies erreicht werden kann, sind Rib raising, Lymphdrainage und HVLA-Techniken. Weichteiltherapie und myofaszialer Release im Bereich von Kopf, Hals und kraniothorakaler Region wirken dabei unterstützend. Kraniosakrale Manipulation ist wichtig, um subtile kraniale Nerveinklemmungen zu lösen und die daraus resultierenden Störungen zu lindern, doch die Möglichkeit einer effektiven Manipulation hängt auch von der Mitarbeit des Patienten ab. Kraniosakral-Arbeit verbessert den Parasympathikus-Tonus, was bei Störungen im Bereich von Augen, Ohren, Nase und Hals wichtig ist, da dies die Sekrete verflüssigt und die Ableitung verbessert.

Störungen der Atemwege

Kuchera und Kuchera definieren die Atmung folgendermaßen:

„(…) eine dynamische Orchestration, die koordinierte neurale Reflexaktivität, abdominale Diaphragmakontraktion sowie weitere Muskelkontraktionen, eine Bewegung der faszialen Ebenen und die Bewegung von mehr als 146 Gelenken im Körper involviert (…) Die zyklischen Druckgradienten wirken als Pumpe für das Lymphsystem und ermöglichen einen guten Fluss der Lymphe. Außerdem unterstützt die Atmung den venösen Blutfluss und eine Reihe biochemischer und physikalischer Reaktionen, die während der Atmung im Blutstrom ablaufen." [19]

Bei einem so komplexen physiologischen Umfeld erweisen sich zahlreiche manipulative Vorgehensweisen als wirksam, vor allem diejenigen, die Sympathikus-Hyperaktivität reduzieren und die Lymphdrainage verbessern. Wie bei Krankheiten im Kopf- und Halsbereich führen Probleme, die in der Lunge entstehen, über viszerosomatische Reflexe, lymphatische und venöse Stauungen und gestörte Immunfunktion aufgrund der Fazilitation des Nervensystems zu somatischer Dysfunktion der kraniothorakalen Segmente. Manipulative Therapie kann die angeborene Fähigkeit des Körpers, mit Lungenentzündung, chronischen obstruktiven Lungenerkrankungen und Asthma fertig zu werden, substanziell verbessern. Dazu zählen folgende Therapieformen:

- Rib raising der kraniothorakalen Region (um den Sympathikus-Tonus und seine negativen Folgen zu reduzieren)
- HVLA-Techniken im Bereich der Rückenmarksegmente von Zervix und Thorax, die zur Atmung beitragen (z. B. Nervus phrenicus und Nervi intercostales)
- Weichteiltherapie und myofaszialer Release im Bereich von Brust und Thorakolumbalbereich, um das „redoming" des Diaphragmas zu unterstützen
- Lymphpumpe
- Kraniosakrale Manipulation, um den N. vagus zu beeinflussen und den parasympathischen Input an die Lungen zu normalisieren

Störungen des Gastrointestinaltrakts

Akupunktur kann bei Störungen des Gastrointestinaltrakts, einschließlich konservativ behandelbaren Koliken, postoperativem Ileus, Magengeschwüren und weiteren funktionalen Problemen, von äußerst positiver Wirkung sein (➤ Kap. 20). Manipulation kann die Akupunkturwirkung zusätzlich verstärken. Eine gastrointestinale Dysfunktion hat mehrere neurophysiologische und zirkulatorische Komponenten, die bei der Auswahl der Herangehensweise berücksichtigt werden müssen. Ein hoher Sympathikus-Tonus führt zu Vasokonstriktion, reduzierter Sauerstoffversorgung und Ernährung der Gewebe, erhöhter Sensibilität der Schleimhäute für die Wasserstoffionenkonzentration und veränderten Schleimhautbarrieren. Er verringert die Peristaltik und führt zu Obstipation. Durch den gestörten Lymphfluss kommt es zu Gewebeverklebung, was die Nährstoffaufnahme aus dem Darm reduziert. Ein hyperaktives Parasympathikus-System erhöht die Säurensekretion, führt zur Kontraktion von Gallenblase und Gallengängen und durch Erhöhung der Peristaltikaktivität eventuell zu Diarrhö.

Die osteopathische Behandlung bei gastrointestinalen Störungen ist darauf ausgerichtet, den Blut- und Lymphfluss zu verbessern und die autonome viszerale afferente und efferente Übertragung ins Gleichgewicht zu bringen. Sympathikus-Hyperaktivität dysfunktionaler Darmgewebe spiegelt sich in Fazilitation der entsprechenden Rückenmarksegmente, wobei sich diese mit den Zustimmungs-*Shu*-Punkten überlappen. Behandlung dieser somatischen Störungen ist möglich mit HVLA-Techniken, Weichteiltherapie und myofaszialem Release im Bereich der kaudalen Thoraxebene und der kranialen Lumbalregion. Rib raising bis zu den kaudalen Rippen verringert die Sympathikus-Hyperaktivität weiter. Weichteiltherapie und myofaszialer Release im Bereich der thorakolumbalen Region unterstützen die Befreiung des Diaphragmas und ziehen die abdominale Lymphe ab. Viszerale Manipulation und Lymphdrainage lindern ebenfalls die faszialen Restriktionen und daraus resultierenden Lymphstauungen. Kraniosakrale Manipulation hilft den parasympathischen Input aus Vagus und Sakralnerven zu normalisieren.

Störungen des Harntrakts

Die Pathophysiologie von Harnwegsstörungen umfasst mehrere der bereits erläuterten Faktoren, unter anderem hohen Sympathikus-Tonus, gestörten Lymphfluss und parasympathische Dysfunktion. In diesem Fall kann ein hoher Sympathikus-Tonus zu folgenden Erscheinungen führen:

- Konstriktion der afferenten Arteriolen der Niere, was zu einer Reduzierung der glomerulären Filtrationsrate und verringerter Urinbildung führt
- Harnleiterverkrampfung und verringerter Urinfluss
- Entspannung der Blasenwand, dadurch Reflux und unvollständige Blasenentleerung
- erhöhter Tonus des Harnröhrenschließmuskels, was Reflux fördert

Außerdem kann eine Beeinträchtigung des Lymphflusses zu einer Zunahme des interstitiellen onkotischen Drucks führen, wodurch der Gegenstromaustausch gestört und die Harnkonzentrierung durch die Niere reduziert wird.

Um diese Probleme durch Manipulation zu lindern, muss man zunächst bestimmen, welche der erwähnten pathophysiologischen Befunde vorliegen, und sie entsprechend korrigieren. Die Vorgehensweise ist ähnlich wie bei gastrointestinalen Störungen, wobei die Rückenmarksegmente natürlich vom betroffenen Organ abhängen, von der thorakolumbalen Region bei Nierenproblemen bis zur Sakralregion bei Störungen von Urethra und Prostata.

Rheumatologische Störungen

Berücksichtigt man die Einheit des Körpers, die psychoemotionale Faktoren, autonome Störungen, lymphatische Einflüsse und pathologische Zustände des Bewegungsapparats umfasst, so gelangt man zu einer vollständigeren Einschätzung rheumatologischer Beschwerden. Allgemeine Behandlungsziele sind nach Kuchera und Kuchera:

- Die Schmerzen lindern.
- Den Schmerz-Spasmus-Schmerz-Kreislauf über somatosomatische und somatoautonome Reflexpfade unterbrechen.
- Die Entzündung verringern.
- Die Gelenkernährung verbessern.
- Den Abtransport synovialer Abbauprodukte erleichtern.
- Die Gelenkfunktionen erhalten und/oder verbessern.
- Die mechanische Beanspruchung der Gelenke in der betroffenen Region verringern.
- Bestehende Gelenkdeformationen (wenn möglich und indiziert) korrigieren und weitere Deformierung verhindern.

Die optimale spezifische Manipulationstechnik hängt natürlich von der Gelenkpathophysiologie ab, Kuchera und Kuchera geben jedoch einige Richtlinien vor:

- Somatische Gelenkdysfunktion mit passiver Erweiterung des Bewegungsspielraums und indirektem myofaszialem Release behandeln.
- Haltungsfehler und Fehlstellungen von Gelenken korrigieren.
- Die Knorpelernährung mit direkten und indirekten Weichteiltechniken und periartikulären Behandlungen verbessern.
- Den Sympathikus-Tonus sowie sekundäre viszerosomatische und somatoviszerale Reflexe durch die Behandlung der Segmente mit Fazilitation und durch Rib raising reduzieren.

45.8 Richtlinien für die Zukunft

Die hier angeführten Behandlungsparadigmen entspringen größtenteils der humanmedizinischen Literatur, da angemessene Untersuchungen manipulativer Techniken bei Tieren zurzeit noch fehlen. Wie bei allen anderen Modalitäten der komplementären und alternativen Tiermedizin ist die notwendige Antwort auf diesen beklagenswerten Mangel mehr Forschung hoher Qualität. Die Einführung von Akupunktur, manipulativen Methoden und anderen alternativen Modalitäten in die Veterinärausbildung würde dazu führen, dass sie rigoroser wissenschaftlicher Überprüfung unterliegen, was hier ausdrücklich gutgeheißen werden soll. Denn nur so können diese Methoden auf einer breiten Basis in ein umfassendes Gesundheitssystem für Tiere integriert werden, wodurch diese weniger invasiven und dabei sehr wirksamen Optionen mehr und allgemeiner verfügbar wären.

LITERATUR

1. Still AT: *Autobiography of Andrew T. Still,* Kirksville, Mo, published by the author, cited in Webster GV: *Sage sayings of Still,* Los Angeles, 1996, Wetzel Publishing.
2. Cuny H: *Albert Einstein: the man and his times,* London, 1963. In Calaprice A: *The quotable Einstein,* Princeton, NJ, 1996, Princeton University Press.
3. McMillan FD: Influence of mental states on somatic health in animals, *J Am Vet Med Assoc* 214(8):1221–1225, 1999.
4. Helms JM: *Acupuncture energetics: a clinical approach for physicians,* Berkeley, Calif, 1995, Medical Acupuncture Publishers.
5. Unschuld PU: *Medicine in China,* Berkeley, Calif, 1985, University of California Press.
6. Seem M: *A new American acupuncture,* Boulder, Colo, 1993, Blue Poppy Press.
7. Larson D: The role of the connective tissue as the physical medium for the conduction of healing energy in acupuncture and Rolfing, *Am J Acupunct* 18(3):251–266, 1990.
8. Cummings CH: A tensegrity model for osteopathy in the cranial field, *Am Acad Osteopath J* 4(2):9–27, 1994.
9. Northup GW: *Osteopathic medicine: an American reformation,* Chicago, 1966, American Osteopathic Association.
10. Still AT: *Autobiography of Andrew T. Still.* Quoted in Booth ER: *History of osteopathy and twentieth century medical practice,* Cincinnati, 1905, Jennings and Graham.

11. Towns LC: In Ward RC, ed: *Foundations for osteopathic medicine,* Baltimore, 1997, Williams & Wilkins.
12. Chila AG: Fascial-ligamentous release. In Ward RC, ed: *Foundations for osteopathic medicine,* Baltimore, 1997, Williams & Wilkins.
13. Dolson AL: Acupuncture from a pathologist's perspective: linking physical to energetic, *Med Acupunct* 10(1):25–31, 1998.
14. Becker RO: *The body electric,* New York, 1985, William Morrow.
15. Lipinski B: Biological significance of piezoelectricity in relation to acupuncture, hatha yoga, osteopathic medicine and action of air ions, *Med Hypotheses* 3(1): 9–12, 1977.
16. Ward RC: Glossary of osteopathic terminology. In Ward RC, ed: *Foundations for osteopathic medicine,* Baltimore, 1997, Williams & Wilkins.
17. Willard FH: Autonomic nervous system. In Ward RC, ed: *Foundations for osteopathic medicine,* Baltimore, 1997, Williams & Wilkins.
18. Korr IM: Spinal cord as organizer of disease processes. III. Hyperactivity of sympathetic innervation as a common factor in disease, *J Am Osteopath Assoc* 79:232–237, 1979.
19. Kuchera ML, Kuchera WA: *Osteopathic considerations in systemic dysfunction,* Columbus, Ohio, 1994, Greyden Press.
20. Ehrenfeucter WC et al: Soft tissue techniques. In Ward RC, ed: *Foundations for osteopathic medicine,* Baltimore, 1997, Williams & Wilkins.
21. Ward RC: Integrated neuromusculoskeletal release and myofascial release. In Ward RC, ed: *Foundations for osteopathic medicine,* Baltimore, 1997, Williams & Wilkins.
22. Willard FH et al: Neuroendocrine-immune system and homeostasis. In Ward RC, ed: *Foundations for osteopathic medicine,* Baltimore, 1997, Williams & Wilkins.
23. Wallace E et al: Lymphatic system. In Ward RC, ed: *Foundations for osteopathic medicine,* Baltimore, 1997, Williams & Wilkins.
24. Willard FH: The anatomy of the lymphatics, American Academy of Osteopathy Convocation, Colorado Springs, Colo, 1998 (recorded on video #039801, available from the American Academy of Osteopathy, Indianapolis, Ind).
25. D'Alonzo GE et al: Respiratory system. In Ward RC, ed: *Foundations for osteopathic medicine,* Baltimore, 1997, Williams & Wilkins.
26. Lay EM: Cranial field. In Ward RC, ed: *Foundations for osteopathic medicine,* Baltimore, 1997, Williams & Wilkins.
27. Magoun HI: *Osteopathy in the cranial field,* Kirksville, Mo, 1966, The Journal Printing Co.
28. Becker RO: *Cross currents: the promise of electromedicine, the perils of electropollution,* New York, 1990, G.P. Putnam's Sons.
29. Becker RE: Craniosacral trauma in the adult, *Osteopath Ann* 4:43–59, 1976.
30. Deadman P, Al-Khafaji M: *A manual of acupuncture,* East Sussex, England, 1998, Journal of Chinese Medicine Publications.
31. Pribadi KS. Psychosynergesis: a synthesis of cranial osteopathy, acupuncture, and homeopathic medicine in psychiatry, *Am Acad Osteopath J* 8(1):29–35, 1998.

VI Anhang

VI

Praxisstempel

Veterinärakupunktur – Informationen für Tierbesitzer

Die Akupunktur (Acus = Nadel, punctura = Einstich) ist eine von zahlreichen Methoden, die ein Tierarzt zur Behandlung Ihres Tieres einsetzen kann. Sie basiert darauf, dass spezifische Körperpunkte stimuliert werden. Durch die Stimulation verändern sich verschiedene biochemische und physiologische Zustände, das Gleichgewicht im Körper wird wieder hergestellt und die Ursache von Störungen behoben. Die Akupunktur ist eine Methode, die die Selbstheilungskräfte des Körpers aktiviert. Sie wird seit fast 4000 Jahren erfolgreich bei Tieren und Menschen angewandt. Auch heute noch ist sie bei vielen gesundheitlichen Problemen die Behandlung der Wahl für ein Viertel der Weltbevölkerung. Mittlerweile wird sie von einer zunehmenden Zahl von Tierärzten für verschiedene Störungen eingesetzt. Sie ist kein Allheilmittel, dennoch kann sie, wenn sie sinnvoll eingesetzt wird, gute Behandlungserfolge erzielen.

Bei welchen Erkrankungen kann Akupunktur eingesetzt werden?

Die Akupunktur schließt eine Lücke zwischen der medikamentösen und der chirurgischen Behandlung. Im Westen wird sie vorwiegend angewandt, wenn Medikamente nicht wirken oder zu starke Nebenwirkungen haben und wenn eine Operation für das Tier nicht infrage kommt. In China wird sie häufig als primäre Behandlungsform noch vor der konventionellen und chirurgischen Therapie eingesetzt.

Bei Kleintieren wird Akupunktur vor allem angewandt bei:

- Störungen des Bewegungsapparats, z.B. Hüftgelenksdysplasie, Arthritis, Bandscheibenprobleme, Verletzungsfolgen
- Hauterkrankungen, z.B. Leckgranulom oder sensorische Neurodermitis
- Störungen des Nervensystems, z.B. Nervenverletzungen, bestimmte Arten von Lähmungen
- Atemwegserkrankungen, z.B. Asthma

Auch viele andere Erkrankungen reagieren gut auf Akupunktur.

Bei Pferden wird Akupunktur am häufigsten bei folgenden Störungen angewandt:

- Störungen des Bewegungsapparats, z.B. Rückenprobleme, Podotrochlose, Laminitis, Tendinitis, zahlreiche andere Lahmheitserscheinungen
- Störungen des Nervensystems, z.B. Nervenverletzungen
- Schmerztherapie bei und nach Operationen
- Atemwegserkrankungen

Wie funktioniert Akupunktur?

Man weiß inzwischen, dass Akupunktur alle wichtigen physiologischen Systeme beeinflusst. Primär wirkt sie über das Zentralnervensystem, das auf Bewegungsapparat, Hormonsystem und Herz-Kreislauf-System wirkt. Akupunktur kann mehr als nur Schmerzlinderung bewirken. Die Wirkung hängt dabei von der behandelten Störung und der Wahl der behandelten Punkte ab.

Die wichtigsten Wirkungen der Akupunktur sind:

- sie verbessert die Durchblutung,
- sie bewirkt die Freisetzung zahlreicher Neurotransmitter und Neurohormone; unter anderem fördert sie die Ausschüttung von Endorphinen (natürliche schmerzlindernde Hormone des Körpers),
- sie lindert Muskelkrämpfe,
- sie stimuliert die Nerven und das Immunsystem des Körpers.

Daneben hat sie noch zahlreiche weitere positive Wirkungen. Nach der chinesischen Philosophie entsteht Krankheit durch ein energetisches Ungleichgewicht im Körper. Akupunkturtherapie soll die Energie ausgleichen, den Energiefluss korrigieren und dadurch zur Heilung beitragen.

Ist Akupunktur schmerzhaft? Wie reagiert das Tier darauf?

Akupunktur wird mit sterilisierten dünnen Stahlnadeln durchgeführt. Gelegentlich tritt ein kurzer Schmerzmoment auf, wenn die Nadel in bestimmten empfindlichen Bereichen die Haut durchsticht. Sobald die Nadel am Platz ist, entspannen sich die meisten Tiere und schlafen sogar häufig während der Behandlung ein.

Wie sicher ist Akupunktur?

Akupunktur ist eine der sichersten Therapieformen, wenn sie von einem kompetenten Akupunkteur durchgeführt wird. Nebenwirkungen treten nur in Ausnahmefällen auf. Gelegentlich verschlechtert sich der Zustand eines Tieres vorübergehend, bevor eine Besserung eintritt. Da Akupunktur auf die Selbstheilungskräfte des Körpers wirkt und keine chemischen Substanzen eingesetzt werden, kommt es nur sehr selten, wenn überhaupt, zu Komplikationen.

Wie oft und wie lange wird behandelt?

Die Behandlung kann zwischen 10 Sekunden und 30 Minuten dauern, je nach behandelter Störung und verwendeter Methode. Es gibt viele verschiedene Möglichkeiten, Akupunkturpunkte zu stimulieren, u.a. durch Nadeln, Elektroakupunktur, Aquapunktur (Injektion einer Flüssigkeit in den Punkt), Moxibustion (Erwärmen des Punktes) oder Laserakupunktur. Die Patienten werden in der Regel 4–6 Wochen lang 1–3-mal pro Woche behandelt. Eine positive Reaktion ist oft im Laufe der ersten 4–6 Behandlungen zu beobachten, manchmal auch schon früher, je nach behandelter Erkrankung.

Praxisstempel

Veterinärakupunktur – Informationen für Kollegen

Akupunktur ist definiert als die Stimulation bestimmter Körperpunkte, die eine spezifische physiologische Wirkung hervorrufen. Akupunkturtherapie wird eingesetzt, wenn die konventionelle Medikation nicht wirksam ist oder unerwünschte Nebenwirkungen hat bzw. wenn Kontraindikationen gegen eine Operation bestehen.

Folgende Störungen lassen sich mit Akupunktur behandeln:

Störungen des Bewegungsapparats, z.B.
- Arthritis
- Hüftgelenksdysplasie
- Bandscheibenerkrankungen

Dermatologische Erkrankungen, z.B.
- Leckgranulome
- Chronische allergische Dermatitis

Neurologische Störungen, z.B.
- Nervenverletzungen
- Epilepsie

Atemwegserkrankungen, z.B.
- Asthma

Störungen des Gastrointestinaltrakts, z.B.
- Chronische therapieresistente Diarrhö und Obstipation

Die Akupunkturbehandlung wird zunächst über einen Zeitraum von 6 bis 8 Wochen 1- bis 2-mal wöchentlich durchgeführt. Anschließend wird die Behandlungshäufigkeit langsam und je nach Bedarf reduziert, um den Therapieerfolg zu erhalten. Normalerweise werden die Patienten im Anschluss alle zwei bis sechs Monate nachuntersucht und nachbehandelt.

Praxisstempel

Veterinärakupunktur und alternative Therapieverfahren

Sehr geehrte(r) ____________________

Vielen Dank für die Überweisung Ihres Klienten ____________________

und des Patienten ____________________

Überweisungsdiagnosen: ____________________

____

____

____

____

Das Tier wurde am ____________________ in unserer Praxis vorgestellt.

Untersuchungsbefunde: ____________________

____

____

____

____

____

Therapie und Krankheitsverlauf: ____________________

____

____

____

____

____

____

Für Rückfragen stehe ich jederzeit gerne zur Verfügung.

Mit freundlichen Grüßen

Praxisstempel

Akupunktur-Anfrage

Name	
Datum des Anrufs	
Adresse	
Telefonnummer	
Überwiesen/empfohlen von	
Tierart	
Alter	
Geschlecht	
Name des Tieres	
Erkrankung(en)	
Besonderheiten	

Praxisstempel

Untersuchungsbefunde

Besitzer: ______________________________

Patient: ______________________________

Datum: ______________________________

Druckempfindliche Punkte

	He	Dü	Pe	3E	Lu	Di	MP	Ma	Ni	Bl	Le	Gb
	KG 14	KG 4	KG 17	KG 5	Lu 1	Ma 25	Le 13	KG 12	Gb 25	KG 3	Le 14	Gb 24
Links												
Rechts												
	Bl 15	Bl 27	Bl 14	Bl 22	Bl 13	Bl 25	Bl 20	Bl 21	Bl 23	Bl 28	Bl 18	Bl 19
Links												
Rechts												

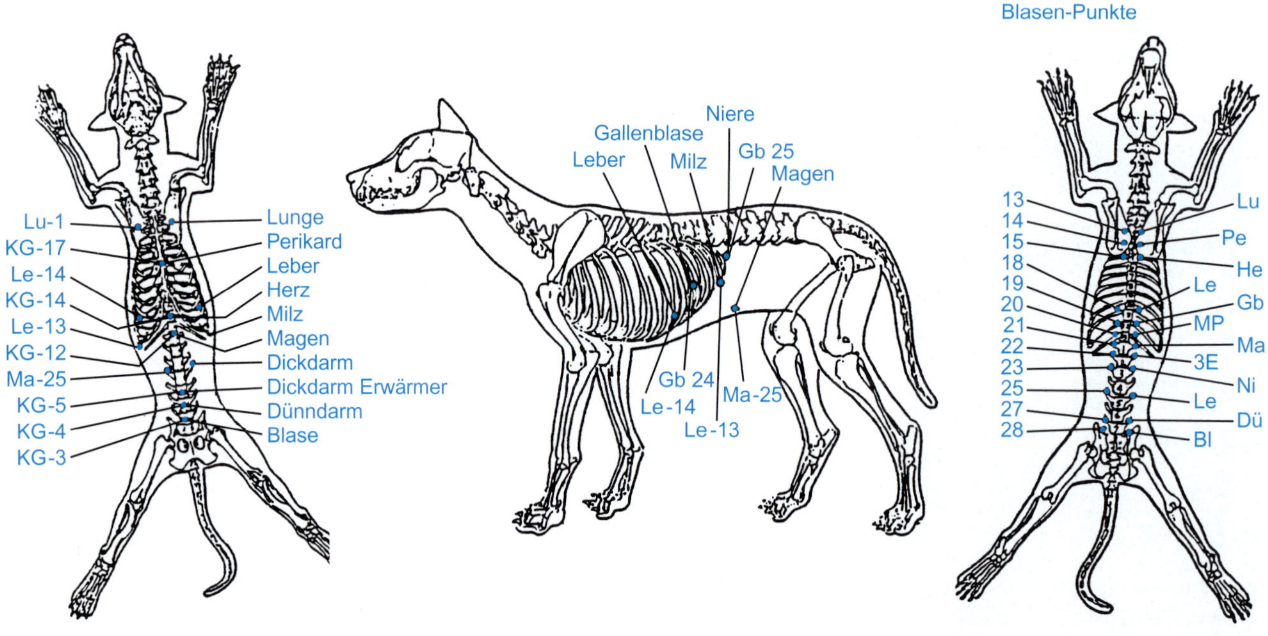

Alarm-*Mu*-Punkte

Zustimmungs-*Shu*-Punkte

Praxisstempel

Behandlungsprotokoll

Besitzer: ______________________________

Patient: ______________________________

Datum: ______________________________

Behandlung	Nr.:	Datum:
Untersuchungsbefunde		
Diagnostische Punkte		
Behandelte Punkte		
Technik		
Anmerkungen		

Behandlung	Nr.:	Datum:
Untersuchungsbefunde		
Diagnostische Punkte		
Behandelte Punkte		
Technik		
Anmerkungen		

Praxisstempel

Therapieübersicht/Qualitätskontrolle

Akte Nr.:		
Besitzer		
Überwiesen von		
Name des Tieres		
Tierart		
Rasse		
Alter		
Geschlecht	M	W
Hauptdiagnose		
Nebendiagnose(n)		
Befunde		
Behandlungsplan		

Therapiesitzungen	Nr.	Datum	Nr.	Datum	Nr.	Datum	Nr.	Datum
	1		6		11		16	
	2		7		12		17	
	3		8		13		18	
	4		9		14		19	
	5		10		15		20	

Krankheitsverlauf

% des Normalzustandes																				
100																				
90																				
80																				
70																				
60																				
50																				
40																				
30																				
20																				
10																				
0																				
Zustand nach Therapiesitzung Nr.	1	2	3	4	5	6	7	8	9	10	11	12	13	14	15	16	17	18	19	20

Praxisstempel

Einverständniserklärung für die Veterinärakupunktur

Hiermit ermächtige ich ______________________________

____

sowie die von ihm benannten Assistenten, an ______________________________

die folgenden Behandlungsmaßnahmen durchzuführen: ______________________________

____

____

____

____

____

Im Falle unvorhergesehener Komplikationen, die einer Behandlung bedürfen, autorisiere ich ihn/sie nach Maßgabe seines/ihres fachlichen Urteils darüber hinausgehend zu allen von ihm/ihr für notwendig erachteten Maßnahmen.
Über Art und Zweck der Behandlung, mögliche Behandlungsalternativen, Risiken und mögliche Komplikationen bin ich vollständig aufgeklärt worden.

Ich erkenne hiermit an, dass eine Vorhersage des Behandlungserfolges für das einzelne Tier nicht möglich ist und keine Garantien ausgesprochen wurden.

Zeuge ____________________ Tierbesitzer oder Bevollmächtigter ____________________

Unterschrift ____________________ Unterschrift ____________________

Ort, Datum ______________________________

Internationale und nationale Organisationen der Veterinärakupunktur

Gesellschaft für ganzheitliche Tiermedizin (GGTM)
Geschäftsstelle
Gartenstrasse 7
79189 Bad Krozingen
Tel.: 07633 / 9334219
Fax: 07633 / 939436
E-Mail: info@ggtm.de, www.ggtm.de

International Veterinary Acupuncture Society (IVAS)
2625 Redwing Rd., Suite 160, Fort Collins, CO; 80526; USA
Tel.: ++1-970-266-0666
Fax.: ++1-970-266-0777
Email: office@ivas.org, www.ivas.org

Mitgliedsorganisationen der IVAS:

German Veterinarian Acupunture Society (GERVAS)
Christina Matern, (1. Vorsitzende)
Meilbachstr.aße 11
65510 Idstein
Tel.: ++49+6082-910050
GERVAS e.V. - Geschäftsstelle
Anja Willbrandt (Kassiererin)
Dorfstraße 48
06869 Düben
Mobil: 0170-5255075
Email geschaeftsstelle@gervas.org, www.gervas.org

Austrian Veterinarian Acupuncture Society (AVAS)
Harald Pothmann-Reichl (1. Vorsitzender der Sektion Komplementärmedizin der Österreichischen Gesellschaft der Tierärzte)
Kremesberg 13
2563 Pottenstein
Österreich
Tel: ++43+676844434201
Email: harald.pothmann-reichl@vu-wien.ac.at, www.vu-wien.ac.at/oegt

Schweizer Tierärztliche Vereinigung für Akupunktur und Homöopathie (STVAH)
Alfons Knüsel, (Präsident)
Eichhalderring 6
5037 Muhen
Schweiz
Tel: ++41+798209786
Email: info@stvah.ch

American Academy of Veterinarian Acupuncture (AAVA)
Melissa Concatelli (Büro), AAVA Office
100 Roscommon Drive, Suite 320
Middletown, CT 06457 USA
Tel: ++1+860-635-6400
Email: office@aava.org, www.aava.org

Australian Veterinarian Acupunctur Group (AVAG)
Esther Horton (Präsident)
Cnr.Moggill Road and Russell Tce
Indooroopilly, CLD, 4068 Australia
Tel.: ++61+403111878
Email: acupet@optusnet.com.au, www.acuvet.com.au

Belgian Veterinary Acupuncture Society (BeVAS)
Emiel van den Bosch (2. Präsident)
De Ark Dierenkliniek
Van Heuvelenstraat
3140 Ramsel
Belgien
Tel.: +32+16561374
Email: Emielvdbosch@skynet.be

Association of British Verterinary Acupuncture (ABVA)
Jon Coupe (Hon. Secretary)
Minister veterinary centre
66A Easthorpe
Southwell, Notts N625 OES, Great Britan
Tel.: ++43+1636812133
Email: jonnyboyvet@hotmail.com, www.abva.co.uk

Association of Veterinarian Acupuncturists in Canada (AVAC)
C.P. 73
Beaconsfield
Québec, Canada
H9W 5T6
Tel.: ++1+15149670295
Email: office@avac.org, www.avac.ca

Association of Veterinary Acupuncturists in España (AVAE)
Costa Esther (Präsident)
C/ Bon pastor 3/2/1
08021 Barcelona
Spanien
Tel: ++34-93200-5138
Internet: www.komvet.at/ivadkom/_spain.htm

Italian Veterinary Acupuncture Society (It.V.A.S.)
Testa Marco (Prasident)
Via Moncalvo 39
10131 Torino
Italien
Tel: ++39-011-839-9029
Email: malmoya@tin.it

Samenwerkende Nederlandse Veterinaire Acupuncturisten (SNVA)
Karin de Haas (Secretary)
Pinksterbloemstraat 7
7037 DR Beek (Montferland)
Niederlande
Tel.: ++31316531198
Internet: www.snva.nl

Nordic Veterinary Acupuncture Society (NoVAS)
Internet:www.novas.dk

Dänemark
Lene K. Nielsen
Tel.: ++45-3074-3894
Email: lenekn@vetnet.dk

Finnland:
Anna Hielm-Björkman
Tel:++358-(09)191 49 742 oder ++358-(09) 628 508
Email: anna.hielm-bjorkman@helsinki.fi

Norwegen:
Astri Hagenlund
Tel.: ++47-67148729
Email: astri.ha@online.no

Schweden:
Susanne Lindahl
Tel.: ++46-125-50080
Fax: ++46-125-50050
Email: susodag@telia.com

Akupunktur im Internet

American Academy of Mediscal Acupunctur (AAMA), Informationen über Humanakupunktur:
http://www.medicalacupuncture.org

British Medical Acupuncture Society, Online Zeitschrift über Akupunktur, Punktesuchmaschine (Human):
http://www.medical-acupuncture.co.uk/

International Veterinary Acupuncture Society (IVAS), Nützliche Informationen und Links zum Thema Veterinärakupunktur:
http://www.ivas.org

Medline, Umfangreiche, frei zugängliche und von der US-Regierung unterstützte Datenbank:
http://www.nlm.nih.gov

Online Study on Acupuncture and TCM (Human and Animals), Online Studienmaterial zum Thema Akupunktur und TCM bei Menschen und Tieren:
http://homepage.tinet.ie/~progers/study.htm

International Veterinary Acupuncture Directory, Verzeichnis internationaler Veterinärakupunkturgesellschaften und Gruppen:
http://www.komvet.at/ivadkom/vapsocs.htm

Acubriefs, Datenbank zum Thema Akupunktur:
http://mailman.olympus.net/mailman/listinfo/acubriefs

Online Archiv der Zeitschrift der Gesellschaft für Ganzheitliche Tiermedizin, für AbonnentInnen kostenlos:
www.thieme-connect.de/ejournals

Akupunktur des Hundes

Akupunktur-Tafeln

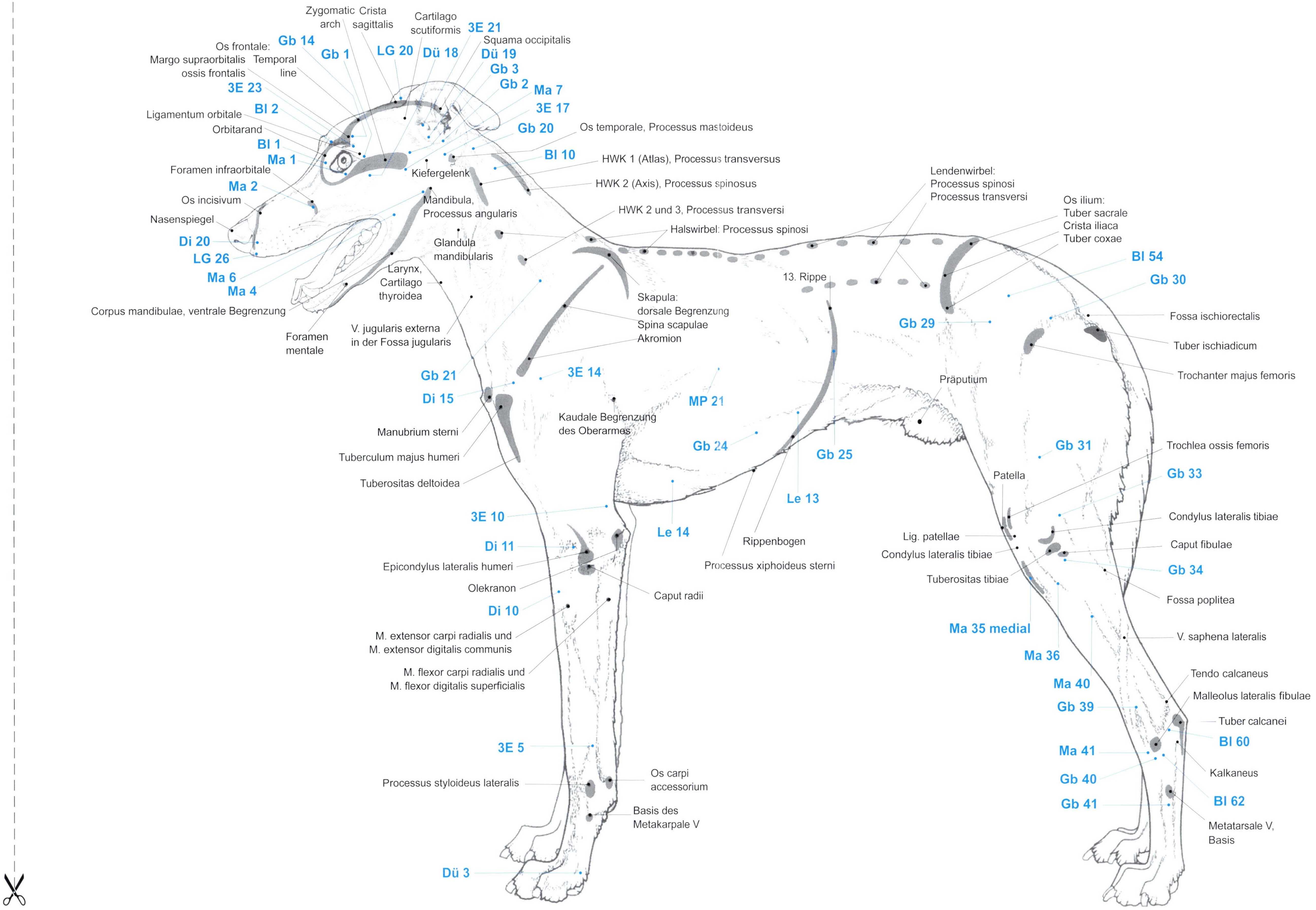

Zygomatic arch
Crista sagittalis
Cartilago scutiformis
3E 21
Squama occipitalis
Os frontale: Margo supraorbitalis ossis frontalis
Temporal line
Gb 14
Gb 1
LG 20
Dü 18
Dü 19
Gb 3
Gb 2
Ma 7
3E 17
3E 23
Bl 2
Ligamentum orbitale
Orbitarand
Bl 1
Ma 1
Gb 20
Os temporale, Processus mastoideus
Bl 10
HWK 1 (Atlas), Processus transversus
HWK 2 (Axis), Processus spinosus
Foramen infraorbitale
Kiefergelenk
Ma 2
Os incisivum
Nasenspiegel
Mandibula, Processus angularis
HWK 2 und 3, Processus transversi
Halswirbel: Processus spinosi
Lendenwirbel: Processus spinosi Processus transversi
Os ilium: Tuber sacrale Crista iliaca Tuber coxae
Di 20
LG 26
Ma 6
Ma 4
Glandula mandibularis
Larynx, Cartilago thyroidea
Corpus mandibulae, ventrale Begrenzung
Foramen mentale
V. jugularis externa in der Fossa jugularis
13. Rippe
Skapula: dorsale Begrenzung Spina scapulae Akromion
Bl 54
Gb 30
Gb 29
Fossa ischiorectalis
Tuber ischiadicum
Trochanter majus femoris
Gb 21
Di 15
3E 14
MP 21
Präputium
Manubrium sterni
Tuberculum majus humeri
Tuberositas deltoidea
Kaudale Begrenzung des Oberarmes
Gb 24
Gb 25
Le 13
Gb 31
Trochlea ossis femoris
Patella
Gb 33
3E 10
Le 14
Rippenbogen
Processus xiphoideus sterni
Lig. patellae
Condylus lateralis tibiae
Condylus lateralis tibiae
Caput fibulae
Gb 34
Tuberositas tibiae
Fossa poplitea
Di 11
Epicondylus lateralis humeri
Olekranon
Caput radii
Di 10
M. extensor carpi radialis und M. extensor digitalis communis
M. flexor carpi radialis und M. flexor digitalis superficialis
Ma 35 medial
Ma 36
V. saphena lateralis
Ma 40
Tendo calcaneus
Malleolus lateralis fibulae
Gb 39
Tuber calcanei
Bl 60
3E 5
Ma 41
Kalkaneus
Gb 40
Processus styloideus lateralis
Os carpi accessorium
Basis des Metakarpale V
Bl 62
Gb 41
Metatarsale V, Basis
Dü 3

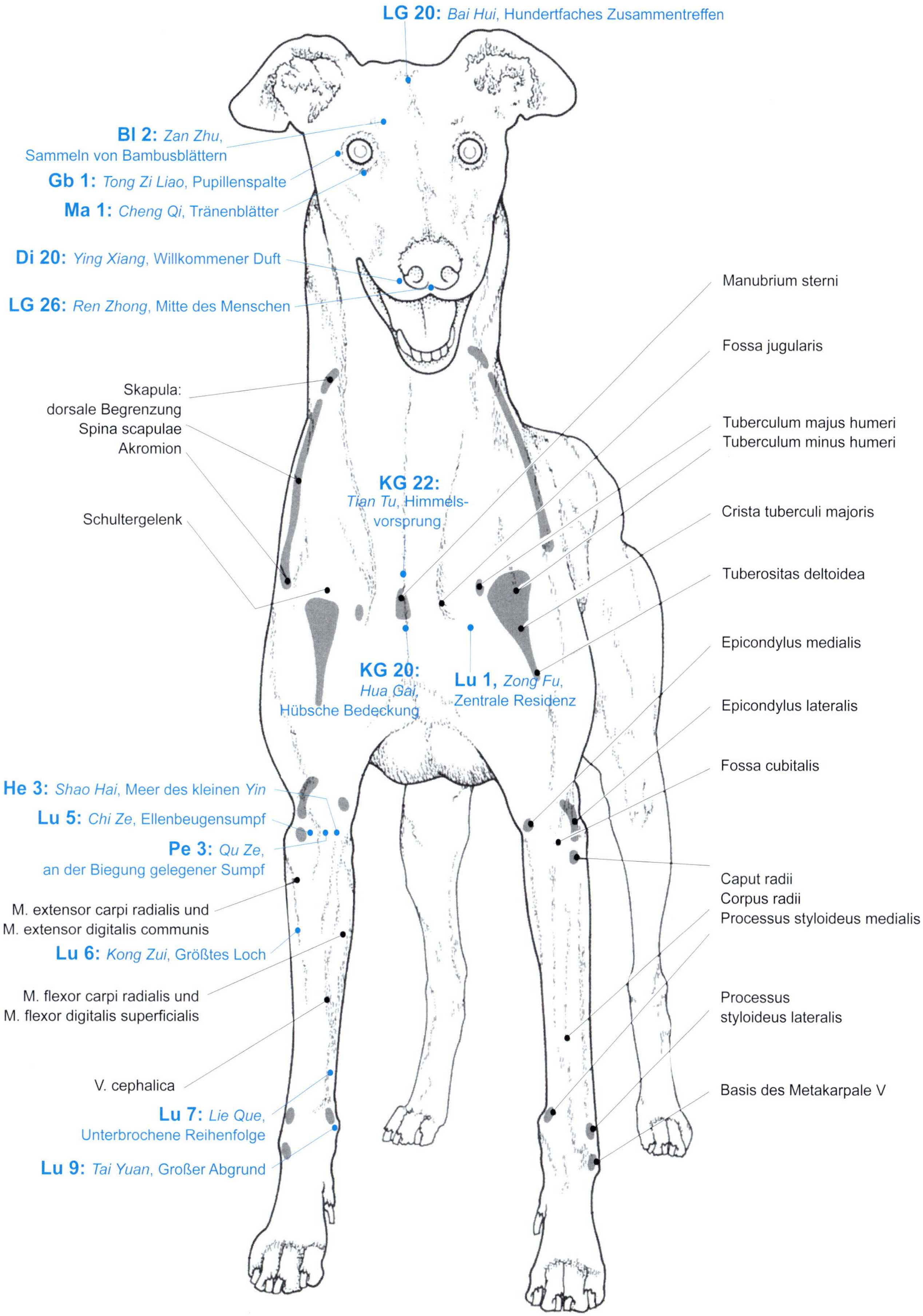
LG 20: Bai Hui, Hundertfaches Zusammentreffen
Bl 2: Zan Zhu, Sammeln von Bambusblättern
Gb 1: Tong Zi Liao, Pupillenspalte
Ma 1: Cheng Qi, Tränenblätter
Di 20: Ying Xiang, Willkommener Duft
LG 26: Ren Zhong, Mitte des Menschen
Skapula: dorsale Begrenzung
Spina scapulae
Akromion
Schultergelenk
KG 22: Tian Tu, Himmelsvorsprung
KG 20: Hua Gai, Hübsche Bedeckung
Lu 1, Zong Fu, Zentrale Residenz
He 3: Shao Hai, Meer des kleinen Yin
Lu 5: Chi Ze, Ellenbeugensumpf
Pe 3: Qu Ze, an der Biegung gelegener Sumpf
M. extensor carpi radialis und M. extensor digitalis communis
Lu 6: Kong Zui, Größtes Loch
M. flexor carpi radialis und M. flexor digitalis superficialis
V. cephalica
Lu 7: Lie Que, Unterbrochene Reihenfolge
Lu 9: Tai Yuan, Großer Abgrund
Manubrium sterni
Fossa jugularis
Tuberculum majus humeri
Tuberculum minus humeri
Crista tuberculi majoris
Tuberositas deltoidea
Epicondylus medialis
Epicondylus lateralis
Fossa cubitalis
Caput radii
Corpus radii
Processus styloideus medialis
Processus styloideus lateralis
Basis des Metakarpale V

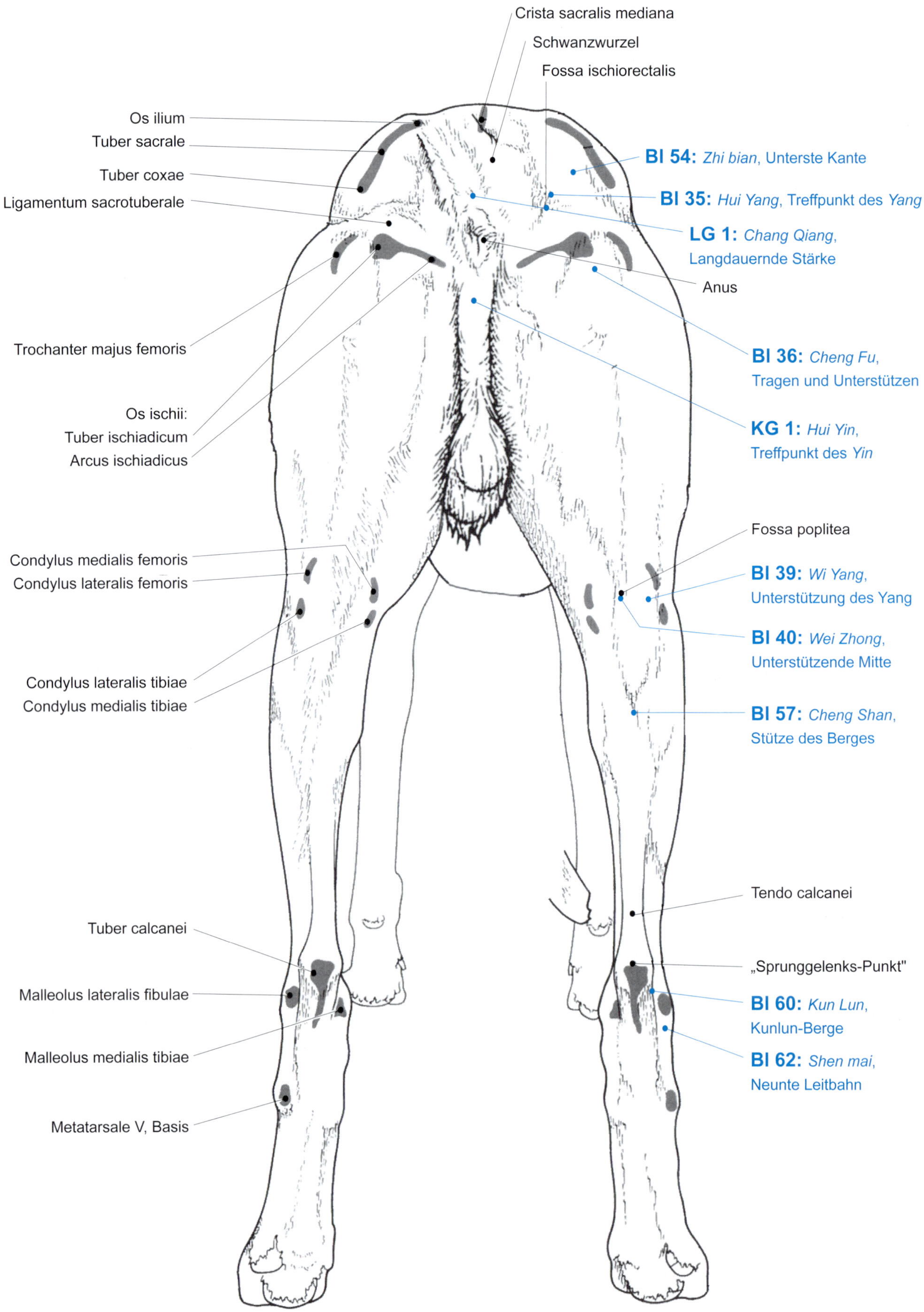
Crista sacralis mediana
Schwanzwurzel
Fossa ischiorectalis
Os ilium
Tuber sacrale
Tuber coxae
Ligamentum sacrotuberale
Trochanter majus femoris
Os ischii:
Tuber ischiadicum
Arcus ischiadicus
Condylus medialis femoris
Condylus lateralis femoris
Condylus lateralis tibiae
Condylus medialis tibiae
Tuber calcanei
Malleolus lateralis fibulae
Malleolus medialis tibiae
Metatarsale V, Basis
Bl 54: *Zhi bian*, Unterste Kante
Bl 35: *Hui Yang*, Treffpunkt des *Yang*
LG 1: *Chang Qiang*, Langdauernde Stärke
Anus
Bl 36: *Cheng Fu*, Tragen und Unterstützen
KG 1: *Hui Yin*, Treffpunkt des *Yin*
Fossa poplitea
Bl 39: *Wi Yang*, Unterstützung des Yang
Bl 40: *Wei Zhong*, Unterstützende Mitte
Bl 57: *Cheng Shan*, Stütze des Berges
Tendo calcanei
„Sprunggelenks-Punkt"
Bl 60: *Kun Lun*, Kunlun-Berge
Bl 62: *Shen mai*, Neunte Leitbahn

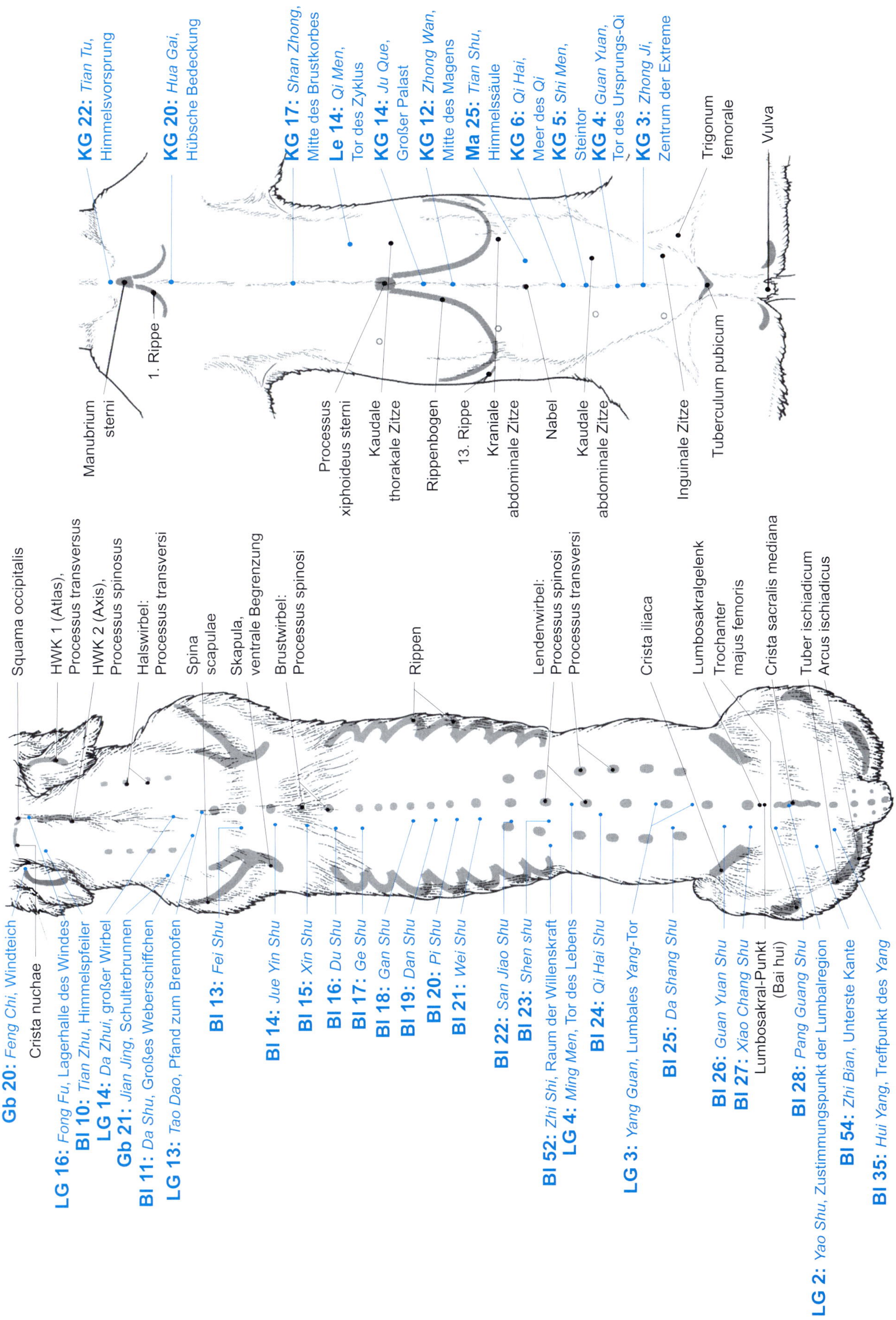

Gb 20: Feng Chi, Windteich
Crista nuchae
LG 16: Fong Fu, Lagerhalle des Windes
Bl 10: Tian Zhu, Himmelspfeiler
LG 14: Da Zhui, großer Wirbel
Gb 21: Jian Jing, Schulterbrunnen
Bl 11: Da Shu, Großes Weberschiffchen
LG 13: Tao Dao, Pfand zum Brennofen
Bl 13: Fei Shu
Bl 14: Jue Yin Shu
Bl 15: Xin Shu
Bl 16: Du Shu
Bl 17: Ge Shu
Bl 18: Gan Shu
Bl 19: Dan Shu
Bl 20: Pi Shu
Bl 21: Wei Shu
Bl 22: San Jiao Shu
Bl 23: Shen shu
Bl 52: Zhi Shi, Raum der Willenskraft
LG 4: Ming Men, Tor des Lebens
Bl 24: Qi Hai Shu
LG 3: Yang Guan, Lumbales Yang-Tor
Bl 25: Da Shang Shu
Bl 26: Guan Yuan Shu
Bl 27: Xiao Chang Shu
Lumbosakral-Punkt
(Bai hui)
Bl 28: Pang Guang Shu
LG 2: Yao Shu, Zustimmungspunkt der Lumbalregion
Bl 54: Zhi Bian, Unterste Kante
Bl 35: Hui Yang, Treffpunkt des Yang
Squama occipitalis
HWK 1 (Atlas),
Processus transversus
HWK 2 (Axis),
Processus spinosus
Halswirbel:
Processus transversi
Spina
scapulae
Skapula,
ventrale Begrenzung
Brustwirbel:
Processus spinosi
Rippen
Lendenwirbel:
Processus spinosi
Processus transversi
Crista iliaca
Lumbosakralgelenk
Trochanter
majus femoris
Crista sacralis mediana
Tuber ischiadicum
Arcus ischiadicus
Manubrium
sterni
1. Rippe
Processus
xiphoideus sterni
Kaudale
thorakale Zitze
Rippenbogen
13. Rippe
Kraniale
abdominale Zitze
Nabel
Kaudale
abdominale Zitze
Inguinale Zitze
Tuberculum pubicum
KG 22: Tian Tu,
Himmelsvorsprung
KG 20: Hua Gai,
Hübsche Bedeckung
KG 17: Shan Zhong,
Mitte des Brustkorbes
Le 14: Qi Men,
Tor des Zyklus
KG 14: Ju Que,
Großer Palast
KG 12: Zhong Wan,
Mitte des Magens
Ma 25: Tian Shu,
Himmelssäule
KG 6: Qi Hai,
Meer des Qi
KG 5: Shi Men,
Steintor
KG 4: Guan Yuan,
Tor des Ursprungs-Qi
KG 3: Zhong Ji,
Zentrum der Extreme
Trigonum
femorale
Vulva

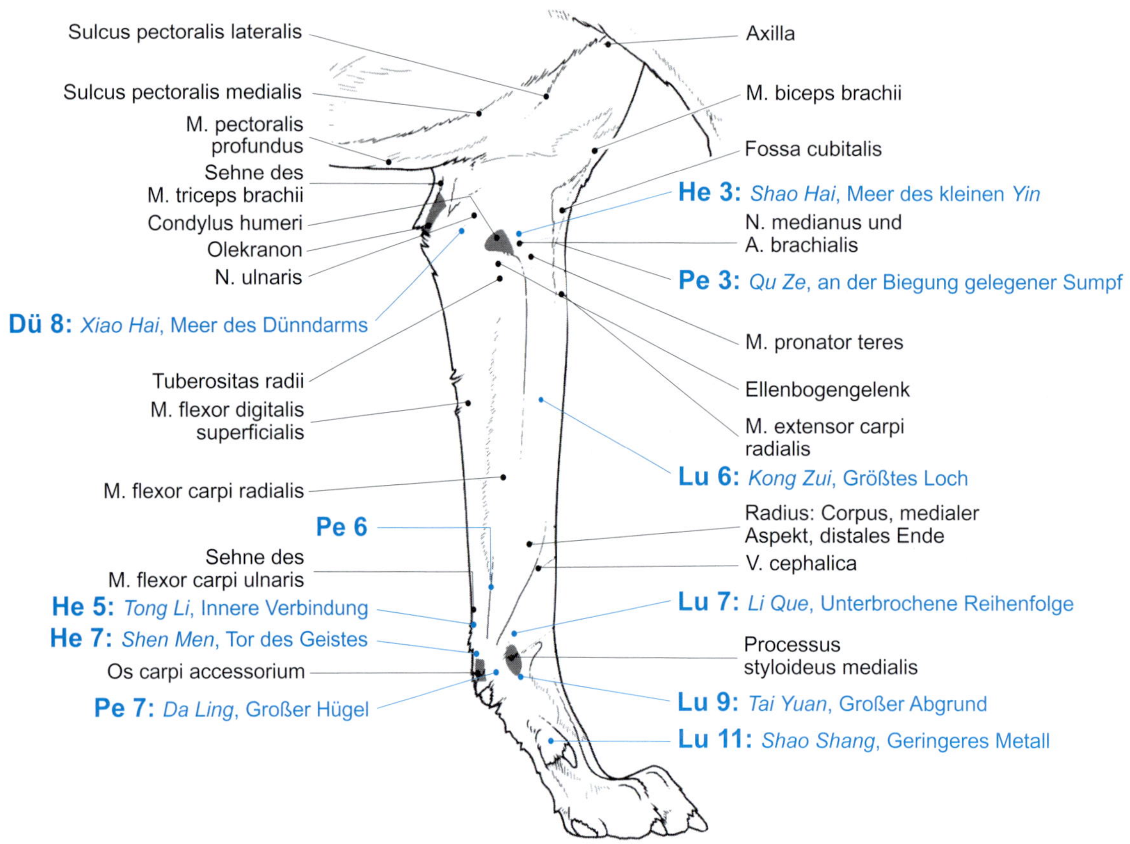
Sulcus pectoralis lateralis
Sulcus pectoralis medialis
M. pectoralis profundus
Sehne des M. triceps brachii
Condylus humeri
Olekranon
N. ulnaris
Dü 8: Xiao Hai, Meer des Dünndarms
Tuberositas radii
M. flexor digitalis superficialis
M. flexor carpi radialis
Pe 6
Sehne des M. flexor carpi ulnaris
He 5: Tong Li, Innere Verbindung
He 7: Shen Men, Tor des Geistes
Os carpi accessorium
Pe 7: Da Ling, Großer Hügel
Axilla
M. biceps brachii
Fossa cubitalis
He 3: Shao Hai, Meer des kleinen Yin
N. medianus und A. brachialis
Pe 3: Qu Ze, an der Biegung gelegener Sumpf
M. pronator teres
Ellenbogengelenk
M. extensor carpi radialis
Lu 6: Kong Zui, Größtes Loch
Radius: Corpus, medialer Aspekt, distales Ende
V. cephalica
Lu 7: Li Que, Unterbrochene Reihenfolge
Processus styloideus medialis
Lu 9: Tai Yuan, Großer Abgrund
Lu 11: Shao Shang, Geringeres Metall

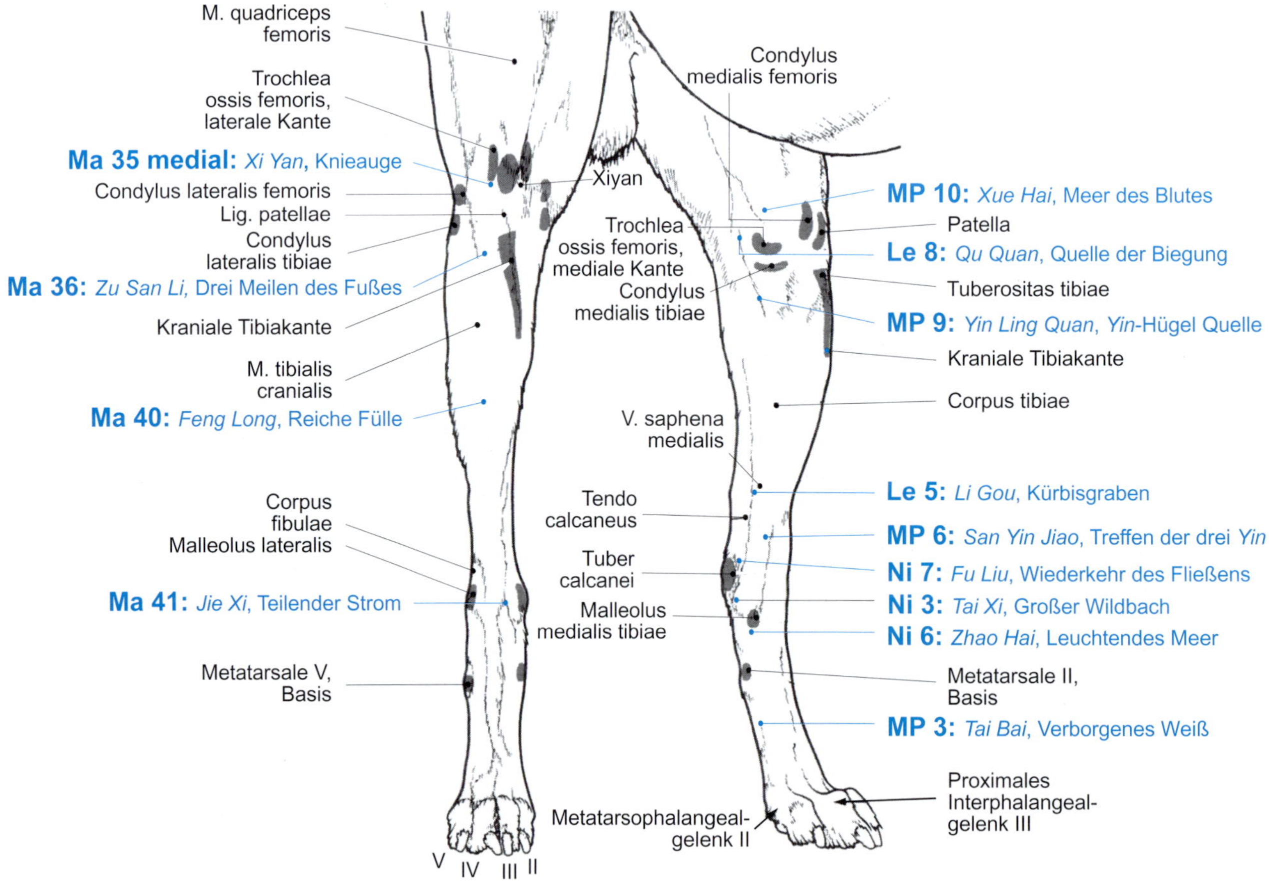
M. quadriceps femoris
Trochlea ossis femoris, laterale Kante
Ma 35 medial: Xi Yan, Knieauge
Condylus lateralis femoris
Lig. patellae
Condylus lateralis tibiae
Ma 36: Zu San Li, Drei Meilen des Fußes
Kraniale Tibiakante
M. tibialis cranialis
Ma 40: Feng Long, Reiche Fülle
Corpus fibulae
Malleolus lateralis
Ma 41: Jie Xi, Teilender Strom
Metatarsale V, Basis
V
IV
III
II
Xiyan
Trochlea ossis femoris, mediale Kante
Condylus medialis tibiae
V. saphena medialis
Tendo calcaneus
Tuber calcanei
Malleolus medialis tibiae
Metatarsophalangealgelenk II
Condylus medialis femoris
MP 10: Xue Hai, Meer des Blutes
Patella
Le 8: Qu Quan, Quelle der Biegung
Tuberositas tibiae
MP 9: Yin Ling Quan, Yin-Hügel Quelle
Kraniale Tibiakante
Corpus tibiae
Le 5: Li Gou, Kürbisgraben
MP 6: San Yin Jiao, Treffen der drei Yin
Ni 7: Fu Liu, Wiederkehr des Fließens
Ni 3: Tai Xi, Großer Wildbach
Ni 6: Zhao Hai, Leuchtendes Meer
Metatarsale II, Basis
MP 3: Tai Bai, Verborgenes Weiß
Proximales Interphalangealgelenk III

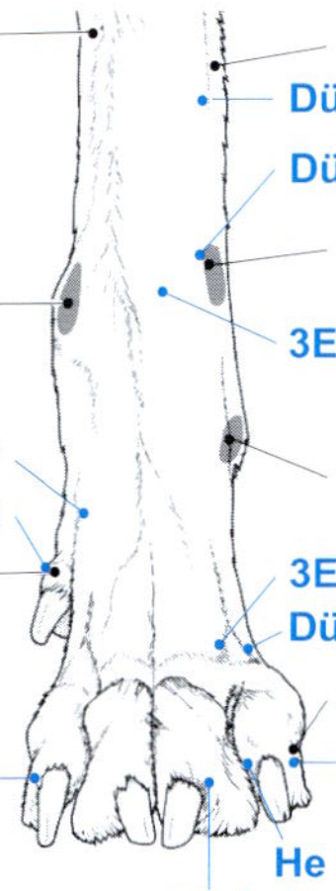
V. cephalica
M. extensor carpi ulnaris
Dü 7: Zhi Zeng, Ast zum Herz-Meridian
Dü 6: Yang Lao, Nährung des Alters
Processus styloideus lateralis
Processus styloideus medialis
3E 4: Yang Chi, Yang-Teich
Di 4: He Gu, Verbundene Täler
Metakarpale V; lateraler Vorsprung an der Basis
Lu 11: Shao Shang, Geringeres Metall
Phalanx I
3E 3: Zhong Zhu, Mittlere kleine Insel
Dü 3: Hou Xi, Hinterer Fluss
Phalanx V
Di 1: Shang Yang, Metall Yang
Dü 1: Shao Ze, Kleiner Sumpf
He 9: Shao Chong, Brandendes kleines Yin
3E 1: Guan Chong, Tor-Ansturm

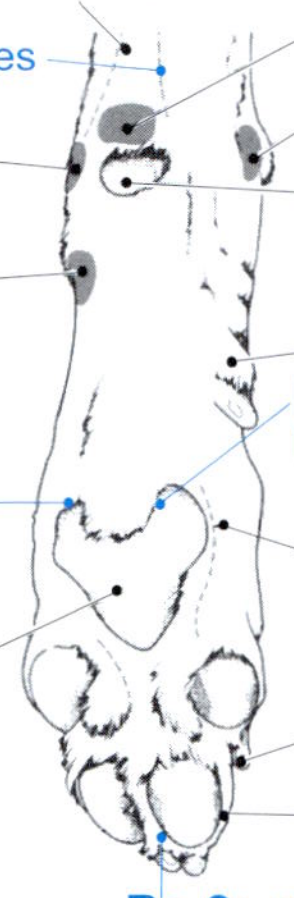
Sehne des M. flexor carpi ulnaris
Os carpi accessorium
He 7: Shen Men, Tor des Geistes
Processus styloideus medialis
Processus styloideus lateralis
Karpal-Ballen
Metakarpale V; lateraler Vorsprung an der Basis
Phalanx I
Pe 8: Lao Gong, Palast der mühevollen Arbeit
He 8: Shao Fu, Kleine Residenz
Metakarpophal-angealgelenk, Phalanx II und III
Metakarpal-Ballen
Kralle der Phalanx II
Phalanx III
Pe 9: Zhong Chong, Mittlerer Angriffspunkt

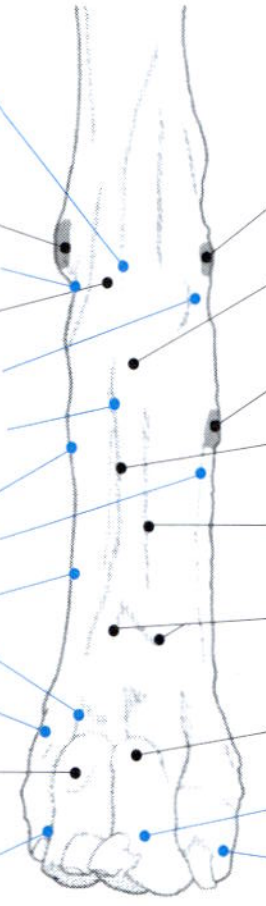
Ma 41: Jie Xi, Teilender Strom
Malleolus medialis tibiae
Malleolus lateralis fibulae
V. digitalis dorsalis communis
MP 5: Shang Qiu, Goldhügel
Trochlea tali
Metatarsale V, lateraler Vorsprung an der Basis
Gb 40: Qiu Xu, Hügelruinen
Ma 42: Chong Yang, Brandendes Yang
A. dorsalis pedis
MP 4: Gong Sun, Kleine Verbindungsgefäße
Sehne des M. extensor digitalis longus
Gb 41: Lin Qi, Fließende Tränen des Flusses
Le 3: Tai Chong, Großes Branden
Dorsale Fläche der Metatarsale
Ma 44: Nei Ting, Innerer Hof
Proximales Interphalangealgelenk IV
Le 2: Xing Jian, Vorübergehendes Dazwischentreten
Phalanx III
Gb 44: Qiao Yin, Yin Höhle
Ma 45: Li Dui, Kranker Mund
Bl 67: Zhi Yin, Erreichen des Yin

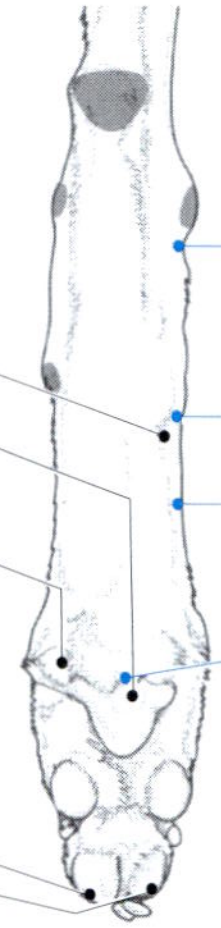
MP 5: Shang Qiu, Goldhügel
Mm. interossei
MP 4: Gong Sun, Kleine Verbindungsgefäße
Metatarsal-Ballen
MP 3: Tai Bai, Verborgenes Weiß
Metatarsaophalangeal-gelenk
Ni 1: Yong Quan, Sprudelnde Quelle
Phalanx IV
Phalanx III

Akupunktur des Pferdes

Akupunktur-Tafeln

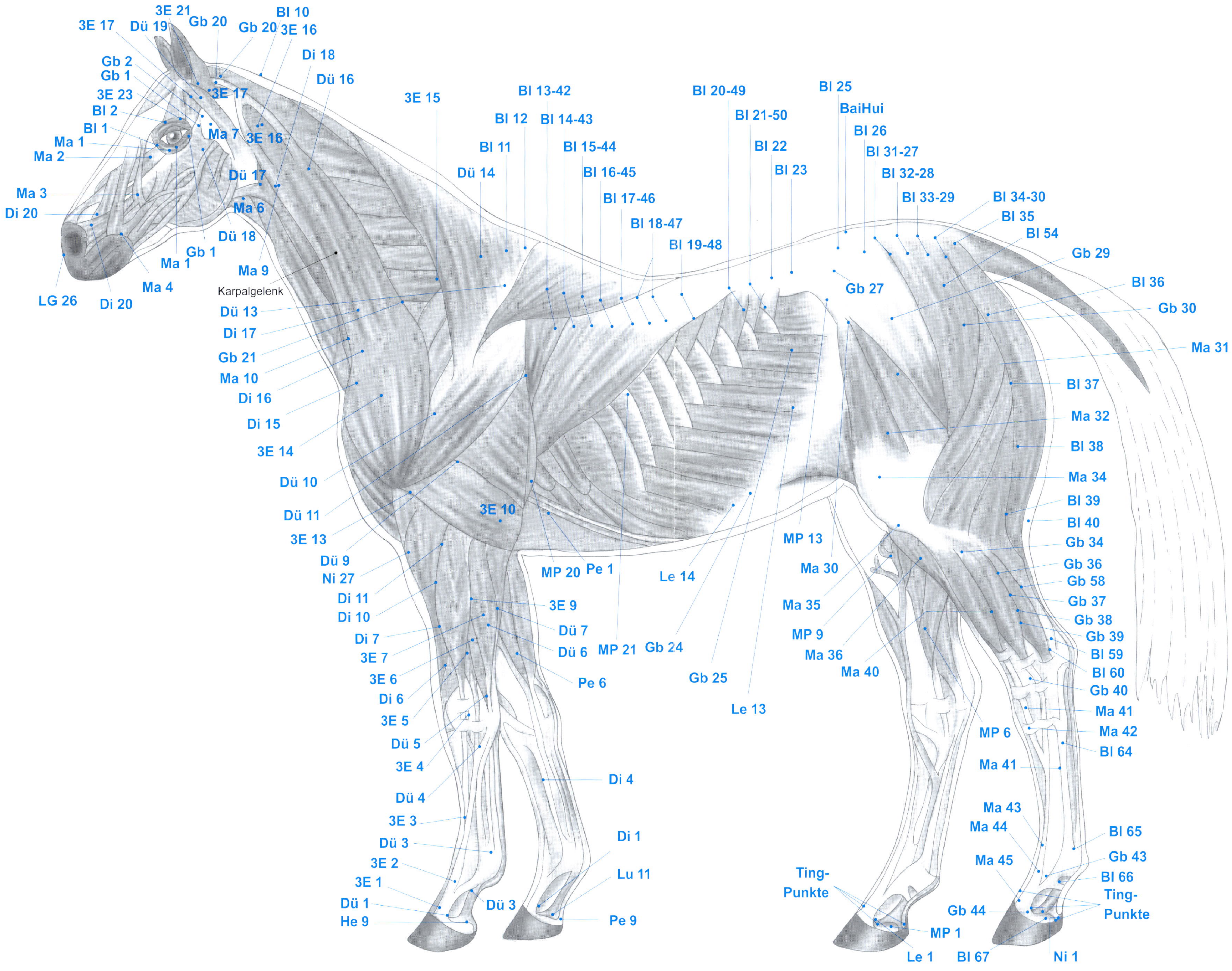

3E 21
3E 17
Dü 19
Gb 20
Gb 20
Bl 10
3E 16
Di 18
Dü 16
Gb 2
Gb 1
3E 23
3E 17
Bl 2
Bl 1
Ma 1
Ma 2
Ma 7
3E 16
Dü 17
Ma 3
Di 20
Ma 6
Dü 18
Gb 1
Ma 1
Ma 9
Ma 4
LG 26
Di 20
Karpalgelenk
Dü 13
Di 17
Gb 21
Ma 10
Di 16
Di 15
3E 14
Dü 10
Dü 11
3E 13
Dü 9
Ni 27
Di 11
Di 10
Di 7
3E 7
3E 6
Di 6
3E 5
Dü 5
3E 4
Dü 4
3E 3
Dü 3
3E 2
3E 1
Dü 1
He 9
3E 15
Bl 13-42
Bl 12
Bl 14-43
Bl 11
Bl 15-44
Dü 14
Bl 16-45
Bl 17-46
Bl 18-47
Bl 19-48
Bl 20-49
Bl 21-50
Bl 22
Bl 23
Bl 25
BaiHui
Bl 26
Bl 31-27
Bl 32-28
Bl 33-29
Bl 34-30
Bl 35
Bl 54
Gb 29
Gb 27
Bl 36
Gb 30
Ma 31
Bl 37
Ma 32
Bl 38
Ma 34
Bl 39
Bl 40
Gb 34
Gb 36
Gb 58
Gb 37
Gb 38
Gb 39
Bl 59
Bl 60
Gb 40
Ma 41
Ma 42
Bl 64
3E 10
MP 20
Pe 1
Le 14
MP 13
Ma 30
Ma 35
MP 9
Ma 36
Ma 40
3E 9
Dü 7
Dü 6
MP 21
Gb 24
Pe 6
Gb 25
Le 13
MP 6
Ma 41
Ma 43
Ma 44
Ma 45
Bl 65
Gb 43
Bl 66
Ting-
Punkte
Di 4
Di 1
Lu 11
Dü 3
Pe 9
Ting-
Punkte
Gb 44
MP 1
Le 1
Bl 67
Ni 1

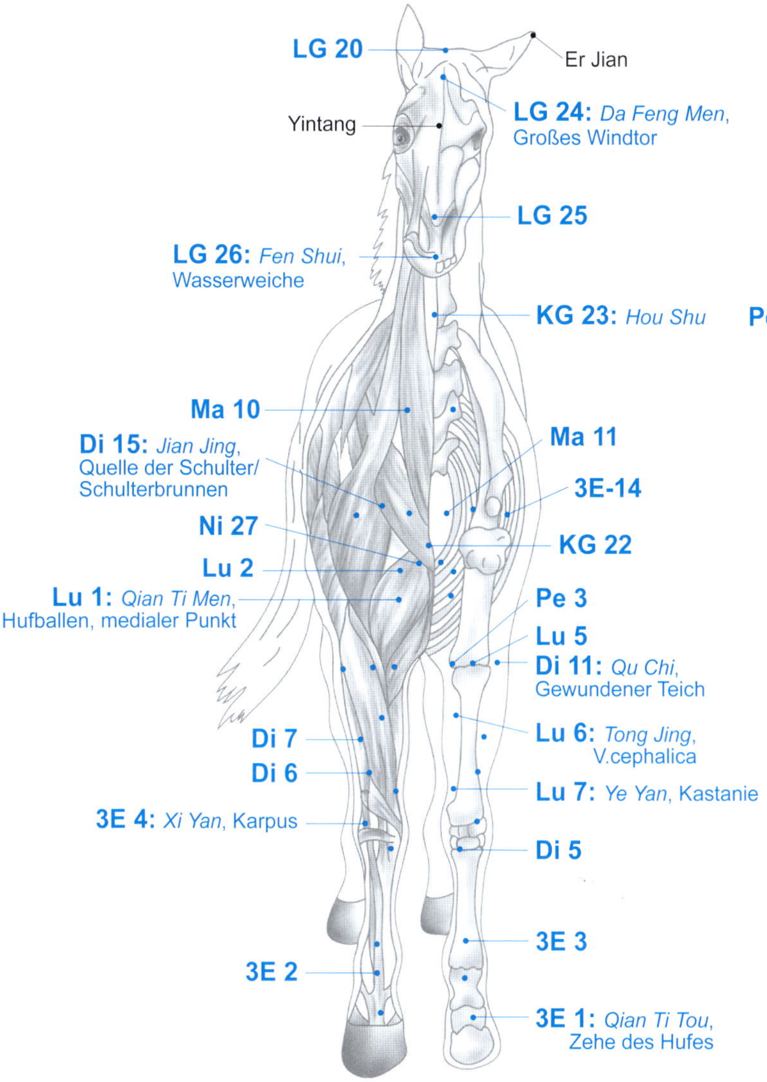
LG 20
Er Jian
LG 24: Da Feng Men, Großes Windtor
Yintang
LG 25
LG 26: Fen Shui, Wasserweiche
KG 23: Hou Shu
Ma 10
Di 15: Jian Jing, Quelle der Schulter/ Schulterbrunnen
Ma 11
3E-14
Ni 27
KG 22
Lu 2
Lu 1: Qian Ti Men, Hufballen, medialer Punkt
Pe 3
Lu 5
Di 11: Qu Chi, Gewundener Teich
Di 7
Lu 6: Tong Jing, V.cephalica
Di 6
Lu 7: Ye Yan, Kastanie
3E 4: Xi Yan, Karpus
Di 5
3E 3
3E 2
3E 1: Qian Ti Tou, Zehe des Hufes

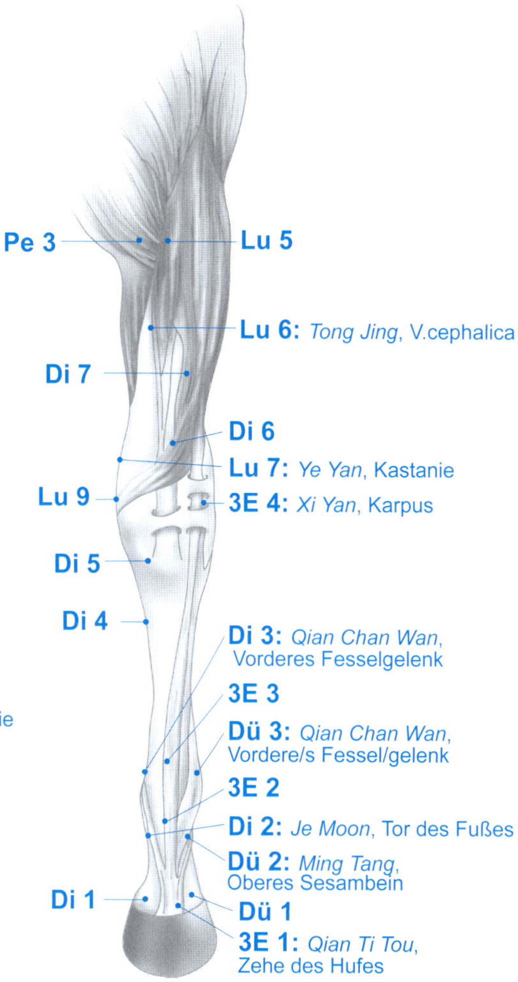
Pe 3
Lu 5
Lu 6: Tong Jing, V.cephalica
Di 7
Di 6
Lu 7: Ye Yan, Kastanie
Lu 9
3E 4: Xi Yan, Karpus
Di 5
Di 4
Di 3: Qian Chan Wan, Vorderes Fesselgelenk
3E 3
Dü 3: Qian Chan Wan, Vordere/s Fessel/gelenk
3E 2
Di 2: Je Moon, Tor des Fußes
Dü 2: Ming Tang, Oberes Sesambein
Di 1
Dü 1
3E 1: Qian Ti Tou, Zehe des Hufes

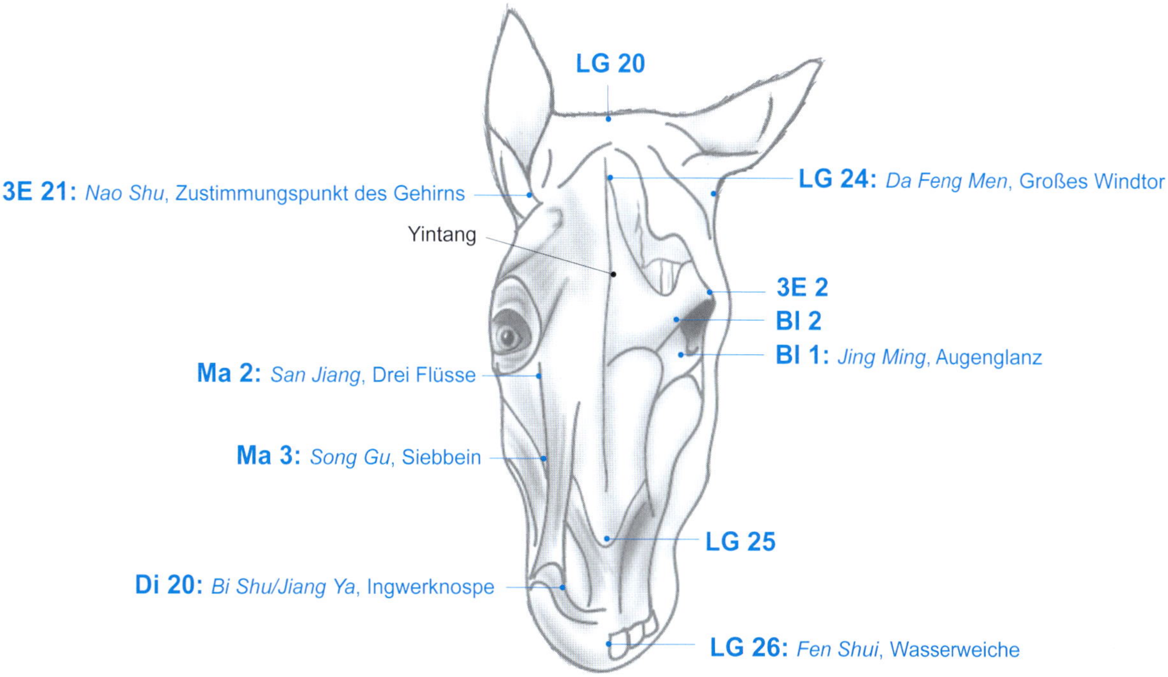
LG 20
3E 21: Nao Shu, Zustimmungspunkt des Gehirns
LG 24: Da Feng Men, Großes Windtor
Yintang
3E 2
Bl 2
Bl 1: Jing Ming, Augenglanz
Ma 2: San Jiang, Drei Flüsse
Ma 3: Song Gu, Siebbein
LG 25
Di 20: Bi Shu/Jiang Ya, Ingwerknospe
LG 26: Fen Shui, Wasserweiche

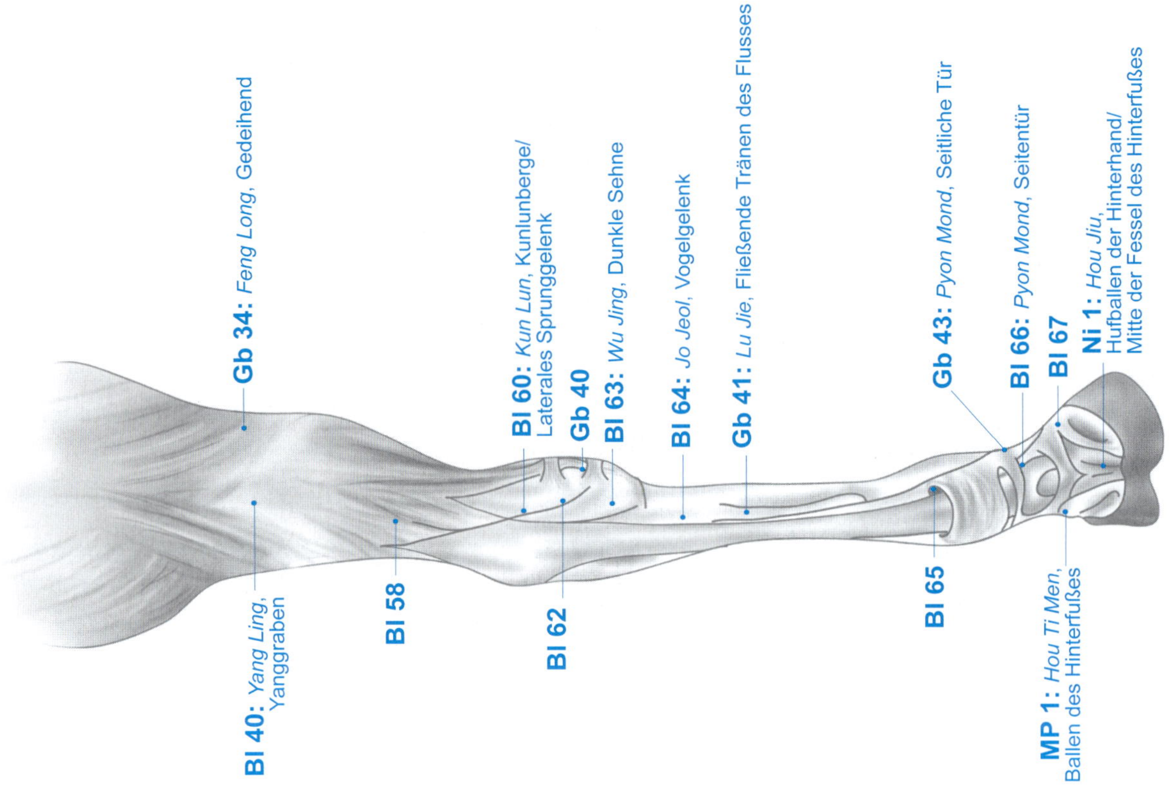

Gb 34: *Feng Long*, Gedeihend
Bl 40: *Yang Ling*, Yanggraben
Bl 58
Bl 60: *Kun Lun*, Kunlunberge/ Laterales Sprunggelenk
Bl 62
Gb 40
Bl 63: *Wu Jing*, Dunkle Sehne
Bl 64: *Jo Jeol*, Vogelgelenk
Gb 41: *Lu Jie*, Fließende Tränen des Flusses
Bl 65
Gb 43: *Pyon Mond*, Seitliche Tür
Bl 66: *Pyon Mond*, Seitentür
Bl 67
Ni 1: *Hou Jiu*, Hufballen der Hinterhand/ Mitte der Fessel des Hinterfußes
MP 1: *Hou Ti Men*, Ballen des Hinterfußes

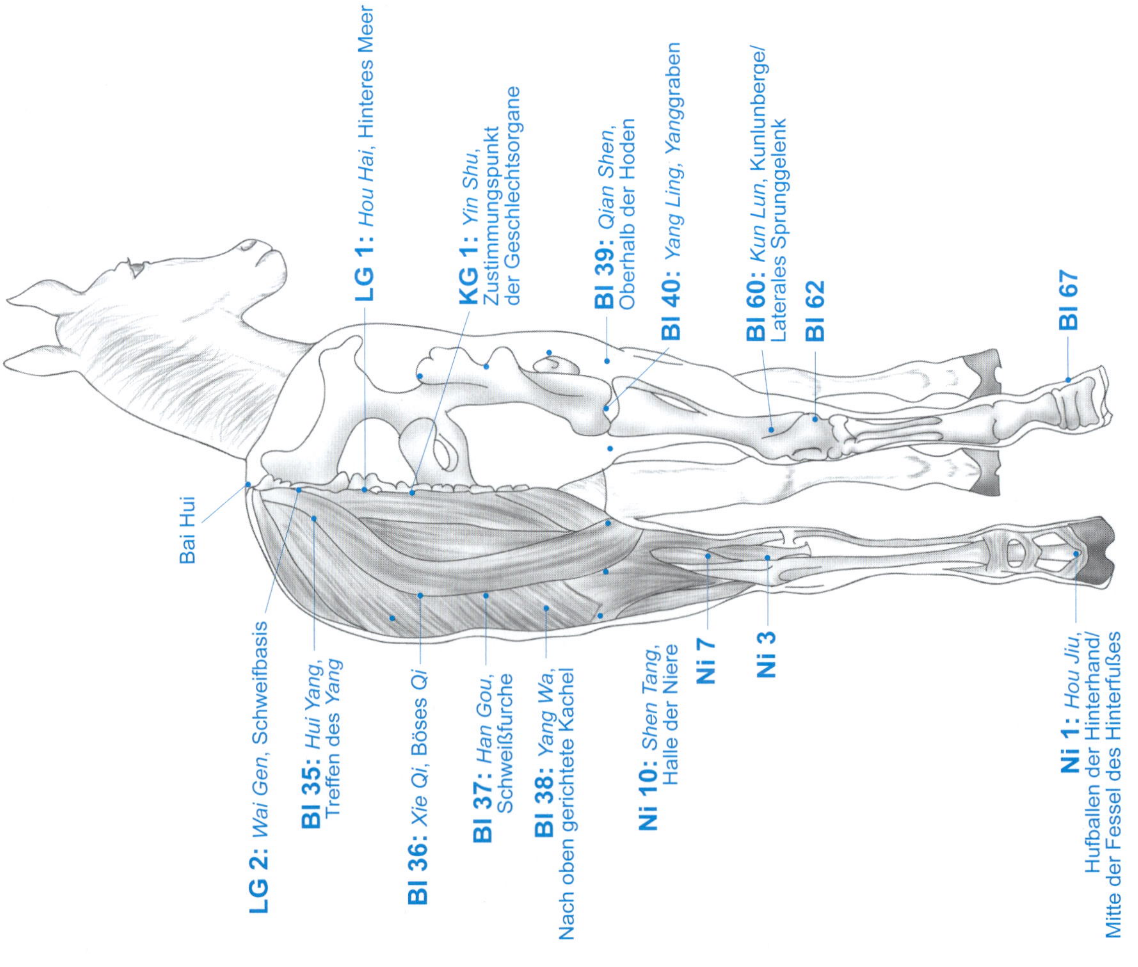

Bai Hui
LG 2: *Wai Gen*, Schweifbasis
Bl 35: *Hui Yang*, Treffen des *Yang*
LG 1: *Hou Hai*, Hinteres Meer
KG 1: *Yin Shu*, Zustimmungspunkt der Geschlechtsorgane
Bl 36: *Xie Qi*, Böses *Qi*
Bl 37: *Han Gou*, Schweißfurche
Bl 38: *Yang Wa*, Nach oben gerichtete Kachel
Bl 39: *Qian Shen*, Oberhalb der Hoden
Bl 40: *Yang Ling*, *Yanggraben*
Ni 10: *Shen Tang*, Halle der Niere
Ni 7
Ni 3
Bl 60: *Kun Lun*, Kunlunberge/ Laterales Sprunggelenk
Bl 62
Bl 67
Ni 1: *Hou Jiu*, Hufballen der Hinterhand/ Mitte der Fessel des Hinterfußes

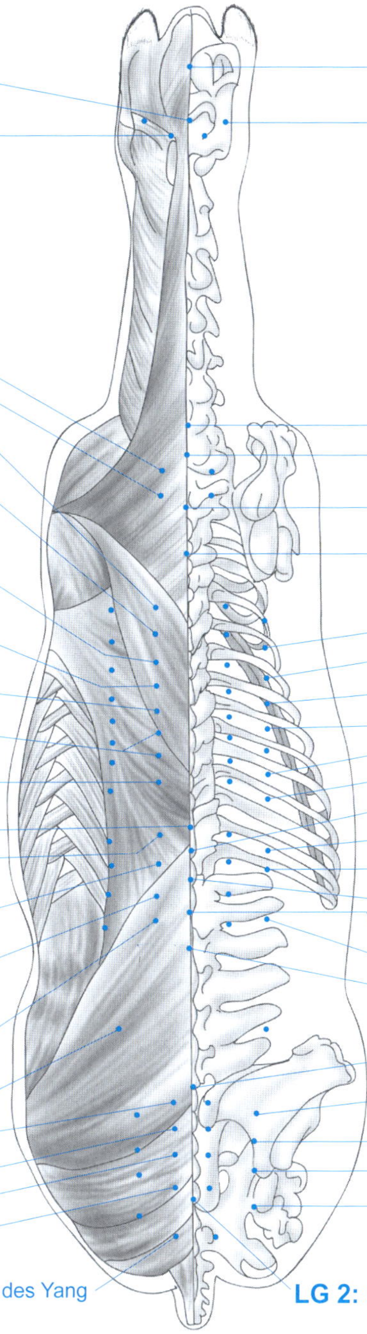
LG 16: Tian Men, Himmlisches Tor
Bl 10: Fu Tu, Himmelssäule
Bl 11
Bl 12
Bl 13: Du Shu, Zustimmungspunkt des Lenkergefäßes
Bl 14: Fei Zhi Shu bzw. Jue Yin Sh, Zusätzlicher Zustimmungspunkt der Lunge bzw. Zustimmungspunkt des Perikards
Bl 15: Ge Shu, Zustimmungspunkt des Zwerchfells
Bl 16: Dan Shu, Zustimmungspunkt der Gallenblase
Bl 17: Wei Shu, Zustimmungspunkt des Magens
Bl 18: Pi Shu, Zustimmungspunkt von Milz/Pankreas
Bl 19: Qi Hai Shu, Zustimmungspunkt des Meeres des Qi
LG 7
Bl 20: Da Chang Shu, Zustimmungspunkt des Dickdarms
Bl 21: Guan Yuan Shu, Zustimmungspunkt der Ursprungsenergie
Bl 22: Xiao Chang Shu, Zustimmungspunkt des Dünndarms
Bl 23: Pang Guang Shu, Zustimmungspunkt der Blase
Bl 25: Shen Peng, Regal der Niere
Bl 31: Ba Jiao, Acht Punkte des Kreuzbeins
Bl 32: Ba Jiao, Acht Punkte des Kreuzbeins
Bl 33: Ba Jiao, Acht Punkte des Kreuzbeins
Bl 34: Ba Jiao, Acht Punkte des Kreuzbeins
Bl 35: Hui Yang, Treffen des Yang
LG 20
Gb 20: Feng Chi bzw. Feng Men, Windteich
LG 14: Da Zhui, Großer Wirbel
LG 13: Qi Qian, Vor dem Widerrist
LG 12: Qi Jia, Widerrist
LG 11: San Chuan, Drei Flüsse
Bl 43
Bl 44
Bl 45
Bl 46
Bl 47
Bl 48
LG 6
Bl 49
Bl 50
LG 5: Duan Xue, Unterbrochene Blutung
LG 4: Ming Men, Tor des Lebens
Bl 52
LG 3: Yang Guan, Yangpass
Bai Hui, Punkt der Hundert Begegnungen
Bl 27
Bl 28
Bl 29
Bl 30
LG 2: Wai Gen, Schweifbasis

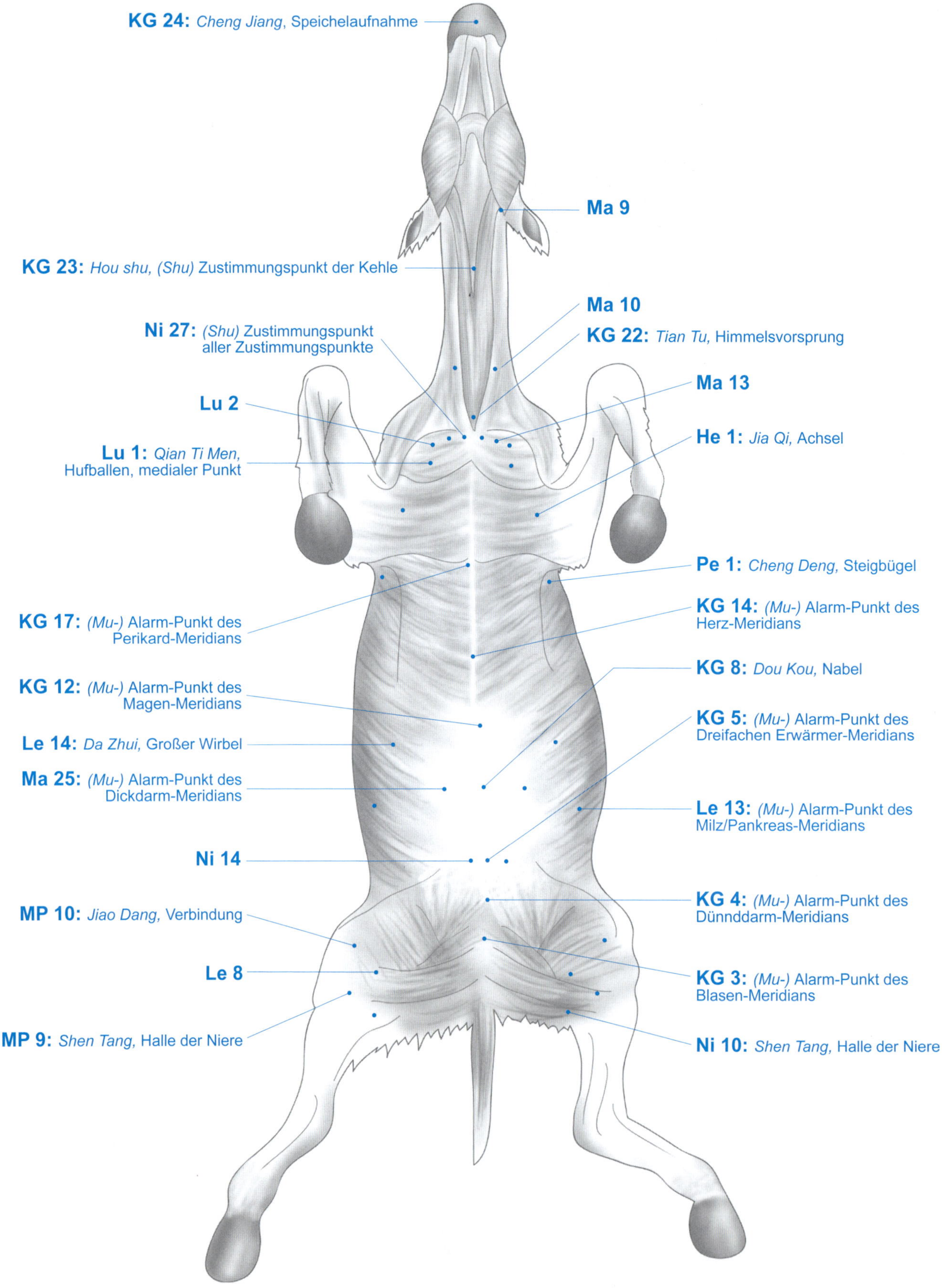
KG 24: Cheng Jiang, Speichelaufnahme
Ma 9
KG 23: Hou shu, (Shu) Zustimmungspunkt der Kehle
Ma 10
Ni 27: (Shu) Zustimmungspunkt aller Zustimmungspunkte
KG 22: Tian Tu, Himmelsvorsprung
Ma 13
Lu 2
He 1: Jia Qi, Achsel
Lu 1: Qian Ti Men, Hufballen, medialer Punkt
Pe 1: Cheng Deng, Steigbügel
KG 17: (Mu-) Alarm-Punkt des Perikard-Meridians
KG 14: (Mu-) Alarm-Punkt des Herz-Meridians
KG 8: Dou Kou, Nabel
KG 12: (Mu-) Alarm-Punkt des Magen-Meridians
KG 5: (Mu-) Alarm-Punkt des Dreifachen Erwärmer-Meridians
Le 14: Da Zhui, Großer Wirbel
Ma 25: (Mu-) Alarm-Punkt des Dickdarm-Meridians
Le 13: (Mu-) Alarm-Punkt des Milz/Pankreas-Meridians
Ni 14
KG 4: (Mu-) Alarm-Punkt des Dünndarm-Meridians
MP 10: Jiao Dang, Verbindung
Le 8
KG 3: (Mu-) Alarm-Punkt des Blasen-Meridians
MP 9: Shen Tang, Halle der Niere
Ni 10: Shen Tang, Halle der Niere

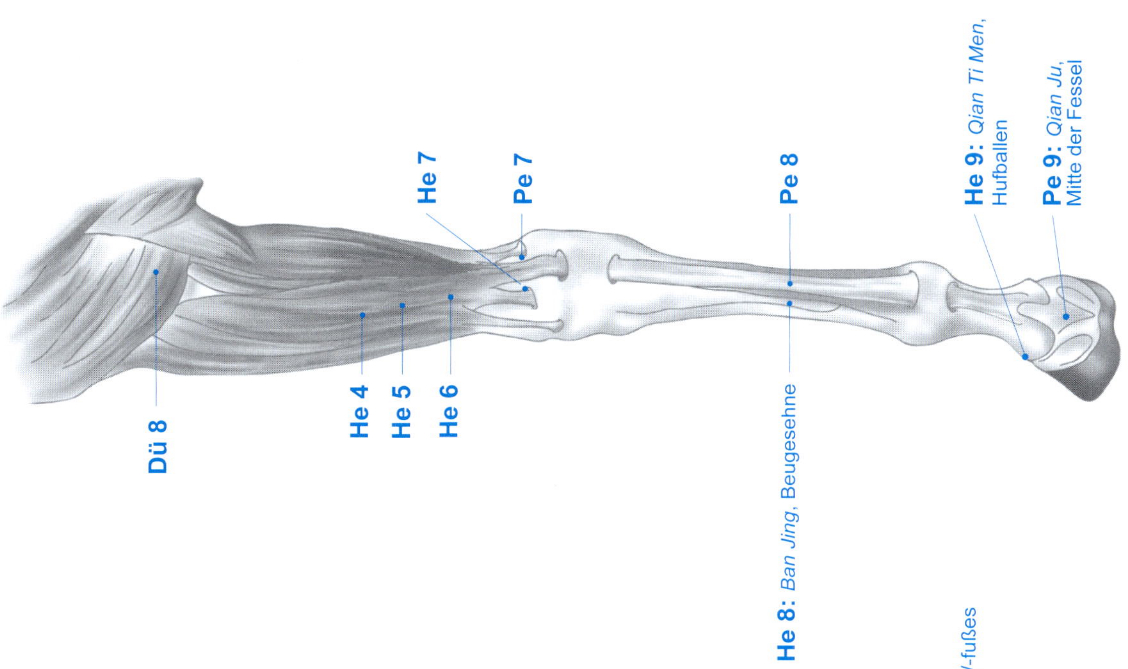
Dü 8
He 4
He 5
He 6
He 7
Pe 7
Pe 8
He 8: *Ban Jing*, Beugesehne
He 9: *Qian Ti Men*, Hufballen
Pe 9: *Qian Ju*, Mitte der Fessel

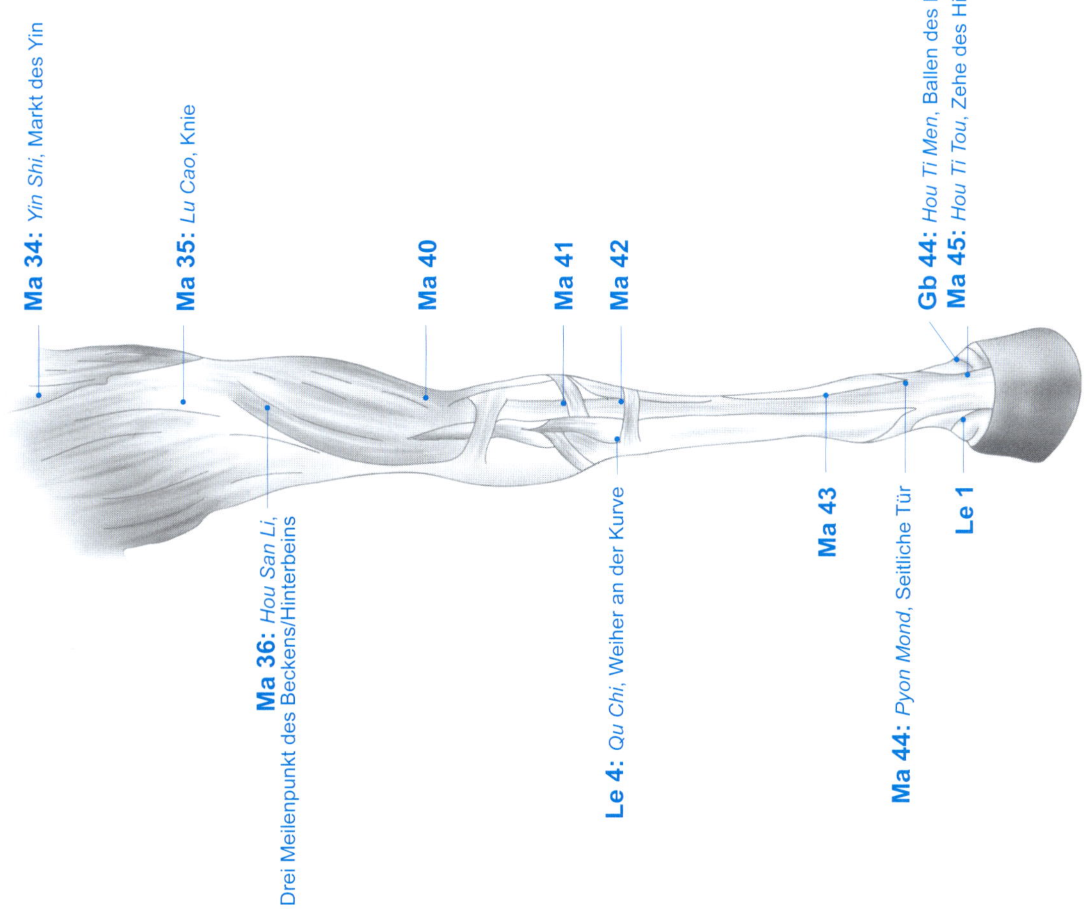
Ma 34: *Yin Shi*, Markt des Yin
Ma 35: *Lu Cao*, Knie
Ma 36: *Hou San Li*, Drei Meilenpunkt des Beckens/Hinterbeins
Ma 40
Ma 41
Ma 42
Le 4: *Qu Chi*, Weiher an der Kurve
Ma 43
Ma 44: *Pyon Mond*, Seitliche Tür
Le 1
Gb 44: *Hou Ti Men*, Ballen des Hinterbeins/-fußes
Ma 45: *Hou Ti Tou*, Zehe des Hinterfußes

Akupunktur des Rindes

Akupunktur-Tafeln

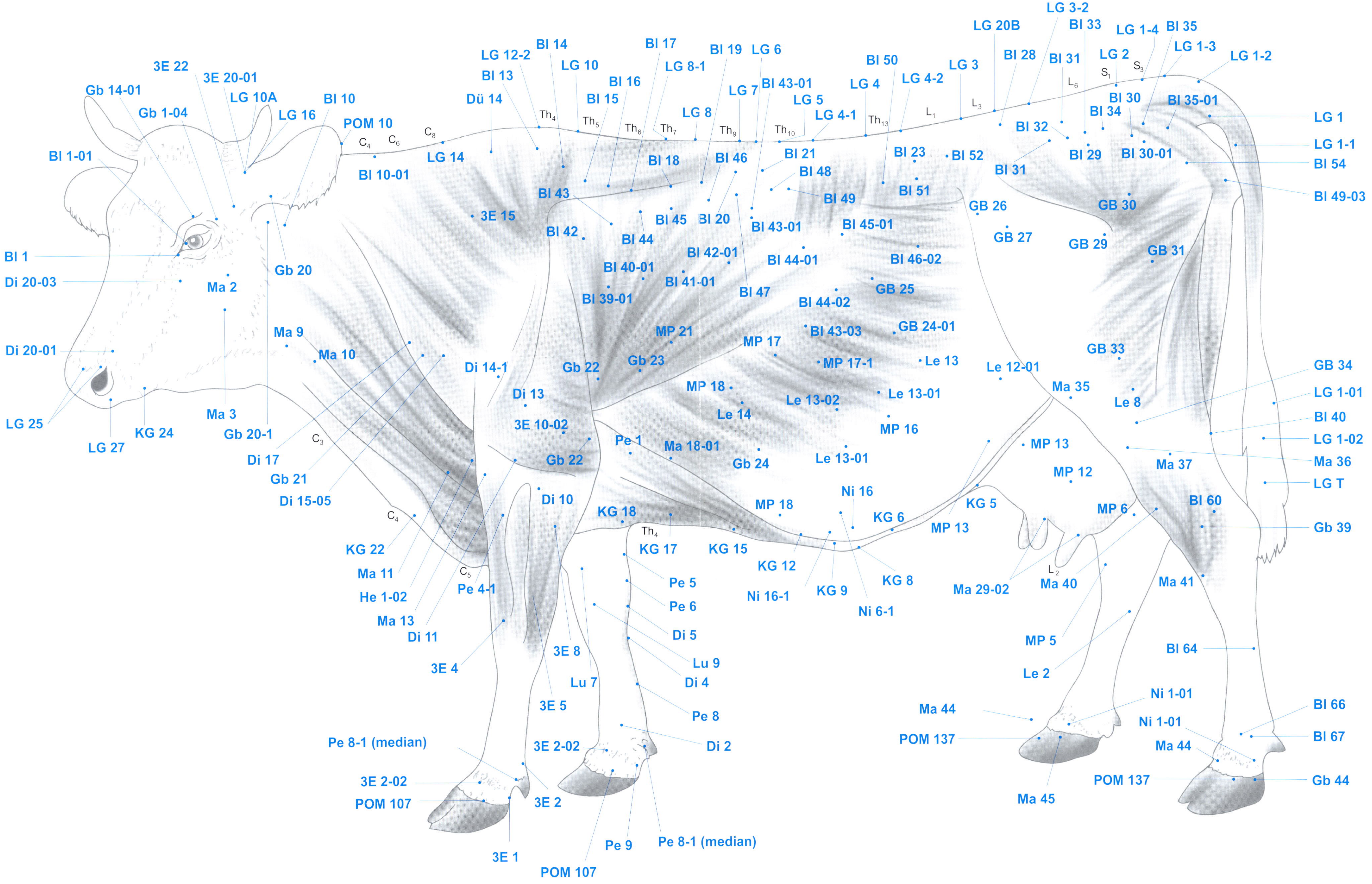
LG 3-2
LG 20B
Bl 33
LG 1-4
Bl 35
LG 1-3
LG 1-2
Bl 28
Bl 31
LG 2
LG 3
Bl 50
LG 4-2
LG 4
Bl 17
Bl 19
LG 6
Bl 14
LG 12-2
LG 10
LG 8-1
Bl 13
3E 22
3E 20-01
Gb 14-01
LG 10A
Bl 10
LG 16
Gb 1-04
Dü 14
Bl 16
Bl 15
Bl 43-01
LG 7
LG 5
LG 8
LG 4-1
POM 10
Bl 30
Bl 34
Bl 35-01
Bl 32
LG 1
Bl 1-01
Bl 10-01
LG 14
Bl 18
Bl 46
Bl 21
Bl 48
Bl 23
Bl 52
Bl 31
Bl 29
Bl 30-01
LG 1-1
Bl 54
Bl 49-03
Bl 43
Bl 49
Bl 51
3E 15
Bl 45
Bl 20
GB 26
GB 30
Bl 42
Bl 44
Bl 43-01
Bl 45-01
GB 27
GB 29
Bl 1
Gb 20
Bl 42-01
GB 31
Di 20-03
Ma 2
Bl 40-01
Bl 41-01
Bl 44-01
Bl 46-02
Bl 39-01
Bl 47
GB 25
Bl 44-02
Ma 9
MP 21
Bl 43-03
GB 24-01
Di 20-01
Ma 10
MP 17
GB 33
Di 14-1
Gb 22
Gb 23
MP 17-1
Le 13
Le 12-01
GB 34
Ma 35
Di 13
MP 18
Le 13-02
Le 13-01
LG 1-01
Le 8
Ma 3
Le 14
LG 25
KG 24
Gb 20-1
3E 10-02
Bl 40
MP 16
LG 1-02
LG 27
Pe 1
Ma 18-01
MP 13
Di 17
Gb 22
Gb 24
Le 13-01
Ma 37
Ma 36
MP 12
Gb 21
LG T
Di 15-05
Di 10
Ni 16
Bl 60
KG 18
MP 18
KG 5
KG 6
MP 6
Gb 39
KG 22
KG 17
KG 15
MP 13
Ma 11
KG 12
KG 8
He 1-02
Pe 4-1
Ni 16-1
KG 9
Ma 29-02
Ma 40
Ma 41
Pe 5
Ni 6-1
Pe 6
Ma 13
Di 11
Di 5
MP 5
3E 8
Bl 64
Lu 9
3E 4
Le 2
Lu 7
Di 4
3E 5
Ni 1-01
Ma 44
Bl 66
Pe 8
Ni 1-01
Pe 8-1 (median)
3E 2-02
Di 2
POM 137
Bl 67
Ma 44
3E 2-02
POM 137
Gb 44
POM 107
3E 2
Ma 45
Pe 8-1 (median)
Pe 9
3E 1
POM 107

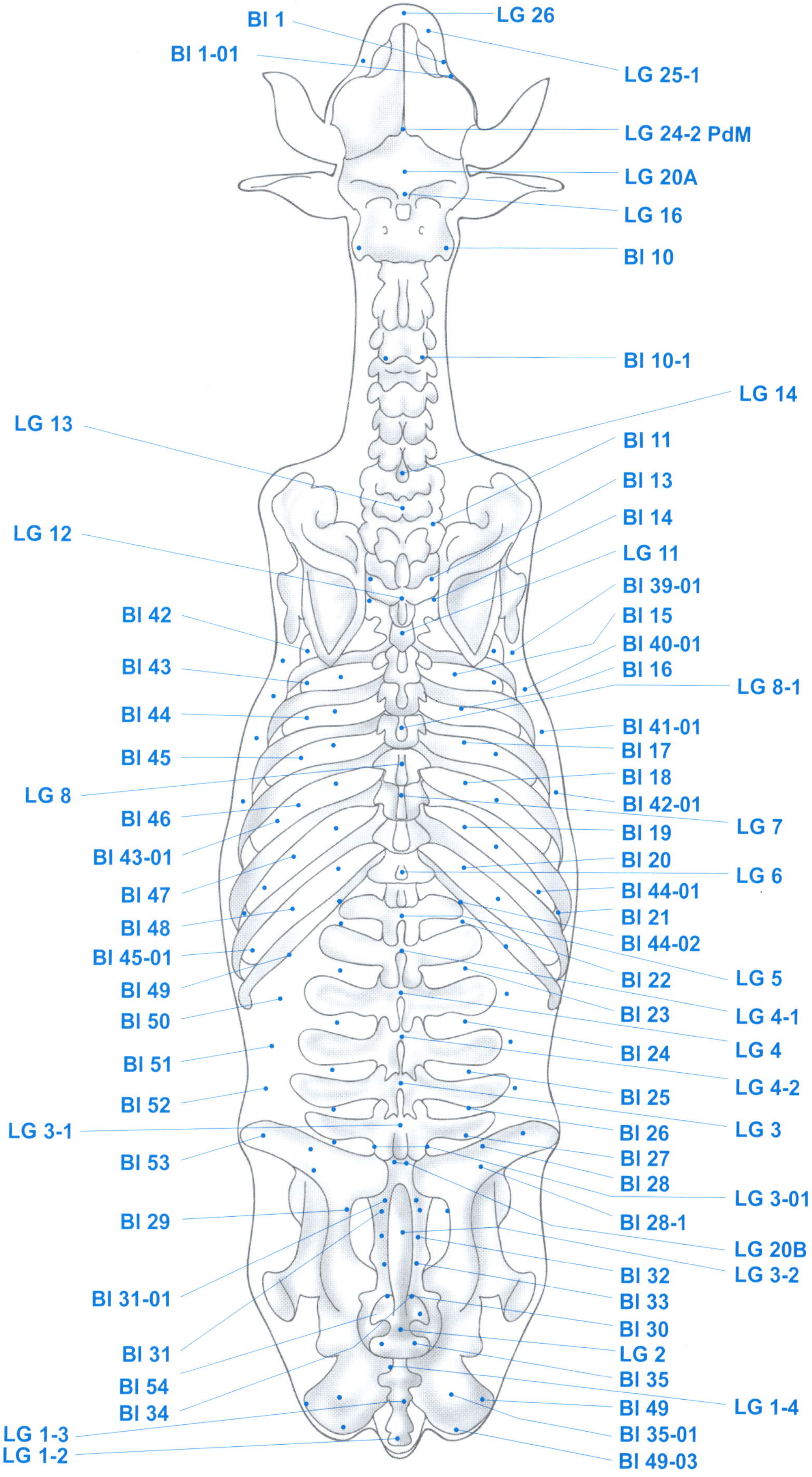
Bl 1
Bl 1-01
LG 26
LG 25-1
LG 24-2 PdM
LG 20A
LG 16
Bl 10
Bl 10-1
LG 14
LG 13
Bl 11
Bl 13
Bl 14
LG 12
LG 11
Bl 39-01
Bl 42
Bl 15
Bl 40-01
Bl 43
Bl 16
LG 8-1
Bl 44
Bl 41-01
Bl 17
Bl 45
Bl 18
LG 8
Bl 42-01
Bl 46
LG 7
Bl 19
Bl 43-01
Bl 20
LG 6
Bl 47
Bl 44-01
Bl 48
Bl 21
Bl 45-01
Bl 44-02
Bl 49
Bl 22
LG 5
Bl 50
Bl 23
LG 4-1
LG 4
Bl 51
Bl 24
LG 4-2
Bl 52
Bl 25
LG 3-1
LG 3
Bl 26
Bl 53
Bl 27
Bl 28
LG 3-01
Bl 29
Bl 28-1
LG 20B
LG 3-2
Bl 32
Bl 31-01
Bl 33
Bl 30
Bl 31
LG 2
Bl 54
Bl 35
Bl 34
LG 1-4
Bl 49
LG 1-3
Bl 35-01
LG 1-2
Bl 49-03

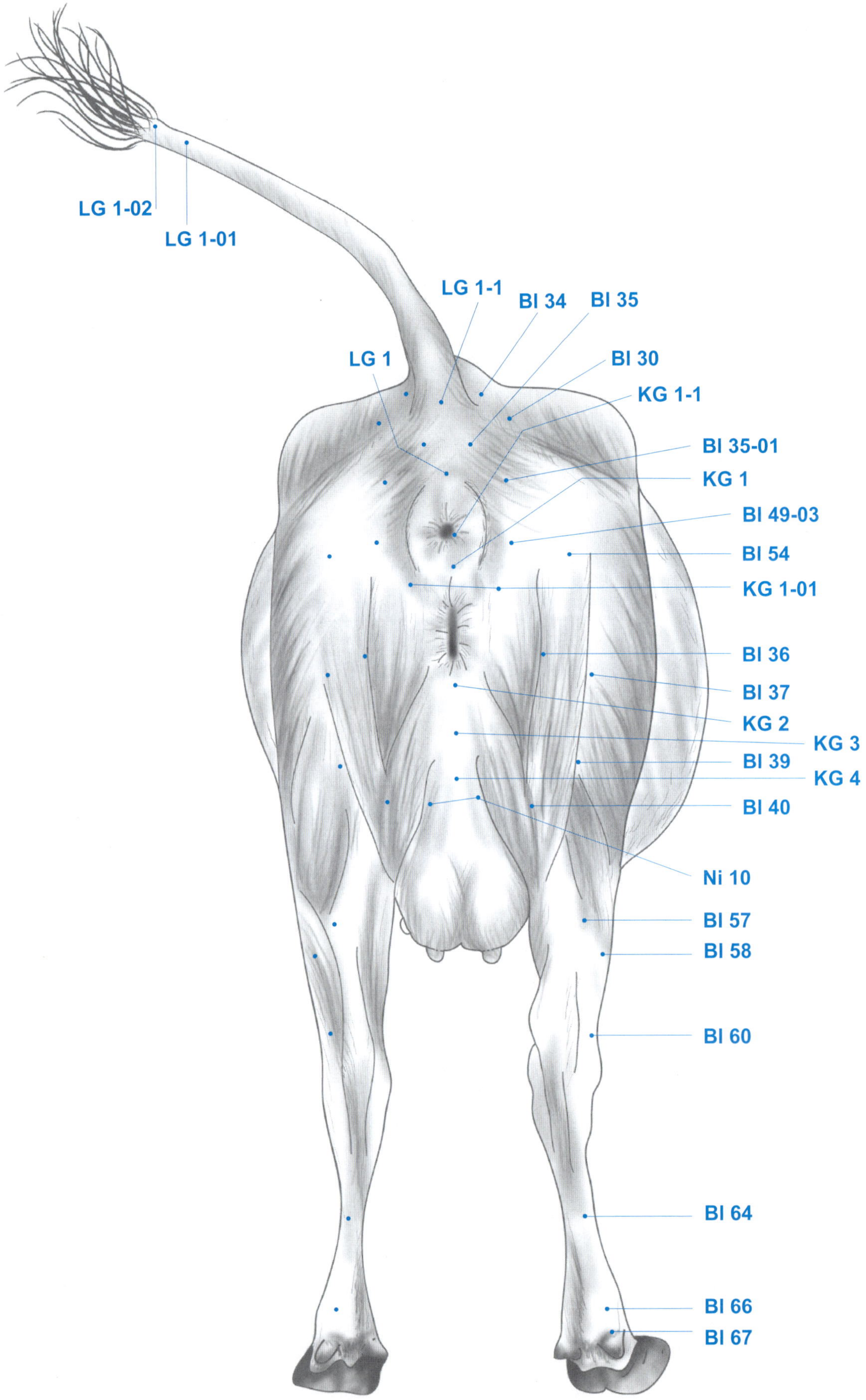
LG 1-02
LG 1-01
LG 1-1
Bl 34
Bl 35
LG 1
Bl 30
KG 1-1
Bl 35-01
KG 1
Bl 49-03
Bl 54
KG 1-01
Bl 36
Bl 37
KG 2
KG 3
Bl 39
KG 4
Bl 40
Ni 10
Bl 57
Bl 58
Bl 60
Bl 64
Bl 66
Bl 67

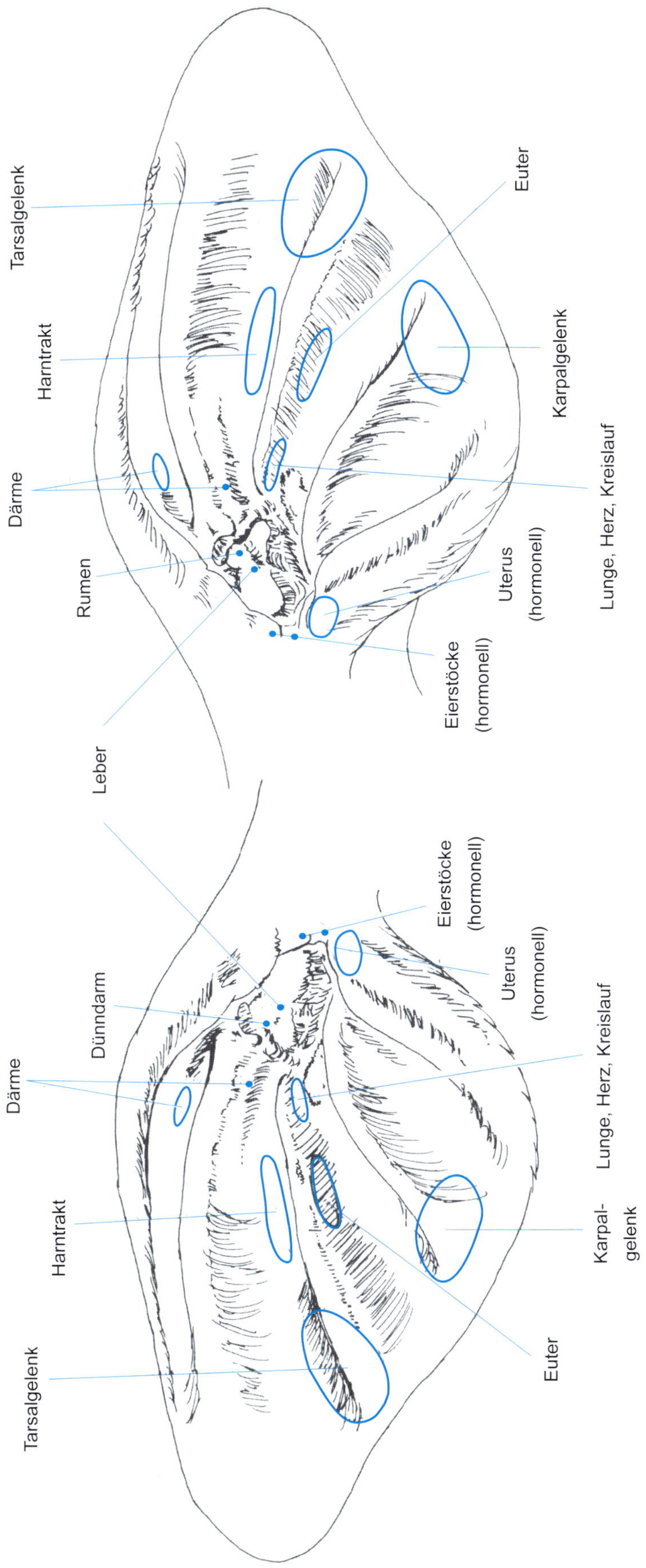
Tarsalgelenk
Harntrakt
Därme
Rumen
Leber
Euter
Karpalgelenk
Lunge, Herz, Kreislauf
Uterus (hormonell)
Eierstöcke (hormonell)
Därme
Dünndarm
Harntrakt
Tarsalgelenk
Eierstöcke (hormonell)
Uterus (hormonell)
Lunge, Herz, Kreislauf
Karpal-gelenk
Euter

Akupunkturpunkte-Register

Hund

Numerische Bezeichnung

Hund

Pinyin-Name

Pferd

Numerische Bezeichnung

Pferd

Pinyin-Name

Schwein

Pinyin-Name

Vögel

Numerische Bezeichnung

Vögel

Pinyin-Name

Sachregister

E

H

Z